Werkstofftechnik

Serope Kalpakjian
Steven R. Schmid
Ewald Werner

Werkstofftechnik

Bibliografische Information der Deutschen Bibliothek

Die Deutsche Bibliothek verzeichnet diese Publikation in der Deutschen Nationalbibliografie;
detaillierte bibliografische Daten sind im Internet über <http://dnb.d-nb.de> abrufbar.

Die Informationen in diesem Buch werden ohne Rücksicht auf einen eventuellen Patentschutz veröffentlicht.
Warennamen werden ohne Gewährleistung der freien Verwendbarkeit benutzt.

Bei der Zusammenstellung von Texten und Abbildungen wurde mit größter Sorgfalt vorgegangen. Trotzdem können Fehler nicht ausgeschlossen werden. Verlag, Herausgeber und Autoren können für fehlerhafte Angaben und deren Folgen weder eine juristische Verantwortung noch irgendeine Haftung übernehmen. Für Verbesserungsvorschläge und Hinweise auf Fehler sind Verlag und Herausgeber dankbar.

Authorized translation from the English language edition, entitled MANUFACTURING PROCESSES FOR ENGINEERING MATERIALS, 5th Edition by SEROPE KALPAKJIAN; STEVEN SCHMID, published by Pearson Education, Inc, publishing as Prentice Hall, Copyright © 2009. All rights reserved. No part of this book may be reproduced or transmitted in any form or by any means, electronic or mechanical, including photocopying, recording or by any information storage retrieval system, without permission from Pearson Education, Inc. GERMAN language edition published by PEARSON EDUCATION DEUTSCHLAND GMBH, Copyright © 2011.

Alle Rechte vorbehalten, auch die der fotomechanischen Wiedergabe und der Speicherung in elektronischen Medien. Die gewerbliche Nutzung der in diesem Produkt gezeigten Modelle und Arbeiten ist nicht zulässig.

Fast alle Hardware- und Softwarebezeichnungen und weitere Stichworte
und sonstige Angaben, die in diesem Buch verwendet werden,
sind als eingetragene Marken geschützt.
Da es nicht möglich ist, in allen Fällen zeitnah zu ermitteln,
ob ein Markenschutz besteht, wird das ®-Symbol in diesem Buch nicht verwendet.

10 9 8 7 6 5 4 3 2 1

11 12 13

ISBN 978-3-86894-006-0

© 2011 by Pearson Studium
ein Imprint der Pearson Education Deutschland GmbH,
Martin-Kollar-Straße 10–12, D-81829 München/Germany
Alle Rechte vorbehalten
www.pearson-studium.de
Programmleitung: Birger Peil, bpeil@pearson.de
Development: Alice Kachnij, akachnij@pearson.de
Sprachkorrektorat: Katharina Pieper, Berlin
Übersetzung: Frank Langenau, Chemnitz
Umschlaggestaltung: Thomas Arlt, tarlt@adesso21.net
Herstellung: Philipp Burkart, pburkart@pearson.de
Satz: le-tex publishing services GmbH, Leipzig
Druck und Verarbeitung: GraphyCems

Printed in Spain

Inhaltsverzeichnis

Vorwort zur deutschen Auflage 30

Aus dem Vorwort zur fünften amerikanischen Auflage 36

Über die Autoren 37

Kapitel 1 Einführung   39

1.1 Werkstofftechnik und Fertigung 40

1.2 Produktentwurf und simultane Entwicklung 48

1.3 Konstruktion für Fertigung, Montage, Demontage und Wartung ... 52

1.4 Umweltbewusste Konstruktion, nachhaltige Fertigung
     und Produktlebenszyklus 53

1.5 Werkstoffwahl 55

1.6 Wahl der Fertigungsprozesse 58

1.7 Computergestützte Fertigung 62

1.8 Schlanke Produktion und agile Fertigung 65

1.9 Qualitätssicherung und umfassendes Qualitätsmanagement 66

1.10 Fertigungskosten und globale Wettbewerbsfähigkeit 67

1.11 Allgemeine Trends in der Fertigung 69

Zusammenfassung 70

Kapitel 2 Das mechanische Verhalten von Werkstoffen   73

2.1 Einführung 74

2.2 Zug 75

    2.2.1 Duktilität 79

    2.2.2 Wahre Spannung und logarithmische Dehnung 81

    2.2.3 Wahre-Spannung-logarithmische-Dehnung-Kurven 82

    2.2.4 Instabilität im Zugversuch 84

Inhaltsverzeichnis

	2.2.5	Arten von Spannung-Dehnung-Kurven	87
	2.2.6	Temperatureinfluss	88
	2.2.7	Einfluss der Dehngeschwindigkeit	89
	2.2.8	Einfluss des hydrostatischen Drucks	94
	2.2.9	Einfluss von hochenergetischer Strahlung	95
2.3	Druck		95
	2.3.1	Stauchversuch bei ebener Dehnung	96
	2.3.2	Bauschinger-Effekt	97
	2.3.3	Scheibentest	98
2.4	Torsion		99
2.5	Biegung		101
2.6	Härte		103
	2.6.1	Brinellverfahren	104
	2.6.2	Rockwellverfahren	105
	2.6.3	Vickersverfahren	105
	2.6.4	Knoopverfahren	106
	2.6.5	Skleroskop	106
	2.6.6	Härteprüfung nach Mohs	106
	2.6.7	Durometer	106
	2.6.8	Zusammenhang zwischen Härte und Festigkeit	107
2.7	Ermüdung		109
2.8	Kriechen		111
2.9	Dynamische Beanspruchung		112
2.10	Eigenspannungen		113
	2.10.1	Auswirkungen von Eigenspannungen	115
	2.10.2	Verringerung von Eigenspannungen	115

2.11		Dreiachsiger Spannungszustand und Fließbedingungen	117
	2.11.1	Die Schubspannungshypothese	119
	2.11.2	Die Gestaltänderungsenergiehypothese	119
	2.11.3	Ebene Spannung und ebene Dehnung	122
	2.11.4	Experimentelle Überprüfung der Fließbedingungen	125
	2.11.5	Volumendehnung	125
	2.11.6	Vergleichsspannung und Vergleichsdehnung	126
	2.11.7	Vergleich von Hauptspannung-Hauptdehnung und Schubspannung-Scherdehnung	126
2.12		Verformungsarbeit	128
	2.12.1	Arbeit, Wärme und Temperaturanstieg	131

Zusammenfassung 133

Wichtige Gleichungen 135

Verständnisfragen 136

Rechenaufgaben 139

Kapitel 3 Struktur und Verarbeitungseigenschaften der Metalle 145

3.1		Einleitung	146
3.2		Die Kristallstruktur der Metalle	147
3.3		Verformung und Festigkeit von Einkristallen	149
	3.3.1	Gleitsysteme	151
	3.3.2	Ideale Zugfestigkeit eines Kristalls	153
	3.3.3	Baufehler in Kristallen	154
	3.3.4	Versetzungshärtung (Verformungsverfestigung)	156
3.4		Körner und Korngrenzen	156
	3.4.1	Korngröße	158
	3.4.2	Korngrenzen	159
3.5		Plastische Verformung polykristalliner Metalle	160

3.6	Erholung, Rekristallisation und Kornwachstum	162
3.7	Kalt- und Warmumformung	164
3.8	Versagen und Bruch	165
	3.8.1 Duktiler Bruch	166
	3.8.2 Spröder Bruch	169
	3.8.3 Größeneinfluss	174
3.9	Physikalische Eigenschaften	175
	3.9.1 Dichte	175
	3.9.2 Schmelzpunkt	175
	3.9.3 Spezifische Wärme	177
	3.9.4 Wärmeleitfähigkeit	177
	3.9.5 Thermische Ausdehnung	177
	3.9.6 Elektrische und magnetische Eigenschaften	178
	3.9.7 Korrosionsbeständigkeit	180
3.10	Eigenschaften und Anwendungen von Eisenlegierungen	181
	3.10.1 Herstellung von Eisen und Stahl	182
	3.10.2 Unlegierte und legierte Stähle	187
	3.10.3 Hochlegierte rostfreie Stähle	197
	3.10.4 Stähle für Werkzeuge, Gesenke und Formen	200
3.11	Eigenschaften und Anwendungen von Nichteisenmetallen und -legierungen	202
	3.11.1 Aluminium und Aluminiumlegierungen	203
	3.11.2 Magnesium und Magnesiumlegierungen	207
	3.11.3 Kupfer und Kupferlegierungen	209
	3.11.4 Nickel und Nickellegierungen	209
	3.11.5 Superlegierungen	211
	3.11.6 Titan und Titanlegierungen	212
	3.11.7 Refraktärmetalle	214

		3.11.8	Weitere Nichteisenmetalle	215
		3.11.9	Besondere metallische Werkstoffe	217
	3.12	Wärmebehandlung		219
		3.12.1	Wärmebehandlung von Eisenwerkstoffen	219
		3.12.2	Wärmebehandlung von Nichteisenmetallen und hochlegierten Stählen	222
		3.12.3	Oberflächenhärten	224
		3.12.4	Glühen	226
		3.12.5	Anlassen	227
		3.12.6	Tieftemperaturbehandlung	228
		3.12.7	Wärmebehandlungsgerechter Entwurf	229

Fallstudie 229

Zusammenfassung 232

Wichtige Gleichungen 233

Verständnisfragen 233

Rechenaufgaben 235

Kapitel 4   Oberflächen, Tribologie, Maßtoleranzen, Inspektion und Qualitätssicherung   237

4.1	Einführung		238
4.2	Oberflächenstruktur und Eigenschaften		239
4.3	Oberflächentextur (Feingestalt) und Rauigkeit		241
4.4	Tribologie: Reibung, Verschleiß und Schmierung		246
	4.4.1	Reibung	246
	4.4.2	Verschleiß	253
	4.4.3	Schmierung	260
	4.4.4	Flüssigkeiten in der Metallbearbeitung	262
4.5	Oberflächenbehandlung, Beschichtung und Reinigung		266
	4.5.1	Oberflächenbehandlungen	267

	4.5.2	Reinigung von Oberflächen	277
4.6		Technische Messtechnik und Messinstrumente	279
	4.6.1	Messinstrumente	279
	4.6.2	Automatisiertes Messen	285
4.7		Maßtoleranzen	286
4.8		Prüfung und Inspektion	287
	4.8.1	Zerstörungsfreie Prüfverfahren	287
	4.8.2	Zerstörende Prüfverfahren	290
	4.8.3	Automatisierte Prüfung	290
4.9		Qualitätssicherung	291
	4.9.1	Statistische Methoden der Qualitätskontrolle	292
	4.9.2	Statistische Prozesskontrolle	295

Zusammenfassung 300

Wichtige Gleichungen 302

Verständnisfragen 302

Rechenaufgaben 305

Kapitel 5 Gießen: Verfahren und Werkstoffe   307

5.1		Einleitung	308
5.2		Erstarrung von Metallen und Legierungen	309
	5.2.1	Mischkristalle	310
	5.2.2	Intermetallische Verbindungen	310
	5.2.3	Zweiphasenlegierungen	310
	5.2.4	Zustandsdiagramme	311
	5.2.5	Das Zustandsdiagramm Eisen-Kohlenstoff	313
	5.2.6	Das Zustandsdiagramm Eisen-Eisenkarbid	315

5.3		Gussgefüge	316
	5.3.1	Reine Metalle	317
	5.3.2	Legierungen	318
	5.3.3	Mikrostruktur-Eigenschaften-Beziehungen	320
5.4		Fließen von Schmelzen und Wärmeübertragung	322
	5.4.1	Strömung von Flüssigkeiten	322
	5.4.2	Fließeigenschaften von flüssigen Metallen	326
	5.4.3	Wärmeübertragung	327
	5.4.4	Erstarrungszeit	328
	5.4.5	Schwindung	330
5.5		Schmelzen und Schmelzeinrichtungen	330
5.6		Gusslegierungen	332
	5.6.1	Eisengusswerkstoffe	335
	5.6.2	Nichteisengusswerkstoffe	339
5.7		Blockguss und Strangguss	339
	5.7.1	Blockguss von Eisenlegierungen	340
	5.7.2	Strangguss	340
	5.7.3	Bandgießen	342
5.8		Gießen mit verlorenen Formen und Dauermodellen	342
	5.8.1	Sandguss	343
	5.8.2	Schalenguss	346
	5.8.3	Gießen mit Gipsformen	348
	5.8.4	Gießen mit keramischen Formen	349
	5.8.5	Vakuumguss	349
5.9		Gießen mit verlorenen Formen und verlorenen Modellen	350
	5.9.1	Vollformguss	350
	5.9.2	Feinguss (Wachsausschmelzverfahren)	352

5.10		Gießen mit Dauerformen	354
	5.10.1	Kippguss	355
	5.10.2	Niederdruckguss	356
	5.10.3	(Hoch-)Druckguss	356
	5.10.4	Schleuderguss	359
	5.10.5	Pressgießen	361
	5.10.6	Thixo- und Rheogießen	362
	5.10.7	Gießen von Einkristallen	362
	5.10.8	Schnellerstarrung	365
	5.10.9	Putzen, Endbearbeiten und Begutachten von Gussstücken	366
5.11		Entwurfsüberlegungen	366
	5.11.1	Fehler in Gussstücken	366
	5.11.2	Allgemeine Entwurfsüberlegungen	370
	5.11.3	Entwurfsprinzipien beim Gießen mit verlorenen Formen	374
	5.11.4	Entwurfsprinzipien beim Gießen mit Dauerformen	375
	5.11.5	Computersimulation von Gießprozessen	376
5.12		Wirtschaftliche Überlegungen beim Gießen	376

Fallstudie ... 378

Zusammenfassung ... 381

Wichtige Gleichungen ... 383

Verständnisfragen ... 383

Rechenaufgaben ... 386

Fragen zum Entwurf ... 389

Kapitel 6 Massivumformverfahren 393

6.1	Einführung	394
6.2	Schmieden	394

	6.2.1	Freiformschmieden	395
	6.2.2	Analyse des Freiformschmiedens	399
	6.2.3	Schmiedeverfahren	408
	6.2.4	Besondere Schmiedeverfahren	412
	6.2.5	Schmiedefehler	416
	6.2.6	Schmiedbarkeit	417
	6.2.7	Schmiedegesenke	418
	6.2.8	Schmiedemaschinen	421
6.3	Walzen		422
	6.3.1	Mechanik des Flachwalzens	424
	6.3.2	Fehler in gewalzten Produkten	436
	6.3.3	Vibrationen und Rattern beim Walzen	436
	6.3.4	Flachwalzbetrieb	438
	6.3.5	Spezielle Walzverfahren	441
6.4	Strangpressen und Fließpressen		445
	6.4.1	Werkstofffluss beim Fließpressen (Strangpressen)	447
	6.4.2	Mechanik des Fließpressens (Strangpressen)	448
	6.4.3	Spezielle Fließpressverfahren	454
	6.4.4	Fehler beim Fließpressen	457
	6.4.5	Praxis des Fließpressens	459
6.5	Stangen-, Draht- und Rohrziehen		461
	6.5.1	Mechanik des Ziehens	462
	6.5.2	Fehler beim Ziehen	469
	6.5.3	Praxis des Ziehens	470
6.6	Hämmern		472
6.7	Verfahren für die Gesenkfertigung		474
6.8	Schäden an Gesenken		475

6.9		Wirtschaftlichkeit der Massivumformung	476

Fallstudie 478

Zusammenfassung 480

Wichtige Gleichungen 481

Verständnisfragen 483

Rechenaufgaben 486

Fragen zum Entwurf 492

Kapitel 7   Verarbeitung von Blechen   495

7.1		Einführung	496
7.2		Eigenschaften von Blechen	497
	7.2.1	Dehnverhalten von Blechen	498
7.3		Scherschneiden	502
	7.3.1	Scherverfahren	506
	7.3.2	Werkzeuge für das Scherschneiden	509
	7.3.3	Weitere Verfahren zum Schneiden von Blechen	510
	7.3.4	Maßgeschneiderte Platinen	510
7.4		Biegen von Blechen und Platten	513
	7.4.1	Minimaler Biegeradius	513
	7.4.2	Rückfederung	516
	7.4.3	Kräfte beim Biegen	520
	7.4.4	Gebräuchliche Biegeverfahren	521
	7.4.5	Rohrbiegen	525
7.5		Weitere Umformverfahren	526
	7.5.1	Streckziehen	526
	7.5.2	Ausbauchen	529
	7.5.3	Umformung mit Wirkmedien	530

	7.5.4	Drücken	532
	7.5.5	Hochenergieumformung	537
	7.5.6	Sonderverfahren	540
7.6	Tiefziehen		545
	7.6.1	Tiefziehbarkeit (Grenzziehverhältnis)	549
	7.6.2	Praxis des Tiefziehens	555
7.7	Umformbarkeit von Blechen und Modellierung		558
	7.7.1	Tests zur Beurteilung der Umformbarkeit	558
	7.7.2	Beulsteifigkeit von Blechen	564
	7.7.3	Modellierung von Blechumformverfahren	564
7.8	Anlagen für die Blechverarbeitung		565
7.9	Entwurfsüberlegungen		565
7.10	Wirtschaftlichkeit der Blechumformung		568

Fallstudie 569

Zusammenfassung 572

Wichtige Gleichungen 573

Verständnisfragen 573

Rechenaufgaben 577

Fragen zum Entwurf 579

Kapitel 8 Materialabtragverfahren: Spanen — 581

8.1	Einführung		582
8.2	Mechanik der Spanbildung		584
	8.2.1	Spanmorphologie	588
	8.2.2	Mechanik des schrägen Schneidens	594
	8.2.3	Kräfte beim orthogonalen Schneiden	596
	8.2.4	Schnittwinkelbeziehungen	601

	8.2.5	Spezifische Arbeit	603
	8.2.6	Temperatur	605
8.3		Verschleiß und Versagen von Werkzeugen	608
	8.3.1	Freiflächenverschleiß	610
	8.3.2	Kolkverschleiß	614
	8.3.3	Ausbruch	615
	8.3.4	Allgemeine Bemerkungen zum Werkzeugverschleiß	616
	8.3.5	Überwachung des Werkzeugzustands	616
8.4		Oberflächengüte und -beschaffenheit	618
8.5		Bearbeitbarkeit	621
	8.5.1	Bearbeitbarkeit von Stählen	621
	8.5.2	Bearbeitbarkeit von anderen metallischen Werkstoffen	623
	8.5.3	Bearbeitbarkeit von nichtmetallischen und Verbundwerkstoffen	623
	8.5.4	Thermisch unterstützte Bearbeitung	624
8.6		Schneidstoffe	624
	8.6.1	Kohlenstoff- und niedriglegierte Stähle	627
	8.6.2	Schnellarbeitsstähle	627
	8.6.3	Gegossene Kobaltlegierungen	628
	8.6.4	Karbide	628
	8.6.5	Beschichtete Werkzeuge	631
	8.6.6	Aluminiumoxidkeramik	635
	8.6.7	Kubisches Bornitrid	636
	8.6.8	Siliziumnitridkeramik	636
	8.6.9	Diamant	636
	8.6.10	Whiskerverstärkte und nanometerskalige Schneidstoffe	637
	8.6.11	Tieftemperaturbehandlung von Schneidewerkzeugen	638
8.7		Schneidflüssigkeiten	638

	8.7.1	Arten und Anwendungsmethoden von Schneidflüssigkeiten	639
	8.7.2	Minimalmengenschmierung und Trockenbearbeitung	640
	8.7.3	Tieftemperaturbearbeitung	641
8.8		Hochgeschwindigkeitsbearbeitung	641
8.9		Bearbeitungsvorgänge und Werkzeugmaschinen für die Fertigung von runden Formen	642
	8.9.1	Parameter beim Drehen	645
	8.9.2	Drehmaschinen	650
	8.9.3	Ausdrehen	655
	8.9.4	Bohren, Räumen und Gewindebohren	656
8.10		Bearbeitungsvorgänge und Werkzeugmaschinen zur Herstellung verschiedener Formen	660
	8.10.1	Fräsen	660
	8.10.2	Hobeln und Hobelmaschinen	669
	8.10.3	Stoßen und Stoßmaschinen	670
	8.10.4	Räumen und Räummaschinen	670
	8.10.5	Sägen	672
	8.10.6	Feilen	674
	8.10.7	Zahnradherstellung durch spanende Bearbeitung	674
8.11		Bearbeitungs- und Drehzentren	676
	8.11.1	Arten von Bearbeitungs- und Drehzentren	678
	8.11.2	Charakteristika von Bearbeitungszentren	679
	8.11.3	Rekonfigurierbare Maschinen und Systeme	680
	8.11.4	Hexapod-Maschinen	682
8.12		Schwingungen und Rattern	684
8.13		Maschinen-Werkzeug-Strukturen	687
8.14		Überlegungen zum Entwurf	688

8.15	Wirtschaftlichkeit der spanenden Bearbeitung	691

Fallstudie 695

Zusammenfassung 697

Wichtige Gleichungen 699

Verständnisfragen 700

Rechenaufgaben 706

Fragen zum Entwurf 711

Kapitel 9 Materialabtragverfahren: Abrasiv, chemisch, elektrisch und mit Strahlen   715

9.1	Einführung	716
9.2	Schleifstoffe	717
9.3	Gebundene Schleifstoffe	719
	9.3.1 Bindemittel	722
	9.3.2 Schleifscheibengüte und -struktur	723
9.4	Mechanik des Schleifens	724
	9.4.1 Kräfte beim Schleifen	728
	9.4.2 Temperatur beim Schleifen	730
	9.4.3 Auswirkungen der Temperatur beim Schleifen	731
9.5	Verschleiß von Schleifkörpern	732
	9.5.1 Abrichten und Profilieren von Schleifscheiben	734
	9.5.2 (Volumen-)Schleifverhältnis	736
	9.5.3 Schleifscheibenwahl und Schleifbarkeit	737
9.6	Schleifverfahren und Schleifmaschinen	738
	9.6.1 Planschleifen	738
	9.6.2 Umfangsrundschleifen	739
	9.6.3 Innenrundschleifen	740

	9.6.4	Spitzenlosschleifen	741
	9.6.5	Spezielle Arten von Schleifmaschinen	742
	9.6.6	Schleichgangschleifen	743
	9.6.7	Hochleistungsschleifen	743
	9.6.8	Rattern beim Schleifen	744
	9.6.9	Schleifflüssigkeiten	744
9.7	Verfahren der Endbearbeitung		746
9.8	Entgraten		751
9.9	Ultraschallbearbeitung		752
9.10	Chemische Bearbeitung		755
	9.10.1	Chemisches Abtragen	755
	9.10.2	Chemisches Ausschneiden	756
	9.10.3	Fotochemisches Ausschneiden	756
9.11	Elektrochemische Bearbeitung		758
9.12	Elektrochemisches Schleifen		761
9.13	Funkenerosive Bearbeitung		763
	9.13.1	Funkenerosives Schleifen	766
	9.13.2	Funkenerosives Schneiden	767
9.14	Bearbeitung mit hochenergetischer Strahlung		768
	9.14.1	Laserstrahlbearbeitung	768
	9.14.2	Elektronenstrahlbearbeitung und Plasma(lichtbogen)schneiden	770
9.15	Bearbeitung mit Wasserstrahlen und anderen Fluiden		771
9.16	Entwurfsüberlegungen		774
9.17	Wirtschaftliche Betrachtungen		776
Fallstudie			778
Zusammenfassung			781

Wichtige Gleichungen 782

Verständnisfragen 783

Rechenaufgaben 786

Fragen zum Entwurf 789

Kapitel 10   Polymere und verstärkte Kunststoffe; Rapid Prototyping und Rapid Tooling — 791

10.1 Einführung 792

10.2 Aufbau der Polymere 795

    10.2.1 Polymerisation 795

    10.2.2 Kristallinität 799

    10.2.3 Glasübergangstemperatur 801

    10.2.4 Polymermischungen 802

    10.2.5 Additive in Polymeren 802

10.3 Thermoplaste: Eigenschaften 803

10.4 Duromere: Eigenschaften 812

10.5 Thermoplaste: Allgemeine Eigenschaften und Anwendungen 812

10.6 Duromere: Allgemeine Eigenschaften und Anwendungen 815

10.7 Hochtemperaturpolymere, elektrisch leitende Polymere, biologisch abbaubare Kunststoffe 816

    10.7.1 Hochtemperaturpolymere 816

    10.7.2 Elektrisch leitende Polymere 817

    10.7.3 Biologisch abbaubare Polymere 817

10.8 Elastomere: Eigenschaften und Anwendungen 819

10.9 Verstärkte Kunststoffe 820

    10.9.1 Aufbau verstärkter Kunststoffe 821

    10.9.2 Verstärkungsfasern: Eigenschaften und Herstellung 822

    10.9.3 Fasergröße und -länge 827

	10.9.4 Matrixwerkstoffe	828
	10.9.5 Eigenschaften verstärkter Kunststoffe	828
	10.9.6 Anwendungen von verstärkten Kunststoffen	832
10.10	Verarbeitung von Kunststoffen	833
	10.10.1 Extrudieren	834
	10.10.2 Spritzgießen	841
	10.10.3 Blasformen	847
	10.10.4 Rotationsgießen	847
	10.10.5 Thermoformung	849
	10.10.6 Formpressen	850
	10.10.7 Fließformen	852
	10.10.8 Gießen	853
	10.10.9 Kaltformen und Formen in der festen Phase	854
	10.10.10 Verarbeitung von Elastomeren	854
10.11	Verarbeitung von verstärkten Kunststoffen	855
	10.11.1 Formen	858
	10.11.2 Wickeln, Pultrusion	860
	10.11.3 Produktqualität	862
10.12	Rapid Prototyping und Rapid Tooling	862
	10.12.1 Stereolithographie	866
	10.12.2 PolyJet-Verfahren	868
	10.12.3 Schmelzschichtung	868
	10.12.4 Selektives Lasersintern	870
	10.12.5 3D-Drucken	871
	10.12.6 Direkte (schnelle) Fertigung und Rapid Tooling	873
10.13	Überlegungen zum Entwurf	878
10.14	Wirtschaftlichkeit der Kunststoffverarbeitung	880

Fallstudie 882

Zusammenfassung 884

Wichtige Gleichungen.. 885

Verständnisfragen 886

Rechenaufgaben.. 890

Fragen zum Entwurf 893

Kapitel 11   Eigenschaften und Verarbeitung von Metallpulvern, Keramik, Glas und Supraleitern   **895**

11.1   Einführung.. 896

11.2   Pulvermetallurgie 897

    11.2.1   Herstellung von Metallpulvern 898

    11.2.2   Partikelgröße, -verteilung und -form 901

    11.2.3   Mischen von Metallpulvern 903

11.3   Verdichten von Metallpulvern 904

    11.3.1   Druckverteilung beim Verdichten von Metallpulvern............ 908

    11.3.2   Anlagen 910

    11.3.3   Isostatisches Pressen 910

    11.3.4   Besondere Verfahren 912

    11.3.5   Werkzeugwerkstoffe 915

11.4   Sintern... 915

11.5   Sekundäre und Endbearbeitung.. 922

11.6   Überlegungen zum Entwurf in der Pulvermetallurgie 924

11.7   Wirtschaftlichkeit der Pulvermetallurgie 928

11.8   Keramik: Struktur, Eigenschaften und Anwendungen 929

    11.8.1   Struktur von Keramiken und Keramikarten...................... 931

    11.8.2   Eigenschaften und Anwendungen von Keramiken.................. 934

11.9	Formen von Keramik		941
	11.9.1	Gießen	942
	11.9.2	Plastisches Formen	943
	11.9.3	Pressen	943
	11.9.4	Trocknen und Brennen	946
	11.9.5	Endbearbeitung	948
11.10	Glas: Struktur, Eigenschaften und Anwendungen		949
	11.10.1	Glasarten	950
	11.10.2	Mechanische Eigenschaften	950
	11.10.3	Physikalische Eigenschaften	951
	11.10.4	Glaskeramik	951
11.11	Formen von Glas		951
	11.11.1	Herstellung von diskreten Glasprodukten	953
	11.11.2	Behandlung von Glas	955
11.12	Überlegungen zum Entwurf von Keramik und Glas		956
11.13	Graphit und Diamant		957
	11.13.1	Graphit	957
	11.13.2	Diamant	958
11.14	Verarbeitung von Metallmatrix- und Keramikmatrix-Verbundwerkstoffen		959
	11.14.1	Metallmatrix-Verbundwerkstoffe	959
	11.14.2	Keramikmatrix-Verbundwerkstoffe	961
	11.14.3	Besondere Verbundwerkstoffe	962
11.15	Verarbeitung von Supraleitern		963
Fallstudie			964
Zusammenfassung			965
Wichtige Gleichungen			966
Verständnisfragen			966

Rechenaufgaben 969

Fragen zum Entwurf 971

Kapitel 12 Fügeverfahren 973

12.1 Einführung 974

12.2 Gasschmelzschweißen 977

12.3 Lichtbogenschweißen mit abschmelzender Elektrode 979

    12.3.1 Wärmeeintrag beim Lichtbogenschweißen 979

    12.3.2 Lichtbogenhandschweißen 980

    12.3.3 Unterpulver-Lichtbogenschweißen 982

    12.3.4 Metall-Schutzgasschweißen 983

    12.3.5 Schweißen mit gefüllter Drahtelektrode 985

    12.3.6 Elektrogasschweißen 986

    12.3.7 Elektroschlackeschweißen 987

    12.3.8 Elektroden für das Lichtbogenschweißen 988

12.4 Lichtbogenschweißen mit nicht abschmelzender Elektrode 989

    12.4.1 Wolfram-Schutzgasschweißen 989

    12.4.2 Schweißen mit atomarem Wasserstoff 990

    12.4.3 Wolfram-Plasmaschweißen 990

12.5 Hochenergiestrahlschweißen 991

    12.5.1 Elektronenstrahlschweißen 992

    12.5.2 Laserstrahlschweißen 993

12.6 Schmelzschweiß-Fügezone 994

    12.6.1 Güte der Schweißung 997

    12.6.2 Schweißeignung 1004

    12.6.3 Prüfen von Schweißverbindungen 1005

    12.6.4 Auswahl des Schweißverfahrens 1008

12.7	Kaltpressschweißen	1008
12.8	Ultraschallschweißen	1010
12.9	Reibschweißen	1011
12.10	Widerstandsschweißen	1013
	12.10.1 Widerstandspunktschweißen	1015
	12.10.2 Widerstandsschweißen von Säumen	1017
	12.10.3 Widerstands-Buckelschweißen	1018
	12.10.4 Stumpfschweißen	1019
	12.10.5 Bolzen(lichtbogen)schweißen	1019
	12.10.6 Perkussionsschweißen	1020
12.11	Explosionsschweißen	1021
12.12	Diffusionsschweißen	1022
12.13	Lötverfahren	1023
	12.13.1 Hartlöten	1024
	12.13.2 Hartlötverfahren	1026
	12.13.3 Weichlöten	1028
12.14	Kleben	1033
	12.14.1 Klebstoffarten	1034
	12.14.2 Vorbereiten der Oberflächen	1037
	12.14.3 Prozessfähigkeit	1037
	12.14.4 Elektrisch leitfähige Klebstoffe	1038
12.15	Mechanisches Verbinden	1039
	12.15.1 Vorbereiten der Bohrung	1039
	12.15.2 Verbinder mit Gewinden	1040
	12.15.3 Niete	1040
	12.15.4 Weitere Verbindungstechniken	1041

12.16 Fügen von nichtmetallischen Werkstoffen 1043

      12.16.1 Fügen von Thermoplasten 1043

      12.16.2 Fügen von Duromeren 1045

      12.16.3 Fügen von Keramiken und Gläsern 1045

12.17 Entwurfsüberlegungen beim Fügen 1046

      12.17.1 Schweißen 1046

      12.17.2 Hart- und Weichlöten 1048

      12.17.3 Kleben 1049

      12.17.4 Mechanisches Verbinden 1049

12.18 Wirtschaftlichkeit des Fügens 1051

Fallstudie 1052

Zusammenfassung 1057

Wichtige Gleichungen 1058

Verständnisfragen 1058

Rechenaufgaben 1063

Fragen zum Entwurf 1065

Kapitel 13 Fertigung von mikroelektronischen, mikromechanischen und mikroelektromechanischen Bauteilen   1067

13.1 Einführung 1068

13.2 Reinraumtechnik 1072

13.3 Halbleiter und Silizium 1073

13.4 Kristallzüchtung und Waferherstellung 1075

13.5 Schichten und Schichtabscheidung 1078

13.6 Oxidation 1080

13.7 Lithographie 1081

13.8 Ätzen 1090

		13.8.1	Nassätzen	1090

13.8.1 Nassätzen 1090

13.8.2 Trockenätzen 1097

13.9 Diffusion und Ionenimplantation 1101

13.10 Metallisierung und Funktionstests 1102

13.11 Verdrahten und Gehäusemontage 1105

13.12 Ausbeute und Zuverlässigkeit von Chips 1110

13.13 Leiterplatten 1111

13.14 Mikrobearbeitung von MEMS-Bauteilen 1113

13.14.1 Massiv-Mikrobearbeitung (Volumenmikromechanik) 1115

13.14.2 Mikrobearbeitung von Oberflächen (Oberflächenmikromechanik) 1116

13.15 LIGA und verwandte Mikrofertigungsverfahren 1125

13.16 Formenlose Fertigung von Bauteilen 1132

13.17 Mesoskalige Fertigung 1133

13.18 Nanoskalige Fertigung 1134

Fallstudie 1136

Zusammenfassung 1139

Verständnisfragen 1140

Rechenaufgaben 1143

Fragen zum Entwurf 1144

Kapitel 14 Produktgestaltung und Fertigung im globalen Wettbewerb — 1147

14.1 Einführung 1148

14.2 Produktentwurf und robuster Entwurf 1149

14.2.1 Überlegungen zum Produktentwurf 1151

14.2.2 Produktentwurf und Werkstoffmengen 1152

14.2.3 Robustheit und robuster Entwurf 1153

14.3 Produktqualität und Qualitätsmanagement 1155

	14.3.1	Qualität als Fertigungsziel	1155
	14.3.2	Umfassendes Qualitätsmanagement	1157
	14.3.3	Deming-Methoden	1157
	14.3.4	Taguchi-Methoden	1158
	14.3.5	Taguchi-Verlustfunktion	1159
	14.3.6	Die ISO- und QS-Normen	1161
14.4	Lebenszyklusentwicklung und nachhaltige Fertigung		1163
14.5	Werkstoffwahl für Produkte		1165
	14.5.1	Allgemeine Werkstoffeigenschaften	1165
	14.5.2	Lieferformate handelsüblicher Werkstoffe	1166
	14.5.3	Verarbeitungseigenschaften von Werkstoffen	1167
	14.5.4	Versorgungssicherheit bei Werkstoffen	1168
	14.5.5	Werkstoff- und Verarbeitungskosten	1168
14.6	Substitution von Werkstoffen in Produkten		1170
14.7	Fähigkeiten von Fertigungsprozessen		1172
	14.7.1	Robustheit von Fertigungsprozessen und -maschinen	1176
14.8	Auswahl der Fertigungsverfahren		1176
14.9	Fertigungskosten und Kosteneinsparung		1179
	14.9.1	Kosteneinsparung	1181

Zusammenfassung ... 1183

Wichtige Gleichungen ... 1184

Verständnisfragen ... 1184

Rechenaufgaben ... 1186

Fragen zum Entwurf ... 1186

Bildnachweis **1191**

Literaturverzeichnis **1195**

Index **1217**

Fallstudien

Verwendung neuer Stähle im Automobilbau 229

Vollformguss von Motorblöcken und Zylinderköpfen 378

Fahrgestellteile für den Sportwagen Lotus Elise 478

Herstellung von Becken 569

Putter der Firma Ping Golf 695

Herstellung von Gefäßstützen 778

Kieferorthopädische Aligner-Schienen von Invisalign 882

Heißisostatisches Pressen eines Ventilstößels 964

Blisktechnologie im Triebwerksbau 1052

Digitale Mikrospiegel 1136

Vorwort zur deutschen Auflage

Alle Produkte, Bauwerke, Maschinen und Geräte, die wir benutzen, um unsere Lebensumstände zu verbessern oder zu bewahren, bestehen aus *technischen Werkstoffen*. Die historische Entwicklung der menschlichen Kulturen ist eng verknüpft mit der Verfügbarkeit technischer Werkstoffe. Dies zeigt sich auch daran, dass ganze Zeitepochen nach Werkstoffen benannt wurden. Zur Zeitenwende gab es – neben den naturgegebenen Werkstoffen Stein, Holz und Lehm – nur wenige technische Werkstoffe wie Kupfer, Zinn, Gold, Blei, Silber und Eisen. Im Laufe der Geschichte wurde immer besser verstanden, wie geeignetes Kombinieren der auf der Erde vorhandenen Stoffe (Elemente) zu nützlichen Werkstoffen für Bauwerke, Werkzeuge, Fortbewegungsmittel und elektronische Bauteile führt. Simultan dazu wurden die Herstellungs- und Verarbeitungstechniken für diese Werkstoffe entwickelt. Dadurch hat sich auch das Tätigkeitsfeld des Werkstofftechnikers entwickelt. Am Anfang beschäftigte sich die Werkstofftechnik mit den herstellungs- und verarbeitungstechnischen Verfahren, mit denen Rohstoffe in Werkstoffe und diese in Werkstücke umgewandelt werden. Diese Tätigkeitsgebiete erfuhren im Laufe der Geschichte erhebliche Erweiterungen und umfassen heute auch den einsatzgerechten Entwurf und die wirtschaftliche Fertigung von Gütern mithilfe einer breiten Palette von Fertigungsverfahren und -techniken. Neben der für die Anwendung des Produktes wichtigen Werkstoffwahl beachtet der Werkstofftechniker auch die Aspekte der Rohstoffverfügbarkeit, des Energieverbrauchs, der Herstellkosten, der Qualität und der Auswirkungen seiner Aktivitäten auf die Umwelt. Die Werkstoff- und die Fertigungstechnik zählen heute und wohl auch künftig zu den Schlüsseltechnologien für viele andere Bereiche der Technik, da die praktische Umsetzung technischer Weiterentwicklungen im überwiegenden Maße nur mit geeigneten Werkstoffen und Fertigungsverfahren möglich ist.

In Abwandlung des Titels der Antrittsvorlesung von Friedrich Schiller in Jena (1789) lässt sich die Frage „Was heißt und zu welchem Ende studiert man Werkstofftechnik" auf vielerlei Arten beantworten. Einmal – siehe oben – ist die Werkstofftechnik ein wichtiger Teil der Menschheitsgeschichte. Ein Studium der (historischen Entwicklung der) Werkstofftechnik vermittelt also auch einen Überblick über ihre Auswirkungen auf den geschichtlichen Ablauf. Auch muss sich jegliche Fertigungstätigkeit an ihren Auswirkungen auf unseren Lebensraum und unser Wohlbefinden messen lassen. Schließlich aber ist die heutige Werkstofftechnik als Wissens- und Lehrgebiet gleichermaßen anspruchsvoll und reizvoll. Der Werkstofftechniker greift ständig auf viele Zusammenhänge der Physik, Chemie, Thermodynamik und Mechanik zu, die – in die technische Praxis umgesetzt – zu verbesserten Werkstoffen und leistungsfähigeren Produkten führen. Seit etwa 100 Jahren bedient sich die Werkstofftechnik ausgiebig an den Erkenntnissen der Werkstoffwissenschaften, die ihrerseits auf zahlreichen Erkenntnissen der Grundlagenwissenschaften basiert.

Die Werkstofftechnik ist also trotz ihrer langen Tradition in keiner Weise als abgeschlossene Wissensdisziplin zu sehen. Gerade heute erlebt sie spannende Entwicklungen, von denen einige erwähnt werden sollen:

[1] Die nanometerskalige Fertigung führt zur gezielten Herstellung mikroskopisch kleiner Strukturen, die ihre natürlichen Grenzen in atomaren Abmessungen finden. Kapitel 13 des Buches stellt die dafür verwendeten Werkstoffe vor und diskutiert die Möglichkeiten, daraus mikroelektronische, mikromechanische und mikroelektromechanische Bauteile herzustellen. Der Nobelpreis für Physik

des Jahres 2010 ging an zwei Forscher, die sich mit der Graphenstruktur des Kohlenstoffs beschäftigten. Daraus hergestellte Kohlenstoff-Nanoröhren verfügen über äußerst interessante mechanische und elektrische Eigenschaften.

2. Die Fülle vorhandener werkstoffwissenschaftlicher Erkenntnisse wird im Rahmen von Modellieransätzen kombiniert und optimiert. Dabei werden weniger grundlegende Erkenntnisse gewonnen, sondern vielmehr ein Vordringen in höhere Ebenen der Komplexität und daraus folgender Nutzen ermöglicht. Beispiele dafür sind in den Kapiteln 5, 6 und 12 des Buches zu finden.

3. Die klassische Bearbeitung von Metallen erfolgt meist durch Abtragen mit Werkzeugen mit oder ohne geometrisch bestimmte Schneiden. In den letzten Jahren wurden diese Verfahren ergänzt und sogar zum Teil abgelöst durch eine Reihe von Techniken, die chemische, elektrische und elektrochemische Methoden oder Hochenergiestrahlen verwenden (Kapitel 9).

4. Auch Fügeverfahren und Rapid-Technologien werden fortlaufend weiterentwickelt. Dies betrifft nicht nur die verarbeiteten Werkstoffe, sondern auch die Verfahren selbst. Die Fallstudien zu den Kapiteln 10 und 12 geben Beispiele dafür.

5. Große Auswirkungen auf die Verarbeitung von Werkstoffen hat der Einsatz von Computern auf sämtlichen Stufen der Fertigung. Dies beginnt mit der computergesteuerten Herstellung von Werkstoffen und ihrer Weiterverarbeitung, umfasst den Entwurf von Produkten am Computer, die Computersteuerung sämtlicher Produktionsschritte und betrifft auch Lagerhaltung und Versand. Erhebliche Weiterentwicklungen auf diesen Gebieten sind wegen der rasanten Neuerungen in der Computertechnik auch künftig zu erwarten.

6. Die Betrachtung aller Stoffumwandlungen während der Herstellung von Werkstoffen und der Fertigung und dem Gebrauch von Produkten in Kreisläufen wird künftig größere Aufmerksamkeit finden (müssen). Als wissenschaftliches Werkzeug zur Beschreibung dieser Kreisläufe erweisen sich die statistische Thermodynamik und Betrachtungen der Entropie eines Fertigungsprozesskreislaufes als nützlich.

Motiviert von Beispielen wie in dieser Liste angeführt, versucht das Buch einen ganzheitlichen Einstieg in die faszinierenden Gebiete Werkstofftechnik und Fertigungsverfahren zu bieten. Es entstand aus einer amerikanischen Vorlage, die seit 1984 in nunmehr fünf Auflagen und übersetzt in mehrere Sprachen zum Standardwerk in der Ausbildung englisch- und spanischsprechender Studierender der Fachrichtungen Maschinenbau und Produktionstechnik geworden ist. Für die deutsche Ausgabe wurde das Buch aus dem Amerikanischen übertragen und dabei durchgängig dem deutschsprachigen universitären Umfeld angepasst. Dies bedingte eine vollständige Überarbeitung des Bild- und Zahlenmaterials sowie die Überführung sämtlicher amerikanischer Werkstoffbezeichnungen und Normen in ihre europäischen Äquivalente. Einige der Fallstudien der amerikanischen Version des Buches wurden durch solche ersetzt, die aus dem industriellen Umfeld Deutschlands stammen. Ebenso eingeflossen in diese Neubearbeitung ist meine Lehrerfahrung, die ich in der Ausbildung von Studierenden der Fachrichtungen Werkstoffwissenschaften und Maschinenbau seit 1980 gesammelt habe.

Ohne ein geeignetes Umfeld und die Beiträge von Mitarbeitern und Kollegen wäre das Entstehen des vorliegenden Buches nicht möglich gewesen. Dies betrifft eine Vielzahl von Mitarbeitern meines Lehrstuhls, die in verschiedenen Stadien des Buchprojektes Hilfestellung leisteten. Zum Dank verpflichtet bin ich Frau Y. Jahn für die sorgfältige Bearbeitung der Bildtexte, sowie den Lehrstuhlangehörigen C. Kellerer,

C. Hertl, A. Karelova, L. Koll, C. Schwarz, M. Burger, A. Fillafer, F. Hairer, P. Holfelder, R. Priller, B. Regener, G. Riedl, M. Ries, T. Taxer, P. Tsipouridis und R. Wesenjak für ihre Hilfe bei der Texterfassung und M. Dünckelmeyer für seine Geduld bei der Konvertierung von Grafikformaten. Dank gebührt auch Frau Dr. A. Stolle, MTU Aero Engines, für den Entwurf des Textes und für das Bildmaterial zur Fallstudie in Kapitel 12, Herrn T. Dettinger, Daimler AG, für Daten und Bilder für die Fallstudie in Kapitel 3, sowie Herrn Dr. F.-J. Klinkenberg, BMW Group, für das Text- und Bildmaterial zum Vollformguss (Kapitel 5). Besonderer Dank gilt Herrn Frank Langenau für die Erstellung einer sehr präzisen und sachkundigen Übersetzung der amerikanischen Originalausgabe und Frau Katharina Pieper für die Übernahme des Korrektorats. Ein besonderes Anliegen ist es, dem Verlag für die vorzügliche Ausstattung des Buches und Herrn Birger Peil, mit dem ich viele Stunden anregender Diskussionen über das Buchprojekt führen durfte, für seine große Geduld und die kompetente Betreuung zu danken. Schließlich danke ich auch meiner Frau Anita Werner, die sich tapfer bemühte, Verständnis für meine geistige Abwesenheit während der vergangenen zwei Jahre aufzubringen.

Wegweiser durch das Buch

Das Buch ist in 14 Kapitel und zwei Anhänge gegliedert, die – mit wenigen Ausnahmen – ähnlich aufgebaut sind.

Kapitel 1 gibt eine Übersicht zu den Themen, die in den folgenden 13 Kapiteln behandelt werden. Werkstofftechnik und Fertigung werden definiert und in ihrer historischen Entwicklung beleuchtet. Die Bedeutung dieser Disziplinen für den Erfolg von Industrien und Volkswirtschaften wird aufgezeigt.

Das mechanische Verhalten von Werkstoffen diskutiert **Kapitel 2**. Da die Auswahl von Werkstoffen oftmals nach diesem Verhalten getroffen wird, besitzen die mechanischen Eigenschaften des Endproduktes und seine mechanischen Charakteristika während der Herstellung einen besonderen Stellenwert. Das Kapitel erläutert die Methoden zur Ermittlung mechanischer Eigenschaften, Spannung-Dehnung-Kurven sowie einige Themen der Kontinuums- und Bruchmechanik und deren Bedeutung bei der Fertigung und dem Einsatz von Produkten.

Kapitel 3 behandelt die Struktur und die Verarbeitungseigenschaften metallischer Werkstoffe. Für eine Reihe von physikalischen Eigenschaften ist ihr kristalliner Aufbau und die Existenz von Fehlern in der kristallinen Ordnung von großer Wichtigkeit. Dieses Thema sowie das Verformungs- und Bruchverhalten von metallischen Werkstoffen und eine Reihe von physikalischen und chemischen Eigenschaften werden im ersten Teil des Kapitels vorgestellt. Im restlichen Teil werden wichtige metallische Gebrauchswerkstoffe erwähnt. Ihrer Bedeutung für die Technik Rechnung tragend, werden Eisenbasiswerkstoffe ausführlich präsentiert. Danach werden die wichtigsten Nichteisenmetalllegierungen sowie besondere metallische Werkstoffe besprochen. Thematisch abgerundet wird das Kapitel durch die Erläuterung der wichtigsten thermischen Verfahren zur gezielten Veränderung der Eigenschaften metallischer Werkstoffe. Die Fallstudie zum Kapitel betrifft die Verwendung moderner hoch- und höchstfester Stähle im Pkw-Karosseriebau.

Kapitel 4 ist der Rolle von Oberflächeneigenschaften und ihrer Bedeutung für die Bearbeitung von Werkstoffen gewidmet. Reibung, Verschleiß und Schmierung in Fertigungsverfahren werden ebenso behandelt wie Verfahren, mit welchen das Erscheinungsbild und die Leistungsfähigkeit von Bauteiloberflächen verbessert werden können. Weitere Themen des Kapitels sind Messtechnik, zerstörende und zerstörungsfreie Prüfverfahren für Werkstoffe sowie statistische Verfahren zur Qualitätssicherung von Produkten.

Kapitel 5 bespricht das Gießen von metallischen Werkstoffen. Neben den Vorgängen beim Erstarren von Metallen und Legierungen und den entstehenden Mikrostrukturen werden die Fließeigenschaften von Schmelzen und das Phänomen der Erstarrungsschwindung behandelt. Breiten Raum nimmt die Besprechung der Charakteristika der wichtigsten Gießverfahren und die verwendeten Eisenbasis- und Nichteisenbasisgusslegierungen ein. Überlegungen zum Entwurf (zur Gestaltung) von gegossenen Bauteilen runden das Kapitel ab. Die Fallstudie zum Kapitel ist dem Vollformguss von Motorblöcken und Zylinderköpfen gewidmet.

Kapitel 6 stellt die Verfahren der Massivumformung und die für die Werkzeuge verwendeten Werkstoffe vor. Die besprochenen Verfahren sind Schmieden, Walzen, Strang- und Fließpressen, Stangen-, Rohr- und Drahtziehen und Hämmern. Danach wird auf die Fertigung von Umformwerkzeugen und die Auswirkungen von Schäden an den Werkzeugen auf die Qualität der geformten Produkte sowie auf wirtschaftliche Überlegungen bei der Massivumformung eingegangen. Die Fallstudie zum Kapitel demonstriert, wie durch die Substitution von fließgepressten Aluminiumteilen durch geschmiedete Stahlteile im Fahrwerksbereich eines Sportwagens nicht nur Fertigungskosten gesenkt werden können, sondern auch die Kundenzufriedenheit gesteigert werden kann.

Die Eigenschaften von Blechen, die vielfältigen Verfahren zur Verarbeitung von Blechen und die verwendeten Maschinen und Ausrüstungen werden in **Kapitel 7** besprochen. Eingehend werden das Scheren, Biegen, Tiefziehen und weitere Verfahren der Blechumformung vorgestellt. Die Fallstudie zum Kapitel ist der Herstellung von Becken gewidmet.

Die spanende Bearbeitung von Werkstoffen ist Thema von **Kapitel 8**. Die Mechanik der Spanbildung, die Werkzeugwerkstoffe und die erzeugte Oberflächengüte der bearbeiteten Werkstücke werden detailliert besprochen. Die verschiedenen Maschinen und Verfahren zur spanenden Bearbeitung unterschiedlicher Werkstückgeometrien, Überlegungen zur Gestaltung und wirtschaftliche Betrachtungen runden das Kapitel ab. Die Fallstudie zum Kapitel stellt die Verfahren und Werkstoffe bei der Fertigung von Golfputtern vor.

Kapitel 9 ist weiteren Materialabtragverfahren gewidmet. Dazu zählen das Schleifen und Sonderverfahren wie Honen und Läppen zur Endbearbeitung von Oberflächen. Von den zahlreichen nichtmechanischen Verfahren werden die Bearbeitung mit chemischen, elektrischen und elektrochemischen Methoden und mit Hochenergiestrahlen besprochen. Eine Anwendung einiger dieser Verfahren zeigt die Fallstudie zum Kapitel bei der Fertigung von Gefäßstützen zur Implantation in die blockierte Arterie.

Die Eigenschaften und Verarbeitungsmerkmale von polymeren Werkstoffen und verstärkten Kunststoffen werden im ersten Teil von **Kapitel 10** behandelt. Neben den klassischen Polymerwerkstoffen werden auch Hochtemperaturpolymere, elektrisch leitende Polymere und biologisch abbaubare Kunststoffe besprochen. Die wichtigsten Verfahren zur Verarbeitung unverstärkter und verstärkter polymerer Werkstoffe werden vorgestellt. Die vielfältigen Verfahren und Werkstoffe für den schnellen Prototypenbau (Rapid Prototyping) und den schnellen Werkzeugbau (Rapid Tooling) runden das Kapitel ab. Die erwähnten Verfahren sind die Stereolithographie, verschiedene Drucktechniken, das selektive Lasersintern und die Schmelzschichtung. Die Herstellung von kieferorthopädischen Aligner-Schienen mittels Rapid-Technologien ist Gegenstand der Fallstudie zum Kapitel.

Die Eigenschaften und die Verarbeitung von Metallpulvern, Keramik, Glas und Supraleitern bilden den Inhalt von **Kapitel 11**. Ausführlich werden die Werkstoffe und die Fertigungsverfahren zur Herstellung endkonturnaher (bzw. einbaufertiger) Bauteile aus Metall- und Keramikpulvern sowie aus Glas, Keramik, Graphit und Diamant behandelt. Die Verarbeitung von Metallmatrix- und Keramikmatrix-Verbundwerkstoffen und von (keramischen) Supraleitern bildet den thematischen Abschluss des Kapitels. In der Fallstudie zum Kapitel wird die Herstellung eines Ventilstößels für schwere Lkw-Dieselmotoren durch heißisostatisches Pressen besprochen.

Kapitel 12 gibt einen Überblick zu den wichtigsten Fügeverfahren, mit denen einzelne Bauteile zu größeren Komponenten gefügt werden können. Zu diesen Verfahren zählen die zahlreichen Varianten des Schweißens, Lötens und Klebens. Neben den verfahrensspezifischen Aspekten werden die eingesetzten Werkstoffe vorgestellt. Ebenso behandelt werden das mechanische Verbinden, das Fügen von nichtmetallischen Werkstoffen sowie Entwurf und Wirtschaftlichkeit. In der Fallstudie zum Kapitel werden die vielfältigen Bearbeitungs- und Fügeverfahren sowie die verwendeten Werkstoffe bei der Herstellung von Integrallaufrädern (*Blisks*) für Flugzeugturbinen besprochen.

Die Werkstoff- und Fertigungstechnik von mikroelektronischen, mikromechanischen und mikroelektromechanischen (MEMS-)Bauteilen sind die Themen von **Kapitel 13**. Die Eigenschaften des für diese Anwendungen wichtigsten Werkstoffs – das Silizium – sowie seine Verarbeitung zu mikroelektronischen bis hin zu mikroelektromechanischen Bauteilen werden im Zuge des Kapitels Schritt für Schritt dargestellt. Das Kapitel endet mit einem Abschnitt über die nanometerskalige Fertigung, die sich gegenwärtig auf Bauelemente auf Basis von Kohlenstoff-Nanoröhren bzw. auf nanometerskalige Keramikpartikel als Verstärkungsphasen für Metalle konzentriert. In der Fallstudie zum Kapitel werden die einzelnen Fertigungsschritte bei der Erzeugung digitaler Mikrospiegel – einem Produkt auf MEMS-Basis – gezeigt.

Das abschließende **Kapitel 14** ist den Aspekten der Produktgestaltung und Fertigungstechnik im globalen Umfeld gewidmet. Die einzelnen Abschnitte des Kapitels behandeln wichtige Konzepte der Qualitätssicherung, der nachhaltigen Fertigung, der Werkstoffwahl und Werkstoffsubstitution und schließlich die Fragen zur Auswahl, den Fähigkeiten und den Kosten von Fertigungsverfahren im Kontext einer global vernetzten Wirtschaft.

Auf der Webseite zum Buch findet man in Form von Anhängen einige Sonderthemen der Werkstofftechnik und Fertigungstechnik. Die Anhänge zeigen auf, warum Werkstofftechnik und Fertigung mit zahlreichen anderen Wissensdisziplinen in Wechselwirkung treten müssen. **Anhang A** widmet sich der Automatisierung in Fertigungsoperationen, behandelt die Konzepte der numerischen Steuerung von Maschinen, die Verwendung von Robotern, Sensoren und Spanneinrichtungen und beschreibt schließlich den Einfluss der Automatisierung auf Produktgestaltung und Wirtschaftlichkeit. Die Fallstudie zum Kapitel demonstriert die Nützlichkeit von Robotern beim Entgraten von Löchern und Durchbrüchen in Kunststoffschlitten.

Anhang B zeigt, wie Computer in die Fertigungsumgebung integriert werden. Computergestützter Entwurf, Simulation von Fertigungsabläufen, Gruppentechnologie und Datenbankkonzepte werden ebenso erläutert wie integrierte Fertigung, Prinzipien der Just-in-time-Produktion, Datenübertragungssysteme, künstliche Intelligenz und Expertensysteme.

Handhabung des Buches

Dozenten: Das Buch ist als Lehrbuch für eine zweisemestrige, jeweils zweistündige Vorlesung mit Übungen zur Werkstoff- und Fertigungstechnik konzipiert. Die Studierenden sollten die Grundkurse zur Technischen Mechanik und zur Werkstoffkunde bereits erfolgreich absolviert haben, da viele der in diesen Fächern gelehrten Grundlagen im vorliegenden Buch oft nur erwähnt und nicht in voller Tiefe quantitativ ausgearbeitet werden. Nur dadurch ist es gelungen, den sehr umfangreichen Stoff in einem Band unterzubringen. Es wird empfohlen, das Buch ohne Überspringen ganzer Kapitel zu verwenden, um der großen Breite der Werkstofftechnik Rechnung zu tragen. Der Schwierigkeitsgrad der Präsentation kann dem Auditorium angepasst werden. Für Studierende in den technischen Bachelorstudiengängen des Maschinenbaus, der Fertigungstechnik und der Werkstoffwissenschaften werden naturgemäß die qualitativen Zusammenhänge im Vordergrund stehen. Studierende entsprechender Masterstudiengänge hingegen können vermehrt auf die quantitativen Aspekte des Lehrstoffs hingeführt werden. Im Text finden sich zahlreiche qualitative und quantitative Beispiele, die helfen sollen, die behandelten Themen durch geführtes Üben zu festigen und zu vertiefen. Viele Kapitel präsentieren Fallstudien. Mit diesen wird aufgezeigt, dass eine Werkstofftechnik auf hohem Stand in Verbindung mit geeigneten Fertigungsverfahren in nahezu allen Technikbereichen für die Realisierung moderner und leistungsfähiger Produkte unverzichtbar geworden ist.

Studierende: Jedes Kapitel beginnt mit einer Textbox, in der die Lernziele des Kapitels niedergelegt sind. Eine knappe Darstellung der wesentlichen Lernthemen in Form einer Zusammenfassung, eine kompakte Zusammenstellung wichtiger Gleichungen, ein umfangreiches Verzeichnis relevanter Buchliteratur sowie in Summe etwa 1500 Fragen und Rechenaufgaben beschließen die einzelnen Kapitel. Zahlreiche Begriffe der Fertigungstechnik stammen aus dem Englischen. Wo es sinnvoll war, stehen die englischen Begriffe hinter ihren deutschen Übersetzungen in Klammern.

Webseite

Die Webseite zum Buch findet man unter *www.pearson-studium.de*. Am schnellsten gelangen Sie zur Buchseite, wenn Sie im Feld „Schnellsuche" die Buchnummer **4006** eingeben. Auf der Webseite finden Sie Hinweise und Dokumente in elektronischer Form, wie z.B. Anhänge, alle Abbildungen zum Buch und die Lösungen (in englischer Sprache) zu zahlreichen Aufgaben des Buches. Die Seite bietet auch die Möglichkeit, das umfangreiche Zahlenmaterial aktuell zu halten.

München   EWALD WERNER

Aus dem Vorwort zur fünften amerikanischen Auflage

Bedingt durch den raschen Fortschritt in allen Aspekten der Fertigung, bemühen sich die Autoren weiterhin eine umfassende und moderne Darstellung der Wissenschaft, Technik und Praxis der Werkstofftechnik und Fertigungsverfahren bereitzustellen. Die Anzahl der Kapitel des Buches blieb gegenüber seinen vorigen Auflagen ebenso unverändert wie das Vorhaben, die Komplexität und Interdisziplinarität aller Aktivitäten in der Fertigung aufzuzeigen. Im Vordergrund stehen weiterhin die Wechselwirkungen zwischen Werkstoffen, Entwurf und Fertigungsverfahren sowie die mannigfaltigen Aspekte bei deren Auswahl.

Es wurde jeder Versuch unternommen, Studierende zu motivieren, die Bedeutung der Fertigung in der global auf alle Nationen ausgerichteten Wirtschaft zu verstehen und zu würdigen. Die große Anzahl an Fragen und Rechenaufgaben am Ende jedes Kapitels verfolgt den Zweck, die Studierenden zum selbstständigen Bewältigen verschiedener Herausforderungen zu ermuntern. Dabei sollen die Möglichkeiten, aber auch die Grenzen der vorgestellten Fertigungsverfahren erkannt werden. Diese Herausforderungen umfassen auch ökonomische Überlegungen und Aspekte des Wettbewerbs eines globalen Marktes. Die zahlreichen Beispiele und Fallstudien im Buch sollen den Studierenden eine Perspektive von der Nützlichkeit der Themen des Buches für praxisbezogene Anwendungen vermitteln.

Wir danken den folgenden Gutachtern:

Z.J. Pei, Kansas State University
John Lewandowski, Case Western Reserve University
Yong Huang, Clemson University
T. Kesavadas, University at Buffalo
Nicholas X. Fang, University of Illinois
Philip J. Guichelaar, Western Michigan University
Zhongming Liang, Indiana University-Purdue University
Klaus J. Weinmann, University of California at Berkeley

Wir möchten uns bei Kent M. Kalpakjian (Micron Technologies, Inc.) für das Verfassen und bei Robert Kerr (Micron Technologies, Inc.) für das Korrekturlesen der Abschnitte über die Fertigung von mikroelektronischen Bauteilen bedanken. Ebenso wollen wir die Hingabe und die fortwährende Hilfestellung und Bereitschaft zur Zusammenarbeit von Holly Stark, Senior Editor von Pearson Prentice Hall, und des Herausgeberstabes von Prentice-Hall, im Besonderen Scott Disanno, Winifred Sanchez und Xiahong Zhu erwähnen.

Zahlreichen Organisationen, die uns Bildmaterial und Themen für Fallstudien bereitstellten, sind wir zu Dank verpflichtet. Diese Beiträge sind im Buch gesondert gekennzeichnet.

Serope Kalpakjian
Steven R. Schmid

Über die Autoren

Serope Kalpakjian ist emeritierter Professor für Mechanical and Materials Engineering des Illinois Institute of Technology (IIT). Er ist Autor des Buches *Mechanical Processing of Materials* (Van Norstrand, 1967) und Koautor von *Lubricants and Lubrication in Metalworking Operations* (mit E.S. Nachtmann; Dekker, 1985). Die jeweils ersten Auflagen seiner Lehrbücher *Manufacturing Processes for Engineering Materials* (1984) und *Manufacturing Engineering and Technology* (1989, zurzeit 5. Auflage) wurden mit dem M. Eugene Merchant Manufacturing Textbook Award ausgezeichnet. Er forscht in verschiedenen Gebieten der Fertigungstechnik, er ist Autor unzähliger Fachveröffentlichungen und Kapitel in Büchern und Enzyklopädien. Mehrere Konferenzbände wurden von ihm herausgegeben. Professor Kalpakjian war Herausgeber und Mitherausgeber mehrere Fachzeitschriften und Mitglied des Herausgeberstabes von *Encyclopedia Americana*.

Neben zahlreichen anderen Auszeichnungen erhielt Professor Kalpakjian den Forging Industry Educational and Research Foundation Best Paper Award (1966), den Excellence in Teaching Award seiner Universität (1970), den ASME Centennial Medallion (1980), den SME International Education Award (1989), den A Person of the Millenium Award des IIT (1999) und den Albert Easton White Outstanding Teacher Award von ASM International (2000). Der SME Outstanding Young Manufacturing Engineer Award des Jahres 2002 wurde nach ihm benannt. Professor Kalpakjian ist ein Life Fellow von ASME, Fellow von SME, Fellow und Life Member von ASM International, Fellow Emeritus der International Academy for Production (CIRP). Er ist Gründungsmitglied und Altpräsident von NAMRI/SME.

Professor Kalpakjian ist Absolvent (mit Auszeichnung) des Robert College (Istanbul), der Harvard University und des Massachusetts Institute of Technology.

Steven R. Schmid ist Professor am Department of Aerospace and Mechanical Engineering der University of Notre Dame. Er lehrt und forscht in den Gebieten Fertigungstechnik, Maschinenentwurf und Tribologie. Er graduierte zum Bakkalaureus (Maschinenbau) am Illinois Institute of Technology (mit Auszeichnung) und schloss seine Master- und Doktoratsstudien in Maschinenbau an der Northwestern University ab. Professor Schmid erhielt zahlreiche Auszeichnungen wie den John T. Parsons Award der Society of Manufacturing Engineers (2000), den Newkirk Award der ASME (2000), den Kaneb Center Teaching Award (2000 und 2003) und den Ruth and Joel Spira Award for Excellence in Teaching (2005).

Professor Schmid ist Autor von über 90 Fachveröffentlichungen und Koautor der Lehrbücher *Fundamentals of Machine Elements* (McGraw-Hill), *Fundamentals of Fluid Film Lubrication* (Dekker) und *Manufacturing Engineering and Technology*. Er verfasste zwei Kapitel des *CRC Handbook of Modern Tribology*. Professor Schmid ist Mitherausgeber des ASME *Journal of Manufacturing Science and Engineering*. Er ist eingetragen als Professional Engineer und zugelassener Manufacturing Engineer.

Ewald A. Werner ist Professor für Werkstoffkunde und Werkstoffmechanik an der Fakultät für Maschinenwesen der Technischen Universität München. Dort leitet er auch das Staatliche Materialprüfamt für den Maschinenbau, dessen Gründer Johann Bauschinger war (1868). Professor Werner studierte Werkstoffwissenschaften (Diplomstudium) und promovierte an der Montanuniversität Leoben. Er forschte an der ETH in Zürich und am Erich Schmid Institut für Festkörperphysik der Österreichischen Akademie der Wissenschaften und habilitierte sich an der Universität Leoben im Fach Metallphysik. Professor

Werner ist Koautor der Lehrbücher *Werkstoffe* (mit E. Hornbogen und G. Eggeler; Springer, 2008), *Fragen und Antworten zu Werkstoffe* (mit E. Hornbogen, N. Jost und G. Eggeler; Springer, 2009), *Aufgaben zu Technische Mechanik 1–3* (mit W. Hauger, V. Mannl und W. Wall; Springer, 2001) und *Formeln und Aufgaben zur Technischen Mechanik 4* (mit D. Gross, W. Hauger und J. Schröder; Springer, 2008). Er hat mehr als 230 Fachbeiträge veröffentlicht. An der TU München forscht und lehrt er in den Gebieten Werkstoffkunde, Werkstoffmechanik und numerische Werkstoffmodellierung.

Professor Werner wurde mit dem Forschungspreis des Landes Steiermark (1994) und dem Erich Schmid Preis für Physik der Österreichischen Akademie der Wissenschaften (1996) ausgezeichnet. Er erhielt den Michael Tenenbaum Award (1999, 2001 und 2002), den Gilbert R. Speich Award (2001 und 2002) und den Robert W. Hunt Award (2002) der Iron and Steel Society, USA. 2007 erhielt er den Sawamura Award des Iron and Steel Institute of Japan. Professor Werner ist Herausgeber für Europa von *Materials Science and Engineering A* und war Mitherausgeber des ASME *Journal of Engineering Materials and Technology*. 2010 wurde er von der Universität Salzburg zum Doktor der Naturwissenschaften ehrenhalber promoviert.

Einführung

1.1	Werkstofftechnik und Fertigung	40
1.2	Produktentwurf und simultane Entwicklung	48
1.3	Konstruktion für Fertigung, Montage, Demontage und Wartung	52
1.4	Umweltbewusste Konstruktion, nachhaltige Fertigung und Produktlebenszyklus	53
1.5	Werkstoffwahl	55
1.6	Wahl der Fertigungsprozesse	58
1.7	Computergestützte Fertigung	62
1.8	Schlanke Produktion und agile Fertigung	65
1.9	Qualitätssicherung und umfassendes Qualitätsmanagement	66
1.10	Fertigungskosten und globale Wettbewerbsfähigkeit	67
1.11	Allgemeine Trends in der Fertigung	69
	Zusammenfassung	70

ÜBERBLICK

LERNZIELE

- Dieses Kapitel definiert die Werkstofftechnik und Fertigung und beschreibt die technischen und wirtschaftlichen Überlegungen bei der Herstellung erfolgreicher Produkte;
- Dann werden die Beziehungen zwischen Produktentwurf und Produktentwicklung sowie den Faktoren wie zum Beispiel Werkstoffen, Prozessauswahl und den damit verbundenen Kosten erklärt;
- Schließlich beschreibt dieses Kapitel die wichtigen Trends in der modernen Fertigung und wie sie sich in einem hart umkämpften globalen Markt nutzen lassen, um Produktionskosten zu minimieren.

1.1 Werkstofftechnik und Fertigung

Wenn Sie diese Einführung lesen, sollten Sie sich ein paar Momente Zeit nehmen, die verschiedenen Objekte um Sie herum zu inspizieren: Bleistift, Büroklammer, Tisch, Glühbirne, Türklinke und Mobiltelefon. Bald werden Sie erkennen, dass diese Objekte aus verschiedenen Rohmaterialien zu Einzelteilen umgeformt und zu spezifischen Produkten zusammengebaut wurden. Manche Objekte wie zum Beispiel Nägel, Stifte und Büroklammern bestehen aus einem einzigen Material; die Mehrheit der Objekte (wie etwa Toaster, Fahrräder, Computer, Waschmaschinen und Trockner, Autos und Traktoren) sind jedoch aus verschiedenen Bauteilen aus einer breiten Palette von Materialien zusammengesetzt (► Abbildung 1.1). Zum Beispiel besteht ein Kugelschreiber aus rund einem Dutzend Teilen, ein Rasenmäher aus etwa 300 Einzelteilen, ein Konzertflügel aus 12 000 Teilen, ein typisches Auto aus 15 000 Teilen, ein C-5A-Transportflugzeug aus mehr als 4 Millionen Teilen und eine Boeing 747-400 aus rund 6 Millionen Teilen. Alle werden durch eine Kombination von verschiedenen Prozessen hergestellt, die man allgemein als Fertigung bezeichnet.

Werkstofftechnik und **Fertigung** umfassen im weitesten Sinn die Tätigkeit, Rohstoffe in Produkte umzuwandeln. Während sich die klassische Werkstofftechnik mit herstellungs- und verarbeitungstechnischen Verfahren befasste, mit denen Rohstoffe in Werkstoffe und Werkstoffe in Werkstücke umgewandelt werden, erstreckt sich die Tätigkeit des heutigen Werkstofftechnikers auch auf den einsatzgerechten Entwurf und die wirtschaftliche Fertigung von Gütern mithilfe verschiedener Produktionsverfahren und -techniken. Neben der für die vorgesehene Anwendung des Produkts wichtigen Werkstoffwahl beachtet der Werkstofftechniker auch Aspekte der Rohstoffverfügbarkeit, des Energieverbrauchs, der herstellungs- und verarbeitungsbedingten Kosten und der Umweltbelastung während der Herstellung des Produkts und seinem späteren Gebrauch. Nahezu jede künftige technische Entwicklung ist abhängig von der Verfügbarkeit neuer und der Verbesserung zurzeit eingesetzter Werkstoffe und ihrer Verarbeitbarkeit zu nützlichen Produkten. Daher zählen Werkstoff- und Fertigungstechnik zu den Schlüsseltechnologien für viele andere technische Bereiche wie die Verkehrs-, Energie- und Informationstechnik, da die Umsetzung technischer Innovationen nahezu ausnahmslos nur mit geeigneten Werkstoffen und Fertigungsverfahren möglich wird. Die Werkstofftechnik bedient sich intensiv an den theo-

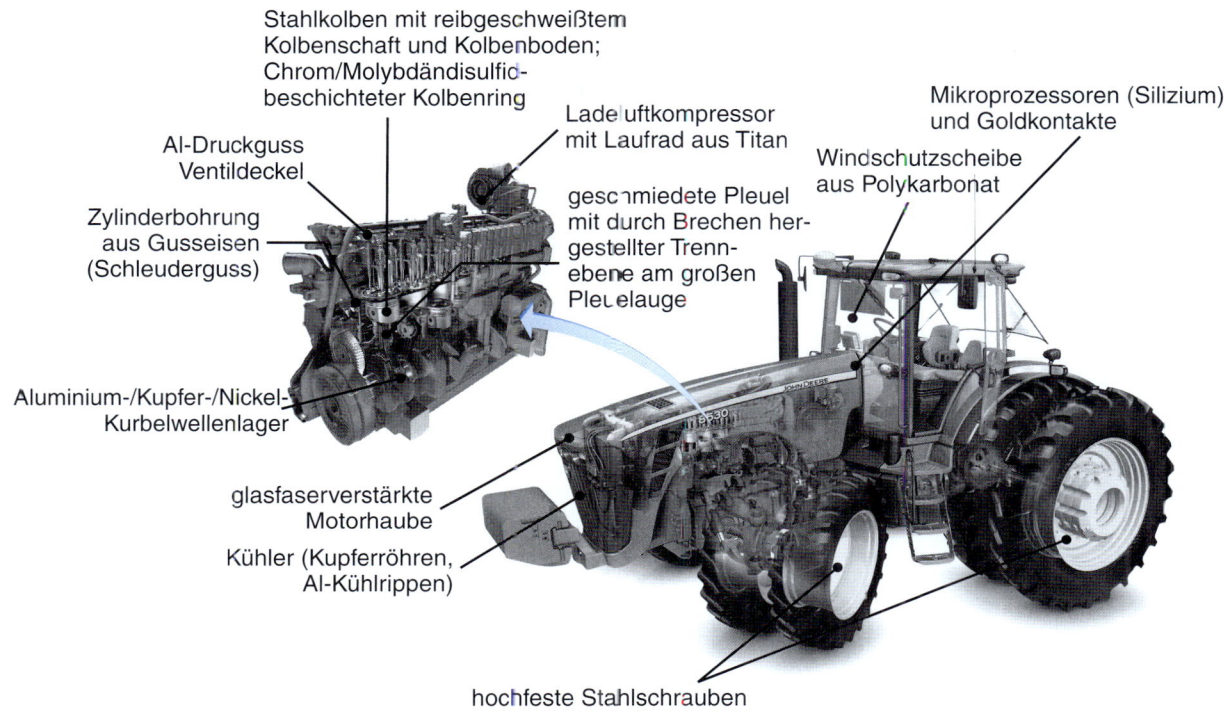

Abbildung 1.1: Modell des Traktors 8430, welches die Vielzahl an verwendeten Werkstoffen und Herstellprozessen zeigt.

retischen Erkenntnissen der Werkstoffwissenschaften, die – in die Praxis umgesetzt – zu verbesserten Werkstoffen und leistungsfähigeren Produkten führen. Die Werkstofftechnik befruchtet nicht nur Entwicklungen in der Computer- und Informationstechnologie, im Maschinenbau, in der Mechatronik sowie in der Ökonomie und Ökologie, sondern bezieht einen Großteil ihrer Prozessfähigkeiten gerade aus diesen Disziplinen.

Die ersten Wurzeln der Werkstofftechnik und der Fertigung finden sich 5000 bis 4000 v. Chr. mit der Produktion verschiedener Artikel aus den Werkstoffen Holz, Keramik, Stein und Metall (siehe Tabelle 1.1). Das deutsche Wort Fertigung geht auf den in vielen europäischen Sprachen vorhandenen Begriff Manufaktur zurück, der vom Lateinischen *manu factus* in der Bedeutung „von Hand gemacht" abgeleitet ist. Gleichbedeutend mit Fertigung ist das Wort Produktion.

Die Fertigung kann diskrete Produkte hervorbringen, d. h. einzelne Bestandteile oder Stücke, wie zum Beispiel Nägel, Nieten, Zahnräder, Stahlkugeln und Getränkedosen. Dagegen sind Drähte, Metallbleche, Schläuche und Rohre Endlosprodukte, die sich in einzelne Stücke schneiden lassen und somit zu diskreten Produkten werden.

Da ein gefertigter Artikel eine Reihe von Änderungen durchlaufen hat, in denen Rohstoffe zu einem nützlichen Produkt umgewandelt wurden, besitzt er einen **Mehrwert** (*added value*), der sich als Geldwert ausdrücken lässt. Zum Beispiel hat Ton einen bestimmten Wert, wenn er abgebaut wird. Stellt man

1 Einführung

Tabelle 1.1: Geschichtliche Entwicklung der Werkstoffe und Fertigungsverfahren

Zeitalter	Zeitraum	Metalle und Gießtechnik	Andere Werkstoffe und Verbunde	Formgebung und Güter	Fügen	Werkzeuge, Bearbeitung und Fertigungssysteme
	vor 4000 v. Chr.	Gold, Kupfer, Meteoreisen	Steingut, Glasuren, natürliche Fasern	Hämmern		Werkzeuge aus Stein, Feuerstein, Holz, Knochen, Elfenbein, gebaute Werkzeuge
	4000–3000 v. Chr.	Kupferguss, Formen aus Metall und Stein, Wachsausschmelzverfahren, Blei, Zinn, Silber, Bronze		Stanzen, Schmuck	Weichlöten (Cu-Au, Cu-Pb, Pb-Sn)	Korund (Tonerde, Schmirgel)
	3000–2000 v. Chr.	Bronze: Gießen und Ziehen, Blattgold	Glasperlen, Tonwaren (Töpferscheibe), Glasgefäße	Draht aus geschlitzten Metallblechen	Nieten, Hartlöten	Hauenfertigung, hammergeschmiedete Äxte, Werkzeuge für Eisenerzeugung und Zimmerei
Ägypten: ~ 3100 v. Chr. bis ~ 300 v. Chr.	2000–1000 v. Chr.	Schmiedeeisen, Messing				
Griechenland: ~ 1100 v. Chr. bis 146 v. Chr.	1000–1 v. Chr.	Gusseisen, Gussstahl	Pressglas und Glasblasen	Stanzen von Münzen	Schmiedeschweißen von Eisen und Stahl, Kleben	Verbesserte Meißel, Sägen, Feilen, Drechselbänke
Römisches Reich: ~ 500 v. Chr. bis 476 n. Chr.	1–1000 n. Chr.	Zink, Stahl	Venezianisches Glas	Schmieden von Rüstungen und Schwertern aus Stahl, Prägen		Ätzen von Rüstungen
Mittelalter: ~ 476 bis 1492 Renaissance: 14. bis 16. Jh.	1000–1500	Hochofen, Letternmetall, Glockenguss, Hartzinnlegierungen	Kristallglas	Drahtziehen, Schmieden von Gold und Silber		Schleifpapier, windkraftgetriebene Sägen

(wird fortgesetzt)

Tabelle 1.1: Geschichtliche Entwicklung der Werkstoffe und Fertigungsverfahren (Fortsetzung)

Zeitalter	Zeitraum	Metalle und Gießtechnik	Andere Werkstoffe und Verbunde	Formgebung und Güter	Fügen	Werkzeuge, Bearbeitung und Fertigungssysteme
Industrielle Revolution: ~1750 bis 1850	1500–1600	Gusseisen für Kanonen, verzinktes Eisenblech	Flachglas, Flintglas	Wasserkraftantriebe, Walzen von Metallbändern		Handhobel für die Holzbearbeitung
	1600–1700	Guss in Dauerform, Messing aus Kupfer und metallischem Zink	Porzellan	Walzen (Blei, Gold, Silber), Profilwalzen (Blei)		Bohren, Drehen, Gewindeschneiden, Ständerbohrmaschine
	1700–1800	Temperguss, Tiegelstahl (Profil- und Stabstahl)		Extrudieren (Bleirohre), Walzen, Tiefziehen		
	1800–1900	Schleuderguss, Bessemer-Verfahren, Aluminiumelektrolyse, Nickelstahle, Weißmetall, galvanisierter Stahl, Pulvermetallurgie, Siemens-Martin-Verfahren	Fensterglas (aus Zylindern), Glühbirne, Vulkanisation, Gummiverarbeitung (Extrudieren), Polyester, Styrol, Zelluloid	Dampfhammer, Walzen von Stahl, Nahtlosrohre, Walzen von Schienen		Fräsen, Kopier- und Revolverdrehbank, Universalfräsmaschine, keramische Schleifscheibe
1. Weltkrieg	1900–1920		Massenfertigung von Glasflaschen, Bakelit, Borsilikatglas	Rohrwalzen, Warmextrudieren	Sauerstoff-Azetylen-, Lichtbogen-, Widerstands-, Thermitschweißen	Getriebedrehbänke, Gewindeschneidautomaten, Walzfräsen, Schnellarbeitsstahlwerkzeuge, Aluminiumoxid und Siliziumnitrid (synthetisch)

(wird fortgesetzt)

1 Einführung

Tabelle 1.1: Geschichtliche Entwicklung der Werkstoffe und Fertigungsverfahren (Fortsetzung)

Zeitalter	Zeitraum	Metalle und Gießtechnik	Andere Werkstoffe und Verbunde	Formgebung und Güter	Fügen	Werkzeuge, Bearbeitung und Fertigungssysteme
2. Weltkrieg	1920–1940	Druckgießen	Polyvinylchlorid, Zelluloseazetat, Polyethylen, Glasfasern	Wolframdraht aus Metallpulver	Mantelelektroden	Wolframkarbid, Massenfertigung, Übergabemaschinen
	1940–1950	Wachsausschmelz-verfahren für technische Produkte	Akryle, Epoxide, synthetischer Gummi, lichtempfindliche Gläser	Extrudieren (Stahl), Rundkneten, Metalle aus Pulvern für technische Erzeugnisse	Unterpulver-Lichtbogenschweißen	Phosphatierte Oberflächen, umfassende Qualitätskontrolle
Weltraumzeitalter	1950–1960	Keramische Formen, Sphäroguss, Halbleiter, Strangguss	Acrylnitril-Butadien-Styrol, Silikone, Fluorkohlenwasserstoffe, Polyurethan, Floatglas, Hartglas, Glaskeramik	Kaltextrudieren (Stahl), Explosivumformen, thermochemische Bearbeitung	Metall-Inertgas-, Wolfram-Inertgas-, Elektroschlacke-, Explosivschweißen	Elektrische und chemische Bearbeitung, automatisierte Steuerung
	1960–1970	Pressgießen, einkristalline Turbinenschaufeln	Azetale, Polykarbonat, Kaltumformen von Polymeren, verstärkte Polymere, Präzisionswickeln	Innenhochdruckumformen, hydrostatisches Strangpressen, Galvanoformen	Plasma-Lichtbogen- und Elektronenstrahlschweißen, Adhäsionskleben	Titankarbid, synthetischer Diamant, numerische Steuerung, integrierte Schaltkreise
	1970–1990	Gusseisen mit Vermikulargraphit, Vakuumguss	Kleber, Verbundwerkstoffe, Halbleiter	Präzisionsschmieden, isothermes Schmieden	Laserstrahl-, Diffusionsschweißen (in Kombination)	Kubisches Bornitrid, beschichtete Werkzeuge, Diamantdrehen

(wird fortgesetzt)

1.1 Werkstofftechnik und Fertigung

Tabelle 1.1: Geschichtliche Entwicklung der Werkstoffe und Fertigungsverfahren (Fortsetzung)

Zeitalter	Zeitraum	Metalle und Gießtechnik	Andere Werkstoffe und Verbunde	Formgebung und Güter	Fügen	Werkzeuge, Bearbeitung und Fertigungssysteme
Weltraumzeitalter	1970–1990	organisch gebundener Formsand, automatisiertes Formherstellen und Abgießen, schnelle Erstarrung, Metallmatrix-Komposite, Verarbeitung im halberstarrten Zustand, amorphe Metalle, Formgedächtnislegierungen, Computersimulation	Lichtleiter, Strukturkeramik, Keramik-Metall-Verbunde, biologisch abbaubare Polymere, elektrisch leitende Polymere	superplastisches Umformen, computergestütze(r) Entwurf und Fertigung von Gesenken, endformnahes Schmieden und Umformen, Computersimulation	mit superplastischem Umformen, Reflow-Löten	ultrapräzise Bearbeitung, computergestützte Fertigung, Industrieroboter, Bearbeitungszentren, flexible Fertigungssysteme, Sensortechnologie, automatisierte Überwachung, Expertensysteme, künstliche Intelligenz, Computersimulation und Optimierung
Informationszeitalter	ab 1990	Rheo- und Thixogießen, computergestützter Enturf von Gussformen, schnelle Werkzeugbereitstellung	Nanometerskalige Werkstoffe, Metallschäume, Hochleistungsbeschichtungen, Hochtemperatursupraleiter, maschinell bearbeitbare Keramiken, diamantartiger Kohlenstoff	Schneller Prototypenbau, schnelle Werkzeugbereitstellung, umweltfreundliche Schmier- und Kühlflüssigkeiten	Reibrührschweißen, bleifreie Lote, Laser-Stumpfschweißen (maßgeschneiderte Blechplatinen), elektrisch leitende Kleber	Mikro- und Nanofertigung, LIGA (Röntgenstrahllithographie, Galvanoformen und Abformung), Trockenätzen, Linearantriebe, künstliche neuronale Netze, „Sechs-Sigma-Verfahren"

Nach: J.A. Schey, C.S. Smith, R.F. Tylecote, T.K. Derry, T.I. Williams, S.R. Schmid, S. Kalpakjian.

damit einen Porzellanteller, ein Schneidewerkzeug oder einen elektrischen Isolator her, erhält der Ton einen zusätzlichen Wert. Ebenso hat ein Drahtkleiderbügel oder ein Nagel einen Mehrwert über den Kosten des Drahtstückes, aus dem er gemacht wurde.

Fertigung ist äußerst wichtig für die nationale und internationale Wirtschaft. Sehen Sie sich dazu ▶ Abbildung 1.2 an, die das Pro-Kopf-Bruttoinlandsprodukt eines Landes als Funktion der Fertigungsaktivität in diesem Land darstellt. Die Kurven zeigen die Trends von 1982 bis 2006. Es lässt sich Folgendes beobachten:

1 Am Anfang der Kurven, d. h. 1982, war der Wohlstand der Länder eng an das Niveau der Fertigungsaktivität gebunden, wie es der schattierte Bereich zeigt.

2 Am Ende der Kurven, d. h. 2006, ist die Abhängigkeit des Wohlstands von einem aktiven Fertigungssektor nicht so deutlich und kann von mehreren Faktoren begleitet werden, unter anderem:

- Manche Nationen verfügen über natürliche Ressourcen, die ihren Bürgern einen höheren Lebensstandard ermöglichen. Das wird vor allem bei Kuwait und Mexiko deutlich, deren Erdölexporte erheblich zum Wohlstand beitragen. Die meisten Nationen, die nicht so üppig mit natürlichen Ressourcen gesegnet sind, müssen stattdessen Wohlstand erzeugen, um eine stabile Wirtschaft zu erhalten.

- Selbst wenn das Fertigungsniveau in einem Land konstant bleibt oder leicht steigt, fällt sein prozentualer Anteil an der Volkswirtschaft, wenn die Wirtschaft wächst. Demzufolge sollte erkannt werden, dass das absolute Niveau der Fertigungsaktivität in einem Land zunehmen kann, auch wenn der relative Beitrag der Fertigung zur gesamten Wirtschaft eines Landes sinkt.

- Das Entstehen einer globalen Wirtschaft wird in den Medien oftmals als nachteilig dargestellt, doch führt globaler Handel zu einem höheren Wohlstand aller beteiligten Nationen und diese Zunahme verdeutlicht die Auswirkung der Fertigung auf die ökonomische Stabilität.

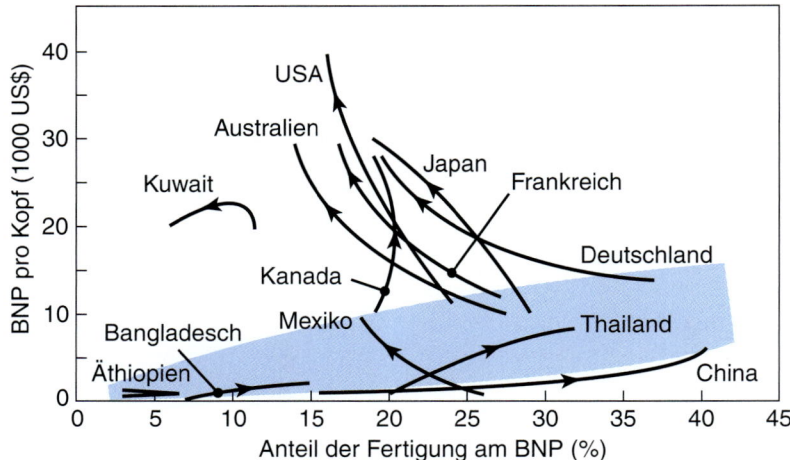

Abbildung 1.2: Bedeutung der Fertigung für die Wirtschaft einzelner Länder für die Jahre 1982 bis 2006. Nach J.A. Schey mit Daten aus dem Weltentwicklungsbericht der Weltbank.

3 Nationen mit dem größten Wachstum des Bruttoinlandprodukts haben ihre wirtschaftlichen Aktivitäten auf Produkte mit hoher Wertschöpfung konzentriert, beispielsweise Autos, Flugzeuge, medizinische Geräte, Computer, Elektronik und Maschinen. Andere Produkte wie zum Beispiel Kleidung, Spielzeug und Handwerkzeuge sind arbeitsintensiv und werden vor allem in Ländern mit niedrigeren Lohntarifen hergestellt. Derartige arbeitsintensive Fertigung ist mit der traditionellen Kurve verbunden, die in Abbildung 1.2 als schattierter Bereich dargestellt ist.

Aus Abbildung 1.2 lässt sich ableiten, dass ein gesunder und dynamischer Fertigungssektor erforderlich ist und dass Fertigungsaktivitäten mit hoher Wertschöpfung wesentlich sind, um einen Lebensstandard auf einem Niveau zu erreichen, der in westlichen Ländern als gegeben hingenommen wird.

Fertigung ist im Allgemeinen eine komplexe Aktivität, an der viele Personen aus einem breiten Spektrum von Branchen und Qualifikationen beteiligt sind. Dazu gehören auch die verschiedensten Maschinen, Geräte und Werkzeuge mit unterschiedlichem Grad der Automatisierung und Regelung, einschließlich Computer, Roboter und Ausrüstungen für die Werkstoffbehandlung. Fertigungsaktivitäten müssen auf mehrere Forderungen und Trends reagieren können:

1 Ein Produkt muss den **Entwurfsanforderungen** sowie den **Spezifikationen** und Standards vollständig entsprechen.

2 Es ist nach den wirtschaftlichsten und umweltfreundlichsten Methoden zu fertigen.

3 **Qualität** muss auf jeder Stufe in das Produkt integriert sein, vom Entwurf bis zur Montage, anstatt sich auf das Überprüfen der Qualität nach der Herstellung des Produkts zu verlassen.

4 In einer stark wettbewerbsorientierten und globalen Umgebung müssen Produktionsmethoden genügend **flexibel** sein, um auf sich ändernde Marktanforderungen, Produktarten, Produktionsraten und -mengen sowie die zeitgerechte Auslieferung an den Kunden reagieren zu können.

5 Neue Entwicklungen auf den Gebieten **Werkstoffe**, **Fertigungsverfahren** und **Computerintegration** in Bezug auf Technologie und Management in einem Produktionsbetrieb müssen mit Blick auf ihre zeitliche und wirtschaftliche Umsetzung kontinuierlich bewertet werden.

6 Fertigungsaktivitäten müssen als großes **System** betrachtet werden, bei dem die einzelnen Bestandteile in Wechselbeziehung stehen. Derartige Systeme lassen sich modellieren, um die Wirkung verschiedener Faktoren wie Änderungen der Nachfrage am Markt, Produktentwurf, Werkstoffe, Kosten und Produktionsmethoden auf Produktqualität und -preis zu untersuchen.

7 Ein Hersteller muss mit dem Kunden arbeiten, um zeitnahes Feedback für beständige Produktverbesserung zu erhalten.

8 Ein Produktionsunternehmen muss beständig nach höherer Produktivität streben, die durch optimale Verwendung aller ihrer Ressourcen definiert ist: Werkstoffe, Maschinen, Energie, Kapital, Arbeit und Technologie. Der Ausstoß pro Mitarbeiter je Stunde muss in allen Phasen maximiert werden.

1.2 Produktentwurf und simultane Entwicklung

Produktentwurf ist eine entscheidende Aktivität. Man schätzt, dass im Allgemeinen 70 bis 80 % der Kosten für Produktentwicklung und Herstellung von den anfänglichen Entwurfsphasen bestimmt werden. Der Entwurfsprozess für ein bestimmtes Produkt erfordert zuerst ein klares Verständnis der Funktionen und der Leistung, die man für dieses Produkt erwartet. Das Produkt kann neu sein oder ein verbessertes Modell eines vorhandenen Produkts darstellen. Der Markt für das Produkt und seine beabsichtigten Einsatzfälle müssen klar definiert sein, wozu das Vertriebspersonal, Marktanalysten und andere Mitarbeiter in der Organisation herangezogen werden.

Die traditionellen Entwurfs- und Fertigungsaktivitäten laufen eher sequenziell ab als gleichzeitig oder simultan (▶ Abbildung 1.3a). Konstrukteure wenden beträchtliche Mühe und Zeit auf, Komponenten zu analysieren und detaillierte Teilzeichnungen vorzubereiten. Diese Zeichnungen werden dann weitergegeben oder „über den Gang" an andere Abteilungen in der Organisation gereicht, wo man beispielsweise spezielle Werkstoffe und Anbieter festlegt. Die Produktspezifikationen gehen dann an die Fertigungsabteilung, wo die detaillierten Zeichnungen überprüft und Prozesse für eine effiziente Produktion ausgewählt werden. Auch wenn dieser Ansatz zunächst logisch und geradlinig erscheint, hat sich diese Praxis als äußerst verschwenderisch im Umgang mit Ressourcen herausgestellt.

Theoretisch kann ein Produkt ohne Weiteres von einer Abteilung einer Organisation zu einer anderen und dann auf den Markt gelangen (siehe Abbildung 1.3a), doch treten in der Praxis gewöhnlich Schwierigkeiten auf. Zum Beispiel mag sich ein Fertigungstechniker eine Konstruktionsänderung wünschen, damit sich ein Teil besser gießen lässt, oder er entscheidet, dass eine andere Legierung zu bevorzugen ist. Derartige Änderungen erfordern eine Wiederholung der Designanalysephase, um sicherzustellen, dass das Produkt stets zufriedenstellend funktioniert. Diese ebenfalls in Abbildung 1.3a dargestellten Iterationen verschwenden Ressourcen und – was noch wichtiger ist – Zeit.

Abbildung 1.3b zeigt einen erweiterten Produktentwicklungsansatz. Hier gibt es zwar immer noch einen allgemeinen Produktfluss von der Marktanalyse über die Konstruktion bis zur Fertigung, er enthält aber beabsichtigte Iterationen. Der Hauptunterschied gegenüber dem älteren Ansatz ist, dass alle Branchen jetzt in den frühesten Phasen des Produktentwurfs involviert sind. Die Abläufe finden parallel statt und die Iterationen (die naturgemäß auftreten) resultieren in weniger Aufwandsverschwendung und verlorener Zeit. Einen wichtigen Schlüssel für diesen Ansatz stellt die *Kommunikation* zwischen und innerhalb der Branchen dar. Während einerseits die Kommunikation zwischen Technik, Marketing und Service funktionieren muss, sind auch Wege der Interaktion zwischen technischen Teildisziplinen erforderlich, zum Beispiel Konstruktion im Hinblick auf Fertigung, Recycelbarkeit und Sicherheit.

Concurrent Engineering (auch als **Simultaneous Engineering** bezeichnet) verkörpert einen systematischen Ansatz, der die Konstruktion und die Fertigung von Produkten integriert und dabei auf die Optimierung aller Elemente achtet, die im Lebenszyklus des Produkts eine Rolle spielen (siehe Abschnitt 1.4). Die grundlegenden Ziele des Concurrent Engineering bestehen darin, die Änderungen des Produktentwurfs und technische Änderungen sowie die Zeit und Kosten beim Überführen des Produkts vom Entwurfskonzept in die Produktion und die Einführung des Produkts auf dem Markt zu minimieren. Eine Erweiterung des Concurrent Engineering, das sogenannte **Direct Engineering**, nutzt eine Datenbank mit der technischen Logik, die im Entwurf für jede Komponente eines Produkts verwen-

1.2 Produktentwurf und simultane Entwicklung

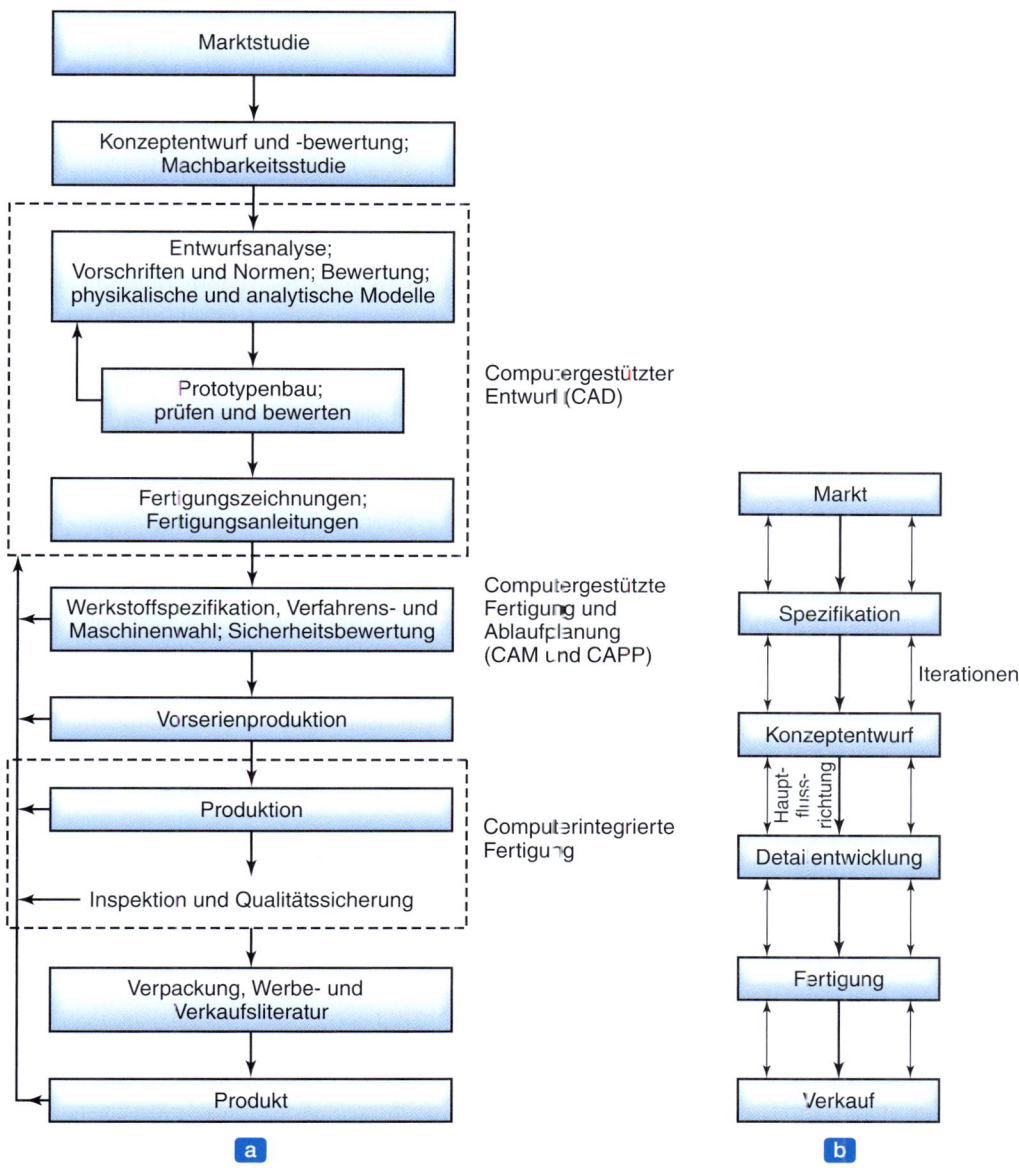

Abbildung 1.3: (a) Einzelne Schritte bei Entwurf und Fertigung eines Produkts. Abhängig von der Komplexität des Produkts und den verwendeten Werkstoffen kann die Zeitspanne zwischen dem anfänglichen Konzept und der Markteinführung des Produkts einige Monate bis mehrere Jahre betragen. (b) Ablaufschema der Produktentwicklung (Produktfluss) von der Marktanalyse bis zum Verkauf des Produkts im Sinne einer simultanen Produktentwicklung. Nach S. Pugh.

det wird. Wenn zum Beispiel eine Entwurfsänderung für ein Teil vorgenommen wird, bestimmt Direct Engineering die Fertigungskonsequenzen dieser Änderung.

Obwohl das Konzept des Concurrent Engineering logisch und effizient erscheint, kann seine Umsetzung beträchtliche Zeit und Aufwand erfordern. Das gilt insbesondere, wenn diejenigen, die das Konzept verwenden, nicht in der Lage sind, als Team zu arbeiten oder seine realen Vorzüge zu erkennen. Es liegt auf der Hand, dass Concurrent Engineering nur erfolgreich sein kann, wenn es (1) die volle Unterstützung durch das Topmanagement einer Organisation genießt, (2) über multifunktionale und interagierende Arbeitsteams einschließlich der Supportgruppen verfügt und (3) alle Technologien nach dem Stand der Technik nutzt.

Sowohl für große als auch kleine Firmen umfasst der Produktentwurf oftmals vorbereitende analytische und physikalische Modelle des Produkts als Instrument, um Faktoren wie Kräfte, Belastungen, Verformungen und optimale Teilform zu analysieren. Obwohl die Notwendigkeit für derartige Modelle von der Produktkomplexität abhängt, wird die Konstruktion und Untersuchung von analytischen Modellen durch die Verwendung von Techniken des computergestützten Entwurfs, computergestützter Entwicklung und computergestützter Fertigung (*computer-aided design*, *engineering* und *manufacturing*, CAD, CAE und CAM) jetzt stark vereinfacht.

Auf der Grundlage dieser Modelle wählt der Produktentwickler die endgültige Form und die Abmessungen, Maßtoleranzen und Oberflächengestaltung der Teile und die zu verwendenden Werkstoffe aus. Diese Auswahl von Werkstoffen erfolgt im Allgemeinen in Kooperation mit Werkstofftechnikern, sofern der Entwicklungsingenieur nicht ohnehin dafür qualifiziert ist. Eine wichtige Entwurfsbetrachtung ist, wie eine bestimmte Komponente in das endgültige Produkt montiert wird. Nehmen Sie einen Kugelschreiber oder einen Toaster auseinander oder öffnen Sie die Motorhaube eines Autos, um zu erkennen, wie Hunderte von Komponenten in einem normalerweise recht begrenzten Raum zusammengebaut sind.

Ein leistungsfähiges und effektives Werkzeug, insbesondere für komplexe Produktionssysteme, ist die **Computersimulation** bei der Bewertung der Leistung des Produkts und der Planung des Fertigungssystems. Die Computersimulation ist auch hilfreich, um frühzeitig Entwurfsmängel zu erkennen, mögliche Probleme in einem konkreten Produktionssystem herauszuarbeiten und die Fertigungslinien im Hinblick auf minimale Produktionskosten zu optimieren. Heutzutage stehen verschiedene Computersimulationssprachen zur Verfügung, die animierte Grafiken verwenden und mit verschiedenartigen Fähigkeiten ausgestattet sind.

Im nächsten Schritt des Produktionsprozesses wird ein **Prototyp** hergestellt und getestet, d. h. ein reales Arbeitsmodell des Produkts. Eine wichtige Technik ist der schnelle Prototypenbau oder **Rapid Prototyping** (siehe Kapitel 10), der sich auf CAD/CAM und verschiedene Fertigungsverfahren (in der Regel mit Polymeren und Metallpulvern) stützt, um schnell Prototypen in Form eines festen physischen Modells eines Teils herzustellen. Schneller Prototypenbau kann die Entwicklungszeit verkürzen und folglich die Kosten beträchtlich senken. Diese Techniken sind mittlerweile in einem Maße fortgeschritten, dass sie sich sogar für die ökonomische Produktion der eigentlichen Teile in geringer Stückzahl eignen (*generative Fertigungsverfahren*).

Virtual Prototyping (virtueller Prototypenbau) ist eine Softwareform des Prototyping, die Grafiken und Umgebungen der virtuellen Realität verwenden, um Konstrukteuren zu ermöglichen, ein Teil zu begut-

1.2 Produktentwurf und simultane Entwicklung

Tabelle 1.2: Gängige Fertigungsverfahren für Bauteile und Bauteilmerkmale

Gestalt oder Merkmal	Fertigungsverfahren [a]
Ebene Oberflächen	Walzen, Glätten, Reiben, Fräsen, Formen, Schleifen
Teile mit Vertiefungen	Stirnfräsen, Funkenerosion, elektrochemisches Abtragen, Ultraschallbearbeitung, Stanzen, Gießen, Schmieden, Extrudieren, Spritzgießen, MIM-Spritzgießen (*Metal Injection Molding*)
Teile mit scharfen Übergängen	Gießen mit Dauerformen, Drehen, Schleifen, Assemblieren [b], Pulvermetallurgie, Prägen
Dünnwandige Hohlstrukturen	Schlickergießen, Elektroumformen, Assemblieren, Wickeln
Hohlprofile	Extrudieren, Ziehen, Wickeln, Profilwalzen, Drücken, Schleudergießen
Röhrenartige Teile	Umformen mit nachgiebigem Gesenk, Hydroumformen, Exposivumformen, Drücken, Blasen, Sandgießen, Wickeln
Krümmen von Feinblech	Strecken, Kugelstrahl-Umformen, Assemblieren, Thermoumformen
Aussparungen in Feinblech	Scherschneiden, chemisches Schneiden, fotochemisches Schneiden, Laserbearbeiten
Profile	Ziehen, Extrudieren, Schälen, Drehen, spitzenloses Schleifen, Rundhämmern, Profilwalzen
Scharfkantige Ränder	Feinschneiden, Drehen, Schälen, Bandschleifen
Kleine Löcher	Laser- und Elektronenstrahlbohren, Funkenerosion, elektrochemisches Bohren, chemisches Stanzen
Oberflächentextur	Rändeln, Abbürsten, Schleifen, Bandschleifen, Kugelstrahlen, Ätzen, Lasertexturieren, Spritzgießen, Formpressen
Einzelne Oberflächenstrukturen	Prägen, Feingießen, Gießen mit Dauerformen, Spanen, Spritzgießen, Formpressen
Teile mit Gewinden	Gewindeschneiden, Gewindewalzen, Gewindeschleifen, Spritzgießen
Teile großer Masse	Gießen, Schmieden, Assemblieren
Teile kleiner Masse	Feingießen, Ätzen, Pulvermetallurgie, Nanofabrikation, LIGA (Röntenstrahllithographie, Galvanoformung und Abformung), Mikrobearbeitung

Anmerkungen:
[a] Mittels Rapid Prototyping lassen sich die meisten Bauteilmerkmale abbilden.
[b] Gemeint ist der Zusammenbau aus verschiedenen Teilen.

achten. In gewisser Weise wird diese Technologie von CAD-Paketen verwendet, um ein Teil zu zeichnen (zu *rendern*), sodass Konstrukteure das Teil am Computer ansehen und bewerten können. Allerdings sollte man beachten, dass virtuelle Prototypingsysteme auch recht anspruchsvoll sind, wenn es darum geht, Details von Bauteilen wiederzugeben.

In der Prototypphase können Modifikationen des ursprünglichen Designs, der ausgewählten Werkstoffe oder der Produktionsverfahren notwendig sein. Nachdem diese Phase abgeschlossen ist, werden geeignete Prozesspläne, Fertigungsverfahren (Tabelle 1.2), Ausrüstungen und Werkzeuge in Kooperation mit Fertigungstechnikern, Prozessplanern und allen anderen, die an der Produktion beteiligt sind, ausgewählt.

1.3 Konstruktion für Fertigung, Montage, Demontage und Wartung

Es liegt auf der Hand, dass Konstruktion und Fertigung eng miteinander verknüpft sein müssen – man sollte sie niemals als getrennte Disziplinen oder Aktivitäten betrachten. Alle Teile oder Komponenten eines Produkts müssen so entworfen sein, dass nicht nur die Entwurfsanforderungen und Spezifikationen erfüllt werden, sondern dass sich die Teile bzw. Komponenten auch wirtschaftlich und einfach herstellen lassen. Dieser Ansatz verbessert die Produktivität und erlaubt einem Hersteller, wettbewerbsfähig zu bleiben. Dieses als **Konstruktion für Fertigung** (*design for manufacture*, DFM) bezeichnete Konzept ist ein umfangreicher Ansatz für die Produktion von Waren. Er integriert den Produktentwurfsprozess mit Werkstoffen, Fertigungsverfahren, Prozessplanung, Montage, Prüfen und Qualitätssicherung.

Um den Entwurf effizient in die Fertigung umzusetzen, muss der Konstrukteur grundlegende Kenntnisse über Eigenschaften, Fähigkeiten und Beschränkungen von Werkstoffen, Produktionsverfahren und verwandten Abläufen, Maschinen und Ausrüstungen besitzen. Dieses Wissen betrifft Eigenschaften wie Schwankungen der Maschinenleistung, Passgenauigkeit und Oberflächengüte der hergestellten Teile, die Verarbeitungszeit und die Auswirkung von Produktionsschritten auf die Teilequalität.

Konstrukteure und Produkttechniker müssen den Einfluss der Entwurfsmodifikationen auf die Auswahl der Fertigungsverfahren, der Werkzeuge und Modelle, der Montage, der Inspektion und besonders der Produktionskosten beurteilen. Das Aufstellen quantitativer Beziehungen ist wichtig, um den Entwurf in Bezug auf einfache Fertigung und Montage zu *minimalen Kosten* (auch als *Produzierbarkeit* bezeichnet) zu optimieren. Computergestützte Techniken in Konstruktion, Entwicklung, Fertigung und Prozessplanung mithilfe leistungsfähiger Computerprogramme sind heute unverzichtbar für diejenigen, die derartige Analysen durchführen. Dazu gehören **Expertensysteme** – Computerprogramme mit Optimierungsfähigkeiten, mit denen sich der herkömmliche iterative Prozess der Designoptimierung beschleunigen lässt.

Nachdem die Einzelteile gefertigt wurden, werden sie zu einem Produkt zusammengesetzt – montiert. Die **Montage** (*assembly*) ist eine wichtige Phase des gesamten Herstellungsprozesses und erfordert Überlegungen hinsichtlich Einfachheit, Geschwindigkeit und Kosten für das Zusammensetzen der Teile (▶ Abbildung 1.4). Produkte müssen so konzipiert werden, dass die **Demontage** (*disassembly*) relativ leicht ist und wenig Zeit erfordert, wenn es darum geht, Produkte im Rahmen der Wartung, für Serviceaufgaben oder zum Recyceln in ihre Komponenten zu zerlegen.

Da Montageoperationen einen beträchtlichen Anteil an den Produktionskosten ausmachen können, sind **Konstruktion für Montage** (*design for assembly*, DFA) und **Konstruktion für Demontage** (*design for disassembly*) wichtige Aspekte der Herstellung. Normalerweise ist ein Produkt, das sich leicht montieren lässt, auch leicht zu demontieren. Ein weiterer wichtiger Aspekt ist **Konstruktion für Wartung** (*design for service*). Damit wird sichergestellt, dass Einzelteile in einem Produkt leicht zu erreichen und für den Service zugänglich sind. Diese Aktivitäten werden jetzt zur **Konstruktion für Fertigung und Montage** (*design for manufacture and assembly*, DFMA) kombiniert. Dieses Prinzip berücksichtigt die inhärenten und wichtigen Beziehungen zwischen Konstruktion, Fertigung und Montage.

Die **Entwurfsprinzipien** (*design principles*) für wirtschaftliche Produktion lassen sich folgendermaßen zusammenfassen:

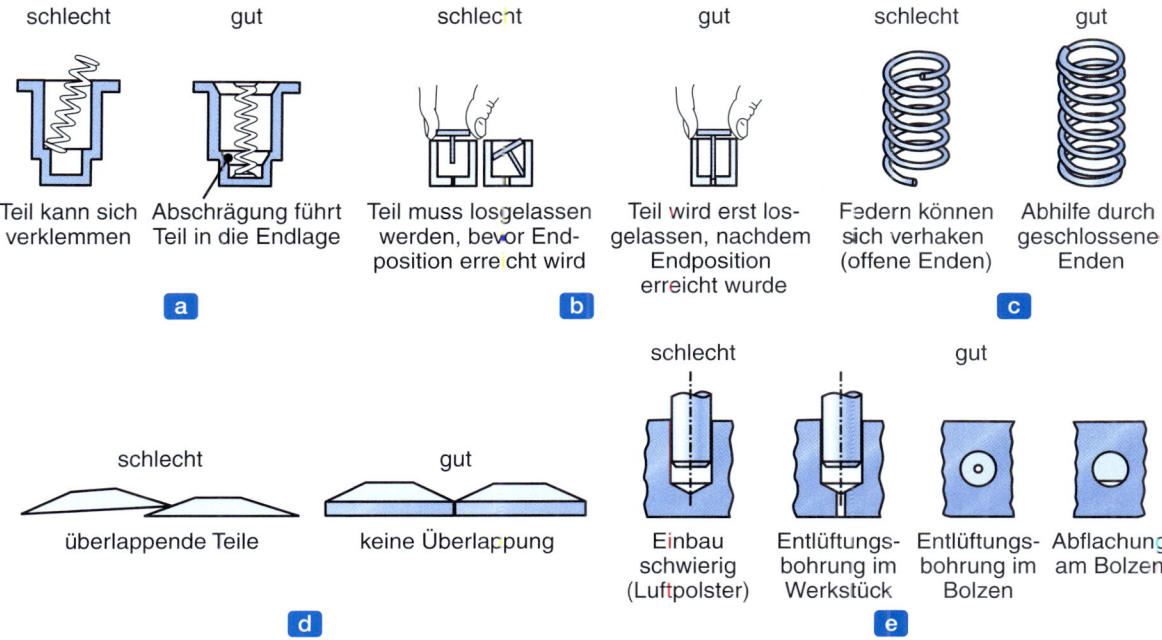

Abbildung 1.4: Modifikation des Entwurfs von Teilen, um ihre automatisierte Montage zu ermöglichen. Nachdruck aus G. Boothroyd und P. Dewhurst, *Product Design for Assembly*, Marcel Dekker, Inc., 1989.

- Konstruktionen sollten für Fertigung, Montage, Demontage, Wartung und Recycling so einfach wie möglich sein.
- Werkstoffe sollten im Hinblick auf die jeweiligen Konstruktions- und Fertigungseigenschaften sowie nach ihrer Lebensdauer ausgewählt werden.
- Die Parameter für Formgenauigkeit und Oberflächengüte sollten so breit wie möglich spezifiziert sein.
- Sekundäre und abschließende Arbeitsschritte sollten vermieden oder minimiert werden, da sie in hohem Maße zu den Kosten beitragen.

1.4 Umweltbewusste Konstruktion, nachhaltige Fertigung und Produktlebenszyklus

Allein in den USA werden jedes Jahr etwa 24 Milliarden Kilogramm Plastikprodukte und 75 Milliarden Kilogramm Papiererzeugnisse weggeworfen. Alle drei Monate ließe sich mit dem Aufkommen an Aluminiumabfall aus Industrie und Privathaushalten die kommerzielle Luftfahrtflotte des Landes neu aufbauen. Weltweit werden jedes Jahr unzählige Tonnen von Autos, Fernsehgeräten, Haushaltsgeräten und Computerausrüstungen ausrangiert. Flüssigkeiten in der Metallverarbeitung wie etwa Schmier- und Kühlmittel sowie Flüssigkeiten und Lösungen, die bei der Reinigung von Fertigprodukten verwendet werden, können die Luft und die Gewässer verunreinigen, sofern sie nicht ordnungsgemäß entsorgt werden.

1 Einführung

Ähnlich sieht es aus mit den Nebenprodukten von Produktionsbetrieben: Sand mit Zusätzen beim Metallgießen, Wasser, Öl und andere Flüssigkeiten von Einrichtungen zur Wärmebehandlung und Beschichtung, Schlacke von Gießereien und Schweißvorgängen sowie eine breite Palette von metallischen und nichtmetallischen Abfällen, die bei Arbeiten wie Blechumformung, Gießen und Schmelzen entstehen. Denken Sie auch an die Auswirkungen von Wasser- und Luftverschmutzung, saurem Regen, Ozonabbau, Giftmüll, Deponieversickerung und globaler Erwärmung. Im Lauf der Jahre haben Recycling-Bemühungen zunehmend an Boden gewonnen: Aluminium wird jetzt je nach Art des Produkts mit einem Anteil zwischen 21 und 59 % recycelt und Kunststoffe mit rund 5 %.

Die derzeitigen und potenziellen negativen Auswirkungen dieser Aktivitäten, die Schäden an unserer Umwelt und am Ökosystem der Erde sowie letztlich ihre Wirkung auf die Lebensqualität des Menschen sind inzwischen mehr in das Bewusstsein der Öffentlichkeit sowie der Landes- und Bundesregierungen gerückt. Als Reaktion wurden und werden umfangreiche Gesetze und Bestimmungen von Bundesregierungen sowie internationalen Organisationen erlassen. Diese Verordnungen sind bindend und ihre Umsetzung kann einen wesentlichen Einfluss auf den wirtschaftlichen Betrieb von Produktionsunternehmen ausüben. Am erfolgreichsten sind diese Anstrengungen, wenn es eine Wertschöpfung gibt, die sowohl für die Kosten als auch die Umgebung vorteilhaft ist – wenn man zum Beispiel den Energiebedarf (und die damit verbundenen Kosten) verringert oder Werkstoffe ersetzt.

Große Fortschritte sind auch im Hinblick auf die **Konstruktion für Recycling** (*design for recycling*, DFR) und **Konstruktion für Umwelt** (*design for the environment*, DFE) oder **Green Design** (wobei grün hier „umweltverträglich und umweltfreundlich" bedeutet) zu verzeichnen, was ein allgemein gewachsenes Bewusstsein für die oben skizzierten Probleme anzeigt. Verschwendung ist unakzeptabel geworden. Dieser umfassende Ansatz macht frühzeitig auf den möglichen negativen Umwelteinfluss von Werkstoffen, Produkten und Prozessen aufmerksam, sodass diese Faktoren bereits von Anfang an in Konstruktion und Produktion berücksichtigt werden können.

Eine als **nachhaltige Fertigung** bezeichnete Entwicklung bezieht sich auf die Erkenntnis, dass natürliche Ressourcen lebenswichtig für die wirtschaftliche Aktivität sind und dass Energie- und Werkstoffmanagement eine entscheidende Rolle spielen, damit Ressourcen auch für zukünftige Generationen zur Verfügung stehen. Es ist folglich notwendig, das Produkt, die verwendeten Werkstoffe sowie die eingesetzten Fertigungsprozesse und -methoden eingehend zu analysieren. Dabei sind folgende grundlegende Richtlinien zu befolgen:

- Die Materialverschwendung *an der Quelle* verringern, indem der Produktentwurf und die eingesetzte Werkstoffmenge optimiert werden;
- Die Verwendung von toxischen Stoffen in Produkten und Prozessen verringern;
- Die passende Behandlung und Entsorgung aller Abfälle sicherstellen;
- Die Abfallbehandlung, das Recycling und die Wiederverwendung von Werkstoffen verbessern.

Das **Cradle-to-cradle-Prinzip** fördert die Verwendung von umweltfreundlichen Werkstoffen und Konstruktionen. Indem der gesamte Lebenszyklus eines Produkts betrachtet wird, lassen sich Werkstoffe auswählen und nutzen, die das Abfallaufkommen minimieren. Umweltfreundliche Werkstoffe können

- Teil eines *biologischen Kreislaufs* (*biological cycle*) sein, indem (normalerweise organische) Werkstoffe im Design verwendet, ordnungsgemäß über die vorgesehene Lebensdauer funktionieren und dann gefahrlos entsorgt werden können. Derartige Werkstoffe werden auf natürlichem Weg abgebaut und führen – in der einfachsten Version – zu Erde, die für neues Leben geeignet ist.
- Teil eines *industriellen Kreislaufs* sein, wie zum Beispiel Aluminium in Getränkebehältern, sodass derselbe Werkstoff ständig wieder verwendet wird.

Produktlebenszyklus (*product life cycle*, PLC): Der Lebenszyklus eines Produkts umfasst die Phasen, die ein Produkt durchläuft – von Entwurf, Entwicklung, Produktion, Verteilung und Verwendung bis zur endgültigen Entsorgung und zum Recycling. Ein Produkt durchläuft in der Regel fünf Phasen:

1. Phase der Produktentwicklung, die mit hohem Zeitbedarf und hohen Kosten verbunden ist;
2. Phase der Markteinführung, in der die Akzeptanz des Produkts auf dem Markt genauestens beobachtet wird;
3. Wachstumsphase mit zunehmendem Absatzvolumen, abnehmenden Fertigungskosten pro Einheit und folglich höherer Rentabilität für den Hersteller;
4. Reifungsphase, in der das Absatzvolumen einen Scheitelwert erreicht und Konkurrenzprodukte auf dem Markt erscheinen;
5. Abschwungphase mit sinkendem Umsatzvolumen und abnehmender Rentabilität.

Produktlebenszyklus-Management (*product life cycle management*, PLCM): Während der Lebenszyklus aus Phasen besteht, die von der Entwicklung bis zur endgültigen Entsorgung oder bis zum Recycling des Produkts reichen, versteht man unter *Produktlebenszyklus-Management* die vom Hersteller eingesetzten Strategien, während das Produkt den Lebenszyklus durchläuft. Im Produktlebenszyklus-Management lassen sich verschiedene Strategien nutzen, abhängig von Produkttyp, Kundenreaktionen und Marktbedingungen.

1.5 Werkstoffwahl

Heutzutage steht eine immer breitere Palette von Werkstoffen zur Verfügung, jeweils mit eigenen Charakteristika, Zusammensetzungen, Anwendungen, Kosten, Vorteilen und Beschränkungen. Bei der Fertigung werden folgende Arten von Werkstoffen eingesetzt:

1. **Eisenmetalle:** Kohlenstoffstähle, legierte Stähle, korrosionsbeständige Stähle sowie Werkzeug- und Gesenkstähle (Kapitel 3);
2. **Nichteisenmetalle und -legierungen:** Aluminium, Magnesium, Kupfer, Nickel, Superlegierungen, Titan, hitzebeständige Metalle (Molybdän, Niob, Wolfram und Tantal), Beryllium, Zirkon, niedrigschmelzende Legierungen (Blei, Zink und Zinn) und Edelmetalle (Kapitel 3);
3. **Kunststoffe:** Thermoplaste, Duromere und Elastomere (Kapitel 10);
4. **Keramik:** Keramik, Glaskeramik, Gläser, Graphit und Diamant (Kapitel 11);

5. **Verbundwerkstoffe:** Verstärkte Kunststoffe, Metallmatrix- und Keramikmatrix-Verbundwerkstoffe sowie Wabenstrukturen; diese bezeichnet man als technische oder konstruierte Werkstoffe (*engineered materials*, Kapitel 10 und 11);

6. **Nanowerkstoffe**, **Legierungen mit Formgedächtnis**, **amorphe Legierungen**, **Metallschäume**, **Supraleiter** und **Halbleiter** (Kapitel 3 und 13).

Werkstoffsubstitution: Da fortlaufend neue oder verbesserte Werkstoffe entwickelt werden, gibt es wichtige Trends in ihrer Auswahl und Anwendung. Strukturen für die Luftfahrt, Sportartikel und zahlreiche Hightechprodukte stehen an vorderster Front der neuen Werkstoffverwendung. Durch das persönliche Interesse der Produzenten an verschiedenen Arten natürlicher und technischer Werkstoffe verschieben sich die Trends in der Verwendung dieser Werkstoffe ständig, und zwar prinzipiell durch wirtschaftliche Erwägungen getrieben. Indem sie zum Beispiel die technischen und ökonomischen Vorteile von Stahl demonstrieren, wirken Stahlproduzenten der zunehmenden Verwendung von Kunststoffen in Autos und Aluminium in Getränkedosen entgegen. Analog wirken Aluminiumproduzenten der Verwendung anderer Werkstoffe in Autos entgegen (▶ Abbildung 1.5). Natürlich spielen Entscheidungen bei der Werkstoffauswahl, die das Recycling erleichtern, eine wichtige Rolle bei diesen Betrachtungen.

Als Beispiele für die Verwendung oder Substitution von Werkstoffen in gebräuchlichen Produkten seien genannt: (a) Büroklammern aus Stahl oder Kunststoffen, (b) Wippen für Lichtschalter aus Thermoplasten oder Metallblechen, (c) Hammerstiele aus Holz oder Metall, (d) Wasserkannen aus Glas oder Metall, (e) Autositze aus Kunststoff oder Leder, (f) Stühle aus Metallblech oder verstärkten Kunststoffen, (g) Nägel aus galvanisiertem Stahl oder Kupfer und (h) Bratpfannen aus Aluminium oder Gusseisen.

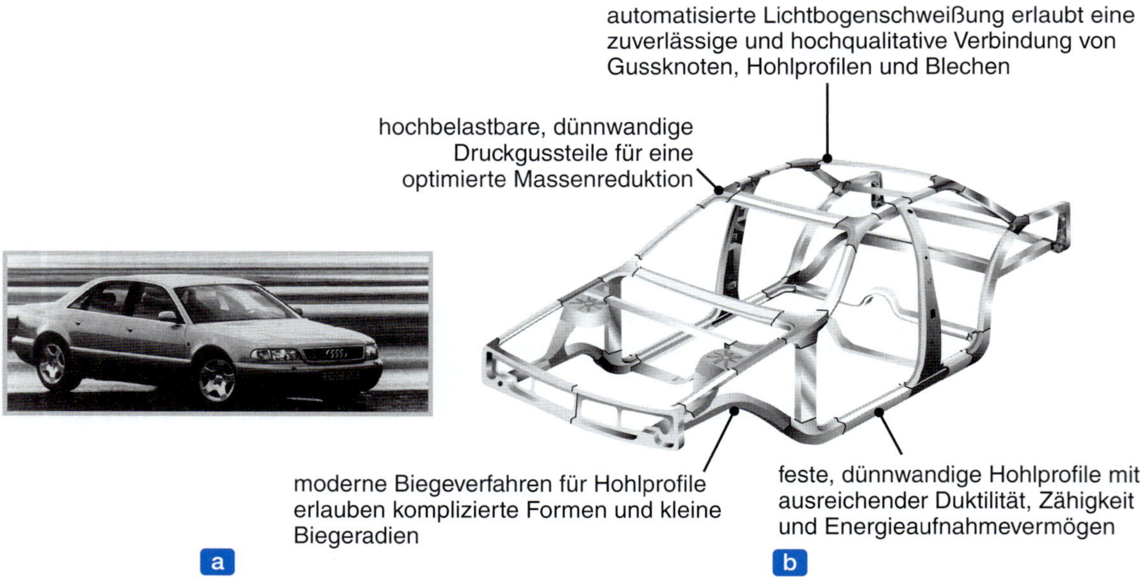

Abbildung 1.5: (a) Der Audi A8 als Beispiel für einen fortschrittlichen Werkstoffeinsatz. (b) Für den Aluminiumrahmen werden Teile verwendet, die durch Extrudieren, Blechumformen und Gießen hergestellt werden.

1.5 Werkstoffwahl

Werkstoffeigenschaften: Bei der Auswahl von Werkstoffen für Produkte gilt die erste Betrachtung den mechanischen Eigenschaften (Kapitel 2), in der Regel Festigkeit, Zähigkeit, Duktilität, Härte, Elastizität, Ermüdung und Kriechen. Diese Eigenschaften lassen sich durch verschiedene Wärmebehandlungsmethoden in weiten Grenzen beeinflussen, wie es Kapitel 3 beschreibt. Die *Festigkeit-zu-Gewicht-* und *Steifigkeit-zu-Gewicht-Verhältnisse* sind ebenfalls wichtige Merkmale, insbesondere für Anwendungen in der Luftfahrt und im Automobilbau. Aluminium, Titan und verstärkte Kunststoffe besitzen zum Beispiel höhere Festigkeit-zu-Gewicht-Verhältnisse als Stähle und Gusseisen. Die mechanischen Eigenschaften, die für ein Produkt und dessen Komponenten spezifiziert werden, sollten natürlich für die Bedingungen geeignet sein, unter denen das Produkt funktionieren soll.

Physikalische Eigenschaften (Kapitel 3) wie zum Beispiel Dichte, spezifische Wärme, thermische Ausdehnung und Leitfähigkeit, Schmelzpunkt sowie elektrische und magnetische Eigenschaften müssen ebenfalls betrachtet werden. **Chemische Eigenschaften** können ebenso eine entscheidende Rolle spielen, und zwar sowohl in aggressiven als auch in normalen Umgebungen. Oxidation, Korrosion, allgemeine Verschlechterung von Eigenschaften und Entflammbarkeit von Werkstoffen sind unter anderem wichtige Betrachtungsfaktoren, genau wie die Giftigkeit (beispielsweise die Entwicklung von bleifreien Loten, siehe Kapitel 13). In komplexeren Bearbeitungsprozessen sind sowohl physikalische als auch chemische Eigenschaften wichtig (siehe Kapitel 9). Darüber hinaus bestimmen die **Verarbeitungseigenschaften** von Werkstoffen, ob sie sich relativ leicht verarbeiten (gießen, umformen, maschinell bearbeiten, schweißen oder zur Verbesserung ihrer Eigenschaften wärmebehandeln) lassen. Schließlich sollten die Methoden, mit denen Werkstoffe in die gewünschte Form gebracht werden, die endgültigen Eigenschaften, die Lebensdauer und die Kosten des Produkts nicht negativ beeinflussen.

Kosten und Verfügbarkeit: Die wirtschaftlichen Aspekte der Werkstoffauswahl sind ebenso wichtig wie die technologischen Betrachtungen von Eigenschaften und Charakteristika der Werkstoffe. Kosten und Verfügbarkeit von Rohstoffen und verarbeiteten Werkstoffen sind ein wichtiges Anliegen bei der Fertigung. Stehen Rohwerkstoffe oder Halbzeuge in den gewünschten Formaten, Abmessungen, Toleranzen und Mengen kommerziell nicht zur Verfügung, sind Ersatzstoffe oder zusätzliche Verarbeitungsschritte erforderlich. Dies kann sich in den Produktionskosten deutlich niederschlagen, wie es in Kapitel 14 erläutert wird. Benötigt man zum Beispiel einen Rundstahl mit einem bestimmten, nicht handelsüblichen Durchmesser, ist ein größerer Stab zu kaufen und im Durchmesser zu reduzieren – durch Abdrehen, Ziehen durch einen Ziehstein, Rundhämmern oder Schleifen.

Eine **stabile Versorgung** sowie die Nachfrage beeinflussen die Werkstoffkosten. Die meisten Länder importieren zahlreiche Rohstoffe, die für die Produktion wichtig sind. Zum Beispiel importieren die USA oder Deutschland die Mehrheit solcher Rohstoffe wie Naturkautschuk, Diamant, Kobalt, Titan, Chrom, Aluminium und Nickel. Die weltpolitischen Konsequenzen einer derartigen Abhängigkeit von anderen Ländern sind offensichtlich.

Verschiedene Kosten sind bei der Verarbeitung von Werkstoffen durch unterschiedliche Methoden beteiligt. Manche Methoden erfordern teure Maschinen, andere einen hohen Arbeitsaufwand (als arbeitsintensive Prozesse bezeichnet) und wieder andere setzen Personal mit besonderen Qualifikationen, höherer Schulbildung oder Spezialausbildung voraus.

Lebensdauer und Recycling: Zeit- und betriebsabhängige Phänomene wie zum Beispiel Verschleiß, Ermüdung, Kriechen und Maßhaltigkeit sind unbedingt zu beachten, da sie die Leistungsfähigkeit eines

Produkts beträchtlich beeinflussen und – wenn sie nicht kontrolliert werden – zum Ausfall des Produkts führen können. Ebenso wichtig ist die Korrosion, die durch (Un-)Verträglichkeit der verschiedenen, in einem Produkt eingesetzten Werkstoffe verursacht wird. Ein Beispiel hierfür ist die galvanische Reaktion zwischen gepaarten Teilen aus ungleichen Metallen. Recycling oder geeignete Entsorgung der einzelnen Komponenten in einem Produkt am Ende seiner Nutzungsdauer ist wichtig, da wir zunehmend darauf achten müssen, mit Werkstoffen und Energie sparsam umzugehen, damit wir in einer sauberen und gesunden Umwelt leben können. Die richtige Behandlung und Entsorgung von giftigen Abfällen ist ebenfalls von entscheidender Bedeutung.

1.6 Wahl der Fertigungsprozesse

Wie aus Tabelle 1.2 hervorgeht, wird eine breite Palette von Herstellungsprozessen verwendet, um die verschiedensten Teile, Formen und Abmessungen zu produzieren. Beachten Sie auch, dass es normalerweise nicht nur eine Methode gibt, ein Teil aus einem gegebenen Werkstoff herzustellen (▶ Abbildung 1.6). Wie zu erwarten, besitzt jeder dieser Prozesse seine eigenen Vorteile, Beschränkungen, Produktionsraten und Kosten. Die Fertigungsmethoden für Werkstoffe lassen sich folgenden Kategorien zuordnen:

- **Gießen** mit verlorenen Formen (*expendable molding*) und mit Dauerformen (*permanent molding*) (Kapitel 5);
- **Umformen und Urformen:** Walzen, Schmieden, Extrudieren (Fließpressen), Ziehen, Blechumformung, Pulvermetallurgie und Spritzen (Kapitel 6, 7, 10 und 11);
- **Maschinelle Bearbeitung:** Drehen, Bohren, Fräsen, Hobeln, Räumen, Schleifen, Ultraschallbearbeitung; chemische, elektrische und elektrochemische Bearbeitung und Hochenergiestrahlbearbeitung (Kapitel 8 und 9);
- **Fügen:** Schweißen, Hartlöten, Weichlöten, Diffusionskleben, Adhäsionskleben und mechanisches Verbinden (Kapitel 12);
- **Mikro- und Nanobearbeitung:** Oberflächen-Mikrobearbeitung, Trocken- und Nassätzen sowie Galvanoformen (Kapitel 13);

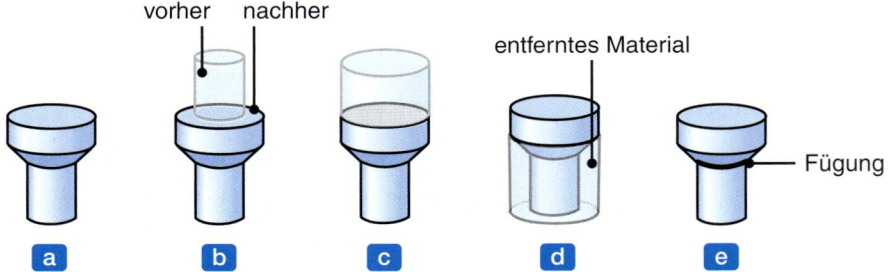

Abbildung 1.6: Auswahl von Herstellverfahren für ein einfaches Bauteil: (a) Gießen oder Pulvermetallurgie, (b) Schmieden oder Stauchen, (c) Extrudieren, (d) Bearbeiten, (e) Fügen von zwei Teilen.

- **Endbearbeitung:** Honen, Läppen, Polieren, Brünieren, Entgraten, Oberflächenbehandlung, Beschichten, Plattieren (Kapitel 9).

Die Auswahl eines bestimmten Herstellungsprozesses oder einer Folge von Prozessen hängt nicht nur von der herzustellenden Komponenten- oder Teileform, sondern auch von vielen anderen Faktoren ab. Zum Beispiel lassen sich spröde und harte Werkstoffe nur schwer umformen, während man sie leicht gießen oder mit verschiedenen Methoden maschinell bearbeiten kann. Der Herstellungsprozess ändert gewöhnlich die Eigenschaften der Werkstoffe – zum Beispiel werden Metalle, die bei Raumtemperatur umgeformt werden, fester, härter und weniger duktil als vor der Verarbeitung sein. Somit müssen Eigenschaften wie *Gießbarkeit*, *Umformbarkeit*, *maschinelle Bearbeitbarkeit* und *Schweißbarkeit* von Werkstoffen untersucht werden. Bei gebräuchlichen Produkten werden zum Beispiel folgende Fertigungsprozesse verwendet oder durch andere ersetzt: (a) Schmieden vs. Gießen von Kurbelwellen, (b) Metallblechradkappen vs. gegossene Radkappen, (c) gegossene vs. gestanzte Metallbleche für Bratpfannen, (d) maschinell bearbeitete vs. pulvermetallurgisch hergestellte Getriebeteile, (e) Gewindewalzen vs. maschinelle Bearbeitung von Bolzen und (f) Gießen vs. Schweißen von Maschinenaufbauten.

Fertigungstechniker sind ständig gefordert, neue Lösungen für Produktionsprobleme und gleichzeitig Wege für eine deutliche Kostenreduzierung zu finden. Zum Beispiel werden Blechteile normalerweise mit herkömmlichen Werkzeugen wie Stanzen und Gesenken geschnitten und geformt. Diese Operationen sind zwar immer noch weitverbreitet, sie lassen sich aber durch Laserschneidetechniken ersetzen. Die Fortschritte in der Computersteuerung erlauben es, den Laserpfad automatisch zu steuern, wodurch sich die vielfältigsten Formen genau, wiederholbar und wirtschaftlich herstellen lassen, ohne teure Werkzeuge zu verwenden, die aufgrund des Verschleißes ständig gewartet werden müssen.

Bauteilgröße und Maßhaltigkeit: Größe, Dicke und Gestaltkomplexität eines Bauteiles haben einen wesentlichen Einfluss für den ausgewählten Prozess. Zum Beispiel lassen sich komplexe Teile nicht leicht und wirtschaftlich umformen, wohingegen sie einfacher durch Gießen, Spritzgießen oder Pulvermetallurgie hergestellt oder aus einzelnen Teilen zusammengebaut werden können. Andererseits kommen flache Teile mit geringen Querschnitten nicht für Gießprozesse infrage. Abmessungstoleranzen und Oberflächengüte (Kapitel 4) bei Wärmebehandlungen können nicht so eng sein wie beim Kaltumformen, weil während der Bearbeitung bei erhöhten Temperaturen Maßänderungen, Spannungen und Oberflächenoxidation auftreten. Zudem bringen einige Gießprozesse eine bessere Oberflächengüte hervor als andere, was auf unterschiedliche Arten von Formwerkstoffen zurückzuführen ist. Die visuelle Erscheinung von Werkstoffen nach ihrem Einsatz in Produkten beeinflusst die Attraktivität für den Kunden; Farbe, Oberflächenbeschaffenheit und Handhabung sind Eigenschaften, die wir alle beachten, wenn wir eine Kaufentscheidung treffen.

Die Größe und Form der gefertigten Produkte kann in weiten Bereichen variieren (▶ Abbildung 1.7). Zum Beispiel hat das Hauptfahrwerk der Passagiermaschine Boeing 777-400 eine Höhe von 4,3 m und verfügt über drei Achsen mit sechs Rädern. Die Hauptstruktur wird durch Schmieden hergestellt, woran sich verschiedene maschinelle Prozesse anschließen (Kapitel 6, 8 und 9). Auf der anderen Seite extremer Bauteilgrößen steht die Fertigung von mikroskopischen Teilen und Mechanismen. Diese Komponenten werden mit Operationen der Oberflächen-Mikrobearbeitung hergestellt – in der Regel mithilfe von Elektronenstrahlen, Laserstrahlen oder Techniken des Nass- und Trockenätzens an Werkstoffen wie Silizium.

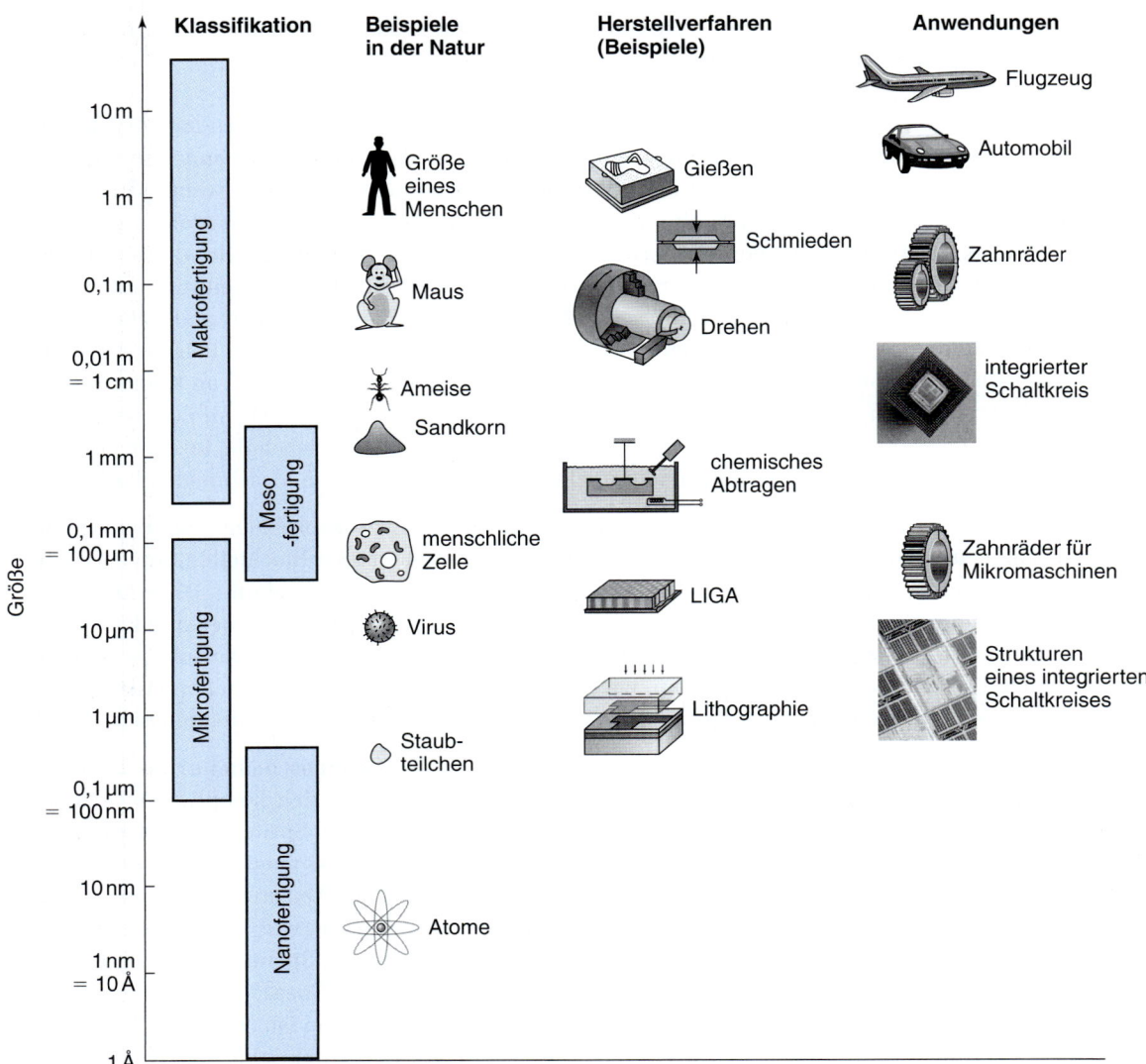

Abbildung 1.7: Bandbreite der Bauteilgrößen und die Möglichkeiten, diese Teile zu fertigen.

Fertigungstechniken mit ultrahoher Genauigkeit und die dazugehörigen Bearbeitungsmaschinen sind immer häufiger anzutreffen. Zum Beispiel wird bei der maschinellen Bearbeitung spiegelblanker Oberflächen ein Schneidewerkzeug mit sehr scharfer Diamantspitze eingesetzt. Die Apparatur besitzt eine sehr hohe Steifigkeit und ist in einem Raum zu betreiben, in dem die Temperatur weniger als ein Grad vom Sollwert abweichen darf. Anspruchsvolle Verfahren wie zum Beispiel Molekularstrahlepitaxie und Rastertunnelverfahren werden implementiert, um Maßgenauigkeiten in der Größenordnung des Atomgitters (Nanometer) zu erreichen.

Mikroelektromechanische Systeme (*microelectromechanical systems*, MEMS; Kapitel 13) sind Mikromechanismen mit einer integrierten Schaltung. MEMS findet man verbreitet in Sensoren, Tintenstrahldruckern und Magnetspeichergeräten. Damit lassen sich Mikroroboter betreiben, Mikromesser für die Chirurgie produzieren und Kameraverschlüsse für genaue Fotografie herstellen. Der neueste Trend ist die Entwicklung von **nanoelektromechanischen Systemen** (*nanoelectromechanical systems*, NEMS), die in der gleichen Größenordnung wie biologische Moleküle arbeiten. Große Anstrengungen richten sich auf die Verwendung von Werkstoffen im Nanometerbereich und die Entwicklung vollkommen neuer Werkstoffklassen. Ein Beispiel ist das große Interesse an Kohlenstoff-Nanoröhren (siehe Abschnitt 13.18), die Hochleistungsverbundwerkstoffe verstärken können, die Entwicklung elektronischer Geräte im Nanometerbereich ermöglichen und Wasserstoff in Brennstoffzellen der nächsten Generation speichern können.

Herstellungs- und Betriebskosten: Betrachtungen wie die Entwurfs- und Werkzeugkosten, die erforderliche Vorlaufzeit bis zum Produktionsbeginn und der Einfluss der Werkstoffauswahl auf die Werkzeugstandzeit sind von großer Wichtigkeit (Kapitel 14). Die Werkzeugkosten können je nach Größe, Konstruktion und erwarteter Lebenszeit beträchtlich sein. Zum Beispiel kostet ein Satz an Umformgesenken für das Pressen von Blechkotflügeln für Automobile 2 Millionen Euro oder mehr. Bei Komponenten aus teuren Werkstoffen (wie zum Beispiel Titan bei den Fahrwerken von Flugzeugen oder Tantalkondensatoren) sind die Produktionskosten umso geringer, je niedriger die Ausschussquote ist. Da die maschinelle Bearbeitung (Kapitel 8) länger dauert und Material vergeudet, indem Späne produziert werden, ist sie möglicherweise nicht so wirtschaftlich wie Umformoperationen, wenn alle anderen Faktoren gleich sind.

Anhand der Menge der erforderlichen Teile und der gewünschten Produktionsrate (Teile/Stunde) lassen sich die zu verwendenden Prozesse und die Wirtschaftlichkeit der Produktion ermitteln. Zum Beispiel werden Getränkedosen oder Transistoren in wesentlich größeren Stückzahlen verbraucht als Schiffsschrauben oder Großgetriebe für Schwermaschinen. Die Verfügbarkeit von Maschinen und Ausrüstungen, Betriebserfahrung und wirtschaftliche Betrachtungen innerhalb der Betriebsstätte sind ebenfalls wichtige Kostenfaktoren. Lassen sich bestimmte Teile nicht innerhalb einer Betriebsstätte herstellen, müssen sie von externen Firmen gefertigt werden (ein Beispiel für *Outsourcing*). Zum Beispiel kaufen Automobilhersteller viele Teile von externen Anbietern oder lassen sie entsprechend ihren Spezifikationen von Zulieferern herstellen.

Der Betrieb von Produktionsanlagen hat beträchtliche Konsequenzen für die Umgebung und die Sicherheit. Abhängig von der Art des Betriebs und der beteiligten Maschinen wirken sich manche Prozesse negativ auf die Umwelt aus. Zum Beispiel kommen bei der chemischen Gasphasenabscheidung und beim galvanischen Beschichten giftige Chemikalien wie zum Beispiel Chlorgase bzw. Zyanidlösungen zum Einsatz. Bei der Metallbearbeitung sind gewöhnlich Schmiermittel erforderlich, deren Entsorgung eine Gefährdung für die Umwelt darstellen kann (siehe Abschnitt 4.4.4). Sofern derartige Prozesse nicht ordnungsgemäß gesteuert werden, können Luft- und Wasserverschmutzungen sowie Lärmbelästigungen auftreten. Die sichere Beherrschung der Bearbeitungsmaschinen ist ein weiterer wichtiger Faktor, wobei Vorsichtsmaßnahmen erforderlich sind, um Gefährdungen am Arbeitsplatz auszuschließen.

Endkonturnahe Fertigung: Da nicht alle Herstellungsvorgänge zu fertigen Teilen oder Produkten mit den gewünschten Spezifikationen führen, können zusätzliche Arbeitsgänge zur endgültigen Bearbeitung notwendig sein. Zum Beispiel besitzt ein geschmiedetes Teil nicht immer die gewünschte Maßhaltigkeit oder Oberflächengüte, sodass zusätzliche Arbeitsvorgänge wie maschinelle Bearbeitung oder Schleifen erforderlich sind. Manchmal ist es auch schwierig, unmöglich oder nicht wirtschaftlich, ein Teil in nur einem einzigen Fertigungsschritt herzustellen. Das ist beispielsweise der Fall, wenn ein Teil konstruktionsbedingt mehrere Löcher enthält, was zusätzliche Bearbeitungsschritte wie zum Beispiel Bohren erfordert. Zudem weisen die von einem bestimmten Prozess erzeugten Löcher nicht unbedingt die richtige Rundheit, Maßgenauigkeit oder Oberflächengüte auf, sodass zusätzliche Arbeitsgänge wie etwa Honen notwendig sind.

Diese zusätzlichen Bearbeitungsschritte können sich deutlich in den Produktkosten niederschlagen. Folglich ist die endkonturnahe Fertigung (*near net-shape manufacturing*) zu einem wichtigen Konzept geworden, bei dem das Teil möglichst nahe der endgültigen gewünschten Abmessungen, Toleranzen und Spezifikationen gefertigt wird. Typische Beispiele für derartige Herstellungsverfahren sind das endkonturnahe Schmieden und Gießen von Teilen, Pulvermetallurgietechniken, Spritzgießen von Metallpulvern und Spritzgießen von Polymeren und Keramiken (Kapitel 5, 6, 10 und 11).

1.7 Computergestützte Fertigung

Wenige Entwicklungen in der Geschichte haben einen deutlicheren Einfluss auf die Fertigung ausgeübt als Computer. Die **computergestützte Fertigung** (*computer-integrated manufacturing*, CIM) besitzt heute einen sehr breiten Anwendungsbereich, einschließlich der Steuerung und Optimierung von Fertigungsprozessen, Materialbehandlung, Montage, automatische Inspektion und Prüfen von Produkten, Warenwirtschaft und zahlreiche Verwaltungstätigkeiten. Die computergestützte Fertigung erlaubt (1) verbesserte Reaktionsfähigkeit bei schnellen Änderungen der Marktanforderungen und Produktmodifikation, (2) besseren Einsatz von Werkstoffen, Maschinen und Personal sowie geringeren Lagerbestand, (3) bessere Steuerung der Produktion und Verwaltung des gesamten Herstellungsablaufs und (4) Fertigung hochqualitativer Produkte bei geringen Kosten.

Die folgenden Punkte beschreiben die wichtigsten Anwendungen von Computern in der Fertigung (Details siehe Anhänge A und B):

- **a** **CNC-Steuerung** (*computer numerical control*, CNC): Dies ist eine Methode der Steuerung von Bewegungen der Maschinenkomponenten durch direktes Einfügen von codierten Befehlen in Form von numerischen Daten (▶ Abbildung 1.8). Die numerische Steuerung wurde erstmals in den frühen 1950er Jahren umgesetzt und stellte einen wesentlichen Fortschritt in der Automatisierung aller Arten von Maschinen dar.

- **b** **Adaptive Steuerung** (*adaptive control*, AC): Bei der adaptiven Steuerung werden Parameter in einem Fertigungsprozess automatisch angepasst, um die Produktionsrate und die Produktqualität zu optimieren und die Kosten zu minimieren. Zum Beispiel können Kräfte, Temperaturen, Oberflächengüte und Abmessungen des Teils ständig überwacht werden. Wenn sich diese Parameter aus dem zulässigen Bereich verschieben, passt das System der adaptiven Steuerung die Prozessvariablen so lange an, bis diese Parameter wieder im zulässigen Bereich liegen.

- **c** **Industrieroboter:** Die in den frühen 1960er Jahren eingeführten Industrieroboter ersetzen den Menschen bei wiederholten, langweiligen und gefährlichen Arbeitsgängen und verringern somit die

1.7 Computergestützte Fertigung

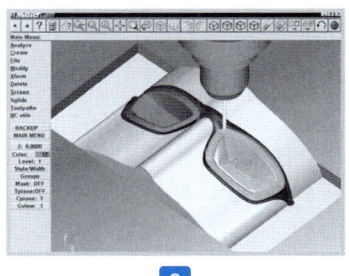  

Abbildung 1.8: Herstellung einer Spritzgussform für die Fertigung von Sonnenbrillen. (a) CAD-Modell der Sonnenbrille am Computerbildschirm. (b) Fertigung der Form mithilfe einer CNC-Fräsmaschine. (c) Fertige Sonnenbrille.

Wahrscheinlichkeit für menschliche Fehler, was sich wiederum in geringeren Schwankungen der Produktqualität und verbesserter Produktivität niederschlägt. Es wurden bereits Roboter mit Sinneswahrnehmungen entwickelt (intelligente Roboter), deren Bewegungen die menschlichen Bewegungen nachbilden.

d Automatisierter Materialtransport: Computer ermöglichen eine sehr effiziente Verlagerung von Werkstoffen und Produkten in verschiedenen Phasen der Fertigstellung (bei in Arbeit befindlichen Erzeugnissen), beispielsweise beim Transportieren aus dem Lager zu Maschinen oder von Maschine zu Maschine und wenn sich Produkte an bestimmten Punkten der Inspektion, im Lager und beim Versand befinden.

e Automatisierte und durch Roboter unterstützte Montagesysteme können kostenaufwendige Montageabläufe durch menschliche Bediener ersetzen. Produkte müssen entsprechend konzipiert oder überarbeitet werden, damit sie sich leichter durch Maschinen montieren lassen.

f Computergestützte Prozessplanung (*computer-aided process planning*, CAPP): Diese Methode ist in der Lage, die Anlagenproduktivität zu verbessern, indem Prozesspläne optimiert, die Planungskosten verringert und die Einheitlichkeit von Produktqualität und Zuverlässigkeit verbessert werden. Funktionen wie Kostenbewertung und Überwachung von Arbeitsrichtlinien (erforderliche Zeit für die Ausführung einer bestimmten Operation) lassen sich ebenfalls in das System einbinden.

g Gruppentechnologie (*group technology*, GT): Der Gruppentechnologie liegt das Prinzip zugrunde, dass sich Teile gruppieren lassen, indem sie in Familien und entsprechend der Ähnlichkeiten in (a) Design und (b) der für die Herstellung des Teils verwendeten Fertigungsprozesse klassifiziert werden. Somit lassen sich Teilentwürfe und Prozesspläne standardisieren und Familien ähnlicher Teile können effizienter und wirtschaftlicher produziert werden.

h Just-in-time-Produktion (JIT): Das Prinzip der Just-in-time-Produktion ist, dass Lieferungen synchron zur Produktion erfolgen, Teile synchron in Baugruppen und Fertigprodukten hergestellt werden und Produkte zum Auslieferungszeitpunkt an den Kunden fertiggestellt werden. Bei dieser Methode sind die Lagerhaltungskosten gering, Mängel werden unmittelbar erkannt, die Produktivität wird erhöht und hochqualitative Produkte lassen sich zu geringeren Kosten herstellen.

Abbildung 1.9: Übersichtsaufnahme eines flexiblen Fertigungssystems. Man erkennt einige Bearbeitungszentren und ein computergesteuertes, fahrerloses Transportfahrzeug (*automated guided vehicle*, AGV), das im Gang zwischen den Bearbeitungsmaschinen fährt.

- **i** **Zellenfertigung** (*cellular manufacturing*): Die Zellenfertigung stützt sich auf Arbeitsstationen, die sogenannten Fertigungszellen, die typischerweise mehrere Maschinen umfassen und die von einem zentralen Roboter gesteuert werden, wobei jede Maschine einen anderen Arbeitsgang für das Teil ausführt.
- **j** **Flexible Fertigungssysteme** (*flexible manufacturing systems*, FMS): Dieser Zugang integriert Fertigungszellen in großen Einheiten, die alle an einen zentralen Computer angeschlossen sind. Flexible Fertigungssysteme haben das höchste Niveau an Effizienz, Vollkommenheit und Produktivität unter den Fertigungssystemen (▶ Abbildung 1.9). Sie sind zwar recht teuer, erlauben es aber, Teile effizient in Kleinserien zu produzieren und die Produktionsabläufe schnell für unterschiedliche Teile zu ändern. Durch diese Flexibilität lassen sich FMS schnell an geänderte Marktanforderungen für eine breite Palette von Produkten anpassen.
- **k** **Expertensysteme:** Diese Systeme sind prinzipiell komplexe Computerprogramme. Sie besitzen die Fähigkeit, Aufgaben ausführen und schwierige praktische Probleme wesentlich besser als menschliche Experten lösen zu können.

■ **Künstliche Intelligenz** (*artificial intelligence*, AI): Dieses wichtige Gebiet umfasst die Verwendung von Maschinen und Computern, um menschliche Intelligenz nachzubilden. Computergesteuerte Systeme sind in der Lage, aus Erfahrung zu lernen, und können Entscheidungen treffen, die Abläufe optimieren und Kosten minimieren. **Künstliche neuronale Netze** (*artificial neural networks*, ANNs) simulieren Denkprozesse des menschlichen Gehirns und besitzen die Fähigkeit, Produktionseinrichtungen zu modellieren und zu simulieren, Fertigungsprozesse zu überwachen und zu steuern, Probleme in der Maschinenleistung zu diagnostizieren, Finanzplanungen durchzuführen und die Fertigungsstrategie einer Firma zu verwalten.

Angesichts der oben umrissenen wichtigen Fortschritte zeichnen manche Experten das Bild einer **Fabrik der Zukunft**. Obwohl kontrovers diskutiert und von manchen als unrealistisch abgetan, ist dies ein System, in dem Produktion mit wenig oder keinem direkten menschlichen Eingriff stattfindet. Die menschliche Rolle soll sich auf das Überwachen, Verwalten und Aktualisieren von Maschinen, Computern und Software beschränken.

Die Implementierung einiger der oben umrissenen modernen Technologien erfordert beträchtliche technische und wirtschaftliche Fachkenntnis, Zeit und Kapitalinvestition. Manche fortgeschrittene Technologie kann unpassend angewendet oder auf zu großer oder ambitionierter Skala implementiert werden, was große Ausgaben mit fraglicher Rendite (**return on investment**, ROI) bedeutet. Folglich ist es wichtig, eine umfassende Analyse und Bestandsaufnahme der realen und spezifischen Bedürfnisse einer Firma und des Marktes für deren Produkte durchzuführen und festzustellen, ob die Kommunikation zwischen den beteiligten Parteien einschließlich der Anbieter stets gewährleistet ist.

1.8 Schlanke Produktion und agile Fertigung

Schlanke Produktion oder schlanke Fertigung umfasst grundsätzlich (a) eine sorgfältige Beurteilung jeder Aktivität einer Firma in Bezug auf Effizienz und Effektivität ihrer Abläufe, (b) die Effizienz der Maschinen und Ausrüstungen, die in der Operation verwendet werden, wobei Qualität gesichert und verbessert wird, (c) das Personal, das an einer bestimmten Operation beteiligt ist, und (d) eine gründliche Analyse, um die Kosten jeder Aktivität zu reduzieren, wozu sowohl produktive als auch nichtproduktive Arbeiten gehören. Dieses Konzept ist zwar nicht neu, kann aber eine fundamentale Änderung in der Firmenkultur sowie die Kooperation und Teamarbeit zwischen Verwaltung und Arbeitskräften erfordern. Schlanke Produktion bedeutet nicht unbedingt, Ressourcen zu beschneiden, zielt aber darauf ab, *die Effizienz und Rentabilität einer Firma beständig zu verbessern*, indem alle Arten von Verschwendung aus den Abläufen entfernt werden (**Zero-Waste-Produktion**) und Probleme angegangen werden, sobald sie sich zeigen.

Mit **agiler Fertigung** beschreibt man die Anwendung der Prinzipien der schlanken Produktion in größerem Maßstab. Der agilen Fertigung liegt das Prinzip zugrunde, Flexibilität (Agilität) im Produktionsunternehmen sicherzustellen, sodass schnell auf Änderungen der geforderten Produktpalette und der Ansprüche der Kunden reagiert werden kann. Agilität lässt sich über Maschinen und Anlagen mit integrierter Flexibilität (rekonfigurierbare Maschinen) erreichen, und zwar durch *modulare* Komponenten, die sich in unterschiedlicher Weise anordnen und umbauen lassen, leistungsstarke Computerhardware und -software, verringerte Umrüstzeit und die Implementierung moderner Kommunikationssysteme. Zum Beispiel wurde vorhergesagt, dass die Automobilindustrie in der Lage sein wird, ein Auto nach Kundenwunsch in drei Tagen zu konfigurieren und zu bauen, und dass schließlich das herkömmliche Montageband durch ein System ersetzt wird, in dem ein auf den Kunden zugeschnittenes Fahrzeug durch das Kombinieren von Modulen entsteht.

1.9 Qualitätssicherung und umfassendes Qualitätsmanagement

Produktqualität ist immer eines der wichtigsten Anliegen in der Herstellung gewesen, da sie direkt die Marktfähigkeit eines Produkts und die Kundenzufriedenheit beeinflusst. Bislang hat man bei der Qualitätssicherung Teile inspiziert, nachdem sie hergestellt wurden. Teile werden inspiziert, um sicherzustellen, dass sie einem detaillierten Satz von Spezifikationen und Standards entsprechen, beispielsweise den Maßtoleranzen, der Oberflächengüte sowie mechanischen und physikalischen Eigenschaften. Allerdings kann Qualität in ein Produkt nicht durch Inspizieren eingebracht werden, nachdem es hergestellt ist, sie muss in ein Produkt integriert sein, von den ersten Entwurfsphasen über alle darauffolgenden Fertigungsphasen und die Montage. Da Produkte in der Regel mithilfe verschiedener Prozesse hergestellt werden, von denen jeder im Verlauf des Tages signifikanten Leistungsschwankungen unterliegen kann, ist die Kontrolle von Prozessen ein entscheidender Faktor in der Produktqualität. Demzufolge kontrollieren wir Prozesse und nicht die Produkte.

Fehlerhafte Produkte können für den Hersteller sehr teuer werden, da sie Schwierigkeiten bei Montageabläufen, notwendige Reparaturen vor Ort und unzufriedene Kunden bedeuten. Die **Produktintegrität** lässt sich definieren als Grad, zu dem ein Produkt (a) für seinen vorgesehenen Zweck geeignet ist, (b) eine Marktanforderung erfüllt, (c) zuverlässig während seiner erwarteten Lebenszeit funktioniert und (d) mit relativer Einfachheit gewartet werden kann.

Für **(umfassendes) Qualitätsmanagement** (*total quality management*, TQM) und **Qualitätssicherung** ist jeder verantwortlich, der an der Entwicklung und der Herstellung eines Produkts beteiligt ist. Unsere globale Wahrnehmung der technologischen und ökonomischen Wichtigkeit der Produktqualität wurde von Pionieren wie Deming, Taguchi und Juran geleitet (siehe Abschnitt 14.3). Sie haben hervorgehoben, wie wichtig das Engagement des Unternehmens für die Produktqualität, den Stolz der Belegschaft auf allen Ebenen der Produktion und die Verwendung leistungsfähiger Techniken wie zum Beispiel **statistische Prozesskontrolle** (*statistical process control*, SPC und *Qualitätsregelkarten* für die Onlineüberwachung der Teileproduktion und schnelle Identifizierung der Ursachen von Qualitätsproblemen ist (Kapitel 4). Letztlich besteht hier das Ziel vor allem darin, Fehler von vornherein zu verhindern, anstatt die Fehler erst in den Produkten zu erkennen. Als Konsequenz werden Computerchips beispielsweise in einer solchen Weise produziert, dass nur wenige Chips unter einer Million fehlerhaft sind.

Qualitätssicherung umfasst jetzt die Implementierung der **Versuchsplanung** (*design of experiments*), einer Technik, in der die in einem Produktionsprozess beteiligten Faktoren und deren Interaktionen simultan untersucht werden. Somit lassen sich zum Beispiel Variablen, die die Maßhaltigkeit oder die Oberflächengüte in einem Bearbeitungsvorgang beeinflussen, leicht identifizieren, sodass es möglich ist, die passenden Maßnahmen auszuführen.

Globale Wettbewerbsfähigkeit hat die Notwendigkeit für internationale Konformität in der Verwendung von (und Konsens bezüglich der Einrichtung der) Methoden der Qualitätskontrolle begründet, was sich in der ISO-Normenreihe EN ISO 9000 (International Organization for Standardization) zum Qualitätsmanagement und der Qualitätssicherung niedergeschlagen hat. Bei diesem Standard handelt es sich um eine *Qualitätsprozesszertifizierung* und *nicht* um eine Produktzertifzierung. Ist eine Firma für diesen Standard registriert, dann entspricht die Art, wie diese Firma ihr eigenes Qualitätssystem spezifiziert, einheitlichen Praktiken. Diese Standards haben permanent die Art und Weise beeinflusst, in der Firmen weltweit Geschäfte abwickeln und sind inzwischen zum Weltstandard für Qualität geworden.

Produkthaftung (*product liability*): Wir haben alle von den Konsequenzen gehört, die eintreten, wenn ein fehlerhaft funktionierendes Produkt eingesetzt wird, was zu Gesundheitsschäden oder sogar zum Tod geführt hat. Zudem ist der daraus resultierende finanzielle Verlust für eine Person sowie für die Organisation, die dieses Produkt hergestellt hat, oft sehr groß. Dieses wichtige Thema wird als **Produkthaftung** bezeichnet. Aufgrund der einschlägigen technischen und rechtlichen Aspekte, in denen Gesetze von einem Land zum anderen und von einem Staat zu einem anderen abweichen können, kann dieses komplexe Thema einen wesentlichen wirtschaftlichen Einfluss auf alle beteiligten Parteien haben.

Konstruktion und Fertigung sicherer Produkte gehören zu den wichtigen und integralen Pflichten eines Herstellers. Alle diejenigen, die mit Produktdesign, Herstellung und Marketing zu tun haben, müssen in vollem Umfang die möglichen Konsequenzen eines Produktausfalls erkennen, einschließlich der Fehler, die aufgrund möglicher missbräuchlicher Verwendungen des Produkts auftreten. Es lassen sich zahlreiche Beispiele anführen für Produkte, die eine Produkthaftung nach sich ziehen: (1) eine Schleifscheibe, die im Betrieb bricht und einen Arbeiter verletzt, (2) ein Tragseil, das reißt und dazu führt, dass eine Arbeitsbühne mit den darauf befindlichen Arbeitern nach unten fällt, (3) eine Bremse, die nicht mehr anspricht, weil eine ihrer Komponenten ausgefallen ist, (4) eine Maschine ohne oder mit ungeeigneten Schutzvorrichtungen um ihre Antriebsräder oder -riemen und (5) ein elektrisches oder pneumatisches Werkzeug ohne geeignete Warnungen hinsichtlich seiner richtigen Verwendung und der möglichen Gefahren im Umgang.

Human-factors engineering und **Ergonomie** (Mensch-Maschine-Interaktionen) sind ebenfalls wichtige Aspekte des Designs und der Herstellung sicherer Produkte. Derartige Überlegungen spielen zum Beispiel bei folgenden Produkten eine wichtige Rolle: (1) ein unbequemer oder instabiler Arbeitstisch oder Bürostuhl, dessen Design zu Ermüdung oder dauernder Schädigung führt, und (2) ein Mechanismus, der sich manuell nur schwer bedienen lässt, oder eine schlecht konzipierte Tastatur, die dem Benutzer Schmerzen in den Händen und Armen als Ergebnis wiederholt ausgeführter stereotyper Bewegungen bereitet (was zum *RSI-Syndrom* oder einem *Karpaltunnelsyndrom* führen kann).

1.10 Fertigungskosten und globale Wettbewerbsfähigkeit

Die Kosten eines Produkts stehen oftmals an erster Stelle bei der Bewertung seiner Marktfähigkeit und der allgemeinen Kundenzufriedenheit. Die Herstellungskosten machen in der Regel ungefähr 40 % vom Verkaufspreis eines Produkts aus. Die Gesamtkosten der Herstellung eines Produkts bestehen aus Kosten für Material, Werkzeug und Arbeit sowie Fix- und Investitionskosten, wobei in jeder Kostenkategorie mehrere Faktoren beteiligt sind. Die Herstellungskosten lassen sich minimieren, indem der Produktentwurf analysiert wird, um zu ermitteln, ob Teilgröße und -form optimal und die ausgewählten Werkstoffe am kostengünstigsten sind, wobei sie trotzdem die gewünschten Eigenschaften und Charakteristika besitzen sollen. Die Möglichkeit, Werkstoffe zu ersetzen, ist eine ebenfalls wichtige Betrachtung bei der Kostenminimierung (Kapitel 14).

Die Wirtschaftlichkeit der Herstellung ist immer ein Hauptanliegen gewesen und ist noch mehr dazu geworden, seitdem **globale Wettbewerbsfähigkeit** für hochqualitative Produkte (**Herstellung auf Weltklasseniveau**) und *geringe Preise* auf den weltweiten Märkten zu einer Notwendigkeit geworden sind. Beginnend mit den 1960er Jahren haben sich die folgenden Trends entwickelt, die einen wesentlichen Einfluss auf die Herstellung hatten:

- Der globale Wettbewerb ist schnell gewachsen und die Märkte wurden multinational und dynamisch.
- Die Marktbedingungen haben stark geschwankt.
- Kunden haben nach hochqualitativen, kostengünstigen Produkten und einer zeitnahen Lieferung verlangt.
- Die Produktpaletten sind vielfältiger, die Produkte komplizierter und die Produktlebenszyklen kürzer geworden.

Ein weiterer wichtiger Trend ist die starke Ungleichheit der Lohnkosten bei der Fertigung (mit Unterschieden von einer Größenordnung) zwischen den verschiedenen Ländern. Tabelle 1.3 zeigt die geschätzte relative Stundenvergütung für Industriearbeiter basierend auf einer Skala von 100 für die USA. Die Werte lassen sich nur näherungsweise angeben, weil Faktoren wie Zusatzleistungen und Mietzuschüsse von Land zu Land schwanken und nicht einheitlich berechnet werden können.

Outsourcing ist die Praxis, interne Firmenleistungen von einer externen Firma ausführen zu lassen und diese dafür zu bezahlen. Bei multinationalen Firmen kann Outsourcing das Verschieben von Aktivitäten zu anderen Abteilungen in anderen Ländern betreffen. Outsourcing der Fertigungsaufgaben wurde praktikabel, als die Kommunikations- und Versandinfrastruktur ausreichend entwickelt war, ein Trend, der in den frühen 1990er Jahren einsetzte. Zum Beispiel konnte eine indische Softwarefirma trotz geringerer Personalkosten erst effektiv mit europäischen oder amerikanischen Kollegen zusammenarbeiten, als Glasfaserkabel und Hochgeschwindigkeits-Internetzugriff möglich wurden.

Es überrascht nicht, dass viele Produkte, die man heute kauft, in Ländern wie China oder Mexiko hergestellt oder montiert werden, wo die Lohnkosten – bislang – am geringsten sind, aber zwangsläufig wachsen müssen, da der Lebensstandard in diesen Ländern steigt. Analog kann die Softwareentwicklung und Informationstechnologie in Indien weit wirtschaftlicher realisiert werden als in westlichen Ländern. Es ist für Fertigungsbetriebe eine ständige Herausforderung, die Kosten auf einem Minimum zu halten, und ein wesentlicher Punkt für deren Überleben. Die Kosten eines Produkts stehen oftmals an erster Stelle bei der Bewertung seiner Marktfähigkeit und der allgemeinen Kundenzufriedenheit.

Um auf diese Bedürfnisse zu reagieren und dabei die Kosten niedrig zu halten, verlangen diese Konzepte, dass die Hersteller **Benchmarks** für ihre Abläufe ermitteln, das heißt, die Konkurrenzfähigkeit

Tabelle 1.3: Geschätzte relative Stundenvergütung für Industriearbeiter (2006); USA = 100; die Vergütung kann Zusatzleistungen und Mietzuschüsse enthalten

Land	Kosten	Land	Kosten
Norwegen	154	Italien	96
Deutschland	137	Japan	81
Dänemark	127	Spanien	73
Österreich	122	Südkorea	56
Belgien	121	Neuseeland	54
Schweiz	119	Israel	48
Niederlande	118	Singapur	45
Finnland	117	Portugal	32
Schweden	114	Tschechische Republik	27
Frankreich, Großbritannien	112	Argentinien	22
Irland	103	Polen	21
USA, Australien	100	Mexiko	12
Kanada	97	China, Philippinen	5

Quelle: U.S. Department of Labor, 2007.

einer Firma im Vergleich zu anderen Firmen zu erfassen und realistische Ziele für die Zukunft der Firma festzulegen. Es handelt sich somit um eine **Bezugslinie**, von der aus sich verschiedene Messungen ausführen und vergleichen lassen.

1.11 Allgemeine Trends in der Fertigung

Mit schnellen Fortschritten in allen Aspekten von Werkstoffen, Prozessen und Produktionssteuerung gibt es mehrere wichtige Trends in der Fertigung, wie sie die folgenden Abschnitte skizzieren.

Werkstoffe: Der Trend geht dahin, Zusammensetzung, Reinheit und Defekte (Verunreinigungen, Einschlüsse, Fehlstellen) der Werkstoffe besser zu kontrollieren, um ihre Eigenschaften, Fertigungscharakteristika, Zuverlässigkeit und Lebensdauer zu verbessern und dabei die Kosten niedrig zu halten. Kontinuierliche Entwicklungen laufen bei Supraleitern, Halbleitern, nanometerskaligen Werkstoffen und Pulvern, amorphen Legierungen, Legierungen mit Formgedächtnis (*intelligente Werkstoffe*), Beschichtungen und verschiedenen anderen technischen metallischen und nichtmetallischen Werkstoffen. Testverfahren und -anlagen werden verbessert. Dazu gehört auch der Einsatz von leistungsstarken Computern und Software, insbesondere bei Werkstoffen wie Keramiken, Hartmetallen und verschiedenen Verbundwerkstoffen. Gedanken hinsichtlich Energie- und Materialeinsparungen führen zu besserer Recycelbarkeit und höheren Festigkeit- und Steifigkeit-zu-Gewicht-Verhältnissen. Die thermische Behandlung von Werkstoffen wird unter besserer Kontrolle der relevanten Variablen für voraussagbarere und zuverlässigere Ergebnisse durchgeführt und die Methoden der Oberflächenbehandlung werden rapide erweitert. Eingeschlossen in diese Entwicklungen sind Fortschritte bei Werkzeug-, Modell- und Formwerkstoffen mit besserer Beständigkeit für ein breites Spektrum von Prozessvariablen, wodurch sich die Effizienz und Wirtschaftlichkeit der Fertigungsprozesse verbessert. Als Ergebnis dieser Entwicklungen ist die Produktion von Gütern effizienter geworden, d. h., qualitativ bessere Produkte wurden bei geringeren Kosten herstellbar.

Prozesse, Anlagen und Systeme: Die steten Entwicklungen bei Computern, Steuerungen, Industrierobotern, automatisierten Prüfungen, Transport und Montage sowie Sensortechnologie wirken sich stark auf die Effizienz und Zuverlässigkeit aller Fertigungsprozesse und -anlagen aus. Fortschritte bei Computerhard- und -software, Kommunikationssystemen, adaptiver Regelung, Expertensystemen und künstlicher Intelligenz und neuronalen Netzen haben dabei geholfen, Konzepte wie zum Beispiel Gruppentechnologie, Zellenfertigung und flexible Fertigungssysteme sowie moderne Praktiken in der Verwaltung von Fertigungsorganisationen effektiv zu realisieren.

Computersimulation und -modellierung werden umfassend in Design und Fertigung eingesetzt, was in der Optimierung von Prozessen und Produktionssystemen sowie besserer Voraussage der Wirkungen relevanter Variablen auf die Produktintegrität resultiert. Als Ergebnis derartiger Anstrengungen verbessern sich Geschwindigkeit und Effizienz des Entwurfs und der Fertigung von Produkten spürbar, was sich auch auf die gesamte Wirtschaftlichkeit der Produktion und die Verringerung der Produktkosten in einem zunehmend umkämpften Markt niederschlägt.

ZUSAMMENFASSUNG

- Werkstoff- und Fertigungstechnik umfassen die Vorgänge, Rohstoffe mithilfe verschiedener Prozesse und Methoden in Produkte umzuwandeln. Werkstoff- und Fertigungstechnik sind Schlüsseltechnologien für viele Bereiche der Technik (Abschnitt 1.1).
- Produktdesign ist integraler Bestandteil der Fertigung, wie es die Trends zur parallelen Fertigung, zum Design für Fertigung, zum Design für Montage, Demontage und Wartung belegen (Abschnitte 1.2 und 1.3).
- Konstruieren und Fertigen sicherer und umweltfreundlicher Produkte ist ein wichtiger und integraler Bestandteil der Pflichten eines Herstellers (Abschnitt 1.4).
- Eine Schlüsselaufgabe besteht darin, geeignete Werkstoffe und optimale Fertigungsmethoden unter mehreren möglichen Alternativen auszuwählen, wobei Produktdesignziele, Prozessmöglichkeiten und Kostenbetrachtungen zu beachten sind (Abschnitte 1.5 und 1.6).
- Technologien der computergestützten Fertigung nutzen Computer, um ein breites Aufgabenspektrum bei Design, Analyse, Fertigung und Qualitätskontrolle zu automatisieren (Abschnitt 1.7).
- Schlanke Produktion und agile Fertigung sind Konzepte, die sich auf die Effizienz und Flexibilität der gesamten Organisation konzentrieren, um Herstellern zu helfen, auf globalen Wettbewerb und wirtschaftliche Herausforderungen zu reagieren (Abschnitt 1.8).

Zusammenfassung

- Sicherstellen der Produktqualität ist jetzt ein simultaner Entwicklungsprozess und nicht mehr der letzte Schritt in der Fertigung eines Produkts. Qualitätsmanagement und Techniken der statistischen Prozesskontrolle haben unsere Fähigkeiten erhöht, Qualität bei jedem Schritt des Entwurfs- und Fertigungsprozesses in ein Produkt zu integrieren (Abschnitt 1.9).
- Werkstoff- und Fertigungskosten sowie globale Wettbewerbsfähigkeit sind entscheidende Faktoren für jedes Produktionsunternehmen (Abschnitt 1.10).
- Es gibt mehrere allgemeine Trends, die für Fertigungsprozesse, Werkstoffe und Systeme wichtig sind. Dazu gehören Forderungen nach Qualität, Umweltverträglichkeit und stetem Einsatz von Computertechnologie (Abschnitt 1.11).

Das mechanische Verhalten von Werkstoffen

2

2.1	Einführung	74
2.2	Zug	75
2.3	Druck	95
2.4	Torsion	99
2.5	Biegung	101
2.6	Härte	103
2.7	Ermüdung	109
2.8	Kriechen	111
2.9	Dynamische Beanspruchung	112
2.10	Eigenspannungen	113
2.11	Dreiachsiger Spannungszustand und Fließbedingungen	117
2.12	Verformungsarbeit	128
	Zusammenfassung	133
	Wichtige Gleichungen	135
	Verständnisfragen	136
	Rechenaufgaben	139

ÜBERBLICK

2 Das mechanische Verhalten von Werkstoffen

LERNZIELE

- Dieses Kapitel beschreibt die verschiedenen Versuche, mit denen üblicherweise die mechanischen Eigenschaften von Werkstoffen ermittelt werden;
- Danach werden Spannung-Dehnung-Kurven, ihre Charakteristika, ihre Bedeutung und Abhängigkeit von Parametern wie Temperatur und Verformungsgeschwindigkeit diskutiert;
- Wir besprechen Eigenschaften und Rollen von Härte, Ermüdung, Kriechen, dynamischer Beanspruchung und Eigenspannungen in der Materialverarbeitung;
- Schließlich werden Fließbedingungen und ihre Anwendungen bei der Ermittlung des Kraft- und Energieaufwands bei der Bearbeitung von Metallen vorgestellt.

2.1 Einführung

Kapitel 1 hat die Herstellungsmethoden und -techniken umrissen, mit denen sich Werkstoffe zu nützlichen Produkten formen lassen. Zu den ältesten und wichtigsten Gruppen der Fertigungsverfahren gehört die **plastische Verformung**, nämlich die Formgebung von Werkstoffen, indem Kräfte mithilfe verschiedener Mittel angewandt werden. Zu den auch als Verformungsbearbeitung bezeichneten Verfahren gehören die *Massivumformprozesse* (Schmieden, Walzen, Extrudieren und Ziehen von Stäben und Drähten) und die *Verfahren der Blechumformung* (Biegen, Ziehen, Drücken und Pressen). Dieses Kapitel beschäftigt sich mit den grundlegenden Aspekten des mechanischen Verhaltens von Werkstoffen während der plastischen Verformung und beschreibt im Einzelnen die Themen Verformungsmodi, Spannungen, Kräfte, Verformungsarbeit, Wirkungen der Verformungsgeschwindigkeit und der Temperatur, Härte, Eigenspannungen und Fließbedingungen.

Wird ein Metallteil gereckt, um zum Beispiel den Kotflügel eines Automobils oder Draht herzustellen, wird der Werkstoff einem *Zug* ausgesetzt. Bei der Herstellung einer Turbinenscheibe wird ein zylindrischer Block aus Metall geschmiedet, das Material also einem *Druck* ausgesetzt. Auf Bleche wirken Scherspannungen ein, wenn beispielsweise Löcher hineingestanzt werden. Ein Kunststoffrohr wird durch inneren Druck erweitert, um eine Getränkeflasche herzustellen, wobei auf den Werkstoff Spannungen in verschiedene Richtungen wirken.

In allen diesen Prozessen unterliegt der Werkstoff einem oder mehreren der drei in ▶ Abbildung 2.1 gezeigten Umformmodi, nämlich Zug, Druck und Scherung. Der Grad der Formveränderung, der der Werkstoff unterworfen ist, wird als **Dehnung** definiert. Für Zug oder Druck ist die **technische Dehnung** bzw. **nominelle Dehnung** gemäß

$$\varepsilon = \frac{l - l_0}{l_0} \tag{2.1}$$

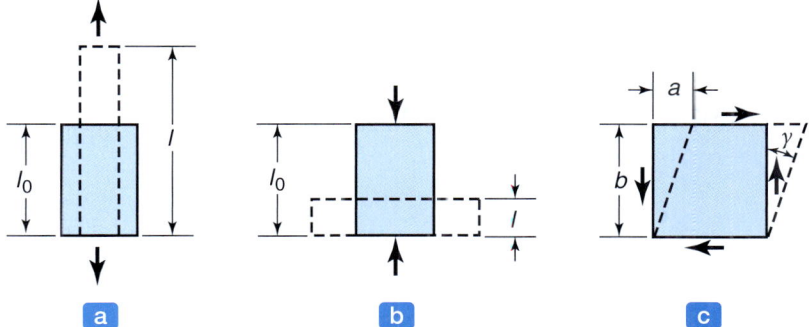

Abbildung 2.1: Arten der Verzerrung (Dehnung) eines Flächenelements: (a) Verlängerung durch Zugspannung, (b) Stauchung durch Druckspannung, (c) Scherung durch Scher-(Schub-)spannung. Alle Umformvorgänge in der Fertigung bedienen sich Kombinationen dieser Verzerrungsarten. Dehnungen durch Zugkräfte treten beim Recken von Blech in der Fertigung von Fahrzeugkarosserien auf. Beim Schmieden einer Turbinenscheibe wird die zylindrische Ausgangsform durch Druckkräfte gestaucht. Scherdehnungen treten beim Stanzen eines Lochs in ein Blech auf.

gegeben. Beachten Sie, dass die Dehnungswerte bei Zug positiv und bei Druck negativ sind. Bei der in Abbildung 2.1c gezeigten Verformung ist die **Scherdehnung** als

$$\gamma \approx \tan \gamma = \frac{a}{b} \tag{2.2}$$

definiert. Um die Form der in Abbildung 2.1 gezeigten Elemente – oder Körper – zu ändern, müssen auf sie **Kräfte** wirken, wie es die Pfeile (Vektoren) zeigen. Die Bestimmung dieser Kräfte als Funktion der Verformung ist ein wichtiger Aspekt bei der Untersuchung von Fertigungsverfahren. Die Kenntnis dieser Kräfte ist wichtig, um die richtigen Geräte zu konzipieren, das Werkzeug und die Werkstoffe hinsichtlich einer ausreichenden Festigkeit auszuwählen und zu ermitteln, ob eine spezifische Metallbearbeitungsoperation auf einer bestimmten Apparatur durchführbar ist.

2.2 Zug

Aufgrund seiner relativen Einfachheit ist der **Zugversuch** das gebräuchlichste Verfahren, um die *Kennwerte für Festigkeit und Verformbarkeit von Werkstoffen* zu ermitteln. Dazu gehört es, eine Probe entsprechend den Normvorschriften vorzubereiten und in einer der in großer Vielfalt vorhandenen Prüfmaschinen auf Zug zu prüfen.

Die Probe besitzt eine ursprüngliche Länge l_0 und eine ursprüngliche Querschnittsfläche A_0 (▶ Abbildung 2.2a). Obwohl es sich bei den meisten Proben um massive und runde Proben handelt, werden auch blech- oder röhrenförmige Proben im Zugversuch geprüft. Die ursprüngliche Länge ist der Abstand zwischen **Messmarken** auf der Probe und beträgt in der Regel 50 mm. Man bezeichnet diesen Abstand auch als **Messlänge**. Die Marken können bei größeren Proben wie zum Beispiel kompletten Bauteilen weiter auseinanderliegen oder bei speziellen Anwendungen für kleine Teile entsprechend kürzere Abstände haben. Wenn die Messlänge der Zugprobe in einem bestimmten Verhältnis zu ihrem Durchmesser steht, nennt man sie **Proportionalprobe**.

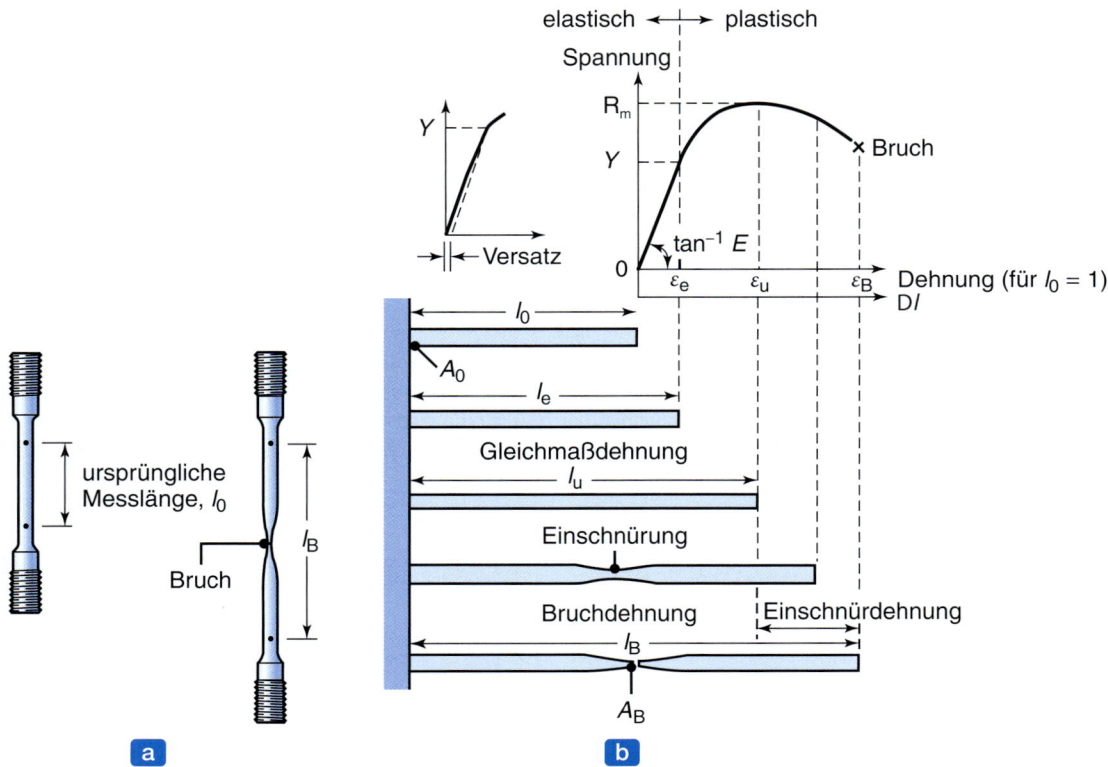

Abbildung 2.2: (a) Ausgangs- und Endgestalt eines zylindrischen Zugstabes. (b) Schematische Darstellung der Stadien des Zugversuchs.

Abbildung 2.2b zeigt typische Ergebnisse eines Zugversuchs. Die **technische Spannung** oder **nominelle Spannung** ist die aufgebrachte Kraft bezogen auf die ursprüngliche Querschnittsfläche der Probe, also

$$\sigma = \frac{P}{A_0} \, . \tag{2.3}$$

Wird die Kraft angelegt, dehnt sich die Probe zunächst proportional zur Belastung bis zur **Proportionalitätsgrenze**. Dieser Bereich ist durch **lineares elastisches Verhalten** gekennzeichnet. Bis zur **Streckgrenze** bzw. **Fließgrenze** Y verformt sich das Material weiterhin elastisch, wenn auch nicht streng linear. Wird die Kraft weggenommen, bevor die Streckgrenze erreicht ist, nimmt die Probe wieder ihre ursprüngliche Länge an. Der **Elastizitätsmodul** E, der auch als **Young'scher Modul** bezeichnet wird, ist gegeben durch

$$E = \frac{\sigma}{\varepsilon} \, . \tag{2.4}$$

Diese lineare Beziehung zwischen Spannung und Dehnung ist als **Hooke'sches Gesetz** bekannt. Die verallgemeinerte Form dieses Gesetzes für mehrachsige Spannungszustände lernen wir in Abschnitt 2.11 kennen. Die Verlängerung der Probe wird von einer Kontraktion ihrer lateralen Abmessungen begleitet. Der *Absolutwert* des Verhältnisses von lateraler Dehnung (Querdehnung) zu Längsdehnung heißt

Querkontraktionszahl bzw. **Poissonzahl** ν. Tabelle 2.1 gibt typische Werte von E und ν für verschiedene Werkstoffe an.

Die Fläche unter der Spannung-Dehnung-Kurve bis zur Fließgrenze Y des Werkstoffs wird als **elastische Energiedichte** bezeichnet:

$$\text{elastische Energiedichte} = \frac{Y\varepsilon_{\text{el}}}{2} = \frac{Y^2}{2E} \,. \tag{2.5}$$

Die elastische Energiedichte wird in **Energie pro Volumeneinheit** angegeben und kennzeichnet die Verformungsenergie, die das Material elastisch speichern kann. Typische Werte für diese Energiedichte sind zum Beispiel $2{,}1 \cdot 10^4$ J/m^3 für geglühtes Kupfer, $1{,}9 \cdot 10^5$ J/m^3 für gehärteten Stahl mit mittlerem Kohlenstoffgehalt und $2{,}7 \cdot 10^6$ J/m^3 für Federstahl.

Mit zunehmender Kraft beginnt die Probe zu fließen, d. h., sie wird einer **plastischen (permanenten) Verformung** unterworfen – die Beziehung zwischen Spannung und Dehnung ist nicht mehr linear. Für die meisten Werkstoffe steigt die Spannung jenseits der Streckgrenze markant weniger an als im elastischen Bereich, sodass die Bestimmung von Y schwierig sein kann. Üblicherweise definiert man die Streckgrenze mithilfe der **Dehngrenze** als den Punkt auf der Spannung-Dehnung-Kurve, der bezogen auf den elastischen Teil einen Versatz von (normalerweise) 0,2 % bzw. 0,002 auf der Dehnungsachse aufweist (siehe Abbildung 2.2b). Es sind aber auch andere Werte für den Versatz möglich und sie müssen bei Messungen der Streckgrenze eines Werkstoffs mit angegeben werden.

Plastisches Fließen bedeutet nicht unbedingt Versagen. Beim Entwurf von Bauteilen und lasttragenden Konstruktionselementen ist Fließen nicht akzeptabel, da es zur dauerhaften Verformung der Konstruktion kommt. Allerdings ist Fließen notwendig bei allen Prozessen der Metallbearbeitung wie zum Beispiel Schmieden, Walzen und Blechumformung, wo Werkstoffe dauerhaft verformt werden müssen, um die gewünschte Teileform zu erzeugen.

Wenn sich die Probe bei zunehmender Kraft oberhalb der Streckgrenze weiterhin dehnt, nimmt ihr Querschnitt *permanent und gleichmäßig* über die gesamte Messlänge ab. Wird die Probe bei einem Spannungsniveau oberhalb von Y entlastet, folgt die Kurve einer geraden Linie, die parallel zum ursprünglichen elastischen Anstieg ist, ▶ Abbildung 2.3. Bei erneuter Belastung beginnt die Probe bei der Spannung zu fließen, die vor der Entlastung erreicht wurde. Diese Spannung ist demnach die neue Fließgrenze des Werkstoffs. Die Spannung-Dehnung-Kurve ist also der geometrische Ort aller Fließgrenzen des Werkstoffs und wird daher auch **yield locus** (Fließortkurve) genannt. Wird die Kraft und folglich die technische Spannung weiter erhöht, erreicht die Kurve schließlich einen Maximalwert und beginnt dann zu fallen. Die maximale Spannung wird als **Zugfestigkeit** R_{m} des Werkstoffs bezeichnet (siehe Tabelle 2.1). Die Zugfestigkeit ist demnach ein einfaches und praktisches Maß für die Festigkeit eines Werkstoffs. Die erreichte Dehnung bei der Zugfestigkeit wird als **Gleichmaßdehnung** bezeichnet.

Wird die Probe über die Gleichmaßdehnung hinaus verformt, beginnt sie sich *einzuschnüren* (siehe Abbildung 2.2) und die Dehnung zwischen den Messmarken ist nicht mehr gleichförmig. Das heißt, die Änderung des Querschnitts der Probe ist lokal in einer **Einschnürung** konzentriert, die sich in der Probe bildet. Bei weiterer Verformung geht die technische Spannung weiter zurück und die Probe bricht schließlich innerhalb des eingeschnürten Bereichs. Das Spannungsniveau beim Bruch (das in Abbildung 2.2b mit einem Kreuz markiert ist) wird als **Bruchspannung** bezeichnet.

Tabelle 2.1: Mechanische Kennwerte bei Raumtemperatur verschiedener Werkstoffe, siehe dazu auch die Tabellen 10.1, 10.4, 10.8, 11.3 und 11.7

	E-Modul E (GPa)	Fließgrenze Y (MPa)	Zugfestigkeit R_m (MPa)	Bruchdehnung bei 50 mm Messlänge (%)	Poissonzahl ν
Metalle (verformt)					
Aluminium(-legierungen)	69–79	35–550	90–600	45–5	0,31–0,34
Kupfer(-legierungen)	105–150	76–1100	140–1310	65–3	0,33–0,35
Blei(-legierungen)	14	14	20–55	50–9	0,43
Magnesium(-legierungen)	41–45	130–305	240–380	21–5	0,29–0,35
Molybdän(-legierungen)	330–360	80–2070	90–2340	40–30	0,32
Nickel(-legierungen)	180–214	105–1200	345–1450	60–5	0,31
Kohlenstoffstähle	190–200	205–1725	415–1750	65–2	0,28–0,33
Hochlegierte Stähle	190–200	240–480	480–760	60–20	0,28–0,30
Titan(-legierungen)	80–130	344–1380	415–1450	25–7	0,31–0,34
Wolfram(-legierungen)	350–400	550–690	620–760	0	0,27
Nichtmetallische Werkstoffe					
Keramiken	70–1000	–	140–2600	0	0,2
Diamant	820–1050	–	–	–	–
Glas und Porzellan	70–80	–	140	0	0,24
Gummi	0,01–0,1	–	–	–	0,5
Thermoplaste	1,4–3,4	–	7–80	1000–5	0,32–0,40
Thermoplaste, verstärkt	2–50	–	20–120	10–1	–
Duromere	3,5–17	–	35–170	0	0,34
Borfasern	380	–	3500	0	–
Kohlefasern	275–415	–	2000–5300	1–2	–
Glasfasern	73–85	–	3500–4600	5	–
Kevlarfasern	70–113	–	3000–3400	3–4	–
Spectrafasern (900, 1000)	73–100	–	2400–2800	3	–

Anmerkung:
In der oberen Tabellenhälfte gelten die niedrigsten Werte für E, Y und R_m und die höchsten Werte für die Bruchdehnung jeweils für die Reinmetalle.

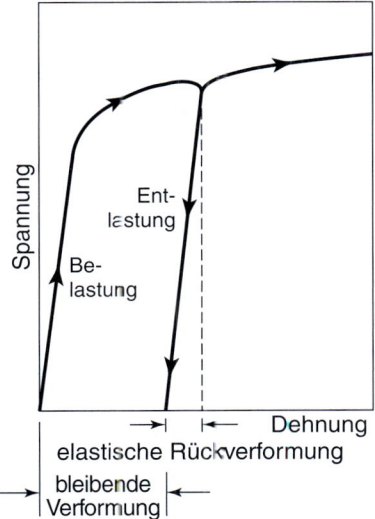

Abbildung 2.3: Entlasten und Wiederbelasten einer Zugprobe bei einer Spannung oberhalb der ursprünglichen Fließgrenze. Die Entlastung (und Wiederbelastung) erfolgt parallel zur elastischen Geraden. Die vor der Entlastung erreichte Spannung wird zur neuen Fließgrenze des Werkstoffs.

2.2.1 Duktilität

Die Dehnung in der Probe beim Bruch ist ein Maß für die Duktilität, d. h., welcher maximalen Dehnung ein Werkstoff standhält, bevor er bricht. Wie Abbildung 2.2b zeigt, verläuft die Dehnung bis zum Erreichen der Zugfestigkeit *gleichmäßig*. Die Dehnung bis zur Zugfestigkeit wird **Gleichmaßdehnung** genannt. Die Dehnung beim Bruch wird als **Bruchdehnung** bezeichnet und zwischen den ursprünglichen Messmarken gemessen, indem die beiden Probenteile wieder zusammengesetzt werden, um den Dehnungszustand der Probe unmittelbar vor dem Bruch wiederzugeben.

Die Duktilität in einem Zugversuch wird üblicherweise durch die beiden Größen **Bruchdehnung** und **Brucheinschnürung** definiert. Die Bruchdehnung ist als

$$\varepsilon_B = \frac{l_B - l_0}{l_0} \times 100\,\% \tag{2.6}$$

definiert, siehe Tabelle 2.1. l_0 ist die Ausgangslänge der Probe, l_B bezeichnet die Länge der Probe beim Bruch.

Einschnüren ist ein *örtliches* Phänomen. Wenn wir eine Reihe von Messmarken an verschiedenen Punkten auf der Probe anbringen, die Probe bis zum Bruch verformen und dann die prozentuale Dehnung für jedes Messmarkenpaar berechnen, ergibt sich, dass mit abnehmender Distanz zwischen den Markierungen die prozentuale Dehnung zunimmt (▶ Abbildung 2.4). Zu beachten ist, dass das Messmarkenpaar mit der geringsten Distanz die größte Dehnung erfahren hat, da diese Marken dem eingeschnürten und gebrochenen Bereich am Nächsten liegen. (Die Kurven gehen nicht bis auf einen Dehnungswert von 0 zurück, da die Probe vor dem Bruch bereits eine dauerhafte Dehnung erfahren hat.) Folglich ist es wich-

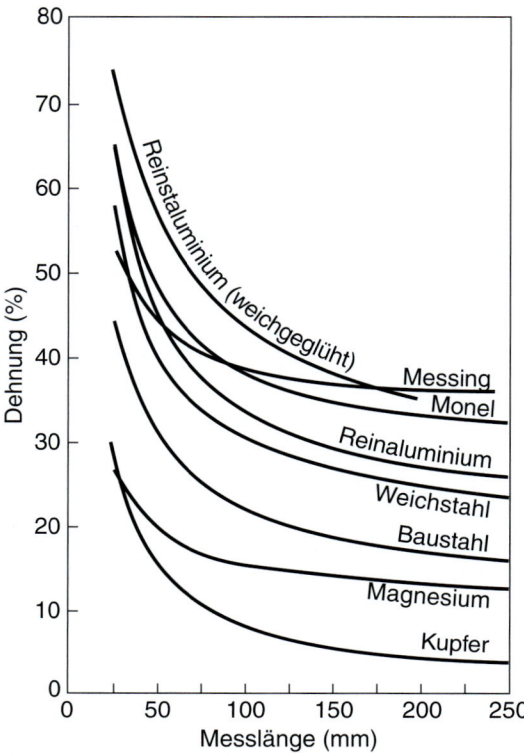

Abbildung 2.4: Die Bruchdehnung gemessen in einem Zugversuch hängt von der Messlänge der Probe ab. Da Einschnüren ein lokales Phänomen ist, nimmt die Bruchdehnung mit steigender Messlänge ab. Üblich ist meist eine Messlänge von 50 mm. Für kleine Proben werden aber auch kürzere Messlängen gewählt.

tig, die Messlänge der Probe in Prüfberichten anzugeben. Andere Eigenschaften aus dem Zugversuch sind dagegen unabhängig von der Messlänge.

Ein zweites Maß für die Duktilität ist die **Brucheinschnürung** Z

$$Z = \frac{A_0 - A_B}{A_0} \times 100\,\% \;. \tag{2.7}$$

Damit besitzt ein Material, das sich bis zu einem Punkt einschnürt (wie zum Beispiel ein Glasstab bei höherer Temperatur), eine Brucheinschnürung von 100 %.

Bruchdehnung und Brucheinschnürung hängen bei vielen Metalle und Legierungen voneinander ab. Die Bruchdehnung reicht von etwa 10 % bis 60 %, für die Brucheinschnürung sind Werte zwischen 20 % und 90 % typisch für viele Werkstoffe. *Thermoplastische* (Kapitel 10) und *superplastische* Werkstoffe (Abschnitt 2.2.7) weisen eine deutlich höhere Duktilität auf. Spröde Werkstoffe haben per Definition eine geringe oder keine Duktilität. Typische Beispiele dafür sind herkömmliches Glas bei Raumtemperatur, Kreide und graues Gusseisen.

2.2.2 Wahre Spannung und logarithmische Dehnung

Da Spannung als Verhältnis von Kraft zu Fläche definiert ist, lässt sich die **wahre Spannung** entsprechend als

$$\sigma_W = \frac{P}{A} \tag{2.8}$$

definieren, wobei A die tatsächliche (und folglich wahre) oder augenblickliche Fläche bezeichnet, auf welche die Kraft einwirkt.

Der gesamte Zugversuch lässt sich als Folge von inkrementellen Zugversuchen betrachten, bei denen für jedes nachfolgende Inkrement die Probe etwas länger als in der vorherigen Phase ist. Somit kann die **natürliche** oder **logarithmische Dehnung** φ definiert werden als

$$\varphi = \int_{l_0}^{l} \frac{d\hat{l}}{\hat{l}} = \ln\left(\frac{l}{l_0}\right) = \ln\left(\frac{l_0 + l - l_0}{l_0}\right) = \ln(1+\varepsilon) \,. \tag{2.9}$$

Für kleine Werte der technischen Dehnung gilt $\varepsilon \approx \varphi$. Für große Dehnungen weichen die beiden Dehnungsmaße jedoch stark voneinander ab, wie der Tabelle 2.2 zu entnehmen ist.

Das *Volumen* einer Metallprobe bleibt im plastischen Bereich des Zugversuchs konstant (siehe *Volumenkonstanz* im Abschnitt 2.11.5). Folglich lässt sich die logarithmische Dehnung für den Bereich mit gleichförmiger Dehnung wie folgt ausdrücken:

$$\varphi = \ln\left(\frac{l}{l_0}\right) = \ln\left(\frac{A_0}{A}\right) = \ln\left(\frac{D_0}{D}\right)^2 = 2\ln\left(\frac{D_0}{D}\right) \,. \tag{2.10}$$

Sobald das Einschnüren beginnt, kann die logarithmische Dehnung an einem beliebigen Punkt zwischen den Messmarken der Probe aus der Querschnittsverminderung an diesem Punkt berechnet werden. Somit liegt per definitionem die größte Dehnung im engsten Bereich der Probe in der Einschnürung vor.

Da die technischen und logarithmischen Dehnungen wie oben gezeigt bei kleinen Dehnungen sehr eng beieinanderliegen, kann man den einen oder den anderen Wert in Berechnungen einsetzen. Bei großen Dehnungen dagegen, wie man sie in der Metallumformung antrifft, sollte die logarithmische Dehnung verwendet werden, weil sie ein richtiges (natürliches) Maß der Dehnung ist, wie sich anhand der folgenden beiden Beispiele veranschaulichen lässt:

1 Es werde eine Probe im Zugversuch auf das 2-Fache ihrer ursprünglichen Länge gedehnt. Diese Verformung ist äquivalent zum Zusammendrücken einer Probe auf die Hälfte ihrer ursprünglichen Länge. Mit den Indizes z und d für Zug bzw. Druck lässt sich zeigen, dass $\varphi_z = 0{,}69$ und $\varphi_d = -0{,}69$,

Tabelle 2.2: Vergleich der technischen und der logarithmischen Dehnung bei Zug

ε	0,01	0,05	0,1	0,2	0,5	1	2	5	10
φ	0,01	0,049	0,095	0,18	0,4	0,69	1,1	1,8	2,4

während $\varepsilon_z = 1$ und $\varepsilon_d = -0{,}5$. Folglich ist die logarithmische Dehnung ein korrektes bzw. natürliches Maß der Dehnung.

2 Gegeben sei eine Probe mit einer Höhe von 10 mm, die auf eine endgültige Höhe von 0 zusammengedrückt wird. Somit sind $\varphi_d = -\infty$ und $\varepsilon_d = -1$. Zu beachten ist, dass die Probe unendlich weit verformt wurde (da ihre endgültige Höhe 0 ist). Dies ist genau das, was der Wert der logarithmischen Dehnung anzeigt.

Aus diesen beiden Beispielen ist zu erkennen, dass die logarithmische Dehnung mit dem eigentlichen physikalischen Phänomen im Einklang steht, während das bei der technischen Dehnung nicht der Fall ist.

2.2.3 Wahre-Spannung-logarithmische-Dehnung-Kurven

Die Beziehung zwischen technischer und wahrer Spannung und technischer und logarithmischer Dehnung kann nun verwendet werden, um **Wahre-Spannung-logarithmische-Dehnung-Kurven** aus einer Kurve wie der in Abbildung 2.2b gezeigten zu konstruieren. Eine typische Wahre-Spannung-logarithmische-Dehnung-Kurve ist in ▶ Abbildung 2.5a zu sehen. Der Einfachheit halber wird eine derartige Kurve in der Regel durch die sogenannte **Ludwik-Parabel**

$$\sigma_w = K\varphi^n \tag{2.11}$$

angenähert. Zu beachten ist, dass Gleichung (2.11) weder den elastischen Bereich noch die Streckgrenze Y des Werkstoffs wiedergibt, diese Größen aber direkt aus der technischen Spannung-Dehnung-Kurve ablesbar sind. (Da die Dehnungen an der Streckgrenze sehr klein sind, ist der Unterschied zwischen wahrer und technischer Streckgrenze für Metalle vernachlässigbar. Das hängt damit zusammen, dass die Differenz der Querschnitte A_0 und A an der Streckgrenze zu vernachlässigen ist.)

Gleichung (2.11) kann logarithmiert werden. Dies ergibt $\ln \sigma_w = \ln K + n \ln \varphi$. Trägt man $\log \sigma_w$ über $\log \varphi$ auf, so ergibt sich die Darstellung wie in Abbildung 2.5b. Der Anstieg n wird als **Verfestigungsexponent** bezeichnet und K ist der sogenannte **Festigkeitskoeffizient**. K ist die wahre Spannung bei der logarithmischen Einheitsdehnung ($\varphi = 1$). Tabelle 2.3 gibt Werte von K und n für verschiedene technische Werkstoffe an. Die Wahre-Spannung-logarithmische-Dehnung-Kurven für verschiedene Werkstoffe sind in ▶ Abbildung 2.6 zu sehen. Zwischen den Werten in Tabelle 2.3 und diesen Kurven gibt es einige Unterschiede, da die Daten aus unterschiedlichen Quellen mit nicht einheitlichen Versuchsbedingungen stammen.

In Abbildung 2.5a ist Y_f die sogenannte **Fließspannung**. Sie ist definiert als die wahre Spannung, die erforderlich ist, um weiterhin eine plastische Verformung bei einer bestimmten logarithmischen Dehnung φ_f zu erreichen. Für kaltverfestigte Werkstoffe nimmt die Fließspannung mit wachsender Dehnung zu. Aus Abbildung 2.5c geht zudem hervor, dass die elastischen Dehnungen wesentlich kleiner als die plastischen Dehnungen sind. Folglich – doch im Wissen, dass beide Dehnungen existieren – ignorieren wir elastische Dehnungen in unseren Berechnungen von Umformprozessen im weiteren Verlauf dieses Buches und die plastische Dehnung wird somit zur Gesamtdehnung, der der Werkstoff ausgesetzt ist bzw. die er zeigt.

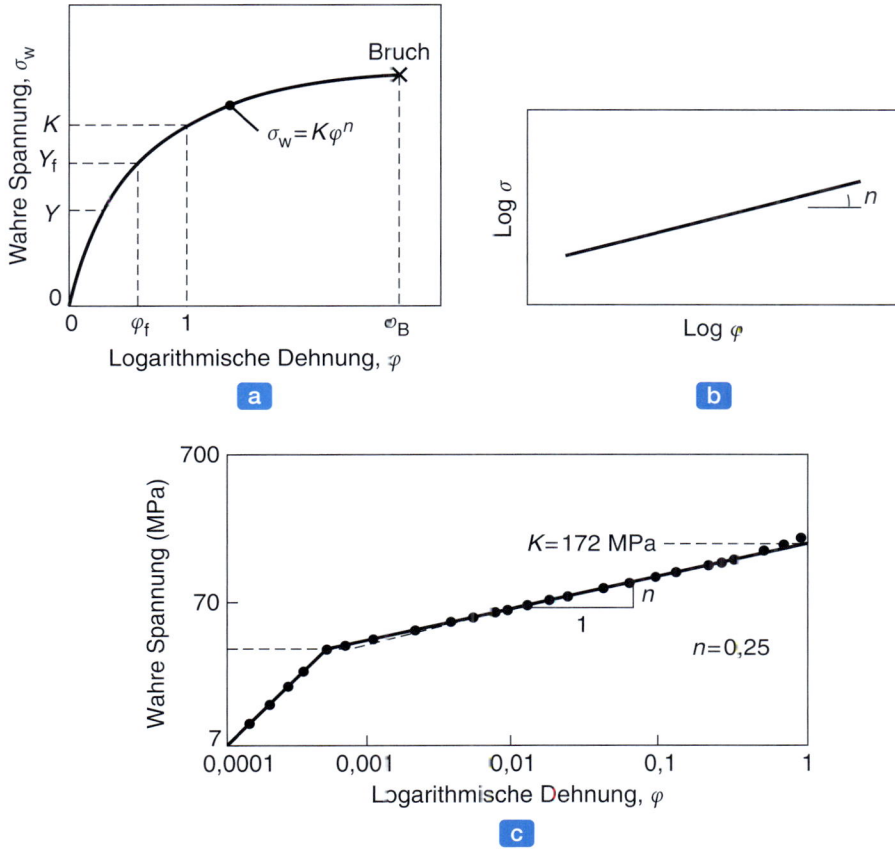

Abbildung 2.5: (a) Wahre-Spannung-logarithmische-Dehnung-Kurve im Zugversuch. Im Unterschied zur Technische-Spannung-Dehnung-Kurve besitzt sie stets eine positive Steigung. Die Steigung nimmt mit steigender Dehnung ab. Obwohl im elastischen Bereich die Spannung proportional zur Dehnung ist, kann die Kurve mit der Ludwik-Parabel näherungsweise beschrieben werden. Auf der Kurve ist Y die Streckgrenze, Y_f ist die Fließspannung bei einer bestimmten Dehnung φ_f. (b) Wahre-Spannung-logarithmische-Dehnung-Kurve in doppelt-logarithmischer Auftragung. (c) Wahre-Spannung-logarithmische-Dehnung-Kurve im Zugversuch von technisch reinem Aluminium in doppelt-logarithmischer Darstellung. Die Steigung der Kurve im elastischen Bereich ist viel größer als im plastischen Bereich. Nach R.M Caddell und R. Sowerby.

Zähigkeit: Die Fläche unter der Wahre-Spannung-logarithmische-Dehnung-Kurve wird als Zähigkeit bezeichnet und lässt sich als

$$\text{Zähigkeit} = \int_{0}^{\varphi_B} \hat{\sigma}_w \, d\hat{\varphi} \tag{2.12}$$

ausdrücken, wobei φ_B die (logarithmische) Bruchdehnung ist. Zähigkeit ist die Energie pro Volumeneinheit (*spezifische Energie*), die bis zum Bruch verbraucht wurde. Außerdem ist wichtig, dass diese spezifische Energie nur für das Volumen des Materials an der engsten Stelle der Einschnürung gilt; jedes andere Materialvolumen, das von der Einschnürung weiter entfernt ist, hat eine geringere Dehnung erfahren und folglich weniger Energie verbraucht als das Material in der Bruchzone.

Tabelle 2.3: Typische Werte für K und n in Gleichung (2.11) bei Raumtemperatur. Die Bezeichnung der Werkstoffe wird in Kapitel 3 erläutert

Werkstoff	K (MPa)	n	Werkstoff	K (MPa)	n
Aluminium			Stahl		
Al 99,5 (EN AW-1100-O)	180	0,20	C10+A	530	0,26
AlCu2Mg a (EN AW-2024-T4)	690	0,16	C45+N	965	0,14
AlMg2 w (EN AW-5052-O)	210	0,13	11SMn37+A	760	0,19
AlMg1SiCu w (EN AW-6061-O)	205	0,20	11SMn37+CR	760	0,08
AlMg1SiCu a (EN AW-6061-T6)	410	0,05	35CrMo4+A	1015	0,17
AlZn5,5MgCu w (EN AW-7075-O)	400	0,17	35CrMo4+CR	1100	0,14
CuZn30, geglüht	895	0,49	40NiCrMo6+A	640	0,15
CuZn15, kaltgewalzt	580	0,34	X5CrNiCuNb16-4, lösungsgeglüht	1200	0,05
Phosphorbronze, geglüht	720	0,46	100Cr6+A	1450	0,07
Kobaltlegierung, wärmebehandelt	2070	0,50	X5CrNi18-10, lösungsgeglüht	1275	0,45
Kupfer, geglüht	315	0,54	X10Cr13, lösungsgeglüht	960	0,10
Molybdän, geglüht	725	0,13			

In der hier angegebenen Definition unterscheidet sich Zähigkeit vom Konzept der *Bruchzähigkeit*, wie sie in Lehrbüchern der Bruchmechanik behandelt wird. Bruchmechanik (die Untersuchung der Entstehung und Ausbreitung von Rissen in einem Festkörper) ist nicht Gegenstand dieses Buches. Bis auf Konstruktion und Standzeit von Werkzeugen spielt die Bruchzähigkeit nur eine untergeordnete Rolle in den Verfahren der Metallverarbeitung.

2.2.4 Instabilität im Zugversuch

Wir haben gesehen, dass sich die Probe bei Erreichen der Zugfestigkeit einschnürt und die Verformung folglich nicht mehr gleichmäßig ist. Dieses Phänomen hat eine wesentliche Bedeutung, da nicht gleichmäßige Verformung zu unterschiedlichen Dicken an verschiedenen Stellen bei der Werkstoffverarbeitung führt, was insbesondere für die Blechbearbeitung (Kapitel 7) gilt, wo die Werkstoffe einer Zugspannung ausgesetzt sind. Dieser Abschnitt zeigt, dass die logarithmische Dehnung beim Einsetzen der Einschnürung numerisch gleich dem Verfestigungsexponenten n ist.

In Abbildung 2.2b erkennt man, dass der Anstieg der Kraft-Dehnung-Kurve bei der Zugfestigkeit gleich 0 (oder d$P = 0$) ist. An dieser Stelle setzt **Instabilität** ein, d. h., die Probe beginnt sich einzuschnüren und kann die Kraft nicht mehr aufnehmen, da der Querschnitt des eingeschnürten Bereichs bei Fortführung des Zugversuchs immer kleiner wird. Mit der Beziehung

$$\varphi = \ln\left(\frac{A_0}{A}\right), \quad A = A_0 e^{-\varphi} \quad \text{und} \quad P = \sigma A = \sigma_w A_0 e^{-\varphi}$$

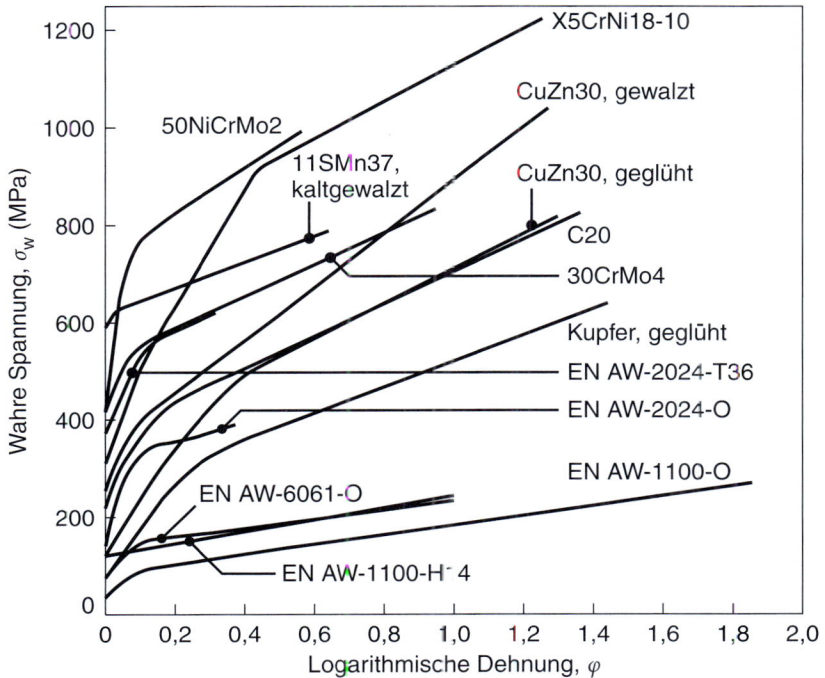

Abbildung 2.6: Wahre-Spannung-logarithmische-Dehnung-Kurve im Zugversuch bei Raumtemperatur einiger Werkstoffe. Der Schnittpunkt jeder Kurve mit der Ordinate ist die Streckgrenze Y, der elastische Teil der Fließkurve wird also nicht gezeigt. Die Werte für K und n aus diesen Kurven stimmen nicht immer mit jenen der Tabelle 2.3 überein, da es sich entweder um andere Legierungen handelt oder bei gleichen Legierungen die Versuchsbedingungen nicht genau übereinstimmen. Nach S. Kalpakjian.

lässt sich unter Berücksichtigung von

$$\frac{\mathrm{d}P}{\mathrm{d}\varphi} = \frac{\mathrm{d}}{\mathrm{d}\varphi}\left(\sigma_\mathrm{w} A_0 \mathrm{e}^{-\varphi}\right) = A_0 \left(\frac{\mathrm{d}\sigma_\mathrm{w}}{\mathrm{d}\varphi}\mathrm{e}^{-\varphi} - \sigma_\mathrm{w}\mathrm{e}^{-\varphi}\right)$$

$\mathrm{d}P/\mathrm{d}\varphi$ bestimmen. Da bei der Zugfestigkeit, wo die Einschnürung beginnt, $\mathrm{d}P = 0$ gilt, setzen wir diesen Ausdruck gleich 0. Somit ist

$$\frac{\mathrm{d}\sigma_\mathrm{w}}{\mathrm{d}\varphi} = \sigma_\mathrm{w} \;.$$

Da aber

$$\sigma_\mathrm{w} = K\varphi^n$$

ist, gilt

$$nK\varphi^{n-1} = K\varphi^n$$

und folglich

$$\varphi = n \;. \tag{2.13}$$

Instabilität in einem Zugversuch lässt sich als Erscheinung betrachten, bei der zwei konkurrierende Prozesse gleichzeitig stattfinden. Wird die Kraft auf die Probe erhöht, nimmt ihr Querschnitt ab, was besonders in dem Bereich ausgeprägt ist, wo die Einschnürung einsetzt. Mit zunehmender Dehnung wird jedoch das Material aufgrund der Verformungsverfestigung fester. Da die Kraft auf die Probe das Produkt aus Fläche und Spannung ist, setzt die Instabilität ein, wenn das Inkrement der Querschnittsabnahme größer ist als das Inkrement des Spannungszuwachses. Diese Bedingung wird als **geometrische Entfestigung** oder *Considere-Kriterium* bezeichnet.

Beispiel 2.1 **Berechnung der Zugfestigkeit von Messing (CuZn30)**

Entspechend den Zahlenwerten der Tabelle 2.3 besitzt die betrachtete Kupfer-Zink-Legierung folgende Fließkurve:

$$\sigma_w = K\varphi^n = 895\varphi^{0,49} \text{ MPa}.$$

Wie groß sind die wahre und die technische Zugfestigkeit dieser Legierung?

Lösung: Da die logarithmische Dehnung bei der Einschnürung mit dem Lastmaximum korrespondiert und die Einschnürdehnung für diesen Werkstoff als

$$\varphi = n = 0,49$$

gegeben ist, erhalten wir für die wahre Zugfestigkeit

$$R_{m,w} = Kn^n = 895\,(0,49)^{0,49} = 631 \text{ MPa}.$$

Der Querschnitt beim Einsetzen der Einschnürung A_E wird aus

$$\ln\left(\frac{A_0}{A_E}\right) = n = 0,49$$

bestimmt. Folglich ist

$$A_E = A_0 e^{-0,49}$$

und die maximale Kraft P im Zugversuch ergibt sich zu

$$P = R_{m,w} A_E = R_{m,w} A_0 e^{-0,49},$$

wobei $R_{m,w}$ die wahre Zugfestigkeit ist. Damit ist die maximale Kraft

$$P = 631 \times 0,616 \times A_0 = 389 \times A_0 \text{ MPa}.$$

Da $R_m = P/A_0$ gilt, ergibt sich schließlich für die technische Zugfestigkeit

$$R_m = 389 \text{ MPa}.$$

2.2.5 Arten von Spannung-Dehnung-Kurven

Die Form der Spannung-Dehnung-Kurve von Werkstoffen hängt von deren Zusammensetzung und vielen anderen Faktoren ab, auf die dieses Kapitel später noch ausführlich eingeht. Außer dem mit Gleichung (2.11) gegebenen Potenzgesetz zeigt ▶ Abbildung 2.7 einige wichtige Arten von solchen Kurven zusammen mit den Spannung-Dehnung-Gleichungen. Diese Kurven zeichnen sich durch folgende Eigenschaften aus:

1 Ein **perfekt elastischer Werkstoff** zeigt lineares Verhalten mit dem Anstieg E. Das Verhalten spröder Werkstoffe wie zum Beispiel von herkömmlichem Glas, den meisten Keramiken und einigen Gusseisenarten lässt sich durch eine derartige Kurve darstellen (siehe Abbildung 2.7a). Das Material kann eine maximale Spannung ertragen, oberhalb derer es bricht. Eine dauerhafte Verformung ist vernachlässigbar, sofern sie überhaupt auftritt.

2 Ein **starr elastischer, perfekt plastischer Werkstoff** besitzt gemäß Definition einen unendlich großen Wert von E. Nachdem die Spannung die Fließspannung erreicht hat, durchläuft der Werkstoff eine Verformung auf dem gleichen Spannungsniveau. Nach Wegnahme der Belastung wurde der Werkstoff einer bleibenden Verformung unterzogen. Es gibt keine elastische Erholung (siehe Abbildung 2.7b).

3 Das Verhalten eines **elastischen, perfekt plastischen Werkstoffs** ist eine Kombination der beiden ersten Werkstoffe: Er besitzt einen endlichen Elastizitätsmodul und durchläuft eine elastische Erholung, wenn die Belastung weggenommen wird (Abbildung 2.7c).

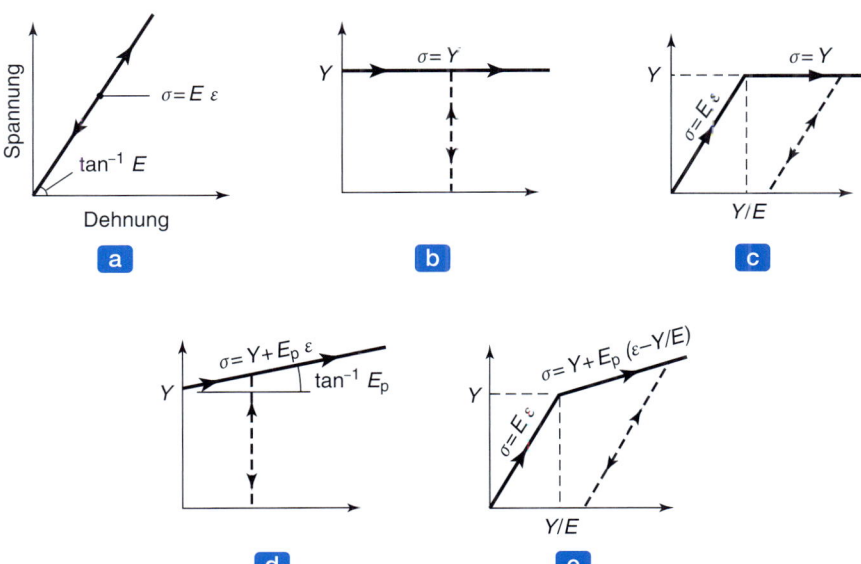

Abbildung 2.7: Idealisierte Spannung-Dehnung-Kurven für unterschiedliches Werkstoffverhalten: (a) perfekt elastisch ohne Plastizität, (b) starr elastisch, perfekt plastisch, (c) elastisch, perfekt plastisch, (d) starr elastisch, linear verfestigend, (e) elastisch, linear verfestigend. Die unterbrochenen Linien deuten Ent- und Belastung während des Versuchs an.

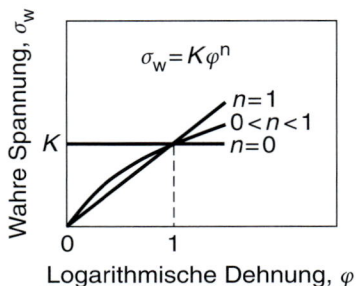

Abbildung 2.8: Der Einfluss des Verfestigungsexponenten n auf die Wahre-Spannung-logarithmische-Dehnung-Kurve. Für $n = 1$ ist der Werkstoff nur elastisch, für $n = 0$ ist er starr elastisch und perfekt plastisch.

4. Ein **starr elastischer, linear verfestigender Werkstoff** erfordert ein steigendes Spannungsniveau, um eine weitere Dehnung zu realisieren. Somit wächst seine **Fließspannung** (Größe der Spannung, die erforderlich ist, um plastische Verformung bei einer bestimmten Dehnung aufrechtzuerhalten; siehe Abbildung 2.5a) mit zunehmender Dehnung. Er weist keine elastische Erholung bei Wegnahme der Belastung auf (siehe Abbildung 2.7d).

5. Ein **elastisches, linear verfestigendes** Verhalten (siehe Abbildung 2.7e) ist eine akzeptable Näherung für die meisten technischen Werkstoffe, mit der Modifikation, dass der plastische Teil der Kurve einen kleiner werdenden Anstieg bei zunehmender Dehnung hat (siehe Abbildung 2.5a).

Einige dieser Kurven lassen sich durch Gleichung (2.11) ausdrücken, indem man den Wert von n ändert (▶ Abbildung 2.8), oder durch andere Gleichungen ähnlicher Art.

2.2.6 Temperatureinfluss

In diesem und den folgenden Abschnitten geht es um die verschiedenen Faktoren, die die Gestalt der Spannung-Dehnung-Kurven beeinflussen. Die erste Einflussgröße ist die Temperatur. Auch wenn eine Verallgemeinerung nicht ganz einfach ist, bewirkt eine Zunahme der Temperatur normalerweise, dass Elastizitätsmodul, Fließspannung und Zugfestigkeit abnehmen, während Duktilität und Zähigkeit größer werden (▶ Abbildung 2.9). Außerdem wirkt sich die Temperatur auf den Verfestigungsexponenten der meisten Metalle dahingehend aus, dass n mit steigender Temperatur abnimmt. Abhängig von der Art des Werkstoffs und seiner Zusammensetzung sowie dem Grad der Verunreinigung kann ein Temperaturanstieg weitere signifikante Auswirkungen haben, wie Kapitel 3 im Detail erläutert. Der Einfluss der Temperatur lässt sich am besten in Verbindung mit der Dehnrate untersuchen. Der nächste Abschnitt erläutert die Gründe dafür.

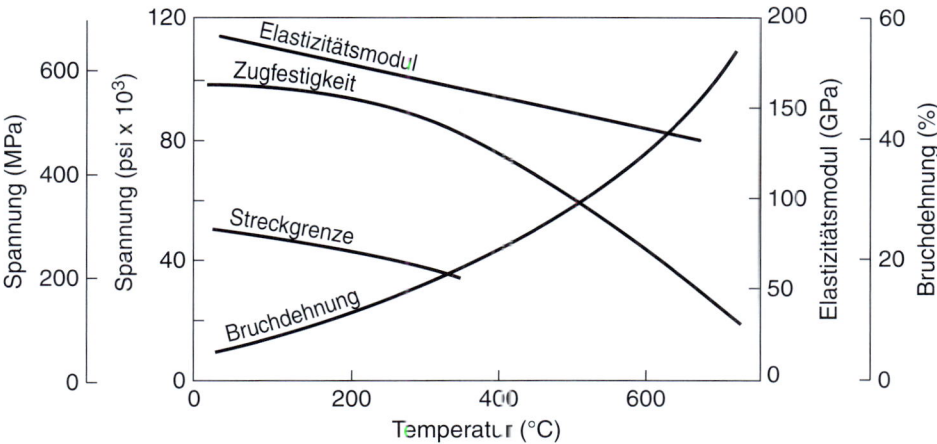

Abbildung 2.9: Einfluss der Temperatur auf die mechanischen Eigenschaften eines Kohlenstoffstahls. Elastizitätsmodul, Streckgrenze, Zugfestigkeit und Bruchdehnung der meisten Werkstoffe zeigen eine ähnliche Temperaturabhängigkeit.

2.2.7 Einfluss der Dehngeschwindigkeit

Abhängig vom konkreten Fertigungsprozess und der Ausrüstung dafür kann ein Werkstück in einem weiten Geschwindigkeitsbereich – von sehr langsam bis sehr schnell – hergestellt werden. Während die *Umformgeschwindigkeit* bzw. *Umformrate* normalerweise definiert ist als die Geschwindigkeit, bei der ein Zugversuch durchgeführt wird (z. B. m/s), ist die **Dehngeschwindigkeit** bzw. **Dehnrate** (z. B. $10^2\,\text{s}^{-1}$, $10^4\,\text{s}^{-1}$ usw.) auch eine Funktion der Probenform, wie es weiter unten erläutert wird. Tabelle 2.4 gibt typische Umformgeschwindigkeiten und Dehngeschwindigkeiten in verschiedenen Metallverarbeitungsprozessen an. Um die tatsächlichen Metallbearbeitungsprozesse zu simulieren, kann die Probe in einem Zugversuch (wie auch beim Druckversuch und Torsionsversuch) mit unterschiedlichen Geschwindigkeiten verformt werden.

Die **technische Dehnrate** $\dot{\varepsilon}$ ist als

$$\dot{\varepsilon} = \frac{d\varepsilon}{dt} = \frac{d\left(\frac{l-l_0}{l_0}\right)}{dt} = \frac{1}{l_0}\frac{dl}{dt} = \frac{v}{l_0} \tag{2.14}$$

und die **logarithmische Dehnrate** $\dot{\varphi}$ als

$$\dot{\varphi} = \frac{d\varphi}{dt} = \frac{d\left[\ln\left(\frac{l}{l_0}\right)\right]}{dt} = \frac{1}{l}\frac{dl}{dt} = \frac{v}{l} \tag{2.15}$$

definiert, wobei v die Verformungsgeschwindigkeit angibt, zum Beispiel die Geschwindigkeit, mit der sich die Einspannungen der Zugprüfmaschine auseinanderbewegen, in die die Probe eingespannt ist.

Wie die obigen Gleichungen zeigen, sind zwar Verformungsgeschwindigkeit v und technische Dehnrate $\dot{\varepsilon}$ proportional zueinander (die Ausgangslänge der Probe l_0 ist konstant), die logarithmische Dehnrate $\dot{\varphi}$ hängt aber nicht nur von v sondern auch von der aktuellen Probenlänge l ab. In einem Zugversuch

Tabelle 2.4: Typische Bereiche der Dehnung, Umformgeschwindigkeit und Dehngeschwindigkeit in Metallbearbeitungsprozessen

Verfahren	Logarithmische Dehnung	Umformgeschwindigkeit, m/s	Dehngeschwindigkeit, s^{-1}
Kaltverformung			
Schmieden, Walzen	0,1–0,5	0,1–100	1–10^3
Draht- und Rohrziehen	0,05–0,5	0,1–100	1–10^4
Explosionsumformen	0,05–0,2	10–100	10–10^5
Warmverformung			
Schmieden, Walzen	0,1–0,5	0,1–30	1–10^3
Extrudieren	2–5	0,1–1	10^{-1}–10^2
Spanabhebende Bearbeitung	1–10	0,1–100	10^3–10^6
Blechumformen	0,1–0,5	0,05–2	1–10^2
Superplastisches Umformen	0,2–3	10^{-4}–10^{-2}	10^{-4}–10^{-2}

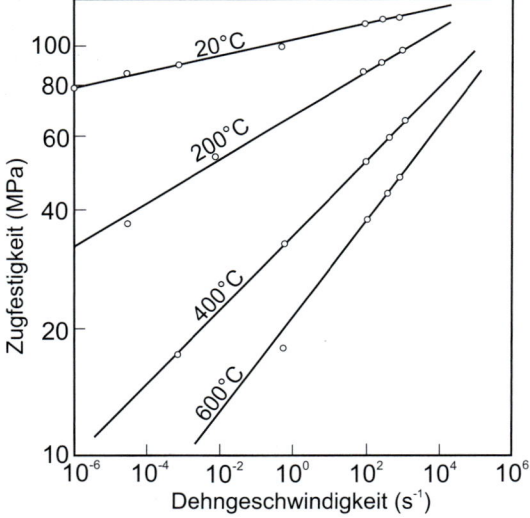

Abbildung 2.10: Einfluss der Dehnrate auf die Zugfestigkeit von weichgelühtem Reinaluminium. Mit steigender Temperatur nimmt die Steigung der Geraden zu. Die Zugfestigkeit reagiert also bei höheren Temperaturen empfindlicher auf eine Änderung der Dehnrate. Nach A. Nadai und M. Manjoine.

mit konstantem v fällt somit die logarithmische Dehnrate ab, wenn die Probe länger wird. Um also eine konstante Dehnrate $\dot{\varphi}$ aufrechtzuerhalten, muss die Geschwindigkeit v entsprechend erhöht werden. (Zu beachten ist, dass dieser Unterschied für kleine Längenänderungen der Probe während eines Versuchs nicht signifikant ist.)

▶ Abbildung 2.10 zeigt den Einfluss der Temperatur und der Dehnrate auf die Zugfestigkeit von Aluminium. Daraus geht deutlich hervor, dass bei einer zunehmenden Dehnrate die Zugfestigkeit steigt und ihre Empfindlichkeit von der Dehnrate mit der Temperatur zunimmt, wie es ▶ Abbildung 2.11 für verschiedene metallische Werkstoffe zeigt. Zu beachten ist aber, dass dieser Effekt bei Raumtemperatur relativ klein ist. Aus Abbildung 2.10 lässt sich ableiten, dass die gleiche Festigkeit entweder bei einer niedrigen Temperatur und geringer Dehnrate oder bei hoher Temperatur und hoher Dehnrate erhalten werden kann. Diese Beziehungen sind wichtig, um den Widerstand von Werkstoffen gegenüber Verformung abzuschätzen, wenn sie bei unterschiedlichen Dehnraten und Temperaturen verarbeitet werden.

Die Wirkung der Dehnrate auf die Festigkeit von Werkstoffen wird allgemein durch

$$\sigma = C\dot{\varepsilon}^m \tag{2.16}$$

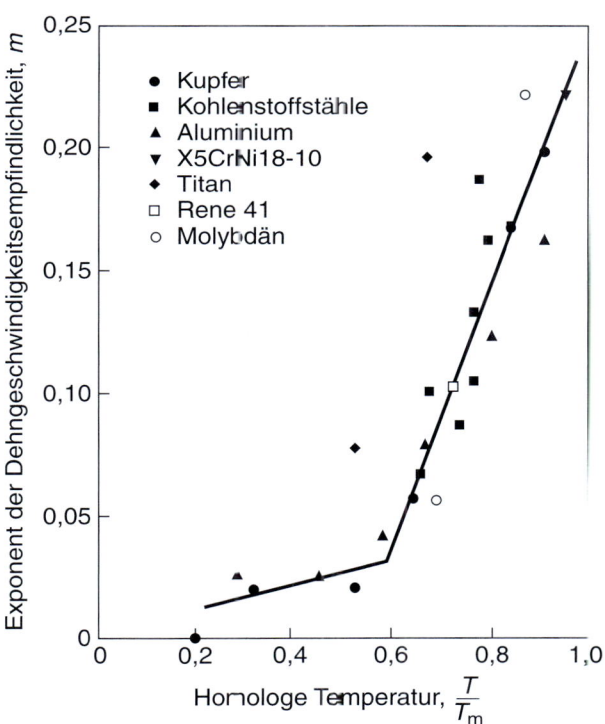

Abbildung 2.11: Abhängigkeit des Exponenten der Dehngeschwindigkeitsempfindlichkeit m von der homologen Temperatur T/T_m. T ist die Versuchstemperatur, T_m die Schmelztemperatur, beide in Kelvin. Der Knick in der Kurve tritt etwa bei der Rekristallisationstemperatur der Metalle auf. Nach F.W. Boulger.

ausgedrückt. Hier ist C der **Festigkeitskoeffizient**, der vergleichbar ist mit K in Gleichung (2.11), und m der **Exponent der Dehngeschwindigkeitsempfindlichkeit** des Werkstoffs. Die Werte für m liegen bei 0,05 für die Kaltumformung und zwischen 0,05 und 0,4 für die Warmumformung von Metallen sowie zwischen 0,3 und 0,85 für superplastische Werkstoffe (siehe unten). Tabelle 2.5 gibt einige Werte für C und m an. Es zeigt sich, dass der Wert von m bei Metallen mit zunehmender Festigkeit fällt.

Die Größe von m wirkt sich signifikant auf die Einschnürung in einem Zugversuch aus. Experimentelle Beobachtungen haben gezeigt, dass sich das Material bei höheren Werten von m zu einer größeren Länge dehnt, bevor es versagt. Dies ist ein Anzeichen dafür, dass die Einschnürung mit wachsendem m verzögert wird. Wenn die Einschnürung einsetzt, nimmt die Festigkeit dieses Bereiches im Vergleich zur übrigen Probe aufgrund der Kaltverfestigung zu. Allerdings ist die Dehnrate im Einschnürbereich ebenfalls höher als im Rest der Probe, weil sich das Material dort schneller dehnt. Da das Material im eingeschnürten Bereich wegen der höheren Dehnrate fester wird, ist dieser Bereich widerstandsfähiger gegenüber einem Fortschreiten der Einschnürung.

Die zunehmende Widerstandsfähigkeit gegenüber einem Einschnüren hängt somit von der Größe von m ab. Bei fortschreitendem Versuch wird die Einschnürung *diffuser* und die Probe dehnt sich weiter, bevor

Tabelle 2.5: Wertebereiche von C and m in Gleichung (2.16) für geglühte Werkstoffe bei logarithmischen Dehnungen zwischen 0,2 bis 1,0. Nach T. Altan und F.W. Boulger

Werkstoff	Temperatur, °C	C, MPa	m
Aluminium	200–500	82–14	0,07–0,23
Aluminiumlegierungen	200–500	310–35	0–0,20
Kupfer	300–900	240–20	0,06–0,17
Messing	200–800	415–14	0,02–0,3
Blei	100–300	11–2	0,1–0,2
Magnesium	200–400	140–14	0,07–0,43
Stahl			
unlegiert	900–1200	165–48	0,08–0,22
legiert	900–1200	160–48	0,07–0,24
hochlegiert	600–1200	415–35	0,02–0,4
Titan	200–1000	930–14	0,04–0,3
Titanlegierungen	200–1000	900–35	0,02–0,3
Ti-6Al-4V*	815–930	65–11	0,50–0,80
Zircon	200–1000	830–27	0,04–0,4

* Bei einer Dehngeschwindigkeit von $2 \times 10^{-4}\,\text{s}^{-1}$.
Anmerkung: Mit steigender Temperatur steigt C und m wird kleiner. Mit steigender Dehnung wird C größer, während m größer oder kleiner, in bestimmten Temperatur- und Dehnungsbereichen sogar negativ wird.

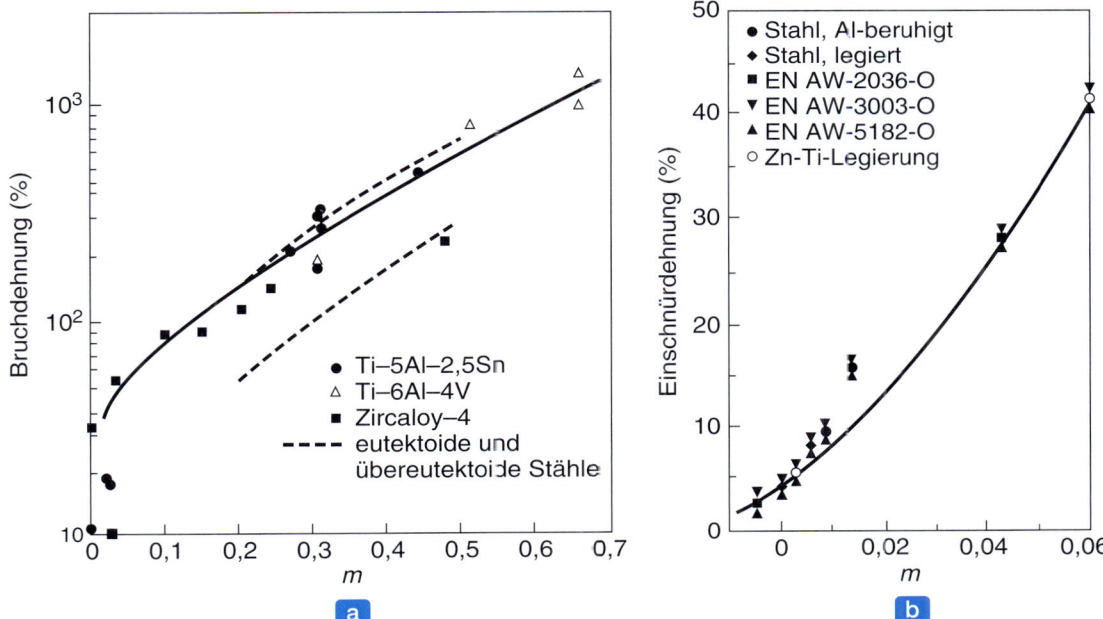

Abbildung 2.12: (a) Einfluss des Exponenten der Dehngeschwindigkeitsempfindlichkeit m auf die Bruchdehnung verschiedener Metalle. Bei hohen Werten von m kann die Bruchdehnung 1000 % erreichen. Nach D. Lee und W.A. Backofen. (b) Einfluss von m auf die Dehnung nach Erreichen der Zugfestigkeit (postkritische Dehnung) einiger Werkstoffe. Nach A.K. Ghosh.

sie bricht. Folglich nimmt die Gesamtdehnung mit wachsendem m zu (▶ Abbildung 2.12). Wie erwartet nimmt die Dehnung nach dem Einschnüren (**postkritische Dehnung**) ebenfalls mit wachsendem m zu.

Die Wirkung der Dehnrate auf die Festigkeit hängt zudem vom konkreten Niveau der Dehnung ab: Sie nimmt mit der Dehnung zu. Die Dehnrate wirkt sich auch auf den Verfestigungsexponenten n aus, er nimmt mit zunehmender Dehnrate ab.

Weil die Verformbarkeit von Werkstoffen zu einem großen Teil von ihrer Duktilität abhängt, ist es wichtig, die Wirkung von Temperatur und Dehnrate auf die Duktilität zu kennen. Im Allgemeinen beeinträchtigen höhere Dehnraten die Duktilität von Werkstoffen. Die Zunahme der Duktilität aufgrund der Dehngeschwindigkeitsempfindlichkeit wird bei der **superplastischen Verformung von Metallen** genutzt, siehe dazu Abschnitt 7.5.6. Der Begriff *superplastisch* bezieht sich auf die Fähigkeit bestimmter Werkstoffe, eine große gleichförmige Dehnung vor dem Versagen zu ertragen. Die Dehnung kann in der Größenordnung von einigen 100 % bis über 2000 % liegen. Ein derartiges Verhalten findet man beispielsweise bei stark erwärmtem Glas, thermoplastischen Polymeren bei erhöhten Temperaturen, sehr feinkörnigen Zink-Aluminium-Legierungen und Titanlegierungen. Nickellegierungen können superplastisches Verhalten zeigen, wenn sie Korngrößen im Nanometerbereich besitzen (siehe Abschnitt 3.11.9).

2.2.8 Einfluss des hydrostatischen Drucks

Obwohl die meisten Versuche zur Ermittlung mechanischer Kennwerte bei Umgebungsdruck durchgeführt werden, gibt es auch Experimente unter hydrostatischen Bedingungen, wobei der Druck im Bereich bis zu 10^3 MPa liegt. Hinsichtlich der Wirkungen des hydrostatischen Drucks auf das Verhalten von Werkstoffen sind drei Beobachtungen gemacht worden: (a) Er erhöht beträchtlich die Bruchdehnung (▶ Abbildung 2.13), (b) er wirkt sich kaum oder gar nicht auf die Form der Wahre-Spannung-logarithmische-Dehnung-Kurve aus, sondern erweitert sie lediglich zu höheren Dehnungen, (c) er hat keine Wirkung auf die Gleichmaßdehnung oder die maximale Spannung, bei der die Einschnürung beginnt, und (d) die mechanischen Eigenschaften von Metallen werden nicht geändert, nachdem sie hydrostatischem Druck ausgesetzt wurden.

Die Zunahme der Duktilität aufgrund von hydrostatischem Druck wurde auch in anderen Experimenten beobachtet, beispielsweise bei Druck- und Torsionsversuchen. Die Zunahme ist nicht nur bei duktilen Werkstoffen, sondern auch bei spröden Metallen und nichtmetallischen Werkstoffen zu verzeichnen. Werkstoffe wie Grauguss, Marmor und verschiedene andere augenscheinlich spröde Materialien nehmen unter Druck eine gewisse Duktilität an (oder zeigen eine Zunahme der Duktilität) und verformen sich plastisch, wenn sie hydrostatischem Druck ausgesetzt werden. Die Größe des erforderlichen Drucks für eine höhere Duktilität hängt vom konkreten Material ab.

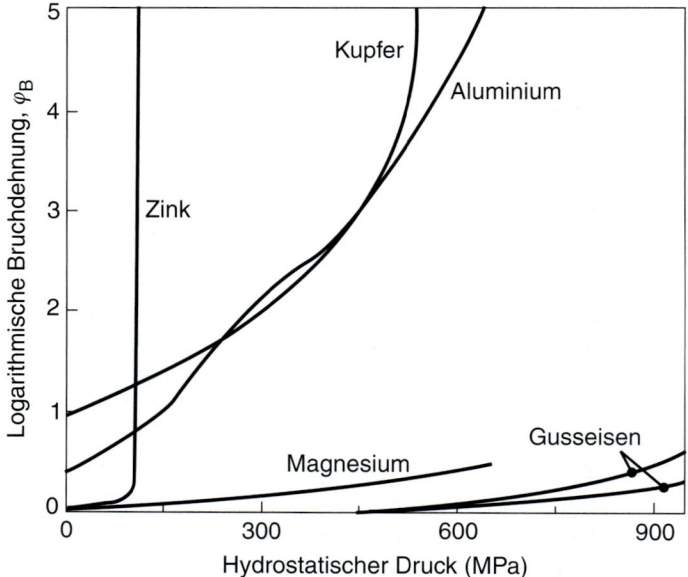

Abbildung 2.13: Einfluss des hydrostatischen Drucks auf die logarithmische Bruchdehnung im Zugversuch für einige metallische Werkstoffe. Sogar Gusseisen wird bei entsprechend hohem Druck duktil. Nach H.L.D. Pugh und D. Green.

2.2.9 Einfluss von hochenergetischer Strahlung

Angesichts der nuklearen Anwendungen verschiedener Metalle und Legierungen wurden Untersuchungen zu den Wirkungen von hochenergetischer Strahlung auf Werkstoffeigenschaften durchgeführt. Typische Änderungen in den mechanischen Eigenschaften von Stählen und anderen Metallen, die einer hochenergetischen Strahlung ausgesetzt wurden, sind (a) höhere Fließgrenze, (b) höhere Zugfestigkeit, (c) höhere Härte und (d) geringere Duktilität und Zähigkeit. Die Größenordnung dieser Änderungen hängt vom konkreten Material und seinem Zustand sowie der Temperatur und der Dosis der Strahlung ab, der das Material ausgesetzt wird.

2.3 Druck

Viele Operationen der Metallbearbeitung wie zum Beispiel Schmieden, Walzen und Extrudieren werden mit den Werkstücken durchgeführt, die mit äußeren Druckkräften belastet werden. Abbildung 2.1b zeigt den **Druckversuch**, bei dem die Probe einer Druckbelastung ausgesetzt wird. Für derartige Prozesse liefert dieser Test nützliche Informationen, beispielsweise die erforderlichen Spannungen und das Verhalten des Werkstoffes unter Druck. Die in Abbildung 2.1b gezeigte Verformung ist ideal. Dieser Test wird normalerweise durchgeführt, indem eine massive zylindrische Probe zwischen zwei flachen Platten (*Stauchbahnen*) gedrückt (*gestaucht*) wird. Die Reibung zwischen der Probe und den Stauchbahnen ist sehr wichtig: Sie behindert die Verbreiterung (Dehnung) der Probe quer zur Stauchrichtung und verursacht eine **Ausbauchung** (▶ Abbildung 2.14).

Abbildung 2.14: Ausbauchen einer zylindrischen Probe aus weichgeglühtem AlZn5,5MgCu zwischen flachen Stauchbahnen. Ausbauchen wird durch die Reibung zwischen der Probe und den Stauchbahnen verursacht, welche den Materialfluss quer zur Stauchrichtung behindert. Nach K.M. Kulkarni und S. Kalpakjian.

Durch dieses Phänomen ist es schwierig, relevante Daten zu erhalten und eine geeignete Druckspannung-Dehnung-Kurve zu konstruieren, denn (a) ändert sich der Querschnitt der Probe entlang ihrer Höhe und (b) verbraucht Reibung Energie, die durch eine erhöhte Druckkraft nachgeliefert wird. Mit wirksamer Schmierung oder anderen Mitteln (siehe Abschnitt 4.4.3) ist es allerdings möglich, die Reibung und folglich die Ausbauchung zu minimieren, um einen einigermaßen konstanten Querschnitt während dieses Versuchs zu erhalten.

Die technische Dehnrate $\dot{\varepsilon}$ beim Druckversuch ist durch

$$\dot{\varepsilon} = -\frac{v}{h_0} \tag{2.17}$$

gegeben, wobei v die Geschwindigkeit des Stauchgesenks und h_0 die ursprüngliche Höhe der Probe bezeichnen. Die logarithmische Dehnrate $\dot{\varphi}$ ist durch

$$\dot{\varphi} = -\frac{v}{h} \tag{2.18}$$

gegeben, wobei h die momentane Höhe der Probe ist. Wie schon beim Zugversuch, so nimmt auch während des Druckversuchs bei konstanter Verformungsgeschwindigkeit v die logarithmische Dehnrate zu. Um diesen Versuch bei einer konstanten logarithmischen Dehnrate durchführen zu können, wurde ein **Nocken-Plastometer** konzipiert, das über eine Nocken-Bewegung die Größe von v in dem Maß verringert, wie die Probenhöhe h während des Versuchs abnimmt.

Mit dem Druckversuch lässt sich auch die Duktilität eines Metalls ermitteln, indem man die Risse beobachtet, die sich auf den ausgebauchten zylindrischen Oberflächen der Probe bilden (siehe Abbildung 3.21d). Hydrostatischer Druck wirkt sich günstig aus, um die Entstehung dieser Risse zu verzögern. Mit einem ausreichend duktilen Werkstoff und effektiver Schmierung lassen sich Druckversuche bis hin zu großen Dehnungen ohne Instabilität durchführen. Dieses Verhalten unterscheidet sich von dem im Zugversuch, wo die Einschnürung selbst bei sehr duktilen Werkstoffen bereits nach einer relativ kleinen Dehnung der Probe einsetzen kann.

2.3.1 Stauchversuch bei ebener Dehnung

Der Stauchversuch bei ebener Dehnung (▶ Abbildung 2.15) ist dafür vorgesehen, Massivumformprozesse wie zum Beispiel Schmieden und Walzen (siehe Kapitel 6) zu simulieren. In diesem Versuch sind die Werkzeug- und Werkstückabmessungen so gestaltet, dass die Breite der Probe keine nennenswerte Änderung während des Stauchens erfährt – d. h., das Material unter dem Gesenk unterliegt den Bedingungen einer *ebenen Dehnung* (siehe Abschnitt 2.11.3). Die Fließspannung eines Werkstoffs bei ebener Dehnung Y' ist entsprechend der Gestaltänderungsenergiehypothese (siehe Abschnitt 2.11.2) durch

$$Y' = \frac{2}{\sqrt{3}} Y = 1{,}15\, Y \tag{2.19}$$

gegeben, wobei Y die Fließspannung bei einachsiger Stauchung ist.

Wie aus den geometrischen Beziehungen in Abbildung 2.15 hervorgeht, müssen die Versuchsparameter geeignet gewählt werden, um aussagekräftige Ergebnisse zu erhalten. Darüber hinaus ist besondere Sorgfalt bei der Versuchsdurchführung geboten, was speziell für die Vorbereitung der Gesenkoberflächen,

2.3 Druck

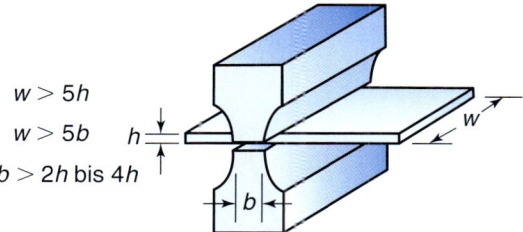

Abbildung 2.15: Schematische Darstellung eines Stauchversuchs bei ebener Dehnung. Die angedeuteten geometrischen Verhältnisse sollten für brauchbare Ergebnisse eingehalten werden. Der Versuch liefert die Streckgrenze Y' bei ebener Dehnung. Nach A. Nadai und H. Ford.

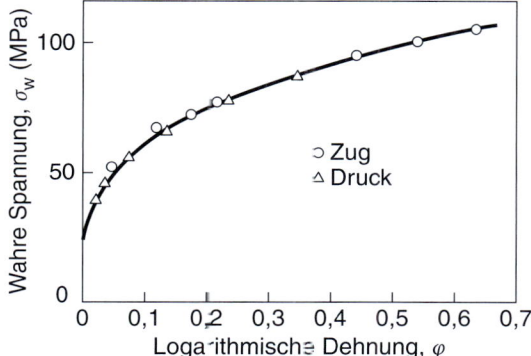

Abbildung 2.16: Wahre-Spannung-logarithmische-Dehnung-Kurven gemessen an Aluminium im Zug- und Druckversuch. Für duktile Werkstoffe fallen die Fließkurven bei Zug und Druck zusammen. Nach A.H. Cottrell.

die Ausrichtung der Gesenke zueinander, die Schmierung der Oberflächen und die präzise Messung der Kraft gilt.

Vergleicht man die Ergebnisse der Zug- und Druckversuche für denselben Werkstoff, zeigt sich, dass die Wahre-Spannung-logarithmische-Dehnung-Kurven bei *duktilen* Metallen für beide Versuche zusammenfallen (▶ Abbildung 2.16). Für spröde Werkstoffe gilt dies jedoch nicht, insbesondere hinsichtlich der Duktilität (siehe auch Abschnitt 3.8).

2.3.2 Bauschinger-Effekt

Bei Umformprozessen von Werkstoffen unterliegt das Werkstück manchmal zuerst einer Zug- und dann einer Druckspannung (oder umgekehrt). Beispiele dafür sind das Biegen und Rückbiegen von Blechen, Richtwalzen bei der Blechherstellung (siehe Abschnitt 6.3.4) und Fließpressen bei der Herstellung von napfförmigen Teilen (siehe Abschnitt 7.6.2). Wenn ein Metall mit einer Zugstreckgrenze Y einer Zugspannung im plastischen Bereich ausgesetzt wird, die Belastung dann weggenommen und danach als Druck aufgebracht wird, ergibt sich, dass die Fließgrenze bei Druck kleiner ist als die bei Zug (▶ Abbildung 2.17). Dieses als **Bauschinger-Effekt** bezeichnete Phänomen zeigen alle Metalle und Legie-

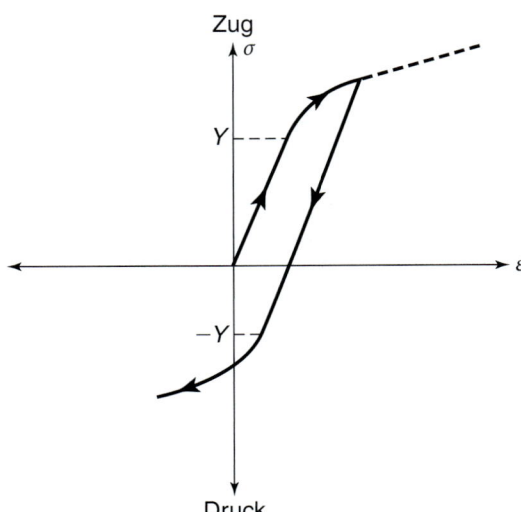

Abbildung 2.17: Schematische Darstellung des Bauschinger-Effekts. Die Pfeile deuten die Belastungsrichtung an. Die Streckgrenze unter Druck ist niedriger als die unter Zug, wenn die Probe zuvor die Zugstreckgrenze überschritten hat. Ein analoges Ergebnis wird erhalten, wenn zuerst Druck und dann Zug aufgebracht wird mit dem Resultat, dass dann die Zugstreckgrenze kleiner als die Druckstreckgrenze ist.

rungen in unterschiedlicher Ausprägung. Außerdem lässt sich dieser Effekt beobachten, wenn der Belastungspfad umgekehrt wird, d. h. erst Druck und dann Zug ausgeübt wird. Aufgrund der abgesenkten Fließgrenze in der entgegengesetzten Richtung der ersten Belastung bezeichnet man dieses Phänomen auch als **Verformungsentfestigung**. Bei Torsion ist dieses Verhalten ebenso festzustellen (siehe Abschnitt 2.4).

2.3.3 Scheibentest

Für spröde Werkstoffe wie Keramiken und Gläser wurde ein **Scheibentest** entwickelt, bei dem die Scheibe einem diametralen Druck zwischen zwei gehärteten flachen Platten ausgesetzt wird (▶ Abbildung 2.18). Wird die Belastung wie gezeigt aufgebracht, entwickeln sich Zugspannungen senkrecht zur vertikalen Mittellinie der Scheibe. Ist die Zugspannung ausreichend groß, beginnt die Scheibe zu brechen und wird vertikal in zwei Hälften gespalten. (Siehe dazu auch *Nahtlosrohrwalzen* bzw. *Mannesmann-Verfahren* in Abschnitt 6.3.5.)

Die Zugspannung σ in der Scheibe ist entlang der Mittellinie gleichmäßig und lässt sich mit der Formel

$$\sigma = \frac{2P}{\pi d t} \qquad (2.20)$$

berechnen, wobei P die Kraft bei Bruch, d der Scheibendurchmesser und t die Scheibendicke sind. Um ein vorzeitiges Versagen der Scheibe an den oberen und unteren Kontaktpunkten zu vermeiden, legt man dünne Streifen aus weichem Metall zwischen die Scheibe und die Platten. Diese Streifen schützen auch die Platten vor Beschädigungen im Versuch.

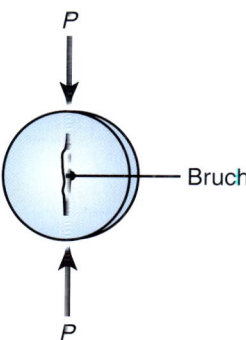

Abbildung 2.18: Scheibentest für spröde Materialien. Man erkennt die Belastungsrichtung und die Rissausbreitungrichtung. Der Versuch wird bei Werkstoffen wie Keramik oder Karbiden angewandt.

2.4 Torsion

Eine andere Methode zur Ermittlung von Werkstoffeigenschaften ist der **Torsionsversuch**. Um eine annähernd gleichmäßige Spannungs- und Dehnungsverteilung über den Querschnitt der Probe zu erhalten, wird dieser Versuch meist an einer röhrenförmigen Probe mit einem verjüngten Mittelteil durchgeführt (▶ Abbildung 2.19). Die *Scherspannung* τ lässt sich aus der Gleichung

$$\tau = \frac{T}{2\pi r^2 t} \tag{2.21}$$

bestimmen, wobei T das angewandte Drehmoment, r der mittlere Radius und t die Wandstärke der Röhre im verjüngten Teil der Probe sind. Die Scherdehnung γ wird aus der Gleichung

$$\gamma = \frac{r\phi}{l} \tag{2.22}$$

ermittelt, wobei l die Länge des reduzierten Querschnitts und ϕ der Verdrehwinkel im Bogenmaß sind. Mit den aus diesem Versuch erhaltenen Werten für Scherspannung und Scherdehnung können wir die Scherspannung-Scherdehnung-Kurve des Werkstoffs konstruieren (siehe auch Abschnitt 2.11.7).

Im elastischen Bereich wird das Verhältnis von Scherspannung zu Scherdehnung auch als **Schermodul** oder **Schubmodul** G bezeichnet:

$$G = \frac{\tau}{\gamma} \; . \tag{2.23}$$

Der Schermodul und der Elastizitätsmodul E sind über die Beziehung

$$G = \frac{E}{2(1-\nu)} \tag{2.24}$$

verknüpft, die auf einem Vergleich von **einfacher Scherung** und **reiner Scherdehnung** beruht (▶ Abbildung 2.20). Um die Differenz der beiden Dehnungen entsprechend dieser Abbildung zu ermitteln, ist zu beachten, dass die einfache Scherdehnung gleich der reinen Scherdehnung plus einer Drehung um $\gamma/2$ ist, siehe auch Abschnitt 2.11.7.

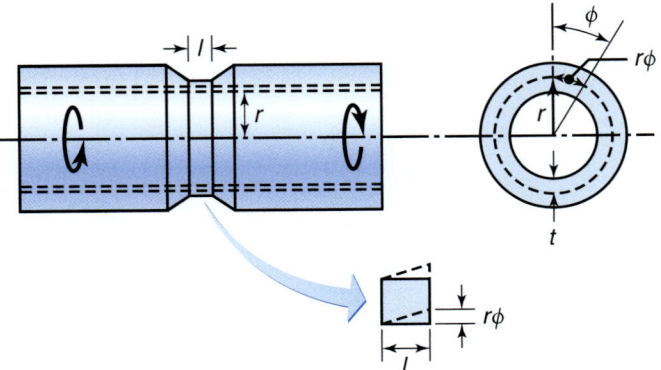

Abbildung 2.19: Typische Probe für einen Torsionsversuch. Die beiden Einspannungen der Prüfmaschine werden gegeneinander verdreht. Das Detail zeigt die Scherverformung eines Elementes des verjüngten Bereichs der Probe.

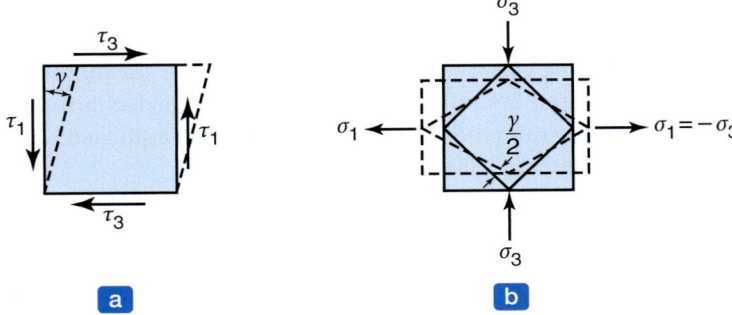

a **b**

Abbildung 2.20: Vergleich von (a) einfacher Scherung und (b) reiner Scherung. Einfache Scherung entspricht der reinen Scherung und einer zusätzlichen Verdrehung.

Beispiel 2.2 zeigt, dass eine dünnwandige Röhre bei Torsion nicht einschnürt – im Unterschied zur Probe in einem Zugversuch, wie in Abschnitt 2.2.4 beschrieben wurde. Folglich brauchen wir uns beim Torsionsversuch nicht um Änderungen im Querschnitt der Probe zu kümmern. Die aus Torsionsversuchen erhaltenen Scherspannung-Scherdehnung-Kurven steigen monoton an, genau wie es bei Wahre-Spannung-logarithmische-Dehnung-Kurven der Fall ist.

Torsionsversuche mit massiven Rundstäben bei erhöhten Temperaturen erlauben es, die *Schmiedbarkeit* von Metallen zu bewerten (siehe Abschnitt 6.2.6). Je größer die Anzahl der Windungen vor dem Versagen ist, desto besser ist die Schmiedbarkeit des Metalls. Torsionsversuche lassen sich auch mit Rundstäben durchführen, auf die ein axialer Druck ausgeübt wird, um einen Effekt ähnlich dem durch hydrostatischen Druck zu erzeugen (siehe Abschnitt 2.2.8). Die Wirkung von Druckspannungen auf die Erhöhung der maximalen Bruchscherdehnung kann auch bei der Metallzerspanung beobachtet werden (siehe Abschnitt 8.2). Die Drucknormalspannung wirkt sich nicht auf die Größe der Scherspannungen aus, die erforderlich sind, um Fließen hervorzurufen oder die Verformung weiter zu bewerkstelligen, genau wie hydrostatischer Druck keinen Einfluss auf die Gestalt der Spannung-Dehnung-Kurve aus dem Zugversuch hat.

> **Beispiel 2.2** **Instabilität bei der Torsion einer dünnwandigen Röhre**
>
> Zeigen Sie, dass bei Torsion einer dünnwandigen Röhre aus einem Werkstoff, dessen Wahre-Spannung-logarithmische-Dehnung-Kurve durch $\sigma_w = K\varphi^n$ gegeben ist, kein Einschnüren auftreten kann.
>
> **Lösung:** Gemäß Gleichung (2.21) ist das Drehmoment T gleich
>
> $$T = 2\pi r^2 t \tau \,,$$
>
> wobei für diesen Fall die *Scherspannung* τ zur Normalspannung σ_w mithilfe von Gleichung (2.56) für die Gestaltänderungsenergiehypothese als $\tau = \sigma_w/\sqrt{3}$ in Bezug gesetzt werden kann (Details siehe Abschnitt 2.11.7). Das Kriterium für Instabilität bei Torsion wäre
>
> $$\frac{dT}{d\varphi} = 0\,.$$
>
> Da r und t konstant sind, haben wir
>
> $$\frac{dT}{d\varphi} = \left(\frac{2}{\sqrt{3}}\right)\pi r^2 t \frac{d\sigma_w}{d\varphi}\,.$$
>
> Für einen Werkstoff mit der Fließkurve $\sigma_w = K\varphi^n$ gilt
>
> $$\frac{d\sigma_w}{d\varphi} = nK\varphi^{n-1}\,.$$
>
> Demzufolge ist
>
> $$\frac{dT}{d\varphi} = \left(\frac{2}{\sqrt{3}}\right)\pi r^2 t nK\varphi^{n-1}\,.$$
>
> Da keine der Größen in diesem Ausdruck 0 ist, kann $dT/d\varphi$ nicht 0 werden. Folglich unterliegt eine Röhre bei Torsionsbelastung keiner Instabilität.

2.5 Biegung

Das Herstellen von Proben aus spröden Werkstoffen wie zum Beispiel Keramiken und Karbiden kann schwierig sein, weil (a) ihre Formgebung und maschinelle Bearbeitung mit den richtigen Abmessungen kompliziert ist, (b) spröde Werkstoffe empfindlich für Oberflächendefekte, Kratzer und Verunreinigungen sind, (c) das Einspannen der Proben schwierig sein kann und (d) unpräzise Ausrichtung der Probe zu einer nicht gleichmäßigen Spannungsverteilung im Querschnitt der Probe führen kann.

Eine gebräuchliche Methode, die Festigkeit spröder Werkstoffe zu prüfen, ist der **Biegeversuch**. Dieser verwendet in der Regel eine Probe mit rechteckigem Querschnitt, die an beiden Enden gelagert

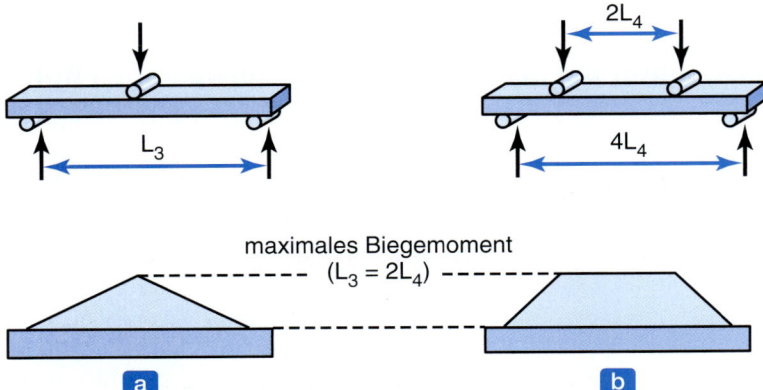

Abbildung 2.21: Zwei Arten des Biegeversuchs für spröde Werkstoffe: (a) Dreipunktbiegung, (b) Vierpunktbiegung. Die grauen Bereiche über den Biegebalken zeigen den schematischen Verlauf des Biegemoments, siehe dazu auch Lehrbücher zur Festkörpermechanik. Bei der Vierpunktbiegung ist das Biegemoment zwischen den beiden Krafteinleitungspunkten konstant, was Vorteile bei der Ermittlung von zuverlässigen Werten für die Biegebruchfestigkeit hat.

wird (▶ Abbildung 2.21). Die Kraft wirkt senkrecht auf die Probe, und zwar entweder auf einen Punkt (genauer eine Linie) oder auf zwei Punkte (zwei Linien). Demzufolge spricht man vom **Dreipunkt**- bzw. **Vierpunktbiegeversuch**. Die auf die Querschnitte dieser Proben wirkenden Normalspannungen sind an der Unterseite Zugspannungen, an der Oberseite Druckspannungen. Sie lassen sich mit einfachen Balkengleichungen berechnen, wie dies in Lehrbüchern zur Festkörpermechanik demonstriert wird. Die Bruchspannung beim Biegen wird als **Bruchmodul** oder **Biegebruchfestigkeit** bezeichnet und aus

$$\sigma_b = \frac{M_{\max} c}{I} \quad (2.25)$$

erhalten, wobei $M_{\max}$ das maximale Biegemoment, c die halbe Probenhöhe und I das Trägheitsmoment des Querschnitts bezeichnen.

Zu beachten ist der grundlegende Unterschied zwischen den beiden Belastungsbedindungen in Abbildung 2.21. Bei der Dreipunktbiegung entsteht das maximale Biegemoment und damit die maximale Normalspannung in der Mitte des Balkens, während das maximale Biegemoment (und damit die maximale Normalspannung) bei der Vierpunktbiegung zwischen den beiden Krafteinleitungspunkten konstant ist. Die Größe der Normalspannung ist in beiden Situationen gleich, wenn alle anderen Parameter beibehalten bzw. geeignet gewählt werden. Allerdings ist die Wahrscheinlichkeit für Defekte und Verunreinigungen im größeren Volumen des Materials zwischen den Belastungspunkten beim Vierpunktbiegeversuchs höher als im wesentlich kleineren Volumen unter der Einzellast im Dreipunktbiegeversuch. Dies bedeutet, dass aus dem Vierpunktbiegeversuch sicherlich ein kleinerer Bruchmodul resultiert als aus dem Dreipunktbiegeversuch, wie es sich auch durch Experimente nachweisen lässt. Zudem zeigen die Ergebnisse des Vierpunktbiegeversuchs weniger Streuung als die des Dreipunktbiegeversuchs.

2.6 Härte

Zu den gebräuchlichsten Verfahren zur Bestimmung mechanischer Eigenschaften von Werkstoffen gehört die **Härteprüfung**. Die Härte eines Werkstoffs ist definiert als sein Widerstand gegenüber dem Eindringen eines (härteren) Prüfkörpers. Man kann sie auch als seinen Widerstand gegenüber Ritzen oder Verschleiß definieren (siehe Kapitel 4). Es sind verschiedene Verfahren entwickelt worden, um die Härte von Werkstoffen mithilfe verschiedener Eindringgeometrien und -materialien zu messen. Härte ist keine fundamentale Eigenschaft, da der Widerstand gegenüber dem Eindringen von der Form des eindringenden Gegenstandes und der aufgebrachten Kraft abhängt. Die nächsten Abschnitte beschreiben die gebräuchlichsten Standardhärteprüfverfahren. ▶ Abbildung 2.22 stellt diese Verfahren im Überblick dar.

Verfahren	Eindringkörper	Eindruck Seitenansicht	Draufsicht	Last, P	Härtewert
Brinell	Hartmetall- oder Stahlkugel (Durchmesser 10 mm)	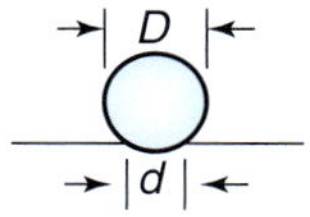 D, d	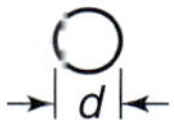 d	500 kp 1500 kp 3000 kp	$HBW = \dfrac{2P}{(\pi D)(D - \sqrt{D^2 - d^2})}$
Vickers	Diamantpyramide	 136°	 L	1–100 kp	$HV = \dfrac{1{,}854 P}{L^2}$
Knoop	Diamantpyramide	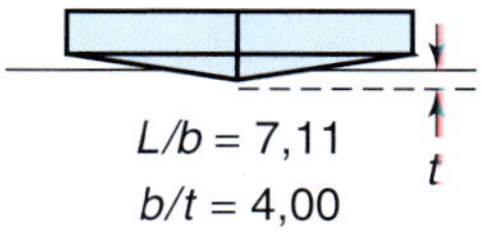 L/b = 7,11; b/t = 4,00	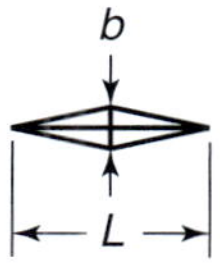 b, L	25 p–5 kp	$HK = \dfrac{14{,}2 P}{L^2}$
Rockwell A C D	Diamantkegel	120°, t		60 kp 150 kp 100 kp	HRA HRC HRD $= 100 - 500\,t$
Rockwell B F G	Stahlkugel (Durchmesser ~ 1,6 mm)	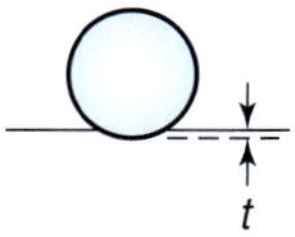 t		100 kp 60 kp 150 kp	HRB HRF HRG $= 130 - 500\,t$
Rockwell E	Stahlkugel (Durchmesser ~ 3,2 mm)			100 kp	HRE

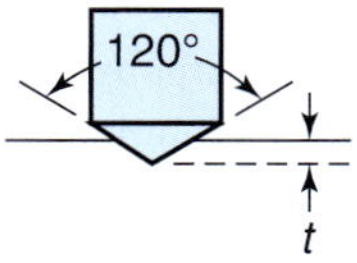

Abbildung 2.22: Allgemeine Charakteristika der Verfahren zur Härteprüfung. Das Knoopverfahren zählt zu den Kleinlast- bzw. Mikrohärteprüfverfahren wegen der geringen Prüflast und des kleinen Eindrucks. Die Prüflast P ist in der Tabelle in der (alten) Einheit kp für die Kraft angegeben. Wird die Prüfkraft in N in die Formeln für die Brinell-, Vickers- und Knoophärte eingesetzt, so ist der jeweilige Härtewert mit dem Umrechnungsfaktor $k = 0{,}1019$ kp/N zu multiplizieren. Nach H.W. Hayden, W.G. Moffatt und V. Wulff.

Härteprüfungen werden mit speziellen Geräten in einer Laborumgebung durchgeführt, doch gibt es auch portable Geräte für die Härteprüfung. Die portablen Härteprüfapparaturen können alle nachstehend beschriebenen Härteprüfungen ausführen und lassen sich speziell für bestimmte geometrische Merkmale konfigurieren, beispielsweise Lochinnenseiten, Verzahnungen usw., oder auf spezifische Werkstoffklassen zuschneiden.

2.6.1 Brinellverfahren

Bei der Brinell-Härteprüfung wird eine Stahl- oder Wolframkarbidkugel von meist 10 mm Durchmesser mit einer Kraft von 500, 1500 oder 3000 kp (4905, 14 715, 29 430 N) gegen die Werkstoffoberfläche gedrückt. Die *Brinellhärte* bzw. der *Brinellhärtewert* (HBW) ist als Verhältnis von Prüfkraft P zur Eindruckoberfläche definiert

$$\mathrm{HBW} = \frac{2P}{\pi D \left(D - \sqrt{D^2 - d^2}\right)}, \qquad (2.26)$$

wobei D den Durchmesser der Kugel und d der Eindruckdurchmesser (in Millimeter) bezeichnen. Wird die Prüfkraft in N in die obige Formel eingesetzt, so ist der Härtewert mit dem Umrechnungsfaktor $k = 0{,}1019$ kp/N zu multiplizieren.

Abhängig vom Zustand des geprüften Werkstoffs erhält man unterschiedlich geformte Eindrücke auf der Oberfläche, nachdem eine Brinell-Härteprüfung durchgeführt wurde. Wie ▶ Abbildung 2.23 zeigt, weisen zum Beispiel weichgeglühte Werkstoffe einen abgerundeten Kraterrand auf, während kaltverformte Werkstoffe ein spitzes Kraterprofil haben. In der Abbildung ist auch die korrekte Messmethode des Eindruckdurchmessers d für beide Fälle dargestellt.

Da der Eindringkörper einen endlichen Elastizitätsmodul besitzt, unterliegt er bei angelegter Kraft P einer elastischen Verformung. Deshalb sind Härtemessungen nicht unbedingt so genau wie erwartet. Üblicherweise minimiert man diesen Effekt mithilfe einer Wolframkarbidkugel, die sich aufgrund ihres höheren Elastizitätsmoduls weniger verformt als eine Stahlkugel. Für Brinellhärtewerte über 500 werden Wolframkarbidkugeln von der Norm vorgeschrieben. Um die Ergebnisse von Prüfungen bei großen Härten richtig interpretieren zu können, muss der Typ des verwendeten Eindringkörpers in den Berichten angegeben werden. Da härtere Werkstücke nur sehr kleine Eindrücke hinterlassen, empfiehlt sich eine Prüfkraftraft von 1500 oder 3000 kp, um ausreichend große Eindrücke zu erhalten, die sich für eine genaue Vermessung eignen.

Abbildung 2.23: Form des Eindrucks (Seitenansicht) bei der Brinell-Härteprüfung: (a) weichgeglühtes Metall, (b) kaltverfestigtes Metall. Man beachte die unterschiedliche Ausbildung des Eindruckrandes (Kraters).

Da die Eindrücke, die derselbe Eindringkörper bei verschiedenen Prüfkräften erzeugt, geometrisch nicht gleich sind, hängt die Brinellhärte von der verwendeten Kraft ab. Folglich muss auch die angewandte Prüfkraft in den Prüfergebnissen genannt werden. Das Brinellverfahren ist für Werkstoffe geringer bis mittlerer Härte geeignet.

Mit **Rattermarken** beschreibt man das Eindruckbild auf einer Oberfläche zwischen sich berührenden Körpern, beispielsweise einem Kugellager, dessen Kugeln in die Oberfläche des Lagerkäfigs bei fluktuierenden Lasten oder Vibrationen eindringen. Derartige Belastungen treten häufig beim Transport von Gütern oder infolge dynamischer Belastungen in Verbindung mit Vibrationen auf.

2.6.2 Rockwellverfahren

Bei der Härteprüfung nach **Rockwell** wird die *Tiefe* der Eindringung gemessen. Der Eindringkörper wird zuerst mit einer *Vorlast* und dann mit einer (größeren) *Prüflast* auf die Werkstoffoberfläche gedrückt. Die Differenz der Eindringtiefen ist ein Maß für die Härte. Es gibt mehrere Skalen für die Rockwellhärte, die für verschiedene Kräfte, Eindringkörper und Eindringgeometrien stehen. Abbildung 2.22 stellt einige der gebräuchlicheren Härteskalen und Eindringkörper dar. Die Rockwellhärte, die sich an der Härteprüfapparatur direkt von einer Messuhr ablesen lässt, drückt man nach folgendem Schema aus: Wird zum Beispiel die Härtezahl 55 auf der C-Skala abgelesen, schreibt man dies als 55 HRC. Außerdem wurden *Rockwell-Oberflächenhärteprüfverfahren* entwickelt, die geringere Lasten als die konventionelle Rockwell-Härteprüfung und dieselbe Art von Eindringkörpern verwenden.

2.6.3 Vickersverfahren

Die **Vickers-Härteprüfung** verwendet als Eindringkörper eine gleichseitige Diamantpyramide (siehe Abbildung 2.22) bei Lasten im Bereich von 1 bis 120 kp. Die Vickershärte (HV) berechnet sich nach der Formel

$$\text{HV} = \frac{1{,}854\,P}{L^2}\ . \tag{2.27}$$

Die Diagonalen der quadratischen Eindrücke sind typischerweise kleiner als 0,5 mm. Das Vickersverfahren liefert im Wesentlichen die gleiche Härtezahl unabhängig von der Belastung und ist geeignet für die Prüfung von Werkstoffen in einem breiten Härtebereich, einschließlich sehr harter Stähle.

Es gibt neuerdings Vickers-Härteprüfgeräte, die Prüflasten im Bereich von nur wenigen mN verwenden. Man kann damit die Vickershärte von einzelnen Körnern eines Vielkristalls bestimmen, da die Längen der Eindruckdiagonalen im Mikrometerbereich liegen. Wegen der geringen Größe des Eindrucks befindet sich die Prüfapparatur in einem Rasterelektronenmikroskop, dessen Vergrößerung ausreicht, um die Diagonalen zu vermessen. Für dieses Verfahren ist auch die Bezeichnung *Ultramikrohärtemessung* gebräuchlich.

2.6.4 Knoopverfahren

Die **Knoop-Härteprüfung** verwendet als Eindringkörper einen Diamanten in der Form einer flachen, rhombischen Pyramide (siehe Abbildung 2.22) und Lasten, die normalerweise von 25 p (245 mN) bis 5 kp (49 N) reichen. Die Knoophärte (HK) ist durch die Formel

$$\text{HK} = \frac{14{,}2P}{L^2} \qquad (2.28)$$

gegeben. Die Größe des Eindrucks liegt normalerweise im Bereich von 0,01 bis 0,10 mm. Eine gute Vorbereitung der Oberfläche des zu prüfenden Werkstoffs ist demzufolge sehr wichtig. Da die erhaltene Härtezahl von der aufgewendeten Kraft abhängt, ist in den Messergebnissen immer die verwendete Kraft anzugeben. Die Knoop-Härteprüfung ist ein Verfahren zur Ermittlung der *Mikrohärte*, da nur geringe Lasten angewendet werden. Dieser Versuch ist also für sehr kleine oder dünne Proben sowie für spröde Werkstoffe wie zum Beispiel Edelsteine, Karbide und Glas geeignet. Da die Eindrücke sehr klein sind, wird das Knoopverfahren auch verwendet, um die Härte einzelner (großer) Körner in einem Metall zu messen.

2.6.5 Skleroskop

Das **Skleroskop** ist ein Instrument, bei dem in einer Glasröhre eine Diamantspitze (ein sogenannter Hammer) aus einer bestimmten Höhe auf die Probe fällt. Die Härte wird durch den *Rückprall* des Eindringkörpers ermittelt. Je höher der Rückprall, desto härter die Probe. Der Hammer dringt nur leicht in die Oberfläche des Werkstücks ein. Da das Instrument portabel ist, eignet es sich auch für Härtemessungen an großen Objekten.

2.6.6 Härteprüfung nach Mohs

Die **Härteprüfung nach Mohs** basiert auf der Fähigkeit eines Werkstoffes, einen anderen zu ritzen. Die Mohs-Härte wird auf einer Skala von 1 bis 10 ausgedrückt, wobei 1 für Talk und 10 für Diamant (die härteste bekannte Substanz) steht. Folglich kann ein Material mit einer höheren Mohs-Härte Werkstoffe mit geringerer Mohs-Härte ritzen. Weiche Metalle haben eine Mohs-Härte von 2 bis 3, gehärtete Stähle ungefähr 6 und Aluminiumoxid (Korund) 9. Die **Härteskala nach Mohs** wird meist von Mineralogen und Geologen verwendet. Allerdings sind einige dieser Materialien auch in der Fertigung von Interesse. Obwohl die Mohs-Skala nur eine qualitative Aussage liefert, korreliert sie gut mit den Werten, die aus der Knoop-Härteprüfung gewonnen werden.

2.6.7 Durometer

Die Härte von Gummi, Plasten und ähnlichen weichen und elastischen Werkstoffen misst man normalerweise mit einem als **Durometer** bezeichneten Instrument, bei dem (a) ein Eindringkörper gegen die Oberfläche gedrückt, eine konstante Kraft schnell angelegt und (b) die Tiefe der Eindringung nach einer Sekunde gemessen wird. Dieser empirische Test verwendet zwei Messskalen. Bei Typ A für weiche Werkstoffe erfolgt die Messung mit einem stumpfen Eindringkörper und einer Belastung von 1 kp (9,8 N). Der für härtere Werkstoffe vorgesehene Typ D verwendet einen scharfen Eindringkörper und eine Belastung von 5 kp (49 N). Die Härtezahlen in diesen Prüfungen reichen von 0 bis 100.

2.6.8 Zusammenhang zwischen Härte und Festigkeit

Da Härte der Widerstand gegen dauerhafte Eindringung des Prüfkörpers ist, entspricht eine Härteprüfung der Durchführung eines Druckversuchs an einem kleinen Volumen einer Materialoberfläche. Daher würde man eine Korrelation zwischen Härte und Fließgrenze Y in der Form

$$\text{Härte} = c Y \qquad (2.29)$$

erwarten, wobei c eine Proportionalitätskonstante ist. Die Größe von c ist für einen Werkstoff oder eine Werkstoffklasse keine Konstante, da die Härte eines gegebenen Werkstoffs von seiner Verarbeitungshistorie abhängt, beispielsweise Kalt- oder Warmumformung und Oberflächenbehandlung.

Theoretische Untersuchungen, die auf der **Gleitlinientheorie** beruhen und bei denen ein flacher Stempel in die Oberfläche eines halbunendlichen Körpers eindringt (siehe Abbildung 6.12), haben gezeigt, dass für ein ideal plastisches Material die Größe von c ungefähr 3 ist. Wie ▶ Abbildung 2.24 zeigt, stimmt dies gut mit experimentellen Daten überein. Zu erkennen ist auch, dass kaltverformte Metalle (deren Verhalten fast ideal plastisch ist) eine bessere Übereinstimmung als geglühte Metalle zeigen. Der höhere Wert von c für geglühte Werkstoffe erklärt sich aus der Tatsache, dass infolge der Kaltverfestigung die durchschnittliche Fließspannung, die diese während des Eindringvorgangs aufweisen, höher als ihre anfängliche Fließspannung ist.

Der Grund dafür, dass Härte – interpretiert als ein Druckversuch – höhere Werte ergibt als die einachsige Fließspannung Y des Werkstoffs, lässt sich wie folgt erklären. Nimmt man an, dass das Volumen unter dem Eindringkörper eine Materialsäule ist, würde es eine einachsige Druckfließspannung Y zeigen. Das umzuformende Material unter dem Eindringkörper ist jedoch in praxi in ein starres Material eingebettet (▶ Abbildung 2.25). Diese Umgebung hindert die Materialsäule daran, sich frei zu verformen. Letztlich unterliegt dieses Volumen einem **dreiachsigen Druckspannungszustand**. Wie in Abschnitt 2.11 über Fließkriterien gezeigt wird, hat dieses Material unter diesen Bedingungen eine Druckfließspannung, die höher ist als die einachsige Fließspannung des Werkstoffs.

Für praktische Zwecke wurde auch eine empirische Beziehung zwischen der Zugfestigkeit R_m und der Brinellhärte (HBW) für Stähle entwickelt. Für die in den USA übliche Einheit der Festigkeit psi (pound pro Quadratzoll, 1 MPa = 145 psi) lautet die Beziehung:

$$R_m \,[\text{psi}] \approx 550\,\text{HBW} \,. \qquad (2.30)$$

HBW ist in kp/mm² einzusetzen, wobei die Messung mit einer Prüfkraft von 3000 kp erfolgt. In SI-Einheiten wird diese Beziehung zu

$$R_m \,[\text{MPa}] = \frac{0{,}36}{0{,}1019} \approx 3{,}5\,\text{HBW} \,. \qquad (2.31)$$

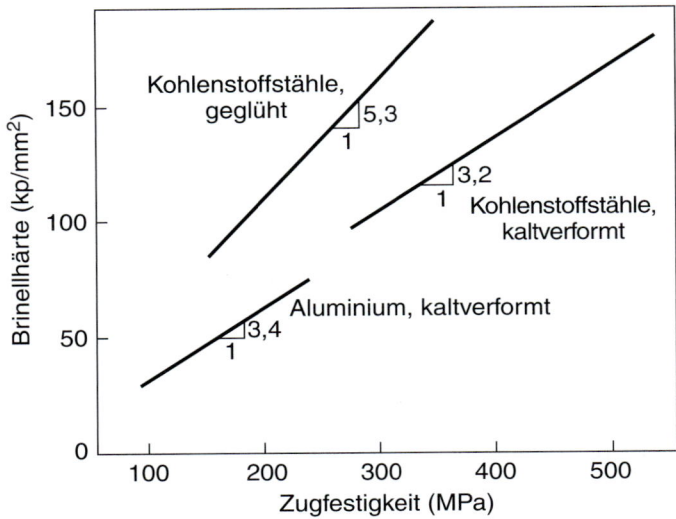

Abbildung 2.24: Zusammenhang zwischen der Brinellhärte und der Streckgrenze für Aluminium und Stahl.

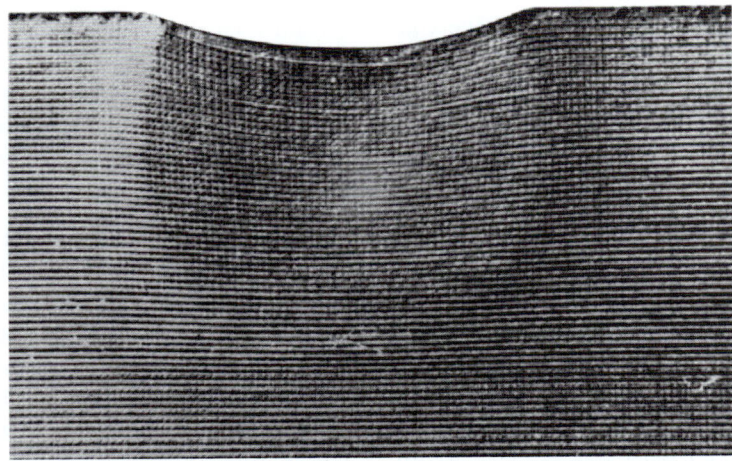

Abbildung 2.25: Volumendeformation eines Weichstahls unterhalb des Eindrucks eines kugelförmigen Eindringkörpers. Die Tiefe der verformten Zone ist etwa 10-mal so groß wie die Eindringtiefe der Kugel. Für gültige Härtewerte ist es wichtig, dass sich diese verformte Zone ausbilden kann. Daher müssen dünne Probenkörper mit kleinen Prüflasten beaufschlagt werden.

Auch hier gilt, dass HBW in kp/mm² einzusetzen ist und die Messung mit einer Prüfkraft von 3000 kp erfolgt.

Die Messung der **Warmhärte** kann mit konventionellen Härteprüfmaschinen erfolgen, wenn diese geeignet modifiziert werden, wie zum Beispiel durch Einbau von Probe und Eindringkörper in einen kleinen Elektroofen. Die Warmhärte von Werkstoffen ist wichtig in Anwendungen, bei denen die Werkstoffe erhöhten Temperaturen ausgesetzt sind, wie etwa Schneidewerkzeuge in der maschinellen Bearbeitung und Gesenke für die Warmverformung von Metallen.

> **Beispiel 2.3** **Berechnung der elastischen Energiedichte aus der Härte**
>
> Die Härte eines stark kaltverformten Stahls beträgt 150 HBW. Schätzen Sie die elastische Energiedichte dieses Werkstoffs.
>
> **Lösung:** Da der Stahl stark kaltverfestigt wurde, kann angenommen werden, dass seine Fließkurve im plastischen Bereich stark abgeflacht ist und der eines elastisch ideal plastischen Werkstoffs ähnelt. Aus der Abbildung 2.24 entnehmen wir für die Konstante c der Gleichung (2.29) den Wert 3,2. Damit lässt sich die Streckgrenze des Stahls abschätzen:
>
> $$Y = \frac{\text{HBW}}{c} = \frac{150 \, \text{kp/mm}^2 \times 9{,}81 \, \text{N/kp}}{3{,}2} = \frac{1472 \, \text{MPa}}{3{,}2} = 460 \, \text{MPa} \, .$$
>
> Die elastische Energiedichte ist gemäß Gleichung (2.5)
>
> $$\frac{Y \varepsilon_{\text{el}}}{2} = \frac{Y^2}{2E} \, .$$
>
> Mit dem Elastizitätsmodul $E = 200$ GPa für Stahl aus Tabelle 2.1 ergibt sich:
>
> $$\frac{Y^2}{2E} = \frac{460^2}{2 \times 200\,000} = 0{,}53 \, \text{MPa} = 5{,}3 \times 10^5 \, \frac{\text{Nm}}{\text{m}^3} \, .$$

2.7 Ermüdung

Getriebe, Nocken, Wellen, Federn und Werkzeuge unterliegen normalerweise schnell schwankenden (zyklischen oder periodischen) Lasten. Diese Spannungen können durch wechselnde mechanische Lasten (wie zum Beispiel Getriebezahnräder und Schneidewerkzeuge) oder durch thermische Beanspruchungen (wenn zum Beispiel ein kühles Werkzeug wiederholt mit heißen Werkstücken in Kontakt kommt) entstehen. Unter diesen Bedingungen fällt das Teil unterhalb eines Spannungsniveaus aus, bei dem ein Ausfall mit statischer Belastung auftreten würde. Dieses als **Ermüdungsbruch** bezeichnete Phänomen ist verantwortlich für die Mehrheit der Ausfälle mechanischer Bauteile.

Ermüdungsversuche unterwerfen Proben wiederholt verschiedenen Spannungszuständen, gewöhnlich in einer Kombination von Zug und Druck oder Torsion. Der Versuch wird mit verschiedenen Spannungsamplituden S durchgeführt und die Anzahl der Zyklen N, die zu einem Ausfall der Probe oder des Teils führen, wird aufgezeichnet. Die Spannungsamplitude gibt die maximale Spannung – bei Zug und Druck – an, bis zu der die Probe belastet wird.

▶ Abbildung 2.26 zeigt eine typische Darstellung der Daten in Form sogenannter **S/N-Kurven** bzw. **Wöhler-Kurven**. Diese Kurven beruhen auf vollständiger Spannungsumkehr, d. h. einem beständigen Wechsel von maximalem Zug, maximalem Druck, maximalem Zug usw., wie man sie beispielsweise beim Biegen eines Drahtes abwechselnd in die eine und dann in die andere Richtung erhält. Die Ermüdungsprüfung lässt sich auch an einer waagerecht gelagerten, rotierenden Welle mit einer konstanten, nach unten gerichteten Last durchführen (*Umlaufbiegeversuch*). Die maximale Spannung, der der Werkstoff unabhängig von der Zyklenanzahl ausgesetzt werden kann, ohne dass ein Ermüdungsbruch auftritt, bezeichnet man als **Dauerfestigkeit** bzw. **Ermüdungsgrenze**.

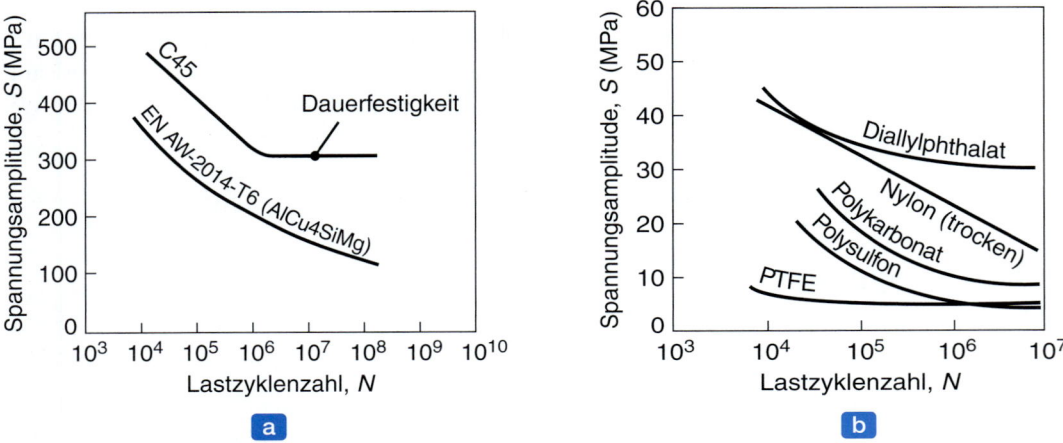

Abbildung 2.26: Wöhler-Kurven für verschiedene Werkstoffe. Beachtenswert ist, dass kubisch flächenzentrierte Metalle und Legierungen keine oder eine verschwindend kleine Dauerfestigkeit besitzen.

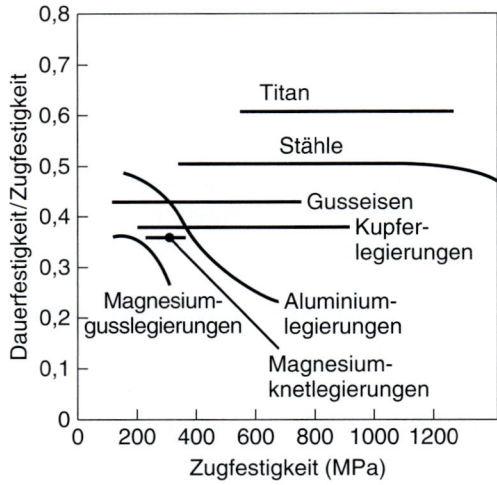

Abbildung 2.27: Verhältnis von Dauerfestigkeit und Zugfestigkeit einiger metallischer Werkstoffe aufgetragen über der Zugfestigkeit.

Man hat festgestellt, dass die Dauerfestigkeit für Metalle mit ihrer Zugfestigkeit verknüpft ist, ▶ Abbildung 2.27. Die Dauerfestigkeit für Stähle beträgt rund die Hälfte ihrer Zugfestigkeit. Obwohl sich für die meisten Metalle – speziell für Stähle – eine definierte Ermüdungsgrenze angeben lässt, haben Aluminiumlegierungen keine solche Grenze und die S/N-Kurve sinkt mit steigender Lastwechselzahl stetig ab. Für Metalle, die ein derartiges Verhalten zeigen (die meisten Metalle mit kubisch flächenzentrierter Kristallstruktur), wird die Ermüdungsfestigkeit bei einer bestimmten Anzahl von Zyklen (beispielsweise 10^7) angegeben. Auf diese Weise lässt sich die Nutzungsdauer des Bauteils angeben.

2.8 Kriechen

Unter **Kriechen** versteht man das dauerhafte Verlängern eines Werkstoffs bei statischer Belastung, die für eine bestimmte Zeit einwirkt. Es handelt sich um eine Erscheinung bei Metallen und einigen nichtmetallischen Werkstoffen (wie zum Beispiel Thermoplaste und Gummi) und kann bei jeder Temperatur auftreten. Zum Beispiel kriecht Blei unter einer konstanten Zugbelastung bei Raumtemperatur. Es zeigt sich auch, dass die Dicke von Fensterglas in alten Häusern im unteren Teil der Fenster größer als in den oberen Bereichen ist, da das Glas aufgrund seines Eigengewichts über viele Jahre hinweg eine Kriechverformung durchgemacht hat. Der Kriechmechanismus in Metallen bei erhöhten Temperaturen ist meist auf **Korngrenzengleiten** zurückzuführen (siehe Abschnitt 3.4.2). Bei Metallen und ihren Legierungen tritt Kriechen in technisch relevanter Größenordnung bei erhöhten Temperaturen auf, beginnend bei etwa 200 °C bei Aluminiumlegierungen bis zu etwa 1500 °C bei hochschmelzenden Metallen und Legierungen.

Wichtig ist Kriechen vor allem in Hochtemperaturanwendungen wie zum Beispiel bei Gasturbinenschaufeln und ähnlichen Bauteilen in Strahltriebwerken und Raketenantrieben. Hochdruckdampfleitungen und Kernbrennstoffelemente sind ebenfalls Kriechen ausgesetzt. Kriechverformung kann auch in Werkzeugen auftreten, die hohen Belastungen bei erhöhten Temperaturen in der Metallbearbeitung – beispielsweise Warmschmieden und Extrusion – ausgesetzt sind.

Bei einem **Kriechversuch** wendet man auf eine Probe eine konstante Zuglast (und folglich eine konstante technische Spannung) bei einer bestimmten Temperatur an und misst die zeitliche Entwicklung der Längenänderung. Eine typische Kriechkurve besteht normalerweise aus einer primären, sekundären und tertiären Phase (▶ Abbildung 2.28). Die Probe schnürt schließlich ein und bricht wie beim Zugversuch, wobei man hier von **Kriechbruch** spricht. Wie zu erwarten nimmt die Kriechgeschwindigkeit bei höherer Temperatur und Belastung zu.

Um Kriecheffekte bei der Konstruktion zu berücksichtigen, ist vor allem die sekundäre (lineare) Phase und ihr Anstieg von Interesse, da sich die Kriechgeschwindigkeit zuverlässig ermitteln lässt, wenn die Kurve einen konstanten Anstieg aufweist. Im Allgemeinen nimmt die Kriechbeständigkeit mit der Schmelztemperatur eines Werkstoffs zu, was als Faustregel für Konstruktionszwecke dienen kann. Somit setzt man häufig rostfreie Stähle, Superlegierungen und hochschmelzende Metalle und ihre Legierungen ein, wenn Kriechbeständigkeit verlangt wird.

Eng verbunden mit Kriechen ist die **Spannungsrelaxation**. Bei diesem Phänomen nimmt die Größe der Spannungen in einem Bauteil, die durch eine äußere Belastung hervorgerufen werden, im Lauf der Zeit

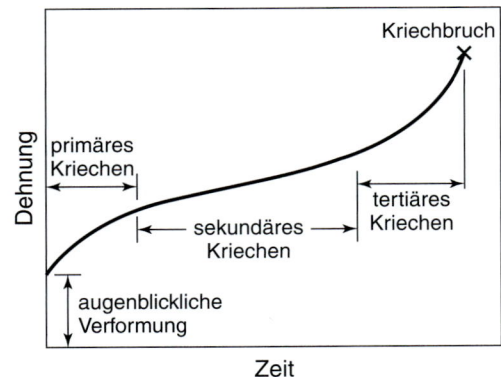

Abbildung 2.28: Schematische Darstellung einer Kriechkurve. Der lineare Teil der Kurve (Bereich des sekundären Kriechens) wird verwendet, um ein Bauteil auf eine bestimmte Kriechlebensdauer auszulegen.

ab, selbst wenn die Abmessungen des Bauteils konstant bleiben. Spannungsrelaxation tritt beispielsweise in Nieten, Dehnschrauben, Spanndrähten und Teilen unter Zug-, Druck- oder Biegungsbeanspruchung auf. Besonders häufig und wichtig ist dieser Effekt in Thermoplasten (siehe Abschnitt 10.3).

2.9 Dynamische Beanspruchung

In vielen Fertigungsprozessen wie auch während ihrer Nutzungsdauer sind Bauteile und Maschinen einer *Stoßbelastung* (bzw. *dynamischen Belastung*) ausgesetzt. Bei einem typischen Versuch mit stoßartiger Belastung, dem **Kerbschlagbiegeversuch**, wird eine gekerbte Probe im tiefsten Punkt eines Pendelschlagwerks platziert und durch einen schwingenden Pendelhammer zum Bruch gebracht (▶ Abbildung 2.29). Im **Charpy-Versuch** wird die Probe an beiden Enden gelagert, im **Izod-Versuch** nur an einem Ende wie bei einem Kragträger. Aus der Größe des Pendelausschlags nach dem Durchgang wird die für den Bruch der Probe *verbrauchte Energie* ermittelt. Diese Energie ist die **Kerbschlagzähigkeit** des Werkstoffs.

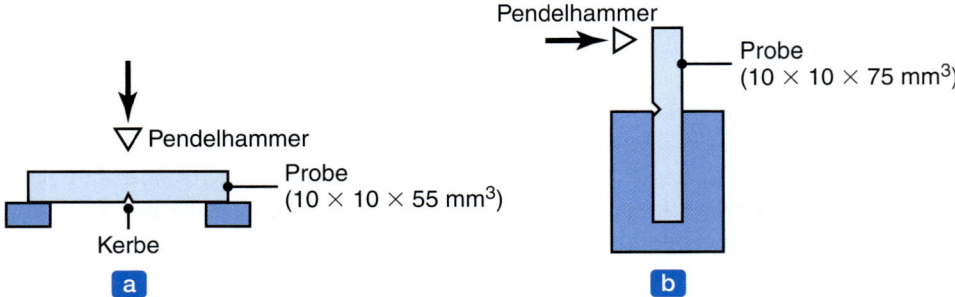

Abbildung 2.29: Gestalt und Lagerung der Probe beim (a) Charpy-Versuch, (b) Izod-Versuch.

Kerbschlagbiegeversuche sind insbesondere nützlich, um die **Spröd-Duktil-Übergangstemperatur** von Werkstoffen zu ermitteln (siehe Abbildung 3.26). Im Allgemeinen besitzen Werkstoffe mit einer hohen Schlagzähigkeit auch eine hohe Duktilität. Die Empfindlichkeit von Werkstoffen gegenüber Oberflächendefekten (**Kerbempfindlichkeit**) ist deshalb wichtig, weil sie ihre Kerbschlagzähigkeit verringert.

2.10 Eigenspannungen

Dieser Abschnitt zeigt, dass inhomogene Verformung während der Verarbeitung zu *Eigenspannungen* führt. Dies sind Spannungen, die in einem verformten Bauteil nach Wegnahme aller externen Belastungen verbleiben. Ein typisches Beispiel für inhomogene Verformung ist das Biegen eines Balkens (▶ Abbildung 2.30). Das Biegemoment erzeugt zunächst eine lineare elastische Spannungsverteilung. Wird das Moment erhöht, beginnen die äußeren Fasern plastisch zu fließen und man erhält schließlich die – für einen typischen verfestigenden Werkstoff – in Abbildung 2.30b gezeigte Spannungsverteilung. Nachdem das Teil gebogen ist (und zwar dauerhaft, da jetzt eine plastische Verformung stattgefunden hat), verschwindet das Moment, wenn das Teil entlastet wird. Das Entlasten ist gleichbedeutend damit, dass man auf den Balken ein gleich großes, entgegengesetztes Moment anwendet.

Wie bereits weiter vorn in Abbildung 2.3 gezeigt, ist jede Entlastung elastisch. Demzufolge müssen die Momente der Flächen 0*ab* und 0*ac* um die Nulllinie in Abbildung 2.30c gleich sein. (Im Rahmen dieser Erklärungen sei angenommen, dass die Nulllinie bei der plastischen Verformung nicht verschoben wird.)

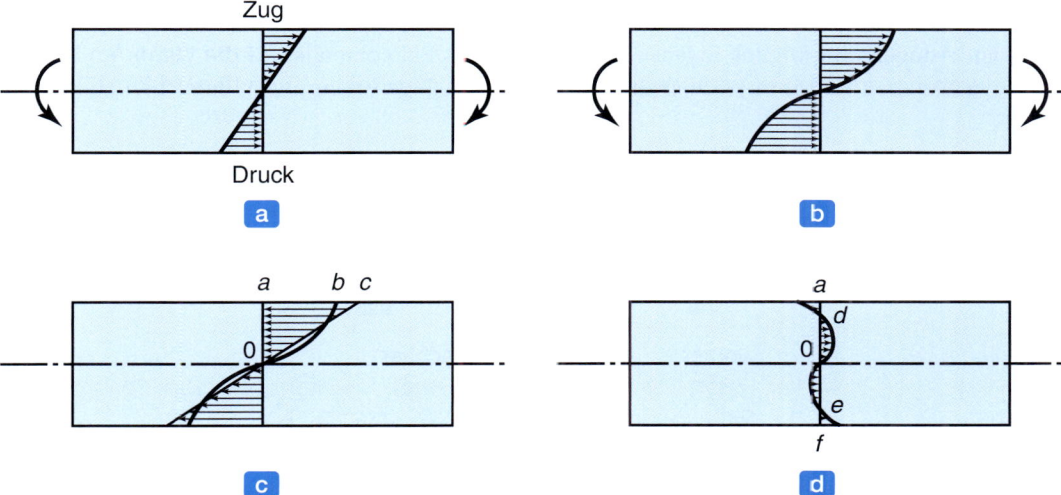

Abbildung 2.30: Entstehung von Eigenspannungen in einem Balken aus elastischem, verfestigendem Werkstoff. (a) Der Balken wird durch das angelegte Biegemoment rein elastisch verformt. (b) Erhöhen des Biegemoments führt zur Plastifizierung des Balkens. (c) Entlasten entspricht dem Anlegen eines gleich großen, entgegengesetzt wirkenden Biegemoments. (d) Die Differenz der in (c) gezeigten Spannungsverteilungen ergibt den dargestellten Verlauf der Eigenspannungen. Aufgrund der meist inhomogenen Verformung bei ihrer Herstellung enthalten Bauteile Eigenspannungen mit unterschiedlichem Vorzeichen, wobei sich die Eigenspannungen im Gleichgewicht befinden.

Die Differenz zwischen den beiden Spannungsverteilungen liefert den in der Abbildung 2.30d gezeigten Eigenspannungsverlauf über der Balkenhöhe. Man beachte, dass es sich in den Schichten zwischen *ad* und 0*e* um Druckeigenspannungen und in den Schichten zwichen *d*0 und *ef* um Zugeigenspannungen handelt. Liegen keine externen Kräfte an, müssen sich die Eigenspannungen im Balken im statischen Gleichgewicht befinden. Obwohl man in diesem Beispiel Spannungen nur in eine Richtung erhält, hat man es in den meisten Situationen bei der Umformung von Werkstoffen mit dreidimensionalen Eigenspannungen zu tun.

Das Gleichgewicht der Eigenspannungen wird gestört, wenn sich die Form des Balkens ändert, indem zum Beispiel eine Materialschicht durch maschinelle Bearbeitung abgetragen wird. Der Balken nimmt dann einen neuen Krümmungsradius an, um die internen Kräfte auszubalancieren. Ein weiteres Beispiel für die Wirkung von Eigenspannungen ist das Bohren runder Löcher in die Oberfläche von Teilen, die Eigenspannungen aufweisen. Durch das beim Bohren entfernte Material kann das Gleichgewicht der Eigenspannungen gestört werden und das Loch kann elliptisch oder konisch werden. Derartige Störungen der Eigenspannungen führen zu einem Verzug. ▶ Abbildung 2.31 zeigt Beispiele für den Verzug bei der Bearbeitung von eigenspannungsbehafteten Bauteilen durch Spannungsumlagerung.

Außerdem kann das Gleichgewicht innerer Spannungen im Lauf der Zeit durch *Relaxation* der Eigenspannungen gestört werden, was zur Instabilität der Gestalt oder zum Verlust der Maßhaltigkeit der Bauteile führt. Diese Änderungen der Abmessungen sind zu beachten bei der Präzisionsfertigung und bei Messvorrichtungen.

Eigenspannungen können auch durch **Phasenumwandlungen** in Metallen während oder nach der Bearbeitung infolge von Dichteunterschieden zwischen unterschiedlichen Phasen entstehen, beispielsweise zwischen Ferrit und Martensit in Stählen. Phasenumwandlungen verursachen mikroskopisch kleine Volumenänderungen und folglich Eigenspannungen. Dieses Phänomen ist für die Warm- und Kaltbearbeitung von Metallen und ihre Wärmebehandlung wichtig. Eigenspannungen entstehen zudem durch

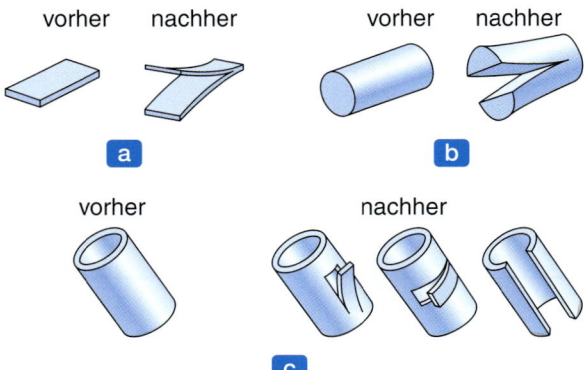

Abbildung 2.31: Verzug eigenspannungsbehafteter Bauteile durch Schneiden oder Schlitzen infolge von Spannungsumverteilung im Bauteil: (a) gewalztes Blech oder Platte, (b) gezogene Stange, (c) dünnwandiges Rohr. Beim Bohren von runden Löchern in Bauteile mit Eigenspannungen können die Löcher durch Spannungsumlagerung im Restmaterial elliptisch oder konisch werden.

Temperaturgradienten innerhalb eines Körpers, wie zum Beispiel (a) beim Abkühlen eines Gussstückes (Kapitel 5), (b) beim Bremsen eines Eisenbahnrads oder (c) beim Schleifen von Oberflächen (siehe Abschnitt 9.4.3).

2.10.1 Auswirkungen von Eigenspannungen

Zugeigenspannungen in der Nähe von Bauteiloberflächen sind unerwünscht, da sie die Betriebsdauer und Bruchfestigkeit verringern. Eine Oberflächenschicht mit Zugeigenspannungen kann weniger zusätzliche Zugspannungen (durch äußere Belastung) ertragen als eine Oberflächenschicht, die frei von Eigenspannungen ist. Das gilt vor allem für relativ spröde Werkstoffe, bei denen ein Bruch nur geringe oder gar keine plastischen Verformung zeigt. Darüber hinaus können Zugeigenspannungen in fertigen Produkten nach einer bestimmten Einsatzdauer zu **Spannungsrissen** oder zu **Spannungsrisskorrosion** führen (siehe Abschnitt 3.8.2).

Umgekehrt sind Druckeigenspannungen in einer Oberfläche erwünscht. Um die Einsatzdauer von Bauteilen zu erhöhen, erzeugt man in der Oberfläche Druckeigenspannungen mit Verfahren wie **Kugelstrahlen** und **Festwalzen** (siehe Abschnitt 4.5.1).

2.10.2 Verringerung von Eigenspannungen

Eigenspannungen lassen sich durch **Spannungsarmglühen** oder **Spannungsfreiglühen** (siehe Abschnitt 3.12.4) oder durch weitere *plastische Verformung* verringern oder gänzlich beseitigen. Genügend Zeit vorausgesetzt, nehmen Eigenspannungen auch bei Raumtemperatur durch *Relaxation* ab. Die für Relaxation erforderliche Zeit lässt sich drastisch verkürzen, wenn man die Temperatur des Bauteils erhöht. Allerdings wird die Relaxation von Eigenspannungen durch Spannungsfreiglühen in der Regel von einem Verzug des Teils begleitet. Deshalb sieht man häufig eine Bearbeitungszugabe vor, um Maßänderungen während des Spannungsabbaus zu kompensieren.

Der Mechanismus zur Verringerung oder Beseitigung von Eigenspannungen durch plastische Verformung lässt sich wie folgt beschreiben: Ein Metallteil habe die in ▶ Abbildung 2.32a gezeigten Eigenspannungen, nämlich Zugspannungen am Rand und Druckspannungen im Inneren. Diese Spannungen befinden sich im Gleichgewicht. Außerdem sei der Werkstoff elastisch, perfekt plastisch, wie es Abbildung 2.32d zeigt. Die Niveaus der Eigenspannungen sind im Spannung-Dehnung-Diagramm dargestellt. Sie liegen unterhalb der Fließgrenze Y des Werkstoffs (da alle Eigenspannungen im elastischen Bereich sein müssen).

Wird nun eine gleichmäßig verteilte Zugspannung (der Größe Y) auf dieses Teil angewendet, wandern die Punkte σ_d und σ_z im Diagramm auf der Spannung-Dehnung-Kurve nach oben, wie es die Pfeile angeben. Das maximale Niveau, das diese Spannungen erreichen können, ist die Zugfließgrenze Y. Bei genügend hoher Belastung verteilt sich die Spannung schließlich gleichmäßig im gesamten Teil, wie es in Abbildung 2.32c zu sehen ist. Wird dann die äußere Last weggenommen, kommt es zur vollständigen Entlastung und das Teil ist frei von Eigenspannungen. Es ist nur eine sehr geringe Dehnung erforderlich ist, um diese Eigenspannungen abzubauen. Das hängt damit zusammen, dass die elastischen Abschnitte

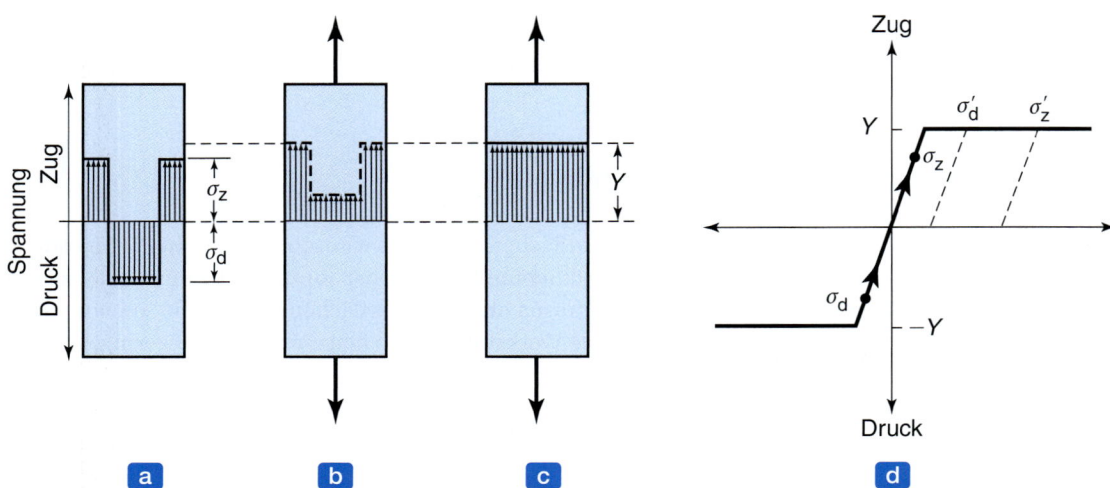

Abbildung 2.32: Entfernen von Eigenspannungen durch Strecken. Eigenspannungen können auch durch Wärmebehandlungen wie Spannungsarm- oder Spannungsfreiglühen reduziert oder entfernt werden.

der Spannung-Dehnung-Kurven für Metalle wegen ihres hohen Elastizitätsmoduls steil sind. Folglich lassen sich die elastischen Spannungen bis zur Fließspannung durch eine sehr geringe Verformung erhöhen.

Die Technik zum Verringern oder Abbauen von Eigenspannungen durch plastische Verformung wie zum Beispiel beim vorhin beschriebenen Strecken erfordern eine solche Verformung, damit sich eine gleichmäßig verteilte Spannung innerhalb des Teils einstellt. Folglich kann ein elastischer, verfestigender Werkstoff (siehe Abbildung 2.7e) niemals diesen Zustand erreichen, da bei ihm die mit der äußeren Zugspannung überlagerte Druckspannung immer hinter der Summe aus der äußeren und der inneren Zugspannung zurückbleibt. Ist jedoch der Anstieg der Spannung-Dehnung-Kurve im plastischen Bereich gering, dann ist die Differenz zwischen diesen Spannungen sehr klein und nach dem Entlasten bleiben im Bauteil nur geringe Eigenspannungen zurück.

Beispiel 2.4 Beseitigen von Eigenspannungen durch Zug

Beziehen Sie sich auf Abbildung 2.32a und nehmen Sie $\sigma_z = 140\,\text{MPa}$ und $\sigma_d = -140\,\text{MPa}$ an. Die Länge der Probe aus Aluminium betrage 0,25 m mit einer Fließgrenze von $Y = 150\,\text{MPa}$. Das kaltverfestigte Aluminium verhalte sich ideal plastisch. Berechnen Sie die Länge, bis zu der diese Probe gestreckt werden sollte, damit sie bei Entlastung frei von Eigenspannungen ist.

Lösung: Die Probe sollte so weit gestreckt werden, dass σ_d durch eine überlagerte Zugspannung die Fließgrenze Y bei Zug erreicht. Demzufolge sollte die Gesamtdehnung φ_{ges} gleich der Summe sein aus der Dehnung, die erforderlich ist, um die Druckeigenspannung auf 0 zu bringen, und der Dehnung, die erforderlich ist, um die Fließgrenze bei Zug zu erreichen. Folglich gilt

$$\varphi_{ges} = \frac{\sigma_d}{E} + \frac{Y}{E} \,. \tag{2.32}$$

E ist der Elastizitätsmodul, der für Aluminium 70 GPa beträgt (siehe Tabelle 2.1). Damit beträgt die erforderliche Gesamtdehnung

$$\varphi_{ges} = \frac{140}{70 \times 10^3} + \frac{150}{70 \times 10^3} = 0{,}00414 \,.$$

Für die Länge l_1 der gestreckten Probe erhält man:

$$\varphi_{ges} = 0{,}00414 = \ln\left(\frac{l_1}{0{,}25}\right) \rightarrow l_1 = 0{,}2510\,\text{m} \,.$$

Da die benötigte Dehnung sehr klein ist, kann auch die technische Dehnung verwendet werden, um l_1 zu berechnen. Es ergibt sich das gleiche Resultat wie zuvor:

$$\varepsilon_{ges} = e^{\varphi_{ges}} - 1 = 0{,}00415 = \frac{l_1 - 0{,}25}{0{,}25} \rightarrow l_1 = 0{,}2510\,\text{m} \,.$$

2.11 Dreiachsiger Spannungszustand und Fließbedingungen

In den meisten Fertigungsprozessen, die mit einer Verformung einhergehen, unterliegt das Material im Unterschied zu einer Probe bei einem einfachen Zug- oder Druckversuch im Allgemeinen mehrachsigen Spannungen. Diese treten zum Beispiel auf (a) bei der Ausdehnung einer dünnwandigen Kugelschale unter Innendruck, wobei jedes Element der Schale gleich großen zweiachsigen Zugspannungen ausgesetzt ist (▶ Abbildung 2.33a), (b) beim Ziehen eines Stabes oder Drahtes durch ein konisches Werkzeug (Kapitel 6), wobei ein Element in der Verformungszone eine Zugspannung in seiner Längsrichtung und eine Druckspannung auf seiner konischen Oberfläche erfährt (siehe Abbildung 2.33b) und (c) im Flansch beim Tiefziehen von Blechen (Abschnitt 7.6), in dem ein Element einer radialen Zugspannung sowie Druckspannungen auf seiner Oberfläche und in der Umfangsrichtung unterliegt (siehe Abbildung 2.33c). In anderen Kapiteln dieses Buchs finden sich weitere Beispiele, in denen der Werkstoff verschiedenen Normal- und Scherspannungen während der Bearbeitung ausgesetzt ist. Die in Abbildung 2.33 gezeigten mehrdimensionalen Spannungszustände bewirken eine Verzerrung der Materialelemente.

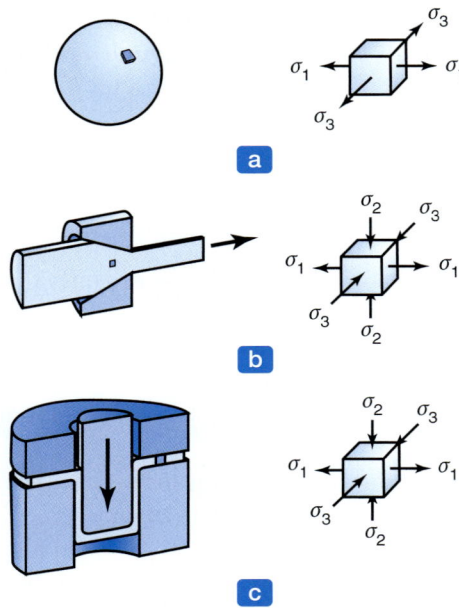

Abbildung 2.33: Spannungszustand bei verschiedenen Umformverfahren. (a) Ausdehnung einer dünnwandigen Kugelschale unter Innendruck, (b) Ziehen eines Stabes oder Drahtes durch ein konisches Ziehwerkzeug, um den Durchmesser zu verkleinern (siehe Abschnitt 6.5), (c) Tiefziehen von Blech mithilfe eines Stempels und einer Matrize (siehe Abschnitt 7.6).

Im *elastischen Bereich* lassen sich die Dehnungen in den Elementen durch die Gleichungen des *verallgemeinerten Hooke'schen Gesetzes* darstellen:

$$\varepsilon_1 = \frac{1}{E}[\sigma_1 - \nu(\sigma_2 + \sigma_3)]$$
$$\varepsilon_2 = \frac{1}{E}[\sigma_2 - \nu(\sigma_1 + \sigma_3)] \quad (2.33)$$
$$\varepsilon_3 = \frac{1}{E}[\sigma_3 - \nu(\sigma_1 + \sigma_2)] \ .$$

Somit gilt für einfachen Zug mit $\sigma_2 = \sigma_3 = 0$

$$\varepsilon_1 = \frac{\sigma_1}{E}$$

und

$$\varepsilon_2 = \varepsilon_3 = -\nu \frac{\sigma_1}{E} \ .$$

Das negative Vorzeichen weist auf eine Kontraktion des Elements in den Richtungen 2 und 3 hin.

Erreicht in einem einachsigen Zug- oder Druckversuch die angelegte Spannung die einachsige Fließspannung Y, verformt sich der Werkstoff *plastisch*. Für komplexere Spannungszustände sind Beziehungen zwischen diesen Spannungen entwickelt worden, die Fließen voraussagen – die sogenannten **Fließbedingungen** oder **Fließkriterien**. Fließbedingungen basieren auf Festigkeitshypothesen, wobei

"Versagen" eintritt, wenn die Vergleichsspannung im Bauteil die Fließspannung des Werkstoffs erreicht. Am gebräuchlichsten sind die Kriterien der maximalen Schubspannung (*Schubspannungshypothese*) und der Gestaltänderungsenergie(dichte) (*Gestaltänderungsenergiehypothese*).

2.11.1 Die Schubspannungshypothese

Gemäß der **Schubspannungshypothese** – auch als **Tresca-Kriterium** bzw. **Fließbedingung nach Tresca** bezeichnet – tritt Fließen auf, wenn die maximale Schubspannung in einem Element einen kritischen Wert erreicht. Wie Abschnitt 3.3 erläutert, ist diese kritische Schubspannung eine *Werkstoffeigenschaft* und wird **Schubfließspannung** oder **Scherfließspannung** k genannt. Damit Fließen auftritt, gilt folglich

$$\tau_{max} = k . \tag{2.34}$$

Eine komfortable Methode, die auf ein Element einwirkenden Spannungen zu ermitteln, ist die Verwendung des **Mohr'schen Spannungskreises**, der ausführlich in Lehrbüchern zur Technischen Mechanik beschrieben wird. Die **Hauptspannungen** und ihre *Richtungen* lassen sich leicht aus dem Mohr'schen Spannungskreis oder aus Spannungstransformationsgleichungen ermitteln.

Wenn die maximale Schubspannung gleich k ist, tritt Fließen auf. Es gibt viele Kombinationen von Spannungen (als Spannungszustände bezeichnet), die die gleiche maximale Schubspannung hervorrufen können. Vom einfachen (einachsigen) Zugversuch wissen wir, dass

$$k = \frac{Y}{2} , \tag{2.35}$$

wobei Y die einachsige Fließspannung des Werkstoffs ist. Wenn wir aus irgendeinem Grund nicht in der Lage sind, die Spannungen auf das Element zu erhöhen, um Fließen zu verursachen, können wir einfach Y verringern, indem wir die Temperatur des Werkstoffs erhöhen. Diese einfache Technik ist die Grundlage und einer der Hauptgründe für die Warmumformung von Werkstoffen. Die Schubspannungshypothese können wir jetzt schreiben als

$$\sigma_{max} - \sigma_{min} = Y , \tag{2.36}$$

was gleichbedeutend ist zur Tatsache, dass die maximalen und minimalen Hauptspannungen den größten Mohr'schen Spannungskreis erzeugen und somit auch die *größte* Schubspannung. Infolgedessen *hat die mittlere Hauptspannung keine Auswirkung auf den Fließbeginn*. Wichtig ist, dass die linke Seite von Gleichung (2.36) die *angelegten Spannungen* und die rechte Seite eine *Werkstoffeigenschaft* darstellen. Außerdem haben wir angenommen, dass (a) der Werkstoff *ein Kontinuum*, *homogen* und *isotrop* (Richtungsunabhängigkeit seiner Eigenschaften) ist und (b) die Fließspannung bei Zug und Druck gleich sind (siehe Abschnitt 2.3.2, *Bauschinger-Effekt*).

2.11.2 Die Gestaltänderungsenergiehypothese

Die auch als **von-Mises-Kriterium** bezeichnete **Gestaltänderungsenergiehypothese** besagt, dass plastisches Fließen einsetzt, wenn die Gestaltänderungsenergie(dichte) einen kritischen Wert erreicht. Die Beziehung zwischen den Hauptspannungen und der einachsigen Fließspannung Y des Werkstoffs lautet

in diesem Fall
$$(\sigma_1 - \sigma_2)^2 + (\sigma_2 - \sigma_3)^2 + (\sigma_3 - \sigma_1)^2 = 2Y^2 \,. \tag{2.37}$$

Man erkennt, dass im Unterschied zur Schubspannungshypothese die mittlere Hauptspannung in diesem Ausdruck enthalten ist. Auch hier stellt die linke Seite der Gleichung die wirkenden Spannungen und die rechte Seite eine Werkstoffeigenschaft dar.

Beispiel 2.5 **Fließen einer dünnwandigen Hohlkugel unter Innendruck**

Eine dünnwandige Hohlkugel stehe unter einem Innendruck p. Die Hohlkugel hat einen Durchmesser von $2r = 500$ mm, ihre Wandstärke ist $t = 2{,}5$ mm. Sie besteht aus einem perfekt plastischen Werkstoff mit einer Fließspannung von $Y = 150$ MPa. Berechnen Sie den erforderlichen Druck nach den beiden vorhin diskutierten Fließbedingungen, um plastisches Fließen der Hohlkugel hervorzurufen.

Lösung: Für die unter Innendruck stehende Hohlkugel sind die Membranspannungen gegeben durch
$$\sigma_1 = \sigma_2 = \frac{pr}{2t} \,. \tag{2.38}$$

Die Spannung in der Dickenrichtung, σ_3, ist wegen des hohen Verhältnisses $r/t = 100$ vernachlässigbar, $\sigma_3 = 0$. Somit gilt entsprechend der Schubspannungshypothese
$$\sigma_{\max} - \sigma_{\min} = Y$$

oder
$$\sigma_1 - 0 = Y \quad \text{bzw.} \quad \sigma_2 - 0 = Y \,.$$

Daraus erhält man $\sigma_1 = \sigma_2 = 150$ MPa $= 150$ N/mm². Der erforderliche Druck ist dann
$$p = \frac{2tY}{r} = \frac{2 \times 2{,}5 \times 150}{250} = 3{,}0 \,\text{N/mm}^2 = 3{,}0 \,\text{MPa} \,.$$

Nach der Gestaltänderungsenergiehypothese
$$(\sigma_1 - \sigma_2)^2 + (\sigma_2 - \sigma_3)^2 + (\sigma_3 - \sigma_1)^2 = 2Y^2$$

ergibt sich mit $\sigma_1 = \sigma_2$ und $\sigma_3 = 0$
$$0 + \sigma_2^2 + \sigma_1^2 = 2\sigma_1^2 = 2\sigma_2^2 = 2Y^2 \,.$$

Folglich gilt $\sigma_1 = \sigma_2 = Y$. Die Antwort ist deshalb auch in diesem Fall $p = 3{,}0$ MPa.

2.11 Dreiachsiger Spannungszustand und Fließbedingungen

Beispiel 2.6 — Korrekturfaktor für die wahre Spannung

Erklären Sie, warum bei der Berechnung der wahren Spannung in der Einschnürzone einer Zugprobe ein Korrekturfaktor angewendet werden muss.

Lösung: Die Einschnürzone einer Zugprobe unterliegt einem dreiachsigen Spannungszustand, wie in ▶ Abbildung 2.34 gezeigt. Der Grund für diesen Spannungszustand liegt darin, dass jedes scheibenförmige Element in diesem Bereich einen anderen Querschnitt hat – je kleiner die Fläche, desto größer die Zugspannung auf das Element. Folglich zieht sich Element 1 lateral mehr zusammen als Element 2 usw. Allerdings wird Element 1 von Element 2 an einer freien Kontraktion gehindert, Element 2 durch Element 3 usw. Diese Beschränkung verursacht radiale und tangentiale Zugspannungen im eingeschnürten Bereich, was zu einer axialen Zugspannungsverteilung führt, wie sie Abbildung 2.34 zeigt.

Die *wahre* einachsige Zugspannung ist σ_W, während der *berechnete* Wert der wahren Bruchspannung die *gemittelte* Spannung $\bar{\sigma}$ ergibt. Demzufolge ist eine Korrektur vorzunehmen. Eine von

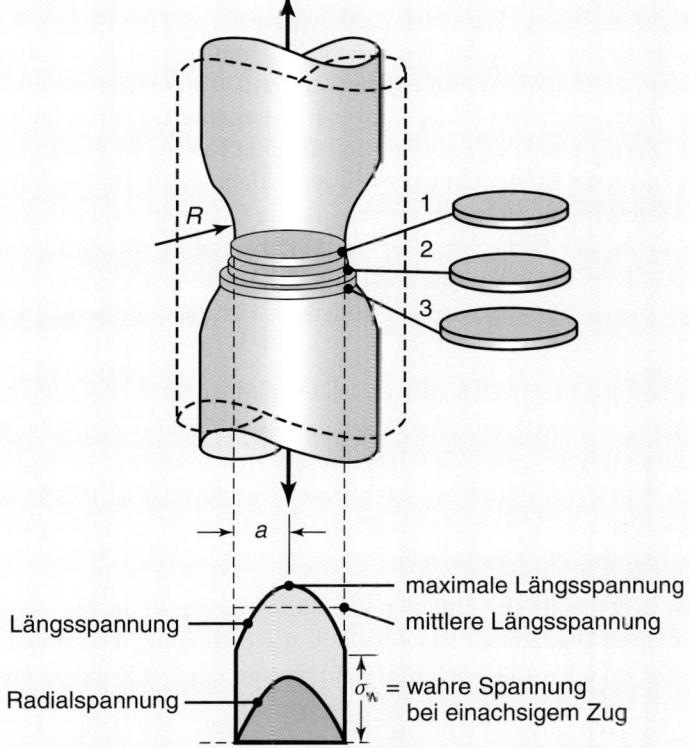

Abbildung 2.34: Spannungsverteilung in der Einschnürzone eines zylindrischen Zugstabs.

P.W. Bridgman durchgeführte Analyse liefert das Verhältnis von wahrer Spannung zu gemittelter Spannung

$$\frac{\sigma_\text{w}}{\overline{\sigma}} = \frac{1}{\left(1 + \frac{2R}{a}\right)\left(1 + \frac{a}{2R}\right)} \,, \tag{2.39}$$

wobei R der Krümmungsradius der Einschnürung und a der Radius der Probe in der Einschnürung ist. Da jedoch R während eines Versuchs schwierig zu messen ist, verwendet man oft eine empirisch ermittelte Beziehung zwischen a/R und der logarithmischen Dehnung in der Einschnürung.

2.11.3 Ebene Spannung und ebene Dehnung

Ebene Spannung und ebene Dehnung sind wichtig in der Anwendung der Fließbedingungen. Unter **ebener Spannung** versteht man den Spannungszustand, bei dem die Spannung in eine Richtung 0 ist und die Spannungen in der Ebene normal auf dieser Richtung nur von den Koordinaten der Ebene abhängen. Ein Beispiel ist eine dünnwandige Röhre, die auf Torsion beansprucht wird: Es gibt keine Spannungen senkrecht zur inneren oder äußeren Oberfläche der Röhre, somit unterliegt die Röhre einem ebenen Spannungszustand. ▶ Abbildungen 2.35a und b geben weitere Beispiele an.

Ebene Dehnung liegt vor, wenn die Verschiebungskomponente in eine Richtung überall null ist und die Verschiebungskomponenten in die beiden anderen Richtungen nicht von dieser Richtung abhängen (siehe Abbildungen 2.35c und d). Ein solcher Zustand tritt in Bauteilen auf, deren Form und Belastung sich in eine Richtung nicht ändert und bei denen eine Längenänderung in diese Richtung durch eine geeignete Lagerung verhindert wird. Ein Beispiel hierfür ist ein dickwandiges Rohr unter Innendruck, das sich in seiner Längsrichtung nicht ausdehnen kann. Der in Abbildung 2.15 gezeigte **Druckversuch unter ebener Dehnung** ist ein weiteres Beispiel. Durch geeignete Auswahl der Probenabmessungen wird die Breite der Probe während der Verformung im Wesentlichen konstant gehalten. Aber auch ein dünnwandiges Rohr, das auf Torsion beansprucht wird, unterliegt einem ebenen Dehnungszustand, da sich zeigen lässt, dass die Wandstärke bei der Verdrehung konstant bleibt (siehe Abschnitt 2.11.7).

Ein Blick auf die beiden oben beschriebenen Fließbedingungen zeigt, dass die Bedingung für ebene Spannung (bei der z. B. $\sigma_2 = 0$ gilt) durch das Diagramm in ▶ Abbildung 2.36 dargestellt werden kann. Gemäß der Schubspannungshypothese lässt sich eine Kontour erzeugen, die aus Geraden besteht. Im ersten Quadranten, in dem $\sigma_1 > 0$ und $\sigma_3 > 0$ gilt und σ_2 immer 0 ist (ebene Spannung), reduziert sich Gleichung (2.36) auf $\sigma_\text{max} = Y$. Der Maximalwert, den entweder σ_1 oder σ_3 annehmen kann, ist Y. Daraus leiten sich die Geraden im Diagramm ab.

Im dritten Quadranten liegt die gleiche Situation vor, da sowohl σ_1 als auch σ_3 Druckspannungen sind. In dem zweiten und vierten Quadranten ist σ_2 (das für die Bedingung der ebenen Spannung 0 ist) die mittlere Hauptspannung. Somit wird Gleichung (2.36) für den zweiten Quadranten zu

$$\sigma_3 - \sigma_1 = Y \tag{2.40}$$

2.11 Dreiachsiger Spannungszustand und Fließbedingungen

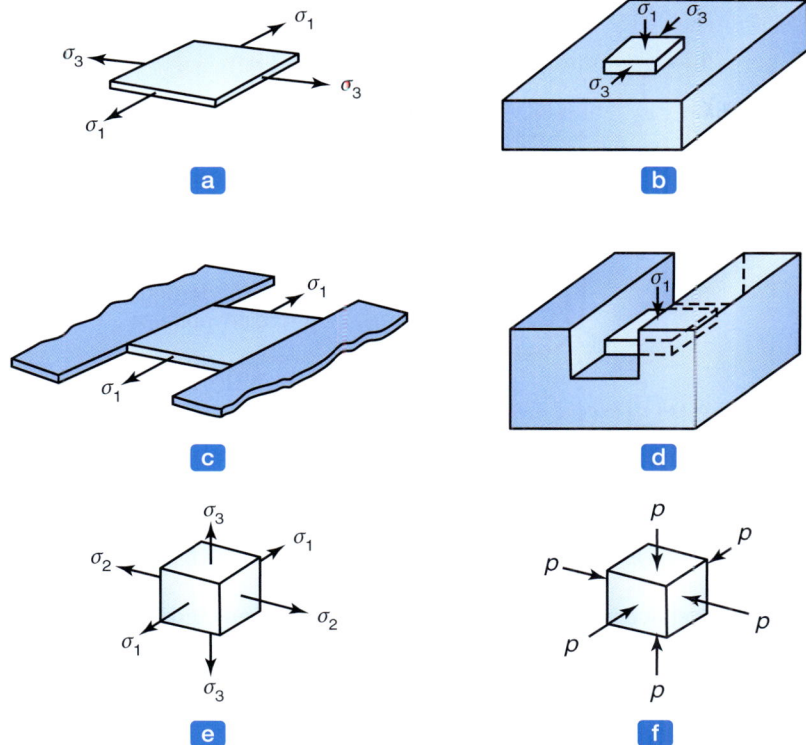

Abbildung 2.35: Beispiele für Spannungs- und Dehnungszustände. (a) Ebener Spannungszustand beim biaxialen Zug eines Blechs. Normal auf die Blechoberfläche wirken keine Spannungen. (b) Ebener Spannungszustand bei Druck. Auf das dritte Flächenpaar (Normalenrichtung 2) wirken keine Spannungen. Zwischen der Unterlage und der Probe gibt es keine Reibung. (c) Ebene Dehnung unter Zug. Die Kontraktion des Blechs in der Ebene des Blechs wird verhindert, das Blech wird länger und dünner. (d) Ebene Dehnung unter Druck. Die Breite der Probe bleibt gleich, da die Dehnung in diese Richtung durch das U-Profil behindert wird. Die Probe wird wegen der Höhenabnahme länger. (e) Dreiachsiger (räumlicher) Spannungszustand. (f) Hydrostatischer (allseitiger) Druck. *Anmerkung:* Ein Element einer dünnwandigen Röhre unter Torsion unterliegt ebener Spannung *und* ebener Dehnung.

und für den vierten Quadranten zu

$$\sigma_1 - \sigma_3 = Y \ . \tag{2.41}$$

Diese beiden Gleichungen bestimmen die 45°-Linien in der Abbildung 2.36.

Ebene Spannung: Die Gestaltänderungsenergiehypothese reduziert sich für *ebene Spannung* auf

$$\sigma_1^2 + \sigma_3^2 - \sigma_1\sigma_3 = Y^2 \tag{2.42}$$

und ist in der Abbildung 2.36 als Ellipse dargestellt. Wenn die Hauptspannungen ($\sigma_1, 0, \sigma_3$) auf ein Element einen Punkt innerhalb der Ellipse ergeben, dann bleibt die Beanspruchung rein elastisch. Liegt der Punkt auf der Ellipse, dann fließt das Element plastisch. Punkte (Spannungszustände) außerhalb der Ellipse sind nicht zulässig. Vielmehr dehnt sich die Ellipse aus, wenn der Werkstoff verfestigt.

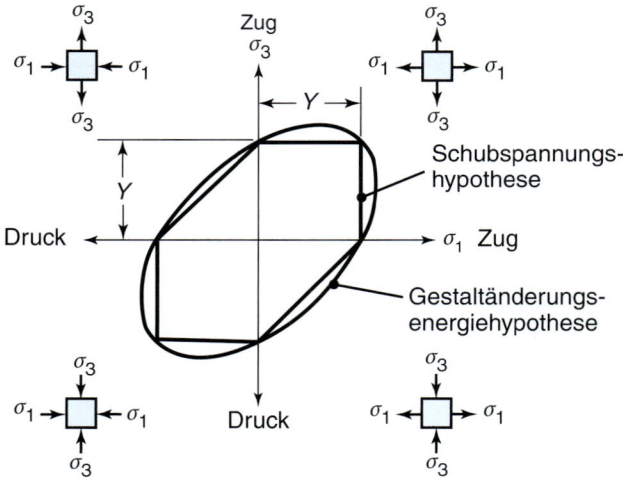

Abbildung 2.36: Darstellung des Tresca- (Linien) und des von-Mises-Fließkriteriums (Ellipse) für den ebenen Spannungszustand ($\sigma_2 = 0$).

Die dreidimensionalen elastischen Spannung-Dehnung-Beziehungen sind durch die Gleichungen (2.33) gegeben. Wenn die Spannungen genügend hoch sind, um *plastische Verformung* hervorzurufen, ergeben sich die Spannung-Dehnung-Beziehungen aus den Fließregeln (auch **Lévy-von-Mises-Gleichungen**), die in der Literatur zur Plastizität detailliert beschrieben werden. Diese Beziehungen verknüpfen Spannungs- und Dehnungsinkremente wie folgt:

$$\begin{aligned} \mathrm{d}\varphi_1 &= \frac{\mathrm{d}\bar{\varepsilon}}{\bar{\sigma}} \left[\sigma_1 - \frac{1}{2}(\sigma_2 + \sigma_3) \right] \\ \mathrm{d}\varphi_2 &= \frac{\mathrm{d}\bar{\varepsilon}}{\bar{\sigma}} \left[\sigma_2 - \frac{1}{2}(\sigma_1 + \sigma_3) \right] \\ \mathrm{d}\varphi_3 &= \frac{\mathrm{d}\bar{\varepsilon}}{\bar{\sigma}} \left[\sigma_3 - \frac{1}{2}(\sigma_1 + \sigma_2) \right]. \end{aligned} \qquad (2.43)$$

Diese Ausdrücke sind dem verallgemeinerten Hooke'schen Gesetz formal ähnlich.

Ebene Dehnung: Für die in Abbildungen 2.35c und d gezeigte Bedingung für ebene Dehnung kann man $\varphi_2 = 0$ ansetzen. Demzufolge gilt für die mittlere Hauptspannung

$$\sigma_2 = \frac{\sigma_1 + \sigma_3}{2}. \qquad (2.44)$$

Für ebene Dehnung unter Druck in den Abbildungen 2.15 und 2.35d reduziert sich die Gestaltänderungsenergiehypothese (die die mittlere Hauptspannung berücksichtigt) auf

$$\sigma_1 - \sigma_3 = \frac{2}{\sqrt{3}} Y \approx 1{,}15\, Y = Y'. \qquad (2.45)$$

Während das Tresca-Kriterium $k = Y/2$ ergibt, erhält man $k = Y/\sqrt{3}$ im Falle des von-Mises-Kriteriums.

2.11.4 Experimentelle Überprüfung der Fließbedingungen

Die vorhin diskutierten Fließbedingungen können experimentell überprüft werden, was in der Regel mit einer Probe in Form einer dünnwandigen Röhre unter Innendruck und/oder Torsion geschieht. Bei einer derartigen Belastung ist es möglich, unterschiedliche Zustände von ebener Spannung zu erzeugen. Experimente mit verschiedenartigen *duktilen* Werkstoffen haben gezeigt, dass die Gestaltänderungsenergiehypothese besser mit den experimentellen Daten übereinstimmt als die Schubspannungshypothese. Deshalb wird die Gestaltänderungsenergiehypothese oftmals für die Analyse von Metallumformprozessen herangezogen (Kapitel 6 und 7). Das einfachere Kriterium der Schubspannungshypothese lässt sich allerdings ebenfalls verwenden. Der Unterschied zwischen den beiden Kriterien ist für die meisten praktischen Anwendungen vernachlässigbar.

2.11.5 Volumendehnung

Summiert man die drei Gleichungen (2.33) des verallgemeinerten Hooke'schen Gesetztes, erhält man

$$\varepsilon_1 + \varepsilon_2 + \varepsilon_3 = \frac{1-2\nu}{E}(\sigma_1 + \sigma_2 + \sigma_3) \tag{2.46}$$

wobei sich für die linke Seite der Gleichung zeigen lässt, dass es sich um die **Volumendehnung** oder **Dilatation** Δ handelt. Folglich ist

$$\Delta = \frac{\text{Volumenänderung}}{\text{Ausgangsvolumen}} = \frac{1-2\nu}{E}(\sigma_1 + \sigma_2 + \sigma_3) \ . \tag{2.47}$$

Man erkennt sofort, dass im plastischen Bereich, in dem $\nu = 0{,}5$ ist, die Volumenänderung null ist. Somit gilt bei der plastischen Verformung von Metallen (es wird zweckmäßigerweise die logarithmische Dehnung verwendet):

$$\varphi_1 + \varphi_2 + \varphi_3 = 0 \ . \tag{2.48}$$

Dies ist ein komfortabler Weg, um die dritte Dehnung zu ermitteln, wenn die zwei anderen Dehnungen bekannt sind. So kann bei der plastischen Verformung eines Blechs die Verformung in Blechdickenrichtung berechnet werden, wenn die Verformungen in Längs- und Querrichtung des Blechs bekannt sind.

Der **Kompressionsmodul** κ ist definiert als

$$\kappa = \frac{\sigma_\mathrm{m}}{\Delta} = \frac{E}{3(1-2\nu)} \ , \tag{2.49}$$

wobei σ_m die **gemittelte Normalspannung** bedeutet, die als

$$\sigma_\mathrm{m} = \frac{1}{3}(\sigma_1 + \sigma_2 + \sigma_3) \tag{2.50}$$

definiert ist.

Im *elastischen Bereich*, in dem $0 < \nu < 0{,}5$ gilt, lässt sich aus Gleichung (2.47) ableiten, dass das Volumen einer Probe beim Zugversuch (reversibel) zunimmt und beim Druckversuch (reversibel) abnimmt.

2.11.6 Vergleichsspannung und Vergleichsdehnung

Der Spannungs- und Dehnungszustand eines Elements lässt sich bequem mit der **Vergleichsspannung** (bzw. *äquivalenten Spannung*) $\overline{\sigma}$ und der **Vergleichsdehnung** $\overline{\varepsilon}$ ausdrücken. Für die Schubspannungshypothese wird die Vergleichsspannung zu

$$\overline{\sigma} = \sigma_1 - \sigma_3 \tag{2.51}$$

für die Gestaltänderungsenergiehypothese ist sie

$$\overline{\sigma} = \frac{1}{\sqrt{2}} \left[(\sigma_1 - \sigma_2)^2 + (\sigma_2 - \sigma_3)^2 + (\sigma_3 - \sigma_1)^2 \right]^{1/2} . \tag{2.52}$$

Der Faktor $1/\sqrt{2}$ wird gewählt, sodass für einachsigen Zug die Vergleichsspannung gleich der einachsigen Fließspannung Y ist.

Die Dehnungen sind gleichermaßen mit der Vergleichsdehnung verknüpft. Für die Schubspannungshypothese ist die Vergleichsdehnung

$$\overline{\varepsilon} = \frac{2}{3} (\varepsilon_1 - \varepsilon_3) \tag{2.53}$$

für die Gestaltänderungsenergiehypothese ist sie

$$\overline{\varepsilon} = \frac{\sqrt{2}}{3} \left[(\varepsilon_1 - \varepsilon_2)^2 + (\varepsilon_2 - \varepsilon_3)^2 + (\varepsilon_3 - \varepsilon_1)^2 \right]^{1/2} . \tag{2.54}$$

Auch hier wurden die Faktoren $2/3$ und $\sqrt{2}/3$ gewählt, damit für einachsigen Zug die Vergleichsdehnung gleich der einachsigen Zugdehnung ist.

Die durch die Gleichungen (2.51) bis (2.54) gegebenen Vergleichsspannungen und -dehnungen lassen sich unmittelbar mithilfe (mathematischer) Softwarepakete berechnen. Darüber hinaus gibt es maßgeschneiderte Software für die Spannungs- und Dehnungsanalyse und die Simulation von Herstellungsprozessen, wie zum Beispiel die Finite-Elemente-Methode, die oftmals die Ergebnisse in Form von Vergleichsspannungen und -dehnungen liefert. Mit modernen Berechnungswerkzeugen ist es häufig nicht notwendig, die Vergleichsspannungen und -dehnungen oder Hauptspannungen und -dehnungen manuell zu berechnen, dennoch ist ein physikalisches Verständnis dieser Konzepte unerlässlich.

2.11.7 Vergleich von Hauptspannung-Hauptdehnung und Schubspannung-Scherdehnung

Wie zu erwarten, sind Spannung-Dehnung-Kurven in Zug und Torsion für duktile Werkstoffe vergleichbar. Somit ist es möglich, eine Kurve aus der anderen zu gewinnen, da das Material dasselbe ist. Die folgenden Beobachtungen werden gemacht in Bezug auf den Spannungszustand unter Zug und Torsion:

- Im Zugversuch ist die einachsige Spannung σ_1 gleichzeitig die Vergleichsspannung sowie die Hauptspannung.

- Im Torsionsversuch treten die Hauptspannungen auf Flächen auf, deren Normalen um 45° zur Längsachse der Probe geneigt liegen. Die Hauptspannungen σ_1 und σ_3 haben die gleiche Größe, aber unterschiedliche Vorzeichen.
- Die Größe der Hauptspannung bei Torsion ist größengleich zur maximalen Scherspannung.

Wir können nun die folgenden Beziehungen für einen dünnwandigen Hohlzylinder unter Torsion anschreiben:

$$\sigma_1 = -\sigma_3, \quad \sigma_2 = 0, \quad \text{und} \quad \sigma_1 = \tau_1.$$

Setzt man diese Spannungen in die Gleichungen (2.51) und (2.52) für die Vergleichsspannung ein, ergibt sich für die Schubspannungshypothese

$$\overline{\sigma} = \sigma_1 - \sigma_3 = \sigma_1 + \sigma_1 = 2\sigma_1 = 2\tau_1 \tag{2.55}$$

und für die Gestaltänderungsenergiehypothese

$$\overline{\sigma} = \frac{1}{\sqrt{2}} \left[(\sigma_1 - 0)^2 + (0 + \sigma_1)^2 + (-\sigma_1 - \sigma_1)^2 \right]^{1/2} = \sqrt{3}\sigma_1 = \sqrt{3}\tau_1. \tag{2.56}$$

Die folgenden Beobachtungen macht man für die Dehnungen:

- Im Zugversuch ist $\varphi_2 = \varphi_3 = -\varphi_1/2$.
- Im Torsionsversuch ist $\varphi_1 = -\varphi_3 = \gamma/2$.
- Die Dehnung in der Dickenrichtung des Hohlzylinders ist null, folglich gilt $\varphi_2 = 0$.

Die dritte obige Beobachtung ist korrekt, weil der Ausdünnung, die durch die Hauptzugspannung verursacht wird, der Verdickungseffekt durch die Hauptdruckspannung der gleichen Größe entgegenwirkt, sodass $\varphi_2 = 0$. Da σ_2 ebenfalls null ist, unterliegt ein dünnwandiger Hohlzylinder unter Torsion den Bedingungen sowohl einer ebenen Spannung als auch einer ebenen Dehnung.

Setzt man diese Dehnungen in die Gleichungen (2.53) und (2.54) für die Vergleichsdehnung ein, erhält man die folgenden Beziehungen für die Schubspannungshypothese

$$\overline{\varphi} = \frac{2}{3}(\varphi_1 - \varphi_3) = \frac{2}{3}(\varphi_1 + \varphi_1) = \frac{4}{3}\varphi_1 = \frac{2}{3}\gamma \tag{2.57}$$

und für die Gestaltänderungsenergiehypothese

$$\overline{\varphi} = \frac{\sqrt{2}}{3} \left[(\varphi_1 - 0)^2 + (0 + \varphi_1)^2 + (\varphi_1 - \varphi_1)^2 \right]^{1/2} = \frac{2}{\sqrt{3}}\varphi_1 = \frac{1}{\sqrt{3}}\gamma. \tag{2.58}$$

Mit diesem Satz von Gleichungen ist es möglich, die Daten von Zugversuchen in Daten von Torsionsversuchen und umgekehrt zu konvertieren.

2.12 Verformungsarbeit

Arbeit ist definiert als das Produkt von Kraft und Weg. Demzufolge ist das Produkt von Spannung und Dehnung eine Größe, die der Arbeit pro Volumeneinheit entspricht. Da die Beziehung zwischen Spannung und Dehnung im plastischen Bereich von der konkreten Spannung-Dehnung-Kurve eines Werkstoffs abhängt, lässt sich diese Arbeit am besten berechnen, wenn man ▶ Abbildung 2.37 zu Hilfe nimmt.

Die Fläche unter der Wahre-Spannung-logarithmische-Dehnung-Kurve ist für jede Dehnung φ die **Arbeit pro Volumeneinheit u** (**spezifische Verformungsarbeit**) des Materials und als

$$u = \int_0^{\varphi_1} \sigma \, d\hat{\varphi} \tag{2.59}$$

definiert. Wie in Abschnitt 2.2.3 gezeigt wurde, lassen sich Wahre-Spannung-logarithmische-Dehnung-Kurven oft durch den einfachen Ausdruck

$$\sigma = K\varepsilon^n.$$

beschreiben. Folglich kann man Gleichung (2.59) umformen in

$$u = K \int_0^{\varphi_1} \hat{\varphi}^n \, d\hat{\varphi}$$

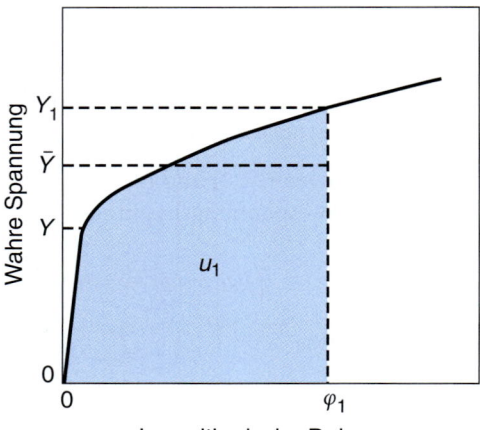

Abbildung 2.37: Wahre-Spannung-logarithmische-Dehnung-Kurve (schematisch). Eingezeichnet sind die Streckgrenze Y, die mittlere Fließspannung $\bar{Y}$ und die spezifische Verformungsarbeit u_1 bei der logarithmischen Dehnung φ_1 und wahren Fließspannung Y_1.

oder

$$u = \frac{K\varphi_1^{n+1}}{n+1} = \overline{Y}\varphi_1 \,, \tag{2.60}$$

wobei $\overline{Y}$ die **mittlere Fließspannung** des Werkstoffs ist.

Diese Energie stellt die Arbeit dar, die bei einachsiger Verformung verbraucht wird. Für dreiachsige Spannungszustände lässt sich der allgemeine Ausdruck

$$du = \sigma_1 d\varphi_1 + \sigma_2 d\varphi_2 + \sigma_3 d\varphi_3$$

angeben. Beispiel 2.7 zeigt eine Anwendung dieser Gleichung. Noch allgemeiner kann man diese Bedingung mit der Vergleichsspannung und der Vergleichsdehnung formulieren. Die Energie pro Volumeneinheit wird dann durch

$$u = \int_0^\varphi \bar{\sigma} \, d\bar{\varphi} \tag{2.61}$$

ausgedrückt. Um die gesamte für die Verformung aufgewendete Arbeit U zu erhalten, multiplizieren wir u mit dem Volumen V des verformten Materials:

$$U = uV \,. \tag{2.62}$$

Die durch Gleichung (2.62) dargestellte Arbeit ist die **Mindestenergie** oder die **ideelle Energie**, die für gleichmäßige (homogene) Verformung erforderlich ist. Für die tatsächliche zur Verformung erforderliche Energie sind zwei weitere Beiträge zu berücksichtigen: (a) die erforderliche Energie, um die *Reibung* an den Grenzflächen zwischen Werkzeug und Werkstück zu überwinden, und (b) die **redundante Arbeit** der Verformung, die als Nächstes beschrieben wird.

▶ Abbildung 2.38a zeigt einen Materialblock, der durch Schmieden, Extrusion oder Ziehen durch ein Werkzeug wie in Kapitel 6 beschrieben verformt wird. Wie in Abbildung 2.38b zu sehen, ist diese Verformung gleichmäßig oder homogen. In der Praxis jedoch verformt sich das Material oftmals inhomogen wie in Abbildung 2.38c gezeigt, was auf Reibung und spezielle Werkzeuggeometrien zurückzuführen ist. Die Teilbilder (b) und (c) in Abbildung 2.38 unterscheiden sich darin, dass der Materialblock in (c) eine zusätzliche Scherung entlang der horizontalen Ebenen erfahren hat.

Scheren bedeutet zusätzlichen Energieverbrauch, da zusätzliche plastische Arbeit notwendig ist, um die verschiedenen Schichten gegeneinander zu verschieben. Hierbei spricht man von *redundanter Arbeit*. Das Wort *redundant* weist auf die Tatsache hin, dass diese zusätzliche Energie nicht zur (beabsichtigten) Formänderung des Teils beiträgt. Wichtig ist es zu erkennen, dass die Gittermuster (b) und (c) in Abbildung 2.38 in etwa die gleichen Abmessungen besitzen.

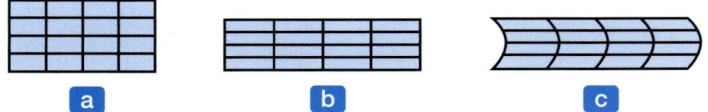

Abbildung 2.38: Gitterraster auf der Seitenfläche eines Materialblocks: (a) Ausgangszustand, (b) nach einer idealen Verformung, (c) nach inhomogener Verformung, welche zusätzliche Arbeit verschlingt. Das Gitter in (c) entspricht dem von (b) mit einer zusätzlichen Scherung in horizontaler Richtung, siehe auch die Abbildungen 6.3 und 6.49.

Die erforderliche **spezifische Gesamtenergie** lässt sich nun schreiben als

$$u_{\text{Gesamt}} = u_{\text{Ideell}} + u_{\text{Reibung}} + u_{\text{Redundant}} \,. \tag{2.63}$$

Der *Wirkungsgrad* η eines Umformprozesses kann dann definiert werden als

$$\eta = \frac{u_{\text{Ideell}}}{u_{\text{Gesamt}}} \,. \tag{2.64}$$

Abhängig vom konkreten Prozess, den Reibungsbedingungen, der Werkzeuggeometrie und anderen Prozessparametern schwankt die Größe von η in einem breiten Bereich, wobei typische Schätzwerte für Extrusion von 30 % bis 60 % und für Walzen von 75 % bis 95 % reichen.

Beispiel 2.7 — **Verformungsarbeit bei einer dünnwandigen Hohlkugel unter Innendruck**

Eine dünnwandige Hohlkugel (Innendruck p) besteht aus einem perfekt plastischen Werkstoff mit der Fließspannung von Y. Der Ausgangsdurchmesser der Kugel sei $2r_0$, ihre Ausgangswandstärke sei t_0. Berechnen Sie die Verformungsarbeit, wenn die Kugel bis zum Durchmesser $2r_1$ gedehnt wird. Berechnen Sie die erforderliche Leistung für die Verformung als Funktion des aktuellen Kugelradius, wenn der Durchmesser mit konstanter Geschwindigkeit wächst.

Lösung: Für die unter Innendruck stehende Hohlkugel sind die Membranspannungen gegeben durch

$$\sigma_1 = \sigma_2 = \frac{pr}{2t} = Y \,,$$

wobei r und t momentane Abmessungen der Kugel sind. Die logarithmischen Dehnungen der Kugelfläche sind

$$\varphi_1 = \varphi_2 = \ln\left(\frac{2\pi r_1}{2\pi r_0}\right) = \ln\left(\frac{r_1}{r_0}\right) \,.$$

Da die Elemente der Kugelschale einem biaxialen Zugspannungszustand ($\sigma_1 = \sigma_2 = \text{const}$) unterworfen sind, ergibt sich für die spezifische Verformungsenergie

$$u = \int_0^{\varphi_1} \sigma_1 \, d\hat{\varphi}_1 + \int_0^{\varphi_2} \sigma_2 \, d\hat{\varphi}_2 = 2\sigma_1 \varphi_1 = 2Y \ln\left(\frac{r_1}{r_0}\right) \,.$$

Das Volumen des Materials der Hohlkugel beträgt $V = 4\pi r_0^2 t_0$. Die gesamte Verformungsarbeit ist dann
$$U = uV = 8\pi Y r_0^2 t_0 \ln\left(\frac{r_1}{r_0}\right).$$

Die spezifische Energie kann auch aus den Vergleichsspannungen und -dehnungen berechnet werden. Dann ergibt sich entsprechend der Gestaltänderungsenergiehypothese
$$\overline{\sigma} = \frac{1}{\sqrt{2}}\left[(0)^2 + (\sigma_2)^2 + (-\sigma_1)^2\right]^{1/2} = \sigma_1 = \sigma_2$$

und
$$\overline{\varphi} = \frac{\sqrt{2}}{3}\left[(0)^2 + (\varphi_2 + 2\varphi_2)^2 + (-2\varphi_2 - \varphi_2)^2\right]^{1/2} = 2\varphi_2 = 2\varphi_1.$$

(Die Dehnung in Dickenrichtung ist $\varphi_3 = -2\varphi_2 = -2\varphi_1$ aufgrund der Volumenkonstanz bei plastischer Verformung, für die die Bedingung $\varphi_1 + \varphi_2 + \varphi_3 = 0$ gilt.) Somit ist
$$u = \int_0^\varphi \overline{\sigma}\,\mathrm{d}\hat{\overline{\varphi}} = \int_0^{2\varphi_1} \sigma_1 \,\mathrm{d}\hat{\varphi}_1 = 2\sigma_1\varphi_1.$$

Die Antwort ist also die gleiche wie weiter oben.

Leistung ist definiert als Arbeit pro Zeit
$$P = \frac{\mathrm{d}U}{\mathrm{d}t}.$$

Vernachlässigt man alle konstanten Faktoren im Ausdruck für die Verformungsarbeit, so gilt für $U(r)$:
$$U(r) \propto \ln\left(\frac{r}{r_0}\right) = \ln r - \ln r_0.$$

Folglich ist
$$P(r) \propto \frac{\mathrm{d}}{\mathrm{d}t}\left(\ln r - \ln r_0\right) = \frac{1}{r}\frac{\mathrm{d}r}{\mathrm{d}t}.$$

Da der Durchmesser (Radius) der Hohlkugel mit konstanter Geschwindigkeit wächst, ist $\mathrm{d}r/\mathrm{d}t$ konstant. Somit ist die Leistung mit dem momentanen Radius r der Hohlkugel durch
$$P(r) \propto \frac{1}{r}$$

verknüpft.

2.12.1 Arbeit, Wärme und Temperaturanstieg

Fast die gesamte mechanische Verformungsarbeit bei der plastischen Verformung wird in Wärme umgesetzt. Ein kleiner Teil der investierten Umformarbeit verbleibt innerhalb des verformten Materials als elastische Energie, die sogenannte *gespeicherte Energie* (siehe Abschnitt 3.6), und in Form von Gitterbaufehlern (Versetzungen, Leerstellen, siehe Kapitel 3). Typischerweise beträgt diese gespeicherte Energie 5 bis 10 % der gesamten zugeführten Energie, in manchen Legierungen erreicht sie sogar 30 %. In einem einfachen reibungsfreien Prozess und unter der Annahme, dass die gesamte Verformungsarbeit vollständig in Wärme umgesetzt wird, lässt sich der Temperaturanstieg ΔT des verformten Materials durch

$$\Delta T = \frac{u_\text{Gesamt}}{\varrho c} \tag{2.65}$$

abschätzen, wobei u_Gesamt die gesamte spezifische Energie gemäß Gleichung (2.63), ϱ die Dichte und c die spezifische Wärme des Werkstoffs ist.

Beispiel 2.8 **Temperaturanstieg bei der Umformung**

Eine zylindrische Probe mit einem Durchmesser von 2,5 cm und einer Höhe h_0 von 2,5 cm wird in Höhenrichtung (Richtung 1) gestaucht, indem man eine große Masse aus einer bestimmten Höhe auf die Probe fallen lässt. Der Werkstoff besitzt die folgenden Eigenschaften: Fließspannung nach Ludwik ($K = 100$ MPa, $n = 0{,}5$), Dichte $\varrho = 2710$ kg/m^3 und spezifische Wärme $c = 10^3$ Ws/kgK. Berechnen Sie unter der Annahme, dass weder Wärme- noch Reibungsverluste auftreten, die endgültige Höhe der Probe, wenn an ihr eine Temperaturerhöhung von 55 K gemessen wurde.

Lösung: Die im Werkstoffvolumen V gespeicherte Wärmemenge Q ist bei einer Temperaturerhöhung von ΔT gegeben durch

$$Q = c\varrho V \Delta T \, .$$

Unter idealen Bedingungen entspricht diese Wärmemenge der Umformenergie U, also

$$Q = U = uV = \frac{K\varphi_1^{n+1}}{n+1} V \, .$$

Damit ergibt sich für die logarithmische Dehnung der Ausdruck

$$\varphi_1^{1{,}5} = \frac{c\varrho \Delta T(n+1)}{K} = \frac{10^3 \text{ Ws/kgK} \times 2710 \text{ kg/m}^3 \times 55 \text{ K} \times 1{,}5}{100 \text{ MPa}} = 2{,}24 \, ,$$

woraus man $\varphi_1 = 1{,}71$ erhält. Aus der Dehnung lässt sich die Endhöhe h_1 des Zylinders berechnen:

$$-\varphi_1 = \ln \frac{h_1}{h_0} \rightarrow h_1 = h_0 e^{-\varphi_1} = 2{,}5 \text{ cm} \times 0{,}1809 = 0{,}45 \text{ cm} \, .$$

Es zeigt sich, dass höhere Temperaturen mit größeren Flächen unter der Spannung-Dehnung-Kurve des Werkstoffs und kleineren Werten seiner spezifischen Wärme verbunden sind. Der Temperaturanstieg sollte mithilfe der Spannung-Dehnung-Kurve berechnet werden, die bei richtiger Wahl der Dehngeschwindigkeit erhalten wird (siehe Abschnitt 2.2.7). Zu beachten ist auch, dass die physikalischen

Eigenschaften wie zum Beispiel die spezifische Wärme und die thermische Leitfähigkeit ebenfalls von der Temperatur abhängen und diese Tatsache in den Berechnungen zu berücksichtigen ist.

Der theoretische Temperaturanstieg für eine logarithmische Dehnung von 1 (wie zum Beispiel bei einer Probe mit einer Höhe von 27 mm, die auf 10 mm zusammengedrückt wird) wurde für einige metallische Werkstoffe berechnet, z. B. Aluminium 75 °C, Kupfer 140 °C, kohlenstoffarmer Stahl 280 °C und Titan 570 °C. Der mit Gleichung (2.65) vorausgesagte Temperaturanstieg gilt für eine ideale Situation ohne Wärmeverluste. In realen Prozessen geht Wärme an die Umgebung, an Werkzeuge und an die eingesetzten Schmier- oder Kühlmittel verloren. Wird also die Verformung langsam durchgeführt, macht die tatsächliche Temperaturerhöhung nur einen Bruchteil des aus der Gleichung berechneten Werts aus. Umgekehrt sind diese Verluste relativ klein, wenn die Umformoperation sehr schnell durchgeführt wird. Unter extremen Bedingungen nähert sich der Vorgang einem *adiabatischen* Zustand, bei dem der Temperaturanstieg im Werkstoff so hoch ist, dass es zum **Anschmelzen** kommt.

ZUSAMMENFASSUNG

- Viele Fertigungsprozesse beinhalten die Formgebung von Werkstoffen durch plastische Verformung. Wichtige Einflussgrößen sind deshalb die mechanischen Eigenschaften wie Festigkeit, Elastizität, Duktilität, Härte, Zähigkeit und die für die plastische Umformung erforderliche Energie. Das Verhalten von Werkstoffen hängt wiederum vom konkreten Material und seinem Zustand sowie anderen Variablen ab, insbesondere Temperatur, Dehnrate und Spannungszustand (Abschnitt 2.1).

- Zu den mechanischen Eigenschaften, die in Zugversuchen gemessen werden, gehören Elastizitätsmodul (E), Fließspannung (Y), Zugfestigkeit (R_m) und Poissonzahl (ν). Die durch die Bruchdehnung und Brucheinschnürung charakterisierte Duktilität lässt sich ebenfalls durch Zugversuche ermitteln. Wahre-Spannung-logarithmische-Dehnung-Kurven sind wichtig, um mechanische Eigenschaften wie Festigkeitskoeffizient (K), Verfestigungsexponent (n), Dehngeschwindigkeitsempfindlichkeit (m) und Zähigkeit zu ermitteln (Abschnitt 2.2).

- Mit Druckversuchen lassen sich Herstellungsverfahren wie Schmieden, Walzen und Extrudieren nachbilden. Die bei Druckprüfungen gemessenen Eigenschaften sind aufgrund von Reibung und Probenausbauchung allerdings nicht sehr genau (Abschnitt 2.3).

- Torsionsversuche werden normalerweise an röhrenförmigen Proben durchgeführt, die einer Verdrehung ausgesetzt werden. Diese Versuche bilden Fertigungsverfahren wie Scheren, Schneiden und verschiedene spanabhebende Prozesse nach (Abschnitt 2.4).

- Biegeversuche setzt man häufig für spröde Werkstoffe ein. Die Bruchspannung der äußeren Zugfaser beim Biegen wird als Bruchmodul oder Biegebruchfestigkeit bezeichnet. Die in Biegeversuchen angelegten Kräfte modellieren Fertigungsprozesse wie Blechumformung und Prüfverfahren von Werkstoffen für Werkzeuge (Abschnitt 2.5).

- Um den Widerstand eines Werkstoffs gegenüber dauerhafter Eindringung zu prüfen, steht eine breite Palette von Härtemessverfahren zur Verfügung. Härte hat mit Festigkeit und Verschleiß zu tun, ist aber selbst keine fundamentale Eigenschaft eines Werkstoffs (Abschnitt 2.6).

- Ermüdungsprüfungen modellieren Fertigungsverfahren, bei denen Komponenten schnell schwankenden Belastungen ausgesetzt werden. Gemessen wird die maximale Spannung, der der Werkstoff unabhängig von der Zyklenanzahl ausgesetzt werden kann, ohne dass ein Ermüdungsbruch auftritt. Diese Größe bezeichnet man als Dauerfestigkeit bzw. Ermüdungsgrenze (Abschnitt 2.7).

- Kriechen ist die dauerhafte Verformung einer Komponente bei statischer Belastung, die für eine bestimmte Zeit einwirkt. Im Kriechversuch wendet man auf eine Probe eine konstante Zuglast bei einer bestimmten Temperatur an und misst die Längenänderung über einen bestimmten Zeitraum. Die Probe fällt schließlich durch Einschnüren und Bruch aus (Abschnitt 2.8).

- Stoßprüfungen modellieren bestimmte schnell ablaufende Fertigungsprozesse sowie Betriebsbedingungen, in denen Werkstoffe einer Stoßbelastung (bzw. dynamischer Belastung) wie zum Beispiel beim Hammerschmieden ausgesetzt sind, oder das Verhalten von Werkzeug und Gesenk beim unterbrochenen Spanen oder beim Hochgeschwindigkeitsumformen. In Kerbschlagbiegeversuchen wird die Energie bestimmt, die zum Bruch der Probe benötigt wird. Kerbschlagbiegeversuche sind zudem nützlich, um die Spröd-Duktil-Übergangstemperatur von Werkstoffen zu ermitteln (Abschnitt 2.9).

- Eigenspannungen sind Spannungen, die in einem Bauteil verbleiben, nachdem alle äußeren Lasten weggenommen wurden. Art und Umfang der Eigenspannungen hängen (unter anderem) davon ab, wie das Teil plastisch verformt wurde. Eigenspannungen lassen sich durch Spannungsfreiglühen, durch weitere plastische Verformung oder durch Relaxation verringern oder eliminieren (Abschnitt 2.10).

- In Metallbearbeitungsprozessen unterliegt das Material des Werkstücks mehrdimensionalen Spannungen, die über verschiedene Werkzeuge und Halterungen eingeleitet werden. Fließbedingungen stellen Beziehungen zwischen der einachsigen Fließspannung des Werkstoffs und den angewandten Spannungen her. Die beiden gebräuchlichsten Kriterien sind die Schubspannungshypothese (Tresca) und die Gestaltänderungsenergiehypothese (von Mises) (Abschnitt 2.11).

- Da Energie erforderlich ist, um Werkstoffe zu verformen, ist die Verformungsarbeit je Volumeneinheit des Werkstoffs ein wichtiger Parameter, der sich aus den Komponenten ideelle Energie, Reibung- und redundante Arbeit zusammensetzt. Die Verformungsarbeit liefert nicht nur Informationen zu Kraft- und Energieanforderungen, sondern gibt auch Hinweise auf die dissipierte Energie und damit auf die Größe des Temperaturanstiegs im Werkstück während der plastischen Verformung (Abschnitt 2.12).

Wichtige Gleichungen

Technische Dehnung:	$\varepsilon = \dfrac{l - l_0}{l_0}$
Technische Dehnrate:	$\dot{\varepsilon} = \dfrac{v}{l_0}$
Technische Spannung:	$\sigma = \dfrac{P}{A_0}$
Logarithmische Dehnung:	$\varphi = \ln\left(\dfrac{l}{l_0}\right)$
Logarithmische Dehnrate:	$\dot{\varphi} = \dfrac{v}{l}$
Wahre Spannung:	$\sigma_w = \dfrac{P}{A}$
Elastizitätsmodul:	$E = \dfrac{\sigma}{\varepsilon}$
Schermodul:	$G = \dfrac{E}{2(1+\nu)}$
Elastische Energiedichte:	$\dfrac{Y^2}{2E}$
Bruchdehnung:	$\varepsilon_3 = \dfrac{l_B - l_0}{l_0} \times 100\,\%$
Brucheinschnürung:	$\bar{Z} = \dfrac{A_0 - A_B}{A_0} \times 100\,\%$
Scherdehnung bei Torsion:	$\gamma = \dfrac{r\phi}{l}$
Hooke'sches Gesetz:	$\varepsilon_1 = \dfrac{1}{E}[\sigma_1 - \nu(\sigma_2 + \sigma_3)]$, usw.
Vergleichsdehnung (Tresca):	$\bar{\varepsilon} = \dfrac{2}{3}(\varepsilon_1 - \varepsilon_3)$
Vergleichsdehnung (von Mises):	$\bar{\varepsilon} = \dfrac{\sqrt{2}}{3}\left[(\varepsilon_1 - \varepsilon_2)^2 + (\varepsilon_2 - \varepsilon_3)^2 + (\varepsilon_3 - \varepsilon_1)^2\right]^{1/2}$
Vergleichsspannung (Tresca):	$\bar{\sigma} = \sigma_1 - \sigma_3$
Vergleichsspannung (von Mises):	$\bar{\sigma} = \dfrac{1}{\sqrt{2}}\left[(\sigma_1 - \sigma_2)^2 + (\sigma_2 - \sigma_3)^2 + (\sigma_3 - \sigma_1)^2\right]^{1/2}$
Beziehung zwischen wahrer Spannung und logarithmischer Dehnung (Potenzgesetz nach Ludwik):	$\sigma_w = K\varphi^n$
Beziehung zwischen wahrer Spannung und logarithmischer Dehnrate:	$\sigma_w = C\dot{\varphi}^m$
Fließregeln:	$d\varphi_1 = \dfrac{d\bar{\varepsilon}}{\bar{\sigma}}\left[\sigma_1 - \dfrac{1}{2}(\sigma_2 + \sigma_3)\right]$, usw.
Schubspannungshypothese (Tresca):	$\sigma_{max} - \sigma_{min} = Y$
Gestaltänderungsenergiehypothese (von Mises):	$(\sigma_1 - \sigma_2)^2 + (\sigma_2 - \sigma_3)^2 + (\sigma_3 - \sigma_1)^2 = 2Y^2$
Scherfließspannung:	$k = Y/2$ für Tresca und $k = Y/\sqrt{3}$ für von Mises (ebene Dehnung)

Volumendehnung (Dilatation): $\Delta = \dfrac{1-2\nu}{E}(\sigma_1 + \sigma_2 + \sigma_3)$

Kompressionsmodul: $\kappa = \dfrac{E}{3(1-2\nu)}$

Verständnisfragen

2.1 Können Sie die Bruchdehnung von Werkstoffen allein anhand der in Abbildung 2.6 gegebenen Informationen berechnen? Erläutern Sie Ihre Antwort.

2.2 Erläutern Sie, ob es möglich ist, für die Kurven in Abbildung 2.4 eine Dehnung von 0 % zu erreichen, wenn die Messlänge weiter erhöht wird.

2.3 Erläutern Sie, warum der Unterschied zwischen technischer Dehnung und logarithmischer Dehnung bei zunehmender Dehnung größer wird. Gilt dieses Phänomen sowohl für Zug- als auch für Druckdehnungen? Erläutern Sie Ihre Antwort.

2.4 Bei Verwendung derselben Skala für die Spannung stellt man fest, dass die Wahre-Spannung-logarithmische-Dehnung-Kurve für Zug oberhalb der technischen Spannung-Dehnung-Kurve liegt. Erläutern Sie, ob dies auch für einen Druckversuch gilt.

2.5 Welcher der beiden Versuche – Zug oder Druck – benötigt bei etwa gleichem Probenvolumen eine Belastungseinrichtung mit höherer Lastkapazität als der andere? Erläutern Sie Ihre Antwort.

2.6 Erläutern Sie, ob und wie sich die elastisch gespeicherte Arbeit eines Werkstoffs ändert, wenn der Werkstoff gedehnt wird: (1) für einen elastischen, ideal plastischen Werkstoff und (2) für einen elastischen, linear verfestigenden Werkstoff.

2.7 An welcher Stelle der Probe ist die Temperatur am höchsten, wenn eine Probe im Zugversuch schnell gezogen und gebrochen wird? Begründen Sie Ihre Antwort.

2.8 Kommentieren Sie die Temperaturverteilung, wenn die Probe gemäß Frage 2.7 sehr langsam gezogen wird.

2.9 In einem Zugversuch ist die Fläche unter der Last-Verlängerung-Kurve die Arbeit, die an der Probe verrichtet wird. Dividiert man diese Arbeit durch das Volumen der Probe zwischen den Messmarken, erhält man die pro Volumeneinheit verrichtete Arbeit (unter der Annahme, dass die gesamte Verformung ausschließlich zwischen den Messmarken stattfindet). Ist diese spezifische Arbeit gleich der Fläche unter der Wahre-Spannung-logarithmische-Dehnung-Kurve? Erläutern Sie Ihre Antwort. Gilt Ihre Antwort für beliebige Dehnungswerte? Erläutern Sie Ihre Antwort.

2.10 Die Anmerkung zu Tabelle 2.5 besagt, dass bei steigender Temperatur C fällt und m steigt. Erläutern Sie, warum.

2.11 Gegeben seien die Werte von K und n für zwei verschiedene Werkstoffe. Genügen diese Angaben, um zu ermitteln, welches Material zäher ist? Falls nicht, welche zusätzlichen Informationen brauchen Sie und warum?

2.12 Modifizieren Sie die Kurven in Abbildung 2.7 schematisch, um die Wirkung der Temperatur zu zeigen. Begründen Sie Ihre Vorschläge.

2.13 Zeigen Sie anhand eines konkreten Beispiels, warum die Umformgeschwindigkeit (z. B. in m/s) und die wahre Dehnrate nicht gleich sind.

Verständnisfragen

2.14 Es wurde festgestellt, dass bei einem höheren Wert von m die Einschnürung diffuser ist und analog bei einem kleineren Wert von m die Einschnürung örtlich konzentrierter stattfindet. Erläutern Sie die Ursachen für dieses Verhalten.

2.15 Erläutern Sie, warum Werkstoffe mit höheren Werten von m, wie zum Beispiel heißes Glas und Knetgummi, bei langsamer Verformung im Zugversuch eine große Dehnung erfahren können, bevor sie reißen. Widmen Sie sich im Besonderen den Ereignissen, die im eingeschnürten Bereich der Probe stattfinden.

2.16 Nehmen Sie an, dass Sie Vierpunktbiegeversuche mit einer Anzahl identischer Proben mit gleicher Länge und gleichem Querschnitt durchführen, wobei aber der Abstand zwischen den oberen Lasteinleitungspunkten erhöht wird (siehe Abbildung 2.21b). Welche Änderungen (falls zutreffend) sind in den Versuchsergebnissen zu erwarten? Erläutern Sie Ihre Antwort.

2.17 Gilt Gleichung (2.10) im elastischen Bereich? Erläutern Sie Ihre Antwort.

2.18 Warum sind unterschiedliche Arten von Härteprüfungen entwickelt worden? Wie messen Sie die Härte eines sehr großen Objekts?

2.19 Welche Härteprüfungen verwenden Sie für sehr dünne Werkstoffstreifen wie zum Beispiel Aluminiumfolie? Warum?

2.20 Nennen und erläutern Sie die Faktoren, die Sie bei der Auswahl eines geeigneten Härteprüfverfahrens für eine bestimmte Anwendung berücksichtigen.

2.21 Bei einer Brinell-Härteprüfung sind die entstehenden Eindrücke elliptisch geformt. Geben Sie mögliche Erklärungen für dieses Phänomen an.

2.22 Wie wirkt sich Reibung (wenn überhaupt) auf eine Härteprüfung aus? Erläutern Sie Ihre Antwort.

2.23 Beschreiben Sie den Unterschied zwischen Kriechen und Spannungsrelaxation an je zwei Beispielen, die sich auf technische Anwendungen beziehen.

2.24 Erläutern Sie anhand der beiden in Abbildung 2.31 gezeigten Kerbschlagbiegeversuche, wie sich die Ergebnisse unterscheiden, wenn auf die Proben aus entgegengesetzter Richtung geschlagen wird.

2.25 Wie biegt sich die Probe, wenn Sie die Schicht ad aus dem in Abbildung 2.30d gezeigten Teil beispielsweise durch spanende Bearbeitung oder Schleifen entfernen? (*Hinweis*: Nehmen Sie für das in der Zeichnung (d) dargestellte Teil ein Modell aus vier waagerechten Federn an, die an den Enden gehalten werden. Somit haben wir von oben nach unten Druck-, Zug-, Druck- und Zugfedern.)

2.26 Ist es möglich, Eigenspannungen in einem Werkstück mit der in Abbildung 2.32 beschriebenen Technik vollständig zu entfernen, wenn das Material elastisch, linear kaltverfestigend ist? Erläutern Sie Ihre Antwort.

2.27 Erläutern Sie anhand von Abbildung 2.32, ob es möglich ist, Eigenspannungen durch Druck statt durch Zug zu beseitigen. Nehmen Sie an, dass das Werkstück unter der einachsigen Druckkraft nicht ausknickt.

2.28 Nennen und erläutern Sie die wünschenswerten mechanischen Eigenschaften für (1) Aufzugskabel, (2) Bandagen, (3) Schuhsohlen, (4) Angelhaken, (5) Motorkolben, (6) Schiffsschrauben, (7) Gasturbinenschaufeln und (8) Heftklammern.

2.29 Skizzieren Sie Art und Verteilung der Eigenspannungen in den Abbildungen 2.31a und b, bevor die Teile getrennt (geschnitten) werden. Nehmen Sie an, dass die getrennten Teile vollkommen spannungsfrei sind. (*Hinweis*: Zwingen Sie diese Teile in die Form zurück, die sie vor dem Schneiden besessen haben.)

2.30 Es ist möglich, die plastische Verformungsarbeit zu berechnen, indem man den Temperaturanstieg in einem Werkstück misst und dabei annimmt, dass keine Wärmeverluste auftreten und die Temperaturverteilung im Werkstück gleichmäßig ist. Wird die Verformungsarbeit, die mit der spezifischen Wärme bei Raumtemperatur berechnet wurde, höher oder niedriger als die tatsächlich verrichtete Arbeit sein, wenn die spezifische Wärme des Werkstoffs mit steigender Temperatur fällt? Erläutern Sie Ihre Antwort.

2.31 Erläutern Sie, ob sich das Volumen einer Metallprobe ändert, wenn die Probe einem Zustand von (a) einachsiger Druckspannung und (b) einachsiger Zugspannung – jeweils im elastischen Bereich – ausgesetzt wird.

2.32 Bekanntermaßen ist es relativ leicht, eine Probe einem hydrostatischen Druck auszusetzen, indem man beispielsweise eine mit einer Flüssigkeit gefüllte Probenkammer verwendet. Entwickeln Sie ein Gerät, in dem die Probe (etwa in der Form eines Würfels oder einer dünnen runden Scheibe) einem hydrostatischen Zugspannungszustand ausgesetzt werden kann, oder mit dem sich dieser Spannungszustand näherungsweise erreichen lässt. (Beachten Sie, dass eine dünnwandige Hohlkugel mit Innendruck keine korrekte Antwort ist, weil sie nur einem Zustand ebener Spannung unterliegt.)

2.33 Skizzieren Sie anhand von Abbildung 2.19 den Spannungszustand für ein Element im verjüngten Querschnitt des Hohlzylinders, wenn er (1) nur auf Torsion belastet, (2) auf Torsion belastet und mit einem Innendruck beaufschlagt und (3) auf Torsion belastet und mit einem externen Druck beaufschlagt wird. Nehmen Sie an, dass der Hohlzylinder geschlossen ist.

2.34 Ein geldstückartiges Teil aus weichem Metall ist an die Enden von zwei flachen Rundstählen mit gleichem Durchmesser wie das Teil angelötet. Diese Anordnung wird dann einer einachsigen Zugspannung ausgesetzt. Wie sieht der Spannungszustand aus, dem das weiche Metall unterworfen ist? Erläutern Sie Ihre Antwort.

2.35 Eine kreisförmige Scheibe aus weichem Metall wird zwischen zwei flachen, gehärteten kreisförmigen Stahlstempeln mit dem gleichen Durchmesser wie die Scheibe gepresst. Nehmen Sie an, dass das Scheibenmaterial perfekt plastisch ist und dass weder Reibung noch Temperatureffekte auftreten. Erklären Sie die Änderung (falls zutreffend) in der Größe der Stempelkraft, wenn die Scheibe plastisch auf beispielsweise einen gewissen Bruchteil ihrer ursprünglichen Dicke zusammengepresst wird.

2.36 Ein perfekt plastisches Metall fließt unter dem Spannungszustand σ_1, σ_2, σ_3, wobei $\sigma_1 > \sigma_2 > \sigma_3$ gelten soll. Erläutern Sie, was passiert, wenn σ_1 erhöht wird.

2.37 Was ist die Volumendehnung eines Werkstoffs mit einer Poissonzahl von 0,5? Kann ein Werkstoff eine Poissonzahl von 0,7 haben? Begründen Sie Ihre Antwort.

2.38 Kann ein Werkstoff eine negative Poissonzahl haben? Erläutern Sie Ihre Antwort.

2.39 Definieren Sie so klar wie möglich ebene Spannung und ebene Dehnung.

2.40 Welches Prüfverfahren verwenden Sie, um die Härte einer Beschichtung auf einer Metalloberfläche zu bewerten? Spielt es eine Rolle, ob die Beschichtung härter oder weicher als das Trägermaterial ist? Erläutern Sie Ihre Antwort.

2.41 Nennen Sie die Vorteile und Beschränkungen der in Abbildung 2.7 angegebenen Spannung-Dehnung-Beziehungen.

2.42 Stellen Sie die Daten von Tabelle 2.1 in einem Balkendiagramm dar, das die Wertebereiche zeigt, und kommentieren Sie die Ergebnisse.

2.43 Zur Qualitätskontrolle wird für ein Metall im Anlieferungszustand eine Härteprüfung durchgeführt. Die Ergebnisse weisen eine zu hohe Härte aus. Somit besitzt der Werkstoff keine ausreichende Duktilität für den vorgesehenen Einsatzfall. Der Lieferant weigert sich, den Werkstoff zurückzunehmen und behauptet stattdessen, dass der bei der Rockwell-Härteprüfung verwendete Diamantkegel verschlissen und stumpf sei, der Test deshalb neu kalibriert werden müsse. Ist diese Erklärung plausibel? Erläutern Sie Ihre Antwort.

2.44 Erläutern Sie, warum oft eine plastische Dehnung von 0,2 % verwendet wird, um die Streckgrenze in einem Zugversuch zu ermitteln.

2.45 Erläutern Sie in Anlehnung an Frage 2.44, ob diese Art der Festlegung (Ermittlung) für einen stark kaltverfestigten Werkstoff notwendig wäre.

Rechenaufgaben

2.46 Ein Metallstreifen mit einer ursprünglichen Länge von 1,5 m wird in drei Stufen gestreckt: zunächst auf eine Länge von 1,75 m, dann auf 2,0 m und schließlich auf 3,0 m. Zeigen Sie, dass die gesamte logarithmische Dehnung die Summe der logarithmischen Dehnungen in jedem Schritt ist, d. h. die Dehnungen additiv sind. Zeigen Sie, dass sich die Dehnungen für jeden Schritt bei Verwendung der technischen Dehnung nicht addieren lassen, um die Gesamtdehnung zu erhalten.

2.47 Eine Büroklammer besteht aus einem Draht mit einem Durchmesser von 1,20 mm. Der Draht wurde aus einem Stab mit 15 mm Durchmesser hergestellt. Berechnen Sie die technischen und logarithmischen Dehnungen in Längs- und in Querrichtung, die der Draht bei der Herstellung erfahren hat.

2.48 Ein Werkstoff besitze die folgenden Eigenschaften: $R_m = 350$ MPa und $n = 0,25$. Berechnen Sie daraus den Festigkeitskoeffizienten K.

2.49 Berechnen Sie anhand der in Abbildung 2.6 gegebenen Informationen die Zugfestigkeit von geglühtem Messing MS 70 (CuZn30).

2.50 Berechnen Sie die technische Zugfestigkeit eines Werkstoffs, dessen Festigkeitskoeffizient 400 MPa beträgt und der im Zugversuch bei einer logarithmischen Dehnung von 0,20 einschnürt.

2.51 Ein Kabel besteht aus vier parallelen Strängen aus unterschiedlichen Werkstoffen, die sich alle gemäß der Gleichung $\sigma_w = K\varphi^n$ verhalten, wobei $n = 0,3$ ist. Die vier Werkstoffe A bis D haben folgende Festigkeitskoeffizienten und Querschnitte:

A: $K = 450$ MPa, $A_0 = 7$ mm^2
B: $K = 600$ MPa, $A_0 = 2,5$ mm^2
C: $K = 300$ MPa, $A_0 = 3$ mm^2
D: $K = 760$ MPa, $A_0 = 2$ mm^2

(a) Berechnen Sie die maximale Zugbelastung, der dieses Kabel standhält, bevor es einschnürt.

(b) Erläutern Sie, wie Sie zu einer Antwort gelangen, wenn sich die n-Werte der vier Stränge voneinander unterscheiden.

2.52 Berechnen Sie nur anhand von Abbildung 2.6 die maximale Belastung bei einer Zugprüfung einer runden Probe aus dem

Stahl X5CrNi18-10 mit einem ursprünglichen Durchmesser von 12,5 mm.

2.53 Berechnen Sie mit den in Tabelle 2.1 gegebenen Daten die Werte des Schermoduls G für die in der Tabelle aufgeführten Metalle.

2.54 Leiten Sie einen Ausdruck für die Zähigkeit eines Werkstoffs her, der durch die Gleichung $\sigma_\mathrm{w} = K(\varphi + 0{,}2)^n$ beschrieben und dessen Bruchdehnung mit φ_B bezeichnet wird.

2.55 Eine zylindrische Probe aus einem spröden Werkstoff von 25 mm Höhe und einem Durchmesser von 25 mm wird einer Druckkraft entlang ihrer Achse ausgesetzt. Bruch tritt bei einem Winkel von 45° zur Zylinderachse bei einer Last von 150 kN auf. Berechnen Sie die Scherspannung und die Normalspannung, die auf die spätere Bruchfläche wirkt.

2.56 Wie groß ist die elastische Energiedichte eines stark kaltverformten Stahlteils mit einer Härte von 300 HBW? Wie groß ist die elastische Energiedichte eines stark kaltverformten Kupferteils mit einer Härte von 150 HBW?

2.57 Berechnen Sie die verrichtete Arbeit bei reibungsfreier Druckbelastung eines massiven Zylinders mit einer anfänglichen Höhe von 40 mm und einem Ausgangsdurchmesser von 15 mm, der auf 75 % der Ausgangshöhe gestaucht wird, für die folgenden Werkstoffe: (1) Reinaluminium Al99,5, geglüht, (2) geglühtes Kupfer, (3) geglühter rostfreier Stahl X5CrNi18-10 und (4) Messing MS 70 (CuZn30), geglüht.

2.58 Ein Werkstoff besitzt einen Festigkeitskoeffizienten $K = 700$ MPa. Nehmen Sie an, dass eine Probe für den Zugversuch, die aus diesem Werkstoff hergestellt wurde, bei einer logarithmischen Dehnung von 0,17 einschnürt, und zeigen Sie, dass die Zugfestigkeit dieses Werkstoffs 830 MPa beträgt.

2.59 Eine Probe für den Zugversuch besteht aus einem Werkstoff, dessen Fließspannung durch die Gleichung $\sigma_\mathrm{w} = K(\varphi + n)^n$ gegeben ist. (a) Ermitteln Sie die logarithmische Dehnung, bei der die Einschnürung einsetzt. (b) Zeigen Sie, dass ein technischer Werkstoff dieses Verhalten aufweisen kann.

2.60 Gegeben seien zwei massive zylindrische Proben mit gleichen Durchmessern und unterschiedlichen Höhen. Nehmen Sie an, dass beide Proben (reibungsfrei) um den gleichen Prozentsatz (zum Beispiel 50 %) gestaucht werden. Beweisen Sie, dass die Enddurchmesser der beiden Zylinder gleich sind.

2.61 Ein durch die vertikale Kraft F belasteter, horizontaler starrer Stab C-C setzt die mit ihm starr verbundene Probe A einem Zug und Probe B einem Druck aus (siehe die dazugehörende Abbildung). Die Kraft F wirkt in einem Abstandsverhältnis von 2:1. Beide Proben sind inkompressibel und besitzen einen ursprünglichen Querschnitt von 600 mm². Ihre ursprünglichen Längen betragen $a = 200$ mm und $b = 110$ mm. Der Werkstoff für die Probe A zeigt eine Wahre-Spannung-logarithmische-Dehnung-Kurve, die sich mit $\sigma_\mathrm{w} = 700\varphi^{0{,}5}$ beschreiben lässt. Berechnen und skizzieren Sie die Wahre-Spannung-logarithmische-Dehnung-Kurve, die der Werkstoff für Probe B haben sollte, damit der Stab während des gesamten Experiments horizontal bleibt.

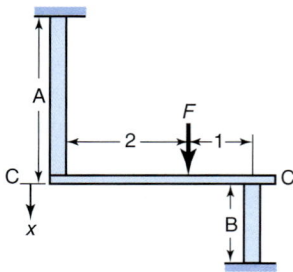

Rechenaufgaben

2.62 Betrachten Sie die Kurve, die Sie in Übungsaufgabe 2.61 erhalten haben. Verhält sich ein typischer kaltverfestigender Werkstoff in der gleichen Weise? Erläutern Sie Ihre Antwort.

2.63 In einem Scheibentest, der an einer Probe mit 40 mm Durchmesser und 50 mm Dicke durchgeführt wird, bricht die Probe bei einer Spannung von 500 MPa. Wie groß war die Kraft auf die Scheibe beim Bruch?

2.64 In Abbildung 2.32a seien die Zug- und Druckeigenspannungen jeweils 100 MPa. Der Elastizitätsmodul des Werkstoffs betrage 200 GPa, seine elastische Energiedichte sei 60 000 J/m^3. Die ursprüngliche Länge des Blechstreifens in Teilbild (a) betrage 500 mm. Wie groß sollte die gestreckte Länge in Teilbild (b) sein, damit der Streifen beim Entlasten frei von Eigenspannungen ist?

2.65 Zeigen Sie, dass Sie einen gebogenen Stab aus einem elastischen, ideal plastischen Werkstoff gerade richten können, indem Sie ihn in den plastischen Bereich strecken. (*Hinweis*: Beachten Sie die in Abbildung 2.32 gezeigten Ereignisse.)

2.66 Ein Stab von 1 m Länge wird zu einem Kreis gebogen und dann entlastet. Der Krümmungsradius der neutralen Faser beträgt 0,50 m. Der Stab ist 30 mm dick und besteht aus einem elastischen, ideal plastischen Werkstoff mit $Y = 600$ MPa und $E = 200$ GPa. Berechnen Sie die Länge, bis zu der der Stab gestreckt werden sollte, damit er nach Wegnahme dieser Kraft gerade wird und es auch bleibt.

2.67 Nehmen Sie an, dass ein Werkstoff mit einer einachsigen Fließspannung Y unter einem Spannungszustand mit den Hauptspannungen $\sigma_1, \sigma_2, \sigma_3$ mit $\sigma_1 > \sigma_2 > \sigma_3$ fließt. Zeigen Sie, dass die Überlagerung dieses Spannungszustands mit einem hydrostatischen Druck p keinen Einfluss auf den Fließbeginn hat. Mit anderen Worten fließt das Material weiterhin entsprechend den Fließbedingungen.

2.68 Geben Sie zwei verschiedene Beispiele an, in denen die Schubspannungshypothese und die Gestaltänderungsenergiehypothese die gleichen Antworten liefern.

2.69 Eine dünnwandige Hohlkugel aus einem Werkstoff mit der Fließspannung Y wird einem Innendruck p ausgesetzt. Zeigen Sie mithilfe geeigneter Gleichungen, ob der erforderliche Druck für plastisches Fließen dieser Hohlkugel von der jeweils verwendeten Fließbedingung abhängt oder nicht.

2.70 Zeigen Sie, dass entsprechend der Gestaltänderungsenergiehypothese die Fließspannung bei ebener Dehnung $1{,}15\,Y$ ist, wobei Y die einachsige Fließspannung des Werkstoffs ist.

2.71 Wie lautet die Antwort auf Übungsaufgabe 2.70, wenn die Schubspannungshypothese verwendet wird?

2.72 Ein geschlossener dünnwandiger Hohlzylinder mit ursprünglicher Länge l, Dicke t und Innenradius r wird einem Innendruck ausgesetzt. Berechnen Sie mithilfe der Gleichungen des verallgemeinerten Hooke'schen Gesetzes die Änderung, die (falls vorhanden) in der Länge dieses Zylinders auftritt. Es sei $\nu = 0{,}33$.

2.73 Ein dünnwandiger Hohlzylinder mit Kreisquerschnitt wird im elastischen Bereich auf Zug beansprucht. Zeigen Sie, dass sowohl die Dicke als auch der Durchmesser des Hohlzylinders abnimmt, wenn die Spannung steigt.

2.74 Malen Sie mit einem dünnen Filzstift ein kleines Quadrat auf einen langen zylindrischen Ballon. Welche Form hat dieses Quadrat, nachdem Sie den Ballon aufgeblasen haben? Ist es (1) ein größeres Quadrat, (2) ein Rechteck, dessen lange Seite in Umfangsrichtung verläuft, (3) ein Rechteck, dessen lange Seite in Längsrichtung verläuft, oder (4) eine Ellipse? Führen Sie dieses Experiment durch und erläutern Sie die Ergebnisse entsprechend Ihren Beobachtungen anhand geeigneter Gleichungen. Nehmen Sie an, dass der Ballon aus einem elastischen und isotropen Werkstoff besteht und dass diese Situation einen dünnwandigen, geschlossenen Hohlzylinder unter Innendruck darstellt.

2.75 Verformen Sie einen Metallwürfel mit der Seitenlänge l_0 plastisch, sodass er die Form eines Quaders mit den Abmessungen l_1, l_2 und l_3 annimmt. Nehmen Sie den Werkstoff als elastisch starr und ideal plastisch an. Zeigen Sie, dass der Ausdruck $\varphi_1 + \varphi_2 + \varphi_3 = 0$ erfüllt sein muss, um Volumenkonstanz zu gewährleisten.

2.76 Eine massive Stahlkugel habe einen Durchmesser von 30 mm. Wie groß wird der Durchmesser dieser Kugel, wenn sie einem hydrostatischen Druck von 5 GPa ausgesetzt wird?

2.77 Ermitteln Sie die Vergleichsspannung und die Vergleichsdehnung bei ebenem Druck entsprechend der Gestaltänderungsenergiehypothese.

2.78 (a) Berechnen Sie die Arbeit, die beim Aufweiten einer 2 mm dicken Kugelschale mit einem Durchmesser von 100 mm auf einen Durchmesser von 140 mm verrichtet wird, wenn die Schale aus einem Werkstoff besteht, für den $\sigma_w = 200 + 50\varphi^{0,5}$ MPa gilt. (b) Hängt das Ergebnis von der verwendeten Fließbedingung ab? Erläutern Sie Ihre Antwort.

2.79 Ein zylindrischer Rohling mit einem Durchmesser von 25 mm und einer Höhe von 25 mm wird in der Mitte einer Kammer von 50 mm Durchmesser in einer starren Halterung platziert (siehe die dazugehörende Abbildung). Der Rohling ist von einem kompressiblen Medium umgeben, dessen Druck durch die Beziehung

$$p_m = 300 \frac{\Delta V}{V_{0m}} \text{ MPa}$$

gegeben ist, wobei m das Medium und V_{0m} das ursprüngliche Volumen des kompressiblen Mediums bezeichnen. Sowohl der Rohling als auch das umgebende Medium werden durch einen Kolben und ohne jedwede Reibung gestaucht. Der anfängliche Druck auf das Medium ist null und die Wahre-Spannung-logarithmische-Dehnung-Kurve für den Werkstoff des Rohlings wird durch $\sigma_w = 100\varphi^{0,4}$ (MPa) beschrieben.

Geben Sie einen Ausdruck für die Kraft F über dem Kolbenweg d an, der bis zu $d = 12{,}5$ mm gültig ist.

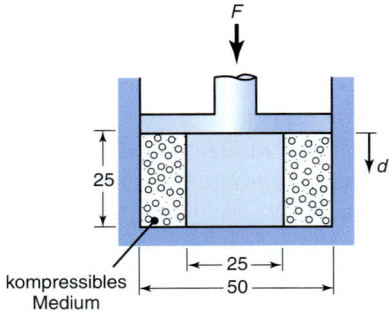

2.80 Eine Probe in Form eines Würfels von 20 mm Seitenlänge wird reibungsfrei in ein massives U-Profil wie in Abbildung 2.35d gezeigt gelegt und dann von oben gestaucht. Die Breite der Rinne beträgt 20 mm. Nehmen Sie an, dass die Wahre-Spannung-logarithmische-Dehnung-Kurve des linear verfestigenden Werkstoffs durch den Ausdruck $\sigma_w = 70 + 30\varphi$ [MPa] gegeben ist. Berechnen Sie entsprechend der beiden Fließbedingungen (Tresca und von Mises) die erforderliche Druckkraft, wenn die Höhe der Probe 3 mm erreicht hat.

2.81 Geben Sie Ausdrücke ähnlich denen in Abschnitt 2.12 für die spezifische Energie eines Werkstoffs für jede der in Abbildung 2.7 gezeigten Spannung-Dehnung-Kurven an.

2.82 Ein Werkstoff mit einer Fließspannung von 70 MPa wird Haupt- (Normal-) Spannungen von σ_1, $\sigma_2 = 0$ und $\sigma_3 = -\sigma_1/2$ unterworfen. Welchen Wert hat σ_1, wenn das Metall entsprechend dem von-Mises-Kriterium fließt? Was gilt, wenn $\sigma_2 = \sigma_1/3$ ist?

2.83 Ein Stahlblech hat die Abmessungen 100 mm × 100 mm × 5 mm. Es wird einem zweiachsigen Zug von $\sigma_1 = \sigma_2$ unterworfen, wobei die Spannung in der Dickenrichtung $\sigma_3 = 0$ beträgt. Geben Sie die größte mögliche Volumenänderung beim Fließen entsprechend dem von-Mises-Kriterium an. Wie groß ist diese Volumenänderung, wenn das Blech aus Kupfer besteht?

2.84 Ein 50 mm breiter und 1 mm dicker Streifen wird auf eine endgültige Dicke von 0,5 mm gewalzt. Dabei hat sich die Breite des Streifens auf 52 mm erhöht. Wie groß ist die Dehnung in der Walzrichtung (= Längsrichtung des Streifens)?

2.85 Eine Aluminiumlegierung fließt bei einer Spannung von 50 MPa im einachsigem Zug. Fließt dieses Material, wenn es den Spannungen $\sigma_1 = 25$ MPa, $\sigma_2 = 15$ MPa und $\sigma_3 = -26$ MPa ausgesetzt wird? Erläutern Sie Ihre Antwort.

2.86 Eine zylindrische Probe mit einem Durchmesser von 25 mm und einer Höhe von ebenfalls 25 mm wird zusammengedrückt, indem man eine Masse von 100 kg aus einer bestimmten Höhe auf die Probe fallen lässt. Unmittelbar nach der Verformung zeigt sich ein Temperaturanstieg in der Probe von 150 K. Nehmen Sie an, dass weder Wärmeverluste an die Umgebung noch jedwede Reibung auftreten. Berechnen Sie die Endhöhe der Probe mit den folgenden Werkstoffdaten: $K = 200$ MPa, $n = 0,5$, Dichte $\varrho = 2710$ kg/m^3 und spezifische Wärme $c = 10^3$ Ws/kg K.

2.87 Eine massive zylindrische Probe mit einer Höhe von 100 mm wird in zwei Schritten reibungsfrei zwischen zwei Platten auf eine endgültige Höhe von 40 mm gestaucht. Nach dem ersten Schritt ist der Zylinder 70 mm hoch. Berechnen Sie die technische Dehnung und die logarithmische Dehnung für beide Schritte. Vergleichen Sie die Ergebnisse und kommentieren Sie Ihre Beobachtungen.

2.88 Nehmen Sie nun für die Probe in Übungsaufgabe 2.87 einen anfänglichen Durchmesser von 80 mm und als Werkstoff weichgeglühtes Reinaluminium an. Ermitteln Sie die für jeden Schritt erforderliche Kraft.

2.89 Ermitteln Sie die spezifische Energie und die tatsächlich aufgewendete Energie für den gesamten Verformungsvorgang der beiden vorherigen Rechenaufgaben.

2.90 Ein Metall weist einen Verfestigungsexponenten von 0,22 auf. Bei einer logarithmischen Dehnung von 0,2 beträgt die wahre Spannung 150 MPa. (a) Ermitteln Sie die Spannung-Dehnung-Beziehung nach Ludwik für diesen Werkstoff. (b) Ermitteln Sie die Zugfestigkeit dieses Werkstoffs.

2.91 Die Flächen eines Metallwürfels sind jeweils 400 mm^2 groß und die Schubfließspannung k des Metalls beträgt 140 MPa. Auf verschiedene Flächenpaare (z. B. auf jene normal zu den x- und y-Richtungen) wirken Drucklasten von 40 kN und 80 kN. Welche Drucklast muss in z-Richtung angelegt werden, um Fließen entsprechend dem Tresca-Kriterium hervorzurufen? Nehmen Sie reibungsfreie Bedingungen an.

2.92 Eine Zugkraft von 9 kN wird an den Enden eines massiven Stabs von 6,35 mm Durchmesser angelegt. Unter dieser Belastung verringert sich der Durchmesser des Stabs auf

5,00 mm. Die Verformung erfolge gleichmäßig und unter Volumenkonstanz. (a) Ermitteln Sie die technische Spannung und Dehnung. (b) Ermitteln Sie die wahre Spannung und die logarithmische Dehnung. (c) Wie groß sind technische Spannung und Dehnung unter den Bedingungen, dass der ursprüngliche Stab einer wahren Spannung von 345 MPa unterworfen wird und der Enddurchmesser 5,60 mm beträgt?

2.93 Zwei geometrisch identische Zugstäbe mit einem Durchmesser von 10 mm und einer Messlänge von 25 mm bestehen aus dem Automatenstahl 11SMn37. Die eine Probe befindet sich im kaltverfestigten Anlieferungszustand, die andere wurde weichgeglüht. Wie groß ist die logarithmische Dehnung, bei der die Einschnürung einsetzt, und wie groß ist in diesem Moment die Verlängerung dieser Proben? Wie groß ist die Zugfestigkeit dieser Proben? Entnehmen Sie die benötigten Zahlenwerte der Tabelle 2.3.

2.94 Während der Fertigung eines Teils wird ein Metall mit einer Streckgrenze von 110 MPa dem Spannungszustand σ_1, $\sigma_2 = \sigma_1/3$, $\sigma_3 = 0$ ausgesetzt. Skizzieren Sie den Mohr'schen Spannungskreis für diesen Spannungszustand. Ermitteln Sie die notwendige Spannung σ_1, um Fließen entsprechend des Kriteriums der maximalen Schubspannung und dem von-Mises-Kriterium zu verursachen.

2.95 Schätzen Sie die Tiefe der Eindringung bei einer Brinell-Härteprüfung mit einer Belastung von 500 kp ab, wenn die Probe ein kaltverformtes Aluminium mit einer Fließspannung von 200 MPa ist.

2.96 Die Daten in der nachstehenden Tabelle stammen aus einem Zugversuch an einer Probe aus rostfreiem Stahl. Zudem wurden gemessen: $A_0 = 36{,}13\,\text{mm}^2$, $A_B = 10{,}32\,\text{mm}^2$ und $l_0 = 50\,\text{mm}$. Bestimmen und skizzieren Sie aus diesen Messwerten das Wahre-Spannung-logarithmische-Dehnung-Diagramm.

Kraft P (N)	Verlängerung Δl (mm)
8000	0,00
12 500	0,51
15 000	2,04
18 000	5,10
21 000	10,20
22 500	13,10
23 000	21,80 [a]
22 800	24,90 [b]

[a]: Einschnürbeginn
[b]: Bruch

2.97 Ein Metall fließt plastisch unter dem in der Abbildung gezeigten Spannungszustand.

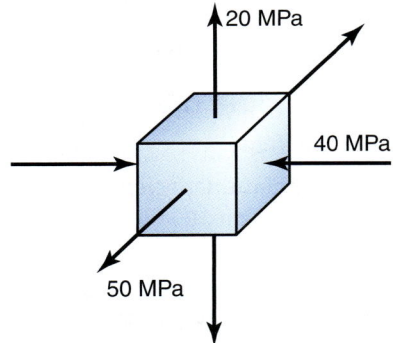

(a) Bezeichnen Sie die Hauptachsen entsprechend der für Hauptspannungen üblichen Konvention (1, 2, 3).

(b) Wie groß ist die Fließspannung unter Verwendung des Tresca-Kriteriums?

(c) Wie sieht es aus, wenn das von-Mises-Kriterium verwendet wird?

(d) Aufgrund des Spannungszustands werden die Dehnungen $\varphi_1 = 0{,}4$ und $\varphi_2 = 0{,}2$ gemessen, während φ_3 nicht gemessen wurde. Welchen Wert hat φ_3?

Struktur und Verarbeitungseigenschaften der Metalle

3.1 Einleitung 146
3.2 Die Kristallstruktur der Metalle 147
3.3 Verformung und Festigkeit von Einkristallen 149
3.4 Körner und Korngrenzen 156
3.5 Plastische Verformung polykristalliner Metalle 160
3.6 Erholung, Rekristallisation und Kornwachstum 162
3.7 Kalt- und Warmumformung 164
3.8 Versagen und Bruch 165
3.9 Physikalische Eigenschaften 175
3.10 Eigenschaften und Anwendungen von Eisenlegierungen 181
3.11 Eigenschaften und Anwendungen von Nichteisenmetallen und -legierungen 202
3.12 Wärmebehandlung 219
Zusammenfassung 232
Wichtige Gleichungen 233
Verständnisfragen 233
Rechenaufgaben 235

3 Struktur und Verarbeitungseigenschaften der Metalle

LERNZIELE

Dieses Kapitel beschreibt Struktur und Eigenschaften der Metalle und die sich daraus ergebenden Verarbeitungsmerkmale. Wie besprechen im Einzelnen:

- Kristallstrukturen, Körner und Korngrenzen, plastische Verformung und thermische Eigenschaften;
- Die Wesenszüge und Anwendungen der Kalt- und Warmumformung von Metallen;
- Das duktile und spröde Verhalten von metallischen Werkstoffen, die Versagensarten und Möglichkeiten, das Bruchverhalten zu beeinflussen;
- Physikalische Eigenschaften metallischer Werkstoffe und ihre Bedeutung für die Verarbeitung;
- Eigenschaften und Anwendungen von Eisenbasislegierungen sowie von Nichteisenmetallen und deren Legierungen;
- Die wichtigsten Wärmebehandlungen zur Veränderung der Werkstoffeigenschaften.

3.1 Einleitung

Der strukturelle Aufbau, damit ist die räumliche Anordnung der Metallatome gemeint, bestimmt maßgeblich *Eigenschaften* und *Verhalten* der metallischen Werkstoffe. Die Kenntnis dieser Strukturen erlaubt es uns, die Eigenschaften zu beschreiben, vorauszusagen und sogar zu beeinflussen. Dies wiederum erleichtert die richtige Wahl von Werkstoffen für bestimmte Einsatzgebiete. So werden wir nicht nur erfahren, warum die Entwicklung und die Fertigung von einkristallinen Turbinenschaufeln für Flugzeugtriebwerke trotz der hohen Fertigungskosten nicht nur sinnvoll ist, sondern auch lernen, dass man solche Schaufeln Beanspruchungen unterwerfen kann, denen konventionell hergestellte Schaufeln nicht widerstehen können (▶ Abbildung 3.1).

Dieses Kapitel gibt zuerst einen Überblick zu den Kristallstrukturen der Metalle und der Bedeutung von Körnern (und ihrer Größe) und Korngrenzen, von Einschlüssen und Ausscheidungen sowie von Kristallbaufehlern für die plastische Verformung bei Umformprozessen. Danach besprechen wir das Versagen und den spröden und duktilen Bruch von Metallen und diskutieren den Einfluss, welchen der Spannungszustand, die Dehngeschwindigkeit sowie innere und äußere Fehler darauf nehmen. Abschließend widmen wir uns den Eigenschaften und Anwendungen von Eisenbasiswerkstoffen und von Nichteisenmetallen und deren Legierungen. Die angegebenen Zahlenwerte für einige Eigenschaften helfen uns, die Grundprinzipien der werkstoffgerechten Konstruktion bzw. der belastungsgerechten Werkstoffwahl zu erläutern.

Abbildung 3.1: Schaufeln für Flugzeugturbinen, die auf drei Arten hergestellt wurden: (a) konventionell gegossen und erstarrt, (b) gerichtet erstarrt, mit säulenförmigen Körnern, die auf der Oberfläche des Schaufelblattes als Streifen erscheinen, (c) einkristallin erstarrt. Obwohl einkristalline Turbinenschaufeln teuer in der Herstellung sind, werden sie wegen ihrer herausragenden Eigenschaften bei hoher Temperatur (Kriechbeständigkeit) vermehrt eingesetzt.

3.2 Die Kristallstruktur der Metalle

Kühlt man Metalle und Metalllegierungen aus dem schmelzflüssigen Zustand (nicht sehr rasch) ab, dann ordnen sich wegen der Ungerichtetheit der metallischen Bindung die Metallatome in regelmäßigen, sehr dicht gepackten räumlichen Mustern (Gittern) an, die man **Kristalle** nennt. Die Art der Anordnung heißt **Kristallstruktur**. Die kleinste Baueinheit, welche die Symmetrieeigenschaften der Kristallstruktur wiedergibt, nennt man **Elementarzelle** der Kristallstruktur. Aus der Elementarzelle kann der Kristall durch Translation im Raum rekonstruiert werden. Von den sieben in der Natur vorkommenden Kristallstrukturen nehmen die meisten Metalle die folgenden hochsymmetrischen und sehr dicht gepackten Gitter ein (▶ Abbildungen 3.2 bis 3.4):

- kubisch raumzentriert (krz; *body centered cubic, bcc*),
- kubisch flächenzentriert (kfz, *face centered cubic, fcc*),
- hexagonal (dichtest) gepackt (h(d)p, *hexagonal (closed) packed, h(c)p*).

Der Abstand der Mittelpunkte der Metallatome in diesen Strukturen beträgt etwa $0{,}2\,\text{nm} = 2\,\text{Å}$. Sowohl die genaue Größe dieses Abstands als auch die Art seiner Kristallstruktur beeinflussen die Eigenschaften des Metalls signifikant. Von den drei angeführten Kristallstrukturen sind die kfz- und die hdp-Gitter dichtest möglich gepackt, die Atome erfüllen etwa 74 % des Raums der Elementarzelle. In der hexagonalen Kristallstruktur heißen die Bodenebenen bzw. die Seitenebenen der prismatischen Elementarzelle Basisebene bzw. Prismenebenen. Schräge Ebenen werden als Pyramidenebenen bezeichnet. In den beiden kubischen Kristallsystemen nennt man die Außenflächen der Elementarzelle Würfelflächen.

3 Struktur und Verarbeitungseigenschaften der Metalle

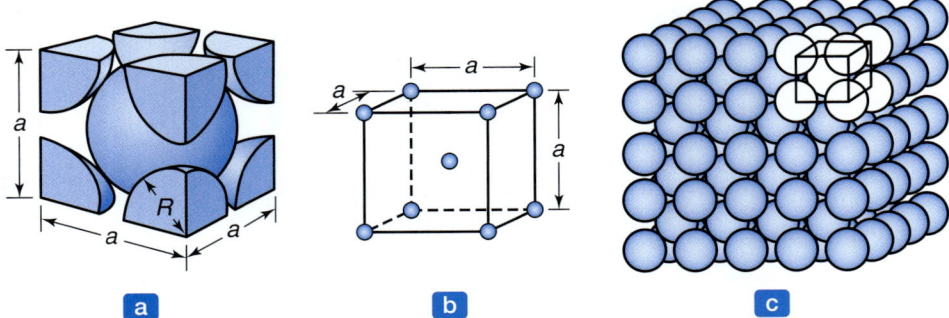

Abbildung 3.2: Die kubisch raumzentrierte (krz) Kristallstruktur: (a) Atome dargestellt im Modell berührender Kugeln, (b) Elementarzelle mit Gitterparameter a, (c) Kristallstruktur, die aus Wiederholungen der Elementarzelle aufgebaut ist. Chrom, β-Titan, Wolfram und α-Eisen kristallisieren in diesem Gitter. Nach W.G. Moffatt.

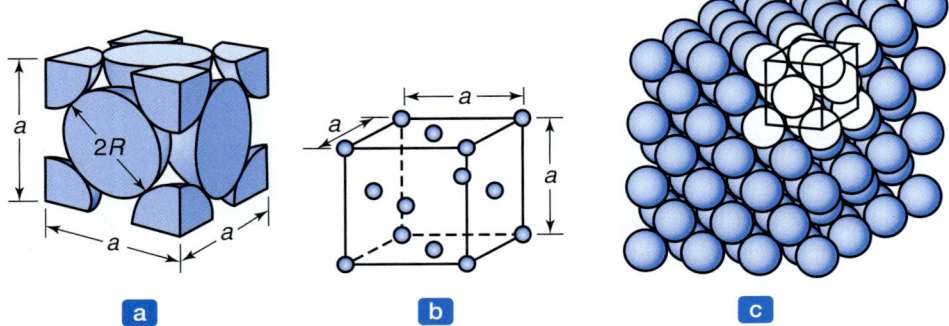

Abbildung 3.3: Die kubisch flächenzentrierte (kfz) Kristallstruktur: (a) Atome dargestellt im Modell berührender Kugeln, (b) Elementarzelle mit Gitterparameter a, (c) Kristallstruktur, die aus Wiederholungen der Elementarzelle aufgebaut ist. Aluminium, Kupfer, Gold, Silber und γ-Eisen kristallisieren in diesem Gitter. Nach W.G. Moffatt.

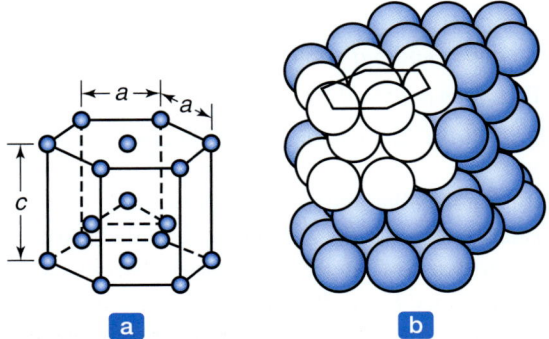

Abbildung 3.4: Die hexagonale (hp) Kristallstruktur: (a) Elementarzelle mit den Gitterparametern a und c. Die Struktur heißt hexagonal dichtest gepackt (hdp), wenn sie das ideale Achsenverhältnis $(c/a)_{\text{ideal}} = \sqrt{8/3}$ besitzt, (b) Kristallstruktur, die aus Wiederholungen der Elementarzelle aufgebaut ist. Zink, Zinn, Magnesium, Kobalt und α-Titan kristallisieren in diesem Gitter. Nach W.G. Moffatt.

Der Grund, warum Metalle in gewissen Strukturen kristallisieren, hängt mit der Besetzung ihrer Elektronenschalen zusammen und ist somit von energetischer Natur. So ist es beispielsweise für Wolfram energetisch am günstigsten im krz-Gitter zu kristallisieren. Für Aluminium ist dies die kfz-Struktur. Manche Metalle ändern aus energetischen Gründen ihre Kristallstruktur. Dies kann durch eine Temperaturänderung oder auch infolge einer mechanischen Beanspruchung geschehen. Eisen ist unterhalb von 911 °C krz (α-Fe), zwischen 911 °C und 1394 °C kfz (γ-Fe) und oberhalb davon wiederum krz (δ-Fe). Unter sehr hohem Druck kann das krz α-Fe bei tiefen Temperaturen in eine hexagonale Modifikation überführt werden (ε-Fe).

Die Existenz von mehr als einer Kristallmodifikation eines Elements (Metalls) nennt man **Allotropie** oder **Polymorphie**. Dies ist sehr bedeutsam für die Wärmebehandlung von Metallen und Legierungen, siehe Abschnitt 3.12.

Kristallstrukturen können auch verändert werden, indem man Atome eines anderen Metalls hinzugibt. Man nennt diese (sehr alte) Technik **Legieren**; sie zählt mit zu den wichtigsten Verfahren, die zur Verbesserung der Eigenschaften von Metallen verwendet werden (siehe Abschnitt 5.2).

3.3 Verformung und Festigkeit von Einkristallen

Belastet man eine kristalline Probe mit einer äußeren Last, so beobachtet man für nicht zu große Lasten die sogenannte **elastische Verformung**. Diese Verformung bildet sich zurück (sie ist reversibel), sobald entlastet wird, und die Probe nimmt wieder ihre ursprüngliche Gestalt an. Als makroskopisches Analogon dafür kann eine Schraubenfeder dienen, welche bei Wegnahme der Last aus dem gestreckten (gestauchten) Zustand heraus wieder ihre ursprüngliche Länge annimmt.

Erhöht man die Last am Kristall über einen kritischen Wert, so beobachtet man, dass der Kristall **plastisch** (oder **bleibend**) verformt wird: Nur der elastische Anteil der Verformung geht bei Entlastung zurück, die Probe bleibt dauerhaft gedehnt. Es gibt zwei wichtige Mechanismen der plastischen Verformung von Kristallen:

1. Kristallografische Gleitung: Dieser Mechanismus beruht auf der Vorstellung, dass eine Ebene aus Atomen auf der benachbarten, parallelen Ebene abgleitet (▶ Abbildung 3.5a), ähnlich wie die einzelnen Karten eines Spielkartenstapels aufeinandergleiten, wenn der Stapel von der Seite belastet wird. So wie für diesen Vorgang eine Mindestkraft erforderlich ist, wird auch für das Abgleiten der Kristallebenen eine bestimmte Schubspannung benötigt, die man **kritische Schubspannung** nennt. Das heißt, es muss im Kristall eine Schubspannung ausreichender Größe wirken, damit plastische Verformung auftritt.

Die maximal mögliche (theoretische) Schubspannung, τ_{max}, eines Kristalls steht mit den Bindungskräften des Kristalls im Zusammenhang. Sie ergibt sich wie folgt: Ohne Schubspannung befinden sich die Atome des Kristalls im mechanischen *Gleichgewicht* (▶ Abbildung 3.6). Unter der Wirkung einer Schubspannung verschieben sich die beiden Atomreihen zueinander. Wir bezeichnen die Position des linken Atoms der oberen Reihe mit x, ausgezeichnete Werte von x mit fortlaufenden Zahlen 1 bis 5. Man sieht ein, dass für $x = 0$ oder $x = b$ (bzw. Vielfachen von b) die Schubspannung null ist. Die zueinander symmetrischen Positionen 2 und 4 hingegen sind Nicht-Gleichgewichtslagen, weil die Bindungskräfte

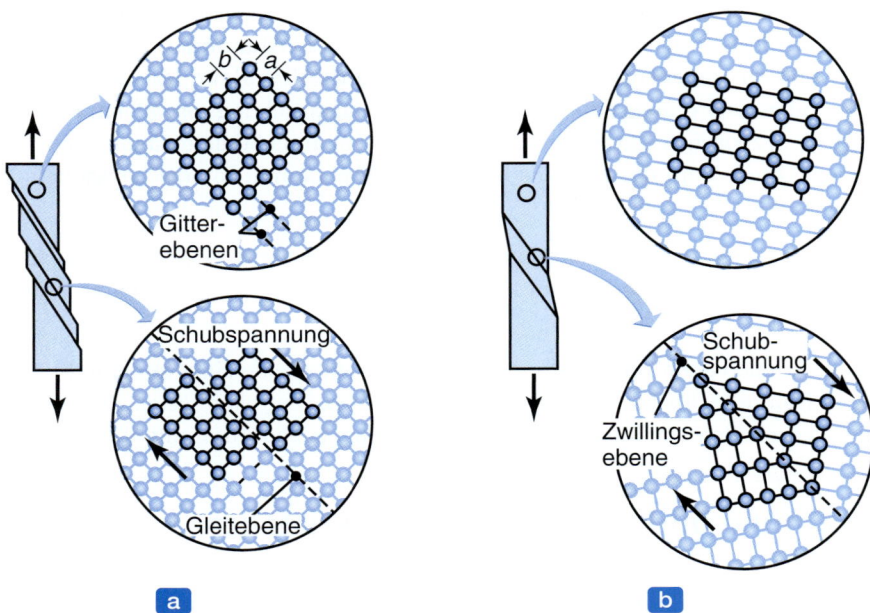

Abbildung 3.5: Bleibende Verformung eines Einkristalls durch eine äußere Zuglast. Die schematischen Atomgitter zeigen die Bewegung der Atome der Gitter. (a) Verformung durch Gleitung. Das Verhältnis b/a beeinflusst die Größe der zur Gleitung benötigten Schubspannung. Man beobachtet, dass die Gleitebenen mit fortschreitender Verformung versuchen, sich parallel zur Zugrichtung auszurichten. (b) Verformung durch Zwillingsbildung. Ein zur Zwillingsebene spiegelbildlicher Kristallbereich (Zwilling) wird erzeugt. So wie bei der Gleitung ergibt sich auch bei der Zwillingsbildung die Schubspannung durch Projektion der äußeren Zuglast in die jeweilige Kristallebene.

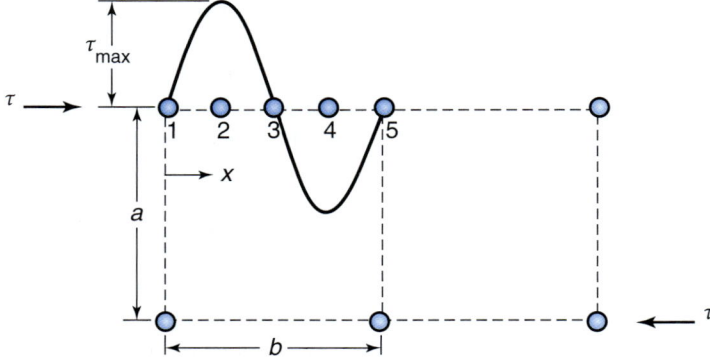

Abbildung 3.6: Variation der Schubspannung bei der Verschiebung von übereinanderliegenden Atomreihen(-ebenen).

zwischen den Atomen der beiden Reihen versuchen, die obere Reihe wieder in die Ausgangslage zu ziehen. Die Schubspannung ist für diese Positionen maximal und gleich groß, aber unterschiedlich im Vorzeichen. Die Schubspannung ist auch null in Position 3, da diese symmetrisch zu 1 und 5 liegt. Näherungsweise gilt, dass sich die Schubspannung über dem Ort sinusförmig ändert, also (siehe Abbildung 3.6)

$$\tau = \tau_{\max} \sin \frac{2\pi x}{b} \,. \tag{3.1}$$

Für kleine Werte von x/b kann dies vereinfacht werden zu

$$\tau = \tau_{\max} \frac{2\pi x}{b} \,.$$

Aus der Tatsache, dass die Verschiebung der Atome der oberen Reihe reversibel ist solange $x \leq b/2$, erhält man mit dem Hooke'schen Gesetz $\tau = G\gamma = G(x/a)$

$$\tau_{\max} = \frac{Gb}{2\pi a} \,. \tag{3.2}$$

Nimmt man vereinfachend an, dass b gleich a ist, folgt schließlich

$$\tau_{\max} = \frac{G}{2\pi} \,. \tag{3.3}$$

Genauere Annahmen zum Verlauf der Schubspannung führen zu $\tau_{\max}$ zwischen $G/30$ und $G/10$.

Die Gleichungen (3.1) und (3.2) zeigen, dass die zur Gleitung benötigte Schubspannung proportional zu b/a ist. Daraus darf man schließen, dass die Gleitung in einem Kristall vorzugsweise in dicht gepackten Ebenen (das sind Ebenen mit großer Dichte an Atomen) in die Richtung von dicht gepackten Gittergeraden erfolgt. Da das Verhältnis b/a selbst richtungsabhängig ist, verhält sich ein Einkristall abhängig davon, in welcher Richtung die Eigenschaft bestimmt wird. Man nennt die Richtungsabhängigkeit von Eigenschaften **Anisotropie**. Ein Beispiel für einen anisotropen Werkstoff ist Holz, dessen Festigkeit in Wachstumsrichtung hoch, quer dazu aber viel geringer ist. Umgekehrt verhält es sich mit der Spaltbarkeit von Holz mit einer Axt.

2. Zwillingsbildung: Neben der Gleitung gibt es als weiteren Mechanismus der plastischen Verformung die Zwillingsbildung. Dabei klappt unter der Wirkung einer Schubspannung ein Kristallbereich in sein Spiegelbild um, die Spiegelebene wird **Zwillingsebene** genannt (Abbildung 3.5b). Zwillinge bilden sich abrupt und können ein Knackgeräusch erzeugen („Zinnschrei"), wenn man einen Stab aus Zinn, Zink oder Kadmium bei Raumtemperatur stark biegt. Zwillingsbildung bei der Verformung tritt in hexagonalen und kubisch raumzentrierten Metallen auf. In kubisch flächenzentrierten Metallen kann man Zwillinge durch Glühen erzeugen, siehe Abschnitt 3.12.4.

3.3.1 Gleitsysteme

Die Kombination aus einer Gleitebene und einer darin liegenden Gleitrichtung nennt man **Gleitsystem**. Metalle, die fünf oder mehr voneinander unabhängige Gleitsysteme besitzen, sind duktil, solche mit weniger als fünf meist nicht duktil. Die Anzahl von (potenziellen) Gleitsystemen eines Metalls hängt von seiner Kristallstruktur ab.

1 In kubisch raumzentrierten Kristallen gibt es 48 potenziell nutzbare Gleitsysteme. Es sollte daher nahezu immer möglich sein, eine genügende Anzahl von Gleitsystemen zu aktivieren. Das krz-Gitter besitzt allerdings keine dichtest gepackte Ebene. Dies hat ein hohes b/a-Verhältnis und damit eine hohe Schubspannung für die Aktivierung der Gleitung zur Folge. Metalle mit kubisch raumzentrierter Gitterstruktur sind daher fest und durchschnittlich gut verformbar.

2 In kubisch flächenzentrierten Kristallen gibt es 12 Gleitsysteme, von denen genau fünf voneinander unabhängig sind. (Unabhängigkeit heißt, dass sich ein bestimmtes Gleitsystem nicht als Kombination anderer darstellen lässt.) Außerdem besitzt dieses Gitter eine dichtest gepackte Gitterebene und damit ein relativ kleines b/a-Verhältnis. Metalle, die kubisch flächenzenriert kristallisieren, sind wenig fest, aber sehr duktil.

3 Der hexagonal gepackte Kristall hat drei Gleitsysteme, bei denen die Basisebene Gleitebene ist. Zwei der drei Gleitsysteme sind voneinander unabhängig. Gleitung ist daher unwahrscheinlich. Bei höheren Temperaturen können weitere Gleitsysteme aktiviert werden (Prismen- und Pyramidengleitsysteme), außerdem gibt es die Möglichkeit, den Kristall durch Zwillingsbildung plastisch

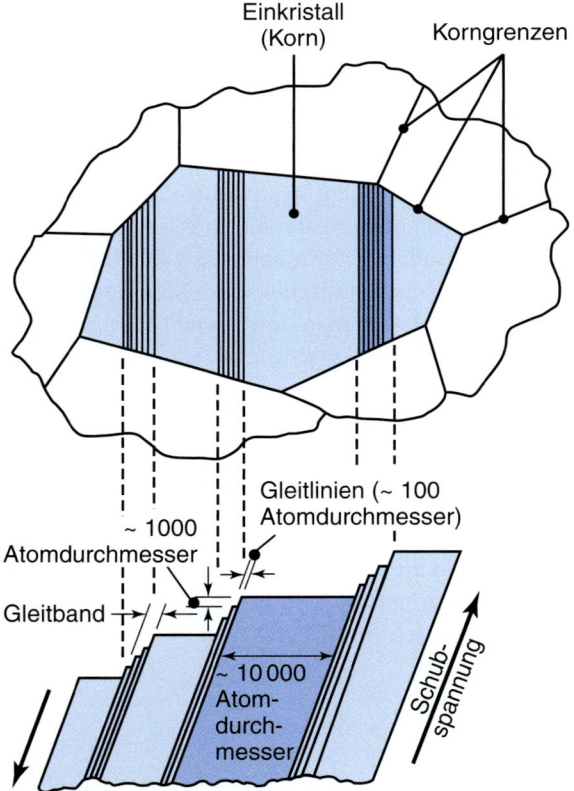

Abbildung 3.7: Schematische Darstellung von Gleitlinien und Gleitbändern in einem auf Scherung beanspruchten Kristall. Ein Gleitband besteht aus mehreren Gletlinien. Der Kristall im Zentrum des oberen Teilbilds ist ein Korn eines Vielkristalls, das von mehreren anderen Körnern umgeben ist.

zu verformen. Trotz dieser Möglichkeit sind hexagonale Metalle bei Raumtemperatur schlecht verformbar.

Abbildung 3.5a zeigt, dass die abgeglittenen Bereiche des Kristalls eine Rotation vollführen, bei der die Gleitebenen versuchen, sich parallel zur äußeren Last auszurichten. Außerdem erfolgt die Gleitung nur in bestimmten Ebenen. Mit dem Elektronenmikroskop lassen sich der Typ dieser Ebenen und die Dichte ihrer Schnittlinien mit der Oberfläche des Kristalls bestimmen. Treten solche Spuren (**Gleitlinien**) in großer lokaler Dichte auf, so spricht man von einem **Gleitband**, ▶ Abbildung 3.7.

3.3.2 Ideale Zugfestigkeit eines Kristalls

Die ideale oder theoretische Zugfestigkeit eines Kristalls kann man so berechnen: Im Zugstab der ▶ Abbildung 3.8 ist bei Abwesenheit einer externen Last der Atomabstand gleich a. Soll dieser Abstand vergrößert werden, muss am Stab eine Zugspannung angelegt werden, welche den Bindungskräften zwischen den Atomen entgegenwirkt. Diese Bindungskräfte sind null, wenn keine externe Last aufgebracht wird und sich die Atome in den Gleichgewichtslagen befinden. Wenn die Zugspannung den kritischen Wert σ_{max} erreicht, brechen die Bindungen zwischen den benachbarten Atomebenen auf und der Kristall bricht an dieser Stelle. Die Spannung σ_{max} nennt man **ideale Zugfestigkeit**. Sie lässt sich so herleiten: Approximiert man die Anziehungskuve der Abbildung 3.8 durch eine Parabel, so kann für die ideale Zugfestigkeit der Ausdruck

$$\sigma_{max} = \frac{E\lambda}{2\pi a} \tag{3.4}$$

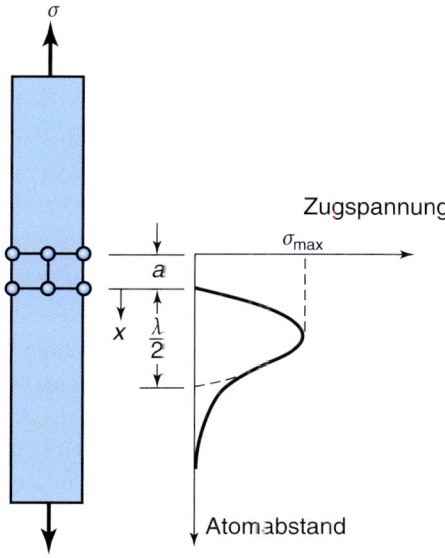

Abbildung 3.8: Verlauf der Bindungskraft pro Einheitsfläche aufgetragen über dem Abstand zwischen zwei Atomreihen (-ebenen).

hergeleitet werden. Die Arbeit W, die pro Flächeneinheit zur Trennung der Atomebenen verrichtet werden muss, ist die Fläche unter der Anziehungskurve und ist gegeben durch

$$W = \frac{\sigma_{\max}\lambda}{\pi} \, . \tag{3.5}$$

Diese Arbeit wird bei der Erzeugung der beiden neuen Bruchflächen dissipiert. Bezeichnet man mit γ die spezifische Oberflächenenergie (= Energie pro Fläche) des Kristalls, so gilt:

$$W = 2\gamma = \frac{\sigma_{\max}}{\pi}\lambda = \frac{\sigma_{\max}^2}{\pi} \cdot \frac{2\pi a}{E} \rightarrow \sigma_{\max} = \sqrt{\frac{E\gamma}{a}} \, . \tag{3.6}$$

Realistische Zahlenwerte für γ und a ergeben

$$\sigma_{\max} \simeq \frac{E}{10} \, . \tag{3.7}$$

Für Stahl ($E \approx 200\,\text{GPa}$) ist die ideale Zugfestigkeit dann etwa 20 GPa.

3.3.3 Baufehler in Kristallen

Die tatsächliche Festigkeit der Metalle ist um etwa eine bis zwei Größenordnungen kleiner als die theoretisch vorhergesagte. Diese Diskrepanz wurde aufgeklärt, als man die Rolle von **Kristallbaufehlern** für die Plastizität verstand. Ein realer Kristall enthält im Unterschied zum perfekten Kristall eine Reihe von Baufehlern (Imperfektionen, Defekte), die man nach ihrer geometrischen Erstreckung einteilen kann (▶ Abbildung 3.9):

1. **Punktfehler** (nulldimensionale Baufehler) wie **Leerstellen**, **interstitielle Atome** (zusätzliche oder eigene Atome, die nicht auf Gitterplätzen sitzen) oder **Fremdatome**, die Wirtsgitteratome ersetzen (substituieren);
2. **Linienförmige** (eindimensionale) Baufehler, genannt Versetzungen (▶ Abbildung 3.10);
3. **Flächenförmige** (zweidimensionale) Baufehler wie **Korngrenzen**, **Phasengrenzen**, **Stapelfehler** und **Zwillingsgrenzen**;
4. **Volumendefekte** (dreidimensionale Baufehler) wie **Inklusionen** (nichtmetallische Einschlüsse: Oxide, Sulfide, Silikate), **Ausscheidungen**, **zweite Phasen**, **Hohlräume** und **Risse**.

In einer Gleitebene, die Versetzungen enthält, erfolgt die Gleitung bei viel niedrigerer Schubspannung als im fehlerfreien Kristall (▶ Abbildung 3.11). Dies ist verständlich, da die Bewegung einer Versetzung die gleichzeitige Bewegung von nur wenigen Atomen erfordert. Eine Analogie zur Bewegung einer Versetzung ist das Verschieben eines schweren Teppichs durch Bewegung nur einer Teppichfalte von einem Ende des Teppichs zum anderen, anstatt den Teppich als Ganzes zu ziehen.

Die **Versetzungsdichte** ist die Länge der Versetzungslinien pro Volumen (z. B. mm/ mm^3) oder die Zahl der Durchstoßpunkte der Versetzungslinien mit einer Ebene (z. B. 1/mm^2). Obwohl sich diese beiden Dichtemaße um einen Faktor 2 unterscheiden (dieser Faktor kann mit stereologischen Argumenten bewiesen werden), werden sie wegen der großen Maßzahlen für die Versetzungsdichte gleichberechtigt

3.3 Verformung und Festigkeit von Einkristallen

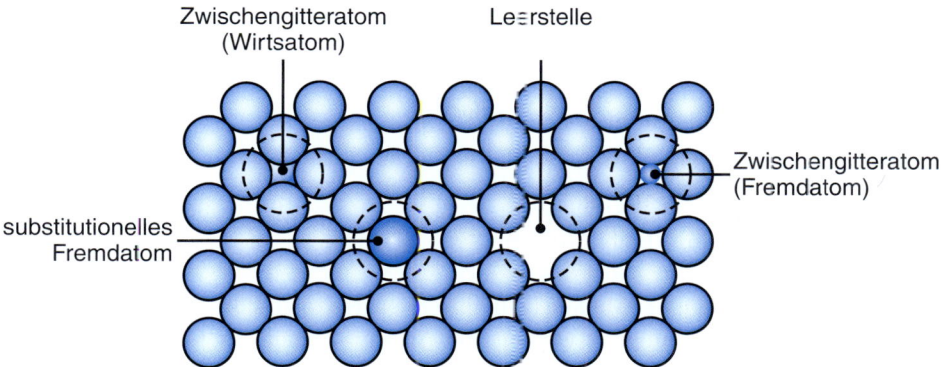

Abbildung 3.9: Verschiedene nulldimensionale Kristallbaufehler (Punktfehler) in einem Realkristall. Nach W.G. Moffatt.

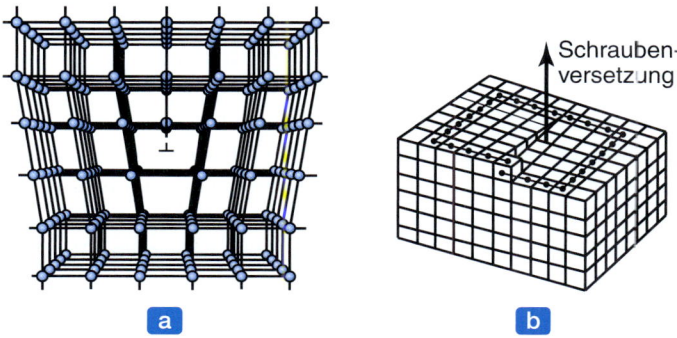

Abbildung 3.10: (a) Stufenversetzung als linienförmiger Kristallbaufehler, der das untere Ende der eingeschobenen Halbebene charakterisiert. (b) Schraubenversetzung als helixförmiger Baufehler des Kristalls. Schraubenversetzungen werden so genannt wegen der Wendelung der Atomebenen um eine Achse (= Versetzungslinie der Schraubenversetzung).

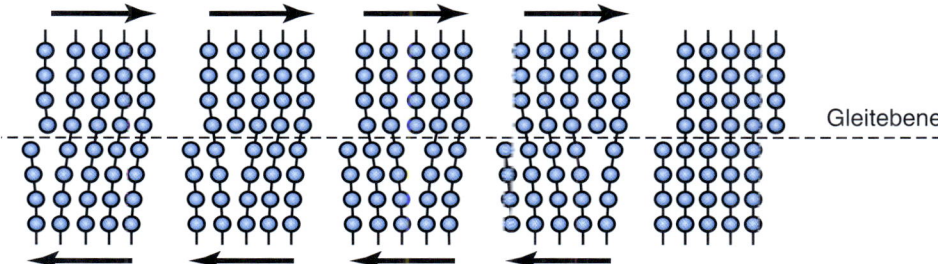

Abbildung 3.11: Bewegung einer Stufenversetzung durch das Kristallgitter unter der Wirkung einer Schubspannung. Mithilfe von Versetzungen und ihrer Rolle in der Plastizität der Kristalle ließ sich die Diskrepanz zwischen der theoretischen Festigkeit perfekter (idealer) Kristalle und der beobachteten Fließspannung realer Kristalle erklären.

nebeneinander verwendet. Die Versetzungsdichte kann durch plastische Verformung bei Raumtemperatur um den Faktor 10^6 erhöht werden. Typische Versetzungsdichten in Metallkristallen sind:

- **a** sehr reine Einkristalle: 0 bis 10^3 mm^{-2}
- **b** geglühte Einkristalle: 10^5 bis 10^6 mm^{-2}
- **c** geglühte Vielkristalle: 10^7 bis 10^8 mm^{-2}
- **d** stark kaltverformte Metalle: 10^{11} bis 10^{12} mm^{-2}

Die mechanischen Eigenschaften der Metalle (z. B. ihre Fließgrenze und Bruchfestigkeit), aber auch ihre elektrische und thermische Leitfähigkeit werden von Art und Anzahl der Gitterbaufehler beeinflusst. Man nennt solche Eigenschaften **strukturempfindlich**. Physikalische Eigenschaften wie Schmelzpunkt, spezifische Wärme, Ausdehnungskoeffizient und elastische Konstanten hingegen werden von Gitterbaufehlern nicht beeinflusst und werden daher als **strukturunempfindlich** bezeichnet.

3.3.4 Versetzungshärtung (Verformungsverfestigung)

Obwohl Versetzungen verantwortlich sind, dass die zur Abgleitung von Kristallen benötigte Schubspannung verkleinert wird, können sie die Fließspannung auch erhöhen. Ist ihre Anzahl groß, so können sie miteinander in Wechselwirkung treten und sich miteinander verknäueln (Bildung eines *Versetzungswalds*). Versetzungen können auch durch Hindernisse wie Korngrenzen, Einschlüsse, Ausscheidungen oder zweite Phasen in ihrer Bewegung behindert werden (Blockieren von Versetzungen). Da diese Versetzungen dann nur bei erhöhter Schubspannung bewegt werden können, steigt dadurch die makroskopische Fließspannung des Metalls. Diesen Mechanismus der Festigkeitssteigerung nennt man **Versetzungshärtung** bzw. **Verformungsverfestigung**, siehe Abschnitt 2.2.3. Mit steigender Verformung nimmt die gegenseitige Behinderung der Versetzungen zu und die Fließspannung des Metalls wird erhöht. Verformungsverfestigung wird sehr häufig genutzt, um die Festigkeit von Metallen durch Umformen bei Raumtemperatur zu steigern. Wichtige Beispiele sind die Verfestigung von Draht durch Ziehen des Drahts durch ein Werkzeug, um seinen Durchmesser zu verkleinern (Abschnitt 6.5), die Fertigung eines Schraubenkopfs durch Schmieden (Abschnitt 6.2.4) oder die Herstellung von Blechen für die Karosserie von Automobilen bzw. den Rumpf von Flugzeugen durch Walzen (Abschnitt 6.3). Aus der Gleichung (2.11) kann man ersehen, dass ein mögliches Maß für die Verfestigung der Verfestigungsexponent n ist, siehe auch Tabelle 2.3. Von den drei für Metalle wichtigen Kristallsystemen zeigt das hexagonale Gitter den niedrigsten Wert für n, gefolgt von der kubisch raumzentrierten und der kubisch flächenzentrierten Kristallstruktur, welche die höchsten Werte aufweist.

3.4 Körner und Korngrenzen

Die Gefüge der meisten in der Technik verwendeten metallischen Werkstoffe sind aus einer Vielzahl mehr oder weniger zufällig orientierter Einzelkristalle (*Körner*) aufgebaut, sie sind also **Polykristalle** (Vielkristalle). Bei der Erstarrung einer Metallschmelze scheiden sich an vielen Stellen in der Schmelze Kristallkeime aus. Diese Keime besitzen eine zufällige kristallografische Orientierung zueinander und

3.4 Körner und Korngrenzen

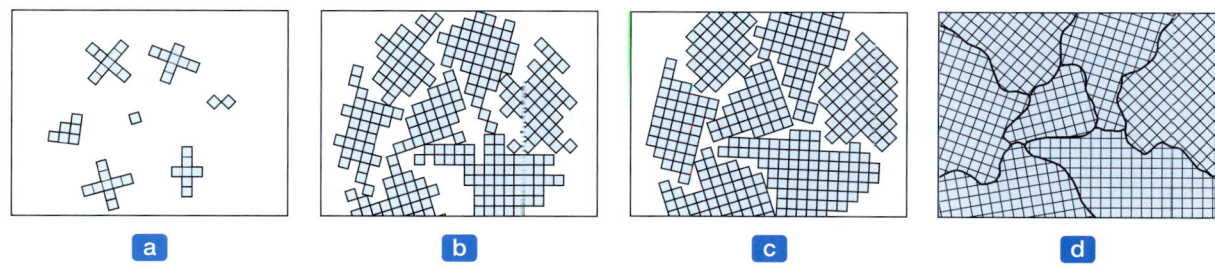

Abbildung 3.12: Schematische Darstellung der verschiedenen Stadien der Erstarrung einer Metallschmelze (a) Keimbildung an zufälligen Orten in der Schmelze. (b) und (c) Wachstum der Keime beim weiteren Erstarren. (d) Erstarrter Vielkristall, dessen Körner durch Korngrenzen voneinander getrennt sind. Man beachte die unterschiedliche Orientierung der einzelnen Kristallite (Körner). Nach W. Rosenhain.

wachsen zu Körnern, die nach Abschluss der Erstarrung die (viel)kristalline Struktur des Metalls bilden (▶ Abbildung 3.12). Die Anzahl und damit die Größe der sich in einem Volumen bildenden Körner hängt von der Anzahl der Kristallkeime ab (Abbildung 3.12a zeigt sieben Keime) und von der Geschwindigkeit, mit der diese Keime wachsen. Allgemein gültig ist, dass rasches Abkühlen einer Schmelze zu kleinen Körnern führt, während langsames Abkühlen zwar wenige, dafür aber große Körner zur Folge hat, siehe auch Abschnitt 5.3.

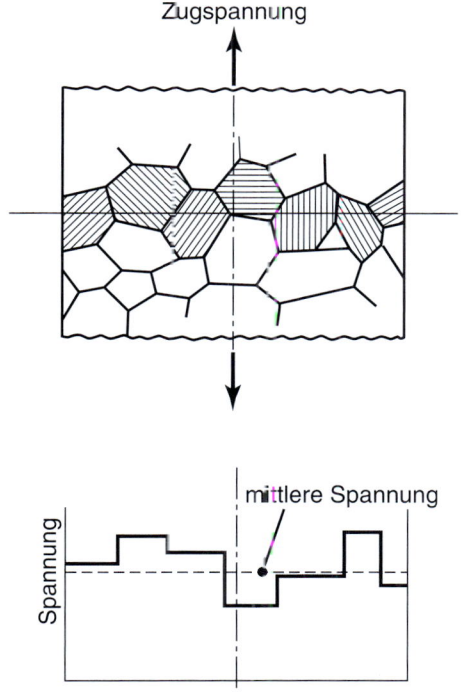

Abbildung 3.13: Variation der Spannung in einer Ebene durch einen auf Zug belasteten Vielkristall. Die Spannung in den einzelnen Körnern hängt von deren Orientierung ab.

Wenn die Zahl der in der Zeiteinheit gebildeten Kristallkeime hoch ist (man spricht von einer großen Keimbildungsrate), wird der Vielkristall aus vielen kleinen Körnern bestehen. Im Spätstadium der Erstarrung behindern sich die wachsenden Kristalle gegenseitig und bilden eine dichte, ineinander verzahnte Struktur. Die *Grenzflächen* zwischen den Körnern nennt man **Korngrenzen**.

An den Korngrenzen ändert sich die kristallografische Orientierung sprunghaft. Obwohl das Verhalten der einzelnen Kristallite *anisotrop* ist (Abschnitt 3.3), kann sich ein Polykristall *isotrop* verhalten, wenn die Orientierung seiner Körner zueinander zufällig ist (▶ Abbildung 3.13). Die Eigenschaften eines solchen Vielkristalls hängen dann nicht von der Richtung ab, in der sie gemessen werden. Vollkommen isotrope Vielkristalle sind sehr selten, da die Einzelkristalle meist nicht gleichachsig sind (d. h., sie besitzen in unterschiedliche Raumrichtungen verschiedene Größen) und die Körner nahezu immer spezielle Orientierungen infolge einer plastischen Verformung einnehmen (**Texturbildung**).

3.4.1 Korngröße

Die **Korngröße** beeinflusst das mechanische Verhalten von Metallen signifikant. Vielkristalle mit großen Körnern zeigen niedrige Festigkeit, geringe Härte und manchmal auch geringe Duktilität. Darüber hinaus führt ein großes Korn zu rauer Oberfläche eines beim Blechumformen gedehnten Blechs oder eines beim Schmieden gestauchten Werkstücks, siehe auch Kapitel 6. Die Fließspannung Y reagiert sehr empfindlich auf die Korngröße. Ihre Abhängigkeit von der Korngröße lässt sich oft mithilfe der empirischen **Hall-Petch-Gleichung** beschreiben:

$$Y = Y_i + kd^{-1/2} \,. \tag{3.8}$$

Y_i wird **Reibspannung** genannt und charakterisiert den Widerstand, den das Korninnere der Versetzungsbewegung entgegensetzt, k ist eine werkstoffabhängige Konstante und ein Maß für die Wirksamkeit der Korngrenzen als Versetzungshindernis, und d ist der Korndurchmesser. Gleichung (3.8) gilt für viele Polykristalle bei Temperaturen unterhalb der Rekristallisationstemperatur.

Üblicherweise wird die Korngröße bestimmt, indem man die Anzahl der Körner in einer bestimmten Fläche oder einem Volumen (schwierig!) zählt oder indem man die Zahl der Körner bestimmt, die von einer zufällig orientierten Linie in einem metallografischen Schliff (polierte und geätzte Schnittfläche, vergrößert dargestellt in einem Mikroskop) geschnitten werden. Die Korngröße kann auch durch einen Vergleich mit sogenannten Richtreihen bestimmt werden. Die Korngrößenzahl n nach der American Society for Testing and Materials (ASTM, daher auch **ASTM-Korngröße**) steht in Beziehung mit der Zahl N an Körner pro Quadratzoll bei hundertfacher Vergrößerung (dies entspricht einer wahren Fläche von 0,0645 mm² des Gefüges (siehe auch Tabelle 3.1):

$$N = 2^{n-1} \,. \tag{3.9}$$

Die Zahl der Körner pro mm² des wahren Gefüges ist näherungsweise $16N$. Die Zahl der Körner pro mm³ ist näherungsweise $(\sqrt{2}/2)16N$. Gefüge mit n zwischen 5 und 8 werden als feinkörnig bezeichnet. Eine Korngrößenzahl von 7 ist ausreichend für Anwendungen von Blech im Automobilbau, für Haushalts- und Küchengeräte. Die Körner können manchmal so groß sein, dass sie mit dem unbewaffneten Auge sichtbar sind, wie etwa jene des Zinks auf der Oberfläche eines damit beschichteten Blechs.

3.4 Körner und Korngrenzen

Tabelle 3.1: ASTM-Korngröße und Zahl der Körner pro Fläche und Volumen

ASTM-Korngröße n	−3	0	3	5	7	9	12
Körner pro mm^2	1	8	64	256	1024	4096	32 800
Körner pro mm^3	0,7	16	360	2900	23 000	185 000	4 200 000

3.4.2 Korngrenzen

Korngrenzen sind bedeutsam für die mechanischen Eigenschaften vielkristalliner Metalle. Neben der Festigkeit und Duktilität beeinflussen sie auch die Verfestigungseigenschaften, weil sie die Bewegung von Versetzungen behindern. Die Größe des Einflusses hängt von der Temperatur, der Geschwindigkeit der Verformung und von der Art und Menge an Verunreinigungen ab, die sich entlang der Korngrenzen ansammeln. Korngrenzen sind chemisch reaktiver als das Korninnere, da sich die Atome der Korngrenzen wegen der meist geringeren Packungsdichte und Ordnung auf einem energetisch höherem Niveau befinden als jene innerhalb des Korns. Dies ist auch der Grund für den erhöhten Korrosionsangriff entlang von Korngrenzen.

Bei erhöhter Temperatur und in Metallen, deren mechanische Eigenschaften von der Verformungsgeschwindigkeit abhängen, kann plastische Verformung auch durch Korngrenzengleiten erfolgen. **Kriechen**, das ist die zeitabhängige Verformung unter der Wirkung einer konstanten Last, kann durch Korngrenzengleiten erfolgen.

Bringt man die Atome eines Metalls an seinen Korngrenzen in Kontakt mit bestimmten niedrigschmelzenden Metallen, so können sonst duktile und feste Metalle bei sehr geringer Spannung versagen (brechen). Dieses Phänomen wird **Korngrenzenversprödung** genannt. Erfolgt der Kontakt durch Benetzung mit einer Metallschmelze, dann ist auch die Bezeichnung **Flüssigmetallversprödung** gebräuchlich. Bei-

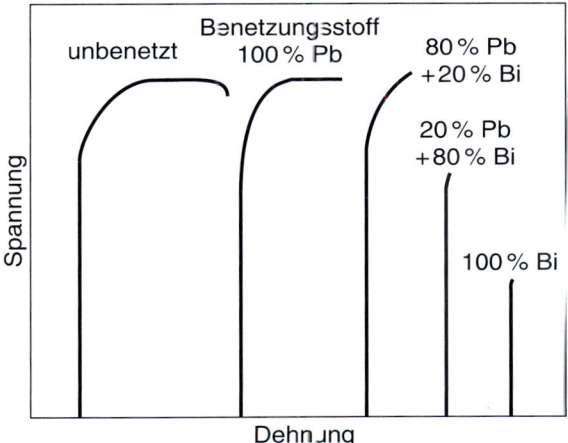

Abbildung 3.14: Versprödung von Kupfer durch Blei und Wismuth bei 350 °C. Die Versprödung wirkt negativ auf Festigkeit, Duktilität und Zähigkeit. Nach W. Rostoker.

spiele dafür sind die Benetzung von Aluminium mit Zinkamalgam, einer Verbindung von Quecksilber mit Zink, oder flüssigem Gallium oder von Kupfer bei erhöhter Temperatur mit Blei oder Wismuth, ▶ Abbildung 3.14. Die Versprödung kann aber auch bei Temperaturen unterhalb des Schmelzpunkts des versprödenden Elements auftreten. Man spricht dann von **Festmetallversprödung**.

Die **Warmbrüchigkeit** wird durch lokales Aufschmelzen einer Phase oder Verunreinigung an den Korngrenzen bei Temperaturen unterhalb der Schmelztemperatur des eigentlichen Metalls verursacht. Wird ein solches Metall bei zu hoher Temperatur warmverformt (Abschnitt 3.7), so zerbricht es entlang seiner Korngrenzen zu kleinen Stücken. Beispiele dafür sind antimonhaltiges Kupfer bzw. Stähle oder Messing (Legierung aus Kupfer und Zink), die Blei enthalten. Warmbrüchigkeit wird vermieden durch Absenken der Umformtemperatur, da man dadurch Erweichen und Aufschmelzen der Korngrenzen verhindert. Eine weitere Form der Versprödung, bei der Korngrenzen eine Rolle spielen, ist die **Anlassversprödung**, die in legierten Stählen auftritt und durch die Anreicherung (Segregation) von Verunreinigungen in den Korngrenzen bei der Anlassglühung hervorgerufen wird.

3.5 Plastische Verformung polykristalliner Metalle

Wird ein polykristallines Metall mit gleichachsigen Körnern einheitlicher Größe (siehe das Schema in ▶ Abbildung 3.15a) bei Raumtemperatur plastisch verformt (*kaltverformt*), so werden seine Körner bleibend gestreckt. Die Verformung kann entweder durch Ziehen (z. B. Strecken von Blech, Kapitel 7) oder durch Zusammendrücken (z. B. Schmieden, Abschnitt 6.2) erfolgen. Die Verformung der einzelnen Körner geschieht so, wie dies für Einkristalle in Abschnitt 3.3 beschrieben wurde.

Bei der plastischen Verformung bleiben die Korngrenzen unversehrt und es gilt Volumenkonstanz. Das verformte Metall zeigt eine höhere Festigkeit, da die Versetzungen mit den Korngrenzen wechselwirken. Die erzielbare Festigkeit ist umso höher, je stärker verformt wird (je höher die erreichte Dehnung ist). Vielkristalle mit kleiner Korngröße verfestigen mehr als grobkörnige Metalle, da sie pro Volumen mehr Korngrenzenfläche (**spezifische Korngrenzenfläche**) aufweisen.

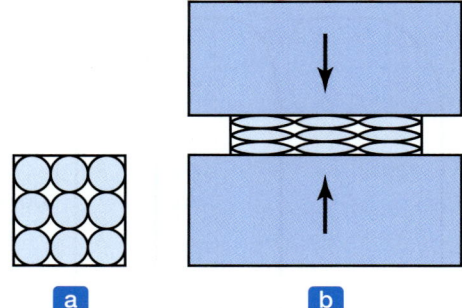

Abbildung 3.15: Plastische Verformung idealisierter (gleichachsiger) Körner eines Vielkristalls unter der Wirkung einer Druckspannung (Walzen oder Schmieden eines Metalls): (a) vor der Verformung, (b) nach der Verformung. Die Korngrenzen der gestreckten Körner sind parallel zur Horizontalen ausgerichtet.

3.5 Plastische Verformung polykristalliner Metalle

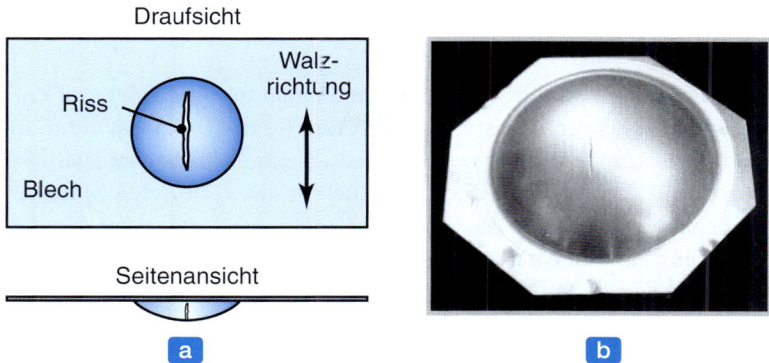

Abbildung 3.16: (a) Riss in einem Blech, welches einem Ausbeultest unterzogen wird. Dabei wird eine Kugel in das Blech gedrückt. Man beachte die Lage des Risses bezüglich der Walzrichtung des Blechs. (b) Aluminiumblech mit vertikalem Riss im Zentrum der Ausbeulung (Dom).

Anisotropie (Textur): Durch die plastische Verformung werden die Körner eines metallischen Werkstücks in die eine Richtung gestreckt, in die andere verkürzt (Abbildung 3.15b). Dadurch wird der Werkstoff **anisotrop**, wodurch sich seine Eigenschaften in vertikaler und horizontaler Richtung unterscheiden. Das Ausmaß der Anisotropie hängt auch davon ab, wie gleichmäßig die Verformung ist. Aus der Orientierung des Risses in der ▶ Abbildung 3.16 kann man ablesen, dass die Verformbarkeit des kaltgewalzten Blechs in Querrichtung (horizontal) kleiner ist als in Walzrichtung (vertikal).

Neben den mechanischen Eigenschaften beeinflusst die Anisotropie auch weitere physikalische Eigenschaften. Beispielsweise werden Stahlbleche für Transformatoren in der Elektrotechnik gezielt so gewalzt, dass die plastische Deformation dem Blech anisotrope magnetische Eigenschaften verleiht, wodurch die magnetischen Verluste verringert und der Wirkungsgrad des Transformators erhöht wird, siehe dazu auch die Diskussion über *amorphe Legierungen* in Abschnitt 3.11.9. Es gibt zwei Arten von Anisotropie in Metallen:

- **a Vorzugsorientierung:** Bekannt auch unter dem Namen **kristallografische Anisotropie**, lässt sich der Begriff gut mithilfe der Abbildung 3.5 erklären. Wird ein Metalleinkristall gezogen, dann versuchen seine Gleitebenen und Gleitbänder sich parallel zur Verformungsrichtung auszurichten. In ähnlicher Weise versuchen sich die Gleitrichtungen eines Vielkristalls parallel zur Richtung der angelegten Zugspannung zu orientieren. Unter der Wirkung einer Druckspannung drehen sich die Gleitebenen so, dass sie näherungsweise senkrecht zur Richtung der Druckspannung ausgerichtet sind.
- **b Mechanisch induzierte Faserbildung:** Diese ist zurückzuführen auf die perlenschnurartige Anordnung von Verunreinigungen, Einschlüssen und Poren im Metall durch die Verformung. Wären die kugelförmigen Körner der Abbildung 3.15a umhüllt von Verunreinigungen, so würden sich diese bei der Verformung bevorzugt in horizontaler Richtung anordnen. Da Verunreinigungen die Haftung der Körner an den Korngrenzen vermindern, weist ein solches Werkstück in senkrechter Richtung geringere Festigkeit und Duktilität auf. Eine Analogie zu diesem einfachen Modell sind Sperrholzplatten, die sehr zugfest in der Ebene der Platten sind, quer dazu aber nur wesentlich kleinere Zugspannungen ertragen.

3.6 Erholung, Rekristallisation und Kornwachstum

Wir haben gelernt, dass plastische Verformung bei Raumtemperatur (a) Körner und Korngrenzen in ihrer Form verändert (deformiert), (b) zur Verfestigung führt und (c) die Duktilität vermindert. Zudem kann plastische Verformung anisotropes Verhalten des Werkstoffs zur Folge haben. Diese Veränderungen des Gefüges können rückgängig gemacht und die Eigenschaften des verformten Metalls wieder jenen des Ausgangszustands angenähert werden, wenn man das verformte Gefüge auf für das Metall typische Temperaturen erwärmt und dort eine gewisse Zeit hält. Die genaue Lage der Glühtemperatur (des Temperaturbereichs) hängt ab vom Metall und einigen anderen Einflussgrößen. Drei Vorgänge laufen beim Erwärmen hintereinander ab:

1 **Erholung:** Bei der Erholung, die man bei Temperaturen unterhalb der **Rekristallisationstemperatur** des Metalls beobachtet, kommt es zum Abbau innerer Spannungen der hochverformten Gefügebereiche und zur Reduktion der Zahl beweglicher Versetzungen. Durch spezielle Anordnungen von Versetzungen bilden sich Subkorngrenzen (auch: Kleinwinkelkorngrenzen). Die Bildung von Subkorngrenzen nennt man **Polygonisation**. Diese Vorgänge verändern die Festigkeit und Härte des Metalls nicht nennenswert, die Duktilität steigt messbar an (▶ Abbildung 3.17).

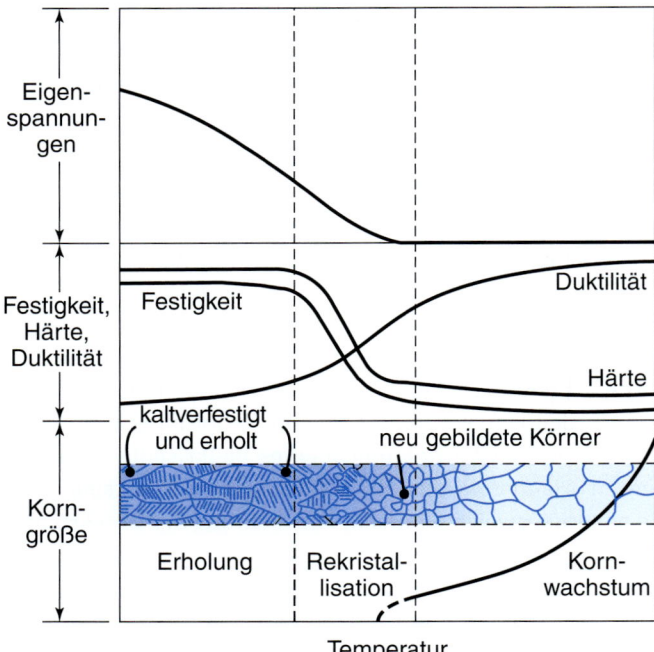

Abbildung 3.17: Schematische Darstellung der Einflüsse der Erholung, der Rekristallisation und des Kornwachstums auf die mechanischen Eigenschaften sowie die Form und Größe der neu gebildeten Körner. Während der Rekristallisation werden aus Rekristallisationskeimen neue, kleine Körner gebildet. *Quelle:* Nach G. Sachs.

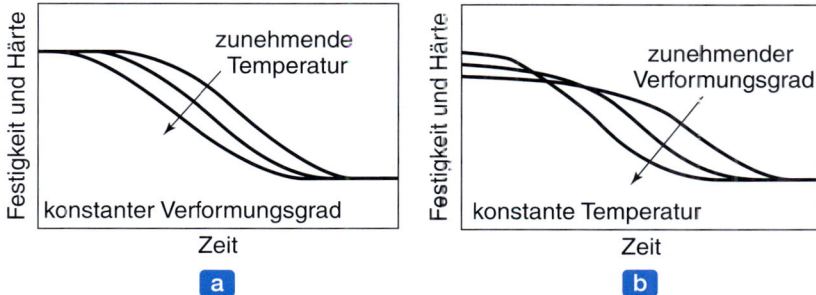

Abbildung 3.18: Einfluss von Rekristallisationstemperatur und -zeit und der Kaltverformung auf Festigkeit und Duktilität. Je größer der Kaltverformungsgrad ist, desto kürzer ist die Zeit zur vollständigen Rekristallisation. Grund dafür ist die Zunahme an gespeicherter Verformungsenergie in Form von Versetzungen mit dem Kaltverformungsgrad.

2 Rekristallisation: Der Vorgang, bei dem in einem bestimmten Temperaturbereich neue, gleichachsige und versetzungsarme Körner die stark verformten ersetzen, heißt *Rekristallisation*. Die Rekristallisationstemperatur T_r liegt zwischen 0,3 und $0,5 T_m$, wobei T_m die Schmelztemperatur des Metalls (der Legierung) in Kelvin ist. T_r ist definiert als jene Temperatur, bei der nach einer Glühung von etwa einer Stunde des gesamte Gefüge rekristallisiert ist. Die Triebkraft für die Rekristallisation ist im Wesentlichen der Anteil der im Gefüge als Versetzungen gespeicherten Verformungsenergie (ca. 10 % der zur Verformung aufgewendeten Energie). Daher wird bei der Rekristallisation die Versetzungsdichte stark reduziert, die Festigkeit erniedrigt und die Duktilität erhöht (Abbildung 3.17). Blei, Zinn, Kadmium und Zink rekristallisieren in der Nähe der Raumtemperatur.

Der Ablauf und das Ergebnis der Rekristallisation hängt also vom Kaltverformungsgrad ab: Je stärker kaltverformt wurde, desto niedriger ist die Rekristallisationstemperatur und desto kleiner ist die Korngröße der neu gebildeten Körner. Grund ist die im kaltverformten Gefüge *gespeicherte Energie*. Die Rekristallisation hängt auch von der Glühzeit ab, weil die Atome durch *Diffusion* im Gitter und über Korngrenzen hinweg bewegt werden.

Die Einflüsse von Temperatur, Zeit und Ausmaß der Kaltverformung auf die Rekristallisation lassen sich so zusammenfassen (▶ Abbildung 3.18):

- Für konstante Kaltverformungsgrade nimmt die benötigte Zeit für die Rekristallisation mit steigender Glühtemperatur ab.
- Stärkere Kaltverformung erniedrigt die Rekristallisationstemperatur.
- Je größer der Kaltverformungsgrad ist, desto feiner ist das rekristallisierte Korn (▶ Abbildung 3.19). Dies wird häufig angewandt, um ein grobkörniges Gefüge durch Kaltverformung und nachfolgende Rekristallisation in ein feinkörniges mit verbesserten Eigenschaften umzuwandeln.
- Eine durch die Verformung induzierte Anisotropie bleibt meist erhalten, möglicherweise jedoch in veränderter Form. Will man die Anisotropie beseitigen, so sind Glühtemperaturen oberhalb der Rekristallisationstemperatur zu wählen.

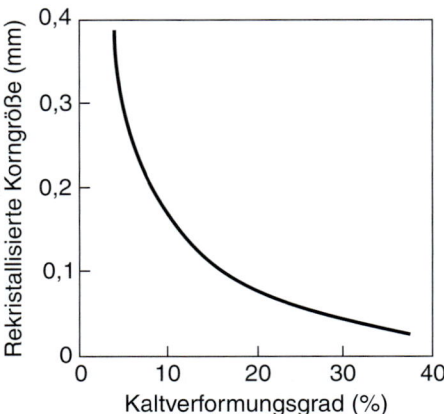

Abbildung 3.19: Einfluss der plastischen Dehnung bei der Kaltverformung auf die Größe der rekristallisierten Körner von α-Messing. Damit die Rekristallisation einsetzen kann, ist eine Mindestverformung nötig (typischerweise 5 %).

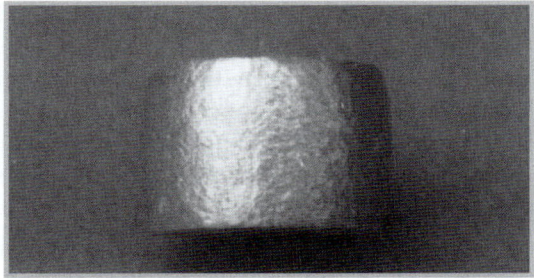

Abbildung 3.20: Oberflächenrauheit einer zylindrischen Stauchprobe aus Aluminium. Nach A. Mulc und S. Kalpakjian.

3 **Kornwachstum** Mit fortschreitender Glühdauer bzw. bei Erhöhung der Glühtemperatur beginnen die neu gebildeten Körner zu wachsen, bis sie sogar größer als vor der Verformung sind. Dieses Phänomen nennt man *Kornwachstum* und ist verbunden mit einer moderaten Verschlechterung der Eigenschaften (Abbildung 3.17). Viel wichtiger ist jedoch die durch große Körner verursachte Oberflächenrauheit, der sogenannten **Orangenhaut**, die beim Strecken von Blech oder beim Stauchen von Werkstücken, wie etwa beim Schmieden (▶ Abbildung 3.20), entsteht.

3.7 Kalt- und Warmumformung

Wird die plastische Verformung weit oberhalb bzw. unterhalb der Rekristallisationstemperatur durchgeführt, spricht man von **Warmumformung** bzw. **Kaltumformung**. Liegt die Umformtemperatur im Bereich der Rekristallisationstemperatur, dann ist die Bezeichnung **Halb-Warmumformung** gebräuchlich. Die Halb-Warmumformung ist ein Kompromiss zwischen der Warm- und der Kaltumformung mit dem Ziel, die gute Oberflächenqualität kaltumgeformter Werkstücke mit den erniedrigten Umformkräf-

Tabelle 3.2: Homologe Temperaturbereiche für verschiedene Verfahren der Umformung (T_m Schmelztemperatur in K, T Temperatur in K)

Verfahren	T/T_m
Kaltumformung	<0,3
Halb-Warmumformung	0,3–0,5
Warmumformung	>0,6

ten der Warmumformung zu kombinieren. Typische Temperaturbereiche für diese Verfahren sind in Tabelle 3.2 zusammengestellt, und zwar in Form des Verhältnisses zwischen der absoluten Umformtemperatur T und der absoluten Schmelztemperatur T_m des Metalls. Obwohl das Verhältnis dimensionslos ist, nennt man es **homologe Temperatur**.

Die Qualität der Produkte, die kalt- oder warmumgeformt wurden, ist oft stark unterschiedlich. Im Vergleich zu kaltumgeformten Teilen weisen warmumgeformte Werkstücke wegen der inhomogenen Temperaturverteilung während der Umformung eine schlechtere Maßhaltigkeit auf. Außerdem ist bedingt durch Oxidationsvorgänge bei den hohen Temperaturen ihre Oberflächengüte herabgesetzt. Auch Verarbeitungseigenschaften, wie z. B. die Umformbarkeit in nachgeschalteten Verfahrensschritten, die maschinelle Bearbeitbarkeit und die Schweißbarkeit, werden zum Teil markant von der Wahl der Umformtemperatur beeinflusst.

3.8 Versagen und Bruch

Versagen und **Bruch** zählen zu den wichtigsten Werkstoffeigenschaften, da sie sowohl die Wahl eines für eine bestimmte Anwendung vorgesehenen Werkstoffs mitbestimmen, als auch die Art der Herstellung und Verarbeitung sowie die Lebensdauer von Bauteilen beeinflussen. Wegen der großen Zahl an Einflussfaktoren, sind Versagen und Bruch eines Werkstoffs ein schwieriges Wissensgebiet. Daher beschränken wir uns in diesem Abschnitt auf jene Aspekte, die von besonderer Bedeutung für die Auswahl und Verarbeitung von Werkstoffen sind.

Meist unterscheidet man zwei Arten des Versagens: (1) **Bruch** und Trennung des Materials durch das Wachstum von Rissen im Inneren oder an der Oberfläche von Werkstücken sowie (2) Versagen durch **Knicken** (▶ Abbildung 3.21) oder **Beulen**. Bruch wiederum wird eingeteilt in duktilen und spröden Bruch (▶ Abbildung 3.22). Obwohl Versagen von Materialien unerwünscht ist, gibt es dennoch Produkte, die so gestaltet sind, dass sie im Einsatz (kontrolliert) versagen. Beispiele dafür sind das Öffnen (a) von Getränke- oder Konservendosen durch Trennen des Dosenblechs entlang eines vorherbestimmten Pfads und (b) von Flaschen, die mit metallischen oder polymeren Drehverschlüssen versehen sind.

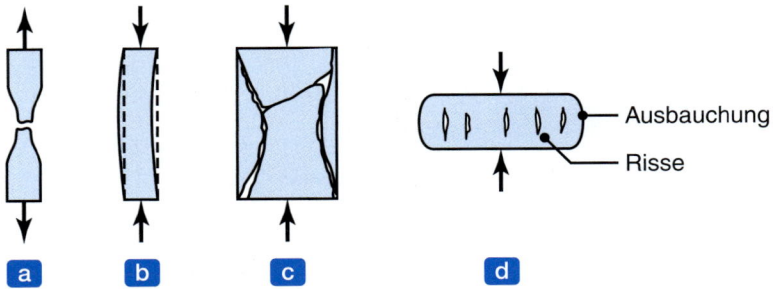

Abbildung 3.21: Mögliche Versagensarten mechanisch belasteter Materialien: (a) Einschnüren und Bruch eines duktilen Zugstabs, (b) (plastisches) Knicken eines schlanken Bauteils aus einem duktilen Werkstoff bei Druckbelastung, (c) Bruch eines spröden Werkstoffs bei Druckbelastung, (d) Rissbildung an der Oberfläche einer ausgebauchten Stauchprobe aus einem duktilen Material (siehe auch Abbildung 6.1b).

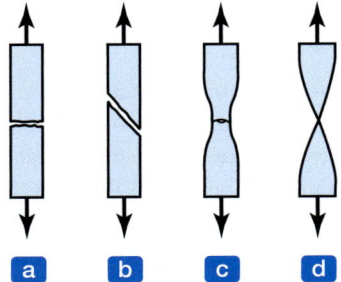

Abbildung 3.22: Schematische Darstellung des Bruchs von Zugstäben: (a) Sprödbruch von polykristallinen Metallen, (b) Scherbruch in duktilen Einkristallen (siehe auch Abbildung 3.5a), (c) *Tasse-Kegelbruch* in polykristallinen Metallen (siehe auch Abbildung 3.2), (d) ideal duktiler Bruch in polykristallinen Metallen mit einer Brucheinschnürung von 100 %.

3.8.1 Duktiler Bruch

Beim **duktilen Bruch** verformt sich der Werkstoff vor dem Versagen plastisch. Hochduktile Werkstoffe wie beispielsweise Gold oder Blei können sich im Zugversuch vor dem endgültigen Versagen nahezu vollständig einschnüren (Abbildung 3.22d). Die meisten Metalle und Legierungen zeigen jedoch eine begrenzte Einschnürung vor dem Versagen. Meist erfolgt der duktile Bruch entlang von Ebenen, in denen die Schubspannung maximal ist. Bei der Torsionsbeanspruchung etwa steht diese Ebene senkrecht auf die Verdrehachse, da diese die Ebenen mit der höchsten Schubspannung ist. Mikroskopisch betrachtet ist der Bruch durch Scherung das Ergebnis intensiver Abgleitung entlang von Gleitebenen der Körner.

Auf der Bruchfläche eines duktil gebrochenen Werkstoffs (▶ Abbildung 3.23) findet man ein *wabenartiges* Muster mit kleinen Vertiefungen (**Grübchen**), die von Stegen berandet sind. Dies sieht aus, als ob viele Miniaturzugversuche auf der Bruchfläche durchgeführt worden wären. Das Versagen beginnt mit der Bildung kleiner Hohlräume (diese entstehen sehr oft um kleine Einschlüsse herum oder aus schon vorhandenen Poren), welche wachsen und miteinander verschmelzen. Dies wiederum führt zu Rissen, deren Größe zunimmt, bis schließlich Bruch eintritt. In einer Zugprobe beginnt der Bruch im Zentrum der Einschnürzone durch Zusammenwachsen von Hohlräumen, die durch den dort herrschenden mehr-

3.8 Versagen und Bruch

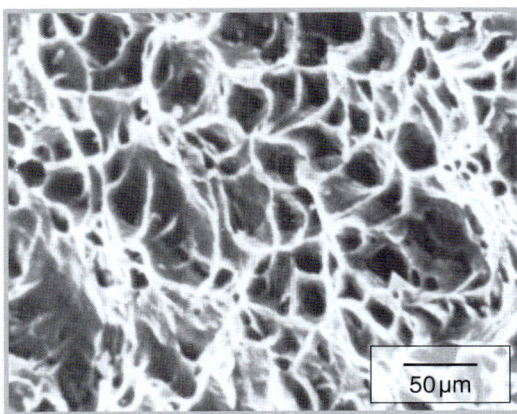

Abbildung 3.23: Bruchfläche eines duktil gebrochenen Kohlenstoffstahls. Der Bruch geht meist von Verunreinigungen, Einschlüssen oder bereits vorhandenen Löchern im Metall aus. Nach K.-H. Habig und D. Klaffke, BAM, Berlin.

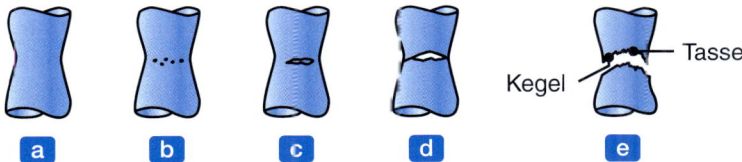

Abbildung 3.24: Ablauf von Einschnürung und Bruch in einer Zugprobe: (a) Frühstadium der Einschnürung, (b) Bildung von kleinen Hohlräumen in der Einschnürzone, (c) die Löcher verschmelzen und bilden einen inneren Riss, (d) Bruch des Restquerschnitts am Probenaußenrand durch Scherung, (e) Brucherscheinung, die auch Tasse-Kegelbruch genannt wird (Tasse: obere Bruchfläche, Kegel: untere Bruchfläche).

achsigen Spannungszustand entstehen (▶ Abbildung 3.24). Dieser Bereich wird dann zum Riss, welcher bei weiterer Belastung nach Außen wächst. Wegen seines Aussehens wird dieser Bruchtyp auch **Tasse-Kegelbruch** genannt.

Einschlüsse sind potenzielle Keimstellen für die Bildung von Hohlräumen. Sie sind daher sehr wichtig für das duktile Bruchverhalten und damit auch für die Umformbarkeit des Materials. Einschlüsse können Verunreinigungen des Werkstoffs sein, oder auch als Partikel einer zweiten Phase vorliegen (Oxide, Karbide, Suldide). In welchem Ausmaß sie das Bruchgeschehen mitbestimmen, hängt von ihrer Form, Verteilung und Menge sowie von ihren mechanischen Eigenschaften (z. B. Härte) und der Kohäsion zum umgebenden Matrixwerkstoff ab. Je größer der Volumenanteil der Einschlüsse ist, desto weniger duktil ist der Werkstoff aus Matrix und Einschlüssen. Hohlräume und Porosität, welche bei der Werkstoffherstellung (z. B. Gießen) und -verarbeitung (z. B. Umformen) entstehen, verringern die Duktilität.

Bei welcher Belastung es zur Bildung von Hohlräumen an Einschlüssen kommt, wird von zwei Faktoren bestimmt: (a) Ist die Bindung zwischen Einschluss und umgebender Matrix fest, wird die Hohlraumbildung während der plastischen Verformung erschwert. (b) Weiche Einschlüsse (wie Mangansulfid im

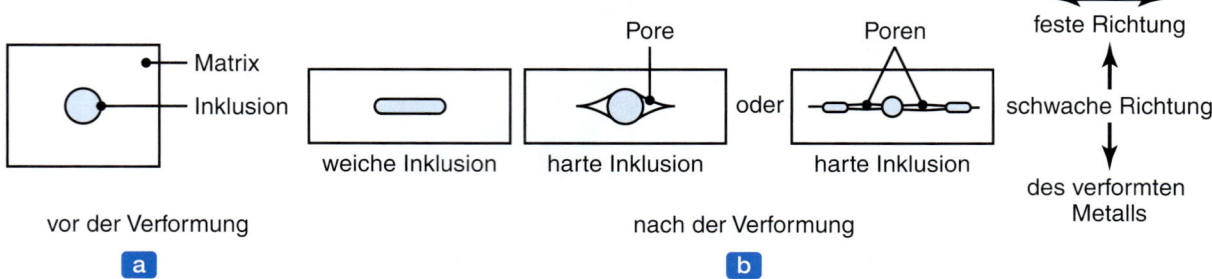

Abbildung 3.25: Schematische Darstellung der Verformung von weichen und harten Einschlüssen und ihre Rolle bei der Bildung von Hohlräumen während der plastischen Verformung. Harte Einschlüsse begünstigen die Bildung von Hohlräumen, da sie an der Verformung kaum teilnehmen (*Verformungsinkompatibilität*).

Stahl) verformen sich zusammen mit der Matrix und initiieren Hohlräume daher erst bei großen plastischen Verformungen. Harte Einschlüsse (wie Oxide, Karbide) hingegen nehmen am Verformungsgeschehen nicht oder nur wenig teil. Sie führen schon bei kleinen plastischen Verformungen des Werkstoffs durch die Ablösung der Matrix vom Einschluss (**Dekohäsion**, ▶ Abbildung 3.25) zur Bildung von Hohlräumen; wegen ihrer Härte sind sie spröde und können bei der Verformung eines Werkstücks auch zerbrechen, vor allem dann, wenn die Haftfestigkeit der Matrix-Einschluss-Grenzfläche höher ist als die Bruchfestigkeit der Einschlüsse.

Während der plastischen Verformung können sich Einschlussteilchen in bevorzugten Richtungen anordnen (*mechanisch induzierte Faserbildung*) und die Verformbarkeit in diesen Richtungen reduzieren. Diesem Umstand ist bei der weiteren Verarbeitung des Werkstoffs Rechnung zu tragen, d. h., die für eine Umformung günstigen Richtungen hinsichtlich ausreichender Duktilität müssen gewählt werden.

Übergangstemperatur: Sehr oft zeigen Metalle in einem engen Temperaturbereich (*Übergangstemperatur*) eine abrupte Änderung ihrer Duktilität und Zähigkeit (▶ Abbildung 3.26). Dieses Phänomen tritt häufig in kubisch raumzentrierten, manchmal in hexagonalen und selten in kubisch flächenzentrierten Metallen auf. Die Lage der Übergangstemperatur hängt von der Zusammensetzung des Werkstoffs, des Gefüges und der Korngröße, der Oberflächenqualität und der Werkstückform sowie der Verformungsgeschwindigkeit ab. Hohe Verformungsgeschwindigkeiten, scharfe Änderungen der Werkstückgeometrie und Kerben in der Oberfläche erhöhen die Übergangstemperatur.

Reckalterung tritt auf, wenn gelöste Kohlenstoffatome im Stahl zu Versetzungen wandern (segregieren), die Versetzungen festhalten und dadurch den Widerstand gegen die Versetzungsbewegung erhöhen. Das (makroskopische) Ergebnis sind erhöhte Festigkeit und verminderte Duktilität. Die Wirkung der Reckalterung auf die Gestalt der Fließkurve eines Kohlenstoffstahls in einem Zugversuch bei 60 °C wird in ▶ Abbildung 3.27 gezeigt. Die Fließkurve *abc* entspricht dem Ausgangszustand des Stahls und weist die für niedriggekohlte Stähle typischen Merkmale einer oberen und unteren Streckgrenze auf (*ausgeprägte Streckgrenze*). Wird der Zugversuch im Punkt *e* unterbrochen, die Probe entlastet (*d*) und sofort wiederbelastet, dann misst man die Kurve *dec*. Durch die vorhergehende plastische Verformung (*bc*) verschwindet im wieder aufgenommenen Zugversuch die ausgeprägte Streckgrenze. Wartet man jedoch mit der Wiederbelastung vier Stunden, erhält man Kurve *dfg*, nach 126 Stunden die Kurve *dhi*. Anstatt nach einer Wartezeit von mehreren Stunden bei tiefer Temperatur kann Reckalterung innerhalb von wenigen Minuten eintreten, wenn die Wartezeit bei höherer Temperatur verbracht wird. Man spricht dann von *beschleunigter Reckalterung*. Bei Stahl ist die Wartezeit besonders kurz im Temperaturbereich, in dem die Probe eine blaue Anlassfarbe zeigt. Daher ist die Bezeichnung **Blausprödigkeit** gebräuchlich.

3.8.2 Spröder Bruch

Sprödbruch tritt auf, wenn es vor der Zerstörung einer Probe zu keiner oder nur geringen plastischen Verformung kommt. ▶ Abbildung 3.28 zeigt typische Beispiele für spröde Bruchflächen. Bei Zugbelastung erfolgt der Sprödbruch entlang einer kristallografischen Ebene, der **Spaltfläche**, auf welcher die Normalspannung maximal ist. Sprödbruch tritt häufig in kubisch raumzentrierten und hexagonalen Metallen auf, während kubisch flächenzentrierte Metall selten spröd brechen. Meist begünstigen tiefe Temperaturen und hohe Belastungsgeschwindigkeiten das Auftreten von Sprödbruch.

In einem zugspannungsbelasteten metallischen Vielkristall erscheint die Sprödbruchfläche hell und körnig, da sich die Orientierung der Spaltbruchfläche ändert, wenn der Riss von Korn zu Korn fortschreitet. Sprödbruch unter Druckbelastung ist schwieriger zu deuten; theoretisch sollte der Risspfad unter einem Winkel von 45° zur angelegten Drucklast liegen.

Weitere Beispiele für den Bruch entlang von Spaltflächen sind das Zersplittern von Steinsalz und das Abschälen von einzelnen Schichten des Glimmers. Beides wird verursacht durch die von der äußeren Belastung hervorgerufenen Zugspannungen, welche normal auf die Spaltflächen wirken und den Beginn und die Ausbreitung des Spaltbruchs kontrollieren. Auch Kalk, graues Gusseisen und Beton verhalten sich spröd unter Zugbelastung und zeigen ein Bruchverhalten, das schematisch in Abbildung 3.21a skizziert ist. Bei Torsionsbelastung versagen diese Materialien entlang von Ebenen, die einen Winkel von 45° mit der Verdrehachse einschließen. Das sind Ebenen, auf denen die Zugspannung maximal ist.

Die Anwesenheit von **Defekten** wie Oberflächenverletzungen (Kratzer), Kerben sowie äußere und innere Risse beeinflusst das Bruchgeschehen markant. Bei Zugbelastung wird eine Rissspitze hohen Zugspannungen ausgesetzt, welche für das rasche Risswachstum förderlich sind, weil spröde Materialien nicht oder kaum in der Lage sind, die beim Rissfortschritt freigesetzte Energie durch plastische Verformung zu dissipieren. Man kann zeigen, dass die Zugfestigkeit einer Probe mit einem Riss, der senkrecht zur

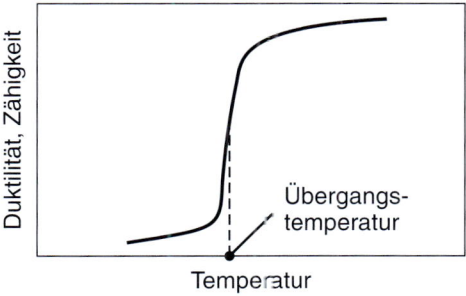

Abbildung 3.26: Bei der Übergangstemperatur erfährt das Metall eine drastische Änderung seiner Eigenschaften.

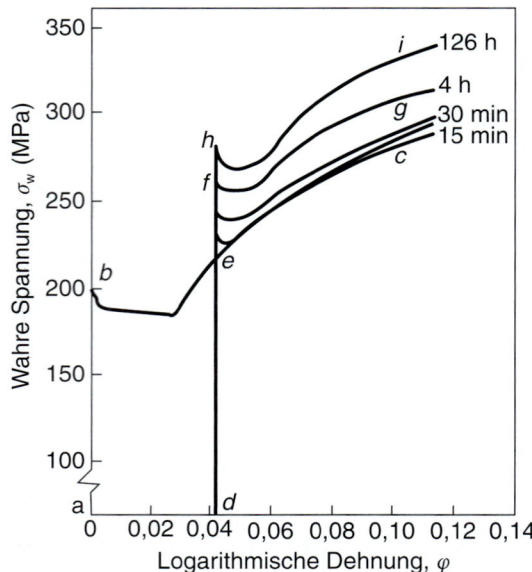

Abbildung 3.27: Einfluss der Reckalterung auf die Gestalt der Wahre-Spannung-logarithmische-Dehnung-Kurve eines unlegierten Stahls mit 0,03 Gew.-% Kohlenstoff bei 60 °C. Nach A.S. Keh und W.C. Leslie.

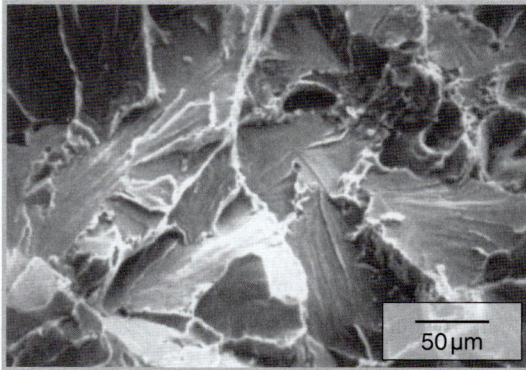

Abbildung 3.28: Bruchfläche eines spröd gebrochenen Stahls. Der Rissfortschritt erfolgt *transkristallin*, d. h. durch die Körner. Man vergleiche diese Bruchfläche mit jener eines duktilen Bruchs, Abbildung 3.23.

Zugbelastung orientiert ist, mit der Länge dieses Risses im Zusammenhang steht:

$$\sigma \propto \frac{1}{\sqrt{\text{Risslänge}}} \ . \tag{3.10}$$

Defekte erklären, warum spröde Werkstoffe unter Zugbelastung viel weniger fest sind als unter Druckbelastung: Wirken Zugspannungen, so kann es zu einem sehr raschen Wachstum von Rissen kommen. Man nennt dies auch *katastrophales Versagen*.

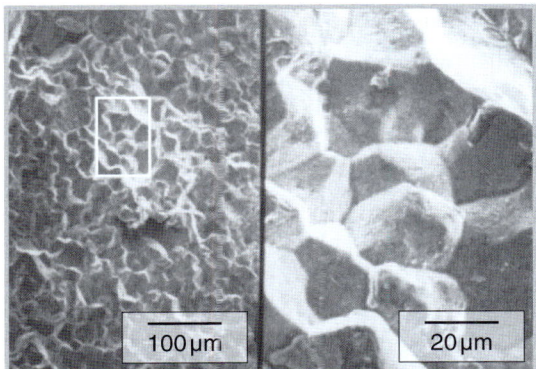

Abbildung 3.29: Die Körner und Korngrenzen sind beim interkristallinen Bruch deutlich erkennbar. Der Riss folgt den Korngrenzen.

In Vielkristallen erfolgt der Bruch üblicherweise **transkristallin** (auch *intragranular*, der Riss breitet sich quer durch die Körner aus). **Interkristalliner** Rissfortschritt, bei dem sich der Riss entlang von Korngrenzen ausbreitet (▶ Abbildung 3.29), tritt ein, wenn (a) die Korngrenzen wenig fest sind, (b) spröde Phasen in den Korngrenzen vorliegen oder (c) die Korngrenzen durch chemischen Angriff bzw. Flüssig- oder Festmetallversprödung geschwächt sind (Abschnitt 3.4.2).

Spröde Risse breiten sich mit bis zu 62 % der Ausbreitungsgeschwindigkeit von elastischen Longitudinalwellen des Materials aus. Für diese Geschwindigkeit gilt der Zusammenhang $v_\mathrm{L} = \sqrt{E/\varrho}$, wobei E den Elastizitätsmodul und ϱ die Dichte des Werkstoffs bezeichnet. Für Stahl ergibt sich dann $v_\mathrm{max}^\mathrm{Riss} = 0{,}62 \times v_\mathrm{L} \approx 2000\,\mathrm{ms}^{-1}$.

▶ Abbildung 3.30 zeigt, dass Risse auf verschiedene Arten belastet (geöffnet) werden können, man spricht daher von Rissöffnungsarten. Bei einer normal auf den Riss wirkenden Zugspannung spricht man von **Rissöffnungsart I**. Je nach Orientierung einer angelegten Schubspannung liegt entweder **Rissöffnungsart II** oder **III** vor. Das Zerreißen von Papier, das Scherschneiden von Blech oder das Öffnen von Getränkedosen sind typische Beispiele für die Rissöffnungsart III.

Ermüdungsbruch: Bei dieser Bruchart bilden sich durch wechselnde Belastung im Inneren oder an der Oberfläche eines Bauteils Risskeime an vorhandenen Fehlern im Werkstoff. Diese Risse breiten sich im Bauteil aus und führen letztlich zu seinem Versagen. Die Bruchfläche eines durch Ermüdung zerstörten Bauteils weist eine markante, terrassenartige Struktur auf, die man mit **Riffelung** bezeichnet, siehe ▶ Abbildung 3.31. Bei großer Vergrößerung (mehr als 1000-fach) erkennt man, dass jede dieser Terrassen aus einer Vielzahl von sogenannten **Rastlinien** besteht.

Die Zahl an Wiederholungen einer Wechsellast, die ein Werkstoff erträgt, heißt **Lebensdauer** und hängt sehr stark von der Qualität der Werkstückoberfläche (z. B. ihrer Glattheit) ab, ▶ Abbildung 3.32.

Die Ermüdungsfestigkeit von Bauteilen kann auf folgende Weise verbessert werden:

1. Einbringen von Druckeigenspannungen in die Randzone des Werkstücks durch Kugelstrahlen oder Festwalzen (siehe Abschnitt 4.5.1);

2 Einsatzhärten durch verschiedene Wärmebehandlungsverfahren (siehe Abschnitt 3.12.3);

3 Erniedrigung der Oberflächenrauheit zur Beseitigung von Oberflächenfehlern wie Kerben oder anderen Imperfektionen der Oberfläche;

4 Korrekte Werkstoffwahl und Sicherstellung der Werkstoff- und Bauteilqualität hinsichtlich zulässiger Einschlüsse, Verunreinigungen und Poren.

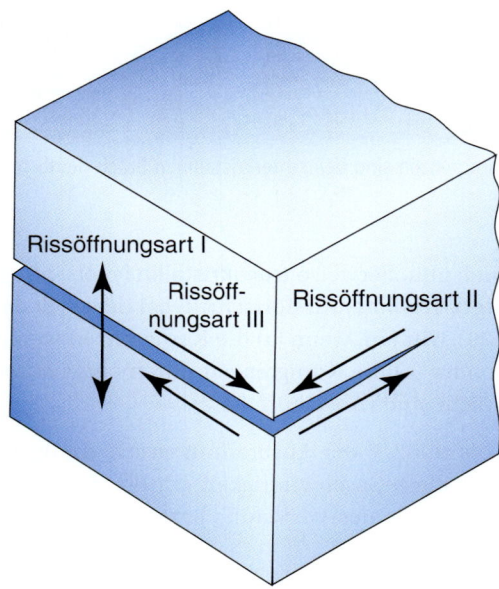

Abbildung 3.30: Die drei Rissöffnungsarten. In den meisten lasttragenden Teilen und Strukturen findet man Rissöffnungsart I vor, während die Situation II selten anzutreffen ist. Rissöffnungsart III charakterisiert z. B. Zerreißen von Papier, das Scherschneiden von Flachprodukten oder das Öffnen von Getränkedosen.

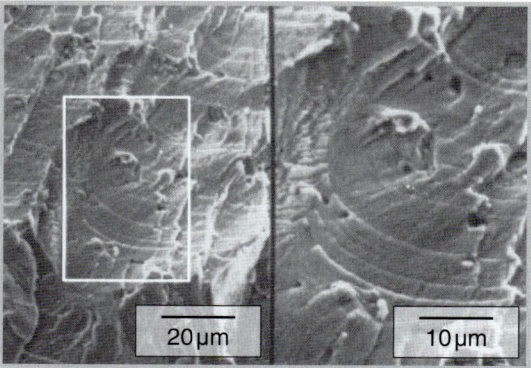

Abbildung 3.31: Ermüdungsbruchfläche eines Metalls. Man erkennt die typische Terrassenbildung. Die meisten technischen Bauteile versagen nicht durch statische Überbelastung, sondern durch das Aufbringen von wechselnden Lasten, die oft kleiner als die statische Streckgrenze des Werkstoffs sind (*Ermüdung*).

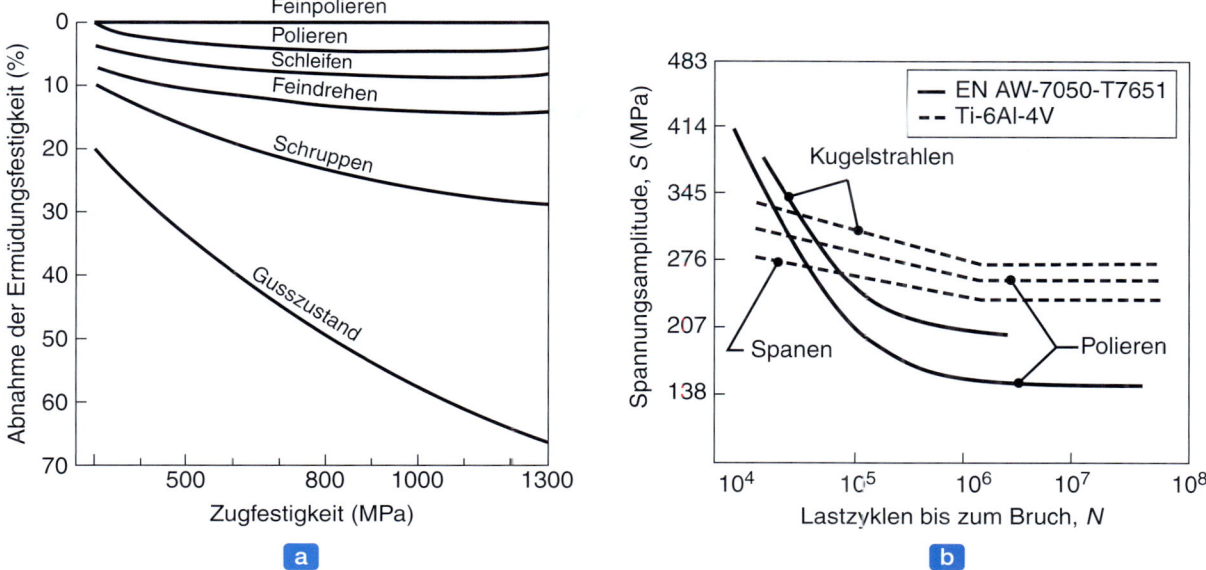

Abbildung 3.32: Einfluss der Oberflächenbeschaffenheit von Stahlguss auf die Ermüdungsfestigkeit. (a) Einfluss der Oberflächenrauigkeit. Je größer Zugfestigkeit und Rauheit sind, desto größer ist die Abnahme der Ermüdungsfestigkeit. (b) Wirkung von Eigenspannungen in der Oberfläche, wie sie durch Kugelstrahlen erzeugt werden können (Abschnitt 4.5.1). Nach B.J. Hamrock, S.R. Schmid und B.O. Jacobson.

Umgekehrt führen beispielsweise die Randentkohlung bei Stahl, Grübchenbildung beim korrosiven Angriff (Grübchen wirken als Spannungskonzentratoren), Wasserstoffversprödung, Galvanisieren und Elektroplattieren (Abschnitt 4.5.1) zur Verminderung der Ermüdungsfestigkeit. Zwei dieser Phänomene werden im Folgenden besprochen.

Spannungsrisskorrosion: Auch Metalle, die sich sonst duktil verhalten, können durch Spannungsrisskorrosion spröd versagen. So können umgeformte Bauteile Restspannungen enthalten, die je nach Material und Umgebung nach einer gewissen Zeit zu Rissen führen. Das Risswachstum kann inter- oder transkristallin erfolgen. Die Anfälligkeit auf Spannungsrisskorrosion hängt (a) vom Werkstoff, (b) von der Größe des Zugspannungsanteils der Restspannungen und (c) von der Aggressivität der Umgebung ab. Messing und austenitische Stähle zählen zu den Werkstoffen, die besonders anfällig sind für Spannungsrisskorrosion. Diese Anfälligkeit kann noch verstärkt werden, wenn z. B. Salzwasser (und die darin enthaltenen Chloridionen) auf diese Werkstoffe einwirkt. Eine übliche Methode, die Anfälligkeit zu reduzieren, ist das **Spannungsarmglühen** oder das **Spannungsfreiglühen** unmittelbar nach der Herstellung des Bauteils, um die Restspannungen abzubauen oder zu beseitigen (Abschnitt 3.12.4). Eine vollständige Beseitigung der Restspannungen führt allerdings (durch Rekristallisation) oft zu einer unzulässigen Erweichung kaltverformter Bauteile.

Wasserstoffversprödung: Die Anwesenheit von Wasserstoff im Kristallgitter kann die Duktilität drastisch vermindern und so zu einer markanten Versprödung und zum vorzeitigen Versagen von Metallen, Legierungen, aber auch von nichtmetallischen Werkstoffen führen. Die Wasserstoffversprödung ist besonders wichtig bei hochfesten Stählen. Wasserstoff kann in das Kristallgitter (a) bei der Erschmelzung, (b) beim Beizen mit Säuren zur Entfernung von Oxidschichten, (c) durch Elektrolysevorgänge beim Elektroplattieren und (d) durch die Dissoziation von Wasserdampf beim Schweißen gelangen. Ähnlich dem Wasserstoff kann auch Sauerstoff verprödend wirken, wie beispielsweise in Kupferlegierungen.

3.8.3 Größeneinfluss

Die Abhängigkeit der Werkstoffeigenschaften von einem Längenmaßstab nennt man den Größeneinfluss. Aus den Diskussionen in den vorhergehenden Abschnitten wird klar, dass insbesondere große Fehler, Risse und Imperfektionen in einem Teil weniger häufig vorliegen, wenn das Teil klein ist. Aus Gleichung (3.10) kann man daher ableiten, dass Festigkeit und Duktilität mit abnehmender Teilegröße zunehmen. Obwohl die Festigkeit als Spannungsgröße auf die Querschnittsfläche eines Bauteils bezogen ist, spielt auch die Länge des Bauteils eine wichtige Rolle: Je größer die Länge, desto größer ist das Bauteilvolumen (bei gleicher Querschnittsfläche) und desto größer ist die Wahrscheinlichkeit für die Existenz eines kritisch großen Defekts. Dies kann durch das folgende Beispiel veranschaulicht werden. Eine lange Kette ist mit großer Wahrscheinlichkeit schwächer als eine kurze, weil die Wahrscheinlichkeit für das Vorhandensein eines schwachen Kettenglieds in der längeren der beiden Ketten größer ist. Der Größeneinfluss zeigt sich auch im mechanischen Verhalten von Haarkristallen (Whiskers), die wegen ihrer Kleinheit fehlerfrei gebaute Kristalle sind (oder nur solche Baufehler besitzen, die ihre Festigkeit nicht beeinflussen). Die Festigkeit solcher Kristalle erreicht nahezu die theoretische Festigkeit des Materials (für Anwendungen von Haarkristallen siehe auch die Abschnitte 8.6.10 und 10.9.2).

Beispiel 3.1 **Sprödbruch der Stahlplatten des Rumpfs der R.M.S. Titanic**

Eine umfassende Analyse des Unglücks der *Titanic* brachte zum Vorschein, dass das Schiff nicht primär wegen der Kollision mit einem Eisberg sank, sondern wegen Fehlern in der Konstruktion und Fertigung. Die Stahlplatten des Rumpfes waren von minderer Qualität und besaßen einen hohen Schwefelgehalt. Sie verhielten sich spröde bei tiefen Temperaturen (Wassertemperatur des Atlantischen Ozeans) und schlagartiger Belastung (Zusammenstoß mit dem Eisberg). In einem derartigen Werkstoff kann sich ein Riss, der an einer Stelle der geschweißten Stahlkonstruktion entsteht, sehr schnell und ohne Energiezufuhr ausbreiten und um den ganzen Schiffsrumpf laufen, der dann in zwei Teile zerbricht. Doch nicht alle Schiffe in dieser Zeit wurden wie die *Titanic* aus so minderwertigen Stahlblechen gebaut. Dies wurde am sehr viel später gefundenen Wrack der *Titanic* nachgewiesen. Außerdem stellte sich heraus, dass bessere Schweißverfahren (Kapitel 12) als die verwendeten zu einer widerstandsfähigeren Konstruktion geführt hätten und so das Unglück wahrscheinlich nicht eingetreten wäre.

3.9 Physikalische Eigenschaften

Neben den mechanischen sind eine Vielzahl von **physikalischen Eigenschaften** ausschlaggebend für die Wahl und Verarbeitung von Werkstoffen. Für die Fertigung sind Dichte, Schmelzpunkt, spezifische Wärme, thermische Leitfähigkeit und Ausdehnung, elektrische und magnetische Eigenschaften sowie der Widerstand gegen Oxidation und Korrosion von erheblicher Bedeutung. Diese Werkstoffeigenschaften werden in den folgenden Abschnitten diskutiert.

3.9.1 Dichte

Die Dichte eines Metalls hängt von Ordnungszahl, Atomradius und Gitterstruktur ab. Legierungsatome beeinflussen die Dichte des Wirtsmetalls je nach ihrer Atommasse. Tabelle 3.3 zeigt Wertebereiche für die Dichte metallischer und nichtmetallischer Werkstoffe bei Raumtemperatur.

Reduktion der Masse (des Gewichts) ist wichtig für Flugzeuge, Raumschiffe, Automobilkarosserien und immer dann, wenn Energieverbrauch eine Rolle spielt. Demzufolge sind die **spezifische Festigkeit** (auch Festigkeit-zu-Gewicht-Verhältnis) und die **spezifische Steifigkeit** (Steifigkeit-zu-Gewicht-Verhältnis) wichtige Eigenschaften lasttragender Werkstoffe und Strukturen (siehe auch Abschnitt 10.9.1). Das Ersetzen von Werkstoffen aus Masse- und ökonomischen Gründen ist in fast allen Gebieten der Technik von Bedeutung, so auch für Maschinen und Ausrüstungen sowie für Konsumgüter wie etwa Automobile.

Dichte ist auch ein wichtiges Auswahlkriterium für Werkstoffe in Anwendungen, bei denen Massen schnell bewegt werden. Dies ist der Grund für den Einsatz von Magnesium in Druckern (Druckmaschinen) und in Webstühlen. Um Belichtungszeiten von 1/8000 s in Kleinbildkameras präzise realisieren zu können, werden Verschlüsse solcher Kameras aus Titan gefertigt. Nur durch den Einsatz von Materialien mit geringer Dichte lassen sich Trägheitskräfte reduzieren, die oft Quelle von Vibrationen, Ungenauigkeit und Versagen sind. Daneben gibt es aber auch Anwendungen, für welche eine hohe Dichte von Vorteil ist. Beispiele dafür sind Gegengewichte zum Massenausgleich aus Blei oder Wolfram, Schwungräder aus Gusseisen und Geschosse in der Ballistik.

3.9.2 Schmelzpunkt

Der Schmelzpunkt eines Metalls hängt von der Energie ab, die zur Zerstörung des Kristalls benötigt wird. An den Zahlenwerten in Tabelle 3.3 erkennt man, dass der Schmelzpunkt von Legierungen im Unterschied zu reinen Metallen, die einen wohldefinierten Schmelzpunkt besitzen, je nach Zusammensetzung der Legierung in einem weiten Temperaturbereich schwankt, siehe auch Abschnitt 5.2. Da die Rekristallisationstemperatur eines Metalls von seinem Schmelzpunkt abhängt, ist dieser auch für die Wahl der richtigen Temperatur von Verfahren wie Weichglühen, Wärmebehandeln und Warmumformen von Bedeutung. Diese Wahl wiederum bestimmt die Werkstoffe, die man zur Durchführung der verschiedenen Herstellverfahren benötigt (Werkzeuge, Glüheinrichtungen).

Auch für die Auswahl der Anlagen und Verfahren beim Schmelzen und Gießen von Metallen ist der Schmelzpunkt wichtig: Je höher er ist, umso aufwendiger werden die Verfahren (Abschnitt 5.5). So

3 Struktur und Verarbeitungseigenschaften der Metalle

Tabelle 3.3: Physikalische Eigenschaften ausgewählter Werkstoffe bei Raumtemperatur (Ausnahme: Schmelzpunkt)

	Dichte kg/m³	Schmelzpunkt °C	Spezifische Wärme J/kg K	Wärmeleitfähigkeit W/m K	Koeffizient d. thermischen Ausdehnung μm/m °C
Metallische Werkstoffe					
Aluminium	2700	660	900	222	23,6
Aluminiumleg.	2630–2820	476–654	880–920	121–239	23,0–23,6
Beryllium	1854	1278	1884	146	8,5
Niob	8580	2468	272	52	7,1
Kupfer	8970	1082	385	393	16,5
Kupferleg.	7470–8940	885–1260	337–435	29–234	16,5–20
Gold	19 300	1063	129	317	19,3
Eisen	7860	1537	460	74	11,5
Stähle	6920–9130	1371–1532	448–502	15–52	11,7–17,3
Blei	11 350	327	130	35	29,4
Bleileg.	8850–11 350	182–326	126–188	24–46	27,1–31,1
Magnesium	1745	650	1025	154	26,0
Magnesiumleg.	1770–1780	610–621	1046	75–138	26,0
Molybdänleg.	10 210	2610	276	142	5,1
Nickel	8910	1453	440	92	13,3
Nickelleg.	7750–8850	1110–1454	381–544	12–63	12,7–18,4
Silizium	2330	1423	712	148	7,63
Silber	10 500	961	235	429	19,3
Tantalleg.	16 600	2996	142	54	6,5
Titan	4510	1668	519	17	8,35
Titanleg.	4430–4700	1549–1649	502–544	8–12	8,1–9,5
Wolfram	19 290	3410	138	166	4,5
Nichtmetallische Werkstoffe					
Keramiken	2300–5500	–	750–950	10–17	5,5–13,5
Gläser	2400–2700	580–1540	500–850	0,6–1,7	4,6–70
Graphit	1900–2200	–	840	5–10	7,86
Polymere	900–2000	110–330	1000–2000	0,1–0,4	72–200
Holz	400–700	–	2400–2800	0,1–0,4	2–60

steht die Wahl des Werkstoffs für Gusskokillen im direkten Zusammenhang mit dem Schmelzpunkt des Gusswerkstoffs. Bei der Materialbearbeitung mittels Funkenerodieren (Abschnitt 9.13) beeinflusst schließlich der Schmelzpunkt des bearbeiteten Metalls die Abtragrate und den Werzeugverschleiß.

3.9.3 Spezifische Wärme

Die **spezifische Wärme** ist jene Energie (Wärmemenge), die man benötigt, um eine bestimmte Masse eines Stoffs (z. B. 1 kg) um ein Grad zu erwärmen. Legierungselemente beeinflussen die spezifische Wärme des Wirtsmetalls nur wenig. Die Erhöhung der Temperatur eines Werkstücks durch Umformen oder Bearbeiten hängt von der eingebrachten Energie und der spezifischen Wärme des Materials ab (siehe Abschnitt 2.12.1): Je kleiner die spezifische Wärme des bearbeiteten Werkstoffs ist, umso höher wird seine Temperatur. Dies kann zu unzulässig hohen Temperaturen führen, welche die Qualität des erzeugten Teils negativ beeinflussen durch (a) mangelhafte Oberflächenqualität und Maßhaltigkeit, (b) hohen Verschleiß der Werkzeuge und (c) unerwünschte Gefügeänderungen in den beteiligten Werkstoffen.

3.9.4 Wärmeleitfähigkeit

Die **thermische Leitfähigkeit** (*Wärmeleitfähigkeit*) ist ein Maß dafür, wie schnell Wärme durch ein Material fließt. Metalle besitzen wegen der frei beweglichen Elektronen des Elektronengases eine hohe thermische Leitfähigkeit, während ionisch oder kovalent gebundene Substanzen schlechte Wärmeleiter sind (Keramiken und Polymere). Legierungselemente können die thermische Leitfähigkeit von Metallen drastisch beeinflussen, wie man in Tabelle 3.3 an den Zahlenwerten für Metalle und ihre Legierungen erkennt.

Wird Wärme bei der Umformung oder durch Reibung erzeugt, dann soll diese rasch abgeführt werden, um einen zu starken Temperaturanstieg zu vermeiden, der zu hohen thermischen Gradienten und inhomogener Verformung führen kann. Dies ist ein erhebliches Problem bei der maschinellen Bearbeitung von Titan (Abschnitt 8.5.2).

3.9.5 Thermische Ausdehnung

Thermische Ausdehnung kann sich in vielfältiger Weise äußern. Im Allgemeinen ist der Koeffizient der thermischen Ausdehnung umgekehrt proportional zum Schmelzpunkt der Werkstoffs. Legierungselemente verändern den Koeffizienten nur wenig. Die thermische Ausdehnung ist wichtig, wenn Materialien gepaart werden, die sich unterschiedlich stark ausdehnen (zusammenziehen) oder das Einhalten von Abständen zwischen Komponenten essenziell für die Funktion einer Maschine ist. Wichtige Beispiele sind Komponenten der Elektronik und Computertechnik, Metall-Glas- und Metall-Keramik-Paarungen (siehe auch Abschnitt 11.8.2) oder Streben in Jettriebwerken. Schrumpfsitze nutzen die thermische Ausdehnung/Kontraktion: Meist wird eine Hülse oder Nabe erwärmt und auf eine Welle aufgezogen. Bei der Abkühlung schrumpft die Hülse (Nabe) und klemmt die Welle.

Thermische Spannungen entstehen durch unterschiedliches Ausdehnungsverhalten von Komponenten oder im Material selbst (z. B. durch Temperaturunterschiede im Bauteil). Thermische Spannungen können während des Einsatzes zu Verzügen, Verformungen (Beulen, plastische Deformation), Rissbildung oder Lockerung von Verbindungen in Konstruktionen führen. Keramiken und Werkzeuge aus spröden Materialien reagieren oft empfindlich auf die Anwesenheit von thermischen Spannungen. Für die Entstehung und Größe dieser Spannungen in Fertigungsprozessen sind die thermische Ausdehnung und die Wärmeleitfähigkeit wichtig. Thermische Spannungen können auch durch eine Anisotropie im Ausdehnungsverhalten entstehen. Dies wird oft in hexagonalen Metallen und in Keramiken beobachtet, nicht jedoch in kubisch kristallisierenden Metallen.

Thermische Ermüdung tritt bei thermisch zyklischer Belastung auf und führt zur Rissbildung an der Werkstückoberfläche. Dieses Phänomen ist bedeutsam (a) beim Schmieden, wenn heiße Werkstücke wiederholt in kältere Gesenke eingelegt werden und so die Gesenkoberflächen thermisch zyklisch belasten und (b) bei der unterbrochenen spanenden Bearbeitung (z. B. Fräsen). **Thermoschock** ist ein Begriff, der die Bildung von Rissen nach nur einem thermischen Zyklus umschreibt.

Der Einfluss der Temperatur auf die Abmessungen und den Elastizitätsmodul ist bedeutsam für Präzisionsmaschinen und -messgeräte. So hat beispielsweise eine Feder eine geringere Steifigkeit bei höheren Temperaturen, weil der E-Modul des Werkstoffs abnimmt. In ähnlicher Weise besitzen dadurch Stimmgabeln und Pendel temperaturabhängige Eigenfrequenzen. Um möglichen Problemen, die durch die thermische Ausdehnung verursacht werden, zu begegnen, wurden Eisen-Nickel-Legierungen entwickelt, die einen besonders niedrigen Ausdehnungskoeffizienten aufweisen und dadurch auch beständig gegen thermische Ermüdung sind. Wichtige Vertreter dieser Sonderwerkstoffe sind *Invar* (64 % Fe, 36 % Ni) und *Kovar* (54 % Fe, 28 % Ni, 18 % Co).

3.9.6 Elektrische und magnetische Eigenschaften

Die elektrische Leitfähigkeit und die dielektrischen Eigenschaften der Werkstoffe sind nicht nur für elektrische Komponenten und Maschinen wichtig, sondern auch für Fertigungsverfahren wie etwa das elektromagnetische (Puls-)Umformen (EM(P)U) von Blechen (Abschnitt 7.5.5) oder das Funkenerodieren und elektrochemische Schleifen von harten und spröden Werkstoffen (Kapitel 9).

Die **elektrische Leitfähigkeit** ist ein Maß dafür, wie gut ein Werkstoff elektrischen Strom leitet. Die Einheit der elektrischen Leitfähigkeit ist S/m (Siemens/Meter), wobei $1\,\text{S} = 1\,\Omega^{-1}$ ist. Werkstoffe mit hoher Leitfähigkeit (Metalle) werden als **Leiter** bezeichnet. Die elektrische Leitfähigkeit der Metalle beruht ebenso wie die Wärmeleitfähigkeit auf den freien Elektronen. Gelöste Atome beeinflussen die elektrische Leitfähigkeit negativ, da schon kleine Mengen an gelösten Atomen die Bewegung der freien Elektronen behindern. Sind diese Fremdatome jedoch als Teilchen zweiter Phase vorhanden, so setzt sich der elektrische Widerstand des Phasengemisches additiv aus den mit den Volumenanteilen der Phasen gewichteten elektrischen Widerständen der Einzelphasen zusammen. Dies kann dazu führen, dass die Leitfähigkeit eines Metalls erhöht wird, wenn die zweite Phase eine höhere Leitfähigkeit besitzt.

Der **elektrische Widerstand** ist der Kehrwert der elektrischen Leitfähigkeit. Werkstoffe mit hohem elektrischen Widerstand bezeichnet man als **Dielektrika** oder **Isolatoren**. Als **dielektrische Festigkeit** eines

Werkstoffs wird sein Widerstand gegen Gleichstrom bezeichnet, dieser ist als Spannung pro Länge definiert, die für einen elektrischen Durchschlag benötigt wird. Die Einheit der dielektrischen Festigkeit ist V/m.

Supraleitfähigkeit beschreibt das Phänomen, dass der elektrische Widerstand von bestimmten Metallen, Legierungen und Keramiken bei Temperaturen unterhalb einer kritischen Temperatur (*Sprungtemperatur*) nahezu verschwindet. Die höchste heute bekannte (und gesicherte) Sprungtemperatur besitzt eine Verbindung aus Quecksilber, Tellur, Barium, Kalzium, Kupfer und Sauerstoff mit −135 °C, obwohl jüngst über noch höhere Sprungtemperaturen berichtet wurde (−61 °C). Die technische Nutzbarmachung der (Hochtemperatur-)Supraleitung ist das Ziel intensiver Forschung, da durch sie der Wirkungsgrad von magnetischen Spulen, Hochspannungsfreileitungen und vielen anderen elektrischen und elektronischen Komponenten markant erhöht werden kann.

Die elektrischen Eigenschaften von Einkristalllen aus Silizium, Germanium und Galliumarsenid reagieren äußerst empfindlich auf Temperaturänderungen sowie auf die Anwesenheit und die Art auch kleinster Verunreinigungen. Durch genaue Einstellung der Konzentration dieser Verunreinigungen (**Dotierungen**), wie etwa Phosphor oder Bor in Silizium, kann die elektrische Leitfähigkeit präzise eingestellt werden. Diese Eigenschaft wird intensiv für Halbleiterbauelemente genutzt, siehe Kapitel 13. Derartige Bauteile sind (a) sehr kompakt, (b) effizient, (c) relativ kostengünstig, (d) verbrauchen wenig elektrische Energie und (e) benötigen keine Aufwärmzeit.

Ferromagnetismus ist die „normale" Form des Magnetismus. Ein ferromagnetisches Material zeigt eine Magnetisierung, wenn es einem externen Magnetfeld ausgesetzt wird. Im Normalfall geht diese Magnetisierung bis auf einen kleinen Restmagnetismus (**Remanenz**) zurück, wenn der Gegenstand aus dem äußeren Magnetfeld entfernt wird. Es gibt jedoch auch Werkstoffe, bei denen die Remanenz groß ist und eine dauerhafte (permanente) Magnetisierung erreicht werden kann. Solche Werkstoffe (z. B. gehärteter Stahl) werden für Dauermagnete verwendet. Ferromagnetismus ist eine Folge einer *Austauschwechselwirkung* benachbarter Atome, die zur parallelen Ausrichtung der magnetischen Momente führt. Oberhalb einer kritischen Temperatur (*Curie-Temperatur*) geht diese Ordnung wieder verloren. Die wichtigsten ferromagnetischen Stoffe (bei Raumtemperatur) sind Eisen Nickel und Kobalt. Ferromagnetische Werkstoffe besitzen wichtige Anwendungen in Elektromotoren, Generatoren, Transformatoren und Mikrowellengeräten. Bei **ferrimagnetischen** Stoffen sind die magnetischen Momente der Atome in einem bestimmten Bereich antiparallel ausgerichtet. Im Gegensatz zum **Antiferromagnetismus** heben sie sich jedoch nicht gegenseitig auf, da eine der beiden Richtungen ein stärkeres Moment besitzt als die andere Richtung. Ferrimagnetische Materialien bezeichnet man als *Ferrite*, welche oxidische Keramiken sind. Es gibt magnetisch harte (hohe Remanenz) und magnetisch weiche Ferrite (geringe Ummagnetisierungsverluste).

Der **piezoelektrische Effekt** (von griechisch *piezo*, drücken) beschreibt die Änderung der elektrischen Polarisation und damit das Auftreten einer elektrischen Spannung, wenn Festkörper elastisch verformt werden (direkter Piezoeffekt). Umgekehrt verformen sich piezoelektrische Materialien elastisch bei Anlegen einer elektrischen Spannung (umgekehrter Piezoeffekt). Piezoelektrizität zeigen einige Keramiken (Perowskite) und Quarzkristalle (Schwingquarz). Auch das Polymer Polyvinylidenfluorid verhält sich piezoelektrisch. Piezoelektrizität ist die Grundlage von *Transducern*. Dies sind allgemein Bauteile, die elastische Verformungen durch eine äußere Last in elektrischen Strom umwandeln. Technische Anwendungen piezoelektrischer Materialien findet man in Kraft- und Drucksensoren, Dehnungssensoren, Schalldetektoren, Mikrofonen, Lautsprechern und Feinstpositioniersystemen in der Zuführtechnik.

Magnetostriktion ist die Ausdehnung oder Kontraktion eines Materials unter der Wirkung eines Magnetfelds. Reines Nickel und einige Eisen-Nickel-Legierungen zeigen dieses Verhalten. Die Magnetostriktion ist die Grundlage der Ultraschall-Bearbeitungsmaschinen (siehe Abschnitt 9.9).

3.9.7 Korrosionsbeständigkeit

Korrosion ist die Zerstörung von Metallen und Keramiken durch chemischen Angriff, während **Degradation** ähnliche Vorgänge bei polymeren Werkstoffen bezeichnet. *Korrosionsbeständigkeit* ist ein wichtiger Aspekt bei der Werkstoffwahl, vor allem bei Anwendungen in der Lebensmittel-, chemischen und petrochemischen Industrie. Zusätzlich zu den chemischen Reaktionen, die von gewissen Atomen und Verbindungen im Werkstoff induziert werden, sind umgebungsbedingte Korrosion und Oxidation von Bauteilen und Strukturen – insbesondere bei erhöhter Temperatur – von erheblicher Bedeutung. Auf Grund von Sicherheitsüberlegungen ist Korrosion wichtig im Transportwesen, also für Flugzeuge, Automobile, Schiffe und andere Transportmittel.

Die Korrosionsbeständigkeit hängt von der Zusammensetzung und der Gefügestruktur des Werkstoffs und vom angreifenden Medium ab. Chemikalien (Säuren, Basen, Salze), das umgebende Medium (Sauerstoff, verunreinigte Luft, saurer Regen) und Wasser (hoher oder niedriger Ionengehalt) können angreifende Substanzen sein. Nichteisenmetalle, rostfreier Stahl und nichtmetallische Werkstoffe sind meistens korrosionsbeständig. Kohlenstoffstähle, Gusseisen und Magnesium hingegen zeigen eine geringe Korrosionsbeständigkeit und müssen deswegen vor korrosivem Angriff geschützt werden. Dies kann durch Überzüge und Oberflächenbehandlung bewerkstelligt werden (Abschnitt 4.5).

Korrosion kann großflächig oder lokal begrenzt (z. B. **Lochfraß**) auf der Werkstoffoberfläche auftreten. Sie kann entlang der Korngrenzen eines vielkristallinen Metalls als **interkristalline Korrosion** oder an der Grenzfläche der Fügepartner von Stift- oder Nietverbindungen als **Spaltkorrosion** in Erscheinung treten. Zwei elektrochemisch verschiedene Metalle, die miteinander elektrisch leitend verbunden sind (sei es durch direkten Kontakt oder durch einen wässrigen Elektrolyten), werden eine **galvanische Zelle** bilden und *galvanisch* korrodieren. Zweiphasenwerkstoffe (z. B. $\alpha + \beta$-Messing) sind empfindlicher für galvanische Korrosion als reine Metalle oder einphasige Legierungen, da benachbarte Körner verschiedener Phasen eine galvanische Zelle (*Lokalelement*) bilden. Da man mit Wärmebehandlungen den Gefügeaufbau und damit oft auch die Ein- und Mehrphasigkeit des Gefüges beeinflusst, sind Wärmebehandlungen für die Korrosionsbeständigkeit von großer Wichtigkeit. So ist eine Aluminiumlegierung mit ausgeschiedenen Partikel weniger korrosionsbeständig als im lösungsgeglühten Zustand.

Korrosion kann auch in indirekter Weise erfolgen. Die **Spannungsrisskorrosion** (SRK) ist dafür ein wichtiges Beispiel. SRK ist Korrosion durch ein umgebendes Medium bei Anwesenheit von äußeren oder inneren Spannungen. Werkstücke, welche durch den Fertigungsprozess hervorgerufene innere Spannungen enthalten (Abschnitt 2.10), wie dies bei kaltgewalzten Metallen oft der Fall ist, sind empfindlicher für SRK als geglühte oder warmgewalzte Metalle.

Werkstoffe für Werkzeuge, Gesenke und Formen können durch Schmiermittel oder Kühlflüssigkeiten korrodieren (Abschnitt 4.4.4). Die dabei ablaufenden chemischen Reaktionen verändern die Feingestalt ihrer Oberflächen und verschlechtern dadurch oft die Qualität der gefertigten Teile. Bei Werkzeugen und Gesenken aus Wolframkarbid mit Kobaltbinder (Abschnitt 8.6.4) kann Kobalt durch die verwendeten Kühl- und Schmierflüssigkeiten vorrangig angegriffen werden (**selektive Korrosion**), was zur vorzeitigen Zerstörung des Werkstoffs führt (siehe auch Abschnitte 4.4.4 und 8.7). Es ist also wichtig, das Zusammenspiel zwischen den Komponenten des Korrosionssystems (Werkzeug, Werkstück, Metallbearbeitungsflüssigkeiten, Temperatur) zu kennen, um Anhaltspunkte für die richtige Werkstoffwahl zu gewinnen.

Chemische Reaktionen müssen sich nicht immer in negativer Weise äußern. Zahlreiche Bearbeitungsverfahren wie das chemische oder elektrochemische Bearbeiten beruhen auf dem kontrollierten Ablauf chemischer Reaktionen (Kapitel 9). Zudem ist ein gewisses Ausmaß an Oxidation für die Verbesserung der Korrosionsbeständigkeit einiger Metalle und Legierungen erwünscht. Wichtige Beispiele dafür sind:

- **a** Aluminium bildet spontan eine dünne (einige μm), harte und gut haftende Oxidschicht aus, welche die Oberfläche vor weiterer Korrosion schützt.
- **b** Titan bildet eine schützende Schicht aus Titanoxid.
- **c** Wegen ihres hohen Chromgehalts bilden rostfreie (chemisch beständige) Stähle eine schützende Oxidschicht aus Chromoxid aus. Dieser Vorgang wird **Passivierung** genannt (Abschnitt 4.2). Wird diese Schicht zerkratzt und blankes Metall der Umgebung ausgesetzt, dann kommt es an dieser Stelle in kurzer Zeit zur erneuten Oxidation und Wiederherstellung der Schutzwirkung.

3.10 Eigenschaften und Anwendungen von Eisenlegierungen

Wegen ihrer relativ niedrigen Herstellkosten und ihrer weitgestreuten mechanischen, physikalischen und chemischen Eigenschaften zählen Eisenbasiswerkstoffe zu den nützlichsten aller technischen Werkstoffe. Sie enthalten neben Eisen eine Vielzahl von Legierungselementen und werden meist in Stahl und Gusseisen eingeteilt. Die Trennung zwischen beiden erfolgt mit dem Kohlenstoffgehalt, der bei Stählen maximal 2,1 Masseprozent beträgt. Stahl und Gusseisen werden nach mehreren Gesichtspunkten in weitere Untergruppen eingeteilt. Für Stahl ist eine der gebräuchlichsten Einteilungen jene in unlegierte, legierte, hochlegierte und Werkzeugstähle. Stahl lässt sich in nahezu jede geometrische Form bringen, wie etwa

- Feinbleche für Automobile, Haushaltsgeräte und Behälter;
- Grobbleche für Druckkessel, Schiffe und Brücken;
- Profile und Träger mit verschiedenen Querschnitten, stab- und drahtförmige Produkte, Eisenbahnschienen, Schmiedeteile;
- Werkzeuge, Gesenke und Formen.

Unlegierte Stähle zählen zu den kostengünstigsten Strukturwerkstoffen. Eisenwerkstoffe insgesamt sind die Werkstoffe, aus denen etwa 80 % (auf die Masse bezogen) aller Strukturbauteile des Maschinenbaus und Bauingenieurwesens bestehen. Auch heute bestehen die weltweit gebauten Automobile (einschließlich Lkws und Busse) zu mehr als 60 % aus Eisenwerkstoffen, woran sich auch in absehbarer Zeit wenig ändern wird. Die Verwendung von Eisen und Stahl als Strukturwerkstoff war eine der größten technischen Errungenschaften der Menschheit. Einfache Werkzeuge aus Eisen tauchten etwa 4000 bis 3000 v. Chr. auf. Sie wurden aus Meteoreisen gefertigt. Die Wurzeln der heutigen Eisenverarbeitung sind in Kleinasien zu finden und leiten den Beginn der Eisenzeit ein (seit 1100 v. Chr.). Mit der Erfindung des Hochofens um 1340 n. Chr. wurde die großtechnische Erzeugung von Eisenwerkstoffen eingeläutet.

3.10.1 Herstellung von Eisen und Stahl

Rohstoffe

Die bei der Eisenherstellung verwendeten Rohstoffe sind Eisenerz, Zuschlagstoffe und Koks. Obwohl Eisen nicht gediegen vorkommt, ist es eines der häufigsten Elemente in der Erdkruste (4 %). Die wichtigsten Erze sind Magnetiteisenstein (Fe_3O_4, 45–79 % Fe), Roteisenstein (Hämatit, Fe_2O_3, 40–60 % Fe), Brauneisenstein (Limonit, $2 Fe_2O_3 \cdot 3 H_2O$, 30–45 % Fe) und Spateisenstein ($FeCO_3$, 25–40 % Fe). Nach dem Abbau des Erzes wird dieses zerkleinert und mit verschiedenen Methoden gereinigt (inklusive magnetischer Trennung). Danach werden daraus mit Wasser und verschiedenen Bindern **Pellets** geformt, die einen Eisengehalt von 65 % und einen Durchmesser von etwa 20 mm besitzen.

Koks gewinnt man aus asche- und schwefelarmer Fettkohle (Braun- oder Steinkohle) durch Wärmeeinwirkung unter Sauerstoffabschluss (**Pyrolyse**). Ziel der bei hohen Temperaturen (bis 1150 °C) erfolgenden **Verkokung** ist das Erreichen eines höheren Heizwertes durch die Vergasung der flüchtigen Bestandteile der Kohle zur Erhöhung des Kohlenstoffgehalts. Koks erfüllt mehrere Aufgaben bei der Roheisenherstellung, wie (a) Bereitstellen der großen Wärmemengen, die zur Einleitung und Aufrechterhaltung der chemischen Reaktionen im **Hochofenprozess** erforderlich sind, und (b) Bereitstellen von Kohlenmonoxid, welches das Eisenoxid zu Eisen reduziert. Die chemischen Nebenprodukte bei der Kokserzeugung werden als Rohstoffe in der chemischen Industrie verwendet, die flüchtigen Stoffe dienen als Brennstoffe im Hüttenwerk. Die Zuschläge sollen die noch vorhandenen **Gangarten** (= Sand, Ton) und die Asche des Brennstoffs (= Koks) in eine niedrigschmelzende, leichtflüssige **Schlacke** überführen. Je nach Charakter der Gangart unterscheidet man saure (für basische Gangarten) und basische Zuschläge (für saure Gangarten). Basischen Gangarten wird Kalk, Dolomit oder Flussspat, sauren Gangarten Quarzsand, Tonschiefer oder kieselsäurehaltige Mineralien zugesetzt. Die mineralreiche Schlacke wird in der Zementindustrie verwendet. Sie kommt auch als Düngemittel, Baustoff, Isoliermaterial (Steinwolle) und Schüttmaterial zum Einsatz.

Roheisenerzeugung

Das mit Zuschlägen vermischte Erz (der **Möller**) wird abwechselnd mit Koks von oben in den Hochofen (▶ Abbildung 3.33) gekippt (**Beschicken des Hochofens**). Ein Hochofen ist im Wesentlichen eine an der Innenseite mit feuerfesten Steinen ausgekleidete Stahlröhre. Die durch die Verbrennung des Kokses erzeugte Temperatur führt zum Schmelzen des Möllers bei etwa 1600 °C. Unterstützt wird dieser Vorgang durch Einblasen des **Windes** – im **Winderhitzer** (Cowper) auf bis zu 1200 °C vorgewärmte Luft – mithilfe von Düsen (**Windform**). Ein moderner Hochofen ist zwischen 20 und 40 m hoch und hat im unteren Bereich (**Gestell**) einen Durchmesser von bis zu 15 m. Hochöfen, die viele Jahre kontinuierlich

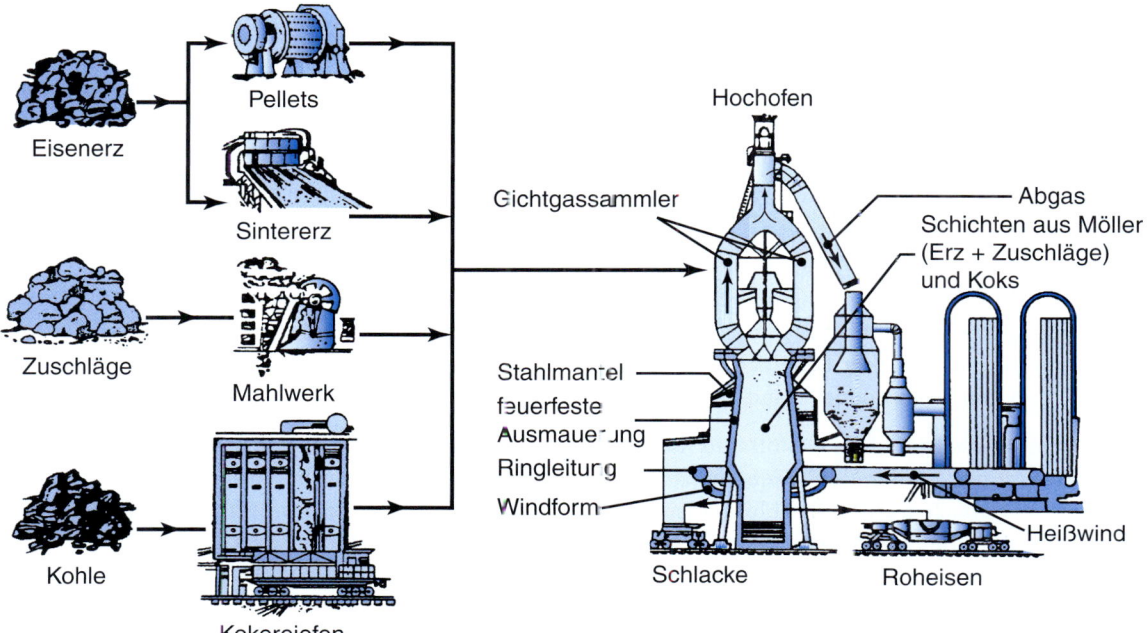

Abbildung 3.33: Schematische Darstellung eines Hochofens.

betrieben werden, können pro Tag bis zu 10 000 t Roheisen (und 5000 t Schlacke) erzeugen. Für den Betrieb eines solchen Hochofens benötigt man täglich 25 000 t Erz, 2500 t Kalk und 9000 t Koks.

Im Hochofen laufen eine Vielzahl von chemischen Reaktionen ab, die wichtigste davon ist die Reaktion des Sauerstoffs mit Kohlenstoff, die zur Bildung von Kohlenmonoxid führt, welches dann Eisenoxid zu Eisen reduziert und dabei selbst zu Kohlendioxid oxidiert wird.

Das flüssige Eisen sammelt sich am Boden des Hochofens. Darauf schwimmt die Schlacke. Alle 4 bis 5 Stunden werden das flüssige Eisen und die Schlacke abgestochen (d. h. abgezogen), indem der Hochofen im unteren Teil geöffnet wird (Abstichlöcher für Eisen und Schlacke). Das flüssige Eisen wird in fahrbare Behälter (**Torpedopfannen**) gegossen und zur weiteren Verarbeitung abtransportiert.

Das Roheisen hat eine typische Zusammensetzung von (in Masseprozent) 4 % C, 1,5 % Si, 2 % Mn, 0,4 % P, 0,04 % S, Rest Fe. Roheisen kann nicht als Werkstoff verwendet werden und muss in einer Vielzahl nachgeschalteter Verfahrensschritte zu Stahl oder Gusseisen weiterverarbeitet werden.

Stahlerzeugung

Als Stahl bezeichnet man alle ohne Nachbehandlung schmiedbaren (knetbaren) Eisenwerkstoffe, die sich durch hohe Zähigkeit, Festigkeit und Duktilität auszeichnen. Stahl wurde erstmals in China und Japan um etwa 600–800 n. Chr. hergestellt. Ziel der Stahlerzeugung ist es, den Kohlenstoffgehalt und die Menge der (meist unerwünschten) Begleitelemente des Roheisens durch verschiedene Verfahren herabzusetzen. Man nennt diese Verfahren **Frischen** und unterscheidet das **Herdfrischen**, das **Sauer-**

stoffblasverfahren und das **Elektrostahlverfahren**. Beim Herdfrischen, das ab etwa 1860 verwendet wurde, haben die Brenngase, welche den Stahl schmelzen, direkten Kontakt mit dem Metallbad. Die modernste Variante dieses Verfahrens trägt den Namen **Siemens-Martin**. Das Verfahren wurde jedoch von den Sauerstoffblas- und Elektrostahlverfahren vollständig abgelöst (1982 wurde der letzte Siemens-Martin-Ofen in Deutschland außer Betrieb gesetzt), da diese Verfahren energieeffizienter sind und bessere Stahlqualitäten liefern.

Elektrostahlverfahren: Bei den Elektrostahlverfahren wird die notwendige Wärme durch die Umwandlung elektrischer Energie eines Lichtbogens zwischen Elektroden bereitgestellt, ▶ Abbildungen 3.34a und b. In diesen Öfen werden Temperaturen bis zu 3500 °C erreicht. Bei den **direkten Lichtbogenöfen** (Abbildung 3.34a) werden meist drei Graphitelektroden verwendet (bis zu 2,5 m Länge, bis zu 750 mm Durchmesser), die in ihrer Längsachse verschiebbar sind, um die Größe der **Charge** (= Metallinhalt des Ofens) und den Elektrodenabbrand berücksichtigen zu können.

Stahlschrott, eventuell Kohlenstoff und Kalk werden in den Ofen gegeben, welcher danach verschlossen wird. Nach der Zündung des Lichtbogens dauert es etwa zwei Stunden, bis der Ofeninhalt schmelzflüssig ist. Danach werden die Elektroden zurückgezogen, der Ofen gekippt und über eine Schnauze in eine **Gießpfanne** (transportierbarer Behälter für flüssiges Metall) entleert. Das Chargengewicht eines typischen Elektrolichtbogenofens beträgt mehrere Tonnen Stahl, die tägliche Ausbringung etwa 100 t. Dieser im Vergleich zu anderen Frischverfahren geringen Erzeugungsmenge steht die bessere Qualität hinsichtlich Reinheit und Legierungsgehalt entgegen. Bei **indirekten Lichtbogenöfen** erfolgt der Wärmeübergang vom Lichtbogen zur Metallcharge durch Strahlung (siehe Abbildung 3.34b). Diese Öfen besitzen ein geringeres Fassungsvermögen, erlauben jedoch eine feinere Regelung.

Für kleinere Metallmengen finden auch **Induktionsöfen** Verwendung (Abbildung 3.34c). Das zu erschmelzende Metall wird in einen Schmelztiegel (meist aus feuerfesten Materialien aufgebaut) gegeben. Der Tiegel ist von einer wassergekühlten Kupferspule umgeben, durch die mittel- oder hochfrequenter Wechselstrom fließt. Dadurch werden in der Metallcharge Wirbelströme induziert, welche das Metall schmelzen. Öfen dieser Bauart werden auch für das Wiederaufschmelzen von Metallen in der Gießereitechnik verwendet.

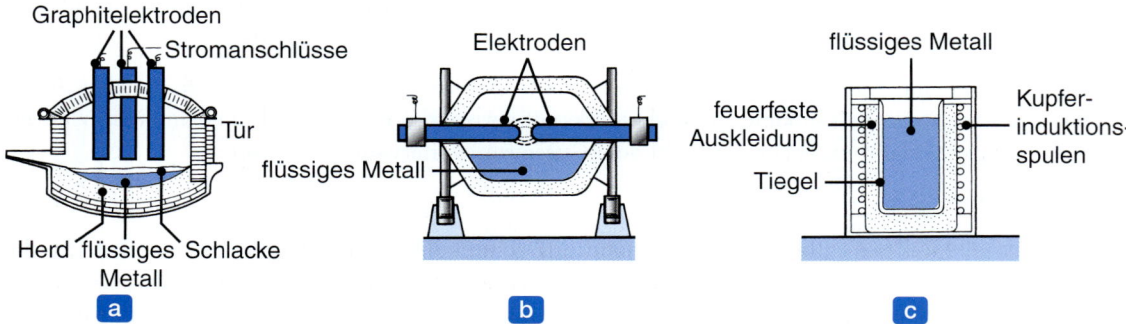

Abbildung 3.34: Schematische Darstellung gebräuchlicher Elektroöfen: (a) direkter Elektrolichtbogenofen, (b) indirekter Elektrolichtbogenofen, (c) Induktionsofen.

Stahl kann auch im **Vakuuminduktionsofen** erschmolzen werden. Der Aufbau dieses Ofens ähnelt dem des Induktionsofens, der Schmelzetiegel wird jedoch vor dem Schmelzvorgang evakuiert. Dadurch wird die Schmelze entgast und eine Oxidation verhindert. Mit diesem teuren Verfahren werden hervorragende Stahlqualitäten erzeugt.

Sauerstoffblasverfahren: Das Sauerstoffaufblasverfahren, auch als **LD-Verfahren** nach den beiden österreichischen Firmen Voest in Linz und Alpine in Donawitz benannt, ist das schnellste und am weitesten verbreitete Verfahren zur Stahlerzeugung. Typischerweise werden 200 t Roheisen und 90 t Stahlschrott in einen **Konverter** (▶ Abbildung 3.35a) gegeben. Durch eine wassergekühlte Lanze mit Kupfermundstück wird reiner Sauerstoff mit einem Druck von etwa 1,2 MPa für etwa 20 min auf das Stahlbad geblasen (Abbildung 3.35b). Bei phosphorreichen Roheisensorten wird Kalk als Flussmittel zugegeben, um den Phosphorgehalt des Stahls durch Bindung des Phosphors in der Schlacke rasch zu senken. Die durch den eingeblasenen Sauerstoff hervorgerufene intensive Badbewegung reinigt den Stahl durch eine Oxidation des Eisens und Reduktion dieses Oxids durch Oxidation des Kohlenstoffs zu Kohlenmonoxid bzw. -dioxid. Nach Einstellen des erwünschten Kohlenstoffgehalts und Zugabe von Legierungselementen wird der **Blasvorgang** beendet und Rohstahl durch Kippen des Konverters (**Abstich**) abgezogen (Abbildung 3.35c). Die Schlacke wird durch Kippen des Konverters auf die andere Seite entfernt. Je nach Größe des Konverters lassen sich pro Tag mehrere Tausend Tonnen Stahl hoher Qualität erzeugen und zu verschiedenen Ausgangsprodukten für Platten, Bleche und Profile vergießen. Es gibt einige

Abbildung 3.35: Schematische Darstellung des Sauerstoffblasverfahrens (Chargieren, Sauerstoffblasen, Abstechen).

Modifikationen des LD-Verfahrens wie das zweistufige LD-AC- und das Sauerstoffbodenblasverfahren (OBM).

Vergießen des Stahls

Im nächsten Verfahrensschritt (meist nach sekundärmetallurgischen Maßnahmen) wird der im Konverter erzeugte Stahl vergossen, und zwar entweder **diskontinuierlich in Kokillen zu Blöcken** (Blockguss) oder **kontinuierlich in Strängen zu Brammen**, siehe dazu Abschnitte 5.7.1 und 5.7.2.

Sekundärmetallurgie

Die Eigenschaften und die Verarbeitbarkeit von Eisenbasiswerkstoffen hängen maßgeblich vom Gehalt an unerwünschten Begleitelementen, Einschlüssen und Legierungselementen ab. Die Maßnahmen zur Verbesserung der Qualität nennt man *Sekundärmetallurgie*. Diese Verfahrensschritte werden nach der Rohstahlerzeugung (unabhängig vom Frischverfahren) durchgeführt und verfolgen die Ziele einer Homogenisierung von Temperatur und Zusammensetzung, einer exakten Einstellung des Legierungsgehalts, Verbesserung des Reinheitsgrades (Entschwefelung, Entphosphorung, Entfernen von Spurenelementen, Entgasung, Desoxidation), der Einschlusseinformung und der Beeinflussung des Erstarrungsgefüges.

Zu den sekundärmetallurgischen Maßnahmen gehören die **Pfannenmetallurgie ohne Vakuum**, die **Vakuummetallurgie**, **Sonderverfahren** zur Herstellung hochlegierter Stähle und *Umschmelzverfahren*. Die Notwendigkeit für diese sehr aufwendigen Behandlungen leitet sich aus dem steigenden Bedarf an Qualitätsstählen (und anderen Legierungen) für Hochleistungsanwendungen wie etwa im Kraftwerks-, Turbinen- und Flugzeugbau ab. Darüber hinaus können verlängerte Gewährleistungszeiten für hochbelastete Bauteile nur durch hochqualitative Werkstoffe garantiert werden. Bei der Pfannenmetallurgie ohne Vakuum in stehenden oder transportablen Pfannen wird die Schmelze meist mit Inertgas (Argon) gespült und so die Reinigung des Stahls erleichtert. Die Gehalte an Wasserstoff, Sauerstoff und Stickstoff können mit einer Vakuumbehandlung der Stahlschmelze erniedrigt werden. Es werden mehrere Varianten eingesetzt: Pfannen-, Gießstrahl-, Abstich- und Umlaufentgasung.

Die geforderten niedrigen Kohlenstoff-, Sauerstoff- und Schwefelgehalte hochlegierter rostfreier Stähle lassen sich mit dem **AOD-Verfahren** (Argon-Oxygen-Dekarburierung) oder **VOD-Verfahren** (Vakuum-Oxygen-Dekarburierung) erreichen. Zur Entfernung von unerwünschten Spuren- und Begleitelementen und zur Herstellung von Blöcken mit fehlerfreien Gefügen werden konventionell abgegossene Blöcke umgeschmolzen. Die wichtigsten Verfahren sind das **Elektroschlacke-Umschmelzen** (ESU) und das **Umschmelzen im Vakuum-Lichtbogenofen**.

Produktionszahlen

Stahl und Gusseisen sind die mengenmäßig wichtigsten metallischen Gebrauchswerkstoffe. Die Weltjahresproduktion an Rohstahl hat sich in den letzten 50 Jahren verfünffacht und betrug 2007 etwa $1,4 \cdot 10^9$ Tonnen. Deutschland produzierte 2007 etwa $47 \cdot 10^6$ t, die 27 Mitgliedsländer der EU zusammen mehr als $200 \cdot 10^6$ t. Der wichtigste Stahlproduzent ist China mit mehr als 500 Millionen t pro Jahr. Die Stahlindustrie hat wegen der enormen produzierten Mengen einen hohen Anteil am Weltenergieverbrauch (etwa 8 %) und trägt daher nennenswert zur CO_2-Problematik bei.

3.10.2 Unlegierte und legierte Stähle

Unlegierte und (niedrig)legierte Stähle zählen zu den am häufigsten verwendeten metallischen Werkstoffen, sie sind erhältlich mit verschiedensten Zusammensetzungen und bieten eine Vielfalt von Verarbeitungs- und Anwendungsmöglichkeiten, siehe Tabelle 3.4. Diese Stähle sind erhältlich als Platte, Blech, Band, Stab, Draht, Rohr sowie als geschmiedete oder gegossene Rohlinge.

Legierungs- und Begleitelemente der Stähle

Stählen werden eine Reihe von Elementen zugegeben, um ihre Eigenschaften zu verbessern. Dies kann die Festigkeit, Härtbarkeit, Härte, Zähigkeit, Verschleißbeständigkeit, Umform-, Schweiß- und Bearbeitbarkeit betreffen. Die Rolle der wichtigsten Elemente wird im Folgenden besprochen (in alphabetischer Reihefolge), wobei ihre positiven und negativen Wirkungen angeführt werden. Meistens nimmt mit

Tabelle 3.4: Anwendung von unlegierten und legierten Stählen im Maschinenbau (die Bezeichnung der Stähle wird weiter unten erläutert)

Anwendung	Stahl
Schmiedeteile für Flugzeuge, Verrohrungen, Formstücke	42CrMo4, 42CrMoS4
Automobilkarosserien	C10D, C10E, DC 01, DC 03 bis DC 07
Achsen	C40D, C40E, 42CrMo4
Kugellager und Laufringe	100Cr6
Bolzen	C30E, C36D2, 40MnMo4, 14NiCrMo13-4
Nockenwellen	C22, C20D, C40D, C40E
Antriebsketten	36NiCr6, 40NiCr6
Pleuel	40NiCr6, 38MnVS6, 40NiCrMo8-4
Geschmiedete Kurbelwellen	C46D2, C45E, C45R, 38MnVS6, 36NiCr6, 40NiCr6
Kegelräder (Differenziale)	20MoCr4, 20MnCr5
Zahnräder (Pkw und Lkw)	25CrMo4, 34CrMo4
Fahrgestelle von Flugzeugen	42CrMo4, 40NiCrMo8-4, 40NiCrMo2
Federscheiben	C60D, C60E, C60R
Muttern	30NiCr6
Eisenbahnschienen und -räder	C80D
Schraubenfedern	C98D2, 56NiCrMoV7, 60SiCr7, 51CrV4, 51CrMoV4
Blattfedern	C85E, 56NiCrMoV7, 65Si7, 51CrV4, 51CrMoV4
Rohre	C40D2, C40E
Draht	C46D2, C45E, C45R, C56D, C55E, C55R
Stahlsaiten	C85E

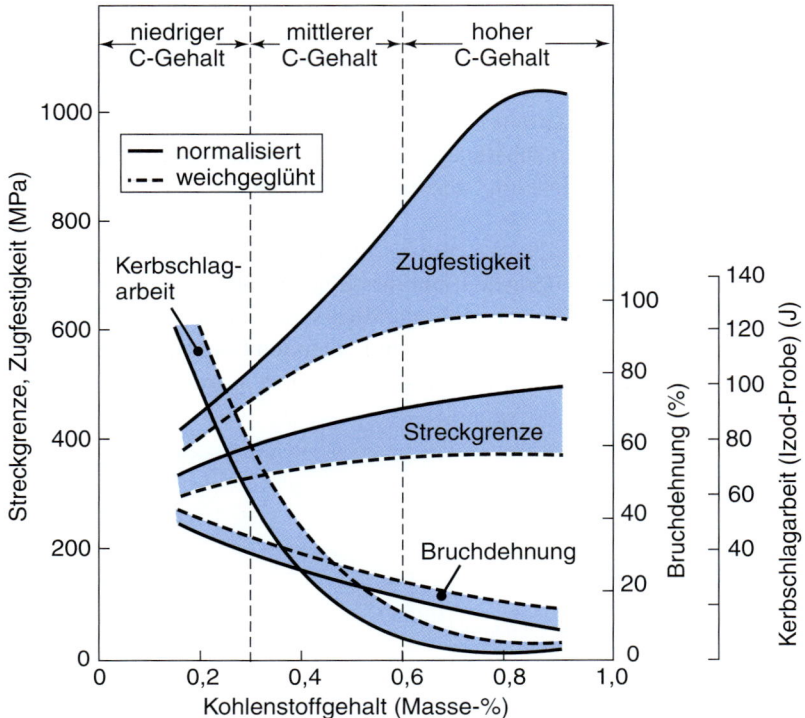

Abbildung 3.36: Einfluss des Kohlenstoffgehalts auf die mechanischen Eigenschaften von Kohlenstoffstählen.

der zugegebenen Menge eines Elements auch seine Wirkung zu. Je höher beispielsweise der Kohlenstoffgehalt ist, desto besser ist die Härtbarkeit des Stahls und damit steigen Festigkeit, Härte und Verschleißbeständigkeit. Allerdings werden Duktilität, Zähigkeit und Schweißbarkeit negativ beeinflusst (▶ Abbildung 3.36).

Blei	verbessert die Bearbeitbarkeit, es verursacht jedoch Flüssigmetallversprödung.
Bor	fördert die Härtbarkeit, ohne dadurch die Umform- und Bearbeitbarkeit zu mindern.
Cer	beeinflusst die Form von Inklusionen und verbessert die Zähigkeit hochfester, niedriglegierter Stähle. Cer desoxidiert die Stahlschmelze.
Chrom	erhöht Zähigkeit, Härtbarkeit, Verschleiß- und Korrosionsbeständigkeit sowie die Festigkeit bei hoher Temperatur. Es erhöht die Einhärtbarkeit, da es die Aufkohlung fördert.
Kalzium	desoxidiert die Stahlschmelze, erhöht die Zähigkeit und kann die Umform- und Bearbeitbarkeit erhöhen.
Kobalt	verbessert Festigkeit und Härte bei hohen Temperaturen.
Kohlenstoff	verbessert Härtbarkeit, Festigkeit, Härte und Verschleißwiderstand. Duktilität, Zähigkeit und Schweißbarkeit werden verschlechtert.

Kupfer	erhöht die Korrosionsbeständigkeit unter Umgebungsbedingungen und kann auch die Festigkeit (ohne nennenswerte Zähigkeitseinbuße) steigern. Kupfer hat negative Wirkung auf die Warmumformbarkeit und die Oberflächenqualität.
Magnesium	hat eine ähnliche Wirkung wie Cer.
Mangan	erhöht Härtbarkeit, Festigkeit, Abrasionswiderstand und Bearbeitbarkeit. Es desoxidiert Stahlschmelzen und bindet Schwefel. Die Warmbrüchigkeit wird verbessert, die Schweißbarkeit verschlechtert.
Molybdän	verbessert Härtbarkeit, Verschleißbeständigkeit, Zähigkeit, Festigkeit bei erhöhter Temperatur, Kriechbeständigkeit und Härte. Es reduziert die Anlassversprödung.
Nickel	verbessert Härtbarkeit, Zähigkeit, Festigkeit und Korrosionsbeständigkeit.
Niob	feint das Korn und verbessert Festigkeit und Kerbschlagzähigkeit. Niob senkt die Spröd-Duktil-Übergangstemperatur und kann die Härtbarkeit verschlechtern.
Phosphor	erhöht Festigkeit, Härtbarkeit, Korrosionsbeständigkeit und Bearbeitbarkeit. Er senkt jedoch Duktilität und Zähigkeit drastisch.
Schwefel	verbessert in Kombination mit Mangan die Bearbeitbarkeit. Er verschlechtert Duktilität und Kerbschlagzähigkeit und wirkt sich auf die Oberflächenqualität und die Schweißbarkeit negativ aus.
Selen	verbessert die Bearbeitbarkeit.
Silizium	erhöht Festigkeit, Härte, Korrosionsbeständigkeit und elektrische Leitfähigkeit. Es vermindert die Ummagnetisierungsverluste und verschlechtert die Bearbeitbarkeit und die Kaltumformbarkeit.
Tantal	wirkt ähnlich wie Niob.
Tellur	verbessert Bearbeitbarkeit und Umformbarkeit und wirkt sich positiv auf die Zähigkeit aus.
Titan	desoxidiert die Stahlschmelze und verbessert die Härtbarkeit.
Vanadium	verbessert Festigkeit, Zähigkeit, Abrasionswiderstand und die Härte bei hohen Temperaturen. Es verhindert die Grobkornbildung bei Wärmebehandlungen.
Wolfram	wirkt so wie Kobalt.
Zirkon	wirkt so wie Cer.

Während der Rohstahlherstellung, Weiterbehandlung und Verarbeitung können **Begleitelemente** (*Spurenelemente*) im Stahl verbleiben. Obwohl wegen ihres geringen Gehalts auch einige Elemente der vorigen Aufzählung als solche bezeichnet werden könnten, meint man damit Elemente, die üblicherweise unerwünscht sind.

Antimon	verursacht Anlassversprödung.
Arsen	wirkt so wie Antimon.
Sauerstoff	erhöht etwas die Festigkeit von teilberuhigten Stählen, senkt jedoch die Zähigkeit drastisch.
Stickstoff	erhöht Härte und Bearbeitbarkeit. In aluminiumberuhigten Stählen kontrolliert es die Größe von Inklusionen. Ob Festigkeit, Duktilität und Zähigkeit erhöht oder vermindert werden, hängt von der Anwesenheit anderer Legierungselemente ab.
Wasserstoff	versprödet Stähle stark. Erwärmen bei einer Behandlung führt jedoch meist zu einer Wasserstoffabgabe.
Zinn	verursacht Warmversprödung und Anlassversprödung.

Bezeichnung der Stähle

1 Europäische und deutsche Stahlbezeichnungen

a) Werkstoffnummern

Ein wichtiges System der Einteilung und Bezeichnung der Werkstoffe benutzt Werkstoffnummern. In DIN EN 10027-2 wird eine Zahl vorgeschlagen, die aus sieben Ziffern besteht. Die erste Ziffer bezeichnet die Werkstoffgruppe:

0	Roheisen, Ferrolegierungen, Gusseisen
1	Stahl oder Stahlguss
2	Schwermetalle außer Eisen
3	Leichtmetalle
4–8	nichtmetallische Werkstoffe

Die zweite und dritte Ziffer geben bestimmte Klassen an. Bei Stählen ist dies die Stahlgruppennummer:

00 und 90	unlegierte Grundstähle
01–07 und 91–97	unlegierte Qualitätsstähle
10–19	unlegierte Edelstähle
08–09 und 98–99	legierte Qualitätsstähle
20–29	Werkzeugstähle
30–39	verschiedene Stähle
40–49	chemisch und temperaturbeständige Stähle
50–80	Bau-, Maschinenbau-, Behälterstähle

Die Edelstähle unterscheiden sich von den Massen- und Qualitätsstählen nicht durch den Legierungsgehalt, sondern durch geringere Gehalte der schädlichen Begleitelemente S und P sowie einen geringeren Gehalt an Schlackeneinschlüssen. In der vierten und fünften Ziffer werden die einzelnen Stähle einer Klasse aufgezählt. Die letzten beiden Ziffern sind für zukünftige Stahlsorten reserviert.

b) Bezeichnung für Stahl und Stahlguss nach Kurznamen (DIN EN 10027-1)

Die Bezeichnung mit Kurznamen hat den Vorteil, dass anhand der Buchstaben- und Zahlenkombination entweder wichtige Eigenschaften oder die chemische Zusammensetzung erkannt werden können. Man unterscheidet zwei Gruppen für die Bezeichnung.

Gruppe 1: Kurznamen der Gruppe 1 geben Hinweise auf die Verwendung sowie die mechanischen und physikalischen Eigenschaften. Kurznamen setzten sich aus Haupt- und Zusatzsymbolen zusammen. Das Hauptsymbol besteht aus einem Kennbuchstaben für die Stahlgruppe und der darauffolgenden Mindeststreckgrenze in MPa für die kleinste Erzeugnisdicke. Für die Stahlgruppen R und Y sind davon abweichend die Mindesthärte nach Brinell bzw. der Nennwert der Zugfestigkeit, für die Stahlgruppe M die höchstzulässigen Magnetisierungsverluste angegeben. Bei Stahlguss wird dem Hauptsymbol ein G vorangestellt, bei pulvermetallurgisch hergestellten Stählen PM (Tabelle 3.5).

Das Zusatzsymbol gibt Aufschluss über die Gütegruppe der Stähle. Es können Angaben über die Kerbschlagarbeit (inklusive Prüftemperatur), die Stahlgüte (B = Bake-Hardening-Stahl, X = Dualphasen-Stahl, T = TRIP-Stahl, Y = Interstitial-free-Stahl usw.) bzw. die Art der Oberflächenbeschichtung gemacht werden.

3.10 Eigenschaften und Anwendungen von Eisenlegierungen

Tabelle 3.5: Hauptsymbole der Gruppe 1 (Kurznamen, DIN EN 10027-1)

Kennbuchstabe			Kennzahl für
S	=	Stahlbau	Streckgrenze
P	=	Druckbehälter	Streckgrenze
E	=	Maschinenbau	Streckgrenze
B	=	Betonstähle	Streckgrenze
Y	=	Spannstahl	Zugfestigkeit
R	=	Schienenstahl	Brinellhärte
D	=	Flacherzeugnisse zum Kaltumformen	Streckgrenze
H	=	kaltgewalzte Flacherzeugnisse (höherfeste Güten)	Streckgrenze
T	=	Verpackungsblech und -band	Streckgrenze
L	=	Leitungsrohre	Streckgrenze
M	=	Elektroblech	Magnetisierungsverluste

Gruppe 2: Die Kurznamen der Gruppe 2 orientieren sich an der chemischen Zusammensetzung, wobei in der neuen europäischen Norm alle Leerzeichen, die in der alten DIN-Bezeichnung üblich waren, aus Platzgründen entfallen. Die Stähle werden nach ihrem Gehalt an Legierungselementen in vier Untergruppen eingeteilt:

- Unlegierte Stähle mit einem Mangangehalt <1 %
- (Niedrig)Legierte Stähle mit einem mittleren Gehalt einzelner Legierungselemente unter 5 % bzw. unlegierte Stähle mit >1 % Mn sowie Automatenstähle
- Hochlegierte Stähle (mindestens ein Legierungselement >5 %)
- Schnellarbeitsstähle

Dem Hauptsymbol können auch hier Zusatzsymbole folgen, die Auskunft über besondere Anforderungen an das Erzeugnis, den Behandlungszustand sowie die Art der Oberflächenbeschichtung (überzug) geben. Die Tabellen 3.6 und 3.7 geben eine Auswahl für diese Zusatzsymbole.

Unlegierte Stähle: Als Hauptsymbol wird C gefolgt vom 100-Fachen des mittleren Kohlenstoffgehalts verwendet. Dem Hauptsymbol kann ein Zusatzsymbol folgen.

(Niedrig)Legierte Stähle: Das Hauptsymbol besteht aus dem 100-Fachen des mittleren Kohlenstoffgehalts gefolgt von der Angabe der wichtigsten Legierungselemente (abgekürzt laut Periodensystem), deren Gehalt den nachgestellten (durch Bindestrich getrennten) Zahlen entnommen werden kann. Die erste Zahl bezieht sich auf das erste Element usw. Die Elemente sind mit Multiplikatoren belegt, um ganze Zahlen der gleichen Größenordnung zu erhalten (Tabelle 3.8).

Auch hier kann dem Hauptsymbol ein Zusatzsymbol angehängt werden. So bezeichnet 50CrV4+QT einen legierten Stahl (0,5 % C, 1 % Cr, < 1 % V) im vergüteten Zustand.

Hochlegierte Stähle: Dem Hauptsymbol wird ein X vorangestellt, gefolgt vom 100-Fachen des Kohlenstoffgehalts und den Legierungselementen in ganzen Prozent (ohne Multiplikator), z. B.:

Tabelle 3.6: Zusatzsymbole der Gruppen 1 und 2 für den Behandlungszustand

+A	Weichgeglüht
+AC	Auf kugelige Karbide geglüht
+C	Kaltverfestigt
+CR	Kaltgewalzt
+T	Angelassen (*tempered*)
+Q	Abgeschreckt (*quenched*)
+QT	Vergütet
+RA	Rekristallisationsgeglüht
+U	Unbehandelt
+WW	Warmverfestigt

Tabelle 3.7: Zusatzsymbole der Gruppen 1 und 2 für die Art des Überzugs

+A	Feueraluminiert
+OC	Organisch beschichtet
+S	Feuerverzinnt
+T	Schmelztauchveredelt mit PbSn
+Z	Feuerverzinkt
+ZE	Elektrolytisch verzinkt
+ZF	Diffusionsgeglühte Zinküberzüge („galvannealed")

Tabelle 3.8: Multiplikatoren für chemische Elemente in legierten Stählen

Multiplikator	Element
4	Cr, Mn, Co, Ni, W, Si
10	Be, Al, Ti, V, Cu, Mo, Nb, Ta, Zr, Pb
100	P, S, N, Ce, C
1000	B

Tabelle 3.9: Amerikanische Stahlbezeichnungen nach AISI

Kurzzeichen	Chemische Zusammensetzung (%)
10XX	Kohlenstoffstahl
13XX	Mn 1,75
25XX	Ni 5,00
33XX	Ni 3,50, Cr 1,55
40XX	Mo 0,25
43XX	Ni 1,80, Cr 0,50 - 0,80, Mo 0,25
50XX	Cr 0,30 - 0,60
50100	Cr 0,5, C 1,00
51XX	Cr 0,80 - 1,65
51100	Cr 1,00, C 1,00
92XX	Mn 0,85, Si 2,00
98XX	Ni 1,00, Cr 0,80, Mn 0,25

X10CrNi18-8: hochlegierter Stahl mit 0,10 % C, 18 % Cr, 8 % Ni,
X100Mn13: hochlegierter Stahl mit 1 % C und 13 % Mn (Manganhartstahl).

Schnellarbeitsstähle: Im Hauptsymbol folgen den Buchstaben HS durch Bindestrich getrennt die (gerundeten) Gehalte der Legierungselemente in der Reihenfolge Wolfram, Molybdän, Vanadium und Kobalt. Auch hier können Zusatzsymbole angehängt werden (z. B. S für Stähle mit 0,06 bis 0,15 % Schwefel zur Verbesserung der Spanbarkeit).

2 Amerikanische Bezeichnungen für Stähle

Die AISI-Zahlen (American Iron and Steel Institute) und SAE-Zahlen (Society of Automotive Engineers) kennzeichnen die Zusammensetzung der Stähle. Die Zahlen bestehen aus vier oder fünf Ziffern. Die letzten zwei oder drei Ziffern bestimmen den Kohlenstoffgehalt in 1/100 Masseprozent, während die ersten beiden Ziffern eine bestimmte Legierungsgruppe bezeichnen, die sich aus einem Schlüssel ergibt (Tabelle 3.9).

Unlegierte und legierte Stahlsorten

Neben der Bezeichnung der unlegierten und legierten Stähle mit Kurznamen der Gruppe 1, die Hinweise auf die Verwendung der Stähle geben, orientieren sich die Kurznamen der Gruppe 2 an der chemischen Zusammensetzung der Stähle (siehe voriger Abschnitt). Diese Benennung ist immer dann sinnvoll, wenn die Stähle einer festigkeitserhöhenden Wärmebehandlung unterzogen werden. Dazu zählen die legierten **Einsatzstähle**, die vor einer Vergütung (siehe Abschnitt 3.12) in den oberflächennahen Bereichen aufgekohlt werden (16MnCr5, 20MnCr5, 18CrNiMo7-6), und die legierten Vergütungs- und Federstähle. Die Eigenschaften einiger dieser Stähle sind in Tabelle 3.10 zusammengestellt.

Die **unlegierten Stähle** (reine Kohlenstoffstähle) werden nach ihrem Kohlenstoffgehalt weiter unterteilt.

- Stähle mit niedrigem Kohlenstoffgehalt (**Weichstähle**) mit einem Kohlenstoffgehalt von <0,3 Masseprozent. Diese Stähle werden für Anwendungen eingesetzt, die keine besonderen Festigkeitseigenschaften erfordern (Bolzen, Muttern, Bleche, Platten, Rohre, Tiefziehbleche). Beispiele: C10, C15, C30; DC 01, DC 03 bis DC 07 (kaltgewalzte Flacherzeugnisse aus weichen Stählen zum Kaltumformen; Tiefziehstähle für den Karosseriebau; C <0,06 %).
- Stähle mit mittlerem Kohlenstoffgehalt (0,3 < % C < 0,6) werden bei höheren Anforderungen an die Festigkeit verwendet. Zu diesen Stählen, deren Festigkeit durch eine Wärmebehandlung (z. B. Vergüten) eingestellt wird, zählen die Stähle C35 und C60.

Tabelle 3.10: Vergütungs- und Federstähle (Auswahl) und ihre mechanischen Eigenschaften im vergüteten Zustand. Die Zahlenangaben sind Mindestwerte

Stahl	Streckgrenze MPa	Zugfestigkeit MPa	Bruchdehnung %	Anwendung
C35, C35E	430	630–780	17	Kleinteile
C60, C60E	580	850–1000	11	Kleinteile, Stäbe,
34Cr4	700	900–1100	12	Schrauben, Wellen
42CrMo4	900	1100–1300	10	Hochbeanspruchte Wellen, Getriebeteile
30CrNiMo8	1050	1250–1450	9	Hochbeanspruchte, dickwandige Bauteile
60SiCr7	1180	1370–1670	–	Federn
50CrV4	1180	1370–1670	–	Federn

- Stähle mit hohem Kohlenstoffgehalt (C > 0,6 %). Diese werden verwendet, wenn besonders hohe Festigkeit, Härte und Verschleißfestigkeit gefordert werden, wie z. B. für Werkzeuge, hochfeste Drähte, Eisenbahnschienen, Federn und Messer. Diese Stähle werden nach der Formgebung immer wärmebehandelt (vergütet) und ihre Eigenschaften hängen maßgeblich vom Kohlenstoffgehalt ab.
- Zur Verbesserung der Zerspanbarkeit werden Kohlenstoffstähle manchmal mit erhöhtem Schwefelgehalt hergestellt. Bei diesen **Automatenstählen** bricht der Span an fein verteilten, schwefelhaltigen Einschlüssen. Zur Verbesserung der Festigkeit kann Phosphor zugegeben werden (höherfeste IF-Stähle). Durch die Zugabe von einigen Zehntelprozent Kupfer und etwas Chrom kann die Korrosionsbeständigkeit von Baustählen erhöht werden (wetterfeste Baustähle, z. B. der Stahl S235J0W).

Niedriglegierte Feinkornstähle: Zur Verbesserung des Festigkeit-zu-Masse-Verhältnisses von Stählen wurden seit etwa 1930 eine Vielzahl von niedriglegierten Feinkornstählen (**high-strength low-alloy**, HSLA) entwickelt. Neuere Stähle dieser Art enthalten meist Mikrolegierungselemente wie Ti, V oder Nb (daher auch die Bezeichnung **mikrolegierte Feinkornstähle**) und werden durch kontrolliertes Warmwalzen (Kapitel 6) zu Flachprodukten verarbeitet (Bleche, Platten, Träger). Der Kohlenstoffgehalt dieser Stähle liegt unterhalb von 0,3 %, ihre Mikrostruktur besteht aus feinkörnigem Ferrit und einer harten zweiten Phase (Perlit oder Martensit). Die Feinkörnigkeit ist das Ergebnis der Bildung feiner Karbide der Mikrolegierungselemente, die verhindern, dass es zum Kornwachstum während des Warmwalzens kommt. Duktilität und Schweißbarkeit sind etwas schlechter als jene konventioneller, niedriglegierter Kohlenstoffstähle, sie besitzen jedoch hohe Festigkeit und Energieabsorptionsvermögen (▶ Abbildung 3.37). In Blechform werden Feinkornstähle für verschiedene Bauteile der Karosserie von Automobilen verwendet und helfen so den Treibstoffverbrauch zu senken. Platten aus diesen Stählen werden für Schiffsrümpfe und im Bauwesen (Träger, Feldplatten von Brücken) verwendet.

Nanometerskalige Stähle: Zurzeit versucht man Stähle mit Korngrößen zwischen 10 und 100 nm durch die gezielte Kristallisation eines metallischen Glases (auf Eisenbasis) zu erzeugen. Die Kunst liegt darin, bei der Kristallisation eine ausreichend hohe Anzahl an Kristallkeimen zu bilden, die dann zu nanometerskaligen, kristallinen Gefügebestandteilen führen (siehe Kapitel 5).

Weiche, höherfeste, höchstfeste und ultra-hochfeste Stähle: Um die Umformbarkeit bei gleicher Festigkeit oder die Festigkeit bei gleicher Umformbarkeit der Feinkornstähle zu erhöhen, wurden in den letzten Jahren zahlreiche neue Stähle, zusammengefasst als höherfeste, höchstfeste bzw. ultra-hochfeste Stähle (**advanced high strength steels**, AHSSs) entwickelt. Ein Blick auf Abbildung 3.37 zeigt, dass die Grenzen für die Einteilung dieser Stähle nach ihrer Zugfestigkeit festgelegt werden. Die niedrigfesten (weichen) Stähle besitzen eine Zugfestigkeit von weniger als 270 MPa. Zu ihnen zählen in ferritischen **Interstitial-free Stähle** (IF-Stähle), die keine interstitiell gelösten Elemente besitzen, und die **Weichstähle** (z. B. DC 01 usw.). Zu den höherfesten Stählen gehören die schon besprochenen mikrolegierten Feinkornstähle, die mit Phosphor legierten höherfesten IF-Stähle, die **Bake-Hardening-Stähle** (Festigkeitssteigerung durch Ausscheidung von Karbid während des Einbrennlackierens) und die **Kohlenstoff-Mangan-Stähle**, die ihre Festigkeit aus einem leicht erhöhten Martensitgehalt beziehen. Stähle mit einer Zugfestigkeit von mehr als 700 MPa bezeichnet man als höchstfeste bzw. ultra-hochfeste Stähle. Zu ihnen zählen die **Dualphasen-Stähle**, **TRIP-Stähle**, **Complexphasen-Stähle**, die **martensitischen Stähle** und die **pressgehärteten Stähle**.

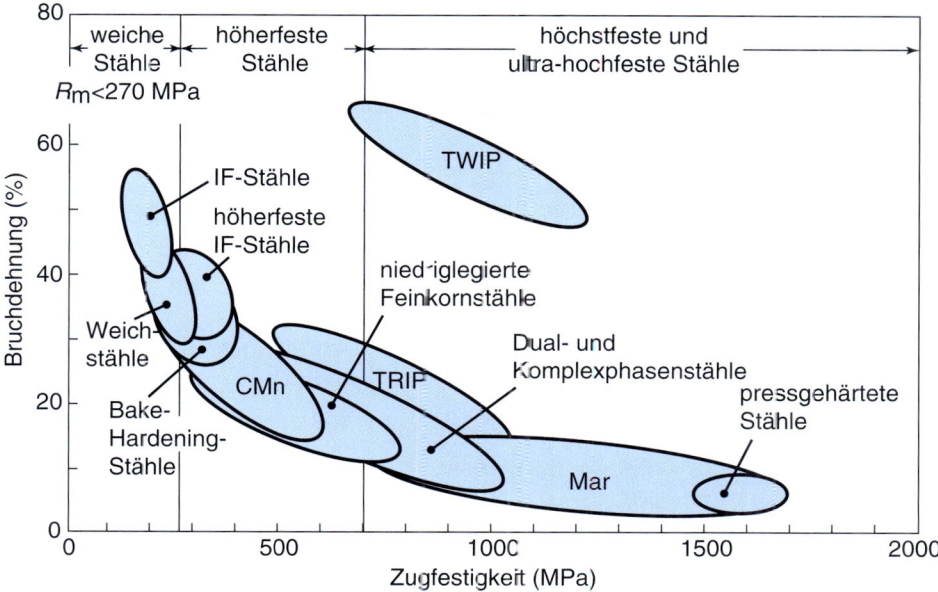

Abbildung 3.37: Weiche, höherfeste, höchstfeste und ultra-hochfeste Stähle für Blechanwendungen im Vergleich.

In der Europäischen Norm EN 10027 wurde ein Bezeichnungsschema für höherfestes Stahlband niedergelegt, welches bei den höherfesten und ultra-hochfesten Stählen Anwendung findet, da diese nahezu ausnahmslos als kalt- oder warmgewalzte Bleche produziert werden. Das Schema der Bezeichnung lautet:

$$Ha(T)nb + c,$$

wobei H für Stahl mit erhöhter Festigkeit steht. Der Buchstabe a ist ein Platzhalter für D = warmgewalzt, C = kaltgewalzt oder X = warm- oder kaltgewalzt. n ist die Mindeststreckgrenze in MPa. Steht vor der Zahl der Buchstabe T, so ist n die Zugfestigkeit in MPa. Der Buchstabe b gibt den Typ des Stahls an, und zwar bedeuten B = Bake-Hardening-Stahl, P = phosphorlegierter Stahl, LA = mikrolegierter Stahl, Y = höherfester IF-Stahl, X = Dualphasen-Stahl, T = TRIP-Stahl, C = Complexphasen- (partiell martensitischer) Stahl, M = martensitischer Stahl. Der Buchstabe c dient zur Kennzeichnung der Beschichtung: Z = feuerverzinkt, ZF = verzinkt und diffusionsgeglüht (siehe dazu Tabelle 3.7). So kennzeichnen HXT700T+Z einen feuerverzinkten höherfesten TRIP-Stahl mit einer Zugfestigkeit von 700 MPa, der warm- oder kaltgewalzt sein kann, und HC600C einen unbeschichteten, kaltgewalzten höherfesten Complexphasen-Stahl mit einer Streckgrenze von 600 MPa. Ein warmgewalzter höherfester Dualphasen-Stahl mit einer Zugfestigkeit von 1000 MPa und diffusionsgeglühter Zinkauflage wird mit HDT1000X+ZF bezeichnet. Die mechanischen Eigenschaften einiger höherfester und ultra-hochfester Stähle sind in Tabelle 3.11 zusammengestellt. Die Hauptanwendungen von ultra-hochfesten Stählen sind sicherheitsrelevante Bauteile von Automobilkarosserien. Die hohe Festigkeit dieser Stähle ermöglicht die Realisierung von Leichtbaukonzepten (und dadurch die Einsparung von Treibstoff) ohne Einbußen an Sicherheit beim Autounfall. Nachteilig sind diese Stähle allerdings bei der Fertigung: Sie

Tabelle 3.11: Mechanische Eigenschaften ausgewählter Stähle für Bleche im Automobilbau

Stahl	Streckgrenze MPa	Zugfestigkeit MPa	Bruchdehnung %	Verfestigungsexponent, n
HXT340B	210	340	36	0,18
HXT370B	260	370	32	0,13
HXT450LA	350	450	25	0,14
HXT600X	350	600	27	0,14*
HXT800X	500	800	17	0,14*
HXT1000X	700	1000	15	0,13*
HXT600T	400	600	30	0,23
HXT800T	450	800	29	0,24
HXT800C	700	800	12	0,13
HXT1200M	950	1200	6	0,07
HXT1500M	1250	1520	5	0,065
22MnB5	1200	1600	4	0,06**

* Dualphasen-Stähle zeigen sehr viel höhere Werte für n bei kleinen Dehnungen.
** Typische Werte.

sind teurer als die niedrigfesten Varianten und verursachen wegen der hohen Festigkeit vermehrten Verschleiß der Bearbeitungs- und Umformwerkzeuge. Es werden höhere Umformkräfte benötigt und die gefertigten Teile zeigen eine starke Rückfederung (siehe Kapitel 7).

Dualphasen-Stähle (≈0,1 % C) werden im Zweiphasengebiet Ferrit + Austenit geglüht (*interkritische Glühung*) und von dort schnell abgekühlt. Ihre Mikrostruktur besteht aus einer duktilen ferritischen Matrix mit Martensitinklusionen. Diese Stähle zeigen einen hohen anfänglichen Verfestigungsexponenten n, der für ihre gute Verformbarkeit beim Tiefziehen verantwortlich ist.

TRIP-Stähle (bis 0,2 % C) besitzen eine Mikrostruktur aus einer ferritisch/bainitischen Matrix und etwa 5–20 Volumen-% metastabilem Restaustenit, der durch rasches Abkühlen von der interkritischen Glühtemperatur in die Bainitstufe und Halten auf dieser Temperatur für etwa eine Minute entsteht (*overaging*). Bei der Umformung verleiht die dehnungsinduzierte Austenit-zu-Martensit-Umwandlung diesen Stählen zusätzliches Verformungsvermögen. Daher stammt ihr Name: TRIP = **tr**ansformation **i**nduced **p**lasticity. Aus TRIP-Stählen können kompliziert geformte Teile gefertigt werden, die aus anderen ultrahochfesten Stählen nicht hergestellt werden können.

Complexphasen-Stähle (≈0,1 % C) besitzen eine sehr feinkörnige Mikrostruktur aus Ferrit und hohen Anteilen zweiter Phase (Bainit und Martensit). Diese Stähle sind gut umformbar in Operationen mit hohen Streck- und Biegeanteilen. Sie werden in Automobilen für crashrelevante Bauteile wie Verstärkungen von Stoßfängern und Dachträgern eingesetzt.

Martensitische Stähle (≈0,1 bis 0,25 % C): Bei weiterer Erhöhung des Martensitanteils (bis 100 %) erhält man die äußerst festen **martensitischen Stähle** (Zugfestigkeit bis 1500 MPa und darüber). Eine Sondergüte ist der Vergütungsstahl 22MnB5, der wegen seiner hohen Festigkeit bei hohen Temperaturen zu Teilen umgeformt und während der Abkühlung von der Umformtemperatur martensitisch umgewandelt wird. Die Stähle werden in modernen Automobilkarosserien als Verstärkungsteile im Seitenbereich (Türen, Türsäulen), als vordere und hintere Querträger und als Bodenverstärkungen eingesetzt (siehe die Fallstudie zu diesem Kapitel). Ein Vorteil dieser Stähle ist die verschwindend kleine Rückfederung der geformten Teile wegen der Warmumformung, nachteilig sind die Temperaturbelastung der Umformgesenke und gewisse Probleme bei der Haftung von Beschichtungen während der Umformung.

Eine Sonderstellung bei den ultra-hochfesten Stählen nehmen die vollaustenitischen **TWIP-Stähle** ein (TWIP = **tw**inning **i**nduced **p**lasticity). Sie besitzen meist 17–20 Masse-% Mn und erhalten ihre herausragenden Eigenschaften (hohe Festigkeit, äußerst hohe Duktilität, siehe Abbildung 3.37) durch die verformungsinduzierte mechanische Zwillingsbildung, die zu sehr hoher Verfestigung und dadurch hoher Gleichmaßdehnung führt. Dieser sehr günstigen Kombination aus Festigkeit und Duktilität stehen allerdings zur Zeit die hohen Legierungskosten gegenüber.

Die Fallstudie am Ende dieses Kapitels gibt Hinweise für die Verwendung von höherfesten und ultra-hochfesten Stählen in der Karosserie eines modernen Automobils.

3.10.3 Hochlegierte rostfreie Stähle

Hochlegierte rostfreie Stähle werden in erster Linie durch ihre Korrosionsbeständigkeit charakterisiert, für die ihr hoher Chromgehalt verantwortlich ist. Manche von ihnen sind auch sehr fest und duktil. Wenn sie etwa 12–13 % Chrom enthalten, dann bildet sich auf ihrer Oberfläche an Luft eine harte und gut haftende Chromoxidschicht aus, die den Stahl durch Passivierung vor Korrosion schützt. Diese Schutzschicht ist selbstheilend, d. h., ein Kratzer in der Oxidschicht wächst wieder zu. Diese Stähle enthalten neben Chrom noch eine Reihe weiterer Legierungselemente wie Nickel, Molybdän, Kupfer, Titan, Silizium, Mangan, Niob, Aluminium, Stickstoff und Schwefel. Der Kohlenstoffgehalt dieser Stahlgruppe wird (bis auf wenige Ausnahmen) sehr niedrig gehalten, um die Bildung von Chromkarbid zu verhindern. Bildet sich dieses Karbid, so kann die Korrosionsbeständigkeit verloren gehen, da nicht mehr genügend Chrom in fester Lösung ist und zudem die Karbidteilchen zusammen mit der umgebenden Matrix Lokalelemente bilden (galvanische Korrosion).

Die ersten Vertreter dieser Stahlgruppe wurden bereits Anfang des vorigen Jahrhunderts entwickelt. Sie werden meist in Elektroöfen oder Konvertern erschmolzen. Ihr Reinheitsgrad wird mit verschiedenen sekundärmetallurgischen Maßnahmen kontrolliert. Hochlegierte rostfreie Stähle werden in einer breiten Palette von Halb- und Fertigzeug hergestellt; ihre Anwendungen umfassen viele Bereiche der chemischen und petrochemischen Industrie, der Lebensmittelindustrie und der Medizintechnik. Typische Produkte sind Messer, chirurgische Instrumente, Ausrüstungen für Küchen und Kliniken sowie Rohrleitungen. Immer wieder hat es erfolglose Versuche gegeben, diese Stähle in Blechform im Automobilbau zu verwenden. Der DeLorean ist ein Beispiel dafür (siehe weiter unten).

Die hochlegierten rostfreien Stähle werden üblicherweise ihrem Gefüge entsprechend in die folgenden Gruppen eingeteilt (siehe auch Tabelle 3.12):

Struktur und Verarbeitungseigenschaften der Metalle

Tabelle 3.12: Mechanische Eigenschaften geglühter, hochlegierter rostfreier Stähle bei Raumtemperatur und typische Anwendungsbeispiele

Stahl (Gefüge)	Streckgrenze MPa	Zugfestigkeit MPa	Bruchdehnung %	Anwendung
X8CrNi18-9 (austenitisch)	240–260	550–620	50–53	Wellen, Schrauben, Bolzen, Büchsen, Ventile, Formteile, Gewindebolzen
X5CrNi18-10 (austenitisch)	240–290	565–620	55–60	Teile in der chemischen und Lebensmittelindustrie, Brauereien, Fallrohre, Ablaufrinnen
X6CrNiMoTi17-12-2 (austenitisch)	210–290	550–590	55–60	Teile in der chemischen, Papier-, Lebensmittel- und Düngemittelindustrie, Kochtöpfe, Gärkessel
X12Cr13 (ferritisch)	240–310	480–520	25–35	Wellen für Pumpen, Bolzen, Messer, Fördertechnik, Gewehrläufe, Schrauben, Ventile
X12CrS13 (ferritisch)	275	480–520	20–30	Formteile für die Luftfahrt, Bolzen, Muttern, Nieten, Schrauben, Feuerlöscherteile
X3CrNiMoAl13-8-2 (ferritisch-martensitisch-austenitisch, intermetallische Phasen)	1410	1520	9	Schrauben, Bolzen und Fahrwerksteile in der Flugzeug- und Raketenindustrie
X2CrMnNiMoN26-5-4 (ferritisch-austenitisch)	590	750	30	Wärmetauscher, Teile in der Erdölindustrie, Meerwasserentsalzungsanlagen, Turbinenschaufeln

Austenitische Stähle: Es gibt zwei Grundtypen, nämlich Cr-Ni- und Cr-Mn-Austenite. Die Kristallstruktur dieser Stähle ist kfz, sie sind nicht magnetisch und gut korrosionsbeständig, jedoch oft sehr anfällig gegen Spannungsrisskorrosion in chloridhaltigen Lösungen. Diese Stähle können durch Kaltverfestigung und/oder Legieren mit interstitiell gelöstem Stickstoff gehärtet werden. Die Stähle werden vielfältig verwendet wie z. B. für Küchengegenstände, Schweißkonstruktionen, Öfen- und Wärmetauscherteile sowie für Komponenten, die aggressiven chemischen Medien ausgesetzt sind.

Ferritische Stähle werden mit bis zu 27 % Cr legiert. Sie sind magnetisch, besitzen krz-Kristallstruktur und sind deswegen weniger duktil als die austenitische Varianten. Ferritische hochlegierte Stähle sind nicht härtbar durch Umwandlung, sondern können nur durch Kaltverformung in ihrer Festigkeit verbessert werden. Sie werden eingesetzt, wenn besonders hohe Beständigkeit gegen Zunderbildung gefordert wird (Retorten und Roste für die Wärmebehandlung von Werkstoffen); wegen ihres chromglänzenden Aussehens werden sie auch für Dekorationsteile im Automobilbau eingesetzt.

Martensitische Stähle: Die meisten martensitischen rostfreien Stähle sind nickelfrei, enthalten mehr Kohlenstoff als alle anderen hochlegierten Stähle und besitzen bis zu 18 % Cr. Sie sind durch Umwandlung härtbar, magnetisch und sind fest, hart, ermüdungsbeständig und duktil. Sie sind weniger gut korrosionsbeständig als die anderen Vertreter dieser Werkstoffgruppe. Wegen ihrer hohen Härte und Verschleißbeständigkeit werden sie für Schneidewerkzeuge aller Art, chirurgische Werkzeuge sowie für Ventile und Federn verwendet.

Ausscheidungshärtbare Stähle: Diese auch als martensitalternde Stähle bezeichneten Werkstoffe enthalten neben Chrom und Nickel unterschiedliche Anteile an Kupfer, Aluminium, Titan oder Molybdän. Sie besitzen ein ferritisch-martensitisch-austenitisches Gefüge mit eingelagerten Ausscheidungen (intermetallische Verbindungen). Mit diesen Stählen lassen sich Festigkeiten bis über 1500 MPa erreichen. Trotz ihrer hohen Festigkeit, welche sie teilweise auch bei hohen Temperaturen besitzen, sind sie einigermaßen duktil. Die Stähle werden vor allem im Flugzeugbau und im Raumfahrtbereich verwendet.

Duplexstähle besitzen eine Mikrostruktur, die aus etwa gleichen Anteilen von Ferrit und Austenit besteht. Sie sind fester als austenitische Stähle und einige Varianten sind sehr viel korrosionsbeständiger und weniger anfällig gegen Spannungsrisskorrosion als diese. Wichtige Anwendung der Stähle findet man in Meerwasserentsalzungsanlagen, Einrichtungen der Offshore-Ölindustrie und in Wärmetauschern.

Beispiel 3.2 Hochlegierte rostfreie Stähle im Automobilbau

Im Automobilbau gelangt eine Reihe von rostfreien Stählen zum Einsatz. Die wichtigsten Vertreter sind die Stähle X2CrNi18-8 (austenitisch) und die ferritischen Stähle X8CrTi12, X8Cr17 und X8CrMo17. Wegen seiner Korrosionsbeständigkeit wird der erstgenannte Stahl für Radkappen verwendet. Da seine Streckgrenze durch Kaltverformung angehoben wird, kann die Radkappe durch Federwirkung der Struktur an ihrem Platz gehalten werden.

Der Stahl X8CrTi12 wird in Abgaskatalysatoren eingesetzt. Die beiden anderen ferritischen Stähle werden für Zierteile verwendet, wobei der Stahl X8CrMo17 wegen seiner hohen Korrosionsbeständigkeit besser für den Einsatz in chloridhaltiger Umgebung (Auftausalze) geeignet ist. Hochlegierte rostfreie Stähle eignen sich für weitere Teile im Automobil wie Auslasskrümmer (anstelle von solchen aus Gusseisen), Auspufftöpfe und -endrohre sowie für die Verrohrung von hydraulisch betätigten Bremsen und Kupplungen.

Ein weiteres Beispiel für den Einsatz von rostfreien Stählen im Automobilbau ist ein Sportwagen („DeLorean"), der 1981/1982 von der nordirischen Firma DeLorean Motor Company gebaut wurde. Um den Preis des Fahrzeugs einigermaßen niedrig zu halten (Auslieferungspreis damals ca. 12 000 US $), bestand die Karosserie aus Blechen des Stahls X5CrNi18-10, die auf einen Unterbau aus glasfaserverstärktem Polyester gesetzt wurde. Zudem wurde das Fahrzeug unlackiert ausgeliefert. Trotz seiner innovativen Konstruktion war das Fahrzeug kein kommerzieller Erfolg. Man schätzt, dass davon heute noch etwa 6500 existieren.

3.10.4 Stähle für Werkzeuge, Gesenke und Formen

Stähle für diesen Einsatzzweck besitzen speziell entwickelte chemische Zusammensetzungen und Mikrostrukturen, die hohe Festigkeit und Verschleißbeständigkeit bei Raumtemperatur und erhöhten Temperaturen sowie ausreichende Schlagzähigkeit bereitstellen. Diese Stähle kommen daher bei der Herstellung, Verarbeitung und -bearbeitung von Kunststoffen zum Einsatz. Man unterscheidet vier Typen von solchen Stählen:

- Kaltarbeitsstähle mit Einsatztemperaturen bis maximal 250 °C
- Warmarbeitsstähle für den Einsatz bis etwa 600 °C, wobei die Werkstücktemperaturen sehr viel höher sein können (bis 1200 °C)
- Schnellarbeitsstähle für den Einsatz bei Temperaturen oberhalb von 600 °C
- Kunststoffformenstähle als Bezeichnung für verschiedene in der Kunststoffverarbeitung eingesetzte Werkstoffe

Kaltarbeitswerkzeuge werden bei Raumtemperatur eingesetzt, können aber durch Reibungswärme bis zu 250 °C erwärmt werden. Zur Fertigung dieser Werkzeuge verwendet man **Kaltarbeitsstähle**. Diese Stähle teilt man nach ihrem Kohlenstoffgehalt in drei Gruppen ein (Tabelle 3.13). Stähle mit max. 0,60 % C sind zäh sowie karbidfrei und erreichen nicht die maximale Martensithärte. Stähle mit etwa 1 % C sind hart und besitzen feine Sekundärkarbide. Die Stähle der Gruppe 3 enthalten große Mengen an Chrom,

Tabelle 3.13: Kaltarbeitswerkzeuge: Kaltarbeitsstähle (3 Gruppen), Gebrauchshärte, Verschleißbeständigkeit und Verwendung

Stahl	Gebrauchshärte, HRC	Verschleißbeständigkeit	Verwendung
C60U	56–58	niedrig – mittel	Handwerkzeuge
60WCrV8	58–62	mittel	Schneiden, Prägen
X45CrNiMo4	40–53	mittel – hoch	Prägen, Fließpressen
60CrMoV10-7	50–60	mittel – hoch	Umformen
40CrMnNiMo8-6-4	30–50	niedrig – mittel	Kunststoffformen
C105U	56–61	niedrig – mittel	Schneiden, Umformen
100Cr6	58–62	mittel	Fließpressen
X100CrMoV5-1	57–62	hoch	Schneiden, Umformen
X155CrVMo12-1	54–61	hoch – sehr hoch	Schneiden, Ziehen, Extrudieren, Walzen, Tiefziehen
X210Cr12	54–65	sehr hoch	Schneiden, Umformen
X230CrVMo13-4	58–64	sehr hoch	Prägen, Schneiden, Fließpressen, Extrudieren, Kunststoffformen
X190CrVMoW20-4-1	58–62	sehr hoch	Kunststoffformen

3.10 Eigenschaften und Anwendungen von Eisenlegierungen

Tabelle 3.14: Warmarbeitsstähle: geringe bzw. ausgeprägte Sekundärhärte (Gruppen 1 und 2), austenitischer, warmausgelagerter Stahl (Gruppe 3); Anwendungen

Gruppe	Stahl	Anwendungen
1	56NiCrMoV7	Hammergesenke; Matrizenhalter und Pressstempel zum Strangpressen
2	X40CrMoV5-1	Druckgieß- und Strangpresswerkzeuge für Leichtmetalle; Werkzeuge für Schmiedemaschinen
	X32CrMoV3-3	Druckgieß- und Strangpresswerkzeuge für Buntmetalle
3	X6NiCrTiAl26-15-2	Innenbüchsen für das Stangpressen von Kupferlegierungen; Schmiedesättel für das Freiformschmieden

welches harte, grobe Chromkarbide bildet. Daneben enthält die martensitische Matrix feine Sekundärkarbide.

Warmarbeitswerkzeuge aus **Warmarbeitsstählen** werden bei Werkstücktemperaturen bis 1200 °C eingesetzt. Je nach Temperaturbeanspruchung werden warm- oder hochwarmfeste Vergütungsstähle ohne oder mit nennenswerter Sekundärhärte verwendet. Bei sehr hohen Temperaturen werden auch warmfeste austenitische Stähle eingesetzt, siehe Tabelle 3.14. Die wichtigsten Legierungselemente sind Chrom, Molybdän, Vanadium und Nickel. Sie besitzen geringere Gebrauchshärten als Kaltarbeitsstähle, sie sind zäh und verschleißbeständig.

Schnellarbeitsstähle (*high speed steels*, HSS) dienen zur Herstellung von Werkzeugen für die spanende Bearbeitung von Stahl. Sie besitzen eine hohe Härte und Festigkeit auch bei sehr hohen Temperaturen. Die beiden wichtigsten Legierungselemente sind die (gegeneinander austauschbaren) Elemente Wolfram und Molybdän. Daneben enthalten sie größere Anteile von Vanadium, Kobalt und Chrom (etwa 4 %). Ihr Kohlenstoffgehalt liegt zwischen 0,75 bis 2,5 %. Die große Menge karbidbildender Elemente führt zu einem deutlichen Sekundärhärtemaximum durch thermisch stabile Sonderkarbide und begründet

Tabelle 3.15: Gebräuchliche Schnellarbeitsstähle: Zusammensetzung, Gebrauchshärte und Verwendung

Zusammensetzung (Masse-%)		Gebrauchs-	Verwendung
W-Mo-V-Co	C	härte, HRC	
HS6-5-2	0,9	60–64	Spiralbohrer, Fräser, Reibahlen, Senker, Sägen, Umformwerkzeuge
HS6-5-3	1,2	62–65	Pulvermetallurgie (Container), Extrudieren, Walzen, sämtliche Werkzeuge für die spanende Metallbearbeitung
HS6-5-2-5	0,9	62–67	Fräser, Spiralbohrer, Gewindebohrer
HS10-4-3-10	1,3	60–64	Drehmeißel, Formen, Holzbearbeitungswerkzeuge
HS18-0-1	0,7	63–66	Hobel- und Stoßmeißel, Gewinde- und Profilfräser
HS18-1-2	0,9	64–66	Gewindebohrer, Spiralbohrer, Drehmeißel, Räumwerkzeuge
HS15-13-5-11	2,0	65–70	Werkzeuge für die spanende Bearbeitung (sehr hohe Standzeiten)

damit die hohen möglichen Verwendungstemperaturen. Schnellarbeitsstähle mit hohen Molybdängehalten (bis etwa 13 %) sind verschleißbeständiger, verzugsärmer und billiger als Varianten mit hohen Wolframgehalten (12 bis 18 %). Einige Beispiele für Schnellarbeitsstähle zeigt die Tabelle 3.15. Zur Erhöhung des Verschleißwiederstands können diese Stähle mit Titannitrid oder Titankarbid beschichtet werden.

3.11 Eigenschaften und Anwendungen von Nichteisenmetallen und -legierungen

Nichteisenmetalle und deren Legierungen sind die Grundlage einer Vielzahl von Werkstoffen, die von den gebräuchlichen Metallen Aluminium, Kupfer und Zink bis hin zu den hochfesten und für den Einsatz bei sehr hohen Temperaturen geeigneten Metallen Wolfram, Tantal und Molybdän reichen. Obwohl diese Metalle bzw. die Werkstoffe aus diesen meist teurer sind als Werkstoffe auf Eisenbasis, sind Nichteisenmetalle wegen ihrer besonderen mechanischen, physikalischen und chemischen Eigenschaften in der gegenwärtigen und zukünftigen Technik unverzichtbar.

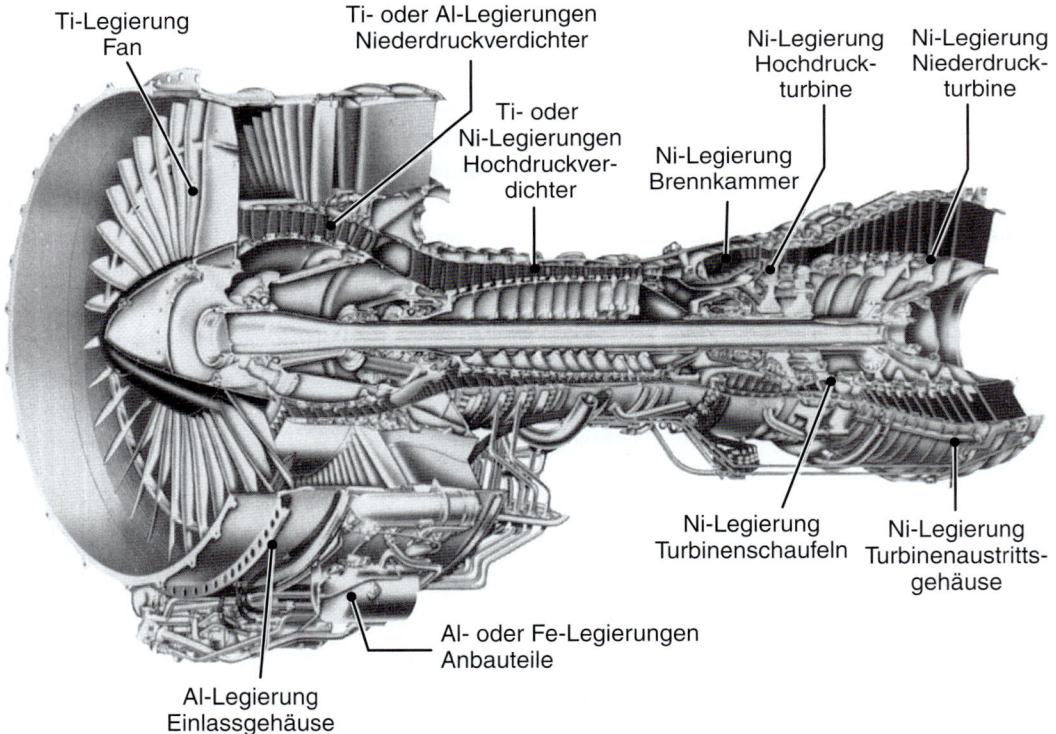

Abbildung 3.38: Schnitt durch eine Gasturbine des Typs PW2037 mit Hinweisen auf die für die wichtigsten Bauteile verwendeten Werkstoffe.

In einer Antriebsturbine des Flugzeugtyps Boeing 757 beispielsweise werden zum überwiegenden Teil Nichteisenmetalllegierungen verbaut (▶ Abbildung 3.38). Von diesen wiederum bestehen 38 % aus Titan, 37 % aus Nickel, 12 % aus Chrom, 6 % aus Kobalt, 5 % aus Aluminium, 1 % aus Niob und 0,02 % aus Tantal. Ohne diese Werkstoffe wären weder die Herstellung noch der effiziente Betrieb bei den geforderten Antriebsleistungen möglich.

Typische Anwendungen der Nichteisenmetalle und deren Legierungen umfassen z. B. (a) Aluminium für Kochgeräte und Flugzeugrümpfe, (b) Kupferdraht in der Elektrotechnik und Kupferrohre für Leitungswasser, (c) Titan für Turbinengebläseschaufeln und medizinische Implantate und (d) Tantal für Raketenantriebe.

3.11.1 Aluminium und Aluminiumlegierungen

Wichtige Argumente für die Wahl von *Aluminium* (Al) und Aluminiumlegierungen sind das große Verhältnis von Festigkeit zu Masse, die Beständigkeit gegen Korrosionsangriff, eine hohe thermische und elektrische Leitfähigkeit, das nicht toxische Verhalten, spezielle optische Eigenschaften wie Reflexion und die guten Verformungs- und Bearbeitungseigenschaften. Aluminium und seine Legierungen sind nichtmagnetisch.

Aluminium, das erstmals 1827 dargestellt wurde, wird durch Schmelzflusselektrolyse gewonnen. Mit dem **Bayer-Verfahren** wird aus dem Mineral **Bauxit** reines Al_2O_3 gewonnen und dieses in Natriumaluminiumfluorid (**Kryolith**, Na_3AlF_6) gelöst (**Hall-Heroult-Verfahren**). Der Schmelzpunkt dieser Mischung ist sehr viel niedriger als der von Al_2O_3. Bei der Elektrolyse (flüssiger Elektrolyt) werden Kohleanoden in das Schmelzbad getaucht und das metallische Aluminium scheidet sich an der den Boden der Elektrolysezelle bildenden Kathode ab. Die Gewinnung von Aluminium ist äußerst energieintensiv. Für eine Tonne werden etwa $1{,}5 \times 10^7$ kWh elektrische Energie benötigt.

Die wichtigsten Anwendungen dieser Werkstoffe sind, in absteigender Menge aufgezählt, Behälter und Verpackungen (Getränkedosen und Folien), Fassaden von Gebäuden, allgemeiner Maschinenbau, Transport von Menschen und Gütern (Flugzeuge, Raumfahrzeuge, Automobile (siehe Abbildung 1.5), Busse, Eisenbahnwaggons, kleine Schiffe), Produkte der Elektrotechnik (nichtmagnetische und kostengünstige elektrische Leiter), langlebige Konsumgüter (Geräte, Kochgeschirr, Freiluft-Mobiliar) und Handwerkzeug (Tabellen 3.16 und 3.17). Nahezu alle Hochspannungsfreileitungen werden aus stahlverstärktem Aluminiumdraht gefertigt.

82 % der lastragenden Teile (*Strukturbauteile*) des Flugzeugs Boeing 747 bestehen aus Aluminium, der Anteil von Al im Flugzeug Boeing 777 beträgt bei diesen Bauteilen 70 %. Eine im Flugzeugbau sehr wichtige Legierungsgruppe sind die **Aluminium-Lithium-Legierungen** (z. B. EN AW-8090, Tabellen 3.16 und 3.17; zur Benennung der Al-Legierungen siehe weiter unten in diesem Abschnitt), die leichter (wegen des geringeren spezifischen Gewichts des Lithiums) und gleichzeitig fester und steifer als Al sind. Das Flugzeug Airbus A350 wird etwa 23 % dieser Legierungen in Strukturbauteilen enthalten, vornehmlich im Bereich des Rumpfs.

Da jede Aluminiumlegierung spezifische Eigenschaften aufweist, ist bei der Werkstoff- bzw. Legierungswahl besonderes Augenmerk auf die Verarbeitungseigenschaften und Herstellkosten zu richten. Eine

Tabelle 3.16: Eigenschaften einiger Aluminium-Knetlegierungen bei Raumtemperatur

Bezeichnung nach DIN EN 573-1	573-2	Zustand	Zugfestigkeit, MPa	Streckgrenze, MPa	Bruchdehnung, %
EN AW-1100	Al99,0Cu	O	90	35	35–45
		H14	125	120	9–20
EN AW-1350	Al 99,5	O	85	30	23
		H19	185	165	1,5
EN AW-2024	AlCu4Mg1	O	190	75	20–22
		T4	470	325	19–20
EN AW-3003	AlMn1Cu	O	110	40	30–40
		H14	150	145	8–16
EN AW-5052	AlMg2,5	O	190	90	25–30
		H34	260	215	10–14
EN AW-6061	AlMg1SiCu	O	125	55	25–30
		T6	310	275	12–17
EN AW-7075	AlZn5,5MgCu	O	230	105	16–17
		T6	570	500	11
EN AW-8090	AlLi2,5Cu1Mg1	T8X	480	400	4–5

Tabelle 3.17: Bewertung der Verarbeitungseigenschaften (A = ausgezeichnet, D = schlecht) und Verwendung einiger Aluminium-Knetlegierungen

Bezeichnung nach DIN EN 573-1	573-2	Korrosionsbeständigkeit	Spanende Bearbeitbarkeit	Schweißbarkeit	Verwendung
EN AW-1100	Al99,0Cu	A	D–C	A	Blechteile, gedrückte Hohlformen, Dosen
EN AW-2014	AlCu4SiMg	C	C–B	C–B	Große Schmiedestücke, Platten und Extrudate für Flugzeugstrukturteile, Scheibenräder
EN AW-3003	AlMn1Cu	A	D–C	A	Kochutensilien, Laborausrüstung, Druckbehälter, Blechteile, Vorratsbehälter
EN AW-5052	AlMg2,5	A	D–C	A	Schweißkonstruktionen, Druckbehälter, Rohre für marine Anwendungen
EN AW-6061	AlMg1SiCu	B	D–C	A	Lkws, Kanus, Möbel, Strukturteile
EN AW-7075	AlZn5,5MgCu	D	B–D	B	Extrudierte Profile, große Wärmetauscher, Tennisschläger, Fahrradrahmen, Softballschläger
EN AW-8090	AlLi2,5Cu1Mg1	A–B	B–D	B	Strukturbauteile (Hubschrauber, Flugzeuge)

typische Getränkedose aus Aluminium beispielsweise besteht aus einer Reihe von verschiedenen Legierungen für den Dosenkörper (EN AW-3004 (AlMn1Mg1) oder EN AW-3104 (AlMn1Mg1Cu)), den Deckel (EN AW-5182 (AlMg4,5Mn0,2)) und die Öffnungslasche (EN AW-5042 (AlMg3,5Mn)), wobei alle Legierungen im Zustand der größtmöglichen Kaltverfestigung verwendet werden (= H19). Al-Li-Legierungen, wie z. B. EN AW-8090, sind überaus attraktiv für Anwendungen im Flugzeugbau, werden aber wegen ihrer hohen Herstellkosten sonst nicht eingesetzt.

Es gibt Al-Knet- und Al-Gusslegierungen sowie Aluminiumpulver für Anwendungen in der Pulvermetallurgie (Kapitel 11). Produkte aus Knetlegierungen können durch Walzen, Extrudieren, Strangpressen, Ziehen oder Schmieden hergestellt werden. Al-Si-Legierungen eignen sich in besonderer Weise zur Herstellung von Gussbauteilen. Bei den Knetlegierungen unterscheidet man (1) die naturharten Sorten, deren Festigkeit nur durch Kaltverformung, Mischkristallverfestigung und Korngrößenhärtung, nicht aber durch eine Wärmebehandlung gesteigert werden kann (Zustand H), und (2) die wärmebehandelbaren (ausscheidungshärtbaren) Sorten, deren Festigkeit durch die Ausscheidung von Teilchen einer zweiten Phase gesteigert wird (Zustand T). Für nahezu jede Aluminiumlegierung gibt es geeignete und relativ einfach anzuwendende Bearbeitungs-, Umform- und Fügeverfahren.

Bezeichnung der Aluminiumlegierungen

1. Knetlegierungen (EN AW-, W = *wrought*)

Nach der europäischen Norm DIN EN 573-1 wird ein Vier-Ziffern-System verwendet, das sich an dem der „Aluminium Association" (AA) anlehnt. Die erste Ziffer ist für das wichtigste Element reserviert, die zweite steht für die erlaubten Abweichungen von der Nominalzusammensetzung. Die letzten beiden Ziffern geben diverse weitere Legierungselemente an oder charakterisieren die Reinheit.

EN AW-1xxx (Al > 99 Masse-%): technisch reines Al, korrosionsbeständig, nicht wärmebehandelbar, gut verformbar, hohe thermische und elektrische Leitfähigkeit, niedrige Festigkeit

EN AW-2xxx (Cu): hohes Festigkeit-zu-Masse-Verhältnis, wärmebehandelbar, wenig korrosionsbeständig

EN AW-3xxx (Mn): gute Verformbarkeit, mittlere Festigkeit, nicht wärmebehandelbar

EN AW-4xxx (Si): niedrigerer Schmelzpunkt als Al, bildet Oxidschicht (dunkel), nicht wärmebehandelbar (Ausnahmen!)

EN AW-5xxx (Mg): korrosionsbeständig und schweißbar, mittlere bis hohe Festigkeit, nicht wärmebehandelbar

EN AW-6xxx (Mg+Si): mittlere Festigkeit, gute Verformbarkeit und spanende Bearbeitbarkeit, gut schweißbar, hohe Korrosionsbeständigkeit, wärmebehandelbar

EN AW-7xxx (Zn): mittlere bis sehr hohe Festigkeit, wärmebehandelbar

EN AW-8xxx (andere wie Li, Sn, Zr, B, ...): basieren auf 4xxx, oft wärmebehandelbar

Den vier Ziffern folgt ein Buchstabe, der den Behandlungszustand der Legierung bezeichnet:

F   unbehandelt (*as fabricated*)
O   weichgeglüht (*annealed*)

H mechanisch verfestigt (*strain hardened*)
W lösungsgeglüht (*solution treated*)
T angelassen (*tempered*)

Der Bezeichnung für die Anlassbehandlung (T) folgen immer Ziffern, die weitere Einzelheiten bezeichnen, z. B.:

T1 abgekühlt + kaltausgelagert (20 °C)
T2 abgekühlt + kaltverformt + kaltausgelagert
T3 lösungsgeglüht + kaltverformt + kaltausgelagert
T4 lösungsgeglüht + kaltausgelagert
T5 abgekühlt + warmausgelagert (>20 °C)
T6 lösungsgeglüht + warmausgelagert
T7 lösungsgeglüht + stabilisiert
T8 lösungsgeglüht + kaltverformt + warmausgelagert
T8X T4 + warmausgelagert beim Lackieren
T9 lösungsgeglüht + warmausgelagert + kaltverformt
T10 abgekühlt + kaltverformt + warmausgelagert

Dem Buchstaben H (nur für Knetlegierungen!) folgen ebenfalls Ziffern, die Details der Verformung charakterisieren, z. B.:

H1x kaltverfestigt
H2x kaltverfestigt und teilgeglüht
H3x kaltverfestigt und stabilisiert
H4x kaltverfestigt und geglüht beim Lackieren

Die zusätzliche Ziffer gibt den Grad der Kaltverformung an, und zwar bedeuten x = 2: 1/4-hart, x = 4: 1/2-hart, x = 6: 3/4-hart, x = 8: hart und x = 9: höchstmögliche Kaltverfestigung (nur bei H1)

2. Gusslegierungen (EN AC-, C = *cast*)

Die Bezeichnung erfolgt ähnlich wie für Knetlegierungen, jedoch mit einem Fünf-Ziffern-System, z. B.: EN AC-5xxxx. Auch diesen Ziffern werden Buchstaben (bei T gefolgt von Ziffern) angehängt, die den Behandlungszustand kennzeichnen. Der Buchstabe H wird nicht verwendet.

3. Weitere Bezeichnungen

Neben den besprochenen Bezeichnungsarten gibt es noch eine Reihe weiterer, die zum Teil landesspezifisch oder herstellerspezifisch sind. In Deutschland ist die Bezeichnung der Aluminiumlegierungen nach DIN 1725 (neu DIN EN 573-2) weitverbreitet. Hierin folgen dem Symbol für das Grundelement (Al) Symbole der Legierungselemente und Konzentrationsangaben in Masse-%. Bei Rein- und Reinstaluminium wird die Mindestkonzentration des Aluminiums angegeben.

So bedeuten:
Al 99,5 Reinaluminium mit mindestens 99,5 % Al (= EN AW-1050),
AlMg2Mn0,3 Aluminiumlegierung mit 2 % Mg und 0,3 % Mn (= EN AW-5251).

Die Herstellung und der Verwendungszweck werden durch vorangestellte Buchstaben gekennzeichnet:

G   Guss
GD Druckguss
GK Kokillenguss
E   elektrisches Leitmaterial

Beispiele dafür sind:
G-AlSi11 Aluminiumgusslegierung mit 11 % Si (= EN AC-44000),
GK-AlZn5Mg Aluminium-Kokillengusslegierung mit 5 % Zn, < 1 % Mg (= EN AC-71000).

Wenn erforderlich, werden diesen Bezeichnungen Buchstaben für besondere Eigenschaften angehängt:

F   Mindestzugfestigkeit in MPa
pl plattiert
w weich
a   ausgehärtet

3.11.2 Magnesium und Magnesiumlegierungen

Magnesium (Mg) ist das leichteste Konstruktionsmetall. Seine Legierungen werden immer dann eingesetzt, wenn die Masse einer Konstruktion im Vordergrund steht. Magnesium ist zudem wichtiges Legierungselement für eine Reihe von Nichteisenmetallen. Magnesium kommt in den Mineralien **Magnesit** und **Dolomit** sowie im **Karnallit** (Magnesiumkaliumchlorid) vor. Die Gewinnung von Mg erfolgt durch elektrolytische Abscheidung aus einer Schmelze von Karnallit und Flussspat.

Typische Einsatzgebiete von Magnesium sind Komponenten für Flugzeuge und Raumschiffe, Zuführungs- und Handhabungssysteme, tragbare Elektrowerkzeuge, Koffer, Laptops, Fahrräder und andere Sportgeräte und viele weitere Produkte des Leichtbaus. Die verwendeten Legierungen gibt es als Guss- und Knetlegierungen, diese in Form von extrudierten Stangen und Profilen, Schmiedeteilen sowie gewalzten Platten und Blechen. Magnesiumlegierungen findet man auch in Maschinen, bei denen es wegen hohen auftretenden Geschwindigkeiten wichtig ist, Trägheitskräfte durch Massenreduktion zu vermindern (Drucker, Webstühle). Magnesium dämpft mechanische Schwingungen sehr gut.

Da reines Magnesium nur eine geringe Festigkeit besitzt, wurde eine Vielzahl von Magnesiumlegierungen entwickelt, um bestimmte Eigenschaften zu verbessern (Tabelle 3.18). Der Vergleich dieser Eigenschaften mit denen anderer Werkstoffe sollte auf der Basis dichtebezogener Kennwerte erfolgen. Eine Reihe dieser Legierungen lässt sich gut vergießen, umformen und bearbeiten. Etwa 80 % der Legierungen werden durch Gießen verarbeitet. Dies liegt an der guten Gießbarkeit und der schlechten Umformbarkeit (hexagonale Kristallstruktur). Bei Knetlegierungen ist darauf zu achten, dass die Zug- und Druckkennwerte bei Raumtemperatur aufgrund der Verformung durch Versetzungsgleiten und Zwillingsbildung deutlich voneinander abweichen können.

Die internationale systematische **Kennzeichnung** der Legierungen gibt Aufschluss über die vorhandenen Legierungselemente. Jedes Legierungselement ist durch einen Buchstaben abgekürzt. Es werden

Tabelle 3.18: Eigenschaften und Verwendung einiger Magnesium-Knetlegierungen

Legierung	Zusammensetzung, %				Zustand	Zug-festigkeit MPa	Streck-grenze MPa	Bruch-dehnung %	Produkte
	Al	Zn	Mn	Zr					
M2			2,0		F	215	160	4	Extrudate, Opferanoden
AZ31B	3,0	1,0	0,2		F	260	200	15	Extrudate
					H24	290	220	15	Bleche, Platten
AZ80A	8,5	0,5	0,2		T5	380	380	7	Extrudate, Schmiedeteile
HK31A*				0,7	H24	255	255	8	Bleche, Platten
ZK60A		5,7		0,55	T5	365	365	11	Extrudate, Schmiedeteile

* HK31A enthält 3 % Thorium.

maximal zwei Buchstaben gefolgt von maximal zwei Ziffern verwendet. Die Ziffern geben den ungefähren Gehalt der Legierungselemente in Masse-% an. AZ91 bedeutet also MgAl9Zn1. Dies ist die bedeutendste Mg-Druckgusslegierung (Streckgrenze 170 MPa, Zugfestigkeit 250 MPa, Bruchdehnung 3 %). Die Kennbuchstaben für die Legierungselemente und deren Wirkung sind:

- **M** Mangan: verbessert die Korrosionsbeständigkeit
- **K** Zirkon: bewirkt Kornfeinung in Gusslegierungen
- **L** Lithium: Mischkristallhärtung
- **A** Aluminium: Ausscheidungshärtung
- **Q** Silber: Ausscheidungshärtung
- **W** Yttrium: Mischkristallhärtung
- **Z** Zink: steigert Festigkeit in Al-haltigen Legierungen
- **E** Kupfer: feint Ausscheidungen in Zn-haltigen Legierungen
- **C** Cer, Neodym, Lanthan: erhöhen die Löslichkeit von Zn; Kornfeinung
- **H** Thorium: wirkt wie seltene Erden

Die Zusatzbuchstaben nach den Ziffern in der Legierungsbezeichnung charakterisieren die Toleranzbreite zusätzlicher Legierungsatome. Die Bezeichnung des Behandlungszustands erfolgt so wie bei den Aluminiumlegierungen.

Da Magnesiumlegierungen sehr schnell oxidieren, sind sie eine potenzielle Brandgefahr. Daher sind besondere Schutzmaßnahmen erforderlich, wenn Magnesiumlegierungen spanend bearbeitet, geschliffen oder im Sandguss verarbeitet werden. Fertige Produkte aus Magnesium und Magnesiumlegierungen stellen jedoch keine Brandgefahr dar.

3.11.3 Kupfer und Kupferlegierungen

Kupfer (Cu) wird seit etwa 4000 v. Chr. verarbeitet. Kupfer und seine Legierungen sind in manchen Aspekten dem Aluminium und seinen Legierungen ähnlich, besitzen aber sehr hohe elektrische und thermische Leitfähigkeiten. Zudem sind sie sehr korrosionsbeständig und mit verschiedenen Umform-, Gieß- und Fügeverfahren leicht zu verarbeiten. Die schwefelhaltigen Erze werden durch Rösten vom meisten Schwefel befreit. Durch oxidierendes Verblasen in einem Konverter und reduzierendes Schmelzen wird Hüttenkupfer gewonnen, welches durch Raffination in Elektrolytkupfer (99,95 % Cu) weiterverarbeitet wird.

Kupferlegierungen werden immer dann eingesetzt, wenn Werkstoffe mit einer Kombination von Eigenschaften wie elektrische und mechanische Eigenschaften, Korrosionsbeständigkeit, thermische Leitfähigkeit und Verschleißbeständigkeit erforderlich sind. Typische Anwendungen sind in elektrischen und elektronischen Komponenten, Federn, Verrohrungen, Wärmetauschern, Schiffsteilen und Verbrauchgütern (Haushalt, Schmuck) zu finden. Die Eigenschaften von Kupferlegierungen können in weiten Bereichen eingestellt werden und ihre Verarbeitungseigenschaften lassen sich durch Legieren und Wärmebehandeln verbessern. Die wichtigsten Legierungen des Kupfers sind Messing und eine Reihe von Bronzen.

Messing ist eine Legierung aus Kupfer und Zink und ist eine der am längsten bekannten Legierungen, die vielfältig angewendet wird (bis hin zu Schmuckgegenständen, Tabelle 3.19). Als klassische **Bronze** bezeichnet man Kupfer-Zinn-Legierungen. Andere Bronzen sind vom Typ (a) Cu-Al (*Aluminiumbronze*), (b) Cu-Ni (*Nickelbronze*), (c) Cu-Be (*Beryllbronze*) und (d) Cu-P (*Phosphorbronze*), wobei sich die beiden Letzten durch besonders hohe Festigkeit und Härte auszeichnen. Damit sind sie für Federn und Lager geeignet. Manchen dieser Legierungen setzt man (unlösliches) Blei zu, um die Zerspanbarkeit zu verbessern (*Automatenmessing*).

3.11.4 Nickel und Nickellegierungen

Nickel (Ni) ist ein silberglänzendes Metall, das 1751 entdeckt wurde. Es ist ein wichtiges Legierungselement, welches die Festigkeit, Zähigkeit und Korrosionsbeständigkeit erhöht. Nickel kommt zwar gediegen in Eisenmeteoriten vor, jedoch gewinnt man es großtechnisch aus schwefelhaltigen Erzen (Kiesen), Oxid- oder Arsenerzen. Durch Rösten der Erze wird der Nickelgehalt erhöht. Danach erfolgt Schmelzen unter reduzierender Atmosphäre und Abtrennen von Eisen und Kupfer.

Nickel wird in großen Mengen in rostfreien Stählen und in Nickelbasislegierungen für Hochtemperaturbauteile in Gasturbinen, Raketen und Kernkraftwerken verwendet. Weitere Einsatzgebiete sind die Lebensmittel- und chemische Industrie, Münzen und meerwasserbeständige Komponenten. Da Nickel magnetisch ist, werden seine Legierungen auch für elektromagnetische Bauteile wie Zylinderspulen (Solenoide) eingesetzt. Als Reinmetall wird Nickel vor allem für die Elektroplattierung verwendet, um die Oberflächeneigenschaften des Substratwerkstoffs zu verbessern (Korrosion, Verschleiß, Aussehen).

Nickellegierungen mit Chrom, Kobalt und Molybdän sind hochfest und korrosionsbeständig bei hohen Temperaturen. Das Verhalten dieser Legierungen in Fertigungsverfahren wie maschinelle Bearbeitung, Umformen, Gießen und Schweißen kann durch Zusatz weiterer Legierungelemente geeignet verän-

Tabelle 3.19: Eigenschaften von Kupfer und Kupferlegierungen und Anwendungsbeispiele für Knetlegierungen

Werkstoff	Zusammensetzung Masse-%	Zugfestigkeit MPa	Streckgrenze MPa	Bruchdehnung %	Anwendungen
Cu-OF sauerstofffreies Cu	99,99 Cu	220–450	70–365	55–4	Sammelschienen, Wellenleiter, Hohlleiter, Drahtadern, Koaxialkabel und -rohre, Mikrowellenerzeuger, Gleichrichter
Goldtombak	85,0 Cu 15,0 Zn	270–720	70–435	55–3	Führungsschienen, Gelenkpfannen, Befestigungsteile, Feuerlöscher, Kondensatoren, Wärmetauscherrohre
Hellrottombak	80,0 Cu 20,0 Zn	300–850	80–450	55–3	Batteriekappen, Bälge, Musikinstrumente, Zifferblätter, biegsame Rohre
Automatenmessing	61,5 Cu 3,0 Pb 35,5 Zn	340–470	125–310	53–18	Zahnräder, Ritzel, Teile für Schraubenautomaten
Sondermessing	60,0 Cu 39,25 Zn 0,75 Sn	380–610	170–455	50–17	Spannschloßkörper, Kugeln, Bolzen, Bootsbau, Ventilschäfte, Kondensatorplatten
Architekturmessing	57,0 Cu 3,0 Pb 40,0 Zn	415	140	30	Profile und Verkleidungen im Bauwesen, Anschläge, Zierleisten, Scharniere
Phosphorbronze	95,0 Cu 5,0 Sn P (Spur)	325–960	130–550	64–2	Bälge, Kupplungsscheiben, Splinte, Diaphragmen, Befestigungsteile, Drahtbürsten, Textilmaschinen
Automaten-Phosphorbronze	88,0 Cu 4,0 Pb 4,0 Zn 4,0 Sn P (Spur)	300–520	130–435	50–15	Lager, Büchsen, Splinte, Zahnräder, Wellen, Anlaufscheiben, Ventilteile
Siliziumbronze	98,5 Cu 1,5 Si	275–655	100–475	55–11	Hydraulikleitungen, Bolzen, Schiffsausrüstungen, Kabelführungen, Wärmetauscherrohre
Nickelbronze (silber)	65,0 Cu 17,0 Zn 18,0 Ni	390–710	170–620	45–3	Niete, Schrauben, Reißverschlüsse, Neusilber, Namenschilder, Kamerateile

Tabelle 3.20: Eigenschaften von Nickellegierungen (die Namen der Legierungen sind Handelsbezeichnungen)

Legierung (Zustand)	Hauptlegierungselemente Masse-%	Zugfestigkeit MPa	Streckgrenze MPa	Bruchdehnung %	Anwendungen
Nickel 200 (geglüht)	–	380–550	100–275	60–40	Chemische und Lebensmittelindustrie, Luftfahrt, elektronische Bauteile
Duranickel 301 (ausgelagert)	4,4 Al 0,6 Ti	1300	900	28	Federn, Extruder in der Kunststoffverarbeitung, Formen für Glas
Monel R-405 (warmgewalzt)	30 Cu	525	230	35	Teile für Wasseruhren und Gewindeautomaten
Monel K-500 (ausgelagert)	29 Cu 3 Al	1050	750	20	Pumpenwellen, Ventilschäfte, Federn
Inconel 600 (geglüht)	15 Cr 8 Fe	640	210	48	Teile für Gasturbinen, Wärmebehandlungseinrichtungen und Kernreaktoren
Hastelloy C-4 (lösungsgeglüht und abgeschreckt)	16 Cr 15 Mo	785	400	54	Rohrleitungen und Ventile, Austrittsdüsen von Strahltriebwerken, Reaktoren

dert werden. Tabelle 3.20 fasst die Eigenschaften einiger Nickellegierungen zusammen. **Monel** ist eine Nickel-Kupfer-Legierung, **Inconel** eine Nickel-Chrom-Legierung. **Hastalloy**, eine Nickel-Molybdän-Chrom-Legierung, besitzt hohe Festigkeit und Korrosionsbeständigkeit bei hohen Temperaturen. **Nickelchrom** (N-Cr-Fe) ist oxidationsbeständig und zeigt einen hohen elektrischen Widerstand und wird daher oft für Heizelemente verwendet. **Invar** (Ni-Fe) besitzt einen sehr niedrigen thermischen Ausdehnungskoeffizienten (die thermische Ausdehnung wird durch *Magnetostriktion* kompensiert) und findet sich in Präzisionsmessinstrumenten und optischen Komponenten (Abschnitt 3.9.5).

3.11.5 Superlegierungen

Superlegierungen sind wichtige Werkstoffe für den Einsatz bei hohen Temperaturen. Auch bekannt als hitzebeständige oder Hochtemperaturlegierungen, findet man sie in fliegenden und stationären Gasturbinen, Kolbenmotoren, Raketenantrieben, Werkzeugen und Gesenken für die Warmumformung von Metallen sowie in der kerntechnischen, chemischen und petrochemischen Industrie. Superlegierungen sind bei hohen Temperaturen resistent gegen Korrosion, mechanische und thermische Ermüdung und Schockbeanspruchung, Kriechen und Erosion. Die maximale Einsatztemperatur der meisten Superlegierungen liegt bei etwa 1000 °C für lasttragende Anwendungen und kann bis zu 1200 °C für nicht lasttragende Anwendungen erreichen. Superlegierungen sind via Handelsnamen und/oder speziellen Nummernsystemen identifizierbar und können in verschiedenen Formen bezogen werden.

Tabelle 3.21: Eigenschaften und Anwendungen von Nickelbasis-Superlegierungen bei 870 °C (die Namen der Legierungen sind Handelsbezeichnungen); K = Knetlegierung, G = Gusslegierung

Legierung	Art	Zugfestigkeit MPa	Streckgrenze MPa	Bruchdehnung %	Anwendungen
Astroloy	K	770	690	25	Schmiedestücke
Hastelloy X	K	255	180	50	Jettriebwerke (Blechteile)
IN-100	G	885	695	6	Jettriebwerke (Schaufeln und Scheiben)
IN-102	K	215	200	110	Teile für Überhitzer und Jettriebwerke
Inconel 625	K	285	275	125	Flugzeugmotoren und -strukturen, chemische Verfahrenstechnik
Inconel 718	K	340	330	88	Jettriebwerke, Raketenteile
MAR-M 200	G	840	760	4	Jettriebwerke (Schaufeln)
MAR-M 432	G	730	605	8	Turbinenblisks
René 41	K	620	550	19	Teile für Jettriebwerke
Udimet 700	K	690	635	27	Teile für Jettriebwerke
Waspaloy	K	525	515	35	Teile für Jettriebwerke

Superlegierungen gibt es als **Eisenbasis-**, **Kobaltbasis-** oder **Nickelbasislegierungen**. Sie enthalten Nickel, Chrom, Kobalt, Eisen und Molybdän als Hauptlegierungselemente und eine Reihe zusätzlicher Elemente wie Aluminium, Wolfram, Titan und Niob. Eisenbasis-Superlegierungen enthalten 32 bis 67 Masse-% Eisen, 15–22 % Cr und 9 bis 38 % Ni. Zu diesen Legierungen gehört die Gruppe *Incoloy*. Kobaltbasis-Superlegierungen bestehen aus 35–65 % Co, 19–30 % Cr und bis zu 35 % Ni. Kobalt ist dem Nickel sehr ähnlich. Diese Legierungen sind weniger fest als Nickelbasis-Superlegierungen, ihre Festigkeit hängt jedoch weniger stark von der Temperatur ab als jene der Nickelbasis-Superlegierungen. Diese wiederum sind die technisch wichtigsten Superlegierungen und werden in großer Variantenvielfalt hergestellt (Tabelle 3.21). Ihr Nickelgehalt liegt zwischen 38 und 76 %. Daneben enthalten sie bis zu 27 % Cr und 20 % Co. Zu diesen Superlegierungen zählen *Hastalloy*, *Inconel*, *Nimonic*, *René*, *Udimet*, *Astroloy* und *Waspalloy*.

3.11.6 Titan und Titanlegierungen

Obwohl **Titan** (Ti) bereits 1791 entdeckt wurde, begann seine großtechnische Herstellung erst zwischen 1940 und 1950. In der Natur findet man Titan als Rutil (TiO_2). Titan wurde ursprünglich mit dem *Ankel-de-Boer-Verfahren* hergestellt (auch *crystal bar process*, siehe Titelbild des Buches). Beim heute üblichen **Kroll-Verfahren** wird Titan elektrolytisch aus einer Natriumtitanchloridschmelze unter Schutzgas abgeschieden. Titan ist teuer, jedoch ist es aufgrund seines großen Festigkeit-zu-Dichte-Verhältnisses und seiner Korrosionsbeständigkeit bei tiefen und hohen Temperaturen sehr gut für Bauteile von Flugzeugen, Gasturbinen, Rennautos, Booten und Unterseebooten geeignet. Titan wird auch in der chemischen

Tabelle 3.22: Eigenschaften und Anwendungen von Titan-Knetlegierungen

Zusammensetzung Masse-%	Gefüge	Zustand	Temp. °C	Zugfestigkeit MPa	Streckgrenze MPa	Bruchdehnung %	Anwendungen
99,5 Ti	α	Geglüht	25	330	240	30	Flugzeugrümpfe,
			300	150	95	32	Meerwasserentsalzung, Wärmetauscher
5 Al, 2,5 Sn	α + β	Geglüht	25	860	810	16	Flugzeugtriebwerke
			300	565	450	18	(Schaufeln, Luftführung), Schaufeln (Dampfturbinen)
6 Al, 4 V	α + β	Geglüht	25	1000	925	14	Raketenmotoren (Gehäuse),
			300	725	650	14	Turbinen und Kompressoren
			425	670	570	18	(Schaufeln, Scheiben),
			550	530	430	35	orthopädische Implante,
		Lös.-gegl. + ausgel.	25	1175	1100	10	Struktur-Schmiedeteile,
			300	980	900	10	Befestigungsteile
13 V, 11 Cr, 3 Al	β	Lös.-gegl. + ausgel.	25	1275	1210	8	Befestigungsteile (hochfest),
			425	1100	830	12	Honeycomb-Platten, Flugzeugteile

und petrochemischen Industrie und als Werkstoff für chirurgische Implantate mit lasttragender Aufgabe (z. B. Hüftendoprothesen) verwendet (Tabelle 3.22). Unlegiertes Titan (auch kommerziell reines Titan genannt) wird wegen seiner exzellenten Korrosionsbeständigkeit dort eingesetzt, wo Festigkeitseigenschaften unwichtig sind. Aluminium, Vanadium, Molybdän, Mangan und weitere Elemente werden dem Titan zugegeben, um z. B. die Bearbeitbarkeit, Festigkeit und Härtbarkeit zu verbessern. **Titanlegierungen** sind mechanisch langzeitbeständig bis 550 °C, für kurze Zeiträume können sie Temperaturen bis 750 °C ausgesetzt werden.

Die Eigenschaften und das Verhalten in Fertigungsprozessen von Titan reagieren äußerst empfindlich auf Variation des Gehalts von Legierungs- und Begleitelementen. Demgemäß ist es wichtig sowohl die Zusammensetzung als auch die Herstellparameter in engen Grenzen zu halten. Dies schließt auch ein, dass die Aufnahme von Wasserstoff, Sauerstoff und Stickstoff bei der Verarbeitung unbedingt verhindert werden muss, da diese Elemente im Titan gelöst Duktilität und Zähigkeit erheblich vermindern.

Die krz-Struktur des Titans (β-**Titan**, oberhalb von 880 °C) ist duktil, die hexagonale Tieftemperaturmodifikation (α-**Titan**) verhält sich spröder und ist sehr empfindlich für Spannungsrisskorrosion. Durch Legieren lassen sich verschiedene Mikrostrukturen einstellen, da manche Legierungselemente die α-Phase (Al, Ga, Ge, Ce, Zr, Pd, (C)), andere die β-Phase (Cr, Fe, Mo, Sn, V, Nb) stabilisieren (siehe Eisen, bei dem es Ferrit- und Austenitstabilisatoren gibt). Man bezeichnet diese Legierungen als α-, nahe α-, α + β- und β-Legierungen. Wegen der allotropen Umwandlung sind Titanlegierungen wärmebehandelbar (härtbar), wodurch sich Gefüge und mechanische Eigenschaften in weiten Bereichen einstellen lassen. **Titanaluminide** (TiAl und Ti_3Al) sind steifer und leichter und außerdem bei höheren Temperaturen einsetzbar als konventionelle Titanlegierungen.

3.11.7 Refraktärmetalle

Wegen ihres hohen Schmelzpunkts zählen *Molybdän* (Mo), *Niob* (Nb), *Wolfram* (W) und *Tantal* (Ta) zu den **hochschmelzenden Metallen** (auch **Refraktärmetalle**). Die zweite Bezeichnung rührt daher, dass diese Metalle aufgrund von Passivierung korrosionsbeständig sind. Zu beachten ist allerdings, dass sie bei hohen Temperaturen leicht mit vielen Nichtmetallen reagieren, was ihre Gewinnung erschwert. Von Vorteil für viele technische Anwendungen ist neben dem hohen Schmelzpunkt der niedrige Wärmeausdehnungskoeffizient und die (verglichen mit Stahl) hohe thermische und elektrische Leitfähigkeit. Bedingt durch ihr krz-Gitter zeigen Refraktärmetalle einen Spröd-Duktil-Übergang.

Die Refraktärmetalle wurden etwa vor 200 Jahren entdeckt und sind wichtige Legierungselemente für Stahl und Superlegierungen. Als Metall bzw. Legierung werden sie erst seit etwa 1940 verwendet. Die hochschmelzenden Metalle und ihre Legierungen sind auch bei sehr hohen Temperaturen fest. Dies macht sie sehr wichtig für Anwendungen bei extrem hohen Temperaturen wie z. B. in Raketenantrieben, Gasturbinen und ähnlichen Einsatzgebieten. Auch in der Elektronik, der Kernkraft- und chemischen Industrie und als Werkstoffe für Werkzeuge finden sie Verwendung. In manchen Anwendungen werden sie Temperaturen zwischen 1100 und 2200 °C ausgesetzt, also Temperaturen, die für die Festigkeit und Oxidationsbeständigkeit der meisten anderen Metalle überaus kritisch sind.

1 **Molybdän** (Mo) hat einen Schmelzpunkt von 2610 °C, einen hohen Elastizitätsmodul, eine hohe Thermoschockbeständigkeit und ist ein guter elektrischer und thermischer Leiter. Der wichtigste Rohstoff für Molybdän ist das Mineral Molybdenit (MoS_2). Das zuvor geröstete Erz wird zuerst mit Sauerstoff, dann mit Wasserstoff reduziert. Oft wird Molybdän in Form von Pulvern verarbeitet. Typische Anwendungen sind Brennkammern von Feststoffraketen, Flugzeugturbinen, Wabenstrukturen, elektronische Komponenten, Heizelemente und Formen für das Druckgießen. Dies macht Mo zum mengenmäßig wichtigsten Refraktärmetall. Die wichtigsten Legierungselemente des Molybdäns sind Titan und Zirkon. Ein wesentlicher Nachteil von Mo ist seine geringe Beständigkeit gegen Oxidation oberhalb von 500 °C, weswegen es mit Schutzschichten versehen werden muss. Molybdän ist ein wichtiges Legierungselement vieler Guss- und Knetlegierungen wie Stahl und hitzebeständige Legierungen. Als solches verbessert es Festigkeit, Zähigkeit und Korrosionsbeständigkeit.

2 **Niob** (Nb) ist gut verformbar und ist oxidationsbeständiger als viele andere Refraktärmetalle. Versehen mit Legierungselementen ist Niob einigermaßen fest und lässt sich gut verarbeiten. Nioblegierungen werden in Raketen, kernkraft- und chemotechnischen Anwendungen eingesetzt. Nb ist darüber hinaus wichtige Basis metallischer Supraleiter. Auch als Legierungselement ist Niob bedeutsam. In Stählen und Superlegierungen bildet es stabile Ausscheidungen, die bei hohen Temperaturen das Kornwachstum bremsen. Das Metall wird aus Erzen reduziert oder in Form von Pulver verarbeitet.

3 **Wolfram** (W) ist ein wichtiges Refraktärmetall und besitzt mit 3410 °C den höchsten Schmelzpunkt aller Metalle. Damit verbunden ist seine hohe Festigkeit auch bei sehr hohen Temperaturen. Nachteilig sind seine hohe Dichte, die Neigung zu Versprödung unterhalb von 500 °C sowie seine geringe Oxidationsbeständigkeit. Wolfram wird aus Erzen wie Wolframit ($(Mn,Fe)WO_4$) oder (des in Europa am wichtigsten) Scheelit ($CaWO_4$) gewonnen. Da bei der Reduktion dieser Oxide Wolframkarbid, aber kein metallisches Wolfram entsteht, wird aus den Erzen durch chemische Reaktionen Wolframtrioxid (WO$_3$) gewonnen, welches in Wasserstoff zu metallischem Wolframpulver reduziert wird. Wolfram und seine Legierungen erlauben Einsatztemperaturen oberhalb von 1650 °C und werden für Auskleidungen von Raketendüsen und in den heißesten Regionen von Jettriebwerken und Raketenmotoren verwendet. Wichtig ist Wolfram außerdem für Elektroden von Zündkerzen, Schweißelektroden und Stromkreisunterbrechern. Der Draht von Glühbirnen besteht aus reinem Wolfram, welcher pulvermetallurgisch hergestellt und danach zu sehr dünnen Querschnitten gezogen wird. Wegen seiner hohen Dichte wird Wolfram auch als Ausgleichsgewicht verwendet wie beispielweise in Verbrennungsmotoren (Kurbelwelle) und in automatischen (mechanischen) Armbanduhren. Auch für Werkzeuge, Walzen und Schmiedegesenke ist Wolfram sehr wichtig, da es Festigkeit und Härte bei hohen Temperaturen sicherstellt. Wolframkarbid mit Kobalt als Binderphase für die Karbidteilchen zählt zu den wichtigsten Werkstoffen für Werkzeuge und Gesenke.

4 **Tantal** (Ta) hat einen Schmelzpunkt von knapp 3000 °C, ist duktil und korrosionsbeständig. Nachteilig sind seine hohe Dichte und die geringe Beständigkeit gegen chemischen Angriff oberhalb von 150 °C. Neben dem Einsatz als Legierungselement wird Tantal in großen Mengen in Kondensatoren und vielen Komponenten in der Elektrotechnik, Elektronik und chemischen Industrie verwendet. Andere Anwendungen sind in Öfen und in säurebeständigen Wärmetauschern anzutreffen. Eine Reihe von Tantallegierungen wird im Flugzeugbau und in ballistischen Raketen verwendet. Die Gewinnung von Tantal erfolgt ähnlich der von Niob.

3.11.8 Weitere Nichteisenmetalle

1 **Beryllium** (Be): Dieses Metall besitzt eine graue Farbe und eine hohe spezifische Festigkeit. Als Metall wird es für Anwendungen in der Nuklear- und Röntgentechnik eingesetzt, weil es Neutronen- und Röntgenstrahlung nur wenig absorbiert. Anwendungen findet man auch in der Raketentechnik (Düsen, Strukturbau), bei Flugzeugbremsen, Präzisionsmessinstrumenten und Spiegeln. Beryllium wird auch als Legierungselement eingesetzt. Kupfer-Nickel-Legierungen mit Beryllium können ausscheidungsgehärtet werden und erreichen Festigkeiten von hochfesten Stählen. Federn, verschleißfeste elektrische Kontakte und funkenfreie Werkzeuge (für Anwendungen im Bergbau und bei der Metallpulvererzeugung) sind typische Einsatzgebiete dieser Werkstoffe. Beryllium und seine Oxide sind giftig, weswegen besondere Vorsichtsmaßnahmen bei seiner Herstellung und Verarbeitung eingehalten werden müssen.

2 **Zirkon:** Das silberne Zirkon (Zr) verfügt über hohe Festigkeit und Duktilität bei hohen Temperaturen. Es ist korrosionsbeständig wegen einer gut haftenden und schützenden Oxidschicht. Zirkon wird in elektronischen Komponenten und – wegen seines kleinen Absorptionsquerschnitts für Neutronen – in Kernreaktoren eingesetzt (Hüllrohre für Brennelemente).

3 **Niedrigschmelzende Metalle:** Die wichtigsten Vertreter dieser Gruppe sind *Blei*, *Zink* und *Zinn*.

   a. **Blei** (Pb, lateinisch *plumbum*) besitzt eine hohe Dichte und eine gute Korrosionsbeständigkeit durch ein chemisch stabiles Oxid auf seiner Oberfläche. Blei ist sehr weich und gut verformbar und wird vornehmlich aus Bleisulfid durch Rösten und Schmelzen gewonnen. Legieren mit Antimon oder Zinn verbessert die Eigenschaften von Reinblei in vielerlei Hinsicht und ermöglicht Anwendungen als Rohrleitungen, zusammendrückbare Röhren, Lagermetalle, Kabelummantelungen, Verblechungen im Dachbereich eines Gebäudes und Elektroden im Bleiakkumulator. Blei dämpft mechanische Schwingungen vorzüglich und wird für die Abschirmung von hochenergetischer Strahlung verwendet. Weitere Anwendungen sind in der Druckereitechnik (**Letternmetall**), als Gewichte und in der chemischen und in der Farbenindustrie zu finden. Die ältesten Kunstgegenstände datieren etwa 3000 v. Chr. Bleirohre, die von den Römern in den Sanitäranlagen von Bath, England, verbaut wurden, sind zum Teil auch heute noch (nach 2000 Jahren) im Einsatz. Blei war bis vor kurzem wichtiges Legierungselement in Loten (Blei-Zinn-Lote, niedriger Schmelzpunkt). In Stählen und Kupferlegierungen verbessert es die Korrosionsbeständigkeit und die Zerspanbarkeit (Automatenmessing mit bis zu 3 Masse-% Pb). Wegen seiner Giftigkeit und der daraus resultierenden Umweltproblematik wird der Einsatz von Blei stetig vermindert (z. B. bleifreie Lote, Abschnitt 12.14.3, und bleifreie Kraftstoffe für Verbrennungsmotoren).

b. **Zink:** Das bläulich-weiße Zink (Zn) ist nach Eisen, Aluminium und Kupfer das wichtigste Industriemetall. Obwohl es schon seit vielen Jahrhunderten bekannt ist, begann seine metallurgische Entwicklung erst im 18. Jahrhundert. Bei der Gewinnung wird entweder nach dem Rösten sulfidischer Erze Zinkoxid reduziert oder Zink aus einer Sulfatlösung elektrolytisch abgeschieden. Zink hat zwei bedeutsame Einsatzgebiete: (a) Verzinken von Eisen, Stahlblech und Draht und (b) als Gusslegierung. Beim elektrolytischen Verzinken (Galvanisieren) ist Zink die Anode und schützt den Stahl (Kathode) vor Korrosionsangriff, wenn die Zinkschicht lokal zerstört ist (Kratzer, Loch). Zink ist auch ein wichtiges Legierungselement des Kupfers (Messing ist Kupfer legiert mit Zink).

Die wichtigsten Legierungselemente von **Zinklegierungen** sind Aluminium, Kupfer und Magnesium, welche die Festigkeit steigern und sich günstig auf die Einhaltung von Maßtoleranzen beim Gießen von Zink auswirken. Zinklegierungen werden vornehmlich durch Druckgießen verarbeitet und für Treibstoffpumpen und Kühlergrills im Automobil, für Teile von Haushaltgeräten (Staubsauger, Waschmaschinen und Küchengeräte), Maschinenteile und Fotogravurplatten verwendet. Zink kommt in superplastischen Legierungen zum Einsatz (siehe Abschnitt 2.2.7), die sich durch außerordentlich hohe Umformbarkeit auszeichnen. Ein dafür typischer Werkstoff ist die Legierung ZnAl22, welche sich in Blechform mit dafür typischen Umformoperationen verarbeiten lässt.

c. **Zinn:** Obwohl dieses Metall nur in geringen Mengen verwendet wird, ist das silberglänzende Zinn (Sn, lateinisch *stannum*) ein wichtiges Metall. Sein wichtigstes Einsatzgebiet ist in der Beschichtung von Stahlblech (Weißblech) für Lebensmitteldosen. Obwohl Zinn edler als Eisen ist, bewirkt die leicht saure Umgebung des Sn-beschichteten Bleches mit Lebensmitteln, dass Zinn als Anode das Stahlblech als Kathode schützt. Die niedrige Festigkeit der Zinnschicht wirkt sich außerdem günstig bei der Verarbeitung der Bleche durch Tiefziehen und Pressen aus (Kapitel 7). Reinzinn wird bei der Wasserdestillation als Beschichtung der Rohrinnenseite verwendet und dient in schmelzflüssiger Form bei der Herstellung von Flachglas als Bad, auf dem die Glasschmelze „schwebt" (**Float-Glasverfahren**, Abschnitt 11.11). Die auch als Weißmetalle bekannten Zinnlegierungen enthalten Kupfer, Antimon und Blei. Diese Legierungselemente erhöhen die Härte, Festigkeit und Korrossionsbeständigkeit. Aus Zinnlegierungen werden auch Orgelpfeifen gefertigt. Wegen des sehr niedrigen Reibungskoeffizienten (als Resultat einer niedrigen Scherfestigkeit und geringer Neigung zur Adhäsion) werden Zinnlegierungen für Gleitlager verwendet. Diese als Lagermetalle bekannten Legierungen bestehen aus Zinn, Kupfer und Antimon. Derartige Legierungen werden seit dem 15. Jahrhundert auch für Tafelgeschirr, Gefäße aller Art und Kunstgegenstände verwendet (*Pewter*). Zinn ist Legierungselement von Letternmetallen, Dentallegierungen, Kupfer (Zinnbronze), Titan und Zirkon. Zinn-Blei-Legierungen waren wichtige Lötlegierungen mit gut einstellbaren Schmelzpunkten (Abschnitt 12.14.3).

4 **Edelmetalle:** *Gold*, *Silber* und *Platin* sind die wichtigsten *Edelmetalle*.

   a. **Gold** (Au, lateinisch *aurum*) ist weich und sehr duktil und besitzt unabhängig von der Temperatur eine hervorragende Korrosionsbeständigkeit. Typische Anwendungen umfassen elektrische Kontakte und Kabelenden, Schmuckgegenstände, Münzen, Reflektoren, Blattgold für dekorative Zwecke und Zahnersatz.

   b. **Silber** (Ag, lateinisch *argentium*) ist sehr duktil und besitzt die höchste elektrische und thermische Leitfähigkeit aller Metalle. Es oxidiert allerdings und entwickelt daher eine Oberflächenschicht, welche die Oberflächeneigenschaften und das Aussehen negativ beeinflusst. Typische Anwendungen von Silber sind fotografische Filme, elektrische Kontakte, Lote, Gegenstände in der elektrischen und Lebensmittelindustrie, Geschirr und Besteck, Schmuck und Münzen. *Sterlingsilber* enthält 7 % Kupfer.

   c. **Platin** (Pt) ist ein silbernes Metall, das sich sehr weich und duktil verhält. Es ist auch bei erhöhten Temperaturen sehr korrosionsbeständig. Platinlegierungen findet man in elektrischen Kontakten, Elektroden von Zündkerzen, Katalysatoren für die Abgasreinigung, Filamenten, Raketendüsen, Ziehholen für die Fertigung von Glasfasern und in Thermoelementen. Wichtige Anwendungen von Platin gibt es in der elektrochemischen Industrie sowie für Schmuckgegenstände und als Zahnersatz.

3.11.9 Besondere metallische Werkstoffe

1 **Formgedächtnislegierungen** können bei tiefen Temperaturen (z. B. Raumtemperatur) bleibend verformt werden und nehmen bei Erwärmung wieder ihre Ausgangsform an. So kann beispielsweise ein gerades Stück Draht zu einer Helix gewunden werden, welche sich bei Erwärmung wieder zum geraden Draht rückverformt – der Draht erinnert sich also an seine frühere Form, die er vor der Verformung zur Helix hatte. Ein typischer Vertreter dieser Gruppe ist die Legierung NiTi45 (55 % Ni, 45 % Ti). Andere Legierungen mit Formgedächtniseffekt sind Kupfer-Aluminium-Nickel, Kupfer-Zink-Aluminium und Eisen-Mangan-Silizium. All diese Legierungen sind duktil, korrosionsbeständig und gute elektrische und thermische Leiter.

Es gibt auch Formgedächtnislegierungen, die ihre Gestalt zwischen jener bei tiefer und jener bei hoher Temperatur entsprechend den angewendeten Temperaturzyklen ändern können (*Zweiwegeffekt*). Typische Anwendungen solcher Legierungen umfassen einfach montierbare Temperatursensoren und -aktoren, Klammern, Rohrmuffen, Verbindungselemente und Dichtungen.

2 **Amorphe Metalle:** Diese Legierungen verfügen über keine kristalline Fernordnung (siehe Abschnitt 5.10.8). Das Gefüge dieser Legierungen ist frei von Korngrenzen, die Atome sind nahgeordnet und liegen sehr dicht zueinander. Da ihre Struktur jener von Gläsern (Abschnitt 11.10) ähnelt, nennt man sie auch **metallische Gläser**. Diese Materialien sind in technisch relevanten Mengen in der Form von massiven Körpern, Draht, schmalen und breiten Bändern sowie als Pulver erhältlich. Sie werden gegenwärtig intensiv untersucht, man stuft sie als wichtiges künftiges Materialsystem ein.

Metallische Gläser bestehen meist aus Eisen, Nickel und Chrom, welche mit Kohlenstoff, Phosphor, Bor, Aluminium und Silizium legiert werden. Sie sind sehr korrosionsbeständig, hochfest und duktil. Da sie nur geringe Verluste bei der Ummagnetisierung aufweisen, sind sie gut geeignet als Eisenkern in Transformatoren, Elektromotoren, Verstärkern und Linearbeschleunigern.

Metallische Gläser gibt es seit den späten 1960er Jahren. Sie werden hergestellt, indem die Schmelze der Legierung extrem schnell abgekühlt wird. Dies kann z. B. in einer Schmelzspinnanlage erfolgen (Abbildung 5.31), in welcher die Schmelze auf die Außenseite eines schnell rotierenden Kupferrads gespritzt wird. Da die damit erzielte Abkühlungsgeschwindigkeit extrem hoch ist (10^6 bis 10^8 K/s), wird die Kristallisation der Schmelze verhindert. Wird ein metallisches Glas erwärmt, so kristallisiert es (und verliert dadurch seine günstigen Eigenschaften).

3 **Nanometerskalige Werkstoffe** werden seit etwa 1980 intensiv untersucht. Sie besitzen Eigenschaften, die mit gröber strukturierten Varianten dieser Werkstoffe nicht erreichbar sind, wie z. B. Festigkeit, Härte, Duktilität, Verschleiß- und Korrosionsbeständigkeit. Damit sind sie sowohl als Strukturwerkstoffe (d. h. für lasttragende Aufgaben) als auch als Funktionswerkstoffe (mit besonderen elektrischen, magnetischen und optischen Eigenschaften) einsetzbar. Anwendungen umfassen Schneidewerkzeuge, Metallpulver, Computerchips, Flachbildschirme, Sensoren und verschiedene elektrische und magnetische Bauteile (siehe Abschnitte 8.6.10, 11.8.1 und 13.18).

Nanometerskalige Materialien gibt es als Pulver, Fasern, dünne Schichten und Verbundwerkstoffe, die Teilchen in der Größe von 1 bis 100 nm enthalten. Auch ausscheidungsgehärtete Aluminium- und Nickellegierungen zählen zu dieser Werkstoffklasse, die damit eigentlich schon seit etwa 100 Jahren in der Technik verwendet wird. Die Zusammensetzung der Werkstoffe erstreckt sich auf einen großen Teil der Elemente des Periodensystems. Wichtige Vertreter sind Karbide, Oxide, Nitride, Metalle und ihre Legierungen, Polymere und eine Reihe von Kompositen. Als Herstellungsverfahren für nanometerskalige Materialien kommen Gasphasenabscheidung, Plasmasynthese, Elektrodeposition, Sol-Gel-Synthese und mechanisches Legieren bzw. Kugelmalen infrage.

4 **Metallische Schäume:** In geschäumten Metallen (meist Aluminiumlegierungen, neuerdings auch Titan und Tantal) nimmt das Metall nur 5 bis 20 % des Volumens ein, der Rest ist offene und geschlossene Porosität. Eine gebräuchliche Herstellmethode besteht darin, dass Druckluft in die Schmelze geblasen wird. Die an der Oberfläche des Schmelzbads entstehende Schaumkrone wird kontinuierlich abgezogen und erstarrt. Andere Methoden sind (a) chemische Dampfphasenabscheidung auf ein polymeres oder Kohlenstoffgerüst, (b) Aufbringen von Metallpulver auf einen Polymerschaum im Schlickerguss und (c) Zusetzen von Titanhydrid zu Schmelzen oder Metallpulver, welches bei erhöhten Temperaturen zerfällt und als Blähgas Wasserstoff freisetzt. Metallische Schäume verfügen über einzigartige Festigkeit-zu-Dichte- und Steifigkeit-zu-Dichte-Verhältnisse. Obwohl diese Verhältnisse, wie erwartet, niedriger sind als jene des massiven Metalls, macht die niedrige Masse der metallischen Schaumwerkstoffe sie prädestiniert für den Einsatz im Flugzeugbau. Andere Anwendungen dieser Werkstoffklasse sind Filter, Leichtbaubalken und -platten sowie orthopädische Implantate.

3.12 Wärmebehandlung

Die verschiedenen Mikrostrukturen, die sich während der Metallverarbeitung herausbilden, lassen sich durch *Wärmebehandlungen* modifizieren, und zwar durch gesteuertes Erwärmen und Abkühlen der Legierungen bei verschiedenen Aufheiz- bzw. Abkühlungsgeschwindigkeiten. Diese Behandlungen induzieren Phasentransformationen, die die mechanischen Eigenschaften wie Festigkeit, Härte, Duktilität, Zähigkeit und Verschleißfestigkeit der Legierungen erheblich beeinflussen. Die Wirkungen der Wärmebehandlung hängen hauptsächlich von der Legierung, ihrer Zusammensetzung und Mikrostruktur, dem Grad der vorherigen Kaltverfestigung und den Geschwindigkeiten von Erwärmung und Abkühlung während der Wärmebehandlung ab.

3.12.1 Wärmebehandlung von Eisenwerkstoffen

Dieser Abschnitt beschreibt die Mikrostrukturänderungen, die im Eisen-Kohlenstoff-System auftreten (siehe auch Abschnitte 5.2.5 und 5.2.6).

Perlit: Wenn die Ferrit- und Zementitlamellen in der Perlit-Struktur (siehe Abschnitt 5.2.6) eines eutektoiden Stahls dünn und eng gepackt sind, bezeichnet man die Mikrostruktur als **fein perlitisch**. Sind die Lamellen dick und weit auseinanderliegend, spricht man von einem **groben Perlit**. Der Unterschied zwischen beiden hängt von der Abkühlungsgeschwindigkeit beim Unterschreiten der eutektoiden Temperatur ab, einer Reaktion, in der Austenit zu Perlit umgewandelt wird. Ist die Abkühlungsgeschwindigkeit relativ hoch (wie bei Luftabkühlung), wird feiner Perlit erzeugt, bei einer niedrigen Abkühlungsgeschwindigkeit (wie in einem Ofen) entsteht grober Perlit.

Die Transformation von Austenit zu Perlit (und zu anderen Strukturen) lässt sich am besten anhand der ▶ Abbildungen 3.39b und c veranschaulichen. Diese als **isotherme Zeit-Temperatur-Umwandlungsdiagramme** (isotherme ZTU-Diagramme) bezeichneten Darstellungen werden aus Daten wie in Abbildung 3.39a gezeigt konstruiert und zeigen den Prozentanteil von Austenit, der in Perlit umgewandelt wird, als Funktion von Temperatur und Zeit. Je höher die Temperatur und/oder je länger die Zeit, desto höher ist der Prozentanteil von Austenit, der in Perlit umgewandelt wird. Für jede Temperatur ist eine Mindestzeit erforderlich, damit die Transformation beginnen kann; nach einer bestimmten Zeit ist der gesamte Austenit in Perlit umgewandelt.

Kugeliger Zementit: Wenn Perlit bis kurz unter die eutektoide Temperatur erwärmt und bei dieser Temperatur eine bestimmte Zeitspanne gehalten wird (beispielsweise für einen Tag bei 700 °C), dann nehmen die Zementitlamellen eine *kugelförmige* Gestalt an. Man nennt dies **Einformen des Perlits**. Im Unterschied zur lamellaren Form von Zementit, die als Spannungserhöher agiert, neigt kugeliger Zementit aufgrund seiner gerundeten Form weniger zur Ausbildung von Spannungskonzentrationen im Ferrit. Folglich besitzt diese Struktur höhere Zähigkeit und niedrigere Härte als plattenförmiger Perlit. In dieser Form lässt sich der Werkstoff kalt umformen und die kugelförmigen Teilchen verhindern die Ausbreitung von Rissen im Werkstoff während der Bearbeitung.

Der aus den Phasen Ferrit und Zementit bestehende **Bainit** besitzt eine feine Mikrostruktur, die nur unter dem Elektronenmikroskop gut sichtbar ist. Er lässt sich in Stählen erzeugen durch Legieren und bei

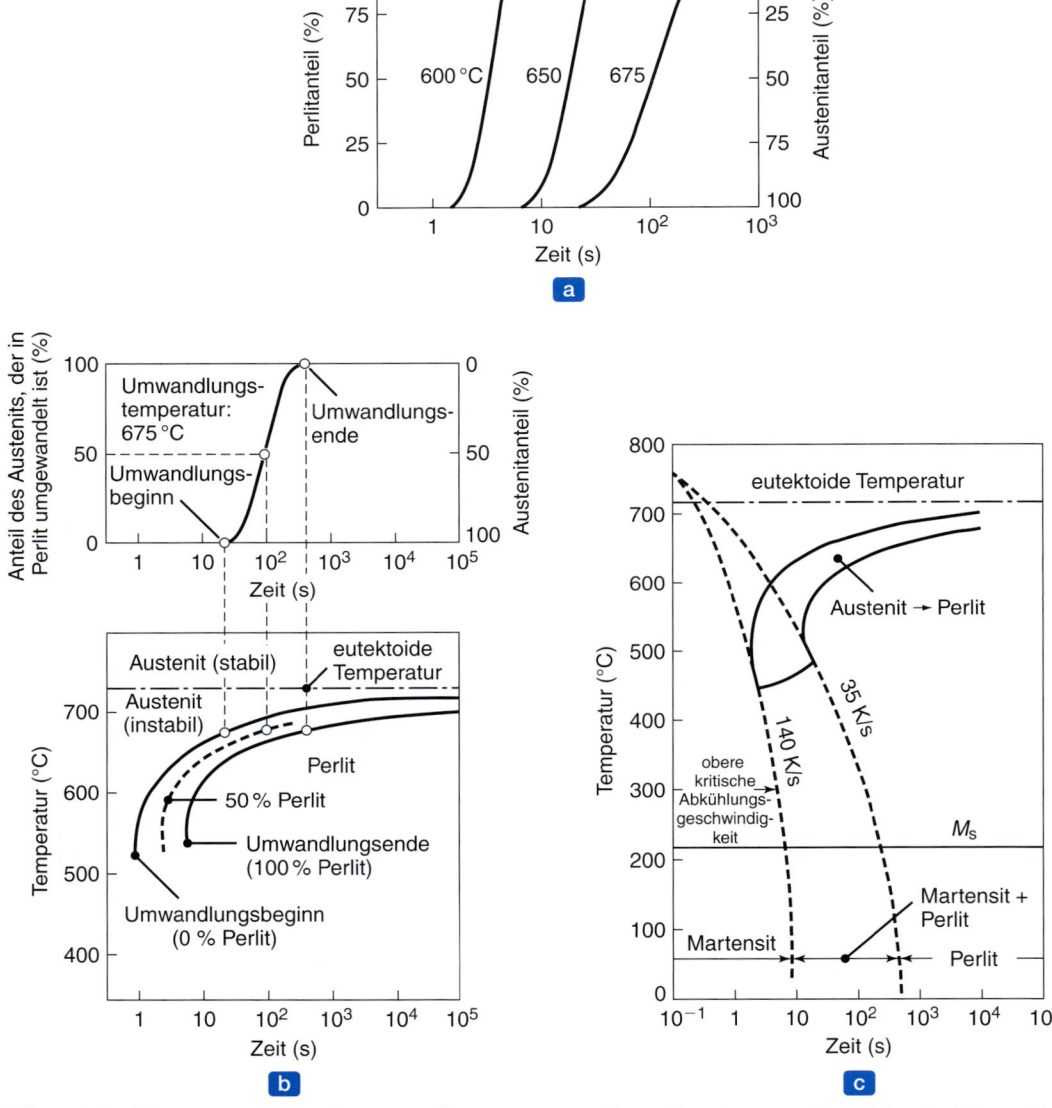

Abbildung 3.39: (a) Die Austenit-zu-Perlit-Umwandlung von Eisen-Kohlenstoff-Legierungen als Funktion der Zeit und Temperatur, (b) isothermes Umwandlungsdiagramm, das sich aus (a) für eine Umwandlungstemperatur von 675 °C ergibt, (c) Phasen, die sich bei der Umwandlung eines eutektoiden Stahls bei verschiedenen Abkühlungsgeschwindigkeiten bilden.

Abkühlungsgeschwindigkeiten, die höher liegen, als sie für die Umwandlung in Perlit erforderlich sind. Diese als **bainitischer Stahl** bezeichnete Struktur ist im Allgemeinen fester und duktiler als perlitischer Stahl bei gleichem Härteniveau.

Martensit: Wenn man Austenit schnell abkühlt (beispielsweise durch Abschrecken in Wasser), wird seine kubisch flächenzentrierte (kfz) Struktur in eine *tetragonal raumzentrierte* (trz) Struktur umgewandelt. Diese als *Martensit* bezeichnete Struktur lässt sich als raumzentriertes rechtwinkliges Prisma beschreiben, das entlang einer seiner Hauptachsen leicht gedehnt ist. Da es nicht so viele Gleitsysteme wie eine krz-Struktur aufweist und der Kohlenstoff zwangsgelöst auf Zwischengitterpositionen sitzt (Mischkristallhärtung), ist Martensit äußerst hart und spröde bei fehlender Zähigkeit und ist damit nur begrenzt einsetzbar. Die Martensitbildung findet fast augenblicklich statt (Abbildung 3.39c), da keine Diffusion beteiligt ist (ein zeitabhängiges Phänomen, das bei anderen Umwandlungen eine entscheidende Rolle spielt).

Aufgrund der unterschiedlichen Dichten der verschiedenen Phasen in der Struktur bedeuten die Umwandlungen auch Volumenänderungen. Wenn zum Beispiel Austenit in Martensit umgewandelt wird, nimmt das Volumen um bis zu 4 % zu (und die Dichte entsprechend ab). Eine ähnliche, aber kleinere Volumenexpansion tritt auch auf, wenn Austenit in Perlit umwandelt. Durch diese Volumenänderungen und die resultierenden thermischen Gradienten in einem abgeschreckten Teil kommt es zu inneren Spannungen im Körper, die zu Rissen in den Teilen während der Wärmebehandlung führen können, wie beispielsweise zu **Härterissen** in Stählen, die durch schnelles Abkühlen beim Abschrecken hervorgerufen werden.

Restaustenit: Wenn die Temperatur, auf welche die Legierung abgeschreckt wird, nicht genügend niedrig liegt, wandelt sich nur ein Teil des Austenits in Martensit um. Der verbleibende Austenit wird *Restaustenit* genannt, der sich im metallografischen Schliff in Form weißer Gebiete entlang der dunklen Martensitnadeln zeigt. Restaustenit kann zu Abmessungsschwankungen und Rissbildung des Teils führen und bedeutet geringere Härte und Festigkeit.

Angelassener Martensit: *Anlassen* ist eine Wärmebehandlung, die die Härte von Martensit verringert und dessen Zähigkeit verbessert. Der tetragonal raumzentrierte Martensit wird auf eine mittlere Temperatur (**Anlasstemperatur**) erwärmt. Dabei scheidet sich ein Teil des Kohlenstoffs aus dem Martensit aus und es bildet sich fein verteiltes Eisenkarbid ($Fe_{2,4}C$, Fe_3C). Die Verspannung des trz-Martensits wird dadurch reduziert (**kubischer Martensit**). Die Härte von Martensit lässt sich durch Wahl der Anlasszeit und -temperatur steuern. Nach langen Zeiten (bei hohen Temperaturen) zerfällt der Martensit vollständig in weichen Ferrit mit eingelagerten, groben Zementitteilchen in Kugelform.

Härtbarkeit von Eisenlegierungen: Die Eigenschaft eines Stahls, durch eine Wärmebehandlung gehärtet zu werden, bezeichnet man als *Härtbarkeit*, welche wiederum zwei Begriffe umschreibt. Die **Aufhärtbarkeit** ist die durch Erwärmen und nachfolgendes Abschrecken maximal erreichbare Härte des Stahls, die **Einhärtetiefe** gibt an, wie weit von der Oberfläche entfernt im Werkstoff eine gewünschte Härte erreicht werden kann. Härtbarkeit darf nicht mit Härte verwechselt werden. Die Härtbarkeit einer Eisenlegierung hängt von ihrem Kohlenstoffgehalt, der Korngröße des Austenits und den Legierungselementen ab. Mit dem **Stirnabschreckversuch nach Jominy** lässt sich die Härtbarkeit einer Legierung ermitteln.

Abschreckmedien: Abschrecken kann in Wasser, Sole (Salzwasser), Öl, geschmolzenen Salzen oder Luft sowie in Laugenflüssigkeiten, Polymerlösungen und mit verschiedenen Gasen durchgeführt werden. Aufgrund der Unterschiede in der thermischen Leitfähigkeit, spezifischen Wärme und Verdampfungswärme dieser Medien ist die Abkühlungsgeschwindigkeit (**Abschreckintensität**) ebenfalls unterschiedlich. Relativ betrachtet und in fallender Reihenfolge lassen sich die Kühlkapazitäten mehrerer

Abschreckmedien wie folgt angeben: (a) bewegtes Eiswasser (Wasser mit Salz) 5, (b) ruhendes Wasser 1, (c) ruhendes Öl 0,3, (d) Kaltgas 0,1 und (e) ruhende Luft 0,02. Bewegen des Abschreckmediums (Hin- und Herschwenken des abzukühlenden Werkstücks im Abschreckmedium) spielt eine wichtige Rolle für die Höhe der Abkühlungsgeschwindigkeit. Bei Werkzeugstählen wird das Abschreckmedium durch einen Buchstaben gekennzeichnet, wie zum Beispiel W für Wasserhärten, O für Ölhärten und A für Lufthärten. Die Abkühlungsgeschwindigkeit hängt auch vom Verhältnis der Oberfläche zum Volumen des Teils ab (siehe Gleichung (5.11)). Je höher dieses Verhältnis, desto höher die Abkühlungsgeschwindigkeit. Somit kühlt zum Beispiel eine dicke Platte langsamer ab als eine dünne Platte mit derselben Oberfläche.

Wasser ist ein gebräuchliches Medium für schnelles Abkühlen. Allerdings kann das erhitzte Metall eine Zone auf seiner Oberflächen aus Wasserdampfblasen bilden, die entstehen, wenn Wasser an der Metall-Wasser-Grenzfläche kocht. Aufgrund der geringen thermischen Leitfähigkeit des Dampfes vermindert diese Schicht die Wärmeabfuhr. Durch Bewegen des Fluids oder des Teils lässt sich dieses Problem verringern oder beseitigen. Außerdem kann das Wasser unter hohem Druck auf das Teil gesprüht werden. **Salzlösung** ist ein effektives Abschreckmedium, weil Salze helfen, viele kleine Dampfblasen an den Grenzflächen zu bilden und somit die Badbewegung verbessern. Allerdings kann die Salzlösung bewirken, dass das Teil korrodiert. Manchmal spannt man das einer Wärmebehandlung zu unterziehende Teil auf ein Gesenk, das dann nur ausgewählte Werkstückbereiche abschreckt. Auf diese Weise lassen sich lokal unterschiedliche Abkühlungsgeschwindigkeiten einstellen und Bauteilverwerfungen minimieren.

3.12.2 Wärmebehandlung von Nichteisenmetallen und hochlegierten Stählen

Bei vielen Nichteisenmetallen und hochlegierten Stählen ist keine Wärmebehandlung mit den für kohlenstoffhaltigen Eisenlegierungen üblichen Techniken möglich, wenn diese keine Phasenumwandlungen bei Temperaturänderung zeigen. Wärmebehandelbare Aluminiumlegierungen (siehe Abschnitt 3.11.1), Kupferlegierungen und martensitische und ausscheidungshärtende, hochlegierte Stähle werden durch **Ausscheidungshärtung** gehärtet und verfestigt. Bei diesem Verfahren werden kleine Teilchen einer anderen Phase (sogenannte **Ausscheidungen**) gleichmäßig in der Matrix der ursprünglichen Phase verteilt (siehe Abbildung 5.2a). Ausscheidungen bilden sich, weil die Löslichkeitsgrenze in festem Zustand eines Legierungselements im Gitter des anderen Elements überschritten wird.

Die Ausscheidungshärtung ist durch drei Phasen gekennzeichnet, die sich am besten anhand des Phasendiagramms für das System Aluminium-Kupfer (▶ Abbildung 3.40) beschreiben lassen. Für eine Legierung mit einer Zusammensetzung von 95,5 % Al und 4,5 % Cu existiert zwischen 500 °C und 570 °C eine homogene Phase eines Substitutionsmischkristalls aus Kupfer (gelöster Stoff) in Aluminium (lösender Stoff) (α-Mischkristall). Die α-Phase ist reich an Aluminium und besitzt eine kfz-Struktur. Ihre Festigkeit ist durch Mischkristallhärtung bestimmt. Unterhalb der Löslichkeitskurve der α-Phase sind im thermodynamischen Gleichgewicht zwei Phasen vorhanden: α und θ (eine harte intermetallische Verbindung aus $CuAl_2$). Die Eigenschaften dieser Legierung lassen sich durch Wärmebehandlungen modifizieren, und zwar durch Lösungsglühen und Ausscheiden (Auslagern).

Beim **Lösungsglühen** wird die Legierung in das Gebiet des α-Mischkristalls erwärmt, zum Beispiel auf 540 °C, und von dort schnell abgekühlt, etwa durch Abschrecken in Wasser. Die kurz nach dem Abschre-

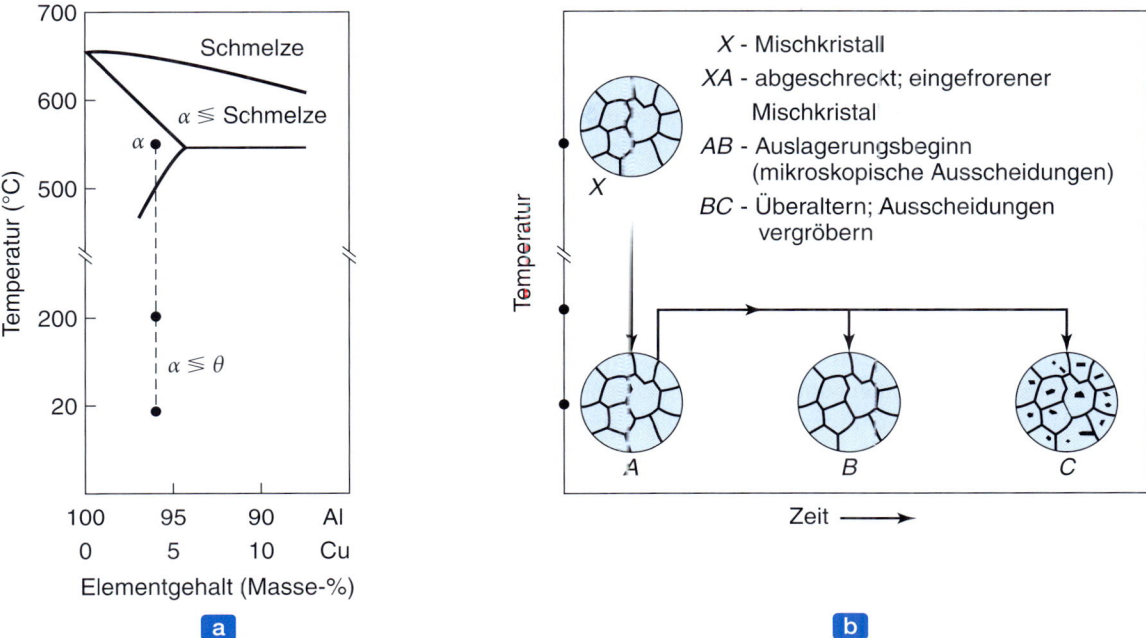

Abbildung 3.40: (a) Phasendiagramm Aluminium-Kupfer (Ausschnitt), (b) Gefüge, die sich in den verschiedenen Stadien der Auslagerung einstellen.

cken erhaltene Struktur (A in Abbildung 3.40b) besteht nur aus einer einzelnen Phase, dem übersättigten α-Mischkristall. Diese Legierung ist durch mittlere Festigkeit und beträchtliche Duktilität gekennzeichnet.

Ausscheidungshärtung: Das mit A in Abbildung 3.40b bezeichnete Gefüge lässt sich durch Ausscheidungshärtung verfestigen. Die Legierung wird auf eine Temperatur unter der Löslichkeitslinie erwärmt und hier für eine bestimmte Zeitspanne gehalten, während die Ausscheidung stattfindet. Die Kupferatome diffundieren zu Keimbildungsorten und kombinieren mit Aluminiumatomen, wobei Vorstufen der θ-Phase entstehen, die sich als submikroskopische Ausscheidungen bilden (in B durch die kleinen Punkte innerhalb der Körner der α-Phase gezeigt). Diese Struktur ist fester als die in A, allerdings weniger duktil. Die höhere Festigkeit wird durch erhöhten Widerstand gegen Versetzungsbewegungen im Bereich der Ausscheidungen begründet.

Altern (Auslagern): Da Ausscheiden ein von Zeit und Temperatur abhängiger Vorgang ist, spricht man auch von Altern. Wenn das Verfahren oberhalb der Raumtemperatur durchgeführt wird, bezeichnet man es als **Warmauslagern**. Allerdings gibt es verschiedene Aluminiumlegierungen, die durch **Kaltauslagern** über einen längeren Zeitraum bei Raumtemperatur härter und fester werden. Diese Legierungen schreckt man zuerst ab und bringt sie dann je nach Bedarf bei Raumtemperatur in die gewünschte Form. Danach gewinnen sie durch Kaltauslagern an Festigkeit und Härte. Kaltauslagern lässt sich durch Tiefkühlen der abgeschreckten Legierung verlangsamen.

Wenn die Legierung beim Warmauslagern für eine längere Zeitspanne auf der Auslagertemperatur gehalten wird, vergröbern die Ausscheidungen. Sie werden größer, aber ihre Anzahl nimmt ab, wie es die größeren Punkte in *C* von Abbildung 3.40 b verdeutlichen. Durch dieses **Überaltern** wird die Legierung weicher und weniger fest, zeigt aber auf längere Sicht eine bessere Maßhaltigkeit. Somit gibt es eine optimale Zeit-Temperatur-Kombination bei der Ausscheidung, um die gewünschten Eigenschaften einzustellen. Eine optimal wärmebehandelte Legierung kann daher nur bis zu einer bestimmten maximalen Betriebstemperatur verwendet werden, weil sie sonst durch Überaltern ihre Festigkeit und Härte verliert.

Maraging (aus *Mar*tensit und *Aging* abgeleitet, auch **Martensitaushärten** genannt) bezeichnet eine Ausscheidungshärtung für eine spezielle Gruppe von hochfesten Legierungen auf Eisenbasis. Bei diesem Verfahren zur Wärmebehandlung werden eine oder mehrere intermetallische Verbindungen in einer Matrix von kohlenstoffarmem Martensit ausgeschieden. Ein typischer **Maraging-Stahl** kann 18 % Nickel und andere Legierungselemente enthalten (siehe Tabelle 3.12). Die Auslagerung erfolgt bei 480 °C. Härten durch Maraging hängt nicht von der Abkühlungsgeschwindigkeit ab. Somit lässt sich eine vollkommen einheitliche Härte über große Teile bei minimalem Verzug erhalten. Maraging-Stähle setzt man unter anderem für Gesenke und Werkzeuge zum Gießen, Formen, Schmieden und Strangpressen ein.

3.12.3 Oberflächenhärten

Die bisher beschriebenen Wärmebehandlungsverfahren betreffen Mikrostruktur- und Eigenschaftsänderungen im *Volumen* des Werkstoffs oder der Komponente durch **Durchhärtung**. In vielen Situationen ist jedoch nur die Änderung der *Oberfläche*neigenschaften eines Teils gefragt, wobei es speziell darum geht, den Widerstand der Oberfläche gegen Eindringen, Ermüdung und Verschleiß zu verbessern. Typische Anwendungen sind Getriebeverzahnungen, Nocken, Wellen, Lager, Verbindungselemente, Stifte, Kupplungsdruckplatten im Automobilbau sowie Werkzeuge und Gesenke. Eine Durchhärtung ist bei diesen Teilen nicht erwünscht, weil bei einem durchgehend harten Teil im Allgemeinen die notwendige Zähigkeit für diese Anwendungen fehlt. Ein kleiner Oberflächenriss könnte sich schnell durch das Teil hindurch ausbreiten und zum Versagen führen.

Für das **Oberflächenhärten** sind verschiedene Verfahren verfügbar (Tabelle 3.23): **Aufkohlen** (*Gas*-, *Flüssig*- und *Pulveraufkohlen*), **Karbonitrieren**, **Cyanieren**, **Nitrieren**, **Borieren** sowie **Flamm**- und **Induktionshärten**. Grundsätzlich wird das Werkstück in einer Atmosphäre erwärmt, die Elemente (wie zum Beispiel Kohlenstoff, Stickstoff oder Bor) enthält, welche die Zusammensetzung, Mikrostruktur und die Eigenschaften von oberflächennahen Werkstückbereichen ändern.

Für Stähle mit genügend hohem Kohlenstoffgehalt findet die Oberflächenhärtung ohne Verwendung dieser zusätzlichen Elemente statt. Nur die in Abschnitt 3.12.1 beschriebenen Wärmebehandlungsverfahren sind notwendig, um die Mikrostrukturen zu ändern, was gewöhnlich durch Flammhärten oder Induktionshärten geschieht. Laser- und Elektronenstrahlen werden ebenfalls wirksam eingesetzt, um sowohl kleine als auch große Oberflächen sowie relativ kleine Teile zu härten.

Da Oberflächenhärten eine örtliche Wärmebehandlung darstellt, besitzen derart gehärtete Teile einen Härtegradienten. In der Regel ist die Härte an der Oberfläche am größten und nimmt nach innen hin ab, wobei die Steilheit der Abnahme von der Zusammensetzung des Metalls und den Prozessvariablen abhängt. Techniken des Oberflächenhärtens eignen sich auch für das Anlassen, um die Eigenschaften

3.12 Wärmebehandlung

Tabelle 3.23: Verfahren der Randschichthärtung von Werkstücken aus Stahl

Verfahren	Behandelte Stähle	Zugabe	Verfahrensablauf	Ergebnisse	Anwendungen
Aufkohlen	Kohlenstoffstähle (0,2 % C), legierte Stähle (0,08–0,2 % C)	C	Stahl erwärmen auf 870–950 °C in kohlenstoffhaltigen Gasen (Gasaufkohlen) oder Feststoffen (Pulveraufkohlen), dann Abschrecken.	Harte, kohlenstoffreiche Randschicht. Härte 55–65 HRC. Einhärtetiefe <0,5–1,5 mm. Teile können sich verziehen.	Zahnräder, Nocken, Wellen, Lager, Kolbenbolzen, Zahnkränze, Kupplungsdruckplatten
Karbonitrieren	Kohlenstoffstähle (0,2 % C)	C, N	Stahl erwärmen auf 700–800 °C in kohlenstoffhaltigen Gasen und Ammoniak, dann Abschrecken in Öl.	Härte 55–62 HRC. Einhärtetiefe 0,07–0,5 mm. Weniger Verzug als beim Aufkohlen.	Bolzen, Zahnräder, Muttern
Cyanieren	Kohlenstoffstähle (0,2 % C), legierte Stähle (0,08–0,2 % C)	C, N	Stahl erwärmen auf 760–845 °C in flüssigen Cyanidlösungen (z. B. 30 %iges Natriumcyanid) und anderen Salzen.	Härte bis zu 65 HRC. Einhärtetiefe 0,025–0,25 mm. Verzug wie beim Aufkohlen.	Bolzen, Schrauben, Muttern, kleine Zahnräder
Nitrieren	Stähle (1 % Al, 1,5 % Cr, 0,3 % Mo), legierte Stähle (Cr, Mo), rostfreie Stähle, HS-Stähle	N	Stahl erwärmen auf 500–600 °C in Ammoniakgas oder Mischungen aus geschmolzenen Cyanidsalzen. Keine weitere Behandlung.	Härte bis zu 1100 HV. Einhärtetiefe 0,1–0,6 mm bzw. 0,02–0,07 mm bei Schnellarbeitsstählen.	Zahnräder, Ritzel, Wellen, Ventile, Fräser, Bohrspindeln
Borieren	Stähle i.A.	B	Werkstück erwärmen in borhaltiger Gasatmosphäre oder in Kontakt mit Festkörper.	Extrem harte und verschleißfeste Oberflächen. Einhärtetiefe 0,025–0,075 mm.	Stähle für Werkzeuge und Gesenke
Flammhärten	Kohlenstoffstähle (mittl. C-Gehalt), Gusseisen	–	Oberfläche erwärmen in einer Sauerstoff-Azetylenflamme, dann Abschrecken durch Wassersprühen.	Härte 50–60 HRC. Einhärtetiefe 0,7–6 mm. Geringer Verzug.	Achsen, Kurbelwellen, Kolbenbolzen, Drehbankbetten
Induktionshärten	Wie zuvor	–	Werkstück wird mit Kupferspule umgeben und mittels Hochfrequenzwechselstrom erwärmt, dann abgeschreckt.	Wie zuvor	Wie zuvor

von Oberflächen zu modifizieren, die zuvor einer Wärmebehandlung unterzogen wurden. Weitere Verfahren und Techniken für das Oberflächenhärten, beispielsweise Kugelstrahlen und Festwalzen, verbessern die Verschleißfestigkeit und verschiedene andere Eigenschaften, wie sie in Abschnitt 4.5.1 beschrieben werden.

Entkohlung: Bei diesem Phänomen verlieren kohlenstoffhaltige Legierungen Kohlenstoff aus ihren Oberflächen als Ergebnis der Wärmebehandlung oder Warmumformung in einem Medium (gewöhnlich Sauerstoff), das mit dem Kohlenstoff reagiert. Da Entkohlung die Härtbarkeit der Oberflächen des Teils durch Absenken des Kohlenstoffgehalts negativ beeinflusst, ist dieser Effekt unerwünscht. Das gilt auch für Härte, Festigkeit und die Lebensdauer von Stählen, indem die Dauerfestigkeit drastisch gesenkt wird. Entkohlung lässt sich am besten vermeiden, wenn die Legierung in einer Inertgasatmosphäre oder im Vakuum verarbeitet wird oder Neutralsalzbäder bei der Wärmebehandlung eingesetzt werden.

3.12.4 Glühen

Mit dem allgemeinen Begriff **Glühen** beschreibt man die Wiederherstellung der ursprünglichen Eigenschaften eines kaltverformten oder wärmebehandelten Teils, um etwa die Duktilität (und somit die Verformbarkeit) zu erhöhen, die Härte und Festigkeit zu verringern oder seine Mikrostruktur zu modifizieren. Glühen dient auch dazu, Eigenspannungen (Abschnitt 2.10) in einem gefertigten Teil abzubauen, um die Bearbeitbarkeit und Maßhaltigkeit zu verbessern. Der Begriff *Glühen* wird auch für die thermische Behandlung von Gläsern (Abschnitt 11.11.2) und Schweißkonstruktionen (Kapitel 12) verwendet.

Der **Glühvorgang** läuft normalerweise in folgenden Schritten ab: (1) Erwärmen des Werkstücks bis in einen bestimmten Temperaturbereich, (2) Halten dieser Temperatur für eine bestimmte Zeit und (3) langsames Abkühlen des Teils. Der Prozess kann in einer Edelgas- oder eingestellten Atmosphäre oder bei niedrigen Temperaturen durchgeführt werden, um die Oxidation der Oberflächen zu verhindern oder zu minimieren. Die Glühtemperaturen können höher als die Rekristallisationstemperatur sein, abhängig vom Grad der Kaltverformung (siehe Abschnitt 2.12.1). Zum Beispiel liegt die Rekristallisationstemperatur für Kupfer zwischen 200 und 300 °C, während die Glühtemperaturen, die für eine vollständige Wiederherstellung der ursprünglichen Eigenschaften erforderlich sind, je nach Grad der vorherigen Kaltverformung von 260 bis 650 °C reichen.

Von **Weichglühen** spricht man beim Glühen von Kohlenstoffstählen. Der Stahl wird knapp unterhalb (untereutektoide Stähle) oder um A_1 (übereutektoide Stahle) (▶ Abbildung 3.41) geglüht und im Ofen langsam abgekühlt (Abkühlungsgeschwindigkeit ca. 10 K/h). Die langsame Abkühlung resultiert in einem weichen Gefüge aus Ferrit und körnigem Zementit. Übermäßige Weichheit beim Glühen von Stählen lässt sich vermeiden, wenn die Abkühlung in ruhender Luft erfolgt. Bei diesem als **Normalisieren** bezeichneten Vorgang wird das Teil auf eine Temperatur über A_3 (untereutektoide Stähle) oder A_1 (übereutektoide Stahle) erwärmt, um das Gefüge in Austenit (bei übereutektoiden Stählen überwiegend in Austenit) umzuwandeln. Das Ergebnis ist eine etwas höhere Festigkeit und Härte sowie geringere Duktilität als beim Weichglühen. Das Gefüge nach dem Normalisieren besteht aus feinem Perlit und kleinen, einheitlich großen Körnern. Normalisieren zielt also darauf ab, die Kornstruktur zu verfeinern, ein einheitliches Gefüge zu erzeugen, Eigenspannungen zu vermindern und die spanende Bearbeitbarkeit zu verbessern.

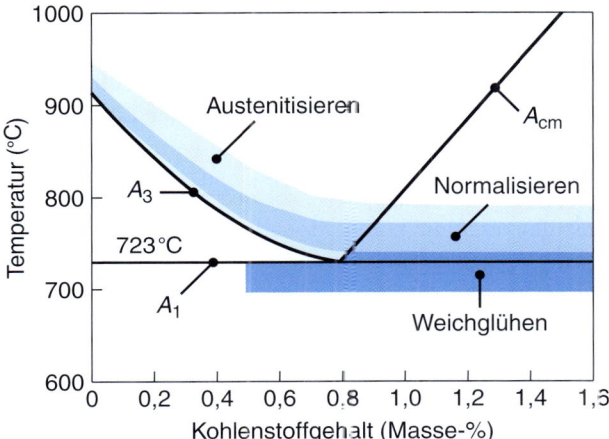

Abbildung 3.41: Temperaturbereiche für die Wärmebehandlung von Kohlenstoffstählen.

Beim **Zwischenglühen** wird das Werkstück geglüht, um seine Duktilität wiederherzustellen, weil sein Verformungsvermögen teilweise oder gänzlich während einer vorherigen Kaltverformung erschöpft ist. Auf diese Weise lässt sich das Teil durch weitere Umformschritte in die gewünschte endgültige Form bringen. Wenn die Temperatur hoch und/oder die Glühzeit lang ist, kann unerwünschtes Kornwachstum stattfinden, das sich negativ auf die Umformbarkeit der geglühten Teile auswirkt.

Spannungsarmglühen: Eigenspannungen können beim Umformen, maschinellen Bearbeiten oder anderen Fertigungsprozessen eingebracht oder durch Volumenänderungen während Phasentransformationen hervorgerufen werden. Um diese Spannungen zu vermindern oder zu eliminieren, wird ein Werkstück im Allgemeinen einem *Spannungsarmglühen* unterzogen. Temperatur und Zeit, die für diesen Vorgang erforderlich sind, hängen vom Werkstoff und der Größenordnung der vorhandenen Eigenspannungen ab. Bei Kohlenstoffstählen erwärmt man das Teil auf Temperaturen unter A_1 und vermeidet damit Phasenumwandlungen. Im Allgemeinen erfolgt langsames Abkühlen wie zum Beispiel in ruhender Luft. Spannungsarmglühen wirkt sich günstig auf die Maßhaltigkeit aus in Situationen, in denen es während der Verwendung zu Verzügen infolge von Spannungsumlagerungen kommen kann. Außerdem wird durch den Abbau von Eigenspannungen die Empfindlichkeit für Spannungskorrosion vermindert (Abschnitt 3.8.2).

3.12.5 Anlassen

Werden Stähle durch rasches Abkühlen aus dem Austenitgebiet gehärtet, kann man durch **Anlassen** die Sprödigkeit verringern, Duktilität und Zähigkeit erhöhen und Eigenspannungen abbauen. Beim Anlassen wird der Stahl je nach Zusammensetzung bis zu einer bestimmten Temperatur erwärmt und mit einer vorgeschriebenen Geschwindigkeit abgekühlt. Legierte Stähle können zur **Anlassversprödung** neigen, die durch Anreicherung von Verunreinigungen entlang der Korngrenzen bei Temperaturen zwischen 480 und 590 °C verursacht wird. Den Begriff *Anlassen* verwendet man auch für Gläser (Abschnitt 11.11.2).

Beim **Zwischenstufenvergüten** wird der erwärmte Stahl von der Austenitisierungstemperatur ausreichend schnell in den Bereich der bainitischen Umwandlung (*Zwischenstufe*) abgeschreckt, um die Bildung von Ferrit oder Perlit zu vermeiden. Dort wandelt der Austenit isotherm zu Bainit um. Danach wird der Stahl auf Raumtemperatur (normalerweise in ruhender Luft) mit mittlerer Geschwindigkeit abgekühlt, um thermische Gradienten innerhalb des Teils zu vermeiden. Das Abschrecken erfolgt meistens in einer Salzschmelze auf Temperaturen von 360 bis 550 °C.

Oftmals ersetzt Zwischenstufenvergüten konventionelles Abschrecken und Anlassen, um entweder (a) die Neigung zu Rissen und Verzügen beim Abschrecken zu verringern oder (b) Duktilität und Zähigkeit bei ähnlicher Härte zu verbessern. Aufgrund der relativ kurzen Zykluszeit ist Zwischenstufenvergüten für viele Anwendungen wirtschaftlich einsetzbar. Beim **modifizierten Zwischenstufenvergüten** wird eine Mischstruktur aus Perlit und Bainit erhalten. Das beste Beispiel für diese Praxis ist **Patentieren**, das hohe Duktilität und mittelhohe Festigkeit ergibt. Dieses Verfahren der Wärmebehandlung wird speziell in der Drahtindustrie angewendet (Abschnitt 6.5.3).

Beim **Warmbadhärten** wird Stahl oder Gusseisen von der Austenitisierungstemperatur in einem heißen Bad (wie zum Beispiel heißem Öl oder geschmolzenem Salz) abgeschreckt und dort isotherm umgewandelt. Danach wird das gehärtete Werkstück in Luft auf Raumtemperatur gekühlt. Anschließend wird angelassen, da das Gefüge aus zu hartem Martensit besteht und somit für einen unmittelbaren Gebrauch nicht geeignet ist. Warmbadgehärtete Stähle besitzen eine geringere Neigung zur Bildung von Härterissen, sie zeigen weniger Verzug und geringere Eigenspannungen durch die Wärmebehandlung. Für Stähle mit geringer Härtbarkeit ist **modifiziertes Warmbadhärten** geeignet, bei dem die Abschrecktemperatur niedriger und die Abkühlungsgeschwindigkeit folglich höher ist.

Bei der **thermomechanischen Behandlung** (auch **Ausforming**) wird der Stahl innerhalb genau festgelegter, enger Temperatur- und Zeitbereiche in die gewünschte Form gebracht (z. B. Walzen), um die Bildung von nichtmartensitischen Umwandlungsprodukten zu vermeiden. Das Teil wird dann kontrolliert abgekühlt, um die gewünschten Mikrostrukturen zu erhalten. Durch Ausforming behandelte Teile haben überlegene mechanische Eigenschaften.

3.12.6 Tieftemperaturbehandlung

Bei **Tieftemperaturbehandlung** wird die Temperatur des umzuwandelnden Stahls von Raumtemperatur auf −180 °C langsam mit etwa 2 K pro Minute (um Thermoschocks zu vermeiden) abgesenkt. Das Werkstück wird dann für 24 bis 36 Stunden auf dieser Temperatur gehalten. Bei dieser Temperatur findet die Umwandlung von Austenit zu Martensit langsam, aber fast vollständig statt, während beim herkömmlichen Abschrecken ein Martensitanteil von lediglich 50 bis 90 % erreicht wird. Zusätzlich bilden sich Ausscheidungen von Kohlenstoff (mit Chrom, Wolfram und anderen Elementen), Eigenspannungen werden verringert und das Gefüge wird gefeint. Nach dem Halten bei tiefen Temperaturen werden die Teile angelassen, um den Martensit zu stabilisieren.

Die bei tiefen Temperaturen behandelten Stähle besitzen höhere Härte und Verschleißfestigkeit als konventionell behandelte Stähle. Zum Beispiel kann die Verschleißfestigkeit von manchen Werkzeugstählen (z. B. X155CrVMo12-1, siehe Abschnitt 3.10.3) nach einer Tieftemperaturbehandlung um über 800 % steigen, für die meisten Werkzeugstähle ist eine Verbesserung der Werkzeugstandzeit um 100 bis 200 %

erreichbar (siehe Abschnitt 8.3). Die Tieftemperaturbehandlung wird unter anderem auf Werkzeuge und Gesenke, Dentalinstrumente, Werkstoffe in der Luftfahrtindustrie, Golfschlägerköpfe und Geschützrohre angewendet.

3.12.7 Wärmebehandlungsgerechter Entwurf

Außer den oben beschriebenen metallurgischen Faktoren sind für eine erfolgreiche Wärmebehandlung Entwurfsüberlegungen anzustellen, damit sich Probleme wie Rissbildung, Verzug und Entwicklung von inhomogenen Eigenschaften im Teil vermeiden lassen. Die Abkühlungsgeschwindigkeit beim Abschrecken muss einheitlich sein, insbesondere bei kompliziert geformten Teilen mit unterschiedlichen Querschnitten und Dicken, um starke Temperaturgradienten zu vermeiden, die zu thermischen Spannungen führen und Rissbildung, Eigenspannungen und Spannungskorrosionsrisse hervorrufen können.

Für die **wärmebehandlungsgerechte Bauteilgestaltung** sind folgende Punkte zu beachten: (a) Die Teile sollten eine möglichst einheitliche Dicke haben oder der Übergang zwischen Bereichen verschiedener Dicken sollte sanft verlaufen. (b) Scharfe Innen- oder Außenkanten sollten vermieden werden. (c) Eine Wärmebehandlung von Teilen mit Löchern, Nuten und asymmetrischen Formen ist schwierig, da solche Teile beim Abschrecken oft Härterisse aufweisen. (d) Teile mit großen Oberflächen und dünnen Querschnitten verziehen sich leicht. (e) Warmgeschmiedete und warmgewalzte Produkte können zur **Randentkohlung** neigen und demzufolge nicht richtig auf die Wärmebehandlung reagieren.

Fallstudie: Verwendung neuer Stähle im Automobilbau

In den letzten Jahren stiegen die Anforderungen hinsichtlich eines effizienten Treibstoffeinsatzes in Automobilen kontinuierlich an. So bestehen in mehreren Ländern gesetzliche Verpflichtungen, den Treibstoffverbrauch und damit den Ausstoß von klimaschädlichen Verbrennungsgasen zu reduzieren. Zusammen mit effizienteren Antrieben können solche Ziele durch Reduktion der Fahrzeugmasse erreicht werden. Massenreduktion im Automobilbau stellt allerdings eine große Herausforderung dar, weil dadurch keine Einbußen an Sicherheit, Leistung und Ausstattung der Fahrzeuge erfolgen dürfen. Eine Möglichkeit, die Bedürfnisse nach gesteigerter Effizienz und Sicherheit und vermehrter Ausstattung zu erreichen, ist die konsequente Anwendung von intelligenten Leichtbau- und Fertigungskonzepten und sorgfältiger Materialauswahl im Karosseriebau.

Tabelle 3.24: Karosseriemassen der Fahrzeuge W203, W204 (C-Klasse) und W211, W212 (E-Klasse) von Mercedes-Benz

Fahrzeug	Karosseriemasse (Vorgänger) kg	Erwarteter Zuwachs kg	Karosseriemasse (aktuelles Fahrzeug) kg
C-Klasse	444 (W203)	51	438 (W204)
E-Klasse	455 (W211)	58	482 (W212)

Anmerkung: Der erwartete Zuwachs der Karosseriemasse ergibt sich aus den vergrößerten Abmessungen des Nachfolgers und den gestiegenen Anforderungen hinsichtlich Sicherheit und Komfort.

Fallstudie: Verwendung neuer Stähle im Automobilbau (Fortsetzung)

Tabelle 3.25: Massenanteile der verwendeten Werkstoffe in der Karosserie der C- und E-Klassen von Mercedes-Benz

| | Massenanteil, % | | | |
| | C-Klasse | | E-Klasse | |
Werkstoff	W203	W204	W211	W212
Weichstähle DC...; DX...; DD...	58	25	42	14
Höherfeste Stähle HC...LA, Y, I, B	40	50	45	60
Höchstfeste Stähle HC...X, T; HD...X	1	11	2	8
Ultra-hochfeste Stähle HC...C; HD...C, M	0	3	1	4
Pressgehärteter Stahl 22MnB5	0	6	0	5
Aluminium	1	3	9	7
Kunststoffe	0	2	1	2

Anmerkungen: Zur Bezeichnung der Stähle siehe Abschnitt 3.10, Tabelle 3.11 und Abbildung 3.37.
Der pressgehärtete Vergütungsstahl 22MnB5 wird in der Umformpresse gehärtet und besitzt martensitisches Gefüge ($R_{p0,2} \approx$ 1200 MPa, R_m bis zu 1650 MPa).

Die Fahrzeuge Mercedes-Benz der Daimler AG sind seit vielen Jahrzehnten Vorreiter im konsequenten Einsatz innovativer Konstruktions- und Fertigungstechnologien mit modernen Werkstoffen. Diese Vorgehensweise führte schon in den 1950er Jahren zur Entwicklung von Fahrgastzellenkonstruktionen, die Sicherheitsmerkmale aufwiesen, welche auch in den heute gebauten Fahrzeugen anzutreffen sind. Zwei wichtige Pkw-Baureihen des Konzerns sind die C- und E-Klassen. Die beiden aktuellen Fahrzeuge dieser Baureihen (W204 bzw. W212), die seit 2007 bzw. 2009 am Markt sind, demonstrieren bei einem Vergleich mit ihren Vorgängern sehr deutlich, wie durch geeignete Werkstoffwahl und Konstruktion Vorgaben nach gesteigerter Effizienz und Sicherheit und verbessertem Komfort erreichbar sind. So betrug die Masse der Karosserie des Wagens W211, des Vorgängers der aktuellen E-Klasse, inklusive aller Türen und Klappen 455 kg. Hätte man die gleichen Konzepte hinsichtlich Bauweise und Werkstoffwahl auch beim Nachfolger realisiert, so hätte dessen Karosseriemasse wegen der gestiegenen Größe des Fahrzeugs und erhöhten Sicherheits- und Komfortanforderungen bei 513 kg gelegen. Durch die Verwendung neuer Bau- und Fertigungsweisen und dem markant erhöhten Einsatz moderner hoch-, höchst- und ultra-hochfester Stähle beträgt die Karosseriemasse des Wagens W212 jedoch lediglich 482 kg. Tabelle 3.24 vergleicht die Massen der aktuellen Mercedes-Benz-Fahrzeuge mit denen der Vorgängerbaureihen, Tabelle 3.25 gibt den Massenanteil der verwendeten Werkstoffe wieder.

Fallstudie: Verwendung neuer Stähle im Automobilbau (Fortsetzung)

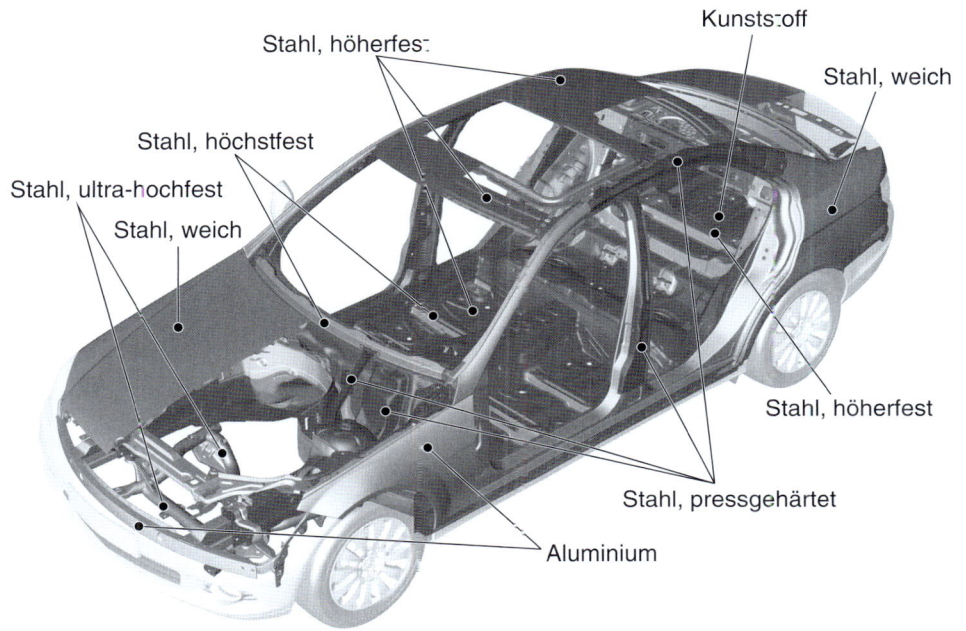

Abbildung 3.42: Einsatz von Stählen, Aluminium und Kunststoffen in der Karosserie der C-Klasse (W204) von Mercedes-Benz.

Etwa 68 % aller Bleche der Rohbaukarosserie der aktuellen E-Klasse bestehen aus höher- und höchstfesten Stahlsorten (Vorgänger: 47 %). Der Anteil der ultra-hochfesten und pressgehärteten Stähle wurde von 1 % auf 9 % gesteigert. Diese werden dort eingesetzt, wo bei einem Unfall sehr hohe Belastungen auftreten können – zum Beispiel beim Seitenaufprallschutz als Werkstoff für die B-Säulen und die seitlichen Dachrahmen sowie im Heck zur Herstellung eines stabilen Querträgers. Ohne den Einsatz dieser neuen Stähle wäre ein erheblicher Materialmehraufwand erforderlich, um die hohen Sicherheitsanforderungen zu erfüllen. Die Mittelsäule des Fahrzeugs (B-Säule) muss bei einem Seitenaufprall sehr hohe Kräfte aufnehmen und in den seitlichen Längsträger und den mittleren Dachspiegel der Karosseriestruktur übertragen. Die B-Säule besteht bei den aktuellen Fahrzeugen aus Blechschalen sowie einer großflächigen Verstärkung, die bis zur Oberkante des Gurtumlenkpunktes reicht. Eine dieser Schalen und die Verstärkung werden aus ultra-hochfestem, pressgehärtetem Stahl gefertigt. Aus herkömmlichen Stählen wären bei gleichen Sicherheitsanforderungen die B-Säulen etwa um ein Drittel schwerer. Somit dienen diese neuen Werkstoffe also gleichermaßen den Zielen Sicherheit und Leichtbau.
▶ Abbildung 3.42 zeigt die Verwendung der verschiedenen Werkstoffe in der Karosserie der aktuellen C-Klasse.

Quelle: Mit freundlicher Genehmigung von Daimler AG.

ZUSAMMENFASSUNG

- Die Verarbeitungseigenschaften von Metallen und Legierungen hängen maßgeblich von ihren mechanischen und physikalischen Eigenschaften ab. Diese wiederum werden von der Kristallstruktur, der Korngröße, von Korn- und Phasengrenzen, der Textur und von verschiedenen Kristallbaufehlern kontrolliert (Abschnitte 3.1, 3.2).

- Versetzungen sind die Träger der plastischen Verformung. Ihre Beweglichkeit legt die Größe der benötigten Schubspannung für plastische Verformung fest. Wird die Versetzungsbewegung durch Hindernisse wie andere Versetzungen, Korngrenzen, Fremdatome oder Fremdteilchen erschwert, so steigt die für die Bewegung erforderliche Schubspannung. Im Falle der Wechselwirkung von Versetzungen spricht man von Verformungsverfestigung oder Kaltverfestigung (Abschnitt 3.3).

- Die Korngröße und die Eigenschaften von Korn- und Phasengrenzen beeinflussen Festigkeit, Duktilität und Härte und können für die Neigung der Versprödung durch Verminderung der Zähigkeit verantwortlich sein. Korn- und Phasengrenzen verstärken die Kaltverfestigung, da sie als Hindernisse für Versetzungen wirken (Abschnitt 3.4).

- Plastische Verformung bei niedrigen Temperaturen (Raumtemperatur für sehr viele Metalle) erhöht die Streckgrenze (Kaltverfestigung). Die Verformung induziert Anisotropie, wodurch viele mechanische Eigenschaften richtungsabhängig werden (Abschnitt 3.5).

- Die Kaltverfestigung kann durch Glühen des Metalls bei geeigneten Temperaturen rückgängig gemacht werden. Je nach Glühtemperatur, Glühdauer und vorhergehendem Verformungsgrad können die Vorgänge Kristallerhöhung, Rekristallisation und Kornwachstum den Festigkeitsabbau und die Erhöhung der Duktilität bewirken (Abschnitt 3.6).

- Metalle und Legierungen können bei tiefen oder hohen Temperaturen verformt werden. Die dafür benötigten Kräfte und Energien hängen im Wesentlichen davon ab, ob die Umformtemperatur oberhalb oder unterhalb der Rekristallisationstemperatur liegt (Abschnitt 3.7).

- Versagen und Bruch eines Werkstücks sind wichtige Faktoren bei der Verarbeitung von Metallen. Es gibt Verformungs- und Sprödbrüche. Beim Verformungsbruch wird das Metall vor dem Bruch plastisch verformt. Diese Verformung erhöht den Energiebedarf für die Bildung der Bruchflächen, die eine markante Topografie (Berge und Täler) aufweisen. Die benötigte Arbeit für den spröden Bruch ist niedriger als die für den duktilen Bruch, da vor dem Bruch keine merkliche plastische Verformung beobachtet wird. Sprödbruch kann daher katastrophal verlaufen (d. h. ohne Vorwarnung); die Bruchfläche erscheint glatt und erinnert an die Spaltflächen eines Kristalls. Verunreinigungen und Einschlüsse spielen neben Faktoren, wie Einsatzumgebung, Verformungsgeschwindigkeit und -temperatur, Anwesenheit von Kerben und Mehrachsigkeit des Spannungszustands eine entscheidende Rolle für die Bruchart (Abschnitt 3.8).

- Die physikalischen und chemischen Eigenschaften von Metallen und Legierungen beeinflussen markant die Gestaltung von Bauteilen, den Wartungsaufwand im Einsatz, ihre Verträglichkeit mit anderen Materialien sowie ihr Verhalten bei jeglichen Fertigungsoperationen (Abschnitt 3.9).

- Die Vielfalt an Metallen und Legierungen für den technischen Einsatz ist enorm. Diese Werkstoffgruppe deckt ein weites Eigenschaftsspektrum ab, das neben mechanischen auch eine Vielzahl von physikalischen und chemischen Eigenschaften umfasst. Metallische Werkstoffe können eingeteilt werden in (a) Eisenbasiswerkstoffe, (b) Nichteisenmetalle und -legierungen, (c) Superlegierungen, (d) hochschmelzende Metalle und Legierungen und (e) besondere metallische Werkstoffe, wie metallische Gläser, Formgedächtnislegierungen, nanometerskalige Werkstoffe und Metallschäume (Abschnitte 3.10, 3.11).
- Gussstücke sowie durch Umformen hergestellte Teile können einer darauffolgenden Wärmebehandlung unterzogen werden, um ihre verschiedenen Eigenschaften inklusive ihrer Lebensdauer zu verbessern. Verschiedene Änderungen finden im Werkstoffgefüge statt. Wichtige Mechanismen der Härtung und Verfestigung sind thermische Behandlungen, einschließlich Abschrecken und Ausscheidungshärtung (Abschnitt 3.12).

Wichtige Gleichungen

Theoretische Schubfestigkeit von Metallen: $\tau_{max} = \dfrac{G}{2\pi}$

Theoretische Zugfestigkeit von Metallen: $\sigma_{max} = \sqrt{\dfrac{E\gamma}{a}} \simeq \dfrac{E}{10}$

Hall-Petch-Gleichung: $Y = Y_i + k\, d^{-1/2}$

ASTM-Korngröße: $N = 2^{n-1}$

Zugfestigkeit und Risslänge: $R_m \propto \dfrac{1}{\sqrt{\text{Risslänge}}}$

Verständnisfragen

3.1 Was ist der Unterschied zwischen einer Elementarzelle und einem Einkristall?

3.2 Erläutern Sie die Bedeutung der kristallinen Struktur der Metalle für ihre Eigenschaften.

3.3 Welchen Einfluss hat die Rekristallisation auf die Eigenschaften von Metallen?

3.4 Welche Bedeutung hat ein Gleitsystem?

3.5 Was meint man mit strukturempfindlichen und strukturunempfindlichen Eigenschaften von Metallen?

3.6 Welchen Zusammenhang gibt es zwischen der Keimbildungsrate bei der Erstarrung und der Anzahl der Körner pro Volumen eines metallischen Vielkristalls?

3.7 Erläutern Sie den Unterschied zwischen Erholung und Rekristallisation.

3.8 (a) Können zwei Werkstücke aus dem gleichen Metall unterschiedliche Rekristallisationstemperaturen besitzen? Begründen Sie Ihre Antwort. (b) Ist es möglich, dass die Rekristallistion in einem Werkstück in manchen Bereichen früher beginnt als in anderen? Begründen Sie Ihre Antwort.

3.9 Wieso hängen Festigkeit und Duktilität vom Kristallsystem ab?

3.10 Erklären Sie den Unterschied zwischen Vorzugsorientierung und mechanischer Faserbildung.

3.11 Finden Sie Analogien zur mechanischen Faserbildung. Denken Sie etwa an dünne Teigschichten, die mit Mehl bestäubt sind.

3.12 Ein kaltverformtes Metallstück wurde rekristallisiert. Bei der Untersuchung seiner Festigkeit wird festgestellt, dass es anisotrop ist. Geben Sie die wahrscheinliche Ursache für dieses Verhalten an.

3.13 Beseitigt die Rekristallisation die mechanische Faserbildung vollständig? Erläutern Sie Ihre Antwort.

3.14 Warum muss man sich um das Phänomen der Orangenhaut auf Metalloberflächen kümmern?

3.15 Wie können Sie feststellen, welches von zwei identischen Werkstücken durch Kalt- und welches durch Warmumformen in die Endform gebracht wurde?

3.16 Erklären Sie, warum die Streckgrenze eines polykristallinen Metalls bei Raumtemperatur abnimmt, wenn die Korngröße zunimmt. Was ist bei erhöhter Temperatur $T < T_{rekr.}$ zu erwarten?

3.17 Welche Konsequenzen hat die Tatsche, dass für Metalle wie Blei und Zinn die Rekrisallisationstemperatur in der Nähe der Raumtemperatur liegt?

3.18 Vor Ihnen liegt ein Stapel Spielkarten, der von einem Gummiband zusammengehalten wird. Welche der in diesem Kapitel diskutierten Phänomene könnten Sie damit erklären? Was würde eine Erhöhung der Zahl der Gummibänder bewirken? Erläutern Sie Ihre Antwort und beziehen Sie sich auf die Abbildungen 3.5 und 3.7.

3.19 Verwenden Sie die Erkenntnisse der Kapitel 2 und 3 und geben Sie die Bedingungen an, unter denen Sprödbruch in einem sonst duktilen Metallstück hervorgerufen werden kann.

3.20 Zählen Sie Metalle auf, die für (a) eine Büroklammer, (b) einen Fahrradahmen, (c) eine Rasierklinge, (d) ein Batterieanschlusskabel und (e) für eine Turbinenschaufel geeignet sind. Geben Sie die Gründe für Ihre Wahl an.

3.21 Erläutern Sie jeweils die Vorteile und Grenzen der Kalt-, Warm-, und Halb-Warmumformung von Metallen.

3.22 Wieso können Bauteile zerbrechen, wenn sie rasch großen Temperaturänderungen ausgesetzt werden?

3.23 Mithilfe einiger Beobachtungen und Erfahrungen geben Sie jeweils drei Anwendungen der Metalle (Legierungen) Aluminium, Kupfer, Magnesium, Gold und Stahl an.

3.24 Geben Sie jeweils drei Anwendungen an, für welche die vorhin erwähnten Metalle (Legierungen) ungeeignet wären.

3.25 Benennen Sie Produkte, die ihren heutigen hohen Entwicklungsstand nicht erreicht hätten, wenn es die Entwicklung von hochfesten, kriech- und korrosionsbeständigen Hochtemperaturwerkstoffen nicht gegeben hätte.

3.26 Denken Sie an einige metallische Bauteile und Güter und versuchen Sie zu erraten, aus welchen Metallen sie bestehen. Begründen Sie Ihre Vermutung. Wenn Ihnen für ein Produkt mehrere metallische Werkstoffe in den Sinn kommen, geben Sie dafür eine Begründung.

3.27 Geben Sie drei technische Anwendungen an, für welche die folgenden physikalischen Eigenschaften günstig sind: (1) hohe Dichte, (2) niedriger Schmelzpunkt, (3) hohe thermische Leitfähigkeit.

3.28 Erklären Sie, warum die thermische Leitfähigkeit und die Wärmedehnung bei thermisch zyklischer Belastung von Bauteilen und Werzeugen das Bruchverhalten stark beeinflussen.

3.29 Beschreiben Sie die Vorteile von nanometerskaligen Werkstoffen gegenüber traditionellen Materialien.

3.30 Von Aluminium wird oft behauptet, dass es Stahl im Automobil ablösen wird. Welche Bedenken hätten Sie, wenn Sie ein Automobil aus Aluminium kaufen wollten?

3.31 Schrot aus Blei wird häufig im Jagdsport verwendet. Vögel nehmen herumliegende Bleiteilchen zusammen mit kleinen Steinen als Verdauungshilfe zu sich. Welches Ersatzmaterial würden Sie für das giftige Blei vorschlagen? Begründen Sie Ihre Antwort.

3.32 Was sind metallische Gläser? Wie kommt es zu dieser Bezeichnung?

3.33 Welcher in diesem Kapitel besprochene Werkstoff hat (a) die höchste Dichte, (b) die beste elektrische Leitfähigkeit, (c) die größte Wärmeleitfähigkeit, (d) die höchste Festigkeit und (e) den höchsten Preis?

3.34 Was ist Zwillingsbildung? Wie unterscheidet sie sich von kristallografischer Gleitung?

Rechenaufgaben

3.35 Berechnen Sie die theoretische Schubfestigkeit und die theoretische Zugfestigkeit von Aluminium, Kohlenstoffstahl und Wolfram. Schätzen Sie das Verhältnis der theoretischen zur tatsächlich beobachteten Festigkeit dieser Werkstoffe ab.

3.36 Eine Metallografin ermittelt für die ASTM-Korngröße eines Werkstoffs den Wert 6. Bei der Überprüfung der Messung stellt sie fest, dass sie die Messung bei einer Vergrößerung von 150 anstatt bei der laut ASTM-Norm vorgeschriebenen Vergrößerung von 100 durchgeführt hat. Wie lautet der richtige Wert für die ASTM-Korngröße?

3.37 Schätzen Sie die Zahl der Körner im Draht einer typischen Büroklammer, wenn der verwendete Werkstoff eine ASTM-Korngröße von 9 besitzt.

3.38 Die Frequenz f der (freien) Grundschwingung eines beidseitig gelenkig gelagerten Balkens (Länge l, Trägheitsmoment des Querschnitts I, Rechteckquerschnittsfläche A, konstante Massendichte ϱ, Elastizitätsmodul E) lautet

$$f = 0{,}56\sqrt{\frac{EI}{\varrho A l^4}} \; .$$

Wird sich diese Frequenz bei einer Temperaturerhöhung ändern? Begründen Sie Ihre Antwort.

3.39 Ein Metallstreifen wird kaltgewalzt. Einmal wird seine Höhe (Dicke) von 25 auf 15 mm reduziert, in einem weiteren Experiment von 25 auf 10 mm. Welcher Endzustand wird bei niedrigerer Temperatur rekristallisieren? Begründen Sie Ihre Antwort.

3.40 Ein einseitig fest eingespannter Balken mit der Länge $l = 1$ m besitzt einen kreisförmigen Querschnitt (Durchmesser $d = 20$ mm). Wie groß ist die Absenkung des Balkens am

freien Ende, wenn in der Mitte die Einzelkraft $F = 500\,\text{N}$ angreift und der Balken aus dem Stahl X2CrNi10-8 besteht? Wie groß muss der Durchmesser des Balkens für die gleich große Absenkung sein, wenn statt des Stahls (a) die Aluminiumlegierung EN AW-2024-T4, (b) Sondermessing und (c) Reintitan (99,5 % Ti) verwendet wird?

3.41 Der Durchmesser eines Aluminiumatoms beträgt 0,25 nm. Wieviele Atome befinden sich in einem Korn von polykristallinen Aluminium, dessen ASTM-Körngröße 5 beträgt?

3.42 Skizzieren Sie schematisch für einige der in diesem Kapitel behandelten Werkstoffe folgenden Zusammenhänge: (a) Streckgrenze über Dichte, (b) Elastizitätsmodul über Zugfestigkeit, (c) Elastizitätsmodul über Kosten (siehe zu diesem Punkt Tabelle 14.4).

3.43 Die folgenden Zahlwerte für die Streckgrenze wurden für eine Kupfer-Zinklegierung als Funktion der Korngröße ermittelt:

Korngröße	Streckgrenze
μm	MPa
15	150
20	140
50	105
75	90
100	75

Gehorcht dieser Werkstoff der Hall-Petch-Beziehung? Wenn ja, wie groß ist die Konstante k in dieser Beziehung?

3.44 Man kann zeigen, dass der thermische Verzug von Präzisionsgeräten dann klein ist, wenn das Verhältnis aus der Wärmeleitfähigkeit und dem thermischen Ausdehnungskoeffizienten groß ist. Reihen Sie die in Tabelle 3.3 angeführten Werkstoffe nach ihrem Widerstand gegen thermischen Verzug.

Oberflächen, Tribologie, Maßtoleranzen, Inspektion und Qualitätssicherung

4.1	Einführung	238
4.2	Oberflächenstruktur und Eigenschaften	239
4.3	Oberflächentextur (Feingestalt) und Rauigkeit	241
4.4	Tribologie: Reibung, Verschleiß und Schmierung	246
4.5	Oberflächenbehandlung, Beschichtung und Reinigung	266
4.6	Technische Messtechnik und Messinstrumente	279
4.7	Maßtoleranzen	286
4.8	Prüfung und Inspektion	287
4.9	Qualitätssicherung	291
	Zusammenfassung	300
	Wichtige Gleichungen	302
	Verständnisfragen	302
	Rechenaufgaben	305

4 Oberflächen, Tribologie, Maßtoleranzen, Inspektion und Qualitätssicherung

LERNZIELE

Dieses Kapitel beschreibt mehrere wichtige Überlegungen zur Werkstoffbearbeitung:

- Oberflächenstrukturen, Texturen und Oberflächeneigenschaften, da diese die Verarbeitung von Werkstoffen beeinflussen;
- Die Rolle von Reibung, Verschleiß und Schmierung (Tribologie) in Fertigungsprozessen und die Eigenschaften verschiedener Flüssigkeiten bei der Metallbearbeitung;
- Oberflächenbehandlungen, um Erscheinungsbild und Leistungsfähigkeit der Erzeugnisse zu verbessern;
- Messtechnik, Instrumentierung und Maßtoleranzen sowie deren Wirkung auf Produktqualität und Leistungsfähigkeit;
- Zerstörende und zerstörungsfreie Untersuchungsverfahren für hergestellte Teile;
- Statistische Verfahren für die Qualitätssicherung von Produkten.

4.1 Einführung

Die verschiedenen mechanischen, physikalischen, thermischen und chemischen Effekte, die bei der Werkstoffbearbeitung einwirken, haben einen wichtigen Einfluss auf die **Oberfläche** eines gefertigten Teils. Eine Oberfläche besitzt Eigenschaften und Verhaltensweisen, die sich beträchtlich von denen des Volumens eines Teils unterscheiden. Obwohl der **Grundwerkstoff** die mechanischen Gesamteigenschaften einer Komponente im überwiegenden Maße bestimmt, beeinflussen die Oberflächen der Komponente mehrere wichtige Eigenschaften des fertigen Teils:

- **Reibungs-** und **Verschleißeigenschaften** des Teils während darauffolgender Verarbeitungsgänge, wenn das Teil direkt mit Werkzeugen, Umformgesenken und Gussformen in Berührung kommt oder wenn es in Betrieb gesetzt wird;
- **Wirksamkeit von Schmiermitteln** bei Fertigungsprozessen und im Betrieb;
- **Erscheinung und geometrische Eigenheiten** des Teils und ihre Rolle in darauffolgenden Operationen wie Lackieren, Beschichten, Schweißen, Löten und adhäsives Kleben sowie Korrosionsbeständigkeit des Teils;
- **Initiierung von Rissen** aufgrund von Oberflächendefekten wie zum Beispiel Rauigkeit, Kratzer, Sprünge und Wärmeeinflusszonen, die zu Schwächung und vorzeitigem Ausfall des Teils durch Ermüdung oder andere Bruchmechanismen führen können;
- **Thermische** und **elektrische Leitfähigkeit** von miteinander in Kontakt stehenden Körpern. Zum Beispiel hat eine raue Oberfläche einen höheren thermischen und elektrischen Widerstand als eine glatte Oberfläche, weil es weniger Kontaktpunkte zwischen zwei berührenden Oberflächen gibt.

Reibung, Verschleiß und Schmierung (**Tribologie**) sind Oberflächenphänomene. Folglich wirkt sich (a) Reibung auf Kraft- und Energiebedarf sowie die Oberflächenqualität der produzierten Teile aus, ändert (b) Verschleiß die Oberflächengeometrie von Werkzeugen und Aufnahmen, was sich wiederum negativ auf die Qualität der hergestellten Produkte und die Wirtschaftlichkeit der Produktion auswirkt, und ist (c) Schmierung ein integraler Aspekt aller Herstellungsoperationen sowie für das korrekte Funktionieren von Maschinen und Ausrüstungen wichtig.

Die Eigenschaften von Oberflächen lassen sich durch verschiedenartige **Oberflächenbehandlungen** modifizieren und verbessern. Mithilfe von mechanischen, thermischen, elektrischen und chemischen Methoden können Reibungsverhalten, Wirksamkeit von Schmiermitteln, Widerstand gegen Verschleiß und Korrosion sowie Oberflächengüte und -aussehen verbessert werden.

Messung von relevanten Abmessungen und Eigenschaften von Produkten ist ein integraler Aspekt einer flexiblen Fertigung, die das Grundkonzept von Standardisierung und Massenproduktion bildet. Wir beschreiben die Prinzipien und die verschiedenartigen Messgeräte, die zur Messung eingesetzt werden. Ein weiterer wichtiger Aspekt ist das **Prüfen** und die **Inspektion** von hergestellten Produkten, und zwar entweder mithilfe von zerstörenden oder mit zerstörungsfreien Methoden. **Produktqualität** ist einer der wichtigsten Aspekte der Fertigung. Dieses Kapitel betont, wie wichtig es aus technologischer und wirtschaftlicher Sicht ist, *Qualität in ein Produkt zu integrieren*, anstatt das Produkt zu prüfen, nachdem es hergestellt wurde. Zudem beschreibt das Kapitel die Techniken, mit denen sich dieses Ziel erreichen lässt.

4.2 Oberflächenstruktur und Eigenschaften

Bei eingehender Untersuchung eines metallischen Werkstücks ist festzustellen, dass seine Oberfläche meist aus mehreren Schichten besteht (▶ Abbildung 4.1). Der innere Teil des Metalls wird als **Metallsubstrat** (**Grundwerkstoff**) bezeichnet. Seine Struktur hängt von der Zusammensetzung und Verarbeitungshistorie des Metalls ab. Oberhalb dieses Grundwerkstoffs befindet sich eine Schicht, die in der Regel während der Verarbeitung plastisch verformt und verfestigt wird. Tiefe und Eigenschaften der verfestigten Schicht (der sogenannten **Oberflächenstruktur**) hängen von Faktoren wie Herstellungsverfahren und Grad der Gleitreibung ab, der die Oberfläche ausgesetzt wurde. Wenn die Oberfläche bei maschineller Bearbeitung mit einem stumpfen Werkzeug oder unter schlechten Schneidbedingungen hergestellt oder mit einer stumpfen Schleifscheibe geschliffen wurde, wird diese Schicht relativ dick sein. Darüber hinaus können sich während der Bearbeitung **Eigenspannungen** in dieser verfestigten Schicht entwickeln, die ihre Ursache in (a) nicht einheitlicher Oberflächenverformung oder (b) starken Temperaturgradienten haben.

Zusätzlich kann sich eine **Beilby**- oder **amorphe Schicht** über der verfestigten Schicht ausbilden, die eine mikrokristalline bzw. amorphe Struktur besitzt. Diese Schicht bildet sich bei manchen Operationen der maschinellen Bearbeitung und Oberflächenbehandlung heraus, bei denen Schmelzen und plastisches Fließen der Oberflächen gefolgt von schnellem Abschrecken aufgetreten sind. Sofern das Metall nicht in einer inerten (sauerstofffreien) Umgebung verarbeitet und aufbewahrt wird und kein Edelmetall wie zum Beispiel Gold oder Platin ist, bildet sich normalerweise eine **Oxidschicht** über der verfestigten

4 Oberflächen, Tribologie, Maßtoleranzen, Inspektion und Qualitätssicherung

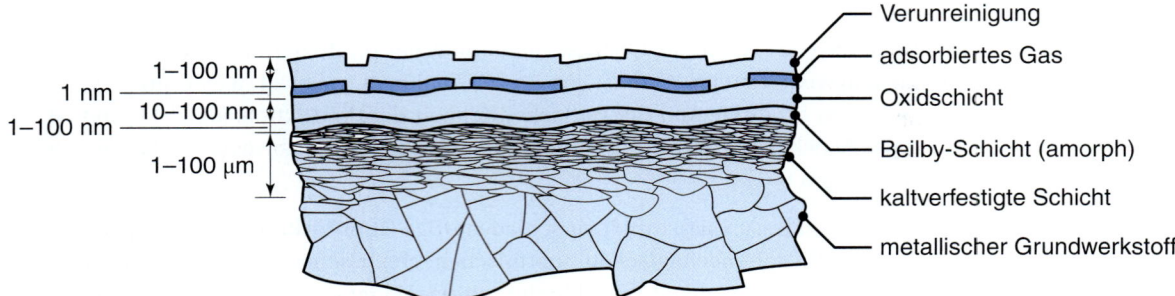

Abbildung 4.1: Schematische Darstellung der Oberflächenstruktur eines metallischen Werkstücks im Querschnitt. Die Dicke der einzelnen Schichten hängt von den Bearbeitungsbedingungen und vom umgebenden Medium ab. Nach E. Rabinowicz und B. Bushan.

oder Beilby-Schicht aus. Die folgenden Beispiele geben typische Vertreter von Metallen an, die eine Oxidschicht entwickeln:

1. *Eisen* besitzt eine Oxid-Oberflächenstruktur, bei der FeO an das Grundmetall angrenzt, gefolgt von einer Schicht aus Fe_3O_4 und dann einer Schicht aus Fe_2O_3, die der Umgebung ausgesetzt ist.
2. *Aluminium* besitzt eine dichte *amorphe* (*feinstkristalline*) Schicht aus Al_2O_3, über der eine dicke, poröse, hydratisierte Aluminiumoxidschicht liegt.
3. *Kupfer* weist eine hochglänzende Oberfläche auf, wenn es frisch geritzt oder maschinell bearbeitet wurde. Kurz danach jedoch bildet sich eine Cu_2O-Schicht aus, die dann mit einer Schicht aus CuO bedeckt wird. Diese Schichten verleihen Kupfer seine etwas dumpfe Farbe, wie sie etwa bei Küchengeräten zu finden ist.
4. *Rostfreie Stähle* sind „rostfrei", weil sie durch eine Schutzschicht von Chromoxid passiviert werden (die sogenannte **Passivschicht** ausbilden).

Unter normalen Umgebungsbedingungen sind Oberflächenoxidschichten mit *absorbierten* Gas- und Feuchtigkeitsschichten bedeckt. Schließlich kann die äußerste Oberfläche des Metalls mit *Kontaminierungen* bedeckt sein, beispielsweise Schmutz, Staub, Fett, Schmiermittel, Rückstände von Reinigungsmitteln und Schadstoffe aus der Umgebung.

Es ist offensichtlich, dass Oberflächen über Eigenschaften verfügen, die sich deutlich von denen des Grundwerkstoffs unterscheiden. Zum Beispiel ist das Oxid auf Metalloberflächen wesentlich härter als das Grundmetall, folglich sind Oxide eher spröde und abrasiv. Diese Oberflächencharakteristika haben wiederum mehrere wichtige Wirkungen auf Reibung, Verschleiß und Schmierung in der Materialverarbeitung sowie bei späteren Beschichtungen auf Produkten. Die bislang beschriebenen Faktoren für die Oberflächenstruktur von Metallen sind in großem Maß auch relevant für die Oberflächenstruktur von Polymer- und Keramikwerkstoffen. Die sich auf diesen Werkstoffen bildende Oberflächentextur hängt wie bei Metallen vom Herstellungsverfahren und den Umgebungsbedingungen ab.

Die **Oberflächenbeschaffenheit** beschreibt nicht nur die geometrischen (topologischen) Eigenheiten von Oberflächen, sondern auch ihre mechanischen und metallurgischen Eigenschaften und Charakteristika.

Die Oberflächenbeschaffenheit ist eine wichtige Größe in Fertigungsoperationen, weil sie die Ermüdungsfestigkeit, Korrosionsbeständigkeit und Einsatzdauer von Produkten beeinflussen kann.

Verschiedene **Defekte**, die während der Verarbeitung hervorgerufen und produziert wurden, können für mangelnde Oberflächenintegrität verantwortlich sein. Diese Defekte werden gewöhnlich durch ein Zusammenspiel mehrerer Faktoren verursacht, wie zum Beispiel (a) Defekte im ursprünglichen Werkstoff, (b) die zur Bearbeitung der Oberfläche verwendete Methode und (c) das Fehlen geeigneter Prozesssteuerungsparameter, was zum Beispiel zu extremen Spannungen und Temperaturen führt. In der Praxis findet man meist einen oder mehrere Defekte wie *Risse, Krater, Mulden, Sprünge, Überlappungen, Falze, Spritzer* (von Farbe, Schmutz usw.), *Einschlüsse, Korngrenzenangriffe, wärmebeeinflusste Zonen, metallurgische Umwandlungen, plastische Verformungen* und *Eigenspannungen*.

4.3 Oberflächentextur (Feingestalt) und Rauigkeit

Unabhängig von der Herstellungsmethode besitzen alle Oberflächen ihre speziellen Merkmale, die man als **Oberflächentextur** oder **Feingestalt** bezeichnet. Da die Beschreibung der Feingestalt als geometrische Eigenschaft recht komplex sein kann, hat man bestimmte Richtlinien entwickelt, um die Feingestalt in Form von gut definierten und messbaren Größen angeben zu können (▶ Abbildung 4.2).

1 **Fehlstellen** oder **Defekte** sind zufällige Unregelmäßigkeiten wie zum Beispiel Kratzer, Risse, Aushöhlungen, Vertiefungen, Sprünge, Einrisse und Einschlüsse.

2 **Rillenrichtung** ist die Ausrichtung der vorherrschenden Oberflächenmuster (Rillen) und ist gewöhnlich mit bloßem Auge zu erkennen.

3 **Welligkeit** ist eine wiederkehrende Abweichung von einer flachen Oberfläche, die Wellen auf der Wasseroberfläche ähnelt. Die Oberflächenstruktur wird als (1) Abstand zwischen benachbarten Scheitelpunkten der Wellen (*Welligkeitsbreite*) und (2) vertikale Distanz zwischen den Wellenbergen und -tälern der Wellen (*Welligkeitstiefe*) beschrieben und gemessen. Welligkeit kann durch (a) Auslenkungen von Werkzeugen und Werkstück, (b) Verziehen durch Kräfte oder Temperatur, (c) ungleichmäßige Schmierung und (d) Vibration oder ähnliche periodische mechanische oder thermische Schwankungen im System während der Fertigung entstehen.

4 **Rauigkeit** besteht aus eng beieinanderliegenden unregelmäßigen Abweichungen auf einer kleineren Skala als für Welligkeit. Rauigkeit kann durch Welligkeit überlagert sein. Ausgedrückt wird sie durch die Werte für Tiefe und Breite des Profils und der Distanz von der Bezugsfläche (-linie), zu der sie gemessen wird.

Oberflächenrauigkeit. Die *Oberflächenrauigkeit* wird nach zwei Methoden beschrieben. Der **arithmetische Mittenrauwert** R_a basiert auf der schematischen Darstellung einer rauen Oberfläche, wie sie ▶ Abbildung 4.3 zeigt, und ist als

$$R_a = \frac{y_a + y_b + y_c + \cdots + y_n}{n} = \frac{1}{n}\sum_{i=1}^{n} y_i = \frac{1}{l}\int_0^l |y|\,dx \qquad (4.1)$$

4 Oberflächen, Tribologie, Maßtoleranzen, Inspektion und Qualitätssicherung

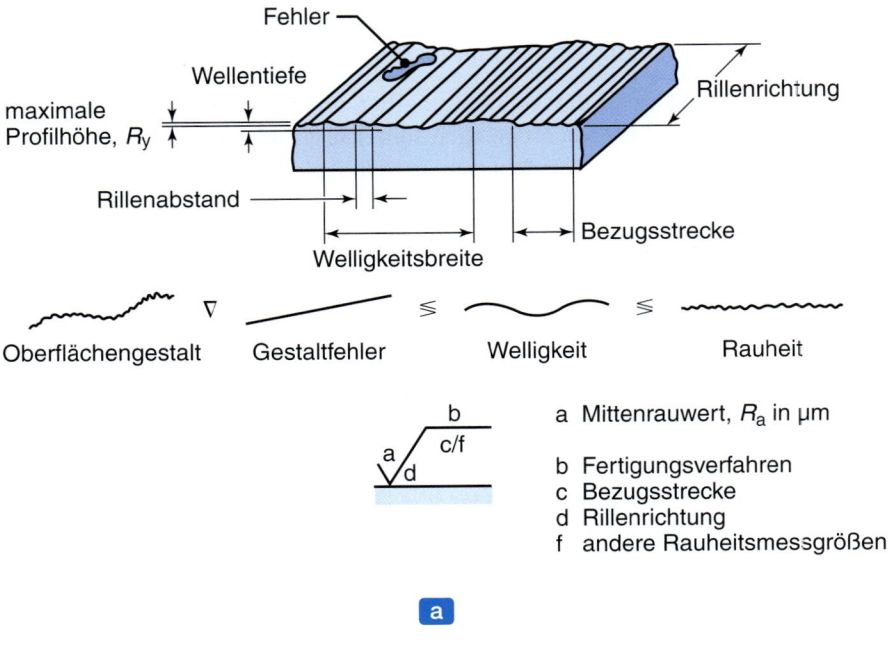

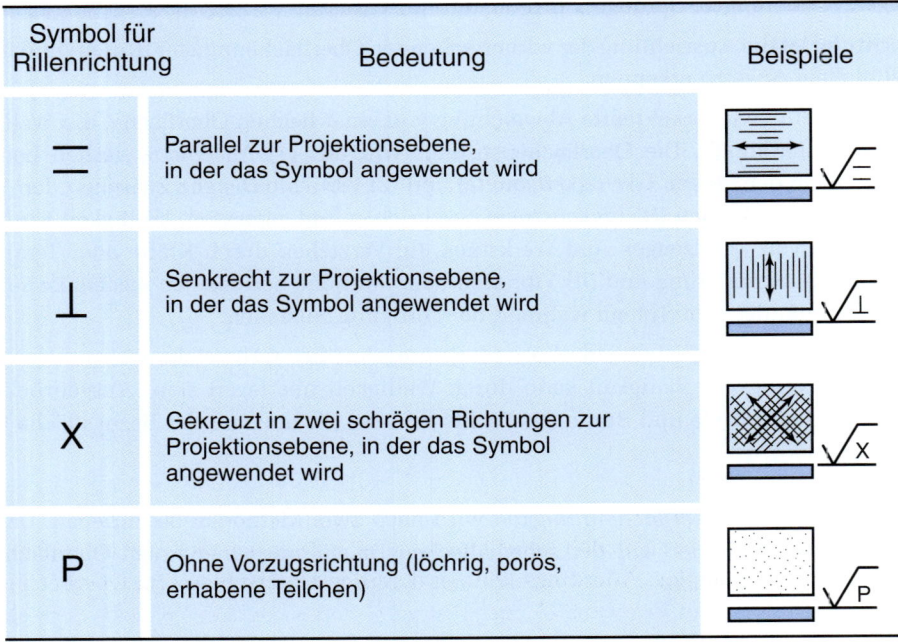

Abbildung 4.2: (a) Terminologie und Symbole für die Beschreibung der Feingestalt. Die Zahlenwerte sind in μm angegeben. (b) Beispiele zur Angabe der Rillenrichtung.

4.3 Oberflächentextur (Feingestalt) und Rauigkeit

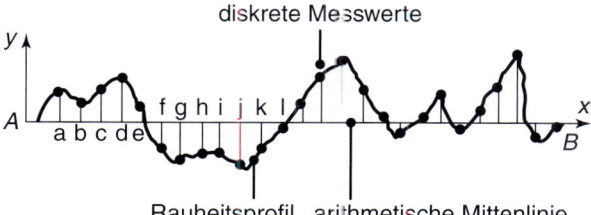

Abbildung 4.3: Koordinaten, die bei der Messung und Berechnung der Oberflächenrauigkeit gemäß (4.1) und (4.2) verwendet werden.

definiert, wobei alle Ordinaten y_a, y_b, y_c, ... Absolutwerte sind. Der letzte Term in Gleichung (4.1) beschreibt R_a einer stetigen Oberfläche oder Welle, wie man sie von der analogen Signalverarbeitung her kennt, und l bezeichnet die Gesamtlänge (Bezugsstrecke) des gemessenen Profils.

Der **quadratische Mittenrauwert** R_q ist definiert als

$$R_q = \sqrt{\frac{y_a^2 + y_b^2 + y_c^2 + \cdots + y_n^2}{n}} = \sqrt{\frac{1}{n} \sum_{i=1}^{n} y_i^2} = \left[\frac{1}{l} \int_0^l y^2 \, dx \right]^{1/2}. \tag{4.2}$$

Die in Abbildung 4.3 dargestellte **arithmetische Mittellinie** liegt so, dass die Summe der Flächen oberhalb der Linie gleich der Summe der Flächen unterhalb der Linie ist. Die Rautiefe gibt man gewöhnlich in μm (Mikrometer) an.

Als Maß für die Rautiefe eignet sich auch die **maximale Profilhöhe** R_y, die als Distanz zwischen der tiefsten Mulde und der höchsten Spitze definiert ist. Dieser Wert gibt an, wie viel Material – beispielsweise durch Polieren – abzutragen ist, um eine glatte Oberfläche zu erhalten. Aufgrund seiner Einfachheit hat sich das arithmetische Mittel international in der Mitte der 1950er Jahre durchgesetzt und wird in vielen Bereichen der Technik verwendet.

Wie aus den Gleichungen (4.1) und (4.2) hervorgeht, besteht eine Beziehung zwischen R_a and R_q. Es lässt sich zeigen, dass für ein Rauigkeitsprofil in Gestalt einer Sinuskurve R_q um den Faktor 1,11 größer als R_a ist. Für die meisten Zerspanungsverfahren hat dieser Faktor den Wert 1,1, für Schleifen 1,2 und für Läppen und Honen 1,4. Das Maß R_q reagiert empfindlicher auf die größten Spitzen und tiefsten Mulden der rauen Oberfläche. Da diese Spitzen und Mulden für Reibung und Schmierung wichtig sind, verwendet man oftmals den Wert R_q, selbst wenn er etwas komplizierter zu berechnen ist als R_a.

Meistens lässt sich eine Oberfläche allein durch ihren R_a- oder R_q-Wert nicht vollständig beschreiben, da es sich um Mittelwerte handelt. Zwei Oberflächen können den gleichen Rauheitswert aufweisen, ihre tatsächliche Topografie kann aber gänzlich unterschiedlich sein. Zum Beispiel sind wenige tiefe Mulden für die Rauigkeitswerte belanglos. Allerdings können derartige Unterschiede im Oberflächenprofil für die Ermüdungs-, Reibungs- und Verschleißeigenschaften eines hergestellten Produkts bedeutsam sein.

Symbole für Rautiefe (Oberflächensymbole): Auf technischen Zeichnungen werden die akzeptablen Grenzwerte für die Rautiefe durch Symbole an einem Häkchen wie im unteren Teil von Abbildung 4.2a gezeigt angegeben. Die entsprechenden Werte stehen links vom Häkchen. Die für die Beschreibung der

Oberfläche verwendeten Symbole geben lediglich die Rauheit, Welligkeit und Rillenrichtung an. Auf zulässige lokale Fehler lässt sich daraus nicht schließen. Wenn solche eine Rolle spielen, beschreibt man auf technischen Zeichnungen mit entsprechenden Anmerkungen die Methode, mit der Oberflächen auf diese Fehler hin zu inspizieren sind.

Messen der Rautiefe: Mit verschiedenen kommerziellen Instrumenten – den sogenannten **Profilometern** – lässt sich die Rautiefe messen und aufzeichnen. Bei den gebräuchlichsten Instrumenten fährt ein Diamantstift (Tastspitze) entlang einer geraden Linie über die Oberfläche (*Tastschrittverfahren*, siehe die ► Abbildungen 4.4a und b). Die vom Stift zurückgelegte Entfernung, die sich festlegen und steu-

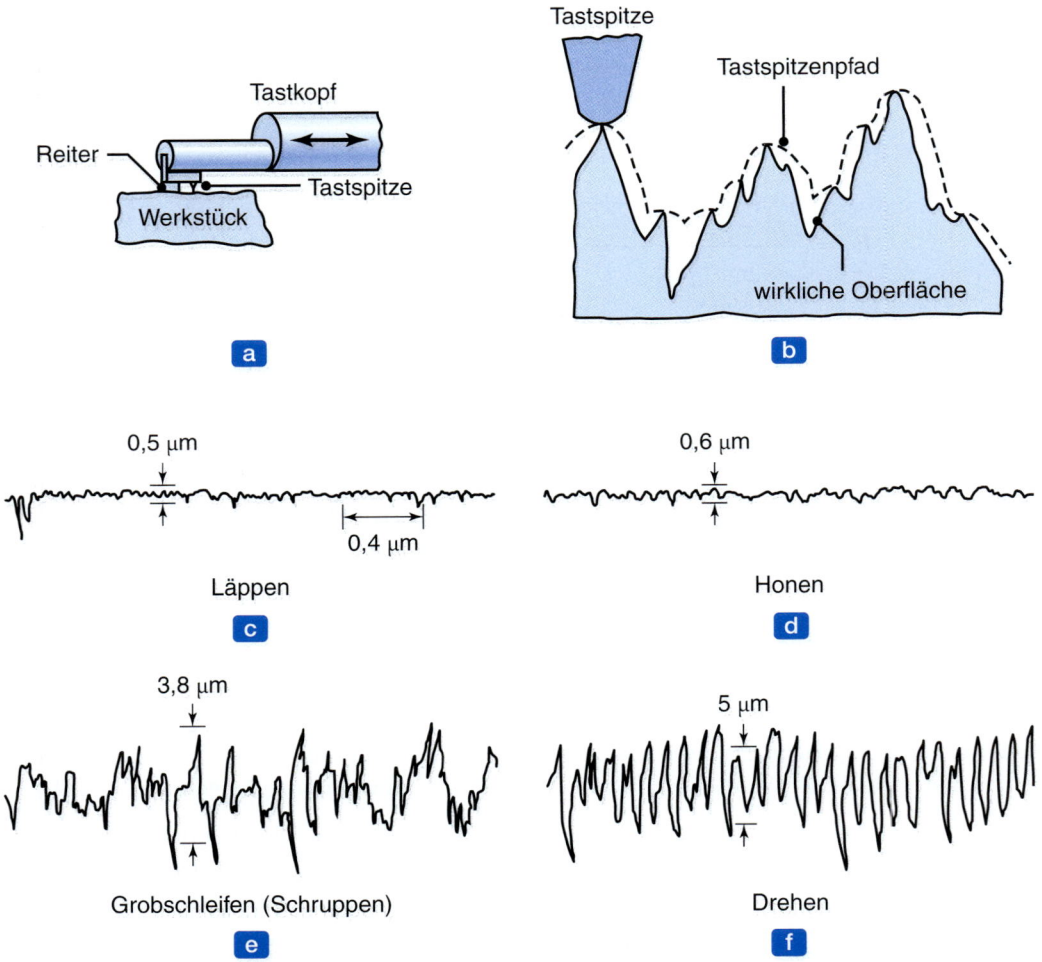

Abbildung 4.4: (a) Messung der Oberflächenrauheit mit einer Tastspitze. Der Reiter stützt die Spitze und schützt sie vor Beschädigungen. (b) Spur der Spitze entlang der Oberfläche (gestrichelte Linie) im Vergleich zum wirklichen Rauigkeitsprofil. Das gemessene Profil ist glatter als das wirkliche. Typische Rauigkeitsprofile nach dem (c) Läppen, (d) Honen, (e) Grobschleifen und (f) Drehen. Die vertikale Skala ist im Vergleich zur horizontalen Skala stark vergrößert.

ern lässt, wird **Bezugsstrecke** genannt (siehe Abbildung 4.2). Um die Rauheit hervorzuheben, werden die Profilometerspuren vom Aufzeichnungsgerät verstärkt auf einer überhöhten vertikalen Skala aufgezeichnet (einige Größenordnungen über jener der horizontalen Skala; siehe die Abbildungen 4.4c bis f). Das aufgezeichnete Profil wird demnach deutlich verzerrt, sodass die Oberfläche rauer erscheint als sie tatsächlich ist. Das Aufzeichnungsgerät kompensiert mittels Wellenfilter die Oberflächenwelligkeit und zeigt nur die Rauheit an. Die Aufzeichnung des Oberflächenprofils erfolgt heute mit elektronischen Mitteln.

Die Rautiefe lässt sich direkt durch (a) *Interferometrie* und (b) optische, Rasterelektronen-, Laser- oder Atomkraft*mikroskopie* erfassen. Die Mikroskopierverfahren sind vor allem nützlich, um sehr glatte Oberflächen abzubilden, deren Merkmale sich mit weniger empfindlichen Instrumenten nicht erfassen lassen. Stereobildpaare liefern dreidimensionale Ansichten von Oberflächen und sind auch geeignet, die Rautiefe zu messen. **Dreidimensionale Oberflächenvermessungen** können nach drei Methoden durchgeführt werden. Ein **optisches Interferenzmikroskop** wirft einen Lichtstrahl gegen eine reflektierende Oberfläche und zeichnet die Interferenzstreifen auf, die durch Überlagerung der einfallenden und reflektierten Lichtwellen entstehen.

Bei **Laserprofilometern** vermisst man Oberflächen entweder mit Interferenzverfahren oder indem man eine Objektivlinse verschiebt, um eine konstante Brennweite über der Oberfläche einzuhalten – die Verschiebung der Linse ist dann ein Maß für die Oberflächentopografie. Mit einem **Atomkraftmikroskop** lassen sich äußerst glatte Oberflächen vermessen. Zudem besitzt es die Fähigkeit, Atome auf atomar glatten Oberflächen voneinander zu unterscheiden. Vor allem aber setzt man es ein, um Abschnitte von Oberflächen mit einer Seitenlänge von weniger als 100 µm und einer vertikalen Auflösung von wenigen Mikrometern abzurastern.

Rautiefe in der technischen Praxis: Die für technische Anwendungen angegebenen Entwurfsanforderungen hinsichtlich der Rautiefe können durchaus um zwei Größenordnungen variieren. Diesem weiten Bereich liegen unter anderem folgende Gründe und Überlegungen zugrunde:

1. *Erforderliche Genauigkeit für sich berührende Oberflächen* wie zum Beispiel bei Dichtungen, Muffen, Armaturen und Werkzeugen. Kugellager und Messlehren besitzen sehr glatte Oberflächen, während die Oberflächen von Dichtungen und Bremstrommeln wesentlich rauer sind;
2. *Tribologische Aspekte*, d. h. die Wirkung der Rauigkeit auf Reibung, Verschleiß und Schmierung;
3. *Ermüdung und Kerbempfindlichkeit*, da rauere Oberflächen oftmals eine kürzere Lebensdauer des Bauteils zur Folge haben;
4. *Elektrischer und thermischer Kontaktwiderstand*, da der Kontaktwiderstand umso höher liegt, je rauer die Oberfläche ist;
5. *Korrosionsbeständigkeit*, da bei einer raueren Oberfläche die Wahrscheinlichkeit höher ist, mit korrosiven Medien zu reagieren;
6. *Weiterverarbeitung* wie zum Beispiel Farbgebung und Beschichten, wobei ein bestimmtes Maß an Rauheit eine bessere Haftung ergibt (ein als *mechanisches Verzahnen* bezeichnetes Phänomen);
7. *Aussehen*, da je nach Anwendung eine rauere oder glattere Oberfläche bevorzugt wird. Dies lässt sich an verschiedenen Küchenutensilien wie Töpfen und Pfannen erkennen;

8 *Kostenbetrachtungen*, da eine aufwendigere Oberflächenbehandlung höhere Kosten verursacht (ein Punkt von großer Bedeutung bei der Fertigung).

4.4 Tribologie: Reibung, Verschleiß und Schmierung

Unter **Tribologie** versteht man die Wissenschaft und Technik von wechselwirkenden Oberflächen. Sie befasst sich mit Reibung, Verschleiß und Schmierung.

4.4.1 Reibung

Reibung ist definiert als Widerstand gegenüber der Relativbewegung zweier sich an der Oberfläche berührender Körper unter der Wirkung einer Normalkraft. Metallbearbeitungsprozesse werden aufgrund der relativen Bewegung und der Kräfte, die zwischen Werkzeugen, Aufnahmen, Gesenken und Werkstücken wirken, erheblich durch Reibung beeinflusst. Reibung ist ein energieverbrauchender (irreversibler) Vorgang, der in der Erzeugung von Wärme resultiert. Der darauffolgende Temperaturanstieg kann sich negativ auf den Gesamtprozess auswirken (wenn beispielsweise übermäßige Erwärmung beim Schleifen zu Wärmerissen führt). Und da Reibung die Bewegung an den Grenzflächen zwischen Werkzeug und Werkstück behindert, kann sie den Werkstofffluss und die Verformung von Werkstoffen bei Metallbearbeitungsprozessen beeinflussen.

Im Folgenden wird beschrieben, welche Rolle die Reibung spielt. Wir betrachten andere tribologische Effekte wie Verschleiß und Schmierung und gehen im Detail auf einzelne Fertigungsverfahren ein. Als Beispiele seien genannt: Schmieden (Abschnitt 6.2), Walzen (Abschnitt 6.3), Strangpressen (Abschnitt 6.4), Ziehen (Abschnitt 6.5), Blechbearbeitung (Kapitel 7), spanende Bearbeitung (Kapitel 8) und Schleifprozesse (Kapitel 9). Beachten Sie, dass Reibung nicht immer unerwünscht ist. Zum Beispiel ist Reibung notwendig beim Walzen von Metallen in der Blechherstellung (Abschnitt 6.3), da es andernfalls unmöglich wäre, Werkstoffe zu walzen, so wie es unmöglich wäre, ein Auto im Fahrbetrieb auf der Straße zu halten. Verschiedene Theorien versuchen, das Phänomen der Reibung zu erklären.

Von einer **robusten Reibungstheorie** wird verlangt, das Reibungsverhalten von zwei Körpern bei einem breiten Spektrum von Bedingungen zu erklären, wie zum Beispiel Belastung, relative Gleitgeschwindigkeit, Temperatur, Oberflächenzustand und Umgebung. Zum Beispiel besagt das alte *Coulomb*-Modell, dass Reibung auf das mechanische Ineinandergreifen der Rauheitsspitzen einer Oberfläche zurückzuführen ist, was eine gewisse Kraft erfordert, damit zwei Körper aneinandergleiten können. Daneben wurden mehrere erweiterte Modelle der Reibung mit unterschiedlichem Erfolg vorgeschlagen. Aufgrund einer brauchbaren Übereinstimmung mit experimentellen Beobachtungen hat sich vor allem eine Theorie durchgesetzt, die auf Adhäsion zwischen den sich berührenden Oberflächen basiert.

Adhäsionstheorie der Reibung: Diese Theorie beruht auf der Beobachtung, dass sich zwei saubere, trockene (d. h. ungeschmierte) Metalloberflächen unabhängig davon, wie glatt sie sind, nur an einem Bruchteil ihrer scheinbaren Kontaktfläche berühren (▶ Abbildung 4.5). Die statische Belastung an der Grenzfläche wird somit von den sich berührenden Rauheitsspitzen getragen. Die Summe dieser Kontaktflächen wird als **reale Kontaktfläche** A_r bezeichnet.

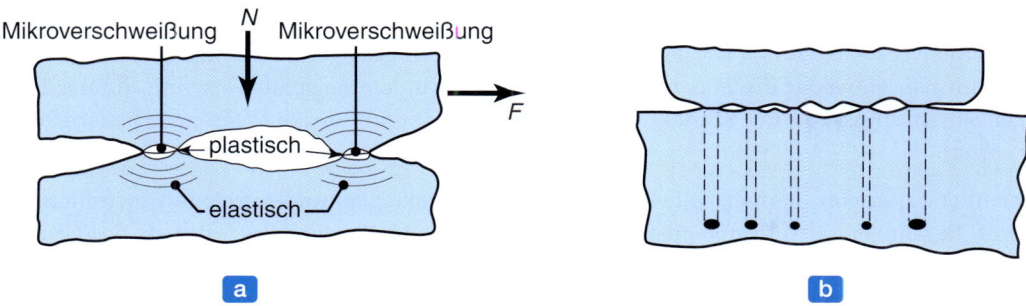

Abbildung 4.5: (a) Schematische Darstellung der Grenzfläche zwischen zwei sich berührenden Oberflächen unter der Wirkung einer Normalkraft N bei gegenseitiger Verschiebung der Körper durch die Kraft F. Man erkennt die reale Kontaktfläche. (b) Die reale Kontaktfläche, die durch die schwarzen Flächen angedeutet ist, kann um 4 bis 5 Größerordnungen kleiner sein als die scheinbare Berührungsfläche.

Bei leichten Belastungen mit einer großen realen Kontaktfläche ist die Normalspannung an den **Kontaktstellen** der Rauheitsspitzen gering, sodass die Kontakte sich *elastisch* verhalten. Nimmt die Belastung zu, werden die Spannungen größer und die Kontaktstellen unterliegen schließlich einer *plastischen Verformung*. Zudem ist bei zunehmender Belastung festzustellen, dass (a) die Kontaktfläche der Rauheitsspitzen wächst und (b) neue Kontaktstellen gebildet werden, weil weitere Rauheitsspitzen miteinander in Kontakt treten. Da die Höhenverteilung der Rauheitsspitzen auf der Oberfläche zufällig ist, werden einige Kontaktstellen elastisch und andere plastisch verformt.

Der enge Kontakt der Rauheitsspitzen entwickelt eine **adhäsive Bindung**. An dieser Bindung sind *atomare Wechselwirkungen*, *gegenseitige Löslichkeit* und *Diffusion* beteiligt. Die Festigkeit der Verbindung hängt folglich von den physikalischen und mechanischen Eigenschaften der sich berührenden Metalle, der Temperatur und der Art und Dicke eventueller Oxidschichten oder anderer Kontaminationen auf den Oberflächen ab. Bei Fertigungsprozessen (siehe Kapitel 6 bis 9) ist die Belastung an der Grenzfläche typischerweise hoch. Somit findet eine plastische Verformung der Rauheitsspitzen statt, was zur Adhäsion der Kontaktstellen führt. Mit anderen Worten bilden die Unebeneinheiten **Mikroschweißstellen**. Offensichtlich sind die adhäsiven Bindungen umso stärker, je sauberer die in Kontakt stehenden Oberflächen sind.

Reibungskoeffizient: Gleiten zwischen zwei Körpern unter der Wirkung der Normalkraft N ist nur möglich durch Anlegen einer tangentialen Kraft F. Entsprechend der Adhäsionstheorie ist F die erforderliche Kraft, um die *Kontaktstellen zu scheren* (daher die Reibungskraft). Der *Reibungskoeffizient* μ an der Grenzfläche ist definiert als

$$\mu = \frac{F}{N} = \frac{\tau A_\mathrm{r}}{\sigma A_\mathrm{r}} = \frac{\tau}{\sigma} \,, \tag{4.3}$$

wobei τ die Scherfestigkeit der Kontaktstelle und σ die Normalspannung ist, die für eine plastisch verformte Rauheitsspitze proportional der Härte des Werkstoffs ist (siehe Abschnitt 2.6). A_r gibt die wahre Kontaktfläche zwischen den Oberflächen an, wie Abbildung 4.5b zeigt. Der Reibungskoeffizient lässt sich nun definieren als:

$$\mu = \frac{\tau}{\text{Härte}} \,. \tag{4.4}$$

Man erkennt, dass Natur und Festigkeit der Oberfläche die entscheidenden Faktoren für die Größe der Reibung sind. Aus Gleichung (4.4) geht hervor, dass sich ein geringerer Reibungskoeffizient erreichen lässt, wenn man entweder die *Scherspannung verringert* (indem beispielsweise ein dünner Film mit geringer Scherfestigkeit in der Kontaktfläche platziert wird) und/oder die *Härte* der beteiligten Werkstoffe *erhöht*.

Bei der Interaktion von Rauheitsspitzen unter hohen Kontaktspannungen treten zwei weitere Phänomene auf. Bei einem kaltverfestigenden Werkstoff sind die Rauheitsspitzen fester als das Grundmaterial, was mit der plastischen Verformung an der Kontaktstelle zusammenhängt. Wird also eine Zugspannung angelegt und gelten ideale Bedingungen, verläuft der Bruchpfad der Kontaktstelle entweder unterhalb oder oberhalb der geometrischen Grenzfläche der beiden Körper. Zweitens bewirkt eine tangentiale Bewegung an der unter Last stehenden Kontaktstelle, dass die Kontaktfläche größer wird, was man als **Kontaktwachstum** bezeichnet. Denn entsprechend der Fließbedingungen (die in Abschnitt 2.11 beschrieben wurden) nimmt die *effektive Fließspannung* des Werkstoffs ab, wenn er einer äußeren Scherspannung ausgesetzt ist. Demzufolge muss die Kontaktstelle (und mithin die wahre Kontaktfläche) eine größere Fläche einnehmen, um die Normalkraft aufzunehmen.

Sind keine Verunreinigungen oder Flüssigkeiten an der Grenzfläche vorhanden, erreicht die wahre Kontaktfläche schließlich die scheinbare Kontaktfläche – d. h. die maximal mögliche Kontaktfläche zwischen zwei Körpern – und die beiden Körper verhalten sich wie ein fester Körper. Die Reibungskraft wird nun zu der Kraft, die erforderlich ist, um den Körper zu scheren, wobei sie ein Maximum erreicht und bei weiterer Steigerung der Normalkraft diesen Wert behält, wie es ▶ Abbildung 4.6 zeigt. Diese Bedingung wird als **Haften** bezeichnet. Allerdings bedeutet Haften an einer gleitenden Grenzfläche nicht unbedingt vollständige Adhäsion an der Grenzfläche wie es beim Schweißen oder Hartlöten der Fall wäre. Stattdessen hat die Reibungsspannung an der Oberfläche einen Grenzwert erreicht hat (der mit der Schubfließspannung k des Werkstoffs verknüpft ist).

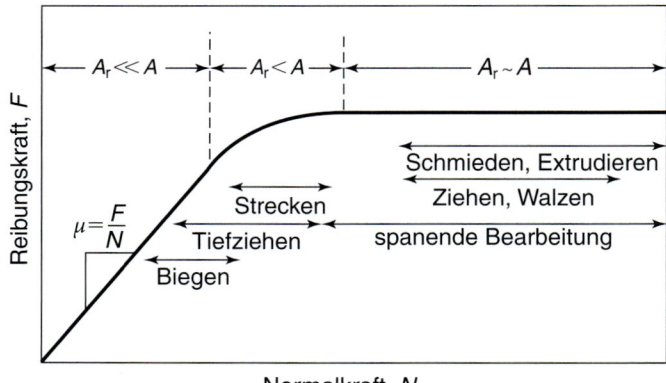

Abbildung 4.6: Der Zusammenhang zwischen der Reibungskraft F und der Normalkraft N. Wenn die wahre Kontaktfläche A_r die scheinbare Kontaktfläche A erreicht, nimmt die Reibungskraft ein Maximum an und bleibt auf diesem Wert. Bei niedriger Normalkraft ist die Reibungskraft zu dieser proportional. Die meisten Maschinen und -komponenten werden in diesem Regime betrieben. Bei der Metallbearbeitung gilt der lineare Zusammenhang wegen der hohen beteiligten Kontaktdrücke nicht.

Werden zwei saubere Oberflächen mit einer ausreichend hohen Normalkraft zusammengepresst, kann **Kaltpressschweißen** auftreten. Normalerweise wird jedoch die Reibungsspannung durch Verunreinigungen oder vorhandene Oxidschichten begrenzt Wächst die Normalbelastung bzw. Normalkraft N weiter, bleibt die Reibungskraft F konstant (siehe Abbildung 4 6). Folglich wird gemäß Definition der Reibungskoeffizient kleiner. Diese Situation zeigt an, dass es ein anderes und realistischeres Instrument geben muss, um die Reibungsbedingung an einer Grenzfläche auszudrücken. Ein brauchbarer Ansatz ist es, einen **Reibungsfaktor** oder **Scherfaktor** m als

$$m = \frac{\tau_i}{k} \tag{4.5}$$

zu definieren, wobei τ_i die Scherfestigkeit der Grenzfläche und k die Schubfließspannung des weicheren Werkstoffs in einem gleitenden Paar ist. Die Größe k ist entsprechend der Schubspannungshypothese gleich $Y/2$ (Gleichung (2.35)) und entsprechend der Gestaltänderungsenergiehypothese gleich $Y/\sqrt{3}$ (siehe Abschnitt 2.11.2). Gleichung (4.5) wird auch als **Reibmodell nach Tresca** bezeichnet. Man beachte, dass es entsprechend dieser Definition bei $m = 0$ keine Reibung gibt und bei $m = 1$ ein vollständiges Haften an der Grenzfläche stattfindet. Die Größe von m ist unabhängig von der Normalkraft oder Normalspannung. Das hängt damit zusammen, dass die Schubfließspannung einer dünnen Materialschicht nicht von der Größe der Normalspannung beeinflusst wird.

Die Empfindlichkeit der Reibung gegenüber verschiedenen Einflussfaktoren lässt sich anhand der folgenden Beispiele veranschaulichen: Ein typischer Wert für den Reibungskoeffizient von Stahl, der auf Blei gleitet, ist 1,0, für Stahl auf Kupfer 0,9. Für Stahl, der auf Kupfer mit einer dünnen Bleischicht gleitet, hat der Koeffizient jedoch den Wert 0,2. Der Reibungskoeffizient von reinem Nickel, das auf Nickel in einer Wasserstoff- oder Stickstoffatmosphäre gleitet, hat den Wert 3, während er bei Anwesenheit von Wasserdampf 1,6 ist.

Reibungskoeffizienten für Gleitreibung werden experimentell ermittelt und nehmen Werte von 0,02 bis zu 100 oder sogar darüber an. Dieser Bereich ist angesichts der vielen Variablen im Reibungsprozess nicht überraschend. Bei der Metallbearbeitung, bei der verschiedene Schmierstoffe eingesetzt werden, fällt der Bereich für μ wesentlich enger aus, wie Tabelle 4.1 zeigt. Die Wirkungen von Belastung, Temperatur, Geschwindigkeit und Umgebung auf den Reibungskoeffizienten lassen sich nur schwer verallgemeinern, da jede Situation individuell untersucht werden muss.

Abrasionstheorie der Reibung: Ist der obere Körper im Modell, das Abbildung 4.5a zeigt, härter als der untere Körper oder weist seine Oberfläche hervorstehende harte Partikel auf, kratzt sie beim Gleiten über den weicheren Körper und produziert Furchen auf der unteren Oberfläche (siehe auch *Mohs-Härte* in Abschnitt 2.6.6). Dieses als **Pflügen** bezeichnete Phänomen ist ein wichtiger Aspekt bei abrasiver Reibung und kann in der Tat ein vorherrschender Mechanismus sein für Situationen, in denen die Adhäsion nicht besonders stark ist.

Beim Pflügen können zwei verschiedene Mechanismen wirken: (1) Erzeugen einer *Furche*, wobei die Oberfläche plastisch deformiert wird, und (2) Herausbilden einer Furche, weil die Bewegung des oberen Körpers einen *Span* oder *Splitter* vom weicheren Körper erzeugt. Bei beiden Prozessen ist Arbeit zu verrichten, die von einer Kraft kommt, die sich selbst als Reibungskraft manifestiert. Die Kraft beim Pflügen kann beträchtlich zur Reibung und zum gemessenen Reibungskoeffizienten an der Grenzfläche beitragen.

Tabelle 4.1: Werte des Reibungskoeffizienten bei der Metallbearbeitung

Verfahren	Reibungskoeffizient μ	
	Kalt	Warm
Walzen	0,05–0,1	0,2–0,7
Schmieden	0,05–0,1	0,1–0,2
Ziehen	0,03–0,1	–
Blechumformen	0,05–0,1	0,1–0,2
Maschinelles Bearbeiten	0,5–2	–

Reibungsmessung: Der Reibungskoeffizient wird experimentell ermittelt, und zwar entweder durch Ersatzversuche mit kleinen Proben verschiedener Gestalt oder während eines realen Fertigungsprozesses. Zu den verwendeten Techniken gehören Messungen von Kräften oder Maßänderungen der Probe. Insbesondere für Massivumformprozesse wie zum Beispiel Schmieden hat sich der **Ringstauchversuch** etabliert. In diesem Test wird ein Ring zwischen zwei Platten plastisch zusammengedrückt (▶ Abbildung 4.7). Wenn sich die Höhe des Rings verringert, erweitert er sich aufgrund der Volumenkonstanz radial nach außen. Ist die Reibung an den Grenzflächen zwischen den Platten und der Probe null, vergrößern sich sowohl der innere als auch der äußere Durchmesser des Rings, als ob der Ring eine volle

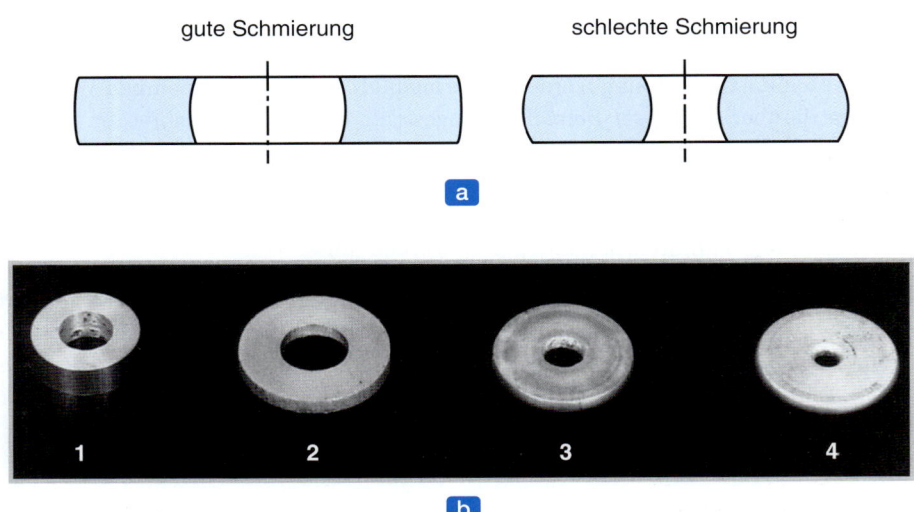

Abbildung 4.7: (a) Einfluss der Schmierung auf das Ausbauchen des Rings in einem Ringstauchversuch. Bei guter Schmierung nehmen der Außen- und der Innendurchmesser des Rings zu. Bei schlechter Schmierung (und hoher Reibung) nimmt nur der Innendurchmesser zu. Die Richtung der Ausbauchung hängt von der Richtung der Bewegung des Rings bezüglich der horizontalen Pressplatten ab. (b) Versuchsergebnisse: (1) Ausgangsprobe, (2–4) Gestalt des Rings nach Versuchen mit von links nach rechts steigender Reibung. Nach A.T. Male und M.G. Cockcroft.

Scheibe wäre. Mit zunehmender Reibung hingegen nimmt der innere Durchmesser ab, weil weniger Energieaufwand erforderlich ist, um den inneren Durchmesser zu verringern anstatt den äußeren Durchmesser der ringförmigen Probe zu vergrößern.

Für eine bestimmte Verringerung der Höhe gibt es einen kritischen Reibungswert, bei dem der innere Durchmesser (gegenüber dem ursprünglichen Durchmesser) zunimmt, wenn μ klein ist, und abnimmt, wenn μ groß ist. Indem man die Änderung des Innendurchmessers der Probe misst und die in ▶ Abbildung 4.8 gezeigten Kurven verwendet (die aus theoretischen Betrachtungen stammen), lässt sich der Reibungskoeffizient bestimmen. Für die verschiedenen Ringgeometrien gibt es jeweils spezielle Kurven. Die Proportionen von Außendurchmesser zu Innendurchmesser zu Höhe der Probe betragen bei der gebräuchlichsten Geometrie 6:3:2. Die tatsächliche Größe der Probe ist in diesen Versuchen gewöhnlich nicht relevant, außer dass bei der Versuchsdurchführung bei erhöhten Temperaturen kleinere Proben

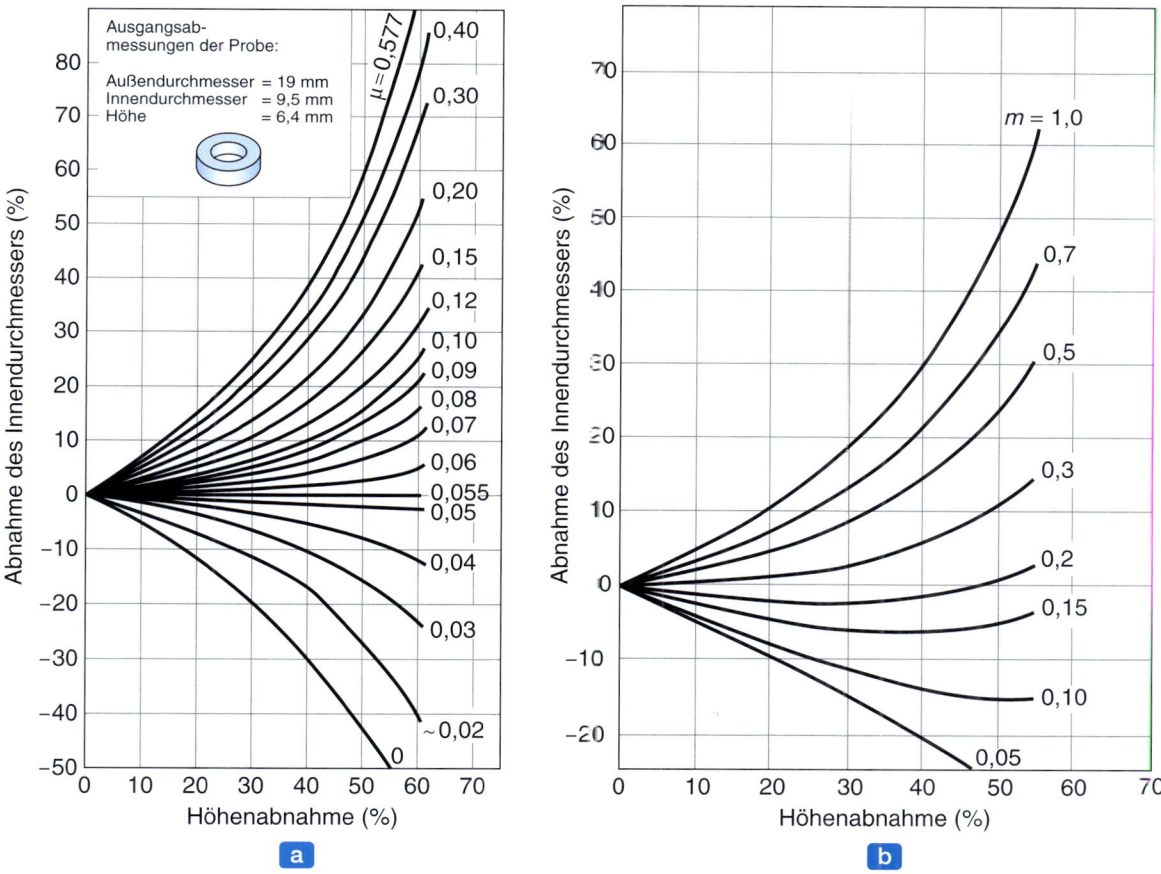

Abbildung 4.8: Nomogramme zur Ermittlung des Reibungskoeffizienten im Ringstauchversuch: (a) Reibungskoeffizient μ, (b) Reibungsfaktor m. Die Zahlenwerte für die Reibung werden aus diesen Kurven ermittelt, indem für eine bestimmte Höhenreduktion die Änderung des Innendurchmessers nach der Verformung des Rings gemessen wird.

schneller abkühlen als größere. Sind also die prozentualen Abnahmen von Innendurchmesser und Höhe bekannt, lassen sich μ bzw. m leicht aus den Diagrammen bestimmen.

Durch Reibung verursachter Temperaturanstieg: Die zum Überwinden der Reibung aufgewendete Energie wird in Wärme umgewandelt, bis auf einen kleinen Teil, der als gespeicherte (elastische) Energie zurückbleibt. Durch Reibungswärme steigt die Grenzflächentemperatur. Die Größe dieses Temperaturanstiegs und seine Verteilung im Werkstück hängt nicht nur von der Reibungskraft, sondern auch von Gleitgeschwindigkeit, Rautiefe und den physikalischen Eigenschaften des Werkstoffs – speziell der thermischen Leitfähigkeit und der spezifischen Wärme – ab. Die Temperatur steigt mit zunehmender Reibung und Geschwindigkeit sowie mit niedriger thermischer Leitfähigkeit und spezifischer Wärme des Materials (siehe auch Gleichung (2.65)). Die Grenzflächentemperatur kann so hoch werden, dass die Oberfläche erweicht oder sogar schmilzt. Natürlich kann sie nicht über den Schmelzpunkt des Materials hinaus ansteigen. Man hat verschiedene analytische Ausdrücke entwickelt, um diesen Temperaturanstieg zu berechnen. Gleichung (9.9) gibt einen derartigen Ausdruck an, der sich auf Schleifvorgänge anwenden lässt.

Minderung von Reibung: Reibung kann verringert werden, indem man Werkstoffe mit geringer Adhäsion – zum Beispiel harte Materialien wie Karbide und Keramiken – auswählt und die Kontaktoberflächen mit Filmen und Beschichtungen versieht. Schmiermittel (wie zum Beispiel Öle) oder feste Filme (wie zum Beispiel Graphit) bringen einen Haftfilm zwischen Werkzeuge, Gesenke und Werkstücke ein. Abrasive Reibung lässt sich verringern, wenn man die Rautiefe der festeren der beiden Kontaktflächen verringert.

Da eine glatte Oberfläche von Haus aus weniger Rauheitsspitzen aufweist, spielt Pflügen eine untergeordnete Rolle. Dagegen steht adhäsive Reibung bei glatten Oberflächen stärker im Vordergrund. Weiterhin kann Reibung beträchtlich reduziert werden, wenn die Grenzfläche zwischen Werkstück und Gesenk mit **Ultraschallschwingungen** (bei etwa 20 kHz) angeregt wird. Je nach Amplitude trennen die Vibrationen Gesenk und Werkstück und ermöglichen so einen ungehinderten Fluss der Schmierstoffe entlang der Oberfläche. Die Schmierung der Oberflächen ist dadurch effektiver.

Reibung bei Kunststoffen und Keramiken: Obwohl ihre Festigkeit verglichen mit der von Metallen gering ist, besitzen Kunststoffe (siehe Kapitel 10) meistens gute Gleiteigenschaften. Dadurch sind Polymere attraktiv für Anwendungen wie Lager, Getriebe, Dichtungen, Gelenkprothesen. Polymere bezeichnet man deshalb auch als **selbstschmierende Werkstoffe**. Die Faktoren, die bei der weiter vorn beschriebenen Reibung von Metallen eine Rolle spielen, sind auch auf Polymere anwendbar. Allerdings ist die Pflüg-Komponente der Reibung in Thermoplasten und Elastomeren ein signifikanter Faktor aufgrund ihres viskoelastischen Verhaltens (d. h., sie zeigen sowohl viskoses als auch elastisches Verhalten) und dem daraus folgenden **Hystereseverlust**.

Ein wichtiger Punkt beim Einsatz von Kunststoffen ist die Wirkung des durch Reibung verursachten Temperaturanstiegs an den Grenzflächen. Thermoplaste verlieren ihre Festigkeit und werden weich, wenn die Temperatur steigt. Die niedrige thermische Leitfähigkeit und die niedrigen Schmelzpunkte dieser Werkstoffe sind deshalb von Bedeutung. Wird der Temperaturanstieg nicht überwacht und gesteuert, kann es bei den gleitenden Oberflächen zu plastischer Verformung und thermischer Zersetzung kommen.

Das Reibungsverhalten von Keramiken (Abschnitt 11.8) wurde angesichts ihrer kommerziellen Bedeutung eingehend untersucht. Die Ergebnisse zeigen, dass der Ursprung für Reibung bei Keramiken ähnlich dem bei Metallen ist. Folglich tragen Adhäsion und Pflügen an den Grenzflächen von Keramiken zur Reibungskraft bei. Normalerweise ist die Adhäsion bei Keramiken aufgrund ihrer hohen Härte weniger wichtig, sodass sich nur eine kleine wahre Kontaktfläche herausbildet.

> **Beispiel 4.1** **Bestimmung des Reibungskoeffizienten und des Reibungsfaktors**
>
> In einem Ringstauchversuch wird die Dicke einer Probe (Ausgangshöhe 10 mm, Außendurchmesser 30 mm, Innendurchmesser 15 mm) um 50 % reduziert. Bestimmen Sie den Reibungskoeffizienten μ und den Reibungsfaktor m, wenn der Außendurchmesser D_a nach der Verformung 39 mm beträgt.
>
> **Lösung:** Wir bestimmen zuerst den neuen Innendurchmesser nach der Verformung D_i aus der Bedingung der Volumenkonstanz bei der plastischen Deformation:
>
> $$V = \frac{\pi}{4}(30^2 - 15^2)10 = \frac{\pi}{4}\left(39^2 - D_i^2\right)5 \ .$$
>
> Aus dieser Gleichung erhalten wir den neuen Innendurchmesser $D_i = 13$ mm. Somit ist die Änderung des Innendurchmessers in Prozent:
>
> $$\frac{13 - 15}{15} \times 100\% \approx -13\% \ .$$
>
> Mit einer Verringerung der Höhe um 50 % und des Innendurchmessers um 13 % lassen sich die folgenden Wert aus Abbildung 4.8 interpolieren:
>
> $$\mu = 0{,}09 \quad \text{und} \quad m = 0{,}4 \ .$$
>
> Beim Ablesen der Zahlenwerte aus den Diagrammen ist zu beachten, dass positive Werte auf der Ordinate einer *Abnahme* des Innendurchmessers entsprechen.

4.4.2 Verschleiß

Verschleiß ist definiert als fortschreitender Verlust oder unerwünschtes Entfernen von Material von einer Oberfläche. Somit kommt dem Verschleiß eine wichtige technologische und ökonomische Bedeutung zu, vor allem wenn sich dadurch die Oberflächenform von Werkstück, Werkzeug und Gesenk ändert, was sich negativ auf den Fertigungsprozess sowie die Größe und Qualität der produzierten Teile auswirkt. In Fertigungsprozessen ist Verschleiß zum Beispiel bei stumpfen Bohrern, abgenutzten Schneidewerkzeugen und Gesenken bei der Metallverarbeitung zu beobachten.

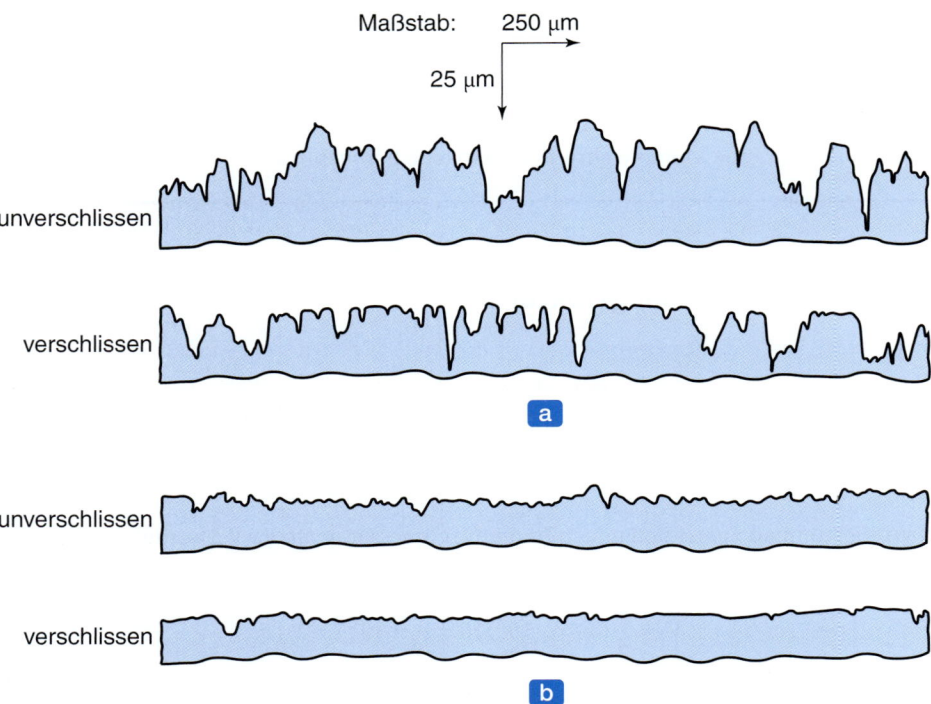

Abbildung 4.9: Änderung der Feingestalt von einer (a) gebürsteten und (b) geschliffenen Oberfläche durch Verschleiß. Nach E. Wild und K.M. Mack.

Obwohl Verschleiß die Oberflächentopografie ändert und unter Umständen schwere Oberflächenschäden hervorruft, kann er auch einen wichtigen Nutzeffekt haben: Er kann die Rautiefe verringern, indem die Rauheitsspitzen beseitigt werden, wie es ▶ Abbildung 4.9 zeigt. Somit lässt sich Verschleiß unter kontrollierten Bedingungen als eine Art Glätten oder Polieren betrachten. In der **Einlaufzeit** verschiedener Maschinen und Motoren entsteht ein derartiger Verschleiß.

Da man davon ausgeht, dass bestimmte Komponenten von Maschinen bei normaler Verwendung und insbesondere unter hoher Belastung verschleißen, werden diese mit **Verschleißplatten** (oder *Verschleißteilen*) ausgerüstet. Diese Platten lassen sich leicht ersetzen, wenn sie verschlissen sind, ohne Schäden an der übrigen Maschine zu verursachen. Verschleißplatten findet man zum Beispiel an Kammern von Strangpressen und Werkzeugeinsätzen beim Schmieden und Ziehen.

Die verschiedenen Verschleißarten lassen sich folgenden Kategorien zuordnen:

Adhäsiver Verschleiß: Wird an das in Abbildung 4.5 gezeigte Werkstückpaar eine tangentiale Kraft angelegt, kann das Scheren der Kontaktstellen entweder an der ursprünglichen Grenzfläche der beiden Körper oder entlang eines Pfads unterhalb oder oberhalb der Grenzfläche stattfinden (▶ Abbildung 4.10). Dieses Phänomen bezeichnet man als *adhäsiven Verschleiß*. Der Bruchpfad hängt davon ab, ob die Festigkeit der adhäsiven Bindung der Rauheitsspitzen höher ist als die Kohäsionsfestigkeit eines der beiden gleitenden Körper.

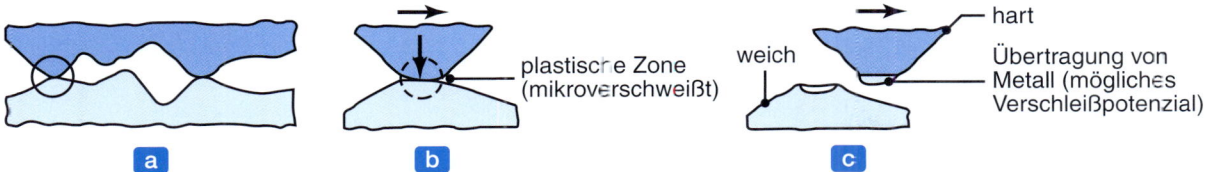

Abbildung 4.10: Erzeugung eines Verschleißpartikels. (a) Kontakt zwischen Rauheitsspitzen, (b) Adhäsion zwischen den Spitzen, (c) Abtrennen eines Teils der weicheren Spitze, was letztlich zur Bildung eines Verschleißpartikels führt.

Aufgrund von Faktoren wie zum Beispiel Kaltverfestigung am Kontakt der Rauheitsspitzen, Diffusion und gegenseitige Löslichkeit im festen Zustand der beiden Körper sind die adhäsiven Bindungen in der Regel fester als die des Grundmetalls. Somit folgt der Bruch an der Rauheitsspitze normalerweise einem Pfad in der schwächeren oder weicheren Komponente, weil hier der Energiebedarf geringer ist. Es wird dann ein **Verschleißpartikel** erzeugt. Obwohl dieses Fragment mit der härteren Komponente verbunden ist (siehe den oberen Körper in Abbildung 4.10), wird es bei weiterem Reiben an der Grenzfläche schließlich abgetrennt und damit zu einem losen Verschleißpartikel. Dieses Phänomen bezeichnet man als *adhäsiven Verschleiß* oder **Gleitverschleiß**. In schwerwiegenden Fällen wie zum Beispiel unter hohen Normallasten oder fest miteinander verbundenen Rauheitsspitzen wird adhäsiver Verschleiß als **Scheuern**, **Schmieren**, **Reißen**, **Fressen** oder **Kaltverschweißen** beschrieben. Oxidschichten auf Oberflächen haben großen Einfluss auf den adhäsiven Verschleiß. Derartige Schichten können als Schutzfilm agieren, was in einem sogenannten **milden Verschleiß** resultiert, der aus kleinen Verschleißpartikeln besteht.

Basierend auf der Wahrscheinlichkeit, dass eine Kontaktstelle zwischen zwei gleitenden Oberflächen zur Bildung eines Verschleißpartikels führt, liefert das **Verschleißgesetz nach Archard** einen Ausdruck für adhäsiven Verschleiß:

$$V = k \frac{LW}{3p}, \qquad (4.6)$$

wobei V das Volumen des durch Verschleiß von der Oberfläche entfernten Materials, k der (dimensionslose) **Verschleißkoeffizient**, L die Länge des zurückgelegten Wegs, W die Normalkraft und p die Eindruckhärte des weicheren Körpers ist. In der Literatur findet man diesen Ausdruck auch ohne den Faktor 3 im Nenner, der dann in den Verschleißkoeffizienten einbezogen wird.

Tabelle 4.2 zeigt typische Werte von k für eine Kombination von Materialien, die an Luft gleiten. Der Verschleißkoeffizient kann für dasselbe Werkstoffpaar um einen Faktor 3 variieren, abhängig davon, ob der Verschleiß als lose Partikel oder als (an den anderen Körper des Paars) übertragene Partikel gemessen wird. Lose Partikel haben einen kleineren k-Wert. Da gegenseitige Löslichkeit der gepaarten Körper einen wichtigen Parameter in der Adhäsion darstellt, haben gleichartige Metallpaare höhere k-Werte als ungleichartige Paare.

Bislang sind wir beim adhäsiven Verschleiß davon ausgegangen, dass die Oberflächenschichten der beiden in Kontakt stehenden Körper sauber und frei von Verunreinigungen sind. In diesem Fall kann die Rate des adhäsiven Verschleißes sehr hoch sein, was zu **starkem Verschleiß** führt. Wie Abschnitt 4.2 beschrieben und Abbildung 4.1 gezeigt hat, sind jedoch Metalloberflächen fast immer mit Verunreinigungen und Oxidschichten bedeckt, deren Dicke üblicherweise zwischen 10 und 100 nm liegt. Auch

Tabelle 4.2: Größenordnung des Verschleißkoeffizienten k an Luft

Ungeschmiert	k	Geschmiert	k
Weicher Stahl auf weichem Stahl	10^{-3}–10^{-2}	100Cr6 auf 100Cr6	10^{-10}–10^{-7}
Messing Ms60 auf Werkzeugstahl	10^{-3}	Aluminumbronze auf gehärtetem Stahl	10^{-9}–10^{-8}
Gehärteter Werkzeugstahl auf gehärtetem Werkzeugstahl	10^{-4}	Gehärteter Stahl auf gehärtetem Stahl	10^{-9}
Polytetrafluorethylen (PTFE) auf Werkzeugstahl	10^{-5}		
Wolframkarbid auf Stahl (weich)	10^{-6}		

wenn diese Dicke zunächst unbedeutend erscheinen mag, hat die Oxidschicht einen tief greifenden Einfluss auf das Verschleißverhalten.

Oxidschichten sind gewöhnlich hart und spröde. Werden sie Reiben ausgesetzt, kann die Oxidschicht folgende Wirkungen haben: Wenn die Belastung gering ist und die Schicht fest am Grundmetall haftet, ist die Bindung der Kontaktstellen zwischen den Rauheitsspitzen schwach und somit der Verschleiß niedrig. In dieser Situation fungiert die Oxidschicht als Schutzfilm und man spricht von einem *milden Verschleiß*.

Die Oxidschicht kann unter hohen Normalkräften brechen, wenn sie spröde ist und am Grundmetall nicht fest haftet oder wenn die Rauheitsspitzen wiederholt gegeneinanderreiben, wobei die Oxidschicht durch Ermüdung aufbricht. Sind die Oberflächen dagegen glatt, ist es schwerer, die Oxidschichten aufzubrechen. Wenn die Oxidschicht auf einem der beiden gleitenden Körper schließlich aufbricht, wird ein Verschleißpartikel produziert. Eine Rauheitsspitze kann dann eine feste Kontaktstelle mit der anderen Rauheitsspitze des Paars bilden, die jetzt von der Oxidschicht nicht geschützt ist. Die Verschleißrate wird dann höher sein, bis sich eine neue Oxidschicht entwickelt.

Außer der Anwesenheit von Oxidschichten ist eine Oberfläche, die der Umgebung ausgesetzt ist, normalerweise mit absorbierten Schichten von Gas und mit Verunreinigungen bedeckt (siehe Abbildung 4.1). Selbst wenn derartige Filme sehr dünn sind, schwächen sie die Festigkeit der Grenzflächenbindung der sich berührenden Rauheitsspitzen. Wie groß die Wirkung von absorbierten Gasen und Verunreinigungen ist, hängt von vielen Faktoren ab. Selbst kleine Unterschiede in der Luftfeuchtigkeit können sich deutlich auf die Verschleißrate auswirken.

Adhäsiver Verschleiß lässt sich durch eine oder mehrere der folgenden Maßnahmen reduzieren: (a) Auswahl von Werkstoffpaaren, die keine feste adhäsive Bindung eingehen (wenn beispielsweise ein Partner ein hartes Material ist), (b) Verwendung von Werkstoffen, die eine dünne Oxidschicht bilden, (c) Aufbringen einer harten Beschichtung, (d) Schmierung und (e) Mindern der Beanspruchung.

Beispiel 4.2 Adhäsiver Verschleiß beim Gleiten

Das Ende eines Stabs, der aus Ms60 (= CuZn40) besteht, gleitet über die ungeschmierte Oberfläche eines Werkzeugs aus gehärtetem Stahl und ist durch eine Normalkraft von 1000 N belastet. Das Messing hat eine Härte von HBW 120. Welcher Gleitweg muss zurückgelegt werden, um ein Verschleißvolumen von 16 mm³ durch adhäsiven Verschleiß des Messingstabs zu produzieren?

Lösung: Die Parameter der Gleichung (4.6) für adhäsiven Verschleiß lauten:

$$V = 16 \, \text{mm}^3$$
$$k = 10^{-3} \quad \text{(aus Tabelle 4.2)}$$
$$W = 1000 \, \text{N}$$
$$p = 120 \, \text{kp/mm}^2 = 1177{,}2 \, \text{N/mm}^2$$

Damit ergibt sich für den zurückzulegenden Weg:

$$L = \frac{3Vp}{kW} = \frac{3 \times 16 \times 1177{,}2}{10^{-3} \times 1000} = 56\,507 \, \text{mm} = 56{,}5 \, \text{m}$$

Abrasiver Verschleiß: Ursache für abrasiven Verschleiß sind harte und raue Oberflächen oder eine Oberfläche mit harten hervorstehenden Partikeln, die gegen eine andere Oberfläche gleiten. Diese Art von Verschleiß entfernt Partikel, indem mikroskopische Späne oder *Splitter* produziert werden, die in Furchen oder Kratzern auf der weicheren Oberfläche resultieren (▶ Abbildung 4.11). Auf diesem Prinzip beruhen die in Kapitel 9 beschriebenen Prozesse der abrasiven Bearbeitung wie zum Beispiel Schleifen, Ultraschallbearbeitung und Strahlbearbeitung, abgesehen davon, dass bei diesen Operationen die Prozessparameter gesteuert werden, damit die gewünschten Formen und Oberflächen entstehen, während abrasiver Verschleiß nicht beabsichtigt und unerwünscht ist.

Es zeigt sich, dass die **Abriebverschleißfestigkeit** von reinen Metallen und Keramiken direkt proportional ihrer Härte ist. Somit lässt sich der abrasive Verschleiß reduzieren, wenn man die Härte des Werkstoffs erhöht (beispielsweise durch Wärmebehandlung und Mikrostrukturänderungen) oder die Normalbelastung verringert. Elastomere und Gummi besitzen hohe Verschleißfestigkeit, da sie sich elas-

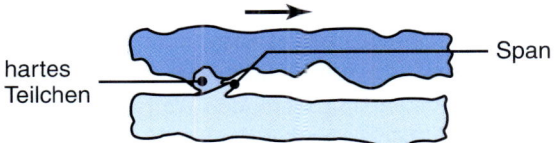

Abbildung 4.11: Schematische Darstellung des abrasiven Verschleißes bei Gleitung. Längsriefen auf einer Oberfläche sind meist auf abrasiven Verschleiß zurückzuführen.

tisch verformen und dann wieder ihre Ausgangsform einnehmen, nachdem die Verschleißpartikel ihre Oberflächen überquerten. Das beste Beispiel sind Autoreifen, die eine lange Lebensdauer haben (etwa 70 000 km), selbst wenn sie auf abrasiven Straßenbelägen gefahren werden. Selbstgehärtete Stähle würden unter derartigen Bedingungen nicht lange halten.

Beim **Zweikörperverschleiß** werden die abrasiven Partikel (wie zum Beispiel Sand) typischerweise in einem Luft- oder Flüssigkeitsstrahl getragen und die Partikel entfernen Material aus der Oberfläche durch **Erosion** (*erosiver Verschleiß*). Beim **Dreikörperverschleiß** kann die Flüssigkeit, die bei der Metallbearbeitung verwendet wird, Verschleißpartikel mit sich führen (die über einen gewissen Zeitraum generiert werden) und abrasiven Verschleiß zwischen dem Werkzeug und dem Werkstück verursachen. Verschiedene Partikel, die etwa aus der unmittelbaren Bearbeitung oder von Schleifvorgängen oder aus der Umgebung stammen, können das System ebenfalls verunreinigen und abrasiven Verschleiß verursachen. Dreikörperverschleiß ist speziell beim Umformen wichtig. Demzufolge ist eine geeignete Filterung der verwendeten Flüssigkeiten unabdingbar.

Korrosiver Verschleiß: Der auch als *Oxidation* oder **tribochemische Reaktion** bezeichnete *korrosive Verschleiß* wird durch chemische oder elektrochemische Reaktionen zwischen den Oberflächen und der Umgebung hervorgerufen. Korrosive Medien sind zum Beispiel normales Leitungswasser, Salzwasser, Sauerstoff, Säuren und andere Chemikalien sowie atmosphärischer Schwefelwasserstoff und Schwefeldioxid. Die resultierenden Korrosionsprodukte auf den Gegenflächen bilden dann feine Verschleißpartikel. Wird die Korrosionsschicht beispielsweise durch Gleiten oder Abrasion zerstört oder entfernt, bildet sich eine neue Schicht aus und der ganze Prozess – Korrosionsschicht entfernen und neu bilden – wiederholt sich. Korrosionsverschleiß lässt sich folglich reduzieren, indem man umweltresistente Werkstoffe auswählt, die Umgebungsbedingungen kontrolliert und die Betriebstemperaturen senkt, um die chemische Reaktionsgeschwindigkeit zu verringern.

Ermüdungsverschleiß: Der auch als **Oberflächenermüdungs-** oder **Oberflächenbruchverschleiß** bezeichnete *Ermüdungsverschleiß* entsteht, wenn Oberflächen zyklischer Belastung unterliegen, wie dies beispielsweise in Wälzlagern der Fall ist. Die Verschleißpartikel werden normalerweise durch **Abplatzen** oder **Lochfraß** gebildet. Die **thermische Ermüdung** fällt ebenfalls in die Kategorie des Ermüdungsverschleißes. Auf der Oberfläche entstehen Risse durch thermische Spannungen infolge von Temperaturwechseln, wie sie zum Beispiel auftreten, wenn heiße Werkstücke wiederholt mit einer kalten Gesenkoberfläche in Kontakt kommen (**Heißrisse** oder **Brandrisse**). Diese Risse laufen dann zusammen und die Oberfläche beginnt auszubrechen. Ein derartiger Verschleiß tritt gewöhnlich bei Warmumformung (Schmieden, Walzen) und Druckgießwerkzeugen auf. Ermüdungsverschleiß lässt sich verringern, indem man (a) Kontaktspannungen mindert, (b) Temperaturwechsel vermeidet und (c) die Qualität der Werkstoffe verbessert – beispielsweise Verunreinigungen, Einschlüsse und verschiedene andere Mängel beseitigt, die als Ausgangspunkt für eine Rissbildung fungieren können (siehe Abschnitt 3.8).

Andere Arten von Verschleiß: In Fertigungsprozessen sind zwei weitere Arten von Verschleiß wichtig. **Reibkorrosion** tritt an Grenzflächen auf, die sehr kleinen Bewegungen unterliegen, wie zum Beispiel bei vibrierenden Maschinen oder Manschetten an rotierenden Wellen. **Aufprallverschleiß** ist das Entfernen kleiner Materialmengen von einer Oberfläche durch auftreffende Partikel. Entgraten durch Gleitschleifen und Trommeln (siehe Abschnitt 9.8) sowie Ultraschallbearbeitung (siehe Abschnitt 9.9) sind Beispiele für Aufprallverschleiß.

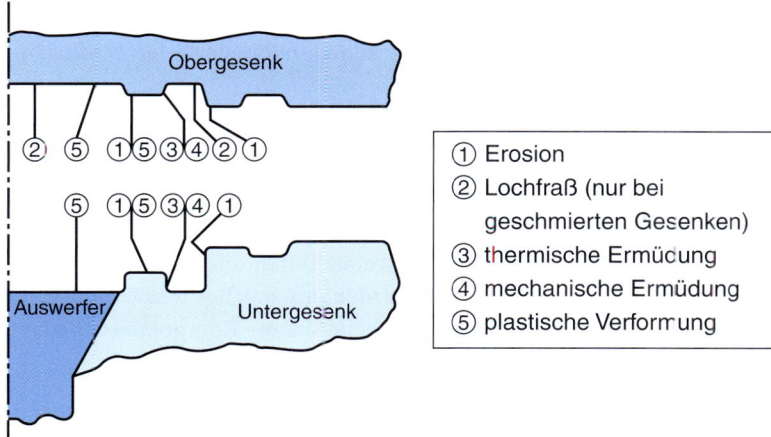

Abbildung 4.12: Verschleißarten, die an einen Warmschmiedegesenk gleichzeitig auftreten können. Nach T.A. Dean.

Es zeigt sich, dass sich der Verschleiß bei Werkzeugen, Gesenken, Gussformen und verschiedenen Maschinenkomponenten in vielen Fällen aus unterschiedlichen Verschleißarten zusammensetzt. ▶ Abbildung 4.12 zeigt, dass selbst im selben Schmiedegesenk die verschiedenen Arten von Verschleiß (an verschiedenen Stellen) auftreten. Eine ähnliche Situation ist bei Schneidewerkzeugen zu beobachten, wie zum Beispiel Abbildung 8.20 zeigt.

Verschleiß von Kunststoffen und Keramiken: Das Verschleißverhalten von Kunststoffen ähnelt dem der Metalle. Somit kann Verschleiß in ähnlicher Weise wie oben beschrieben auftreten. In Polymeren hängt das abrasive Verschleißverhalten zum Teil von der Fähigkeit des Polymers ab, sich elastisch zu verformen und wieder seine Ausgangsform einzunehmen – vergleichbar mit dem Verhalten von Elastomeren. Außerdem scheint es, dass der Widerstand von Polymeren gegenüber abrasivem Verschleiß zunimmt, wenn das Verhältnis ihrer Härte zum Elastizitätsmodul größer wird. Typische Polymere mit guter Verschleißfestigkeit sind zum Beispiel Polyimide, Nylon, Polykarbonat, Polypropylen, Acetal und Polyethylen hoher Dichte (siehe Kapitel 10). Kunststoffe lassen sich auch mit internen Schmiermitteln wie zum Beispiel Silikon, Graphit, Molybdändisulfid und Teflon (PTFE) mischen. Das Gleiche gilt für Gummipartikel, die in die Polymermatrix eingelagert werden.

Die **Verschleißfestigkeit** von verstärkten Kunststoffen (siehe Abschnitt 10.9) hängt von Art, Umfang und Richtung der Verstärkung in der Polymermatrix ab. Glas-, Kohlenstoff- und Aramidfasern verbessern die Verschleißfestigkeit. Verschleiß tritt auf, wenn die Fasern aus der Matrix herausgezogen werden. Am höchsten ist der Verschleiß, wenn die Gleitrichtung parallel zu den Fasern liegt, da sich die Fasern in dieser Richtung leichter herausziehen lassen. Lange Fasern erhöhen die Verschleißfestigkeit von Verbundwerkstoffen, da es schwerer ist, derartige Fasern herauszuziehen, und Risse in der Matrix können sich nicht leicht bis zur Oberfläche ausbreiten.

Wenn Keramiken gegen Metalle gleiten, entsteht Verschleiß durch winzige plastische Verformungen und durch Sprödbrüche an der Oberfläche, durch chemisch Oberflächenreaktionen, Pflügen und eventuell Oberflächenermüdung. Metalle können auf die Oberflächen von oxidischer Keramik übertragen werden und Metalloxide bilden, wobei Gleiten letztlich zwischen der Metall- und der Metalloxidoberfläche stattfindet. Konventionelle Schmierstoffe haben offenbar keinen nennenswerten Einfluss auf den Verschleiß von Keramiken.

Messung von Verschleiß: Es gibt verschiedene Methoden, um den Verschleiß zu erkennen und zu messen. Am einfachsten ist eine visuelle und taktile (durch Berühren erfolgende) Prüfung, auch wenn sich damit keine quantitativen Aussagen treffen lassen. Zu den genaueren Methoden gehören das Erfassen von Maßabweichungen an den Komponenten, Prüfen mit Lehren, die Profilometrie und Wägen, obwohl die zuletzt genannte Methode insbesondere bei schweren Teilen oder Werkzeugen und Gesenken nicht sehr genau ist. Es sind auch Verfahren entwickelt worden, um das Betriebsverhalten und den Geräuschpegel von laufenden Maschinen zu überwachen, da verschlissene Komponenten mehr Geräusche erzeugen als neue Teile.

Das Schmiermittel kann auf Verschleißpartikel hin analysiert werden (*Spektroskopie*). Diese Methode ist genau und wird allgemein für kritische Anwendungen eingesetzt, beispielsweise um den Verschleiß an Komponenten von Strahltriebwerken zu überprüfen. Bei der Radiografie werden Verschleißpartikel von einer bestrahlten Oberfläche auf die Gegenfläche übertragen, deren Strahlung dann gemessen wird. Ein Beispiel ist der Transfer von Verschleißpartikeln von bestrahlten Schneidewerkzeugen auf die Rückseite von Spänen (siehe Abschnitt 8.2).

4.4.3 Schmierung

Bei Herstellungsprozessen unterliegen die Grenzflächen zwischen Werkzeugen, Gesenken, Formen und Werkstücken einem breiten Spektrum von Variablen. Dazu gehören unter anderem:

1. **Kontaktdruck** von elastischen Spannungen bis zum Mehrfachen der Fließspannung des Werkstückmaterials
2. **Geschwindigkeit** von sehr langsam (wie zum Beispiel bei superplastischen Umformvorgängen) bis sehr hoch (wie zum Beispiel bei Explosivumformen, Ziehen dünner Drähte sowie abrasiven und schnellen Bearbeitungsprozessen)
3. **Temperatur** von Umgebungstemperatur bis fast zur Schmelztemperatur (beispielsweise beim Warmstrangpressen und Pressgießen)

Wenn zwei Oberflächen unter hohem Druck und/oder hoher Temperatur gegeneinandergleiten und es keine Schutzschichten an der Grenzfläche gibt, sind Reibung und Verschleiß hoch.

Schmiersysteme: Für die Metallbearbeitung sind vier Schmiersysteme relevant (▶ Abbildung 4.13):

1. **Hydrodynamische Schmierung:** Die Oberflächen sind durch einen Flüssigkeitsfilm vollständig voneinander getrennt. Die Dicke des Films liegt etwa eine Größenordnung über der der Rautiefe. Folglich gibt es keinen Metall-zu-Metall-Kontakt zwischen den beiden Oberflächen. In diesem Regime ist die Normalbelastung gering und wird durch den *hydrodynamischen Flüssigkeitsfilm* getragen, der durch die Keilwirkung aufgrund der Relativgeschwindigkeit der beiden Körper und der Visko-

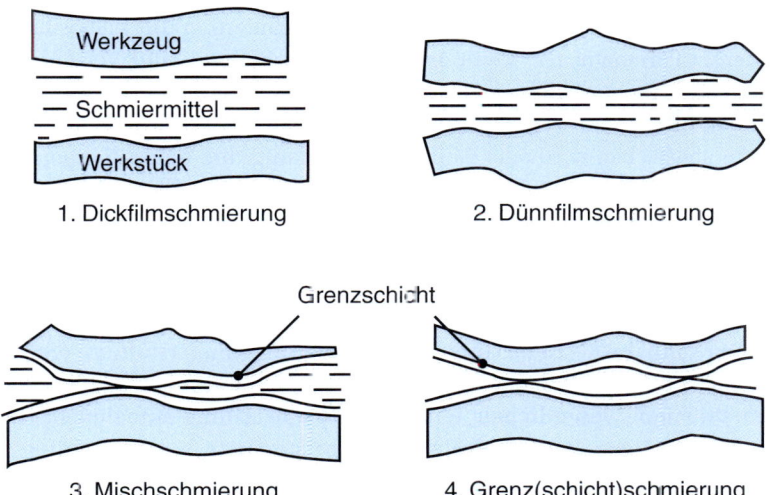

Abbildung 4.13: Schmierungsarten, die in Bearbeitungsprozessen von Metallen auftreten. Nach W.R.D. Wilson.

sität der Flüssigkeit entsteht. Der Reibungskoeffizient ist sehr gering – er liegt zwischen 0,001 und 0,02. Verschleiß tritt praktisch nicht auf.

2. **Dünnfilmschmierung:** Wenn die Normalbelastung zunimmt oder Geschwindigkeit und Viskosität der Flüssigkeit abnehmen (beispielsweise infolge eines Temperaturanstiegs), geht die Filmdicke auf etwa das 3- bis 10-Fache der Rautiefe zurück. An den höheren Rauheitsspitzen kann ein gewisser Metall-zu-Metall-Kontakt auftreten. Dieser Kontakt erhöht die Reibung und führt zu leichtem Verschleiß.

3. **Mischschmierung:** In diesem Regime nimmt der Metall-zu-Metall-Kontakt der Rauheitsspitzen einen erheblichen Teil der Belastung auf und die übrige Belastung wird vom unter Druck stehenden Flüssigkeitsfilm getragen, der in hydrodynamischen Taschen vorhanden ist, beispielsweise in den Tälern der Rauheitsspitzen. Die durchschnittliche Filmdicke ist geringer als die dreifache Rautiefe. Bei geeigneter Auswahl der Schmierstoffe kann sich ein stark haftender **Grenzflächenfilm** mit einer Dicke von wenigen Molekülen auf der Oberflächen entwickeln. Dieser Film verhindert direkten Metall-zu-Metall-Kontakt und reduziert somit den Verschleiß. Abhängig von der Festigkeit des Grenzflächenfilms und verschiedenen anderen Parametern kann der Reibungskoeffizient bei gemischter Schmierung bis zu ungefähr 0,4 reichen.

4. **Grenz(schicht)schmierung:** Die Belastung in diesem Regime tragen die sich berührenden Oberflächen, die mit einer **Grenzschicht** (auch Reaktionsschicht genannt) bedeckt sind. Falls in den Tälern der Oberfläche ein Schmierstoff vorhanden ist (was nicht unbedingt sein muss), wird er nicht genügend unter Druck gesetzt, um einen signifikanten Teil der Belastung zu tragen. Abhängig von Dicke und Festigkeit des Grenzflächenfilms reicht der Reibungskoeffizient etwa von 0,1 bis 0,4. Typische **Grenzschmiermittel** sind natürliche Öle, Fette, Fettsäuren und Seifen. Grenzschichten bilden sich schnell auf Metalloberflächen. Wenn die Filmdicke abnimmt und es zu einem Metall-zu-Metall-Kontakt kommt, rücken die chemischen Aspekte und die Rauheit der Oberflächen in den Vorder-

grund. Wichtig ist, dass bei der hydrodynamischen Schmierung die Viskosität des Schmierstoffs der entscheidende Parameter ist, wenn es darum geht, Reibung und Verschleiß zu beeinflussen. Chemische Aspekte spielen keine große Rolle, außer dass sie Korrosion und Färbung der Metalloberflächen beeinflussen. Ein Grenzfilm kann *aufbrechen* oder entfernt werden, wenn er beim Gleiten zerstört oder abgerieben wird oder weil *Desorption* aufgrund hoher Temperaturen an der Grenzfläche auftritt. Dieser Schutzschicht beraubt berühren sich die sauberen Metalloberflächen und als Konsequenz kann starker Verschleiß und Abrieb auftreten. Das Haften von Grenzfilmen ist folglich ein wichtiger Aspekt bei der Schmierung.

Rautiefe und geometrische Einflüsse: Rautiefe ist – speziell bei gemischter Schmierung – wichtig, da Rauigkeit dazu dienen kann, lokale Reservoirs oder Taschen für Schmierstoffe zu erzeugen. Der Schmierstoff kann dann innerhalb der Oberfläche eingefangen werden und da diese Flüssigkeiten inkompressibel sind, können sie einen wesentlichen Teil der Normalbelastung aufnehmen. Die Taschen liefern zudem Schmierstoff in Regionen, wo die Grenzschicht zerstört sein kann. Allerdings gibt es eine optimale Rauheit für den Schmierstoffeinbau. Bei der Metallbearbeitung ist es für das Werkstück – nicht das Gesenk – erwünscht, die rauere Oberfläche zu haben, da andernfalls die Werkstückoberfläche durch die rauere und härtere Gesenkoberfläche beschädigt würde. Die für die meisten Gesenke empfohlene Rautiefe liegt in der Größenordnung von $0{,}40\,\mu\text{m}$.

Neben der Rautiefe sind die gesamte *Geometrie* und Bewegung der interagierenden Körper wichtige Aspekte für die Schmierung. Die Verschiebung des Werkstücks in die Verformungszone muss eine Zuführung des Schmiermittels zulassen, damit es in die Grenzflächen zwischen Gesenk und Werkstück getragen werden kann. Untersuchungen von hydrodynamischer Schmierung haben gezeigt, dass der *Einströmwinkel* ein wichtiger Parameter ist. Bei einem kleineren Winkel wird mehr Schmierstoff eingebracht, die Schmierung verbessert und die Reibung verringert. Durch geeignete Auswahl verschiedener Parameter lässt sich bei Metallverarbeitungsprozessen an der Grenzfläche zwischen Gesenk und Werkstück ein relativ dicker Schmierfilm aufrechterhalten.

Die Verringerung der Reibung und des Verschleißes durch *Mitreißen* oder *Einfangen* von Schmierstoffen ist aber nicht immer erwünscht. Das hängt damit zusammen, dass die Werkstückoberfläche bei einem dicken Schmierfilm keinen vollständigen Kontakt mit den Gesenkoberflächen eingehen kann und im Ergebnis nicht das glänzende Aussehen annimmt, das man für das Produkt anstrebt. Ein dicker Schmierfilm erzeugt eine körnige, dumpfe Oberfläche auf dem Werkstück, je nach der Korngröße des Werkstoffs. Bei Arbeitsgängen wie Prägen und Schmieden (siehe Abschnitt 6.2) sind eingefangene Schmierstoffe besonders unerwünscht, da sie die Umformoperation stören und eine präzise Formgebung verhindern. Darüber hinaus erfordern bestimmte Operationen wie zum Beispiel Walzen ein gewisses kontrolliertes Reibungsniveau, sodass die Schmierfilmdicke nicht übermäßig groß sein darf.

4.4.4 Flüssigkeiten in der Metallbearbeitung

Auf der Grundlage der vorherigen Diskussionen lassen sich die Funktionen der Metallbearbeitungsflüssigkeiten wie folgt zusammenfassen:

- *Minderung der Reibung*, somit den Kraft- und Energiebedarf senken und ein Ansteigen der Temperatur verhindern;
- *Verringern von Verschleiß*, Neigung zum *Kaltverschweißen* und *Fressen*;
- *Verbessern des Werkstoffflusses* in Gesenken, Werkzeugen und Formen;
- *Als thermische Barriere fungieren* zwischen den Werkstück-, Werkzeug- und Gesenkoberflächen und somit das Auskühlen des Werkstücks in Warmumformprozessen verhindern;
- *Als Schalungs- oder Trennmittel fungieren*, um das Entfernen oder Auswerfen der gefertigten Teile aus Gesenken und Formen zu unterstützen.

Um diese Anforderungen zu erfüllen, stehen unterschiedliche Arten von Metallbearbeitungsflüssigkeiten mit einem breiten Spektrum von Chemikalien, Eigenschaften und Charakteristika zur Verfügung.

1 **Öle** besitzen hohe Schmierfilmfestigkeiten, was sich beispielsweise daran zeigt, wie schwierig es sein kann, eine ölige Oberfläche zu säubern. In der Natur kommen Öle in **mineralischen** (Petroleum oder Kohlenwasserstoffe), **tierischen** und **pflanzlichen** Formen vor. Aus Umweltschutzgründen ist man derzeit sehr bestrebt, Mineralöle durch natürlich abbaubare, aus Pflanzen gewonnene Öle zu ersetzen. Öle können mit einer breiten Palette von Additiven oder mit anderen Ölen **gemischt** werden, um ihnen gezielte Eigenschaften zu verleihen, wie zum Beispiel Schmierfähigkeit, Viskosität, Reinigungsfähigkeit und Biozid-Wirkung. Obwohl sich Reibung und Verschleiß mit Ölen sehr wirksam verringern lassen, kann mit ihnen aufgrund ihrer niedrigen thermischen Leitfähigkeit und spezifischen Wärme die bei Metallverarbeitungsprozessen entstehende Wärme nicht effizient abgeleitet werden. Darüber hinaus ist es schwer, Öle von Komponentenoberflächen zu entfernen, die noch gestrichen oder geschweißt werden sollen. Zudem ist es recht schwierig und teuer, Öle zu entsorgen.

2 Eine **Emulsion** ist eine Mischung aus zwei unvermischbaren Flüssigkeiten, gewöhnlich Mischungen von Öl und Wasser in verschiedenen Verhältnissen zusammen mit Additiven. Typischerweise wird eine Emulsion als Mischung von Grundöl und Additiven bereitgestellt und dann vom Anwender mit Wasser gemischt. Man unterscheidet zwei Arten von Emulsionen. In einer *Direktemulsion* wird Öl in Wasser in Form sehr kleiner Tröpfchen verteilt, deren durchschnittlicher Durchmesser im Bereich von 0,1 bis 30 μm liegt. In einer *Indirekt-* oder *Invertemulsion* werden Wassertröpfchen in Öl verteilt. Direktemulsionen sind wichtige Flüssigkeiten, da ihnen die Anwesenheit von Wasser (etwa 95 Volumen-% der Emulsion) eine hohe Kühlkapazität verleiht und sie dennoch eine gute Schmierung bewirken. Besonders wirksam sind sie bei schnell ablaufenden Umform- und Schneidprozessen in der Metallverarbeitung, wo sich ein Temperaturanstieg schädlich auf die Standzeit von Werkzeug und Gesenk, die Oberflächenbeschaffenheit und die Maßhaltigkeit auswirkt.

3 **Synthetische Lösungen** sind Flüssigkeiten, die anorganische und andere Chemikalien in Wasser gelöst enthalten. Verschiedene chemische Agenzien werden hinzugefügt, um der Lösung unterschiedliche Eigenschaften zu verleihen. **Halbsynthetische Lösungen** sind prinzipiell synthetische Lösungen, denen kleine Mengen emulgierbarer Öle beigemischt wurden.

4 Metallbearbeitungsflüssigkeiten werden normalerweise mit verschiedenen **Additiven** gemischt. Dazu gehören beispielsweise Mittel für Oxidationsschutz, Rostschutz, Geruchskontrolle, Keimtötung und Schaumverhütung. Wichtige Additive in Ölen sind Schwefel, Chlor und Phosphor. Die als

EP-Additive (Extreme Pressure-Additive) bezeichneten Zusatzstoffe werden einzeln oder in Kombination eingesetzt. Sie reagieren chemisch mit Metalloberflächen und bilden Haftfilme aus Metallsulfiden und -chloriden an den Oberflächen. Da diese Filme eine geringe Scherfestigkeit besitzen und zudem wirksam ein Verschweißen der Oberflächen verhindern, lassen sich mit ihnen Reibung und Verschleiß effizient reduzieren. Zwar sind EP-Additive in der Grenzschmierung wichtig, doch können diese Schmierstoffe in manchen Situationen unerwünscht sein. Zum Beispiel können sie bevorzugt die Kobaltbinderphase in Werkzeugen und Gesenken aus Wolframkarbidhartmetall angreifen (siehe Abschnitt 8.6), was zu unerwünschten Änderungen in der Rautiefe und Oberflächenbeschaffenheit (**selektives Auslaugen**) führt.

5. **Seifen** sind Reaktionsprodukte von Natrium- oder Kaliumsalzen mit Fettsäuren. Alkaliseifen sind in Wasser löslich, während andere Metallseifen normalerweise unlöslich sind. Seifen sind wirksame Grenzschmiermittel und können auch Dickfilmschichten an den Grenzflächen zwischen Gesenk und Werkstück bilden, insbesondere wenn sie auf Konversionsbeschichtungen (siehe Abschnitt 4.5) für Anwendungen in der Kaltumformung von Metallen angewendet werden.

6. **Fette** sind feste oder halbfeste Schmierstoffe, die aus Seifen, Mineralölen und verschiedenen Additiven bestehen. Sie sind hochviskos und haften gut an Metalloberflächen. Obwohl sie in großem Umfang für die Schmierung von Maschinen eingesetzt werden, lassen sie sich für Fertigungsprozesse nur begrenzt nutzen.

7. **Wachse** haben tierischen oder pflanzlichen Ursprung (*Paraffin*) und besitzen komplexe Strukturen. Verglichen mit Fetten sind sie weniger „fettig" und spröder. Die Einsatzmöglichkeiten in Metallverarbeitungsprozessen sind begrenzt mit der Ausnahme für Kupfer und – als chloriertes Paraffin – für rostfreie Stähle und Hochtemperaturlegierungen.

Festschmierstoffe: Aufgrund ihrer einzigartigen Eigenschaften und Charakteristika werden verschiedene Feststoffe als Schmiermittel in Fertigungsprozessen eingesetzt.

1. **Graphit:** Die Eigenschaften von *Graphit* werden in Abschnitt 11.13 ausführlich beschrieben. Da eine Abscherung entlang seiner Schichten leicht möglich ist, besitzt Graphit in dieser Richtung einen niedrigen Reibungskoeffizient. Folglich eignet sich Graphit – insbesondere bei erhöhten Temperaturen – gut als Festschmierstoff. Allerdings ist seine Reibung nur bei Anwesenheit von Luft oder Feuchtigkeit gering. In einem Vakuum oder einer Edelgasatmosphäre ist die Reibung sehr hoch. In diesen Umgebungen kann Graphit in der Tat sehr abrasiv sein. Graphit wird entweder auf die Oberflächen aufgerieben oder als kolloidale Suspension (Verteilung von kleinen Partikeln) in flüssigen Trägern wie zum Beispiel Wasser, Öl oder Alkohol aufgebracht.

2. **Molybdändisulfid** (MoS_2) ist ein ebenfalls weitverbreiteter lamellarer (schichtartiger) Festschmierstoff, der ein ähnliches Aussehen wie Graphit aufweist und als Schmierstoff bei Raumtemperatur eingesetzt wird. Allerdings ist sein Reibungskoeffizient im Gegensatz zu Graphit unter normalen Umgebungsbedingungen recht hoch. Als Träger für Molybdändisulfid werden häufig Öle verwendet, doch lässt es sich auch auf die Oberflächen eines Werkstücks aufreiben.

3. **Weichmetalle und Polymerbeschichtungen:** Aufgrund ihrer geringen Festigkeit lassen sich dünne Schichten von *Weichmetallen* sowie *Polymerbeschichtungen* als Festschmierstoffe einsetzen. Geeignete Metalle sind Blei, Indium, Kadmium, Zinn und Silber, als Polymere kommen PTFE, Poly-

ethylen und Methacrylate infrage. Aufgrund fehlender Festigkeit unter hohen Spannungen und bei erhöhten Temperaturen ist das Einsatzspektrum dieser Beschichtungen allerdings begrenzt. Mit Weichmetallen beschichtet man Metalle mit hoher Festigkeit wie Stähle, rostfreie Stähle und Hochtemperaturlegierungen. So werden zum Beispiel Kupfer oder Zinn auf der Oberfläche chemisch abgeschieden, bevor das Metall verarbeitet wird. Wenn das Oxid eines bestimmten Metalls eine geringe Reibung aufweist und ausreichend dünn ist, kann die Oxidschicht ebenfalls als Festschmierstoff dienen, was insbesondere bei erhöhten Temperaturen gilt.

4 **Glas:** Obwohl dieser Werkstoff bei Raumtemperatur ein Feststoff ist, wird *Glas* bei hohen Temperaturen viskos und kann folglich als flüssiger Schmierstoff dienen. Seine Viskosität ist eine Funktion der Temperatur – nicht des Drucks – und hängt von der Glassorte ab. Außerdem wird Glas durch seine schlechte Wärmeleitfähigkeit zu einem attraktiven Schmierstoff, der als thermische Barriere zwischen heißen Werkstücken und relativ kalten Gesenken fungiert. Zu den typischen Anwendungen gehören Warmstrangpressen (Abschnitt 6.4) und Schmieden (Abschnitt 6.2).

5 **Konversionsbeschichtungen:** Schmierstoffe haften nicht immer wie gewünscht an Werkstückoberflächen, was besonders unter hohen Normal- und Scherspannungen gilt. Diese Eigenschaft zeigt sich vor allem beim Schmieden, Extrudieren und Drahtziehen von Stählen, rostfreien Stählen und Hochtemperaturlegierungen. Bei diesen Anwendungen werden die Werkstückoberflächen zuerst über chemische Reaktionen mit Säuren umgewandelt (daher der Begriff *Konversion*). Die Reaktion hinterlässt eine raue und schwammige Oberfläche, die als Träger für den Schmierstoff fungiert. Nach der Behandlung wird die überflüssige Säure mithilfe von Borax oder Kalk entfernt. Dann wird ein flüssiger Schmierstoff wie zum Beispiel Seife auf die Oberfläche aufgebracht. Dieser Schmierstofffilm haftet an der Oberfläche und lässt sich nicht ohne Weiteres abkratzen. Auf Kohlenstoff- und niedriglegierten Stählen setzt man häufig Konversionsbeschichtungen aus Zinkphosphat ein. Bei rostfreien Stählen und Hochtemperaturlegierungen kommen Oxalatbeschichtungen zur Anwendung (siehe auch Abschnitt 4.5.1).

6 **Fullerene** (auch *Fußballmoleküle* oder *Bucky Balls* genannt) sind Kohlenstoffmoleküle in der Form eines Fußballs. Bringt man sie zwischen gleitende Oberflächen, fungieren diese Moleküle wie kleine Kugellager. Sie eignen sich gut als Festschmierstoffe und sind besonders effektiv für die Lagerschmierung in der Luftfahrttechnik.

Auswahl von Metallbearbeitungsflüssigkeiten: Bei der Auswahl eines Schmierstoffs für einen bestimmten Fertigungsprozess und einen bestimmten Werkstoff des Werkstücks spielen mehrere Faktoren eine Rolle:

- der konkrete Fertigungsprozess
- Kompatibilität des Schmierstoffs mit dem Werkstück und den Werkzeug- und Gesenkwerkstoffen
- die erforderliche Oberflächenvorbereitung
- die Anwendungsmethode
- Beseitigung der Flüssigkeit nach der Bearbeitung
- Verunreinigung der Flüssigkeit durch andere Schmierstoffe beispielsweise durch solche, die für die Maschinenschmierung verwendet werden

- Umgang mit verbrauchten Flüssigkeiten
- Lagerung und Pflege der Flüssigkeiten
- biologische und ökologische Betrachtungen
- Kosten bei allen der oben genannten Aspekte

Die unterschiedlichen Funktionen einer Metallbearbeitungsflüssigkeit – egal ob sie hauptsächlich als Schmierstoff oder zur Kühlung dient – müssen berücksichtigt werden. Wasserbasierte Flüssigkeiten sind sehr effektive **Kühlmittel**, als Schmierstoffe allerdings nicht so effizient wie Öle. Bei der Auswahl eines Öls als Schmierstoff sollte man die Bedeutung seiner Viskosität-Temperatur-Druck-Charakteristika kennen, da sich eine niedrige Viskosität nachteilig auf Reibung und Verschleiß auswirken kann.

Metallbearbeitungsflüssigkeiten sollten keine schädlichen **Rückstände** hinterlassen, die Bearbeitungsprozesse stören könnten. Die Flüssigkeiten sollten die Werkstücke oder die Ausrüstung weder verfärben noch korrodieren. Die Flüssigkeiten sollten regelmäßig auf Verfall durch bakterielles Wachstum, Anreicherung von Oxiden, Metallspänen und Abrieb sowie auf allgemeine Zersetzung und Zerstörung durch Temperatur und Gebrauchsdauer untersucht werden. Ein Schmierstoff kann Partikel mit sich führen und dadurch Schäden am System verursachen. Somit ist eine richtige Inspektion und ausreichendes Filtern der Metallbearbeitungsflüssigkeiten wichtig.

Nach Abschluss der Fertigungsprozesse sind Metalloberflächen meist mit Schmiermittelrückständen bedeckt. Diese sollten vor der Weiterverarbeitung der Werkstücke – wie zum Beispiel Schweißen oder Farbgebung – entfernt werden. Für diesen Zweck gibt es verschiedene Reinigungslösungen und -verfahren (Abschnitt 4.5.2). Ebenfalls wichtig sind **biologische** und **ökologische Betrachtungen**, in die auch gesundheitliche und rechtliche Rahmenbedingungen fallen. Bei bestimmten Metallbearbeitungsflüssigkeiten ist durch Berühren oder Inhalieren mit Gesundheitsgefährdungen zu rechnen. Darüber hinaus kommt dem Recyceln und der Entsorgung von verbrauchten Flüssigkeiten eine große Bedeutung zu.

4.5 Oberflächenbehandlung, Beschichtung und Reinigung

Nachdem eine Komponente gefertigt wurde, muss ihre Oberflächen ganz oder teilweise weiterbearbeitet werden, um ihr die gewünschten Eigenschaften und Charakteristika zu verleihen. *Oberflächenbehandlungen* können erforderlich sein, um

- die Widerstandsfähigkeit gegenüber Verschleiß, Erosion und Eindringen zu verbessern (wie zum Beispiel bei Führungsbahnen in Werkzeugmaschinen, Verschleißflächen von Maschinen sowie Wellen, Rollen, Nocken, Verzahnungen und Lagern);
- die Reibung zu beeinflussen (gleitende Oberflächen auf Werkzeugen, Gesenken, Lagern und Maschinenführungen);
- die Adhäsion zu verringern (elektrische Kontakte);
- die Schmierung zu verbessern (Oberflächenmodifikation, um Schmierstoffe aufzunehmen bzw. zurückzuhalten);

- die Korrosions- und Oxidationsbeständigkeit zu verbessern (Bleche für den Fahrzeugbau oder andere Anwendungen im Außenbereich, Bauteile für Gasturbinen und medizinische Geräte);
- die Ermüdungsfestigkeit zu verbessern (Lager und Wellen);
- verschlissene Oberflächen von Komponenten wiederherzustellen (abgenutzte Werkzeuge, Gesenke und Maschinenkomponenten);
- die Rautiefe zu verbessern (Aussehen, Maßhaltigkeit und Reibungscharakteristika);
- dekorative Merkmale, Farben oder spezielle Oberflächenstrukturen zu erzeugen.

4.5.1 Oberflächenbehandlungen

Für Oberflächenbehandlungen werden verschiedene Verfahren verwendet, die auf mechanischen, chemischen, thermischen und physikalischen Methoden beruhen. Die folgenden Punkte erläutern ihre Prinzipien und Charakteristika.

1 **Kugelstrahlen, Wasserstrahlen und Laserstrahlverdichten:** Beim **Kugelstrahlen** (auch *Oberflächenverdichtungsstrahlen*, *shot peening*) wird die Oberfläche des Werkstücks mit einer großen Anzahl von Stahlguss-, Glas- oder Keramikteilchen (kleinen Kugeln) beschossen. Kugeln mit Durchmessern zwischen 0,125 bis 5 mm erzeugen überlappende Eindrücke auf der Oberfläche und bewirken plastische Verformungen an der Oberfläche bis in eine Tiefe von etwa 1,25 mm. Da die plastische Verformung über die gesamte Dicke eines Teils nicht gleichmäßig ist, ruft der Prozess in den Randschichten Druckeigenspannungen hervor, wodurch sich die Lebensdauer der Komponente erhöht (siehe Abbildung 3.32b). Kugelstrahlen setzt man ausgiebig bei Wellen, Zahnrädern, Federn, Ausrüstungen für die Erdölförderung und Bauteilen in Strahltriebwerken wie Turbinen und Kompressorschaufeln ein.

Beim **Wasserstrahlen** trifft ein Wasserstrahl mit einem Druck von bis zu 400 MPa auf die Oberfläche des Werkstücks auf, wodurch Druckeigenspannungen ähnlich wie beim Kugelstrahlen entstehen. Diese Methode ist für Stähle und Aluminiumlegierungen geeignet und dient auch zum Aufrauhen von Oberflächen für nachfolgende Bearbeitungen.

Beim **Laserstrahlverdichten** wird die Oberfläche Laserschocks von einem Hochleistungslaser (bis zu 1 kW) unterzogen. Diese Methode lässt sich erfolgreich für die Gebläseschaufeln von Strahltriebwerken und für Werkstoffe wie Titan- und Nickellegierungen einsetzen, wobei sich Druckeigenspannungen bis in eine Tiefe von 1 mm (und größer) aufbauen.

Das **Ultraschallverdichten** verwendet einen piezoelektrischen Wandler, der in ein Handgerät integriert ist, und arbeitet mit einer Frequenz von 22 kHz. Das Werkzeug lässt sich mit verschiedenen Köpfen für unterschiedliche Strahl-Anwendungen ausstatten.

2 **Festwalzen (Rollieren):** Die Oberfläche der Komponente wird durch eine harte und feinpolierte Walze oder eine Reihe von Walzen kaltverformt (▶ Abbildung 4.14). Festwalzen lässt sich für flache, zylindrische oder konische Oberflächen einsetzen. Es verbessert die Oberflächenbeschaffenheit, indem Kratzer, Bearbeitungsspuren und Vertiefungen beseitigt werden. Damit verbessert sich auch die Korrosionsbeständigkeit, da korrosive Produkte und Rückstände nicht haften können. Festwalzen setzt man in der Regel ein, um die mechanischen Eigenschaften von Oberflächen sowie die

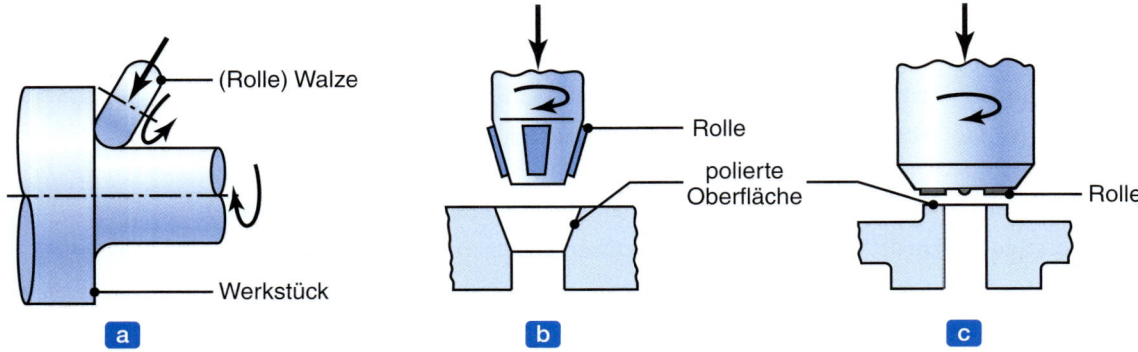

Abbildung 4.14: Rollieren (Festwalzen) einer (a) Hohlkehle einer abgesetzten Welle, (b) innen liegenden konischen Oberfläche und (c) flachen Oberfläche.

Form und Oberflächenbeschaffenheit von Komponenten zu verbessern. Die Methode kann allein oder in Kombination mit anderen Verfahren zur Oberflächenbehandlung beispielsweise Schleifen, Honen und Läppen eingesetzt werden.

Durch Festwalzen lassen sich weiche und duktile sowie sehr harte Metalle bearbeiten. Zu den typischen Anwendungen gehören Hydraulikkomponenten, Dichtungen, Ventile, Spindeln und Hohlkehlen von abgesetzten Wellen. Mit einem ähnlichen Prozess – als **Kugelpolieren** bezeichnet – bearbeitet man die *inneren* Oberflächen zylindrischer Bauteile. Dabei wird eine glatte Kugel, die etwas größer als der Bohrungsdurchmesser ist, in Längsrichtung durch das Loch gedrückt.

3. **Explosionsverfestigung:** Die Oberfläche wird einem hohen transienten Druck ausgesetzt, indem eine Sprengstoffschicht direkt auf der Werkstückoberfläche platziert und zur Detonation gebracht wird. Der Kontaktdruck kann bis zu 35 GPa betragen und dauert etwa 2 bis 3 µs. Mit dieser Methode lassen sich große Erhöhungen der Oberflächenhärte erreichen, wobei sich die Form der Komponente nur sehr gering (weniger als 5 %) ändert. Zum Beispiel kann die Oberfläche von Eisenbahnschienen auf diese Weise verfestigt werden.

4. **Plattieren:** Metalle können mit einer dünnen Schicht von korrosionsbeständigem Metall überzogen werden, indem Druck mithilfe von Walzen oder anderen Mitteln angewendet wird. In speziellen Anwendungen ist auch Mehrschichtplattieren möglich. Eine typische Anwendung ist Plattieren von Aluminium (*Alclad*, *cladding*), bei dem eine korrosionsresistente Schicht einer Aluminiumlegierung auf reines Aluminium aufgebracht wird. Andere Anwendungen sind Stahlüberzüge mit rostfreiem Stahl oder Nickellegierungen. Plattieren lässt sich auch mithilfe von Gesenken (wie beim Plattieren von Stahldraht mit Kupfer) oder Explosivstoffen (Explosivplattieren) durchführen.

Plattierungen lassen sich auch durch Schweißen aufbringen (Schweißplattieren). Beim **Laser-Plattieren** wird dies mithilfe eines Lasers durchgeführt. Das Verfahren wurde mit Erfolg auf Metalle und Keramiken für verbessertes Reibungs- und Verschleißverhalten angewendet.

5. **Mechanisches Plattieren (mechanisches Beschichten, Schlagplattieren, Strahlplattieren):** In diesem Prozess werden feine Metallpartikel auf der Werkstückoberfläche verdichtet, indem sie mit kugelförmigem Glas, Keramik oder Porzellanperlen beschossen werden. Dieser Prozess wird typi-

scherweise für Autoteile aus gehärtetem Stahl verwendet, wobei die Plattierungsdicke gewöhnlich weniger als 0,025 µm beträgt.

6. **Einsatzhärten (Aufkohlen, Karbonitrierer, Cyanieren, Nitrierhärten, Flammhärten, Induktionshärten):** Diese Prozesse werden in Abschnitt 3.12.3 im Detail beschrieben und in Tabelle 3.23 zusammengefasst. Außer den üblichen Gas- und Elektrowärmequellen werden auch Laserstrahlen als Wärmequellen beim Oberflächenhärten sowohl von Metallen als auch Keramiken eingesetzt. Prozesse wie Einsatzhärten oder andere Verfahren zur Oberflächenbehandlung bringen Eigenspannungen in die Randschichten ein. Die Bildung von Martensit beim Einsatzhärten von Stählen induziert Druckeigenspannungen in die oberflächennahen Bereiche, die erwünscht sind, da sie die Lebensdauer von Komponenten erhöhen, indem die Bildung von Ermüdungsrissen verzögert wird.

7. **Aufpanzerung:** In diesem Prozess werden relativ dicke Schichten, Kanten oder Punkte aus verschleißfestem Hartmetall mit einem der in Kapitel 12 beschriebenen Schweißverfahren auf der Oberfläche abgelagert. Normalerweise lagert man mehrere Schichten ab (*Schweißlagen*). Hartbeschichtungen aus Wolframkarbid, Chrom und Molybdänkarbid lassen sich mithilfe eines Lichtbogens in einem als **Funkenhärten**, **Elektrofunkenhärten** oder **Elektrofunkenablagerung** bezeichneten Prozess ablagern. Aufschweißlegierungen sind als Elektroden, Stäbe, Drähte und Pulver verfügbar. Typische Anwendungen für Aufpanzerungen sind Ventilsitzringe, Werkzeuge für Tiefenbohrungen und Gesenke für Warmumformprozesse. Auch abgenutzte Teile werden mit Aufpanzerungen versehen, um ihre Einsatzdauer zu verlängern.

8. **Thermisches Spritzen:** Beim *thermischen Spritzen* (▶ Abbildung 4.15) – auch als **Metallisieren** bezeichnet – wird Metall in Stab-, Draht- oder Pulverform in einem Autogenschweißstrahl, Lichtbogen oder Plasmabogen geschmolzen und die Tröpfchen werden mit einer Druckluftpistole auf eine vorgeheizte Oberfläche bei Geschwindigkeiten bis zu 100 m/s gesprüht. Die zu besprühenden Oberflächen sollten gereinigt und aufgeraut sein, um die Haftfestigkeit zu verbessern. Typische Anwendungen für diesen Prozess sind Komponenten im Automobilbau, Stahltragwerke, Vorratsbehälter, Triebwerkdüsen für Trägerraketen sowie Kesselwagen, die mit Zink oder Aluminium bis zu einer Dicke von 0,25 mm besprüht werden.

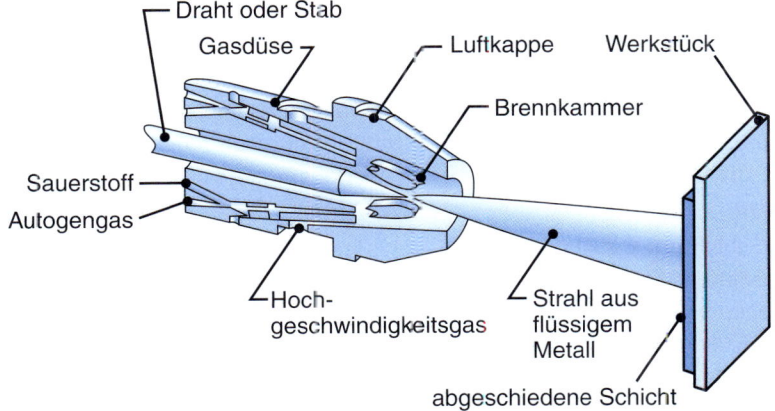

Abbildung 4.15: Schematische Darstellung des thermischen Spritzens mit Draht.

Für thermisches Spritzen verwendet man zwei Arten von Energiequellen: chemische (Verbrennung) und elektrische Energie. Thermisches Spritzen ist vor allem in folgenden Formen gebräuchlich:

a. **Flammspritzen**
- Beim **thermischen Drahtspritzen** schmilzt eine Brenngassauerstoffflamme den Draht und lagert ihn auf der Oberfläche ab.
- Beim **thermischen Metallpulverspritzen** wird Metallpulver (Abschnitt 11.2) mithilfe einer Brenngassauerstoffflamme auf der Oberfläche abgelagert.
- Beim **Detonationsspritzen** wird eine kontrollierte Explosion mithilfe eines Brenngassauerstoffgemischs erzeugt.
- **Hochgeschwindigkeits-Flammspritzen** besitzt eine ähnlich hohe Leistung wie die oben genannten Prozesse, kann aber preiswerter sein.

b. **Lichtbogenspritzen**
- Beim **Doppeldrahtlichtbogenspritzen** wird zwischen zwei abschmelzenden Drahtelektroden ein Lichtbogen erzeugt.
- **Plasmaspritzen** wird entweder als konventioneller, Hochenergie- oder Vakuumprozess realisiert. Das Verfahren erzeugt Temperaturen in der Größenordnung von 8300 °C und ist charakterisiert durch gute Haftfestigkeit mit sehr geringem Oxidgehalt. **Niederdruckplasmaspritzen** und **Vakuumplasmaspritzen** produzieren Beschichtungen mit hoher Haftfestigkeit.

Kaltgasspritzen ist ein neuerer Prozess, in dem die zu spritzenden Partikel nicht geschmolzen werden. Somit ist die Oxidation nur gering. Der Sprühstrahl ist stark gebündelt und besitzt hohe Aufprallgeschwindigkeiten.

9 **Oberflächenstrukturierung (-texturierung):** Jeder Fertigungsprozess erzeugt ein bestimmtes Erscheinungsbild der Oberfläche (Struktur, Aussehen), das für die vorgesehene Funktion akzeptabel sein kann oder noch bestimmte Modifikationen erfordert. Sicherlich ist es möglich, glatte Oberfläche durch Schleifen oder Polieren zu erhalten (siehe Kapitel 9). Aus technischen, funktionellen, optischen oder ästhetischen Gründen können die Oberflächen der gefertigten Teile durch sekundäre Operationen weiter verändert werden. Zur Strukturierung gehören (1) Ätzen mithilfe von Chemikalien oder Sputterverfahren, (2) Lichtbögen, (3) Laserimpulse (unter Verwendung von Excimer-Lasern für Gussformen beim Kokillenguss, Walzen für Dressiergerüste, Golfschlägerköpfe und Trägerscheiben für Computerfestplatten) und (4) atomarer Sauerstoff, der mit den Oberflächen reagiert und feine, kegelartige Oberflächenstrukturen bildet. Die möglichen Nebenwirkungen dieser Prozesse auf die Gebrauchseigenschaften der Werkstoffe sind bei der Auswahl entsprechend zu berücksichtigen.

10 **Keramische Schichten:** Es gibt Verfahren, um Keramikbeschichtungen für Hochtemperatur- und elektrisch beständige Anwendungen aufzusprühen, damit sie beispielsweise wiederholten Lichtbogenüberschlägen standhalten. Als Spritzwerkstoffe kommen Hartmetall- und Keramikpulver zum Einsatz. Mit 15 000 °C liegen die Temperaturen im Plasma wesentlich höher, als sich mit Flammen erreichen lässt. Typische Anwendungen sind Düsen für Raketenmotoren und verschleißfeste Teile.

11 **Aufdampfen:** In diesem Prozess wird das Werkstück von chemisch reaktiven Gasen umgeben, die chemische Verbindungen des aufzubringenden Materials enthalten (deshalb auch als **Gasphasen-**

abscheidung bezeichnet). Das abgelagerte Material ist normalerweise wenige Mikrometer dick und kann aus Metallen, Legierungen, Karbiden, Nitriden, Boriden, Keramiken oder verschiedenen Oxiden bestehen. Als Substrat (Werkstück) sind Metall, Kunststoff, Glas oder Papier geeignet. Zu den typischen Anwendungen gehören Beschichtungen für Schneidewerkzeuge, Bohrer, Reibahlen, Fräser, Stanzwerkzeuge, Gesenke und Verschleißflächen (siehe auch Abschnitt 13.5 zur *Halbleiterherstellung*).

Man unterscheidet zwei Hauptkategorien der Gasphasenabscheidung (*vapor deposition*, VD): *physikalische Gasphasenabscheidung*, PVD, und *chemische Gasphasenabscheidung*, CVD. Diese Techniken erlauben eine effektive Steuerung von Zusammensetzung, Dicke und Porosität der Beschichtung.

a. **Physikalische Gasphasenabscheidung, PVD:** Diese Prozesse werden im Hochvakuum und bei Temperaturen im Bereich von 200 bis 500 °C durchgeführt. Die abzulagernden Partikel werden physikalisch zum Werkstück transportiert und nicht durch chemische Reaktionen wie bei der chemischen Aufdampfung. Bei der **Vakuumabscheidung** wird das abzulagernde Material unter hohen Temperaturen im Vakuum verdampft und auf dem Substrat abgeschieden, das üblicherweise eine um Raumtemperatur oder etwas höher liegende Temperatur hat. Mit dieser Methode lassen sich gleichmäßige Beschichtungen auf komplexen Formen erhalten. Bei der **Lichtbogenabscheidung** (PV/ARC) wird das Schichtmaterial (Kathode) durch eine Anzahl von Verdampfern mithilfe örtlicher Lichtbögen verdampft. Die Lichtbögen produzieren ein stark reaktives Plasma, das aus ionisiertem Dampf des Schichtmaterials besteht. Der Dampf kondensiert auf dem Substrat (Anode) und überzieht es. Diesen Prozess wendet man aus funktionellen Gründen (oxidationsbeständige Beschichtungen für Hochtemperaturanwendungen, Elektronik und Optik) oder für dekorative Zwecke (Geräte, Vorrichtungen und Schmuck) an. Die verwandte **Impulslichtbogenabscheidung** ist eine neuere Methode, bei der als Energiequelle ein gepulster Laser eingesetzt wird.

Beim **Sputtern** (**Kathodenzerstäubung**) ionisiert ein elektrisches Feld ein Edelgas (gewöhnlich Argon). Die positiven Ionen bombardieren das Beschichtungsmaterial (Kathode) und bewirken ein Zerstäuben (Herauslösen) ihrer Atome. Diese Atome kondensieren dann auf dem Werkstück, das aufgeheizt wird, um die Haftung der Schicht zu verbessern. Beim **reaktiven Sputtern** wird das Edelgas durch ein reaktives Gas wie zum Beispiel Sauerstoff ersetzt, wobei die Atome oxidiert und die Oxide abgeschieden werden. **Hochfrequenzsputtern** (HF-Sputtern) wird für nichtleitende Werkstoffe wie zum Beispiel elektrische Isolatoren und Halbleiterbauelemente eingesetzt.

Ionenstrahlbeschichtung ist ein generischer Begriff, der die kombinierten Prozesse von Sputtern und Vakuumverdampfung beschreibt. Ein elektrisches Feld bewirkt eine Glimmentladung, wodurch ein Plasma erzeugt wird. Die in diesem Prozess verdampften Atome sind nur teilweise ionisiert. **Ionenstrahlbeschichtung** ist in der Lage, dünne Filme als Beschichtungen für Halbleiter, tribologische und optische Anwendungen zu erzeugen. **Zweifach-Ionenstrahlbeschichtung** ist eine hybride Beschichtungstechnik, die physikalische Gasphasenabscheidung mit simultanem Ionenstrahlbombardement kombiniert und eine gute Adhäsion auf Metallen, Keramiken und Polymeren ergibt. Keramiklager und zahnärztliche Instrumente sind zwei Anwendungsbeispiele.

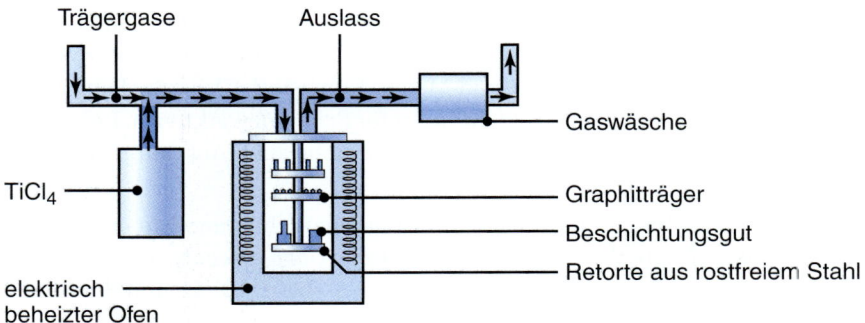

Abbildung 4.16: Schematische Darstellung des CVD-Verfahrens für die Beschichtung von Werkzeugen mit Titannitrid.

b. **Chemische Gasphasenabscheidung, CVD:** CVD ist ein thermochemischer Prozess. In einer typischen Anwendung wie etwa beim Beschichten von Schneidewerkzeugen mit Titannitrid (TiN; ► Abbildung 4.16) werden die Werkzeuge auf einem Graphitträger platziert und in einer Edelgasatmosphäre auf 950 bis 1050 °C erhitzt. In die Kammer werden dann Titantetrachlorid (als Dampf), Wasserstoff und Stickstoff zugeführt. Durch die chemischen Reaktionen wird auf den Oberflächen des Werkzeugs ein dünner Überzug aus Titannitrid gebildet. Für eine Beschichtung mit Titankarbid werden Wasserstoff und Stickstoff durch Methan ersetzt. Mit CVD erhält man normalerweise dickere Beschichtungen als mit PVD. **Chemische Gasphasenabscheidung im Mitteltemperaturverfahren** (MTCVD) produziert Beschichtungen, die eine höhere Beständigkeit gegenüber Risswachstum haben als CVD-Beschichtungen.

12 Bei der **Ionenimplantation** werden Ionen (im Vakuum) beschleunigt und auf eine Oberfläche gelenkt, sodass sie in das Substrat bis zu einer Tiefe von einigen Mikrometern eindringen. Bei diesem Prozess (nicht zu verwechseln mit dem weiter unten beschriebenen Ionenplattieren) werden die Oberflächeneigenschaften modifiziert, wobei sich die Oberflächenhärte erhöht und die Beständigkeit gegenüber Reibung, Verschleiß und Korrosion verbessert. Dieser Prozess lässt sich genau steuern und man kann die Oberfläche partiell abdecken (maskieren), um das Implantieren von Ionen in nicht erwünschte Bereiche zu verhindern. In bestimmten Anwendungen wie zum Beispiel in der Halbleitertechnik (Kapitel 13) bezeichnet man diesen Prozess als **Dotieren** (mit geringen Mengen verschiedener Elemente versetzen).

13 **Diffusionsbeschichtung:** In diesem Prozess diffundieren Legierungselemente in die Oberfläche und verändern somit deren Eigenschaften. Die Elemente können im festen, flüssigen oder gasförmigen Zustand vorliegen. Der Prozess wird jeweils nach dem diffundierten Element benannt. (Siehe auch Aufkohlen, Nitrieren und Borieren in Tabelle 3.23.)

14 **Galvanisieren** (**Elektroplattieren**): Das Werkstück (Kathode) wird mit einem anderen Metall (Anode) plattiert, wozu beide Komponenten in einem Bad aufgehängt sind, das eine wässrige Elektrolytlösung enthält (► Abbildung 4.17). Auch wenn der Elektroplattierungsprozess aus einer Reihe von elektrochemischen Reaktionen besteht, gehen im Grunde die Metallionen von der **Anode** unter der Wirkung des Potenzials einer externen Spannungsquelle in Lösung, kombinieren mit den Ionen in der Lösung und werden an der **Kathode** abgeschieden.

4.5 Oberflächenbehandlung, Beschichtung und Reinigung

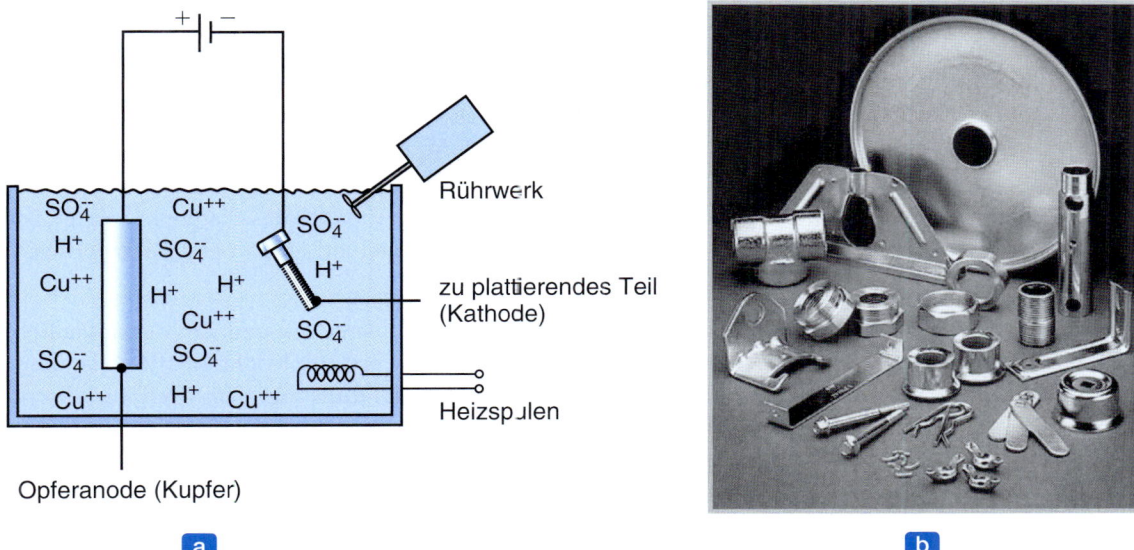

Abbildung 4.17: (a) Schematische Darstellung des Galvanisierens mit Opferanode des abzuscheidenden Werkstoffs (hier: Kupfer), (b) Auswahl an galvanisierten Werkstücken.

Das Volumen des abgeschiedenen Metalls V lässt sich mit dem Ausdruck

$$V = cIt \tag{4.7}$$

berechnen, wobei I der Strom in A, t die Zeit in Sekunden und c eine Konstante ist, die vom abgeschiedenen Material, dem Elektrolyten und der Effizienz des Systems abhängig ist und typischerweise im Bereich von 0,03 bis 0,1 mm^3/As liegt. Für dasselbe Volumen des abgeschiedenen Materials ist die Schicht umso dünner, je größer die Oberfläche des galvanisierten Werkstücks ist. Der Zeitbedarf für das Elektroplattieren ist normalerweise recht hoch, da die Abscheiderate in der Größenordnung von 75 µm/h liegt. Die Dicke der erzeugten Schichten liegt in einem Bereich von etwa 1 bis 500 µm.

Bei den Plattierungslösungen handelt es sich entweder um starke Säuren oder Zyanidlösungen. Da das abgeschiedene Metall der Lösung entnommen wird, muss es regelmäßig nachdosiert werden. Dazu verwendet man vor allem zwei Methoden: (a) Der Lösung werden in gewissen Abständen die geeigneten Metallsalze zugesetzt oder (b) eine **Opferanode** des abzuscheidenden Metalls im Tank für das Elektroplattieren löst sich mit der gleichen Rate auf, mit der dieses Metall abgeschieden wird. Für das Elektroplattieren gibt es drei übliche Verfahren:

a. Bei der **Gestellplattierung** werden die zu plattierenden Teile in einem Gestell angeordnet, das dann durch eine Reihe von Prozesstanks bewegt wird.

b. Bei der **Trommelplattierung** werden kleine Teile in einer durchlässigen Trommel platziert, die dann in den/die Tank/s gehängt wird. Die Elektrolytflüssigkeit dringt in die Trommel ein und liefert das Metall für die Plattierung. Der elektrische Kontakt wird über die Trommel und durch Kontakt mit anderen Teilen gewährleistet. Diese Form der Elektroplattierung wendet man vorzugsweise für kleine Teile wie Bolzen, Muttern, Zahnräder und Beschläge an.

c. Bei der **Bürstenplattierung** wird die Elektrolytflüssigkeit durch eine tragbare Bürste mit Metallborsten gepumpt. Dieser Prozess ist für die Vor-Ort-Reparatur oder das Plattieren sehr großer Teile geeignet und lässt sich einsetzen, um Beschichtungen auf große Geräte aufzubringen, ohne sie demontieren zu müssen.

Als Plattierungswerkstoffe sind Chrom, Nickel, Kadmium, Kupfer, Zink und Zinn gebräuchlich. Beim **Verchromen** wird das metallische Werkstück (Substrat) zuerst mit Kupfer plattiert, dann mit Nickel und schließlich mit Chrom. Die **Hartverchromung** erfolgt direkt auf dem Grundmetall und ergibt Schichten mit einer Härte von bis zu 70 HRC.

Elektroplattieren setzt man beispielsweise ein beim Plattieren von Aluminiumdrähten und Leiterplatten für gedruckte Schaltungen mit Kupfer, Chromplattieren von Beschlägen, Zinnplattieren von elektrischen Anschlüssen aus Kupfer, damit sie sich leichter löten lassen, und Plattieren verschiedener Komponenten, um ein attraktiveres Aussehen und bessere Verschleiß- und Korrosionsfestigkeit zu erzielen. Da Edelmetalle (Gold, Silber und Platin, siehe Abschnitt 3.11.8) keine Oxidschichten bilden, sind sie wichtige Werkstoffe beim Galvanisieren in der Elektronik- und Schmuckindustrie. Auf Kunststoffe wie ABS, Polypropylen, Polysulfon, Polykarbonat, Polyester und Nylon lassen sich ebenfalls Metallbeschichtungen durch Galvanisieren aufbringen. Da sie jedoch elektrisch nicht leitend sind, müssen Kunststoffe zuerst durch Prozesse wie stromloses Nickelplattieren (siehe unten) vorbeschichtet werden. Die zu beschichtenden Teile können einfach oder komplex sein und es gibt keine Größenbeschränkung. Komplexe Formen können variierende Schichtdicken aufweisen.

15 **Stromloses Plattieren:** Dieser Prozess läuft allein durch chemische Reaktionen und ohne Verwendung einer externen Stromquelle ab. Am häufigsten wird Nickel eingesetzt, doch ist auch Kupfer gebräuchlich. Beim stromlosen Nickelplattieren wird Nickelchlorid (ein Metallsalz) zu Nickelmetall reduziert (mit Natriumhypophosphit als Reduktionsmittel), das dann auf dem Werkstück abgeschieden wird. Die Härte der Nickelplattierung liegt im Bereich zwischen 425 und 575 HV. Durch Wärmebehandlung der Plattierung lässt sich eine Härte von bis zu 1000 HV erreichen. Die Beschichtung zeigt ausgezeichnete Verschleiß- und Korrosionsbeständigkeit.

16 **Eloxieren:** Bei diesem Oxidationsvorgang (*anodische Oxidation*) werden die Werkstückoberflächen in eine harte und poröse Oxidschicht umgewandelt, die Korrosionsbeständigkeit und ein dekoratives Aussehen aufweist. Das Werkstück ist in einer elektrolytischen Zelle die Anode, die in ein Säurebad getaucht wird, was zur chemischen Adsorption von Sauerstoff aus dem Bad führt. Um stabile und dauerhafte Oberflächenfilme zu erhalten, kann man organische Farbstoffe (normalerweise Schwarz, Rot, Bronze, Gold oder Grau) verwenden. Typische Anwendungen für Eloxieren sind Aluminiummöbel und -utensilien, architektonische Elemente, Verkleidungen für Kraftfahrzeuge, Bilderrahmen, Schlüssel und Sportartikel. Darüber hinaus bieten eloxierte Oberflächen eine gute Basis für die Farbgebung, was speziell für Aluminium gilt, das sich sonst nur schwer mit Farben versehen lässt.

17 Konversionsbeschichtung: In diesem Prozess, den man auch als **Reaktionsgrundieren** bezeichnet, bildet sich auf Metalloberflächen eine Beschichtung als Ergebnis chemischer oder elektrochemischer Reaktionen. Mit einer Konversionsbeschichtung lassen sich verschiedene Metalle versehen, insbesondere Stahl, Aluminium und Zink. Zur Herstellung der Konversionsbeschichtung verwendet man Phosphate, Chromate und Oxalate. Als Einsatzgebiete dieser Beschichtungen sind Farbgrundierungen, dekorative Oberflächengestaltungen und Schutz gegen Korrosion zu nennen.

Eine wichtige Anwendung des Verfahrens ist die Konversionsbeschichtung von Werkstücken als Schmierstoffträger bei Kaltumformoperationen (siehe Abschnitt 4.4.4), da Schmierstoffe auf Werkstückoberflächen nicht immer ordnungsgemäß haften, vor allem wenn sie hohen Normal- und Scherspannungen ausgesetzt sind. Diese Bedingung ist speziell beim Schmieden, Extrudieren und Drahtziehen von Stahl, rostfreiem Stahl und Hochtemperaturlegierungen ein Problem. Bei derartigen Anwendungen wandeln Säuren die Werkstückoberfläche durch chemische Reaktionen um, wodurch eine etwas raue und schwammige Oberfläche zurückbleibt, die dann als Träger für den Schmierstoff fungiert. Konversionsbeschichtungen aus **Zinkphosphat** setzt man häufig auf Kohlenstoff- und niedriglegierten Stählen ein. Überzüge aus **Oxalaten** werden für rostfreie Stähle und Hochtemperaturlegierungen verwendet.

18 Einfärbung: Wie aus dem Namen hervorgeht, gehören zur Einfärbung Verfahren, die die Farbe von Metallen und Keramiken ändern. Mittels chemischer, elektrochemischer oder thermischer Prozesse werden die Oberflächen in chemische Verbindungen wie zum Beispiel Oxide, Chromate und Phosphate umgewandelt. Beim **Schwärzen** entwickeln Eisen und Stahl unter Verwendung von heißer Natronlauge einen glänzenden Film aus schwarzem Oxid.

19 Schmelztauchen: In diesem Prozess wird das Werkstück (normalerweise Stahl oder Eisen) in ein Bad aus geschmolzenem Metall getaucht, zum Beispiel Zink (für galvanisierte Stahlbleche und Klempnereibedarf), Zinn (für **Weißblech** und Konservendosen für Lebensmittelbehälter), Aluminium (*Aluminisierung*) und **Mattblech** (Blei mit 10 bis 20 % Zinn legiert). Schmelzgetauchte Beschichtungen auf Einzelteilen oder Blechen sind für galvanisierte Röhren, Klempnereibedarf und zahlreiche andere Produkte mit Langzeitkorrosionsbeständigkeit geeignet. Die Beschichtungsdicke wird üblicherweise als Gewicht pro Oberflächeneinheit des Blechs angegeben und beträgt typischerweise 150 bis 900 g/m^2. Die Lebensdauer schmelzgetauchter Teile hängt von der Dicke der (Zink)Beschichtung und der Umgebung ab, der die Teile ausgesetzt sind. **Vorbeschichtete Stahlbleche** werden in großen Mengen eingesetzt, beispielsweise für Fahrzeugkarosserien und Container. Es ist wichtig, das flüssige Metall ordnungsgemäß abtropfen zu lassen, um überflüssiges Beschichtungsmaterial zu entfernen. Bei der Herstellung verzinkter Stahlbleche verwendet man dafür zusätzlich Abstreifbürsten.

20 Porzellanemaillierung: Beim Emaillieren werden Metalle mit verschiedenen glasartigen Substanzen beschichtet, um Korrosionsbeständigkeit und hohen elektrischen Widerstand zu erreichen und den Einsatz bei erhöhten Temperaturen zu ermöglichen. Die Beschichtungen werden allgemein als Porzellanemaillierung klassifiziert und umfassen in der Regel Emaille und Keramiken (Abschnitt 11.8). (Die Bezeichnung **Emaille** wird auch für glasartige Farben verwendet, die einen glatten und relativ harten Überzug ergeben.) Porzellanemaillen sind anorganische Beschichtungen, die aus verschiedenen Metalloxiden bestehen. Zum **Emaillieren** gehört das Aufschmelzen des Schichtmaterials auf das Substrat, indem beide Komponenten auf 425 bis 1000 °C erhitzt werden, um die

Oxide zu verflüssigen. Je nach ihrer Zusammensetzung sind Emaillen mehr oder weniger beständig gegen Basen, Säuren, Reinigungsmittel und Wasser. Emailleprodukte sind in verschiedenen Farben erhältlich.

Zu den typischen Anwendungen gehören Haushaltsgeräte, Sanitärinstallationen, chemisch-technische Anlagen, Schilder, Kochgeschirr und Schmuck sowie Schutzbeschichtungen auf Komponenten von Strahltriebwerken. Die Beschichtung kann durch Tauchen, Spritzen oder elektrolytische Abscheidung erzeugt werden. Die Dicke liegt üblicherweise im Bereich von 0,05 bis 0,6 mm. Zu den Metallen, die mit Porzellanemaillen beschichtet werden, gehören üblicherweise Stahl, Gusseisen und Aluminium. **Glasieren** ist die Anwendung glasartiger Beschichtungen auf Keramik und Tonwaren, um ihnen ein dekoratives Aussehen zu verleihen und sie undurchlässig für Flüssigkeiten zu machen. Glasbeschichtungen werden als chemisch beständige Auskleidungen eingesetzt, wobei die Dicke wesentlich größer als bei Emaillen ist.

21 **Organische Beschichtungen:** Metalloberflächen lassen sich mit verschiedenen organischen Überzügen, Filmen und Laminaten beschichten oder *vorbeschichten*, um Aussehen und Korrosionsbeständigkeit zu verbessern. Die Beschichtungen werden auf das Bandmaterial in Produktionslinien aufgebracht und haben normalerweise eine Dicke von 0,0025 bis 0,2 mm. Derartige Beschichtungen weisen ein breites Spektrum an Flexibilität, Haltbarkeit, Härte, Beständigkeit gegen Abrasion und Chemikalien, Farbe, Struktur und Glanz auf. Beschichtete Bleche werden zu verschiedenen Produkten weiterverarbeitet, beispielsweise Gehäuse für elektronische Geräte, Verkleidungen, Regale, Fassaden für Wohngebäude, Dachrinnen, Metallmöbel und Karosserieteile.

Kritischere Anwendungen organischer Beschichtungen findet man zum Beispiel bei Marineflugzeugen, die hoher Feuchtigkeit, Meerwasser, Regen, Schadstoffen (etwa von den Schiffsabgasen), Flugbenzin, Enteisungsmitteln und Batteriesäure ausgesetzt sind, und Teilen, die von Partikeln wie Staub, Kies, Steinen und Tausalz getroffen werden. Für Aluminiumstrukturen bestehen organische Beschichtungen typischerweise aus einer Epoxidgrundierung und einem Polyurethanüberzug mit einer Lebensdauer von vier bis sechs Jahren.

22 **Keramische Beschichtungen:** Keramiken wie Aluminiumoxid und Zirkonoxid werden auf eine Oberfläche bei Raumtemperatur aufgebracht, und zwar üblicherweise durch thermische Sprühverfahren. Diese Beschichtungen dienen als Wärmeschutzschichten speziell in Anwendungen wie Gesenken für Heißextrusion, Bauteilen von Dieselmotoren und Turbinenschaufeln.

23 **Farbgebung:** Farben lassen sich grundsätzlich als Emaille, Lacke und wasserlösliche Farben klassifizieren; sie besitzen ein breites Spektrum von Eigenschaften und Anwendungen. Aufgebracht werden sie durch Pinseln, Tauchen oder Sprühen. Bei **elektrolytischer Beschichtung** (**elektrostatischem Spritzen**) werden Farbpartikel elektrostatisch aufgeladen, wodurch sie von Oberflächen angezogen werden und eine gleichmäßig haftende Beschichtung ergeben.

24 **Diamantbeschichtung:** Bei der Diamantbeschichtung von Metallen, Glas, Keramiken und Kunststoffen mithilfe verschiedener chemischer und plasmagestützter Aufdampfungsprozesse und ionenstrahlgestützter Beschichtung sind wichtige Fortschritte zu verzeichnen. Ebenfalls sind *frei stehende Diamantfilme* mit etwa 1 mm Dicke und bis zu 125 mm Durchmesser entwickelt worden. Dazu gehören auch glatte und optisch klare Diamantfilme. In Kombination mit den bestimmenden Eigenschaften von Diamanten wie Härte, Verschleißfestigkeit, hohe thermische Leitfähigkeit und Durchlässigkeit für ultraviolettes Licht und Mikrowellen besitzen Diamantbeschichtungen wichtige Anwendungen bei verschiedenen Komponenten in der Luftfahrtindustrie und der Elektronik.

Beispiele für diamantbeschichtete Produkte sind kratzfeste Fenster (wie zum Beispiel bei Sensoren in Flugzeugen und Raketen als Schutz gegen Sandstürme), Sonnenbrillen, Schneidewerkzeuge (Bohrer und Schaftfräser), Messinstrumente, chirurgische Messer, elektronische und mit Infrarot arbeitende Wärmesensoren, LEDs, Lautsprecher für Stereoanlagen, Turbinenschaufeln und Kraftstoffeinspritzdüsen. Laufende Untersuchungen beschäftigen sich mit dem Wachstum von Diamantfilmen auf kristallinen Kupfersubstraten durch Implantation von Kohlenstoffionen. Eine wichtige Anwendung für derartige Diamantfilme ist die Herstellung von Computerchips (Kapitel 13). Diamant lässt sich dotieren, um die *p*- und *n*-leitenden Gebiete in Halbleiternbauelementen (Transistoren) herzustellen, und seine hohe thermische Leitfähigkeit erlaubt eine dichtere Packung der Chips als bei Silizium- oder Galliumarsenid-Chips, wodurch sich die Geschwindigkeit von Computern beträchtlich erhöhen lässt.

25 **Diamantartiger Kohlenstoff (DLC):** Mithilfe einer Niedertemperatur-Ionenstrahlbeschichtung wird dieser Werkstoff als Beschichtung mit wenigen Nanometer Dicke aufgebracht, wobei die Härte etwa 5000 HV beträgt. Schichten aus DLC (*diamond-like carbon*) sind kostengünstiger als solche aus Diamant und werden beispielsweise für Werkzeuge und Gesenke, Getriebe, Lager, mikroelektromechanische Systeme und Miniatursonden eingesetzt.

4.5.2 Reinigung von Oberflächen

Das ganze Kapitel hindurch wurde immer wieder betont, wie wichtig Oberflächen sind und welchen Einfluss abgelagerte oder adsorbierte Schichten verschiedener Elemente und Verunreinigungen auf Oberflächen haben. Eine reine Oberfläche kann sich sowohl positiv als auch negativ auswirken. Obwohl eine verunreinigte Oberfläche die Tendenz zu Adhäsion und Festfressen aneinander berührender Teile verringern würde, ist Reinheit entscheidend für eine effizientere Anwendung von Metallbearbeitungsflüssigkeiten, Beschichtung und Farbgebung, Adhäsionskleben, Schweißen, Hart- und Weichlöten, zuverlässiges Funktionieren der gefertigten Teile in Maschinen, Herstellung von Nahrungsmittel- und Getränkeverpackungen sowie bei Montagetätigkeiten. Verunreinigungen (auch Schmutz genannt) können aus Rost, Zunder und anderen metallischen und nichtmetallischen Ablagerungen, Metallbearbeitungsflüssigkeiten, festen Schmierstoffen, Pigmenten, Polier- und Läppmitteln und vielfältigen Substanzen aus der Umgebung bestehen.

Beim **Reinigen** werden feste, halbfeste oder flüssige Verunreinigungen von einer Oberfläche entfernt. Obwohl es nicht ganz leicht ist, den Begriff *rein* – oder den Reinheitsgrad einer Oberfläche – zu definieren, gibt es zwei einfache und gebräuchliche Tests, die auf den folgenden einfachen Prozeduren beruhen:

1 Abwischen der Oberfläche mit einem sauberen Tuch und Feststellen jeglicher *Rückstände* auf dem Tuch;

2 Beobachten, ob Wasser die Oberfläche vollständig in Form eines Films überzieht (dann ist die Oberfläche rein) oder sich in Form einzelner Tröpfchen ansammelt. Mit diesem einfachen Test lässt sich also feststellen, ob ein Wasserfilm wegen einer Verschmutzung der Oberfläche reißt, wie sich leicht mit Speisetellern demonstrieren lässt, die in unterschiedlichem Maß gereinigt wurden.

Die Art des erforderlichen Reinigungsprozesses hängt von der Art der zu entfernenden Verunreinigungen ab. **Mechanische Reinigungsmethoden** zerstören die Verunreinigungen physikalisch, beispielsweise durch Draht- oder Glasfaserbürsten, Trocken- oder Nassstrahlen, Scheuern, Dampfstrahlbehandlung und Ultraschallreinigen. Diese Prozesse sind vor allem wirksam, um Rost, Zunder und andere feste Verunreinigungen zu entfernen.

Beim **elektrolytischen Reinigen** wird eine elektrische Ladung auf das zu reinigende Teil in eine wässrigen Lösung gebracht, wodurch Wasserstoff- oder Sauerstoffblasen entstehen. Die Blasen wirken abrasiv und bewirken, dass die Verunreinigungen von der Oberfläche entfernt werden. Mit **chemischen Reinigungsmethoden** lassen sich Öl und Fett – einschließlich Metallbearbeitungsflüssigkeiten – wirksam von Oberflächen entfernen. Diese Methoden bestehen aus einer oder mehreren der folgenden Operationen:

- *Lösung:* Der Schmutz löst sich in der Reinigungslösung auf.
- *Verseifung:* Diese chemische Reaktion wandelt tierische oder pflanzliche Öle in eine wasserlösliche Seife um.
- *Emulgierung:* Die Reinigungslösung reagiert mit den Schmutz- oder Schmierstoffablagerungen und bildet eine Emulsion, die dann in der Lösung suspendiert wird.
- *Dispersion:* Durch oberflächenaktive Wirkstoffe in der Reinigungslösung wird die Schmutzkonzentration auf der Oberfläche des Werkstücks verringert.
- *Aggregation:* Schmierstoffe werden von der Oberfläche durch verschiedene Agenzien in der Reinigungsflüssigkeit entfernt und sammeln sich als große Schmutzteilchen.

Reinigungsflüssigkeiten, einschließlich *alkalische Lösungen, Emulsionen, Lösungsmittel, Heißdampf, Säuren, Salze* und Mischungen *organischer Verbindungen* können in Verbindung mit elektrochemischen Prozessen für eine effektivere Reinigung eingesetzt werden. Beim **Dampfentfetten** wird ein Lösungsmittel aufgeheizt, das daraufhin verdampft. Dann kondensiert der Dampf auf den zu reinigenden Teilen, die sich auf Raumtemperatur befinden, und löst Schmutz und Schmierstoffe. Schließlich tropft diese Mischung in den Lösungsmitteltank zurück, in dem die entfernten Schmutz- und Schmierstoffteilchen emulgiert oder aufgelöst werden. Dampfentfetten hat den Vorteil, dass das Lösungsmittel nicht verdünnt wird, da die vorher entfernten Verunreinigungen im Dampf nicht mehr enthalten sind. Nachteilig bei diesem Prozess ist, dass die Dämpfe reizend oder giftig sein können, sodass Maßnahmen für den Arbeits- und Umweltschutz erforderlich sind.

Mechanische Bewegung der Oberfläche kann das Entfernen von Verunreinigungen fördern. Beispiele für diese Methode sind Bürsten, Strahlbehandlung, Abrasivstrahlen und Ultraschallschwingungen eines Lösungsmittelbads (**Ultraschallreinigung**).

Manchmal ist es schwierig, Teile mit komplizierten Formen zu reinigen. Deshalb können alternative Konstruktionen notwendig sein, die zum Beispiel (a) Sacklöcher vermeiden, (b) Abflusslöcher im Teil vorsehen oder (c) vorsehen, das Teil aus mehreren kleineren Komponenten zusammenzusetzen, die einzeln leichter zu reinigen sind.

4.6 Technische Messtechnik und Messinstrumente

Technische Messtechnik betrifft das Messen von Größen wie Länge, Dicke, Durchmesser, Verjüngung, Winkel, Ebenheit und Rauheit. Dieser Abschnitt beschreibt die Besonderheiten der Instrumente dafür und die Verfahren, die in der technischen Messtechnik verwendet werden. Es stehen zahlreiche Messinstrumente und -geräte zur Verfügung und es ist wichtig, kurz die Qualität eines Instruments mit den folgenden Kennwerten zu beschreiben:

1. **Genauigkeit:** Der Grad der Übereinstimmung zwischen der gemessenen Größe und dem wahren Wert dieser Größe;
2. **Präzision:** Der Grad, mit dem das Instrument zuverlässig wiederholte Messungen liefert;
3. **Auflösung:** Die kleinste Einheit, die sich an einem Instrument ablesen lässt;
4. **Empfindlichkeit:** Der kleinste Unterschied in den Größen, die das Instrument erkennen oder unterscheiden kann.

4.6.1 Messinstrumente

1. **Längenmessgeräte:** Instrumente mit Längenskala verwendet man, um Längen oder Winkel zu messen, wobei es durch die Skalenteilung möglich ist, eine numerische Aussage zu treffen. Das einfachste und gebräuchlichste Instrument für Längenmessungen ist das *Maßband*, *Stahlmaß* bzw. *Stahllineal* mit einer dezimal geteilten Skala. Längen werden direkt gemessen, wobei die Genauigkeit durch die am nächsten beieinanderliegenden Teilstriche – normalerweise im Abstand von 1 mm – begrenzt ist. Lineale können starr oder biegsam ausgeführt sein und an einem Ende einen Anschlag besitzen, um leicht von einer Kante aus messen zu können. Tiefenmaße sind Linealen ähnlich und gleiten entlang eines speziellen Kopfes.

Messschieber bestehen aus zwei Messschenkeln, von denen der eine mit einer festen Skala und der andere mit einem *Nonius* versehen ist. Die Messschenkel werden so verschoben, dass sie das zu messende Teil berühren. Die entsprechende Länge des Teils lässt sich dann auf den Skalen ablesen. Der Messschieber verbessert die Empfindlichkeit gegenüber einem einfachen Lineal, indem Bruchteile der kleinsten Skalenteilung angezeigt werden, üblicherweise 25 µm. Mit Messschiebern lassen sich Innen- und Außenmaße messen. Zudem sind moderne Messschieber meistens mit einer *digitalen Anzeige* ausgestattet, die sich besser ablesen lässt und somit Fehler durch falsches Ablesen verringert. *Höhenmessschieber* sind Messschieber mit ähnlichen Einrichtungen wie Tiefenmessschieber, die eine vergleichbare Empfindlichkeit haben.

Mikrometerschrauben besitzen eine Gewindespindel mit einer Skala. Man setzt sie ein, um die Dicke sowie die Innen- oder Außendurchmesser von Teilen zu messen. Durch eine Skala entlang des Umfangs sind mit der Mikrometerschraube Empfindlichkeiten von 2,5 µm möglich. Außerdem sind Mikrometerschrauben mit gleicher Empfindlichkeit für Tiefenmessungen und Innendurchmesser erhältlich. Es gibt zudem Instrumente mit digitalen Anzeigen, um Ablesefehler zu verringern. Die Messflächen von Mikrometerschrauben können mit konischen oder kugelförmigen Kontakten versehen werden, wodurch sich auch Nuten, Durchmesser von Gewindestangen und Wanddicken von Röhren und die Dicke von gebogenen Blechen messen lassen.

Beugungsgitter bestehen aus zwei planen optischen Gläsern, auf denen eng benachbarte parallele Linien eingeritzt sind. Das Gitter auf dem kürzeren Glas ist leicht geneigt. Es entstehen Interferenzstreifen, wenn das Gitter über dem längeren Glas betrachtet wird. Die Position dieser Streifen hängt von der relativen Position der beiden Gläser zueinander ab.

2 **Geräte zum indirekten Ablesen:** Diese Instrumente bestehen typischerweise aus Grenzlehren und Stechzirkeln ohne Skaleneinteilung. Man verwendet sie, um die gemessene Größe auf ein direkt ablesbares Instrument zu übertragen, beispielsweise ein Lineal mit Skalenteilung. Nachdem die Schenkel des Instruments so justiert wurden, dass sie das Teil an der gewünschten Position berühren, wird das Instrument gegen das Lineal gehalten und die Abmessung abgelesen. Die Genauigkeit derartiger indirekter Messungen ist recht begrenzt, da diese Instrumente zum einen eine gewisse Erfahrung im Umgang verlangen und zum anderen von abgestuften Skalen abhängig sind. **Prüfstifte** sind für indirektes Messen von Bohrungen oder Aussparungen verfügbar.

Winkel werden in Grad, Bogenmaß oder Bogenminuten und -sekunden gemessen. Aufgrund der geometrischen Zusammenhänge sind Winkel meistens schwieriger zu messen als Längen. Ein **Stellwinkel** (auch *Zellschmiege*) ist ein Instrument mit Direktablesung ähnlich einem herkömmlichen Winkelmesser, besitzt aber noch einen verstellbaren Schenkel. Die beiden Schenkel des Winkelmessers werden mit dem zu messenden Teil in Kontakt gebracht und der Winkel lässt sich direkt auf dem Nonius ablesen. Die Empfindlichkeit des Instruments hängt von der Einteilung des Nonius ab. Ein anderer Typ von Gradmesser ist der **Kombinationswinkel**, der aus einem Stahllineal mit Aufsätzen für die Messung von 45°- und 90°-Winkeln besteht.

Beim Messen mit einem **Sinuswinkel-Einstellgerät** (**Sinusplatte**) wird das Teil auf einem geneigten Bügel oder einer Platte platziert und der Winkel durch Einlegen von Endmaßen auf der Auflagefläche justiert. Nachdem das Teil auf der Sinusplatte platziert ist, wird mit einer Messuhr (siehe unten) die obere Oberfläche des Teils abgetastet. Bei Bedarf werden **Endmaße** hinzugefügt oder entfernt, bis die obere Oberfläche parallel zur Auflagefläche ist. Dann kann man den Winkel über geometrische Beziehungen berechnen. Winkel lassen sich zudem mit **Winkelendmaßen** messen. Diese speziellen Endmaße besitzen unterschiedliche Abschrägungen, die sich in verschiedenen Kombinationen zusammenstellen und in ähnlicher Weise wie Sinusplatten verwenden lassen. Winkel auf kleinen Teilen können auch mit Mikroskopen (deren Okulare mit Skalen versehen sind) oder optischen Projektoren (siehe weiter unten) gemessen werden.

3 **Vergleichende Längenmessinstrumente:** Im Unterschied zu den bisher beschriebenen Geräten werden bei Geräten für *vergleichende Längenmessung* – auch als *Abweichungsmessinstrumente* bezeichnet – Variationen oder Abweichungen in der Entfernung zwischen zwei oder mehreren Oberflächen verstärkt und gemessen. Diese Instrumente vergleichen Abmessungen, daher das Wort *vergleichend*. Die folgenden Abschnitte beschreiben gebräuchliche Arten von Instrumenten, mit denen sich vergleichende Messungen durchführen lassen.

Messuhren sind einfache mechanische Geräte, die lineare Verschiebungen eines Messbolzens in die Drehbewegung eines Zeigers auf einer kreisförmigen Skala umwandeln. Der Zeiger wird bei einer bestimmten Referenzoberfläche auf null gesetzt und das Instrument oder die zu messende Oberfläche (entweder extern oder intern) mit dem Messbolzen in Kontakt gebracht. Die Bewegung des Zeigers lässt sich direkt auf der kreisförmigen Skala (entweder als Plus- oder Minuswert) mit Genauigkeiten um $1\,\mu m$ ablesen.

Im Gegensatz zu mechanischen Systemen erfassen **elektronische Messwertaufnehmer** die Bewegungen eines Kontaktstifts über Änderungen im elektrischen Widerstand eines Dehnungsmessstreifens oder über Induktivität oder Kapazität. Die elektrischen Signale werden dann konvertiert und als lineare Abmessungen angezeigt. Obwohl sie teurer sind als andere Arten von Messwertaufnehmern, besitzen elektronische Messwertaufnehmer mehrere Vorteile wie zum Beispiel einfacher Betrieb, schnelle Reaktion auf Signaländerungen, digitale Anzeige, geringere Wahrscheinlichkeit für menschliche Fehler, Vielseitigkeit und Flexibilität. Zudem lassen sie sich über Mikroprozessoren und Computer in automatisierte Systeme integrieren.

4 **Messen von Geradheit, Ebenheit, Rundheit und Form:** Die geometrischen Merkmale Geradheit, Ebenheit, Rundheit und Form sind wichtige Aspekte des technischen Entwurfs und der Fertigung. Zum Beispiel sollten Pleuelstangen, Instrumentenbauelemente und Schlittenführungen von Werkzeugmaschinen bestimmte Anforderungen in Bezug auf diese Merkmale erfüllen, damit eine ordnungsgemäße Funktion gewährleistet ist. Folglich ist ihre genaue Messung wichtig.

Geradheit lässt sich mit Linealen oder Messuhren überprüfen. Autokollimatoren, die an ein Teleskop erinnern, wobei ein Lichtstrahl vom Objekt zurückgeworfen wird, dienen dazu, kleine Winkelabweichungen auf einer ebenen Oberfläche zu messen. Mit optischen Mitteln wie zum Beispiel **Theodoliten** und **Laserstrahlen** lassen sich einzelne Maschinenelemente bei der Montage von Maschinenkomponenten ausrichten.

Ebenheit kann durch mechanische Mittel wie einer Richtplatte und einer Messuhr gemessen werden. Diese Methode eignet sich auch, um die Rechtwinkligkeit zu messen, was auch mithilfe von Präzisionsstahlquadern möglich ist. Eine andere Methode für das Messen der Ebenheit ist die **Interferometrie** mithilfe einer **optischen Planfläche**. Die Glas- oder Quarzglasscheibe mit parallelen planen Oberflächen wird auf die Oberfläche des Werkstücks gesetzt. Einen monochromatischen Lichtstrahl (d. h. Licht mit nur einer Wellenlänge), der in einem Winkel auf die Oberfläche fällt, spaltet die optische Planfläche in zwei Strahlen auf, was für das bloße Auge als helle und dunkle Bänder wahrzunehmen ist. Die Anzahl der Streifen hängt vom Abstand zwischen Oberfläche und Teil sowie der unteren Oberfläche der optischen Planfläche ab. Eine absolut flache Werkstückoberfläche (bei der der Winkel zwischen den beiden Oberflächen null ist) spaltet also den Lichtstrahl nicht auf und es erscheinen keine Streifen. Sind die Oberflächen nicht plan, erscheinen gebogene Streifen. Das Interferenzmessverfahren wird auch verwendet, um die Erkennbarkeit von Oberflächenstrukturen und Rissen bei Untersuchungen mit dem Mikroskop zu verbessern.

Rundheit wird allgemein beschrieben als Abweichung von wahrer Rundheit (d. h. einem Kreis im mathematischen Sinne). Der Begriff **Unrundheit** bzw. **Ovalität** ist für die Form des Teils eigentlich aussagekräftiger. Rundheit ist ein wichtiges Kriterium für die ordnungsgemäße Funktion von Komponenten wie zum Beispiel rotierende Wellen, Lagerbuchsen, Kolben, Zylinder und Kugeln in Kugellagern. Die verschiedenen Methoden für die Messung der Rundheit lassen sich zwei grundlegenden Kategorien zuordnen. Bei der ersten Methode wird das runde Teil auf einem V-Block oder zwischen Messspitzen platziert und gedreht, wobei der Messfühler einer Messuhr die Oberfläche berührt. Nach einer vollen Umdrehung des Werkstücks wird die Differenz zwischen größtem und kleinstem Ablesewert notiert. Mit dieser Methode lässt sich auch die Geradheit (*Rechtwinkligkeit*) der Stirnflächen von Wellen messen. Bei der zweiten Methode wird das Teil auf einer Plattform platziert und seine Rundheit durch Drehen der Plattform gemessen. Umgekehrt kann die Sonde auch um ein stationäres Teil gedreht werden, um die Messung auszuführen.

Profile lassen sich durch verschiedene Methoden messen. Zum Beispiel wird eine Oberfläche mit einer Vorlage oder einer Profillehre verglichen, um die Formhaltigkeit zu überprüfen. Mit dieser Methode können auch Radien und Rundungen gemessen werden. Für die Profilmessung existieren außerdem verschiedene Messuhren und ähnliche Instrumente. Für die Messung von Profilen am weitesten entwickelt sind Instrumente, welche die Werkstückoberflächen automatisiert abrastern.

Gewinde und **Verzahnungen** haben mehrere wichtige Merkmale mit spezifischen Abmessungen und Toleranzen. Diese Maße sind bei der Fertigung genau einzuhalten, damit Getriebe ordnungsgemäß funktionieren, der Verschleiß und Geräuschpegel reduziert wird und die Austauschbarkeit von Teilen gewährleistet ist. Gemessen werden diese Merkmale mithilfe von Gewindelehren in verschiedenen Ausführungen, die das hergestellte Gewinde mit einem Standardgewinde vergleichen. Als Lehren werden Gewinde-Grenzlehrdorne, Gewindesteigungslehren (ähnlich Radiuslehren), Mikrometerschrauben mit kegelförmigen Tastern und Rachenlehren mit Ambossen in Form von Gewinden eingesetzt. Für die Messung von Getriebezahnrädern verwendet man Instrumente, die Messuhren ähneln, Messschieber und Mikrometerschrauben mit Spitzen oder Kugeln verschiedener Durchmesser.

Daneben gibt es spezielle Geräte für die Profilmessung. **Optische Projektoren** – auch **optische Komparatoren** genannt – wurden in den 1940er Jahren entwickelt, um die Geometrie von Schneidewerkzeugen für die maschinelle Fertigung von Gewinden zu überprüfen. Heute setzt man sie für die Überprüfung von Profilen ein. Das Teil wird auf einem Tisch oder zwischen Spitzen befestigt und das Bild auf einen Schirm mit 100-facher oder noch höherer Vergrößerung projiziert. Längen- und Winkelmessungen erfolgen direkt auf dem Schirm, der mit Referenzlinien und -kreisen versehen ist. Der Schirm lässt sich drehen, sodass auch Winkelmessungen bis herab zu 1 Winkelminute über einen Nonius möglich sind.

5 **Koordinatenmesssysteme und Layoutmaschinen:** Diese wichtigen Maschinen bestehen aus einer Plattform (dem Messtisch), auf der das zu vermessende Werkstück platziert und verschoben oder gedreht wird (▶ Abbildung 4.18). Ein auf dem Prüfkopfhalter befestigter Prüfkopf (Sonde) kann laterale und vertikale Bewegungen ausführen und zeichnet alle Messungen auf. Es stehen viele unterschiedliche taktile und berührungsfreie Sonden wie zum Beispiel laserbasierte Sonden zur Verfügung.

Koordinatenmesssysteme sind universell in ihrer Fähigkeit, Messungen komplexer Profile schnell und mit hoher Empfindlichkeit (0,25 µm) durchzuführen. Diese Systeme sind sehr starr gebaut. Sie sind mit digitalen Anzeigen ausgestattet oder lassen sich leicht mit Computern verbinden, um die Teile in Echtzeit zu inspizieren. Die Messmaschinen können für eine effiziente Inspektion unmittelbar neben den Werkzeugmaschinen stehen und bieten damit auch eine schnelle Rückmeldung für die Korrektur von Prozessparametern, bevor das nächste Teil hergestellt wird. Außerdem sind die Maschinen robust ausgeführt, um Umgebungseinflüssen (wie Temperaturschwankungen, Vibration und Schmutz) in Produktionsanlagen zu widerstehen.

Die Abmessungen großer Teile werden durch **Layoutmaschinen** gemessen und über digitale Anzeigen ausgegeben. Derartige Maschinen verfügen auch über Anreißwerkzeuge, mit denen sich Abmessungen auf großen Teilen markieren lassen, wobei die Genauigkeit etwa 0,04 mm beträgt.

4.6 Technische Messtechnik und Messinstrumente

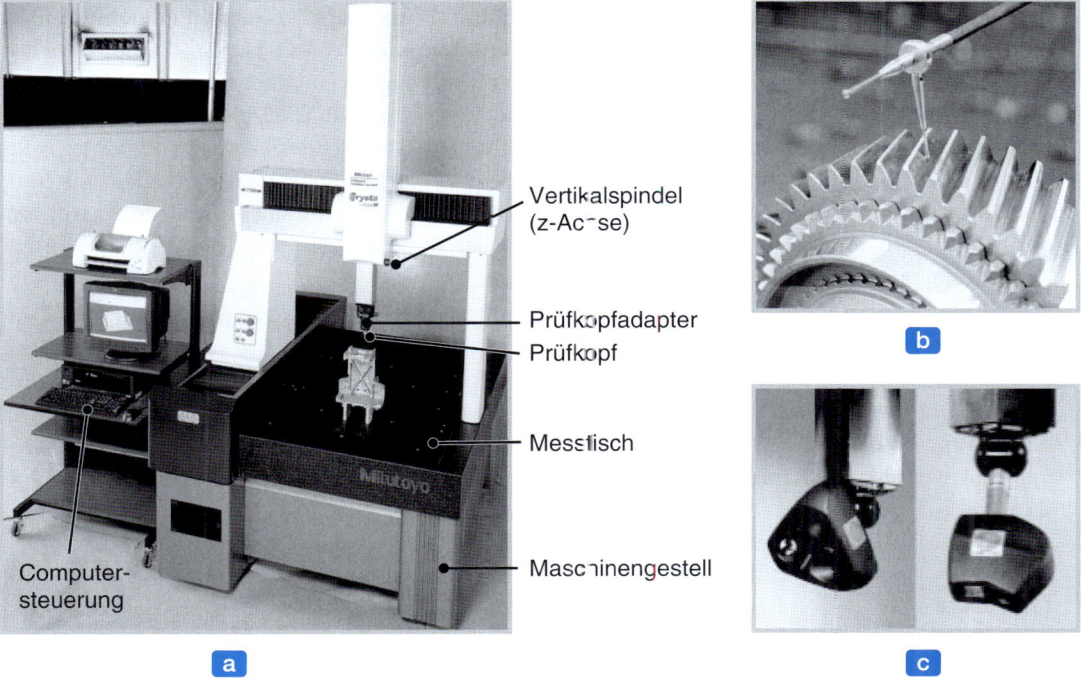

Abbildung 4.18: (a) Koordinatenmesssystem mit aufgespanntem Bauteil, (b) eine taktile Sonde zur Erfassung der Geometrie eines Zahnrads, (c) Beispiele für berührungslose Lasersonden.

6 **Endmaße** sind einzelne quadratische, rechteckige oder runde Metall- oder Keramikblöcke verschiedener Größen. Ihre Oberflächen sind geläppt und parallel innerhalb eines Bereichs von 0,02 bis 0,12 µm. Endmaße gibt es in Sätzen verschiedener Größen, wobei manche Sätze fast 100 einzelne Endmaße enthalten. Die Blöcke lassen sich in vielen Kombinationen zusammenstellen, um die gewünschten Längen zu erhalten. Die Maßgenauigkeit liegt in der Größenordnung von 0,05 µm. Für hochgenaue Messungen ist es notwendig, die Umgebungstemperatur zu regeln. Auch wenn ihr Einsatz eine gewisse Fertigkeit verlangt, werden Endmaße in der Industrie häufig als genaue Referenzlänge genutzt. Winkelendmaße sind ähnlich hergestellt und für Winkelmessungen verfügbar.

Festmaße sind Nachbildungen von Formen der zu messenden Teile. **(Grenz-)Lehrdorne** sind für Bohrungen gebräuchlich. Der *Gutdorn* ist kleiner als der *Ausschussdorn* und gleitet in jedes Loch, dessen kleinste Abmessung größer als der Durchmesser des Dorns ist. Der *Ausschussdorn* hingegen darf nicht in das Loch passen. Für derartige und ähnliche Messungen sind immer zwei Lehren, eine *Gutlehre* und eine *Ausschusslehre* erforderlich, wobei sich beide am selben Gerät befinden können, entweder an den gegenüberliegenden Enden oder in Form von zwei Stufen an einem Ende (*abgesetzte Lehren*). Grenzlehrdorne sind auch erhältlich für das Messen von Innenkegeln (wobei Abweichungen zwischen dem Maß und dem Teil durch die Lockerheit des Maßes angezeigt werden), Nuten und Gewinden (bei welchen sich der *Gutdorn* in das Gewindeloch eindrehen lassen muss).

Mit **Lehrringen** lassen sich Wellen und ähnliche runde Teile messen, **Gewindelehrringe** sind für Außengewinde vorgesehen. Die Gut- und Ausschuss-Merkmale dieser Lehren werden durch den Typ der Rändelung und den Außendurchmesser der Ringe angegeben. **Rachenlehren** sind gebräuchlich, um Außenabmessungen zu überprüfen. Sie besitzen wählbare Oberflächen der Lehren für die Anwendung bei Teilen unterschiedlicher Form. Eine der Oberflächen kann auf ein anderes Spiel als das der anderen eingestellt werden, sodass sich eine Gut/Ausschusslehre in einem Instrument vereinen lässt. Obwohl feste Lehren preiswert und leicht zu verwenden sind, zeigen sie nur an, ob ein Teil zu klein oder zu groß ist im Vergleich mit einem Sollwert – sie geben also keine eigentlichen Abmessungen an.

Es gibt verschiedene Typen von **pneumatischen Lehren**. Die Lehre besitzt Löcher, durch die Druckluft konstanten Drucks austritt. Je kleiner der Spalt zwischen der Lehre und der zu prüfenden Bohrung ist, desto schwieriger ist es für die Druckluft zu entweichen und folglich ist der Staudruck umso höher, der von einem Manometer angezeigt wird und welches so kalibriert ist, dass sich Abmessungsabweichungen der Bohrungen ablesen lassen. Die Lehre kann auch in der Bohrung verdreht werden, um Abweichungen von der Rundheit festzustellen und zu messen. Die Außendurchmesser von Teilen wie Stifte und Wellen lassen sich ebenfalls messen, wobei die ringförmige Lehre an der Innenseite Luftauslässe besitzt und über das Teil gestülpt wird. Für Fälle, in denen eine ringförmige Lehre nicht verwendet werden kann, gibt es gabelförmige Lehren (mit den Luftauslässen an den Spitzen der Gabel). Für Teile mit unterschiedlichen geometrischen Merkmalen lassen sich verschiedenartige Formen von pneumatischen Lehren auf Kundenwunsch herstellen.

Pneumatische Lehren sind einfach in der Handhabung und es lassen sich Auflösungen bis zu 0,125 µm erreichen. Wenn die Rautiefe der Teile zu hoch ist, können die Messungen allerdings unzuverlässig sein. Für ein ordnungsgemäßes Funktionieren muss die Druckluft sauber und trocken sein. Das zu messende Teil braucht nicht frei von Staub, Metallpartikeln oder ähnlichen Verunreinigungen zu sein, da die austretende Druckluft sie wegbläst. Das berührungslose Prinzip und der niedrige Luftdruck in pneumatischen Lehren haben den Vorteil, dass das zu messende Teil weder verformt noch beschädigt wird, wie dies bei mechanischen Lehren der Fall sein kann.

7 **Mikroskope** sind optische Instrumente, mit denen sich sehr feine Details, Formen und Abmessungen auf kleinen und mittelgroßen Werkzeugen, Gesenken und Werkstücken betrachten und vermessen lassen. Es gibt verschiedene Arten von Mikroskopen mit unterschiedlichen Ausstattungsmerkmalen für Spezialanwendungen, einschließlich Modellen mit digitaler Bildverarbeitung. Das gebräuchlichste und universellste Mikroskop, das in Werkzeugmachereien eingesetzt wird, ist das **Werkstattmikroskop**. Es besitzt einen Objekttisch, der in der Tischebene verschiebbar ist und bis zu 2,5 µm genau positioniert werden kann. Das **Lichtschnittmikroskop** wird eingesetzt, um kleine Oberflächendetails (z. B. Kratzer, V-Nuten, Gewindegänge) sowie die Dicke von abgeschiedenen Filmen und Beschichtungen zu messen. Ein dünnes Lichtband wird schräg auf die Oberfläche geworfen und die bei 90° betrachtete Reflexion zeigt Rautiefe, Konturen und andere Merkmale. Das **Rasterelektronenmikroskop** (**REM**) besitzt eine ausgezeichnete Tiefenschärfe, sodass verschieden tief liegende Bereiche eines Teils gleichzeitig scharf abgebildet werden und sich fotografieren lassen. Dieser Mikroskoptyp ist vor allem nützlich für die Untersuchung von feinen Oberflächenstrukturen und Bruchflächen. Diese Geräte sind zwar recht teuer und arbeiten im Vakuum, erlauben aber mehr als 100 000-fache Vergrößerungen. REMs können auch mit Zusatzgeräten ausgerüstet werden, mit welchen die chemische Zusammensetzung und die kristallografische Orientierung der Werkstückoberfläche bestimmt werden können.

4.6.2 Automatisiertes Messen

Mit fortschreitender Automatisierung in allen Aspekten der Fertigung hat sich ein Bedarf an *automatisiertem Messen* (auch als *automatisierte Inspektion* bezeichnet, siehe Abschnitt 4.8.3) entwickelt. Flexible Fertigungssysteme und Fertigungszellen (siehe Anhang B) haben zur Akzeptanz von modernen Messverfahren und -systemen geführt. Letztlich ist die Installation und Verwendung dieser Systeme eine Notwendigkeit und keine optionale Fertigungsstrategie.

Bei herkömmlicher Fertigung wurde traditionell eine Serie von Teilen hergestellt und zur Messung in einen getrennten Qualitätskontrollraum gebracht. Falls die Teile die Maßkontrolle bestanden haben, wurden sie in den Warenbestand übernommen. Dagegen überwachen bei der automatisierten Inspektion verschiedene Online-Sensorsysteme die Abmessungen der Teile während ihrer Fertigung und verwenden die Rückmeldungen dieser Messungen, um bei Bedarf steuernd in den Prozess einzugreifen.

Um die Wichtigkeit der Onlineüberwachung von Abmessungen richtig einschätzen zu können, sollte man Folgendes betrachten: Eine Maschine habe ein bestimmtes Teil mit einwandfreien Abmessungen produziert. Welche Faktoren tragen anschließend zu einer Abweichung der Abmessungen desselben Teils bei, das von derselben Maschine produziert wird? Folgende Hauptursachen kommen infrage:

1. Statische und dynamische Verformungen der Maschine aufgrund von Vibrationen und zeitlich veränderlichen Kräften, die durch Variationen hervorgerufen werden, wie zum Beispiel bei den Eigenschaften und Abmessungen des angelieferten Werkstückmaterials;
2. Verformung der Maschine infolge thermischer Effekte, einschließlich der Änderungen in den Temperaturen der Bearbeitungsflüssigkeiten, Maschinenlager und Komponenten oder der Umgebung;
3. Verschleiß der Werkzeuge, Gesenke und Formen.

Da folglich die Abmessungen der produzierten Teile variieren, ist es notwendig, die Abmessungen während der Produktion zu überwachen. **Prozessinterne Werkstückkontrolle** wird durch spezielle Lehren realisiert und in einer Vielzahl von Anwendungen eingesetzt, beispielsweise bei der maschinellen Bearbeitung und beim Schleifen von Teilen mit hoher Stückzahl.

Herkömmlich erfolgen Teilevermessungen, nachdem das Teil produziert worden ist – d. h. durch Prüfungen, die dem Prozess nachgelagert sind. In modernen Fertigungsverfahren erfolgen Messungen, während das Teil auf der Maschine bearbeitet wird – eine als *prozessinterne*, *Online*- oder *Echtzeit-Inspektion* bezeichnete Prozedur. *Inspektion* umschreibt die Tätigkeit, die Abmessungen des produzierten oder noch zu produzierenden Teils zu überprüfen und zu verfolgen, ob diese mit der für das Teil spezifizierten Maßgenauigkeit übereinstimmt.

Regelmäßige Inspektion ist besonders wichtig für Teile, deren Ausfall oder Fehlfunktion potenziell schwere Folgen hat, beispielsweise Körperverletzungen oder Todesfälle. Typische Beispiele für derartige Ausfälle sind brechende Bolzen, Kabelrisse, nicht funktionierende Schalter, Bremsversagen, Explosion von Schleifscheiben, Achsbrüche bei Eisenbahnen, versagende Turbinenschaufeln und Bersten von Druckkesseln.

4.7 Maßtoleranzen

Als *Maßtoleranzen* werden zulässige oder akzeptable Abweichungen in den Abmessungen (Höhe, Breite, Tiefe, Durchmesser, Winkel) eines Teils definiert. Toleranzen lassen sich nicht vermeiden, da es praktisch unmöglich und sogar unnötig ist, zwei Teile so herzustellen, dass sie genau dieselben Abmessungen besitzen. Da enge Maßtoleranzen die Produktkosten erheblich in die Höhe treiben, ist es daher ökonomisch nicht sinnvoll, einen zu engen Toleranzbereich vorzuschreiben. Toleranzen werden erst dann wichtig, wenn ein Teil mit einem anderen Teil montiert oder gepaart wird. Oberflächen, die frei und nicht funktional sind, brauchen normalerweise keine enge Maßtoleranzkontrolle. Somit sind zum Beispiel die Genauigkeiten von Durchmesser und Abstand der Bohrungen einer Pleuelstange weitaus kritischer als die Genauigkeit ihrer Breite und Dicke.

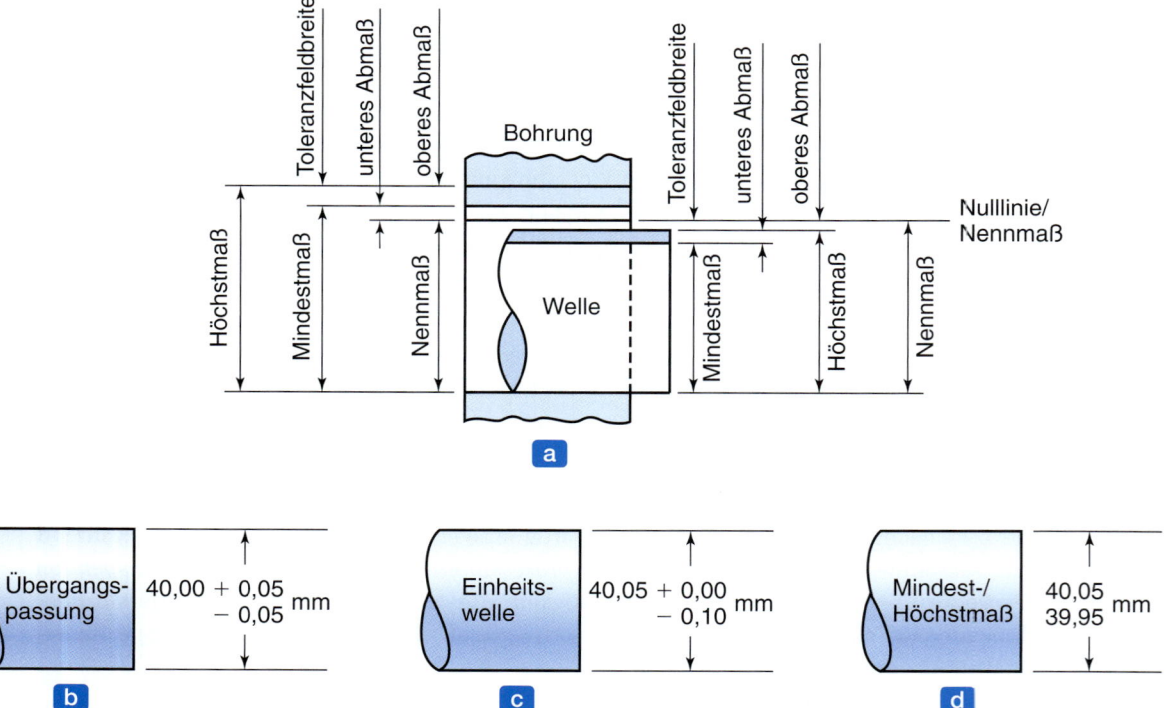

Abbildung 4.19: (a) Grundmaß, Abweichung und Toleranz einer Welle nach dem ISO-Bezeichnungssystem, (b)–(d) Arten der Toleranzangabe für eine Welle. Nach L.E. Doyle.

4.8 Prüfung und Inspektion

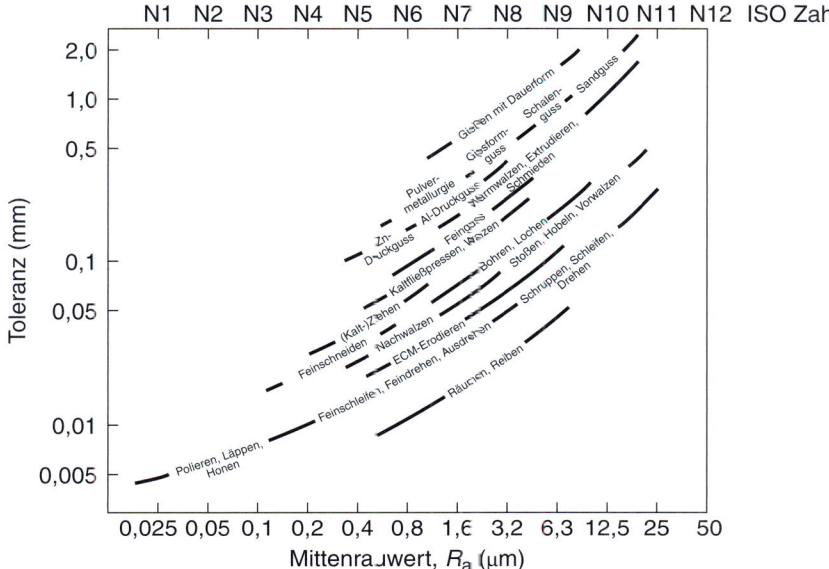

Abbildung 4.20: Toleranzen und Oberflächenrauhigkeit bei verschiedenen Fertigungsverfahren. Die Maßtoleranzen gelten für ein Werkstück mit einer Abmessung von 25 mm. Nach J.A. Schey.

Um die geometrischen Toleranzen klar zu definieren, hat sich eine bestimmte Terminologie etabliert, wie zum Beispiel die in ▶ Abbildung 4.19a gezeigten ISO-Bezeichnungen (International Standards Organization). Beachten Sie, dass sowohl die Welle als auch die Bohrung Kleinst- und Größtdurchmesser besitzen, wobei die Differenz die Maßtoleranz für jedes dieser Bauteile ist. Eine ordnungsgemäße technische Zeichnung sollte diese Parameter mit numerischen Werten belegen, wie es in Abbildung 4.19b zu sehen ist.

Der Bereich der Maßtoleranzen, der sich bei verschiedenen Fertigungsverfahren ergibt, ist in ▶ Abbildung 4.20 dargestellt. Es besteht eine Beziehung zwischen Toleranzen und Oberflächenbeschaffenheit von Teilen, die durch verschiedene Prozesse hergestellt wurden. Beachten Sie außerdem die Breite der Toleranzen und Oberflächenvergütungen, die man einstellen kann. Darüber hinaus gilt: Je größer das Teil ist, desto größer ist der erreichbare Toleranzbereich. Die Erfahrung hat gezeigt, dass Maßungenauigkeiten der gefertigten Teile ungefähr proportional zur Kubikwurzel der Teilgröße sind. Somit nehmen bei doppelter Größe eines Teils die Ungenauigkeiten um das $2^{1/3} = 1{,}26$-Fache bzw. um 26 % zu.

4.8 Prüfung und Inspektion

4.8.1 Zerstörungsfreie Prüfverfahren

Wie bereits der Name verrät, wird *zerstörungsfreies Prüfen* in einer solchen Form durchgeführt, dass die Teile sowie ihre Oberflächenstruktur unversehrt bleiben. Die folgenden Punkte beschreiben die grundlegenden Prinzipien der gebräuchlicheren zerstörungsfreien Prüfverfahren:

1 Bei der **Farbeindringprüfung** wendet man flüssige Färbungsmittel auf die Oberflächen der Teile an, damit sie in Öffnungen wie Risse, Sprünge und Poren eindringen können. Das Eindringmittel kann in Risse bis herab zu 0,1 µm gelangen. Als Flüssigkeiten sind üblich: (a) *fluoreszierende* Eindringmittel, die unter ultraviolettem Licht fluoreszieren, und (b) *sichtbare* Eindringmittel mit meist roten Farbstoffen, die als helle Umrisse auf der Oberfläche erscheinen.

Die zu inspizierende Oberfläche wird zunächst gründlich gereinigt und getrocknet. Dann wird die Flüssigkeit auf die Oberfläche gepinselt oder gesprüht und verbleibt dort lang genug, damit sie in die Öffnungen der Oberfläche eindringen kann. Überschüssiges Eindringmittel wird abgewischt oder mit Wasser bzw. einem Lösungsmittel abgewaschen. Anschließend wird ein Entwickler aufgebracht, damit das Eindringmittel wieder zurück zur Oberfläche wandern und sich an den Rändern der Öffnungen ausbreiten kann, sodass sich ein Vergrößerungseffekt für die Defekte ergibt. Schließlich untersucht man die Oberfläche auf Defekte, und zwar entweder visuell (wie bei gefärbten Eindringmitteln) oder unter einer Fluoreszenzbeleuchtung. Mit dieser ausgiebig genutzten Methode ist man in der Lage, ein breites Spektrum von Oberflächendefekten zu erkennen. Zudem ist sie kostengünstiger als andere Methoden. Allerdings lassen sich damit nur Defekte erkennen, die bis zur Oberfläche reichen, und keine inneren Defekte.

2 Bei der **Magnetpulverprüfung** werden feine ferromagnetische Partikel auf die Oberfläche des Teils aufgebracht, und zwar entweder trocken oder in einem flüssigen Träger wie Wasser oder Öl. Wird das Teil in einem magnetischen Feld magnetisiert, bewirkt eine Unregelmäßigkeit (ein Defekt) auf der Oberfläche, dass sich die zuvor aufgebrachten ferromagnetischen Teilchen sichtbar um diesen Defekt sammeln. Diese angesammelten Teilchen nehmen die Form und Größe des Defekts an. Mit dieser Methode lassen sich auch Defekte unter der Oberfläche erkennen, sofern sie nicht zu tief liegen. Die ferromagnetischen Teilchen können mit Pigmenten eingefärbt werden, um die Sichtbarkeit zu verbessern. Feuchte Teilchen werden verwendet, um feine Diskontinuitäten wie zum Beispiel Ermüdungsrisse zu erkennen.

3 Bei der **Ultraschallprüfung** läuft eine Ultraschallwelle durch das Werkstück. Ein innerer Defekt (beispielsweise ein Riss) streut diese Welle und reflektiert einen Anteil der Ultraschallenergie zurück (*Ultraschallecho*). Aus der Amplitude der reflektierten Welle und ihrer Laufzeit lässt sich auf die Anwesenheit und Lage von Fehlern im Teil schließen. Die Ultraschallschwingungen werden von Wandlern unterschiedlicher Arten und Formen erzeugt. Diese sogenannten *Sonden* oder *Prüfköpfe* beruhen auf dem *piezoelektrischen* Effekt (Abschnitt 3.9.6) und verwenden Quarz, Lithiumsulfat und verschiedenen Keramiken als piezoelektrisches Sondenmaterial. Die Prüffrequenz liegt meist im Bereich von 1 bis 25 MHz. Um die Ultraschallwellen vom Wandler zum Prüfkörper zu übertragen, verwendet man *Koppelmittel* wie Wasser, Öl, Glycerin und Fett.

Die Ultraschallwellen dringen sehr tief in das Material ein und die Methode ist sehr empfindlich. Sie lässt sich einsetzen, um Fehler in großen Materialvolumen (beispielsweise in Eisenbahnachsen, Druckkesseln und Gesenkblöcken) sowie aus unterschiedlichen Richtungen zu untersuchen. Ihre Genauigkeit ist höher als die anderer zerstörungsfreier Untersuchungsmethoden. Allerdings erfordert diese Methode erfahrenes Bedienpersonal, das die Ergebnisse richtig interpretieren kann.

4 Die **Schallemissionstechnik** erkennt Signale (Hochfrequenzspannungswellen), die das Werkstück selbst im Rahmen verschiedener Phänomene erzeugt, zum Beispiel plastische Verformung, Rissbildung und -ausbreitung, Phasenumwandlung und plötzliche Neuausrichtung von Korngrenzen. Andere Quellen für akustische Signale sind Blasenbildung beim Kochen sowie Reibung und Verschleiß von gleitenden Oberflächen. Sensoren aus piezoelektrischen Keramikelementen erkennen die akustischen Emissionen. Bei Anwendung der Schallemissionstechnik wird typischerweise das Teil oder die Struktur elastisch verformt, indem beispielsweise ein Träger gebogen, ein Drehmoment auf eine Welle angewendet oder ein Kessel unter Druck gesetzt wird. Diese Methode ist besonders geeignet für die fortlaufende Überwachung von lasttragenden Strukturen.

5. Bei der **Impact-Echotechnik** stößt man die Oberfläche eines Objekts an. Die übertragenen Schallwellen werden detektiert und analysiert, um Inhomogenitäten und Fehler zu erkennen. Das Prinzip ähnelt dem Abklopfen von Wänden, Schreibtischen oder Arbeitsplatten mit den Fingern oder einem leichten Hammer, um aus den entstehenden Tönen Rückschlüsse auf die Eigenschaften zu ziehen. Keramische Schleifscheiben (Abschnitt 9.3.1) werden in ähnlicher Weise geprüft (Klangprobe), um Risse in der Scheibe zu erkennen, die für das bloße Auge nicht sichtbar sind. Die Impact-Echotechnik lässt sich instrumentieren und automatisieren. Zudem ist sie einfach durchzuführen. Allerdings hängt das Ergebnis von der Geometrie und der Masse des Teils ab. Um Fehler zweifelsfrei zu erkennen, ist deshalb eine Bezugsprobe erforderlich.

6. Bei der **Radiografie** stellt man mithilfe von Röntgengrobstrukturuntersuchungen innere Fehler oder Variationen in der Dichte und Dicke des Teils fest. Die **digitale Radiografie** verwendet anstelle eines Films ein lineares Array von Detektoren und speichert die Daten im Computer. Die Tomografie ist ein dazu ähnliches System, außer dass Röntgenbilder von dünnen Querschnitten des Werkstücks erzeugt werden. Die **Computertomografie** (*CT-Untersuchung*) basiert auf dem gleichen Prinzip und wird auch intensiv in der Medizin eingesetzt.

7. Die **Wirbelstromprüfung** basiert auf dem Prinzip der elektromagnetischen Induktion. Das zu prüfende Teil wird in oder neben einer elektrischen Spule platziert, durch die Wechselstrom (der Erregerstrom) mit Frequenzen im Bereich von 6 bis 60 MHz fließt. Der Strom induziert im Teil Wirbelströme. Vorhandene Defekte hemmen die Wirbelströme oder kehren ihre Richtung um, was Änderungen des elektromagnetischen Felds nach sich zieht. Diese Änderungen beeinflussen die Erregerspule (Messspule), deren Spannung überwacht wird, um damit Fehler zu erkennen.

8. Bei der **thermischen Prüfung** werden Temperaturänderungen durch Kontakt- oder berührungslose Wärmefühler beobachtet, zum Beispiel mit Kontakttemperatursonden oder Infrarotscannern. Defekte im Werkstück wie zum Beispiel Risse, schlecht ausgeführte Verbindungen oder aufgetrennte Bereiche in laminierten Strukturen bewirken eine Änderung in der Temperaturverteilung. Bei der **Thermografie** werden Werkstoffe wie zum Beispiel wärmeempfindliche Farben und Papiere, Flüssigkristalle und andere Beschichtungen auf die Oberfläche des Teils appliziert. Änderungen ihrer Farbe oder ihres Aussehens weisen auf das Vorhandensein von Defekten hin.

9. Die **Holografie** liefert ein dreidimensionales Bild des Teils mithilfe eines optischen Systems. Diese Technik setzt man für einfache Formen und stark polierte Oberflächen ein. Das Bild wird auf einem fotografischen Film aufgezeichnet. Eine Erweiterung der Holografie (die **holografische Interferometrie**) erlaubt die Untersuchung von Teilen mit verschiedenartigen Formen und Oberflächeneigenschaften. Defekte im Teil können durch Doppel- und Mehrfachbelichtungsverfahren erkannt und dargestellt werden, wobei das Teil äußeren Kräften oder anderen sich ändernden Einflussgrößen (wie zum Beispiel Temperatur) ausgesetzt wird.

In der **akustischen Holografie** erhält man Informationen zu inneren Defekten direkt aus dem Bild des Teilinneren. Bei einer Sonderform der akustischen Holografie werden das Teil und zwei Ultraschallprüfköpfe (einer für den Objektstrahl und der andere für den Referenzstrahl) in einen mit Wasser gefüllten Tank getaucht. Das Hologramm entsteht dann durch die Oberflächenwellen im Wasser des Tanks. Bei der **akustischen Rasterholografie** wird nur ein Wandler eingesetzt und das Hologramm erhält man durch elektronische Phasenerkennung. Dieses System ist empfindlicher, die Apparatur ist normalerweise portabel und für sehr große Teile kann man eine Wassersäule anstelle eines Wassertanks verwenden.

4.8.2 Zerstörende Prüfverfahren

Bei einem Teil, das mithilfe von *zerstörenden Prüfverfahren* untersucht wird, lassen sich Integrität, ursprüngliche Form oder Oberflächenstruktur nicht mehr aufrechterhalten. Somit sind die in Kapitel 2 beschriebenen *mechanischen Prüfverfahren* sämtlich destruktiv, da eine Probe aus dem Teil entnommen werden muss, um es zu überprüfen. Andere zerstörende Prüfverfahren sind Schleudertests von Schleifscheiben, um ihre Bruchumfangsgeschwindigkeit zu ermitteln, Hochdruckprüfungen von Druckkesseln, um ihren Berstdruck zu bestimmen, und Prüfungen der Umformbarkeit von Blechen (siehe Abschnitt 7.7.1). Härteprüfungen, die große Eindrücke hinterlassen (wie zum Beispiel beim Brinellverfahren), können ebenfalls den zerstörenden Prüfverfahren zugeordnet werden, während Mikrohärteprüfungen in der Regel zerstörungsfrei ablaufen, da nur ein sehr kleiner permanenter Eindruck erzeugt wird. Diese Unterscheidung geht von der Annahme aus, dass der Werkstoff nicht *kerbempfindlich* ist (Abschnitt 2.9). Die meisten Gläser, wärmebehandelten Metalle und Keramiken sind kerbempfindlich – der durch den Eindringkörper verursachte kleine Eindruck kann also Festigkeit und Zähigkeit des Werkstoffs (zumindest lokal) verringern.

4.8.3 Automatisierte Prüfung

Bei herkömmlicher Fertigung hat man einzelne Teile und Baugruppen in Losen gefertigt und zur Inspektion in einen getrennten Qualitätskontrollraum gebracht. Falls die Teile die Kontrollen bestanden haben, wurden sie in den Warenbestand übernommen. Andernfalls wurden sie entweder überarbeitet, wiederverwertet, verschrottet oder auf der Grundlage einer bestimmten akzeptablen Abweichung vom Standard im Bestand behalten. Eine derartige **dem Prozess nachgelagerte Prüfung** ist offenbar ineffizient, da es Defekte verfolgt, nachdem sie aufgetreten sind, und in keiner Weise versucht, Defekte zu verhindern.

Im Gegensatz dazu ist die moderne Fertigung durch **automatisierte Prüfung** gekennzeichnet. Diese Methode verwendet verschiedenartige Sensoren, die die relevanten Parameter während des Fertigungsprozesses überwachen (**Echtzeitprüfung**). Anhand dieser Messungen korrigiert sich dann der Prozess automatisch selbst, um einwandfreie Teile zu produzieren. Somit ist eine weitere Prüfung des Teils an einem anderen Ort in der Fertigungsstätte unnötig. Teile können auch unmittelbar nach ihrer Herstellung geprüft werden (**prozessinterne Prüfung**).

Durch geeignete Sensoren (siehe Abschnitt A.8) und computergesteuerte Systeme (Anhang B) ist es möglich geworden, die automatisierte Prüfung in die Fertigungsoperationen zu integrieren. Ein derartiges System stellt sicher, dass ein Teil nur dann von einem Fertigungsschritt zum nächsten gelangt (beispielsweise von einem Arbeitsgang auf der Drehbank zum Außenrundschleifen), wenn das Teil korrekt gefertigt wurde und den für die erste Operation festgelegten Standards entspricht. Automatisiertes Prüfen ist flexibel und kann schnell auf Änderungen im Produktdesign reagieren. Darüber hinaus sind die Anforderungen an die Qualifikation des Personals geringer, die Produktivität wird gesteigert und die Teile haben höhere Qualität, Zuverlässigkeit und Maßhaltigkeit.

Sensoren für automatisierte Inspektion: Schnelle Fortschritte in der **Sensortechnik** (Abschnitt A.8) haben die Echtzeitüberwachung von Fertigungsoperationen möglich gemacht. Mithilfe verschiedenartiger Sonden und Sensoren, die taktil (berührend) oder berührungslos arbeiten, lassen sich Maßhaltigkeit, Rautiefe, Temperatur, Kraft, Leistung, Vibration, Werkzeugverschleiß und die Anwesenheit äußerer oder innerer Defekte erfassen. Sensoren sind ihrerseits mit Mikroprozessoren und Computern verbunden, um die Daten zu speichern und zu analysieren. Diese Fähigkeit erlaubt schnelle Echtzeitanpassung eines oder mehrerer Prozessparameter, um Teile zu produzieren, die einheitlich innerhalb festgelegter Toleranz- und Qualitätsstandards liegen. Derartige Systeme gehören heute zur Standardausrüstung von Produktionsmaschinen.

4.9 Qualitätssicherung

Unter *Qualitätssicherung* versteht man sämtliche Anstrengungen, die ein Hersteller unternimmt, um die Konformität seiner Produkte mit einem detaillierten Satz von Spezifikationen und Standards zu gewährleisten. Diese Standards umfassen mehrere Parameter wie zum Beispiel Abmessungen, Oberflächengestaltung, Maßtoleranzen, Zusammensetzung und Farbe sowie mechanische, physikalische und chemische Eigenschaften von Werkstoffen. Üblicherweise sind die Standards so abgefasst, dass eine geeignete Montage mit austauschbaren, mängelfreien Komponenten und die Herstellung eines Produkts sichergestellt ist, das sich entsprechend den Vorstellungen seiner Entwickler verhält.

Qualitätssicherung muss zur Verantwortlichkeit aller gehören, die mit dem Entwurf und der Fertigung von Produkten zu tun haben. Die oft wiederholte Aussage, dass Qualität *in ein Produkt zu integrieren* ist, spiegelt das wichtige Konzept wider, dass sich Qualität nicht in ein fertiges Produkt hinein inspizieren lässt. Jeder Aspekt von Entwurfs- und Fertigungsoperationen wie zum Beispiel Werkstoffauswahl, Produktion und Montage muss im Detail analysiert werden, um zu gewährleisten, dass Qualität wirklich in das endgültige Produkt eingebaut wird.

Ein wichtiges Konzept besteht darin, Werkstoffe und Prozesse so zu überwachen, dass die Produkte von vornherein korrekt gefertigt werden. Da eine 100 %ige Inspektion in der Regel zu kostenaufwendig ist, sind mehrere Methoden entwickelt worden, um kleinere und statistisch relevante Stichproben zu inspizieren. Diese Methoden bauen auf **statistischen Verfahren** auf, um die Wahrscheinlichkeit von Defekten für das gesamte Produktionslos zu ermitteln.

Prüfung und Kontrolle umfassen eine Reihe von Schritten:

1 Prüfen der angelieferten Werkstoffe, um sicherzustellen, dass sie den festgelegten Anforderungen an Eigenschaften, Abmessungen, Oberflächenbeschaffenheit und Integrität entsprechen;

2. Prüfen der einzelnen Produktkomponenten, um sicherzustellen, dass sie den Spezifikationen entsprechen;
3. Prüfen des Produkts, um sicherzustellen, dass die einzelnen Teile ordnungsgemäß montiert wurden;
4. Testen des Produkts, um sicherzustellen, dass es entsprechend den Vorgaben funktioniert.

Prüfungen müssen die gesamte Produktion begleiten, da immer davon auszugehen ist, dass (a) Abmessungen und Eigenschaften der angelieferten Werkstoffe abweichen, (b) die Leistungsmerkmale von Werkzeugen, Gesenken und Maschinen in den verschiedenen Phasen der Fertigung schwanken, (c) menschliches Versagen vorkommt und (d) Fehler während der Montage des Produkts auftreten. Folglich sind keine zwei Produkte absolut gleich gefertigt. Ein wichtiger Aspekt der Qualitätskontrolle ist die Fähigkeit, Defekte zu analysieren und sie umgehend zu beseitigen oder zumindest auf ein akzeptables Niveau zu senken. Die Gesamtheit aller dieser Aktivitäten wird als **umfassendes Qualitätsmanagement** (*total quality management*, TQM) bezeichnet.

Um die Qualität zu kontrollieren, müssen wir (1) das Niveau der Qualität *quantitativ messen* und (2) alle Werkstoff- und Prozessvariablen, die sich steuern lassen, *identifizieren* können. Das während der Produktion erreichte Qualitätsniveau kann dann etabliert werden, indem durch Prüfen des Produkts ermittelt wird, ob es die Spezifikationen in Bezug auf Maßtoleranzen, Oberflächengüte, Defekte und andere Charakteristika erfüllt.

4.9.1 Statistische Methoden der Qualitätskontrolle

Die Verwendung von *statistischen Methoden* ist wichtig aufgrund der großen Anzahl von Werkstoff- und Prozessvariablen, die in Fertigungsoperationen einfließen. Zufällig auftretende Ereignisse (die weder einen besonderen Trend noch ein Muster erkennen lassen) werden als **Zufallsstreuung** bezeichnet. Bei Ereignissen, für die sich die konkreten Ursachen zurückverfolgen lassen, spricht man von **zuordenbaren Streuungen**. Zum Beispiel weisen die Ergebnisse des Vierpunktbiegeversuchs wegen der Zufallsstreuung in der Werkstofffestigkeit einen natürlichen Bereich von Festigkeitsvorhersagen auf. Wie bereits erläutert, stammen die Streuungen von der zufälligen Verteilung kleiner Defekte im Material (siehe Abschnitt 2.5). Wenn die Proben für den Biegeversuch schlecht bearbeitet wurden, sodass einige Proben Kerben aufweisen und andere kerbenfrei sind, dann lässt sich der resultierende Bereich der gemessenen Festigkeiten der Produktionsmethode zuschreiben und es handelt sich um zuordenbare Streuungen.

Obwohl schon seit Jahrhunderten bekannt ist, dass es *Schwankungen* in den Produktionsabläufen gibt, hat erst Eli Whitney (1765–1825) ihre volle Bedeutung erkannt, als er festgestellt hat, dass austauschbare Teile für die Massenproduktion von Schusswaffen unentbehrlich sind. In der **statistischen Qualitätskontrolle** hat man häufig mit folgenden Begriffen zu tun:

a. **Stichprobenumfang:** Die Anzahl der Teile in einer Stichprobe, deren Eigenschaften zu untersuchen sind, um Informationen über die Grundgesamtheit zu erhalten;
b. **Zufallsentnahme:** Das Entnehmen einer Probe aus einer Grundgesamtheit (bzw. einem Los), in der für jedes Element die gleiche Wahrscheinlichkeit gilt, in die Stichprobe aufgenommen zu werden;

c **Grundgesamtheit:** Die Gesamtheit aller Teile desselben Designs, aus der die Proben entnommen werden;

d **Losgröße:** Eine Teilmenge der Grundgesamtheit. Ein oder mehrere Lose können als Teilmenge der Grundgesamtheit betrachtet und als deren Repräsentanten behandelt werden.

Stichproben werden mit den weiter vorne in diesem Kapitel beschriebenen Instrumenten und Techniken auf bestimmte Eigenschaften und Merkmale wie Maßtoleranzen, Oberflächengüte und Defekte untersucht. Diese Charakteristika lassen sich zwei Kategorien zuordnen: diejenigen, die sich *quantitativ* messen lassen (Methode der Variablen), und diejenigen, die sich *qualitativ* messen lassen (Methode der Attribute).

Die **Methode der Variablen** ist die quantitative *Messung* von Charakteristika wie Abmessungen, Toleranzen, Oberflächengüte und physikalische oder mechanische Eigenschaften. Derartige Messungen werden für jedes Mitglied in der betrachteten Gruppe durchgeführt und die Ergebnisse dann mit den Spezifikationen für das Teil verglichen. Bei der **Methode der Attribute** beobachtet man die Anwesenheit oder Abwesenheit qualitativer Eigenschaften, wie zum Beispiel äußere oder innere Defekte in maschinell bearbeiteten, umgeformten oder geschweißten Teilen oder Beulen in Blechprodukten für jede Einheit in der betrachteten Gruppe. Die Stichprobengröße ist für attributartige Daten höher als für Daten nach der Variablenmethode, weil genaue qualitative Messungen schwerer zu erhalten sind und die Varianz demzufolge größer ist.

Während der Überprüfung variieren die Messergebnisse normalerweise. Wenn zum Beispiel der Durchmesser von gedrehten Wellen während der Herstellung auf einer Drehbank (mit einer Mikrometerschraube) gemessen wird, variieren die gemessenen Durchmesser, selbst wenn es im Idealfall wünschenswert ist, dass alle Wellen genau die gleiche Größe haben. Wenn die gemessenen Durchmesser in einer bestimmten Grundgesamtheit aufgelistet werden, zeigt sich, dass eine oder mehrere Wellen den kleinsten und eine oder mehrere Wellen den größten Durchmesser haben. Die Durchmesser bei der Mehrheit der gedrehten Wellen liegen zwischen diesen Extremwerten. Man kann dann die Durchmesser gruppieren und in einem *Säulendiagramm* darstellen, in dem jede Säule die Anzahl der Teile in jeder Durchmessergruppe darstellt (▶ Abbildung 4.21a). Die Säulen zeigen eine **Verteilung** (oder die **Streuung**) der Durchmessermessungen. Die glockenförmige Kurve in Abbildung 4.21a bezeichnet man als **Häufigkeitsverteilung**. (Im mathematisch korrekten Sinn ist dies die Dichtefunktion der Wahrscheinlichkeitsverteilung.) Sie stellt die Häufigkeiten dar, mit denen die Teile innerhalb jeder Durchmessergruppe produziert werden.

Daten von Fertigungsprozessen ergeben oftmals Kurven, die durch die wahrscheinlichkeitstheoretisch abgeleitete **Normalverteilung** oder **Gauß-Verteilung** dargestellt werden. Die in Abbildung 4.21b gezeigte (glockenförmige) Normalverteilung der Daten besitzt zwei wichtige Merkmale. Erstens zeigt sie, dass die Durchmesser der meisten Wellen in der Nähe eines *Durchschnittswerts* (**arithmetisches Mittel**) liegen. Dieser Mittelwert wird allgemein mit $\bar{x}$ bezeichnet und lässt sich aus dem Ausdruck

$$\bar{x} = \frac{x_1 + x_2 + x_3 + \cdots + x_n}{n} \tag{4.8}$$

berechnen, wobei im Zähler die Summe aller gemessenen Werte (hier: Durchmesser) steht und n die Anzahl der Messungen (hier: Anzahl der Wellen) angibt.

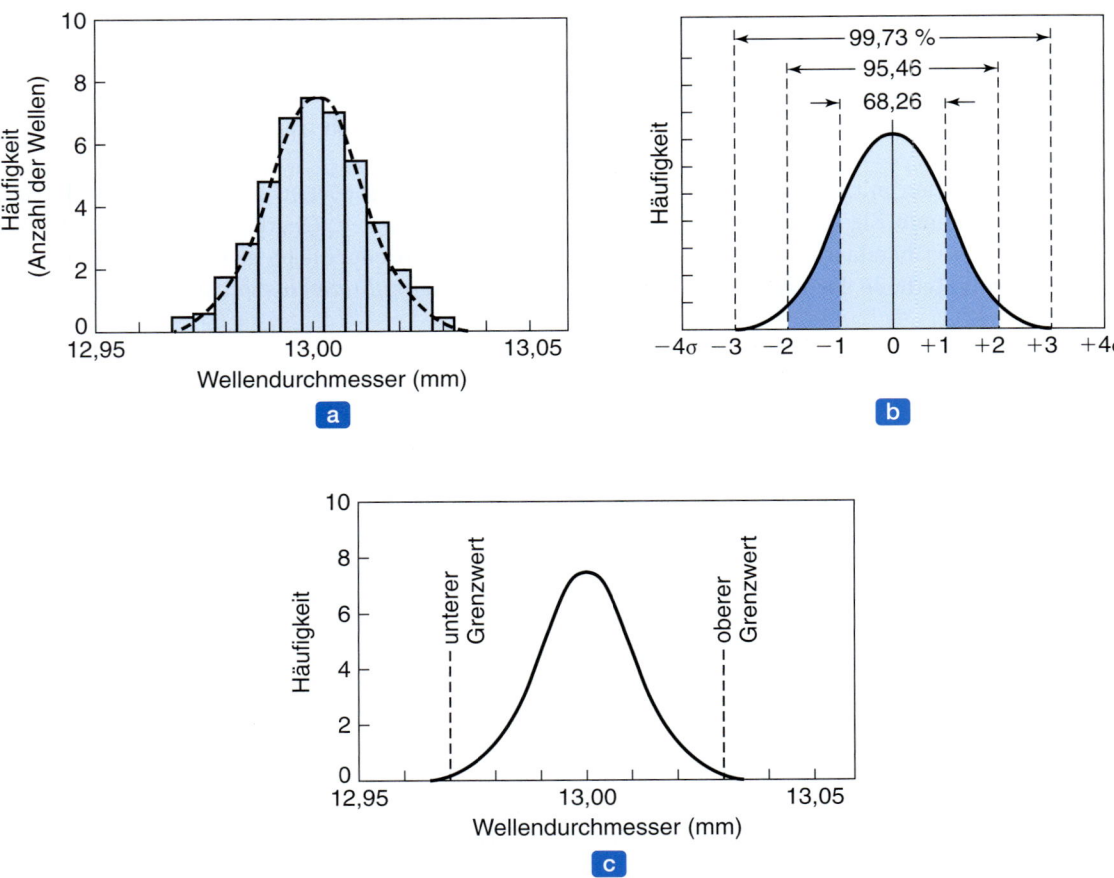

Abbildung 4.21: (a) Häufigkeitsverteilung der gemessenen Durchmesser von gedrehten Wellen. (b) Anteil der Wellen, deren Durchmesser im Bereich von Vielfachen der Standardabweichung σ der Normalverteilung liegen. (c) Häufigkeitsverteilung mit eingezeichneten Durchmesserspezifikationen.

Das zweite Merkmal der Kurve ist ihre Breite, die auf die *Streuung* der gemessenen Durchmesser hinweist. Dabei gilt: Je breiter die Kurve, desto größer ist die Streuung. Die Differenz zwischen größtem und kleinstem Wert ist der sogenannte *Bereich*, R:

$$R = x_{\max} - x_{\min} \,. \tag{4.9}$$

Die Streuung wird durch die **Standardabweichung** geschätzt, die allgemein mit σ bezeichnet wird und sich aus dem Ausdruck

$$\sigma = \sqrt{\frac{(x_1 - \overline{x})^2 + (x_2 - \overline{x})^2 + (x_3 - \overline{x})^2 + \cdots + (x_n - \overline{x})^2}{n - 1}} \tag{4.10}$$

ergibt, wobei x der für jedes Teil gemessene Wert ist. Beachten Sie für den Zähler in Gleichung (4.9), dass (a) die Standardabweichung bei breiteren Kurven größer wird, und (b) σ für das hier besprochene Beispiel die Einheit einer Länge besitzt.

Da die Anzahl der Teile in jeder Gruppe bekannt ist, können wir den von jeder Gruppe dargestellten Prozentanteil der Grundgesamtheit berechnen. Aus Abbildung 4.21b ergibt sich, dass 99,73 % aller gemessenen Durchmesser der gedrehten Wellen im Bereich von $\pm 3\sigma$, 95,46 % innerhalb von $\pm 2\sigma$ und 68,26 % im Bereich von $\pm 1\sigma$ liegen; nur 0,27 % fallen außerhalb des $\pm 3\sigma$-Bereichs.

Sechs-Sigma: Das *Sechs-Sigma*-Konzept ist ein wichtiger Trend bei Fertigungsoperationen wie auch bei Geschäfts- und Servicetätigkeiten. Wie die obigen Erläuterungen dargestellt haben, bedeuten 3σ bei der Fertigung, dass 0,27 % der Teile bzw. 2700 Teile pro Million defekt sind. In der modernen Fertigung ist dieser Anteil nicht akzeptabel. Schätzungen zufolge würde auf dem Drei-Sigma-Niveau praktisch kein moderner Computer ordnungsgemäß und zuverlässig funktionieren und im Dienstleistungsgewerbe wären allein in den USA jedes Jahr 270 Millionen falsche Kreditkartentransaktionen zu verzeichnen. Weiterhin wird geschätzt, dass Firmen, die auf Drei- bis Vier-Sigma-Niveau arbeiten, etwa 10 bis 15 % ihres Gesamtumsatzes aufgrund von Defekten verlieren. Folglich wurden – angeführt von Firmen wie Motorola und General Electric – umfangreiche Anstrengungen unternommen, um Defekte in Produkten und Prozessen praktisch zu eliminieren. Berichte melden jährliche Einsparungen in der Größenordnung von Milliarden Euro.

Sechs-Sigma ist ein Satz von statistischen Werkzeugen, die auf bewährten Prinzipien des umfassenden Qualitätsmanagements basieren, um ständig die Qualität von Produkten und Dienstleistungen in ausgewählten Projekten zu messen. Dazu gehören Aspekte wie das Sicherstellen der Kundenzufriedenheit, die Bereitstellung fehlerfreier Produkte und das Beherrschen der Prozessfähigkeiten (siehe unten). Der Ansatz konzentriert sich klar darauf, das Problem zu definieren, die relevanten Größen zu messen und die Prozesse und Aktivitäten zu analysieren, zu verbessern und zu steuern. Aufgrund seines entscheidenden Einflusses auf die Unternehmenstätigkeit hat sich Sechs-Sigma inzwischen als Managementphilosophie etabliert.

4.9.2 Statistische Prozesskontrolle

Wenn die Anzahl der Teile, die den festgelegten Standards nicht entsprechen, während eines Fertigungsablaufs ansteigt, ist es wichtig, die Ursache zu ermitteln (wie zum Beispiel Variabilität bei gelieferten Rohstoffen, Maschinensteuerungen, Degradation von Metallbearbeitungsflüssigkeiten, Langeweile des Bedieners) und die geeignete Aktion zu unternehmen. Obwohl diese Aussage zunächst selbstverständlich erscheinen mag, wurde erst in den 1950er Jahren ein systematisches statistisches Konzept entwickelt, um das Bedienpersonal von Maschinen in Fertigungsfirmen entsprechend anzuleiten.

Dieses Konzept empfiehlt dem Bediener, welche geeigneten Maßnahmen er wann unternehmen sollte, um zu vermeiden, dass weiterhin fehlerhafte Teile produziert werden. Die als **statistische Prozesssteuerung** (*statistical process control*, SPC) bezeichnete Technik besteht aus mehreren Elementen: (a) Qualitätsregelkarten und Festlegen von Steuergrenzen, (b) Fähigkeiten des konkreten Fertigungsprozesses und (c) Charakteristika der beteiligten Maschinen.

Qualitätsregelkarten: Die in Abbildung 4.21a dargestellte Häufigkeitsverteilung zeigt einen Bereich von Wellendurchmessern, die aus dem festgelegten Toleranzbereich des Entwurfs herausfallen können. In Abbildung 4.21c ist die gleiche Glockenkurve zu sehen, die jetzt die festgelegten Toleranzen für die Durchmesser der gedrehten Wellen zeigt. *Qualitätsregelkarten* stellen die Abweichungen eines Prozesses für eine bestimmte Zeitspanne grafisch dar. Sie bestehen aus Daten, die während der Produktion eingetragen werden, wobei es normalerweise zwei Kennwerte gibt. Die Größe $\bar{x}$ in ▶Abbildung 4.22a ist der Mittelwert für jede Teilmenge der entnommenen und geprüften Proben. Als Beispiel sei eine Teilmenge bestehend aus 5 Teilen angenommen. (Je nach Standardabweichung kann eine Stichprobengröße zwischen 2 und 10 Teilen für die Fertigung ausreichend genau sein. Das setzt voraus, dass die Stichprobengröße während der Prüfung konstant bleibt.)

Die Häufigkeit der Probenentnahme hängt von der Art des Prozesses ab. Manche Prozesse erfordern eine fortlaufende Probenentnahme, während bei anderen Prozessen eine Probe pro Tag genügt. Analysten für Qualitätssteuerung sind dafür qualifiziert, diese Häufigkeit für eine bestimmte Situation zu ermitteln. Da die in Abbildung 4.22a gezeigten Messungen nacheinander vorgenommen wurden, stellt die Abszisse dieser Qualitätsregelkarten auch die Zeit dar. Die durchgehende Linie in dieser Abbildung gibt den

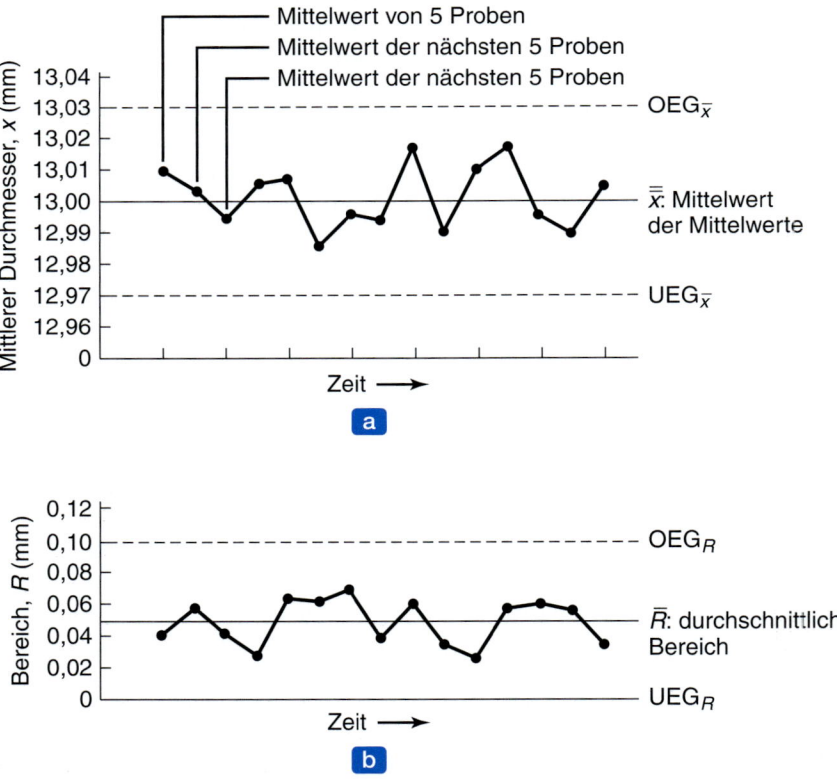

Abbildung 4.22: Qualitätsregelkarten, wie sie bei der statistischen Qualitätskontrolle verwendet werden. Der Prozess verhält sich statistisch gut, da alle Punkte zwischen der unteren (UEG) und oberen Eingriffsgrenze (OEG) liegen. Im gezeigten Beispiel ist die Stichprobengröße 5 und die Zahl der Stichproben 15.

Mittelwert der Mittelwerte (**Gesamtdurchschnitt**) an, ist mit $\overline{\overline{x}}$ bezeichnet und verkörpert den *Mittelwert der Grundgesamtheit*. Die beiden gestrichelten Linien in diesen Qualitätsregelkarten zeigen die obere bzw. untere **Eingriffsgrenze** für den Prozess an.

Die Eingriffsgrenzen werden in diesen Diagrammen entsprechend den Formeln für die statistische Steuerung festgelegt, um die tatsächliche Produktion innerhalb des normalerweise akzeptablen $\pm 3\sigma$-Bereichs zu halten. Somit gilt für $\overline{x}$

$$\text{Obere Eingriffsgrenze (OEG}_{\overline{x}}) = \overline{x} + 3\sigma = \overline{\overline{x}} + A_2 \overline{R} \tag{4.11}$$

und

$$\text{Untere Eingriffsgrenze (UEG}_{\overline{x}}) = \overline{x} - 3\sigma = \overline{\overline{x}} - A_2 \overline{R}, \tag{4.12}$$

wobei sich A_2 aus Tabelle 4.3 ablesen lässt und $\overline{R}$ der Mittelwert der R-Werte ist.

Die Eingriffsgrenzen werden aus vorhandenen Prozessdaten der Anlage selbst berechnet und spiegeln nicht die Toleranzfestlegungen und Maße des Entwurfs wider. Sie zeigen die Grenzen an, in denen erwartungsgemäß ein bestimmter Prozentsatz der gemessenen Werte aufgrund inhärenter Variationen des Prozesses selbst liegt. Die statistische Prozesssteuerung verfolgt vor allem das Ziel, den Fertigungsprozess mithilfe der Qualitätsregelkarten zu verbessern, um zuordenbare Ursachen zu eliminieren.

Die zweite Qualitätsregelkarte in Abbildung 4.22b zeigt den Bereich R in jeder Teilmenge der Stichproben. Die durchgehende waagerechte Linie stellt den Mittelwert der R-Werte dar, der im Los als $\overline{R}$ gekennzeichnet ist. Dies ist ein Maß für die Variabilität in den Stichproben. Die oberen und unteren Eingriffsgrenzen für R ergeben sich aus den Gleichungen

$$\text{OEG}_R = D_4 \overline{R} \tag{4.13}$$

Tabelle 4.3: Konstanten für Qualitätsregelkarten

Stichprobengröße	A_2	D_4	D_3	d_2
2	1,880	3,267	0	1,128
3	1,023	2,575	0	1,693
4	0,729	2,282	0	2,059
5	0,577	2,115	0	2,326
6	0,483	2,004	0	2,534
7	0,419	1,924	0,078	2,704
8	0,373	1,864	0,136	2,847
9	0,337	1,816	0,184	2,970
10	0,308	1,777	0,223	3,078
12	0,266	1,716	0,284	3,258
15	0,223	1,652	0,348	3,472
20	0,180	1,586	0,414	3,735

und
$$\text{UEG}_R = D_3 \overline{R},\qquad(4.14)$$

wobei sich die Werte für die Konstanten D_4 und D_3 aus Tabelle 4.3 ablesen lassen. Diese Tabelle enthält auch Werte für die Konstante d_2, die für die Abschätzung der Standardabweichung mit der Gleichung

$$\sigma = \frac{\overline{R}}{d_2}\qquad(4.15)$$

verwendet wird.

Wenn die Kurve einer Qualitätsregelkarte wie in Abbildung 4.22b aussieht, sagt man, dass sich der Prozess **statistisch gut verhält**. Mit anderen Worten: (a) Es gibt keine klare und wahrnehmbare Tendenz im Muster der Kurve, (b) die Punkte (gemessenen Werte) sind zufällig im Zeitverlauf und (c) sie überschreiten nicht die Eingriffsgrenzen. Kurven wie zum Beispiel die in ▶ Abbildungen 4.23a bis c weisen auf bestimmte Trends hin. Zum Beispiel ist etwa in der Mitte der in Abbildung 4.23a gezeigten Qualitätsregelkarte zu erkennen, dass der Durchmesser der Wellen mit der Zeit ansteigt, was auf eine der Prozessvariablen wie zum Beispiel Verschleiß des Schneidewerkzeugs zurückzuführen ist. Wenn wie in Abbildung 4.23b die Tendenz zu beständig größeren Durchmessern geht (wobei die Werte um die obere Eingriffsgrenze schwanken), könnte das bedeuten, dass die Werkzeugeinstellungen auf der Drehbank nicht korrekt sind und daher die gedrehten Wellen ständig zu groß ausfallen.

Abbildung 4.23c zeigt zwei unterschiedliche Trends, die von Faktoren wie geänderter Eigenschaften der angelieferten Werkstoffe oder geänderter Leistungsfähigkeit der Schneidflüssigkeit (etwa durch Zersetzung) hervorgerufen werden können. Diese Situationen bringen den Prozess **außer Kontrolle**.

Die Analyse der Muster und Trends von Qualitätsregelkarten verlangt erhebliche Erfahrung, um die spezifischen Ursachen für eine außer Kontrolle geratene Situation erkennen zu können. Ein weiterer Grund für außer Kontrolle geratene Situationen ist die **Übersteuerung** des Fertigungsprozesses. Das heißt, dass die oberen und unteren Eingriffsgrenzen zu eng beieinanderliegen und folglich der Bereich für die Standardabweichung kleiner festgelegt wird. Um Übersteuerung zu vermeiden, werden die Eingriffsgrenzen nach der Fähigkeit der Prozesse festgelegt und nicht nach unabhängigen (und manchmal willkürlichen) Vorgaben.

Es liegt auf der Hand, dass die Bedienerausbildung für eine erfolgreiche Implementierung der statistischen Prozesssteuerung vor Ort wichtig ist. Nachdem die Richtlinien für die Prozesssteuerung eingerichtet sind, sollten Bediener auch eine gewisse Autorität erhalten, um Anpassungen an Prozessen vorzunehmen, die außer Kontrolle geraten. Diese Aufgabe wird heutzutage durch ein breites Spektrum von Software erleichtert. Zum Beispiel lassen sich die digitalen Anzeigen von elektronischen Messgeräten direkt in ein Computersystem integrieren, um eine statistische Prozesssteuerung in Echtzeit zu realisieren. ▶ Abbildung 4.24 zeigt ein derartiges multifunktionales Computersystem, in dem die Ausgabe eines digitalen Messschiebers oder einer Mikrometerschraube in Echtzeit analysiert und auf mehrere Arten angezeigt wird, unter anderem in Form von Häufigkeitsverteilungen und Qualitätsregelkarten.

Prozessfähigkeit: Die *Prozessfähigkeit* ist definiert als Bereich, in den eine individuelle Messung in einem bestimmten Fertigungsprozess normalerweise fällt, wenn ausschließlich Zufallsstreuungen existieren. Dieser Kennwert gibt darüber Auskunft, ob der Prozess in der Lage ist, Teile innerhalb bestimmter

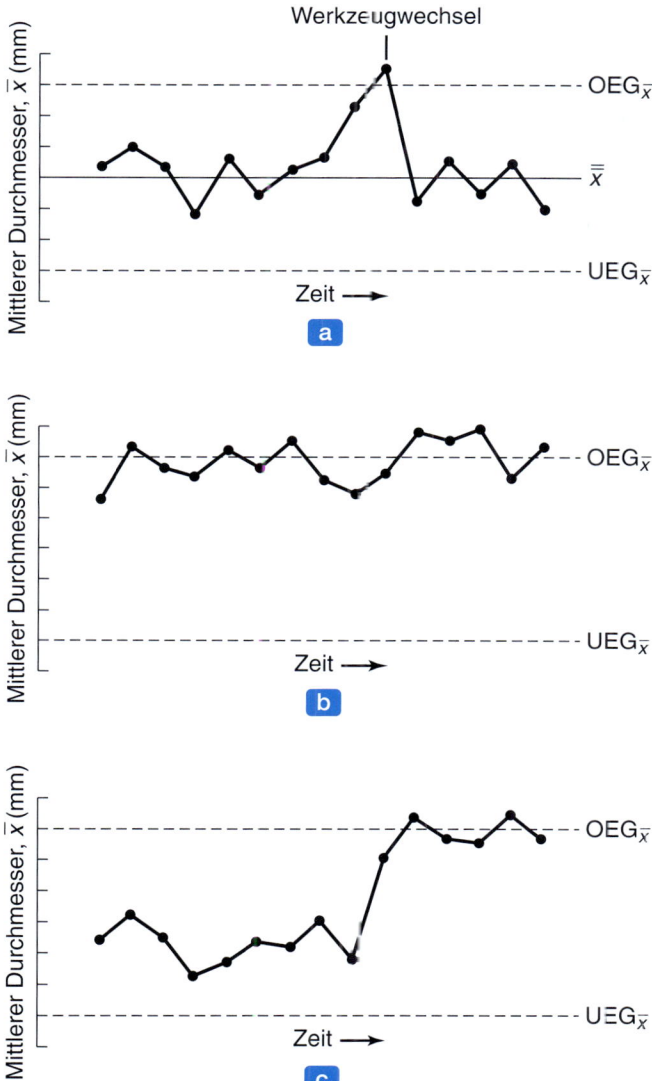

Abbildung 4.23: Qualitätsregelkarten beim Drehen von Wellen. (a) Der Prozess gerät außer Kontrolle, z. B. wegen Werkzeugverschleiß. Nach dem Werkzeugwechsel verhält sich der Fertigungsprozess wieder statistisch gut. (b) Falsche Einstellung von Prozessparametern, wodurch die Durchmesser der Wellen um die obere Eingriffsgrenze pendeln. (c) Der Prozess gerät außer Kontrolle, weil sich der Werkstoff für die Wellen plötzlich ändert (z. B. Rohlinge aus verschiedenen Werkstoffchargen).

Genauigkeitsgrenzen zu produzieren. Da an einem Fertigungsprozess Werkstoffe, Maschinen und Bediener beteiligt sind, lässt sich jeder dieser Aspekte einzeln analysieren, um ein Problem zu erkennen, wenn Prozessfähigkeiten nicht den Teilspezifikationen entsprechen.

4 Oberflächen, Tribologie, Maßtoleranzen, Inspektion und Qualitätssicherung

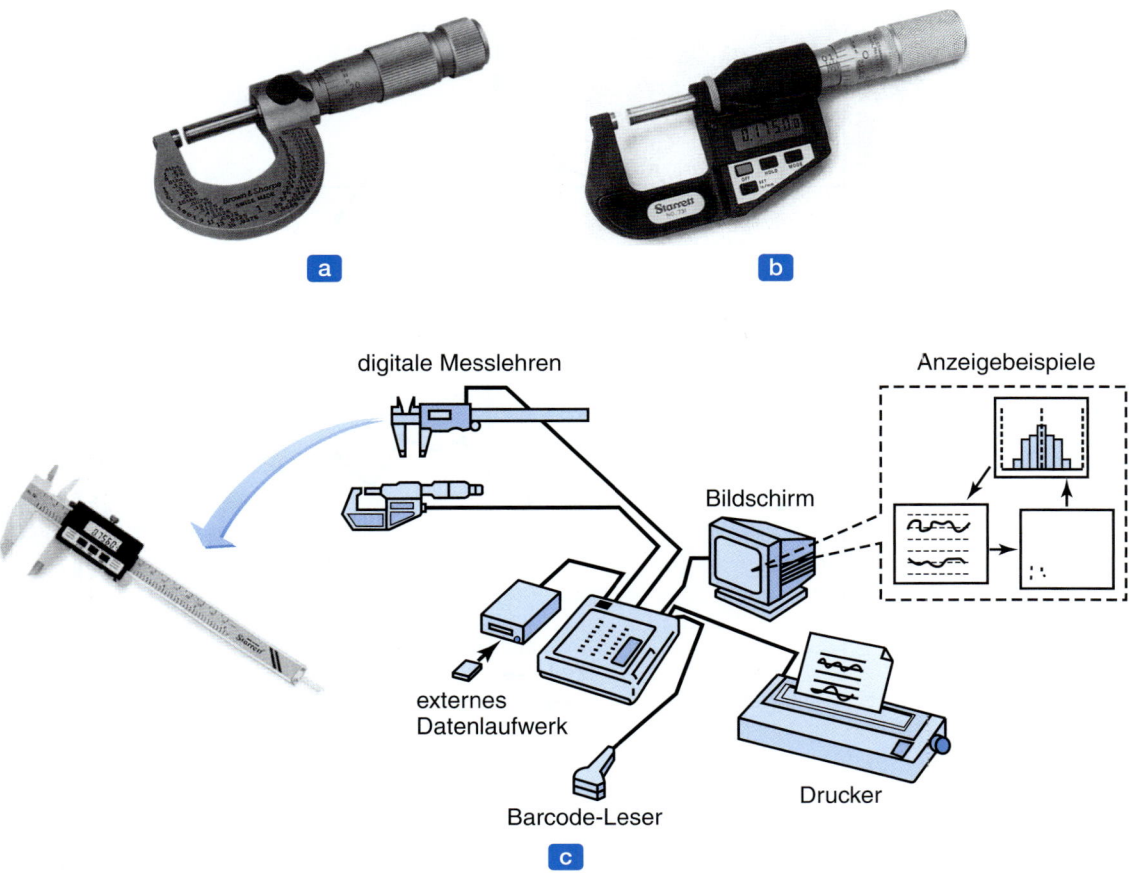

Abbildung 4.24: (a) Analoge Mikrometerschraube mit Nonius. (b) Digitale Mikrometerschraube mit einem Messbereich von 0 bis 25 mm und einer Auflösung von 1,25 µm. (c) Schematische Darstellung einer digitalen Messkette, die aus digitalen Messlehren und einem digitalen Echtzeit-Messwerterfassungsgerät samt Computerperipherie besteht.

ZUSAMMENFASSUNG

- Die Oberfläche eines Werkstücks kann seine Eigenschaften und Charakteristika erheblich beeinflussen. Dazu gehören Reibungs- und Verschleißverhalten, Schmierungseffektivität, Aussehen und geometrische Merkmale sowie thermische und elektrische Leitfähigkeit von in Kontakt stehenden Körpern (Abschnitt 4.1).

- Die Oberflächenstruktur eines Metalls wird während der Herstellung des Rohteils normalerweise plastisch verformt und kalt verfestigt. Die Rautiefe lässt sich nach verschiedenen Techniken quantifizieren. Die Unversehrtheit der Oberfläche kann durch verschiedenartige Defekte beeinträchtigt sein. Mängel, Rillenrichtung, Rauheit und Welligkeit sind messbare Größen, mit denen man die Feingestalt von Werkstücken beschreibt (Abschnitte 4.2 und 4.3).

Zusammenfassung

- Tribologie ist die Wissenschaft und Technik von wechselwirkenden Oberflächen, die sich speziell mit Reibung, Verschleiß und Schmierung befasst. Je nach den konkreten Fertigungsbedingungen kann Reibung erwünscht oder unerwünscht sein (Abschnitt 4.4).

- Verschleiß, der als fortschreitender Verlust oder Entfernen von Material von einer Oberfläche definiert ist, ändert die Geometrie der Grenzflächen von Werkstück, Werkzeug und Gesenk und beeinflusst somit den Fertigungsprozess, die Maßhaltigkeit und die Qualität der produzierten Teile. Reibung und Verschleiß können verringert werden, indem man verschiedene Flüssigkeiten oder feste Schmierstoffe verwendet sowie Ultraschallanregung anwendet. Für Metallbearbeitungsprozesse sind vier Schmiersysteme relevant (Abschnitt 4.4).

- Mithilfe verschiedener Oberflächenbehandlungen lassen sich dem Werkstück spezifische physikalische und mechanische Eigenschaften aufprägen. Zu den verwendeten Techniken gehören in der Regel mechanische Bearbeitung, physikalische und chemische Mittel, Wärmebehandlungen und Beschichtungen. Beim Reinigen eines gefertigten Werkstücks werden feste, halbfeste und flüssige Verunreinigungen durch verschiedene Mittel von der Oberfläche entfernt (Abschnitt 4.5).

- Zum Vermessen von gefertigten Teilen steht eine breite Palette von Instrumenten mit spezifischen Merkmalen und Eigenschaften zur Verfügung. Bei der automatisierten Messung durch die Kombination von Messeinrichtungen und Mikroprozessoren und Computern für eine genaue prozessinterne Steuerung der Fertigungsabläufe sind große Fortschritte zu verzeichnen (Abschnitt 4.6).

- Maßtoleranzen und ihre Spezifikation sind wichtige Aspekte der Fertigung, da sie nicht nur die sich anschließende Montage der hergestellten Teile und die Genauigkeit sowie den Betrieb aller Arten von Maschinen und Vorrichtungen beeinflussen, sondern sich auch erheblich auf die Produktkosten niederschlagen können (Abschnitt 4.7).

- Für die Inspektion von fertiggestellten Teilen und Produkten stehen verschiedene zerstörungsfreie und zerstörende Prüfverfahren zur Verfügung. Zudem ist es heute möglich, die einzelnen hergestellten Teile mithilfe automatisierter und zuverlässiger Inspektionstechniken zu untersuchen (Abschnitt 4.8).

- Unter Qualitätssicherung versteht man sämtliche Anstrengungen, die ein Hersteller unternimmt, um die Konformität seiner Produkte mit einem detaillierten Satz von Spezifikationen und Standards zu gewährleisten. Techniken der statistischen Qualitätskontrolle und Prozesskontrolle werden heute in vielen Bereichen der Defekterkennung und -vermeidung eingesetzt. Beim Ansatz der umfassenden Qualitätskontrolle steht die Vermeidung und nicht die Erkennung von Defekten im Vordergrund (Abschnitt 4.9).

4 Oberflächen, Tribologie, Maßtoleranzen, Inspektion und Qualitätssicherung

Wichtige Gleichungen

Arithmetischer Mittenrauwert: $R_a = \dfrac{y_a + y_b + y_c + \cdots + y_n}{n} = \dfrac{1}{n}\sum_{i=1}^{n} y_i = \dfrac{1}{l}\int_0^l |y|\,dx$

Quadratischer Mittenrauwert: $R_q = \sqrt{\dfrac{y_a^2 + y_b^2 + y_c^2 + \cdots + y_n^2}{n}} = \sqrt{\dfrac{1}{n}\sum_{i=1}^{n} y_i^2} = \left[\dfrac{1}{l}\int_0^l y^2\,dx\right]^{1/2}$

Reibungskoeffizient: $\mu = \dfrac{F}{N} = \dfrac{\tau}{\text{Härte}}$

Reibungs-(Scher-)Faktor: $m = \dfrac{\tau_i}{k}$

Adhäsiver Verschleiß: $V = k\dfrac{LW}{3p}$

Arithmetisches Mittel: $\overline{x} = \dfrac{x_1 + x_2 + x_3 + \cdots + x_n}{n}$

Bereich: $R = x_{\max} - x_{\min}$

Standardabweichung: $\sigma = \sqrt{\dfrac{(x_1 - \overline{x})^2 + (x_2 - \overline{x})^2 + (x_3 - \overline{x})^2 + \cdots + (x_n - \overline{x})^2}{n-1}}$

Obere Eingriffsgrenze: $\text{OEG}_{\overline{x}} = \overline{x} + 3\sigma = \overline{\overline{x}} + A_2\overline{R}$

Untere Eingriffsgrenze: $\text{UEG}_{\overline{x}} = \overline{x} - 3\sigma = \overline{\overline{x}} - A_2\overline{R}$

Verständnisfragen

4.1 Erläutern Sie, was mit Oberflächenbeschaffenheit gemeint ist. Weshalb ist diese von Interesse?

4.2 Warum sind die Entwurfsanforderungen an die Rautiefe in der Technik so breit? Geben Sie geeignete Beispiele an.

4.3 Wie gezeigt wurde, besteht eine Oberfläche aus verschiedenen Schichten. Beschreiben Sie die Faktoren, die die Dicke der einzelnen Schichten beeinflussen.

4.4 Welche Konsequenzen hat es, dass Metalloxide wesentlich härter als das Grundmetall sind? Erläutern Sie Ihre Antwort.

4.5 Welche Faktoren berücksichtigen Sie, wenn Sie die Rillenrichtung einer Oberfläche festlegen?

4.6 Beschreiben Sie die Wirkungen verschiedener Oberflächendefekte (siehe Abschnitt 4.3) auf die Leistungsfähigkeit technischer Komponenten im Betrieb. Wie ermitteln Sie, ob diese Defekte für eine bestimmte Anwendung wichtig sind?

4.7 Erläutern Sie, weshalb die gleichen Werte für die Rautiefe nicht unbedingt die gleiche Art von Oberfläche darstellen.

4.8 Wie bestimmen Sie mit einem Messinstrument für die Rautiefe die Bezugsstrecke? Geben Sie passende Beispiele an.

4.9 Welche Bedeutung hat die Tatsache, dass bei der taktilen Messung der Rauigkeit der Stiftpfad und das tatsächliche Oberflächenprofil nicht gleich sind?

Verständnisfragen

4.10 Geben Sie jeweils zwei Beispiele an, wo die Welligkeit einer Oberfläche (1) erwünscht und (2) nicht erwünscht ist.

4.11 Erläutern Sie, warum die Oberflächentemperatur steigt, wenn zwei Körper gegeneinandergerieben werden. Welche Bedeutung hat der Temperaturanstieg infolge Reibung?

4.12 Auf welche Faktoren führen Sie die Tatsache zurück, dass der Reibungskoeffizient bei Warmumformung höher ist als bei Kaltumformung (siehe Tabelle 4.1)?

4.13 In Abschnitt 4.4.1 wird festgestellt, dass der Reibungskoeffizient wesentlich höher als 1 sein kann. Erläutern Sie, warum.

4.14 Beschreiben Sie die tribologischen Unterschiede zwischen normalen Maschinenelementen (wie zum Beispiel ineinandergreifenden Zahnrädern, Nocken im Kontakt mit Stößeln und Kugellagerkugeln mit Innen- und Außenringen) und Bestandteilen von Umformmaschinen (zum Beispiel für das Schmieden, Walzen und Extrudieren), bei denen das Werkstück in Kontakt mit Werkzeugen und Gesenken steht.

4.15 Geben Sie die Gründe dafür an, warum eine ursprünglich runde Probe in einem Ringstauchversuch nach der Verformung oval werden kann.

4.16 Kann der Temperaturanstieg an einer gleitenden Grenzfläche den Schmelzpunkt des Metalls überschreiten? Begründen Sie Ihre Antwort.

4.17 Nennen und beschreiben Sie kurz die Arten des Verschleißes, wie er in der technischen Praxis auftritt.

4.18 Erläutern Sie, warum die einzelnen Terme in der Archard-Formel für adhäsiven Verschleiß in Gleichung (4.6) das Verschleißvolumen beeinflussen.

4.19 Wie lässt sich adhäsiver Verschleiß verringern? Wie kann Ermüdungsverschleiß reduziert werden?

4.20 Es wurde festgestellt, dass bei fallender Normalbelastung der abrasive Verschleiß zurückgeht. Erläutern Sie, weshalb dies so ist.

4.21 Wird der abrasive Verschleiß durch Anwesenheit eines Schmiermittels beeinflusst? Erläutern Sie Ihre Antwort.

4.22 Erläutern Sie, wie Sie die Größe des Verschleißkoeffizienten für einen Bleistift, der auf Papier schreibt, abschätzen.

4.23 Beschreiben Sie eine Prüfmethode, um den Verschleißkoeffizienten k in Gleichung (4.6) zu ermitteln. Welche Schwierigkeiten treten auf, wenn die Ergebnisse dieser Prüfung in der Fertigung angewendet werden sollen, beispielsweise auf die Standzeit von Werkzeugen und Gesenken?

4.24 Warum ist die Verschleißfestigkeit eines Werkstoffs eine Funktion seiner Härte?

4.25 Wie gezeigt kann Verschleiß negative Auswirkungen auf technische Komponenten, Werkzeuge, Gesenke etc. haben. Können Sie Situationen schildern, in denen Verschleiß von Nutzen sein könnte? Geben Sie einige Beispiele an. (Hinweis: Beachten Sie, dass es sich beim Schreiben mit einem Bleistift um einen Verschleißvorgang handelt.)

4.26 Überlegen Sie auf der Grundlage der Themen in diesem Kapitel, ob es eine direkte Korrelation zwischen Reibung und Verschleiß von Werkstoffen gibt. Erläutern Sie Ihre Antwort.

4.27 Sicherlich haben Sie schon einmal Teile in verschiedenen Geräten und Fahrzeugen ersetzt, weil sie abgenutzt waren. Beschreiben Sie die Methodik, nach der Sie die Art(en) des Verschleißes ermitteln, dem diese Komponenten unterlagen.

4.28 Weshalb ist die Untersuchung von Schmiersystemen wichtig?

4.29 Erläutern Sie, warum so viele unterschiedliche Arten von Metallbearbeitungsflüssigkeiten entwickelt wurden.

4.30 Differenzieren Sie zwischen (1) Kühlmitteln und Schmiermitteln, (2) flüssigen und festen Schmiermitteln, (3) direkten und indirekten Emulsionen und (4) reinen Ölen und Verbundölen.

4.31 Erläutern Sie die Rolle der Konversionsbeschichtungen. Geben Sie ausgehend von Abbildung 4.13 an, welches Schmiersystem für die Anwendung von Konversionsbeschichtungen am besten geeignet ist.

4.32 Erläutern Sie, warum eine Oberflächenbehandlung von hergestellten Produkten notwendig sein kann. Geben Sie mehrere Beispiele an.

4.33 Welche Oberflächenbehandlungen sind funktional und welche dekorativ? Geben Sie mehrere Beispiele an.

4.34 Geben Sie Beispiele für einige typische Anwendungen mechanischer Oberflächenbehandlungen an.

4.35 Erläutern Sie den Unterschied zwischen Einsatzhärten und Aufpanzerung.

4.36 Nennen Sie mehrere Anwendungen für beschichtete Bleche, einschließlich galvanisiertem Stahl.

4.37 Erläutern Sie, wie Festwalzen Eigenspannungen in der Nähe der Oberfläche von Werkstücken induziert.

4.38 Nennen Sie mehrere Produkte oder Komponenten, die ohne die Umsetzung der in den Abschnitten 4.2 bis 4.5 vermittelten Kenntnisse nicht ordnungsgemäß hergestellt werden können oder im Betrieb nicht effektiv funktionieren.

4.39 Erläutern Sie den Unterschied zwischen Längenmessgeräten mit direkter und indirekter Ablesung.

4.40 Warum sind Koordinatenmesssysteme zu wichtigen Instrumenten in der modernen Fertigung geworden? Geben Sie einige Anwendungsbeispiele an.

4.41 Nennen Sie Gründe, warum es wichtig ist, die Abmessungstoleranzen in der Fertigung zu steuern.

4.42 Geben Sie Beispiele an, warum es vorzuziehen ist, beim Entwurf einseitige Toleranzen und keine zweiseitigen Toleranzen zu spezifizieren.

4.43 Erläutern Sie, warum ein Messinstrument nicht über ausreichende Präzision verfügen kann.

4.44 Erläutern Sie – falls vorhanden – die Unterschiede zwischen (1) Rundheit und Zirkularität, (2) Rundheit und Exzentrizität und (3) Rundheit und Zylindrizität.

4.45 Es wurde festgestellt, dass Maßtoleranzen für nichtmetallische Werkstoffe, wie zum Beispiel Kunststoffe, normalerweise breiter als für Metalle sind. Erläutern Sie, warum. Berücksichtigen Sie physikalische und mechanische Eigenschaften der jeweiligen Werkstoffe.

4.46 Beschreiben Sie die grundlegenden Merkmale zerstörungsfreier Prüfverfahren, die mit elektrischer Energie arbeiten.

4.47 Geben Sie die zerstörungsfreien Verfahren an, mit denen sich innere Fehler erkennen lassen, und diejenigen Verfahren, die nur für das Erkennen äußerer Fehler geeignet sind.

4.48 Welche der zerstörungsfreien Prüfverfahren sind für nichtmetallische Werkstoffe geeignet? Warum?

4.49 Warum wird automatisiertes Prüfen zu einem wichtigen Aspekt der Fertigungstechnik?

4.50 Beschreiben Sie Situationen, in denen sich die Verwendung von zerstörenden Prüfverfahren nicht vermeiden lässt.

4.51 Sollten Produkte für eine bestimmte zu erwartende Lebensdauer entworfen und hergestellt werden? Erläutern Sie Ihre Antwort.

4.52 Welche Konsequenzen ergeben sich, wenn die unteren und oberen Spezifikationen enger an die Spitze der Kurve in Abbildung 4.23 gesetzt werden?

4.53 Geben Sie Faktoren an, durch die ein Prozess außer Kontrolle geraten kann. Nennen Sie mehrere Beispiele für derartige Faktoren.

4.54 Beim Studium dieses Kapitels wird Ihnen aufgefallen sein, dass häufig der konkrete Begriff *Maßtoleranz* und nicht einfach das Wort *Toleranz* verwendet wird. Ist diese Unterscheidung Ihrer Meinung nach wichtig? Erläutern Sie Ihre Antwort.

4.55 Geben Sie ein Beispiel für eine zuordenbare Variation und eine Zufallsstreuung an.

Rechenaufgaben

4.56 Beziehen Sie sich auf das in Abbildung 4.3 gezeigte Oberflächenprofil und geben Sie einige numerische Werte für die vertikalen Abstände von der Mittellinie an. Berechnen Sie die Werte R_a und R_q. Geben Sie dann einen anderen Satz von Werten für dasselbe allgemeine Profil an und berechnen Sie die gleichen Größen. Kommentieren Sie Ihre Ergebnisse.

4.57 Berechnen Sie das Verhältnis von R_a/R_q für (a) eine Sinuswelle, (b) ein Sägezahnprofil und (c) eine Rechteckwelle.

4.58 Messen Sie für die vier Proben, die Abbildung 4.7b zeigt, die Außen- und Innendurchmesser (in horizontaler Richtung des Fotos). Denken Sie daran, dass bei plastischer Verformung das Volumen der Ringe konstant bleibt, und berechnen Sie (a) die Verringerung der Höhen und (b) die Reibungskoeffizienten für die drei zusammengedrückten Proben.

4.59 Tragen Sie unter Verwendung von Abbildung 4.8a den Reibungskoeffizienten über der Änderung des Innendurchmessers für eine Höhenreduzierung von (1) 25 %, (2) 50 % und (3) 60 % auf.

4.60 Nehmen Sie für Beispiel 4.1 des Texts an, dass der Reibungskoeffizient 0,20 beträgt. Wie groß ist der neue Innendurchmesser der Ringprobe, wenn alle anderen Anfangsparameter unverändert bleiben?

4.61 Wie gehen Sie vor, um die erforderlichen Kräfte für Festwalzen abzuschätzen? (*Hinweis*: Betrachten Sie vergleichend eine Härteprüfung.)

4.62 Schätzen Sie die Plattierungsdicke bei der Elektroplattierung einer massiven Metallkugel mit einem Durchmesser von 50 mm bei einem Strom von 1 A und einer Plattierungszeit von 2 Stunden ab. Nehmen Sie $c = 0{,}08$ an.

4.63 Nehmen Sie an, dass sich ein Stahllineal durch einen Anstieg der Umgebungstemperatur um 1 % ausdehnt. Wie groß ist der angezeigte Durchmesser einer Welle, deren tatsächlicher Durchmesser 50,00 mm beträgt?

4.64 Diskutieren Sie die Gleichungen (4.2) und (4.10). Welche Beziehung besteht zwischen R_q und σ? Wie würde die Gleichung für die Standardabweichung einer stetigen Kurve aussehen?

4.65 Berechnen Sie die Eingriffsgrenzen für Mittelwerte und Bereiche mit den folgenden Daten: Anzahl der Proben = 7, $\overline{\overline{x}} = 50$, $\overline{R} = 7$.

4.66 Berechnen Sie die Eingriffsgrenzen für die folgenden Daten: Anzahl der Proben = 7, $\overline{\overline{x}} = 40{,}5$, $\text{OEG}_R = 4{,}85$.

4.67 Bei einer Prüfung mit einer Stichprobengröße von 10 und einer Anzahl der Stichproben von 40 sind $\bar{R} = 10$ und $\bar{\bar{x}} = 75$. Berechnen Sie die Eingriffsgrenzen für Mittelwerte und Bereiche.

4.68 Ermitteln Sie die Eingriffsgrenzen für die in der folgenden Tabelle angegebenen Daten:

x_1	x_2	x_3	x_4
0,65	0,75	0,67	0,65
0,69	0,73	0,70	0,68
0,65	0,68	0,65	0,61
0,64	0,65	0,60	0,60
0,68	0,72	0,70	0,66
0,70	0,74	0,65	0,71

4.69 Berechnen Sie Mittelwert, Median und Standardabweichung für die Daten der vorigen Übungsaufgabe.

4.70 Der Mittelwert der Mittelwerte einer Anzahl von Stichproben der Größe 7 wurde mit 125 ermittelt. Der Mittelwertbereich beträgt 17,82 und die Standardabweichung 5,85. In einer Stichprobe wurden die folgenden Messungen vorgenommen: 120, 132, 124, 130, 118, 132 und 121. Ist der Prozess unter Kontrolle?

4.71 Nehmen Sie an, Sie sollen Studenten Kontrollfragen zum Inhalt dieses Kapitels stellen. Bereiten Sie drei Rechenaufgaben und drei qualitative Fragen vor und geben Sie die Antworten an.

Gießen: Verfahren und Werkstoffe

5

5.1	Einleitung	308
5.2	Erstarrung von Metallen und Legierungen	309
5.3	Gussgefüge	316
5.4	Fließen von Schmelzen und Wärmeübertragung	322
5.5	Schmelzen und Schmelzeinrichtungen	330
5.6	Gusslegierungen	332
5.7	Blockguss und Strangguss	339
5.8	Gießen mit verlorenen Formen und Dauermodellen	342
5.9	Gießen mit verlorenen Formen und verlorenen Modellen	350
5.10	Gießen mit Dauerformen	354
5.11	Entwurfsüberlegungen	366
5.12	Wirtschaftliche Überlegungen beim Gießen	376
	Zusammenfassung	381
	Wichtige Gleichungen	383
	Verständnisfragen	383
	Rechenaufgaben	386
	Fragen zum Entwurf	389

ÜBERBLICK

5 Gießen: Verfahren und Werkstoffe

LERNZIELE

Dieses Kapitel beschreibt die Grundlagen des Gießens von Metallen und Legierungen und die wichtigsten Merkmale von Gießverfahren. Wie besprechen im Einzelnen:

- Vorgänge beim Erstarren von Metallen und Legierungen, die Fließeigenschaften von Schmelzen, die Rolle von eingeschlossenen Gasen sowie das Phänomen der Schwindung;
- Eigenschaften von Gusslegierungen und Anwendungen dieser Werkstoffe;
- Merkmale des Gießens mit verlorenen Formen und Dauerformen; Anwendungen der Verfahren und wirtschaftliche Überlegungen dazu;
- Entwurfsüberlegungen und numerische Simulation von Gießverfahren.

5.1 Einleitung

Wie in diesem Buch beschrieben wird, gibt es mehrere Methoden, die verwendet werden können, um Werkstoffe in nützliche Produkte zu verwandeln. Gießen ist eine der ältesten Methoden und wurde schon 4000 v. Chr. verwendet, um Ornamente, Pfeilspitzen und verschiedene andere Objekte herzustellen. Gießverfahren bestehen daraus, ein flüssiges Metall in eine Form zu gießen. Bei der Erstarrung nimmt dann das Metall die Gestalt der Gussform an. Mit diesem Verfahren lassen sich Einzelteile mit komplizierten Details herstellen. Dabei können die Teile sehr klein oder sehr groß sein und sogar innere Hohlräume besitzen. Typische Produkte, die durch Gießen hergestellt werden, sind Motorblöcke, Zylinderköpfe, Gehäuse für Getriebe, Kolben, Turbinenscheiben, Räder für Autos und Eisenbahnen sowie Schmuckgegenstände.

Nahezu alle Metalle können durch Gießen in eine gewünschte Gestalt gegossen werden, ohne dass eine aufwendige Nachbearbeitung nötig ist. Durch eine geeignete Verfahrenskontrolle und die richtige Wahl der Werkstoffe ist es möglich, Teile mit gleichmäßigen Eigenschaften herzustellen. So wie für alle anderen Herstellverfahren ist es auch beim Gießen wichtig, über ein ausreichendes Prozessverständnis zu verfügen, um Teile hoher Qualität, ausreichender Oberflächengüte, Maßhaltigkeit, Festigkeit und Defektfreiheit herstellen zu können.

Die wichtigsten Einflussgrößen auf die Qualität von Gussstücken umfassen:

1. **Erstarrung** des flüssigen Metalls und die dabei auftretende Schwindung;
2. **Fließen** des flüssigen Metalls in den Hohlraum der Gussform;
3. **Abfuhr der Wärme** während der Erstarrung und Abkühlung des Metalls in der Gussform;
4. **Werkstoffe** für die Gussform und deren Bedeutung für das Gießen.

5.2 Erstarrung von Metallen und Legierungen

Dieser Abschnitt gibt einen Überblick zur Erstarrung von Metallen und Legierungen. Die behandelten Themen sind bedeutsam für ein Verständnis der sich bildenden Mikrostrukturen sowie die Mikrostruktur-Eigenschaften-Beziehungen, die sich bei den in diesem Kapitel besprochenen Gießverfahren ergeben.

Reine Metalle besitzen einen genau festgelegten Schmelzpunkt bzw. Erstarrungspunkt. Die Erstarrung eines reinen Metalls erfolgt bei konstanter Temperatur (▶ Abbildung 5.1a). Kühlt man ein flüssiges Metall bis zum Schmelzpunkt ab, so bleibt die Temperatur so lange konstant, wie es zur Abfuhr der Erstarrungswärme benötigt wird. Am Ende dieser isothermen Phasenumwandlung ist die Erstarrung abgeschlossen und das erstarrte Metall kühlt weiter ab. Das Gussteil schrumpft während der Abkühlung, und zwar (a) durch Kontraktion der Schmelze während der Abkühlung bis zum Erstarrungspunkt und (b) durch weitere Kontraktion des Festkörpers bei der Abkühlung auf Raumtemperatur (Abbildung 5.1b). Darüber hinaus kommt es auch zu einer oft großen Änderung der Dichte am Schmelzpunkt selbst, da der kristalline Zustand meistens dichter gepackt ist als der flüssige.

Anders als reine Metalle erstarren **Legierungen** in einem Temperaturbereich, dem sogenannten Erstarrungsintervall. Die Erstarrung einer Legierung beginnt, sobald die Temperatur der Schmelze unter die **Liquidustemperatur** fällt. Wird bei weiterer Abkühlung die **Solidustemperatur** erreicht, so ist die Erstarrung abgeschlossen (▶ Abbildung 5.3). Zwischen den beiden Temperaturen befindet sich die Legierung in einem teilerstarrten Zustand, d. h., es liegen flüssige und feste Bestandteile nebeneinander vor. Die Anteile an fester und flüssiger Phase dieses Zustands, für den auch die Bezeichnungen *breiartig* und *teigig* gebräuchlich sind, hängen vom Zustandsschaubild der Legierung ab.

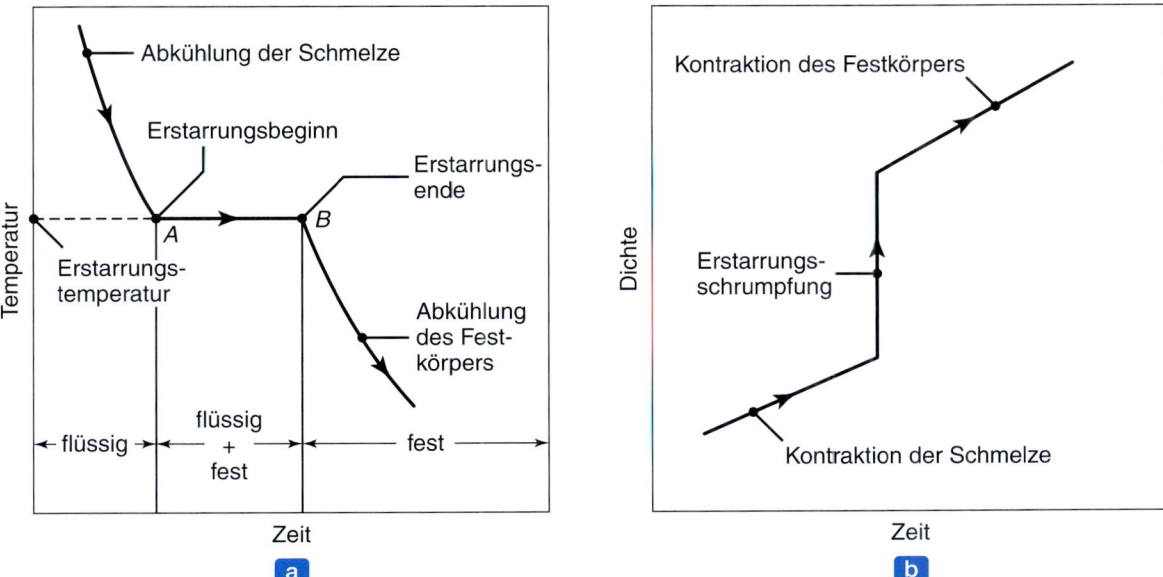

Abbildung 5.1: (a) Verlauf der Temperatur über der Zeit bei der Erstarrung eines Reinmetalls. Die Erstarrung erfolgt bei konstanter Temperatur. (b) Zeitliche Änderung der Dichte bei der Erstarrung eines Reinmetalls.

5.2.1 Mischkristalle

Zwei Begriffe sind wichtig für die Beschreibung von Legierungen: **gelöster Stoff** und **lösender Stoff**. Eine (geringe) Menge des gelösten Stoffs (z. B. Salz oder Zucker) wird von einer viel größeren Menge des lösenden Stoffs (z. B. Wasser) aufgenommen. Bei Metallkristallen sind die Fremdatome der gelöste Stoff, der lösende Stoff ist das Wirtsgitter (Kapitel 3). Wenn die gelösten Atome das Kristallgitter der Wirtsatome nicht verändern, so spricht man von einer **festen Lösung** bzw. einem **Mischkristall**.

Substitutionelle Mischkristalle: Ist das Fremdatom nahezu gleich groß wie das Wirtsatom, so können die Fremdatome Plätze des Wirtsgitters einnehmen, die Atome des Wirtsgitters also ersetzen (substituieren). Der Kristall wird als substitutioneller Mischkristall bezeichnet (siehe Abbildung 3.9). Ein wichtiges Beispiel dafür ist Messing, eine Legierung aus Kupfer und Zink, in welcher Zinkatome (gelöste Atome) vom Kristallgitter des Kupfers aufgenommen werden und darin Gitterplätze besetzen. Die Eigenschaften von Messing hängen von der Menge (Konzentration) der gelösten Zinkatome ab.

Interstitielle Mischkristalle: Fremdatome, die viel kleiner sind als die Wirtsgitteratome, nehmen Zwischengitterplätze ein und bilden zusammen mit den Wirtsgitteratomen einen interstitiellen Mischkristall (siehe Abbildung 3.9). Ein sehr wichtiges Beispiel dafür ist Stahl, eine Legierung von Eisen und Kohlenstoff, in welcher die Kohlenstoffatome die Gitterlücken des Eisengitters besetzen. In Abschnitt 3.12 wurde gezeigt, dass die Menge an gelöstem Kohlenstoff die Eigenschaften von Stahl in weiten Bereichen verändert. Dies und die Tatsache, dass Stahl kostengünstig herstellbar ist, sind verantwortlich dafür, dass Stahl ein äußerst vielfältiger Werkstoff mit einer großen Bandbreite von Eigenschaften und Anwendungen ist.

5.2.2 Intermetallische Verbindungen

Intermetallische Verbindungen besitzen komplizierte Kristallstrukturen und treten in sehr engen Konzentrationsbereichen auf. Die Atome intermetallischer Verbindungen sind metallisch und/oder ionisch gebunden. Die Verbindungen sind sehr fest, hart und spröd. Oft sind sie auch stabil bei hohen Temperaturen, weswegen sie als Hochtemperaturwerkstoffe infrage kommen. Ein klassisches Beispiel ist die Legierung Aluminium mit Kupfer, in welcher die intermetallische Verbindung $CuAl_2$ aus der festen Al-Cu-Lösung ausgeschieden werden kann, welche dann zur Festigkeitssteigerung der Legierung durch Ausscheidungshärtung beiträgt, siehe Abschnitt 3.12.2.

5.2.3 Zweiphasenlegierungen

Ein Mischkristall ist eine feste Lösung, in welcher eine oder mehrere Atomarten vom Wirtsgitter aufgenommen werden. Es liegt also ein homogenes Material vor, in dem die Legierungselemente in den einzelnen Körnern des Gefüges nahezu gleichförmig verteilt sind (▶ Abbildung 5.2a). Dies ist jedoch nur für bestimmte (oft kleine) Konzentrationen der Legierungselemente möglich, ähnlich zum Wasser, das nicht beliebig viel Zucker oder Salz lösen kann. Die meisten Legierungen bestehen daher aus einer Mischung aus zwei oder mehr festen Phasen, sie bilden sogenannte **Phasengemische**. Die einzelnen Phasen sind in sich homogen und besitzen für die jeweilige Phase charakteristische Eigenschaften. Liegen

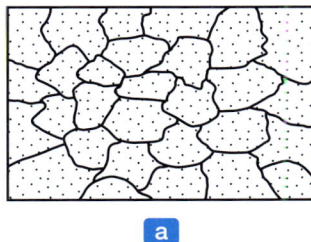 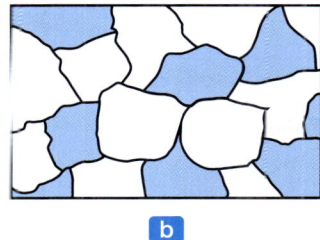

Abbildung 5.2: (a) Schematische Darstellung eines einphasigen Korngefüges einer homogenen Legierung. Gezeigt sind Körner und Korngrenzen. (b) Gefüge eines grob zweiphasigen Werkstoffs, das aus zwei Kornfamilien besteht. Die hellen und dunklen Körner unterscheiden sich im Aufbau und in den Eigenschaften.

zwei Phasen im Werkstoff vor, so spricht man von **Zweiphasenlegierungen**. Ein typisches Beispiel dafür ist das System Blei in Kupfer. Da Kupfer nur sehr wenig Blei löst, liegt nach der Erstarrung einer Kupfer-Blei-Schmelze mit einem Bleigehalt oberhalb der Löslichkeitsgrenze des festen Zustands ein Gefüge aus primären Kupferkristallen (mit geringen Mengen an gelöstem Blei) und darin eingebettete (*dispergierte*) kugelförmige Teilchen aus Blei vor. Dieser Werkstoff besitzt Eigenschaften, die sich von denen des reinen Kupfers und Bleis unterscheiden. Gefüge mit fein verteilten Teilchen einer zweiten Phase sind von praktischem Interesse, weil die Teilchen als Hindernisse für Versetzungen wirken und so die Festigkeit des Werkstoffs steigern (Abschnitt 3.3). Ein weiteres Beispiel für eine Zweiphasenlegierung zeigt die Abbildung 5.2b, die ein Gefüge darstellt, in dem die beiden Phasen als Körner nebeneinanderliegen (**grob zweiphasiges Gefüge**). Die Phasen unterscheiden sich in ihrer Kristallstruktur und Zusammensetzung und weisen spezifische Eigenschaften auf. So könnten die weißen Körner duktil und weich, die dunklen hingegen hart und weniger verformbar sein.

5.2.4 Zustandsdiagramme

Ein *Zustandsdiagramm* (auch **Gleichgewichtsdiagramm** oder **Phasendiagramm**) zeigt für ein bestimmtes Legierungssystem an, welche Phasen bei welchen Temperaturen und Zusammensetzungen im thermodynamischen Gleichgewicht vorliegen. **Thermodynamisches Gleichgewicht** bedeutet, dass die gezeigten Zusammenhänge unabhängig von der Zeit sind. Dies bedeutet insbesondere, dass Temperaturänderungen sehr (genauer: unendlich) langsam durchgeführt werden müssen, damit die Aussagen des Diagramms gültig sind.

Als Beispiel für ein Zustandsdiagramm zeigt die Abbildung 5.3 jenes für Nickel und Kupfer. Es handelt sich um ein **binäres Zustandsdiagramm**, da es für zwei Elemente (Komponenten), d. h. für Nickel und Kupfer gilt. Am linken Rand des Diagramms (100 % Ni) kann man den Schmelzpunkt von Nickel ablesen, am rechten Rand (100 % Cu) jenen von Kupfer. Für die weitere Diskussion dieses Diagramms sollen die Konzentrationsangaben in Masse-% verstanden werden. Für eine Legierung der Zusammensetzung 50 % Cu + 50 % Ni beginnt die Erstarrung bei 1313 °C, sie ist abgeschlossen bei 1249 °C. Oberhalb der **Liquidustemperatur** existiert (einphasige) homogene Schmelze der Legierungszusammensetzung. Unterhalb der **Solidustemperatur** liegt (nach sehr langsamer Abkühlung) homogener Mischkristall der Zusammensetzung 50 % Cu + 50 % Ni vor.

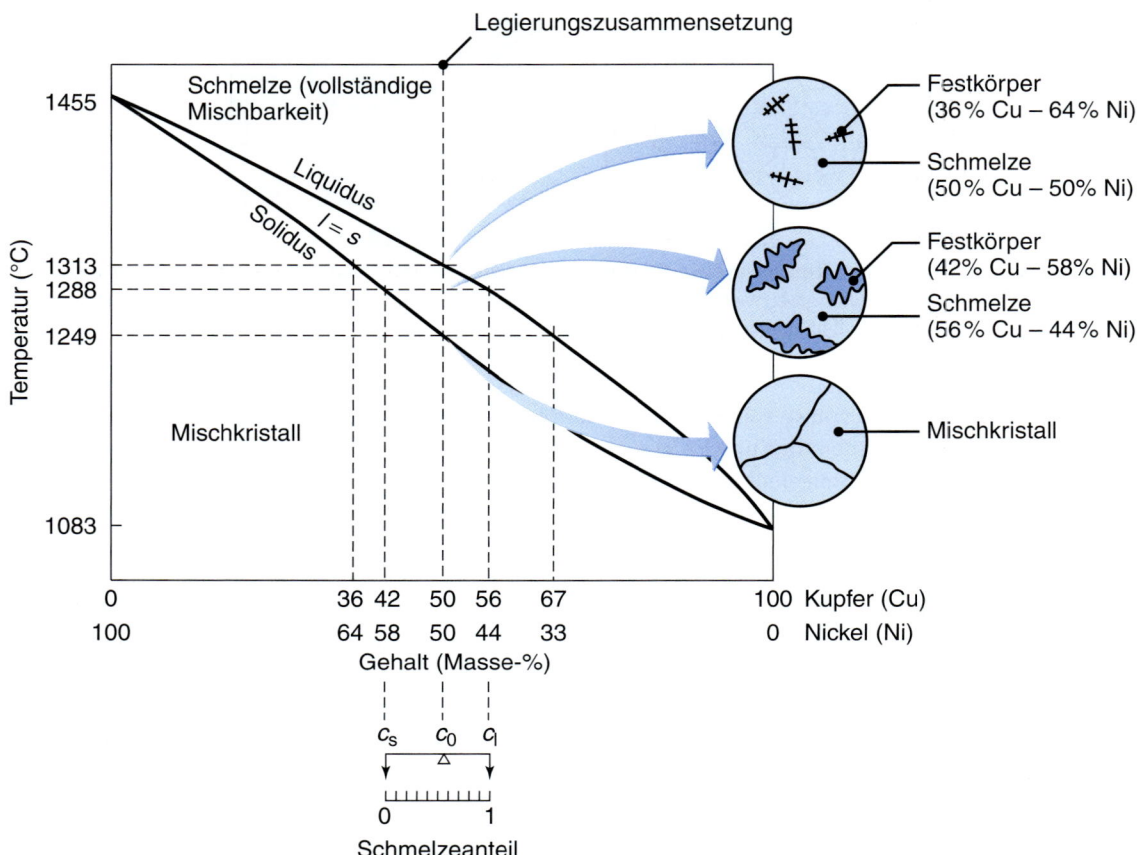

Abbildung 5.3: Zustandsdiagramm von Nickel und Kupfer. Reines Kupfer und Nickel haben jeweils einen Schmelz- bzw. Erstarrungspunkt. Der obere Kreis stellt das Gefüge am Anfang der Erstarrung der Legierung dar. Man erkennt einige Kristalle, die sich aus der Schmelze ausscheiden. Diese Kristallkeime wachsen bei weiterer Abkühlung und bilden die Dendriten im mittleren Kreis. Der untere Kreis zeigt das vollständig erstarrte Gefüge, das aus homogenen Körnern besteht.

Zwischen der Liquidus- und der Solidustemperatur, z. B. bei 1288 °C, koexistieren zwei Phasen, und zwar ein Festkörper aus 42 % Cu und 58 % Ni sowie Schmelze der Zusammensetzung 56 % Cu + 44 % Ni. Diese Zusammensetzungen lassen sich dem Zustandsdiagramm entnehmen. Dazu bringt man eine horizontale Gerade (eine **Konode**) bei $T = 1288\,°C$ mit der Solidus- bzw. Liquiduslinie zum Schnitt, fällt das Lot von diesen Schnittpunkten auf die Abszisse und liest auf dieser die Konzentrationen ab.

Die vollständig erstarrte Legierung ist eine feste Lösung, da die beiden Elemente Kupfer und Nickel in beliebigen Mengen ineinander löslich sind. Jedes Korn hat daher die Zusammensetzung der Legierung. Die mechanischen Eigenschaften von Kupfer-Nickel-Legierungen hängen von ihrer Zusammensetzung ab. Gibt man Kupfer Nickel zu, dann werden bessere Eigenschaften erzielt. Dies ist eine Folge der Behinderung der Versetzungsbewegung durch Festhalten (*pinning*) der Versetzungen an den gelösten Nickelatomen (**Mischkristallhärtung**), die in diesem Sinne auch als Verunreinigungsatome aufgefasst werden können (siehe Abbildung 3.9).

Hebelgesetz: Mit diesem Gesetz lassen sich die Zusammensetzung und die Massenanteile der Phasen aus dem Zustandsdiagramm ablesen. Wie in Abbildung 5.3 unten zu sehen ist, lagert man einen Hebel drehbar auf einem Lagerpunkt, der der Legierungszusammensetzung c_0 entspricht und dessen Länge der Abschnitt der Konode zwischen ihren Schnittpunkten mit der Liquidus- und Soliduslinie ist. Die „Gewichte" am Hebel entsprechen den Konzentrationen des Festkörpers c_s (s = solid, fest; links) und der Schmelze c_l (l = liquid, flüssig; rechts). An der unter dem Hebel gezeichneten Skala lässt sich der Anteil der Schmelze für die gewählte Konode ablesen, indem die Linie für die Legierungskonzentration mit der Skala zum Schnitt gebracht wird.

Das Hebelgesetz besagt, dass der Massenanteil des Festkörpers (oft auch als Gewichtsanteil bezeichnet) proportional zur Länge der Strecke zwischen c_0 und c_s auf der Konode ist:

$$P_s = \frac{s}{s+l} = \frac{c_l - c_0}{c_l - c_s} . \tag{5.1}$$

In analoger Weise findet man für den Massenanteil P_l der Schmelze

$$P_l = \frac{l}{s+l} = \frac{c_s - c_0}{c_l - c_s} . \tag{5.2}$$

Um aus den Massenanteilen Prozentzahlen zu erhalten, müssen die Anteile mit 100 % multipliziert werden.

Für die Konode bei 1288 °C und der gewählten Legierungszusammensetzung $c_0 = 50\%$ Cu sind $c_s = 42\%$ Cu und $c_l = 56\%$ Cu. Da in einem abgeschlossenen thermodynamischen System die Zahl der beteiligten Atome gleichbleiben muss und c_0 näher bei c_l als bei c_s liegt, muss bei dieser Temperatur der Massenanteil der Schmelze höher sein als jener des Festkörpers. In der Tat ergibt Einsetzen der Konzentrationen in (5.2) für den Massenanteil der Schmelze

$$P_l = \frac{c_s - c_0}{c_l - c_s} = \frac{0{,}50 - 0{,}42}{0{,}56 - 0{,}42} = \frac{0{,}08}{0{,}14} = 0{,}57 .$$

Da $P_l + P_s = 1$ gilt, beträgt der Massenanteil des Festkörpers $P_s = 0{,}43$. Alle Berechnungen wurden für die Konzentration des Kupfers durchgeführt. Man erhält die gleichen Resultate für die Massenanteile, wenn man stattdessen mit den Konzentrationen des Nickels rechnet. So erhält man z. B. für den Massenanteil des Festkörpers mit

$$P_s = \frac{c_l - c_0}{c_l - c_s} = \frac{0{,}44 - 0{,}50}{0{,}44 - 0{,}58} = \frac{0{,}06}{0{,}14} = 0{,}43$$

das erwartete Ergebnis.

5.2.5 Das Zustandsdiagramm Eisen-Kohlenstoff

Vom binären Zustandsdiagramm Eisen-Kohlenstoff wird meist nur der Ausschnitt bis 6,67 Masse-% Kohlenstoff dargestellt, da es bei dieser Konzentration eine intermetallische Verbindung gibt (Fe_3C

= **Zementit**, Eisenkarbid) und höhere Kohlenstoffgehalte technisch uninteressant sind. Das gesamte Zustandsdiagramm Fe-C wird daher selten dargestellt und meist durch den Ausschnitt Fe-Fe$_3$C repräsentiert, ▶ Abbildung 5.4. Reines Eisen erstarrt bei 1536 °C zum krz-δ-Eisen (**δ-Ferrit**). Dieses wandelt bei weiterer Abkühlung bei 1394 °C in das kfz-γ-Eisen (**Austenit**) um und dieses wiederum bei 911 °C in das krz-α-Eisen (**Ferrit**). Unterhalb von 768 °C ist Ferrit ferromagnetisch. Kommerziell reines Eisen enthält bis zu 0,0008 Masse-% Kohlenstoff, Stähle bis zu 2,11 % C und Gusseisen bis zu 6,67 % C, obwohl die meisten Gusseisensorten weniger als 4,5 % Kohlenstoff enthalten.

1. **Ferrit:** α-Fe (Ferrit) ist eine feste Lösung von krz-Eisen und Kohlenstoff. Maximal 0,022 Masse-% C sind im Ferrit löslich (bei 723 °C). δ-Ferrit ist nur bei sehr hohen Temperaturen stabil und besitzt ebenfalls die krz-Kristallstruktur. Seine technische Bedeutung beschränkt sich auf einige hochlegierte Stähle. Ferrit ist weich und gut verformbar. Obwohl nur wenig Kohlenstoff im Ferrit löslich ist (Kohlenstoff wird interstitiell gelöst), werden seine Eigenschaften sehr stark von der Menge des gelösten Kohlenstoffs beeinflusst. Ferrit löst erhebliche Mengen der Substitutionsatome Chrom, Mangan, Nickel, Molybdän, Wolfram und Silizium, welche für eine Reihe von wichtigen Eigenschaften verantwortlich sind.

2. **Austenit:** Bei 1394 °C bzw. 911 °C wandelt das krz-Eisen allotrop in die kfz-Struktur (Austenit) um (Abschnitt 3.2). Diese Kristallstruktur des Eisens kann bis zu 2,11 % C lösen (bei 1148 °C). Der Grund für diese nahezu 100-mal größere Löslichkeit des γ-Eisens (und dies trotz der höheren Packungsdichte des kfz-Gitters) wird verantwortet von den größeren Gitterlücken dieses Gitters, wie wohl ihre Anzahl kleiner ist als jene in der krz-Elementarzelle. Beide Kristallgitter nehmen

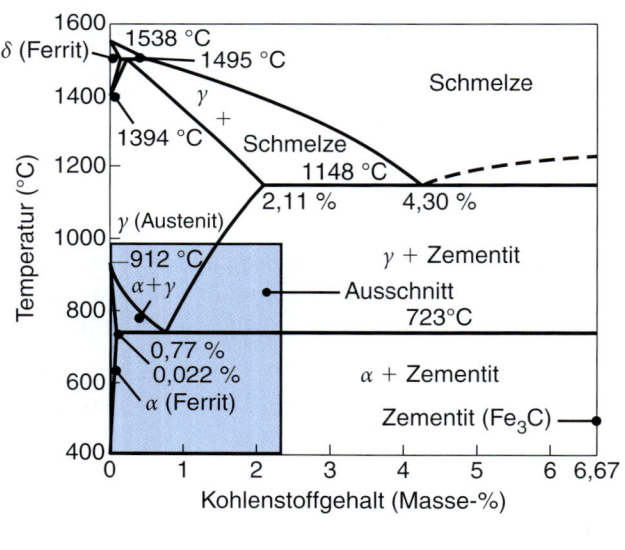

a

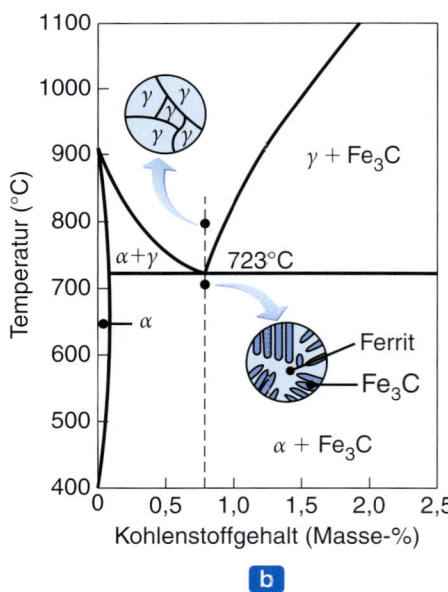

b

Abbildung 5.4: (a) Das Eisen-Eisenkarbid-Zustandsdiagramm und (b) Ausschnitt daraus, der schematisch die Gefüge eines eutektoiden Stahls oberhalb und unterhalb der eutektoiden Temperatur zeigt. Wegen der großen technischen Bedeutung der Eisenbasiswerkstoffe ist dieses Diagramm eines der wichtigsten Zustandsdiagramme.

Kohlenstoff in ihre Gitterlücken auf, da der Radius des Kohlenstoffatoms mit 0,071 nm erheblich kleiner als der des Eisenatoms ist (0,124 nm). Da die gelösten C-Atome bis zu einer Konzentration von etwa 0,8 % die Umwandlungstemperatur $\gamma \to \alpha$ absenken, wird Kohlenstoff auch als Austenitstabilisator bezeichnet. Austenit spielt eine wichtige Rolle bei der Wärmebehandlung von Stählen (siehe Abschnitt 5.11). Austenit ist sehr duktil und daher werden Stähle oft im Austenitgebiet verformt. Große Mengen an Nickel und Mangan sind in Austenit löslich und verantwortlich für eine Reihe seiner besonderen Eigenschaften. Austenit ist nicht ferromagnetisch, austenitische rostfreie Stähle (hochlegierte Stähle) sind unmagnetisch bei Raumtemperatur.

3 **Zementit:** Der rechte Rand der Abbildung 5.4a symbolisiert *Zementit*, das Eisenkarbid Fe_3C mit einem Kohlenstoffgehalt von 6,67 Masse-%. Dieses Karbid sollte man nicht verwechseln mit den verschiedenen Karbiden, die für Werkzeuge und Umformgesenke verwendet werden (Abschnitt 8.6.4). Zementit ist eine sehr harte und spröde intermetallische Verbindung (Abschnitt 5.2.2) und beeinflusst markant die Eigenschaften von vielen Stählen. Man kann Zementit mit Chrom, Molybdän und Mangan legieren, um seine Eigenschaften zu verbessern.

5.2.6 Das Zustandsdiagramm Eisen-Eisenkarbid

Je nach Kohlenstoffgehalt und Wärmebehandlung lassen sich verschiedene Gefüge in Stählen einstellen. Kühlt man beispielsweise Eisen mit 0,77 Masse-% Kohlenstoff *sehr langsam* aus dem Austenitgebiet ab (um dem thermodynamischen Gleichgewicht nahe zu kommen), so zerfällt der Austenit bei 723 °C in die beiden Phasen Ferrit und Zementit. Da Ferrit nur sehr wenig Kohlenstoff löst (bei 723 °C sind es 0,022 Masse-%), wird der kohlenstoffreiche Zementit gebildet. Diese Phasenumwandlung im festen Zustand nennt man eine **eutektoide Umwandlung**, bei der eine Hochtemperaturphase (Austenit) in zwei neue feste Phasen (Ferrit und Zementit) zerfällt. Das dabei entstehende Gefüge nennt man **Perlit**, da es bei kleinen Vergrößerungen betrachtet dem Perlmutt ähnelt. Perlit besteht aus einer Abfolge von Platten (**Lamellen**) aus Ferrit und Zementit. Daher ist auch die Bezeichnung **lamellares Gefüge** gebräuchlich (Abbildung 5.4b). Die mechanischen Eigenschaften des Perlits hängen von der Feinheit (Dicke) der **Ferrit-** und **Zementitplatten** ab und liegen zwischen jenen des Ferrits (weich und duktil) und des Zementits (hart und spröd).

Bei weniger als 0,77 Masse-% Kohlenstoff besteht die Mikrostruktur aus Perlit und Ferrit. Es gibt also zwei Arten von Ferrit in diesem Gefüge. Der Ferrit des Perlits wird *eutektoider Ferrit* genannt. Der Ferrit, welcher vor der eutektoiden Umwandlung aus dem Austenit ausgeschieden wird, heißt **proeutektoider Ferrit**. Analoges gilt für Kohlenstoffgehalte von mehr als 0,77 Masse-%, wobei an die Stelle des proeutektoiden Ferrits der **proeutektoide Zementit** tritt, der bei Temperaturen über der eutektoiden Umwandlungstemperatur aus dem Austenit ausgeschieden wird.

Einfluss der Legierungselemente des Eisens: Neben dem Kohlenstoff, der aus dem Eisen Stahl macht, werden dem Stahl eine Reihe weiterer Legierungselemente beigegeben, um spezielle Eigenschaften zu erzielen. Diese Legierungselemente verschieben die eutektoide Umwandlungstemperatur zu höheren oder tieferen Werten und die eutektoide Zusammensetzung zu niedrigeren Kohlenstoffgehalten. Wird die eutektoide Umwandlungstemperatur erniedrigt, so wird der Existenzbereich des Austenits zu tieferen Temperaturen erweitert. Solche Legierungselemente wie z. B. Nickel (dieses kristallisiert als Element im kfz-Gitter) nennt man daher **Austenitstabilistoren**. Im Gegensatz zum Nickel verschieben Chrom und Molybdän, die beide selbst im krz-Gitter kristallisieren, die eutektoide Umwandlungstemperatur zu höheren Werten, sie bevorzugen also die krz-Gitterstruktur des Ferrits. Man nennt sie daher **Ferritstabilisatoren**.

Beispiel 5.1 **Bestimmung der Phasenanteile eines Kohlenstoffstahls**

Bestimmen Sie die Massenanteile von Austenit und Ferrit in einem Gussteil mit einer Masse von 10 kg, das aus einem unlegierten Stahl mit 0,4 Masse-% Kohlenstoff besteht, wenn das Gussteil langsam auf die folgenden Temperaturen abgekühlt wird: (a) 900 °C, (b) 724 °C, (c) 722 °C.

Lösung: (a) Wir zeichnen in die Abbildung 5.4b eine Vertikale bei 0,40 % C (= c_0) und eine Konode bei 900 °C ein. Der Schnittpunkt der beiden Linien liegt im Austenitgebiet. Daher ist der Massenanteil des Austenits 1 und der des Ferrits 0.

(b) Bei 724 °C befindet man sich knapp oberhalb der eutektoiden Umwandlungstemperatur im Austenit-Ferrit-Zweiphasengebiet. Dem Zustandsdiagramm entnimmt man die Konzentrationen des Kohlenstoffs im Austenits und Ferrits und erhält daraus für die Massenanteile dieser Phasen:

$$P_\alpha = \frac{c_\gamma - c_0}{c_\gamma - c_\alpha} = \frac{0{,}77 - 0{,}40}{0{,}77 - 0{,}022} = 0{,}495 \doteq 49{,}5\,\% \doteq 4{,}95\,\text{kg}$$

$$P_\gamma = \frac{c_0 - c_\alpha}{c_\gamma - c_\alpha} = \frac{0{,}40 - 0{,}022}{0{,}77 - 0{,}022} = 0{,}505 \doteq 50{,}5\,\% \doteq 5{,}05\,\text{kg}$$

(c) Bei 722 °C befindet man sich knapp unterhalb der eutektoiden Umwandlungstemperatur im Ferrit-Zementit-Zweiphasengebiet. Der **gesamte** Massenanteil des Ferrits (proeutektoider und eutektoider Ferrit) ist:

$$P_\alpha = \frac{c_{\text{Fe}_3\text{C}} - c_0}{c_{\text{Fe}_3\text{C}} - c_\alpha} = \frac{6{,}67 - 0{,}40}{6{,}67 - 0{,}022} = 0{,}943 \doteq 94{,}3\,\% \doteq 9{,}43\,\text{kg}\,.$$

Von diesen 9,43 kg werden 5,05 kg proeutektoid gebildet. Die Masse des eutektoiden Ferrits ist daher 4,38 kg. Die Masse des Zementits beträgt bei dieser Temperatur 0,57 kg. Da wir uns unterhalb der eutektoiden Umwandlungstemperatur befinden, ist der Massenanteil des Austenits 0.

5.3 Gussgefüge

Das sich bei der Erstarrung ausbildende *Gussgefüge* von Metallen hängt von der Zusammensetzung der Legierung, den Abkühlungbedingungen der Schmelze und des Gussstücks und den Stömungsbedingungen der Schmelze in die Gussform ab. Wir werden sehen, dass das Gefüge, welches bei der Erstarrung entsteht, die Eigenschaften des Gussstücks bestimmt.

5.3 Gussgefüge

5.3.1 Reine Metalle

▶ Abbildung 5.5a zeigt das Korngefüge nach Erstarrung eines Reinmetalls in einer **Kokille** mit quadratischem Querschnitt. An der Wand der Kokille kühlt das Metall sehr schnell ab (**Abschreckzone**), da die Kokille meist auf Umgebungstemperatur ist. Das Gussstück besitzt daher eine erstarrte **Haut** (*Schale*), die aus feinen, *gleichachsigen* (**globulitischen**) Körnern besteht. In der hüttenmännischen Praxis ist dafür auch die Bezeichnung **Speckschicht** gebräuchlich. Die Erstarrung schreitet – entgegen der Richtung der Wärmeabfuhr – in das Innere der Kokille fort. Dabei wachsen Körner mit günstiger kristallografischer Orientierung hinsichtlich der Wärmeleitung bevorzugt (**Wachstumsselektion**) und bilden sogenannte **Stengelkristalle** (siehe Abbildung 5.5a). Das Wachstum von Körnern mit ungünstiger Orientierung wird dadurch unterdrückt.

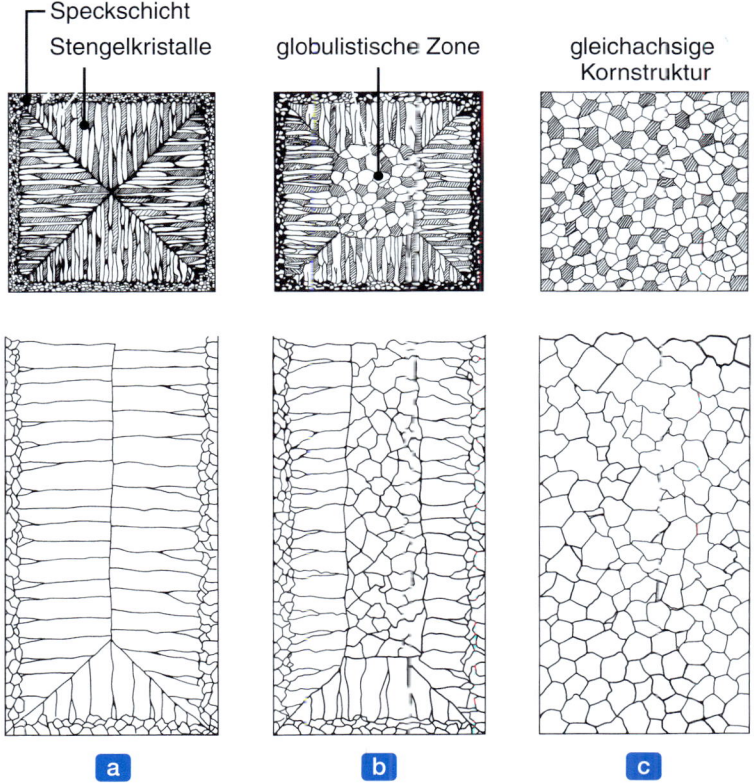

Abbildung 5.5: Schematische Darstellung von Gussgefügen bei der Erstarrung einer Metallschmelze in einer quadratischen Kokille. (a) Reinmetall mit globulitischer Randzone und Stengelkristallen (Wachstumsselektion). (b) Legierung mit globulitischer Zone am Rand und in der Mitte. (c) Bei der Erstarrung mit Fremdkeimhilfe entstehen nur gleichachsige Körner, da die Ausbildung von Stengelkristallen durch die simultane Bildung von Erstarrungskeimen in der gesamten Kokille verhindert wird.

5.3.2 Legierungen

Da Reinmetalle üblicherweise ungenügende mechanische Eigenschaften aufweisen, werden sie legiert. Der überwiegende Teil der technisch genutzten Metalle sind daher *Legierungen*, die aus zwei oder mehr chemischen Elementen bestehen, von denen wenigstens eines ein Metall ist. Die Erstarrung einer Legierung setzt ein, wenn die Temperatur unter die Liquidustemperatur T_l fällt, und ist abgeschlossen, wenn die Solidustemperatur T_s erreicht wird (▶ Abbildung 5.6). Zwischen den beiden Temperaturen ist die Legierung teilerstarrt (breiartig, teigig) und zeigt **stengelartige Dendriten**, die von Schmelze umgeben sind. Das Wort Dendrit ist griechischen Ursprungs (*dendron* steht für „ähnlich zu", *drys* für „Baum") und wird oft mit Tannenbaum übersetzt. Dendriten sind räumliche Gebilde mit *Armen* und *Zweigen* (*sekundäre Arme*), wodurch sich benachbarte Dendriten ineinander verhaken, ▶ Abbildung 5.7. Die Breite der teilerstarrten Zone ist eine wichtige Größe bei der Erstarrung von Legierungen und wird vom **Erstarrungsintervall**

$$\Delta T = T_l - T_s \tag{5.3}$$

kontrolliert. Reine Metalle besitzen kein Erstarrungsintervall, da die Erstarrung bei konstanter Temperatur (beim Erstarrungspunkt) erfolgt (Abbildung 5.6). Die **Erstarrungsfront** verläuft gerade ohne teilerstarrten Bereich. Auch eutektische Legierungen erstarren mit nahezu gerader Erstarrungsfront. Das Erstarrungsgefüge hängt von der Zusammensetzung des **Eutektikums** ab. Liegt das Eutektikum unge-

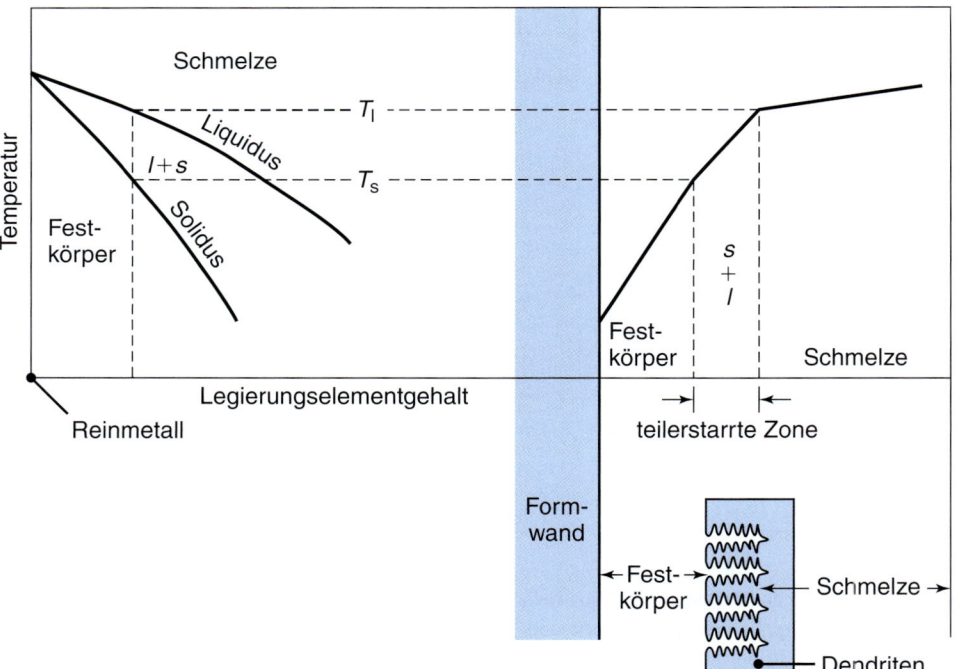

Abbildung 5.6: Verhältnisse bei der Erstarrung einer Legierung und die Temperaturverteilung in der Kokille. In der teilerstarrten Zone werden Dendriten gebildet, woduch die Erstarrungsfront nicht gerade verläuft.

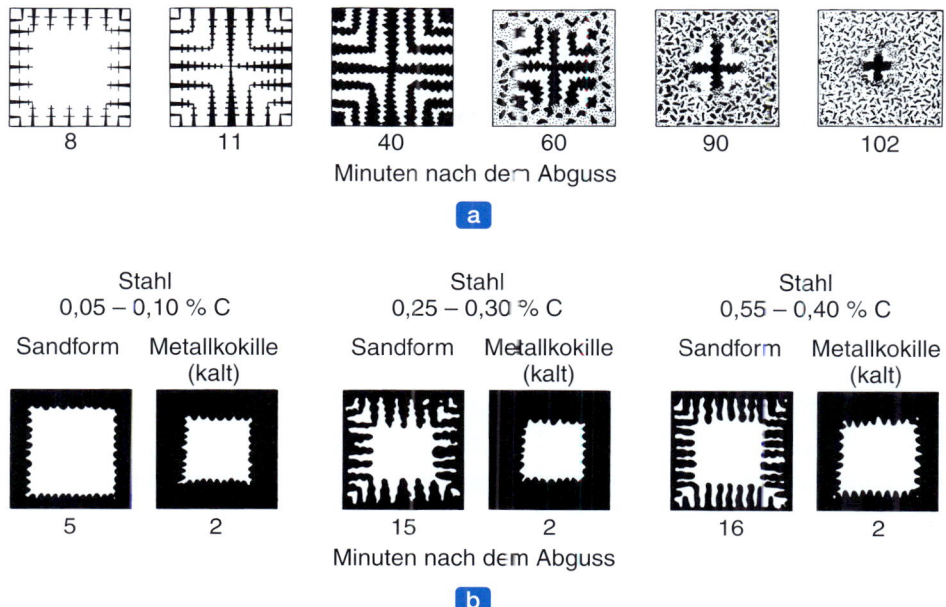

Abbildung 5.7: (a) Entwicklung des Erstarrungsgefüges eines grauen Gusseisens in einer quadratischen Kokille mit 180 mm Seitenlänge. Nach 11 Minuten stoßen die Dendriten aneinander, der Zustand ist ein teilerstarter. Erst nach zwei Stunden ist die Erstarrung abgeschlossen. (b) Erstarrung von Kohlenstoffstahl in einer Sandform und in einer Stahlkokille. Das entstehende Erstarrungsgefüge und der Fortschritt der Erstarrung hängen vom Kohlenstoffgehalt ab. Nach H.F. Bishop und W.S. Pellini.

fähr in der Mitte des Phasendiagramms und unterscheiden sich die Schmelzpunkte der Komponenten nicht allzu stark, dann erfolgt die Erstarrung des Eutektikums meist lamellar unter Bildung von zwei (bei Mehrstoffsystemen von mehr als zwei) festen Phasen. Ist der Volumenanteil von einer der beiden Phasen kleiner als etwa 25 %, dann bildet diese Phase Fasern oder Partikel aus, die von der anderen Phase umgeben sind.

Kurze Erstarrungsintervalle, wie sie typisch für Eisengusslegierungen sind, sind solche mit $T_l - T_s \leq 50\,\text{K}$, lange jene mit mehr als $110\,\text{K}$. Aluminium- und Magnesiumlegierungen besitzen lange Erstarrungsintervalle und demzufolge breite teilerstarrte Zonen. Diese Legierungen befinden sich also während des Erstarrungsvorgangs überwiegend im teilerstarrten Zustand, wodurch sie mittels Thixogießen gut verarbeitbar sind (siehe Abschnitt 5.10.6).

Einfluss der Abkühlungsgeschwindigkeit: Langsame Abkühlungsgeschwindigkeiten (etwa 10^2 K/s) oder lange lokale Erstarrungszeiten führen zu groben Dendritenstrukturen mit großen Dendritenarmabständen. Feine Strukturen und kleine Armabstände erzielt man mit Kühlraten von etwa 10^4 K/s oder kurzen lokalen Erstarrungszeiten. Mit sehr großen Abkühlungsgeschwindigkeiten (10^6 bis 10^8 K/s) kann man die Kristallisation der Schmelze verhindern, die dann glasartig (*amorph*) ohne Fernordnung der Atome erstarrt (Abschnitt 5.10.8).

Die sich bildende Mikrostruktur, insbesondere ihre Korngröße, beeinflusst markant die mechanischen Eigenschaften der Gussstücke. So führt eine kleinere Korngröße (a) zur Verbesserung von Festigkeit und

Duktilität (siehe Hall-Petch-Beziehung, Abschnitt 3.4.1), (b) zur Verringerung der Mikroporosität infolge Schwindung in den interdendritischen Bereichen und (c) zur Minderung der Neigung zur Bildung von Heißrissen bei der Erstarrung und Abkühlung des Gussstücks. Zu beachten ist auch die Einheitlichkeit der Korngröße im Gussteil, da es sonst zur Ausbildung von anisotropen Eigenschaften kommen kann.

5.3.3 Mikrostruktur-Eigenschaften-Beziehungen

Da Gussstücke eine Reihe von Eigenschaften aufweisen müssen, um den Anforderungen von Entwurf und Einsatz gerecht zu werden, ist die Kenntnis des Zusammenhangs zwischen der bei der Erstarrung entstehenden Mikrostruktur und den Eigenschaften sehr wichtig. Dieser Abschnitt diskutiert solche Zusammenhänge an den Beispielen **Dendritenmorphologie** und **Konzentrationsverteilung** von Legierungselementen in den verschiedenen Teilen eines Gussstückes.

Die Zusammensetzung der Dendriten und der dazwischenliegenden Restschmelze kann für die jeweilige Legierung dem Zustandsdiagramm entnommen werden. Wird die Legierung sehr langsam abgekühlt, dann werden die Dendriten eine konstante Zusammensetzung besitzen. Unter technisch üblichen Abkühlungsbedingungen kommt es jedoch zur Ausbildung von **geseigerten Dendriten**, was dazu führt, dass die Dendriten nahe ihrer Oberfläche eine andere Zusammensetzung aufweisen als ihr Zentrum. Es existiert demnach ein **Konzentrationsgradient**. In Legierungen mit Zustandsdiagrammen ähnlich zu Abbildung 5.6 ist die Konzentration der Legierungselemente an der Oberfläche des Dendriten höher als im Inneren, da bei der Erstarrung die Legierungsatome in der Restschmelze angereichert werden. Dies bezeichnet man als **Kristallseigerung**. Die Dunkelfärbung der Schmelze nahe den Dendritenwurzeln in ▶ Abbildung 5.8a und b deutet diese höhere Konzentration an. Beim Verbreitern der Dendriten während ihres Wachstums erstarrt diese angereicherte Schmelze an der Oberfläche der Dendriten.

Im Gegensatz zur Kristallseigerung erstrecken sich die Konzentrationsunterschiede bei der **normalen Blockseigerung** auf das ganze Gussstück. Bei gerader Erstarrungsfront (▶ Abbildung 5.9) und einem Phasendiagramm wie vorhin nimmt die Restschmelze vor der Erstarrungsfront die vom Festkörper ausgesto-

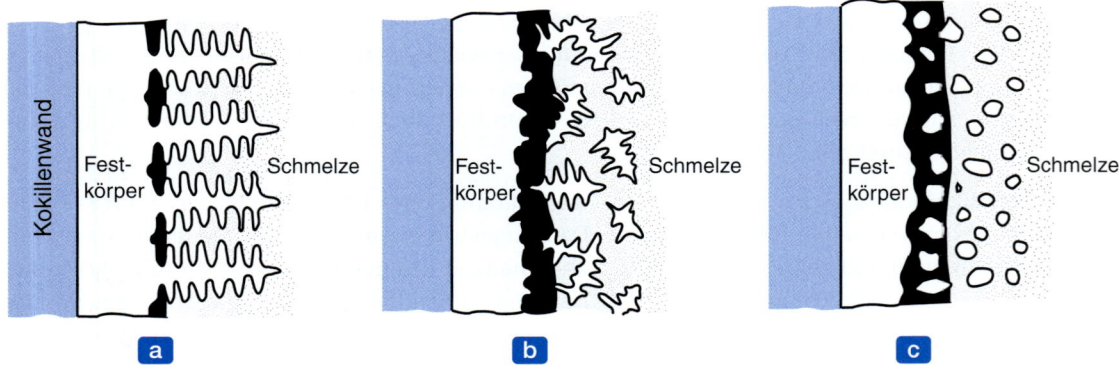

Abbildung 5.8: Schematische Darstellung der drei Grundtpen von Erstarrungsgefügen von Legierungen: (a) gleichgerichtet dendritisch, (b) nichtorientiert (gleichachsig) dendritisch und (c) gleichachsig globulitisch. Nach D. Apelian.

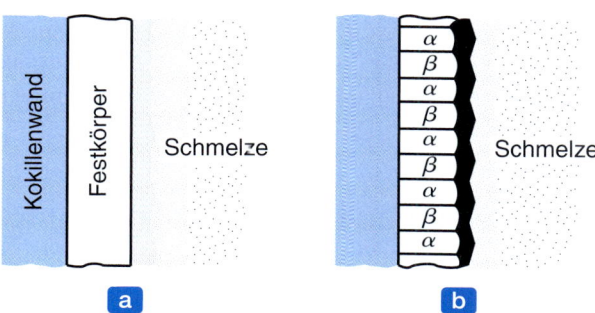

Abbildung 5.9: Schematische Darstellung des Erstarrungsverlaufs bei Ausbildung einer geraden Erstarrungsfront: (a) Reinmetall (einphasig), (b) Eutektikum (zweiphasig). Nach D. Apelian.

ßenen Legierungsatome auf und wird dadurch angereichert. Dann wird das Gussstück im Inneren eine höhere Konzentration an Legierungs- und Verunreinigungsatomen aufweisen als am Rand. Bei der dendritischen Erstarrung kann auch die **inverse Blockseigerung** auftreten. Bei dieser Form der Seigerung hat das Zentrum des Gussteils eine niedrigere Konzentration an Legierungsatomen. Dies wird durch Kapillarkräfte bewirkt, welche die angereicherte Restschmelze in die durch Erstarrungsschwindung vergrößerten interdendritischen Zwischenräume ziehen und so in Richtung der Außenseite des Gussteils transportieren. Eine weitere Quelle für die Segregation ist die Gravitation, welche die **Schwereseigerung** verursachen kann. Sie wird verursacht von großen Dichteunterschieden erstarrender Komponenten. So können erstarrte schwere Kristalle in der Schmelze absinken oder leichte aufschwimmen. Eine derartige Entmischung kann schon in der Schmelze stattfinden, wenn sich infolge der Gravitation leichte und schwere Elemente in verschiedenen Höhen des Schmelzbads anreichern (z. B. Antimon in einer Blei-Antimon-Legierung).

Ein typisches Gussgefüge einer Legierung mit einem Mittenbereich aus gleichachsigen Körnern ist in Abbildung 5.5b gezeigt. Diese für die Eigenschaften des Gussstücks günstige Gefügezone kann ausgedehnt werden, indem der Schmelze Fremdkristalle zugesetzt werden (**Impfen von Schmelzen**), siehe Abbildung 5.5c. Diese kleinen Kristalle wirken als Keime für die **heterogene Keimbildung**, d. h., an diesen Kristallen erfolgt die Erstarrung der Schmelze simultan im ganzen Volumen des Schmelzbads. Ein Beispiel dafür ist die Zugabe von kleinen Ti_2B-Teilchen in die Schmelze von Aluminiumlegierungen, um ihre Korngröße zu verkleinern und dadurch die mechanischen Eigenschaften zu verbessern.

Da es in der Schmelze thermische Gradienten (Temperaturunterschiede) gibt und zudem die Gravitation wirkt (was zu Dichteunterschieden führt), ist die dadurch bedingte Badbewegung durch *Konvektion* eine wesentliche Einflussgröße für das entstehende Gussgefüge. Konvektion begünstigt die Ausbildung der Speckschicht beim Kokillenguss, feint das Korngefüge und beschleunigt den Übergang von stengelartiger zur globulitischen Erstarrung. Die Gefügeausbildung der Abbildung 5.8b erreicht man durch intensive Konvektion in der Schmelze, wodurch Dendritenarme abbrechen und selbst wieder als Kristallkeime wirken (**Dendritenvervielfachung**). Mäßige oder keine Konvektion führt hingegen zur Ausbildung grober und langer dendritischer Kristalle.

Die natürliche Konvektion kann durch mechanische oder elektromagnetische Einwirkung verstärkt werden. Da vor allem Dendritenarme nicht besonders fest sind, können sie durch (mechanisches oder elektromagnetisches) Rühren der Schmelze oder durch mechanische Schwingungen insbesondere im Frühstadium der Erstarrung leicht abgebrochen werden, was beim **Rheogießen** genutzt wird (Abschnitt 5.10.6). Dies führt dann zu sehr feiner, dendritenfreier Kornausbildung und gleichmäßiger Korngröße im Gussteil (Abbildung 5.8c).

5.4 Fließen von Schmelzen und Wärmeübertragung

5.4.1 Strömung von Flüssigkeiten

Die folgende Beschreibung eines grundlegenden Standgusssystems anhand von ▶ Abbildung 5.10 soll zeigen, wie wichtig die Strömung der Schmelze beim Gießvorgang ist. Das geschmolzene Metall wird über einen **Eingusstrichter** (*Pfanne*) eingefüllt. Dann fließt es über den **Eingusskanal** zum **Schacht** und dann in **Läufen** zum Hohlraum der Form. **Speiser** dienen als Reservebehälter für geschmolzenes Metall, das nachgeliefert werden muss, um Schwindung (die zu Porosität führen könnte) zu verhindern. Obwohl ein derartiges **Anschnittsystem** relativ einfach zu sein scheint, erfordert ein erfolgreicher Gießvorgang ein zweckmäßiges Design und die Steuerung des Erstarrungsvorgangs, um adäquates Fließen der Schmelze beim Gießvorgang sicherzustellen. Zu den wichtigsten Funktionen des Anschnittsystems gehört es, *Verunreinigungen* in der Schmelze (beispielsweise Oxide und andere Einschlüsse) abzufangen. Die Verunreinigungen bleiben an den Wänden des Anschnittsystems haften und können so den eigentlichen Formenhohlraum nicht erreichen. Außerdem lassen sich durch ein richtig konzipiertes Anschnittsystem Probleme wie zum Beispiel vorzeitige Abkühlung, Verwirbelung und Gaseinschlüsse vermeiden oder minimieren. Schon bevor die Schmelze den Formenhohlraum erreicht, muss sie sorgfältig behandelt werden, damit sich auf der Oberfläche der Schmelze keine Oxide bilden (durch Kontakt mit der Umgebung) und keine Verunreinigungen in das geschmolzene Metall gelangen.

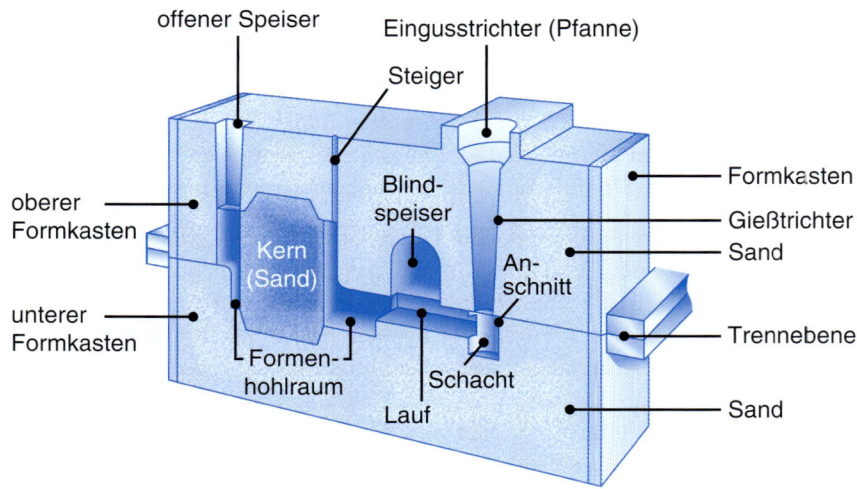

Abbildung 5.10: Schematische Darstellung einer typischen Sandgussform mit der Bezeichnung der wichtigsten Teile.

Für die Gestaltung des Anschnittsystems sind zwei Grundprinzipien der Strömung von Flüssigkeiten relevant: die Gleichung von Bernoulli und der Massenerhaltungssatz.

Die **Bernoulli'sche Gleichung** beruht auf dem Energieerhaltungsprinzip und setzt Druck, Geschwindigkeit, Höhe der Flüssigkeit an einem bestimmten Ort im System und die Reibungsverluste in einem Flüssigkeitssystem miteinander in Beziehung. Es gilt:

$$h + \frac{p}{\varrho g} + \frac{v^2}{2g} = \text{const}, \qquad (5.4)$$

wobei h die Höhe über einer bestimmten Bezugsebene, p der Druck bei dieser Höhe, v die Geschwindigkeit der Flüssigkeit bei dieser Höhe, ϱ die Dichte der Flüssigkeit (vorausgesetzt, dass sie inkompressibel ist) und g die Gravitationsbeschleunigung bezeichnen. Die Energieerhaltung verlangt, dass an jedem konkreten Ort im System die folgende Beziehung erfüllt wird:

$$h_1 + \frac{p_1}{\varrho g} + \frac{v_1^2}{2g} = h_2 + \frac{p_2}{\varrho g} + \frac{v_2^2}{2g} + f, \qquad (5.5)$$

wobei die Indizes 1 und 2 zwei unterschiedliche Höhen bezeichnen und f den Reibungsverlust in der Flüssigkeit angibt, während sie nach unten durch das Anschnittsystem läuft. Der Reibungsverlust schließt Faktoren wie zum Beispiel den Energieverlust an den Grenzflächen zwischen Flüssigkeit und Formwand und Verwirbelungen in der Flüssigkeit ein

Der **Massenerhaltungssatz** besagt, dass für eine inkompressible Flüssigkeit in einem System mit undurchlässigen Wänden die Fließgeschwindigkeit konstant ist. Es gilt also

$$Q = A_1 v_1 = A_2 v_2, \qquad (5.6)$$

wobei Q die volumetrische Fließgeschwindigkeit (zum Beispiel in m^3/s), A der Querschnitt des Flüssigkeitsstroms und v die Geschwindigkeit der Flüssigkeit am jeweiligen Ort ist. Die Indizes 1 und 2 in der Gleichung beziehen sich auf zwei verschiedene Orte im System. Die Undurchlässigkeit der Wände des Systems ist wichtig, da sonst ein Teil der Flüssigkeit die Wände durchdringt (wie zum Beispiel in Sandformen, Abschnitt 5.8.1) und die Fließgeschwindigkeit auf dem Weg der Flüssigkeit durch das System abnimmt. In Sandformen wird derartiges Verhalten oftmals mithilfe von Beschichtungen unterbunden.

Eingussprofil: Eine Anwendung der beiden oben genannten Prinzipien begründet die kegelförmige Gestaltung von Eingusskanälen (Abbildung 5.10), wobei die Form des Eingusskanals mithilfe der Gleichungen (5.5) und (5.6) ermittelt werden kann. Unter der Annahme, dass der Druck an der Oberkante des Eingusskanals gleich dem Druck am Boden ist und dass keine Reibungsverluste im System auftreten, ist der Zusammenhang zwischen Höhe und Querschnitt an jedem Punkt im Eingusskanal durch die parabolische Beziehung

$$\frac{A_1}{A_2} = \sqrt{\frac{h_2}{h_1}} \qquad (5.7)$$

gegeben, wobei zum Beispiel Index 1 die Oberkante des Eingusstrichters und 2 den Boden kennzeichnen. In einer frei fallenden Flüssigkeit – beispielsweise Wasser aus einem Wasserhahn – nimmt der

Querschnitt des Strahls ab, wenn seine Geschwindigkeit nach unten hin zunimmt. Somit muss der Querschnitt des Eingusskanals von oben nach unten geringer werden. Bei einem Eingusskanal mit konstantem Querschnitt können sich Bereiche entwickeln, in denen das geschmolzene Metall den Kontakt mit den Wänden des Eingusskanals verliert. Dadurch wird Luft angesaugt oder in der Schmelze eingeschlossen. In vielen Systemen ersetzt man jedoch die kegelförmigen Eingusskanäle durch Eingusskanäle mit geraden Wänden, die am Boden über einen *Drossel*-Mechanismus verfügen, der entweder aus einem Siebkern oder einer Laufdrossel (wie in Abbildung 5.10 gezeigt) besteht.

Die Beschreibung der Formbefüllung erfordert die Anwendung der Gleichungen (5.5) und (5.6), siehe auch Abschnitt 5.11.5. Wir betrachten die in Abbildung 5.10 gezeigte Situation, in der geschmolzenes Metall in einen Eingusstrichter gefüllt wird. Die Schmelze fließt dann durch einen Einguss zu einem Anschnitt und den Läufen und füllt den Formenhohlraum. Wenn der Querschnitt des Eingusstrichters wesentlich größer als der Eingussboden ist, fließt die Schmelze im oberen Teil des Eingusstrichters nur sehr langsam. Treten Reibungsverluste infolge viskoser Dissipation auf, lässt sich f in Gleichung (5.5) als Funktion des senkrechten Abstands darstellen und wird oftmals durch eine lineare Funktion approximiert. Die Geschwindigkeit der Schmelze, die den Anschnitt verlässt, erhält man dann aus Gleichung (5.5) mit

$$v = c\sqrt{2gh}, \qquad (5.8)$$

wobei h der Abstand vom Eingussboden zur Höhe des Flüssigkeitsspiegels ist und c einen Reibungsfaktor darstellt. Dieser Faktor liegt im Bereich zwischen 0 und 1 und ist für reibungslose Strömung gleich 1. Die Größe von c hängt vom jeweiligen Formenwerkstoff, der Gestaltung der Läufe und der Kanalgröße ab und kann Energieverluste durch Verwirbelung sowie viskose Effekte einschließen.

Wenn der Flüssigkeitspegel im Eingusstrichter auf eine Höhe x abgesunken ist, beträgt die Einlaufgeschwindigkeit der Schmelze in den Lauf der Form bzw. in den Formenhohlraum

$$v = c\sqrt{2g}\sqrt{h-x}. \qquad (5.9)$$

Die **Fließgeschwindigkeit** durch den Einlauf ist das Produkt aus dieser Geschwindigkeit und der Einlauffläche gemäß Gleichung (5.6). Die Form des Gussstücks bestimmt die Höhe als Funktion der Zeit. Mithilfe von Gleichung (5.9) lassen sich mittlere Füllzeit und Fließgeschwindigkeit berechnen. Teilt man das Gussvolumen durch diese mittlere Fließgeschwindigkeit, erhält man die Füllzeit der Form.

Durch eine Simulation der Formfüllung können Konstrukteure den Laufdurchmesser und die Größe und Anzahl von Eingusskanälen und Eingusstrichtern festlegen. Um zu gewährleisten, dass die Läufe nicht vorzeitig zusetzen, darf die Füllzeit nur einen Bruchteil der Erstarrungszeit betragen (siehe Abschnitt 5.4.4). Allerdings darf die Geschwindigkeit nicht so hoch sein, dass das Formenmaterial erodiert wird (was man als *Auswaschen der Form* bezeichnet) oder eine zu hohe Reynolds-Zahl ergibt (siehe unten), weil dies zu Verwirbelung und damit verbundenem Ansaugen von Luft führen kann. Heute stehen mehrere Berechnungswerkzeuge (siehe Abschnitt 5.11.5) zur Verfügung, um die Auslegung von Anschnittsystemen bewerten und die Größe der Formenkomponenten ermitteln zu können.

Fließeigenschaften: Ein wichtiger Punkt beim Fließen in Anschnittsystemen sind Verwirbelungen (**Turbulenzen**) im Unterschied zur **laminaren Strömung** von Flüssigkeiten. Die Art der Strömung wird durch die **Reynolds-Zahl** Re charakterisiert, die das Verhältnis von Trägheits- zu Zähigkeitskräften darstellt und als

$$\mathrm{Re} = \frac{vD\varrho}{\eta} \tag{5.10}$$

definiert ist, wobei v die Geschwindigkeit der strömenden Flüssigkeit, D der Durchmesser des Kanals sowie ϱ und η die Dichte bzw. Viskosität der Flüssigkeit darstellen. Je größer die Reynolds-Zahl, desto größer die Neigung zu turbulenter Strömung. In gewöhnlichen Anschnittsystemen liegt Re zwischen 2000 und 20 000. Ein Re-Wert bis zu 2000 weist auf laminares Fließen hin. Bei Werten zwischen 2000 und 20 000 handelt es sich um eine Mischung von laminarem und turbulentem Fließen, die in Anschnittsystemen für das Gießen im Allgemeinen als harmlos gilt. Wenn aber die Re-Werte über 20 000 liegen, gibt es starke Verwirbelungen, was zum Ansaugen von Luft und zu Schlackebildung führt. Als **Schlacke** bezeichnet man beim Eingießen den Schlamm, der sich auf der Oberfläche von geschmolzenem Metall als Ergebnis der Reaktion des flüssigen Metalls mit Luft und anderen Gasen bildet. Um Turbulenzen zu minimieren, vermeidet man plötzliche Änderungen in der Richtung der Strömung und in der Geometrie des Kanalquerschnitts im Anschnittsystem.

Die Entfernung von *Schlacke* ist eine weitere wichtige Betrachtung beim Gießen. Dies lässt sich durch Abschöpfen (mithilfe von **Schlackeabscheidern**), zweckmäßige Konstruktion der Eingusstrichter und Anschnittsysteme oder durch Filter erreichen. Filter werden in der Regel aus Keramik, Glimmer oder Glasfaser hergestellt. Für eine wirksame Filtrierung der Schlacke ist eine geeignete Positionierung der Filter wichtig.

Beispiel 5.2 **Entwurf und Analyse eines Eingusskanals**

Die gewünschte Fließgeschwindigkeit des Volumens von geschmolzenem Metall in eine Form beträgt 0,01 m³/min. Der Eingusskanal hat oben einen Durchmesser von 20 mm. Seine Länge beträgt 200 mm. Wie groß sollte der untere Durchmesser des Eingusskanals sein, um Aspiration (Beatmung der Schmelze) zu verhindern? Wie groß sind resultierende Geschwindigkeit und Reynolds-Zahl am Boden des Eingusskanals, wenn Aluminium mit einer Viskosität von 0,004 Ns/m² vergossen wird?

Lösung: Ein Eingusstrichter wird normalerweise über einem Eingusskanal angeordnet, sodass geschmolzenes Metall oberhalb der Eingussöffnung vorhanden ist. Allerdings wird diese Komplikation hier ignoriert. Die Fließgeschwindigkeit des Metallvolumens beträgt $Q = 0{,}01\,\mathrm{m^3/min} = 1{,}667 \times 10^{-4}\,\mathrm{m^3/s}$. Die Indizes 1 und 2 stehen auch hier wieder für die Oberkante bzw. den Auslauf des Eingusskanals. Mit $d_1 = 20\,\mathrm{mm} = 0{,}02\,\mathrm{m}$ ist

$$A_1 = \frac{\pi}{4} d_1^2 = \frac{\pi}{4} 0{,}02^2 = 3{,}14 \times 10^{-4}\,\mathrm{m^2}\,.$$

Demzufolge erhält man

$$v_1 = \frac{Q}{A_1} = \frac{1{,}667 \times 10^{-4}}{3{,}14 \times 10^{-4}} = 0{,}531\,\mathrm{m/s}\,.$$

Nimmt man an, dass keine Reibungsverluste auftreten und dass der Druck im Eingusskanal oben und unten atmosphärisch ist, ergibt Gleichung (5.5)

$$0{,}2 + \frac{0{,}531^2}{2 \times 9{,}81} + \frac{p_{\text{atm}}}{\varrho g} = 0 + \frac{v_2^2}{2 \times 9{,}81} + \frac{p_{\text{atm}}}{\varrho g}$$

oder $v_2 = 1{,}45\,\text{m/s}$. Um Gasaufnahme der Schmelze zu verhindern, sollte die Eingussöffnung so groß sein, wie sie gemäß der Kontinuitätsgleichung (5.6) vorausgesagt wird:

$$Q = A_2 v_2^2 = 1{,}667 \times 10^{-4}\,\text{m}^3/\text{s} = A_2 \times 1{,}45\,\text{m/s}$$

oder $A_2 = 1{,}15 \times 10^{-4}\,\text{m}^2$, d. h. $d_2 = 12\,\text{mm}$. Das Profil des Eingusskanals ist entsprechend Gleichung (5.7) parabolisch. Bei der Berechnung der Reynolds-Zahl entnehmen wir zuerst Tabelle 3.3 für die Dichte von Aluminium den Wert $2700\,\text{kg/m}^3$. Die Dichte für geschmolzenes Aluminium ist zwar geringer, allerdings nicht signifikant, sodass der Wert für diese Rechnung hinreichend genau ist. Mit Gleichung (5.10) erhält man

$$\text{Re} = \frac{v d_2 \varrho}{\eta} = \frac{1{,}45 \times 0{,}012 \times 2700}{0{,}004} = 11\,745\,.$$

Wie oben erwähnt, ist diese Größenordnung typisch für Gussformen, die eine Mischung von laminarem und turbulentem Fließen ermöglichen.

5.4.2 Fließeigenschaften von flüssigen Metallen

Die Fähigkeit des geschmolzenen Metalls, Formenhohlräume zu füllen, beschreibt man gewöhnlich mit dem Begriff **Fluidität**. Für die Fluidität spielen zwei grundlegende Faktoren eine Rolle: (1) Eigenschaften der Schmelze und (2) Gießparameter. Die folgenden Eigenschaften der Schmelze beeinflussen die Fluidität:

1. **Viskosität:** Die Fluidität nimmt ab, wenn die Viskosität und der Viskositätsindex (seine Temperaturempfindlichkeit) zunehmen.
2. **Oberflächenspannung:** Eine hohe Oberflächenspannung des flüssigen Metalls verringert die Fluidität. Oxidfilme, die sich auf der Oberfläche der Schmelze entwickeln, wirken sich nachteilig auf die Fluidität aus. Zum Beispiel verdreifacht ein Oxidfilm auf reinem geschmolzenem Aluminium die Oberflächenspannung.
3. **Einschlüsse:** Als unlösliche Teilchen können sich Einschlüsse erheblich nachteilig auf die Fluidität auswirken. Dieser Effekt lässt sich zum Beispiel bei Öl mit und ohne feine Sandteilchen beobachten. Es zeigt sich, dass die Viskosität von Öl mit Sandteilchen höher ist.
4. **Erstarrungsart der Legierung:** Wie Abschnitt 5.3 beschreibt, kann sich die Art und Weise, in der die Erstarrung abläuft, auf die Fluidität auswirken. Darüber hinaus ist Fluidität umgekehrt proportional zum Erstarrungsbereich (siehe Gleichung (5.3)). Je kürzer der Bereich ist (wie in reinen

Metallen und Eutektika), desto höher wird die Fluidität. Umgekehrt haben Legierungen mit langen Erstarrungsbereichen (wie zum Beispiel Mischkristalllegierungen) eine geringere Fluidität.

Die folgenden Gießparameter beeinflussen sowohl die Fluidität als auch das Fließen und die thermischen Eigenschaften des Systems:

1. **Formenentwurf:** Gestaltung und Abmessungen der Komponenten wie zum Beispiel Eingusskanal, Läufe und Speiser beeinflussen die Fluidität in unterschiedlichem Maß.
2. **Formwerkstoff und dessen Oberflächeneigenschaften:** Je höher die thermische Leitfähigkeit der Gussform und je rauer ihre Oberflächen, desto geringer ist die Fluidität. Durch Erwärmen der Form lässt sich zwar die Fluidität verbessern, doch vergrößert sich dadurch die Erstarrungszeit, was in gröberen Körnern und folglich geringerer Festigkeit des Gussteils resultiert.
3. Der **Grad der Überhitzung** ist als Temperaturunterschied zwischen der Temperatur der Schmelze und dem Schmelzpunkt einer Legierung definiert. Ein höherer Überhitzungsgrad verbessert die Fluidität, weil die Erstarrung verzögert wird.
4. **Einfüllgeschwindigkeit:** Je geringer die Einfüllgeschwindigkeit in die Form, desto geringer ist die Fluidität, da das Metall schneller abkühlt.
5. **Wärmeübertragung:** Dieser Faktor beeinflusst direkt die Viskosität des flüssigen Metalls und folglich dessen Fluidität.

Mit dem Begriff **Vergießbarkeit** wird beschrieben, wie einfach sich ein Metall vergießen lässt, um ein Teil mit guter Qualität zu erhalten. Die Beziehungen zwischen den oben aufgeführten Faktoren sind kompliziert. Das hängt zum Teil damit zusammen, dass dieser Begriff auch die Gießtechniken einschließt.

Tests auf Fluidität: Um die Fluidität quantifizieren zu können, wurden mehrere Tests entwickelt, von denen allerdings keiner allgemein anerkannt ist. In einem gebräuchlichen Test lässt man das geschmolzene Metall in einem Kanal bei Raumtemperatur fließen. Der Weg, den das Metall fließt, bevor es erstarrt und die Strömung zum Erliegen kommt, ist ein Maß für seine Fluidität. Offenbar ist diese Länge eine Funktion der thermischen Eigenschaften von Metall und Form sowie der Auslegung des Kanals. Dennoch sind solche Fluiditätsversuche nützlich und geeignet, Gusssituationen bis zu einem vernünftigen Grad zu simulieren.

5.4.3 Wärmeübertragung

Ein wichtiger Punkt beim Gießen ist die Wärmeübertragung während des gesamten Zyklus vom Einfüllen bis zum Erstarren und Abkühlen des Gussstücks auf Raumtemperatur. Der *Wärmefluss* an verschiedenen Stellen im System hängt von vielen Faktoren ab, die sich auf den Gusswerkstoff sowie die Form- und Prozessparameter beziehen. Zum Beispiel müssen die Metallfließgeschwindigkeiten beim Gießen von dünnen Querschnitten ausreichend hoch sein, um vorzeitiges Abkühlen und Erstarren zu vermeiden. Andererseits darf die Fließgeschwindigkeit nicht so hoch sein, dass übermäßige Turbulenzen auftreten, die sich negativ auf die Eigenschaften des Gussteils auswirken.

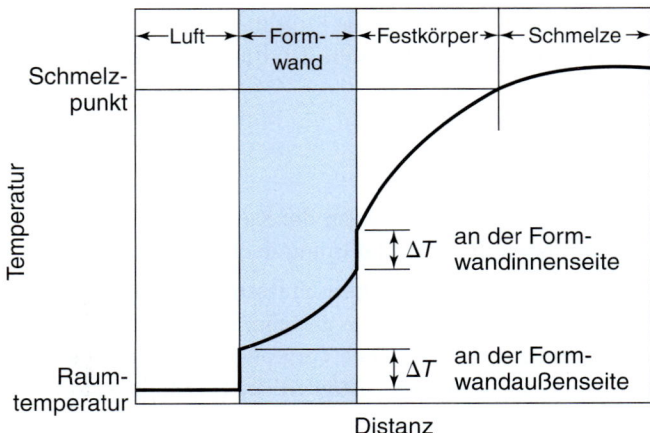

Abbildung 5.11: Verlauf der Temperatur in der Gussform und der Formwand und an den Grenzflächen zwischen Formwand und Luft sowie Formwand und Gussteil während der Erstarrung.

▶ Abbildung 5.11 zeigt eine typische Temperaturverteilung an der Grenzfläche zwischen Gussform und flüssigem Metall. Wie zu erwarten hängt die Gestalt der Kurve von den thermischen Eigenschaften des geschmolzenen Metalls und des Formenwerkstoffs (wie zum Beispiel Sand, Metall oder Keramik) ab. Über die Formwand und die umgebende Luft wird Wärme aus dem eingefüllten flüssigen Metall abgegeben. Der Temperaturabfall an den Grenzflächen zwischen Luft und Form sowie zwischen Form und Metall wird durch die Anwesenheit von Grenzschichten und nicht perfektem Kontakt an diesen Grenzflächen verursacht.

5.4.4 Erstarrungszeit

In den frühen Stufen der Erstarrung bildet sich eine dünne fest gewordene Haut an den kalten Formwänden. Je mehr Zeit vergeht, desto dicker wird diese Haut. Bei flachen Formwänden ist diese Dicke proportional der Quadratwurzel aus der Zeit. Bei Verdopplung der Zeit wird die Haut also um den Faktor $\sqrt{2} = 1{,}41$ (also um 41 %) dicker.

Die *Erstarrungszeit* t_E ist eine Funktion des Volumens eines Gussstücks und dessen Oberfläche (**Chvorinov'sche Regel**) und ist gegeben durch

$$t_E = C \left(\frac{\text{Volumen}}{\text{Oberfläche}} \right)^n , \qquad (5.11)$$

wobei die Konstante C das Formenmaterial, die Metalleigenschaften (einschließlich latenter Wärme) und Temperatur widerspiegelt. Der Exponent n liegt typischerweise zwischen 1,5 und 2 und wird meist mit 2 angenommen. Somit wird eine große Kugel mit einer wesentlich geringeren Rate erstarren und auf Umgebungstemperatur abkühlen als eine kleinere Kugel, da das Volumen einer Kugel proportional zur dritten Potenz ihres Durchmessers und die Oberfläche proportional zum Quadrat ihres Durchmessers ist. Analog lässt sich zeigen, dass geschmolzenes Metall in einer würfelförmigen Gussform schneller erstarrt als in einer kugelförmigen Form mit dem gleichen Volumen.

Beispiel 5.3 Erstarrungszeiten verschiedener Körper

Drei Gussteile besitzen das gleiche Volumen, aber unterschiedliche Gestalten: Kugel, Würfel und gleichseitiger Zylinder. Welcher dieser Körper erstarrt am schnellsten, welcher am langsamsten? Verwenden Sie $n = 2$.

Lösung: Das Volumen ist 1, sodass sich aus Gleichung (5.11)

$$t_E \propto \frac{1}{(\text{Oberfläche})^2}$$

ergibt. Die jeweiligen Oberflächen sind

Kugel: $\quad V = \left(\frac{4}{3}\right)\pi r^3, \quad r = \left(\frac{3}{4\pi}\right)^{1/3} \quad \text{und} \quad A = 4\pi r^2 = 4\pi \left(\frac{3}{4\pi}\right)^{2/3} = 4{,}84$

Würfel: $\quad V = a^3, \quad a = 1 \quad \text{und} \quad A = 6a^2 = 6$

Zylinder: $\quad V = \pi r^2 h = 2\pi r^3, \quad r = \left(\frac{1}{2\pi}\right)^{1/3} \quad \text{und}$

$$A = 2\pi r^2 + 2\pi r h = 6\pi r^2 = 6\pi \left(\frac{1}{2\pi}\right)^{2/3} = 5{,}54 \ .$$

Somit betragen die jeweiligen Erstarrungszeiten t_E

$$t_E^{\text{Kugel}} = 0{,}043 C, \quad t_E^{\text{Würfel}} = 0{,}028 C \quad \text{und} \quad t_E^{\text{Zylinder}} = 0{,}033 C \ .$$

Demzufolge erstarrt das würfelförmige Gussstück am schnellsten und das kugelförmige Teil am langsamsten.

▶ Abbildung 5.12 zeigt den Einfluss der Geometrie des Gussteils und verstrichener Zeit auf die Hautdicke und ihre Gestalt. Die noch nicht erstarrte Schmelze wurde aus der Form in verschiedenen Zeitintervallen von 5 s bis 6 min durch Kippen der des Teils ausgegossen. Die Dicke der Haut wächst mit verstrichener Zeit und ist an Innenwinkeln (Position A in der Abbildung) größer als an Außenwinkeln (Position B). Das Metall kühlt an Innenwinkeln langsamer ab als an Außenwinkeln. Dieser Ablauf ähnelt der Herstellung von Schokoladenhohlkörpern.

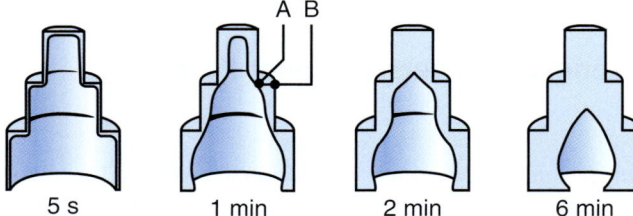

Abbildung 5.12: Erstarrte Haut eines hohlen Gussteils aus Stahl. Die nicht erstarrte Schmelze wurde zu verschiedenen Zeiten ausgeleert. Hohle Schmuck- und Ziergegenstände werden auf ähnliche Weise gefertigt (Kippguss). Nach H.F. Taylor, J. Wulff und M.C. Flemings.

5.4.5 Schwindung

Beim Erstarren und Abkühlen schrumpfen Metalle (ziehen sich zusammen), wie Abbildung 5.1 und Tabelle 5.1 zeigen. Allerdings gibt es auch einige Metalle, wie etwa Grauguss, die sich ausdehnen. Das hängt damit zusammen, dass Graphit ein relativ hohes spezifisches Volumen besitzt. Wenn Graphit während der Erstarrung in Form von Flocken ausfällt, kommt es in Summe zu einer Ausdehnung des Werkstoffs.

Schwindung in einem Gussteil bewirkt Abmessungsänderungen und manchmal Rissbildung. Sie ist das Ergebnis folgender Phänomene:

1. Kontraktion der abkühlenden Schmelze, bevor sie erstarrt;
2. Kontraktion des Metalls während des Phasenübergangs von flüssig zu fest (Schmelzwärme);
3. Kontraktion des erstarrten Metalls (des Gussteils), wenn seine Temperatur auf Umgebungstemperatur absinkt.

Die größte Schwindung findet während der Abkühlung des Gussteils statt.

5.5 Schmelzen und Schmelzeinrichtungen

Das Schmelzen ist ein wichtiger Aspekt beim Gießen, weil es sich direkt auf die Qualität der Gussteile auswirkt. Öfen werden mit Schmelzgut beschickt, das aus flüssigen und/oder festen Metallen, Legierungselementen und verschiedenen anderen Stoffen wie zum Beispiel Flussmitteln und Schlacke bildenden Bestandteilen besteht.

Bei **Flussmitteln** handelt es sich um anorganische Verbindungen, die das geschmolzene Metall aufbereiten, indem sie gelöste Gase und verschiedene Verunreinigungen entfernen. Je nach Metall haben sie mehrere Funktionen. Zum Beispiel gibt es für Aluminiumlegierungen abdeckende Flussmittel (um die Oxidation der Schmelze zu verhindern), reinigende und krätzebildende Flussmittel sowie Flussmittel, welche die Wände des Ofens schützen (um die nachteilige Wirkung zu reduzieren, die bestimmte Flussmittel auf die Ofenauskleidungen insbesondere bei Induktionsöfen haben). Flussmittel können manuell

Tabelle 5.1: Volumetrische Schwindung (Ausdehnung) einiger Gusswerkstoffe

Schwindung (%)		Ausdehnung (%)	
Aluminum	7,1	Wismut	3,3
Zinc	6,5	Silizium	2,9
AlCu 4,5	6,3	Graues Gusseisen	2,5
Gold	5,5		
Weißes Gusseisen	4–5,5		
Kupfer	4,9		
Messing (CuZn 30)	4,5		
Magnesium	4,2		
CuAl 10	4		
Kohlenstoffstähle	2,5–4		
AlSi 12	3,8		
Blei	3,2		

zugesetzt oder automatisch in das geschmolzene Metall injiziert werden. Um die Oberfläche des Schmelzebads gegen atmosphärische Reaktionen und Verunreinigungen zu schützen sowie die Schmelze aufzubereiten, muss das Metall gegen Wärmeverluste isoliert werden. Dazu wird in der Regel die Oberfläche der Schmelze bedeckt oder die Schmelze mit Verbindungen gemischt, die eine Schlacke bilden. Beim Stahlguss besteht die Schlacke unter anderem aus CaO, SiO_2, MnO und FeO.

Die **Metallcharge** kann aus kommerziell reinen Primärmetallen bestehen, die wieder eingeschmolzenen oder recycelten Schrott enthalten. Sortenreiner Schrott, Anschnitte und Speiser können ebenfalls in der Charge enthalten sein. Wenn die Schmelzpunkte der Legierungselemente genügend niedrig liegen, werden reine Legierungselemente hinzugefügt, um die gewünschte Zusammensetzung der Schmelze zu erhalten. Sind die Schmelzpunkte zu hoch, mischen sich die Legierungselemente nicht ohne Weiteres mit niedrigschmelzenden Metallen. In diesem Fall verwendet man oftmals **Vorlegierungen**. Diese bestehen normalerweise aus Legierungen mit niedrigen Schmelzpunkten und hohen Konzentrationen von einem oder zwei der benötigten Legierungselemente. Die relative Dichte (Wichte) der Vorlegierungen sollte nicht zu stark differieren, da sonst Schwereseigerungen in der Schmelze auftreten.

Schmelzöfen: In Gießereien sind Lichtbogen-, Induktions-, Tiegel- und Kuppelöfen gebräuchlich.

Am häufigsten werden **Lichtbogenöfen** verwendet. Sie zeichnen sich aus durch eine hohe Schmelzgeschwindigkeit (und damit eine hohe Ausbringung), deutlich weniger Verschmutzungen als bei anderen Ofentypen und die Fähigkeit, das geschmolzene Metall für eine beliebige Zeit für Legierungszwecke auf Temperatur zu halten.

Induktionsöfen sind vor allem in kleineren Gießereien gebräuchlich und werden für kleinere Schmelzenmengen in engen Zusammensetzungsgrenzen eingesetzt. Die *kernlosen Induktionsöfen* bestehen aus einem Tiegel, der vollständig mit einer wassergekühlten Kupferspule umgeben ist. Die Spule wird mit hochfrequentem Strom gespeist. Da es eine starke elektromagnetische Rührbewegung während der Induktionserwärmung gibt, besitzt dieser Ofen ausgezeichnete Mischungseigenschafen für das Legieren und Hinzufügen einer neuen Metallcharge. Die Spule beim *Kern-* oder *Kanalofen* wird von einem niederfrequenten Strom (bis herab zu 60 Hz) durchflossen und umgibt nur einen kleinen Teil der Einheit.

Die in der Vergangenheit häufig eingesetzten **Tiegelöfen** werden mit verschiedenen Brennstoffen – beispielsweise mit technischen Gasen und Ölen, fossilen Brennstoffen – oder elektrisch aufgeheizt. Sie können stationär, schwenkbar oder beweglich ausgeführt sein. In derartigen Öfen schmilzt man verschiedene Eisen- und Nichteisenmetalle.

Kuppelöfen sind grundsätzlich senkrechte Stahlbehälter mit einer feuerfesten Auskleidung und werden mit wechselnden Schichten aus Metall, Koks und Zuschlagstoffen beschickt. Die Investitionskosten sind zwar hoch, doch arbeiten Kuppelöfen kontinuierlich und produzieren große Mengen an geschmolzenem Metall.

Schwebeschmelzen arbeitet mit einer magnetischen Suspension von geschmolzenem Metall. Eine Induktionsspule heizt einen massiven Knüppel auf, rührt das Metall und schließt es gleichzeitig ein (sodass ein Schmelztiegel überflüssig wird, der die Schmelze durch Oxideinschlüsse verunreinigen könnte). Das geschmolzene Metall fließt dann nach unten in eine Modellausschmelzform (siehe Abschnitt 5.9.2). Die nach dem Modellausschmelzverfahren hergestellten Produkte sind frei von Schamotteeinschlüssen und Gasporosität und besitzen eine einheitliche feinkörnige Struktur.

Gießereien und Gießereiautomatisierung: Die im weiteren Verlauf dieses Kapitels beschriebenen Gießverfahren werden normalerweise in *Gießereien* durchgeführt. Auch wenn das Gießen traditionell mit viel Handarbeit verbunden ist, verfügen moderne Gießereien über automatisierte und computerintegrierte Einrichtungen für alle Aspekte ihrer Abläufe und liefern Gusserzeugnisse bei hohen Produktionsraten, niedrigen Kosten und mit ausgezeichneter Qualitätskontrolle.

Gießereiabläufe bestehen aus drei separaten Schritten: (a) Herstellung von Modellen und Formen, was heute in der Regel computergestützt (CAD) und durch **schnellen Prototypenbau** (siehe Abschnitt 10.12) geschieht, (b) Schmelzen der Metalle, wobei ihre Zusammensetzung und Verunreinigungen kontrolliert werden, und (c) verschiedene Vorgänge wie zum Beispiel Abgießen des geschmolzenen Metalls in Formen (die über Förderanlagen zugeführt werden), Entformen, Putzen, Wärmebehandlung und Inspektion. Alle Abläufe sind automatisiert, unter anderem durch Einsatz von Industrierobotern (Abschnitt A.7).

5.6 Gusslegierungen

Kapitel 3 hat die Eigenschaften von Knetlegierungen zusammengefasst. Viele Werkstoffe werden jedoch in gegossener Form eingesetzt und erfordern keine weiteren Maßnahmen, um ihre Mikrostruktur zu veredeln, bevor sie sich erfolgreich in Produkten einsetzen lassen. Die allgemeinen Eigenschaften der verschiedenen Gusslegierungen und -verfahren sind in ▶ Abbildung 5.13 und den Tabellen 5.2 bis 5.5 zusammengefasst.

5.6 Gusslegierungen

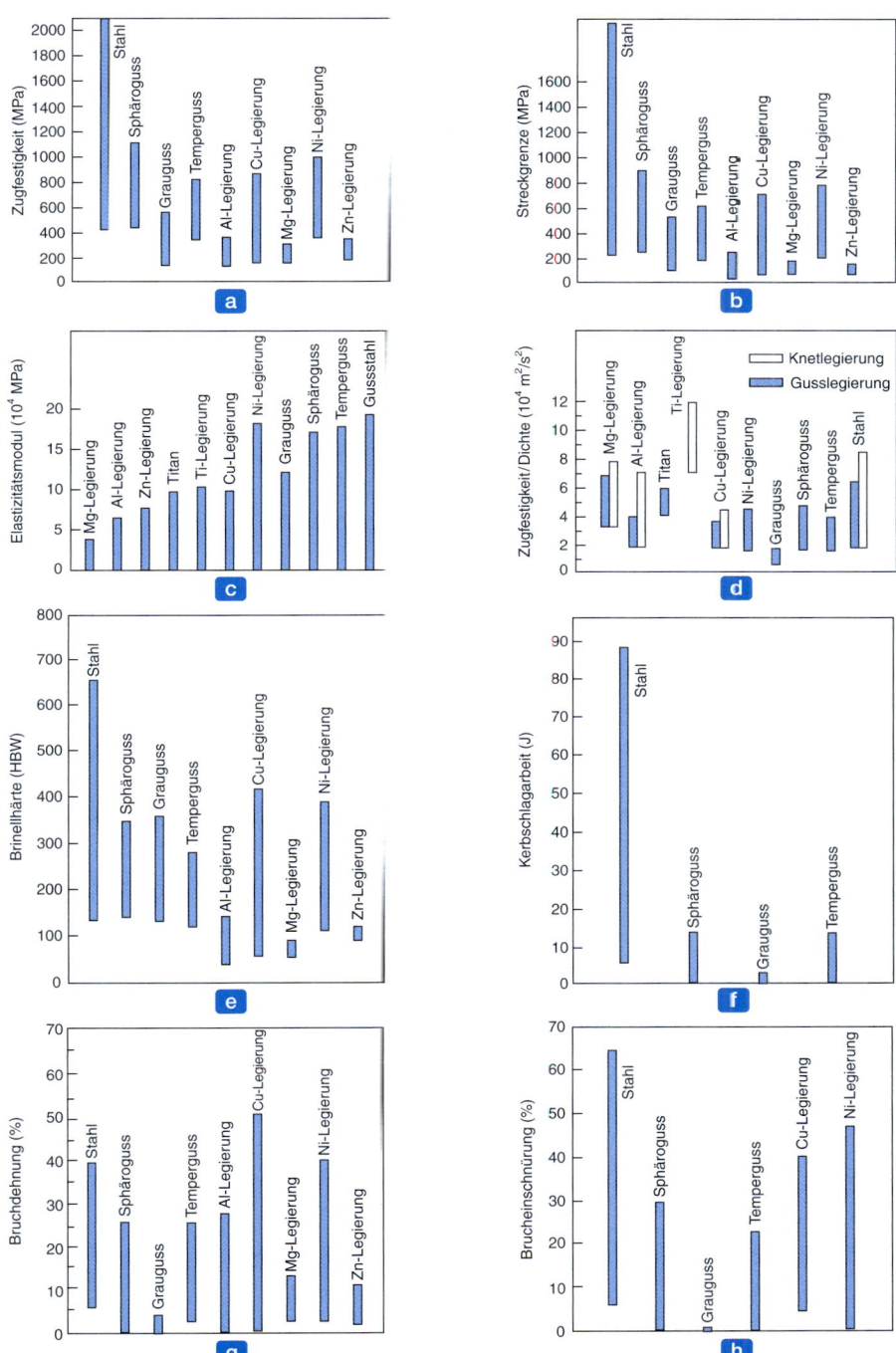

Abbildung 5.13: Mechanische Eigenschaften von Gusslegierungen. Diese Zahlenwerte sollten mit jenen von Knetlegierungen verglichen werden (siehe Kapitel 3).

Tabelle 5.2: Allgemeine Charakteristika von Gießverfahren

	Sandguss	Schalenguss	Gießen mit verlorenen Formen	Gießen mit Gipsformen	Feinguss	Gießen mit Dauerformen	Druckguss	Schleuderguss
Vergießbare Werkstoffe	Alle	Alle	Alle	NE-Metalle (Al, Mg, Zn, Cu)	Alle	Alle	NE-Metalle (Al, Mg, Zn, Cu)	Alle
Masse (kg):								
minimal	0,01	0,01	0,01	0,01	0,001	0,1	<0,01	0,01
maximal	–	>100	>100	>50	>100	300	50	>5000
R_a (µm)	5–25	1–3	5–25	1–2	0,3–2	2–6	1–2	2–10
Porosität[1]	3–5	4–5	3–5	4–5	5	2–3	1–3	1–2
Komplexität der Gestalt[1]	1–2	2–3	1–2	1–2	1	2–3	3–4	3–4
Maßgenauigkeit[1]	3	2	3	2	1	1	1	3
Wandstärke (mm)								
minimal	3	2	2	1	1	2	0,5	2
maximal	–	–	–	–	75	50	12	100
Maßabweichung (mm)	1,6–4 (0,25 für Kleinteile)	±0,003		±0,005–0,010	±0,005	±0,015	±0,001–0,005	±0,015
Kosten für [1,2]								
Ausrüstung	3–5	3	2–3	3–5	3–5	2	1	1
Formen	3–5	2–3	2–3	3–5	2–3	2	1	1
Arbeit	1–3	3	3	1–2	1–2	3	5	5
Vorbereitungszeit[2,3]	Tage	Wochen	Wochen	Tage	Wochen	Wochen	Wochen – Monate	Monate
Stückzahl[2,3]	1–20	5–50	1–20	1–10	1–1000	5–50	2–200	1–1000
Mindeststückzahl[2,3]	1	100	500	10	10	1000	10 000	10–10 000

Anmerkungen:
[1] Relative Bewertung, 1 = sehr hoch, 5 = sehr niedrig. So ist Druckgießen charakterisiert durch niedrige Porosität, mittlere bis niedrige Komplexität der Gestalt des Gussteils, hohe Kosten für Ausrüstung (Gießmaschine) und Formen, hohe Gestaltgenauigkeit und niedrige Arbeitskosten. Diese Bewertungen sind nur als allgemeine Hinweise zu verstehen und können je nach Herstellmethode drastisch variieren.
[2] Daten aus: Schey, J.A., *Introduction to Manufacturing Processes*, 3. Aufl., 2000.
[3] Richtwerte ohne Berücksichtigung der Möglichkeiten des schnellen Prototypenbaus.

5.6 Gusslegierungen

Tabelle 5.3: Typische Anwendungen für Gussteile und ihre Verarbeitbarkeit

Legierung	Anwendung	Gieß-barkeit*	Schweiß-barkeit*	Bearbeit-barkeit*
Aluminium	Kolben, Kupplungsgehäuse, Einlasskrümmer, Motorblöcke, Ventilköpfe, Ölwannen, Fahrwerksteile	G–E	D	G–E
Kupfer	Pumpen, Ventile, Getriebewellen, Schiffspropeller	D–G	D	G–E
Graues Gusseisen	Motorblöcke, Zahnräder, Bremsscheiben und -trommeln, Maschinensockel	E	S	G
Magnesium	Kurbelwellengehäuse, Getriebegehäuse, Laptopgehäuse, Spielzeug	G–E	G	E
Temperguss	Landwirtschaftliche und Baumaschinen, Schwerlastlager, Eisenbahnrollzeug	G	S	G
Nickel	Gasturbinenschaufeln, Pumpen- und Ventilteile für die chemische Industrie	D	D	D
Sphäroguss	Kurbelwellen, Schwerlastzahnräder	G	S	G
Stahl (unlegiert und legiert)	Schmiedegesenke, große Getriebewellen, Fahrwerksteile für Flugzeuge, Eisenbahnräder	D	E	D–G
Stahl (hochlegiert)	Gasturbinengehäuse, Pumpen- und Ventilteile, Gesteinbrecher	D	E	D
Weißes Gusseisen	Wandauskleidung von Mühlen, Sandstrahldüsen, Bremsbacken (Eisenbahn), Brech- und Mahlwerke	G	SS	SS
Zink	Türgriffe, Kühlergrill, Spielzeug	E	S	E

* E = exzellent; G = gut; D = durchschnittlich; SS = sehr schlecht; S = schwer.

5.6.1 Eisengusswerkstoffe

Der Begriff **Gusseisen** bezeichnet eine Familie von Eisenlegierungen, die aus Eisen, Kohlenstoff (mit einem Anteil von 2,1 bis etwa 4,5 %) und Silizium (bis zu 3,5 %) bestehen. In der Regel wird Gusseisen entsprechend der Erstarrungsgefüge (Ferrit, Perlit, abgeschreckt und angelassen oder zwischenstufenvergütet; Graphit und/oder Zementit) klassifiziert. Gusseisen besitzt niedrigere Schmelztemperaturen als Stahl, wodurch Gießen für Eisen mit hohem Kohlenstoffgehalt besonders geeignet ist.

Gusseisen stellt den höchsten (Gewichts-)Anteil aller vergossenen Metalle dar und lässt sich auch in komplizierte Formen problemlos gießen. Im Allgemeinen besitzt es mehrere wünschenswerte Eigenschaften wie zum Beispiel Festigkeit, Verschleißbeständigkeit, Härte und gute Bearbeitbarkeit (Kapitel 8).

Die Bezeichnung von Gusseisen erfolgt nach folgendem Schema: Nach der Norm DIN EN 1560 werden Kurzzeichen aus maximal sechs Positionen gebildet. Der Buchstabenkombination EN folgt GJ (für Gusseisen) gefolgt von einem Buchstaben, der die Ausbildungsform des Graphits angibt (L = lamellar, S = kugelförmig, V = Vermikulargraphit, M = Temperkohle) und eventuell einem weiteren Buchstaben, der

Tabelle 5.4: Eigenschaften und Anwendungen verschiedener Gusseisensorten

Typ	Gefügeart	Zugfestigkeit MPa	Streckgrenze MPa	Bruchdehnung %	Anwendungen
Graues Gusseisen	Ferritisch	170	140	0,4	Abwasserrohre
	Perlitisch	275	240	0,4	Motorblöcke, Werkzeuge
	Martensitisch	550	550	0	Verschleißflächen
Sphäroguss	Ferritisch	415	275	18	Rohre, allgemeiner Gebrauch
	Perlitisch	550	380	6	Kurbelwellen, hochbeanspruchte Teile
	Angelassener Martensit	825	620	2	hochbeanspruchte Maschinenteile, Verschleißflächen
Temperguss	Ferritisch	365	240	18	Rohrformstücke, allemeine technische Anwendungen
	Perlitisch	450	310	10	Verbindungsstücke
	Angelassener Martensit	700	550	2	Zahnräder, Pleuelstangen
Weißes Gusseisen	Perlitisch	275	275	0	Verschleißflächen, Walzen

Tabelle 5.5: Eigenschaften einiger Nichteisenmetall-Gusslegierungen

Legierung	Zustand*	Gießverfahren**	Zugfestigkeit MPa	Streckgrenze MPa	Bruchdehnung %	Härte HBW
Aluminium						
AlSi7Mg0,6	T6	S	345	296	2,0	90
AlSi8,5Cu3,5	F	D	331	165	3,0	80
AlSi17Cu4,5	F	D	279	241	1,0	120
Magnesium						
AZ63A	T4	S, P	275	95	12	–
AZ91A	F	D	230	150	3	–
QE22A	T6	S	275	205	4	–
Kupfer						
CuZn5Sn5Pb5	–	S	255	177	30	60
CuZn39,5FeAl	–	S	490	193	30	98
CuSn10Pb10	–	P	240	124	20	60
Zink						
ZnAl4 (No. 3)	–	D	283	–	10	82
ZnAl4Cu1 (No. 5)	–	D	331	–	7	91
ZnAl27 (ZA27)	–	P	425	365	1	115

* T6 = lösungsgeglüht + warmausgelagert; T4 = lösungsgeglüht + kaltausgelagert; F = unbehandelt.
** S = Sandguss; D = Druckguss; P = Gießen mit Dauerformen.

Auskunft über den Gefügezustand gibt (A = Austenit, F = Ferrit, ...). Dem sich daran anschließenden Bindestrich folgt eine Kennzahl für mechanische Eigenschaften oder für die chemische Zusammensetzung (Regeln wie bei Stählen, siehe Kapitel 3). Auch Angaben über den Behandlungszustand können angefügt werden:

EN-GJS-400-18-H: wärmebehandelter Sphäroguss mit $R_m \geq 400$ MPa, $A \geq 18\,\%$;
EN-GJLA-XNiCuCr15-5-2: hochlegiertes, austenitisches Gusseisen mit Lamellengraphit mit 15 % Ni, 5 % Cu, 2 % Cr.

1 Graues Gusseisen (EN GJL): Der Graphit bildet sich vor allem in Form von Lamellen aus (▶ Abbildung 5.14a). Die Bezeichnung **Grauguss** geht auf die Tatsache zurück, dass der Bruchpfad bei einem Bruch entlang der Graphitlamellen verläuft und die Oberfläche ein graues, rußiges Aussehen hat. Die Lamellen wirken als Spannungskonzentratoren und verringern somit erheblich die Duktilität. Wie andere spröde Werkstoffe ist Grauguss nur gering auf Zug, aber stark auf Druck belastbar. Andererseits verleihen die **Graphitlamellen** diesem Material die Fähigkeit, durch innere Reibung (und dem damit verbundenen Energieverzehr) Schwingungen zu dämpfen. Graues Gusseisen ist daher ein geeigneter und häufig eingesetzter Werkstoff für Strukturen und Sockel von Werkzeugmaschinen, bei denen Dämpfung wichtig ist (Abschnitt 8.12).

Grauguss wird je nach Art der Matrix als ferritisch, perlitisch oder martensitisch bezeichnet (siehe Abschnitt 3.12.1). Diese Werkstoffe haben jeweils unterschiedliche Gefüge, Eigenschaften und Anwendungen. Ferritischer Grauguss mit Lamellengraphit besteht aus Graphitlamellen in einer ferritischen Matrix. Entsprechend besitzt perlitischer Grauguss Graphit (in verschiedener Ausbildung) in einer Matrix aus Perlit. Dieses Material ist zwar spröde, aber fester als ferritischer Grauguss. Um harten martensitischen Grauguss zu erhalten, wird perlitischer Grauguss austenitisiert und dann schnell abgeschreckt, um ein Gefüge aus Graphit in einer martensitischen Matrix zu erzeugen. Grauguss weist relativ wenige Lunker und geringe Porosität auf. Eingesetzt wird er für Motorblöcke, Maschinenbetten, Gehäuse von Elektromotoren, Rohre und Verschleißflächen von Maschinen.

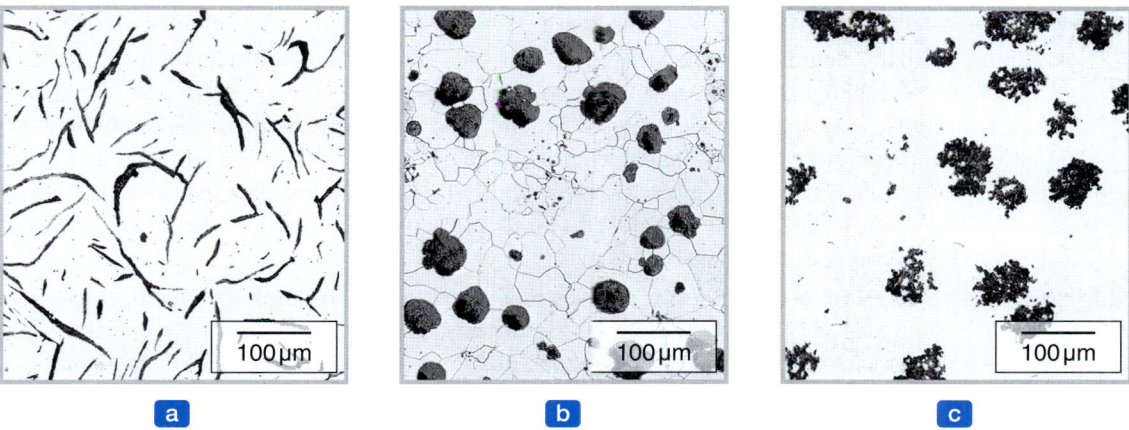

Abbildung 5.14: Gefüge von Gusseisen. (a) Ferritisches Gusseisen mit Lamellengraphit, (b) ferritisches Gusseisen mit Kugelgraphit, (c) ferritisches Gusseisen mit Temperkohle, welche durch Zerfall des Zementits beim Glühen von weiß erstarrtem Gusseisen entsteht.

2 **Sphäroguss (EN GJS):** In diesem Gusseisen liegt Graphit in kugelförmiger Form vor (Abbildung 5.14b), wodurch der Werkstoff duktiler und schlagzäher wird. Durch Zugabe geringer Mengen Magnesium und/oder Cer vor dem Abgießen lässt sich die Gestalt der Graphitlamellen zu Kugeln modifizieren. Gusseisen mit **Kugelgraphit** kann eine ferritische oder perlitische Matrix besitzen und kann auch vergütet werden. Einsatzbeispiele für Sphäroguss sind Maschinenteile, Rohre und Kurbelwellen.

3 **Weißes Gusseisen** ist sehr hart, verschleißfest und spröde, weil sein Gefüge große Mengen von Eisenkarbid anstelle von Graphit enthält. Diese Struktur wird entweder durch schnelles Abkühlen von Grauguss erhalten oder durch Abstimmen der chemischen Zusammensetzung, indem der Kohlenstoff- und Siliziumgehalt niedrig gehalten wird. Diese Art von Gusseisen bezeichnet man auch als *weißes Gusseisen*, weil die Bruchoberfläche durch das Fehlen von Graphit weiß und kristallin erscheint. Aufgrund seiner extremen Härte und Verschleißfestigkeit wird weißes Gusseisen typischerweise für Buchsen bei Maschinen, die abrasive Werkstoffe verarbeiten, Walzen für Walzwerke und Bremsbacken für Eisenbahnwagen eingesetzt.

4 **Temperguss (EN GJM)** erhält man durch – zum Teil mehrstündiges – Glühen von weißem Gusseisen in einer Atmosphäre aus Kohlenmonoxid und Kohlendioxid zwischen 800 und 900 °C. Bei diesem Vorgang zerfällt Zementit in Eisen und Graphit. Der Graphit liegt in Form von Klumpen (Abbildung 5.14c) in einer Ferrit- oder Perlitmatrix vor. Temperguss besitzt somit ein Gefüge ähnlich wie Sphäroguss. Diese Struktur sorgt für Duktilität, Festigkeit und Schlagfestigkeit (daher der Begriff *schmiedbares Gusseisen*). Temperguss wird typischerweise in der Eisenbahntechnik verwendet.

5 **Gusseisen mit Vermikulargraphit (EN GJV):** Die Vermikulargraphitstruktur hat kurze, dicke und miteinander verbundene Graphitlamellen mit gewellter Oberfläche und abgerundeten Enden. Die mechanischen und physikalischen Eigenschaften dieses Gusseisens liegen zwischen denen des Gusseisens mit Lamellengraphit und mit Kugelgraphit. Gusseisen mit Vermikulargraphit ist leicht zu gießen und besitzt einheitliche Eigenschaften im gesamten Gusserzeugnis. Typische Anwendungen sind Motorblöcke, Kurbelgehäuse, Blockgussformen, Zylinderköpfe und Bremsscheiben im Automobilbau. Dieser Werkstoff ist besonders für Komponenten bei erhöhten Temperaturen geeignet und widersteht thermischer Ermüdung. Seine Bearbeitbarkeit ist besser als die von Sphäroguss.

6 **Stahlguss:** Die zum Schmelzen von Stahl erforderlichen hohen Temperaturen (siehe Tabelle 3.3) erfordern eine sorgfältige Auswahl der passenden Formenwerkstoffe, insbesondere angesichts der hohen Reaktivität von Stählen mit Sauerstoff. Stahlgusserzeugnisse besitzen Eigenschaften, die homogener und isotroper sind als diejenigen, die durch mechanische Bearbeitungsvorgänge gefertigt werden. Zwar lässt sich Stahlguss schweißen, doch wird durch Schweißen die Gussfeinstruktur in der Wärmeeinflusszone geändert (siehe Abschnitt 12.6), was sich auf Festigkeit, Duktilität und Zähigkeit des Grundwerkstoffs negativ auswirkt.

7 **Hochlegierter Stahlguss:** Beim Gießen von rostfreien Stählen gelten ähnliche Überlegungen wie für Stähle. Sie haben im Allgemeinen ein langes Erstarrungsintervall und hohe Schmelztemperaturen und zeigen verschiedene Erstarrungsgefüge. Rostfreie Gussstähle sind in verschiedenartigen Zusammensetzungen erhältlich und können wärmebehandelt und geschweißt werden. Diese Gusserzeugnisse besitzen hohe Wärme- und Korrosionsbeständigkeit. Zum Beispiel werden nickelreiche Gusslegierungen in stark korrosiven Umgebungen und bei sehr hohen Temperaturen eingesetzt.

5.6.2 Nichteisengusswerkstoffe

Aluminiumgusslegierungen: Gusslegierungen des Aluminiums haben ein breites Spektrum mechanischer Eigenschaften, vor allem aufgrund von Verfestigungsmechanismen und Wärmebehandlungen, denen sie unterworfen werden können. Diese Gusserzeugnisse sind leicht (daher auch als *Leichtmetallguss* bezeichnet) und lassen sich gut bearbeiten. Allerdings haben sie im Allgemeinen (mit Ausnahme von Legierungen mit ausreichendem Siliziumanteil) nur geringe Verschleiß- und Abriebfestigkeit. Der Einsatzbereich von Aluminiumgusslegierungen ist groß. Unter anderem setzt man sie im Automobilbau, im Bauwesen, für Dekorationszwecke, in der Luftfahrtindustrie und in der Elektrotechnik ein.

Magnesiumgusslegierungen: Gusslegierungen des Magnesiums weisen gute Korrosionsbeständigkeit und mittlere Festigkeit auf, abhängig von der jeweiligen Wärmebehandlung und dem richtigen Einsatz von Schutzschichtsystemen. Durch ihre sehr guten Festigkeit-zu-Gewicht-Verhältnisse werden sie auch im großen Stil für lasttragende Anwendungen in der Luftfahrtindustrie und im Automobilbau eingesetzt.

Kupfergusslegierungen: Gusslegierungen des Kupfers zeichnen sich durch gute elektrische und thermische Leitfähigkeit, Korrosionsbeständigkeit, Ungiftigkeit (außer sie enthalten Blei), gute Bearbeitbarkeit und geringen Verschleiß (sodass sie als Lagerwerkstoffe geeignet sind) aus. Die mechanischen Eigenschaften der Gussteile und die Fließfähigkeit der Schmelze werden durch die Legierungselemente beeinflusst.

Zinkgusslegierungen: Gusslegierungen des Zinks sind gut vergießbar und besitzen ausreichende Festigkeit für lasttragende Anwendungen. Diese Legierungen sind beim Druckguss von Profilen, Kabelkanälen und korrosionsbeständigen Teilen gebräuchlich.

Hochtemperaturlegierungen: Diese Legierungen mit einem breiten Spektrum von Eigenschaften und Anwendungen erfordern typischerweise Temperaturen bis zu 1650 °C für das Gießen von Titan- und Superlegierungen und noch höhere Temperaturen für Legierungen der Refraktärmetalle. Mit speziellen Verfahren werden Hochtemperaturlegierungen für Strahltriebwerk- und Raketenmotorbauteile gegossen, die mit anderen Mitteln wie zum Beispiel Schmieden sonst nur schwierig oder nicht wirtschaftlich herzustellen wären.

5.7 Blockguss und Strangguss

Traditionell besteht der erste Schritt in der Metallverarbeitung darin, das geschmolzene Metall zur weiteren Verarbeitung in eine feste Form (Block) zu gießen. Beim Blockguss wird das geschmolzene Metall aus der Pfanne in Kokillen gegossen (geschüttet), in denen das Metall erstarrt. Dies ist grundsätzlich äquivalent zu Sandguss oder allgemeiner zu Dauerformguss. Geschmolzenes Metall wird in die Kokille gefüllt und liefert die Mikrostruktur wie in Abbildung 5.5 gezeigt.

Gaseinschlüsse lassen sich durch Bodenguss verringern. Dazu wird ein isolierter Kranz über die Form gelegt oder eine exotherme Verbindung verwendet, die Wärme erzeugt, wenn sie mit dem geschmolzenen Metall in Kontakt kommt (Gießkopf). Diese Technik verringert die Abkühlungsungsgeschwindigkeit und führt zu einer höheren Ausbeute an hochqualitativem Metall. Die gekühlten Blöcke werden aus den

Kokillen entnommen und später in *Tieföfen* abgesenkt, wo sie erneut auf eine einheitliche Temperatur von etwa 1200 °C für darauffolgende Verarbeitungsschritte wie zum Beispiel Walzen aufgeheizt werden. Die Blöcke können quadratische, rechteckige oder runde Querschnitte haben und bis zu 40 Tonnen wiegen.

5.7.1 Blockguss von Eisenlegierungen

Während der Erstarrung eines Blocks finden mehrere Reaktionen statt, die die Qualität des erzeugten Stahls nachhaltig beeinflussen. Zum Beispiel können sich signifikante Mengen von Sauerstoff und anderen Gasen im geschmolzenen Metall während der Stahlherstellung lösen, was zu Porositätsdefekten führen kann (siehe Abschnitt 5.11.1). Da allerdings die Löslichkeit von Gasen im festen Metall viel geringer als in der Schmelze ist, wird ein großer Teil dieser Gase während der Erstarrung des Metalls in Gasblasen eingeschlossen. Der vom Festkörper ausgestoßene Sauerstoff verbindet sich mit Kohlenstoff und bildet Kohlenmonoxid, welches in der Kokille aufsteigt (der Stahl kocht). Kohlenmonoxid, welches nicht aus der erstarrenden Schmelze entweicht, ruft Porosität im erstarrten Block hervor. Abhängig von der Gasmenge, die bei der Erstarrung involviert ist, können drei Arten von Stahl produziert werden:

1 **Vollberuhigter Stahl** ist vollständig desoxidiert, d. h., der Sauerstoff wurde entfernt und somit die Porosität beseitigt. Beim Desoxidieren reagiert der im geschmolzenen Metall verteilte Sauerstoff mit Elementen, die der Schmelze zugesetzt werden (normalerweise Aluminium, aber auch Vanadium, Titan und Zirkon). Typisch für die hinzugefügten Elemente ist ihre Affinität zu Sauerstoff, mit dem sie Metalloxide bilden. Wird Aluminium verwendet, nennt man das Produkt Al-beruhigter Stahl. Der Begriff *beruhigt* geht auf die Tatsache zurück, dass die Stahlschmelze nach der Herstellung in der Kokille ruhig liegt, d. h., das Schmelzbad kocht nicht.

2 Bei **teilberuhigtem Stahl** handelt es sich um teilweise desoxidierten Stahl. Er weist eine gewisse Porosität auf, die normalerweise im oberen zentralen Abschnitt des Blocks zu finden ist, enthält aber wenige oder keine Lunker im Inneren, sodass die Ausschussquote geringer ist. Die Lunkerbildung ist gering, da sie durch die feine Porosität in diesem Bereich ausgeglichen wird. Am Kopf des Gussblocks bildet sich als Folge der Schwindung bei der Erstarrung ein Erstarrungslunker (*Kopflunker*). Dieser Bereich des Blocks wird entfernt und wieder eingeschmolzen. Teilberuhigte Stähle lassen sich wirtschaftlich herstellen.

3 In einem **unberuhigten Stahl**, der im Allgemeinen weniger als 0,15 % Kohlenstoff enthält, werden die freigesetzten Gase durch das Zusetzen von Elementen wie Aluminium nur teilweise entfernt oder kontrolliert. Unberuhigte Stähle besitzen wenige oder keine Lunker und weisen eine verunreinigungsarme, duktile Haut (*Speckschicht*) mit hoher Oberflächengüte auf.

5.7.2 Strangguss

Das Konzept für **kontinuierliches Gießen** bzw. **Strangguss** geht auf die 1860er Jahre zurück. Das Verfahren wurde zunächst für Nichteisenmetallbänder entwickelt und hat sich heute für die Stahlproduktion bei niedrigen Kosten etabliert. ▶ Abbildung 5.15a zeigt die schematische Darstellung einer Stranggieß-

5.7 Blockguss und Strangguss

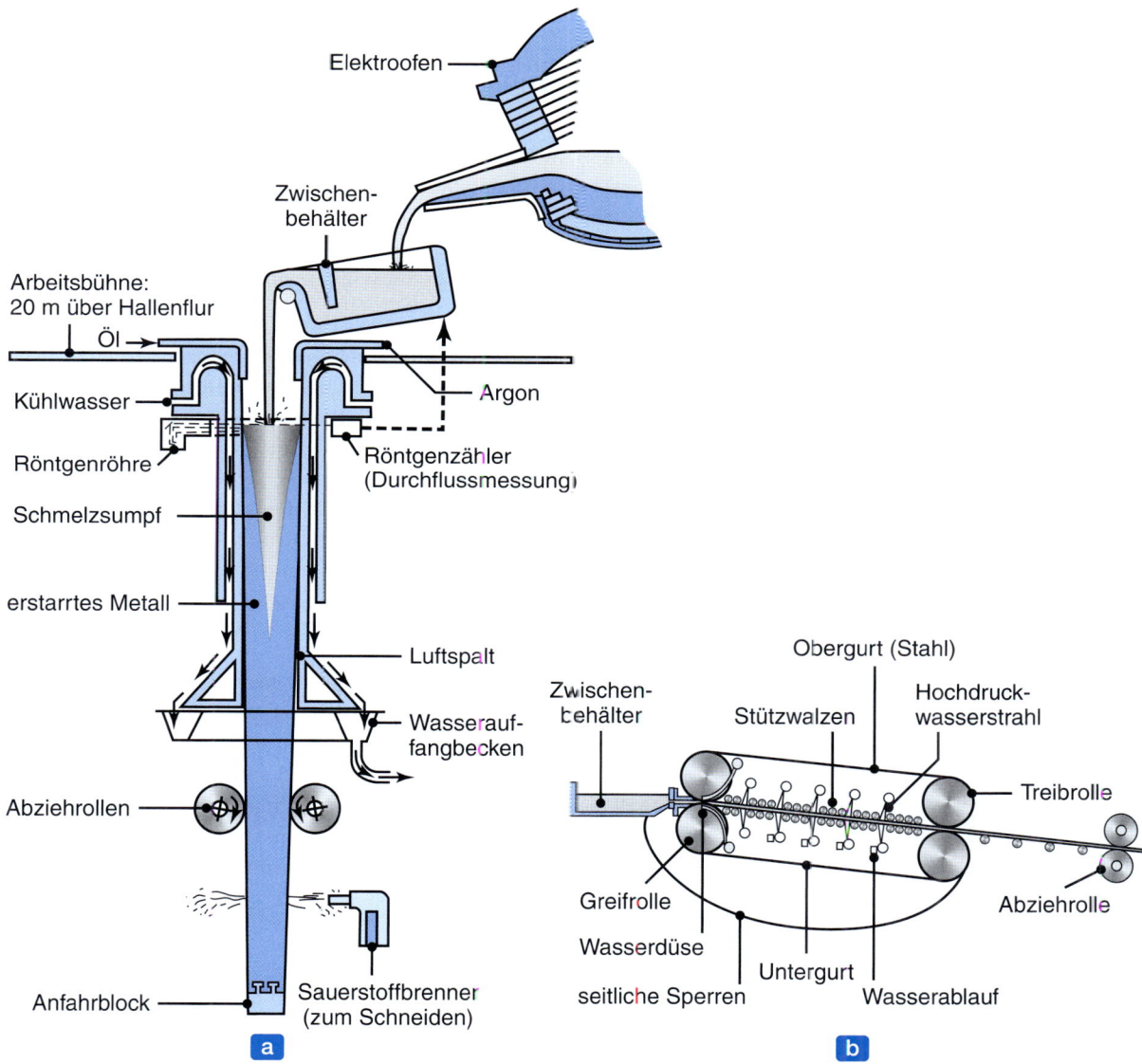

Abbildung 5.15: (a) Stranggießen von Stahl, (b) Bandgießen von Nichteisenmetallen.

anlage. Das geschmolzene Metall in der Pfanne wird gereinigt und auf eine gleichmäßige Temperatur gebracht, indem Stickstoff für etwa 5 bis 10 min hindurchgeblasen wird. Dann gelangt es in einen feuerfest ausgekleideten Gussbehälter (**Gießwanne**), wo die Verunreinigungen abgeschöpft werden. Die Gießwanne kann bis zu drei Tonnen Metall aufnehmen.

Bevor der Gießvorgang startet, wird ein massiver **Anfahrstrang** in den Boden der Form eingeführt. Das geschmolzene Metall wird dann abgegossen und erstarrt am Anfahrstrang (siehe Abbildung 5.15a). Der Strang wird dann mit der gleichen Geschwindigkeit abgezogen, mit der flüssiges Metall nachgegossen wird, und zwar entlang eines Pfads, der durch Walzen (*Transportwalzen*) unterstützt wird. Die Abkühlungsgeschwindigkeit ist so eingestellt, dass das Metall eine erstarrte Haut (Schale) bildet, um sich selbst zu unterstützen, während es nach unten wandert, was normalerweise mit Geschwindigkeiten von 25 mm/s geschieht. Die Schalendicke am Austrittsende der Form beträgt etwa 12 bis 18 mm. Sprühwasser sorgt für zusätzliche Kühlung des erstarrenden Strangs. Die Kokillen werden innen mit Graphit oder ähnlichen festen Schmierstoffen beschichtet, um Reibung und Adhäsion an den Kokillen/Strang-Grenzflächen zu verringern. Außerdem werden die Kokillen zu Schwingungen angeregt, was zusätzlich hilft, Reibung und Haften des Strangs zu verhindern.

Das stranggegossene Metall wird dann durch Scherschneiden oder autogenes Brennschneiden auf die gewünschten Längen geschnitten, kann aber auch direkt einer Walzstraße zugeführt werden, um die Dicke der Stranggussbrammen weiter zu verringern und Produkte wie Bleche, U- oder T-Profile zu walzen (Abschnitt 6.3). Zusammensetzung und Eigenschaften von stranggegossenen Stählen sind einheitlicher als bei Metallen, die durch Blockguss hergestellt werden. Obwohl die Dicke des Stahlstrangs typischerweise etwa 250 mm beträgt, sind auch 15 mm oder weniger möglich. Bei einem dünneren Strang sind weniger Walzschritte notwendig, was die Wirtschaftlichkeit des Gesamtprozesses verbessert.

5.7.3 Bandgießen

Beim Bandgießen werden dünne Stränge oder Bänder aus Metall hergestellt, das in ähnlicher Weise wie beim Strangguss erstarrt, wobei dann aber der heiße Festkörper sofort in die endgültige Form gewalzt wird (Abbildung 5.15b). Durch die Druckspannungen beim Walzen lässt sich die Porosität des Werkstoffs verringern und es lassen sich dadurch bessere Eigenschaften erzielen. Bandgießen eliminiert letztlich einen Durchgang mit Warmwalzen bei der Herstellung von Bändern oder Strängen. Auf modernen Anlagen lassen sich Enddicken in der Größenordnung von 2 bis 6 mm bei Kohlenstoff- und rostfreien Stählen und Stählen für Elektrobleche (für die Eisenkerne von Motoren, Transformatoren und Generatoren) sowie anderen Metallen erreichen.

5.8 Gießen mit verlorenen Formen und Dauermodellen

Gussverfahren werden allgemein entsprechend den Formwerkstoffen, Formherstellungsverfahren und Methoden für die Zuführung des geschmolzenen Metalls in die Form klassifiziert (siehe auch Tabelle 5.2). Die beiden Hauptkategorien sind *Gießen mit verlorenen Formen* und *Gießen mit Dauerformen* (Abschnitt 5.10). Die Verfahren mit verlorenen Formen unterteilt man weiter in solche mit *Dauermodellen* und *verlorenen Modellen*. Verlorene Formen bestehen normalerweise aus Sand, Gips, Keramik und ähnlichen Werkstoffen, die in der Regel mit verschiedenen Bindemitteln und Haftvermittlern gemischt werden.

5.8.1 Sandguss

Der *Sandguss* besteht aus folgenden Schritten: (a) ein Modell mit der Form des gewünschten Gusserzeugnisses im Sand platzieren, um einen Abdruck zu erzeugen, (b) ein System von Zuleitungen (Anschnittsystem) anbringen, (c) den entstandenen Hohlraum mit geschmolzenem Metall füllen, (d) das Metall abkühlen lassen, bis es erstarrt ist, (e) die Sandform zerstören und (f) das Gusserzeugnis entfernen und fertig bearbeiten. Durch Sandguss werden zum Beispiel Motorblöcke, Zylinderköpfe, Maschinenbetten und Gehäuse für Pumpen und Motoren hergestellt. Auch wenn die Wurzeln für den Sandguss im Altertum liegen (siehe Tabelle 1.1), ist dieses Gießverfahren immer noch vorherrschend. Allein in Europa werden jedes Jahr mehr als 10 Millionen Tonnen Metall nach dieser Methode vergossen.

Sand ist das Produkt der Zersetzung von Gestein über äußerst lange Zeiträume. Er ist preiswert und eignet sich aufgrund seiner Beständigkeit gegenüber hohen Temperaturen als Werkstoff für Formen. Die meisten Sandgussverfahren verwenden Quarzsand (SiO_2) mit bis zu 20 % Ton. Prinzipiell unterscheidet man zwei Arten von Sand: **natürlich gebundenen** und **synthetischen Sand**. Gießereien bevorzugen größtenteils synthetischen Sand, da sich dessen Zusammensetzung genauer steuern lässt.

Bei der Auswahl von Sand für Formen sind mehrere Faktoren wichtig. Sand mit feinen und runden Körnern lässt sich dicht packen und bildet eine glatte Formoberfläche. Bei guter **Permeabilität** von Formen und Kernen können die beim Gießen entstehenden Gase und Dämpfe leicht entweichen. Feiner Sand erhöht die Festigkeit der Form, verringert aber ihre Permeabilität. Vor der Verwendung wird der Sand normalerweise aufbereitet. Mithilfe von **Sandmischmaschinen** wird der Sand gleichmäßig mit Additiven versetzt (gründlich durchmischt). Typischerweise wird Ton als Bindemittel verwendet, um die Sandpartikel zu binden und dem Sand eine bessere Festigkeit zu verleihen.

Arten von Sandformen: Abbildung 5.10 zeigt die Hauptkomponenten einer typischen Sandform. Es gibt drei grundlegende Arten von Sandformen: **Grünsand-**, **Cold-Box-** und **No-Bake-Formen**. Der gebräuchlichste Formenwerkstoff ist **grüner Formsand**, wobei *grün* die Tatsache beschreibt, dass der Sand in der Form feucht ist, während das Metall eingefüllt wird. Grüner Formsand ist eine Mischung aus Sand, Ton und Wasser und stellt die kostengünstigste Methode dar, Formen herzustellen.

Für den **Trockenguss** werden die Formenoberflächen getrocknet, und zwar entweder durch Lagern der Form in Luft oder durch Trocknen mit Brennern. Die Formen können auch gebacken werden. Normalerweise setzt man diese Formen aufgrund ihrer hohen Festigkeit für große Gussteile ein. Sie sind fester als Grünsandformen und gewährleisten bessere Maßhaltigkeit und Oberflächengüte für das Gussteil. Allerdings ist der Verzug der Form größer, die Gussteile sind aufgrund der höheren mechanischen Stabilität der Form anfälliger für Warmrisse und die Produktionsrate ist wegen der erforderlichen langen Trocknungszeit der Form geringer.

Bei **No-Bake-Form-Verfahren** wird ein synthetisches flüssiges Harz mit dem Sand gemischt und diese Mischung härtet bei Raumtemperatur aus. Da eine Bindung der Form ohne Wärme stattfindet, werden No-Bake-Form-Verfahren auch als **kaltbindende Verfahren** bezeichnet. Die Cold-Box-Form-Verfahren (auch Gas-Nebel-Verfahren) verwenden organische und anorganische Bindemittel, die mit dem Sand vermischt werden, um die Körner chemisch und ohne Wärmeeinwirkung für größere Formenfestigkeit zu binden. Diese Formen sind maßhaltiger als Grünsandformen, allerdings teurer in der Herstellung.

Modelle werden verwendet, um die Sandmischung in die Form des Gussteils zu bringen. Die Modelle können aus Holz, Kunststoffen oder Metall hergestellt werden (siehe auch Abschnitt 10.12 zum **schnellen Prototypenbau**). Um den Verschleiß von Modellen in kritischen Bereichen zu verringern, setzt man bestimmte Werkstoffkombinationen ein. Die Auswahl eines Modellwerkstoffs hängt von Größe und Form des Gussteils, der geforderten Maßhaltigkeit und der Menge der erforderlichen Gussteile und dem zu verwendenden Formenherstellungsverfahren ab. Da Modelle wiederholt verwendet werden, um Formen herzustellen, muss die Festigkeit und Haltbarkeit des ausgewählten Modellwerkstoffs der Anzahl der Gussteile entsprechen, die zur Herstellung mit der Form vorgesehen sind. Modelle werden gewöhnlich mit einem **Trennmittel** beschichtet, um das Entfernen aus den Formen zu erleichtern.

Modelle lassen sich mit verschiedensten Merkmalen für spezifische Anwendungen wie auch für wirtschaftliche Anforderungen gestalten.

- **a** **Einteilige Modelle** werden im Allgemeinen für einfachere Formen und geringe Produktionsmengen eingesetzt. In der Regel bestehen sie aus Holz und sind relativ preiswert.
- **b** **Geteilte Modelle** bestehen aus zwei (oder mehr) Teilen, die jeweils einen Abschnitt des Hohlraums für das Gussstück bilden, sodass sich auch komplizierte Formen gießen lassen.
- **c** **Wendeformplattenmodelle** sind ein gebräuchlicher Typ von zusammengesetzten Modellen, bei denen zweiteilige Modelle konstruiert werden, indem jede Hälfte eines oder mehrerer geteilter Modelle auf den gegenüberliegenden Seiten einer einzelnen Platte montiert werden. In derartigen Realisierungen kann das Anschnittsystem auf der Unterkastenseite des Modells angebracht werden.

Kerne setzt man für Gussteile mit inneren Hohlräumen oder Verbindungsgängen wie zum Beispiel bei Motorblöcken oder Ventilgehäusen ein. Sie werden vor dem Abguss in den Formenhohlraum gesetzt und beim Entformen des Gussteils aus diesem entfernt. Wie Formen müssen Kerne bestimmte Festigkeit, Gasdurchlässigkeit, Wärmebeständigkeit und Stabilitätseigenschaften aufweisen. Kerne, die in der Regel aus Sanden bestehen, werden durch Kernmarken verankert, d. h. durch Vertiefungen in der Form, um den Kern aufzunehmen und Entlüftungen für das Abführen von Gasen vorzusehen. Damit sich der Kern beim Gießvorgang nicht verschiebt, kann er durch Metallstützen (**Kernnägel**) in der Form verankert werden. Kerne werden in Kernkästen hergestellt, die ähnlich wie Modelle zum Herstellen der Sandformen verwendet werden. Der Sand kann mit Rüttelmaschinen in den Kästen verdichtet oder mit Druckluft aus *Kernblasmaschinen* eingeblasen und verdichtet werden.

Sandformmaschinen: Obwohl sich die Sandmischung um das Modell durch Hämmern oder Stampfen per Hand verdichten lässt, setzt man für hohe Produktionsraten Formmaschinen ein (*Maschinenformerei*). Durch diese Maschinen entfällt beschwerliche Arbeit und es lassen sich qualitativ bessere Gussteile herstellen, da die Form kontrolliert manipuliert wird. Die Mechanisierung der Formenherstellung lässt sich weiter unterstützen durch **Rütteln** der Einrichtung, wobei der Formkasten, der Formsand und das Modell auf einer Modellplatte auf einem Amboss montiert und durch Druckluft in schnellen Intervallen nach oben gerüttelt wird. Die Trägheitskräfte verdichten den Sand um das Modell.

Bei der **vertikalen kastenlosen Formmaschine** bilden die Hälften des Modells eine vertikale Kammerwand, gegen die Sand geblasen und verdichtet wird.

5.8 Gießen mit verlorenen Formen und Dauermodellen

Sandschleudern füllen den Formkasten gleichmäßig mit Sand in einem Strom unter hohem Druck. Damit werden große Formkästen gefüllt. Ein Rührflügel in der Maschine wirft mit seinen Schaufeln oder Bechern den Sand mit so hohen Geschwindigkeiten, dass die Maschine nicht nur den Sand an die richtigen Stellen bringt, sondern ihn auch ordnungsgemäß verdichtet.

Beim **Schlagpressen** wird der Sand durch gesteuerte Explosion oder schlagartige Freigabe von komprimierten Gasen verdichtet. Diese Methode erzeugt Formen mit einheitlicher Festigkeit und guter Per-

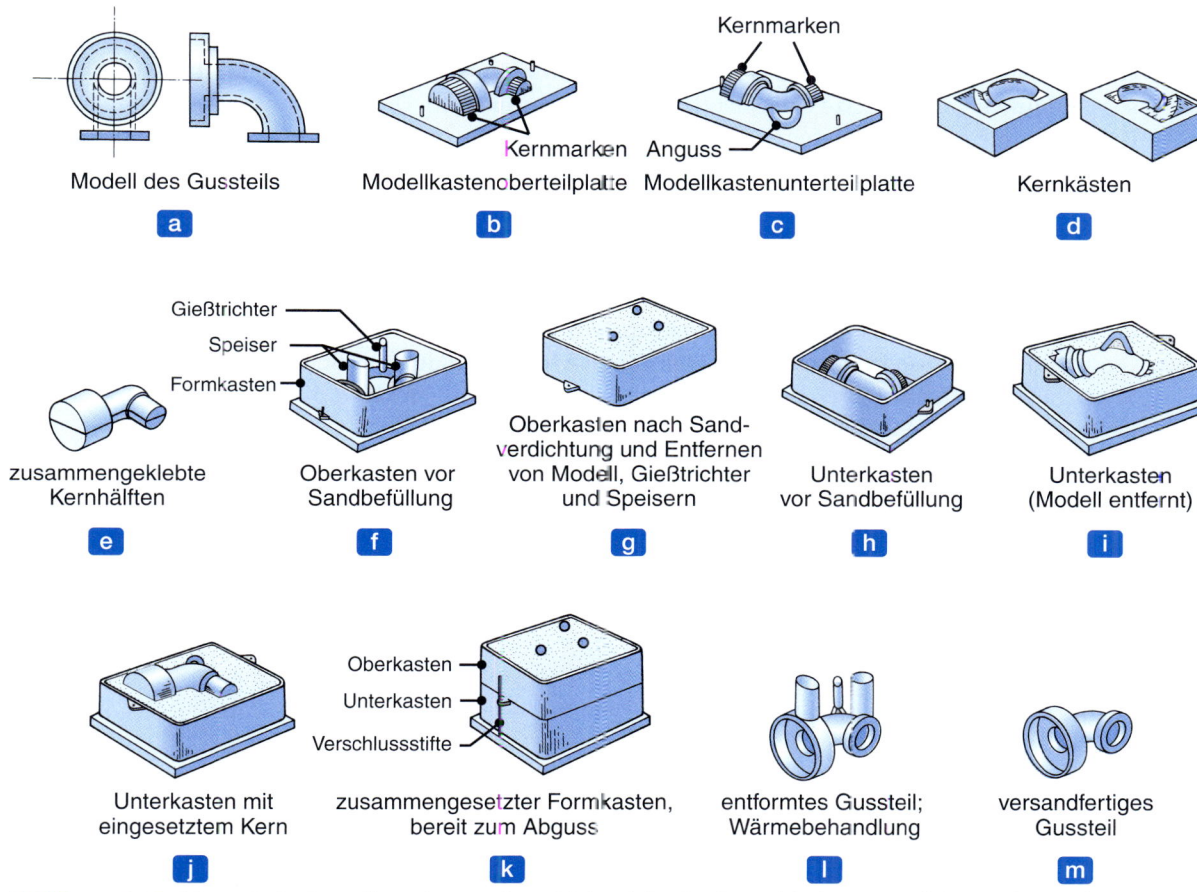

Abbildung 5.16: Schematische Darstellung der einzelnen Schritte beim Sandguss. (a) Eine Konstruktionszeichnung des zu gießenden Teils wird zur Formenherstellung verwendet. (b, c) Die Modellhälften werden auf Formplatten montiert. Die Kernmarken gewährleisten die richtige Lage des Kerns. (d, e) Kernkästen für die Herstellung von Kernhälften, die dann zusammengeklebt werden. Kerne werden verwendet, um die Hohlräume des Gussteils zu erzeugen. (f) Der Formoberteil entsteht, indem die Formoberteilplatte mit dem Formkasten verbunden wird sowie Einlagen für den Eingusstrichter und die Speiser montiert werden. (g) Nach Befüllen mit Sand und Verdichtung werden Platte und Einlagen entfernt. (h, i) Der Formunterteil wird in ähnlicher Weise hergestellt. (j) Kern, eingesetzt in den Formunterteil. (k) Zusammengebaute Form. Ober- und Unterteil werden durch Klammern gesichert. (l) Nach Abguss und Erstarrung wird das Gussteil entformt. (m) Anguss und Speiser werden entfernt und wieder verwendet. Das Gussstück wird geputzt, inspiziert und wärmebehandelt (sofern notwendig).

meabilität. Beim **Vakuumformen** (auch *V-Verfahren* genannt) wird das Modell eng mit einer dünnen Kunststofffolie bedeckt. Dann wird ein Formkasten über dem Modell platziert und mit Sand gefüllt. Der Sand wird mit einer zweiten Lage Kunststofffolie abgedeckt und im Vakuum gehärtet, damit sich das Modell herausziehen lässt. Beide Hälften der Form werden auf diese Weise hergestellt und dann zusammengefügt. Beim Einfüllen der Schmelze bleibt die Form unter einem Vakuum, der Gusshohlraum dagegen nicht. Nachdem das Metall erstarrt ist, wird das Vakuum aufgehoben, der Sand fällt ab und das Gussteil wird freigegeben.

Sandguss: ▶ Abbildung 5.16 zeigt die Abläufe beim Sandguss. Nachdem die Form hergestellt wurde und die Kerne in Position gebracht wurden, werden die beiden Hälften (**Oberkasten** und **Unterkasten**) geschlossen (Abbildung 5.10), geklammert und beschwert (um die Trennung der Formhälften unter dem beim Einfüllen der Schmelze entstehenden Druck zu verhindern). Die Gestaltung des *Anschnittsystems* ist wichtig für die ordnungsgemäße Zuführung des geschmolzenen Metalls in den Formenhohlraum. Außerdem ist sicherzustellen, dass möglichst wenig Turbulenzen bei der Strömung der Schmelze auftreten, Luft und andere Gase durch Entlüftungsöffnungen oder mithilfe anderer Vorkehrungen entweichen können und die richtigen Temperaturgradienten eingestellt sind und aufrechterhalten werden, um Schwindung und Porosität zu eliminieren. Die Gestaltung von **Speisern** ist ebenfalls wichtig für die Zuführung der notwendigen Schmelze während der Erstarrung des Gussteils. Als Speiser kann auch der Eingusstrichter dienen. Nach der Erstarrung wird das Gussteil aus seiner Form geschüttelt, der am Gussteil haftende Sand und Oxidschichten durch Vibration (mit einer Schüttelmaschine) oder durch Sandstrahlen entfernt. Die Speiser und Anschnitte werden durch Sägen, Kürzen (Scheren), Schleifen oder autogenes Schneiden entfernt.

Fast alle kommerziellen Legierungen sind für den Sandguss geeignet. Die Oberflächenbeschaffenheit ist hauptsächlich eine Funktion der beim Herstellen der Form verwendeten Werkstoffe. Obwohl die Maßhaltigkeit nicht so gut ist wie bei anderen Gießverfahren, lassen sich auch komplizierte Formen (z. B. Motorblöcke aus Gusseisen) und sehr große Teile (z. B. Schiffsschrauben für Containerschiffe) gießen. Der Sandguss kann für relativ kleine wie auch für große Produktionsserien wirtschaftlich sein. Die Ausrüstungskosten sind im Allgemeinen niedrig.

5.8.2 Schalenguss

Das Produktionsvolumen von *Schalenguss* (▶ Abbildung 5.17) hat beträchtlich zugenommen, da sich damit viele Typen von Gussteilen mit engen Maßtoleranzen, guter Oberflächenbeschaffenheit und mit geringen Kosten herstellen lassen. Bei diesem Verfahren wird ein montiertes Modell aus Eisen oder Aluminium auf 175 bis 370 °C erwärmt, mit einem Trennmittel wie zum Beispiel Silikon beschichtet und an einen mit feinem Sand befüllten Kasten geklammert. Der Sand enthält außerdem ein 2,5 bis 4 %iges warmaushärtendes Harzbindemittel wie zum Beispiel Phenolformaldehyd, das die Sandteilchen benetzt. Die Sandmischung wird dann über das aufgewärmte Modell geblasen und bedeckt es gleichmäßig. Der Aufbau wird danach oftmals für kurze Zeit zur besseren Aushärtung des Harzes in einen Ofen gestellt. Die Schale härtet um das Modell herum aus und wird vom Modell mithilfe eingebauter Auswerferstößel entfernt. Auf diese Weise lassen sich Schalen aus zwei Hälften herstellen und in Vorbereitung für das Eingießen zusammenkleben oder -klammern.

5.8 Gießen mit verlorenen Formen und Dauermodellen

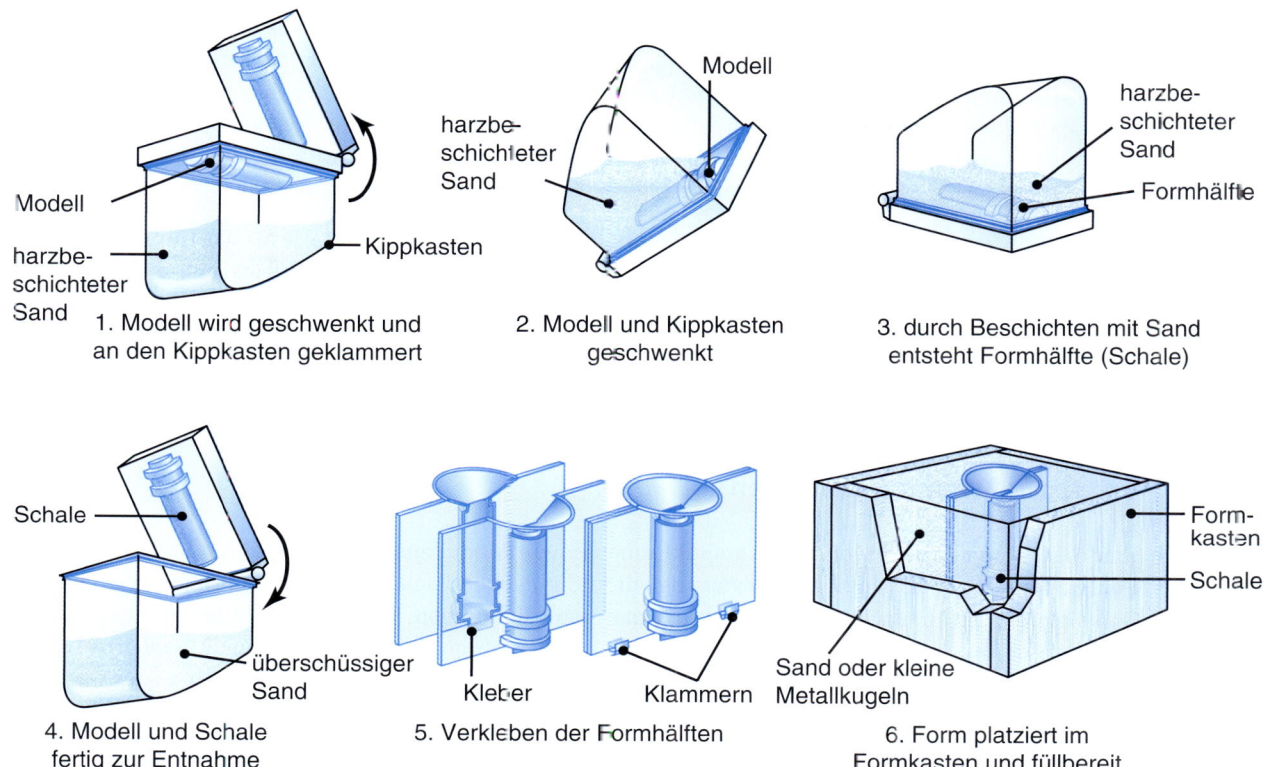

Abbildung 5.17: Schematische Darstellung des Ablaufs des Schalengussverfahrens.

Da die Schalen leicht und dünn sind (üblicherweise 5 bis 10 mm dick), unterscheiden sich ihre thermischen Eigenschaften von denen dickerer Formen. Durch die dünnen Schalen können Gase während der Erstarrung des Metalls gut entweichen. Die Form wird im Allgemeinen senkrecht eingesetzt und durch Stahlkies in einem Korb gestützt. Die Formwände sind relativ glatt und setzen der Strömung der Schmelze nur einen geringen Widerstand entgegen. Damit lassen sich Gussteile mit scharfen Ecken, dünneren Querschnitten und kleineren Ansätzen herstellen, als dies mit Grünsandformen möglich ist. In einer einzelnen Form können mehrere Gussteile mit einem entsprechenden Mehrfachanschnittsystem hergestellt werden. Zu den Anwendungen gehören kleine mechanische Teile, die hohe Genauigkeit verlangen, Getriebegehäuse, Zylinderköpfe und Pleuelstangen. Das Verfahren wird auch für die Produktion von hochgenauen Formkernen einsetzt, beispielsweise für den Kühlwassermantel von Motorblöcken.

Je nach den verschiedenen Produktionsfaktoren – speziell den Energiekosten – kann Schalenguss wirtschaftlicher sein als andere Gießverfahren. Die relativ hohen Kosten für das Metallmodell sind bei größeren Stückzahlen nicht mehr bedeutsam. Aufgrund der hohen Qualität der fertigen Gussteile können sich die Kosten für darauffolgendes Putzen, Bearbeiten und andere Endbearbeitungen reduzieren. Komplexe Formen sind mit weniger Aufwand herstellbar und das Verfahren lässt sich gut automatisieren.

Wasserglas-Verfahren: Der Formenwerkstoff bei diesem Verfahren ist eine Mischung aus Sand und 1 bis 6 % Natriumsilikat (*Wasserglas*) oder verschiedener anderer Chemikalien als Bindemittel für Sand. Diese Mischung wird dann um das Modell gepackt und gehärtet, indem CO_2 durchgeblasen wird. Das auch als *Kohlendioxidverfahren* bezeichnete Verfahren setzt man auch für die Herstellung von Kernen ein. Da der Kern bei höheren Temperaturen nachgiebig ist, neigt das Gussstück nicht mehr so stark dazu, infolge thermischer Spannungen zu reißen oder zu brechen.

Gestampfte Graphitformen: Gestampfter Graphit wird verwendet, um Formen für das Gießen von reaktionsfähigen Metallen wie zum Beispiel Titan und Zirkon herzustellen. Sand lässt sich hier nicht verwenden, weil diese Metalle heftig mit Siliziumdioxid reagieren. Die Formen werden fast wie Sandformen gepackt, luftgetrocknet, bei 175 °C gebacken und bei 870 °C gebrannt. Dann werden sie unter kontrollierter Feuchtigkeit und Temperatur gelagert. Die Gießabläufe sind denen für Sandformen ähnlich.

5.8.3 Gießen mit Gipsformen

Das *Gießen mit Gipsformen* und Keramikformen sowie Modellausschmelzverfahren sind sogenannte Feingussverfahren, da sie hohe Maßgenauigkeit und gute Oberflächengüte ergeben. Damit werden zum Beispiel Teile für Bremsanlagen, Getriebe, Armaturen, Dichtungen, Werkzeuge und Schmuckstücke mit einer Masse bis herab zu 1 g hergestellt. Bei diesem Verfahren wird die Form aus *Modellgips* (Kalziumsulfat) hergestellt. Mit Zusätzen von Talk und Quarzmehl lässt sich die Festigkeit verbessern und die Zeit beeinflussen, bis der Gips abbindet. Diese Bestandteile mischt man mit Wasser und gießt den entstehenden Schlamm über das Modell.

Nachdem der Gips (nach etwa 15 Minuten) abgebunden hat, wird das Modell entfernt und die Form getrocknet, um die Feuchtigkeit zu entfernen. Dann setzt man die Formenhälften, die den Formenhohlraum bilden, zusammen und heizt sie für 16 Stunden bei etwa 120 °C vor. Anschließend wird das geschmolzene Metall in die Form gegossen. Da die Permeabilität von Gipsformen sehr gering ist, können die während der Erstarrung des Metalls gebildeten Gase nicht entweichen. Deshalb wird die Schmelze entweder im Vakuum oder unter Druck eingefüllt. Die Permeabilität von Gipsformen lässt sich durch den *Antioch*-Prozess erheblich vergrößern. Die Formen werden in einem Autoklaven (Druckofen) für 6 bis 12 Stunden entwässert und dann für 14 Stunden in Luft rehydriert. Eine andere Methode, die Permeabilität zu erhöhen, ist die Verwendung von geschäumtem Gips mit eingeschlossener Luft.

Modelle für Gipsformen bestehen normalerweise aus Aluminiumlegierungen, Duromeren, Messing oder Zinklegierungen. Holzmodelle sind nicht geeignet, weil mit Wasser versetzter Schlamm verwendet wird. Da die Gipsform nur einer Temperatur von etwa 1200 °C widerstehen kann, setzt man dieses Verfahren nur für das Gießen von Aluminium, Magnesium, Zink und einigen Kupferlegierungen ein. Es lassen sich Gussteile mit feinen Details und guter Oberflächenbeschaffenheit herstellen. Da Gipsformen eine geringere thermische Leitfähigkeit als andere Formenarten haben, kühlen die Gussteile langsam ab, was in einer einheitlicheren Kornstruktur mit weniger Verzug und besseren mechanischen Eigenschaften resultiert.

5.8.4 Gießen mit keramischen Formen

Das auch als **Modellausschmelzverfahren mit Ober- und Unterkasten** bezeichnete Gießen mit keramischen Formen ist ein weiteres Feingussverfahren und ähnelt dem Gießen mit Gipsformen, verwendet aber feuerfeste Formenwerkstoffe und ist damit für Hochtemperaturanwendungen geeignet. Der Schlicker ist eine Mischung aus feinkörnigem Zirkonsilikat ($ZrSiO_4$), Aluminiumoxid und geschmolzenem Quarzsand. Er wird mit Bindemitteln versetzt und über das Modell gegossen (▶ Abbildung 5.18), das in einem Kasten sitzt. Das Modell kann aus Holz oder Metall bestehen. Nach dem Abbinden werden die Formen entfernt, getrocknet, ausgebrannt, um flüchtige Stoffe zu entfernen, und gebacken. Die Formenhälften werden dann fest zusammen geklammert und als Ganzkeramikformen verwendet. Beim *Shaw*-Verfahren werden die keramischen Formen durch Schamotte verstärkt, um die Formen fester zu machen.

Durch die hohe Temperaturbeständigkeit der feuerfesten Formenwerkstoffe eignen sich diese Formen für das Gießen von Eisen- und anderen Hochtemperaturlegierungen, hochlegierten Stählen und Werkzeugstahl. Obwohl der Vorgang relativ teuer ist, zeichnen sich die Gussstücke durch gute Maßhaltigkeit und Oberflächenbeschaffenheit über einem breiten Spektrum von Größen und komplizierten Formen aus, wobei manche Teile bis zu 700 kg wiegen. Mit diesem Verfahren stellt man Turbinenräder, Messer für Maschinen, Gesenke für die Metallumformung und Formen für die Produktion von Kunststoff- oder Gummibauteilen her.

5.8.5 Vakuumguss

▶ Abbildung 5.19 zeigt den *Vakuumguss*, der auch als *Gegenschwerkraft-Niederdruck-Verfahren* bezeichnet wird (nicht zu verwechseln mit dem in Abschnitt 5.8.1 beschriebenen Vakuumformen bzw. V-Verfahren). Eine Mischung von feinem Sand und Urethan wird über Metallgesenken geformt und mit Amindampf gehärtet. Ein Roboterarm hält dann die Form und taucht sie in einem Induktionsofen in die Schmelze. Das Metall kann in Luft (*CLA-Verfahren*) oder im Vakuum (*CLV-Verfahren*) geschmolzen werden. Das Vakuum verringert den Luftdruck innerhalb der Form auf etwa zwei Drittel des Atmosphärendrucks, wodurch das geschmolzene Metall in die Formenhohlräume über einen Anschnitt am Boden der Form gezogen wird. Nachdem die Form gefüllt ist, wird sie aus der Schmelze herausgezogen. Im Ofen herrscht gewöhnlich eine Temperatur von 55 °C über der Liquidustemperatur – die Erstarrung beginnt somit innerhalb von Sekundenbruchteilen.

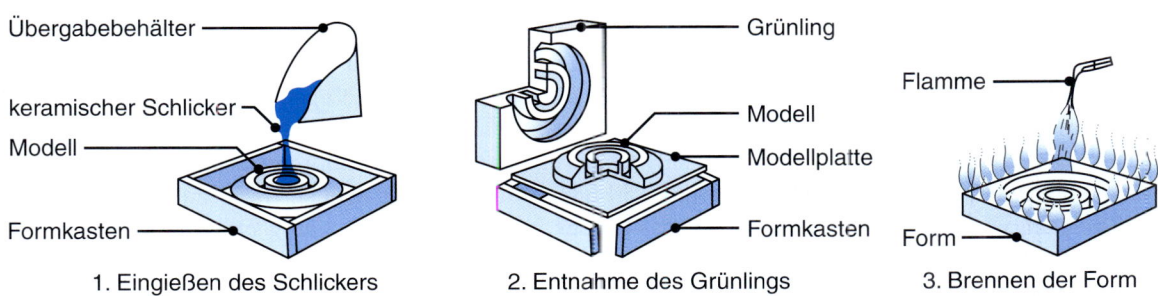

Abbildung 5.18: Ablauf der Herstellung von Keramikformen.

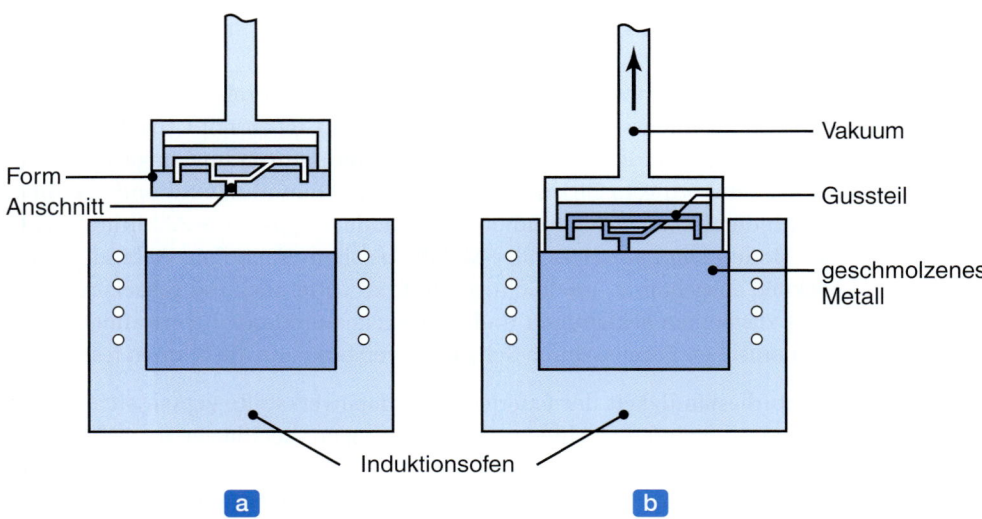

Abbildung 5.19: Vakuumguss (der Anschnitt befindet sich am Boden der Form.) (a) Vor und (b) nach dem Eintauchen der Form in die Schmelze. Nach R. Blackburn.

Dieses Verfahren ist als Alternative zum Modellausschmelzverfahren, Schalenguss und Grünsandgießen besonders geeignet für dünnwandige (0,75 mm), komplizierte Formen mit einheitlichen Eigenschaften. Kohlenstoffstahl, niedrig- und hochlegierter Stahl sowie Teile aus rostfreiem Stahl bis zu 70 kg können durch Vakuumguss hergestellt werden. Diese Teile – oftmals aus Superlegierungen für Gasturbinen – können Wandstärken bis herab zu 0,5 mm haben. Der Vorgang lässt sich automatisieren und die Produktionskosten ähneln denen für Grünsandguss.

5.9 Gießen mit verlorenen Formen und verlorenen Modellen

5.9.1 Vollformguss

Beim Vollformguss (*Gießen mit verlorenen Modellen*) wird ein Modell aus Polystyrol verwendet, das bei Kontakt mit der Schmelze verdampft und einen Hohlraum für das Gussteil bildet, wie ▶ Abbildung 5.20 zeigt. Das Verfahren wird auch als *Lost-Foam-Gießen* bezeichnet und ist unter dem Handelsnamen *Vollformverfahren* bekannt. Es ist zu einem der wichtigeren Gießverfahren für Eisen- und Nichteisenmetalle insbesondere in der Automobilindustrie geworden. Zuerst werden Kügelchen aus expandierbarem Polystyrol (PS-E, Handelsname *Styropor*), das 5 bis 8 % Pentan (einen flüchtigen Kohlenwasserstoff) enthält, in einem vorgeheizten Gesenk platziert, das normalerweise aus Aluminium besteht. Das Polystyrol expandiert und nimmt die Form des Gesenkhohlraums ein. Durch zusätzliche Wärmezufuhr werden die Kügelchen verschmolzen und gebunden. Das Gesenk wird dann gekühlt und geöffnet, das Modell entnommen. Komplexe Modelle lassen sich auch aus einzelnen Modellabschnitten mithilfe von Schmelzklebstoffen zusammensetzen (Abschnitt 12.15.1).

5.9 Gießen mit verlorenen Formen und verlorenen Modellen

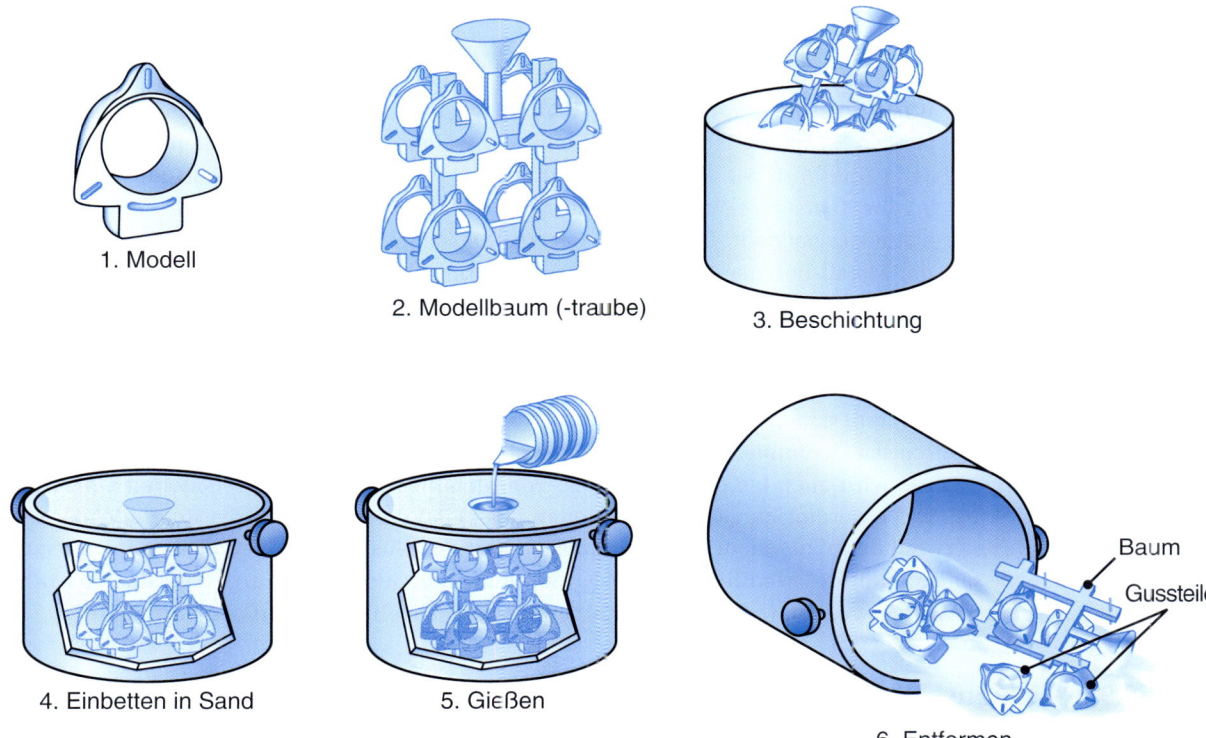

Abbildung 5.20: Schematische Darstellung des Vollformgussverfahrens, auch bekannt als Gießen mit verlorenen Formen.

Das Modell wird dann mit einem wässrigen, feuerfesten Schlicker beschichtet, getrocknet und in einem Formkasten platziert. Der in den Kasten eingefüllte lockere Feinsand umgibt und stützt das Modell. Der Sand wird mit verschiedenen Mitteln regelmäßig verdichtet. Ohne das Modell zu entnehmen, wird dann das geschmolzene Metall in die Form eingefüllt. Dabei vergast das Modell und die Schmelze füllt vollständig den Formenhohlraum aus, der vorher durch das Polystyrolmodell eingenommen wurde. Die Hitze zersetzt (depolymerisiert) das Polystyrol und die Zersetzungsprodukte werden durch den umgebenden Formsand aus der Form abgeführt.

Der Vollformguss zeichnet sich durch folgende Eigenschaften aus:

- **a** Das Verfahren ist relativ einfach, weil es keine Trennfugen, Kerne oder Speisersysteme gibt. Der Entwurf ist entsprechend flexibel.
- **b** Für dieses Verfahren genügen kostengünstige Formkästen.
- **c** Polystyrol ist preiswert und kann leicht zu Modellen mit komplizierter Gestalt, verschiedenen Größen und feinen Oberflächendetails verarbeitet werden.
- **d** Das Gussstück erfordert nur wenig Aufwand für Putzen und Endbearbeitung.
- **e** Das Verfahren ist automatisierbar und für große und lange Produktionsserien wirtschaftlich.

f Die Kosten für die Herstellung des Gesenks, mit dem die Polystyrolkügelchen zum Fertigen des Modells expandiert werden, können hoch sein.

Die Geschwindigkeit, mit der die Schmelze in die Form eingegossen wird, hängt von der Zersetzungsrate des Polymers ab. Die Strömung ist prinzipiell laminar, wobei die Reynolds-Zahlen zwischen 400 und 3000 liegen (siehe Abschnitt 5.4.1). Die Geschwindigkeit, mit der sich die Metall-Polymer-Front bewegt, wird mit 0,1 bis 1 m/s geschätzt und lässt sich steuern, indem man Modelle mit Vertiefungen oder hohlen Teilstücken herstellt. Da das Polymer zur Zersetzung eine beträchtliche Energiemenge benötigt, treten an der Metall-Polymer-Grenzfläche große thermische Gradienten auf. Mit anderen Worten kühlt die Schmelze schneller ab, als wenn sie in einen Hohlraum gegossen würde. Das hat wichtige Auswirkungen auf die Mikrostruktur im gesamten Gussstück und führt auch zu gerichteter Erstarrung des Metalls.

Mit diesem Verfahren stellt man zum Beispiel Motorblöcke aus Aluminium, Zylinderköpfe, Kurbelwellen, Bauteile für Bremsen, Krümmer und Maschinensockel her (siehe die Fallstudie zu diesem Kapitel). Der Vollformguss wird auch bei der Herstellung von Metallmatrix-Verbundwerkstoffen eingesetzt (Abschnitt 11.14). Dazu werden im gesamten Volumen des Schaummodells Fasern oder Teilchen eingebettet. Diese werden dann zu einem integralen Bestandteil des Gussstücks. Weitergehende Untersuchungen befassen sich mit der Modifikation und Kornfeinung des Gussstücks durch Einsatz von Kornverfeinerern und Vorlegierungen (Abschnitt 5.5) innerhalb des Modells, während es geformt wird.

5.9.2 Feinguss (Wachsausschmelzverfahren)

Das *Modellausschmelzverfahren* oder *Wachsausschmelzverfahren* ist bereits seit 4000 bis 3000 v. Chr. bekannt. Damit stellt man Teile wie Zahnräder, Nocken, Armaturen und Klinken her. Mit diesem Verfahren wurden auch schon erfolgreich Teile bis zu 1,5 m Durchmesser und einer Masse von 1100 kg gegossen. ▶ Abbildung 5.21 zeigt den Ablauf beim Feinguss.

Das Modell wird durch Einspritzen von *halbfestem* oder *flüssigem* Wachs oder Kunststoff in ein Metallgesenk von der Gestalt des Modells hergestellt. Dann wird das Modell entfernt und in einen Schlicker aus feuerfestem Material getaucht, beispielsweise sehr feines Quarzmehl und Bindemittel, Ethylsilikat und Säuren. Nachdem diese anfängliche Beschichtung getrocknet ist, wird das Modell wiederholt beschichtet, um seine Dicke zu erhöhen. Der Umgang mit Wachsmodellen muss sehr vorsichtig erfolgen, um Zerbrechen zu vermeiden. Die einteilige Form wird in Luft getrocknet und für etwa 4 Stunden (je nach dem zu gießenden Metall) auf eine Temperatur von 90 bis 175 °C erwärmt, um chemisch gebundenes Kristallwasser auszutreiben und das Wachs auszuschmelzen. Die Form kann auf noch höhere Temperaturen erwärmt werden, um die Wachsreste auszubrennen. Nachdem die Form auf die gewünschte Temperatur vorgeheizt ist, kann das geschmolzene Metall eingefüllt werden. Wenn das Metall dann erstarrt ist, wird die Form aufgebrochen und das Gussstück entfernt. In einer Form lassen sich mehrere Modelle zu einer sogenannten Modelltraube verbinden, um die Produktivität zu erhöhen.

Durch den Aufwand und die verwendeten Werkstoffe ist das Wachsausschmelzverfahren relativ teuer, erfordert aber nur wenig oder gar keine Endbearbeitung. Mit diesem Verfahren lassen sich komplizierte Gussstücke aus einer breiten Palette von Eisen- und Nichteisenmetallen und -legierungen herstellen,

5.9 Gießen mit verlorenen Formen und verlorenen Modellen

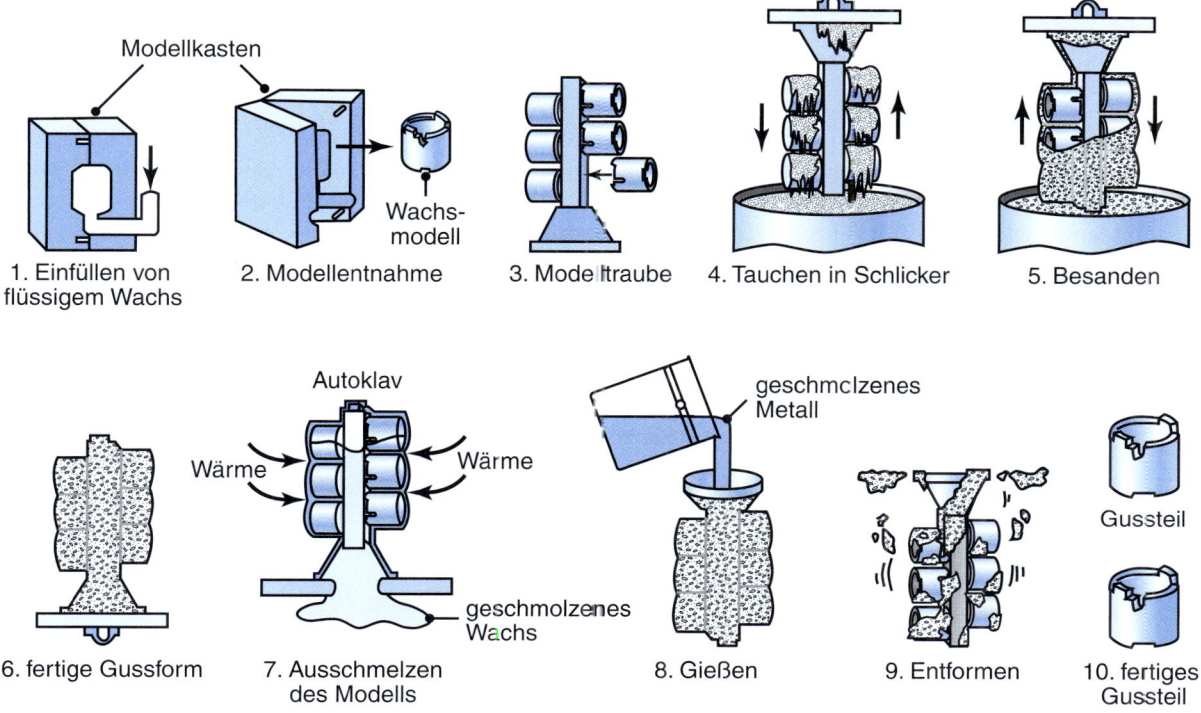

Abbildung 5.21: Schematische Darstellung des Wachsausschmelzverfahrens (Feinguss). Mit diesem Verfahren können Gussstücke mit feinen Details aus einer breiten Palette von Gusswerkstoffen hergestellt werden.

wobei die Teile im Allgemeinen zwischen 1 g bis 100 kg, teilweise bis zu 1100 kg wiegen. Es eignet sich auch für das Gießen von hochschmelzenden Legierungen und liefert Teile mit hoher Oberflächengüte und engen Abmessungstoleranzen.

Feinguss mit Keramikkokillen: Dieses Feingussverfahren verwendet den gleichen Typ von Wachs- oder Kunststoffmodell, das zuerst (a) in einen Schlicker mit kolloidalem Quarz oder Ethylsilikatbindemittel, dann (b) in ein Fließbett von feinkörnigem Quarzglas oder Zirkonmehl und anschließend (c) in grobkörnigen Quarzsand getaucht wird, um zusätzliche Beschichtungen und Wandstärken aufzubauen, um dem plötzlichen Temperaturwechsel beim Einfüllen des flüssigen Metalls zu widerstehen. Das Verfahren ist wirtschaftlich und wird ausgiebig für den Feinguss von Stählen, Aluminium und Hochtemperaturlegierungen eingesetzt. Beim Gießen verwendete Keramikkerne werden durch Auslaugen mit Flüssigkeiten unter hohem Druck und hoher Temperatur entfernt.

Das geschmolzene Metall kann im Vakuum eingefüllt werden, um gebildete Gase zu extrahieren und Oxidation zu vermindern, wodurch sich die Qualität des Gussstücks weiter verbessern lässt. Bei den nach diesem und anderen Verfahren hergestellten Gussstücken kann die Mikroporosität durch heißisostatisches Pressen weiter reduziert werden. Zum Beispiel setzt man Aluminiumgussteile einem Gasdruck von etwa 100 MPa bei 500 °C aus.

> **Beispiel 5.4** **Feinguss von Bauteilen aus Superlegierungen für Gasturbinen**
>
> Seit den 1960er Jahren hat der Feinguss von Superlegierungen die entsprechenden Knetlegierungen in Hochleistungsgasturbinen verdrängt. Viel Entwicklungsarbeit ist in die Herstellung sauberer Superlegierungen (nickel- und kobaltbasiert) geflossen. Insbesondere bei den Schmelz- und Gießverfahren sind Verbesserungen zu verzeichnen, etwa beim Vakuuminduktionsschmelzen mithilfe von Mikroprozessorsteuerungen. Verunreinigungen und Einschlüsse sind stetig verringert worden, wodurch sich die Festigkeit, die Duktilität und insgesamt die Zuverlässigkeit dieser Bauteile verbessert hat. Eine derartige Steuerung ist wichtig, da diese Teile bei einer Temperatur von lediglich etwa 50 °C unterhalb der Solidustemperatur betrieben werden.
>
>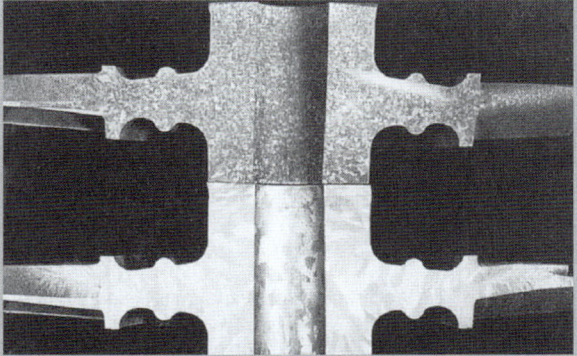
>
> **Abbildung 5.22:** Gefüge eines Rotors, der im Feiguss (oben) hergestellt bzw. konventionell abgegossen wurde (unten). Nach *Advanced Materials and Processes*, Oktober 1990, S. 25, ASM International.
>
> ▶ Abbildung 5.22 zeigt im oberen Teil die Mikrostruktur eines gegossenen Gasturbinenrotors. Man erkennt die feinen, einheitlichen, gleichachsigen Körner im gesamten Querschnitt. Um dieses Ergebnis zu erreichen, setzen neuere Techniken der Schmelze Keimbildner zu und steuern die Überhitzung, die Eingusstechniken und die Abkühlungsrate des Gussstücks genauer. Der untere Teil von Abbildung 5.22 zeigt den gleichen Rotortyp, der konventionell gegossen wurde und eine grobe Kornstruktur aufweist. Die Eigenschaften dieses Rotors sind denen des feinkörnigen Rotors unterlegen. Durch die Weiterentwicklungen dieser Verfahren ist der Prozentsatz von Gussteilen in Flugzeugmotoren von 20 % auf etwa 45 % gestiegen (bezogen auf die Masse).

5.10 Gießen mit Dauerformen

Dauerformen werden wiederholt verwendet und sind so konzipiert, dass sich die Gussstücke leicht entformen lassen und die Form erneut einsetzbar ist. Die Formen bestehen aus Metallen, die ihre Festigkeit auch bei hohen Temperaturen behalten. Da Metallformen bessere Wärmeleiter als die oben beschriebenen verlorenen Formen sind, erstarrt das Gussteil wegen der höheren Abkühlungsgeschwindigkeit schneller. Dies beeinflusst wiederum die Mikrostruktur inklusive der Korngröße des Gussteils, wie es Abschnitt 5.3 beschrieben hat.

Beim Gießen mit Dauerformen werden zwei Hälften einer Form aus Werkstoffen wie Stahl, Bronze, Refraktärmetallen oder Graphit (**semipermanente Form**) hergestellt. Der Formenhohlraum und das Anschnittsystem werden in die Form selbst eingearbeitet und bilden somit einen integralen Bestandteil der Form. Bei Bedarf werden Kerne aus Metall oder Sandaggregat vor dem Gießen in der Form platziert. Typische Kernwerkstoffe sind Schalen- oder No-Bake-Kerne, Grauguss, Stahl mit niedrigem Kohlenstoffgehalt und Warmarbeitsstahl. Außerdem lassen sich Einsätze für verschiedene Teile der Form verwenden.

Um die Lebensdauer von Dauerformen zu erhöhen, können die Oberflächen des Formenhohlraums mit einem feuerfesten Schlicker beschichtet oder nach einigen Gießvorgängen mit Graphit besprüht werden. Die Beschichtungen dienen auch als Trennmittel und thermische Barrieren, um die Abkühlungsgeschwindigkeit des Gussteils zu kontrollieren. Mechanische Auswerfer wie zum Beispiel Stößel, die sich an verschiedenen Teilen der Form befinden, können erforderlich sein, um komplexe Gussstücke zu entfernen. Auswerfer hinterlassen in der Regel kleine runde Eindrücke auf Gussstücken und Anschnittsystemen, wie es auch beim Spritzgießen von Kunststoffen der Fall ist (siehe Abschnitt 10.10.2). Die Formen werden mechanisch zusammengeklammert und dann erwärmt, um den Gießvorgang zu erleichtern und Schäden an den Dauerformen zu verringern (*thermische Ermüdung*, siehe Abschnitt 3.9.5). Die Schmelze fließt dann durch das Anschnittsystem und füllt den Formenhohlraum. Nach der Erstarrung werden die Formen geöffnet und die Gussteile entfernt. Die Form kühlt man mit Wasser oder mithilfe von luftgekühlten Rippen, wie sie etwa an Motoren von Motorrädern oder Rasenmähern üblich sind, um die Motorblöcke und Zylinderköpfe zu kühlen.

Obwohl das Gießen mit Dauerformen manuell durchführbar ist, wird der Vorgang für große Produktionsserien automatisiert. Das Verfahren setzt man hauptsächlich für Aluminium, Magnesium und Kupferlegierungen (aufgrund ihrer niedrigen Schmelztemperaturen) sowie Stähle mit Formen aus Graphit oder wärmebeständigen Metallformen ein. Die Gussstücke zeichnen sich durch gute Oberflächenbeschaffenheit, enge Maßtoleranzen sowie gute und einheitliche mechanische Eigenschaften aus. Typische Teile, die mit diesem Verfahren produziert werden, sind Kolben, Zylinderköpfe, Pleuelstangen, Zahnradkörper für verschiedenartige Geräte und Küchengeräte. Aufgrund der hohen Kosten für Gesenke ist das Gießen mit Dauerformen für kleine Produktionsserien nicht wirtschaftlich. Außerdem lassen sich mit diesem Verfahren keine komplizierten Formen gießen, da es schwierig ist, derartige Gussstücke aus der Form zu entfernen. Allerdings können komplizierte Innenhohlräume mithilfe von Sandkernen gegossen werden.

5.10.1 Kippguss

Wie bereits zu Abbildung 5.12 erwähnt, entwickelt sich in einem Gussstück zunächst eine erstarrte Haut, die mit der Zeit dicker wird. Hohle Gussteile mit dünnen Wänden lassen sich durch Gießen mit Dauerformen nach diesem Prinzip in einem als *Kippguss* bezeichneten Verfahren herstellen. Die Schmelze wird in die Metallform gegossen und nachdem die gewünschte Dicke der erstarrten Haut erreicht ist, wird die Form gewendet (gestürzt) und die überflüssige Schmelze abgelassen. Dann öffnet man die For-

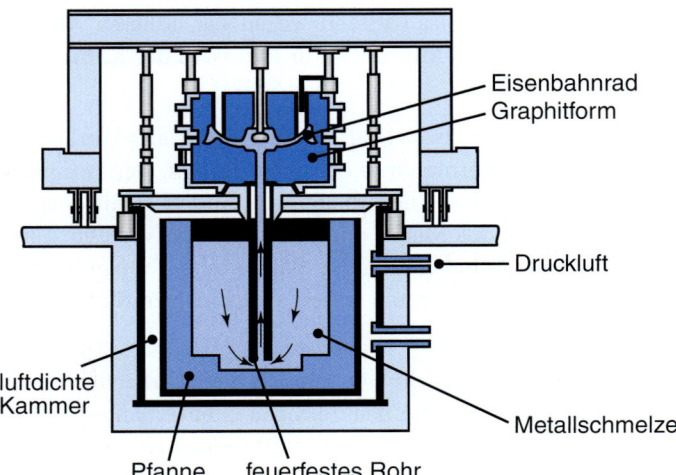

Abbildung 5.23: Niederdruckguss mit Graphitform zur Herstellung von Eisenbahnrädern aus Stahl. Nach Griffin Wheel Division of Amsted Industries Incorporated.

menhälften und entfernt das Gussstück. Das Verfahren eignet sich für kleine Produktionsserien und wird im Allgemeinen für Schmuck- und Dekorationsgegenstände sowie Spielzeug aus niedrigschmelzenden Metallen wie Zink, Zinn und Bleilegierungen eingesetzt.

5.10.2 Niederdruckguss

Beim *(Nieder-)Druckguss* (▶ Abbildung 5.23) wird das geschmolzene Metall durch Gasdruck nach oben in eine Graphit- oder Metallform gepresst. Der Druck bleibt so lange aufrecht, bis das Metall in der Form vollständig erstarrt ist. Die Schmelze lässt sich auch durch ein Vakuum nach oben zwingen, das zudem gelöste Gase entzieht und ein Gussstück mit geringer Porosität ergibt.

5.10.3 (Hoch-)Druckguss

Der in den frühen 1900er Jahren entwickelte *(Hoch-)Druckguss* ist ein weiteres Beispiel für Gießen mit Dauerformen. Die Schmelze wird in den Gesenkhohlraum mit Drücken von 0,7 bis 700 Pa gepresst. Durch (Hoch-)Druckguss werden zum Beispiel Getriebegehäuse, Ventilkörper, Motoren, Bauteile für Büromaschinen und Ausrüstungen, Werkzeuge und Spielzeug hergestellt. Die Masse der meisten Gusserzeugnisse reicht von weniger als 90 g bis zu etwa 25 kg.

1 Beim **Warmkammerverfahren** (▶ Abbildung 5.24) erfasst ein Kolben ein bestimmtes Volumen des geschmolzenen Metalls und presst es durch einen Krümmer und eine Düse in den Hohlraum. Der Druck erreicht maximal 35 MPa und liegt im Durchschnitt bei etwa 15 MPa. Das Metall bleibt unter Druck, bis es im Gesenk erstarrt ist. Um die Lebensdauer der Form zu erhöhen und das Abkühlen des Metalls zu beschleunigen (und damit die Produktivität zu erhöhen), werden die Formen normalerweise mit einem Wasser- oder Ölkreislauf durch verschiedene Verbindungswege im Gesenkblock

5.10 Gießen mit Dauerformen

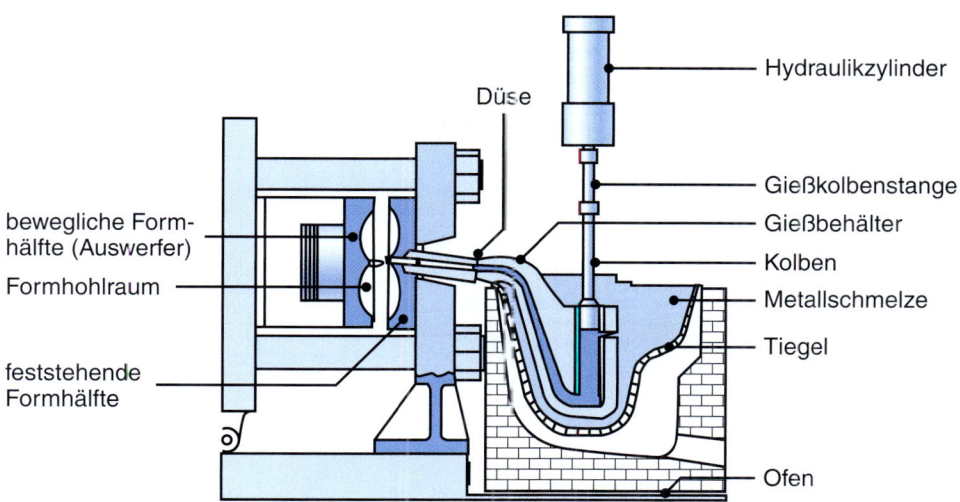

Abbildung 5.24: Hochdruckguss (Warmkammerverfahren).

gekühlt. Mit diesem Verfahren gießt man vor allem niedrigschmelzende Legierungen wie Zink, Zinn und Blei. Die Taktung liegt typischerweise bei 900 Schüssen (einzelnen Einspritzvorgängen) pro Stunde für Zink, sehr kleine Bauteile wie zum Beispiel Zähne von Reißverschlüssen können mit 300 Schüssen pro Minute gegossen werden.

2 Beim **Kaltkammerverfahren** (▶ Abbildung 5.25) wird geschmolzenes Metall in den Einspritzzylinder (*Gießkammer*) eingebracht. Die Bezeichnung *Kaltkammerverfahren* ergibt sich daraus, dass die Gießkammer nicht erwärmt wird. Das Metall wird in den Gesenkhohlraum bei Drücken von etwa 20 bis 70 MPa gepresst, wobei der Maximaldruck 150 MPa erreichen kann. Die Maschinen können waagerecht oder senkrecht aufgestellt sein. Mit diesem Verfahren gießt man in der Regel Aluminium-, Magnesium- und Kupferlegierungen, es kommt aber auch für andere Metalle (einschließlich Eisenlegierungen) zum Einsatz. Die Temperaturen der Schmelze beginnen bei etwa 600 °C für Aluminium- und Magnesiumlegierungen und liegen für Kupfer- und Eisenlegierungen beträchtlich höher.

Prozesscharakteristika und Maschinenauswahl: Wegen der sehr hohen Drücke würden sich die Gießgesenke (Kammerhälften) teilen, sofern sie nicht fest geschlossen sind. Druckgießmaschinen werden entsprechend der Schließkraft eingeteilt, die aufgebracht werden kann, um die Gesenke geschlossen zu halten. Die Kapazitäten kommerziell erhältlicher Maschinen reichen von etwa 250 kN bis 30 MN. Für die Auswahl von Druckgießmaschinen spielen zudem Faktoren wie Kammergröße, Kolbenhub, Einpressdruck und Kosten eine Rolle.

Druckgießmaschinen können mit einem einzelnen Hohlraum, mehreren (identischen) Hohlräumen, Kombinationshohlräumen (mehreren verschiedenen Hohlräumen) oder Mehrfachwerkzeugen mit Einzeleinsätzen (einfachen kleinen Gesenken, die sich in zwei oder mehreren Einheiten in einer Mastergesenkaufnahme kombinieren lassen) hergestellt werden.

5 Gießen: Verfahren und Werkstoffe

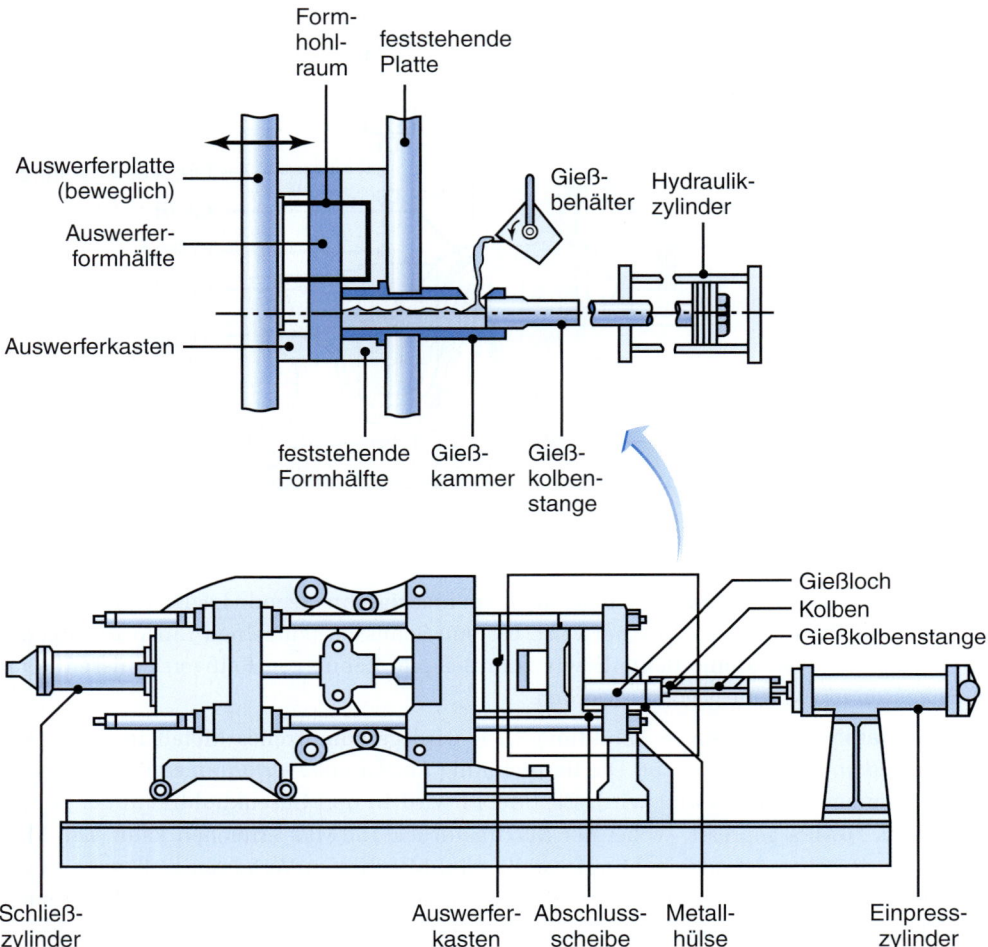

Abbildung 5.25: Hochdruckguss (Kaltkammerverfahren). Die Gießmaschine ist groß im Vergleich zu den Gussstücken, weil die aufgebrachten Kräfte sehr hoch sind, um die Kammer unter Druck geschlossen zu halten.

Gesenke bestehen gewöhnlich aus Warmarbeitsstählen oder Formenstählen. Der Gesenkverschleiß nimmt mit höherer Temperatur des geschmolzenen Metalls zu. Als problematisch können sich Warmrisse in den Gesenken (Oberflächenrisse durch wiederholtes Erwärmen und Abkühlen) erweisen. Wenn Gesenkwerkstoffe richtig ausgewählt und verwendet werden, ertragen die Gesenke durchaus mehr als eine halbe Million Schüsse, bevor sich ein merklicher Verschleiß zeigt. Für Legierungen sind mit Ausnahme von Magnesiumlegierungen normalerweise Schmierstoffe erforderlich – in der Regel auf Wasserbasis mit Graphit oder anderen Verbindungen in Suspension. Schmierstoffe (Trennmittel) werden gewöhnlich als dünne Beschichtungen auf die Kammeroberflächen aufgebracht. Durch das hohe Kühlvermögen von Wasser sind diese Schmierstoffe auch wirksam, um die Temperaturen der Kammeroberfläche niedrig zu halten.

Tabelle 5.6: Eigenschaften und Anwendungen von Druckgusslegierungen

Legierung	Zugfestigkeit MPa	Streckgrenze MPa	Bruchdehnung %	Anwendungen
AlSi8,5Cu3,5	320	160	2,5	Geräte, Automobilteile, Gehäuse und Rahmen von Elektromotoren, Motorblöcke
AlSi13	300	150	2,5	Kompliziert gestaltete Teile mit geringen Wandstärken, Teile mit erhöhter Warmfestigkeit
CuZn40	380	200	15	Ventile (Installation), Schlösser, Laufbuchsen, Ziergegenstände
MgAl9Zn0,7	230	160	3	Elektrohandwerkzeug, Automobilteile, Sportartikel
ZnAl4	280	–	10	Automobilteile, Bürobedarf, Haushaltutensilien, Spielzeug
ZnAl4Cu1	320	–	7	Geräte, Automobilteile, Ladeneinrichtungen

Nach The North American Die Casting Association.

Die Druckguss- und Endbearbeitungsvorgänge lassen sich durchweg automatisieren. Druckguss erlaubt hohe Produktionsraten bei guter Festigkeit, hoher Qualität, komplexen Formen und guter Maßhaltigkeit sowie detailreichen Oberflächen. Somit sind nur wenige oder gar keine Nach- oder Endbearbeitungsoperationen notwendig (*endkonturnahe Formgebung*). Bauteile wie Stifte, Wellen und Verbindungselemente lassen sich ganzheitlich in einem Vorgang ähnlich wie bei Holzstäbchen in Eis am Stiel gießen (**Einlegeformen**; siehe auch Abschnitt 10.10.2). Zurück bleiben sowohl Auswerfermarken als auch etwas *Grat* an der Trennebene (dünnes Material, das zwischen den Kammerhälften ausgequetscht wird; siehe auch Abschnitt 6.2.3).

Tabelle 5.6 gibt Eigenschaften und Anwendungen von Druckgusswerkstoffen an. Druckguss schneidet gegenüber anderen Fertigungsverfahren wie zum Beispiel Blechprägen und Schmieden oder anderen Gießverfahren vorteilhaft ab. Da die Schmelze an den Kammerwänden schnell erstarrt, besitzen die Gussstücke eine feinkörnige harte Haut mit höherer Festigkeit als in der Mitte des Teils. Folglich nimmt das Verhältnis von Festigkeit zu Gewicht von Druckgussteilen mit fallender Wandstärke zu. Aufgrund der guten Oberflächenbeschaffenheit und Maßhaltigkeit lassen sich durch Druckguss auch Laufflächen herstellen, die normalerweise mit spanenden Verfahren gefertigt werden. Die Maschinenkosten und hier insbesondere die Kosten für die Gesenke sind zwar höher als bei anderen Verfahren, jedoch ist der Arbeitsaufwand im Allgemeinen gering, da sich die Fertigung teilweise oder ganz automatisieren lässt.

5.10.4 Schleuderguss

Der *Schleuderguss* nutzt die Trägheitskräfte durch Rotation aus, um die Schmelze in die Formenhohlräume zu pressen. Man unterscheidet drei Arten von Schleuderguss:

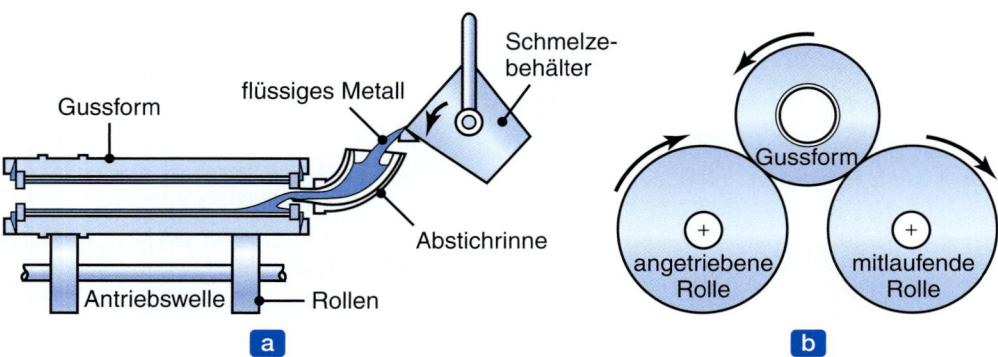

Abbildung 5.26: Echter Schleuderguss, schematisch. Röhren, Zylinderbüchsen und ähnliche Hohlstrukturen lassen sich mit diesem Verfahren herstellen. (a) Gesamtansicht der Gießmaschine, (b) Detailansicht der drehbaren Form.

1. **Echter Schleuderguss:** Hohle zylindrische Teile wie zum Beispiel Röhren, Gewehrläufe und Laternenpfähle werden nach dieser Technik hergestellt, wie ▶ Abbildung 5.26 zeigt, wobei geschmolzenes Metall in eine rotierende Form gegossen wird. Die Rotationsachse verläuft normalerweise waagerecht, kann bei kurzen Werkstücken aber auch senkrecht ausgerichtet sein. Formen werden aus Stahl, Gusseisen oder Graphit hergestellt und können mit einer feuerfesten Auskleidung versehen sein, um die Lebensdauer der Form zu erhöhen. Es ist möglich, die Oberflächen der Formen so zu gestalten, das sich Röhren mit bestimmten Außenprofilen und -formen gießen lassen. Die Innenseite des Gussstücks bleibt zylindrisch, da die Schmelze durch die Zentrifugalkräfte gleichmäßig verteilt wird. Aufgrund von Dichteunterschieden in der radialen Richtung sammeln sich aber leichtere Elemente wie zum Beispiel Schlacke, Verunreinigungen und Teile der feuerfesten Auskleidung vorzugsweise an der Innenseite des Gussstücks an.

   Durch Schleuderguss sind zylindrische Teile mit Durchmessern von etwa 10 mm bis 3 m und einer Länge von mehr als 15 m herstellbar. Die Wanddicken reichen typischerweise von 6 bis 125 mm. Der durch die Zentrifugalbeschleunigung (bis zu 150 g) entstehende hohe Druck ist notwendig für das Gießen dickwandiger Teile. Dieses Verfahren liefert Gussstücke hoher Qualität und Maßhaltigkeit mit feinen Oberflächendetails. Neben Röhren stellt man damit auch Laufbuchsen, Motorenzylinder, Straßenlaternen und Tragringe mit oder ohne Flansche her.

2. **Halbschleuderguss:** ▶ Abbildung 5.27a zeigt ein Beispiel für dieses Verfahren (auch *Schleuderguss mit Kernen* genannt), mit dem rotationssymmetrische Teile wie zum Beispiel Speichenräder gegossen werden.

3. **Zentrifugalgießen:** Bei diesem Verfahren ordnet man die – beliebig geformten – Formenhohlräume in einem bestimmten Abstand von der Rotationsachse an. Die Anordnung ähnelt einem Karusell, daher auch der Name *(richtiger) Karusellschleuderguss* für dieses Verfahren. Die Schmelze wird in der Mitte zugeführt und durch Zentrifugalkräfte in die Form gepresst (Abbildung 5.27b). Die Eigenschaften innerhalb des Gussstücks variieren mit der Entfernung von der Rotationsachse.

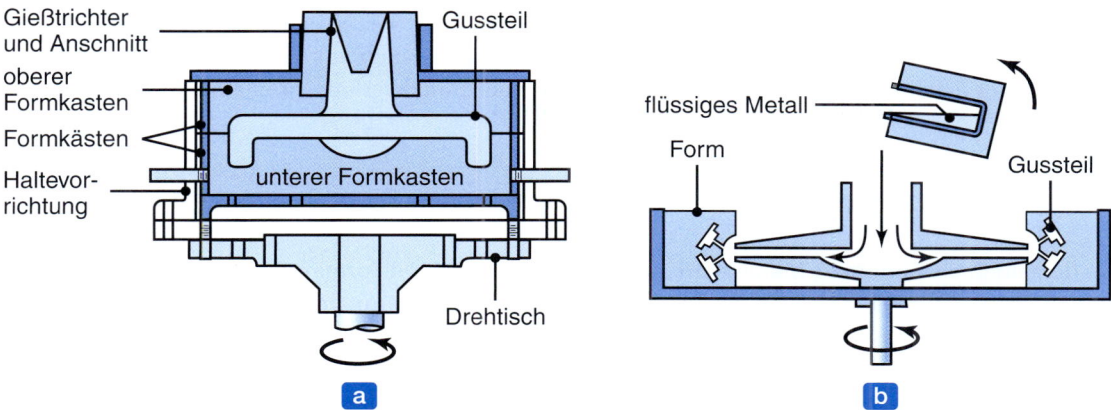

Abbildung 5.27: (a) Schematische Darstellung einer Gießmaschine für den Halbschleuderguss. Mit diesem Verfahren lassen sich Speichenräder gießen. (b) Beim Zentrifugalgießen wird die Schmelze durch Zentrigugalkräfte in die außen liegenden Formen gepresst.

5.10.5 Pressgießen

Das in den 1960er Jahren entwickelte *Pressgießen* beruht auf der Erstarrung der Schmelze unter hohem Druck und stellt somit eine Kombination von Gießen und Schmieden dar (▶ Abbildung 5.28). Die Anlage besteht typischerweise aus einem Gesenk, einem Stempel und einem Auswerferstößel. Der durch den Stempel ausgeübte Druck hält die eingefangenen Gase in Lösung (speziell Wasserstoff in Aluminiumlegierungen) und der Hochdruckkontakt an den Grenzflächen zwischen Gesenk und Metall fördert die Wärmeübertragung. Die höhere Abkühlungsgeschwindigkeit ergibt eine feine Mikrostruktur mit guten mechanischen Eigenschaften und begrenzter Mikroporosität. Die Drücke beim Pressgießen liegen typischerweise höher als beim (Hoch-)Druckgießen, jedoch niedriger als beim Warm- oder Kaltschmieden

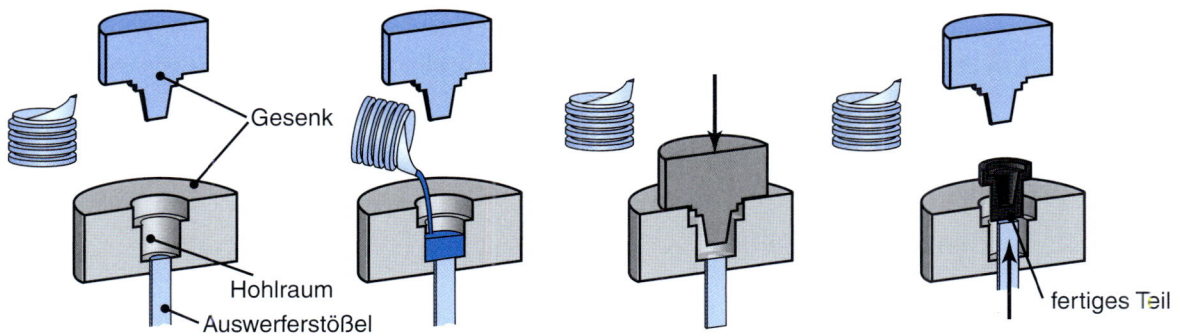

Abbildung 5.28: Schematische Darstellung des Pressgießens. Dieses Verfahren kombiniert die Vorteile des Gießens und Schmiedens.

(Abschnitt 6.2). Es lassen sich *endkonturnahe* Teile (siehe auch Abschnitt 1.6) mit komplizierten Formen und feinen Oberflächendetails sowohl aus Nichteisen- als auch aus Eisenlegierungen herstellen, zum Beispiel Scheibenräder für Autos, Bodenplatten von Granatwerfern, Bremstrommeln und Ventilkörper.

5.10.6 Thixo- und Rheogießen

Bei dem auch als **Semisolid Metal-Working** oder **Semisolid Metal-Forming** bezeichneten Thixogießen (in den 1970er Jahren entwickelt) besitzt das Metall oder die Legierung eine nichtdendritische, gleichachsige und feinkörnige Gefügestruktur, wenn das Material in das Gesenk oder die Form gelangt. Die Bezeichnung **Thixoforming** oder **Thixogießen** geht auf das *thixotrope* Verhalten (abnehmende Viskosität bei mechanischer Krafteinwirkung) der Legierung zurück. Zum Beispiel hat eine Legierung in Ruhe und oberhalb ihrer Solidustemperatur die Konsistenz von Butter, doch wenn sie energisch gerührt wird, gleicht ihre Konsistenz der von Maschinenöl. Dieses Verhalten lässt sich bei der Entwicklung von Maschinen und Verfahren nutzen, die Gießen und Schmieden von Teilen kombinieren, wobei gegossene, teilerstarrte Vorblöcke geschmiedet werden, die etwa 30 bis 40 % Schmelze enthalten. Diese Technologie setzt man auch bei der Herstellung von gegossenen Verbundwerkstoffen mit Metallmatrix ein.

Beim **Thixogießen** hat das halbfeste Metall eine nur geringfügig über der Erstarrungstemperatur liegende Temperatur, wenn es in ein Gesenk eingebracht wird. Dadurch verringern sich die Erstarrungs- und Zykluszeiten und die Produktivität steigt. Darüber hinaus wird die Porosität durch Schwindung aufgrund der geringen Überhitzung verringert. Mit diesem Verfahren stellt man unter anderem Lenkerarme, Klammern und Lenkungsbauteile her. Die Vorteile der halbfesten Metallumformung gegenüber dem Hochdruckguss liegen darin, dass (a) die entstehenden Gefüge einheitliche Eigenschaften und hohe Festigkeit aufweisen und homogen sind, (b) sowohl dünne als auch dicke Teile herstellbar sind, (c) sowohl Guss- als auch Knetlegierungen verwendet werden können und (d) später eine Wärmebehandlung der Teile möglich ist. Allerdings liegen die Werkstoff- und Gesamtkosten im Allgemeinen höher als die für den Hochdruckguss.

Beim **Rheogießen** wird ein Schlicker (ein Festkörper, der in Schmelze gelöst ist) aus einem Schmelzofen übernommen und gekühlt, dann magnetisch gerührt und schließlich in eine Form oder ein Gesenk injiziert. Rheogießen wurde erfolgreich auf Aluminium und Magnesium angewandt und für die Herstellung von Motorblöcken, Kurbelgehäusen (für Kleinmotoren) und verschiedene Erzeugnisse im Schiffsbau eingesetzt.

5.10.7 Gießen von Einkristallen

Die Verfahren zum Gießen von Einkristallen lassen sich am besten anhand von Gasturbinenschaufeln veranschaulichen, die meist aus nickelbasierten Superlegierungen hergestellt werden. Die relevanten Prozeduren sind auch für andere Legierungen und Komponenten verwendbar.

Konventionelles Gießen von Turbinenschaufeln: Die konventionelle Technik wendet das Modellausschmelzverfahren mit einer Keramikform an (siehe Abbildung 5.18). Die Schmelze wird in die Form

5.10 Gießen mit Dauerformen

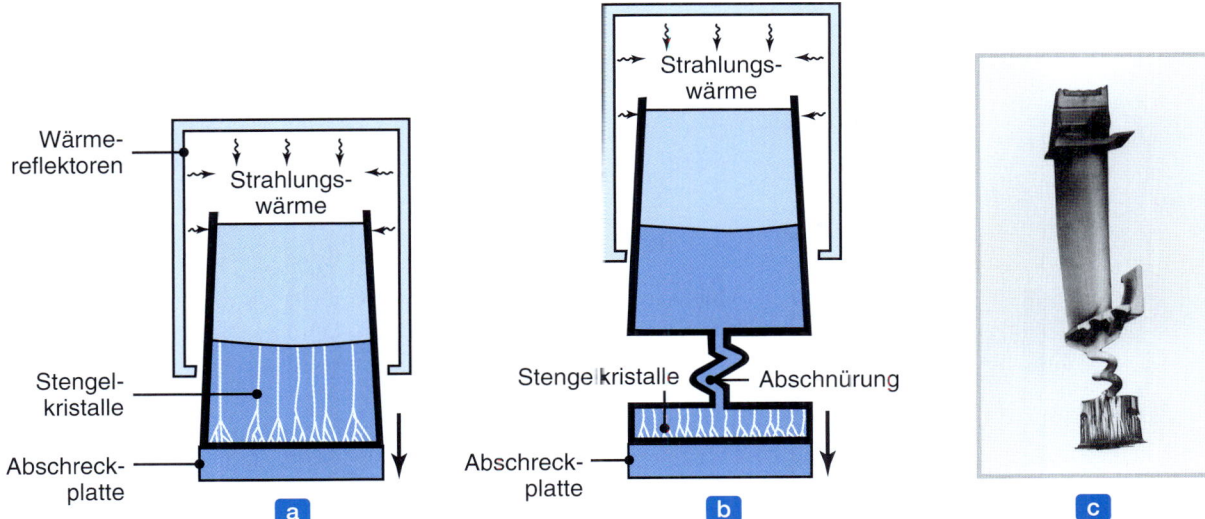

Abbildung 5.29: Herstellung von Schaufeln für Gasturbinen: (a) gerichtete Erstarrung, (b) einkristalline Erstarrung, (c) fertige Schaufel mit noch nicht entfernter Verengungszone.

gegossen und beginnt an den Keramikwänden zu erstarren. Es entwickelt sich eine polykristalline Kornstruktur und die Anwesenheit von Korngrenzen macht diese Struktur unter Wirkung von Zentrifugalkräften bei erhöhten Temperaturen empfänglich für Kriechen und Kriechriechwachstum entlang dieser Grenzflächen (Abschnitt 3.4).

Durch gerichtete Erstarrung hergestellte Schaufeln: Bei dem 1960 entwickelten Verfahren mit *gerichteter Erstarrung* (▶ Abbildung 5.29a) wird die Keramikform durch Modellausschmelztechniken vorbereitet und vorgewärmt. Die Form steht auf einer wassergekühlten Abschreckplatte. Nach dem Eingießen des Metalls in die Form wird die Vorrichtung langsam abgesenkt. An der Abschreckplatte beginnen Kristalle zu wachsen. Die Schaufel erstarrt somit gerichtet, wobei sich Korngrenzen parallel zur Schaufellängsrichtung (aber nicht quer dazu) bilden. Folglich ist die Schaufel in Richtung der in der Gasturbine wirkenden Zentrifugalkräfte kriechfester.

Einkristallschaufeln: Im erstmals 1967 angewandten Verfahren für Einkristallschaufeln wird die Form durch Modellausschmelztechniken vorbereitet und besitzt eine Verengung in Form eines Korkenziehers (Abbildungen 5.29b und c). Dieser Querschnitt bietet Platz nur für einen einzigen Kristall. Wenn die Vorrichtung langsam abgesenkt wird, wächst ein Einkristall durch die Einengung nach oben und breitet sich in der Form aus. In diesem Prozess ist eine strenge Kontrolle der Bewegungsgeschwindigkeit notwendig. Die erstarrte Masse in der Form ergibt somit eine Einkristallschaufel. Obwohl diese Schaufeln teurer als andere sind (die größten Schaufeln mit über 15 kg kosten jeweils mehr als 4000 Euro), macht das Fehlen von Korngrenzen diese Schaufeln widerstandsfähig gegen Kriechen und Thermoschocks, was sich in einer längeren und zuverlässigeren Betriebszeit niederschlägt.

Einkristallzüchtung: Mit dem Erscheinen der Halbleiterindustrie ist das Züchten von Einkristallen zu einer zentralen Technik bei der Herstellung von mikroelektronischen Schaltkreisen geworden. Prin-

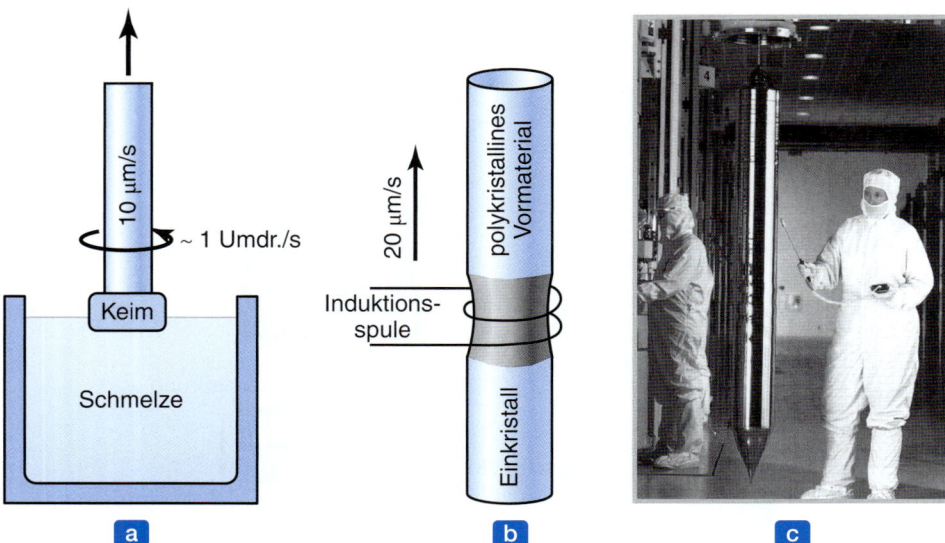

Abbildung 5.30: Zwei Methoden zur Herstellung von Einkristallen: (a) Ziehen von Kristallen (Czochralski-Verfahren) und (b) Zonenschmelzen. Einkristalle sind besonders wichtig in der Halbleiterindustrie. (c) Siliziumeinkristall, der mit dem Czochralski-Verfahren hergestellt wurde.

zipiell gibt es zwei Methoden für die Kristallzüchtung. Beim **Ziehen von Kristallen**, dem sogenannten *Czochralski-Verfahren* (▶ Abbildung 5.30a), wird ein Kristallkeim in die Schmelze eingetaucht und dann mit einer Geschwindigkeit von etwa 10 µm/s und einer Umdrehung pro Sekunde herausgezogen. Die Schmelze beginnt am Keim zu erstarren und die Kristallstruktur des Keims setzt sich durch das gesamte erstarrte Material fort. Um dem Produkt bestimmte elektrische Eigenschaften zu verleihen, setzt man der Schmelze Dotierungselemente (Legierungselemente) zu. Mit diesem Verfahren werden Einkristalle aus **Silizium**, **Germanium** und verschiedenen anderen Elementen gezüchtet. Die Erzeugung von Einkristallblöcken mit einem Durchmesser von 400 mm und einer Länge von mehr als 2 m ist möglich. In der Praxis setzt man bei der Herstellung von Siliziumwafern für integrierte Schaltungen (Kapitel 13) meist Einkristalle mit 200 oder 300 mm Durchmesser ein.

Die zweite Technik zum Züchten von Kristallen ist das **Zonenschmelzverfahren** (Abbildung 5.30b). Den Ausgangspunkt bildet ein Stab aus polykristallinem Silizium, der auf einem Einkristall ruht. Eine Induktionsspule heizt diese beiden Stücke auf, während sie langsam nach oben gezogen werden. Der Einkristall wächst nach oben und bewahrt dabei seine Orientierung. Für die Herstellung mikroelektronischer Bauteile werden dann dünne Wafer aus dem Stab geschnitten, gereinigt und poliert (siehe Kapitel 13). Aufgrund der begrenzten Durchmesser, die sich nach dieser Methode erreichen lassen, wurde für Silizium das Verfahren weitgehend durch das Czochralski-Verfahren verdrängt, ist aber immer noch für Durchmesser unter 150 mm gebräuchlich. Für die Herstellung von Einkristallen in kleinen Mengen stellt es ein kosteneffizientes Verfahren dar.

5.10.8 Schnellerstarrung

Bei dem in den 1960er Jahren entwickelten Verfahren der *Schnellerstarrung* wird die Schmelze mit Abkühlungsgeschwindigkeiten bis zu 10^6 K/s abgekühlt, wodurch das Metall nicht genügend Zeit hat zu kristallisieren. Diese Legierungen bezeichnet man auch als **amorphe Metalle** oder **metallische Gläser**, weil sie keine langreichweitige Kristallordnung besitzen (Abschnitt 3.2). In der Regel enthalten sie Eisen, Nickel und Chrom, die mit Kohlenstoff, Phosphor, Bor, Aluminium und Silizium legiert werden. Neben anderen Effekten kommt es bei der Schnellerstarrung zu einer erheblichen Erweiterung der Löslichkeit in festem Zustand, Kornfeinung und verringerter Mikroseigerung.

Amorphe Metalle zeichnen sich durch hervorragende Korrosionsbeständigkeit, gute Duktilität, hohe Festigkeit, sehr geringe magnetische Hystereseverluste, geringe Wirbelstromverluste und hohe Permeabilität aus. Die letzten drei Eigenschaften werden bei der Herstellung von Kernen für Transformatoren, Generatoren, Motoren, Lampenvorschaltgeräten, Magnetverstärkern und Linearbeschleunigern mit stark verbesserter Effizient genutzt. Eine weitere Hauptanwendung sind schnell erstarrte Superlegierungspulver, die in der Luftfahrtindustrie für endkonturnahe Fertigung eingesetzt werden. Amorphe Metalle werden in Draht-, Band-, Streifen- und Pulverform hergestellt. In einem als **Schmelzspinnen** bezeichneten Verfahren (▶ Abbildung 5.31) wird die Legierung (durch Induktion in einem Keramiktiegel) geschmolzen und unter hohem Gasdruck bei sehr hoher Geschwindigkeit gegen eine sich drehende Kupferscheibe (Abschreckrad) getrieben, wo sie äußerst schnell abkühlt. Neuerdings werden einige verschleißfeste amorphe Metalllegierungen unter dem Namen *Liquidmetal* und *Vitreloy* vertrieben. Es handelt sich dabei um Zirkonlegierungen mit Titan, Beryllium, Nickel, Kupfer und Aluminium. Obwohl es einige Anwendungen dieser Legierungen gibt (Unterhaltungselektronik, Sportartikel), ist zur Zeit ihr Einsatz als Strukturmaterial noch sehr beschränkt.

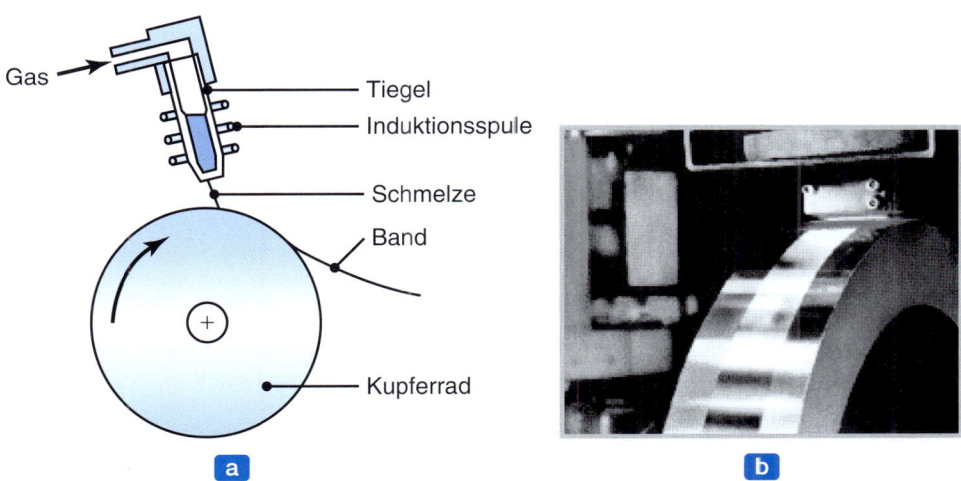

Abbildung 5.31: (a) Schmelzspinnanlage für die Herstellung von dünnen Bändern aus amorphen Metallen und (b) Verarbeitung eine Nickellegierung auf einer Schmelzspinnanlage.

5.10.9 Putzen, Endbearbeiten und Begutachten von Gussstücken

Nach der Erstarrung und dem Entfernen aus der Form durchlaufen Gussstücke im Allgemeinen mehrere zusätzliche Bearbeitungsschritte. Beim Sandguss wird das Gussstück aus seiner Form ausgeschüttelt (entformt), der Sand und die Oxidschichten, die an den Gussteilen haften, werden durch Vibration oder Sandstrahlen entfernt. Die Gussstücke lassen sich auch elektrochemisch oder durch Beizen mit Chemikalien putzen, um Oberflächenoxide zu entfernen, die sich negativ auf die Bearbeitbarkeit auswirken würden (Abschnitt 8.5). Zu den Endbearbeitungen für Gussstücke gehören Richten und Schmieden mit Gesenken sowie spanende Bearbeitung oder Schleifen, um die endgültigen Abmessungen zu erhalten.

Um die **Qualität** und eventuell vorhandene Defekte zu ermitteln, lassen sich Gussstücke nach verschiedenen Methoden begutachten. Oberflächendefekte von Gussstücken können visuell erkannt werden. Für die Untersuchung von Fehlern in den Randschichten und im Innenbereich kommen die zerstörungsfreien Techniken zur Anwendung, die in Abschnitt 4.8 beschrieben wurden. Proben werden aus verschiedenen Abschnitten eines Gussstücks entnommen und auf Festigkeit, Duktilität und andere mechanische Eigenschaften hin untersucht. Dabei lassen sich auch innere Defekte lokalisieren.

Um die **Dichtheit** von Gussbauteilen (wie zum Beispiel Ventilen, Pumpen und Röhren) zu bestimmen, dichtet man die Öffnungen im Gussstück ab, presst Wasser, Öl oder Luft ein und untersucht das Gussstück auf Lecks.

5.11 Entwurfsüberlegungen

Wie bei allen anderen technischen Vorgängen und Fertigungsabläufen haben sich im Lauf vieler Jahre bestimmte Richtlinien und Entwurfsprinzipien in Bezug auf das Gießen entwickelt. Obwohl diese Prinzipien hauptsächlich aus praktischen Erfahrungen gewonnen wurden, haben sich inzwischen analytische Methoden und computerunterstützte Entwurfs- und Fertigungstechniken (Anhang B) etabliert, wodurch sich Produktivität und Qualität der Gussstücke verbessern lassen. Vor allem aber lassen sich mit einem sorgfältigen Entwurf beträchtliche Kosteneinsparungen erzielen. Tabelle 5.7 gibt einige Vorteile und Beschränkungen für Gießverfahren an, die sich auf den Entwurf auswirken.

5.11.1 Fehler in Gussstücken

Je nach Gestaltung der Gussstücke und angewandten Verfahren können sich verschiedene Defekte in den Gussstücken entwickeln. Da häufig gleiche Defekte mit verschiedenen Namen beschrieben wurden, hat das International Committee of Foundry Technical Associations eine standardisierte Nomenklatur entwickelt, die aus sieben grundlegenden Kategorien von Gussdefekten besteht:

1. **Metallische Vorsprünge**, die aus Rippen, Graten oder rauen Oberflächen bestehen, sowie massive Vorsprünge wie zum Beispiel Schwellungen;
2. **Hohlräume**, die aus abgerundeten oder unebenen inneren oder nach außen sichtbaren hohlen Stellen bestehen, einschließlich Blasen, Poren und Lunker (siehe *Porosität* weiter unten und ▶ Abbildung 5.32);

Tabelle 5.7: Gießverfahren, ihre Vorteile und Beschränkungen

Gießverfahren	Vorteile	Beschränkungen
Sandguss	Nahezu jedes Metall kann vergossen werden, keine Beschränkung von Größe, Form oder Masse, niedrige Werkzeugkosten	Nachbearbeitung erforderlich, grobe Oberflächen, große Maßtoleranzen
Schalenguss	Hohe Maßgenauigkeit und Oberflächenqualität, hohe Produktivität	Beschränkung der Teilgröße, hohe Modell- und Maschinenkosten
Gießen mit verlorenen Formen	Nahezu alle Metalle können ohne Größenbeschränkung vergossen werden, komplizierte Gestalt möglich	Modelle haben geringe Festigkeit und sind bei kleinen Stückzahlen teuer
Gießen mit Gipsformen	Komplizierte Gestalt möglich, hohe Maßgenauigkeit und Oberflächenqualität, niedrige Porosität	Beschränkt auf Nichteisenmetalle, Größenbeschränkung, nur für Kleinserien, langwierige Formenherstellung
Gießen mit keramischen Formen	Komplizierte Gestalt möglich, hohe Maßgenauigkeit und Oberflächenqualität	Größenbeschränkung
Feinguss	Komplizierte Gestalt möglich, exzellente Maßgenauigkeit und Oberflächenqualität, nahezu jedes Metall kann vergossen werden	Größenbeschränkung, hohe Modell-, Formen- und Arbeitskosten
Gießen mit Dauerformen	Hohe Maßgenauigkeit und Oberflächenqualität, niedrige Porosität, große Stückzahlen	Hohe Formenkosten, begrenzt in Gestalt und Komplexität, ungeeignet für hochschmelzende Metalle
Druckguss	Exzellente Maßgenauigkeit und Oberflächenqualität, große Stückzahlen	Hohe Formenkosten, Größenbeschränkung, beschränkt auf Nichteisenmetalle, lange Vorlaufzeiten
Schleuderguss	Große axialsymmetrische Teile in guter Qualität, große Stückzahlen	Teure Ausrüstung, Beschränkung der Teilegestalt

3 **Unstetigkeiten** wie zum Beispiel Kalt- oder Heißrisse und Kaltstellen. Wenn das erstarrende Metall nicht ungehindert schrumpfen kann, treten Risse auf. Grobe Körner und die niedrigschmelzenden Anreicherungen entlang der Korngrenzen erhöhen die Neigung für Warmrisse. *Kaltsstellen* sind Grenzflächen in einem Gussstück, bei denen vollständige Verschmelzung fehlt, weil sich zwei Ströme von teilweise erstarrtem Metall getroffen haben;

4 **Fehlerhafte Oberflächen** wie zum Beispiel Oberflächenfaltungen, Überlappungen, Kerben, anhaftende Sand- und Oxidschichten;

5 **Unvollständiger Guss** wie etwa Fehlgüsse (infolge vorzeitiger Erstarrung), ungenügende Menge des vergossenen Materials, zu niedrige Temperatur der Schmelze oder zu langsam eingefülltes Metall sowie Auslaufen (infolge Metallverlust aus der Form nach dem Eingießen, wenn die Form durchbricht);

6 **Falsche Abmessungen oder Gestalt** aufgrund von Faktoren wie nicht ausreichende Schwindungszugabe, Fehler bei der Modellmontage, ungleichmäßige Kontraktion, deformierte Modelle oder verzogenes Gussstück;

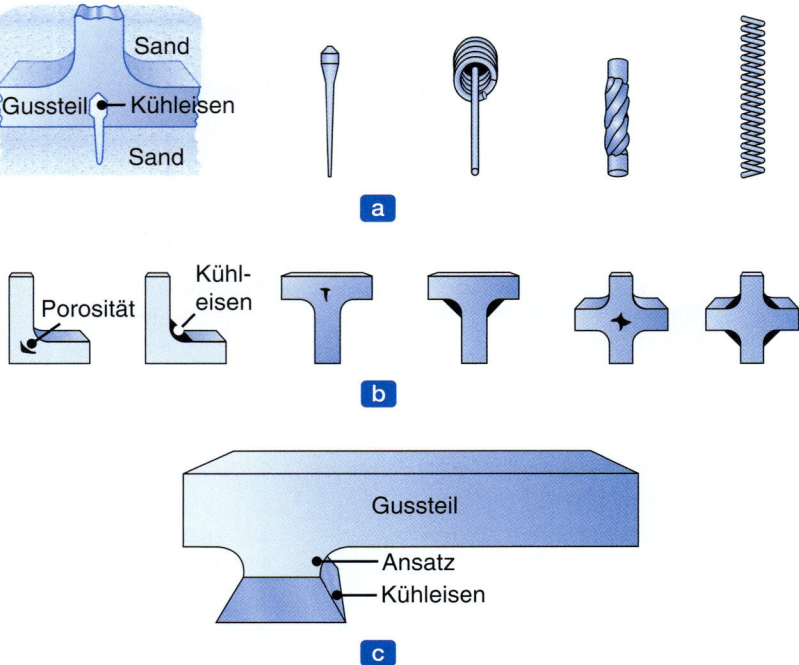

Abbildung 5.32: Verschiedene Arten von (a) internen und (b) externen Kühleisen (Abschreckplatten), die man in (b) in den Ecken der gezeigten Gussstücke erkennt (dunkel gefärbt), zur Verhinderung von Schwindungsporosität in Gussstücken. (c) Abschreckplatten platziert man immer in Bereichen mit Materialanhäufung.

7 **Einschlüsse**, die sich beim Schmelzen, während der Erstarrung und beim Formen bilden. Einschlüsse können entstehen (1) beim Schmelzen aufgrund der Reaktion des geschmolzenen Metalls mit der Umgebung (gewöhnlich Sauerstoff) oder dem Tiegelwerkstoff, (2) bei chemischen Reaktionen zwischen Komponenten im geschmolzenen Metall, (3) aufgrund von Schlacke und anderen Fremdmaterialien, die im geschmolzenen Metall eingefangen wurden, (4) als Ergebnis von Reaktionen zwischen dem Metall und dem Formenwerkstoff und (5) infolge Abplatzen von Formen- und Kernoberflächen. Alle diese Effekte weisen auf die Wichtigkeit hin, die Qualität der Schmelze sicherzustellen und fortwährend den Zustand der Formen zu überwachen.

Generell gelten nichtmetallische Einschlüsse als schädlich, da sie als Spannungskonzentratoren wirken und somit die Festigkeit des Gussstücks herabsetzen. Außerdem neigen zum Beispiel harte Einschlüsse in einem Gussstück dazu, Werkzeuge bei darauffolgenden Bearbeitungsvorgängen abzustumpfen oder zu brechen. Einschlüsse können während der Verarbeitung der Schmelze ausgefiltert werden.

Porosität ist nachteilig für die Duktilität eines Gussstücks und seine Oberflächengüte. Zudem wird das Gussstück durchlässig, was sich wiederum auf die Dichtheit eines gegossenen Druckbehälters auswirkt. In einem Gussstück kann Porosität durch *Schwindung* und/oder *eingeschlossene Gase* entstehen. Porosität infolge Schwindung lässt sich durch die Tatsache erklären, dass dünne Querschnitte in einem

Gussstück früher erstarren als dicke. Im Ergebnis kann geschmolzenes Metall oft nicht mehr in die dickeren Bereiche vordringen. Dies führt zu Porosität im dickeren Abschnitt, da das Metall sich zusammenziehen muss, daran aber durch die erstarrte Haut gehindert wird. **Mikroporosität** kann sich auch entwickeln, wenn das flüssige Metall zwischen Dendriten und zwischen Dendritenarmen (siehe Abbildung 5.8) erstarrt und schwindet.

Porosität infolge Schwindung lässt sich durch verschiedene Maßnahmen reduzieren oder beseitigen:

1. Interne oder externe **Abschreckplatten** (Kühleisen) werden typischerweise beim Sandguss verwendet (Abbildung 5.32), um die Erstarrungsgeschwindigkeit in dickeren Bereichen zu erhöhen. Interne Abschreckplatten bestehen normalerweise aus dem gleichen Werkstoff wie die Gussstücke; externe Abschreckplatten können aus dem gleichen Werkstoff oder aus Eisen, Kupfer oder Graphit hergestellt sein.

2. Die **Temperaturgradienten** werden steil gemacht, zum Beispiel mithilfe von Formenwerkstoffen mit hoher thermischer Leitfähigkeit.

3. Das Gussstück kann **heißisostatischem Pressen** (siehe Abschnitt 11.3.3) unterworfen werden. Diese Methode ist allerdings sehr teuer und wird hauptsächlich für kritische Komponenten wie zum Beispiel für Teile im Flugzeug- oder Rennmotorenbau eingesetzt.

Porosität aufgrund von Gasen lässt sich dadurch erklären, dass flüssige Metalle im Vergleich zu Festkörpern eine wesentlich größere Löslichkeit für Gase aufweisen (▶ Abbildung 5.33). Beim Erstarren eines Metalls werden die gelösten Gase aus dem Festkörper ausgetrieben, was zu Porosität führt. Gase können sich auch durch Reaktionen der Schmelze mit den Formenwerkstoffen bilden. Entweder sammeln sich die Gase in Bereichen vorhandener Porosität an, wie zum Beispiel in Zwischendendritenbereichen, oder sie verursachen **Mikroporosität** im Gussstück, was insbesondere in Gusseisen, Aluminium und Kupfer zu beobachten ist.

Gelöste Gase lassen sich aus der Schmelze durch Spülen oder Ausblasen mit einem Edelgas oder Schmelzen und Abgießen des Metalls im Vakuum entfernen. Handelt es sich beim gelösten Gas um Sauerstoff, kann die Schmelze **desoxidiert** (reduziert) werden. Stahl wird normalerweise mit Aluminium oder Silizium desoxidiert, kupferbasierte Legierungen mit einer Kupferlegierung, die 15 % Phosphor enthält.

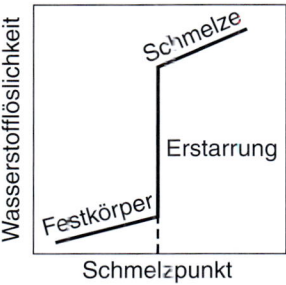

Abbildung 5.33: Löslichkeit von Wasserstoff in Aluminium. Bei der Erstarrung des Aluminiums nimmt dessen Löslichkeit für Wasserstoff drastisch ab.

Ob Mikroporosität ein Ergebnis von Schwindung ist oder durch Gase verursacht wird, lässt sich oft nur schwer feststellen. Bei kugelförmigen Poren mit glatten Wänden (ähnlich wie die glänzenden Oberflächen von Löchern in Schweizer Käse) stammt sie normalerweise von eingeschlossenen Gasen. Wenn die Wände rau und spitz sind, geht die Porosität wahrscheinlich auf Schwindung zwischen Dendriten zurück. Bei ganz grober Porosität oder **Makroporosität**, die durch Schwindung entsteht, spricht man von **Lunkern**.

5.11.2 Allgemeine Entwurfsüberlegungen

Beim Gießen sind zwei Arten von Entwurfsproblemen zu betrachten: (a) geometrische Merkmale, Toleranzen usw., die in das Teil eingebunden sein sollten, und (b) Merkmale der Form, die für die Herstellung des gewünschten Gussteils erforderlich sind. Bei einem robusten Entwurf von Gussteilen sind normalerweise folgende Schritte erforderlich:

1. Das Teil so gestalten, dass sich seine Gestalt leicht gießen lässt. Dieses Kapitel beschreibt an mehreren Stellen dazu wichtige Entwurfsüberlegungen;
2. Ein Gussverfahren und einen für das Teil, die Größe, die Maßhaltigkeit, die Oberflächentextur und die mechanischen Eigenschaften geeigneten Werkstoff auswählen;
3. Die Trennebene der Form oder des Gießgesenks festlegen;
4. Lage und Gestaltung des Anschnittsystems – einschließlich Speiser, Einguss und Steiger festlegen, um eine gleichmäßige Beschickung des Formenhohlraums mit geschmolzenem Metall zu ermöglichen;
5. Sicherstellen, dass zweckmäßige Kontrollmechanismen und bewährte Abläufe zur Verfügung stehen.

Entwurf der Gussteile: Die folgenden Überlegungen sind für den Entwurf von Gussstücken wichtig:

1. **Ecken, Winkel und Wandstärke:** Scharfe Ecken, Winkel und Kehlen sollten möglichst vermieden werden, da sie als Spannungskonzentratoren wirken und zu Rissen im erstarrenden Gussteil (wie auch der Formen/Gesenke) während der Erstarrung führen können. Die Kehlenradien sollten so gewählt werden, dass möglichst geringe Spannungskonzentrationen auftreten und die ordnungsgemäße Strömung des geschmolzenen Metalls beim Eingießen gewährleistet ist. Die Radien liegen gewöhnlich zwischen 3 und 25 mm, obwohl bei kleinen Gussstücken und speziellen Anwendungen auch kleinere Radien möglich sind. Wenn andererseits die Kehlenradien zu groß sind, ist das Materialvolumen in diesen Bereichen ebenfalls groß und die Abkühlungsrate folglich geringer.

   Unterschiedliche Wandstärken in Gussstücken sollten sanft ineinanderübergehen. Der Ort des größten Kreises, der sich in einen bestimmten Bereich einschreiben lässt, ist entscheidend für die Lunkerbildung (▶ Abbildungen 5.34b bis d). Da die Abkühlungsrate in Bereichen mit größeren Kreisen geringer ist, entstehen hier Hotspots, d. h., es kann zum Wärmestau kommen. Diese Bereiche können zu Lunkern und Porosität führen (Abbildungen 5.34c und d). Hohlräume und lokale Wärmestaus lassen sich durch Verwendung kleiner Kerne eliminieren. Durch einheitliche Querschnitte und Wanddicken im gesamten Gussstück kann man die Lunkerbildung minimieren. Obwohl sie die

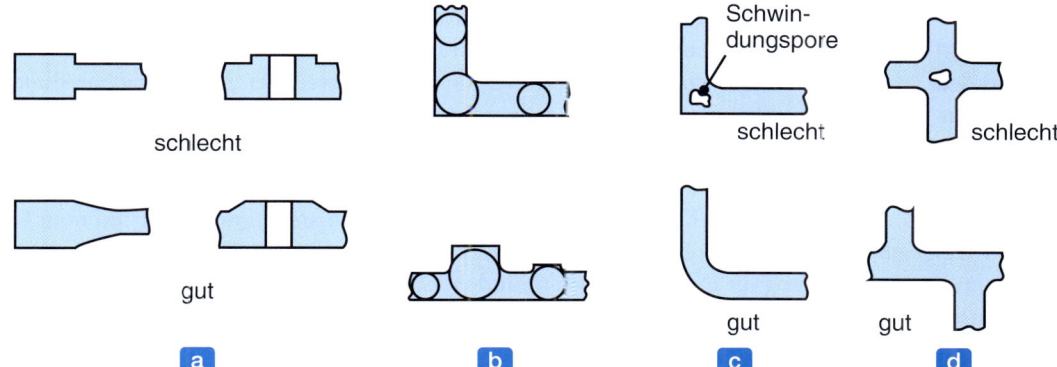

Abbildung 5.34: (a) Abänderung des Entwurfs, um Defekte im Gussstück zu vermeiden. Scharfe Ecken sind zu vermeiden, damit keine Spannungskonzentrationen auftreten. (b–d) Beispiele für Entwürfe, die die Bedeutung einer gleichmäßigen Wandstärke in Gussstücken aufzeigen, wodurch Hotspots und Schwindungsporosität vermieden werden können.

Produktionskosten erhöhen, können *Abschreckplatten* oder *Füllstoffe* lokale Wärmestaus minimieren oder beseitigen (siehe Abbildung 5.32).

2 **Flache Bereiche:** Große flache Bereiche (ebene Oberflächen) sollten vermieden werden, da sie sich beim Abkühlen verwerfen oder aufgrund von ungleichmäßigem Fluss des Metalls während der Einfüllphase eine schlechte Oberflächengüte verursachen. Zu den gebräuchlichen Techniken gehört es, flache Oberflächen durch gezackte Rippen und Sägezahnformen aufzubrechen.

3 **Schwindung:** Um Risse im Gussteil beim Abkühlen zu vermeiden, sollten Zugaben für die Schwindung in der Erstarrungsphase vorgesehen werden. In Gussteilen mit sich kreuzenden Rippen lassen sich die Zugspannungen durch gezackte Rippen oder durch Modifizieren der Kreuzungsgeometrie vermindern. Modellabmessungen sollten auch eine Schwindung des Metalls während der Erstarrung und Abkühlung berücksichtigen. Die sogenannte **Schwindungszugabe** beträgt typischerweise 10 bis 20 mm/m.

4 **Formschrägen:** Eine kleine Schräge (Formschräge) wird typischerweise in Sandformmodellen vorgesehen, um das Entfernen des Modells ohne Beschädigung der Form zu erlauben. Formschrägen reichen üblicherweise von 5 bis 15 mm/m. Abhängig von der Qualität des Modells liegen Freiwinkel gewöhnlich im Bereich zwischen 0,5 bis 2°. Die Freiwinkel an inneren Oberflächen sind typischerweise doppelt so groß wie die für äußere Oberflächen, weil das Gussstück nach innen gegen den Kern schwindet.

5 **Maßtoleranzen:** Toleranzen hängen vom konkreten Gussvorgang, der Größe des Gussstücks und der Art der verwendeten Form ab. Die Toleranzen sollten in den Grenzen einer guten Teilefunktion möglichst breit sein, da sonst die Kosten des Gussstücks zu groß werden. In der Praxis liegen die Maßtoleranzen gewöhnlich im Bereich von $\pm 0{,}8$ mm für kleine Gussstücke und können bis zu ± 6 mm bei großen Gussstücken betragen.

6 **Beschriftungen und Markierungen:** Es ist übliche Praxis, eine Art von Kennzeichnung in Gussteile einzubinden, beispielsweise Beschriftungen, Zahlen oder Firmenlogos. Diese Merkmale können Eindrücke auf der Oberfläche des Gussstücks sein oder von der Oberfläche hervorstehen. Zum Bei-

spiel wird beim Sandguss eine Modellplatte durch maschinelle Bearbeitung auf einer CNC-Anlage (Abschnitt 8.10) hergestellt und es ist einfacher, die Beschriftung in die Modelloberfläche einzuarbeiten, was zu versenkten Buchstaben führt. Beim Druckguss andererseits ist es einfacher, Buchstaben in das Gesenk einzuarbeiten, was zu erhabenen Buchstaben führt.

7 **Endbearbeitung:** Es ist wichtig, die oftmals notwendigen nachfolgenden Bearbeitungs- und Endbearbeitungsarbeitsgänge zu berücksichtigen. Wenn zum Beispiel ein Loch in ein Gussteil gebohrt werden muss, ist es besser, das Loch auf einer flachen Oberfläche als auf einer gekrümmten Oberfläche vorzusehen (damit der Bohrer nicht verläuft). Ein noch besserer Entwurf würde eine kleine Vertiefung als Zentrierung für Bohrvorgänge einbinden. Gussstücke sollten auch Merkmale aufweisen, durch die sie sich für die Endbearbeitung leicht auf Werkzeugmaschinen spannen lassen.

Auswahl des Gießverfahrens: Tabelle 5.7 gibt Attribute für Gießverfahren an, die bei der Auswahl eines Verfahrens helfen. Wie überall in diesem Buch erwähnt, lässt sich die Auswahl eines Verfahrens nicht von wirtschaftlichen Betrachtungen lösen. Für das Gießen wird dieser Aspekt in Abschnitt 5.12 diskutiert.

Lage der Trennfuge (Trennebene): Die Lage der Trennfuge bzw. -ebene ist wichtig und wirkt sich auf den Formenentwurf, leichtes Einformen, Anzahl und Gestaltung der erforderlichen Kerne, Supportmethode und Anschnittsystem aus. Ein Gussstück sollte in einer Form so ausgerichtet sein, dass sein größerer Teil relativ niedrig liegt und dass die Höhe des Gussstücks minimiert wird. Die Orientierung des Gussstücks bestimmt auch die Verteilung der Porosität, da sich zum Beispiel beim Gießen von Aluminium Porosität bilden und (durch den Auftrieb) nach oben wandern kann, wodurch die Porosität in den oberen Regionen des Gussstücks höher sein wird. Somit sollten kritische Oberflächen so orientiert sein, dass sie nach unten zeigen.

Für ein ordnungsgemäß orientiertes Teil lässt sich dann die Trennfuge festlegen (siehe Abbildung 5.10). Im Allgemeinen sollte die Trennfuge (a) entlang einer flachen ebenen Fläche verlaufen und nicht profiliert sein, (b) an den Ecken oder Rändern des Gussteils und nicht auf ebenen Oberflächen in der Mitte des Gussstücks liegen, sodass der *Grat* an der Trennfuge (das zwischen den beiden Formhälften herausquellende Material) nicht sichtbar ist, (c) so niedrig wie möglich relativ zum Gussstück bei Metallen mit geringerer Dichte wie zum Beispiel Aluminiumlegierungen und etwa in der halben Höhe bei dichteren Metallen wie zum Beispiel Eisen verlaufen. Typisch für den Sandguss ist, dass Läufe, Anschnitte und Eingusskanal im Unterkasten auf der Trennfuge angeordnet werden.

Entwurf und Lage von Anschnittsystemen: Anschnittsysteme sind die Verbindungen zwischen den Läufen und dem zu gießenden Teil. Für den Entwurf von Anschnittsystemen gelten unter anderem folgende Prinzipien:

1 Mehrere Anschnitte sind oftmals vorzuziehen und bei großen Teilen notwendig. Die Eingusstemperatur kann dadurch niedriger sein und die Temperaturgradienten im Gussteil werden reduziert.

2 Anschnitte sollten in dicke Bereiche des Gussteils einspeisen.

3 Eine Kehle sollte verwendet werden, wenn ein Anschnitt auf ein Gussteil trifft. Dadurch entsteht weniger Turbulenz als bei abrupten Übergängen.

4 Der am nächsten zum Eingusstrichter liegende Anschnitt sollte genügend weit vom Trichter entfernt sein, damit er sich leicht entfernen lässt. Dieser Abstand kann bei kleinen Gussstücken nur wenige Millimeter betragen und bis zu 500 mm bei großen Teilen reichen.

5 Die minimale Anschnittlänge sollte je nach dem zu gießenden Metall das Drei- bis Fünffache des Anschnittdurchmessers betragen. Ihr Querschnitt sollte ausreichend groß sein, um das Füllen des Formenhohlraums zu ermöglichen, und kleiner sein als der Querschnitt des Laufs.

6 Gebogene Anschnitte sollten vermieden werden. Sind sie dennoch notwendig, sollte unmittelbar an das Gussstück ein gerader Abschnitt angrenzen.

Gestaltung der Läufe: Der Lauf ist ein horizontaler Kanal, der das geschmolzene Metall vom Eingusskanal erhält und es an die Anschnitte weiterführt. Für einfache Teile wird ein einzelner Lauf verwendet, doch für komplizierte Gussstücke lassen sich auch zweiläufige Systeme konzipieren. Läufe werden auch verwendet, um Schlacke daran zu hindern, in die Anschnitte und den Formenhohlraum einzudringen. Üblicherweise werden Schlackeabscheider an den Enden von Läufen platziert. Der Lauf soll über die Anschnitte ragen, um sicherzustellen, dass das Metall in den Anschnitten von unterhalb der Oberfläche der Schmelze abgezogen wird.

Entwurf weiterer Formenmerkmale: Das Ziel beim Entwurf eines *Eingusskanals* (beschrieben in Abschnitt 5.4.1) besteht vor allem darin, die erforderlichen Einfüllmengen zu erreichen und dabei Ansaugen von Luft oder übermäßige Schlackebildung zu verhindern. Fließraten werden so bestimmt, dass Turbulenz vermieden, die Form aber im Vergleich zur erforderlichen Erstarrungszeit schnell gefüllt wird. Mit einem *Eingusstrichter* lässt sich gewährleisten, dass der Schmelzefluss in den Eingusskanal nicht unterbrochen wird. Zudem sorgt die im Eingusstrichter vorhandene Schmelze dafür, dass die Schlacke während des Einfüllvorgangs auf der Schmelze schwimmt und nicht in den Formenhohlraum gelangt. Mit *Filtern* werden große Verunreinigungen zurückgehalten. Außerdem sind Filter geeignet, die Geschwindigkeit des Metalls zu verringern und Strömung laminarer zu machen. Mit *Abschreckplatten* ist es möglich, die Erstarrung des Metalls in einem bestimmten Bereich eines Gussteils zu beschleunigen.

Einrichten von bewährten Arbeitsmethoden: Es lässt sich festgestellen, dass ein bestimmter Formenentwurf akzeptable wie auch defekte Teile produzieren kann und nur selten ausschließlich gute Teile oder ausschließlich defekte Teile ergibt. Somit sind Prozeduren der Qualitätskontrolle erforderlich, um auf fehlerhafte Gussstücke zu prüfen. Allgemein ist dabei auf folgende Punkte zu achten:

1 Die Produktion guter Gussstücke beginnt mit einer hochqualitativen Schmelze. Einfülltemperatur, Zusammensetzung der Schmelze, Gaseinschlüsse und Behandlungsprozeduren können die Qualität des in eine Form einzufüllenden Metalls beeinflussen.

2 Das Eingießen des Metalls sollte nicht unterbrochen werden, da dadurch Schlackeneinschlüsse und Verwirbelungen entstehen können. Der Gießspiegel des geschmolzenen Metalls im Formenhohlraum sollte kontinuierlich, nicht unterbrochen nach oben steigen.

3 Variierende Abkühlungsraten innerhalb des Gussstücks können Eigenspannungen hervorrufen. In kritischen Anwendungen kann deshalb eine Entspannungsglühung (Abschnitt 3.12) notwendig sein, um Verwerfungen der Gussstücke zu vermeiden.

5.11.3 Entwurfsprinzipien beim Gießen mit verlorenen Formen

Beim Gießen mit verlorenen Formen gibt es bestimmte Entwurfsüberlegungen, die hauptsächlich dem Formenwerkstoff, der Teilegröße und dem Gießverfahren zuzurechnen sind. Wichtige Entwurfsbetrachtungen sind folgende:

1 Formengestaltung: Die Elemente in der Form müssen logisch und kompakt platziert werden, einschließlich der Anschnitte (wenn erforderlich). Die Erstarrung beginnt an einem Ende der Form und setzt sich in einer einheitlichen Front über das Gussstück fort, wobei die Speiser zuletzt erstarren. Traditionell basiert die Formengestaltung auf Erfahrungswerten. Allerdings setzen sich immer mehr kommerzielle Computerprogramme durch (siehe Abschnitt 5.11.5). Basierend auf der Finite-Differenzen-Methode erlauben diese Techniken die Simulation für das Befüllen der Form und die schnelle Bewertung von Formenaufbauten.

2 Speiserentwurf: Wichtig beim Entwurf von Gussstücken ist die Größe und Anordnung von Speisern (siehe Abbildung 5.10). Mithilfe von Speisern lässt sich das Voranschreiten der Erstarrungsfront durch ein Gussteil entscheidend beeinflussen und sie sind ein wichtiges Element bei der oben beschriebenen Formengestaltung. Geschlossene Speiser sind zu bevorzugen, da sie die Wärme länger halten als offene Speiser. Für den Entwurf von Speisern gelten folgende fünf Grundregeln:

a. Das Metall im Speiser darf nicht erstarren, bevor das Gussteil erstarrt. Deshalb verzichtet man auf kleine Speiser und wählt zudem zylindrische Speiserformen mit kleinen Verhältnissen von Höhe zu Querschnitt. Am besten sind kugelförmige Speiser, mit denen allerdings schwierig zu arbeiten ist.

b. Das Speiservolumen muss groß genug sein, damit ausreichend flüssiges Metall vorhanden ist, um Schwindung im Gussteil zu kompensieren.

c. Verbindungen zwischen dem Gussteil und dem Speiser sollten keinen Wärmestau entwickeln, wo Schwindungsporosität auftreten kann.

d. Speiser müssen so angeordnet werden, dass flüssiges Metall an die Stellen geliefert werden kann, wo es am meisten benötigt wird.

e. Es muss ausreichend Druck vorhanden sein, um das flüssige Metall an die Orte in der Form zu treiben, wo es benötigt wird. Speiser sind demzufolge nicht so nützlich für Metalle mit geringer Dichte (wie zum Beispiel bei Aluminiumlegierungen) wie für Metalle mit hoher Dichte (wie Stahl und Gusseisen).

3 Bearbeitungszugabe: Da die meisten Gussstücke mit verlorenen Formen zusätzliche Endbearbeitungsschritte (wie zum Beispiel spanende Bearbeitung und Schleifen) erfordern, sollten hierfür entsprechende Zugaben im Gussentwurf eingeplant werden. Bearbeitungszugaben, die in die Modellabmessungen eingerechnet werden, hängen vom Typ des Gussteils ab und nehmen mit der Größe und der Wandstärke von Gussteilen zu. Normalerweise liegen die Zugaben bei 2 bis 5 mm für kleine Gussstücke und bis zu mehr als 25 mm für große Teile.

5.11.4 Entwurfsprinzipien beim Gießen mit Dauerformen

Typische Entwurfsrichtlinien und Beispiele für das Gießen mit Dauerformen sind schematisch in ▶ Abbildung 5.35 für Druckguss dargestellt. Die Querschnitte wurden verringert, um die Erstarrungszeit zu reduzieren und Material zu sparen. Außerdem sind spezielle Überlegungen beim Entwurf von Werkzeugen für Druckguss anzustellen. Obwohl sich der Entwurf modifizieren lässt, um die Formschräge für bessere Maßhaltigkeit zu eliminieren, ist gewöhnlich ein Freiwinkel von 0,5° oder wenigstens 0,25° erforderlich. Andernfalls kann Scheuern (örtliche Reibverschweißung oder Haften von Material) zwischen dem Teil und den Gießgesenken auftreten und zu Teileverzug führen.

Druckgussteile sind endkonturnah und erfordern typischerweise nur das Entfernen von Anschnitten und etwas Putzen, um ausgetretenes Material und andere kleinere Defekte zu entfernen. Druckgussteile weisen gute Oberflächengüte und Maßhaltigkeit auf (siehe Tabelle 5.2) und erfordern im Allgemeinen keine Bearbeitungszugabe.

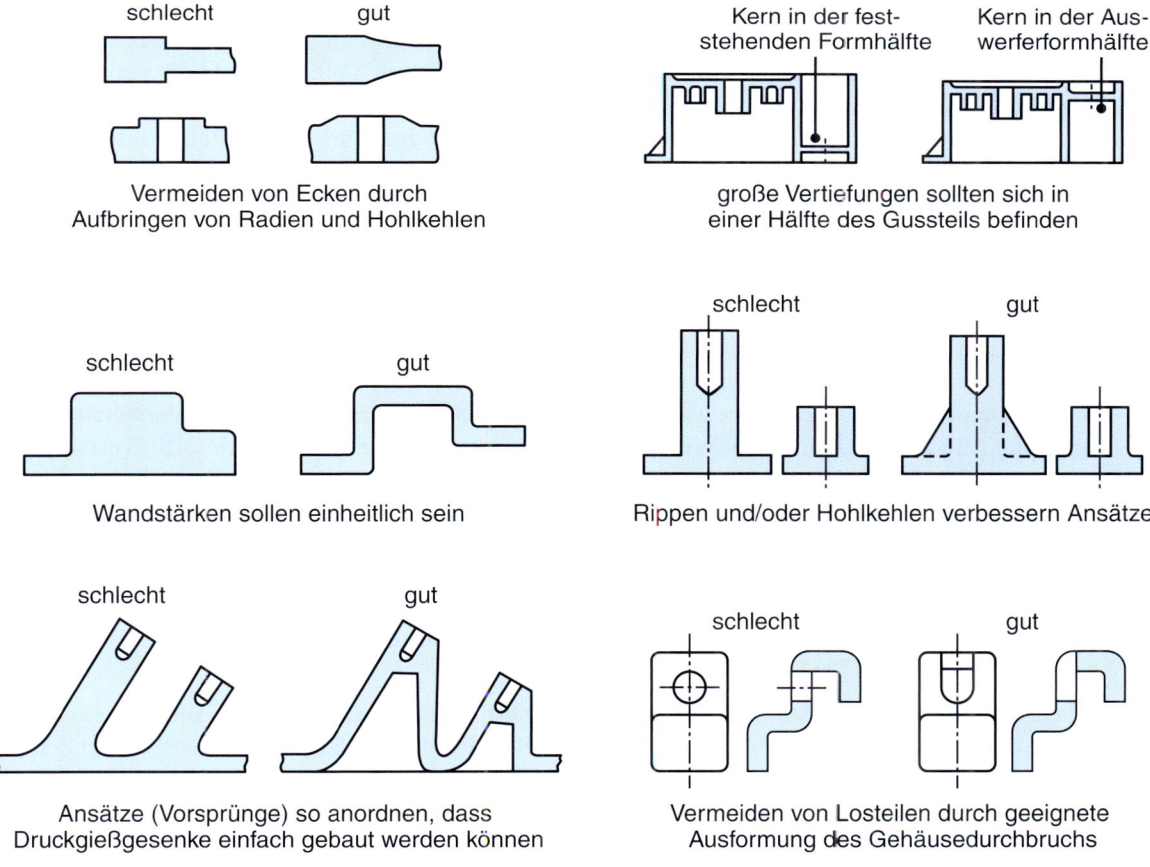

Abbildung 5.35: Entwurfsmodifikationen zur Vermeidung von Fehlern in Druckgussteilen.

5.11.5 Computersimulation von Gießprozessen

Da Gießvorgänge durch komplexe Interaktionen zwischen Material und Prozessvariablen gekennzeichnet sind, ist eine quantitative Untersuchung dieser Wechselwirkungen für den geeigneten Entwurf und die Produktion hochqualitativer Gussstücke wichtig. In der Vergangenheit haben derartige Untersuchungen erhebliche Schwierigkeiten bedeutet. Die Fortschritte in der Computertechnik und der Modellierung haben allerdings zu wichtigen Neuerungen im Hinblick auf die Modellierung verschiedener Aspekte beim Gießen geführt. Das betrifft unter anderem Flüssigkeitsströmungen, Wärmeübertragung und Mikrostrukturen, die sich während der Erstarrung und unter verschiedenen Gießprozessbedingungen entwickeln.

Die Modellierung von *Flüssigkeitsströmungen* basiert auf dem Gesetz von Bernoulli und der Kontinuitätsgleichung (Abschnitt 5.4). Damit lässt sich das Verhalten des Metalls beim Einfüllen in das Anschnittsystem und seine Strömung in den Formenhohlraum sowie die Geschwindigkeits- und Druckverteilungen im System vorhersagen. Große Fortschritte sind auch beim Modellieren der *Wärmeübertragung* beim Gießen zu verzeichnen. Diese Studien umfassen die Untersuchung der Kopplung von Strömungen und Wärmeübertragung und die Wirkungen von Oberflächenbeschaffenheit, thermischen Eigenschaften der beteiligten Werkstoffe und natürliche und erzwungene Konvektion beim Kühlen. Die Grenzflächeneigenschaften variieren während der Erstarrung, da sich eine Luftschicht zwischen dem Gussstück und der Formwand als Ergebnis der Schwindung bildet. Ähnliche Studien werden zur Modellierung der Entwicklung von *Mikrostrukturen* beim Gießen durchgeführt. Diese Studien umfassen den Wärmefluss, Temperaturgradienten, Keimbildung und Wachstum von Kristallen, Bildung von dendritischen und gleichachsigen Gefügen, Aufeinandertreffen von Körnern und Bewegung der Grenzfläche zwischen flüssigen und festen Anteilen während der Erstarrung.

Derartige Modelle sind heute in der Lage, zum Beispiel die Breite der breiartigen Zone (siehe Abbildung 5.6) während der Erstarrung und die Korngröße in Gussstücken vorherzusagen. Auch die Fähigkeit, Temperaturverteilungen zu berechnen, liefert Einblicke in die mögliche Ausbildung von Wärmestaus und die darauffolgende Entwicklung von Lunkern. Mit der Verfügbarkeit von benutzerfreundlichen Computern und Fortschritten im computerunterstützten Entwurf und in computerunterstützter Fertigung (siehe Anhang A) sind Modellierungstechniken immer leichter zu realisieren. Die Vorteile sind erhöhte Produktivität, verbesserte Qualität, erleichterte Planung und Kostenabschätzung sowie schnellere Reaktion auf Entwurfsänderungen. Für die Modellierung von Gießprozessen stehen heute verschiedene kommerzielle Softwareprogramme wie zum Beispiel Procast und Magmasoft zur Verfügung.

5.12 Wirtschaftliche Überlegungen beim Gießen

Bei der Untersuchung verschiedener Gießvorgänge wurde angemerkt, dass einige Verfahren aufwendiger sind als andere, bei manchen teure Gesenke und Vorrichtungen notwendig sind und manche viel Zeit bis zur Fertigstellung benötigen. Jeder dieser wichtigen Faktoren, die in Tabelle 5.2 zusammengefasst sind, beeinflusst die Gesamtkosten eines Gießvorgangs in unterschiedlichem Maße. Wie in Anhang B ausführlich beschrieben wird, fließen in die Gesamtkosten eines Produkts die Kosten für Material, Arbeit, Werkzeuge und Maschinen ein. Zu den Vorbereitungen für das Gießen eines Produkts gehören das Herstellen der Formen und Gesenke, die Werkstoffe, Maschinen, Zeit und Aufwand erfordern und zu den Kosten beitragen. Während beim Sandguss relativ geringe Kosten für die Formen entstehen, bestehen Druckgussgesenke aus teuren Werkstoffen und erfordern einen größeren Umfang an maschineller Bearbeitung und Vorbereitung. Einrichtungen mit Öfen und verwandter Ausrüstung sind ebenfalls für das Schmelzen und Einfüllen des geschmolzenen Metalls in die Formen oder Gesenke erforderlich und ihre Kosten hängen vom Grad der gewünschten Automatisierung ab. Schließlich entstehen auch Kosten beim Putzen und Begutachten der Gussstücke.

Der Umfang der erforderlichen Arbeiten bei Gießvorgängen kann beträchtlich variieren, je nach dem konkreten Prozess und dem Grad der Automatisierung. Zum Beispiel verlangt das Modellausschmelzverfahren viel Arbeitsaufwand aufgrund der großen Anzahl von Schritten, die bei diesem Vorgang anfallen. Umgekehrt können Operationen wie zum Beispiel hoch automatisierter Druckguss auch hohe Produktionsraten bei geringem Arbeitsaufwand gewährleisten.

Die Kosten der Ausrüstung pro Gussteil (**Stückkosten**) fallen mit zunehmender Anzahl der zu gießenden Teile (▶ Abbildung 5.36). Somit können nachhaltig hohe Produktionsraten die hohen Kosten von Gesenken und Maschinen rechtfertigen. Wenn jedoch der Bedarf relativ gering ist, steigen die Kosten pro Gussstück schnell an. Dann ist es ökonomischer, die Teile durch Sandguss oder andere Herstellungsverfahren zu fertigen. Abbildung 5.36 schließt auch andere Gießverfahren ein, die für die Herstellung desselben Teils geeignet sind. Die beiden Verfahren (Sand- und Druckguss) produzieren Gussstücke mit erheblich verschiedenen Abmessungs- und Oberflächengüteparametern. Somit sollten nicht alle Fertigungsentscheidungen allein auf wirtschaftlichen Betrachtungen fußen. In der Praxis lassen sich Teile normalerweise nicht nur durch einen oder zwei Prozesse herstellen (siehe zum Beispiel Abbildung 1.6). Somit hängt die endgültige Entscheidung sowohl von wirtschaftlichen als auch von technischen Bewertungen ab. Die Aspekte der Konkurrenzfähigkeit von Fertigungsverfahren werden in Anhang B ausführlicher diskutiert.

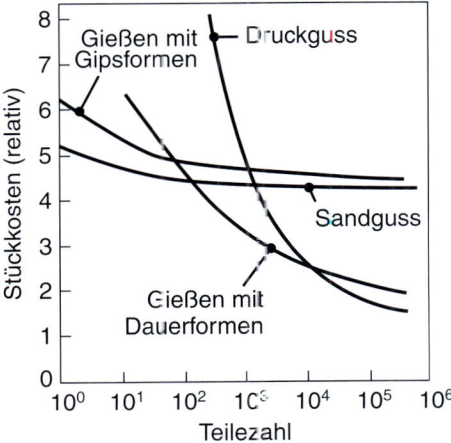

Abbildung 5.36: Stückkosten beim Gießen eines Teils mit verschiedenen Verfahren. Wegen der hohen Form- und Maschinenkosten ist Druckgießen erst ab einer hohen Stückzahl rentabel.

Fallstudie: Vollformguss von Motorblöcken und Zylinderköpfen

Zu den wichtigsten Teilen eines Verbrennungsmotors gehören Motorblock und Zylinderkopf. Beide sind im Betrieb erheblichen thermischen und mechanischen Belastungen ausgesetzt. Diese Beanspruchungen sowie die Notwendigkeit, hochqualitative, kostengünstige und leichtgewichtige Konzepte zu realisieren, und die wirtschaftlichen Vorteile, die sich durch das Gießen komplizierter Geometrien ergeben, erfordern innovative Fertigungskonzepte für diese Bauteile. In den USA hat Mercury Casting erkannt, dass der Vollformguss alle diese Anforderungen erfüllen kann, und errichtete eine Lost-Foam-Gießstraße für die Fertigung von Motorblöcken und Zylinderköpfen aus Aluminium für marine Anwendungen (▶ Abbildung 5.37).

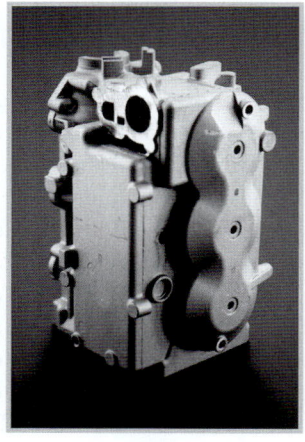 

a **b**

Abbildung 5.37: (a) Motorblock eines 45-kW-Dreizylindermotors, der im Vollformguss (Lost-Foam-Verfahren) hergestellt wurde. (b) Gießroboter, der flüssiges Aluminium in einen Formkasten füllt, welcher ein Polystyrolmodell enthält. Beim druckunterstützten Lost-Foam-Prozess wird nach dem Befüllen der Formkasten unter Druck gesetzt (etwa 1000 kPa).

Das Lost-Foam-Verfahren kann als Weiterentwicklung des Vollformgießens betrachtet werden, welches seit mehr als 50 Jahren industriell genutzt wird. Diese Gießtechnik wurde anfangs meist für die Einzelfertigung großer Gussstücke eingesetzt. In Deutschland fand das Verfahren 1975 erstmals Anwendung in der Serienfertigung. Heute wird die Fertigung von Gussteilen mit Schaumstoffmodellen, die in gebundenem Sand eingebettet sind, als Vollformguss bezeichnet. Wird jedoch binderloser Sand verwendet, spricht man vom Lost-Foam-Verfahren.

Die Bayerischen Motorenwerke (BMW Group) stellen seit vielen Jahrzehnten hochqualitative Automobile der Fahrzeugoberklasse her, die sich durch herausragende Niveaus von Fahrleistung, Komfort, Sicherheitsstandards und Fertigungsqualität auszeichnen und daher Weltruf genießen. Die BMW Group erkannte sehr früh die Möglichkeiten der Lost-Foam-Gießtechnik. Nach kurzer Entwicklungszeit erfolgte schon 1995 die Verfahrensfreigabe und die Serienproduktion. Als einziges Unternehmen in Europa fertigt BMW komplexe 6-Zylinder-Reihenzylinderköpfe und bestückt damit die Benzinmotoren der 3er-, 5er-, 6er- und 7er-Baureihen. Bisher wurden mit dieser Gießtechnik mehr als 1 Million Zylinderköpfe hergestellt.

Fallstudie: Vollformguss von Motorblöcken und Zylinderköpfen (Fortsetzung)

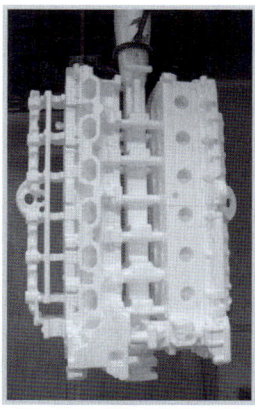
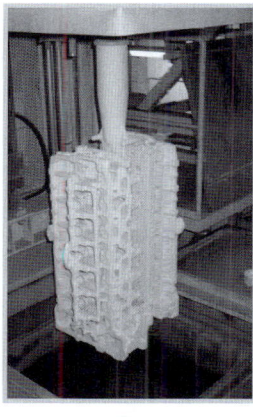

a   b   c

Abbildung 5.38: Einige Verfahrensschritte bei der Lost-Foam-Herstellung von Zylinderköpfen von BMW-Ottomotoren. (a) Modelltraube bestehend aus zwei Zylinderkopfmodellen und einem Angusssystem. (b) Die mit keramischer Schlichte versehene Modelltraube wird in den Gießbehälter abgesenkt und dort mit Quarzsand umgeben. Am rechten Bildrand des Teilbilds erkennt man einen sandbefüllten Gießbehälter und den aus dem Sand ragenden Oberteil des Angusssystems. (c) Die entformten Zylinderköpfe werden durch Sägen vom Angusssystem getrennt.

Die Fertigung der Zylinderköpfe erfolgt in mehreren Schritten. Der erste Schritt umfasst die Herstellung der Modelltraube. Dazu wird expandierbares Polystyrol (EP-S) durch Polymerisation (Kapitel 10) aus Granulat und eingeschlossenem Pentan (als Treibmittel) hergestellt. Das Rohmaterial wird in einem Autoklaven mittels Wasserdampf bei 120 °C geschäumt, getrocknet und in Silos zwischengelagert. Mit diesen EP-S-Perlen werden die Schäumformen mittels Druckluft befüllt und die einzelnen Konturscheiben geformt (siehe Abschnitt 10.12.1). Sechs Konturscheiben werden jeweils zu einem Zylinderkopf-Modell verklebt. Zwei dieser Modelle bilden zusammen mit einem Angusssystem eine Modelltraube (▶ Abbildung 5.38a), die danach mit einem wasserlöslichen, keramischen Schlichteüberzug auf Basis von Aluminium- und Siliziumoxiden mittels Tauchen versehen wird. Die geschlichteten Modelltrauben werden an entfeuchteter, erwärmter Luft getrocknet. Die Dicke des Schlichteüberzugs beträgt etwa 200 μm. Diese Dicke hat sich als optimal erwiesen, um der Modelltraube ausreichende Stabilität beim Gießen zu verleihen, die Abfuhr der flüssigen und gasförmigen Zersetzungsprodukte des Schaumkerns während des Abgusses zu gewährleisten sowie die Gießzeit und die Formfüllung zu steuern.

Im nächsten Schritt werden die Gießtrauben in den Gießbehälter eingehängt, dieser mit einem ungebundenen Quarzsand befüllt, welcher danach durch Rütteln verdichtet wird (Abbildung 5.38b). Der Quarzsand muss sehr fließfähig und gut verdichtbar sein und wird kontinuierlich hinsichtlich dieser Eigenschaften geprüft. BMW vergießt eine untereutektische Aluminiumlegierung mit 6 Masse-% Si und 4 Masse-% Cu. Die Schmelze wird von Flüssigmetalllieferanten angeliefert und vor dem Abguss sorgfältig gereinigt, um aus der Atmosphäre aufgenommene Gase auszutreiben. Zusätzlich dazu

Fallstudie: Vollformguss von Motorblöcken und Zylinderköpfen (Fortsetzung)

wird eine genau kontrollierte Menge an Strontium der Schmelze zugegeben, womit sich die Morphologie des eutektisch erstarrten Gefügeanteils einstellen lässt. Dieser als Veredelung bezeichnete Verfahrensschritt feint das Eutektium und verbessert die mechanischen Kennwerte (siehe Abschnitt 3.4.1).

Etwa 60 kg der anfänglich 770 °C heißen Schmelze werden benötigt, um zwei Gussformen in einer Gießsequenz zu befüllen. Ein Gießtrichter, der auf den Gießbehälter aufgesetzt wird, ermöglicht das direkte Einströmen der Schmelze in den Einguss der eingesandeten Modelltraube. Das EP-S-Modell wird durch Strahlungswärme der Schmelzefront kontinuierlich zersetzt, wodurch der Formenhohlraum freigegeben und mit Schmelze befüllt wird. Die Ableitung der Zersetzungsprodukte des EP-S-Modells erfolgt durch die Schlichte in den Quarzsand. Der gesamte Verfahrensablauf ist hocheffizient gestaltet. Alle 160 Sekunden erfolgt ein Abguss an einer der beiden Gießstationen, d. h., pro Zylinderkopf dauert der Gießvorgang lediglich 40 s. Die Vorgänge bei der Formbefüllung (Zersetzung des Modells, zeitliche Entwicklung der Schmelzefront, Temperaturverteilung in der Schmelze und im Festkörper) werden mit aufwendigen numerischen Gießsimulationen abgebildet. Dies erlaubt eine genaue Festlegung der Verfahrensparameter des Gießens.

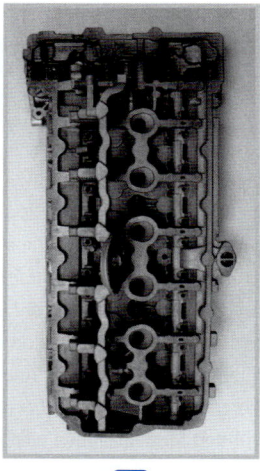 

Abbildung 5.39: Zylinderkopf der 6-Zylinder-BMW-Ottomotoren. (a) Zustand nach dem Gießen (geputzt), (b) spanend bearbeiteter und bestückter Zylinderkopf.

Nach einer Verweilzeit von 30 min im Sand wird die Gusstraube durch Kippen des Gießbehälters entformt, von den Sandresten und der Schlichte befreit und in einem Wasserbecken rasch auf Raumtemperatur abgekühlt, was zur Verbesserung der mechanischen Eigenschaften des Zylinderkopfes führt. Schließlich werden die beiden Zylinderköpfe vom Angusssystem getrennt (Abbildung 5.38c), mit einer Codierung versehen und zur Weiterbearbeitung abtransportiert. Die ▶ Abbildung 5.39 zeigt einen Zylinderkopf nach dem Gießen und Putzen bzw. einen fertig bearbeiteten und bestückten Zylinderkopf.

Fallstudie: Vollformguss von Motorblöcken und Zylinderköpfen (Fortsetzung)

Die Vorteile des Lost-Foam-Verfahrens gegenüber dem konventionellen Sandgießen sind:

- Fast uneingeschränkte geometrische Komplexität des Gussteils;
- Große Abbildungsgenauigkeit, hohe Konturschärfe und enge Maßtoleranz und dadurch geringe erforderliche Bearbeitungszugaben für die spanene Bearbeitung;
- Geringe erforderliche Mindestwandstärken, reduzierte Entformschrägen und hohe Oberflächenqualität;
- Keine Umweltbelastung durch organische Kernherstellung, umweltfreundliche Wiederverwendung des Formsandes und einfache Zusammenführung und Reinigung der Zersetzungsprodukte;
- Hohe Produktivität und geringe Gesamtkosten pro Gussstück.

Quelle: Mit freundlicher Genehmigung von Mercury Marine und BMW Group.

ZUSAMMENFASSUNG

- Das Gießen von Metallen zählt zu den ältesten und gebräuchlichsten Herstellungsverfahren. Das Erstarren von reinen Metallen findet bei einer klar definierten konstanten Temperatur statt, während Legierungen abhängig von ihrer Zusammensetzung über einem weiten Temperaturbereich erstarren. Phasendiagramme sind wichtig, um den bzw. die Erstarrungspunkt(e) für Metalle und Legierungen zu bestimmen (Abschnitte 5.1 und 5.2).
- Die Zusammensetzung und Abkühlungsgeschwindigkeit der Schmelze beeinflusst die Größe und Form der Körner und Dendriten im erstarrten Metall bzw. der Legierung und beeinflusst somit die Eigenschaften des Gussstücks (Abschnitt 5.3)
- Die meisten Metalle schrumpfen während der Erstarrung, Grauguss und einige andere Metalle dehnen sich dagegen aus. Der resultierende Verlust an Maßhaltigkeit und gelegentlich auftretende Risse sind Schwierigkeiten, die während der Erstarrung und Abkühlung auftreten können (Abschnitt 5.3).
- Beim Gießen kann das geschmolzene Metall oder die Legierung durch eine Vielfalt von Passagen fließen, einschließlich Einfülltrichter, Einfüllkanäle, Läufe, Speiser und Anschnittsysteme, bevor die Schmelze den Formenhohlraum erreicht. Das Gesetz von Bernoulli, die Kontinuitätsgleichungen und die Reynolds-Zahl sind die analytischen Instrumente, mit denen man ein geeignetes System entwirft und Defekte eliminiert, die mit der Flüssigkeitsströmung zusammenhängen. Der Wärmeübergang beeinflusst die Flüssigkeitsströmung und die Erstarrungszeit beim Gießen. Die Erstarrungszeit ist eine Funktion des Volumens und des Querschnitts eines Gussstücks (Chvorinov'sche Regel) (Abschnitt 5.4).

- Schmelzpraktiken wirken sich direkt auf die Qualität von Gussstücken aus. Zu den Faktoren, die das Schmelzen beeinflussen, gehören: (a) anorganische Verbindungen oder Flussmittel, die dem geschmolzenen Metall zugesetzt werden, um gelöste Gase und verschiedene Verunreinigungen zu entfernen, (b) der Typ des verwendeten Ofens und (c) Gießereivorgänge, zu denen Modell- und Formenbau, Eingießen der Schmelze, Entfernen der Gussteile aus den Formen, Putzen, Wärmebehandlung und Begutachtung gehören (Abschnitt 5.5).

- Es stehen mehrere Eisen- und Nichteisengusslegierungen mit einem breiten Spektrum von Eigenschaften, Gießcharakteristika und Anwendungen zur Verfügung. Da Gussstücke oftmals entworfen und produziert werden, um mit anderen mechanischen Komponenten und zu Strukturen zusammengebaut zu werden, sind verschiedene andere Betrachtungen wie zum Beispiel Schweißfähigkeit, Zerspanbarkeit und Oberflächenbeschaffenheit ebenfalls wichtig (Abschnitt 5.6).

- Das traditionelle Blockgussverfahren ist für viele Anwendungen größtenteils durch Stranggussmethoden sowohl für Eisen- als auch Nichteisenmetalle ersetzt worden (Abschnitt 5.7).

- Beim Gießen unterscheidet man Gießen mit verlorenen Formen und Gießen mit Dauerformen. Die gebräuchlichsten Methoden mit verlorenen Formen sind Sandguss, Schalenguss, Gießen mit Gipsformen und Keramikformen sowie Modellausschmelzverfahren. Zu den Methoden mit Dauerformen gehören Kippguss, Niederdruckguss und (Hoch-)Druckguss. Verglichen mit Dauerformgießen zeichnet sich Gießen mit verlorenen Formen normalerweise durch geringere Formen- und Ausrüstungskosten aus, wobei aber die Teile eine geringere Maßhaltigkeit haben (Abschnitte 5.8 bis 5.10).

- Allgemeine Prinzipien sind aufgestellt worden, um Entwicklern zu helfen, Gussstücke zu produzieren, die frei von Defekten sind und die Anforderungen hinsichtlich Maßhaltigkeit und Betriebsverhalten erfüllen. Aufgrund der großen Anzahl von einfließenden Variablen ist eine enge Kontrolle aller Parameter wichtig. Das gilt vor allem für solche Parameter, die sich auf den Schmelzefluss in die Formen und Gesenke beziehen sowie auf die Abkühlungsgeschwindigkeit in unterschiedlichen Bereichen der Gussstücke (Abschnitt 5.11).

- In den Grenzen guter Funktionsfähigkeit sind die wirtschaftlichen Aspekte von Gussstücken genauso wichtig wie die technischen Überlegungen. Zu den Faktoren, die die Gesamtkosten beeinflussen, gehören die Kosten von Werkstoffen, Formen, Gesenken, Ausrüstung und Arbeitsaufwand, wobei die einzelnen Faktoren je nach dem konkreten Gießvorgang variieren. Ein wichtiger Parameter sind die Kosten pro Gussstück, die gerade bei großen Produktionsserien die hohen Aufwendungen, die für automatisierte Maschinen und Vorgänge typisch sind, rechtfertigen können (Abschnitt 5.12).

Wichtige Gleichungen

Bernoulli'sche Gleichung: $\quad h + \dfrac{p}{\varrho g} + \dfrac{v^2}{2g} = \text{konst.}$

Form des Gießtrichter: $\quad \dfrac{A_1}{A_2} = \sqrt{\dfrac{h_2}{h_1}}$

Reynolds-Zahl: $\quad \text{Re} = \dfrac{vD\varrho}{\eta}$

Kontinuitätsgleichung: $\quad Q = A_1 v_1 = A_2 v_2$

Fließgeschwindigkeit der Metallschmelze nach dem Anschnitt: $\quad v = c\sqrt{2gh}$

Chvorinov'sche Regel: $\quad \text{Erstarrungszeit} = C \left(\dfrac{\text{Volumen}}{\text{Oberfläche}} \right)^n$

Verständnisfragen

5.1 Beschreiben Sie die Eigenschaften (1) einer Legierung, (2) von Perlit, (3) von Austenit, (4) von Martensit und (5) von Zementit.

5.2 Welche Wirkungen haben Formenwerkstoffe auf die Strömung der Schmelze und die Wärmeübertragung bei Gießvorgängen?

5.3 Wie wirkt sich die Form von Graphit in Gusseisen auf dessen Eigenschaften aus?

5.4 Erläutern Sie den Unterschied zwischen kurzen und langen Erstarrungsbereichen. Wie werden sie bestimmt? Warum sind sie wichtig?

5.5 Bekanntermaßen hat das Eingießen von geschmolzenem Metall mit hoher Geschwindigkeit in eine Form bestimmte Nachteile. Gibt es auch Nachteile, wenn die Schmelze langsam eingefüllt wird? Erläutern Sie Ihre Antwort.

5.6 Warum wirkt sich Porosität ungünstig auf die mechanischen Eigenschaften von Gussstücken aus? Welche physikalischen Eigenschaften werden ebenfalls durch Porosität negativ beeinflusst?

5.7 Ein Handrad mit Speichen wird in Grauguss gegossen. Würden Sie die Speichen thermisch isolieren (damit sie langsam abkühlen) oder abschrecken, um Heißrisse der Speichen zu vermeiden? Erläutern Sie Ihre Antwort.

5.8 Welche der folgenden Punkte sind für die ordnungsgemäße Funktion eines Speisers wichtig? (1) Seine Oberfläche muss größer sein als die des zu gießenden Teils. (2) Er muss offen für atmosphärischen Druck bleiben. (3) Die Schmelze im Speiser muss zuerst erstarren. Erläutern Sie Ihre Antwort.

5.9 Erläutern Sie, warum die Konstante C in Gleichung (5.9) vom Formenwerkstoff, den Eigenschaften des erstarrenden Metalls und der Temperatur abhängig ist.

5.10 Erläutern Sie, warum sich Grauguss beim Erstarren nicht zusammenzieht, sondern ausdehnt.

5.11 Woran erkennen Sie, ob ein Hohlraum in einem Gussstück auf Porosität oder Schwindung zurückzuführen ist?

5.12 Erläutern Sie die Gründe für Heißrisse in Gussstücken.

5.13 Ist mit Problemen zu rechnen, wenn ein Teil einer internen Abschreckplatte (eines Kühleisens) im Gussstück zurückbleibt? Aus welchen Werkstoffen sollten Kühleisen bestehen? Begründen Sie Ihre Wahl.

5.14 Sind externe Abschreckplatten genauso wirksam wie interne? Erläutern Sie Ihre Antwort.

5.15 Kann frühe Bildung von Dendriten in einer Form die Strömung der Schmelze in die Form behindern? Erläutern Sie Ihre Antwort.

5.16 Gibt es einen Unterschied in der Neigung zur Bildung von Schrumpfporosität für Metalle mit kurzen bzw. langen Erstarrungsbereichen? Erläutern Sie Ihre Antwort.

5.17 Gießern ist schon länger bekannt, dass sich bei niedrigen Eingusstemperaturen (d. h. geringer Überhitzung) bevorzugt gleichachsige Körner statt Stengelkristalle bilden. Außerdem werden gleichachsige Körner feiner, wenn die Eingusstemperaturen geringer sind. Erklären Sie die Gründe für diese Phänomene.

5.18 Was sind die Gründe für die große Vielfalt von Gießverfahren, die sich im Lauf der Jahre entwickelt haben?

5.19 Warum können geschlossene Speiser kleiner sein als oben offene Speiser?

5.20 Würden Sie das Vorheizen der Formen beim Gießen mit Dauerformen empfehlen? Würden Sie das Gussstück entnehmen, unmittelbar nachdem es erstarrt ist? Erläutern Sie Ihre Antwort.

5.21 Welche Faktoren bestimmen beim Sandguss den Zeitpunkt, zu dem Sie das Gussteil aus der Form entfernen würden?

5.22 Erläutern Sie, warum das Verhältnis von Festigkeit zu Gewicht bei Druckgussteilen größer wird, wenn die Wanddicke abnimmt.

5.23 Es wurde festgestellt, dass die Duktilität bestimmter Gusslegierungen sehr gering ist (siehe Abbildung 5.13). Spielt dies in technischen Anwendungen von Gussstücken eine entscheidende Rolle? Erläutern Sie Ihre Antwort.

5.24 Der Elastizitätsmodul von Grauguss ist erheblich von der Ausbildung des Graphits abhängig. Erläutern Sie, warum.

5.25 Nennen und erläutern Sie die Betrachtungen, die in die Auswahl von Modellwerkstoffen einfließen.

5.26 Warum ist das Modellausschmelzverfahren geeignet, feine Oberflächendetails auf Gussstücken zu produzieren?

5.27 Erläutern Sie, warum ein Gussstück eine gegenüber dem zur Herstellung der Form verwendeten Modell eine leicht abweichende Gestalt haben kann.

5.28 Erläutern Sie, warum mechanische Eigenschaften, Maßhaltigkeit und Oberflächengüte bei Teilen, die durch Pressgießen hergestellt werden, besser sind als bei Verfahren mit verlorenen Formen.

5.29 Warum ist Stahl schwieriger zu gießen als Gusseisen?

5.30 Was empfehlen Sie, um die Oberflächengüte beim Gießen mit verlorenen Formen zu verbessern?

5.31 Wie gezeigt wurde, können mit (Hoch-)Druckguss dünne Teile hergestellt werden, doch es gibt eine Grenze für die minimale Dicke. Warum lassen sich nicht noch dünnere Teile nach diesem Verfahren produzieren?

5.32 Welche Unterschiede erwarten Sie für die Eigenschaften von Gussstücken, die durch Gießen mit Dauerformen und Sandgussverfahren hergestellt werden?

5.33 Welche Gießverfahren sind geeignet, um kleine Spielzeuge in großen Stückzahlen herzustellen? Erläutern Sie Ihre Antwort.

Verständnisfragen

5.34 Warum werden bei der Modellherstellung Zugaben vorgesehen? Wovon hängen diese ab?

5.35 Erläutern Sie die Unterschiede in der Bedeutung der Formschrägen für das Grünsandgießen und das Gießen mit Dauerformen.

5.36 Erstellen Sie eine Liste der Formen- und Gesenkwerkstoffe für die in diesem Kapitel beschriebenen Gießverfahren. Geben Sie für jeden Werkstofftyp die verwendeten Gießverfahren an und erläutern Sie, warum diese Prozesse für den jeweiligen Formen- bzw. Gesenkwerkstoff geeignet sind.

5.37 Was versteht man unter stabiler und metastabiler Erstarrung von Eisen-Kohlenstofflegierungen?

5.38 Beschreiben Sie die technische Bedeutung eines eutektischen Punkts in Phasendiagrammen.

5.39 Wieso führt die Zugabe von Magnesium oder Cer zur Ausbildung des kugelförmigen Graphits in Gusseisen?

5.40 Erläutern Sie, warum es wünschenswert oder notwendig sein kann, Gussstücke verschiedenen Wärmebehandlungen zu unterziehen.

5.41 Diskutieren sie die Unterschiede zwischen Gusseisen mit Lamellen-, Kugel- und Vermikulargraphit.

5.42 *Letternmetall* ist eine Wismutlegierung, die beim Gießen von Lettern zum Drucken verwendet wird. Erläutern Sie, warum Wismut für dieses Verfahren ideal geeignet ist.

5.43 Erwarten Sie für einen Werkstoff mit einer krz- oder mit einer kfz-Kristallstruktur eine stärke Schwindung beim Erstarren? Erläutern Sie Ihre Antwort.

5.44 Beschreiben Sie die Nachteile, die ein (a) zu großer und (b) zu kleiner Speiser mit sich bringt.

5.45 Würden Sie für eine Beschriftung auf einem Sandgussstück die Buchstaben aus der Oberfläche hervorstehend oder in die Oberfläche eingelassen gestalten? Wie sieht es aus, wenn das Teil nach dem Modellausschmelzverfahren hergestellt wird?

5.46 Nennen und erläutern Sie kurz die drei Mechanismen, durch die Metalle beim Gießen schrumpfen.

5.47 Erläutern Sie die Bedeutung der Modelltraube beim Modellausschmelzverfahren.

5.48 Skizzieren Sie die Mikrostruktur, die Sie für eine durch (a) Strangguss, (b) Bandguss und (c) Schmelzspinnen gegossene Bramme erwarten.

5.49 Entsprechend den allgemeinen Entwurfsempfehlungen für einen Schacht beim Sandgießen soll (a) der Durchmesser doppelt so groß wie der Auslassdurchmesser des Eingusstrichters sein und (b) die Tiefe ungefähr das Doppelte des Laufs betragen. Erläutern Sie die Konsequenzen, wenn von diesen Regeln abgewichen wird.

5.50 Beschreiben Sie die Verfahrenseigenschaften von Thixo- und Rheogießen.

5.51 Skizzieren Sie das Temperaturprofil, das Sie für (a) Strangguss eines Barrens, (b) Sandguss eines Würfels und (c) Schleuderguss einer Röhre erwarten.

5.52 Welche Vor- und Nachteile hat eine Eingusstemperatur, die wesentlich höher als die Schmelztemperatur des Metalls ist? Welche Vor- und Nachteile hat eine Eingusstemperatur, die nahe der Schmelztemperatur bleibt?

5.53 Welche Vor- und Nachteile hat das Erwärmen der Form beim Modellausschmelzverfahren vor dem Eingießen des geschmolzenen Metalls?

5.54 Kann ein Kernnagel ebenfalls als Abschreckplatte fungieren? Erläutern Sie Ihre Antwort.

5.55 Bewerten Sie die in diesem Kapitel beschriebenen Gießverfahren nach ihrer Erstarrungsgeschwindigkeit. Zum Beispiel: Welche Verfahren extrahieren die Wärme aus einem bestimmten Metallvolumen am schnellsten und welche am langsamsten?

5.56 Die schweren Bereiche von Teilen werden beim Sandgießen normalerweise im Unterkasten und nicht im Oberkasten platziert. Erläutern Sie, warum.

Rechenaufgaben

5.57 Schätzen Sie anhand von Abbildung 5.3 die folgenden Größen für eine Legierung aus 20 % Cu und 80 % Ni ab: (1) Liquidustemperatur, (2) Solidustemperatur, (3) Prozentanteil von Nickel in der flüssigen Phase bei 1400 °C, (4) die Anteile der vorliegenden Phasen bei 1400 °C und (5) Verhältnis von fester zu flüssiger Phase bei 1400 °C.

5.58 Ermitteln Sie die Anteile der γ- und der α-Phase (siehe Abbildung 5.4b) in einem 10 kg schweren Gussstück aus dem Stahl C60, wenn dieses auf die folgenden Temperaturen abgekühlt wird: (1) 750 °C, (2) 724 °C und (3) 722 °C.

5.59 Ein rundes Gussstück hat einen Durchmesser von 0,3 m und ist 0,5 m lang. Ein anderes Gussstück aus dem gleichen Metall besitzt einen elliptischen Querschnitt, wobei das Verhältnis von Haupt- zu Nebenachse 3:1 beträgt. Länge und Querschnittsfläche entsprechen dem runden Gussstück. Beide Teile werden unter den gleichen Bedingungen gegossen. Wie unterscheiden sich die Erstarrungszeiten der beiden Gussstücke?

5.60 Leiten Sie Gleichung (5.7) her.

5.61 Zwei Hälften einer Form (Ober- und Unterkasten) werden mit Gewichten belastet, damit sich die Formenhälften nicht trennen, wenn durch die eingefüllte Schmelze Druck ausgeübt wird (Auftrieb). Nehmen Sie als Beispiel eine feste Kugel aus Stahlguss mit einem Durchmesser von 23 cm Durchmesser, die durch Sandguss hergestellt wird. Jeder Formkasten (siehe Abbildung 5.10) ist 50 cm breit, 50 cm lang und 40 cm tief. Die Trennfuge verläuft in der Mitte des Teils. Berechnen Sie die erforderliche Klemmkraft. Nehmen Sie für die Schmelze eine Dichte von $8000 \, \text{kg/m}^3$ und für den Sand von $1600 \, \text{kg/m}^3$ an.

5.62 Wirkt sich die Lage der Trennfuge in Aufgabe 5.61 auf das Ergebnis aus? Erläutern Sie Ihre Antwort.

5.63 Tragen Sie die Klemmkraft in Aufgabe 5.61 als Funktion des Gussstückdurchmessers für den Bereich von 25 bis 50 cm auf.

5.64 Stellen Sie in einem Diagramm das spezifische Volumen über der Temperatur für ein Metall dar, das beim Abkühlen vom flüssigen Zustand auf Raumtemperatur schrumpft. Markieren Sie im Diagramm den Bereich, in dem die Schwindung durch Speiser kompensiert wird.

5.65 Ein rundes Gussstück hat die gleichen Abmessungen wie in Aufgabe 5.59. Ein anderes Gussstück aus dem gleichen Metall weist einen rechteckigen Querschnitt auf, wobei das Verhältnis von Breite zu Dicke 3 : 1 beträgt. Länge und Querschnittsfläche entsprechen dem runden Gussstück. Beide Teile werden unter den gleichen Bedingungen gegossen. Wie unterscheiden sich die Erstarrungszeiten der beiden Gussstücke?

5.66 Eine 75 mm dicke quadratische Platte und ein Zylinder mit einem Radius von 100 mm und einer Höhe von 50 mm haben das gleiche Volumen. Für das Gießen der beiden Teile wird ein zylindrischer Speiser verwendet. Ist für jedes Teil die gleiche Speisergröße erforderlich, um ein ordnungsgemäßes Nachgießen von Schmelze zu gewährleisten? Erläutern Sie Ihre Antwort.

5.67 Nehmen Sie einen runden Eingusstrichter mit einem oberen Durchmesser von 10 cm und einer Höhe von 30 cm über dem Lauf an. Tragen Sie basierend auf Gleichung (5.7) das Profil des Eingussdurchmessers als Funktion der Trichterhöhe auf. Am Fuß soll der Eingusstrichter einen Durchmesser von 2,5 cm haben.

5.68 Schätzen Sie die Klemmkraft für eine Druckgießmaschine ab, in der das Gussstück rechteckig ist und projizierte Abmessungen von 75 mm × 150 mm hat. Hängt das Ergebnis davon ab, ob es sich um ein Warmkammer- oder Kaltkammerverfahren handelt? Erläutern Sie Ihre Antwort.

5.69 Beim Entwurf von Modellen verwendet der Modellbauer spezielle Lineale, um automatisch feste Schwindungszugaben in der Konstruktion zu berücksichtigen. Demzufolge ist ein „12-Zoll"-Lineal des Modellbauers tatsächlich länger als ein Fuß (12″ = 30,48 cm). Wie lang sollte das Lineal eines Modellbauers sein, um Modelle für (1) Aluminiumguss, (2) Temperguss und (3) Manganhartstahl zu konstruieren?

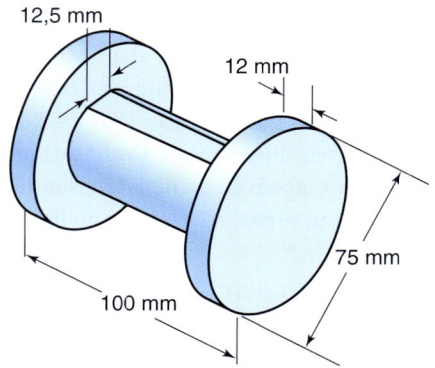

5.70 Der Rohling für eine Spule (siehe die Abbildung zu dieser Frage) soll durch Sandguss aus einer Aluminiumgusslegierung hergestellt werden. Skizzieren Sie das Holzmodell für dieses Teil. Berücksichtigen Sie alle erforderlichen Zugaben für Schwindung und Bearbeitung.

5.71 Wiederholen Sie die vorige Aufgabe, wobei Sie aber annehmen, dass die Aluminiumspule durch Gießen mit verlorenen Formen herzustellen ist. Erläutern Sie die relevanten Unterschiede zwischen den beiden Modellen.

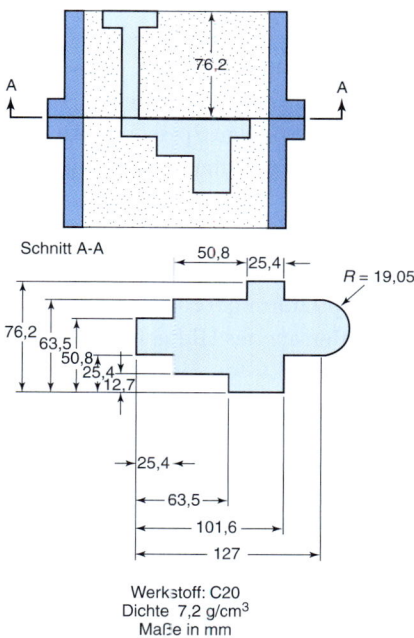

Werkstoff: C20
Dichte 7,2 g/cm³
Maße in mm

5.72 Beim Sandguss ist es wichtig, die Oberkastenhälfte der Form mit genügender Kraft niederzuhalten, damit sie nicht verrutscht, wenn die Schmelze eingefüllt wird. Berechnen Sie für das in der Abbildung zu dieser Frage gezeigte Gussstück das Mindestgewicht, das erforderlich ist, um das Verrutschen des Oberkastens beim Einfüllen des geschmolzenen Metalls zu verhindern.

(*Hinweis:* Die Auftriebskraft, die von der Schmelze auf den Oberkasten ausgeübt wird, steht in Beziehung mit der wirksamen Höhe des Schmelzespiegels oberhalb des Oberkastens.)

5.73 Die Kugelform ist für einen Speiser optimal, um sicherzustellen, dass er langsamer als das von ihm gespeiste Gussstück abkühlt. Allerdings sind kugelförmige Speiser schwierig zu gießen. (1) Skizzieren Sie die Form eines geschlossenen Speisers, der sich leicht formen lässt, aber auch das kleinstmögliche Verhältnis von Oberfläche zu Volumen aufweist. (2) Vergleichen Sie die Erstarrungszeit des Speisers gemäß Teil (1) mit der eines Speisers in der Form eines gleichseitigen Zylinders. Nehmen Sie an, dass die Volumina der beiden Speiser gleich sind und dass jeweils die Höhe gleich dem Durchmesser ist.

5.74 Das in der Abbildung zu dieser Frage gezeigte Teil ist eine Halbkugelschale, die als (pilzförmige) Hüftgelenkpfanne für einen Totalersatz des Hüftgelenks verwendet wird. Wählen Sie für dieses Teil ein Gießverfahren aus und skizzieren Sie alle erforderlichen Modelle oder Werkzeuge, wenn das Teil aus einer Kobalt-Chrom-Legierung hergestellt werden soll.

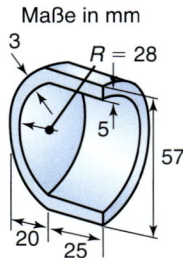

5.75 Ein Zylinder mit einem Höhe-zu-Durchmesser-Verhältnis von 1 erstarrt bei einem Sandguss in 4 Minuten. Wie groß sind die Erstarrungszeiten, wenn die Höhe bzw. der Durchmesser des Zylinders verdoppelt wird?

5.76 Durch Schleuderguss sollen Stahlröhren mit einer Länge von 3,5 m, einem Durchmesser von 0,9 m und einer Wanddicke von 1,3 cm hergestellt werden. Verwenden Sie die Grundgleichungen der Dynamik und Statik und ermitteln Sie die erforderliche Rotationsgeschwindigkeit, damit sich eine Zentrifugalkraft vom 70-Fachen des Röhrengewichts entwickelt.

5.77 Ein Eingusstrichter ist 30 cm lang und hat oben an der Einfüllöffnung für die Schmelze einen Durchmesser von 13 cm. Für Entwurfszwecke wird das Niveau der Schmelze im Eingusstrichter mit 8 cm vom oberen Rand des Trichters angenommen. Wie groß muss der Durchmesser am Fuß des Trichters sein, wenn eine Füllrate von 655 cm³/s erreicht werden soll? Saugt der Trichter Luft an? Erläutern Sie Ihre Antwort.

5.78 Nach dem Abziehen bleiben oftmals noch kleine Mengen Schlacke zurück und gelangen beim Gießen in den Schmelzfluss. Berücksichtigen Sie, dass die Schlacke wesentlich weniger dicht ist als das Metall, und entwerfen Sie Formenelemente, die kleine Mengen von Schlacke entfernen, bevor das Metall den Formenhohlraum erreicht.

5.79 Reinaluminium wird in eine Sandform gegossen. Das Metallniveau im Eingusstrichter liegt 25,4 cm über dem Metallniveau in der Form. Der Durchmesser des kreisförmigen Laufs beträgt 1 cm. Wie groß sind Fließgeschwindigkeit und Durchsatz des in die Form eingefüllten Metalls? Handelt es sich um eine turbulente oder eine laminare Strömung?

5.80 Welcher Laufdurchmesser ist für den in der vorigen Aufgabe beschriebenen Eingusstrichter erforderlich, um eine Reynolds-Zahl von 2000 zu gewährleisten? Wie lange dauert es, um ein Gussstück von 350 cm³ mit einem derartigen Lauf zu füllen?

5.81 Wie lange dauert es, bis der Eingusstrichter gemäß Aufgabe 5.79 ein Gussstück mit einem quadratischen Querschnitt von 15 cm Seitenlänge und einer Höhe von 10 cm gespeist hat? Nehmen Sie an, dass das Einfüllen reibungsfrei geschieht.

5.82 Eine Rechteckform mit den Abmessungen 100 mm × 200 mm × 400 mm wird mit Aluminium ohne Schmelzeüberhitzung gefüllt. Bestimmen Sie die endgültigen Abmessungen des Teils, wenn es auf Raumtemperatur abgekühlt ist. Wiederholen Sie die Analyse für Grauguss.

5.83 Die Konstante C in der Chvorinov'schen Regel sei für den Exponenten $n = 2$ mit 3 s/mm² gegeben und wird verwendet, um ein zylindrisches Gussstück mit einem Durchmesser von 75 mm und einer Höhe von 125 mm herzustellen. Schätzen Sie die Zeit ab, bis das Gussstück vollständig erstarrt ist. Die Form lässt sich gefahrlos öffnen, wenn die erstarrte Schale mindestens 20 mm dick ist. Nehmen Sie an, dass der Zylinder gleichmäßig abkühlt. Wie viel Zeit muss nach dem Einfüllen der Schmelze verstreichen, bevor die Form geöffnet werden kann?

5.84 Wie groß muss die Rotationsgeschwindigkeit sein, wenn eine Beschleunigung von 100g erforderlich ist, um im Schleuderguss ein Teil herzustellen, das einen Innendurchmesser von 0,25 m, einen mittleren Außendurchmesser von 0,4 m und eine Länge von 7,5 m hat?

5.85 Ein Goldschmied möchte 20 Goldringe mit einem Modellausschmelzverfahren herstellen. Die Wachsteile sind mit einem zentralen Wachseinfülltrichter von 1,3 cm Durchmesser verbunden. Die Ringe liegen in vier Reihen mit einem Abstand von je 1,3 cm zum Eingusstrichter. Für die Ringe ist ein Lauf mit einem Durchmesser von 0,3 cm und einer Länge von 1,3 cm zum Einfülltrichter erforderlich. Schätzen Sie die Masse des Golds ab, die notwendig ist, um die Ringe, Läufe und Eingusstrichter vollständig zu füllen. Die Dichte von Gold beträgt 19,3 g/cm³.

5.86 Nehmen Sie an, Sie sollen Studenten Kontrollfragen zum Inhalt dieses Kapitels stellen. Bereiten Sie drei quantitative Übungsfragen und drei qualitative Fragen vor und geben Sie die Antworten an.

Fragen zum Entwurf

5.87 Entwerfen Sie Testmethoden, um die Fluidität von Metallen beim Gießen zu ermitteln (siehe Abschnitt 5.4.2). Fertigen Sie zweckmäßige Skizzen an und erläutern Sie die wichtigen Merkmale für jeden Entwurf.

5.88 Die Abbildung zu dieser Frage zeigt verschiedene Defekte und Unstetigkeiten in Gussprodukten. Analysieren Sie diese und bieten Sie Entwurfslösungen an, um diese Fehler zu vermeiden.

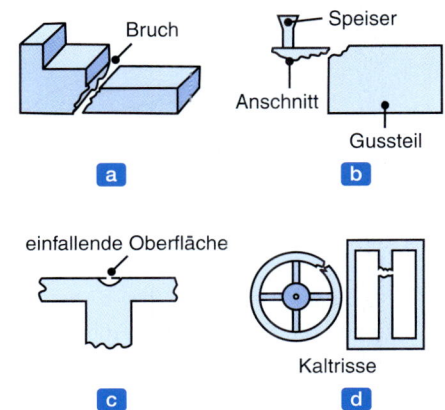

5.89 Entwerfen Sie mit den Gerätschaften und Materialien einer typischen Küche ein Experiment, um ähnliche Ergebnisse wie in Abbildung 5.12 zu reproduzieren.

5.90 Entwerfen Sie ein Testverfahren, um die Permeabilität von Sand für den Sandguss zu messen.

5.91 Beschreiben Sie die Abläufe bei der Herstellung einer Bronzestatue. Welche Gießverfahren sind geeignet? Erläutern Sie, warum.

5.92 Im Gussvorsprung (Ansatz) des in der Abbildung zu dieser Aufgabe gezeigten Gussstücks hat sich Porosität entwickelt. Zeigen Sie, dass sich dieses Problem beseitigen lässt, indem einfach die Trennebene dieses Gussstücks an eine andere Stelle verlegt wird.

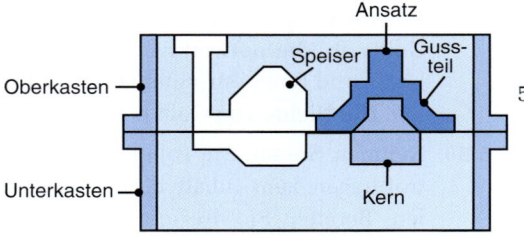

5.93 Zeigen Sie für das in der Abbildung zu dieser Frage dargestellte Rad, wie (a) Speiseranordnung, (b) Kernanordnung, (c) Füllstoffe und (d) Abschreckplatten verwendet werden können, um das Einspeisen der Schmelze zu unterstützen und Porosität im isolierten Nabenansatz zu vermeiden.

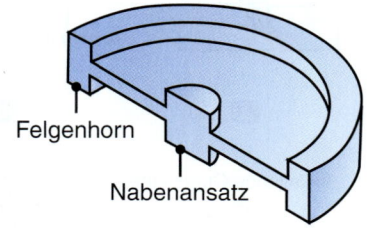

5.94 Die zur Frage gehörende Abbildung zeigt in (a) den ursprünglichen Entwurf eines Gussstücks, der in den Entwurf geändert wurde, den (b) zeigt. Das Gussstück ist rund und weist eine vertikale Symmetrieachse auf. Welche Vorteile besitzt der neue Entwurf gegenüber dem alten für das Funktionsteil?

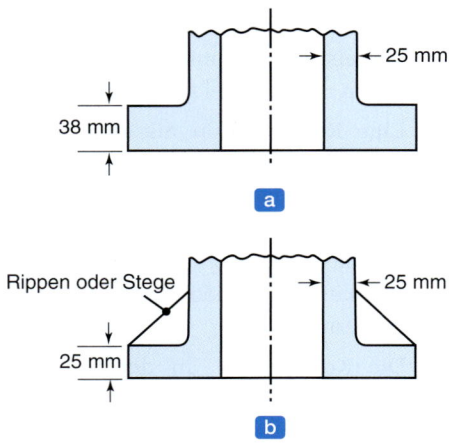

5.95 In der zur Frage gehörenden Abbildung werden ein unsachgemäßer und ein richtiger Entwurf für ein Gussstück dargestellt. Analysieren Sie die vorgenommenen Änderungen und erläutern Sie deren Vorteile.

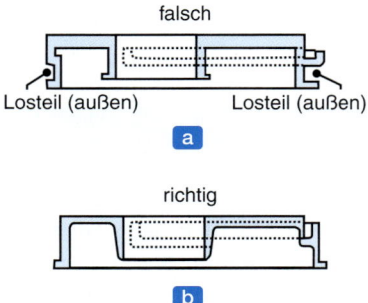

5.96 Die Abbildung zur Frage zeigt drei Sätze von Entwürfen für Druckgussteile. Analysieren Sie die Änderungen, die am ursprünglichen Entwurf (jeweils mit 1 gekennzeichnet) vorgenommen wurden und erläutern Sie die Gründe dafür.

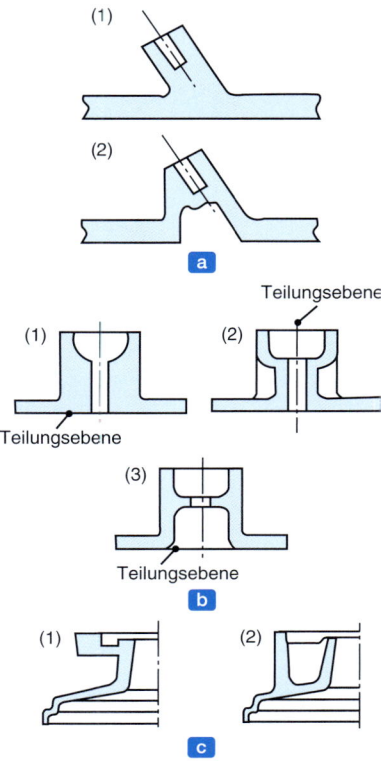

5.97 Manchmal ist es zweckmäßig, Metalle langsamer abzukühlen, als es normalerweise geschieht, wenn die Formen bei Raumtemperatur gehalten werden. Nennen und erläutern Sie Methoden, mit denen sich der Abkühlungsvorgang verlangsamen lässt.

5.98 Schlagen Sie ein Experiment vor, um die Konstanten C und n in der Chvorinov'schen Regel, Gleichung (5.11), zu messen.

5.99 Das in der Abbildung zur Frage dargestellte Teil soll aus Bronze mit einem Anteil von 10 % Sn und einer Menge von 100 Stück pro Monat gegossen werden. Betrachten Sie alle in diesem Kapitel vorgestellten Gießverfahren und verwerfen Sie alle, die (a) technisch unzulässig oder (b) technisch machbar, aber für den vorgesehenen Zweck zu teuer sind und ermitteln Sie (c) das wirtschaftlichste Verfahren. Formulieren Sie eine Argumentation mithilfe vernünftiger Annahmen über die Produktkosten.

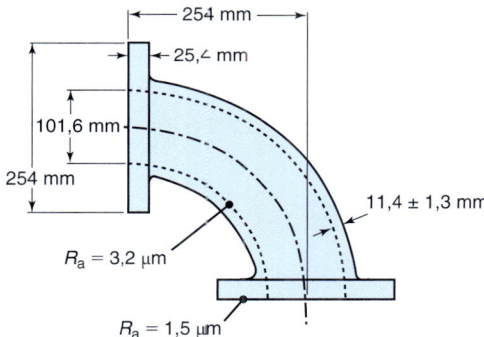

Massivumformverfahren

6.1 Einführung 394
6.2 Schmieden 394
6.3 Walzen 422
6.4 Strangpressen und Fließpressen 445
6.5 Stangen-, Draht- und Rohrziehen 461
6.6 Hämmern 472
6.7 Verfahren für die Gesenkfertigung 474
6.8 Schäden an Gesenken 475
6.9 Wirtschaftlichkeit der Massivumformung 476
Zusammenfassung 480
Wichtige Gleichungen 481
Verständnisfragen 483
Rechenaufgaben 486
Fragen zum Entwurf 492

6

LERNZIELE

Dieses Kapitel beschäftigt sich mit den Massivumformverfahren Schmieden, Walzen, Strangpressen, Ziehen und Hämmern. Folgende Themen werden behandelt:

- Die grundlegenden Prinzipien dieser Verfahren;
- Wichtige Prozessparameter wie zum Beispiel Kraft- und Energiebedarf, Temperatur, Formbarkeit, Werkzeug- und Gesenkwerkstoffe sowie Metallbearbeitungsflüssigkeiten;
- Die Charakteristika der verwendeten Maschinen und Ausrüstungen;
- Gesenkherstellungsverfahren und Versagen von Gesenken.

6.1 Einführung

In diesem Kapitel beschreiben wir Verarbeitungsverfahren für Metalle, in denen das Werkstück *plastischer Verformung* unterworfen wird, und zwar mit Kräften, die über verschiedene Gesenke und Werkzeuge angewendet werden. Verformungsprozesse werden allgemein in primäre und sekundäre Umformung und weiter in die Kategorien Kalt-, Halb-Warm- und Warmumformung unterteilt.

Bei **primären Umformverfahren** wird ein massives Metallteil (im Allgemeinen aus dem Gusszustand) sukzessive in Halbzeuge überführt, was durch Verfahren wie Schmieden, Walzen, Strangpressen und Ziehen geschieht. **Sekundäre Umformverfahren** betreffen normalerweise die Weiterbearbeitung der Halbzeuge in Fertig- oder Halbfertigprodukte wie zum Beispiel Bolzen, Zahnräder und Blechteile.

Bei der Massivumformung, die Gegenstand dieses Kapitels ist (siehe Tabelle 6.1), weisen die hergestellten Teile ein relativ kleines Verhältnis von Oberfläche zu Volumen (oder Dicke) auf – daher der Begriff *massiv*. Typische Beispiele sind Handwerkzeuge, Wellen und Turbinenschaufeln. Bei der **Blechumformung**, mit der sich Kapitel 7 befasst, ist das Verhältnis von Oberfläche zu Dicke wesentlich höher und das Material wird durch verschiedene Gesenke erheblichen Gestaltänderungen unterworfen. Große Dickenvariationen sind normalerweise nicht erwünscht, da sie zur Zerstörung der Teile während der Herstellung führen können. Beispiele dafür sind Radkappen aus Blech, Rumpfteile für Flugzeuge und Getränkedosen.

Die in diesem Kapitel behandelten Verfahren beziehen sich nur auf Metalle. Die Umform- und Formgebungsverfahren für Kunststoffe werden in Kapitel 10, die für Metallpulver, Keramiken, Gläser, Verbundwerkstoffe und Supraleiter in Kapitel 11 beschrieben.

6.2 Schmieden

Mit *Schmieden* bezeichnet man eine Familie von Verfahren zur Herstellung von Bauteilen durch plastische Verformung, die durch Druckkräfte über verschiedene Gesenke und Werkzeuge bewerkstelligt wird.

Tabelle 6.1: Allgemeine Charakteristika von Massivumformverfahren

Verfahren	Charakteristika
Schmieden	Herstellung von Einzelteilen mit Gesenken, Endbearbeitung erforderlich; ähnliche Teile können auch durch Gießen und pulvermetallurgisch hergestellt werden; meist bei erhöhten Temperaturen durchgeführt; hohe Gesenk- und Maschinenkosten; durchschnittliche bis hohe Personalkosten; durchschnittlich bis hoch qualifiziertes Personal erforderlich
Walzen	
Flach-	Herstellung von Platten, Blechen und Folien mit hoher Geschwindigkeit bei hoher Oberflächenqualität; extrem hohe Investitionskosten; niedrige bis durchschnittliche Personalkosten
Profil-	Herstellung verschiedener Profile wie I-Träger oder Schienen; auch Gewinde- und Ringwalzen; erfordert profilierte Walzen und teure Maschinen; niedrige bis durchschnittliche Personalkosten; durchschnittlich qualifiziertes Personal erforderlich
Extrudieren	Herstellung langer, voller oder hohler Produkte mit konstanten Querschnitten; meist bei erhöhten Temperaturen durchgeführt; erwünschte Längen durch Abschneiden; kann mit Profilwalzen konkurrieren; Kaltextrudieren ähnlich zum Schmieden; durchschnittliche bis hohe Gesenk- und Maschinenkosten; niedrige bis durchschnittliche Personalkosten; niedrig bis durchschnittlich qualifiziertes Personal erforderlich
Ziehen	Herstellung von langen Stangen, Drähten und Röhren mit runden oder anderen Querschnitten, die kleiner als jene beim Extrudieren sind; gute Oberflächenqualität; niedrige bis durchschnittliche Gesenk-, Maschinen- und Personalkosten; niedrig bis durchschnittlich qualifiziertes Personal erforderlich
Hämmern	Rundschmieden von diskreten oder Endlosteilen mit verschiedenen Außen- und Innengestalten; meist bei Raumtemperatur durchgeführt; niedrig bis durchschnittlich qualifiziertes Personal erforderlich

Schmieden gehört zu den ältesten bekannten Metallbearbeitungsoperationen, die sich bis 5000 v. Chr. nachweisen lassen (siehe Tabelle 1.1), und wird bei der Herstellung von Bauteilen in unterschiedlichsten Formen und Größen aus einer Vielzahl von Metallen verwendet. Beim einfachen Schmieden mit einem schweren Hammer und einem Amboss werden Techniken eingesetzt, die Schmiede schon seit Jahrhunderten praktizieren. Zu den typischen Bauteilen, die heute vorwiegend mit modernen Schmiedemaschinen bei hohen Produktionsraten hergestellt werden, gehören Komponenten für Fahrzeugmotoren, Turbinenscheiben, Zahnräder, Bolzen und zahlreiche Arten von Baugruppen für Maschinenbau, Eisenbahn und andere Transportmittel. Mit speziellen Techniken lassen sich durch Schmieden Bauteile herstellen, die in die Kategorie der **endformnahen Fertigung** fallen.

Schmieden kann bei Raumtemperatur (**Kaltumformung**) oder bei erhöhten Temperaturen – **Halbwarm**- oder **Warmschmieden**, je nach Temperatur – erfolgen. Der Temperaturbereich für diese Kategorien ist in Tabelle 3.2 in Form der **homologen Temperatur** T/T_m angegeben, wobei T_m der Schmelzpunkt (in Kelvin) des Werkstückwerkstoffs ist. Man beachte, dass die homologe Temperatur für die Rekristallisation von Metallen etwa 0,5 beträgt (siehe auch Abbildung 3.17).

6.2.1 Freiformschmieden

Beim **Freiformschmieden** wird normalerweise ein massives zylindrisches Werkstück zwischen zwei plattenförmigen Gesenken (Stauchbahnen) platziert und seine Höhe verringert, indem es gepresst wird

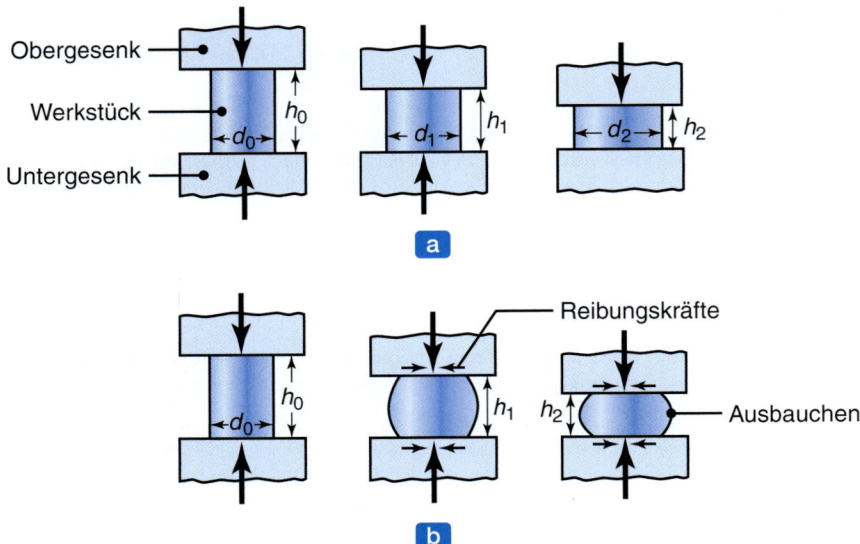

Abbildung 6.1: (a) Ideale Verformung einer zylindrischen Probe, die zwischen zwei Platten reibungsfrei gestaucht wird. (b) Verformung beim Stauchen, wenn Reibung in den Grenzflächen zwischen Werkstück und den Gesenken auftritt. Es kommt dadurch zum Ausbauchen des Schmiedeteils.

(▶ Abbildung 6.1a), ein als **Stauchen** bezeichneter Vorgang. Die Gesenkoberflächen können flach sein oder aber mit Aussparungen verschiedener Formen versehen sein. Unter idealen Bedingungen wird ein massiver Zylinder *gleichmäßig* verformt, wie Abbildung 6.1a zeigt. Diesen Prozess bezeichnet man als **homogene Verformung**. Da bei plastischer Verformung das Volumen des Zylinders konstant bleibt (siehe Abschnitt 2.11.5), nimmt sein Durchmesser zu, wenn seine Höhe verringert wird. Die Höhenreduktion Δh ist definiert als

$$\Delta h = h_0 - h_1 \:. \tag{6.1}$$

Aus den Gleichungen (2.1) und (2.9) und mit absoluten Werten gerechnet (wie es im Zusammenhang mit Massivumformprozessen im Allgemeinen der Fall ist) ergeben sich die technische Dehnung zu

$$\varepsilon_1 = \frac{h_0 - h_1}{h_0} \times 100\,\% \tag{6.2}$$

und die logarithmische Dehnung zu

$$\varphi_1 = \ln\left(\frac{h_0}{h_1}\right) \:. \tag{6.3}$$

Mit einer Relativgeschwindigkeit v zwischen den Platten unterliegt die Probe entsprechend den Gleichungen (2.17) und (2.18) einer Dehnrate von

$$\dot{\varepsilon}_1 = -\frac{v}{h_0} \tag{6.4}$$

beziehungsweise

$$\dot{\varphi}_1 = -\frac{v}{h_1} \:. \tag{6.5}$$

Wird die Höhe der Probe von h_0 auf h_2 verringert, ist der Index 1 in den obigen Gleichungen durch den Index 2 zu ersetzen. Die Positionen 1 und 2 in Abbildung 6.1a lassen sich als Momentanpositionen während einer fortlaufenden Stauchung des Werkstücks betrachten. Beachten Sie auch, dass die logarithmische Dehnrate $\dot\varphi$ sehr schnell ansteigt, wenn die Höhe der Probe gegen null geht.

Ausbauchen: Im Unterschied zur Probe, die in Abbildung 6.1a dargestellt ist, entwickelt die Probe unter realen Bedingungen während der Stauchung eine Tonnenform, wie sie in den Abbildungen 6.1b und 2.14 zu sehen ist. Das Ausbauchen wird vor allem durch **Reibungskräfte** an den Gesenk-Werkstück-Grenzflächen verursacht, die dem nach außen verlaufenden Materialfluss an diesen Grenzflächen entgegenwirken. Ausbauchen kann auch beim Stauchen von heißen Werkstücken zwischen kalten Gesenken auftreten. Der Grund dafür liegt darin, dass das Material an den Gesenk-Werkstück-Grenzflächen und in deren Nähe schnell abkühlt, während der Rest der Probe relativ heiß bleibt. Da die Festigkeit des Werkstoffs mit steigender Temperatur abnimmt (Abschnitt 2.2.6), zeigt die Probe oben und unten einen größeren Verformungswiderstand als in der Mitte.

Wie ▶ Abbildung 6.2 zeigt, wird durch das Ausbauchen die Verformung in der Probe *uneinheitlich* oder *inhomogen*. Die Abbildung zeigt den Querschnitt der Probe, die in der Mittelebene geschnitten und dann poliert und geätzt wurde. Man erkennt die etwa dreiecksförmigen stagnierenden Zonen (sogenannte **tote Zonen**) oben und unten. ▶ Abbildung 6.3 zeigt, dass eine derartige inhomogene Verformung auch mithilfe von Dehnungsgittern beobachtet werden kann (siehe Abschnitt 6.4.1).

Durch Reibung verursachtes Ausbauchen lässt sich mit einem wirksamen Schmierstoff oder durch Anregen der Platten mit **Ultraschallschwingungen** minimieren (siehe Abschnitt 4.4.1). Beim Warmumformen

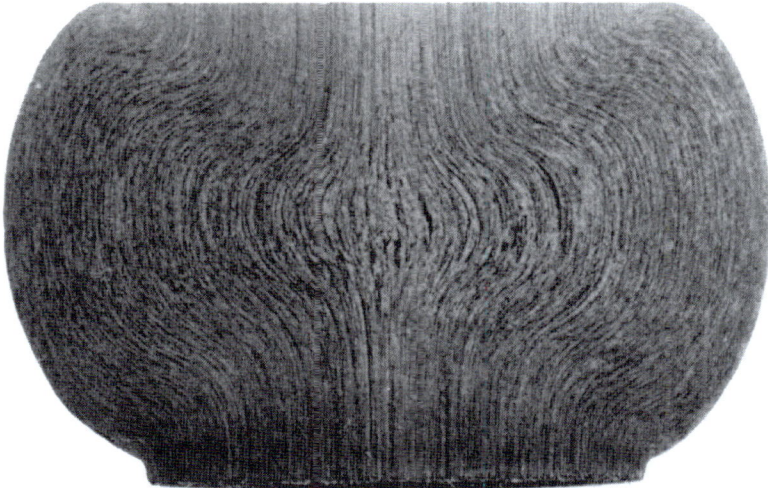

Abbildung 6.2: Materialfluss beim Stauchen eines Stahlzylinders bei erhöhter Temperatur zwischen kalten Gesenken. Es kommt dabei zu stark inhomogener Verformung und zum Ausbauchen der Probe. Die unsymmetrische Ausbildung der Ausbauchung resultiert aus der längeren Abkühldauer der Probe am Untergesenk, auf welches die Probe vor der Verformung gestellt wurde. Dadurch weist die Probe unten einen höheren Widerstand gegen Verformung auf und verformt sich daher dort weniger als an ihrer Oberseite. Nach J.A. Schey.

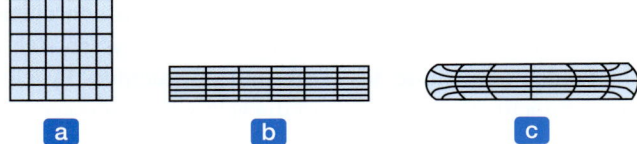

Abbildung 6.3: Darstellung der Verformung beim Stauchen mithilfe eines Dehnungsgitters. (a) vor der Verformung, (b) nach einer Stauchung der Probe ohne Reibung und (c) nach der Stauchung mit Reibung an den Proben-Gesenk-Grenzflächen. Die mit Dehnungsgittern gewonnenen Informationen können benutzt werden, um die (lokale) Dehnung des verformten Körpers zu berechnen.

kann Ausbauchen durch erwärmte Gesenke oder eine thermische Barriere – eine weitere Funktion, die ein Schmierstoff übernehmen kann – an den Grenzflächen verringert werden.

Doppeltes Ausbauchen ist ebenfalls zu beobachten, speziell in (a) schlanken Proben mit großen Verhältnissen von Höhe zu Querschnitt und (b) bei sehr hoher Reibung an den Gesenk-Werkstück-Grenzflächen. Unter diesen Bedingungen ist die stagnierende Zone unter den Platten genügend weit vom langen Mittelabschnitt des Werkstücks entfernt, der sich dann eher einheitlich verformt, während die Bereiche oben und unten ausbauchen – daher der Begriff *doppeltes Ausbauchen*.

Kräfte und Verformungsarbeit unter idealen Bedingungen: Ist die Reibung an den Werkstück-Gesenk-Grenzflächen null und verhält sich das Material perfekt plastisch mit einer Fließspannung Y, dann ist die Normal(druck)spannung auf der zylindrischen Probe konstant gleich Y. Die Kraft bei einer beliebigen Höhe h_1 ist daher

$$F = YA_1 , \qquad (6.6)$$

wobei A_1 die Querschnittsfläche ist, die sich aus der Volumenkonstanz ergibt:

$$A_1 = \frac{A_0 h_0}{h_1} .$$

Die **ideale Verformungsarbeit** U, die das Produkt aus Probenvolumen V und spezifischer Verformungsarbeit u (siehe Gleichung (2.59)) ist, wird ausgedrückt als

$$U = V \int_0^{\varphi_1} \sigma \, d\hat{\varphi} , \qquad (6.7)$$

wobei φ_1 aus Gleichung (6.3) erhalten wird. Wenn der Werkstoff kaltverfestigt, wobei die Wahre-Spannung-logarithmische-Dehnung-Kurve durch den Ausdruck

$$\sigma = K\varphi^n$$

angenähert ist, wird die Kraft auf einem beliebigen Niveau während der Verformung zu

$$F = Y_f A_1 , \qquad (6.8)$$

wobei Y_f die Fließspannung des Werkstoffs ist (siehe Abbildung 2.37), die der logarithmischen Dehnung φ_1 entspricht.

Der Ausdruck für die geleistete Arbeit lautet im Fall eines kaltverfestigenden Werkstoffs

$$U = V\overline{Y}\varphi_1 \,, \tag{6.9}$$

wobei $\overline{Y}$ die durchschnittliche Fließspannung bezeichnet, die durch

$$\overline{Y} = \frac{K \int\limits_0^{\varphi_1} \hat{\varphi}^n \mathrm{d}\hat{\varphi}}{\varphi_1} = \frac{K\varphi_1^n}{n+1} \tag{6.10}$$

gegeben ist.

6.2.2 Analyse des Freiformschmiedens

Es gibt mehrere Methoden, um verschiedene Größen wie beispielsweise Spannungen, Dehnungen, Dehnraten, Kräfte und lokalen Temperaturanstieg bei der Massivumformung theoretisch zu bestimmen.

Streifenmethode: Die *Streifenmethode* ist eines der einfacheren Verfahren, um Spannungen und Kräfte beim Schmieden sowie anderen Massivumformverfahren zu analysieren. Diese Methode erfordert die Auswahl eines Elements im Werkstück und Identifizierung aller Normal- und Reibungsspannungen, die auf dieses Element wirken.

1 Schmieden eines quaderförmigen Werkstücks bei ebener Dehnung: Wir betrachten den Fall des einachsigen Drucks mit Reibung (▶ Abbildung 6.4). Wenn die flachen Gesenke das Werkstück in y-Richtung stauchen und seine Höhe verringern, dehnt sich das Teil lateral. Durch diese Bewegung entstehen an den Gesenk-Werkstück-Grenzflächen Reibungskräfte, die dieser Bewegung entgegenwirken. Die Reibungskräfte sind in Abbildung 6.4b durch waagerechte Pfeile oben und unten am freigeschnittenen Streifen gekennzeichnet. Der Einfachheit halber sei auch angenommen, dass die Verformung in ebener Dehnung erfolgt – d. h., das Werkstück kann sich nicht in z-Richtung (Streifenbreitenrichtung) verformen (siehe auch Abschnitt 2.11.3).

Die am freigeschnittenen Streifen wirkenden Spannungen sind in Abbildung 6.4b dargestellt. Wir nehmen zusätzlich an, dass die laterale Spannungsverteilung σ_x entlang der Höhe h des Streifens konstant ist.

Unter der Annahme einer Streifenbreite von 1 ergibt das Gleichgewicht der horizontalen Kräfte

$$(\sigma_x + \mathrm{d}\sigma_x)\,h + 2\mu\sigma_y \mathrm{d}x - \sigma_x h = 0$$

oder

$$\mathrm{d}\sigma_x + \frac{2\mu\sigma_y}{h}\mathrm{d}x = 0 \,.$$

Dies ist eine Gleichung für die zwei Unbekannten σ_x und σ_y. Die notwendige zweite Gleichung wird aus der Fließbedingung (Abschnitt 2.11) wie folgt erhalten: Wie Abbildung 6.4c zeigt, unterliegt der Streifen einem dreiachsigen Druckspannungszustand. Mithilfe der Gestaltänderungsenergiehypothese für ebene Dehnung erhalten wir mit den drei Spannungen σ_x, σ_y und $\sigma_z = (\sigma_x + \sigma_y)/2$

$$\sigma_y - \sigma_x = \frac{2}{\sqrt{3}}Y = Y' \quad \text{und} \quad \mathrm{d}\sigma_x = \mathrm{d}\sigma_y \,. \tag{6.11}$$

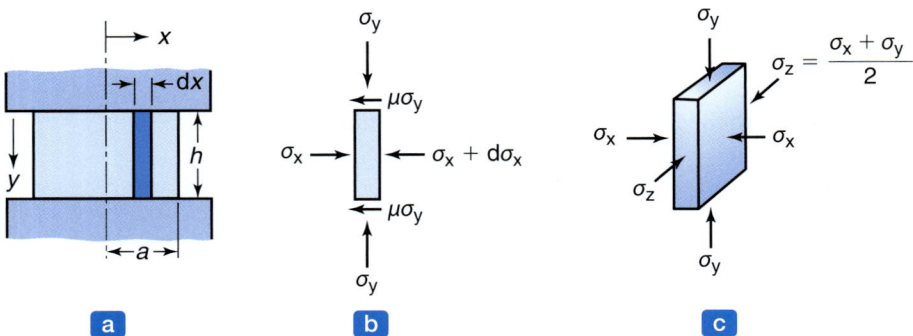

Abbildung 6.4: (a) Stauchen eines Quaders der Höhe h, Dicke a und Breite 1 zwischen ebenen Platten unter der Wirkung von σ_y mit Berücksichtigung der Reibung zwischen Quader und Platten, (b) freigeschnittener Streifen mit eingezeichneten Spannungen. Die Spannung σ_x wird als konstant über die Höhe des Streifens angenommen, (c) die dritte Spannung folgt aus der Annahme ebener Verformung des Streifens.

Bei dieser Analyse wurde angenommen, dass σ_x und σ_y *Hauptspannungen* sind. Genau betrachtet ist dies für σ_y nicht der Fall, da in der Ebene, auf der diese Spannung wirkt, auch eine Scherspannung wirkt. Allerdings ist diese Annahme für kleine Werte des Reibungskoeffizienten μ akzeptabel und ist Standardpraxis bei dieser Analysemethode. Außerdem ist zu beachten, dass σ_z in Abbildung 6.4c in ähnlicher Weise wie in Gleichung (2.45) abgeleitet ist. Mithilfe dieser zweiten Gleichung erhält man eine Differenzialgleichung mit der Lösung

$$\frac{d\sigma_y}{\sigma_y} = -\frac{2\mu}{h} dx \quad \text{bzw.} \quad \sigma_y = C e^{-2\mu x/h} \;. \tag{6.12}$$

Aus der Randbedingung $\sigma_x = 0$ bei $x = a$ folgt für den Rand des Quaders bei $x = \pm a$ $\sigma_y = Y'$. Daraus ergibt sich für die Integrationskonstante C der Ausdruck

$$C = Y' e^{2\mu a/h}$$

und demzufolge für die Verteilung des Stauchdrucks p über der Quaderdicke

$$p = \sigma_y = Y' e^{2\mu(a-x)/h} \tag{6.13}$$

und

$$\sigma_x = \sigma_y - Y' = Y' \left(e^{2\mu(a-x)/h} - 1 \right). \tag{6.14}$$

Da alle Spannungen Druckspannungen sind, werden negative Vorzeichen für Spannungen ignoriert. Gleichung (6.13) ist qualitativ und in dimensionsloser Form in ▶ Abbildung 6.5 dargestellt. Der Druck nimmt exponentiell zur Mitte des Teils hin zu und außerdem wächst er mit dem a/h-Verhältnis und stärkerer Reibung. Für einen verfestigenden Werkstoff wird der Term Y' in den Gleichungen (6.13) und (6.14) durch Y'_f ersetzt. Aufgrund ihrer Gestalt bezeichnet man die Druck-Verteilungskurve in Abbildung 6.5 als **Reibungshügel**. Der Druck mit Reibung ist höher als ohne Reibung, da die erforderliche Arbeit zur Überwindung der Reibung durch die Stauchkraft geliefert werden muss.

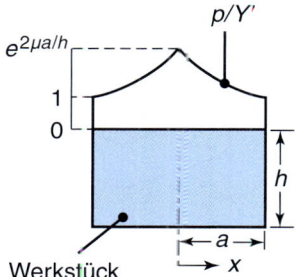

Abbildung 6.5: Verteilung des dimensionslosen Stauchdrucks p/Y' bei ebener Stauchung eines Quaders. Die Reibung zwischen den Stauchplatten und der Probe ist berücksichtigt. Am Rand der Probe entspricht der Stauchdruck der Fließspannung des Werkstoffs bei ebener Dehnung.

Die Fläche unter der Kurve in Abbildung 6.5 ist die **Stauchkraft pro Breiteneinheit** der Probe und lässt sich durch Integration berechnen. Allerdings kann man auch einen Näherungsausdruck für den durchschnittlichen Druck $\overline{p}$, mit

$$\overline{p} \simeq Y'\left(1 + \frac{\mu a}{h}\right) \tag{6.15}$$

angeben. Beachten Sie auch hier den erheblichen Einfluss von a/h und der Reibung auf den erforderlichen Druck, speziell bei hohen a/h-Verhältnissen. Die *Stauchkraft F* ist das Produkt aus durchschnittlichem Druck und der Kontaktfläche:

$$F = (\overline{p})(2a)(\text{Breite}) \,. \tag{6.16}$$

Da die Ausdrücke für den Druck in Form einer **Momentanhöhe** h angegeben sind, muss die Kraft bei jeder Höhe h während einer Stauchoperation einzeln berechnet werden.

Eine rechteckige Probe lässt sich auch stauchen, ohne dass die Verformung an ihren Rändern behindert wird (*ebene Spannung*, siehe Abbildung 2.35). Entsprechend der Gestaltänderungshypothese kann man die Normalspannungsverteilung qualitativ durch das Diagramm in ▶ Abbildung 6.6 angeben. Da die Probenbereiche in der Nähe der Ecken einem einachsigen Druckspannungszustand unterliegen, ist der Druck dort Y. Entlang aller Probenkanten zwischen diesen Ecken ist wegen der Reibung jeweils ein Anstieg in der Druckspannungsverteilung zu verzeichnen, der sich über der Kontaktfläche zwischen Probe und Gesenk als Reibungshügel darstellt.

▶ Abbildung 6.7 zeigt in einer Draufsicht die laterale Ausdehnung der Kanten einer rechteckigen Probe beim Stauchen unter ebenem Spannungszustand. Typische Ergebnisse zeigen, dass für eine Zunahme der langen Seite der Probe von 40 % der Breitenzuwachs (schmale Seite) 230 % beträgt. Der Grund für die signifikant größere Breitenzunahme liegt darin, dass das Material wie erwartet in die Richtung des geringsten Widerstands fließt. Wegen der geringen Breite im Vergleich zur Länge ist der Reibungswiderstand in der Breite kumulativ geringer als in der Längsrichtung. In ähnlicher Weise nimmt eine Probe in Form eines Würfels (oder Quaders mit quadratischer Kontaktfläche) nach dem Stauchen eine Pfannkuchenform (mit einer ausgebauchten Außenseite) an, da sich der Würfel in Richtung der Würfelflächendiagonalen weniger dehnt als in den anderen Richtungen.

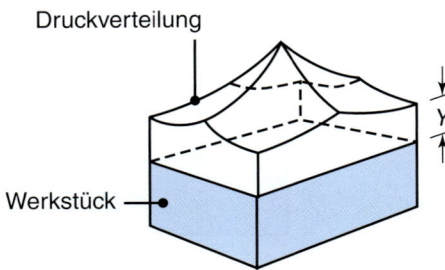

Abbildung 6.6: Verteilung des dimensionslosen Stauchdrucks beim Stauchen eines Quaders unter ebener Spannung bei Berücksichtigung der Reibung zwischen den Stauchplatten und der Probe. In den Ecken der Probe entspricht der Stauchdruck der Fließspannung des Werkstoffs bei einachsigem Druck.

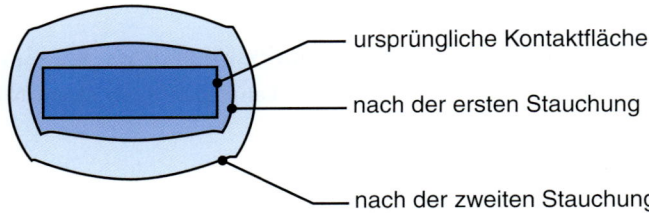

Abbildung 6.7: Vergrößerung der Kontaktfläche beim Stauchen eines schmalen Quaders, der senkrecht zur Zeichenebene verformt wird. Wegen der Reibung in der Kontaktfläche verlängert sich die lange Seite des Rechtecks weniger als die kurze. Aus diesem Grund wird aus einem Würfel oder einem Quader mit quadratischer Kontaktfläche ein pfannkuchenartiger Körper.

2 Schmieden eines massiven zylindrischen Werkstücks: Die Druckverteilung beim Schmieden einer massiven zylindrischen Probe (▶ Abbildung 6.8) kann ebenfalls mithilfe der Steifenmethode ermittelt werden. Zuerst schneiden wir (a) ein Segment mit dem Öffnungswinkel dθ aus einem Zylinder mit dem Radius r und der Höhe h frei, (b) entnehmen daraus wiederum ein kleines Element der radialen Länge dx (Abbildung 6.8a) und (c) konstruieren das Freikörperdiagramm dieses Elements, in dem alle auf das Element wirkenden Normal- und Schubspannungen eingetragen werden (Abbildung 6.8b). In ähnlicher Vorgehensweise wie vorhin für den Fall ebener Dehnung lässt sich der Stauchdruck p bei einer beliebigen radialen Position $0 \leq x \leq r$ berechnen:

$$p = Y e^{2\mu(r-x)/h} . \tag{6.17}$$

Der durchschnittliche Stauchdruck $\overline{p}$ ist näherungsweise durch den Ausdruck

$$\overline{p} \simeq Y\left(1 + \frac{2\mu r}{3h}\right) \tag{6.18}$$

gegeben und somit ist die Stauchkraft

$$F = (\overline{p})(\pi r^2) . \tag{6.19}$$

Für verfestigende Werkstoffe ist Y in den Gleichungen (6.17) und (6.18) durch die Fließspannung Y_f zu ersetzen. In realen Schmiedeoperationen kann der Wert des Reibungskoeffizienten μ in mit 0,05

6.2 Schmieden

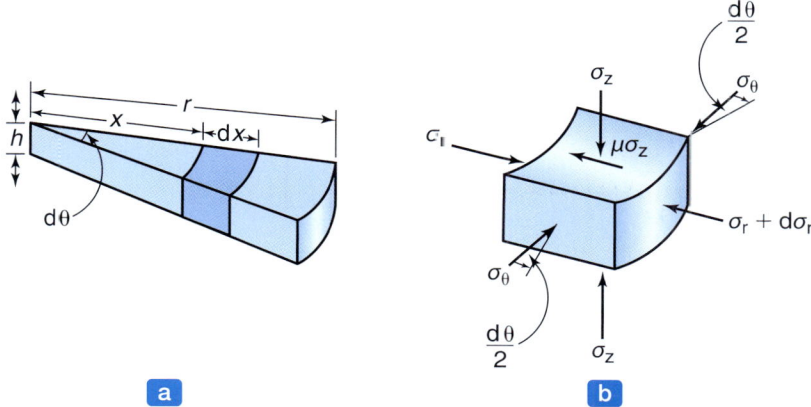

Abbildung 6.8: Spannungen auf ein Element einer zylindrischen Stauchprobe, welche zwischen zwei Platten in Höhenrichtung gestaucht wird. Die Reibung zwischen der Probe und den Platten wird berücksichtigt.

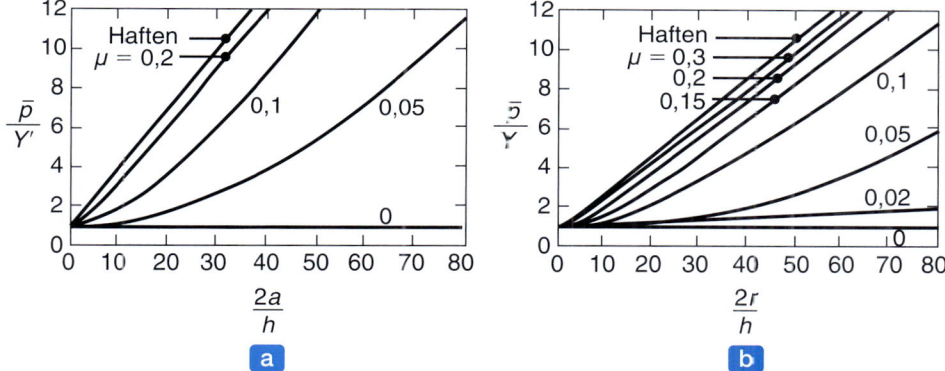

Abbildung 6.9: Der auf die Fließspannung bezogene Stauchdruck als Funktion der Reibung und des Seitenverhältnisses der Stauchprobe: (a) ebene Stauchung eines Quaders und (b) Stauchung einer zylindrischen Probe. Für die zylindrische Probe ist die Fließspannung nicht wie in (a) Y', sondern Y. Nach J.F.W. Bishop.

bis 0,1 für Kaltschmieden und 0,1 bis 0,2 für Warmschmieden angenommen werden (Tabelle 4.1). Der Wert hängt von der Wirksamkeit des Schmierstoffs ab und kann auch höher als die angegebenen Werte liegen, was vor für Bereiche gilt, in denen die Werkstückoberfläche frei von Schmierstoffen ist (siehe auch Abschnitt 4.4.3).

▶ Abbildung 6.9 veranschaulicht die Wirkungen von Reibung und Seitenverhältnis der Probe (d. h. a/h oder r/h) auf den mittleren Druck $\bar{p}$ beim Stauchen. Der Druck wird dimensionslos angegeben und kann als Erhöhungsfaktor angesehen werden. Diese Kurven sind bequem zu verwenden und zeigen klar die Wirkungen von Reibung und Seitenverhältnis der Probe auf den Stauchdruck und folglich die Stauchkraft.

3 Schmieden bei Haftreibung: Es lässt sich zeigen, dass das Produkt aus μ und p die Reibungsspannung (Oberflächenscherspannung) ist, die in der Werkstück-Gesenk-Grenzfläche an einem Ort x

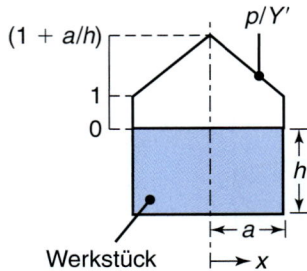

Abbildung 6.10: Verteilung des auf die Fließspannung Y' bezogenen Stauchdrucks p bei ebener Verformung und Haftreibung. Haftreibung bedeutet, dass die Reibschubspannung die Scherfließgrenze des Werkstoffs erreicht.

(gemessen von der Probenmitte) wirkt. Wenn p zur Mitte hin zunimmt, wächst μp ebenfalls. Allerdings kann der Wert von μp nicht höher als die Schubfließspannung k des Werkstoffs sein. Die Bedingung $\mu p = k$ wird als Haften bezeichnet. Der Wert von k bei ebener Dehnung ist $Y'/2$ (siehe Abschnitt 2.11.3). Haften bedeutet nicht unbedingt Adhäsion an der Oberfläche, sondern spiegelt vielmehr die Tatsache wider, dass sich der Werkstoff an der Proben-Platten-Grenzfläche nicht relativ zu den Platten bewegt.

Für Haftreibung lässt sich zeigen, dass die Stauchdruckverteilung für eine quaderförmige Stauchprobe bei ebener Dehnung gleich

$$p = Y'\left(1 + \frac{a-x}{h}\right) \tag{6.20}$$

ist. Der Stauchdruck variiert linear mit x, wie es auch aus ▶ Abbildung 6.10 hervorgeht. Die Stauchdruckverteilung für eine zylindrische Probe bei Haftreibung kann mit

$$p = Y\left(1 + \frac{r-x}{h}\right) \tag{6.21}$$

beschrieben werden. Auch hier ist die Druckverteilung linear.

Beispiel 6.1 **Berechnung der Stauchkraft**

Eine zylindrische Probe aus angelassenem Vergütungsstahl 35CrMo4+A hat einen Durchmesser von 15 cm und eine Höhe von 10 cm. Sie wird bei Raumtemperatur durch Freiformschmieden mit flachen Gesenken auf eine Höhe von 5 cm gestaucht. Nehmen Sie einen Reibungskoeffizienten von 0,2 an und berechnen Sie die Stauchkraft, die am Ende des Hubs erforderlich ist. Verwenden Sie die Formel für den durchschnittlichen Stauchdruck.

Lösung: Die Formel für den durchschnittlichen Stauchdruck ist nach Gleichung (6.18)

$$\overline{p} \simeq Y_\mathrm{f}\left(1 + \frac{2\mu r}{3h}\right),$$

wobei Y durch Y_f ersetzt wurde, da der Werkstückwerkstoff kaltverfestigt. Aus Tabelle 2.3 lässt sich für den Stahl $K = 1015\,\mathrm{MPa}$ und $n = 0{,}17$ ablesen. Der absolute Wert der logarithmischen Dehnung ist

$$\varphi_1 = \ln\left(\frac{10}{5}\right) = 0{,}693$$

und somit die Fließspannung bei dieser Dehnung

$$Y_\mathrm{f} = K\varphi_1^n = 1015 \times 0{,}693^{0,17} = 954\,\mathrm{MPa}\,.$$

Die endgültige Höhe der Probe h_1 beträgt 5 cm. Der Radius r am Ende des Hubs lässt sich aus der Volumenkonstanz bei plastischer Deformation ermitteln:

$$\frac{\pi 15^2}{4} \cdot 10 = \pi r_1^2 \cdot 5 \rightarrow r_1 = 10{,}61\,\mathrm{cm}\,.$$

Somit ist

$$\overline{p} \simeq 954\left(1 + \frac{2 \times 0{,}2 \times 10{,}61}{3 \times 5}\right) = 1224\,\mathrm{MPa}\,.$$

Die Stauchkraft beträgt näherungsweise

$$F = 1224 \times \pi \times (0{,}1061)^2 = 43{,}3\,\mathrm{MN}\,.$$

Beispiel 6.2 — Übergang von Gleitreibung zu Haftreibung beim Stauchen

Beim Stauchen mit ebener Dehnung kann die Reibungsspannung nicht höher sein als die Schubfließspannung k des Werkstückwerkstoffs. Somit kann es einen Abstand x in Abbildung 6.4 geben, bei dem ein Übergang von Gleit- zu Haftreibung auftritt. Leiten Sie einen Ausdruck für x als Funktion von a, h und μ her.

Lösung: An der Grenzfläche lässt sich die Scherspannung infolge Reibung durch

$$\tau = \mu p$$

ausdrücken. Allerdings kann die Scherspannung nicht die Schubfließspannung k des Werkstoffs übersteigen, die für ebene Dehnung gleich $Y'/2$ ist. Die Kurve in Abbildung 6.5 ist durch Gleichung (6.13) gegeben. Aus der Bedingung

$$\mu Y' e^{2\mu(a-x)/h} = Y'/2$$

bzw.

$$2\mu \frac{(a-x)}{h} = \ln\left(\frac{1}{2\mu}\right)$$

lässt sich die Position x für den Übergang von Gleit- zu Haftreibung in der gewünschten Form bestimmen

$$x = a - \left(\frac{h}{2\mu}\right) \ln\left(\frac{1}{2\mu}\right) .$$

Die Größe von x fällt wie erwartet, wenn μ zunimmt. Allerdings muss der Stauchdruck genügend groß sein, um Haften hervorzurufen, d. h., das a/h-Verhältnis muss hoch sein. Wir nehmen zum Beispiel $a = 10\,\text{mm}$ und $h = 1\,\text{mm}$ an. Dann ist für $\mu = 0{,}2$ der Wert von $x = 7{,}71\,\text{mm}$ und für $\mu = 0{,}4$ ist $x = 9{,}72\,\text{mm}$.

Finite-Elemente-Methode: In der *Finite-Elemente-Methode* wird ein elastisch-plastischer Körper in eine Vielzahl von Elementen unterteilt, die durch eine endliche Anzahl von Knotenpunkten miteinander verbunden sind. Als Nächstes wird ein Satz von Gleichungen entwickelt, die unbekannte Spannungen und Verformungsinkremente repräsentieren, welche die Randbedingungen des Problems erfüllen. Aus der Lösung dieser Gleichungen werden die tatsächlichen Geschwindigkeits- und Spannungsverteilungen berechnet. Diese Technik kann auch Reibungsverhältnisse an den Gesenk-Werkstück-Grenzflächen sowie die tatsächlichen Eigenschaften des Werkstückwerkstoffs einbinden. Die Anwendung dieser Technik verlangt Eingaben wie die Spannung-Dehnung-Kurven des Werkstoffs als Funktion der Dehnungsgeschwindigkeit und Temperatur sowie Reibungs- und Wärmeübergangseigenschaften des Gesenks und des Werkstücks.

Die Finite-Elemente-Methode lässt sich auf relativ komplizierte Werkstückgestalten bei Massivumformung und Blechverarbeitung anwenden. Ihre Genauigkeit wird durch Anzahl, Form und mathematische Komplexität der finiten Elemente, das Verformungsinkrement und die Berechnungsmethode beeinflusst. Die Methode liefert ein detailliertes Bild der tatsächlichen Spannungs- und Dehnungsverteilungen im Werkstück.

Die Ergebnisse einer Finite-Elemente-Analyse des Gesenkschmiedens eines massiven zylindrischen Werkstücks sind in ▶ Abbildung 6.11 dargestellt. Man erkennt klar, wie sich das Werkstück verformt, wenn seine Höhe reduziert wird.

Die Finite-Elemente-Methode ist auch in der Lage, die Temperaturverteilung im Werkstück zu ermitteln und Mikrostrukturänderungen im Werkstoff bei der Warmumformung und das Entstehen von Defekten ohne eine Vielzahl von experimentellen Daten vorherzusagen. Diese Informationen werden dann herangezogen, um das Design zu ändern. Andere Verfahren zur Analyse der Vorgänge bei der plastischen Deformation sind die Gleitlinienanalyse und das Schrankenverfahren. Allerdings sind diese bei-

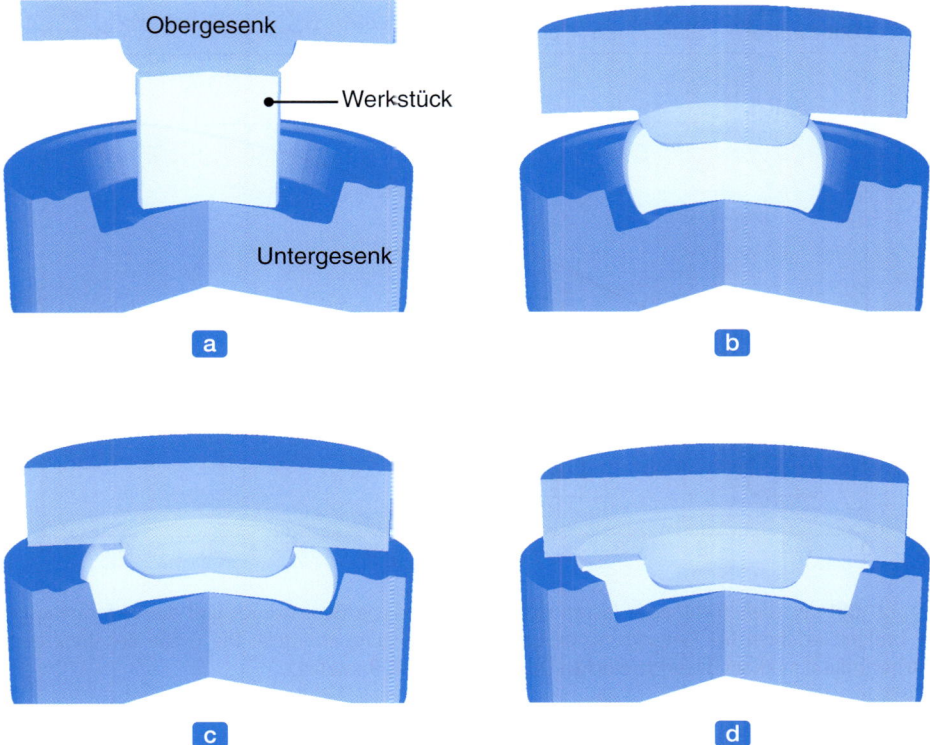

Abbildung 6.11: Numerische Berechnung des Gesenkschmiedens eines zylindrischen Rohlings mit der Finite-Elemente-Software DEFORM. Man erkennt den Fluss des Materials in den Gesenkhohlraum.

den Zugänge angesichts des Erfolgs und der Akzeptanz der Finite-Elemente-Methode von dieser in den Hintergrund gedrängt worden.

Geometrie der Verformungszone: Die in Bezug auf Abbildung 2.25 gemachten Beobachtungen sind wichtig für die Berechnung der Kräfte beim Schmieden sowie anderer Massivumformverfahren. Wie für die Härteprüfung beschrieben, ist die für das Eindringen des Prüfkörpers erforderliche Druckspannung im Idealfall etwa dreimal so groß wie die Fließspannung Y, die für einachsigen Druck erforderlich ist (siehe Abschnitt 2.6.8). Zudem ist zu beachten, dass (a) die Verformung unter dem Eindringkörper örtlich erfolgt, wodurch die Gesamtverformung stark inhomogen wird, und (b) die Verformungszone relativ klein ist verglichen mit der Größe der Probe. Im Unterschied dazu stehen bei einem einfachen reibungsfreien Druckversuch mit ebenen überstehenden Gesenken die obere und untere Oberfläche der Probe immer in Kontakt mit den Gesenken, wodurch die gesamte Probe homogen verformt wird. Zwischen diesen beiden Extremfällen liegen eine Reihe von weiteren Verformungsgeometrien.

▶ Abbildung 6.12 zeigt die bei **Reibungsfreiheit** erforderlichen Drücke und die Verformungszonen, die sich bei verschiedenen Belastungssituationen ausbilden. Man erkennt, dass das h/L-Verhältnis der entscheidende Parameter bei der Ermittlung der Inhomogenität der Verformung ist. Ausserdem sollte man

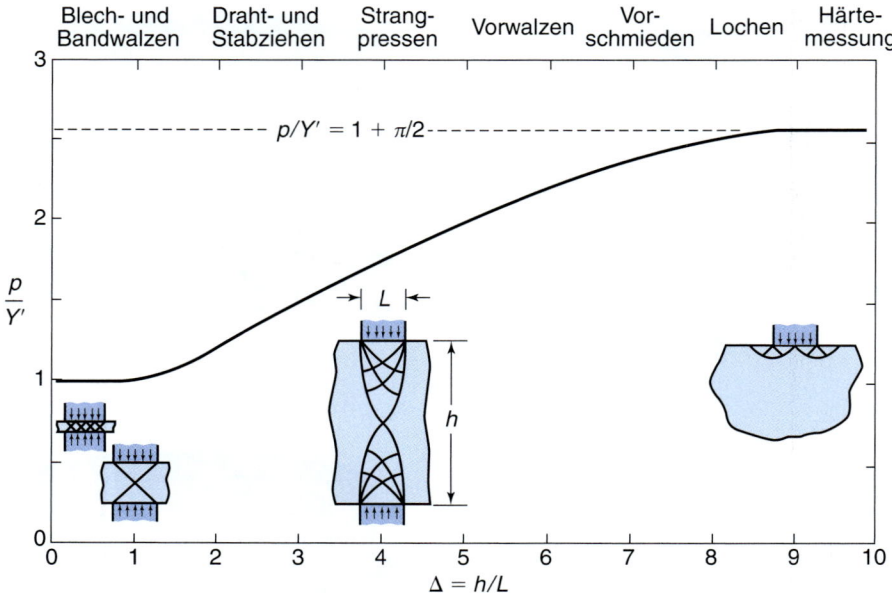

Abbildung 6.12: Mit der Gleitlinientheorie lassen sich der erforderliche Gesenkdruck und die Verformungsgeometrie für verschiedene Umformverfahren bei Reibungsfreiheit und ebener Dehnung ermitteln. Die Größe der Werkzeug-Werkstück-Kontaktfläche beeinflusst markant die erforderlichen Drücke. Nach W.A. Backofen.

beachten, dass sich Reibung erheblich auf die benötigten Kräfte auswirkt, was speziell bei kleinen Werten von h/L gilt. Die Geometrie der Verformungszone hängt vom konkreten Prozess und Parametern wie der Gesenkgeometrie und dem erwünschten Umformgrad des Werkstoffs ab (▶ Abbildung 6.13).

6.2.3 Schmiedeverfahren

Gesenkschmieden: Beim *Gesenkschmieden* nimmt das Werkstück die Form der Gesenkvertiefung an, während es zwischen den sich schließenden Gesenken verformt wird. ▶ Abbildung 6.14 zeigt ein typisches Beispiel für eine derartige Operation. Hier ist zu sehen, dass ein Teil des Materials radial nach außen fließt und dabei einen **Grat** bildet. Aufgrund des großen Verhältnisses von Länge zu Dicke (äquivalent zum a/h-Verhältnis) unterliegt der Grat einem hohen Druck. Dies zeigt wiederum die Anwesenheit eines hohen Reibungswiderstands an, wenn das Material in radialer Richtung nach außen in den Gratspalt fließt. Somit ist der Gratspalt ein wichtiger Parameter, da dort die hohe Reibung das Füllen der Formhohlräume fördert. Wird der Schmiedevorgang bei erhöhten Temperaturen durchgeführt (*Warmschmieden*), so kühlt außerdem der Grat schneller ab als das Grundmaterial des Werkstücks (aufgrund des hohen Verhältnisses von Oberfläche zu Dicke des Gratspalts). Im Ergebnis fließt der Grat weniger stark als das Grundmaterial und hilft somit, die Gesenkhohlräume auszufüllen.

Die Qualität, die Maßtoleranzen und die Oberflächengüte eines Schmiedeteils hängen davon ab, wie gut die Abläufe ausgeführt und gesteuert werden. Maßtoleranzen liegen im Allgemeinen zwischen ±0,5 %

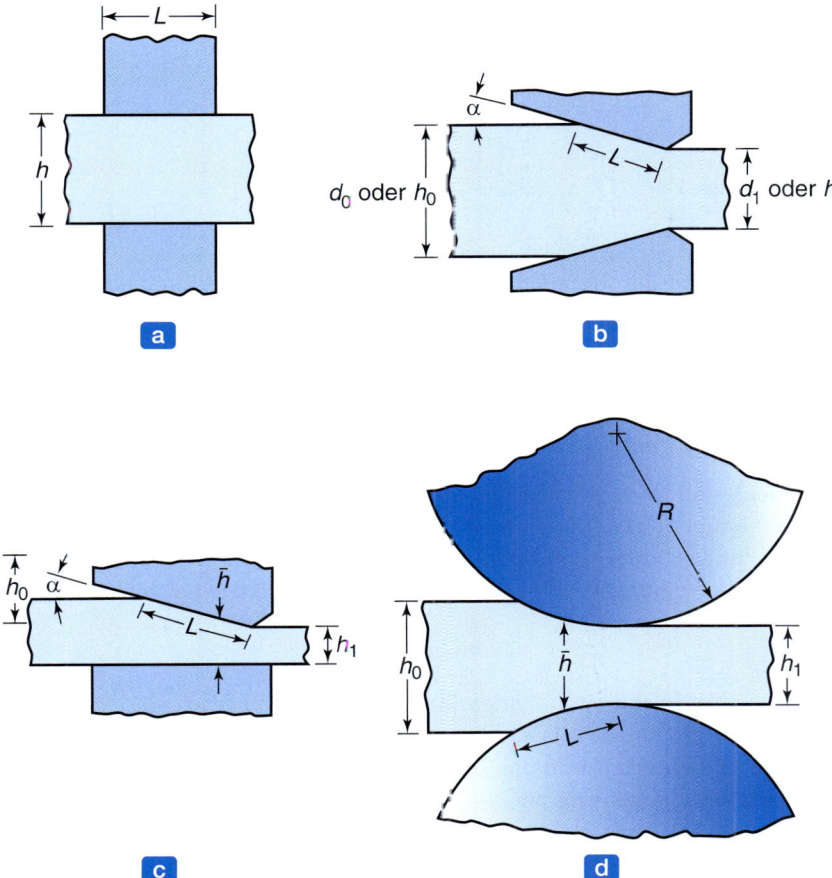

Abbildung 6.13: Beispiele für Umformverfahren bei ebener Dehnung mit Angabe der Größen h und L. (a) Schmieden mit flachen Gesenken, ein Verfahren das dem Reckschmieden ähnelt (▶ Abbildung 6.19), (b) Ziehen oder Extrudieren von Bändern mit einem keilförmigen Gesenk, siehe Abschnitte 6.4 und 6.5, (c) Abstreckziehen (siehe auch Abbildung 7.53), (d) Walzen, siehe Abschnitt 6.3.

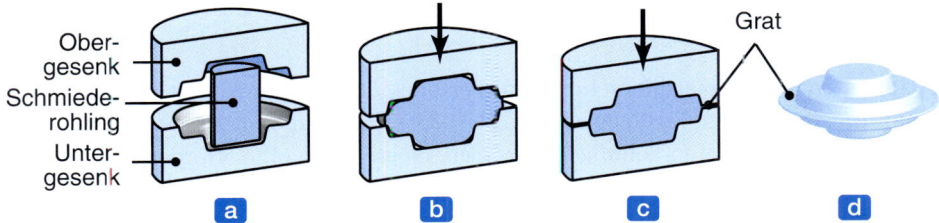

Abbildung 6.14: Schematische Darstellung der Stadien des Gesenkschmiedens. Der gebildete Grat wird bei der Endbearbeitung entfernt.

Tabelle 6.2: Wertebereiche für K_p in Gleichung (6.22) beim Gesenkschmieden

Einfache Schmiedestücke, ohne Grat	3–5
Einfache Schmiedestücke, mit Grat	5–8
Komplizierte Schmiedestücke, mit Grat	8–12

und ±1 % der Abmessungen des Schmiedeteils. Toleranzen für Warmschmieden von Stahl sind normalerweise kleiner als ±6 mm und beim *Präzisionsschmieden* (siehe weiter unten) können sie unter ±0,25 mm liegen. Faktoren, die zu Abmessungsungenauigkeiten beitragen, sind Freiwinkel, Radien, Kehlen, Gesenkverschleiß, vollständiges Schließen der Gesenke und ein Versatz von Ober- und Untergesenk. Die Oberflächengüte des Schmiedeteils hängt von der Vorfertigung, Oberflächengüte und dem Verschleiß des Gesenks sowie der Wirksamkeit des Schmierstoffs ab.

Die **Kräfte** beim Gesenkschmieden lassen sich nur schwer vorhersagen. Das hängt vor allem mit den im Allgemeinen komplizierten Formen zusammen und der Tatsache, dass jeder Ort innerhalb des Werkstücks typischerweise unterschiedlichen Dehnungen, Dehngeschwindigkeiten und Temperaturen unterliegt. Zudem variieren die Reibungskoeffizienten entlang der Kontaktstellen von Gesenk und Werkstück. Für den Ausdruck

$$F = K_p Y_f A \tag{6.22}$$

werden bestimmte Erhöhungsfaktoren K_p empfohlen. In diesem Ausdruck sind F die Schmiedekraft, A die projizierte Fläche des Schmiedeteils (inklusive Grat) und Y_f die Fließspannung des Materials bei der Dehnung, Dehngeschwindigkeit und der Temperatur, der das Material ausgesetzt ist. Richtwert K_p können der Tabelle 6.2 entnommen werden.

▶ Abbildung 6.15 zeigt einen typischen Verlauf der Kraft beim Gesenkschmieden als Funktion des Gesenkhubs. Für dieses axialsymmetrische Werkstück nimmt die Kraft zuerst allmählich zu, wenn der Hohlraum gefüllt wird (Abbildung 6.15b), und steigt dann schnell an, wenn sich der Grat bildet. Da die Gesenke weiter geschlossen werden müssen (um das Teil zu formen), ist ein noch steilerer Anstieg der Schmiedekraft zu verzeichnen. Der Grat besitzt eine endliche Kontaktlänge mit dem Gesenk, die als Steg bezeichnet wird (▶ Abbildung 6.26). Der Steg gewährleistet, dass der Grat dem nach außen gerichteten Materialfluss genügend Widerstand entgegensetzt, um das Füllen des Gesenks zu unterstützen, ohne dabei übermäßig zur Schmiedekraft beizutragen.

Präzisionsschmieden: Beim Präzisionsschmieden werden spezielle Gesenke mit einer höheren Genauigkeit als beim normalen Gesenkschmieden gefertigt. Diese Operation erfordert Schmiedemaschinen mit höherer Kapazität als bei anderen Schmiedeprozessen, da größere Kräfte erforderlich sind, um das Teil genau zu formen. Präzisionsschmieden wie auch ähnliche Operationen, bei denen das geformte Teil den gewünschten Endabmessungen sehr nahe kommt, wie zum Beispiel gratfreies Gesenkschmieden und Prägen (siehe unten) sowie Pulvermetallurgie (Kapitel 11), bezeichnet man als **endkonturnahe Fertigung** (siehe auch Abschnitt 1.6).

Aluminium- und Magnesiumlegierungen sind für Präzisionsschmieden besonders geeignet, weil die erforderlichen Kräfte und Temperaturen relativ niedrig sind, ein geringer Werkzeugverschleiß auftritt

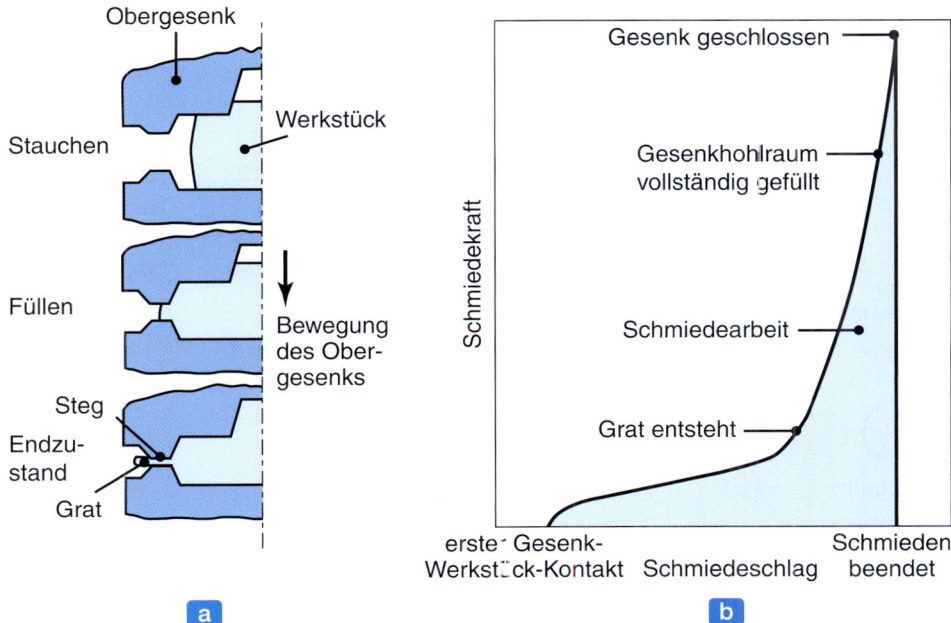

Abbildung 6.15: Typische Last-Weg-Kurve beim Gesenkschmieden. Sobald sich der Schmiedegrat bildet, steigt die Kraft markant an. Nach T. Altan.

und die Schmiedeteile eine hohe Oberflächengüte aufweisen. Stahl und andere Legierungen hingegen sind weniger gut für das Präzisionsschmieden geeignet. Die Entscheidung für konventionelles Schmieden oder Präzisionsschmieden setzt eine wirtschaftliche Analyse voraus. Obwohl Präzisionsschmieden spezielle Gesenke erfordert, ist wesentlich weniger maschinelle Nachbearbeitung notwendig, da die gewünschte Endform des Teils bereits nahezu oder sogar vollständig nach dem Schmieden erreicht ist.

Gratfreies Gesenkschmieden: Bei dieser Art des Gesenkschmiedens wird kein Grat gebildet und das Werkstück ist vollständig von den Gesenken umgeben. Entscheidend ist die richtige Festlegung des Werkstoffvolumens in Bezug auf das Volumen des Gesenkhohlraums, um ein Schmiedeteil der gewünschten Form und Abmessung zu produzieren. Zu kleine Rohlinge verhindern das vollständige Füllen des Gesenkhohlraums und zu große Rohlinge können vorzeitigen Gesenkausfall oder Verklemmen der Gesenke hervorrufen.

Isothermes Schmieden: Bei diesem auch als **Heiß-Gesenkschmieden** bezeichneten Prozess werden die Gesenke auf die gleiche Temperatur wie der heiße Rohling aufgeheizt. Auf diese Weise wird ein Auskühlen des Werkstücks vermieden, die geringe Fließspannung des Werkstoffs bleibt während des Schmiedens erhalten und das Material fließt leichter in den Gesenken. Die Gesenke bestehen meist aus Nickellegierungen. Es lassen sich komplizierte Teile mit guter Maßhaltigkeit in einem Hub in hydraulischen Pressen schmieden. Obwohl isothermes Schmieden recht aufwendig ist, kann es für komplizierte Schmiedeteile aus teuren Werkstoffen ökonomisch sein, vorausgesetzt, dass die Stückzahl genügend groß ist, um die hohen Kosten zu rechtfertigen.

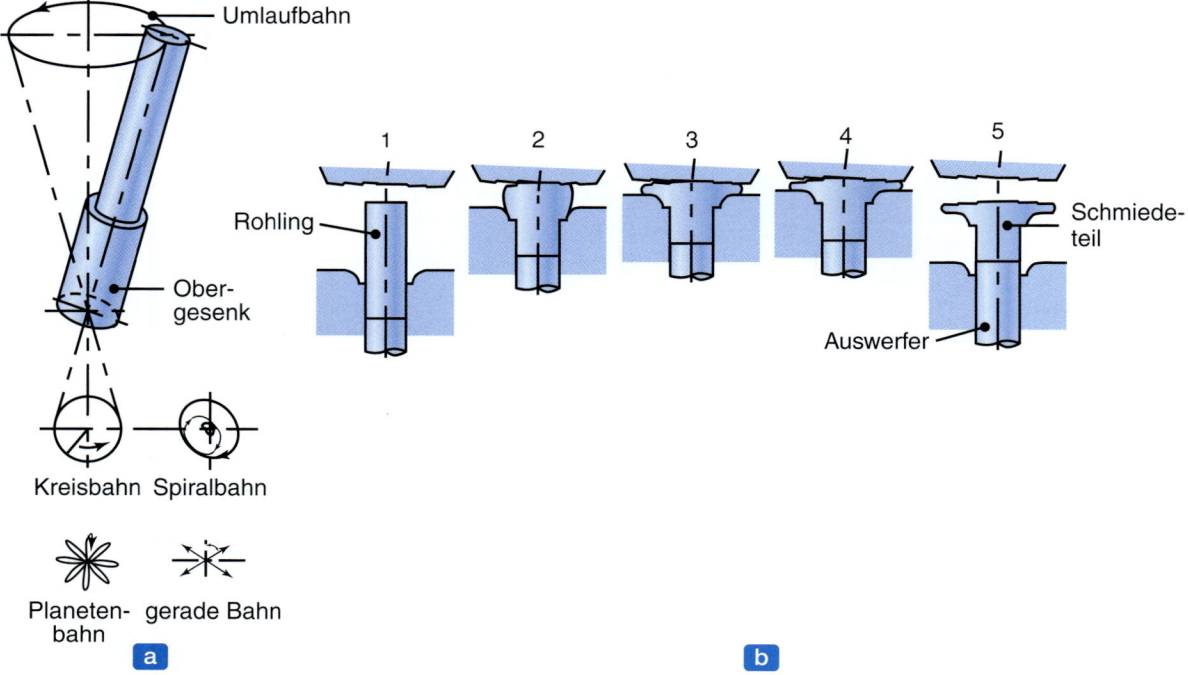

Abbildung 6.16: Schematische Darstellung des Taumelpressens. Das Gesenk ist immer nur mit einem Teil des Werkstücks in Kontakt. Dieses Verfahren wird zur Herstellung von einzelnen Teilen verwendet. Beispiele dafür sind Stirnräder, Lagerringe und Räder.

Inkrementelles Schmieden: Bei diesem Prozess wird der Rohling mit speziell gestalteten Werkzeugen und Gesenken in mehreren kleinen Schritten (daher der Begriff *inkrementell*) in die gewünschte Form geschmiedet, ähnlich dem Reckschmieden (Abbildung 6.19), wobei festzustellen ist, dass die Kontaktfläche zwischen Gesenk und Werkstück klein ist. Folglich benötigt diese Operation wesentlich geringere Kräfte verglichen mit konventionellem Schmieden. **Taumelpressen** ist ein Beispiel für inkrementelles Schmieden, bei dem sich das Gesenk entlang einer Kreisbahn bewegt (▶ Abbildung 6.16) und das Teil in einzelnen Schritten formt. Die Kräfte sind geringer, der Betrieb ist leiser und es lässt sich eine Flexibilität hinsichtlich der Form der Schmiedeteile erreichen.

6.2.4 Besondere Schmiedeverfahren

1 Prägen: Ein Beispiel für diese Operation ist das *Prägen von Münzen*, bei dem das Rohteil in einem vollkommen geschlossenen Hohlraum geformt wird. Der erforderliche Druck kann fünf- bis sechsmal größer als die Fließspannung des Materials sein, um die feinen Details einer Münze oder Medaille zu erzeugen. Schmierstoffe sind bei dieser Operation nicht tolerierbar, da sie in den Vertiefungen der Gesenke eingeschlossen werden können und somit die Reproduktion von feinen Details der Gesenkoberfläche verhindern. Dieser Prozess wird auch beim Gesenkschmieden verwendet,

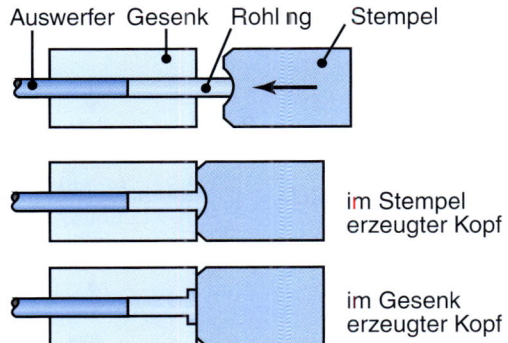

Abbildung 6.17: Erzeugen des Kopfs von Nieten, Bolzen oder Nägeln mittels Anstauchen.

um die Oberflächengüte des Schmiedeteils zu verbessern und die gewünschte Maßhaltigkeit des Produkts zu erreichen (*Endgravur*).

2. **Anstauchen:** Dies ist prinzipiell ein Stauchen, das typischerweise am Ende eines Stabs ausgeführt wird, um eine Form mit einem größeren Querschnitt zu erzeugen. Beispiele sind die Köpfe von Bolzen, Schrauben, Nägeln und ähnlichen Produkten (▶ Abbildung 6.17). Das Teil neigt dazu auszuknicken, wenn sein Verhältnis von Länge zu Durchmesser zu hoch ist. Anstauchen wird auf sogenannten *Anstauchpressen* durchgeführt. Dabei handelt es sich um automatisierte Horizontalmaschinen mit hohen Produktionsraten. Die Operation kann kalt oder warm ausgeführt werden.

3. **Lochen:** In diesem Verfahren dringt ein Stempel in die Werkstückoberfläche ein, um eine Vertiefung oder einen Eindruck mit einer bestimmten Form zu erzeugen (▶ Abbildung 6.18). Das Werkstück kann von einem Gesenk umschlossen werden oder frei sein. Die Durchschlagkraft hängt vom Querschnitt des Stempels und der Geometrie des Stempels sowie von der Fließspannung des Werkstoffs und der Reibung an den Grenzflächen ab. Stanzdrücke können drei- bis fünfmal so groß wie die Fließspannung des Werkstoffs sein. Mit *Lochen* beschreibt man auch das Schneiden von Löchern mit Dorn und Gesenk wie in Abschnitt 7.3 beschrieben.

4. **Einsenken:** Beim *Einsenken* wird ein gehärteter Stempel mit einer besonderen Spitzengeometrie in die Oberfläche eines Metallblocks gedrückt, um eine Vertiefung zu erzeugen (die flacher ist als beim Lochen). Die Gesenkvertiefung wird dann für darauffolgende Formgebungen verwendet. Der erforderliche Druck, um eine Vertiefung zu erzeugen, beträgt etwa das Dreifache der Zugfestigkeit R_m des Werkstoffs. Somit berechnet sich die erforderliche Einsenkkraft F zu

$$F = 3R_m A \tag{6.23}$$

wobei A die Projektionsfläche des Eindrucks ist. Der Faktor 3 in dieser Formel ist im Einklang mit den Beobachtungen, die in Bezug auf die Härte des Werkstoffs gemacht wurden, siehe dazu Abschnitt 2.6.8.

5. **Reckschmieden:** In dieser auch als *Recken* bezeichneten Operation wird die Dicke eines Stabs durch aufeinanderfolgende Schläge in bestimmten Intervallen verringert (Abbildung 6.19a). Dies ist ein weiteres Beispiel für inkrementelle Formgebung, bei der sich zum Beispiel ein Längsabschnitt eines

6 Massivumformverfahren

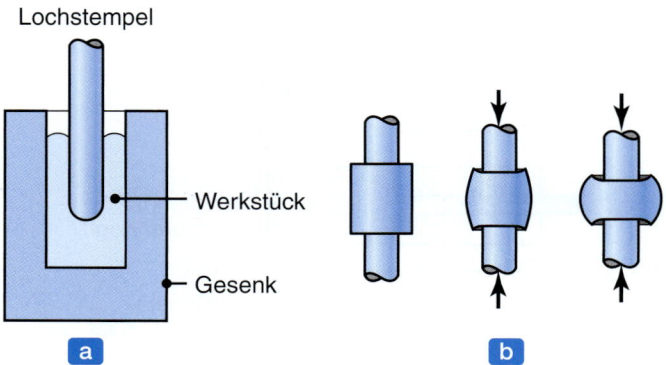

Abbildung 6.18: Beispiele für das Lochen.

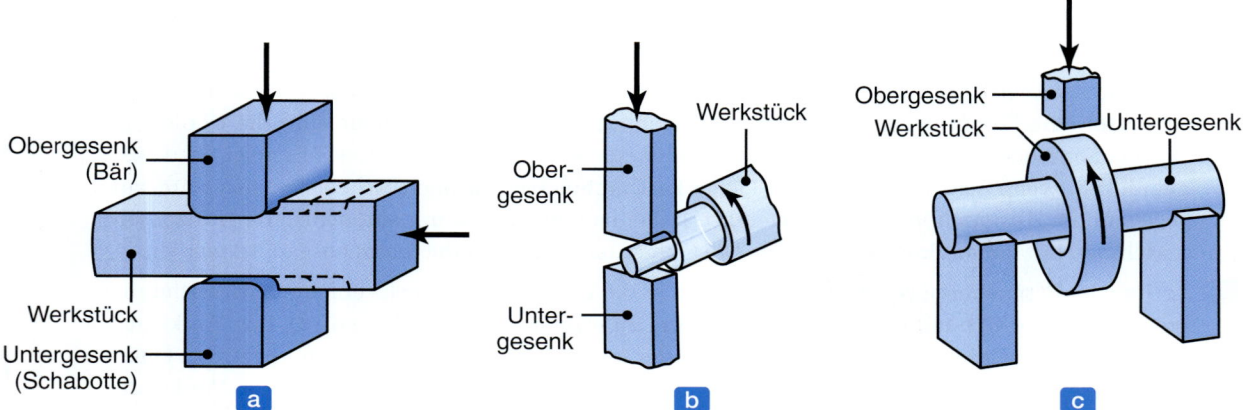

Abbildung 6.19: (a) Reckschmieden eines rechteckigen Werkstücks. Dieses Verfahren ist ähnlich zum händischen Schmieden, welches Schmiede verwenden, um ein Werkstück in vielen Arbeitsschritten (Erwärmen und Hämmern) zu verformen. (b) Reduktion des Durchmessers eines Rundstabs durch Freiformschmieden. Das Werkstück wird zwischen den Hammerschlägen gedreht. (c) Verkleinern der Wandstärke eines Rings durch Freiformschmieden.

Balkens in der Dicke verringern lässt, ohne dass (im Unterschied zum Freiformschmieden) große Gesenke und Kräfte erforderlich sind. Die Dicke von Ringen und anderen Teilen kann mittels Freiformschmieden verringert werden, wie es in den Abbildungen 6.19b und c zu sehen ist.

6 **Vorschmieden und Anschmieden:** Diese Operationen werden gewöhnlich auf Rundmaterial durchgeführt, um das Material in bestimmten Bereichen vor dem Schmieden zu verteilen. Somit handelt es sich um Vorformungsoperationen, um durch Massenvorverteilung den Materialfluss in den Gesenkhohlräumen beim Gesenkschmieden zu erleichtern.

7 **Quer- und Reckwalzen:** Beim *Querwalzen* wird der Querschnitt eines Stabs verringert und in der Form geändert, indem er durch ein Paar von genuteten Walzen verschiedener Formen läuft (▶ Abbildung 6.20). Mit dieser Operation lassen sich auch Teile produzieren, die praktisch dem

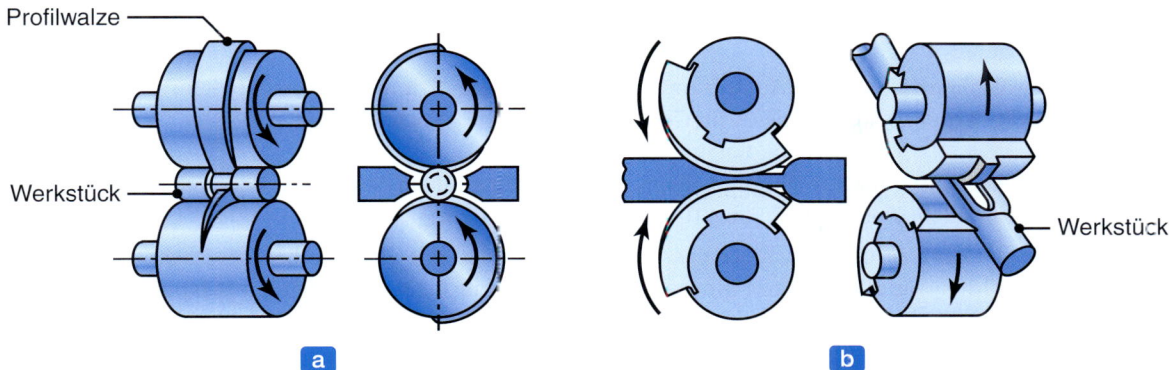

Abbildung 6.20: Zwei Beispiel für das Querwalzen, mit dem beispielsweise Messer oder konische Blattfedern hergestellt werden können. Nach J. Holub.

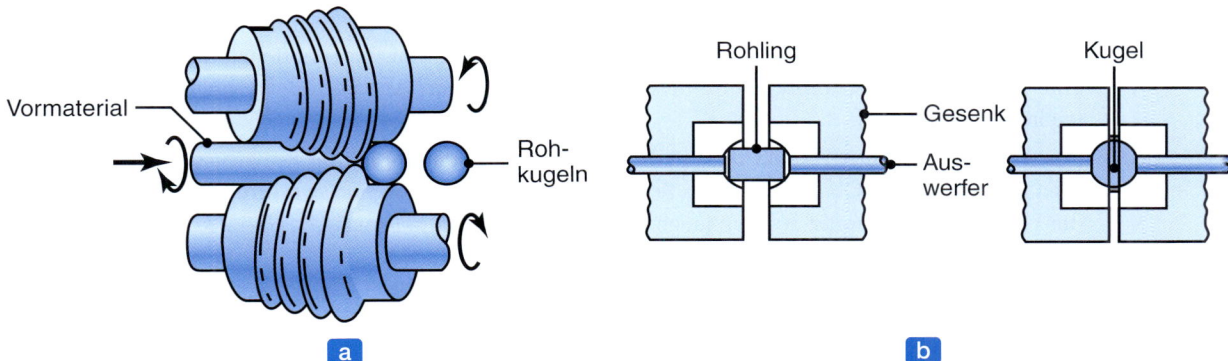

Abbildung 6.21: (a) Herstellen von Stahlkugeln durch Schrägwalzen. (b) Stahlkugeln lassen sich auch durch Gesenkschmieden von Stangenrohlingen erzeugen. In beiden Fällen werden die Kugelrohlinge geschliffen und poliert und lassen sich dann in Kugellagern verwenden.

Endprodukt entsprechen, wie zum Beispiel konische Wellen, konische Blattfedern, Haushaltsmesser und zahlreiche andere Werkzeuge. *Reckwalzen* wird als Voroperation gefolgt von anderen Schmiede- und Formgebungsprozessen eingesetzt, beispielsweise bei der Herstellung von Kurbelwellen, Pleuel und anderen Kraftfahrzeugkomponenten.

8. **Schrägwalzen:** Dieses Verfahren ist dem Reckwalzen ähnlich und wird beispielsweise bei der Fertigung von Kugellagern eingesetzt. Wie ▶ Abbildung 6.21a zeigt, wird Draht oder Stangenmaterial in den Spalt zwischen schräg angeordneten Walzen zugeführt und es werden kugelförmige Rohlinge durch Drehen der Walzen geformt. Die Kugeln werden dann in speziellen Maschinen geschliffen und poliert (siehe Abschnitt 9.6). Bei einer anderen Methode zur Herstellung von Kugellagern werden kurze Stücke aus einem Rundstab geschnitten und zwischen einem Gesenkpaar gestaucht, wie es Abbildung 6.21b zeigt.

6.2.5 Schmiedefehler

Neben Oberflächenrissen (siehe Abbildung 3.21d) können beim Schmieden verschiedene andere Defekte durch die die Art des Materialflusses im Gesenkhohlraum verursacht werden.

1. Wie ▶ Abbildung 6.22 zeigt, kann überschüssiges Material im Steg eines Schmiedeteils während des Schmiedens Beulen und Falze (Überlappungen) bilden.
2. Wenn der Steg zu dick ist, fließt das überschüssige Material über die bereits geschmiedeten Abschnitte hinaus und entwickelt innere Risse (▶ Abbildung 6.23). Diese beiden Beispiele zeigen, wie wichtig es ist, das Volumen des Rohlings und den Materialfluss in den Gesenkhohlraum richtig zu steuern.
3. Die Gesenkradien können die Bildung von Defekten ebenfalls erheblich beeinflussen. Zum Beispiel zeigt ▶ Abbildung 6.24, dass das Material besser um einen großen Eckenradius als um einen kleinen Radius fließt. Mit kleineren Radien kann sich das Material somit über sich selbst legen und einen Falz (**Kaltschweißstelle**) erzeugen. Ein derartiger Defekt kann zu Ermüdungsversagen und anderen Problemen im Einsatz der geschmiedeten Komponente führen. Es ist offensichtlich, wie wichtig eine Inspektion der Schmiedeteile besonders bei kritischen Anwendungen vor ihrem Einsatz ist (siehe Abschnitt 4.8).
4. Ein weiterer wichtiger Aspekt der Qualität eines Schmiedeteils ist der **Kornfluss**. Die Kornflusslinien können auf die Oberfläche eines Schmiedeteils senkrecht stehen, wodurch Korngrenzen direkt der Umgebung ausgesetzt werden (sogenannte **Endkörner**). Im Einsatz des Teils können sie von der

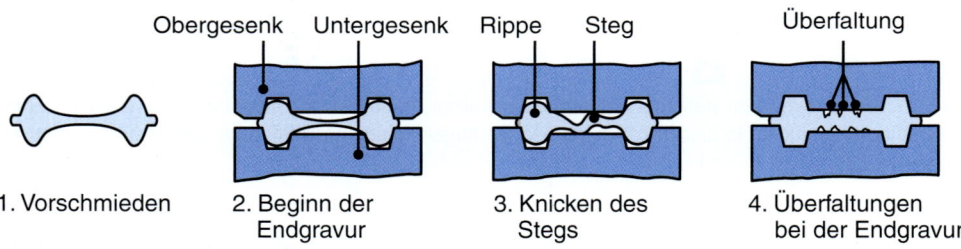

Abbildung 6.22: Bildung einer Überlappung bei der Endschmiedung (Fertiggravur) eines Teils durch Ausknicken (Beulen) des dünnen Stegs. Durch einen dickeren Steg kann dieses Problem vermieden werden.

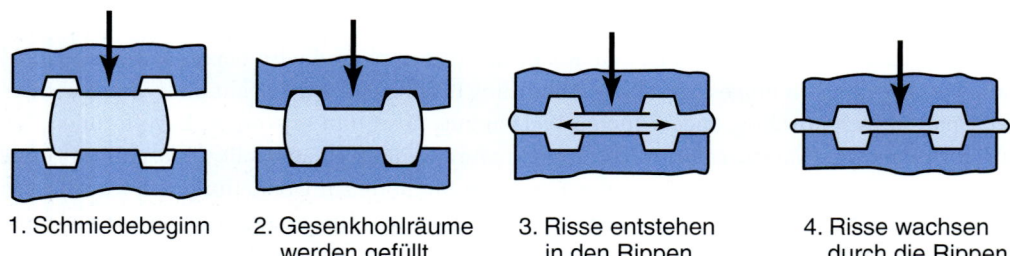

Abbildung 6.23: Bildung innerer Risse in einem Schmiedeteil aufgrund eines zu großen Rohlings. Die Gesenkhohlräume werden zu früh gefüllt, wodurch das Material im Zentrum radial nach außen durch die bereits gefüllten Bereiche fließen muss.

6.2 Schmieden

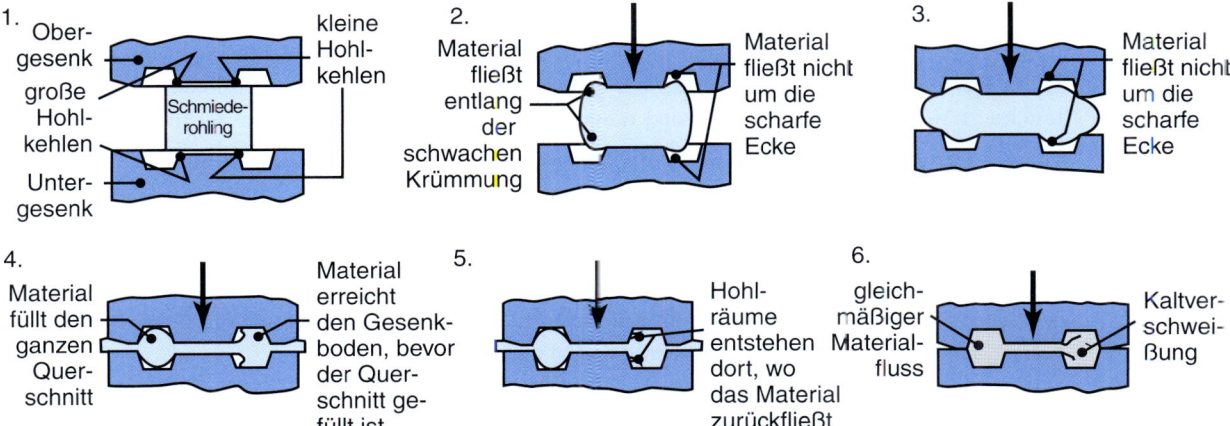

Abbildung 6.24: Einfluss der Radien im Gesenk auf die Ausbildung von Schmiedefehlern. Scharfe Radien (rechte Seite der Bilder) führen meist zu Fehlern.

Umgebung angegriffen werden (beispielsweise durch Salzwasser, sauren Regen oder andere chemisch aktive Umgebungen). Dadurch entwickeln sich raue Oberflächen, die als Spannungskonzentratoren agieren. Endkörner lassen sich durch geeignete Orientierung der Rohlinge im Gesenkhohlraum und durch das Steuern des Materialflusses während des Schmiedevorgangs vermeiden.

5. Da das Metall in einem Schmiedeteil in verschiedene Richtungen fließt und innerhalb des Schmiedeteils Temperaturunterschiede auftreten, sind die Eigenschaften im Allgemeinen *anisotrop* (siehe Abschnitt 3.5). In einem geschmiedeten Teil können somit Festigkeit und Duktilität an verschiedenen Orten und in verschiedenen Richtungen deutlich variieren.

6.2.6 Schmiedbarkeit

Die Schmiedbarkeit eines Metalls lässt sich definieren als seine Fähigkeit, bei relativ geringen Kräften verformt zu werden, ohne dass sich Risse oder andere Defekte bilden. Verunreinigungen im Metall oder kleine Änderungen seiner Zusammensetzung können einen erheblichen Effekt auf die Duktilität und Schmiedbarkeit eines Metalls haben. Zur Messung der Schmiedbarkeit wurden verschiedene Testverfahren entwickelt, wobei vor allem die folgenden beiden gebräuchlich sind:

1. **Stauchversuch:** Bei diesem Versuch wird eine massive zylindrische Probe zwischen zwei flachen Gesenken gestaucht und man beobachtet die Rissbildung auf den ausgebauchten Oberflächen (siehe Abbildung 3.21d). Je mehr sich die Zylinderhöhe vor der Rissbildung verringern lässt, desto besser ist die Schmiedbarkeit des Metalls. Die Risse der ausgebauchten Oberfläche werden durch *sekundäre Zugspannungen* hervorgerufen (die man so nennt, weil keine äußere Zugspannung auf das Material einwirkt). Reibung an den Grenzflächen zwischen Gesenk und Werkstück wirkt sich deutlich auf die Rissbildung aus. Nimmt die Reibung zu, reißt die Probe bereits bei geringerer Reduzierung ihrer Höhe. Stauchversuche können bei verschiedenen Temperaturen und Dehnungsgeschwin-

digkeiten durchgeführt werden. Dann lässt sich zum Schmieden eines bestimmten Werkstoffs ein optimaler Bereich für diese Parameter spezifizieren. Allerdings dienen derartige Versuche lediglich als Orientierung, da der Werkstoff bei realen Schmiedevorgängen im Vergleich zum einfachen Stauchen wie in Abbildung 6.1a gezeigt einem anderen Spannungszustand ausgesetzt ist.

Man kann beobachten, dass der Riss entweder in Längsrichtung des Zylinders oder in einem Winkel von 45° dazu verlaufen kann, abhängig vom Vorzeichen der axialen Spannung σ_z auf der ausgebauchten Oberfläche (siehe Abbildung 6.8b). Ist die Spannung positiv (Zug), läuft der Riss in Längsrichtung, bei negativer Spannung (Druck) in einem Winkel von 45°. Oberflächendefekte wirken sich ebenfalls nachteilig aus, da sie vorzeitige Rissbildung verursachen. Ein typischer Oberflächendefekt ist ein **Faltungsriss**, der ein Kratzer in Längsrichtung, eine Kette von Einschlüssen oder ein Falz aus einer vorherigen Bearbeitung des Materials sein kann.

2 **Warm-Torsionsversuch:** In diesem Versuch (Abschnitt 2.4) wird eine lange, runde Probe so lange verdreht, bis sie bricht. Der Versuch wird bei verschiedenen Temperaturen durchgeführt. Gezählt wird die Anzahl der Umdrehungen, die eine Probe erträgt, bevor sie bricht. Daraus lässt sich die optimale Schmiedetemperatur ermitteln. Der Warm-Torsionsversuch ist vor allem nützlich, um die Schmiedbarkeit von Stählen zu bestimmen.

Wirkung des hydrostatischen Drucks auf die Schmiedbarkeit: Wie in Abschnitt 2.2.8 erläutert wurde, wirkt sich hydrostatischer Druck günstig auf die Duktilität von Werkstoffen aus. Experimente haben gezeigt, dass Rissbildung bei höheren Spannungsniveaus stattfindet, wenn die oben beschriebenen Versuche in Anwesenheit von hohem *hydrostatischen Druck* durchgeführt werden. Mit speziell entwickelten Techniken lassen sich Metalle unter hohem hydrostatischen Druck schmieden, wobei das Druck übertragende Medium normalerweise ein duktiles Metall geringer Festigkeit ist (siehe auch *hydrostatisches Strangpressen* in Abschnitt 6.4.3).

Schmiedbarkeit verschiedener Metalle: Anhand der Ergebnisse verschiedener Versuche und Beobachtungen, die bei realen Schmiedevorgängen gemacht wurden, ist die Schmiedbarkeit verschiedener Metalle und Legierungen bestimmt worden. Im Allgemeinen sind (a) Aluminium, Magnesium, Kupfer und deren Legierungen, Kohlenstoff- und niedriglegierte Stähle gut schmiedbar und (b) Hochtemperaturwerkstoffe wie Superlegierungen, Tantal, Molybdän und Wolfram sowie ihre Legierungen schlecht schmiedbar.

6.2.7 Schmiedegesenke

Die Konstruktion und Auslegung von Schmiedegesenken und die Auswahl der Gesenkwerkstoffe verlangt Kenntnisse von (a) Festigkeit und Duktilität der Werkstückwerkstoffe, (b) ihrer Empfindlichkeit gegenüber Verformungsgeschwindigkeit und Temperatur, (c) ihren Reibungseigenschaften und (d) der Schmiedetemperatur. **Gesenkverzug** unter hohen Schmiedekräften ist ebenfalls wichtig, insbesondere wenn geringe Maßtoleranzen gefordert sind. ▶ Abbildung 6.25 gibt die Terminologie an, die bei Schmiedegesenken verwendet wird.

Für komplizierte Schmiedeteile ist es erforderlich, in mehreren Stufen zu schmieden (Abbildung 6.26), um eine ordnungsgemäße Verteilung des Materials in den Gesenkhohlräumen zu gewährleisten. Den

6.2 Schmieden

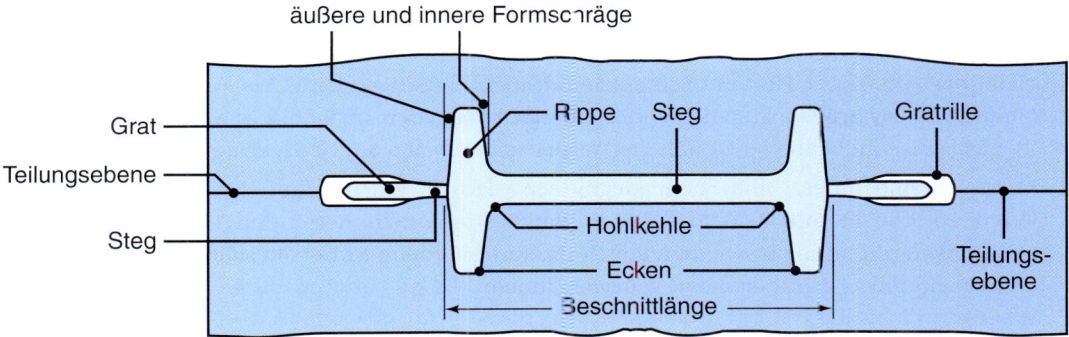

Abbildung 6.25: Benennung wichtiger Teile eines Schmiedegesenks und eines Schmiedestücks.

Ausgangspunkt bildet oft Rundmaterial, das (1) mit Techniken wie Reckschmieden und Reckwalzen (siehe Abschnitt 6.2.4) **vorgeformt** wird, (2) mit zwei zusätzlichen Arbeitsgängen (Vorschmieden und Endgravur) in die endgültige Form geschmiedet und (c) dann entgratet wird. Der Grund für das Vorformen lässt sich am besten aus Gleichung (4.6) erkennen, aus der hervorgeht, dass für eine lange Gesenklebensdauer der Verschleiß minimiert werden muss. In jedem Schritt einer Schmiedesequenz ist ein Gesenkhohlraum entweder hohen Gleitgeschwindigkeiten oder hohen Drücken ausgesetzt, jedoch nicht beiden. Somit produziert Reckschmieden große Verformungen auf einem relativ dicken Werkstück, während Fertigschmieden feine Details erzeugt bei kleinen Dehnungen und hohen Drücken. Außerdem ist es wichtig, genau das erforderliche Rohvolumen zu berechnen, um sicherzustellen, dass der Gesenkhohlraum ordnungsgemäß ausgefüllt wird. Derartige Berechnungen werden heutzutage durchweg mit Computern ausgeführt.

Für die Konstruktion von Schmiedegesenken sind unter anderem die folgenden Regeln zu beachten:

1 Ober- und Untergesenk treffen sich an der **Teilungsebene**. Bei einfachen symmetrischen Formen ist diese in der Mitte des Schmiedeteils. Bei komplizierten Formen kann sie versetzt und/oder abgesetzt sein. Die Lage der Teilungsebene ergibt sich aus Teilform, Metallfluss, Kräftegleichgewicht und Grat.

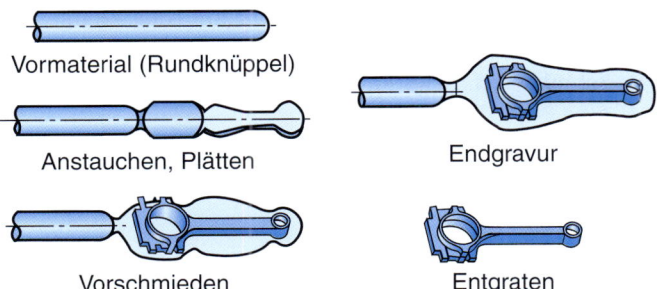

Abbildung 6.26: Stadien der Herstellung eines Pleuels für einen Verbrennungsmotor. Der beim Gesenkschmieden gebildete Grat ist für den richtigen Materialfluss in den Gesenkhohlraum wichtig.

2 Abschnitt 6.2.3 hat die Bedeutung des **Grats** beschrieben. Nachdem der laterale Fluss ausreichend (durch die Länge des Stegs) beschränkt wurde, kann der Grat in eine **Gratrille** fließen. Dadurch erhöht der zusätzliche Grat die Schmiedekraft nicht unnötigerweise. Als Faustregel für den Gratfreiraum (zwischen den Gesenken) sind 3 % der maximalen Dicke des Schmiedeteils anzusehen. Die Länge der Gratbahn beträgt üblicherweise das Fünffache des Gratfreiraums.

3 **Freiwinkel** sind für fast alle Schmiedeteile erforderlich, um das Entnehmen des Teils aus dem Gesenk zu erleichtern. Die Winkel liegen üblicherweise zwischen 3 und 10°. Da das Schmiedeteil in radialer Richtung (sowie in anderen Richtungen) beim Abkühlen schrumpft, werden innere Freiwinkel größer als die äußeren gemacht. Innere Winkel betragen in der Regel etwa 7 bis 10°, äußere etwa 3 bis 5°.

4 Die richtige Auswahl der **Gesenkradien** für Ecken und Kehlen gewährleistet einen problemlosen Metallfluss im Gesenkhohlraum und verbessert die Gesenklebensdauer. Kleine Radien sind im Allgemeinen nicht wünschenswert, da sie sich nachteilig auf den Metallfluss auswirken und dazu neigen, durch Spannungskonzentration und thermische Wechsel die Gesenke schnell zu verschleißen. Kleine Radien in Kehlen können Ermüdungsrisse in Gesenken hervorrufen.

Gesenkwerkstoffe: Da die meisten Schmiedeabläufe – vor allem für große Teile – bei erhöhten Temperaturen durchgeführt werden, müssen Gesenkwerkstoffe Festigkeit und Zähigkeit bei erhöhten Temperaturen, Härtbarkeit, Beständigkeit gegen mechanischen und thermischen Schock sowie Verschleißfestigkeit aufweisen (insbesondere gegen abrasiven Verschleiß durch Zunder auf heißen Schmiedeteilen). Die Auswahl der Werkstoffe hängt von der Größe des Gesenks, den Eigenschaften des Werkstücks, der Komplexität der Werkstückform, der Schmiedetemperatur, der Betriebsart, den Werkstoffkosten, der Anzahl der geforderten Schmiedeteile und den Wärmeübergangs- und Verzugseigenschaften des Gesenkwerkstoffs ab. Gebräuchliche Gesenkwerkstoffe sind Werkzeug- und Gesenkstähle, die Chrom, Nickel, Molybdän und Vanadium enthalten (siehe Abschnitt 3.10.4).

Schmiedetemperatur und Schmierung: Tabelle 6.3 gibt den Bereich der *Temperaturen* für das Warmschmieden verschiedener Metalle an. **Schmierung** spielt eine wichtige Rolle beim Schmieden, da sie Reibung, Verschleiß und folglich den Materialfluss in die Gesenkhohlräume beeinflusst. Außerdem dienen Schmierstoffe als **thermische Barriere** zwischen dem heißen Schmiedeteil und den normalerweise kälteren Gesenken, wodurch das Abkühlen des Werkstücks verlangsamt wird. Darüber hinaus wirkt ein Schmierstoff als **Trennmittel**, um zu verhindern, dass das Schmiedeteil an den Gesenken haftet, und um das Entfernen des Schmiedeteils zu erleichtern. Für das Schmieden kommen verschiedene Metallbearbeitungsflüssigkeiten infrage. Zum Warmschmieden dienen üblicherweise Graphit, Molybdändisulfid und (manchmal) Glas als Schmierstoff. Beim Kaltschmieden sind Mineralöle und Seifen gebräuchlich.

Tabelle 6.3: Schmiedetemperaturen für verschiedene metallische Werkstoffe

Werkstoff	°C	Werkstoff	°C
Aluminiumlegierungen	400–450	Legierte Stähle	925–1260
Kupferlegierungen	625–950	Titanlegierungen	750–795
Nickellegierungen	870–1230	Hochschmelzende Metalle	975–1650

6.2.8 Schmiedemaschinen

Schmiedemaschinen gibt es in verschiedenen Ausführungen, Kapazitäten und Hubgeschwindigkeiten (▶ Abbildung 6.27).

Mechanische Pressen: Diese Pressen sind **weggebunden**, wie zum Beispiel in Kurbelpressen und Kniehebelpressen. Sie arbeiten nach dem Kurbel- oder Exzenterprinzip, wobei die Geschwindigkeit in der Mitte des Hubs am höchsten und im unteren Umkehrpunkt null ist. Die verfügbare Kraft hängt von der Hubposition ab und wird im unteren Umkehrpunkt extrem groß. Somit ist ein ordnungsgemäßes Einrichten entscheidend, um den Bruch von Gesenken oder anderen Bausteilen zu vermeiden. Große mechanische Pressen besitzen eine Kapazität von 100 MN.

Spindelpressen beziehen ihre Energie von einer Schwungscheibe und übertragen die Schmiedekraft über eine vertikale Spindel. Derartige Pressen sind **arbeitsgebunden** und lassen sich für verschiedene Schmiedeoperationen einsetzen. Insbesondere sind sie geeignet, um kleine Stückzahlen mit hoher Präzision zu fertigen (beispielsweise Turbinenschaufeln). Bei Spindelpressen kann die Stößelgeschwindigkeit gesteuert werden. Die zur Zeit größte Spindelpresse erzeugt eine Presskraft von über 300 MN.

Hydraulische Pressen: Diese Pressen arbeiten mit einer geringen konstanten Geschwindigkeit und sind **kraftgebunden**. Auf das Werkstück lassen sich große Energiemengen durch eine konstante Kraft, die während des Hubs verfügbar ist, übertragen. Die Stößelgeschwindigkeit kann während des Hubs variiert werden. Hydraulische Pressen werden für Freiform- und Gesenkschmieden eingesetzt. Die zur Zeit größte hydraulische Presse besitzt eine Kapazität von 730 MN.

Schmiedehämmer beziehen ihre Energie aus der potenziellen Energie des Stößels, die dann in kinetische Energie umgewandelt wird. Somit sind Hämmer *arbeitsgebunden*. Bei *dampf-hydraulischen Hämmern* wird der Stößel im Abwärtshub durch Dampf oder Luft beschleunigt. Die Hammergeschwindigkeiten sind hoch, sodass die Abkühlung der heißen Schmiedeteile minimiert wird und sich komplizierte Formen schmieden lassen, insbesondere dünne und tiefe Mulden (die anderweitig schnell abkühlen würden). Es sind mehrere Schläge erforderlich, bis das Teil die endgültige Form erreicht hat. Die höchsten Energien bei solchen Hämmern betragen 1150 kJ.

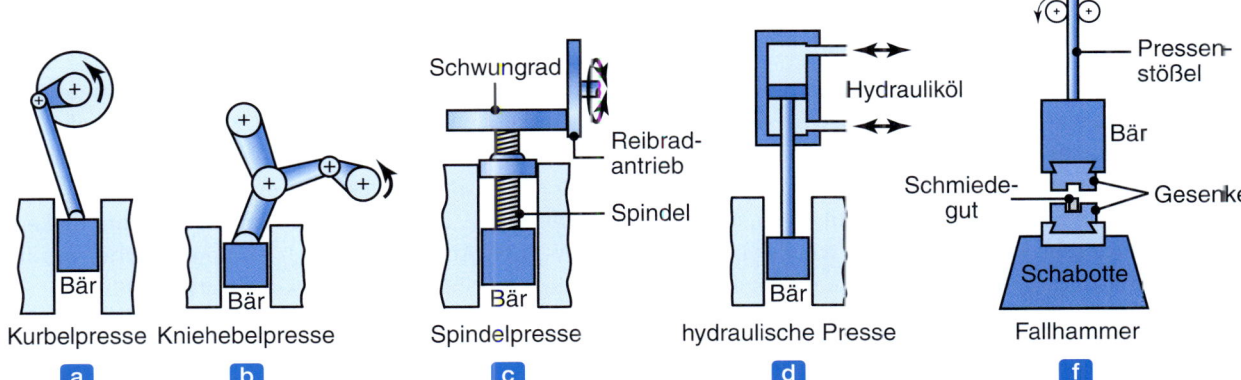

Abbildung 6.27: Verschiedene Ausführungen von Schmiedemaschinen. Die Wahl der Maschine hängt von zahlreichen Faktoren der Produktion ab.

Gegenschlaghämmer: Diese Hämmer besitzen zwei Stößel (Ober- und Unterbär genannt), die sich – wie der Name verrät – gleichzeitig aufeinander zubewegen, um das Teil zu schmieden. Im Allgemeinen arbeiten sie mechanisch-pneumatisch oder mechanisch-hydraulisch. Diese Maschinen übertragen geringere Vibrationen auf das Fundament als andere Hämmer. Der größte Gegenschlaghammer besitzt eine Kapazität von 1300 kJ.

Maschinen für Hochgeschwindigkeitshämmern: Bei derartigen Maschinen wird der Stößel durch Edelgas bei hohem Druck schnell beschleunigt und das Teil wird in einem Schlag bei einer sehr hohen Geschwindigkeit geschmiedet. Obwohl es mehrere Arten dieser Maschinen gibt, wurde ihr Einsatz in der Industrie aufgrund verschiedener Probleme, die mit ihrer Betriebsweise, der Wartung, Gesenkbrüchen und Sicherheitsaspekten zusammenhängen, stark beschränkt.

Maschinenwahl: Die Auswahl der Schmiedemaschinen ist abhängig von Größe und Komplexität des Schmiedeteils, Festigkeit und Dehnratenempfindlichkeit des Werkstoffs, Umfang der Verformung, Losgröße und Kosten. Die Anzahl der Hubbewegungen pro Minute reicht von einigen wenigen bei hydraulischen Pressen bis zu etwa 300 bei Hämmern. Im Allgemeinen bevorzugt man (a) Pressen für Aluminium, Magnesium, Beryllium, Bronze und Messing und (b) Hämmer für Kupfer, Stähle, Titan und hitzebeständige Legierungen.

6.3   Walzen

Beim *Walzen* werden über einen Satz von Walzen Druckkräfte auf ein langes Werkstück ausgeübt, um dessen Dicke zu verringern oder den Querschnitt zu verändern (▶ Abbildung 6.28). Vergleichbar ist dieser Vorgang dem Ausrollen von Teig mit einem Nudelholz, um seine Dicke zu verringern. Walzen, das bei rund 90 % aller durch Umformen hergestellten Metalle beteiligt ist, wurde in den späten 1500er Jahren entwickelt. Die grundlegende Walzoperation ist das *Flachwalzen* oder einfach *Walzen*, bei dem die gewalzten Produkte ebene Platten und Bleche sind.

Platten (auch Grobbleche) haben im Allgemeinen eine Dicke von mehr als 6 mm. Man setzt sie für Konstruktionsanwendungen wie Heizkessel, Brücken, Träger, Schiffsrümpfe, Maschinenkonstruktionen und Kernreaktorbehälter ein. Die Dicke von Platten kann 300 mm bei großen Kesselgerüsten, 150 mm bei Reaktorbehältern und 100 bis 125 mm bei der Panzerung von Kriegsschiffen und Panzern betragen.

Bleche sind im Allgemeinen weniger als 6 mm dick und werden als flache Teile oder als Bänder auf Spulen an Fertigungsbetriebe für die weitere Verarbeitung zu Produkten geliefert. Eingesetzt werden sie beispielsweise für Fahrzeugkarosserien, Flugzeugzellen, Büromöbel, Geräte, Nahrungs- und Getränkedosen und Küchenausstattung. Flugzeugzellen für die Zivilluftfahrt bestehen normalerweise aus 1 mm dickem legierten Aluminiumblech, oftmals der 2000er Reihe, und Getränkedosen aus 0,15 mm dickem legierten Aluminiumblech wie der Legierung EN AW-3104 (Abschnitt 3.11.1). Aluminiumfolie, wie sie für Süßwaren- und Zigarettenverpackungen verwendet wird, besitzt eine Dicke von etwa 0,008 mm.

Üblicherweise ist die Ausgangsform des Werkstoffs für das Walzen ein Barren (auch Bramme). Allerdings wird diese Praxis immer mehr ersetzt durch das **Gießwalzen** (siehe Abschnitt 5.7), das wesentlich effizienter und kostengünstiger ist. Zuerst wird Walzen bei erhöhten Temperaturen (Warmwalzen)

6.3 Walzen

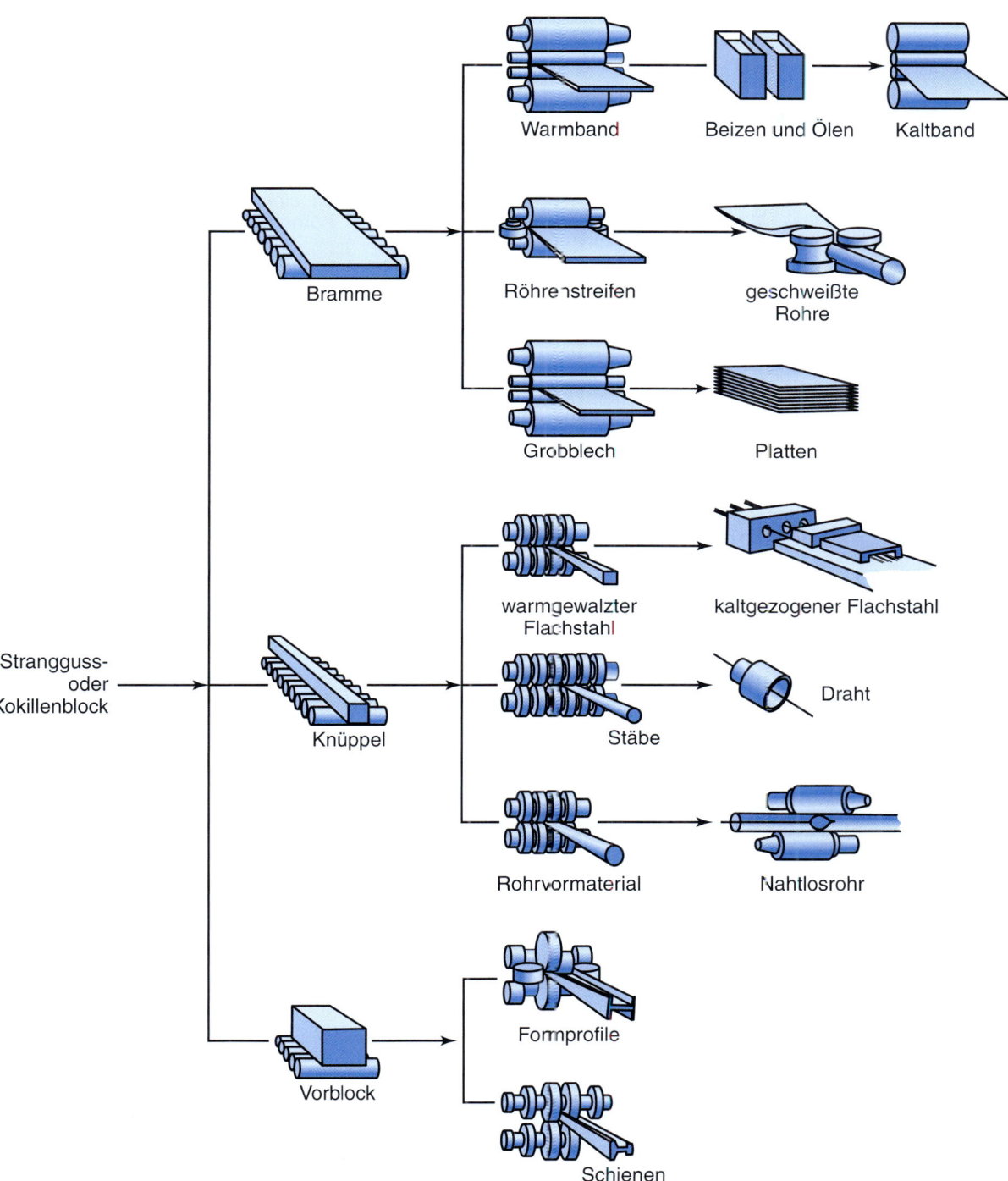

Abbildung 6.28: Schematische Darstellung von Flach- und Profilwalzverfahren.

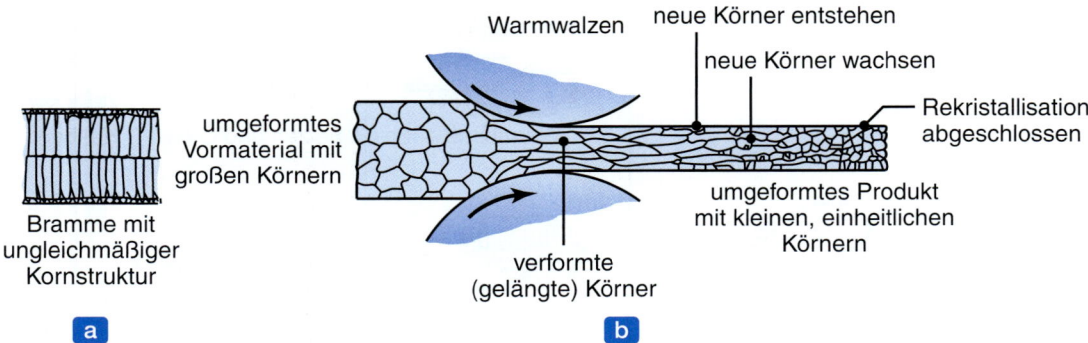

Abbildung 6.29: Veränderung des Gefüges durch Warmwalzen. Dies ist eine effektive Methode zur Reduktion der Korngröße und zur Verbesserung der mechanischen Eigenschaften. Das ursprüngliche Gussgefüge wird in ein Walzgefüge transformiert.

durchgeführt, wobei das grobkörnige, spröde und poröse **Gussgefüge** des Barrens oder der Stranggussbramme in ein **Walzgefüge** mit einer kleineren Korngröße und verbesserten Eigenschaften (▶ Abbildung 6.29) übergeführt wird.

6.3.1 Mechanik des Flachwalzens

▶ Abbildung 6.30 zeigt schematisch den Flachwalzprozess. Ein Band der Dicke h_0 tritt in den Walzspalt ein und wird unter Druck durch drehende Walzen bei einer Umfangsgeschwindigkeit V_r der Walzen auf eine Dicke h_f reduziert. Da das Band beim Walzen dünner aber kaum breiter wird, muss wegen der Volumenkonstanz bei der plastischen Verformung die Geschwindigkeit des Bands zunehmen, während es sich durch den Walzspalt bewegt. Vergleichbar ist dies mit inkompressiblen Flüssigkeiten, die durch einen sich verengenden Kanal strömen. Am Ausgang des Walzspalts beträgt die Geschwindigkeit des Bands V_f (▶ Abbildung 6.31).

Da V_r entlang des Walzspalts konstant ist, die Bandgeschwindigkeit aber zunimmt, wenn das Band den Walzspalt passiert, tritt ein *Gleiten* zwischen der Walze und dem Band auf. An einem Punkt entlang des Kontaktbogens sind jedoch die beiden Geschwindigkeiten gleich. Deshalb bezeichnet man diesen Punkt als **neutralen Punkt**. Links von diesem Punkt bewegt sich die Walze schneller als das Band, während rechts davon das Band schneller ist als die Walze.

Aufgrund der Relativbewegung an den Grenzflächen wirken die Reibungskräfte (die der Bewegung entgegenwirken) auf die Bandoberflächen in den Richtungen wie in Abbildung 6.31 gezeigt. Auf die prinzipielle Ähnlichkeit zwischen den Abbildungen 6.31 und 6.1b sei an dieser Stelle hingewiesen. Beim Stauchen sind die Reibungskräfte wegen der symmetrischen Arbeitsweise einander gleich. Beim Walzen dagegen muss die Reibungskraft links vom neutralen Punkt größer als die Reibungskraft auf der rechten Seite sein. Dieser Unterschied ergibt rechts eine **Nettoreibungskraft**, die das Walzen möglich macht, indem das Band in den Walzspalt gezogen wird. Darüber hinaus müssen die Nettoreibungskraft und die Umfangsgeschwindigkeit der Walze gleichgerichtet sein, damit sich dem System Arbeit zuführen lässt. Folglich sollte der Ort des neutralen Punkts in Richtung des Ausgangs des Walzspalts liegen, um diese Anforderungen zu erfüllen.

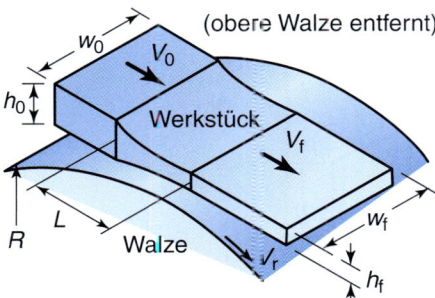

Abbildung 6.30: Schematische Darstellung der geometrischen Verhältnisse beim Flachwalzen. Die obere Walze wurde zur besseren Sichtbarkeit entfernt.

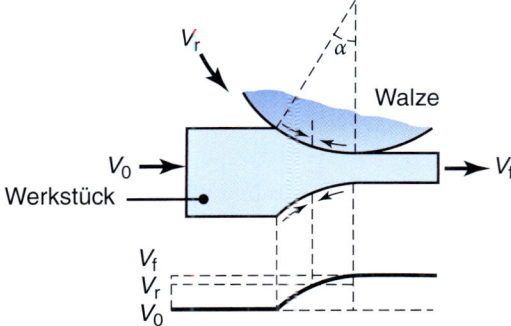

Abbildung 6.31: Verlauf der Relativgeschwindigkeit zwischen Walzgut (Band) und Walze. Die unbeschrifteten Pfeile repräsentieren die Reibungskräfte, die an den Band-Walze-Grenzflächen wirken. Da diese Kräfte immer der Bewegung entgegengesetzt sind, müssen sie im Walzspalt ihre Richtung umkehren.

Vorwärtsschlupf beim Walzen wird in Form der Auslaufgeschwindigkeit des Bands V_f und der Umfangsgeschwindigkeit der Walze V_r definiert als

$$\text{Vorwärtsschlupf} = \frac{V_f - V_r}{V_r} \tag{6.24}$$

und ist ein Maß für die auftretenden relativen Geschwindigkeiten.

1 Walzdruckverteilung: Wie die obige Diskussion gezeigt hat, unterliegt die Verformungszone im Walzspalt einem Spannungszustand ähnlich dem beim Stauchen. Allerdings ist die Berechnung der Kräfte und Spannungsverteilung beim Walzen komplizierter, da die Kontaktflächen gekrümmt sind. Außerdem ist ein verfestigender Werkstoff beim Kaltwalzen nach dem Walzen kaltverfestigt. Somit ist die Fließspannung am Walzspaltausgang höher als am Einlauf.

▶ Abbildung 6.32 zeigt die Kräfte, die auf ein streifenförmiges Element der Breite w in der Einlauf- bzw. Auslaufzone wirken. Der einzige Unterschied zwischen den beiden Elementen ist die *Richtung* der Reibungskraft. Mithilfe der Steifenmethode für *ebene Dehnung* (wie in Abschnitt 6.2.2 beschrieben) lassen sich die Spannungen beim Walzen wie folgt analysieren. Aus dem Gleichge-

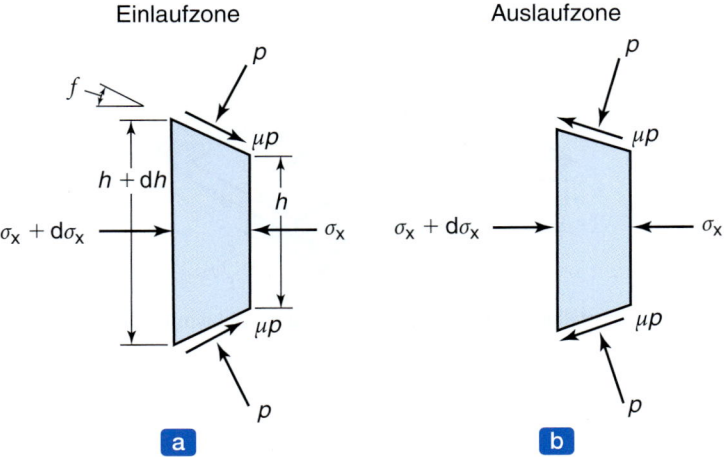

Abbildung 6.32: Spannungen, die auf ein streifenförmiges Element eines Walzbandes wirken. (a) Einlaufzone, (b) Auslaufzone.

wicht der horizontalen Kräfte, die auf den Streifen wirken, ergibt sich

$$(\sigma_x + d\sigma_x)(h + dh) - 2pRd\phi \sin\phi - \sigma_x h \pm 2\mu pRd\phi \cos\phi = 0 \,.$$

Vereinfachen und Weglassen der Terme zweiter Ordnung ergibt den einfacheren Ausdruck

$$\frac{d(\sigma_x h)}{d\phi} = 2pR(\sin\phi \mp \mu\cos\phi)\,.$$

In der Praxis des Walzens ist der Winkel α (siehe Abbildung 6.31) typischerweise nur wenige Grad groß. Folglich kann man annehmen, dass $\sin\phi = \phi$ und $\cos\phi = 1$ gilt. Somit wird der letzte Ausdruck

$$\frac{d(\sigma_x h)}{d\phi} = 2pR(\phi \mp \mu)\,. \tag{6.25}$$

Da die relevanten Winkel sämtlich sehr klein sind, kann man p als eine *Hauptspannung* annehmen. Die andere Hauptspannung ist σ_x. Die Beziehung zwischen diesen beiden Hauptspannungen und der Fließspannung Y_f des Werkstoffs ist für ebene Dehnung durch Gleichung (2.45) oder

$$p - \sigma_x = \frac{2}{\sqrt{3}} Y_f = Y'_f \tag{6.26}$$

gegeben. Wie bereits erwähnt, muss in diesen Ausdrücken die Fließspannung Y_f für ein verfestigendes Material der Dehnung entsprechen, die das Material am jeweiligen Ort im Walzspalt erfahren hat. Schreibt man Gleichung (6.25) um, erhält man

$$\frac{d\left[\left(p - Y'_f\right) h\right]}{d\phi} = 2pR(\phi \mp \mu)$$

oder
$$\frac{d}{d\phi}\left[Y'_f\left(\frac{p}{Y'_f}-1\right)h\right]=2pR(\phi\mp\mu)$$

was nach Ausführen der Differenziation zu

$$Y'_f h \frac{d}{d\phi}\left(\frac{p}{Y'_f}\right)+\left(\frac{p}{Y'_f}-1\right)\frac{d}{d\phi}(Y'_f h)=2pR(\phi\mp\mu)$$

wird. Der zweite Term der linken Seite ist sehr klein, da Y'_f (aufgrund der Kaltverfestigung) wächst, wenn h abnimmt. Deshalb bleibt das Produkt aus Y'_f und h nahezu konstant und seine Ableitung wird folglich zu null. Damit ergibt sich

$$\frac{\frac{d}{d\phi}\left(\frac{p}{Y'_f}\right)}{\frac{p}{Y'_f}}=\frac{2R}{h}(\phi\mp\mu). \tag{6.27}$$

Mit h_f als Dicke des Bandes am Auslauf erhält man für die aktuelle Banddicke h

$$h=h_f+2R(1-\cos\phi)\approx h_f+R\phi^2. \tag{6.28}$$

Setzt man diesen Ausdruck für h in Gleichung (6.27) ein, erhält man nach Integration

$$\ln\frac{p}{Y'_f}=\ln\frac{h}{R}\mp 2\mu\sqrt{\frac{R}{h_f}}\tan^{-1}\sqrt{\frac{R}{h_f}}\phi+\ln C$$

oder für den Walzdruck p

$$p=CY'_f\frac{h}{R}e^{\mp\mu H},$$

wobei der Faktor H im Exponenten durch

$$H=2\sqrt{\frac{R}{h_f}}\tan^{-1}\left(\sqrt{\frac{R}{h_f}}\phi\right) \tag{6.29}$$

gegeben ist. Beim Eintritt in den Walzspalt ist $h=h_0$ und $\phi=\alpha$, folglich $H=H_0$ und ϕ wird ersetzt durch α. Beim Austritt ist $\phi=0$ und folglich $H=H_f=0$. Außerdem gilt beim Eintritt und Austritt $p=Y'_f$.

Somit ist in der **Einlaufzone** die Integrationskonstante C

$$C=\frac{R}{h_0}e^{\mu H_0}$$

und

$$p_{\text{ein}}=Y'_f\frac{h}{h_0}e^{\mu(H_0-H)}. \tag{6.30}$$

In der **Auslaufzone** ist

$$C=\frac{R}{h_f}$$

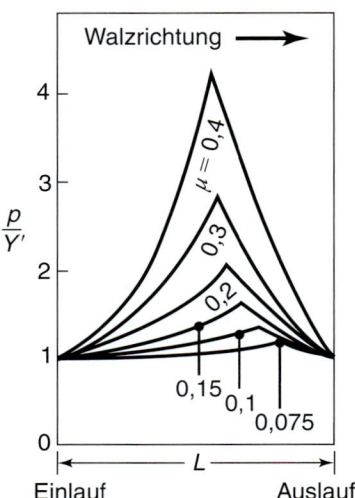

Abbildung 6.33: Verteilung des Walzdrucks im Walzspalt als Funktion des Reibungskoeffizienten zwischen Walzgut und Walze. Mit steigender Reibung verschiebt sich der neutrale Punkt (die *Fließscheide*) in Richtung Eintritt. Ohne Reibung rutschen die Walzen durch und der neutrale Punkt liegt am Austritt.

und folglich

$$p_{\text{aus}} = Y'_\text{f} \frac{h}{h_\text{f}} e^{\mu H} \ . \tag{6.31}$$

Der Druck p ist an einer beliebigen Stelle im Walzspalt eine Funktion von h und damit der Winkelposition ϕ entlang des Kontaktbogens. Die Ausdrücke für den Walzdruck zeigen auch an, dass dieser mit wachsender Festigkeit des Werkstoffs, wachsendem Reibungskoeffizienten und wachsendem Verhältnis R/h_f größer wird. Das R/h_f-Verhältnis beim Walzen ist äquivalent dem a/h-Verhältnis beim Stauchen, siehe Abschnitt 6.2.2.

▶ Abbildung 6.33 zeigt die dimensionslose theoretische Druckverteilung im Walzspalt. Die Ähnlichkeit dieser Kurve (Reibungshügel) mit der Kurve in Abbildung 6.5 ist offensichtlich. Außerdem ist zu beachten, dass der neutrale Punkt in Richtung Austrittspunkt verschoben wird, wenn die Reibung abnimmt. Nähert sich die Reibung dem Wert null, beginnen die Walzen zu rutschen und die Relativgeschwindigkeit zwischen der Walze und dem Band weist im ganzen Walzspalt in dieselbe Richtung.

▶ Abbildung 6.34 zeigt, welche Wirkung die Dickenverringerung (= Stichabnahme) des Bands auf die Druckverteilung hat. Bei zunehmender Stichabnahme steigt die Kontaktlänge im Walzspalt, was wiederum den maximalen Walzdruck erhöht. Die in Abbildung 6.34 dargestellten Kurven beruhen auf theoretischen Berechnungen. Tatsächliche Druckverteilungen, wie sie sich experimentell ermitteln lassen, verlaufen sanfter und weisen abgerundete Spitzen auf.

2 **Lage des neutralen Punkts:** Der neutrale Punkt (die Lage der Fließscheide) lässt leicht ermitteln, indem man die Gleichungen (6.30) und (6.31) gleichsetzt. Somit gilt am neutralen Punkt

$$\frac{h_0}{h_\text{f}} = \frac{e^{\mu H_0}}{e^{2\mu H_\text{n}}} = e^{\mu(H_0 - 2H_\text{n})}$$

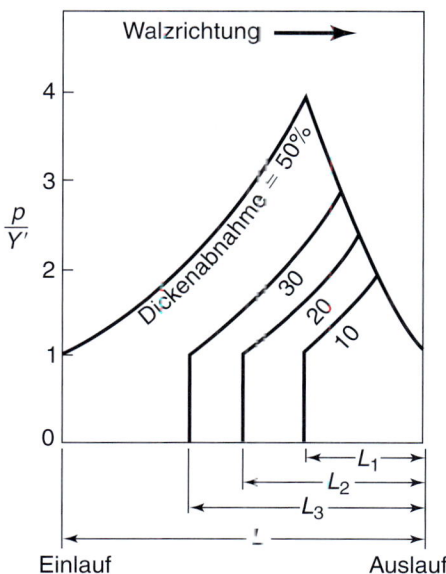

Abbildung 6.34: Verteilung des Walzdrucks im Walzspalt als Funktion der Dickenreduktion des Bandes. Die Fläche unter den Kurven nimmt mit steigender Dickenreduktion (= Stichabnahme) zu.

oder

$$H_n = \frac{1}{2}\left(H_0 - \frac{1}{\mu}\ln\frac{h_0}{h_f}\right). \tag{6.32}$$

Setzt man Gleichung (6.32) in Gleichung (6.29) ein, erhält man für die Winkellage des neutralen Punkts

$$\phi_n = \sqrt{\frac{h_f}{R}}\tan\left(\sqrt{\frac{h_f}{R}}\frac{H_n}{2}\right) = \sqrt{\frac{h_f}{R}}\tan\left(\sqrt{\frac{h_f}{R}}\frac{1}{4}\left(H_0 - \frac{1}{\mu}\ln\frac{h_0}{h_f}\right)\right). \tag{6.33}$$

3 **Bandzug:** Der Walzdruck lässt sich durch verschiedene Maßnahmen verringern, und zwar hauptsächlich, indem man (a) die Reibung verringert, (b) Walzen mit kleineren Durchmessern verwendet, (c) die Banddicke in geringerem Maße reduziert und (d) die Bandtemperatur erhöht. Außerdem ist es besonders effizient, die scheinbare Druckstreckgrenze des Materials zu verringern, indem eine *Längsspannung* angewandt wird. Wie Abschnitt 2.11 zum Thema Fließbedingungen erläutert hat, nimmt die Fließspannung senkrecht zur Bandoberfläche ab, wenn eine Zugspannung in der Bandebene angewandt wird (▶ Abbildung 6.35). Folglich nimmt der Walzdruck ab.

Zugkräfte beim Walzen können auf der Eintrittseite (**Rückwärtsbandzug** σ_r) und/oder auf der Austrittsseite (**Vorwärtsbandzug** σ_v) des Bands angewandt werden. Die Gleichungen (6.30) und (6.31) lassen sich nun so modifizieren, dass sie die Wirkung dieser Zugspannungen für die Einlauf- bzw. Auslaufzonen berücksichtigen:

$$\text{Einlaufzone:} \quad p = (\bar{Y}'_f - \sigma_r)\frac{h}{h_0}e^{\mu(H_0-H)} \tag{6.34}$$

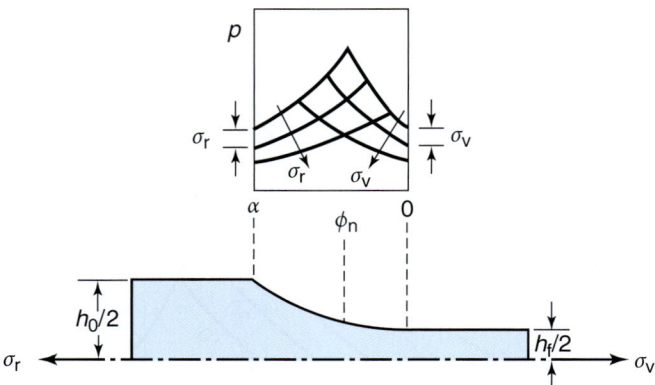

Abbildung 6.35: Verteilung des Walzdrucks im Walzspalt als Funktion des Vorwärts- bzw. Rückwärtsbandzugs beim Flachwalzen. Mit steigender Zugspannung verschiebt sich der neutrale Punkt und die Flächen unter den Kurven werden kleiner, wodurch die Walzkraft sinkt.

und

$$\text{Auslaufzone:} \quad p = \left(Y'_f - \sigma_v\right) \frac{h}{h_f} e^{\mu H}. \tag{6.35}$$

Beispiel 6.3 — **Erforderlicher Rückwärtsbandzug, um Schlupf beim Walzen hervorzurufen**

Wenn beim Walzen eines Bands der Rückwärtsbandzug σ_r zu hoch wird, beginnen die Walzen zu rutschen. Leiten Sie einen Ausdruck für die Größe der erforderlichen Zugspannung ab, bei der das Rutschen der Walzen einsetzt.

Lösung: Rutschen der Walzen heißt, dass der neutrale Punkt gänzlich zum Austritt im Walzspalt verschoben wurde. Die gesamte Kontaktfläche wird nun zur Einlaufzone und es lässt sich Gleichung (6.34) anwenden. Außerdem ist bekannt, dass $H = 0$ bei $\phi = 0$ gilt. Somit ist der Walzdruck beim Austritt durch

$$p(\phi = 0) = \left(Y'_f - \sigma_r\right)\left(\frac{h_f}{h_0}\right) e^{\mu H_0} = Y'_f$$

gegeben. Stellt man diese Gleichung um, erhält man

$$\sigma_r = Y'_f \left[1 - \left(\frac{h_0}{h_f}\right) e^{-\mu H_0}\right],$$

wobei H_0 aus Gleichung (6.29) für die Bedingung $\phi = \alpha$ erhalten wird. Da nun alle Größen bekannt sind, lässt sich der Wert der erforderlichen Spannung berechnen.

Abhängig von den relativen Größen der angewandten Zugspannungen kann sich der neutrale Punkt *verschieben*, wie Abbildung 6.35 zeigt. Wie erwartet beeinflusst diese Verschiebung dann die Druckverteilung, das Antriebsmoment der Walzen und deren benötigte Antriebsleistung.

Bandzug ist besonders wichtig beim Walzen von dünnen, hochfesten Werkstoffen, weil derartige Materialien hohe Walzkräfte benötigen. In der Praxis wird der Vorwärtsbandzug normalerweise durch das Antriebsmoment der Aufwickeleinrichtung (**Aufhaspel**) gesteuert, auf die das gewalzte Blech aufgespult wird, der Rückwärtsbandzug durch ein Bremssystem der Abwickeleinrichtung (**Ablaufhaspel**). Dafür sind spezielle Steuerungsgeräte verfügbar.

4 Berechnung der Walzkraft: Die *Walzkraft F* (auch als **Walzentrennkraft** bezeichnet, da diese Kraft die beiden Walzen auseinanderdrückt) ist das Produkt aus der Fläche unter der Kurve des Walzdrucks über der Kontaktlänge und der Bandbreite w. Die Fläche unter der Kurve lässt sich grafisch oder analytisch ermitteln. Die Walzkraft kann mit dem Ausdruck

$$F = \int_0^{\phi_n} wpR\mathrm{d}\phi + \int_{\phi_n}^{\alpha} wpR\mathrm{d}\phi \qquad (6.36)$$

berechnet werden. Um die Walzkraft einfacher berechnen zu können, multipliziert man die Kontaktfläche mit einer durchschnittlichen Kontaktspannung $\overline{p}$ und erhält

$$F = Lw\overline{p}. \qquad (6.37)$$

Hierbei ist L die Kontaktlänge, die als projizierte Länge des Walzenbogens angenähert werden kann:

$$L = \sqrt{R\Delta h}, \qquad (6.38)$$

wobei R der Walzenradius und Δh die Differenz zwischen der ursprünglichen und der endgültigen Dicke des Walzguts ist, die **Stichabnahme** genannt wird.

Die Größe von $\overline{p}$ hängt vom h/L-Verhältnis ab, wobei h jetzt die *durchschnittliche Dicke* des Walzguts im Walzspalt ist (siehe auch die Abbildungen 6.12 und 6.13). Bei großen h/L-Verhältnissen (große Stichabnahmen und/oder kleine Walzendurchmesser) wirken die Walzen wie Eindringkörper bei einer Härteprüfung. Die Reibung ist unerheblich und $\overline{p}$ lässt sich gemäß Abbildung 6.12 ermitteln, wobei $a = L/2$ gilt. Kleine h/L-Verhältnisse (kleine Stichabnahmen und/oder große Walzendurchmesser) sind hohen a/h-Verhältnissen äquivalent. Dann ist die Reibung vorherrschend und $\overline{p}$ wird aus Gleichung (6.15) erhalten. Beachten Sie, dass für verfestigende Werkstoffe die geeigneten Fließpannungen verwendet werden müssen.

Als Näherungslösung für Bedingungen mit geringer Reibung lässt sich Gleichung (6.37) vereinfachen zu

$$F = Lw\overline{Y}', \qquad (6.39)$$

wobei $\overline{Y}'$ die durchschnittliche Fließspannung in ebener Dehnung (siehe Abbildung 2.37) des Werkstoffs im Walzspalt ist. Für Bedingungen mit größerer Reibung kann man einen Ausdruck ähnlich zu (6.15) wie folgt schreiben (mit $\overline{h}$ als durchschnittliche Banddicke)

$$F = Lw\overline{Y}'\left(1 + \frac{\mu L}{2\overline{h}}\right). \qquad (6.40)$$

5 **Walzenantriebsmoment und Walzenantriebsleistung:** Das *Walzenantriebsmoment* T für jede Walze kann mit dem Ausdruck

$$T = \int_{\phi_n}^{\alpha} w\,\mu\,p\,R^2\,d\phi - \int_{0}^{\phi_n} w\,\mu\,p\,R^2\,d\phi \qquad (6.41)$$

$$\text{(Einlaufzone)} \qquad \text{(Auslaufzone)}$$

berechnet werden. Das Minuszeichen weist auf den Richtungswechsel der Reibungskraft am neutralen Punkt hin. Sind zum Beispiel die Reibungskräfte einander gleich, ist das Drehmoment null. Das Drehmoment beim Walzen lässt sich auch abschätzen, indem man annimmt, dass die Walzkraft F in der *Mitte* des Kontaktbogens (d. h. mit einem Hebelarm von $0{,}5L$) und senkrecht zur Ebene des Walzguts wirkt. Während $0{,}5L$ eine gute Schätzung für das Warmwalzen ist, hat sich $0{,}4L$ für Kaltwalzen als zutreffender erwiesen.

Das **Antriebsmoment pro Walze** ist dann

$$T = \frac{FL}{2}.$$

Die **pro Walze erforderliche Antriebsleistung** P beträgt

$$P = T\omega, \qquad (6.42)$$

wobei $\omega = 2\pi N$ und N die Anzahl der Umdrehungen der Walze pro Minute sind. Somit berechnet sich die Antriebsleistung pro Walze in kW zu

$$P = \frac{\pi F L N}{60\,000} \qquad (6.43)$$

mit F in Newton, L in Meter und N in Umdrehungen pro Minute.

Beispiel 6.4 **Erforderliche Antriebsleistung beim Walzen**

Ein Aluminiumband aus der Legierung EN AW-6061-O (AlMg1SiCu w) mit einer Breite von 25 cm wird bei Raumtemperatur in einem Stich von einer Dicke von 2,5 cm auf 2,0 cm gewalzt. Schätzen Sie die erforderliche Gesamtleistung für diesen Walzvorgang ein, wenn der Walzenradius 30,5 cm ist und die Walzendrehzahl 100 pro Minute beträgt.

Lösung: Die benötigte Antriebsleistung P in kW für einen Satz von **zwei** Walzen ist durch Gleichung (6.43) mit

$$P = 2\frac{\pi F L N}{60\,000}$$

gegeben, wobei F aus Gleichung (6.39) und L aus Gleichung (6.38) erhalten wird. Somit sind

$$F = L w \overline{Y}' \quad \text{und} \quad L = \sqrt{R\Delta h}.$$

Einsetzen der Angabe ergibt

$$L = \sqrt{30{,}5\,(2{,}5 - 2{,}0)} = 3{,}9\,\text{cm} = 0{,}039\,\text{m} \quad \text{und} \quad w = 0{,}25\,\text{m}\,.$$

Für die Aluminiumlegierung findet man in Tabelle 2.3 die Werte $K = 205\,\text{MPa}$ und $n = 0{,}2$. Die logarithmische Dehnung errechnet sich aus der Stichabnahme zu

$$\varphi_1 = \ln\left(\frac{2{,}5}{2{,}0}\right) = 0{,}223\,.$$

Somit ergibt sich mit Gleichung (6.10)

$$\overline{Y} = \frac{205 \times 0{,}223^{0{,}2}}{1{,}2} = 126{,}54\,\text{MPa}$$

und

$$\overline{Y}' = 1{,}15 \times 126{,}54 = 145{,}52\,\text{MPa}\,.$$

Man erhält also für die Walzkraft

$$F = 0{,}039 \times 0{,}25 \times 145{,}52 = 1{,}42\,\text{MN} = 1\,420\,000\,\text{N}$$

und für die Antriebsleistung des Walzenpaares

$$P = \frac{2\pi \times 1\,420\,000 \times 0{,}039 \times 100}{60\,000} = 580\,\text{kW}\,.$$

6. **Walzkräfte beim Warmwalzen:** Da Blöcke und Brammen normalerweise warmgewalzt werden, ist die Berechnung der Kräfte und Drehmomente beim Warmwalzen wichtig. Allerdings treten dabei zwei Schwierigkeiten auf: (a) die richtige Abschätzung des Reibungskoeffizienten μ bei erhöhten Temperaturen, der zwischen 0,2 und 0,7 liegen kann (siehe Tabelle 4.1), und (b) die Dehngeschwindigkeitsempfindlichkeit des Werkstoffs bei erhöhten Temperaturen (siehe Abschnitt 2.2.7).

Um die *durchschnittliche Dehngeschwindigkeit* $\overline{\dot\varphi}$ beim Flachwalzen zu berechnen, dividiert man die Dehnung durch die Zeit, die für ein Element erforderlich ist, damit es diese Dehnung im Walzspalt erfährt. Die Zeit lässt sich mit L/V_r annähern. Folglich gilt

$$\overline{\dot\varphi} = \frac{V_r}{L} \ln\left(\frac{h_0}{h_f}\right)\,. \tag{6.44}$$

Zuerst ist die Fließspannung Y_f des Werkstoffs, die dieser Dehngeschwindigkeit entspricht, zu ermitteln und dann in die entsprechenden Gleichungen einzusetzen. Diese Berechnungen liefern lediglich Näherungswerte, was vor allem auf Variationen in μ und der Temperatur im Walzgut beim Warmwalzen zurückzuführen ist.

7. **Reibung beim Walzen:** Es ist offensichtlich, dass die Walzen ohne Reibung nicht in der Lage wären, das Walzgut in den Walzspalt zu ziehen. Wie bereits erwähnt und zu erwarten, nehmen andererseits Kraft- und Leistungsbedarf zu, wenn die Reibung größer wird. Der Reibungskoeffizient beim

Kaltwalzen liegt typischerweise im Bereich zwischen 0,02 und 0,3 (siehe auch Tabelle 4.1), was von den beteiligten Werkstoffen und Schmierstoffen abhängig ist. Wie Abschnitt 4.4.1 beschrieben hat, sinkt μ bei effektiven Schmierstoffen und liegt in Regimes, die sich der *hydrodynamischen Schmierung* annähern (die zum Beispiel beim Kaltwalzen von Aluminium bei hohen Geschwindigkeiten auftreten kann). Beim Warmwalzen reicht μ von etwa 0,2 (mit effektiver Schmierung) bis zu 0,7 (was auf Haften hinweist, das typischerweise bei Stählen, rostfreien Stählen und Hochtemperaturlegierungen auftritt, siehe auch Tabelle 4.1).

Die **maximal mögliche Stichabnahme**, d. h. $h_0 - h_f$ beim Flachwalzen lässt sich als Funktion von Reibung und Walzenradius als

$$\Delta h_{\max} = \mu^2 R \tag{6.45}$$

darstellen. Je größer der Reibungskoeffizient und der Walzenradius sind, desto größer ist also die maximale Stichabnahme. Die Stichabnahme ist null, wenn keine Reibung vorhanden ist. Der Maximalwert des Winkels α in Abbildung 6.31 lässt sich geometrisch in Beziehung zu Gleichung (6.45) setzen. Basierend auf dem einfachen Modell eines Blocks, der eine schiefe Ebene hinunter gleitet, findet man die sogenannte **Einzugsbedingung**

$$\alpha_{\max} = \tan^{-1} \mu \ . \tag{6.46}$$

Wenn $\alpha_{\max}$ größer als dieser Wert ist, beginnen die Walzen zu rutschen, da die Reibung nicht groß genug ist, um das Material in den Walzspalt zu ziehen.

8 **Walzenbiegung und Walzenabflachung:** Wie zu erwarten, neigen die Walzkräfte dazu, die Walzen zu biegen (▶ Abbildung 6.36a). Das Walzgut wird somit in seiner Mitte dicker sein als an seinen Rändern, es bildet sich der **Scheitel** aus. Um dieses Problem zu vermeiden, schleift man die Walze gewöhnlich so, dass ihr Durchmesser in der Mitte etwas größer als an den Rändern ist. Diese Krümmung wird als **Wölbung** bezeichnet. Beim Walzen von Blechen ist die Wölbung typischerweise kleiner als 0,50 mm bezogen auf den Walzendurchmesser. Da außerdem während des Walzvorgangs Wärme entsteht, können die Walzen etwas ausbauchen. Dieser als **thermische Wölbung** bekannte Effekt lässt sich steuern, indem das Kühlmittel auf den Walzen entlang ihrer axialen Richtung an unterschiedlichen Positionen aufgebracht wird.

Bei richtiger Konstruktion produzieren derartige Walzen ebene Bänder, wie es Abbildung 6.36b zeigt. Eine bestimmte Wölbung ist allerdings nur für eine bestimmte Kraft und Breite des Walzguts korrekt. Beim Warmwalzen kann zudem der Durchmesser über der Länge der Walze aufgrund

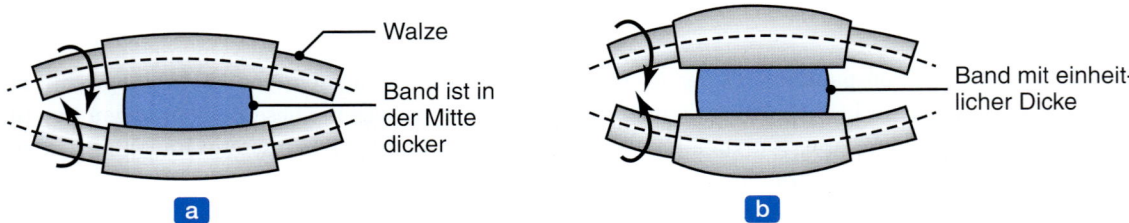

Abbildung 6.36: (a) Verbiegung von geraden, zylindrischen Walzen zufolge der Walzkraft (übertrieben gezeichnet). (b) Verbiegung von Walzen, die mit einem Wölbschliff versehen sind und dadurch ein Band mit einheitlicher Dicke ergeben.

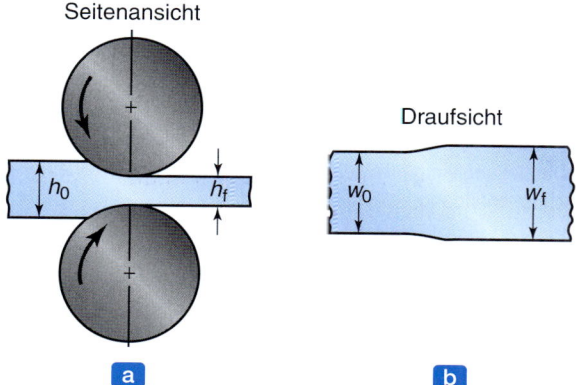

Abbildung 6.37: Zunahme der Breite des Walzguts (Breitung) beim Flachwalzen. Dies ist ähnlich zum Walzen eines Teigs mit einem Nudelholz.

ungleichmäßiger Temperaturverteilung variieren. Die Wölbung beim Warmwalzen lässt sich steuern, indem das Kühlmittel (Schmiermittel) an verschiedenen Positionen auf den Walzen aufgebracht wird.

Walzkräfte neigen auch dazu, die Walzen elastisch *abzuflachen*, wie es auch bei Kraftfahrzeugreifen der Fall ist. Durch Abflachen nimmt die Kontaktfläche zu, was zu einer Zunahme der Walzkraft F führt. Es lässt sich zeigen, dass der neue (verzerrte) Walzenradius R' durch den Ausdruck

$$R' = R\left(1 + \frac{CF'}{h_0 - h_f}\right) \quad (6.47)$$

gegeben ist, wobei C den Wert $2{,}3 \times 10^{-2}$ mm²/kN für Stahlwalzen und $4{,}57 \times 10^{-2}$ mm²/kN für Gusseisenwalzen hat und F' die in kN/mm angegebene **Walzkraft pro Breiteneinheit** des Walzguts ist. Je höher der Elastizitätsmodul des Walzguts ist, desto geringer sind die Walzenverzerrungen. Die Größe von R' lässt sich nicht direkt aus Gleichung (6.47) berechnen, weil die Walzkraft selbst eine Funktion des Walzenradius ist. Die Lösung ist dann iterativ zu ermitteln. Beachten Sie, dass R in allen vorherigen Gleichungen durch R' zu ersetzen ist, wenn eine erhebliche Walzenabflachung auftritt.

9. **Breiten des Walzguts:** Walzen von Platten und Blechen, mit großen Verhältnissen von Breite zu Dicke des Walzguts, ist im Wesentlichen ein Prozess ebener Dehnung. Allerdings nimmt die Breite bei kleineren Verhältnissen wie zum Beispiel beim Walzen eines quadratischen Querschnitts während des Walzens beträchtlich zu, was man als *Breiten* bezeichnet (▶ Abbildung 6.37). Es lässt sich zeigen, dass Breiten mit (a) Zunahme des Verhältnisses von Breite zu Dicke des eintretenden Werkstoffs, (b) Abnahme der Reibung und (c) Zunahme des Verhältnisses von Walzenradius zu Walzgutdicke abnimmt. Breiten lässt sich zum Beispiel mit einem Paar vertikaler Walzen verhindern, die die Kanten des zu walzenden Produkts in ihrer Bewegung behindern.

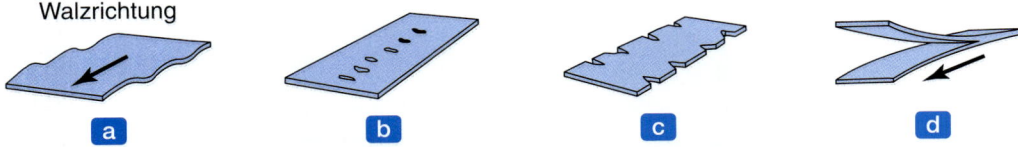

Abbildung 6.38: Schematische Darstellung einiger Fehler beim Flachwalzen: (a) Randwelligkeit, (b) reißverschlussartige Risse in Bandmitte, (c) Randrisse, (d) Schuppenbildung.

6.3.2 Fehler in gewalzten Produkten

Für einen erfolgreichen Walzbetrieb sind viele Faktoren auszubalancieren, einschließlich der Werkstoffeigenschaften, der Prozessvariablen und der Schmierstoffe. Es können sowohl Defekte auf den Oberflächen der gewalzten Platten und Bleche auftreten als auch Strukturdefekte innerhalb des Walzguts. **Oberflächendefekte** können von Einschlüssen und Verunreinigungen im Werkstoff, Zunder, Rost, Schmutz, Walzriefen und anderen Ursachen stammen, die mit der vorherigen Behandlung und Bearbeitung des Werkstoffs im Zusammenhang stehen. Beim Warmwalzen von Vorblöcken, Knüppeln und Brammen wird die Oberfläche normalerweise mit verschiedenen Mitteln vorkonditioniert, beispielsweise durch **Flämmen** (unter Verwendung eines Brenners).

Strukturfehler verletzen oder beeinflussen die Integrität des gewalzten Produkts. ▶ Abbildung 6.38 zeigt einige typische Defekte. **Randwelligkeit** wird durch Biegen der Walzen verursacht, wobei die Kanten des Walzguts dünner als dessen Mitte werden. Da sich dadurch die Ränder in Längsrichtung mehr dehnen als die Mitte und durch das Material in Bandmitte daran gehindert werden, sich frei auszudehnen, beulen sie aus. Die in Abbildung 6.38b und c gezeigten Risse entstehen gewöhnlich durch geringe Duktilität des Werkstoffs und Ausbauchen der Ränder. **Schuppenbildung** ist ein komplexes Phänomen, das aus inhomogener Verformung des Werkstoffs während des Walzvorgangs oder von Defekten im ursprünglichen Gussblock wie zum Beispiel Lunkern oder Mittenseigerungen resultiert.

Eigenspannungen können sich in gewalzten Blechen und Platten aufgrund inhomogener plastischer Verformung im Walzspalt entwickeln. Walzen mit kleinem Durchmesser und/oder kleinen Stichabnahmen neigen dazu, das Metall an den Oberflächen plastisch zu verformen (analog dem Kugelstrahlen oder dem Festwalzen; Abschnitt 4.5.1). Derartige Verformungen erzeugen Druckeigenspannungen an den Oberflächen und Zugspannungen im Grundmaterial (▶ Abbildung 6.39a). Andererseits neigen Walzen mit großem Durchmesser und/oder hohen Stichabnahmen dazu, das Material im Inneren stärker als die Oberflächenbereiche zu verformen, was auf Reibungsbehinderung an den Oberflächen entlang des Kontaktbogens zurückzuführen ist. Diese Situation erzeugt Eigenspannungen, die dem vorher erläuterten Fall entgegengesetzt sind (siehe Abbildung 6.39b).

6.3.3 Vibrationen und Rattern beim Walzen

Beim Walzen wie auch bei anderen Metallbearbeitungsprozessen können sich *Vibrationen* und *Rattern* beträchtlich auf die Produktqualität und Produktivität auswirken. Man schätzt, dass moderne Walzwerke bis zu 50 % schneller arbeiten könnten, gäbe es kein Rattern. Angesichts der sehr hohen Kosten

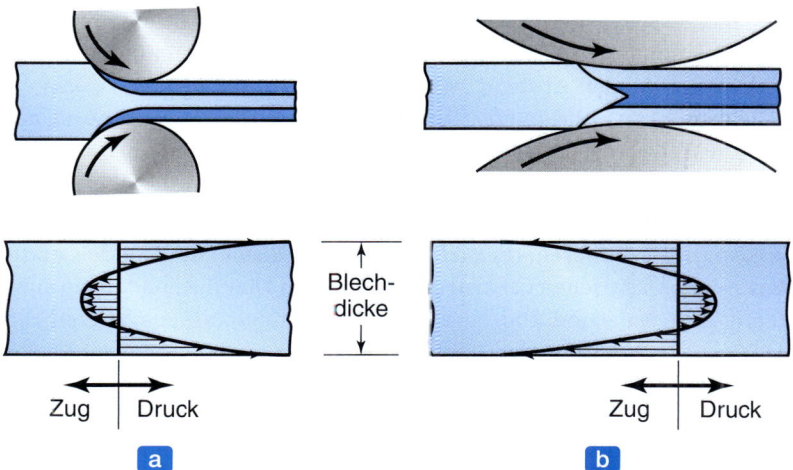

Abbildung 6.39: Einfluss des Durchmessers der Walzen beim Flachwalzen auf die Art der Eigenspannungen im Walzgut: (a) kleine Walzen und/oder kleine Stichabnahmen, (b) große Walzen und/oder große Stichabnahmen.

von Walzwerken steht dieses Problem im Mittelpunkt wirtschaftlicher Betrachtungen. Das allgemein als *selbsterregte Vibration* definierte Rattern tritt zum Beispiel beim Walzen, Strangpressen, Ziehen, maschinellen Bearbeiten und Schleifen auf, wie es die Abschnitte 8.12 und 9.6.8 beschreiben. Beim Walzen führt es zu zufälligen Variationen in der Dicke des gewalzten Blechs und dessen Oberflächengüte und kann übermäßigen Ausschuss produzieren. Rattern tritt vorherrschend in *Tandemstraßen* auf (▶ Abbildung 6.41d). Dieses komplexe Phänomen hängt von vielen Variablen ab und entsteht aufgrund der Wechselwirkungen zwischen dem Walzgerüst und den dynamischen Vorgängen beim Walzen. Als wichtigste Parameter haben sich dabei die Walzgeschwindigkeit und die Schmierung herausgestellt.

Die beim Walzen üblichen Vibrationsmodi lassen sich als Torsionsrattern, Rattern im Modus der dritten Oktave und Rattern im Modus der fünften Oktave klassifizieren (wobei *Oktave* ein Frequenzverhältnis der Töne von 1:2 bedeutet).

1. **Torsionsrattern** zeichnet sich durch eine niedrige Resonanzfrequenz (etwa 5 bis 15 Hz) aus und entsteht normalerweise durch eine erzwungene Vibration (siehe Abschnitt 8.12), kann aber auch gleichzeitig mit Rattern im Modus der dritten Oktave auftreten. Torsionsrattern führt zu kleineren Variationen in der Banddicke und Oberflächengüte und ist gewöhnlich nicht signifikant, sofern es nicht auf Faktoren wie versagende Geschwindigkeitssteuerungen, gebrochene Getriebezahnräder oder nicht ausgerichtete Wellen zurückgeht.

2. **Rattern im Modus der dritten Oktave** tritt im Frequenzbereich von 125 bis 240 Hz auf (die dritte Oktave in der Musik reicht von 131 bis 262 Hz) und ist *selbsterregt*. Das heißt, Energie vom Walzwerk wird in Vibrationsenergie transformiert, und zwar unabhängig von irgendwelchen äußeren Kräften (*erzwungene Vibration*). Dieser Schwingungsmodus ist beim Walzen besonders schwerwiegend, da er zu erheblichen Banddickenvariationen, Schwankungen der Bandspannung zwischen den Walzenständern und oftmals zum Abreißen des Bands führt. Rattern im Modus der dritten

Oktave lässt sich durch Verringern der Walzgeschwindigkeit kontrollieren. Es gibt weitere Vorschläge, diesen Typ von Ratten zu verringern, auch wenn sie sich nicht immer praktisch realisieren lassen. So könnte man (a) den Abstand zwischen den Ständern des Walzwerks vergrößern, (b) die Walzbandbreite w erhöhen, (c) *Dämpfer* (Abschnitt 8.12) in die Walzenführungen einbauen, (d) die Stichabnahme pro Walzgerüst verringern, (e) den Walzenradius R erhöhen und (f) den Reibungskoeffizienten zwischen Band und Walze verringern.

3. **Rattern im Modus der fünften Oktave** tritt im Frequenzbereich von 550 bis 650 Hz auf. Es ist auf die Rattermarken zurückzuführen, die sich auf Arbeitswalzen herausbilden und durch (a) langen Betrieb bei bestimmten kritischen Geschwindigkeiten, (b) Oberflächendefekte auf einer Stützwalze bzw. im einlaufenden Walzband und/oder (c) ungeeignet geschliffene Walzen verursacht werden. Die Rattermarken oder Rillen werden dann bei jeder Bandgeschwindigkeit in das gewalzte Blech eingedrückt und wirken sich nachteilig auf dessen Oberflächenaussehen aus. Darüber hinaus ist Rattern im Modus der fünften Oktave unerwünscht, weil es unzulässigen Lärm produziert. Um dieses Problem in den Griff zu bekommen, kann man (a) die Walzwerkgeschwindigkeit verändern, (b) Stützwalzen von zunehmend größeren Durchmessern in den Gerüsten einer Tandemwalzstraße einsetzen, (c) Rattern beim Walzenschleifen vermeiden und (d) die Quellen für andere Vibrationen im Walzgerüst beseitigen.

6.3.4 Flachwalzbetrieb

Das Vorblocken eines Gussblocks durch Warmwalzen (mit Temperaturen ähnlich wie beim Schmieden, Tabelle 6.3) wandelt die grobkörnige, spröde und poröse Struktur in eine *durchgeknetete* Struktur (Abbildung 6.29) mit feineren Körnern und verbesserter Duktilität um. Wie bereits erwähnt, werden die herkömmlichen Methoden für das Blockwalzen immer mehr durch kontinuierliches Gießen und Walzen (Stranggluss, Bandwalzen; Abschnitt 5.7) ersetzt. Die Produkte des ersten Warmwalzvorgangs heißen **Vorblock**, **Knüppel** oder **Bramme** (siehe Abbildung 6.28). Vorblock und Knüppel besitzen üblicherweise einen quadratischen Querschnitt mit einer Seitenlänge von mindestens 150 mm, eine Bramme hat einen rechteckigen Querschnitt. Vorblöcke werden durch Formwalzen zu Produkten wie zum Beispiel T-Trägern und Eisenbahnschienen weiterverarbeitet. Brammen werden zu Platten und Blechen gewalzt. Knüppel weisen normalerweise einen quadratischen Querschnitt auf, wobei die Querschnittsfläche kleiner als bei Vorblöcken ist. Sie werden zu verschiedenen Formen wie zum Beispiel Rundstangen und Rundstäben mithilfe profilierter Walzenkaliber gewalzt. Warmgewalzte Rundstangen – sogenannter **Walzdraht** – dienen als Ausgangsmaterial für das Stab- und Drahtziehen.

Beim Warmwalzen von Vorblöcken, Knüppeln und Brammen wird die Oberfläche des Werkstoffs normalerweise vor dem Walzen *konditioniert* (auf einen bestimmten Vorgang vorbereitet). Das Konditionieren erfolgt durch Flämmen, um starken Zunder zu entfernen, oder durch Grobschliff. Vor dem Kaltwalzen können der Zunder, der sich während des Warmwalzens gebildet hat, oder andere Oberflächendefekte durch *Beizen* mit Säuren, durch mechanische Mittel (wie zum Beispiel Wasserstrahlen) oder durch Schleifen entfernt werden.

Paketwalzen ist eine Flachwalzoperation, bei der zwei oder mehr Metallschichten zusammengewalzt werden, was die Produktivität verbessert. Zum Beispiel wird Aluminiumfolie durch Paketwalzen in zwei Schichten hergestellt. Es ist unmittelbar verständlich, dass eine Seite der Folie matt und die andere

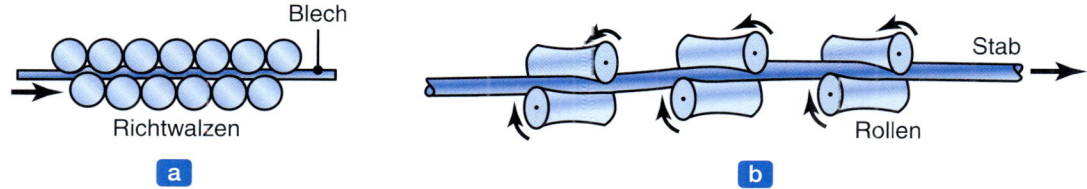

Abbildung 6.40: (a) Richten von Blech, (b) Richten von Stabmaterial.

glänzend ist. Die Seite, auf der die beiden Folien aneinanderliegen, hat eine matte und seidige Oberfläche, während die Seite, die zur Walze zeigt, glänzend und blank ist (da sie mit den polierten Walzenoberflächen in Kontakt gewesen ist).

Wenn **Weichstahl** während der Blechumformung gedehnt wird, zeigt er oft eine ausgeprägte Streckgrenze. Dieses Phänomen verursacht Oberflächenunregelmäßigkeiten, sogenannte **Fließfiguren** oder **Lüdersbänder** (siehe auch Abschnitt 7.2). Um dies zu vermeiden, unterzieht man das Blech normalerweise einem kleinen Walzstich mit 0,5 bis 1,5 % Dickenverminderung, was man als **Nachwalzen** oder **Dressieren** bezeichnet.

Ein gewalztes Blech ist gegebenenfalls aufgrund von Variationen im Material oder in den Prozessparametern während des Walzens nicht genügend eben, wenn es den Walzspalt verlässt. Um die Ebenheit zu verbessern, durchläuft das Band eine Reihe von **Richtwalzen**. Dabei wird jede Walze normalerweise einzeln durch eigenständige Elektromotoren angetrieben. Das Band läuft durch den Walzensatz und wird dabei hin- und hergebogen, bis es gerade und eben ist. Auch stabförmiges Material wird durch Richtwalzen gerade gebogen (▶ Abbildung 6.40).

Schmierung: Beim Warmwalzen von Eisenlegierungen setzt man normalerweise keine Schmierstoffe ein. Gelegentlich wird Graphit verwendet. Wässrige Lösungen dienen dazu, die Walzen zu kühlen und den Zunder aufzubrechen. Nichteisenlegierungen werden warmgewalzt mit verschiedenen Verbundölen, Emulsionen und Fettsäuren.

Maschinen: Es gibt eine breite Palette von Walzwerksausführungen, die verschiedene Walzenanordnungen umfassen, wie es Abbildung 6.41 zeigt. Walzen mit kleinem Durchmesser sind zu bevorzugen, denn je kleiner der Walzenradius ist, desto geringer ist die Walzkraft. Andererseits biegen sich kleine Walzen unter den Walzkräften und müssen durch andere Walzen gestützt werden (**Stützwalzen**), um die Maßhaltigkeit zu gewährleisten (Abbildungen 6.41c und e).

Zweiwalzen- oder **Dreiwalzengerüste** (die in der Mitte der 1800er Jahre entwickelt wurden) setzt man typischerweise für das Vorblocken von Gussblöcken ein, wobei die Walzendurchmesser bis zu 1400 mm reichen (Abbildungen 6.41a und b). Vierwalzengerüste, auch Quartogerüste genannt (Abbildung 6.41c), sind wegen der beiden Stützwalzen für hohe Belastung geeignet. Das **Planetengerüst** und das **Vielwalzengerüst nach Sendzimir** (Abbildungen 6.41d und e) sind besonders geeignet für das Kaltwalzen von dünnen Bändern aus hochfesten Metallen. Die mit einem Vielwalzengerüst hergestellten Produkte können bis zu 5000 mm breit und 0,0025 mm dünn sein. Die Arbeitswalze (kleinste Walze) hat einen Durchmesser bis herab zu 6 mm und besteht normalerweise aus Wolframkarbid, welches über ausreichende Steifigkeit, Festigkeit und Verschleißfestigkeit verfügt.

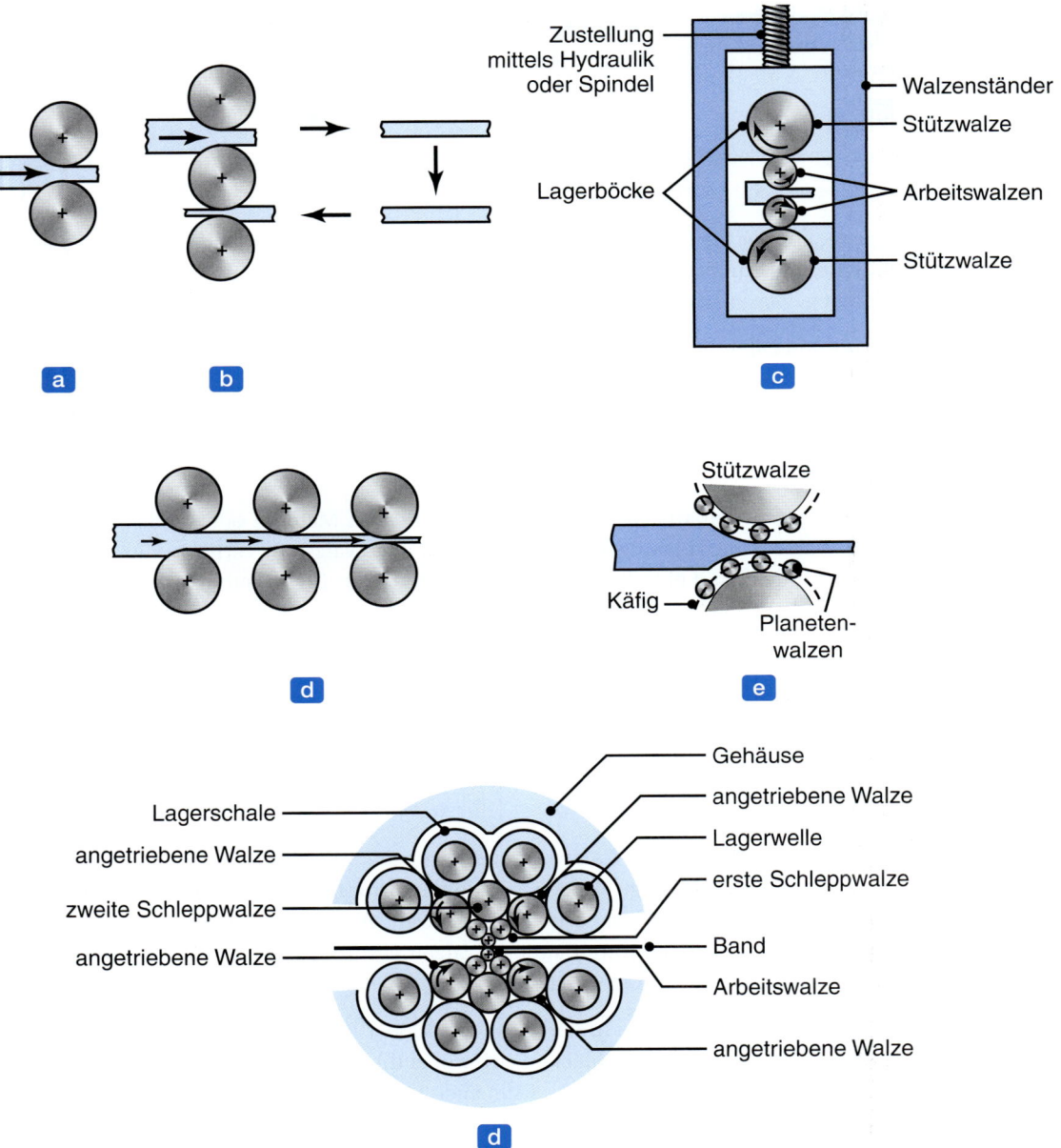

Abbildung 6.41: Schematische Darstellung verschiedener Walzenanordnungen: (a) Zweiwalzengerüst, (b) Dreiwalzengerüst, (c) Vierwalzengerüst mit Stützwalzen, (d) Tandemstraße aus drei Walzgerüsten, (e) Planetenwalzwerk, (e) Vielwalzengerüst nach Sendzimir.

Beim **Tandemwalzen** (Abbildung 6.41d) wird das Walzband kontinuierlich gewalzt, indem es eine Gruppe von **Walzenständern** durchläuft, die man als **Walzstraße** bezeichnet. Die Steuerung des Walzspalts und der Geschwindigkeit, mit der das Band durch die einzelnen Walzenständer (Gerüste) läuft, ist aufwendig und wichtig. Flachwalzen lässt sich auch mit ausschließlichem Vorwärtsbandzug durchführen, wobei nicht angetriebene Mitläuferwalzen (**Steckelwalzen**) verwendet werden. Für diesen Fall ist das Drehmoment an der Walze null, wenn man reibungsfreie Lager annimmt.

Steifigkeit der Komponenten von Walzwerken ist wichtig, um die Abmessungen der gewalzten Produkte zu kontrollieren. Moderne Walzwerke sind in hohem Grad automatisiert und erreichen Walzgeschwindigkeiten bis zu 25 m/s. Die grundlegenden Anforderungen an die Walzenwerkstoffe sind vor allem Festigkeit und Verschleißfestigkeit. Drei gebräuchliche Walzenwerkstoffe sind Gusseisen, Gussstahl und geschmiedeter Stahl. Beim Warmwalzen werden die Walzenoberflächen üblicherweise aufgeraut und können bei hohen Querschnittsverminderungen sogar mit Kerben oder Nuten versehen sein, um das Metall durch den Walzspalt zu ziehen. Walzen für das Kaltwalzen werden geschliffen und für spezielle Anwendungen auch poliert, um eine hohe Oberflächengüte des Blechs zu erhalten.

Ministahlwerke (Mini-Mills): In *Ministahlwerken* wird Schrott in Lichtbogenöfen geschmolzen, kontinuierlich abgegossen und direkt zu spezifischen Produktlinien gewalzt. Jedes Ministahlwerk produziert im Wesentlichen eine Art von Walzprodukt (wie zum Beispiel Stangen-, Stab- oder Trägermaterial) eines Metalltyps und ist in der Regel auf Abnehmer in der Region des Walzwerkstandorts ausgelegt.

Integrierte Stahlwerke sind große Einrichtungen, die vollständige Abläufe realisieren, angefangen bei der Roheisenproduktion in einem Hochofen bis zum Gießen und Walzen fertiger Produkte, die an den Kunden ausgeliefert werden können. Technisch besteht der einzige Unterschied zwischen integrierten Stahlwerken und Ministahlwerken in der Art des verwendeten Ofens. Allerdings ist bei Hochöfen von einer anderen ökonomischen Größenordnung auszugehen als bei Lichtbogenöfen, da es sich um wesentlich größere und aufwendigere Einrichtungen handelt. Nahezu alle integrierten Stahlwerke sind auf Flachwalzerzeugnisse spezialisiert.

6.3.5 Spezielle Walzverfahren

1 **Profilwalzen:** Gerade Erzeugnisse verschiedener Querschnitte, U-Profile, T-Träger und Eisenbahnschienen werden gewalzt, indem das Walzgut mehrere Walzenpaare mit jeweils speziellen Formen durchläuft (*profilierte Walzenkaliber*, ▶ Abbildung 6.42). Die Form des Ausgangsmaterials ist gewöhnlich ein Vorblock (Abbildung 6.28). Die Auslegung einer Walzstrasse zum Profilwalzen (**Kalibrierung**) verlangt besondere Umsicht, um Defektbildung zu vermeiden und die Maßtoleranzen einzuhalten (obwohl einige Defekte bereits im zu walzenden Material existieren können). Zum Beispiel ist der Walzgrad beim Walzen eines U-Profils an verschiedenen Orten des Profilquerschnitts unterschiedlich, wodurch es zu Verzügen oder Rissen kommen kann.

2 **Ringwalzen:** In diesem Prozess wird ein dicker Ring mit kleinem Durchmesser zu einem dünneren Ring mit größerem Durchmesser erweitert, indem der Ring zwischen zwei Walzen platziert wird, von denen eine angetrieben wird (▶ Abbildung 6.43). Die Ringdicke wird verringert, indem die Walzen bei ständiger Drehung enger zusammen geführt werden. Aufgrund der Volumenkonstanz wird die Reduktion in der Dicke durch einen größeren Durchmesser des Rings kompensiert. Ring-

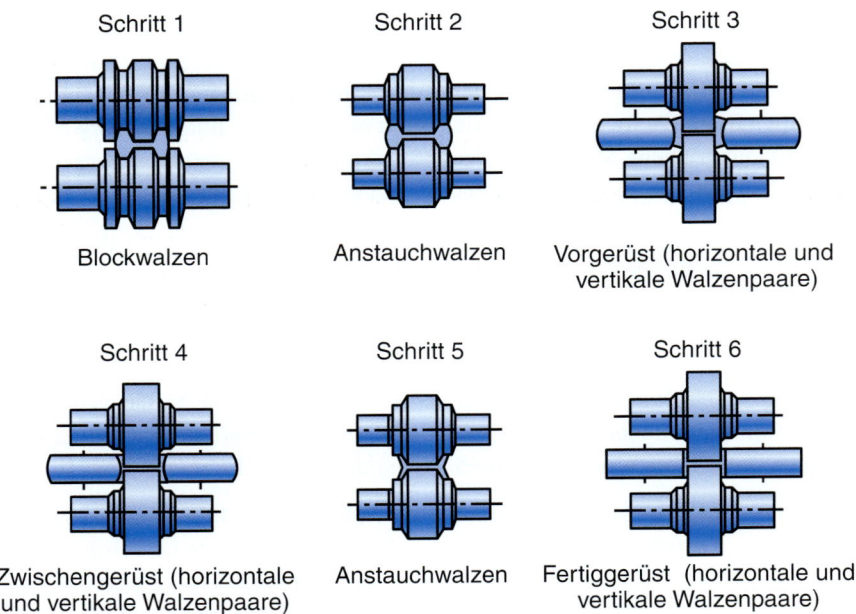

Abbildung 6.42: Stadien beim Walzen eines Doppel-T-Profils. Das Profilwalzen dient zur Herstellung einer Vielzahl von Walzprofilen wie U-Eisen und Schienen.

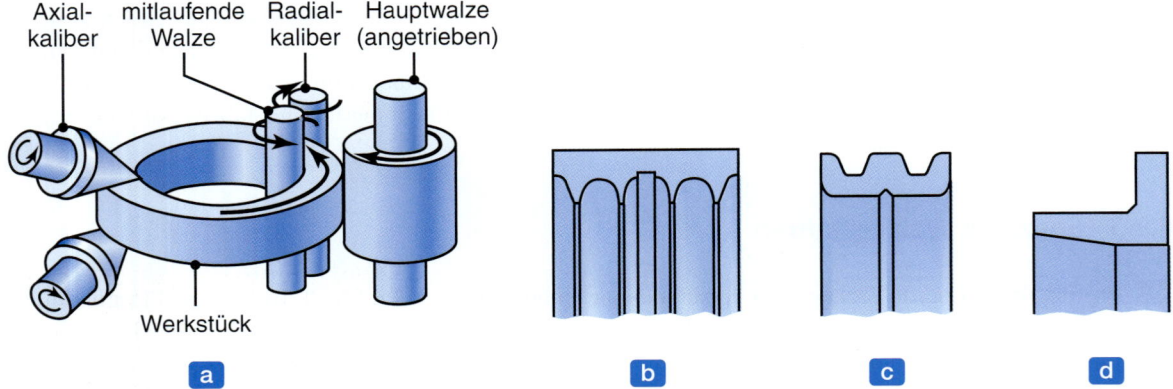

Abbildung 6.43: (a) Schematische Darstellung des Ringwalzens. Die Verringerung der Ringdicke führt zur Durchmessererweiterung. (b)–(d) Drei Beispiele für Querschnitte, die sich mittels Ringwalzen herstellen lassen.

walzen erlaubt es, mit verschiedenartig geformten Walzen die unterschiedlichsten Querschnitte zu produzieren.

Ringwalzen lässt sich bei Raumtemperatur oder erhöhten Temperaturen durchführen, je nach Größe und Festigkeit des Produkts. Die Vorteile des Ringwalzens im Vergleich mit anderen Prozessen zur Fertigung des gleichen Teils sind kürzere Produktionsdurchläufe, Materialeinsparungen, enge Maßtoleranzen und eine günstige Faserrichtung im Produkt. Typische Beispiele für Teile, die durch

Ringwalzen hergestellt werden, sind Ringe für Raketen und Turbinen, Getriebegehäuse, Laufflächen von Kugel- und Rollenlagern, Flansche und Verstärkungsringe für Röhren und Druckkessel.

3. **Gewinde- und Zahnradwalzen:** Beim Gewindewalzen werden Gewinde auf Rundstäben oder Werkstücken erzeugt, indem sie zwischen sich hin- und herbewegenden oder rotierenden Gesenken hindurchlaufen (▶ Abbildungen 6.44a bis c). Typische Produkte sind Schrauben, Bolzen und ähnliche mit Gewinde versehene Bauteile. Mit flachen Gesenken werden die Gewinde auf dem Stab oder Draht bei jedem Hub des sich hin- und herbewegenden Gesenks geformt. In allen Gewindewalzprozessen ist es wichtig, dass der Werkstoff genügend Duktilität besitzt und dass der Stab oder Draht von der geeigneten Größe ist. Schmierung ist für eine gute Oberflächenbeschaffenheit wichtig und um Fehler zu minimieren. Nahezu alle Außengewinde von Verbindungselementen werden durch diesen Prozess hergestellt. Es gibt auch Gewindewalzmaschinen mit zwei oder drei Walzen. Gewinde werden auch mit einem rotierenden Gesenk geformt (Abbildung 6.44c). Die Produktions-

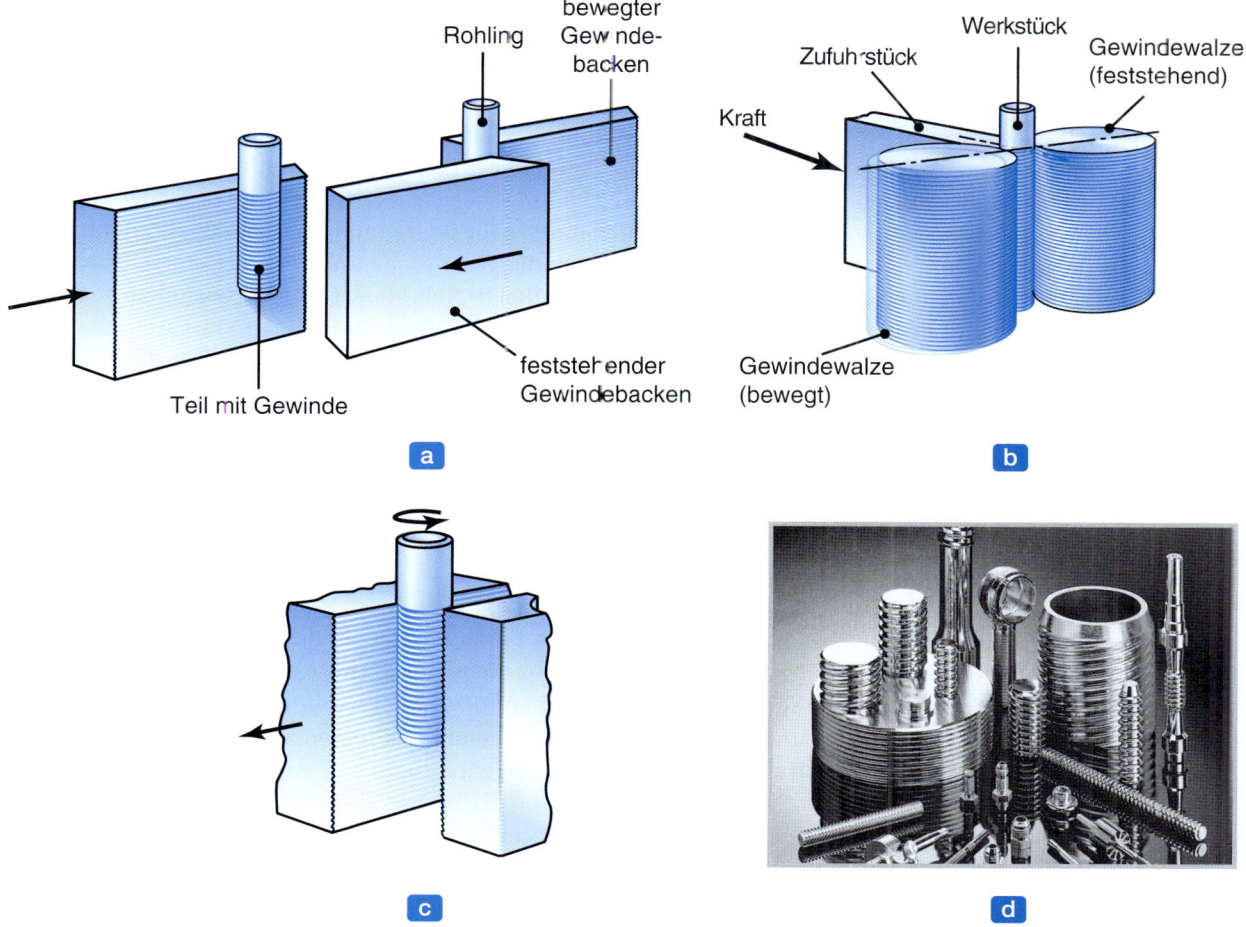

Abbildung 6.44: Gewindewalzen: (a) und (b) hin- und herbewegte Gesenke, (c) rotierendes und stehendes Gesenk, (d) Beispiele für Produkte.

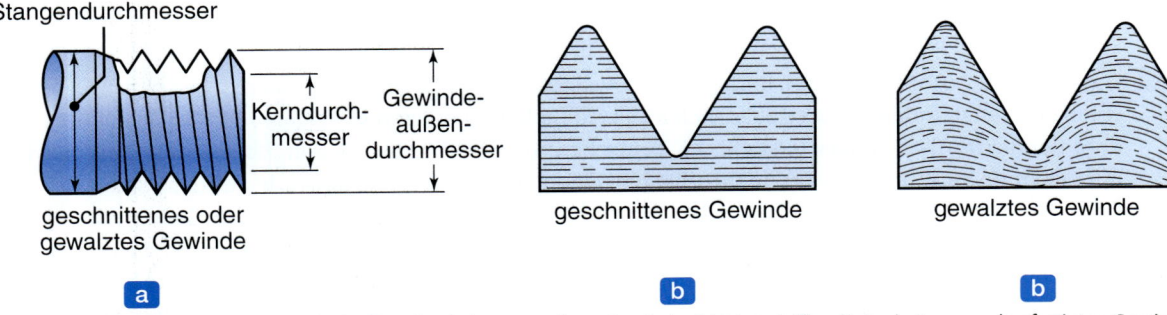

Abbildung 6.45: (a) Geometrische Gegebenheiten gewalzter Gewinde. (b) Materialflusslinien bei spanend gefertigten Gewinden und (c) bei gewalzten Gewinden. Die Materialflusslinien werden beim Gewindewalzen nicht durchschnitten und die Kaltverfestigung sorgt für hohe Gewindefestigkeiten.

raten beim Gewindewalzen sind sehr hoch und liegen etwa bei 30 Stück pro Sekunde. Gewindewalzen lässt sich auch für *Innengewinde* mit einem speziellen Gewindebohrer durchführen. Der Prozess ähnelt dem Walzen von Außengewinde und produziert genaue Gewinde mit guter Festigkeit.

Der Gewindewalzprozess erzeugt Gewinde ohne Metallabfall und aufgrund der Kaltverformung mit großer Festigkeit. Die Oberflächen sind sehr glatt und der Prozess induziert Druckeigenspannungen in den Teileoberflächen, wodurch sich die Ermüdungslebensdauer verbessert. Wegen der Volumenkonstanz bei plastischer Verformung erfordert ein gewalztes Gewinde ein rundes Walzgut mit einem kleineren Durchmesser, um den gleichen Gewindeaußendurchmesser wie bei einem durch spanende Bearbeitung hergestellten Gewinde zu erhalten (▶ Abbildung 6.45). Darüber hinaus wird bei maschineller Bearbeitung Material entfernt, wodurch die Materialflusslinien durchschnitten werden, während gewalzte Gewinde einen Materialfluss aufweisen, der die Festigkeit des Gewindes aufgrund der Kaltverformung verbessert.

Auch **Gerad-** und **Schrägstirnräder** lassen sich mit Prozessen ähnlich dem Gewindewalzen herstellen. Der Prozess kann auf massiven zylindrischen Rohlingen oder auf vorgeschnittenen Zahnrädern durchgeführt werden. Schrägstirnräder können auch durch Vorwärtsstrangpressen (Abschnitt 6.4) mithilfe speziell geformter Gesenke gefertigt werden. Kaltgewalzte Zahnräder findet man in Automatikgetrieben und Elektrowerkzeugen.

4 Lochen: Mit diesem wichtigen Warmumformprozess werden lange, dickwandige, nahtlose Rohre hergestellt, wie es in ▶ Abbildung 6.46 zu sehen ist. Dieser Prozess beruht auf dem Prinzip, dass sich in der Mitte eines Stabs Zugspannungen entwickeln, wenn dieser radial gedrückt wird, siehe Abbildung 6.46a. Wirken zyklische Druckspannungen auf den Stab (wie in Abbildung 6.46b gezeigt), reißt der Stab innen auf und es bildet sich ein Hohlraum. Das in den 1880er Jahren entwickelte und als **Mannesmann-Verfahren** bezeichnete Lochen wird durch eine Anordnung von rotierenden Walzen durchgeführt (Abbildung 6.46c). Die Achsen der Walzen sind um einige Grad schräg zueinander angeordnet, um die Rundstange durch die Kraftkomponente in Längsrichtung als Folge der Rotation der Walzen in den Walzspalt zu ziehen. Ein Dorn unterstützt den Vorgang durch Erweitern des Lochs und Aufweiten des Rohrinnendurchmessers. Aufgrund der starken Verformung, die das Metall in diesem Prozess erfährt, ist es wichtig, dass der Rohling von hoher Qualität und defektfrei ist.

6.4 Strangpressen und Fließpressen

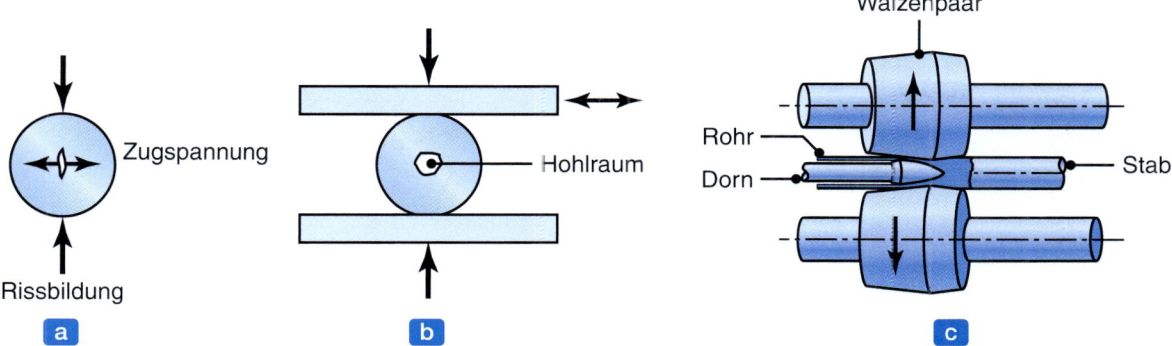

Abbildung 6.46: (a) Risse, die sich im Inneren eines Rundstabs wegen der Zugspannungen bilden, die eine Folge der angelegten Druckspannung sind. (b) Prinzip des Lochens durch Rotation des Stabs zwischen zwei auf Druck belasteten Platten. (c) Das Mannesmann-Verfahren, mit dem nahtlose Rohre hergestellt werden. Der Dorn wird durch eine lange Stange in Position gehalten. Es gibt Verfahrensvariationen, bei welchen der Dorn nicht gehalten werden muss.

5 Rohrwalzen: Durchmesser und Dicke der mit verschiedenen Prozessen hergestellten Rohre und Leitungen lassen sich durch *Rohrwalzen* mithilfe profilierter Walzen mit oder ohne Dorne verringern. Beim **Pilgern** werden das Rohr und ein Innendorn einer Hin- und Herbewegung unterzogen, wobei das Rohr periodisch weiterbewegt und gedreht wird. Mit diesem Verfahren kann man Stahlrohre mit bis zu 265 mm Durchmesser fertigen

6.4 Strangpressen und Fließpressen

Im Fließpressvorgang (▶ Abbildung 6.47), der im späten 18. Jahrhundert für die Herstellung von Bleirohren entwickelt wurde, wird ein runder Pressblock in einer Kammer platziert und mit einem Pressstempel durch eine Gesenköffnung gedrückt. Das Gesenk kann rund sein oder verschiedene andere Formen haben. Typische Teile sind Führungsschienen für Schiebetüren, Fensterrahmen, Aluminiumleitern, Rohrleitungen und Konstruktions- und Architekturprofile. Fließpressen (bzw. Strangpressen, bei Polymeren Extrudieren genannt) lässt sich kalt oder bei erhöhten Temperaturen durchführen. Da das Volumen der verwendeten Kammer konstant ist, wird jeder Pressblock einzeln gepresst, sodass Fließpressen prinzipiell ein diskontinuierliches Verfahren ist. Während das Fließpressen zur Stückgutfertigung einzelner Werkstücke eingesetzt wird, dient das Strangpressen zur Fließfertigung von Halbzeugen.

Beim Fließpressen unterscheidet man vier Grundtypen, wie sie nachstehend beschrieben und in den Abbildungen 6.47 und ▶ 6.48 veranschaulicht werden:

1 Vorwärtsfließpressen ist vergleichbar mit dem Drücken von Zahnpasta durch die Öffnung einer Tube. Der Pressblock gleitet bei diesem Vorgang relativ zur Kammerwand.

2 Beim **Rückwärtsfließpressen** bewegt sich das Gesenk gegen den Pressblock und es gibt außer am Gesenk keine Relativbewegung an der Grenzfläche zwischen Pressblock und Kammer.

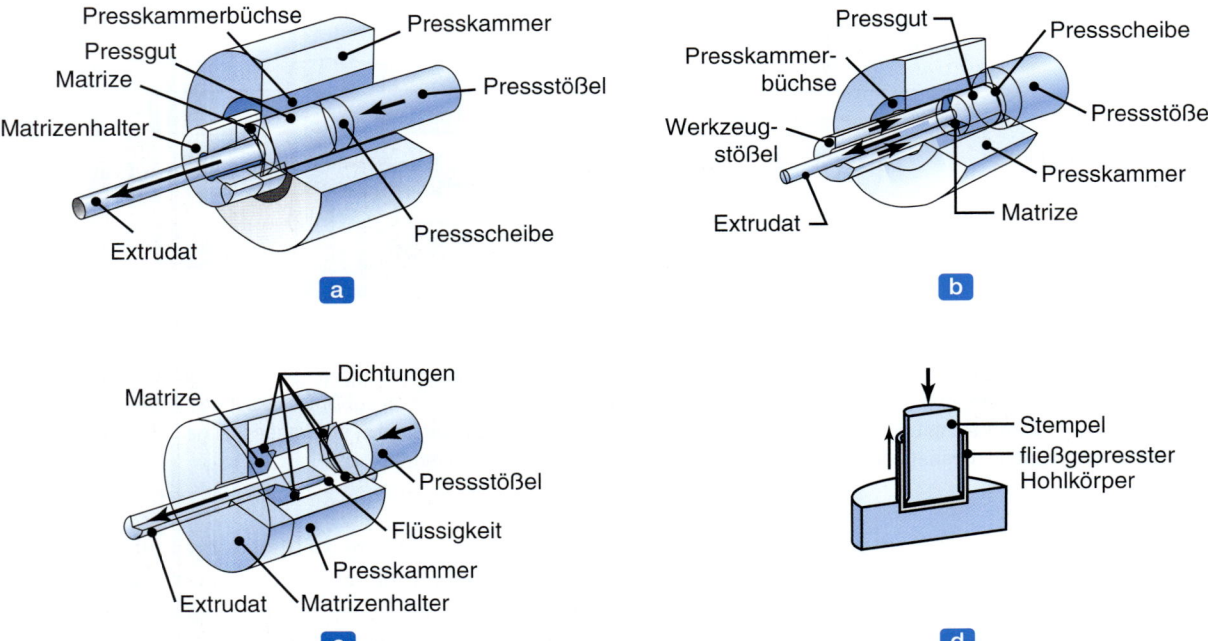

Abbildung 6.47: Fließpressen: (a) Vorwärtsfließpressen, (b) Rückwärtsfließpressen, (c) hydrostatisches Fließpressen, (d) Gegenfließpressen.

3. Beim **hydrostatischen Fließpressen** wird die Kammer mit einer Flüssigkeit gefüllt, die den Druck auf den Pressblock überträgt, der dann durch das Gesenk gepresst wird. Entlang der Kammerwände gibt es praktisch keine Reibung. Man nennt das Verfahren auch wirkmedienbasiertes Fließpressen.

4. **Gegenfließpressen** ist eine Form des Rückwärtsfließpressens und vor allem für Hohlkörper geeignet.

Der Fließpressvorgang lässt sich mit mehreren Parametern beschreiben. Das **Formänderungsverhältnis** R ist definiert als

$$R = \frac{A_0}{A_f}, \tag{6.48}$$

wobei A_0 die Querschnittsfläche des Pressblocks und A_f die Querschnittsfläche des fließgepressten Produkts ist (Abbildung 6.47). Die Form lässt sich durch den **Umkreisdurchmesser** beschreiben, d. h. den kleinsten Kreis, in den der Querschnitt des fließgepressten Produkts passt. Zum Beispiel ist der Umkreisdurchmesser für einen quadratischen Querschnitt die Diagonale des Quadrats bzw. das 1,41-Fache der Seitenlänge. Die Komplexität beim Fließ- und Strangpressen wird durch den **Formfaktor** beschrieben, der das Verhältnis von Umfang des Teils zu seiner Querschnittsfläche angibt. So ist zum Beispiel eine massive runde Stange die einfachste Form, die den kleinsten Formfaktor aufweist (siehe auch Abschnitt 11.2.2 zur Form von Metallpulvern).

6.4 Strangpressen und Fließpressen

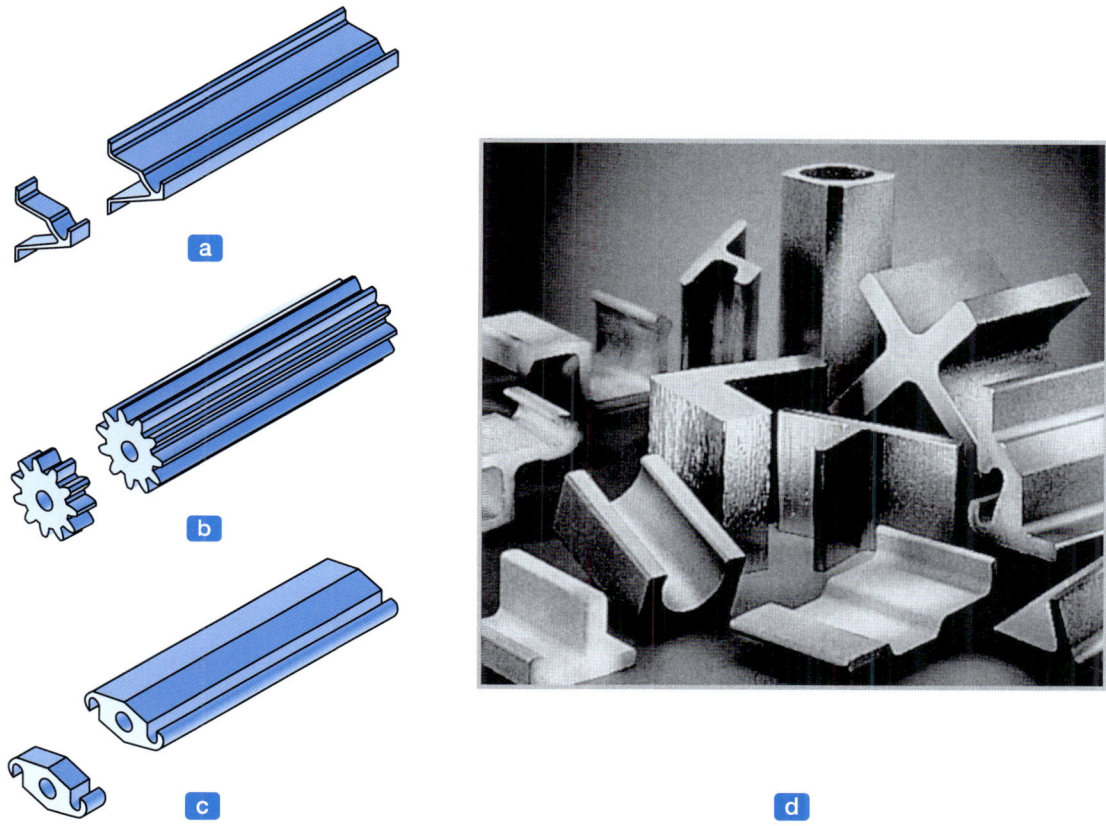

Abbildung 6.48: (a)–(c) Beispiele für stranggepresste Querschnitte und für Produkte, die durch Abschneiden von diesen Querschnitten erhalten werden. (d) Beispiele für stranggepresste Querschnittsformen.

6.4.1 Werkstofffluss beim Fließpressen (Strangpressen)

Wie bei allen anderen Metallbearbeitungsverfahren ist der **Werkstofffluss** auch beim Fließpressen ein wichtiger Faktor für den Gesamtprozess. Um den Werkstofffluss zu untersuchen, schneidet man üblicherweise einen runden Pressblock längs auf, um eine Fläche mit einem quadratischen Raster zu versehen. Die beiden Hälften werden zusammen in der Presskammer platziert (sie können auch *hartgelötet* werden, um die beiden Hälften unversehrt zu lassen; siehe Abschnitt 12.13) und werden als ein Stück fließgepresst. Dann nimmt man sie auseinander und analysiert die Verzerrungen der Rasterlinien.

▶ Abbildung 6.49 zeigt drei Ergebnisse, die typisch sind für direktes Fließpressen mit *quadratischen Gesenken*, deren Gesenköffnungswinkel 90° beträgt. Wie sich diese verschiedenen Fließmuster entwickeln, wird hauptsächlich durch (a) Reibung an den Pressblock-Kammer- und Pressblock-Gesenk-Grenzflächen und (b) thermischen Gradienten innerhalb des Pressblocks bestimmt:

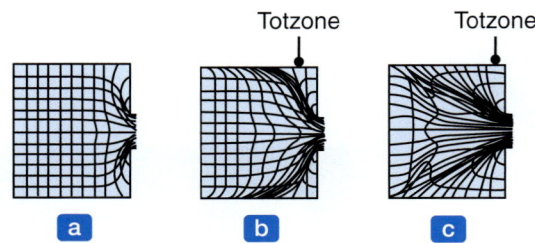

Abbildung 6.49: Werkstofffluss beim Vorwärtsfließpressen. Der Gesenköffungswinkel beträgt jeweils 90°.

a Homogene (einheitliche) Fließmuster erhält man, wenn an den Grenzflächen keine Reibung auftritt (Abbildung 6.49a). Ein derartiger Werkstofffluss tritt auf, wenn der Schmierstoff sehr effektiv ist, oder bei indirektem Fließpressen, bei dem es keine Reibung an den Grenzflächen zwischen Pressblock und Kammer gibt.

b Ist die Reibung entlang der Grenzflächen hoch, entwickelt sich eine **Totzone** (Abbildung 6.49b). Es bildet sich eine markante Scherzone aus, wenn das Material in den Gesenkausgang fließt (ähnlich einer Flüssigkeit, die in einen Trichter fließt). Dies kann anzeigen, dass Oxide von der Pressblockoberfläche und vorhandener Schmierstoff in diese Zone eintreten und fließgepresst werden könnten, was Defekte im fließgepressten Produkt hervorrufen würde (siehe Abschnitt 6.4.4).

c In der dritten Konfiguration dehnt sich die Scherzone weiter nach hinten in den Pressblock aus (Abbildung 6.49c). Diese Situation kann infolge einer hohen Kammerwandreibung (die das Fließen des Pressblocks hemmt) auftreten oder von Werkstoffen herrühren, bei denen die Fließspannung mit steigender Temperatur merklich fällt (wie zum Beispiel bei Titan). Beim Warmfließpressen kühlt das Material in der Nähe der Kammerwand schnell ab, wodurch es fester wird. Im Ergebnis fließt das Material in der Mitte des Pressblocks leichter gegen das Gesenk als die äußeren Bereiche. Dann bildet sich eine große Totzone und der Werstofffluss wird inhomogen. Dieses Fließmuster führt zu einem als **Fließpressdefekt** bezeichneten Fehler (Abschnitt 6.4.4).

6.4.2 Mechanik des Fließpressens (Strangpressens)

In diesem Abschnitt entwickeln wir Gleichungen, um die Kraft beim Strangpressen unter verschiedenen Bedingungen von Temperatur und Reibung zu bestimmen, und zeigen, wie sich diese Kraft minimieren lässt. Die Stößel- oder Stempelkraft beim Vorwärtspressen (Abbildung 6.47a) lässt sich wie folgt für unterschiedliche Bedingungen berechnen:

1 Ideelle Kraft, keine Reibung: Ausgehend vom Formänderungsverhältnis ergibt sich der absolute Wert der logarithmischen Dehnung, der das Material unterworfen wird, zu

$$\varphi_1 = \ln\left(\frac{A_0}{A_f}\right) = \ln\left(\frac{L_f}{L_0}\right) = \ln R \,, \tag{6.49}$$

wobei A_0 und A_f sowie L_0 und L_f die Querschnittsflächen bzw. Längen des Pressblocks bzw. des fließgepressten Produkts sind. Für einen perfekt plastischen Werkstoff mit einer Fließspannung Y

ist die bei plastischer Umformung umgesetzte Energie pro Volumeneinheit u gleich

$$u = Y\varphi_1 . \tag{6.50}$$

Somit ist die am Pressblock verrichtete Arbeit U gleich

$$U = A_0 L_0 u . \tag{6.51}$$

Diese Arbeit wird von der Kraft F des Pressstempels verrichtet, der einen Weg L_0 zurücklegt. Somit gilt

$$U = FL_0 = pA_0L_0 , \tag{6.52}$$

wobei p der Fließpressdruck ist. Setzt man die Umformarbeit der extern verrichteten Arbeit gleich, erhält man

$$p = u = Y \ln \left(\frac{A_0}{A_f}\right) = Y \ln R \tag{6.53}$$

und für die ideelle Kraft $F = pA_0$.

Bei kaltverfestigenden Werkstoffen ist Y durch die *mittlere Fließspannung* $\overline{Y}$ zu ersetzen. Außerdem ist festzuhalten, dass Gleichung (6.53) die Fläche unter der Wahre-Spannung-logarithmische-Dehnung-Kurve des Werkstoffs beschreibt.

2 Ideelle Kraft, mit Reibung: Mit der Scheibenmethode der Plastomechanik und für kleine Gesenköffnungswinkel lässt sich zeigen, dass mit Berücksichtigung der Reibung an der Grenzfläche zwischen Gesenk und Pressblock und Vernachlässigen der Reibung zwischen Kammer und Pressblock der Fließpressdruck p durch den folgenden Ausdruck gegeben ist:

$$p = Y \left(1 + \frac{\tan \alpha}{\mu}\right) \left(R^{\mu \cot \alpha} - 1\right) . \tag{6.54}$$

Nimmt man an, dass die Reibungsspannung gleich der Scherfließgrenze k des Werkstoffs ist und dieser wegen der gebildeten Totzone (siehe Abbildungen 6.49b und c) bei einem inneren „Gesenkwinkel" von 45° fließt, kann der Pressdruck wie folgt abgeschätzt werden:

$$p = Y \left(1{,}7 \ln R + \frac{2L}{D_0}\right) . \tag{6.55}$$

Wenn sich der Pressstempel weiter gegen das Gesenk bewegt, nimmt L ab. Folglich gehen der Pressdruck und damit die Kraft zurück (▶ Abbildung 6.50). Beim Rückwärtsfließpressen ist die Pressstempelkraft jedoch keine Funktion der Pressblocklänge.

3 Tatsächliche Kräfte: Beim realen Fließpressen wie auch in allen anderen Metallumformverfahren ist es schwierig, (1) den Reibungskoeffizienten und seine Variation über alle Werkstück-Gesenk-Kontaktoberflächen, (2) die Fließspannung des Materials unter den tatsächlichen Bedingungen von Temperatur und Dehngeschwindigkeit und (3) die bei inhomogener Deformation verrichtete Arbeit abzuschätzen. Eine einfache empirische Formel wurde für den Pressdruck entwickelt in der Form

$$p = Y(a + b \ln R) , \tag{6.56}$$

wobei a und b experimentell ermittelte Konstanten sind. Dabei hat man den Wert für a mit 0,8 bestimmt, während b im Bereich von 1,2 bis 1,5 liegt.

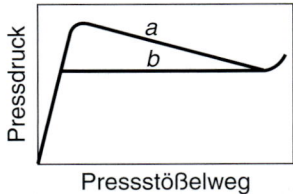

Abbildung 6.50: Pressdruck als Funktion des Stempelwegs beim Fließpressen (schematisch): (a) Vorwärtsfließpressen, (b) Rückwärtsfließpressen. Beim Vorwärtsfließpressen ist der Pressdruck anfangs höher wegen der zusätzlichen Arbeit, die aufgrund der Reibung zwischen dem Pressblock und der Kammerwand zu verrichten ist. Diese Reibungsarbeit wird kleiner, wenn die Länge des Pressblocks abnimmt.

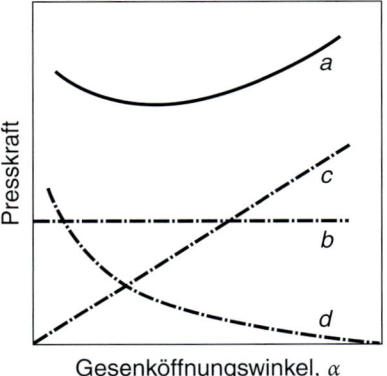

Abbildung 6.51: Zusammenhang zwischen der Presskraft und dem Gesenköffnungswinkel. Kurve a: Gesamtkraft, Kurve b: ideelle Kraft, Kurve c: Kraft für die redundante Arbeit, Kurve d: Kraft zur Überwindung der Reibung. Es gibt einen optimalen Winkel, bei dem die Presskraft minimal ist.

4 Optimaler Gesenköffnungswinkel: Der Gesenköffnungswinkel wirkt sich entscheidend auf die Kräfte beim Fließpressen aus. Die Auswirkungen lassen sich wie folgt zusammenfassen:

a. Die **ideelle Kraft** ist eine Funktion der Dehnung, die das Material erfährt, und sie ist somit eine Funktion des Formänderungsverhältnisses R. Folglich ist sie unabhängig vom Gesenköffnungswinkel, wie es die Kurve (b) in ▶ Abbildung 6.51 zeigt.

b. Die Kraft aufgrund der **Reibung** nimmt mit kleiner werdendem Gesenköffnungswinkel zu, da die Länge des Kontakts entlang der Grenzfläche zwischen Pressblock und Gesenk zunimmt, wenn der Winkel abnimmt, wie es Kurve (d) in Abbildung 6.51 zeigt.

c. Eine zusätzliche Kraft ist erforderlich für **redundante Arbeit** aufgrund der inhomogenen Deformation des Materials während des Pressvorgangs (siehe Abschnitt 2.12). Diese Arbeit nimmt mit wachsendem Gesenköffnungswinkel zu, da die Verformung umso uneinheitlicher wird, je größer dieser Winkel ist (Kurve (c)).

Die **gesamte Kraft** beim Fließpressen ist die Summe dieser drei Anteile. Wie die Kurve (a) in Abbildung 6.51 zeigt, gibt es einen Winkel, bei dem diese Kraft *minimal* ist. Deshalb bezeichnet man diesen Winkel auch als *optimalen Gesenköffnungswinkel*.

Beispiel 6.5 — Dehngeschwindigkeit beim Fließpressen

Bestimmen Sie die logarithmische Dehngeschwindigkeit beim Fließpressen eines runden Pressblocks mit dem Radius r_0 als Funktion des Abstands x von der Eintrittsöffnung eines konischen Gesenks.

Lösung: Aus der Geometrie des konischen Gesenks (Radius $r_0 \leq r(x) \leq r_f$, halber Öffnungswinkel α) und mit x als Abstand vom Eintritt ergibt sich

$$\tan \alpha = \frac{r_0 - r}{x} \tag{6.57}$$

oder

$$r = r_0 - x \tan \alpha \ .$$

Das Inkrement der logarithmischen Dehnung lässt sich definieren als

$$d\varphi = \frac{dA}{A} \ ,$$

wobei $A = \pi r^2$ die Querschnittsfläche des Gesenks bei der Position x ist. Demzufolge gilt $dA = 2\pi r\, dr$ und folglich

$$d\varphi = \frac{2\, dr}{r} \ .$$

Mit $dr = -\tan\alpha\, dx$ ergibt sich für die Dehngeschwindigkeit

$$\dot\varphi = \frac{d\varphi}{dt} = -\left(\frac{2\tan\alpha}{r}\right)\left(\frac{dx}{dt}\right) = -\frac{2v\tan\alpha}{r} \ ,$$

wobei $v = dx/dt$ die Geschwindigkeit des Werkstoffs an einer beliebigen Position x im Gesenk ist. Für die Fließgeschwindigkeit können wir wegen der Volumenkonstanz bei der plastischen Verformung eine Kontinuitätsbedingung anschreiben

$$v = \frac{v_0 r_0^2}{r^2}$$

und erhalten dann für die gesuchte Dehngeschwindigkeit den Ausdruck

$$\dot\varphi = -\frac{2 v_0 r_0^2 \tan\alpha}{r^3} = -\frac{2 v_0 r_0^2 \tan\alpha}{(r_0 - x\tan\alpha)^3} \ . \tag{6.58}$$

Das negative Vorzeichen hängt mit der Tatsache zusammen, dass die logarithmische Dehnung in Form der Querschnittsfläche definiert ist, die mit wachsendem x abnimmt.

5 Presskraft beim Warmfließpressen: Aufgrund der Dehngeschwindigkeitsempfindlichkeit von Metallen bei erhöhten Temperaturen (Abschnitt 2.2.7) ist es schwierig, die Kraft beim Warmfließpressen genau zu berechnen. Es lässt sich zeigen, dass die mittlere wahre Dehngeschwindigkeit durch den Ausdruck

$$\overline{\dot{\varphi}} = \frac{6v_0 D_0^2 \tan\alpha}{D_0^3 - D_f^3} \ln R \tag{6.59}$$

beschrieben wird, wobei v_0 die Stößelgeschwindigkeit ist. Außerdem kann gezeigt werden, dass sich die logarithmische Dehngeschwindigkeit (1) für hohe Formänderungsverhältnisse (d. h. $D_0 \gg D_f$) und (2) bei einem Gesenköffnungswinkel von $\alpha = 45°$ wie bei einem Gesenk mit quadratischem Längsquerschnitt bei schlechter Schmierung (wodurch sich eine Totzone ausbildet) auf

$$\overline{\dot{\varphi}} = \frac{6v_0}{D_0} \ln R \tag{6.60}$$

reduziert.

▶ Abbildung 6.52 zeigt den Einfluss von Stößelgeschwindigkeit und Temperatur auf den Pressdruck. Wie erwartet wächst der Druck mit steigender Stößelgeschwindigkeit schnell an, was besonders bei erhöhten Temperaturen aufgrund der zunehmenden Dehngeschwindigkeitsempfindlichkeit gilt. Bei zunehmender Geschwindigkeit wird die Umformarbeit pro Zeiteinheit (und folglich die Temperatur) ebenfalls größer. Allerdings wird die bei höheren Geschwindigkeiten erzeugte Wärme nicht schnell genug abgeführt. Der Temperaturanstieg kann zu einem *Anschmelzen* des Werkstückwerkstoffs führen und möglicherweise Defekte hervorrufen. Es können sich auch umlaufende Oberflächenrisse als Folge einer **Heißrissanfälligkeit** entwickeln (siehe Abschnitt 3.4.2). Diese Probleme lassen sich durch Verringern der Pressgeschwindigkeit reduzieren oder beseitigen.

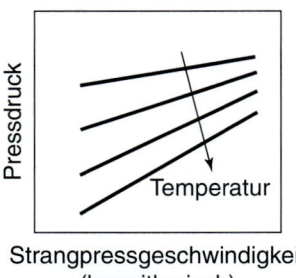

Abbildung 6.52: Einfluss von Temperatur und Stößelgeschwindigkeit auf den Fließpressdruck. Das Bild ist Abbildung 2.10 sehr ähnlich.

6.4 Strangpressen und Fließpressen

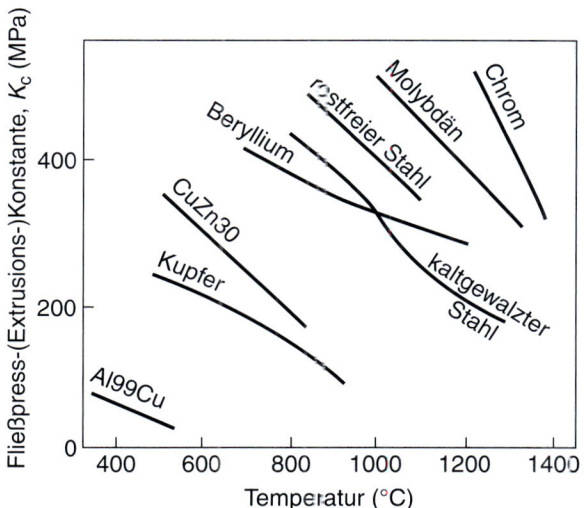

Abbildung 6.53: Fließpresskonstante K_e als Funktion der Temperatur für einige Werkstoffe. Nach P. Loewenstein.

Um die Kraft beim Warmstrangpressen abzuschätzen, verwendet man eine experimentell bestimmte **Fließpresskonstante** K_e, die verschiedene Einflussfaktoren einschließt. Somit ist

$$p = K_e \ln R \,. \tag{6.61}$$

▶ Abbildung 6.53 gibt Werte für K_e für einige Werkstoffe an.

Beispiel 6.6 **Presskraft beim Warmfließpressen**

Ein Kupferstab mit einem Durchmesser von 12 cm und einer Länge von 25 cm wird bei 800 °C mit einer Stößelgeschwindigkeit von 25 cm/s fließgepresst. Nehmen Sie ein Gesenk mit quadratischem Längsquerschnitt und schlechte Schmierung an (Abbildung 6.49). Schätzen Sie die Kraft ab, die für diese Operation erforderlich ist, wenn der Enddurchmesser des fließgepressten Stabs 5 cm beträgt.

Lösung: Das Formänderungsverhältnis bei diesem Vorgang ist

$$R = \frac{12^2}{5^2} = 5{,}76$$

und die mittlere logarithmische Dehngeschwindigkeit nach Gleichung (6.60) beträgt

$$\overline{\dot{\varphi}} = \frac{6 \times 25}{12} \ln 5{,}76 = 22\,\text{s}^{-1}\,.$$

Für Kupfer entnehmen wir der Tabelle 2.5 für die beiden Konstanten der Gleichung (2.16) einen mittleren Wert von 131 MPa für C und für m den Wert 0,06. Somit ist

$$\sigma = C\overline{\dot{\varphi}}^m = 131 \times 22^{0{,}06} = 157{,}7\,\text{MPa}\,.$$

Unter der Annahme, dass $\overline{Y} = \sigma$ gilt, erhalten wir mit Gleichung (6.55)

$$p = \overline{Y}\left(1{,}7 \ln R + \frac{2L}{D_0}\right) = 157{,}7 \left(1{,}7 \times 1{,}75 + \frac{2 \times 25}{12}\right) = 1126{,}2\,\text{MPa}\,.$$

Somit ist

$$F = p A_0 = 1126{,}2\,\frac{\pi \times 0{,}12^2}{4} = 12{,}7\,\text{MN}\,.$$

6.4.3 Spezielle Fließpressverfahren

1 Kaltfließpressen ist ein allgemeiner Begriff, mit dem oftmals eine Kombination von Prozessen beschrieben wird, insbesondere in Verbindung mit Schmieden (▶ Abbildung 6.54). Viele duktile Metalle können kaltfließgepresst werden, wobei der Pressblock meistens Raumtemperatur oder wenige Hundert Grad Celsius hat. Typische Teile sind Fahrzeugkomponenten oder Zahnradrohlinge. Kaltfließpressen ist ein wichtiges Verfahren aufgrund seiner Vorteile wie zum Beispiel:

a. Verbesserte mechanische Eigenschaften, die auf die Kaltverfestigung zurückgehen, vorausgesetzt, dass die durch plastische Verformung und Reibung erzeugte Wärme das fließgepresste Metall nicht rekristallisiert;

b. Gute Steuerung der Maßtoleranzen, sodass nur wenige maschinelle und Endbearbeitungen notwendig sind;

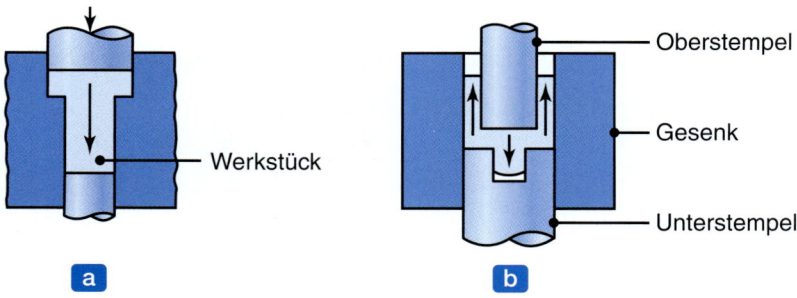

Abbildung 6.54: Zwei Beispiele für das Kaltfließpressen. Die Pfeile kennzeichnen den Werkstofffluss. Die Teile können auch als Schmiedeteile aufgefasst werden.

c. Verbesserte Oberflächengüte, was teilweise auf die Abwesenheit von Oxidfilmen zurückzuführen ist, eine effektive Schmierung vorausgesetzt;
d. Hohe Produktionsraten und relativ geringe Kosten.

Andererseits sind die Belastungen der Werkzeuge und Gesenke beim Kaltfließpressen sehr hoch (insbesondere bei Stahlwerkstücken) und liegen in der Größenordnung der Materialhärte, d. h. mindestens das Dreifache ihrer Fließspannung. Die Konstruktion der Werkzeuge und die Auswahl der geeigneten Werkzeugwerkstoffe sind demzufolge entscheidend für ein erfolgreiches Kaltfließpressen. Die Härte der Werkzeuge liegt üblicherweise zwischen 60 und 65 HRC für den Stempel und zwischen 58 und 62 HRC für das Gesenk. Stempel sind kritische Komponenten – sie müssen über genügend Festigkeit, Zähigkeit und Verschleiß- und Ermüdungsfestigkeit verfügen.

Die Schmierung ist ebenfalls entscheidend, weil während der Verformung neue Oberflächen entstehen, die *Fressen* zwischen dem Werkstück und dem Werkzeug hervorrufen können. Die wirksamste Schmierung ergibt sich bei Phosphat-Konversionsbeschichtungen auf dem Werkstück und Seife (oder Wachs) als Schmierstoff. Der Temperaturanstieg beim Kaltfließpressen ist ein wichtiger Faktor, speziell bei hohen Formänderungsverhältnissen. Die Temperatur kann ausreichend hoch sein, um die Rekristallisation des kaltverformten Metalls einzuleiten und abzuschließen, was die Vorteile der Kaltverformung reduziert oder gar beseitigt.

2 Gegenfließpressen: Dieses Verfahren wird oftmals dem Kaltfließpressen zugeordnet (▶ Abbildung 6.55). Bei dieser Operation bewegt sich der Stempel mit hoher Geschwindigkeit nach unten auf das Rohteil und presst es in die entgegengesetzte Richtung. Ein typisches Beispiel für Gegenfließpressen ist die Herstellung von dünnwandigen Rohren, beispielsweise für Zahnpastatuben. Die Dicke des fließgepressten Rohrquerschnitts ist eine Funktion des Freiraums zwischen dem Stempel und dem Gesenkhohlraum.

Durch Gegenfließpressen werden normalerweise röhrenförmige Produkte hergestellt, die geringe Wandstärken relativ zu ihren Durchmessern besitzen (mit Verhältnissen bis hinab zu 1:0,005). Die Konzentrizität von Stempel und Rohling ist daher wichtig, da andernfalls die Wandstärke nicht einheitlich ist. Abbildung 6.55c zeigt Beispiele für die Formen, die aus verschiedenartigen Nichteisen-

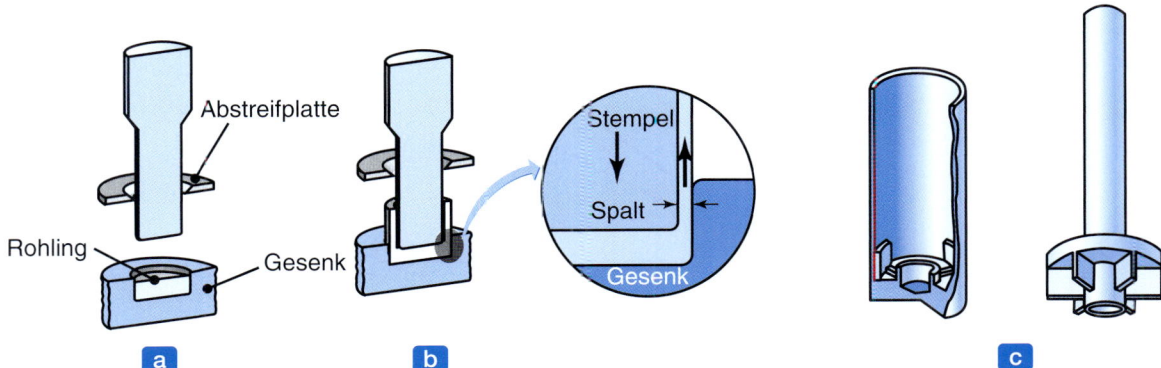

Abbildung 6.55: (a) und (b) Schematische Darstellung des Gegenfließpressens. Die gepressten Teile werden mit einer Abziehscheibe vom Stößel entfernt. (c) Beispiele für gegenfließgepresste Produkte wie z. B. Zahnpastatuben.

metallen durch Gegenfließpressen hergestellt werden. Üblicherweise setzt man vertikale Pressen bei Produktionsraten bis zu zwei Teilen pro Sekunde ein.

3 **Hydrostatisches Fließpressen:** In diesem Verfahren, das Anfang der 1950er Jahre entwickelt wurde, wird der für das Fließpressen erforderliche Druck über ein flüssiges Medium bereitgestellt, das den Pressrohling umgibt, wie es Abbildung 6.47c zeigt. Der hohe Druck in der Kammer überträgt auch einen Teil der Flüssigkeit auf die Gesenkoberflächen, was die Reibung und die Kräfte drastisch verringert (▶ Abbildung 6.56). Die Flüssigkeitsdrücke in diesem Prozess liegen typischerweise in der Größenordnung von 1400 MPa. Hydrostatisches Fließpressen lässt sich auch durchführen, indem das Teil in eine zweiten Kammer, die unter einem geringeren Druck steht, extrudiert wird. Aufgrund der Hochdruckumgebung reduziert diese Operation die Fehler, die sich andernfalls im fließgepressten Produkt entwickeln können. Eine breite Palette von Metallen und Polymeren, massive Profile, Röhren und andere Hohlkörper sowie Wabenstrukturen und Verkleidungsprofile lassen sich erfolgreich fließpressen.

Hydrostatisches Fließpressen wird gewöhnlich bei Raumtemperatur durchgeführt, typischerweise mit Pflanzenölen als Flüssigkeit, insbesondere Rizinusöl, weil es ein guter Schmierstoff ist und seine Viskosität kaum nennenswert durch Druck beeinflusst wird. Für hydrostatisches Fließpressen bei erhöhten Temperaturen setzt man Wachse, Polymere und Glas als Flüssigkeit ein. Diese Werkstoffe dienen auch als thermische Isolatoren und helfen, die Temperatur des Pressblocks während des Pressvorgangs aufrechtzuerhalten. Obwohl hydrostatisches Fließpressen erfolgreich realisiert wurde, kommt das Verfahren in der Industrie kaum zur Anwendung, was hauptsächlich mit der sehr komplizierten Werkzeugkonstruktion, der erforderlichen Erfahrung beim Umgang mit hohen

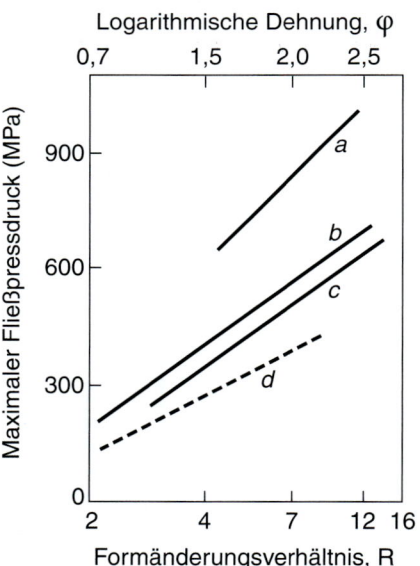

Abbildung 6.56: Maximaler Fließpressdruck als Funktion des Formänderungsverhältnisses für eine Aluminiumlegierung. Kurve a: Vorwärtsfließpressen, Gesenköffnungswinkel $\alpha = 90°$, Kurve b: hydrostatisches Fließpressen, $\alpha = 45°$, Kurve c: hydrostatisches Fließpressen, $\alpha = 22,5°$, Kurve d: ideelle, homogene Verformung, berechnet. Nach H. Li, D. Pugh und K. Ashcroft.

Drücken, dem Entwurf und der Auslegung der speziellen Maschinen sowie den langen Durchlaufzeiten zusammenhängt.

4. **Koaxiales Fließpressen:** In diesem Verfahren können koaxiale Pressblöcke zusammen fließgepresst werden, vorausgesetzt, dass Festigkeit und Duktilität der beiden Werkstoffe kompatibel sind. Ein Beispiel hierfür ist Kupfer, das mit Silber ummantelt ist. Eine weitere Anwendung dieses Verfahrens ist *Plattieren*.

6.4.4 Fehler beim Fließpressen

Beim Fließpressen treten hauptsächlich drei Defekte auf, die in den folgenden Abschnitten beschrieben werden:

1. **Oberflächenrissbildung:** Wenn Temperatur, Geschwindigkeit und Reibung beim Fließpressen zu hoch sind, kann die Oberflächentemperatur erheblich ansteigen, was zu Oberflächenrissen und Reißen (**Tannenbaumrisse**) führt. Diese interkristallinen Risse sind gewöhnlich das Ergebnis von Warmbrüchigkeit (Abschnitt 3.4.2). Sie treten speziell bei Aluminium-, Magnesium- und Zinklegierungen auf, lassen sich aber auch bei anderen Metallen wie zum Beispiel Molybdänlegierungen beobachten. Man kann sie in der Regel durch niedrigere Temperaturen und Geschwindigkeiten vermeiden.

   Oberflächenrissbildung kann auch bei niedrigen Temperaturen auftreten und ist zurückzuführen auf periodisches Haften des fließgepressten Produkts entlang des Düsenvorderteils (**Haft-Gleitreibung**) während des Pressvorgangs. Wenn das zu pressende Produkt am Düsenvorderteil haftet, steigt der Fließpressdruck stark an. Unmittelbar darauf bewegt sich das Produkt wieder vorwärts und der Druck nimmt ab. Dieser Zyklus wiederholt sich dann.

   Da diese Erscheinung einem Bambus ähnelt, spricht man auch von einem **Bambusdefekt**. Anzutreffen ist er speziell bei hydrostatischem Fließpressen, wenn der Druck ausreicht, die Viskosität der Druckflüssigkeit erheblich zu vergrößern. Dies führt zur Bildung eines dicken Schmierfilms. Der Pressblock rutscht dann vorwärts, wodurch wiederum der Druck der Flüssigkeit zurückgeht und die Reibung zunimmt. Somit sind die Änderungen in den physikalischen Eigenschaften der Metallbearbeitungsflüssigkeit verantwortlich für die Haft-Gleitreibung. Unter derartigen Umständen ist die richtige Auswahl einer Flüssigkeit entscheidend. Außerdem wurde herausgefunden, dass sich die Haft-Gleitreibung durch Erhöhen der Fließgeschwindigkeit eliminieren lässt.

2. **Strangpressdefekt:** Es wurde festgestellt, dass die in Abbildung 6.49c gezeigte Art des Metallflusses dazu neigt, die Oxide und Verunreinigungen von der Oberfläche zur Mitte des Pressblocks hin zu ziehen. Durch diesen als *Strangpressdefekt* bezeichneten Defekt wird ein beträchtlicher Teil – bis zu einem Drittel der Stranglänge – des stranggepressten Materials nutzlos. Dieser Defekt kann reduziert werden durch (a) Modifizieren des Fließmusters in ein weniger inhomogenes Fließmuster, beispielsweise durch Steuern der Reibung und Minimieren des Temperaturgradienten, (b) maschinelles Bearbeiten der Pressblockoberfläche vor dem Pressen, um Zunder und Verunreinigungen zu eliminieren, und (c) durch Verwenden einer Pressscheibe (Abbildung 6.47a), die einen kleineren Durchmesser als das Gefäß hat und somit eine dünne Schale entlang der Kammerwand zurücklässt, wenn der Pressvorgang fortschreitet.

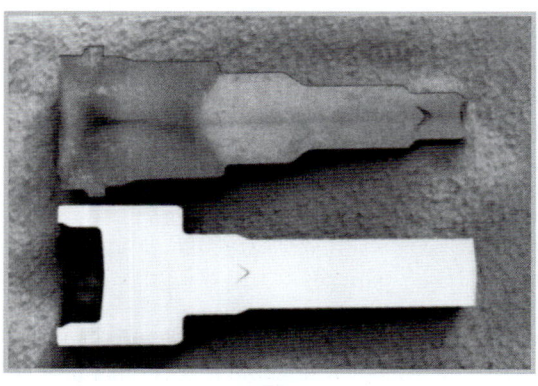 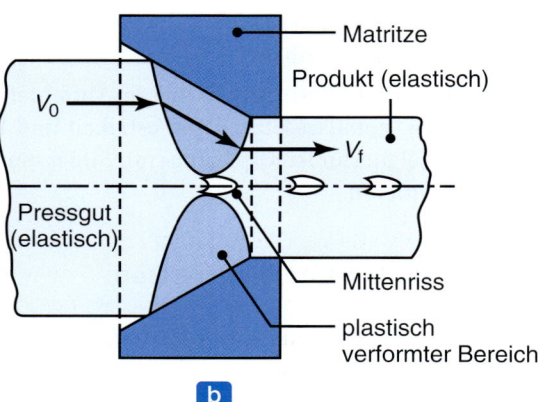

Abbildung 6.57: (a) Bildung von inneren Rissen beim Fließpressen eines runden Stabs. Wenn solche Teile nicht überprüft werden, bleiben diese Fehler unentdeckt und das Teil fällt im Betrieb frühzeitig aus. (b) Verformungszonen beim Fließpressen. Da sich die plastischen Bereiche nicht überlappen, kommt es zu innerer Rissbildung zufolge sekundärer Zugspannungen. Nach B. Avitzur.

3. **Innere Rissbildung:** Risse, die man verschiedentlich als **Mittenrisse**, **Chevron-Risse** und **Zickzackrisse** bezeichnet, können sich in der Mitte eines stranggepressten Produkts entwickeln, wie es ▶ Abbildung 6.57 zeigt. Diese Risse sind dem Vorhandensein von *hydrostatischen Zugspannungen* (auch als *sekundäre Zugspannungen* bezeichnet) an der Mittellinie der Verformungszone im Gesenk zuzuschreiben. Diese Situation ähnelt dem Einschnürbereich der Probe in einem einachsigen Zugversuch. Derartige Risse werden auch beim Strangpressen und Drücken (Abschnitt 7.5.4) von Rohren beobachtet, wobei die Risse auf den inneren Oberflächen erscheinen.

Die hydrostatische Spannung wird vor allem durch die Variablen (a) Gesenköffnungswinkel, (b) Formänderungsverhältnis – und folglich die Reduzierung der Querschnittsfläche – und (c) Reibung beeinflusst. Die Rolle dieser Faktoren lässt sich am besten verstehen, wenn man das Ausmaß der inhomogenen Deformation während des Fließpressvorgangs verfolgt. Experimentelle Ergebnisse zeigen, dass – bei gleichem Formänderungsverhältnis – die Verformung über dem Teil inhomogener wird, je größer der Gesenköffnungswinkel ist. Ein weiterer Punkt ist die Länge des Gesenkkontakts, wobei die Kontaktlänge umso größer ist, je kleiner der Öffnungswinkel ist. Größe und Tiefe der Verformungszone nehmen mit wachsender Kontaktlänge zu, wie es Abbildung 6.57b veranschaulicht.

Wie Abbildung 6.12 zeigt, ist das Verhältnis h/L ein wichtiger Parameter: Je höher dieses Verhältnis ist, desto inhomogener ist die Verformung. Kleine Formänderungsverhältnisse und/oder große Gesenköffnungswinkel bedeuten hohe h/L-Verhältnisse. Inhomogene Verformung zeigt an, dass die Mitte des Pressblocks nicht vollständig plastifiziert ist. Der Grund ist, dass die plastischen Verformungszonen unter den Kontaktlängen des Gesenks einander nicht erreichen (Abbildung 6.57b). In gleicher Weise verzögern kleine Formänderungsverhältnisse und hohe Gesenköffnungswinkel den Materialfluss an den Oberflächen, während die zentralen Teile ungehinderter durch das Gesenk fließen können. Hohe h/L-Verhältnisse erzeugen hydrostatische Zugspannungen in der Mitte des Pressblocks, wodurch sich Defekte wie in Abbildung 6.57a gezeigt bilden. Solche Defekte entstehen schneller in Werkstoffen mit Verunreinigungen, Einschlüssen und Poren, da diese Fehler als Keimbildungsort für die Defektbildung fungieren. Die Bildung dieser Risse wird scheinbar durch hohe Reibung beim Strangpressen verzögert. Diese Beobachtungen treffen auch zu für das Ziehen von Stangen und Drähten, wie es Abschnitt 6.5 beschreibt.

6.4.5 Praxis des Fließpressens

Eine breite Palette von Werkstoffen lässt sich in Formen verschiedener Querschnitte und Abmessungen fließpressen. In der Praxis reichen die Formänderungsverhältnisse typischerweise von ungefähr 10 bis über 100, die Pressstempelgeschwindigkeiten können bis zu 0,5 m/s betragen. Geringere Geschwindigkeiten sind für Aluminium, Magnesium und Kupfer zu bevorzugen, während höhere Geschwindigkeiten vor allem für Stähle, Titan und hochschmelzende Legierungen infrage kommen. Für Warmfließpressen werden im Allgemeinen hydraulische und horizontale Pressen eingesetzt, während die Pressen für Kaltfließpressen in der Regel vertikal ausgeführt sind.

Warmfließpressen: Neben der Dehngeschwindigkeitsempfindlichkeit des Werkstoffs bei erhöhten Temperaturen (Abschnitt 2.2.6) sind beim Warmfließpressen weitere spezielle Überlegungen anzustellen. Die Temperaturbereiche beim Warmfließpressen sind ähnlich denen für Warmschmieden, wie sie in Tabelle 6.3 angegeben sind. Die Abkühlung des Pressblocks in der Kammer (die normalerweise nicht aufgeheizt wird) kann zu stark inhomogener Verformung während des Pressvorgangs führen. Da der Pressblock zudem vor dem Pressvorgang aufgeheizt wird, ist er typischerweise mit einer Oxidschicht bedeckt, sofern das Aufheizen nicht in einer Edelgasatmosphäre geschieht. Die Oxidschicht beeinflusst die Reibungseigenschaften, kann sich auf den Materialfluss auswirken und liefert unter Umständen ein fließgepresstes Teil, das von einer Oxidschicht überzogen ist. Um dieses Problem zu vermeiden, wählt man den Durchmesser der Pressscheibe vor dem Pressstempel (Abbildung 6.47a) ein wenig kleiner als den Durchmesser der Kammer.

Schmierung: Für Stähle und hitzebeständige Werkstoffe ist Glas ein ausgezeichneter Schmierstoff. Glas behält seine Viskosität bei erhöhten Temperaturen bei, besitzt gute Benetzungseigenschaften und fungiert als Wärmesperre zwischen dem Pressblock, der Kammer und dem Gesenk, was die Kühlung minimiert. Beim Séjournet-Verfahren wird eine runde Glasunterlage im Container am Gesenkeintritt platziert. Bei fortschreitendem Pressen erweicht diese Unterlage und schmilzt langsam weg. Dabei wird eine optimale Gesenkgeometrie geformt, um die erforderliche Energie zu minimieren. Der Viskositäts-Temperatur-Index des Glases ist ein wichtiger Faktor bei dieser Anwendung, um den Glasverbrauch an der Zuführung zum Gesenk zu steuern. Beim Warmfließpressen können auch feste Schmierstoffe wie Graphit und Molybdändisulfid verwendet werden. Nichteisenmetalle werden oftmals ohne Schmierstoff gepresst (obwohl manchmal Graphit verwendet wird), da Reibungsspannungen moderat sind und die Oberflächengüte ein wichtiges Designmerkmal ist (siehe *Orangenhauteffekt* in Abschnitt 3.6).

Bei Werkstoffen, die zum Haften an der Kammerwand und dem Gesenk neigen, kann der Pressblock in einen Mantel (einen dünnwandigen Container) eines weicheren Metalls – beispielsweise Kupfer oder unlegierten Stahl – eingehüllt werden. Dies ergibt nicht nur eine Grenzfläche mit geringer Reibung, sondern verhindert die Verunreinigung des Pressblocks wie auch das Verunreinigen der Umgebung durch den Pressblock (wenn es sich dabei um giftige oder radioaktive Stoffe handelt). Das Umhüllen verwendet man auch für die Verarbeitung von Metallpulvern durch Strangpressen (siehe Kapitel 11).

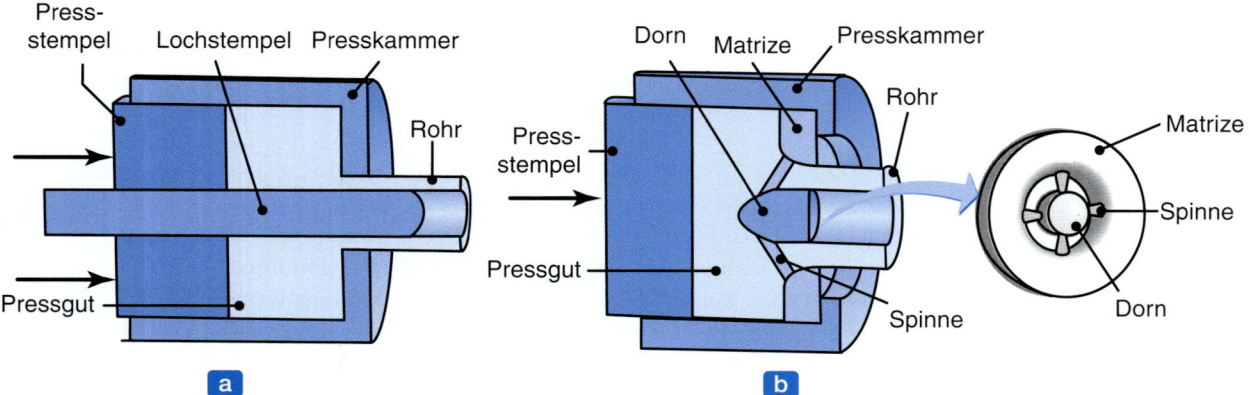

Abbildung 6.58: Fließpressen (Strangpressen) von Nahtlosrohren mithilfe (a) eines Lochstempels, der unabhängig vom Pressstößel bewegt werden kann, (b) eines Spinnengesenks.

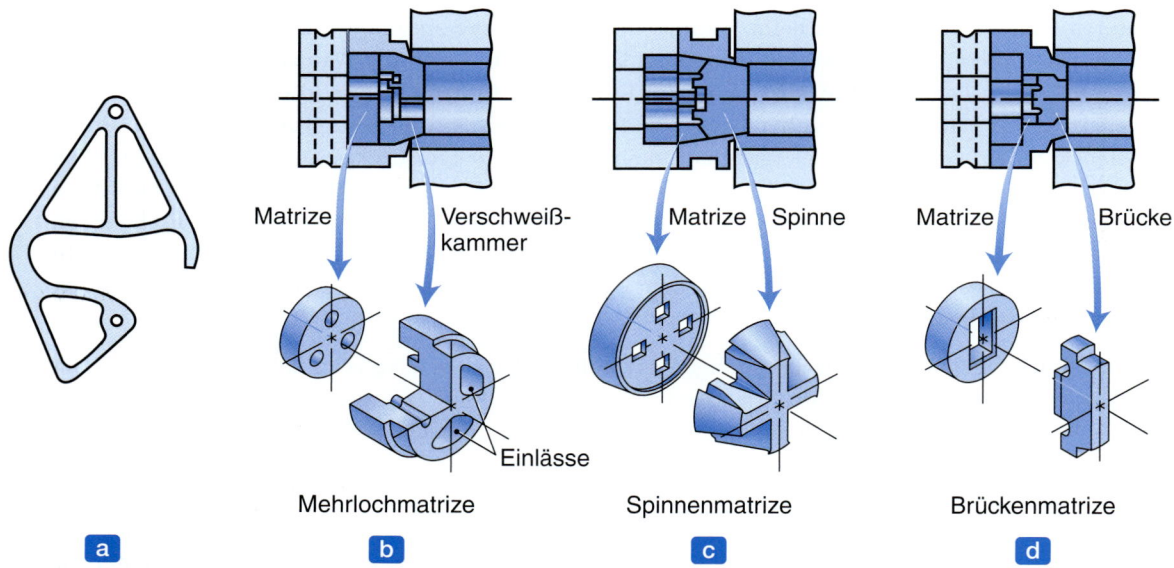

Abbildung 6.59: (a) Schloss aus Aluminium für eine mehrteilige Schiebeleiter. Das 8 mm dicke Teil wurde vom stranggepressten Profil abgesägt. (b)–(d) Verschiedene Gesenke zur Fertigung komplizierter Hohlprofile. Nach K. Laue und H. Stenger.

Gesenkkonstruktion und -werkstoffe: Wie in allen Metallbearbeitungsoperationen erfordern Gesenkkonstruktion und Werkstoffauswahl beträchtliche Erfahrung. Vierkantgesenke lassen sich erfolgreich für Nichteisenmetalle – speziell Aluminium – einsetzen. In Gesenken für die Röhrenherstellung wird typischerweise ein Stößel verwendet, in dem ein Dorn läuft (▶ Abbildung 6.58a). Bei Pressblöcken mit einem durchgebohrten Loch kann der Dorn einfach auf dem Stößel angebracht sein, während ein massiver Pressblock zuerst gelocht werden muss. Als Gesenkwerkstoff für Warmfließpressen kommt typischerweise Warmarbeitsstahl zum Einsatz (Abschnitt 3.10.4). Die Standzeit der Gesenke kann mit verschiedenen Beschichtungen erhöht werden (siehe Abschnitt 4.5).

Röhrenförmige und hohle Profile (▶ Abbildung 6.59a) können auch durch **Schweißkammerverfahren** mithilfe verschiedener Spezialgesenke hergestellt werden, die man als *Spinnengesenk*, *Mehrlochgesenk* und *Brückengesenk* bezeichnet (Abbildungen 6.58b und 6.59b bis d). Das Metall fließt um die Arme des Gesenks (der Matrize) und wird dabei in Stränge zerteilt, die sich dann unter den hohen Drücken, die an der Austrittszone des Gesenks vorhanden sind, selbst verschweißen. Bei diesen Vorgängen können keine Schmierstoffe verwendet werden, da sie das Wiederverschweißen in der Austrittszone des Gesenks verhindern würden. Darüber hinaus sind die Schweißkammerverfahren nur für Aluminium und einige seiner Legierungen geeignet.

Maschinen: Die Maschinen für das Fließ- und Strangpressen bestehen prinzipiell aus einer hydraulischen – normalerweise horizontalen – Presse. Diese kann für eine breite Palette von Pressoperationen sowie unterschiedliche Hublängen und Geschwindigkeiten angepasst werden. Die zurzeit größte hydraulische Presse für Strangpressen besitzt eine Stößelkraft von 160 MN.

6.5 Stangen-, Draht- und Rohrziehen

Beim **Ziehen** – einer Kunst, die sich bereits im 11. Jahrhundert etabliert hat – wird die Querschnittsfläche eines Stabs oder Rohrs verringert oder in der Form verändert, indem das Werkstück durch ein zusammenlaufendes Gesenk gezogen wird (▶ Abbildung 6.60). Das Ziehen ähnelt dem Strangpressen, außer dass beim Ziehen der Stab unter Zug steht, während er beim Strangpressen einer Druckkraft ausgesetzt ist.

Stangen- und Drahtziehen sind im Allgemeinen Endbearbeitungsverfahren und das Produkt wird entweder in der hergestellten Form verwendet oder beispielsweise durch Biegen oder maschinelle Bearbeitung zu anderen Formen weiterverarbeitet. *Stangen* werden für verschiedene Anwendungen eingesetzt, wie zum Beispiel als kleine Kolben, lasttragende Bauelemente, Wellen und Achsen sowie als Ausgangsmaterial für die Herstellung von Verbindungselementen wie Bolzen und Schrauben. Zum breiten Einsatzspektrum von *Draht* und Drahtprodukten gehören unter anderem Elektroleitungen, elektronische Bauteile, Kabel, Federn, Musikinstrumente, Büroklammern, Zäune, Schweißelektroden und Einkaufswagen. Der Durchmesser von Drähten kann bis hinab zu 0,025 mm reichen.

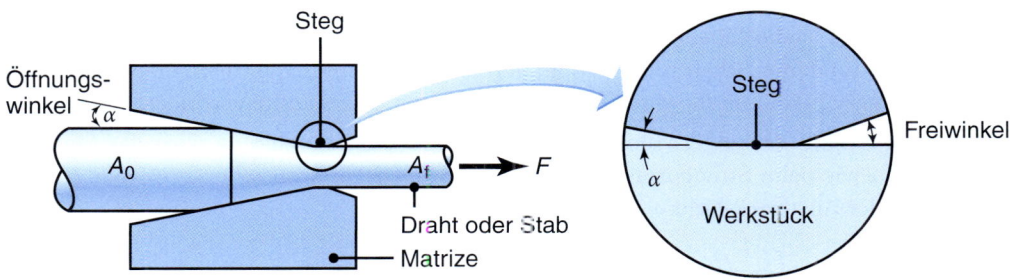

Abbildung 6.60: Begriffe beim Drahtziehen.

6.5.1 Mechanik des Ziehens

Die Hauptvariablen beim Ziehen betreffen das Verringern der Querschnittsfläche und den Gesenkwinkel, wie es Abbildung 6.60 veranschaulicht. Reibung spielt ebenfalls eine wichtige Rolle (mehr dazu weiter unten). Dieser Abschnitt umreißt die Methoden, mit denen sich die Kräfte beim Ziehen für unterschiedliche Bedingungen abschätzen lassen.

1 Ideelle Verformung: Die Ziehspannung σ_d für den einfachsten Fall der ideellen Verformung (d. h. weder Reibung noch redundante Arbeit) lässt sich nach dem gleichen Ansatz wie beim Strang- und Fließpressen erhalten. Somit ist

$$\sigma_d = Y \ln\left(\frac{A_0}{A_f}\right). \tag{6.62}$$

Dieser Ausdruck entspricht Gleichung (6.53) und stellt ebenfalls die Energie pro Volumeneinheit u dar. Wie bereits in diesem Kapitel betont, wird Y für verfestigende Werkstoffe durch eine mittlere Fließspannung $\overline{Y}$ in der Verformungszone ersetzt. Somit erhält man für einen Werkstoff, der ein Fließverhalten entsprechend

$$\sigma = K\varphi^n$$

zeigt, die Größe $\overline{Y}$ aus dem Ausdruck

$$\overline{Y} = \frac{K\varphi_1^n}{n+1}. \tag{6.63}$$

Die Ziehkraft F ist dann

$$F = \overline{Y} A_f \ln\left(\frac{A_0}{A_f}\right). \tag{6.64}$$

Wie zu erwarten, ist die Ziehkraft umso größer, je stärker die Verringerung der Querschnittsfläche und je fester der Werkstoff ist.

2 Ideelle Verformung und Reibung: Reibung an der Gesenk-Werkstück-Grenzfläche erhöht die Ziehkraft, da Arbeit zu verrichten ist, um die Reibung zu überwinden. Mithilfe der Scheibenmethode aus der Plastomechanik und anhand von ▶ Abbildung 6.61 lässt sich der folgende Ausdruck für die Ziehspannung ableiten:

$$\sigma_d = \overline{Y}\left(1 + \frac{\tan\alpha}{\mu}\right)\left(1 - \left(\frac{A_f}{A_0}\right)^{\mu \cot\alpha}\right). \tag{6.65}$$

Bei guter Schmierung liegt der Reibungskoeffizient μ beim Drahtziehen typischerweise zwischen etwa 0,03 und 0,1 (siehe Tabelle 4.1). Selbst wenn Gleichung (6.65) die in diesem Prozess ebenfalls auftretende redundante Arbeit nicht enthält, stimmt sie gut mit experimentellen Daten für kleine Gesenköffnungswinkel und für einen breiten Bereich von Querschnittsverringerungen überein.

3 Redundante Arbeit: Abhängig vom Gesenkwinkel und der Reduzierung wird das Material beim Ziehen genau wie beim Strangpressen einer *inhomogenen Verformung* unterworfen. Es lässt sich zeigen, dass der Ausdruck für die Ziehspannung zu

$$\sigma_d = \overline{Y}\left(\left(1 + \frac{\tan\alpha}{\mu}\right)\left(1 - \left(\frac{A_f}{A_0}\right)^{\mu \cot\alpha}\right) + \frac{4}{3\sqrt{3}}\alpha^2\left(\frac{1-r}{r}\right)\right) \tag{6.66}$$

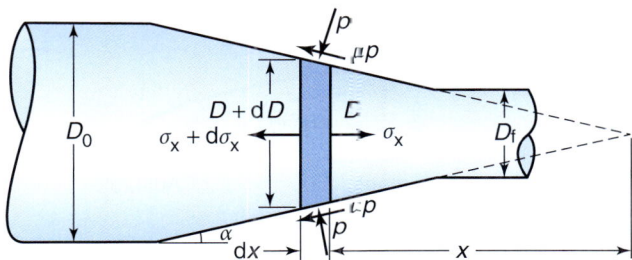

Abbildung 6.61: Spannungen, die auf ein scheibenförmiges Element beim Ziehen eines runden Drahts durch ein verjüngendes Gesenk einwirken.

wird, wenn man die redundante Verformungsarbeit berücksichtigt. Hierbei ist r die partielle Querschnittsverringerung und α der Gesenkwinkel in Bogenmaß. Der erste Term in Gleichung (6.66) stellt die ideellen und mit Reibung behafteten Arbeitsanteile dar, der zweite Term verkörpert den Anteil der redundanten Arbeit (die erwartungsgemäß eine Funktion des Gesenkwinkels ist). Je größer der Gesenkwinkel ist, desto größer wird die inhomogene Verformung und folglich die redundante Arbeit.

Bei kleinen Gesenkwinkeln lässt sich ein anderer Ausdruck für die Ziehspannung angeben, der alle drei Arbeitskomponenten umfasst:

$$\sigma_{\mathrm{d}} = \overline{Y}\left(\left(1+\frac{\mu}{\alpha}\right)\ln\left(\frac{A_0}{A_{\mathrm{f}}}\right) + \frac{2}{3}\alpha\right). \tag{6.67}$$

Der letzte Term in diesem Ausdruck steht für den Anteil der redundanten Arbeit. Dabei wird angenommen, dass diese linear mit dem Gesenkwinkel zunimmt, wie es Abbildung 6.51 zeigt. Da redundante Verformung eine Funktion des h/L-Verhältnisses ist (siehe Abbildungen 6.12 und 6.13), wurde ein **Inhomogenitätsfaktor** Φ für massive Rundquerschnitte entwickelt, der näherungsweise mit

$$\Phi = 1 + 0{,}12\left(\frac{h}{L}\right) \tag{6.68}$$

angegeben wird. Ein einfacherer Ausdruck für die Ziehspannung lautet dann

$$\sigma_{\mathrm{d}} = \Phi\overline{Y}\left(1+\frac{\mu}{\alpha}\right)\ln\left(\frac{A_0}{A_{\mathrm{f}}}\right). \tag{6.69}$$

Die Gleichungen (6.65) bis (6.67) und (6.69) liefern vernünftige Voraussagen für die Spannungen, die beim Drahtziehen erforderlich sind.

4 **Gesenkdruck:** Basierend auf Fließkriterien, der Darstellung in Abbildung 2.23b und der Feststellung, dass die Druckspannungen in den beiden Hauptrichtungen gleich p sind, kann man den *Gesenkdruck* entlang der Kontaktlänge aus

$$p = Y_{\mathrm{f}} - \sigma \tag{6.70}$$

erhalten, wobei σ die Zugspannung in der Verformungszone bei einem bestimmten Durchmesser und Y_{f} die Fließspannung des Werkstoffs bei diesem konkreten Durchmesser ist. σ ist somit gleich

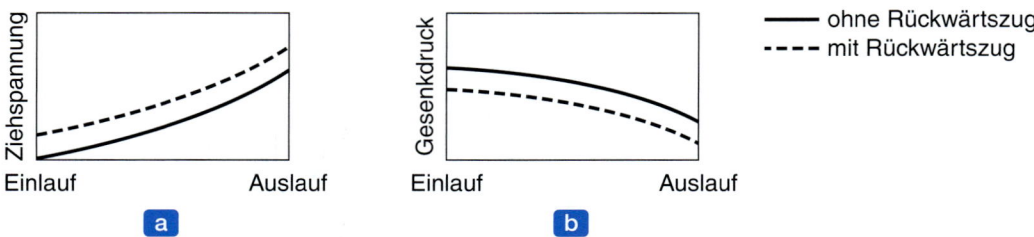

Abbildung 6.62: Variation der Ziehspannung (a) und des Gesenkdrucks (b) in der Verformungszone. Mit steigender Ziehspannung fällt der Gesenkdruck ab (siehe dazu Abschnitt 2.11 über Fließkriterien). Die Bilder zeigen auch die Wirkung einer Rückwärtszugspannung auf die Ziehspannung und den Gesenkdruck.

σ_d am Gesenkaustritt und null am Gesenkeintritt. Gleichung (6.70) zeigt an, dass bei zunehmender Zugspannung in Richtung Gesenkaustritt der Gesenkdruck in Richtung Austritt fällt, was auch qualitativ aus ▶ Abbildung 6.62 hervorgeht.

Beispiel 6.7 **Leistung und Gesenkdruck beim Ziehen**

Ein Rundstab aus dem lösungsgegeglühten rostfreiem Stahl X10CrNi18-8 wird von einem Durchmesser von 10 mm bei einer Geschwindigkeit von $V_f = 0{,}5\,\text{m/s}$ auf 8 mm gezogen. Nehmen Sie an, dass die Reibungs- und redundante Arbeit zusammen 40 % der ideellen Verformungsarbeit ausmachen. Berechnen Sie (a) die erforderliche Leistung und (b) den Gesenkdruck am Gesenkaustritt.

Lösung: (a) Die logarithmische Dehnung, der dieser Werkstoff unterzogen wird, berechnet sich zu

$$\varphi_1 = \ln\left(\frac{10^2}{8^2}\right) = 0{,}446 \,.$$

Für die Fließkurve dieses Werkstoffs findet man die Werte $K = 1300\,\text{MPa}$ und $n = 0{,}30$. Somit ist

$$\overline{Y} = \frac{K\varphi_1^n}{n+1} = \frac{1300 \times 0{,}446^{0{,}30}}{1{,}30} = 785\,\text{MPa} \,.$$

Mit Gleichung (6.64) berechnet sich die Ziehkraft zu

$$F = \overline{Y} A_f \ln\left(\frac{A_0}{A_f}\right),$$

wobei

$$A_f = \frac{\pi 0{,}008^2}{4} = 5 \times 10^{-5}\,\text{m}^2$$

gilt. Somit ergibt sich für die ideelle Ziehkraft

$$F = 785 \times 5 \times 10^{-5} \times 0{,}446 = 0{,}0175\,\text{MN}$$

und für die ideelle Leistung

$$P = FV_\text{f} = 0{,}0175 \times 0{,}5 = 0{,}00875\,\text{MN m/s} = 0{,}00875\,\text{MW} = 8{,}75\,\text{kW} \,.$$

Die tatsächliche Leistung P_w ist um 40 % höher, d. h.

$$P_\text{w} = 1{,}4 \times 8{,}75 = 12{,}25\,\text{kW} \,.$$

(b) Der Gesenkdruck lässt sich mithilfe von Gleichung (6.70) berechnen

$$p = Y_\text{f} - \sigma \,,$$

wobei Y_f die Fließspannung des Werkstoffs am Gesenkaustritt darstellt. Somit ist

$$Y_\text{f} = K\varphi_1^n = 1300 \times 0{,}446^{0{,}30} = 1020\,\text{MPa} \,.$$

In dieser Gleichung ist σ die Ziehspannung σ_d. Mit der tatsächlichen Kraft $F_\text{w} = 1{,}4F$ erhält man somit

$$\sigma_\text{d} = \frac{F_\text{w}}{A_\text{f}} = \frac{1{,}4 \times 0{,}0175}{0{,}00005} = 490\,\text{MPa} \,.$$

Demzufolge ist der Gesenkdruck am Austritt

$$p = 1020 - 490 = 530\,\text{MPa} \,.$$

5 **Ziehen bei erhöhten Temperaturen:** Wie wir wissen, ist die Fließspannung von Metallen eine Funktion der Dehngeschwindigkeit. Beim Ziehen kann die *mittlere logarithmische Dehngeschwindigkeit* $\overline{\dot{\varphi}}$ in der Verformungszone durch

$$\overline{\dot{\varphi}} = \frac{6V_0}{D_0} \ln\left(\frac{A_0}{A_\text{f}}\right) \tag{6.71}$$

angegeben werden, was identisch mit Gleichung (6.60) ist. Nachdem man zunächst die mittlere Dehngeschwindigkeit berechnet hat, kann man die Fließspannung und die mittlere Fließspannung $\overline{Y}$ des Werkstoffs berechnen und in die jeweiligen Gleichungen einsetzen.

6 **Optimaler Gesenköffnungswinkel:** Wie beim Strangpressen gibt es aufgrund der verschiedenen Wirkungen des Gesenköffnungswinkels auf die drei Komponenten der Arbeit (ideelle, Reibungs- und redundante Arbeit) einen *optimalen Gesenköffnungswinkel*, bei dem die Ziehkraft minimal ist. ▶ Abbildung 6.63 zeigt ein typisches Beispiel, bei dem sich feststellen lässt, dass der optimale Winkel für die minimale Ziehkraft mit der Querschnittsverminderung zunimmt und dass der optimale Winkel ziemlich klein ist.

7 **Maximale Querschnittsverminderung pro Durchlauf:** Mit zunehmender Reduzierung des Querschnitts wächst die Ziehspannung. Dabei gibt es offensichtlich eine Grenze für die Größe der Ziehspannung. Erreicht sie die Fließgrenze des Werkstoffs am Austritt, fließt das Material einfach weiter bis zum Bruch. Die Grenzsituation kann auf der Tatsache entwickelt werden, dass im Idealfall eines perfekt plastischen Werkstoffs mit einer Fließspannung Y die Grenzbedingung durch

$$\sigma_{\mathrm{d}} = Y \ln\left(\frac{A_0}{A_{\mathrm{f}}}\right) = Y \tag{6.72}$$

gegeben ist. Daraus erhält man unmittelbar

$$\ln\left(\frac{A_0}{A_{\mathrm{f}}}\right) = 1 \rightarrow \frac{A_0}{A_{\mathrm{f}}} = \mathrm{e}\ .$$

Somit ist die maximal mögliche Querschnittsminderung pro Durchlauf durch das Ziehwerkzeug

$$\frac{A_0 - A_{\mathrm{f}}}{A_0} = 1 - \frac{1}{\mathrm{e}} = 0{,}63 = 63\,\%\ . \tag{6.73}$$

Es ist festzustellen, dass bei Verformungsverfestigung das austretende Material fester ist als das Materials, das sich gerade im Ziehwerkzeug befindet. Folglich nimmt die maximal mögliche Reduzierung pro Durchlauf zu. Die Wirkungen von Reibung und Gesenköffnungswinkel auf die maximale Querschnittsverminderung pro Durchlauf sind ähnlich denen, die Abbildung 6.51 zeigt. Da sowohl Reibung als auch redundante Verformung zur Ziehspannung beitragen, ist dann die maximale Querschnittsverminderung pro Durchlauf geringer als im Idealfall.

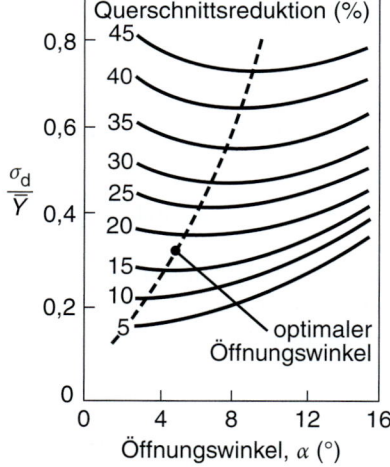

Abbildung 6.63: Optimaler Öffnungswinkel eines Ziehwerkzeugs beim Drahtziehen für verschiedene Querschnittsreduktionen. Als optimaler Winkel gilt jener, der die Ziehkraft minimiert. Nach J.G. Wistreich.

> **Beispiel 6.8** **Maximal mögliche Querschnittsreduktion pro Durchlauf für einen verfestigenden Werkstoff**
>
> Leiten Sie einen Ausdruck für die maximale Querschnittsreduktion pro Durchlauf durch das Ziehwerkzeug für einen Werkstoff mit einer Wahre-Spannung-logarithmische-Dehnung-Kurve von $\sigma = K\varphi^n$ ab. Vernachlässigen Sie Reibung und redundante Arbeit.
>
> **Lösung:** Aus Gleichung (6.62) erhalten wir
>
> $$\sigma_d = \overline{Y} \ln\left(\frac{A_0}{A_f}\right) = \overline{Y} \varphi_1 ,$$
>
> wobei für die mittlere Fließspannung
>
> $$\overline{Y} = \frac{K\varphi_1^n}{n-1}$$
>
> gilt und σ_d für dieses Problem einen Maximalwert gleich der Fließspannung bei φ_1 annehmen kann:
>
> $$\sigma_d = Y_f = K\varphi_1^n .$$
>
> Jetzt lässt sich Gleichung (6.72) wie folgt anschreiben:
>
> $$K\varphi_1^n = \frac{K\varphi_1^n}{n+1}\varphi_1 \rightarrow \varphi_1 = n+1 .$$
>
> Mit $\varphi_1 = \ln(A_0/A_f)$ erhält man für die maximale Querschnittsverminderung
>
> $$\frac{A_0 - A_f}{A_0} = 1 - e^{-(n+1)} . \qquad (6.74)$$
>
> Dieser Ausdruck reduziert sich für $n = 0$ (d. h. einem perfekt plastischen Werkstoff) zu Gleichung (6.73). Die maximale Querschnittsverminderung pro Durchlauf nimmt für zunehmendes n zu.

8. **Ziehen von Bändern:** Die Gesenke beim Bandziehen sind *keilförmig* und die Breite des Bands ändert sich beim Ziehen nur wenig oder gar nicht. Somit ähnelt der Ziehvorgang dem Walzen breiter Streifen und lässt sich als Problem **ebener Dehnung** bei großen Verhältnissen von Breite zu Dicke betrachten. Als eigenständiges Verfahren hat Flachziehen zwar kaum eine industrielle Bedeutung, bildet aber den fundamentalen Verformungsmechanismus beim **Abstreckziehen**, das Abschnitt 7.6 beschreibt.

Ziehkraft und maximale Querschnittsverminderung lassen sich nach einem ähnlichen Ansatz wie für runde Querschnitte ermitteln. Somit ist die Ziehspannung für ideale Bedingungen

$$\sigma_d = Y' \ln\left(\frac{t_0}{t_f}\right), \qquad (6.75)$$

wobei Y' die Fließgrenze des Werkstoffs bei ebener Dehnung und t_0 und t_f die ursprüngliche bzw. endgültige Dicke des Streifens sind. Die Wirkungen von Reibung und redundanter Verformung beim Bandziehen sind denen für runde Querschnitte ähnlich.

Die maximale Querschnittsverminderung pro Durchgang lässt sich erhalten, wenn man die Ziehspannung (Gleichung (6.75)) der *einachsigen Fließgrenze* des Werkstoffs gleichsetzt (da das gezogene Band nach dem Austritt aus dem Ziehwerkzeug nur einem einfachen Zug ausgesetzt ist). Somit ist

$$\sigma_d = Y' \ln\left(\frac{t_0}{t_f}\right) = Y \rightarrow \ln\left(\frac{t_0}{t_f}\right) = \frac{Y}{Y'} = \frac{\sqrt{3}}{2} \rightarrow \frac{t_0}{t_f} = e^{\sqrt{3}/2}$$

was schließlich für die maximal mögliche Querschnittsverminderung

$$1 - \frac{1}{e^{\sqrt{3}/2}} = 0{,}58 \doteq 58\,\% \tag{6.76}$$

ergibt.

9 Ziehen von Rohren: Rohre, die durch Strangpressen oder andere Verfahren (wie zum Beispiel Formwalzen oder das Mannesmann-Verfahren) gefertigt werden, lassen sich durch die in ▶ Abbildung 6.64 dargestellten Rohrziehverfahren in der Dicke oder im Durchmesser (**Rohrhohlziehen**) reduzieren. Mithilfe von Gesenken und Dornen mit verschiedenen Profilen lassen sich auch Änderungen der Querschnittsform realisieren. Ziehkräfte, Gesenkdrücke und die maximale Querschnittsverminderung pro Durchgang beim Rohrziehen können nach ähnlichen Methoden wie den oben beschriebenen berechnet werden.

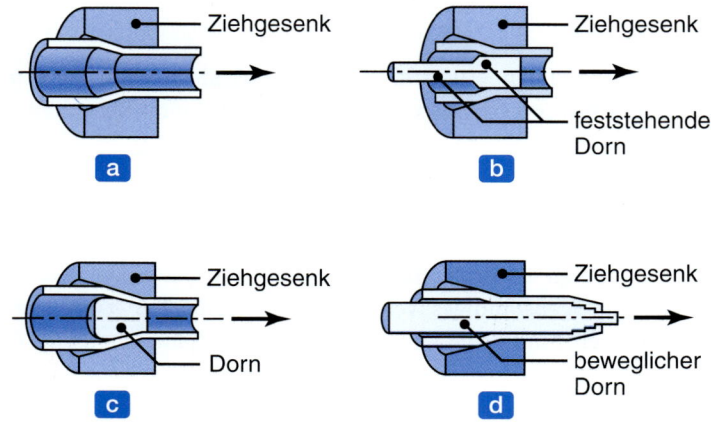

Abbildung 6.64: Beispiele für das Ziehen von Rohren mit oder ohne Dorn. Durch Rohrziehen lassen sich Rohre mit verschiedenen Durchmessern und Wandstärken aus ein und demselben Vormaterial erzeugen, welches z. B. durch Strangpressen hergestellt wurde.

6.5.2 Fehler beim Ziehen

Fehler beim Ziehen sind im Allgemeinen denen ähnlich, die man beim Strangpressen beobachtet (Abschnitt 6.4.4). Dies gilt speziell für Mittenrisse. Diese werden durch die gleichen Faktoren beeinflusst, dass nämlich die Neigung für Risse mit zunehmendem Gesenköffnungswinkel, geringerer Reduzierung pro Durchgang, Reibung und Einschlüssen im Werkstoff steigt. Ein Oberflächendefekt beim Ziehen ist die Bildung von **Fugen**. Dabei handelt es sich um längliche Risse oder Nuten im Werkstoff, die sich bei späteren Formgebungen öffnen können, etwa beim Stauchen, Richten, Gewindewalzen oder Biegen des Stabs oder Drahts.

Wegen der inhomogenen Verformung des Werkstoffs sind in kaltgezogenen Stäben, Drähten oder Rohren normalerweise **Eigenspannungen** vorhanden. Typischerweise kann ein breiter Bereich von Eigenspannungen innerhalb des Stabs in drei Hauptrichtungen vorhanden sein, wie es ▶ Abbildung 6.65 zeigt. Für sehr geringe Querschnittsverminderungen sind die Eigenspannungen in der Nähe der Oberfläche kompressiv, da ein solches Ziehen dem Kugelstrahlen oder Festwalzen äquivalent ist (siehe Abschnitt 4.5.1). Derartige Eigenspannungsverteilungen verbessern die Lebensdauer. Eigenspannungen beeinflussen die Empfindlichkeit für Spannungsrisskorrosion und können für den Verzug des Bauteils bedeutsam sein (siehe Abbildung 2.31), wenn eine Schicht von der Oberfläche durch maschinelle Bearbeitung oder Schleifen entfernt wird und es dadurch zur Umlagerung der Eigenspannungen kommt.

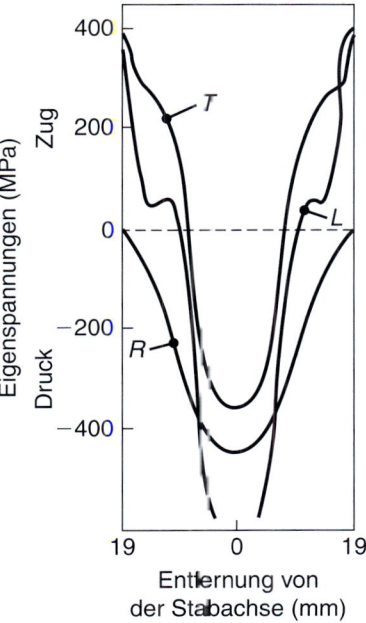

Abbildung 6.65: Verteilung der Eigenspannungen in einem kaltgezogenen Stab aus dem Stahl C45. T = transversale Richtung, L = Längsrichtung, R = radiale Richtung. Nach E.S. Nachtman.

6.5.3 Praxis des Ziehens

Wie in allen anderen Metallverarbeitungsprozessen verlangt auch ein erfolgreiches Ziehen, dass die Prozessparameter richtig ausgewählt werden. Darüber hinaus sind noch einige andere Überlegungen anzustellen. ▶ Abbildung 6.66 zeigt ein typisches Gesenk (Ziehstein, Ziehhol) und dessen Charakteristika für das Ziehen. Die Führung bestimmt die Größe, legt also den endgültigen Durchmesser des Produkts fest. Da das Gesenk nach einer gewissen Einsatzdauer wieder aufbereitet wird, um seine Verwendungsdauer zu verlängern, bewahrt die Führung die Austrittsabmessung der Gesenköffnung.

Gesenkwinkel (Ziehkonusöffnungswinkel) liegen üblicherweise im Bereich von 6 bis 15°. Verminderungen der Querschnittsfläche pro Durchgang reichen von etwa 10 bis 45 %, wobei die Verminderung pro Durchgang normalerweise umso kleiner ist, je geringer die Querschnittsfläche ist. Bei Verminderungen pro Durchgang von mehr als 45 % ist damit zu rechnen, dass die Schmierung versagt und sich die Oberflächengüte des Produkts verschlechtert. Leichte Reduzierungen sind auch für Stäbe möglich (**Kalibierdurchlauf**), um deren Maßgenauigkeit und Oberflächengüte zu verbessern.

In einem typischen Ziehvorgang wird ein Stab oder Draht dem Ziehstein zugeführt, indem er zuerst durch *Hämmern* **angespitzt** wird (wobei die Spitze des Stabs eine konische Form erhält, wie es Abschnitt 6.6 beschreibt). Befindet sich der Draht im Ziehstein, wird die Spitze in die Spannbacken der Drahtziehmaschine eingeklemmt und der Draht kontinuierlich durch den Ziehstein gezogen. Bei den meisten Drahtziehoperationen durchläuft der Draht eine Reihe von Ziehsteinen. Um übermäßigen Zug im austretenden Draht zu vermeiden, wird er zwischen jedem Ziehsteinpaar mit einer oder zwei Windungen um eine Trommel (*Capstan*) gewickelt. Die Geschwindigkeit der Trommel lässt sich anpassen, sodass sie nicht nur Zug liefert, sondern auch eine kleine *Rückhaltespannung* auf den Draht ausübt, der in den nächsten Ziehstein läuft. Abhängig vom Werkstoff und der Querschnittsfläche können die Ziehgeschwindigkeiten bei großen Querschnitten gering und bei sehr feinem Draht hoch sein.

Stangen und Rohre, die nicht genügend gerade sind (oder als Wickel angeliefert werden), richtet man mithilfe von Walzenpaaren. Die Walzen unterwerfen das Material einer Reihe von Biegevorgängen, die der in Abbildung 6.40 gezeigten Methode für das Richten von gewalzten Blechen oder Platten ähneln.

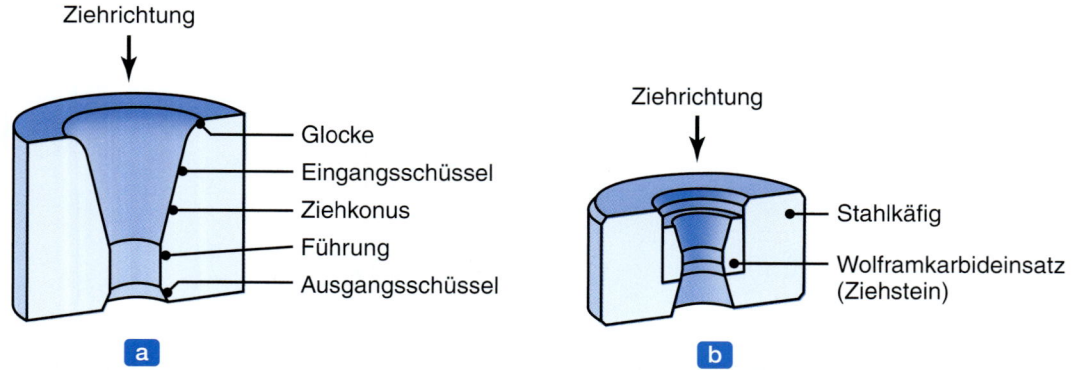

Abbildung 6.66: (a) Benennung der wichtigsten Teile eines Gesenks zum Ziehen von Draht und Stangen. (b) Wolframkarbideinsatz, der von einem Stahlkäfig gehalten wird. Auch Ziehsteine aus Diamant für das Ziehen sehr dünner Drähte werden auf ähnliche Weise umschlossen.

Aufgrund der Kaltverfestigung kann ein Zwischenglühen zwischen den Durchgängen beim Kaltziehen notwendig sein, um eine genügend große Duktilität des Werkstoffs zu bewahren und Fehler zu vermeiden. Stahldrähte für Federn und Musikinstrumente werden einer Wärmebehandlung unterzogen, die entweder vor oder nach dem Ziehen (**Patentieren**) angewendet werden kann. Diese Drähte besitzen maximale Zugfestigkeiten bis zu 4800 MPa und weisen eine Brucheinschnürung von etwa 20 % auf. Große Querschnitte müssen gegebenenfalls bei erhöhten Temperaturen gezogen werden.

Bündelziehverfahren: Bei diesem Verfahren wird eine Anzahl von Drähten (bis zu mehreren Tausend) gleichzeitig als Bündel gezogen. Um Kleben zu verhindern, werden die Drähte durch einen passenden Werkstoff voneinander getrennt, normalerweise einen viskosen Schmierstoff. Der Querschnitt der Drähte ist gewissermaßen vieleckig aufgrund der Art und Weise, in der die Drähte zusammengepresst werden. Der Durchmesser der produzierten Drähte kann bis herab zu 4 μm reichen. Als Werkstoffe kommen Edelstahl, Titan und Hochtemperaturlegierungen infrage.

Gesenkwerkstoffe: Gesenkwerkstoffe für das Ziehen sind im Allgemeinen legierte Werkzeugstähle, Hartmetall oder Diamant. Zum Ziehen feiner Drähte kann das Gesenk ein Diamant sein, und zwar entweder ein Einkristall oder ein polykristalliner Diamant in einer Stahlhalterung (ähnlich der in Abbildung 6.66b). Hartmetall- und Diamantgesenke werden als Einsätze oder Spitzen hergestellt. Ein typisches Verschleißmuster auf einem Ziehstein ist in ▶ Abbildung 6.67 zu sehen. Der Verschleiß ist an der Zuführung am höchsten. Auch wenn der Gesenkdruck in diesem Bereich am höchsten und zum Teil für den Verschleiß verantwortlich ist, spielen andere Faktoren ebenfalls eine Rolle, wie zum Beispiel (a) Variationen im Durchmesser des einlaufenden Drahts, (b) Vibrationen, die die Kontaktzone am Gesenkeintritt einer Schwingungsbeanspruchung aussetzen, und (c) abrasiver Zunder auf der Oberfläche des einlaufenden Drahts. Beim Ziehen von Stäben oder Stangen kann man auch einen Satz von mitlaufenden Walzen verwenden, um verschiedene Querschnitte zu erhalten. Dies erhöht die Möglichkeiten einer Ziehmaschine beträchtlich.

Schmierung: Bei Ziehoperationen ist die richtige Schmierung wichtig. Beim **Trockenziehen** wird die Oberfläche des Drahts mit verschiedenen Schmierstoffen – je nach Festigkeit und Reibungseigenschaften des Werkstoffs – beschichtet. Der zu ziehende Stab wird zunächst gebeizt, um den Oberflächenzunder zu entfernen, der zu Oberflächendefekten führen und die Standzeit des Ziehwerkzeugs (aufgrund

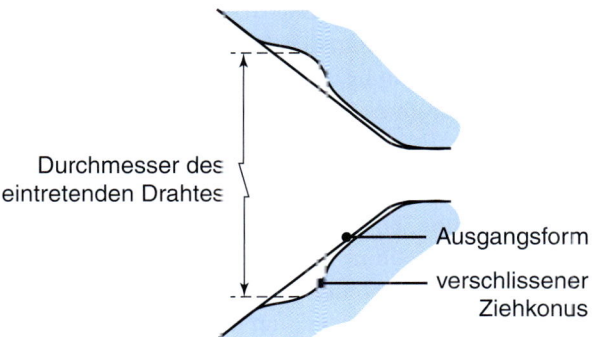

Abbildung 6.67: Verschleißmuster auf einem Ziehstein.

der Abriebeigenschaften) beträchtlich vermindern könnte. Dann läuft der Stab durch einen Kasten, der üblicherweise mit Seifenpulver gefüllt ist. Bei hochfesten Werkstoffen wie Stählen und Hochtemperaturlegierungen kann die Oberfläche des Stabs entweder mit einem weicheren Metall oder mit einer **Konversionsschicht** (siehe Abschnitt 4.5.1) überzogen werden. Konversionsschichten können aus Sulfaten oder Oxalaten bestehen, die dann typischerweise mit Seife als Schmierstoff überzogen werden. Kupfer oder Zinn lassen sich als dünne Schicht auf der Oberfläche des Metalls chemisch abscheiden und fungieren dann als Festschmierstoff. Polymere sind ebenfalls als Festschmierstoffe geeignet, beispielsweise beim Ziehen von Titan. Beim **Nassziehen** werden Gesenk und Stab vollkommen in einen Schmierstoff getaucht. Typische Schmierstoffe sind Öle und Emulsionen (die fettige oder chlorierte Additive enthalten) sowie verschiedene chemische Verbindungen. Die Technik der **Ultraschallvibration** von Gesenken und Dornen wird auch beim Ziehen erfolgreich eingesetzt. Bei ordnungsgemäßer Durchführung verbessert diese Technik die Oberflächengüte und Standzeit der Gesenke und verringert die Ziehkräfte, wodurch höhere Querschnittsverminderungen pro Durchgang möglich sind.

Maschinen: Für Ziehvorgänge werden im Allgemeinen zwei Arten von Maschinen verwendet. Eine **Ziehbank**, die einer langen horizontalen Maschine für den Zugversuch ähnelt, aber einen hydraulischen oder Kettenantrieb besitzt, wird für das einzelne Ziehen gerader Stäbe mit großen Querschnitten und für Rohre mit Längen bis zu 30 m eingesetzt. Kleinere Querschnitte werden normalerweise durch einen **Grobzug** gezogen, der im Prinzip aus einer rotierenden Trommel besteht, auf die der Draht aufgewickelt wird. Die bei dieser Anordnung entstehende Spannung liefert die Kraft, die für das Ziehen des Drahts erforderlich ist.

6.6 Hämmern

Beim *Hämmern* – auch als **Rundhämmern** oder **Radialschmieden** bezeichnet – wird ein Stab oder ein Rohr durch die radiale Hin- und Herbewegung von zwei oder vier Gesenken im Durchmesser reduziert, wie es ▶ Abbildung 6.68 zeigt. Die Gesenkbewegungen werden üblicherweise mithilfe eines Satzes von Rollen in einem Käfig erzeugt. Der Innendurchmesser und die Dicke des Rohrs lassen sich mit oder ohne Dorne steuern (▶ Abbildung 6.69). Es können auch Dorne mit Längsnuten (die ähnlich wie eine Zahnwelle aussehen) hergestellt werden, wobei sich innen profilierte Rohre wie zum Beispiel die in ▶ Abbildung 6.70a gezeigten hämmern lassen. Die Züge und Felder in Gewehrläufen werden durch Hämmern eines Rohrs über einem Dorn mit Spiralnuten gefertigt. Äußerlich geformte Teile können ebenfalls durch Hämmern hergestellt werden (Abbildung 6.70b). Hämmern wird im Allgemeinen bei Raumtemperatur durchgeführt. Durch Hämmern produzierte Teile besitzen verbesserte mechanische Eigenschaften und gute Maßgenauigkeit.

Hämmern ist im Allgemeinen auf Teile mit Durchmessern von etwa 50 mm beschränkt. Allerdings wurden auch Spezialmaschinen gebaut, um Teile mit größeren Durchmessern zu hämmern, beispielsweise Kanonenrohre. Die Länge des Produkts ist nur durch die Länge des Dorns (falls erforderlich) begrenzt. Gesenkwinkel betragen normalerweise nur wenige Grad und können zusammengesetzt sein, d. h., das Gesenk kann über mehr als einen Winkel verfügen, um den Materialfluss beim Hämmern zu begünstigen. Mithilfe von Schmiermitteln lässt sich eine bessere Oberflächenbeschaffenheit des Schmiedeguts erzielen und die Lebensdauer der Gesenke verlängern.

6.6 Hämmern

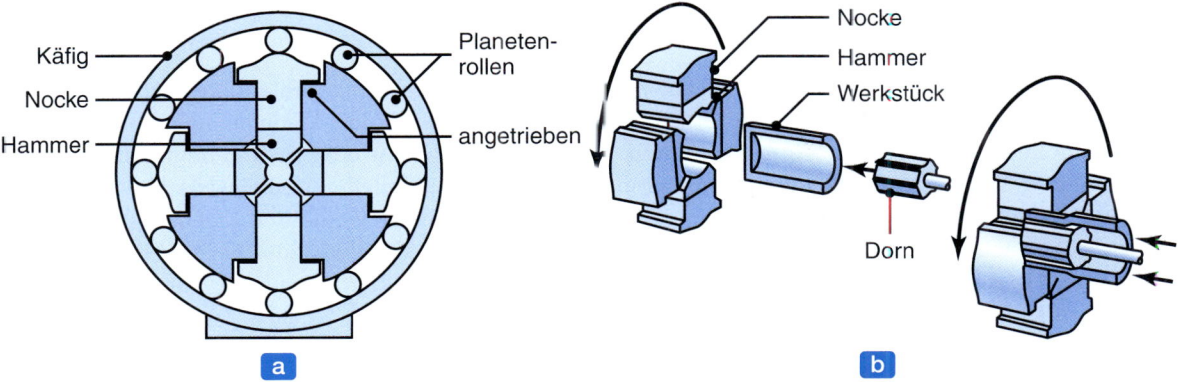

Abbildung 6.68: (a) Schematische Darstellung des Rundhämmerns. Mit diesem Verfahren werden auch Stäbe und Drähte angespitzt, die dann durch ein Ziehwerkzeug gezogen werden. (b) Schmieden eines Innenprofils mithilfe eines geeigneten Dorns.

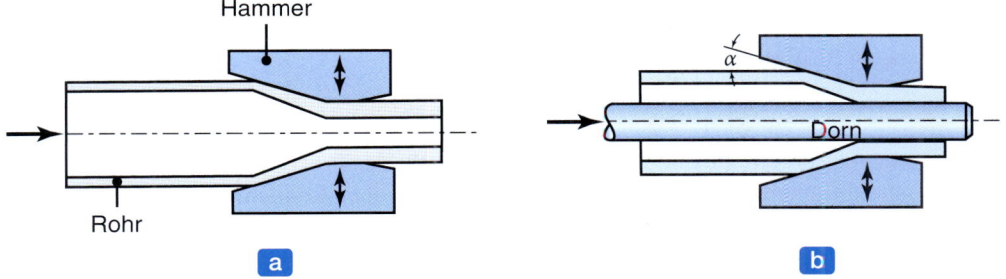

Abbildung 6.69: Verjüngen des Außen- und Innendurchmessers eines Rohrs durch Rundhämmern. (a) Verjüngen ohne Dorn, (b) Verjüngen mit Dorn. Auch koaxiale Rohre aus verschiedenen Werkstoffen können so gefertigt werden.

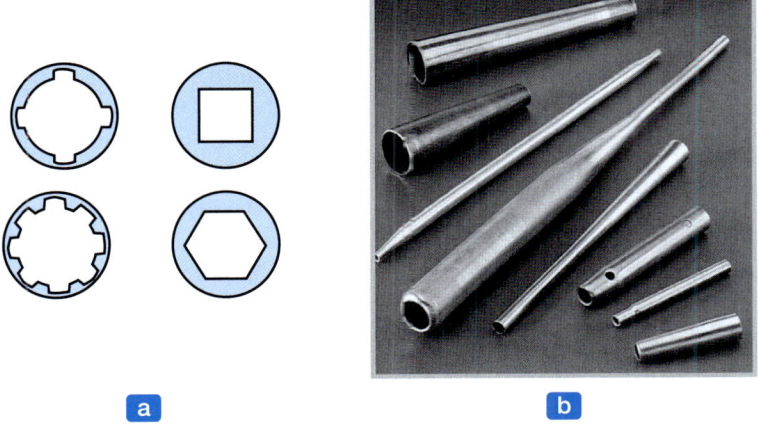

Abbildung 6.70: (a) Querschnitte von Rohren, die mittels geeignet geformter Dorne rundgehämmert wurden. Auch die spiralförmigen Züge und Felder von Gewehrläufen werden auf diese Weise hergestellt. (b) Beispiele für rundgehämmerte Bauteile.

6.7 Verfahren für die Gesenkfertigung

In der Fertigung von Gesenken und Formen für die Metallverarbeitung und andere Verfahren, die in diesem Kapitel und in den Kapiteln 5, 7, 10 und 11 beschrieben werden, kommen mehrere Fertigungsverfahren zum Einsatz. Zu diesen Verfahren, die entweder einzeln oder in Kombination verwendet werden, gehören Gießen, Schmieden, maschinelle Bearbeitung, Schleifen und elektrische und elektrochemische Methoden der Gesenkprägung. Für verbesserte Oberflächengüte und Maßhaltigkeit werden Gesenke auch verschiedenen Endbearbeitungsoperationen unterzogen wie zum Beispiel Honen, Polieren und Beschichten. Die Auswahl eines Verfahrens für die Gesenkfertigung hängt vor allem von den folgenden Parametern ab:

1. Konkreter Prozess, für den das Gesenk vorgesehen ist;
2. Form und Größe des Gesenks;
3. Erforderliche Oberflächenqualität;
4. Erforderliche Vorlaufzeit, um das Gesenk zu produzieren (bei großen Gesenken können die Vorbereitungen mehrere Monate dauern);
5. Fertigungsserie (d. h. erwartete Gesenkstandzeit);
6. Kosten.

Oftmals diktieren wirtschaftliche Betrachtungen die Auswahl des Prozesses, da Werkzeug- und Gesenkkosten einen beträchtlichen Anteil an den Fertigungskosten haben können. Zum Beispiel können sich die Kosten eines Gesenksatzes für das Pressformen von Kraftfahrzeugkarosserieteilen (siehe die Abbildungen 1.5 und 7.66) auf bis zu 2 Millionen Euro belaufen und selbst bei kleinen und einfachen Gesenken schlagen die Kosten mit Hunderten von Euro zu Buche. Da andererseits in der Regel eine große Anzahl von Teilen mit demselben Gesenk produziert wird, machen diese Kosten pro Teil im Allgemeinen nur einen Bruchteil der gesamten Herstellungskosten eines Teils aus (Abschnitt 14.9).

Die für die Fertigung von Gesenken verwendeten Prozesse umfassen typischerweise *Gießen*. Kleine Gesenke und Werkzeuge können auch durch Techniken der Pulvermetallurgie (siehe Kapitel 11) sowie durch *Rapid-Tooling-Verfahren*, hergestellt werden (siehe Abschnitt 10.12). Für große Gesenke mit einem Gewicht von mehreren Tonnen verwendet man Sandgussverfahren, für kleine Gesenke kommen Maskenformverfahren zur Anwendung. Als Gesenkwerkstoff werden im Allgemeinen Gussstähle aufgrund ihrer Festigkeit und Zähigkeit bevorzugt. Zudem ist es bei diesen Werkstoffen recht einfach, Zusammensetzung, Korngrößen und Eigenschaften zu steuern und zu modifizieren. Je nachdem, wie sie in der Form erstarren, besitzen gegossene Gesenke im Unterschied zu denen aus geschmiedeten Metallen möglicherweise keine gerichteten Eigenschaften. Demzufolge können sie isotrope Eigenschaften auf allen Kontaktflächen zeigen. Aufgrund von Schwindung bei der Erstarrung kann jedoch das Einhalten der Maßgenauigkeit schwierig sein im Vergleich mit Gesenken, die durch maschinelle Bearbeitung und Endbearbeitung hergestellt wurden, was zusätzliche Bearbeitungsschritte erforderlich macht.

Auf das Gießen von Gesenken folgen in der Regel verschiedene Methoden der (a) Primärbearbeitung wie Schmieden, Walzen und Strangpressen und (b) der Sekundärbearbeitung wie maschinelle Bearbeitung, Schleifen, Polieren und Beschichten. Üblicherweise werden Gesenke (sogenannte *Gravuren*) von gegossenen und geschmiedeten *Gesenkblöcken* durch Fräsen, Drehen, Schleifen, elektrische und elektrochemische Bearbeitung und Polieren gefertigt (Kapitel 8 und 9). Für hochfeste, harte, zähe und verschleißfeste Gesenkwerkstoffe kann die konventionelle maschinelle Bearbeitung zu schwierig und zeitaufwendig sein, obwohl zu den neueren Entwicklungen auch die *Hartbearbeitung* von Gesenken gehört (siehe *Hartdrehen*, Abschnitt 8.9.2). Gesenke werden üblicherweise auf *computergesteuerten Werkzeugmaschinen* und *Bearbeitungszentren* gefertigt, wobei durch spezielle Softwarepakete der Weg des Schneidewerkzeugs optimiert wird, um die Produktivität zu erhöhen (siehe Abbildung 1.8 und Abschnitte 8.11 und A.3).

Außerdem setzt man verstärkt moderne Bearbeitungsverfahren – speziell das *Erodieren* – ein (siehe die Abschnitte 9.9 bis 9.15), und zwar vor allem bei kleineren oder mittleren Gesenken oder für Strangpressmatrizen. Diese Verfahren sind im Allgemeinen schneller und wirtschaftlicher als herkömmliche Bearbeitungsverfahren. Zudem sind oftmals keine zusätzlichen Endbearbeitungsschritte für die Gesenke erforderlich. Allerdings ist es wichtig, mögliche nachteilige Effekte zu berücksichtigen, die diese Verfahren auf die Eigenschaften des Gesenks (einschließlich seiner Lebensdauer) haben, da sich Oberflächenfehler und Risse entwickeln können.

Um Härte, Verschleißfestigkeit und Festigkeit zu verbessern, werden Gesenkstähle (Abschnitt 3.10.3) normalerweise *wärmebehandelt* (Abschnitt 3.12). Im Allgemeinen werden Werkzeuge und Gesenke nach der Wärmebehandlung einer Endbearbeitung unterzogen, wie zum Beispiel Schleifen und Polieren, um die gewünschte Rautiefe und Maßgenauigkeit zu erreichen. Wird der Schleifvorgang nicht ordnungsgemäß gesteuert, können Oberflächenfehler durch zu große Hitzeentwicklung entstehen und nachteilige Zugeigenspannungen in oberflächennahen Bereichen induziert werden, wodurch die Lebensdauer des Gesenks zurückgeht. Kratzer und Riefen auf der Oberfläche eines Gesenks können als Kerben und Spannungskonzentratoren wirken. Abschließend können Gesenke verschiedenen Oberflächenbehandlungen unterzogen werden. So lassen sich unter anderem mit *Beschichtungen* (Abschnitte 4.5.1 und 8.6.5) bessere Reibungs- und Verschleißeigenschaften erreichen.

Kleine Gesenke mit flachen Hohlräumen lassen sich auch durch *Einsenken* fertigen (Abschnitt 6.2.4). Diamantgesenke für das Ziehen feiner Drähte werden hergestellt, indem Löcher mit einer dünnen rotierenden Nadel erzeugt und mit in Öl suspendiertem Diamantpulver beschichtet werden.

6.8 Schäden an Gesenken

Der Ausfall von Gesenken in Metallbearbeitungsvorgängen ist im Allgemeinen auf eine oder mehrere der folgenden Ursachen zurückzuführen:

1. Ungeeignete Konstruktion
2. Fehlerhafte Gesenkwerkstoffe
3. Ungeeignete Wärmebehandlung und Endbearbeitungsoperationen
4. Ungeeignete Installation, Montage und Ausrichtung von Gesenkkomponenten
5. Überhitzung und Warmrissbildung

6 Unzulässige Abnutzung

7 Überlastung, falsche Benutzung und ungeeignete Bedienung

Mit rasanten Fortschritten in der *Computermodellierung und -simulation* von Prozessen und Verfahren (Abschnitt B.7) gehört die Gesenkkonstruktion jetzt zu den fortschrittlichsten Technologien. Die grundlegenden Designrichtlinien umfassen unter anderem folgende Überlegungen:

a Gesenke müssen zweckmäßige Querschnitte besitzen, damit sie den wirkenden Kräften widerstehen können.

b Enge Radien an Ecken und Kehlen sowie abrupte Änderungen im Querschnitt sind zu vermeiden, da diese die Spannungen erhöhen.

c Für verbesserte Festigkeit können Gesenke in Segmenten gefertigt und bei ihrer Montage vorgespannt werden.

d Gesenke können mit Einsätzen konzipiert und konstruiert werden, die sich ersetzen lassen, wenn sie verschlissen oder gebrochen sind.

e Oberflächenvorbereitung und Endbearbeitung von Gesenken spielen eine wichtige Rolle, was speziell für Gesenkwerkstoffe wie zum Beispiel wärmebehandelte Stähle, Hartmetall und Diamant gilt. Denn diese sind anfällig für Rissbildung und Ausbrechen durch *schlagartige Belastung* (wie sie in mechanischen Pressen und Schmiedehämmern auftreten) oder *thermische Spannungen* (durch Temperaturgradienten innerhalb des Gesenks verursacht, beispielsweise beim Warmumformen).

f Metallbearbeitungsflüssigkeiten können sich negativ auf Werkzeug- und Gesenkwerkstoffe auswirken, da zum Beispiel Schwefel- und Chlorzusätze in Schmier- und Kühlmitteln die Kobaltbinderphase in Wolframkarbid angreifen und damit Festigkeit und Zähigkeit herabsetzen (*Auslaugen*, Abschnitt 3.9.7).

g Überlastung von Gesenken kann zu vorzeitigem Ausfall führen – eine häufige Ursache bei Gesenken, die beim Kaltstrangpressen eingesetzt werden (Abschnitt 6.4.3), wenn zum Beispiel ein stranggepresstes Teil noch nicht aus dem Gesenk entfernt ist, bevor der neue Rohling zugeführt wird.

6.9 Wirtschaftlichkeit der Massivumformung

Mehrere Faktoren beeinflussen die Kosten von Teilen, die mit Verfahren der Massivumformung hergestellt werden. Je nach Komplexität eines Teils fallen die Werkzeug- und Gesenkkosten moderat bis hoch aus. Allerdings verteilen sich die Kosten wie bei jeder anderen Fertigungsoperationen auf die Anzahl der Teile, die mit der konkreten Werkzeugausstattung produziert werden. Somit sinken die Einricht- und Werkzeugkosten pro Teil bei einem größeren Fertigungsvolumen, selbst wenn die Werkstoffkosten pro hergestelltem Teil konstant sind (▶ Abbildung 6.71).

Die Größe der Teile wirkt sich ebenfalls auf die Kosten aus. Die Größen reichen von kleinen Teilen wie zum Beispiel Utensilien und kleinen Komponenten im Fahrzeugbau bis zu großen Teilen wie Getrieben, Kurbelwellen und Pleuelstangen bei großen Maschinen. Bei größer werdenden Teilen nimmt der Anteil der Werkstoffkosten an den Gesamtkosten ebenfalls zu, jedoch mit einem geringeren Anstieg. Das hängt

6.9 Wirtschaftlichkeit der Massivumformung

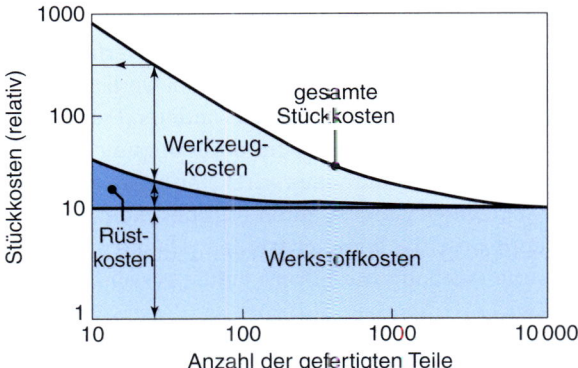

Abbildung 6.71: Kosten pro Teil beim Schmieden. Die Rüst- und Werkzeugkosten pro Schmiedeteil sinken markant mit der Stückzahl ab, wenn für die ganze Produktion dasselbe Gesenk verwendet wird.

damit zusammen, dass (a) die inkrementelle Zunahme der Gesenkkosten für größere Gesenke relativ klein ist, (b) der Maschinenpark und die beteiligten Operationen unabhängig von der Teilgröße praktisch gleich sind und (c) die pro Teil aufzuwendende Arbeitsleistung nicht wesentlich höher ist.

Die Arbeitskosten bei der Massivumformung bewegen sich im Allgemeinen auf einem mittleren Niveau, da sie durch automatisierte und computergesteuerte Operationen erheblich gesenkt wurden. Außerdem werden in Konstruktion und Fertigung zunehmend computergestützter Entwurf und computergestützte Fertigungsverfahren genutzt, was zu erheblichen Zeit- und Aufwandseinsparungen führt. Zum Beispiel können Gesenke für Strangpressen einfach durch elektroerosive Bearbeitung (Abschnitt 9.13) einer Öffnung (Bohrung) in einem Gesenk aus Werkzeugstahl produziert werden.

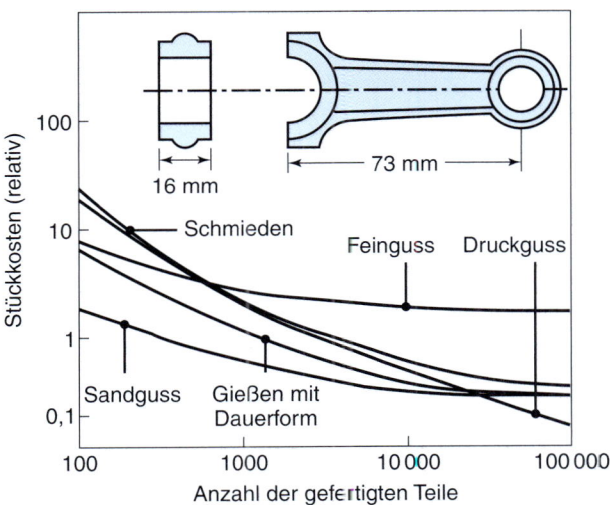

Abbildung 6.72: Vergleich der Stückkosten bei der Fertigung eines Pleuels durch Schmieden und verschiedene Gießverfahren. Man erkennt, dass Schmieden bei großer Stückzahl meist kostengünstiger als Gießen ist. Bei geringen Stückzahlen (bis etwa 20 000) ist Sandguss das wirtschaftlichste Herstellverfahren.

In einem zunehmend globalen Wettbewerb ist es wichtig, die Kosten für die Massivumformung eines Teils mit den Kosten bei der Herstellung durch verschiedene Gießverfahren, Pulvermetallurgie, maschinelle Bearbeitung oder andere Verfahren zu vergleichen. (Wettbewerbsaspekte der Fertigung werden eingehender in Kapitel 14 diskutiert.) Wenn zum Beispiel alle anderen Faktoren gleichbleiben und alles nur von der Anzahl der erforderlichen Teile abhängt, kann die Fertigung eines bestimmten Teils beispielsweise durch Gießen mit einer Einwegform durchaus wirtschaftlicher sein als das Teil durch Schmieden herzustellen (▶ Abbildung 6.72). Dieses Gießverfahren erfordert keine teuren Formen und Werkzeuge, während beim Schmieden teure Gesenke benötigt werden. Häufig wird jedoch der Einsatz der Massivumformung durch verbesserte mechanische Eigenschaften gerechtfertigt, die oftmals aus derartigen Operationen resultieren.

Fallstudie: Fahrgestellteile für den Sportwagen Lotus Elise

Abbildung 6.73: Der Sportwagen Lotus Elise Series 2.

Die Automobilindustrie muss sich einem immer umfangreicheren Katalog von Anforderungen stellen, die sich auf Leistung, Kosten, Treibstoffeffizienz und Umweltschutzregelungen beziehen. Zu den Hauptstrategien beim Verbessern des Fahrzeugdesigns in Bezug auf alle diese scheinbar gegensätzlichen Beschränkungen gehört es, die entscheidenden Komponenten hinsichtlich Kosten oder Masse zu optimieren, wobei moderne Werkstoffe und Fertigungsverfahren genutzt werden, um Leistung und Sicherheit zu bewahren. Bisherige Designoptimierungen haben gezeigt, dass bei Bauteilen für Aufhängungssysteme Masseeinsparungen bis zu 34 % realisierbar sind. Dieser Anteil ist signifikant, da das Fahrgestell ungefähr 12 % der Fahrzeugmasse ausmacht. Erreichen lassen sich solche Einsparungen, indem (a) optimale Konstruktionen entwickelt, (b) moderne Analysewerkzeuge eingesetzt und (c) endkonturnahe oder gänzlich fertige Komponenten aus geschmiedetem Stahl anstelle von Gusseisenbauteilen verwendet werden. Außerdem hat sich gezeigt, dass beträchtliche Kosteneinsparungen bei vielen Teilen möglich sind, wenn man optimierte Stahlschmiedeteile anstelle von Guss- und Strangpressteilen aus Aluminium verwendet.

Fallstudie: Fahrgestellteile für den Sportwagen Lotus Elise (Fortsetzung)

Die Lotus Elise (▶ Abbildung 6.73) ist ein Hochleistungssportwagen, der für exzellenten Fahrkomfort und überlegene Fahrdynamik konzipiert wurde. Die Lotus-Gruppe hat die Verwendung von Stahlschmiedeteilen und stranggepresstem Aluminium anstelle von Gusseisenfahrgestellteilen untersucht, um Kosten und Masse zu verringern und Zuverlässigkeit und Leistung zu verbessern. Entwickelt wurde ein Design mit stranggepressten Aluminiumteilen, das als Maßstab für die Bewertung von Designs mit geschmiedeten Teilen diente. Die weiteren Entwicklungsanstrengungen gliedern sich in zwei Phasen, wie sie in Tabelle 6.4 dargestellt sind. Die erste Phase betrifft die Entwicklung einer Komponente aus geschmiedetem Stahl, die für die existierenden Elise-Sportwagen verwendet werden können, während es sich in der zweiten Phase um die Produktion des vorderen Radträgers für ein neues Modell handelt.

Tabelle 6.4: Vorderer Radträger für den Sportwagen Lotus Elise Series 2

Designphase	Beschreibung	Masse, kg	Kosten (US $)
Referenzausführung	Aluminium-Fließpressteil, Stahlhalter, -büchse und -käfig	2,105	85
Phase I	Schmiedestahl	2,685 (+28 %)	27,7 (−67 %)
Phase II	Schmiedestahl	2,493 (+18 %)	30,8 (−64 %)

Fallstudie: Fahrgestellteile für den Sportwagen Lotus Elise (Fortsetzung)

In einem iterativen Prozess wurde mit modernen Softwarewerkzeugen ein neues Design entwickelt, um die Anzahl der Komponenten zu reduzieren und die optimale Geometrie zu bestimmen. Der für die Aufhängung ausgewählte Werkstoff war ein luftgekühlter warmgeschmiedeter Stahl, der einheitliche, feinkörnige Mikrostruktur sowie eine gleichmäßig hohe Festigkeit aufweist, ohne dass nach dem Schmieden eine Wärmebehandlung erforderlich ist. Dieser Werkstoff besitzt zudem eine um rund 20 % höhere Ermüdungsfestigkeit als herkömmliche Kohlenstoffstähle wie der vergütete Edelstahl C55E, der für ähnliche Anwendungen eingesetzt wird.

Tabelle 6.4 fasst das überarbeitete Design zusammen. Wie sich zeigt, hat das optimierte neue Schmiedekonzept zu beträchtlichen Kosteneinsparungen geführt. Zwar ist eine geringe Zunahme der Masse im Vergleich zur Variante mit fließgepressten Aluminiumteilen zu verzeichnen, doch ist dieser Nachteil kaum spürbar, und die Verwendung von geschmiedetem Stahl für derartige Komponenten ist speziell von Vorteil bei Dauerbelastungen, wie sie für Fahrgestellteile üblich sind. Das neue Design besitzt zudem bestimmte Leistungsvorteile, da die Komponentensteifigkeit jetzt höher ist, was sich in einer verbesserten Kundenzufriedenheit und einem besseren „Fahrgefühl" niederschlägt. Darüber hinaus wurde beim neuen Entwurf die Anzahl der Einzelteile verringert, wodurch ein anderes grundlegendes Konstruktionsprinzip erfüllt wird.

Quelle: Mit freundlicher Genehmigung von Lotus Engineering und American Iron and Steel Institute.

ZUSAMMENFASSUNG

- Massivumformverfahren umfassen Schmieden, Walzen, Strang- und Fließpressen, Ziehen und Hämmern. Damit sind wesentliche Änderungen der Werkstückabmessungen möglich. Als wichtige Faktoren sind die Eigenschaften des Grundwerkstoffs sowie Oberflächencharakteristika des Werkstoffs zu betrachten (Abschnitt 6.1).

- Schmieden kennzeichnet eine Familie von Verfahren, die ein Werkstück mithilfe von Druckkräften, die über Gesenke angewandt werden, umformen. Durch Schmieden lässt sich ein breites Spektrum von Teilen mit günstigen Eigenschaften in Bezug auf Festigkeit, Rauheit, Maßhaltigkeit und Zuverlässigkeit im Betrieb herstellen. Abhängig von der Gesenkgeometrie, der Qualität der verarbeiteten Werkstoffe und der vorgeformten Gestalt können sich verschiedene Arten von Defekten entwickeln. Es stehen verschiedene Schmiedemaschinen mit unterschiedlichen Charakteristika und Fähigkeiten zur Verfügung (Abschnitt 6.2).

- Häufig verwendete Analysemethoden für Spannungen, Dehnungen, Dehngeschwindigkeiten, Temperaturverteilung und Lasten beim Schmieden und anderen Massivumformprozessen sind die Streifenmethode und die Finite-Elemente-Methode (Abschnitt 6.2).

- Durch Walzen werden über ein Paar von Walzen Druckkräfte auf langes Rohmaterial kontinuierlich ausgeübt, um die Dicke des Rohmaterials zu reduzieren oder dessen Querschnitt zu ändern. Walzprodukte sind Platten, Bleche, Folien, Stäbe, Rohre und Röhren sowie formgewalzte Produkte wie zum Beispiel T-Träger, Eisenbahnschienen und Balken verschiedener Querschnitte. Das Verfahren wird von mehreren Werkstoff- und Prozessvariablen bestimmt. Dazu gehören die Größe der Walze relativ zur Dicke des Werkstoffs, der Umfang der Querschnittsverminderung pro Durchgang, die Geschwindigkeit, die Schmierung und die Temperatur (Abschnitt 6.3).
- Beim Strang- und Fließpressen wird ein Pressblock durch die Öffnung eines Gesenks gepresst. Mit diesem Verfahren lassen sich Stücke begrenzter Längen aus massiven oder hohlen Querschnitten produzieren. Zu wichtigen Faktoren gehören Gesenkkonstruktion, Formänderungsverhältnis, Schmierung, Pressblocktemperatur und Strangpressgeschwindigkeit. Als Kombination von Strangpressen und Schmiedeoperationen ist Kaltstrangpressen in der Lage, eine breite Palette von Teilen mit guten mechanischen Eigenschaften wirtschaftlich herzustellen (Abschnitt 6.4).
- Beim Stab-, Draht- und Rohrziehen wird der Werkstoff durch einen oder mehrere Ziehsteine gezogen. Richtige Gesenkauslegung und zweckmäßige Auswahl von Werkstoffen und Schmiermitteln sind entscheidend, um qualitativ hochwertige Produkte mit hoher Oberflächengüte zu erhalten. Die wesentlichen Prozessvariablen beim Ziehen sind Konuswinkel, Reibung und Größe der Querschnittsverminderung pro Durchgang (Abschnitt 6.5).
- Beim Hämmern wird der Durchmesser eines massiven Stabs oder eines Rohrs durch radiale Hin- und Herbewegungen von zwei oder vier Gesenken verringert. Dieses Verfahren ist geeignet, um kurze oder lange Stücke von Stäben oder Rohren mit verschiedenen Innen- und Außenprofilen herzustellen (Abschnitt 6.6).
- Da Gesenkfehler einen großen wirtschaftlichen Einfluss haben, spielen Konstruktion, Werkstoffauswahl und Fertigungsverfahren von Gesenken eine wichtige Rolle. Dabei steht eine breite Palette von Werkstoffen und Fertigungsverfahren zur Verfügung, unter anderem maschinelle Bearbeitungsverfahren sowie Nachbehandlungs-, Endbearbeitungs- und Beschichtungsschritte (Abschnitte 6.7 und 6.8).

Wichtige Gleichungen

Schmieden

Gesenkdruck bei ebener Verformung:	$p = Y' e^{2\mu(a-x)/h}$
Durchschnittl. Gesenkdruck bei ebener Verformung:	$\bar{p} \simeq Y'\left(1 + \dfrac{\mu a}{h}\right)$
Gesenkdruck bei axialsymmetrischer Verformung:	$p = Y e^{2\mu(r-x)/h}$
Durchschnittl. Gesenkdruck bei axialsymmetrischer Verformung:	$\bar{p} \simeq Y\left(1 + \dfrac{2\mu r}{3h}\right)$
Durchschnittl. Gesenkdruck bei ebener Verformung, Haften:	$\bar{p} = Y'\left(1 + \dfrac{a-x}{h}\right)$

Gesenkdruck bei axialsymmetrischer Verformung, Haften: $\quad p = Y\left(1 + \dfrac{r-x}{h}\right)$

Walzen

Walzdruck in der Einlaufzone: $\quad p_{\text{ein}} = Y'_{\text{f}} \dfrac{h}{h_0} e^{\mu(H_0 - H)}$

mit Rückwärtsbandzug: $\quad p_{\text{ein}} = \left(Y'_{\text{f}} - \sigma_{\text{r}}\right) \dfrac{h}{h_0} e^{\mu(H_0 - H)}$

Walzdruck in der Auslaufzone: $\quad p_{\text{aus}} = Y'_{\text{f}} \dfrac{h}{h_{\text{f}}} e^{\mu H}$

mit Vorwärtsbandzug: $\quad p_{\text{aus}} = \left(Y'_{\text{f}} - \sigma_{\text{v}}\right) \dfrac{h}{h_{\text{f}}} e^{\mu H}$

Parameter: $\quad H = 2\sqrt{\dfrac{R}{h_{\text{f}}}} \tan^{-1}\left(\sqrt{\dfrac{R}{h_{\text{f}}}}\phi\right)$

Walzkraft: $\quad F = \int_0^{\phi_{\text{n}}} wpR\,\mathrm{d}\phi + \int_{\phi_{\text{n}}}^{\alpha} wpR\,\mathrm{d}\phi$

Walzkraft, näherungsweise: $\quad F = Lw\overline{Y}'\left(1 + \dfrac{\mu L}{2\overline{h}}\right)$

Walzenantriebsmoment: $\quad T = \int_{\phi_{\text{n}}}^{\alpha} w\mu p R^2 \,\mathrm{d}\phi - \int_0^{\phi_{\text{n}}} w\mu p R^2 \,\mathrm{d}\phi$

Kontaktlänge im Walzspalt, näherungsweise: $\quad L = \sqrt{R\Delta h}$

Antriebsleistung pro Walze in kW: $\quad P = \dfrac{\pi F L N}{60\,000}$

Maximale Stichabnahme: $\quad \Delta h_{\max} = \mu^2 R$

Einzugsbedingung: $\quad \alpha_{\max} = \tan^{-1}\mu$

Strang- und Fließpressen

Formänderungsverhältnis: $\quad R = \dfrac{A_0}{A_{\text{f}}}$

Pressdruck, ideell: $\quad p = Y \ln R$

Pressdruck, mit Reibung: $\quad p = Y\left(1 + \dfrac{\tan\alpha}{\mu}\right)\left(R^{\mu \cot\alpha} - 1\right)$

Ziehen von Stäben und Drähten

Ziehspannung, ideell: $\quad \sigma_{\text{d}} = Y \ln\left(\dfrac{A_0}{A_{\text{f}}}\right)$

Ziehspannung, mit Reibung: $\quad \sigma_{\text{d}} = Y\left(1 + \dfrac{\tan\alpha}{\mu}\right)\left(1 - \left(\dfrac{A_{\text{f}}}{A_0}\right)^{\mu \cot\alpha}\right)$

Gesenkdruck: $\quad p = Y_{\text{f}} - \sigma$

Verständnisfragen

Schmieden

6.1 Woran können Sie erkennen, ob ein bestimmtes Teil geschmiedet oder gegossen ist? Beschreiben Sie die Merkmale, die Sie untersuchen, um zur Lösung zu gelangen.

6.2 Weshalb ist es wichtig, das Volumen des Rohlings beim Gesenkschmieden zu kontrollieren?

6.3 Nennen Sie Vorteile und Beschränkungen (a) einer Reckschmiedeoperation und (b) von Gesenkeinsätzen beim Schmieden.

6.4 Erläutern Sie, warum es so viele unterschiedliche Arten von Schmiedemaschinen gibt.

6.5 Denken Sie sich ein experimentelles Verfahren aus, um die Kraft messen zu können, die allein für das Schmieden des Grats beim Gesenkschmieden erforderlich ist (siehe Abbildung 6.15a).

6.6 Ein Hersteller ist erfolgreich beim Warmschmieden eines bestimmten Teils mit einem Werkstoff, der von Firma A geliefert wird. Neuerdings liefert Firma B einen Werkstoff mit der gleichen nominalen Zusammensetzung der Hauptlegierungselemente wie beim Werkstoff von Firma A. Allerdings wird festgestellt, dass die neuen Schmiedestücke reißen, selbst wenn sie nach demselben Verfahren wie bisher verarbeitet werden. Was ist die mögliche Ursache?

6.7 Erläutern Sie, warum sich die Dichte bei einem geschmiedeten Produkt gegenüber dem gegossenen Rohling ändern kann.

6.8 Glas ist bekanntlich ein guter Schmierstoff für Warmstrangpressen. Würden Sie Glas auch beim Gesenkschmieden einsetzen? Erläutern Sie Ihre Antwort.

6.9 Beschreiben und erklären Sie die Faktoren, die die Breitung beim Reckschmieden von Quadratknüppeln beeinflussen.

6.10 Warum sind Endkörner in geschmiedeten Produkten im Allgemeinen unerwünscht? Geben Sie Beispiele für derartige Produkte an.

6.11 Erläutern Sie, warum man kein Schmiedefertigerzeugnis in einem Pressenhub erhalten kann, wenn mit einem unbearbeiteten Rohling begonnen wird.

6.12 Nennen Sie Vor- und Nachteile für die Verwendung eines Schmiermittels bei Schmiedevorgängen.

6.13 Erläutern Sie die Gründe, warum der Grat beim Gesenkfüllen – speziell beim Warmschmieden – hilfreich ist.

6.14 Wenn Sie bestimmte geschmiedete Produkte (wie zum Beispiel Rohrzangen oder Münzen) inspizieren, können Sie sehen, dass die Beschriftungen erhaben und nicht graviert sind. Bieten Sie eine Erklärung an, warum Beschriftungen auf diese Weise hergestellt werden.

Walzen

6.15 Bekanntlich wird die Breitung beim Walzen durch drei Faktoren beeinflusst: (a) das Verhältnis von Breite zu Dicke des Bands, (b) die Reibung und (c) das Verhältnis von Walzenradius zu Banddicke. Erläutern Sie, wie sich jeder dieser Faktoren auf die Breitung auswirkt.

6.16 Erläutern Sie, auf welche Weise Sie Vorwärts- und Rückwärtsbandzug auf Metallbleche während des Walzens anwenden.

6.17 Bekanntlich neigen Walzen aufgrund der Walzenkräfte zum Abflachen. Welche Eigenschaften des Walzenwerkstoffs lassen sich verbessern, um das Abflachen zu verringern? Begründen Sie Ihre Antwort.

6.18 Beschreiben Sie die Verfahren, durch die sich das Abflachen von Walzen verringern lässt.

6.19 Erläutern Sie die technischen und wirtschaftlichen Gründe, größere statt kleinere Stichabnahmen pro Durchgang beim Flachwalzen vorzunehmen.

6.20 Nennen und erläutern Sie die Methoden, mit denen sich die Walzkraft verringern lässt.

6.21 Erläutern Sie die Vorteile und Beschränkungen für die Verwendung von Walzen mit kleinen Durchmessern beim Flachwalzen.

6.22 Ringwalzen ist erfolgreich für die Herstellung von Laufringen für Kugellager eingesetzt worden. Wenn man jedoch den Durchmesser des Laufrings ändert, führt dies zu einer sehr schlechten Oberflächenbeschaffenheit. Nennen Sie die möglichen Ursachen und beschreiben Sie die Art der Untersuchungen, um die Parameter zu ermitteln und das Problem zu beheben.

6.23 Erläutern Sie, wie wichtig es ist, die Walzgeschwindigkeit, den Walzspalt, die Temperatur und andere relevante Prozessvariablen beim Walzen in einer Tandemstraße zu steuern.

6.24 Kann beim Walzen ein negativer Vorwärtsslip auftreten? Erläutern Sie Ihre Antwort.

6.25 Außer durch Walzen lässt sich die Dicke von Platten und Blechen auch durch einfaches Strecken verringern. Ist dieser Vorgang für große Stückzahlen geeignet? Erläutern Sie Ihre Antwort.

6.26 Erläutern Sie anhand von Abbildung 6.33, warum sich der neutrale Punkt in Richtung Walzspalteintritt verschiebt, wenn die Reibung zunimmt.

6.27 Womit stellt man normalerweise sicher, dass das Produkt beim Flachwalzen nicht ballig wird?

6.28 Nennen Sie mögliche Konsequenzen, die sich beim Walzen mit (a) zu hoher und (b) zu niedriger Geschwindigkeit ergeben.

6.29 Walzen lässt sich als fortlaufende Schmiedeoperation beschreiben. Ist diese Beschreibung zutreffend? Erläutern Sie Ihre Antwort.

6.30 Erläutern Sie anhand zutreffender Gleichungen, warum Titankarbid für die Arbeitswalze in Sendzimir-Walzwerken eingesetzt wird, im Allgemeinen jedoch nicht in anderen Konfigurationen von Walzwerken.

Strang- und Fließpressen

6.31 Es wurde festgestellt, dass sich Formänderungsverhältnis, Gesenkgeometrie, Stranggeschwindigkeit und Pressblocktemperatur auf den Strangpressdruck auswirken. Erläutern Sie, warum dies so ist.

6.32 Wie würden Sie Mittenrisse beim Strangpressen verhindern? Erläutern Sie, weshalb Ihre Methoden wirksam wären.

6.33 Wie würden Sie durch Strangpressen abgesetzte Profile herstellen, die zunehmend größere Querschnitte in ihrer Längsrichtung aufweisen? Ist dies überhaupt möglich? Wäre Ihr Verfahren wirtschaftlich und für große Produktionsserien geeignet? Erläutern Sie Ihre Antwort.

6.34 Wie aus Gleichung (6.54) hervorgeht, kann der ideelle Strangpressdruck p für kleine Werte des Formänderungsverhältnisses wie zum Beispiel $R = 2$ kleiner sein als die Fließspannung Y des Werkstoffs. Erläutern Sie, ob dieses Phänomen logisch ist oder nicht.

6.35 Beim hydrostatischen Strangpressen werden aufwendige Dichtungen zwischen dem Stößel und der Kammer verwendet, jedoch nicht zwischen dem Strang und dem Gesenk. Erläutern Sie, warum.

6.36 Nennen und beschreiben Sie die Arten von Defekten, die (a) beim Strangpressen und (b) beim Ziehen auftreten können.

6.37 Was ist eine Führung in einem Gesenk? Welche Funktion hat sie? Nennen Sie Vor- und Nachteile, wenn keine Führung vorhanden ist.

6.38 Unter welchen Umständen ist Rückwärtsstrangpressen vorteilhafter als Vorwärtsstrangpressen? Wann ist hydrostatisches Strangpressen dem Vorwärtsstrangpressen vorzuziehen?

6.39 Welche Aufgabe hat die Presskammerbüchse beim Vorwärtsstrangpressen (siehe Abbildung 6.47a)? Weshalb gibt es beim hydrostatischen Strangpressen keine Presskammerbüchse?

Ziehen

6.40 Es wurde gezeigt, dass der maximale Gesenkdruck beim Stab- und Drahtziehen am Gesenkeingang auftritt. Warum ist dies so?

6.41 Beschreiben Sie die Bedingungen, unter denen Nassziehen bzw. Trockenziehen wünschenswert sind.

6.42 Nennen Sie die entscheidenden Prozessvariablen beim Ziehen und erläutern Sie, wie sie den Ziehvorgang beeinflussen.

6.43 Nehmen Sie an, dass eine Stabziehoperation entweder in einem Durchgang oder in zwei Durchgängen in Tandemanordnung durchgeführt werden kann. Sind die Ziehkräfte unterschiedlich, wenn die Gesenköffnungswinkel und die Gesamtreduzierung gleich sind? Erläutern Sie Ihre Antwort.

6.44 Nehmen Sie unter Bezug auf Abbildung 6.60 an, dass die Reduzierung des Querschnitts stattfindet, indem ein Stab durch das Gesenk geschoben statt gezogen wird und gehen Sie von einem perfekt plastischen Werkstoff aus. Skizzieren Sie die Gesenkdruckverteilung für die folgenden Situationen: (a) reibungslos, (b) mit Reibung und (c) reibungslos, aber mit Vorspannung. Erläutern Sie Ihre Antworten.

6.45 Beim Ableiten von Gleichung (6.74) wurde auf die Duktilität des zu ziehenden Ausgangsmaterials nicht eingegangen. Erläutern Sie, warum.

6.46 Warum fällt der Gesenkdruck beim Ziehen in Richtung Gesenkausgang ab?

6.47 Welche Größenordnung hat der Gesenkdruck am Gesenkaustritt für eine Ziehoperation, die bei der maximal möglichen Querschnittsverminderung pro Stich ausgeführt wird?

6.48 Erläutern Sie, weshalb sich beim Ziehen die maximale Querschnittsverminderung pro Stich erhöht, wenn der Verfestigungsexponent n zunimmt.

6.49 Wenn wir beim Ableiten von Gleichung (6.74) die Reibung berücksichtigen, bleibt dann die maximale Querschnittsverminderung pro Stich gleich (d. h. 63 %) oder wird sie höher bzw. niedriger? Erläutern Sie Ihre Antwort.

6.50 Erläutern Sie, welche Wirkungen ein Rückwärtszug auf den Gesenkdruck beim Draht- oder Stabziehen hat, und diskutieren Sie, warum diese Effekte auftreten.

6.51 Erläutern Sie, warum der Inhomogenitätsfaktor Φ beim Stab- oder Drahtziehen vom Verhältnis h/L abhängt, wie es in Abbildung 6.12 dargestellt ist.

6.52 Beschreiben Sie die Gründe, die zur Entwicklung des Hämmerns geführt haben.

6.53 Gelegentlich wird beim Drahtziehen von Stahl ein Mantel aus einem weichen Metall wie zum Beispiel Kupfer oder Blei verwendet. Weshalb ist dieses Verfahren sinnvoll?

6.54 Beschreiben Sie angesichts der großen Schwierigkeiten, ein Gesenk mit einem Durchmesser von weniger als einem Millimeter herzustellen, wie es möglich ist, einen Draht mit einem Durchmesser von 10 µm zu produzieren.

6.55 Welche Änderungen erwarten Sie bei Festigkeit, Härte, Duktilität und Anisotropie von geglühten Metallen, nachdem sie durch Gesenke gezogen wurden? Warum ist das so?

Allgemeine Fragen

6.56 Nennen und erklären Sie für die in diesem Kapitel behandelten Themen zwei spezielle Beispiele, bei denen jeweils die Reibung (a) erwünscht und (b) nicht erwünscht ist.

6.57 Wählen Sie drei Themen aus Kapitel 2 aus und zeigen Sie an jeweils einem konkreten Beispiel, wie sie sich auf die in diesem Kapitel behandelten Themen beziehen.

6.58 Wie zuvor, jedoch für Kapitel 3.

6.59 Nennen und erläutern Sie die Gründe dafür, dass es so viele unterschiedliche Arten von Gesenkwerkstoffen gibt, die für die in diesem Kapitel beschriebenen Verfahren eingesetzt werden.

6.60 Weshalb interessieren die Eigenspannungen, die sich in Teilen entwickeln, die mit den in diesem Kapitel beschriebenen Umformverfahren hergestellt wurden?

6.61 Geben Sie eine Zusammenfassung für die Fehlerarten an, die bei den in diesem Kapitel beschriebenen Verfahren auftreten. Nennen Sie für jede Fehlerart Methoden, mit denen sich die Defekte verringern oder eliminieren lassen.

Rechenaufgaben

Schmieden

6.62 In der Skizze von Abbildung 6.4b weist die inkrementelle Spannung dσ_x auf dem Element nach links. Dennoch scheint es, dass wegen der Richtung der Reibungsspannungen μp die inkrementelle Spannung nach rechts zeigen sollte, damit die horizontalen Kräfte im Gleichgewicht sind. Zeigen Sie, dass die gleiche Antwort für den Schmiededruck erhalten wird, und zwar unabhängig von der Richtung dieser inkrementellen Spannung.

6.63 Zeichnen Sie ein Diagramm der Kraft über der Höhenverminderung einer massiven zylindrischen geglühten Kupferprobe von 5,0 cm Höhe und 2,5 cm Durchmesser bis zu einer Verringerung der Höhe um 70 % für die Fälle (a) keine Reibung zwischen den flachen Gesenken und der Probe, (b) $\mu = 0{,}25$ und (c) $\mu = 0{,}5$. Vernachlässigen Sie Ausbauchen der Probe und verwenden Sie die Formeln für den mittleren Gesenkdruck.

6.64 Lösen Sie die Übungsaufgabe 6.63 mithilfe von Abbildung 6.9b.

6.65 Berechnen Sie die Arbeit, die bei den einzelnen Fällen von Übungsaufgabe 6.63 verrichtet wird.

6.66 Ermitteln Sie den Temperaturanstieg in der Probe für jeden Fall von Übungsaufgabe 6.63. Nehmen Sie an, dass der Prozess adiabatisch verläuft und die Temperaturverteilung in der Probe gleichmäßig ist.

Rechenaufgaben

6.67 Um die Schmiedbarkeit zu ermitteln, wird ein Warmtorsionsversuch mit einem Rundstab von 25 mm Durchmesser und 200 mm Länge durchgeführt. Es zeigt sich, dass der Stab 200 Umdrehungen unterzogen werden kann, bevor er bricht. Berechnen Sie die Scherdehnung an der Oberfläche des Stabs beim Bruch.

6.68 Leiten Sie einen Ausdruck für den mittleren Druck bei ebener Verformung unter der Bedingung von Haftreibung ab.

6.69 Welche Größenordnung hat μ, wenn bei ebener Druckverformung die Schmiedekraft bei Gleitreibung gleich der Kraft bei Haftreibung ist? Verwenden Sie die Formeln für den mittleren Gesenkdruck.

6.70 Beachten Sie, dass beim Stauchen zylindrischer Proben die Reibungsspannung nicht größer als die Schubfließgrenze k des Werkstoffs sein kann. Somit kann es gemäß Abbildung 6.8 einen Abstand x geben, bei dem ein Übergang von Gleit- zu Haftreibung stattfindet. Leiten Sie einen Ausdruck für x ab, der nur r, h und μ enthält.

6.71 Nehmen Sie an, dass das in der Abbildung dargestellte Werkstück durch eine laterale Kraft F nach rechts gedrückt und dabei zwischen ebenen Gesenken gepresst wird. (a) Skizzieren Sie die Gesenkdruckverteilung für den Fall, dass F nicht genügend groß ist, damit das Werkstück nach rechts gleitet. (b) Fertigen Sie eine ähnliche Skizze an, wobei jetzt aber die Kraft F genügend groß sein soll, dass das Werkstück nach rechts gleitet, während es gepresst wird.

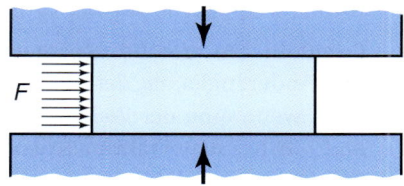

6.72 Leiten Sie für das in Abbildung 6.10 angegebene Beispiel für Haftreibung einen Ausdruck für die laterale Kraft F ab, die erforderlich ist, damit das Werkstück nach rechts gleitet, während es zwischen ebenen Gesenken gepresst wird.

6.73 Zwei massive zylindrische Proben A und B, die beide aus perfekt plastischen Werkstoffen bestehen, werden mit Reibung und isotherm bei Raumtemperatur geschmiedet, um eine Höhenverminderung von 25 % zu erreichen. Probe A hat ursprünglich eine Höhe von 5,0 cm und einen Querschnitt von 6,45 cm², Probe B ist ursprünglich 2,5 cm hoch und hat einen Querschnitt von 12,90 cm². Ist die für beide Proben zu verrichtende Arbeit gleich? Erläutern Sie Ihre Antwort.

6.74 Hängt die in Abbildung 6.6 gezeigte Druckverteilung entlang der vier Kanten des Werkstücks von der konkreten Fließbedingung ab? Erläutern Sie Ihre Antwort.

6.75 Unter welchen Bedingungen liegt eine Normaldruckverteilung beim Schmieden eines massiven zylindrischen Werkstücks vor, wie sie die zur Frage gehörende Abbildung zeigt? Erläutern Sie Ihre Antwort.

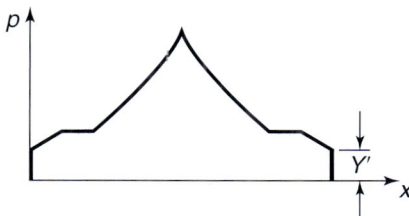

6.76 Leiten Sie die mit Gleichung (6.15) gegebene Formel für den durchschnittlichen Gesenkdruck her. *Hinweis:* Entwickeln Sie den Ausdruck für den Gesenkdruck in eine Taylorreihe, brechen Sie diese an geeigneter Stelle ab und berechnen Sie den Mittelwert mittels Integration.

6.77 Nehmen Sie zwei zylindrische Proben mit gleichem Durchmesser aber unterschiedlichen Höhen an. Pressen Sie diese Proben (reibungslos), um die gleiche prozentuale Höhenverminderung zu erreichen. Zeigen Sie, dass die Enddurchmesser der Proben gleich sind.

6.78 Die ursprünglichen Abmessungen eines quaderförmigen Werkstücks betragen: $2a = 100\,\text{mm}$, $h = 30\,\text{mm}$ und Breite $b = 20\,\text{mm}$ (siehe Abbildung 6.5). Der Festigkeitskoeffizient des Metalls hat den Wert $300\,\text{MPa}$ und der Verfestigungsexponent beträgt $0{,}3$. Das Werkstück wird unter der Bedingung ebener Dehnung mit $\mu = 0{,}2$ geschmiedet. Berechnen Sie die erforderliche Kraft für eine Höhenabnahme von $20\,\%$. Verwenden Sie nicht die Formeln für den durchschnittlichen Druck.

6.79 Nehmen Sie an, dass beim Stauchen einer massiven zylindrischen Probe zwischen zwei flachen Gesenken mit Reibung die Gesenke gegeneinander verdreht werden. Wie ändert sich – falls überhaupt – die Schmiedekraft gegenüber der für nicht drehende Gesenke? *Hinweis:* Beachten Sie, dass jetzt für jedes Gesenk ein Drehmoment erforderlich ist, allerdings in entgegengesetzten Richtungen.

6.80 Eine massive zylindrische Probe aus perfekt plastischem Werkstoff wird zwischen flachen Gesenken ohne Reibung gestaucht. Der Vorgang wird durch ein fallendes Gewicht wie in einem Gesenkhammer realisiert. Die Abwärtsgeschwindigkeit des Hammers ist beim ersten Kontakt mit dem Werkstück maximal und wird zu null, wenn der Hammer bei einer bestimmten Höhe der Probe stoppt. Stellen Sie quantitative Beziehungen zwischen Werkstückhöhe und Geschwindigkeit her und skizzieren Sie das Geschwindigkeitsprofil des Hammers qualitativ. *Hinweis:* Der Verlust an kinetischer Energie des Hammers ist die plastische Verformungsarbeit. Somit besteht eine direkte Beziehung zwischen Werkstückhöhe und Geschwindigkeit.

6.81 Beschreiben Sie eine Methode, mit der Sie die Kraft abschätzen können, die beim Rundhämmern auf jedes Gesenk wirkt.

6.82 Eine Kurbelpresse wird durch einen Motor mit $25\,\text{kW}$ Leistung angetrieben und arbeitet mit 40 Hüben pro Minute. Aufgrund der verwendeten Schwungmasse bleibt die Drehzahl der Kurbelwelle während des Hubs gleich. Wie groß ist die maximale Kontaktkraft, die über die gesamte Hublänge ausgeübt werden kann, wenn die Hublänge $15\,\text{cm}$ beträgt? Bis zu welcher Höhe kann ein Zylinder aus der Aluminiumlegierung EN AW-5052-O (AlMg2,5 w) mit einem Durchmesser von $1{,}3\,\text{cm}$ und einer Höhe von $5{,}0\,\text{cm}$ geschmiedet werden, bevor die Presse zum Stillstand kommt?

6.83 Schätzen Sie die Kraft ab, die zum Stauchen einer Niete aus Nickelbronze (Tabelle 3.19) mit einem Durchmesser von $0{,}32\,\text{cm}$ Durchmesser erforderlich ist, um einen Kopf von $0{,}64\,\text{cm}$ zu formen. Nehmen Sie an, dass der Reibungskoeffizient zwischen der Bronze und dem Gesenk aus Werkzeugstahl $0{,}2$ beträgt und der Kopf $0{,}32\,\text{cm}$ dick ist.

6.84 Leiten Sie Gleichung (6.17) mithilfe der Streifenmethode her.

Walzen

6.85 Berechnen Sie für Beispiel 6.4 in Abschnitt 6.3.1 die Geschwindigkeit des Bands, wenn es die Walzen verlässt.

6.86 Erläutern Sie anhand geeigneter Skizzen die Änderungen in der Walzdruckverteilung, wenn eine der Walzen lediglich mitläuft, d.h., der Walzenantrieb für diese Walze ausgeschaltet ist.

6.87 Es lässt sich zeigen, dass sich μ beim Flachwalzen ermitteln lässt, ohne Drehmoment oder Kräfte zu messen. Sehen Sie sich die Gleichungen für das Walzen an und beschreiben Sie einen experimentellen Ablauf für die eingangs genannte Aufgabe. Beachten Sie, dass Sie außer dem Drehmoment oder den Kräften jede andere Größe messen dürfen.

6.88 Leiten Sie eine Beziehung zwischen der Spannung für den Rückwärtsbandzug σ_r und den Vorwärtsbandzug σ_v beim Walzen ab, sodass der neutrale Punkt an derselben Position verbleibt, wenn beide Spannungen erhöht werden.

6.89 Betrachten Sie ein Element in der Mitte der Verformungszone beim Flachwalzen. Nehmen Sie an, dass alle Spannungen, die auf dieses Element wirken, Hauptspannungen sind. Kennzeichnen Sie die Spannungen qualitativ und geben Sie an, ob es sich um Zug- oder Druckspannungen handelt. Erläutern Sie Ihre Überlegungen. Ist es möglich, dass die Größen aller drei Hauptspannungen einander gleich sind? Erläutern Sie Ihre Antwort.

6.90 Es wurde festgestellt, dass beim Flachwalzen eines Bands die Walzkraft ungefähr zweimal effektiver durch Rückwärtsbandzug als durch Vorwärtsbandzug reduziert wird. Erläutern Sie mithilfe geeigneter Skizzen den Grund für diesen Unterschied. *Hinweis:* Beachten Sie die Positionsverschiebung des neutralen Punkts durch Bandzug.

6.91 Es lässt sich zeigen, dass die Walzen beim Walzen eines Bands rutschen, wenn der Rückwärtsbandzug zu stark ist. Leiten Sie einen analytischen Ausdruck für die Größe der Spannung beim Rückwärtsbandzug ab, aus dem hervorgeht, wann die angetriebenen Walzen zu rutschen beginnen. Verwenden Sie die gleiche Terminologie wie im Text.

6.92 Leiten Sie Gleichung (6.46) her.

6.93 Beim Steckelwalzen laufen die Walzen leer mit. Somit gibt es kein Nettodrehmoment, wenn man reibungsfreie Lager annimmt. Woher kommt dann die Energie, um die erforderliche Verformungsarbeit beim Walzen zu verrichten? Erläutern Sie Ihre Antwort anhand geeigneter Skizzen und geben Sie die Bedingungen an, die erfüllt sein müssen.

6.94 Leiten Sie einen Ausdruck für die erforderliche Spannung beim (reibungsfreien) Steckelwalzen eines Blechs her, wenn die Wahre-Spannung-logarithmische-Dehnung-Kurve des Werkstücks durch $\sigma = a + b\varphi$ gegeben ist.

6.95 (a) Skizzieren Sie die Walzdruckverteilung beim Flachwalzen mit angetriebenen Walzen. (b) Nehmen Sie jetzt an, dass die beiden Walzen abgeschaltet werden und der Walzvorgang allein aufgrund eines Vorwärtsbandzugs – d. h. durch Steckelwalzen – stattfindet. Tragen Sie in Ihr Diagramm zusätzlich die neue Walzdruckverteilung ein, die Ihre Überlegungen deutlich macht. (c) Nachdem Sie Teil (b) fertiggestellt haben, nehmen Sie nun aber an, dass die Walzenlager rosten und ohne Schmiermittel laufen, obwohl der Walzvorgang immer noch allein durch den Vorwärtsbandzug bewerkstelligt wird. Überlagern Sie das Diagramm mit einer dritten Walzdruckverteilung für diese Bedingung, um Ihre Überlegungen zu erläutern.

6.96 Leiten Sie Gleichung (6.28) basierend auf der davorstehenden Gleichung her. Kommentieren Sie, wie sich die h-Werte unterscheiden, wenn der Winkel ϕ größer wird.

6.97 Nehmen Sie für Abbildung 6.34 an, dass $L = 2L_2$. Ist die Walzkraft F für L jetzt zweimal oder mehr als zweimal so groß wie die Walzkraft für L_2? Erläutern Sie Ihre Antwort.

6.98 Für einen Flachwalzvorgang seien die Werte $h_0 = 0{,}5$ cm, $h_f = 0{,}38$ cm, $w_0 = 25{,}4$ cm, $R = 20{,}32$ cm, $\mu = 0{,}25$ und die mittlere Fließspannung des Werkstoffs mit 276 MPa gegeben. Schätzen Sie die Walzkraft und das Drehmoment ab. Berücksichtigen Sie die Wirkung einer Walzenabflachung.

6.99 Ein Walzvorgang findet unter den Bedingungen statt, wie sie die zur Aufgabe gehörende Abbildung zeigt. Wie lautet die Position x_n des neutralen Punkts? Beachten Sie, dass das Walzen mit Ihnen nicht bekannten Werten für den Vorwärts- und Rückwärtsbandzug durchgeführt wird. Darüber hinaus sind folgende Daten gegeben: Der gewalzte Werkstoff ist die Aluminiumlegierung EN AW-5052-O (AlMg2,5 w), die Walzen bestehen aus gehärtetem Stahl, die Walzen haben eine Rautiefe von 0,02 μm und die Walztemperatur beträgt 210 °C.

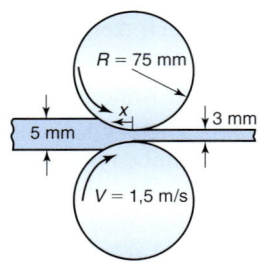

6.100 Schätzen Sie Kraft und Leistung beim Walzen eines Bands aus geglühtem kohlenstoffarmem Stahl (z. B. C10) mit einer Breite von 200 mm und einer Dicke von 10 mm ab, das auf eine Dicke von 6 mm gewalzt wird. Der Walzenradius beträgt 200 mm und die Walzen drehen sich mit 200 Umdr./min. Nehmen Sie μ mit 0,1 an.

6.101 Berechnen Sie die einzelnen Querschnittsverminderungen in jedem Walzgerüst für die in der Abbildung dargestellte Tandemwalzstraße.

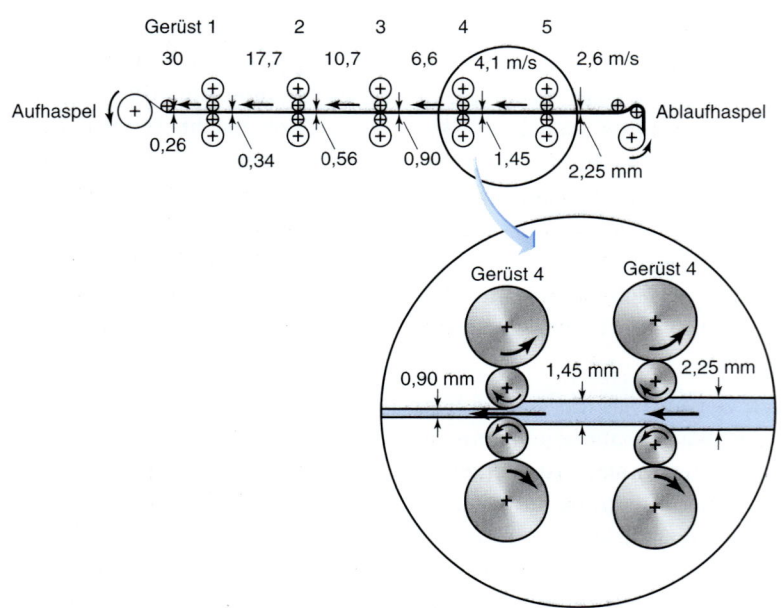

6.102 Berechnen Sie die erforderlichen Geschwindigkeiten für jede Walze in Aufgabe 6.101, um einen Vorwärtsschlupf von (a) 0 und (b) 10 % zu realisieren.

Strang- und Fließpressen

6.103 Berechnen Sie die erforderliche Kraft, um einen Stab aus dem Werkstoff EN AW-1100-O (Al99,5Cu) mit einem Durchmesser von 15,24 cm durch Vorwärtsstrangpressen auf einen Durchmesser von 5,08 cm zu bringen. Nehmen Sie an, dass die redundante Arbeit 30 % der idealen Verformungsarbeit beträgt und die Reibungsarbeit 25 % der gesamten Verformungsarbeit ausmacht.

6.104 Beweisen Sie Gleichung (6.57).

6.105 Berechnen Sie den theoretischen Temperaturanstieg im stranggepressten Werkstoff von Beispiel 6.6 im Text unter der Annahme, dass es keine Wärmeverluste gibt. In Abschnitt 3.9 finden Sie Informationen zu den physikalischen Eigenschaften des Werkstoffs.

6.106 Verwenden Sie den gleichen Ansatz, den Abschnitt 6.5 für das Drahtziehen beschrieben hat, und zeigen Sie, dass sich der Strangpressdruck durch den Ausdruck

$$p = Y\left(1 + \frac{\tan\alpha}{\mu}\right)\left(1 - \left(\frac{A_0}{A_f}\right)^{\mu\cot\alpha}\right)$$

angeben lässt, wobei A_0 und A_f die ursprüngliche bzw. endgültige Werkstückquerschnittsfläche bezeichnen.

6.107 Leiten Sie Gleichung (6.55) her.

6.108 Ein Fließpressvorgang ist für Stahl bei 800 °C mit einem Anfangsdurchmesser von 100 mm und einem Enddurchmesser von 20 mm geplant. Hierfür stehen zwei Pressen mit Kapazitäten von 20 MN bzw. 10 MN zur Verfügung. Es liegt auf der Hand, dass die größere Presse mehr Wartungsaufwand und eine teurere Werkzeugausstattung benötigt. Genügt die kleinere Presse für den beschriebenen Vorgang? Geben Sie andernfalls Empfehlungen an, die es ermöglichen, die kleinere Presse zu verwenden.

6.109 Schätzen Sie die erforderliche Kraft für das Strangpressen von Messing (CuZn30) bei 700 °C ab, wenn der Pressstückdurchmesser 125 mm und das Formänderungsverhältnis 20 betragen.

Ziehen

6.110 Berechnen Sie die im Textbeispiel 6.7 erforderliche Leistung, wenn das Werkstück aus geglühtem Messing (CuZn30) besteht.

6.111 Erstellen Sie mithilfe von Gleichungen (6.63) und (6.65) ein Diagramm ähnlich wie in Abbildung 6.63 für die folgenden Zahlenwerte: $K = 100$ MPa, $n = 0,3$ und $\mu = 0,04$.

6.112 Verwenden Sie den gleichen Ansatz, den Abschnitt 6.5 für das Drahtziehen beschrieben hat, und zeigen Sie, dass sich die Ziehspannung σ_d beim Ziehen in ebener Dehnung eines flachen Blechs oder einer Platte durch den Ausdruck

$$\sigma_d = Y'\left(1 + \frac{\tan\alpha}{\mu}\right) \times \left(1 - \left(\frac{h_0 - h_f}{h_0}\right)^{\mu\cot\alpha}\right)$$

angeben lässt, wobei h_0 und h_f die ursprüngliche bzw. endgültige Dicke des Werkstücks sind.

6.113 Leiten Sie einen analytischen Ausdruck für den Gesenkdruck beim Drahtziehen – ohne Reibung oder redundante Arbeit – als Funktion des momentanen Durchmessers in der Verformungszone her.

6.114 Ein linear kaltverfestigender Werkstoff mit einer Wahre-Spannung-logarithmischen-Dehnung-Kurve $\sigma = 34,5 + 172,5\varphi$ (MPa) wird zu einem Draht gezogen. Wie groß ist der kleinstmögliche Durchmesser am Austritt des Ziehsteins, wenn der ursprüngliche Drahtdurchmesser 6,35 mm beträgt? Nehmen Sie an, dass es keine redundante Arbeit gibt und dass die Reibungsarbeit 15 % der idealen Verformungsarbeit ausmacht. *Hinweis:* Die Fließspannung des austretenden Drahts ist durch den Punkt in der Fließkurve gegeben, welcher der Gesamtdehnung entspricht, die der Werkstoff erfahren hat.

6.115 Nehmen Sie für Abbildung 6.65 an, dass die longitudinale Eigenspannung in der Mitte des Stabs −550 MPa beträgt. Berechnen Sie mithilfe der Gestaltänderungsenergiehypothese die minimale Fließspannung, die dieser konkrete Stahl haben muss, um Eigenspannungen in dieser Größenordnung ertragen zu können.

6.116 Leiten Sie einen Ausdruck für die Gesenktrennkraft beim Drahtziehen eines perfekt plastischen Werkstoffs her. Verwenden Sie die gleiche Terminologie wie im Text.

6.117 Beim Drahtziehen werde ein Werkstoff mit der Fließkurve $\sigma_w = 69\varphi^{0,3}$ (MPa) verwendet. Nehmen Sie an, dass die Reibungs- und redundante Arbeit insgesamt 60 % der idealen Verformungsarbeit betragen. Berechnen Sie die maximal mögliche Querschnittsverringerung pro Durchgang.

6.118 Leiten Sie einen Ausdruck für die maximale Querschnittsverringerung pro Durchgang für einen Werkstoff mit $\sigma_w = K\varphi^n$ her und nehmen Sie dabei an, dass die Reibungs- und redundante Arbeit mit insgesamt 25 % zur gesamten Verformungsarbeit beitragen.

6.119 Weisen Sie nach, dass sich die mittlere logarithmische Dehnrate $\bar{\varphi}$ beim Ziehen oder Strangpressen unter der Bedingung ebener Dehnung mit einem keilförmigen Gesenk durch den Ausdruck

$$\bar{\varphi} = -\frac{2 \tan \alpha \, v_0 t_0}{(t_0 - 2x \tan \alpha)^2}$$

angeben lässt, wobei α den Gesenköffnungswinkel, t_0 die ursprüngliche Dicke und x den Abstand vom Eintritt bezeichnet. v_0 ist die Einlaufgeschwindigkeit des Werkstücks in das Werkzeug. *Hinweis:* Beachten Sie, dass $d\varphi = dA/A$ ist.

6.120 Wie groß sollte der Anteil von Reibungs- und redundanter Arbeit prozentual zur ideellen Arbeit beim Ziehen eines verfestigenden Werkstoffs mit $n = 0,25$ sein, damit sich pro Durchgang eine maximale Querschnittsverringerung von 63 % ergibt?

6.121 Ein runder Draht aus einem perfekt plastischen Werkstoff mit einer Fließspannung von 207 MPa wird von einem Durchmesser von 2,5 mm auf 1,8 mm in einem Ziehstein mit 15° Öffnungswinkel gezogen. Der Reibungskoeffizient sei 0,1. Schätzen Sie mithilfe der Gleichung (6.66) die erforderliche Ziehkraft ab.

6.122 Nehmen Sie an, Sie sollen Studenten Kontrollfragen zum Inhalt dieses Kapitels stellen. Bereiten Sie drei Rchenaufgaben und drei qualitative Fragen vor und geben Sie die Antworten an.

Fragen zum Entwurf

6.123 Schmieden ist eines der Verfahren, mit dem sich Turbinenschaufeln für Strahltriebwerke herstellen lassen. Untersuchen Sie das Design derartiger Schaufeln und bereiten Sie unter Bezugnahme auf einschlägige Fachliteratur eine schrittweise

Prozedur vor, um diese Schaufeln zu fertigen. Kommentieren Sie Schwierigkeiten, die bei diesem Vorgang auftreten können.

6.124 Beim Vergleichen von geschmiedeten Teilen mit Gussteilen wird man oft feststellen, dass sich das gleiche Teil durch beide Prozesse herstellen lässt. Geben Sie Pro und Kontra für jeden Prozess an, wobei Sie Faktoren wie Teilgröße, Formkomplexität und Entwurfsflexibilität für den Fall berücksichtigen, dass ein bestimmtes Design modifiziert werden muss.

6.125 Skizzieren Sie anhand von Abbildung 6.26 die Zwischenschritte, die Sie beim Schmieden eines Schraubenschlüssels aus Rundmaterial empfehlen würden.

6.126 Erstellen Sie anhand von Fachliteratur eine ausführliche Liste der Fertigungsschritte für die Herstellung von Injektionsnadeln.

6.127 Abbildung 6.48a zeigt Beispiele für Produkte, die sich durch Abstechen aus langen stranggepressten Querschnitten vereinzeln lassen. Nennen Sie einige andere Produkte, die in ähnlicher Weise hergestellt werden können.

6.128 Erstellen Sie eine umfassende Liste von Produkten, die aus (a) Draht, (b) sehr dünnem Draht und (c) Stäben verschiedener Querschnitte hergestellt werden oder entsprechende Komponenten enthalten.

6.129 Obwohl fließgepresste Produkte normalerweise gerade sind, lassen sich auch Gesenke entwerfen, um gekrümmte Presskörper zu erzeugen, wobei der Krümmungsradius konstant ist. (a) Welche Anwendungen können Sie sich für solche Produkte vorstellen? (b) Beschreiben Sie Ihre Gedanken zur Form eines derartigen Gesenks, mit dem sich gekrümmte Presskörper herstellen lassen.

6.130 Verschaffen Sie sich in der Fachliteratur einen Überblick und beschreiben Sie Entwurfsmerkmale der verschiedenen Walzenanordnungen, wie sie Abbildung 6.41 zeigt.

6.131 In diesem Kapitel wurde beschrieben, wie sich Ultraschallschwingungen bei einigen Prozessen vorteilhaft auswirken, um die Reibung zu vermindern. Verschaffen Sie sich in der Fachliteratur einen Überblick und bieten Sie Entwurfskonzepte an, um derartige Schwingungen anzuwenden.

6.132 In der Fallstudie am Ende dieses Kapitels wurde festgestellt, dass die Kosten mit geschmiedeten Teilen erheblich günstiger ausfallen als bei einem Design, das auf stranggepresste Komponenten setzt. Nennen und erläutern Sie die Gründe, die Ihrer Ansicht nach diese Kosteneinsparungen möglich gemacht haben.

6.133 Beim Strangpressen und Ziehen von Messingrohren für Verzierungen an Bauwerken ist es wichtig, für einen glatten Oberflächenzustand zu sorgen. Nennen Sie die relevanten Prozessparameter und geben Sie Empfehlungen für die Fertigung an, um derartige Rohre zu produzieren.

Verarbeitung von Blechen

7

7.1	Einführung	496
7.2	Eigenschaften von Blechen	497
7.3	Scherschneiden	502
7.4	Biegen von Blechen und Platten	513
7.5	Weitere Umformverfahren	526
7.6	Tiefziehen	545
7.7	Umformbarkeit von Blechen und Modellierung	558
7.8	Anlagen für die Blechverarbeitung	565
7.9	Entwurfsüberlegungen	565
7.10	Wirtschaftlichkeit der Blechumformung	568
Zusammenfassung		572
Wichtige Gleichungen		573
Verständnisfragen		573
Rechenaufgaben		577
Fragen zum Entwurf		579

ÜBERBLICK

7 Verarbeitung von Blechen

> **LERNZIELE**
>
> Dieses Kapitel beschreibt die Eigenschaften von Blechen und die Prinzipien beim Umformen von Blechen zu Produkten. Insbesondere geht es um die folgenden Themen:
>
> - Spezifische Werkstoffeigenschaften, die die Umformbarkeit beeinflussen;
> - Prinzipien verschiedener Scherverfahren;
> - Grundlagen der Blechumformung und der maßgeblichen Parameter;
> - Grundlegende Entwurfsprinzipien in der Blechverarbeitung;
> - Wirtschaftliche Überlegungen.

7.1 Einführung

Durch **Blechumformung** wird eine breite Palette von Konsumgütern und Industrieprodukten hergestellt, beispielsweise Metallschreibtische, Flugzeugrümpfe, Gehäuse, Getränkedosen, Fahrzeugkarosserien und Küchenutensilien. Die auch als **Prägen** oder **Pressformen** bezeichnete Blechbearbeitung gehört zu den wichtigsten Metallverarbeitungsverfahren und reicht bis 5000 v. Chr. zurück, als Haushaltsutensilien, Schmuck und andere Objekte durch Hämmern und Prägen von Metallen wie Gold, Silber und Kupfer hergestellt wurden. Gegenüber Produkten, die zum Beispiel durch Gießen oder Schmieden hergestellt wurden, bieten Blechteile die Vorteile von geringer Masse und großer Formvielfalt.

Bei der Blechumformung geht es im Unterschied zu Massivumformverfahren um Werkstücke mit einem hohen Verhältnis von Oberfläche zu Dicke, wie es an einfachen Produkten wie Backblechen und Radkappen deutlich zu sehen ist. Bei Blechen, die dicker als 6 mm sind, spricht man im Allgemeinen von **Platten**. Bleche werden durch Walzen hergestellt, wie es Abschnitt 6.3 beschrieben hat. Dünne Bleche werden nach dem Walzen aufgewickelt. Dicke Produkte werden als flache Bleche oder Platten geliefert, die gegebenenfalls vor der Formgebung abgewickelt und plan gemacht worden sind. Bei einer typischen Formgebung wird zunächst ein Rohteil mit geeigneten Abmessungen aus einem großen Blech geschnitten. Dies geschieht normalerweise durch Scheren, aber auch mit anderen Verfahren, wie die Kapitel 8 und 9 beschreiben.

Wie Tabelle 7.1 zeigt, besitzt jedes der Verfahren spezifische Eigenschaften und verwendet unterschiedliche Arten von starren Werkzeugen und Gesenken wie auch flexiblen Werkzeugen, die zum Beispiel aus Gummi oder Polyurethan bestehen. Zu den Energiequellen gehören typischerweise mechanische, aber auch andere wie hydraulische, magnetische und explosive Energiequellen.

Tabelle 7.1: Allgemeine Charakteristika von Blechumformverfahren

Verfahren	Charakteristika
Profilwalzen	Lange Teile mit konstanten, komplexen Querschnitten; gute Oberflächenqualität; hohe Produktionsgeschwindigkeit; hohe Werkzeugkosten
Streckziehen	Große Teile mit flachen Konturen; geeignet für kleine Stückzahlen, hohe Arbeitskosten; Werkzeug- und Maschinenkosten hängen von Bauteilgröße ab
Tiefziehen	Flache oder tiefe Teile mit relativ einfacher Gestalt; hohe Produktionsgeschwindigkeit; hohe Werkzeug- und Maschinenkosten
Stanzen	Beinhaltet eine Reihe von Verfahren wie Lochstanzen, Formschneiden, Vollprägen, Bördeln und Prägen; einfache oder komplizierte Formen bei hoher Produktionsgeschwindigkeit; Werkzeug- und Maschinenkosten können hoch sein; niedrige Arbeitskosten
Umformen mit flexiblen Medien	Tiefziehen oder Vollprägen einfacher oder komplizierter Formen; Blechoberfläche durch Gummimembran geschützt; flexible Produktion; niedrige Werkzeugkosten
Drücken	Kleine oder große axialsymmetrische Teile; hohe Oberflächengüte; niedrige Werkzeugkosten, aber hohe Arbeitskosten, sofern nicht automatisiert
Superplastisches Umformen	Komplizierte Formen, detailreich und maßgenau; langsame Produktion; Teile nicht geeignet für Hochtemperatureinsatz
Kugelstrahl-Umformen	Flache Konturen in großen Blechen; flexible Produktion; Maschinen eventuell teuer; kann auch zum Ausrichten von Blechen verwendet werden
Explosivumformung	Sehr große Blechtafeln; komplizierte Formen, obwohl meist axialsymmetrisch; niedrige Werkzeugkosten; hohe Arbeitskosten; niedrige Stückzahlen; lange Rüstzeiten
Magnetimpulsumformung	Seichte Ausbauchung oder Prägung von relativ weichen Werkstoffen; besonders für Rohre geeignet; hohe Produktionsgeschwindigkeit; benötigt spezielle Werkzeuge

7.2 Eigenschaften von Blechen

Die Blechformgebung erfolgt durch Zugkräfte in der Ebene des Blechs, da die Anwendung externer Druckkräfte zu Ausbeulen, Falten und Runzeln des Blechs führen kann. Wie bereits erwähnt, ändert man in bestimmten Massivumformverfahren (Kapitel 6) zur Herstellung eines Teils gezielt die Dicke der lateralen Abmessungen des Werkstücks, während bei Verfahren der Blechformgebung jede Dickenänderung typischerweise auf Strecken des Blechs unter Zugspannungen zurückzuführen ist (*Poissoneffekt*). Eine Dickenverringerung bei der Blechformgebung ist allgemein unerwünscht, da sie zum Einschnüren und Brechen wie in einem Zugversuch führen kann.

Da die Mechanik sämtlicher Blechumformungen prinzipiell aus Strecken und Biegen besteht, wird der Gesamtvorgang von mehreren Parametern bestimmt, mit denen sich die folgenden Abschnitte beschäftigen: Dehnverhalten, Streckgrenzendehnung, Anisotropie, Korngröße, Eigenspannungen, Rückfederung und Aufrauen (Runzeln).

7.2.1 Dehnverhalten von Blechen

Obwohl die Vorgänge in der Blechformgebung selten nur einfaches einachsiges Strecken bedeuten, können die in Abschnitt 2.2 gemachten Beobachtungen zum Zugversuch nützlich sein, um das Verhalten von Blechen bei der Umformung zu verstehen. Abbildung 2.2 hat gezeigt, dass eine Probe, die auf Zug belastet ist, zuerst eine über die Messlänge **gleichmäßige Dehnung** (daher **Gleichmaßdehnung**) bis zur Zugfestigkeit erfährt und dann einschnürt. Daran schließt sich eine nicht gleichmäßige Dehnung (**postkritische Dehnung**) an, bis die Probe bricht. Da das Blech während der Formgebung gestreckt wird, ist deshalb eine hohe Gleichmaßdehnung für eine gute Formbarkeit wünschenswert.

Abschnitt 2.2.3 hat gezeigt, dass für einen Werkstoff mit einer Wahre-Spannung-logarithmische-Dehnung-Kurve, die sich durch die Gleichung

$$\sigma_\text{w} = K\varphi^n \tag{7.1}$$

darstellen lässt, die Dehnung, bei der das Einschnüren beginnt (**Instabilität** bzw. geometrische Entfestigung einsetzt), durch

$$\varphi = n \tag{7.2}$$

gegeben ist. Somit ist die wahre Gleichmaßdehnung in einer einfachen Streckoperation (einachsiger Zug) numerisch gleich dem Verfestigungsexponenten n. Ein hoher Wert von n weist auf eine große Gleichmaßdehnung hin und ist deshalb für die Blechformgebung erwünscht.

Einschnüren einer Metallprobe findet im Allgemeinen bei einem Winkel ϕ zur Richtung der Zugspannung statt, wie ▶ Abbildung 7.1a zeigt. Für eine isotrope Blechprobe wird der Mohr'sche Dehnungskreis, wie in Abbildung 7.1b gezeigt, konstruiert. Die Dehnung φ_1 ist die Längsdehnung, während φ_2 und φ_3 die beiden Querdehnungen sind. Da die Poissonzahl im plastischen Bereich 0,5 beträgt, haben diese die Größe $\varphi_1/2$. Das enge, eingeschnürte Band (ein **örtliches (scharfes) Einschnüren**), das in Abbildung 7.1a dargestellt ist, unterliegt **ebener Dehnung**, weil es durch das Material oberhalb und unterhalb des Einschnürungsbands eingeschränkt wird.

Der Winkel ϕ lässt sich im Mohr'schen Dehnungskreis durch eine Drehung des Kreisradius (entweder mit dem oder gegen den Uhrzeigersinn) um 2ϕ aus der horizontalen Richtung φ ermitteln (Abbildung 7.1b). Für isotrope Werkstoffe beträgt dieser Winkel etwa 110° und somit der Winkel ϕ etwa 55°. Die Länge des Einschnürungsbands bleibt während des Versuchs nahezu konstant, obwohl seine Dicke (aufgrund der Volumenkonstanz) abnimmt und die Probe schließlich bricht. Für Werkstoffe, die in der Ebene des Blechs anisotrop sind (planare Anisotropie), nimmt der Winkel ϕ andere Werte an.

Ob Einschnüren **lokalisiert** oder **diffus** ist (Abbildung 7.1c) hängt von der Dehngeschwindigkeitsempfindlichkeit m des Werkstoffs ab, die durch die Gleichung

$$\sigma_\text{w} = C\dot{\varphi}^m \tag{7.3}$$

gegeben ist.

Wie Abschnitt 2.2.7 beschrieben hat, wird die Einschnürung umso diffuser, je höher der Wert von m ist. Abbildung 7.1d zeigt ein Beispiel für eine örtliche Einschnürung eines auf Zug belasteten Aluminiumstreifens. Man beachte auch die doppelte örtliche Einschnürung. Anders ausgedrückt, kann sich ϕ

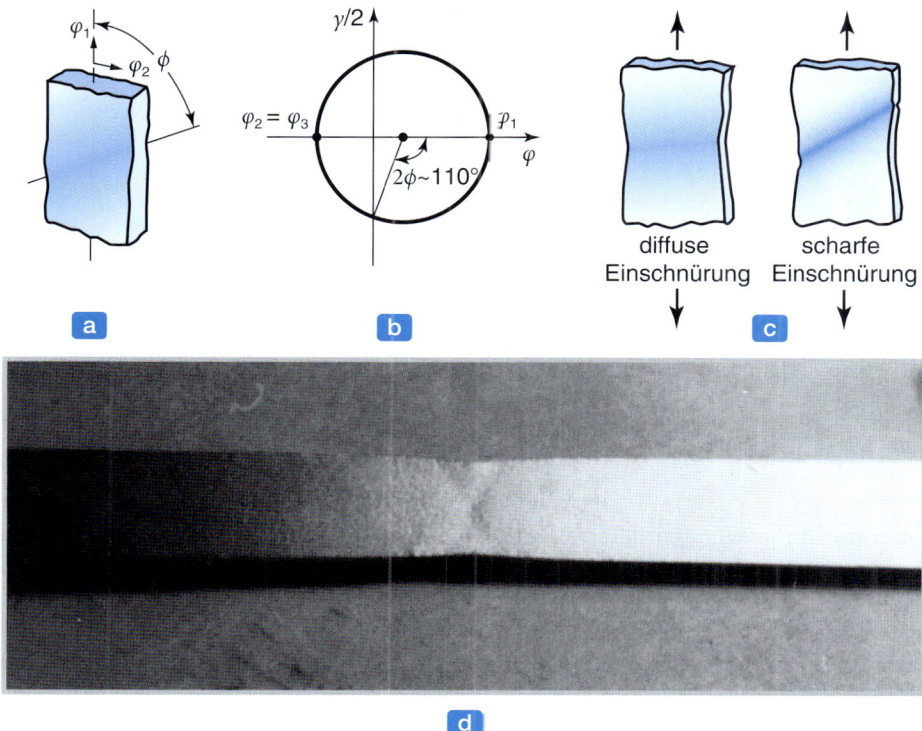

Abbildung 7.1: (a) Scharfe Einschnürung an einer Flachzugprobe, (b) Bestimmung des Neigungswinkels der Einschnürung mit dem Mohr'schen Dehnungskreis, (c) schematische Darstellung von diffuser und scharfer Einschnürung, (d) scharfe Einschnürung (doppelt ausgebildet) in einem gezogenen Aluminiumstreifen. Nach S. Kalpakjian.

in oder gegen Uhrzeigerrichtung (Abbildung 7.1a) oder in beiden Richtungen (wie in Abbildung 7.1d gezeigt) bemerkbar machen.

Die Gesamtdehnung (Bruchdehnung) einer Probe in einem Zugversuch bei einer Messlänge der Probe von 50 mm ist ein ebenfalls signifikanter Parameter für die Formbarkeit von Blechen, wobei die Gesamtdehnung die Summe aus Gleichmaßdehnung und postkritischer Dehnung ist. Wie bereits erwähnt, wird die Gleichmaßdehnung durch den Verfestigungsexponenten n bestimmt, während die postkritische Dehnung durch die Dehngeschwindigkeitsempfindlichkeit m bestimmt wird. Je höher der Wert von m, desto diffuser wird die Einschnürung und folglich desto größer die postkritische Dehnung vor dem Bruch. Damit nimmt die gesamte Längung des Materials mit steigenden Werten sowohl von n als auch von m zu.

Die Blechformgebung wird von folgenden wichtigen Parametern beeinflusst:

1 Streckgrenzendehnung (Lüdersdehnung): Stahl mit niedrigem Kohlenstoffgehalt zeigt ein Verhalten, das als *Streckgrenzendehnung* bezeichnet wird und die *obere* und *untere* Streckgrenze betrifft (▶ Abbildung 7.2a). Wie Abschnitt 2.2 erläutert hat, liegt die Streckgrenzendehnung gewöhnlich in der Größenordnung weniger Prozente. Beim Auftreten einer Streckgrenzendehnung fließt ein

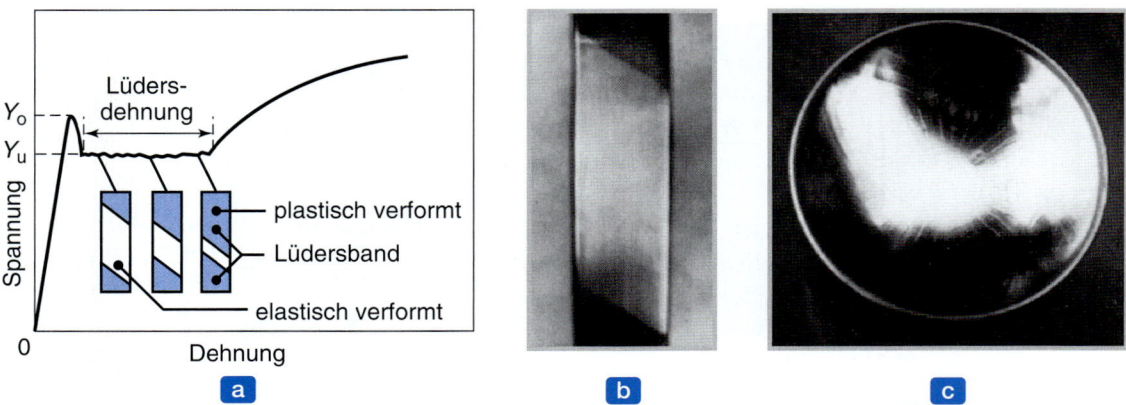

Abbildung 7.2: (a) Streckgrenzendehnung und Lüdersbänder im Zugversuch, (b) Lüdersbänder in geglühtem Kohlenstoffstahl, (c) Fließfiguren am Boden eines Stahlbehälters für Haushaltsprodukte.

Werkstoff nur in bestimmten Bereichen. Weiteres Fließen tritt dann in benachbarten, noch nicht plastisch verformten Bereichen auf, wo somit die untere Fließgrenze das Fließen bestimmt. Wenn die Gesamtdehnung die Streckgrenzendehnung erreicht, hat sich die gesamte Probe gleichmäßig verformt. Die Größenordnung der Streckgrenzendehnung hängt von der Dehngeschwindigkeit (mit höheren Geschwindigkeiten nimmt die Dehnung im Allgemeinen zu) und der Korngröße des Blechs ab (bei größeren Korngrößen nimmt die Streckgrenzendehnung zu). Derartiges Verhalten von Stählen mit niedrigem Kohlenstoffgehalt ruft Lüdersbänder (auch als Fließfiguren bezeichnet) auf dem Blech hervor, wie Abbildung 7.2b zeigt. Diese Bänder bestehen aus länglichen Vertiefungen auf der Oberfläche des Blechs und können im Endprodukt aufgrund der ungleichmäßigen Oberflächenerscheinung störend wirken. Außerdem können diese Bänder zu Schwierigkeiten bei darauffolgenden Beschichtungen und Farbgebungen führen. Fließfiguren können am gebogenen Boden (Haube) von Stahlgefäßen bei gebräuchlichen Haushaltsprodukten beobachtet werden, wie Abbildung 7.2c zeigt. Aluminiumkannen zeigen dieses Verhalten nicht, da die hierfür verwendeten Aluminiumlegierungen keine Streckgrenzendehnung aufweisen.

Um dieses Phänomen zu vermeiden, eliminiert oder verringert man üblicherweise die Streckgrenzendehnung, indem die Dicke des Blechs um 0,6 bis 1,5 % durch Kaltwalzen reduziert wird. Diesen Prozess bezeichnet man als **Nachwalzen** oder **Dressieren**. Allerdings macht sich die Streckgrenzendehnung aufgrund von Reckalterung (siehe Abschnitt 3.8.1) nach einigen Tagen selbst bei Raumtemperatur oder nach wenigen Stunden bei erhöhten Temperaturen erneut bemerkbar. Dies hat damit zu tun, dass diffundierende Kohlenstoffatome zu den Versetzungen wandern, diese blockieren und so zur erneuten Ausbildung der oberen Streckgrenze (und damit zur Streckgrenzendehnung) führen. Somit sollte das Blech innerhalb eines bestimmten Zeitraums umgeformt werden (beispielsweise innerhalb von einer bis drei Wochen bei unberuhigtem Stahl; Abschnitt 5.7.1), um das Wiedererscheinen von Fließmarken zu vermeiden.

2 **Anisotropie** bzw. Richtungsabhängigkeit ist ein weiterer wichtiger Faktor, der die Blechverarbeitung beeinflusst. Anisotropie wird erworben während der thermomechanischen Verarbeitungsgeschichte des Blechs. Wie Abschnitt 3.5 erläutert hat, gibt es zwei Arten von Anisotropie: kris-

tallografische Anisotropie (von Vorzugsorientierungen) und mechanisch induzierte Faserbildung (aufgrund der Ausrichtung von Verunreinigungen, Einschlüssen, Poren und ähnlichen Effekten in der Dicke des Blechs während der Verarbeitung). Anisotropie ist nicht nur in der Blechebene (planare Anisotropie) vorhanden, sondern auch in der Dickenrichtung (normale oder plastische Anisotropie). Diese Verhaltensweisen sind vor allem wichtig beim Tiefziehen von Blechen, wie es Abschnitt 7.6 beschreibt.

3 Die **Korngröße** (Abschnitt 3.4.1) des Blechs ist aus zwei Gründen wichtig: Erstens wegen ihrer Wirkung auf die mechanischen Eigenschaften des Werkstoffs und zweitens wegen ihrer Wirkung auf die Oberflächengüte des umgeformten Teils. Je größer das Korn, desto rauer erscheint die Oberfläche (Orangenhaut). Eine ASTM-Korngröße von 7 oder feiner wird für Blechformgebung im Allgemeinen bevorzugt (siehe Abschnitt 3.4.1).

4 **Eigenspannungen** können sich in Blechteilen aufgrund einer nicht gleichmäßigen Verformung entwickeln, die das Blech während der Formgebung durchmacht. Bei Entfernen eines Abschnitts des Bauteils, kann sich das Teil verziehen (siehe Abbildung 2.31). Darüber hinaus können Zugeigenspannungen in der Oberfläche zu Spannungskorrosionsrissen im Teil führen (▶ Abbildung 7.3), wenn das Material nicht richtig entspannt wird (siehe auch die Abschnitte 3.8.2 und 5.11.4).

5 **Rückfederung:** Da Blechteile im Allgemeinen dünn sind und während der Formgebung relativ kleinen Dehnungen unterliegen, tritt bei derartigen Teilen oftmals eine beträchtliche *Rückfederung* auf (siehe Abschnitt 7.4.2). Dieser Effekt ist vor allem beim Biegen und anderen Formgebungsoperationen ausgeprägt, wo das Verhältnis von Biegeradius zu Blechdicke hoch ist, etwa bei Teilen für Kraftfahrzeugkarosserien oder U-Profilen.

6 **Faltenbildung:** Obwohl das Metall in der Blechverarbeitung meist durch Zugspannungen geformt wird, können sich bei manchen Methoden der Formgebung in der Blechebene Druckspannungen entwickeln. Vergleichbar ist dies mit einem langen, dünnen Stab, der unter axialem Druck ausbeult.

Abbildung 7.3: Spannungsrisskorrosionsrisse in einem tiefgezogenen Messingteil (Glühlampenfassung). Die Risse haben sich nach einiger Zeit ausgebildet. Messing und einige rostfreie, hochlegierte Stähle sind besonders anfällig für Spannungsrisskorrosion.

Ein Beispiel ist das Ausbilden von Falten am Flansch beim Tiefziehen (Abschnitt 7.6) aufgrund der *Umfangsdruckspannungen*, die sich im Flansch entwickeln. Ähnliche Phänomene beschreibt man auch mit **Falzen** und **Einknicken**. Die Neigung zur Faltenbildung in Blechen nimmt zu mit (a) abnehmender Dicke, (b) Ungleichmäßigkeit der Blechdicke und (c) größerer Länge oder Oberfläche jenes Blechabschnitts, der nicht eingespannt oder gehalten wird. Schmierstoffe, die haften geblieben oder an den Gesenk-Blech-Grenzflächen nicht gleichmäßig verteilt sind, können ebenfalls Faltenbildung initiieren.

7 **Beschichtetes Blech:** Bleche, speziell aus Stahl, werden mit verschiedensten organischen Überzügen, Filmen und Laminaten **vorbeschichtet**. Das geschieht zum einen aus optischen Gründen und zum anderen wegen der Korrosionsbeständigkeit. Beschichtungen werden in Produktionslinien auf Bandmaterial mit üblichen Dicken von 0,0025 bis 0,2 mm aufgebracht. Beschichtungen sind mit vielfältigen Eigenschaften verfügbar, wie zum Beispiel Flexibilität, Beständigkeit, Härte, Beständigkeit gegen Abrieb und Chemikalien, Farbe, Textur und Glanz. Beschichtete Bleche werden dann zu Produkten wie TV-Chassis, Gerätegehäusen, Paneelen, Regalen, Verkleidungen und Metallmöbeln verarbeitet. Als Beschichtung für Stahlbleche verwendet man – speziell in der Automobilindustrie – häufig Zink (**galvanisierter Stahl**; Abschnitte 3.10.2 und 4.5), um sie vor Korrosion zu schützen. Galvanisieren von Stahl lässt sich durch Feuerverzinken, Elektrogalvanisieren oder Wärmebehandlung (sogenannte „Galvannealing") durchführen (siehe auch Abschnitt 4.5.1).

7.3 Scherschneiden

Beim *Scherschneiden* werden Bleche wie auch Platten, Stangen und Rohre verschiedener Querschnitte in einzelne Teile geschnitten, indem der Rohling Scherspannungen in der Dickenrichtung unterworfen wird, typischerweise mit einer **Stanze** und einem **Gesenk**, vergleichbar mit einem Papierlocher (▶ Abbildung 7.4). Für Stanze und Gesenk sind beliebige Formen möglich, beispielsweise kreisförmige oder gerade Messer, ähnlich einer Schere. Wichtige Variablen beim Scherprozess sind die Stanzkraft, die Stanzgeschwindigkeit, der Schneidkantenzustand, die Stanzen- und Gesenkwerkstoffe, die Eckenradien der Stanze, der Freiraum zwischen Stanze und Gesenk (Spalt) und die Schmierung.

▶ Abbildung 7.5 zeigt die Gesamtmerkmale einer typischen gescherten Kante für die beiden gescherten Oberflächen. Die Kanten sind weder glatt noch liegen sie senkrecht zur Blechebene. Der in Abbildung 7.4 mit c bezeichnete Freiraum ist der Hauptparameter, der die Form und Qualität der gescherten Kante bestimmt. Wie aus ▶ Abbildung 7.6a hervorgeht, werden die Kanten bei zunehmendem Freiraum rauer und die Verformungszone größer. Außerdem wird das Material in den Schneidspalt gezogen und die gescherten Kanten werden mehr und mehr abgerundet. Schließlich wird das Blech gebogen und folglich Zugspannungen unterworfen, wenn der Freiraum zu groß ist.

In der Praxis liegen die Spaltmaße zwischen 2 und 8 % der Blechdicke, können aber beim Feinschneiden (siehe unten) auch nur 1 % betragen. Im Allgemeinen sind Spalte bei weicheren Werkstoffen kleiner und werden mit zunehmender Blechdicke größer. Wie Abbildung 7.6b zeigt, erfahren gescherte Kanten aufgrund der hohen Dehnungen möglicherweise eine erhebliche Kaltverfestigung, die ihrerseits die Verformbarkeit des Blechs in darauffolgenden Arbeitsgängen negativ beeinflussen kann.

7.3 Scherschneiden

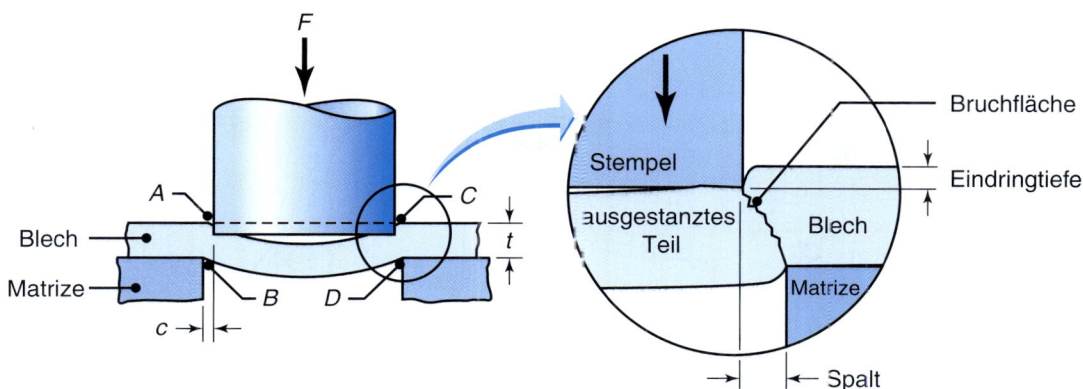

Abbildung 7.4: Schematische Darstellung des Scherschneidens mit Stempel und Gesenk.

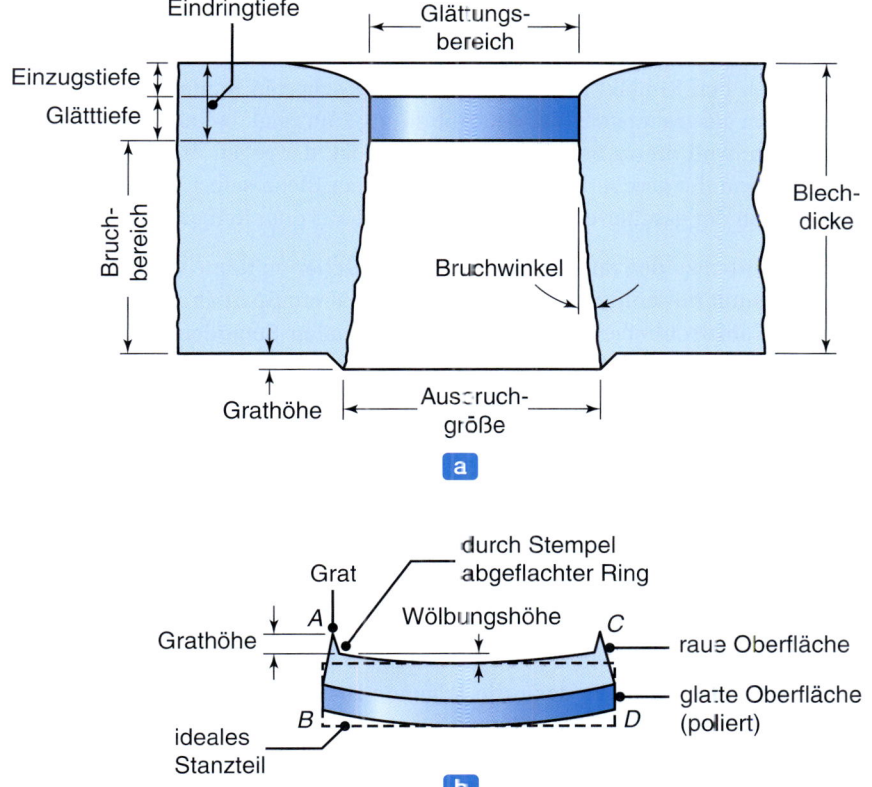

Abbildung 7.5: Charakteristika (a) eines gestanzten Lochs und (b) einer ausgestanzten Scheibe. Die Maßstäbe sind unterschiedlich.

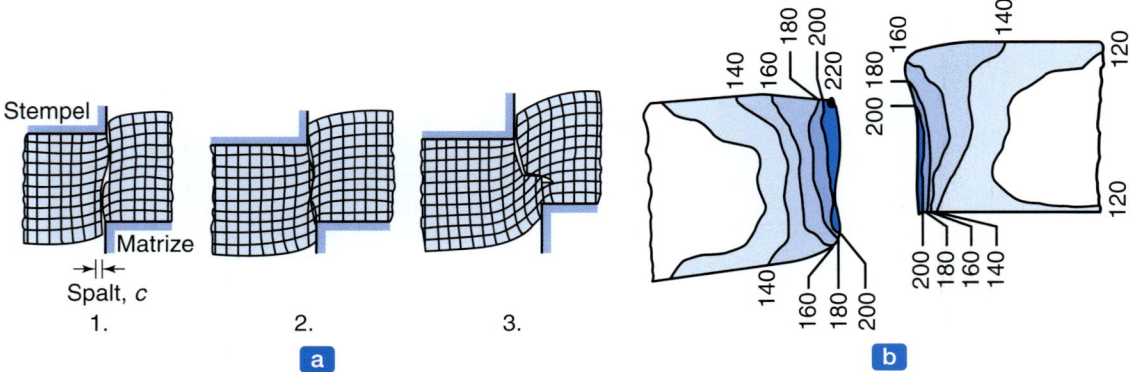

Abbildung 7.6: (a) Einfluss der Spaltbreite c auf die Verformungszone beim Scherschneiden. Mit steigender Spaltbreite wird das Material immer mehr in den Spalt gezogen und immer weniger geschert. (b) Verlauf der Mikrohärte HV in der Scherzone eines warmgewalzten Stahls (C20, Blechdicke 6,4 mm). Nach H.P. Weaver und K.J. Weinmann.

Beim Scheren (Stanzen) bilden sich normalerweise zunächst Risse an den oberen und unteren Kanten des Blechs (bei A und B in Abbildung 7.4). Diese Risse treffen sich schließlich, was eine vollständige Trennung und eine **raue Bruchoberfläche** zur Folge hat. Die glatten, glänzenden und polierten Oberflächen entstehen durch den Kontakt und das Reiben der gescherten Kanten gegen die Stanze und das Gesenk (die Matrize). Im ausgestanzten Teil, den Abbildung 7.6b zeigt, befindet sich die polierte Oberfläche im unteren Bereich, weil dieser Bereich der Abschnitt ist, der gegen die Gesenkwand reibt. Andererseits zeigt eine Inspektion der gescherten Oberfläche auf dem Blech selbst, dass sich die polierte Oberfläche im oberen Bereich der gescherten Kante befindet und aus dem Reiben gegen die Stanze resultiert.

Das Verhältnis der polierten zu den rauen Flächen auf der gescherten Kante wächst mit steigender Duktilität des Blechs und nimmt mit höherer Blechdicke und größerem Spalt ab. Der erforderliche Stanzweg, um den Schervorgang abzuschließen, hängt von der maximalen Scherdehnung ab, die der Werkstoff erträgt, bevor er bricht. Somit benötigt ein spröder oder stark kaltverfestigender Werkstoff nur einen kurzen Stanzweg für eine vollständige Scherung.

In Abbildung 7.6 erkennt man, dass die Verformungszone hohen Scherdehnungen unterworfen ist. Die Breite dieser Zone hängt von der Schergeschwindigkeit – d. h. der Stanzgeschwindigkeit – ab. Mit zunehmender Schergeschwindigkeit wird die durch plastische Verformung erzeugte Wärme auf eine kleinere Zone beschränkt (die sich einer schmalen adiabatischen Zone annähert) und folglich ist die gescherte Oberfläche glatter.

Beim Scheren kommt es zur Ausbildung eines Grats, Abbildung 7.5. Die **Grathöhe** nimmt mit größerem Spalt und steigender Duktilität des Metalls zu. Werkzeuge mit stumpfen Schneiden sind ebenfalls verantwortlich für die Gratbildung (siehe dazu die folgende Diskussion zum *Schlitzen*). Die Höhe, Form und Größe des Grats kann darauffolgende Formgebungsschritte erheblich beeinflussen. Zum Beispiel führt ein Grat beim Flanschen möglicherweise zu Rissen. Außerdem ist im späteren Betrieb damit zu rechnen, dass der Grat an den sich bewegenden Teilen durch äußere Kräfte entfernt wird und die Funktion eines Mechanismus stört oder Schmierstoffe verunreinigt. Abschnitt 9.8 beschreibt verschiedene Entgratungsverfahren.

7.3 Scherschneiden

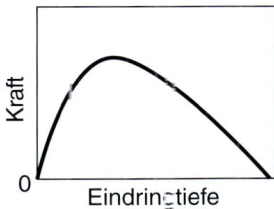

Abbildung 7.7: Verlauf der Stempelkraft über dem Stempelweg beim Scherschneiden. Die Fläche unter der Kurve ist die beim Schneiden verrichtete Arbeit.

Die **Stempelkraft** F ist prinzipiell das Produkt aus Scherfestigkeit des Blechs und dem zu schneidenden Querschnitt, wobei aber *Reibung* zwischen dem Stempel und dem Blech diese Kraft beträchtlich erhöhen kann. Da die gescherte Zone plastischer Verformung, Reibung und Rissbildung unterliegt, können die Kurven für Stempelkraft über den Stempelweg verschiedene Gestalten annehmen. ▶ Abbildung 7.7 zeigt eine typische Kurve für einen duktilen Werkstoff. Die Fläche unter der Kurve ist die *Gesamtarbeit*, die beim Scheren verrichtet wird.

Eine empirische Näherungsformel für die **maximale Stempelkraft** $F_{\max}$ lautet

$$F_{\max} = 0{,}7 R_m t L , \tag{7.4}$$

wobei R_m die Zugfestigkeit des Blechs, t dessen Dicke und L die Gesamtlänge der gescherten Kante ist. Zum Beispiel ist für ein rundes Loch mit dem Durchmesser D die Länge $L = \pi D$. Außer der Stempelkraft ist eine Kraft erforderlich, um das Blech von der Stanze beim Rückhub zu lösen. Aufgrund der Einflussfaktoren – speziell der *Reibung* zwischen dem Stempel und dem Blech – ist es schwierig, diese Kraft exakt zu berechnen.

Beispiel 7.1 Berechnung der maximalen Stempelkraft

Berechnen Sie die Kraft, die für das Stanzen eines Lochs von 25 mm Durchmesser durch ein 1,6 mm dickes Aluminiumblech (EN AW-5052-O (AlMg2,5 w)) bei Raumtemperatur erforderlich ist.

Lösung: Die Kraft wird mithilfe von Gleichung (7.4) abgeschätzt. Aus Tabelle 3.16 entnimmt man den Wert für R_m mit 190 MPa. Somit ist die gesuchte Stempelkraft

$$F = 0{,}7 \times 190 \times 1{,}6 \times \pi \times 25 = 16{,}7\,\text{kN} .$$

7.3.1 Scherverfahren

Dieser Abschnitt beschreibt verschiedene Verfahren, die auf dem Scherprozess basieren. Beachten Sie zunächst, dass beim Stanzen das ausgescherte Teil verworfen wird (▶ Abbildung 7.8a), während beim Ausschneiden das Ausgeschnittene das Teil selbst darstellt und der Rest Schrott ist. Die folgenden Prozesse sind bei Schervorgängen üblich.

1 **Abstanzen** besteht typischerweise aus den Vorgängen, die Abbildung 7.8b zeigt, wobei die produzierten Teile für verschiedene Zwecke eingesetzt werden, speziell bei ihrer Montage mit anderen Komponenten eines Produkts: (1) **Perforieren**, d. h. Stanzen einer Reihe von Löchern in ein Blech, (2) **Abtrennen** oder Scheren des Blechs in zwei oder mehr Einzelteile, üblicherweise wenn die benachbarten Rohteile keine übereinstimmende Kontur haben, (3) **Kerben/Ausklinken** oder Entfernen von Stücken verschiedener Formen von den Kanten, (4) **Schlitzen** und (5) **Einschneiden** oder Zurücklassen einer Lasche im Blech, ohne irgendwelches Material zu entfernen.

2 **Feinschneiden:** Sehr glatte und rechteckige Kanten lassen sich durch *Feinschneiden* herstellen (▶ Abbildung 7.9a). In Abbildung 7.9b ist ein prinzipielles Konzept dargestellt, bei dem ein Ringzackenhalter eine V-förmige *Ringzacke* in das Blech einprägt und dieses dadurch an Ort und Stelle fixiert und Verwerfungen, wie zum Beispiel in Abbildung 7.6 gezeigt, verhindert. Beim Feinschneiden sind Spalte in der Größenordnung von 1 % der Blechdicke üblich – gegenüber bis zu 8 % bei normalen Schervorgängen. Die Dicke des Blechs reicht typischerweise von 0,5 bis 13 mm, die erreichte Genauigkeit liegt bei etwa ±0,05 mm. Für die Bleche sind Härten im Bereich von 50 bis 90 HBW zulässig. Dieser Vorgang wird normalerweise auf dreifach wirkenden hydraulischen Pressen durchgeführt. Dabei bedeutet dreifach, dass die Bewegungen des Stempels, des Niederhalters und des Gesenks einzeln gesteuert werden. In Teile, die durch Feinschneiden hergestellt werden, sind in der Regel auch Löcher zu stanzen, was gleichzeitig mit dem Schneidvorgang passiert.

3 **Schlitzen** ist ein Schervorgang mit einem Paar kreisförmiger Schneiden ähnlich wie bei einem Dosenöffner (▶ Abbildung 7.10). Die Schneiden folgen einer geraden Linie oder einem bogenförmigen Pfad. Mit geradem Längsschneiden werden im Allgemeinen breite Bleche, wie sie von Walzwerken kommen, in kleinere Streifen geschnitten, um diese zu Einzelteilen weiterzuverarbeiten. Der an der Schnittkante auftretende Grat lässt sich mit einem Satz von Walzen beseitigen. Man unterschei-

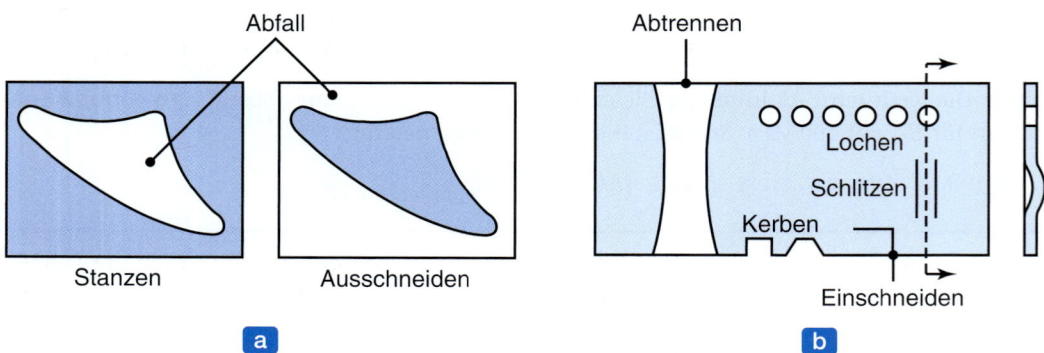

Abbildung 7.8: (a) Stanzen und Ausschneiden und (b) Beispiele für Scherschneidoperationen.

7.3 Scherschneiden

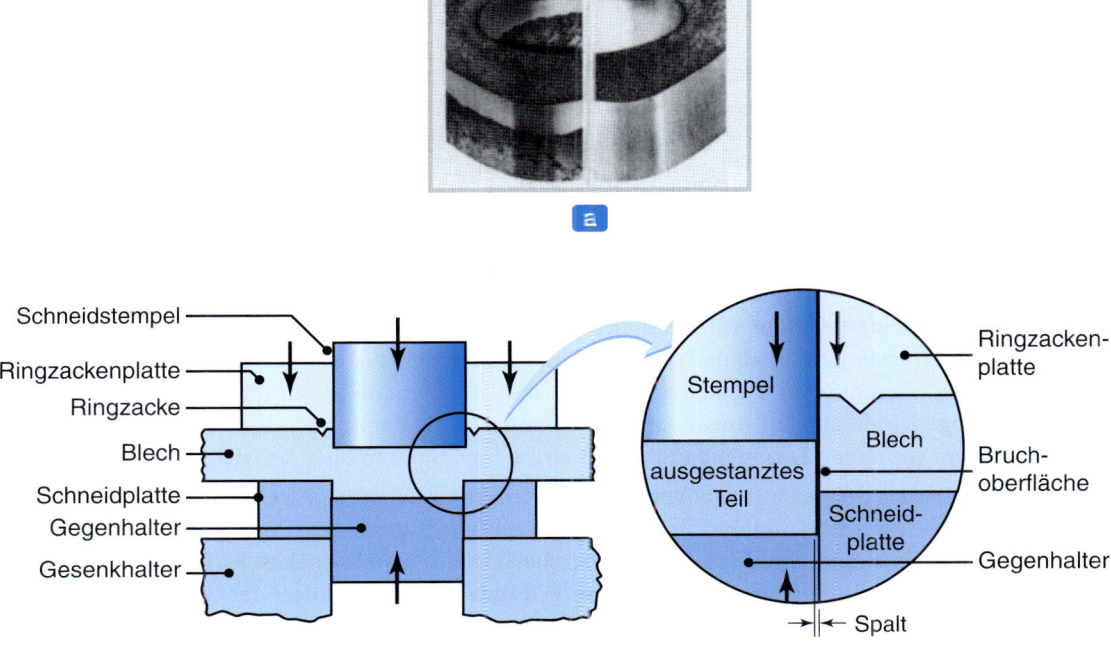

Abbildung 7.9: (a) Vergleich der Schneidkanten eines konventionell (links) und feingeschnittenen (rechts) Blechs. (b) Schematische Darstellung des Feinschneidens.

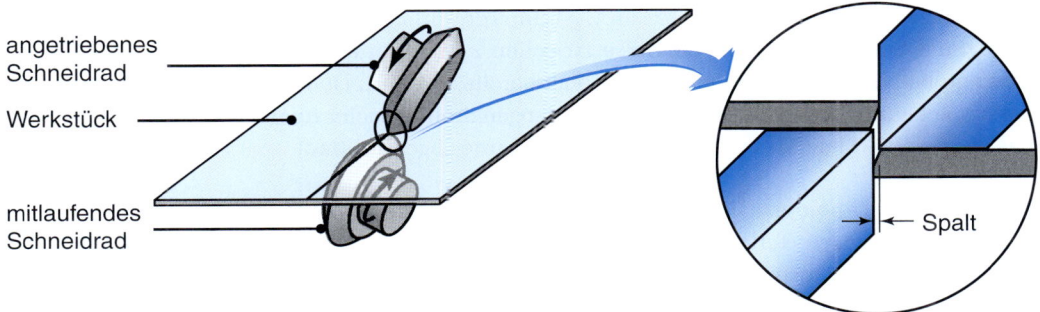

Abbildung 7.10: Schlitzen von Blechen mit rotierenden Messern.

det zwei Arten von Längsschneideinrichtungen: (a) Im *angetriebenen* Typ werden die Schneiden angetrieben, (b) beim *Durchziehen* wird der Streifen durch mitlaufende Schneiden gezogen. Bei nicht ordnungsgemäß ausgeführten Längsschneidvorgängen können Verwerfungen des geschnittenen Teils oder Streifens auftreten.

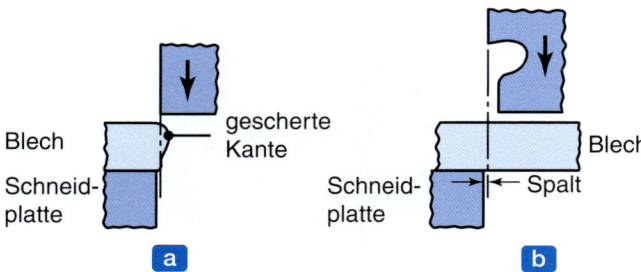

Abbildung 7.11: (a) Nachschneiden einer Scherkante und (b) kombiniertes Schneiden und Nachschneiden.

4 **Bandstahlschneiden:** Bänder aus Weichmetall, Papier, Thermoplaste, Leder und Gummi lassen sich mit *Stanzformen* in verschiedene Formen schneiden. Ein derartiges Gesenk besteht aus einem dünnen Band aus gehärtetem Stahl, der zuerst in die zu scherende Form (ähnlich einer Plätzchenform) gebogen und dann auf einem Rand auf einer flachen Holzunterlage befestigt wird. Das Gesenk drückt dann gegen das zu schneidende Band und schneidet es in die Form des gebogenen Gesenks.

5 **Nibbeln (Knabbern):** Bei diesem Vorgang bewegt ein sogenannter *Nibbler* einen geraden Stempel in einem Gesenk schnell auf und ab. Das Blech wird durch den Spalt zwischen Stanze und Gesenk geführt, wobei eine Reihe überlappender Löcher entstehen. Dieser Vorgang ist vergleichbar mit der Herstellung eines großen Langlochs durch aufeinanderfolgendes Stanzen von Löchern mit einem Papierlocher. Somit lassen sich mit normalen Stanzen auch komplizierte Schlitze und Kerben herstellen. Bleche können entlang jedes gewünschten Pfads geschnitten werden, und zwar durch manuelle oder automatische Steuerung. Für kleine Produktionsserien ist dieses Verfahren wirtschaftlich, da keine speziellen Gesenke erforderlich sind.

6 **Nachschneiden:** Da die Umformbarkeit eines geschnittenen Teils direkt durch die Qualität seiner Schneidkanten beeinflusst werden kann, ist die Kontrolle des Schneidspalts wichtig. In der Praxis beträgt der Schneidspalt üblicherweise zwischen 2 und 8 % der Blechdicke. Der Schneidspalt ist umso größer, je dicker das Blech ist. Wie aber bereits erläutert, ist die Qualität der gescherten Kante besser, je kleiner der Schneidspalt ist. Beim sogenannten Nachschneiden (▶ Abbildung 7.11) wird das zusätzliche Material von einer rauen Scherkante abgeschnitten.

Schrott beim Scherschneiden: Die Menge an *Abfall* (**Zuschnittsverlust**) beim Scherschneiden kann erheblich sein und bei großen Teilen bis zu 30 % des Ausgangsblechs ausmachen. Dieser wichtige Faktor in den Herstellungskosten lässt sich durch eine geschickte Anordnung der Formen auf dem auszuschneidenden Blech beträchtlich reduzieren, d. h. durch geschicktes Anordnen und Verschachteln (▶ Abbildung 7.67). Um den Abfall durch eine bessere Werkstoffausnutzung zu verringern, setzt man heutzutage speziell in der Massenproduktion computerunterstützte Entwurfstechniken ein.

7.3.2 Werkzeuge für das Scherschneiden

Die folgenden Punkte beschreiben einige häufig verwendete Schergesenke.

1. **Stempel- und Gesenkformen:** Abbildung 7.4 zeigt, dass Stempel und Gesenk flach sind. Somit baut sich die Stanzkraft während des Schervorgangs schnell auf, weil die gesamte Dicke des Blechs auf einmal geschnitten wird. Die zu jedem Zeitpunkt zu schneidende Fläche lässt sich steuern, indem die Stempel- und Gesenkoberflächen angefast werden, wie ▶ Abbildung 7.12 zeigt. Die Form des gefasten Stempels ist der eines Papierlochers ähnlich, wie man bei einer genaueren Betrachtung seiner Spitze erkennen kann. Die gefaste Geometrie ist vor allem für das Scheren dicker Bleche geeignet, weil sie die Gesamtschneidkraft verringert (da es sich um einen inkrementellen Prozess handelt) und auch den Lärmpegel während des Stanzens verringert. Beachten Sie auch, dass Stempel und Presse genügend Steifigkeit in Querrichtung besitzen müssen, um die Maßtoleranzen einzuhalten und Werkzeugschäden zu vermeiden, da es eine Nettoquerkraft in der Anordnung gibt, die Abbildung 7.12b zeigt.

2. **Verbundgesenke:** Mehrere Vorgänge auf demselben Blech können in einem Hub mit einem *Verbundgesenk* und in einer Station durchgeführt werden. Obwohl diese Gesenke eine höhere Produktivität als die mit einfachen Stanzen und Gesenken erreichen, beschränken sich die Operationen gewöhnlich auf relativ einfaches Scherschneiden. Sie sind relativ langsam und die Gesenke kosten wesentlich mehr als diejenigen für individuelle Schervorgänge.

3. **Folgeverbundwerkzeuge:** Teile, die mehrere Operationen wie zum Beispiel Stanzen, Biegen und Ausschneiden durchlaufen, werden bei hohen Produktionsraten mit *Folgeverbundwerkzeugen* gefertigt. Das Bandmaterial wird durch die Gesenke geführt und in derselben Station wird mit jedem Hub aus einer Serie von Stempeln eine andere Operation realisiert (▶ Abbildung 7.13a). Abbildung 7.13b zeigt ein Beispiel für ein Teil, das mit Folgeverbundwerkzeugen hergestellt wurde.

4. **Transfergesenke:** Beim Einrichten eines *Transfergesenks* durchläuft das Blech verschiedene Operationen an verschiedenen Stationen, die gerade hintereinander oder auf einem kreisförmigen Pfad angeordnet sind. Nachdem eine Operation abgeschlossen ist, wird das Teil für darauffolgende Operationen auf die nächste Station übertragen (daher der Name Transfergesenk).

5. Als **Werkzeug- und Gesenkwerkstoffe** für Scherschneideoperationen kommen im Allgemeinen Stähle und bei hohen Produktionsraten Hartmetalle zum Einsatz (siehe Tabelle 3.13). Schmierung ist wichtig, um Werkzeug- und Gesenkverschleiß zu reduzieren und die Kantenqualität zu verbessern.

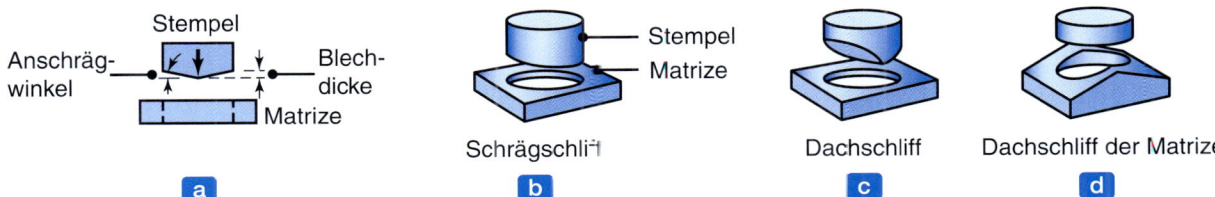

Abbildung 7.12: Beispiele für verschieden angefaste Stempel und Matrizen.

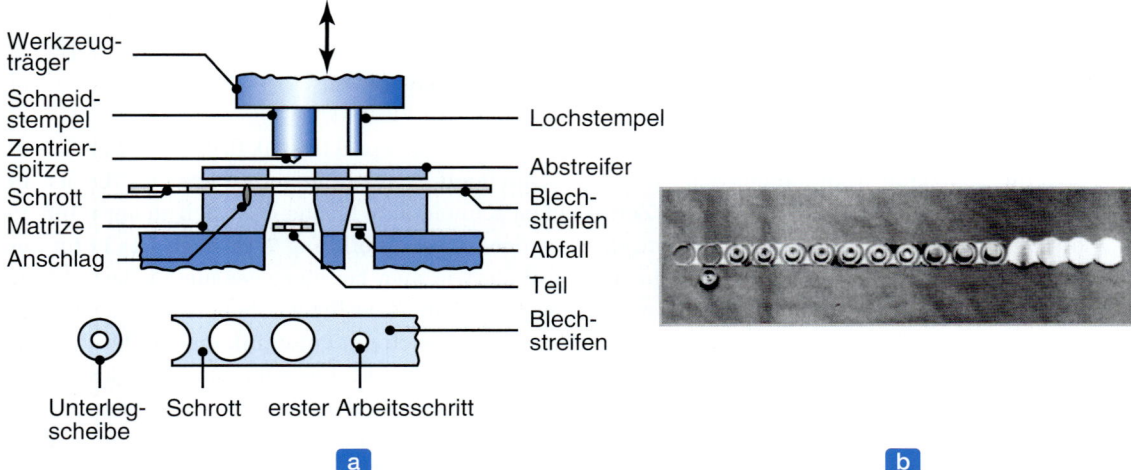

Abbildung 7.13: (a) Herstellen einer Unterlegscheibe mit einem Folgeverbundwerkzeug und (b) Herstellung des Kopfs einer Sprühdose. Erst im letzten Arbeitsschritt wird das Teil vom Blechstreifen getrennt.

7.3.3 Weitere Verfahren zum Schneiden von Blechen

Die folgende Liste beschreibt weitere Methoden für das Schneiden von Blechen und insbesondere von Platten.

1. Die Bleche oder Platten können mit einer **Bandsäge** geschnitten werden, wie es Abschnitt 8.10.5 erläutert.
2. **Autogenes Schneiden** bzw. **Brennschneiden** eignet sich insbesondere für dicke Platten und ist im Schiffbau und in der Bauindustrie üblich (siehe Abschnitt 9.14.2).
3. Beim **Reibsägen** reibt eine Scheibe oder Klinge bei hohen Oberflächengeschwindigkeiten gegen das Blech oder die Platte (siehe Abschnitt 8.10.5).
4. **Wasserstrahlschneiden** und **abrasives Wasserstrahlschneiden** sind effiziente Verfahren für Bleche wie für nichtmetallische Werkstoffe (siehe Abschnitt 9.15).
5. Das heute weitverbreitete **Laserstrahlschneiden** wird computergesteuert für hohe Produktivität durchgeführt und kann unterbrechungsfrei die unterschiedlichsten Formen schneiden (siehe Abschnitt 9.14.1). Dieser Vorgang lässt sich auch mit Scherprozessen kombinieren.

7.3.4 Maßgeschneiderte Platinen

In der Blechverarbeitung wird der Rohling normalerweise in einem Stück, das in der Regel aus einem größeren Blech geschnitten ist, bereitgestellt und besitzt eine einheitliche Dicke. Eine wichtige Techno-

7.3 Scherschneiden

logie in der Blechverarbeitung – speziell in der Automobilindustrie – ist Laserstumpfschweißen (siehe Abschnitt 12.5.2) von zwei oder mehreren Blechteilen unterschiedlicher Dicken und Formen (*Maßgeschneiderte Platinen; Tailor Welded Blanks* kurz *TWB*). Das geschweißte Blech wird anschließend mit den in diesem Kapitel beschriebenen Verfahren in die endgültige Form gebracht.

Laserschweißverfahren sind weit entwickelt und diese Schweißverbindungen weisen eine hohe Festigkeit auf. Da sich die einzelnen geschweißten Teile hinsichtlich der Dicke (entsprechend Designbetrachtungen wie zum Beispiel Steifigkeit), Metallsorte, Beschichtung und anderen Eigenschaften unterscheiden können, besitzen diese Rohteile die benötigten Charakteristika an den gewünschten Stellen des fertigen Bauteils. Im Ergebnis wird (a) die Produktivität erhöht, (b) die Notwendigkeit für darauffolgendes Punktschweißen des Produkts (wie in einer Fahrzeugkarosserie) verringert oder beseitigt, (c) der Ausschuss verringert und (d) die Maßhaltigkeit verbessert. Es sei aber darauf hingewiesen, dass aufgrund der immerhin geringen Dicken die ordnungsgemäße Ausrichtung der Bleche vor dem Schweißen sehr wichtig ist.

> **Beispiel 7.2** **Maßgeschneiderte Platinen im Automobilbau**
>
> Ein Beispiel für die Verwendung von Tailor Welded Blanks ist die Produktion von Seitenteilen für Automobilkarosserien, wie in ▶ Abbildung 7.14a gezeigt. Zunächst werden fünf verschiedene Teile zugeschnitten, dann mit Laserstumpfschweißen verbunden und schließlich in die endgültige Form gepresst. Somit lassen sich Rohteile für eine bestimmte Anwendung zuschneiden, was nicht nur für Bleche mit unterschiedlichen Formen und Dicken gilt, sondern auch für verschiedene Qualitäten und für Bleche mit oder ohne Beschichtungen auf einer oder beiden Oberflächen. Diese Technik von Schweißen und Formen von Blechteilen erlaubt beträchtliche Flexibilität in der Produktion, konstruktive Steifigkeit und Crashverhalten (*Crash-Festigkeit*), Umformbarkeit und die Möglichkeit, unterschiedliche Werkstoffe in einer Komponente zu verwenden, sowie Masseneinsparungen und Kostenreduzierung in Bezug auf Werkstoffe, Schrott, Maschinen, Montage und Arbeitsaufwand.
>
> Im Automobilbau nimmt die Anzahl der Anwendungen für diesen Produktionstyp zu. Die verschiedenen anderen Komponenten, die in Abbildung 7.14b zu sehen sind, profitieren ebenfalls von den oben skizzierten Vorzügen. Beachten Sie zum Beispiel, dass die erforderliche Festigkeit und Steifigkeit für die Befestigung des Stoßdämpfers erreicht wird, indem ein Rundteil auf die Oberfläche eines großen Blechs geschweißt wird. Die Blechdicke in diesen Komponenten variiert, abhängig von ihrer Lage und ihrem Beitrag zu Eigenschaften wie zum Beispiel Steifigkeit und Festigkeit, während sich beträchtliche Einsparungen an Masse und Kosten ergeben.
>
> *Quelle:* Nach M. Geiger und T. Nakagawa.

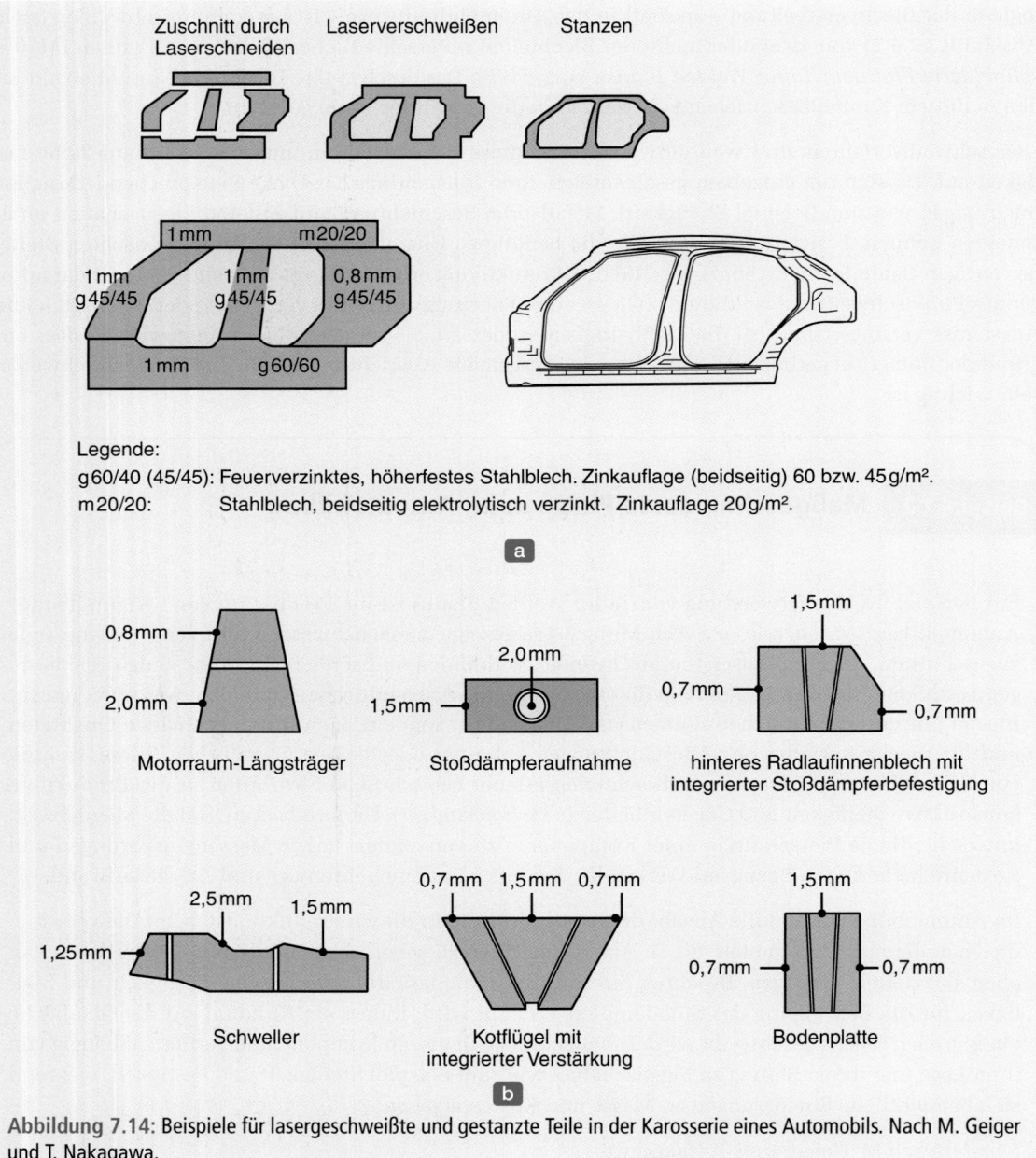

Abbildung 7.14: Beispiele für lasergeschweißte und gestanzte Teile in der Karosserie eines Automobils. Nach M. Geiger und T. Nakagawa.

7.4 Biegen von Blechen und Platten

Zu den häufigsten Arbeitsgängen bei der Metallverarbeitung gehört das *Biegen*. Dieser Prozess wird nicht nur verwendet, um Teile wie Flansche, Falze und Wellungen zu formen, sondern auch um Steifigkeit einzubringen (indem das Trägheitsmoment erhöht wird). Zum Beispiel ist ein flacher Metallstreifen bei Weitem nicht so steif wie ein Streifen, der zu einem V-Querschnitt gebogen wird.

▶ Abbildung 7.15a gibt die für das Biegen gebräuchliche Terminologie an. Die **Zuschnittslänge** ist die Länge der **neutralen Achse** in der Biegung und wird verwendet, um die Länge des Blechs für ein zu biegendes Teil zu bestimmen. Wie aber in Lehrbüchern zur Mechanik beschrieben wird, hängt die radiale Position der neutralen Achse beim Biegen vom Biegeradius und vom Biegewinkel ab. Die Zuschnittslänge L_b lässt sich mit der Näherungsformel

$$L_b = \alpha(R + kt)$$

berechnen, wobei α der Biegewinkel (im Bogenmaß), R der Biegeradius, k eine Konstante ist und t die Blechdicke bezeichnet. Im Idealfall bleibt die neutrale Achse in der Mitte der Blechstärke und es gilt $k = 0{,}5$. In der Praxis reichen die k-Werte gewöhnlich von 0,33 für $R < 2t$ bis 0,5 für $R > 2t$.

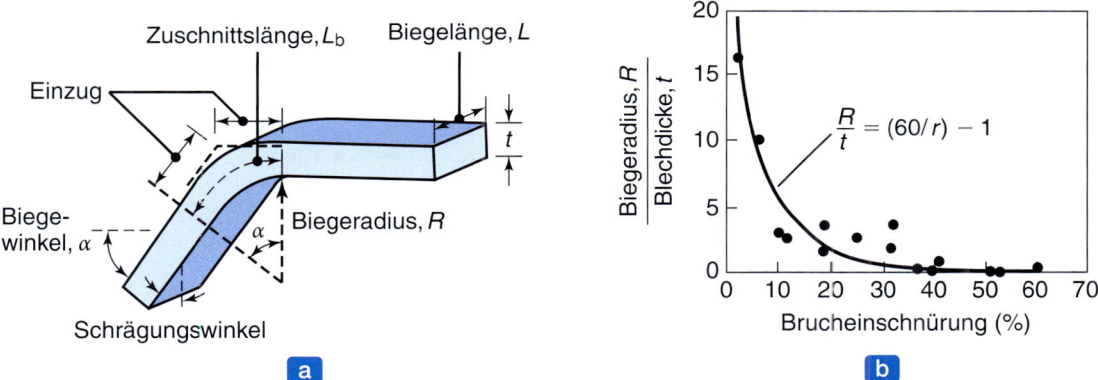

Abbildung 7.15: (a) Terminologie beim Biegen. Der Biegeradius wird an der Innenseite der Biegung bestimmt, die Biegelänge ist die Breite des Blechstreifens. (b) Zusammenhang zwischen dem Verhältnis aus Biegeradius zu Blechdicke und der Brucheinschnürung im Zugversuch. Blechwerkstoffe mit einer Brucheinschnürung von mehr als 50 % können ähnlich wie Papier zusammengefaltet werden, ohne dass es zur Rissbildung an der Außenseite der Biegung kommt. Nach J. Datsko und C.T. Yang.

7.4.1 Minimaler Biegeradius

Wie bereits erläutert, werden die äußeren Fasern eines zu biegenden Teils auf Zug und die inneren Fasern auf Druck beansprucht. Theoretisch sind die Dehnungen in den äußeren und inneren Fasern in der Größe gleich und sind durch

$$\varepsilon_a = \varepsilon_i = \frac{1}{(2R/t) + 1} \tag{7.5}$$

gegeben. Allerdings ist infolge der *Verschiebung der neutralen Achse* in Richtung der inneren Oberfläche die Länge der Biegung (Abmessung L in Abbildung 7.15a) im äußeren Bereich kleiner als im inneren Bereich. Dieses Phänomen lässt sich leicht beobachten, wenn man einen rechteckigen Radiergummi biegt und sich ansieht, wie der Querschnitt verzerrt wird. Folglich sind die äußeren und inneren Dehnungen unterschiedlich, wobei die Differenz mit fallendem R/t-Verhältnis größer wird.

Aus Gleichung (7.5) lässt sich ableiten, dass bei fallendem R/t-Verhältnis die Zugdehnung an der äußeren Faser zunimmt und das Material reißen kann, wenn eine bestimmte Dehnung erreicht ist. Der Radius R, bei dem der Riss an der äußeren Oberfläche der Biegung auftritt, ist der *minimale Biegeradius*. Normalerweise drückt man den minimalen Biegeradius, bis zu dem ein Teil sicher gebogen werden kann, in Form seiner Dicke aus, beispielsweise $2t$, $3t$ usw. Somit zeigt zum Beispiel ein Biegeradius von $3t$ an, dass der kleinste Radius, zu dem sich das Blech ohne zu reißen biegen lässt, das Dreifache seiner Dicke beträgt. Die minimalen Biegeradien wurden für verschiedene Werkstoffe experimentell ermittelt. Tabelle 7.2 gibt einige typische Ergebnisse an.

Es wurden auch Untersuchungen durchgeführt, um eine Beziehung zwischen dem minimalen R/t-Verhältnis und einer bestimmten mechanischen Eigenschaft des Werkstoffs aufzustellen. Eine derartige Analyse basiert auf den folgenden Annahmen: (1) Die logarithmische Dehnung bei Rissbildung an der äußeren Faser beim Biegen ist gleich der logarithmischen Dehnung beim Bruch φ_B des Werkstoffs in einem einachsigen Zugversuch, (2) der Werkstoff ist homogen und isotrop und (3) das Blech wird in einem Zustand von ebener Spannung gebogen, d. h., sein L/t-Verhältnis ist klein.

Die logarithmische Dehnung bei Bruch φ_B und die prozentuale Brucheinschnürung r im Zugversuch sind

$$\varphi_B = \ln\left(\frac{A_0}{A_B}\right) = \ln\left(\frac{100}{100-r}\right), \quad r = \frac{A_0 - A_B}{A_0} \times 100\,\% \,.$$

Abschnitt 2.2.2 gibt für die logarithmische Dehnung der Zugfasern in der Biegung den Ausdruck

$$\varphi_a = \ln(1+\varepsilon_a) = \ln\left(1 + \frac{1}{(2R/t)+1}\right) = \ln\left(\frac{R+t}{R+(t/2)}\right)$$

an. Wenn man die beiden obigen Ausdrücke gleichsetzt und vereinfacht, erhält man

$$\left(\frac{R}{t}\right)_{\min} = \frac{50}{r} - 1 \,. \tag{7.6}$$

Tabelle 7.2: Minimaler Biegeradius einiger Werkstoffe bei Raumtemperatur

Werkstoff	Zustand		Werkstoff	Zustand	
	Weich	Hart		Weich	Hart
Aluminiumlegierungen	0	6t	Stähle austenitisch	0,5t	6t
Kupfer-Beryllium-Legierungen	0	4t	un- und niedriglegiert, HSLA	0,5t	4t
Messing (Pb <)	0	2t	Titan	0,7t	3t
Magnesium	5t	13t	Titanlegierungen	2,6t	4t

Experimentelle Daten sind in Abbildung 7.15b dargestellt. Es zeigt sich, dass die Daten am besten durch die Kurve

$$\left(\frac{R}{t}\right)_{min} = \frac{50}{r} - 1 \qquad (7.7)$$

angenähert werden können. Beachten Sie, dass das R/t-Verhältnis bei einer Brucheinschnürung von 50 % gegen null geht (vollständige Biegbarkeit, d. h., das Material kann wie ein Stück Papier über sich selbst gefaltet werden). Interessanterweise ist dieser Prozentsatz der gleiche Wert, den man für die Drückbarkeit von Metallen erhält (beschrieben in Abschnitt 7.5.4). Das heißt, ein Werkstoff mit 50 % Brucheinschnürung erweist sich auch als vollständig drückbar.

Faktoren, die die Biegefähigkeit beeinflussen: Die Biegefähigkeit eines Metalls kann erhöht werden, indem man seine Brucheinschnürung erhöht, und zwar entweder durch *Erwärmen* oder durch Anwendung von *hydrostatischem Druck*. Andere Verfahren lassen sich ebenfalls nutzen, um den Spannungzustand während eines Biegevorgangs zu ändern, beispielsweise Anlegen von Druckkräften in der Blechebene während des Biegens, um Zugspannungen in den äußeren Fasern der Biegezone zu minimieren.

Wenn die Länge des Biegeteils zunimmt, ändert sich der Spannungszustand der äußeren Fasern von einer einachsigen Spannung in einen **zweiachsigen Spannungszustand**. Diese Änderung geschieht deshalb, weil die Biegelänge L durch das Strecken der äußeren Fasern (wie beim Biegen eines quaderförmigen Radiergummis) kleiner wird, aber durch das Material um den Biegebereich dabei behindert wird. Zweiachsiges Strecken vermindert die Duktilität (Bruchdehnung). Wenn also L größer wird, nimmt der minimale Biegeradius zu (▶ Abbildung 7.16). Allerdings wächst der Biegeradius ab einer Biegelänge von etwa $10t$ nicht mehr weiter, da sich ein vollständiger **ebener Verformungszustand** entwickelt. Wenn das R/t-Verhältnis fällt, beginnen schmale Bleche (kleinere Biegelänge) an den Kanten zu reißen und breitere Bleche reißen in der Mitte (wo die zweiachsige Spannung am höchsten ist).

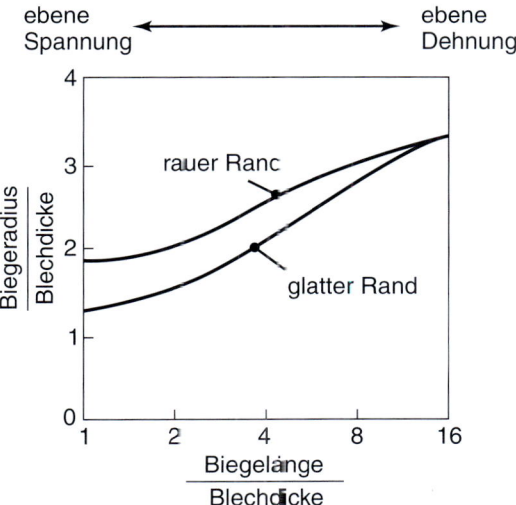

Abbildung 7.16: Einfluss der Biegelänge und der Kantenbeschaffenheit auf das Verhältnis von Biegeradius zu Blechdicke für Blech aus der Aluminiumlegierung EN AW-7075-T4 (AlZn5,5MgCua). Nach G. Sachs und G. Espey.

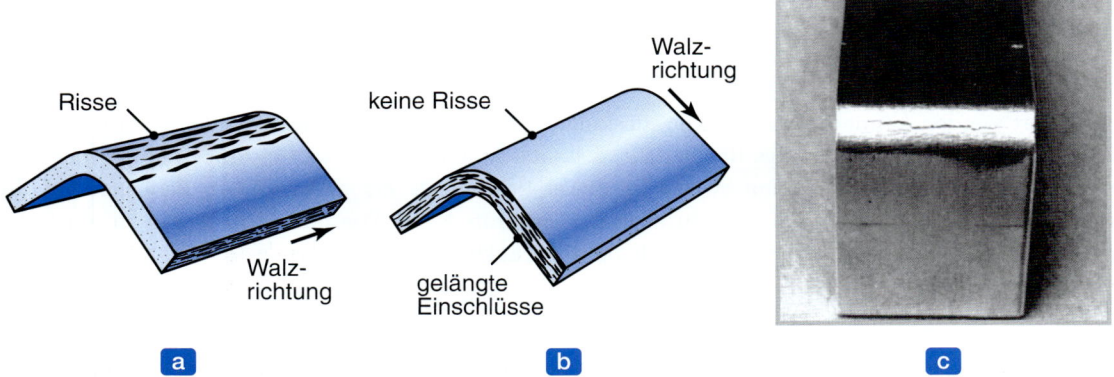

Abbildung 7.17: (a) und (b) Die Wirkung von gelängten Einschlüssen auf das Aufreißen von Blechen beim Biegen. Es zeigt sich eine starke Abhängigkeit von der Orientierung der Biegung zur Walzrichtung des Blechs. Das Beispiel macht klar, dass darauf geachtet werden muss, wie das zu biegende Blech aus einer Blechtafel entnommen wird. (c) Risse auf der Zugseite eines gebogenen Aluminiumblechs (Biegewinkel 90°).

Die Biegefähigkeit hängt auch von der Kantenbeschaffenheit des zu biegenden Blechs ab. Da raue Kanten als Spannungskonzentratoren wirken, nimmt die Biegefähigkeit mit größerer Kantenrauigkeit ab. Ein weiterer wichtiger Faktor ist die Größe der Kaltverformung, der die Kanten beim Scheren unterworfen sind und wie sie sich durch Mikrohärtemessungen im gescherten Bereich (siehe Abbildung 7.6b) nachweisen lässt. Das Entfernen der kaltverformten Bereiche beispielsweise durch Nachschneiden, maschinelle Bearbeitung oder Glühen verbessert die Widerstandsfähigkeit gegen Rissbildung während des Biegevorgangs deutlich.

Ebenfalls wichtig für die Rissbildung an den Kanten sind Größe und Gestalt von Einschlüssen im Blech (siehe auch Abschnitt 3.3.3). Einschlüsse in Form von Bändern sind abträglicher als kugelförmige, isolierte Einschlüsse. Folglich ist die Anisotropie des Blechs ebenfalls wichtig für die Biegefähigkeit. Wie ▶ Abbildung 7.17 zeigt, resultiert Kaltwalzen in Anisotropie aufgrund der Ausrichtung von Verunreinigungen, Einschlüssen und Leerstellen (*mechanische Faserbildung*). Die Querduktilität wird folglich reduziert, wie Abbildung 7.17c zeigt (siehe auch Abbildung 3.16). Beim Biegen eines derartigen Blechs sollte besonders auf das Schneiden bzw. Längsschneiden des Rohlings in der richtigen Richtung des gewalzten Blechs geachtet werden, auch wenn dies in der Praxis nicht immer möglich ist.

7.4.2 Rückfederung

Da alle Werkstoffe einen endlichen Elastizitätsmodul besitzen (Tabelle 2.1), folgt auf eine plastische Verformung immer eine elastische Rückverformung bei Entlastung. Beim Biegen wird diese Entlastung als *Rückfederung* bezeichnet. Wie ▶ Abbildung 7.18 zeigt, ist (a) der endgültige Biegewinkel nach der Rückfederung kleiner als der Winkel, bis zu dem gebogen wurde, und (b) der endgültige Biegeradius ist größer als der Radius, zu dem gebogen wurde. Dieses Phänomen lässt sich leicht beobachten und verifizieren, indem man ein Stück Draht oder einen kurzen Metallstreifen biegt. Rückfederung tritt nicht

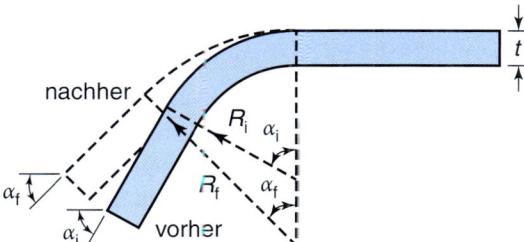

Abbildung 7.18: Terminologie der Rückfederung. Durch Rückfederung wird der Biegewinkel kleiner. Es gibt aber auch Fälle, für die der Biegewinkel größer wird (negative Rückfederung, siehe Abbildung 3.20).

nur beim Biegen flacher Bleche oder Platten auf, sondern auch beim Biegen von Stangen, Stäben und Drähten beliebiger Querschnitte.

Eine Größe, die Rückfederung charakterisiert, ist der Rückfederfaktor K_s, der wie folgt ermittelt wird. Da die Länge der neutralen Faser (siehe Abbildung 7.15a) vor und nach dem Biegen gleich ist, lautet die Beziehung für reines Biegen

$$L_b = \left(R_i + \frac{t}{2}\right)\alpha_i = \left(R_f + \frac{t}{2}\right)\alpha_f . \tag{7.8}$$

Ausgehend von dieser Beziehung wird K_s als

$$K_s = \frac{\alpha_f}{\alpha_i} = \frac{(2R_i/t) + 1}{(2R_f/t) + 1} \tag{7.9}$$

definiert, wobei R_i und R_f den anfänglichen bzw. endgültigen Biegeradius bezeichnen. Beachten Sie in diesem Ausdruck, dass K_s nur vom Verhältnis R/t abhängt. Der Wert $K_s = 1$ zeigt an, dass es keine

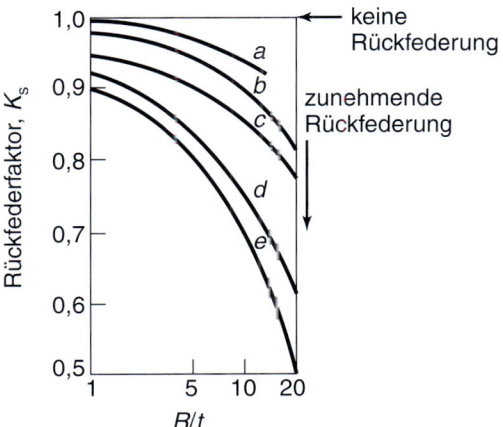

Abbildung 7.19: Rückfederfaktor K_s für verschiedene Werkstoffe: (a) Aluminium EN AW-2024-O und EN AW-7075-O, (b) austenitischer, rostfreier Stahl (weich), (c) Aluminium EN AW-2024-T, (d) austenitischer, rostfreier Stahl (1/4-hart), (e) austenitischer, rostfreier Stahl (halb- bis vollhart). $K_s = 1$ bedeutet keine Rückfederung. Nach G. Sachs.

Rückfederung gibt, und $K_s = 0$ zeigt an, dass es eine vollständige elastische Rückverformung gibt (▶ Abbildung 7.19), wie bei einer Blattfeder oder einem ähnlichen Federtyp.

Wie Abbildung 2.3 gezeigt hat, hängt das Ausmaß der elastischen Rückverformung vom erreichten Spannungsniveau und vom Elastizitätsmodul E des Werkstoffs ab. Somit nimmt die elastische Rückverformung mit der Höhe des Spannungsniveaus und kleinerem Elastizitätsmodul zu. Entsprechend dieser Beobachtung wurde eine Näherungsformel entwickelt, um die Rückfederung bei der Biegung abzuschätzen:

$$\frac{R_i}{R_f} = 4\left(\frac{R_i Y}{Et}\right)^3 - 3\left(\frac{R_i Y}{Et}\right) + 1 \ . \tag{7.10}$$

Hierin ist Y die 0,2 % Dehngrenze des Werkstoffs (siehe Abbildung 2.2).

Beispiel 7.3 **Abschätzen der Rückfederung**

Ein Stahlblech (Dicke $t = 0,9$ mm) wird zu einem Radius von 12,7 mm gebogen. Nehmen Sie eine Fließspannung von 276 MPa an und berechnen Sie (a) den Radius des Teils, nachdem es gebogen ist, und (b) den erforderlichen Biegewinkel, zu dem das Blech gebogen werden muss, um eine Biegung von 90° nach der Rückfederung zu erhalten.

Lösung: (a) Die geeignete Formel ist Gleichung (7.10), wobei

$$R_i = 12{,}7 \text{ mm}, \quad Y = 276 \text{ MPa}, \quad E = 200 \text{ GPa} \quad \text{und} \quad t = 0{,}9 \text{ mm}$$

sind. Somit ist

$$\frac{R_i Y}{Et} = \frac{12{,}7 \times 276}{200\,000 \times 0{,}9} = 0{,}0195$$

und

$$\frac{R_i}{R_f} = 4 \times 0{,}0195^3 - 3 \times 0{,}0195 + 1 = 0{,}942 \ .$$

Somit erhält man für den Biegeradius nach der Rückfederung

$$R_f = \frac{12{,}7}{0{,}942} = 13{,}48 \text{ mm} \ .$$

(b) Der erforderliche Biegewinkel lässt sich aus Gleichung (7.9) berechnen:

$$\alpha_i = \alpha_f \frac{(2R_i/t) + 1}{(2R_i/t) + 1} = \frac{2 \times 13{,}48/0{,}9 + 1}{2 \times 12{,}70/0{,}9 + 1} \times 90° = 95{,}3° \ .$$

Es muss also um 5,3° überbogen werden.

Negative Rückfederung: Die üblicherweise zu beobachtende und in Abbildung 7.18 dargestellte Rückfederung ist die sogenannte *positive Rückfederung*. Unter bestimmten Bedingungen tritt aber auch *nega-*

tive Rückfederung auf, wobei der Biegewinkel nach Abschluss des Biegevorgangs und Wegnahme der Kraft größer wird. Dieses Phänomen, das in Verbindung mit Gesenkbiegen in V-förmigen Gesenken steht, lässt sich anhand der in ▶ Abbildung 7.20 dargestellten Verformungssequenz erklären. Wenn wir das Biegestück in Phase (b) entfernen, unterliegt es einer positiven Rückfederung. In Phase (c) berühren die Enden des Stücks den Biegestempel. Beachten Sie, dass die Biegerichtung zwischen den Phasen (c) und (d) der Richtung zwischen den Phasen (a) und (b) entgegengesetzt ist. Außerdem stimmen Stempelradius und Innenradius des Teils weder in Phase (b) noch in Phase (c) überein. In Phase (d) sind jedoch die beiden Radien gleich. Beim Entlasten federt das Teil in Phase (d) sowohl an der Spitze des Stempels als auch an den Schenkeln nach innen zurück, weil es gegenüber Phase (c) *entspannt* wird. Aufgrund der großen Dehnungen, denen der Werkstoff in dem kleinen Biegebereich in Phase (b) unterzogen wurde, kann der Betrag dieser nach innen gerichteten (negativen) Rückfederung größer sein als der Betrag der positiven Rückfederung. Das Endergebnis ist dann eine negative Rückfederung.

Maßnahmen gegen Rückfederung: In der Praxis wird Rückfederung normalerweise mit verschiedenen Techniken kompensiert:

1. **Überbiegen** des Teils im Gesenk kann Rückfederung kompensieren. Überbiegen lässt sich auch realisieren durch die **Schwenkbiegetechnik**, wie in ▶ Abbildung 7.21e gezeigt. Das obere Gesenk besitzt eine zylindrische Wippe (mit einem Winkel <90°) und kann sich frei drehen. Bei der Abwärtsbewegung wird das Blech geklemmt und durch die Wippe über dem unteren Gesenk (Amboss) gebogen. Ein Freiwinkel im unteren Gesenk erlaubt Überbiegen des Blechs am Ende des Hubs und somit eine Kompensation der Rückfederung.

2. **Prägen** des Biegebereichs, indem er hohen örtlichen Druckspannungen zwischen der Stempelspitze und der Gesenkoberfläche ausgesetzt wird (Abbildungen 7.21c und d). Diesen Vorgang bezeichnet man als Durchschlagen.

3. **Reckbiegen**, bei dem das Teil während des Biegevorgangs einem Zug ausgesetzt wird, lässt sich ebenfalls anwenden. Das für die plastische Verformung erforderliche Biegemoment wird verringert, wenn die kombinierte Spannung (durch das Biegen der äußeren Fasern und der angewandten Zugkraft) im Blech zunimmt. Im Ergebnis nimmt die Rückfederung, die das Resultat nicht gleich-

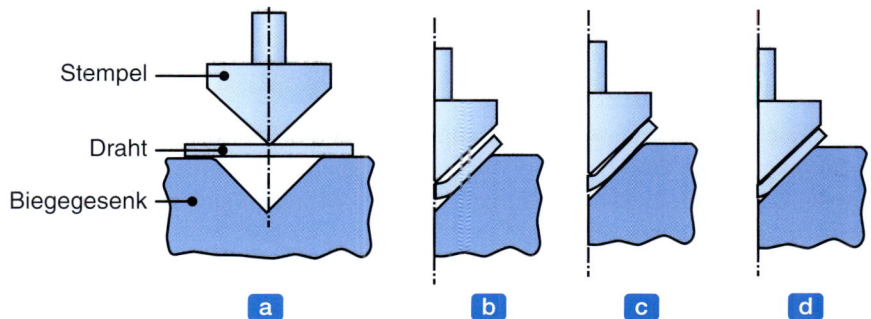

Abbildung 7.20: Schematische Darstellung des Biegens von rundem Draht in einem V-förmigen Gesenk. Diese Art von Biegen kann zu negativer Rückfederung führen, wie sie beim freien Biegen (▶ Abbildung 7.24a) nicht auftreten kann. Nach K.S. Turke und S. Kalpakjian.

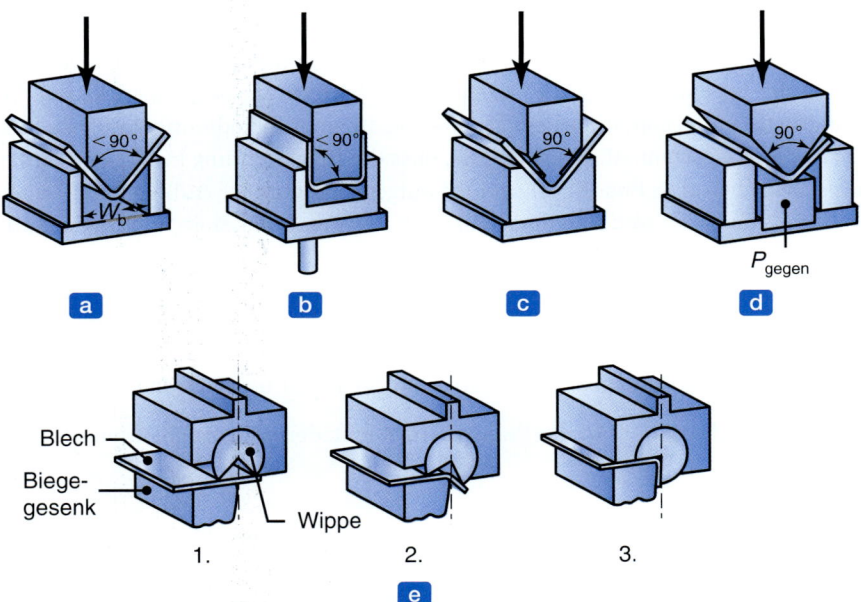

Abbildung 7.21: Maßnahmen zur Verminderung oder Beseitigung der Rückfederung beim Biegen. Nach V. Cupka, T. Nakagawa und H. Tyamoto.

mäßiger Spannungen durch das Biegen ist, ebenfalls ab. Diese Technik setzt man auch ein, um die Rückfederung beim Reckziehen von flachen Teilen für Automobilkarosserien zu begrenzen (siehe Abschnitt 7.5.1).

4. Da die Rückfederung mit fallender Fließspannung abnimmt (siehe Gleichung (7.10)), lässt sich Biegen auch bei *erhöhten Temperaturen* und sonst gleichen Parametern durchführen, um die Rückfederung zu verringern. In der Praxis wird dies kaum angewendet, da sich das Hantieren mit den Werkstücken und deren Schmierung aufgrund der hohen Temperaturen, die für eine spürbare Änderung der Fließspannung erforderlich sind, zu kompliziert gestalten.

7.4.3 Kräfte beim Biegen

Biegekräfte lassen sich abschätzen, wenn man vom einfachen Biegen eines Rechteckbalkens ausgeht. Somit ist die Biegekraft eine Funktion von Werkstofffestigkeit, Länge und Dicke des Teils (L bzw. t) sowie Breite W der Gesenköffnung (▶ Abbildung 7.22). Schließt man Reibung aus, lautet der allgemeine Ausdruck für die maximale Biegekraft F_{max}

$$F_{max} = k\frac{R_m L t^2}{W}, \qquad (7.11)$$

wobei k verschiedene Einflussgrößen (einschließlich der Reibung) zusammenfasst. Die Werte für k reichen von etwa 1,20 bis 1,33 für ein V-Gesenk, 0,30 bis 0,34 für ein Wischgesenk (Gleitgesenk) und 2,4 bis

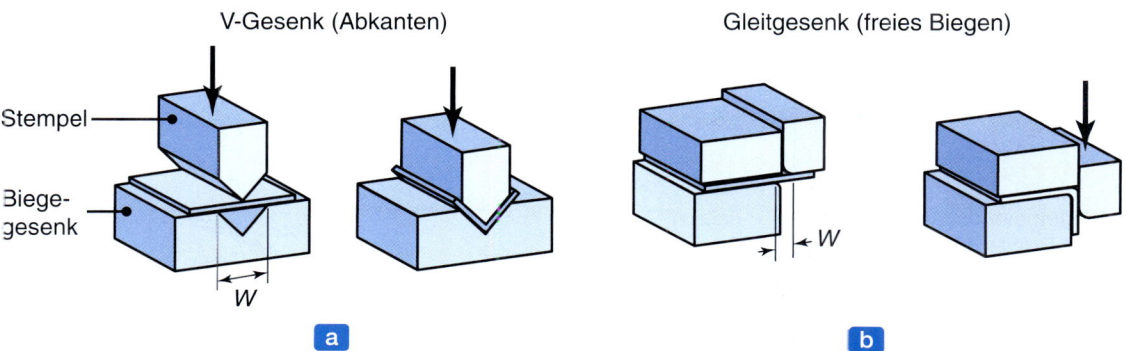

Abbildung 7.22: Biegen mit einem V-förmigen Gesenk (a) und einem Gleitgesenk (b). Eingezeichnet ist die Gesenköffnung W, die in Gleichung (7.11) auftritt.

2,6 für U-Gesenke. Gleichung (7.11) genügt für Situationen, in denen der Biegeradius und die Blechdicke im Vergleich zur Größe der Gesenköffnung W klein sind.

Die Biegekraft ist auch eine Funktion des Stempelwegs. Sie nimmt von null bis zu einem Maximalwert zu und kann bei Abschluss des Biegevorgangs zurückgehen. Beim Gesenkbiegen steigt die Kraft am Ende des Biegens steil an, wenn der Stempel auf das Untergesenk durchschlägt. Dagegen wächst die Kraft beim *freien Biegen* (siehe Abbildung 7.24a) nicht wieder an.

7.4.4 Gebräuchliche Biegeverfahren

Dieser Abschnitt stellt gebräuchliche Biegeverfahren vor. Einige dieser Prozesse werden auf Einzelteilen durchgeführt, andere fortlaufend wie beim Profilwalzen von Bandstahl. Die Operationen werden im Folgenden beschrieben:

1. **Gesenkbiegen:** Bleche oder Platten können mit einfachen Vorrichtungen und mithilfe einer Presse gebogen werden. Längere Teile (7 m oder mehr) und relativ schmale Teile werden normalerweise in einer *Gesenkbiegemaschine* gebogen. Diese Maschine verwendet lange Gesenke in einer mechanischen oder hydraulischen Presse und ist für kleinere Produktionsserien geeignet. Das Werkzeug ist einfach und kann an verschiedenste Formen angepasst werden (▶ Abbildung 7.23). Zudem lässt sich der Vorgang leicht automatisieren. Gesenkwerkstoffe für die meisten Anwendungen sind Kohlenstoffstahl oder Grauguss, können aber von Hartholz (bei Werkstoffen geringer Festigkeit und kleinen Produktionsserien) bis zu Hartmetallen reichen.

2. **Andere Biegeverfahren:** ▶ Abbildung 7.24 zeigt verschiedene Verfahren, um Blech zu biegen. Zum Beispiel lässt sich Blech mit zwei Walzen biegen (Walzrunden, Abbildung 7.24d), wobei die größere flexibel ist und typischerweise aus Polyurethan besteht. Die obere Walze drückt das Blech in die flexible untere Walze und krümmt dabei das Blech, wobei die Form der Krümmung vom Grad des Eindrückens in die flexible Walze abhängt. Somit ist es möglich, durch Steuern der Eindringtiefe ein Blech mit unterschiedlichen Krümmungen herzustellen. Biegen von relativ kurzen Teilen wie zum Beispiel Spannhülsen lassen sich ebenfalls auf automatisierten Biegemaschinen

7 Verarbeitung von Blechen

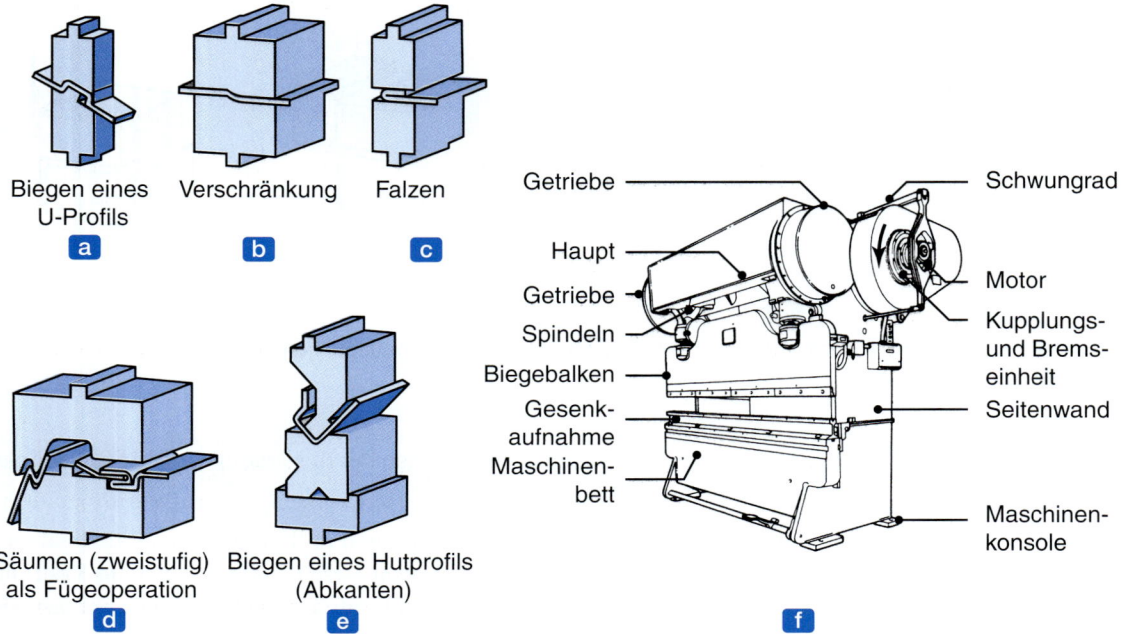

Abbildung 7.23: (a) bis (e) Verschiedene Formen, die sich auf einer Biegepresse herstellen lassen. (f) Schematische Darstellung einer Biegepresse.

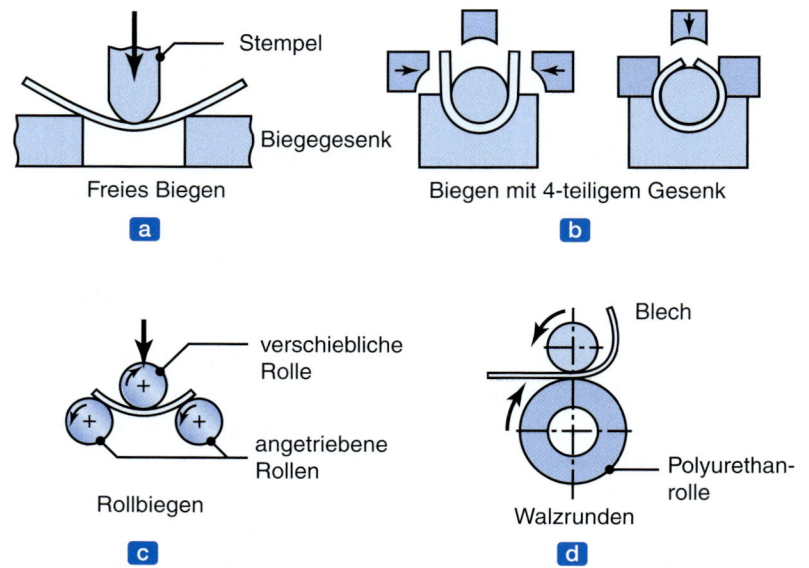

Abbildung 7.24: Beispiele für Biegeoperationen.

7.4 Biegen von Blechen und Platten

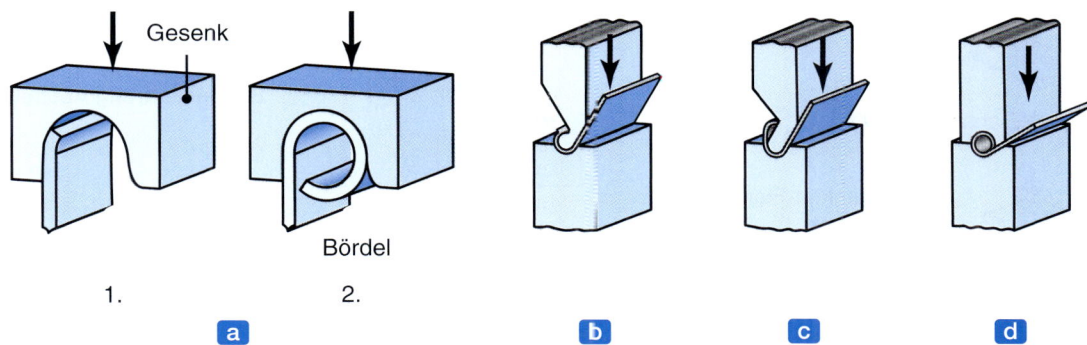

Abbildung 7.25: (a) Bördeln mit einfachem Gesenk, (b) bis (d) Bördeln auf einer Biegemaschine mit Ober- und Untergesenk.

mit vierteiligem Gesenk durchführen, einem Prozess, der dem in Abbildung 7.24b ähnelt. Platten werden mithilfe von drei Walzen durch **Rollbiegen** gebogen, wie Abbildung 7.24c zeigt. Durch Anpassen des Abstands zwischen den drei Walzen lassen sich verschiedenartige Krümmungen erzeugen.

3. **Bördeln:** Bei diesem Vorgang werden die Ränder des Blechs in der Aushöhlung eines Gesenks gebogen (▶ Abbildung 7.25). Die Wulst bringt aufgrund des höheren Trägheitsmoments der Ränder Steifigkeit in das Teil. Bördeln verbessert auch das Aussehen des Teils und eliminiert freiliegende scharfe Kanten, die eine Gefahrenquelle sein können.

4. **Flanschen:** Bei diesem Vorgang werden die Kanten von Blechen – typischerweise um 90° – gebogen, um die Steifigkeit zu erhöhen, ein spezielles Aussehen zu erhalten oder um die Montage mit anderen Bauteilen zu ermöglichen. Beim **Schrumpfflanschen** (▶ Abbildung 7.26a) wird die Flanschperipherie Druckumfangsspannungen unterworfen, die ein Falten verursachen können, wenn sie zu groß sind. Die Neigung zum Falten nimmt mit kleiner werdendem Radius der Flanschkrümmung zu. Dagegen wird beim **Streckflanschen** die Flanschperipherie Zugspannungen ausgesetzt, die zu Rissen an den Kanten führen können, wenn sie zu groß sind.

5. **Durchziehen:** Bei diesem Vorgang (Abbildung 7.26b) wird zunächst ein Loch gestanzt und dann zu einem Flansch erweitert. Flansche lassen sich auch durch Lochen mit einem geschoßförmigen Stempel herstellen (Abbildung 7.26c). Die Enden von Röhren werden durch einen ähnlichen Vorgang mit einem Flansch versehen (Abbildung 7.26d). Ist der Biegewinkel kleiner als 90° wie bei Fittings mit konischen Enden, spricht man von **Aufweiten**. Bei allen diesen Operationen ist der Zustand der Kanten des Blechs (der Röhren) wichtig. Wenn das Verhältnis von Flansch- zu Lochdurchmesser zunimmt, wachsen die Dehnungen proportional an. Somit ist die Neigung zur Rissbildung größer, je rauer die Kante ist. Gescherte oder gestanzte Kanten können mit einem Werkzeug nachgeschnitten werden (Abbildung 7.11), um ihre Oberflächenbeschaffenheit zu verbessern und damit die Rissbildungsneigung zu verringern.

6. **Falzen:** Beim *Falzen* (auch *Überbiegen* genannt) wird der Rand des Blechs über sich selbst gefaltet (siehe Abbildung 7.23c). Falzen erhöht die Steifigkeit des Teils, verbessert sein Aussehen und beseitigt scharfe Kanten (die eine Gefährdung darstellen können). Beim *Säumen* (Abbildung 7.26d) werden zwei gefalzte Blechteile miteinander verbunden. Durch einen ähnlichen Vorgang mit spe-

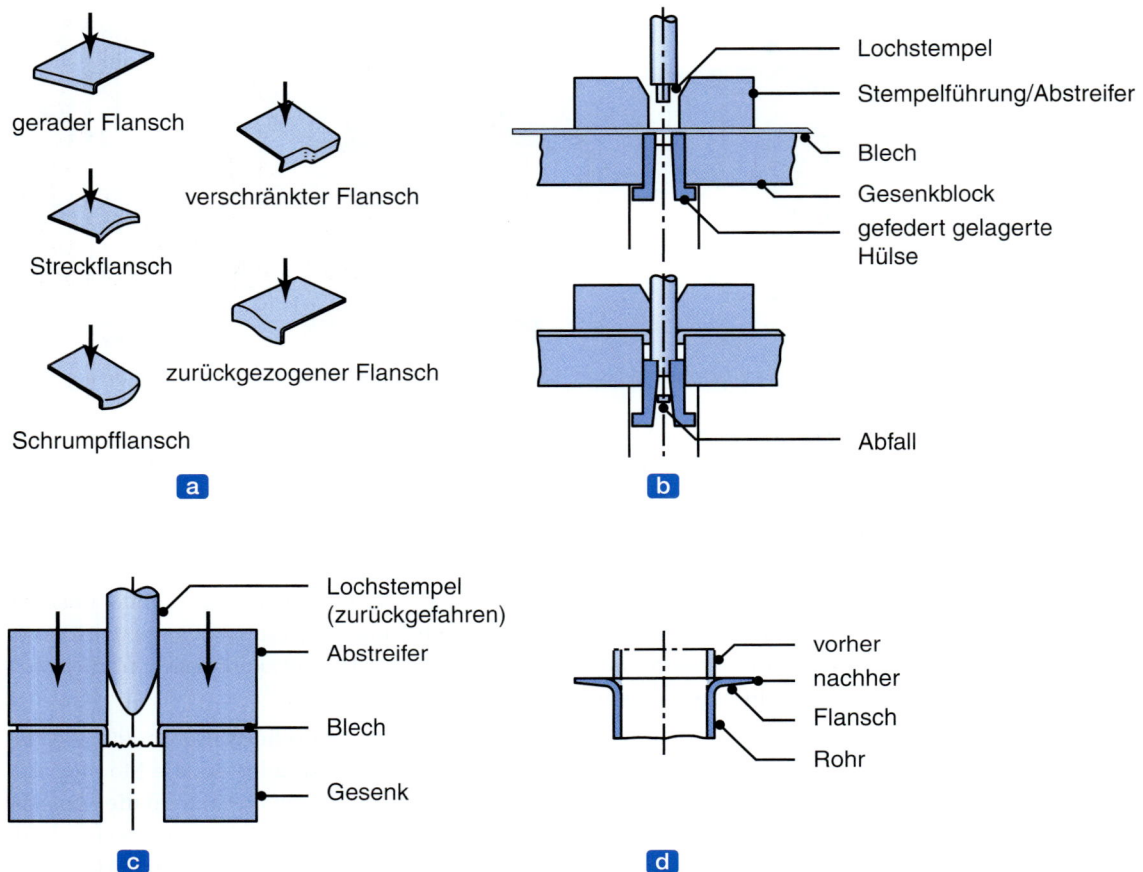

Abbildung 7.26: Darstellung einiger Flanschoperationen. (a) Flanschtypen, (b) Durchziehen, (c) Lochen eines Blechs und Biegen eines Flansches in einem Arbeitsgang. Bei diesem Vorgang wird das Blech nicht zuvor gelocht wie in (b), wo der kleine Stempel das Blech locht. (d) Flanschen eines Rohrs. Im Flanschbereich wird das Blech nach außen immer dünner.

ziell geformten Walzen lassen sich doppelte Säume für wasserdichte und luftdichte Verbindungen von Blechen erzeugen, wie zum Beispiel für Lebensmittel- und Getränkebehälter.

7. **Walzprofilieren:** Dieser Prozess wird verwendet für das Biegen von Endlosblechen und große Produktionsserien. Bei diesem Vorgang wird der Metallstreifen in mehreren Stufen gebogen, während er durch eine Reihe von Walzen läuft (► Abbildung 7.27a). Zu den typischen Produkten gehören Kanäle, Rinnen, Verkleidungen, Paneele, Rahmen und Hohlkörper sowie Rohre mit Säumen (Abbildung 7.27b). Die Länge des Teils ist nur durch das angelieferte Bandmaterial begrenzt. Die Teile werden üblicherweise kontinuierlich geschnitten und gestapelt. Die Blechdicke reicht typischerweise von etwa 0,125 bis 20 mm. Die Walzgeschwindigkeiten liegen meist unterhalb von 1,5 m/s, können aber bei speziellen Anwendungen auch wesentlich höher sein.

7.4 Biegen von Blechen und Platten

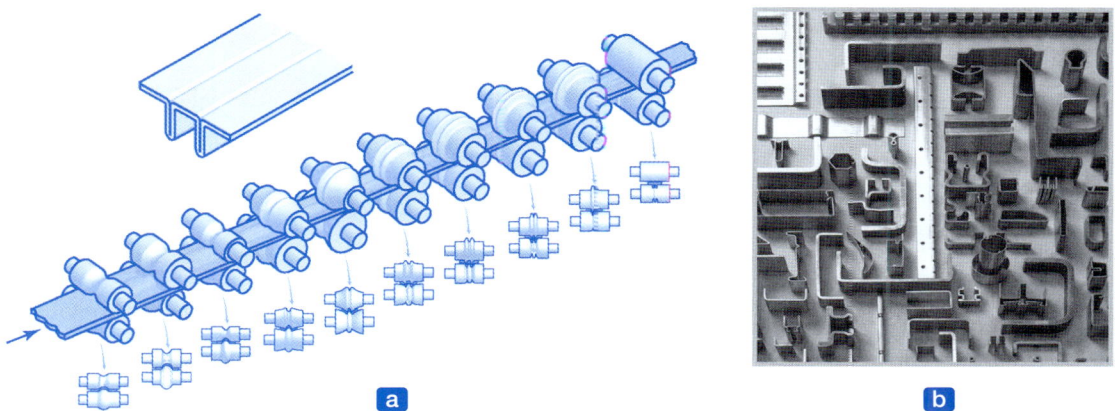

Abbildung 7.27: (a) Walzprofilieren wird für die Herstellung verschiedener Profile eingesetzt. (b) Beispiele für Profilquerschnitte, die durch Walzprofilieren von Blech erzeugt wurden.

Da Maßtoleranzen, Rückfederung, Reißen und Ausbeulen des Bands wichtige Aspekte sind, erfordern die richtige Auslegung und Abfolge der Walzschritte eine gehörige Portion Erfahrung. Die normalerweise mechanisch angetriebenen Walzen bestehen aus Kohlenstoffstahl oder Grauguss. Sie können mit Chrom plattiert sein, um die Oberflächengüte des Produkts und die Verschleißfestigkeit der Walzen zu verbessern. Mit Schmierstoffen kann man die Lebensdauer der Walzen und die Oberflächengüte der Produkte verbessern sowie die Walzen und das Werkstück während der Umformung kühlen.

7.4.5 Rohrbiegen

Biegen und Umformen von Rohren und anderen Hohlprofilen gehört zu den gebräuchlichsten Fertigungsoperationen. Bei der ältesten und einfachsten Methode zum Biegen von Rohren wird das Rohr mit losen Teilchen (in der Regel Sand) gefüllt und das Rohr in einer geeigneten Vorrichtung gebogen. Die Füllung, die verhindert, dass das Rohr einknickt, wird nach dem Biegen ausgeschüttelt. Rohre können auch mit verschiedenen flexiblen Innendornen *gestopft* werden. ▶ Abbildung 7.28 zeigt Beispiele für derartige Dorne und auch verschiedene Methoden und Vorrichtungen für das Biegen von Rohren und Profilen. Dicke Rohre mit großen Biegeradien können gebogen werden, ohne sie zuvor mit Sand zu füllen oder Dorne zu verwenden, da sie weniger dazu neigen, beim Biegen einzuknicken.

Der Nutzen hoher überlagerter Druckspannungen (siehe Abschnitt 2.2.8) bei der plastischen Verformung von Metallen wird in ▶ Abbildung 7.29 für das Biegen eines Rohrs mit relativ scharfen Ecken demonstriert. Bei diesem Vorgang unterliegt das Rohr Druckspannungen in Längsrichtung, die die Zugspannungen in den äußeren Fasern im Biegebereich vermindern und somit die Biegefähigkeit des Werkstoffs verbessern.

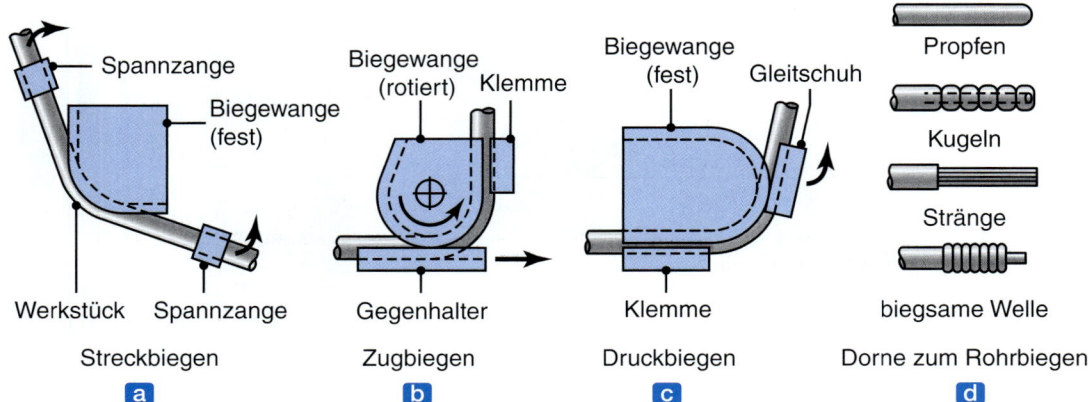

Abbildung 7.28: Rohrbiegeverfahren: Durch Innendorne oder Füllen mit Sand wird verhindert, dass das Rohr beim Biegen einknickt. Auch Hohlprofile lassen sich mit diesen Techniken biegen.

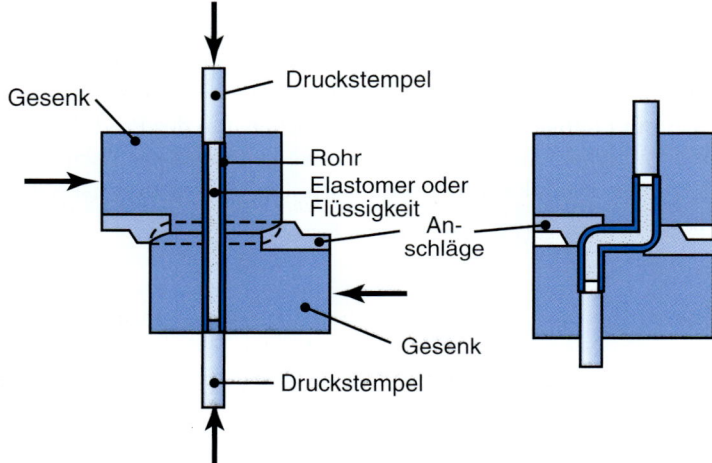

Abbildung 7.29: Methode, um ein Rohr über scharfe Ecken zu biegen. Das gefüllte Rohr wird axial gedrückt. Dadurch verringern sich die Zugspannungen auf der Außenseite der Biegung. Nach J.L. Remmerswaal und A. Verkaik.

7.5 Weitere Umformverfahren

Dieser Abschnitt beschreibt verschiedene gebräuchliche Umformverfahren für Bleche und dünnwandige Bauteile. Eines der wichtigsten Verfahren, das Tiefziehen, wird im nächsten Abschnitt besprochen.

7.5.1 Streckziehen

Bei diesem Vorgang wird das Blech an seinen Rändern geklemmt und über einem Gesenk oder einem Formblock gestreckt, der sich je nach Maschine nach oben, unten oder zur Seite bewegt (▶ Abbil-

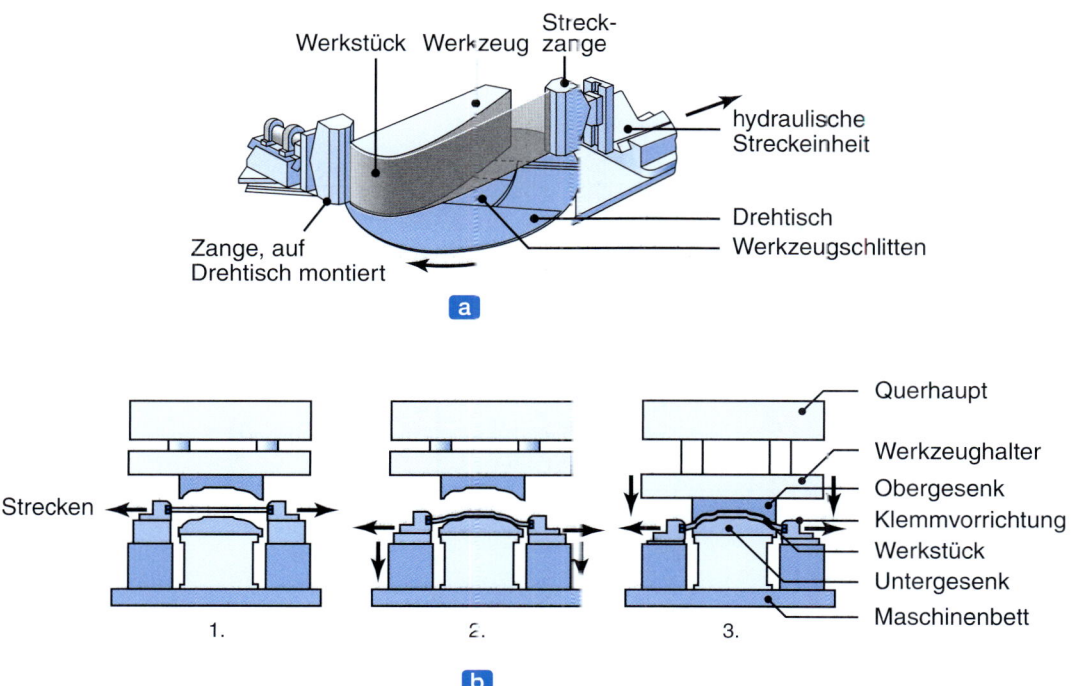

Abbildung 7.30: (a) Schematische Darstellung des Streckziehens. Außenhautteile für Flugzeuge aus Aluminiumblech können damit gefertigt werden. (b) Streckziehen auf einer hydraulischen Presse.

dung 7.30). Hauptsächlich produziert man damit Tragflächenelemente im Flugzeugbau, Türfelder für Kraftfahrzeuge und Fensterrahmen. Zum Beispiel ist die Aluminiumbeplankung für den Rumpf der Flugzeuge Boeing 767 und 757 per Streckziehen hergestellt, wobei ein Rohteil unter einer Zugkraft bis zu 9 MN geformt wird.

Das Blech wird bei den meisten Streckziehtechniken an den Schmalseiten geklemmt und in Längsrichtung gestreckt. Um Reißen zu vermeiden, ist es wichtig, das Ausmaß des Streckens zu steuern. Durch Streckziehen lassen sich keine Teile mit scharfen Konturen oder einspringenden Ecken (Vertiefungen der Oberfläche auf dem Gesenk) herstellen. Gesenke für das Streckziehen bestehen im Allgemeinen aus Zinklegierungen, Stahl, Hartplasten oder Holz. Die meisten Anwendungen erfordern wenig oder keine Schmierung. In Verbindung mit dem Streckziehen können sowohl bei den Stempeln als auch bei den Aufnahmen der Gesenke verschiedene Hilfsvorrichtungen verwendet werden, sodass sich auch zusätzliche Umformvorgänge durchführen lassen, während das Teil unter Spannung steht. Obwohl dieses Verfahren meist bei kleinen Produktionsserien verwendet wird, ist es universell und wirtschaftlich.

Beispiel 7.4 Arbeit beim Streckziehen

Ein 390 mm langes Blech mit einer Querschnittsfläche von 320 mm² (▸ Abbildung 7.31) wird mit einer Kraft F bis zu einem Winkel $\alpha = 20°$ gestreckt. Die Wahre-Spannung-logarithmische-Dehnung-Kurve des Werkstoffs hat die Form $\sigma = 700\varphi^{0,3}$ MPa. (a) Ermitteln Sie die gesamte verrichtete Arbeit, wobei Sie Randeffekte (Einspannung) und Biegen ignorieren. (b) Wie groß ist α_{max}, bevor das Einschüren des Blechstreifens einsetzt?

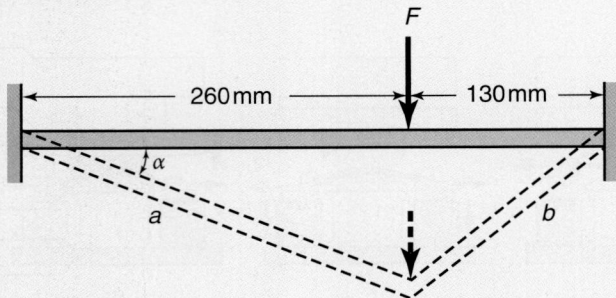

Abbildung 7.31: Skizze des Werkstücks in Beispiel 7.4.

Lösung: (a) Da die Dicke des Blechs im Vergleich zu seiner Länge sehr gering ist, lässt sich dieser Vorgang als Streckziehen eines Blechstreifens von 390 mm auf eine Länge von $a + b$ behandeln. Für einen Winkel von $\alpha = 20°$ berechnet sich die endgültige Länge zu $L_1 = a + b = 276,7 + 160,8 = 437,5$ mm. Die logarithmische Dehnung ist daher

$$\varphi = \ln\left(\frac{L_1}{L_0}\right) = \ln\left(\frac{437,5}{390}\right) = 0,115 \,.$$

Die pro Volumeneinheit verrichtete Arbeit u (siehe Abschnitt 2.12) ist

$$u = \int_0^{0,115} \sigma \, d\hat{\varphi} = 700 \int_0^{0,115} \hat{\varphi}^{0,3} \, d\hat{\varphi} = 700 \left[\frac{\hat{\varphi}^{1,3}}{1,3}\right]_0^{0,115} = 281,4 \, \text{MNm/m}^3 \,.$$

Das Volumen des Werkstücks berechnet sich zu

$$V = 320 \cdot 10^{-6} \times 0,39 = 12,48 \cdot 10^{-5} \, \text{m}^3 \,.$$

Damit ergibt sich die verrichtete Arbeit zu

$$U = uV = 35\,119 \, \text{Nm} \,.$$

(b) Der Einschnürbeginn bei einachsigem Zug ist durch Gleichung (7.2) gegeben. Somit ist die maximal mögliche gestreckte Länge

$$L_{max} = L_0 e^n = 390 e^{0,3} = 525,7 \text{ mm} .$$

Mit $L_{max} = a_{max} + b_{max} = 525,7$ mm erhält man über trigonometrische Beziehungen

$$a_{max}^2 - 260^2 = b_{max}^2 - 130^2 \rightarrow a_{max}^2 = b_{max}^2 + 50\,700 .$$

Folglich sind $a_{max} = 311,1$ mm und $b_{max} = 214,6$ mm. Demnach gilt für den Winkel

$$\cos \alpha_{max} = \frac{260}{311,1} = 0,836 \rightarrow \alpha_{max} = 33,3° .$$

7.5.2 Ausbauchen

Prinzipiell wird beim *Ausbauchen* ein röhrenförmiger, konischer oder krummlinig begrenzter Hohlkörper in einer geteilten Matrize platziert und mit einem Stempel aus Gummi oder Polyurethan aufgeweitet (▶ Abbildung 7.32a). Die Stanze wird dann zurückgezogen, der Stempel nimmt seine ursprüngliche Form an und das Teil wird durch Öffnen der geteilten Gesenke entfernt. Mit diesem Verfahren werden zum Beispiel Faltenbälge, Kaffee- und Wasserkannen, Fässer und Wülste auf röhrenförmigen Teilen hergestellt. Für Teile mit komplexen Formen kann der Stempel in speziellen Gestalten gefertigt sein, um einen höheren Druck an kritischen Punkten auszuüben und das Teil auf die gewünschten Abmessungen zu bringen. Polyurethanstempel sind sehr widerstandsfähig gegen Abrieb, scharfe Kanten, Verschleiß und Schmierstoffe. Zudem beschädigen sie nicht die Oberflächen des zu formenden Teils (siehe auch Abschnitt 7.5.3).

Die Umformbarkeit des Werkstoffs beim Ausbauchen lässt sich erhöhen durch die Anwendung von Druckspannungen in der Längsrichtung der Teile. Außerdem kann man *hydraulischen Druck* beim Ausbauchen verwenden, obwohl diese Technik Dichtungen und hydraulische Steuerelemente erfordert (Abbildung 7.32b). Segmentierte Gesenke, die mechanisch erweitert und zusammengezogen werden, kommen ebenfalls für Ausbauchoperationen infrage. Diese Werkzeuge sind relativ preiswert und eignen sich für große Produktionsserien. Wie Abbildung 7.32c zeigt, werden auch **Faltenbälge** durch Ausbauchen hergestellt. Nachdem das Rohr an mehreren äquidistanten Stellen ausgebaucht wurde, wird es axial gepresst, um die ausgebauchten Bereiche zusammenzudrücken und Faltenbälge zu formen. Das Rohrmaterial muss während der Stauchung große Dehnungen ertragen.

Beim **Gravieren** werden flache Vertiefungen wie zum Beispiel Ziffern, Buchstaben oder andere Elemente auf Blechen für funktionelle wie auch dekorative Zwecke geformt. Die Teile können mit positiven oder negativen Stempeln und Matrizen oder mit anderen Verfahren, die dieses Kapitel beschreibt, geprägt werden.

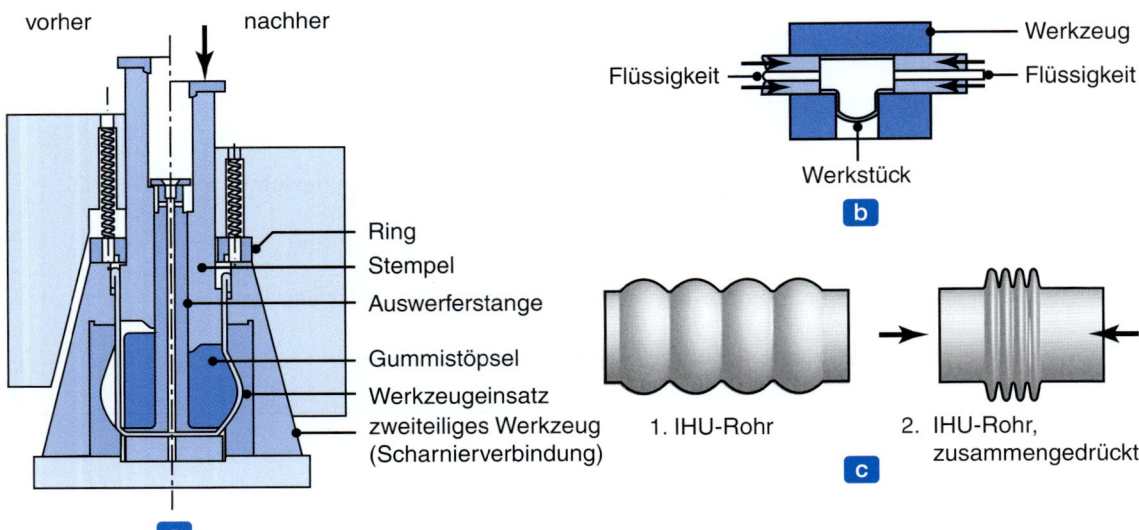

Abbildung 7.32: (a) Ausbauchen eines röhrenförmigen Bauteils mit einem flexiblen Stöpsel. (b) Herstellen von Rohrfittings (T-Stücke) durch Ausbauchen eines Rohrs. Die Kappe am ausgebauchten Teil wird abgeschnitten. (c) Arbeitsschritte bei der Herstellung eines Faltenbalgs. (a) und (b) nach J.A. Schey.

7.5.3 Umformung mit Wirkmedien

Bei den in den vorherigen Abschnitten beschriebenen Verfahren bestehen die Werkzeuge aus starren Materialien. Bei der **Umformung mit flexiblen Medien** besteht eines der Werkzeuge in einem Werkzeugsatz aus einem flexiblen Werkstoff wie zum Beispiel einer Polyurethan- oder Gummimembran. Polyurethane sind aufgrund ihrer Abrasionsfestigkeit, langen Lebensdauer und ihrem Widerstand gegen Beschädigungen durch Grate oder scharfe Kanten des Blechrohlings gebräuchlich.

Beim Biegen und Prägen durch Umformen mit flexiblen Medien wie in ▶ Abbildung 7.33 gezeigt, wird das „weibliche" Gesenk durch eine Gummimatte ersetzt. Die angewandten Drücke liegen typischerweise in der Größenordnung von 10 MPa. Die äußere Oberfläche des Blechs wird dabei geschützt gegen Beschädigungen oder Zerkratzen, da sie während der Formgebung nicht mit einer harten Metalloberfläche in Kontakt kommt. Teile können auch mit laminierten Blechen verschiedener nichtmetallischer, beschichteter Werkstoffe geformt werden.

Beim **Hydroformen** (▶ Abbildung 7.34) wird der über der flexiblen Membran angewandte Druck während des Umformzyklus gesteuert, wobei ein maximaler Druck von 100 MPa erreicht wird. Dieser Steuerungsablauf erlaubt ein ordnungsgemäßes Fließen des Blechs während des Vorgangs, um Faltenbildung oder Reißen des Blechs zu vermeiden. Es wurde beobachtet, dass sich tiefere Züge erreichen lassen als beim herkömmlichen Tiefziehen (siehe Abschnitt 7.6). Das hängt damit zusammen, dass der Druck um die Gummimembran das zu formende Teil gegen den Stempel zwingt. Die Reibung an der Grenzfläche zwischen Stempel und Napf verringert dann die Zugspannungen in Längsrichtung im Teil und verzögert so die Rissbildung. Die Steuerung der Reibungsbedingungen bei der Umformung mit flexiblen

7.5 Weitere Umformverfahren

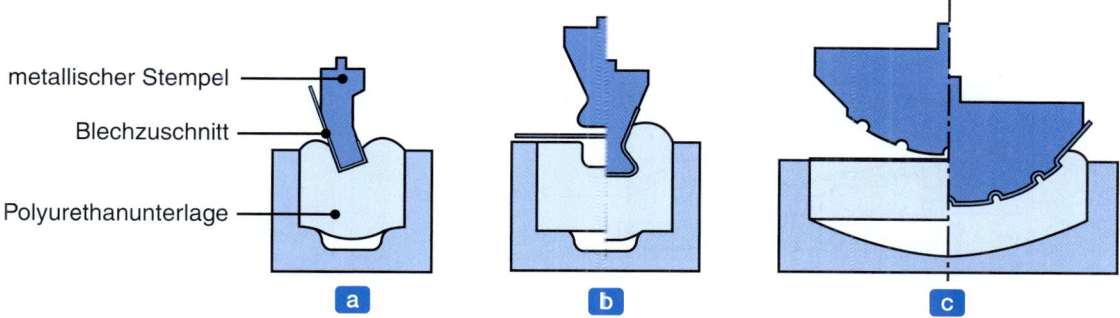

Abbildung 7.33: Beispiele für das Biegen und Prägen von Blechen mit einem metallischen Stempel und einer flexiblen Unterlage, die als „weibliches" Werkzeug dient.

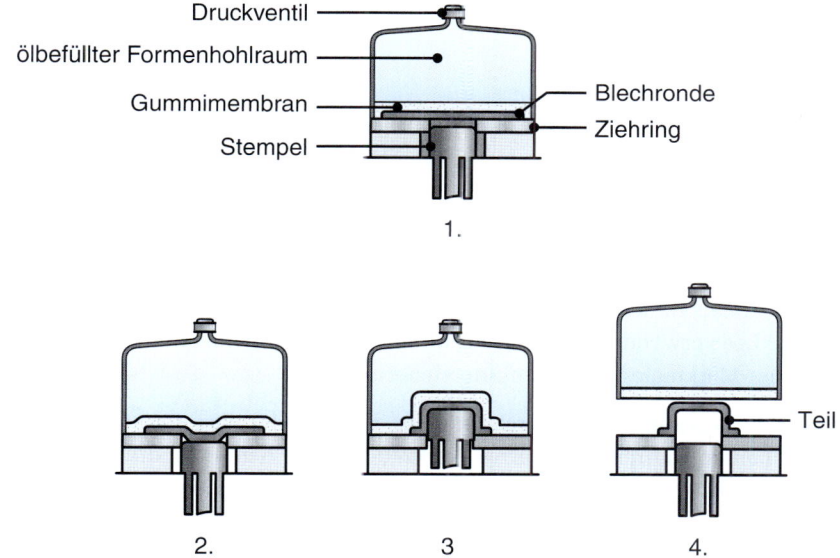

Abbildung 7.34: Prinzip des Hydroformens.

Medien wie auch in anderen Blechumformprozessen kann ein entscheidender Faktor für eine erfolgreiche Teilefertigung sein. Ebenso wichtig ist es, die geeigneten Schmierstoffe auszuwählen und richtig aufzubringen. Bei der **Rohr-Innenhochdruckumformung** (IHU; ▶ Abbildung 7.35) wird ein Rohr aus Stahl oder einem anderen Metall zu einem Rohling gebogen und dann von innen durch eine Flüssigkeit unter Druck gesetzt. Mit diesem Prozess lassen sich sowohl einfache Rohre (Abbildung 7.35a) als auch komplizierte Hohlkörper (Abbildung 7.35b) erzeugen. Anwendungen von Teilen, die auf diese Weise gefertigt werden, sind Auspuffteile und hohle Strukturbauteile für Kraftfahrzeuge.

Umformung mit flexiblen Medien und Prozesse der Hydroformung bieten bei richtiger Auswahl folgende Vorteile: (a) geringe Werkzeugkosten, (b) Flexibilität und einfacher Betrieb, (c) geringer Verschleiß,

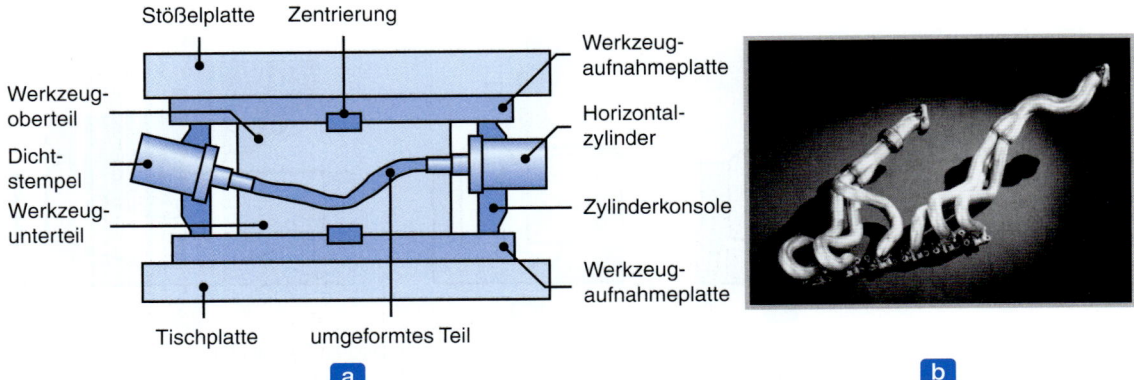

Abbildung 7.35: (a) Schematische Darstellung der Rohr-Innenhochdruckumformung (IHU), (b) Auspuffkrümmer, der mittels IHU hergestellt wurde. Mit dieser Technik lassen sich zahlreiche Komponenten wie Rahmen von Fahrrädern, Rohrfittings und hohle Strukturbauteile für Automobile herstellen.

(d) keine Beschädigungen der Blech- bzw. Bauteiloberfläche und (e) die Möglichkeit, komplizierte Formen zu erzeugen, insbesondere zur Massenreduktion im Fahrzeugbau.

7.5.4 Drücken

Mit *Drücken* werden axialsymmetrische Teile über einem rotierenden Dorn mithilfe starrer Werkzeuge oder Rollen geformt. Die verwendete Ausrüstung ähnelt einer Drehbank (siehe Abschnitt 8.9.2) mit verschiedenen speziellen Merkmalen und Computersteuerungen.

Beim **konventionellen Drücken** wird ein kreisförmiges, flaches oder vorgeformtes Blechteil gegen einen rotierenden Dorn gehalten, während ein starres Werkzeug es über dem Dorn drückt (▶ Abbildung 7.36a). Die Werkzeuge können entweder manuell oder durch einen hydraulischen Mechanismus betätigt werden. Der gesamte Prozess umfasst mehrere Durchgänge und verlangt beträchtliche Fertigkeiten. ▶ Abbildung 7.37 zeigt typische Formen, die mit konventionellem Drücken hergestellt wurden. Insbesondere ist dieses Verfahren für konische und krummlinig begrenzte Formen geeignet, die sich sonst mit anderen Methoden nur schwer oder unwirtschaftlich herstellen lassen. In der Regel wird Drücken bei Raumtemperatur ausgeführt, wobei aber für dicke Teile oder Metalle mit geringer Duktilität oder hoher Festigkeit erhöhte Temperaturen angewendet werden. Die Durchmesser der Teile können bis zu 6 m betragen. Die Werkzeugkosten beim Drücken sind relativ gering. Da aber der Vorgang mehrere Durchläufe benötigt, um die endgültige Form des Teils zu erreichen, ist es nur für relativ kleine Produktionsserien wirtschaftlich (siehe Abschnitt 7.10).

Beim **Fließdrücken** bzw. **Drückwalzen** wird eine konische oder krummlinige Form derart erzeugt, dass die Wandstärke des Teils konstant bleibt (Abbildung 7.36b). Damit werden typischerweise Gehäuse für Raketenmotoren und Spitzenkegel für Lenkwaffen hergestellt. Obwohl eine Rolle ausreichend wäre, werden vorzugsweise zwei Rollen eingesetzt, um die radialen Kräfte, die auf den Dorn wirken, im Gleichgewicht zu halten und somit Verzerrungen zu vermeiden und die Maßhaltigkeit zu gewährleisten.

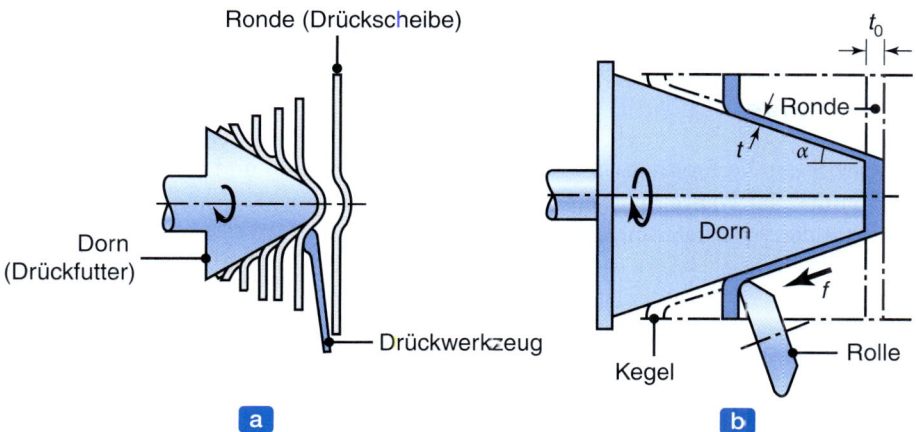

Abbildung 7.36: Schematische Darstellung des Drückens: (a) konventionelles Drücken, (b) Fließdrücken. Beim Fließdrücken bleibt die Wandstärke des Teils konstant. Die Größe f ist der Vorschub in mm/Umdrehung.

Abbildung 7.37: Typische Gestalten konventionell gedrückter Bauteile. Spriralförmige Rillen auf der Außenseite der Bauteile weisen darauf hin, dass das Teil mit diesem Verfahren gefertigt wurde (Küchenutensilien aus Aluminium, Lampenreflektoren).

Der Vorgang erzeugt nur wenig Abfall und ist in relativ kurzer Zeit abgeschlossen. Wird er bei Raumtemperatur ausgeführt, hat das gedrückte Teil eine höhere Fließgrenze als das Ausgangsmaterial, jedoch geringere Duktilität und Zähigkeit.

Teile mit einem Durchmesser von mehreren Metern können mit engen Maßtoleranzen gedrückt werden. Mit relativ einfachen Werkzeugen, die im Allgemeinen aus Stahl bestehen, lassen sich viele verschiedene Formen drücken. Da eine plastische Verformung auftritt, entsteht beträchtlich Wärme, die normalerweise mit einer Kühlflüssigkeit während des Drückens abgeführt wird.

Wie aus Abbildung 7.36b hervorgeht, beträgt die Dicke t beim Fließdrücken über einem konischen Dorn

$$t = t_0 \sin \alpha \, , \tag{7.12}$$

wobei t_0 die Dicke der Blechronde ist. Die Kraft, die hauptsächlich für die zuzuführende Verformungsenergie verantwortlich ist, ist die *Tangentialkraft* F_t. Für den *Idealfall* des Fließdrückens eines Kegels beträgt diese Kraft

$$F_t = u t_0 f \sin\alpha \,, \tag{7.13}$$

wobei u die spezifische Verformungsenergie gemäß Gleichung (2.59) und f den Vorschub bezeichnen. Da u die Fläche unter der Wahre-Spannung-logarithmische-Dehnung-Kurve bis zur jeweiligen Dehnung ist, kann diese mit der Scherdehnung über den Ausdruck

$$\varphi = \frac{\gamma}{\sqrt{3}} = \frac{\cot\alpha}{\sqrt{3}} \tag{7.14}$$

verknüpft werden. Die eigentliche Kraft kann jedoch aufgrund von Faktoren wie redundante Arbeit und Reibung, die sich nur schwer berechnen lassen, gegenüber der durch Gleichung (7.13) gegebenen Kraft um mehr als 50 % nach oben abweichen.

Ein wichtiger Faktor beim Drücken ist die **Drückbarkeit** des Werkstoffs, die als maximale Dickenreduzierung bis zu der sich ein Teil ohne Rissbildung drücken lässt, definiert ist. Um die Drückbarkeit zu ermitteln, wurde eine einfache Testmethode entwickelt (▶ Abbildung 7.38). Ein kreisförmiges Rohteil (Ronde) wird über einem ellipsoidischen Dorn gedrückt. Wenn die Dicke abnimmt, versagen alle Materialien schließlich bei einer bestimmten kritischen Dicke. Die maximal mögliche Dickenverringerung durch Drücken berechnet sich zu

$$\Delta t_{\max} = \frac{t_0 - t_f}{t_0} \times 100\,\% \,. \tag{7.15}$$

Es zeigt sich, dass duktile Metalle durch Zugspannungen in Längsrichtung des Konus brechen, nachdem die Dickenverringerung stattgefunden hat (wie es beim Draht- oder Stabziehen der Fall wäre; Abschnitt 6.5.1), während weniger duktile Metalle in der Verformungszone unter der Rolle brechen.

Die maximale Blechdickenabnahme wird dann über der Brucheinschnürung des gedrückten Werkstoffs dargestellt (▶ Abbildung 7.39). Wenn ein Werkstoff eine Brucheinschnürung von ungefähr 50 % besitzt,

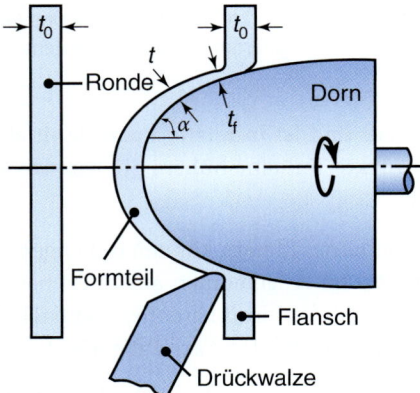

Abbildung 7.38: Schematische Darstellung des Versuchs zur Bestimmung der Drückbarkeit eines Werkstoffs. Mit fortschreitender Ausformung nimmt die Wandstärke des Teils ab. Die Dickenreduktion bei Bruch heißt maximale Dickenverringerung pro Durchlauf. Nach R.L. Kegg.

7.5 Weitere Umformverfahren

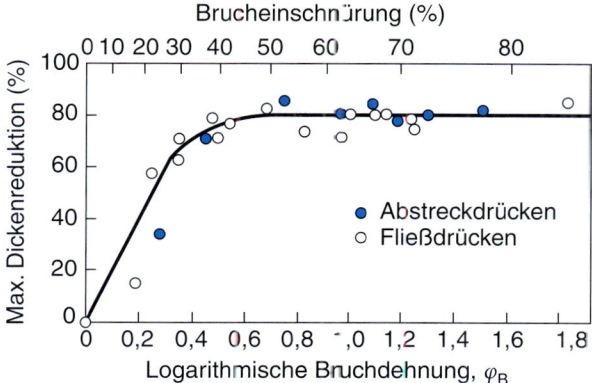

Abbildung 7.39: Experimentelle Ergebnisse zur Drückbarkeit. Zwischen der maximalen Dickenreduktion pro Durchlauf und der Brucheinschnürung des Ausgangsmaterials gibt es einen analogen Zusammenhang wie er beim Biegen festgestellt wird (siehe Abbildung 7.15). Nach S. Kalpakjian.

lässt sich seine Drückbarkeit nicht mehr durch weitere Erhöhung der Duktilität des ursprünglichen Werkstoffs steigern. Hier werden ähnliche Beobachtungen wie beim Biegen gemacht (siehe Abbildung 7.15), d. h., die maximale Biegefähigkeit eines Blechs wird ab einer Brucheinschnürung von etwa 50 % erreicht.

Beim **Abstreckdrücken** werden Rohre oder Röhren in der Dicke reduziert, indem sie auf einem zylindrischen Dorn mithilfe von Rollen gedrückt werden. Das kann an der Außen- oder Innenseite durchgeführt werden (▶ Abbildung 7.40) und das Teil lässt sich *vorwärts* oder *rückwärts* drücken, ähnlich wie beim Ziehen oder beim Rückwärtsfließpressen (siehe Abschnitt 6.4). Durch die Verringerung der Wanddicke wird das Rohr aufgrund der Volumenkonstanz bei der plastischen Verformung länger. Verschiedene externe und interne Profile können auf Rohren erzeugt werden, indem der Weg der Rolle bei ihrer Bewegung entlang des Dorns gesteuert wird. Dieser Vorgang, der sich mit Fließdrücken kombinieren lässt, wird für die Herstellung von Druckkesseln sowie Komponenten für Raketen, Lenkwaffen und Kraftfahrzeuge verwendet.

Basierend auf einem Ansatz ähnlich dem für Fließdrücken lässt sich die ideelle Tangentialkraft F_t, beim **Vorwärts-Abstreckdrücken** als

$$F_t = \overline{Y}(t_0 - t)f \qquad (7.16)$$

darstellen, wobei $\overline{Y}$ die mittlere Fließspannung des Werkstoffs ist. Durch Reibung und redundante Verformungsarbeit wird die tatsächliche Kraft etwa doppelt so groß. Für **Rückwärts-Abstreckdrücken** ist die ideelle Tangentialkraft ungefähr doppelt so groß wie der Wert, der sich aus (7.16) ergibt, weil das Werkzeug im Unterschied zum Vorwärts-Abstreckdrücken einen kürzeren Weg zurücklegen muss, um den Vorgang abzuschließen. (Beachten Sie auch den Unterschied zwischen Vorwärts- und Rückwärtsstrangpressen. Die verrichtete Arbeit ist das Produkt von Kraft und zurückgelegtem Stößelweg.)

Die Drückbarkeit beim Abstreckdrücken wird durch ein Testverfahren ermittelt, das ähnlich dem für Fließdrücken ist. In der Testeinrichtung ist der Pfad der Walze geneigt, wobei die Dicke des Teils kontinuierlich verringert wird und das Teil schließlich bricht. Es zeigt sich, dass die maximale Verringerung

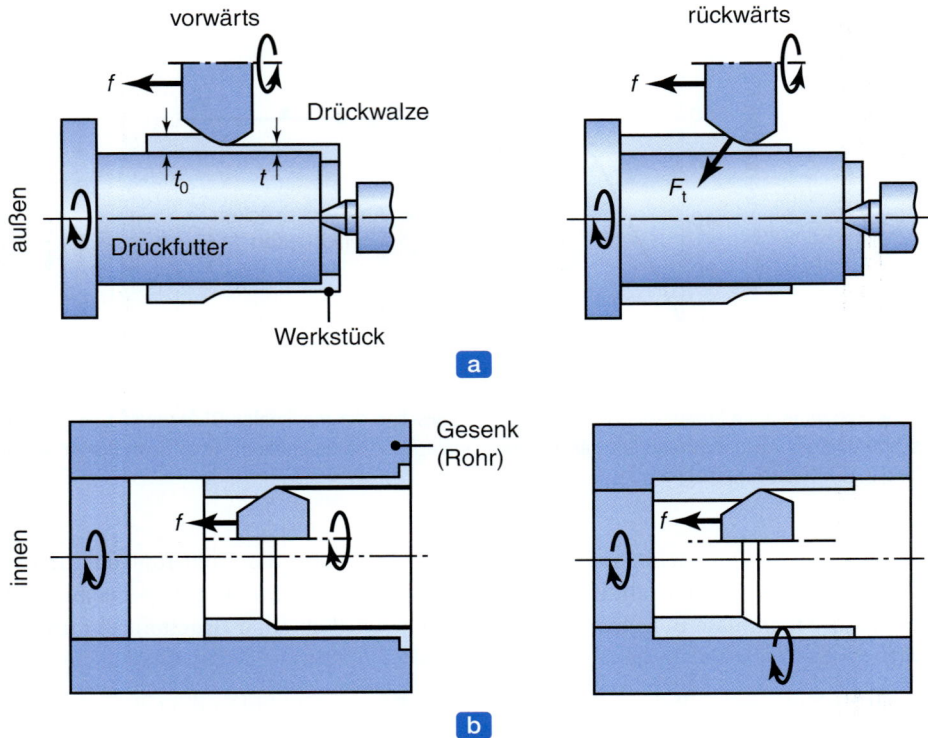

Abbildung 7.40: Abstreckdrücken an der (a) Außen- und (b) Innenseite von Rohren.

der Wanddicke je Durchlauf beim Abstreckdrücken mit der Brucheinschnürung des Werkstoffs zusammenhängt (siehe Abbildung 7.39), wobei die Ergebnisse denen des Fließdrückens sehr ähnlich sind. Wie beim Fließdrücken fallen duktile Werkstoffe durch den axialen Zug durch das Drückwerkzeug aus, nachdem die Wandstärke reduziert wurde, während weniger duktile Metalle in der Verformungszone *unter* der Rolle brechen.

Inkrementelles Umformen bezeichnet eine Klasse von Prozessen, die mit konventionellem Drücken verwandt sind (siehe auch *inkrementelles Schmieden*, Abschnitt 6.2.3). Die einfachste Version ist das in ▶ Abbildung 7.41a gezeigte *inkrementelle Strecken*, bei dem ein rotierendes Rohteil durch einen Stahlstab mit einer glatten Halbkugelspitze geformt wird, um axialsymmetrische Teile zu produzieren. Es werden weder spezielle Werkzeuge noch Dorne verwendet und die Bewegung des Stahlstabs bestimmt die endgültige Form des Teils, in einem oder mehreren Durchläufen. Die Dehnungsverteilung innerhalb des Werkstücks hängt vom Werkzeugpfad über dem Teilprofil ab. Wichtig ist eine geeignete Schmierung.

Bei der **inkrementellen CNC-Umformung** wird eine CNC-Werkzeugmaschine so programmiert, dass sie den Konturen mit unterschiedlichen Tiefen entlang der Werkstückoberfläche erzeugt. Bei dieser Anordnung wird der Blechrohling geklemmt und ist stationär, während sich das Werkzeug dreht, um die Formgebung zu unterstützen. Die Werkzeugwege werden ähnlich wie beim Schneiden aus einem CAD-Modell

7.5 Weitere Umformverfahren

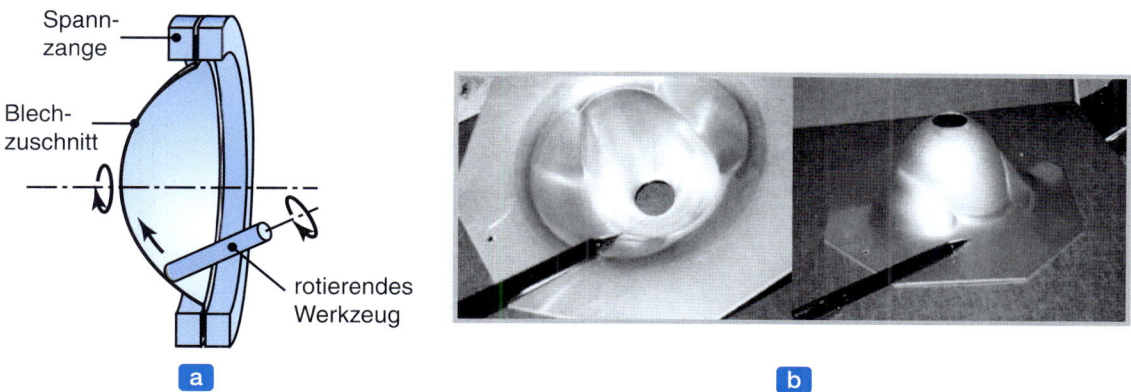

Abbildung 7.41: (a) Inkrementelles Strecken, bei dem kein Dorn verwendet wird. Die Bauteilform hängt vom Werkzeugweg ab. (b) Reflektor eines Automobil-Hauptscheinwerfers, der durch inkrementelle CNC-Umformung hergestellt wurde. Das Teil muss bei diesem Verfahren nicht axialsymmetrisch sein.

der gewünschten Bauteilform berechnet (siehe Abbildung 10.46). Abbildung 7.41b zeigt ein Beispiel für ein Teil, das mit inkrementeller CNC-Umformung hergestellt wurde. Das Teil muss nicht axialsymmetrisch sein.

Vorteile der inkrementellen Umformung sind vor allem die geringen Werkzeugkosten und die hohe Flexibilität der Bauteilgestalten, die sich herstellen lassen. Inkrementelle CNC-Umformung wird auch für schnelles Prototyping von Blechteilen eingesetzt (siehe Abschnitt 10.12), weil keine Vorlaufzeiten notwendig sind. Nachteile der inkrementellen Umformung sind geringe Produktionsraten und Beschränkungen hinsichtlich der einsetzbaren Werkstoffe. Inkrementelle Umformung wird heute in erster Linie für Aluminiumlegierungen mit sehr hoher Formbarkeit eingesetzt, wodurch die Werkstoffkosten ziemlich hoch sind.

7.5.5 Hochenergieumformung

Dieser Abschnitt beschreibt Metallumformverfahren, die mit chemischen, elektrischen oder magnetischen Energiequellen arbeiten. Die auch übliche Bezeichnung Hochgeschwindigkeits-Hochenergieumformung stammt daher, dass die hohe Energie in einer sehr kurzen Zeitspanne bereitgestellt wird.

Explosivumformen: ▶ Abbildung 7.42 zeigt die gebräuchlichste Art des *Explosivumformens*. Das Blech wird über einem Gesenk aufgespannt, der Gesenkhohlraum evakuiert und der gesamte Aufbau in einem mit Wasser gefüllten Tank abgesenkt. Dann wird eine explosive Ladung in einem bestimmten Abstand von der Blechoberfläche platziert und zur Explosion gebracht. Die schnelle Umwandlung des Explosivstoffs in ein Gas generiert eine Schockwelle. Der Druck dieser Welle ist ausreichend hoch, um das Metall in den Gesenkhohlraum zu drücken.

Der im Wasser erzeugte **Spitzendruck** ist durch den Ausdruck

$$p = K \left(\frac{\sqrt[3]{m}}{R} \right)^a \tag{7.17}$$

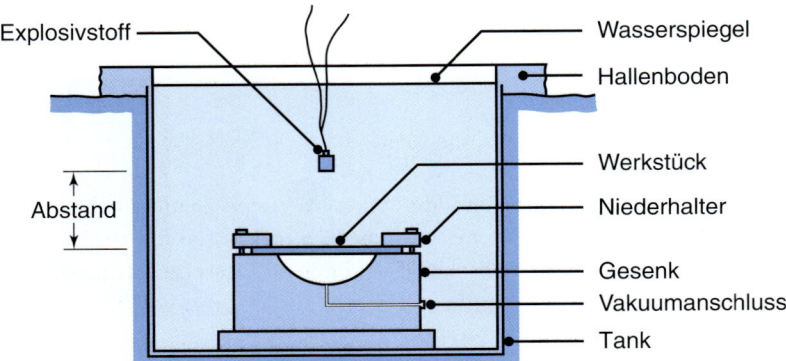

Abbildung 7.42: Schematische Darstellung des Explosivumformverfahrens. Obwohl Explosivstoffe meist zum Zweck der Zerstörung eingesetzt werden, kann die von ihnen freigesetzte Energie auch für das Umformen verwendet werden. Vorteilhaft ist Explosivumformen bei großen Bauteilen, die sonst nur sehr schwierig umgeformt werden können.

gegeben, wobei p der Spitzendruck in MPa, K eine von der Art des Explosivstoffs abhängige (einheitenbehaftete) Konstante (z. B. 51,8 für TNT), m die Masse des Explosivstoffs in kg, R der Abstand des Explosivstoffs vom Blech in m und a eine meist mit 1,15 angenommene Konstante ist.

Ein wichtiger Faktor bei der Bestimmung des Spitzendrucks ist die **Kompressibilität** des Energie übertragenden Mediums (wie zum Beispiel Wasser) und seine akustische Impedanz (definiert als Produkt von Massendichte und Schallgeschwindigkeit im Medium). Der Spitzendruck ist also umso höher, je geringer die Kompressibilität des Mediums und je höher seine Dichte sind (▶ Abbildung 7.43). Die Detonationsgeschwindigkeiten liegen typischerweise in der Größenordnung von 6700 m/s und die Geschwindigkeit, bei der das Blech umgeformt wird, liegt schätzungsweise im Bereich zwischen 30 bis 200 m/s.

Per Explosivumformen lassen sich verschiedenste Formen herstellen, vorausgesetzt, dass der Werkstoff bei den hohen Dehngeschwindigkeiten genügend duktil ist. Abhängig von der Anzahl der herzustellenden Teile können die in diesem Verfahren eingesetzten Gesenke aus Aluminiumlegierungen, Stahl,

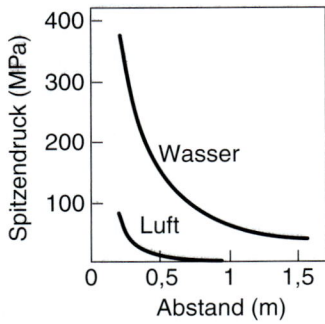

Abbildung 7.43: Einfluss des Abstands des Explosivstoffs vom umzuformenden Teil auf den Spitzendruck. Die Kurven gelten für TNT (Masse 1,8 kg). Man erkennt, dass das druckübertragende Medium eine hohe Dichte und geringe Kompressibilität besitzen soll.

Gusseisen, Zinklegierungen, Stahlbeton, Holz, Kunststoffen oder Verbundwerkstoffen bestehen. Die endgültigen Eigenschaften der produzierten Teile sind prinzipiell die gleichen wie die bei herkömmlichen Verfahren. Ein wichtiger Aspekt beim Explosivumformen ist die Arbeitssicherheit.

Da Explosivumformen ohne spezielle Maschinen betrieben werden kann, nur ein Gesenk benötigt und auch universell einsetzbar ist, kommt dieses Verfahren vor allem für Kleinserien von großen Teilen infrage. Zum Beispiel wurden mit dieser Methode Stahlplatten von 25 mm Dicke und 3,6 m Durchmesser umgeformt. Auch Rohre mit einer Wanddicke von 25 mm können durch Explosivumformen ausgebaucht werden. Diese Methode lässt sich auch für kleinere Teile einsetzen, wobei eine Patrone als Energiequelle verwendet wird und diese und das Werkstück in einem geschlossenen Gesenk platziert werden. Typischerweise stellt man damit Rohre her, die ausgebaucht und aufgeweitet werden müssen.

Beispiel 7.5 Spitzendruck beim Explosivumformen

Berechnen Sie den Spitzendruck in Wasser für 0,045 kg TNT bei einem Abstand des Explosivstoffs vom Werkstück von 0,305 m. Genügt dieser Druck für die Umformung von Blechen?

Lösung: Aus Gleichung (7.17) ergibt sich

$$p = 51{,}8 \left(\frac{\sqrt[3]{0{,}045}}{0{,}305} \right)^{1{,}15} = 61{,}8 \, \text{MPa} \, .$$

Dieser Druck ist ausreichend hoch, um Bleche zu formen. Im Vergleich dazu beträgt der Druck gemäß Beispiel 2.5, um eine dünnwandige Kugelschale aus einer Weichaluminiumlegierung zu erweitern, lediglich etwa 3 MPa. Bei einem Prozess wie der Hydroformung (Abschnitt 7.5.3) tritt im Dom ein maximaler hydraulischer Druck von etwa 100 MPa auf. Umformungen mit flexiblen Medien wenden Drücke im Bereich von etwa 10 bis 50 MPa an. Somit sind die Drücke, die in diesem Beispiel berechnet wurden, für die meisten Blechumformungen ausreichend.

Elektrohydraulische Umformung: Bei der auch als **Elektroentladungsumformung** bezeichneten elektrohydraulischen Umformung ist die Energiequelle ein Funken von zwei Elektroden, die mit einem dünnen Draht verbunden sind (▶ Abbildung 7.44). Die Energie wird in einer Kondensatorbank gespeichert. Die schnelle Entladung dieser Energie über die Elektroden erzeugt eine Schockwelle, die stark genug ist, um ein Blechteil zu formen. Dieser Vorgang ist der Explosivumformung ähnlich, arbeitet aber auf einem geringeren Energieniveau und wird bei kleineren Werkstücken verwendet. Außerdem ist das Verfahren sicherer als die Explosivumformung.

Magnetimpulsumformung: Bei der *Magnetimpulsumformung* wird die in einer Kondensatorbank gespeicherte Energie über eine Magnetspule schnell entladen. In einer typischen Anwendung wird eine ringförmige Spule über ein röhrenförmiges Werkstück platziert, das gegen einen anderen festen Teil (beispielsweise einen Stopfen) zu formen ist, sodass sich ein integrales Teil ergibt (▶ Abbildung 7.45). Das

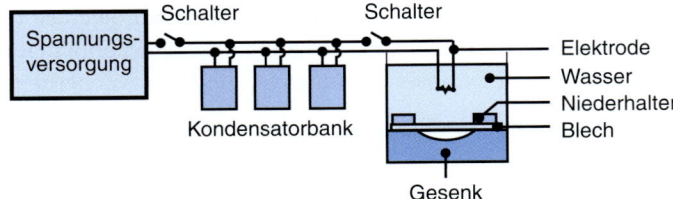

Abbildung 7.44: Schematische Darstellung des elektrohydraulischen Umformens.

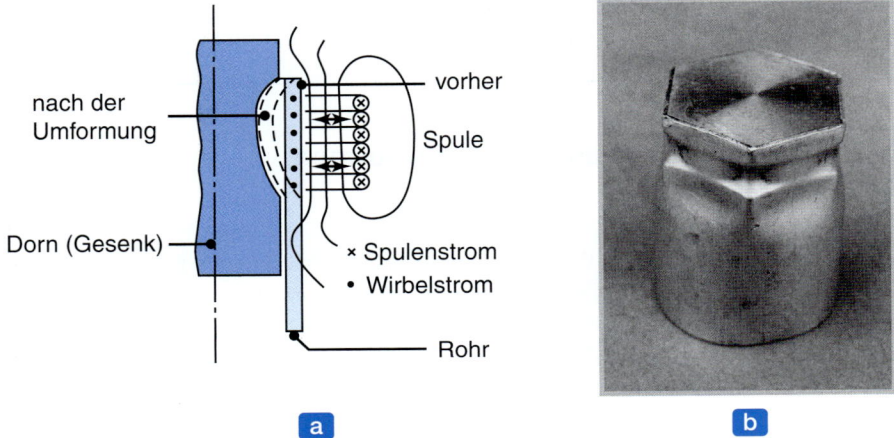

Abbildung 7.45: (a) Schematische Darstellung des Magnetimpulsumformens. Das Teil wird berührungslos umgeformt. (b) Aluminiumrohr, das mittels Magnetimpulsumformen auf einen sechseckigen Stöpsel aufgepresst wurde.

durch die Spule erzeugte transiente magnetische Feld dringt in das Metallrohr ein und induziert dort *Wirbelströme*, die ihrerseits ein eigenes magnetisches Feld hervorrufen. Die von den beiden Magnetfeldern erzeugten Kräfte wirken in entgegengesetzter Richtung, sodass zwischen Spule und Rohr eine Abstoßungskraft wirkt. Durch die erzeugten großen Kräfte baucht das Rohr in Richtung des Stopfens. Magnetimpulsformung wird für verschiedenste Operationen verwendet, beispielsweise Hämmern von dünnwandigen Rohren auf Stäbe, Kabel und Stecker (wie zum Beispiel das Befestigen von Enddichtungen auf Drehstäben in Flugzeugen) sowie für das Ausbauchen und Aufweiten.

7.5.6 Sonderverfahren

Superplastisches Umformen: Abschnitt 2.2.7 hat das *superplastische Verhalten* bestimmter, sehr feinkörniger Legierungen (Korngrößen normalerweise kleiner als 10 bis 15 µm) vorgestellt, welche sehr große Dehnungen (bis zu 2000 %) bei bestimmten Temperaturen und kleinen Dehngeschwindigkeiten ertragen. Diese Legierungen wie zum Beispiel aus Zink, Aluminium und Titan lassen sich mit herkömmlichen Techniken der Metallverarbeitung oder Polymerverarbeitung (etwa mit den in Kapitel 10 beschriebenen Verfahren Thermoumformung, Vakuumformung und Blasformen) in komplexe Formen bringen. Die Auswahl der Gesenkwerkstoffe hängt von der Umformtemperatur und der Festigkeit der superplastischen Legierung ab, umfasst aber typischerweise niedriglegierte Stähle, Werkzeugstahl, Keramik, Graphit und Stuckgips.

Die hohe Duktilität und relativ geringe Festigkeit von superplastischen Legierungen ergibt bei der superplastischen Umformung folgende Vorteile:

1. Geringere Festigkeit der Werkzeuge aufgrund der geringen Festigkeit des Werkstoffs bei den Formgebungstemperaturen und folglich niedrige Werkzeugkosten;
2. Möglichkeit, komplexe Formen in einem Stück herzustellen mit feinen Details, engen Maßtoleranzen und dem Wegfall von sekundären Arbeitsgängen;
3. Masse- und Materialeinsparungen aufgrund der guten Umformbarkeit von superplastischen Werkstoffen;
4. Geringe oder keine Eigenspannungen in den geformten Teilen.

Die Einschränkungen sind:

1. Der Werkstoff darf bei der Einsatztemperatur nicht superplastisch sein.
2. Aufgrund der extremen Dehngeschwindigkeitsempfindlichkeit muss der superplastische Werkstoff bei genügend geringen Geschwindigkeiten umgeformt werden (typischerweise bei Dehngeschwindigkeiten von 10^{-4}/s bis 10^{-2}/s).
3. Die Umformzeiten reichen von wenigen Sekunden bis zu mehreren Stunden. Somit sind die Zykluszeiten wesentlich größer als in herkömmlichen Umformprozessen. Superplastische Umformung ist demzufolge ein diskontinuierlicher Prozess.

Ein wichtiger Aspekt der superplastischen Umformung ist die Möglichkeit, Blechstrukturen herzustellen, indem es mit **Diffusionsschweißen** (siehe Abschnitt 12.12) kombiniert wird (SPF/DB-Verfahren). ▶ Abbildung 7.46 zeigt typische Strukturen, bei denen flache Bleche mittels Diffusionsschweißen miteinander verbunden und dann umgeformt werden. Nach dem Fügen an ausgewählten Stellen des Blechs werden die nicht gefügten Bereiche durch Druckluft aufgeblasen. Diese Strukturen sind relativ dünn und besitzen hohe Verhältnisse von Steifigkeit zu Masse. Folglich spielen sie eine wichtige Rolle für Anwendungen in der Luftfahrtindustrie.

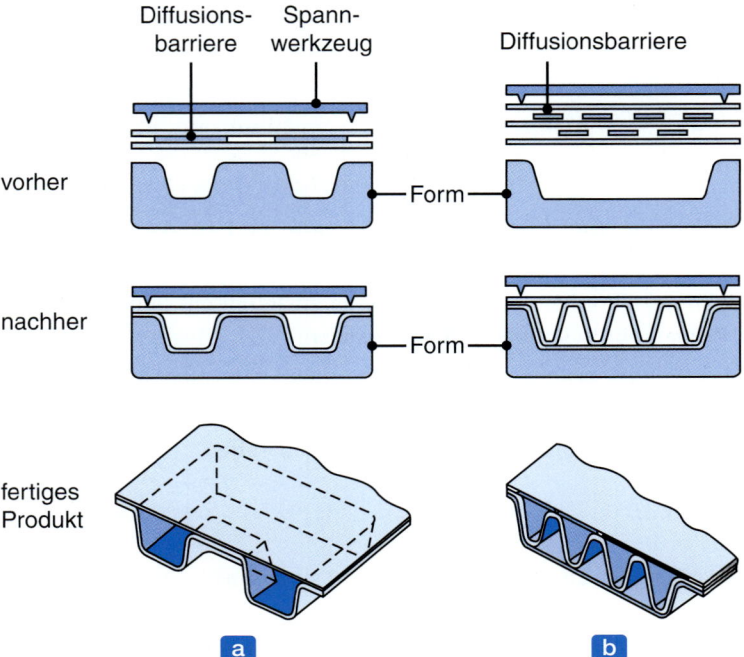

Abbildung 7.46: Strukturbauteile hergestellt durch superplastisches Umformen kombiniert mit Diffusionsschweißen. Derartige Bauteile haben ein sehr hohes Steifigkeit-zu-Gewicht-Verhältnis.

> **Beispiel 7.6**
>
> ## Anwendungen von superplastischer Umformung und Diffusionsschweißen
>
> Die Mehrheit von Anwendungen für das SPF/DB-Verfahren betreffen Titanteile für Militärflugzeuge wie zum Beispiel den Tornado und die Mirage 2000. Zu den hergestellten Komponenten gehören Rumpfspanten, Nasenvorflügel, Kanäle für Wärmeaustauscher und Kühlaggregatauslässe. Die Nasenverkleidung des Kampfflugzeugs F-15 wird ebenfalls mit diesem Prozess hergestellt. Im zivilen Bereich setzt man das Verfahren zum Beispiel beim Airbus A340 für die Fertigung von Komponenten der Toiletten, der Abzugskanäle und der Frischwasserwartungsfelder (bestehend aus Ti-6Al-4V) ein. Die superplastische Umformung wird üblicherweise bei 900 °C für Titanlegierungen und rund 500 °C für Aluminiumlegierungen durchgeführt. Die Temperaturen für Diffusionsschweißen sind ähnlich. Allerdings stellt das Vorhandensein einer Oxidschicht auf Aluminiumblechen ein erhebliches Problem dar, das die Festigkeit der Verbindung herabsetzt. Um die Zykluszeiten zu veranschaulichen, sei eine Anwendung angeführt, bei der Bleche mit einer Dicke von 2 mm aus der Nickellegierung IN718 in Keramikgesenken bei 950 °C superplastisch unter Verwendung von Argongas bei einem Druck von 2 MPa geformt wurden. Die Zykluszeit betrug 4 Stunden.

Kugelstrahl-Umformen: Dieses Verfahren wird verwendet, um Krümmungen auf dünnen Blechen herzustellen, indem eine der Oberflächen des Blechs mit Kugelstrahlen bearbeitet wird (siehe Abschnitt 4.5.1). Das Strahlen erfolgt mit Gusseisen- oder Stahlkies, der entweder von einer rotierenden Achse oder mit einem Luftstoß aus einer Düse entladen wird. Beim Kugelstrahl-Umformen wird das Blech Druckspannungen ausgesetzt, die dazu neigen, die Oberflächenschicht auszudehnen. Da das Material unter der gestrahlten Oberfläche diese Ausdehnung nicht erfährt, bewirkt die Oberflächendehnung, dass sich das Blech krümmt. Dieser Prozess induziert auch Druckeigenspannungen in der Oberfläche, was die Ermüdungsfestigkeit des Blechs verbessert.

Kugelstrahl-Umformen wird in der Luftfahrtindustrie eingesetzt, um Krümmungen auf den Oberflächen von Tragflügeln aus Aluminium zu erzeugen (▶ Abbildung 7.47). Es werden Gusseisenkörner von etwa 2,5 mm Durchmesser bei Auftreffgeschwindigkeiten von 60 m/s verwendet, um Tragflächen von 25 m Länge zu formen. Für dicke Abschnitte können Korndurchmesser bis zu 6 mm verwendet werden. Der Kugelstrahl-Vorgang wird auch eingesetzt für das Richten von verdrehten oder gebogenen Teilen. Zum Beispiel lassen sich mit dieser Methode unrunde Ringe richten.

Thermisches Umformen: Diese Technologie nutzt örtliche Erwärmung, um Spannungsgradienten durch die Dicke des Blechs zu induzieren. Die Wärmequelle ist üblicherweise ein Laser (deshalb auch *Laserstrahlumformung*; wird ein Plasmabrenner verwendet, spricht man von *Plasmaumformung*). Die entwickelten Spannungen sind auch ohne externe Kräfte ausreichend hoch, um örtliche plastische Verformungen des Blechs hervorzurufen und zum Beispiel ein gebogenes Blech zu erzeugen. *Laserunterstütztes Umformen* verwendet Laser als lokale Wärmequelle, um die Fließspannung des Materials an bestimmten Stellen zu verringern und dort seine Formbarkeit zu verbessern. Damit wird auch die Verarbeitung flexibler. Anwendungen dieses Verfahrens sind Richten, Biegen, Prägen und Umformen von komplexen flachen oder röhrenförmigen Bauteilen.

Kriech-Alterungsumformen: Dieses relativ neue Verfahren wird auch als **Alterungsumformen** bezeichnet. Er kombiniert Umformen und künstliches Altern (siehe Abschnitt 3.12.2) von Aluminiumblechen.

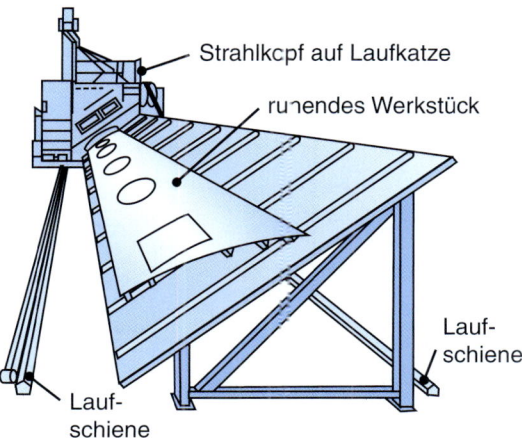

Abbildung 7.47: Schematische Darstellung des Kugelstrahl-Umformenverfahrens, mit dem große Bleche bearbeitet werden können. Wegen der Größe der Bleche bewegt sich der Strahlkopf auf einer Laufkatze über das Blech.

Gegenwärtig wird es hauptsächlich für die Tragflügeloberseiten von Verkehrs- und Geschäftsflugzeugen verwendet, die aus EN AW-2024-T351 und der vor Kurzem entwickelten EN AW-2022-T8 Aluminiumlegierung hergestellt werden. Eine Anwendung findet sich im Airbus A380, dessen Flügelhaut bis zu 33 m lang und 2,8 m breit ist und in der Dicke abrupt von 3 auf 28 mm variiert. Die Rückfederung ist möglicherweise problematisch. Allerdings ist man mit diesem Prozess durch Computermodellierung und Simulationstechniken in der Lage, komplexe Mehrfachkrümmungen endkonturnah wirtschaftlich zu produzieren.

Mikroumformung umfasst eine breite Palette von Metallbearbeitungsprozessen, um damit sehr kleine metallische Teile und Komponenten (miniaturisierte Produkte) herzustellen. Die Größe der Teile liegt typischerweise im Submillimeterbereich und die Massen in der Größenordnung von Milligramm. Kapitel 13 beschäftigt sich ausführlich mit Mikroumformprozessen.

Richten: Aufgrund der Schwierigkeiten, die bei der Steuerung aller relevanten Parameter während der Produktion auftreten, sind Blech-, Platten- oder Röhrenteile eventuell nicht so gerade wie gefordert. Es stehen verschiedene Techniken zur Verfügung, um diese Teile zu richten. Dazu gehören auch ähnliche Operationen und Werkzeuge wie sie in den Abbildungen 6.40 und 7.28 zu sehen sind. Kugelstrahl-Umformen ist ebenfalls geeignet, um Blech zu richten.

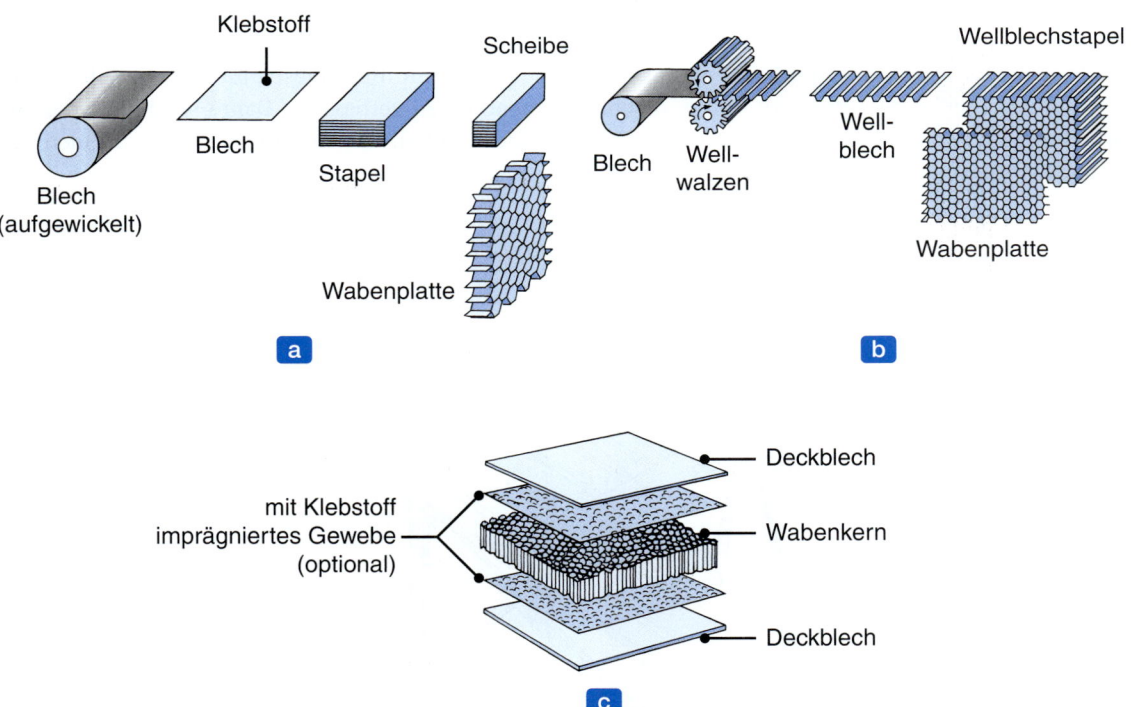

Abbildung 7.48: Verfahren zur Herstellung von Wabenstrukturen: (a) Streckprozess, (b) Wellverfahren, (c) Zusammenbau einer Sandwichstruktur.

Herstellen von Wabenstrukturen: Aufgrund des geringen Gewichts und der hohen Festigkeit gegen Biegekräfte werden Wabenstrukturen für Bauteile in der Luft- und Raumfahrtindustrie sowie für Gebäude und Transportmittel eingesetzt. Es gibt zwei prinzipielle Verfahren, um Wabenstrukturen herzustellen. Die gebräuchlichste Methode ist der **Streckprozess** (▶ Abbildung 7.48a), bei dem Bleche von einer Rolle geschnitten und in gleichmäßigen Abständen (Knotenlinien) mit Klebstoff versehen werden. Die Bleche werden gestapelt und in einem Ofen ausgehärtet, wodurch sich feste Klebeverbindungen entwickeln. Dann wird der Block in Scheiben der gewünschten Abmessungen geschnitten und gestreckt, um eine Wabenstruktur herzustellen. Diese Prozedur ist ähnlich dem Strecken von gefalteten Papierstrukturen zur Form von dekorativen Objekten wie Laternen und verschiedenen Dekorationen.

Beim **Wellen** (Abbildung 7.48b) laufen die Bleche durch ein Paar spezieller Walzen, die sie zu Wellblechen umformen. Die Wellbleche werden dann auf die gewünschten Längen geschnitten. An den Knotenlinien wird Klebstoff aufgebracht und ein Block aus gestapelten Wellblechen wird ausgehärtet. Bei diesem Vorgang ist also kein Strecken zur Erzeugung der Wabenstruktur erforderlich. Das nach einem dieser Verfahren hergestellte Wabenmaterial wird zu einer Sandwichstruktur gemacht, wie Abbildung 7.48c zeigt, wobei Deckbleche mit Klebstoffen an den oberen und unteren Oberflächen befestigt werden. Wabenstrukturen werden häufig aus Aluminium der 3000-Reihe hergestellt, können aber auch aus Titan, rostfreien Stählen und Nickellegierungen bestehen.

7.6 Tiefziehen

Das im 18. Jahrhundert entwickelte *Tiefziehen* ist ein wichtiges Verfahren der Blechverarbeitung. Mit Tiefziehen stellt man typischerweise Getränkedosen, Töpfe und Pfannen, Behälter aller Formen und Größen, Waschbecken und Automobilkarosserien her. Ein flacher Blechrohling wird zu einem zylindrischen oder kastenförmigen Teil mithilfe eines Stempels geformt, der den Rohling in den Gesenkhohlraum presst (▶ Abbildung 7.49a). Obwohl man allgemein von Tiefziehen spricht (was „Formen von tiefen Teilen" bedeutet) können auch Teile mit kleinen Vertiefungen erzeugt werden.

Die grundlegenden Parameter beim Tiefziehen eines zylindrischen Napfes sind in Abbildung 7.49b dargestellt. Ein kreisförmiger Blechrohling mit einem Durchmesser D_0 und einer Dicke t_0 wird über einer Matrizenöffnung mit einem Eckenradius R_d platziert. Die Ronde wird mit einem **Niederhalter** unter einer bestimmten Kraft gegen das Gesenk gedrückt. Ein Stempel mit einem Durchmesser D_p und einem Eckenradius R_p bewegt sich nach unten und zieht die Ronde in die Matrizenöffnung, wodurch ein Napf geformt wird. Die signifikanten Variablen beim Tiefziehen sind:

1. Eigenschaften des Blechs
2. Verhältnis von Rondendurchmesser zu Stempeldurchmesser
3. Blechdicke
4. Ziehspalt zwischen dem Stempel und der Matrize
5. Eckenradien von Stempel und Matrize
6. Niederhalterkraft

7 Geschwindigkeit des Stempels
8 Reibung an den Grenzflächen zwischen Stempel, Matrize und Werkstück

Während des Tiefziehens ist das Werkstück den in ▶ Abbildung 7.50 angegebenen Spannungszuständen unterworfen. Auf das Element A der Ronde wirkt eine radiale Zugspannung, weil die Ronde in die Matrize gezogen wird, die senkrecht auf das Element wirkende Druckspannung geht auf die Kraft zurück,

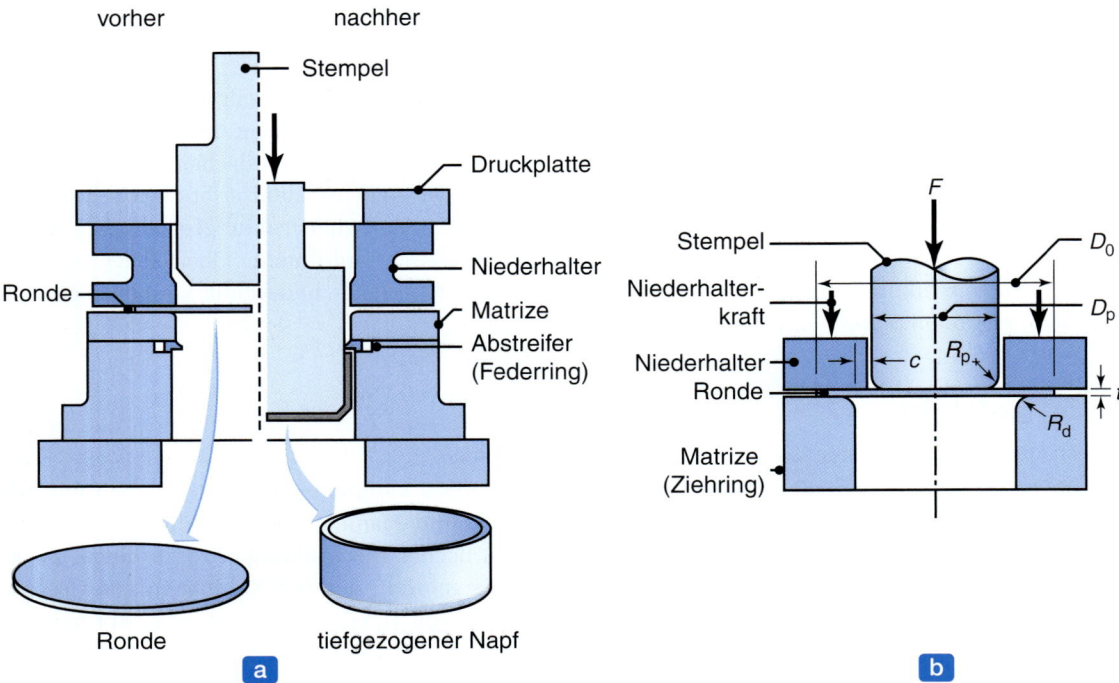

Abbildung 7.49: (a) Schematische Darstellung des Tiefziehens einer kreisförmigen Blechronde. Der Abstreiferring trennt den tiefgezogenen Napf beim Rücklauf des Tiefziehstempels von diesem. (b) Kraft- und Geometriegrößen beim Tiefziehen eines Napfes. Mit Ausnahme der Stempelkraft F sind alle Größen unabhängig voneinander wählbar.

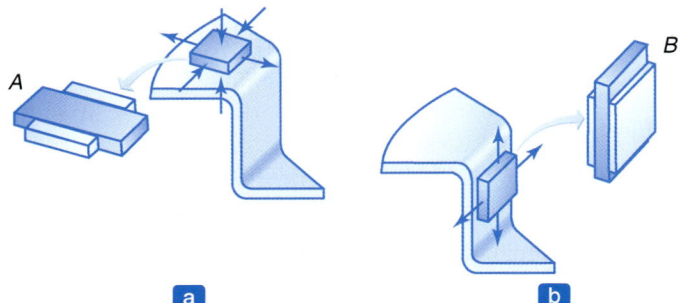

Abbildung 7.50: Belastung und Verformung eines Blechelements (a) im Flansch und (b) in der Napfwand beim Tiefziehen eines zylindrischen Napfes.

die vom Niederhalter aufgebracht wird. Mit einem Freikörperbild der Ronde lässt sich zeigen, dass die radialen Zugspannungen zu Druckumfangsspannungen auf das Element A führen. Unter diesem Spannungszustand zieht sich Element A in der Umfangsrichtung zusammen und dehnt sich in der radialen Richtung. Da die Umfangsspannungen im Flansch dazu führen können, dass sich das Teil beim Ziehen in die Matrize faltet, muss der Niederhalter eine bestimmte Kraft ausüben, um dies zu verhindern.

Der Stempel überträgt die Ziehkraft F (siehe Abbildung 7.49b) über die Wände des Napfes auf den Flansch, der in den Matrizenhohlraum gezogen wird. Die Napfwand, die bereits geformt ist, wird prinzipiell einer Zugspannung in Napflängsrichtung unterworfen, wie es bei Element B in Abbildung 7.50 zu sehen ist. Die Zugumfangsspannung auf Element B entsteht, weil der Napf aufgrund seiner Kontraktion unter den in Längsrichtung wirkenden Zugspannungen in der Napfwand eng gegen den Stempel gedrückt wird.

Der Durchmesser eines dünnwandigen Rohrs nimmt ab, wenn es in Längsrichtung auf Zug belastet wird, wie es sich aus den verallgemeinerten **Fließregeln** ableiten lässt, die durch Gleichung (2.43) gegeben sind. Da Element B durch den starren Stempel an einer Kontraktion in Umfangsrichtung behindert ist, unterliegt es folglich keiner Breitenänderung, dehnt sich aber in der Längsrichtung.

Ein wichtiger Aspekt bei Ziehoperationen ist die Bestimmung, wie viel reines Ziehen und wie viel Strecken stattfindet (▶ Abbildung 7.51). Bei einer geringen Niederhalterkraft kann die Ronde praktisch ungehindert in die Matrize fließen (reines Ziehen). Element A in Abbildung 7.50a wird dicker werden, wenn es sich gegen den Matrizenhohlraum bewegt, weil sein Durchmesser abnimmt. Die Verformung des Blechs geschieht hauptsächlich im Flansch und die Napfwand wird nur elastischen Spannungen unterworfen. Allerdings nehmen diese Spannungen mit wachsendem D_0/D_p-Verhältnis zu und können schließlich zum Bruch führen, sofern die Napfwand die erforderliche Last ertragen kann, um das Blech im Flansch in die Matrize zu ziehen (Abbildung 7.51a).

Umgekehrt kann mit einer geeigneten Niederhalterkraft oder der Verwendung von **Ziehwülsten** (in den Abbildungen 7.51b und ▶ 7.52 gezeigt) die Ronde daran gehindert werden, frei in den Matrizenhohlraum zu fließen. Die Verformung des Blechs findet hauptsächlich um den Stempel statt und der Napf beginnt sich zu verlängern, was schließlich zum Einschnüren und Reißen des Blechs führt. Ob das Einschnüren örtlich oder diffus auftritt, hängt (a) vom Exponenten der Dehngeschwindigkeitsempfindlichkeit m des Blechs, (b) der Stempelgeometrie und (c) der Schmierung ab. Je höher der Wert von m, desto diffuser ist die Einschnürung.

Die Länge des nicht gestützten Teils des Blechs (d. h., die Differenz zwischen den Matrizen- und Stempelradien = Spaltbreite) ist insofern wichtig, als sie zu **Faltenbildung** führen kann. Wie Abbildung 7.51c zeigt, wird Element A in den Matrizenhohlraum gezogen, wenn sich der Stempel nach unten bewegt. Allerdings nimmt der Durchmesser der Ronde ab und der Umfang am Element wird kleiner, wenn sich das Element zu Position A' bewegt. Somit wird das Element an dieser Position Umfangsdruckdehnungen unterworfen und wird durch kein Werkzeug gestützt, im Unterschied zu einem Element zwischen dem Niederhalter und der Matrizenoberfläche. Da das Blech dünn ist und keine nennenswerten Umfangsdruckspannungen aufnehmen kann, neigt es dazu, im nicht gestützten Bereich zu falten. Diese Situation ist vor allem beim reinen Ziehen anzutreffen, während sie seltener wird, wenn sich der Prozess dem reinen Strecken nähert.

7 Verarbeitung von Blechen

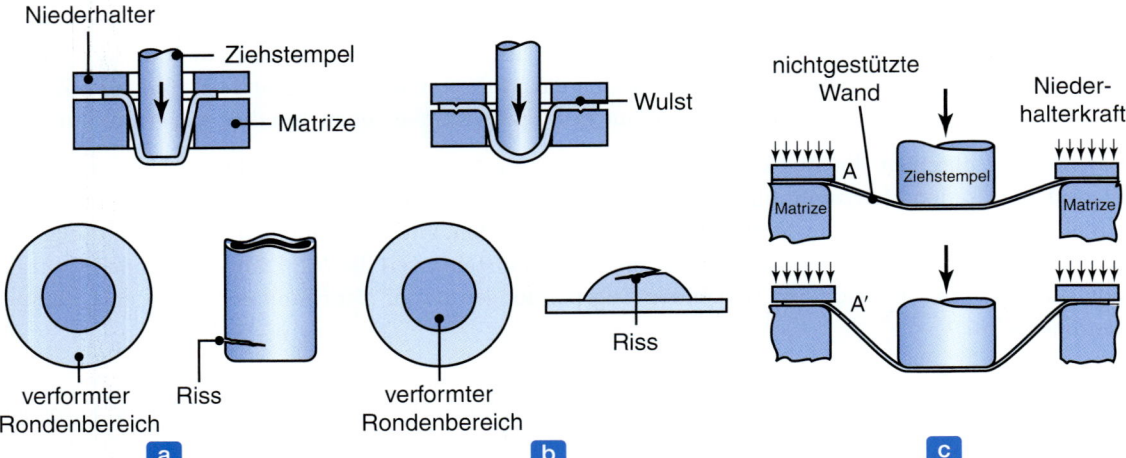

Abbildung 7.51: Beispiele für (a) reines Ziehen und (b) reines Strecken. Der Wulst (auch Zieh- oder Bremswulst genannt) verhindert, dass das Blech ungehindert in die Matrize einfließen kann. Dies wird besonders bei kleinen Niederhalterkräften angewandt. (c) Nicht gestützte Wand. In diesem Bereich neigt das Blech zur Faltenbildung. Nach W.F. Hosford und R.M. Caddell.

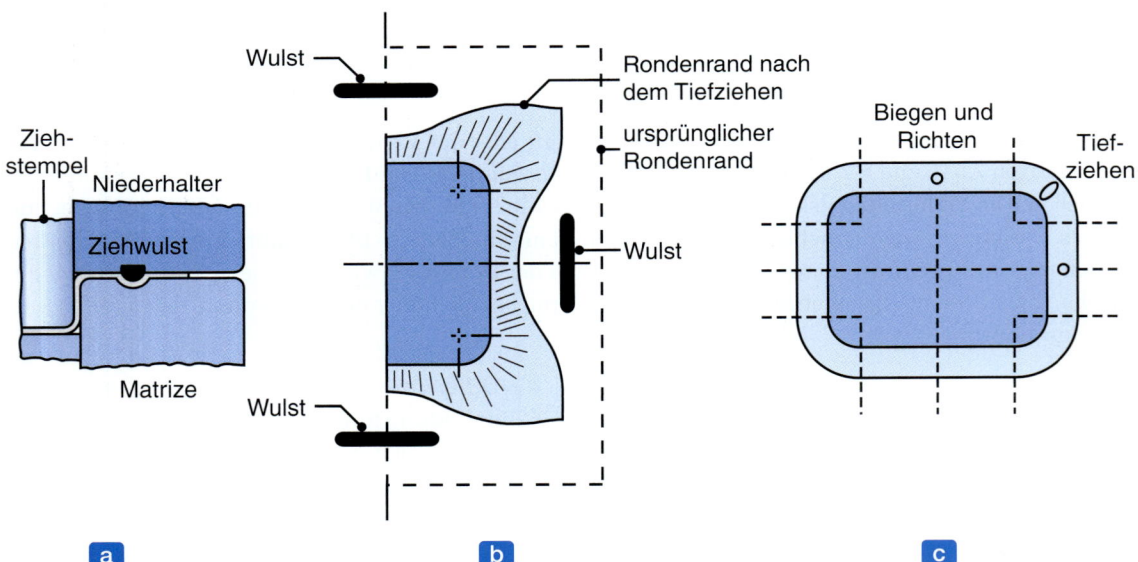

Abbildung 7.52: (a) Ziehen mit einem Ziehwulst. (b) Materialfluss beim Tiefziehen einer rechteckigen Wanne. Die Wülste werden verwendet, um die Längsspannung eines Ziehteils auf den ganzen Umfang zu verteilen. Daher werden sie an den Stellen angeordnet, die während des Tiefziehens weniger beansprucht werden (Seiten des Rechtecks). (c) Verformung von Kreisen zu Ellipsen in Bereichen, die vornehmlich tiefgezogen werden (Ecken des Rechtecks). Siehe auch Abschnitt 7.7.

7.6 Tiefziehen

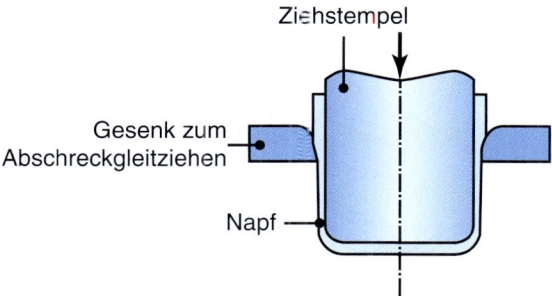

Abbildung 7.53: Schematische Darstellung des Abstreckgleitziehens. Durch dieses Umformen wird die Napfwand dünner als der Boden. Alle Getränkedosen. die kein separates Bodenteil besitzen, werden mit diesem Verfahren hergestellt.

Abstreckgleitziehen: Wenn die Dicke des Blechs beim Eintritt in den Matrizenhohlraum größer ist als der Ziehspalt zwischen dem Stempel und der Matrize, muss sie durch eine als *Abstreckgleitziehen* oder *Abstrecken* bezeichnete Verformung verringert werden. Durch Steuern des Ziehspalts liefert das Abstreckgleitziehen einen Napf mit konstanter Wanddicke (▶ Abbildung 7.53). Somit kann man mit Abstreckgleitziehen gegen die Zipfelbildung wirken, die beim Tiefziehen auftritt (wie ▶ Abbildung 7.57 zeigt). Offensichtlich ist aufgrund der Volumenkonstanz ein durch Abstreckgleitziehen hergestellter Napf länger als ein Napf, der mit einem großen Ziehspalt produziert wird.

7.6.1 Tiefziehbarkeit (Grenzziehverhältnis)

Ein wichtiger Parameter beim Ziehen ist das *Grenzziehverhältnis* (*limiting drawing ratio*, LDR), das als maximales Verhältnis von Rondendurchmesser zu Stempeldurchmesser D_0/D_p definiert ist, bei dem sich eine Ronde ohne Reißen ziehen lässt. Bruch tritt beim Tiefziehen im Allgemeinen durch die Dickenabnahme der Napfwand unter hohen Zugspannungen in Längsrichtung auf. In der Vergangenheit hat man wiederholt versucht, dieses Verhältnis mit verschiedenen mechanischen Eigenschaften des Blechwerkstoffs zu korrelieren. Aus Studien des Materialfluss in den Matrizenhohlraum (siehe Abbildung 7.50) lässt sich ableiten, dass das Material in der Lage sein muss, eine Breitenverringerung durchzumachen (im Durchmesser reduziert zu werden) und dennoch einer Dickenabnahme unter Zugspannungen in Längsrichtung in der Napfwand zu widerstehen.

Das Verhältnis von Breitendehnung zu Dickendehnung (▶ Abbildung 7.54) ist definiert als

$$R = \frac{\varphi_b}{\varphi_d} = \frac{\ln\left(\frac{b_0}{b_f}\right)}{\ln\left(\frac{d_0}{d_f}\right)}, \qquad (7.18)$$

wobei R als **senkrechte Anisotropie** (bzw. **plastische Anisotropie** oder ***R*-Wert**) des Blechs bezeichnet wird. Die Indizes 0 und f stehen für die ursprünglichen bzw. endgültigen Abmessungen. Ein R-Wert von 1 zeigt an, dass die Breiten- und Dickendehnungen einander gleich sind, das Material also in einer Ebene senkrecht auf die Blechlängsrichtung isotrop ist. Da insbesondere bei kleinen Dicken mit Messfehlern bei der Längenmessung zu rechnen ist, wird Gleichung (7.18) basierend auf der Volumenkonstanz bei

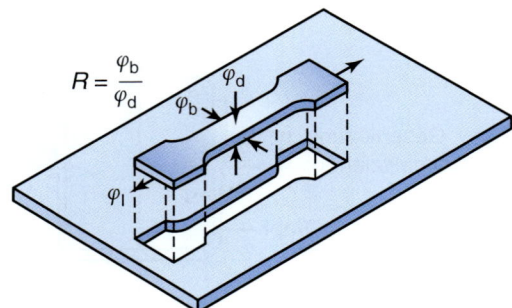

Abbildung 7.54: Definition des senkrechten Anisotropie (R-Wert) anhand der Dicken- und Breitendeformation einer Blechprobe. Zur Überprüfung der planaren Isotropie werden die Zugproben in mehreren Orientierungen zur Walzrichtung des Blechs entnommen.

Tabelle 7.3: Zahlenwerte für die mittlere senkrechte Anisotropie $\overline{R}$ von Blechwerkstoffen

Werkstoff	$\overline{R}$	Werkstoff	$\overline{R}$
Zinklegierungen	0,4–0,6	Aluminiumlegierungen	0,6–0,8
Stahl, warmgewalzt	0,8–1,0	Kupfer und Messing	0,6–0,9
Unberuhigter Stahl, kaltgewalzt	1,0–1,4	Titanlegierungen (α-Ti)	3,0–5,0
Al-beruhigter Stahl, kaltgewalzt	1,4–1,8	Hochlegierte Stähle	0,9–1,2
		Feinkornstähle	0,9–1,2

der plastischen Deformation umgeschrieben zu

$$R = \frac{\varphi_b}{\varphi_d} = \frac{\ln\left(\frac{b_0}{b_f}\right)}{\ln\left(\frac{b_f l_f}{d_0 l_0}\right)}, \qquad (7.19)$$

wobei l die Länge der Blechprobe bezeichnet. Die endgültige Länge und Breite in einer Probe werden gewöhnlich gemessen bei einer Längendehnung von 15 bis 20 %, bzw. bei Werkstoffen mit geringer Duktilität bei einer Dehnung, die kleiner als die Gleichmaßdehnung ist.

Da gewalzte Bleche meist **planar anisotrop** sind, hängt der R-Wert einer von einem gewalzten Blech geschnittenen Probe (Abbildung 7.54) von ihrer Orientierung zur Walzrichtung des Blechs ab (siehe auch Abbildung 3.16). Dann berechnet man einen **durchschnittlichen R-Wert $\overline{R}$**

$$\overline{R} = \frac{R_0 + 2R_{45} + R_{90}}{4}, \qquad (7.20)$$

wobei die Indizes 0, 45 und 90 auf die jeweilige Orientierung (in Grad) der Probe in Bezug auf die Walzrichtung des Blechs hinweisen. Ein isotroper Werkstoff besitzt einen $\overline{R}$-Wert von 1. Tabelle 7.3 gibt einige Werte für Blechwerkstoffe an. Obwohl hexagonal kristallisierende Metalle normalerweise hohe

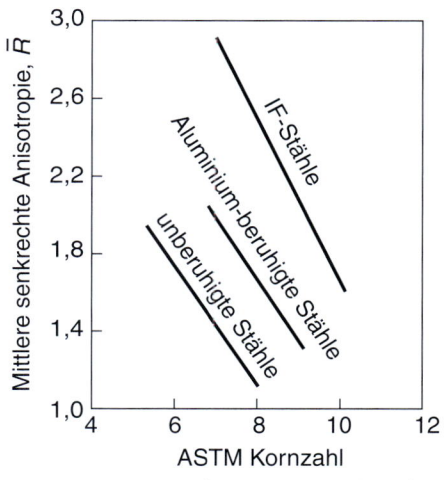

Abbildung 7.55: Einfluss der Korngröße auf die mittlere senkrechte Anisotropie von Kohlenstoffstählen. Nach D.J. Blickwede.

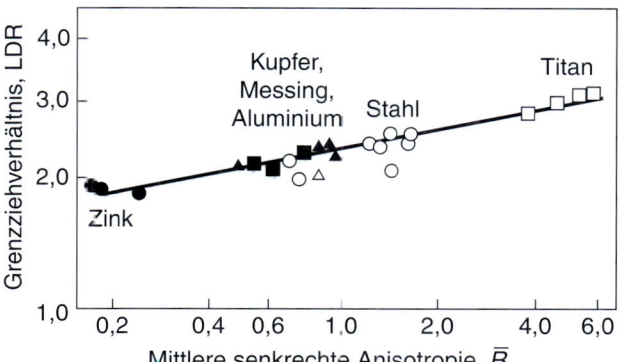

Abbildung 7.56: Einfluss der mittleren senkrechten Anisotropie auf das Grenzziehverhältnis einiger Werkstoffe. Nach M. Atkinson.

$\bar{R}$-Werte besitzen, ist der in der Tabelle für Zink angegebene niedrige Wert das Ergebnis seines hohen c/a-Verhältnisses im Kristallgitter (siehe Abbildung 3.4). Der $\bar{R}$-Wert hängt zudem von der Korngröße und der Textur des Blechs ab. Zum Beispiel nimmt $\bar{R}$ bei kaltgewalzten Stählen ab, wenn ihre Korngröße abnimmt (▶ Abbildung 7.55; Korngröße und Kornanzahl sind reziprok zueinander, siehe Tabelle 3.1). Für warmgewalztes Stahlblech ist $\bar{R}$ ungefähr 1, da die Orientierung der sich entwickelnden Textur zufällig ist.

▶ Abbildung 7.56 zeigt die Beziehung zwischen $\bar{R}$ und dem experimentell ermittelten Grenzziehverhältnis. Trotz der Streuung weist keine andere mechanische Eigenschaft des Blechwerkstoffs eine so durchgängige Beziehung mit dem Grenzziehverhältnis auf, wie es bei $\bar{R}$ der Fall ist. Für einen anisotropen Werkstoff und basierend auf idealer Verformung ist das maximale Grenzziehverhältnis gleich $e = 2{,}718$.

Die **planare Anisotropie** eines Blechs lässt sich auch in Form von richtungsabhängigen R-Werten als

$$\Delta R = \frac{R_0 - 2R_{45} + R_{90}}{2} \tag{7.21}$$

definieren, d. h. als Differenz zwischen dem Mittelwert der R-Werte in den 0°- und 90°-Richtungen (Walz- und Querrichtung) und dem R-Wert bei 45°.

Beispiel 7.7 **Abschätzen des Grenzziehverhältnisses**

Schätzen Sie das Grenzziehverhältnis für ein Blech ab, das bei einer Streckung um 23 % in der Länge eine Reduktion seiner Dicke um 10 % erfährt.

Lösung: Wegen der Volumenkonstanz bei der Verformung des Blechstreifens gilt

$$b_0 d_0 l_0 = b_f d_f l_f \rightarrow \frac{b_f d_f l_f}{b_0 d_0 l_0} = 1 \;.$$

Aus der Angabe ergibt sich

$$\frac{l_f - l_0}{l_0} = 0{,}23 \rightarrow \frac{l_f}{l_0} = 1{,}23$$

und

$$\frac{d_f - d_0}{d_0} = -0{,}10 \rightarrow \frac{d_f}{d_0} = 0{,}90 \;.$$

Somit ist

$$\frac{b_f}{b_0} = 0{,}903 \;.$$

Aus Gleichung (7.18) errechnet sich der R-Wert zu

$$R = \frac{\ln\left(\frac{b_0}{b_f}\right)}{\ln\left(\frac{d_0}{d_f}\right)} = \frac{\ln 1{,}107}{\ln 1{,}111} = 0{,}965 \;.$$

Wenn das Blech planare Isotropie aufweist, ist $R = \overline{R}$ und aus Abbildung 7.56 lässt sich für das Grenzziehverhältnis der Wert 2,4 entnehmen.

Beispiel 7.8 Theoretisches Grenzziehverhältnis

Zeigen Sie unter der Voraussetzung, dass während des Tiefziehens keine Dickenabnahme des Blechs stattfindet, dass das theoretische Grenzziehverhältnis gleich 2,718 ist.

Lösung: Wie aus Abbildung 7.49b hervorgeht, ergibt die Durchmesseränderung beim Tiefziehen einer Ronde zu einem Napf eine logarithmische Dehnung von

$$\varphi_{\max} = \ln\left(\frac{\pi D_0}{\pi D_p}\right) = \ln\left(\frac{D_0}{D_p}\right) \;.$$

Die erforderliche Arbeit für die plastische Verformung wird gemäß Abbildung 7.50a durch die radiale Spannung auf Element A aufgebracht. Beziehen Sie sich auf Abbildung 6.60 für Drahtziehen und nehmen Sie an, dass der zu ziehende Querschnitt (a) dünn und rechteckig ist, (b) seine Dickenrichtung senkrecht auf die Bildebene steht und (c) eine im Idealfall gleichbleibende Dicke hat. Aus Gleichung (6.64) erkennt man, dass die Ziehspannung (die radiale Spannung in Abbildung 7.50a), die wir mit σ_d bezeichnen, durch

$$\sigma_d = Y\varphi_{max}$$

gegeben ist, wobei Y die Fließspannung eines ideal plastischen Werkstoffs angibt. Da im Grenzfall die Ziehspannung gleich der Fließspannung ist (siehe auch die Ableitung von Gleichung (6.74)), ergibt sich

$$Y = Y\varphi_{max} \rightarrow \varphi_{max} = 1 \ .$$

Somit ist $\ln(D_0/D_p) = 1$ und es gilt

$$\frac{D_0}{D_p} = 2{,}718 \ .$$

Zipfelbildung: Planare Anisotropie verursacht die Bildung von Zipfeln in gezogenen Näpfen, wodurch sich eine gewellte Kante ergibt, wie es Abbildung 7.57 zeigt. Die Anzahl der erzeugten Zipfel kann vier, sechs oder acht betragen, je nach der kristallografischen Struktur des Blechwerkstoffs. Die Höhe der Zipfel nimmt mit wachsendem ΔR zu. Bei $\Delta R = 0$ bilden sich keine Zipfel. Zipfel sind unangenehm, da sie abgeschnitten werden müssen und somit Abfall darstellen. Bei einer tiefgezogenen Aluminiumgetränkedose macht dies etwa 1 bis 2 % ihrer Länge aus.

Es zeigt sich also, dass die Tiefziehbarkeit mit einem hohen $\overline{R}$ und einem niedrigen ΔR verbessert wird. Im Allgemeinen haben aber Blechwerkstoffe mit einem hohen $\overline{R}$ auch ein hohes ΔR. Es wird daher versucht, Texturen in den Blechen einzustellen, die für die Tiefziehbarkeit günstig sind. Als Steuerparameter bei der Verarbeitung von Metallen kommen Legierungselemente, Verarbeitungstemperaturen, Glühzyklen nach der Verarbeitung, Dickenreduktion beim Walzen und abgewandelte Walzstrategien von Platten (z. B. abwechselndes Walzen in Längs- und Querrichtung der Platten) bei der Blechherstellung infrage.

Abbildung 7.57: Zipfelbildung beim Tiefziehen eines Stahlnapfes. Die Ursache für die Zipfel ist die planare Anisotropie des Stahlblechs.

> **Beispiel 7.9** **Abschätzen von Napfdurchmesser und Zipfelbildung**
>
> Ein Stahlblech habe R-Werte von 0,9, 1,3 und 1,9 für die Richtungen, die mit der Walzrichtung des Blechs einen Winkel von 0, 45 bzw. 90° einschließen. Schätzen Sie für eine Ronde mit 100 mm Durchmesser den kleinsten Napfdurchmesser ab, bis zu dem sie sich tiefziehen lässt. Bilden sich dabei Zipfel?
>
> **Lösung:** Einsetzen der gegebenen Werte in Gleichung (7.20) liefert
>
> $$\overline{R} = \frac{0{,}9 + 2 \times 1{,}3 + 1{,}9}{4} = 1{,}35 \ .$$
>
> Das Grenzziehverhältnis ist als maximales Verhältnis von Rondendurchmesser zum Stempeldurchmesser – also D_0/D_p – definiert, bei dem sich die Ronde ohne Rissbildung ziehen lässt. Mithilfe von Abbildung 7.56 lässt sich das Grenzziehverhältnis für diesen Stahl zu etwa 2,5 abschätzen.
>
> Um zu ermitteln, ob bei diesem Vorgang Zipfelbildung auftritt, setzen wir die gegebenen R-Werte in Gleichung (7.21) ein. Es ergibt sich
>
> $$\Delta R = \frac{0{,}9 - 2 \times 1{,}3 + 1{,}9}{2} = 0{,}1 \ .$$
>
> Zipfel bilden sich nicht, wenn $\Delta R = 0$. Da dies hier nicht der Fall ist, werden sich beim Tiefziehen dieses Werkstoffs (kleine) Zipfel bilden.

Maximale Stempelkraft: Die Stempelkraft F liefert die für das Tiefziehen erforderliche Arbeit. Wie bei anderen Verformungsvorgängen setzt sich die Arbeit aus idealer Verformungsarbeit, redundanter Arbeit, Reibungsarbeit und – falls notwendig – der für das Abstrecken erforderlichen Arbeit zusammen (▶ Abbildung 7.58). Da in diesen Vorgang viele Variablen einfließen und Tiefziehen kein stationärer Prozess ist, kann es schwierig sein, die Stempelkraft genau zu berechnen. Es wurden mehrere Ausdrücke dafür entwickelt. Eine einfache Näherungsformel für die *maximale Stempelkraft* ist

$$F_{\max} = \pi D_p d_0 R_m \left(\frac{D_0}{D_p} - 0{,}7 \right) . \tag{7.22}$$

Auch wenn diese Beziehung keine spezifischen Parameter für Reibung, die Eckenradien von Stempel und Matrize oder die Niederhalterkraft enthält, sieht diese empirische Formel Näherungen für diese Faktoren vor.

Die Stempelkraft wird grundsätzlich von der Napfwand getragen. Ist diese Kraft zu groß, treten Risse auf, wie es der untere Teil von ▶ Abbildung 7.59b zeigt. Der Napf wurde zu einer beträchtlichen Tiefe gezogen, bevor der Bruch eingetreten ist. Dieses Ergebnis ist gemäß Abbildung 7.58 zu erwarten. Dort ist zu sehen, dass die Stempelkraft ihr Maximum erst erreicht, nachdem der Stempel einen bestimmten Weg zurückgelegt hat. Die Eckenradien von Stempel und Matrize wirken sich nicht nennenswert auf die maximale Stempelkraft aus, wenn sie größer als das 10-Fache der Blechdicke sind.

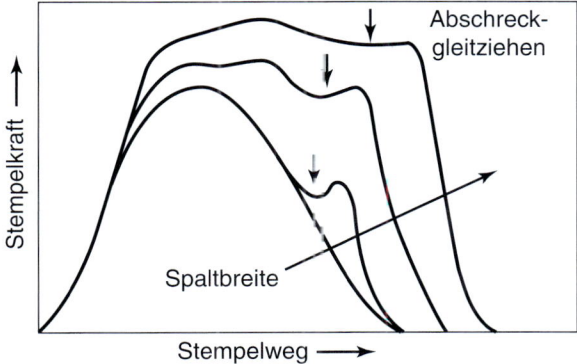

Abbildung 7.58: Schematische Darstellung der Stempelkraft beim Tiefziehen als Funktion des Stempelwegs. Die Pfeile deuten den Beginn des Abstreckens an, welches erst nach einem bestimmten Stempelweg einsetzt, also wenn der Napf schon teilweise geformt ist.

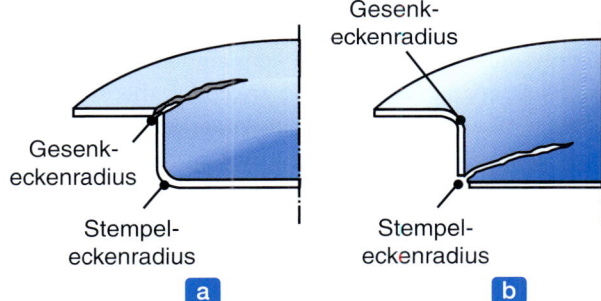

Abbildung 7.59: Einfluss der Eckenradien von Stempel und Matrize auf die Rissbildung beim Ziehen eines zylindrischen Napfes. (a) Ist der Eckenradius der Matrize zu klein, reißt das Blech beim Eintritt in die Matrize. Der Radius sollte typischerweise das 5- bis 10-Fache der Blechdicke sein. (b) Der Eckenradius des Stempels ist zu klein. Das Blech reißt in der Nähe der Stempelecke. Da die Reibung zwischen Napf und Stempel das Tiefziehen unterstützt, wirkt sich übertriebenes Schmieren nachteilig auf die Tiefziehbarkeit aus.

7.6.2 Praxis des Tiefziehens

Die folgenden Abschnitte beschreiben wichtige Aspekte beim Tiefziehen.

1 **Ziehspalt und Radien:** Im Allgemeinen sind *Ziehspalte* um 7 bis 14 % größer als die ursprüngliche Blechdicke. Bei kleinerem Ziehspalt kommt es vermehrt zum Abstrecken des Napfes. Wenn aber der Ziehspalt zu klein ist, wird die Ronde möglicherweise durch den Stempel einfach gelocht und geschert. Die **Eckenradien** von Stempel und Matrize sind ebenfalls wichtig. Wenn sie zu klein sind, kann ein Bruch an den Ecken auftreten (Abbildung 7.59), und wenn sie zu groß sind, faltet sich der nicht gestützte Bereich. Falten in diesem Bereich sowie vom Flansch aus verursachen einen Defekt auf der Napfwand, den man als Fältelung bezeichnet (Falten des Teils zwischen der Matrize und dem Stempel).

2 **Ziehwülste** (siehe die Abbildungen 7.51b und 7.52) steuern den Fluss der Ronde in den Matrizenhohlraum. Besonders wichtig sind sie beim Ziehen von kastenförmigen oder nichtsymmetrischen Teilen, weil hier das Blech ungleichmäßig in die Matrize fließt. Zudem ist die erforderliche Niederhalterkraft durch die Steifigkeit, die der Flansch durch die gebogenen Bereiche entlang der Wülste erhält, geringer. Der Durchmesser der Ziehwülste kann von 13 bis 20 mm reichen.

3 Der **Niederhalterdruck** macht im Allgemeinen 0,7 bis 1,0 % der Summe aus Fließgrenze und Zugfestigkeit des Blechs aus. Eine zu hohe Niederhalterkraft erhöht die Stempellast (aufgrund der sich entwickelnden höheren radialen Reibungskräfte) und führt zum Reißen der Napfwand. Ist dagegen die Niederhalterkraft zu klein, kann der Flansch falten. Da die Niederhalterkraft den Fluss des Blechs innerhalb der Matrize steuert, wurden spezielle Pressen entworfen, die in der Lage sind, eine **variable Niederhalterkraft** aufzubringen, d. h., die Niederhalterkraft lässt sich programmieren und während des Stempelhubs variieren. Außerdem können derartige moderne Anlagen den Materialfluss steuern. Dazu werden separate Ziehkissen verwendet, die es erlauben, die Niederhalterkraft *lokal* geeignet einzustellen, was die Ziehbarkeit insgesamt verbessert.

4 **Weiterziehen:** Teile, die sich nur schwer in einem Durchgang ziehen lassen, werden im Allgemeinen *weitergezogen*, wie ▶ Abbildung 7.60a zeigt. Beim **Stülpziehen** (Abbildung 7.60b) wird das Blech einer Biegekraft in entgegengesetzter Richtung zur ursprünglichen Biegekonfiguration ausgesetzt. Diese Umkehr der Biegerichtung kann zu einer **Verformungsentfestigung** führen und ist ein weiteres Beispiel für den in Abschnitt 2.3.2 beschriebenen Bauschinger-Effekt. Dieser Vorgang erfordert geringere Kräfte als Tiefziehen im Weiterzug und der Werkstoff verhält sich etwas duktiler.

5 **Ziehen ohne Niederhalter:** Tiefziehen kann auch ohne Niederhalter durchgeführt werden, vorausgesetzt, dass das Blech ausreichend dick ist. Die Matrizen werden für diesen Vorgang speziell profiliert, um Falten zu verhindern. ▶ Abbildung 7.61 zeigt ein Beispiel. Eine ungefähre Grenze für das Ziehen ohne Niederhalter wird durch

$$D_0 - D_p < 5 d_0 \qquad (7.23)$$

gegeben. Aus Gleichung (7.23) lässt sich erkennen, dass der Vorgang mit dünnen Materialien möglich ist, wenn die Ziehteile flach sind. Obwohl der Stempelhub länger als beim gewöhnlichen Ziehen ist, hat dieses Verfahren den Vorteil geringerer Kosten für Werkzeuge und Maschinen.

6 **Werkzeuge und Maschinen:** Die gebräuchlichsten Werkzeugwerkstoffe für das Tiefziehen sind Werkzeugstähle und legiertes Gusseisen (siehe Tabelle 3.13). Je nach konkreter Anwendung kommen aber auch andere Werkstoffe zum Einsatz, beispielsweise Hartmetalle und Kunststoffe. Für das Tiefziehen wird meist eine doppelt wirkende mechanische Presse eingesetzt (siehe Abschnitt 6.2.8), obwohl auch hydraulische Pressen üblich sind. Die Stempelgeschwindigkeiten liegen zwischen 0,1 und 0,3 m/s. Für die Ziehbarkeit spielt die Geschwindigkeit normalerweise keine bedeutende Rolle, auch wenn für hochfeste Werkstoffe geringere Geschwindigkeiten üblich sind.

7.6 Tiefziehen

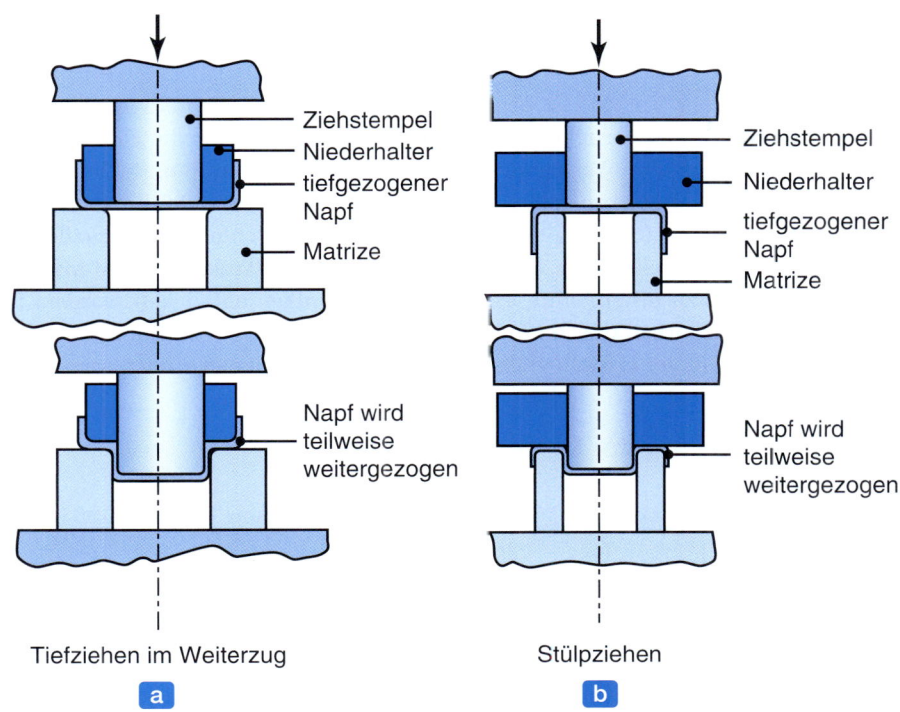

Abbildung 7.60: Reduktion des Durchmessers eines gezogenen Napfes: Tiefziehen eines Teils des Napfes im (a) Weiterzug, (b) Stülpzug. Sehr tiefe Behälter mit kleinen Durchmessern können mehrmals nachgezogen werden.

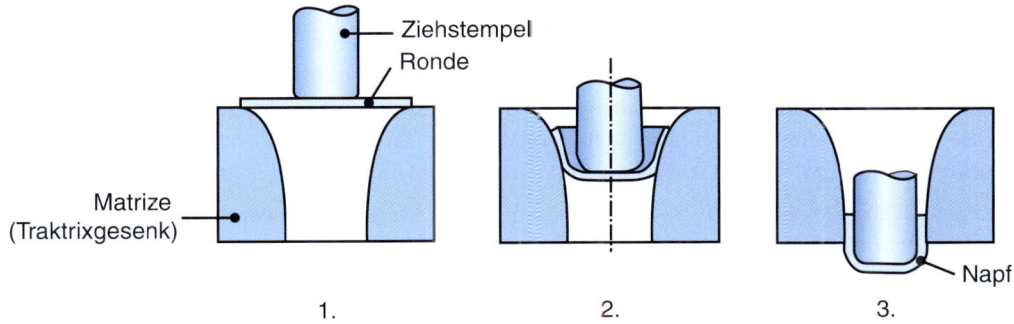

Abbildung 7.61: Stadien beim Tiefziehen ohne Niederhalter in einem *Traktrix-Gesenk*. Die Form und Eigenschaften der Traktrix findet man in Lehrbüchern der analytischen Geometrie.

7 **Schmierung** beim Tiefziehen ist wichtig, um die Kräfte zu verringern, die Ziehbarkeit zu erhöhen, den Werkzeugverschleiß zu senken und Defekte in gezogenen Teilen möglichst zu vermeiden. Im Allgemeinen sollte der Stempel jedoch möglichst wenig geschmiert werden, da die Reibung zwischen dem Stempel und dem Napf die Ziehbarkeit verbessert.

7.7 Umformbarkeit von Blechen und Modellierung

Die Umformbarkeit von Blechen war und ist wegen der technologischen wie der wirtschaftlichen Bedeutung von großem Interesse. Die *Umformbarkeit von Blechen* ist definiert als die Fähigkeit eines Blechs, die gewünschte Formänderung ohne Versagen wie zum Beispiel Einschnüren, Reißen oder Bersten zu ertragen. Auf die Umformbarkeit wirken sich vor allem drei Faktoren aus: (a) Eigenschaften des Blechs, wie in Abschnitt 7.2 beschrieben, (b) Reibung und Schmierung an verschiedenen Grenzflächen während des Umformens und (c) Eigenschaften der verwendeten Maschinen, Werkzeuge und Matrizen. Um die Umformbarkeit von Blechen zu testen, sind verschiedene Techniken entwickelt worden. Dazu gehört die Möglichkeit, die Umformbarkeit durch Modellieren der jeweiligen Formgebung mit verschiedenen Eingabedaten – unter anderem der kristallografischen Textur des Blechs – vorherzusagen.

7.7.1 Tests zur Beurteilung der Umformbarkeit

Die Umformbarkeit von Blechen lässt sich mit verschiedenen etablierten Testverfahren ermitteln.

1 Zugversuch: Der *einachsige Zugversuch* (siehe Abschnitt 2.2) ist der grundlegendste und allgemeinste Versuch, um die Umformbarkeit zu bewerten. Dieser Versuch bestimmt wichtige Eigenschaften des Blechwerkstoffs, insbesondere die Bruchdehnung der Blechprobe, den Verfestigungsexponenten n, die planare Anisotropie ΔR und die senkrechte Anisotropie R.

2 Tiefungsversuch: Da die meisten Vorgänge der Blechumformung prinzipiell durch zweiachsiges Strecken des Blechs gekennzeichnet sind, gehören *Tiefungsversuche* zu den ersten Verfahren, die man entwickelt hat, um die Umformbarkeit vorherzusagen. Zu diesen Versuchen zählen jene nach **Erichsen** und **Olsen** (*Strecken*) und nach **Swift** und **Fukui** (*Ziehen*). Im Erichsen-Näpfchenziehversuch wird eine Metallprobe über einer flachen Matrize mit einer kreisrunden Öffnung und einer Last von 1000 kp (9,81 kN) geklemmt. Dann wird eine Stahlkugel mit einem Durchmesser von 20 mm hydraulisch in das Blech gedrückt, bis ein Riss auf der gestreckten Probe erscheint oder bis die Stempelkraft einen Maximalwert erreicht. Der Eindringtiefe D in Millimeter ist der Erichsenindex. Je größer der Wert von D, desto besser ist die Umformbarkeit des Blechs.

Derartige Tiefungsversuche messen die Fähigkeit des Werkstoffs, gestreckt zu werden, bevor ein Bruch auftritt und sind relativ leicht durchzuführen. Da jedoch das Strecken unter der Kugel axialsymmetrisch erfolgt, simulieren solche Versuche bei Weitem nicht die genauen Bedingungen der tatsächlichen Umformvorgänge.

3 Der **Beultest** wird ausgiebig eingesetzt, um Vorgänge der Blechumformung zu simulieren. Eine kreisförmiger Rohling wird an seinem Umfang geklemmt und durch *hydraulischen* Druck – der also den Stempel ersetzt – ausgebeult. Der Vorgang ist reines zweiachsiges Strecken und es tritt keine Reibung auf, wie es bei Verwendung eines Stempels der Fall wäre. Die Ausbauchungsgrenze (Eindringtiefe vor dem Bruch) ist ein Maß für die Umformbarkeit. Zudem liefert der Versuch ein empfindliches Maß für die Blechqualität. Mithilfe von Beultests lassen sich auch effektive Spannung-Dehnung-Kurven für zweiachsige Belastung (Abschnitt 2.11) unter reibungsfreien Bedingungen ermitteln.

7.7 Umformbarkeit von Blechen und Modellierung

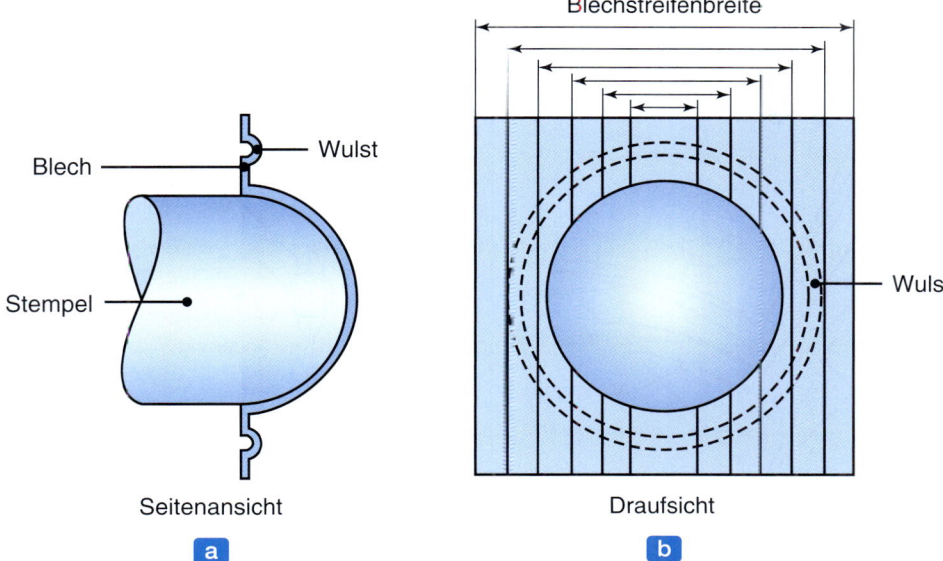

Abbildung 7.62: Schematische Darstellung des Stempelstreckversuchs für Bleche zur Ermittlung des Grenzformänderungsdiagramms. Es werden verschieden breite Proben geprüft, die am Rand mit einem Niederhalter und einem Wulst gehalten werden. Je schmäler der Blechstreifen ist, desto ähnlicher wird der Versuch zum einachsigen Zugversuch.

4 **Grenzformänderungsdiagramm:** Ein Hilfsmittel zur Beurteilung der Umformbarkeit von Blechen ist die Konstruktion eines *Grenzformänderungsdiagramms*. Auf die Oberfläche des Blechs wird ein Kreisraster mit Kreisdurchmessern von 2,5 bis 5 mm oder ein ähnliches Muster durch chemisches Ätzen oder Fotodruckverfahren aufgebracht. Dann wird das Teil über einem Stempel gestreckt (▶ Abbildung 7.62) und die Verformung der Kreise in Bereichen des Blechs gemessen, in welchen Einschnürung und Risse beobachtet werden. Moderne Methoden nutzen für eine effiziente Messung spezielle computergesteuerte Einrichtungen. Das Blech wird durch einen Ziehwulst gehalten, damit es nicht in die Matrize gezogen wird. Um die Genauigkeit der Messung zu verbessern, macht man die Kreise auf der Blechoberfläche möglichst klein und die Rasterlinien (falls verwendet) möglichst dünn.

Da Schmierstoffe die Versuchsergebnisse erheblich beeinflussen können, sind die Schmierbedingungen in den Berichten zu den Versuchsergebnissen unbedingt anzugeben. Somit lassen sich auch verschiedene Schmierstoffe für dasselbe Blech auswerten oder man vergleicht die Werte für verschiedene Metalle mit demselben Schmierstoff. Dieser Versuch kann auch mit einem nicht geschmierten Stempel durchgeführt werden.

Für das Grenzformänderungsdiagramm erhält man die **Hauptformänderung** und die **Nebenformänderung** wie folgt: Wie die ▶ Abbildungen 7.63b und 7.64 zeigen, hat sich der ursprüngliche Kreis nach dem Strecken zu einer Ellipse verformt. Die Hauptachse der Ellipse stellt die Hauptrichtung und -größe des Streckens dar. Die in Abbildung 7.63a eingezeichnete Hauptformänderung ist die (prozentuale) *technische Dehnung* in dieser Richtung. Analog stellt die Nebenachse der Ellipse die Größe der *Streckung* (positive Nebenformänderung) oder *Stauchung* (negative Nebenformände-

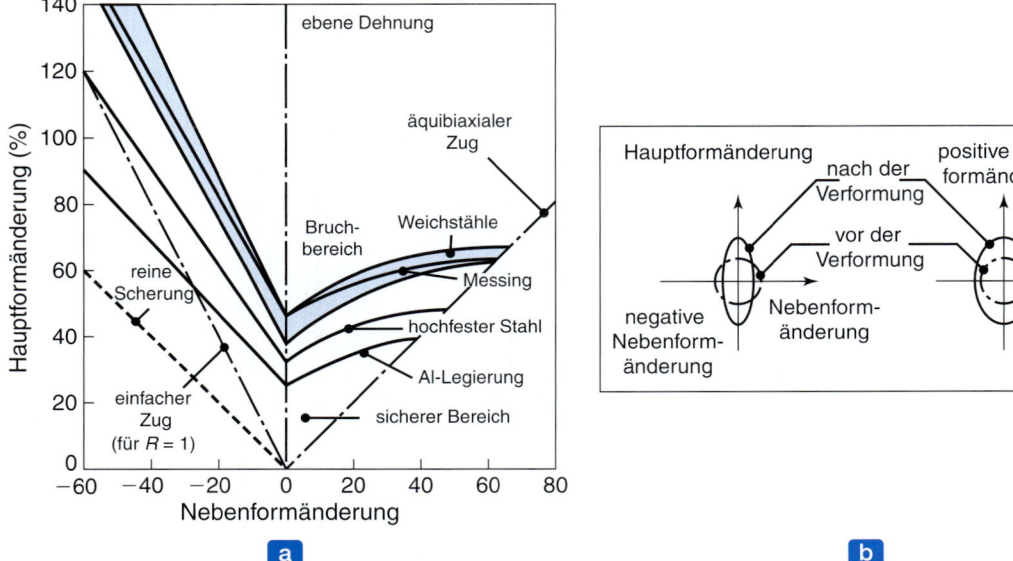

Abbildung 7.63: (a) Grenzformänderungsdiagramm für einige Blechwerkstoffe. Die Hauptformänderung ist stets positiv. Der Bereich oberhalb der Kurven ist der Bruchbereich. Daher muss der Verformungszustand während der Blechumformung unterhalb dieser Kurven liegen. R ist die senkrechte Anisotropie des Blechwerkstoffs. Bei ebener Dehnung mit verschwindender Nebenformänderung erfolgt sofortige Ausdünnung des Blechs beim Ziehen und daher vorzeitiges Versagen. (b) Definition von Haupt- und Nebenformänderung. Wenn die von der Ellipse eingeschlossene Fläche kleiner als die Kreisfläche ist, dünnt das Blech wegen der Volumenkonstanz bei der plastischen Verformung aus. Nach S.S. Hecker und A.K. Ghosh.

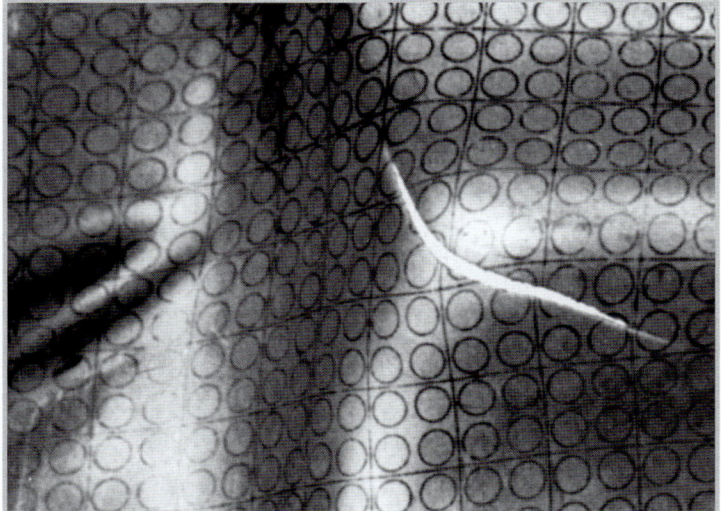

Abbildung 7.64: Verwendung von Kreis- oder Quadratmustern zur Erfassung der Formänderungen auf Blechen. Ein Riss beim Tiefungsversuch steht stets senkrecht auf die Richtung der Hauptformänderung. Nach S.P. Keeler.

rung) in der Querrichtung dar. Die Hauptformänderung ist immer positiv, da die Umformung des Metallblechs durch Strecken in mindestens einer Richtung stattfindet.

Wenn wir zum Beispiel in die Mitte der Oberfläche einer Blechprobe für einen Zugversuch einen Kreis zeichnen und die Probe dann plastisch durch Zug verformen, dann wird sie schmäler. Somit ist die Nebenformänderung negativ. Aufgrund der Volumenkonstanz im plastischen Bereich und unter der Annahme, dass die senkrechte Anisotropie $R = 1$ ist (d. h., die Breiten- und Dickendehnungen gleich sind), erhalten wir $\varepsilon_b = -0{,}5\varepsilon_l$. Dieses Phänomen lässt sich mit einem Experiment leicht demonstrieren, indem man einen Kreis auf ein breites Gummiband zeichnet und das Band streckt. Wenn wir dagegen einen Kreis auf einen Gummiballon zeichnen und den Ballon aufblasen, wird der Kreis einfach zu einem größeren Kreis. Dies zeigt an, dass die Nebenformänderung positiv und in der Größe gleich der Hauptformänderung ist. Durch Messen der Differenz der Flächen zwischen dem ursprünglichen Kreis und der Ellipse kann man auch ermitteln, ob sich die *Dicke* des Blechs während der Verformung geändert hat. Ist die Fläche der Ellipse größer als die Fläche des ursprünglichen Kreises, ist das Blech dünner geworden, da das Volumen bei plastischer Verformung konstant bleibt.

Um den **Dehnungspfad** zu variieren, werden die Proben mit unterschiedlichen Breiten verwendet, wie Abbildung 7.62b zeigt. Somit wird die Mitte der quadratischen Probe durch den Stempel einem äquibiaxialen Zug und somit äquibiaxialer Dehnung unterworfen, während sich die rechteckigen Proben mit immer kleiner werdender Breite dem Zustand **einachsiger Dehnung** (einfacher Zug) nähern. Nachdem eine Reihe derartiger Versuche für ein bestimmtes Blech durchgeführt worden ist (▶ Abbildung 7.65), werden die Grenzen zwischen *sicheren* und *versagten* Bereichen in einem Diagramm dargestellt, um eine Grenzformänderungskurve, wie in Abbildung 7.63a gezeigt, zu erhalten. Die Abbildung zeigt auch verschiedene ideale Dehnungspfade, die als Geraden eingezeichnet sind: (a) Die Linie auf der rechten Seite stellt die **äquibiaxiale Dehnung** dar, (b) die vertikale Linie in der Mitte des Diagramms **ebene Dehnung**, da die Nebenformänderung (in der Blechebene) null ist, (c) die Linie für **einfachen Zug** auf der linken Seite besitzt einen Anstieg von 2 : 1, da die Poissonzahl im plastischen Bereich 0,5 ist (die Nebenformänderung beträgt daher die Hälfte der Hauptformänderung) und (d) die Linie für **reine Scherung** hat einen negativen Anstieg von 45° aufgrund des Wesens dieser Verformung, wie auch in Abbildung 2.20 zu sehen ist.

Aus Abbildung 7.63a geht wie erwartet hervor, dass unterschiedliche Werkstoffe unterschiedliche Grenzformänderungskurven besitzen. Je höher die Kurve verläuft, desto besser ist die Umformbarkeit des Werkstoffs. Wichtig ist auch, dass für die gleiche Nebenformänderung – beispielsweise

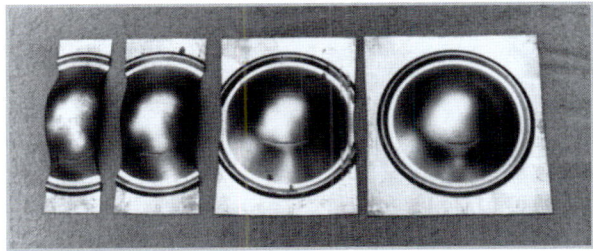

Abbildung 7.65: Tiefungsversuche an verschieden breiten Proben aus Stahlblech. Die schmalste Probe kann am weitesten getieft werden. Der Verformungszustand ändert sich von (nahezu) einachsigem Zug (links) zu äquibiaxialem Zug (rechts).

20 % – eine negative Nebenformänderung (Druck) mit einer höheren Hauptformänderung vor dem Bruch verbunden ist, als eine positive Nebenformänderung (Zug). Anders ausgedrückt ist eine *negative* Nebenformänderung wünschenswert, da dann während der Blechumformung eine Kontraktion in der Nebenrichtung möglich ist. Für die Umformung von Blechen und Röhren sind spezielle Werkzeuge entwickelt worden, die sich die vorteilhafte Wirkung von negativen Nebenformänderungen zunutze machen, um die Umformbarkeit zu verbessern (siehe zum Beispiel auch Abbildung 7.29). Die mögliche Auswirkung der *Umformgeschwindigkeit* auf Grenzformänderungsdiagramme sollte ebenfalls für jeden Werkstoff ermittelt werden.

Die *Dicke* der Bleche zeigt sich in Grenzformänderungsdiagrammen in der Höhe der Kurven in Abbildung 7.63a. Je dicker das Blech, desto höher ist seine Kurve und desto mehr lässt es sich verformen. Allerdings lässt sich ein dickes Rohteil nicht so leicht um kleine Radien biegen und kann Risse entwickeln (siehe Abschnitt 7.4.1).

Auf die Versuchsergebnisse kann sich auch die *Reibung* an der Grenzfläche zwischen Stempel und Blech auswirken. Mit gut geschmierten Oberflächen sind die Dehnungen gleichmäßiger über dem Stempel verteilt. Abhängig von der Kerbempfindlichkeit des Blechwerkstoffs können außerdem Kratzer, tiefe Furchen und andere Oberflächenfehler die Umformbarkeit verringern und vorzeitig Risse und Bruch hervorrufen.

5 Beim **Lochaufweitversuch** wird in das Blech ein kreisrundes Loch eingebracht, das dann durch einen konischen Stempel aufgeweitet wird. Die Messgröße ist die auf den Ausgangsdurchmesser bezogene Änderung des Lochdurchmessers, bei der am Rand des Lochs der erste Riss durch das Blech auftritt. Die Verformung des Blechs bei diesem Versuch ist eine Kombination von Strecken und Biegen. Das Versuchsergebnis hängt stark von der Beschaffenheit der Lochkante ab: Je glatter das Loch ist, desto höhere Dehnungen kann das Blech vor dem Versagen ertragen.

Beispiel 7.10 Dehnungen in den Außenhautteilen einer Automobilkarosserie

Mithilfe spezieller Computerprogramme lassen sich die Haupt- und Nebenformänderungen und ihre Orientierungen aus den gemessenen Verzerrungen von Rastermustern berechnen. ▶ Abbildung 7.66 zeigt eine derartige Anwendung für die verschiedenen Außenhautteile einer Fahrzeugkarosserie.

Die Heckklappe und das Dach unterliegen hauptsächlich ebener Dehnung (d. h., der Dehnungszustand liegt entlang der vertikalen Linie in Abbildung 7.63a), während die Vordertür und der vordere Kotflügel nahezu äquibiaxialen Dehnungen unterworfen sind. Die Zahlen an die Kurven in den Diagrammen geben die Häufigkeit des Auftretens an.

Quelle: Nach T.J. Nihill und W.R. Thorpe.

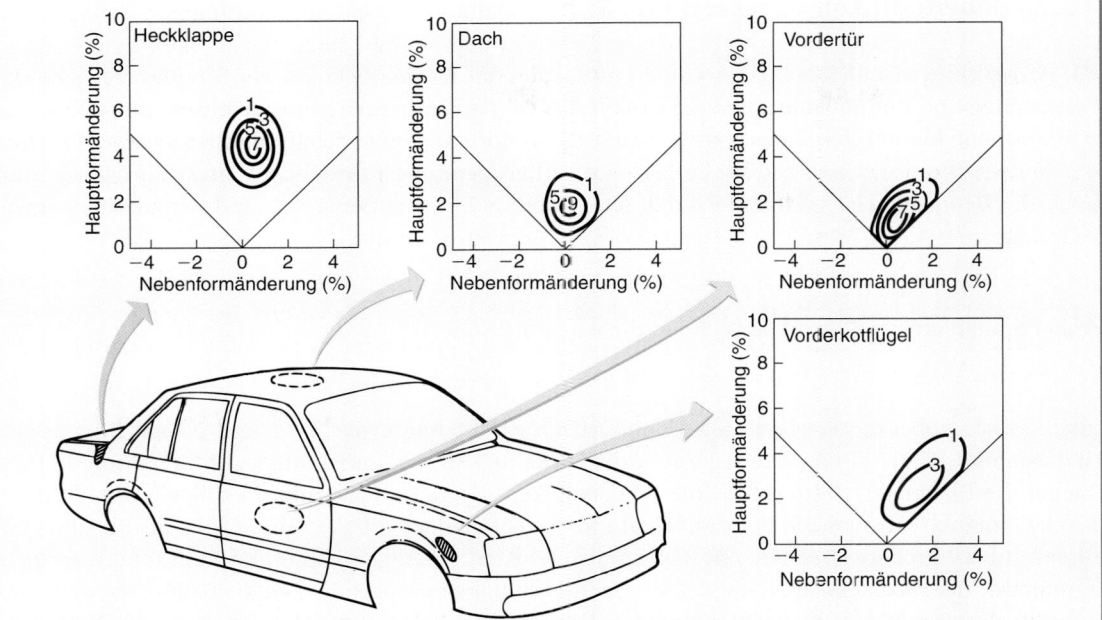

Abbildung 7.66: Haupt- und Nebenformänderungen, die das Blech bei der Erzeugung von Außenhautteilen einer Automobilkarosserie erfährt.

Beispiel 7.11 Durchmesser einer Kugelschale

Eine dünnwandige Kugelschale aus einer Aluminiumlegierung, deren Grenzformänderungskurve in Abbildung 7.63a dargestellt ist, wird durch Innendruck erweitert. Wie groß ist der maximale Durchmesser, bis zu dem die Schale sicher gedehnt werden kann, wenn der ursprüngliche Schalendurchmesser 200 mm beträgt?

Lösung: Da das Material einem äquibiaxialen Zug ausgesetzt wird, gibt Abbildung 7.63a die maximal zulässige technische Dehnung zu etwa 40 % an. Somit ist

$$\varepsilon = \frac{\pi D_\mathrm{f} - \pi D_0}{\pi D_0} = \frac{D_\mathrm{f} - 200}{200} = 0{,}40 \ .$$

Damit ergibt sich für den maximalen Enddurchmesser

$$D_\mathrm{f} = 280 \ \mathrm{mm} \ .$$

7.7.2 Beulsteifigkeit von Blechen

Bei Anwendungen mit Blechteilen wie zum Beispiel bei Karosserieteilen von Kraftfahrzeugen, Haushaltsgeräten und Büromöbeln spielt die Beulsteifigkeit der Blechverkleidungen eine wichtige Rolle. Eine *Beule* ist eine kleine, aber dauerhafte zweiachsige Verformung eines relativ dünnen Werkstoffs. Die für die Beulsteifigkeit signifikanten Faktoren sind die Fließspannung Y, die Dicke d und die Form der Blechtafel. Die *Beulsteifigkeit* wird dann durch eine Kombination aus Werkstoff- und Geometrieparametern festgelegt:

$$\text{Beulsteifigkeit} \propto \frac{Y^2 d^4}{S}, \quad (7.24)$$

wobei S die Plattensteifigkeit bezeichnet, die wiederum als

$$S = E \times d^a \times \text{Form} \quad (7.25)$$

definiert ist, wobei der Wert von a bei den meisten Blechtafeln zwischen 1 und 2 liegt. E ist der Elastizitätsmodul, Y die Fließspannung und d die Dicke des Blechs. Im Hinblick auf die Form gilt, dass je flacher die Blechtafel, desto größer die Beulsteifigkeit aufgrund der strukturbedingten Flexibilität des Blechs. Folglich wird (a) die Beulsteifigkeit mit zunehmender Festigkeit und Dicke des Blechs größer, nimmt (b) mit größeren Werten von Elastizitätsmodul und Steifigkeit ab und nimmt (c) mit geringerer Krümmung der Blechtafel ab. Für $a = 2$ ist die Beulsteifigkeit proportional zu d^2. Beulen werden normalerweise durch dynamische Kräfte hervorgerufen, wie zum Beispiel durch solche, die sich beim Fallen von dünnwandigen Gegenständen oder durch andere Objekte entwickeln, die auf die Oberfläche der Blechbauteile aus verschiedenen Richtungen treffen. Zum Beispiel ist bei Blechtafeln der Außenhaut von Kraftfahrzeugen mit Auftreffgeschwindigkeiten bis zu 45 m/s zu rechnen (Stein- und Hagelschlag). Somit ist eher die *dynamische Fließspannung* (d. h. bei hohen Dehngeschwindigkeiten) als die statische Fließspannung der für die Festigkeit maßgebliche Parameter. Allerdings kann auch das Beulen unter quasistatischen Bedingungen wichtig sein.

Für Werkstoffe, bei denen die Fließspannung mit der Dehngeschwindigkeit zunimmt, erfordert Beulen höhere Energieniveaus als unter quasistatischen Bedingungen. Darüber hinaus kommt es durch dynamische Kräfte eher zu *lokalisierten* Beulen als durch statische Kräfte, die großflächige Beulen verursachen. Da ein Teil der Energie in die elastische Verformung einfließt, ist als zusätzlicher Faktor die elastische Energiedichte des Blechs (siehe Gleichung (2.5)) zu berücksichtigen.

7.7.3 Modellierung von Blechumformverfahren

In Abschnitt 6.2.2 haben wir die Techniken für die Untersuchung von Massivumformprozessen skizziert und die *Modellierung* von Gesenkschmieden mit der Finite-Elemente-Methode beschrieben (siehe auch Abbildung 6.11). Eine derartige mathematische Modellierung wird ebenso auf Blechumformvorgänge angewandt. Das Ziel besteht letztlich in der schnellen Analyse von Spannungen, Dehnungen, Fließmustern, Falten und Rückfederung als Funktionen von Stellgrößen wie zum Beispiel Materialeigenschaften, Anisotropie, Reibung, Umformgeschwindigkeit und Temperatur.

Über solche interaktiven Analysen können wir zum Beispiel die optimale Werkzeug- und Gesenkgeometrie bestimmen, um ein bestimmtes Teil herzustellen, und somit kostspielige Gesenkversuche vermeiden. Darüber hinaus eigenen sich Simulationstechniken auch, um die Größe und Form von Rohteilen, Zwischenteilformen, Presseneigenschaften und Prozessparametern zu bestimmen, die die Umformoperation optimieren. Auch wenn die Computermodellierung leistungsfähige Computer und aufwendige Software erfordert, hat sie sich als kosteneffiziente Technik bei der Blechumformung erwiesen, speziell in der Automobilindustrie.

7.8 Anlagen für die Blechverarbeitung

Die Anlagen für die meisten Vorgänge der Pressumformung bestehen aus mechanischen, hydraulischen, pneumatischen oder pneumatisch-hydraulischen Pressen (siehe auch Abschnitt 6.2.8 und Abbildung 6.28). Die herkömmlichen **C-Gestell-Pressen** mit einer offenen Vorderseite sind weitverbreitet und bieten leichten Zugang zu Werkzeugen und Werkstück. Dagegen sind die kastenförmigen Säulen- und Doppelständerkonstruktionen (**O-Gestell-Pressen**) stabiler. Allerdings lassen Fortschritte in der Automatisierung, Industrieroboter und Computersteuerungen die Zugänglichkeit der Presse immer mehr in den Hintergrund treten.

Bei der Auswahl einer Presse sind unter anderem folgende Faktoren zu beachten: (a) Art der Umformung, (b) Größe und Form der Teile, (c) Hublänge des/der Stößel, (d) Anzahl der Hubbewegungen pro Zeiteinheit, (e) Pressgeschwindigkeit, (f) Schließhöhe, d. h. Abstand von der Oberkante des Pressentischs bis zur Unterkante des Stößels (in der unteren Hubposition), (g) Arten und Anzahl von Stößeln, wie zum Beispiel bei doppelt und dreifach wirkenden Pressen, (h) Pressenkapazität und -tonnage, (i) Arten von Steuerungen, (j) Hilfseinrichtungen und (k) Sicherheitsmerkmale.

Da der Wechsel von Gesenken in Pressen viel Aufwand und Zeit bedeuten kann, wurden Schnellwechselsysteme für Gesenke entwickelt. Bei sogenannten **SMED**-Systemen (*Single Minute Exchange of Die*) ist es durch hydraulische oder pneumatische Ausstattungen möglich, die Wechselzeiten für Gesenke von einigen Stunden auf weniger als 10 Minuten zu senken.

7.9 Entwurfsüberlegungen

Wie bei allen anderen Metallbearbeitungsvorgängen, die im Buch beschrieben werden, haben sich im Lauf der Zeit bestimmte Richtlinien und Praktiken für die Blechbearbeitung entwickelt. Sorgfältiges Design mithilfe etablierter Entwurfstechniken, Berechnungswerkzeugen und Fertigungsverfahren ist die optimale Herangehensweise, um hochqualitative Produkte zu erhalten und Kosteneinsparungen zu erzielen. Die folgenden Richtlinien kennzeichnen die wichtigsten Entwurfsfragen bei Verfahren der Blechverarbeitung.

> **1** **Zuschnittsverluste:** Materialabfall ist ein wichtiger Gesichtspunkt beim Zuschneiden. Schlecht entworfene Teile lassen sich nicht verschachteln, sodass beträchtlich mehr Abfall zwischen aufeinanderfolgenden Schneidoperationen entsteht (Abbildung 7.67). Durch die Konstruktion bestehen zwar einige Einschränkungen in Bezug auf die Form des Rohteils, doch sollten die Rohlinge auch im Hinblick auf minimalen Abfall entworfen werden.

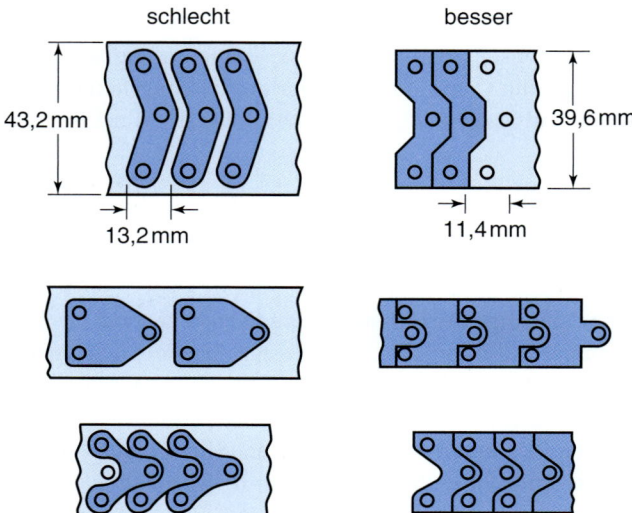

Abbildung 7.67: Beispiele für eine materialsparende Anordnung von Teilen, um die Zuschnittsverluste zu minimieren.

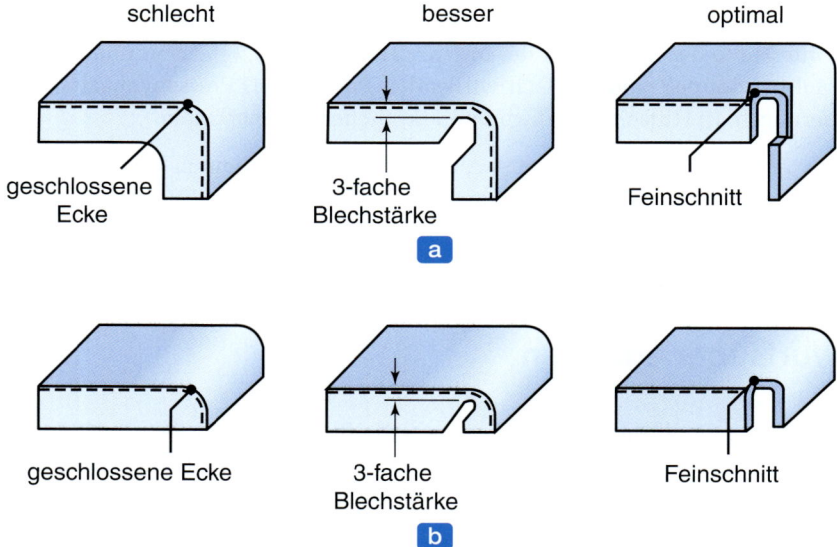

Abbildung 7.68: Vermeidung von Rissen und Aufwürfen beim Biegen eines rechtwinkeligen Flansches durch Aussparungen.

[2] **Biegen:** Bei Biegevorgängen ist besonders auf Bruch des Werkstoffs, Falten und Realisierbarkeit der zu biegenden Form zu achten. Wie ▶ Abbildung 7.68 zeigt, wird ein Flansch bei einem zu biegenden Teil auf Druck beansprucht, sodass der Flansch möglicherweise einknickt. Mit einer Aussparung lassen sich die Spannungen durch den Biegevorgang begrenzen. Bei Biegungen im rech-

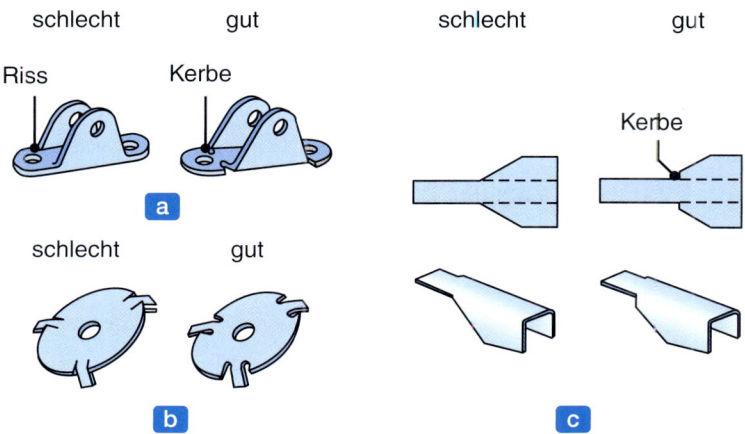

Abbildung 7.69: Anwendung von Schlitzen, um Risse und Falten in rechtwinkelig gebogenen Teilen zu vermeiden.

ten Winkel treten ähnliche Schwierigkeiten auf. Hier helfen Aussparungen, Einrisse zu vermeiden (▶ Abbildung 7.69).

Da im Bereich des Biegeradius hohe Spannungen auftreten, sollte man sämtliche Spannungskonzentrationen von dieser Stelle entfernen. Ein Beispiel ist die Lage von Löchern neben Biegestellen. Es empfiehlt sich, Löcher nicht in Bereichen mit Spannungskonzentrationen einzubringen. Wenn dies konstruktiv nicht möglich ist, kann man einen sichelförmigen Schlitz oder eine Öse vorsehen (▶ Abbildung 7.70a). Analog sollten beim Biegen von Flanschen Zungen und Kerben vermieden werden, da die Spannungskonzentrationen die Formbarkeit des Teils drastisch reduzieren. Wenn Laschen notwendig sind, empfehlen sich große Radien, um die Spannungskonzentration zu verringern (Abbildung 7.70b).

Muss ein Teil sowohl gebogen als auch mit Kerben versehen werden, ist es wichtig, die Kerben in Bezug auf die Kornausrichtung passend zu orientieren. Wie Abbildung 7.17 gezeigt hat, sollten Biegungen im Idealfall senkrecht (oder zumindest schiefwinklig) zur Walzrichtung liegen, um Risse möglichst zu vermeiden. Biegen von scharfen Radien lässt sich durch Rillen oder Prägen realisieren (▶ Abbildung 7.71), doch ist zu beachten, dass diese Prozedur zum Bruch führen kann. Grate sollten in der Biegezone nicht vorhanden sein (Abbildung 7.15), da sie brechen können, was zu einer Spannungskonzentration führt, die den Riss in das übrige Blech weiterleitet.

3 **Stanzen und Folgeschritte:** In Folgeverbundwerkzeugen (Abbildung 7.13) werden die Kosten für Werkzeuge und die Anzahl der Stationen durch die Anzahl und die Abstände der Merkmale (d. h. die geformten Details) auf einem Teil bestimmt. Es ist vorteilhaft, die Anzahl der Merkmale auf ein Minimum zu beschränken, um die Werkzeugkosten möglichst gering zu halten. Eng benachbarte Merkmale bieten möglicherweise nicht genügend Stanzfreiraum, sodass gegebenenfalls zwei Stanzen erforderlich sind. Bei schmalen Einschnitten und Vorsprüngen ist es schwierig, die Umformung mit nur einem Stempel und Gesenk durchzuführen.

4 **Tiefziehen:** Nach einem Tiefziehvorgang wird ein Napf stets bis zu einem gewissen Grad gegen seine ursprüngliche Form zurückfedern. Aus diesem Grund sind Teile mit einer senkrechten Wand

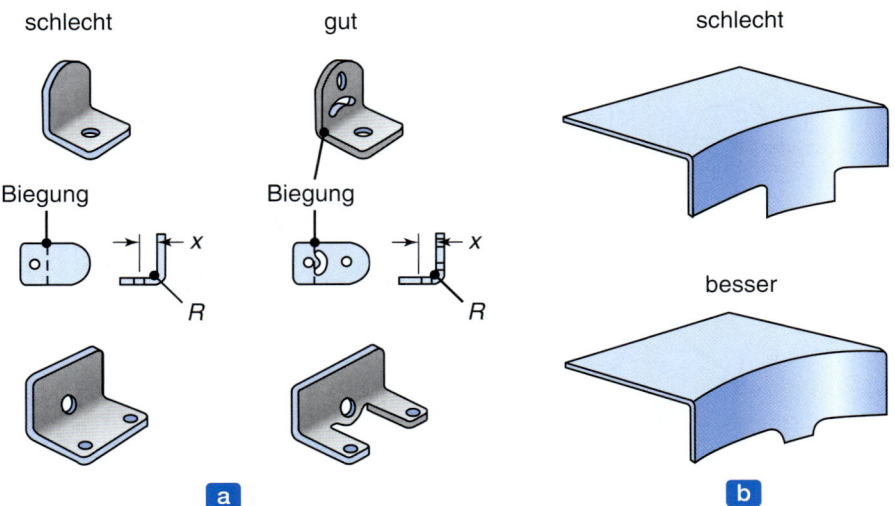

Abbildung 7.70: Verringerung der Spannungskonzentration in der Nähe einer Biegung: (a) Anbringen eines sichelförmigen Schlitzes oder einer Öse, (b) Ausrunden einer Lasche in einem Flansch.

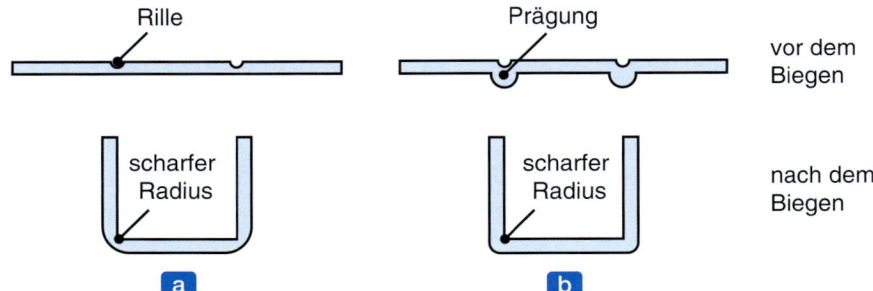

Abbildung 7.71: Anwendung von (a) Rillen und (b) Einprägungen, um das Biegen von scharfen Radien zu ermöglichen. Wenn diese Maßnahmen ohne Sorgfalt angewendet werden, können sie zum Bruch der Teile führen.

in einem tiefgezogenen Napf schwierig zu formen. Leichter lassen sich Teile mit einem Freiwinkel von mindestens 3° an jeder Wand herstellen. Näpfe mit scharfen Innenradien sind schwer herzustellen und tiefe Näpfe erfordern oftmals zusätzliches Abstrecken.

7.10 Wirtschaftlichkeit der Blechumformung

Die wirtschaftlichen Überlegungen bei der Blechverarbeitung ähneln denen anderer Verfahren der Metallverarbeitung, wie sie Kapitel 6 beschrieben hat. Die Methoden der Blechverarbeitung konkurrieren untereinander sowie mit anderen Verfahren, mehr als andere Verfahren untereinander konkurrieren. Die Umformoperationen sind vielseitig und dasselbe Teil lässt sich nach verschiedenen Methoden herstellen. Zum Beispiel kann ein napfförmiges Teil durch Tiefziehen, Drücken, Umformung mit flexiblen

7.10 Wirtschaftlichkeit der Blechumformung

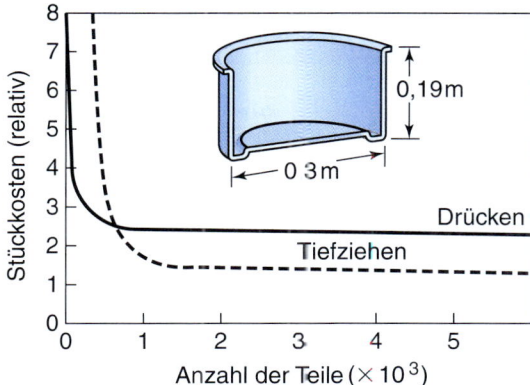

Abbildung 7.72: Kostenvergleich für einen zylindrischen Behälter, der durch Drücken oder Tiefziehen hergestellt werden kann. Bei kleinen Stückzahlen ist Drücken kostengünstiger als Tiefziehen.

Medien oder Explosivumformen hergestellt werden. Analog lässt sich ein Napf durch Rückwärtsfließpressen oder Gießen formen oder aus verschiedenen Teilen zusammensetzen. Wie Abschnitt 14.5.5 beschreibt, entsteht bei nahezu allen Fertigungsverfahren Abfall, der bis zu 60 % des eingesetzten Materials (bei spanender Bearbeitung) und bis zu 25 % (beim Warmumformen) ausmachen kann. Demgegenüber produzieren Blechumformungen Schrott in der Größenordnung von 10 bis 25 % des Ausgangsmaterials. Der Schrott wird heute normalerweise recycelt, wobei allerdings Abfall mit Schmierstoffrückständen aus ökologischen Gründen weniger erwünscht ist als trockener Abfall.

Zum Beispiel lässt sich das in ▶ Abbildung 7.72 gezeigte Teil entweder durch Tiefziehen oder durch konventionelles Drücken herstellen. Die Werkzeugkosten für die beiden Prozesse unterscheiden sich jedoch deutlich. Gesenke für Tiefziehen können aus vielen Einzelteilen bestehen und kosten wesentlich mehr als die relativ einfachen Dorne und Werkzeuge, die in der Regel beim Drücken eingesetzt werden. Folglich sind die Werkzeugkosten pro Teil beim Tiefziehen relativ hoch, wenn nur wenige Teile benötigt werden. Andererseits lässt sich dieses Teil durch Tiefziehen in einer wesentlich kürzeren Zeit (Sekunden) herstellen als durch Drücken (Minuten), selbst wenn der zweite Vorgang durchgängig automatisiert abläuft. Darüber hinaus verlangt Drücken eine höhere Qualifikation der Arbeitskräfte. Unter Berücksichtigung aller dieser Faktoren ergibt sich, dass die Gewinnschwelle für dieses konkrete Teil bei etwa 700 Teilen liegt. Folglich ist Tiefziehen wirtschaftlicher, wenn die herzustellende Menge größer als diese Zahl ist.

Fallstudie: Herstellung von Becken

Das Becken (▶ Abbildung 7.73) ist für alle Musikrichtungen ein wichtiges Perkussionsinstrument. Moderne Schlagzeugbecken gibt es für die unterschiedlichsten Klangfarben, von tief, dunkel und warm bis hell, scharf und schneidend. Für die gewünschte Performance stehen vielfältige Größen, Formen, Gewichte, Hämmerungen und Oberflächen zur Verfügung (Abbildung 7.73b).

Fallstudie: Herstellung von Becken (Fortsetzung)

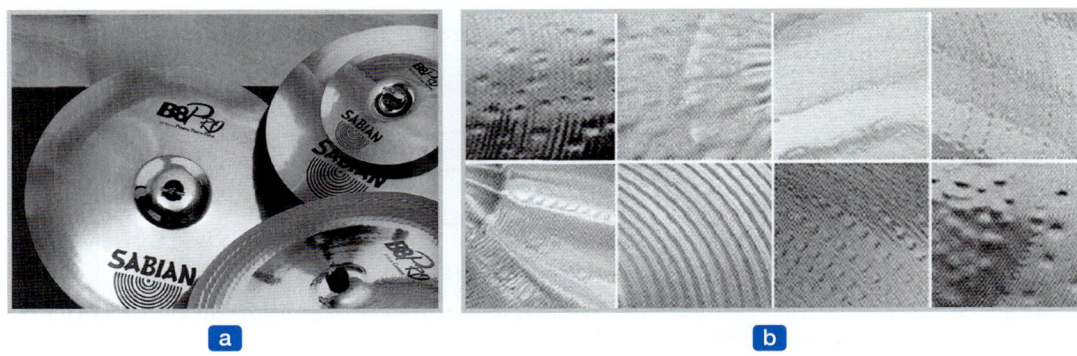

Abbildung 7.73: (a) Gebräuchliche Becken, (b) Oberflächentexturen und Erscheinungsbild von Becken.

Becken werden aus Metallen wie zum Beispiel Bronze (80 % Kupfer, 20 % Zinn mit einer Spur von Silber, oder 92 % Kupfer und 8 % Zinn), Nickel-Silber-Legierungen und Messing mit verschiedenen Fertigungsmethoden hergestellt. ▶ Abbildung 7.74 zeigt den Ablauf bei der Produktion von Bronze-Becken. Zuerst wird das Metall in pilzförmigen Klumpen gegossen und dann auf Umgebungstemperatur abgekühlt. Es schließen sich mehrere (bis zu 14) Walzdurchläufe durch eine Walzstraße mit Wasserkühlung an, wobei besonders darauf geachtet wird, die Bronze in jedem Durchlauf in einem anderen Winkel zu walzen, um die Anisotropie zu minimieren, eine bevorzugte Kornorientierung einzubringen und eine gleichmäßig runde Form zu entwickeln. Die walzharten Rohlinge werden dann wieder erhitzt und durch Tiefziehen (Pressen) in die Kuppel- oder Glockenform gebracht, die den Obertonanteil der Becken bestimmt. Schließlich werden die Becken zentrisch gebohrt oder gestanzt, um ein Loch für die Aufhängung zu erzeugen, und dann auf einer Rollenschere auf annähernd den endgültigen Durchmesser geschnitten. Daran schließt sich ein weiteres Reckziehen an, um die charakteristische Form türkischer Becken zu erhalten, die die Tonlage festlegt.

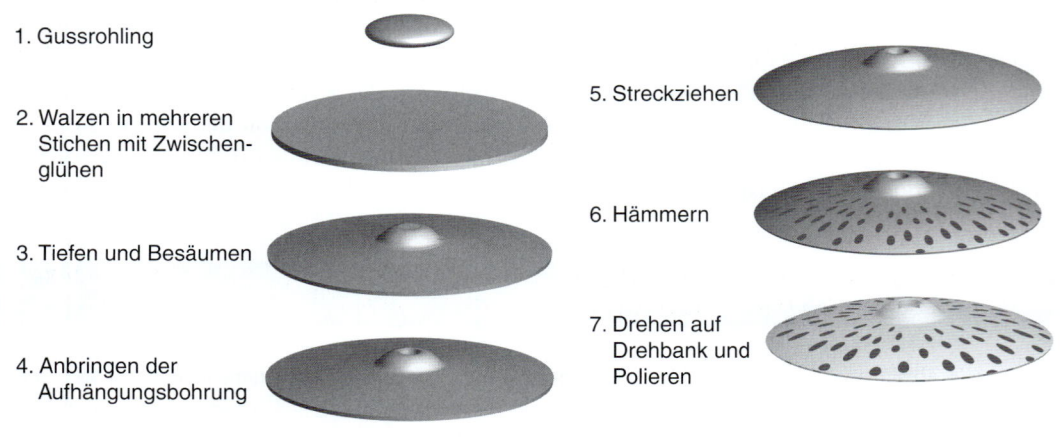

1. Gussrohling
2. Walzen in mehreren Stichen mit Zwischenglühen
3. Tiefen und Besäumen
4. Anbringen der Aufhängungsbohrung
5. Streckziehen
6. Hämmern
7. Drehen auf Drehbank und Polieren

Abbildung 7.74: Verfahrensschritte bei der Herstellung von Becken.

Fallstudie: Herstellung von Becken (Fortsetzung)

Abbildung 7.75: Hämmern von Becken: (a) automatisches Hämmern durch Kugelstrahl-Umformen, (b) Hämmern von Hand.

Die Becken werden dann gehämmert, um ihnen Klang zu verleihen, der für jedes Instrument charakteristisch ist. Das Hämmern geschieht entweder von Hand (▶ Abbildung 7.75a) oder automatisch mit Maschinen zum Kugelstrahl-Umformen (Abbildung 7.75b). Beim manuellen Hämmern wird das Rohteil aus Bronze auf einen Stahlamboss gelegt und die Becken werden dann mit Handhämmern geschlagen. Automatisches Kugelstrahl-Umformen erfolgt ohne Schablone, da die Becken bereits in Form gepresst wurden, doch ist das Muster steuerbar und einheitlich. Größe und Muster durch das Kugelstrahlen hängen von der gewünschten musikalischen Antwort ab, beispielsweise Klangfarbe und Tonhöhe der Becken.

Anschließend werden verschiedene Endbearbeitungsschritte auf den Becken ausgeführt. Das kann sich auf das Reinigen und Bedrucken mit einer Kennzeichnung beschränken, denn manche Musiker bevorzugen die natürliche Oberflächenerscheinung und den Klang von umgeformter, warmgewalzter Bronze. Normalerweise entfernt man aber die Oxidoberfläche der Becken auf einer Drehbank (ohne Bearbeitungsflüssigkeiten) und verringert zudem die Dicke, um das gewünschte Gewicht und den gewünschten Klang zu erhalten. Dieser Prozess ergibt eine gleichmäßig glänzende Oberfläche und kann eine vorteilhafte Oberflächenmikrostruktur entwickeln. Manche Becken erhalten durch Polieren eine hochglänzende „Brillanz". In vielen Fällen bleiben die Oberflächeneindrücke vom Kugelstrahlen nach der Endbearbeitung erhalten. Dies gilt als wesentliches Leistungsmerkmal des Beckens und viele Musiker schätzen es zudem als ästhetisches Merkmal. Abbildung 7.73b zeigt verschiedene Oberflächenendbearbeitungen moderner Becken.

Quelle: Mit freundlicher Genehmigung von W. Blanchard, Sabian Ltd.

ZUSAMMENFASSUNG

- Blechbearbeitungsverfahren beziehen sich auf Werkstücke mit einem hohen Verhältnis von Oberfläche zu Dicke und Zugspannungen werden typischerweise in der Ebene des Blechs über verschiedenartige Stempel und Gesenke angewendet. Normalerweise wird die Abnahme der Dicke des Blechs verhindert, damit kein Einschnüren mit anschließendem Bruch auftritt. Zu den für die Blechverarbeitung wichtigen Werkstoffeigenschaften gehören Duktilität, Streckgrenzendehnung, Anisotropie und Korngröße (Abschnitte 7.1 und 7.2).

- Rohteile für Umformungen werden im Allgemeinen aus großen Walzblechen mithilfe verschiedener Verfahren geschnitten. Wichtige Prozessparameter sind der Freiraum zwischen Stanze und Gesenken, Schärfe der Ecken und Schmierung. Zudem ist die Qualität der gescherten Kante für darauffolgende Umformprozesse wichtig (Abschnitt 7.3).

- Ein häufiger Vorgang ist das Biegen von Blechen, Platten und Rohren. Dabei ist besonders auf den minimalen Biegeradius (um Reißen in der Biegezone zu vermeiden) und Rückfederung zu achten. Es stehen mehrere Verfahren zur Verfügung, um Bleche zu biegen und die Rückfederung zu minimieren (Abschnitt 7.4).

- Für die Herstellung von Einzelteilen ist ein breites Spektrum von Verfahren verfügbar. Dazu gehören Reckziehen, Aufweiten, Umformen mit flexiblen Medien, Innenhochdruckumformen, Drücken und superplastische Umformmethoden. Wie bei allen anderen Fertigungsverfahren hat jeder Umformvorgang sowohl bestimmte Vorteile als auch Beschränkungen (Abschnitt 7.5).

- Tiefziehen gehört zu den wichtigsten Verfahren der Blechumformung, da sich damit behälterförmige Teile mit hohen Verhältnissen von Tiefe zu Durchmesser herstellen lassen. Die senkrechte Anisotropie wirkt sich auf die Tiefziehbarkeit des Blechs aus, während seine planare Anisotropie für die Zipfelbildung verantwortlich ist. Erhebliche Probleme beim Tiefziehen können Ausbeulen und Falten sein. Mit entsprechenden Techniken versucht man, diese Mängel zu eliminieren oder zu minimieren (Abschnitt 7.6).

- Die Umformbarkeit von Blechen lässt sich mit verschiedenen Prüfverfahren ermitteln. Der universellste Test ist der Stempelstreckversuch, mit dem sich Grenzformänderungsdiagramme konstruieren lassen, die sichere und bruchgefährdete Zonen als Funktion des Dehnungszustands in der Blechebene anzeigen, denen das Blech ausgesetzt ist. Modellierung und Simulation der Blechumformung sind zu wichtigen Werkzeugen geworden, um das Verhalten von Blechen bei realen Blechumformungen vorauszusagen (Abschnitt 7.7).

- Für Prozesse der Blechumformung stehen verschiedene Anlagen zur Verfügung. Ihre Auswahl hängt von mehreren Faktoren ab, die mit Form und Größe des Werkstücks zu tun haben sowie die Charakteristika und Steuerungsmerkmale der Anlagen betreffen. Techniken des schnellen Gesenkwechsels sind wichtig, um die Produktivität und die Wirtschaftlichkeit der Umformvorgänge insgesamt zu verbessern (Abschnitt 7.8).

- Entwurfsüberlegungen bei der Blechumformung beruhen auf Faktoren wie Rohteilform, Art der auszuführenden Operation und Ausbildung der Verformung. Um Produktionsprobleme zu eliminieren oder zu minimieren, wurden verschiedene Entwurfsregeln aufgestellt und Vorgehensweisen festgelegt (Abschnitt 7.9).
- Wie in allen anderen Herstellungsprozessen bestimmen auch bei der Blechumformung wirtschaftliche Randbedingungen die jeweils zu verwendenden Verfahren und Vorgehensweisen. Da viele Verfahren konkurrieren, sind umfassende Kenntnisse der Prozesscharakteristika und -fähigkeiten entscheidend für eine wirtschaftliche Produktion (Abschnitt 7.10).

Wichtige Gleichungen

Dehnung beim Biegen: $\varepsilon_a = \varepsilon_i = \dfrac{1}{(2R/t) + 1}$

Verhältnis von Biegeradius R und Blechdicke t: $\dfrac{R}{t} = \dfrac{50}{r} - 1$

Rückfederung: $\dfrac{R_i}{R_f} = 4\left(\dfrac{R_i Y}{Et}\right)^3 - 3\left(\dfrac{R_i Y}{Et}\right) + 1$

Maximale Biegekraft: $F_{max} = k\dfrac{R_m L t^2}{W}$

Senkrechte Anisotropie: $R = \dfrac{\varphi_b}{\varphi_d}$

Mittlere senkrechte Anisotropie: $\overline{R} = \dfrac{R_0 + 2R_{45} + R_{90}}{4}$

Planare Anisotropie: $\Delta R = \dfrac{R_0 - 2R_{45} + R_{90}}{2}$

Maximale Stempelkraft beim Tiefziehen: $F_{max} = \pi D_p d_0 R_m \left(\dfrac{D_0}{D_p} - 0{,}7\right)$

Spitzendruck beim Explosivumformen: $p = K\left(\dfrac{\sqrt[3]{m}}{R}\right)^a$

Verständnisfragen

7.1 Wählen Sie drei Themen aus Kapitel 2 aus und zeigen Sie an jeweils einem konkreten Beispiel, wie sie sich auf die in diesem Kapitel behandelten Themen beziehen.

7.2 Wie zuvor, jedoch für Kapitel 3.

7.3 Beschreiben Sie (a) die Ähnlichkeiten und (b) die Unterschiede zwischen den in Kapitel 6 erläuterten Massivumformverfahren und den Blechverarbeitungsprozessen, die in diesem Kapitel behandelt wurden.

7.4 Erörtern Sie die Werkstoff- und Prozessvariablen, die die Kurvenform der Stempelkraft über dem Hub einschließlich Höhe und Breite der Kurve beim Scheren beeinflussen (Abbildung 7.7).

7 Verarbeitung von Blechen

7.5 Beschreiben Sie Ihre Beobachtungen in Bezug auf die Abbildungen 7.5 und 7.6.

7.6 Untersuchen Sie einen normalen Papierlocher und vergleichen Sie die Form der Stanzspitze mit den in Abbildung 7.12 gezeigten Formen.

7.7 Erläutern Sie, wie Sie den Temperaturanstieg in der Scherzone bei einem Schervorgang abschätzen. *Hinweis:* siehe Abschnitt 2.12.1.

7.8 Warum sind Sie als ein in der Praxis tätiger Fertigungstechniker an der Form der in Abbildung 7.7 gezeigten Kurve interessiert? Erläutern Sie Ihre Antwort.

7.9 Kann die Anwesenheit eines Grats in bestimmten Anwendungen günstig sein? Geben Sie konkrete Beispiele an.

7.10 Erläutern Sie, warum es so viele unterschiedliche Arten von Werkzeug- und Gesenkwerkstoffen für die in diesem Kapitel beschriebenen Verfahren gibt.

7.11 Beschreiben Sie die Unterschiede zwischen Verbund-, Folgeverbund- und Transfergesenken.

7.12 Es wurde festgestellt, dass die Qualität der gescherten Kanten die Umformbarkeit von Blechen beeinflussen kann. Erläutern Sie, warum.

7.13 Erläutern Sie, warum und wie verschiedene Faktoren die Rückfederung beim Biegen von Blechen beeinflussen.

7.14 Wirkt sich die Härte eines Blechs auf seine Rückfederung beim Biegen aus? Erläutern Sie Ihre Antwort.

7.15 Wie zu Abbildung 7.16 angemerkt wurde, verschiebt sich der Spannungszustand von ebener Spannung zu ebener Dehnung, wenn das Verhältnis von Biegelänge zu Blechdicke zunimmt. Erläutern Sie, warum.

7.16 Beschreiben Sie die Werkstoffeigenschaften, die sich auf die relative Lage der in Abbildung 7.19 dargestellten Kurven auswirken.

7.17 In Tabelle 7.2 wurde angemerkt, dass harte Werkstoffe höhere R/t-Verhältnisse als weiche Werkstoffe haben. Erläutern Sie, warum.

7.18 Warum neigen Röhren dazu, beim Biegen zu beulen? Experimentieren Sie mit einem geraden Strohhalm und beschreiben Sie Ihre Beobachtungen.

7.19 Skizzieren und erläutern Sie anhand von Abbildung 7.22 die Form eines U-Gesenks, das zur Herstellung von kanalförmigen Biegeteilen verwendet wird.

7.20 Erläutern Sie, warum beim freien Biegen von Blechen keine negative Rückfederung auftritt.

7.21 Geben Sie Beispiele für Produkte an, bei denen Ziehwülste vorteilhaft oder sogar notwendig sind.

7.22 Bei einem Blechumformvorgang stellen Sie fest, dass der Werkstoff nicht genügend duktil ist. Machen Sie Vorschläge, um seine Duktilität zu verbessern.

7.23 Ist es beim Tiefziehen eines zylindrischen Napfes immer notwendig, dass Zugumfangsspannungen auf dem Element in der Napfwand vorhanden sind, wie Abbildung 7.50b zeigt? Erläutern Sie Ihre Antwort.

7.24 Beim Vergleich der Hydroformung mit dem Tiefziehvorgang wurde festgestellt, dass mit der zuerst genannten Methode größere Tiefungen möglich sind. Erläutern Sie anhand entsprechender Skizzen, warum das so ist.

7.25 Zu Abbildung 7.50a wird angemerkt, dass Element A im Flansch Druckumfangsspannungen ausgesetzt ist. Erläutern Sie mit einem Freikörperbild, warum das so ist.

7.26 Nennen und erklären Sie für die in diesem Kapitel behandelten Themen mehrere spezielle Beispiele, bei denen jeweils die Reibung (a) erwünscht und (b) nicht erwünscht ist.

7.27 Erläutern Sie, warum sich die Tiefziehbarkeit eines Blechs erhöht, wenn seine senkrechte Anisotropie R zunimmt.

7.28 Erläutern Sie den Grund für das negative Vorzeichen im Zähler von Gleichung (7.21).

7.29 Wenn Sie den Dehnungszustand in einem Blechumformvorgang steuern könnten, würden Sie dann eher auf der linken oder auf der rechten Seite der Grenzformänderungskurve arbeiten? Erläutern Sie Ihre Antwort.

7.30 Erläutern Sie die Auswirkungen, die eine Schmierung der Stempeloberflächen auf das Grenzziehverhältnis beim Tiefziehen haben kann.

7.31 Erläutern Sie die Rolle der Kreisgrößen auf den Oberflächen von Blechen beim Ermitteln der Umformbarkeit. Sind quadratische Raster wie in Abbildung 7.65 gezeigt nützlich? Begründen Sie Ihre Antwort.

7.32 Erstellen Sie eine Liste der unabhängigen Variablen, die die Stempelkraft beim Tiefziehen eines zylindrischen Napfes beeinflussen, und erläutern Sie, warum und wie diese Variablen die Kraft beeinflussen.

7.33 Erläutern Sie, warum die Linie für einfachen Zug in der Grenzformänderungskurve in Abbildung 7.63a mit $R = 1$ bezeichnet ist, wobei R die senkrechte Anisotropie des Blechs ist.

7.34 Nennen Sie die Gründe für die Nützlichkeit von Grenzformänderungskurven. Haben Sie konkrete Kritiken zu derartigen Diagrammen? Erläutern Sie Ihre Antwort

7.35 Erläutern Sie die Grundgedanken zu Gleichung (7.20) für die senkrechte Anisotropie bzw. Gleichung (7.21) für die planare Anisotropie.

7.36 Beschreiben Sie, warum Zipfelbildung auftritt. Wie lässt sie sich vermeiden? Können Zipfel auch nützlich sein? Erläutern Sie Ihre Antwort.

7.37 In Abschnitt 7.7.1 wurde festgestellt, dass die Grenzformänderungskurve umso höher ist, je dicker das Blech ist. Erläutern Sie die Gründe dafür.

7.38 Sehen Sie sich die in Abbildung 7.57 gezeigten Zipfel an und schätzen Sie die Richtung ab, in der der Rohling geschnitten wurde.

7.39 Beschreiben Sie die Faktoren, die bei der Auswahl von Größe und Länge der Wülste bei Blechumformungen zu betrachten sind.

7.40 Bekanntlich hängt die Festigkeit von Metallen von ihrer Korngröße ab (siehe Abschnitt 3.4.1). Ist zu erwarten, dass sich die Festigkeit auf die Größe von R bei Blechen auswirkt? Erläutern Sie Ihre Antwort.

7.41 Gleichung (7.23) verkörpert eine allgemeine Regel für die Abmessungsverhältnisse zum erfolgreichen Ziehen ohne Niederhalter. Erläutern Sie, was passiert, wenn diese Grenze überschritten wird.

7.42 Erläutern Sie, warum die drei gestrichelten Linien in Abbildung 7.63a (für einfachen Zug, ebene Dehnung und äquibiaxialen Zug) die dargestellten Anstiege haben.

7.43 Wählen Sie verschiedene Teile eines typischen Kraftfahrzeugs aus und geben Sie dafür mögliche Herstellungsverfahren an, die dieses Kapitel beschrieben hat. Erläutern Sie Ihre Entscheidung.

7.44 Es wurde festgestellt, dass Biegefähigkeit und Drückbarkeit einen gemeinsamen Aspekt haben, was die Eigenschaften der Werkstückwerkstoffe angeht. Beschreiben Sie diesen gemeinsamen Aspekt.

7.45 Erläutern Sie die Gründe, warum im Lauf der Jahre eine so breite Vielfalt von Blechumformprozessen entwickelt und eingesetzt wurde.

7.46 Bereiten Sie eine Zusammenstellung der Defektarten vor, die beim Blechumformen auftreten. Kommentieren Sie kurz die Ursache(n) für jeden Defekt.

7.47 Welche der in diesem Kapitel beschriebenen Verfahren verwenden nur ein Gesenk? Worin liegen die Vorteile, nur ein Gesenk zu verwenden?

7.48 Es wurde vorgeschlagen, die Tiefziehbarkeit durch (a) Erwärmen des Flansches und/oder (b) Kühlen des Stempels mit geeigneten Mitteln zu erhöhen. Erörtern Sie, wie diese Methoden die Tiefziehbarkeit verbessern könnten.

7.49 Schlagen Sie Entwürfe vor, bei denen sich die beiden in Frage 7.48 angegebenen Vorschläge in der realen Fertigung umsetzen lassen. Wirkt sich eine angestrebte Produktionsrate auf Ihre Entwürfe aus? Erläutern Sie Ihre Antwort.

7.50 Bei der Herstellung von Teilen für die Außenhaut von Kraftfahrzeugen aus Kohlenstoffstählen werden Fließfiguren (Lüdersbänder) beobachtet, die die Oberflächengüte nachteilig beeinflussen. Wie können Fließfiguren verhindert werden? Erläutern Sie Ihre Antwort.

7.51 Eine Blechrolle wird im Ofen geglüht, um ihre Duktilität zu verbessern. Allerdings wird beobachtet, dass das Blech danach ein geringeres Grenzziehverhältnis hat als vor dem Glühen. Erläutern Sie die Gründe für dieses Verhalten.

7.52 Wie wirkt sich Reibung auf eine Grenzformänderungskurve aus? Erläutern Sie Ihre Antwort.

7.53 Warum werden bei der Blechumformung im Allgemeinen Schmierstoffe verwendet? Erläutern Sie Ihre Antwort und geben Sie Beispiele an.

7.54 Durch Änderungen der Klemmvorrichtung ist es bei einer Blechumformung möglich, dass das Blech eine negative Nebenformänderung erfährt. Erläutern Sie, wie dieser Effekt von Vorteil sein kann.

7.55 Wie stellen Sie das in Abbildung 7.35 gezeigte Teil außer durch Rohr-Innenhochdruckumformung her?

7.56 Geben Sie drei Beispiele für Blechteile an, die sich durch inkrementelle Umformverfahren (a) herstellen und (b) nicht herstellen lassen.

7.57 Aufgrund der Vorzugsorientierung (siehe Abschnitt 3.5) können Werkstoffe wie zum Beispiel Eisen nach dem Kaltwalzen eine höhere Magnetisierbarkeit aufweisen. Skizzieren Sie unter Berücksichtigung dieses Merkmals das Grenzziehverhältnis über dem Grad der Magnetisierbarkeit.

7.58 Erläutern Sie, warum ein Metall mit einer feinkörnigen Mikrostruktur für Feinschneiden besser geeignet ist als grobkörniges Metall.

7.59 Welche Gemeinsamkeiten und Unterschiede weisen Profilierwalzen (Abschnitt 7.4.4) und Profilwalzen (Abschnitt 6.3.5) auf?

7.60 Erläutern Sie, wie mechanische Faserbildung die Biegefähigkeit negativ beeinflussen kann. Haben sie ähnliche Wirkungen auf die Tiefziehbarkeit?

7.61 Die Kristallstruktur von Zink weist ein hohes, jene von Titan dagegen ein niedriges c/a-Verhältnis auf. Warum ist dies für das Grenzziehverhältnis relevant?

7.62 Sehen Sie sich noch einmal die Gleichungen (7.12) bis (7.14) an und erläutern Sie, warum sich diese Ausdrücke auf inkrementelle Umformung anwenden lassen.

Rechenaufgaben

7.63 Zu Gleichung (7.5) wird angemerkt, dass aufgrund der Verschiebung der neutralen Achse beim Biegen die tatsächlichen Werte von ε_a deutlich höher sind als die Werte von ε_i. Erläutern Sie dieses Phänomen mit einer geeigneten Skizze.

7.64 Gemäß Gleichung (7.11) ist die Biegekraft eine Funktion von t^2. Weshalb ist das so? *Hinweis:* Erinnern Sie sich an das Biegemoment aus der Festkörpermechanik.

7.65 Berechnen Sie die logarithmische Mindestbruchdehnung bei einachsigem Zug, die ein Blech haben sollte, um zu den folgenden R/t-Verhältnissen gebogen zu werden: (a) 0,5, (b) 2 und (c) 4 (siehe Tabelle 7.2).

7.66 Schätzen Sie die maximale Biegekraft ab, die für die Titanlegierung TiAl5Sn2,5 mit einer Dicke von 3,2 mm und einer Breite von 300 mm in einem V-Gesenk mit einer Weite von 150 mm erforderlich ist.

7.67 Berechnen Sie für Beispiel 7.4 im Text die verrichtete Arbeit mit der Kraft-Weg-Methode. Beachten Sie, dass die Arbeit das Produkt aus dem vertikalen Anteil der Kraft F und dem zurückgelegten Weg ist.

7.68 Wie würde die Antwort zu Beispiel 7.4 lauten, wenn die Spitze des Mechanismus, der die Kraft F ausübt, am Band befestigt wird, sodass auch der laterale Anteil der Kraft Arbeit verrichtet? *Hinweis:* Wie sich mit einem Gummiband demonstrieren lässt, wird jetzt der linke Abschnitt des Bands mehr gedehnt als der rechte.

7.69 Berechnen Sie die Größe der Kraft F in Beispiel 7.4, wenn $\alpha = 30°$.

7.70 Wie ändert sich die Kraft in Beispiel 7.4, wenn das Werkstück aus einem perfekt plastischen Werkstoff besteht? Erläutern Sie Ihre Antwort.

7.71 Berechnen Sie die erforderliche Presskraft, um quadratische Löcher mit einer Seitenlänge von 30 mm in eine 0,5 mm dicke Aluminiumfolie aus EN AW-5052-O zu stanzen.

7.72 Ein 1 mm dickes Aluminiumblech wird in einem Hohlraum von 20 mm Durchmesser gerundet, wie die Skizze zeigt (siehe auch Abbildung 7.25a). Berechnen Sie unter Beachtung der Rückfederung den Außendurchmesser der Rundung, nachdem sie aus dem Gesenk entnommen wurde. Nehmen Sie für $Y = 150$ MPa an.

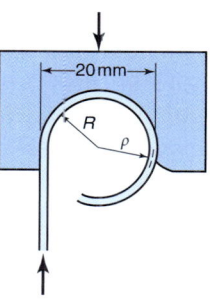

7.73 Setzen Sie in Gleichung (7.10) Zahlenwerte ein und überprüfen Sie, ob der erste Term in der Gleichung vernachlässigt werden kann, ohne dass bei der Berechnung der Rückfederung ein signifikanter Fehler auftritt.

7.74 Berechnen Sie in Beispiel 7.5 im Text die erforderliche Menge TNT, um einen Druck von 70 MPa auf der Oberfläche des Werkstücks zu erzeugen. Verwenden Sie einen Abstand von 30 cm.

7.75 Schätzen Sie das Grenzziehverhältnis für die in Tabelle 7.3 aufgeführten Werkstoffe ab.

7.76 Berechnen Sie für den gleichen Werkstoff und die gleiche Dicke wie in Aufgabe 7.66 die erforderliche Kraft beim Tiefziehen mit einem Rondendurchmesser von 25 cm und einem Stempeldurchmesser von 22 cm.

7.77 Aus einem Blech mit einer senkrechten Anisotropie von 3 wird ein zylindrischer Napf gezogen. Berechnen Sie das maximale Verhältnis von Napfhöhe zu Napfdurchmesser, das sich in einem einzelnen Durchgang erfolgreich realisieren lässt. Nehmen Sie an, dass die Blechdicke im Napf die gleiche bleibt wie die ursprüngliche Dicke der Ronde.

7.78 Leiten Sie für die in Abbildung 7.56 gezeigte Kurve einen Ausdruck in Form des Grenzziehverhältnisses und der durchschnittlichen senkrechten Anisotropie $\bar{R}$ ab. *Hinweis:* siehe Abbildung 2.5b.

7.79 Ein Stahlblech habe R-Werte von 1,0, 1,5 und 2,0 für die Orientierungen 0, 45 bzw. 90°. Berechnen Sie für eine Ronde mit einem Durchmesser von 150 mm den kleinsten Napfdurchmesser, bis zu dem sie sich in einem Ziehdurchgang ziehen lässt.

7.80 Erläutern Sie für Aufgabe 7.79, ob und (falls zutreffend) warum sich Zipfel bilden.

7.81 Ein isotropes 1 mm dickes Blech wird mit einem Kreis von 4 mm Durchmesser versehen und anschließend einachsig um 25 % gestreckt. Berechnen Sie (a) die Endabmessungen des Kreises und (b) die Dicke des Blechs an diesem Ort.

7.82 Informieren Sie sich in der Literatur über die Gleichung für eine Ziehkurve (Traktrix), wie sie in Abbildung 7.61 verwendet wird.

7.83 Nehmen Sie für Beispiel 7.4 an, dass das Strecken durch zwei gleiche Kräfte F erfolgt, die jeweils 15 cm von den Werkstückenden entfernt angreifen. (a) Berechnen Sie die Größe dieser Kraft für $\alpha = 10°$. (b) Wie groß sollte der Wert von n des Werkstoffs mindestens sein, wenn wir das Werkstück bis zu $\alpha_{max} = 50°$ ohne Einschnüren strecken wollen?

7.84 Leiten Sie Gleichung (7.5) her.

7.85 Berechnen Sie die maximale Leistung beim Abstreckdrücken einer 12,7 mm dicken geglühten Ronde aus dem Stahl X2CrNi18-9 mit einem Durchmesser von 30 cm auf einem konischen Dorn mit $\alpha = 30°$. Der Dorn dreht sich mit 100 Umdrehungen pro Minute und der Vorschub beträgt $f = 2,5$ cm/Umdrehung.

7.86 Schneiden Sie eine handelsübliche Aluminiumgetränkedose mit einer Blechschere längs in zwei Hälften. Messen Sie mit einer Mikrometerschraube die Dicken von Boden und Wand der Dose. Schätzen Sie (a) die Dickenverringerung beim Abstrecken der Wand und (b) den ursprünglichen Durchmesser der Ronde.

7.87 Welche Kraft ist erforderlich, um ein quadratisches Loch mit einer Seitenlänge von 150 mm aus einem 1 mm dicken Blech aus EN AW- 5052-O mit flachen Gesenken zu stanzen? Wie lautet das Ergebnis, wenn stattdessen abgeschrägte Gesenke verwendet werden?

7.88 Schätzen Sie den prozentualen Schrottanteil bei der Herstellung von Ronden, wenn der Freiraum zwischen den Ronden ein Zehntel ihres Radius beträgt. Betrachten Sie die Herstellung in einzelnen und mehreren Reihen, wie die Abbildung zeigt.

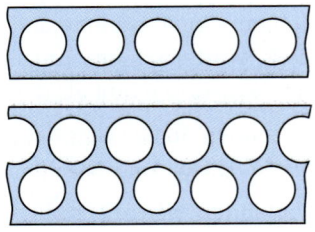

7.89 Zeichnen Sie den endgültigen Biegeradius als Funktion des anfänglichen Biegeradius beim Biegen von Blechen aus (a) EN AW-5052-O, (b) EN AW-5052-H34, (c) Messing mit 20 % Zn, (d) dem Stahl X2CrNi18-9.

7.90 Die Abbildung zeigt ein Paraboloid, das die Form des Dorns in einem herkömmlichen Drückvorgang darstellt. Ermitteln Sie die Gleichung für die Oberfläche des Paraboloids. Berechnen Sie den erforderlichen Mindestdurchmesser der Blechronde, wenn ein Teil aus einem 10 mm dicken Blech gedrückt werden soll. Nehmen Sie an, dass der Durchmesser des parabolischen Teils 15 cm bei einem Abstand von 7,5 cm von seinem offenen Ende beträgt.

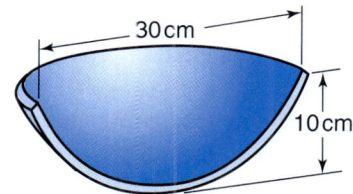

7.91 Zeichnen Sie für den Dorn gemäß Aufgabe 7.90 die Blechdicke als Funktion des Radius, wenn das Teil durch Abstreckdrücken hergestellt wird. Erörtern Sie, ob diese Methode zweckmäßig ist.

7.92 Nehmen Sie an, Sie sollen Studenten Kontrollfragen zum Inhalt dieses Kapitels stellen. Bereiten Sie fünf quantitative Übungsaufgaben und fünf qualitative Fragen vor und geben Sie die Antworten an.

Fragen zum Entwurf

7.93 Nehmen Sie an, dass mehrere Formen (z. B. oval, dreieckig, L-förmig etc.) durch Laserstrahlschneiden aus einem großen ebenen Blech geschnitten werden sollen. Skizzieren Sie, wie die Teile zu verschachteln sind, um den Verschnitt möglichst gering zu halten.

7.94 Geben Sie mehrere Konstruktionsanwendungen an, bei denen Diffusionsschweißen und superplastische Umformung gemeinsam verwendet werden können.

7.95 Auf der Grundlage von Experimenten wurde vorgeschlagen, Beton – entweder allein oder verstärkt – als Werkstoff für Gesenke bei der Blechumformung einzusetzen. Beschreiben Sie Ihre Gedanken zu diesem Vorschlag und beachten Sie dabei die Geometrie und andere Faktoren, die relevant sein können.

7.96 Metalldosen bestehen entweder aus zwei Teilen (wobei der Boden und die Seiten zusammenhängen) oder drei Teilen (wobei die Seiten, der Boden und der Deckel separat gefertigt werden). Nehmen Sie eine dreiteilige Dose an und gehen Sie davon aus, dass sie sich als dünnwandiger, einem Innendruck ausgesetzter Behälter betrachten lässt. Sollte der Saum (a) in der Walzrichtung, (b) senkrecht zur Walzrichtung oder (c) schräg zur Walzrichtung des Blechs liegen? Erläutern Sie Ihre Antwort mithilfe von Gleichungen der Festkörpermechanik.

7.97 Untersuchen Sie Methoden, um die optimalen Formen von Ronden für Tiefziehvorgänge zu ermitteln. Skizzieren Sie die optimal geformten Ronden für das Tiefziehen von rechteckförmigen Näpfen und optimieren Sie ihr Layout auf einer großen Blechtafel.

7.98 Das in der Abbildung gezeigte Design wird für ein Metalltablett vorgeschlagen, dessen Hauptkörper aus kaltgewalztem Stahlblech besteht. Erörtern Sie relevante Punkte für die Fertigung, wobei Sie die Merkmale des Tabletts zugrunde legen und beachten, dass das Blech in zwei verschiedenen Richtungen gebogen wird. Berücksichtigen Sie auch Faktoren wie die Anisotropie des kaltgewalzten Blechs, die Oberflächentextur und -güte, die Biegerichtungen, die Eigenschaften der gescherten Kanten und die Methode, mit der der Griff beim Zusammenbau eingerastet wird.

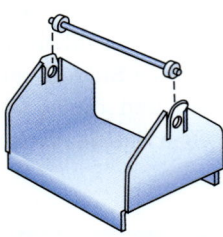

7.99 Entwerfen Sie eine Schachtel mit einem Volumen von $10 \times 15 \times 7{,}5 \, \text{cm}^3$. Der Behälter ist aus zwei Blechteilen herzustellen und muss sich ohne Werkzeuge und Verbindungselemente montieren lassen.

7.100 Wiederholen Sie Aufgabe 7.99, wobei aber der Behälter aus einem einzigen Stück Blech hergestellt werden soll.

7.101 Beim Öffnen einer Dose mit einem elektrischen Dosenöffner ist festzustellen, dass der Deckel oftmals einen ausgezackten Rand entwickelt. (a) Erläutern Sie, warum dies auftritt. (b) Welche Änderungen am Design des Dosenöffners schlagen Sie vor, um die Ausbildung von Zacken zu minimieren oder wenn möglich zu vermeiden? (c) Sind derartige Designänderungen Ihrer Meinung nach notwendig oder der Mühe wert, angesichts der Tatsache, dass Deckel normalerweise recycelt oder weggeworfen werden? Erläutern Sie Ihre Antwort.

7.102 Entsprechend einem neueren Trend in der Blechumformung wird eine speziell strukturierte Oberfläche vorgesehen, die kleine Oberflächenvertiefungen (Taschen) aufweist, um die Mitnahme von Schmierstoffen zu unterstützen (siehe auch Abschnitt 4.3). Recherchieren Sie in der Literatur nach dieser Technologie und bereiten Sie einen kurzen Fachartikel zu diesem Thema vor.

7.103 Geben Sie das Layout für eine Walzstraße an, mit der sich die drei in Abbildung 7.27b gezeigten Querschnitte herstellen lassen.

7.104 Nehmen Sie einige Kartonstücke und schneiden Sie sorgfältig die Profile, um die in Abbildung 7.68 gezeigten Biegungen herzustellen. Zeigen Sie, dass die mit „am besten" bezeichneten Versionen tatsächlich die besten Entwürfe sind. Erörtern Sie die verschiedenen Dehnungszustände der einzelnen Entwürfe.

Materialabtragverfahren: Spanen

8.1 Einführung 582
8.2 Mechanik der Spanbildung 584
8.3 Verschleiß und Versagen von Werkzeugen 608
8.4 Oberflächengüte und -beschaffenheit 618
8.5 Bearbeitbarkeit 621
8.6 Schneidstoffe 624
8.7 Schneidflüssigkeiten 638
8.8 Hochgeschwindigkeitsbearbeitung 641
8.9 Bearbeitungsvorgänge und Werkzeugmaschinen für die Fertigung von runden Formen 642
8.10 Bearbeitungsvorgänge und Werkzeugmaschinen zur Herstellung verschiedener Formen 660
8.11 Bearbeitungs- und Drehzentren 676
8.12 Schwingungen und Rattern 684
8.13 Maschinen-Werkzeug-Strukturen 687
8.14 Überlegungen zum Entwurf 688
8.15 Wirtschaftlichkeit der spanenden Bearbeitung ... 691
Zusammenfassung 697
Wichtige Gleichungen 699
Verständnisfragen 700
Rechenaufgaben 706
Fragen zum Entwurf 711

ÜBERBLICK

8 Materialabtragverfahren: Spanen

LERNZIELE

Der allgemeine Begriff „spanende Bearbeitung" beschreibt eine Gruppe von Verfahren, die aus der Materialabtragung von einem Werkstück und der Veränderung seiner Oberflächen bestehen, nachdem es durch die in den vorherigen Kapiteln beschriebenen Methoden produziert wurde. Mithilfe der vielseitigen Bearbeitungsverfahren lässt sich nahezu jede Form mit guter Maßhaltigkeit und Oberflächengüte herstellen. Dieses Kapitel befasst sich unter anderem mit folgenden Themen:

- Entstehung von Spänen während der Bearbeitung;
- Kraft- und Leistungsanforderungen;
- Mechanismen von Werkzeugverschleiß und -versagen;
- Arten und Eigenschaften von Werkstoffen für Schneidewerkzeuge;
- Eigenschaften von Werkzeugmaschinen;
- Schwingungen und Rattern und deren Folgen;
- Entwurfsüberlegungen für Bearbeitungsvorgänge;
- Wirtschaftlichkeit der spanenden Bearbeitung.

8.1 Einführung

Teile, die durch Gießen, Umformen und verschiedene Formgebungsverfahren hergestellt wurden, wie sie die vorherigen Kapitel beschrieben haben, erfordern oftmals weitere Verarbeitungs- oder Endbearbeitungsschritte, um spezifische Eigenschaften wie zum Beispiel Maßgenauigkeit und Oberflächengüte einzubringen, bevor das Produkt einsatzbereit ist. Dieses und die folgenden Kapitel beschreiben im Detail die verschiedenen Operationen, mit denen sich diese Eigenschaften realisieren lassen. Diese Prozesse werden im Allgemeinen als **Verfahren zum Abtragen von Material** klassifiziert und sind in Bezug auf die mit ihnen herstellbaren Formen anderen Fertigungsverfahren ebenbürtig. Um ein akzeptables Teil zu fertigen, sind oftmals wichtige Entscheidungen zu treffen, die den Umfang der Formgebung und Umformung eines Werkstücks dem Aufwand der eventuell erforderlichen Weiterbearbeitung durch spanende Bearbeitungsverfahren gegenüberstellen.

Auch wenn der Begriff *maschinelle Bearbeitung* allgemein das Abtragen von Material beschreibt, umfasst er mehrere Verfahren, die gewöhnlich in die folgenden Kategorien gegliedert werden, wobei die erste Kategorie das Thema dieses Kapitels ist:

- **Spanen oder Schneiden**, das im Allgemeinen mit Einfach- oder Mehrfachschneidewerkzeugen und -verfahren durchgeführt wird, wie zum Beispiel Drehen, Bohren, Senken, Gewindeschneiden, Fräsen, Sägen und Räumen;
- **Abrasive Verfahren** wie Schleifen, Honen, Läppen und Ultraschallspanen (Abschnitte 9.1 bis 9.9);

- **Avancierte Bearbeitungsvorgänge**, die elektrische chemische, thermische, hydrodynamische und optische Energiequellen einzeln oder kombiniert nutzen, um Material von der Werkstückoberfläche abzutragen (Abschnitte 9.10 bis 9.15).

Wie dieses Kapitel an mehreren Stellen beschreibt, sind maschinelle Bearbeitungsvorgänge in der Fertigung aus den folgenden Gründen wünschenswert oder sogar notwendig:

1. Gegebenenfalls bestehen höhere Anforderungen an die **Maßhaltigkeit**, die sich mit anderen Verfahren der Bearbeitung allein nicht erreichen lässt. Zum Beispiel ist es bei einer geschmiedeten Kurbelwelle nicht möglich, die Lagerflächen und Bohrungen allein durch Umformprozesse mit guter Maßhaltigkeit und Oberflächengüte herzustellen.
2. Teile können spezielle äußere und innere geometrische Merkmale aufweisen, beispielsweise scharfe Ecken und Innengewinde, die sich durch Umformuen nicht fertigen lassen.
3. Manche Teile werden einer Wärmebehandlung unterzogen, um die Härte und die Belastbarkeit zu verbessern. Da bei wärmebehandelten Teilen Verzüge und Oberflächenverfärbungen auftreten können, sind meist zusätzliche Endbearbeitungsvorgänge erforderlich.
4. Für alle oder ausgewählte Bereiche von Werkstückoberflächen des Produkts können spezielle Oberflächeneigenschaften oder -texturen nötig sein, die mit anderen Mitteln nicht herstellbar sind. So müssen bestimmte Bereiche von Motorblöcken eine bessere Oberflächengüte und Maßhaltigkeit aufweisen als die übrigen Bereiche. Ein anderes Beispiel sind Kupferspiegel mit sehr hohem Reflexionsvermögen, die mit einem Diamantschneidewerkzeug bearbeitet werden.
5. Es ist eventuell wirtschaftlicher, das Teil durch spanende Bearbeitung als durch andere Verfahren herzustellen. Das gilt besonders dann, wenn die Anzahl der benötigten Teile relativ klein ist. Umformen erfordert in der Regel teure Gesenke und Maschinen, wobei die Kosten nur gerechtfertigt sind, wenn die Anzahl der produzierten Teile groß genug ist.

Diesen Vorteilen der maschinellen Bearbeitung stehen bestimmte Einschränkungen gegenüber:

1. Spanende Bearbeitungsverfahren verschwenden unvermeidlich Material und benötigen im Allgemeinen mehr Energie und Arbeitsaufwand als andere Bearbeitungsvorgänge. Somit sollten diese Bearbeitungsvorgänge möglichst vermieden oder nur in geringem Umfang eingesetzt werden.
2. Das Abtragen eines Materialvolumens von einem Werkstück dauert meist länger als andere Vorgänge.
3. Vorgänge, die Material abtragen, können sich negativ auf die Oberflächenintegrität des Produkts auswirken und seine Lebensdauer verkürzen, wenn sie nicht ordnungsgemäß durchgeführt werden.

Trotz dieser Einschränkungen sind spanende Bearbeitung und entsprechende Werkzeugmaschinen in der Fertigung unverzichtbar. Seit der Einführung der Drehbank im 17. Jahrhundert haben sich diese Prozesse kontinuierlich entwickelt. Heute gibt es eine umfangreiche Palette von computergesteuerten Werkzeugmaschinen sowie neue Techniken, die verschiedenartige Energiequellen nutzen.

Wie bei allen anderen Fertigungsprozessen ist es wichtig, Bearbeitung als System zu betrachten, das aus *Werkstück*, *Schneidewerkzeug*, *Werkzeughalter*, *Spannvorrichtungen* und *Werkzeugmaschine* besteht.

Ohne grundlegende Kenntnisse der oftmals komplexen Interaktionen zwischen diesen kritischen Elementen lassen sich Bearbeitungsvorgänge weder effizient noch wirtschaftlich durchführen. Dies wird das ganze Kapitel hindurch ersichtlich. Die Wichtigkeit dieser Betrachtungen wird noch durch die Tatsache unterstrichen, dass in den USA und in Europa die Arbeits- und Gemeinkosten für die maschinelle Bearbeitung auf je etwa 200 Milliarden Euro pro Jahr geschätzt werden.

8.2 Mechanik der Spanbildung

Spanendes Bearbeiten trägt Material von der Werkstückoberfläche ab, indem Späne erzeugt werden, wie ▶ Abbildung 8.1 zeigt. Die prinzipielle Mechanik der Spanbildung, die für alle Schneidvorgänge gleich ist, wird durch das in ▶ Abbildung 8.2 gezeigte zweidimensionale Modell dargestellt. In diesem Modell bewegt sich ein Werkzeug mit einer bestimmten Geschwindigkeit (Schnittgeschwindigkeit) V und einer Schnitttiefe t_0 auf dem Werkstück. Unmittelbar vor dem Werkzeug entsteht durch kontinuierliches *Scheren* des Materials entlang der Scherebene ein Span.

Die *unabhängigen Hauptvariablen* beim Scheren, d. h. die Variablen, die wir direkt ändern und steuern können, sind:

- Art und Zustand des Schneidewerkzeugs;
- Form, Oberflächengüte und Schärfe des Werkzeugs;

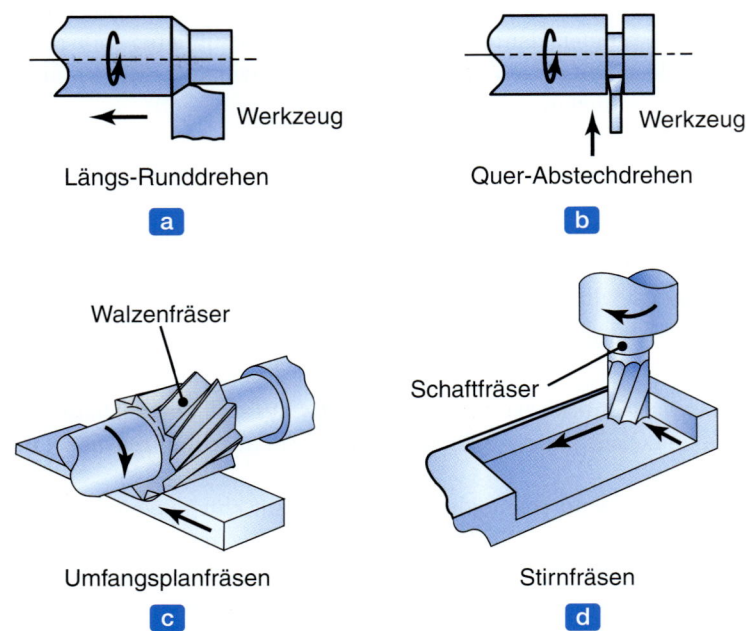

Abbildung 8.1: Einige Beispiele für die spanende Bearbeitung.

8.2 Mechanik der Spanbildung

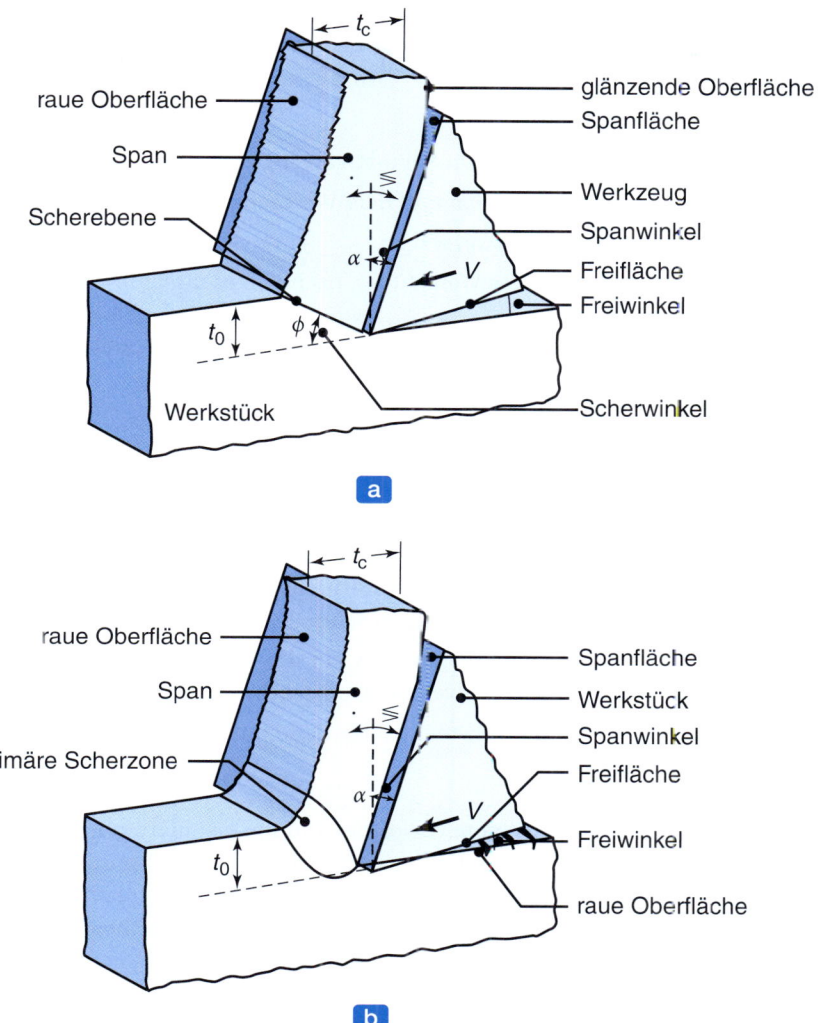

Abbildung 8.2: Schematische Darstellung des ebenen Schneidens (auch rechtwinkeliges Schneiden): (a) mit einer definierten Scherebene nach dem Merchant-Modell, (b) ohne definierte Scherebene.

- Werkstückwerkstoff, dessen Zustand und die Temperatur, bei der das Werkstück bearbeitet wird;
- Schneidbedingungen wie zum Beispiel Geschwindigkeit, Vorschub und Schnitttiefe;
- Art der Schneidflüssigkeiten (falls verwendet);
- Eigenschaften der Werkzeugmaschine, insbesondere ihre Steifigkeit und Dämpfung;
- Werkzeughalter, Werkstückaufnahme und Spannvorrichtungen.

Die *abhängigen Variablen*, d. h. die Variablen, die sich durch Änderungen der unabhängigen Variablen beeinflussen lassen, sind:

- Art des produzierten Spans;
- Erforderliche Kraft und Verlustleistung beim Schneidvorgang;
- Temperaturanstieg im Werkstück, dem Span und dem Werkzeug;
- Verschleiß, Abplatzen und Ausfall des Werkzeugs;
- Oberflächengüte und Unversehrtheit des Werkstücks, nachdem es maschinell bearbeitet wurde.

Um beurteilen zu können, wie wichtig die Untersuchung der komplexen Beziehungen zwischen diesen Variablen ist, wollen wir kurz die folgenden Fragen stellen:

a Welche der oben genannten unabhängigen Variablen modifizieren wir zuerst, wenn die Oberflächengüte des zu schneidenden Werkstücks schlecht und nicht akzeptabel ist?

b Welche Modifikationen sollten wir vornehmen, wenn das Werkstück zu heiß wird, sodass sich dies möglicherweise auf seine Eigenschaften auswirkt?

c Ändern wir die Schnittgeschwindigkeit, die Schnitttiefe, den Werkzeugwerkstoff selbst oder eine andere Variable, wenn das Schneidewerkzeug zu schnell verschleißt und stumpf wird?

d Welche Modifikationen sollten wir vornehmen, wenn die Maßtoleranz des spanend bearbeiteten Werkstücks nicht den festgelegten Grenzwerten entspricht?

e Wie lässt sich vermeiden, dass das Werkstück vibriert und rattert, was sich auf die Oberflächengüte auswirkt?

Obwohl fast alle Bearbeitungsoperationen vom Wesen her dreidimensional sind, ist das in Abbildung 8.2 gezeigte zweidimensionale Modell recht nützlich und zweckmäßig, um die grundlegende Mechanik des Schneidvorgangs zu studieren. In diesem Modell, das als **orthogonales (rechtwinkeliges) Schneiden** bezeichnet wird (d. h., die Schneide des Werkzeugs liegt rechtwinklig – orthogonal – zur Schneidrichtung), hat das Werkzeug einen **Spanwinkel** α (positiv wie in der Abbildung gezeigt) und einen **Anstell-** oder **Freiwinkel**. Die Summe aus Span-, Frei- und Keilwinkel des Werkzeugs beträgt 90°.

Mikroskopische Untersuchungen zeigen, dass durch den in ▶ Abbildung 8.3a gezeigten **Schermechanismus** Späne produziert werden. Scheren findet entlang der **Scherebene** statt, die den sogenannten **Scherwinkel** ϕ zur Oberfläche des Werkstücks bildet. Unterhalb der Scherebene bleibt das Werkstück unverformt (abgesehen von einer gewissen elastischen Verzerrung) und oberhalb der Scherebene wird bereits ein Span gebildet, der sich während des Schneidvorgangs entlang der Stirnseite des Werkzeugs nach oben bewegt. Aufgrund dieser Relativbewegung entsteht Reibung zwischen dem Span und der Spanfläche des Werkzeugs.

Die Spandicke t_c lässt sich ermitteln, wenn t_0, α und ϕ bekannt sind. Das Verhältnis von t_0 zu t_c ist das **Schnittverhältnis** r, das als

$$r = \frac{t_0}{t_c} = \frac{\sin \phi}{\cos (\phi - \alpha)} \tag{8.1}$$

8.2 Mechanik der Spanbildung

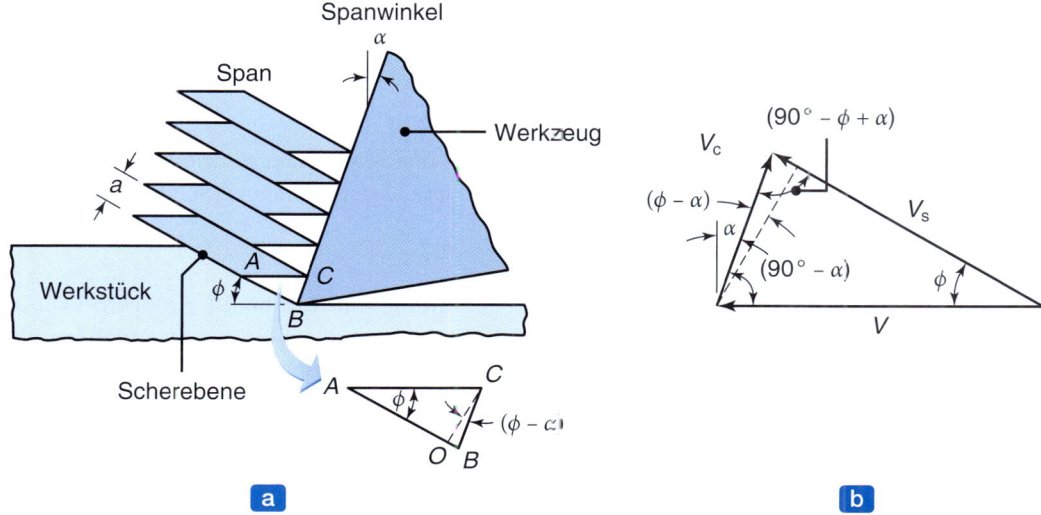

Abbildung 8.3: (a) Schematische Darstellung der Spanbildung beim Schneiden, (b) Geschwindigkeitsdiagramm in der Schnittzone.

ausgedrückt werden kann. Eine Untersuchung dieses Vorgangs zeigt, dass die Spandicke immer größer als die Schnitttiefe ist (auch als **Spanungsdicke** bezeichnet), folglich ist der Wert von r immer kleiner als 1. Der als **Spanstauchungsverhältnis** bezeichnete Kehrwert von r ist ein Maß dafür, wie dick der Span im Vergleich zur Tiefe des Schnitts geworden ist. Somit ist das Spanstauchungsverhältnis immer größer als 1.

Anhand von Abbildung 8.3a lässt sich die **Scherdehnung** γ, die der Werkstoff beim Schneiden erfährt, als

$$\gamma = \frac{AB}{OC} = \frac{AO}{OC} + \frac{OB}{OC} \tag{8.2}$$

oder

$$\gamma = \cot\phi + \tan(\phi - \alpha) \tag{8.3}$$

ausdrücken. Aus dieser Gleichung geht hervor, dass hohe Scherdehnungen mit kleinen Scherwinkeln und niedrigen oder negativen Spanwinkeln verbunden sind. In realen Schneidvorgängen wurden Scherdehnungen von 5 oder höher beobachtet. Somit unterliegt das Material gegenüber Umformvorgängen (siehe Kapitel 6) beim Spanen einer größeren Verformung, wie auch Tabelle 2.4 zeigt.

Abbildung 8.2 zeigt, dass die Parameter Spanungsdicke t_0 und Schnitttiefe für orthogonales Schneiden gleich sind, was für andere Vorgänge nicht zutrifft. Da die Spandicke t_c größer als die Spanungsdicke t_0 ist, muss die *Spangeschwindigkeit* V_c geringer als die Schnittgeschwindigkeit V sein. Da die Massenkontinuität aufrechterhalten werden muss, haben wir

$$Vt_0 = V_c t_c \rightarrow V_c = Vr \tag{8.4}$$

und folglich

$$V_c = V\frac{\sin\phi}{\cos(\phi - \alpha)} . \tag{8.5}$$

Man kann nun ein Geschwindigkeitsdiagramm wie in Abbildung 8.3b konstruieren und mithilfe trigonometrischer Beziehungen die folgenden beiden Gleichungen herleiten:

$$\frac{V}{\cos(\phi-\alpha)} = \frac{V_\text{s}}{\cos\alpha} = \frac{V_\text{c}}{\sin\alpha} \ . \tag{8.6}$$

Hierin ist V_s die Geschwindigkeit, bei der Scheren entlang der Scherebene stattfindet. Die **Scherdehngeschwindigkeit** ist das Verhältnis von V_s zur Dicke a des gescherten Elements (Scherzone) oder

$$\dot{\gamma} = \frac{V_\text{s}}{a} \ . \tag{8.7}$$

Experimentelle Untersuchungen haben für a eine Größenordnung von 10^{-2} bis 10^{-3} mm ergeben. Dieser Bereich weist darauf hin, dass selbst bei niedrigen Schnittgeschwindigkeiten die Scherdehngeschwindigkeit sehr hoch ist und bei 10^3/s bis 10^6/s liegt. Die Scherdehngeschwindigkeit ist eine wichtige Größe, da sie die Festigkeit und Duktilität des Werkstoffs (siehe Abschnitt 2.2.7 und Tabelle 2.5) und die erzeugte Spanart beeinflusst.

8.2.1 Spanmorphologie

Die Art der produzierten Späne (die *Spanmorphologie*) beeinflusst erheblich die Oberflächengüte und -integrität sowie den gesamten Bearbeitungsvorgang. Betrachtet man Späne, die bei unterschiedlichen Schnittbedingungen erzeugt wurden, unter dem Mikroskop, erkennt man deutliche Abweichungen vom idealen Modell, das in den Abbildungen 8.2 und 8.3a dargestellt ist. ▶ Abbildung 8.4 zeigt die Hauptarten von Metallspänen, die in der Praxis häufig beobachtet werden.

Ein Span besitzt zwei unterschiedliche Oberflächen: Eine Oberfläche stand in Kontakt mit der Spanfläche des Werkzeugs, die andere ist die ursprüngliche Oberfläche des Werkstücks. Die Werkzeugseite der Spanoberfläche ist glänzend oder *poliert* (▶ Abbildung 8.5), was auf die reibende Bewegung des Spans zurückgeht, wenn er an der Werkzeugfläche nach oben wandert. Die andere Oberfläche des Spans ist mit keinem festen Körper in Kontakt gekommen. Sie besitzt ein gezacktes, treppenartiges Aussehen (wie in Abbildung 8.4a zu sehen ist), das durch den Schermechanismus der Spanbildung verursacht wird. (Die Abbildungen 3.5 und 3.7 zeigen analoge Effekte.)

Die grundlegenden Spanarten, die bei Metallschneidvorgängen produziert werden, lassen sich wie folgt beschreiben:

1 **Kontinuierliche Späne** bilden sich in der Regel bei hohen Schnittgeschwindigkeiten und/oder hohen Spanwinkeln (Abbildung 8.4a). Die Verformung des Materials findet entlang einer sehr engen Scherzone – der **primären Scherzone** – statt. Derartige Späne können auch an der Grenzfläche zwischen Werkzeug und Span eine durch Reibung verursachte **sekundäre Scherzone** entwickeln. Die sekundäre Zone wird erwartungsgemäß dicker, wenn die Reibung zwischen Werkzeug und Span zunimmt.

Bei kontinuierlichen Spänen kann die Verformung auch entlang einer weiten primären Scherzone mit *krummlinigen Rändern* auftreten (Abbildung 8.2b). Die untere Grenze dieser Zone liegt *unterhalb* der bearbeiteten Oberfläche, was die bearbeitete Oberfläche einer Verwerfung und möglicherweise einer Beschädigung unterwirft, wie es die senkrechten Linien rechts von der Werkzeugspitze

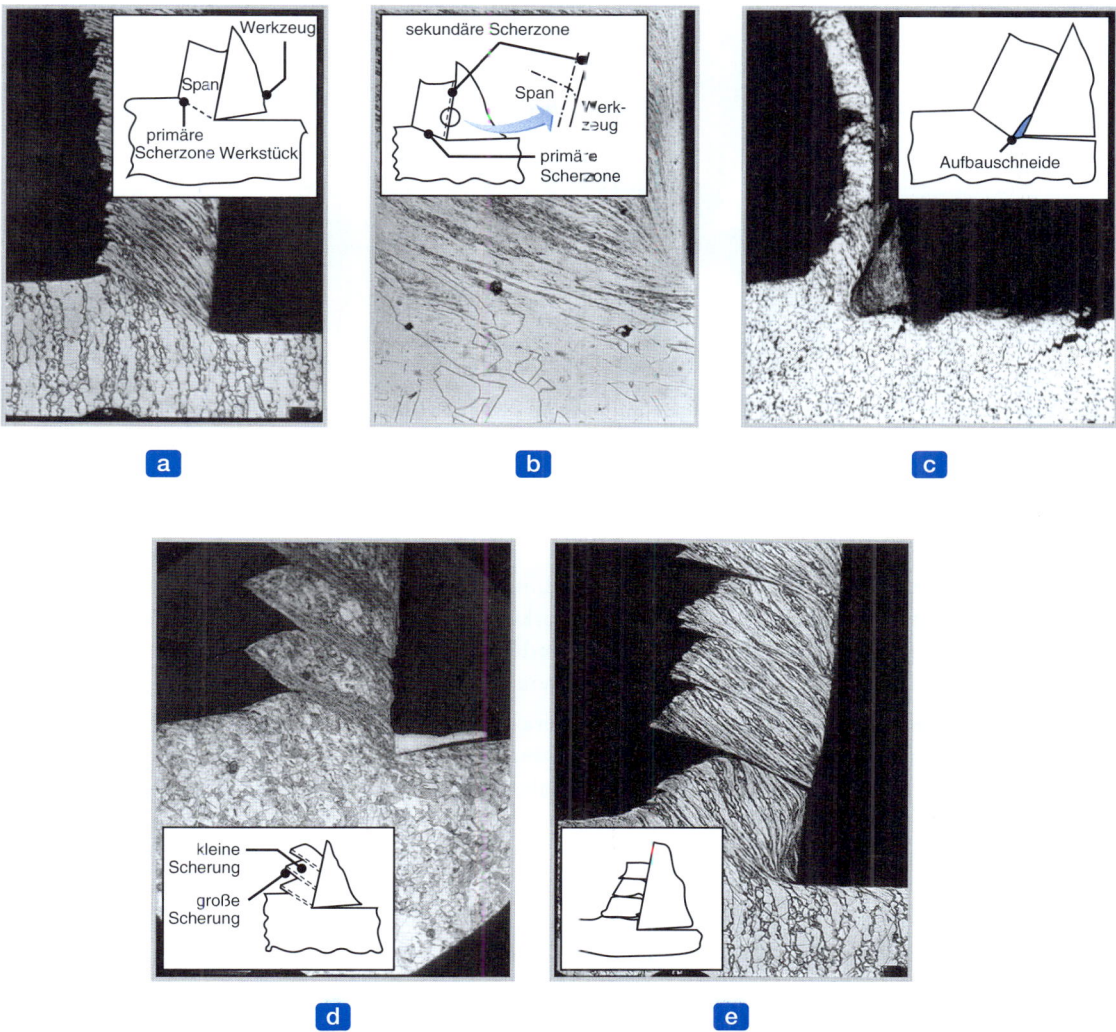

Abbildung 8.4: Grundtypen von Spänen beim Bearbeiten von Metallen und ihr mikroskopisches Erscheinungsbild: (a) kontinuierlicher Span (Fließspan), der in einer schmalen und geraden primären Scherzone gebildet wird (b) sekundäre Scherzone zwischen Werkzeug und Span, (c) Fließspan mit Aufbauschneide, (d) segmentierter Span (Lamellenspan), (e) diskontinuierlicher Span (Scherspan). Nach M.C. Shaw, P.K. Wright und S. Kalpakjian

anzeigen. Diese Situation tritt besonders häufig bei der Bearbeitung weicher Metalle mit niedrigen Schnittgeschwindigkeiten und geringen Spanwinkeln auf. Dadurch ist es möglich, dass die Oberflächengüte leidet und Eigenspannungen induziert werden, die sich ungünstig auf die Eigenschaften des bearbeiteten Teils auswirken.

Obwohl sie normalerweise eine gute Oberflächengüte produzieren, sind kontinuierliche (ununterbrochene) Späne nicht immer wünschenswert, speziell in computergesteuerten Werkzeugmaschi-

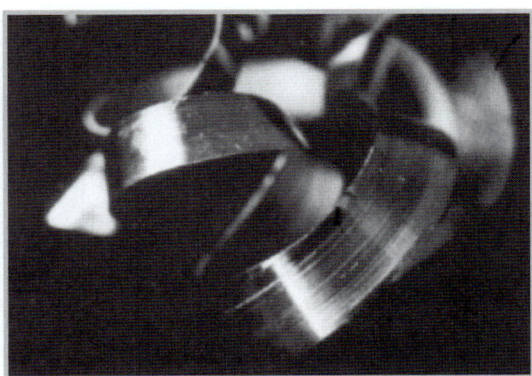

Abbildung 8.5: Dem Werkzeug zugewandte, glänzende (polierte) Oberfläche eines kontinuierlichen Drehspans (Fließspans).

nen, da sie sich im Werkzeug verfangen und der Bearbeitungsvorgang angehalten werden muss, um die Späne zu entfernen. Dieses Problem lässt sich leicht mit Spanbrechern auf Schneidewerkzeugen beheben (siehe unten).

Wegen der Verformungshärtung (durch Scherdehnungen) wird der Span normalerweise härter, fester und weniger duktil als der ursprüngliche Werkstückwerkstoff. Die Zunahme an Härte und Festigkeit des Spans hängt von der Größe der Scherdehnung ab. Wie in Gleichung (8.3) zu sehen ist, nimmt die Scherdehnung mit geringerem Spanwinkel zu und der Span wird fester und härter.

2 **Aufbauschneidenspäne:** An der Spitze des Werkzeugs kann sich während des Schneidens eine *Aufbauschneide* bilden (Abbildung 8.4c). Sie besteht aus Materialschichten vom Werkstück, die sich allmählich auf dem Werkzeug ablagern (daher der Begriff Aufbauschneide). Mit zunehmender Größe wird die Aufbauschneide instabil und bricht schließlich ab. Der obere Teil der Aufbauschneide wird auf der Werkzeugseite des Spans abgetragen, der untere Teil lagert sich zufällig auf der bearbeiteten Oberfläche ab. Während des Schneidvorgangs werden Aufbauschneiden fortwährend gebildet und zerstört.

In der Praxis sind Aufbauschneiden häufig zu beobachten und sie gehören zu den wichtigen Faktoren, die sich beim Zerspanen negativ auf Oberflächengüte und -integrität auswirken, wie die Abbildungen 8.4 und ▶ 8.6 zeigen. Letztlich ändert eine Aufbauschneide die Geometrie des Schneidvorgangs. Zum Beispiel ist der große Spitzenradius der Aufbauschneide für eine raue Oberflächengestalt verantwortlich. Aufgrund der Verformungsverfestigung und Ablagerung aufeinanderfolgender Materialschichten nimmt die Härte der Aufbauschneide beträchtlich zu (Abbildung 8.6a). Eine Aufbauschneide ist im Allgemeinen unerwünscht, doch kann eine dünne aber stabile Aufbauschneide die Werkzeugoberfläche schützen.

Der genaue Mechanismus der Aufbauschneidenbildung ist zwar noch nicht vollkommen geklärt, doch sind aus Untersuchungen die Faktoren bekannt, die zur Aufbauschneidenbildung beitragen:

a. **Adhäsion** des Werkstückwerkstoffs an der Spanfläche des Werkzeugs, wobei die Festigkeit dieser Bindung von der Affinität der Werkstück- und Werkzeugwerkstoffe abhängig ist (siehe auch Abschnitt 4.4). Zum Beispiel besitzen Keramikschneidewerkzeuge eine wesentlich geringere Neigung zur Aufbauschneidenbildung als Werkzeugstähle;

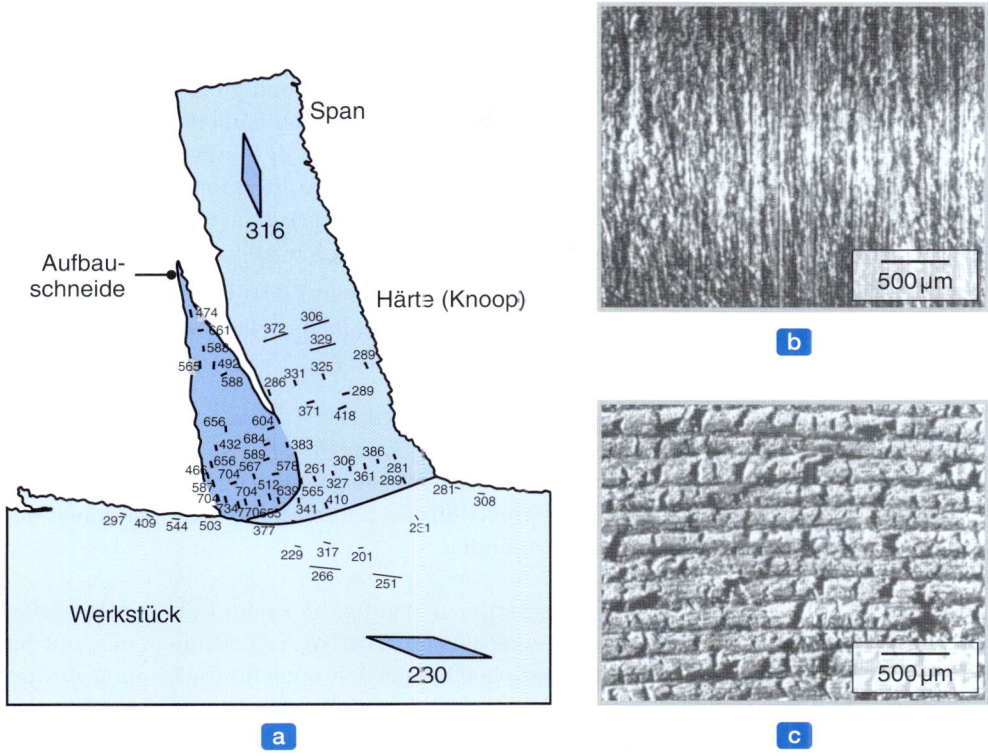

Abbildung 8.6: (a) Härteverteilung in der Schnittzone des Stahls 15CrNi6. Bereiche der Aufbauschneide sind bis zu dreimal so hart wie der Grundwerkstoff. (b) Feingestalt der Oberfläche des mit einer Aufbauschneide gedrehten Stahls 28Cr4. (c) Feingestalt der Oberfläche des Stahls C20 nach dem Fräsen.

b. **Wachstum** der aufeinanderliegenden Schichten von haftendem Metall am Werkzeug;

c. Neigung des Werkstückwerkstoffs zur **Kaltverfestigung**. Je höher der Verfestigungsexponent n, desto höher die Wahrscheinlichkeit für eine Aufbauschneidenbildung.

Die Bildung von Aufbauschneiden lässt sich durch (a) höhere Schnittgeschwindigkeit V, (b) geringere Schnitttiefe t_0, (c) größeren Spanwinkel α, (d) kleineren Spitzenradius des Werkzeugs und (e) einen wirksamen Kühlschmierstoff (siehe Abschnitt 8.7) verringern oder beseitigen.

3 **Lamellenspäne** bzw. **segmentierte** oder **nichthomogene** Späne sind halbkontinuierliche Späne mit Zonen geringer und hoher Scherdehnung (Abbildung 8.4d). Das Aussehen der Späne ist mit Sägezähnen vergleichbar. Dieses Verhalten zeigen insbesondere Metalle wie zum Beispiel Titan mit geringer thermischer Leitfähigkeit und einer Festigkeit, die mit zunehmender Temperatur stark abfällt.

4 **Diskontinuierliche Späne** bestehen aus Abschnitten, die fest oder lose aneinanderhängen (Abbildung 8.4e). Diese Späne bilden sich normalerweise unter den folgenden Bedingungen:

a. Der Werkstückwerkstoff ist spröde, weil er die beim Schneiden auftretenden hohen Scherdehnungen nicht mitmachen kann.
b. Der Werkstückwerkstoff enthält harte Einschlüsse und Verunreinigungen (siehe die Abbildungen 3.24 und 3.25) oder besitzt eine Struktur wie die Graphitlamellen in Grauguss (Abbildung 5.14a). Verunreinigungen und harte Partikel fungieren als Risskeime, wodurch diskontinuierliche Späne entstehen. Wie erwartet erhöht sich durch eine große Schnitttiefe die Wahrscheinlichkeit, dass derartige Defekte in der Schnittzone vorkommen.
c. Die Schnittgeschwindigkeit ist sehr gering oder sehr hoch.
d. Die Schnitttiefe (Spanungsdicke) ist groß oder der Spanwinkel ist klein.
e. Die Werkzeugmaschine hat eine geringe Steifigkeit und dämpft Schwingungen schlecht.
f. Es fehlt ein wirksamer Kühlschmierstoff.

Ein zusätzlicher Faktor bei der Bildung von diskontinuierlichen Spänen ist die Größenordnung der Druckspannungen auf der Scherebene (siehe auch Gleichung (8.17)). Wie Abschnitt 2.2.8 erläutert hat, nimmt die maximale Scherdehnung beim Bruch mit steigenden Druckspannungen zu. Ist also die Normalspannung zu gering, kann der Werkstoff die erforderliche hohe Scherdehnung nicht ertragen, um einen kontinuierlichen Span zu bilden.

Aufgrund der diskontinuierlichen Spanbildung variieren ständig die Kräfte während des Schneidvorgangs. Folglich ist die Steifigkeit des Schneidewerkzeughalters, der Werkstückaufnahmen und der Werkzeugmaschine beim Schneiden mit diskontinuierlichen Spänen wie auch für die Bildung von gezackten Spänen wichtig. Wenn die Steifigkeit der Werkzeugmaschine nicht ausreicht, beginnt sie zu schwingen und zu rattern (siehe Abschnitt 8.12). Dieser Effekt beeinflusst umgekehrt die Oberflächengüte und Maßhaltigkeit der bearbeiteten Komponente und kann sogar zu Beschädigungen oder übermäßigem Verschleiß des Schneidewerkzeugs wie auch der Werkzeugmaschine selbst führen.

Spanbildung bei der Bearbeitung nichtmetallischer Werkstoffe: Die bisher für Metalle getroffenen Aussagen gelten zum großen Teil auch für nichtmetallische Werkstoffe. Beim Schneiden von Thermoplasten können sich verschiedenartige Späne bilden, je nach Art des Polymers (Kapitel 10) und der Prozessparameter wie zum Beispiel Schnitttiefe, Werkzeuggeometrie und Schnittgeschwindigkeit. Da Duromere und Keramiken im Allgemeinen spröde Werkstoffe sind, entstehen hier vermehrt diskontinuierliche Späne (siehe auch die Ausführungen in Abschnitt 8.9.2).

Spankräuseln (Abbildungen 8.5 und ▶ 8.7a) kommt bei allen Bearbeitungsvorgängen bei Metallen sowie bei nichtmetallischen Werkstoffen wie zum Beispiel Thermoplasten und Holz vor. Der genaue Mechanismus des Kräuselns ist zwar noch nicht vollkommen geklärt, doch sind die Faktoren bekannt, die zum Kräuseln beitragen: (a) die Spannungsverteilung in den primären und sekundären Scherzonen, (b) thermische Gradienten, (c) Ausmaß der Verformungsverfestigung des Werkstückwerkstoffs und (d) die Geometrie der Spanfläche des Werkzeugs. Außerdem wirken sich Prozessvariablen auf das Kräuseln aus. Mit geringerer Schnitttiefe, größerem Spanwinkel und geringerer Reibung an der Grenzfläche zwischen Werkzeug und Span nimmt normalerweise der Krümmungsradius ab (der Span rollt sich mehr ein). Der Einsatz von Kühlschmierstoffen und verschiedenen Zusätzen im Werkstückwerkstoff beeinflusst ebenfalls das Spankräuseln.

8.2 Mechanik der Spanbildung

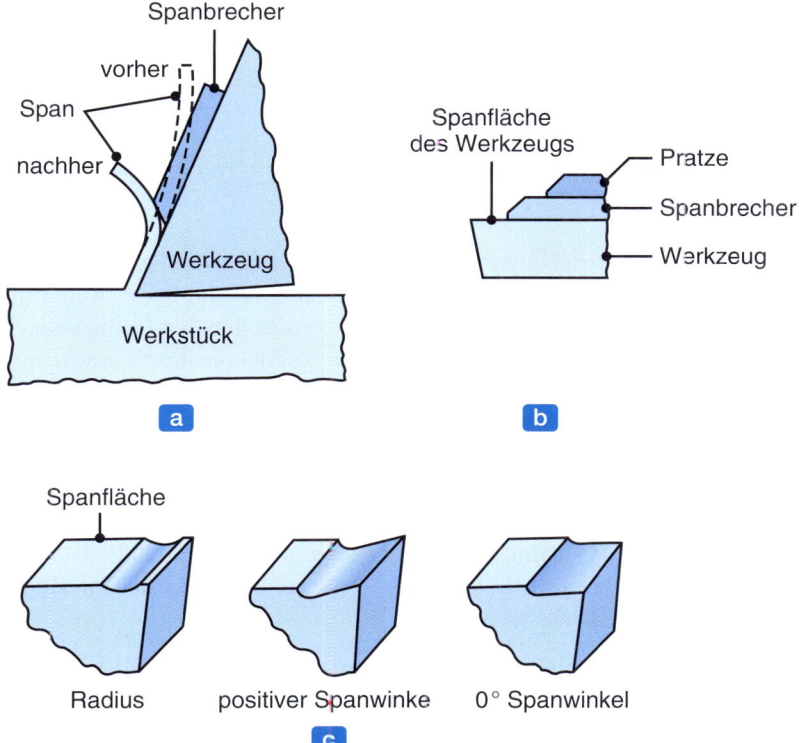

Abbildung 8.7: (a) Schematische Darstellung der Wirkung eines Spanbrechers, der die Krümmung des Spans erhöht. (b) Spanbrecher, der auf der Spanfläche des Werkzeugs montiert ist. (c) Vertiefungen auf der Spanfläche des Werkzeugs, die als Spanbrecher wirken. Heute verwendet man zum Drehen meist Schneidplatten, die mit Spanbrechern ausgestattet sind.

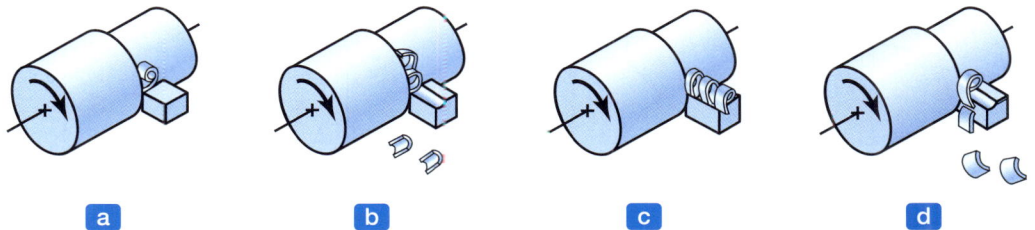

Abbildung 8.8: Verschiedene Drehspäne: (a) eng gewickelter Span, (b) Span wird gegen das Werkstück gedrückt und bricht dadurch, (c) Fließspan, der radial nach außen abgeführt wird, (d) der Span bricht am Werkzeugschaft. Nach G. Boothroyd.

Spanbrecher: Lange, kontinuierliche Späne sind unerwünscht, weil sie sich verfangen und die Bearbeitungsvorgänge stören sowie eine Gefährdung für den Maschinenbediener darstellen können. Diese Situation ist besonders problematisch bei automatischen Hochgeschwindigkeitsmaschinen. Um die Bildung kontinuierlicher Späne zu vermeiden, bricht man den Span periodisch mit einem *Spanbrecher*. Traditionell besteht der Spanbrecher aus einem Metallstück, das auf die Spanfläche des Werkzeugs geklemmt wird (Abbildung 8.7b). Inzwischen ist er aber zu einem integralen Teil des Schneidewerkzeugs selbst geworden (Abbildung 8.7c). Späne lassen sich auch brechen, indem man die Werkzeuggeometrie ändert und damit den Spanfluss steuert, wie es bei den in ▶ Abbildung 8.8 dargestellten Vorgängen beim Drehen geschieht.

8.2.2 Mechanik des schrägen Schneidens

Im Gegensatz zu den bisher beschriebenen zweidimensionalen Situationen sind bei der Mehrheit der Bearbeitungsvorgänge dreidimensionale (schräge) Werkzeugformen im Spiel. ▶ Abbildung 8.9a veranschaulicht den grundlegenden Unterschied zwischen zweidimensionalen (orthogonalen) und schrägen Schnitten. Wie bereits erläutert, liegt beim orthogonalen Schneiden die Schnittkante senkrecht zur Werkzeugbewegung und der Span gleitet direkt an der Spanfläche des Werkzeugs hoch. Dagegen bildet die Schnittkante bei Schrägschnitten den sogenannten **Neigungswinkel** bzw. **Anstellwinkel** (Abbildung 8.9b). Der in Abbildung 8.9a gezeigte Span fließt an der Spanfläche des Werkstücks mit einem – in der Ebene der Werkzeugfläche gemessenen – Winkel α_C (**Spanabflusswinkel**) nach oben. Diese Situation ähnelt einem schräg angestellten Schneeräumschild, das den Schnee beiseite schiebt. Der als **Normalspanwinkel** bezeichnete Winkel α_n ist eine grundlegende Geometrieeigenschaft des Werkzeugs und wird zwischen der Normalen auf die Werkstückoberfläche (z-Achse des Werkstückkoordinatensystems) und der Geraden Oa auf der Werkzeugfläche gemessen.

Der Werkstückwerkstoff nähert sich dem Werkzeug mit einer Geschwindigkeit V und verlässt die Werkstückoberfläche (als Span) mit der Geschwindigkeit V_C. Der in der Ebene dieser beiden Geschwindigkeiten gemessene effektive Spanwinkel α_e lässt sich wie folgt berechnen: Unter der – experimentell als plausibel bestätigten – Annahme, dass der Spanfließwinkel α_C gleich dem Anstellwinkel i ist, ergibt sich

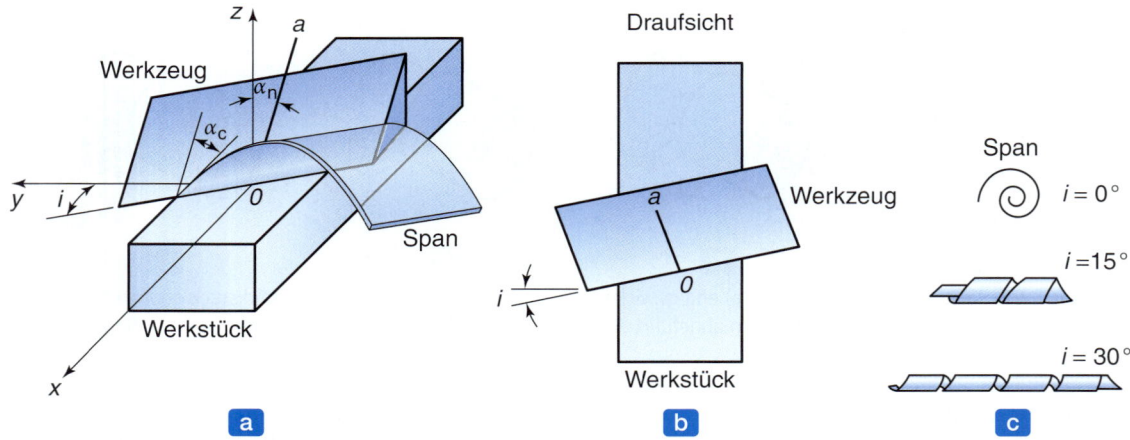

Abbildung 8.9: (a) Schematische Darstellung des Schneidens mit einem schräg angestellten Werkzeug. (b) Draufsicht, in der der Anstellwinkel i deutlich wird. (c) Spanausbildung als Funktion des Anstellwinkels.

8.2 Mechanik der Spanbildung

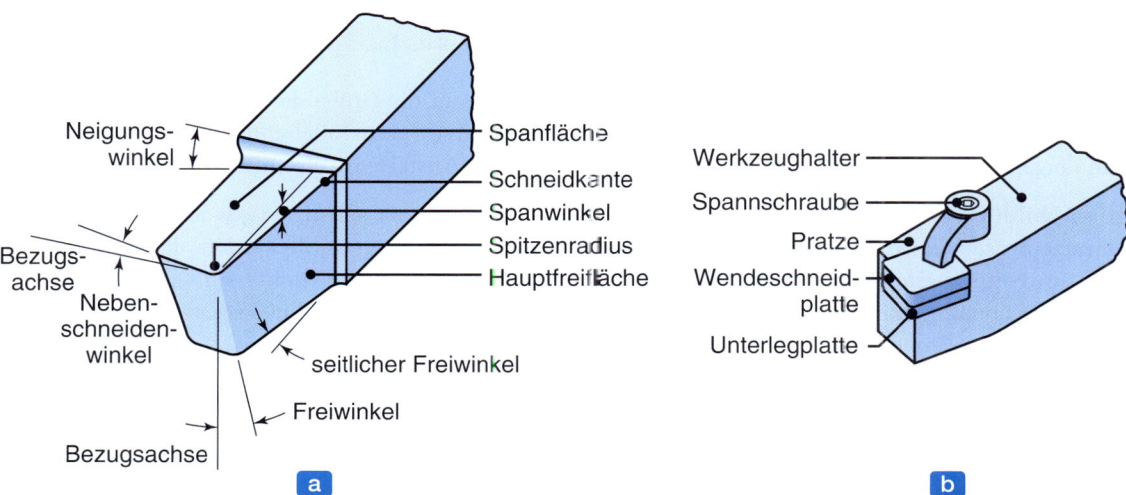

Abbildung 8.10: (a) Schematische Darstellung eines Drehmessers. Während diese Werkzeuge früher nahezu ausschließlich aus dem Vollen gefertigt wurden, werden sie heute zunehmend von Werkzeugen abgelöst, die aus einem Werkzeughalter und Schneidplatten aus Hartmetall und anderen Werkzeugwerkstoffen bestehen (b).

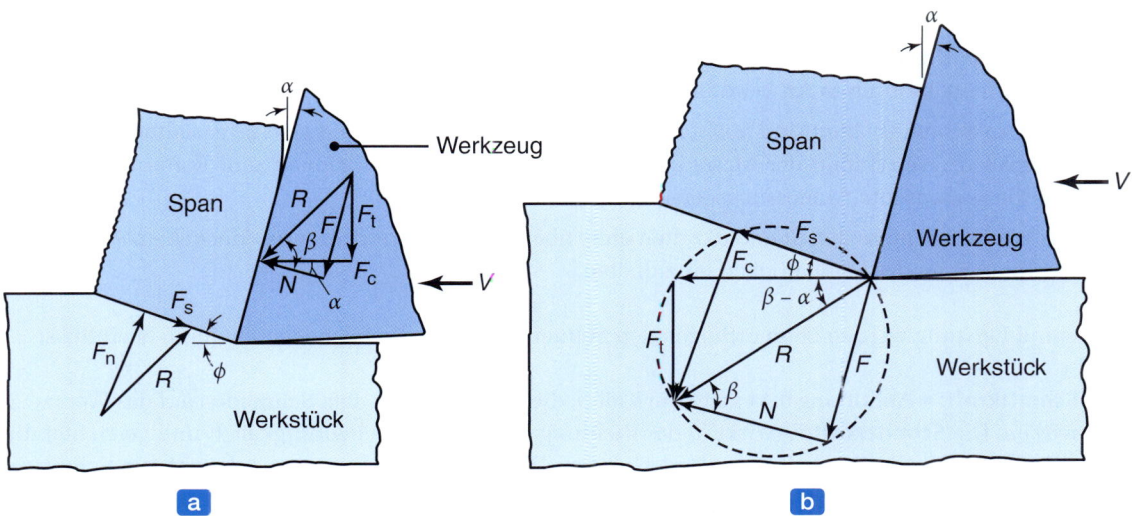

Abbildung 8.11: (a) Kräfte auf Werkzeug und Span beim orthogonalen Schneiden. Die mit R bezeichneten Kräfte müssen kollinear und entgegengesetzt sein, damit das Kräftegleichgewicht erfüllt ist. (b) Kraftkreis zur Bestimmung der Kräfte in der Schnittzone. Nach M.E. Merchant.

der effektive Spanwinkel α_e zu

$$\alpha_e = \sin^{-1}\left(\sin^2 i + \cos^2 i \sin \alpha_n\right). \tag{8.8}$$

Da sich i und α_n direkt messen lassen, kann mit dieser Formel die Größe des effektiven Spanwinkels berechnet werden. Wenn i zunimmt, vergrößert sich der effektive Spanwinkel und der Span wird dünner und länger. Abbildung 8.9c veranschaulicht die Wirkung des Anstellwinkels auf die Spangestalt.

In ▶ Abbildung 8.10 ist ein typisches Einzelpunktdrehwerkzeug zu sehen, wie es auf einer Drehmaschine eingesetzt wird. Die verschiedenen Winkel müssen richtig ausgewählt werden, damit eine effiziente Bearbeitung erfolgen kann. Die Abschnitte 8.8 und 8.9 gehen ausführlicher auf verschiedenartige dreidimensionale Schneidewerkzeuge ein. Dazu gehören auch Werkzeuge für das Drehen, Abstechen, Fräsen, Hobeln, Stoßen, Sägen und Feilen.

Schaben und Schälen: Dünne Materialschichten lassen sich von geraden oder gekrümmten Oberflächen durch einen Vorgang entfernen, der dem Hobeln von Holz ähnelt. Durch *Schälen* lässt sich insbesondere die Oberflächengüte und die Maßhaltigkeit von gestanzten Butzen oder Löchern verbessern (Abbildung 7.11). Lange Teile oder Teile, die aus verschiedenen Formen zusammengesetzt sind, werden durch Schälen mit einem speziell geformten Schneidewerkzeug bearbeitet.

8.2.3 Kräfte beim orthogonalen Schneiden

Die Kenntnis der bei der spanenden Bearbeitung wirkenden Kräfte und die Leistungsanforderungen ist aus den folgenden Gründen wichtig:

1 **Leistungsanforderungen** müssen ermittelt werden, sodass eine Werkzeugmaschine geeigneter Kapazität für eine bestimmte Anwendung entworfen oder ausgewählt werden kann.

2 Daten zu Schneidkräften sind notwendig, um **Werkzeuge** ausreichend steif zu gestalten, damit sich übermäßiges Verwinden der Maschinenkomponenten sowie Vibrationen und Rattern vermeiden und die gewünschte Abmessungsgenauigkeit bewahren lassen.

3 Das Werkstück muss den Schneidkräften ohne übermäßige **Verwerfungen** widerstehen können, um die Toleranzen der Maßhaltigkeit einzuhalten.

Kräfte und Leistung werden beim orthogonalen Schneiden durch die folgenden Faktoren beeinflusst:

1 **Schnittkraft:** ▶ Abbildung 8.11 zeigt die Kräfte, die beim orthogonalen Schneiden auf das Werkzeug wirken. Die **Schnittkraft** F_c wirkt in der Richtung der Schnittgeschwindigkeit V und verrichtet die Arbeit, die für die Bearbeitung erforderlich ist. Die **Passivkraft** F_t wirkt senkrecht zur Schnittgeschwindigkeit, d. h. rechtwinklig zum Werkstück. Diese beiden Kräfte ergeben die **resultierende Kraft** R (auch Aktivkraft), die sich in zwei Komponenten auf der Werkzeugfläche zerlegen lässt: eine **Reibungskraft** F entlang der Werkzeug-Span-Grenzfläche und eine **Normalkraft** N senkrecht zu dieser Grenzfläche. Anhand von Abbildung 8.11 lässt sich zeigen, dass die Reibungskraft

$$F = R \sin \beta \tag{8.9}$$

und die Normalkraft

$$F = R\cos\beta \tag{8.10}$$

sind. Die resultierende Kraft wird zudem durch eine gleich große und entgegengesetzt gerichtete Kraft auf der Scherebene ausgeglichen, die sich aus einer **Scherkraft** F_s und einer **Normalkraft** F_n zusammensetzt. Anhand von Abbildung 8.11 lässt sich zeigen, dass die Schnittkraft

$$F_c = R\cos(\beta - \alpha) = \frac{wt_0\tau\cos(\beta - \alpha)}{\sin\phi\cos(\phi + \beta - \alpha)} \tag{8.11}$$

ist, wobei τ die *mittlere Scherspannung* entlang der Scherebene darstellt.

Das Verhältnis von F zu N ist der Reibungskoeffizient μ an der Werkzeug-Span-Grenzfläche (siehe auch Abschnitt 4.4.1) und der Winkel β ist der sogenannte **Reibungswinkel**. Der Reibungskoeffizient kann als

$$\mu = \tan\beta = \frac{F_t + F_c\tan\alpha}{F_c - F_t\tan\alpha} \tag{8.12}$$

ausgedrückt werden. Beim Spanen von Metallen liegt μ normalerweise im Bereich von 0,5 bis 2. Demnach erfährt der Span beträchtlichen Reibungswiderstand, während er an der Spanfläche des Werkzeugs aufsteigt.

Die Kräfte bei typischen Bearbeitungsvorgängen liegen normalerweise in der Größenordnung von einigen hundert Newton. Allerdings sind die lokalen Spannungen in der Schnittzone und die Normalspannungen auf der Spanfläche des Werkzeugs recht hoch, da die Kontaktflächen sehr klein sind. Zum Beispiel beträgt die typische Werkzeug-Span-Kontaktlänge (Abbildung 8.2) 1 mm und das Werkzeug ist demzufolge sehr hohen Spannungen ausgesetzt.

2 Passivkraft: Obwohl die Passivkraft nicht zur Arbeit beim Schneiden beiträgt, ist es wichtig, ihre Größe zu kennen, da der Werkzeughalter, die Werkstückaufnahmen und Spannvorrichtungen sowie die Werkzeugmaschine ausreichend steif sein müssen, um Verbiegungen zu vermeiden, die eben durch diese Kraft verursacht werden. Wenn zum Beispiel die Passivkraft (siehe Abbildung 8.11) zu hoch und die Werkzeugmaschine nicht steif genug ist, wird das Werkzeug von der Werkstückoberfläche weggedrückt. Durch diese Bewegung reduziert sich die tatsächliche Schnitttiefe, die Maßhaltigkeit des bearbeiteten Teils geht verloren und möglicherweise treten Vibrationen und Rattern auf (siehe Abschnitt 8.12).

Wie aus Abbildung 8.11 hervorgeht, ist die Passivkraft nach unten (zum Werkstück hin) gerichtet. Es lässt sich allerdings zeigen, dass diese Kraft auch nach oben gerichtet (negativ) sein kann. Dabei ist zunächst festzustellen, dass

$$F_t = R\sin(\beta - \alpha) \tag{8.13}$$

oder

$$F_t = F_c\tan(\beta - \alpha). \tag{8.14}$$

Da F_c immer positiv ist (wie aus Abbildung 8.11 hervorgeht), kann das Vorzeichen von F_t entweder positiv oder negativ sein. Für $\beta > \alpha$ ist also das Vorzeichen von F_t positiv (nach unten gerichtet) und für $\beta < \alpha$ negativ (nach oben gerichtet). Somit kann eine nach oben gerichtete Passivkraft auftreten, wenn (a) die Reibung an der Werkzeug-Span-Grenzfläche gering und/oder (b) der Spanwinkel hoch ist.

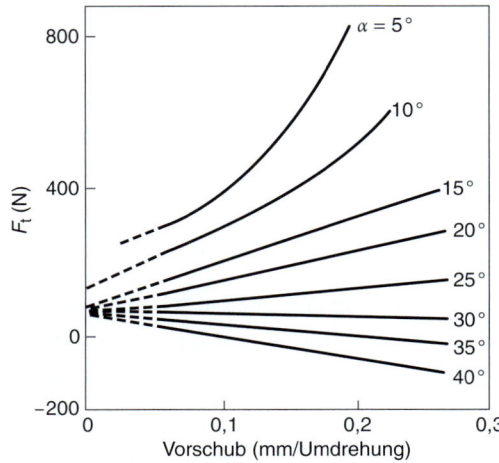

Abbildung 8.12: Die Passivkraft als Funktion des Spanwinkels und des Vorschubs beim orthogonalen Schneiden des Stahl 11SMn37+CR. Bei sehr hohen Spanwinkel ist die Passivkraft negativ. Eine negative Passivkraft hat wichtige Konsequenzen für die Auslegung von Werkzeugen und für die Stabilität des Bearbeitungsvorgangs. Nach S. Kobayashi und E.G. Thomsen.

Um diese Situation zu veranschaulichen, stellt man zunächst anhand von Abbildung 8.11 fest, dass bei $\mu = 0$ auch $\beta = 0$ ist und die resultierende Kraft R mit der Normalkraft N zusammenfällt. In diesem Fall weist dann F_t nach oben. Zudem gilt für die Bedingung $\alpha = \beta$, dass die Passivkraft null ist. Diese Beobachtungen wurden experimentell bestätigt, wie zum Beispiel die Daten in ▶ Abbildung 8.12 zeigen (positive oder negative Werte für F_t bzw. Nulldurchgang der Kurven für $\alpha = 35°$ und $40°$).

Der Einfluss der Schnitttiefe ist offensichtlich, da bei wachsendem t_0 auch R zunehmen muss, sodass F_c ebenfalls größer wird. Dies erfordert zusätzliche Energie, um das Material zu entfernen, das durch die größere Schnitttiefe abzutragen ist. Die Änderung von Richtung und Größe der Passivkraft kann eine wichtige Rolle spielen. Innerhalb eines Bereichs von Betriebsbedingungen kann dies zu einer *instabilen* Bearbeitung führen, insbesondere wenn die Werkzeugmaschine nicht steif genug ist.

3 Bemerkungen zu Schnittkräften: Schnittkräfte sind nicht nur von der Festigkeit des Werkstückwerkstoffs abhängig, sondern werden auch durch andere Variablen beeinflusst. Umfangreiche Daten, wie sie in den Tabellen 8.1 und 8.2 angegeben sind, zeigen, dass die Schnittkraft F_c mit größerer Schnitttiefe, kleinerem Spanwinkel und geringerer Schnittgeschwindigkeit wächst. Aus der Analyse der Daten in Tabelle 8.2 geht hervor, dass die Wirkung der Schnittgeschwindigkeit der Tatsache zuzuschreiben ist, dass bei geringerer Geschwindigkeit der Scherwinkel abnimmt und der Reibungskoeffizient größer wird. Beide Effekte ergeben dann eine Erhöhung der Schnittkraft.

Ein ebenfalls wichtiger Parameter ist der Spitzenradius des Werkzeugs: je größer der Radius (und folglich je stumpfer das Werkzeug), desto höher die erforderliche Schnittkraft. Aus Experimenten geht hervor, dass die Wirkung der Werkzeugstumpfheit auf die Schnittkräfte bei Schnitttiefen ab etwa dem Fünffachen des Spitzenradius vernachlässigbar ist (siehe auch Abschnitt 8.4).

Tabelle 8.1: Daten für das orthogonale Spanen des Stahls 25CrMoS4

α °	φ °	γ –	μ –	β °	F_c N	F_t N	u_t	u_s Nmm/mm³	u_f	u_f/u_t %
25	20,9	2,55	1,46	56	1686	994	2177	1422	755	35
35	31,6	1,56	1,53	57	1129	454	1456	762	694	48
40	35,7	1,32	1,54	57	1031	316	1327	640	687	52
45	41,9	1,06	1,83	62	1031	302	1327	510	816	62

$t_0 = 0{,}064$ mm, $w = 12{,}1$ mm, $V = 457{,}2$ mm/s, Werkzeug: Schnellarbeitsstahl. Nach E.G. Thomsen.

Tabelle 8.2: Daten für das orthogonale Spanen des Stahls 45MnMoNi5-2

α °	V mm/s	φ °	γ –	μ –	β °	F_c N	F_t N	u_t	u_s Nmm/mm³	u_f	u_f/u_t %
+10	197	17	3,4	1,05	46	1543	1212	275	201	74	27
	400	19	3,1	1,11	48	1598	1256	268	183	85	32
	642	21,5	2,7	0,95	44	1461	963	245	171	74	30
	1186	25	2,4	0,81	39	1345	746	225	155	71	31
−10	400	16,5	3,9	0,64	33	1847	1709	309	235	74	24
	637	19	3,5	0,58	30	1705	1447	285	215	71	25
	1160	22	3,1	0,51	27	1580	1168	264	199	66	25

$t_0 = 0{,}94$ mm, $w = 6{,}35$ mm, Werkzeug: Hartmetall. Nach M.E. Merchant.

4 **Scher- und Normalspannungen in der Schnittzone:** Für die Analyse der Spannungen entlang der Scherebene und der Werkzeug-Span-Grenzfläche nimmt man an, dass sie gleichförmig verteilt sind. Die Kräfte in der Scherebene lassen sich dann in Scher- und Normalkräfte und -spannungen auflösen. Für die Fläche A_S der Scherebene gilt

$$A_S = \frac{wt_0}{\sin\phi} \tag{8.15}$$

und folglich ist die *mittlere Scherspannung* in der Scherebene

$$\tau = \frac{F_S}{A_S} = \frac{F_S \sin\phi}{wt_0} \tag{8.16}$$

und die *mittlere Normalspannung*

$$\sigma = \frac{F_n}{A_S} = \frac{F_n \sin\phi}{wt_0} \ . \tag{8.17}$$

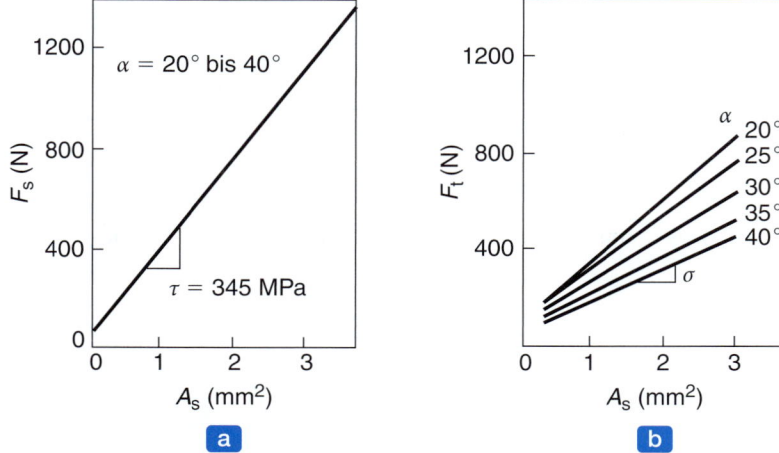

Abbildung 8.13: (a) Scherkraft und (b) Normalkraft in Abhängigkeit von der Fläche der Scherebene und des Spanwinkels für die Legierung CuZn15. Die mittlere Scherspannung τ ist für einen weiten Bereich der Normalspannung σ konstant. Dies zeigt an, dass die Normalspannung keinen Einfluss auf die Scherfließspannung des Werkstoffs hat. Nach S. Kobayashi und E.G. Thomsen.

▶ Abbildung 8.13 gibt einige Daten an, die sich auf diese mittleren Spannungen beziehen, wobei der Spanwinkel einer der Parameter ist. Die Fläche der Scherebene wird erhöht, indem die Schnitttiefe beim Zerspanen vergrößert wird. Aus diesen Kurven lassen sich die folgenden Schlüsse ziehen:

a. Die Scherspannung auf der Scherebene ist unabhängig vom Spanwinkel.
b. Die Normalspannung auf die Scherebene nimmt mit zunehmendem Spanwinkel ab.
c. Die Normalspannung auf die Scherebene wirkt sich nicht auf die Größe der Scherspannung aus. Dieses Phänomen ist auch durch andere mechanische Versuche bestätigt worden. Allerdings hat die Normalspannung einen großen Einfluss auf die Größenordnung der zulässigen Scherdehnung in der Scherzone vor dem Bruch. Wie Abschnitt 2.2.8 gezeigt hat, nimmt die maximale Scherdehnung beim Bruch mit der Normaldruckspannung zu. Deshalb werden wenig duktile Werkstoffe oftmals bei kleinen oder negativen Spanwinkeln bearbeitet, um Scheren ohne Bruch zu ermöglichen.

Es bereitet erhebliche Schwierigkeiten, die Spannungen auf der Spanseite des Werkzeugs zu ermitteln. So ist es unter anderem problematisch, die Kontaktlänge an der Werkzeug-Span-Grenzfläche zu bestimmen (Abbildung 8.2). Diese Länge nimmt mit kleinerem Scherwinkel zu. Offenbar ist also die Kontaktlänge eine Funktion des Spanwinkels, der Schnittgeschwindigkeit und der Reibung an der Werkzeug-Span-Grenzfläche. Ein weiteres Problem besteht darin, dass die Spannungen über der Spanfläche nicht gleichförmig verteilt sind. Aus *spannungsoptischen Untersuchungen* geht hervor, dass die wirkliche Spannungsverteilung wie in ▶ Abbildung 8.14 gezeigt aussieht. Die Normalspannung über der Spanfläche ist an der Werkzeugspitze am größten und nimmt zum Ende der Kontaktlänge hin schnell ab. Die Scherspannung verläuft ähnlich, außer dass sie sich etwa bei der Hälfte der Werkzeug-Span-Kontaktlänge einpendelt. Dieses Verhalten weist auf ein *Haften* hin (siehe Abschnitt 4.4.1), wobei die Scherspannung die Scherfließspannung des Werkstückwerkstoffs

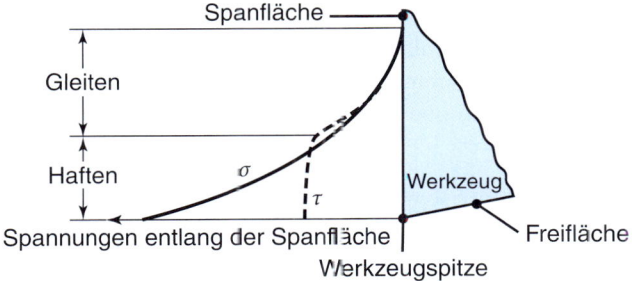

Abbildung 8.14: Die Verteilung von Normal- und Scherspannung an der Werkzeug-Span-Grenzfläche. Während die Normalspannung kontinuierlich bis zur Spitze des Werkzeugs zunimmt, pendelt sich die Scherspannung bei einem Maximalwert ein. Dieses Phänomen wird als Haften bezeichnet, siehe Abschnitt 4.4.1.

erreicht hat. Bei einigen Spänen sind haftende Bereiche beobachtet worden. Außerdem existieren haftende Bereiche bei Vorgängen der Umformung wie sie beispielsweise Abschnitt 6.2.2 beschreibt.

5. **Messen von Schnittkräften:** Schnittkräfte lassen sich *messen* mithilfe von **Kraftaufnehmern** (zum Beispiel piezoelektrischen Kristallen) oder mit **Kraft-Dynamometern** (mit Dehnmessstreifen), die auf dem Werkzeughalter oder den Spanneinrichtungen auf der Werkzeugmaschine befestigt sind. Kräfte können auch *berechnet* werden anhand der **Leistungsaufnahme** beim Spanen, die oftmals mit einem Leistungsmonitor gemessen wird, vorausgesetzt, dass sich der mechanische Wirkungsgrad der Werkzeugmaschine bestimmen lässt.

8.2.4 Schnittwinkelbeziehungen

Da Scherwinkel und Scherzone einen großen Stellenwert in der Mechanik des Spanens haben, sind viele Anstrengungen in die Entwicklung einer Beziehung von Scherwinkel zu Werkstoffeigenschaften und Prozessvariablen geflossen. Eine der frühesten Analysen (von M.E. Merchant, 1913–2006) beruht auf der Annahme, dass (a) der Scherwinkel sich selbst anpasst, sodass die Schnittkraft minimal wird, oder (b) die maximale Scherspannung in der Scherebene auftritt. Anhand von Kraftdiagrammen, wie sie Abbildung 8.11 zeigt, lässt sich die Scherspannung in der Scherebene als

$$\tau = \frac{F_s}{A_s} = \frac{F_c \sec(\beta - \alpha)\cos(\phi + \beta - \alpha)\sin\phi}{wt_0} \tag{8.18}$$

ausdrücken. Vorausgesetzt, dass β unabhängig von ϕ ist, kann der der maximalen Scherspannung entsprechende Scherwinkel bestimmt werden, indem man Gleichung (8.18) nach ϕ differenziert und gleich null setzt. Somit ist

$$\frac{d\tau}{d\phi} = \cos(\phi + \beta - \alpha)\cos\phi - \sin(\phi + \beta - \alpha)\sin\phi = 0 \tag{8.19}$$

und folglich

$$\tan(\phi + \beta - \alpha) = \cot\phi = \tan(90° - \phi)$$

oder

$$\phi = 45° + \frac{\alpha}{2} - \frac{\beta}{2}. \tag{8.20}$$

Aus Gleichung (8.20) ist zu erkennen, dass bei kleinerem Spanwinkel und/oder größerer Reibung an der Werkzeug-Span-Grenzfläche der Scherwinkel abnimmt und somit der Span dicker wird. Dieses Ergebnis war zu erwarten, da der Span bei kleinerem α und größerem β einen höheren Widerstand erfährt, wenn er die Spanfläche des Werkzeugs nach oben steigt und dadurch dicker wird, was auf einen geringeren Scherwinkel hinweist.

Der Winkel ϕ lässt sich auch mithilfe der Gleitlinienanalyse (nach E.H. Lee und B.W. Shaffer, 1951) ermitteln, die den folgenden Ausdruck für den Scherebenenwinkel liefert:

$$\phi = 45° + \alpha - \beta \,. \tag{8.21}$$

Dieser Ausdruck ähnelt dem in Gleichung (8.20) und weist auf die gleichen Trends hin, auch wenn er numerisch andere Werte ergibt. In einer anderen Untersuchung (von T. Sata und M. Mizuno, 1963) wird folgende einfache Beziehung entwickelt:

$$\phi = \alpha \quad \text{für} \quad \alpha > 15° \tag{8.22}$$

$$\phi = 15° \quad \text{für} \quad \alpha < 15° \,. \tag{8.23}$$

Für den Scherwinkel gibt es einige weitere Ausdrücke, die auf verschiedenen Modellen basieren und von unterschiedlichen Annahmen ausgehen. Viele dieser Ausdrücke stimmen allerdings über einen breiten Bereich von Bedingungen nicht gut mit den experimentellen Daten überein (▶ Abbildung 8.15a), was hauptsächlich damit zusammenhängt, dass Scheren bei der Spanbildung kaum entlang einer dünnen Schicht auftritt. Allerdings fällt der Scherwinkel immer mit zunehmendem $\beta - \alpha$, wie Abbildung 8.15b zeigt. Neuere Untersuchungen scheinen den Scherwinkel speziell für kontinuierliche Späne analytisch genau vorherzusagen.

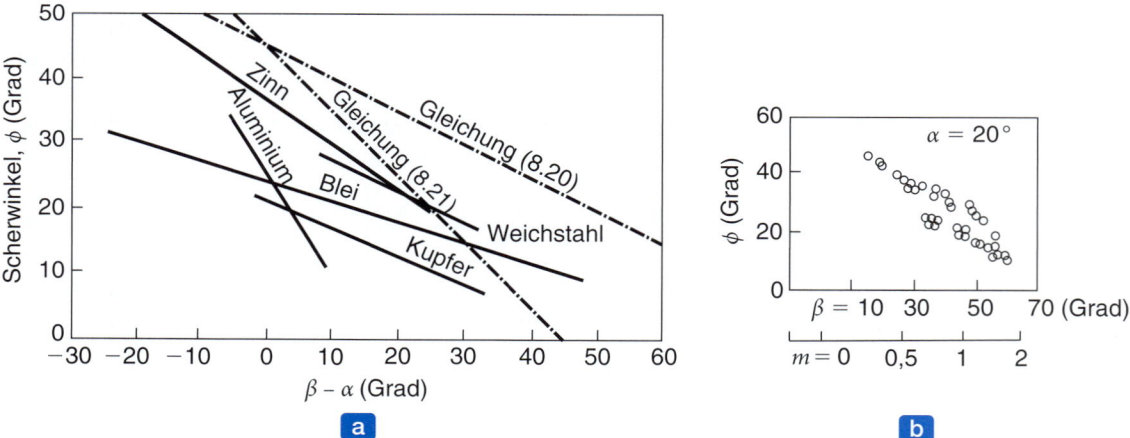

Abbildung 8.15: (a) Vergleich zwischen experimentell ermittelten und theoretisch vorausgesagten Scherwinkeln für einige Werkstoffe. Neuere Ansätze stimmen besser mit den experimentellen Befunden überein. (b) Zusammenhang zwischen dem Scherwinkel und dem Reibungswinkel bzw. dem Reibungskoeffizienten. Nach S. Kobayashi.

8.2.5 Spezifische Arbeit

Aus Abbildung 8.11 geht hervor, dass die **gesamte Leistungsaufnahme** P beim Spanen

$$P = F_\text{c} V$$

ist. Damit wird die **Gesamtenergie pro Volumeneinheit** des abgetragenen Materials (die spezifische Arbeit) u_t zu

$$u_\text{t} = \frac{F_\text{c} V}{w t_0 V} = \frac{F_\text{c}}{w t_0} \, , \tag{8.24}$$

wobei w die Schnittbreite ist. Bei u_t handelt es sich einfach um das Verhältnis der Schnittkraft zur projizierten Schnittfläche. Anhand der Abbildungen 8.3 und 8.11 lässt sich zeigen, dass die erforderliche Leistung zum Überwinden der Reibung an der Werkzeug-Span-Grenzfläche das Produkt von F und V_c ist oder in Form der **spezifischen Reibungsarbeit** u_f als

$$u_\text{f} = \frac{F V_\text{c}}{w t_0 V} = \frac{F r}{w t_0} = \frac{(F_\text{c} \sin \alpha + F_\text{t} \cos \alpha) \, r}{w t_0} \tag{8.25}$$

ausgedrückt werden kann. Analog dazu ist die erforderliche Leistung allein für das Scheren entlang der Scherebene das Produkt von F_s and V_s. Somit ergibt sich die **spezifische Arbeit für das Scheren** u_s zu

$$u_\text{s} = \frac{F_\text{s} V_\text{s}}{w t_0 V} \, . \tag{8.26}$$

Die **gesamte spezifische Arbeit** u_t ist die Summe der beiden Arbeiten

$$u_\text{t} = u_\text{f} + u_\text{s} \, . \tag{8.27}$$

Beim Schneiden gibt es zwei zusätzliche Energien, auch wenn sie nicht annähernd so signifikant sind: (a) Die **Oberflächenenergie** resultiert aus der Bildung von *zwei neuen Oberflächen* (der Spanflächenseite des Spans und der neu bearbeiteten Oberfläche), wenn eine Materialschicht abgetragen wird. Es lässt sich zeigen, dass diese Energie im Vergleich zu den Scher- und Reibungsenergien klein ist. (b) Die andere Energie hängt mit der Änderung des Impulses zusammen, wenn das Volumen des abgetragenen Metalls plötzlich die Scherebene kreuzt (vergleichbar mit den auftretenden Kräften in einer Turbinenschaufel aufgrund der Bewegungsenergieänderungen der Flüssigkeit bzw. des Gases). Obwohl diese Energie bei normalen Schneidvorgängen vernachlässigbar ist, kann sie bei sehr hohen Schnittgeschwindigkeiten etwa ab 125 m/s aufgrund der größeren Bewegungsenergieänderung signifikant sein.

In den Tabellen 8.1 und 8.2 sind experimentelle Daten zu spezifischen Arbeiten angegeben. Bei zunehmendem Spanwinkel bleibt die spezifische Arbeit einigermaßen konstant, während die spezifische Scherenergie schnell zurückgeht. Somit wird das Verhältnis u_f/u_t deutlich größer, wenn α zunimmt. Dieser Verlauf lässt sich auch anhand des folgenden Ausdrucks für das Verhältnis dieser Arbeiten vorhersagen:

$$\frac{u_\text{f}}{u_\text{t}} = \frac{F V_\text{c}}{F_\text{c} V} = \frac{R \sin \beta}{R \cos (\beta - \alpha)} \cdot \frac{V r}{V} = \frac{\sin \beta}{\cos (\beta - \alpha)} \cdot \frac{\sin \phi}{\cos (\phi - \alpha)} \, . \tag{8.28}$$

Aus experimentellen Untersuchungen geht hervor, dass bei größer werdendem α sowohl β als auch ϕ zunimmt, und an Gleichung (8.28) ist auch zu erkennen, dass das Verhältnis u_f/u_t mit größer werdendem

α wachsen sollte. Offenbar sind u_f und u_s miteinander verknüpft. Obwohl u_f für den Schneidvorgang nicht erforderlich ist, beeinflusst diese Energie die Größe von u_s, denn bei zunehmender Reibung wird der Scherwinkel kleiner und ein abnehmender Scherwinkel weist seinerseits darauf hin, dass u_s größer wird.

> **Beispiel 8.1** **Berechnung der Reibungs- und Scherarbeit**
>
> Ein orthogonaler Schneidvorgang wird mit einer Schnitttiefe $t_0 = 0{,}13$ mm, einer Schnittgeschwindigkeit $V = 122$ m/min, einem Spanwinkel $\alpha = 10°$ und einer Schnittbreite von 6,35 mm durchgeführt. Es wurden die Werte $t_c = 0{,}23$ mm, $F_c = 556$ N und $F_t = 222$ N gemessen. Berechnen Sie bezogen auf die gesamte Arbeit den prozentualen Anteil der Arbeit, der durch Reibung an der Werkzeug-Span-Grenzfläche verlorengeht, sowie die verrichtete Scherarbeit.
>
> **Lösung:** Der Anteil der Reibungsarbeit lässt sich ausdrücken als
>
> $$\frac{\text{Reibungsarbeit}}{\text{Gesamtarbeit}} = \frac{FV_c}{F_c V} = \frac{Fr}{F_c}$$
>
> mit
>
> $$r = \frac{t_0}{t_c} = \frac{0{,}13}{0{,}23} = 0{,}565$$
> $$F = R \sin \beta$$
> $$F_c = R \cos(\beta - \alpha)$$
>
> und
>
> $$R = \sqrt{F_t^2 + F_c^2} = \sqrt{222^2 + 556^2} = 599\,\text{N}\,.$$
>
> Somit ist
>
> $$556 = 599 \cos(\beta - 10°)\,,$$
>
> woraus sich
>
> $$\beta = 32° \quad \text{und} \quad F = 599 \sin 32° = 316\,\text{N}$$
>
> ergeben. Der Anteil der Reibungsarbeit berechnet sich also zu
>
> $$\frac{316 \times 0{,}565}{556} \times 100\,\% = 32\,\%\,.$$
>
> Demzufolge beträgt der Anteil der Scherarbeit 68 %.

Die Berechnung aller Parameter für die spezifischen Arbeiten beim Spanen ist schwierig. Gute theoretische Berechnungen stehen zwar zur Verfügung, doch sind sie nur mit großem Aufwand auszuführen. Folglich beruhen zuverlässige Vorhersagen für Schnittkräfte und -arbeiten immer noch größtenteils auf

Tabelle 8.3: Erforderliche spezifische Energie bei der maschinellen Bearbeitung

Werkstoff	Spezifische Arbeit* J/mm³	Werkstoff	Spezifische Arbeit* J/mm³
Aluminiumlegierungen	0,4–1,1	Nickellegierungen	4,9–6,8
Gusseisen	1,6–5,5	Refraktärmetalle	3,8–9,6
Kupferlegierungen	1,4–3,3	Hochlegierte Stähle	3,0–5,2
Hochtemperaturwerkstoffe	3,3–8,5	Kohlenstoffstähle	2,7–9,3
Magnesiumlegierungen	0,4–0,6	Titanlegierungen	3,0–4,1

* Am Antriebsmotor, korrigiert für 80 % Wirkungsgrad, bei stumpfen Werkzeugen mit 1,25 multiplizieren.

experimentellen Daten (wie in den Tabellen 8.1, 8.2 und 8.3 gezeigt). Der breite Wertebereich für die spezifische Arbeit in Tabelle 8.3 ist der unterschiedlichen Festigkeit in jeder Werkstoffgruppe und den Auswirkungen der zahlreichen Variablen bei der maschinellen Bearbeitung zuzuschreiben.

8.2.6 Temperatur

Wie bei allen Metallbearbeitungsvorgängen wird die für die spanende Bearbeitung verbrauchte Energie zum Großteil in Wärme umgewandelt, was wiederum zu einem Temperaturanstieg in der Schnittzone führt. Es ist wichtig, den Temperaturanstieg beim Spanen zu kennen, da höhere Temperaturen

- Festigkeit, Härte und Verschleißwiderstand des Schneidewerkzeugs negativ beeinflussen;
- Maßabweichungen im bearbeiteten Teil verursachen, was die Kontrolle der Maßhaltigkeit erschwert;
- thermische Defekte in der bearbeiteten Oberfläche hervorrufen können, was sich negativ auf Eigenschaften und Einsatzdauer des jeweiligen Teils auswirkt;
- in der Werkzeugmaschine selbst Temperaturgradienten erzeugen können, was Verwerfungen der Maschine hervorruft und die Kontrolle der Maßhaltigkeit beeinträchtigt.

Durch die beim Scheren und zum Überwinden der Reibung auf der Spanfläche des Werkzeugs verrichtete Arbeit stellen die primäre Scherzone und die Reibung auf der Werkzeug-Span-Grenzfläche die Hauptquellen der Wärmeerzeugung dar. Wenn das Werkzeug noch dazu stumpf oder verschlissen ist, wird Wärme auch durch die Werkzeugspitze erzeugt, die über die bearbeitete Oberfläche schleift.

Einflüsse auf die Temperatur: Es wurden zahlreiche Untersuchungen zum Thema Temperaturen beim Spanen durchgeführt, die auf Wärmeübertragungs- und Ähnlichkeitsanalysemethoden sowie experimentellen Daten beruhen. Wie ▶ Abbildung 8.16 zeigt, gibt es zwar große Temperaturgradienten in der Schnittzone, doch lässt sich mit

$$T = \frac{1{,}2\,Y_\mathrm{f}}{\varrho c}\sqrt[3]{\frac{Vt_0}{\kappa}} \qquad (8.29)$$

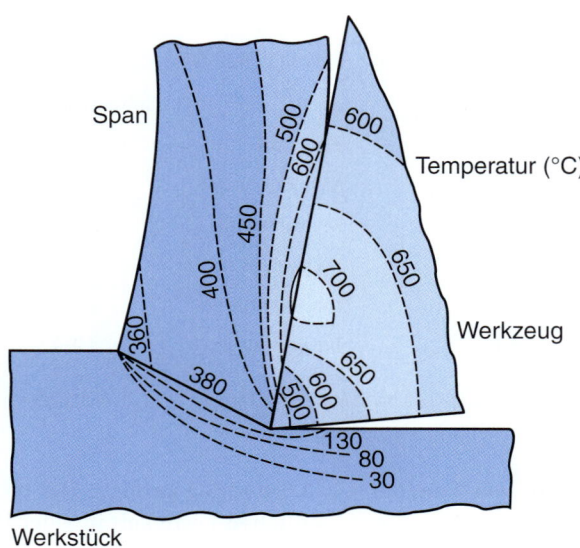

Abbildung 8.16: Temperaturverteilung in der Schnittzone. Es gibt große Temperaturgradienten im Span und im Werkzeug. Das Werkstück wird im Vergleich zu Werzeug und Span wenig erwärmt. Nach G. Vieregge.

ein einfacher Ausdruck für die *mittlere Temperatur* beim orthogonalen Schneiden angeben. Hierin ist T die *mittlere Temperatur* der Werkzeug-Span-Grenzfläche, Y_f die *Fließspannung* des Werkstückwerkstoffs, V die *Schnittgeschwindigkeit*, t_0 die *Schnitttiefe* sowie $\varrho\, c$ die *volumetrische spezifische Wärme* und κ die *Temperaturleitfähigkeit* (Verhältnis von Wärmeleitfähigkeit zu volumetrischer spezifischer Wärme) des Werkstückwerkstoffs. Da die Werkstoffparameter in Gleichung (8.29) selbst von der Temperatur abhängen, ist es wichtig, Werte einzusetzen, die zum *vorhergesagten* Temperaturbereich passen. Die Eigenschaften in Gleichung (8.29) beziehen sich alle auf das Werkstück. Es wurde gezeigt, dass thermische Eigenschaften des Werkzeugwerkstoffs (siehe Abschnitt 8.6) relativ unwichtig sind im Vergleich zu denen des Werkstücks.

Die in der Scherebene erzeugte Temperatur ist eine Funktion der spezifischen Scherarbeit u_s und der spezifischen Wärme des Werkstoffs. Folglich ist der Temperaturanstieg am höchsten beim Zerspanen von Werkstoffen mit hoher Festigkeit und geringer spezifischer Wärme, wie aus Gleichung (2.65) hervorgeht. Der Temperaturanstieg an der Werkzeug-Span-Grenzfläche ist natürlich auch eine Funktion des Reibungskoeffizienten. Eine zusätzliche Wärmequelle ist der Verschleiß an der Freifläche (siehe Abschnitt 8.3 und ▶ Abbildung 8.20a), der durch Reiben des Werkzeugs an der bearbeiteten Oberfläche entsteht.

▶ Abbildung 8.17 zeigt Ergebnisse von Temperaturmessungen (mithilfe von Thermoelementen) beim Drehen auf einer Drehmaschine. Man erkennt, dass (a) die maximale Temperatur an einer Stelle auftritt, die von der Werkzeugspitze etwas entfernt ist und (b) die Temperatur mit der Schnittgeschwindigkeit zunimmt. Bei größerer Geschwindigkeit bleibt wenig Zeit, die Wärme abzuführen, und folglich steigt die Temperatur an. Zudem wird ein größerer Anteil der erzeugten Wärme bei höherer Schnittgeschwindigkeit vom Span abgeführt, wie ▶ Abbildung 8.18 zeigt. Der Span ist eine gute Wärmesenke, da er die

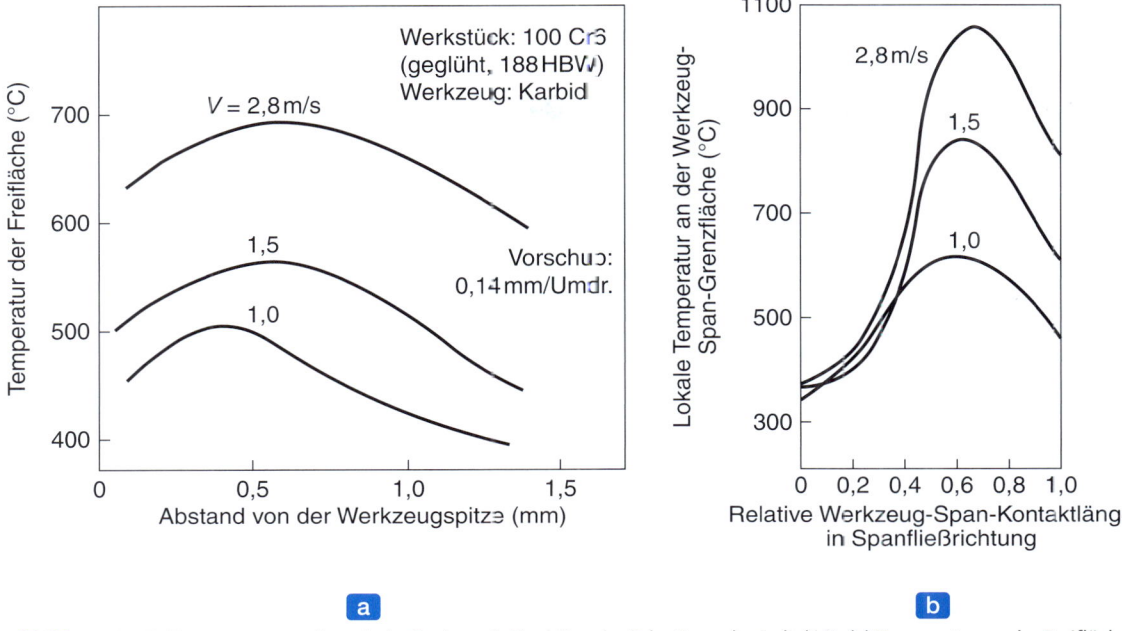

Abbildung 8.17: Temperaturverteilung beim Drehen als Funktion der Schnittgeschwindigkeit: (a) Temperatur an der Freifläche, (b) Temperatur entlang der Werkzeug-Span-Grenzfläche. Die Temperatur an der Spanfläche ist größer als an der Freifläche. Nach B.T. Chao und K.J. Trigger.

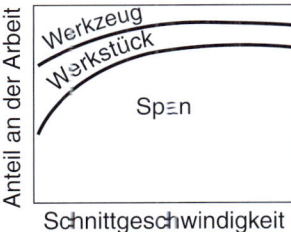

Abbildung 8.18: Abfuhr der beim Drehen generierten Wärme durch Werkzeug, Span und Werkstück. Vor allem bei großen Schnittgeschwindigkeiten wird ein großer Teil der Wärme durch den Span abgeführt.

meiste generierte Wärme absorbiert und dann abführt. Dieses Verhalten des Spans ähnelt dem Phänomen der *Ablation*, wobei Metallschichten von einer Oberfläche abschmelzen und so einen großen Teil der Wärme abführen.

Gleichung (8.29) weist auch darauf hin, dass die Temperatur mit größerer Festigkeit des Werkstückwerkstoffs (da eine höhere Energie zum Spanen erforderlich ist) und höherer Schnittgeschwindigkeit zunimmt (aufgrund des Verhältnisses von Oberfläche zu Spandicke; zudem kühlt ein dünner Span schneller ab als ein dicker). Allerdings hat sich gezeigt, dass Schnitttiefen von mehr als dem Zweifachen des Werkzeugspitzenradius die mittlere Temperatur kaum noch beeinflussen (siehe Abbildung 8.18).

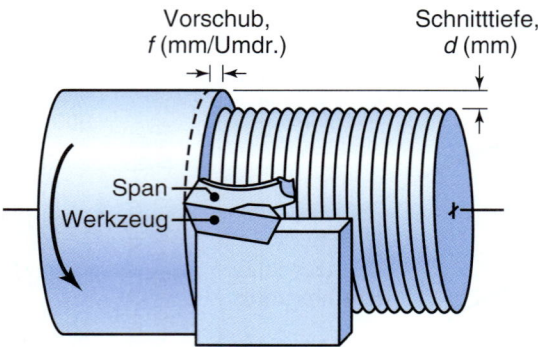

Abbildung 8.19: Terminologie für das Drehen auf einer Drehbank. *f* ist der Vorschub, *d* ist die Schnitttiefe. Der Vorschub beim Drehen entspricht der Schnitttiefe beim orthogonalen Schneiden (siehe Abbildung 8.2), die Schnitttiefe beim Drehen der Schnittbreite beim orthogonalen Schneiden. Siehe auch Abbildung 8.42.

Auf Grundlage von Gleichung (8.29) lässt sich ein weiterer Ausdruck für die mittlere Temperatur beim Drehen auf einer Drehbank (▶ Abbildung 8.42) angeben:

$$T \propto V^a f^b \qquad (8.30)$$

wobei a und b Konstanten, V die Schnittgeschwindigkeit und f den Vorschub bezeichnen (siehe dazu ▶ Abbildung 8.19). Die folgende Tabelle gibt Näherungswerte für a und b an:

Werkzeugwerkstoff	a	b
Hartmetall	0,2	0,125
Schnellarbeitsstahl	0,5	0,375

Temperaturmessverfahren: Um die Temperaturen und ihre Verteilung in der Schnittzone zu ermitteln, stehen verschiedene Techniken zur Verfügung:

- **a** Einbetten von Thermoelementen in das Werkzeug oder das Werkstück. Diese Technik ist schon längere Zeit erfolgreich im Einsatz, auch wenn sie erheblichen Aufwand bedeutet.
- **b** Messen der thermischen elektromotorischen Kraft (EMK) an der Werkzeug-Span-Grenzfläche, die als leitende Verbindung zwischen zwei unterschiedlichen Werkstoffen (Werkzeug und Span) agiert.
- **c** Detektieren der Infrarotstrahlung aus der Schnittzone mit einem *Strahlungspyrometer*. Diese Technik liefert allerdings nur Oberflächentemperaturen und die Genauigkeit der Ergebnisse hängt vom *Emissionsgrad* der Oberflächen ab, der sich nur schwer genau ermitteln lässt.

8.3 Verschleiß und Versagen von Werkzeugen

Wir haben gesehen, dass Schneidewerkzeuge hohen Kräften, erhöhten Temperaturen und Gleitreibung ausgesetzt sind. Alle diese Bedingungen rufen Verschleiß hervor (siehe Abschnitt 4.4.2). Aufgrund seiner Wirkungen auf die Qualität der bearbeiteten Oberfläche und die Wirtschaftlichkeit der Bear-

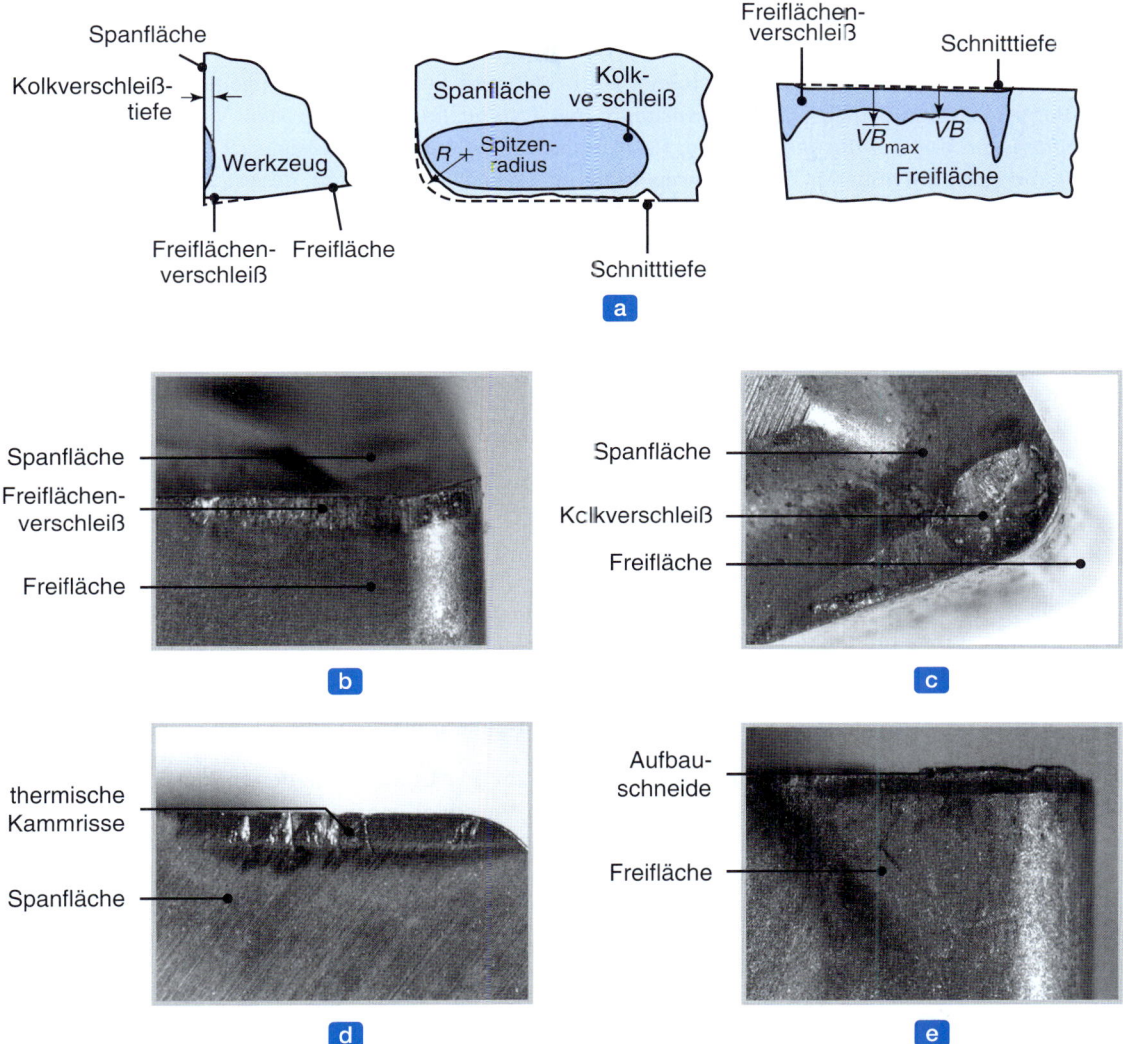

Abbildung 8.20: (a) Werkzeugverschleiß beim Drehen. Mit VB wird der durchschnittliche Freiflächenverschleiß bezeichnet (auch Verschleißmarkenbreite genannt). (b) bis (e) Beispiele für Werkzeugverschleiß: (b) Freiflächenverschleiß, (c) Kolkverschleiß, (d) thermische Rissbildung, (e) Freiflächenverschleiß und Aufbauschneide.

beitung gehört *Werkzeugverschleiß* zu den wichtigsten Aspekten von Bearbeitungsvorgängen. In den Werkzeugverschleiß fließen die unterschiedlichsten Faktoren ein, wie zum Beispiel die Schneidewerkzeug- und Werkstückwerkstoffe (einschließlich ihrer physikalischen, mechanischen und chemischen Eigenschaften), Werkzeuggeometrie, Schneidflüssigkeiten (falls verwendet) und Bearbeitungsparameter wie Schnittgeschwindigkeit, Vorschub und Schnitttiefe. Die Arten des Verschleißes bei einem Werkzeug hängen von den relativen Rollen dieser Variablen ab.

Abbildung 8.20 zeigt das Verschleißverhalten von Schneidewerkzeugen, wobei die verschiedenen Verschleißgebiete als **Freiflächenverschleiß**, **Kolkverschleiß**, **Werkzeugspitzenabrundung** und **Ausbruch der Schneidkante** und **-ecke** gekennzeichnet sind. Während Verschleiß im Allgemeinen ein allmählicher Vorgang ist, stellt Ausbruch einen *sprunghaften Totalausfall* dar. Neben dem Verschleiß kann auch eine *plastische Verformung* des Werkzeugs stattfinden, vor allem bei Werkzeugwerkstoffen, die ihre Festigkeit und Härte bei höheren Temperaturen verlieren. Es liegt auf der Hand, dass sich die Werkzeugform durch diese verschiedenen Verschleiß- und Bruchvorgänge ändert, was sich wiederum auf den gesamten Bearbeitungsvorgang auswirkt.

8.3.1 Freiflächenverschleiß

Der ausgiebig untersuchte *Freiflächenverschleiß* ist im Allgemeinen auf folgende Ursachen zurückzuführen:

1. Gleiten des Werkzeugs entlang der bearbeiteten Oberfläche, was je nach den beteiligten Werkstoffen zu adhäsivem und/oder abrasivem Verschleiß führt;
2. Temperaturanstieg aufgrund seines nachteiligen Einflusses auf die Materialeigenschaften des Werkzeugs.

Entsprechend einer umfangreichen Untersuchung von F.W. Taylor (1907 veröffentlicht) wurde eine Beziehung für den Werkzeugverschleiß beim Schneiden verschiedenartiger Stähle mit

$$Vt^n = C \tag{8.31}$$

aufgestellt, wobei V die Schnittgeschwindigkeit, t die Zeit (in Minuten), um den in Abbildung 8.20a mit VB bezeichneten durchschnittlichen Verschleiß (auch **Verschleißmarkenbreite**) auszubilden, n einen Exponent, der von den Schnittbedingungen abhängig ist, und C eine Konstante bezeichnet. Jede Kombination von Werkstück- und Werkzeugwerkstoffen und jede Schnittbedingung besitzt ihren eigenen n-Wert und eine andere Konstante C. Gleichung (8.31) ist eine einfache Version der verschiedenen Beziehungen, die von Taylor für die in das Bearbeiten einfließenden Variablen entwickelt wurden.

Standzeitdiagramme sind Darstellungen experimenteller Daten, die bei Probebearbeitungen (▶ Abbildung 8.21) gewonnen wurden, was typischerweise bei Drehprozessen auf einer Drehbank geschieht. Beachten Sie, dass (a) die Standzeit bei steigender Schnittgeschwindigkeit rapide abnimmt, (b) der Zustand des Werkstückmaterials die Werkzeuglebensdauer erheblich beeinflusst und (c) große Unterschiede in der Standzeit für unterschiedliche Mikrostrukturen des Werkstücks zu verzeichnen sind. Eine Wärmebehandlung des Werkstücks wird hauptsächlich deshalb durchgeführt, um seine Härte zu erhöhen. Zum Beispiel hat Ferrit eine Härte von etwa 100 HBW, Perlit von 200 HBW und Martensit zwischen 300 und 500 HBW (siehe Abschnitt 3.12). Verunreinigungen und harte Bestandteile im Werkstückwerkstoff sind ebenfalls zu berücksichtigen, da sie die Standzeit durch ihre abrasive Wirkung verringern.

Wie ▶ Abbildung 8.22a zeigt, werden Standzeitdiagramme in doppelt-logarithmischem Maßstab dargestellt, sodass sich der Exponent n unmittelbar ablesen lässt. Tabelle 8.4 gibt Bereiche für experimentell ermittelte Werte von n an. Die Kurven in Standzeitdiagrammen verlaufen zwar in einem bestimmten Bereich von Schnittgeschwindigkeiten linear, doch ist das selten für einen weiten Bereich der Fall.

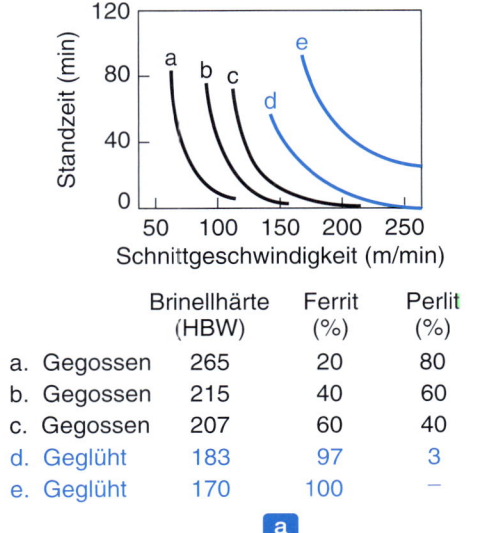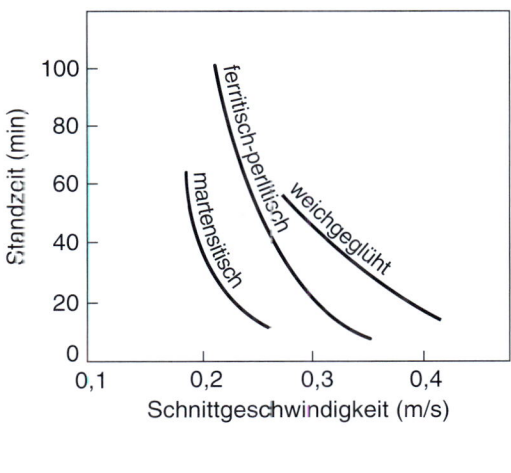

Abbildung 8.21: Einfluss der Mikrostruktur des Werkzeugs auf seine Standzeit beim Drehen. Die Standzeit ist die Zeit in Minuten, die benötigt wird, um einen bestimmten mittleren Freiflächenverschleiß zu bewirken. (a) Sphäroguss, (b) Stähle. In beiden Teilbildern erkennt man den markanten Abfall der Standzeit mit steigender Schnittgeschwindigkeit.

Tabelle 8.4: Bereiche für den Exponenten n von einigen Werkzeugwerkstoffen

Werkzeugwerkstoff	n	Werkzeugwerkstoff	n
Schnellarbeitsstähle	0,08–0,2	Karbide	0,2–0,5
Gegossene Kobaltlegierungen	0,1–0,15	Keramik	0,5–0,7

Bei niedrigen Schnittgeschwindigkeiten kann der Exponent n sogar negativ sein. Somit ist es durchaus möglich, dass die Kurve in einem Standzeitdiagramm ein Maximum erreicht und dann wieder abfällt. Folglich sollte man Standzeitgleichungen über den Bereich der Schnittgeschwindigkeiten hinaus, für den sie entwickelt wurden, nur mit Vorsicht anwenden.

Durch den bestimmenden Einfluss der Temperatur auf die physikalischen und mechanischen Eigenschaften von Werkstoffen, könnte man erwarten, dass Verschleiß hauptsächlich durch Temperatureffekte verursacht wird. Experimentelle Untersuchungen haben gezeigt, dass tatsächlich eine direkte Beziehung zwischen Freiflächenverschleiß und der bei der Bearbeitung erzeugten Wärme besteht (Abbildung 8.22b). Auch wenn sich die Schnittgeschwindigkeit als dominante Prozessvariable für die Standzeit herausgestellt hat, sind Schnitttiefe und Vorschubgeschwindigkeit ebenfalls wichtig. Somit lässt sich Gleichung (8.31) umschreiben in der Form

$$Vt^n d^x f^y = C, \tag{8.32}$$

wobei d die Schnitttiefe und f die Vorschubgeschwindigkeit (in mm/Umdr.) beim Drehen sind. Die Exponenten x und y müssen für jede Schneidbedingung experimentell ermittelt werden. Nimmt man

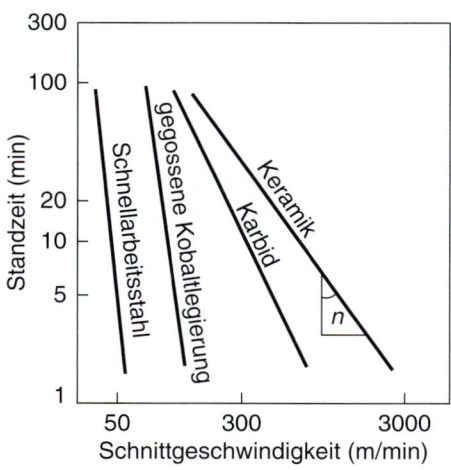 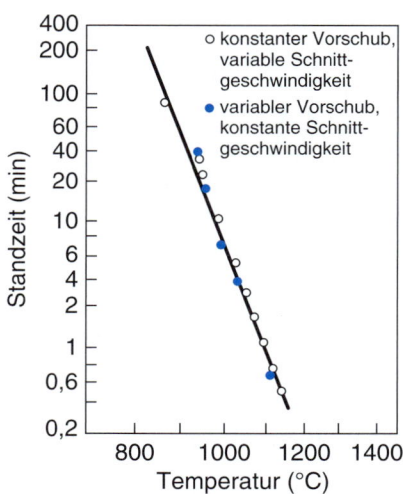

Abbildung 8.22: (a) Standzeitdiagramme für einige Schneidstoffe. Der negative Reziprokwert der Steigung ist der Exponent *n* in Standzeitbeziehungen. (b) Beziehung zwischen der gemessenen Werkzeugtemperatur und der Standzeit (Freiflächenverschleiß). Hohe Temperaturen reduzieren die Standzeit markant. Nach H. Takeyama und Y. Murata.

$n = 0{,}15$, $x = 0{,}15$ und $y = 0{,}6$ als typische Werte in der Praxis an, ist zu sehen, dass die Gewichtung der Faktoren von Schnittgeschwindigkeit in Richtung Vorschubgeschwindigkeit und Schnitttiefe abnimmt.

Gleichung (8.32) kann auch als

$$t = C^{1/n} V^{-1/n} d^{-x/n} f^{-y/n} \tag{8.33}$$

oder mit obigen Zahlenwerten für die Exponenten in der Form

$$t \simeq C^7 V^{-7} d^{-1} f^{-4} \tag{8.34}$$

geschrieben werden. Somit lassen sich für eine konstante Standzeit nach Gleichung (8.34) folgende Schlüsse ziehen:

1. Wenn der Vorschub oder die Schnitttiefe erhöht werden, ist die Schnittgeschwindigkeit zu verringern und umgekehrt.
2. Bei geringerer Schnittgeschwindigkeit nehmen der Vorschub und/oder die Tiefe des Schnitts zu. Je nach Größe der Exponenten kann dies in einem größeren Volumen des abgetragenen Werkstoffs resultieren.

Zulässiger mittlerer Freiflächenverschleiß: Obwohl etwas willkürlich, gibt Tabelle 8.5 typische Werte des zulässigen mittleren Freiflächenverschleißes für verschiedene Bedingungen an. Für verbesserte Maßhaltigkeit und Oberflächengüte kann dieser kleiner als die in der Tabelle angegebenen Werte festgelegt

8.3 Verschleiß und Versagen von Werkzeugen

Tabelle 8.5: Zulässiger mittlerer Freiflächenverschleiß (Verschleißmarkenbreite) von Werkzeugen in verschiedenen Bearbeitungsverfahren

Verfahren	Zulässiger mittlerer Freiflächenverschleiß (mm)		Verfahren	Zulässiger mittlerer Freiflächenverschleiß (mm)	
	Schnellarbeitsstähle	Karbide		Schnellarbeitsstähle	Karbide
Drehen	1,5	0,4	Bohren	0,4	0,4
Planfräsen	1,5	0,4	Räumen	0,15	0,15
Stirnfräsen	0,3	0,3			

werden. Als empfohlene Schnittgeschwindigkeit für ein Werkzeug aus Schnellarbeitsstahl gibt man in der Praxis im Allgemeinen diejenige Geschwindigkeit an, bei der das Werkzeug eine Standzeit von 60 bis 120 min erreicht. Für Hartmetallwerkzeuge beträgt die Standzeit 30 bis 60 min (siehe Tabelle 8.9).

Optimale Schnittgeschwindigkeit: Wie bereits erwähnt, geht die Standzeit bei höherer Schnittgeschwindigkeit zurück. Andererseits verlängert sich die Standzeit bei niedriger Schnittgeschwindigkeit. Allerdings ist bei niedriger Schnittgeschwindigkeit auch die Rate gering, mit der Material abgetragen wird. Folglich gibt es eine *optimale* Schnittgeschwindigkeit.

Wie sich die Schnittgeschwindigkeit auf das abgetragene Materialvolumen in der Zeit bis zum Ersetzen (oder Schärfen) des Werkzeugs auswirkt, lässt sich anhand von Abbildung 8.21a abschätzen. Nehmen wir an, das Material wird unter der Bedingung gemäß Kurve „a" bearbeitet. Beträgt die Schnittgeschwindigkeit 1 m/s, erreicht das Werkzeug eine Standzeit von etwa 40 min. Somit legt das Werkzeug eine Entfernung von 1 m/s × 60 s/min × 40 min = 2400 m zurück, bevor es ersetzt wird. Erhöht man nun die Schnittgeschwindigkeit auf 2 m/s, beträgt die Standzeit etwa 5 min und der zurückgelegte Wert sinkt auf 600 m. Da das abgetragene Materialvolumen direkt proportional zum zurückgelegten Weg des Werkzeugs ist, wird klar, dass sich durch *Verringern* der Schnittgeschwindigkeit *mehr* Material zwischen den Werkzeugwechseln abtragen lässt. Bei geringerer Schnittgeschwindigkeit verlängert sich jedoch auch die erforderliche Bearbeitungszeit eines Teils. Damit geht die Produktivität und somit auch die Wirtschaftlichkeit zurück (siehe auch Abschnitt 8.15).

Beispiel 8.2 **Erhöhen der Standzeit durch Verringern der Schnittgeschwindigkeit**

Berechnen Sie mithilfe der Taylor-Gleichung für die Standzeit (Gleichung (8.31)) und den angenommenen Werten $n = 0{,}5$ and $C = 400$ die prozentuale Erhöhung der Standzeit, wenn die Schnittgeschwindigkeit um 50 % verringert wird.

Lösung: Da $n = 0{,}5$ ist, lässt sich die Taylor-Gleichung als $V\sqrt{t} = 400$ schreiben. Mit V_1 als Anfangsgeschwindigkeit und V_2 als verringerter Geschwindigkeit ergibt sich für dieses Problem $V_2 = 0{,}5 V_1$.

Da C eine Konstante ist, erhalten wir die Beziehung

$$0{,}5 V_1 \sqrt{t_2} = V_1 \sqrt{t_1}\ .$$

Vereinfacht man diesen Ausdruck, ergibt sich

$$\frac{t_2}{t_1} = \frac{1}{0{,}25} = 4{,}0\ .$$

Diese Beziehung sagt aus, dass sich die Standzeit um den Faktor

$$\frac{t_2 - t_1}{t_1} = \left(\frac{t_2}{t_1}\right) - 1 = 4 - 1 = 3$$

verändert bzw. um 300 % erhöht. Wie das Beispiel zeigt, führt die Verringerung der Schnittgeschwindigkeit zu einer erheblichen Verlängerung der Standzeit, wobei in diesem Problem die Größe von C nicht relevant ist.

8.3.2 Kolkverschleiß

Die Faktoren, die den Freiflächenverschleiß beeinflussen, wirken sich auch auf den *Kolkverschleiß* aus, wobei aber vor allem Temperatur und Grad der chemischen Affinität zwischen Werkzeug und Werkstück eine Rolle spielen. Wie bereits erwähnt, unterliegt die Spanfläche des Werkzeugs hohen Spannungs- und Temperaturbeanspruchungen sowie Gleiten des Spans bei relativ hohen Geschwindigkeiten. Wie Abbildung 8.17b zeigt, können die Spitzentemperaturen in der Größenordnung von 1100 °C liegen. Interessant ist, dass die *maximale Tiefe* des Kolkverschleißes im Allgemeinen mit dem Ort der maximalen Temperatur an der Grenzfläche zwischen Werkzeug und Span zusammenfällt.

Der experimentelle Nachweis zeigt eine direkte Beziehung zwischen Kolkverschleißrate und Temperatur an der Werkzeug-Span-Grenzfläche (▶ Abbildung 8.23). Der Kolkverschleiß steigt markant an, sobald ein bestimmter Temperaturbereich erreicht ist. ▶ Abbildung 8.24 zeigt den Querschnitt der Werkzeug-Span-Grenzfläche beim Schneiden von Stahl mit hohen Geschwindigkeiten. Beachten Sie den Ort des

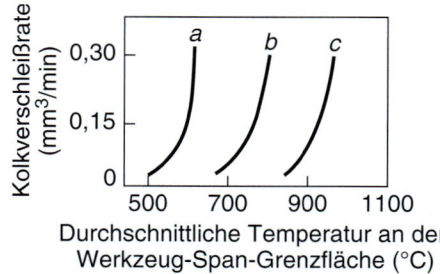

Abbildung 8.23: Beziehung zwischen der Kolkverschleißrate und der Temperatur an der Werkzeug-Span-Grenzfläche beim Drehen: (a) Schnellarbeitsstahl, (b) und (c) Karbide. Der Kolkverschleiß nimmt innerhalb eines schmalen Temperaturbereichs markant zu. Nach K.J. Trigger und B.T. Chao.

8.3 Verschleiß und Versagen von Werkzeugen

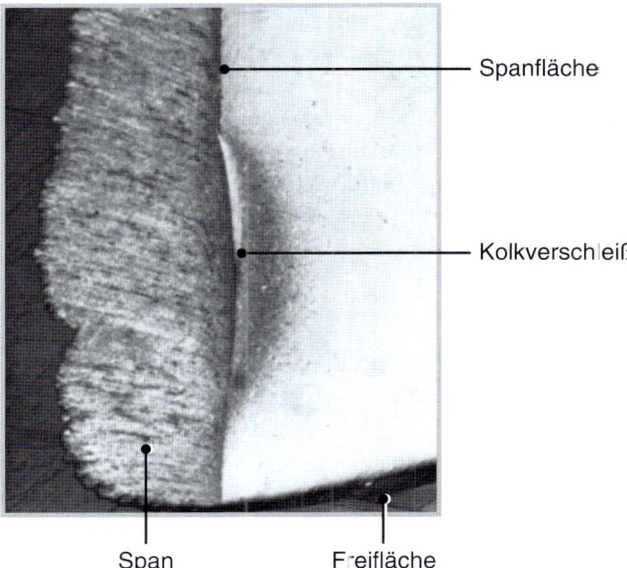

Abbildung 8.24: Grenzfläche zwischen Span (links) und Spanfläche des Werkzeugs (rechts) beim Spanen des Stahls C7D mit einer Schnittgeschwindigkeit von 3 m/s. Die Verfärbung des Werkzeugs weist auf hohe Temperaturen hin, die zur Erweichung des Werkzeugs führen. Die Lage des Kolkverschleißes stimmt mit der der Verfärbung überein, siehe auch Abbildung 8.16.

Kolkverschleißmusters und die **Verfärbung des Werkzeugs** (Härteverlust) als Ergebnis hoher Temperaturen, denen das Werkzeug ausgesetzt ist. Außerdem ist festzustellen, dass das Verfärbungsprofil dem in Abbildung 8.16 gezeigten Temperaturverlauf entspricht.

Die Wirkung der Temperatur auf den Kolkverschleiß lässt sich als **Diffusion** (d. h. Bewegung von Atomen über die Werkzeug-Span-Grenzfläche) beschreiben. Diffusion hängt von der Werkzeug-Werkstück-Werkstoffkombination und von Temperatur, Druck und Zeit ab. Wenn diese Größen zunehmen, steigt die Diffusionsgeschwindigkeit. Ein Beispiel für diffusionsinduzierten Kolkverschleiß lässt sich beobachten, wenn ein Diamantschneidewerkzeug für die Bearbeitung von Stahl verwendet wird. Die hohe Löslichkeit von Kohlenstoff in Stahl führt zu schnellem Kolkverschleiß und Werkzeugversagen. Durch Diffusion verursachter Kolkverschleiß tritt auf, wenn sich die beteiligten Faktoren nicht unter Kontrolle bringen lassen. Zudem kann Verschleiß durch andere Vorgänge wie zum Beispiel Abrasion und Adhäsion verursacht werden.

8.3.3 Ausbruch

Der Begriff *Ausbruch* (*chipping*) beschreibt das Abbrechen eines Teils von der Schnittkante des Werkzeugs. Die abgebrochenen Teile können sehr klein sein oder auch relativ große Fragmente betreffen (*Mikro-* oder *Makroausbruch*). Ausbruch ist ein Phänomen, das in plötzlichem Verlust von Werkzeugmaterial resultiert. Zwei Hauptursachen dafür sind **mechanische Stoßbelastung** und **thermische Ermüdung** (beide verursacht durch unterbrochenes Schneiden wie beim Fräsen, siehe Abschnitt 8.10).

Ausbruch durch mechanische Stoßbelastung kann in einem Bereich des Schneidewerkzeugs auftreten, wo bereits ein kleiner Riss oder Defekt vorhanden ist. Hohe positive Spanwinkel können ebenfalls zum Ausbruch beitragen, wenn die Werkzeugspitze sehr scharf ist (ein Phänomen, das ähnlich dem Abbrechen eines sehr scharfen Bleistifts ist). Eine Ursache für Ausbruch ist Kolkverschleiß, der sich in Richtung Werkzeugspitze ausbreitet und sie dadurch schwächt. Thermische Risse, die im Allgemeinen senkrecht zur Schnittkante liegen (siehe Abbildung 8.20d) werden typischerweise durch die thermischen Zyklen des Werkzeugs beim unterbrochenen Spanen hervorgerufen. Somit lässt sich Ausbruch durch richtig ausgewählte Werkstoffe mit hohem Widerstand gegen stoßartige Belastung und thermische Schocks verringern.

8.3.4 Allgemeine Bemerkungen zum Werkzeugverschleiß

Außer den eben beschriebenen Vorgängen treten beim Werkzeugverschleiß noch andere Phänomene auf (Abbildung 8.20). Die Verschleißnut oder -kerbe bei Schneidewerkzeugen lässt sich der Tatsache zuschreiben, dass dieser enge Bereich die Grenze darstellt, ab der der Span nicht mehr in Kontakt mit dem Werkzeug ist (**Schnitttiefe**). Diese Grenze oszilliert, aufgrund der inhärenten Variationen im Schneidvorgang, was den Verschleiß beschleunigt. Darüber hinaus ist zu beachten, dass dieser Bereich in Kontakt mit der bearbeiteten Oberfläche vom vorherigen Schnitt steht (siehe zum Beispiel Abbildung 8.19). Da eine bearbeitete Oberfläche eine dünne kaltverfestigte Schicht entwickeln kann (je nach Schärfe und Gestalt des Werkzeugs), trägt dieser Kontakt zur Bildung einer Verschleißnut bei.

Zunder- und Oxidschichten auf der Oberfläche eines Werkstücks erhöhen ebenfalls den Verschleiß, da sie hart sind und abtragend wirken. In derartigen Fällen sollte die Schnitttiefe d (siehe Abbildung 8.19) größer als die Dicke des Oxidfilms oder der verformungsverfestigten Schicht sein. Mit anderen Worten sollten seichte Schnitte nicht auf angerosteten oder korrodierten Werkstücken ausgeführt werden, da andernfalls das Werkzeug diese dünne, harte und abrasive Schicht durchdringen muss.

8.3.5 Überwachung des Werkzeugzustands

Mit der weiten Verwendung von computergesteuerten Werkzeugmaschinen und der Realisierung hoch automatisierter Fertigungsverfahren ist die zuverlässige und wiederholbare Leistung von Schneidewerkzeugen ein wichtiger Faktor. Einmal richtig programmiert arbeiten moderne Werkzeugmaschinen heute fast ohne direkte Überwachung durch einen Bediener. Folglich hat der Ausfall eines Schneidewerkzeugs ernsthafte nachteilige Wirkungen auf die Qualität des bearbeiteten Teils sowie auf die Effizienz und Wirtschaftlichkeit der Bearbeitung insgesamt. Demzufolge ist es entscheidend, fortlaufend und indirekt den Zustand des Schneidewerkzeugs beispielsweise auf Verschleiß, Ausbruch oder Totalversagen zu überwachen.

Techniken für die Überwachung des Werkzeugzustands fallen normalerweise in zwei allgemeine Kategorien: direkt und indirekt. Die **direkte Methode** für die Zustandsüberwachung von Schneidewerkzeugen betrifft die *optische Messung* des Verschleißes durch periodisches Prüfen von Änderungen der Werkzeuggestalt. Diese traditionelle Methode ist am gebräuchlichsten, sehr zuverlässig und wird in der Regel mit einem **Werkzeugmessmikroskop** durchgeführt. Da jedoch bei dieser Technik der Bearbeitungsvor-

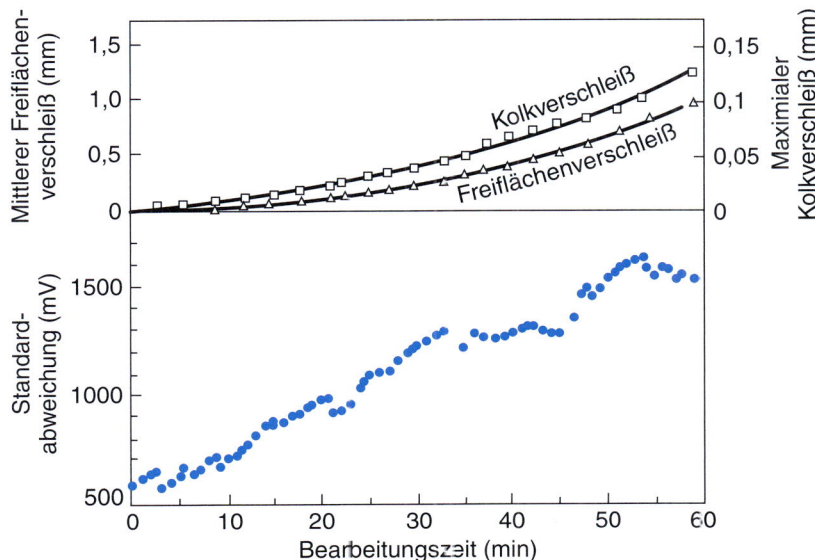

Abbildung 8.25: Beziehung zwischen dem mittleren Freiflächenverschleiß, dem maximalen Kolkverschleiß sowie der Schallemission (durch das Drehen generierter Schall) und der Bearbeitungszeit. Diese Technik dient der kontinuierlichen und indirekten Überwachung des Werkzeugverschleißzustands. Nach M.S. Lan und D.A. Dornfeld.

gang vorübergehend angehalten werden muss, laufen Untersuchungen, um diese Aufgabe mit computergestützten Erkennungssystemen durchzuführen (siehe Abschnitt A.8.1).

Bei **indirekten Methoden** der Verschleißmessung wird der Werkzeugzustand mit Prozessvariablen wie Kräften, Leistung, Temperaturanstieg, Oberflächengüte und Vibrationen korreliert. Die **Schallemissionstechnik** verwendet einen piezoelektrischen Wandler, der auf einem Werkzeughalter platziert ist. Der Wandler nimmt Schallemissionssignale (normalerweise über 100 kHz) auf, die von Spannungswellen ausgehen, die während der Bearbeitung generiert werden. Durch Analysieren der Signale lassen sich Werkzeugverschleiß und Werkzeugausbruch überwachen (▶ Abbildung 8.25). Diese Technik ist vor allem bei der Feinbearbeitung effektiv, wo die Schnittkräfte gering sind, da nur wenig Material entfernt wird.

Ein weiteres indirektes Überwachungssystem für den Werkzeugzustand besteht aus **Messwandlern**, die von vornherein auf Werkzeugmaschinen installiert oder auf vorhandenen Maschinen nachgerüstet werden. Sie überwachen fortwährend Parameter wie **Spindeldrehmoment** und **Werkzeugkräfte** in verschiedenen Richtungen. Ein Mikroprozessor analysiert die Signale (die vorverstärkt werden) und interpretiert sie. Dieses System ist in der Lage, die Signale von Werkzeugbruch, Werkzeugverschleiß, einem fehlenden Werkzeug, Überlastung der Maschine oder Kollision von Maschinenkomponenten (wie zum Beispiel Spindeln) zu unterscheiden. Es kann auch automatisch den Werkzeugverschleiß durch Nachstellen ausgleichen und damit die Maßhaltigkeit des Teils gewährleisten.

Der Entwurf von Messwandlern muss so erfolgen, dass sie (a) den Bearbeitungsvorgang nicht stören, (b) genau und wiederholbar in der Signalerkennung sind, (c) widerstandsfähig gegen Missbrauch und typische Produktionsumgebungen sind und (d) kostengünstig sind. Bei der Entwicklung derartiger *Sensoren* (siehe Abschnitt A.8) einschließlich der Verwendung von *Infrarot*- und *Faseroptik*techniken für Temperaturmessung in den verschiedensten Bearbeitungsvorgängen sind in letzter Zeit erhebliche Fortschritte erzielt worden.

8.4 Oberflächengüte und -beschaffenheit

Die Oberflächengüte beeinflusst nicht nur die Maßhaltigkeit von bearbeiteten Teilen, sondern auch die Eigenschaften der Teile, insbesondere die Dauerfestigkeit. Während die **Oberflächengüte** die geometrischen Merkmale von Oberflächen beschreibt, bezieht sich **Oberflächenbeschaffenheit** auf die *Eigenschaften* wie zum Beispiel Dauerfestigkeit und Korrosionsbeständigkeit, die stark durch die Art der hergestellten Oberflächen beeinflusst werden. Zu den Faktoren, die die Oberflächenbeschaffenheit beeinflussen, gehören (a) Temperaturen, die während der Verarbeitung entstehen, (b) Eigenspannungen, (c) metallurgische Umwandlungen und (d) plastische Verformung und Bruch der Oberfläche. ▶ Abbildung 8.26 gibt die Bereiche der Oberflächenrauheit für Bearbeitungs- und andere Prozesse an. Wie aus der Abbildung hervorgeht, lassen sich diese allgemein in der Reihenfolge zunehmender Oberflächenqualität, aber auch nach Kosten und Bearbeitungszeit kategorisieren (siehe auch Abbildung 14.5).

Bei der Bearbeitung hat die Aufbauschneide mit ihrer signifikanten Wirkung auf die Werkzeuggestalt von allen beteiligten Faktoren den größten Einfluss auf die Oberflächenrauheit. ▶ Abbildung 8.27 zeigt Oberflächen, die in zwei verschiedenen Bearbeitungsvorgängen erhalten wurden. Man erkennt deutlich den erheblichen Schaden an den Oberflächen durch die Aufbauschneide. Mit Keramik- und Diamantwerkzeugen ist eine bessere Oberflächengüte als mit anderen Werkzeugen zu erreichen, da sie eine geringere Neigung haben, eine Aufbauschneide zu bilden.

Ein stumpfes Werkzeug weist einen großen Radius der Eckenrundung auf (siehe Abbildung 8.20a), wie man es von einem stumpfen Bleistift oder Messer her kennt. ▶ Abbildung 8.28 veranschaulicht die Beziehung zwischen dem Radius der Eckenrundung und der Schnitttiefe bei orthogonalem Schneiden. Bei kleinen Schnitttiefen kann der sonst positive Spanwinkel sogar *negativ* werden. Dadurch „reitet" das Werkzeug lediglich über die Werkstückoberfläche und produziert keinerlei Späne. Um dieses Verhalten zu simulieren, kann man auf einem Stück Butter die Oberfläche der Länge nach mit einem stumpfen Messer versuchen zu kratzen. Es wird nicht gelingen, eine dünne Butterschicht abzuheben, während dies mit einem scharfen Messer problemlos möglich ist. Wenn Radius der Eckenrundung im Verhältnis zur Schnitttiefe groß ist, reibt das Werkzeug über die bearbeitete Oberfläche. Dadurch entsteht bei der Bearbeitung Reibungswärme, die Eigenspannungen induziert, die wiederum Oberflächenschäden am Werkstück wie Risse und Ausbrüche verursachen können. In der Praxis sollte daher die Schnitttiefe größer als der Radius der Eckenrundung sein.

Anlegmarken: Beim Drehen wie auch bei anderen Bearbeitungsvorgängen hinterlässt das Werkzeug ein spiralförmiges Profil (*Anlegmarken*) auf der bearbeiteten Oberfläche, wenn es sich über das Werkstück bewegt (siehe Abbildung 8.19). Wie zu erwarten, sind diese Marken umso ausgeprägter, je höher der Vorschub f und je kleiner der Radius R ist. Anlegmarken spielen zwar bei der Rohbearbeitung nur eine untergeordnete Rolle, sind aber bei der Endbearbeitung wichtig.

8.4 Oberflächengüte und -beschaffenheit

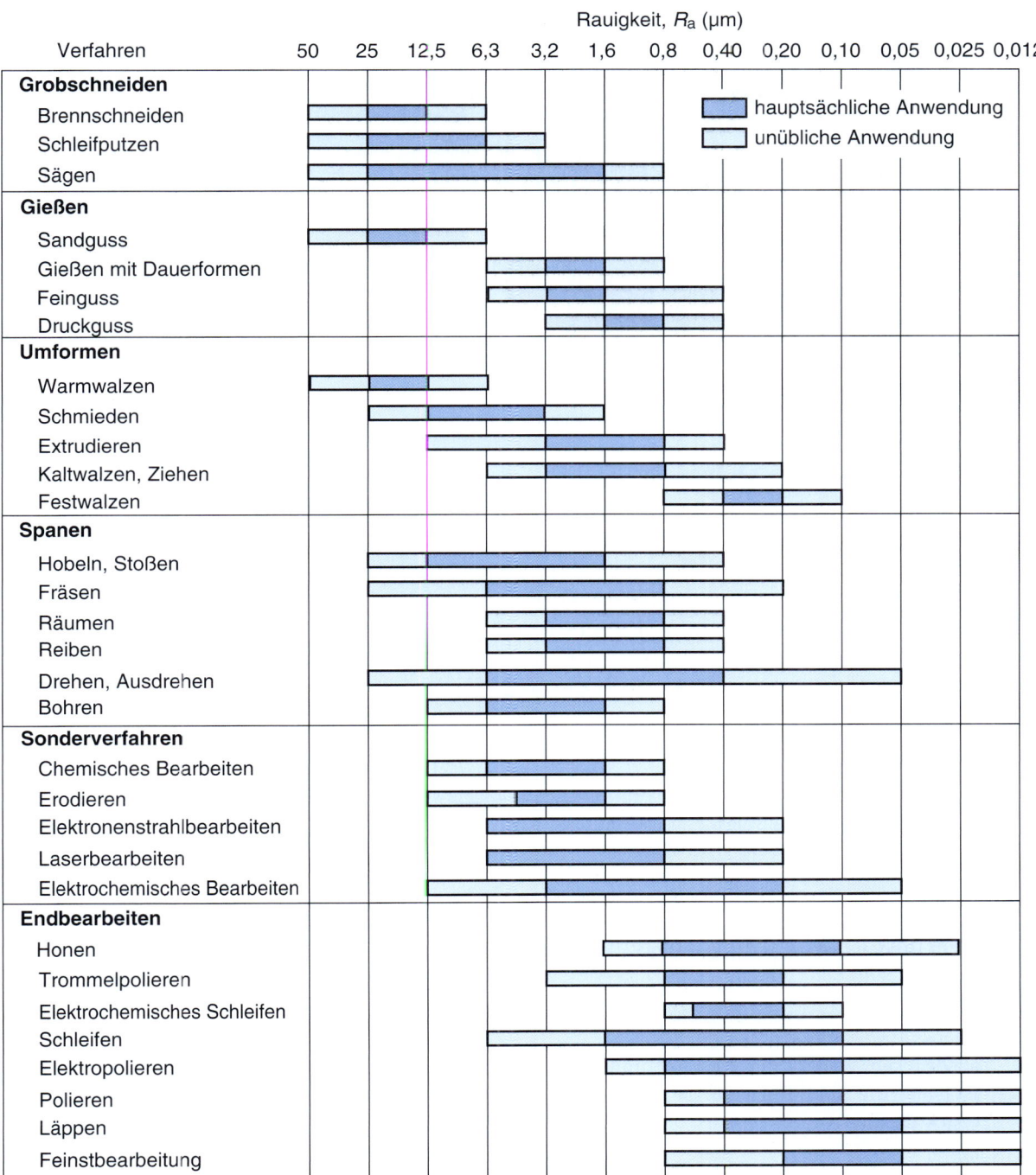

Abbildung 8.26: Erreichbare Bereiche der Oberflächenrauheit in verschiedenen Bearbeitungsverfahren. Die Spannbreite der Rauheit ist vor allem beim Drehen und Bohren sehr groß (siehe auch Abbildung 9.27).

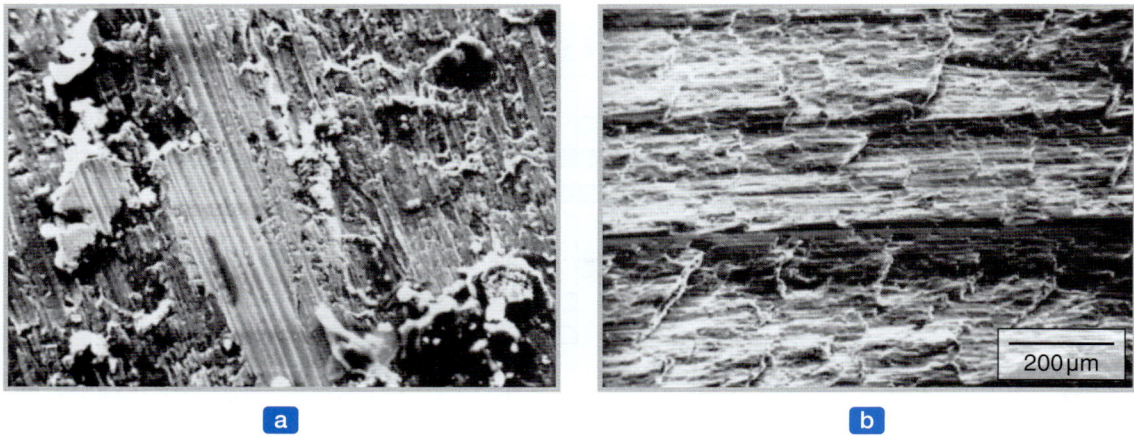

Abbildung 8.27: Oberflächen von bearbeiteten Stählen im Rasterelektronenmikroskop: (a) gedrehte Oberfläche, (b) Oberfläche nach dem Stoßen. Nach J.T. Black und S. Ramalingam.

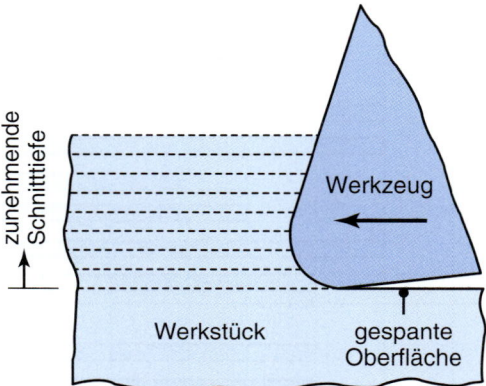

Abbildung 8.28: Schematische Darstellung (übertrieben gezeichnet) eines stumpfen Werkzeugs beim orthogonalen Schneiden. Bei kleiner Schnitttiefe kann der Spanwinkel negativ werden, wodurch das Werkzeug die Oberfläche poliert, aber nicht schneidet.

Beim Drehen lässt sich die gemittelte Rautiefe R_z als

$$R_z = \frac{f^2}{8R} \tag{8.35}$$

ausdrücken, wobei f der Vorschub und R der Spitzenradius (Radius der Eckenrundung) des Werkzeugs ist (siehe die Abbildungen 8.10a, 8.20a und 8.41c). Wenn R wesentlich kleiner als f ist, lautet der Ausdruck für die Rautiefe

$$R_z = \frac{f}{\tan\alpha_s + \cot\alpha_e}, \tag{8.36}$$

wobei α_s und α_e den Einstellwinkel bzw. den Nebenschneidenwinkel angeben (▶ Abbildung 8.41). Beim

Planfräsen (▶ Abbildung 8.57) ist die Rautiefe durch

$$R_\text{z} = \frac{f^2}{16\left(D \pm (2fn/\pi)\right)} \tag{8.37}$$

gegeben, wobei D der Durchmesser des Fräsers, f der Vorschub pro Zahn und n die Anzahl der Einsätze auf dem Fräser ist. Die Gleichungen (8.35) bis (8.37) sind allein anhand der Geometrie abgeleitet und berücksichtigen keine Phänomene wie Reißen der Werkstückoberfläche (siehe Abbildung 8.6c), thermische Verwerfung und Rattern (siehe Abschnitt 8.12 und ▶ Abbildung 8.72).

8.5 Bearbeitbarkeit

Bearbeitbarkeit ist wohl eine unmittelbar erkennbare Eigenschaft eines Werkstoffs, aber schwierig quantitativ auszudrücken. Im Allgemeinen wird die *maschinelle Bearbeitbarkeit (oder Zerspanbarkeit) eines Werkstoffs* in Form der folgenden vier Faktoren definiert: (1) Oberflächengüte und -integrität des bearbeiteten Teils, (2) erreichbare Standzeit des Werkzeugs, (3) Kraft- und Leistungsanforderungen und (4) Spankontrolle. Somit steht gute Bearbeitbarkeit für *gute Oberflächengüte und -integrität*, *lange Standzeit*, *geringe Kraft- und Leistungsanforderungen* und einen *Spantyp*, der den Bearbeitungsvorgang nicht stört und sich leicht sammeln lässt.

8.5.1 Bearbeitbarkeit von Stählen

Da Stähle zu den wichtigsten technischen Werkstoffen gehören, wurde ihre Bearbeitbarkeit ausgiebig untersucht. Die Bearbeitbarkeit von Stählen wurde hauptsächlich durch Zusätze von *Blei* und *Schwefel* verbessert, um damit Automatenstähle zu produzieren.

Bleihaltige Stähle: Blei wird geschmolzenem Stahl zugesetzt und nimmt die Form von fein verteilten Bleipartikeln an (siehe Abbildung 5.2a.) Während der Bearbeitung werden die Bleipartikel geschert und über die Werkzeug-Span-Grenzfläche geschmiert. Aufgrund ihrer geringen Scherfestigkeit fungieren die Bleipartikel als Festschmierstoff. Dieses Verhalten zeigt sich an hohen Konzentrationen von Blei auf der werkzeugseitigen Fläche von Spänen bei der Bearbeitung von bleihaltigen Stählen. Außer diesem Effekt ist davon auszugehen, dass Blei die Scherspannung in der primären Scherzone verringert, was zu geringeren Schnittkräften und Leistungsbedarf führt. Bleihaltige Stähle enthalten bis zu 0,35 Masse-% Blei.

Blei kann entweder in nicht geschwefelten oder aufgeschwefelten Stählen verwendet werden. Allerdings geht man aufgrund der Giftigkeit von Blei und im Sinne des Umweltschutzes dazu über, auf Blei in Stählen zugunsten von Elementen wie Wismut und Zinn (*bleifreie Stähle*) zu verzichten. Darüber hinaus können verbleite Stähle verringerte Bearbeitbarkeit bei erhöhten Temperaturen zeigen, da Blei zur Versprödung von Stählen führt (siehe *Heißrissanfälligkeit*, Abschnitt 3.4.2). Außerdem wurde beobachtet, dass andere Elemente ebenfalls Festmetallversprödung in Stählen und Aluminiumlegierungen unter bestimmten Bedingungen von mechanischer Beanspruchung und Temperatur verursachen können.

Aufgeschwefelte und rückphosphorisierte Stähle: Schwefel in Stählen bildet *Mangansulfideinschlüsse* (Partikel einer zweiten Phase, ▶ Abbildung 8.29), die als Spannungskonzentratoren in der primären

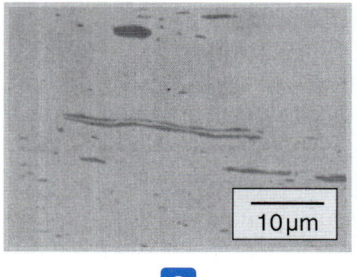 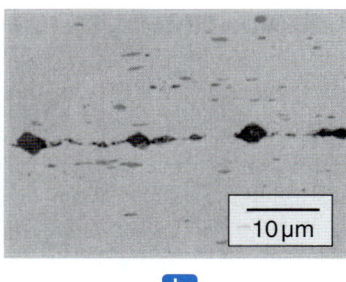 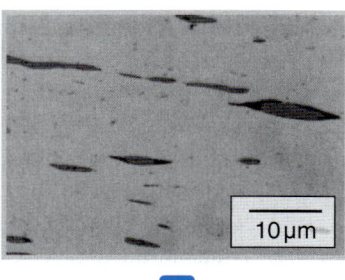

Abbildung 8.29: Gefügeaufnahmen von aufgeschwefelten Automatenstählen: (a) Mangansulfideinschlüsse im Stahl 11SMn37, (b) Mangansulfid- und Mangansilikateinschlüsse im Stahl 11SMn37, (c) Mangansulfideinschlüsse mit Bleimantel im Stahl 11SMnPb37.

Scherzone fungieren. Im Ergebnis sind die produzierten Späne klein und werden leicht gebrochen, was die Bearbeitbarkeit verbessert. *Phosphor* in Stählen verbessert die Bearbeitbarkeit, da der Ferrit verfestigt wird, wodurch sich die Härte des Stahls erhöht und weniger Langspäne erzeugt werden.

Kalziumdesoxidierte Stähle: In diesen Stählen werden Flocken aus *Kalziumaluminosilikat* (CaO, SiO_2 und Al_2O_3) gebildet. Diese Flocken verringern ihrerseits die Festigkeit der sekundären Scherzone, was Reibung und Verschleiß an der Werkzeug-Span-Grenzfläche und somit auch die Temperatur reduziert. Folglich verursachen diese Stähle weniger Kolkverschleiß des Werkzeugs, was speziell bei hohen Schnittgeschwindigkeiten gilt.

Wirkungen anderer Elemente auf die Bearbeitbarkeit von Stahl:

a Die Elemente *Aluminium* und *Silizium* sind in Stahl oft schädlich, da sie sich mit Sauerstoff verbinden und Aluminiumoxid bzw. Silikate bilden. Diese Verbindungen sind hart und abrasiv, sodass sich der Werkzeugverschleiß vergrößert und die Bearbeitbarkeit verringert.

b Die Elemente *Kohlenstoff* und *Mangan* wirken sich je nach Stahlzusammensetzung unterschiedlich auf die Bearbeitbarkeit von Stahl aus. Mit höherem Kohlenstoffgehalt sinkt die Bearbeitbarkeit. Allerdings können unlegierte Stähle mit niedrigem Kohlenstoffgehalt (weniger als 0,15 % C) eine schlechte Oberflächenbeschaffenheit ergeben, da sie eine Aufbauschneide bilden. Andere Legierungselemente wie Nickel, Chrom, Molybdän und Vanadium verbessern zwar die Eigenschaften des Stahls, verringern aber im Allgemeinen die Bearbeitbarkeit.

c Gussstahl ist abrasiver, obwohl seine Bearbeitbarkeit ähnlich der von Schmiedestahl ist.

d Werkzeug- und Gesenkstähle sind schwierig zu bearbeiten und müssen normalerweise vor der Bearbeitung geglüht werden. Die Bearbeitbarkeit der meisten Stähle lässt sich fast immer durch Kaltverformung verbessern, was die Bildung von Aufbauschneiden verringert.

e Austenitische rostfreie Stähle sind im Allgemeinen schwierig zu bearbeiten. Rattern könnte problematisch sein, was Maschinenwerkzeuge mit hoher Steifigkeit und großem Dämpfungsvermögen erfordert. Ferritische rostfreie Stähle sind abrasiv, neigen zur Bildung einer Aufbauschneide und erfordern Werkzeugwerkstoffe mit hoher Härte und Widerstand gegen Kolkverschleiß. Ausscheidungsgehärtete rostfreie Stähle sind fest und wirken abrasiv. Demzufolge benötigt man für ihre spanende Bearbeitung abriebfeste Werkzeugwerkstoffe.

8.5.2 Bearbeitbarkeit von anderen metallischen Werkstoffen

Aluminium lässt sich im Allgemeinen leicht bearbeiten. Allerdings neigen die weicheren Sorten zur Bildung einer Aufbauschneide, was zu einer schlechten Oberflächengüte führt. Es werden hohe Schnittgeschwindigkeiten, große Spanwinkel und große Anstellwinkel empfohlen. Knetlegierungen mit hohem Siliziumgehalt und Aluminiumgusslegierungen können abrasiv wirken und erfordern somit härtere Werkzeugwerkstoffe. Bei der Bearbeitung von Aluminium kann die Maßhaltigkeit aufgrund des geringen Elastizitätsmoduls und des relativ hohen thermischen Ausdehnungskoeffizienten ein Problem darstellen.

Grauguss lässt sich im Allgemeinen gut bearbeiten, wirkt aber abrasiv. Freie Karbide in Gussstücken verringern die Bearbeitbarkeit und verursachen Splittern oder Brechen des Werkzeugs, sodass Werkzeuge mit hoher Zähigkeit erforderlich sind. Sphäro- und Temperguss sind mit harten Werkzeugwerkstoffen bearbeitbar.

Kobaltbasislegierungen sind abrasiv und stark verformungsverfestigend. Sie erfordern scharfe und abriebfeste Werkzeugwerkstoffe sowie geringe Vorschub- und Bearbeitungsgeschwindigkeiten.

Geschmiedetes Kupfer ist schwierig zu bearbeiten, da sich eine Aufbauschneide bildet, während gegossene Kupferlegierungen leicht zu bearbeiten sind. Messing ist ebenfalls leicht zu bearbeiten, speziell die Legierungen, die Blei enthalten (*bleihaltiges Automatenmessing*). *Bronze* ist schwieriger zu bearbeiten als Messing.

Magnesium ist sehr leicht zu bearbeiten bei guter Oberflächenbeschaffenheit und langer Standzeit der Werkzeuge. Allerdings ist bei der Bearbeitung von Magnesium aufgrund der hohen Oxidationsgeschwindigkeit (*luftentzündlich*) und der Brandgefahr Vorsicht geboten.

Molybdän ist duktil und verformungsverfestigend, was möglicherweise eine schlechte Oberflächengüte liefern kann, obwohl sich diese mit scharfen Werkzeugen verbessern lässt.

Nickelbasislegierungen sind verformungsverfestigend, abrasiv und fest bei hohen Temperaturen. Ihre Bearbeitbarkeit ist ähnlich der von rostfreien Stählen.

Tantal ist stark verformungsverfestigend, duktil und weich. Folglich ist die Oberflächengüte gering, der Werkzeugverschleiß hoch.

Titan und dessen Legierungen besitzen eine schlechte thermische Leitfähigkeit (die geringste von allen Metallen), was zu einem erheblichen Temperaturanstieg und zur Bildung einer Aufbauschneide führt. Folglich kann es schwierig zu bearbeiten sein.

Wolfram ist spröde, fest und sehr abrasiv und demzufolge schlecht bearbeitbar. Bei erhöhten Temperaturen lässt es sich deutlich besser bearbeiten.

8.5.3 Bearbeitbarkeit von nichtmetallischen und Verbundwerkstoffen

Graphit ist abrasiv und erfordert daher harte, abriebfeste und scharfe Werkzeuge.

Thermoplaste besitzen im Allgemeinen eine geringe thermische Leitfähigkeit, einen kleinen Elastizitätsmodul und eine niedrige Erweichungstemperatur. Folglich sind für ihre Bearbeitung Werkzeuge mit einem positiven Spanwinkel (um die Schnittkräfte zu reduzieren) und großen Freiwinkeln, kleine Schnitttiefen und Vorschübe, relativ hohe Geschwindigkeiten und geeignete Werkstückhalterungen erforderlich, da die Steifigkeit von Thermoplasten nicht ausreichend hoch ist. Es sind scharfe Werkzeuge erforderlich und die Schnittzone ist gegebenenfalls extern zu kühlen, damit die Späne nicht „gummiartig" werden und an den Werkzeugen kleben bleiben.

Duromere sind spröde und empfindlich für thermische Gradienten während der Bearbeitung, ihre Bearbeitbarkeit entspricht der von Thermoplasten.

Durch die enthaltenen Fasern sind **verstärkte Kunststoffe** im Allgemeinen sehr abrasiv und schwierig zu bearbeiten. Ein erhebliches Problem stellt das Reißen und Herausziehen von Fasern dar. Darüber hinaus sind Umweltaspekte zu berücksichtigen und die Bearbeitung dieser Werkstoffe verlangt das ordnungsgemäße Entsorgen von Bearbeitungsabfällen, um zu vermeiden, dass der Mensch mit den losen Fasern in Kontakt kommt und sie einatmet.

Metallmatrix- und Keramikmatrix-Verbundwerkstoffe lassen sich je nach den Eigenschaften der einzelnen Komponenten im Werkstoff unterschiedlich leicht bearbeiten. Die verstärkenden Fasern können abrasiv wirken, die Duktilität des Matrixwerkstoffs ist für eine gute Bearbeitbarkeit möglicherweise zu gering.

Die Bearbeitbarkeit von **Keramiken** ist ständig verbessert worden, speziell mit der Entwicklung von *Nanokeramiken* (siehe Abschnitt 11.8.1) und mit der Auswahl geeigneter Bearbeitungsparameter (Abschnitt 8.9.2).

8.5.4 Thermisch unterstützte Bearbeitung

Wenn sich Werkstoffe bei Raumtemperatur schwer bearbeiten lassen, kann es einfacher sein, die Bearbeitung bei höheren Temperaturen vorzunehmen, was die Schnittkräfte verringert und die Standzeit der Werkzeuge verlängert. Bei der *thermisch unterstützten Bearbeitung* (**Warmbearbeitung**) ist die Wärmequelle ein Brenner, Hochenergiestrahl (z. B. Laser- oder Elektronenstrahl) oder Plasmabogen, der auf einen Bereich unmittelbar vor dem Schneidewerkzeug fokussiert wird. Warmbearbeitung wird vor allem beim Drehen und Fräsen angewendet. Das Aufheizen und Aufrechterhalten einer einheitlichen Temperaturverteilung innerhalb des Werkstücks kann schwierig zu steuern sein. Darüber hinaus ist es möglich, dass sich die ursprüngliche Mikrostruktur des Werkstücks verändert, was die Werkstückeigenschaften negativ beeinflusst. Außer in Spezialfällen bietet die thermisch unterstützte Bearbeitung keinen signifikanten Vorteil gegenüber der Bearbeitung bei Raumtemperatur mit geeigneten Schneidewerkzeugen und -flüssigkeiten. Bei der lasergestützten Bearbeitung von Siliziumnitridkeramiken und *Stellit* (siehe Abschnitt 8.6.3) sind einige Erfolge erzielt worden.

8.6 Schneidstoffe

Die richtige Auswahl von Werkstoffen für Schneidewerkzeuge gehört zu den wichtigsten Überlegungen für die Bearbeitung, genau wie die Auswahl von Werkzeug- und Gesenkwerkstoffen für Umformvorgänge. Wie bereits erwähnt, unterliegt das Werkzeug hohen Temperaturen, hohen Kontaktspannungen, Reibung auf der Werkstückoberfläche und den Einflüssen von Spänen, die auf der Spanfläche des Werkzeugs nach oben wandern. Folglich muss ein Schneidewerkzeug die folgenden Eigenschaften besitzen:

- **Härte**, insbesondere bei erhöhten Temperaturen (Warmhärte), sodass Härte und Festigkeit des Werkzeugs auch bei den Temperaturen erhalten bleiben, die für Bearbeitungsvorgänge üblich sind (▶ Abbildung 8.30);
- **Zähigkeit**, sodass Stoßkräfte auf das Werkzeug bei unterbrochenen Schneidvorgängen wie Fräsen oder Drehen einer Zahnwelle weder zum Absplittern noch zum Brechen des Werkzeugs führen;
- **Verschleißfestigkeit**, sodass sich eine akzeptable Standzeit erreichen lässt, bevor das Werkzeug ersetzt oder nachbearbeitet werden muss;
- **Chemische Stabilität** oder **Inertheit** in Bezug auf den Werkstückwerkstoff, sodass ungünstige Reaktionen, die zum Werkzeugverschleiß beitragen können, vermieden oder minimiert werden.

Für Schneidewerkzeuge stehen heute mehrere Werkstoffe mit einem breiten Spektrum dieser Eigenschaften zur Verfügung (siehe Tabelle 8.6). Die Werkzeugwerkstoffe werden gewöhnlich den folgenden allgemeinen Kategorien zugeordnet, die etwa in der chronologischen Reihenfolge angegeben sind, in der sie entwickelt und realisiert wurden. Viele dieser Werkstoffe sind auch für Gesenke und Formen gebräuchlich, wie sie in den Kapiteln 5, 6, 7, 10 und 11 beschrieben werden.

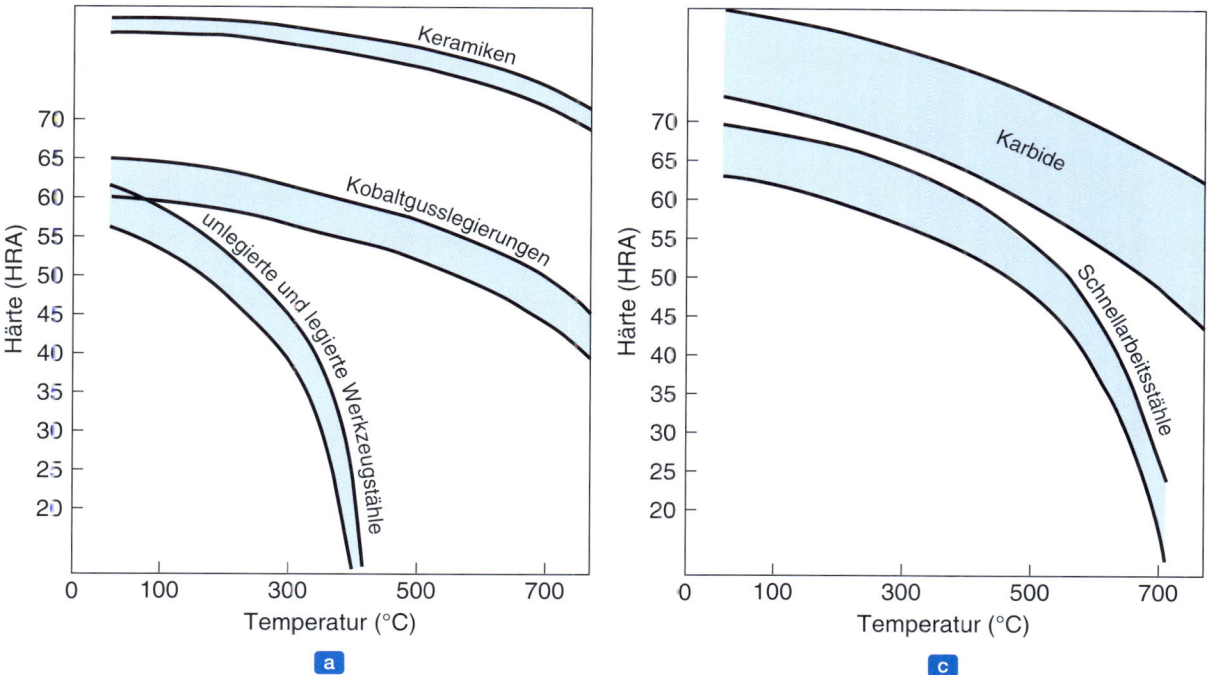

Abbildung 8.30: Härte von Schneidstoffen als Funktion der Temperatur (Warmhärte). Die Bereiche für die Härte der einzelnen Werkstoffe rühren von der Variation ihrer Zusammensetzung und den verschiedenen Wärmebehandlungen her.

Tabelle 8.6: Eigenschaften von Schneidstoffen

Eigenschaft	Schnell-arbeitsstahl	Kobaltguss-legierungen	Karbide WC	Karbide TiC	Keramik	Kubisches Bornitrid	Einkristalliner Diamant*
Härte	83–86 HRA	82–84 HRA	90–95 HRA	91–93 HRA	91–95 HRA	4000–5000 HRK	7000–8000 HRK
Druckfestigkeit MPa	4100–4500	1500–2300	4100–5850	3100–3850	2750–4500	6900	6900
Bruchfestigkeit MPa	2400–4800	1380–2050	1050–2600	1380–1900	345–950	700	1350
Kerbschlagarbeit J	1,35–8	0,34–1,25	0,34–1,35	0,79–1,24	<0,1	<0,5	<0,2
E-Modul GPa	200	–	520–690	310–450	310–410	850	820–1050
Dichte kg/m^3	8600	8000–8700	10.000–15.000	5500–5800	4000–4500	3500	3500
Hartstoffanteil %	7–15	10–20	70–90	–	100	95	95
Schmelz- oder Zersetzungstemperatur °C	1300	–	1400	1400	2000	1300	700
Thermische Leitfähigkeit W/mK	30–50	–	42–125	17	29	13	500–2000
Koeffizient der thermischen Ausdehnung $\times 10^{-6}/°C$	12	–	4–6,5	7,5–9	6–8,5	4,8	1,5–4,8

* Die Werte für polykristallinen Diamant sind mit Ausnahme der Kerbschlagarbeit niedriger.
HRA: Rockwellhärte (Diamantkegel, Prüfvorkraft: 98 N, Prüfzusatzkraft: 490 N), für dünne Proben.
HRK: Rockwellhärte (Sinterhartmetallkugel mit 3,175 mm Durchmesser, Prüfvorkraft: 98 N, Prüfzusatzkraft: 1373 N).

8.6 Schneidstoffe

1. Kohlenstoff- und niedriglegierte Stähle
2. Schnellarbeitsstähle
3. Gegossene Kobaltlegierungen
4. Karbide
5. Beschichtete Werkzeuge
6. Aluminiumoxidkeramik
7. Kubisches Bornitrid
8. Siliziumnitridkeramik
9. Diamant
10. Whiskerverstärkte and nanometerskalige Schneidstoffe

Dieser Abschnitt beschreibt die Eigenschaften, Anwendungen und Beschränkungen dieser Werkzeugwerkstoffe. Außerdem werden ihre Charakteristika wie Warmhärte, Zähigkeit, Schlagzähigkeit, Verschleißfestigkeit, Widerstandsfähigkeit gegen Thermoschocks und Kosten sowie die Bereiche der Schnittgeschwindigkeiten und Schnitttiefen für eine optimale Schneidleistung besprochen.

8.6.1 Kohlenstoff- und niedriglegierte Stähle

Kohlenstoffstähle sind die ältesten Werkzeugwerkstoffe und werden für Bohrer, Gewindeschneider, Räumnadeln und Reibahlen seit den 1880er Jahren verwendet. Niedriglegierte Stähle wurden später für ähnliche Anwendungen – aber mit längerer Standzeit – entwickelt. Obwohl diese Stähle preiswert und leicht umzuformen und zu schärfen sind, genügt ihre Warmhärte und Verschleißfestigkeit nicht für die Bearbeitung mit hohen Schnittgeschwindigkeiten, bei denen wie gezeigt die Temperatur erheblich ansteigt. Zum Beispiel zeigt Abbildung 8.30a, wie schnell die Härte von Kohlenstoffstählen fällt, wenn die Temperatur steigt. Folglich ist die Verwendung dieser Stähle auf Vorgänge mit sehr geringen Schnittgeschwindigkeiten beschränkt.

8.6.2 Schnellarbeitsstähle

Schnellarbeitsstähle (*high speed steels*, HSS) heißen so, weil sie für die Bearbeitung bei höheren Geschwindigkeiten als bislang möglich entwickelt wurden. Die ersten Schnellarbeitsstähle wurden in den frühen 1900er Jahren hergestellt und sind von den Werkzeugstählen am höchsten legiert (siehe auch Abschnitt 3.10.4). Sie lassen sich bis zu verschiedenen Tiefen härten, besitzen eine gute Verschleißfestigkeit und sind relativ preiswert. Aufgrund ihrer hohen Zähigkeit und Bruchfestigkeit sind Schnellarbeitsstähle besonders geeignet für Werkzeuge mit hohen positiven Spanwinkeln (d. h. kleinen Spitzenwinkeln), für unterbrochene Schnitte und für den Einsatz in Werkzeugmaschinen, die Vibrationen und Rattern aufgrund ihrer geringen Steifheit ausgesetzt sind. Schnellarbeitsstähle machen den größten Teil der heutzutage verwendeten Werkzeugwerkstoffe aus, dicht gefolgt von verschiedenen Gesenkstählen und Karbiden. Sie werden für eine breite Palette von Schneidvorgängen eingesetzt, die komplexe Werkzeugformen verlangen, beispielsweise Bohrer, Reibahlen, Gewindebohrer und Zahnradfräser. Beschränkungen für ihren Einsatz ergeben sich prinzipiell aus den niedrigen Schnittgeschwindigkeiten verglichen mit denen für Hartmetallwerkzeuge (siehe unten).

Werkzeuge aus Schnellarbeitsstahl sind in geschmiedeter, gegossener und gesinterter (Pulvermetallurgie, Kapitel 11) Form verfügbar. Außerdem lässt sich eine höhere Leistung durch **Beschichtungen** erreichen (siehe Abschnitt 8.6.5) und durch Oberflächenwärmebehandlungen wie zum Beispiel Einsatzhärten (Abschnitt 4.5.1) ist es möglich, Härte und Verschleißfestigkeit zu verbessern.

8.6.3 Gegossene Kobaltlegierungen

Die 1915 eingeführten *gegossenen Kobaltlegierungen* zeichnen sich durch große Härte (typischerweise 58 bis 64 HRC), gute Verschleißfestigkeit und hohe Härtekonstanz bei erhöhten Temperaturen aus. Die Zusammensetzungen reichen von 38 bis 53 % Kobalt, 30 bis 33 % Chrom und 10 bis 20 % Wolfram. Die zu relativ einfachen Werkzeugformen gegossenen und unter dem Markennamen **Stellite** bekannten Legierungen sind nicht so zäh wie Schnellarbeitsstähle und reagieren empfindlich auf Stoßkräfte. Folglich sind sie weniger als Schnellarbeitsstähle für unterbrochene Schneidvorgänge geeignet. Werkzeuge aus Kobaltgusslegierungen verwendet man heute nur noch für spezielle Anwendungen mit tiefen, nicht unterbrochenen Schruppvorgängen bei relativ hohen Schnitttiefen und Vorschubgeschwindigkeiten. Außerdem ertragen sie etwa das Zweifache der Schnittgeschwindigkeiten, die mit Schnellarbeitsstählen möglich sind.

8.6.4 Karbide

Die bisher beschriebenen Schneidstoffe besitzen genügend Zähigkeit, Stoßfestigkeit und Widerstandsfähigkeit gegen thermische Schocks für viele Anwendungen, weisen aber auch signifikante Beschränkungen bei Eigenschaften wie Festigkeit und Härte – speziell Warmhärte – auf. Folglich lassen sie sich bei hohen Schnittgeschwindigkeiten mit den damit verbundenen hohen Temperaturen nicht effektiv einsetzen und ihre Standzeit kann relativ kurz sein. Die auch als **Sinterkarbid** oder **Hartmetall** bezeichneten *Karbide* wurden in den 1930er Jahren eingeführt, um die Forderung nach größeren Bearbeitungsgeschwindigkeiten für höhere Produktionsraten zu erfüllen.

Aufgrund ihrer großen Härte über einem breiten Temperaturbereich (wie Abbildung 8.30 zeigt), des großen Elastizitätsmoduls und hoher thermischer Leitfähigkeit bei geringer thermischer Ausdehnung sind Karbide wichtige, universelle und kostengünstige Werkzeug- und Gesenkwerkstoffe für ein breites Spektrum von Anwendungen. Allerdings ist die Steifigkeit der Werkzeugmaschine wichtig, während geringer Vorschub, geringe Schnittgeschwindigkeiten und Rattern nachteilig für Hartmetalle sein können. Für Bearbeitungsvorgänge werden vor allem *Wolframkarbid* und *Titankarbid* verwendet. Um sie von beschichteten Werkzeugen (siehe Abschnitt 8.6.5) zu unterscheiden, spricht man bei reinen Hartmetallen üblicherweise von **unbeschichteten Hartmetallen**.

1 **Wolframkarbid (WC)** ist ein Verbundwerkstoff aus Wolframkarbidteilchen, die in einer Kobaltmatrix gebunden werden. Folglich spricht man auch von *Sinterkarbid*. WC wird häufig mit Karbiden von Titan und Niob kombiniert, um Hartmetallwerkzeuge und -gesenke mit speziellen Eigenschaften zu versehen. Der Anteil von Kobalt beeinflusst die Eigenschaften von Hartmetallwerkzeugen erheblich. Mit zunehmendem Kobaltgehalt nehmen Festigkeit, Härte und Verschleißfestigkeit ab, während die Zähigkeit zunimmt (▶ Abbildung 8.31). Im Allgemeinen setzt man Wolframkarbidwerkzeuge ein, um Stahl, Gusseisen und abrasive Nichteisenwerkstoffe zu bearbeiten. Allerdings sind an ihre Stelle in vielen Anwendungen aus Leistungsgründen HSS-Werkzeuge getreten. Wolframkarbidwerkzeuge werden durch Pulvermetallurgieverfahren hergestellt, wie sie Kapitel 11 beschreibt.

2 **Titankarbid (TiC)** besitzt eine höhere Verschleißfestigkeit als Wolframkarbid, ist aber nicht so zäh. Mit einer *Nickel-Molybdän-Legierung* als Matrix ist TiC für die Bearbeitung harter Werkstoffe – hauptsächlich Stahl und Gusseisen – geeignet und erlaubt höhere Geschwindigkeiten als Wolframkarbid.

Wendeschneidplatten: Schneidewerkzeuge aus Schnellarbeits- und Kohlenstoffstahl lassen sich in einem Stück herstellen und zu verschiedenen Geometrien wie zum Beispiel Bohrern und Fräsern schleifen (siehe Abbildung 8.10). Sobald aber die Schneide verschleißt und stumpf wird, muss das Werkzeug aus seiner Halterung entfernt und nachgeschliffen werden, was recht zeitaufwendig ist. Die Forderung nach einer effizienteren Methode hat zur Entwicklung von *Wendeschneidplatten* geführt, die einzelne Schneidewerkzeuge mit einer Anzahl von Schneiden und in verschiedenen Formen darstellen (▶ Abbildung 8.32). So hat zum Beispiel eine quadratische Wendeschneidplatte acht Schneiden und eine dreieckige sechs Schneiden. Wendeschneidplatten sind mit verschiedensten **Spanbrechermerkmalen** versehen, um den Spanfluss zu steuern sowie Schwingungen und die erzeugte Wärme zu verringern. Optimale Spanbrechergeometrien werden heutzutage mithilfe von computerunterstützten Entwurfsverfahren und Finite-Elemente-Methoden entwickelt.

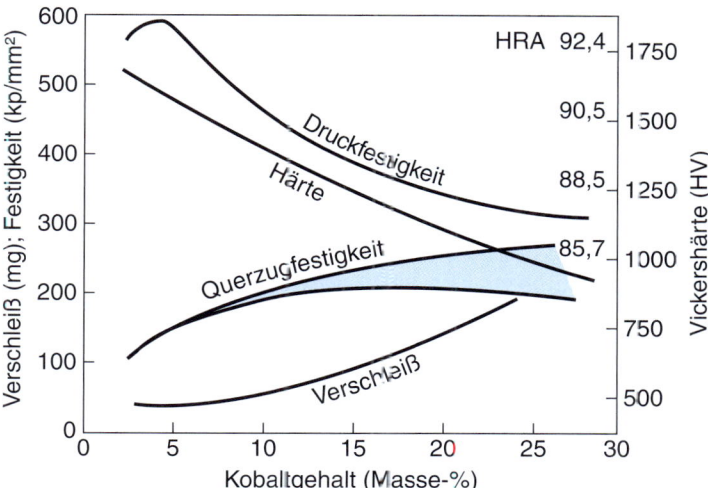

Abbildung 8.31: Einfluss des Kobaltgehalts auf die mechanischen Eigenschaften von Wolframkarbidhartmetallen. Die Härte steht in direkter Beziehung zur Druckfestigkeit (siehe Abschnitt 2.6.8) und ist invers zum Verschleiß (siehe Gleichung (4.6)).

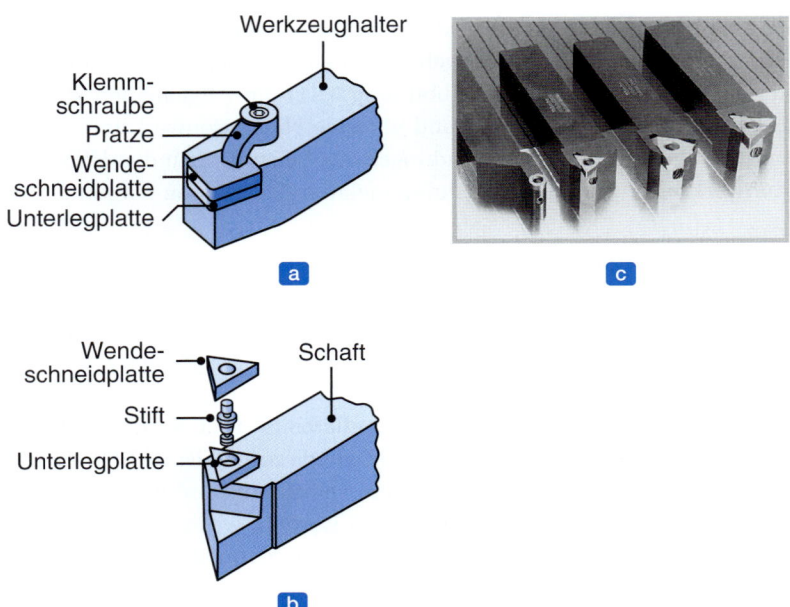

Abbildung 8.32: Befestigungsarten für Wendeschneidplatten auf einem Werkzeugträger: (a) Klemmung, (b) Verstiftung. (c) Beispiele für montierte Wendeschneidplatten, die von einem seitlich verschraubten Stift gehalten werden.

Normalerweise werden Wendeschneidplatten auf dem *Werkzeugschaft* mit verschiedenen Klemmmechanismen geklemmt (Abbildung 8.32a und b). Seltener werden Wendeschneidplatten auf den Werkzeugschaft *gelötet* (▶ Abbildung 8.39). Zudem muss das Löten durch die unterschiedliche thermische Ausdehnung der Wendeschneidplatten- und Werkzeugschaftwerkstoffe sorgfältig erfolgen, um Reißen oder Verziehen zu vermeiden. Klemmen ist die bevorzugte Methode, da eine verschlissene Schneide *ausgesondert* (in ihrer Halterung gedreht) wird, sodass sich die andere Schneide verwenden lässt. Neben den in Abbildung 8.32 gezeigten Werkzeughalterungen sind für spezifische Anwendungen noch viele verschiedenartige Halterungen verfügbar, einschließlich Schnellspannvorrichtungen für eine effiziente Arbeitsweise.

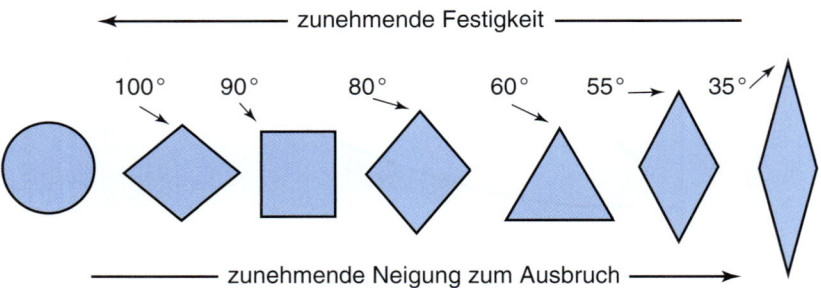

Abbildung 8.33: Abhängigkeit der Tendenz zum Kantenausbruch bzw. der Festigkeit der Hauptschneide von Wendeschneidplatten vom Spitzenwinkel.

Abbildung 8.34: Verschiedene Zurichtungen, um die Festigkeit der Hauptschneide von Wendeschneidplatten zu erhöhen.

Die Festigkeit der Schneide einer Wendeschneidplatte hängt von ihrer Form ab. Je kleiner der Spitzenwinkel der Wendeschneidplatte (▶ Abbildung 8.33), desto geringer ihre Festigkeit. Um die Schneidenfestigkeit weiter zu verbessern und Schneidkantenausbruch zu verhindern, werden Schneideneinsätze normalerweise gehont, angefast oder mit einer negativen Schneidlippenfase versehen (▶ Abbildung 8.34). Die meisten Wendeschneidplatten werden durch Honen mit einem Radius von etwa 0,025 mm versehen.

8.6.5 Beschichtete Werkzeuge

Eine Vielzahl von Werkstoffen kann als Beschichtung auf Schnellarbeitsstahl- und Karbidwerkzeugen (Substraten) dienen, um *beschichtete Werkzeuge* herzustellen. Durch ihre einzigartigen Eigenschaften lassen sich beschichtete Werkzeuge bei hohen Schnittgeschwindigkeiten verwenden, was die erforderliche Bearbeitungszeit und damit die Kosten senkt. In der Praxis wurde beobachtet, dass beschichtete Werkzeuge die Standzeit um den Faktor 10 gegenüber nicht beschichteten Werkzeugen verbessern können. Zum Beispiel zeigt ▶ Abbildung 8.35, dass sich die Bearbeitungszeit seit 1900 um einen Faktor von mehr als 100 verringert hat.

Häufig verwendete *Beschichtungswerkstoffe* sind Titannitrid, Titankarbid, Titankarbonitrid und Aluminiumoxid. Beschichtungen, deren Dicke allgemein im Bereich von 2 bis 10 µm liegt, werden durch **chemische Dampfphasenabscheidung** (CVD) und **physikalische Dampfphasenabscheidung** (PVD) aufgebracht (siehe Abschnitt 4.5). Das CVD-Verfahren ist am gebräuchlichsten für Hartmetallwerkzeuge mit Mehrphasen- und Keramikbeschichtungen. Andererseits weisen die PVD-beschichteten Karbide mit TiN-Beschichtungen eine höhere Schnittkantenfestigkeit, geringere Reibung und geringere Neigung zum Bilden einer Aufbauschneide auf. Zudem sind sie glatter und einheitlicher in der Dicke, die normalerweise im Bereich von 2 bis 4 µm liegt. Eine neuere Technologie, die insbesondere für mehrphasige Beschichtungen eingesetzt wird, ist die **chemische Dampfphasenabscheidung bei mittleren Temperaturen** (MTCVD). Derartige Beschichtungen sind beständiger gegen Rissausbreitung als CVD-Beschichtungen.

Beschichtungen sollten die folgenden allgemeinen Eigenschaften besitzen:

- Hohe Härte bei erhöhten Temperaturen;
- Chemische Stabilität und Inertheit zum Werkstückwerkstoff;

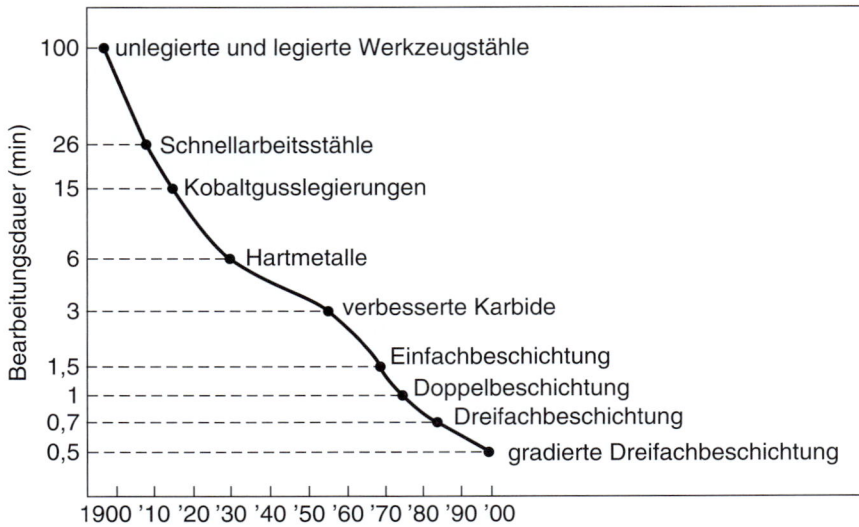

Abbildung 8.35: Bearbeitungszeit in Abhängigkeit der verwendeten Schneidstoffe. Innerhalb eines Jahrhunderts sank die Bearbeitungszeit um mehr als zwei Größenordnungen. Nach Sandvik Coromant.

- Geringe thermische Leitfähigkeit;
- Gute Bindung zum Substrat, um Abblättern oder Abplatzen zu verhindern;
- Geringe oder keine Porosität.

Die Wirksamkeit von Beschichtungen wird wiederum durch hohe Härte, Zähigkeit und thermische Leitfähigkeit des Substratwerkstoffs verbessert, welcher Karbid oder Schnellarbeitsstahl sein kann. Honen (siehe Abschnitt 9.7) der Schnittkanten ist ein wichtiges Verfahren, um die Festigkeit der Beschichtung zu bewahren und Abplatzen von scharfen Kanten und Ecken zu verhindern.

Die folgenden Punkte geben einige Arten von Beschichtungen an:

1. **Titannitrid**-Beschichtungen (TiN) besitzen einen niedrigen Reibungskoeffizienten, hohe Härte, gute Hochtemperatureigenschaften und gute Haftung am Substrat. Folglich lassen sich damit die Standzeiten von Werkzeugen aus Schnellarbeitsstahl sowie von Hartmetallwerkzeugen, Bohrern und Meißeln verbessern. Mit Titannitrid beschichtete Werkzeuge (an der goldenen Färbung erkennbar) sind für hohe Schnittgeschwindigkeiten und -tiefen geeignet. Bei niedrigen Schnittgeschwindigkeiten verhalten sie sich nicht so gut wie unbeschichtete Werkzeuge, da sich die Beschichtung durch Spanhaftung abnutzen kann. Folglich ist es wichtig, mit geeigneten Schneidflüssigkeiten die Haftung von Spänen am Werkzeug zu unterbinden. Der Freiflächenverschleiß ist deutlich geringer als bei unbeschichteten Werkzeugen (▶ Abbildung 8.36). Freiflächen können nach der Verwendung nachgeschliffen werden, wobei das Nachschleifen die Beschichtung auf der Spanfläche des Werkzeugs nicht entfernt.

2. **Titankarbid**-Beschichtungen (TiC, silbergraue Färbung) auf Wolframkarbid sind sehr beständig gegen Freiflächenverschleiß, speziell bei der Bearbeitung von abrasiven Werkstoffen.

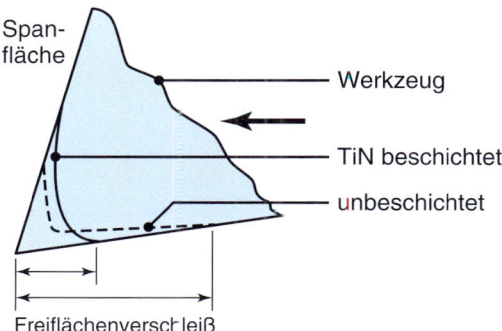

Abbildung 8.36: Verschleißmuster von unbeschichteten und mit Titannitrid beschichteten Schnellarbeitsstahlwerkzeugen. Das beschichtete Werkzeug weist weniger Verschleiß an der Hauptschneide auf.

3 **Titankarbonitrid** (TiCN), das durch physikalische Dampfphasenabscheidung aufgebracht wird, ist härter und zäher als TiN. Es lässt sich auf Werkzeugen aus Hartmetall und Schnellarbeitsstahl einsetzen und ist vor allem beim Schneiden von rostfreiem Stahl sehr nützlich. TiCN-Beschichtungen weisen eine violette bis braunschwarze Färbung je nach Kohlenstoffgehalt auf.

4 **Keramikbeschichtungen:** Aufgrund ihrer guten Hochtemperatureigenschaften, chemischen Inertheit, geringen thermischen Leitfähigkeit und Beständigkeit gegen Freiflächen- und Kolkverschleiß sind Keramiken geeignete Beschichtungswerkstoffe für Werkzeuge. Die gebräuchlichste ist *Aluminiumoxid* (Al_2O_3). Da jedoch Keramikbeschichtungen sehr stabil (chemisch nicht reaktiv) sind, binden sich Oxidbeschichtungen sehr schwach an das Substrat und neigen deshalb dazu, sich vom Werkzeug oder der Wendeschneidplatte abzulösen.

5 **Mehrphasenbeschichtungen:** Die gewünschten Eigenschaften der oben beschriebenen Beschichtungsarten lassen sich mithilfe von *Mehrphasen(lagen)beschichtungen* (▶ Abbildung 8.37) kombinieren und optimieren. So sind beschichtete Hartmetallwerkzeuge mit zwei oder drei Schichten derartiger Beschichtungen besonders günstig bei der Bearbeitung von Gusseisen und Stahl.

Im Beispiel, das Abbildung 8.37 zeigt, besteht die erste Schicht über dem Wolframkarbidsubstrat aus TiC, gefolgt von Al_2O_3 und dann TiN. Wichtig ist, dass (a) die erste Schicht gut an das Substrat gebunden ist, (b) die äußere Schicht verschleißfest ist und eine geringe thermische Leitfähigkeit besitzt und (c) die Zwischenschicht gut an den beiden anderen gebunden und mit diesen verträglich ist.

Typische Anwendungen für mehrfach beschichtete Werkzeuge sind:

a. Kontinuierliches Hochgeschwindigkeitsschneiden: TiC/Al_2O_3;
b. Kontinuierliches Schneiden mit hoher Belastung: TiC/Al_2O_3/TiN;
c. Unterbrochenes Schneiden bei geringer Belastung: TiC/TiC + TiN/TiN.

Neuere Entwicklungen bei Beschichtungen verwenden alternierende Mehrlagenschichten, wobei die Schichten dünner als in typischen Mehrphasenbeschichtungen sind (Abbildung 8.37). Die Dicke dieser Schichten liegt im Bereich von 2 bis 10 μm. Dünnere Beschichtungen verwendet man deshalb, weil die Härte mit geringerer Schichtdicke zunimmt. Dieses Phänomen ähnelt der Festig-

8 Materialabtragverfahren: Spanen

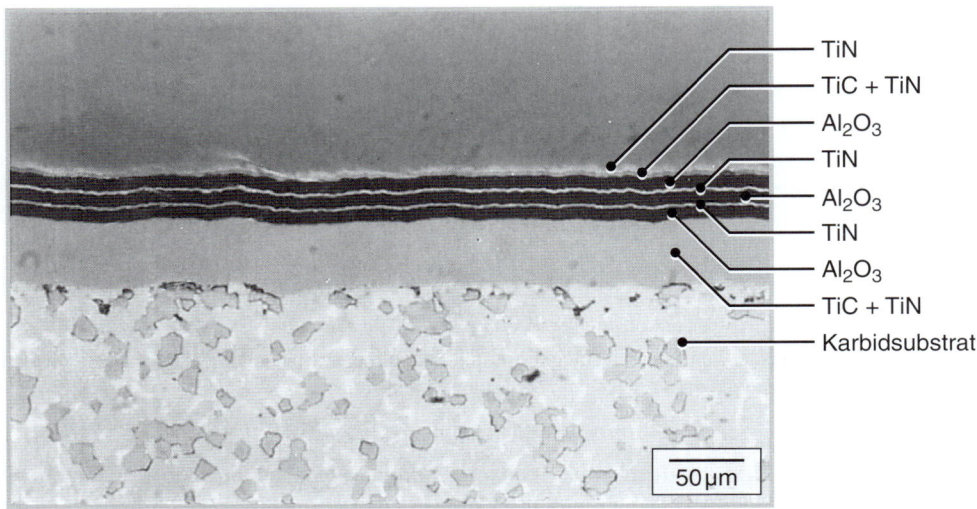

Abbildung 8.37: Mehrlagenbeschichtung eines Wolframkarbidsubstrats. Drei Schichten aus Aluminiumoxid sind durch sehr dünne Schichten aus Titannitrid voneinander getrennt. Wendeschneidplatten mit bis zu 13 Schichten werden hergestellt. Die Schichtdicken liegen zwischen 2 und 10 μm.

keitszunahme von Metallen bei geringerer Korngröße (siehe Abschnitt 3.4.1). Somit sind dünnere Schichten fester als dickere.

6 **Diamantbeschichtungen:** Eine wichtige Entwicklung betrifft die Verwendung von polykristallinem Diamant als Beschichtungswerkstoff, speziell für Schneidplatten aus Wolframkarbid und Siliziumnitrid. Es gibt auch Schneidplatten mit einer Dünnfilmdiamantbeschichtung sowie Schneidewerkzeuge mit hartgelöteten Dickfilmdiamantspitzen. Dünnfilme werden auf Substraten durch PVD- und CVD-Verfahren abgeschieden, während Dickfilme durch Aufwachsen einer großen Schicht aus reinem Diamant entstehen. Diese werden dann mit dem Laser in die gewünschte Form geschnitten und an einen Hartmetallschaft hartgelötet. Diamantbeschichtete Werkzeuge sind vor allem für die Bearbeitung von abrasiven Werkstoffen wie Aluminium-Silizium-Legierungen, Graphit und faserverstärkte und Metallmatrix-Verbundwerkstoffe effektiv (siehe Abschnitt 11.14). Gegenüber anderen beschichteten Werkzeugen wurden Verbesserungen der Standzeit bis zum Zehnfachen erreicht.

7 **Andere Beschichtungswerkstoffe:** Ständig sind Fortschritte in der Entwicklung und beim Erproben neuer Beschichtungswerkstoffe zu verzeichnen. **Titanaluminiumnitrid** (TiAlN) ist speziell bei der Bearbeitung von Legierungen für die Luftfahrtindustrie effektiv. Beschichtungen auf Chrombasis wie zum Beispiel **Chromkarbid** (CrC) haben sich als günstig bei der Bearbeitung weicherer Werkstoffe herausgestellt, die am Schneidewerkzeug haften, wie zum Beispiel Aluminium, Kupfer und Titan. Als Beschichtungswerkstoffe sind außerdem **Zirkonnitrid** (ZrN) und **Hafniumnitrid** (HfN), **nanometerskalige Beschichtungen** aus Karbid, Borid, Nitrid, Oxid oder einer Kombination davon sowie **Verbundbeschichtungen** aus verschiedenartigen Werkstoffen gebräuchlich.

8.6.6 Aluminiumoxidkeramik

Die in den frühen 1950er Jahren eingeführten keramischen Schneidstoffe bestehen hauptsächlich aus feinkörnigem, hochreinem **Aluminiumoxid**. Sie werden in die Form von Schneidplatten unter hohem Druck und bei Raumtemperatur gepresst und bei hohen Temperaturen gesintert. Diese Werkstoffe bezeichnet man auch als **weiße** oder **kaltgepresste Keramiken** (siehe auch Abschnitt 11.9.3). Durch Zusätze von Titankarbid und Zirkonoxid lassen sich Eigenschaften wie Zähigkeit und Beständigkeit gegen Thermoschocks verbessern.

Werkzeuge aus *Keramiken auf Aluminiumoxidbasis* weisen hohe Abriebfestigkeit und Warmhärte auf (▶ Abbildung 8.38). Zudem sind sie chemisch stabiler als Schnellarbeitsstähle und Hartmetalle. Während der Bearbeitung bleiben sie deshalb kaum am Werkstück haften (und umgekehrt) und neigen folglich auch weniger dazu, eine Aufbauschneide zu bilden. Mit Keramikwerkzeugen lässt sich demnach eine gute Oberflächengüte erreichen, was speziell für die Bearbeitung von Gusseisen und Stahl gilt. Allerdings kann es aufgrund der geringen Zähigkeit von Keramiken zu vorzeitigem Werkzeugausfall durch Absplittern oder Bruch kommen (siehe Abbildung 8.20). Ebenfalls wichtig sind Form und Aufbau von Keramikwerkzeugen. Um Abplatzen zu vermeiden, bevorzugt man im Allgemeinen negative Spanwinkel und folglich große Spitzenwinkel. Vorzeitiger Werkzeugausfall lässt sich verhindern, wenn man die Steifigkeit und Dämpfungsfähigkeit der Werkzeugmaschinen und Werkzeughalterungen erhöht, was Vibrationen und Rattern verringert (siehe Abschnitt 8.12).

Cermets (Kunstwort aus *cer*amic und *met*al), die man auch als **schwarze** oder **heißgepresste Keramiken** (Karboxide) bezeichnet, enthalten typischerweise 70 % Aluminiumoxid und 30 % Titankarbid. Andere Cermets können Molybdänkarbid, Niobkarbid oder Tantalkarbid enthalten. Die Schnittleistung von Cermets liegt zwischen der von Keramiken und Karbiden (siehe Abbildung 8.38). Obwohl sie sich auch beschichten lassen, sind die Vorzüge der Beschichtungen etwas umstritten, da die Verbesserung der Verschleißfestigkeit nur marginal erscheint.

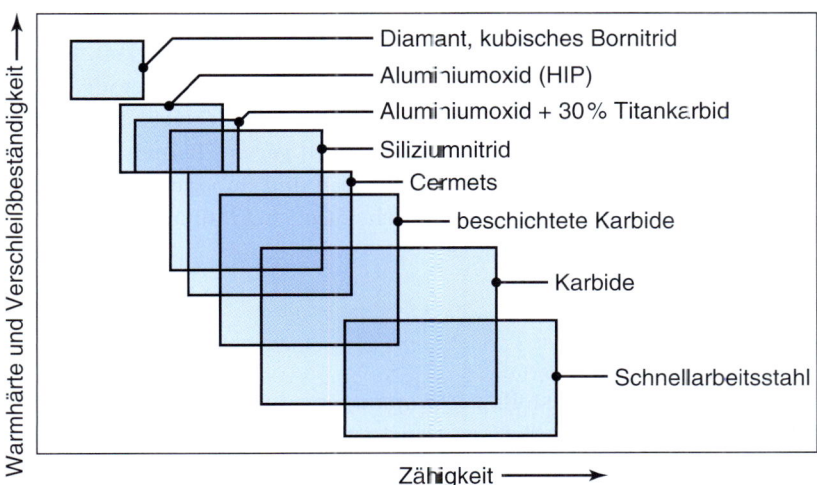

Abbildung 8.38: Eigenschaftsfenster einiger Schneistoffe (siehe auch Tabellen 8.1 bis 8.5). HIP steht für heißisostatisches Pressen, siehe Abschnitt 11.3.3.

8.6.7 Kubisches Bornitrid

Nach Diamant ist *kubisches Bornitrid* (cBN) der härteste derzeit verfügbare Schneidstoff. Um cBN-Schneidewerkzeuge herzustellen, wird eine 0,5 bis 1 mm dicke Schicht aus *polykristallinem kubischen Bornitrid* durch Sintern unter Druck an ein Karbidsubstrat gebunden (Abbildung 8.39). Während das Karbid die Zähigkeit beisteuert, kommt von der cBN-Schicht die sehr hohe Verschleißbeständigkeit und Festigkeit der Schneidkante. Werkzeuge mit kubischem Bornitrid lassen sich auch in geringen Größen ohne Substrat herstellen. Bei erhöhten Temperaturen ist cBN chemisch träge gegenüber Eisen und Nickel und weist eine hohe Oxidationsbeständigkeit auf. Demzufolge ist es besonders geeignet für die Bearbeitung von gehärteten Eisen- und Hochtemperaturlegierungen (siehe auch *Hartdrehen* in Abschnitt 8.9.2). Da cBN-Werkzeuge spröde sind, spielen Steifigkeit und Dämpfungsvermögen der Werkzeugmaschine und der Werkzeughalter eine große Rolle, um Vibration und Rattern zu unterdrücken. Kubisches Bornitrid dient auch als Schleifmittel, wie Abschnitt 9.2 beschreibt.

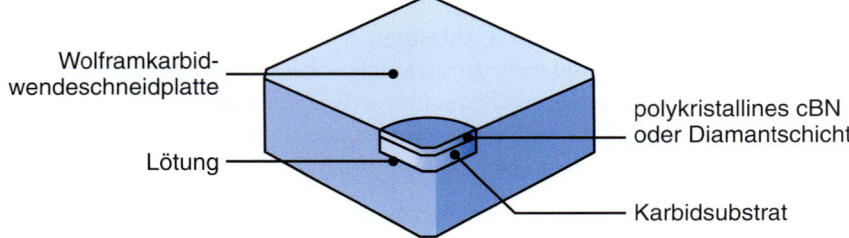

Abbildung 8.39: Schicht aus kubischem Bornitrid oder Diamant auf einer Wolframkarbidwendeschneidplatte.

8.6.8 Siliziumnitridkeramik

Keramiken auf Siliziumnitridbasis (SiN) bestehen aus Siliziumnitrid mit Zusätzen von Aluminiumoxid, Yttriumoxid und Titankarbid. Diese Werkzeugwerkstoffe zeigen hohe Zähigkeit, hohe Warmhärte und gute Beständigkeit gegen Thermoschocks. Ein Beispiel für derartige Werkstoffe ist *Sialon*, das nach den Elementen in seiner Zusammensetzung – *Si*lizium, *Al*uminium, *O*xygen (Sauerstoff) und *N*itrogen (Stickstoff) – benannt ist. Es weist eine höhere Beständigkeit gegen Thermoschocks als Siliziumnitrid auf und wird empfohlen für die Bearbeitung von Gusseisen und Superlegierungen auf Nickelbasis bei mittleren Schnittgeschwindigkeiten. Aufgrund ihrer chemischen Affinität zu Stahl sind Werkzeuge auf SiN-Basis für die Stahlbearbeitung nicht geeignet.

8.6.9 Diamant

Der härteste aller uns bekannten Werkstoffe ist *Diamant*, eine kristalline Form des Kohlenstoffs (siehe auch Abschnitt 11.13). Als Schneidewerkzeug erzeugt er nur geringe Reibung zwischen Werkzeug und Span, bietet hohe Verschleißfestigkeit und die Fähigkeit, sehr lange eine scharfe Schneidkante zu bewahren. Verwendet wird Diamant, wenn sehr feine Oberflächengüte und Maßhaltigkeit gefordert werden, besonders bei abrasiven nichtmetallischen Werkstoffen und weichen Nichteisenlegierungen. *Einkristall-*

diamant wird für spezielle Anwendungen eingesetzt, beispielsweise die Bearbeitung von hochgenauen optischen Spiegeln mit einer Vorderfolie aus Kupfer. Da Diamant spröde ist, sind Werkzeuggestalt und -schärfe wichtig. Normalerweise werden kleine Spanwinkel und große Spitzenwinkel verwendet, um eine stabile Schneidkante zu gewährleisten. Verschleiß von Diamantwerkzeugen kann durch Ausbruch (verursacht durch thermische Spannungen und Oxidation) und Umwandlung in Kohlenstoff (verursacht durch die beim Schneiden entstehende Wärme) auftreten.

Einkristall (Einzelpunkt-)Diamantwerkzeuge wurden größtenteils ersetzt durch polykristalline Diamantwerkzeuge, die auch als Drahtziehgesenke für Feindraht eingesetzt werden (Abschnitt 6.5). Diese Werkstoffe bestehen aus sehr kleinen synthetischen Kristallen, die unter hohem Druck und hohen Temperaturen auf eine Dicke von etwa 0,5 bis 1 mm kompaktiert und wie bei cBN-Werkzeugen an ein Karbidsubstrat gebunden werden (siehe Abbildung 8.39). Die zufällige Orientierung der Diamantkristalle verhindert die Ausbreitung von Rissen durch das Werkzeug und verbessert dadurch beträchtlich seine Zähigkeit.

Diamantwerkzeuge können zufriedenstellend bei fast jeder Schnittgeschwindigkeit verwendet werden, sind aber vor allem für kontinuierliches Schlichten bei geringer Belastung geeignet. Um Ausbruch zu minimieren, ist das Diamantwerkzeug nachzuschärfen, sobald es stumpf wird. Aufgrund seiner starken chemischen Affinität ist Diamant nicht für die Bearbeitung von unlegierten Stählen sowie Titan-, Nickel- und Kobaltbasislegierungen geeignet. Außerdem verwendet man Diamant als Schleifmittel beim Schleifen und Polieren (Kapitel 9) sowie für verschleißfeste Beschichtungen (Abschnitt 4.5).

8.6.10 Whiskerverstärkte und nanometerskalige Schneidstoffe

Um die Leistung und Verschleißfestigkeit von Schneidewerkzeugen weiter zu verbessern, wobei es speziell um die Bearbeitung abrasiver und harter Werkstücke geht, werden laufend neue Schneidstoffe mit verbesserten Eigenschaften entwickelt wie zum Beispiel (a) hoher Bruchzähigkeit, (b) Beständigkeit gegen Thermoschocks, (c) Festigkeit der Schneidkante und (d) hoher Warmhärte.

Whisker (siehe Abschnitt 3.8.3) werden als verstärkende Fasern in Werkzeugverbundwerkstoffen eingesetzt. Beispiele für whiskerverstärkte Werkstoffe sind Werkzeuge auf Siliziumnitridbasis, die mit Siliziumkarbid-Whiskern (SiC) verstärkt sind, und Werkzeuge auf Aluminiumoxidbasis mit Siliziumkarbid-Whiskern, manchmal mit Zusätzen von *Zirkonoxid*. Allerdings sind SiC-verstärkte Werkstoffe aufgrund der hohen Affinität von Siliziumkarbid zu Eisenwerkstoffen ungeeignet für die Bearbeitung von Eisen und Stahl.

Feinstkornkarbide: Die Fortschritte bei nanometerskaligen Werkstoffen (siehe Abschnitt 3.11.9) haben zur Entwicklung von Schneidewerkzeugen geführt, die aus sehr feinkörnigen (*Mikrokörnung*) Karbiden aus Wolfram, Titan und Tantal bestehen. Die Korngröße liegt im Bereich von 0,2 bis 0,8 µm. Diese Werkstoffe sind fester, härter und verschleißbeständiger als herkömmliche Karbide. So werden zum Beispiel Bohrer mit Durchmessern in der Größenordnung von 100 µm aus diesen Werkstoffen hergestellt und bei der Herstellung von mikroelektronischen Leiterplatten verwendet (siehe Kapitel 13).

Funktionell gradierte Karbide: Bei diesen Werkzeugen weist die Zusammensetzung des Karbids einen Gradienten in der oberflächennahen Schicht auf, anstatt gleichmäßig zu sein, wie es sonst bei Schneidplatten üblich ist. Der Gradient ist relativ flach (Zusammensetzung und Phasen) und liefert örtlich verschiedene und erwünschte Funktionalitäten wie sie etwa auch von Beschichtungen auf Schneidewerkzeugen gefordert werden (siehe Abschnitt 8.6.5). Abgestufte (gradierte) mechanische Eigenschaften vermeiden jedoch Spannungskonzentrationen (die es an der Schicht-Substrat-Grenzfläche geben kann) und bewirken höhere Standzeiten und Schnittleistung. Allerdings sind sie teurer und können nicht für alle Anwendungen gerechtfertigt sein.

8.6.11 Tieftemperaturbehandlung von Schneidewerkzeugen

Es gibt Hinweise auf die vorteilhafte Wirkung der Tieftemperaturbehandlung von Werkzeugen und anderen Metallen hinsichtlich ihrer Leistungsfähigkeit in Bearbeitungsverfahren (Details siehe Abschnitt 3.12.6). Dabei wird das Werkzeug sehr langsam auf Temperaturen von etwa $-180\,°C$ abgekühlt und langsam wieder auf Raumtemperatur erwärmt. Dann wird es angelassen. Je nach Kombination der beteiligten Werkzeug- und Werkstückwerkstoffe wird angegeben, dass sich die Standzeit mit dieser Prozedur um bis zu 300 % erhöhen lässt.

8.7 Schneidflüssigkeiten

Die auch als *Schmier-* und *Kühlstoffe* bezeichneten *Schneidflüssigkeiten* werden in Bearbeitungsvorgängen eingesetzt, um

- die Schneidzone zu kühlen und somit Temperatur und Verwerfungen im Werkstück zu verringern sowie die Standzeit der Werkzeuge zu erhöhen;
- Reibung und Verschleiß zu verringern und somit die Standzeit des Werkzeugs und die Oberflächengüte zu verbessern;
- Kräfte und Energiebedarf zu verringern;
- Späne fortzuschwemmen;
- die neu bearbeiteten Oberflächen gegenüber Umgebungsangriffen zu schützen.

Eine Schneidflüssigkeit kann überwiegend als **Kühlmittel** und/oder als **Schmiermittel** dienen (siehe Abschnitt 4.4.3). Ihre Wirksamkeit bei Bearbeitungsvorgängen hängt von einer Reihe von Faktoren ab, beispielsweise von Anwendungsmethode, Temperatur, Schnittgeschwindigkeit und Art der Bearbeitungsoperation. Allerdings gibt es Situationen, in denen die Verwendung von Schneidflüssigkeiten nachteilig sein kann. So vergrößert die Kühlwirkung der Schneidflüssigkeit bei unterbrochenen Schneidvorgängen wie zum Beispiel beim Fräsen (Abschnitt 8.10) das Ausmaß der abwechselnden Erwärmung und Abkühlung (*Temperaturwechselbeanspruchung*), dem die Schneidzähne unterworfen sind. Dieser Zustand kann zu thermischen Rissen führen (*thermische Ermüdung* oder *Thermoschock*). Darüber hinaus können Schneidflüssigkeiten bewirken, dass sich der Span stärker kräuselt. Somit treten die Spannungen am Werkzeug vor allem an dessen Spitze auf, wo sich dann auch die Wärme konzentriert – die Standzeit des Werkzeugs geht zurück.

Schneidflüssigkeiten können **biologische** und **Umweltgefährdungen** darstellen (siehe auch Abschnitt 4.4.4), die geeignete Recycling- und Entsorgungsmaßnahmen erfordern, wodurch die Kosten der Bearbeitung steigen. Die Verwendung und Anwendung von Schneidflüssigkeiten kann deshalb auch ein signifikanter Punkt bei den Herstellungskosten sein. Aus diesen Gründen wird **Trockenschneiden** bzw. **Trockenbearbeitung** zu einem wichtigen Konzept, bei dem weder Kühl- noch Schmiermittel eingesetzt werden (siehe Abschnitt 8.7.2). Wenngleich dieser Ansatz vermuten lässt, dass höhere Temperaturen und schnellerer Werkzeugverschleiß auftreten, ist mit bestimmten Werkzeugwerkstoffen und Beschichtungen eine vernünftige Standzeit erreichbar. Trockenschneiden ist mit Hochgeschwindigkeitsbearbeitung in Verbindung gebracht worden, was mit der Tatsache zusammenhängt, dass höhere Schnittgeschwindigkeiten eine größere Wärmemenge aus der Schnittzone auf den Span übertragen (siehe Abbildung 8.18) – eine naheliegende Strategie, um die Notwendigkeit für ein Kühlmittel zu verringern (siehe auch Abschnitt 3.9.7 zu möglichen schädlichen Auswirkungen von Schneidflüssigkeiten auf bestimmte Schneidewerkzeuge, das sogenannte *selektive Auslaugen*, wie zum Beispiel bei Hartmetallwerkzeugen mit Kobalt als Binderphase).

8.7.1 Arten und Anwendungsmethoden von Schneidflüssigkeiten

In Bearbeitungsvorgängen sind vier grundlegende Arten von Schneidflüssigkeiten gebräuchlich: Öle, Emulsionen, halbsynthetische und vollsynthetische Stoffe, wie sie in Abschnitt 4.4.4 beschrieben wurden. Im Rest dieses Abschnitts werden Empfehlungen für Schneidflüssigkeiten für spezifische Bearbeitungsvorgänge gegeben. Bei der Auswahl einer geeigneten Schneidflüssigkeit sollte auf ihre nachteiligen Wirkungen auf den Werkstückwerkstoff (d. h. Korrosion, Spannungskorrosionsrisse, Verfärben), die Komponenten der Werkzeugmaschine, biologische Auswirkungen und Umweltaspekte sowie Recycling und Entsorgung geachtet werden.

Die häufigste Anwendungsmethode von Schneidflüssigkeiten ist die **Überflutungskühlung**. Die Fließgeschwindigkeiten der Kühlflüssigkeit liegen typischerweise im Bereich von 10 l/min für Einpunktwerkzeuge bis 225 l/min pro Messer bei Mehrschneidenwerkzeugen wie zum Beispiel beim Fräsen. Bei Vorgängen wie Tiefbohren und Stirnfräsen werden Flüssigkeitsdrücke im Bereich von 700 bis 14 000 kPa verwendet, um die Späne wegzuspülen.

Sprühnebelkühlung ist eine andere Methode, Schneidflüssigkeiten zuzuführen. Allgemein wird sie mit Flüssigkeiten auf Wasserbasis verwendet. Obwohl sie eine Entlüftung erfordert (um das Einatmen der Flüssigkeitsteilchen durch den Maschinenbediener und Personen in der Nähe zu vermeiden) und begrenzte Kühlkapazität aufweist, lässt sich mit der Sprühnebelkühlung die Flüssigkeit an sonst unzugänglichen Stellen zuführen. Zudem bietet sie eine bessere Sichtbarkeit des zu bearbeitenden Werkstücks. Diese Methode ist vor allem bei Schleifprozessen wirksam (siehe Kapitel 9), wobei Druckluft mit einem Druck von 70 bis 600 kPa verwendet wird.

Mit zunehmender Geschwindigkeit und Leistung der Werkzeugmaschinen ist die bei Bearbeitungsvorgängen generierte Wärme ein signifikanter Faktor geworden (siehe Abschnitt 8.2.6). Jüngere Entwicklungen verwenden **Hochdruckkältemaschinen**, um die Wärme schneller aus der Schneidzone abzuführen, die Bearbeitungskosten zu senken und schädliche Wirkungen auf die Umwelt zu vermeiden. Üblich sind heute Drücke in der Größenordnung von 35 MPa, um die Schneidflüssigkeit über speziell geformte

Düsen – die einen kräftigen Flüssigkeitsstrahl erzeugen sollen – zur Schneidzone zu bringen. Bei dieser Vorgehensweise wirkt die Kühlflüssigkeit zudem als Spanbrecher.

Kühlung durch das Werkzeugsystem: Wir haben bei bestimmten Bearbeitungsvorgängen auf die Schwierigkeiten hingewiesen, Schneidflüssigkeiten in die Schneidzone zu führen und die Späne wegzuspülen. Um die Flüssigkeiten effektiver zuführen zu können, arbeitet man enge Kanäle in die Schneidewerkzeuge und die Werkzeughalter ein, über die die Schneidflüssigkeiten unter hohem Druck zugeführt werden können.

8.7.2 Minimalmengenschmierung und Trockenbearbeitung

Aus wirtschaftlichen und Umweltgründen ist seit Mitte der 1990er Jahre ein weltweiter Trend zu verzeichnen, die Verwendung von Metallbearbeitungsflüssigkeiten zu minimieren oder zu eliminieren. Dieser Trend hat zur Praxis der Minimalmengenschmierung geführt, bei der das Kühlmittel eliminiert oder beträchtlich reduziert wird. Die Bedeutung dieses Ansatzes wird klar angesichts der Tatsache, dass allein in Europa jedes Jahr einige Millionen Liter von Metallbearbeitungsflüssigkeiten verbraucht werden. Zu den wesentlichen Vorzügen der Minimalmengenschmierung gehören:

1. Mildern des Umwelteinflusses durch die Verwendung von geringeren Mengen an Schneidflüssigkeiten, wodurch die Luftqualität in Produktionsanlagen verbessert und Gesundheitsgefährdungen verringert werden.
2. Reduzieren der Kosten für Bearbeitungsvorgänge, einschließlich der Kosten für Aufbereitung, Recycling und Entsorgung der Schneidflüssigkeiten. Dies ist nicht zu unterschätzen, da Schneidflüssigkeiten schätzungsweise 7 bis 17 % der Gesamtbearbeitungskosten ausmachen.
3. Weitere Qualitätsverbesserung der bearbeiteten Oberfläche.

Das Prinzip hinter der Minimalmengenschmierung (MMS) ist die Anwendung eines feinen Nebels aus Luft-Flüssigkeits-Gemisch, der eine geringe Menge von Schneidflüssigkeit einschließlich Pflanzenöl enthält. Die Mischung wird an die Schnittzone geführt, normalerweise durch eine Düse von 1 mm Durchmesser und unter einem Druck von 600 kPa. Die zugeführte Flüssigkeitsmenge beträgt etwa 1 bis 100 ml/h, was schätzungsweise höchstens ein Zehntausendstel der Kühlmittelmenge bei Überflutungskühlung ausmacht.

Trockenbearbeitung ist ebenfalls eine praktikable Alternative. Mit modernen Schneidewerkzeugwerkstoffen hat sich Trockenbearbeitung in verschiedenen Bearbeitungsvorgängen als wirksam erwiesen, speziell beim Drehen, Fräsen und Verzahnen von Stahl und Gusseisen, allerdings im Allgemeinen nicht für Aluminiumlegierungen.

Wie bereits erwähnt, hat eine Schneidflüssigkeit unter anderem auch die Aufgabe, Späne aus der Schneidzone wegzuspülen. Obwohl dies bei der Trockenbearbeitung problematisch zu sein scheint, wurden Werkzeugkonzepte entwickelt, die eine Zuführung von *Druckluft* erlauben, oftmals durch Löcher im Werkzeugschaft. Die komprimierte Luft wirkt nicht wie eine Schneidflüssigkeit und erzeugt nur eine recht begrenzte Kühlung, ist aber sehr effektiv, um die Schneidzone von Spänen zu befreien.

8.7.3 Tieftemperaturbearbeitung

Um die nachteiligen Auswirkungen auf die Umwelt durch den Einsatz von Metallbearbeitungsflüssigkeiten zu verringern oder ganz zu beseitigen, setzt man neuerdings *flüssigen Stickstoff* als Kühlmittel bei der spanenden Bearbeitung wie auch beim Schleifen ein (siehe Abschnitt 9.6.9). Mit ausreichend geringen Düsendurchmessern wird flüssiger Stickstoff bei einer Temperatur von etwa 73 K auf die Grenzfläche zwischen Werkzeug und Werkstück gespritzt, was die Temperatur an dieser Stelle verringert. Dies wirkt sich günstig auf die Werkzeughärte und folglich die Standzeit aus, was wiederum höhere Schnittgeschwindigkeiten ermöglicht. Darüber hinaus werden die Späne spröder und lassen sich somit leichter aus der Schneidzone entfernen. Da keine Flüssigkeiten im Spiel sind und der flüssige Sauerstoff ganz einfach verdampft, können die Späne leichter recycelt werden, wodurch sich die Wirtschaftlichkeit der Bearbeitungsvorgänge ohne Nachteile für die Umwelt erhöht.

8.8 Hochgeschwindigkeitsbearbeitung

Mit den ständigen Forderungen nach höherer Produktivität und geringeren Herstellungskosten wurden große Anstrengungen unternommen, um die Schnittgeschwindigkeit und somit die Materialabtragrate bei der Bearbeitung zu erhöhen. Obwohl *Hochgeschwindigkeitsbearbeitung* (*high speed machining*, HSM) ein relativer Begriff ist, lässt sich ein ungefährer Bereich der Schnittgeschwindigkeiten wie folgt angeben:

1. **Hohe Geschwindigkeit:** 600–1800 m/min
2. **Sehr hohe Geschwindigkeit:** 1800–18 000 m/min
3. **Höchste Geschwindigkeit:** >18 000 m/min

Die *Spindeldrehzahlen* in Werkzeugmaschinen reichen bis zu 50 000 min^{-1}, obwohl zum Beispiel die Automobilindustrie diese Drehzahl auf 15 000 min^{-1} begrenzt hat, um eine höhere Zuverlässigkeit und geringere Stillstandszeiten zu erreichen, falls ein Ausfall während der Bearbeitungsvorgänge auftritt. Die für die Hochgeschwindigkeitsbearbeitung erforderliche *Spindelleistung* liegt im Allgemeinen in der Größenordnung von 0,004 W/Umdr., was wesentlich geringer als in der herkömmlichen Bearbeitung ist, wo die Leistung typischerweise zwischen 0,2 bis 0,4 W/Umdr. liegt. Die maximale Werkstückgeschwindigkeit (▶ Abbildung 8.54) bei der Hochgeschwindigkeitsbearbeitung liegt bei etwa 1 m/s und die Beschleunigung der Werkzeugmaschinenkomponenten ist sehr hoch.

Spindeln für hohe Drehgeschwindigkeiten müssen sehr steif und genau gefertigt sein und enthalten im Allgemeinen einen integrierten Elektromotor. Der Rotor wird dann in den Schaft eingebaut und der Stator in der Wand des Spindelgehäuses untergebracht. Die Lager können mit Walzenelementen oder hydrostatisch ausgeführt werden. Die zweite Variante ist zu bevorzugen, da sie weniger Raum als die erste benötigt. Aufgrund von *Trägheitseffekten* während der Beschleunigung und Abbremsung der Werkzeugmaschinenkomponenten ist der Einsatz von Leichtbauwerkstoffen einschließlich Keramiken und Verbundwerkstoffen ein wichtiger Aspekt. Die Auswahl der geeigneten Schneidstoffe steht natürlich im Vordergrund. Abhängig vom Werkstückwerkstoff kommen mehrphasig beschichtete Hartmetalle, Keramiken, kubisches Bornitrid und Diamant als Schneidstoffe für die Hochgeschwindigkeitsbearbeitung in Betracht.

Hochgeschwindigkeitsbearbeitung sollte hauptsächlich den Operationen vorbehalten bleiben, bei denen die **Schneidzeit** einen beträchtlichen Teil der **Stückzeit** im Gesamtbearbeitungsvorgang ausmacht. Wie Abschnitt 14.9 erläutert, spielen **Totzeit** und verschiedene andere Faktoren (z. B. Kosten für Schneidstoffe, Investitionskosten für Anlagen, Lohnkosten etc.) eine wichtige Rolle bei der Gesamteinschätzung, ob Hochgeschwindigkeitsbearbeitung für eine bestimmte Anwendung von Nutzen ist. Studien haben die Wirtschaftlichkeit der Hochgeschwindigkeitsbearbeitung für bestimmte spezifische Anwendungen nachgewiesen. Zum Beispiel wurde sie bei der Bearbeitung von (a) Aluminiumkonstruktionen in Flugzeugen, (b) U-Boot-Propellern von 6 m Durchmesser aus Nickel-Aluminium-Bronze und einer Masse von 55 000 kg und (c) Fahrzeugmotoren mit fünf- bis zehnfach höherer Produktivität als bei herkömmlicher Bearbeitung umgesetzt. Fortschritte in der CNC-Werkzeugmaschinentechnik haben auch Hochgeschwindigkeitsbearbeitung von komplexen 3- und 5-achsigen Konturen möglich gemacht (siehe auch den Abschnitt zu *Bearbeitungszentren*, Abschnitt 8.11).

Ein anderer wichtiger Faktor für die Anwendung der Hochgeschwindigkeitsbearbeitung ist die Forderung nach einer weiteren Verbesserung der Maßtoleranzen in Schneidvorgängen. Wie Abbildung 8.17 zeigt, wird bei höherer Schnittgeschwindigkeit immer mehr Wärme durch den Span abgeführt, sodass das Werkzeug und vor allem das Werkstück auf dem Niveau der Umgebungstemperatur bleiben. Demzufolge treten weder thermische Ausdehnung noch Verwerfung des Werkstücks während der Bearbeitung auf.

Die wichtigen Eigenschaften der Werkzeugmaschinen und spezielle Anforderungen in der Hochgeschwindigkeitsbearbeitung lassen sich folgendermaßen zusammenfassen:

1. Spindelentwurf für hohe Steifigkeit, Genauigkeit und Gleichlauf bei sehr hohen Drehgeschwindigkeiten sowie Werkstückaufspannungen, die hohen Zentrifugalkräften standhalten können;
2. Schnelle Vorschubantriebe, Lagereigenschaften und Trägheitswirkungen der Werkzeugmaschinenkomponenten;
3. Auswahl der geeigneten Schneidewerkzeuge und Verarbeitungsparameter und deren Computersteuerung;
4. Wirksame Systeme zur Spanberäumung für das Abtragen von Material bei sehr hohen Geschwindigkeiten.

8.9 Bearbeitungsvorgänge und Werkzeugmaschinen für die Fertigung von runden Formen

Dieser Abschnitt beschreibt die in Tabelle 8.7 im Überblick angegebenen Bearbeitungsprozesse für Teile, die eine prinzipiell *runde Form* haben. Die Größenordnung der so bearbeiteten Produkte reicht von Miniaturschrauben für Brillengestelle bis zu Kolben, Zylindern, Gewehrläufen und Turbinenschaufeln für hydroelektrische Kraftwerke. Im Allgemeinen werden diese Prozesse durch Drehen des Werkstücks auf einer Drehbank durchgeführt. Dabei bedeutet *Drehen*, dass sich das Teil dreht, während es durch ein

8.9 Bearbeitungsvorgänge und Werkzeugmaschinen für die Fertigung von runden Formen

Tabelle 8.7: Allgemeine Charakteristika von Bearbeitungsverfahren

Verfahren	Merkmale	Maßtoleranzen (± mm)
Drehen	Drehen und Plandrehen einer großen Werkstoffvielfalt; erfordert qualifiziertes Personal; niedrige Produktionsrate; mittlere bis hohe Produktionsrate bei Verwendung von Drehzentren	Fein: 0,05–0,13 Grob: 0,13 Schälen: 0,025–0,05
Ausdrehen	Innen liegende Oberflächen oder Konturen, sonst wie Drehen; hohe Steifigkeit des Ausdrehwerkzeugs erforderlich, um Rattern zu vermeiden	0,025
Bohren	Runde Löcher verschiedener Durchmesser und Tiefen; hohe Produktionsrate; Qualifizierung des Personals abhängig von der Lage der Bohrung und der geforderten Genauigkeit	0,075
Fräsen	Große Formen- und Werkzeugvielfalt; flexibel; niedrige bis mittlere Produktionsrate; erfordert qualifiziertes Personal	0,13–0,25
Hobeln	Ebene Flächen und gerade Strukturen; geringe Produktionsrate; Qualifikation des Personals abhängig von der Teilegestalt	0,08–0,13
Stoßen	Ebene Flächen und gerade Strukturen auf relativ kleinen Teilen; geringe Produktionsrate; Qualifikation des Personals abhängig von der Teilegestalt	0,05–0,13
Räumen	Außen- und innen liegende Flächen, Nuten Schlitze mit guter Oberflächenqualität; hohe Werkzeugkosten; hohe Produktionsrate; Qualifikation des Personals abhängig von der Teilegestalt	0,025–0,15
Sägen	Gerade Schnitte auf flachen oder konturierten Teilen; nur für relativ weiche Werkstoffe geeignet, außer die Säge ist mit Hartmetall bestückt oder beschichtet; niedrige Produktionsrate; Qualifikation des Personals unerheblich	0,8

stationäres Werkzeug bearbeitet wird. Das Ausgangsmaterial ist in der Regel ein Werkstück, das durch andere Vorgänge hergestellt wurde, beispielsweise durch Gießen, Umformen, Schmieden, Strangpressen oder Ziehen. Drehprozesse sind vielseitig und in der Lage, ein breites Spektrum von Formen herzustellen (▶ Abbildung 8.40). Die folgende Übersicht beschreibt die verschiedenen Arten von Drehprozessen:

- **Drehen** gerader, konischer, gekrümmter oder gerillter Werkstücke wie zum Beispiel Schäfte, Spindeln, Stifte, Griffe und verschiedene Maschinenbauteile;
- **Plandrehen**, um eine flache Oberfläche am Ende des Teils zu erzeugen, beispielsweise für Teile, die an andere Bauteile montiert werden, oder um Einstiche für Runddichtungen herzustellen;
- Herstellen verschiedener Formen durch **Formwerkzeuge** wie zum Beispiel für funktionelle Zwecke oder aus Gründen der Designvorgaben;
- **Ausdrehen**, um ein Loch, das durch einen vorherigen Prozess hergestellt wurde, oder ein röhrenförmiges Werkstück aufzuweiten oder Innennuten zu erzeugen;
- **Bohren**, um ein Loch herzustellen. An diesen Vorgang können sich weitere Bearbeitungsschritte anschließen, beispielsweise Innengewindeschneiden oder Ausdrehen, um die Genauigkeit der Bohrung und deren Oberflächengüte zu verbessern;
- **Teilen** bzw. **Abstechen**, um ein Stück vom Ende eines Teils abzuschneiden (abzutrennen), wie bei der Herstellung von Rohlingen für die Weiterverarbeitung zu Einzelteilen;

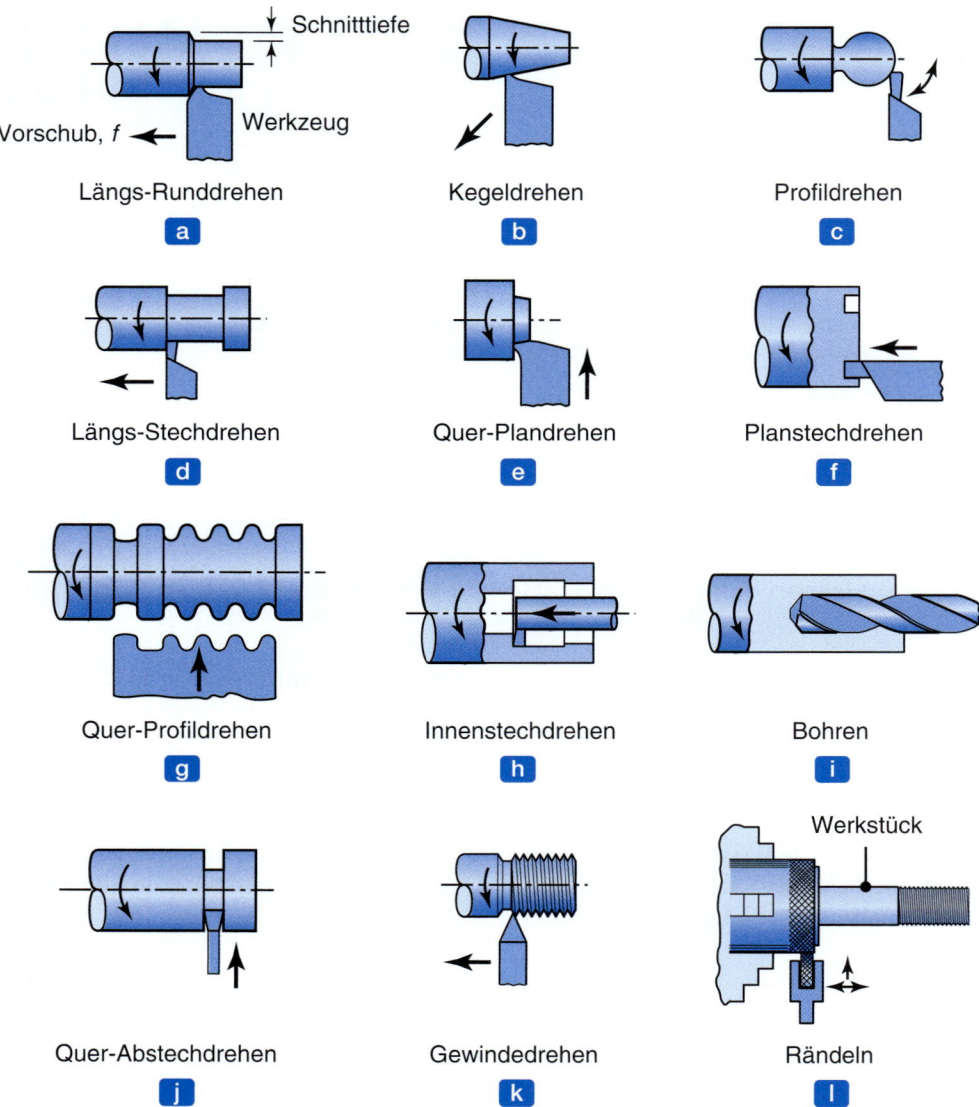

Abbildung 8.40: Bearbeitungsvorgänge, die auf einer Drehbank durchgeführt werden können.

- **Gewindeschneiden**, um Außen- oder Innengewinde in Werkstücken zu erzeugen;
- **Rändeln**, um regelmäßig geformte Oberflächenstrukturen auf zylindrischen Oberflächen zu produzieren, wie zum Beispiel bei der Herstellung von Rändelknöpfen.

Diese Vorgänge lassen sich bei verschiedenen Drehgeschwindigkeiten des Werkstücks, Schnitttiefe d und Vorschub f (siehe Abbildung 8.19) durchführen, je nach Werkstück- und Werkzeugwerkstoffen, der erforderlichen Oberflächenbeschaffenheit und Maßhaltigkeit sowie der Kapazität der Werkzeugmaschine.

Durch **Schruppen** wird Material in größerem Umfang entfernt, wobei Schnitttiefen von mehr als 0,5 mm und Vorschübe in der Größenordnung von 0,2 bis 2 mm/Umdrehung üblich sind. Beim **Schlichten** sind Schnitttiefe und Vorschub normalerweise geringer. Die meisten Bearbeitungsvorgänge bestehen bei Bedarf aus Schruppen, um die Form zu definieren, gefolgt vom Schlichten, um die Anforderungen an spezifische Maßtoleranzen und die Oberflächengüte zu erfüllen. Die Schnittgeschwindigkeiten liegen üblicherweise im Bereich von 0,15 bis 4 m/s.

8.9.1 Parameter beim Drehen

Der größte Teil der Drehvorgänge erfolgt mit *Einspitzenschneidewerkzeugen*. Abbildung 8.41 zeigt die Geometrie eines typischen einfachen rechts schneidenden Werkzeugs zum Drehen. Derartige Werkzeuge werden durch eine standardisierte Nomenklatur bezeichnet. Die hier gezeigte Geometrie lässt sich durch geeignete Werkzeughalter und Schneideinsätze aufrechterhalten. Für jede Gruppe von Werkzeug- und Werkstückwerkstoffen gibt es optimale Werkzeugwinkel, die sich über viele Jahre hinweg vorwiegend aus der Erfahrung heraus ergeben haben. Tabelle 8.8 enthält einige Daten zur Werkzeuggeometrie.

1 Werkzeuggeometrie: Die verschiedenen Winkel an einem Schneidewerkzeug haben wichtige Funktionen bei Bearbeitungsvorgängen. (a) **Spanwinkel** steuern die Richtung des Spanflusses und sind für die Festigkeit der Werkzeugspitze wichtig. Positive Winkel verbessern den Schneidvorgang, da sie die Kräfte und Temperaturen verringern. Allerdings ist mit positiven Winkeln auch ein kleiner Spitzenwinkel des Werkzeugs verbunden (siehe Abbildung 8.2). Je nach Zähigkeit des Werkzeugwerkstoffs kann ein kleiner Spitzenwinkel zu vorzeitigem Schneidkantenausbruch und Ausfall des Werkzeugs führen. (b) Der **Nebenschneidenwinkel** ist wichtiger als der **Spanwinkel**, obwohl Letzterer normalerweise die Spanfließrichtung steuert. (c) **Freiwinkel** kontrollieren Wechselwirkungen und Reiben an der Werkzeug-Werkstück-Grenzfläche. Wenn der Freiwinkel zu groß ist, kann die

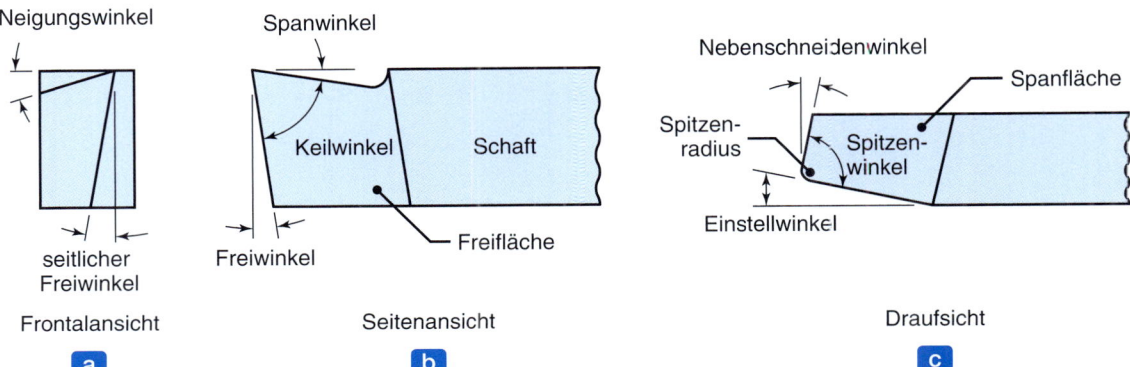

Abbildung 8.41: Geometrische Größen und Bezeichnungen bei einem rechts schneidenden Drehmeißel. Die Bezeichnung „rechts schneidend" bedeutet, dass sich das Werkzeug von rechts nach links bewegt, siehe Abbildung 8.19.

Tabelle 8.8: Empfehlungen für die Winkel eines Drehwerkzeugs

Werkstoff	Schnellarbeitsstahl				Wendeschneidplatten				
	Span-winkel	Neigungs-winkel	Frei-winkel	Seitl. Frei-winkel	Einstell- und Neben-schneidenwinkel	Span-winkel	Neigungs-winkel	Frei-winkel	Seitl. Frei-winkel	Einstell- und Neben-schneidenwinkel
Aluminium und Magnesiumleg.	20	15	12	10	5	0	5	5	5	15
Kupferlegierungen	5	10	8	8	5	0	5	5	5	15
Stähle	10	12	5	5	15	−5	−5	5	5	15
Rostfreie Stähle	5	8–10	5	5	15	−5–0	−5–5	5	5	15
Hochtemperaturwerkstoffe	0	10	5	5	15	5	0	5	5	45
Refraktärmetalle	0	20	5	5	5	0	0	5	5	15
Titanlegierungen	0	5	5	5	15	−5	−5	5	5	5
Gusseisen	5	10	5	5	15	−5	−5	5	5	15
Thermoplaste	0	0	20–30	15–20	10	0	0	20–30	15–20	10
Duromere	0	0	20–30	15–20	10	0	15	5	5	15

Schneidkante des Werkzeugs leicht ausbrechen, ist er zu klein, kann übermäßiger Freiflächenverschleiß auftreten. (d) **Schneidkantenwinkel** beeinflussen Spanbildung, Werkzeugstabilität und Schnittkräfte in verschiedenem Umfang. (e) Der **Spitzenradius** wirkt sich auf Oberflächengüte und Festigkeit der Werkzeugspitze aus. Je kleiner er ist, desto rauer ist die Oberflächenbeschaffenheit des Werkstücks und desto geringer die Festigkeit des Werkzeugs. Große Spitzenradien können dagegen zu Werkzeugrattern führen (siehe Abschnitt 8.12).

2 Das **Zeitspanungsvolumen** Q bei der Bearbeitung ist das Materialvolumen, das pro Zeiteinheit abgetragen wird (angegeben in mm^3/min). Wie Abbildung 8.42a zeigt, wird bei jeder Umdrehung des Werkstücks eine ringförmige Materialschicht abgetragen. Die Querschnittsfläche ist das Produkt aus der Entfernung, die das Werkzeug bei einer Umdrehung zurücklegt (d. h. dem Vorschub f), und der Schnitttiefe d. Das Volumen des Rings ist das Produkt aus Querschnittsfläche (d. h. fd) und mittlerem Umfang des Rings (d. h. $\pi\overline{D}$ mit $\overline{D} = (D_0 + D_f)/2$). Bei geringen Schnitttiefen auf Werkstücken mit großem Durchmesser lässt sich der mittlere Durchmesser durch D_0 ersetzen. Somit ist das Zeitspanungsvolumen pro Umdrehung $\pi\overline{D}df$. Wird die Umdrehungsgeschwindigkeit des Werkstücks mit N Umdrehungen pro Minute angegeben, ergibt sich das Zeitspanungsvolumen pro Minute zu

$$Q = \pi\overline{D}dfN. \tag{8.38}$$

Eine Dimensionsanalyse dieser Gleichung zeigt, dass Q in der richtigen Einheit berechnet wird. Um die Schnittzeit t für ein Werkstück der Länge l zu berechnen, nimmt man an, dass sich das Werkzeug mit einer Vorschubgeschwindigkeit von $fN = $ (mm/Umdr.)(Umdr./min) = mm/min bewegt (Umdr. bedeutet die Zahl der Umdrehungen). Da der zurückgelegte Weg l mm beträgt, ergibt sich die Schnittzeit zu

$$t = \frac{l}{fN}. \tag{8.39}$$

Diese Zeit enthält nicht die erforderliche Zeit für das *Ein- und Ausrücken* des Werkzeugs während der Bearbeitungsvorgangs. Moderne Werkzeugmaschinen sind so konzipiert und konstruiert, dass

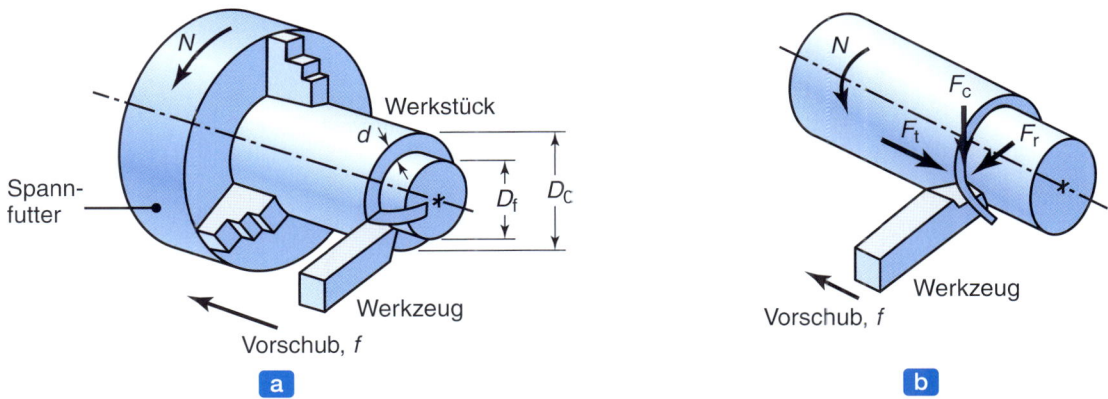

Abbildung 8.42: (a) Schematische Darstellung des Längsdrehens. Eingezeichnet sind die Schnitttiefe d und der Vorschub f. Die Schnittgeschwindigkeit ist die Umfangsgeschwindigkeit des Werkstücks an der Spitze des Werkzeugs. (b) Kräfte beim Längsdrehen. F_c ist die Schnittkraft, F_t die Vorschubkraft und F_r die Passivkraft, welche das Werkzeug vom Werkstück wegdrücken will. Vergleichen Sie diese Darstellung mit Abbildung 8.11.

sich diese *unproduktive Zeit* durch entsprechende Computersteuerungen minimieren lässt. Dabei verwendet man in der Regel die Methode, das Werkzeug zuerst schnell zu bewegen und dann seine Bewegung zu verlangsamen, kurz bevor es auf das Werkstück trifft.

3 **Kräfte beim Drehen:** Abbildung 8.42b veranschaulicht die drei Hauptkräfte, die auf ein Schneidewerkzeug wirken. Diese Kräfte sind wichtig für den Entwurf von Werkzeugmaschinen und für

Tabelle 8.9: Empfohlene Schnittgeschwindigkeiten beim Drehen

Werkstückwerkstoff	Schnittgeschwindigkeit (m/min)	Werkstückwerkstoff	Schnittgeschwindigkeit (m/min)
Aluminiumlegierungen	200–1000	Rostfreie Stähle	50–300
Grauguss	60–900	Thermoplaste und Duromere	90–240
Kupferlegierungen	50–700	Titanlegierungen	10–100
Hochtemperaturwerkstoffe	20–400	Wolframlegierungen	60–150
Stähle	50–500		

Anmerkungen:
(a) Die angegebenen Schnittgeschwindigkeiten beziehen sich auf Karbide und keramische Schneidstoffe. Die Werte für Schnellarbeitsstähle liegen darunter. Die oberen Grenzwerte gelten für beschichtete Karbide und Cermets. Diamant kann bei wesentlich höheren als die in der Tabelle angeführten Geschwindigkeiten eingesetzt werden.
(b) Schnitttiefen *d* im Bereich von 0,5–12 mm.
(c) Vorschübe *f* im Bereich von 0,15–1 mm/Umdr.

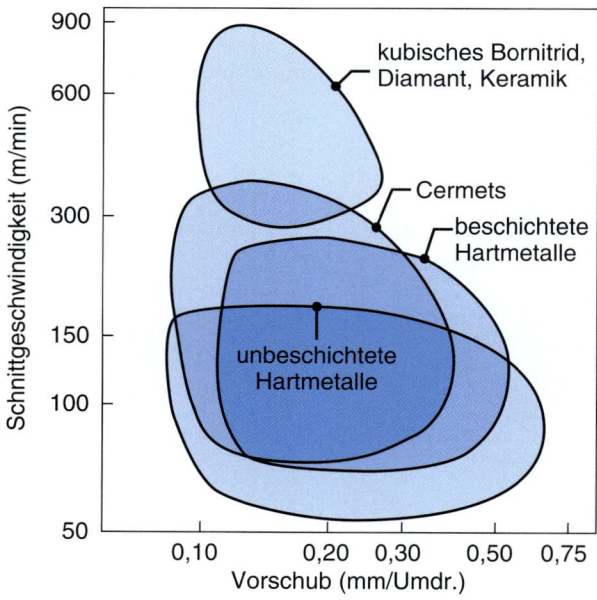

Abbildung 8.43: Empfehlungen für Schnitt- und Vorschubgeschwindigkeit für verschiedene Schneidstoffe.

die Ermittlung der Werkzeugauslenkung bei Feinbearbeitungsvorgängen. Die *Schnittkraft* F_c wirkt an der Werkzeugspitze nach unten und neigt somit dazu, das Werkzeug nach unten auszulenken. Beachten Sie, dass es sich bei der Schnittkraft um die Kraft handelt, die die erforderliche Energie für den Schneidvorgang liefert. Wie Beispiel 8.3 zeigt, lässt sich die Schnittkraft aus der Energie pro Volumeneinheit und anhand der Daten in Tabelle 8.3 berechnen (siehe Abschnitt 8.2.5). Die Kraft F_t wirkt in der Längsrichtung. Da der Vorschub in dieser Richtung stattfindet, spricht man auch von *Vorschubkraft*. Die *Passivkraft* F_r wirkt in radialer Richtung und neigt somit dazu, das Werkzeug vom Werkstück wegzudrücken. Diese Kraft leistet keine Arbeit.

4 **Werkzeugwerkstoffe, Vorschub und Schnittgeschwindigkeit:** Die allgemeinen Charakteristika von Schneidstoffen wurden in Abschnitt 8.6 beschrieben. ▶ Abbildung 8.43 gibt einen groben Bereich von Schnittgeschwindigkeiten und Vorschüben an, die für diese Schneidstoffe praktikabel sind. In Tabelle 8.9 findet man spezifische Empfehlungen für Schnittgeschwindigkeiten beim Drehen verschiedener Werkstückwerkstoffe und für Schneidewerkzeuge.

Beispiel 8.3 **Zeitspanungsvolumen und Schnittkraft beim Drehen**

Ein 150 mm langer Stab aus dem rostfreiem Stahl X5CrNi18-10 mit einem Durchmesser von 12,7 mm wird durch Drehen auf einer Drehbank auf einen Durchmesser von 12,2 mm reduziert. Die Spindel der Drehbank dreht sich mit $N = 400$ Umdr./min und das Werkzeug bewegt sich mit einer Vorschubgeschwindigkeit von 200 mm/min in Längsrichtung des Stabs. Berechnen Sie Schnittgeschwindigkeit, Zeitspanungsvolumen, Schnittzeit, benötigte Leistung und Schnittkraft.

Lösung: Die Schnittgeschwindigkeit ist die Umfangsgeschwindigkeit des Werkstücks. Die maximale Schnittgeschwindigkeit tritt am Außendurchmesser D_0 auf und lässt sich aus

$$V = \pi D_0 N$$

berechnen. Somit ist

$$V(D = D_0) = \pi \times 12{,}7 \times 400 = 15\,960 \text{ mm/min} = 15{,}96 \text{ m/min} .$$

Die Schnittgeschwindigkeit beim bearbeiteten Durchmesser beträgt:

$$V(D = D_e) = \pi \times 12{,}2 \times 400 = 15\,331 \text{ mm/min} = 15{,}33 \text{ m/min} .$$

Aus den gegebenen Informationen berechnet sich die Schnitttiefe zu

$$d = \frac{12{,}7 - 12{,}2}{2} = 0{,}25 \text{ mm}$$

und der Vorschub zu
$$f = \frac{200}{400} = 0{,}5 \text{ mm/Umdr.}$$

Somit ist entsprechend Gleichung (8.38) das Zeitspanungsvolumen gleich

$$Q = \pi \times 12{,}45 \times 0{,}25 \times 0{,}5 \times 400 = 1956 \text{ mm}^3/\text{min}.$$

Die reine Schnittzeit berechnet sich mit Gleichung (8.39) zu

$$t = \frac{150}{0{,}5 \times 400} = 0{,}75 \text{ min}.$$

Um die erforderliche Leistung zu berechnen, nehmen wir entsprechend Tabelle 8.3 einen mittleren Wert für rostfreien Stahl von 4 Ws/mm^3 an. Somit berechnet sich die Leistung P zu

$$P = \frac{1956 \times 4}{60} = 130{,}4 \text{ W}.$$

Da $1 \text{ W} = 1 \text{ Nm/s} = 60 \text{ Nm/min}$ gilt, ist die benötigte Leistung für das Abdrehen also 7824 Nm/min. Die Schnittkraft F_c ist die Tangentialkraft, die durch das Werkzeug ausgeübt wird. Da die Leistung das Produkt aus Drehmoment und Rotationsgeschwindigkeit in Radianten pro Zeiteinheit ist, erhalten wir für das Drehmoment T

$$P = T 2\pi N \rightarrow T = \frac{7824}{400 \times 2\pi} = 3{,}11 \text{ Nm}.$$

Mit $T = F_c \times \overline{D}/2$ ergibt sich für die Schnittkraft

$$F_c = \frac{3{,}11 \times 2}{0{,}01245} = 500 \text{ N}.$$

8.9.2 Drehmaschinen

Drehbänke gelten als die ältesten Werkzeugmaschinen. Obwohl Drehbänke zur Holzbearbeitung bereits 1000 v. Chr. entwickelt wurden, sind Drehbänke für die Metallbearbeitung mit Leitspindeln erst seit dem späten 18. Jahrhundert bekannt. ▶ Abbildung 8.44 zeigt den gebräuchlichsten Drehmaschinentyp, der ursprünglich als **Maschinendrehbank** bezeichnet wurde, da der Antrieb durch oben verlaufende Riemenantriebe und Gurte von in der Nähe stehenden Antriebsmaschinen als Energiequelle erfolgte.

1 **Bestandteile einer Drehmaschine:** Wie in ▶ Abbildung 8.44 zu sehen ist, sind Drehmaschinen normalerweise mit einer breiten Palette von Komponenten und Zubehörteilen ausgerüstet. Das *Bett* unterstützt alle anderen Hauptkomponenten der Drehmaschine. Der bewegliche *Werkzeugschlitten* besteht aus dem *Bettschlitten* mit dem *Schlosskasten*, dem *Planschlitten* (*Querschlitten*) und dem *Oberschlitten* (*Support*), auf dem die Spannvorrichtung für das Drehwerkzeug montiert ist. Dieser Aufbau ermöglicht es, das Werkzeug zu positionieren und auszurichten. Der am Bett befestigte *Spindelstock* ist mit Motoren, Riemenscheiben und Keilriemen ausgestattet, die die Kraft auf die *Spindel* bei wählbaren Drehgeschwindigkeiten übertragen. Spindelstöcke besitzen eine hohle Spindel, an die Spannvorrichtungen wie zum Beispiel *Spannfutter* und *Spannzangenhülsen* angebracht

8.9 Bearbeitungsvorgänge und Werkzeugmaschinen für die Fertigung von runden Formen

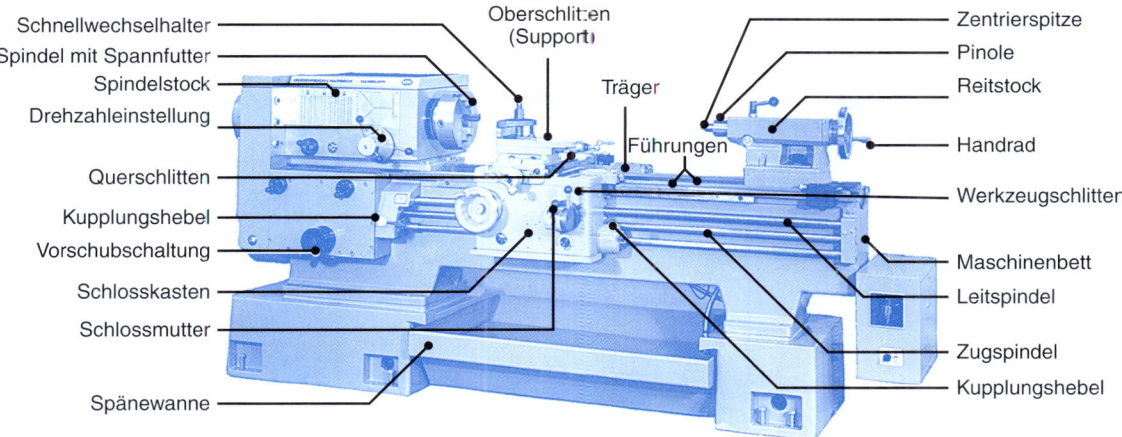

Abbildung 8.44: Universaldrehmaschine (mit Zug- und Leitspindel).

werden. Der *Reitstock*, der auf der Führungsbahn gleiten und an jeder Position geklemmt werden kann, unterstützt das entgegengesetzte Ende des Werkstücks. Die *Zugspindel*, die durch einen Satz von Zahnrädern vom Spindelkopf angetrieben wird, dreht sich im Betrieb der Drehmaschine und realisiert die Bewegungen von Bettschlitten und Kreuzschlitten. Für genaues Gewindeschneiden wird eine *Leitspindel* verwendet. Um sie in den Bettschlitten einzukuppeln, wird ein Mutterschloss um die Leitspindel geschlossen.

Eine Drehmaschine wird im Allgemeinen durch ihre *Spitzenhöhe* (der maximalen Bearbeitungsdurchmesser des Werkstücks), den maximalen Abstand zwischen den Spitzen von Spindelstock und Reitstock sowie durch die Bettlänge spezifiziert. Es gibt Drehmaschinen in den unterschiedlichsten Ausführungen, unter anderem *Tischdrehmaschinen*, *Werkzeugdrehmaschinen*, *Drehmaschinen mit gekröpftem Bett* und *Sonderdrehmaschinen*.

Die *Kopierdrehmaschinen* oder *Schablonendrehmaschinen* sind in der Lage, Teile mit verschiedenen Konturen zu drehen, wobei das Schneidewerkzeug über ein hydraulisches oder elektrisches System einem Pfad folgt, der die Kontur von einer Vorlage dupliziert. *Drehautomaten* bzw. *Futterdrehmaschinen* werden für die Bearbeitung einzelner Teile mit regelmäßigen oder unregelmäßigen Formen eingesetzt. *Revolverdrehmaschinen* können mehrere Schneidvorgänge auf demselben Werkstück ausführen, beispielsweise Drehen, Bohren, Gewindeschneiden und Plandrehen. Auf dem hexagonalen *Hauptrevolverkopf* sind mehrere Schneidewerkzeuge montiert. Eine Universaldrehmaschine besitzt oft einen quadratischen Revolverkopf auf dem Oberschlitten mit bis zu vier Schneidewerkzeugen.

2 **Computergesteuerte Drehmaschinen:** In modernen Drehmaschinen werden die Komponenten der Werkzeugmaschine durch eine Computersteuerung (*computer numerical control*, CNC) elektronisch gesteuert und geregelt. ▶ Abbildung 8.45 zeigt die Besonderheiten einer derartigen Drehmaschine. In der Regel sind solche Drehmaschinen mit einem oder mehreren Revolverköpfen ausgerüstet, wobei auf jedem Revolverkopf verschiedenartige Schneidewerkzeuge montiert sind und sich mehrere Vorgänge auf verschiedenen Oberflächen des Werkstücks ausführen lassen. Die Bear-

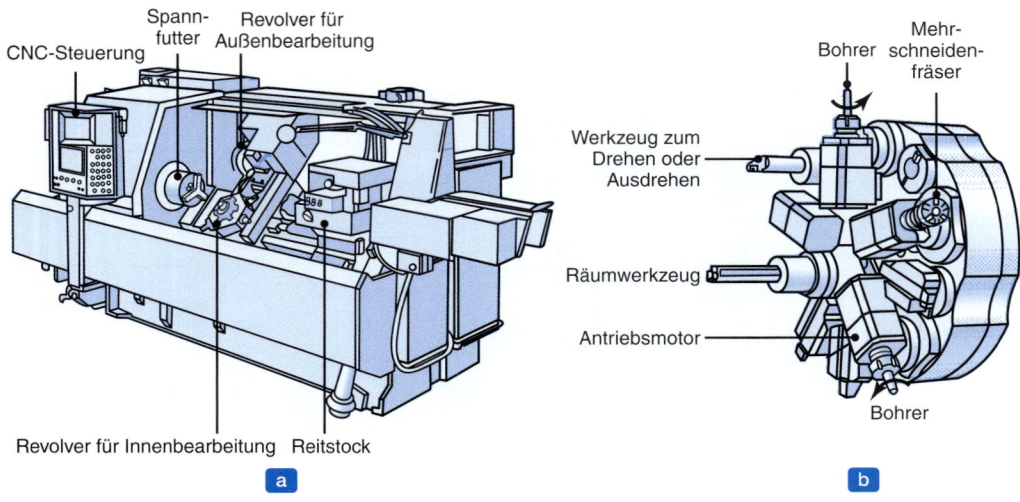

Abbildung 8.45: (a) CNC-Drehmaschine, ausgestattet mit zwei Revolvern. Diese Maschinen verfügen über eine höhere Antriebsleistung und Spindeldrehzahl als herkömmliche Drehmaschinen, um die Vorteile von Hochleistungsschneidstoffen zu nutzen. (b) Ein typischer Revolver, der mit 10 Schneidewerkzeugen bestückt ist. Diese Werkzeuge können teilweise auch angetrieben werden.

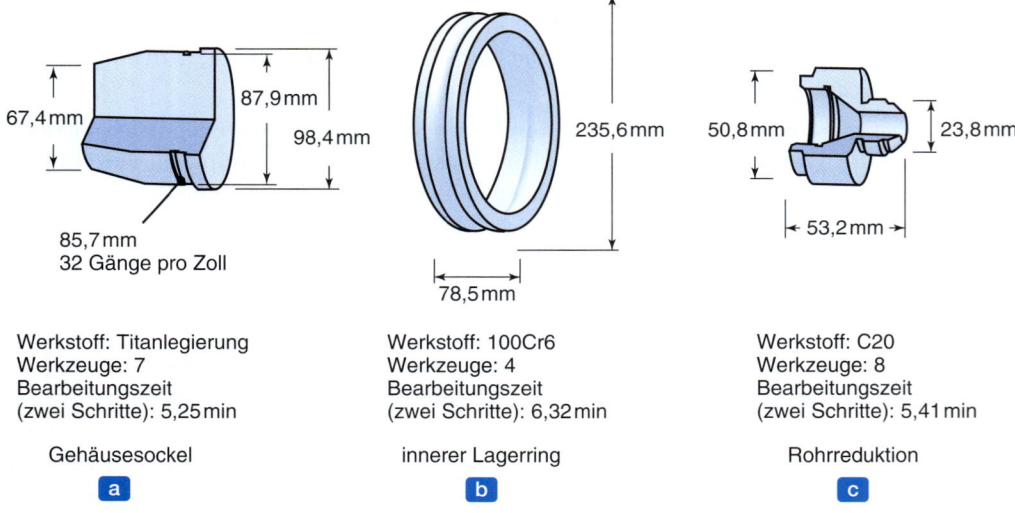

Abbildung 8.46: Typische Bauteile, die sich auf einer CNC-Drehmaschine herstellen lassen.

beitungsvorgänge auf diesen hoch automatisierten Werkzeugmaschinen laufen wiederholt ab und gewährleisten die gewünschte Maßgenauigkeit. Nachdem die Maschine einmal eingerichtet ist, genügt für die Bedienung auch weniger qualifiziertes Personal verglichen mit einer herkömmlichen Drehmaschine. CNC-Maschinen sind für die Produktion geringer bis mittlerer Stückzahlen geeignet. Die Anhänge A und B erläutern weitere Details von Computersteuerungen (siehe auch Abschnitt 8.11).

8.9 Bearbeitungsvorgänge und Werkzeugmaschinen für die Fertigung von runden Formen

Tabelle 8.10: Typische Produktionsraten einiger spanabhebender Bearbeitungsverfahren

Verfahren	Produktionsrate
Drehen	
Universaldrehmaschine	Sehr niedrig bis niedrig
Kopierdrehmaschine	Niedrig bis mittelhoch
Revolverdrehmaschine	Niedrig bis mittelhoch
CNC-Drehmaschine	Niedrig bis mittelhoch
Einspindel-Futterdrehmaschine	Mittelhoch bis hoch
Mehrspindel-Futterdrehmaschine	Hoch bis sehr hoch
Ausdrehen	Sehr niedrig
Bohren	Niedrig bis mittelhoch
Fräsen	Niedrig bis mittelhoch
Hobeln	Sehr niedrig
Zahnradfräsen	Niedrig bis mittelhoch
Räumen	Mittelhoch bis hoch
Sägen	Sehr niedrig bis niedrig

Anmerkung: Die angegebenen Produktionsraten sind relativ: *sehr niedrig* bedeutet etwa ein Teil pro Stunde; *mittelhoch* bedeutet 100 Teile pro Stunde; *sehr hoch* bedeutet 1000 oder mehr Teile pro Stunde.

▶ Abbildung 8.46 veranschaulicht die Möglichkeiten von CNC-Drehmaschinen. Für jedes Teil sind Werkstückwerkstoffe, Anzahl der verwendeten Schneidewerkzeuge und Bearbeitungszeiten angegeben. Obwohl nicht so effektiv oder so einheitlich, lassen sich diese Teile auch auf Universaldrehmaschinen herstellen.

3 **Prozesskenngrößen beim Drehen:** Tabelle 8.10 listet relative *Produktionsraten* für das Drehen sowie für andere Bearbeitungsvorgänge auf, die im Rest dieses Kapitels beschrieben werden. Diese stark unterschiedlichen Raten sind wesentlich für die Produktivität von Bearbeitungsvorgängen. Die Unterschiede sind nicht nur eine Folge der inhärenten Eigenschaften der Prozesse und Werkzeugmaschinen, sondern hängen auch von verschiedenen anderen Faktoren ab, beispielsweise den Rüstzeiten und den Arten und Größen der jeweiligen Werkstücke. Die richtige Auswahl eines Prozesses und der Werkzeugmaschine für ein bestimmtes Produkt ist entscheidend, um die Produktionskosten niedrig zu halten (siehe auch Abschnitt 8.15 und Kapitel 14).

Die in Tabelle 8.10 angegebenen Raten sind relativ, sodass in speziellen Anwendungen mit deutlichen Schwankungen zu rechnen ist. Zum Beispiel können wärmebehandelte Gussstahlwalzen mit hohem Kohlenstoffgehalt (für Walzstraßen, siehe Abschnitt 6.3) auf speziellen Drehmaschinen und mit Werten für das Zeitspanungsvolumen bis zu 6000 cm^3/min mit Mehrfach-Cermet-Werkzeugen bearbeitet werden. Entscheidend bei diesem Vorgang (auch als **Bearbeitung mit hoher Abtragsleistung** bezeichnet) ist die sehr hohe Steifigkeit der Werkzeugmaschine (um Werkzeugbruch durch

Rattern zu vermeiden, siehe Abschnitt 8.12) und die hohe Leistung der Werkzeugmaschine, die bis zu 450 kW reichen kann.

Die beim Drehen und verwandten Vorgängen erreichbare Oberflächengüte und Maßhaltigkeit hängt von Faktoren wie den Eigenschaften und dem Zustand der Werkzeugmaschine, Steifigkeit, Vibrationen und Rattern, Prozessparametern, Werkzeuggeometrie und -verschleiß, Schneidflüssigkeiten, Bearbeitbarkeit des Werkstückwerkstoffes und der Qualifikation des Bedieners ab. Im Ergebnis ist das Spektrum der Oberflächengüte recht breit gefächert, wie aus Abbildung 8.26 hervorgeht (siehe auch Abbildung 9.27).

4 **Hochgenaue Bearbeitung:** Es bestehen andauernde und steigende Forderungen nach hochgenau gefertigten Bauteilen für Computer-, Elektronik-, Kernenergie- und Verteidigungsanwendungen. Beispiele dafür sind optische Spiegel und Bauteile für optische Systemkomponenten mit Anforderungen an die Oberflächengüte im Bereich von wenigen Nanometern und Formgenauigkeit im Mikrometer- und Submikrometerbereich. Als Schneidewerkzeuge für diese *hochgenauen Bearbeitungsanwendungen* verwendet man ausschließlich Einkristall-Diamantwerkzeuge (sodass man auch von **Diamantdrehen** spricht) mit einer polierten Schneide, die einen Radius in der Größenordnung von einigen Zehntel Nanometern besitzt. Allerdings kann der Verschleiß des Diamanten ein ernsthaftes Problem darstellen. Zu den Fortschritten in der neueren Zeit gehört das **Tieftemperaturdiamantdrehen**, bei dem das Werkzeugsystem durch flüssigen Stickstoff auf eine Temperatur von etwa 153 K gekühlt wird (siehe auch Abschnitt 8.7.3).

Zu den Werkstückwerkstoffen für hochgenaue Bearbeitung gehören Kupferlegierungen, Aluminiumlegierungen, Silber, Gold, chemisch abgeschiedenes Nickel, Infrarotwerkstoffe und Kunststoffe (Acryl). Die Schnitttiefen liegen im Nanometerbereich. Hier produzieren harte und spröde Werkstoffe kontinuierliche Späne (was man als **Schneiden im duktilen Bereich** bezeichnet; siehe auch die Diskussion zu *Schleifen im duktilen Bereich* in Abschnitt 9.5.3). Tiefere Schnitte produzieren eher Bruchspäne.

Die Werkzeugmaschinen für hochgenaue Bearbeitung werden mit hoher Präzision und hoher Steifigkeit von Maschine, Spindel und Spannvorrichtung hergestellt. Für einige Teile kommen Konstruktionswerkstoffe mit geringer thermischer Ausdehnung und guter Formbeständigkeit zum Einsatz. Aufgestellt werden derartige Werkzeugmaschinen in einer staubfreien Umgebung (*Reinräume*), wo die Temperatur bis auf den Bruchteil eines Grads genau geregelt wird. Erschütterungen jeglicher Art sind weitestgehend zu vermeiden. Für die Vorschub- und Positionssteuerungen ist Lasermesstechnik üblich und die Maschinen sind mit leistungsfähigen Computersteuerungssystemen ausgerüstet, die auch in der Lage sind, thermische und geometrische Fehler zu kompensieren.

5 **Hartdrehen:** Wie Kapitel 9 erläutert, gibt es verschiedene andere mechanische Verfahren (insbesondere Schleifen) und nichtmechanische Methoden, um Material wirtschaftlich von harten oder gehärteten Metallen abzutragen. Mit richtig ausgewählten Werkzeugwerkstoffen und einer Werkzeugmaschine mit hoher Steifigkeit ist es aber oftmals möglich, harte Metalle und Legierungen mit herkömmlichen Verfahren zu bearbeiten. Ein gebräuchliches Beispiel ist die Endbearbeitung von wärmebehandeltem Stahl (45 bis 65 HRC) für Komponenten in Maschinen und Fahrzeugen mit Schneidewerkzeugen aus polykristallinem kub. Bornitrid (PcBN). Dieses als *Hartdrehen* bezeichnete Verfahren produziert Teile mit guter Maßhaltigkeit und Oberflächengüte. Es hat sich bei gleichen Komponenten sowohl unter technischen als auch unter wirtschaftlichen Aspekten als konkurrenzfähig zum Schleifen herausgestellt. Beispiel 9.4 hat eine Gegenüberstellung von Hartdrehen und Schleifen zum Thema.

6 **Schneiden von Gewinden:** Außengewinde produziert man hauptsächlich durch Umformen (*Gewindewalzen*, siehe Abbildung 6.44), das die höchsten Produktionsraten für Gewindeteile erlaubt, und Schneiden wie in Abbildung 8.40k gezeigt. Die Herstellung von Außen- oder Innengewinden durch Schneiden mit einem Drehmeißel wird als *Gewindeschneiden* bezeichnet. Beim Schneiden von Innengewinde mit einem speziellen Gewindebohrer spricht man vom *Gewindebohren*. Außengewinde lassen sich auch mit einem Gewindeschneideisen oder durch Fräsen anbringen. Um hohe Genauigkeit und Oberflächengüte zu erzielen, werden Gewinde auch geschliffen, was allerdings mit höheren Bearbeitungskosten verbunden ist.

Gewindeschneidautomaten sind für die Bearbeitung von Schrauben und ähnlichen Teilen mit Gewinde bei hohen Produktionsraten konzipiert. Da sich mit derartigen Maschinen auch andere Bauteile herstellen lassen, bezeichnet man sie allgemein als *Stangenautomaten*. Alle Vorgänge auf diesen Maschinen laufen automatisch ab, wobei die Werkzeuge in einem speziellen Revolverkopf geklemmt werden. Das Stangenmaterial wird automatisch durch die Bohrung im Spindelstock weiterbewegt, sobald eine Schraube bzw. ein entsprechendes Teil mit den endgültigen Abmessungen gefertigt und dann abgestochen ist. Die Maschinen können mit einer oder mehreren Spindeln ausgerüstet sein und Stangenmaterial mit Durchmessern von 3 bis 150 mm bearbeiten.

8.9.3 Ausdrehen

Abbildung 8.40h zeigt den Ausdrehvorgang. *Ausdrehen* besteht aus der Herstellung kreisförmiger Innenkonturen in hohlen Werkstücken oder das Aufweiten bzw. Endbearbeiten eines Lochs, das durch einen anderen Vorgang wie zum Beispiel Bohren hergestellt wurde. Dieser Vorgang wird mit Schneidewerkzeugen durchgeführt, die denen beim Drehen ähnlich sind. Beachten Sie, dass die Bohrstange die volle Länge der Bohrung erreichen muss. Demzufolge kann es problematisch sein, die Werkzeugauslenkung zu beherrschen und die Maßhaltigkeit zu gewährleisten. Die Bohrstange muss also aus einem Werkstoff mit großem Elastizitätsmodul – beispielsweise Hartmetall – gefertigt sein, um Vibrationen und Rattern zu vermeiden (siehe Abschnitt 8.12).

Obwohl sich Ausdrehvorgänge an relativ kleinen Werkstücken mit einer Drehmaschine ausführen lassen, werden für große Werkstücke **Bohrwerke** eingesetzt. Diese vertikal oder horizontal arbeitenden Werkzeugmaschinen sind auch in der Lage, Vorgänge wie Drehen, Plandrehen, Nuten und Senken auszuführen. Ein *Senkrechtbohrwerk* (▶ Abbildung 8.47) ähnelt einer Drehmaschine, wobei sich jedoch das Werkstück um die vertikale Achse dreht. In *Horizontalbohrwerken* wird das Werkstück auf einem Tisch befestigt, der sich waagerecht sowohl axial als auch radial bewegen lässt. Das Schneidewerkzeug wird auf einer Spindel montiert, die sich im Spindelstock dreht und sowohl vertikale als auch Längsbewegungen ausführen kann. Bohrer, Reibahlen, Gewindebohrer und Fräser können ebenfalls auf der Spindel montiert werden.

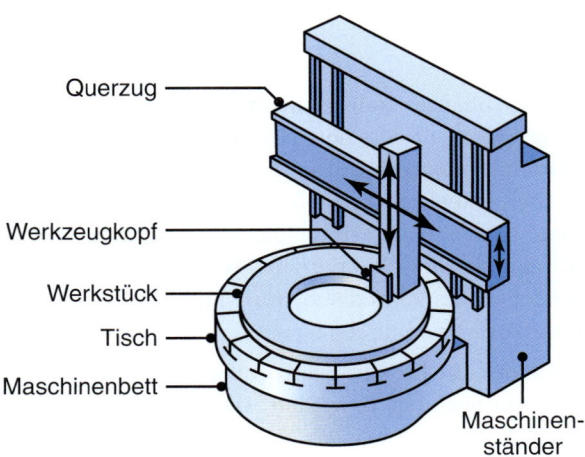

Abbildung 8.47: Schematische Darstellung der Komponenten eines vertikalen Bohrwerks.

8.9.4 Bohren, Räumen und Gewindebohren

Bohren gehört zu den gebräuchlichsten Bearbeitungsvorgängen. Bohrer haben in der Regel ein großes Verhältnis von Länge zu Durchmesser (Abbildung 8.47), sodass sich damit tiefe Löcher herstellen lassen. Allerdings sind sie je nach Länge und Durchmesser biegsam, sodass erhöhte Sorgfalt erforderlich ist, um Löcher genau zu bohren und ein Abbrechen des Bohrers zu verhindern. Darüber hinaus ist zu beachten, dass die Späne innerhalb des Werkstücks entstehen und entgegen der axialen Bohrerbewegung wandern. Folglich sind das Beräumen der Späne und die Wirksamkeit von Schneidflüssigkeiten wichtig.

Der gebräuchlichste Bohrertyp ist der **Spiralbohrer** mit Standardspitze (▶ Abbildung 8.48). Die Hauptmerkmale des Bohrers sind ein *Spitzenwinkel*, ein *Freiflächenwinkel*, ein *Querschneidenwinkel* und ein *Seitenspanwinkel*. Die Bohrerspitze ist so gestaltet, dass sich Hauptspanwinkel und Geschwindigkeit der Schneide mit der Entfernung von der Mitte des Bohrers ändern. Andere Arten von Bohrern sind *abgesetzte Bohrer*, *Kernbohrer*, *Einsenkbohrer* und *Senkbohrer*, *Zentrierbohrer* und *Spitzbohrer*, wie in ▶ Abbildung 8.49 gezeigt. Bohrer mit Kreuzanschliff besitzen eine gute Zentrierbarkeit und da die entstehenden Späne leicht brechen, eignen sich diese Bohrer für tiefe Löcher. Beim Tiefbohren lassen sich mit einem speziellen Bohrer tiefe Löcher mit einem Verhältnis von Tiefe zu Durchmesser von 300 oder mehr bohren. Bei der *Kernbohrtechnik* produziert ein Schneidewerkzeug ein Loch, indem ein scheibenförmiges Materialstück (*Kern*) – normalerweise aus ebenen Platten – entfernt wird. Somit entsteht ein Loch, ohne dass das gesamte abzutragende Material zerspant wird. Die Kernbohrtechnik ist geeignet, um Scheiben bis zu 150 mm Durchmesser aus Blechen oder Platten herzustellen.

Das **Zeitspanungsvolumen** Q beim Bohren ist das Verhältnis aus abgetragenem Volumen und Zeit und lässt sich als

$$Q = \frac{\pi D^2}{4} fN \qquad (8.40)$$

8.9 Bearbeitungsvorgänge und Werkzeugmaschinen für die Fertigung von runden Formen

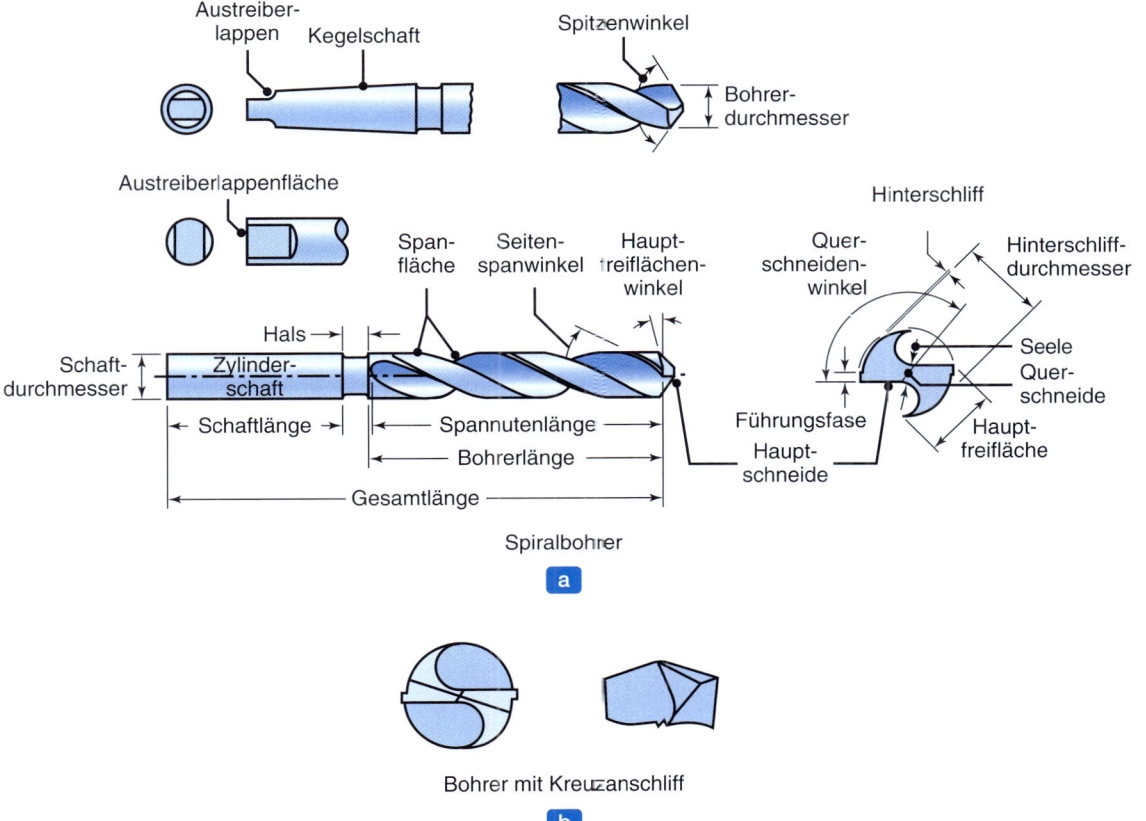

Abbildung 8.48: Zwei gebräuchliche Bohrerarten: (a) Spiralbohrer. Das Paar der Führungsfasen dient der Führung des Bohrers an der Wand des gebohrten Lochs. Es gibt Bohrer mit vier Führungsfasen, für besonders hohe Führungsgenauigkeit. (b) Bohrer mit Kreuzanschliff, die besonders gut zentrierbar sind. Da sie wegen ihres Schliffs die Bohrspäne gut zerbrechen, sind sie zum Tiefbohren geeignet.

ausdrücken, wobei D der Bohrerdurchmesser, f der Vorschub (z. B. mm/Umdr.), und N die Umdrehungszahl des Bohrers ist. Tabelle 8.11 gibt Empfehlungen für Schnittgeschwindigkeit und Vorschub beim Bohren.

Die **Vorschubkraft** beim Bohren ist die Kraft, die in Richtung der Lochachse wirkt. Ist diese Kraft zu groß, kann der Bohrer abbrechen oder sich verbiegen. Die Vorschubkraft hängt von Faktoren wie Festigkeit des Werkstückwerkstoffs, Vorschub, Drehgeschwindigkeit, Schneidflüssigkeiten, Bohrerdurchmesser und Bohrergeometrie ab. Somit lässt sich die Vorschubkraft auf den Bohrer nur schwer genau berechnen. Als Hilfe für den Entwurf und den Einsatz von Bohrern und Bohrmaschinen dienen experimentelle Daten. Die Vorschubkräfte beim Bohren reichen typischerweise von wenigen Newton bei kleinen Bohrern bis zu 100 kN beim Bohren von hochfesten Werkstoffen mit großen Bohrern.

8 Materialabtragverfahren: Spanen

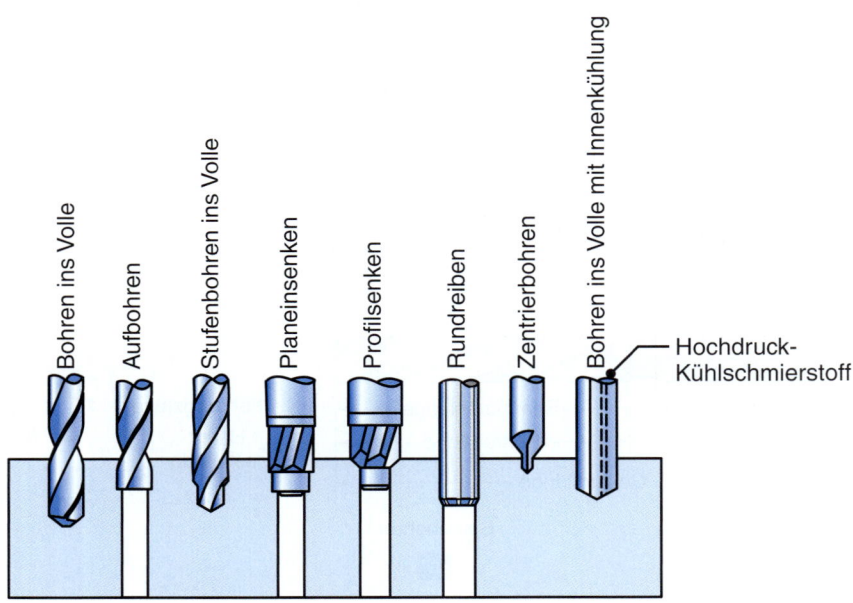

Abbildung 8.49: Bohrerarten und Bohrvorgänge.

Tabelle 8.11: Empfehlungen für Schnittgeschwindigkeit, Vorschub und Drehzahl beim Bohren

Werkstückwerkstoff	Umfangs-geschwindigkeit m/min	Vorschub (mm/Umdr.) Bohrerdurchmesser		Drehzahl (Umdr./min) Bohrerdurchmesser	
		1,5 mm	12,5 mm	1,5 mm	12,5 mm
Aluminiumlegierungen	30–120	0,025	0,30	6400–25 000	800–3000
Magnesiumlegierungen	45–120	0,025	0,30	9600–25 000	1100–3000
Kupferlegierungen	15–60	0,025	0,25	3200–12 000	400–1500
Stähle	20–30	0,025	0,30	4300–6400	500–800
Rostfreie Stähle	10–20	0,025	0,18	2100–4300	250–500
Titanlegierungen	6–20	0,010	0,15	1300–4300	150–500
Gusseisen	20–60	0,025	0,30	4300–12 000	500–1500
Thermoplaste	30–60	0,025	0,13	6400–12 000	800–1500
Duromere	20–60	0,025	0,10	4300–12 000	500–1500

Anmerkung: Bei tiefen Bohrungen sollten Schnittgeschwindigkeit und Vorschub reduziert werden. Die Wahl beider hängt auch von der erforderlichen Oberflächenqualität ab.

8.9 Bearbeitungsvorgänge und Werkzeugmaschinen für die Fertigung von runden Formen

Das **Drehmoment** beim Bohren ist ebenfalls schwierig zu berechnen. Es lässt sich aber anhand der Daten in Tabelle 8.3 abschätzen, wobei zu beachten ist, dass sich die erforderliche Leistung beim Bohren aus dem Produkt von Drehmoment und Drehgeschwindigkeit ergibt. Hat man das Zeitspanungsvolumen ermittelt, kann man daraus das Drehmoment berechnen. Das Bohrerdrehmoment kann bis zu 4000 Nm betragen. Die **Bohrerstandzeit** ergibt sich wie auch die von Gewindbohrern aus der Anzahl der gebohrten Löcher, bevor der Bohrer stumpf wird.

Bohrmaschinen werden für das Bohren von Löchern, Gewindeschneiden, Reiben und andere allgemeine Bohrarbeiten mit kleinen Durchmessern eingesetzt. Der gebräuchlichste Typ der Bohrmaschinen, die im Allgemeinen für senkrechten Betrieb ausgelegt sind, ist die **Ständerbohrmaschine**. Das Werkstück wird auf einem justierbaren Tisch befestigt, indem man es entweder direkt mithilfe der Schlitze und Löcher auf dem Tisch klemmt oder es in einen Schraubstock einspannt und diesen auf dem Tisch festklemmt. Der Bohrer wird dann nach unten bewegt – entweder manuell mit einem Handrad oder durch einen maschinellen Vorschub mit voreingestellten Geschwindigkeiten. Um die richtigen Schnittgeschwindigkeiten zu gewährleisten, muss die Spindelgeschwindigkeit in Bohrmaschinen einstellbar sein, damit sie sich an Bohrer verschiedener Größen anpassen lässt. Ständerbohrmaschinen werden üblicherweise nach dem größten Werkstückdurchmesser gekennzeichnet, für den sich der Tisch einrichten lässt. Die Größen reichen typischerweise von 150 bis 1250 mm.

Reiben und Reibahlen: Beim *Reiben* wird ein vorhandenes Loch aufgebohrt, um eine passgenaue Bohrung zu erhalten, die sich mit normalem Bohren allein nicht erreichen lässt. Außerdem verbessert Reiben die Oberflächengüte. Die genauesten Löcher entstehen bei einer Abfolge aus Zentrieren, Bohren, Aufbohren und Reiben. Für eine noch bessere Maßgenauigkeit und Oberflächengüte können Löcher innen *geschliffen* und *gehont* werden (Kapitel 9). Eine *Reibahle* (▶ Abbildung 8.50) ist ein Werkzeug mit mehreren gerade oder spiralförmig genuteten Schneiden, die nur sehr wenig Material abtragen. Die Schäfte sind wie bei Bohrern gerade oder konisch ausgeführt. Prinzipiell kann man Reibahlen in *Hand-* und *Maschinenreibahlen* einteilen. Außerdem gibt es *Rosettenreibahlen* mit breitrandigen Schneiden ohne Freiflächen, *gerippte* und *einstellbare* Reibahlen.

Gewindebohren und Gewindebohrer: Innengewinde in Werkstücken lassen sich durch *Gewindebohren* fertigen. Ein *Gewindebohrer* ist prinzipiell ein Gewindemeißel mit mehreren Schneidzähnen (▶ Abbildung 8.51). Gewindebohrer sind üblicherweise mit drei oder vier Spannuten versehen, wobei die Aus-

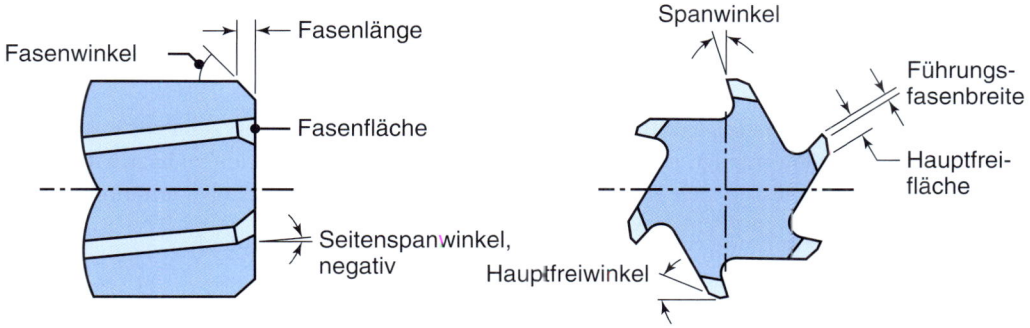

Abbildung 8.50: Terminologie bei Reibahlen.

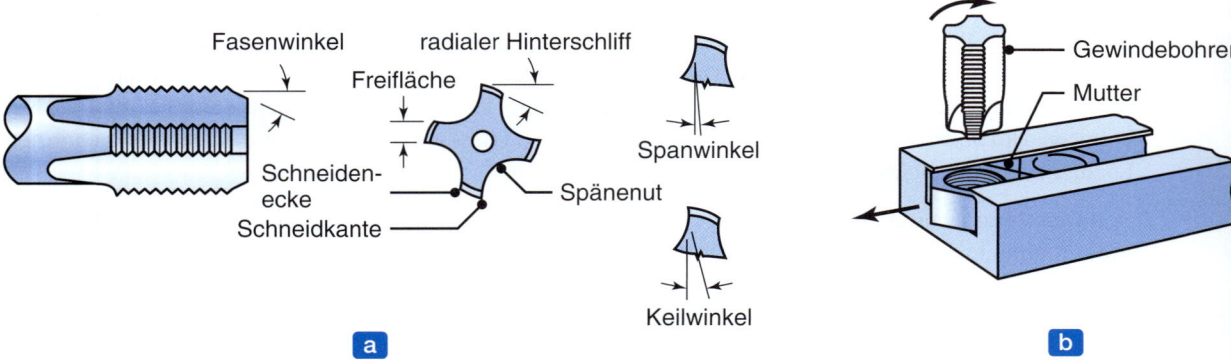

Abbildung 8.51: (a) Terminologie bei Gewindebohrern. (b) Maschinelles Schneiden von Mutterngewinden.

führungen mit drei Nuten fester sind, da die Nut breiter ausfällt. *Konische Gewindebohrer* sollen das erforderliche Drehmoment beim Gewindeschneiden von Durchgangsbohrungen verringern, während Grundlochgewindebohrer für das Gewindeschneiden von Grundlöchern bis zu ihrer vollen Tiefe ausgelegt sind. Für Löcher mit großen Durchmessern sind *zusammenziehbare Gewindeschneidköpfe* erhältlich. Nachdem der Schneidvorgang beendet ist, wird der Gewindebohrer mechanisch zusammengezogen und aus dem Loch entnommen, ohne dass er wieder herausgedreht werden muss. Gewindebohrer sind Durchmessern von bis zu 100 mm verfügbar.

8.10 Bearbeitungsvorgänge und Werkzeugmaschinen zur Herstellung verschiedener Formen

Verschiedene Schneidvorgänge und Werkzeugmaschinen sind in der Lage, komplexe Formen herzustellen, was in der Regel mit Mehrschneidenwerkzeugen geschieht (▶ Abbildung 8.52 und Tabelle 8.7). Das *Fräsen* gehört zu den vielseitigsten Bearbeitungsprozessen, in denen ein Mehrschneidenwerkzeug – der Fräser – längs verschiedener Achsen in Bezug auf das Werkstück rotiert. Andere Vorgänge sind Hobeln, Stoßen und Räumen, womit flache wie auch profilierte Oberflächen hergestellt werden.

8.10.1 Fräsen

Fräsen umfasst eine Reihe vielseitiger Bearbeitungsvorgänge, die ein Fräswerkzeug verwenden, das pro Umdrehung mehrere Späne erzeugt, um eine breite Vielfalt von Teilegeometrien zu bearbeiten. Teile wie in Abbildung 8.52 gezeigt lassen sich effizient mit verschiedenen Fräswerkzeugen anfertigen.

Die folgende Übersicht beschreibt die grundlegenden Arten von Fräsoperationen:

1 **Planlangfräsen:** Bei diesem Vorgang, der auch als **Umfangsfräsen** bezeichnet wird, liegt die Drehachse des Fräsers parallel zur Oberfläche des zu bearbeitenden Werkstücks, wie ▶ Abbildung 8.53a

8.10 Bearbeitungsvorgänge und Werkzeugmaschinen zur Herstellung verschiedener Formen

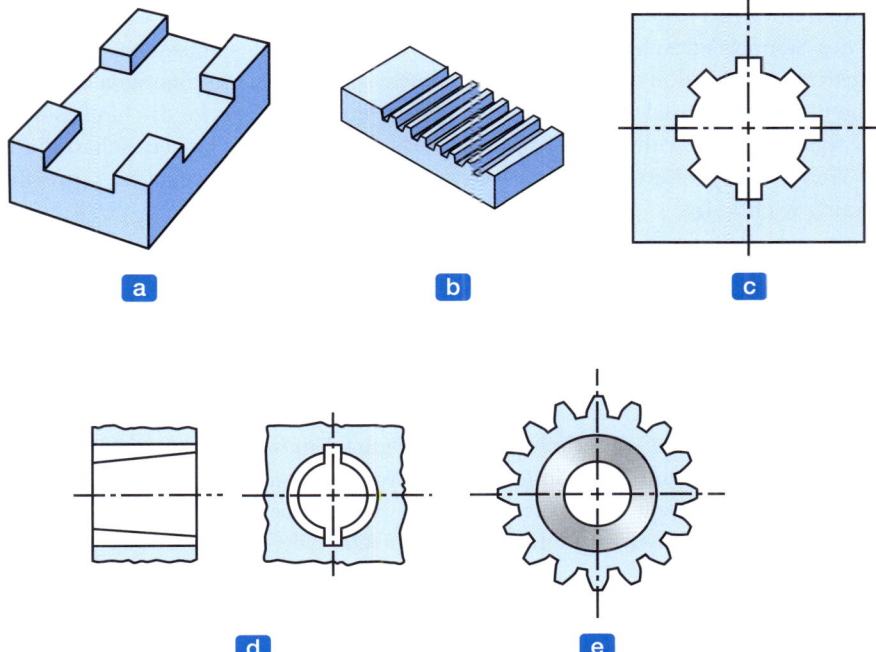

Abbildung 8.52: Typische Teile und Formen, die sich mit den Verfahren des Abschnitts 8.10 herstellen lassen.

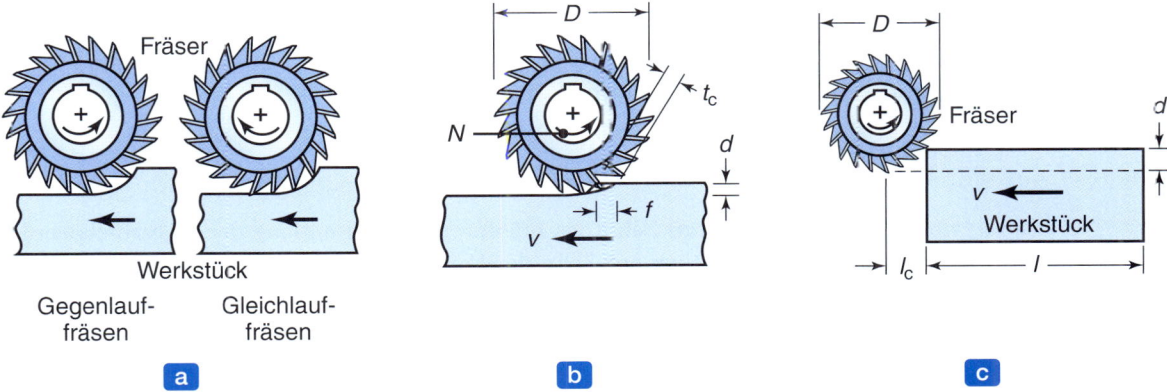

Abbildung 8.53: (a) Gegenlauf- und Gleichlaufumfangsfräsen. (b) Umfangsfräsen mit den wichtigsten Parametern: Vorschub pro Zahn f, Schnitttiefe (Frästiefe) d, Werkstückgeschwindigkeit v, Spanungstiefe t_c. (c) Darstellung des Anschnitts als jener Distanz, die der Fräser bewegt werden muss, damit die volle Schnitttiefe erreicht wird.

zeigt. Der Fräser besteht meist aus Schnellarbeitsstahl und besitzt mehrere Zähne auf seinem Umfang, wobei jeder Zahn wie ein eigenständiges Schneidewerkzeug agiert. Beim Planlangfräsen verwendete Fräser können *gerade* oder *spiralförmige* Zähne haben, um senkrechte bzw. schräge Schneidvorgänge auszuführen. In Abbildung 8.1c ist ein Walzenfräser mit spiralförmigen Zähnen zu sehen.

Beim herkömmlichen Fräsen, auch als *Gegenlauffräsen* bezeichnet, wird die maximale Spandicke am Ende des Schnitts erreicht (Abbildung 8.53b). Konventionelles Fräsen hat den Vorteil, dass der Zahneingriff keine Funktion der Werkstückgeometrie ist und Verunreinigungen oder Zunder auf der Oberfläche die Standzeit des Werkzeugs nicht beeinträchtigen. Dies ist die häufigste Fräsmethode. Der Fräsvorgang verläuft ruhig, vorausgesetzt, dass die Zähne des Fräsers scharf sind. Allerdings neigt das Werkzeug zum Rattern und das Werkstück wird nach oben gezogen, weswegen eine feste Aufspannung wichtig ist.

Beim **Gleichlauffräsen** beginnt das Schneiden dort, wo der Span am dicksten ist. Dieses Verfahren hat den Vorteil, dass die nach unten gerichtete Komponente der Schneidkräfte das Werkstück niederhält, was besonders für schlanke Teile eine Rolle spielt. Da jedoch große, stoßartige Kräfte auftreten, wenn die Zähne in das Werkstück eingreifen, erfordert diese Fräsart einen steifen Aufbau und der Vorschubmechanismus des Tischs darf kein Spiel haben. Für die Bearbeitung von Werkstücken, die Oberflächenzunder aufweisen, beispielsweise warmumgeformte Metalle, Schmiedeteile und Gussteile, ist Gleichlauffräsen nicht geeignet. Der harte und abrasive Zunder verursacht übermäßigen Verschleiß und Beschädigungen an den Fräserzähnen, was die Standzeit verringert. Für eine maximale Standzeit des Fräsers wird Gleichlauffräsen im Allgemeinen bei Verwendung von CNC-Werkzeugmaschinen empfohlen. Eine typische Anwendung ist das Schlichten von Aluminiumwerkstücken.

Die Schnittgeschwindigkeit V beim Fräsen ist gleich der Umfangsgeschwindigkeit des Fräsers, d. h.

$$V = \pi D N , \qquad (8.41)$$

wobei D der Fräserdurchmesser und N die Drehgeschwindigkeit des Fräsers ist (Abbildung 8.53b). Beachten Sie, dass aufgrund der relativen Längsbewegung zwischen Fräser und Werkstück beim Planlangfräsen die Dicke des Spans mit seiner Länge variiert. Für einen geradzahnigen Fräser lässt sich die ungefähre **Spanungsdicke** t_c mithilfe der Gleichung

$$t_c = 2f \sqrt{\frac{d}{D}} \qquad (8.42)$$

ermitteln, wobei f der Vorschub pro Zahn des Fräsers (gemessen entlang der Werkstückoberfläche, d. h. der Weg, den das Werkstück pro Zahn des Fräsers zurücklegt, in mm/Zahn) und d die Schnitttiefe ist. Mit größer werdender Spanungsdicke t_c nimmt die Kraft auf den Fräserzahn zu.

Der Vorschub pro Zahn ergibt sich aus

$$f = \frac{v}{Nn} , \qquad (8.43)$$

wobei v die lineare Geschwindigkeit (Vorschubgeschwindigkeit) des Werkstücks und n die Anzahl der Zähne auf dem Fräserumfang ist. Um die Korrektheit der Maßeinheiten dieser Gleichung zu überprüfen, setzt man die Einheiten für die einzelnen Terme ein und erhält (mm/Zahn) = (m/min) $(10^3 \text{ mm/m})/(\text{Umdr./min})(\text{Zähnezahl/Umdr.})$, was korrekt ist. Die Schnittzeit t berechnet sich aus dem Ausdruck

$$t = \frac{l + l_c}{v} , \qquad (8.44)$$

wobei l die Länge des Werkstücks (Abbildung 8.53c) und l_c die auf den Erstkontakt des Fräsers mit dem Werkstück bezogene Länge (*Anschnitt*) ist. Ausgehend von der Annahme, dass $l_c \ll l$ gilt

8.10 Bearbeitungsvorgänge und Werkzeugmaschinen zur Herstellung verschiedener Formen

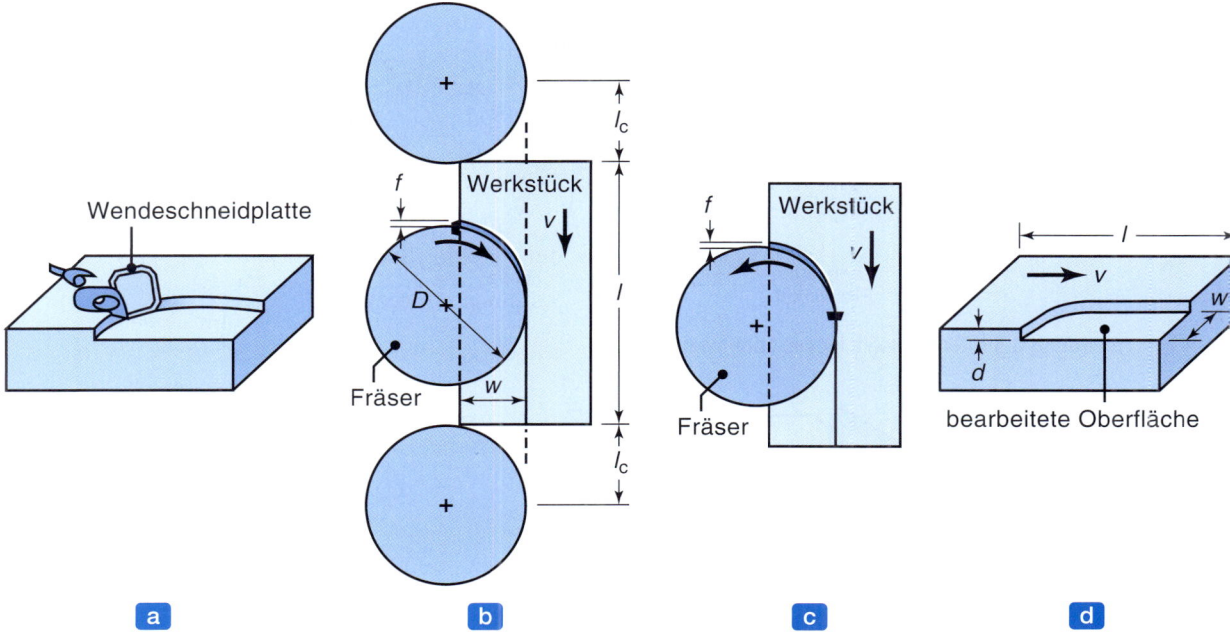

Abbildung 8.54: Stirnfräsen: (a) Schneidwirkung eines einzelnen Schneideneinsatzes, (b) Gleichlaufstirnfräsen, (c) Gegenlaufstirnfräsen, (d) geometrische Größen beim Stirnfräsen.

(obwohl diese Beziehung nicht generell zutrifft), berechnet sich das *Zeitspanungsvolumen* zu

$$Q = \frac{lwd}{t} = wdv \ . \tag{8.45}$$

Darin bezeichnet w die Schnittbreite, die bei einem Werkstück, das schmäler als die Fräserlänge ist, mit der Breite des Werkstücks zusammenfällt. Unter dem wirtschaftlichen Aspekt ist der Weg, den der Fräser im nichtschneidenden Betrieb zurücklegt, wichtig und sollte minimiert werden.

2 **Stirnfräsen:** Bei diesem Verfahren ist der Fräser auf einer Spindel montiert, wobei die Drehachse senkrecht zur Werkstückoberfläche verläuft. Das Material wird wie in Abbildung 8.54a gezeigt entfernt. Der Fräser dreht sich mit der Drehgeschwindigkeit N und das Werkstück bewegt sich auf einem geraden Weg mit der Geschwindigkeit v. Wenn sich der Fräser in der in Abbildung 8.54b dargestellten Richtung dreht, handelt es sich um *Gleichlauffräsen*, bei Drehung in der entgegengesetzten Richtung (Abbildung 8.54c) um *Gegenlauffräsen*.

Aufgrund der Relativbewegung zwischen den Schneidezähnen und dem Werkstück hinterlässt ein Stirnfräser – genau wie beim Drehen – *Anlegmarken* auf der bearbeiteten Oberfläche. Die Oberflächenrauheit hängt von der Schneidensatzeckengeometrie und dem Vorschub pro Zahn ab (siehe auch die Gleichungen (8.35) bis (8.37)).

▶ Abbildung 8.55 gibt die Terminologie für einen Stirnfräser und seine verschiedenen Winkel an. Wie aus der Seitenansicht in ▶ Abbildung 8.56 hervorgeht, hat der *Anstellwinkel* des Einsatzes beim Stirnfräsen einen direkten Einfluss auf die *Spanungsdicke*. Nimmt der Anstellwinkel (positiv

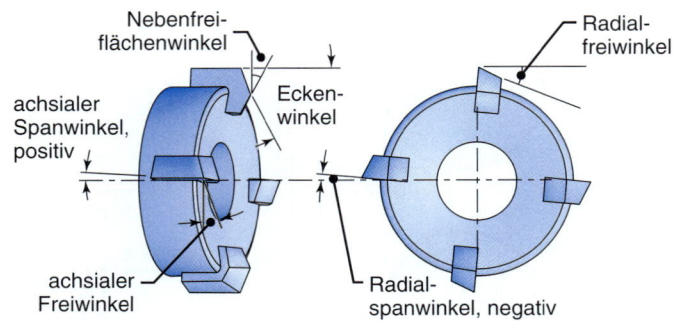

Abbildung 8.55: Terminologie für den Stirnfräser.

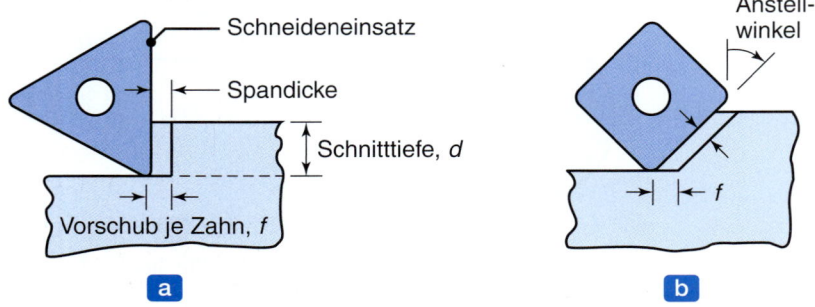

Abbildung 8.56: Einfluss des Anstellwinkels auf die Spanungsdicke beim Stirnfräsen. Mit zunehmendem Anstellwinkel nimmt die Spandicke ab, die Kontaktlänge (und damit die Breite des Spans) aber zu. Der Schneideneinsatz muss also ausreichend groß sein, um eine größere Kontaktlänge zu ermöglichen.

wie in der Abbildung gezeigt) zu, geht die Spanungsdicke (und somit auch die Dicke des eigentlichen Spans) zurück und die Kontaktlänge wird größer. Der Bereich der Anstellwinkel liegt für die meisten Stirnfräser typischerweise zwischen 0 und 45°. Der Anstellwinkel wirkt sich auch auf die Kräfte beim Fräsen aus. Es ist offensichtlich, dass bei kleiner werdendem Anstellwinkel die vertikale Kraftkomponente (Axialkraft auf die Fräserspindel) immer geringer wird.

Fräser sind in den unterschiedlichsten Ausführungen erhältlich. Der Fräserdurchmesser sollte so gewählt werden, dass keine Konflikte mit Spannvorrichtungen, Werkstückaufnahmen und anderen Komponenten im Aufbau auftreten. Bei einem typischen Stirnfräservorgang sollte das Verhältnis des Fräserdurchmessers D zur Schnittbreite w nicht kleiner als 3 : 2 sein. Die Schneidewerkzeuge sind normalerweise Hartmetall- oder Schnellarbeitsstahleinsätze, die auf dem Werkzeugköper montiert sind (siehe Abbildung 8.55).

Die Beziehung von Fräserdurchmesser und verschiedenen Winkeln der Schneideneinsätze sowie deren Lage relativ zur zu fräsenden Oberfläche ist wichtig für den Winkel, in dem ein Schneideneinsatz in das Werkstück eingreift und es verlässt. Wie Abbildung 8.54b für Gleichlauffräsen zeigt, greift die Spanfläche des Einsatzes direkt in das Werkstück ein (sodass es einer hohen Stoßkraft unterworfen wird), wenn die axialen und radialen Spanwinkel der Einsätze null sind (siehe Abbildung 8.55). Wie aber die Abbildungen 8.57a und b zeigen, greift derselbe Einsatz je nach den relativen Positionen von Fräser und Werkstück bei unterschiedlichen Winkeln in das Werkstück

8.10 Bearbeitungsvorgänge und Werkzeugmaschinen zur Herstellung verschiedener Formen

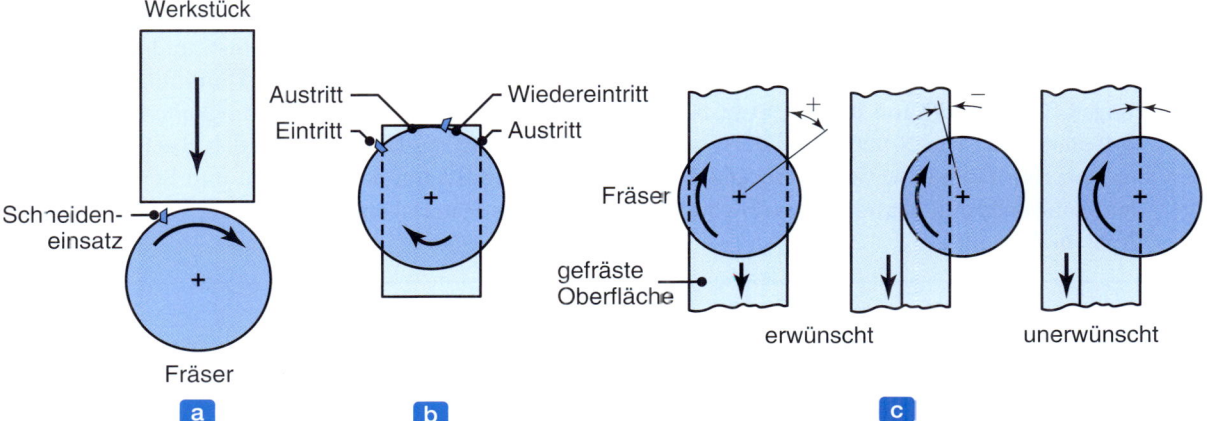

Abbildung 8.57: (a) Relative Position des Stirnfräsers und des Schneideneinsatzes beim ersten Kontakt mit dem Werkstück. (b) Position des Schneideneinsatzes am Ende des Schnitts. (c) Beispiele für den Winkel am Austritt. Angestrebt wird ein positive oder negativer Winkel. Ein Winkel von null ist ungünstig. Die Achse des Stirnfräsers steht normal auf die Bildebene.

ein. In Abbildung 8.57a trifft zuerst die Spitze des Einsatzes auf das Werkstück. Deshalb besteht hier die Gefahr, dass die Schneidkante abplatzt. In Abbildung 8.57b finden die Kontakte (an den mit Eintritt, Wiedereintritt und Austritt bezeichneten Punkten) in einem bestimmten Winkel und nicht direkt an der Spitze des Einsatzes statt. Demzufolge besteht hier eine geringere Neigung, dass die Spitze abplatzt oder bricht, da die Kraft auf den Schneideneinsatz allmählich zu- und abnimmt. Wie aus Abbildung 8.55 zu erkennen ist, beeinflussen auch die radialen und axialen Spanwinkel das Abplatzen der Schneiden des Einsatzes.

Abbildung 8.57c zeigt die Austrittswinkel für verschiedene Fräserpositionen beim Stirnfräsen. Beachten Sie, dass in den beiden ersten Beispielen der Einsatz das Werkstück bei einem bestimmten Winkel verlässt, wobei die Kraft auf den Einsatz langsamer auf null zurückgeht (erwünscht) als im dritten Beispiel, bei dem der Einsatz das Werkstück plötzlich verlässt (unerwünscht).

Abbildung 8.1d zeigt den Fräser beim *Stirnfräsen*. Er besitzt entweder gerade oder konische Schäfte für kleinere bzw. größere Fräserausführungen. Der Fräser dreht sich normalerweise auf einer Achse senkrecht zum Werkstück, kann aber auch geneigt sein, um konische oder schräge Oberflächen zu fertigen. Durch Stirnfräsen lassen sich sowohl ebene Oberflächen als auch verschiedene Profile herstellen. Manche Stirnfräser sind auch mit Schneidzähnen an ihren Stirnflächen bestückt. Diese Zähne lassen sich als Bohrer verwenden, um damit eine Einfräsung zu beginnen. Außerdem gibt es Stirnfräser mit halbkugelförmigen Enden (*Kugelschaftfräser*) für die Herstellung gekrümmter Flächen, beispielsweise bei Formen für die Polymerverarbeitung und Gesenken für die Metallumformung. *Hohlstirnfräser* besitzen *Innen*schneidzähne und werden für die Bearbeitung der zylindrischen Oberfläche von runden, vollen Werkstücken eingesetzt, wie zum Beispiel bei der Vorbereitung von Stangenmaterial mit genauen Durchmessern für Stangenautomaten. Stirnfräser sind aus Schnellarbeitsstahl gefertigt oder mit Hartmetallwendeschneidplatten bestückt.

Abschnitt 8.8 hat sich mit Hochgeschwindigkeitsbearbeitung und deren typischen Anwendungsgebieten beschäftigt. Zu den häufigeren Anwendungen gehört das **Hochgeschwindigkeitsfräsen**, wobei ein Stirnfräser verwendet wird und die gleichen allgemeinen Anforderungen wie sie weiter vorn beschrieben wurden – unter anderem in Bezug auf die Steifigkeit der Maschinen und Spannvorrichtungen – gelten. Ein typisches Beispiel ist das Fräsen von Bauteilen aus Aluminiumlegierungen für die Luft- und Raumfahrt (z. B. Wabenstrukturen) mit Spindelgeschwindigkeiten in der Größenordnung von 20 000 min^{-1}. Eine weitere Anwendung ist das *Gesenkfräsen*, d. h. das Herstellen von Hohlräumen in Gesenkblöcken. Bei diesen Vorgängen kann das Sammeln und Beräumen der Späne aufgrund der hohen Geschwindigkeit, mit der das Material entfernt wird, ein erhebliches Problem darstellen.

Beispiel 8.4 **Zeitspanungsvolumen, Leistungsbedarf und Schnittzeit beim Stirnfräsen**

Beziehen Sie sich auf Abbildung 8.54 und nehmen Sie $D = 150$ mm, $w = 60$ mm, $l = 500$ mm, $d = 3$ mm, $v = 0{,}6$ m/min und $N = 100$ Umdr./min an. Der Fräser besitzt 10 Einsätze und der Werkstückwerkstoff ist eine hochfeste Aluminiumlegierung. Berechnen Sie Zeitspanungsvolumen, Schnittzeit und Vorschub pro Zahn und schätzen Sie die erforderliche Leistung ab.

Lösung: Die Querschnittsfläche des Schnitts beträgt $wd = 60 \times 3 = 180$ mm^2. Da sich das Werkstück mit der Geschwindigkeit $v = 0{,}6$ m/min $= 600$ mm/min bewegt, berechnet sich das Zeitspanungsvolumen zu

$$Q = 180 \times 600 = 108\,000 \text{ mm}^3/\text{min} = 1800 \text{ mm}^3/\text{s} \ .$$

Die Schnittzeit ergibt sich gemäß Gleichung (8.44) zu

$$t = \frac{l + l_\text{c}}{v} \ .$$

Entsprechend Abbildung 8.54 gilt für dieses Problem die Beziehung

$$l_\text{c}^2 + \left(\frac{D}{2} - w\right)^2 = \left(\frac{D}{2}\right)^2 \ ,$$

sodass $l_\text{c} = \sqrt{Dw - w^2} = 73{,}5$ mm ist. Damit berechnet sich die Schnittzeit zu

$$t = \frac{(500 + 73{,}5) \times 60}{600} = 57{,}3 \text{ s} = 0{,}955 \text{ min} \ .$$

Der Vorschub pro Zahn lässt sich mit Gleichung (8.43) ermitteln. Mit $N = 100$ Umdr./min $= 1{,}67$ Umdr./s ergibt sich

$$f = \frac{10}{1{,}67 \times 10} = 0{,}6 \text{ mm/Zahn} \ .$$

Für die hochfeste Aluminiumlegierung entnimmt man für die spezifische Energie aus Tabelle 8.3 den Wert 1,1 Ws/mm^3, der – mit dem Zeitspanungsvolumen multipliziert – die Leistung ergibt:

$$P = 1{,}1 \times 1800 = 1980 \text{ W} = 1{,}98 \text{ kW} \ .$$

8.10 Bearbeitungsvorgänge und Werkzeugmaschinen zur Herstellung verschiedener Formen

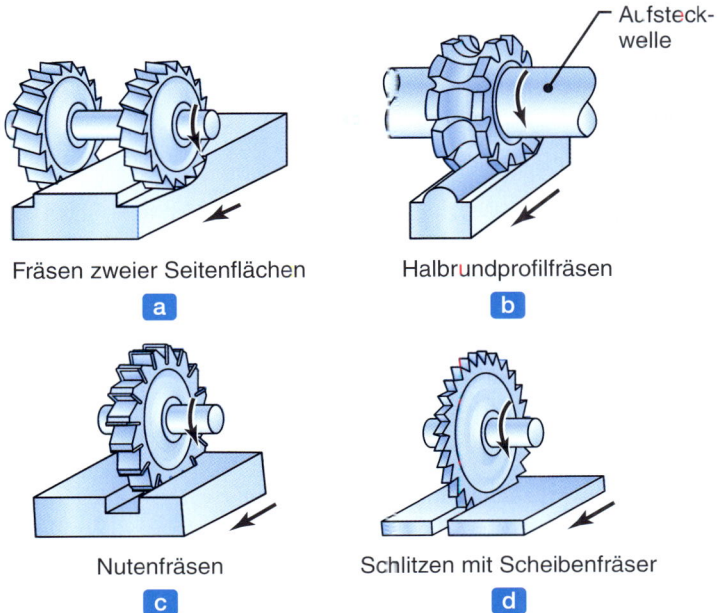

Abbildung 8.58: Fräser für das Fräsen von (a) zwei parallelen Seitenflächen, (b) Halbrundprofilen, (c) breiten Nuten, (d) Schlitzen.

3 **Andere Fräsvorgänge und Fräser:** Zur Bearbeitung verschiedenartiger Oberflächen stehen mehrere andere Arten von Fräsvorgängen und Fräsern zur Verfügung. Beim *Fräsen zweier Seitenflächen* werden mit zwei oder mehr Fräsern, die auf demselben Dorn montiert sind, zwei *parallele* Oberflächen auf dem Werkstück bearbeitet (▶ Abbildung 8.58a). Gekrümmte Profile lassen sich durch *Profilfräsen* mit Fräsern, bei denen die Zähne speziell geschliffen sind, herstellen (Abbildung 8.58b). Mit derartigen Fräsern werden auch Getriebeverzahnungen geschnitten (siehe Abschnitt 8.10.7).

Scheibenfräser werden zum Fräsen von Nuten und Schlitzen verwendet. Die Zähne können wie in einem Sägeblatt verschränkt angeordnet sein (siehe Abschnitt 8.10.5), um Freiraum für den Fräser beim Fertigen von tiefen Schlitzen zu schaffen. *Schlitzsägen* sind dünne Scheibenfräser, üblicherweise dünner als 5 mm. Mit *T-Nutenfräsern* lassen sich T-Schlitze fräsen, wie sie in Arbeitstischen für Werkzeugmaschinen zum Aufspannen der Werkstücke dienen. Der Schlitz wird zuerst mit einem Stirnfräser gefräst, dann schneidet ein T-Nutenfräsern das vollständige Profil des Schlitzes in einem Durchgang. *Langlochfräser* werden verwendet, um Keilnuten und Taschen auf Wellen zu fertigen. *Winkelfräser*, entweder mit einem einzelnen Winkel oder mit Doppelwinkeln, dienen zur Fertigung von schrägen Oberflächen mit verschiedenen Neigungswinkeln.

Walzenstirnfräser sind innen hohl und werden auf einem Schaft montiert, wobei sich der gleiche Schaft für verschieden große Fräser eignet. Die Anwendungsgebiete von Walzenstirnfräser sind ähnlich wie die von Stirnfräsern. Fräsen mit einem einzelnen Schneidzahn, der auf einer schnell laufenden Spindel montiert ist, wird als *Schlagfräsen* bezeichnet und kann in einfachen Stirnfräs- und Bohrprozessen verwendet werden. Das Schneidewerkzeug lässt sich als Einpunktwerkzeug fertigen und in verschiedenen Radialpositionen auf der Spindel festklemmen.

Tabelle 8.12: Bereiche für empfohlene Schnittgeschwindigkeiten beim Fräsen

Werkstückwerkstoff	Schnittgeschwindigkeit (m/min)	Werkstückwerkstoff	Schnittgeschwindigkeit (m/min)
Aluminiumlegierungen	300–3000	Stähle	60–450
Grauguss	90–1300	Rostfreie Stähle	90–500
Kupferlegierungen	90–1000	Thermoplaste und Duromere	90–1400
Hochtemperaturwerkstoffe	30–550	Titanlegierungen	40–150

Anmerkungen:
(a) Die Geschwindigkeitsangaben gelten für Hartmetall, Keramik, Cermet und Diamant bestückte Werkzeuge. Für Schnellarbeitsstahl sind die Schnittgeschwindigkeiten niedriger.
(b) Die Schnitttiefen *d* liegen zwischen 1 und 8 mm.
(c) Die Vorschübe pro Zahn *f* liegen im Bereich von 0,08–0,46 mm/Umdrehung.

4 Werkzeughalter: Bei Fräswerkzeugen unterscheidet man zwei grundlegende Typen. *Aufsteckfräser* werden auf eine Welle aufgesteckt, wie etwa für Plan-, Längs-, Profil-, Nuten- und Doppelscheibenfräsen. Bei *Fräsern mit Schaft* bestehen Fräser und Schaft aus einem Stück. Die gebräuchlichsten Beispiele dafür sind Stirn-, Winkel- und T-Nutenfräser. Während kleine Stirnfräser über gerade Schäfte verfügen, sind größere Stirnfräser mit konischen Schäften versehen, um sie besser spannen zu können und damit den höheren Kräften und Drehmomenten widerstehen zu können. Fräser mit geraden Schäften werden in *Klemmspannhülsen* montiert, Fräser mit konischen Schäften in konischen Werkzeughaltern. Neben mechanischen stehen auch hydraulische Werkzeughalter und Dorne zur Verfügung. Die Steifigkeit der Fräser und Werkzeughalter ist wichtig für die Oberflächenqualität und die Reduzierung von Vibrationen und Rattern bei Fräsvorgängen (Abschnitt 8.12).

5 Fräsmaschinen: Neben den verschiedenen Eigenschaften der bisher beschriebenen Fräsvorgänge spielen beim Fräsen unter anderem auch Parameter wie Produktionsrate, Oberflächengüte, Maßtoleranzen und Kosten eine Rolle. Tabelle 8.12 gibt typische Bereiche von Vorschub- und Schnittgeschwindigkeiten für das Fräsen an. Die Schnittgeschwindigkeiten variieren je nach Werkstückwerkstoff, Schneidstoff und Prozessparametern in einem breiten Bereich von 30 bis 3000 m/min.

Da Fräsmaschinen in der Lage sind, die unterschiedlichsten Bearbeitungsvorgänge auszuführen, gehören sie zu den vielseitigsten und nützlichsten Werkzeugmaschinen und es steht eine breite Auswahl von Maschinen mit zahlreichen Ausstattungsmerkmalen zur Verfügung. Die gebräuchlichsten Fräsmaschinen, die für Allzweckanwendungen eingesetzt werden, sind die **Universalfräsmaschinen**. Die Spindel, an der der Fräser angebracht ist, kann *horizontal* (▶ Abbildung 8.59a) für Längsfräsen oder *vertikal* für Plan- und Stirnfräsen, Ausdrehen und Bohren (Abbildung 8.59b) angeordnet sein. Die Komponenten werden manuell oder mithilfe verschiedener CNC-Steuerelemente bewegt.

Bei **Bettfräsmaschinen** ist der Arbeitstisch direkt auf dem Bett montiert und kann sich nur in Längsrichtung bewegen. Vertikalbewegungen werden vom Fräskopf ausgeführt. Diese Maschinen sind nicht so universell wie Universalfräsmaschinen, besitzen aber höhere Steifigkeit und eignen sich für hohe Produktionsraten. Die Spindeln können horizontal (Kreuztischbauweise) oder vertikal (Stän-

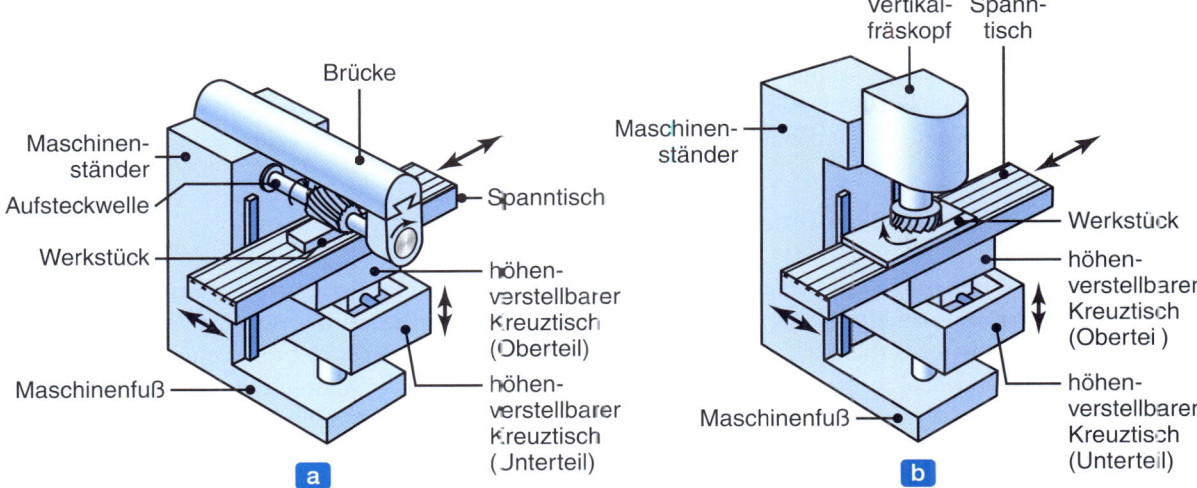

Abbildung 8.59: (a) Schematische Darstellung einer Fräsmaschine mit horizontaler Spindel, (b) mit vertikaler Spindel. Beide Maschinen verfügen über einen Kreuztisch, der sich in der Höhe verstellen lässt. Nach G. Boothroyd.

derbauweise) angeordnet und in zweifacher oder dreifacher Ausführung vorhanden sein, d. h. mit zwei bzw. drei Spindeln für das gleichzeitige Fräsen von zwei bzw. drei Werkstückoberflächen. **Portalfräsmaschinen**, die den Bettfräsmaschinen ähneln, sind mit mehreren Fräsköpfen und Fräsern ausgestattet, um verschiedene Oberflächen zu bearbeiten. Sie sind für schwere Werkstücke geeignet und zudem schneller als Hobelmaschinen (siehe Abschnitt 8.10.2) für vergleichbare Vorgänge.

Fräsmaschinen mit *Rundtischen* ähneln den Fräsmaschinen mit vertikaler Spindel und sind mit einem oder mehreren Köpfen für Stirnfräsen ausgestattet. *Freiformfräsmaschinen* erlauben Bewegungen um fünf Achsen (der Tisch lässt sich schwenken und drehen sowie in die drei Raumrichtungen verfahren). Mithilfe von Taststiften reproduzieren *Vervielfältigungsmaschinen* (Kopierfräser) Teile von einem Mastermodell. In der Regel setzt man sie im Automobilbau und in der Luft- und Raumfahrtindustrie ein, um komplexe Teile und Gesenke (Gesenkfräsen) herzustellen. Allerdings werden diese Maschinen heutzutage größtenteils durch CNC-Maschinen ersetzt. Derartige Werkzeugmaschinen sind universell einsetzbar und in der Lage, Fräsen, Bohren, Ausdrehen und Gewindeschneiden mit konstant hoher Genauigkeit durchzuführen.

8.10.2 Hobeln und Hobelmaschinen

Hobeln ist ein relativ einfacher Bearbeitungsvorgang mit dem sich ebene Flächen sowie verschiedene Querschnitte mit Nuten und Rillen in Längsrichtung des Werkstücks herstellen lassen. Gehobelt werden vor allem große Werkstücke in der Größenordnung von bis zu 25 m × 15 m. Bei einer typischen *Hobelmaschine* wird das Werkstück auf einem Schlitten befestigt, der sich geradlinig bewegt. Ein horizontaler Querbalken, der sich vertikal auf einem Ständer bewegen lässt, ist mit einem oder mehreren Werkzeugköpfen bestückt. Die Schneidewerkzeuge (Hobelmesser) sind an den Köpfen angebracht und die

Bearbeitung erfolgt entlang eines geraden Wegs. Aufgrund der Hin- und Herbewegung des Werkstücks, ist die Zeit während des Rückhubs beträchtlich – sowohl beim Hobeln als auch beim Stoßen (siehe Abschnitt 8.10.3). Folglich sind Hobelmaschinen nur für Kleinstserien effizient und wirtschaftlich einsetzbar. Der Betrieb lässt sich effizienter gestalten, wenn die Hobelmaschinen mit Werkzeughaltern und Werkzeugen ausgerüstet werden, die in beiden Richtungen der Schlittenbewegung schneiden.

8.10.3 Stoßen und Stoßmaschinen

Bearbeiten durch *Stoßen* ist prinzipiell ähnlich zum Hobeln. In einer *Waagerechtstoßmaschine* bewegt sich das Werkzeug geradlinig über das stationär eingespannte Werkstück. Das Schneidewerkzeug ist mit dem Werkzeugkopf verbunden, der auf dem Stößel montiert ist. Der Stößel führt eine Hin- und Herbewegung aus, wobei in den meisten Maschinen der Schneidvorgang während der Vorwärtsbewegung des Stößels erfolgt (*drückender Schnitt*), bei anderen Maschinen im Rückhub des Stößels (*ziehender Schnitt*). Mit *Senkrechtstoßmaschinen* (*Nutenstoßmaschinen*) werden Schlitze und Keilnuten bearbeitet. Darüber hinaus lassen sich mit Stoßmaschinen komplexe Formen herstellen, beispielsweise bei der Bearbeitung von Wendellaufrädern, wobei das Werkstück mithilfe einer Masterkurvenscheibe während des Schnitts gedreht wird. Aufgrund ihrer geringen Produktionsgeschwindigkeit werden Stoßmaschinen heute nur noch im Werkzeugbau, in der Auftragsproduktion (Job Shops) und für Reparaturarbeiten eingesetzt.

8.10.4 Räumen und Räummaschinen

Räumen ist dem Stoßen ähnlich und wird verwendet, um Innen- und Außenflächen zu bearbeiten (▶ Abbildung 8.60), beispielsweise Löcher mit kreisförmigem, quadratischem oder unregelmäßigem Querschnitt, Keilnuten, Innenverzahnungen, Keilwellenöffnungen und ebene Flächen. Eine *Räumnadel* (▶ Abbildung 8.61) ist auf Grund ihrer Wirkungsweise ein langes Schneidewerkzeug mit mehreren Zähnen, das sukzessive tiefere Schnitte erzeugt. Die Gesamttiefe des in einem Hub abgetragenen Materials ist die Summe der Schnitttiefen jedes Zahns. Eine Räumnadel kann in einem Hub Material bis zu etwa 6 mm Tiefe abtragen. Durch Räumen lassen sich Teile mit hoher Oberflächengüte und guter Maßhaltigkeit produzieren. Somit ist Räumen anderen Bearbeitungsverfahren für ähnliche Formen durchaus ebenbürtig. Die Kosten für die mitunter recht teuren Räumnadeln sind angesichts der erreichbaren hohen Produktionszahlen gerechtfertigt.

Abbildung 8.61b gibt die Terminologie für eine Räumnadel an. Der Spanwinkel hängt vom bearbeiteten Werkstoff ab und liegt üblicherweise zwischen 0 und 20°. Der Freiwinkel beträgt typischerweise 1 bis 4°, wobei die Winkel bei Zähnen für die Endbearbeitung kleiner sind. Ein zu kleiner Freiwinkel verursacht Reiben der Schneidzähne gegen die geräumte Oberfläche. Der Zahnabstand hängt von Faktoren wie der Werkstücklänge (Schnittlänge), Zahnfestigkeit sowie Größe und Form der Späne ab. Tiefe und Abstand der Zähne müssen entsprechend den beim Räumen produzierten Spänen ausreichend bemessen sein, was insbesondere für lange Werkstücke gilt. Außerdem sollten zu jedem Zeitpunkt mindestens zwei Zähne in Kontakt mit dem Werkstück stehen (vergleichbar mit dem Sägen, siehe Abschnitt 8.10.5).

8.10 Bearbeitungsvorgänge und Werkzeugmaschinen zur Herstellung verschiedener Formen

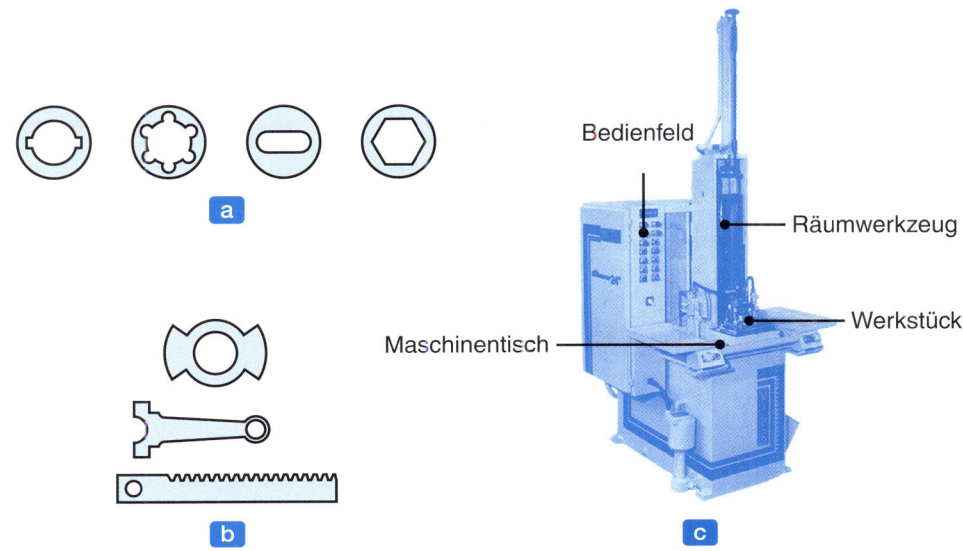

Abbildung 8.60: Teile, die durch (a) Innenräumen und (b) Oberflächenräumen gefertigt werden. (c) Vertikalräummaschine.

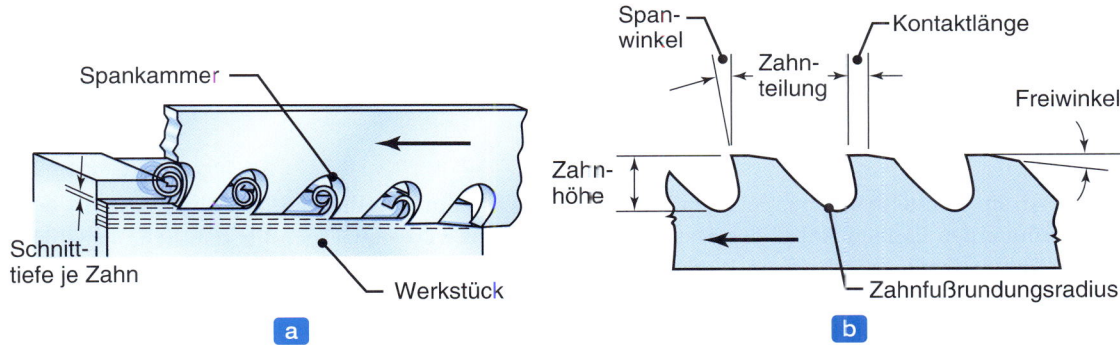

Abbildung 8.61: (a) Schneidwirkung eines Räumwerkzeugs. (b) Terminologie für eine Räumnadel.

Für Räumnadeln sind die verschiedensten Zahnprofile erhältlich, unter anderem auch Profile mit Spanbrechern (▶ Abbildung 8.62). Die Schneidzähne auf Räumnadeln weisen drei Bereiche auf: Schruppen, Schlicht-, und Endbearbeitung. Außerdem gibt es runde Räumnadeln mit kreisförmigen Schneidzähnen, um Löcher zu erweitern (Abbildung 8.62). Für das Räumen von unregelmäßigen Innenformen beginnt man normalerweise mit einem runden Loch im Werkstück, das beispielsweise durch Ausdrehen oder Bohren hergestellt wurde.

Beim **Drehräumen** von Kurbelwellen dreht sich das Werkstück zwischen Zentrierspitzen. Die Räumnadel ist mit mehreren Einsätzen bestückt und bewegt sich tangential über das Teil. Somit ist dieser Vorgang eine Kombination von Räumen und Schälen. Außerdem gibt es Maschinen, die mehrere Kurbelwellen gleichzeitig räumen können. Zum Beispiel werden die Hauptlager für Motoren auf diese Weise geräumt.

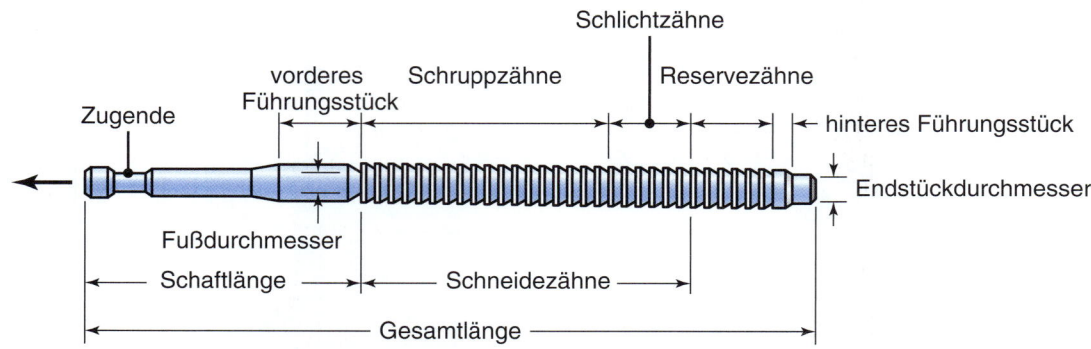

Abbildung 8.62: Terminologie einer Zug-Räumnadel, die zur Erweiterung von Löchern eingesetzt wird.

Räummaschinen drücken oder ziehen die Räumnadeln und sind in horizontaler oder vertikaler Anordnung verfügbar. *Drückend arbeitende Räumnadeln* sind normalerweise kürzer, im Allgemeinen zwischen 150 und 350 mm lang. *Auf Zug arbeitende Räumnadeln* begradigen das Loch, während Räumnadeln beim Drücken jeder Unregelmäßigkeit des Führungslochs folgen können. Waagerechtmaschinen sind in der Lage, längere Hübe als Senkrechtmaschinen auszuführen. Räummaschinen stehen in verschiedenen Ausführungen zur Verfügung. Zum Teil sind sie mit mehreren Köpfen bestückt, sodass sich mit ihnen die vielfältigsten Formen und Teile herstellen lassen. Dazu gehören Schraubenkeile und gezogene Gewehrläufe. Die Zugkraft von Räummaschinen beträgt bis zu 1 MN.

8.10.5 Sägen

Sägen ist ein Schneidvorgang, bei dem das Werkzeug aus einer Reihe kleiner Zähne besteht, wobei jeder Zahn einen kleinen Anteil des Materials abträgt. Sägen verwendet man für sämtliche metallische und nichtmetallische bearbeitbare Werkstoffe. Mit Sägen ist es möglich, verschiedenartige Formen zu erzeugen. Da die Schnittbreite (der **Sägeschlitz**) in der Regel gering ist, fällt nur relativ wenig Abfall an. ▶ Abbildung 8.63 zeigt typische Sägezahn- und Sägeblattkonfigurationen. Die Zahnteilung beträgt üblicherweise zwischen 0,08 und 1,25 Zähnen pro mm.

Sägeblätter werden im Allgemeinen aus Kohlenstoff- und Schnellarbeitsstählen hergestellt, wobei aber Blätter mit Hartmetallspitzen oder Schnellarbeitsstahl für das Sägen härterer Werkstoffe verwendet werden (▶ Abbildung 8.64). Um zu verhindern, dass die Säge während des Sägevorgangs blockiert oder zu stark reibt, sind die Zähne wechselweise in entgegengesetzter Richtung eingestellt (geschränkt), sodass der Sägeschlitz breiter als das Blatt ist (Abbildung 8.63b). Mindestens zwei oder drei Zähne sollten ständig in das Werkstück eingreifen, um ein Verhaken der Sägezähne im Werkstück zu verhindern. Diese Forderung ist der Grund dafür, dass sich dünne Werkstoffe entweder nur unbefriedigend oder überhaupt nicht sägen lassen. Die Schnittgeschwindigkeit beim Sägen reicht bis zu 1,5 m/s, wobei festere Werkstoffe niedrigere Geschwindigkeiten erfordern. Normalerweise verwendet man Schneidflüssigkeiten, um die Schnittqualität zu verbessern und die Standzeit der Säge zu verlängern.

Bügelsägen besitzen gerade Blätter und führen hin- und hergehende Bewegungen aus. Sie können manuell bedient oder durch Motoren angetrieben werden. *Kreissägen* verwendet man allgemein für das Sägen

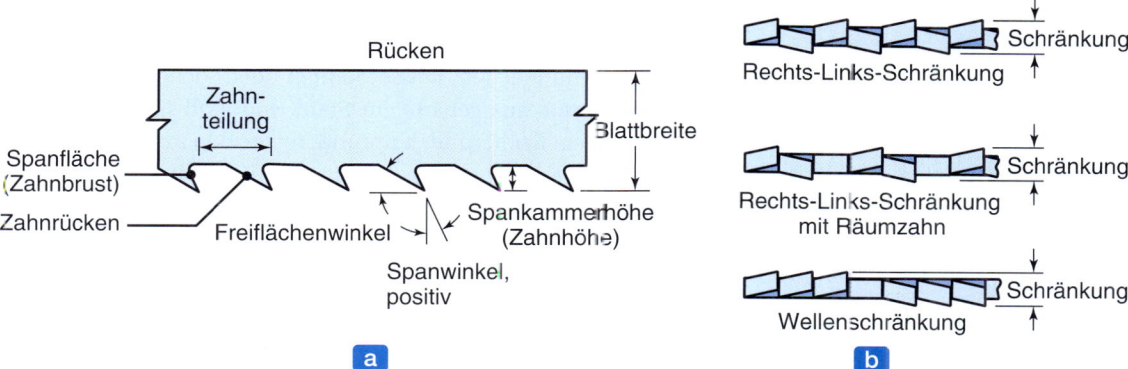

Abbildung 8.63: (a) Terminologie für Sägen, (b) Beispiele für Zahnschränkungen. Die Schränkung verhindert ein Steckenbleiben der Säge im Werkstück.

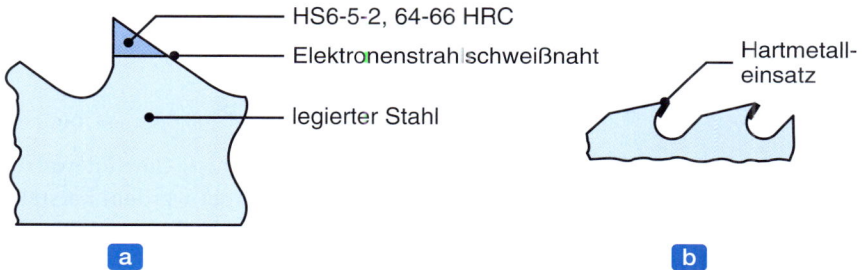

Abbildung 8.64: (a) Aufgeschweißte Zähne aus Schnellarbeitsstahl, (b) aufgelötete Hartmetalleinsätze.

großer Querschnitte bei hohen Produktionsgeschwindigkeiten. *Bandsägen* besitzen lange, flexible Endlosschneiden und ermöglichen kontinuierliches Schneiden. Schneiden und hochfester Draht können mit Diamantpulver beschichtet werden (*Diamantsägen*). Derartige Schneidewerkzeuge eignen sich für das Sägen von harten metallischen, nichtmetallischen und Verbundwerkstoffen.

Reibsägen bzw. **Schmelzsägen** ist ein Vorgang, bei dem eine Schneide oder Scheibe aus weichem unlegiertem Stahl bei Geschwindigkeiten bis zu 125 m/s gegen das Werkstück reibt. Die in Wärme umgewandelte Reibungsenergie erweicht schnell eine schmale Zone im Werkstück. Durch die Bewegung der Schneide oder Scheibe (die auch mit Zähnen oder Kerben versehen sein kann) wird das erweichte Material aus der Schnittzone gedrückt und entfernt. Die im Werkstück entstehende Wärme erzeugt eine *wärmebeeinflusste Zone* auf den Schnittflächen (wie beim Schweißen, siehe Abschnitt 12.6), sodass deren Eigenschaften negativ beeinflusst werden können. Da nur ein kleiner Teil der Schneide zu einem bestimmten Zeitpunkt in das Werkstück eingreift, kühlt die Schneide schnell ab, während sie sich an der Luft bewegt. Reibsägen ist geeignet für harte Eisenbasiswerkstoffe und faserverstärkte Kunststoffe, jedoch nicht für Nichteisenmetalle, da diese an der Schneide kleben bleiben. Scheiben für Reibsägen haben einen Durchmesser bis zu 1,8 m. Damit schneidet man beispielsweise in Walzwerken große Stahlstücke ab. Außerdem lässt sich mit Reibsägen Grat von Gussstücken entfernen.

8.10.6 Feilen

Feilen ist das Abtragen geringer Materialmengen von Flächen, Ecken, Kanten oder Löchern. Die bereits etwa 1000 v. Chr. entwickelten Feilen bestehen heute aus gehärtetem Stahl und sind in einer großen Vielfalt von Querschnitten erhältlich – unter anderem flach, rund, halbrund, rechteckig und dreieckig. Es gibt Feilen mit unterschiedlichen Zahnformen und Körnungsklassen, wie zum Beispiel Schlichtfeilen, Doppelschlichtfeilen und Bastardhiebfeilen (Mittelhiebfeilen). Auch wenn Feilen normalerweise von Hand vorgenommen wird, gibt es auch verschiedene Maschinen mit Automatikfunktionen für höhere Produktionsraten, wobei sich die Feilen mit bis zu 500 Strichen/min hin- und herbewegen.

Bandfeilen bestehen aus Feilensegmenten mit einer Länge von jeweils etwa 75 mm, die zu Stahlbändern zusammengenietet und ähnlich wie Bandsägen verwendet werden. Es gibt auch *Feilen in Scheibenform*. Für spezielle Anwendungen sind *Profilraspeln* und *Frässtifte* vorgesehen. Normalerweise sind sie konisch, zylindrisch oder kugelförmig und besitzen verschiedene Zahnprofile. Die Drehgeschwindigkeiten für diese Werkzeuge reichen von $1500\,\text{min}^{-1}$ für das Schneiden von Stahl mit großen Werkzeugen bis zu $45\,000\,\text{min}^{-1}$ für das Schneiden von Magnesium (mit kleinen Werkzeugen).

8.10.7 Zahnradherstellung durch spanende Bearbeitung

Zahnräder lassen sich durch Gießen, Schmieden, Strangpressen, Ziehen, Gewindewalzen, Pulvermetallurgie und Stanzen (für dünne Zahnräder wie sie in Uhren verwendet werden) herstellen. Die meisten Zahnräder werden spanend bearbeitet und geschliffen, um Maßhaltigkeit und Oberflächengüte zu gewährleisten. Nichtmetallische Zahnräder stellt man üblicherweise durch Spritzgießen und Gießen her (Kapitel 10).

Beim **Formfräsen** von Zahnrädern ähnelt das Schneidewerkzeug einem Formfräser (siehe Abbildung 8.58b), der die Gestalt der Zahnradzwischenräume hat. Das Schneidewerkzeug bewegt sich axial in Längsrichtung des Zahns in der entsprechenden Tiefe, um das Zahnrad zu produzieren. Nachdem alle Zähne geschnitten sind, wird der Fräser zurückgezogen und der Zahnradrohling gewendet. Daraufhin schneidet der Fräser den nächsten Zahn. Dieser Vorgang setzt sich fort, bis alle Zähne geschnitten sind. Für die Fertigung von Getriebeverzahnungen und speziell für innen liegende Zähne ist Räumen geeignet. Der Räumvorgang ist schnell und ergibt feines Oberflächenfinish mit hoher Maßhaltigkeit. Allerdings sind Räumnadeln teuer und für jede Zahnradgröße ist eine eigene Räumnadel erforderlich. Deshalb kommt dieses Verfahren hauptsächlich für hohe Produktionsserien infrage.

In der Zahnradfertigung durch Fräsen kann das Werkzeug aus folgenden Komponenten bestehen:

1 Das **Schneidrad** lässt sich als eines der Zahnräder in einem Zahnradpaar ansehen, während das andere Zahnrad im Paar den Zahnradrohling darstellt (▶ Abbildung 8.65a). Diesen Fräsertyp setzt man auf sogenannten **Zahnradstoßmaschinen** ein (Abbildung 8.65b). Der Fräser dreht sich auf einer Achse parallel zur Achse des Zahnradrohlings langsam mit dem Rohteil und derselben Wälzkreisgeschwindigkeit und führt dabei eine axiale Auf- und Abbewegung aus. Ein Getriebe liefert die erforderliche Relativbewegung zwischen dem Fräserschaft und dem Schaft des Zahnradrohteils. Das Schneiden kann entweder mit dem Abwärts- oder dem Aufwärtshub der Maschine erfolgen.

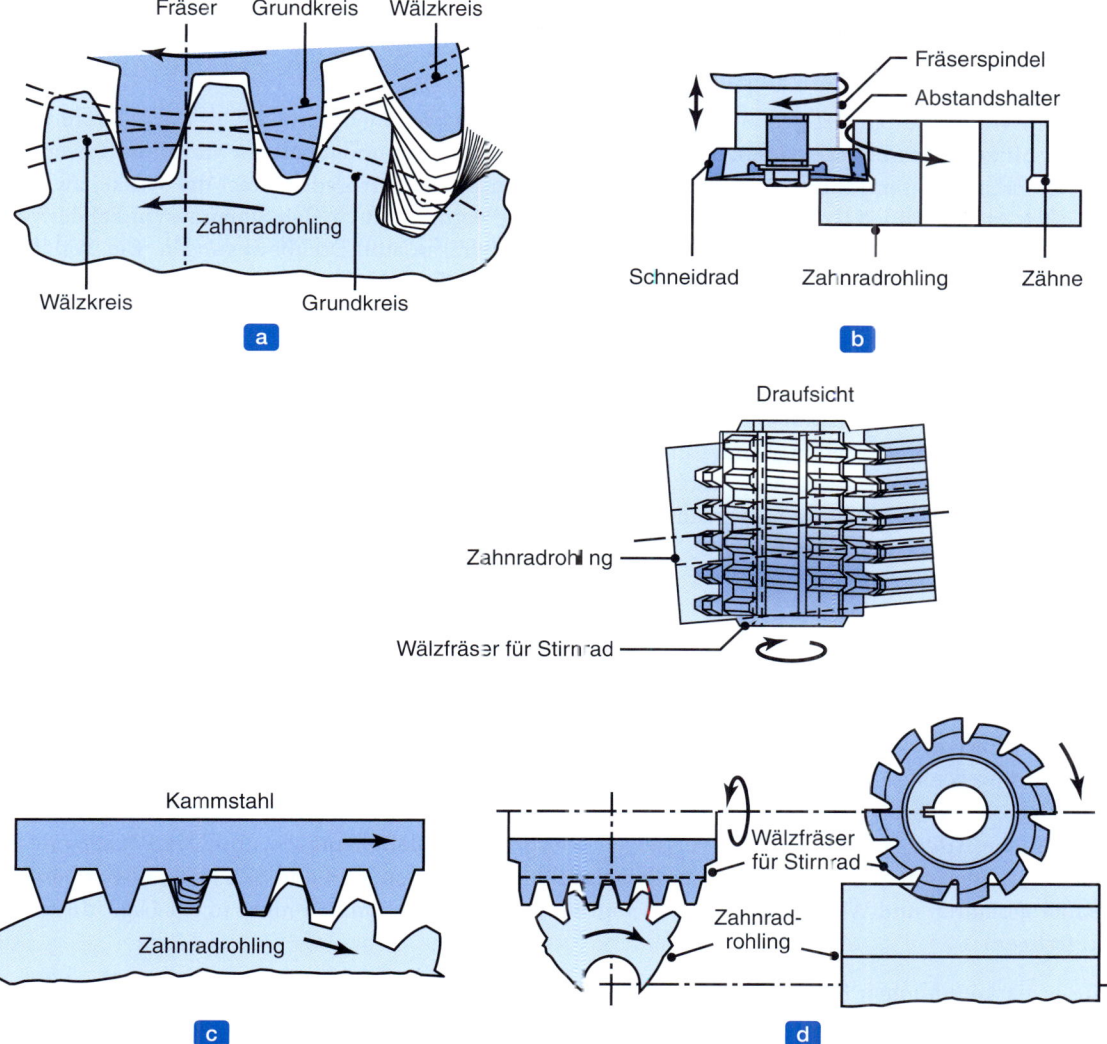

Abbildung 8.65: (a) Schematische Darstellung der Herstellung eines Zahnrads mit einem Schneidrad. (b) Zahnradherstellung auf einer Zahnradstoßmaschine. Das Schneidrad bewegt sich auf und ab. (c) Herstellung eines Zahnrads durch Wälzstoßen mit einem Kammstahl. (d) Drei Ansichten des Wälzfräsens von Zahnrädern. Nach E.P. DeGarmo.

Da der erforderliche Freiraum für die Fräserbewegung gering ist, eignet sich Zahnradstoßen für Zahnräder, die sich nahe an Sperrflächen wie zum Beispiel Flanschen befinden (wie bei dem in Abbildung 8.65b gezeigten Zahnradrohling). Das Verfahren ist sowohl für Kleinstserien als auch für hohe Produktionsmengen geeignet.

2 Kammstahl: Auf einem Kammstahl ist das Verzahnungswerkzeug ein Segment einer Zahnstange (Abbildung 8.65c), das sich parallel zur Achse des Zahnradrohlings hin- und herbewegt (Wälzstoßen). Da auf einem Kammstahl nicht mehr als 6 bis 12 Zähne zweckmäßig sind, muss das Schneidewerkzeug in geeigneten Intervallen ausgerückt und an den Ausgangspunkt zurückgefahren werden. In dieser Zeit führt der Zahnradrohling keine Bewegung aus.

3. Ein **Wälzfräser** besitzt prinzipiell die Form einer Schnecke oder Schraube, in die mehrere Längsschlitze eingearbeitet wurden, um Schneidzähne zu erzeugen und damit ein Verzahnungswerkzeug zu erhalten (Abbildung 8.65d). Beim Wälzfräsen eines Geradstirnrads beträgt der Winkel zwischen den Achsen von Wälzfräser und Zahnradrohling 90° vermindert um den Steigungswinkel der Wälzfräserwendelung. Sämtliche Bewegungen beim Wälzfräsen sind Drehbewegungen. Der Wälzfräser und der Zahnradrohling drehen sich – wie beim Eingreifen von zwei Zahnrädern – kontinuierlich, bis sämtliche Zähne geschnitten sind.

Bei den nach einem der drei oben beschriebenen Verfahren hergestellten Zahnrädern ist die Maßhaltigkeit und Oberflächengüte der Getriebezähne für bestimmte Anwendungen möglicherweise nicht ausreichend. Somit sind mehrere *Endbearbeitungsvorgänge* notwendig, unter anderem Schaben, Polieren, Schleifen, Honen und Läppen (siehe Kapitel 9). Moderne Verzahnungsmaschinen sind computergesteuert. Auf Maschinen mit mehreren computergesteuerten Achsen lassen sich die verschiedensten Arten von Verzahnungen herstellen, wobei vor allem Fräser mit Wendeschneidplatten gebräuchlich sind.

8.11 Bearbeitungs- und Drehzentren

Aus den bisher gegebenen Beschreibungen der einzelnen Bearbeitungsvorgänge und Werkzeugmaschinen geht hervor, dass jede Maschine unabhängig von ihrem Automatisierungsgrad prinzipiell für die Ausführung genau eines Bearbeitungstyps – zum Beispiel Drehen, Fräsen, Ausdrehen und Bohren – ausgelegt ist. Allerdings besitzen viele Teile mehrere Funktionsmerkmale und Oberflächen, die unterschiedliche Arten von Bearbeitungsvorgängen erfordern, bis Maßtoleranzen und Oberflächengüte den Anforderungen entsprechen (siehe zum Beispiel die Abbildungen 8.26 und 9.27). Die bisher beschriebenen Verfahren und Werkzeugmaschinen sind für sich allein genommen nicht in der Lage, diese Teile zu fertigen.

In der herkömmlichen Fertigung werden die erforderlichen Vorgänge dadurch realisiert, dass das Teil von einer Werkzeugmaschine zu einer anderen transportiert und jeweils entsprechend bearbeitet wird, bis die Gesamtbearbeitung abgeschlossen ist. Diese praktikable Fertigungsmethode lässt sich automatisieren und verkörpert das Prinzip der **Transferstraßen** bzw. **Fertigungsstraßen**, bestehend aus zahlreichen Werkzeugmaschinen, die in der bestimmten Folge angeordnet sind (siehe Abschnitt A.2.4). Das Werkstück – beispielsweise ein Motorblock – bewegt sich von einer Station zur nächsten. Auf jeder Station wird ein bestimmter Bearbeitungsvorgang ausgeführt. Ist dieser abgeschlossen, gelangt das Teil automatisch zur nächsten Station für einen weiteren Bearbeitungsschritt usw. Transferstraßen sind vor allem für hohe Stückzahlen und in der Massenproduktion gebräuchlich.

Allerdings gibt es Situationen und Produkte, für die Transferstraßen nicht zweckmäßig oder wirtschaftlich sind. Das gilt besonders dann, wenn die zu bearbeitenden Produkte aufgrund der Marktanforderungen schnellen Änderungen unterliegen. In den späten 1950er Jahren hat man deshalb das wichtige Konzept der **Bearbeitungszentren** entwickelt. Ein Bearbeitungszentrum ist eine computergesteu-

8.11 Bearbeitungs- und Drehzentren

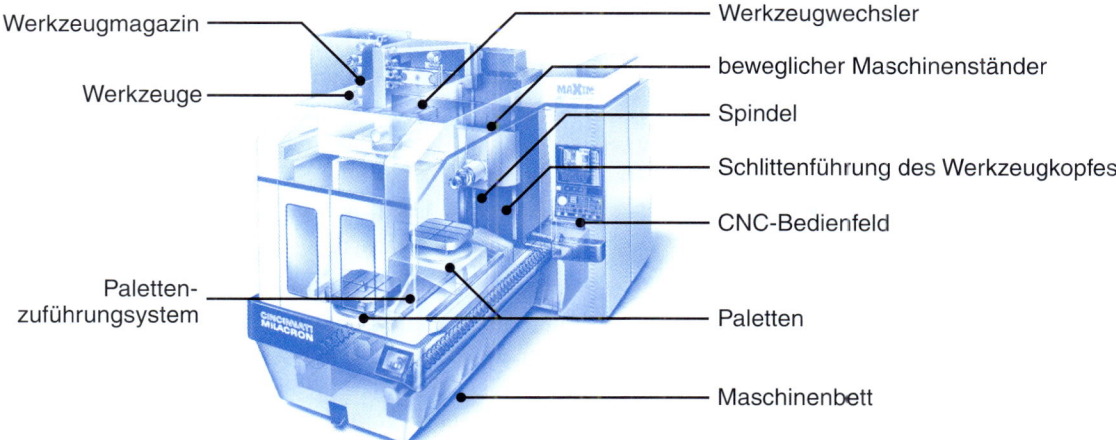

Abbildung 8.66: Ein Bearbeitungszentrum mit horizontaler Spindel und automatischem Werkzeugwechselsystem. In den Werkzeugspeichern solcher Zentren können bis zu 200 verschiedene Schneidewerkzeuge samt Werkzeughaltern vorhanden sein.

erte Werkzeugmaschine, die auf einem Werkstück vielfältige Bearbeitungsvorgänge auf unterschiedlichen Oberflächen sowie in verschiedenen Positionen und Orientierungen durchführen kann (▶ Abbildung 8.66). Im Allgemeinen ist das Werkstück stationär und die Schneidewerkzeuge drehen sich, wie es beim Fräsen und Bohren der Fall ist. Die Entwicklung von Bearbeitungszentren ist eng mit den Fortschritten in der **Computersteuerung von Werkzeugmaschinen** verknüpft, was Thema von Anhang A ist. Als Beispiel für die Fortschritte bei modernen Drehmaschinen hat Abbildung 8.45 weiter vorn in diesem Kapitel eine numerisch gesteuerte Drehbank (**Drehzentrum**) gezeigt, die auf zwei Revolverköpfen mehrere Schneidewerkzeuge für Bearbeitungsvorgänge wie Drehen, Plandrehen, Ausdrehen und Gewindeschneiden tragen kann.

Das Werkstück in einem Bearbeitungszentrum wird auf einer **Palette** aufgespannt (Abbildung 8.66), die sich in drei Hauptrichtungen orientieren lässt, und kann um eine oder mehrere Achsen auf der Palette gedreht werden. Somit muss das Werkstück nach Abschluss eines bestimmten Schneidvorgangs nicht zu einer anderen Maschine zur Weiterbearbeitung – wie etwa Bohren, Räumen und Gewindeschneiden – transportiert werden. Anders ausgedrückt bringt man Werkzeuge und Maschinen zum Werkstück. Sind alle Bearbeitungsvorgänge abgeschlossen, fährt ein **automatischer Palettenwechsler** die Palette mit dem fertiggestellten Werkstück heraus und bringt eine andere Palette mit einem neuen zu bearbeitenden Werkstück in Position. Die Computersteuerung realisiert sämtliche Bewegungen in der Maschine, wobei die Zykluszeiten für die Palettenwechsel in der Größenordnung von 10 bis 30 s liegen. Dem Bearbeitungszentrum sind Palettenstationen zugeordnet, die mehrere Paletten aufnehmen können. Derartige Maschinen sind auch mit verschiedenen automatischen Komponenten verfügbar, wie zum Beispiel für das Beschicken und das Entnehmen der Paletten.

Bearbeitungszentren sind mit einem **programmierbaren automatischen Werkzeugwechselsystem** ausgerüstet. Je nach Aufbau lassen sich bis zu 200 Schneidewerkzeuge in einem Magazin, einer Trommel

677

oder auf einer Förderkette (*Werkzeugspeicher*) unterbringen und bei speziellen Bearbeitungszentren für komplexe Vorgänge stehen Hilfswerkzeugspeicher zur Verfügung. Die Schneidewerkzeuge werden automatisch ausgewählt, wobei wahlfreier Zugriff die kürzeste Route zur Maschinenspindel erlaubt. Ein übliches Konstruktionsmerkmal ist ein frei beweglicher **Werkzeugwechslerarm**, der ein bestimmtes Werkzeug aufnimmt (jedes Werkzeug besitzt seinen eigenen Werkzeughalter) und in der Spindel platziert. Die Werkzeuge sind durch codierte Markierungen, Strichcodes oder Speicherchips direkt auf den Werkzeughaltern gekennzeichnet. Die Werkzeugwechselzeiten liegen normalerweise in der Größenordnung weniger Sekunden.

Schließlich können Bearbeitungszentren mit einer **Werkzeug-** und/oder **Teilekontrollstation** ausgerüstet sein. Diese liefert Informationen an den Computer, damit sich Variationen der Werkzeugzustellungen oder der Werkzeugverschleiß kompensieren lassen. Mithilfe von **Messtastern** ist es möglich, Referenzflächen des Werkstücks zu ermitteln, die Werkzeugzustellung auszuwählen und die bearbeiteten Teile in Echtzeit zu überwachen. Es können mehrere Oberflächen kontaktiert, ihre relativen Positionen ermittelt und in der Datenbank der Computersoftware gespeichert werden. Anhand dieser Daten lassen sich dann die Werkzeugwege programmieren, wobei Korrekturen beispielsweise für Werkzeuglänge und -durchmesser sowie Werkzeugverschleiß berücksichtigt werden.

8.11.1 Arten von Bearbeitungs- und Drehzentren

Es gibt verschiedene Konzepte für Bearbeitungszentren, grundsätzlich unterscheidet man sie aber danach, ob die Spindel vertikal oder horizontal angeordnet ist. Viele Maschinen sind auch in der Lage, beide Achsen zu nutzen. Die maximalen Abmessungen, die die Schneidewerkzeuge rund um ein Werkstück in einem Bearbeitungszentrum erreichen können, werden als *Arbeitsbereich* bzw. *Arbeitsraumtiefe* (*work envelope*) bezeichnet. Dieser Begriff ist erstmals in Verbindung mit Industrierobotern aufgetaucht (siehe Abschnitt A.7).

1. **Vertikale Bearbeitungszentren** eignen sich für verschiedenartige Bearbeitungsvorgänge auf ebenen Oberflächen mit tiefen Hohlräumen wie im Formen- und Gesenkbau. Da die Schubkräfte bei der vertikalen Bearbeitung nach unten gerichtet sind, besitzen diese Maschinen eine hohe Steifigkeit und liefern Teile mit guter Maßhaltigkeit. Darüber hinaus sind sie kostengünstiger als Maschinen mit horizontal angeordneter Spindel.

2. **Horizontale Bearbeitungszentren** (siehe Abbildung 8.66) sind für große oder sehr große Werkstücke geeignet, bei denen mehrere Flächen zu bearbeiten sind. Die Palette kann um verschiedene Achsen und in verschiedene Winkelpositionen gedreht werden. Zur Kategorie der Maschinen mit horizontaler Spindel gehören auch **Drehzentren**, die computergesteuerte *Drehmaschinen* mit mehreren Funktionsmerkmalen darstellen. ▶ Abbildung 8.67 zeigt ein CNC-Drehzentrum mit zwei horizontalen Spindeln und drei Revolverköpfen, die mit verschiedenartigen Schneidewerkzeugen ausgerüstet sind, um mehrere Bearbeitungsvorgänge an einem sich drehenden Werkstück auszuführen.

3. **Universalbearbeitungszentren** sind sowohl mit vertikalen als auch horizontalen Spindeln ausgerüstet. Durch ihre vielfältigen Funktionsmerkmale sind sie in der Lage, alle Flächen eines Werkstücks (vertikal, horizontal und diagonal) zu bearbeiten – daher die Bezeichnung *universal*.

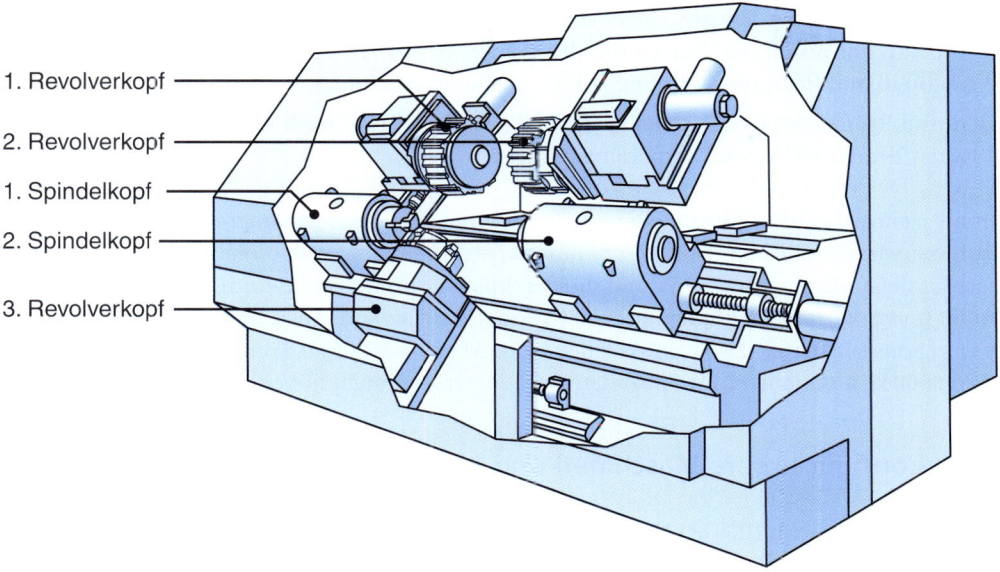

Abbildung 8.67: Schematische Darstellung eines CNC-Drehzentrums. Die Maschine ist mit zwei Spindeln und drei Revolverköpfen ausgestattet, wodurch sie sehr flexibel eingesetzt werden kann.

8.11.2 Charakteristika von Bearbeitungszentren

Die folgenden Punkte beschreiben die Haupteigenschaften von Bearbeitungszentren:

- Mit Bearbeitungszentren lässt sich eine breite Vielfalt von Teilen unterschiedlicher Größen und Formen effizient, wirtschaftlich und mit gleichbleibend hoher Maßgenauigkeit (in der Größenordnung von ±0,0025 mm) bearbeiten.
- Die Maschinen sind universell, verfügen über bis zu sechs Achsen für lineare und Winkelbewegungen und lassen sich schnell von einem Produkttyp auf einen anderen umrüsten. Der Bedarf an unterschiedlichen Werkzeugmaschinen mit der entsprechenden Werkstattfläche verringert sich somit erheblich.
- Die erforderliche Zeit für das Einlegen und Entnehmen der Werkstücke, Wechseln der Werkzeuge, Kalibrieren der zu bearbeitenden Werkstücke und die Fehlerbehebung ist geringer, wodurch sich die Produktivität verbessert. Zudem gehen die Anforderungen an die Arbeitskräfte zurück (insbesondere der Bedarf an qualifizierten Facharbeitern) und alles in allem liegen die Gesamtkosten niedriger.
- Bearbeitungszentren sind hoch automatisiert und relativ kompakt, sodass eine Bedienperson oftmals zwei oder mehr Maschinen auf einmal betreuen kann.

- Die Maschinen besitzen sowohl Überwachungseinrichtungen für den Werkzeugzustand (siehe Abschnitt 8.3.5), um Bruch und Verschleiß der Werkzeuge zu erkennen, als auch Messwertaufnehmer, um Verschleiß und Positionsänderungen kompensieren zu können.
- Messen und Prüfen der bearbeiteten Werkstücke während und nach den Prozessen gehören nun zu den Standardfunktionen von Bearbeitungszentren.

Bearbeitungszentren sind in verschiedenen Größen und mit einer umfangreichen Auswahl von Ausstattungsmerkmalen erhältlich. Die Anschaffungskosten betragen 50 000 bis 1 Million Euro und mehr. Die Anschlussleistung erreicht 75 kW und die maximalen Spindelgeschwindigkeiten bewegen sich zwischen 4000 und 8000 min^{-1}, können aber bei speziellen Anwendungen und mit Schneidewerkzeugen kleiner Durchmesser bis zu 75 000 min^{-1} betragen. Manche Paletten können Werkstücke mit Massen von bis zu 7000 kg aufnehmen, für Spezialanwendungen sind auch höhere Kapazitäten verfügbar.

8.11.3 Rekonfigurierbare Maschinen und Systeme

Die Forderung nach Flexibilität bei Fertigungsoperationen hat zum neueren Konzept der *rekonfigurierbaren Maschinen* geführt. Derartige Maschinen bestehen aus verschiedenen Modulen, die unterschiedliche funktionelle Anforderungen erfüllen. Die Bezeichnung *rekonfigurierbar* geht auf die Tatsache zurück, dass sich mithilfe moderner Computerhardware und rekonfigurierbarer Controller sowie durch

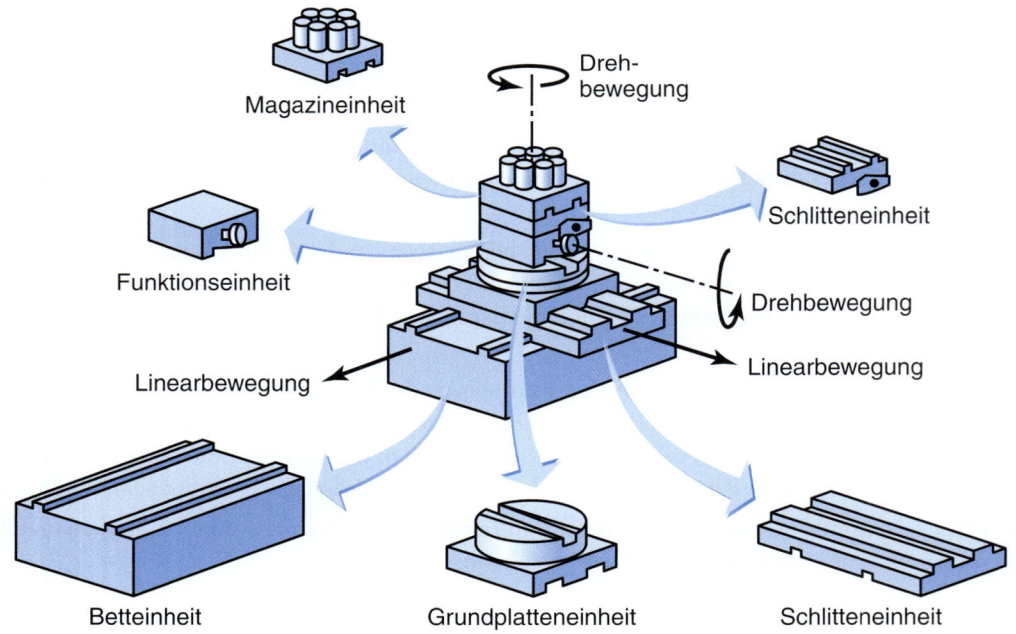

Abbildung 8.68: Schematische Darstellung eines rekonfigurierbaren Bearbeitungszentrums, welches in der Lage ist, Werkstücke verschiedener Größe und Form auf unterschiedlichen Flächen mit mehreren Verfahren zu bearbeiten. Nach Y. Koren.

8.11 Bearbeitungs- und Drehzentren

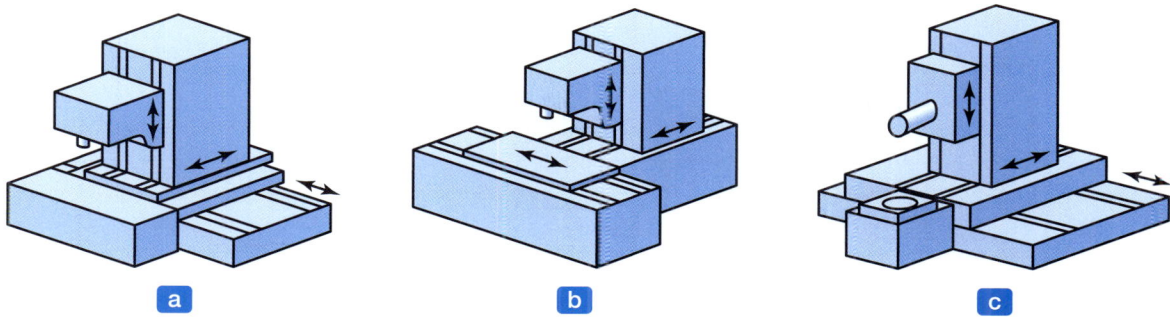

Abbildung 8.69: Drei Realisationen eines rekonfigurierbaren Bearbeitungszentrums. Nach Y. Koren.

die Fortschritte in der Informationstechnik die Maschinenkomponenten schnell in verschiedenen Konfigurationen einrichten und umrüsten lassen, um spezifischen Produktionsanforderungen zu entsprechen. ▶ Abbildung 8.68 zeigt basierend auf der typischen Werkzeugmaschinenstruktur eines dreiachsigen Bearbeitungszentrums ein Beispiel, wie die Maschine zu einem modularen Bearbeitungszentrum rekonfiguriert werden kann. Mit der sich ergebenden Flexibilität kann die Maschine unterschiedliche Bearbeitungsvorgänge ausführen und sich dabei an die verschiedenen Werkstückgrößen und Teilegeometrien anpassen. Ein weiteres Beispiel für diese Flexibilität ist in ▶ Abbildung 8.69 zu sehen. Hier lässt sich eine Fünf-Achsen-Maschine (mit drei linearen und zwei Drehbewegungen) durch Montieren verschiedener Module rekonfigurieren.

Beispiel 8.5 **Bearbeitung von äußeren Lagerlaufringen auf einem Drehzentrum**

Auf einem Drehzentrum werden äußere Lagerlaufringe bearbeitet (▶ Abbildung 8.70). Als Ausgangsmaterial dient ein warmgewalztes Rohr aus dem Wälzlagerstahl 100Cr6 mit einem Außendurchmesser von 91 mm und einem Innendurchmesser von 75,5 mm. Die Schnittgeschwindigkeit beträgt bei allen Bearbeitungsschritten 95 m/min. Alle Schneidewerkzeuge bestehen aus Hartmetall. Das gilt auch für den Stechdrehmeißel (für den letzten Vorgang), der 3,18 mm breit ist und anstelle des vorher eingesetzten 4,76 mm breiten Stechdrehmeißels aus Schnellarbeitsstahl verwendet wird. Die Materialeinsparung durch diese Änderung ist erheblich, da der Laufring nur eine geringe Breite hat. Das Drehzentrum konnte diese Laufringe bei hohen Geschwindigkeiten und mit einer Wiederholgenauigkeit von ±0,025 mm bearbeiten.

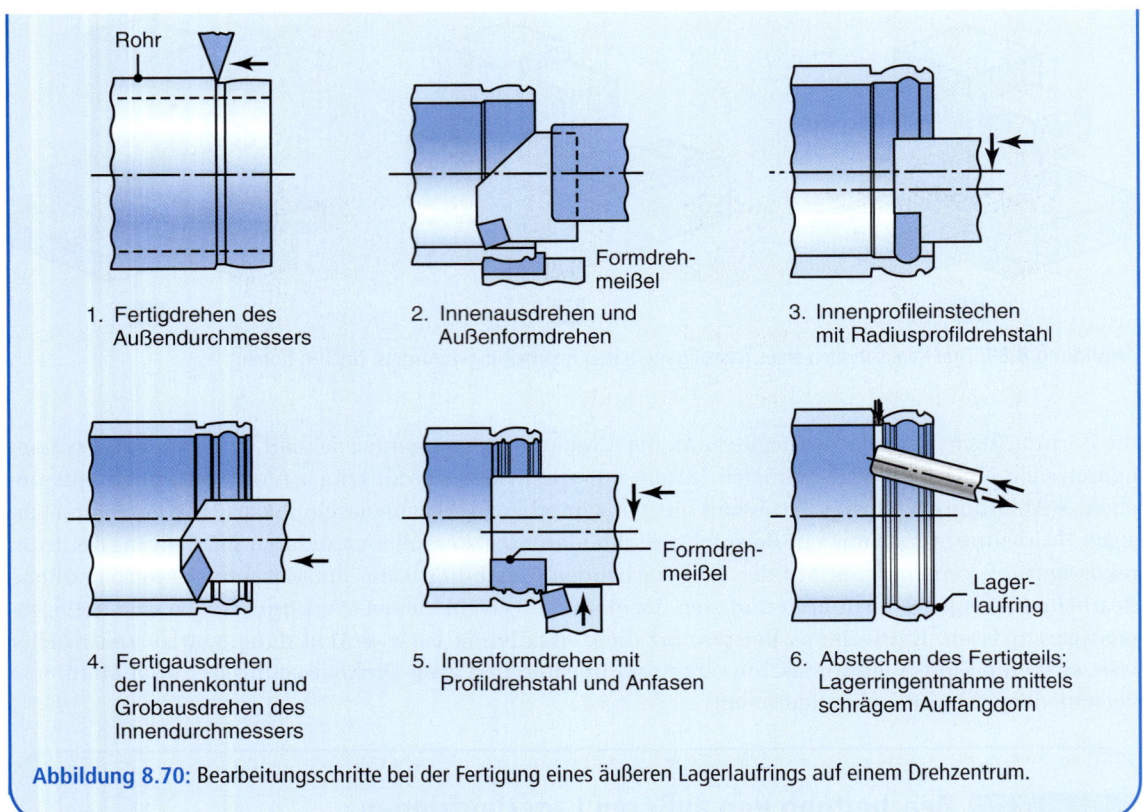

Abbildung 8.70: Bearbeitungsschritte bei der Fertigung eines äußeren Lagerlaufrings auf einem Drehzentrum.

8.11.4 Hexapod-Maschinen

Design und Werkstoffe für Werkzeugmaschinenstrukturen und -komponenten werden ständig weiterentwickelt. Dabei strebt man vor allem an, (a) Bearbeitungsflexibilität in Werkzeugmaschinen einzubringen, (b) die Arbeitsraumtiefe der Maschinen zu vergrößern und (c) die Maschinen leichter zu machen. Eine wirklich innovative Werkzeugmaschinenstruktur ist ein frei stehendes achtseitiges Maschinengestell. Diese als **Hexapod** (▶ Abbildung 8.71) oder *Parallel-Kinematik-Maschine* bezeichnete Konstruktion basiert auf einem Mechanismus, der (nach D. Stewart) als *Stewart-Plattform* bezeichnet wird. Diese Erfindung wurde zuerst eingesetzt, um Cockpit-Simulatoren für Flugzeuge zu positionieren. Der Vorteil liegt vor allem darin, dass die Verbindungen im Hexapoden axial belastet werden. Die Biegespannungen und Durchbiegungen sind minimal, woraus eine äußerst steife Struktur resultiert.

Das Werkstück ist auf einem stationären Tisch aufgespannt. Drei Paare von *Teleskopröhren* (Streben oder Beine), die jeweils über einen Antrieb verfügen und mit Kugelrollspindeln ausgestattet sind, manövrieren einen rotierenden Schneidewerkzeughalter. Während der Bearbeitung eines Teils mit verschiedenen Merkmalen und Krümmungen verkürzt die Maschinensteuerung bestimmte Röhren und verlängert andere, sodass das Schneidewerkzeug einem festgelegten Pfad um das Werkstück folgen kann. Diese

8.11 Bearbeitungs- und Drehzentren

Abbildung 8.71: (a) Hexapod-Maschine, Gesamtansicht. (b) Detailansicht des Werkzeugkopfes einer Hexapod-Maschine.

Maschinen arbeiten in sechs Koordinatengruppen (daher der Begriff *hexapod* – von griechisch „sechsfüßig"): drei lineare und drei rotatorische Gruppen. Jede – selbst eine einfachere lineare – Bewegung des Schneidewerkzeugs wird in sechs koordinatisierte Beinlängen umgesetzt. Die Beinbewegungen werden sehr schnell in Echtzeit ausgeführt. Demzufolge treten hohe Beschleunigungen und Verzögerungen mit hohen Trägheitskräften auf.

Die Maschinen besitzen (a) eine hohe Steifigkeit, sind (b) nicht so massiv wie Bearbeitungszentren, bestehen (c) aus rund einem Drittel weniger Bauteilen als Bearbeitungszentren, verfügen (d) über eine große Arbeitsraumtiefe und demzufolge größeren Zugriff auf die Arbeitszone, sind (e) in der Lage, das Schneidewerkzeug senkrecht zur bearbeiteten Oberfläche zu halten, was den Bearbeitungsvorgang verbessert, und besitzen (f) mit sechs Freiheitsgraden eine hohe Flexibilität in der Produktion von Teilen mit verschiedenen Geometrien und Größen, ohne Umrüstungen für die laufenden Arbeiten vornehmen zu müssen. Derartige Maschinen sind im Unterschied zu den meisten Werkzeugmaschinen grundsätzlich portabel. In der Tat sind heute *Hexapod-Zusatzgeräte* verfügbar, womit konventionelle Bearbeitungszentren leicht in eine Hexapod-Maschine umgewandelt werden können.

Von diesen Maschinen ist bisher eine begrenzte Anzahl gebaut worden und angesichts ihres Potenzials als effiziente Werkzeugmaschinen wird ihre Leistung beständig in Bezug auf Steifigkeit, thermische Verwerfungen, Reibung innerhalb der Streben, Maßhaltigkeit, Arbeitsgeschwindigkeit, Wiederholgenauigkeit und Zuverlässigkeit bewertet. Die Kosten einer Hexapod-Maschine belaufen sich derzeit auf rund 500 000 Euro, doch dürfte ihre weitere Verbreitung dafür sorgen, dass die Preise fallen.

8.12 Schwingungen und Rattern

Bei der Vorstellung der Bearbeitungsvorgänge und Werkzeugmaschinen in diesem Kapitel wurde herausgestellt, dass die Maschinensteifigkeit wichtig ist, um Maßhaltigkeit und Oberflächengüte der Teile in den Griff zu bekommen. Dieser Abschnitt beschäftigt sich mit den negativen Wirkungen geringer Steifigkeit auf die Produktqualität und die Bearbeitungsvorgänge sowie mit dem Pegel von Schwingungen und Rattern in Schneidewerkzeugen und Maschinen. Wenn Schwingungen und Rattern unkontrolliert auftreten, kann das zu folgenden Effekten führen:

- Schlechte Oberflächengüte (rechter mittlerer Bereich in Abbildung 8.72);
- Verlust der Maßhaltigkeit des Werkstücks;
- Vorzeitiger Verschleiß, Abplatzen und Ausfall des Schneidewerkzeugs, was besonders bei spröden Werkzeugwerkstoffen kritisch ist, wie zum Beispiel Keramiken, manchen Karbiden (Hartmetallen) und Diamant;
- Beschädigung an Werkzeugmaschinenbauteilen aufgrund übermäßiger Vibrationen;
- Entstehen störender Geräusche (vor allem mit Anteilen hoher Frequenzen), beispielsweise das Quietschen, das beim Drehen von Messing auf einer Drehmaschine zu hören ist.

Schwingungen und Rattern bei der Bearbeitung sind komplexe Phänomene. Bei Schneidvorgängen treten zwei prinzipielle Arten von Schwingungen auf: erzwungene und selbsterregte Schwingungen.

1 **Erzwungene Schwingungen** werden durch eine periodische Kraft in der Werkzeugmaschine verursacht, beispielsweise durch Zahnradantriebe, Unwucht von Werkzeugmaschinenkomponenten, Dejustierung, oder von Motoren und Pumpen. Zum Beispiel kommt es beim Fräsen oder Drehen einer Keilwelle oder einer Welle mit einer Keilnut zu erzwungenen Schwingungen, weil der Fräser oder das Schneidewerkzeug in die Werkstückoberfläche eingreift und die bearbeitete Oberfläche wieder verlässt.

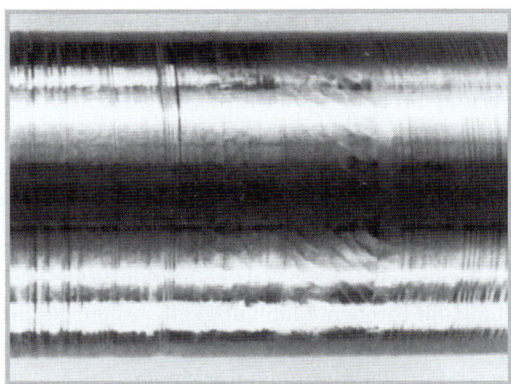

Abbildung 8.72: Rattermarken (rechter mittlerer Bereich) auf der Oberfläche eines Drehteils.

Die Lösung bei erzwungenen Schwingungen besteht prinzipiell darin, das verantwortliche Element zu isolieren oder zu entfernen. Fällt die Anregungsfrequenz mit der Resonanzfrequenz eines Bauteils des Werkzeugmaschinensystems zusammen oder liegt sie nahe der Resonanzfrequenz, kann man gegebenenfalls eine der Frequenzen anheben oder absenken. Die Amplitude der Schwingungen lässt sich verringern, indem man die Steifigkeit oder Dämpfung des Systems erhöht. Auch wenn es scheint, dass sich das Modifizieren der Prozessparameter im Allgemeinen kaum auf die erzwungenen Schwingungen auswirkt, kann es hilfreich sein, die Schnittgeschwindigkeit und die Werkzeuggeometrie zu ändern.

2 Die allgemein als **Rattern** bezeichneten *selbsterregten Schwingungen* werden durch die Wechselwirkung des spanabhebenden Prozesses mit der Struktur der Werkzeugmaschine verursacht. Die Amplitude dieser Schwingungen ist im Allgemeinen sehr hoch. In der Regel beginnt Rattern mit einer Störung in der Schnittzone. Zu derartigen Störungen kommt es unter anderem durch fehlende Homogenität des Werkstückwerkstoff oder seines Oberflächenzustands, Änderungen in der Spangestalt während der Bearbeitung oder Änderungen der Reibungsbedingungen an der Werkzeug-Span-Grenzfläche (wie sie durch Schneidflüssigkeiten und ihre Wirksamkeit beeinflusst werden). Selbsterregte Schwingungen lassen sich durch (1) Erhöhen der dynamischen Steifigkeit des Systems und (2) durch Dämpfen kontrollieren. Unter **dynamischer Steifigkeit** versteht man das Verhältnis der Amplitude der angewandten Kraft zur Amplitude der Schwingungen. Da eine Werkzeugmaschine bei verschiedenen Frequenzen unterschiedliche Steifigkeiten aufweist, können sich auch Änderungen in den Schneidparametern – wie zum Beispiel der Schnittgeschwindigkeit – auf Rattern auswirken.

Der wichtigste Typ der selbsterregten Schwingungen bei der Bearbeitung ist **regeneratives Rattern**. Es entsteht, wenn ein Werkzeug eine Fläche schneidet, die von einem vorherigen Schnitt noch rau ist oder Störungen aufweist. Da sich folglich die Schnitttiefe verändert, bringen die resultierenden Variationen in der Schnittkraft das Werkzeug zum Schwingen. Da sich dieser Vorgang während der Bearbeitung ständig fortsetzt, spricht man von *regenerativen* Schwingungen. Derartige Schwingungen lassen sich beobachten, wenn man mit einem Fahrzeug über eine wellige Straße fährt (wobei es zum sogenannten *Waschbretteffekt* kommt).

Dämpfung ist definiert als die Rate, mit der Schwingungen abklingen. Sie ist ein wichtiger Faktor, um Schwingungen und Rattern in Werkzeugmaschinen zu beherrschen.

Eigendämpfung von Werkstoffen: Dämpfung ergibt sich aus dem Energieverlust in den Werkstoffen während des Schwingens. So hat zum Beispiel Stahl eine geringere Dämpfung als Grauguss und Verbundwerkstoffe (▶ Abbildung 8.73). Bei Grauguss und Verbundwerkstoffen führt die Wechselwirkung der elastischen Wellen mit den Graphitteilchen bzw. den eingelagerten Fasern zum Energieverzehr. Diese Unterschiede im Dämpfungsvermögen der Werkstoffe lassen sich beobachten, indem man sie mit einem Hammer anschlägt und auf den Klang hört. Probieren Sie zum Beispiel einmal aus, wie sich das Anschlagen von Teilen aus Stahl, Beton, Kunststoff, faserverstärktem Kunststoff und Holz anhört.

Verbindungsstellen im Aufbau der Werkzeugmaschine: Auch wenn sie weniger signifikant für die Eigendämpfung sind, kommen Stiftverbindungen im Aufbau einer Werkzeugmaschine ebenfalls als Quelle für die Dämpfung infrage. Da Reibung Energie verbraucht, tragen auch die kleinen Relativbewegungen an trockenen (nicht geschmierten) Verbindungen zur Dämpfung bei. In Verbindungen, bei denen Öl

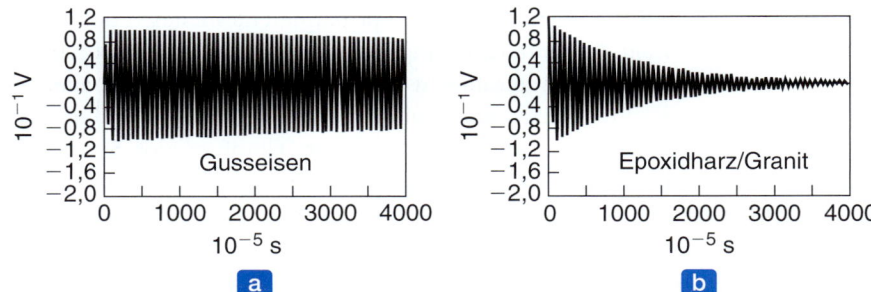

Abbildung 8.73: Amplituden-Zeitverlauf als Charakteristikum für Werkstoffdämpfung. Je schneller die Amplitude der Schwingung abfällt, desto höher ist die Eigendämpfung des Werkstoffs. (a) Grauguss, (b) Epoxidharz-Granit-Verbundwerkstoff.

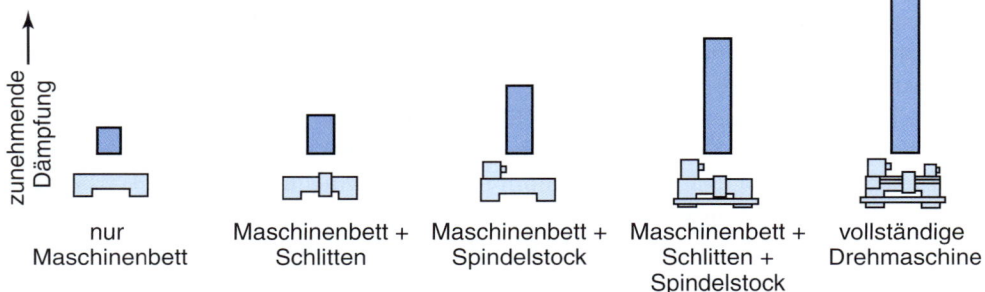

Abbildung 8.74: Dämpfvermögen in Abhängigkeit der Bauteilzahl bei einer Drehbank. Verbindungen zwischen den verschiedenen Baugruppen dissipieren Schwingungsenergie und tragen so zur Dämpfung bei. Nach J. Peters.

oder Fett anwesend ist, verbraucht die innere Reibung der geschmierten Schichten Energie, sodass sich dadurch die Dämpfung ebenfalls verbessert. Bei der Beschreibung der Werkzeugmaschinen für verschiedene Schneidvorgänge wurde erwähnt, dass sämtliche Maschinen aus einer Anzahl großer und kleiner Komponenten bestehen, die zu einem Gesamtaufbau montiert werden. Folglich ist eine derartige Dämpfung aufgrund der Verbindungen in einer Werkzeugmaschine *kumulativ*. ▶ Abbildung 8.74 zeigt, wie die Dämpfung zunimmt, wenn die Anzahl der Bauteile einer Drehbank und damit die Kontaktfläche größer wird. Je mehr Verbindungen vorhanden sind, desto größer ist die dissipierte Energie und desto höher ist folglich die Dämpfung.

Äußere Dämpfung lässt sich in der Regel mithilfe externer Dämpfer realisieren, die den Stoßdämpfern an Kraftfahrzeugen ähneln. Für diesen Zweck hat man spezielle Schwingungsabsorber entwickelt, die sich auf Werkzeugmaschinen installieren lassen.

Einflussfaktoren auf das Rattern: Untersuchungen haben gezeigt, dass die Neigung eines bestimmten Werkstücks zum Rattern während der Bearbeitung proportional zu den Schnittkräften und der Schnitttiefe und -breite ist. Da die Schnittkräfte mit höherer Festigkeit und Härte zunehmen, neigt ein Werkstück im Allgemeinen mehr zum Rattern, je härter der Werkstückwerkstoff ist. So haben zum Beispiel Aluminium- und Magnesiumlegierungen eine geringere Neigung zum Rattern als martensitische oder ausscheidungsgehärtete rostfreie Stähle sowie Nickel- und Hochtemperaturlegierungen. Eine wichtige Rolle für das Rattern spielt die Art der während der Bearbeitung erzeugten Späne. Wie bereits weiter vorn erwähnt, sind die Schnittkräfte bei ununterbrochenen Spänen relativ konstant, und derartige Späne rufen im Allgemeinen kein Rattern hervor. Diskontinuierliche und gezackte Späne hingegen können zum Rattern führen, da sie periodisch produziert werden. Die dabei auftretenden Kraftvariationen können Rattern verursachen.

8.13 Maschinen-Werkzeug-Strukturen

Dieser Abschnitt beschäftigt sich mit den *Werkstoff-* und *Entwurfsaspekten* von Werkzeugmaschinen als Konstruktionen mit bestimmten gewünschten und spezifischen Eigenschaften. Die richtige Gestaltung von Werkzeugmaschinen erfordert Kenntnisse der für die Konstruktion zur Verfügung stehenden Werkstoffe, ihrer Arten und verschiedenen Eigenschaften, der Dynamik des konkreten Bearbeitungsvorgangs und der beteiligten Schnittkräfte. **Steifigkeit** und **Dämpfung** sind wichtige Faktoren in Werkzeugmaschinenkonstruktionen. Die Steifigkeit betrifft die Abmessungen der Konstruktionsbauteile sowie die Elastizitätsmodule der eingesetzten Werkstoffe. Bei der Dämpfung geht es um den Typ der verwendeten Werkstoffe sowie um Anzahl und Art der Verbindungselemente in der Konstruktion.

Werkstoffe und Entwurf: Das Bett und einige der Hauptbaugruppen von Werkzeugmaschinen bestehen traditionell aus Grauguss mit Lamellen- oder Kugelgraphit. Vorteilhaft bei diesen Werkstoffen sind die geringen Kosten und das gute Dämpfungsvermögen. Allerdings sind sie schwer. Wünschenswert sind leichte Konstruktionen, da sie sich einfacher transportieren lassen, ihre Resonanzfrequenzen höher liegen und die Trägheitskräfte der bewegten Elemente geringer sind. Leichtbaukonzepte und Entwurfsflexibilität erfordern Herstellungsprozesse wie zum Beispiel (a) mechanisches Befestigen einzelner Bauteile (mit Schrauben und Muttern) und (b) Schweißen. Allerdings erhöht dieses Fertigungskonzept die Kosten für Arbeitskräfte und Material, da bestimmte Vorbereitungen erforderlich sind.

Für derartige Leichtkonstruktionen stellt Schmiedestahl aufgrund seiner geringen Kosten, Verfügbarkeit in verschiedenen Querschnittsgrößen und Formen (wie zum Beispiel U-Eisen, Winkel und Röhren), der gewünschten mechanischen Eigenschaften und vorteilhaften Charakteristika wie zum Beispiel Umformbarkeit, Bearbeitbarkeit und Schweißbarkeit mit hoher Wahrscheinlichkeit die erste Wahl dar. Andererseits geht dann der Vorteil des höheren Dämpfungsvermögens von Gussstücken und Verbundwerkstoffen verloren.

Neben der Steifigkeit spielt die **thermische Ausdehnung** der Werkzeugmaschine und ihrer Bauteile eine wichtige Rolle, da hierdurch die Genauigkeit der Maschine leidet und es zu Verwerfungen kommen kann. Die Wärme kommt (a) aus der Maschine selbst, beispielsweise von Lagern, Maschinenführungen und Motoren sowie der Schnittzone (Abschnitt 8.2.5), oder (b) von außen, wie zum Beispiel durch in der Nähe stehende Öfen, Heizgebläse, Sonnenlicht und Schwankungen der Schneidflüssigkeit und der Umgebungstemperaturen. Gleichermaßen wichtig für die Genauigkeit der Werkzeugmaschine sind **Fundamente**, vor allem ihre Masse und wie sie im Boden einer Werkhalle eingelassen sind. So wurde etwa bei der Installation einer großen Schleifmaschine zum hochgenauen Schleifen von Schiffsschrauben mit einem Durchmesser von 2,75 m ein Betonfundament von knapp 7 m Tiefe gegossen. Diese große Betonmasse verringert zusammen mit dem Maschinenbett die Amplitude von Schwingungen und ihre nachteiligen Effekte erheblich.

Hinsichtlich der Werkstoffe, die für die Betten von Werkzeugmaschinen verwendet werden, gibt es mehrere Möglichkeiten. Zum Beispiel **Acrylbeton**, eine Mischung aus Beton und Polymer (Polymethylmethacrylat), die sich leicht in die gewünschten Formen für Maschinenbetten und verschiedene Komponenten gießen lässt. Dieser Werkstoff ist in verschiedenen Zusammensetzungen erhältlich. Er kann auch in der *Sandwichbauweise* mit Gusseisen verwendet werden, sodass sich die Vorteile beider Werkstoffe kombinieren lassen. **Granit-Epoxid-Verbundwerkstoff** besitzt eine typische Zusammensetzung von etwa 93 % Granitschotter und 7 % Epoxidharzbinder. Der erstmals in Präzisionsschleifmaschinen in den frühen 1980er Jahren eingesetzte Verbundwerkstoff besitzt mehrere günstige Eigenschaften: (1) Gute Gießfähigkeit, die vielseitiges Design für Werkzeugmaschinen erlaubt, (2) hohes Verhältnis von Steifigkeit zu Masse, (3) thermische Stabilität, (4) Beständigkeit gegen Umweltbelastungen und (5) gutes Dämpfungsvermögen (siehe Abbildung 8.73b).

8.14 Überlegungen zum Entwurf

1 Allgemeine Anforderungen für bearbeitete Teile:

   a. Es versteht sich von selbst, dass Werkstoffe entsprechend den Entwurfsanforderungen ausgewählt werden. Allerdings sollten Entwickler auch darauf achten, dass sich die Fertigung mit den in diesem Kapitel beschriebenen Verfahren stark vereinfacht, wenn die geeigneten Werkstoffe mit guter Bearbeitbarkeit ausgewählt werden. Deshalb empfiehlt es sich, nach Möglichkeit gut zu bearbeitende Werkstoffe einzusetzen.

   b. Toleranzen sollten möglichst breit spezifiziert werden, ohne aber Abstriche an der gewünschten Leistungfähigkeit machen zu müssen. Die Rautiefe der Oberflächen sollte einen praktikablen Wert nicht übersteigen. Oftmals genügen die Maßgenauigkeiten, wie sie nach dem Gießen oder Umformen erhalten werden, sodass keine weitere Bearbeitung erforderlich ist. Übertrieben eng gefasste Entwurfsanforderungen können kostenaufwendige Endbearbeitungsvorgänge wie Schleifen, Läppen usw. nach sich ziehen und sollten vermieden werden. Die Abbildungen 8.26 und 9.27 geben nützliche Richtwerte für die Festlegung von Toleranzen und Rauheiten an und erlauben es, die erforderlichen Fertigungsverfahren zu identifizieren.

   c. Teile sollten so entworfen werden, dass sie sich sicher auf den Maschinen befestigen lassen. Dazu ist oftmals eine Klemmvorrichtung im Entwurf zu berücksichtigen. Der Entwickler sollte Platz für Befestigungen, Einrichtungen, die das Klemmen erleichtern, und Freiraum für die Schneidewerkzeuge vorsehen. Bei Verwendung von gegossenen oder geschmiedeten Rohteilen sollte der Entwurf keine Befestigungen an Trennfugen oder Graten vorsehen.

   d. Nach Möglichkeit sollen alle Bearbeitungsoperationen in dieselbe Ebene oder an denselben Durchmesser gelegt werden, um die Anzahl der Operationen zu verringern. Ist dies nicht möglich, muss versucht werden, sie so zu legen, dass sie sich mit einer minimalen Anzahl von Umrüstungen der Teile durchführen lassen.

   e. Am Ende eines Schnitts ist Freiraum vorzusehen, zum Beispiel Freiraum für das Werkstück oder unkritischen Raum für einen Grat.

8.14 Überlegungen zum Entwurf

f. Da sich Grat bei der Bearbeitung nicht vermeiden lässt, sollte dieser von vornherein berücksichtigt und bei Bedarf entsprechender Raum vorgesehen werden, um den Grat entfernen zu können. Fasen enthalten zwar oftmals Grat, doch wirkt sich dieser kaum nachteilig aus.

g. Die vorgesehenen Gestaltungselemente sollen es ermöglichen, die kommerziell erhältlichen Standardschneidewerkzeuge, Werkzeugeinsätze und Werkzeughalter zu verwenden.

2 **Entwurfsüberlegungen für das Drehen:** Neben den oben angegebenen allgemeinen Betrachtungen sind für das Drehen folgende Überlegungen anzustellen:

a. Die zu bearbeitenden Rohteile sollten den Endabmessungen möglichst nahe kommen (beispielsweise durch endkonturnahe Fertigung), um die Bearbeitungszeit zu verringern.

b. Dünne und schlanke Werkstücke lassen sich unter Umständen nur schwer stützen und können während der Bearbeitung verbogen werden. Demzufolge sind Teile kurz und gedrungen zu halten.

c. Scharfe Ecken, Verjüngungen und größere Maßvariationen entlang des Teils sollten vermieden werden.

d. Radien sollten groß sein und den Standardspezifikationen für Werkzeugspitzenradien entsprechen.

e. Für Kopierdrehmaschinen sollten die Teile so entworfen sein, dass die Anzahl der erforderlichen Werkzeugwechsel möglichst gering ist.

f. Seitenwände von Teilen sollten eine leichte Verjüngung aufweisen, um Bearbeitungsriefen zu verhindern, wenn das Werkzeug zurückgezogen wird.

g. Gerändelte Bereiche sollten schmal gehalten werden. Ein zweckmäßiger Richtwert ist, dass die Breite den Durchmesser nicht übersteigt.

3 **Entwurfsüberlegungen für das Gewindeschneiden:** Außer den allgemeinen Überlegungen treffen auf das Gewindeschneiden auch viele der für das Drehen gegebenen Entwurfsempfehlungen zu. Darüber hinaus ist Folgendes zu beachten:

a. Gewalztes Gewinde ist generell geschnittenem Gewinde vorzuziehen. Wenn es praktikabel ist, sollte man deshalb das Schneiden von Gewinde vermeiden.

b. Durchgangslöcher sind für das Schneiden von Gewinde besser geeignet als Sacklöcher. Wenn ein Innengewinde in Sacklöcher zu schneiden ist, sollte der untere Teil des Sacklochs ohne Gewinde bleiben.

c. Der Gewindeauslauf sollte vor einer Schulter liegen.

d. Flache Sacklöcher mit Gewinde sollten vermieden werden.

e. Grat ist nicht vermeidbar. Nach Möglichkeit sollten Fasen spezifiziert werden, um Gratbildung sowohl an Innen- als auch an Außengewinden zu unterbinden.

f. Mit Gewinde versehene Abschnitte sollten nicht durch Löcher, Schlitze oder andere Unstetigkeiten unterbrochen werden.

4 Für das **Bohren, Räumen, Ausdrehen und Gewindebohren** gelten folgende zusätzliche Punkte:

a. Löcher sollten auf ebenen Flächen und senkrecht zur Richtung der Bohrerbewegung spezifiziert werden, um das Bohren zu erleichtern.

- b. Übertrieben kleine Löcher sind zu vermeiden. Für das Hochleistungsbohren stellen Löcher von 3 mm Durchmesser ein zweckmäßiges Minimum dar.
- c. Übertrieben tiefe Löcher sind zu vermeiden. Das Verhältnis von Länge zu Durchmesser sollte nach Möglichkeit 3:1 oder weniger betragen, Verhältnisse bis 8 : 1 sind noch praktikabel.
- d. Wenn für ein Teil mehrere Löcher erforderlich sind, sollten sie – sofern dies sinnvoll ist – den gleichen Durchmesser haben, um unnötige Werkzeugwechsel zu vermeiden.
- e. Der Lochgrund sollte den standardmäßigen Spitzenwinkeln der Bohrer entsprechen und Löcher mit unterbrochenen Wandungen sollten vermieden werden.
- f. Durchgangslöcher sind Sacklöchern normalerweise vorzuziehen, sofern sie nicht zu beträchtlich größerer Materialabtragung führen. Sacklöcher sollten tiefer gebohrt werden, als es darauffolgende Bearbeitungsschritte (zum Beispiel Reiben oder Gewindebohren) erfordern, wobei hierfür wenigstens ein Viertel des Lochdurchmessers veranschlagt werden sollte.

5 **Fräsen** gehört zu den vielseitigsten Bearbeitungsprozessen und es gibt kaum Gestaltungselemente, die sich damit nicht fertigen lassen. Bei einem schlechten Entwurf dagegen gibt es kaum Gestaltungselemente, die durch Fräsen wirtschaftlich hergestellt werden können. Es sind also die folgenden Punkte beim Fräsen zu beachten:

- a. Bei inneren Ecken sollte der Radius nach Möglichkeit dem des Fräsers entsprechen.
- b. Fräsen ist eines der wenigen Bearbeitungsverfahren, mit denen sich scharfe Außenkanten ohne Schwierigkeiten fertigen lassen. Falls dies nicht gewünscht wird, sollten angefaste Kanten gegenüber Rundkanten bevorzugt werden, da die Werkzeug- und Einrichtungskosten für die Herstellung von abgerundeten Kanten höher liegen. Wenn Rundung und Schaft denselben Radius haben, muss der Übergang zwischen ihnen sehr genau bearbeitet werden. Dies ist sehr schwierig zu fertigen.
- c. Innenhohlräume und Taschen mit scharfen Innenkanten sollten vermieden werden. Wenn Schlitze oder Wellennuten erforderlich sind, sollten sich mit dem Fräser sowohl die Schlitzbreite als auch die Stirnradien festlegen lassen.
- d. Es ist zu beachten, dass sich mit kleinen Fräsern zwar nahezu jede Oberfläche herstellen lässt, doch sind kleine Fräser langsamer, weniger robust und anfälliger für Rattern als große Fräser. Somit sollte genügend Freiraum im Entwurf für den Fräser einkalkuliert werden.

6 **Räumen:** Die folgenden Überlegungen gelten für das Räumen:

- a. Die Verwendung standardisierter Teile ist besonders für Räumnadeln wichtig. Keilnuten, Getriebeverzahnungen usw. besitzen durchweg Standardgrößen und wenn das Design mit diesen Standardabmessungen auskommt, lassen sich gebräuchliche Räumnadeln einsetzen.
- b. Ausgeglichene Querschnitte sind zu bevorzugen, da sonst die Räumnadel wandert und sich enge Toleranzen nicht gewährleisten lassen.
- c. Da sich Radien mit Räumen schwer erzeugen lassen, sind Abfasungen zu bevorzugen.
- d. Verkehrte oder Schwalbenschwanzkeilnaben sollten vermieden werden.
- e. Das Räumen von Sacklöchern ist nicht zu empfehlen. Sollte es dennoch notwendig sein, muss am Ende des geräumten Bereichs eine Aussparung vorgesehen werden.

7 **Fertigung von Verzahnungen:** Neben den Überlegungen zum Fräsen sind die folgenden Regeln für die Herstellung von Verzahnungen hilfreich. Beachten Sie, dass es übliche Praxis ist, in Zahnräder ein Loch zu fräsen und eine Keilnut zu räumen, sodass die für diese Vorgänge spezifizierten Entwurfsregeln (siehe oben) gleichermaßen auf Verzahnungen zutreffen.

   a. Die Gestaltung des Rohlings ist wichtig, um das Teil ordnungsgemäß aufspannen und problemlos bearbeiten zu können. Für die Rohlinge sind Bearbeitungszugaben vorzusehen. Schließen sich an die Bearbeitung noch weitere Endbearbeitungsvorgänge an, muss das Teil nach der Bearbeitung immer noch Übermaß aufweisen, d. h., es besitzt nach der Bearbeitung eine Endbearbeitungszugabe.
   b. Breite Zahnräder sind schwieriger zu bearbeiten als schmale.
   c. Geradstirnräder sind leichter zu bearbeiten als Schrägstirnräder, die sich wiederum leichter als Kegelräder und Schneckenräder bearbeiten lassen.
   d. In Industriestandards sind Maßtoleranzen und Kenngrößen für Zahnradstoßmaschinen spezifiziert. Die Auswahl einer Verzahnungsqualität sollte sich daran orientieren, dass die Verzahnung bei einem möglichst breiten Toleranzbereich die vorgesehenen Leistungsanforderungen erfüllt.

8.15 Wirtschaftlichkeit der spanenden Bearbeitung

Die Vorzüge und Beschränkungen der spanenden Bearbeitung und die technischen Überlegungen wurden im Detail in verschiedenen Abschnitten in diesem Kapitel beschrieben. Diese Überlegungen sollten unter dem Aspekt des konkurrierenden Charakters verschiedener Fertigungsverfahren erfolgen. Zum Beispiel erfordert die spanende Bearbeitung im Vergleich zu Umform- und Formgebungsverfahren mehr Zeit und produziert mehr Abfall. Allerdings ist sie wesentlich vielseitiger und kann Teile mit besserer Maßhaltigkeit und Oberflächengüte liefern, als sie mit anderen Verfahren möglich sind.

Dieser Abschnitt befasst sich mit der *Wirtschaftlichkeit* der spanenden Bearbeitung. Die beiden wichtigsten Parameter sind die *minimalen Stückkosten* und die *maximale Produktionsleistung*. Typischerweise setzen sich die **Gesamtstückkosten** aus vier Beiträgen zusammen

$$C_p = C_m + C_s + C_l + C_t \,. \tag{8.46}$$

Darin bedeuten C_p die Kosten (zum Beispiel in Euro) pro Stück, C_m die Bearbeitungskosten, C_s die Kosten für das Einrichten der Maschinen wie zum Beispiel das Einspannen des Schneidewerkzeugs und der Befestigung des Werkstücks sowie die Vorbereitungen für die jeweilige Operation, C_l die Kosten für das Einlegen und Entnehmen sowie die Maschinenbedienung und C_t die Werkzeugkosten, die je nach Anwendung unterschiedliche Ausmaße annehmen können, aber Faktoren wie den Werkzeugwechsel, Wenden der Schneidplatten, Nachschleifen und Wertverlust von Schneidewerkzeug oder Wendeschneidplatte beinhalten. Die **Bearbeitungskosten** sind durch

$$C_m = t_m (L_m + B_m) \tag{8.47}$$

gegeben, wobei t_m die Bearbeitungszeit pro Stück, L_m die Lohnkosten der Produktion pro Stunde und B_m die Arbeitsplatzkosten bzw. die Gemeinkosten der Maschine einschließlich Abschreibung, Wartung, unproduktiver Arbeit und ähnlicher Kosten darstellen. Die **Einrichtungskosten** sind eine feste Größe in Euro pro Stück. Die Kosten für **Einlegen**, **Entnehmen** und **Maschinenbedienung** sind durch

$$C_l = t_l \left(L_m + B_m\right) \tag{8.48}$$

gegeben, wobei t_l die Zeit für das Einlegen und Entnehmen des Teils, Ändern der Geschwindigkeiten, Ändern der Vorschubraten usw. darstellt. Die **Werkzeugkosten** lassen sich als

$$C_t = \frac{1}{N_i}\left[t_c\left(L_m + B_m\right) + D_i\right] + \frac{1}{N_f}\left[t_i\left(L_m + B_m\right)\right] \tag{8.49}$$

ausdrücken, wobei N_i die Anzahl der pro Beschickung bearbeiteten Teile, N_f die Anzahl der Teile, die sich pro Schneidkante der Wendeschneidplatte herstellen lassen, t_c die erforderliche Zeit zum Wechseln der Einsätze, t_i die erforderliche Zeit zum Wenden (Nachdrehen) der Wendeschneidplatte und D_i die Wertminderung des Schneideinsatzes in Euro bezeichnet. Die für die Herstellung des Teils erforderliche **Zeit** ergibt sich aus

$$t_p = t_l + t_m + \frac{t_c}{N_i} + \frac{t_i}{N_f}, \tag{8.50}$$

wobei t_m für jeden konkreten Vorgang berechnet werden muss. Nehmen wir als Beispiel einen Drehvorgang. Die Bearbeitungszeit (siehe Abschnitt 8.9.1) beträgt

$$t_m = \frac{L}{fN} = \frac{\pi L D}{fV}, \tag{8.51}$$

wobei L die Schnittlänge, f der Vorschub, N die Umdrehungszahl des Werkstücks, D der Werkstückdurchmesser und V die Schnittgeschwindigkeit ist. Beachten Sie, dass in sämtlichen diesen Gleichungen die passenden Einheiten verwendet werden müssen. Aus der **Taylor-Gleichung** für die Standzeit (siehe Gleichung (8.32))

$$Vt^n = C$$

ergibt sich

$$t = \left(\frac{C}{V}\right)^{1/n}, \tag{8.52}$$

wobei t die erforderliche Zeit (in Minuten) ist, um einen Flankenverschleiß bestimmten Umfangs zu erreichen, nach der das Werkzeug nachgeschliffen oder ausgewechselt werden muss. Die Anzahl der Teile pro Schneide der Wendeschneidplatte ergibt sich somit einfach zu

$$N_f = \frac{t}{t_m} \tag{8.53}$$

und die Anzahl der Teile pro Wendeschneidplatte berechnet sich zu

$$N_i = m N_f = \frac{mt}{t_m}. \tag{8.54}$$

Manchmal werden nicht alle Schneiden der Wendeschneidplatte verwendet, bevor diese ausrangiert wird. Es ist also zu beachten, dass m der Anzahl der Schneiden der Wendeschneidplatte entspricht, die tatsächlich verwendet werden, und nicht der Anzahl der Schneiden, die pro Wendeschneidplatte vorhanden sind. Die Kombination der Gleichungen (8.51) bis (8.54) liefert

$$N_\text{p} = \frac{fC^{1/n}}{\pi LDV^{(1/n)-1}} \, . \tag{8.55}$$

Die **Kosten pro Teil**, C_p, in Gleichung (8.46) lassen sich nun in Form mehrerer Variablen definieren. Um die optimale Schnittgeschwindigkeit und die optimale Standzeit bei **minimalen Kosten** zu ermitteln, differenzieren wir C_p nach V und setzen die Ableitung gleich 0. Somit haben wir

$$\frac{\partial C_\text{p}}{\partial V} = 0 \, . \tag{8.56}$$

Die **optimale Schnittgeschwindigkeit** V_o ergibt sich dann zu

$$V_\text{o} = \frac{C\,(L_\text{m} + B_\text{m})^n}{\left(\frac{1}{n} - 1\right)^n \left\{\frac{1}{m}\left[t_\text{c}\,(L_\text{m} + B_\text{m}) + D_\text{i}\right] + t_\text{i}\,(L_\text{m} + B_\text{m})\right\}} \tag{8.57}$$

und für die **optimale Standzeit** t_o erhält man

$$t_\text{o} = \left[\left(\frac{1}{n}\right) - 1\right] \frac{\frac{1}{m}\left[t_\text{c}\,(L_\text{m} + B_\text{m}) + D_\text{i}\right] + t_\text{i}\,(L_\text{m} + B_\text{m})}{L_\text{m} + B_\text{m}} \, . \tag{8.58}$$

Um die optimale Schnittgeschwindigkeit und die optimale Standzeit für eine maximale Produktion zu finden, differenzieren wir t_p nach V und setzen das Ergebnis gleich 0. Dann erhalten wir aus

$$\frac{\partial t_\text{p}}{\partial V} = 0 \tag{8.59}$$

für die **optimale Schnittgeschwindigkeit**

$$V_\text{o} = \frac{C}{\left[\left(\frac{1}{n} - 1\right)\left(\frac{t_\text{c}}{m} + t_\text{i}\right)\right]^n} \tag{8.60}$$

und die **optimale Standzeit**

$$t_\text{o} = \left(\frac{1}{n} - 1\right)\left(\frac{t_\text{c}}{m} + t_\text{i}\right) . \tag{8.61}$$

▶ Abbildung 8.75 zeigt qualitative Darstellungen für die minimalen Stückkosten und die minimale Stückzeit, d. h. die maximale Produktionsrate. Die Kosten der bearbeiteten Fläche hängen auch von der gewünschten Oberflächengüte (siehe Abschnitt 9.17) ab. Die Bearbeitungskosten steigen bei Forderung einer besseren Oberflächenbeschaffenheit schnell an.

Diese eben skizzierte Analyse weist auf die Wichtigkeit hin, alle relevanten Parameter in einem Bearbeitungsvorgang zu erfassen, die verschiedenen Kostenfaktoren zu ermitteln, relevante Standzeitdiagramme für die jeweilige Operation zu beschaffen und die verschiedenen Zeitintervalle des Gesamtablaufs geeignet zu messen. Abbildung 8.75 zeigt, wie wichtig eine genaue Datenerfassung ist, da sich kleine Änderungen in der Schnittgeschwindigkeit deutlich in den minimalen Kosten oder den Stückzeiten niederschlagen können.

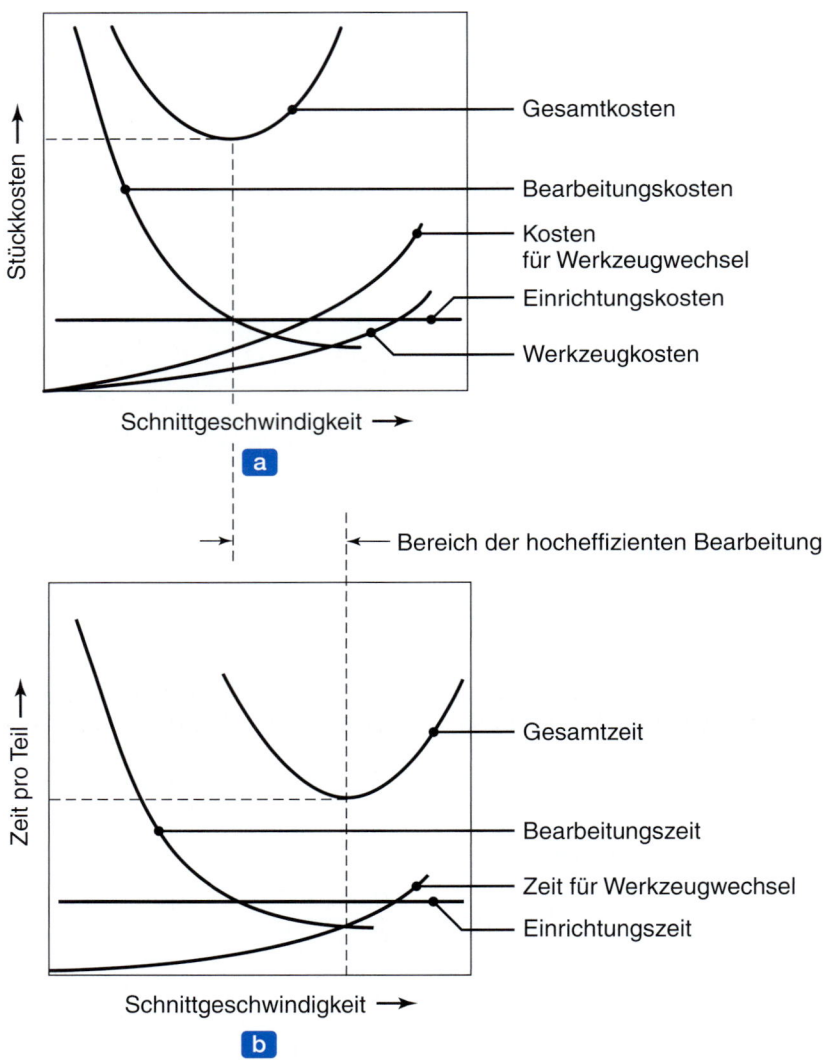

Abbildung 8.75: Qualitative Abhängigkeit (a) der Stückkosten und (b) der Produktionszeit von der Schnittgeschwindigkeit beim Drehen. Sowohl für die Stückkosten als auch für die Produktionszeit gibt es eine optimale Schnittgeschwindigkeit. Im Bereich zwischen den beiden optimalen Geschwindigkeiten ist eine *hocheffiziente* Bearbeitung möglich.

8.15 Wirtschaftlichkeit der spanenden Bearbeitung

Fallstudie: Putter der Firma Ping Golf

In ihrem Bemühen, High-End-Putter mit ausgezeichneten Eigenschaften zu entwickeln, nutzen die Techniker bei Ping Golf, Inc. in Phoenix, Arizona seit Kurzem fortgeschrittene Bearbeitungspraktiken in ihren Entwurfs- und Produktionsprozessen für ein neues Putter-Modell, die Anser-Reihe (▶ Abbildung 8.76). Nach den Richtlinien eines eindeutigen Satzes von Entwurfsrandbedingungen hatten sie die Aufgabe und das Ziel, Putter zu schaffen, die sowohl für die vorgesehenen Produktionsmengen praktikabel sind als auch spezifischen funktionellen und ästhetischen Anforderungen entsprechen.

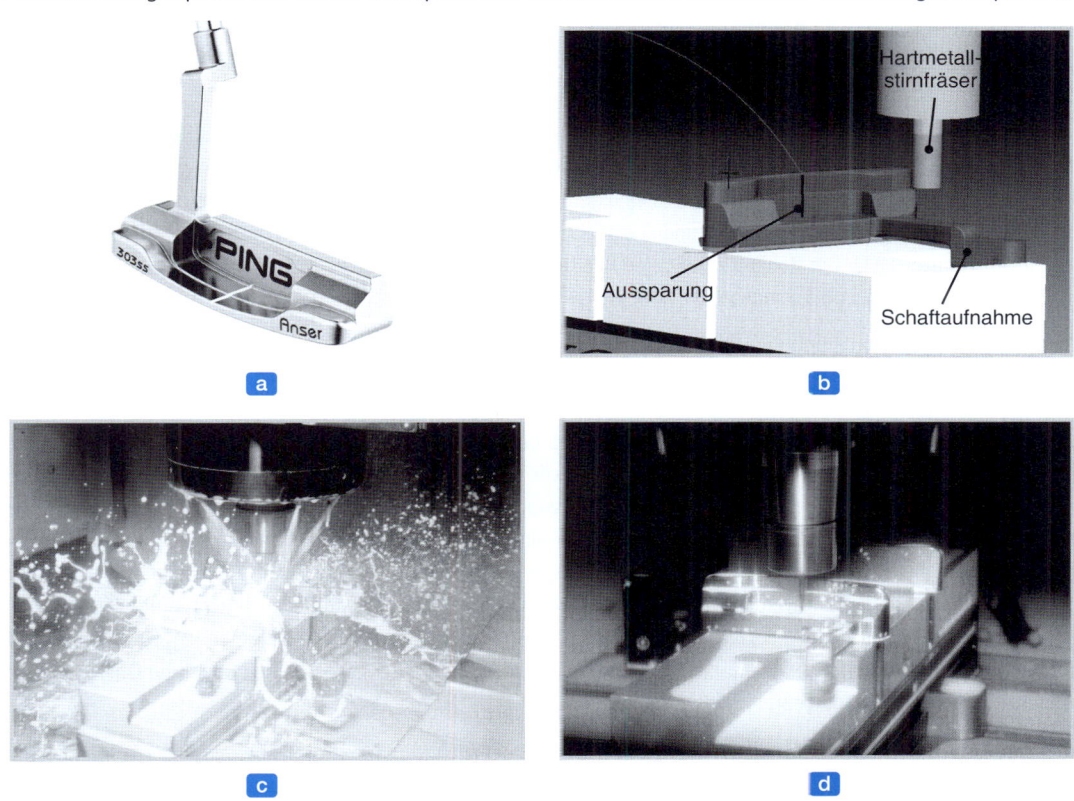

Abbildung 8.76: (a) Der Ping Anser-Golfputter, (b) CAD-Modell der Grobbearbeitung der Außenflächen des Putters, (c) Grobbearbeitung auf einem Bearbeitungszentrum mit vertikaler Spindel, (d) Fräsen der Vertiefung für die Beschriftung in einem Bearbeitungszentrum. Die Bearbeitung erfolgt unter Überflutungskühlung und wurde für das Foto angehalten.

Fallstudie: Putter der Firma Ping Golf (Fortsetzung)

Zu den anfänglichen Entscheidungen gehörte die Auswahl eines geeigneten Werkstoffs für den Putter, um die funktionellen Forderungen zu erfüllen. Vier Arten von rostfreiem Stahl (X8CrNiS18-9, X5CrNi18-10, X12CrS13 und X3CrNiMoAl13-8-2, siehe Tabelle 3.12) wurden für verschiedene Eigenschaftsanforderungen – unter anderem in Bezug auf Bearbeitbarkeit, Beständigkeit und Klang oder Gefühl für das jeweilige Putter-Material (eine Forderung, die für Golf-Ausrüstungen bezeichnend ist) – in Betracht gezogen. Aus den begutachteten Werkstoffen wurde der Stahl X8CrNiS18-9 ausgewählt, da er als Automatenstahl (Abschnitt 8.5.1) kürzere Späne, geringeren Energieaufwand, bessere Oberflächengüte und verbesserte Werkzeugstandzeit verspricht und damit höhere Bearbeitungsgeschwindigkeiten und höhere Produktivität erlaubt.

Im nächsten Schritt des Projekts war der optimale Typ des Rohlings und der Ablauf der Bearbeitung in der Produktion zu klären. In diesem Fall haben die Techniker ein geschmiedetes Rohteil mit geringem Übermaß ausgewählt (Abschnitt 6.2). Die Wahl ist auf ein Schmiedeteil gefallen, da es eine günstige Kornstruktur im Unterschied zu einem Gussstück aufweist und da bei Gusserzeugnissen mit Porosität und uneinheitlicher Oberflächenbeschaffenheit nach der Bearbeitung zu rechnen ist (Abschnitt 5.11.1). Der Rohling erhielt eine Bearbeitungszugabe, sodass die Abmessungen des Rohteils in allen Richtungen ungefähr 1,25 bis 1,9 mm größer waren als jene des Fertigteils.

Die eigentliche Herausforderung und längste Aufgabe des Projekts war die Entwicklung der notwendigen Programmierung und Aufspannungen für jedes Teil. Über die üblichen Anforderungen von typischen bearbeiteten Teilen hinaus (einschließlich enger Toleranzen und Wiederholgenauigkeit) erfordern Putter einen zusätzlichen Satz von ästhetischen Spezifikationen. In diesem Fall standen sowohl präzise Bearbeitung als auch Gesamterscheinung der Fertigteile im Vordergrund. Die endgültigen Abmessungen wurden größtenteils mit einer als Konturfräsen bezeichneten Bearbeitungstechnik (häufig in Verbindung mit der Herstellung von Spritzgussformen eingesetzt, Abschnitt 10.10.2) realisiert. Obwohl dies zusätzliche Bearbeitungszeit erfordert, bietet diese Technik ein überlegenes Finish auf allen Oberflächen und erlaubt die Bearbeitung komplexer Geometrien, wodurch der Wert des fertigen Produkts gesteigert wird. Wie bei allen Teilen, die in großen Stückzahlen hergestellt werden, war die Wiederholgenauigkeit entscheidend. Jedes geschmiedete Rohteil wurde mit einem Vorsprung auf der Vorderseite des Putters für die Aufspannung versehen. Ein kurzer Bearbeitungsvorgang entfernt eine kleine Materialmenge um das Stangenmaterial und erzeugt drei flache und quadratische Oberflächen als Referenz für den ersten Hauptbearbeitungsvorgang.

Für jeden Putter sind sechs verschiedene Vorgänge notwendig, um alle Oberflächen zu bearbeiten. Jeder Vorgang wurde so konzipiert, dass Passflächen für den nächsten Schritt im Herstellungsprozess zur Verfügung stehen. Verschiedene Bearbeitungsschritte wurden mithilfe eines Spannturmladesystems (siehe Abschnitt A.9) auf einer CNC-Fräsmaschine mit waagerechter Spindel eingerichtet. Diese Methode erlaubt es dem Maschinenbediener, Teile einzulegen und zu entnehmen, während andere Teile bearbeitet werden. Dadurch steigt die Effizienz des Prozesses. Modulare Aufspannungen und TiAlN beschichtete Wolframkarbidschneidewerkzeuge (Abschnitt 8.6.5) lassen die schnelle Umrüstung zwischen Teilen für Rechts- und Linkshänder sowie zwischen unterschiedlichen Putter-Modellen zu. Ist die anfängliche Positionierung abgeschlossen, werden die Teile zu einem Dreiachsenfräszentrum transportiert, um die *Cavity* (Vertiefung auf der Gegenseite der Schlagfläche) zu erzeugen. Da die geschmiedeten Rohlinge endkonturnah gefertigt werden, beträgt die größte radiale Schnitttiefe auf den meisten Oberflächen lediglich 1,9 mm. Jedoch stellt die axiale Schnitttiefe in der Vertiefung von etwa 4 cm die anspruchsvollste Fräsoperation dar (siehe die Abbildungen 8.76b und c). Der Putter besitzt kleine Innenradien in einer vergleichsweise großen Tiefe (das Siebenfache des Durchmessers oder größer).

> ### Fallstudie: Putter der Firma Ping Golf (Fortsetzung)
>
> Die Anzahl der Einrichtschritte ließ sich dank eines vierachsigen horizontalen Bearbeitungszentrums verringern. Die Drehachsen wurden für das Fertigen der relativ komplexen Geometrie des *Hosel* (die Hülse zwischen Kopf und Schaft des Golfschlägers) genutzt. Da die Hülse frei stehend ist, stellte Rattern die schwierigste Hürde dar, die es zu überwinden galt. In Verbindung mit Richtwerten von einem Simulationsmodell wurden schrittweise die Spindelgeschwindigkeiten angepasst. Mithilfe von Modalanalysen für die Befestigungselemente wurde versucht, die Eigenfrequenzen (siehe Abschnitt 8.11) der Kombination aus Teil und Befestigung zu ermitteln und zu unterdrücken. Die Spindelgeschwindigkeiten der Maschinen reichten von 12 000 bis 20 000 min^{-1} mit einer Antriebsleistung von jeweils 22 kW. Durch das endkonturnahe Schmieden wurden die Fräsvorgänge auf niedrige Schnitttiefe bei hoher Geschwindigkeit ausgelegt. Nach Abschluss der einzelnen Bearbeitungsschritte verblieb noch ein geringer Anteil an Handarbeit, um eine exzellente Oberfläche herzustellen. Die Putter wurden dann leicht kugelgestrahlt (mit Glasperlen, Abschnitt 4.5.1), um eine einheitliche Oberfläche zu erzielen. Auf alle Teile wurde dann eine schwarze Nickel-Chrom-Plattierung aufgebracht. Diese ergibt eine optisch ansprechende Erscheinung und schützt den rostfreien Stahl vor kleinen Dellen und Korrosion durch Chemikalien wie Düngemittel und Unkrautvernichter, die auf einem Golfplatz anzutreffen sind.
>
> *Quelle:* Mit freundlicher Genehmigung von D. Jones und D. Petersen, Ping Golf, Inc.

ZUSAMMENFASSUNG

- Spanende Bearbeitungsprozesse sind oftmals erforderlich, um die gewünschten geometrischen Merkmale, die Oberflächengüte und die Maßhaltigkeit in Bauteilen zu realisieren, insbesondere bei komplexen Formen, die sich mit anderen Formgebungsverfahren nicht wirtschaftlich oder in geeigneter Weise fertigen lassen. Andererseits entsteht bei spanenden Bearbeitungsvorgängen unweigerlich Abfall in Form von Spänen, die Bearbeitungszeiten sind länger und die bearbeiteten Oberflächen können ungünstig beeinflusst werden (Abschnitt 8.1).

- Zu den wichtigen Prozessvariablen in der Bearbeitung gehören Form und Werkstoff des Schneidewerkzeugs, Schnittbedingungen wie Geschwindigkeit, Vorschub und Schnitttiefe, Schneidflüssigkeiten und die Eigenschaften der Werkzeugmaschine und des Werkstückwerkstoffs. Von diesen Variablen werden unter anderem folgende Parameter beeinflusst: Kräfte und Energiebedarf, Werkzeugverschleiß, Oberflächengüte und -integrität, Temperatur und Maßhaltigkeit des Werkstücks. Bei der Spanbildung sind vor allem kontinuierliche, unterbrochene und segmentierte Späne und die Bildung von Aufbauschneiden zu beobachten (Abschnitt 8.2).

- Ein wichtiger Aspekt ist der Temperaturanstieg, da er sich negativ auf die Standzeit des Werkzeugs sowie auf die Maßhaltigkeit und Oberflächenintegrität des bearbeiteten Teils auswirken kann (Abschnitt 8.2).

- Der Werkzeugverschleiß hängt hauptsächlich von Werkstück- und Werkzeugwerkstoffeigenschaften, Schnittgeschwindigkeit und Schneidflüssigkeiten ab. Außerdem wirken sich Vorschub, Schnitttiefe und Eigenschaften der Werkzeugmaschine aus. Freiflächenverschleiß und Kolkverschleiß sind die beiden Haupttypen des Werkzeugverschleißes (Abschnitt 8.3).

- Ebenfalls wichtig ist es, die Oberflächengüte der bearbeiteten Komponenten zu betrachten, da sie sich nachteilig auf die Produktintegrität auswirken kann. Die Oberflächengüte wird vor allem von der Geometrie und dem Zustand des Schneidewerkzeugs, der Spangestalt und den Prozessvariablen beeinflusst (Abschnitt 8.4).

- Bearbeitbarkeit (Zerspanbarkeit) wird im Allgemeinen in Form von Oberflächengüte, Standzeit, Kraft- und Leistungsanforderungen und Spantyp definiert. Die Bearbeitbarkeit von Werkstoffen hängt nicht nur von ihren intrinsischen Eigenschaften und der Mikrostruktur ab, sondern auch von der richtigen Auswahl und der Kontrolle der Prozessvariablen (Abschnitt 8.5).

- Für die Herstellung von Schneidewerkzeugen steht eine breite Palette von Werkstoffen zur Verfügung. Die gebräuchlichsten Schneidstoffe sind Schnellarbeitsstahl, Hartmetall (Karbid), Keramik und kubisches Bornitrid. Diese Werkstoffe und deren Beschichtungen zeichnen sich durch ein breites Spektrum von mechanischen und physikalischen Eigenschaften aus, vor allem Warmhärte, Zähigkeit, chemische Stabilität und Inertheit sowie Beständigkeit gegen Abplatzen und Verschleiß (Abschnitt 8.6).

- In Bearbeitungsvorgängen spielen Schneidflüssigkeiten eine wichtige Rolle, da sie Reibung, Kräfte und Leistungsanforderungen verringern und die Standzeit der Werkzeuge verbessern. Im Allgemeinen erfordern langsamere Vorgänge mit hohen Kräften auf das Werkzeug eine Flüssigkeit mit guten Schmiereigenschaften, während bei der Hochgeschwindigkeitsbearbeitung mit zum Teil drastischem Temperaturanstieg Flüssigkeiten mit gutem Kühlungsvermögen vorzuziehen sind (Abschnitt 8.7).

- Kreisförmige Außen- und Innenprofile lassen sich durch Drehen, Ausdrehen, Bohren, Gewindebohren und Gewindeschneiden herstellen. Aufgrund der dreidimensionalen Natur dieser Vorgänge sind Spanbewegung und -kontrolle sehr wichtig, da Späne die Bearbeitung stören können. Um die einzelnen Prozesse optimieren zu können, sind genaue Kenntnisse der Beziehungen zwischen Entwurfs- und Prozessparametern unumgänglich (Abschnitt 8.9).

- Hochgeschwindigkeitsbearbeitung, hochgenaue Bearbeitung und Hartdrehen gehören zu den jüngeren Entwicklungen beim Spanen. Damit lassen sich die Bearbeitungskosten verringern sowie Teile mit außergewöhnlich guter Oberflächenbeschaffenheit und Maßgenauigkeit herstellen (Abschnitte 8.8 und 8.9).

- Komplexe Formen lassen sich durch Längs-, Plan- und Stirnfräsen, Räumen und Sägen herstellen. Diese Prozesse verwenden mehrschneidige Werkzeuge mit verschiedenen Orientierungen in Bezug auf das Werkstück. Die heute verwendeten Werkzeugmaschinen sind zum großen Teil computergesteuert, verfügen über verschiedenartige Funktionsmerkmale und Zusatzausrüstungen und besitzen eine beträchtliche Flexibilität im Betrieb. (Abschnitt 8.10)

- Aufgrund ihrer Vielseitigkeit und Fähigkeit, die verschiedensten Schneidvorgänge auszuführen, gehören Bearbeitungs- und Drehzentren zu den wichtigsten Entwicklungen bei den Werkzeugmaschinen. Ihre Auswahl hängt von Faktoren wie der geforderten Teilekomplexität, der Anzahl und dem Typ der auszuführenden Schneidvorgänge, der Anzahl der benötigten Schneidewerkzeuge, der erforderlichen Maßhaltigkeit und der verlangten Produktionsrate ab (Abschnitt 8.11).

- Schwingungen und Rattern bei der Bearbeitung sind wichtige Aspekte in Bezug auf Maßhaltigkeit und Oberflächengüte des Werkstücks sowie die Standzeit des Werkzeugs. Steifigkeit und Dämpfungsvermögen der Werkzeugmaschinen sind wichtige Faktoren, um Schwingungen und Rattern zu beherrschen. Für die Konstruktion von Werkzeugmaschinenaufbauten werden neue Werkstoffe entwickelt und eingesetzt (Abschnitte 8.12 und 8.13).
- Für Teile, die spanend gefertigt werden, sind verschiedene Entwurfsrichtlinien zu beachten (Abschnitt 8.14).
- Die Wirtschaftlichkeit der Bearbeitungsprozesse hängt von verschiedenen Kosten ab. So lassen sich optimale Schnittgeschwindigkeiten ermitteln, um minimale Bearbeitungszeiten pro Stück bzw. minimale Stückkosten zu erreichen (Abschnitt 8.15).

Wichtige Gleichungen

Schnittverhältnis: $r = \dfrac{t_0}{t_c} = \dfrac{\sin \phi}{\cos(\phi - \alpha)}$

Scherdehnung: $\gamma = \cot \phi + \tan(\phi - \alpha)$

Geschwindigkeitsbeziehungen: $\dfrac{V}{\cos(\phi - \alpha)} = \dfrac{V_s}{\cos \alpha} = \dfrac{V_c}{\sin \phi}$

Reibungskraft: $F = R \sin \beta$

Normalkraft: $N = R \cos \beta$

Reibungskoeffizient: $\mu = \tan \beta = \dfrac{F_t + F_c \tan \alpha}{F_c - F_t \tan \alpha}$

Passivkraft: $F_t = R \sin(\beta - \alpha) = F_c \tan(\beta - \alpha)$

Scherwinkelbeziehungen: $\phi = 45° + \dfrac{\alpha}{2} - \dfrac{\beta}{2}$

$\phi = 45° + \alpha - \beta$

Gesamte Leistung beim Spanen: $P = F_c V$

Spezifische Arbeit: $u_t = \dfrac{F_c}{w t_0}$

Spezifische Reibungsarbeit: $u_f = \dfrac{Fr}{w t_0}$

Spezifische Scherarbeit: $u_s = \dfrac{F_s V_s}{w t_0 V}$

Mittlere Temperatur: $T = \dfrac{1{,}2 Y_f}{\varrho c} \sqrt[3]{\dfrac{V t_0}{K}}$

$T \propto V^a f^b$

Werkzeugstandzeit: $V t^n = C$

Zeitspanungsvolumen beim Drehen: $Q = \pi \overline{D} d f N$

beim Bohren: $\quad Q = \pi \left(\dfrac{D^2}{4}\right) fN$

beim Fräsen: $\quad Q = wdv$

Verständnisfragen

8.1 Erläutern Sie, warum die Schnittkraft F_c mit zunehmender Tiefe des Schnitts und fallendem Spanwinkel wächst.

8.2 Wie wirkt sich ein Schneidvorgang mit einer stumpfen Werkzeugspitze aus? Mit einer sehr scharfen Spitze?

8.3 Beschreiben Sie die Trends, die Sie in den Tabellen 8.1 und 8.2 erkennen.

8.4 Welchen Faktoren würden Sie den großen Unterschied in den spezifischen Energien innerhalb der einzelnen Werkstoffgruppen von Tabelle 8.3 zuschreiben?

8.5 Beschreiben Sie die Wirkungen von Schneidflüssigkeiten auf die Spanbildung. Erläutern Sie, warum und wie sie den Schneidvorgang beeinflussen.

8.6 Unter welchen Bedingungen würden Sie von der Verwendung der Schneidflüssigkeiten abraten? Erläutern Sie Ihre Antwort.

8.7 Geben Sie Gründe dafür an, dass reines Aluminium und Kupfer im Allgemeinen als gut zerspanbar eingestuft werden.

8.8 Können Sie erklären, warum die maximale Temperatur beim Schneiden ungefähr in der Mitte der Grenzfläche von Werkzeug und Span liegt? *Hinweis:* Beachten Sie, dass es zwei Wärmequellen gibt: die Scherebene und die Werkzeug-Span-Grenzfläche.

8.9 Geben Sie an, ob die folgenden Aussagen für senkrechtes Schneiden zutreffen, und begründen Sie Ihre Antworten: (a) Für denselben Scherwinkel gibt es zwei Spanwinkel, die die gleiche Schnittgeschwindigkeit liefern. (b) Für dieselbe Schnitttiefe und denselben Spanwinkel hat die Art der verwendeten Schneidflüssigkeit keinen Einfluss auf die Spandicke. (c) Wenn Schnittgeschwindigkeit, Scherwinkel und Spanwinkel bekannt sind, lässt sich die Spangeschwindigkeit berechnen. (d) Der Span wird dünner, wenn der Spanwinkel zunimmt. (e) Ein Spanbrecher hat die Aufgabe, die Krümmung des Spans zu verringern.

8.10 Es wurde festgestellt, dass im Allgemeinen ein übermäßiger Temperaturanstieg in Bearbeitungsvorgängen nicht erwünscht ist. Erläutern Sie, warum.

8.11 Erläutern Sie, warum sich die gleiche Standzeit bei zwei unterschiedlichen Schnittgeschwindigkeiten erreichen lässt.

8.12 Suchen Sie anhand von Tabelle 8.6 Werkzeugwerkstoffe heraus, die für unterbrochene Schneidvorgänge wie zum Beispiel Fräsen weniger gut geeignet sind. Erläutern Sie Ihre Entscheidungen.

8.13 Erläutern Sie die möglichen Nachteile eines Bearbeitungsvorgangs, wenn ein Bruchspan erzeugt wird.

8.14 Es wurde festgestellt, dass die Standzeit eines Werkzeugs bei niedrigen Schnittgeschwindigkeiten nahezu unendlich groß ist. Würden Sie deshalb empfehlen, sämtliche Bearbeitungsvorgänge bei niedrigen Geschwindigkeiten durchzuführen? Erläutern Sie Ihre Antwort.

8.15 Erläutern Sie anhand von Abbildung 8.31, wie sich der Kobaltgehalt auf die Eigenschaften von Hartmetallen auswirkt.

Verständnisfragen

8.16 Erläutern Sie, warum die Untersuchung der produzierten Spanarten wichtig ist, um Bearbeitungsvorgänge zu verstehen.

8.17 Welche Änderungen der Schnittkraft sind bei der Bildung von lamellenartigen Spänen zu erwarten?

8.18 Holz ist ein stark anisotroper – d. h. orthotroper – Werkstoff. Wie wirkt es sich auf die Arten der entstehenden Späne aus, wenn Holz orthogonal bei verschiedenen Winkeln zur Faserrichtung geschnitten wird.

8.19 Beschreiben Sie die Vorteile von Schrägschnitten. Bei welchen Bearbeitungsvorgängen sind Schrägschnitte beteiligt? Erläutern Sie Ihre Antwort.

8.20 Wieso ist es möglich, durch Verringern der Schnittgeschwindigkeit mehr Material zwischen zwei Nachschärfungen des Werkzeugs abzutragen?

8.21 Erläutern Sie die Bedeutung von Gleichung (8.8).

8.22 Wie messen Sie die Warmhärte von Schneidstoffen? Erläutern Sie Schwierigkeiten, die möglicherweise auftreten.

8.23 Beschreiben Sie die Gründe, wieso Schneidewerkzeuge mit Mehrphasenbeschichtungen aus unterschiedlichen Werkstoffen versehen werden. Beschreiben Sie die Eigenschaften, die das Substrat bei Mehrphasenschneidewerkzeugen für eine effektive Bearbeitung haben sollte.

8.24 Erläutern Sie die Vor- und Nachteile von Einsätzen. Warum wurden Sie entwickelt?

8.25 Erstellen Sie eine Liste von Legierungselementen für Schneidewerkzeuge aus Schnellbetsstahl. Erläutern Sie, warum sie verwendet werden.

8.26 Wozu dienen Fasen auf Schneidewerkzeugen? Erläutern Sie Ihre Antwort.

8.27 Warum wirkt sich die Temperatur so entscheidend auf die Leistung eines Schneidewerkzeugs aus?

8.28 Keramik- und Cermet-Schneidewerkzeuge weisen gegenüber Hartmetallwerkzeugen bestimmte Vorteile auf. Warum werden dann Hartmetallwerkzeuge nicht in größerem Stil ersetzt?

8.29 Warum sind chemische Stabilität und Inertheit für Schneidewerkzeuge wichtig?

8.30 Welche Vorsichtsmaßnahmen würden Sie bei der Bearbeitung mit spröden Werkzeugwerkstoffen – speziell Keramiken – vorsehen? Erläutern Sie Ihre Antwort.

8.31 Warum haben Schneidflüssigkeiten unterschiedliche Wirkungen bei verschiedenen Schnittgeschwindigkeiten? Ist die Steuerung der Schneidflüssigkeitstemperatur wichtig? Erläutern Sie Ihre Antwort.

8.32 Ist Diamant oder kubisches Bornitrid für die Bearbeitung von Stahl besser geeignet? Warum?

8.33 Nennen und erläutern Sie Kriterien für die Entscheidung, ob ein gebrauchtes Schneidewerkzeug aufgearbeitet, recycelt oder ausrangiert werden sollte.

8.34 Nennen Sie die Parameter, die die Temperatur bei der Bearbeitung beeinflussen, und erläutern Sie, warum und wie dies geschieht.

8.35 Nennen und erläutern Sie die Faktoren, die bei spanenden Bearbeitungsvorgängen zu schlechter Oberflächenbeschaffenheit beitragen.

8.36 Erläutern Sie die Funktionen der verschiedenen Winkel an einem Einpunktdrehmeißel. Wie variiert die Spandicke, wenn der Nebenschneidenkantenwinkel vergrößert wird? Erläutern Sie Ihre Antwort.

8.37 Warum unterscheidet sich der Seitenspanwinkel für Bohrer bei unterschiedlichen Gruppen von Werkstückwerkstoffen?

8.38 Ein langer Rundstab wird durch Drehen bei einer konstanten Schnitttiefe bearbeitet. Erläutern Sie, welche Unterschiede (sofern vorhanden) im bearbeiteten Durchmesser von einem Ende des Stabs zum anderen existieren können. Geben Sie Gründe für gegebenenfalls auftretende Änderungen an.

8.39 Beschreiben Sie die Charakteristika von Gleichlauf- und Gegenlauffräsen sowie ihre Bedeutung für die Zerspanung.

8.40 Abbildung 8.64a zeigt, dass für ein Sägeblatt Schneidezähne aus Schnellarbeitsstahl an ein Stahlband geschweißt werden. Würden Sie empfehlen, die gesamte Schneide aus Schnellarbeitsstahl herzustellen? Erläutern Sie Ihre Entscheidung.

8.41 Beschreiben Sie die nachteiligen Wirkungen von Schwingungen und Rattern bei der spanenden Bearbeitung.

8.42 Erstellen Sie eine Liste mit Bauteilen von Werkzeugmaschinen, die sich aus Keramik herstellen lassen, und erläutern Sie, warum Keramik für die betreffenden Bauteile einen geeigneten Werkstoff darstellt.

8.43 Weshalb beginnen die Kurven für die Passivkraft in Abbildung 8.12 bei einem endlichen Wert, wenn der Vorschub null ist? Erläutern Sie Ihre Antwort.

8.44 Hängt der Temperaturanstieg beim Schneiden mit der Härte des Werkstückwerkstoffs zusammen? Erläutern Sie Ihre Antwort.

8.45 Beschreiben Sie die Wirkungen des Werkzeugverschleißes auf das Werkstück und die spanende Bearbeitung insgesamt.

8.46 Erläutern Sie, ob es wünschenswert ist, in der Taylor-Gleichung für die Standzeit einen hohen oder niedrigen Wert für (a) n und (b) C zu haben.

8.47 Gibt es spanende Bearbeitungsvorgänge, die sich auf (a) Bearbeitungszentren und (b) Drehzentren nicht durchführen lassen? Erläutern Sie Ihre Antwort.

8.48 Welche Bedeutung hat das Schnittverhältnis in der spanenden Bearbeitung?

8.49 Schneidflüssigkeitsemulsionen bestehen in der Regel aus 95 % Wasser und 5 % löslichem Öl und chemischen Additiven. Weshalb ist das Verhältnis so unausgeglichen? Wird überhaupt Öl benötigt? Erläutern Sie Ihre Antwort.

8.50 Es wurde festgestellt, dass der n-Wert in der Taylor-Gleichung für die Standzeit auch negativ werden kann. Erläutern Sie diesen Sachverhalt.

8.51 Wie gehen Sie vor, wenn Sie die Schnittkraft beim Planfräsen mit einem geradverzahnten Fräser abschätzen sollen?

8.52 Erläutern Sie die möglichen Ursachen, warum ein Messer besser schneidet, wenn es hin- und herbewegt wird. Berücksichtigen Sie Faktoren wie zum Beispiel das zu schneidende Material, die Reibung an den Grenzflächen sowie die Form und die Abmessungen des Messers.

8.53 Wie wirkt sich eine verringerte Reibung an der Grenzfläche zwischen Werkzeug und Span (beispielsweise mit einer wirksamen Schneidflüssigkeit) auf die Mechanik der Schneidvorgänge aus? Erläutern Sie Ihre Antwort und geben Sie mehrere Beispiele an.

8.54 Warum ist es nicht immer ratsam, die Schnittgeschwindigkeit zu erhöhen, um die Produktionsrate zu steigern? Erläutern Sie Ihre Antwort.

8.55 Es wurde beobachtet, dass die Scherdehnungsrate beim Metallschneiden ausreichend hoch ist, selbst wenn die Schnittgeschwindigkeit relativ gering ist. Warum ist das so?

Verständnisfragen

8.56 Anhand der Exponenten in Gleichung (8.30) lässt sich ableiten, dass die Schnittgeschwindigkeit einen größeren Einfluss auf die Temperatur hat als der Vorschub. Warum ist das so?

8.57 Welche Konsequenzen hat die Überschreitung der zulässigen Verschleißmarkenbreite (siehe Tabelle 8.5) für Schneidewerkzeuge? Erläutern Sie Ihre Antwort.

8.58 Erörtern und erläutern Sie Ihre Beobachtungen in Bezug auf die Abbildungen 8.34, 8.38 und 8.43.

8.59 Es wurde festgestellt, dass die Standzeitgerade für Keramikwerkzeuge in Abbildung 8.22a rechts neben denen für andere Werkzeuge liegt. Warum ist das so?

8.60 Abbildung 8.18 zeigt, dass der prozentuale Anteil der durch den Span abgeführten Energie mit der Schnittgeschwindigkeit zunimmt. Warum ist das so?

8.61 Wie würden Sie die Wirksamkeit von Schneidflüssigkeiten messen? Erläutern Sie Ihre Antwort.

8.62 Beschreiben Sie, welche Bedingungen entscheidend sind, um von den Vorzügen der Schneidewerkzeuge aus Diamant- und kubischem Bornitrid profitieren zu können.

8.63 Die beiden in Tabelle 8.6 zuletzt aufgeführten Eigenschaften können für die Standzeit des Schneidewerkzeugs wichtig sein. Erläutern Sie, warum. Welche der aufgeführten Eigenschaften hat für spanende Bearbeitung die geringste Bedeutung? Erläutern Sie Ihre Antwort.

8.64 Zu Abbildung 8.30 wird angemerkt, dass die Schneidstoffe – insbesondere Karbide – einen breiten Härtebereich bei einer bestimmten Temperatur besitzen. Warum ist das so?

8.65 Beschreiben Sie, wie Sie gebrauchte Schneidewerkzeuge recyceln würden. Erörtern Sie eventuell auftretende Schwierigkeiten und gehen Sie auf wirtschaftliche Aspekte ein.

8.66 Heutzutage steht eine umfangreiche Palette an Schneidstoffen zur Verfügung, die sich erfolgreich einsetzen lassen. Dennoch wird die Forschung und Entwicklung in Bezug auf derartige Werkstoffe weiter vorangetrieben. Warum ist das so?

8.67 Bohren, Ausdrehen und Räumen großer Löcher ist im Allgemeinen genauer, als nur Bohren und Räumen. Warum ist das so?

8.68 Ein stark oxidierter und ungleichmäßig geformter Rundstab wird auf einer Drehbank bearbeitet. Würden Sie eine relativ kleine oder große Schnitttiefe empfehlen? Begründen Sie Ihre Entscheidung.

8.69 Ändert sich die Kraft oder das Drehmoment beim Bohren, wenn die Lochtiefe zunimmt? Erläutern Sie Ihre Antwort.

8.70 Erläutern Sie die Vorteile und Nachteile, wenn Gewinde durch Umformen bzw. Schneiden hergestellt werden.

8.71 Beschreiben Sie Ihre Beobachtungen zum Inhalt der Tabellen 8.8, 8.10 und 8.11.

8.72 In der Fußnote zu Tabelle 8.11 wird festgestellt, dass Geschwindigkeit und Vorschub bei zunehmender Lochtiefe verringert werden sollten. Warum ist das so?

8.73 Nennen und erläutern Sie die Faktoren, die zu einem schlechten Oberflächenzustand bei spanenden Bearbeitungsvorgängen beitragen.

8.74 Erstellen Sie eine Liste der in diesem Kapitel beschriebenen Bearbeitungsvorgänge, und zwar geordnet nach Schwierigkeit des Verfahrens und der gewünschten Wirksamkeit der Schnittflüssigkeiten. (*Beispiel:* Innengewindeschneiden ist ein schwierigerer Vorgang als Drehen gerader Schäfte.)

8.75 Sind die Anlegmarken, die an einem Werkstück nach dem Fräsen mit einem Stirnfräser zurückbleiben, Segmente eines wahren Kreises? Erläutern Sie Ihre Antwort mithilfe geeigneter Skizzen.

8.76 Was bestimmt die Auswahl der Zähneanzahl auf einem Fräserkopf? (Orientieren Sie sich zum Beispiel an den Abbildungen 8.53 und 8.55.)

8.77 Erläutern Sie die technischen Anforderungen, die zur Entwicklung von Bearbeitungs- und Drehzentren geführt haben. Warum variieren deren Spindelgeschwindigkeiten über einem weiten Bereich?

8.78 Welche anderen Faktoren außer den in Abbildung 8.74 gezeigten Komponenten beeinflussen die Rate, mit der die Dämpfung in einer Werkzeugmaschine zunimmt? Erläutern Sie Ihre Antwort.

8.79 Warum ist thermische Ausdehnung von Werkzeugmaschinenbauteilen wichtig? Erläutern Sie Ihre Antwort anhand von Beispielen.

8.80 Würden die in diesem Kapitel beschriebenen Bearbeitungsvorgänge für nichtmetallische oder gummiähnliche Werkstoffe schwierig auszuführen sein? Erläutern Sie Ihre Überlegungen und erörtern Sie den Einfluss der verschiedenen physikalischen und mechanischen Eigenschaften der Werkstückwerkstoffe, der beteiligten Schnittkräfte, der Teilegeometrien und der erforderlichen Aufspannungen.

8.81 Die Abbildung zur Frage zeigt ein Teil, das aus einem quaderförmigen Rohteil zu fertigen ist. Schlagen Sie die Art der erforderlichen Bearbeitungsvorgänge und deren Reihenfolge vor. Spezifizieren Sie die Werkzeugmaschine, die hierfür benötigt wird.

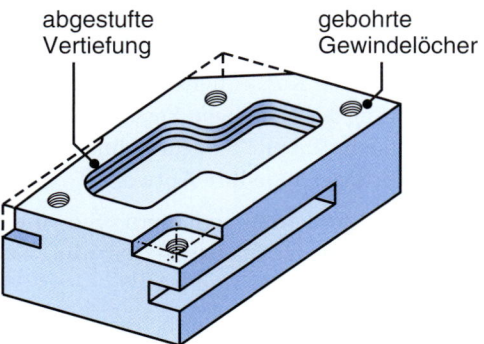

8.82 Warum ist es im Allgemeinen schwierig, die Spanbarkeit von Legierungen zu beurteilen?

8.83 Welche Vor- und Nachteile weist Trockenbearbeitung auf?

8.84 Kann Hochgeschwindigkeitsbearbeitung ohne Verwendung von Schneidflüssigkeiten durchgeführt werden? Erläutern Sie Ihre Antwort.

8.85 Wählen Sie einen bestimmten Schneidstoff aus und schätzen Sie die Bearbeitungszeiten für die Teile ein, die in den zur Frage gehörenden drei Abbildungen dargestellt sind: (a) Pumpenschaft aus rostfreiem Stahl, (b) Kurbelwelle aus duktilem Sphäroguss, (c) Rohr aus dem rostfreiem Stahl X5CrNi18-10 mit Innenrundgewinde.

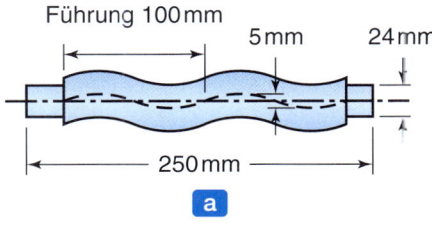

a

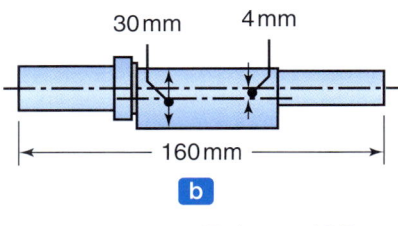

b

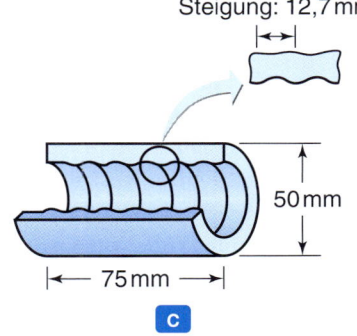

c

8.86 Bei einem Spanwinkel von 0° wirkt die Reibungskraft senkrecht zur Schnittrichtung und trägt demzufolge nicht zur erforderlichen Antriebsleistung für die Bearbeitung bei. Warum ist dann eine Zunahme der benötigten Leistung zu verzeichnen, wenn die Bearbeitung mit einem Spanwinkel von beispielsweise 20° erfolgt?

8.87 Würden Sie eine Keilnut auf einem Zahnradrohling räumen, bevor oder nachdem die Zähne bearbeitet wurden? Erläutern Sie Ihre Antwort.

8.88 Beschreiben Sie mit Ihren Kenntnissen des grundlegenden Metallschneidvorgangs die wichtigsten physikalischen und chemischen Eigenschaften eines Schneidewerkzeugs.

8.89 Bei Werkzeugen aus Keramik, Diamant und kubischem Bornitrid werden generell negative Spanwinkel bevorzugt. Warum ist das so?

8.90 Aus welchem Werkstoff besteht höchstwahrscheinlich ein Bohrer, der für die Holzbearbeitung vorgesehen ist? (Hinweis: Bei der Holzbearbeitung steigen die Temperaturen kaum über 400 °C an.) Gibt es irgendwelche Gründe, warum sich ein derartiger Bohrer nicht verwenden lässt, um einige Löcher in ein Metallteil zu bohren? Erläutern Sie Ihre Antwort.

8.91 Welche Konsequenzen ergeben sich aus einer Beschichtung auf einem Schneidewerkzeug, die einen anderen thermischen Ausdehnungskoeffizienten besitzt als das Substrat? Erläutern Sie Ihre Antwort.

8.92 Erörtern Sie die relativen Vorteile und Beschränkungen der Bearbeitung bei Minimalmengenschmierung. Berücksichtigen Sie alle technischen und wirtschaftlichen Aspekte.

8.93 Welche Arten von Spänen sind in der modernen Fertigung mit computergesteuerten Werkzeugmaschinen unerwünscht? Geben Sie einige Gründe an.

8.94 Erläutern Sie, warum Bügelsägen nicht so produktiv sind wie Bandsägen.

8.95 Beschreiben Sie Werkstücke und Bedingungen, unter denen Räumen die bevorzugte Bearbeitungsmethode ist.

8.96 Erläutern Sie anhand geeigneter Skizzen die Unterschiede und Ähnlichkeiten der folgenden Prozesse: (a) Schaben, (b) Räumen und (c) Drehräumen.

8.97 Warum ist es schwierig, Reibsägen zum Trennen von Nichteisenmetallen zu verwenden? Erläutern Sie Ihre Antwort.

8.98 Erläutern Sie anhand von Abbildung 8.68 zu modularen Bearbeitungszentren, welche

Werkstücke und Bearbeitungsvorgänge für derartige Maschinen geeignet sind.

8.99 Beschreiben Sie die Arten von Werkstücken, die für eine Bearbeitung auf einem Bearbeitungszentrum nicht geeignet sind. Geben Sie konkrete Beispiele an.

8.100 Nennen Sie Beispiele für (a) erzwungene Schwingungen und (b) selbsterregte Schwingungen in der allgemeinen technischen Praxis.

8.101 Die Werkzeugtemperaturen sind bei niedrigen Schnittgeschwindigkeiten gering und bei großen Schnittgeschwindigkeiten hoch, gehen aber bei noch größeren Schnittgeschwindigkeiten wieder zurück. Erläutern Sie, warum.

8.102 Erläutern Sie die technischen Innovationen, die Fortschritte in der Hochgeschwindigkeitsbearbeitung ermöglicht haben. Geben Sie einige Motive für die Hochgeschwindigkeitsbearbeitung an.

Rechenaufgaben

8.103 Nehmen Sie an, dass der Spanwinkel beim orthogonalen Schneiden 15° und der Reibungskoeffizient 0,2 betragen. Ermitteln Sie mithilfe von Gleichung (8.20) den prozentualen Anstieg der Spandicke, wenn sich die Reibung verdoppelt.

8.104 Beweisen Sie Gleichung (8.1).

8.105 Weisen Sie mit einem einfachen analytischen Ausdruck nach, warum das Spanen einer Welle von einem Durchmesser D_0 auf den Durchmesser D_1 wesentlich mehr Energie erfordert als das Verjüngen des gleichen Stabs durch eine Umformoperation wie Ziehen.

8.106 Erstellen Sie mithilfe von Gleichung (8.3) ein Diagramm der Scherspannung γ über dem Scherwinkel ϕ mit dem Spanwinkel α als Parameter. Besprechen Sie Ihre Beobachtungen.

8.107 Nehmen Sie beim orthogonalen Schneiden den Spanwinkel mit 10° an. Tragen Sie den Winkel der Scherebene und das Schnittverhältnis als Funktion des Reibungskoeffizienten auf.

8.108 Leiten Sie Gleichung (8.12) her.

8.109 Ermitteln Sie den Scherwinkel in Beispiel 8.1. Liefert diese Berechnung ein genaues Ergebnis oder eine Schätzung? Erläutern Sie Ihre Antwort.

8.110 Experimente für orthogonale Schnitte haben die in der Tabelle angegebenen Daten geliefert. In beiden Fällen betragen Schnitttiefe $t_0 = 0{,}13$ mm, Schnittbreite $w = 2{,}5$ mm, Spanwinkel $\alpha = -5°$ und Schnittgeschwindigkeit $V = 2$ m/s.

	Werkstoff	
	Aluminium	Stahl
Spandicke, t_c, mm	0,23	0,58
Schnittkraft, F_c, N	430	890
Passivkraft, F_t, N	280	800

Ermitteln Sie (a) den Scherwinkel ϕ (ohne Gleichung (8.20) zu verwenden), (b) den Reibungskoeffizienten μ, (c) die Scherspannung τ und die Scherdehnung γ auf der Scherfläche, (d) die Schnittgeschwindigkeit V_c und die Schergeschwindigkeit V_s und (e) die Energien u_f, u_s und u_t.

8.111 Schätzen Sie die Temperaturen für die Bedingungen gemäß Übungsaufgabe 8.110 für die folgenden Werkstückeigenschaften ab:

	Werkstoff	
	Aluminium	Stahl
Spezifische Schneidarbeit, u, Nmm/mm³	1320	2740
Temperaturleitfähigkeit, κ, mm²/s	97	14
Volumetrische spezifische Wärme, ϱc, N/(mmK)	2,6	3,3

8.112 Bei einem Trockenschneidvorgang mit einem Spanwinkel von $-5°$ werden die Kräfte $F_c = 1330$ N und $F_t = 740$ N gemessen. Bei Einsatz einer Schneidflüssigkeit gehen diese Kräfte auf 1200 N und 710 N zurück. Welche Änderung im Reibungswinkel resultiert aus der Verwendung einer Schneidflüssigkeit?

8.113 Das Werkzeug bei der Trockenbearbeitung von Aluminium hat einen Spanwinkel von 10°. Der Scherwinkel wurde mit 25° ermittelt. Bestimmen Sie den neuen Scherwinkel, wenn eine Schneidflüssigkeit angewendet wird, die den Reibungskoeffizienten um 15 % verringert.

8.114 Bestimmen Sie mit Karbid als Beispiel und mithilfe von Gleichung (8.30), wie viel der Vorschub geändert werden sollte, um die mittlere Temperatur konstant zu halten, wenn die Schnittgeschwindigkeit verdreifacht wird.

8.115 Zeigen Sie anhand geeigneter Diagramme, wie der Einsatz einer Schneidflüssigkeit die Größe der Passivkraft F_t beim orthogonalen Schneiden beeinflussen kann.

8.116 Ein Stab aus rostfreiem Stahl mit einem Durchmesser von 200 mm wird auf einer Drehmaschine bei 600 Umdr./min und einer Schnitttiefe von $d = 2,54$ mm gedreht. Wie groß ist die maximale Vorschub, der sich bei einer Spindeldrehzahl von 500 Umdr./min erreichen lässt, bevor der Motor stehen bleibt, wenn der Motor eine Leistung von 3,7 kW und einen Wirkungsgrad von 80 % hat?

8.117 Berechnen Sie mithilfe der Taylor-Gleichung für den Werkzeugverschleiß und unter Annahme von $n = 0,3$ die prozentuale Zunahme der Standzeit, wenn die Schnittgeschwindigkeit um (a) 30 % und (b) 60 % verringert wird.

8.118 Die folgenden Daten für den Freiflächenverschleiß wurden bei einer Reihe von Bearbeitungstests mit Hartmetallwerkzeugen auf dem Stahl C45 (HBW = 192) gesammelt. Die Vorschubgeschwindigkeit betrug 0,38 mm/Umdr. und die Schnittbreite 0,76 mm. (a) Tragen Sie den Freiflächenverschleiß als Funktion der Schnittzeit auf. Verwenden Sie eine Verschleißmarkenbreite von 0,381 mm als Kriterium für Werkzeugausfall und ermitteln Sie die Standzeiten für die vier dargestellten Schnittgeschwindigkeiten. (b) Tragen Sie die Ergebnisse in einem doppeltlogarithmischen Maßstab auf und bestimmen Sie die Werte von n und C in der Taylor-Gleichung für die Standzeit. (Nehmen Sie eine lineare Beziehung an.) (c) Berechnen Sie mit diesen Ergebnissen die Standzeit für eine Schnittgeschwindigkeit von 90 m/min.

Schnittge-schwindigkeit m/min	Schnitt-zeit min	Freiflächen-verschleiß mm
122	0,5	0,036
	2,0	0,058
	4,0	0,076
	8,0	0,140
	16,0	0,208
	24,0	0,284
	54,0	0,381
183	0,5	0,046
	2,0	0,089
	4,0	0,152
	8,0	0,254
	13,0	0,368
	14,0	0,406
244	0,5	0,127
	2,0	0,254
	4,0	0,356
	5,0	0,406
305	0,5	0,254
	1,0	0,330
	1,8	0,381
	2,0	0,406

8.119 Bestimmen Sie die Werte von n und C für die vier in Abbildung 8.22a gezeigten Werkzeugwerkstoffe.

8.120 Schätzen Sie mithilfe von Gleichung (8.30) und anhand von Abbildung 8.18a die Größe des Koeffizienten a ab.

8.121 (a) Schätzen Sie die erforderliche Bearbeitungszeit beim Schruppdrehen eines 1,5 m langen Rundstabs aus einer geglühten Aluminiumlegierung mit einem Durchmesser von 75 mm, wenn ein Werkzeug aus Schnellarbeitsstahl verwendet wird. (b) Schätzen Sie die Zeit für ein Hartmetallwerkzeug. Der Vorschub betrage 2 mm/Umdr.

8.122 Ein 150 mm langer Stab aus einer Titanlegierung mit einem Durchmesser von 75 mm wird auf einer Drehbank in einem Durchgang auf einen Durchmesser von 65 mm abgedreht. Die Spindel dreht mit 400 Umdr./min und das Werkzeug bewegt sich mit einer Axialgeschwindigkeit von 200 mm/min. Berechnen Sie Schnittgeschwindigkeit, Zeitspanungsvolumen, Schnittzeit, Leistungsbedarf und Schnittkraft.

8.123 Berechnen Sie die gleichen Größen wie in Beispiel 8.3 im Text, jedoch für hochfestes Gusseisen und bei $N = 500$ Umdr./min.

8.124 Ein Bohrer mit einem Durchmesser von 19 mm wird auf einer Ständerbohrmaschine bei 300 Umdr./min verwendet. Wie groß ist das Zeitspanungsvolumen, wenn der Vorschub 0,127 mm/Umdr. beträgt? Wie groß ist das Zeitspanungsvolumen beim dreifachen Bohrerdruchmesser?

8.125 In einen Block aus einer Magnesiumlegierung wird mit einem 15-mm-Bohrer bei einem Vorschub von 0,1 mm/Umdr. ein Loch gebohrt. Die Spindel dreht sich mit 500 Umdr./min. Berechnen Sie das Zeitspanungsvolumen und schätzen Sie das Drehmoment auf den Bohrer ab.

8.126 Zeigen Sie, dass der Abstand l_C beim Planfräsen ungefähr gleich $\sqrt{Dd}$ ist, wenn $D \gg d$ gilt.

8.127 Berechnen Sie die Spandicke für Beispiel 8.4 im Text.

8.128 Welche der Größen in Beispiel 8.4 im Text wird beeinflusst, wenn die Spindelgeschwindigkeit auf 200 Umdr./min erhöht wird.

8.129 Ein Block aus hochfestem Stahl mit einer Länge von 51 cm und einer Breite von 15 cm wird durch Planfräsen bei einem Vorschub von 0,254 mm/Zahn und einer Schnitttiefe von 3,8 mm bearbeitet. Der Fräser hat einen Durchmesser von 6,35 mm, besitzt sechs gerade Schneiden und dreht sich mit 150 Umdr./min. Berechnen Sie das Zeitspanungsvolumen und die Schnittzeit für den Werkstoff und schätzen Sie die erforderliche Leistung ab.

8.130 Beziehen Sie sich auf Abbildung 8.54 und nehmen Sie $D = 200\,\text{mm}$, $w = 30\,\text{mm}$, $l = 600\,\text{mm}$, $d = 2\,\text{mm}$, $v = 1\,\text{mm/s}$ und $N = 200\,\text{Umdr./min}$ an. Der Fräser besitzt 10 Einsätze und der Werkstückwerkstoff ist der rostfreie Stahl X5CrNi18-10. Berechnen Sie Zeitspanungsvolumen, Schnittgeschwindigkeit und Vorschub pro Zahn und schätzen Sie die erforderliche Leistung ab.

8.131 Schätzen Sie die erforderliche Zeit für das Stirnfräsen eines 200 mm langen und 76,2 mm breiten Blocks aus Messing ab, wenn ein Fräser mit einem Durchmesser von 200 mm und mit 12 HSS-Zähnen verwendet wird.

8.132 Eine 305 mm lange und 51 mm dicke Platte wird auf einer Bandsäge bei 46 m/min geschnitten. Die Säge besitzt 4,7 Zähne pro cm. Wie lange dauert es, die Platte längs zu sägen, wenn der Vorschub pro Zahn 0,076 mm beträgt?

8.133 Ein Wälzfräser mit einfachem Gewinde wird verwendet, um 40 Zähne auf ein Stirnrad zu schneiden. Die Schnittgeschwindigkeit beträgt 61 m/min und der Wälzfräser hat einen Durchmesser von 10,16 cm. Berechnen Sie die Umdrehungsgeschwindigkeit des Stirnrads.

8.134 Beim Herleiten von Gleichung (8.20) wurde angenommen, dass der Reibungswinkel β unabhängig vom Scherwinkel ϕ ist. Stimmt diese Annahme? Erläutern Sie Ihre Antwort.

8.135 Ein orthogonaler Schneidvorgang wird unter den folgenden Bedingungen ausgeführt: Schnitttiefe = 0,10 mm, Schnittbreite = 5 mm, Spandicke = 0,2 mm, Schnittgeschwindigkeit = 2 m/s, Spanwinkel 15°, Schnittkraft = 500 N und Passivkraft = 200 N. Berechnen Sie den prozentualen Anteil an der Gesamtenergie, die in der Scherebene beim Schneiden verbraucht wird.

8.136 Ein orthogonaler Schneidvorgang wird unter den folgenden Bedingungen ausgeführt: Schnitttiefe = 0,508 mm, Schnittbreite = 2,54 mm, Schnittverhältnis = 0,3, Schnittgeschwindigkeit = 91,44 m/min, Spanwinkel = 0°, Schnittkraft = 890 N, Passivkraft = 667 N, Dichte des Werkstückwerkstoffs = $7,2\,\text{g/cm}^3$ und spezifische Wärme des Werkstücks 0,5 kJ/(kgK). Nehmen Sie an, dass (a) die Scherebene und die Grenzfläche zwischen Werkzeug und Span als Wärmequellen fungieren, (b) die thermische Leitfähigkeit des Werkzeugs null ist und es keine Wärmeverluste an die Umgebung gibt und (c) die Temperatur des Spans überall gleich ist. Berechnen Sie für eine Spantemperatur von 341 K den prozentualen Anteil der in der Scherebene verbrauchten Energie, die in das Werkstück fließt.

8.137 Es lässt sich zeigen, dass der Winkel ψ zwischen der Scherebene und der Richtung der maximalen Kornsteckung (siehe Abbildung 8.4a) durch den Ausdruck

$$\psi = 0{,}5\cot^{-1}\left(\frac{\gamma}{2}\right)$$

beschrieben wird, wobei γ die Scherdehnung darstellt, wie sie durch Gleichung (8.3) gegeben ist. Nehmen Sie an, dass Sie ein Stück des Spans bekommen, das vom orthogonalen Schneiden eines geglühten Metalls stammt. Der Spanwinkel und die Schnittgeschwindigkeit seien ebenfalls bekannt, doch haben Sie den Aufbau nicht sehen können, mit dem der Span produziert worden ist. Skizzieren Sie den Ablauf, wie Sie die erforderliche Leistung für das Erzeugen dieses Spans abschätzen. Nehmen Sie an, dass Ihnen dabei ein voll ausgestattetes Labor und eine technische Bibliothek zur Verfügung stehen.

8.138 Eine Drehmaschine wird für die Bearbeitung eines Konus auf einem stabförmigen Halbzeug von 120 mm Durchmesser eingerichtet. Die Verjüngung soll 1 mm pro 10 mm Länge betragen. Ein Schnitt wird mit einer Anfangstiefe von 4 mm bei einer Vorschubgeschwindigkeit von 0,250 mm/Umdr. und einer Spindelgeschwindigkeit von 150 Umdr./min ausgeführt. Berechnen Sie das durchschnittliche Zeitspanungsvolumen.

8.139 Entwickeln Sie einen Ausdruck für die optimale Vorschubgeschwindigkeit, die die Stückkosten minimiert, wenn sich die Standzeit wie in Gleichung (8.34) beschreiben lässt.

8.140 Nehmen Sie einen Reibungskoeffizienten von 0,25 an und berechnen Sie die maximale Schnitttiefe für das Drehen einer Hartaluminiumlegierung auf einer 15-kW-Drehmaschine (mit einem mechanischen Wirkungsgrad von 80 %) bei einer Schnittbreite von 6,35 mm, einem Spanwinkel von 0° und einer Schnittgeschwindigkeit von 91,44 m/min. Wie hoch schätzen Sie die Scherfestigkeit des Werkstoffs?

8.141 Bei einem Schneidvorgang mit einem Hartmetallwerkzeug bei einer Geschwindigkeit von 76,2 m/min und einem Vorschub von 0,0635 mm/Umdr. messen Sie eine Temperatur von 922 K. Welche Temperatur ist in etwa zu erwarten, wenn die Schnittgeschwindigkeit um 50 % erhöht wird? Wie groß sollte die Geschwindigkeit sein, um die Maximaltemperatur auf 700 K zu senken?

8.142 Ein zylindrisches Teil aus Grauguss mit einem Durchmesser von 7,62 cm wird auf einer Drehbank bei 500 Umdr./min bearbeitet. Die Schnitttiefe beträgt 6,35 mm und der Vorschub 0,508 mm/Umdr. Wie groß sollte die Antriebsleistung der Drehmaschine mindestens sein?

8.143 (a) Eine Welle aus Aluminium mit einem Durchmesser von 15,24 cm und einer Länge von 30,48 cm soll durch Längsdrehen einen Durchmesser von 12,7 cm erhalten. Schätzen Sie die Bearbeitungszeit ab, wenn ein unbeschichtetes Hartmetallwerkzeug verwendet wird. (b) Wie groß ist die Zeit für ein mit TiN beschichtetes Werkzeug?

8.144 Berechnen Sie die erforderliche Leistung für die in der vorigen Übungsaufgabe genannten Fälle.

8.145 Leiten Sie über trigonometrische Beziehungen einen Ausdruck für das Verhältnis von Scherenergie zu Reibungsenergie beim orthogonalen Schneiden ab. Verwenden Sie dazu ausschließlich die Winkel α, β und ϕ.

8.146 Um welchen Faktor muss die Vorschubgeschwindigkeit modifiziert werden, um eine konstante Standzeit zu erhalten, wenn beim Drehen mit einem Keramikdrehmeißel die Schnittgeschwindigkeit um 50 % erhöht wird? Nehmen Sie in Gleichung (8.32) $n = 0,5$, $x = 0,15$ und $y = 0,6$ an.

8.147 Wählen Sie mithilfe von Gleichung (8.35) einen geeigneten Vorschub für $R = 1$ mm und eine gewünschte Rauigkeit von $1\,\mu$m aus. Wie würden Sie diesen Vorschub anpassen, um einen Spitzenverschleiß des Werkzeugs bei weiterem Schneiden zuzulassen? Begründen Sie Ihre Entscheidung.

8.148 In ein Werkstück aus Stahl mit niedrigem Kohlenstoffgehalt wird mit einem 12,7-mm-Bohreinsatz ein Sackloch gebohrt. In dieses wird dann Gewinde bis zu einer Tiefe von 25,4 mm geschnitten. Das Bohren erfolgt mit einem Vorschub von 0,254 mm/Umdr. und einer Spindelgeschwindigkeit von 700 Umdr./min. Schätzen Sie die erforderliche Zeit ab, um das Loch zu bohren, bevor das Gewinde geschnitten wird.

8.149 Das Werkstück bei dem in Abbildung 8.54 gezeigten Stirnfräsvorgang soll die Abmessungen 12,7 cm × 25,4 cm haben. Der Fräser hat einen Durchmesser von 15,24 cm, besitzt 8 Zähne und dreht sich mit 300 Umdr./min. Die Schnitttiefe beträgt 3,2 mm und der Vorschub 0,127 mm/Zahn. Nehmen Sie an, dass die erforderliche spezifische Energie für diesen Werkstoff 91 Wmin/cm³ beträgt und nur 75 % des Fräserdurchmessers beim Schneidvorgang eingreifen. Berechnen Sie (a) die erforderliche Leistung und (b) das Zeitspanungsvolumen.

8.150 Berechnen Sie die Bereiche typischer Bearbeitungszeiten beim Stirnfräsen mit einem 25,4 cm langen und 5,08 cm breiten Fräser bei einer Schnitttiefe von 2,54 mm für die folgenden Werkstückwerkstoffe: (a) Stahl mit geringem Kohlenstoffgehalt, (b) Titanlegierungen, (c) Aluminiumlegierungen und (d) Thermoplaste.

8.151 Spindel und Werkzeug eines Bearbeitungszentrums ragen 30,48 cm aus ihrem Werkzeugmaschinengestell heraus. Welche Temperaturänderung lässt sich tolerieren, um Bearbeitungsgenauigkeiten von 0,0025 bzw. 0,025 mm zu gewährleisten? Nehmen Sie an, dass die Spindel aus Stahl besteht.

8.152 Bei der Herstellung eines gespanten Ventils betragen die Lohnkosten 19 Euro je Stunde und die Gemeinkosten 15 Euro je Stunde. Das Werkzeug besteht aus einer rechteckigen Keramikwendeschneidplatte und kostet 25 Euro. Es dauert fünf Minuten, um das Werkzeug zu wechseln, und eine Minute, um es nachzudrehen. Schätzen Sie die unter dem Kostenaspekt optimale Schnittgeschwindigkeit ab. Nehmen Sie $C = 100$ für V_o in m/min an.

8.153 Schätzen Sie die optimale Schnittgeschwindigkeit in der vorigen Aufgabe für eine maximale Produktion ab.

8.154 Entwickeln Sie eine Gleichung für die optimale Schnittgeschwindigkeit beim Stirnfräsen, wobei ein Fräswerkzeug mit Wendeschneidplatten verwendet wird.

8.155 Entwickeln Sie eine Gleichung für die optimale Schnittgeschwindigkeit beim Drehen, wobei das Werkzeug aus Schnellarbeitsstahl besteht, der sich nachschleifen lässt.

8.156 Nehmen Sie an, Sie sollen Studenten Kontrollfragen zum Inhalt dieses Kapitels stellen. Bereiten Sie mehrere quantitative Übungsfragen vor und geben Sie die Antworten an.

Fragen zum Entwurf

8.157 Die Standzeit ließe sich deutlich erhöhen, wenn ein wirksames Mittel für Kühlung und Schmierung entwickelt würde. Geben Sie Methoden an, um eine Schneidflüssigkeit der Schnittzone zuzuführen, und diskutieren Sie Vor- und Nachteile Ihres Vorschlags.

8.158 Schlagen Sie einen Experimentieraufbau vor, mit dem Sie einen orthogonalen Schneidvorgang auf einer Drehmaschine an einem kurzen, runden Rohr ausführen können.

8.159 Schneidewerkzeuge werden manchmal so entworfen, dass die Kontaktlänge zwischen Span und Werkzeug kontrolliert wird, indem die Spanfläche in einem bestimmten Abstand von der Werkzeugspitze zurückgenommen (hinterschliffen) wird (wie im linken Teil von Abbildung 8.7c zu sehen). Erläutern Sie die möglichen Vorteile eines derartigen Werkzeugs.

8.160 Erstellen Sie eine umfassende Tabelle mit den Prozessmöglichkeiten der in diesem Kapitel beschriebenen Bearbeitungsvorgänge. Beschreiben Sie in mehreren Spalten (a) die beteiligten Maschinen, (b) die Art der verwendeten Werkzeuge und Werkzeugwerkstoffe, (c) die Formen von Rohlingen und produzierten Teilen, (d) typische Maximal- und Minimalgrößen, (e) Oberflächengüte, (f) Maßhaltigkeit und (g) erreichte Produktionsraten.

8.161 Die zur Frage gehörende Abbildung zeigt Skizzen für einen Ventilkörper aus Gussstahl vor (links) und nach der Bearbeitung (rechts). Bezeichnen Sie die zu bearbeitenden Oberflächen (wobei zu berücksichtigen ist, dass nicht alle Oberflächen bearbeitet werden). Welche Art Werkzeugmaschine ist für die Bearbeitung dieses Teils geeignet? Welche Bearbeitungsvorgänge sind in welcher Reihenfolge auszuführen?

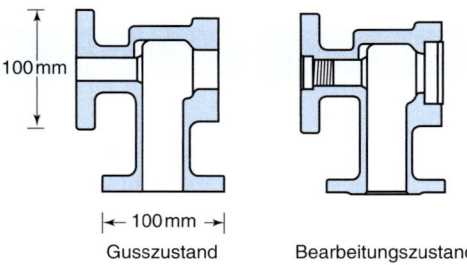

8.162 Ein großer Bolzen ist aus Sechskantstahl herzustellen, indem der Sechskant in einen Spannfutter gespannt und der zylindrische Schaft des Bolzens auf einer Drehmaschine gefertigt wird. Nennen und erläutern Sie die Schwierigkeiten, die bei diesem Vorgang auftreten können.

8.163 Entwerfen Sie geeignete Aufspannungen und beschreiben Sie die Bearbeitungsvorgänge, die zur Fertigung des in Abbildung 12.62 gezeigten Kolbens erforderlich sind.

8.164 Wie zu den Abbildungen 8.16 und 8.17b angemerkt wurde, tritt die maximale Temperatur ungefähr bei der Hälfte der Werkzeugfläche auf. Außerdem haben wir die nachteiligen Wirkungen der Temperatur auf verschiedene Werkzeugwerkstoffe beschrieben. Beschreiben Sie in Bezug auf die Mechanik der Schneidvorgänge Ihre Überlegungen zum technischen und wirtschaftlichen Nutzen, wenn bei der Hälfte der Werkzeugspanfläche ein kleiner Einsatz aus Keramik oder Karbid (Hartmetall) eingebettet wird, wobei das Werkzeug aus einem Werkstoff besteht, dessen Temperaturbeständigkeit geringer als die von Keramik oder Karbid ist.

8.165 Überlegen Sie, ob sich die während der Bearbeitung entstehenden Späne nutzen lassen, um nützliche Produkte herzustellen. Geben Sie Beispiele für mögliche Produkte an und kommentieren Sie deren Eigenschaften und Unterschiede im Vergleich zu ähnlichen Produkten, die mit anderen Fertigungsverfahren hergestellt werden. Welche Arten von Spänen wären für diesen Zweck wünschenswert? Erläutern Sie Ihre Antwort.

8.166 Experimente haben gezeigt, dass sich dünne, breite Späne mit beispielsweise 0,08 mm Dicke und 10 mm Breite produzieren lassen, die gewalztem Blech ähnlich sind. Als Werkstoffe wurden Aluminium, Magnesium und rostfreier Stahl verwendet. Ein typischer Aufbau sieht wie beim orthogonalen Schneiden aus, indem der Umfang eines massiven Rundstabs mit einem geraden Werkzeug bearbeitet wird, das sich radial nach innen bewegt (einstich). Beschreiben Sie Ihre Überlegungen zur Herstellung dünner Metallbleche nach dieser Methode und treffen Sie Aussagen zu Oberflächenbeschaffenheit und Eigenschaften der Bleche.

8.167 Zu den Hauptproblemen bei Kühlmitteln gehört der Qualitätsverlust infolge biologischer Angriffe durch Bakterien. Um die Haltbarkeit der Kühlmittel zu verlängern, werden oftmals chemische Biozide zugesetzt. Allerdings ist es dadurch schwieriger, die Kühlmittel zu entsorgen. Recherchieren Sie in der Literatur nach den neuesten Entwicklungen in der Verwendung von umweltfreundlichen Bioziden in Schneidflüssigkeiten.

8.168 Gestreckte Wabenstrukturen (siehe Abschnitt 7.5.5) sollen durch Formfräsen (siehe Abbildung 3.58b) bearbeitet werden. Durch welche Vorkehrungen lässt sich verhindern, dass sich das Blech infolge der Schnittkräfte verzieht? Geben Sie mehrere Lösungen an.

8.169 Die Abbildung zur Frage zeigt eine Antriebswelle, die auf einer Drehbank gefertigt werden soll. Erstellen Sie eine Liste der Vorgänge, die für die Herstellung dieses Teils geeignet sind, und schätzen Sie die Bearbeitungszeiten ab.

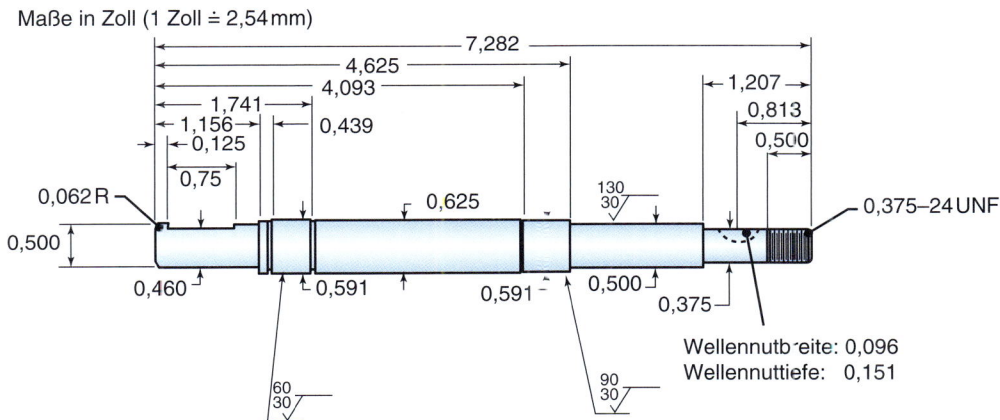

Materialabtragverfahren: Abrasiv, chemisch, elektrisch und mit Strahlen

9

9.1	Einführung	716
9.2	Schleifstoffe	717
9.3	Gebundene Schleifstoffe	719
9.4	Mechanik des Schleifens	724
9.5	Verschleiß von Schleifkörpern	732
9.6	Schleifverfahren und Schleifmaschinen	738
9.7	Verfahren der Endbearbeitung	746
9.8	Entgraten	751
9.9	Ultraschallbearbeitung	752
9.10	Chemische Bearbeitung	755
9.11	Elektrochemische Bearbeitung	758
9.12	Elektrochemisches Schleifen	761
9.13	Funkenerosive Bearbeitung	763
9.14	Bearbeitung mit hochenergetischer Strahlung	768
9.15	Bearbeitung mit Wasserstrahlen und anderen Fluiden	771
9.16	Entwurfsüberlegungen	774
9.17	Wirtschaftliche Betrachtungen	776
Zusammenfassung		781
Wichtige Gleichungen		782
Verständnisfragen		783
Rechenaufgaben		786
Fragen zum Entwurf		789

ÜBERBLICK

9 Materialabtragverfahren: Abrasiv, chemisch, elektrisch und mit Strahlen

LERNZIELE

Dieses Kapitel beschreibt die wesentlichen Merkmale von Endbearbeitungsvorgängen, die vor allem ausgeführt werden, um die Maßhaltigkeit und Oberflächengüte der Produkte zu verbessern. Zu den hier behandelten Themen gehören:

- Technik der Schleifscheiben und Mechanik von Schleifvorgängen;
- Arten von Schleifmaschinen und moderne Verfahren der Schleifbearbeitung;
- Verschiedene Verfahren der Schleifbearbeitung, einschließlich Läppen, Honen, Polieren, chemisch-mechanisches Polieren und Verwendung von beschichteten Schleifmitteln;
- Vorgänge, die Material auf nichtmechanischem Weg entfernen, einschließlich chemischer und elektrochemischer Bearbeitung, elektroerosiver Bearbeitung, Laser- und Elektronenstrahlbearbeitung und Abrasivstrahlbearbeitung;
- Entgraten;
- Überlegungen zu Entwurf und Wirtschaftlichkeit der beschriebenen Verfahren.

9.1 Einführung

Bei allen Bearbeitungsvorgängen, die Kapitel 8 ausführlich beschrieben hat, besteht das Schneidewerkzeug aus einem bestimmten Werkstoff und besitzt eine klar definierte Geometrie. Darüber hinaus erfolgt die Bearbeitung durch Spanabtragen, d. h. durch einen Vorgang, dessen Mechanik hinlänglich bekannt ist. Allerdings gibt es viele Bearbeitungssituationen, in denen der Werkstückwerkstoff entweder *zu hart* oder *zu spröde* ist oder sich seine Form durch die bisher beschriebenen Bearbeitungsmethoden nur schwer mit der erforderlichen Maßgenauigkeit fertigen lässt. Für derartige Aufgaben sind **Schleifmittel** prädestiniert. Schleifmittel bestehen aus kleinen, harten Teilchen, die scharfe Kanten und eine unregelmäßige Form haben – im Unterschied zu typischen Schneidewerkzeugen. Mit Schleifmitteln lassen sich kleine Materialmengen von einer Oberfläche durch einen Schneidvorgang, der winzige Späne produziert, abtragen.

Schleifen (auch bekannt als Bearbeiten mit geometrisch unbestimmter Schneide) gehört im Allgemeinen zu den letzten Schritten, die auf gefertigten Produkten ausgeführt werden, obwohl sie nicht unbedingt auf feines oder geringfügiges Materialabtragen von Werkstücken beschränkt sind und in der Tat mit manchen Bearbeitungsvorgängen wie Fräsen und Drehen konkurrieren können. Aufgrund ihrer Härte eignen sich Schleifmittel auch für die Endbearbeitung von sehr harten oder wärmebehandelten Teilen, das Abformen harter nichtmetallischer Werkstoffe wie Keramik und Glas, das Entfernen unerwünschter Schweißperlen und das Säubern von Oberflächen, für die ein Luft- oder Wasserstrahl mit beigemengten Schleifteilchen verwendet wird.

Neben den abrasiven Bearbeitungsmöglichkeiten wurden seit Anfang der 1940er Jahre mehrere **avancierte Bearbeitungsverfahren** entwickelt. Diese auch als *nicht herkömmliche* oder *unkonventionelle*

Bearbeitung bezeichneten Vorfahren basieren auf elektrischen, chemischen, strömungsmechanischen und thermischen Prinzipien und bieten sich vor allem an, wenn eine oder mehrere der folgenden Bedingungen zutreffen:

1. Härte und Festigkeit des Werkstückwerkstoffs sind sehr hoch, typischerweise über 400 HBW.
2. Das Teil ist zu nachgiebig oder zu schlank, um den Kräften beim Zerspanen oder Schleifen zu widerstehen, oder es handelt sich um Teile, die in den Werkstückaufnahmen nur schwer zu fixieren sind.
3. Die Form des Teils ist kompliziert, beispielsweise mit Innen- und Außenprofilen oder tiefen Löchern mit geringem Durchmesser.
4. Geforderte Oberflächengüte und Maßhaltigkeit sollen besser sein, als sie sich durch andere Verfahren erreichen lassen.
5. Temperaturanstieg oder Eigenspannungen im Werkstück sind nicht erwünscht oder nicht akzeptabel.

Richtig ausgewählt und angewendet bieten die in diesem Kapitel beschriebenen Verfahren beträchtliche wirtschaftliche und technische Vorteile gegenüber den im vorherigen Kapitel beschriebenen herkömmlichen Bearbeitungsmethoden.

9.2 Schleifstoffe

Die in der Fertigung verwendeten Schleifstoffe (Schleifmittel) umfassen:

1. **Konventionelle Schleifstoffe**
    - *Aluminiumoxid* (Al_2O_3)
    - *Siliziumkarbid* (SiC)
2. **Hochleistungsschleifstoffe** (Superabrasive)
    - *Kubisches Bornitrid* (cBN)
    - *Diamant* (C)

Schleifmittel sind erheblich härter als konventionelle Werkstoffe für Schneidewerkzeuge, wie ein Vergleich der Tabellen 8.6 und 9.1 zeigt. Die beiden letzten der oben aufgeführten vier Schleifstoffe sind die beiden härtesten bekannten Materialien. Deshalb spricht man auch von *Hochleistungsschleifstoffen* oder *Superabrasiven*. Neben der Härte ist für einen Schleifstoff vor allem seine **Zerbrechlichkeit** kennzeichnend, d. h. die Fähigkeit eines Schleifkorns, in kleinere Stücke zu zerbrechen. Die Zerbrechlichkeit verleiht Schleifstoffen **selbstschärfende Eigenschaften**, die wichtig sind, um die Schärfe der Schleifstoffe während des Einsatzes aufrechtzuerhalten. Hohe Zerbrechlichkeit weist auf geringe Festigkeit oder niedrige Bruchbeständigkeit des Schleifstoffs hin. Folglich bricht ein leicht zerbrechliches Schleifkorn unter der Einwirkung von Schleifkräften schneller als ein Schleifkorn mit geringer Zerbrechlichkeit. Zum Beispiel besitzt Aluminiumoxid eine geringere Zerbrechlichkeit als Siliziumkarbid.

Tabelle 9.1: Knoophärte verschiedener Werk- und Schleifstoffe

Gewöhnliches Glas	350–500	Titannitrid	2000
Feuerstein, Quarz	800–1100	Titankarbid	1800–3200
Zirkonoxid	1000	Siliziumkarbid	2100–3000
Gehärtete Stähle	700–1300	Borkarbid	2800
Wolframkarbid	1800–2400	Kubisches Bornitrid	4000–5000
Aluminiumoxid	2000–3000	Diamant	7000–8000

Form und **Größe** eines Schleifkorns beeinflussen ebenso seine Zerbrechlichkeit. Zum Beispiel sind blockige Körner, die Schneidewerkzeugen mit negativen Spanwinkeln ähnlich sind (siehe Abbildung 8.28), weniger zerbrechlich als plattenförmige Körner. Da die Wahrscheinlichkeit für Defekte in kleineren Körnern (aufgrund des *Größeneinflusses*, Abschnitt 3.8.3) geringer ist, sind sie fester und weniger zerreibbar als größere Körner. Auf die Bedeutung der Zerbrechlichkeit in Schleifvorgängen geht Abschnitt 9.5 näher ein.

Arten von Schleifmitteln: Zu den natürlich vorkommenden Schleifmitteln gehören *Korund* (*Aluminiumoxid, Tonerde*), *Quarz*, *Granat* und *Diamant*. Da jedoch die natürlichen Schleifmittel unbekannte Mengen von Verunreinigungen enthalten und ungleichmäßige Eigenschaften zeigen, ist ihre Schleifleistung uneinheitlich und nicht zuverlässig. Deshalb stellt man die als Schleifmittel verwendeten Aluminiumoxide und Siliziumkarbide synthetisch her, um Verunreinigungen kontrollieren zu können.

1. Synthetisches **Aluminiumoxid** (Al_2O_3) wurde erstmals 1893 hergestellt und durch Schmelzen von Bauxit, Eisenfeilspänen und Koks produziert. Aluminiumoxide teilt man in zwei Gruppen ein: geschmolzen und nicht geschmolzen. **Geschmolzene Aluminiumoxide** werden in *weiß* (sehr zerbrechlich), *dunkel* (weniger zerbrechlich) und *monokristallin* (Einkristall) kategorisiert. Die auch als keramische Aluminiumoxide bezeichneten **nicht geschmolzenen Aluminiumoxide** können härter als gesintertes Aluminiumoxid sein. Die reinste Form von gesintertem Aluminiumoxid ist **geimpftes Gel**. Die Partikelgröße des 1987 eingeführten geimpften Gels ist mit 0,2 µm wesentlich kleiner als bei den normalerweise in der Industrie verwendeten Schleifkörnern. Geimpfte Gele werden zu größeren Einheiten gesintert (siehe auch Abschnitt 11.4). Aufgrund ihrer Härte und relativ hohen Zerbrechlichkeit, behalten geimpfte Gele ihre Schärfe bei und werden folglich für schwer zu schleifende Werkstoffe eingesetzt.

2. **Siliziumkarbid** (SiC) wurde 1891 synthetisiert und besteht aus Quarzsand, Petrolkoks und kleinen Mengen Natriumchlorid (Kochsalz). Siliziumkarbide sind in *grünen* (mehr zerbrechlichen) und *schwarzen* (weniger zerbrechlichen) Arten erhältlich und besitzen im Allgemeinen eine höhere Zerbrechlichkeit als Aluminiumoxide. Folglich haben sie eine höhere Bruchneigung und bleiben scharf.

3. **Kubisches Bornitrid** (cBN) wurde erstmals in den 1970er Jahren hergestellt. Seine Eigenschaften und Merkmale werden in den Abschnitten 8.6.7 und 11.8.1 beschrieben.

4 **Diamant** (C) wurde als Schleifmittel erstmals 1955 verwendet. Er wird auch synthetisch hergestellt und dann als *synthetischer* oder *Industriediamant* bezeichnet. Seine Eigenschaften und Merkmale werden in den Abschnitten 8.6.9 und 11.13.2 beschrieben.

Korngröße: Die in der Fertigung gebräuchlichen Schleifmittel sind im Allgemeinen sehr klein verglichen mit den Schneidewerkzeugen und Einsätzen, die Kapitel 8 beschrieben hat. Außerdem besitzen Schleifmittel scharfe Kanten, sodass sich kleine Materialmengen von der Werkstückoberfläche entfernen lassen. Somit ist eine hohe Oberflächengüte und Maßhaltigkeit zu erzielen (siehe die Abbildungen 6.26 und 9.27). Die Größe eines Schleifkorns wird durch die **Körnung** angegeben. Diese Zahl orientiert sich an der Siebgröße – je kleiner die Siebgröße, desto größer die Körnung. Zum Beispiel steht 10 für eine grobe, 100 für eine feine und 500 für eine sehr feine Körnung. Diese Kennzeichnung ist auch für Sandpapier und Schmirgelleinen üblich und wird auf der Rückseite aufgedruckt.

9.3 Gebundene Schleifstoffe

Da jedes Schleifkorn normalerweise nur eine sehr kleine Materialmenge auf einmal abträgt, lassen sich hohe Materialabtragungsraten nur erreichen, wenn viele Körner zusammenwirken. Dies wird mithilfe von *gebundenen Schleifstoffen* erreicht, normalerweise in Form einer **Schleifscheibe** (▶ Abbildung 9.1). Die Schleifkörner werden durch ein **Bindemittel** zusammengehalten (wovon Abschnitt 9.3.1 verschiedene Typen beschreibt), die als Stützen oder Klammern zwischen den Körnern fungieren. In gebundenen Schleifmitteln ist eine gewisse Porosität unabdingbar, um Freiraum für die winzigen produzierten Späne zu schaffen sowie Kühlung zu realisieren. Andernfalls würden die Späne den Schleifvorgang behindern. Es wäre unmöglich, eine vollkommen dichte Schleifscheibe ohne Porosität zu verwenden. Die Porosität ist auf der Oberfläche einer Schleifscheibe einfach zu erkennen. Abbildung 9.1 zeigt weitere Merkmale von Schleifscheiben, die in den Abschnitten 9.4 und 9.5 beschrieben werden.

▶ Abbildung 9.2 gibt Beispiele für konventionelle Schleifscheibentypen an. Bei den in ▶ Abbildung 9.3 gezeigten superharten Schleifscheiben besteht aufgrund der hohen Kosten nur ein kleiner Teil des Schei-

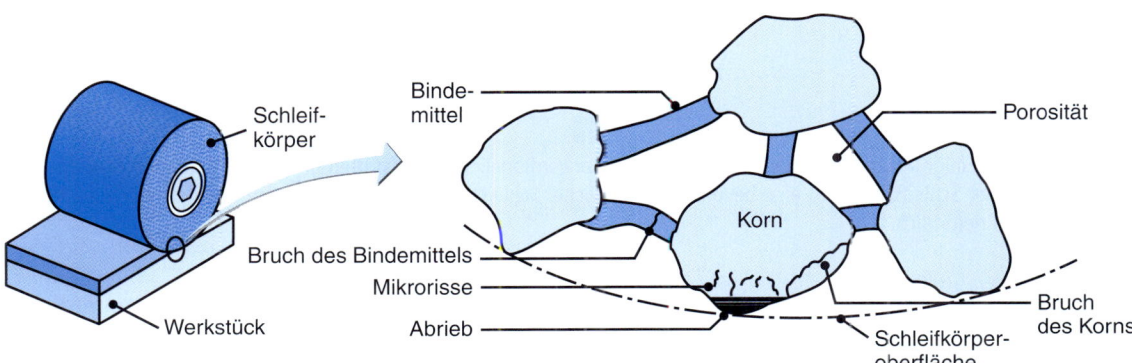

Abbildung 9.1: Physikalisches Modell eines Schleifkörpers (schematisch). Mikrostruktur, Verschleiß und Bruch sind angedeutet.

9 Materialabtragverfahren: Abrasiv, chemisch, elektrisch und mit Strahlen

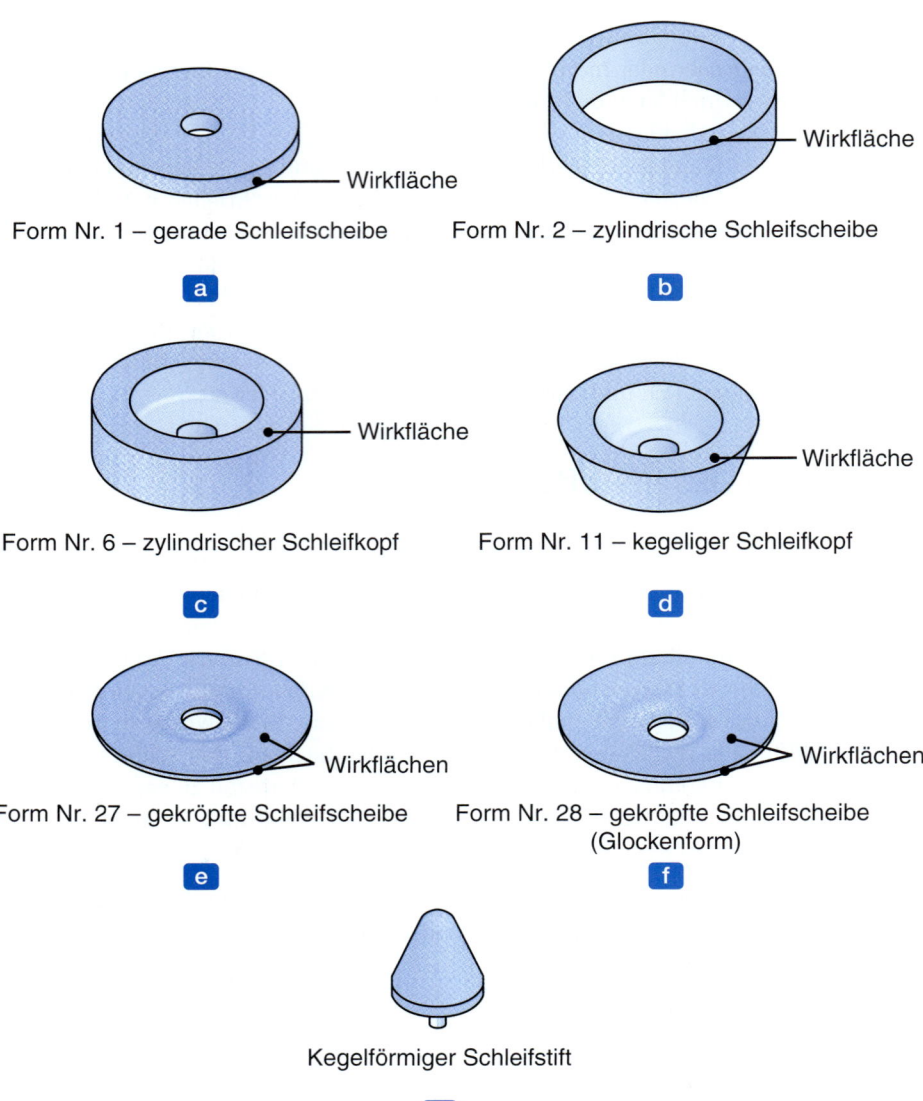

Abbildung 9.2: Einige Arten von Schleifkörpern, die aus konventionellen Schleifstoffen bestehen (Aluminiumoxid und Siliziumkarbid). Jeder Schleifkörper hat eine bevorzugte Wirkfläche. Schleifen mit einer anderen als dieser ist unerwünscht und manchmal auch gefährlich.

benumfangs aus einer superharten Schicht. Gebundene Schleifmittel werden mit einem standardisierten System aus Buchstaben und Zahlen gekennzeichnet, um Typ des Schleifmittels, Korngröße, Güte, Struktur und Bindungstyp anzugeben. ▶ Abbildung 9.4 zeigt das Kennzeichnungssystem für gebundene Schleifmittel aus Aluminiumoxid und Siliziumkarbid. In ▶ Abbildung 9.5 ist das Kennzeichnungssystem für gebundene Schleifmittel aus Diamant und kubischem Bornitrid dargestellt.

9.3 Gebundene Schleifstoffe

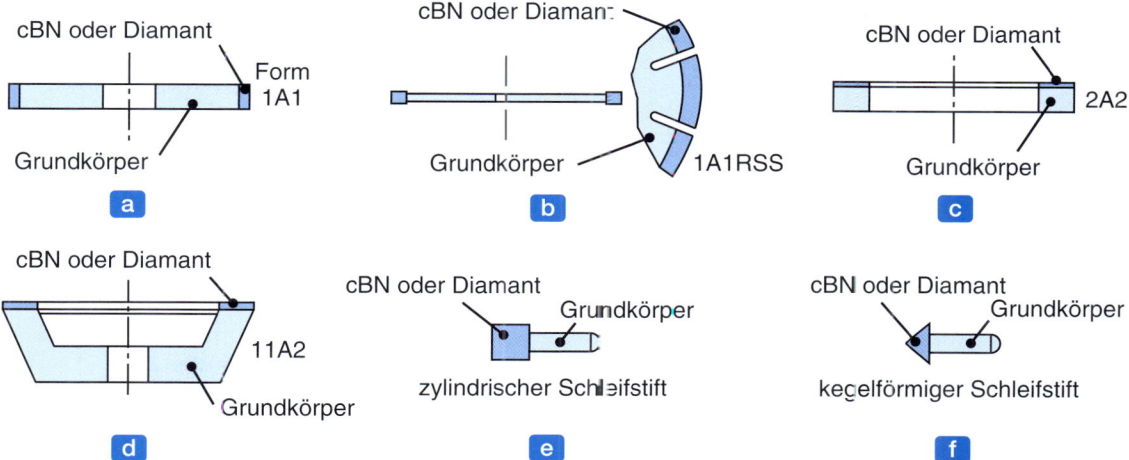

Abbildung 9.3: Einige Beispiele für Schleifkörper, die mit Hochleistungsschneidstoffen bestückt sind. Die Bezeichnung der Schleifkörper entspricht jener, die mit konventionellen Schleifmitteln bestückt sind (z. B. 1, 2, 11, siehe Abbildung 9.2). Die Bindemittel sind in (a), (d) und (e) Kunstharz, Metall oder Keramik, in (b) Metall, in (c) Keramik und in (f) Kunstharz.

Beispiel:	A	36	L	5	V
	Schleifmittel-sorte	Körnungs-angabe	Scheiben-härte	Gefüge-angabe	Binde-mittel

Schleifmittelsorte	Körnungsangabe				Scheibenhärte	Gefügeangabe	Bindemittel	
	grob	mittel	fein	sehr fein		dicht 1		
						2		
	8	30	70	220		3		
	10	<u>36</u>	80	240		4		
	12	46	90	280		<u>5</u>		
	14	54	100	320		6		
	16	60	120	400		7		
<u>A</u> Aluminiumoxid	20		150	500		8	B	Kunstharz
C Siliziumkarbid	24		180	600		9	BF	Kunstharz, verstärkt
						10	E	Schellack
						11	O	Oxichlorid
						12	R	Gummi
						13	RF	Gummi, verstärkt
						14	S	Silikat
					offen 15		<u>V</u>	Keramiken
äußerst weich	**mittelhart**		**äußerst hart**			16	G	Galvanisch
A B C D E F G H I Jot K <u>L</u> M N O P Q R S T U V W X Y Z						etc.	Mg	Magnesit
Härteskala						(Verwendung optional)		

Abbildung 9.4: Bezeichnungssystem für gebundene Schleifstoffe aus Aluminiumoxid und Siliziumkarbid.

9 Materialabtragverfahren: Abrasiv, chemisch, elektrisch und mit Strahlen

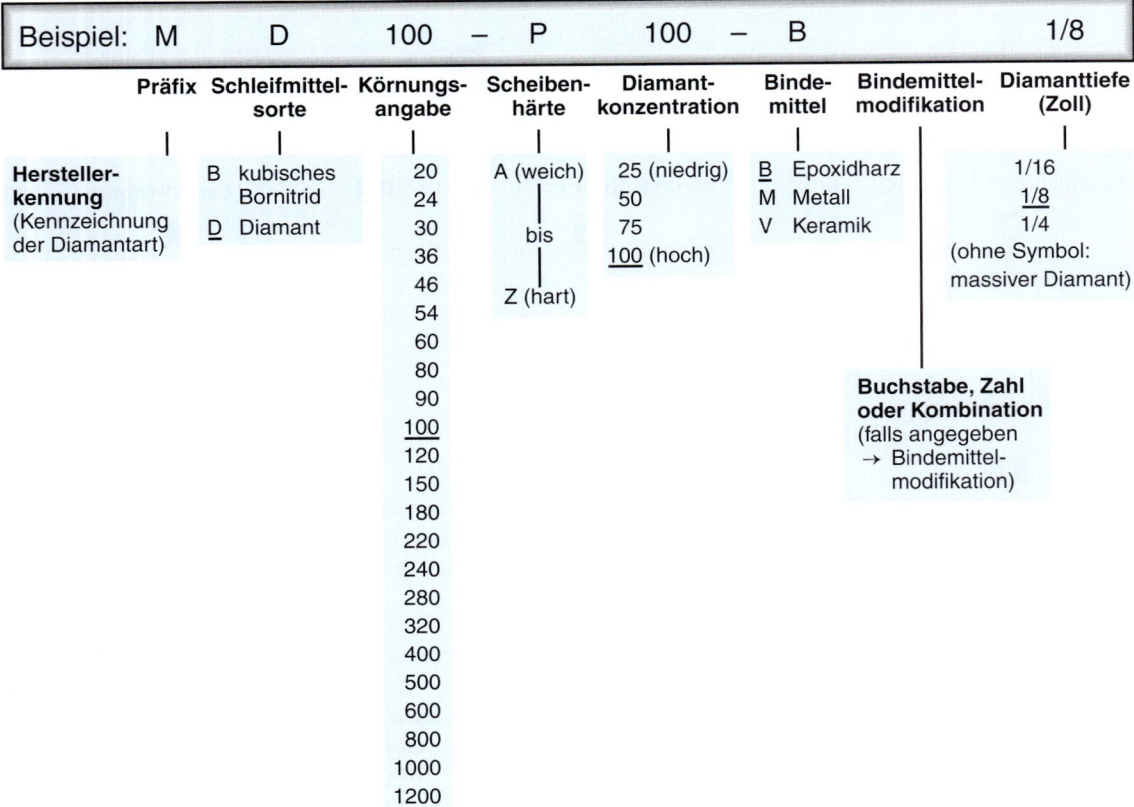

Abbildung 9.5: Bezeichnungssystem für gebundene Schleifstoffe aus Diamant und kubischem Bornitrid.

9.3.1 Bindemittel

Für gebundene Schleifmittel sind Keramik, Kunstharz, Gummi und Metall gebräuchlich. Diese Bindemittel werden sowohl für konventionelle Schleifmittel als auch (mit Ausnahme von Gummi) für Hochleistungsabrasivstoffe verwendet.

1 **Keramik:** Diese *glasartige* Bindung ist am gebräuchlichsten. Die Ausgangsstoffe des Bindemittels bestehen aus Feldspat (einem kristallinen Material) und verschiedenen Tonerden. Sie werden mit den Schleifmitteln gemischt, befeuchtet und dann unter Druck in die Form der Schleifscheiben gebracht. Anschließend erhitzt man diese „grünen" Produkte (vergleichbar mit pulvermetallurgischen Teilen, Abschnitt 11.3) langsam bis zu einer Temperatur von etwa 1250 °C, um das Glas zu schmelzen, das für die strukturelle Festigkeit verantwortlich ist. Die Scheiben werden dann langsam abgekühlt (um thermische Risse zu verhindern), auf die gewünschte Größe gebracht, hinsichtlich Qualität und Maßhaltigkeit beurteilt und auf Defekte untersucht.

Keramikbindungen ergeben feste, steife und poröse Scheiben, die gegen Öl, Säuren und Wasser beständig sind, aufgrund ihrer Sprödigkeit aber nur geringe mechanische und thermische Schocks ertragen. Um die Stabilität im Einsatz zu verbessern, sind auch Keramikscheiben mit Stützplatten und -schalen aus Stahl erhältlich.

2 **Kunstharz:** Kunstharzbindungen sind als *Duromere* (siehe Abschnitt 10.4) mit unterschiedlichen Zusammensetzungen und Eigenschaften erhältlich. Da es sich um einen organischen Verbundwerkstoff handelt, bezeichnet man Scheiben mit Kunstharzbindung auch als **organische Scheiben**. Zunächst wird das Schleifmittel mit flüssigen oder pulverförmigen Phenolharzen und Additiven gemischt, dann wird die Mischung in die Form einer Schleifscheibe gepresst und bei Temperaturen von etwa 175 °C ausgehärtet. Da der Elastizitätsmodul von ausgehärteten Harzen geringer als der von Glas ist, sind Kunstharzscheiben flexibler als Keramikscheiben. Neuerdings ersetzt man Phenol in Kunstharzscheiben durch *Polyimid* (siehe Abschnitt 10.6). Polyimid ist zäh und widerstandsfähig gegen hohe Temperaturen.

Gebräuchlich sind auch **verstärkte Kunstharzscheiben**, in denen eine Verstärkung durch eine oder mehrere Schichten aus Glasfaservlies unterschiedlicher Maschengrößen erreicht wird. Die Verstärkung hat weniger die Aufgabe, die Festigkeit zu verbessern, sondern soll vor allem den Zerfall der Scheibe abschwächen, falls die Scheibe aus irgendeinem Grund brechen sollte. Scheiben mit großem Durchmesser können eine zusätzliche Unterstützung durch einen oder mehrere Innenringe (aus Stabstahl bestehend) erhalten, die beim Pressen der Scheibe eingelegt werden.

3 **Gummi** bietet die flexibelste Bindung, die bei Schleifscheiben üblich ist. Um derartige Scheiben herzustellen, mischt man Naturkautschuk, Schwefel und Schleifkörner, walzt die Mischung zu Blechen, schneidet die Scheiben aus und erhitzt sie unter Druck, um den Gummi zu vulkanisieren. Auf diese Weise lassen sich dünne Scheiben fertigen, wie sie zum Beispiel in Trennschleifern als Trennscheiben eingesetzt werden.

4 **Metall:** Aus Diamant oder kubischem Bornitrid bestehende Schleifkörner werden in einer Metallmatrix an den Umfang einer Metallscheibe bis zu einer Tiefe von typischerweise 6 mm oder weniger gebunden (siehe Abbildung 9.3). Die Bindung erfolgt unter hohem Druck bei hohen Temperaturen. Je nach den Anforderungen an die Schleifscheibe hinsichtlich Festigkeit, Steifigkeit und Maßhaltigkeit kann die Scheibe an sich (der Kern) aus Aluminium, Bronze, Stahl, Keramik oder Verbundwerkstoffen bestehen. Superschleifende Scheiben lassen sich geschichtet herstellen, wobei eine einzelne Schleifschicht auf eine Metallscheibe plattiert oder hartgelötet wird.

5 **Andere Bindemittel:** Außer den oben beschriebenen Bindungen gibt es auch *Silikat*-, *Schellack*- und *Oxychlorid*-Bindungen. Da derartige Bindungen kaum eine Bedeutung haben, werden sie hier nicht weiter behandelt.

9.3.2 Schleifscheibengüte und -struktur

Die **Güte** eines gebundenen Schleifmittels ist ein Maß für die Festigkeit der Bindung. Sie umfasst sowohl den *Typ* als auch die *Menge* des Bindemittels in der Scheibe. Da Festigkeit und Härte direkt in Beziehung stehen, bezeichnet man die Güte auch als die *Härte* eines gebundenen Schleifmittels. Somit besitzt eine harte Schleifscheibe eine festere Bindung und/oder eine größere Menge an Bindungsmaterial als eine weiche Schleifscheibe. Die *Struktur* ist ein Maß für die **Porosität** (die Abstände zwischen den Körnern, wie in Abbildung 9.1 gezeigt) des gebundenen Schleifmittels. Eine gewisse Porosität ist wichtig, um Freiraum für die Schleifspäne zu gewährleisten. Andernfalls würden die Späne den Schleifvorgang behindern. Die Struktur von gebundenen Schleifmitteln reicht von dicht bis offen (siehe Abbildung 9.4). Bei Schleifscheiben ist es üblich, weitere Angaben zur Größe der Scheibe, ihrer Dicke, der Zahl und Tiefe von Aussparungen und der Größe der Zentralbohrung zu machen. So bezeichnet man mit

$$A\,400 \times 100 \times 127 - 2 - 200 \times 6 \text{ DIN } 69126 - A\,60\,L\,5\,B\,45$$

nach der Norm DIN 69126 eine Schleifscheibe mit geradem Rand (A), Außendurchmesser 400 mm, Dicke (Breite) 100 mm, Durchmesser des Zentrallochs 127 mm, dort beidseitige Aussparungen mit einem Durchmesser von 200 mm und einer Tiefe von 6 mm. Die Schleifscheibe ist für eine maximale Umfangsgeschwindigkeit von 45 m/s geeignet. Die restliche Bezeichnung entspricht dem System, das in Abbildung 9.4 gezeigt ist.

9.4 Mechanik des Schleifens

Prinzipiell ist Schleifen ein *spanabhebender Vorgang*, bei dem das Schneidewerkzeug ein einzelnes Schleifkorn ist. Die folgenden Faktoren unterscheiden die Wirkung eines einzelnen Korns von der eines Einpunktschneidewerkzeugs (siehe Abbildung 8.2).

1. Das einzelne Korn besitzt eine unregelmäßige Geometrie und ist auf dem Umfang der Scheibe an zufälligen Positionen zu finden (▶ Abbildung 9.6).
2. Der durchschnittliche Spanwinkel der Körner ist stark negativ und liegt typischerweise bei −60° oder noch darunter. Folglich sind die Scherwinkel sehr gering (siehe Abschnitt 8.2.4).
3. Die Körner auf dem Umfang einer Schleifscheibe weisen unterschiedliche Radialpositionen auf.
4. Die Schnittgeschwindigkeiten von Schleifscheiben liegen sehr hoch (Tabelle 9.2), typischerweise in der Größenordnung von 30 m/s.

▶ Abbildung 9.7 zeigt ein Beispiel für die Spanbildung durch ein Schleifkorn. Hier sind deutlich der negative Spanwinkel, der kleine Scherwinkel und die geringe Größe des Spans zu erkennen (siehe auch Beispiel 9.1). Schleifspäne lassen sich leicht auf einem Klebestreifen sammeln, der gegen die Funken einer Schleifscheibe gehalten wird. Es zeigt sich, dass beim Schleifen ganz unterschiedliche Metallspäne entstehen.

Die Mechanik des Schleifens und die relevanten Variablen lassen sich am besten untersuchen, wenn man den Vorgang beim *Planschleifen* analysiert, wie ihn ▶ Abbildung 9.8 veranschaulicht. Die Abbildung zeigt eine Schleifscheibe mit dem Durchmesser D, die eine Metallschicht mit einer Tiefe d – der sogenannten **Scheibeneintauchtiefe** – abträgt. Ein einzelnes Korn auf dem Umfang der Scheibe bewegt sich mit einer Umfangsgeschwindigkeit V (*Gegenlauf-* oder *konventionelles Schleifen*, wie in Abbildung 9.8 gezeigt; siehe auch Fräsen, Abschnitt 8.10.1) und das Werkstück bewegt sich mit einer Geschwindigkeit v relativ zum Mittelpunkt der Scheibe. Das Korn trägt einen Span mit einer **Spanungs-**

9.4 Mechanik des Schleifens

Tabelle 9.2: Typische Bereiche für die Geschwindigkeiten und den Vorschub bei der schleifenden Bearbeitung

Verfahrensparameter	Konventionelles Schleifen	Schleichgang-schleifen	Polieren mit Schwabbelscheibe	Polieren
Schleifkörpergeschwindigkeit (m/min)	1500–3000	1500–3000	1800–3600	1500–2400
Arbeitsgeschwindigkeit (m/min)	10–60	0,1–1	–	–
Vorschub (mm/Durchlauf)	0,01–0,05	1–6	–	–

Abbildung 9.6: Vergrößerte Ansicht der Oberfläche einer Schleifscheibe (A46Jot8V). Man erkennt die in Größe und Orientierung zufälligen Schleifkörner, Poren, Abflachungen der Körner durch Verschleiß (siehe auch Abbildung 9.7b) und Späne des bearbeiteten Metalls, die an den Schleifkörnern haften.

dicke (**Schnitttiefe des Korns**) t in der Kontaktlänge l ab. Unter der Bedingung $v \ll V$ beträgt die **Kontaktlänge** l ungefähr

$$l \simeq \sqrt{Dd}. \tag{9.1}$$

Beim **Außenrundschleifen** (siehe Abschnitt 9.6) ist die Kontaktlänge

$$l = \sqrt{\frac{Dd}{1 + (D/D_\mathrm{w})}} \tag{9.2}$$

beim **Innenrundschleifen** beträgt sie

$$l = \sqrt{\frac{Dd}{1 - (D/D_\mathrm{w})}}, \tag{9.3}$$

wobei D_w der Durchmesser des Werkstücks ist.

Die Beziehung zwischen t und anderen Prozessvariablen lässt sich wie folgt ableiten: Es seien C die Anzahl der Schneidpunkte pro Flächeneinheit der Scheibenoberfläche, v die Geschwindigkeit, mit der

9 Materialabtragverfahren: Abrasiv, chemisch, elektrisch und mit Strahlen

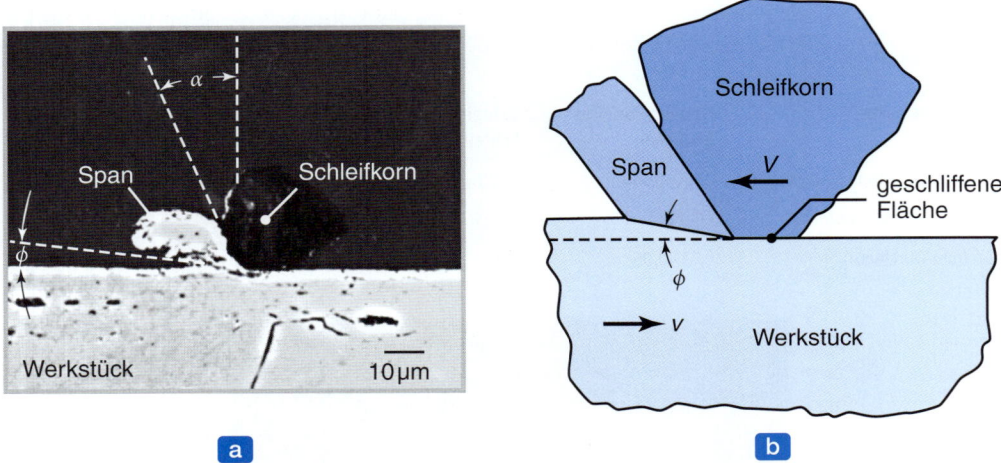

Abbildung 9.7: (a) Schleifspan, der von einem einzelnen Schleifkorn produziert wird. Der Spanwinkel ist groß und negativ. (b) Schematische Darstellung der Spanbildung beim Schleifen. Der Spanwinkel ist negativ, der Scherwinkel ist klein. Es bildet sich eine Abflachung des Schleifkorns durch Verschleiß. Nach M.E. Merchant.

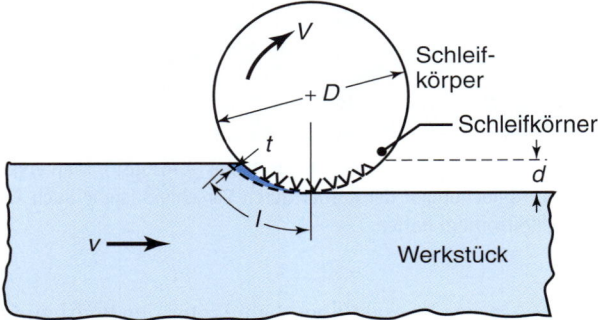

Abbildung 9.8: Größen beim Planschleifen. Die Eintauchtiefe der Schleifscheibe d und die Kontaktlänge l sind in der Realität sehr viel kleiner als der Scheibendurchmesser D. Die Größe t heißt Schnitttiefe des Schleifkorns. V ist die Umfangsgeschwindigkeit der Schleifscheibe, ω ihre Winkelgeschwindigkeit. Die Oberflächengeschwindigkeit des Werkstücks ist v.

sich der Mittelpunkt der Scheibe relativ zur Werkstückoberfläche bewegt und V die Umfangsgeschwindigkeit der Schleifscheibe (Abbildung 9.8). Nimmt man die Breite des Werkstücks mit 1 an, dann berechnet sich die Anzahl der pro Zeiteinheit produzierten Schleifspäne zu VC und das Volumen des abgetragenen Materials pro Zeiteinheit zu vd.

Ist r das Verhältnis der Spanbreite w und der durchschnittlichen Spandicke, so berechnet sich das **Volumen eines Spans** mit einer rechteckigen Querschnittsfläche und konstanter Breite über seiner Länge zu

$$V_{\text{Span}} = \frac{wtl}{2} = \frac{rt^2 l}{4}. \tag{9.4}$$

9.4 Mechanik des Schleifens

Das Volumen des pro Zeiteinheit abgetragenen Materials ist das Produkt aus dem Volumen eines Spans und der Anzahl der pro Zeiteinheit produzierten Späne. Folglich ergibt sich mit

$$VC\frac{rt^2 l}{4} = vd$$

und der Beziehung $l = \sqrt{Dd}$ die Spanungstiefe des Korns beim Schleifen zu

$$t = \sqrt{\frac{4v}{VCr}\sqrt{\frac{d}{D}}}\,. \tag{9.5}$$

Experimente haben gezeigt, dass der Wert von C ungefähr in der Größenordnung von 0,1 bis 10 mm^{-2} liegt – je feiner die Körnung der Scheibe, desto größer ist diese Zahl. Bei den meisten Schleifvorgängen bewegt sich r zwischen 10 und 20. Setzt man in die Gleichungen (9.1) bis (9.5) typische Werte ein, ist zu erkennen, dass l und t sehr kleine Größen sind. Zum Beispiel liegen typische Werte für t im Bereich von 0,3 bis 0,4 μm.

Beispiel 9.1 Spanabmessungen beim Schleifen

Schätzen Sie die Kontaktlänge (= unverformte Spanlänge) und Spanungsdicke für einen typischen Planschleifvorgang. Nehmen Sie $D = 200$ mm, $d = 0{,}05$ mm und $C = 2$ mm^{-2} an.

Lösung: Die Formeln für Kontaktlänge bzw. Spanungsdicke lauten:

$$l = \sqrt{Dd} \quad \text{und} \quad t = \sqrt{\frac{4v}{VCr}\sqrt{\frac{d}{D}}}\,.$$

Der Tabelle 9.2 entnehmen wir folgende Zahlenwerte:

$$v = 0{,}5 \,\text{m/s} \quad \text{und} \quad V = 30 \,\text{m/s}\,.$$

Somit gelten

$$l = \sqrt{200 \times 0{,}05} = 3{,}2 \,\text{mm}$$

und

$$t = \sqrt{\frac{4 \times 0{,}5}{30 \times 2 \times 15}\sqrt{\frac{0{,}05}{200}}} = 0{,}006 \,\text{mm}\,.$$

Aufgrund der plastischen Verformung (Stauchung) ist die tatsächliche Länge des Spans kürzer als die Kontaktlänge und seine Dicke größer als der berechnete Wert (siehe Abbildung 9.7).

9.4.1 Kräfte beim Schleifen

Die Kenntnis der Kräfte ist nicht nur wichtig für den Entwurf von Schleifmaschinen und Spanneinrichtungen, sondern auch, um die Auslenkungen zu bestimmen, die Werkstück und Maschine erfahren. Die Auslenkungen wirken sich ihrerseits nachteilig auf die Maßhaltigkeit des Werkstücks aus, was speziell beim Feinschleifen kritisch ist.

Nimmt man an, dass die Kraft auf das Schleifkorn (siehe die Diskussion zur Schnittkraft F_c in Abschnitt 8.2.3) proportional zur Querschnittsfläche des unverformten Spans ist, lässt sich zeigen, dass die **relative Kraft auf das Schneidkorn** F_k (in mm^{-2}) durch den Ausdruck

$$F_k \propto \frac{v}{VC}\sqrt{\frac{d}{D}} \tag{9.6}$$

gegeben ist. Die **effektive Kraft** ist dann das Produkt aus relativer Kraft und der Festigkeit des geschliffenen Metalls.

Die beim Erzeugen eines Schleifspans verbrauchte **spezifische Energie** besteht aus drei Komponenten:

$$u = u_{\text{Span}} + u_{\text{P}} + u_{\text{G}} \,. \tag{9.7}$$

Die Größe u_{Span} ist die für die Spanbildung durch plastische Verformung erforderliche spezifische Energie. Die Komponente u_{P} bezeichnet die spezifische Energie, die zum Pflügen (zur Furchung) benötigt wird, d. h. für eine plastische Verformung ohne Abtragen eines Spans (▶ Abbildung 9.9). Der letzte Term u_{G} lässt sich am besten an der Darstellung des Korns in Abbildung 9.7b verstehen. Das Korn entwickelt eine **Verschleißfläche** als Ergebnis des Schleifvorgangs (ähnlich dem Freiflächenverschleiß bei Schneidewerkzeugen, siehe Abschnitt 8.3). Die Verschleißfläche steht mit der zu schleifenden Oberfläche in Kontakt und erfordert aufgrund der Reibung Energie zum Gleiten. Je größer die Verschleißfläche ist, desto höher ist die Schleifkraft.

Tabelle 9.1 gibt typische Werte für die benötigte spezifische Energie beim Schleifen an. Diese Energieniveaus sind wesentlich höher als bei Schneidvorgängen mit Einpunktwerkzeugen, wie sie in Tabelle 8.3 angegeben sind. Dieser Unterschied ist auf die folgenden Faktoren zurückzuführen:

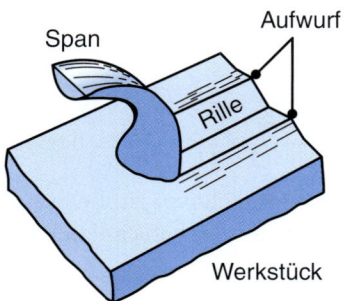

Abbildung 9.9: Spanbildung und Pflügen (plastische Verformung ohne Spanentfernen) auf einer Werkstückoberfläche durch ein Schleifkorn.

1. **Größeneinfluss:** Die Schleifspäne sind verglichen mit Spänen, die bei anderen Zerspanvorgängen entstehen, ungefähr zwei Größenordnungen kleiner. Wie Abschnitt 3.8.3 erläutert hat, ist die Festigkeit eines Metallteils umso höher, je kleiner es ist. Deshalb ist die spezifische Energie beim Schleifen höher als bei anderen Zerspanvorgängen. Untersuchungen haben gezeigt, dass in der Scherzone während der Spanbildung äußert hohe Versetzungsdichten (siehe Abschnitt 3.3.3) auftreten, was die Schleifenergie aufgrund erhöhter Festigkeit beeinflusst.
2. Eine **Verschleißfläche** (siehe Abbildung 9.7b) dissipiert beim Gleiten Reibungsenergie. Diese Energie trägt beträchtlich zum Gesamtenergiebedarf bei. Die Größe der Verschleißfläche beim Schleifen ist wesentlich größer als der Schleifspan, im Unterschied zum Spanen mit einem Einpunktwerkzeug, wo der Bereich des Flankenverschleißes klein im Vergleich zur Größe des Spans ist (siehe Abschnitt 8.3).
3. **Spanmorphologie:** Da der durchschnittliche Spanwinkel eines Korns stark negativ ist (siehe Abbildung 9.7), sind die Scherdehnungen beim Schleifen sehr groß. Das weist darauf hin, dass die erforderliche Energie für die plastische Verformung, um einen Schleifspan zu produzieren, höher als bei anderen Zerspanvorgängen ist. Darüber hinaus verbraucht Pflügen Energie, ohne zur Spanbildung beizutragen (siehe Abbildung 9.9).

Beispiel 9.2 **Kräfte beim Planschleifen**

Ein Werkstück aus kohlenstoffarmem Stahl ist planzuschleifen. Verwendet wird hierzu eine Schleifscheibe mit einem Durchmesser $D = 254\,\text{mm}$, die sich mit $N = 4000\,\text{Umdr./min}$ dreht. Die Scheibenbreite beträgt 25,4 mm, die Schleiftiefe 0,05 mm und der Vorschub des Werkstücks $v = 1520\,\text{mm/min}$. Berechnen Sie die Schnittkraft F_c (die Kraft tangential zur Scheibe) und die Passivkraft F_n (die Kraft senkrecht auf das Werkstück).

Tabelle 9.3: Spezifische Energie für das Flächenschleifen (Richtwerte)

Werkstückwerkstoff	Härte	Spezifische Energie Ws/mm^3
Aluminium	150 HBW	7–27
Gusseisen	215 HBW	12–60
Stahl (C20)	110 HBW	14–68
Titanlegierung	300 HBW	16–55
Schnellarbeitsstahl	67 HRC	18–82

Lösung: Zuerst ermitteln wir die Abtragsgeschwindigkeit (das **Zeitspanungsvolumen**) Q wie folgt:

$$Q = dwv = 0,05 \times 25,4 \times 1520 = 1930\,\text{mm}^3/\text{min} = 32,17\,\text{mm}^3/\text{s}\,.$$

Die dafür benötigte Leistung ist gegeben durch

$$P = uQ,$$

wobei u die spezifische Energie gemäß Tabelle 9.3 ist. Für kohlenstoffarmen Stahl schätzen wir u mit 41 Ws/mm³ ab. Folglich ist

$$P = 41 \times 32{,}17 = 1319\,\text{W}.$$

Da die Leistung als

$$P = T\omega$$

definiert ist, ergibt sich für das Drehmoment T

$$T = \frac{P}{\omega} = \frac{1319}{2\pi \frac{4000}{60}} = 3{,}149\,\text{Nm},$$

wobei ω die Winkelgeschwindigkeit in Radianten pro Sekunde ist. Somit erhalten wir für die Kraft F_c:

$$T = F_c \frac{D}{2} \rightarrow F_c = \frac{2T}{D} = \frac{2 \times 3{,}149}{0{,}254} = 24{,}8\,\text{N}.$$

Aus experimentellen Daten in der Fachliteratur geht hervor, dass die Passivkraft etwa 30 % höher als die Schnittkraft F_c ist. Somit lässt sich die Passivkraft F_n zu

$$F_n = 1{,}3 F_c = 32\,\text{N}$$

berechnen.

9.4.2 Temperatur beim Schleifen

Beim Schleifen ist der **Temperaturanstieg** unbedingt zu beachten, da er die Oberflächeneigenschaften nachteilig beeinflussen und Eigenspannungen im Werkstück verursachen kann. Darüber hinaus kommt es durch Temperaturgradienten im Werkstück zu Verzügen aufgrund thermischer Ausdehnung und Kontraktion. Wenn ein Teil der beim Schleifen erzeugten Wärme in das Werkstück abgeleitet wird, dehnt sich das zu schleifende Teil aus, sodass sich die Maßgenauigkeit schwer kontrollieren lässt. Die beim Schleifen aufgewendete Arbeit wird hauptsächlich in Wärme umgewandelt. Der *Anstieg der Oberflächentemperatur* ΔT ist eine Funktion aus dem Verhältnis von zugeführter Gesamtenergie zu geschliffener Oberfläche. Wenn also die geschliffene Oberfläche beim *Planschleifen* die Breite w und die Länge L hat, ist

$$\Delta T \propto \frac{uwLd}{wL} = ud. \tag{9.8}$$

Wenn wir den Größeneinfluss einführen und annehmen, dass sich u umgekehrt proportional zur Spanungsdicke t verhält, ergibt sich der Temperaturanstieg zu

$$\Delta T \propto D^{1/4} d^{3/4} \left(\frac{V}{v}\right)^{1/2}. \tag{9.9}$$

Die **Spitzentemperatur** bei der Spanerzeugung während des Schleifens kann bis zu 1650 °C erreichen. Allerdings ist die Zeit, in der ein Span erzeugt wird, äußerst kurz (in der Größenordnung von Mikrosekunden), sodass die Späne nicht unbedingt schmelzen müssen. Da die Späne genau wie bei der spanenden Bearbeitung einen großen Teil der erzeugten Wärme abführen (siehe Abbildung 8.18), gelangt nur ein Bruchteil der entstandenen Wärme in das Werkstück. Aus Versuchen geht hervor, dass rund die Hälfte der beim Schleifen verbrauchten Energie an den Span abgegeben wird, d. h. ein weit größerer Anteil als bei spanender Beabeitung (siehe Abschnitt 8.2). Dagegen wird die durch Gleiten und Pflügen erzeugte Wärme vorwiegend in das Werkstück geleitet.

Funken: Die beim Schleifen von Metallen zu beobachtenden Funken sind glühende Späne. Das Glühen ist auf die **exotherme Reaktion** der heißen Späne mit dem Sauerstoff der Atmosphäre zurückzuführen. Beim Schleifen von Metall in einer sauerstofffreien Umgebung entstehen keine Funken. Farbe, Intensität und Gestalt der Funken hängen von der Zusammensetzung des geschliffenen Metalls ab. Ist die Wärme, die durch die exotherme Reaktion entsteht, genügend hoch, kann der Span schmelzen und sich aufgrund der Oberflächenspannung als glänzendes Kugelteilchen erstarren. Unter dem Elektronenmikroskop lässt sich erkennen, dass diese Teilchen hohl sind und eine feine dendritische Struktur aufweisen (siehe Abbildung 5.8), die darauf hinweist, dass die Teilchen einmal geschmolzen (durch exotherme Oxidation von heißen Spänen in der Luft) und schnell wieder erstarrt sind. Man geht zudem davon aus, dass einige der kugelförmigen Teilchen auch durch plastische Verformung und Einrollen von Spänen an der Schleifkorn-Werkstück-Grenzfläche während des Schleifens entstehen können.

9.4.3 Auswirkungen der Temperatur beim Schleifen

Die Temperatur wirkt sich beim Schleifen vor allem wie folgt aus:

1. **Anlassen:** Durch das Schleifen verursachter übermäßiger Temperaturanstieg kann die Oberflächen von Stahlkomponenten, die oftmals im wärmebehandelten und gehärteten Zustand geschliffen werden, glühen bzw. anlassen (Abschnitt 3.12.5) und erweichen. Die Parameter für den Schleifvorgang sind deshalb sorgfältig auszuwählen, um übermäßigen Temperaturanstieg zu vermeiden. Mit Schleifflüssigkeiten (Abschnitt 9.6.9) läßt sich die Temperatur gut kontrollieren.

2. **Schleifbrand:** Steigt die Temperatur zu stark an, kann die Werkstückoberfläche verbrennen. Das führt auf Stählen zu einer bläulichen Färbung, die auf eine Oxidation bei hohen Temperaturen hinweist. Eine solche Stelle ist an sich nicht zu beanstanden. Allerdings können in den Oberflächenschichten Gefügeumwandlungen stattfinden, wobei sich z. B. in kohlenstoffreichen Stählen Martensit zufolge der Reaustenitisierung gefolgt von schneller Abkühlung bildet (siehe Abschnitt 3.12). Dieser als *metallurgischer Schleifbrand* bekannte Effekt ist besonders bei Legierungen auf Nickelbasis problematisch.

3. **Warmrissbildung:** Die hohen Temperaturen beim Schleifen führen zu thermischen Spannungen und können sogenannte *Warmrisse* auf der Werkstückoberfläche hervorrufen (siehe auch Abschnitt 5.10.3). Risse verlaufen üblicherweise senkrecht zur Schleifrichtung. Allerdings können sich beim Schleifen unter hohen Lasten auch parallele Risse entwickeln. Warmrissbildung ist sowohl wegen der Schädigung als auch aufgrund von ästhetischen Gesichtspunkten nachteilig.

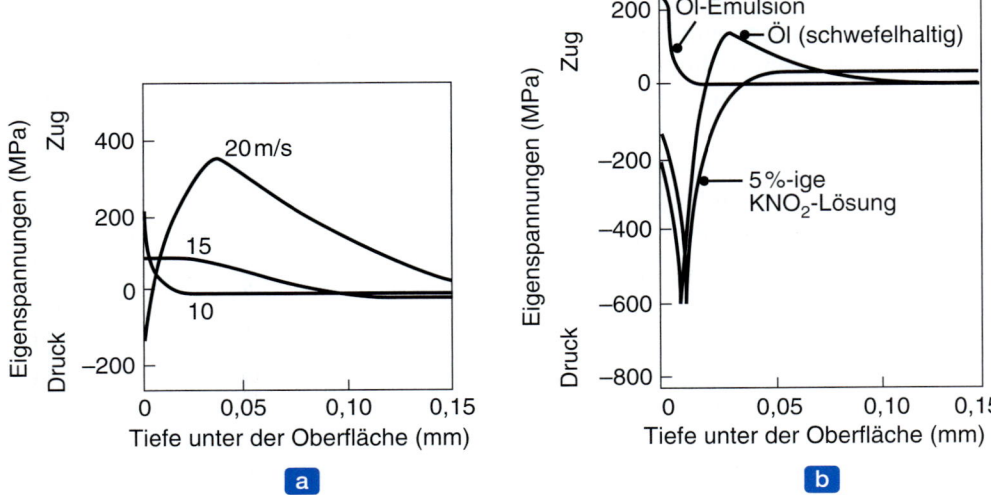

Abbildung 9.10: Eigenspannungen in der Nähe der Werkstückoberfläche beim Schleifen von Wolfram: (a) Einfluss der Umfangsgeschwindigkeit der Schleifscheibe, (b) Wirkung einer Schleifflüssigkeit. Zugeigenspannungen in der Nähe der Oberfläche wirken sich negativ auf die Ermüdungsbeständigkeit des geschliffenen Werkstücks aus. Die Parameter des Schleifens können so eingestellt werden, dass die Eigenspannungen minimiert werden (*sanftes Schleifen*). Nach N. Zlatin.

4 **Eigenspannungen** beim Schleifen entstehen in erster Linie durch Temperaturwechsel und -gradienten innerhalb des Werkstücks. Weitere Faktoren sind die physischen Interaktionen des Schleifkorns bei der Spanbildung und das reibende Gleiten der Verschleißfläche auf der Werkstückoberfläche, wodurch es zu plastischer Verformung der Oberfläche kommt. ▶ Abbildung 9.10 zeigt zwei Beispiele für Eigenspannungen beim Schleifen und demonstriert die Wirkungen von Scheibengeschwindigkeit und Art der verwendeten Schleifflüssigkeit. Ein spürbarer Einfluss auf die Eigenspannungen ergibt sich auch daraus, wie und in welcher Richtung die Schleifflüssigkeit angewendet wird. Aufgrund der schädlichen Folgen von Zugeigenspannungen auf die Ermüdungsfestigkeit (Abschnitt 3.8.2) sind die Prozessparameter geeignet auszuwählen. In der Regel lassen sich Eigenspannungen durch die Verwendung von Scheiben mit weicherer Güte (*Automatenschleifscheiben*), geringeren Scheibendrehzahlen und höheren Arbeitsgeschwindigkeiten verringern, eine als **spannungsarmes** oder **sanftes Schleifen** bezeichnete Prozedur.

9.5 Verschleiß von Schleifkörpern

Der Verschleiß von Schleifscheiben ist ein wichtiger Faktor, da er analog zum Verschleiß von Schneidewerkzeugen (Abschnitt 8.3) die Form und Genauigkeit der geschliffenen Oberflächen beeinflusst. Beim Verschleiß von Schleifscheiben wirken die folgenden drei Mechanismen:

1 **Abrieb:** Die Schneidkanten eines scharfen Korns stumpfen durch Abnutzung (den sogenannten *Abriebverschleiß*) ab, wobei sich analog zum Freiflächenverschleiß bei Schneidewerkzeugen eine

Verschleißfläche bildet (siehe Abbildung 9.7b). Verschleiß entsteht durch Interaktion des Korns mit dem Werkstückwerkstoff, die in komplexen physikalischen und chemischen Reaktionen resultiert. Dazu gehören Diffusion, chemischer Abbau oder Zersetzung des Korns, Bruch im mikroskopischen Bereich, plastische Verformung und Schmelzen.

Der Abriebverschleiß ist gering, wenn sich zwei Materialien zueinander chemisch träge verhalten, wie es etwa bei Verwendung von Schneidewerkzeugen der Fall ist. Je träger die Werkstoffe in dieser Hinsicht sind, desto geringer ist die Neigung, dass zwischen dem Korn und dem zu schleifenden Werkstück eine Reaktion und Adhäsion auftritt. Da sich zum Beispiel Aluminiumoxid relativ träge gegenüber Eisen verhält, ist seine Abriebsrate beim Schleifen von Stahl wesentlich geringer als die von Siliziumkarbid und Diamant. Andererseits kann sich Siliziumkarbid in Eisen lösen und ist folglich nicht geeignet, um Stahl zu schleifen. Kubisches Bornitrid besitzt eine höhere chemische Inertheit gegenüber Stahl und kommt deshalb als Schleifmittel infrage. Folglich sollte die Art des Schleifmittels im Hinblick auf geringen Abrieb nach der Reaktivität von Schleifkorn und Werkstück sowie ihren entsprechenden mechanischen Eigenschaften wie Härte und Zähigkeit ausgewählt werden. Die Umgebung und die Art der verwendeten Schneidflüssigkeit wirken sich ebenfalls auf die Wechselwirkungen zwischen Korn- und Werkstückwerkstoff aus.

2 **Kornbruch:** Da Schleifkörner spröde sind, ist ihr Bruchverhalten beim Schleifen wichtig. Wenn die Verschleißfläche durch Abriebverschleiß übermäßig groß ist, wird das Korn stumpf – der Schleifvorgang ist uneffizient und erzeugt hohe Temperaturen. Das Korn sollte möglichst nicht allzu schnell brechen oder fragmentieren, sodass beim Schleifen kontinuierlich neue scharfe Schneidkanten erzeugt werden. Dieser Vorgang ist vergleichbar mit dem Auseinanderbrechen eines stumpfen Kreidestücks in zwei oder mehr Teile, um neue scharfe Kanten zu erhalten. Die in Abschnitt 9.2 beschriebene **Zerbrechlichkeit**, die den Schleifmitteln ihre selbstschärfenden Eigenschaften verleiht, ist ein wichtiger Aspekt für wirksames Schleifen.

Die Auswahl von Korntyp und -größe für eine bestimmte Anwendung hängt auch von der Rate des Abriebverschleißes ab. Eine Korn-Werkstückwerkstoff-Kombination mit hohem Abriebverschleiß und niedriger Zerbrechlichkeit verursacht ein Abstumpfen der Körner und die Entwicklung einer großen Verschleißfläche. Das Schleifen ist dann ineffizient und es treten vermehrt Oberflächenschäden wie zum Beispiel Einbrennen auf.

Für die Kornauswahl werden allgemein folgende Kombinationen empfohlen:

- **a** **Aluminiumoxid:** für Stähle, Eisenlegierungen und legierte Stähle;
- **b** **Siliziumkarbid:** für Gusseisen, Nichteisenmetalle, harte und spröde Werkstoffe (wie zum Beispiel Karbide, Keramiken, Marmor und Glas);
- **c** **Diamant:** für Keramik, Hartmetalle mit Keramiküberzug und bestimmte gehärtete Stähle;
- **d** **Kubisches Bornitrid:** für Stähle und Gusseisen bei 50 HRC (wie zum Beispiel gehärtete Werkzeugstähle) oder darüber sowie für Hochtemperatur-Superlegierungen.

Bindemittelbruch: Die Festigkeit der Bindung (*Güte*) ist ein signifikanter Parameter beim Schleifen. Ist die Bindung zu fest, können stumpfe Körner nicht weggedrängt werden, sodass andere, scharfe Körner auf dem Umfang der Schleifscheibe mit dem Werkstück in Berührung kommen und Späne bilden und entfernen. Somit wird der Schleifvorgang ineffizient. Wenn dagegen die Bindung zu schwach ist, werden die Körner zu leicht entfernt und die Verschleißrate der Scheibe steigt an. Dadurch ist es schwierig, die Maßhaltigkeit des Werkstücks zu gewährleisten. Für härtere Werkstoffe sind weichere Bindungen besser geeignet. Zudem lassen sich damit Eigenspannungen und thermisch bedingte Beschädigungen am Werkstück verringern. Scheiben hoher Güte eignen sich für weichere Werkstoffe und das Abtragen großer Materialmengen bei hohen Geschwindigkeiten (siehe auch Abschnitt 9.5.3).

9.5.1 Abrichten und Profilieren von Schleifscheiben

Unter **Abrichten** versteht man das Aufbereiten abgenutzter Körner auf der Oberfläche einer Schleifscheibe, um neue scharfe Körner zu erzeugen und um einen genauen Rundlauf der Scheibe zu erreichen. Ein Abrichten macht sich erforderlich, wenn die Scheibe durch übermäßigen Abrieb abstumpft (aufgrund der glänzenden Scheibenoberfläche als **Glasur** bezeichnet) oder die Scheibe verschmiert, d. h. die Poren der Wirkflächen mit Spänen zugesetzt werden. **Verschmieren** kann (a) beim Schleifen weicher Werkstückwerkstoffe, (b) durch falsche Auswahl der Schleifscheibe (z. B. einer Scheibe mit geringer Porosität) und (c) durch falsche Auswahl der Bearbeitungsparameter auftreten. Es liegt auf der Hand, dass das Schleifen mit einer zugesetzten bzw. verschmierten Scheibe ineffizient ist, viel Reibungswärme erzeugt, Oberflächenschäden auf dem Werkstück hervorruft und zu ungenügender Maßhaltigkeit führt.

Zum Abrichten setzt man folgende Verfahren ein:

1. Ein Werkzeug mit einer speziell geformten Diamantspitze oder mehreren Diamanten wird über die Breite der Schleiffläche einer sich drehenden Schleifscheibe entlang geführt. Dabei trägt es mit jedem Durchlauf eine kleine Schicht von der Scheibenoberfläche ab. Diese Methode lässt sich trocken oder nass (unter Verwendung von Schleifflüssigkeiten) einsetzen, je nachdem, ob die Scheibe für Trocken- bzw. Nassschleifen verwendet wird.

2. Ein Satz von sternförmigen Stahlscheiben wird von Hand gegen die sich drehende Schleifscheibe gedrückt, wobei Material von der Scheibenoberfläche durch Brechen (Zersplittern) der Körner entfernt wird. Diese Methode produziert eine grobe Schleifoberfläche auf der Scheibe und eignet sich nur für Schleifscheiben zum Schruppschleifen auf Bett- oder Ständerschleifmaschinen (Abschnitt 9.6.5).

3. Beim Schleifen mit weicheren Scheiben ist es üblich, *Schleifstäbe* gegen die Wirkfläche zu halten. Allerdings ist dieses Verfahren nicht für Feinschleifvorgänge geeignet.

4. Zu den jüngeren Entwicklungen der Abrichttechniken für metallgebundene Diamantschleifscheiben gehören Verfahren mit elektrischer Entladung und elektrochemischer Bearbeitung, die sehr kleine Schichten des gebundenen Metalls erodieren und somit neue Diamantschneidkanten freilegen.

5. Abrichten beim Profilschleifen erfolgt, indem eine Metallwalze auf die Oberfläche der Schleifscheibe – normalerweise eine keramisch gebundene Scheibe – gedrückt wird (*Pressrollabrichten*). Die Walze (die aus Schnellarbeitsstahl, Wolframkarbid oder Borkarbid besteht) besitzt ein durch spanende Bearbeitung oder Schleifen hergestelltes Profil und reproduziert dieses Profil auf die Oberfläche der abzurichtenden Schleifscheibe (▶ Abbildung 9.11).

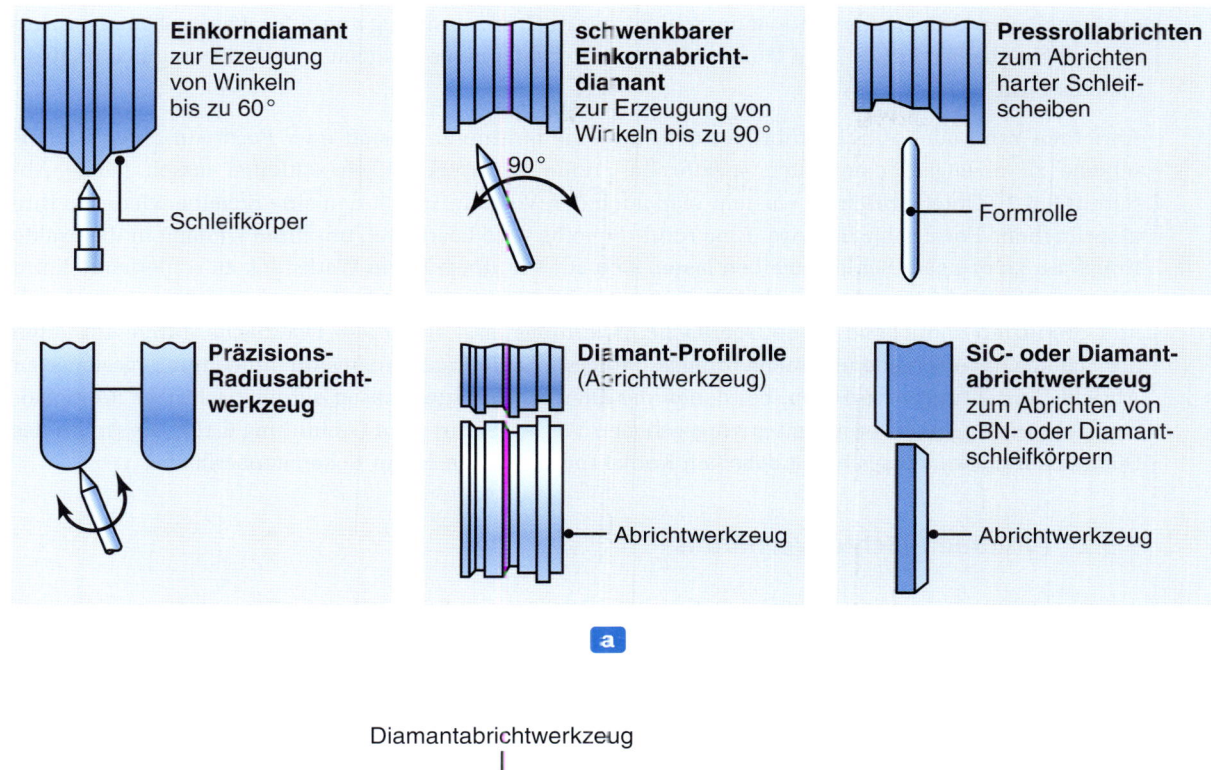

Abbildung 9.11: (a) Abrichten von Schleifscheiben und (b) Profilieren der Wirkfläche einer Schleifscheibe durch computergesteuertes Abrichten. Das Diamantabrichtwerkzeug steht im Kontaktpunkt senkrecht auf die Wirkfläche der Schleifscheibe. Nach OKUMA America Corporation.

Das verwendete Abrichtverfahren und die Häufigkeit, mit der die Schleifscheibe abgerichtet wird, sind wichtige Größen, die sich auf die Schleifkräfte und Oberflächengüte des Werkstücks auswirken. Moderne computergesteuerte Schleifmaschinen (Abschnitt 9.6) sind mit automatischen Vorrichtungen versehen, die die Scheibe während des Schleifvorgangs abrichten und zentrieren. Für eine typische Aluminiumoxidscheibe wird beim Abrichten eine Schicht in der Größenordnung von 5 bis 15 μm abgetragen, bei einer cBN-Scheibe sind es 2 bis 10 μm. Moderne Abrichtsysteme besitzen eine Auflösung bis hinab zu 0,25 bis 1 μm.

Abrichten kann auch durchgeführt werden, um eine bestimmte Gestalt oder Form auf einer Schleifscheibe zu erzeugen, damit sich spezifische Profile auf Werkstücken schleifen lassen (siehe Abschnitt 9.6.2). Unter Abrichten versteht man auch den Vorgang, durch den eine Scheibe wieder in ihre ursprüngliche Form gebracht wird. Eine runde Scheibe wird bearbeitet, um ihren Umfang in die exakte Kreisform zu bringen. Schleifscheiben lassen sich auch in die auf dem Werkstück zu schleifende Form bringen. Die Wirkfläche der in Abbildung 9.2a gezeigten geraden Scheibe vom Typ 1 ist zylindrisch und produziert somit eine ebene Oberfläche. Allerdings lässt sich diese Oberfläche durch Abrichten der Scheibe in verschiedene Formen bringen. Moderne Schleifmaschinen sind mit computergesteuerten Abricht-Einrichtungen versehen, bei denen das Diamantabrichtwerkzeug automatisch über die Scheibenfläche entlang eines bestimmten vorgegebenen Weges geführt wird (Abbildung 9.11). Die Achse des Diamantabrichtwerkzeugs bleibt dabei am Kontaktpunkt senkrecht zur Scheibenoberfläche.

9.5.2 (Volumen-)Schleifverhältnis

Der Verschleiß von Schleifscheiben wird im Allgemeinen mit der Menge des abgeschliffenen Materials über das sogenannte *(Volumen-)Schleifverhältnis G* verknüpft, das als

$$G = \frac{\text{Abgetragenes Werkstoffvolumen}}{\text{Verschleißvolumen des Schleifkörpers}} \tag{9.10}$$

definiert ist. Das Schleifverhältnis variiert über einem großen Bereich von 2 bis über 200 je nach Art der Scheibe, des Werkstückwerkstoffs, der Schleifflüssigkeit und der Prozessparameter wie zum Beispiel Schnitttiefe und Geschwindigkeiten von Scheibe und Werkstück. In der Praxis ist es nicht immer zweckmäßig, ein hohes Schleifverhältnis anzustreben, da hohe Verhältnisse Anzeichen für Kornabstumpfung und mögliche Oberflächenbeschädigungen sind. Ein geringeres Verhältnis ist durchaus akzeptabel, wenn es anhand einer wirtschaftlichen Betrachtung gerechtfertigt ist.

Weichschleifende oder hartschleifende Scheiben: Während eines Schleifvorgangs kann eine bestimmte Scheibe unabhängig von ihrer Güte als *weich* (d. h. mit einer hohen Verschleißrate) oder *hart* (mit geringem Verschleiß) agieren. Zum Beispiel verhält sich ein normaler Bleistift weich, wenn man auf rauem Papier schreibt, und hart auf weichem Papier. Dieses Verhalten ist eine Funktion der Kraft auf das Korn. Je höher die Kraft ist, desto größer ist die Tendenz, dass Körner brechen (absplittern) oder aus der Scheibenoberfläche herausgelöst werden – und desto höher ist der Scheibenverschleiß und desto geringer das Schleifverhältnis. Aus Gleichung (9.6) geht hervor, dass die Kraft auf das Schleifkorn mit der Festigkeit des Werkstückwerkstoffs, der Arbeitsgeschwindigkeit und der Schnitttiefe zunimmt und mit höherer Scheibengeschwindigkeit und größerem Scheibendurchmesser abnimmt. Somit verhält sich eine Scheibe weich, wenn v und d zunehmen oder wenn V und D abnehmen.

> **Beispiel 9.3** **Verhalten einer Schleifscheibe**
>
> Bei einem Planschleifvorgang dreht sich die Scheibe mit konstanter Spindelgeschwindigkeit. Verhält sich die Scheibe weicht oder hart, wenn sie über die Zeit verschleißt?
>
> **Lösung:** Aus Gleichung (9.6) geht hervor, dass sich bei diesem Vorgang die Parameter Oberflächengeschwindigkeit V und Scheibendurchmesser D über die Zeit verändern. Werden beide im Lauf der Zeit kleiner, nimmt die relative Kraft auf das Schleifkorn zu und die Scheibe verhält sich deshalb weicher. Manche Schleifmaschinen sind mit Motoren für variable Spindelgeschwindigkeiten ausgestattet, um diese Änderungen zu berücksichtigen und den Einsatz von Scheiben unterschiedlicher Durchmesser zu ermöglichen.

9.5.3 Schleifscheibenwahl und Schleifbarkeit

Die geeignete Auswahl einer Schleifscheibe für eine bestimmte Anwendung beeinflusst in erheblichem Maß die Qualität der produzierten Oberflächen sowie die Wirtschaftlichkeit des Vorgangs. Die Auswahl wird nicht nur von der Gestalt der Scheibe in Bezug auf die Teileform, sondern auch von den Eigenschaften des Werkstückwerkstoffs bestimmt. Die *Schleifbarkeit* von Werkstoffen lässt sich wie die Zerspanbarkeit (Abschnitt 8.5) oder die Schmiedbarkeit (Abschnitt 6.2.6) nur schwer genau definieren. Sie ist ein allgemeiner Ausdruck dafür, wie leicht es ist, einen Werkstoff zu schleifen, und umfasst Faktoren wie Oberflächenbeschaffenheit, Oberflächenintegrität, Scheibenverschleiß, Zykluszeit und Wirtschaftlichkeit insgesamt. Analog zur Zerspanbarkeit ist es möglich, die Schleifbarkeit durch geeignete Auswahl von Prozessparametern, Art der Scheibe, Schleifflüssigkeiten, Maschineneigenschaften und Spanneinrichtungen erheblich zu verbessern.

Im Lauf der Jahre haben sich verschiedene Schleiftechniken für ein breites Spektrum von metallischen und nichtmetallischen Werkstoffen – einschließlich neu entwickelter Werkstoffe für Luftfahrtanwendungen – etabliert. In einschlägigen Handbüchern finden sich spezifische Empfehlungen für die Auswahl von Schleifscheiben und Prozessparametern. Beispiele für derartige Empfehlungen sind C 60 L 6 V für Gusseisen, A 60 M 6 V für Stahl, C 60 I 9 V oder D 150 R 75 B für Hartmetalle (Karbide) und A 60 K 8 V für Titan. Keramikwerkstoffe lassen sich mithilfe von Diamantschleifscheiben und durch sorgfältige Auswahl der Prozessparameter relativ leicht schleifen. Eine typische Scheibe für Keramiken ist D 150 N 50 M.

Schleifen im duktilen Bereich: Es hat sich gezeigt, dass es bei kleinen Dickenabnahmen und mit steifen Maschinen mit guten Dämpfungseigenschaften möglich ist, kontinuierliche Späne beim Schleifen von Keramiken zu erhalten (siehe Abbildungen 9.9 und 9.7b). Dieses als *Schleifen im duktilen Bereich* bezeichnete Verfahren liefert eine gute Integrität der Werkstückoberfläche. Allerdings haben Keramikspäne typischerweise eine Größe von 1 bis 10 µm und sind demzufolge schwieriger aus Schleifflüssigkeiten zu filtern als Metallspäne.

9.6 Schleifverfahren und Schleifmaschinen

Schleifen wird mit zahlreichen unterschiedlichen Scheiben-Werkstück-Konfigurationen durchgeführt. Die Auswahl eines Schleifvorgangs für eine bestimmte Anwendung hängt von Teilform, Teilgröße, einfacher Einspannbarkeit und erforderlicher Produktionsrate ab. Grundsätzlich unterscheidet man Flächen-, Rund-, Innen- und spitzenloses Schleifen. Die Relativbewegung der Scheibe bei diesen Vorgängen erfolgt entlang der Werkstückoberfläche (**Längsschleifen**, **Durchgangsschleifen** oder **Quervorschubschleifen**) oder radial *in das* Werkstück (**Einstechschleifen**). Planschleifmaschinen machen den größten Anteil der eingesetzten Schleifmaschinen aus, gefolgt von Bankschleifmaschinen (üblicherweise mit zwei Schleifscheiben), Rundschleifmaschinen sowie Werkzeug- und Stichelschleifmaschinen.

Moderne Schleifmaschinen sind computergesteuert und besitzen Einrichtungen zum automatischen Beschicken und Entnehmen, Spannen, Durchlaufen, Kalibrieren, Abrichten und Schärfen. Zudem können Schleifmaschinen mit Sonden und Messeinrichtungen ausgestattet sein, um die relative Lage von Scheiben- und Werkstückoberflächen zu ermitteln, sowie mit Tasteinrichtungen, die einen eventuellen Bruch des Diamantabrichtwerkzeugs in der Abrichtphase melden können. Da Schleifscheiben spröde sind und bei hohen Geschwindigkeiten eingesetzt werden, sind bestimmte Abläufe im Umgang, bei der Wartung und Verwendung sorgfältig einzuhalten.

9.6.1 Planschleifen

Beim *Planschleifen*, das zu den häufigsten Schleifvorgängen gehört, werden ebene Oberflächen geschliffen (▶ Abbildung 9.12). Typischerweise ist das Werkstück in einem Magnetspannfutter auf dem Arbeits-

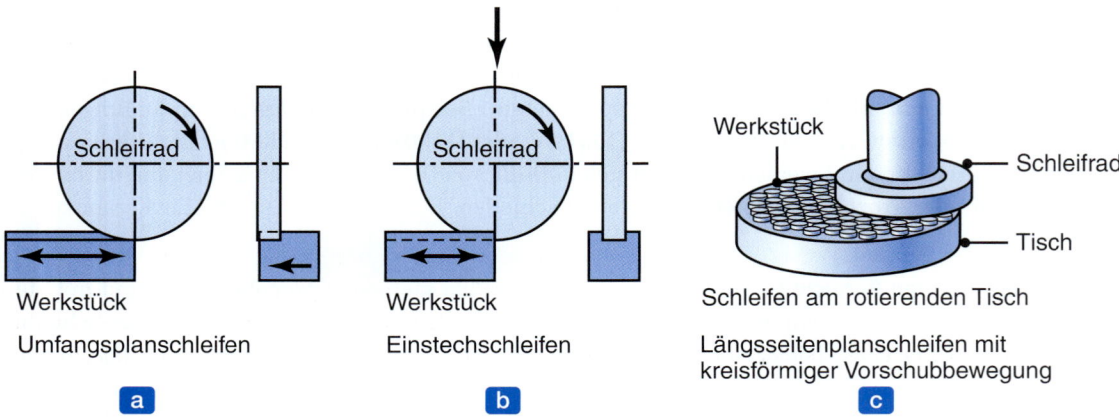

Abbildung 9.12: Arten des Planschleifens: (a) Umfangslängsschleifen und (b) Einstechschleifen mit einer Horizontalspindelmaschine. (c) Vertikalspindelmaschine mit rotierendem Tisch.

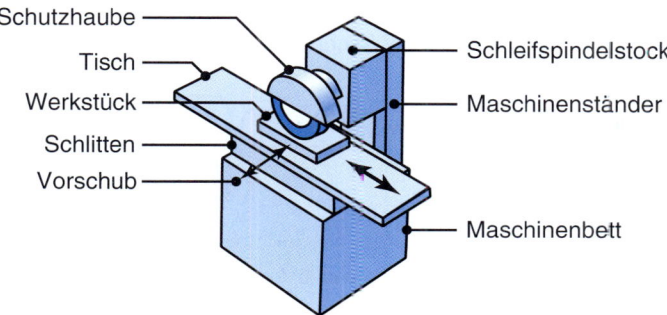

Abbildung 9.13: Schematische Darstellung einer Flächenschleifmaschine mit horizontaler Spindel.

tisch einer **Flächenschleifmaschine** befestigt (▶ Abbildung 9.13). Nichtmagnetische Werkstoffe werden in der Regel durch Spannbacken, spezielle Spanneinrichtungen, Vakuumfutter oder doppelseitige Klebebänder gehalten. Beim Planschleifen ist eine gerade Scheibe auf der *horizontalen Spindel* der Schleifmaschine montiert. Beim Längsschleifen wird der Schlitten in Längsrichtung hin- und herbewegt und nach jedem Hub lateral vorgeschoben. Beim *Einstechschleifen* wird die Scheibe radial in das Werkstück geführt, wie Abbildung 9.12b für das Schleifen einer Nut zeigt. Die Größe einer Flächenschleifmaschine wird nach Länge und Breite der Fläche, die sich mit der Maschine schleifen lässt, spezifiziert. Andere Arten von Flächenschleifmaschinen besitzen *vertikale Spindeln* und *Drehtische* (Abbildung 9.12c), die auch als *Blanchard*-Schleifmaschinen bekannt sind. Bei derartigen Konfigurationen lassen sich mehrere Teile mit einem Einrichtvorgang schleifen.

9.6.2 Umfangsrundschleifen

Beim *Umfangsrundschleifen* oder **Schleifen zwischen Zentrierspitzen** werden die äußeren zylindrischen Oberflächen und die Schultern des Werkstücks geschliffen wie zum Beispiel bei Kurbelwellenlagern, Spindeln, Dornen, Lagerringen und Walzen für Walzwerke. Das sich drehende zylindrische Werkstück bewegt sich lateral entlang seiner Achse hin und her. Bei großen und langen Werkstücken kann die Hin- und Herbewegung auch durch die Schleifscheibe erfolgen – derartige **Walzenschleifmaschinen** sind in der Lage, Walzen (wie sie für das Walzen von Blech üblich sind) mit Durchmessern bis zu 1,8 m zu schleifen (siehe Abbildung 6.29).

Beim Rundschleifen wird das Werkstück zwischen den Spitzen gehalten, in ein Futter eingespannt oder auf einer Planscheibe im Spindelstock der Schleifmaschine montiert. Bei geraden zylindrischen Oberflächen verlaufen die Rotationsachsen von Schleifscheibe und Werkstück parallel. Scheibe und Werkstück werden durch getrennte Motoren mit verschiedenen Geschwindigkeiten angetrieben. Lange Werkstücke mit abgesetzten Durchmessern werden auf Rundschleifmaschinen bearbeitet. Außerdem können Rundschleifmaschinen Formen erzeugen, indem die Scheibe auf die Form abgerichtet wird, die in das Werkstück zu schleifen ist (**Profilschleifen** und **Einstechschleifen**). Analog zu Drehmaschinen (Abschnitt 8.9.2) werden Rundschleifmaschinen nach den größten Werten von Durchmesser und Länge des Werkstücks, das sich damit schleifen lässt, gekennzeichnet.

9 Materialabtragverfahren: Abrasiv, chemisch, elektrisch und mit Strahlen

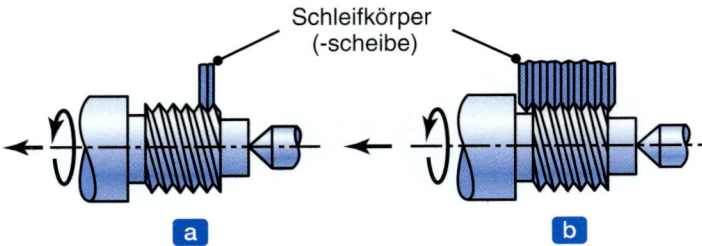

Abbildung 9.14: Erzeugen von Gewinden durch (a) Längs- und (b) Einstechschleifen.

In **Universalschleifmaschinen** lassen sich sowohl die Werkstück- als auch die Schleifscheibenachsen in einer horizontalen Ebene verschieben und drehen. Somit ist das Schleifen von konischen und anderen Formen möglich. Derartige Maschinen sind computergesteuert, wodurch der Arbeitsaufwand für die Bedienung gesenkt und Teile mit hoher Wiederholgenauigkeit gefertigt werden können. Durch die Computersteuerung ist es mit Rundschleifmaschinen auch möglich, *nichtzylindrische* Teile (wie zum Beispiel Nocken) auf sich drehenden Werkstücken zu schleifen. Die Werkstückspindel wird so synchronisiert, dass der Abstand zwischen dem Werkstück und den Scheibenachsen kontinuierlich variiert, um eine bestimmte Form zu produzieren.

Gewindeschleifen wird auf **Rundschleifmaschinen** sowie auf spitzenlosen Schleifmaschinen (siehe Abschnitt 9.6.4) durchgeführt, wobei speziell abgerichtete Schleifscheiben in Form des jeweiligen Gewindes verwendet werden (▶ Abbildung 9.14). Die Werkstück- und Scheibenbewegungen werden synchronisiert, um die Steigung des Gewindes – normalerweise in sechs Durchgängen – zu produzieren. Dieser Vorgang ist zwar zeitaufwendig, liefert aber genauere Gewinde als jeder andere Bearbeitungsvorgang. Zudem besitzen die Gewinde eine sehr feine Oberflächengüte.

9.6.3 Innenrundschleifen

Beim *Innenrundschleifen* (▶ Abbildung 9.15) wird mit einer kleinen Schleifscheibe der Innendurchmesser von Teilen geschliffen, beispielsweise von Laufbuchsen und Laufringen von Kugellagern. Das Werk-

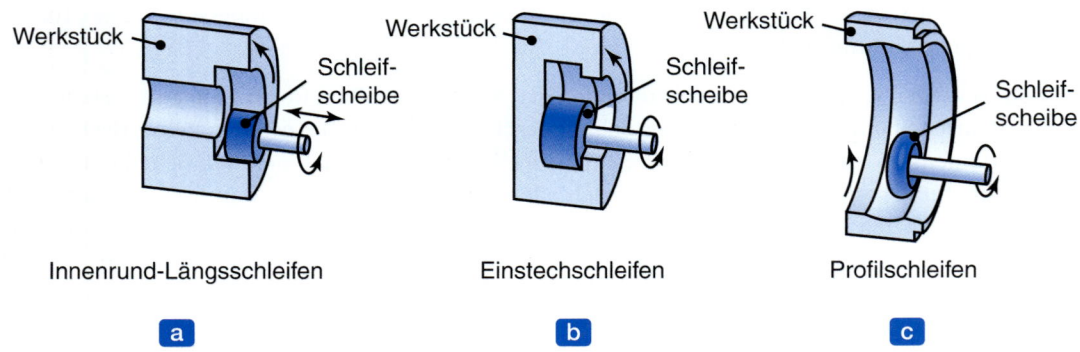

Abbildung 9.15: Schematische Darstellung des Innenrundschleifens.

stück wird in einem drehbaren Spannfutter gehalten und die Scheibe dreht sich mit 30 000 Umdr./min^{-1} oder mehr. Um Innenprofile zu schleifen, kann man auch Schleifscheiben verwenden, die mit einem entsprechenden Profil abgerichtet sind und radial in das Werkstück geführt werden. Der Spindelstock von Innenschleifmaschinen lässt sich auch schwenken, um konische Bohrungen zu schleifen.

9.6.4 Spitzenlosschleifen

Spitzenlosschleifen ist ein Hochleistungsverfahren für kontinuierliches Schleifen zylindrischer Oberflächen. Dabei wird das Werkstück nicht von Spitzen (daher der Begriff *spitzenlos*) oder Futter gehalten, sondern von einer Auflageschiene gestützt, wie es ▶ Abbildung 9.16 zeigt. Typische Teile, die damit her-

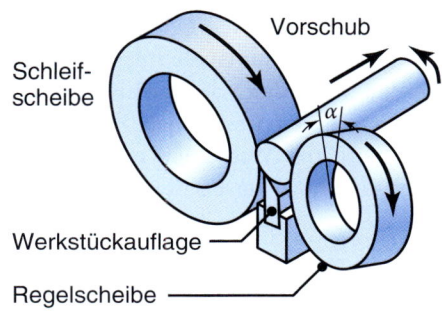

Spitzenlos-Durchgangsschleifen

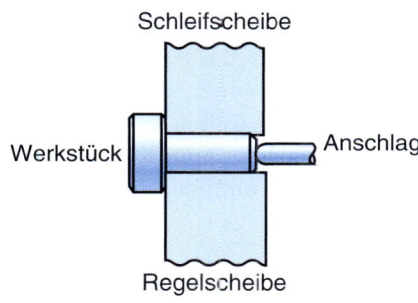

Spitzenlos-Einstechschleifen

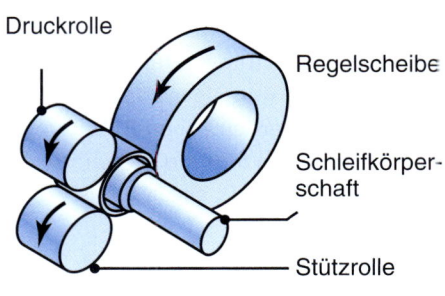

Spitzenlos-Innenrundschleifen

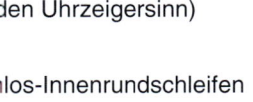

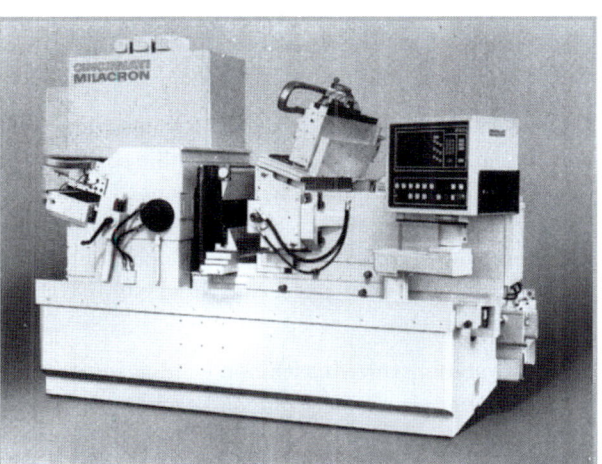

Abbildung 9.16: (a)–(c) Spitzenlosschleifen, schematisch, (d) CNC-Spitzenlosschleifmaschine.

gestellt werden, sind zylindrische Wälzlager, Kolbenbolzen, Motorventile, Nockenwellen und ähnliche Komponenten. Auf diese Weise lassen sich Teile mit Durchmessern bis herab zu 0,1 mm schleifen. Spitzenlose Schleifmaschinen erreichen heute Geschwindigkeiten an der Scheibenoberfläche in der Größenordnung von 10 000 m/min, wobei kubisches Bornitrid für die Schleifscheiben verwendet wird. Dieser kontinuierlich ablaufende Fertigungsprozess verlangt nur geringe Qualifizierung von der Bedienerseite.

Beim **Spitzenlos-Durchgangsschleifen** (Abbildung 9.16a) wird das Werkstück von einer Auflageschiene gestützt und zwischen zwei Scheiben geschliffen. Das eigentliche Schleifen erfolgt durch die größere Scheibe, während die kleinere Scheibe als Regelscheibe für die Axialbewegung des Werkstücks fungiert. Die mit einer Gummibindung hergestellte Regelscheibe ist schräg gestellt und läuft mit einer Geschwindigkeit, die nur etwa 5 % der Schleifscheibengeschwindigkeit beträgt.

Durch Spitzenlosschleifen lassen sich Teile mit variablen Durchmessern wie zum Beispiel Bolzen, Ventilstößel und Verteilerwellen schleifen. Der als *Tiefenschleifen* oder *Einstechschleifen* (Abbildung 9.16b) bezeichnete Vorgang ist ähnlich dem Einstech- oder Formschleifen mit Rundschleifmaschinen. Auch konische Teile können durch Spitzenlosschleifen gefertigt werden. Schleifen von Gewinden bei hohen Produktionsgeschwindigkeiten kann mit spitzenlosen Schleifmaschinen und speziell abgerichteten Schleifscheiben erfolgen. Beim **Spitzenlos-Innenrundschleifen** wird das Werkstück von drei Walzen gestützt und innen geschliffen. Zu den typischen Anwendungen gehört die Fertigung von buchsenförmigen Teilen und Ringen.

9.6.5 Spezielle Arten von Schleifmaschinen

Für die verschiedensten Anwendungen gibt es Spezialschleifmaschinen. *Schleifböcke* setzt man ein, um Werkzeuge und kleine Teile von Hand zu schleifen. Üblichweise sind an den beiden Enden einer Elektromotorwelle zwei Schleifscheiben montiert – eine grobe zum Vorschleifen und eine feine für das Endschleifen. **Ständerschleifmaschinen** werden auf dem Fußboden aufgestellt und in ähnlicher Weise wie Schleifböcke verwendet.

Universalwerkzeug- und **Stichelschleifmaschinen** setzt man ein, um Einpunkt- oder Mehrpunktschneidewerkzeuge und -fräser zu schleifen. Sie sind mit speziellen Spannvorrichtungen für die genaue Positionierung der zu schleifenden Werkzeuge ausgerüstet. **Supportschleifer** sind eigenständige Einheiten, die normalerweise auf dem Werkzeugsupport einer Drehbank montiert werden (siehe Abbildung 8.44). Das Werkstück wird auf dem Spindelstock montiert und durch Bewegen des Supports geschliffen. Diese Schleifmaschinen sind universell, doch sollten die Gleitflächen der Drehbank gegen abrasiven Abfall geschützt werden.

Schwingrahmenschleifmaschinen werden typischerweise in Gießereien für das Schleifen großer Gussstücke verwendet. Das als *Putzen* bezeichnete Rohschleifen von Gussstücken wird üblicherweise mit Schleifböcken durchgeführt, wobei die Schleifscheiben einen Durchmesser bis zu 1 m haben können. Mit **Handschleifmaschinen**, die durch Druckluft oder elektrisch angetrieben werden oder über eine biegsame Welle mit einem Elektro- oder Verbrennungsmotor verbunden sind, lassen sich zum Beispiel Schweißrückstände abschleifen (siehe Abbildung 12.5) oder mit dünnen Schleifscheiben Trennschleifarbeiten durchführen.

9.6.6 Schleichgangschleifen

Obwohl man Schleifen traditionell mit dem Abtragen kleiner Materialmengen und Endbearbeitungsvorgängen verbindet, kann Schleifen auch für das Abtragen von Material in größerem Maßstab eingesetzt werden, ähnlich wie Fräsen, Räumen und Hobeln (Abschnitte 8.9.1 bis 8.9.4). Beim *Schleichgangschleifen*, das Ende der 1950er Jahre entwickelt wurde, ist die Werkstückgeschwindigkeit gering, die Schnitttiefe d beträgt bis zu 6 mm (▶ Abbildung 9.17). Die Scheiben besitzen vor allem eine weichere Körnung mit Kunstharzbindung und offener Struktur, um die Temperaturen niedrig zu halten und die Oberflächengüte zu verbessern. Es sind auch Schleifmaschinen erhältlich, bei denen die Schleifscheibe kontinuierlich mit einer Diamantwalze abgerichtet werden kann. Die für das Schleichgangschleifen eingesetzten Maschinen besitzen spezielle Eigenschaften wie zum Beispiel (a) hohe Leistung bis zu 225 kW, (b) hohe Steifigkeit wegen der hohen Kräfte aufgrund der größeren Menge des abgetragenen Materials, (c) hohe Dämpfungskapazität, (d) variable und steuerbare Spindel- und Werktischgeschwindigkeiten und (e) reichlich Kapazität für Schleifflüssigkeiten.

Angesichts ihrer Wirtschaftlichkeit insgesamt und der konkurrenzfähigen Position in Bezug auf andere Zerspanverfahren hat sich Schleichgangschleifen für spezifische Anwendungen als wirtschaftlich herausgestellt, beispielsweise beim Schleifen von geformten Stempeln, Wellennuten, Spannuten von Spiralbohrern, Füßen von Turbinenschaufeln (Abbildung 9.17c) und verschiedenen komplexen Superlegierungsteilen. Die Scheibe wird auf die Form des herzustellenden Werkstücks abgerichtet. Das Werkstück muss deshalb vorher nicht gefräst, gehobelt oder geräumt werden – *endkonturnahe* Gussstücke und Schmiedeteile sind folglich für Schleichgangschleifen besonders geeignet. Obwohl ein einziger Durchgang im Allgemeinen ausreichend ist, kann ein zweiter Durchgang notwendig sein, um die Oberflächengüte zu verbessern.

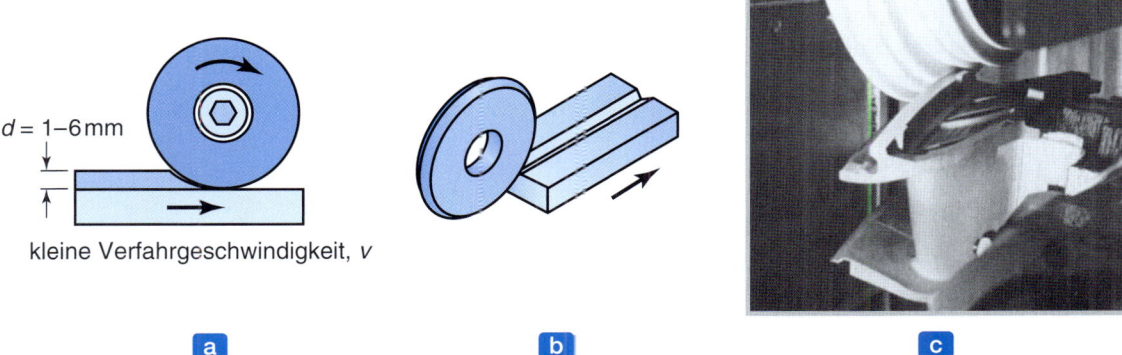

Abbildung 9.17: (a) Schleichgangschleifen, beim dem die Schleifscheibe tief in das Werkstück eintaucht. (b) Furche, die in einem Durchlauf durch Schleichgangschleifen hergestellt wurde. Die Furchentiefe kann einige mm betragen. (c) Beispiel für das Schleichgangschleifen mit einer profilierten Schleifscheibe (Turbinenschaufelfuß).

9.6.7 Hochleistungsschleifen

Durch Schleifen lassen sich auch größere Materialvolumen abtragen. Damit sind Schleifvorgänge den Zerspanverfahren wie Fräsen, Drehen und Räumen ebenbürtig und können für spezifische Anwendungen wirtschaftlich eingesetzt werden. Da es sich um einen groben Schleifvorgang handelt, kann er nachteilige Effekte auf die Werkstückoberfläche und ihre Integrität haben. Allerdings ist die Oberflächengüte bei diesem Vorgang von untergeordneter Bedeutung und die Schleifscheibe (oder das Schleifband; siehe Abschnitt 9.8) wird bis zur Verschleißgrenze ausgenutzt, um die Kosten pro Teil gering zu halten. Die geometrischen Toleranzen bei diesem Verfahren liegen in der gleichen Größenordnung wie bei anderen Zerspanungsverfahren (siehe auch ▶ Abbildung 9.27).

9.6.8 Rattern beim Schleifen

Rattern ist beim Schleifen von besonderer Bedeutung, da es die Oberflächengüte und Scheibenleistung nachteilig beeinflusst. Die beim Schleifen auftretenden Vibrationen können durch Lager, Spindeln und nicht ausgewuchtete Schleifscheiben sowie von äußeren Quellen wie zum Beispiel anderen in der Nähe stehenden Maschinen hervorgerufen werden. Zudem kann der Schleifvorgang selbst zu regenerativem Rattern führen. Die Analyse von Rattern beim Schleifen ähnelt der bei spanender Bearbeitung (siehe Abschnitt 8.12), wobei **selbsterregte Schwingungen** und **regeneratives Rattern** eine Rolle spielen. Die wichtigsten Variablen sind also (a) Steifigkeit der Schleifmaschine und der Spannvorrichtungen und (b) Dämpfung des Systems. Zusätzlich sind für das Schleifen folgende Faktoren charakteristisch: (a) Ungleichmäßigkeiten in der Schleifscheibe selbst, (b) verwendete Abrichtverfahren und (c) ungleichmäßiger Scheibenverschleiß.

Da die oben genannten Variablen charakteristische **Rattermarken** auf den geschliffenen Oberflächen hinterlassen, kann man durch eine Untersuchung dieser Marken oftmals die Ursachen für das Vibrationsproblem ermitteln. Um die Ratterneigung beim Schleifen zu verringern, sollten folgende allgemeine Richtlinien befolgt werden: (a) Verwendung einer weichen Schleifscheibe, (b) häufiges Abrichten der Scheibe, (c) Wechseln der Abrichtverfahren, (d) Verringern der Abtragsleistung und (e) steife Aufspannung des Werkstücks. Komplexere Verfahren verwenden Ratterunterdrückungssysteme, um das Rattern beim Schleifen zu überwachen und zu beeinflussen.

9.6.9 Schleifflüssigkeiten

Die Funktionen von Schleifflüssigkeiten ähneln denen für Schneidflüssigkeiten, wie sie Abschnitt 8.7 beschrieben hat. Obwohl Schleifen und andere abrasive Bearbeitungsvorgänge auch trocken durchgeführt werden können, ist die Verwendung einer Flüssigkeit üblicherweise vorzuziehen, um (a) übermäßigen Temperaturanstieg im Werkstück zu verhindern, (b) die Oberflächengüte und Maßhaltigkeit des Teils zu verbessern und (c) die Effizienz des Vorgangs zu erhöhen, indem der Scheibenverschleiß und die Belastung verringert sowie der Energiebedarf gesenkt wird.

Schleifflüssigkeiten sind typischerweise **Emulsionen auf Wasserbasis** sowie Chemikalien und synthetische Produkte. Öl kommt für Gewindeschleifen infrage. Die Flüssigkeiten können als Strahl (Spülung) oder als Nebel (als Flüssigkeits-Luft-Gemisch) zugeführt werden. Aufgrund der hohen Umfangsgeschwindigkeit der Schleifscheibe entwickelt sich beim Schleifen ein **Luftstrom** oder **Luftpolster** an der Peripherie der Scheibe und verhindert damit, dass die Flüssigkeit zur Schleifzone gelangt. Mithilfe spezieller *Düsen*, die der Oberflächenform der Schleifscheibe entsprechen, lässt sich der Druck erhöhen und die Schleifflüssigkeit effektiv zuführen.

Die Temperatur der Schleifflüssigkeiten auf Wasserbasis kann bei ihrer Verwendung deutlich ansteigen, da sie die Wärme aus der Schleifzone abführen. Andernfalls würde sich das Werkstück ausdehnen und die Maßtoleranzen ließen sich nur schwer kontrollieren. Um eine gleichmäßige Temperatur zu gewährleisten, wird in den Flüssigkeitskreislauf üblicherweise ein Kühlsystem (Kühler) eingebaut. Wie für Schneidflüssigkeiten in Abschnitt 8.7 beschrieben, sind zudem biologische und wirtschaftliche Aspekte, Umgang, Recycling und Entsorgung wichtige Faktoren bei Auswahl und Verwendung von Schleifflüssigkeiten. Dabei sind internationale, staatliche und vor Ort geltende Gesetze und Vorschriften zu beachten.

> **Beispiel 9.4** **Schleifen oder Hartdrehen**
>
> Ein Beispiel für das in Abschnitt 8.9.2 beschriebene Hartdrehen ist die spanende Bearbeitung von wärmebehandelten Stählen (Härte in der Regel über 45 HRC) mit einem Einpunktschneidewerkzeug aus polykristallinem cBN. Aus den bisher in diesem Kapitel gegebenen Erläuterungen geht klar hervor, dass Schleifen und Hartdrehen in speziellen Anwendungen einander ebenbürtig sein können. Hartdrehen kann sich zunehmend gegenüber Schleifen behaupten und kommt in Bezug auf Maßhaltigkeit und Oberflächengüte den durch Schleifen bearbeiteten Teilen immer näher. Darüber hinaus zeichnet sich Drehen dadurch aus, dass (a) weniger Energie als beim Schleifen erforderlich ist (wie zum Beispiel ein Vergleich der Tabellen 8.3 und 9.3 zeigt), (b) thermische und andere Beschädigungen der Werkstückoberfläche seltener auftreten, (c) auf Schneidflüssigkeiten möglicherweise verzichtet werden kann und (d) die Werkzeugmaschinen kostengünstiger sind.
>
> Außerdem entfallen Materialtransport und Einrichten des Teils in der Schleifmaschine, wenn sich die Endbearbeitung des Teils auf der Drehmaschine oder dem Drehzentrum, wo es bereits eingespannt ist, durchführen lässt. Andererseits können Spanneinrichtungen für große und schlanke Werkstücke für Hartdrehen Schwierigkeiten darstellen, da die Bearbeitungskräfte höher als beim Schleifen sind und das Werkstück deshalb eher ausgelenkt wird. Darüber hinaus können Werkzeugverschleiß und die entsprechenden Gegenmaßnahmen beim Hartdrehen wesentlich problematischer sein als auf modernen Schleifmaschinen mit automatischem Abrichten der Schleifscheiben. Offenbar muss die Entscheidung für Hartdrehen oder Schleifen in jedem Einsatzfall hinsichtlich Oberflächenintegrität, Qualität und Wirtschaftlichkeit der Fertigung getroffen werden.

Tieftemperaturschleifen: Neuerdings setzt man flüssigen Stickstoff als Kühlmittel für Schleifvorgänge ein, hauptsächlich deshalb, um die Umweltbelastungen durch die Metallbearbeitungsflüssigkeiten zu verringern oder ganz zu vermeiden (siehe auch Abschnitt 8.7.2). Düsen mit kleinem Durchmesser spritzen Stickstoff bei etwa $-200\,°C$ in die Schleifzone zwischen Schleifscheibe und Werkstück ein, um deren Temperatur zu senken. Wie bereits erwähnt, können sich hohe Temperaturen nachteilig auswirken, beispielsweise Oberflächengüte und -integrität verschlechtern. Experimentelle Untersuchungen haben gezeigt, dass sich Tieftemperaturschleifen gegenüber Verfahren mit herkömmlichen Schleifflüssigkeiten durch weniger Oberflächenbrand und Oxidation, verbesserte Oberflächengüte, weniger Zugeigenspannungen und geringere Belastung der Schleifscheibe (die folglich seltener abgerichtet werden muss) auszeichnet. Tieftemperaturschleifen kommt vor allem infrage für Werkstoffe mit geringer Wärmeleitfähigkeit (siehe Tabelle 3.3), niedriger spezifischer Wärme und hoher Reaktivität wie zum Beispiel Titan. In laufenden Untersuchungen geht es auch um andere Auswirkungen (beispielsweise auf die Dauerfestigkeit der geschliffenen Teile) sowie die wirtschaftlichen Vorteile des Tieftemperaturschleifens.

9.7 Verfahren der Endbearbeitung

Neben den bisher beschriebenen abtragenden Bearbeitungsverfahren sind zur Endbearbeitung von Werkstücken verschiedene andere Verfahren üblich, die hauptsächlich Schleifkörner verwenden. Allerdings hat die Endbearbeitung erheblichen Einfluss auf die Produktionszeit und die Produktionskosten. Folglich sollte sie unter Berücksichtigung ihrer Kosten und Vorzüge spezifiziert werden.

Die folgenden Punkte gehen näher auf gebräuchliche Endbearbeitungsvorgänge ein:

1. **Beschichtete Schleifmittel:** Typische Beispiele für *beschichtete Schleifmittel* sind Sandpapier und Schmirgelleinen. Die Körner in beschichteten Schleifmitteln sind spitzer als solche, die für Schleifscheiben verwendet werden. Sie werden elektrostatisch auf flexiblen Trägermaterialien wie Papier oder Leinen abgeschieden (▶ Abbildung 9.18), wobei ihre Längsachsen senkrecht zur Ebene des Trägermaterials verlaufen. Die Matrix (Beschichtung) besteht aus Harzen. Beschichtete Schleifmittel sind als Blätter, Bänder und Scheiben erhältlich. Ihre Struktur ist in der Regel wesentlich offener als in Schleifscheiben. Eingesetzt werden beschichtete Schleifmittel für die Endbearbeitung von ebenen oder gekrümmten Oberflächen metallischer und nichtmetallischer Teile, zur Feinbearbeitung metallografischer Proben und bei der Holzbearbeitung. Die erzielte Oberflächengüte hängt vorrangig von der Korngröße ab.

   Beschichtete Schleifmittel werden auch als *Schleifbänder* für das Abtragen von Material mit hoher Geschwindigkeit eingesetzt. **Bandschleifen** ist ein wichtiges Produktionsverfahren und hat konventionelle Schleifverfahren wie zum Beispiel beim Schleifen von Nockenwellen mit 8 bis 16 nahezu ellipsenförmigen Nocken pro Welle ersetzt. Die Bandgeschwindigkeiten liegen üblicherweise im

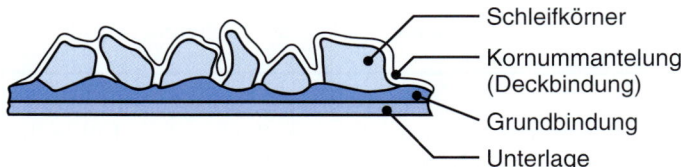

Abbildung 9.18: Schematischer Aufbau eines beschichteten Schleifmittels. Schleifpapier (seit etwa 500 Jahren in Verwendung) und Poliertuch sind typische Beispiele.

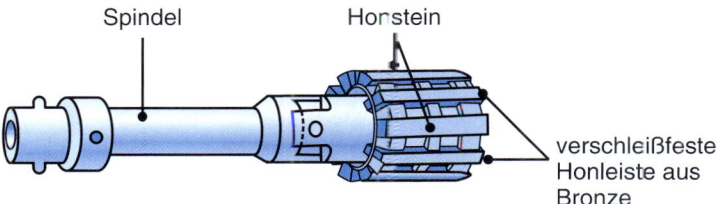

Abbildung 9.19: Schematischer Aufbau eines Honwerkzeugs, mit dem die Oberflächengüte gebohrter oder geschliffener Löcher verbessert wird.

Bereich von 700 bis 1800 m/min. Maschinen für das Bandschleifen erfordern geeignete Bandführungen und steife Konstruktionen, um Vibrationen zu minimieren.

Eine neuere Entwicklung ist die **Mikroreplikation**, bei der Aluminiumoxidschleifmittel in Form winziger Pyramiden in vorbestimmter Anordnung auf der Bandoberfläche platziert werden. Bei Einsatz für rostfreie Stähle und Superlegierungen ist ihre Leistung gleichbleibender und der Temperaturanstieg geringer als bei anderen beschichteten Schleifmitteln. Mikroreplikation setzt man typischerweise für chirurgische Implantate, Turbinenschaufeln und medizinische bzw. zahnärztliche Instrumente ein.

2 Drahtbürsten: Bei diesem Verfahren wird das Werkstück gegen eine kreisförmige Drahtbürste gehalten, die sich mit hoher Geschwindigkeit dreht. Die Spitzen der Drähte erzeugen Längsriefen auf der Werkstückoberfläche. Damit lassen sich feine Oberflächentexturen erzeugen. Drahtbürsten eignet sich auch, um geringe Mengen von Material abzutragen.

3 Honen wird in erster Linie eingesetzt, um die Oberflächenbeschaffenheit von Bohrungen zu verbessern. Das Werkzeug zum Honen (▶ Abbildung 9.19) enthält einen Satz sogenannter *Honsteine* aus gebundenen Aluminiumoxid- oder Siliziumkarbidschleifmitteln. Die Steine werden auf einem Dorn montiert und in der Bohrung gedreht, wodurch eine Radialkraft mit einer Hin- und Herbewegung in Axialrichtung ausgeübt und ein charakteristisches Kreuzschliffmuster erzeugt wird. Für verschiedene Lochdurchmesser sind die Steine radial verschiebbar. Die Oberflächengüte lässt sich durch Art und Größe des verwendeten Schleifmittels, durch die Drehgeschwindigkeit und den ausgeübten Druck steuern. Um die Späne zu entfernen und die Temperaturen niedrig zu halten, wird mit reichlich Flüssigkeit gespült. Bei unsachgemäßer Ausführung entstehen durch Honen Löcher, die weder gerade noch zylindrisch, sondern trichterartig, gewellt, tonnenförmig oder konisch geformt sind. Honen setzt man auch auf zylindrischen oder ebenen Außenflächen ein und entfernt damit scharfe Kanten auf Schneidewerkzeugen und Einsätzen (siehe Abbildung 8.32).

Beim **Kurzhubhonen** oder **Superfinish** wird ein geringer Druck angewendet und die Honsteine werden mit einem kurzen Hub bewegt. Der Vorgang wird gesteuert, sodass die Schleifkörner nicht immer auf demselben Weg über die Werkstückoberfläche bewegt werden. ▶ Abbildung 9.20 zeigt Beispiele für das Kurzhubhonen runder Teile.

4 Elektrochemisches Honen: Dieses Verfahren kombiniert die Feinschleifwirkung des Honens mit elektrochemischen Wirkungen. Obwohl die Anlagen teuer sind, läuft der Vorgang rund fünfmal schneller ab als beim konventionellen Honen und die Standzeit des Werkzeugs liegt zehnmal höher. Elektrochemisches Honen wird hauptsächlich für die Endbearbeitung von zylindrischen Innenoberflächen eingesetzt.

9 Materialabtragverfahren: Abrasiv, chemisch, elektrisch und mit Strahlen

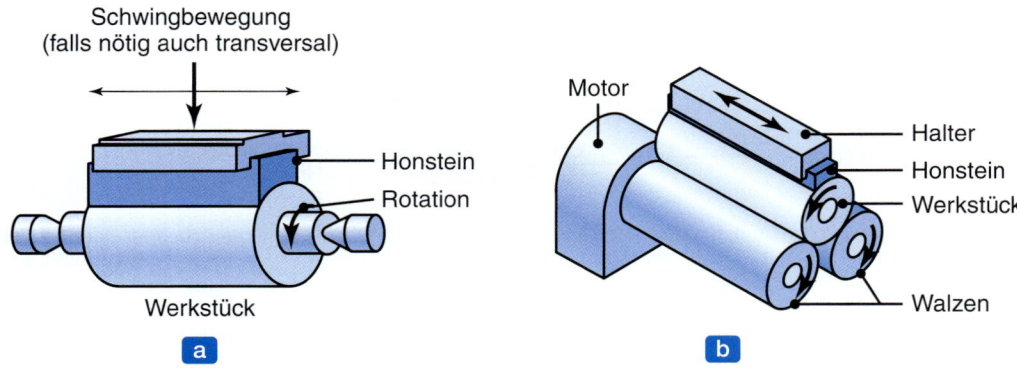

Abbildung 9.20: Zwei Bespiele für die Feinstbearbeitung (Superfinish) eines zylindrischen Werkstücks: (a) Kurzhubhonen, (b) Spitzenloskurzhubhonen.

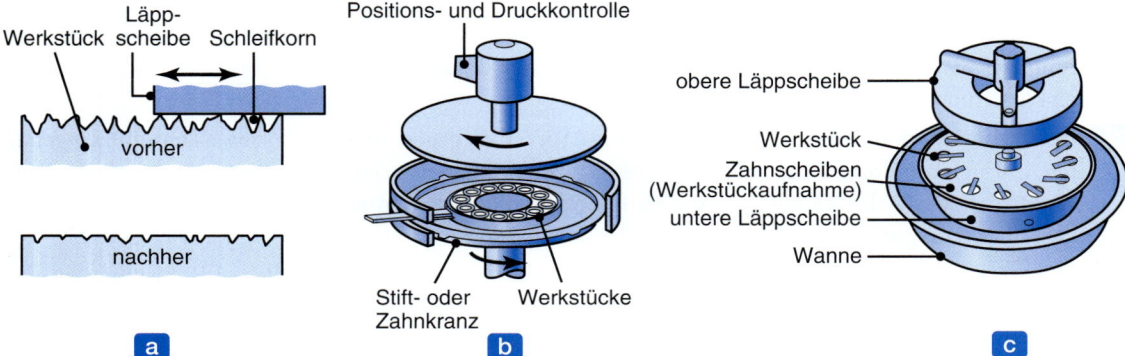

Abbildung 9.21: (a) Schematische Darstellung des Läppens (siehe auch Abbildung 4.9), (b) Läppen mehrerer ebener Flächen, (c) Läppen mehrerer gekrümmter Flächen.

5. **Läppen** ist ein Endbearbeitungsverfahren für ebene oder zylindrische Oberflächen. Das *Läppwerkzeug* (▶ Abbildung 9.21a) besteht gewöhnlich aus Gusseisen, Kupfer, Leder oder Textilien. Die Schleifteilchen sind im Läppwerkzeug eingebettet oder können über eine Paste übertragen werden. Je nach Härte des Werkstücks beträgt der Druck beim Läppen etwa 7 bis 140 kPa. Mit feinen Schleifmitteln bis zur Größe 900 lassen sich Toleranzen von ±0,4 µm erreichen. Die Oberflächenrauigkeit liegt bei 0,025 bis 0,1 µm. Das Läppen auf ebenen oder zylindrischen Werkstücken erfolgt in der Fertigung mit Maschinen, wie sie die Abbildungen 9.21b und c zeigen. Läppen wird auch auf gekrümmten Oberflächen wie zum Beispiel kugelförmigen Objekten und Glaslinsen mithilfe speziell geformter Läppwerkzeuge duchgeführt. Das *Einlaufen* von Zahnradpaaren kann ebenfalls durch Läppen erfolgen.

6. **Polieren** liefert eine glatte, glänzende Oberfläche. Beim Polieren laufen zwei Vorgänge ab: (1) geringfügiges, schleifendes Abtragen und (2) Erweichen und Schmieren der Oberflächenschichten durch Reibungswärme. Die glänzende Erscheinung von polierten Oberflächen ist auf die Schmierwirkung zurückzuführen. Zum Polieren verwendet man Scheiben oder Bänder aus Gewebe, Leder oder Filz,

die mit feinem Pulver aus Aluminiumoxid oder Diamant beschichtet sind. Teile mit unregelmäßigen Formen, scharfen Ecken, tiefen Aussparungen und scharfen Vorsprüngen sind schwierig zu polieren.

7. **Laser-Polieren:** Dieses Verfahren beruht auf schnellem Aufschmelzen und Wiedererstarren einer Oberfläche (bei Tiefen im Submikrometerbereich) mithilfe kurzer Laserimpule im Bereich von Mikro- oder Nanosekunden. Die Schmelzwirkung glättet die Oberfläche, indem Rauigkeitsspitzen (siehe Abbildung 4.4) auf Werkstücken aus Eisen- und Nichteisenmetallen sowie auf Glas und Diamant eingeebnet werden. Die durch Laser-Polieren entwickelte Oberfläche ist für optische Zwecke geeignet und erzeugt auch weniger Reibung, sodass sie für Anwendungen wie Zylinderlaufflächen in Automotoren infrage kommen (wie zum Beispiel von Audi und Volkswagen durchgeführt). Im Unterschied zu herkömmlichen Polierverfahren ist dieser Prozess wesentlich schneller und mithilfe von programmierbaren Steuerungen auch auf Werkstücke mit unebenen Oberflächen anwendbar.

8. **Schwabbeln** ist dem Polieren ähnlich, verwendet aber sehr feine Schleifstoffe auf weichen Scheiben, die in der Regel aus Textilien bestehen. Die Schleifstoffe werden extern mit einem Stift aus einer abrasiven Verbindung zugeführt. Durch Schwabbeln kann auf polierten Teilen eine noch bessere Oberflächengüte erreicht werden.

9. **Elektropolieren:** Spiegelähnliche Endbearbeitungen lassen sich auf Metalloberflächen durch *Elektropolieren* erzielen, das die Umkehrung des Galvanisierens (siehe Abschnitt 4.5.1) darstellt. Da es keinen mechanischen Kontakt mit dem Werkstück gibt, ist dieses Verfahren besonders für das Polieren unregelmäßiger Formen geeignet. Der Elektrolyt greift Vorsprünge und Spitzen auf der Werkstückoberfläche mit einer höheren Rate als die übrige Oberfläche an, sodass eine glatte Oberfläche entsteht. Elektropolieren wird auch zum Entgraten (Abschnitt 9.9) eingesetzt.

10. **Chemisch-mechanisches Polieren** (CMP) ist von großer Bedeutung in der Halbleiterindustrie. Das in ▶ Abbildung 9.22 dargestellte Verfahren verwendet eine Suspension von Schleifteilchen in einer

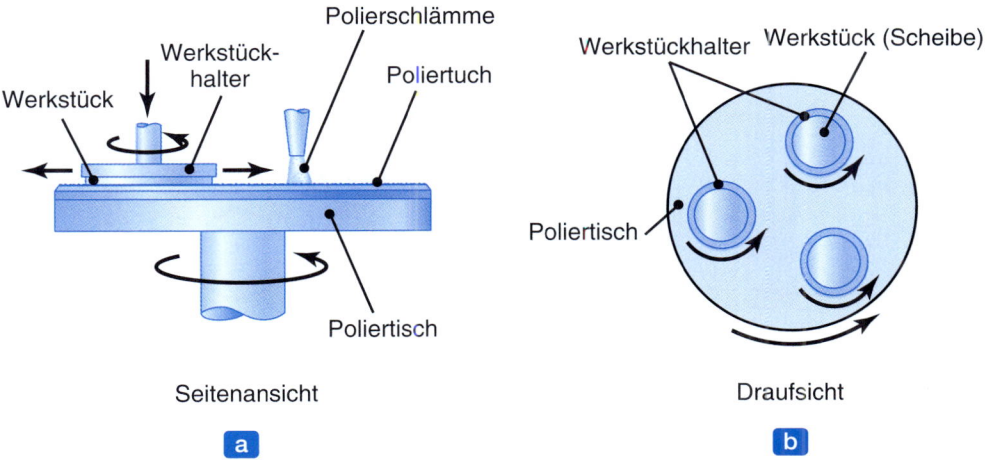

Abbildung 9.22: Schematische Darstellung des chemisch-mechanischen Polierens. Dieses Verfahren ist in der Fertigung von Siliziumwafern und integrierten Schaltkreisen weitverbreitet. Die Anzahl der Werkstücke und Werkzeugträger kann sehr groß sein.

Lösung auf Wasserbasis mit einer geeigneten Zusammensetzung, um kontrollierte Korrosion hervorzurufen. Über kombinierte Wirkungen von Abrasion und Korrosion wird Material von den Werkstückoberflächen abgetragen. Das Ergebnis ist eine äußerst feine Oberfläche und ein Werkstück, das glatt (eben, plan) ist. Deshalb bezeichnet man das Verfahren auch als **chemisch-mechanisches Planen** (**Planarisieren**).

Eine Hauptanwendung dieses Verfahrens ist das Polieren von Siliziumwafern (Abschnitt 13.4). Hier hat CMP vor allem die Aufgabe, einen Wafer auf der Mikroebene zu polieren. Um das Material gleichmäßig über den gesamten Wafer abzutragen, wird der Wafer auf einem sich drehenden Träger mit der Oberseite nach unten gehalten und gegen eine rotierende Schwabbelscheibe gedrückt, wie es in Abbildung 9.22 zu sehen ist. Sowohl der Träger als auch die Unterlage drehen sich, um die Entwicklung eine ausgeprägte Rillenrichtung zu vermeiden (siehe Abschnitt 4.3). Die Unterlage enthält Nuten, damit die Schleifpaste zu allen Wafern gelangen kann.

Zum Polieren von Kupfer, Silizium, Siliziumdioxid, Aluminium, Wolfram und anderen Metallen wurden spezielle Schleif- und Lösungsmittel-Kombinationen entwickelt. Zum Beispiel wird zum Schleifen von Siliziumdioxid oder Silizium an der Unterlage-Wafer-Grenzfläche eine alkalische Paste aus kolloiden Quarzsandteilchen SiO_2 in einer KOH-Lösung oder NH_4OH kontinuierlich zugeführt.

11. **Polierverfahren mit Magnetfeldern:** Diese Technik unterstützt Schleifpasten durch Magnetfelder und erhöht so ihre Wirksamkeit. Prinzipiell gibt es dafür zwei Methoden:

    a. Das **Magnetschwebepolieren** von Keramikkugeln ist schematisch in ▶ Abbildung 9.23a dargestellt. Bei diesem Verfahren wird die Kammer innerhalb eines Führungskäfigs mit einer magnetischen Flüssigkeit gefüllt, die Schleifkörner und äußerst feine ferromagnetische Teilchen in einer Trägerflüssigkeit wie zum Beispiel Wasser oder Kerosin enthält. Die Keramikkugeln befinden sich zwischen einer Antriebswelle und einem Schwimmer. Die Schleifkörner,

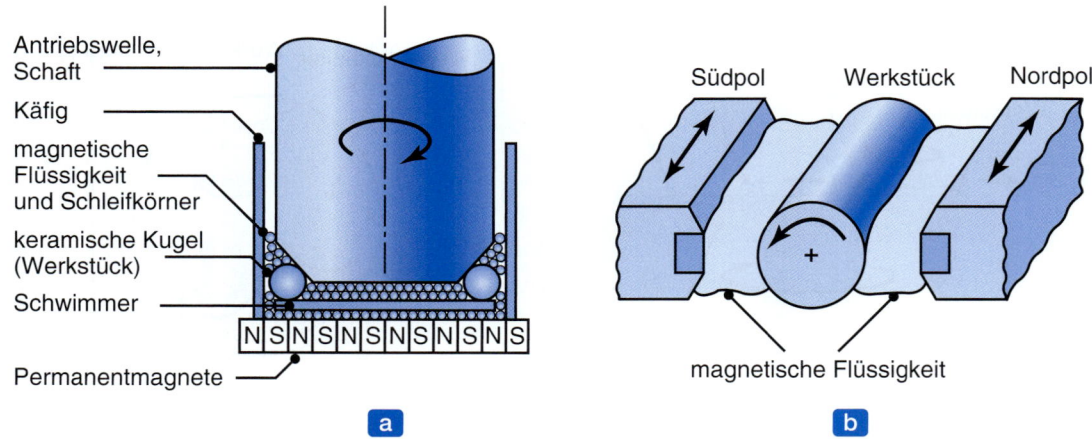

Abbildung 9.23: Schematische Darstellung des Verfahrens zum Polieren von Kugeln und Zylndern mithilfe von Magnetfeldern: (a) magnetisches Schwebepolieren von Keramikkugeln, (b) Magnetfeld-gestütztes Polieren von Zylindern. Nach R. Komanduri, M. Doc und M. Fox.

Keramikkugeln und der Schwimmer werden durch Magnetkräfte in der Schwebe gehalten. Die Kugeln werden gegen die rotierende Antriebswelle gedrückt und durch die Schleifwirkung poliert. Die durch die Schleifteilchen auf die Kugeln ausgeübten Kräfte sind äußert gering und steuerbar. Folglich lässt sich eine sehr feine Polierwirkung erreichen. Die Polierzeiten sind deutlich kürzer als bei anderen Polierverfahren. Somit ist dieses Verfahren sehr wirtschaftlich und die erzeugten Oberflächen weisen wenige oder gar keine Defekte auf.

b. **Magnetfeld-gestütztes Polieren** von Keramikwalzen ist in Abbildung 9.23b dargestellt. Bei diesem Verfahren wird eine Keramik- oder Stahlwalze (das Werkstück) auf einer Spindel eingespannt und gedreht. Die hin- und herbewegten Magnetpole induzieren eine vibrierende Bewegung des magnetischen Schleifkonglomerats, wodurch die zylindrische Walzenoberfläche poliert wird. Mit diesem Verfahren können Lagerstähle mit 63 HRC in 30 Sekunden hochglanzpoliert werden.

9.8 Entgraten

Bei **Grat** handelt es sich um dünne Erhebungen mit einer oftmals dreieckigen Form, die sich entlang der Kanten eines Werkstücks entwickeln und von Vorgängen wie dem Scheren von Blech (siehe Abbildung 7.5), Putzen von Schmiede- und Gussteilen sowie spanender Bearbeitung stammen. Der Grat kann die Montage von Teilen behindern, zum Festfressen von Teilen führen sowie Kurzschlüsse in elektrischen Komponenten verursachen. Möglicherweise verringert sich auch die Dauerfestigkeit (siehe Abschnitt 7.3). Zudem kann er ein Verletzungsrisiko für das Personal bedeuten. Die Notwendigkeit zum Entgraten lässt sich durch zusätzliche Abrundungen an scharfen Kanten von Teilen verringern. Andererseits kann Grat an dünnen Bauteilen mit (Gewinde-)Bohrungen, wie sie beispielsweise in Uhren üblich sind, das Haltemoment sehr kleiner Schrauben verbessern.

Zum Entgraten stehen verschiedene Verfahren zur Verfügung: (1) manuell mit Feilen (siehe Abschnitt 8.10.6), (2) mechanisch durch Schneiden, (3) Drahtbürsten (Abschnitt 9.7), (4) abtragende Endbearbeitung mithilfe von rotierenden Nylonbürsten, wobei Nylonfasern mit Schleifkörnern eingebettet sind, (5) Schleifbänder (Abschnitt 9.7), (6) Ultraschall (Abschnitt 9.9), (7) Elektropolieren (Abschnitt 9.7), (8) elektrochemische Bearbeitung (Abschnitt 9.11), (9) Endbearbeitung durch Vibrationen, (10) Kugelstrahlen, (11) Bearbeitung mit Abrasivteilchenstrom, (12) thermisches Entgraten und (13) roboterbasiertes Entgraten. Die letzten fünf Verfahren werden in den folgenden Abschnitten näher beschrieben:

1 **Schwingungs-** und **Trommelbearbeitungsverfahren** eignen sich, um die Oberflächengüte zu verbessern und Grat von einer großen Anzahl relativ kleiner Teile zu entfernen. Bei diesem diskontinuierlichen Vorgang werden speziell geformte *Schleifmittelkügelchen* oder *abtragende Medien* zusammen mit den zu entgratenden Teilen in einen Behälter gegeben. Der Behälter wird entweder in Schwingungen versetzt oder getaumelt. Die Wirkung der einzelnen Schleifteilchen und Metallteilchen entfernt scharfe Kanten und Grat von den Teilen. Je nach Anwendung wird dieses Verfahren trocken oder nass durchgeführt. Für spezielle Anforderungen – um zum Beispiel die Teile zu entfetten oder vor Korrosion zu schützen – können auch flüssige Verbindungen zugesetzt werden.

2 Beim **Strahlputzen** (bzw. *Sandstrahlen*) werden Schleifteilchen (normalerweise Sand) durch einen Druckluftstrahl mit hoher Geschwindigkeit oder durch eine rotierende Scheibe auf die Oberfläche des Werkstücks getrieben. Strahlputzen ist für das Entgraten metallischer wie nichtmetallischer Werkstoffe sowie zum Ablösen, Säubern und Entfernen von Oberflächenoxiden auf Werkstücken geeignet. Die durch Strahlputzen erzeugte Oberfläche hat ein mattiertes Aussehen. Dieses Verfahren erlaubt es auch, feines Polieren und Ätzen (in kleinem Umfang) auf Maschinen durchzuführen (*Strahlen mit Feinschleifteilchen*).

3 Bei der **Bearbeitung mittels Abrasivteilchenstrom** werden Schleifkörner wie zum Beispiel Siliziumkarbid oder Diamant in eine kittartige Grundmasse gemischt, die dann durch die Öffnungen und Durchgänge im Werkstück vor- und zurückgepresst wird. Die unter Druck bewegte abrasive Matrix entfernt Grat und scharfe Ecken und poliert das Teil. Das Verfahren ist besonders geeignet für Werkstücke mit inneren Hohlräumen, die durch andere Mittel nicht zugänglich sind. Der angewandte Druck liegt im Bereich von 0,7 bis 22 MPa. Außenflächen lassen sich mit diesem Verfahren ebenfalls entgraten. Dazu umschließt man das Werkstück mit einer Vorrichtung, die die abtragenden Medien auf die zu entgratenden Kanten und Flächen leitet.

4 Bei den **thermischen Verfahren zum Entgraten** befindet sich das Teil in einer Kammer, in die ein Gemisch aus Erdgas und Sauerstoff eingeleitet wird. Das Gemisch wird gezündet, wodurch eine Hitzewelle mit einer Temperatur von 3300 °C entsteht. Der Grat heizt sich sofort auf und schmilzt weg, während die Temperatur des Teils selbst nur auf etwa 150 °C ansteigt. Thermisches Entgraten ist für ein breites Spektrum von Werkstoffen wirksam einsetzbar – unter anderem für Zink, Aluminium, Messing, Stahl, rostfreien Stahl, Gusseisen und Thermoplaste. Durch Schmieden oder Gießen entstandene größere Grate oder Quetschränder neigen aber dazu, nach dem Schmelzen Wülste zu bilden. Zudem kann der Vorgang dünne und schlanke Teile deformieren. Außerdem werden bei dieser Methode die Werkstückoberflächen weder poliert noch auf Glanz geschliffen, wie es mit anderen Verfahren zum Entgraten möglich ist.

5 **Roboterunterstütztes Entgraten:** Grate und Quetschränder werden zunehmend durch programmierbare Roboter entfernt (siehe Abschnitt A.7 und die Fallstudie in Anhang A), wobei ein Kraftrückkopplungssystem zur Steuerung des Vorgangs dient. Roboterunterstütztes Entgraten ist sehr flexibel, und zwar sowohl in Bezug auf die möglichen Geometrien der Werkstücke als auch hinsichtlich der anwendbaren Medien. Außerdem entfällt bei dieser Methode die mühevolle und aufwendige manuelle Bearbeitung – im Ergebnis wird das Entgraten gleichmäßiger durchgeführt. Nachteilig sind die hohen Investitionskosten, die bei roboterunterstützten Entgratungssystemen mit mehreren Spindeln bei über 200 000 Euro liegen können.

9.9 Ultraschallbearbeitung

Durch *Ultraschallbearbeitung* wird Material von einer Werkstückoberfläche durch Mikrospanbildung oder Erosion mit Schleifteilchen abgetragen. Die Werkzeugspitze – eine sogenannte *Sonotrode* (▶ Abbildung 9.24a) – schwingt mit Amplituden von 0,05 bis 0,125 mm bei einer Frequenz von 20 kHz. Diese Schwingungen verleihen den feinen Schleifteilchen zwischen Werkzeug und Werkstückoberfläche eine hohe Geschwindigkeit. Die Körner sind in einer wässrigen Suspension mit Konzentrationen von 20 bis

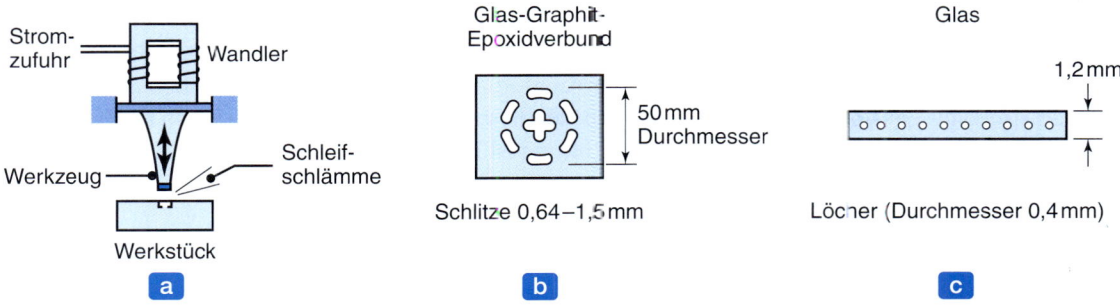

Abbildung 9.24: (a) Schematische Darstellung der Ultraschallbearbeitung, bei der Material durch Mikrospanen und Erosion abgetragen wird. (b) und (c) Typische Lochformen, die mittels Ultraschallbearbeitung herstellbar sind. Die Lochdurchmesser können sehr klein sein.

60 Volumenprozent verteilt. Diese Suspension hat auch die Aufgabe, den Abrieb aus dem Schnittbereich abzuführen. Obwohl die Körner meist aus Borkarbid bestehen, setzt man auch Aluminiumoxid und Siliziumkarbid ein. Die Körnungen reichen von 100 (zur Grobbearbeitung) bis 1000 (zur Endbearbeitung).

Ultraschallbearbeitung ist prädestiniert für harte und spröde Werkstoffe wie Keramik, Hartmetall (Karbide), Glas, Edelsteine und gehärtete Stähle. Die Werkzeugspitze besteht normalerweise aus kohlenstoffarmem Stahl und wird über den Werkzeughalter mit einem Wandler verbunden. Mit feinen Schleifkörnern lassen sich Maßtoleranzen von 0,0125 mm oder besser erreichen. Zwei Anwendungen für die Ultraschallbearbeitung sind in den Abbildungen 9.24b und c zu sehen.

Da Teilchen, die auf eine feste Oberfläche auftreffen, hohe Spannungen hervorrufen, ist bei der Ultraschallbearbeitung **Mikrospanbildung** möglich. Der Kontakt zwischen dem Teilchen und der Oberfläche ist sehr kurz (10 bis 100 μs), die Kontaktfläche sehr klein. Die **Kontaktzeit** t_0 lässt sich mit

$$t_0 \simeq \frac{5r}{c_0} \left(\frac{c_0}{v}\right)^{1/5} \tag{9.11}$$

ausdrücken. Hierin ist r der Radius eines kugelförmigen Teilchens, c_0 die Wellengeschwindigkeit im Werkstück ($c_0 = \sqrt{E/\varrho}$) und v die Geschwindigkeit, mit der das Teilchen auf die Oberfläche trifft. Die **Kraft** F des Teilchens auf der Oberfläche ergibt sich aus der Impulsänderung, d. h.

$$F = \frac{d(mv)}{dt}, \tag{9.12}$$

wobei m die Masse des Teilchens ist. Die **mittlere Kraft** $\overline{F}$ eines Teilchens, das auf die Oberfläche trifft und von dort zurückprallt, beträgt

$$\overline{F} = \frac{2mv}{t_0}. \tag{9.13}$$

Setzt man in Gleichung (9.13) Zahlenwerte ein, wird deutlich, dass selbst kleine Teilchen beträchtliche Kräfte ausüben können und die Kontaktspannungen aufgrund der sehr kleinen Kontaktfläche sehr hoch sind. In spröden Werkstoffen sind die Spannungen ausreichend hoch, um Mikrospanbildung und Oberflächenerosion hervorzurufen (siehe auch die Diskussion zur *Abrasivstrahlbearbeitung* in Abschnitt 9.15).

Ultraschall-Rotationsbearbeitung: Bei diesem Verfahren wird der Schmirgelbrei durch ein Werkzeug mit metallgebundenen Diamantschleifstoffen ersetzt, die entweder getränkt oder auf die Werkzeugoberfläche galvanisiert wurden. Das Werkzeug wird gedreht, durch Ultraschall zu Vibrationen angeregt und das Werkstück mit konstanter Kraft dagegen gedrückt. Dieser Vorgang ist dem Stirnfräsen ähnlich (siehe Abschnitt 8.10.1). Die Ultraschall-Rotationsbearbeitung ist besonders effektiv bei der Herstellung tiefer Löcher in Keramik bei hohen Abtragsleistungen.

Tabelle 9.4: Allgemeine Merkmale moderner Bearbeitungsverfahren

Verfahren (engl. Abkürzung)	Verfahrensmerkmale	Verfahrensparameter und typische Werte für den Materialabtrag oder die Schnittgeschwindigkeit
Chemische Bearbeitung (CM)	Flache Eintiefungen (bis zu 12 mm) ebener und gekrümmter Oberflächen; Ausschneiden dünner Blechteile; niedrige Werkzeug- und Ausrüstungskosten; geeignet für niedrige Stückzahlen	0,025–0,1 mm/min
Elektrochemische Bearbeitung (ECM)	Komplexe Formen mit großen Eintiefungen; hoher Energieverbrauch; mittlere bis hohe Stückzahlen	Gleichspannung 5–25 V, 2,5–12 A; Geschwindigkeit hängt von der Stromdichte ab
Elektrochemisches Schleifen (ECG)	Ablängen und Schärfen harter Materialien wie Wolframkarbid; auch als Honverfahren im Einsatz; höhere Abtragsgeschwindigkeit als beim Schleifen	Stromdichte 1–3 A/mm^2; typisch sind 1500 mm^3/min pro 1000 A
Funkenerosives Bearbeiten (EDM)	Formen und Schneiden von komplexen Teilen aus harten Werkstoffen; leichte Oberflächenschäden möglich; auch zum Schleifen geeignet; vielseitig; teure Werkzeuge und Ausrüstung	50–380 V; 0,1–500 A; typisch sind 300 mm^3/min
Funkenerosives Schneiden (WEDM)	Schneiden von Konturen auf flachen und gekrümmten Oberflächen; teure Ausrüstung	Hängen stark vom Werkstückwerkstoff und seiner Dicke ab
Laserstrahlbearbeitung (LBM)	Schneiden und Perforieren dünner Materialien; wärmebeeinflusste Zone; benötigt kein Vakuum; teure Ausrüstung erforderlich; hoher Energieverbrauch; große Sicherheitsanforderungen	0,50–7,5 m/min
Elektronenstrahlbearbeitung (EBM)	Schneiden und Perforieren dünner Materialien; geeignet zur Herstellung sehr kleiner Löcher; wärmebeeinflusste Zone; benötigt Vakuum und damit teure Ausrüstung	1–2 mm^3/min
Wasserstrahlbearbeitung (WJM)	Schneiden aller Arten nichtmetallischer Werkstoffe bis zu Dicken von 25 mm und darüber; Konturschnitte in weichen Materialien möglich; keine thermisch induzierten Schäden; umweltfreundliches Verfahren	Hängen sehr stark vom Werkstoff ab
Wasserstrahlabrasivbearbeitung (AWJM)	Einfach- oder Mehrfachschnitte an metallischen und nichtmetallischen Werkstoffen	Bis zu 7,5 m/min
Strahlabrasivbearbeitung (AJM)	Schneiden, Schlitzen, Entgraten, Ätzen und Reinigen von metallischen und nichtmetallischen Werkstoffen; Tendenz zur Kantenabrundung; eventuelle Gefahr durch herumfliegende Teilchen	Hängen sehr stark vom Werkstoff ab

9.10 Chemische Bearbeitung

Das Verfahren der *chemischen Bearbeitung* wurde ausgehend von der Tatsache entwickelt, dass bestimmte Chemikalien Metalle angreifen bzw. ätzen und dabei kleine Materialmengen von der Oberfläche abtragen (Tabelle 9.4). Das Material wird von der Oberfläche durch chemische Auflösung mithilfe von **Reagenzien** bzw. **Ätzmitteln** wie zum Beispiel Säuren oder alkalischen Lösungen entfernt. Die chemische Bearbeitung gehört zu den ältesten Verfahren der nicht traditionellen Bearbeitung und wird seit vielen Jahren zum Gravieren von Metallen und Hartgestein sowie in der Produktion von gedruckten Leiterplatten und Mikroprozessorchips eingesetzt. Durch chemische Mittel lassen sich Teile auch entgraten.

9.10.1 Chemisches Abtragen

Beim *chemischen Abtragen* werden seichte Vertiefungen auf Blechen, Platten, Schmiedeteilen und Strangpressteilen entweder aufgrund von Designanforderungen oder zur Masseneinsparung erzeugt (▶ Abbildung 9.25). Chemisches Abtragen hat sich bei verschiedenen Metallen bewährt, wobei die Tiefe des entfernten Materials bis zu 12 mm betragen kann. Selektive Angriffe durch das chemische Reagenz auf unterschiedlichen Bereichen der Werkstückoberfläche lassen sich durch entfernbare Schichten einer **Maske** (▶ Abbildung 9.26) oder durch teilweises Eintauchen in das Reagenz steuern.

Eingesetzt wird chemisches Abtragen unter anderem in der Luftfahrtindustrie, speziell zum Entfernen flacher Materialschichten von großen Rumpfschalen bei Flugzeugen und Flugkörpern sowie von stranggepressten Teilen für Flugzeugzellen. Auch in der Halbleiterindustrie ist das Verfahren – hier oftmals als **Nassätzen** bezeichnet – gebräuchlich, um mikroelektronische Bauteile herzustellen (siehe Abschnitte 13.8 und 13.14). Die Badoberfläche der Tanks für die Reagenzien kann $4 \times 15\,m^2$ erreichen. Abbildung 9.27 zeigt den Bereich der Oberflächengüte und Maßtoleranzen, die sich durch chemische

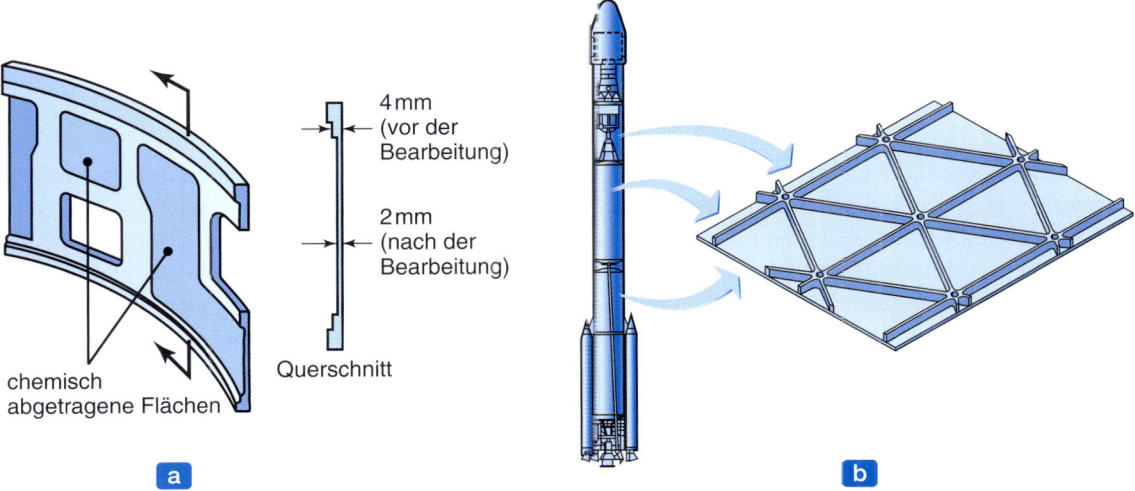

Abbildung 9.25: Beispiele für das chemische Abtragen: (a) Außenhautteil einer Rakete, das durch Konturieren ein günstigeres Steifigkeit-zu-Gewicht-Verhältnis erhält, (b) bearbeitete Platte, die vor dem Dünnen z. B. durch Streckziehen geformt wird.

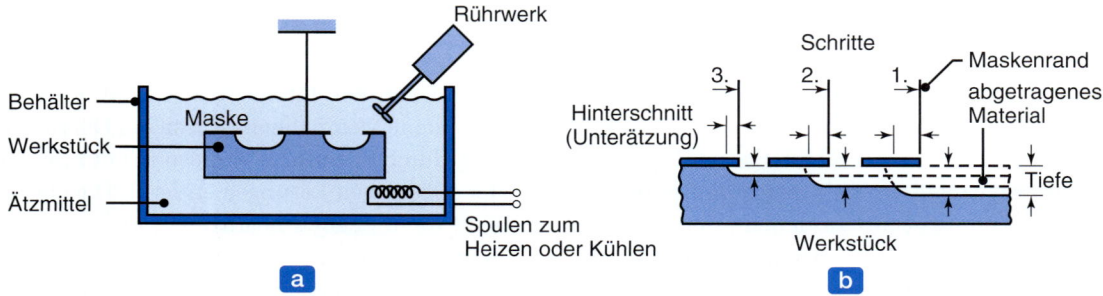

Abbildung 9.26: (a) Schematische Darstellung der chemischen Bearbeitung. Bei diesem Verfahren wirkt keine Kraft auf das Werkstück ein. (b) Verfahrensschritte, um eine gestufte Vertiefung herzustellen.

Bearbeitung und andere Bearbeitungsverfahren erreichen lassen. Da die Reagenzien in einer Vorzugsrichtung ätzen und Korngrenzen angreifen (siehe Abschnitt 3.4), was sich nachteilig auf die Oberflächeneigenschaften auswirkt, ist beim chemischen Abtragen mit Oberflächenschäden zu rechnen. Chemisches Abtragen bei geschweißten und gelöteten Konstruktionen kann zu ungleichmäßigem Materialabtrag führen, da entweder das Füllmaterial oder der gefügte Konstruktionswerkstoff bevorzugt abgetragen werden. Bei Gussteilen erzeugt chemisches Abtragen gegebenenfalls ungleichmäßige Oberflächen, was mit der Porosität und Nichtgleichförmigkeit der Mikrostruktur zusammenhängt.

9.10.2 Chemisches Ausschneiden

Chemisches Ausschneiden ähnelt dem Ausschneiden von Blechen (siehe Abbildung 7.8) in dem Sinne, dass die erzeugten Strukturen durch die gesamte Dicke des Materials verlaufen – nur dass das Material durch chemische Auflösung statt durch Scheren entfernt wird. Typische Anwendungen für chemisches Ausschneiden sind gratfreies Ätzen von gedruckten Leiterplatten (Abbildung 13.31) und die Produktion dekorativer Paneele, dünner Blechteile und kleiner oder komplizierter Formen.

9.10.3 Fotochemisches Ausschneiden

Das auch als **Fotoätzen** bezeichnete *fotochemische Ausschneiden* ist eine Modifikation des chemischen Abtragens. Das Material wird durch fotografische Techniken üblicherweise von einem flachen, dünnen Blech entfernt. Aus Metallen mit einer Dicke von nur 0,0025 mm lassen sich gratfreie Formen ausschneiden (▶ Abbildung 9.28). Dieses Verfahren wird auch zum Ätzen verwendet (siehe Abschnitt 13.8). Typische Anwendungen für fotochemisches Ausschneiden sind feine Siebe, Leiterplatten für gedruckte Schaltungen, Bleche für Elektromotoren, Blattfedern sowie Lochmasken für Farbbildröhren. Durch fotochemisches Ausschneiden lassen sich sehr kleine Teile herstellen, für die herkömmliche Stanzwerkzeuge (Abschnitt 7.3) schwer herzustellen sind. Zudem ist das Verfahren zum Ausschneiden von zerbrechlichen Werkstücken und Werkstoffen geeignet. Der Umgang mit chemischen Reagenzien erfordert spezielle Sicherheitsvorkehrungen, um das Bedienpersonal vor austretenden flüssigen und flüchtigen Chemikalien zu schützen. Außerdem muss die Entsorgung von Nebenprodukten berücksichtigt werden, wobei sich einige Nebenprodukte auch recyceln lassen. Trotz der erforderlichen Qualifikation für die

9.10 Chemische Bearbeitung

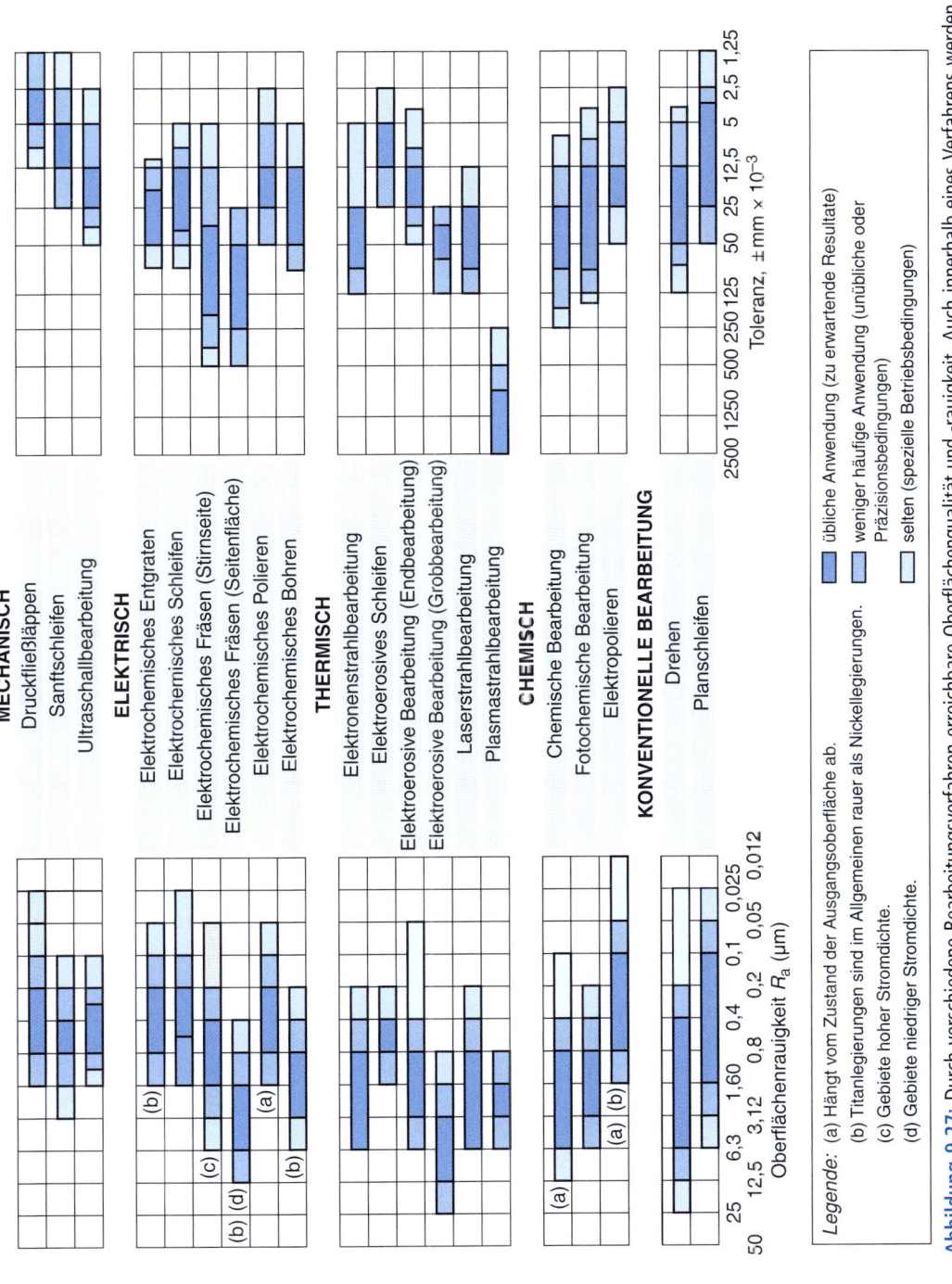

Abbildung 9.27: Durch verschiedene Bearbeitungsverfahren erreichbare Oberflächenqualität und -rauigkeit. Auch innerhalb eines Verfahrens werden breite Bereiche abgedeckt (siehe Abbildung 8.26). Nach *Machining Data Handbook*, 3. Aufl., 1980.

Abbildung 9.28: Typische Teile, die durch fotochemisches Ausschneiden hergestellt wurden.

Arbeiten beim fotochemischen Ausschneiden ist das Verfahren für mittlere bis hohe Produktionsmengen wirtschaftlich, da die Werkzeugkosten gering sind und sich das Verfahren automatisieren lässt.

9.11 Elektrochemische Bearbeitung

Grundsätzlich handelt es sich bei *elektrochemischer Bearbeitung* (*electrochemical machining*, ECM) um das Gegenstück zum Elektroplattieren bzw. Galvanisieren. Ein **Elektrolyt** (▶ Abbildung 9.29) fungiert als Ladungsträger und die starke Elektrolytbewegung im Spalt zwischen Werkzeug und Werkstück wäscht Metallionen aus dem Werkstück (**Anode**) aus, bevor diese sich am Werkzeug (**Kathode**) anlagern können. Der erzeugte Hohlraum entspricht dem negativen Abbild des Werkzeugs. Modifikationen dieses Verfahrens werden beispielsweise beim Drehen, Plandrehen, Stoßen, Kernbohren und Profilfräsen verwendet, wobei die Elektrode zum Schneidewerkzeug wird.

Das Formwerkzeug besteht aus Messing, Kupfer, Bronze oder rostfreiem Stahl. Der Elektrolyt, eine gut leitende anorganische Salzlösung wie zum Beispiel in Wasser gelöstes Natriumchlorid oder Natronsalpeter, wird mit hoher Geschwindigkeit durch die Öffnungen im Werkzeug gepumpt. Eine Stromversorgung liefert bei einer Gleichspannung von 5 bis 25 V die erforderlichen Stromdichten, die bei den meisten Anwendungen 1,5 bis 8 A/mm² in der aktiv bearbeiteten Fläche betragen. Es gibt Maschinen, die Ströme von 5 bis zu 40 000 A liefern können. Da die Abtragsleistung nur eine Funktion der Ionenaustauschrate ist, spielen weder Festigkeit noch Härte oder Zähigkeit des Werkstücks (das elektrisch leitend sein muss) eine Rolle.

Die **Abtragsleistung** bei elektrochemischer Bearbeitung lässt sich aus dem **Faraday'schen Gesetz** mit der Gleichung

$$Q = CI\eta \qquad (9.14)$$

berechnen, wobei Q (so wie das Zeitspanungsvolumen bei der spanenden Bearbeitung) in mm³/min angegeben wird. I ist die Stromstärke in Ampere und η die Stromausbeute (typischerweise zwischen

9.11 Elektrochemische Bearbeitung

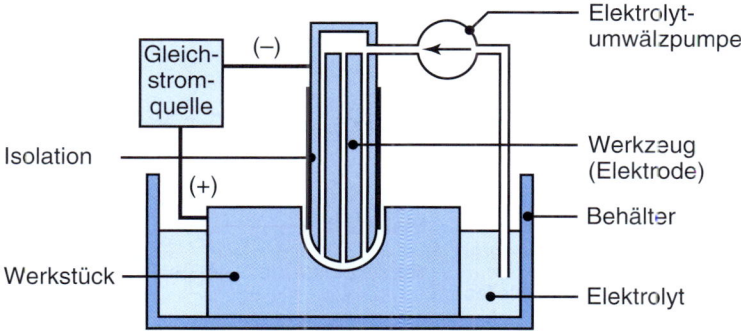

Abbildung 9.29: Schematische Darstellung der elektrochemischen Bearbeitung. Das Verfahren ist die Umkehrung der elektrolytischen Metallabscheidung, siehe Abschnitt 4.5.1.

90 bis 100 %). Die Materialkonstante C (in mm^3/Amin) hängt bei reinen Metallen von der Valenz ab – je höher die Valenz, desto niedriger ihr Wert. Für die meisten Metalle liegt der Wert von C typischerweise zwischen 1 und 2. Wenn eine Vertiefung mit der einheitlichen Querschnittsfläche A_0 (in mm^2) elektrochemisch bearbeitet wird, beträgt die Vorschubgeschwindigkeit f in mm/min

$$f = \frac{Q}{A_0} \; . \tag{9.15}$$

Die Vorschubgeschwindigkeit gibt die Geschwindigkeit an, mit der die Elektrode in das Werkstück eindringt.

Elektrochemische Bearbeitung wird vermehrt für die Bearbeitung komplizierter Vertiefungen in hochfesten Werkstoffen eingesetzt, und zwar speziell in der Luft- und Raumfahrtindustrie für die Massenproduktion von Turbinenschaufeln, Teilen für Strahltriebwerke und Düsen (▶ Abbildung 9.30). Außerdem werden damit die Vertiefungen (Gravuren) von Schmiedegesenken bearbeitet und kleine Löcher erzeugt. Elektrochemische Bearbeitung hinterlässt eine gratfreie Oberfläche und kann daher auch zum Entgraten eingesetzt werden. Das Verfahren verursacht keine thermischen Schäden auf dem bearbeiteten Teil und da keine mechanischen Werkzeugkräfte wirken, tritt auch keine Deformation des Teils auf, wie es bei typischen spanenden Bearbeitungsverfahren der Fall wäre. Darüber hinaus gibt es keinen Werkzeugverschleiß und es ist möglich, komplizierte Formen zu erzeugen sowie harte Werkstoffe zu bearbeiten. Allerdings sollten die mechanischen Eigenschaften der per ECM gefertigten Komponenten mit den Eigenschaften verglichen werden, die sich mit anderen Bearbeitungsverfahren erreichen lassen. Es gibt heute ECM-Systeme als CNC-Bearbeitungszentren, die hohe Produktionszahlen, hohe Flexibilität und die Einhaltung enger Maßtoleranzen gewährleisten.

Eine Modifikation des elektrochemischen **(Fein-)Bohrens** ist das STEM-Verfahren (*shaped-tube electrolytic machining*), das in der Regel für das Bohren tiefer Löcher mit kleinen Durchmessern wie etwa in Turbinenschaufeln verwendet wird. Das Werkzeug ist ein Titanröhrchen, die mit einem elektrisch isolierenden Harz beschichtet ist, um das Abtragen von Material aus anderen Bereichen zu verhindern. Es ist möglich, Löcher bis herab zu 0,5 mm zu bohren, wobei das Verhältnis von Tiefe zu Durchmesser 300 : 1 betragen kann.

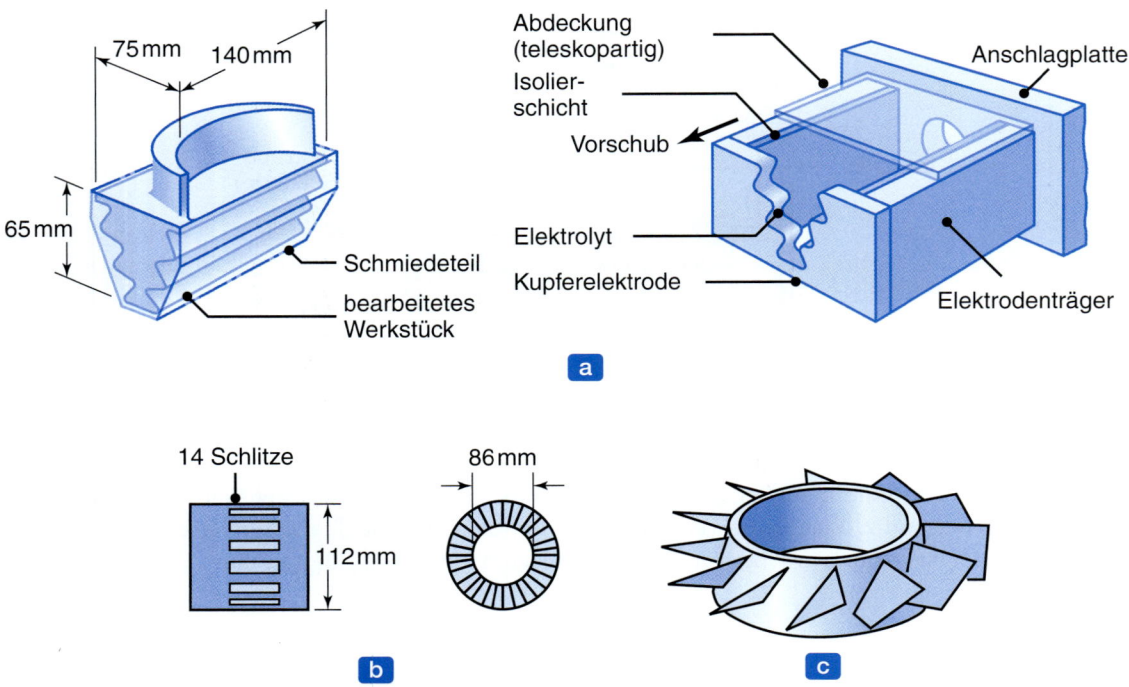

Abbildung 9.30: Teile, die sich durch elektrochemisches Bearbeiten herstellen lassen. (a) Turbinenschaufel aus einer Nickellegierung (Härte 360 HBW). Im rechten Teilbild ist die Elektrode abgebildet. (b) Schlitze in einem Rollenlagerkäfig aus dem Stahl 42NiCrMo8-4. (c) Integrallaufrad (Blisk) eines Kompressors.

Das ECM-Verfahren lässt sich auch mit EDM (*electrical-discharge machining*, siehe Abschnitt 9.13) auf derselben Maschine kombinieren. Zu den weiteren Entwicklungen gehören *hybride Bearbeitungssysteme*, die ECM und andere nicht konventionelle Bearbeitungsverfahren (wie sie in diesem Kapitel beschrieben werden) kombinieren, um von den Vorteilen aller einzelnen Verfahren zu profitieren.

Das PECM-Verfahren (*pulsed electrochemical machining*) ist eine Weiterentwicklung des ECM-Verfahrens. Es verwendet sehr hohe Stromdichten (in der Größenordnung von $100\,A/cm^2$), wobei aber der Strom impulsförmig und nicht als Gleichstrom eingespeist wird. Der Impulsbetrieb soll hohe Elektrolytflussraten eliminieren, die die Brauchbarkeit von ECM im Formenbau beschränken. Aus Untersuchungen geht hervor, dass PECM die Dauerfestigkeit im Vergleich zu ECM verbessert. Zudem eignet sich das Verfahren, um die Verformungsschicht zu eliminieren, die auf Gesenk- und Formenoberflächen beim Funkenerodieren zurückbleibt (siehe Abschnitt 9.13). Es gibt auch PECM-Anlagen, in denen auch die Arbeitselektrode auf- und abbewegt (gepulst) wird. Dies dient einer verbesserten Elektrolytbewegung und erlaubt einen engeren Spalt zwischen Arbeitselektrode und Werkstück, was die Maßgenauigkeit der gefertigten Teile weiter erhöht (siehe auch die Fallstudie zu Kapitel 12).

9.12 Elektrochemisches Schleifen

Elektrochemisches Schleifen (*electrochemical grinding* ECG) kombiniert die elektrochemische Bearbeitung mit konventionellem Schleifen (Tabelle 9.4) auf einer Anlage, die einer herkömmlichen Schleifmaschine ähnelt, außer dass an die Stelle der konventionellen Schleifscheibe eine rotierende Kathode mit Schleifteilchen tritt (▶ Abbildung 9.31a). Diese Scheibe besteht aus Diamant- oder Aluminiumoxidschleifteilchen, die mit Metall gebunden sind, und rotiert mit einer Umfangsgeschwindigkeit von 1200 bis 2000 m/min. Die Stromdichten liegen im Bereich von 1 bis 3 A/mm². Die Schleifmittel fungieren als Isolatoren zwischen der Trägerscheibe und dem Werkstück. Zudem entfernen sie die elektrolytischen Produkte auf mechanischem Weg aus dem Arbeitsbereich. Für die elektrochemische Bearbeitungsphase des Verfahrens wird ein strömender Elektrolyt bereitgestellt, der üblicherweise aus Natriumnitrat besteht. Der größte Teil des Metalls wird bei ECG durch die elektrolytische Wirkung abgetragen, während in der Regel weniger als 5 % des abgetragenen Metalls der Schleifwirkung der Scheibe zuzuschreiben sind. Entsprechend gering ist der Scheibenverschleiß. Durch die Schleifwirkung sind auch Feinschnitte möglich, die allerdings nur ausgeführt werden, um eine Oberfläche mit gutem Finish und guter Maßhaltigkeit zu erzeugen.

Die **Abtragsleistung** beim elektrochemischen Schleifen lässt sich gemäß

$$Q = \frac{mI}{\varrho F} \tag{9.16}$$

angeben, wobei Q in mm³/min, m in Gramm, I in Ampere und die Dichte des Werkstückwerkstoffs ϱ in g/mm³ einzusetzen sind. F ist die Faraday'sche Konstante in Coulomb/mol. Die Eindringgeschwindigkeit V_s der Schleifscheibe in das Werkstück ist durch die Beziehung

$$V_s = \left(\frac{m}{\varrho F}\right)\left(\frac{E}{gK_p}\right) K \tag{9.17}$$

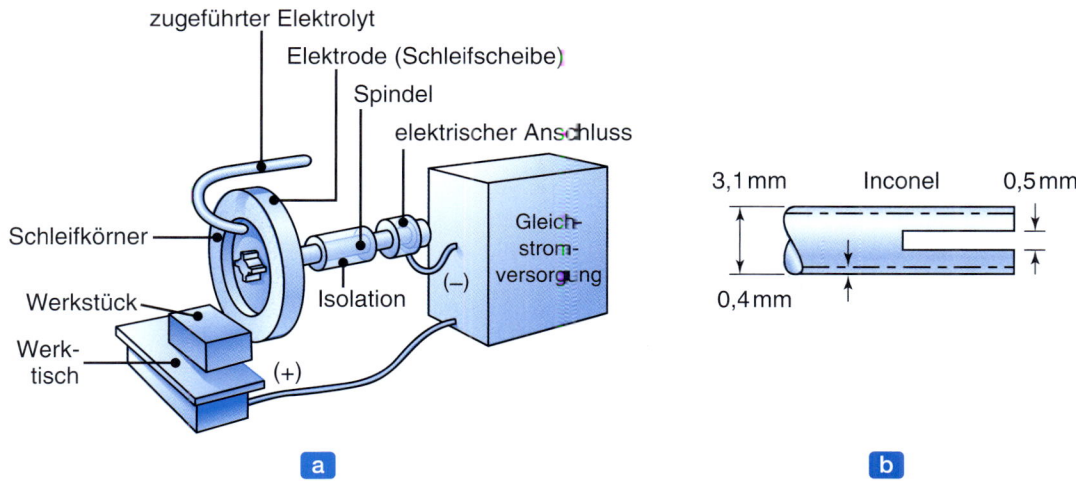

Abbildung 9.31: (a) Elektrochemisches Schleifen (schematisch). (b) dünner Schlitz in einem Rohr aus Inconel, der durch elektrochemisches Schleifen gefertigt wurde.

gegeben. V_s ergibt sich in mm^3/min, wenn die Spannung E der galvanischen Zelle in Volt, die Spaltbreite g zwischen Scheibe und Werkstück in mm und die Elektrolytleitfähigkeit K in Ω^{-1}mm^{-1} gewählt werden. K_p ist ein Verlustfaktor, der zwischen 1,5 und 3 liegt.

Elektrochemisches Schleifen eignet sich für Anwendungen, die Fräsen, Schleifen und Sägen (Abbildung 9.31b) ähneln. Das Verfahren wurde erfolgreich auf Karbide (Hartmetalle) und hochfeste Legierungen angewendet. Es lässt sich allerdings nicht direkt auf Vorgänge anpassen, die wie im Gesenkbau Vertiefungen erzeugen, da tiefe Mulden dem Schleifen nicht zugänglich sind. Dennoch bietet das Verfahren einen Vorteil gegenüber herkömmlichem Schleifen mit einer Diamantscheibe, wenn es um die Verarbeitung sehr harter Werkstoffe geht, bei denen mit einem hohen Scheibenverschleiß zu rechnen ist. ECG-Maschinen sind mit numerischen Steuerungen erhältlich, womit sich Maßhaltigkeit und Wiederholgenauigkeit verbessern und die Produktivität steigern lassen.

Beispiel 9.5 Bearbeitungszeiten von elektrochemischer Bearbeitung und Bohren im Vergleich

Ein Rundloch von 12,5 mm Durchmesser wird in einem Block aus einer Titanlegierung durch elektrochemische Bearbeitung hergestellt. Schätzen Sie für eine Stromdichte von 6 A/mm^2 die erforderliche Zeit, um ein 20 mm tiefes Loch herzustellen. Nehmen Sie eine Stromausbeute von 90 % an. Vergleichen Sie diese Zeit mit der Zeit, die für normales Bohren erforderlich ist.

Lösung: Aus den Gleichungen (9.14) und (9.15) geht hervor, dass sich die Vorschubgeschwindigkeit durch die Gleichung

$$f = \frac{CI\eta}{A_0}$$

ausdrücken lässt. Nimmt man $C = 1{,}6$ mm^3/Amin und $I/A_0 = 6$ A/mm^2 an, beträgt die Vorschubgeschwindigkeit $f = 1{,}6 \times 6 \times 0{,}9 = 8{,}64$ mm/min. Da das Loch 20 mm tief ist, ergibt sich eine Bearbeitungszeit t_ECM von

$$t_\text{ECM} = \frac{20}{8{,}64} = 2{,}3 \text{ min}.$$

Die Zeit für das Bohren kann anhand von Tabelle 8.12 mit den Daten für Titanlegierungen ermittelt werden. Wählt man die Werte für einen Bohrer von 12,5 mm Durchmesser, 300 Umdr./min und einem Vorschub von 0,15 mm/Umdr. aus, berechnet sich die Vorschubgeschwindigkeit zu 300 Umdr./min $\times$ 0,15 mm/Umdr. = 45 mm/min. Für ein 20 mm tiefes Loch erhält man für die Bohrzeit t_Bohr

$$t_\text{Bohr} = \frac{20}{45} = 0{,}44 \text{ min},$$

was etwa einem Fünftel der Zeit für ECM entspricht.

9.13 Funkenerosive Bearbeitung

Funkenerosive Bearbeitung, kurz **Funkenerodieren** bzw. **Bearbeitung durch elektrische Entladung** (*electrical-discharge machining*, EDM), basiert auf der Erosion von Metallen durch Funkenentladungen (Tabelle 9.4). Werden zwei stromführende Drähte zusammengeführt, entsteht ein Lichtbogen. Eine genaue Untersuchung der Kontaktstelle zwischen den beiden Drähten zeigt, dass ein kleiner Teil des Metalls erodiert wird und ein kleiner Krater zurückbleibt. Obwohl dieses Phänomen seit Entdeckung der Elektrizität bekannt ist, hat man erst in den 1940er Jahren ein Bearbeitungsverfahren basierend auf diesen Prinzipien entwickelt. Inzwischen ist es zu einem der wichtigsten und vielfach eingesetzten Produktionstechniken in der verarbeitenden Industrie geworden.

Das EDM-System (▶ Abbildung 9.32) besteht aus einem geformten Werkzeug (**Elektrode**) und dem Werkstück, die an eine Gleichstromquelle angeschlossen und in einer **dielektrischen** (d. h. nicht elektrisch leitenden) **Flüssigkeit** platziert werden. Beim Anlegen einer Spannung an das Werkzeug bewirkt das dadurch entstehende magnetische Feld, dass sich die in der dielektrischen Flüssigkeit schwebenden Teilchen zwischen der Elektrode und dem Werkstück konzentrieren und schließlich eine Brücke bilden, über die der Strom in das Werkstück fließen kann. Dabei entsteht ein intensiver Lichtbogen, der ausreicht, um einen Teil des Werkstücks – aber auch des Werkzeugs – zu schmelzen. Außerdem wird die dielektrische Flüssigkeit schnell aufgeheizt, wodurch die Flüssigkeit in der Lichtbogenstrecke verdampft. Diese Verdampfung erhöht wiederum den Widerstand an der Grenzfläche, bis der Lichtbogen nicht mehr aufrechterhalten werden kann. Sobald der Lichtbogen unterbrochen ist, geht die Wärme aus der Gasblase an die umgebende dielektrische Flüssigkeit über und die Blase bricht zusammen (Kavitation). Die damit verbundene Druckwelle und Strömung der dielektrischen Flüssigkeit wäscht die Trümmer von der Werkstückoberfläche weg und reißt sämtliches geschmolzenes Werkstückmaterial in die dielektrische Flüssigkeit mit. Diese Kondensatorentladung wiederholt sich mit Frequenzen zwischen 50 und 500 kHz bei Spannungen zwischen 50 und 380 V und Strömen von 0,1 bis 500 A.

Die dielektrische Flüssigkeit wirkt (a) als Isolator, bis das Potential genügend hoch ist, (b) als Spülmedium, das die Trümmer im Spalt auswäscht, und (c) als Kühlmittel. Der Spalt zwischen dem Werkzeug und dem Werkstück (*Überschnitt*) ist kritisch. Deshalb steuert ein Servomechanismus die nach unten gerichtete Vorschubbewegung des Werkzeugs und hält automatisch eine konstante Lücke aufrecht. Als

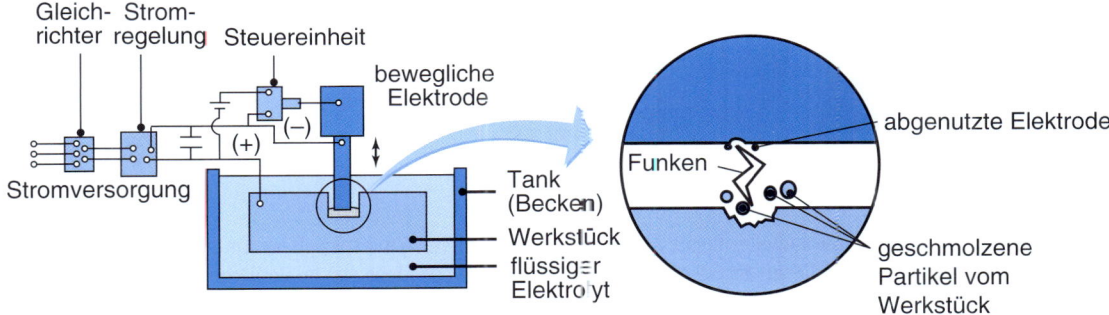

Abbildung 9.32: Schematische Darstellung der funkenerosiven Bearbeitung.

dielektrische Flüssigkeiten kommen vor allem Mineralöle zum Einsatz, in speziellen Anwendungen sind auch Kerosin sowie destilliertes und deionisiertes Wasser gebräuchlich. Das Werkstück wird im Tank, der die dielektrische Flüssigkeit enthält, eingespannt und CNC-Systeme steuern seine Bewegung. Die Maschinen sind mit einer Pumpe und Filtersystemen für die dielektrische Flüssigkeit ausgestattet.

Das EDM-Verfahren eignet sich für jeden elektrisch leitenden Werkstoff. Schmelzpunkt und Schmelzwärme sind wichtige physikalische Eigenschaften, die das Volumen des pro Entladung abgetragenen Materials bestimmen. Bei höheren Werten wird das Material langsamer abgetragen. Das Volumen des pro Entladung abgetragenen Materials bewegt sich typischerweise im Bereich von 10^{-6} bis 10^{-4} mm^3. Da bei diesem Verfahren keine mechanische Energie im Spiel ist, wird die Abtragsleistung nicht unbedingt durch Härte, Festigkeit und Zähigkeit des Werkstückwerkstoffs beeinflusst. Die Häufigkeit der Entladung oder die Energie pro Entladung variiert man normalerweise (über Strom und Spannung), um die Abtragsgeschwindigkeit zu steuern. Geschwindigkeit und Oberflächenrauheit nehmen mit steigender Stromdichte und fallender Entladungsfrequenz zu.

Elektroden für EDM bestehen in der Regel aus Graphit, obwohl auch Messing, Kupfer oder Kupfer-Wolfram-Legierungen verwendet werden können. Die Werkzeuge werden durch Umformen, Gießen, Pulvermetallurgie oder spanende Bearbeitung hergestellt. Es sind Elektroden bis herab zu 0,1 mm Durchmesser möglich. Der *Werkzeugverschleiß* spielt eine entscheidende Rolle, da er Maßhaltigkeit und Form der bearbeiteten Teile nachteilig beeinflusst. Um ihn zu minimieren, kann man die Polarität umkehren und Kupferwerkzeuge einsetzen. Diese Methode bezeichnet man als **verschleißfreies EDM**.

Funkenerodieren wird in zahlreichen Anwendungen eingesetzt. Zum Beispiel fertigt man damit Gesenkmulden für große Autokarosserieteile (Gesenkkopiermaschinenzentren), enge Schlitze, Turbinenschaufeln, verschiedene komplizierte Formen (▶ Abbildungen 9.33a und b) und tiefe Löcher mit kleinen Durchmessern (Abbildung 9.33c), wobei Wolframdraht als Elektrode verwendet wird. Stufenförmige Vertiefungen lassen sich herstellen, indem die relativen Bewegungen des Werkstücks in Beziehung zur Elektrode gesteuert werden (▶ Abbildung 9.34).

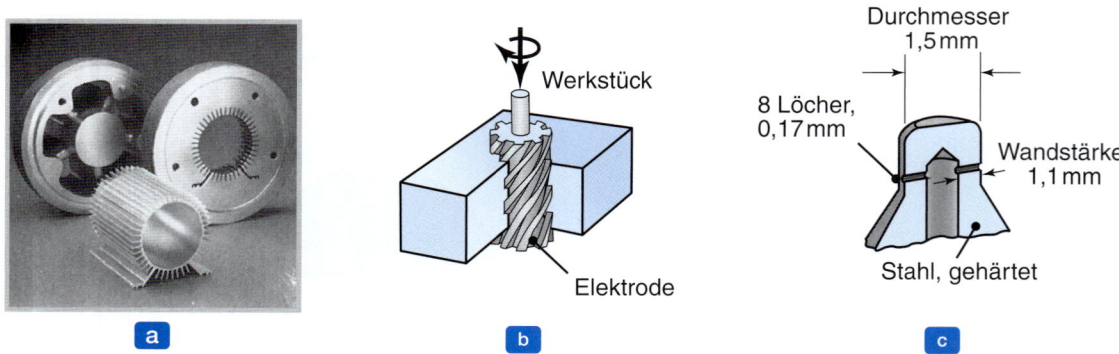

Abbildung 9.33: (a) Beispiele für Bauteile, die durch funkenerosive Bearbeitung mit speziell geformten Elektroden hergestellt wurden. Die Teile im Hintergrund dienen als Gesenke für das Strangpressen des Teils, das im Vordergrund abgebildet ist (siehe auch Abschnitt 6.4). (b) Loch mit spiralförmiger Wand. Dazu wird eine spiralförmige, rotierende Senkelektrode verwendet. (c) Anbringen von Bohrungen in einer Einspritzdüse durch Senkerodieren.

9.13 Funkenerosive Bearbeitung

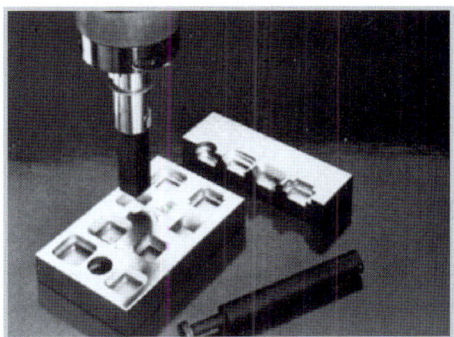

Abbildung 9.34: Gestufte Vertiefungen, die durch Senkerodieren hergestellt werden. Bei diesem Verfahren wird das Werkstück in zwei horizontalen Richtungen bewegt, wobei die Bewegung des Werkstücks mit der Vertikalbewegung der Elektrode synchronisiert wird. Im Bild erkennt man auch eine runde Elektrode, die zur Erzeugung runder oder elliptischer Löcher verwendet wird.

Die Abtragsleistung beim Funkenerodieren ist grundsätzlich eine Funktion von Strom und Schmelzpunkt des Werkstückwerkstoffs. Allerdings gehen auch andere Prozessvariablen wie zum Beispiel Temperatur und Frequenz ein. Mit der folgenden empirischen Näherungsbeziehung kann die **Abtragsleistung** Q in mm³/min beim Funkenerodieren abgeschätzt werden:

$$Q = 4 \times 10^4 I T_\mathrm{w}^{-1,23} . \qquad (9.18)$$

I ist die Stromstärke in Ampere und T_w der Schmelzpunkt des Werkstückwerkstoffs in °C. Die Verschleißrate der Elektrode W_t in mm³/min lässt sich mit der empirischen Gleichung

$$W_\mathrm{t} = 1{,}1 \times 10^{-1} I T_\mathrm{t}^{-2,38} \qquad (9.19)$$

abschätzen, mit T_t der Schmelztemperatur des Elektrodenwerkstoffs in °C. Das **Verschleißverhältnis** R von Werkstück zu Elektrode kann mit dem Ausdruck

$$R = 2{,}25\, T_\mathrm{r}^{-2,38} \qquad (9.20)$$

bestimmt werden, wobei T_r das Verhältnis der Schmelzpunkte von Werkstück und Elektrode ist. In der Praxis variiert der Wert von R in einem breiten Bereich und liegt typischerweise zwischen 0,2 und 100 (beim Schleifen liegen die Schleifverhältnisse ebenfalls in diesem Bereich; siehe Abschnitt 9.5.2).

Die Abtragsleistung in EDM liegt normalerweise zwischen 2 und 400 mm³/min. Hohe Bearbeitungsgeschwindigkeiten ergeben eine sehr raue Oberfläche, wobei die geschmolzene und wiedererstarrte Struktur eine schlechte Oberflächenintegrität und geringe Dauerwechselfestigkeit aufweist. Deshalb werden Feinschnitte bei geringen Abtragsleistungen durchgeführt oder man entfernt die umgeschmolzene Schicht später durch Endbearbeitungsverfahren wie zum Beispiel Schleifen. Neuere Verfahren verwenden eine oszillierende Elektrode, die eine sehr feine Oberflächengüte liefert, wodurch beträchtlich weniger Nacharbeit erforderlich ist, um den Glanz von Vertiefungen zu verbessern.

> **Beispiel 9.6** **Bearbeitungszeiten von EDM und Bohren im Vergleich**
>
> Berechnen Sie die Bearbeitungszeit für das Fertigen des Lochs gemäß Beispiel 9.5 durch EDM und vergleichen Sie die Zeit mit der für Bohren und für ECM. Nehmen Sie für die Titanlegierung einen Schmelzpunkt von 1600 °C (siehe Tabelle 3.3) und einen Strom von 100 A an. Berechnen Sie die Verschleißrate der Elektrode, wenn deren Schmelzpunkt 1100 °C beträgt.
>
> **Lösung: 1.** Mit Gleichung (9.18) ergibt sich
>
> $$Q = 4 \times 10^4 \times 100 \times 1600^{-1{,}23} = 458\,\text{mm}^3/\text{min} \;.$$
>
> Das Volumen des Lochs beträgt
>
> $$V = \pi \frac{12{,}5^2}{4} 20 = 2454\,\text{mm}^3 \;.$$
>
> Somit berechnet sich die Bearbeitungszeit für EDM zu $2454/458 = 5{,}4$ min. Diese Zeit ist 2,35-mal höher als für ECM und 11,3-mal größer als für Bohren. Wenn man aber den Strom auf 300 A erhöht, beträgt die Bearbeitungszeit für EDM nur noch 1,8 Minuten, was wesentlich weniger als für ECM ist.
>
> **2.** Die Verschleißrate der Elektrode lässt sich mithilfe von Gleichung (9.19) zu
>
> $$W_t = 11 \times 10^3 \times 100 \times 1100^{-2{,}38} = 0{,}064\,\text{mm}^3/\text{min}$$
>
> berechnen.

9.13.1 Funkenerosives Schleifen

Die Schleifscheibe beim *funkenerosiven Schleifen* (*electrical-discharge grinding*, EDG) besteht aus Graphit oder Messing und enthält keine Schleifmittel. Das Material wird von der Werkstückoberfläche durch wiederholte Funkenentladungen zwischen der rotierenden Scheibe und dem Werkstück abgetragen. Die **Abtragsleistung** Q in mm³/min kann mithilfe der Gleichung

$$Q = KI \qquad (9.21)$$

abgeschätzt werden, wobei I der Strom in Ampere und K der Werkstückmaterialfaktor in mm³/Amin ist. Zum Beispiel ist $K = 16$ für Stahl und 4 für Wolframkarbid.

Der EDG-Vorgang lässt sich mit elektrochemischem Schleifen zum sogenannten ECDG-Verfahren (*electrochemical-discharge grinding*) kombinieren. Das Material wird durch chemische Wirkung entfernt, wobei die elektrischen Entladungen von der Graphitscheibe den Oxidfilm aufbrechen, der wiederum durch den strömenden Elektrolyt weggewaschen wird. Das Verfahren setzt man hauptsächlich zum

Schleifen von Hartmetallwerkzeugen und -gesenken ein. Es eignet sich aber auch zum Schleifen zerbrechlicher Teile wie zum Beispiel chirurgischer Nadeln, dünnwandiger Röhren und Wabenstrukturen. Das ECDG-Verfahren ist schneller als EDG, verbraucht aber mehr Energie.

Beim **Sägen** mit EDM wird ein Aufbau ähnlich einer Band- oder Kreissäge (jedoch ohne irgendwelche Zähne) mit der gleichen elektrischen Schaltung wie bei EDM verwendet. Bei hohen Geschwindigkeiten der Metallabtragung lassen sich enge Schlitze erzeugen. Da die Schnittkräfte zu vernachlässigen sind, ist das Verfahren auch für schlanke Bauteile geeignet.

9.13.2 Funkenerosives Schneiden

Eine wichtige Variante von EDM ist **Drahterodieren** bzw. **funkenerosives Schneiden**. In diesem Verfahren, das dem Konturschneiden mit einer Bandsäge (Abschnitt 8.10.5) ähnelt, wird ein Draht langsam entlang eines festgelegten Wegs geführt und schneidet das Werkstück, wobei die Entladungsfunken wie Schneidzähne wirken. Das Verfahren wird verwendet um Platten bis zu 300 mm Dicke zu schneiden sowie Stanzteile, Werkzeuge und Gesenke aus Hartmetall herzustellen. Außerdem lassen sich damit komplizierte Bauteile für die Elektronikindustrie schneiden (Tabelle 9.4).

Der Draht besteht in der Regel aus Messing, Kupfer oder Wolfram und hat einen Durchmesser von typischerweise 0,25 mm, wodurch enge Schnitte möglich sind. Es werden auch Drähte verwendet, die mit Zink oder Messing beschichtet bzw. mit mehreren Schichten überzogen sind. Der Draht sollte über eine ausreichende Zugfestigkeit und Bruchzähigkeit sowie hohe elektrische Leitfähigkeit verfügen. Da der Draht relativ preiswert ist, wird er im Allgemeinen nur einmal verwendet und dann recycelt. Der Draht bewegt sich mit einer konstanten Geschwindigkeit zwischen 0,15 bis 9 m/min, wobei während des Schnitts ein konstanter Spalt aufrechterhalten wird (**Sägeschlitz**, ▶ Abbildung 9.35).

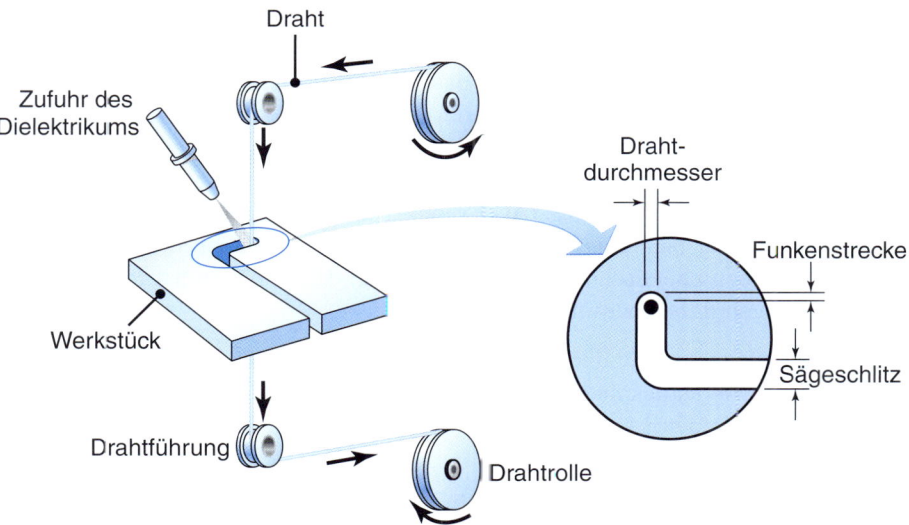

Abbildung 9.35: Schematische Darstellung des funkenerosiven Schneidens (Drahterodierens). Der Schneidprozess kann sich pro Drahtrolle über mehrere Stunden erstrecken.

Die Schnittgeschwindigkeit wird allgemein als Querschnittsfläche des Schnitts pro Zeiteinheit angegeben. Typische Beispiele sind 18 000 mm²/h für 50 mm dicken Werkzeugstahl 100Cr6 und 45 000 mm²/h für 150 mm dickes Aluminium. Diese Abtragsleistungen stehen für eine lineare Schnittgeschwindigkeit von $18\,000/50 = 360$ mm/h bzw. $45\,000/150 = 300$ mm/h.

Die **Abtragsleistung** Q in mm³/min für das Drahterodieren lässt sich mit dem Ausdruck

$$Q = V_f h b \tag{9.22}$$

ermitteln. Hierin sind V_f die Vorschubgeschwindigkeit des Drahts in das Werkstück in mm/min, h die Dicke bzw. Höhe des Werkstücks in mm und b die Sägeschlitzbreite in mm. Die Sägeschlitzbreite b (siehe Abbildung 9.35) ist durch $b = d_w + 2s$ gegeben, wobei d_w der Drahtdurchmesser in mm und s der Spalt in mm zwischen Draht und Werkstück während der Bearbeitung sind.

Moderne Drahterodiermaschinen (**Mehrachsen-EDM-Drahtschneidezentren**) weisen folgende Merkmale auf: (a) Computersteuerungen, um den Schneideweg des Drahts und seinen Winkel in Bezug auf die Werkstückebene zu steuern, (b) Vorrichtungen zum automatischen Selbsteinfädeln für den Fall eines Drahtbruchs, (c) mehrere Köpfe zum Schneiden von zwei Teilen auf einmal, (d) automatische Steuereinrichtungen, die Drahtbruch verhindern, und (e) programmierte Bearbeitungsstrategien. Mit zweiachsigen computergesteuerten Maschinen lassen sich zylindrische Formen ähnlich wie beim Drehen oder Rundschleifen fertigen.

9.14 Bearbeitung mit hochenergetischer Strahlung

9.14.1 Laserstrahlbearbeitung

Bei der *Laserstrahlbearbeitung* ist die Energiequelle ein Laser (Akronym für *L*ight *A*mplification by *S*timulated *E*mission of *R*adiation – Lichtverstärkung durch stimulierte Emission von Strahlung), der optische Energie konzentriert auf die Oberfläche des Werkstücks leitet (▶ Abbildung 9.36a). Die hohe Energiedichte schmilzt und verdampft kleine Teile des Werkstücks in kontrollierter Art und Weise. Mit diesem Verfahren, das kein Vakuum benötigt, lässt sich eine breite Palette metallischer und nichtmetallischer Werkstücke bearbeiten. Für Fertigungsaufgaben werden mehrere Arten von Lasern eingesetzt: CO_2 (als Puls- oder Dauerlaser), Nd:YAG (Neodym-dotierter Yttrium-Aluminium-Granat-Laser), Nd:Glas, Rubin und Excimer (aus *Exci*ted und di*mer* – angeregtes Dimer, d. h. zwei Monomere bzw. zwei Moleküle der gleichen Zusammensetzung). Die Tabellen 9.4 und 9.5 geben typische Anwendungen der Laserstrahlbearbeitung an.

Wichtige physikalische Parameter in der Laserstrahlbearbeitung sind das **Reflexionsvermögen** und die **Wärmeleitfähigkeit** der Werkstückoberfläche, ihre spezifische Wärme sowie die Schmelzwärme und Verdampfungswärme. Je kleiner diese Größen sind, desto effizienter ist der Prozess. Die **Schnitttiefe** t kann durch

$$t \propto \frac{P}{vd} \tag{9.23}$$

ausgedrückt werden, wobei P die Eingangsleistung, v die Schnittgeschwindigkeit und d der Durchmesser des Laserpunkts ist. Die per Laserstrahlbearbeitung erzeugte Oberfläche ist üblicherweise rau und

9.14 Bearbeitung mit hochenergetischer Strahlung

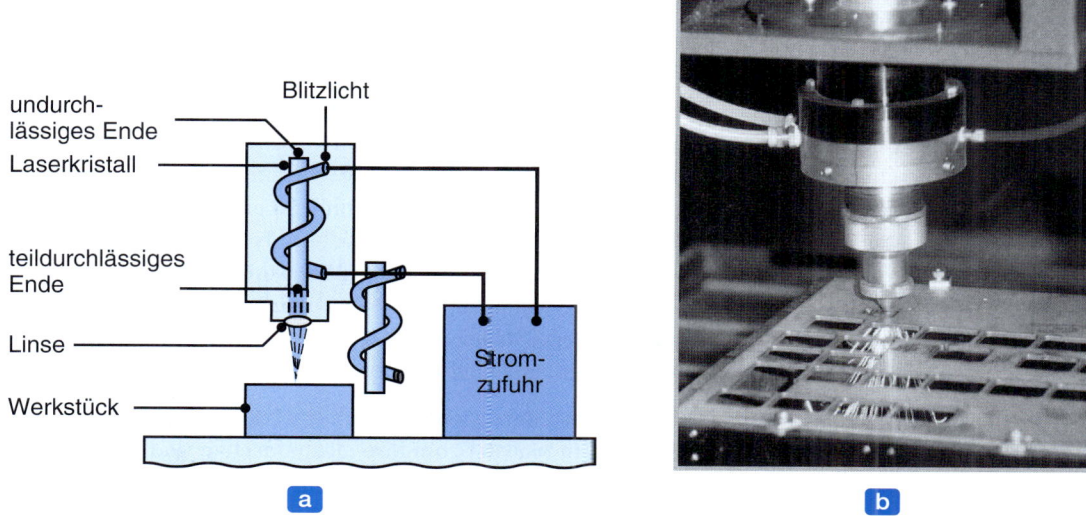

Abbildung 9.36: (a) Laserstrahlbearbeitung (schematisch), (b) Schneiden von Blech mit einem Laserstrahl.

Tabelle 9.5: Anwendungen der Lasertechnik in der Fertigung

Anwendung	Laserart
Schneiden	
Metalle	P-CO_2; CW-CO_2; Nd:YAG; Rubin
Polymere	CW-CO_2
Keramiken	P-CO_2
Bohren	
Metalle	P-CO_2; Nd:YAG; Nd:Glas; Rubin
Polymere	Excimer
Beschriften, Markieren	
Metalle	P-CO_2; Nd:YAG
Polymere	Excimer
Keramiken	Excimer
Oberflächenbehandlung (Metalle)	CW-CO_2
Schweißen (Metalle)	P-CO_2; CW-CO_2; Nd:YAG; Nd:Glas; Rubin
Anmerkung: P = *pulsed* (gepulst); CW = *continuous wave* (Welle).	

weist eine Wärmeeinflusszone auf (siehe Abbildung 12.15), die bei kritischen Anwendungen entfernt oder wärmebehandelt werden muss. Genau wie bei anderen Schneidverfahren, beispielsweise Sägen, Drahterodieren und Elektronenstrahlbearbeitung, ist die Sägeschlitzbreite zu beachten.

Laserstrahlen können in Kombination mit einem Gasstrahl wie zum Beispiel Sauerstoff, Stickstoff oder Argon zum Schneiden dünner Bleche verwendet werden (**Laserstrahlbrenner**). Laserschneiden mit

Unterstützung durch Edelgas unter hohem Druck wird für rostfreien Stahl und Aluminium eingesetzt, da dieses Verfahren eine oxidfreie Kante hinterlässt, die die Schweißfähigkeit verbessern kann. Zudem übernehmen Gasströme die wichtige Aufgabe, geschmolzenes und verdampftes Material von der Werkstückoberfläche wegzublasen.

Laserstrahlbearbeitung ist in vielen Bereichen zum Schneiden und Bohren von Metallen, Nichtmetallen und Verbundwerkstoffen verbreitet (Abbildung 9.36b). Die schleifende Wirkung von Verbundwerkstoffen und die äußerst saubere Ausführung haben die Laserstrahlbearbeitung zu einer attraktiven Alternative für herkömmliche Bearbeitungsmethoden gemacht. Man kann Löcher bis herab zu 0,005 mm mit einem Tiefe-zu-Durchmesser-Verhältnis von 50 zu 1 in verschiedenen Werkstoffen fertigen, wobei aber das Minimum in der Praxis eher bei 0,025 mm liegen dürfte. Beim Umgang mit Lasern ist äußerste Vorsicht geboten, da selbst Laser mit geringer Leistung zu Schäden an der Netzhaut im Auge führen können, wenn die Sicherheitsvorkehrungen nicht ordnungsgemäß befolgt werden.

Laserstrahlen verwendet man auch (a) zum **Schweißen** (siehe Abschnitt 12.5), (b) für die **Wärmebehandlung** von Metallen und Keramiken in kleinem Maßstab, um ihre mechanischen und tribologischen Eigenschaften zu modifizieren (siehe Abschnitt 4.4), und (c) *Kennzeichnen* von Teilen mit Buchstaben, Ziffern, Codes oder anderen Zeichen. Das Kennzeichnen ist auch mit Stanzen, Dornen, Schreibspitzen, Transferwalzen oder Stempeln durch Ätzen möglich. Doch obwohl die Geräte teurer als bei anderen Methoden sind, setzt sich das Kennzeichnen und Gravieren mit Lasern immer mehr durch, da dieses Verfahren genau, reproduzierbar, flexibel, leicht zu automatisieren und im laufenden Betrieb für eine breite Palette von Fertigungsverfahren anwendbar ist.

Laserstrahlschneiden ist in Verbindung mit einem Lichtleiter ein flexibles Verfahren, das sich zudem durch einfache Montage, geringe Einrichtzeiten und die Verfügbarkeit von Maschinen mit mehreren kW Leistung sowie computergesteuerten 2D- und 3D-Systemen auszeichnet. Folglich stellt Laserschneiden eine echte Alternative zum Schneiden von Blechen mit herkömmlichen Verfahren dar, wie sie Abschnitt 7.3 beschrieben hat, obwohl sich die beiden Verfahren kombinieren lassen, um die Effizienz insgesamt zu verbessern.

9.14.2 Elektronenstrahlbearbeitung und Plasma(lichtbogen)schneiden

Die Energie bei der **Elektronenstrahlbearbeitung** (*electron beam machining*, EBM) kommt von sehr schnellen Elektronen, die auf die Oberfläche des Werkstücks treffen und Wärme erzeugen (▶ Abbildung 9.37). Die Anwendungen dieses Verfahrens ähneln denen der Laserstrahlbearbeitung, außer dass EBM ein Vakuum erfordert. In den Maschinen werden die Elektronen bei Spannungen von 50 bis 200 kV auf 50 bis 80 % der Lichtgeschwindigkeit beschleunigt. Elektronenstrahlbearbeitung setzt man für sehr genaues Schneiden bei verschiedensten Metallen ein. Die Oberflächengüte ist besser und der Sägeschlitz enger als bei anderen thermischen Schneidverfahren (siehe auch die Diskussion zum Elektronenstrahlschweißen in Abschnitt 12.5). Da bei der Wechselwirkung des Elektronenstrahls mit der Werkstückoberfläche gefährliche Röntgenstrahlen entstehen, sollte die Anlage nur von entsprechend ausgebildeten Fachkräften bedient werden.

Beim **Plasma(lichtbogen)schneiden** (*plasma-arc cutting*, PAC) werden Plasmastrahlen (ionisiertes Gas) für das schnelle Schneiden von Platten aus Nichteisenwerkstoffen und rostfreiem Stahl eingesetzt. Dabei

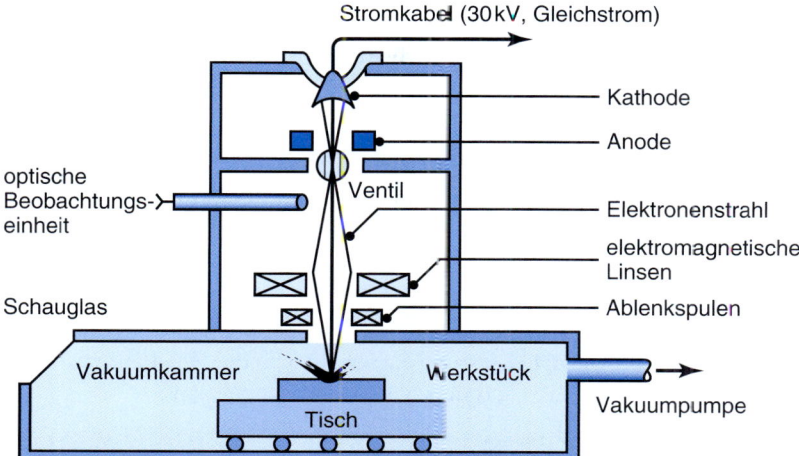

Abbildung 9.37: Schematische Darstellung der Elektronenstrahlbearbeitung. Im Unterschied zur Laserstrahlbearbeitung benötigt man hier ein Vakuum. Dies limitiert die Werkstückgröße und erhöht die Bearbeitungskosten.

entstehen sehr hohe Temperaturen (9400 °C im Brenner für Sauerstoff als Plasmagas). Folglich läuft der Vorgang schnell ab, der Sägeschlitz ist schmal und es wird eine hohe Oberflächengüte erzielt. Die Abtragsleistungen sind wesentlich höher als bei den EDM- und LBM-Verfahren. Zudem lassen sich die Teile mit guter Reproduzierbarkeit bearbeiten. Plasmaschneiden ist mit programmierbaren Steuerungen in hohem Maße automatisierbar.

Eine eher herkömmliche Methode ist das **Sauerstoffgas-Brennschneiden**, das wie beim Schweißen (Kapitel 12) einen Brenner verwendet. Das Verfahren ist vor allem geeignet, um Stahl, Gusseisen und Gussstahl zu schneiden. Das Schneiden erfolgt hauptsächlich durch Oxidation und Verbrennen des Stahls, zum Teil auch durch Schmelzen. Die Breite der Sägeschlitze liegt normalerweise im Bereich von 1,5 bis 10 mm.

9.15 Bearbeitung mit Wasserstrahlen und anderen Fluiden

Hält man seine Hand in einen Wasserstrahl, spürt man die konzentrierte Kraft, die auf die Hand wirkt. Die Kraft stammt von einer Impulsänderung des Strahls. Dieses Prinzip liegt Wasser- und Gasturbinen zugrunde. Es wird bei der Wasserstrahl-, Abrasivwasserstrahl- und Abrasivstrahlbearbeitung genutzt, um die es in diesem Abschnitt geht.

1 **Wasserstrahlbearbeitung** (*water jet machining*, WJM): Bei diesem auch als *hydrodynamische Bearbeitung* bezeichneten Verfahren (▶ Abbildung 9.38a) wird die Kraft des Strahls zum Schneiden und Entgraten genutzt. Das Wasser wirkt wie eine Säge und schneidet eine enge Rinne in das Material. Obwohl sich Drücke bis zu 1400 MPa erzeugen lassen, sind für eine effiziente Arbeitsweise Drücke um 400 MPa besser geeignet. Der Durchmesser der Strahldüsen liegt zwischen 0,05 und 1 mm. Abbildung 9.38 zeigt eine Wasserstrahlschneidemaschine und ihre charakteristischen Bauteile.

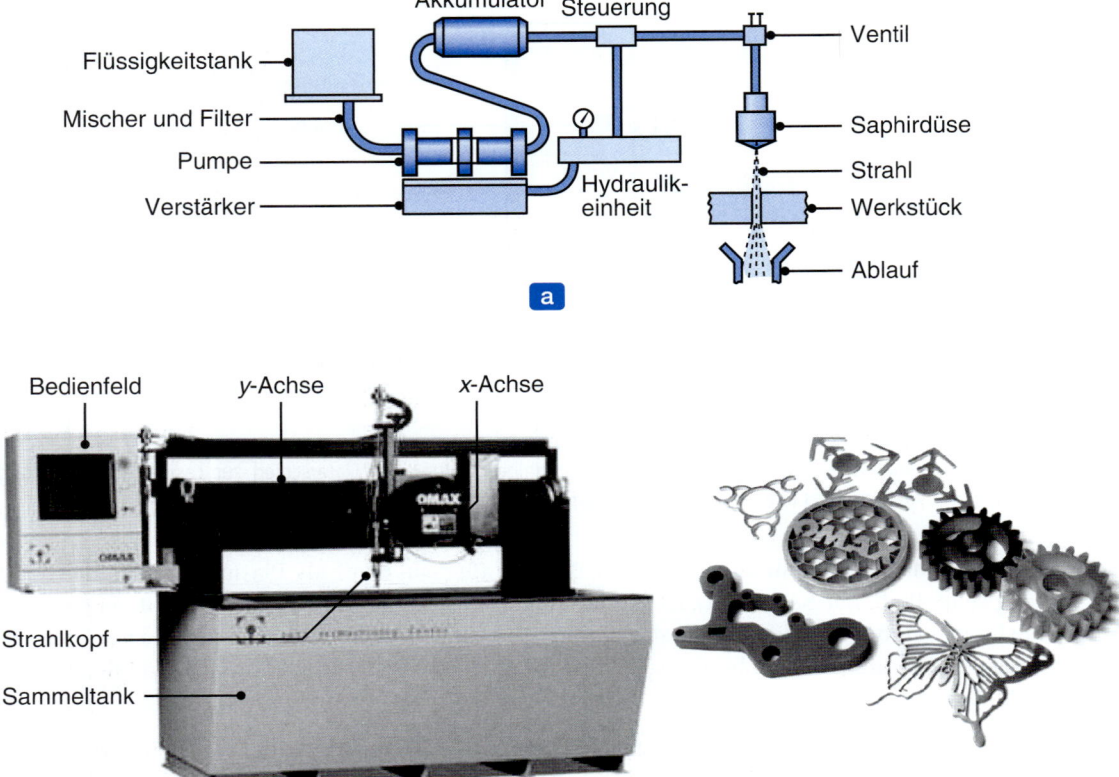

Abbildung 9.38: (a) Wasserstrahlbearbeitung (schematisch). (b) CNC-Wasserstrahlschneidemaschine. (c) Nichtmetallische Werkstücke, die durch Wasserstrahlschneiden hergestellt wurden.

Mit diesem Verfahren können unterschiedliche nichtmetallische Werkstoffe bearbeitet werden, unter anderem Kunststoffe, Textilien, Gummi, Holzprodukte, Papier, Leder, Isolationswerkstoffe, Ziegel und Verbundwerkstoffe (Abbildung 9.38b). Die Dicke kann 25 mm oder mehr betragen. Zum Beispiel werden Vinyl- und Schaumstoffverkleidungen in Armaturenbrettern von Autos mit mehrachsigen, robotergeführten Wasserstrahlmaschinen geschnitten. Da das Verfahren effizient und sauber ist im Vergleich zu anderen Schneidverfahren, eignet sich Wasserstrahlbearbeitung auch für Schneidarbeiten in der Lebensmittelindustrie (Tabelle 9.4).

Das Verfahren bietet folgende Vorteile: (a) Schnitte können an jeder Position begonnen werden, ohne dass vorgebohrte Löcher erforderlich sind, (b) es wird keine Wärme erzeugt, (c) es findet keine Verbiegung des übrigen Werkstücks statt (sodass sich das Verfahren auch für flexible Werkstoffe eignet), (d) das Werkstück wird nur wenig benetzt, (e) der entstehende Grat ist minimal und (f) das Verfahren ist umweltfreundlich und sicher.

9.15 Bearbeitung mit Wasserstrahlen und anderen Fluiden

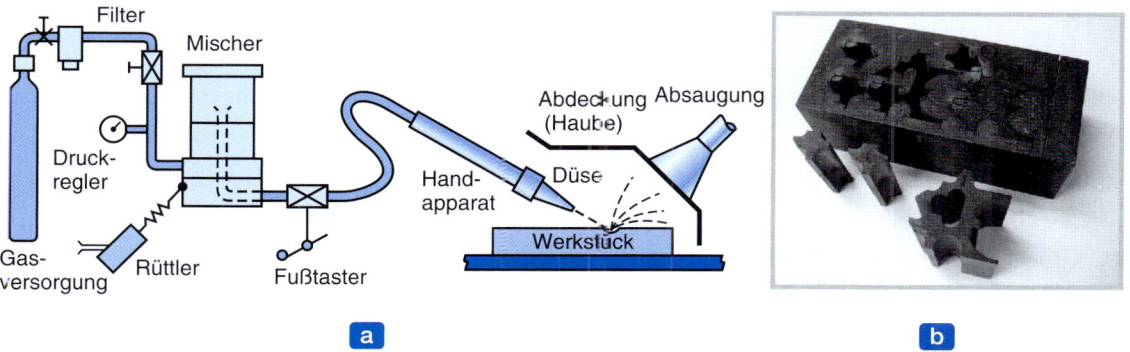

Abbildung 9.39: (a) Abtragen von Material durch Wasserstrahlbearbeitung (schematisch). (b) Beispiele für Teile aus dem Stahl X5CrNi18-10, die mit diesem Verfahren hergestellt wurden. Die Dicke der Teile beträgt etwa 50 mm.

2 Bei der **Abrasivwasserstrahlbearbeitung** enthält der Wasserstrahl Schleifteilchen wie zum Beispiel Siliziumkarbid oder Aluminiumoxid, um die Abtragsleistung gegenüber der Wasserstrahlbearbeitung zu erhöhen. Metallische, nichtmetallische und Verbundwerkstoffe verschiedener Dicken können in einer oder mehreren Schichten geschnitten werden. Besonders geeignet ist das Verfahren für wärmeempfindliche Werkstoffe, die sich durch andere Verfahren, die Wärme erzeugen, nicht bearbeiten lassen. Die minimale Lochgröße, die sich beim gegenwärtigen Stand der Technik noch zufriedenstellend fertigen lässt, beträgt ungefähr 3 mm, die maximale Tiefe etwa 25 mm. Die Schnittgeschwindigkeiten liegen bei 7,5 m/min für verstärkte Kunststoffe, bei Metallen liegen sie darunter. Robotergesteuerte Maschinen mit mehreren Achsen erlauben es, mit diesem Verfahren dreidimensionale Teile endkonturnah herzustellen. Um die Standzeit der Düsen zu erhöhen, werden sie aus Rubin, Saphir und Verbundwerkstoffen auf Karbidbasis hergestellt.

3 Bei der **Abrasivstrahlbearbeitung** wird ein Strahl aus trockener Luft, Stickstoff oder Kohlendioxid, der Schleifteilchen enthält, mit hoher Geschwindigkeit unter kontrollierten Bedingungen auf die Werkstückoberfläche geleitet (▶ Abbildung 9.39). Der Aufprall der Teilchen entwickelt eine ausreichend hohe konzentrierte Kraft (siehe auch Abschnitt 9.7), um zum Beispiel (a) kleine Löcher, Schlitze oder komplizierte Muster in sehr harte oder spröde metallische oder nichtmetallische Werkstoffe zu schneiden, (b) Teile zu entgraten oder kleine Quetschränder zu entfernen, (c) Teile zu besäumen oder anzufasen, (d) Oxidschichten und andere Oberflächenfilme zu entfernen und (e) Bauteile mit unregelmäßigen Oberflächen zu reinigen.

Der Gasdruck liegt in der Größenordnung von 850 kPa. Die Geschwindigkeit des abrasiven Strahls kann 300 m/s betragen und wird durch ein fußbetätigtes Ventil gesteuert. Die Handdüsen bestehen üblicherweise aus Wolframkarbid oder Saphir. Die Größe der Schleifkörner beträgt 10 bis 50 μm. Da es durch den Strahl der freien Schleifkörner zur Abrundung der Ecken kommen kann, sollten Bauteile, die für Abrasivstrahlbearbeitung vorgesehen sind, keine scharfen Ecken aufweisen. Löcher in Metallteilen neigen zu einer konischen Form. Wegen der Schwebeteilchen stellt dieser Vorgang auch eine Gefahrenquelle dar.

9.16 Entwurfsüberlegungen

Dieser Abschnitt umreißt wichtige Entwurfsüberlegungen für die in diesem Kapitel beschriebenen Verfahren.

Schleifen und abrasive Bearbeitungsverfahren:

Typische Schleifvorgänge werden auf endkonturnah – oftmals durch spanende Bearbeitung – gefertigten Werkstücken durchgeführt. Für das Abtragen großer Materialmengen ist Schleifen mit Ausnahme von Schleichgangschleifen nicht wirtschaftlich. Die Entwurfsüberlegungen für Schleifvorgänge ähneln also denen für die spanende Bearbeitung, wie sie Abschnitt 8.14 beschrieben hat. Außerdem sollte besonderes Augenmerk auf folgende Punkte gerichtet werden:

1. Die zu schleifenden Teile sind so zu gestalten, dass sie sich in geeigneten Vorrichtungen und Werkstückaufnahmen sicher befestigen lassen. Besonders ist darauf zu achten, dass sich dünne, gerade oder röhrenförmige Werkstücke während des Schleifvorgangs nicht verbiegen können.
2. Bei hohen Anforderungen an die Maßhaltigkeit sind unterbrochene Oberflächen (wie zum Beispiel Löcher oder Keilnuten) zu vermeiden, da sie Schwingungen und Rattern verursachen können.
3. Teile zum Rundschleifen sollten ausgewuchtet werden; lange und schlanke Konstruktionen sollten vermieden werden, um Auslenkungen zu minimieren. Die Radien von Kehlen und Ecken sollten möglichst groß sein.
4. Beim spitzenlosen Schleifen ist es möglicherweise schwierig, kurze Teile genau zu schleifen, da sie durch die Auflageschiene nicht ausreichend gestützt werden. Beim Schleifen im Durchgangsverfahren lässt sich jeweils nur der größte Durchmesser der Teile schleifen.
5. Konstruktionen, die ein genaues Profilschleifen erfordern, sollten möglichst einfach gehalten werden, um häufiges Abrichten der Schleifscheibe zu vermeiden.
6. Bei tiefen Löchern, Sacklöchern und Löchern mit kleinem Durchmesser sollte man möglichst ohne Schleifen auskommen oder einen Hinterschliff vorsehen (▶ Abbildung 9.40).
7. Um gute Maßhaltigkeit zu gewährleisten, sollte der Entwurf vorzugsweise so gestaltet werden, dass Schleifvorgänge möglich sind, ohne das Werkstück neu positionieren zu müssen (diese Richtlinie trifft im Übrigen auf alle Fertigungsverfahren zu).

Ultraschallbearbeitung:

1. Scharfe Profile, Ecken und Radien sind zu vermeiden, da sie durch den Schmirgelbrei erodiert werden.
2. Erzeugte Löcher sind aufgrund der schrägen Kollision der Schleifteilchen mit den senkrechten Lochwänden leicht konisch.
3. Da spröde Werkstücke am Austrittsende von Löchern leicht abplatzen, sollten die Unterseiten der Teile mit einer Stützplatte versehen werden (Abbildung 9.40b).

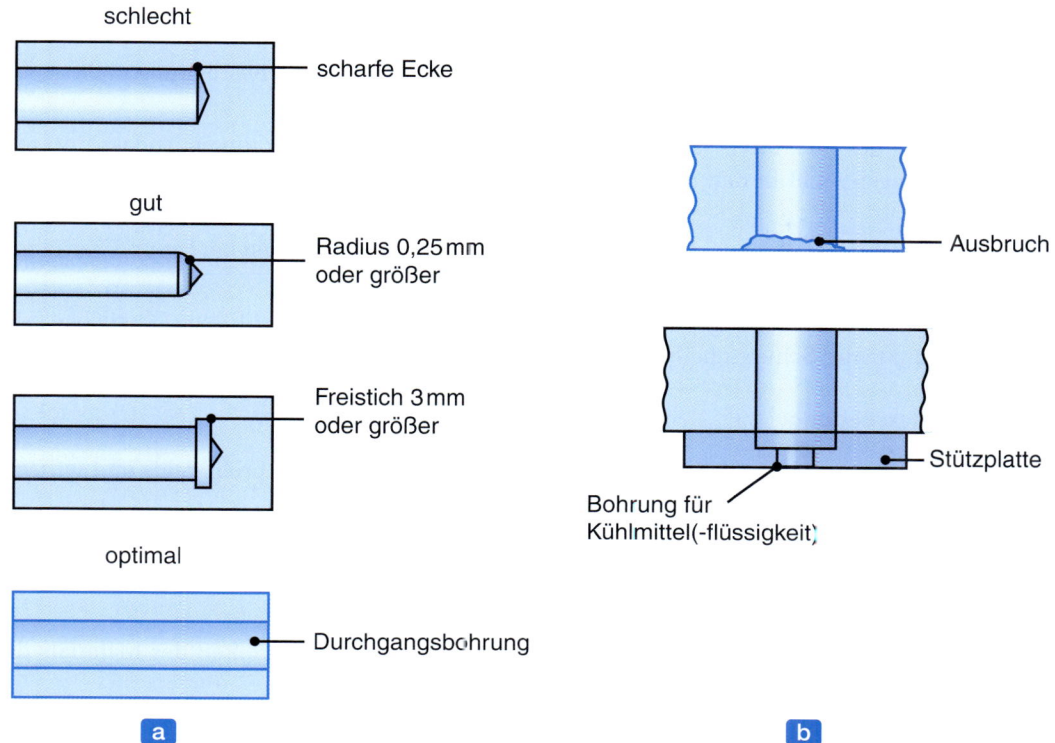

Abbildung 9.40: Entwurfsrichtlinien für innen liegende Bauteilmerkmale (speziell für Löcher). (a) Richtlinien für das Schleifen von Lochrändern. Diese Richtlinien gelten auch für das Honen. (b) Verwendung von Stützplatten bei der Fertigung von hochqualitativen Durchgangslöchern mittels Ultraschallbearbeitung. Nach J. Bralla.

Chemische Bearbeitung:

1 Da das Ätzmittel kontinuierlich alle frei liegenden Oberflächen angreift, sind Konstruktionen mit scharfen Ecken, tiefen und engen Mulden, starken Verjüngungen, Falzen oder porösen Werkstückwerkstoffen zu vermeiden.

2 Da das Ätzmittel das Material sowohl vertikal als auch horizontal angreift, können sich *Unterätzungen* entwickeln (wie es Abbildung 9 26 mit den Bereichen unter den Kanten der Maske zeigt). Beim chemischen Stanzen lassen sich typischerweise Toleranzen von $\pm 10\%$ der Materialstärke gewährleisten.

3 Um die Produktionsleistung zu erhöhen, sollte der Hauptteil des Werkstücks vor der chemischen Bearbeitung bereits durch andere Verfahren (wie zum Beispiel durch spanende Bearbeitung) vorbearbeitet worden sein.

Elektrochemisches Bearbeiten und Schleifen:

1. Da der Elektrolyt auch spitze Profile angreift, ist die elektrochemische Bearbeitung nicht geeignet, um Teile mit scharfen geraden Kanten oder flachen Böden herzustellen.
2. Die Strömung des Elektrolyts lässt sich möglicherweise schwer kontrollieren, sodass unregelmäßige Vertiefungen nicht in der gewünschten Form mit akzeptabler Maßhaltigkeit gefertigt werden können.
3. Der Entwurf sollte bereits eine kleine Verjüngung für die zu bearbeitenden Löcher und Vertiefungen vorsehen.
4. Müssen ebene Flächen gefertigt werden, sollte die elektrochemisch geschliffene Oberfläche schmaler als die Breite der Schleifscheibe sein.

Funkenerosive Bearbeitung:

1. Teile sollten so entworfen werden, dass die erforderlichen Elektroden problemlos und wirtschaftlich hergestellt werden können.
2. Tiefe und enge Schlitze sind zu vermeiden.
3. Für eine wirtschaftliche Herstellung sollte die Oberflächengüte nicht zu fein spezifiziert werden (was prinzipiell für alle Fertigungsverfahren gilt).
4. Um eine hohe Produktionsgeschwindigkeit zu erreichen, sollte der Großteil des Materials durch konventionelle Verfahren abgetragen (vorbearbeitet) werden.

Laser- und Elektronenstrahlbearbeitung:

1. Konstruktionen mit scharfen Ecken sind zu vermeiden, da sie sich schwer herstellen lassen.
2. Tiefe Schnitte erzeugen konische Wände.
3. Das Reflexionsvermögen der Werkstückoberfläche ist ein wichtiger Faktor bei der Laserstrahlbearbeitung. Stumpfe und nicht polierte Oberflächen sind zu bevorzugen.
4. Nachteilige Wirkungen auf die Eigenschaften der bearbeiteten Teile durch hohe lokale Temperaturen und Wärmeeinflusszonen sollten genau untersucht werden.
5. Da die Kapazität von Vakuumkammern beschränkt ist, sollten die Bauteilgrößen möglichst nahe an die Größe der Vakuumkammer heranreichen, um eine hohe Produktionsrate pro Zyklus für die Elektronenstrahlbearbeitung zu erzielen.
6. Wenn die Elektronenstrahlbearbeitung nur auf einem kleinen Bereich eines Werkstücks erforderlich ist, sollte geprüft werden, ob es nicht besser ist, das Teil aus mehreren Einzelkomponenten herzustellen und diese nach der Elektronenstrahlbearbeitung zusammenzusetzen.

9.17 Wirtschaftliche Betrachtungen

Dieses Kapitel hat deutlich gemacht, das sich Schleifen sowohl zur Endbearbeitung als auch zum Entfernen von Material in größerem Umfang einsetzen lässt. Für die Endbearbeitung ist Schleifen oftmals notwendig, da Umformprozesse und spanende Bearbeitung allein keine Teile mit der gewünschten Maßhaltigkeit und Oberflächengüte produzieren können (siehe zum Beispiel Abbildung 9.27). Da es sich

9.17 Wirtschaftliche Betrachtungen

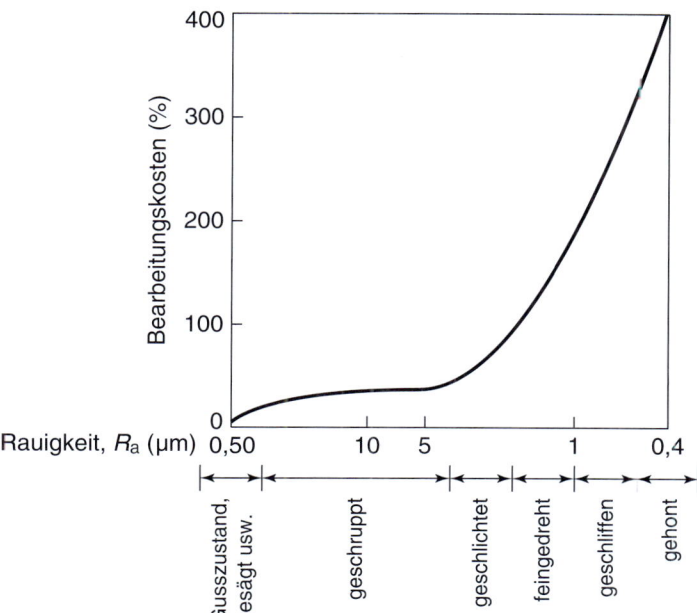

Abbildung 9.41: Anstieg der Bearbeitungskosten bei steigender Anforderungen an die Oberflächenqualität. Besonders bei der Endbearbeitung ist ein markanter Anstieg der Kosten festzustellen.

aber um einen zusätzlichen Fertigungsschritt handelt kann sich Schleifen erheblich in den Produktionskosten niederschlagen. Dagegen hat sich Schleichgangschleifen als wirtschaftliche Alternative zu Bearbeitungsverfahren wie zum Beispiel Fräsen erwiesen, selbst wenn der Scheibenverschleiß hoch ist.

Sämtliche Endbearbeitungsschritte schlagen sich in den Produktionskosten nieder. Aus den bisherigen Erläuterungen wird deutlich, dass für eine bessere Oberflächengüte normalerweise mehr Arbeitsschritte notwendig sind, wodurch die Kosten steigen. Zum Beispiel zeigt ► Abbildung 9.41, wie schnell die Kosten nach oben gehen, wenn die Oberflächengüte durch Verfahren wie Schleifen und Honen verbessert wird.

Bei der **Automatisierung** von Endbearbeitungsverfahren sind große Fortschritte zu verzeichnen. Dazu gehören moderne Computersteuerungen, der vermehrte Einsatz von Robotern (siehe Abschnitt A.7) und die Verfügbarkeit von leistungsfähiger und benutzerfreundlicher Software. Im Gegenzug konnten die Produktionszeiten und die Arbeitskosten verringert werden, selbst wenn moderne Werkzeugmaschinen eine beträchtliche Kapitalinvestition darstellen. Falls die Kosten für die Endbearbeitung einen wichtigen Faktor bei der Fertigung eines bestimmten Produkts ausmachen, sollte in die Konzeptions- und Entwurfsphasen eine Analyse einbezogen werden, in welchem Umfang Oberflächengüte und Maßhaltigkeit erforderlich sind (siehe Kapitel 1). Darüber hinaus sollten sämtliche Vorgänge, die vor den Endbearbeitungsschritten liegen, im Hinblick auf ihre Fähigkeiten analysiert werden, eine akzeptablere Oberflächengüte und Maßhaltigkeit zu liefern (endkonturnahe Fertigung). Diese Aufgabe lässt sich über die geeignete Auswahl von Werkzeugen und Prozessparametern sowie die Charakteristika der beteiligten Maschinen lösen.

9 Materialabtragverfahren: Abrasiv, chemisch, elektrisch und mit Strahlen

Die wirtschaftliche Produktionsdurchführung (siehe Kapitel 14) für ein bestimmtes Bearbeitungsverfahren hängt von den Kosten für Werkzeuge und Ausrüstung, der Abtragsleistung, den Betriebskosten und der erforderlichen Qualifikation des Bedienpersonals sowie von den Kosten der gegebenenfalls notwendigen Hilfs- und Endbearbeitungsschritte ab. Bei chemischer Bearbeitung spielen die Kosten für Reagenzien, Masken und Entsorgung zusammen mit den Kosten für Reinigung der Teile eine wichtige Rolle. Die Funkenerosion kann beträchtliche Kosten für Elektroden und ihren regelmäßigen Ersatz verursachen.

Die Abtragsleistung und somit die Produktionsrate kann bei diesen Verfahren ebenfalls stark schwanken. Gleiches gilt für die Kosten von Werkzeugen und Maschinen. Selbst an das Bedienpersonal werden unterschiedliche Anforderungen hinsichtlich seiner Qualifikation gestellt. Die hohen Kapitalinvestitionen für Werkzeugmaschinen wie etwa für elektrische und Hochenergiestrahlbearbeitung sollten in Bezug auf die Produktionszahlen, die sich mit ihnen realisieren lassen, im Vergleich zu den Schwierigkeiten und Kosten bei der Herstellung desselben Teils durch andere Verfahren rechtfertigen lassen.

Fallstudie: Herstellung von Gefäßstützen

Herzanfälle, Infarkte und andere Herz-Kreislauf-Erkrankungen fordern in der westlichen Welt etwa alle 30 Sekunden ein Menschenleben. Meistens werden diese Krankheiten von Erkrankungen der Herzkranzgefäße begleitet. Dabei wird allmählich Cholesterin innerhalb der Arterienwand aufgebaut, wodurch die Herzkranzgefäße enger werden oder ganz verstopfen. Dieser Zustand verringert den Blutfluss zum Herzmuskel und führt schließlich zu einem Herzanfall, Infarkt oder anderen Herz-Kreislauf-Erkrankungen. Zu den heute gebräuchlichsten Methoden, blockierte Arterien offen zu halten, gehört die Implantation einer Gefäßstütze in die Arterie. Die in ▶ Abbildung 9.42 gezeigte MULTI-LINK TETRA besteht aus einem winzigen Gitterrohr, das mit einem Ballondilatationskatheter erweitert und in ein blockiertes oder teilweise blockiertes Herzkranzgefäß implantiert wird. Eine Gefäßstütze dient als Gerüst oder mechanische Versteifung, um die Arterie offen zu halten. Diese minimalinvasive Behandlungsmethode („Schlüssellochchirurgie") ist speziell bei koronaren Herzerkrankungen für den Patienten schonender als die sonst übliche Bypass-Chirurgie am offenen Herzen, die höhere Risiken, größere Schmerzen, längere Rehabilitationszeit und höhere Kosten bedeutet.

Es ist äußerst anspruchsvoll, Gefäßstützen herzustellen, da die Fehlerfreiheit und Präzision des Entwurfs für eine ordnungsgemäße Funktion im Vordergrund stehen. Die Fertigung der Gefäßstütze muss die Erfüllung sämtlicher Entwurfsanforderungen zulassen und ein äußerst zuverlässiges Bauteil liefern. Somit sind während des gesamten Fertigungsprozesses strenge Qualitätskontrollprozeduren erforderlich. Bei der Gestaltung einer Gefäßstütze sind viele Faktoren für die Werkstoffauswahl zu berücksichtigen, unter anderem radiale Festigkeit, Korrosionsbeständigkeit, Dauerfestigkeit, Flexibilität und Biokompatibilität. Die radiale Festigkeit ist wichtig, damit die Gefäßstütze dem Druck widerstehen kann, den die Arterie bei der Ausdehnung der Stütze auf sie ausübt. Außerdem muss die Stütze korrosionsbeständig sein, da sie in den Körper implantiert wird, und in der Lage sein, die durch den Herzschlag bedingten periodischen Belastungen zu ertragen, und folglich aus einem Material mit hoher Ermüdungsfestigkeit bestehen. Darüber hinaus ist eine geeignete Wanddicke wichtig, damit die Stütze genügend flexibel ist, um sich der Anatomie des Herzens anpassen zu können. Schließlich muss das Material biokompatibel mit dem Körper sein, da die Stütze für das weitere Leben des Patienten fortan im Körper verbleibt. Ein Standardwerkstoff für Gefäßstützen, der alle diese Anforderungen erfüllt, ist der rostfreie Stahl X2CrNiMo17-12-3 (Abschnitt 3.10.3).

9.17 Wirtschaftliche Betrachtungen

Fallstudie: Herstellung von Gefäßstützen (Fortsetzung)

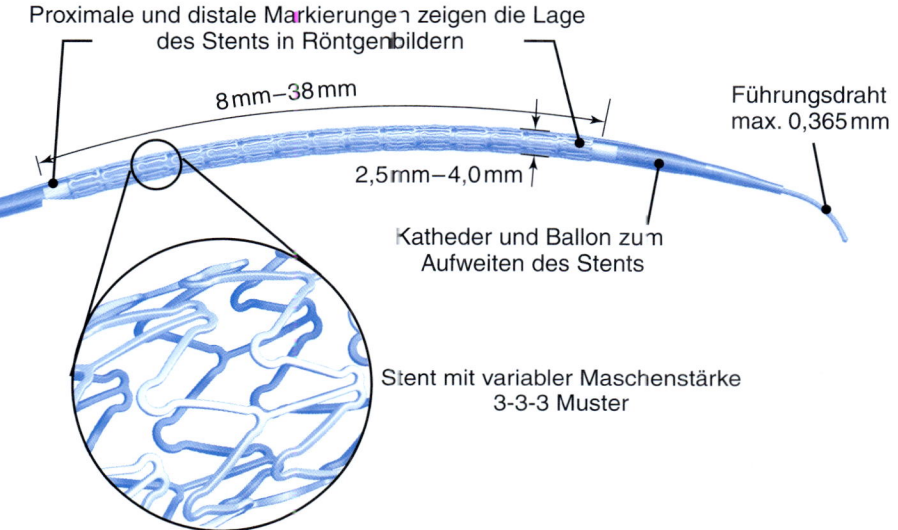

Abbildung 9.42: Das Guidant MULTI-LINK TETRA-System für Herzkranzgefäßstützen.

Die Güte einer Gefäßstütze wird auch durch ihre Flechtung beeinflusst. Zuerst ermittelt man mit einer Finite-Elemente-Analyse des Stützenentwurfs, wie sich die Stütze unter den Belastungen durch den Herzschlag verhalten wird. Dabei wirken sich das Strebenmuster, die Röhrendicke und Strebenfußbreite aus. Von den vielen möglichen Flechtungen zeigt ▶ Abbildung 9.43 ein Beispiel für die MULTI-LINK TETRA-Stütze zusammen mit einigen entscheidenden Maßen.

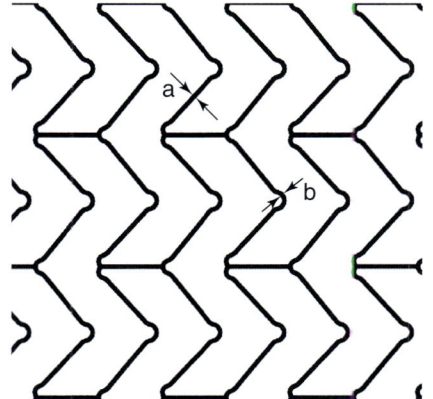

Anmerkungen:
a: 0,12 mm; strahlenundurchlässig
b: 0,091 mm; für Flexibilität

Abbildung 9.43: Details der 3-3-3 MULTI-LINK TETRA-Flechtung.

Fallstudie: Herstellung von Gefäßstützen (Fortsetzung)

Den Ausgangspunkt einer Stütze bildet eine gezogene Röhre aus rostfreiem Stahl. Der Außendurchmesser entspricht der endgültigen Stützenabmessung und die Wanddicke wird so gewählt, dass die geforderte Festigkeit bei Aufweitung gegeben ist. Die gezogene Röhre erhält dann durch Laserbearbeitung (Abschnitt 9.14.1) das gewünschte Flechtmuster (► Abbildung 9.44a). Aufgrund der kleinen, komplizierten Muster der Stütze und der engen Maßtoleranzen, die sie haben muss, hat sich diese Methode als recht effizient erwiesen. Wenn der Laser das Flechtmuster der Stütze schneidet, hinterlässt er kleine Metallperlen, die entfernt werden müssen. Deshalb ist es sehr wichtig, dass der Laser die Röhrenwand komplett durchschneidet. Aufgrund der thermischen und chemischen Angriffe aus der Luft entwickelt sich zwangsläufig eine dicke Oxidschicht oder Schlacke auf dem rostfreien Stahl. Außerdem können Schweißspritzer, Grat und andere Oberflächendefekte von der Laserbearbeitung zurückbleiben. Somit sind Endbearbeitungsschritte erforderlich, um die Spritzer und die Oxidschicht zu entfernen.

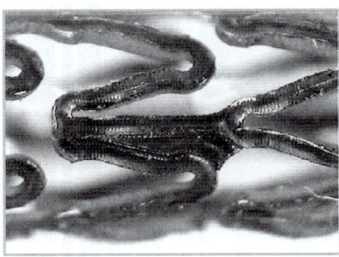 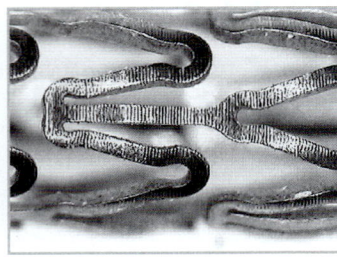 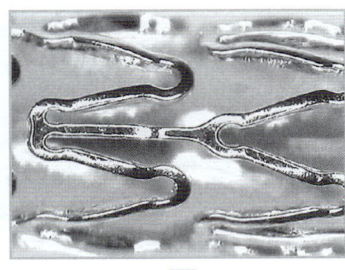

a b c

Abbildung 9.44: Entwicklung der Oberfläche der Gefäßstütze durch verschiedene Bearbeitungsschritte. (a) MULTI-LINK TETRA-Gefäßstütze nach der Laserstrahlbearbeitung. Die Schlacke, die davon resultiert, wurde noch nicht entfernt. (b) Nach Entfernen der Schlacke. (c) Nach dem Elektropolieren.

An die Laserbearbeitung schließt sich als erster Endbearbeitungsvorgang ein chemisches Ätzen an, um möglichst viel Schlacke von der Stütze zu entfernen. Dies geschieht typischerweise in einer Säurelösung. Abbildung 9.44b zeigt die resultierende Oberfläche. Anschließend ist es noch erforderlich, alle von der Laserbearbeitung zurückgebliebenen Gratreste zu entfernen und die Endbearbeitung der Stützenoberfläche vorzunehmen. Die Oberfläche der Stütze muss unbedingt glatt sein, damit sich auf der Stütze keine Klumpen (Blutgerinnsel) bilden. Um die scharfen Stellen zu beseitigen, wird die Stütze elektropoliert (Abschnitt 9.8). Dazu wird ein elektrischer Strom durch eine elektrochemische Lösung geleitet. Diese Methode stellt sicher, dass die Oberfläche sowohl glänzend als auch glatt ist (Abbildung 9.44c). Die Stütze wird dann auf einer Ballonkatheteranordnung platziert, sterilisiert und zur Auslieferung an den Chirurgen verpackt.

Quelle: Mit freundlicher Genehmigung von K.L. Graham, Guidant Corporation.

ZUSAMMENFASSUNG

- Schleifen und nicht konventionelle Bearbeitungsverfahren sind oftmals erforderlich und wirtschaftlich einsetzbar, wenn die Werkstückhärte hoch ist, die Werkstoffe spröde oder wenig steif sind, komplizierte Teile erzeugt werden müssen und hohe Anforderungen an Oberflächengüte und Maßhaltigkeit bestehen (Abschnitt 9.1).
- Konventionelle Schleifmittel bestehen aus Aluminiumoxid und Siliziumkarbid, Hochleistungsschleifmittel aus kubischem Bornitrid und Diamant. Neben Form und Größe ist die Zerbrechlichkeit von Schleifkörnern ein wichtiger Faktor (Abschnitt 9.2).
- Schleifscheiben bestehen aus einer Kombination von Schleifkörnern und Haftvermittlern bzw. Bindemitteln. Zu den bestimmenden Eigenschaften von Schleifscheiben gehören die Arten der Schleifkörner sowie Bindung, Güte und Härte. Die Scheiben können mit Metallen oder Fasern verstärkt sein, um die Scheibenintegrität bei einem eventuellen Bruch der Scheibe zu bewahren (Abschnitt 9.3).
- Bei genauer Kenntnis der Mechanik von Schleifvorgängen lassen sich quantitative Aussagen in Bezug auf Spanabmessungen, Schleifkräfte, Energieanforderungen, Temperaturanstieg, Eigenspannungen und ähnliche nachteilige Wirkungen auf die Oberflächenintegrität der geschliffenen Komponenten treffen (Abschnitt 9.4).
- Der Scheibenverschleiß ist ein wichtiger Faktor hinsichtlich Oberflächenqualität und Produktintegrität. Meist wird der Verschleiß in Bezug auf das Schleifverhältnis – das Verhältnis von abgetragenem Material zu Volumen des Scheibenverschleißes – überwacht. Zum Abrichten und Nachformen der Scheiben werden verschiedene Verfahren angewendet, die zum Teil computerunterstützt ablaufen (Abschnitt 9.5).
- Zum Flächen-, Außen- und Innenschleifen sowie zum Abtragen größerer Materialmengen steht ein breites Spektrum an Schleifbearbeitungsverfahren und -ausrüstungen zur Verfügung. Die richtige Auswahl von Schleifmitteln, Prozessvariablen und Schleifflüssigkeiten ist wichtig, um die gewünschte Oberflächengüte und Maßhaltigkeit zu erreichen und Schäden wie zum Beispiel Verbrennen, Warmrissbildung, schädliche Eigenspannungen und Rattern zu vermeiden (Abschnitt 9.6).
- Bei der Ultraschallbearbeitung wird Material durch Mikrospanbildung entfernt. Dieses Verfahren ist für harte und spröde Werkstoffe prädestiniert (Abschnitt 9.7).
- Die Oberflächengüte lässt sich mit verschiedenen Verfahren zur Endbearbeitung verbessern. Da Endbearbeitungsvorgänge einen erheblichen Anteil der Produktionskosten ausmachen können, sind geeignete Auswahl und Realisierung von Endbearbeitungsvorgängen wichtig (Abschnitt 9.8).
- Bei bestimmten fertiggestellten Bauteilen kann Entgraten erforderlich sein. Gebräuchliche Verfahren zum Entgraten sind Schwingungs- und Trommelbearbeitungsverfahren sowie Strahlputzen. Daneben kommen auch thermische Verfahren und andere Methoden zum Einsatz (Abschnitt 9.9).

- Zu den nicht konventionellen Bearbeitungsverfahren zählen chemische und elektrische Methoden sowie die Verwendung von Hochenergiestrahlen. Diese Verfahren sind für harte Werkstoffe und kompliziert geformte Teile prädestiniert. Besonderes zu berücksichtigen sind die Wirkungen dieser Prozesse auf die Oberflächenintegrität, da sie Oberflächenschäden bewirken können, die die Dauerfestigkeit verringern (Abschnitte 9.10 bis 9.14).
- Wasserstrahl-, Abrasivwasserstrahl- und Abrasivstrahlbearbeitung können sowohl zum Schneiden als auch zum Entgraten effizient eingesetzt werden. Da sie keine Werkzeuge benötigen, sind diese Verfahren von Haus aus flexibel (Abschnitt 9.15).
- Wie bei allen Fertigungsverfahren sollten bestimmte Entwurfsrichtlinien befolgt werden, um die nicht konventionellen Bearbeitungsverfahren effizient einzusetzen (Abschnitt 9.16).
- Die in diesem Kapitel beschriebenen Verfahren zeichnen sich durch besondere Leistungsmerkmale aus. Da allerdings unterschiedliche Arten von Maschinen, Steuerungen, Prozessvariablen und Zykluszeiten im Spiel sind, müssen die kompetitiven Aspekte jedes Verfahrens in Bezug auf ein konkretes Produkt individuell untersucht werden (Abschnitt 9.17).

Wichtige Gleichungen

Kontaktlänge l beim

Planschleifen: $\qquad l = \sqrt{Dd}$

Außenrundschleifen: $\qquad l = \sqrt{\dfrac{Dd}{1 + D/D_w}}$

Innenrundschleifen: $\qquad l = \sqrt{\dfrac{Dd}{1 - D/D_w}}$

Korneingriffstiefe, Planschleifen: $\qquad t = \sqrt{\dfrac{4v}{VCr}}\sqrt{\dfrac{d}{D}}$

Relative Kraft auf ein Schleifkorn: $\qquad F \propto \dfrac{v}{VC}\sqrt{\dfrac{d}{D}}$

Temperaturerhöhung beim Planschleifen: $\qquad \Delta T \propto D^{1/4} d^{3/4} \left(\dfrac{V}{v}\right)^{1/2}$

Schleifverhältnis: $\qquad G = \dfrac{\text{Abgetragenes Werkstoffvolumen}}{\text{Verschleißvolumen des Schleifkörpers}}$

Durchschnittliche Kraft bei der Ultraschallbearbeitung: $\qquad \overline{F} = \dfrac{2mv}{t_0}, \quad t_0 = \dfrac{5r}{c_0}\left(\dfrac{c_0}{v}\right)^{1/5}$

Materialabtragsgeschwindigkeit beim

elektrochemischen Bearbeiten: $\qquad Q = CI\eta$

elektrochemischen Schleifen: $Q = \dfrac{GI}{\varrho F}$

funkenerosiven Bearbeiten: $Q = 4 \times 10^4 \, IT_\mathrm{w}^{-1{,}23}$

funkenerosiven Schleifen: $Q = KI$

funkenerosiven Schneiden: $Q = V_\mathrm{f} h b, \quad b = d_\mathrm{w} + 2s$

Vorschubgeschwindigkeit beim elektrochemischen Schleifen: $V_\mathrm{s} = \left(\dfrac{m}{\varrho F}\right)\left(\dfrac{E}{g K_\mathrm{p}}\right) K$

Verschleißgeschwindigkeit der Elektrode beim ECM: $W_\mathrm{t} = \left(1{,}1 \times 10^{11}\right) IT_\mathrm{t}^{-2{,}38}$

Laserstrahlschnittzeit: $t = \dfrac{P}{vd}$

Verständnisfragen

9.1 Warum kann Schleifen für Teile, die bereits durch andere Vorgänge bearbeitet wurden, notwendig sein?

9.2 Erläutern Sie, warum es so viele verschiedene Arten und Größen von Schleifscheiben gibt.

9.3 Warum gibt es große Unterschiede zwischen den spezifischen Energien, die beim Schleifen (Tabelle 9.3) und beim Zerspanen (Tabelle 8.3) auftreten? Erläutern Sie Ihre Antwort.

9.4 Beschreiben Sie die Vorteile von Hochleistungsschleifmitteln gegenüber konventionellen Schleifmitteln. Gibt es Beschränkungen? Erläutern Sie Ihre Antwort.

9.5 Geben Sie Anwendungsbeispiele für die in Abbildung 9.2 gezeigten Schleifscheiben an.

9.6 Erläutern Sie, warum sich dieselbe Schleifscheibe weich oder hart verhalten kann.

9.7 Beschreiben Sie, welche Rolle die Zerbrechlichkeit der Schleifkörner für die Abtragsleistung von Schleifscheiben spielt.

9.8 Erläutern Sie die Faktoren, die bei der Auswahl des richtigen Schleifmitteltyps für einen bestimmten Schleifvorgang zu berücksichtigen sind.

9.9 Wie wirkt sich eine Verschleißfläche auf den Schleifvorgang aus? Bestehen Ähnlichkeiten zu den Wirkungen des Freiflächenverschleißes beim Metallschneiden? Erläutern Sie Ihre Antwort.

9.10 Es wurde festgestellt, dass das Schleifverhältnis G von den folgenden Faktoren abhängt: (1) Art der Schleifscheibe, (2) Werkstückhärte, (3) Schnitttiefe der Scheibe, (4) Scheiben- und Werkstückgeschwindigkeiten und (5) Art der Schleifflüssigkeit. Erläutern Sie, warum das so ist.

9.11 Nennen und erläutern Sie die Vorsichtsmaßnahmen, die beim Schleifen mit hoher Genauigkeit zu treffen sind. Kommentieren Sie, welche Rolle Werkzeugmaschine, Verarbeitungsparameter, Art der Schleifscheibe und die Verwendung von Schleifflüssigkeiten spielen.

9.12 Beschreiben Sie die Methoden, mit denen Sie die Anzahl der aktiven Schneidpunkte pro Flächeneinheit auf dem Umfang einer geraden Schleifscheibe (Typ 1; siehe Abbildung 9.2a) ermitteln können. Welche Bedeutung hat diese Zahl?

9.13 Beschreiben und erläutern Sie die Schwierigkeiten, die beim Schleifen von Teilen aus (a) Thermoplasten, (b) Duromeren, (c) Keramik auftreten.

9.14 Erläutern Sie, warum Ultraschallbearbeitung für weiche und duktile Metalle nicht geeignet ist.

9.15 Es wird allgemein empfohlen, eine weiche Scheibe für das Schleifen von gehärteten Stählen zu verwenden. Erläutern Sie, warum das so ist.

9.16 Erläutern Sie, warum sich die in diesem Kapitel beschriebenen Verfahren nachteilig auf die Dauerfestigkeit der Werkstoffe auswirken können.

9.17 Beschreiben Sie die Faktoren, die Rattern beim Schleifen verursachen können, und geben Sie die Ursachen für Rattern an.

9.18 Umreißen Sie die Methoden, die zum Entgraten gefertigter Teile zur Verfügung stehen. Erörtern Sie die Vorteile und Beschränkungen jeder Methode.

9.19 Bei welchen der in diesem Kapitel beschriebenen Verfahren sind die physikalischen Eigenschaften des Werkstückwerkstoffs wichtig? Erläutern Sie Ihre Antwort.

9.20 Geben Sie alle möglichen technischen und wirtschaftlichen Gründe an, warum die in diesem Kapitel beschriebenen Verfahren zum Abtragen von Material erforderlich oder zumindest den in Kapitel 8 beschriebenen Verfahren vorzuziehen sind.

9.21 Welche Verfahren empfehlen Sie für die Fertigung von Gravuren in einem Gesenkblock, der beispielsweise zum Schmieden verwendet wird? Erläutern Sie Ihre Antwort (siehe auch Abschnitt 6.7).

9.22 Abbildung 9.2 zeigt die geeigneten Wirkflächen für die einzelnen Scheibenarten. Erläutern Sie, warum das Schleifen auf anderen Flächen der Scheibe ungünstig und/oder unsicher ist.

9.23 In Abbildung 9.3 hat die Scheibe (b) Einschnitte entlang ihres Umfangs. Erläutern Sie den Grund für eine derartige Gestaltung.

9.24 Abbildung 9.10 zeigt, dass Scheibengeschwindigkeit und Schneidflüssigkeiten einen großen Einfluss auf die Art und Größe der Eigenspannungen haben können, die sich beim Schleifen entwickeln. Erläutern Sie die möglichen Ursachen für diese Phänomene.

9.25 Erläutern Sie die Konsequenzen, wenn die Werkstücktemperatur bei Schleifvorgängen übermäßig ansteigt.

9.26 Erörtern Sie Ihre Beobachtungen, die sich hinsichtlich des Inhalts von Tabelle 9.4 ergeben.

9.27 Warum ist Schleichgangschleifen zu einem wichtigen Fertigungsverfahren geworden? Erläutern Sie Ihre Antwort.

9.28 In der verarbeitenden Industrie ist ein Trend zu verzeichnen, die Spindelgeschwindigkeit von Schleifscheiben zu erhöhen. Erläutern Sie mögliche Vorteile und Grenzen einer derartigen Geschwindigkeitserhöhung.

9.29 Warum ist Vorformen oder Vorbearbeiten von Teilen für die in diesem Kapitel beschriebenen Bearbeitungsverfahren im Allgemeinen wünschenswert? Erläutern Sie Ihre Antwort.

9.30 Warum sind Endbearbeitungsvorgänge manchmal notwendig? Wie könnten sie sich minimieren lassen, um die Produktionskosten zu senken? Erläutern Sie Ihre Antwort anhand von Beispielen.

9.31 Warum ist das Draht-EDM-Verfahren in der Industrie – speziell in der Werkzeug- und Gesenkfertigung – so weitverbreitet? Erläutern Sie Ihre Antwort.

9.32 Erstellen Sie eine Liste der in diesem Kapitel beschriebenen Verfahren zum Abtragen von Material, die für die folgenden Werkstückwerkstoffe geeignet sind: (1) Keramik, (2) Gusseisen, (3) Thermoplaste, (4) Duromere, (5) Diamant und (6) geglühtes Kupfer. Erläutern Sie Ihre Antwort.

Verständnisfragen

9.33 Erläutern Sie, warum die Herstellung scharfer Ecken und Profile mit den in diesem Kapitel beschriebenen Verfahren schwierig sein kann.

9.34 Wie variiert Ihrer Ansicht nach die spezifische Energie u in Bezug auf die Schnitttiefe der Scheibe und die Härte des Werkstückwerkstoffs? Erläutern Sie Ihre Antwort.

9.35 In Beispiel 9.2 im Text wird festgestellt, dass die Passivkraft beim Schleifen etwa 30 % höher als die Schnittkraft ist. Weshalb ist das so?

9.36 Weshalb interessiert die Größe der Passivkraft beim Schleifen? Erläutern Sie Ihre Antwort.

9.37 Warum hängt die Abtragsleistung beim Funkenerodieren vom Schmelzpunkt des Werkstückwerkstoffs ab? Erläutern Sie Ihre Antwort.

9.38 Nennen und beschreiben Sie anhand von Tabelle 9.4 für jedes Verfahren, welche Rolle die verschiedenen mechanischen, physikalischen und chemischen Eigenschaften des Werkstückwerkstoffs für die Abtragsleistung spielen.

9.39 Welche der in Tabelle 9.4 aufgeführten Verfahren sind für nichtmetallische Werkstoffe ungeeignet? Erläutern Sie Ihre Antwort.

9.40 Warum steigen die Bearbeitungskosten rapide an, wenn eine feinere Oberflächengüte gefordert wird?

9.41 Welche der in diesem Kapitel beschriebenen Verfahren sind speziell für Werkstücke aus (a) Keramik, (b) Thermoplasten und (c) Duromeren geeignet? Erläutern Sie Ihre Antwort.

9.42 Gibt es außer den Kosten noch einen anderen Grund, dass eine Schleifscheibe für harte Werkstücke nicht für ein weicheres Werkstück verwendet werden kann? Erläutern Sie Ihre Antwort.

9.43 Diamant ist der härteste bekannte Werkstoff. Wie würden Sie die Facetten an einem Diamanten beispielsweise für einen Ring schleifen?

9.44 Definieren Sie Abrichten und Zentrieren und beschreiben Sie den Unterschied zwischen diesen beiden Verfahren.

9.45 Was ist unter Warmrissen beim Schleifen zu verstehen? Worin liegt ihre Bedeutung? Treten Warmrisse auch bei anderen Fertigungsverfahren auf? Erläutern Sie Ihre Antwort.

9.46 Erläutern Sie, warum es schwierig ist, Teile mit unregelmäßigen Formen, scharfen Ecken, tiefen Aussparungen und scharfen Vorsprünge zu polieren.

9.47 Erläutern Sie die Gründe, warum im Lauf der Jahre so viele unterschiedliche Verfahren zum Entgraten entwickelt worden sind.

9.48 Aus Gleichung (9.8) geht hervor, dass die Temperatur mit zunehmender Arbeitsgeschwindigkeit fällt. Heißt das, dass die Temperatur bei einer Arbeitsgeschwindigkeit von null unendlich groß wird? Erläutern Sie Ihre Antwort.

9.49 Beschreiben Sie die Gemeinsamkeiten und Unterschiede in der Wirkung von Metallbearbeitungsflüssigkeiten beim spanenden Bearbeiten und beim Schleifen.

9.50 Gibt es Ähnlichkeiten zwischen Schleifen, Honen, Polieren und Schwabbeln? Erläutern Sie Ihre Antwort.

9.51 Ist das Schleifverhältnis ein wichtiger Faktor, wenn die Wirtschaftlichkeit eines Schleifvorgangs zu beurteilen ist? Erläutern Sie Ihre Antwort.

9.52 Schleifen kann eine sehr feine Oberflächengüte auf einem Werkstück erzeugen. Ist dies aber unbedingt ein Anzeichen für die Qualität eines Teils? Erläutern Sie Ihre Antwort.

9.53 Wird Honen nicht ordnungsgemäß ausgeführt, können trichterartige, wellige, tonnenförmige oder konische Löcher entstehen. Erläutern Sie, wie dies möglich ist.

9.54 Welche der in diesem Kapitel beschriebenen nicht konventionellen Bearbeitungsverfahren verursachen thermische Schäden an Werkstücken? Nennen und erläutern Sie mögliche Konsequenzen derartiger Schäden.

9.55 Beschreiben Sie Ihre Gedanken über die Laserstrahlbearbeitung von nichtmetallischen Werkstoffen. Geben Sie mehrere mögliche Anwendungen an und nennen Sie deren Vorteile im Vergleich zu anderen Verfahren.

9.56 Es wurde festgestellt, dass Graphit das allgemein bevorzugte Material für EDM-Werkzeuge ist. Wäre Graphit auch für Draht-EDM geeignet? Erläutern Sie Ihre Antwort.

9.57 Welchen Zweck haben die Schleifmittel beim elektrochemischen Schleifen? Erläutern Sie Ihre Antwort.

Rechenaufgaben

9.58 Berechnen Sie für einen Vorgang beim Planschleifen die Spanabmessungen für die folgenden Prozessvariablen: $D = 20$ cm, $d = 0{,}025$ mm, $v = 9{,}1$ m/min, $V = 1500$ m/min, $C = 77{,}5$ cm^{-2} und $r = 20$.

9.59 Um welchen Prozentsatz ist die Schnitttiefe der Scheibe d zu verringern, wenn die Werkstückfestigkeit beim Schleifen um 50 % erhöht wird, um die gleiche Kraft auf das Schleifkorn aufrechtzuerhalten, wenn alle anderen Variablen gleich bleiben?

9.60 Nehmen Sie eine dünne Schleifscheibe des Typs 1 als Beispiel und informieren Sie sich in der Fachliteratur über Spannungen in rotierenden Körpern. Zeichnen Sie die Tangentialspannung σ_t und die Radialspannung σ_r als Funktion des radialen Abstands (vom Loch zum Umfang der Scheibe). Da die Scheibe dünn ist, lässt sich diese Situation als Problem bei ebener Spannung betrachten. Wie ermitteln Sie die maximale Vergleichsspannung und ihre Position in der Scheibe? Erläutern Sie Ihre Antwort.

9.61 Leiten Sie eine Formel für die Abtragsleistung beim Planschleifen in Form von Prozessparametern her. Verwenden Sie die gleiche Terminologie wie im Text.

9.62 Nehmen Sie an, dass ein Planschleifvorgang unter den folgenden Bedingungen ausgeführt wird: $D = 250$ mm, $d = 0{,}1$ mm, $v = 0{,}5$ m/s und $V = 50$ m/s. Diese Parameter werden dann wie folgt geändert: $D = 150$ mm, $d = 0{,}1$ mm $v = 0{,}3$ m/s und $V = 25$ m/s. Wie unterscheidet sich der Temperaturanstieg von jenem bei den ursprünglichen Bedingungen?

9.63 Leiten Sie für einen Planschleifvorgang einen Ausdruck für die Leistung ab, die in kinetische Energie bei der Spanbildung umgesetzt wird. Erörtern Sie die Größenordnung dieser Energie. Verwenden Sie die gleiche Terminologie wie im Text.

9.64 Der Schaft einer Schleifscheibe des Typs 1 wird nur mit einem Schwungrad verbunden, das mit einer bestimmten anfänglichen Umdrehungszahl rotiert. Mit diesem Aufbau wird ein Planschleifvorgang auf einem langen Werkstück und bei einer konstanten Werkstückgeschwindigkeit v durchgeführt. Leiten Sie einen Ausdruck her, um die Länge abzuschätzen, die auf dem Werkstück geschliffen wird, bevor die Scheibe zum Halten kommt. Ignorieren Sie den Scheibenverschleiß.

9.65 Berechnen Sie die mittlere Stoßkraft, die ein kugelförmiges Schleifkorn aus Aluminiumoxid mit einem Durchmesser von 1 mm auf eine Stahlplatte ausübt, wenn es aus einer Höhe von (a) 1 m, (b) 2 m und (c) 10 m auf die Platte fällt. Stellen Sie die Ergebnisse als Diagramm dar und erörtern Sie Ihre Beobachtungen.

9.66 Ein 50 mm tiefes Loch mit einem Durchmesser von 25 mm wird durch elektrochemische Bearbeitung hergestellt. Gehen Sie davon aus, dass die Produktionsgeschwindigkeit wichtiger als die Qualität der bearbeiteten Oberfläche ist. Schätzen Sie den maximalen Strom und die erforderliche Zeit für diesen Vorgang ab.

9.67 Wie groß ist die geschätzte Bearbeitungszeit, wenn der Vorgang der vorigen Aufgabe auf einer Funkenerosionsmaschine durchgeführt wird?

9.68 Ein Trennvorgang wird mit einem Laserstrahl ausgeführt. Das zu schneidende Werkstück ist 0,635 cm dick und 10 cm lang. Schätzen Sie die für diesen Vorgang benötigte Zeit ab, wenn der Sägeschlitz 0,42 cm breit ist.

9.69 Bestimmen Sie anhand von Tabelle 3.3 zwei Metalle oder Metalllegierungen, die als Werkstück bzw. Elektrode bei EDM das (1) niedrigste und (2) höchste Verschleißverhältnis R ergeben. Berechnen Sie diese Größen.

9.70 Im Abschnitt 9.5.2 wurde erwähnt, dass die Schleifverhältnisse in der Praxis typischerweise von 2 bis 200 reichen. Schätzen Sie anhand der Angaben aus Abschnitt 9.13 den Bereich der Verschleißverhältnisse bei Funkenerosion ab und vergleichen Sie diese Werte mit den Schleifverhältnissen.

9.71 Es wurde festgestellt, dass beim Schleifen Warmrisse unter den folgenden Bedingungen auftreten: Spindelgeschwindigkeit 4000 Umdr./min, Scheibendurchmesser 25 cm, Schnitttiefe 0,038 mm und Vorschubgeschwindigkeit 15 m/min. Deshalb ist die Spindelgeschwindigkeit mit 3500 Umdr./min zu begrenzen. Es wird nun eine neue Scheibe mit 20 cm Durchmesser eingesetzt. Wie groß kann die Spindelgeschwindigkeit sein, bevor Warmrisse auftreten? Welche Spindelgeschwindigkeit sollte gewählt werden, um die gleichen Schleiftemperaturen wie unter den bisherigen Betriebsbedingungen einzuhalten?

9.72 Eine in der Luft- und Raumfahrtindustrie verwendete harte Aluminiumlegierung muss geschliffen werden. Aus einem zylindrischen Abschnitt, der 20 cm lang ist und einen Durchmesser von 7,6 cm hat, ist das Material auf eine Tiefe von 0,076 cm abzutragen. Wie groß ist schätzungsweise die erforderliche Leistung der Schleifmaschine, wenn der Schleifvorgang für ein Teil nicht länger als eine Minute dauern soll? Wie lautet das Ergebnis, wenn als Werkstoff eine harte Titanlegierung verwendet wird?

9.73 Ein Schleifvorgang wird mit einer Schleifscheibe von 25,4 cm Durchmesser bei einer Spindeldrehzahl von 4000 Umdr./min durchgeführt. Die Vorschubgeschwindigkeit des Werkstücks beträgt 15 m/min und die Schnitttiefe 0,05 mm. Kontaktthermometer zeichnen eine Höchsttemperatur von ungefähr 982 °C (1255 K) auf. Wie hoch ist die Maximaltemperatur, wenn man die Spindeldrehzahl auf 5000 Umdr./min erhöht und Stahl als Werkstückwerkstoff annimmt? Wie lautet das Ergebnis bei einer Erhöhung der Drehzahl auf 10 000 Umdr./min?

9.74 Die Regelscheibe einer spitzenlosen Schleifmaschine rotiert mit einer Umfangsgeschwindigkeit von 7,6 m/min und ist um einen Winkel von 5° geneigt. Wie groß ist die Vorschubgeschwindigkeit des Materials nach der Schleifscheibe?

9.75 Erläutern Sie anhand typischer Werte, wie sich (falls überhaupt) die Größe der Stoßkraft eines Teilchens bei der Ultraschallbearbeitung eines gehärteten Stahlteils ändert, wenn seine Temperatur erhöht wird.

9.76 Schätzen Sie die prozentuale Kostenerhöhung des Schleifvorgangs ab, wenn die Spezifikation für die Oberflächengüte eines Teils von $1{,}60\,\mu m$ in $0{,}41\,\mu m$ geändert wird?

9.77 Die Energiekosten für das Schleifen eines Aluminiumteils betragen 90 Cent pro Stück. Für diesen Werkstoff ist eine spezifische Energie von $8\,Ws/mm^3$ erforderlich. Wie hoch liegen die Energiekosten, wenn der Werkstückwerkstoff durch den Schnellarbeitsstahl HS18-0-1 ersetzt wird?

9.78 Leiten Sie einen Ausdruck für die Winkelgeschwindigkeit des Wafers als Funktion des Radius und der Winkelgeschwindigkeit der Unterlage beim chemisch-mechanischen Polieren ab.

9.79 Eine 25 mm dicke Kupferplatte wird durch Drahterodieren bearbeitet. Der Draht bewegt sich mit einer Geschwindigkeit von 1,5 m/min und erzeugt einen 1,5 mm breiten Sägeschlitz. Berechnen Sie die erforderliche Leistung. Nehmen Sie an, dass 1550 J zuzuführen sind, um 1 g Kupfer zu schmelzen.

9.80 Eine Schleifscheibe mit einem Durchmesser von 20 cm und einer Breite von 2,5 cm wird für einen Flachschleifvorgang auf einem ebenen Teil aus dem wärmebehandelten Stahl 42NiCrMo8-4 eingesetzt. Die Scheibe dreht sich mit einer Umfangsgeschwindigkeit $V = 1500\,m/min$, die Schnitttiefe d beträgt 0,05 mm/Durchlauf und der Quervorschub w ist 3,8 mm. Das Werkstück bewegt sich mit einer Geschwindigkeit von 6 m/min hin und her. Der Vorgang wird trocken durchgeführt. (a) Wie groß ist die Kontaktlänge zwischen der Scheibe und dem Werkstück? (b) Wie groß ist das Volumen, das pro Zeiteinheit entfernt wird? (c) Schätzen Sie für $C = 300$ Körner/mm^2 die Anzahl der pro Zeiteinheit gebildeten Späne ab. (d) Wie groß ist das mittlere Volumen pro Span? (e) Wie groß ist die spezifische Energie für den Vorgang, wenn auf das Werkstück eine tangentiale Schnittkraft von $F_C = 44{,}4\,N$ wirkt?

9.81 Eine Arbeitswalze aus Werkzeugstahl ($u = 60\,Ws/mm^3$) mit einem Durchmesser von 150 mm wird mit einer Schleifscheibe vom Typ 1 mit einem Durchmesser von 250 mm und einer Breite von 75 mm geschliffen. Die Arbeitswalze rotiert mit 10 Umdr./min. Schätzen Sie die Spanabmessungen und die Schleifkraft für $d = 0{,}04\,mm$, $r = 12$, $C = 5$ Körner/mm^2 ab, wenn sich die Schleifscheibe mit $N = 3000$ Umdr./min dreht.

9.82 Schätzen Sie die Kontaktzeit und die durchschnittliche Kraft für die folgenden Teilchen ab, die mit 1 m/s auf ein Werkstück treffen: (a) Stahlkies mit 5 mm Durchmesser, (b) Teilchen aus kubischem Bornitrid mit 0,1 mm Durchmesser, (c) Wolframkugel mit 3 mm Durchmesser, (d) Gummiball mit 75 mm Durchmesser, (e) Glasperlen mit 3 mm Durchmesser. Verwenden Sie die Gleichungen (9.11) und (9.13) und erörtern Sie Ihre Ergebnisse. (*Hinweis:* Siehe die Tabellen 2.1, 3.3 und 8.6.)

9.83 Nehmen Sie an, Sie sollen Studenten Kontrollfragen zum Inhalt dieses Kapitels stellen. Bereiten Sie drei quantitative Übungsfragen vor und geben Sie die Antworten an.

Fragen zum Entwurf

9.84 Wäre eine Werkzeugmaschine sinnvoll, die zwei oder mehrere der in diesem Kapitel beschriebenen Verfahren kombiniert? Erläutern Sie Ihre Antwort. Für welche Teilearten könnte eine derartige Maschine nützlich sein? Fertigen Sie Entwurfsskizzen für solche Maschinen an.

9.85 Beschreiben Sie anhand geeigneter Skizzen die Prinzipien der verschiedenen Spannmethoden und -geräte, die sich für die einzelnen in diesem Kapitel beschriebenen Verfahren verwenden lassen.

9.86 Abschnitt 9.4 hat auch erläutert, dass die Oberflächengüte bei der Gestaltung von Produkten eine wichtige Rolle spielen kann. Beschreiben Sie die Ihnen bekannten Parameter, die sich auf die endgültige Oberflächengüte beim Schleifen auswirken können. Dazu gehört auch die Rolle der Prozessparameter sowie der verwendeten Einrichtung und Ausrüstung.

9.87 Abschnitt 9.4.1 hat sich mit dem Größeneinfluss beim Schleifen beschäftigt. Entwerfen Sie eine Vorrichtung und schlagen Sie eine Reihe von Experimenten vor, mit denen sich der Größeneinfluss untersuchen lässt.

9.88 Beschreiben Sie, wie Gestaltung und Geometrie des Werkstücks die Auswahl von Form und Typ einer Schleifscheibe beeinflussen.

9.89 Bereiten Sie eine umfassende Tabelle mit den Möglichkeiten abrasiver Bearbeitungsverfahren vor. Nehmen Sie die Formen der zu schleifenden Teile, die Arten der infrage kommenden Maschinen, typische Maximal- und Minimalabmessungen der Werkstücke und die Produktionsraten in ihre Tabelle auf.

9.90 Wie würden Sie eine dünne kreisförmige Scheibe mit einer von innen nach außen linear abnehmenden Dicke herstellen?

9.91 Um die Oberflächen von gefertigten Teilen mit Buchstaben und Ziffern zu kennzeichnen, kommen nicht nur Aufkleber und Etiketten infrage, sondern auch verschiedenartige mechanische und nichtmechanische Mittel (siehe auch Abschnitt 9.14.1). Erstellen Sie eine Liste einiger dieser Methoden und erläutern Sie deren Vor- und Nachteile bzw. Beschränkungen.

9.92 Erörtern Sie auf der Grundlage der in den Kapiteln 8 und 9 gegebenen Informationen, wie sich ein 100 mm tiefes Loch mit 10 mm Durchmesser in einem Werkstück aus einer Kupferlegierung (a) durch konventionelles Bohren und (b) durch andere Methoden herstellen lässt.

9.93 Recherchieren Sie in der Fachliteratur und erläutern Sie, wie die Beobachtung von Farbe, Helligkeit und Gestalt der beim Schleifen entstehenden Funken einen brauchbaren Anhaltspunkt liefert, um die Art des zu schleifenden Materials und dessen Zustand zu beurteilen.

9.94 Besuchen Sie einen großen Baumarkt und sehen Sie sich die ausgestellten Schleifscheiben an. Notieren Sie sich die Kennzeichnungen auf den Scheiben und erörtern Sie Ihre Beobachtungen ausgehend von dem in den Abbildungen 9.4 und 9.5 dargestellten Kennzeichnungssystem, einschließlich der im Geschäft am häufigsten vertretenen Arten und Größen von Scheiben.

9.95 Besorgen Sie sich eine kleine Schleifscheibe, untersuchen Sie deren Oberfläche mit einem Vergrößerungsglas oder einem Mikroskop und vergleichen Sie Ihre Beobachtungen mit Abbildung 9.6. Reiben Sie am Umfang der Scheibe, während Sie sie fest gegen verschiedene flache metallische und nichtmetallische Werkstoffe drücken. Beschreiben

Sie Ihre Beobachtungen in Bezug auf (a) den Typ der produzierten Späne, (b) die entstandenen Oberflächen und (c) die Änderungen (falls vorhanden) an der Oberfläche der Schleifscheibe.

9.96 Bei der Untersuchung der Schleifbearbeitungsverfahren in diesem Kapitel wurde festgestellt, dass bestimmte Verfahren gebundene Schleifmittel verwenden, während es bei anderen lose Schleifmittel sind. Erstellen Sie zwei getrennte Listen für diese beiden Arten und erörtern Sie Ihre Beobachtungen.

9.97 Erstellen Sie ausgehend von den in den Kapiteln 6 bis 9 behandelten Themen eine umfassende Tabelle der Verfahren zur Herstellung von Löchern. (a) Beschreiben Sie die Vorteile und Grenzen jeder Methode, (b) erörtern Sie Qualität und Oberflächenintegrität der produzierten Löcher und (c) geben Sie Beispiele für spezifische Anwendungen an.

9.98 Mit dem Begriff *Feinmechanik* bzw. *Feinwerktechnik* beschreibt man die Fertigung hochqualitativer Teile mit engen Maßtoleranzen und guter Oberflächengüte. Erstellen Sie ausgehend von den Prozessfähigkeiten eine Liste der nicht konventionellen Bearbeitungsverfahren (in absteigender Reihenfolge der Qualität produzierten Teile). Geben Sie zu jeder Methode einen kurzen Kommentar an.

9.99 Dieses Kapitel hat gezeigt, dass mehrere der hier beschriebenen Verfahren entweder einzeln oder in Kombination zur Herstellung oder Endbearbeitung von Werkzeugen und Gesenken für Aufgaben der Metallbearbeitung geeignet sind. Bereiten Sie zu diesen Methoden eine kurze Fachveröffentlichung vor, in der Sie Vorteile und Grenzen beschreiben sowie typische Anwendungen angeben.

9.100 Erstellen Sie eine Liste der in diesem Kapitel beschriebenen Verfahren, die für verschiedene nichtmetallische oder gummiähnliche Werkstoffe nur schwierig anwendbar sind. Erläutern Sie Ihre Überlegungen und erörtern Sie Themen wie Teilegeometrien und den Einfluss verschiedener physikalischer und mechanischer Eigenschaften der Werkstückwerkstoffe.

9.101 Erstellen Sie eine Liste der in diesem Kapitel beschriebenen Verfahren, in denen die folgenden Eigenschaften relevant oder signifikant sind: (a) mechanisch, (b) chemisch, (c) thermisch und (d) elektrisch. Gibt es Verfahren, in denen zwei oder mehr dieser Eigenschaften wichtig sind? Erläutern Sie Ihre Antwort.

Polymere und verstärkte Kunststoffe; Rapid Prototyping und Rapid Tooling

10.1 Einführung 792
10.2 Aufbau der Polymere 795
10.3 Thermoplaste: Eigenschaften 803
10.4 Duromere: Eigenschaften 812
10.5 Thermoplaste: Allgemeine Eigenschaften und Anwendungen ... 812
10.6 Duromere: Allgemeine Eigenschaften und Anwendungen 815
10.7 Hochtemperaturpolymere, elektrisch leitende Polymere, biologisch abbaubare Kunststoffe 816
10.8 Elastomere: Eigenschaften und Anwendungen 819
10.9 Verstärkte Kunststoffe 820
10.10 Verarbeitung von Kunststoffen 833
10.11 Verarbeitung von verstärkten Kunststoffen 855
10.12 Rapid Prototyping und Rapid Tooling 862
10.13 Überlegungen zum Entwurf 878
10.14 Wirtschaftlichkeit der Kunststoffverarbeitung 880
Zusammenfassung 884
Wichtige Gleichungen 885
Verständnisfragen 886
Rechenaufgaben 890
Fragen zum Entwurf 893

LERNZIELE

Dieses Kapitel beschreibt die Eigenschaften und die Verarbeitung von Polymeren und verstärkten Kunststoffen (Verbundwerkstoffen). Insbesondere geht es um folgende Themen:

- Struktur, Eigenschaften und Verhalten von Thermoplasten, Duromeren, Elastomeren und verstärkten Kunststoffen sowie ihre Fertigungseigenschaften;
- Die für die Herstellung von Teilen genutzten Bearbeitungsmethoden, beginnend mit Extrusion und gefolgt von verschiedenen Umform- und Formpressverfahren, sowie die Verarbeitungsparameter und die verwendeten Maschinen;
- Grundlagen der verschiedenen Verfahren, die charakteristisch für die Herstellung verstärkter Kunststoffteile sind, und die beteiligte Ausrüstung;
- Die Prinzipien der verschiedenen Rapid-Prototyping-Verfahren, wobei Kleinserien von vorwiegend Kunststoffteilen schnell produziert werden können;
- Entwurfsüberlegungen bei der Herstellung und Verarbeitung von Polymeren und verstärkten Kunststoffen;
- Wirtschaftlichkeit bei der Verarbeitung dieser Werkstoffe zu Endprodukten.

10.1 Einführung

Das Wort **Plastik** wurde erstmals um 1909 verwendet und ist ein gebräuchliches Synonym für **Polymere**. Es kommt vom griechischen Wort *plastikos* in der Bedeutung „die formende/geformte (Kunst)". Ein anderes Synonym ist **Kunststoff**. Es handelt sich um einen der zahlreichen polymeren Werkstoffe, die aus äußerst langen Molekülen (**Makromolekülen**) bestehen. Zu den aus Polymeren hergestellten Konsum- und Industrieprodukten gehören Nahrungsmittel- und Getränkebehälter, Verpackungen, Schilder, Haushaltwaren, Textilien, medizinische Geräte, Schaumprodukte, Farben, Schutzhauben und Spielzeuge. Im Vergleich zu Metallen zeichnen sich Polymere allgemein durch geringe Dichte, geringe Festigkeit und Steifigkeit (Tabelle 10.1), niedrige elektrische und thermische Leitfähigkeit, gute Beständigkeit gegen Chemikalien und einen hohen thermischen Ausdehnungskoeffizienten aus.

Dagegen ist der nutzbare Temperaturbereich bei den meisten Polymeren relativ klein (bis zu etwa 350 °C). Außerdem sind Polymere im Betrieb über einen längeren Zeitraum nicht so stabil wie Metalle. Polymerwerkstoffe lassen sich einfach spanend bearbeiten, gießen, umformen und zu vielfältigen komplizierten Formen verbinden. Wenn überhaupt sind nur wenige zusätzliche Schritte zur Endbearbeitung der Oberfläche erforderlich – ein entscheidender Vorteil gegenüber Metallen. Kunststoffe sind kommerziell in Tafel-, Platten-, Folien-, Stangen- und Röhrenform mit verschiedenen Querschnitten und Abmessungen erhältlich.

Das Wort *Polymer* wurde erstmals 1866 verwendet. Die frühesten Polymere bestanden aus **natürlichen organischen Materialen** von tierischen und pflanzlichen Produkten, wobei Zellulose das prominenteste

10.1 Einführung

Tabelle 10.1: Zugfestigkeit R_m, Elastizitätsmodul E, Bruchdehnung ε_B (bei 50 mm Messlänge) und Poissonzahl ν einiger technischer Polymere bei Raumtemperatur

Polymerwerkstoff	R_m (MPa)	E (GPa)	ε_B (%)	ν (–)
ABS	28–55	1,4–2,8	75–5	–
ABS (verstärkt)	100	7,5	–	0,35
Acetal (POM)	55–70	1,4–3,5	75–25	–
Acetal (verstärkt)	135	10	–	0,35–0,40
Acrylat	40–75	1,4–3,5	50–5	–
Epoxidharz	35–140	3,5–17	10–1	–
Epoxidharz (verstärkt)	70–1400	21–52	4–2	–
Fluor-KW	7–48	0,7–2	300–100	0,46–0,48
Nylon	55–83	1,4–2,8	200–60	0,32–0,40
Nylon (verstärkt)	70–210	2–10	10–1	–
Phenole	28–70	2,8–21	2–0	–
Polykarbonat	55–70	2,5–3	125–10	0,38
Polykarbonat (verstärkt)	110	6	6–4	–
Polyester	55	2	300–5	0,38
Polyester (verstärkt)	110–160	8,3–12	3–1	–
Polyethylen	7–40	0,1–0,14	1000–15	0,46
Polypropylen	20–35	0,7–1,2	500–10	–
Polypropylen (verstärkt)	40–100	3,6–6	4–2	–
Polystyrol	14–83	1,4–4	60–1	0,35
Polyvinylchlorid	7–55	0,014–4	450–40	–
Zellulose	10–48	0,4–1,4	100–5	–

Beispiel ist. Durch verschiedene chemische Reaktionen wird Zellulose zu **Zelluloseazetat** umgewandelt, das für die Herstellung von fotografischen Filmen (Zelluloid), Verpackungsfolien und Textilfasern verwendet wird. Außerdem wird es in Zellulosenitrat für Kunststoffe, Sprengstoffe, Rayon (eine Textilfaser auf Zellulosebasis) und Lacke umgewandelt. Das älteste **synthetische Polymer** ist **Phenolformaldehyd**, ein 1906 entwickelter duromerer Kunststoff mit dem Handelsnamen *Bakelit* (nach L.H. Baekeland, 1863–1944).

Die Entwicklung der modernen Kunststofftechnologie beginnt in den 1920er Jahren, als die zur Herstellung von Polymeren benötigten Rohstoffe aus Kohle- und Petroleumprodukten extrahiert wurden. Das erste Beispiel für einen derartigen Rohstoff war *Ethylen*, das zum Baustein für *Polyethylen* wurde. Es handelt sich um das Reaktionsprodukt von Azetylen und Wasserstoff, wobei Azetylen selbst das Reaktionsprodukt von Kohlenstoff und Methan ist. Ähnlich verhält es sich mit kommerziellen Polymeren einschließlich Polypropylen, Polyvinylchlorid, Polymethylmethacrylat und Polykarbonat. Diese Werkstoffe bezeichnet man als **synthetische organische Polymere**. ▶ Abbildung 10.1 gibt einen Überblick über die grundlegenden Verfahren für die Herstellung verschiedenartiger synthetischer Polymere.

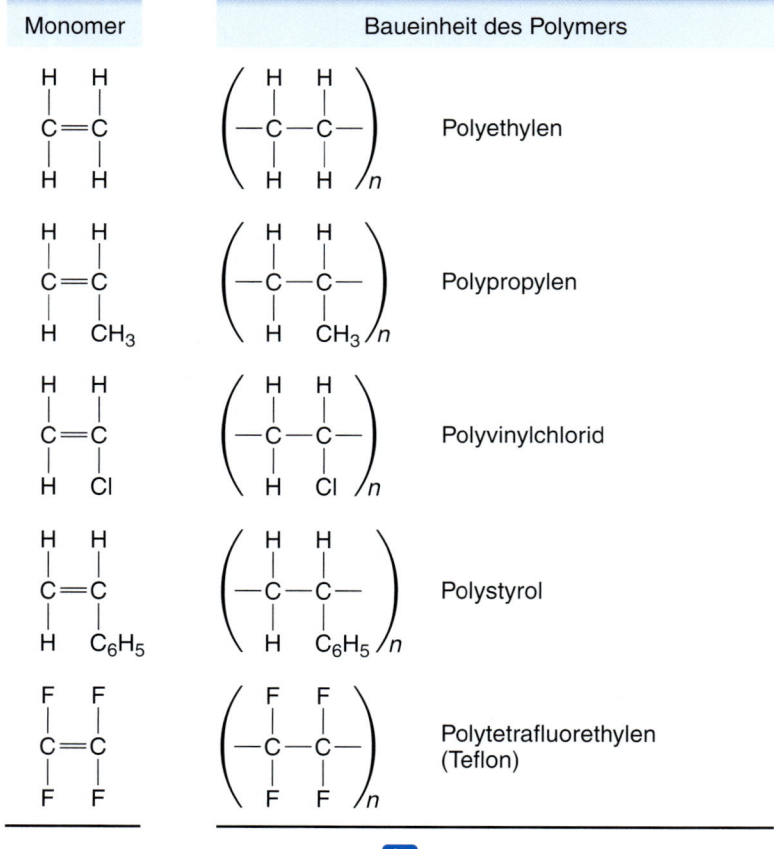

Abbildung 10.1: Struktur einiger Polymere. (a) Ethylenmolekül (Monomer), das durch Aneinanderreihung vieler Baueinheiten zum Polyethylenmolekül wird. (b) Molekülstruktur einiger Polymere. Diese Moleküle sind die Grundbausteine von polymeren Werkstoffen.

Eine wichtige Werkstoffgruppe bilden die **Polymermatrix-verstärkten Kunststoffe** (eine Art **Verbundwerkstoff**), die sich durch einen breiten Bereich von Eigenschaften wie zum Beispiel Steifigkeit, Festigkeit, Kriechbeständigkeit und hohe Verhältnisse von Festigkeit zu Gewicht und Steifigkeit zu Gewicht auszeichnen. Eingesetzt werden sie in zahlreichen Konsum- und Industrieprodukten wie auch für Produkte der Automobil-, Luftfahrt- und Raumfahrtindustrie. Ein weiterer wichtiger Fortschritt in der Fertigung ist **Rapid Prototyping und Tooling**, auch als *Desktop Manufacturing* oder *formenlose Herstellung* bezeichnet. Diese Methode verkörpert eine Familie von Verfahren, durch die ein massives physisches Modell eines Teils direkt aus einer dreidimensionalen CAD-Zeichnung gefertigt wird. Das geschieht in einem wesentlich kürzeren Zeitrahmen als bei herkömmlicher Prototypenfertigung.

10.2 Aufbau der Polymere

Die Eigenschaften eines Polymers hängen grundsätzlich vom (a) Aufbau individueller Polymermoleküle, (b) der Form und Größe der Moleküle und (c) der Anordnung der Moleküle in einer Polymerstruktur ab. Polymermoleküle zeichnen sich durch ihre außerordentliche Größe aus. Dieses Merkmal unterscheidet sie von anderen organischen chemischen Verbindungen. Ein **Monomer** (vom Griechischen *mono* „eins" und *meros* „Teil") ist Grundbaustein von Polymeren und steht für die kleinste wiederkehrende Einheit, ähnlich wie *Elementarzelle* in Verbindung mit Kristallstrukturen von Metallen verwendet wird (Abschnitt 3.2). Die meisten Monomere sind organische Materialien, in denen Kohlenstoffatome in *kovalenten* Bindungen (Elektronenpaarbindungen) mit anderen Atomen wie zum Beispiel Wasserstoff, Sauerstoff, Stickstoff, Fluor, Chlor, Silizium und Schwefel verkettet sind. Ein Ethylenmolekül ist ein einfaches Monomer, das aus Kohlenstoff- und Wasserstoffatomen besteht (Abbildung 10.1a).

Der Begriff **Polymer** bedeutet viele Monomere oder Einheiten, die sich Hunderte oder Tausende Mal in einer kettenförmigen Struktur wiederholen. Polymere sind *langkettige Moleküle* (auch **Makromoleküle** oder **Riesenmoleküle** genannt), die durch *Polymerisation* gebildet werden, d. h. durch Verketten und Vernetzen verschiedener Monomere.

10.2.1 Polymerisation

Durch eine chemische Reaktion – *Polymerisation* genannt – lassen sich Monomere in wiederkehrenden Einheiten verketten, um immer längere Moleküle zu bilden. Polymerisationsvorgänge sind kompliziert und werden hier nur kurz beschrieben. Grundsätzlich unterscheidet man zwischen Polykondensation und Polyaddition, auch wenn es mehrere Variationen der Polymerisationsprozesse gibt:

1 Bei der **Polykondensation** werden Polymere durch die Bildung von Bindungen zwischen zwei Arten von reagierenden Monomeren hergestellt. Diese Reaktion zeichnet sich dadurch aus, dass Nebenprodukte wie Wasser auskondensiert (abgespalten) werden, daher der Begriff *Kondensation*. Das Verfahren wird auch als *schrittweise* oder *Stufenreaktionspolymerisation* bezeichnet, da das Polymermolekül Schritt für Schritt wächst, bis einer der Reaktionspartner vollständig verbraucht ist.

2 Bei der **Polyaddition**, die auch als *Kettenwachstums-* oder *Kettenreaktionspolymerisation* bezeichnet wird, läuft das Binden der Moleküle ab, ohne dass dabei Nebenprodukte der Reaktion entstehen. Die Bezeichnung *Kettenreaktionspolymerisation* hängt mit der hohen Geschwindigkeit zusammen, mit der sich lange Moleküle gleichzeitig bilden. Der Vorgang dauert normalerweise nur wenige Sekunden und läuft damit wesentlich schneller ab als die Polykondensation. In dieser Reaktion wird ein Initiator zugesetzt, um die Doppelbindung zwischen den Kohlenstoffatomen zu öffnen und den Verkettungsvorgang einzuleiten, indem weitere Monomere zu einer wachsenden Kette hinzugefügt werden. Zum Beispiel verbinden sich Ethylenmonomere, um Polyethylen (Abbildung 10.1a) zu bilden. Abbildung 10.1b zeigt weitere Beispiele für Polymere, die durch Addition gebildet werden.

Die folgenden Absätze beschreiben einige grundlegende Merkmale und Arten von Polymeren:

1 **Molekulargewicht:** Die Summe des Molekulargewichts der Monomere in der Polymerkette ergibt das *Molekulargewicht* des Polymers. Je höher das Molekulargewicht in einem bestimmten Polymer ist, desto länger ist die Kette. Da Polymerisation ein Zufallsereignis darstellt, sind die erzeugten Polymerketten nicht alle gleich lang – die Häufigkeiten der erzeugten Kettenlängen entsprechen einer herkömmlichen Verteilungskurve. Das *durchschnittliche Molekulargewicht* eines Polymers wird mit statistischen Verfahren durch Mittelwertbildung bestimmt. Die in der Gewichtsverteilung beobachtete Streuung wird als **Molekulargewichtsverteilung** bezeichnet. Molekulargewicht und Molekulargewichtsverteilung haben einen starken Einfluss auf die Eigenschaften des Polymers. Zum Beispiel nehmen Zug- und Stoßfestigkeit, Reißfestigkeit und Viskosität im geschmolzenen Zustand eines Polymers mit höherem Molekulargewicht zu (▶ Abbildung 10.2). Bei den meisten kommerziellen Polymeren liegt das Molekulargewicht zwischen 10^4 und 10^7 g/mol.

2 **Polymerisationsgrad:** Manchmal ist es zweckmäßiger, die Größe einer Polymerkette als *Polymerisationsgrad p* auszudrücken. Dieser Wert ist definiert als das Verhältnis von Molekulargewicht des Polymers zum Molekulargewicht der wiederkehrenden Baueinheit. Er spielt bei der Polymerverarbeitung (Abschnitt 10.10) eine Rolle: je höher der Polymerisationsgrad, desto höher die Viskosität bzw. der Fließwiderstand des Polymers (Abbildung 10.2). Dies wirkt sich auf die Formbarkeit und damit auch auf die Gesamtkosten der Verarbeitung aus.

3 **Bindung:** Während der Polymerisation werden die Monomere in einer *kovalenten Bindung* miteinander verkettet, wobei eine Polymerkette entsteht. Aufgrund ihrer Festigkeit nennt man kovalente Bindungen auch **Primärbindungen**. Die Polymerketten werden dagegen durch **Sekundärbindungen** wie zum Beispiel van-der-Waals-, Wasserstoffbrücken- und Ionenbindungen zusammengehalten. Sekundärbindungen sind wesentlich schwächer als Primärbindungen, und zwar um eine oder zwei Größenordnungen. In einem bestimmten Polymer nehmen Festigkeit und Viskosität mit höherem Molekulargewicht zu, weil bei längeren Polymerketten eine höhere Energie erforderlich ist, um die Festigkeit der Sekundärbindungen zu überwinden, um die Molekülketten gegeneinander zu bewegen. Zum Beispiel liegen Ethylenpolymere mit einem Polymerisationsgrad von 1, 6, 35, 140 und 1350 bei Raumtemperatur in Form von Gas, Flüssigkeit, Fett, Wachs bzw. Hartplastik vor.

4 **Lineare Polymere:** Die in Abbildung 10.1 dargestellten kettenförmigen Polymere bezeichnet man aufgrund ihrer linearen Struktur (▶ Abbildung 10.3a) als *lineare Polymere*. Ein lineares Molekül muss nicht unbedingt eine gerade Form aufweisen. Neben den in Abbildung 10.3 gezeigten Bei-

10.2 Aufbau der Polymere

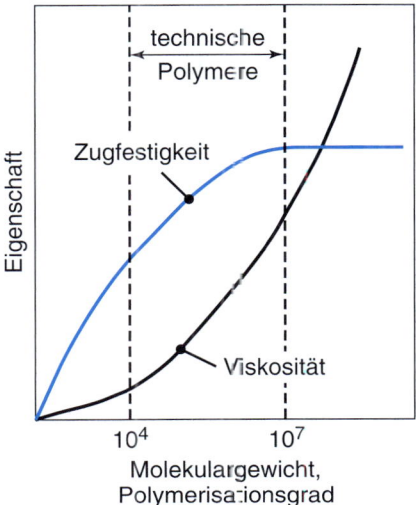

Abbildung 10.2: Einfluss des Molekulargewichts und des Polymerisationsgrads auf Festigkeit und Viskosität von Polymeren.

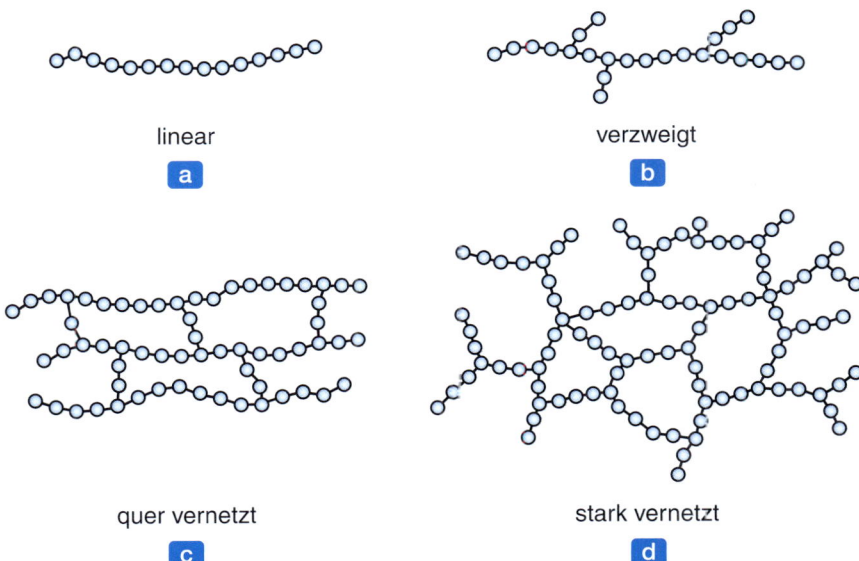

Abbildung 10.3: Schematische Darstellung von Polymermolekülen. (a) Lineare Kette, wie sie z. B. in Acrylen, Nylon, Polyethylen oder Polyvinylchlorid vorliegen kann. (b) Verzweigte Kette (z. B. Polyethylen). (c) Quervernetzte Moleküle (Gummi, Elastomere). (d) Netzwerk (starke Vernetzung der Ketten), typisch für Duromere wie Epoxide und Phenole.

spielen gehören auch Polyamid (Nylon 6,6) und Polyvinylfluorid zu den linearen Polymeren. Oft besteht ein Polymer aus mehreren Strukturtypen. Somit kann ein lineares Polymer auch einige verzweigte und vernetzte Ketten enthalten (siehe die Einträge 5 und 6 dieser Aufzählung). Durch Verzweigung und Vernetzung ändern sich die Eigenschaften des Polymers.

5 **Verzweigte Polymere:** Die Eigenschaften eines Polymers hängen nicht nur vom Typ der Monomere im Polymer ab, sondern auch von deren Anordnung in der Molekularstruktur. Wie Abbildung 10.3b zeigt, verfügen *verzweigte Polymere* über Seitenketten, die während der Synthese des Polymers an die Hauptkette gebunden werden. Die Verzweigungen stören die relative Bewegung der Molekularketten. Dadurch nimmt die Festigkeit zu und auch der Risswiderstand wird beeinflusst. Außerdem ist die Dichte von verzweigten Polymeren geringer als bei Polymeren mit nur linearen Ketten, da die Verzweigungen die Packungsdichte der Polymerketten mindern. Das Verhalten von verzweigten Polymeren und Polymeren mit linearen Ketten lässt sich mit einem Stapel von Ästen eines Baums (verzweigte Polymere) und einem Stapel gerader Hölzer (Polymere mit linearen Ketten) vergleichen. Es ist schwieriger, einen Ast aus dem Stapel der Äste zu ziehen als ein gerades Holz aus einem Holzstapel. Die dreidimensionalen Verflechtungen der Zweige erschweren die Bewegungen – ein Phänomen, das erhöhter Festigkeit ähnelt.

6 **Vernetzte Polymere** besitzen eine dreidimensionale (räumliche) Struktur, in der benachbarte Ketten durch kovalente Bindungen verknüpft sind (Abbildung 10.3c). Polymere mit einer vernetzten Kettenstruktur werden als **Duromere** oder **wärmeaushärtende Kunststoffe** bezeichnet. Beispiele dafür sind Epoxidharze, Phenolharze und Silikone (Abschnitt 10.6). Die Vernetzung hat einen wesentlichen Einfluss auf die Eigenschaften von Polymeren (Härte, Festigkeit, Steifigkeit, Sprödheit und bessere Formbeständigkeit, ▶ Abbildung 10.4b) sowie für die **Vulkanisation** von Gummi (Abschnitt 10.8).

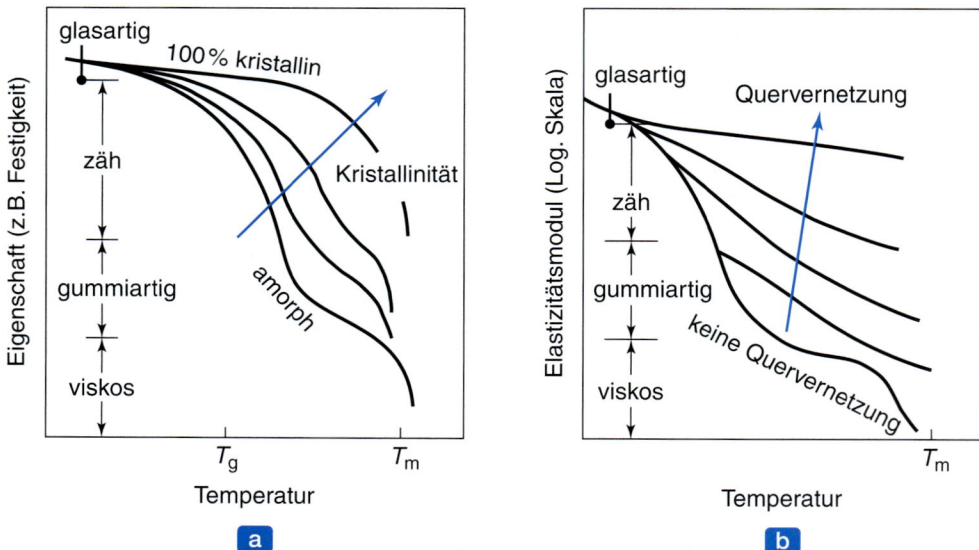

Abbildung 10.4: Verhalten von Polymeren als Funktion der Temperatur und (a) des Kristallisationsgrades und (b) des Ausmaßes der Vernetzung. Das kombinierte elastische und viskose Verhalten der Polymere nennt man viskoelastisch.

Netzwerkpolymere bestehen aus dreidimensionalen Vernetzungen, wie es Abbildung 10.3d andeutet. Ein stark vernetztes Polymer wird ebenfalls als Netzwerkpolymer bezeichnet. Thermoplastische Polymere, die bereits geformt wurden, lassen sich vernetzen, um eine größere Festigkeit zu erreichen. Dazu werden sie Hochenergiestrahlung wie zum Beispiel ultraviolettem Licht, Röntgenstrahlen oder Elektronenstrahlen ausgesetzt. Allerdings kann übermäßige Bestrahlung auch zur *Zersetzung* des Polymers führen.

7. **Kopolymere und Terpolymere:** Wenn die wiederkehrenden Einheiten in einer Polymerkette vom selben Typ sind, wird das Molekül als **Homopolymer** bezeichnet. Allerdings können wie bei Mischkristallen (siehe Abschnitt 5.2.1) zwei oder drei verschiedene Arten von Monomeren kombiniert werden, um dem Polymer bestimmte spezielle Eigenschaften und Merkmale zu verleihen, beispielsweise um sowohl Festigkeit als auch Zähigkeit und Formbarkeit des Polymers zu verbessern. *Kopolymere* enthalten zwei Arten von Polymeren, beispielsweise das für Autoreifen verwendete Styrol-Butadien-Kopolymer. In *Terpolymeren* sind drei Polymerarten enthalten. Ein Beispiel hierfür ist ABS (Acrylnitril-Butadien-Styrol), das für Schutzhelme, Telefone und Kühlschrankauskleidungen eingesetzt wird.

Beispiel 10.1 **Polymerisationsgrad von Polyvinylchlorid**

Ermitteln Sie das Molekulargewicht eines Polyvinylchlorid (PVC-)Monomers. Welchen Polymerisationsgrad hat ein PVC-Polymer mit einem durchschnittlichen Molekulargewicht von 50 000 g/mol?

Lösung: Wie Abbildung 10.1c zeigt, besitzt jedes PVC-Monomer drei Wasserstoffatome, zwei Kohlenstoffatome und ein Chloratom. Diese drei Elemente haben die relativen Atommassen 1, 12 und 35,5. Somit beträgt die Masse eines PVC-Monomers $3 \times 1 + 2 \times 12 + 1 \times 35{,}5 = 62{,}5$ g/mol und der Polymerisationsgrad berechnet sich zu $p = 50\,000/62{,}5 = 800$.

10.2.2 Kristallinität

Polymere wie zum Beispiel Polymethylmethacrylat, Polykarbonat und Polystyrol sind meist **amorph**, d. h., die Polymerketten liegen ohne Fernordnung nebeneinander (siehe auch die Diskussion zu *amorphen Legierungen* in Abschnitt 3.11.9). Die amorphe Anordnung von Polymerketten vergleicht man oftmals mit einem Teller Spaghetti oder einer Büchse Würmer, die alle ineinander verschlungen sind. Allerdings ist es in manchen Polymeren möglich, eine bestimmte Kristallinität einzubringen und dabei die Eigenschaften der Polymere zu modifizieren. Dies lässt sich entweder während der Synthese des Polymers oder durch Deformation (Formung) bei der nachfolgenden Verarbeitung realisieren.

Die kristallinen Bereiche in Polymeren bezeichnet man als **Kristallite** (▶ Abbildung 10.5). Die Kristalle entstehen, wenn sich die langen Moleküle selbst in einer bestimmten Ordnung formieren, etwa wie ein Feuerwehrschlauch in einem Kasten oder Kosmetiktücher in einem Karton. Somit lässt sich ein partiell kristallines (semikristallines) Polymer als zweiphasiger Werkstoff (siehe Abschnitt 5.2.3) betrachten,

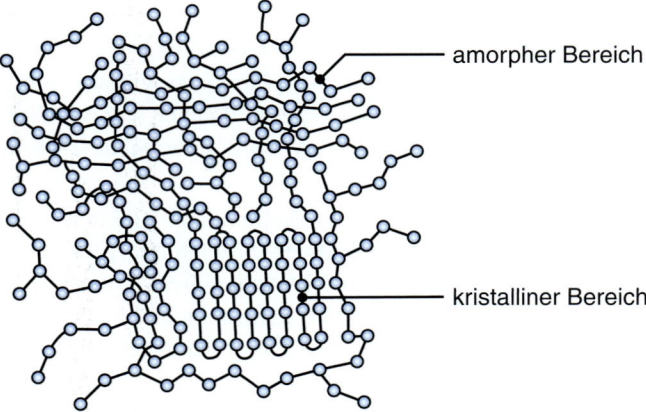

Abbildung 10.5: Amorphe und kristalline Bereiche in einem Polymer. Die kristallinen Bereiche besitzen einen regelmäßigen Aufbau. Je höher der Anteil der kristallinen Bereiche ist, umso härter, steifer und weniger duktil ist das Polymer.

wobei eine Phase kristallin und die andere amorph ist. Wenn man die Erstarrungsgeschwindigkeit während der Abkühlung steuert, lassen sich Polymere mit unterschiedlichem **Kristallinitätsgrad** erzeugen, auch wenn ein Polymer niemals 100 % kristallin sein kann.

Die Kristallinität reicht von fast vollständig kristallin (bis zu etwa 95 Volumen-% bei Polyethylen) zu leicht kristallisierten, also vorwiegend amorphen Polymeren. Der Kristallinitätsgrad lässt sich auch durch Verzweigen beeinflussen. Ein lineares Polymer kann stark kristallin sein, ein stark verzweigtes Polymer jedoch nicht, da die Verzweigungen die Ausrichtung der Ketten zu einer regulären Kristallanordnung behindern.

Wirkungen der Kristallinität: Die mechanischen und physikalischen Eigenschaften von Polymeren werden stark durch den Kristallinitätsgrad geprägt. Mit zunehmender Kristallinität werden Polymere steifer, härter, weniger duktil, dichter, weniger gummiartig und widerstandsfähiger gegenüber Lösungsmitteln und Wärme (Abbildung 10.4). Die höhere Dichte bei größerer Kristallinität wird durch Schwindung bei der Kristallisation und eine dichtere Packung der Moleküle in den kristallinen Bereichen verursacht. Zum Beispiel besitzt die als *hochdichtes Polyethylen* (HDPE) bekannte hochkristalline Form von Polyethylen eine Massendichte im Bereich von 0,941 bis 0,970 g/cm^3 (80 bis 95 % kristallin) und ist fester, steifer, zäher und weniger duktil als Polyethylen geringer Dichte (LDPE), das zu etwa 60 bis 70 % kristallin ist und eine Massendichte von ungefähr 0,910 bis 0,925 g/cm^3 besitzt.

Optische Eigenschaften von Polymeren werden ebenfalls durch den Kristallinitätsgrad beeinflusst. Die Lichtreflexion an den Grenzen zwischen kristallinen und amorphen Bereichen (siehe Abbildung 10.5) bewirkt Undurchsichtigkeit. Diese ist umso größer, je stärker sich die Dichten der amorphen und kristallinen Phasen unterscheiden, da der Brechungsindex proportional zur Dichte ist. Vollständig amorphe Polymere können transparent sein, wie es beispielsweise bei Polykarbonat und Acrylaten der Fall ist.

10.2.3 Glasübergangstemperatur

Amorphe Polymere besitzen keinen spezifischen Schmelzpunkt, erfahren aber eine deutliche Änderung ihres mechanischen Verhaltens in einem engen Temperaturbereich. Bei geringen Temperaturen sind amorphe Polymere hart, starr, spröde und glasartig, bei hohen Temperaturen gummiartig oder zäh. Die Temperatur, bei der dieser Übergang stattfindet, wird als **Glasübergangstemperatur** T_g oder *Glasumwandlungspunkt* bezeichnet. In dieser Definition ist das Wort *Glas* enthalten, da sich Gläser als amorphe Festkörper (siehe Abschnitt 3.11.9) in der gleichen Weise verhalten (wovon man sich überzeugen kann, wenn man einen Glasstab über eine Flamme hält und dabei sein Verhalten beobachtet). Die meisten amorphen Polymere zeigen dieses Verhalten, doch gibt es einige Ausnahmen wie zum Beispiel Polykarbonat, das (a) unterhalb seiner Glasübergangstemperatur weder starr noch spröde und (b) bei Umgebungstemperatur zäh ist, sodass es für Schutzhelme und Schutzeinrichtungen eingesetzt wird.

Um T_g zu ermitteln, wird das spezifische Volumen des Polymers gemessen und über der Temperatur aufgetragen. So ist der scharfe Wechsel im Anstieg der Kurve zu beobachten, wie in ▶ Abbildung 10.6 zu sehen ist. Allerdings ändert sich der Anstieg der Kurve bei stark vernetzten Polymeren *allmählich* nahe bei T_g, sodass sich T_g für diese Polymere schwierig ermitteln lässt. Die Glasübergangstemperatur variiert für verschiedene Polymere (Tabelle 10.2) Zum Beispiel liegt T_g bei bestimmten Polymeren über der Raumtemperatur und bei anderen darunter. Im Unterschied zu amorphen Polymeren besitzen kristalline Polymere einen definierten Schmelzpunkt T_m (Abbildung 10.6, siehe auch Tabelle 10.2). Aufgrund der auftretenden Strukturänderungen (die als Änderungen erster Ordnung bekannt sind), nimmt das spezifische Volumen der Polymere rapide ab wenn ihre Temperatur verringert wird.

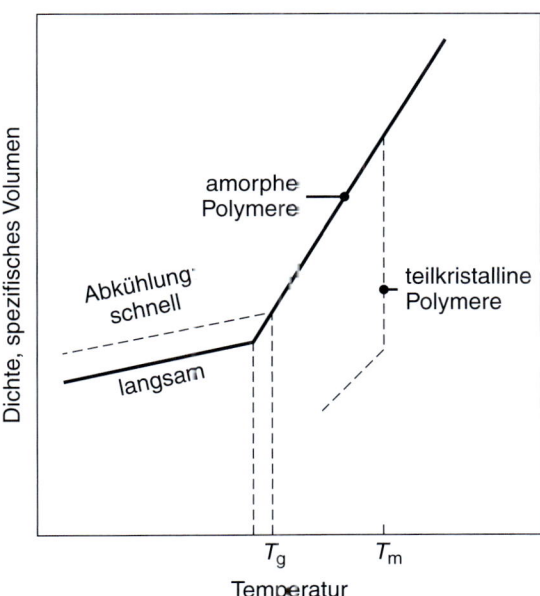

Abbildung 10.6: Spezifisches Volumen eines Polymers in Abhängigkeit von der Temperatur. Amorphe Polymere wie Acryle und Polykarbonat zeigen eine Glasübergangstemperatur T_g, besitzen jedoch keinen Schmelzpunkt T_m. Teilkristalline Polymere wie Polyethylen oder Nylon schrumpfen bei der Abkühlung markant bei T_m.

Tabelle 10.2: Glasübergangstemperatur und Schmelztemperatur einiger Polymere

Polymer	T_g (°C)	T_m (°C)	Polymer	T_g (°C)	T_m (°C)
Nylon 6,6	57	265	Polymethylmethacrylat	105	–
Polykarbonat	150	265	Polypropylen	−14	176
Polyester	73	265	Polystyrol	100	239
Polyethylen			Polytetrafluorethylen (Teflon)	−90	327
hohe Dichte (HD)	−90	137	Polyvinylchlorid	87	212
niedrige Dichte (LD)	−110	115	Gummi	−73	–

10.2.4 Polymermischungen

Um das spröde Verhalten von amorphen Polymeren unterhalb ihrer Glasübergangstemperatur zu verbessern, kann man sie mischen – üblicherweise mit kleinen Mengen eines Elastomers (siehe Abschnitt 10.8), sodass man von **mit Kautschuk modifizierten Polymeren** spricht. Diese winzigen Partikel werden im gesamten amorphen Polymer verteilt. Dadurch hemmen sie die Rissausbreitung und verbessern somit Zähigkeit und Stoßfestigkeit des Polymers. Es ist auch üblich, mehrere Komponenten zu mischen (**Polyblends**), um die günstigen Eigenschaften von verschiedenen Polymeren zu nutzen. Polymermischungen machen rund 20 % aller produzierten Polymere aus.

10.2.5 Additive in Polymeren

Um Polymere gezielt mit spezifischen Eigenschaften auszustatten, werden ihnen normalerweise *Additive* zugesetzt. Die Additive modifizieren und verbessern Merkmale der Polymere wie zum Beispiel ihre Steifigkeit, Festigkeit, Farbe, Wetterbeständigkeit, Entflammbarkeit, Lichtbogenbeständigkeit für elektrische Anwendungen und einfache Weiterverarbeitung.

1. **Füllstoffe** sind in der Regel Holzmehl (feine Sägespäne), Quarzmehl (feines Siliziumdioxidpulver), Ton, Glimmer in Pulverform und kurze Fasern aus Zellulose, Glas und Asbest. Je nach Typ verbessern Füllstoffe die Festigkeit, Härte, Zähigkeit, Abriebfestigkeit, Maßhaltigkeit und/oder Steifigkeit von Kunststoffen. Diese Eigenschaften sind jeweils am stärksten bei bestimmten Prozentanteilen verschiedener Arten von Polymer-Füllstoff-Kombinationen zu finden. Wie bei verstärkten Kunststoffen (Abschnitt 10.9) hängt die Wirksamkeit eines Füllstoffs vom Wesen und der Festigkeit der Bindung zwischen dem Füllstoffmaterial und den Polymerketten ab. Aufgrund ihrer niedrigen Kosten sind Füllstoffe wichtig, um die Gesamtkosten von Polymeren zu verringern.

2. **Weichmacher** werden bestimmten Polymeren zugesetzt, um Elastizität und Weichheit einzubringen, indem die Glasübergangstemperatur gesenkt wird. Bei den Weichmachern handelt es sich um Lösungsmittel mit geringerem Molekulargewicht und hohem Siedepunkt (sie sind also nichtflüchtig). Sie verringern die Festigkeit der Sekundärbindungen zwischen den Kettenmolekülen, sodass das Polymer weich und flexibel wird. Am häufigsten werden Weichmacher in Polyvinylchlorid

(PVC) eingesetzt, das dadurch bei seinen vielen Verwendungen flexibel bleibt. Andere Anwendungen von Weichmachern sind dünne Tafeln, Filme, Folien, Schläuche, Duschvorhänge und Bekleidungsstoffe.

3 Für die meisten Polymere sind **Ultraviolettstrahlung** (Sonnenlicht) und Sauerstoff schädlich, da dadurch die Primärbindungen aufgebrochen werden, was zur Spaltung (Teilung) der langkettigen Moleküle führt. Das Polymer zersetzt sich dann und wird spröde und steif. Andererseits kann die Zersetzung vorteilhaft sein. So können beispielsweise Kunststoffgegenstände entsorgt werden, indem man sie den Umwelteinflüssen aussetzt (siehe auch den Abschnitt 10.7.3 zu **biologisch abbaubaren Kunststoffen**). Ein Schutz gegen Ultraviolettstrahlung ist zum Beispiel mit *Ruß* möglich, der Kunststoffen und Gummis zugesetzt wird und der einen hohen Anteil der Ultraviolettstrahlung absorbiert. Die Zersetzung des Polymers durch Oxidation (speziell bei höheren Temperaturen) lässt sich durch Zusätze von **Antioxidantien** verhindern. Auch mithilfe von *Beschichtungen* können Polymere gegenüber Umwelteinflüssen geschützt werden.

4 Die unterschiedlichen Farben, in denen Kunststoffe erhältlich sind, können durch Zusätze von **Färbemitteln** erzielt werden. Dabei handelt es sich entweder um organische (*Farbstoffe*) oder anorganische (*Pigmente*) Zugaben. Pigmente sind fein verteilte Teilchen, die eine größere Temperatur- und Lichtbeständigkeit als Farbstoffe haben. Für die Auswahl eines Färbemittels sind die Einsatztemperatur des Polymers und die Einwirkungszeit von Licht bestimmend.

5 Die meisten Polymere entzünden sich bei genügend hoher Temperatur. Die **Entflammbarkeit** von Polymeren (die als die Fähigkeit definiert ist, Verbrennung zu *unterstützen*) variiert beträchtlich je nach ihrer Zusammensetzung (zum Beispiel abhängig vom Chlor- und Fluoranteil). Um die Entflammbarkeit zu verringern, kann man das Polymer entweder aus weniger entflammbaren Rohstoffen herstellen oder **Flammschutzmittel** (etwa Chlor, Brom und Phosphor) zusetzen. Beispiele für Polymere mit unterschiedlichen Verbrennungseigenschaften sind (a) Fluorkohlenwasserstoffe (z. B. Teflon), die nicht brennen, (b) Karbonate, Nylon und Vinylchlorid, die zwar brennen, aber *selbstlöschend* sind, und (c) Azetal, Acryl, ABS, Polyester, Polypropylen und Styrol, die brennen und nicht selbstlöschend sind.

6 **Schmierstoffe** können Polymeren zugesetzt werden, um Reibung während der darauffolgenden Verarbeitung zu nützlichen Produkten zu mindern und zu verhindern, dass Teile an den Formen haften bleiben. Außerdem ist Schmierung wichtig, um das Aneinanderkleben dünner Polymerfilme zu verhindern (siehe auch Kapitel 4).

10.3 Thermoplaste: Eigenschaften

Wie bereits erwähnt, sind die Bindungen zwischen benachbarten langkettigen Molekülen (Sekundärbindungen) wesentlich schwächer als die kovalenten Bindungen (Primärbindungen) im Molekül selbst und es sind die Sekundärbindungen, welche die Gesamtfestigkeit des Polymers bestimmen. Lineare und verzweigte Polymere besitzen schwache Sekundärbindungen. Bestimmte Polymere lassen sich leichter in die gewünschte Form bringen, wenn man sie über die Glasübergangstemperatur oder den Schmelzpunkt erwärmt. Die höhere Temperatur schwächt die sekundären Bindungen (infolge der thermisch induzierten Schwingungen der langen Moleküle) und die benachbarten Ketten können sich somit leichter unter den Umformkräften gegeneinander bewegen. Wird das Polymer dann abgekühlt, nimmt es wieder seine ursprüngliche Härte und Festigkeit an – d. h., diese Vorgänge sind *reversibel*. Allerdings kann wiederholtes Erwärmen und Abkühlen von Thermoplasten eine Zersetzung (thermische Alterung) bewirken.

Polymere, die dieses Verhalten zeigen, werden als Thermoplaste bezeichnet. Typische Beispiele sind Acryl, Zellulose, Nylon, Polyethylen und Polyvinylchlorid. Das thermoplastische Verhalten hängt hauptsächlich von der Temperatur und der Verformungsgeschwindigkeit ab. Unterhalb der Glasübergangstemperatur sind die meisten Polymere *glasartig* (als starr, spröde oder hart beschrieben) und verhalten sich eher wie ein elastischer Festkörper. Im glasigen Bereich besteht zwischen Spannung und Dehnung die lineare Beziehung

$$\sigma = E\varepsilon \ . \tag{10.1}$$

Wird das Polymer tordiert, gilt der Zusammenhang

$$\tau = G\gamma \ . \tag{10.2}$$

Das glasartige Verhalten lässt sich mit einer Feder vergleichen, deren Steifigkeit dem Elastizitätsmodul des Polymers äquivalent ist (▶ Abbildung 10.7a). Wird die Last zur Zeit t_1 entfernt, geht die Dehnung wieder vollständig zurück. Erhöht man die angelegte Spannung, bricht das Polymer schließlich, genau wie ein Stück Glas bei Raumtemperatur. Die in Tabelle 10.1 aufgeführten mechanischen Eigenschaften mehrerer Polymere zeigen, dass im Vergleich zu Metallen die Steifigkeit von Thermoplasten ungefähr zwei Größenordnungen und ihre Zugfestigkeit etwa eine Größenordnung geringer ist (siehe Tabelle 2.1). In ▶ Abbildung 10.8 sind typische Spannung-Dehnung-Kurven für einige Thermoplaste und Duromere bei Raumtemperatur dargestellt. Die in der Abbildung gezeigten Polymerwerkstoffe zeigen unterschiedliches Verhalten, das sich als starr, weich, spröde, elastisch usw. beschreiben lässt. Ermüdungs- und Kriecherscheinungen treten bei Polymerwerkstoffen ebenso wie bei Metallen auf.

Die folgenden Punkte beschreiben einige wichtige Eigenschaften von Thermoplasten:

1 **Einflüsse von Temperatur und Umformgeschwindigkeit:** Die typischen Wirkungen der Temperatur auf die Festigkeit und den Elastizitätsmodul von Thermoplaste ähneln denen für Metalle (siehe Abschnitte 2.2.6 und 2.2.7). Mit steigender Temperatur nehmen Festigkeit und Elastizitätsmodul ab, die Duktilität nimmt zu (▶ Abbildung 10.9). ▶ Abbildung 10.10 zeigt die Wirkung der Temperatur auf die dynamische Festigkeit (Stoßfestigkeit), die sehr unterschiedlich sein kann.

Erhöht man die Temperatur eines thermoplastischen Polymers über seine Glasübergangstemperatur T_g, wird es mit steigender Temperatur zuerst zäh und dann gummiartig (Abbildung 10.4). Schließlich wird es bei noch höheren Temperaturen – zum Beispiel oberhalb von T_m für kristalline Thermoplaste – zu einer viskosen Flüssigkeit, wobei mit steigender Temperatur und Dehngeschwindigkeit die Viskosität abnimmt. Thermoplaste zeigen viskoelastisches Verhalten, wie es die Modelle mit Feder und Dämpfer in Abbildung 10.7c und d zeigen, die als *Maxwell*- bzw. *Kelvin*- (oder *Voigt*-) Modelle bezeichnet werden. Wenn eine konstante Kraft angelegt wird, streckt sich das Polymer zunächst mit einer hohen Dehngeschwindigkeit und nimmt dann aufgrund seines viskosen Verhaltens über eine bestimmte Zeitspanne kontinuierlich an Länge zu (Kriechen, siehe Abschnitt 2.8). Bei den in Abbildung 10.7 gezeigten Modellen ist der elastische Abschnitt der Dehnung reversibel (elastische Rückstellung), der viskose Teil jedoch nicht.

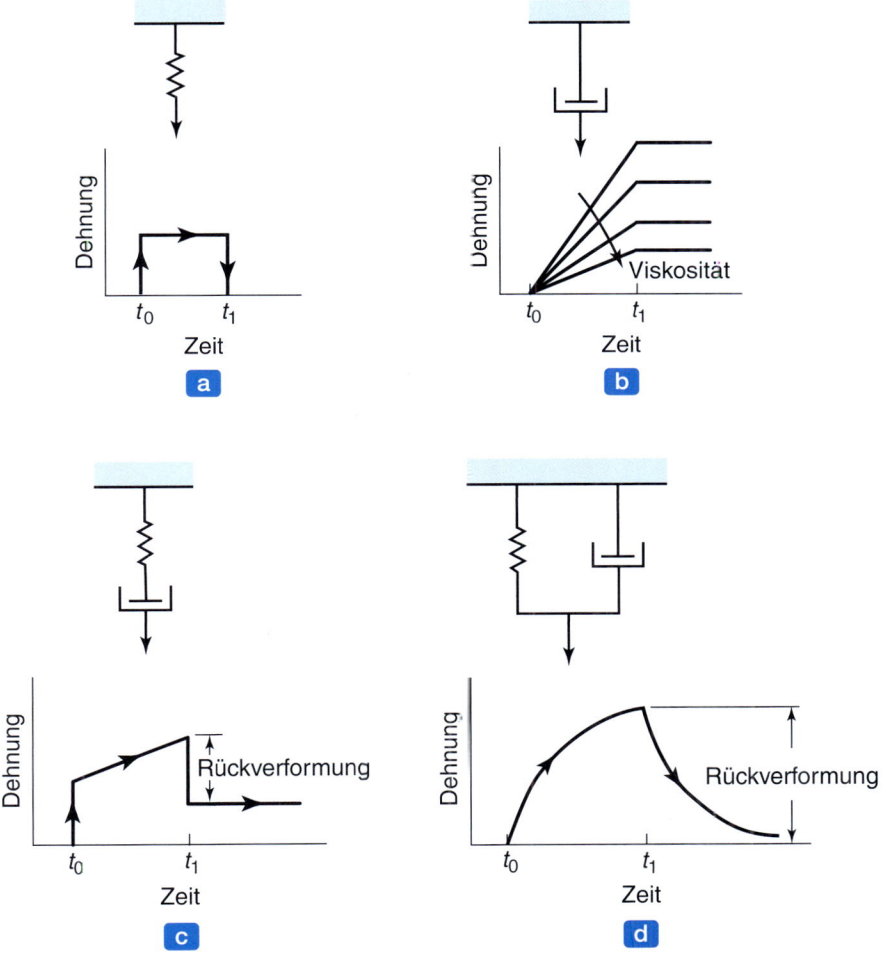

Abbildung 10.7: Verformungsarten von Polymeren: (a) elastisch, (b) viskos, (c) viskoelastisch (Maxwell-Körper), (d) viskoelastisch (Voigt- oder Kelvin-Körper). In allen Fällen wird zum Zeitpunkt t_0 augenblicklich eine Last aufgebracht und bei t_1 entlastet. Dadurch stellen sich die gezeigten Vorformungen ein.

Das viskose Verhalten wird ausgedrückt durch

$$\tau = \eta \frac{dv}{dy} = \eta \dot{\gamma} , \quad (10.3)$$

wobei η die **Viskosität** und $dv/dy = \dot{\gamma}$ die **Schergeschwindigkeit** ist (▶ Abbildung 10.11). ▶ Abbildung 10.12 zeigt die Viskosität für ausgewählte Polymere. Wenn die Scherspannung τ direkt proportional der Schergeschwindigkeit ist, spricht man vom *Newton'schen Verhalten* des thermoplastischen Polymers. Allerdings ist Newton'sches Verhalten für viele Polymere keine gute Näherung und Gleichung (10.3) liefert unzureichende Vorhersagen. Zum Beispiel nimmt die Viskosität bei Polyvinylchlorid, Polyethylen (mit geringer und hoher Dichte) sowie Polypropylen merklich ab, wenn

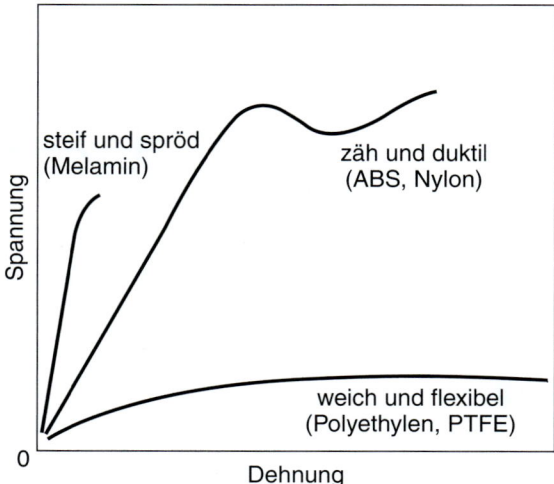

Abbildung 10.8: Terminologie für die Beschreibung des Verformungsverhaltens von Polymeren. Nach R.L.E. Brown.

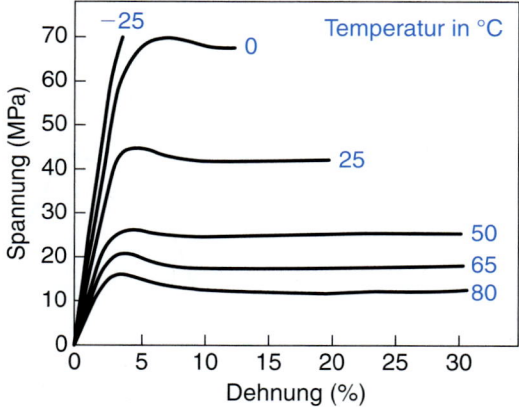

Abbildung 10.9: Einfluss der Temperatur auf die Fließkurve von Zelluloseazetat (Thermoplast). Festigkeit und Duktilität ändern sich markant in einem kleinen Temperaturintervall. Nach T.S. Carswell und H.K. Nason.

die Schergeschwindigkeit steigt (**pseudoplastisches Verhalten**). Die Viskosität derartiger Polymere lässt sich als Funktion der Schergeschwindigkeit mit

$$\eta = A\dot{\gamma}^{1-n} \tag{10.4}$$

ausdrücken, wobei A die **Konsistenzzahl** und n der **Exponent des Potenzgesetzes** für das Polymer ist. Aus den obigen Gleichungen geht hervor, dass das viskose Verhalten der Thermoplaste der Dehngeschwindigkeitsempfindlichkeit von Metallen (Abschnitt 2.2.7) ähnelt, die durch

$$\sigma = C\dot{\varepsilon}^m \tag{10.5}$$

ausgedrückt wird, wobei für Newton'sches Verhalten $m = 1$ zu setzen ist.

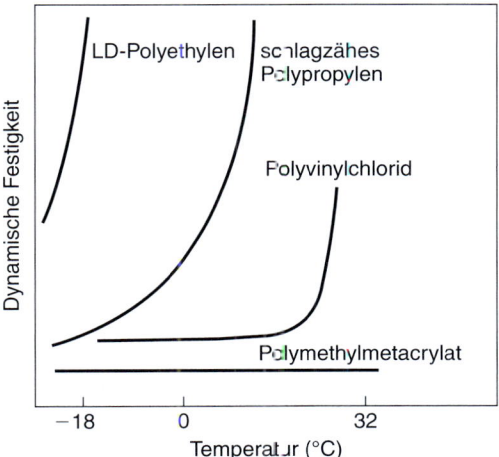

Abbildung 10.10: Einfluss der Temperatur auf die dynamische Festigkeit einiger Kunststoffe. Der Temperatureinfluss kann sehr stark sein. Nach P.C. Powell.

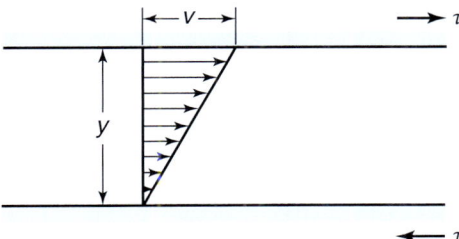

Abbildung 10.11: Kenngrößen zur Beschreibung der Viskosität, siehe Gleichung (10.3).

Hohe m-Werte bei Thermoplasten weisen darauf hin, dass sie große *gleichförmige* Verformungen auf Zug vor dem Bruch ertragen. Wie aber ▶ Abbildung 10.13 zeigt, wird im Unterschied zu üblichen Metallen der eingeschnürte Bereich beträchtlich gedehnt. Durch diese auch für superplastische Metalle charakteristische Eigenschaft (in Abschnitt 2.2.7 beschrieben) lassen sich Thermoplaste in komplizierte Formen bringen. Beispiele hierfür sind Flaschen für alkoholfreie Getränke, Lebensmittelverpackungen und Leuchtzeichen, wie in Abschnitt 10.10 beschrieben. Außerdem bewirkt die höhere Laststeigerungsrate, dass die Festigkeit des Polymers zunimmt.

Wie aus Abbildung 10.4 hervorgeht, zeigen Thermoplaste zwischen T_g und T_m je nach ihrer Struktur und Kristallinität zähes und gummiartiges Verhalten. Die durch elastisches Verhalten (ε_e) und viskoses Fließen (ε_v) verursachten Dehnungen lassen sich im **viskoelastischen Modul** E_r zusammenfassen und als

$$E_r = \frac{\sigma}{\varepsilon_e + \varepsilon_v} \tag{10.6}$$

ausdrücken. Dieser Modul stellt einen zeitabhängigen Elastizitätsmodul dar.

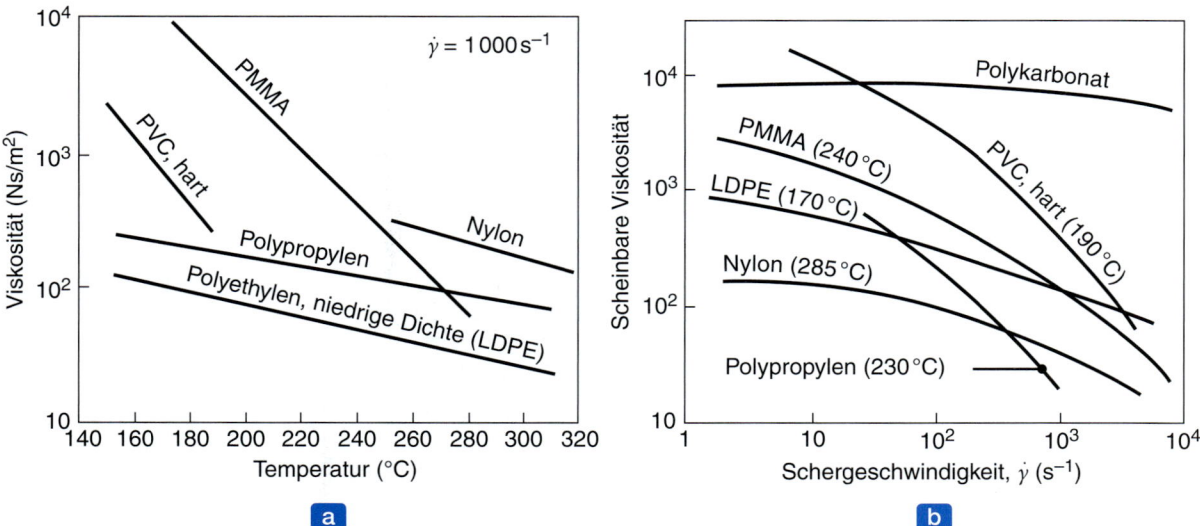

Abbildung 10.12: Viskosität einiger Thermoplaste als Funktion der (a) Temperatur und (b) Dehngeschwindigkeit. Nach D.H. Morton-Jones.

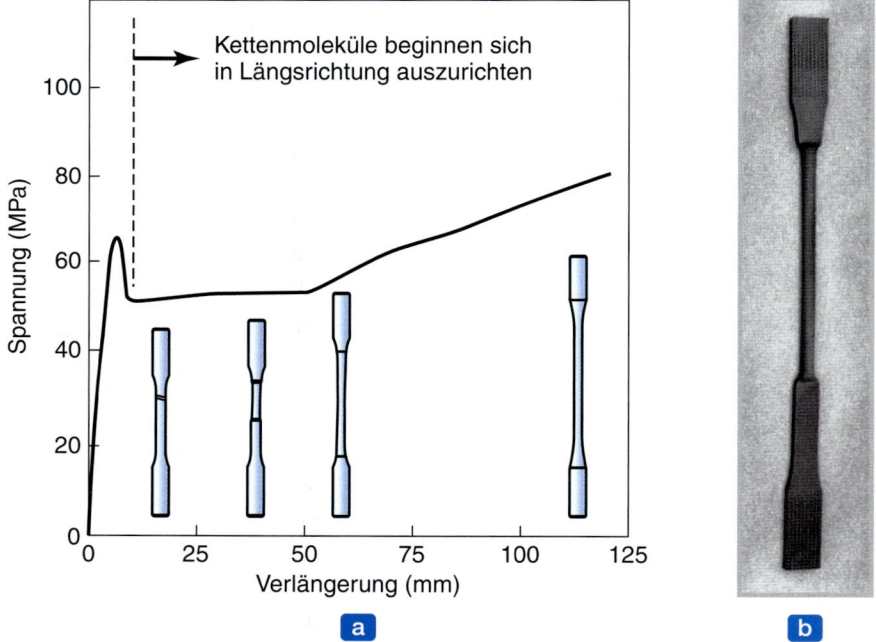

Abbildung 10.13: (a) Last-Verlängerung-Kurve von Polykarbonat (Thermoplast). (b) Zugprobe aus Polyethylen hoher Dichte (HDPE). Deutlich ist der große Bereich der Verformung nach der Einschnürung zu erkennen (verjüngter Teil der Probe). Nach R.P. Kambour und R.E. Robertson.

Die Viskosität η von Polymeren – ein Maß für den Widerstand ihrer Moleküle beim Aneinandergleiten – hängt von Temperatur und Druck sowie von Struktur und Molekulargewicht des Polymers ab. Die Wirkung der Temperatur lässt sich durch

$$\eta = \eta_0 e^{H/k_B T} \tag{10.7}$$

darstellen, wobei η_0 eine Materialkonstante, H die Aktivierungsenergie (die zum Initiieren einer Reaktion erforderliche Energie), k_B die Boltzmann-Konstante ($1{,}38 \times 10^{-23}$ J/K) und T die Temperatur (in K) sind.

Wird also die Temperatur des Polymers erhöht, fällt η aufgrund der höheren Mobilität der Moleküle. Die Viskosität lässt sich analog zur Fluidität von geschmolzenen Metallen in einem Gießvorgang betrachten (Abschnitt 5.4.2). Bei Zunahme des Molekulargewichts (und folglich Vergrößerung der Kettenlänge) nimmt η aufgrund der größeren Anzahl vorhandener Sekundärbindungen zu. Wenn die Verteilungskurve der Molekulargewichte breiter wird, gibt es mehr kürzere Ketten und η nimmt ab. Der erhöhte Druck bewirkt, dass die Viskosität zunimmt, da das *freie Volumen* oder der *freie Raum* (definiert als jenes Volumen, das das wahre Volumen des Polymerkristalls übersteigt) abnimmt.

Basierend auf experimentellen Beobachtungen, dass Polymere bei der Glasübergangstemperatur T_g eine Viskosität η von etwa 10^{12} Pas haben, wurde eine empirische Beziehung zwischen Viskosität und Temperatur für lineare Thermoplaste entwickelt:

$$\ln \eta = 12 - \frac{17{,}5 \Delta T}{52 + \Delta T} \ . \tag{10.8}$$

In dieser Gleichung ist $\Delta T = T - T_g$ in K oder °C. Somit können wir die Viskosität des Polymers bei einer beliebigen Temperatur abschätzen.

2 **Kriechen und Spannungsrelaxation:** Aufgrund ihres viskoelastischen Verhaltens sind Thermoplaste besonders anfällig für die Phänomene *Kriechen* und *Spannungsrelaxation*, die Abschnitt 2.8 beschrieben hat. Wie die Modelle mit Dämpfer in den Abbildungen 10.7b, c und d zeigen, erfährt das Polymer unter einer konstanten Last eine weitere Dehnung und kriecht folglich. Die rückgestellte Dehnung hängt von der Steifigkeit der Feder und folglich vom Elastizitätsmodul ab.

Entsprechend dem Maxwell-Modell des viskoelastischen Verhaltens (Abbildung 10.7c) bezeichnet man die Dehnung, die durch eine angelegte Kraft verursacht wird, als **Kriechfunktion**. Ausgedrückt wird sie durch

$$\varepsilon(t) = \left(\frac{1}{k} + \frac{1}{\eta} t\right) F \ , \tag{10.9}$$

wobei k die Steifigkeit der Feder (EA/l für eine lineare Feder), η die Viskosität des Dämpfers und F die angelegte Kraft ist. Für das Voigt-Modell (Abbildung 10.7d) lautet die Kriechfunktion

$$\varepsilon(t) = \frac{1}{k} \left(1 - e^{-(\mu/\eta)t}\right) F \ . \tag{10.10}$$

Spannungsrelaxation in Polymeren tritt über einen bestimmten Zeitraum auf. Wie bereits erläutert, bedeutet Spannungsrelaxation eine allmähliche Abnahme der Spannung bei konstant gehaltener Dehnung. Für das Maxwell-Modell (Abbildung 10.7c) lautet die **Relaxationsfunktion**

$$\sigma(t) = \frac{k \Delta l}{A} e^{-(k/\eta)t} = \frac{k \Delta l}{A} e^{-t/\lambda} \ , \tag{10.11}$$

wobei Δl die Verlängerung und A die momentane Querschnittsfläche sind. Der Faktor $\lambda = \eta/k$ charakterisiert die Geschwindigkeit des Spannungsabfalls und wird als *Relaxationszeit* (genauer: Relaxationszeitkonstante) bezeichnet. Da sowohl die Steifigkeit als auch die Viskosität von Polymeren in unterschiedlichem Maß von der Temperatur abhängen, ist auch die Relaxationszeit von der Temperatur abhängig.

3 Ausrichtung: Wenn Thermoplaste dauerhaft – beispielsweise durch Strecken – verformt werden, richten sich die Molekülketten in der Hauptverformungsrichtung aus. Bei diesem als *Ausrichtung* oder **Verstrecken** bezeichneten Vorgang wird das Polymer *anisotrop*, wie es auch bei Metallen der Fall ist (siehe Abschnitt 3.5). Außerdem ist das Polymer in der gedehnten (gestreckten) Richtung stärker und steifer als in der Querrichtung. Dieser Effekt wird genutzt, um Festigkeit und Zähigkeit von Polymeren zu erhöhen. Durch diese Ausrichtung wird das Polymer jedoch in der Querrichtung geschwächt.

4 Weißfärbung: Bestimmte Thermoplaste wie zum Beispiel Polystyrol und Polymethylmethacrylat entwickeln unter Zugspannung oder beim Biegen örtliche, keilförmige, enge Bereiche von stark verformtem Material. Dieses Phänomen wird als *Weißfärbung* bzw. *Fließzonenbildung* bezeichnet. Obwohl das Erscheinungsbild an Risse erinnert, sind diese Bereiche schwammartiges Material, das typischerweise rund 50 % Hohlräume enthält. Bei zunehmender Zugbelastung der Probe wachsen die Hohlräume zusammen und bilden damit einen Riss, der schließlich zum Bruch führt. Weißfärbung ist sowohl in transparenten glasartigen Polymeren als auch in anderen Arten von Polymeren zu beobachten. Die Umgebung und die Anwesenheit von Lösungsmitteln, Schmierstoffen und Wasserdampf verstärken die Bildung von Fließzonen (**Spannungsrisskorrosion** und **Lösungsmittel induziertes Crazing**). Fließzonenbildung und Reißen des Polymers werden auch durch Eigenspannungen sowie durch Ultraviolettstrahlung begünstigt.

Ein verwandtes Phänomen ist **Weißbruch**. Wenn man den Kunststoff Zugspannungen wie zum Beispiel durch Falten oder Biegen aussetzt, nimmt er eine hellere Farbe an. Dieser Effekt wird gewöhnlich durch die Bildung von Mikrohohlräumen im Material begleitet. Im Ergebnis ist das Material undurchsichtiger (lässt weniger Licht durch). Dieses Verhalten lässt sich leicht demonstrieren, wenn man ein dünnes Kunststoffteil wie es in Haushaltprodukten und Spielzeugen üblich ist, mehrfach biegt.

5 Wasseraufnahme: Eine wichtige Beschränkung bestimmter Polymere wie zum Beispiel Nylon ist ihre Fähigkeit, Wasser aufzunehmen (**Hygroskopie**). Wasser fungiert als Weichmacher (macht das Polymer plastischer) und schmiert somit gewissermaßen die Ketten im amorphen Bereich. Bei erhöhter Feuchtigkeitsaufnahme nehmen typischerweise Glasübergangstemperatur, Fließspannung und Elastizitätsmodul des Polymers drastisch ab. Aufgrund der Wasseraufnahme können sich auch die Abmessungen durch *Quellen* ändern, beispielsweise in einer feuchten Umgebung.

6 Thermische und elektrische Eigenschaften: Im Vergleich zu Metallen zeichnen sich Kunststoffe durch geringe thermische und elektrische Leitfähigkeit, geringe relative Dichte (im Bereich von 0,90 bis 2,2) und einen relativ hohen Wärmeausdehnungskoeffizienten (etwa eine Größenordnung höher; siehe Tabelle 3.3) aus. Aufgrund ihrer niedrigen elektrischen Leitfähigkeit werden Polymere häufig für elektrische und elektronische Bauteile eingesetzt. Es ist allerdings auch möglich, Polymere elektrisch leitend zu machen (siehe Abschnitt 10.7.2).

Beispiel 10.2 — Verringern der Viskosität eines Polymers

Bei der Verarbeitung einer Charge Polykarbonat bei 170 °C zur Herstellung eines bestimmten Teils hat sich gezeigt, dass die Viskosität des Polykarbonats doppelt so hoch wie gewünscht ist. Ermitteln Sie die Temperatur, bei der dieses Polymer verarbeitet werden sollte.

Lösung: Gemäß Tabelle 10.2 beträgt die Temperatur T_g für Polykarbonat 150 °C (423 K). Die Viskosität bei 170 °C lässt sich mit Gleichung (10.8) ermitteln:

$$\ln \eta = 12 - \frac{17{,}5 \Delta T}{52 + \Delta T} = 12 - \frac{17{,}5 \times 20}{52 + 20} = 7{,}14 \ .$$

Somit ist $\eta = 13{,}8$ MPas und da dieser Wert doppelt so hoch wie gewünscht ist, sollte die neue Viskosität 6,9 MPas betragen. Diesen neuen Wert setzen wir ein, um die neue Temperatur zu ermitteln:

$$\ln \left(6{,}9 \times 10^6\right) = 12 - \frac{17{,}5 \Delta T}{52 + \Delta T} \ .$$

Damit ergibt sich $\Delta T = 21{,}7$ und die neue Temperatur beträgt $150 + 21{,}7 = 171{,}7$ °C. In dieser Lösung wurden die Zahlenwerte für die Temperatur gerundet. Dies ist in der Praxis unbedingt zu beachten, da die Viskosität stark von der Temperatur abhängt.

Beispiel 10.3 — Spannungsrelaxation in einem thermoplastischen Bauteil unter Zug

Ein langes Bauteil aus einem thermoplastischen Polymer wird zwischen zwei festen Auflagen bei einer Spannung von 5 MPa gestreckt. Nach 30 Minuten hat sich die Spannung auf die Hälfte des ursprünglichen Werts abgebaut. Wie lange dauert es, bis die Spannung ein Zehntel des ursprünglichen Werts erreicht?

Lösung: Setzt man die angegebenen Daten in die Gleichung (10.11) ein, erhält man für $t = 0$ und $\sigma = 5$ MPa

$$5 = \frac{k \Delta l}{A} e^0 = \frac{k \Delta l}{A} \ .$$

Somit wird Gleichung (10.11) zu

$$\sigma(t) = 5 e^{-t/\lambda} \ .$$

Da bei $t = 30$ Minuten $\sigma = 2{,}5$ MPa ist, ergibt sich

$$2{,}5 = 5\mathrm{e}^{-30/\lambda} \;\rightarrow\; -\frac{30}{\lambda} = \ln\frac{2{,}5}{5} \;\rightarrow\; \lambda = 43{,}3\,\text{min}\,.$$

Somit berechnet sich die für $\sigma = 0{,}5$ MPa erforderliche Zeit zu

$$\ln\frac{0{,}5}{5} = -\frac{t}{43{,}3} \;\rightarrow\; t = 99{,}7\,\text{min}\,.$$

10.4 Duromere: Eigenschaften

Wenn die langkettigen Moleküle eines Polymers in einer dreidimensionalen (räumlichen) Anordnung vernetzt sind, wird die Struktur zu einem räumlichen Riesenmodul mit starken kovalenten Bindungen. Derartige Polymere bezeichnet man als *Duromere*. Das Netzwerk wird während der Polymerisation aufgebaut und die Form des Teils permanent festgelegt. Als wichtiges Verhalten ist zu nennen, dass dieses Härten (*Vernetzen*) im Unterschied zu Thermoplasten irreversibel ist. Die Reaktion eines Duromers auf Temperatur lässt sich demnach mit Kuchenbacken oder Eierkochen vergleichen. Wenn man den gebackenen Kuchen oder das gekochte und geschälte Ei nach dem Abkühlen erneut erwärmt, ändert sich dessen Form nicht mehr.

Manche Duromere wie zum Beispiel Epoxidharz, Polyester und Urethan härten bei Raumtemperatur (Umgebungstemperatur) aus, wobei die Wärme der exothermen Reaktion den Kunststoff härtet. Duromere besitzen keine scharf definierte Glasübergangstemperatur. Die Polymerisation vollzieht sich bei Duromeren generell in zwei Stufen: (1) in der Chemiefabrik, wo die Moleküle teilweise zu linearen Ketten polymerisiert werden, und (2) im Herstellungsbetrieb der Teile, wo die Vernetzung unter Hitze und Druck während der Formgebung der Teile abgeschlossen wird (Abschnitt 10.10).

Im Unterschied zu Thermoplasten werden Festigkeit und Härte von Duromeren aufgrund ihrer Bindungseigenschaften weder durch die Temperatur noch durch die Verformungsgeschwindigkeit beeinflusst. Ein typisches Beispiel ist *Phenolharz*, ein Reaktionsprodukt aus Phenol und Formaldehyd. Aus diesem Polymer stellt man beispielsweise Griffe an Kochtöpfen und Pfannen sowie Bauteile für Lichtschalter und Steckdosen her. Duromere besitzen bessere mechanische, thermische und chemische Eigenschaften, einen größeren elektrischen Widerstand und höhere Maßhaltigkeit als Thermoplaste. Wird jedoch die Temperatur genügend weit erhöht, beginnt das Duromer zu brennen, zersetzt sich und verschmort.

10.5 Thermoplaste: Allgemeine Eigenschaften und Anwendungen

Dieser Abschnitt umreißt die allgemeinen Eigenschaften und typischen Anwendungen von wichtigen Thermoplasten, insbesondere in Bezug auf Herstellung von Produkten und ihre mögliche Einsatzdauer. Tabelle 10.3 gibt allgemeine Empfehlungen für verschiedene Anwendungen von Kunststoffen. Die wichtigsten Thermoplaste werden in den folgenden Punkten beschrieben.

10.5 Thermoplaste: Allgemeine Eigenschaften und Anwendungen

Tabelle 10.3: Anforderungen an Polymerwerkstoffe und typische Anwendungen

Auslegungs-kriterium	Typische Anwendungen	Polymer
Festigkeit	Zahnräder, Nocken, Rollen, Ventile, Gebläselaufräder, Impeller, Kolben	Acetal, Nylon, Phenole, Polykarbonat, Polyester, Polypropylen, Epoxide, Polyimid
Verschleiß-beständigkeit	Zahnräder, verschleißfeste Auskleidungen, Lager, Buchsen, Laufräder von Inlineskates	Acetal, Nylon, Phenole, Polyimid, Polyurethan, UHMW-Polyethylen
Reibung		
hoch	Reifen, rutschfeste Oberflächen, Schuhsohlen, Bodenbeläge	Elastomere, Gummi
niedrig	Gleitflächen, künstliche Gelenke	Fluor-KW, Polyester, Polyethylen, Polyimid
Elektrischer Widerstand	Elektrische Komponenten und Geräte, Befestigungsteile in der Elektrotechnik, Isolatoren, Kabelummantelungen	Polymethylmethacrylat, ABS, Fluor-KW, Nylon, Polykarbonat, Polyester, Polypropylen, Polyurethan, Phenole, Silikone, Gummi
Chemische Beständigkeit	Behälter für Chemikalien, Lebensmittel und Getränke, Laborausrüstungen, Bauteile für die chemische Industrie	Acetal, ABS, Epoxide, Polymethylmethacrylat, Fluor-KW, Nylon, Polykarbonat, Polyester, Polypropylen, Polyurethan, Silikone
Temperatur-beständigkeit	Geräte, Kochutensilien, elektrische Komponenten	Fluor-KW, Polyimid, Silikone, Acetal, Polysulfon, Phenole, Epoxide
Dekorative Eigenschaften	Handgriffe, Bedienelemente, Kameragehäuse, Zierleisten, Rohrfittings	ABS, Acrylat, Cellulose, Phenole, Polyethylen, Polypropylen, Polystyrol, Polyvinylchlorid
Optische Transparenz	Linsen, Schutzbrillen, Schilder, Lebensmittelindustrie, Laborausrüstung	Acrylat, Polykarbonat, Polystyrol, Polysulfon
Gehäuse und Hohlkörper	Elektrowerkzeuge, Gehäuse, Schutzhelme, Telefongehäuse	ABS, Cellulose, Phenole, Polykarbonat, Polyethylen, Polypropylen, Polystyrol

1 **Acetale** (aus *acet*yl und *al*kohol) besitzen gute Festigkeit und Steifigkeit sowie Beständigkeit gegen Kriechen, Abrasion, Feuchtigkeit, Wärme und Chemikalien. Zu den typischen Anwendungen gehören mechanische Teile und Komponenten, bei denen hohe Leistung über einen langen Zeitraum erforderlich ist: Lager, Nocken, Zahnräder, Buchsen, Walzen, Schaufelräder, Verschleißflächen, Röhren, Ventile, Duschköpfe und Gehäuse.

2 **Acrylate** (wie **Polymethylmethacrylat** bzw. PMMA) zeichnen sich durch mittlere Festigkeit, gute optische Eigenschaften und Wetterbeständigkeit aus. Sie sind transparent, lassen sich aber undurchsichtig machen, sind meist resistent gegen Chemikalien und besitzen einen hohen elektrischen Widerstand. Typische Anwendungen sind Linsen, Leuchtzeichen, Anzeigen, Fensterverglasungen, Dachfenster, Dachkuppeln, Scheiben für Autoscheinwerfer, Windschutzscheiben, Leuchten und Möbel. Gebräuchliche Handelsnamen: *Orlon* und *Plexiglas*.

3 **Acrylnitril-Butadien-Styrol** (ABS) ist formstabil, steif, abriebfest, widerstandsfähig gegen Stoß, Chemikalien und Elektrizität, ist fest und zäh und weist eine geringe Temperaturabhängigkeit dieser Eigenschaften auf. Typische Anwendungen sind Leitungen, Dichtungen, verchromte Sanitärarmaturen, Helme, Werkzeuggriffe, Bauteile für die Automobilindustrie, Bootsrümpfe, Telefone, Koffer, Gehäuse, Kühlschrankauskleidungen und Dekorplatten.

4 **Zellulosekunststoffe** weisen je nach Zusammensetzung unterschiedliche mechanische Eigenschaften auf. Sie lassen sich in steifer, fester und zäher Form herstellen. Allerdings sind sie kaum wetterbeständig und werden durch Wärme und Chemikalien beeinflusst. Typische Anwendungen sind Werkzeuggriffe, Schreibstifte, Knöpfe, Brillengestelle, Schutzbrillen, Schutzeinrichtungen, Helme, Schläuche und Rohre, Leuchten, Behälter, Lenkräder, Verpackungsfolien, Schilder, Billardkugeln, Spielzeug und Dekorationselemente.

5 **Fluorkohlenwasserstoffe** zeichnen sich durch gute Beständigkeit gegenüber Temperatur, Chemikalien, Witterung und Elektrizität sowie nichthaftende Eigenschaften und geringe Reibung aus. Typische Anwendungen sind Verkleidungen für chemische Apparaturen, Antihaftbeschichtungen für Kochgeschirr, elektrische Isolatoren für Hochtemperaturdraht und -kabel, Dichtungen, Oberflächen mit geringer Reibung und Lager. Gebräuchlicher Handelsname: *Teflon*.

Polyamide (aus *poly*, *am*ine und carboxyl ac*id*) stehen in zwei Haupttypen zur Verfügung:

  a. **Nylon** (ein Kunstwort) besitzt gute mechanische Eigenschaften und Abriebfestigkeit. Dieser Werkstoff ist selbstschmierend und widerstandsfähig gegen die meisten Chemikalien. Alle Nylon-Arten sind hygroskopisch (absorbieren Wasser). Feuchtigkeitsaufnahme verschlechtert die mechanischen Eigenschaften und führt zu gequollenen Teilen. Zu den typischen Anwendungen gehören Zahnräder, Lager, Laufbuchsen, Walzen, Verschlüsse, Reißverschlüsse, elektrische Bauteile, Kämme, Schläuche, abriebfeste Oberflächen, Führungsbahnen und chirurgische Instrumente.

  b. **Aramide** (*ar*omatic poly*amide*) weisen hohe Zugfestigkeit und Steifigkeit auf. Typische Anwendungen sind Fasern für verstärkte Kunststoffe (Verbundwerkstoffe), kugelsichere Westen, Kabel und Radialreifen. Gebräuchlicher Handelsname: *Kevlar*.

6 **Polykarbonate** sind vielseitig einsetzbar und besitzen gute mechanische und elektrische Eigenschaften. Außerdem sind sie schlagzäh und können gegen Chemikalien beständig gemacht werden. Typische Anwendungen sind Sicherheitshelme, optische Linsen, kugelsichere Fensterverglasung, Schilder, Flaschen, Ausrüstungen für die Nahrungsmittelindustrie, Windschutzscheiben, tragende Elektrobauteile, elektrische Isolatoren, medizinische Instrumente, Bauteile für Büromaschinen, optische und magnetooptische Datenträger, Schutzeinrichtungen für Maschinen und Teile mit hohen Anforderungen an Formbeständigkeit. Gebräuchlicher Handelsname: *Lexan*.

7 **Polyester** (siehe auch Abschnitt 10.6) zeichnen sich durch gute mechanische, elektrische und chemische Eigenschaften sowie gute Abriebfestigkeit und geringe Reibung aus. Typische Anwendungen sind Zahnräder, Nocken, Walzen, tragende Elemente, Pumpen und elektromechanische Bauteile. Gebräuchliche Handelsnamen: *Dacron*, *Mylar* und *Kodel*.

8 **Polyethylene** besitzen gute elektrische und chemische Eigenschaften. Ihre mechanischen Eigenschaften hängen von Zusammensetzung und Struktur ab. Man unterscheidet drei Haupttypen von Polyethylen (PE): Polyethylen mit geringer Dichte (LDPE, *Low Density*-PE), Polyethylen mit hoher Dichte (HDPE, *High Density*-PE) und ultrahochmolekulares Polyethylen (UHMWPE – *Ultrahigh Molecular Weight*-PE). Typische Anwendungen für LDPE und HDPE sind Haushaltsartikel, Flaschen, Mülltonnen, Rohrleitungen, Stoßfänger, Koffer, Spielzeug, Schläuche und Verpackungsmaterial. UHMWPE wird in Teilen mit hohen Anforderungen an Zähigkeit und Verschleißfestigkeit eingesetzt, beispielsweise in künstlichen Knie- und Hüftgelenken.

9. **Polyimide** haben die Struktur eines thermoplastischen Kunststoffs, zeigen aber die nichtschmelzenden Merkmale von Duromeren (siehe Abschnitt 10.6). Bekannter Handelsname: *Torlon*.

10. **Polypropylene** haben gute mechanische, elektrische und chemische Eigenschaften sowie gute Reißfestigkeit. Typische Anwendungen sind Zierelemente und andere Bauteile in Kraftfahrzeugen, medizinische Geräte, Bauteile in Haushaltsgeräten, Drahtisolierungen, Gehäuse für Fernsehgeräte, Röhren, Armaturen, Trinkbecher, Verpackungen für Molkereiprodukte und Getränke, Koffer, Tauwerk und Dichtungsprofile.

11. **Polystyrole** lassen sich preiswert herstellen, haben allgemein durchschnittliche Eigenschaften und sind etwas spröde. Typische Anwendungen sind Einwegverpackungen, Schaumstoffisolierung, Haushaltsgeräte, Autoteile, Rundfunk- und Fernsehbauteile, Haushaltswaren, Spielzeug und Möbelteile (als Holzersatz).

12. **Polysulfone** besitzen eine ausgezeichnete Beständigkeit gegen Wärme, Wasser und Dampf, sind gegen einige Chemikalien hochresistent, werden aber durch organische Lösungsmittel angegriffen. Typische Anwendungen sind Dampfbügeleisen, Kaffeemaschinen, Heißwasserbehälter, medizinische Ausrüstung, die Sterilisation erfordert, Elektrowerkzeug und Gerätegehäuse, Innenausstattung von Flugzeugen und elektrische Isolatoren.

13. **Polyvinylchlorid** (PVC) lässt sich mit unterschiedlichsten Eigenschaften herstellen, ist preiswert und wasserbeständig und kann starr oder flexibel gemacht werden. Es eignet sich nicht für Anwendungen, bei denen Festigkeit und Wärmebeständigkeit gefragt sind. *Hart-PVC* ist zäh, hart und wird unter anderem für Schilder und in der Bauindustrie eingesetzt, beispielsweise für Rohrleitungen und Kanäle. *Weich-PVC* wird für Draht- und Kabelummantelungen, Schläuche, Schuhwaren, Lederimitate, Polsterungen, Schallplatten, Dichtungen, Zierelemente, Folien und Beschichtungen verwendet. Bekannte Handelsnamen: *Saran* und *Tygon*.

10.6 Duromere: Allgemeine Eigenschaften und Anwendungen

Dieser Abschnitt umreißt die allgemeinen Eigenschaften und typischen Anwendungen wichtiger Duromere.

1. **Alkydharze** (von *alkyl* – Alkohol und *acid* – Säure) besitzen gute elektrische Isolationseigenschaften, Schlagzähigkeit und Formbeständigkeit sowie geringe Wasseraufnahme. Typische Anwendungen sind elektrische und elektronische Bauteile.

2. **Aminoharze** (**Harnstoff-Formaldehyd** und **Melamin**) besitzen Eigenschaften, die von ihrer Zusammensetzung abhängen. Im Allgemeinen sind Aminoharze hart und starr, widerstandsfähig gegen Verschleiß, Kriechen und elektrische Funkenüberschläge. Typische Anwendungen sind kleine Gerätegehäuse, Arbeitsplatten, Toilettensitze, Griffe und Verteilerkappen. Harnstoff-Formaldehyd-Harze werden für elektrische und elektronische Komponenten eingesetzt, Melamin für Essgeschirr.

3. **Epoxidharze** besitzen ausgezeichnete mechanische und elektrische Eigenschaften, Formstabilität, starke Hafteigenschaften und gute Beständigkeit gegen Wärme und Chemikalien. Zu den typischen Anwendungen gehören elektrische Bauteile, die mechanische Festigkeit und gute Isolierung erfordern, Werkzeuge und Gesenke sowie Klebstoffe. Faserverstärkte Epoxidharze (Abschnitt 10.9) ver-

fügen über ausgezeichnete mechanische Eigenschaften und werden in Druckkesseln, Raketenmotorgehäusen, Tanks und ähnlichen Baugruppen verwendet.

4. **Phenolharze** sind starr, aber spröde. Sie sind formstabil und widerstandsfähig gegen Wärme, Wasser, Elektrizität und Chemikalien. Zu den typischen Anwendungen gehören Griffe, Schichtstoffplatten (Laminat), Telefone, Bindemittel für Schleifstoffe in Schleifscheiben und elektrische Bauteile wie zum Beispiel Verteiler, Steckverbinder und Isolatoren.

5. **Polyester** (siehe auch Abschnitt 10.5) haben gute mechanische, chemische und elektrische Eigenschaften. Polyester lassen sich mit Glas oder anderen Fasern verstärken. Typische Anwendungen sind Bootsrümpfe, Koffer, Stühle, Automobilkarosserien, Swimmingpools und Materialien zum Imprägnieren von Stoffen und Papier. Außerdem sind Polyester als Gießharze erhältlich.

6. besitzen gute mechanische, physikalische und elektrische Eigenschaften bei erhöhten Temperaturen. Außerdem zeichnen sie sich durch Kriechbeständigkeit, geringe Reibung und Verschleißfestigkeit aus. Polyimide zeigen die nichtschmelzenden Eigenschaften eines Duromers, weisen aber die Struktur eines thermoplastischen Kunststoffs auf. Typische Anwendungen sind Pumpenbauteile (Lager, Dichtungen, Ventilsitze, Sicherungsringe und Kolbenringe), elektrische Verbindungen für hohe Temperaturen, Bauteile in der Luft- und Raumfahrt, Konstruktionselemente mit hoher Festigkeit und Schlagzähigkeit, Sportausrüstung und Schutzwesten.

7. **Silikone** besitzen Eigenschaften, die von ihrer Zusammensetzung abhängig sind. Silikone sind witterungsbeständig, besitzen ausgezeichnete elektrische Eigenschaften über einen breiten Feuchtigkeits- und Temperaturbereich und sind beständig gegen Chemikalien und Wärme (siehe auch Abschnitt 10.8). Zu den typischen Anwendungen gehören elektrische Komponenten, die Festigkeit bei erhöhten Temperaturen erfordern, Ofendichtungen, Wärmeversiegelungen und wasserdichte Werkstoffe.

10.7 Hochtemperaturpolymere, elektrisch leitende Polymere, biologisch abbaubare Kunststoffe

Dieser Abschnitt beschreibt drei wichtige Trends in der Entwicklung von Polymeren.

10.7.1 Hochtemperaturpolymere

Es stehen verschiedene Polymere und Polymermischungen für Hochtemperaturanwendungen insbesondere in der Luft- und Raumfahrtindustrie zur Verfügung. Die Hochtemperaturfestigkeit kann bei relativ hohen Temperaturen für kurze Zeiträume oder bei niedrigeren Temperaturen für lange Zeiträume gelten (siehe zum Beispiel Abschnitt 3.11.6 für eine ähnliche Betrachtung in Bezug auf Titanlegierungen). Die kurz dauernde Einwirkung hoher Temperaturen erfordert *wärmeabsorbierende* Werkstoffe bzw. Werkstoffe, die verschleißen, schmelzen oder verdampfen, um Wärme abzuführen. Dies ist beispielsweise bei Phenol-Silikon-Kopolymeren der Fall, die für Raketen- und Flugkörperkomponenten bei Temperaturen von einigen Tausend Grad verwendet werden. Die lang dauernde Einwirkung ist für Polymere derzeit auf Temperaturen in der Größenordnung von 260 °C beschränkt. Zu den thermoplastischen

Hochtemperaturpolymeren gehören Thermoplaste mit Fluoranteilen, Polyketone und Polyimide. Duromere für Hochtemperaturanwendungen umfassen Phenolharze, Epoxidharze, Duromere auf Silikonbasis und Phenol-Glasfaser-Systeme.

10.7.2 Elektrisch leitende Polymere

Die elektrische Leitfähigkeit bestimmter Polymere lässt sich durch Dotieren erhöhen, d. h. durch Einbringen bestimmter Verunreinigungen wie zum Beispiel Metallpulver, Salze und Iodide in das Polymer. Außerdem nimmt die Leitfähigkeit von Polymeren durch Wasseraufnahme zu und die elektronischen Eigenschaften von Polymeren können auch durch Bestrahlung geändert werden. Zu den Anwendungen elektrisch leitender Polymere gehören mikroelektronische Schaltungen, wiederaufladbare Batterien, Kondensatoren, Brennstoffzellen, Katalysatoren, Füllstandssensoren für Kraftstoffe, Antistatikbeschichtungen und leitende Klebstoffe für die SMD-Technologie (siehe auch Abschnitt 12.14.4).

10.7.3 Biologisch abbaubare Polymere

Rund ein Drittel der heute produzierten Kunststoffe fallen in die Kategorie der biologisch abbaubaren Produkte, zum Beispiel Getränkeflaschen, Verpackungen und Müllbeutel. Diese Kunststoffe haben einen Anteil von etwa 10 % am festen Hausmüll und machen auf das Volumen bezogen das Zwei- bis Dreifache ihrer Masse aus. Wegen der zunehmenden Verwendung von Kunststoffen, des wachsenden Umweltbewusstseins in Bezug auf die Entsorgung von Kunststoffprodukten und der beschränkten Kapazitäten der Mülldeponien werden große Anstrengungen unternommen, um biologisch abbaubare Kunststoffe zu entwickeln.

Die meisten Kunststoffprodukte wurden traditionell aus synthetischen Polymeren hergestellt, die (a) von nicht erneuerbaren natürlichen Ressourcen stammen, (b) nicht biologisch abbaubar sind und (c) schwer recycelt werden können. Biologische Abbaubarkeit bedeutet, dass Mikroorganismen in der Umgebung (z. B. im Boden und in den Gewässern) unter geeigneten Bedingungen das polymere Material zum Teil (eventuell sogar ganz) abbauen, ohne giftige Nebenprodukte zu erzeugen (siehe auch *biologischer Kreislauf* in Abschnitt 1.4). Die Endprodukte, die für den biologisch abbaubaren Anteil des Materials entstehen, sind Kohlendioxid und Wasser. Aufgrund der Vielfalt von Bestandteilen in den Materialien lassen sich biologisch abbaubare Kunststoffe als Verbundwerkstoffe ansehen. Folglich kann nur ein Teil dieser Kunststoffe wirklich biologisch abbaubar sein.

Bislang hat man drei verschiedene *biologisch abbaubare Kunststoffe* entwickelt. Sie unterscheiden sich in ihren Abbaueigenschaften und werden über unterschiedliche Zeiträume – von einigen Monaten bis zu mehreren Jahren – abgebaut.

1 Das auf **Stärke** basierende System ist das von den drei Arten der Biokunststoffe dasjenige, das in Bezug auf die Produktionskapazität am weitesten entwickelt ist. Stärke lässt sich aus Kartoffeln, Weizen, Reis und Mais extrahieren. Das gewonnene Stärkegranulat wird zu einem Pulver verarbeitet und erhitzt. Dabei entsteht eine klebrige Flüssigkeit. Außerdem wird die Stärke mit verschiedenen Bindemitteln und Additiven gemischt, um die Biokunststoffe mit speziellen Eigenschaften zu versehen. Die Flüssigkeit wird dann abgekühlt, zu Granulat geformt und mit konventionellen Polymerverarbeitungsanlagen weiterverarbeitet (Abschnitt 10.10).

2 Im System auf **Milchsäurebasis** wird durch Vergären von Mais oder anderen Ausgangsstoffen Milchsäure produziert. Diese wird dann zu einem Polyesterharz polymerisiert.

3 Im dritten System werden organische Säuren einem **Zuckerrohstoff** zugesetzt. Über ein speziell entwickeltes Verfahren produziert die resultierende Reaktion ein stark kristallines und sehr steifes Polymer, das sich nach weiterer Verarbeitung ähnlich verhält wie Polymere, die auf Rohölbasis entwickelt werden.

Es laufen zahlreiche Versuche, um vollständig biologisch abbaubare Kunststoffe zu produzieren, indem verschiedene Agrarabfälle, pflanzliche Kohlenhydrate, pflanzliche Proteine und Pflanzenöl genutzt werden. Zu den typischen Anwendungen gehören:

- Einweggeschirr, das aus Getreideersatz wie zum Beispiel Reiskörnern oder Weizenmehl hergestellt wird;
- Kunststoffe, die fast ausschließlich aus Stärke bestehen, die aus Kartoffeln, Weizen, Reis und Mais extrahiert wird;
- Kunststoffe, die aus Kaffeebohnen und Reisschalen bestehen, die dehydriert und unter hohem Druck und hoher Temperatur geformt werden;
- Wasserlösliche und kompostierbare Polymere für medizinische und chirurgische Anwendungen;
- Nahrungsmittel- und Getränkebehälter (bestehend aus Kartoffelstärke, Kalk, Zellulose und Wasser), die sich in der Kanalisation und im Meer auflösen können, ohne die Tierwelt nachteilig zu beeinflussen.

Die langfristigen Eigenschaften, die biologisch abbaubare Kunststoffe sowohl während ihres nützlichen Lebenszyklus in Form von Produkten als auch auf Mülldeponien zeigen, lassen sich noch nicht vollständig beurteilen. Es bestehen auch Bedenken, dass die Betonung der biologischen Abbaubarkeit die Aufmerksamkeit vom Problem der *Recycelbarkeit* von Kunststoffen und den Anstrengungen hinsichtlich der *Erhaltung* von Material und Energie ablenken könnte. Eine wesentliche Überlegung ist die Tatsache, dass die Kosten für die biologisch abbaubaren Polymere zurzeit beträchtlich höher sind als die von synthetischen Polymeren. Somit könnte eine Mischung aus Agrarabfällen wie zum Beispiel Schalen von Mais, Weizen, Reis und Soja (als Hauptkomponente) und biologisch abbaubaren Polymeren (als untergeordnete Komponente) eine attraktive Alternative darstellen.

Recycling: Recycelte Kunststoffe werden zunehmend für verschiedenste Produkte verwendet, unter anderem für Komponenten von Automobilkarosserien, Verpackungswerkstoffe und Konstruktionselemente im Bauwesen. Kunststoffprodukte tragen die folgenden Nummern in einem aus Pfeilen bestehenden Dreiecksymbol, das auf die Recycelbarkeit hinweist: 1 – PET (Polyethylenterephthalat), 2 – HDPE (Polyethylen mit hoher Dichte), 3 – V (Vinyl), 4 – LDPE (Polyethylen mit geringer Dichte), 5 – PP (Polypropylen), 6 – PS (Polystyrol) und 7 – Andere.

10.8 Elastomere: Eigenschaften und Anwendungen

Die Begriffe *Elastomer* und *Kautschuk* (bzw. *Gummi*) werden oftmals gleichbedeutend verwendet. Gemäß der allgemeinen Definition ist ein **Elastomer** in der Lage, seine Form und Größe im Wesentlichen wiederherzustellen, nachdem die Belastung zurückgenommen wird. Kautschuk ist definitionsgemäß in der Lage, aus großen Verformungen schnell wieder zur ursprünglichen Form zurückzukehren. Elastomere (aus *elastisch* und *Mer*) bilden eine große Familie von amorphen Polymeren mit folgenden Merkmalen: (a) niedrige Glasübergangstemperatur, (b) die charakteristische Fähigkeit, große elastische Verformungen ohne Versagen zu ertragen, (c) geringe Härte und (d) niedriger Elastizitätsmodul. Die Struktur dieser Polymere ist stark *verknäuelt* (eng verwunden oder verdreht). Die Molekülketten werden bei Belastung gestreckt, kehren aber nach Wegnahme der Last wieder zu ihrer ursprünglichen Form zurück (▶ Abbildung 10.14). Elastomere lassen sich auch vernetzen. Ein bekanntes Beispiel dafür ist das 1839 von Charles Goodyear entwickelte Verfahren zur **Vulkanisation** von Kautschuk mit Schwefel unter hohen Temperaturen (nach Vulcanus, dem römischen Gott des Feuers). Ein Autoreifen, der letztlich ein Riesenmolekül darstellt, lässt sich nicht mehr erweichen und neu formen.

Die Härte von Elastomeren, die mit einem Durometer (siehe Abschnitt 2.6.7) gemessen wird, steigt mit zunehmender Vernetzung der Molekülketten. Analog zu Polymeren lassen sich Elastomere mit verschiedenen Additiven mischen, um spezifische Eigenschaften zu erzielen. Elastomere haben einen breiten Anwendungsbereich, wie zum Beispiel rutschfeste Oberflächen mit starker Reibung, Schutz gegen Korrosion und Abrasion, elektrische Isolierung sowie Stoß- und Schwingungsisolierung. Zu den bekannten Produkten gehören Reifen, Schläuche, Dichtungsprofile, Schuhwerk, Auskleidungen von Geräten, Dichtungen, Druckerwalzen und Fußbodenbeläge.

Ein Wesensmerkmal von Elastomeren ist ihr Hystereseverlust beim Strecken oder Komprimieren (Abbildung 10.14). Die in Uhrzeigerrichtung verlaufende Schleife in Abbildung 10.14 weist auf Energieverlust hin, wobei mechanische Energie in Wärme konvertiert wird. Diese Eigenschaft ist beim Absorbieren von Schwingungsenergie (Dämpfen) und bei der Schalldämpfung willkommen.

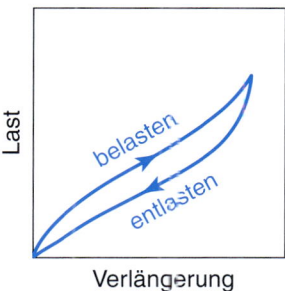

Abbildung 10.14: Last-Verlängerung-Kurve von Elastomeren. Die eingeschlossene Fläche ist der Hystereseverlust. Diese Eigenschaft verleiht den Elastomeren die Fähigkeit Bewegungsenergie zu dissipieren (und in Wärme umzuwandeln). Dies ist nützlich bei der Dämpfung von Schwingungen und Stoßbelastungen (Gummireifen, Maschinensockel).

Man unterscheidet folgende Haupttypen von Elastomeren:

1. **Naturkautschuk:** Die Basis für Naturkautschuk ist Latex, ein milchiger Saft, der aus dem Rindenbast eines tropischen Baums gewonnen wird. Naturkautschuk zeigt gute Abrieb- und Ermüdungsfestigkeit sowie Reibungseigenschaften, aber nur geringe Beständigkeit gegenüber Öl, Wärme, Ozon und Sonnenlicht. Zu den typischen Anwendungen gehören Reifen, Dichtungen, Schuhabsätze, Kupplungsbeläge und Triebwerksaufhängungen.

2. **Synthetischer Kautschuk:** Verglichen mit Naturkautschuk zeichnet sich synthetischer Kautschuk durch bessere Widerstandsfähigkeit gegen Wärme, Mineralöl und Chemikalien sowie einen höheren nutzbaren Temperaturbereich aus. Zu den synthetischen Kautschukarten gehören synthetischer Narurkautschuk, Butyl-, Styrol-Butadien-, Polybutadien- und Ethylen-Propylen-Kautschuk. Beispiele für ölresistente synthetische Kautschukarten sind Neopren, Nitril, Urethan und Silikon. Zu den typischen Anwendungen von synthetischem Kautschuk gehören Reifen, Stoßdämpfer, Dichtungen und Förderbänder.

3. **Silikone** (siehe auch Abschnitt 10.6) haben den größten nutzbaren Temperaturbereich (bis zu 315 °C) von allen Elastomeren, sind aber in ihren anderen Eigenschaften wie Festigkeit und Beständigkeit gegen Verschleiß und Öle den anderen Elastomeren unterlegen. Typische Anwendungen sind Dichtungen, thermische Isolierungen, elektrische Schalter für hohe Temperaturen und verschiedene elektronische Bauteile.

4. **Polyurethan** besitzt sehr gute Gesamteigenschaften, d. h. hohe Festigkeit, Steifigkeit, Härte und außergewöhnliche Widerstandsfähigkeit gegen Verschleiß, Schneiden und Reißen. Typische Anwendungen sind Dichtungen, Puffer, Membranen für die Umformung mit flexiblen Medien von Blechen (siehe Abschnitt 7.5.3) und Teile wie zum Beispiel Stoßleisten für Automobilkarosserien.

10.9 Verstärkte Kunststoffe

Neben Metallen, Keramiken und Gläsern sowie Kunststoffen gibt es als vierte große Gruppe wichtiger Werkstoffe die Verbundwerkstoffe, zu denen die *verstärkten Kunststoffe* (*Polymermatrix-Verbundwerkstoff*) zählen (▶ Abbildung 10.15). Diese „am Reißbrett entworfenen" Werkstoffe (*engineered materials*) definiert man als Kombination von zwei oder mehr chemisch verschiedenen und ineinander unlöslichen Phasen, deren Eigenschaften und strukturelles Verhalten den konstituierenden Einzelkomponenten überlegen sind. Obwohl Kunststoffe mechanische Eigenschaften (insbesondere Festigkeit, Steifigkeit und Kriechbeständigkeit) besitzen, die denen von Metallen und Legierungen unterlegen sind, lassen sich diese Eigenschaften durch Einbetten verschiedener Arten von Verstärkungen verbessern. Wie aus Tabelle 10.1 hervorgeht, wirken sich Verstärkungen günstig auf Festigkeit, Steifigkeit und Kriechbeständigkeit von Kunststoffen und speziell auf die Verhältnisse von Festigkeit zu Gewicht und von Steifigkeit zu Gewicht aus. Verstärkte Kunststoffe haben heute ein breites Einsatzspektrum von Anwendungen in der Luftfahrtindustrie, bei Raumfahrzeugen, Offshore-Bauwerken, Rohrleitungen, Elektronik, Kraftfahrzeugen, Booten, Leitern und Sportartikeln.

Die ältesten Beispiele für Verbundwerkstoffe finden sich bereits 4000 v. Chr., als man Stroh mit Ton vermengt hat, um Lehmhütten zu bauen und Ziegel für das Bauwesen herzustellen. Die Strohhalme fungie-

10.9 Verstärkte Kunststoffe

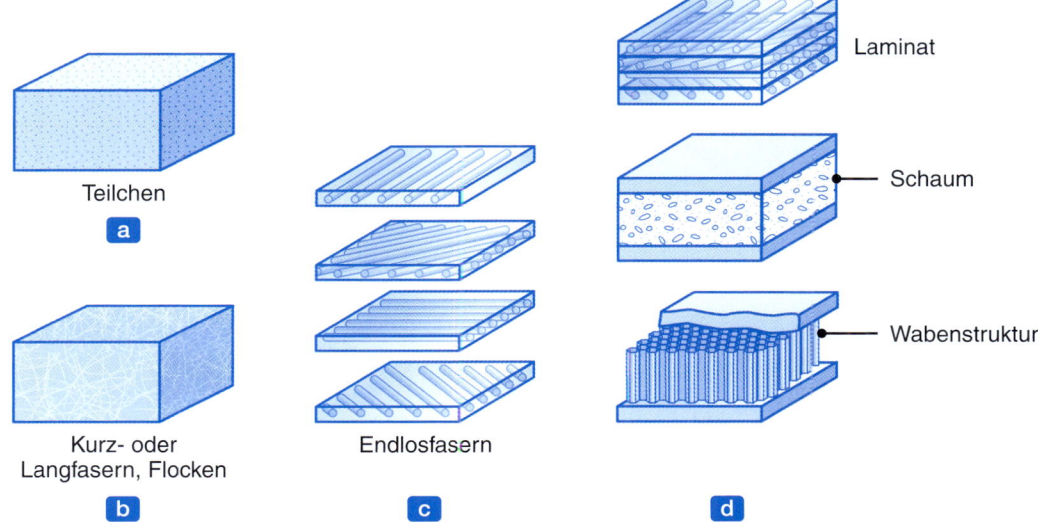

Abbildung 10.15: Verstärkte Kunststoffe (schematisch): (a) Matrix mit Partikeln, (b) Matrix mit Kurz- oder Langfasern bzw. Flocken, (c) Endlosfasern, (d) Laminat- oder Sandwich-Aufbau mit einem geschäumten oder wabenartigen Kern (siehe auch Abbildung 7.48 zur Herstellung von Wabenstrukturen).

ren als Verstärkungsfasern, der Ton bildet die Matrix. Ein anderes Beispiel für einen Verbundwerkstoff ist die seit den 1800er Jahren bekannte Verstärkung von Mauerwerk und Beton mit Eisenstäben. Eigentlich ist Beton an sich schon ein Verbundwerkstoff, der aus Zement, Sand und Kies besteht. In *Stahlbeton* sorgen Stahlstangen für die notwendige Zugfestigkeit des Verbundwerkstoffs, da Beton spröde ist und eine nur geringe Zugfestigkeit aufweist.

10.9.1 Aufbau verstärkter Kunststoffe

Wie Abbildung 10.15 zeigt, bestehen verstärkte Kunststoffe aus *Fasern* (der **dispersen Phase**) in einer Polymermatrix (der **kontinuierlichen Phase**). Gebräuchliche Fasern sind Glas, Graphit, Aramid und Bor (Tabelle 10.4). Diese Fasern sind fest, steif und besitzen eine hohe spezifische Festigkeit (Verhältnis von Festigkeit zu Gewicht) und einen hohen spezifischen Modul (Verhältnis von Steifigkeit zu Gewicht), ▶ Abbildung 10.16. Allerdings sind sie etwas spröde und wenig verschleißbeständig. Somit eignen sich die Fasern an sich nicht als Konstruktionswerkstoff. Die Polymermatrix ist weniger fest und steif, jedoch zäher als die Fasern. Verstärkte Kunststoffe kombinieren also die Vorteile der beiden Bestandteile (Tabelle 10.5).

Gegenüber nicht verstärkten Kunststoffen zeichnen sich verstärkte Kunststoffe außer durch hohe spezifische Festigkeit und hohen spezifischen E-Modul auch durch höhere Dauerfestigkeit, Zähigkeit und Kriechbeständigkeit aus. Der prozentuale Anteil der Fasern in verstärkten Kunststoffen liegt (auf das Volumen bezogen) üblicherweise zwischen 10 und 60 %. Der höchste technisch nutzbare Fasergehalt beträgt etwa 65 %. Enthält ein Verbundwerkstoff mehrere Arten von Fasern, spricht man von einem

Tabelle 10.4: Typische Eigenschaften von Verstärkungsfasern

Faserart	Zugfestigkeit MPa	Elastizitätsmodul, GPa	Dichte kg/m³	Relative Kosten
Bor	3500	380	2600	Am höchsten
Kohlenstoff				
hohe Festigkeit	3000	275	1900	Niedrig
hohe Steifigkeit	2000	415	1900	Niedrig
Glas				
E-Typ	3500	73	2480	Am niedrigsten
S-Typ	4600	85	2540	Am niedrigsten
Kevlar				
29	2800	62	1440	Hoch
49	2800	117	1440	Hoch
129	3200	85	1440	Hoch
Nextel				
312	1630	135	2700	Hoch
610	2770	328	3960	Hoch
Spectra				
900	2270	64	970	Hoch
1000	2670	90	970	Hoch

Anmerkung: Die Eigenschaften hängen stark von der Art der Faserherstellung ab. Die Bruchdehnung der Fasern liegt typischerweise zwischen 1,5 und 5,5 %.

Hybridwerkstoff. Die Eigenschaften eines Hybridwerkstoffs sind in der Regel noch besser als bei einem verstärkten Kunststoff mit nur einem Fasertyp.

10.9.2 Verstärkungsfasern: Eigenschaften und Herstellung

Die folgenden Punkte beschreiben die Haupttypen von verstärkenden Fasern und ihre Eigenschaften:

1 **Polymerfasern:** Aramidfasern werden vorwiegend als verstärkende Fasern verwendet (z. B. *Kevlar*). Sie gehören zu den zähesten Fasern und haben eine sehr hohe spezifische Festigkeit (Abbildung 10.16 und Tabelle 10.4). Sie zeigen eine gewisse plastische Deformation, bevor sie brechen, und haben folglich eine höhere Zähigkeit als spröde Fasern. Allerdings nehmen Aramide Feuchtigkeit auf (so wie Nylon), was ihre Eigenschaften mindert und ihre Anwendung verkompliziert, da hygrothermische Spannungen berücksichtigt werden müssen. Daneben werden Rayon, Nylon und Acrylharze als Polymerverstärkungen verwendet.

Eine Hochleistungs-Polyethylenfaser ist *Spectra* (ein Handelsname), die sich durch ein ultrahohes Molekulargewicht und eine starke Molekülkettenorientierung auszeichnet. Verglichen mit Aramidfasern zeigt die Faser bessere Abrieb- und Dauerbiegebeständigkeit bei vergleichbaren Kosten,

10.9 Verstärkte Kunststoffe

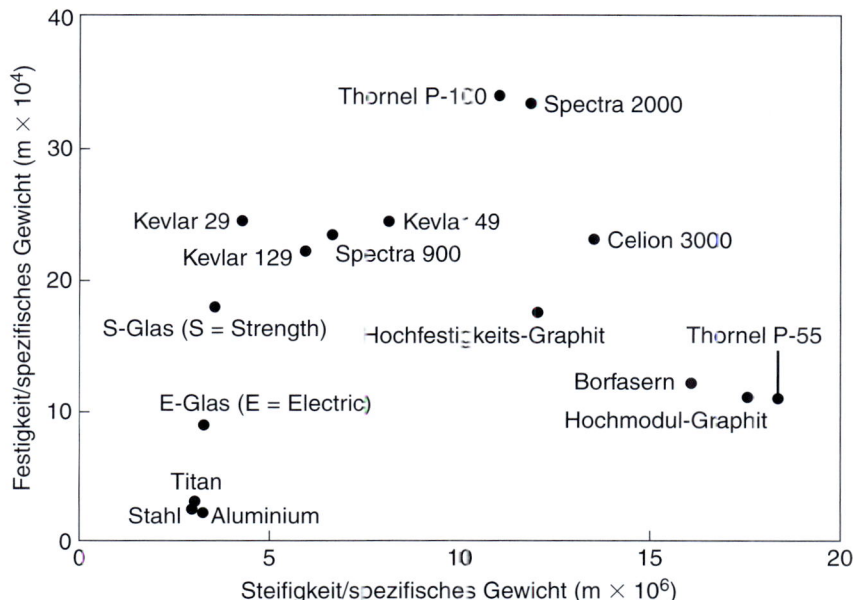

Abbildung 10.16: Spezifische Festigkeit und spezifische Steifigkeit (Zugfestigkeit bzw. Elastizitätsmodul bezogen auf die Dichte) einiger Verstärkungsfasern für Kunststoffe. Mit diesen Fasern kann ein weiter Bereich von Festigkeiten und Steifigkeiten abgedeckt werden.

Tabelle 10.5: Arten und typische Eigenschaften von verstärkten Polymeren und von Metall-Matrix- und Keramik-Matrix-Verbundwerkstoffen

Material	Eigenschaften
FASER	
Glas	Hohe Festigkeit, niedrige Steifigkeit, hohe Dichte; E-Typ (Kalzium-Aluminoborsilikat) und S-Typ (Magnesium-Dialuminosilikat) sind die üblichsten Vertreter; niedrigste Kosten
Graphit	Als hochsteife oder hochfeste Varianten erhältlich; weniger dicht als Glasfasern; niedrige Kosten
Bor	Hohe Festigkeit und Steifigkeit; besitzt Wolframkern; höchste Dichte; höchste Kosten
Aramide (Kevlar)	Höchstes Festigkeit-zu-Gewicht-Verhältnis aller Fasern; teuer
Andere	Nylon, Siliziumkarbid, Siliziumnitrid, Aluminiumoxid, Borkarbid, Bornitrid, Tantalkarbid, Stahl, Wolfram, Molybdän; siehe Kapitel 3, 8, 9 und 10
MATRIX	
Duromere	Epoxide (am häufigsten verwendet) und Polyester; auch Phenole, Fluorkohlenwasserstoffe, Polyethersulfone, Silikon und Polyimide
Thermoplaste	Polyetheretherketone; zäher als Duromere, aber weniger temperaturbeständig
Metalle	Aluminium, Aluminium-Lithiumlegierungen, Magnesium und Titan; verwendete Fasern aus Graphit, Aluminiumoxid, Siliziumkarbid und Bor
Keramiken	Siliziumkarbid, Siliziumnitrid, Aluminiumoxid und Mullit; als Fasern kommen verschiedene Keramiken infrage

aufgrund ihrer geringeren Dichte ist ihre spezifische Festigkeit und spezifische Steifigkeit höher. Allerdings hat sie einen niedrigen Schmelzpunkt und im Vergleich zu anderen Fasern schlechtere Adhäsion zur Matrix. Ständig werden neue Polymerfasern entwickelt und eingeführt, unter anderem auch *Nextel*.

Die meisten synthetischen Fasern für verstärkte Kunststoffe werden durch die winzigen Löcher einer als Spinndüse bezeichneten Vorrichtung (die wie ein Duschkopf aussieht) extrudiert, um kontinuierliche, halbfeste Fasern zu bilden. Der Extruder presst das Polymer durch die Spinndüse, die mindestens eines, aber auch mehrere Hundert Löcher haben kann. Wenn es sich um thermoplastische Polymere handelt, werden sie zuerst im Extruder geschmolzen, wie es Abschnitt 10.10.1 beschreibt. Duromere können ebenfalls zu Fasern verarbeitet werden, indem man sie zuerst auflöst oder chemisch behandelt, damit sie sich extrudieren lassen. Diese Vorgänge laufen bei hohen Produktionsgeschwindigkeiten und mit sehr hoher Produktzuverlässigkeit ab. Wenn die Fasern aus den Löchern der Spinndüse heraustreten, wird das flüssige Polymer zuerst in einen gummiartigen Zustand überführt und dann erstarrt.

Dieser Vorgang von Extrudieren und Erstarren der endlosen Fasern wird als **Spinnen** bezeichnet. Man verwendet diesen Begriff auch für die Produktion von natürlichen Textilien (beispielsweise Baumwolle oder Wolle), wobei kurze Stücke der Faser zu Garn verzwirnt werden. Fasern lassen sich nach folgenden vier Methoden spinnen:

a. Beim **Schmelzspinnen** (▶ Abbildung 10.17) wird das Polymer zum Extrudieren durch die Spinndüse geschmolzen und dann direkt durch Abkühlen erstarrt. Eine typische Schmelzdüse für dieses Verfahren besitzt etwa 50 Löcher von ungefähr 0,25 mm Durchmesser und ist rund 5 mm lang. Die aus der Spinndüse austretenden Fasern werden durch ein Gebläse gekühlt und gleichzeitig gezogen, sodass ihr Enddurchmesser wesentlich kleiner als die Öffnung der Spinndüse wird. Auf diese Weise werden Polymere wie Nylon, Olefin, Polyester und PVC hergestellt. Aufgrund der Bedeutung von Nylon- und Polyesterfasern ist Schmelzspinnen das wichtigste Verfahren zur Faserherstellung.

   Durch Schmelzspinnen hergestellte Fasern lassen sich für spezifische Anwendungen auch zu anderen Querschnitten extrudieren, beispielsweise trilobal (dreieckig mit gekrümmten Seiten), pentagonal oder oktagonal. Hohlfasern sind mit Luft gefüllt und schaffen somit eine zusätzliche thermische Isolierung.

b. **Nassspinnen** ist das älteste Verfahren zur Faserherstellung und wird für Polymere eingesetzt, die in einem Lösungsmittel aufgelöst wurden. Die Spinndüsen werden in ein chemisches Bad getaucht und wenn die Fasern austreten, fällen sie im chemischen Bad aus, wobei eine Faser entsteht, die dann auf eine Spule aufgewickelt wird. Der Begriff *Nassspinnen* bezieht sich auf die Verwendung eines flüssigen Ausfällbads, was zu nassen Fasern führt, die vor der Verwendung getrocknet werden müssen. Nach diesem Verfahren lassen sich Acryl-, Rayon- und Aramidfasern herstellen.

c. **Trockenspinnen** wird für Duromere verwendet, die sich in einem Lösungsmittel befinden. Anstatt jedoch das Polymer wie beim Nassspinnen durch Verdünnung auszufällen, wird die Erstarrung durch Verdampfen des Lösungsmittels in einem Luft- oder Edelgasstrom erreicht. Die Fasern kommen nicht mit einer Ausfällflüssigkeit in Kontakt und eine Trocknung ist somit

10.9 Verstärkte Kunststoffe

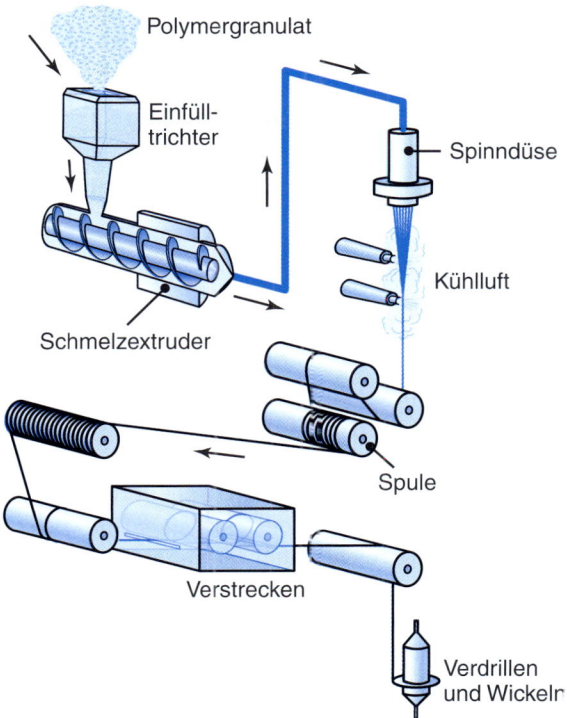

Abbildung 10.17: Erzeugung von Polymerfasern mittels Schmelzspinnen. Diese Fasern dienen zur Herstellung von Geweben oder zur Verstärkung von Kunststoffen.

nicht erforderlich. Trockenspinnen kann für die Herstellung von Acetat, Triacetat, Polyether-basiertem Elastan und Acrylfasern verwendet werden.

d. Das spezielle **Gelspinnverfahren** ist geeignet, um Fasern mit hoher Festigkeit oder speziellen Eigenschaften zu erhalten. Das Polymer wird nicht vollständig geschmolzen oder in Flüssigkeit gelöst, sondern die Moleküle werden an verschiedenen Punkten in flüssig-kristalliner Form miteinander verbunden. Bei diesem Verfahren entstehen starke Zwischenkettenkräfte in den resultierenden Fasern, sodass sich die Zugfestigkeit der Fasern beträchtlich erhöht. Außerdem richten sich die Flüssigkristalle entlang der Faserachsen durch die während der Extrusion auftretenden Dehnung aus. Die Fasern treten aus der Spinndüse mit einem ungewöhnlich hohen Streckungsgrad aus, was die Faserfestigkeit noch weiter erhöht. Diesen Prozess bezeichnet man auch als Trocken-/Nassspinnverfahren, da die Fasern zuerst einen Luftstrom passieren und dann in einem Flüssigkeitsbad weiter abgekühlt werden. Mit dem Gelspinnverfahren werden einige hochfeste Polyethylen- und Aramidfasern hergestellt.

Bei der Produktion der meisten Fasern ist ein erhebliches Strecken erforderlich, um die Polymermoleküle in der Faserrichtung auszurichten. Diese Ausrichtung ist hauptsächlich für die hohe Festigkeit der Fasern im Vergleich zum Polymer unverstreckter, massiver Form verantwortlich. Das Polymer kann gestreckt werden, wenn es unmittelbar nach dem Extrudieren aus

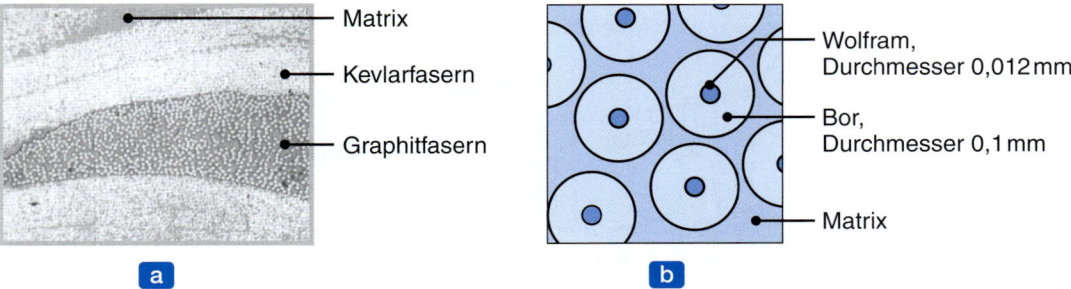

Abbildung 10.18: Querschnitt durch den Rahmen eines Tennisschlägers. Man erkennt die Kohlenstoff- und Aramidfasern (Kevlar). (b) Schematisches Gefüge einer mit Borfasern verstärkten Matrix. Nach J. Dvorak und F. Garrett.

der Spinndüse noch geschmeidig ist, oder durch Kaltziehen. Die induzierte Dehnung kann bis zu 800 % betragen.

2 Glasfasern: Diese Fasern werden am häufigsten verwendet und sind die preiswertesten aller Fasern (siehe auch *Gläser* in Abschnitt 11.10.2). Die sogenannten *glasfaserverstärkten Kunststoffe* können zwischen 30 und 60 Volumen-% Fasern enthalten. Glasfasern werden hergestellt, indem geschmolzenes Glas durch kleine Öffnungen in einem Platingesenk gezogen und dann mechanisch gelängt, gekühlt und auf eine Walze aufgewickelt werden. Mit einer Schutzbeschichtung oder Schlichte lässt sich der Durchgang der Glasfasern durch die Maschine erleichtern. Die Fasern werden mit **Silan** (einem Siliziumhydrid) behandelt, um die Benetzung und Bindung zwischen der Faser und der Matrix zu verbessern.

Bei Glasfasern unterscheidet man prinzipiell zwischen (a) dem **E-Typ**, einem Kalzium-Aluminium-Borsilikatglas, das am häufigsten verwendet wird, (b) dem **S-Typ**, einem Magnesium-Aluminium-Silikatglas, das eine höhere Festigkeit und Steifigkeit besitzt, aber teurer als die beiden anderen Typen ist, und (c) dem **E-CR-Typ**, der bessere Beständigkeit gegenüber erhöhten Temperaturen und Säureangriff als die beiden anderen Typen bietet.

3 Kohlenstofffasern und Graphitfasern (▶ Abbildung 10.18a) sind zwar teurer als Glasfasern, verfügen aber über die gewünschte Kombination von geringer Dichte, hoher Festigkeit und hoher Steifigkeit. Diesen Verbundwerkstoff bezeichnet man als *kohlefaserverstärkten Kunststoff* (CFRP). Kohlenstofffasern werden aufgrund der geringeren Kosten durch **Pyrolyse** organischer **Vorläuferverbindungen** (Präkursoren) – hauptsächlich Polyacrylnitril (PAN) – hergestellt. Viskose und Pech (der Rückstand katalytischer Cracker bei der Raffination von Erdöl) eignen sich ebenfalls als Vorläuferverbindungen. Bei der **Pyrolyse** werden chemische Veränderungen durch Wärme induziert, beispielsweise beim Verbrennen eines Garns, das zu Kohlenstoff wird und eine schwarze Färbung annimmt.

Bei PAN werden die Fasern bei einer mittleren Temperatur teilweise vernetzt, um Schmelzen während nachfolgender Verarbeitungsschritte zu verhindern, und gleichzeitig gestreckt. Dann werden die Fasern *karburiert*, d. h. einer erhöhten Temperatur ausgesetzt, um Wasserstoff und Stickstoff aus dem PAN auszutreiben (Dehydrierung bzw. Denitrogenierung). Die Temperatur liegt bei etwa 1500 °C für das Karburieren und bei 3000 °C für das Graphitieren.

Der Unterschied zwischen Kohlenstoff und Graphit hängt von der Temperatur der Pyrolyse und der Reinheit des Werkstoffs ab (auch wenn die Begriffe oft gleichbedeutend verwendet werden). Kohlenstofffasern bestehen aus 80 bis 95 % Kohlenstoff, Graphitfasern enthalten gewöhnlich mehr als 99 % Kohlenstoff; der Rest ist Graphit bzw. Kohlenstoff. Klassifiziert werden die Fasern nach der Größe ihres Elastizitätsmoduls, der typischerweise von 35 bis 800 GPa reicht. Die Zugfestigkeiten liegen im Bereich von 250 bis 2600 MPa.

Mit **leitfähigen Graphitfasern** ist es möglich, verstärkte Kunststoffe mit elektrischer und thermischer Leitfähigkeit zu versehen, zum Beispiel für elektromagnetische und Hochfrequenzabschirmungen oder Blitzschutzanlagen. Diese Fasern werden durch kontinuierliche Galvanisierung mit einem Metall (meistens Nickel) typischerweise bis zu einer Dicke von 0,5 μm auf einem Graphitfaserkern von 7 μm Durchmesser beschichtet.

4 **Borfasern** bestehen aus Bor, das durch chemische Dampfphasenabscheidung (siehe Abschnitt 4.5.1) auf Wolframfasern (Abbildung 10.18b) wie auch auf Kohlenstofffasern abgeschieden wird. Diese Fasern verfügen über günstige Eigenschaften wie zum Beispiel hohe Festigkeit und Steifigkeit bei Zug- und Druckbelastung sowie Beständigkeit gegen hohe Temperaturen. Allerdings haben sie durch das Wolfram eine hohe Dichte und sind teuer. Somit erhöhen sich Gewicht und Kosten der verstärkten Kunststoffkomponente.

5 **Weitere Fasern:** Für Verbundwerkstoffe werden unter anderem auch Siliziumkarbid, Siliziumnitrid, Aluminiumoxid, Saphir (Aluminium-Titan-Mischoxid), Stahl, Wolfram, Molybdän, Borkarbid, Bornitrid und Tantalkarbid als Fasern verwendet (siehe auch Kapitel 11). Metallische Fasern werden gezogen, wie es in Abschnitt 6.5 besprochen wurde, bei kleineren Durchmessern geschieht das Ziehen der Drähte in Bündeln (siehe auch Abschnitt 6.5.3). **Whisker** (Abschnitt 3.8.3) dienen ebenfalls als verstärkende Fasern. Whisker sind äußerst kleine, nadelartige Einkristalle, die bis zu einem Durchmesser von 1–10 μm wachsen und Faserlänge-zu-Durchmesser-Verhältnisse von 100 bis 15 000 aufweisen. Aufgrund ihrer geringen Größe sind sie entweder frei von Kristallbaufehlern oder die enthaltenen Fehler wirken sich nicht auf ihre Festigkeit aus, die der theoretischen Festigkeit des Materials nahekommt (Abschnitt 3.3.2).

10.9.3 Fasergröße und -länge

Der mittlere Durchmesser der in verstärkten Kunststoffen eingesetzten Fasern beträgt normalerweise weniger als 0,01 mm. Die Fasern sind bei Zugbelastung sehr fest und starr, da die Moleküle in den Fasern in Längsrichtung *ausgerichtet* sind und wegen ihrer kleinen Querschnitte die Wahrscheinlichkeit gering ist, dass irgendwelche Defekte in der Faser existieren. Zum Beispiel haben Glasfasern Zugfestigkeiten bis zu 4600 MPa, während die Festigkeit von Glas in massiver Form wesentlich geringer ist. Somit sind Glasfasern fester als Stahl.

Fasern werden als **kurze** oder **lange** Fasern klassifiziert, die man auch als **diskontinuierliche** bzw. **kontinuierliche** (Endlos-)Fasern bezeichnet. Kurze Fasern haben typischerweise ein Länge-zu-Durchmesser-Verhältnis zwischen 20 und 60, lange Fasern zwischen 200 und 500. Die Kennzeichnungen als kurze oder lange Fasern beruhen auf den folgenden Beobachtungen: Verbessern sich für eine bestimmte Faser die mechanischen Eigenschaften des Verbundwerkstoffs, wenn man die Faserlänge erhöht, wird die

Faser als kurze Faser bezeichnet. Zeigen sich keine weiteren Verbesserungen der Eigenschaften, wird die Faser als lange Faser bezeichnet. Außer diskreten Fasern sind Verstärkungen in Verbundwerkstoffen auch in Form von (a) kontinuierlichen **Vorgarnen** (leicht verdrillte Faserlitze), (b) **Gewebe** (Kleidungsstoffen ähnlich), (c) **Garn** (verdrillter Strang) und (d) **Matten** verschiedener Kombinationen gebräuchlich. Wie Abbildung 10.15 zeigt, können verstärkende Elemente auch in Form von Teilchen und Flocken verwendet werden.

10.9.4 Matrixwerkstoffe

Die Matrix in verstärkten Kunststoffen erfüllt drei wichtige Funktionen:

1. **Übertragen** der Lastspannungen zu den Fasern, die den größten Teil der Belastung aufnehmen;
2. **Schützen** der Fasern gegen physische Beschädigung und die Umgebung;
3. **Verlangsamen** des Wachstums von Rissen im Verbundwerkstoff durch ausreichende Duktilität und Zähigkeit der Kunststoffmatrix.

Als Matrixwerkstoffe sind Epoxidharz, Polyester, Phenol, Fluorkohlenstoff, Polyethersulfon oder Silikon gebräuchlich. Den größten Anteil machen Epoxidharze (bei 80 % aller verstärkten Kunststoffe) und Polyester aus, die preiswerter als Epoxidharze sind. Mit Graphitfasern werden Polyimide verwendet, die erhöhten Temperaturen von 300 °C standhalten können. Als Matrixwerkstoff eignet sich auch ein thermoplastisches Material wie zum Beispiel Polyetheretherketon (PEEK). Allerdings ist dessen Temperaturbeständigkeit geringer und auf den Bereich von 100 bis 200 °C beschränkt.

10.9.5 Eigenschaften verstärkter Kunststoffe

Die Gesamteigenschaften der verstärkten Kunststoffe hängen von (a) Art, Form und Ausrichtung des verstärkenden Materials, (b) der Länge der Fasern und (c) dem Volumenanteil des verstärkenden Materials ab. Kurze Fasern sind weniger effektiv als lange Fasern (▶ Abbildung 10.19) und zudem unterliegen ihre Eigenschaften einem starken Zeit- und Temperatureinfluss. Lange Fasern übertragen die Last durch die Matrix besser und werden somit häufiger in kritischen Anwendungen – speziell bei erhöhten Temperaturen – eingesetzt.

Ein entscheidender Faktor bei verstärkten Kunststoffen ist die **Haftfestigkeit** zwischen der Faser und der Polymermatrix, da die Last über die Faser-Matrix-Grenzfläche übertragen wird. Wie wichtig eine ordnungsgemäße Haftung ist, wird in ▶ Abbildung 10.20 ersichtlich, die die Bruchflächen eines verstärkten Kunststoffs zeigt. Bei einer schwachen Haftung kommt es zum **Herausziehen der Fasern** und zur Delaminierung, was besonders unter ungünstigen Umgebungsbedingungen (unter anderem Temperatur und Feuchtigkeit) der Fall ist. An der Grenzfläche lässt sich die Haftung durch spezielle Oberflächenbehandlung verbessern, beispielsweise durch Beschichtungen und Haftvermittler. Zum Beispiel behandelt man Glasfasern mit *Silan* (siehe Abschnitt 10.9.2), um das Benetzungs- und Haftverhalten zwischen der Faser und der Matrix zu verbessern.

10.9 Verstärkte Kunststoffe

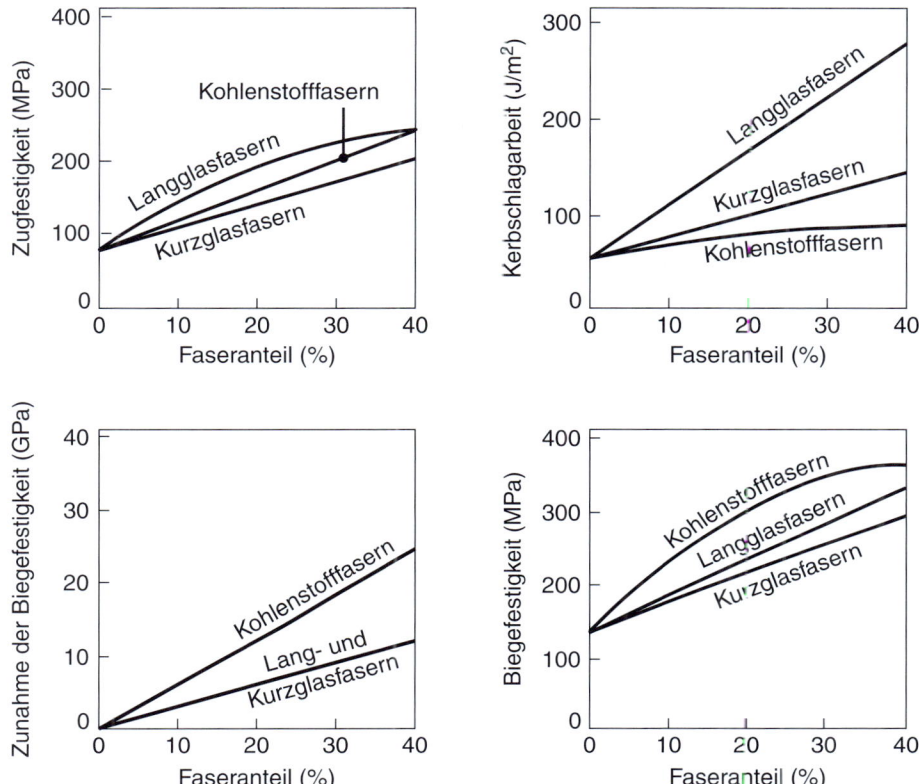

Abbildung 10.19: Einfluss des Faseranteils und der Faserlänge auf die Eigenschaften von verstärktem Nylon.

Im Allgemeinen erreicht man die höchste Steifigkeit und Festigkeit bei verstärkten Kunststoffen, wenn die Fasern in Richtung der Belastung ausgerichtet sind, wodurch der Verbundwerkstoff in hohem Maße anisotrop wird (▶ Abbildung 10.21). Auch andere Eigenschaften des Verbundwerkstoffs wie zum Beispiel Steifigkeit, Kriechbeständigkeit, thermische Ausdehnung sowie thermische und elektrische Leitfähigkeit sind dann anisotrop. Die transversalen Eigenschaften einer derartigen unidirektional verstärkten Struktur sind wesentlich schwächer ausgeprägt als die Eigenschaften in Längsrichtung. Das ist zum Beispiel deutlich daran zu sehen, wie leicht sich faserverstärktes Verpackungsband quer zur Bandachse reißen lässt, es aber andererseits sehr fest ist, wenn man in Längsrichtung zieht.

Ein verstärktes Kunststoffteil kann man für ein bestimmtes Betriebsverhalten mit einer optimalen Faserlage versehen. Wirken zum Beispiel auf das verstärkte Kunststoffteil zweiachsige Kräfte (etwa bei einem dünnwandigen Druckkessel), werden die Fasern in der Matrix gekreuzt (siehe auch die Erläuterungen zum **Wickelverfahren** in Abschnitt 10.11.2). Verstärkte Kunststoffe können auch mit verschiedenen anderen Werkstoffen und Formen der Polymermatrix hergestellt werden, um spezifische Eigenschaften einzubringen (beispielsweise Durchlässigkeit und Formstabilität), die Verarbeitung zu erleichtern und die Kosten zu reduzieren.

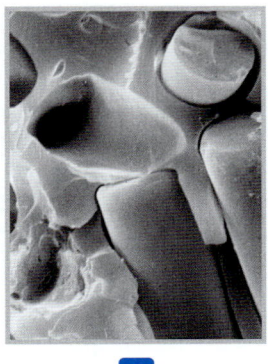 

Abbildung 10.20: (a) Bruchfläche eines Glasfaser-Epoxid-Verbundwerkstoffs. Die Fasern haben einen Durchmesser von 10 μm und sind zufällig orientiert. (b) Bruchfläche eines Kohlefaser-Epoxid-Verbundwerkstoffs. Die Fasern haben einen Durchmesser von 9 bis 11 μm, sind gebündelt und einheitlich orientiert.

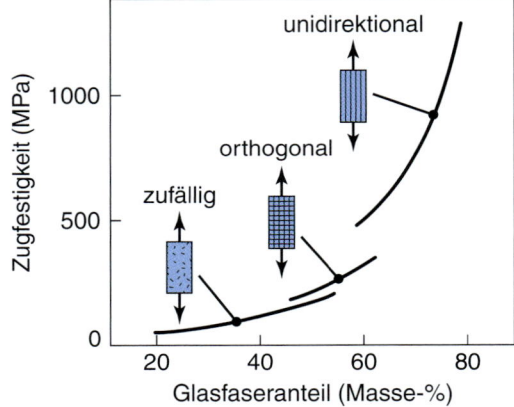

Abbildung 10.21: Zugfestigkeit von glasfaserverstärktem Polyester als Funktion von Faseranteil und -orientierung. Nach R.M. Ogorkiewicz.

Festigkeit und Elastizitätsmodul von verstärkten Kunststoffen: Die Festigkeit eines verstärkten Kunststoffs mit Längsfasern lässt sich in Abhängigkeit der Festigkeit der Fasern und der Matrix sowie dem Volumenanteil der Fasern im Verbundwerkstoff ermitteln. In den folgenden Gleichungen verweist c auf den Verbundwerkstoff, f auf die Faser und m auf die Matrix. Die gesamte Belastung F_c auf den Verbundwerkstoff setzt sich aus der Faserbelastung F_f und der Matrixbelastung F_m zusammen

$$F_c = F_f + F_m \ . \tag{10.12}$$

Dies lässt sich auch schreiben als

$$\sigma_c A_c = \sigma_f A_f + \sigma_m A_m \ , \tag{10.13}$$

wobei A_c, A_f und A_m die Querschnittsflächen des Verbundwerkstoffs, der Faser und der Matrix sind und $A_c = A_f + A_m$ gilt. Wenn wir nun mit x den Flächenanteil der Fasern im Verbundwerkstoff bezeichnen (wobei x auch den Volumenanteil darstellt, da die Fasern in der Matrix gleichmäßig in Längsrichtung verteilt sind), kann Gleichung (10.13) wie folgt umgeschrieben werden:

$$\sigma_c = x\sigma_f + (1-x)\sigma_m \, . \qquad (10.14)$$

Der von den Fasern getragene Anteil der Gesamtbelastung lässt sich nun wie folgt berechnen: Zuerst ist festzustellen, dass im Verbundwerkstoff unter einer Zugbelastung in Längsrichtung der Fasern die von den Fasern und der Matrix gezeigten Dehnungen gleich sind (d. h. $\varepsilon_c = \varepsilon_f = \varepsilon_m$). Weiterhin hat Abschnitt 2.2 gezeigt, dass

$$\varepsilon = \frac{\sigma}{E} = \frac{F}{AE}$$

gilt. Folglich ist

$$\frac{F_f}{F_m} = \frac{A_f E_f}{A_m E_m} \, . \qquad (10.15)$$

Da wir die relevanten Größen für einen spezifischen Fall kennen, lässt sich mithilfe von Gleichung (10.14) der Anteil F_f/F_c bestimmen. Unter Verwendung der obigen Beziehungen kann dann der Elastizitätsmodul E_c des Verbundwerkstoffs berechnet werden, indem man σ in Gleichung (10.14) durch E ersetzt, also

$$E_c = xE_f + (1-x)E_m \, . \qquad (10.16)$$

Beispiel 10.4 Eigenschaften eines mit Graphitfasern verstärkten Epoxidharz-Kunststoffs

Ein mit Langfasern verstärkter Expoxidharz-Kunststoff enthält 20 % Graphitfasern, die eine Festigkeit von 2500 MPa und einen Elastizitätsmodul von 300 GPa besitzen. Die Epoxidmatrix hat eine Festigkeit von 120 MPa und einen Elastizitätsmodul von 100 GPa. Berechnen Sie (a) den Elastizitätsmodul des Verbundwerkstoffs und (b) den durch die Fasern getragenen Anteil der Belastung, wenn die Belastung parallel zu den Fasern erfolgt.

Lösung: (a) Setzt man die gegebenen Daten $x = 0{,}2$. $E_f = 300$ GPa, $E_m = 100$ GPa, $E_m = 100$ GPa, $\sigma_f = 2500$ MPa und $\sigma_m = 120$ MPa in Gleichung (10.16) ein, dann erhält man

$$E_c = 0{,}2 \times 300 + (1-0{,}2) \times 100 = 60 + 80 = 140 \, \text{GPa} \, .$$

(b) Der Belastungsanteil F_f/F_m ergibt sich aus Gleichung (10.15) zu

$$\frac{F_f}{F_m} = \frac{0{,}2 \times 300}{0{,}8 \times 100} = 0{,}75$$

Mit der Beziehung

$$F_c = F_f + F_m$$

und dem eben errechneten Ergebnis

$$F_m = \frac{F_f}{0{,}75}$$

erhalten wir

$$F_c = F_f + \frac{F_f}{0{,}75} = 2{,}33 F_f$$

oder

$$F_f = 0{,}43 F_c$$

Demzufolge tragen die Fasern 43 % der Belastung, selbst wenn sie lediglich 20 % der Querschnittsfläche (und folglich des Volumens) im Verbundwerkstoff ausmachen.

10.9.6 Anwendungen von verstärkten Kunststoffen

Verstärkte Kunststoffe wurden erstmals im Jahre 1907 für einen säurebeständigen Lagertank eingesetzt, der aus Phenolharz (als Matrix) mit Asbestfasern bestand. Das für Arbeitsplatten häufig verwendete *Formica* wurde in den 1920er Jahren entwickelt. Epoxidharze sind seit den 1930er Jahren als Matrixwerkstoffe gebräuchlich. Seit den 1940er Jahren wurden Boote mit Glaserfaserwerkstoffen hergestellt und verstärkte Kunststoffe in Flugzeugen, Elektrogeräten und Sportartikeln verwendet. Die wichtigsten Entwicklungen sind in den 1970er Jahren zu verzeichnen. Diese Werkstoffe bezeichnet man heute als moderne Verbundwerkstoffe. Für Hochtemperaturanwendungen bis zu etwa 300 °C im Dauerbetrieb sind glasfaser- oder kohlenstofffaserverstärkte Hybridkunststoffe erhältlich.

Verstärkte Kunststoffe verwendet man typischerweise in militärischen und kommerziellen Flugzeug- und Raketenkomponenten, Hubschrauberrotorblättern, Automobilkarosserien, Blattfedern, Antriebswellen, Rohren, Leitern, Druckbehältern, Sportartikeln, Militärhelmen, Bootsrümpfen und verschiedenen anderen Konstruktionen. Zu den Beispielen für spezifische Anwendungen gehören Komponenten in den Flugzeugen DC-10, L-1011 und Boeing 727, 757, 767 und 777. Die Boeing 777 besteht zu etwa 9 % der Gesamtmasse aus Verbundwerkstoffen (was das Dreifache des Verbundwerkstoffanteils vorheriger Boeing-Typen ist). Die Querträger und Bodenplatten sowie der größte Teil von Höhen- und Seitenleitwerk sind aus Verbundwerkstoffen gefertigt.

Dank der resultierenden Masseneinsparungen haben verstärkte Kunststoffe zur Senkung des Treibstoffverbrauchs von Flugzeugen um rund 2 % beigetragen. So sind beim Airbus A380 mit einer Kapazität von 550 bis 700 Passagieren Höhenleitwerke, Querruder, Flügelmittelkästen und Anströmkanten, Sekundärhalterungen des Rumpfes und die Deckkonstruktion aus Verbundwerkstoffen mit Kohlenstofffasern, Duromeren und Thermoplasten gefertigt. Für den oberen Rumpfteil werden abwechselnd Lagen von Aluminium und glasfaserverstärkten **Epoxid-Prepregs** (kunststoffimprägnierte Flächenstoffe) verwendet.

Die Struktur des Passagierflugzeugs Lear Fan 2100 besteht fast vollständig aus Kunststoffen, die mit Graphit-Epoxidharz verstärkt sind. Beim Leichtflugzeug Voyager, das 1986 die Erde ohne Nachtanken umrundete, besteht die Struktur zu etwa 90 % aus kohlefaserverstärktem Kunststoff. Der Profilrahmen des Stealth-Bombers besteht aus Verbundwerkstoffen auf der Basis von Kohle- und Glasfasern, Matrizes aus Epoxidharz, Hochtemperaturpolyimiden und anderen modernen Werkstoffen. Mit Borfasern verstärkte Verbundwerkstoffe werden in Militärflugzeugen, Golfschlägern, Tennisschlägern, Angelruten und Surfbrettern eingesetzt. Ein jüngeres Beispiel ist die Entwicklung eines kleinen Schiffs für die US-

Marine (im Design eines Doppelrumpfkatamarans), das gänzlich aus Verbundwerkstoffen besteht und eine Geschwindigkeit von 50 Knoten (90 km/h) erreicht.

Die in Abschnitt 10.11 beschriebene Verarbeitung von Kunststoffen, die mit einer Polymermatrix verstärkt sind, stellt beträchtliche Herausforderungen dar. Es wurden verschiedene innovative Verfahren entwickelt, um sowohl große als auch kleine Teile durch eine Kombination von Verfahren wie Pressen, Formen, Schneiden und Montieren zu fertigen. In kritischen Anwendungen ist es unabdingbar, die verstärkten Kunststoffe sorgfältig zu inspizieren und zu testen, um sicher zu sein, dass in der gesamten Struktur eine gute Haftung zwischen der verstärkenden Faser und der Matrix erreicht wurde. In manchen Fällen können die Kosten für die Qualitätsprüfung rund ein Viertel der Gesamtkosten des Verbundprodukts ausmachen.

10.10 Verarbeitung von Kunststoffen

Die Verarbeitung von Kunststoffen umfasst Vorgänge, die denen beim Umformen von Metallen ähneln (siehe Kapitel 6 und 7). Kunststoffe lassen sich pressen, gießen, formen, spanend bearbeiten und relativ einfach zu vielen Formen verbinden, wozu wenige oder gar keine zusätzlichen Schritte erforderlich sind (Tabelle 10.6). Wie bereits erläutert, können Kunststoffe bei relativ niedrigen Temperaturen schmelzen

Tabelle 10.6: Verarbeitungsverfahren für unverstärkte und verstärkte Kunststoffe

Verfahren	Charakteristika
Extrudieren	Lange, volle oder hohle, einfache oder komplizierte Querschnitte; große Spannbreite der Abmessungen; hohe Produktionsgeschwindigkeit; niedrige Werkzeugkosten
Spritzgießen	Komplizierte Formen mit feinen Details; hohe Formgenauigkeit; hohe Produktionsgeschwindigkeit; hohe Werkzeugkosten
Schäumen	Große Teile mit hohem Steifigkeit-zu-Gewicht-Verhältnis; niedrige Produktionsgeschwindigkeit; niedrigere Werkzeugkosten als beim Spritzgießen
Blasformen	Hohle, dünnwandige Teile verschiedener Größen; hohe Produktionsgeschwindigkeit; kostengünstige Herstellung von Getränke- und Lebensmittelbehältern
Rotationsspritzgießen	Große, hohle Teile mit vergleichsweise einfacher Gestalt; niedrige Produktionsgeschwindigkeit; niedrige Werkzeugkosten
Thermoformen	Flache oder tiefe Kavitäten; mittlere Produktionsgeschwindigkeit; niedrige Werkzeugkosten
Druckformen	Teileform ähnlich der beim Gesenkschmieden; mittlere Produktionsgeschwindigkeit; eher niedrige Werkzeugkosten
Transferspritzgießen	Kompliziertere Teile als beim Druckformen und höhere Produktionsgeschwindigkeit; Abfall bei der Produktion; mittlere Werkzeugkosten
Gießen	Einfache und komplexe Teilegestalten, die mit flexiblen Formen hergestellt werden; niedrige Produktionsgeschwindigkeit
Verarbeiten von verstärkten Kunststoffen	Langsame Produktionsgeschwindigkeit; Formgenauigkeit und Werkzeugkosten hängen vom jeweiligen Verfahren ab

(Thermoplaste) oder härten (Duromere) (Tabelle 10.2). Somit ist die Verarbeitung von Kunststoffen im Unterschied zu Metallen recht einfach und der Energiebedarf zudem geringer. Da aber die Eigenschaften von Kunststoffteilen und -komponenten in starkem Maße vom Fertigungsverfahren und den Prozessparametern beeinflusst werden, ist es für eine gute Teilequalität wichtig, diese Einflussgrößen richtig zu steuern. Kunststoffe werden üblicherweise in Form von **Granulat** oder **Pulver** an die Herstellungsfirmen geliefert und unmittelbar vor der Formung geschmolzen. Kunststoffe sind auch als Tafeln, Platten, Rundmaterial und Rohre erhältlich, die dann zu vielfältigen Endprodukten geformt werden. *Flüssige* Kunststoffe werden oftmals eingesetzt, um verstärkte Kunststoffteile herzustellen.

10.10.1 Extrudieren

Beim *Extrudieren* (Strangpressen) werden thermoplastische Ausgangsstoffe in Form von Pellets, Granulat oder Pulver in einen Trichter gefüllt und in den Extruder-Zylinder gespeist (▶ Abbildung 10.22). Im Zylinder befindet sich eine **Schnecke**, die die Pellets mischt und im Zylinder weitertransportiert. Durch die innere Reibung und die Scherspannung zufolge der Schneckendrehung sowie durch Heizelemente um den Zylinder des Extruders werden die Pellets aufgeheizt und geschmolzen. Die Schneckendrehung baut zudem den Druck im Zylinder auf.

Die Schnecken sind durch drei Zonen gekennzeichnet: (1) eine **Einzugszone**, die das Material vom Trichterbereich in den zentralen Bereich des Zylinders transportiert, (2) eine **Schmelz-** oder **Übergangszone**, wo die vom Scheren des Kunststoffs generierte Wärme dazu führt, dass der Schmelzvorgang einsetzt, und (3) eine **Pumpzone**, in der zusätzliches Scheren und Schmelzen stattfindet, wobei Druck auf das Gesenk aufgebaut wird. Die Länge dieser Zonen lässt sich modifizieren, um den Aufschmelzeigenschaften der verschiedenen Kunststoffe zu entsprechen.

1 Mechanik des Polymerextrudierens: Die Pumpzone der Schnecke bestimmt die Geschwindigkeit, mit der das Polymer durch den Extruder fließt. Sehen wir uns eine einheitliche Schneckengeometrie mit engen **Gängen** und engen Spalten zum Zylinder an (▶ Abbildung 10.23). Zu jedem Zeit-

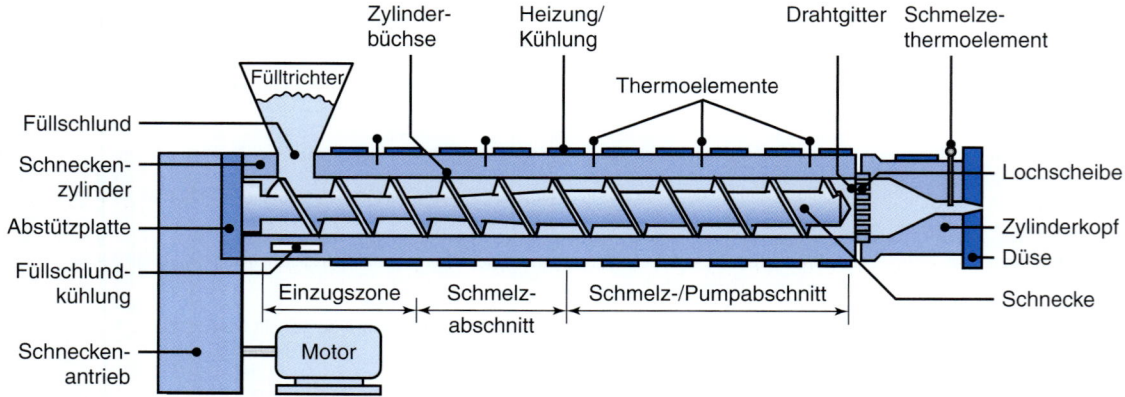

Abbildung 10.22: Schematische Darstellung eines Schneckenextruders.

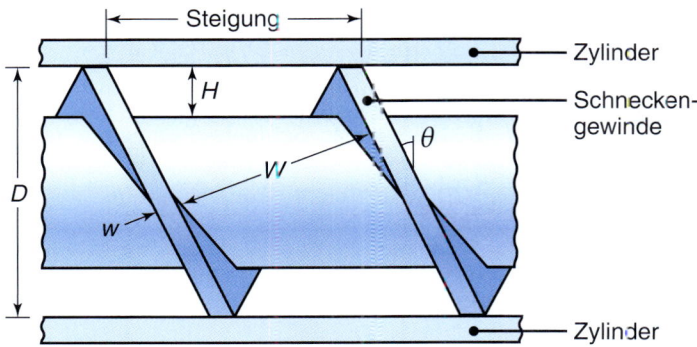

Abbildung 10.23: Geometrie des Förderteils einer Extruderschnecke.

punkt befindet sich der geschmolzene Kunststoff in einem spiralförmigen Band, welches durch die Schneckengänge zum Extruderaustritt transportiert wird. Die Volumenfließgeschwindigkeit (der Volumendurchsatz) des Kunststoffs im Extruder – die **Hauptströmung** – lässt sich durch den Ausdruck

$$Q_\mathrm{d} = \frac{vHW}{2} \tag{10.17}$$

beschreiben, wobei $v/2$ die halbe Relativgeschwindigkeit zwischen Schneckenkanal und feststehender Extruderwand (eine sinnvolle Abschätzung für die mittlere Fließgeschwindigkeit der Schmelze), H die Kanaltiefe und W die Breite des Polymerbands (gemessen normal zur Richtung von v) sind. Gemäß der in Abbildung 10.23 definierten Geometrie können wir

$$v = \omega \frac{D}{2} \cos\theta = \pi ND\cos\theta \tag{10.18}$$

und

$$W = \pi D \sin\theta - w\cos\theta \tag{10.19}$$

schreiben, wobei ω die Winkelgeschwindigkeit der Schnecke, D der Schneckendurchmesser, N die Drehzahl der Schnecke (üblicherweise in Umdr./min), θ der Steigungswinkel und w die Flügelbreite des Schneckengangs ist. Wenn die Flügelbreite w vernachlässigbar klein ist, lässt sich der Hauptstrom zu folgendem Ausdruck vereinfachen:

$$Q_\mathrm{d} = \frac{\pi^2 HD^2 N \sin\theta \cos\theta}{2} \, . \tag{10.20}$$

Der effektive Volumendurchsatz kann zwar größer als dieser Wert sein, wenn genügend Druck in den Einzugs- oder Schmelzzonen der Schnecke aufgebaut wird, doch ist er aufgrund des hohen Gegendrucks von der Düse zufolge der engen Düse am Austritt des Zylinders geringer. Demzufolge kann der Volumendurchsatz durch den Extruder als

$$Q = Q_\mathrm{d} - Q_\mathrm{p} \tag{10.21}$$

angenommen werden, wobei Q_p eine Korrektur für den Volumendurchsatz infolge des Gegendrucks ist. Für Newton'sche Fluide (siehe Abschnitt 10.3) und einen linearen Druckanstieg p/l zur Düse hin kann Q_p als

$$Q_p = \frac{WH^3 p}{12\eta (l/\sin\theta)} = \frac{p\pi DH^3 \sin^2\theta}{12\eta l} \tag{10.22}$$

angenommen werden, wobei l die Länge der Schmelz-/Pumpzone ist. Folglich wird Gleichung (10.21) zu

$$Q = \frac{\pi^2 HD^2 N \sin\theta \cos\theta}{2} - \frac{p\pi DH^3 \sin^2\theta}{12\eta l} . \tag{10.23}$$

Gleichung (10.23) wird auch **Extruderkennlinie** genannt. Wenn der Exponent n aus Gleichung (10.4) bekannt ist, lässt sich die Extruderkennlinie durch die folgende Näherungsbeziehung (nach Rauwendaal, 1984) ausdrücken:

$$Q = \frac{4+n}{10}\pi^2 HD^2 N \sin\theta \cos\theta - \frac{p\pi DH^3 \sin^2\theta}{(1+2n)4\eta} . \tag{10.24}$$

Die Extruderdüse spielt eine wesentliche Rolle, wenn der Volumendurchsatz des Extruders bestimmt werden soll. Die **Düsenkennlinie** gibt die Beziehung zwischen Durchsatz Q_G und Druckabfall in der Düse an und wird in allgemeiner Form als

$$Q_G = Kp \tag{10.25}$$

geschrieben, wobei Q_G der Volumendurchsatz durch die Düse, p der Druck an der Schneckenspitze (am Düseneingang) und K eine Funktion der Werkzeuggeometrie ist. Die Bestimmung von K ist kompliziert und lässt sich analytisch nur für wenige Düsenquerschnittsformen herleiten. Es stehen allerdings zunehmend computerbasierte Ansätze für Vorhersagen zur Verfügung. Gebräuchlicher ist es, K experimentell zu ermitteln. Für massive Rundquerschnitte lässt sich eine Lösung in geschlossener Form mit

$$K = \frac{\pi D_d^4}{128\eta l_d} \tag{10.26}$$

angeben, wobei D_d der Durchmesser der Düsenöffnung und l_d die Kontaktlänge der Düse sind. Wenn sowohl die Extruder- als auch die Düsenkennlinie bekannt sind, stehen zwei algebraische Gleichungen zur Verfügung, die für den Druck und die Fließgeschwindigkeit beim Extrudieren gelöst werden können.

2 Prozesseigenschaften: Wenn das extrudierte Produkt die Düse verlässt, wird es entweder durch Luft oder in einem mit Wasser gefüllten Kanal gekühlt. Es ist wichtig, die Geschwindigkeit und Gleichmäßigkeit der Kühlung zu steuern, um Schrumpfen und Verwinden des Produkts zu minimieren. Das extrudierte Produkt lässt sich auch durch eine Abziehvorrichtung ziehen, nachdem es abgekühlt ist. Dann wird das extrudierte Produkt aufgespult oder auf die gewünschten Längen geschnitten. Komplizierte Formen mit konstantem Querschnitt können mit relativ preiswerten Werkzeugen extrudiert werden. Dieses Verfahren wird auch zum Extrudieren von Elastomeren eingesetzt.

Da das zu extrudierende Material noch weich ist, wenn es die Düse verlässt, und der Druck abfällt, unterscheidet sich der Querschnitt des extrudierten Produkts von der Form der Düsenöffnung. Dieser Effekt wird als **Strangaufweitung** bezeichnet (▶ Abbildung 10.57b). Somit ist zum Beispiel der

Durchmesser eines runden extrudierten Teils größer als die Düsenöffnung, wobei der Unterschied zwischen den beiden Durchmessern vom Typ des Polymers abhängt. Es ist umfangreiche Erfahrung gefragt, um geeignete Werkzeuge für das Extrudieren komplexer Querschnitte mit bestimmten Formen und Abmessungen zu gestalten. Der Entwurf von Extrusionswerkzeugen wird mit moderner Software wie zum Beispiel POLYFLOW durchgeführt. Derartige Programme simulieren numerisch alle Arten von Extrudiervorgängen, einschließlich Rückwärtsfließpressen und Koextrusion.

Extruder werden üblicherweise nach dem Durchmesser des Zylinders und nach dem Verhältnis von Länge zu Durchmesser (L/D) des Zylinders klassifiziert. Bei typischen kommerziell erhältlichen Einheiten beträgt der Durchmesser 25 bis 200 mm mit L/D-Verhältnissen von 5 bis 30. Die Produktionsmaschinen kosten zwischen 20 000 und 70 000 Euro, wobei zusätzlich etwa 20 000 Euro für Einrichtungen zum Kühlen und Aufwickeln zu veranschlagen sind. Derartige Ausgaben sind also nur bei großen Produktionsserien gerechtfertigt.

Beispiel 10.5 Analyse eines Kunststoffextruders

Eine Extruderschnecke mit einem Schneckenwinkel von 20° hat eine Schmelz-/Pumpzone von 1 m Länge mit einer Kanaltiefe von 7 mm für einen Zylinder von 50 mm Durchmesser. Die Schnecke wird verwendet, um runde Nylonstangen von 5 mm Durchmesser durch eine Düse mit einer Düsenkontaktlänge von 30 mm bei 300 °C zu extrudieren. Der Extruder wird mit 50 Umdr./min = 0,833 Umdr./s betrieben. Bestimmen Sie die Extruder- und die Düsenkennlinie sowie den Volumendurchsatz. Wie groß ist die Geschwindigkeit des Materials beim Verlassen des Extruders? Ignorieren Sie eine Strangaufweitung.

Lösung: Aus Abbildung 10.12 geht hervor, dass die Viskosität von Nylon bei 300 °C etwa 300 Pa s beträgt. Die endgültige Querschnittsfläche des Stabs ist $A = \pi D_d^2/4 = 1{,}96 \times 10^{-5}$ m². Die Extruderkennlinie ist nach Gleichung (10.23)

$$Q = \pi^2 H D^2 N \sin\theta \cos\theta - \frac{p\pi DH^3 \sin^2\theta}{12\eta l}$$

$$= \frac{\pi^2 \times 0{,}007 \times 0{,}050^2 \times 0{,}833 \sin 20° \cos 20°}{2} - \frac{\pi \times 0{,}050 \times 0{,}007^3 \sin^2 20°}{12 \times 300 \times 1} p$$

$$= 2{,}31 \times 10^{-5} - 1{,}75 \times 10^{-12} p \,.$$

Q ergibt sich in m³/s für p in Pa.

Gleichung (10.26) liefert

$$K = \frac{\pi D_d^4}{128 \eta l_d} = \frac{\pi \times 0{,}005^4}{128 \times 300 \times 0{,}020} = 2{,}56 \times 10^{-12} \,,$$

woraus sich für die Düsenkennlinie nach Gleichung (10.25)

$$Q_G = Kp = \left(2{,}56 \times 10^{-12}\right) p$$

ergibt. Die Extruder- und Düsenkennlinien sind in ▶ Abbildung 10.24 dargestellt. Damit die beiden Ausdrücke gültig sind, muss der Extruder beim Schnittpunkt der beiden Linien arbeiten. Dieser lässt sich aus dem Diagramm oder direkt aus den beiden obigen Gleichungen mit $p = 5{,}4\,\text{MPa}$ ermitteln. Bei diesem Druck kann der Volumendurchsatz zu $Q = 1{,}37 \times 10^{-5}\,\text{m}^3/\text{s}$ berechnet werden. Basierend auf der Querschnittsfläche des Produkts ergibt sich die Austrittsgeschwindigkeit der extrudierten Stange zu

$$Q = vA \rightarrow v = \frac{Q}{A} = \frac{1{,}37 \times 10^{-5}}{1{,}96 \times 10^{-5}} = 0{,}70\,\text{m/s}\,.$$

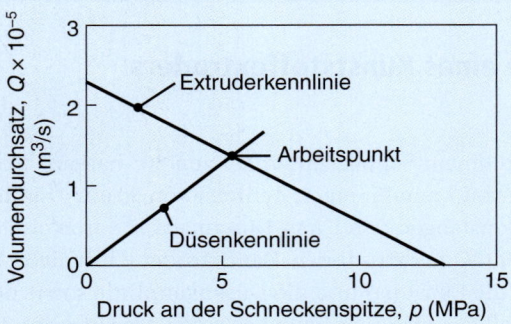

Abbildung 10.24: Extruder- und Düsenkennlinien.

3 **Platten- und Folienextrusion:** Polymerplatten und -folien können mit einem flachen Extrusionswerkzeug mit einer dünnen, rechteckigen Öffnung hergestellt werden. Das Polymer wird durch eine speziell entworfene Düse gepresst, nach der die extrudierte Folie zuerst von wassergekühlten Walzen und dann von einem Paar aus gummibeschichteten Abzugswalzen aufgenommen wird.

Dünne Polymerfolien werden in der Regel aus einem Schlauch hergestellt, der mit einem Extruder produziert wird (▶ Abbildung 10.25). Bei diesem Verfahren wird ein dünnwandiger Schlauch vertikal extrudiert und zu einer Ballonform erweitert (aufgeblasen), indem warme Luft durch die Mitte des Extrusionswerkzeugs geblasen wird, bis die gewünschte Foliendicke erreicht ist. Der Ballon wird normalerweise durch Luft aus Löchern in einem umgebenden Ring gekühlt, der auch als Barriere gegen weitere Ausdehnung des Ballons dienen kann. Verkauft wird die **Blasfolie** als Verpackungsfolie (nachdem die gekühlte Blase geschlitzt wurde) oder als Beutel (wobei die Blase gequetscht und abgeschnitten wird). Folie wird auch hergestellt, indem sie von massiven Rundknüppeln aus Kunststoff – speziell Polytetrafluorethylen (PTFE) – durch *Schälen* (Schneiden mit speziell geformten Messern) abgezogen werden.

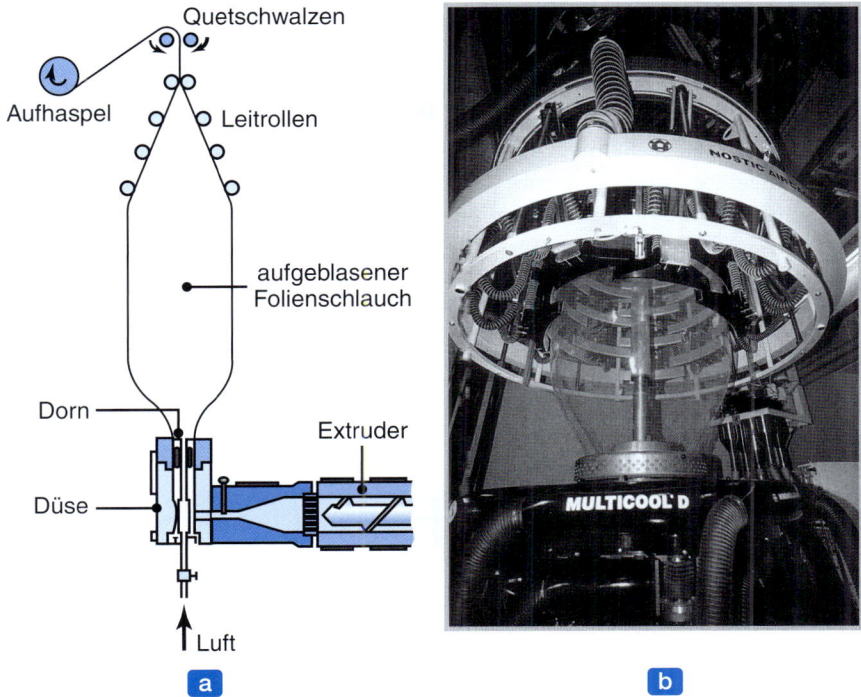

Abbildung 10.25: (a) Schematische Darstellung der Herstellung von Folien und Tragetaschen aus Polymeren aus einem extrudierten Rohr, das aufgeblasen wird. (b) Folienblasmaschine.

Beispiel 10.6 Folienblasen

Eine Plastikeinkaufstasche aus Blasfolie soll 400 mm breit sein. (a) Welchen Durchmesser sollte die Düse des Extruders haben? (b) Diese Taschen sind relativ fest. Wie wird diese Festigkeit erreicht?

Lösung: (a) Der Umfang der Tasche beträgt $2 \times 400 = 800$ mm. Da die Folie ursprünglich einen runden Querschnitt hatte, lässt sich der geblasene Durchmesser aus $\pi D = 800$ zu $D = 255$ mm berechnen. Wie erläutert wird bei diesem Verfahren ein Schlauch auf das 1,5- bis 2,5-Fache des Extrusionswerkzeug-Durchmessers erweitert. Nimmt man den Größtwert 2,5 an, berechnet sich der Düsendurchmesser zu $255/2,5 = 100$ mm.

(b) Wie Abbildung 10.25 zeigt, wird die Blase nach dem Extrudieren durch die Quetschwalzen nach oben gezogen. Somit wird der Film nicht nur diametral (mit der resultierenden molekularen Ausrichtung), sondern auch in Längsrichtung gestreckt und ausgerichtet. Die zweiachsige Ausrichtung der Polymermoleküle verbessert die Festigkeit und Zähigkeit des Blasfilms deutlich.

4. **Besondere Extrudierverfahren:** Pellets, die für weitere in diesem Kapitel beschriebene Verarbeitungsverfahren von Kunststoffen zum Einsatz kommen, werden auch durch Extrudieren hergestellt. In diesem Fall ist das extrudierte Produkt eine Stange mit kleinem Durchmesser, die dann beim Extrudieren in kurze Stücke – oder Pellets – geschnitten wird. Mit einigen Modifikation können Extruder auch als einfache Schmelzöfen für andere Formgebungsverfahren genutzt werden, beispielsweise Spritzgießen und Blasformen. Das Strangpressen von Röhren ist ein ebenfalls notwendiger erster Schritt für verwandte Verfahren wie zum Beispiel Extrusionsblasformen und Folienblasen (siehe oben).

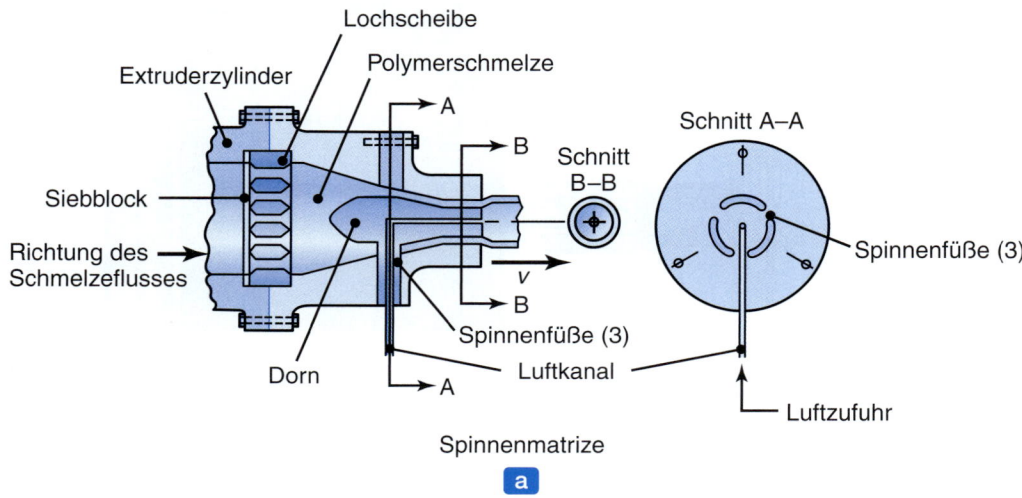

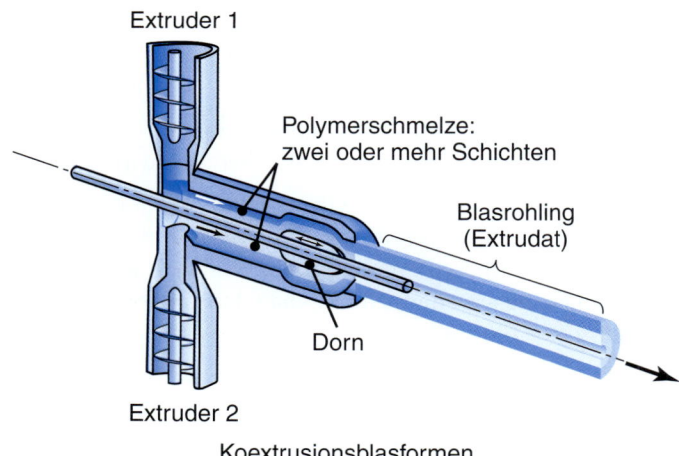

Abbildung 10.26: Extrudieren von Kunststoffrohren: (a) Extrudieren mit einem Spinnengesenk (siehe auch Abbildung 6.59) und Druckluft, (b) Koextrusion eines Rohrs zur Fertigung von Flaschen.

Kunststoffrohre und -leitungen werden in einem Extruder hergestellt, der mit einer *Spinnenmatrize* ausgerüstet ist, wie ▶ Abbildung 10.26a zeigt (Details siehe auch Abbildung 6.58). Für die Produktion von *verstärkten Schläuchen*, die höheren Drücken standhalten können, werden gewebte Faser- oder Drahtverstärkungen in den Extruder mit speziell entworfenen Werkzeugen eingespeist.

Bei der in Abbildung 10.26b dargestellten **Koextrusion** werden simultan zwei oder mehr Polymere durch eine gemeinsame Düse gepresst. Der Querschnitt des Produkts enthält somit verschiedene Polymere, jeweils mit eigenen Eigenschaften und Aufgaben. Koextrusion wird häufig für Formen wie Platten, Folien und Schläuche verwendet, speziell für Nahrungsmittelverpackungen, wo unterschiedliche Schichten von Polymeren unterschiedliche Funktionen erfüllen, unter anderem (a) Keimfreiheit für Nahrungsmittel und Getränke sicherstellen, (b) Barrieren für Flüssigkeiten wie zum Beispiel Wasser oder Öl schaffen und (c) zur Beschriftung des Produkts dienen.

Mit Kunststoffen beschichtete Drähte, Kabel und Bänder für die Elektrotechnik werden ebenfalls durch Koextrusion gefertigt und beschichtet. Der Draht wird in die Werkzeugöffnung mit gesteuerter Geschwindigkeit zusammen mit dem extrudierten Kunststoff eingeführt, damit eine einheitliche Beschichtung entsteht. Um eine ordnungsgemäße Isolierung sicherzustellen, werden extrudierte Elektrodrähte kontinuierlich auf ihren Widerstand hin überprüft, wenn sie die Extruderdüse verlassen. Außerdem werden sie automatisch mit einer Walze markiert, um den jeweiligen Drahttyp zu spezifizieren. Mit *Kunststoffen beschichtete Büroklammern* werden ebenfalls durch Koextrusion gefertigt.

10.10.2 Spritzgießen

Das *Spritzgießen* ist dem in Abbildung 5.24 gezeigten Warmkammerdruckgießen sehr ähnlich. Die Pellets oder das Granulat werden in einen erwärmten Zylinder eingeführt und dort geschmolzen. Die Schmelze wird dann in eine geteilte Spritzgießform gepresst (▶ Abbildung 10.27a), und zwar entweder durch einen hydraulischen Presskolben oder durch die rotierende Schnecke eines Extruders. Die meisten modernen Anlagen arbeiten mit *hin- und herlaufenden Schnecken* (Abbildung 10.27b). Wenn sich der Druck am Formeneingang aufbaut, dreht sich die rotierende Schnecke unter Druck rückwärts bis zu einem festgelegten Abstand. Somit wird das Volumen des einzuspritzenden Materials kontrolliert. Dann hält die Schnecke an und wird hydraulisch nach vorn gedrückt, wodurch der geschmolzene Kunststoff in den Formenhohlraum gepresst wird. Die Drücke beim Spritzgießen liegen normalerweise zwischen 70 und 200 MPa.

Zu den typischen Spritzgussprodukten gehören Tassen, Behälter, Gehäuse, Werkzeuggriffe, Knöpfe, Bauteile für elektronische und Kommunikationsgeräte (beispielsweise Mobiltelefone), Spielzeug und Armaturen. Während die Formen für Thermoplaste relativ kalt sind, presst man Duromere in beheizten Formen, sodass *Polymerisation* und *Vernetzung* stattfinden. Nachdem das Teil ausreichend gekühlt (Thermoplaste) bzw. ausgehärtet ist (Duromere), wird die Form geöffnet und das Teil entnommen. Nachdem die Form wieder geschlossen ist, wiederholt sich der Vorgang automatisch. Spritzgießen wird auch für Elastomere eingesetzt. Formen mit beweglichen und lösbaren Dornen sind ebenfalls gebräuchlich. Damit ist es möglich, Teile mit mehreren Hohlräumen sowie Innen- und Außengewinden herzustellen.

10 Polymere und verstärkte Kunststoffe; Rapid Prototyping und Rapid Tooling

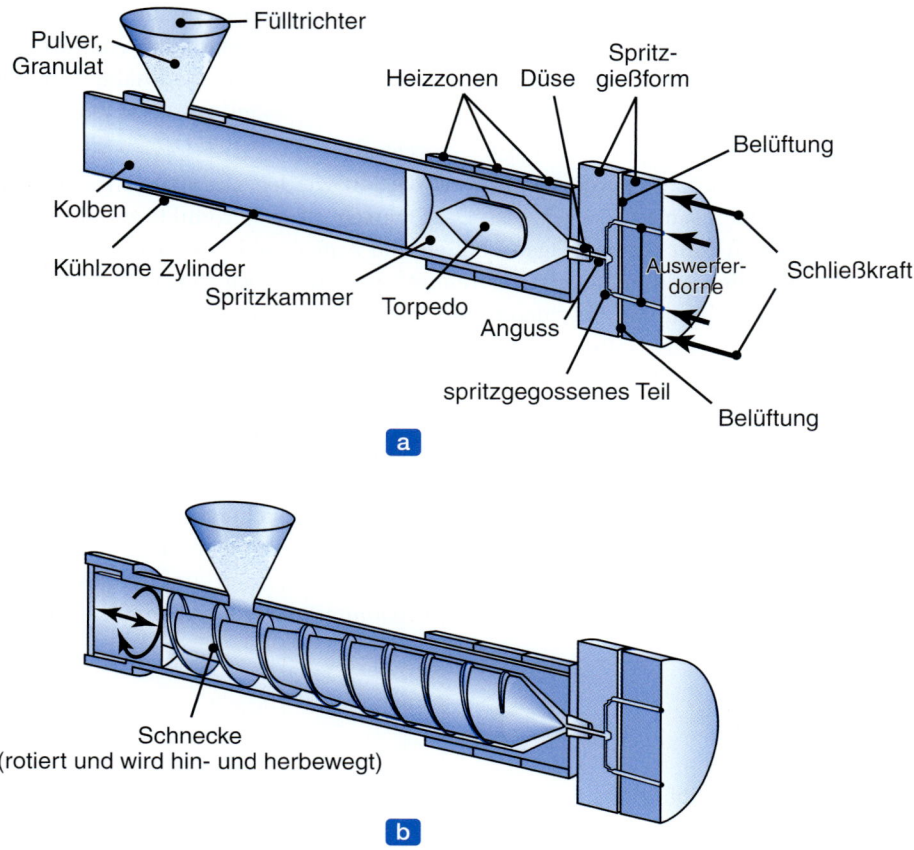

Abbildung 10.27: Spritzgießen mit (a) einem Kolben und (b) mit einer hin- und herbewegten rotierenden Schnecke. Telefonhörer, Rohrfittinge, Griffe von Handwerkzeug und Gerätegehäuse werden durch Spritzgießen gefertigt.

Da das Material beim Einspritzen in die Form geschmolzen ist, lassen sich komplizierte Formen mit guter Maßhaltigkeit herstellen. Allerdings ist zu berücksichtigen, dass das gepresste Teil analog zum Metallguss (Kapitel 5) beim Abkühlen schrumpft. Außerdem ist der thermische Ausdehnungskoeffizient bei Kunststoffen höher als bei Metallen (siehe Tabelle 3.3). Die lineare Schrumpfung liegt für Kunststoffe typischerweise zwischen 0,005 und 0,025 mm/mm, die Volumenschrumpfung reicht von 1,5 bis 7 % (siehe auch Tabelle 5.1 und Abschnitt 11.4). Schrumpfung beim Spritzgießen wird durch Überdimensionieren der Formen kompensiert.

Die folgenden Punkte gehen näher auf verschiedene Aspekte des Spritzgießens ein:

1 Formen: Spritzgussformen bestehen aus mehreren Teilen, die je nach Gestaltung Laufrinnen, Kerne, Hohlräume, Kühlkanäle, Einsätze, Ausstoßstifte und Auswerfereinheiten umfassen. Prinzipiell unterscheidet man drei Arten von Formen:

a. Die **Kaltkanal-Zweiplatten-Form** (▶ Abbildungen 10.28 und 10.29a) ist das grundlegende und einfachste Formenkonzept.
b. In der **Kaltkanal-Dreiplatten-Form** (Abbildung 10.29b) wird das Laufsystem nach dem Öffnen der Form vom Teil abgetrennt.
c. In der **Heißkanalform** bzw. im *Spritzgießwerkzeug für angussloses Spritzgießen* (Abbildung 10.29c) wird der geschmolzene Kunststoff in einer erwärmten Läuferplatte gehalten.

In Kaltkanalformen muss der erstarrte Kunststoff in den Kanälen, die den Formenhohlraum mit dem Ende des Zylinders verbinden, entfernt werden, was in der Regel durch Entgraten geschieht. Dieser Abfall wird normalerweise zerkleinert und recycelt. Bei den teureren Heißkanalformen gibt es keine Anschnitte, Läufe oder Gießtrichter, die mit dem Teil verbunden sind. Die Zykluszeiten sind kürzer, da nur das durch Spritzguss hergestellte Teil gekühlt und ausgeworfen werden muss.

Metallische Elemente wie zum Beispiel Schrauben, Stifte und Bänder können ebenfalls im Formenhohlraum platziert werden, wobei sie zu einem integralen Bestandteil des Spritzgussprodukts werden (**Einsatzformen**; ▶ Abbildung 10.30). Geläufige Beispiele sind elektrische Bauelemente und Werkzeuge wie Schraubendreher mit Plastikgriff. Das auch als **Koinjektion** oder *Sandwich-Gießverfahren* bezeichnete *Mehrkomponenten*-Spritzgießen erlaubt es, Teile mit einer Kombination von Farben und Formen zu erzeugen. Beispiele hierfür sind das mehrfarbige Gießen von Rücklichtabdeckungen für Kraftfahrzeuge und Kugelgelenke, die aus verschiedenen Werkstoffen bestehen. Bedruckte Folien lassen sich ebenfalls im Formenhohlraum platzieren. Die Teile müssen dann nicht in einem zusätzlichen Schritt nach dem Gießen dekoriert oder beschriftet werden.

Spritzgießen ist ein Verfahren für große Produktionsserien mit guter Maßhaltigkeit. Typische Zykluszeiten reichen von 5 bis 60 s, können aber auch bei mehreren Minuten für Duromere liegen. Die in der Regel aus Stahl oder einer Beryllium-Kupfer-Legierung hergestellten Formen können mit

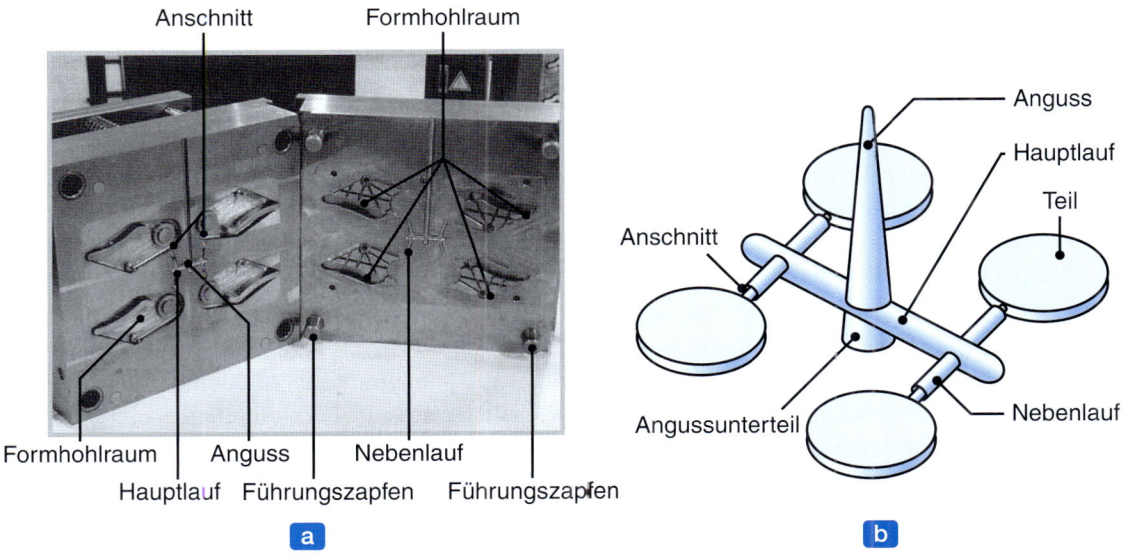

Abbildung 10.28: Merkmale von Spritzgussformen: (a) Zweiplatten-Form, (b) 4-fache Form.

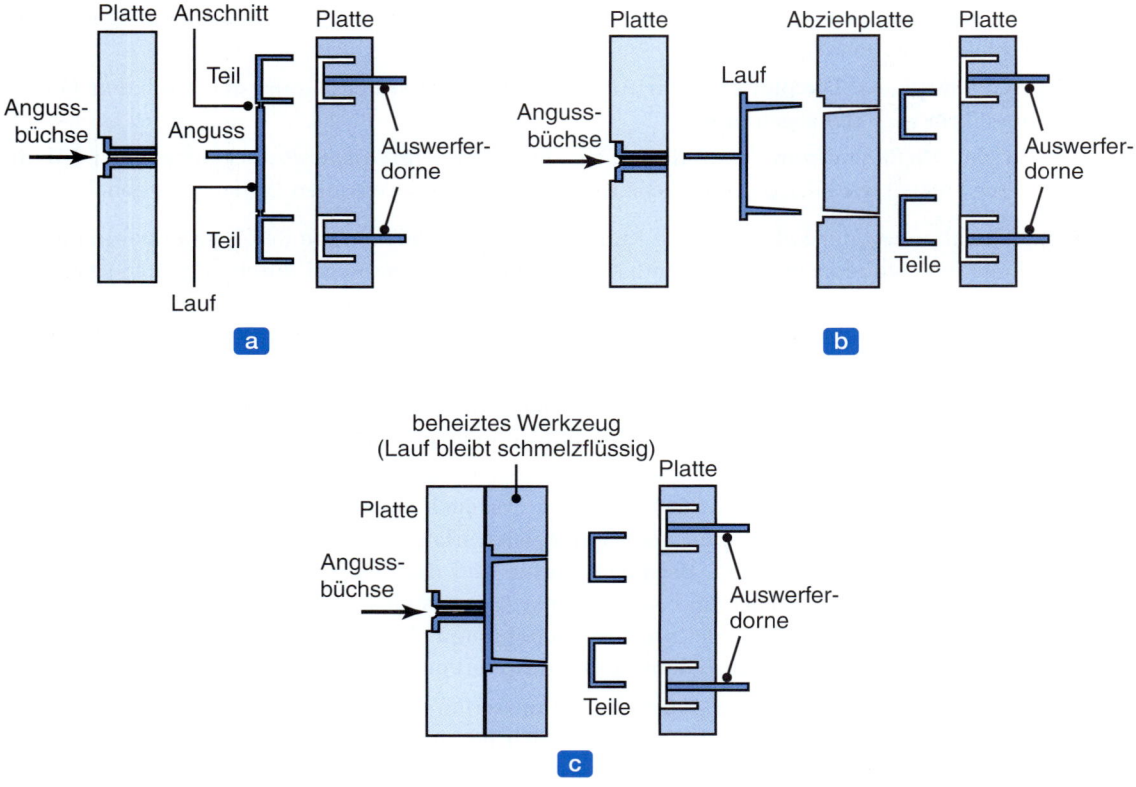

Abbildung 10.29: Typen von Spritzgussformen: (a) Zweiplatten-Form, (b) Dreiplatten-Form, (c) Heißkanalform.

mehreren *Hohlräumen* versehen sein, sodass sich mehrere Teile auf einmal im selben Zyklus herstellen lassen (wie beim Druckguss, Abschnitt 5.10.3). Der Formenentwurf und die Kontrolle des Materialflusses in den Gesenkhohlräumen sind wichtige Faktoren für die Produktqualität. Andere Faktoren, die sich auf die Produktqualität auswirken, sind Einspritzdruck, Temperatur und Zustand der Polymerschmelze. Mithilfe von Computermodellen ist es möglich, den Materialfluss in den Gesenken zu untersuchen, den Gesenkentwurf entsprechend zu verbessern und die richtigen Prozessparameter festzulegen.

2 Die **Maschinen** für das Spritzgießen sind normalerweise horizontal ausgeführt, wobei die Schließkraft für die Gesenke hydraulisch, gegebenenfalls auch elektrisch bereitgestellt wird. Elektrisch angetriebene Modelle wiegen weniger und sind leiser als hydraulische Maschinen. Vertikale Maschinen setzt man für die Herstellung kleiner Teile mit engen Toleranzen und für das Einsatzformen ein. Spritzgussmaschinen werden entsprechend der Kapazität der Spritzgussform und der Schließkraft klassifiziert. Diese Kraft reicht bei den meisten Maschinen von 0,9 bis 2,2 MN. Die größte in Betrieb befindliche Maschine hat eine Kapazität von 45 MN und kann Teile bis zu 25 kg produzieren. Typische Teile liegen allerdings im Bereich von 100 bis 600 g. Moderne Spritzgussmaschinen sind mit Mikroprozessoren und Mikrocomputern in einer Steuereinheit ausgerüstet, die sämtliche

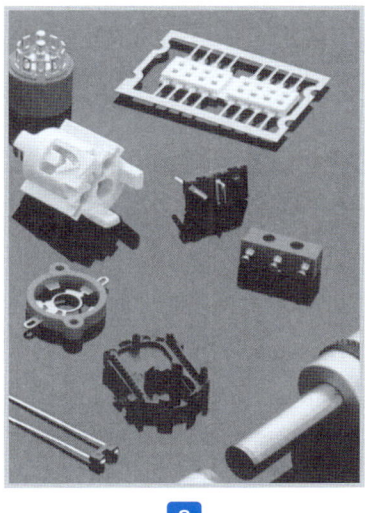 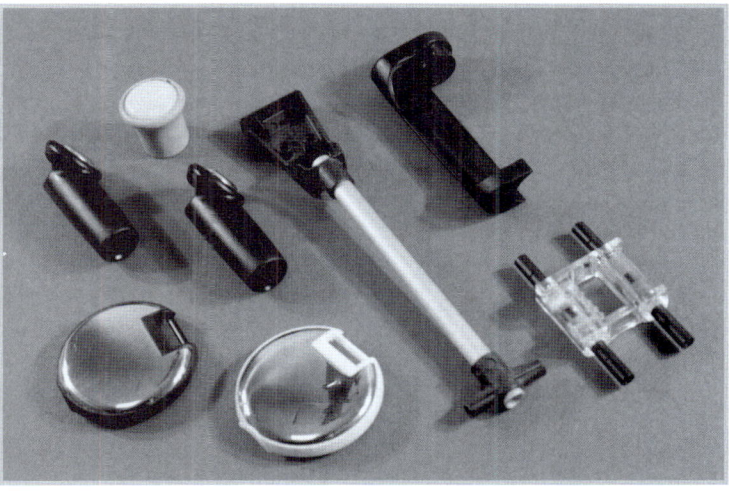

a **b**

Abbildung 10.30: Produkte, die mittels Spritzgießen mit Einlage gefertigt wurden. Metallteile werden während des Spritzgießens im Kunststoff eingebettet.

Aspekte im Betrieb überwachen. Aufgrund der hohen Formkosten (von ca. 15 000 bis 150 000 Euro) sind große Produktionsserien erforderlich, um eine derartige Investition zu rechtfertigen.

3 **Umspritzen** ist eine Technik zur Herstellung von Scharnieren und Kugelgelenken in einem Arbeitsgang. Mit zwei unterschiedlichen Kunststoffen wird gewährleistet, dass sich keine Bindung zwischen den beiden Teilen bildet, die die freie Bewegung der Komponenten stören könnte. Beim Umspritzen mit Kühlung verwendet man die gleiche Art Kunststoff für beide Teile, wie zum Beispiel für ein Scharnier. Dieser Vorgang umfasst einen einzelnen Durchlauf in einer Form mit zwei Kammern, wobei Kühlungseinsätze so positioniert werden, dass sich keine Verbindung zwischen den beiden Stücken bildet.

4 Beim **Reaktionsspritzgießen** (*reaction-injection molding*, RIM) wird eine Mischung aus zwei oder mehreren reaktiven Polymerschmelzen in den Formenhohlraum gepresst (▶ Abbildung 10.31). In der Form laufen dann chemische Reaktionen ab, das Polymer erstarrt und es entsteht ein Teil aus einem Duromer. Zu den Hauptanwendungen gehören Stoßfänger und Kotflügel für Automobile, thermische Isolierungen für Kühl- und Gefrierschränke sowie Versteifungen für Konstruktionselemente. Zudem lässt sich mit verschiedenen verstärkenden Fasern wie Glas oder Graphit die Festigkeit und Steifigkeit des Produkts verbessern.

5 Das **Schäumen** wird verwendet, um Kunststoffprodukte herzustellen, die eine feste Außenhaut und eine zellulare Innenstruktur haben. Zu den typischen Produkten gehören Möbelelemente, Fernsehschränke, Büromaschinengehäuse und Akkumulatorgehäuse. Es gibt zwar mehrere Verfahren zur Herstellung von Schaumformteilen, doch ähneln sie prinzipiell den Spritzgieß- oder Extrusionsverfahren. Für die Herstellung von Schaumformteilen lassen sich sowohl Thermoplaste als auch Duromere verwenden, wobei aber Duromere ähnlich wie Polymere für das Reaktionsspritzgießen im flüssigen Verarbeitungszustand vorliegen.

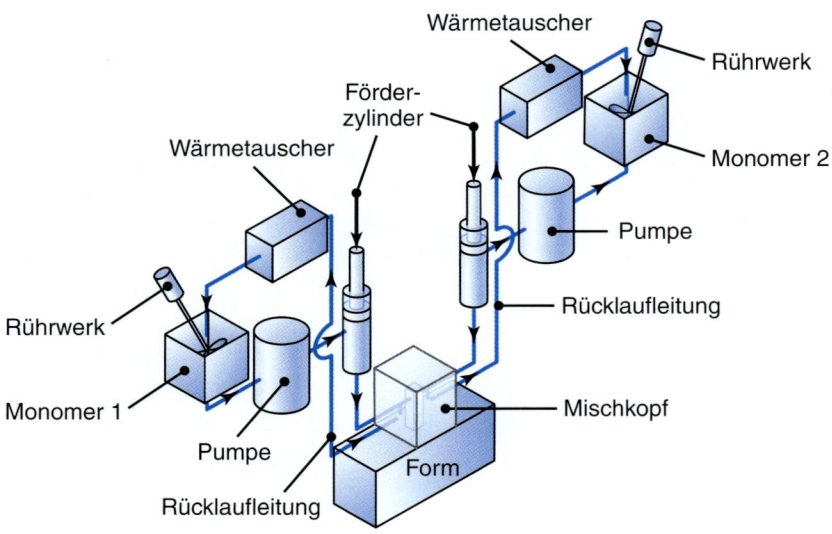

Abbildung 10.31: Schematische Darstellung des Reaktionsspritzgießens.

6 Beim **Schaumspritzgießen** werden Thermoplaste mit einem *Treibmittel* (normalerweise einem Inertgas wie Stickstoff oder einem chemischen Agens, das während des Formvorgangs Gas erzeugt) gemischt, welches das thermoplastische Polymer aufbläht. Der Kern des Teils ist zellular und die Außenhaut fest. Die Dicke der Haut kann bis zu 2 mm betragen und die Dichte des erzeugten Teils liegt bei lediglich 40 % der Dichte des massiven Kunststoffs. Die Teile haben folglich ein hohes Verhältnis von Steifigkeit zu Gewicht und können bis zu 55 kg wiegen.

Beispiel 10.7 **Spritzgießen von Zahnrädern**

Auf einer 2,5 MN-Spritzgussmaschine werden Stirnräder mit einem Durchmesser von 11,5 cm und einer Dicke von 1,3 cm hergestellt. Die Stirnräder sind feinverzahnt. Wie viele Zahnräder kann diese Maschine mit einem Satz von Formen produzieren? Wirkt sich die Dicke der Zahnräder auf das Ergebnis aus?

Lösung: Wegen des feinverzahnten Profils liegt der erforderliche Druck in der Formhöhlung wahrscheinlich in der Größenordnung von 100 MPa. Die (projizierte) Querschnittsfläche des Zahnrads beträgt $\pi 115^2 / 4 = 10\,387\,\text{mm}^2$. Nimmt man die Trennfläche der beiden Formenhälften als Mittelebene des Zahnrads an, berechnet sich die erforderliche Schließkraft für die Form zu $10\,387 \times 100 \approx 1{,}04\,\text{MN}$. Da die Kapazität der Maschine 2,5 MN beträgt, steht eine Schließkraft dieser Größe zur Verfügung. Die Form lässt sich also für zwei Hohlräume auslegen, um zwei Zahnräder pro Zyklus zu produzieren. Da die Dicke des Zahnrads keinen Einfluss auf die Querschnittsfläche hat, wirkt sie sich auch nicht unmittelbar auf den erforderlichen Druck aus. Das Ergebnis ist also für andere Zahnraddicken gleich.

10.10.3 Blasformen

Blasformen ist eine modifizierte Kombination von Extrusions- und Spritzgussverfahren. Beim **Extrusionsblasformen** wird ein Schlauch (a) extrudiert (normalerweise vertikal), (b) in eine Form mit einem Hohlraum, der wesentlich größer als der Schlauchdurchmesser ist, eingelegt und (c) dann nach außen geblasen, um den Formenhohlraum zu füllen (▶ Abbildung 10.32a). Das Blasen erfolgt gewöhnlich mit einem Druckluftstrom bei einem Druck von 350 bis 700 kPa. Bei manchen Verfahren kann die Extrusion kontinuierlich ablaufen, die Formen bewegen sich dann mit dem Schlauch. Die Formen umschließen den Schlauch, sperren beide Enden ab (wobei sie den Schlauch trennen) und bewegen sich dann weg, wenn Luft in das schlauchförmige Teil gepresst wird. Das Teil wird danach gekühlt und ausgeworfen. Durch kontinuierliches Blasformen werden *Wellrohre* und *-schläuche* hergestellt. Dabei wird das Rohr bzw. der Schlauch horizontal ausgestoßen und in sich bewegende Formen geblasen (siehe auch Abschnitt 10.10.1).

Beim **Spritzblasformen** wird zuerst ein kurzes rohrförmiges Stück (**Blasrohling**) durch Spritzgießen hergestellt (Abbildung 10.32b). Dann öffnet man die Gesenke und übergibt den Blasrohling an ein Blasformgesenk. In den Rohling wird heiße Luft eingeblasen, sodass der Formenhohlraum gefüllt wird. Nach diesem Verfahren stellt man zum Beispiel Kunststoffgetränkeflaschen und andere Hohlkörper her (Abbildung 10.32c).

Verbundblasformen verwendet durch Koextrusion hergestellte Blasrohlinge, sodass mehrschichtige Strukturen möglich sind. Typische Beispiele für Mehrschichtstrukturen sind Kunststoffverpackungen für Nahrungsmittel und Getränke, die als Duft- und Permeationssperre fungieren, Geschmacks- und Aromaschutz bieten, widerstandsfähig gegen Abnutzung sind, das Bedrucken ermöglichen und es erlauben, heiße Flüssigkeiten einzufüllen. Andere Anwendungen finden sich in der Kosmetik- und Pharmaindustrie.

10.10.4 Rotationsgießen

Die meisten Thermoplaste und bestimmte Duromere lassen sich mittels *Rotationsgießen* (auch Rotationsformen) zu großen Hohlkörpern formen. Auf diese Weise werden zum Beispiel Mülleimer, Bootsrümpfe, Kübel, Gehäuse, Spielzeug, Koffer und Bälle hergestellt. Die dünnwandige Metallform besteht aus zwei Teilen (*geteilte Matrize*), die für eine Drehung um zwei senkrechte Achsen konzipiert sind (▶ Abbildung 10.33). Eine vorher abgemessene Menge von Kunststoffpulver wird in eine warme Form gegeben. Das Pulver wird zuvor durch ein Polymerisationsverfahren produziert, das das Pulver aus einer Flüssigkeit ausscheidet. Dann wird die Form – normalerweise in einem großen Ofen – erwärmt, wobei sie um die beiden Achsen rotiert. Dieser Vorgang schleudert das Pulver gegen die Form, wo die Wärme das Pulver verschmilzt, ohne es tatsächlich zu schmelzen. Bei der Herstellung bestimmter Teile wird dem Pulver ein chemisches Agens zugesetzt, sodass nach der Formung des Teils in der Form eine Vernetzung durch kontinuierliches Erwärmen stattfindet. In den nach diesem Verfahren hergestellten Teilen lassen sich auch verschiedene metallische oder polymere **Einsätze** wie beim oben beschriebenen Einsatzformverfahren formen.

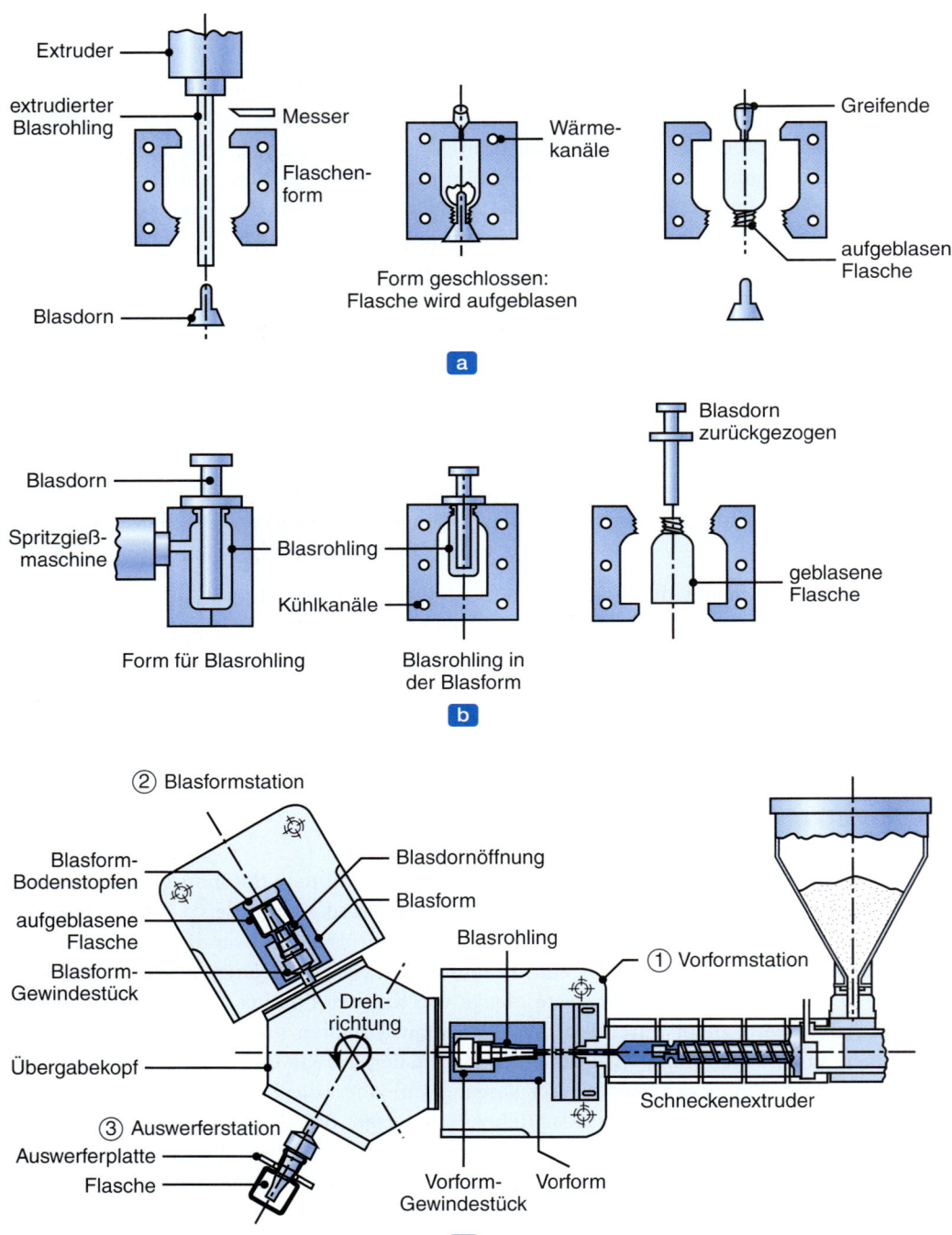

Abbildung 10.32: Schematische Darstellung (a) des Blasens von Getränkeflaschen aus Kunststoff, (b) des Spritzblasform-Verfahrens, (c) einer Spritzblasform-Maschine mit drei Arbeitsstationen.

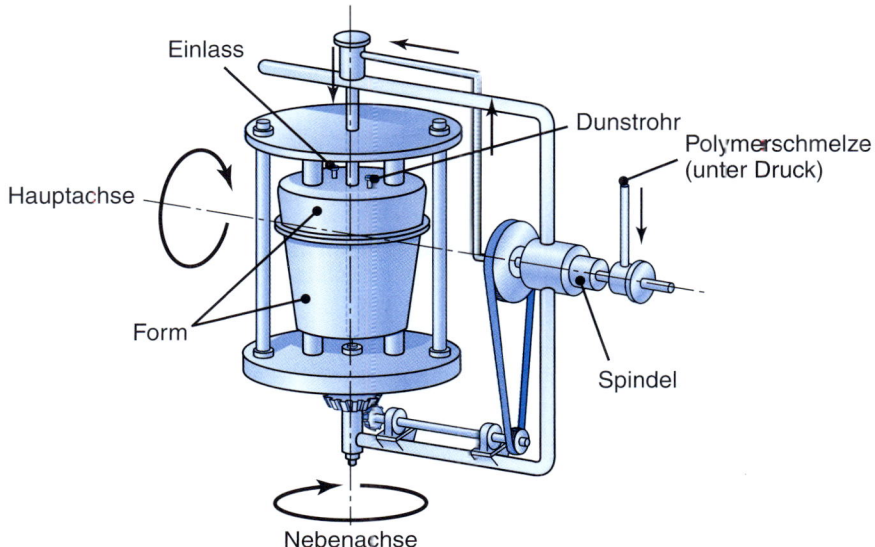

Abbildung 10.33: Rotationsgießverfahren (*rotomolding*, *rotocasting*), mit dem große, hohle Teile gefertigt werden (Abfalleimer, Kunststoffbälle, große Kunststofftiere).

Die als **Plastisole** bezeichneten flüssigen Polymere (mit Vinylplastisol als häufigstem Vertreter) können auch im sogenannten **Hohlgussverfahren** verarbeitet werden. Die Form wird dabei gleichzeitig erwärmt und gedreht, wobei die Schleuderwirkung die Polymerpartikel gegen die Innenwände der aufgeheizten Form presst. Beim Kontakt schmilzt das Material und überzieht die Wände der Form. Das Teil wird während des Drehvorgangs gekühlt und anschließend aus der geöffneten Form genommen.

Das Rotationsformen erlaubt es, komplexe Hohlkörper zu produzieren, wobei Wanddicken bis herab zu 0,4 mm möglich sind. Mit diesem Verfahren werden auch Teile bis zu einer Größe von 1,8 × 1,8 × 3,6 m³ geformt. Die äußere Oberfläche des Teils spiegelt genau die Oberflächengüte der Formenwände wider. Die Zykluszeiten sind zwar länger als bei anderen Verfahren, jedoch liegen die Ausrüstungskosten niedriger. In die Qualitätskontrolle sind die Masse des in die Form eingebrachten Pulvers, die Drehung der Form und die Temperatur-Zeit-Beziehung während des Ofenzyklus einzubeziehen.

10.10.5 Thermoformung

Thermoformung ist eine Familie von Verfahren für das Formen von thermoplastischen Tafeln oder Folien über einer Form unter Anwendung von Wärme und Druck oder Vakuum (▶ Abbildung 10.34). Eine Tafel (durch Extrudieren hergestellt) wird zuerst in einem Ofen bis zum **Erweichungspunkt**, jedoch nicht bis zum Schmelzpunkt erwärmt. Dann wird sie aus dem Ofen genommen, über einer Form platziert und durch Anwendung eines Vakuums gegen die Form gezogen. Da sich die Form gewöhnlich auf Raumtemperatur befindet, wird die erwünschte Gestalt des Teils durch den Kontakt mit der Form erzeugt. Aufgrund der geringen Festigkeit des geformten Werkstoffs genügt der durch das Vakuum ent-

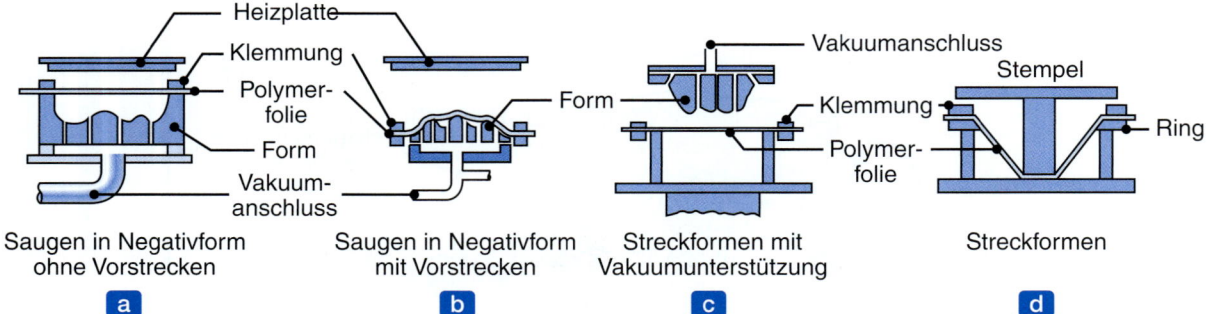

Abbildung 10.34: Verschiedene Varianten der Thermoformung von Flachmaterial aus Thermoplasten. Mit solchen Verfahren werden Werbeschilder, Behälter für Kekse und Süßigkeiten, Verpackungen und Seitenteile für Duschkabinen gefertigt.

stehende Druckunterschied normalerweise für das Formen. Bei bestimmten Teilen wird allerdings auch zusätzlich mit Druckluft oder mechanischen Mitteln gearbeitet.

Zu den typischen Teilen, die nach diesem Verfahren hergestellt werden, gehören Verpackungen, Werbeschilder, Kühlschrankauskleidungen, Gerätegehäuse und Seitenteile für Duschkabinen. Teile mit Öffnungen oder Löchern lassen sich nicht mit dieser Methode formen, weil sich der erforderliche Druckunterschied während der Formung nicht entwickeln kann. Da Thermoformung eine Kombination von Zieh- und Streckvorgängen ist, sollte das Material genau wie bei der Blechumformung (siehe Kapitel 7) eine möglichst große Gleichmaßdehnung zeigen, da es anderweitig einschnürt und versagt. Thermoplaste besitzen eine hohe Gleichmaßdehnung, dank ihrer großen Dehngeschwindigkeitsempfindlichkeit m (siehe Abschnitt 2.2.7).

Hohle Teile lassen sich mithilfe von Doppellagen („Twin-Sheets") herstellen. Bei diesem Verfahren werden die beiden Formenhälften mit den dazwischenliegenden erwärmten Lagen zusammengebracht. Die Lagen werden über eine Kombination des Vakuums in der Form und der Druckluft, die zwischen die Lagen gepresst wird, in die Formenhälften gezogen. Die Formwände verbinden auch die beiden Lagen (siehe die Diskussion zum **Heizplattenschweißen** in Abschnitt 12.16.1).

Formen für die Thermoformung bestehen normalerweise aus Aluminium, da keine hohe Festigkeit gefordert ist. Bohrungen in den Formen für Druckluft bzw. Vakuum sind im Allgemeinen kleiner als 0,5 mm im Durchmesser, damit keine Marken auf den geformten Folien zurückbleiben. Zu den Qualitätsbetrachtungen gehören Haarrisse, ungleichmäßige Wanddicken, ungenügend ausgefüllte Formen und schlechte Oberflächendetails (Bauteildefinition).

10.10.6 Formpressen

Beim *Formpressen* wird eine vorgeformte Materialcharge, ein abgemessenes Pulvervolumen oder eine viskose Mischung aus flüssigem Harz und Füllstoff direkt in einem geheizten Formhohlraum platziert. Das Formen geschieht unter Druck mit einem Kolben oder der oberen Hälfte des Werkzeugs, wie ▶ Abbildung 10.35 zeigt. Der Grat wird durch Schneiden oder andere Mittel entfernt. Nach diesem Verfahren werden zum Beispiel Griffe, Behälterkappen, Armaturen, elektrische und elektronische

10.10 Verarbeitung von Kunststoffen

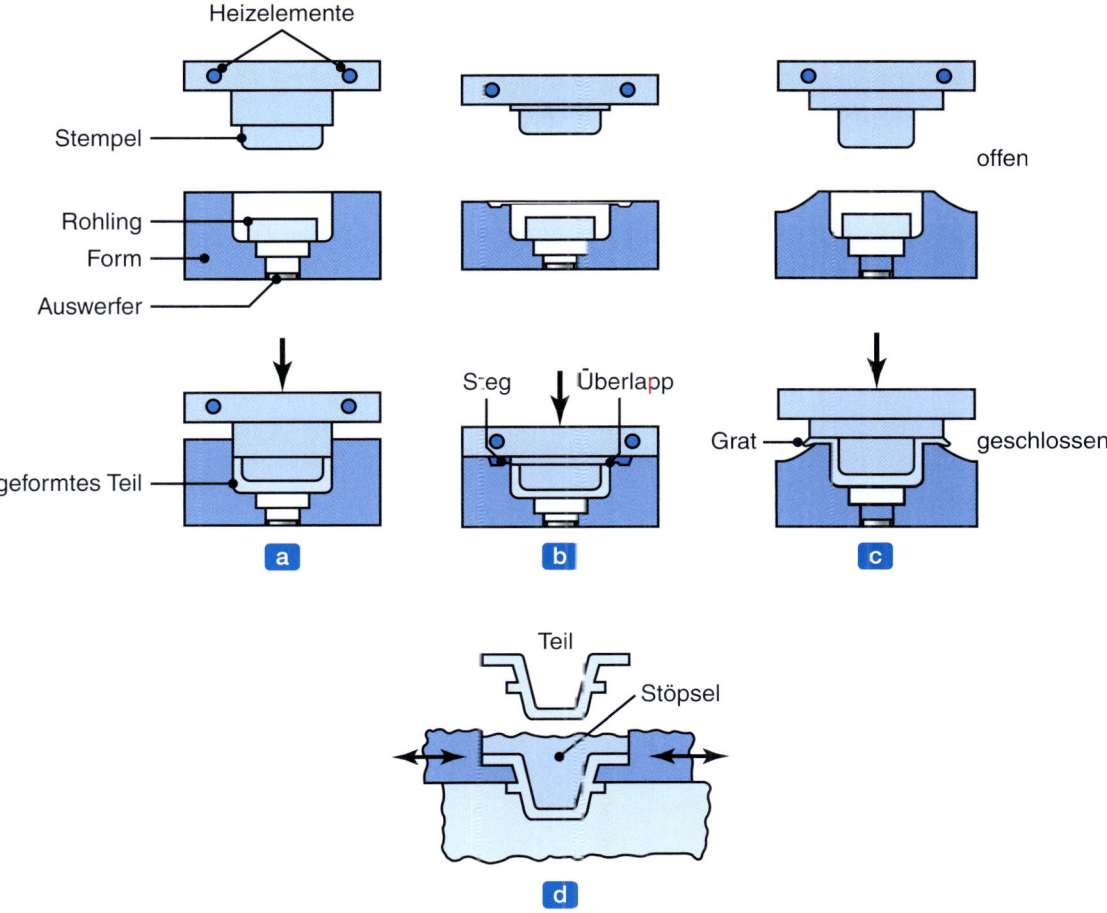

Abbildung 10.35: Verschiedene Varianten des Formpressens, das Ähnlichkeiten zum Schmieden aufweist: (a) positiv, (b) semipositiv, (c) Grat. Der Grat in Teil (c) wird abgetrennt. (d) Gestaltung des Gesenks zur Herstellung eines Teils mit Hinterschneidungen. Diese Gesenke können auch für andere Gieß- und Formoperationen verwendet werden.

Bauelemente, Rührwerke in Waschmaschinen und Gehäuse hergestellt. Elastomere und faserverstärkte Teile mit Langfasern werden ausschließlich mit diesem Verfahren geformt.

Formpressen wird hauptsächlich für Duromere verwendet, wobei sich das Ausgangsmaterial in einem teilweise polymerisierten Zustand befindet. Die Vernetzung wird im aufgeheizten Werkzeug abgeschlossen, wobei die Härtungszeiten je nach Polymer sowie Teilegeometrie und -dicke in der Regel zwischen 30 s und 5 min betragen. Je dicker das Teil ist, desto länger dauert die Aushärtung. Da die Werkzeuge für das Formpressen relativ einfach aufgebaut sind, kosten sie in der Regel weniger als Werkzeuge für das Spritzgießen. Es stehen drei Arten von Pressformen zur Verfügung: (1) **gratbildende** für flache oder ebene Teile, (2) **positive** für massive Teile und (3) **semipositive** für hochqualitative Produktion. Auch wenn Hinterschneidungen in Teilen nicht zu empfehlen sind, ist es durch eine entsprechende Gestaltung der Werkzeuge möglich, die Form seitlich zu öffnen (Abbildung 10.35d), um das Teil leicht entnehmen zu können. In der Regel ist die Teilekomplexität in diesem Verfahren geringer als beim Spritzgießen, jedoch lassen sich die Abmessungen besser kontrollieren.

10.10.7 Fließformen

Fließformen stellt eine weitere Entwicklung des Formpressverfahrens dar. Das ungehärtete Duromer wird in einem erwärmten Spritztopf bzw. einer Spritzkammer platziert (▶ Abbildung 10.36). Nachdem das Material die richtige Temperatur erreicht hat, wird es in erwärmte und geschlossene Formen eingespritzt. Je nach Art der verwendeten Maschine presst ein Dorn, ein Kolben oder ein rotierender Schneckenförderer das Material, sodass es durch die engen Kanäle in den Formenhohlraum fließt. Aufgrund der inneren Reibung erzeugt dieser Fluss Wärme, die die Temperatur des Materials erhöht und es homogenisiert. Dann härtet der Werkstoff durch Vernetzen aus. Da das Polymer beim Eintritt in die Formen geschmolzen wird, sind die Komplexität des Teils und die Kontrolle der Maßhaltigkeit dem Spritzgießen ähnlich.

Das Verfahren ist besonders für komplexe Formen mit variierenden Wanddicken geeignet. Typische Teile, die durch Fließformen hergestellt werden, sind unter anderem elektrische und elektronische Bauteile sowie Gummi- und Silikonteile. Die Formen für das Verfahren sind teurer als für das Formpressen. Zudem wird während des Einfüllvorgangs in den Kanälen der Form Material verschwendet (siehe auch die Diskussion zum *Harzinjektionsverfahren* in Abschnitt 10.11.1).

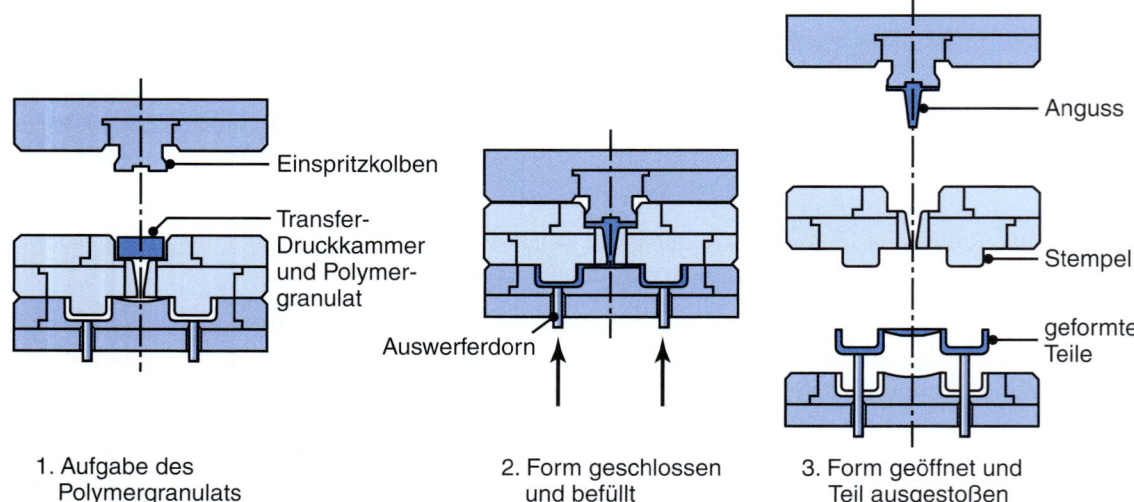

Abbildung 10.36: Abfolge des Fließformens von Duromeren. Das Verfahren ist besonders gut für die Fertigung von komplizierten Teilen mit unterschiedlichen Wandstärken geeignet.

10.10.8 Gießen

Verschiedene Thermoplaste wie Nylon und Acryl sowie Duromere wie Epoxidharze, Phenole, Polyurethane und Polyester lassen sich in starren oder flexiblen Formwerkzeugen in verschiedenste Formen *gießen* (▶ Abbildung 10.37a). Zu den typischen Beispielen für gegossene Teile gehören große Zahnräder, Lager, Laufräder, dicke Tafeln und Bauteile, die Beständigkeit gegen abrasiven Verschleiß aufweisen müssen. Beim Gießen von Thermoplasten wird eine Mischung aus Monomer, Katalysator und verschiedenen Additiven erwärmt und in die Form eingegossen. Das Teil erhält seine Form, nachdem die Polymerisation bei Umgebungsdruck eingesetzt hat. Komplizierte Konturen sind mit *flexiblen Formen* (aus Polyurethan bestehend) möglich, die dann abgezogen werden. **Schleudergießen** (Abschnitt 5.10.4) wird auch für Thermoplaste verwendet, einschließlich verstärkter Kunststoffe mit kurzen Fasern. Duromere werden in ähnlicher Weise gegossen. Die Teile ähneln den thermoplastischen Gussstücken.

Vergießen und Kapselung ist eine Variante des Gießens, die besonders für die Elektro- und Elektronikindustrie wichtig ist. Dabei wird der Kunststoff um ein elektrisches Bauteil gegossen, um es vollständig in den Kunststoff einzubetten. Das *Vergießen* (Abbildung 10.37b) erfolgt in einem Gehäuse, das zu einem integralen Bestandteil des Produkts wird. Beim *Verkapseln* (Abbildung 10.37c) wird das Bauteil mit einer Schicht des erstarrten Kunststoffs überzogen. In beiden Anwendungen dient der Kunststoff als Dielektrikum (Nichtleiter). Konstruktionselemente wie zum Beispiel Haken und Stifte können auch durch teilweise durchgeführte Kapselung gefertigt werden.

Schaumspritzgießen: Produkte wie Tassen aus Styropor und Lebensmittelbehälter, Dämmplatten und geformte Verpackungsmaterialien (wie zum Beispiel für Kameras, Computer, Instrumente und Elektronik) werden durch *Schaumspritzgießen* hergestellt. Das Material besteht aus *expandierbarem Polystyrol*. Dieses wird produziert, indem man Polystyrolkügelchen (aus der Polymerisation des Styrolmonomers erhalten) mit einem Treibmittel in eine Form gibt und sie erwärmt, was gewöhnlich mit Dampf geschieht. Durch den Wärmeeinfluss erweitern sich die Kügelchen (bis zum etwa 50-Fachen ihrer ursprünglichen Größe) und nehmen die Gestalt der Form an. Der Umfang der Ausdehnung lässt sich über Temperatur und Zeit steuern. Eine gebräuchliche Methode für das Formen ist die Verwendung von *vorexpandierten* Kugeln, wobei diese durch Dampf (bzw. heiße Luft, heißes Wasser oder in einem Ofen) in einer oben offenen Kammer expandiert werden. Die Kugeln erhalten dann in einen Lagerbehälter für 3 bis 12 Stunden die Möglichkeit, sich zu stabilisieren. Dann lassen sie sich in die endgültige Form bringen.

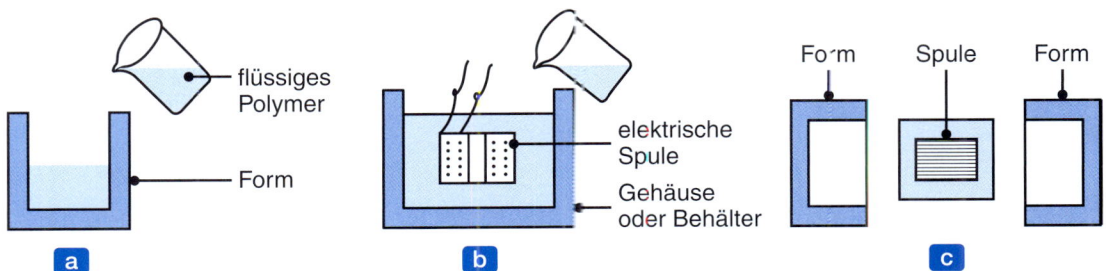

Abbildung 10.37: Schematische Darstellung der Verfahren (a) Gießen, (b) Vergießen und (c) Verkapseln von Polymeren.

Polystyrolkugeln sind in drei Größen erhältlich: (a) klein, für Produkte wie Tassen, (b) mittel, für geformte Teile wie Behälter und (c) groß, für das Formen von Dämmplatten (die sich dann auf die gewünschte Größe schneiden lassen). Die gewählte Kugelgröße hängt von der minimalen Wanddicke des Produkts ab. Man kann die Kugeln auch vor dem Expandieren färben oder ganz durchgefärbte Kugeln verwenden.

Verarbeitung von Polyurethanschaum: Mit diesem Verfahren werden Produkte wie Luftpolster und Dämmplatten hergestellt. Es umfasst mehrere Prozesse, die prinzipiell aus der Mischung von zwei oder mehreren chemischen Komponenten bestehen. Die Reaktion erzeugt eine zellulare Struktur, die in der Form erstarrt. Für dieses Verfahren gibt es verschiedene Niederdruck- und Hochdruckmaschinen mit Computersteuerungen, die unter anderem für die richtige Mischung sorgen.

10.10.9 Kaltformen und Formen in der festen Phase

Die in den Kapiteln 6 und 7 beschriebenen Verfahren der Kaltformgebung wie Walzen, Tiefziehen, Strangpressen (Extrusion), Gesenkschmieden, Prägen und Umformung mit flexiblen Medien sind ebenfalls geeignet, um Thermoplaste bei Raumtemperatur zu formen (*Kaltformung*). Als Polymere kommen dabei vor allem Polypropylen, Polykarbonat, ABS und hartes PVC infrage. Für die Materialauswahl kommt es in erster Linie darauf an, dass (a) das Material bei Raumtemperatur genügend duktil sein muss (wodurch Polystyrol, Acryl und Duromere ausscheiden) und (b) die Verformung des Materials nicht wieder zurückgeht, um Rückfederung und Kriechen zu minimieren.

Kaltformung von Kunststoffen zeichnet sich gegenüber anderen formgebenden Verfahren durch folgende Vorteile aus:

1. Festigkeit, Zähigkeit und einheitliche Längung des Materials werden erhöht.
2. Polymere mit hoher Molekülmasse sind geeignet, um Teile mit überlegenen Eigenschaften herzustellen.
3. Die Formungsgeschwindigkeiten werden nicht durch die Dicke des Teils beeinflusst, da weder eine Erwärmung noch eine Abkühlung stattfindet.
4. Die typischen Zykluszeiten sind kürzer als die für Pressformverfahren.

Formen in der festen Phase wird bei einer Temperatur von etwa 10 bis 20 °C unterhalb der Schmelztemperatur des Kunststoffs durchgeführt (siehe Tabelle 10.2), wenn es sich um ein kristallines Polymer handelt, und es wird umgeformt, solange es sich noch in einem festen Zustand befindet. Die Vorteile des Formens in der festen Phase gegenüber der Kaltformung liegen darin, dass die Formungskräfte und die Rückfederung beim ersten Verfahren geringer sind. Diese Methoden sind nicht so gebräuchlich wie die Methoden zur Verarbeitung von Schmelzen und im Allgemeinen auf spezielle Anwendungen beschränkt.

10.10.10 Verarbeitung von Elastomeren

Um Elastomere zu formen, eignen sich verschiedene Verfahren, die für das Formen von Thermoplasten verwendet werden. Thermoplastische Elastomere werden häufig durch Extrusion und Spritzgießen

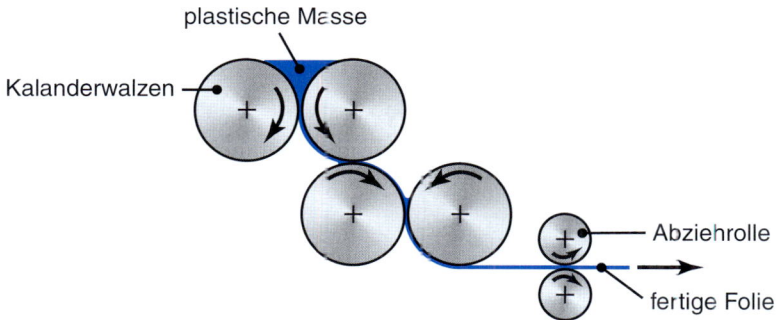

Abbildung 10.38: Herstellung von Flachmaterial aus Elastomeren und Thermoplasten mittels Kalandrieren.

geformt, wobei Spritzgießen das wirtschaftlichste und schnellste Verfahren ist. In Bezug auf die Verarbeitungseigenschaften ist ein thermoplastisches Elastomer ein Polymer, in Bezug auf Funktion und Leistung ist es ein Gummi (siehe Abschnitt 10.8). Diese Polymere können auch durch Blasformen und Thermoformung in die gewünschte Gestalt gebracht werden. Thermoplastisches Polyurethan kann mit allen herkömmlichen Methoden geformt werden. Es lässt sich auch mit thermoplastischen Gummis, Polyvinylchlorid-Verbindungen, ABS und Nylon mischen. Beim Extrudieren liegen die Temperaturen im Bereich von 170 bis 230 °C und beim Formen bei bis zu 60 °C. Durch Extrudieren werden typischerweise Produkte wie Schläuche, Formteile und Fahrradschläuche hergestellt. Die Anwendungspalette für Spritzgussprodukte ist sehr breit und umfasst unter anderem Spielzeug, Schalttafeln und andere Bauteile für Kraftfahrzeuge sowie Gehäuse, Unterbauten und Steuerungen im Gerätebau.

Gummi und einige Thermoplastplatten werden durch **Kalandrieren** geformt (▶ Abbildung 10.38). Dabei wird eine warme Masse des Werkstoffs durch eine Reihe von Walzen geführt (*geknetet*) und dann in Form einer Tafel abgezogen. Der Gummi kann auch zwischen den Oberflächen von zwei Gewebebahnen geformt werden. Unregelmäßig geformte Gummiprodukte wie zum Beispiel Handschuhe und Luftballons werden hergestellt, indem man wiederholt eine starre Form in eine flüssige Verbindung aus Gummi und Lösungsmittel eintaucht, das an der Form haften bleibt. Das Lösungsmittel verdunstet und der Gummi wird – normalerweise in Dampf – **vulkanisiert** und von der Form abgezogen.

10.11 Verarbeitung von verstärkten Kunststoffen

Wie Abschnitt 10.9 beschrieben hat, gehören verstärkte Kunststoffe zu den wichtigsten Werkstoffen. Technisch ist es möglich, sie entsprechend spezifischen Entwurfsanforderungen wie zum Beispiel großen Verhältnissen von Festigkeit zu Gewicht und von Steifigkeit zu Gewicht sowie guter Kriechbeständigkeit herzustellen. Aufgrund ihrer besonderen Struktur und den Eigenschaften ihrer einzelnen Komponenten erfordern verstärkte Kunststoffe spezielle Methoden, um sie zu nützlichen Produkten zu formen (▶ Abbildung 10.39).

Die erforderliche Sorgfalt und die zahlreichen Schritte bei der Herstellung von verstärkten Kunststoffen machen die Verarbeitungskosten zu einem entscheidenden Element. Somit ist die sorgfältige Beur-

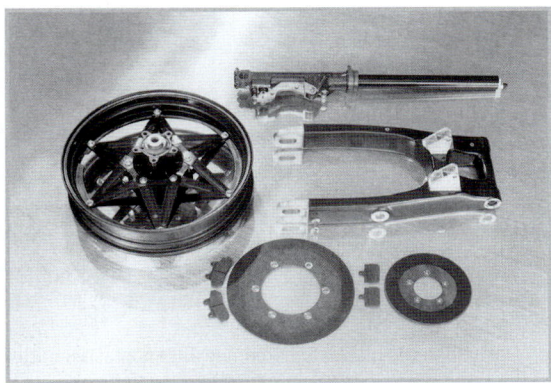

Abbildung 10.39: Verstärkte Kunststoffteile für ein Honda-Motorrad. Man erkennt die vordere und hintere Gabel, eine Hinterradschwinge, ein Speichenrad und Bremsscheiben.

teilung und Integration des Entwurfs und der Verarbeitungsverfahren (*concurrent engineering*, siehe Abschnitt 1.2) wesentlich, um Kosten zu minimieren und gleichzeitig die Produktintegrität und die Produktionsrate zu gewährleisten. Ein wichtiger Umweltaspekt in Bezug auf verstärkte Kunststoffe ist der bei der Verarbeitung entstehende Staub, beispielsweise aufgewirbelte Kohlenstofffasern, die bekanntermaßen noch lange nach Abschluss der Teilefertigung im Arbeitsbereich verbleiben.

Verstärkte Kunststoffe lassen sich normalerweise durch die in diesem Kapitel beschriebenen Verfahren herstellen, wobei lediglich die Anwesenheit mehrerer Materialarten im Verbundwerkstoff zu berücksichtigen ist. Wie in Abschnitt 10.9 beschrieben, kann die Verstärkung aus geschnittenen Fasern, Geweben oder Matten, Vorgarnen oder Garnen (leicht verdrillten Fasern) oder durchgehenden Fasern bestehen. Kurzfasern setzt man häufig thermoplastischen Werkstoffen beim Spritzgießen zu, gemahlene Fasern können beim **Reaktionsspritzgussverfahren** verwendet werden und länger geschnittene Fasern sind hauptsächlich beim Formpressen von verstärkten Kunststoffen gebräuchlich. Um gute Haftung zwischen den Fasern und der Polymermatrix zu erhalten und die Fasern während nachfolgender Verarbeitungsschritte zu schützen, werden die Fasern zuerst durch **Imprägnieren** (*Schlichten*) oberflächenbehandelt.

Wenn die Imprägnierung als eigenständiger Schritt ausgeführt wird, bezeichnet man die dabei entstehenden teilweise gehärteten Produkte jeweils wie folgt:

1. **Prepregs:** Die kontinuierlichen Fasern werden ausgerichtet (▶ Abbildung 10.40a) und einer Oberflächenbehandlung unterzogen, um ihre Adhäsion für die Polymermatrix zu erhöhen. Dann werden die Fasern in ein Harzbad getaucht, um sie zu beschichten, und zu einer *Folie* oder einem *Band* geformt (Abbildung 10.40b). Schließlich fügt man einzelne Teile der Folie zu laminierten Strukturen zusammen, wie zum Beispiel beim Höhenleitwerk des Kampfflugzeugs F-14. Für derartige Aufgaben gibt es spezielle computergesteuerte Bandablegemaschinen. Typische Produkte sind flache oder gewellte Wandverkleidungen, Tafeln für Konstruktionsaufgaben und zur elektrischen Isolierung sowie Flugzeugbaugruppen, deren Eigenschaften und Dauerfestigkeit bei unterschiedlichsten Umgebungsbedingungen beibehalten werden müssen.

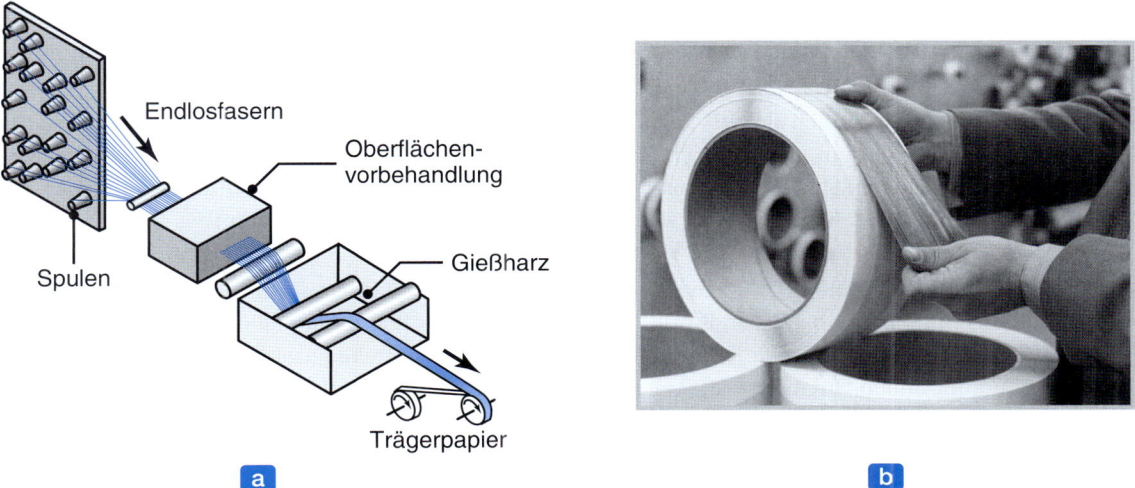

Abbildung 10.40: (a) Herstellung eines Polymer-Matrix-Verbundwerkstoffs, (b) Folie aus Borfaser-Epoxid-Prepreg. Nach (a) T.-W. Chou, R.L. McCullough und R.B. Pipes, (b) Textron Systems.

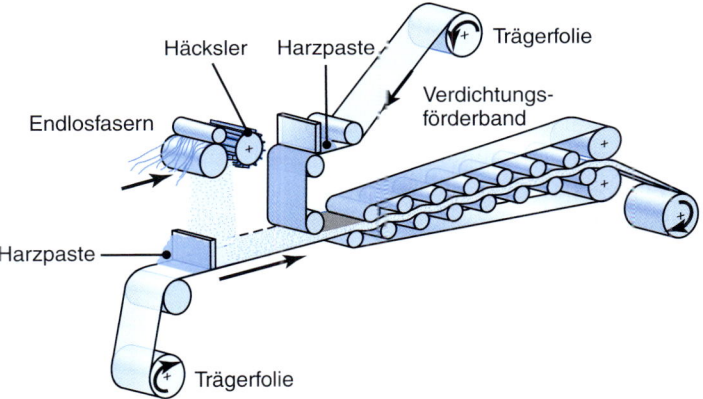

Abbildung 10.41: Herstellverfahren für verstärktes Flachmaterial (formbarer Schichtwerkstoff, *sheet-molding compound*, SMC). Das Band kann danach in verschiedene Produkte weiterverarbeitet werden. Nach T.-W. Chou, R.L. McCullough und R.B. Pipes.

2 **Formbarer Schichtwerkstoff** (*sheet-molding compound*, SMC): Kontinuierliche Stränge von Verstärkungsfasern werden zu kurzen Fasern geschnitten (▶ Abbildung 10.41) und über einer Schicht aus Harzpaste (normalerweise einer Polyestermischung) abgeschieden, die auf einer Polymerfolie wie zum Beispiel Polyethylen aufgetragen wird. Darüber kommt eine zweite Schicht aus Harzpaste. Die dabei entstandene Tafel durchläuft dann zum Pressen eine Walze. Anschließend wird das Produkt aufgerollt oder lagenweise in Behältern aufbewahrt, bis es nach einer *Reifungsperiode* die gewünschte Viskosität für eine Formung erreicht hat. Die Reifung dauert gewöhnlich einen Tag, wobei Temperatur und Feuchtigkeit gesteuert werden. Der gereifte Schichtwerkstoff fühlt sich lederartig an und hat eine Lagerfähigkeit von etwa 30 Tagen und muss in diesem Zeitraum verarbeitet werden. Alternativ kann man Harz und Fasern erst zu dem Zeitpunkt mischen, wenn diese Stoffe in die Form gebracht werden.

3 **BMC-Formmasse:** Die auch als *bulk-molding compound* bezeichneten Verbundwerkstoffe haben die Form von Knüppeln mit einem Durchmesser bis zu 50 mm und werden in der gleichen Weise wie formbare Schichtwerkstoffe (SMC) hergestellt, d. h. durch Extrusion. Wenn BMC-Formmassen zu Produkten verarbeitet werden, haben sie Fließeigenschaften ähnlich denen von Teig. Daher bezeichnet man sie auch als *teigförmige Pressmassen*.

4 **Thick-molding compound (TMC):** Dieser Verbundwerkstoff kombiniert die Eigenschaften von BMC-Formmassen (geringe Kosten) und formbaren Schichtwerkstoffen (höhere Festigkeit), wird normalerweise durch Spritzgießen verarbeitet und verwendet geschnittene Fasern verschiedener Längen. Aufgrund der hohen Isolationsfestigkeit von TMCs, werden sie beispielsweise für elektrische Bauteile eingesetzt.

Beispiel 10.8 **Tennisschläger aus Verbundwerkstoffen**

Um bestimmte wünschenswerte Eigenschaften wie zum Beispiel geringes Gewicht und hohe Steifigkeit zu realisieren, werden Tennisschläger aus Verbundwerkstoffen mit Graphit, Glasfasern, Bor, Keramik (Siliziumkarbid) und Kevlar als verstärkende Fasern hergestellt. Die Schläger besitzen einen Schaumkern, manche haben unidirektionale Verstärkungen, andere geflochtene Verstärkungen. Schläger mit Borfasern weisen die höchste Steifigkeit auf, gefolgt von Schlägern mit Graphit-(Kohlenstoff-), Glas- und Kevlarfasern. Der Schlägertyp mit der geringsten Steifigkeit enthält 80 % Glasfasern. Demgegenüber besteht der steifste Schläger aus 95 % Graphit und 5 % Borfasern. Somit hat er den höchsten prozentualen Anteil der preiswerten Verstärkungsfaser und den kleinsten Prozentsatz der teuersten Faser.

10.11.1 Formen

Die folgenden Punkte beschreiben die fünf prinzipiellen Methoden, verstärkte Kunststoffe zu formen.

1 **Formpressen:** Bei diesem Verfahren wird das Material zwischen zwei Formen gebracht und Druck ausgeübt. Abhängig vom Werkstoff werden die Formen entweder bei Raumtemperatur belassen oder erwärmt, um die Härtung zu beschleunigen. Das Material kann als Formmasse (*bulk-molding compound*, BMC) vorliegen, d. h. als viskose, klebrige Mischung von Polymeren, Fasern und Additiven. Es wird im Allgemeinen zu einem Knüppel geformt, dann in die gewünschte Größe geschnitten und schließlich in der Form platziert. Die Faserlängen reichen meistens von 3 bis 50 mm, teilweise bis zu 75 mm. Für das Formen kommen auch formbare Schichtwerkstoffe (SMC) infrage. Diese Verbundstoffe sind BMCs ähnlich, außer dass die Harz-Faser-Mischung zwischen Kunststofffolien ausgelegt wird, um eine leicht zu verarbeitende Sandwichstruktur zu erzeugen. Die Folien werden entfernt, nachdem der Schichtwerkstoff in die Form eingelegt wurde.

10.11 Verarbeitung von verstärkten Kunststoffen

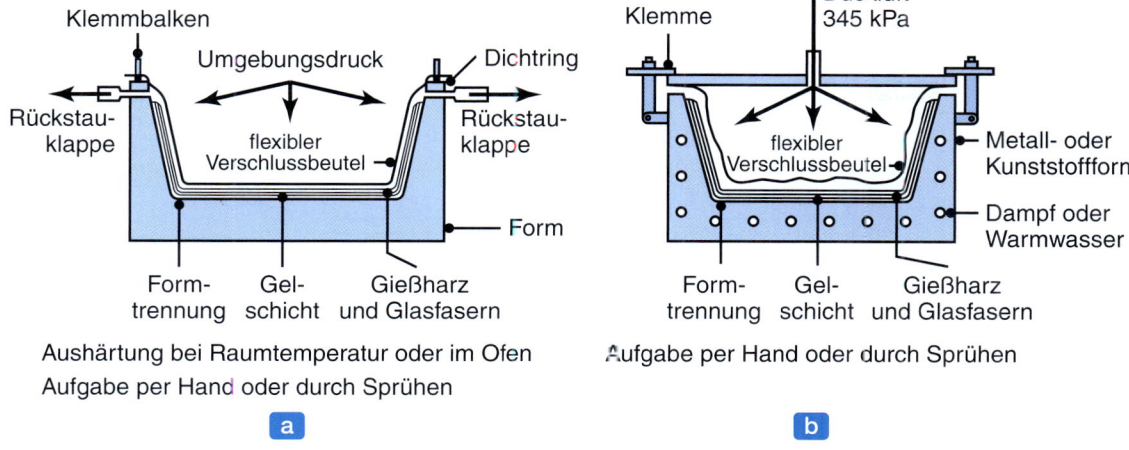

Abbildung 10.42: (a) Vakuum-Taschen-Formen, (b) Druck-Taschen-Formen. Nach T.H. Meister.

2 **Vakuum-Taschen-Formen:** Wie ▶Abbildung 10.42 zeigt, wird das vorgetränkte Material in eine Form gelegt, die Auflage mit einer Kunststofftasche abgedeckt und ein Vakuum erzeugt, um den erforderlichen Druck zum Formen der erwünschten Gestalt und zum Entwickeln einer guten Bindung zu erhalten. Falls zusätzliche Wärme und Druck notwendig sind, wird der gesamte Aufbau in einem **Autoklaven** platziert. Es ist besonders darauf zu achten, die Ausrichtung der Fasern beizubehalten, wenn bestimmte Faserrichtungen gewünscht werden. In Werkstoffen mit geschnittenen Fasern ist keine bestimmte Ausrichtung vorgesehen. Um zu verhindern, dass Harz an der Vakuumtasche kleben bleibt, und das Entfernen von überflüssigem Material zu erleichtern, werden mehrere Folien aus unterschiedlichen Werkstoffen (*Trenntücher*) über die Prepreg-Folien gelegt. Die Formen lassen sich zwar aus Metall (in der Regel Aluminium) herstellen, häufiger verwendet man das gleiche Harz (mit Verstärkung) wie das zu härtende Material. Dadurch eliminiert man jegliche Probleme wegen unterschiedlicher Wärmeausdehnung zwischen der Form und dem Teil.

3 **Laminieren:** Dieses Verfahren eignet sich für Produkte mit hohen Verhältnissen von Oberfläche zu Dicke, beispielsweise für Swimmingpools, Boote, Duschkabinen und Gehäuse aller Art. Es verwendet lediglich ein Formunter- oder -oberteil, das aus Werkstoffen wie verstärkten Kunststoffen, Holz oder Gips hergestellt ist. Laminieren ist ein Nassverfahren, da die Verstärkung während der Formgebung imprägniert wird. Die einfachste Methode wird als *Handlaminieren* bezeichnet. Die Materialien werden manuell in die Form eingelegt und geformt (▶Abbildung 10.43a), das Pressen treibt eingefangene Luft aus und verdichtet das Teil.

Formen ist auch durch Spritzen (*Aufsprühen*) möglich (siehe Abbildung 10.43b). Zwar lässt sich das Spritzen automatisieren, doch sind diese Vorgänge relativ langsam und die Arbeitskosten hoch. Allerdings sind sie einfach und die Werkzeugkosten gering. Lediglich die formenseitige Oberfläche des Teils ist glatt und die Auswahl der verarbeitbaren Werkstoffe ist beschränkt. Mit diesem Verfahren lassen sich viele Arten von Bootsrümpfen herstellen, wie Abbildung 10.43c zeigt.

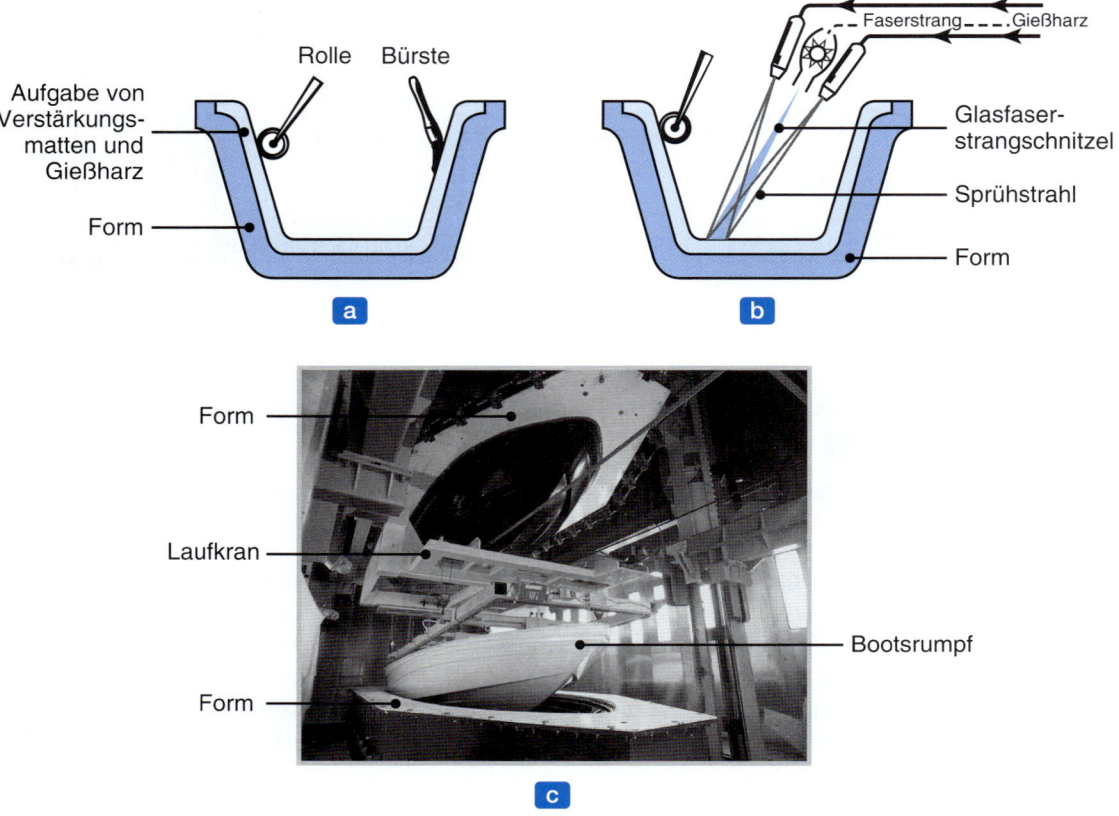

Abbildung 10.43: Manuelle Verarbeitung von verstärkten Kunststoffen: (a) Auflegen per Hand (Handlaminieren), (b) Aufsprühen. Diese Verfahren werden als solche mit *offener Form* bezeichnet. (c) Rumpf eines Boots, das mit diesen Verfahren hergestellt wurde.

4. **RTM-Verfahren** (*resin transfer molding*): Dieses Verfahren beruht auf dem Fließformen, siehe Abschnitt 10.10.7, wobei ein mit einem Katalysator gemischtes Harz durch eine Kolbendruckpumpe in einen Formenhohlraum gepresst wird, der mit Faserverstärkung gefüllt ist. Dieses Verfahren ist eine praktikable Alternative zum Handlaminieren, Aufsprühen und Formpressen, speziell für die Produktion von kleinen bis mittleren Serien.

5. **Fließform-Spritzgießen:** Dies ist ein automatisierter Vorgang, der Formpressen, Spritzgießen und Fließformen kombiniert. Folglich profitiert er von den Vorteilen der einzelnen Verfahren und liefert Teile mit verbesserten Eigenschaften.

10.11.2 Wickeln, Pultrusion

Das **Fadenwickelverfahren** ist ein wichtiges Verfahren, bei dem das Harz und die Fasern während der Aushärtezeit zusammengebracht werden. Symmetrische Teile wie zum Beispiel Röhren und Lagertanks

10.11 Verarbeitung von verstärkten Kunststoffen

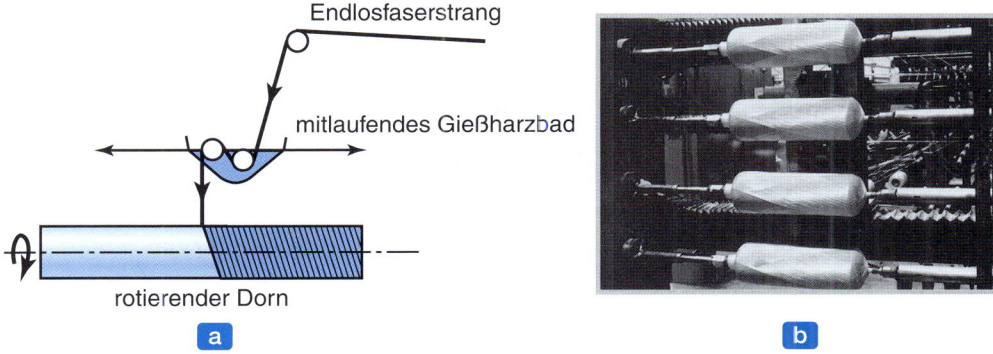

Abbildung 10.44: (a) Schematische Darstellung des Wickelns von Filamenten per Hand, (b) Glasfasern, die um einen Aluminiumzylinder gewickelt werden. Die ausgehärteten und entformten Teile werden als Druckspeicher für das Aufblasen der Seitenteile der Ausstiegsrutschen des Flugzeugs Boeing 767 verwendet.

werden nach dieser Methode hergestellt. Die für die Verstärkung verwendeten Fasern, Bänder oder Vorgarne werden kontinuierlich um einen rotierenden Dorn oder eine Form gewunden. Um sie zu imprägnieren, durchlaufen die Verstärkungen ein Polymerbad (► Abbildung 10.44a). Das Verfahren lässt sich modifizieren, indem der Dorn mit vorimprägniertem Material umwickelt wird.

Die per Fadenwickelverfahren hergestellten Produkte sind aufgrund ihrer ausgeprägten Verstärkungsstruktur sehr fest. Das Verfahren eignet sich auch, um die Festigkeit von zylindrischen oder kugelförmigen Druckkesseln aus Werkstoffen wie Aluminium oder Titan zu erhöhen (Abbildung 10.44b). Durch die metallische Innenauskleidung wird das Teil undurchlässig. Fadenwickeln kann direkt über Formen von Feststoffraketentreibsätzen angewendet werden. Computergesteuerte Maschinen mit 7 Achsen (siehe Anhang A), die automatisch mehrere unidirektionale Prepregs verteilen, ermöglichen es, asymmetrische Teile herzustellen, wie zum Beispiel im Flugzeugbau für Lufteintrittskanäle bei Strahltriebwerken, Rumpfteile, Propeller, Flügel und Verstrebungen.

Durch **Strangziehen (Pultrusion)** werden Teile mit großen Verhältnissen von Länge zu Querschnittsfläche und verschiedenartigen konstanten Profilen hergestellt, beispielsweise Stangen, Konstruktionsprofile und Rohrleitungen (vergleichbar mit gezogenen Metallprodukten, Abschnitt 6.5). Zu den typischen Produkten gehören Schäfte für Golfschläger, Antriebswellen und Gerüstbauteile wie Leitern, Laufstege und Handläufe. Bei diesem Anfang der 1950er Jahre entwickelten Verfahren werden die kontinuierlichen Verstärkungen (Vorgarn oder Gewebe) durch ein Duromer-Polymer-Bad und dann durch ein langes, aufgeheiztes Werkzeug gezogen (► Abbildung 10.45). Das Produkt härtet auf seinem Weg durch das Werkzeug aus und wird dann auf die gewünschten Längen geschnitten. Das gebräuchlichste Material für Strangziehen ist Polyester mit Glasverstärkungen.

Pulformen: Produkte, die mit kontinuierlichen Fasern verstärkt sind und eine konstante Querschnittsfläche haben, werden auch durch *Pulformen* hergestellt. Nach dem Durchlauf durch das Polymerbad wird der Verbundwerkstoff zwischen die beiden Hälften eines Werkzeugs geklemmt und zum fertigen Produkt ausgehärtet. Die Werkzeuge laufen um und formen die Produkte nacheinander. Nach diesem Verfahren werden zum Beispiel glasfaserverstärkte Hammergriffe und gebogene Blattfedern im Fahrzeugbau hergestellt.

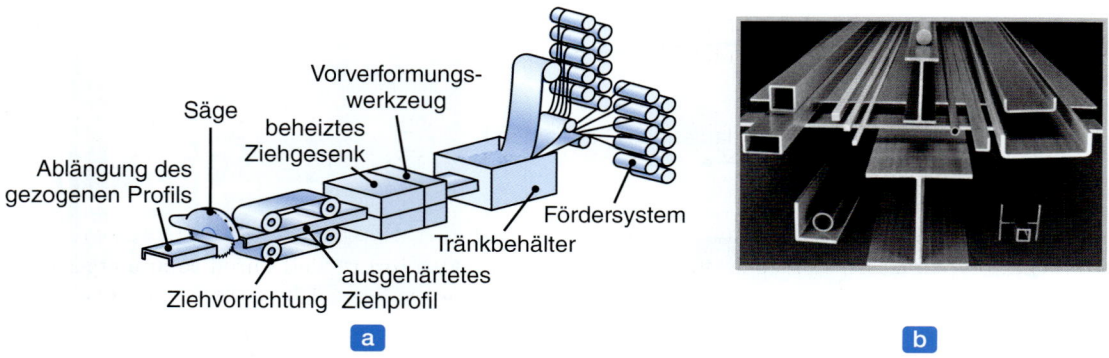

Abbildung 10.45: (a) Schematische Darstellung des Pultrusions-(Strangzieh-)Verfahrens, (b) Beispiele für Teile, die damit hergestellt wurden.

10.11.3 Produktqualität

Für die bisher beschriebenen Verfahren ist das wichtigste Qualitätskriterium die Vermeidung innerer Hohlräume und Spalte zwischen aufeinanderfolgenden Materialschichten. Es ist dafür zu sorgen, dass die während der Verarbeitung entstehenden flüchtigen Gase aus dem Laminat entweichen können, damit das Laminat keine Gase einfängt und Poren bildet. Es können sich auch Mikrorisse infolge ungeeigneter Härtung oder während des Transports und der Bearbeitung entwickeln. Diese Defekte lassen sich mit Ultraschallprüfung und anderen Verfahren erkennen, siehe Abschnitt 4.8.1.

10.12 Rapid Prototyping und Rapid Tooling

Die Herstellung eines **Prototyps** – d. h. eines Modells in der Originalgröße eines Produkts – (siehe Abbildung 1.3) erfordert bei traditioneller Technik flexible Herstellungsprozesse (wie zum Beispiel die in Kapitel 8 beschriebenen Bearbeitungsverfahren) sowie unterschiedlichste Werkzeuge und Maschinen. Zudem dauert der gesamte Vorgang gewöhnlich mehrere Wochen oder Monate. Ein wichtiger Fortschritt in den Fertigungsprozessen ist das *Rapid Prototyping* (schneller Prototypenbau), das man auch als *desktop manufacturing* oder **formenlose Fertigung** bezeichnet. Bei diesem Verfahren wird ein massives Modell eines Teils direkt aus einer dreidimensionalen CAD-Zeichnung hergestellt. Das in den 1980er Jahren entwickelte Rapid Prototyping umfasst mehrere verschiedene Realisationstechniken, wie sie dieser Abschnitt beschreibt, beispielsweise Härten von Harz, Abscheiden, Erstarren und Sintern.

Die Bedeutung und der wirtschaftliche Einfluss des Rapid Prototyping lässt sich am besten anhand der folgenden Punkte abschätzen:

1. Der konzeptionelle Produktentwurf wird in seiner Gesamtheit und unter verschiedenen Blickwinkeln auf einem Monitor über ein dreidimensionales CAD-System betrachtet (siehe Abschnitt B.4).
2. Es wird ein Prototyp aus verschiedenartigen metallischen und nichtmetallischen Werkstoffen gefertigt und unter funktionellen, technischen und ästhetischen Aspekten gründlich beurteilt.

3 Die Prototyperstellung („Prototyping") lässt sich in einer wesentlich kürzeren Zeit und zu geringeren Kosten als durch herkömmliche Methoden realisieren.

Allerdings sei darauf hingewiesen, dass moderne CNC-Werkzeugmaschinen (Kapitel 8 und Anhang B) ebenfalls die Möglichkeit bieten, komplexe Formen schnell herzustellen und somit eine brauchbare Option zu Rapid Prototyping sind.

In diesem Abschnitt geht es um die **additive Herstellung**, d. h. Prozesse, die Teile in Schichten *aufbauen*. Prototypen lassen sich auch durch **subtraktive Prozesse** (prinzipiell durch computergesteuerte Zerspanungsvorgänge) oder **virtuelles Prototyping** (mithilfe leistungsstarker Grafiksoft- und Hardware) herstellen. Bei der additiven Fertigung sind stets computerbasierte Hardware und Software im Spiel. Die verwendete Methodik lässt sich damit vergleichen, dass man einen Brotlaib aufbaut, indem man einzelne Brotscheiben übereinanderstapelt. Alle in diesem Abschnitt beschriebenen Verfahren bauen Teile in ähnlicher Weise *scheibenweise* auf. Als Beispiel zeigt ▶ Abbildung 10.46 die Berechnungsschritte, die bei der Fertigung eines Teils anfallen. Die verschiedenen additiven Verfahren unterscheiden sich vor allem durch die Methode, wie die einzelnen Scheiben (mit einer typischen Dicke zwischen 0,1 bis 0,5 mm, bei bestimmten Systemen auch dicker) hergestellt werden.

Die Teileproduktion beim Rapid Prototyping dauert für die meisten Teile in der Regel einige Stunden. Folglich sind diese Verfahren nicht für große Produktionsserien geeignet, vor allem da der Werkstückwerkstoff beim Rapid Prototyping oftmals nur ein preiswertes Polymer oder ein Laminat ist. Tabelle 10.7 fasst die Eigenschaften der Rapid-Prototyping-Prozesse zusammen, Tabelle 10.8 listet typische Werkstoffeigenschaften auf, die sich mit diesen Methoden erreichen lassen.

Tabelle 10.7: Characteristika von Verfahren zum schnellen Prototypenbau (Rapid Prototyping)

Verarbeiteter Stoff	Verfahren	Art der Lagenerzeugung	Art der Modifikation	Materialien
Flüssigkeit	Stereolithographie	Aushärten von Flüssigkeitsschichten	Fotopolymerisation	Fotopolymere (Acrylate, Epoxide, färbbare und gefüllte Harze)
	PolyJet	Aushärten von Flüssigkeitsschichten	Fotopolymerisation	Fotopolymere
	Schmelzschichtung	Extrusion von geschmolzenen Polymeren	Erstarrung beim Abkühlen	Thermoplaste (ABS, Polykarbonat und Polysulfone)
Pulver	3D-Drucken	Ablagern von Bindertropfen auf Pulverlage	Keine Modifikation	Polymer-, Keramik- und Metallpulver mit Binder
Pulverlagen	Selektives Lasersintern	Laserstrahl	Sintern oder Schmelzen	Polymere, Metalle mit Binder, Metalle, Keramik, und Sand mit Binder
Pulverlagen	Elektronenstrahlschmelzen	Elektronenstrahl	Schmelzen	Titan und Titanlegierungen, Kobalt-Chrom

Tabelle 10.8: Mechanische Eigenschaften einiger Werkstoffe für das Rapid Prototyping

Verfahren	Werkstoff	Zugfestigkeit MPa	Elastizitätsmodul GPa	Bruchdehnung %	Anmerkungen
Stereolithographie	Somos 7120a	63	2,59	2,3–4,1	Transparent, bernsteinfarben; gutes Allzweckmaterial
	Somos 9120a	32	1,14–1,55	15–25	Transparent, bernsteinfarben; gute chemische und Ermüdungsbeständigkeit; Werkstoff für Modelle bei der Gummiverarbeitung
	WaterClear Ultra	56	2,9	6–9	Optisch klar; Eigenschaften ähnlich wie ABS
	WaterShed 11122	47,1–53,6	2,65–2,88	3,3–3,5	Optisch klar mit leichtem Grünstich; mechanische Eigenschaften ähnlich wie ABS; für den schnellen Werkzeugbau
	DMX-SL 100	32	2,2–2,6	12–28	Beige; hochfestes Allzweckpolymer für das Rapid Prototyping
PolyJet	FC 720	42,3	2,0	15–25	Transparent, bernsteinfarben; gute Stoßfestigkeit, Farbaufnahme und Bearbeitbarkeit
	FC 830	49,8	2,49	20	Weiß, blau oder schwarz; feuchtigkeitsbeständig; Allzweckmaterial
	FC 930	1,4	0,19	218	Grau oder schwarz; sehr flexibles Material; Griff wie Silikon oder Gummi
Schmelzschichtung	Polykarbonat	52	2,0	3	Weiß; hochfestes Polymer; Allzweckmaterial
	ABS-M30i	36	2,4	4	Zahlreiche Farben verfügbar, meistens jedoch weiß; festes und verschleißbeständiges Allzweckmaterial; biokompatibel
	PC	68	2,3	4,8	Weiß; gute Kombination von mechanischen Eigenschaften und Temperaturbeständigkeit
Selektives Lasersintern	Duraform PA	43	1,6	14	Weiß; ergibt mechanisch und chemisch widerstandsfähige Teile; Eignung für Schnappverschlüsse, Sandguss und Silikonwerkzeugbau
	Duraform GF	27	4,0	1,4	Weiß; glasfasergefüllte Variante von Duraform PA; höhere Steifigkeit und Festigkeit bei erhöhter Temperatur
	SOMOS 201	17,3	0,015	110	Zahlreiche Farben verfügbar; mechanische Eigenschaften ähnlich wie Gummi
	ST-100c	305	137	10	Bronze-infiltriertes Stahlpulver
Elektronenstrahlschmelzen	Ti-6Al-4V	970–1030	120	12–16	Kann mit HIP nachbehandelt werden, um eine Dauerfestigkeit von 600 MPa zu erreichen

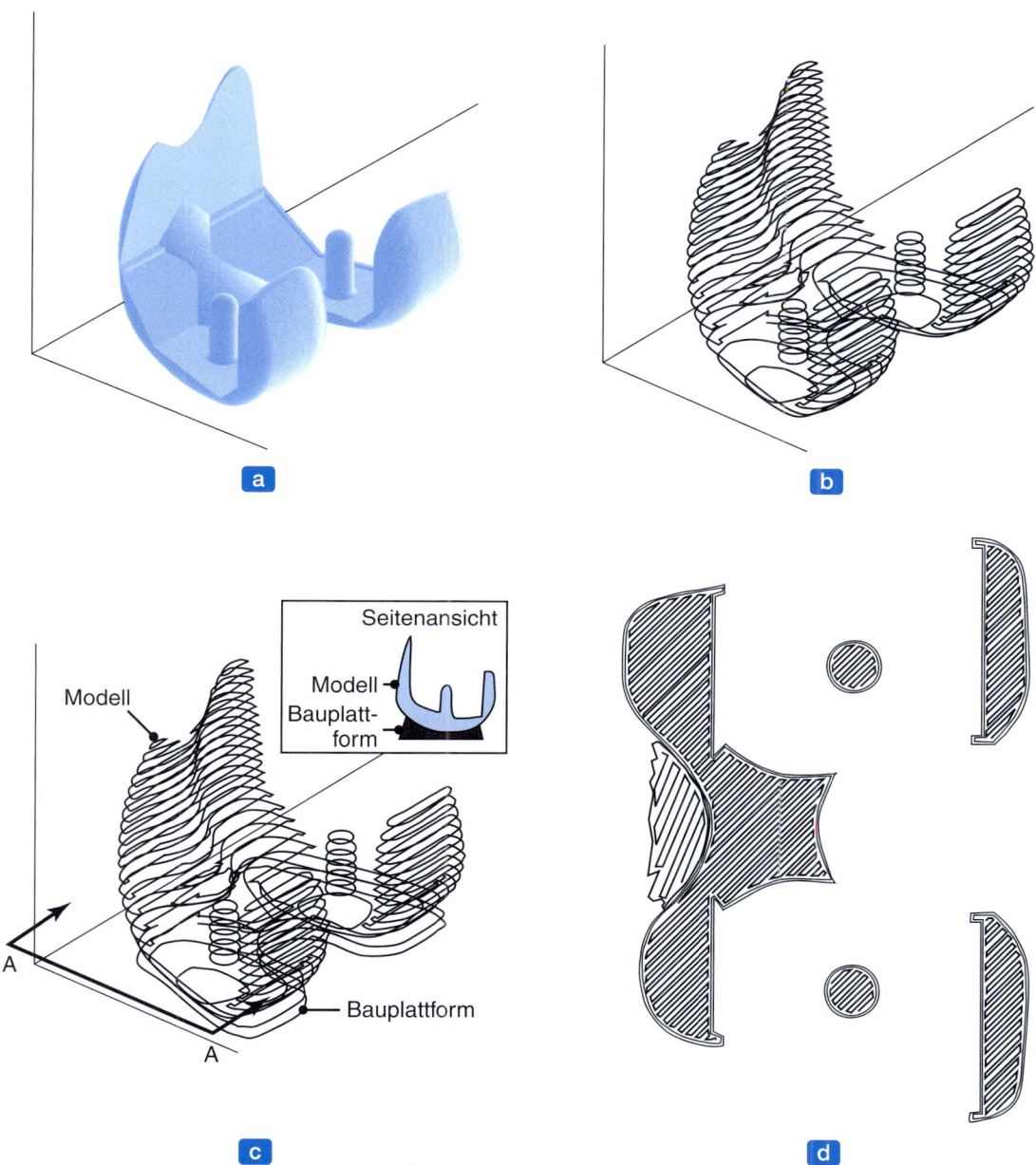

Abbildung 10.46: Rechenschritte bei der Erstellung einer Stereolithographiedatei: (a) dreidimensionale Beschreibung des Teils, (b) Umwandlung in ein Scheibenmodell (nur jede zehnte Scheibe ist dargestellt), (c) Bau einer Modellstütze, (d) Ermittlung der Werkzeugwege, um die einzelnen Scheiben zu erzeugen. Gezeigt ist die Scheibe beim Schnitt A–A des Teilbilds (c).

10.12.1 Stereolithographie

Die *Stereolithographie* beruht auf dem Prinzip der Aushärtung eines *flüssigen Fotopolymers* in eine bestimmte Form. Wird ein Laserstrahl auf die Oberfläche eines flüssigen *Fotopolymers* fokussiert und darüber hinweggeführt, härtet der Laser das Fotopolymer, indem er die erforderliche Energie für die Polymerisation liefert. Das Polymer absorbiert die Laserenergie, wobei nach dem Gesetz von Lambert-Beer die **Bestrahlungsintensität** E exponentiell mit der Tiefe entsprechend der Regel

$$E(z) = E_0^{-z/D_p} \tag{10.27}$$

abnimmt, wobei E die Intensität in Energie pro Fläche und E_0 die Belichtungsintensität an der Harzoberfläche ($z = 0$) ist. D_p ist die **Eindringtiefe** (in der z-Richtung) der verwendeten Laserwellenlänge, wobei dies eine Eigenschaft des Harzes ist. In der Härtetiefe wird das Polymer ausreichend Energie pro Fläche ausgesetzt, damit es geliert. Das heißt, es gilt

$$E_c = E_0^{-C_d/D_p}, \tag{10.28}$$

wobei E_c die notwendige Bestrahlung, um die Arbeitsflüssigkeit in ein Gel zu transformieren, und C_d die **Härtetiefe** ist. Somit ergibt sich für die Härtetiefe der Ausdruck

$$C_d = D_p \ln \frac{E_0}{E_c}, \tag{10.29}$$

der die Tiefe darstellt, bis zu der das Harz in ein Gel polymerisiert wird, auch wenn dieser Zustand keine besonders hohe Festigkeit zeigt. Die Software berücksichtigt diesen Zustand und überlappt die gehärteten Volumen etwas, obwohl zusätzliches Härten unter fluoreszierenden Lampen oftmals als Endbearbeitungsoperation notwendig ist.

Das Polymer an der Peripherie des Laserpunkts empfängt nicht genügend Bestrahlungsintensität, um zu polymerisieren. Es lässt sich zeigen, dass die **gehärtete Linienbreite** L_w an der Oberfläche durch

$$L_w = B\sqrt{\frac{C_d}{2D_p}} \tag{10.30}$$

ausgedrückt werden kann, wobei B der Durchmesser des Laserstrahlpunkts ist.

Zur Ausrüstung für die Stereolithographie (▶ Abbildung 10.47) gehört eine Wanne, die mit einem fotohärtbaren flüssigen Acrylatpolymer gefüllt ist und einen Mechanismus enthält, mit dem sich eine Plattform senkrecht absenken und anheben lässt. Die Flüssigkeit ist eine Mischung aus Acrylmonomeren, Oligomeren (Polymer-Zwischenprodukten) und einem Fotoinitiator, der die Polymerisation initialisiert, wenn die Flüssigkeit Laserlicht ausgesetzt wird. Befindet sich die Plattform an ihrer höchsten Position, ist die darüber befindliche Flüssigkeitsschicht seicht. Ein *Laser*, der einen Ultraviolettstrahl generiert, wird dann entlang eines ausgewählten Oberflächenbereichs des Fotopolymers auf der Fläche a fokussiert und in der x–y-Ebene bewegt.

Der Strahl härtet diesen Teil des Fotopolymers (z. B. einen kreisförmigen Abschnitt) und produziert dabei einen dünnen Festkörper. Die Plattform wird dann genügend weit abgesenkt, um das gehärtete

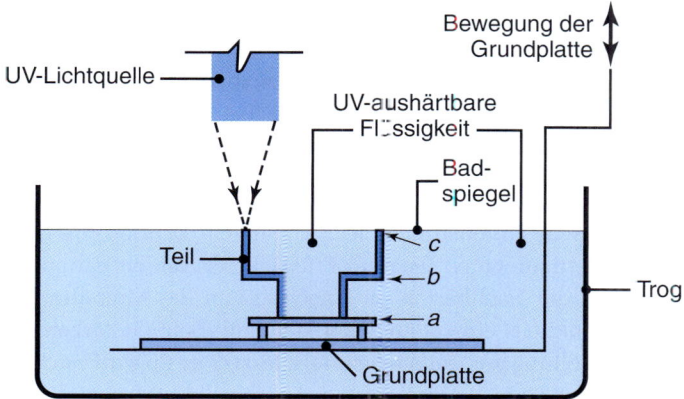

Abbildung 10.47: Schematische Darstellung der Stereolithographie.

Polymer mit einer nächsten flüssigen Polymerschicht zu bedecken. Die Sequenz wiederholt sich dann. Entsprechend der Darstellung in Abbildung 10.47 wird der Vorgang wiederholt, bis die Ebene b erreicht ist. Die Plattform wurde bislang um einen vertikalen Abstand ab abgesenkt und es ist ein zylindrisches Teil mit einer konstanten Wanddicke entstanden.

Auf der Ebene b sind die Bewegungen des Strahls in der x–y-Ebene weiter, sodass es sich jetzt um ein flanschförmiges Teil handelt, das über dem vorher geformten Teil (das sich jetzt darunter befindet) aufgebaut wird. Nachdem die gewünschte Dicke der Flüssigkeit gehärtet wurde, wiederholt sich der Vorgang. Dabei wird ein weiterer zylindrischer Abschnitt zwischen den Ebenen b und c erzeugt. Das umgebende Polymer ist immer noch flüssig, weil es dem Ultraviolettstrahl nicht ausgesetzt wurde. Das Teil wurde nunmehr *von unten nach oben* in einzelnen „Scheiben" erzeugt. Der ungenutzte Anteil des flüssigen Polymers kann erneut für ein anderes Teil oder einen anderen Prototyp verwendet werden.

Das Wort *Stereolithographie* kommt im hier verwendeten Sinne von der Tatsache, dass die Bewegungen dreidimensional sind und dass das Verfahren der Lithographie ähnelt (bei der auf einer ebenen Fläche die Bereiche für das zu druckende Bild die Druckerschwärze aufnehmen und die leer bleibenden Bildstellen die Farbe abweisen). Nachdem der Vorgang abgeschlossen ist, wird das Teil aus der Plattform entnommen und per Ultraschall in einem Alkoholbad gereinigt. Schließlich wird das Teil für einige Stunden UV-Strahlung ausgesetzt, um das Polymer vollständig auszuhärten und zu verfestigen.

Wenn die Bewegungen des Strahls und der Plattform über eine Regelstrecke (mit Servos bzw. Stellantrieben) kontrolliert werden, lassen sich die verschiedensten Teile mit diesem Verfahren formen. Die Zykluszeiten reichen von wenigen Stunden bis zu einem Tag. Angestrebt werden Verbesserungen in Bezug auf (a) Genauigkeit und Formbeständigkeit der produzierten Prototypen, (b) kostengünstigerer flüssiger Modellierungswerkstoffe, (c) CAD-Schnittstellen, um geometrische Daten auf die Systeme zur Modellfertigung zu übertragen, und (d) Festigkeit, sodass die mit diesem Verfahren hergestellten Prototypen wirklich als Prototypen und Modelle im traditionellen Sinn gelten können. Je nach Kapazität der Maschine liegen die Kosten für die Stereolithographie zwischen 70 000 bis 350 000 Euro, die Kosten für das flüssige Polymer belaufen sich auf etwa 60 Euro pro Liter. Die maximale Größe der Teile liegt bei etwa $0{,}5 \times 0{,}5 \times 0{,}6\,\mathrm{m}^3$. Die Stereolithographie wird hauptsächlich im Bereich der Formen- und Gesenkherstellung für das Gießen und Spritzgießen eingesetzt (siehe weiter unten).

10.12.2 PolyJet-Verfahren

Das PolyJet-Verfahren ähnelt dem Tintenstrahldruck, wobei acht **Druckköpfe** das Fotopolymer auf das Baufeld aufbringen. Ultraviolettlampen entlang der Flüssigkeitsstrahlen härten und festigen unverzüglich jede Schicht, sodass sich ein Nachhärten im Anschluss an das Modellieren (wie in der Stereolithographie) erübrigt. Das Ergebnis ist eine glatte Oberfläche mit Schichtstärken bis herab zu 16 μm, die sich unmittelbar nach Fertigstellung des Teils behandeln lässt. Für Rapid Prototyping werden zwei verschiedene Werkstoffe eingesetzt – ein Werkstoff für das eigentliche Modell und ein zweiter, gelartiger Werkstoff als Bauplattform (Support), wie es zum Beispiel Abbildung 10.46 zeigt. Schicht für Schicht wird jeder Werkstoff gleichzeitig aufgespritzt und gehärtet. Ist das Modell fertiggestellt, wird der Supportwerkstoff mit einer wässrigen Lösung entfernt. In einem Bauraum bis zu $500 \times 400 \times 200\,\mathrm{mm}^3$ lassen sich auch große Modelle aufbauen.

Das PolyJet-Verfahren hat ähnliche Fähigkeiten wie die Stereolithographie und verwendet ähnliche Harze (Tabelle 10.8). Die Vorteile des Verfahrens liegen vor allem darin, dass weder eine Reinigung der Teile noch längere Nachbearbeitungsschritte zur Härtung notwendig sind und die wesentlich kleinere Schichtdicke eine bessere Auflösung von Details erlaubt.

10.12.3 Schmelzschichtung

Beim **Fused-Deposition-Modeling-Verfahren** (FDM, deutsch „Schmelzschichtung", ▶ Abbildung 10.48) bewegt sich ein portalrobotergesteuerter Extruderkopf in zwei Hauptrichtungen über einem Tisch. Der Tisch lässt sich anheben und absenken. Durch eine schmale Heizdüse wird ein thermoplastischer Strang extrudiert. Die anfängliche Schicht wird auf einer Schaumstoffgrundlage aufgetragen, indem der Strang mit konstanter Geschwindigkeit extrudiert wird, während der Extruderkopf einem festgelegten Pfad folgt. Ist die erste Schicht fertiggestellt, wird der Tisch abgesenkt, sodass sich darauffolgende Schichten darüberlegen lassen.

Komplizierte Teile wie in ▶ Abbildung 10.49a gezeigt lassen sich nur schwer direkt fertigen. Ist das Teil bis zur Höhe a aufgebaut, müsste die nächste Scheibe an einer Stelle entstehen, unter der kein Material zur Unterstützung vorhanden ist. Dieses Problem ist dadurch zu lösen, dass getrennt vom Modellmaterial ein Supportmaterial extrudiert wird, sodass sich ein Strang problemlos in der Mitte des Teils ablegen lässt. Das Supportmaterial wird mit einem nicht so dichten Faserabstand auf einer Schicht extrudiert, sodass es schwächer als das Modellmaterial ist und sich somit nach Fertigstellung des Teils abbrechen oder abtrennen lässt.

Beim FDM-Verfahren ergibt sich die Dicke der extrudierten Schicht aus dem Durchmesser der Extruderdüse, wobei die Durchmesser typischerweise im Bereich von 0,12 bis 0,33 mm liegen. Diese Dicke stellt die beste zu erreichende Maßtoleranz in Vertikalrichtung dar. In der x–y-Ebene ist allerdings eine Genau-

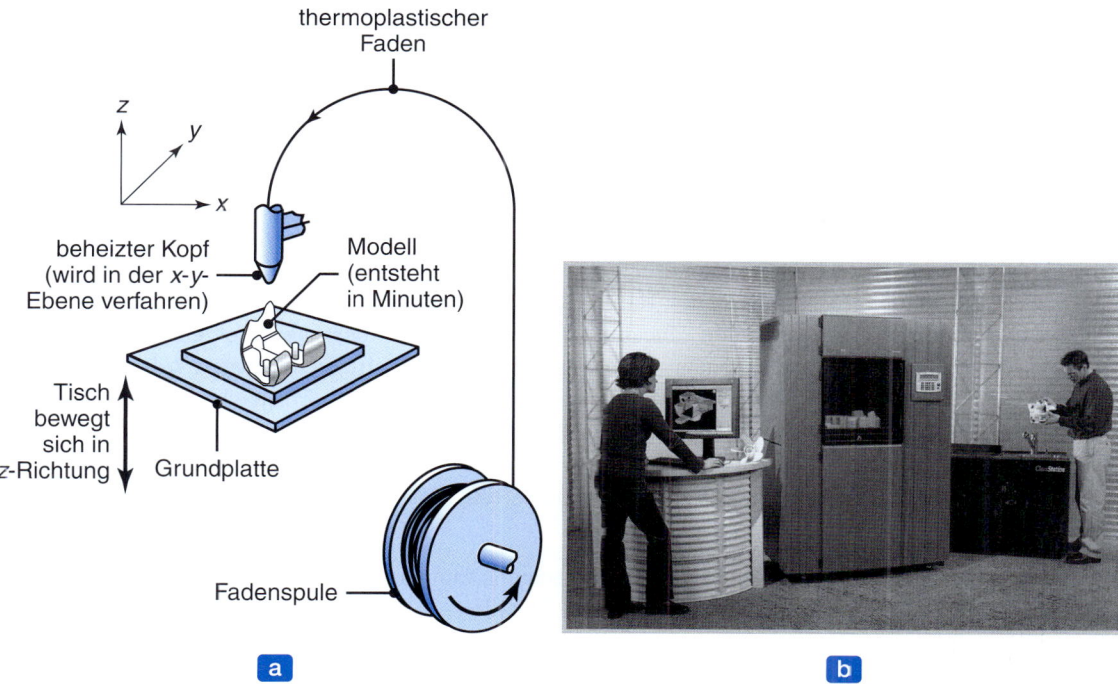

Abbildung 10.48: (a) Schematische Darstellung des Schmelzschichtung-Verfahrens (*Fused Deposition Modeling*, FDM). (b) Die FDM-Anlage „Vantage X".

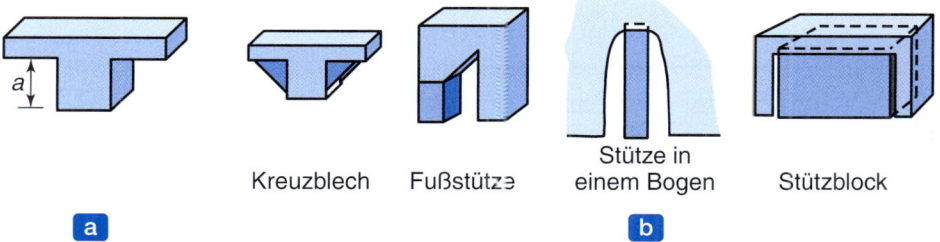

Abbildung 10.49: (a) Teil mit Vorsprung, der Stützmaterial erfordert. (b) Typische Stützstrukturen (dunkel eingezeichnet), wie sie in Rapid-Prototyping-Anlagen zum Einsatz kommen. Nach P.F. Jacobs.

igkeit von 0,025 mm möglich, solange sich ein Strang in dieser Stärke extrudieren lässt. Bei genauer Untersuchung eines durch FDM hergestellten Teils zeigt sich eine *stufenförmige* Oberfläche auf schrägen Außenflächen. Wenn die Rauhigkeit dieser Oberfläche nicht akzeptabel ist, kann sie durch chemisches Dampfphasenpolieren oder mit einem erwärmten Werkzeug geglättet werden. Ebenso ist es möglich, eine Beschichtung aufzubringen, was oftmals in Form eines Polierwachses geschieht. Allerdings können dadurch die Maßtoleranzen insgesamt gefährdet sein, sofern diese Endbearbeitungsvorgänge nicht mit der nötigen Sorgfalt erfolgen.

10.12.4 Selektives Lasersintern

Das **selektive Lasersintern** (*selektive laser sintering*, SLS) beruht auf dem selektiven Sintern von Polymerpulvern (oder, seltener, Metallpulvern) zu einem individuellen Objekt (siehe auch Kapitel 11). ▶ Abbildung 10.50 zeigt die Grundkomponenten dieses Verfahrens. Im Boden der Verarbeitungskammer befinden sich zwei Zylinder: ein inkrementell absenkbarer **Teilaufbauzylinder**, auf dem das gesinterte Teil geformt wird, und ein inkrementell anhebbarer **Pulverzuführungszylinder**, der Pulver zum Teilaufbauzylinder über einen Walzenmechanismus zuführt.

Zuerst wird eine dünne Pulverschicht im Teilaufbauzylinder abgelagert. Dann führt ein Prozesssteuerungscomputer (mithilfe von Befehlen, die das 3D-CAD-Programm des gewünschten Teils generiert) einen Laserstrahl auf diese Schicht, wobei ein bestimmter Querschnitt geschmolzen wird (bei Metallen *gesintert*, siehe Abschnitt 11.4), der dann schnell zu einer festen Masse erstarrt (nachdem der Laserstrahl zu einem anderen Abschnitt bewegt wurde). Das Pulver in anderen Bereichen bleibt lose, unterstützt aber den festen Teil. Dann wird eine weitere Pulverschicht abgelagert und dieser Zyklus wiederholt sich kontinuierlich, bis das gesamte dreidimensionale Teil erzeugt ist. Die lockeren Teilchen werden dann abgeschüttelt und zurückgewonnen.

Für dieses Verfahren sind verschiedene Werkstoffe geeignet, unter anderem Polymere (ABS, PVC, Nylon, Polyester, Polystyrol und Epoxidharze), Wachs und Metalle sowie Keramiken mit geeigneten Bindern. Am häufigsten kommen Polymere zum Einsatz, da hier die zum Sintern erforderlichen Laser kleiner, preiswerter und einfacher aufgebaut sind. Bei Keramiken und Metallen ist es üblich, nur einen Polymerbinder zu sintern, der mit den Keramik- oder Metallpulvern gemischt ist. Der Sinterprozess wird dann in einem Ofen abgeschlossen.

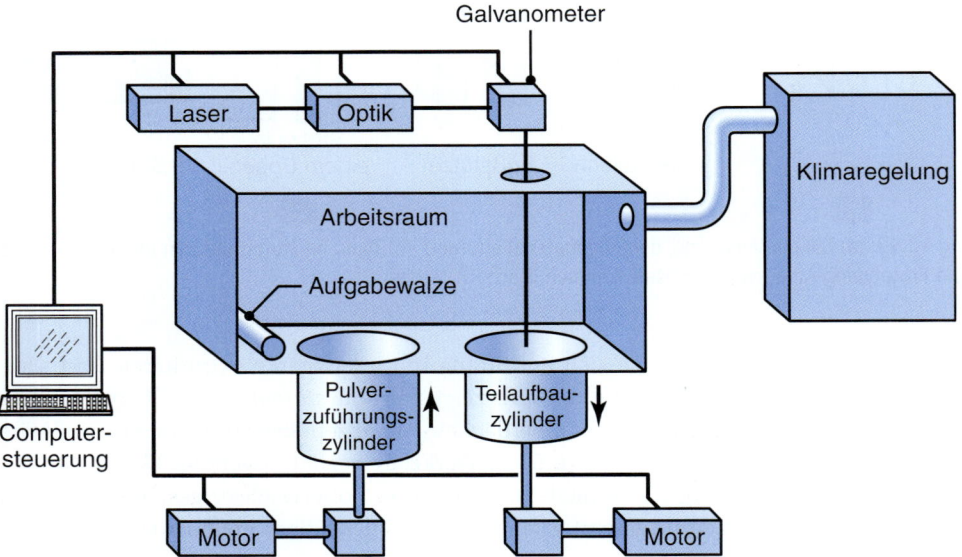

Abbildung 10.50: Schematische Darstellung des selektiven Lasersinter-Verfahrens. Nach C. Deckard und P.F. McClure.

Elektronenstrahlschmelzen: Dieses Verfahren ähnelt dem SLS und dem Elektronenstrahlschweißen (siehe Abschnitt 12.5.1). Ein Elektronenstrahl dient als Energiequelle, um Titan- oder Kobalt-Chrom-Pulver zu schmelzen und Prototypen aus Metall herzustellen. Das Werkstück wird im Vakuum produziert und die Größe des aufgebauten Teils ist auf etwa $200 \times 200 \times 180\,\text{mm}^3$ begrenzt (siehe auch Abschnitt 12.4.1). Der Wirkungsgrad beim *Elektronenstrahlschmelzen* beträgt bis zu 95 % (verglichen mit 10 bis 20 % beim Lasersintern), sodass das Titanpulver tatsächlich schmilzt und sich vollkommen dichte Teile produzieren lassen. Mit einzelnen Schichtdicken von 0,050 bis 0,200 mm sind Volumenaufbauraten bis zu $60\,\text{cm}^3/\text{h}$ erreichbar. Die Dauerfestigkeit der Teile kann durch heißisostatisches Pressen (Abschnitt 11.3.3) verbessert werden. Obwohl das Verfahren bislang hauptsächlich für Titan- und Kobalt-Chrom-Pulver angewendet wird, gibt es auch Entwicklungen für rostfreie Stähle, Nickel-, Aluminium- und Kupferlegierungen.

10.12.5 3D-Drucken

Beim **dreidimensionalen Drucken** (3D-Drucken, ▶ Abbildung 10.51) lagert ein Druckkopf ein anorganisches Bindematerial auf einer Schicht aus nichtmetallischem oder metallischem Pulver ab. Ein Kolben, der das Pulverbett trägt, wird inkrementell abgesenkt. Mit jedem Schritt wird eine Schicht abgelagert und dann durch das Bindemittel verschmolzen.

Dreidimensionales Drucken ist in Bezug auf die verwendeten Materialien und Bindemittel sehr flexibel. Als Pulverwerkstoffe sind vor allem Mischungen aus Polymeren und Fasern, Gießereisand und sogar Metalle gebräuchlich. Da zudem mehrere Bindemitteldruckköpfe auf demselben Gerät montiert werden können, lassen sich farbige Prototypen mit unterschiedlich gefärbten Bindemitteln produzieren

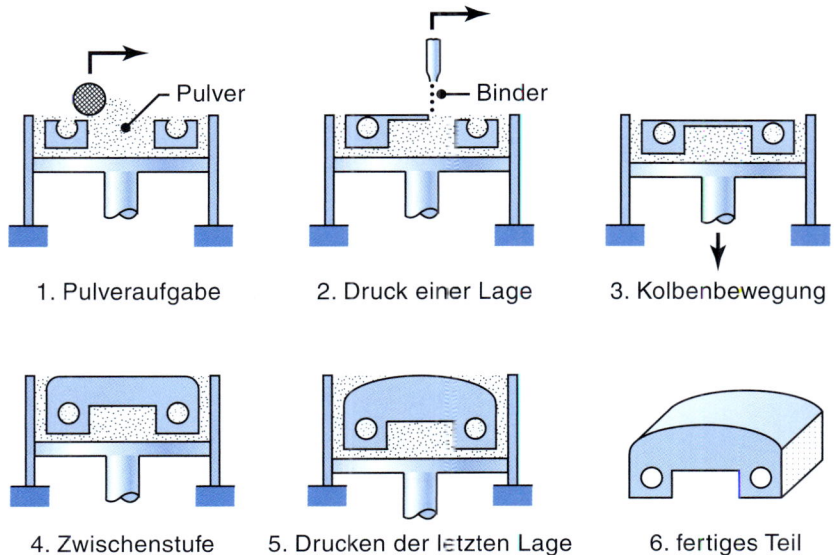

Abbildung 10.51: Schematische Darstellung des 3D-Druck-Verfahrens. Nach E. Sachs und M. Cima.

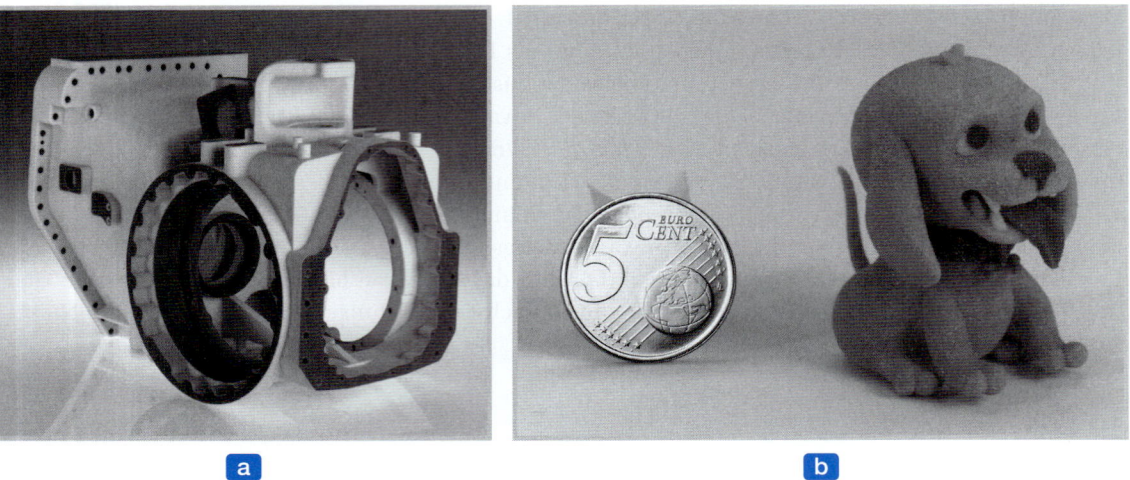

Abbildung 10.52: (a) und (b) Teile, die mittels 3D-Drucken hergestellt wurden. Die Teile können auch eingefärbt werden. Ebenso sind Farbverläufe möglich.

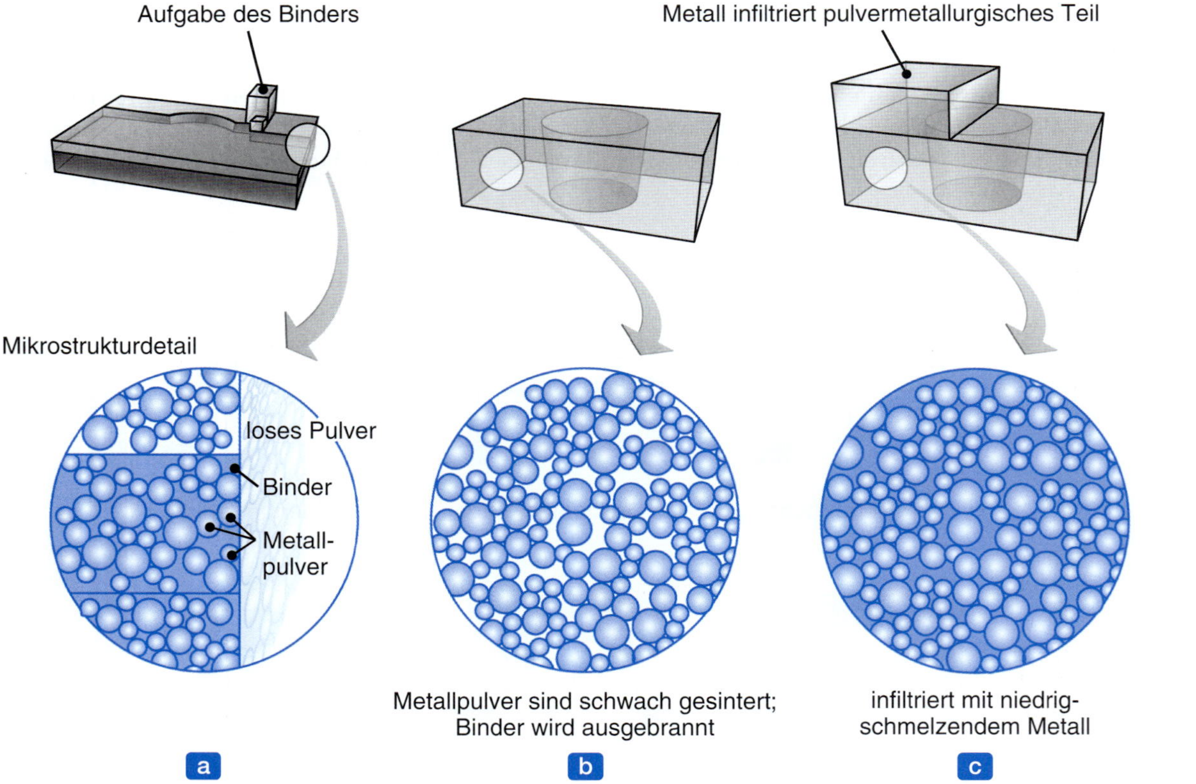

Abbildung 10.53: Das 3D-Druck-Verfahren: (a) gebautes Teil, (b) Sintern, (c) Infiltration der lose gesinterten Struktur.

(▶ Abbildung 10.52). Im Ergebnis entsteht ein dreidimensionales Analogon zum Drucken von Fotografien mit drei Tintenfarben auf einem Tintenstrahldrucker.

Die Teile, die durch dreidimensionales Drucken erzeugt werden, sind ziemlich porös und damit nicht sehr fest. Um vollständig dichte Teile zu erhalten, lässt sich dreidimensionales Drucken von Metallpulvern entsprechend der in ▶ Abbildung 10.53 gezeigten Sequenz mit Sintern und Metallinfiltration (siehe Abschnitt 11.4) kombinieren. Das Teil wird dabei wie oben beschrieben produziert, indem Bindemittel auf das Pulver geleitet wird. An die Aufbausequenz schließt sich dann aber ein Sintern an, um das Bindemittel auszubrennen und die Metallpulver teilweise zu verschmelzen, wie es bei dem in Abschnitt 11.3.4 beschriebenen Metallspritzguss der Fall ist. Für 3D-Drucken sind rostfreie Stähle, Aluminium und Titan gebräuchlich. Als Infiltrationswerkstoffe werden in der Regel Kupfer und Bronze verwendet, die gute Wärmeübertragung und Abriebbeständigkeit bieten. Dieses Konzept stellt eine effiziente Strategie für *Rapid Tooling* dar (schneller Werkzeugbau, siehe unten).

10.12.6 Direkte (schnelle) Fertigung und Rapid Tooling

Teile, die mit verschiedenen Rapid-Prototyping-Verfahren hergestellt werden, sind nicht nur zur Bewertung von Entwürfen und zur Problembehebung nützlich, sondern können gelegentlich auch direkt in Produkten eingesetzt werden oder die direkte Fertigung marktreifer Produkte unterstützen. Außerdem ist es oftmals aus funktionellen Gründen wünschenswert, metallische Teile zu verwenden, während es bei den etablierten und gängigsten Rapid-Prototyping-Verfahren vor allem um polymere Werkstücke geht. Obwohl sich Prototypen aus einem Metallblock mit den in Kapitel 8 beschriebenen Zerspanungsverfahren herstellen lassen, können andere Fertigungskonzepte kostengünstiger sein. Rapid-Prototyping-Techniken bindet man oftmals in konventionelle Verfahren ein, um diese zu vereinfachen und wirtschaftlich wettbewerbsfähig zu machen.

Am einfachsten lassen sich Rapid-Prototyping-Verfahren auf andere Fertigungsverfahren anwenden, wenn sie für die direkte Herstellung von Mustern oder Formen eingesetzt werden (siehe Abschnitt 5.8). Als Beispiel zeigt ▶ Abbildung 10.54 ein Konzept für das Modellausschmelzverfahren. Hier werden die einzelnen Modelle mit einem Rapid-Prototyping-Verfahren hergestellt (in diesem Fall mit Stereolithographie) und dann als Muster für die Montage einer Modelltraube beim Modellausschmelzverfahren verwendet. Dieses Konzept erfordert ein Polymer, das vollständig schmilzt und aus der Keramikform ausbrennt. Derartige Polymere stehen für alle Arten von Rapid-Prototyping-Verfahren zur Verfügung. Darüber hinaus gibt es spezielle Software, die die mit CAD-Programmen gezeichneten Teile modifiziert, um eine Schrumpfung zu berücksichtigen. Die Rapid-Prototyping-Maschine stellt dann das modifizierte Teil her.

Ein weiteres Beispiel: Mit dreidimensionalem Drucken lässt sich eine Form für den Keramikschalenguss herstellen (Abschnitt 5.8.4), in der ein Aluminiumoxid- oder Aluminium-Siliziumdioxid-Pulver mit einem Quarzbinder verschmolzen wird. Die Formen müssen in zwei Schritten nachbearbeitet werden: Härten bei etwa 150 °C und dann Brennen bei 1000–1500 °C. Derartige Teile sind für Schalengussverfahren geeignet. Ähnliche Methoden erlauben die direkte Fertigung von Sandformen und Spritzgusswerkzeugen.

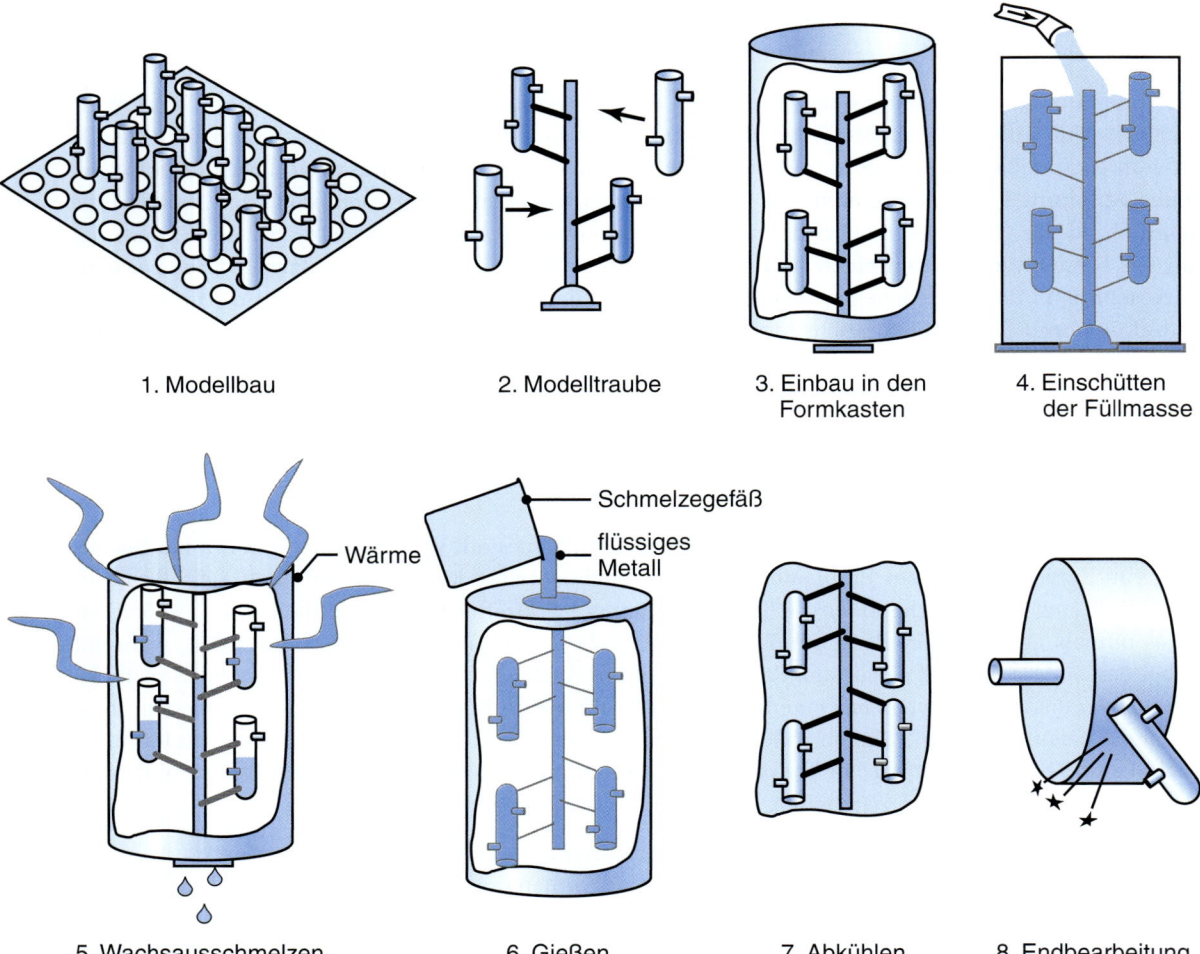

Abbildung 10.54: Ablauf des Feingießens, bei dem Modelle verwendet werden, die mittels Rapid Prototyping erzeugt wurden. Gezeigt ist das Feingießen mit einem Formkasten. Alternativ kann auch die Schalengusstechnik angewendet werden.

Rapid Tooling wird auch für Spritzgießen (siehe Abschnitt 10.10.2) eingesetzt, wobei die Form (bzw. ein *Formeneinsatz*) durch Rapid Prototyping hergestellt wird. Formen für Schlickerguss von Keramiken (siehe Abschnitt 11.9.1) lassen sich ebenfalls auf diese Weise herstellen. Für Einzelformen wird Rapid Prototyping direkt verwendet, wobei aber die Formen mit der gewünschten Durchlässigkeit geformt werden. Zum Beispiel verlangen die Anforderungen beim FDM-Verfahren, dass die Fasern auf den einzelnen Scheiben mit einer kleinen Lücke zwischen benachbarten Fasern aufgetragen werden. Diese Fasern werden dann in benachbarten Lagen rechtwinklig zueinander angeordnet.

Vorteilhaft bei Rapid Tooling ist auch die Fähigkeit, eine Form oder einen Formeneinsatz herzustellen, mit der/dem sich Komponenten fertigen lassen, ohne dass die traditionell notwendigen Verzögerungen (die in der Regel mehrere Monate betragen) für die Beschaffung der Werkzeuge auftreten. Darüber hinaus vereinfacht sich der Entwurf, da der Konstrukteur lediglich eine CAD-Datei des gewünschten Teils analysieren muss. Die Software erzeugt dann die Werkzeuggeometrie und berücksichtigt automatisch eine Schrumpfung.

Die folgenden Punkte beschreiben andere Ansätze zum schnellen Werkzeugbau, die auf den Technologien zum Rapid Prototyping basieren:

1. **RTV** (**Raumtemperaturvulkanisation-Formen**) bzw. **Urethan-Gießen** kann durchgeführt werden, indem ein Muster eines Teils durch ein beliebiges Rapid-Prototyping-Verfahren vorbereitet wird. Das Muster erhält eine Trennmittelbeschichtung und lässt sich bei Bedarf modifizieren, um Formteilungslinien zu definieren. Flüssiger RTV-Gummi wird über das Modell gegossen und härtet (normalerweise innerhalb einiger Stunden) aus, um Formenhälften herzustellen. Die Form wird dann mit flüssigem Urethan beim Spritzgießen oder Reaktionsspritzgussverfahren (siehe Abschnitt 10.10.2) eingesetzt. Eine Beschränkung dieses Konzepts ist die Formenlebensdauer, da das Härten des Polyurethans in der Form fortschreitende Schäden verursacht, sodass die Form möglicherweise nur für etwa 25 Teile brauchbar ist.

    Es lassen sich auch mit *Epoxidharz* oder *Aluminium gefüllte Epoxidharzformen* herstellen, doch verlangt der Entwurf der Form besondere Aufmerksamkeit. Mit RTV-Gummi ist es durch die Biegsamkeit der Form möglich, das gehärtete Teil „abzuschälen". Bei Epoxidharzformen ist diese Methode der Teileentformung durch hohe Steifigkeit nicht möglich und der Entwurf der Form ist komplizierter. Somit sind Rohentwürfe erforderlich und es muss auf Merkmale wie zum Beispiel Hinterschneidungen verzichtet werden, die sich mit RTV-Formen erzeugen lassen.

2. **ACES-Spritzgießen** (*acetal clear epoxy solid*, auch als *direct AIM* bezeichnet) bezieht sich auf die Verwendung von Rapid Prototyping (normalerweise Stereolithographie), um für Spritzgießen geeignete Formen direkt herzustellen. Die Formen sind einseitig offene Schalen, um einen Werkstoff wie zum Beispiel Epoxidharz, mit Aluminium gefülltes Epoxidharz oder Metalle mit niedrigem Schmelzpunkt einfüllen zu können. Abhängig vom Polymer, das beim Spritzgießen verwendet wird, kann die Lebensdauer der Form auf etwa zehn Teile beschränkt sein, obwohl manchmal auch einige hundert Teile pro Form möglich sind.

3. Beim **Werkzeug-Metall-Sprühkompaktieren** (▶ Abbildung 10.55) erstellt man mit Rapid Prototyping ein Modell. Dann wird mit einem Metallisierungsverfahren (siehe Abschnitt 4.5.1) die Modelloberfläche mit einer Zink-Aluminium-Legierung beschichtet. Die Metallbeschichtung wird in einen Kasten gesetzt und mit einem Epoxidharz oder einem mit Aluminium gefüllten Epoxidharz vergossen. In manchen Anwendungen sieht man Kühlpfade in der Form vor, bevor das Epoxidharz eingefüllt wird. Nachdem das Muster entfernt ist, lassen sich zwei derartige Formenhälften für Spritzgussvorgänge verwenden. Die Lebensdauer der Form hängt stark vom Werkstoff und den Einsatztemperaturen ab und schwankt zwischen wenigen Teilen bis zu einigen Tausend Teilen.

4. Im **Keltool-Verfahren** wird eine RTV-Form wie oben beschrieben auf einem durch Rapid Prototyping hergestellten Modell gefertigt. Die Form wird dann mit einer Mischung aus pulverförmigem Werkzeugstahl 70MnCrMo8 (Abschnitt 3.10.4), Wolframkarbid und Polymerbinder gefüllt und der Härtung überlassen. Das sogenannte *grüne* Werkzeug (siehe Abschnitt 11.3) wird erhitzt, um das Polymer auszubrennen und die Stahl- und Wolframkarbidpulver zu verschmelzen. Dann infiltriert

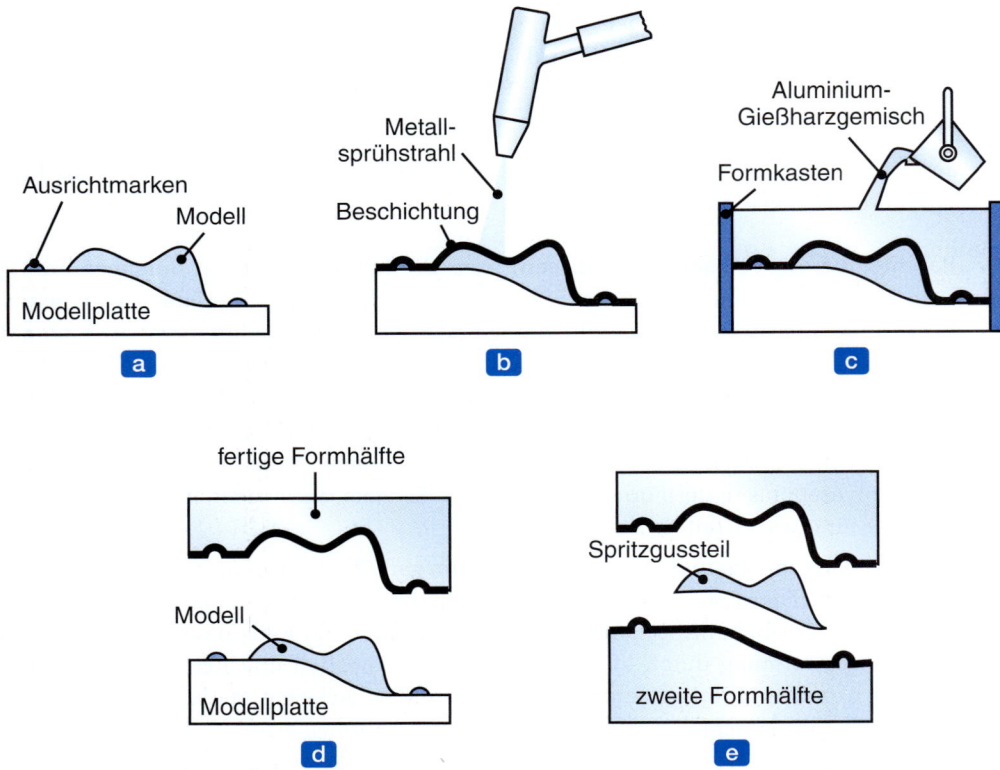

Abbildung 10.55: Herstellung eines Werkzeugs zum Spritzgießen mit dem Werkzeug-Metall-Sprühkompaktier-Verfahren: (a) Modell und Modellplatte, die mittels schneller Fertigung hergestellt wurden, (b) Aufspritzen einer Zink-Aluminium-Legierung (siehe Abschnitt 4.5.1), (c) Modell und Modellplatte (beschichtet) werden in einen Formkasten gestellt und mit einer Aluminium-Epoxid-Mischung übergossen, (d) nach dem Aushärten des Harzes wird die erzeugte Formenhälfte entformt, (e) zusammen mit einer zweiten Formenhälfte ergibt sich eine Spritzgießform, die zur Herstellung von Teilen verwendet wird.

man das Werkzeug in einem Ofen mit Kupfer, um die endgültige Form zu erhalten. Die Form lässt sich daraufhin spanend bearbeiten oder polieren, um eine vorzügliche Oberflächengüte und Maßhaltigkeit zu erzielen. Keltool-Formen sind auf eine Größe von $150 \times 150 \times 150\,\text{mm}^3$ begrenzt, sodass in der Regel ein Formeneinsatz hergestellt wird, der für die Serienfertigung geeignet ist. Je nach Werkstoff und Verarbeitungsbedingungen kann die Standzeit der Form von 100 000 bis 10 Millionen Teile reichen.

10.12 Rapid Prototyping und Rapid Tooling

Beispiel 10.9 **Rapid Prototyping eines Einlasskrümmers**

Die Rover Group, ein Tochterunternehmen von British Aerospace, ist bekannt für Fahrzeuge mit Allradantrieb und Hochleistungsautomobile. Ein innovativer Entwurf für einen Einlasskrümmer (▶ Abbildung 10.56), der auf einem Ansaugkasten für effiziente Luftbewegung in die Zylinder beruht, wurde für ein neues Rover-Triebwerk entwickelt. Allerdings ist die Kammer sehr komplex und weist große eingeschlossene Volumina auf. Folglich war ein Prototyp aus einem einzigen Teil zu konstruieren, um genaue Strömungscharakteristika bereitzustellen.

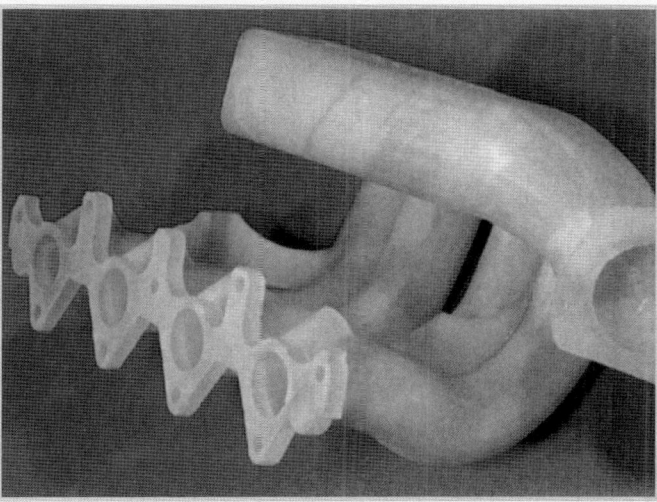

Abbildung 10.56: Modell eines Einlasskrümmers, das durch Stereolithographie erzeugt wurde.

Normalerweise hätte sich Rover auf den herkömmlichen Modellbau gestützt, an den sich komplizierte Kernherstellungs- und Gießvorgänge anschließen. Allerdings ist dieses Prozedere teuer und die Durchlaufzeiten liegen bei rund 16 Wochen. Mithilfe der Stereolithographie hat Rover den Prototyp für einen Mehrweg-Einlasskrümmer aus einer CAD-Datei in nur 39 Stunden hergestellt und das bei weniger als 10 % der Kosten eines herkömmlichen Prototyps. Vor allem aber konnte man diesen Prototyp aufgrund seiner Festigkeit und Genauigkeit auf einem Motorenprüfstand betreiben und den Liefergrad (bei einem Verbrennungsmotor das Verhältnis von tatsächlich verbleibendem Volumen für eine Frischladung zu theoretisch möglicher Füllung während eines Hubs unter verschiedenen Bedingungen) direkt messen. Damit war es möglich, die komplizierten Ansaugkanäle und Brennkammern zu optimieren, und Rover konnte Entwurfsiterationen in das Produkt einfließen lassen, bevor die eigentlichen Investitionen in teure Werkzeuge und Maschinen fällig wurden.

Quelle: Mit freundlicher Genehmigung von 3D Systems, Inc. und The Rover Group.

10.13 Überlegungen zum Entwurf

Für das Formen und Gestalten von Kunststoffen sind im Wesentlichen ähnliche Entwurfsbetrachtungen wie für die Verarbeitung von Metallen anzustellen. Um einen geeigneten Werkstoff und die verfügbaren Verfahren aus einer umfangreichen Liste auswählen zu können, ist es notwendig, (a) mechanische und physikalische Eigenschaften, (b) Betriebsanforderungen, (c) mögliche Langzeitwirkungen der Verarbeitung auf Eigenschaften und Verhalten wie zum Beispiel Formbeständigkeit und Qualitätsverlust, (d) Bearbeitbarkeit, (e) Wirtschaftlichkeit und (f) endgültige Entsorgung und Recycling am Ende des Lebenszyklus eines Produkts zu berücksichtigen. Die folgende Liste fasst die wesentlichen Überlegungen zusammen, die für Kunststoffe und verstärkte Kunststoffe anzustellen sind.

1. Verglichen mit Metallen haben Kunststoffe eine geringere Festigkeit und Steifigkeit, wobei aber die Verhältnisse von Festigkeit zu Gewicht und von Steifigkeit zu Gewicht bei verstärkten Kunststoffen höher liegen als bei vielen Metallen. Somit sollten die Querschnittsabmessungen mit Blick auf ein hohes Widerstandsmoment (das Verhältnis von Flächenträgheitsmoment zum Abstand der neutralen Faser zur Oberfläche der Teile) für die geforderte Steifigkeit entsprechend ausgewählt werden. Unzweckmäßiger Entwurf oder falsche Montage können zum Verziehen und Schrumpfen führen (▶ Abbildung 10.57a).

2. Die Gesamtform des Teils bestimmt oftmals die Entscheidung für ein bestimmtes Fertigungsverfahren. Selbst nachdem ein konkretes Verfahren ausgewählt ist, sollte der Entwurf des Teils und des Werkzeugs oder der Form so erfolgen, dass keine Probleme hinsichtlich der Formgestaltung (Abbildung 10.57b), der Maßhaltigkeit und der Oberflächengüte entstehen. Wie beim Gießen von Metallen und Legierungen sollte der Materialfluss in den Formenhohlräumen geeignet gesteuert werden. Außerdem sind die Wirkungen molekularer Ausrichtung während der Verarbeitung zu berücksichtigen, was speziell für Extrusion, Thermoformen und Blasformen gilt.

3. Polymere lassen sich durch Formverfahren mit komplexen Details versehen. So zeichnen sich Thermoplaste unter anderem dadurch aus, dass ein einziges Formteil etwas ersetzen kann, was sonst aus mehreren Einzelteilen montiert werden müsste. Die Palette der Materialeigenschaften und Farben ist bei Polymeren sehr umfangreich. Allerdings sind in der Regel ziemlich große Produktionsmengen erforderlich, um die Werkzeuginvestitionen zu rechtfertigen (siehe Abschnitt 10.14).

4. Große Variationen im Querschnitt (Abbildung 10.57c) und abrupte Änderungen in der Geometrie sind zu vermeiden, um eine bessere Produktqualität zu erreichen und die Standzeit der Form zu erhöhen. Einheitliche Wanddicken sind zu bevorzugen. Sind Änderungen der Wandstärke nötig, sollten die Übergänge allmählich verlaufen. Oftmals verwendet man Verstärkungsrippen, um die Steifigkeit zu erhöhen. Die Rippen sollten dünner als der Querschnitt, den sie verstärken, und nicht höher als etwa das Dreifache der Wanddicke sein. Einfallstellen (Abbildung 10.57c) lassen sich durch Oberflächentexturen oder Nuten kaschieren. Außerdem wird für Rippen ein Freiwinkel bzw. eine Formschräge von 0,5 bis 1,5° empfohlen.

5. Bei großen Querschnitten kann eine Kontraktion zu Porosität der Kunststoffteile führen. Umgekehrt ist es aufgrund der fehlenden Steifigkeit schwierig, dünne Abschnitt aus Formen zu entfernen. Der geringe Elastizitätsmodul von Kunststoffen verlangt zudem, dass die Formen zweckmäßig im Hinblick auf verbesserte Steifigkeit des Bauteils ausgewählt werden (Abbildung 10.57d). Das gilt

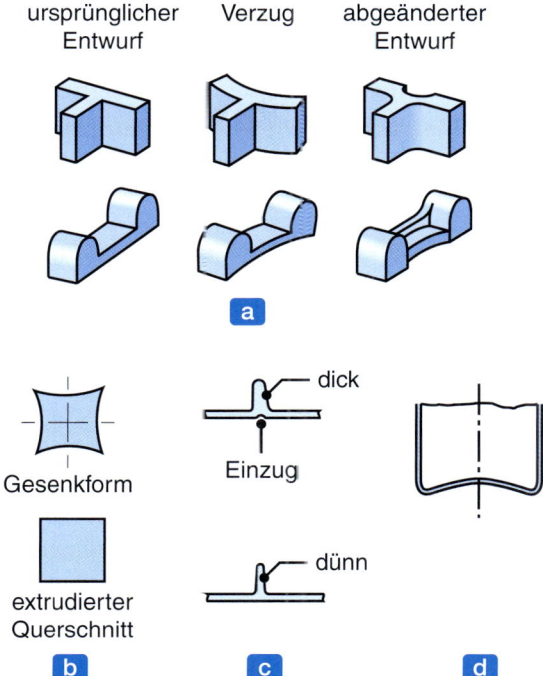

Abbildung 10.57: Beispiele für die Abänderung des Entwurfs, um Verzüge von Teilen aus Kunststoff zu minimieren bzw. zu eliminieren: (a) Gestaltung zur Verhinderung von Verzug, (b) Gestaltung eines Extrudierwerkzeugs, mit dem quadratische Querschnitte hergestellt werden können. Ohne diese spezielle Werkzeugform wäre der Querschnitt wegen der Schwellung (Strangaufweitung) des Polymers beim Austreten aus dem Werkzeug nicht möglich. (c) Gestaltung einer Rippe, um den Einzug infolge der Schrumpfung des Polymers bei der Abkühlung zu verhindern. (d) Vorsehen eines Doms zur Versteifung eines Behälters, ähnlich wie bei tiefgezogenen metallischen Getränkedosen. Nach F. Strasser.

speziell, wenn Materialeinsparung wichtig ist. Diese Betrachtungen ähneln denen beim Entwurf von Guss- und Schmiedeteilen aus Metall.

6. In Thermoplastteilen können zwar Löcher hergestellt werden, doch stellen sie eine Herausforderung für den Formenentwurf dar. Oftmals bildet sich Grat an den Lochkanten. Werden Kernstifte verwendet, sind Durchgangslöcher besser geeignet als Sacklöcher, da dann der Stift an beiden Enden gelagert werden kann.

7. Die Teile sollten so gestaltet werden, dass sie sich leicht aus den Formen entfernen lassen. Deshalb ist es besser, auf überstehende Elemente wie zum Beispiel Flansche zu verzichten, da diese das Auswerfen der Teile stören können. Zwar lassen sich derartige Elemente mit versenkbaren Seitenkernen herstellen, doch verkomplizieren sie den Formenentwurf.

8. Gewinde lassen sich in der Regel nach einem der folgenden drei Konzepte formen: (a) Es wird ein Kern mit der Gewindegeometrie verwendet und nach dem Formen herausgedreht. (b) Das Teil wird mit seiner Gewindeachse auf der Trennfuge platziert. Diese Methode führt zwar zu einem kleinen Grat am Gewinde, kommt aber ohne Kern aus. (c) Für nachgiebige Polymere kann ein abgerundetes

Gewinde gegossen und aus der Form gezogen werden, was aber eine geringe Gewindetiefe und eine große Steigung voraussetzt, damit diese Methode erfolgreich ist.

9. Es lassen sich Kennzeichnungen (Buchstaben, Ziffern und andere Oberflächenelemente) einbinden. Ob diese Elemente erhaben oder eingelassen gestaltet werden, hängt vom Herstellungsverfahren der Form ab. Bei spanender Bearbeitung der Form ist es leichter, Buchstaben in die Form zu schneiden, als das umgebende Material zu entfernen. Somit sollten Buchstaben im Teil erhaben und in der Form eingelassen sein. Wenn eine Form dagegen über RTV (Raumtemperaturvulkanisierung) aus einem bearbeiteten Rohteil hergestellt wird, ist es leichter, in der Form mit erhabenen und im Teil mit eingelassenen Buchstaben zu arbeiten.

10.14 Wirtschaftlichkeit der Kunststoffverarbeitung

Wie bei allen Verfahren basieren Entwurfs- und Fertigungsentscheidungen letztlich auf Leistungsfähigkeit und Kosten, wozu die Kosten für Ausrüstungen, Werkzeuge und Produktion gehören. Die endgültige Auswahl eines oder mehrerer Verfahren hängt in großem Maße vom Produktionsvolumen ab. Die hohen Ausrüstungs- und Werkzeugkosten in der Kunststoffverarbeitung können – wie auch beim Gießen und Schmieden – nur für große Produktionsserien akzeptabel sein. Allerdings lassen sich durch Rapid Prototyping bestimmte Verfahren auch bei kleineren Produktionsserien wirtschaftlich durchführen, wobei aber die Lebensdauer der Werkzeuge und Formen begrenzt ist. Rapid Prototyping eignet sich für Prototypen und beschränkte Produktionsserien, erfordert aber teure Verbrauchsmaterialien und scheidet deshalb für mittlere bis große Produktionsserien aus. Tabelle 10.9 gibt allgemeine Richtlinien für die wirtschaftliche Verarbeitung von Kunststoffen und Verbundwerkstoffen an.

Für das Formen und Umformen von Kunststoffen werden verschiedene Arten von Ausrüstungen verwendet. Am teuersten sind Spritzgussmaschinen, wobei die Kosten direkt proportional zur Formschließkraft steigen. Eine Maschine mit einer Formschließkraft von 2000 kN kostet rund 70 000 Euro, während sich die Kosten bei einer Maschine mit 20 000 kN Formschließkraft auf etwa 300 000 Euro belaufen (siehe auch Tabelle 14.8). Für Verbundwerkstoffe liegen die Ausrüstungs- und Werkzeugkosten für die meisten Formvorgänge allgemein hoch, wobei die Produktionsraten und die Mengen für eine wirtschaftliche Produktion stark variieren.

Analog zum Druckguss (Abschnitt 5.10.3) spielt die optimale Anzahl von Hohlräumen im Gesenk für die Herstellung des Produkts in einem Zyklus eine wichtige Rolle. Bei kleinen Teilen lässt sich eine Anzahl von Hohlräumen in einer Form platzieren, wobei Läufe zu jedem Hohlraum führen. Bei einem großen Teil ist möglicherweise nur ein einziger Hohlraum realisierbar. Mit zunehmender Anzahl der Hohlräume steigen auch die Kosten für das Gesenk. Für eine größere Anzahl von Hohlräumen kann man größere Gesenke vorsehen, wodurch aber die Kosten weiter steigen. Andererseits werden mit einem großen Gesenk mehr Teile pro Maschinenzyklus produziert, wodurch sich die Produktionsgeschwindigkeit erhöht. Folglich ist eine detaillierte Analyse erforderlich, um die optimale Anzahl von Hohlräumen, die Gesenkgröße und die Maschinenkapazität zu ermitteln.

10.14 Wirtschaftlichkeit der Kunststoffverarbeitung

Tabelle 10.9: Kostenvergleich und Produktionsmengen verschiedener Polymerverarbeitungsverfahren

Verfahren	Maschinen-investitionskosten	Produktions-geschwindigkeit	Werkzeugkosten	Typische Produktionsmenge (Teilezahl) 10 – 10² – 10³ – 10⁴ – 10⁵ – 10⁶ – 10⁷
Spanende Bearbeitung	Mittel	Mittel	Niedrig	↓ — ↑
Pressgießen	Hoch	Mittel	Hoch	↓ — ↑ (10³–10⁶)
Transferspritzgießen	Hoch	Mittel	Hoch	↓ — ↑ (10³–10⁶)
Spritzgießen	Hoch	Hoch	Niedrig	↓ — ↑ (10⁴–10⁷)
Extrudieren	Mittel	Hoch	Niedrig	*
Rotationsspritzgießen	Niedrig	Niedrig	Niedrig	↓ — ↑ (10²–10³)
Blasformen	Mittel	Mittel	Mittel	↓ — ↑ (10²–10⁷)
Thermoformen	Niedrig	Niedrig	Niedrig	↓ — ↑ (10²–10⁴)
Gießen	Niedrig	Sehr niedrig	Niedrig	↓ — ↑ (10–10²)
Schmieden	Hoch	Niedrig	Mittel	↓ — ↑ (10–10²)
Formschäumen	Hoch	Mittel	Mittel	↓ — ↑ (10²–10⁷)

* Kontinuierliches Verfahren.

Nach R.L.E. Brown, *Design and Manufacture of Plastic Parts*, Copyright 1980 by John Wiley & Sons, Inc. Nachgedruckt mit Erlaubnis von John Wiley & Sons, Inc.

Fallstudie: Kieferorthopädische Aligner-Schienen von Invisalign

Kieferorthopädische Spangen sind seit über 50 Jahren für die Korrektur der Zahnstellung gebräuchlich. Diese aus Metall, Keramik oder Kunststoffen hergestellten Spangen sind adhäsiv an die Zähne gebunden und verfügen über Haltevorrichtungen für einen Draht, der dann die Stellung der Zähne erzwingt und sie innerhalb einiger Jahre in die gewünschte Form ausrichtet. Konventionelle kieferorthopädische Spangen sind eine etablierte und erfolgreiche Technik für langfristige Gesundheit der Zähne. Allerdings bringen konventionelle Spangen auch einige Nachteile mit sich, und zwar (a) sind sie ästhetisch unattraktiv, (b) können die scharfen Drähte und Spangen schmerzhaft sein, (c) schließen sie Nahrungsreste ein, was zu vorzeitigem Zahnabbau führt, (d) ist Putzen der Zähne und die Reinigung mit Zahnseide bei angelegter Spange wesentlich schwieriger und weniger effektiv und (e) muss auf bestimmte Nahrungsmittel verzichtet werden, da die Spangen sonst beschädigt werden können.

 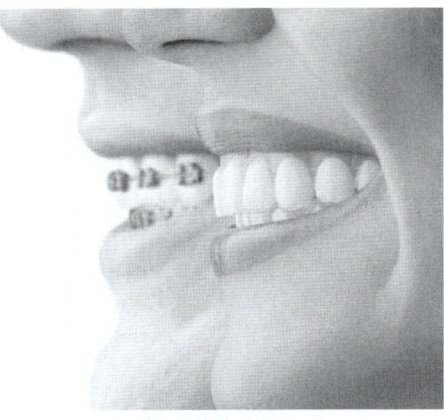

Abbildung 10.58: (a) Kunststoffschiene (Aligner) als unsichtbare Zahnspange, die mit einer Kombination aus Rapid Tooling und Thermoformen erzeugt wird. (b) Vergleich des Erscheinungsbilds einer konventionellen Zahnspange mit dem einer Kunststoffschiene.

Als Lösung bietet sich das Produkt Invisalign von Align Technologies an. Es umfasst eine Serie von Alignern, die der Patient für jeweils etwa zwei Wochen trägt. Die Geometrie jedes Aligners (▶ Abbildung 10.58) ist präzise festgelegt, um die Zähne inkrementell in die gewünschten Positionen zu verschieben. Da es sich um Einsätze handelt, die zum Essen, Zähneputzen und zur Mundhygiene mit Zahnseide entfernt werden können, sind die meisten Nachteile konventioneller Zahnspangen beseitigt. Und da sie aus einem transparenten Kunststoff gefertigt sind, wirken sie sich kaum auf das Erscheinungsbild der Person aus.

Das Invisalign-Produkt verwendet eine Kombination aus fortschrittlichen Technologien in einem Produktionsprozess, wie er in ▶ Abbildung 10.59 dargestellt ist. Zu Beginn der Behandlung nimmt ein Kieferorthopäde einen Polymerabdruck vom Gebiss des Patienten (Abbildung 10.59a). Anhand dieser Abdrücke wird eine dreidimensionale CAD-Darstellung der Zähne erzeugt (siehe Abbildung 10.59b). Spezielle (proprietäre) CAD-Software unterstützt dann die Entwicklung einer Behandlungsstrategie, um die Zähne in optimaler Art und Weise zu richten.

10.14 Wirtschaftlichkeit der Kunststoffverarbeitung

Fallstudie: Kieferorthopädische Aligner-Schienen von Invisalign (Fortsetzung)

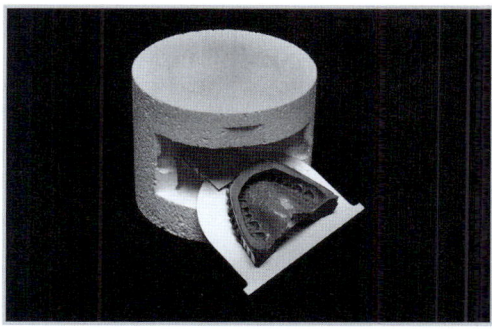

a

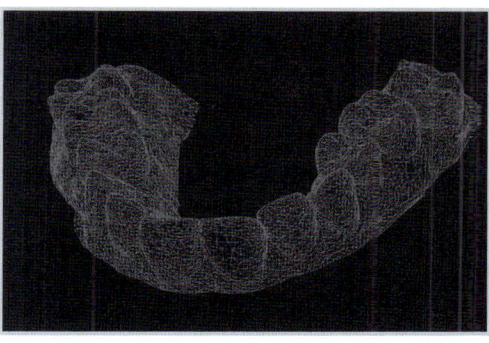

b

c

Abbildung 10.59: Herstellungsablauf der Invisalign-Kunststoffschiene: (a) Anfertigung eines Kunststoffabdrucks des Patientengebisses, (b) Erstellen eines CAD-Modells der gewünschten Zahnstellung (c) Herstellung von inkrementellen Modellen, die zur erwünschten, schrittweisen Zahnbewegung führen. Die einzelnen Kunststoffschienen werden durch Thermoformen erzeugt, indem ein durchsichtiger Kunststoffstreifen gegen die jeweilige Form gedrückt wird.

Entsprechend dem entwickelten Behandlungsplan werden die Aligner-Schienen auf der Grundlage der Computerdaten hergestellt. Dies geschieht über eine neuartige Anwendung der Stereolithographie. Obwohl für die Stereolithographie eine ganze Reihe von Werkstoffen verfügbar ist, zeigen sie eine charakteristische gelb-bräunliche Färbung und sind demzufolge für eine direkte Anwendung in einem kieferorthopädischen Produkt ungeeignet. Stattdessen erzeugt die Stereolithographiemaschine Muster der gewünschten inkrementellen Zahnpositionen (Abbildung 10.59c). Über diesen Mustern werden dann durch Thermoformung (siehe Abschnitt 10.10.5) aus einem durchsichtigen Polymer die Aligner-Schienen gefertigt. Diese Schienen werden dem Zahnarzt zugeschickt, der sie dem Patienten nach Bedarf – in der Regel alle zwei Wochen – übergibt.

> **Fallstudie: Kieferorthopädische Aligner-Schienen von Invisalign (Fortsetzung)**
>
> Das Invisalign-Produkt ist beliebt bei Patienten, denen die Zahngesundheit wichtig ist und die ihre Zähne möglichst ein Leben lang bewahren möchten. Die Stereolithographie erlaubt es, genaue Formen für die Thermoformung schnell und preisgünstig herzustellen, sodass diese kieferorthopädische Behandlung auch wirtschaftlich sinnvoll ist.
>
> *Quelle:* Mit freundlicher Genehmigung von Align Technologies, Inc.

ZUSAMMENFASSUNG

- Polymere bilden eine wichtige Klasse von Werkstoffen, da sie eine breite Palette von mechanischen, physikalischen, chemischen und optischen Eigenschaften besitzen. Im Vergleich zu Metallen zeichnen sie sich im Allgemeinen durch kleinere Werte für Dichte, Festigkeit, Elastizitätsmodul, thermische und elektrische Leitfähigkeit und einen größeren Wärmeausdehnungskoeffizienten aus (Abschnitt 10.1).

- Kunststoffe bestehen aus Polymermolekülen und verschiedenen Additiven. Die kleinste wiederkehrende Einheit in einer Polymerkette wird als Monomer bezeichnet. Monomere werden durch Polymerisation verkettet, um größere Moleküle zu bilden. Die Eigenschaften des Polymers hängen von der molekularen Struktur, dem Grad der Kristallinität und den Additiven ab. Die Glasübergangstemperatur kennzeichnet die spröden und duktilen Bereiche von Polymeren (Abschnitt 10.2).

- Thermoplaste erweichen bei erhöhten Temperaturen und sind dann leicht zu verformen. Ihr mechanisches Verhalten lässt sich durch Feder- und Dämpfermodelle charakterisieren, wobei auch Phänomene wie Kriechen und Spannungsrelaxation sowie Wasseraufnahme eine Rolle spielen (Abschnitt 10.3).

- Duromere entstehen durch (räumliches) Vernetzen von Polymerketten. Bei steigender Temperatur erweichen sie kaum (Abschnitt 10.4).

- Thermoplaste und Duroplaste werden mit ihrem breiten Spektrum von Eigenschaften in sehr vielen Konsumgütern und industriellen Anwendungen eingesetzt (Abschnitte 10.5 und 10.6).

- Zu den wichtigen Aspekten von Polymeren gehören biologisch abbaubare Kunststoffe, von denen es mittlerweile eine Vielzahl gibt (Abschnitt 10.7).

- Elastomere sind in der Lage, große elastische Verformungen mitzumachen und bei Wegnahme der Belastung wieder zu ihrer ursprünglichen Form zurückzukehren. Daraus ergeben sich wichtige Anwendungsbereiche wie zum Beispiel Reifen, Dichtungen, Schuhwerk, Schläuche, (Förder-)Bänder und Stoßdämpfer (Abschnitt 10.8).

- Verstärkte Kunststoffe bzw. Verbundwerkstoffe bilden eine wichtige Klasse technischer Werkstoffe, die sich durch überlegene mechanische Eigenschaften und geringes Gewicht auszeichnen. Als verstärkende Fasern sind Glas, Graphit, Aramide und Bor gebräuchlich. Als Matrixwerkstoff kommen vor allem Epoxidharze zum Einsatz. Die Eigenschaften von verstärkten Kunststoffen hängen von ihrer Zusammensetzung und der Ausrichtung der Fasern ab (Abschnitt 10.9).
- Kunststoffe lassen sich mit verschiedenen Verfahren formen und gestalten, beispielsweise durch Extrusion, Formen, Gießen und Thermoformen. Duromere werden im Allgemeinen geformt oder gegossen (Abschnitt 10.10).
- Verstärkte Kunststoffe werden mithilfe von flüssigen Kunststoffen, Prepregs sowie Formassen und formbaren Schichtwerkstoffen zu Konstruktionsbauteilen verarbeitet. Zu den Fertigungsverfahren gehören verschiedene Formungsmethoden, Fadenwickelverfahren und Strangziehen (Pultrusion) (Abschnitt 10.11).
- Rapid Prototyping hat sich zu einer wichtigen Technologie etabliert, die sich durch Flexibilität, geringe Kosten und wesentlich kürzere Herstellungszeiten für Prototypen auszeichnet. Zu den typischen Verfahren gehören Stereolithographie, PolyJet, Fused Deposition Modeling (FDM), selektives Lasersintern und dreidimensionales Drucken. Eine Weiterentwicklung dieser Verfahren ist der schnelle Werkzeugbau (Rapid Tooling) (Abschnitt 10.12).
- Beim Entwurf von Kunststoffteilen sind ihre relativ geringe Festigkeit und Steifigkeit, die große Wärmeausdehnung und die allgemein niedrige Temperaturbeständigkeit zu berücksichtigen (Abschnitt 10.13).
- Aufgrund des vielfältigen Angebots an preiswerten Werkstoffen und den zur Verfügung stehenden Verarbeitungsverfahren ist die Wirtschaftlichkeit der Verarbeitung von Kunststoffen und verstärkten Kunststoffen ein wichtiger Aspekt, der besonders im Vergleich mit metallischen Bauteilen eine Rolle spielt und die Kosten für Werkzeuge und Formen, Zykluszeiten und Produktionsvolumen als wichtige Parameter umfasst (Abschnitt 10.14).

Wichtige Gleichungen

Linear elastisches Verhalten
　im Zug: $\qquad \sigma = E\varepsilon$
　im Druck: $\qquad \tau = G\gamma$

Viskoses Verhalten: $\qquad \tau = \eta \dfrac{dv}{dy} = \eta \dot\gamma$

Dehngeschwindigkeitsempfindlichkeit: $\qquad \sigma = C\dot\varepsilon^m$

Viskoelastischer Modul: $\qquad E_r = \dfrac{\sigma}{\varepsilon_e + \varepsilon_v}$

Viskosität: $\qquad \eta = \eta_0\, e^{E/kT}$

$\qquad \ln \eta = 12 - \dfrac{17{,}5\,\Delta T}{52 + \Delta T}$

Spannungsrelaxation: $\tau = \tau_0 e^{-t/\lambda}$

Relaxationszeit: $\lambda = \dfrac{\eta}{G}$

Spannung des Verbundwerkstoffs (Parallelbelastung): $\sigma_c = x\sigma_f + (1-x)\sigma_m$

Elastizitätsmodul des Verbundwerkstoffs (Parallelbelastung): $E_c = xE_f + (1-x)E_m$

Volumenstrom durch den Extruder: $Q = \dfrac{\pi^2 H D^2 N \sin\theta \cos\theta}{2} - \dfrac{p\pi D H^3 \sin^2\theta}{12\eta l}$

Volumenstrom durch die Düse: $Q_d = Kp$

K für eine runde Düse: $K = \dfrac{\pi D_d^4}{128\eta l_d}$

Aushärtetiefe bei der Stereolithographie: $C_d = D_p \ln \dfrac{E_0}{E_c}$

Gehärtete Linienbreite bei der Stereolithographie: $L_w = B\sqrt{\dfrac{C_d}{2D_p}}$

Verständnisfragen

10.1 Fassen Sie die wichtigsten mechanischen und physikalischen Eigenschaften von Kunststoffen in technischen Anwendungen zusammen.

10.2 Worin unterschieden sich die Eigenschaften von Kunststoffen und Metallen hauptsächlich?

10.3 Welche Eigenschaften werden durch den Grad der Polymerisation beeinflusst? Erläutern Sie Ihre Antwort.

10.4 Geben Sie Anwendungen an, bei denen die Entflammbarkeit der Kunststoffe eine entscheidende Rolle spielt.

10.5 Welche Eigenschaften besitzen Elastomere, über die Thermoplaste im Allgemeinen nicht verfügen?

10.6 Kann ein Werkstoff ein Hystereseverhalten zeigen, das dem in Abbildung 10.14 dargestellten entgegengesetzt ist, d. h. die Pfeile entgegen dem Uhrzeigersinn verlaufen? Erläutern Sie Ihre Antwort.

10.7 Sehen Sie sich das Verhalten der in Abbildung 10.13 gezeigten Probe für einen Zugversuch an und stellen Sie fest, ob das Material einen hohen oder niedrigen m-Wert hat (siehe Abschnitt 2.2.7). Erläutern Sie Ihre Antwort.

10.8 Warum synthetisiert man ein Polymer mit einem hohen Kristallinitätsgrad?

10.9 Ergänzen Sie die Spalte der Anwendungen in Tabelle 10.3 um weitere Einträge.

10.10 Erörtern Sie die Bedeutung der Glasübergangstemperatur T_g in technischen Anwendungen von Polymeren.

10.11 Warum verbessert Vernetzung die Festigkeit von Polymeren?

10.12 Beschreiben Sie die Methoden, mit denen sich optische Eigenschaften von Polymeren verändern lassen.

10.13 Erläutern Sie die Gründe, die zur Entwicklung von Elastomeren geführt haben. Gibt es nach den Informationen dieses Kapitels Ersatzwerkstoffe für Elastomere? Erläutern Sie Ihre Antwort.

10.14 Geben Sie mehrere Beispiele für Kunststoffprodukte oder -komponenten an, für die Kriechen und Spannungsrelaxation eine wichtige Rolle spielen.

10.15 Beschreiben Sie Ihre Ansichten in Bezug auf das Recyceln von Kunststoffen gegenüber der Entwicklung biologisch abbaubarer Kunststoffe.

10.16 Erläutern Sie, wie Sie die Härte der in diesem Kapitel beschriebenen Kunststoffe ermitteln. Ist dabei mit Schwierigkeiten zu rechnen? Erläutern Sie Ihre Antwort.

10.17 Unterscheiden Sie zwischen Verbundwerkstoffen und Legierungen. Geben Sie mehrere Beispiele an.

10.18 Beschreiben Sie die Funktionen der Matrix und der Verstärkungsfasern in verstärkten Kunststoffen. Welche grundlegenden Unterschiede gibt es in Bezug auf die Eigenschaften der beiden Werkstoffe?

10.19 Welche Produkte sind Ihnen aus eigener Anschauung als verstärkte Kunststoffe bekannt? Woran können Sie erkennen, dass sie verstärkt sind?

10.20 Beziehen Sie sich auf vorhergehende Kapitel und nennen Sie Metalle und Legierungen, deren Festigkeiten mit denen von verstärkten Kunststoffen vergleichbar sind.

10.21 Vergleichen Sie die relativen Vorteile und Beschränkungen von (1) Metallmatrix-Verbundwerkstoffen, (2) verstärkten Kunststoffen und (3) Keramikmatrix-Verbundwerkstoffen.

10.22 Dieses Kapitel hat die zahlreichen Vorteile von Verbundwerkstoffen beschrieben. Welche Beschränkungen oder Nachteile weisen diese Werkstoffe auf? Wie lassen sich diese Beschränkungen überwinden?

10.23 Gemäß Definition enthält ein hybrider Verbundwerkstoff zwei oder mehr unterschiedliche Arten von Verstärkungsfasern. Welche Vorteile besitzt ein derartiger Verbundwerkstoff gegenüber anderen Verbundwerkstoffen?

10.24 Weshalb sind Fasern in der Lage, in Verbundwerkstoffen einen großen Teil der Last zu tragen?

10.25 Angenommen, Sie stellen ein Produkt her, bei dem alle Zahnräder aus Metall bestehen. Ein Verkaufsmitarbeiter schlägt in einem Gespräch mit Ihnen vor, einige der Metallzahnräder durch Plastikteile zu ersetzen. Erstellen Sie eine Liste mit Fragen, die Sie vor einer derartigen Entscheidung stellen würden. Erläutern Sie Ihre Antwort.

10.26 Analysieren Sie die drei in Abbildung 10.8 dargestellten Kurven und beschreiben Sie einige Anwendungen für jeden Verhaltenstyp. Erläutern Sie, warum Sie sich für die jeweiligen Anwendungen entschieden haben.

10.27 Wiederholen Sie die vorige Frage für die in Abbildung 10.10 angegebenen Kurven.

10.28 Lassen sich Ihrer Meinung nach Wabenstrukturen in Baugruppen von Personenwagen einsetzen? Wenn ja, in welchen Baugruppen? Erläutern Sie Ihre Antwort.

10.29 Welche Werkstoffe außer den in diesem Kapitel beschriebenen könnten Ihrer Ansicht nach als Verbundwerkstoffe betrachtet werden? Erläutern Sie Ihre Antwort.

10.30 Bei welchen Anwendungen von Verbundwerkstoffen könnte eine hohe Wärmeleitfähigkeit wünschenswert sein? Erläutern Sie Ihre Antwort.

10.31 Verschaffen Sie sich einen Überblick über verschiedenartige Sportausrüstungen und identifizieren Sie die Komponenten, die aus Verbundwerkstoffen bestehen. Erläutern Sie, warum man für die jeweiligen Anwendungen Verbundwerkstoffe einsetzt und welche Vorteile sich dadurch ergeben.

10.32 Dieses Kapitel hat verschiedene Kombinationen und Strukturen von Werkstoffen beschrieben. Ordnen Sie diese Werkstoffe Anwendungen zu, bei denen (a) sehr niedrige Temperaturen, (b) sehr hohe Temperaturen, (c) Schwingungen und (d) hohe Feuchtigkeit eine Rolle spielen.

10.33 Erläutern Sie, wie Sie die Härte der in diesem Kapitel beschriebenen verstärkten Kunststoffe und Verbundwerkstoffe ermitteln. Welche Versuchsarten wählen Sie aus? Sind Härtemessungen für derartige Werkstoffe aussagekräftig? Macht die Eindruckgröße einen Unterschied in Ihrer Antwort aus? Erläutern Sie Ihre Antworten.

10.34 Beschreiben Sie die Vorteile, wenn die in den vorherigen Kapiteln behandelten herkömmlichen Metallbearbeitungstechniken auf das Formen und Bearbeiten von Kunststoffen angewendet werden.

10.35 Beschreiben Sie die Vorteile der Kaltformung von Kunststoffen im Vergleich zu anderen Verarbeitungsmethoden.

10.36 Erläutern Sie, warum manche Formungs- und Gestaltungsverfahren für bestimmte Kunststoffe besser als für andere geeignet sind.

10.37 Würden Sie Duromere für das Spritzgießen verwenden? Erläutern Sie Ihre Antwort.

10.38 Ein genauer Blick auf Kunststoffbehälter wie zum Beispiel für Babypuder zeigt, dass die Beschriftung erhaben und nicht eingelassen ist. Erläutern Sie, weshalb die Behältnisse auf diese Weise geformt werden.

10.39 Geben Sie Beispiele für verschiedene Teile an, die für Einsatzformen geeignet sind. Wie würden Sie diese Teile herstellen, wenn Einsatzformen nicht möglich ist?

10.40 Welche Überlegungen sind bei der Herstellung von Getränkedosen aus Metall im Vergleich zu Kunststoff anzustellen? Erläutern Sie Ihre Antwort.

10.41 Untersuchen Sie mehrere elektrische Bauteile wie zum Beispiel Lichtschalter, Steckdosen und Lampenfassungen. Beschreiben Sie das bzw. die Verfahren für deren Herstellung.

10.42 Untersuchen Sie mehrere ähnliche Produkte, die aus Metallen und Kunststoffen hergestellt sind, etwa einen Blecheimer und einen Kunststoffeimer ähnlicher Form und Größe. Erörtern Sie, wie und warum sich Eigenschaften wie zum Beispiel die Wandstärken (falls zutreffend) unterscheiden.

10.43 Erstellen Sie eine Liste von Verarbeitungsverfahren für verstärkte Kunststoffe. Geben Sie an, welche Möglichkeiten jedes Verfahren für die folgenden Ausrichtungen bzw. Anordnungen der Fasern hat: (1) einachsig, (2) diagonal, (3) zufällig innerhalb einer Ebene und (4) dreidimensional zufällig.

10.44 Sicherlich kennen Sie Kunststoffprodukte, an denen der Deckel direkt mit Gelenken befestigt ist. Das heißt, an der Verbindungsstelle zwischen den beiden Teilen wird kein anderes Material oder Teil verwendet. Nennen Sie derartige Produkte und beschreiben Sie eine Methode für ihre Herstellung.

10.45 Erläutern Sie, warum bestimmte Formungsverfahren wie Blasformen und Folientütenherstellung vertikal erfolgen und die Gebäude, in denen die Ausrüstungen für derartige Verfahren stehen, Deckenhöhen von 10 bis 15 m haben.

10.46 Eine Kaffeetasse ist durch Rapid Prototyping herzustellen. Beschreiben Sie, wie sich der obere Teil des Henkels fertigen lässt, da kein Material direkt unter dem Bogen des Henkels vorhanden ist.

10.47 Erstellen Sie eine Liste der Vor- und Nachteile für die einzelnen Rapid-Prototyping-Verfahren.

10.48 Erläutern Sie, warum bei Rapid-Prototyping-Verfahren im Allgemeinen Endbearbeitungsvorgänge erforderlich sind. Nennen Sie die Endbearbeitungsvorgänge, die Sie zum Beispiel bei der Prototypherstellung eines Spielzeugautos durchführen würden.

10.49 Im Rahmen der Forschung stellt man Teile mit Rapid Prototyping her und verwendet sie dann in Zugversuchen, um auf die Festigkeit der endgültigen Teile zu schließen, die dann durch herkömmliche Fertigungsverfahren produziert werden. Nennen Sie eventuelle Probleme, die bei dieser Vorgehensweise zu erwarten sind, und skizzieren Sie Methoden, wie sich diese Probleme umgehen lassen.

10.50 Bei Teilen, die durch Stereolithographie hergestellt werden, neigen lange, nicht unterstützte Überhänge durch Abbau von Eigenspannungen beim Härten dazu, sich einzurollen. Schlagen Sie Methoden vor, um dieses Problem in den Griff zu bekommen.

10.51 Stereolithographie und PolyJet bieten vor allem den Vorteil, dass sich teil- und volltransparente Polymere verwenden lassen, sodass die internen Details von Teilen leicht erkannt werden können. Nennen Sie Teile oder Produkte, für die dieses Merkmal wertvoll ist.

10.52 Erläutern Sie aufbauend auf den in diesem Kapitel beschriebenen Verfahren zur Herstellung von Fasern, wie sich Kohlenstoffschaum herstellen lässt. Wie würden Sie Metallschaum produzieren?

10.53 Eine Strangaufweitung beim Extrudieren verläuft bei kreisförmigen Querschnitten radial gleichmäßig, ist aber bei anderen Querschnitten nicht einheitlich. Berücksichtigen Sie diese Tatsache und skizzieren Sie eine Matrizenform, mit dem sich (a) quadratische und (b) dreieckige Querschnitte aus extrudiertem Polymer herstellen lassen.

10.54 Welche Vorteile bieten Whisker als Verstärkungsmaterial? Gibt es irgendwelche Einschränkungen?

10.55 Durch Einbinden kleiner Mengen eines Treibmittels lassen sich Polymerfasern mit Gaskernen herstellen. Geben Sie einige Anwendungen für derartige Fasern an.

10.56 Beim Spritzgießen ist es üblich, das Teil von seinem Anguss zu trennen und dann den Anguss in einem Schredder zu Pellets zu recyceln. Welche Bedenken bestehen hinsichtlich der Verwendung derartiger recycelter Pellets gegenüber reinen (d. h. rohen, unbehandelten) Pellets?

10.57 Durch welche Eigenschaften sind Polymere für Anwendungen wie zum Beispiel Zahnräder attraktiv? Welche Eigenschaften wirken sich für derartige Anwendungen nachteilig aus?

10.58 Können Polymere elektrisch leitfähig gemacht werden? Erläutern Sie Ihre Antwort und geben Sie mehrere Beispiele an.

10.59 Warum gibt es so starke Variationen bei der Steifigkeit von verschiedenen Polymeren? Welche technische Bedeutung hat dies? Erläutern Sie Ihre Antwort anhand von Beispielen.

10.60 Erläutern Sie, warum sich Thermoplaste leichter als Duromere recyceln lassen.

10.61 Beschreiben Sie das Prinzip von Schrumpffolie.

10.62 Listen Sie die Eigenschaften auf, über die ein Polymer für die folgenden Anwendungen verfügen muss: (a) vollständiger Ersatz eines Hüftgelenks, (c) Golfball, (c) Armaturenbrett eines Kraftfahrzeugs, (d) Kleidung und (e) Kinderpuppe.

10.63 Woran lässt sich erkennen, ob ein Teil aus einem Thermoplast oder aus einem Duromer hergestellt ist? Erläutern Sie Ihre Antwort.

10.64 Beschreiben Sie die Merkmale einer Extruderschnecke und erörtern Sie ihre spezifischen Funktionen.

10.65 Bei einem durch Spritzgießen hergestellten Nylonzahnrad zeigen sich kleine Poren. Es wird empfohlen, das Material vor dem Pressen zu trocknen. Erläutern Sie, warum sich dieses Problem durch Trocknen lösen lässt.

10.66 Welche Faktoren bestimmen die Zykluszeit für (a) Spritzgießen, (b) Thermoformen und (c) Formpressen?

10.67 Tritt der in Abbildung 10.57 dargestellte Einzug (Einfallstelle) auch beim Formen und Gießen von Metall auf? Erläutern Sie Ihre Antwort.

10.68 Nennen Sie die Unterschiede zwischen dem Zylinderabschnitt eines Extruders und dem einer Spritzgussmaschine.

10.69 Geben Sie die Vorgänge an, die für die Fertigung kleiner Produktionsserien von Kunststoffteilen (etwa 100 Stück oder weniger) geeignet sind. Erläutern Sie Ihre Antwort.

10.70 Sehen Sie sich noch einmal die Fallstudie am Ende dieses Kapitels an und erläutern Sie, warum sich die Aligner-Schienen nicht direkt durch Rapid-Prototyping-Verfahren herstellen lassen.

10.71 Erläutern Sie, warum Rapid-Prototyping-Verfahren für große Produktionsserien nicht geeignet sind.

10.72 Nennen und erläutern Sie Methoden, um Werkzeuge für das Spritzgießen mit geringem Zeitaufwand herzustellen.

10.73 Die genaue Analyse eines durch Rapid Prototyping hergestellten Teils zeigt, dass es aus Schichten besteht, wobei ein weißer Faserumriss auf jeder Schicht sichtbar ist. Handelt es sich um ein Duromer oder ein thermoplastisches Material? Erläutern Sie Ihre Antwort.

10.74 Nennen Sie die Vorteile der Raumtemperaturvulkanisation (RTV) für das Gummispritzen beim Spritzgießen.

10.75 Welche Ähnlichkeiten und Unterschiede bestehen zwischen Stereolithographie und PolyJet?

10.76 Erläutern Sie, wie sich Farben in Rapid-Prototyping-Komponenten einbringen lassen.

Rechenaufgaben

10.77 Berechnen Sie die Fläche unter den Spannung-Dehnung-Kurven für das Material in Abbildung 10.9. Stellen Sie das Ergebnis als Funktion der Temperatur dar und beschreiben Sie Ihre Beobachtungen.

10.78 Wie aus Abbildung 10.9 hervorgeht, nimmt der Elastizitätsmodul des Polymers wie erwartet mit steigender Temperatur ab. Tragen Sie anhand der in der Abbildung angegebenen Spannung-Dehnung-Kurven in einem Diagramm den Elastizitätsmodul über der Temperatur auf.

10.79 Berechnen Sie die prozentuale Zunahme der mechanischen Eigenschaften von verstärktem Nylon anhand der in Abbildung 10.19 angegebenen Daten.

10.80 An einem Ende eines rechteckigen Kragträgers mit einer Höhe von 75 mm, einer Breite von 25 mm und einer Länge von 1 m greift eine Einzelkraft von 100 N an. Wählen Sie aus Tabelle 10.1 zwei verschiedene unverstärkte und verstärkte Werkstoffe aus und berechnen Sie die maximale Durchbiegung des Trägers. Führen Sie dann die gleichen Berechnungen mit denselben Trägerabmessungen für Aluminium und Stahl aus. Vergleichen und erörtern Sie die Ergebnisse.

10.81 Die Abschnitte 10.5 und 10.6 haben verschiedene Kunststoffe und deren Anwendungen beschrieben. Stellen Sie diese Informationen neu zusammen, indem Sie eine Tabelle der Produkte und der für die Herstellung der Produkte verwendeten Kunststoffarten anlegen.

10.82 Ermitteln Sie die Abmessungen einer hohlen Antriebswelle aus Stahl für ein typisches Kraftfahrzeug. Die Stahlwelle soll durch Wellen aus unverstärktem und verstärktem Kunststoff ersetzt werden. Wie sind die Abmessungen der Welle zu ändern, um jeweils das gleiche Drehmoment übertragen zu können? Wählen Sie die Werkstoffe aus Tabelle 10.1 aus und nehmen Sie eine Poissonzahl von 0,4 an.

10.83 Berechnen Sie die durchschnittliche Erhöhung der in Tabelle 10.1 aufgeführten Eigenschaften der Kunststoffe als Ergebnis ihrer Verstärkung und beschreiben Sie Ihre Beobachtungen.

10.84 Welchen Anteil an der Last tragen die Fasern in Beispiel 10.4 im Text, wenn ihre Festigkeit 1250 MPa und die Matrixfestigkeit 240 MPa beträgt? Wie lautet das Ergebnis, wenn bei unveränderter Festigkeit der Elastizitätsmodul der Faser 600 GPa und der der Matrix 50 GPa beträgt?

10.85 Schätzen Sie die Schließkraft ab, die beim Spritzgießen von 10 identischen Scheiben mit einem Durchmesser von 3,8 cm in einer Form erforderlich ist. Berücksichtigen Sie auch die Läufe (Länge und Durchmesser).

10.86 Eine 2-l-Plastikgetränkeflasche wird von einem Blasrohling hergestellt, der den gleichen Durchmesser wie der Gewindehals der Flasche und eine Länge von 12,7 cm hat. Nehmen Sie eine gleichmäßige Verformung beim Blasformen an und ermitteln Sie die Wanddicke des röhrenförmigen Abschnitts.

10.87 Schätzen Sie die Konsistenzzahl und den Exponenten des Potenzgesetzes für die Polymere in Abbildung 10.12 ab.

10.88 Ein Extruder hat einen Zylinderdurchmesser von 100 mm. Die mit 100 Umdr./min rotierende Schnecke hat eine Kanaltiefe von 6 mm und einen Steigungswinkel von 17,5°. Welcher Volumendurchsatz von Polypropylen lässt sich maximal erreichen?

10.89 Der Extruder der vorigen Aufgabe hat eine 2,5 m lange Pumpzone und wird eingesetzt, um massive Rundstäbe aus Polyethylen zu extrudieren. Die Düse hat eine Kontaktlänge von 1 mm und einen Durchmesser von 5 mm. Wie groß ist der Volumendurchsatz durch die Düse, wenn das Polyethylen eine mittlere Temperatur von 250 °C hat? Wie groß ist er bei einer Düsenöffnung von 10 mm?

10.90 Ein Extruder hat einen Zylinderdurchmesser von 100 mm, eine Kanaltiefe von 6,4 mm, einen Steigungswinkel von 18° und eine 1,83 m lange Pumpzone. Er soll einen Kunststoff mit einer Viskosität von 68,9 Pas fördern. Mit welcher

Drehzahl muss sich die Schnecke für die experimentell ermittelte Düsenkennlinie $Q_G = 4{,}98 \times 10^{-12}\,\text{m}^5/\text{Ns} \times p$ drehen, um einen Volumendurchsatz von $1{,}15 \times 10^{-4}\,\text{m}^3/\text{s}$ mit dem Extruder zu erreichen?

10.91 Welchen Steigungswinkel sollte eine Schnecke haben, damit ein Schneckengang bei jeder Umdrehung einen Weg zurücklegt, der gleich dem Zylinderdurchmesser ist?

10.92 Ermitteln Sie beim Stereolithographieverfahren für einen Laser, der eine Energie von 10 kJ auf einen Punkt von 0,25 mm Durchmesser liefert, die Härtungstiefe und die gehärtete Linienbreite. Nehmen Sie $E_c = 6{,}36 \times 10^{10}\,\text{J/m}^2$ und $D_p = 100\,\mu\text{m}$ an.

10.93 Schätzen Sie für das in der vorigen Aufgabe beschriebene Stereolithographiesystem die Zeit ab, die erforderlich ist, um eine Schicht zu härten, die durch einen Kreis von 40 mm Durchmesser definiert ist, wenn sich benachbarte Linien um jeweils 10 % überlappen und die verfügbare Leistung 10 MW beträgt.

10.94 Der Extruderkopf in einer FDM-Anlage (*fused deposition modeling*) hat einen Durchmesser von 1 mm und produziert Schichten mit einer Dicke von jeweils 0,25 mm. Berechnen Sie die Produktionszeit, um einen massiven Würfel mit 50 mm Kantenlänge zu generieren, wenn die Geschwindigkeiten des Extruderkopfes und des extrudierten Polymers jeweils 50 mm/s betragen. Nehmen Sie eine Verzögerung von 15 Sekunden zwischen den Schichten an, da der Extruderkopf (zur Reinigung) über eine Drahtbürste geführt werden muss.

10.95 Verwenden Sie die in der vorigen Aufgabe angegebenen Daten und nehmen Sie

an, dass die Porosität des Werkstoffs für die Bauplattform 50 % beträgt. Berechnen Sie die Produktionsrate für die Herstellung einer 100 mm hohen Tasse mit einem Außendurchmesser von 88 mm und einer Wanddicke von 6 mm. Betrachten Sie die beiden Fälle, in denen sich das geschlossene Ende (a) unten und (b) oben befindet.

10.96 Wie lautet die Antwort zu Beispiel 10.5 im Text, wenn man für das Nylon eine Exponentialgesetz für die Viskosität mit $n = 0{,}5$ annimmt? Wie sieht das Ergebnis für $n = 0{,}2$ aus?

10.97 Zeichnen Sie anhand von Abbildung 10.7 die Relaxationskurven (d. h. die Spannung als Funktion der Zeit), wenn eine Einheitsdehnung zur Zeit $t = t_0$ angewendet wird.

10.98 Leiten Sie einen allgemeinen Ausdruck für den Wärmeausdehnungskoeffizienten in Faserrichtung für einen Verbundwerkstoff mit einer Verstärkung aus kontinuierlichen Fasern her.

10.99 Schätzen Sie die Anzahl der Moleküle und Atome in einem typischen Autoreifen ab.

10.100 Berechnen Sie den Elastizitätsmodul und den prozentualen Anteil der Last, die von den Fasern in einem Verbundwerkstoff getragen wird, wobei eine Epoxidmatrix ($E = 100\,\text{GPa}$) mit 20 % Fasern aus (a) Kohlenstoff mit hohem Modul und (b) Kevlar 29 gegeben sind.

10.101 Berechnen Sie die Spannung in den Fasern und in der Matrix für die vorige Aufgabe. Nehmen Sie eine Querschnittsfläche von 50 mm² und eine Kraft von $F_c = 2000\,\text{N}$ an.

10.102 Gegeben sei ein Verbundwerkstoff, der aus Verstärkungsfasern mit $E_f = 300\,\text{GPa}$ besteht. Welche Steifigkeit sollte die

Matrix aufweisen, damit die Fasern und die Matrix gleichzeitig versagen, wenn die zulässige Faserspannung 200 MPa und Matrixfestigkeit 50 MPa betragen?

10.103 Nehmen Sie an, Sie sollen Studenten Kontrollfragen zum Inhalt dieses Kapitels stellen. Bereiten Sie fünf quantitative und fünf qualitative Übungsfragen vor und geben Sie die Antworten an.

Fragen zum Entwurf

10.104 Verschaffen Sie sich in der aktuellen Fachliteratur einen Überblick und geben Sie Daten an, die die Wirkungen der Faserlänge auf mechanische Eigenschaften wie zum Beispiel Festigkeit, Elastizitätsmodul und Kerbschlagarbeit von verstärkten Kunststoffen haben.

10.105 Erörtern Sie Entwurfsüberlegungen, die sich auf das Ersetzen von Metall durch Kunststoff bei einem Getränkebehälter beziehen.

10.106 Erörtern Sie anhand konkreter Beispiele Gestaltungsfragen, die bei verschiedenen Produkten aus Kunststoffen gegenüber verstärkten Kunststoffen zu beachten sind.

10.107 Erstellen Sie eine Liste von Produkten, Teilen oder Baugruppen, die derzeit nicht aus Kunststoffen hergestellt werden, und geben Sie Gründe dafür an.

10.108 Damit sich in einem Stahl- oder Aluminiumbehälter ein säurehaltiger Stoff wie zum Beispiel Tomatensaft oder Sauce aufbewahren lässt, wird das Innere des Behälters typischerweise mit einer Polymersperrschicht versehen. Beschreiben Sie Verfahren für die Herstellung eines derartigen Behälters (siehe auch Kapitel 7).

10.109 Entwickeln Sie anhand der in diesem Kapitel gegebenen Informationen spezielle Entwürfe und Formen für mögliche neue Anwendungen von Verbundwerkstoffen.

10.110 Gibt es für einen Verbundwerkstoff mit einer festen und steifen Matrix sowie weichen und biegsamen Verstärkungen praktische Anwendungen? Erläutern Sie Ihre Antwort.

10.111 Erstellen Sie eine Liste von Produkten, für die der Einsatz von Verbundwerkstoffen aufgrund der anisotropen Eigenschaften vorteilhaft sein könnte.

10.112 Nennen Sie mehrere Produktentwürfe, bei denen sowohl spezifische Festigkeit als auch spezifische Steifigkeit wichtig sind.

10.113 Beschreiben Sie Entwürfe und Anwendungen, bei denen Festigkeit in der Dickenrichtung eines Verbundwerkstoffs wichtig ist.

10.114 Entwerfen und beschreiben Sie ein Testverfahren, um die mechanischen Eigenschaften von verstärkten Kunststoffen in deren Dickenrichtung zu ermitteln.

10.115 Es wurde gezeigt, dass verstärkte Kunststoffe durch Umwelteinflüsse wie Feuchtigkeit, Chemikalien und Temperaturwechsel nachteilig beeinflusst werden können. Entwerfen und beschreiben Sie Versuchsmethoden, um die mechanischen Eigenschaften von Verbundwerkstoffen unter diesen Bedingungen zu ermitteln.

10.116 Wie bei anderen Werkstoffen lassen sich die mechanischen Eigenschaften von Verbundmaterialien bestimmen, indem man geeignete Proben herstellt und untersucht.

Erläutern Sie, welche Schwierigkeiten bei der Herstellung solcher Proben und bei den Versuchen selbst auftreten können.

10.117 Ergänzen Sie Tabelle 10.1 um eine Spalte, in der Sie das Aussehen dieser Kunststoffe einschließlich der verfügbaren Farben und der Opazität (Undurchsichtigkeit) beschreiben.

10.118 Ist es möglich, Fasern in drei Dimensionen zu weben und dann das Gewebe mit einem härtbaren Harz zu imprägnieren? Beschreiben Sie die Unterschiede in den Eigenschaften, die derartige Werkstoffe gegenüber laminierten Verbundwerkstoffen aufweisen.

10.119 Fasern oder Whisker lassen sich nicht nur mit konstantem Querschnitt, sondern auch mit variierendem Querschnitt oder als Faser mit einer welligen Oberfläche herstellen. Welche Vorteile bieten derartige Fasern? Erläutern Sie Ihre Antwort.

10.120 Polymere (entweder in reiner Form oder verstärkt) kommen als Werkstoffe für Gesenke bei der Blechumformung infrage, wie sie Kapitel 7 beschrieben hat. Beschreiben Sie Ihre Vorstellungen hinsichtlich der Geometrie und anderer Faktoren, die dabei relevant sein können.

10.121 Um Kunststoffprodukte leichter für das Recyceln sortieren zu können, werden inzwischen alle Kunststoffe mit einem dreieckigen Symbol gekennzeichnet, das eine Ziffer und zwei oder mehrere Buchstaben enthält. Erläutern Sie, was diese Kennzeichnungen bedeuten und warum derartige Symbole verwendet werden.

10.122 Besorgen Sie sich verschiedene Arten von Zahnpastatuben und schneiden Sie sie vorsichtig mit einer scharfen Rasierklinge auseinander. Beschreiben Sie Ihre Beobachtungen in Bezug auf die Art der verwendeten Werkstoffe und geben Sie an, wie sich die jeweiligen Tuben herstellen lassen.

10.123 Entwerfen Sie eine Maschine, die mithilfe von Rapid Prototyping Eisskulpturen produziert. Beschreiben Sie die grundlegenden Merkmale und erörtern Sie den Einfluss von Größe und Formkomplexität auf Ihren Entwurf.

10.124 Es wird ein Fertigungsverfahren vorgeschlagen, das eine Variante des FDM-Verfahrens (*fused deposition modeling*) verwendet: Zwei Polymerfaserstränge werden zunächst geschmolzen und gemischt, bevor sie extrudiert werden, um das Teil zu produzieren. Welche Vorteile könnte diese Methode bieten? Erläutern Sie Ihre Antwort.

Eigenschaften und Verarbeitung von Metallpulvern, Keramik, Glas und Supraleitern

11

11.1	Einführung	896
11.2	Pulvermetallurgie	897
11.3	Verdichten von Metallpulvern	904
11.4	Sintern	915
11.5	Sekundäre und Endbearbeitung	922
11.6	Überlegungen zum Entwurf in der Pulvermetallurgie	924
11.7	Wirtschaftlichkeit der Pulvermetallurgie	928
11.8	Keramik: Struktur, Eigenschaften und Anwendungen	929
11.9	Formen von Keramik	941
11.10	Glas: Struktur, Eigenschaften und Anwendungen	949
11.11	Formen von Glas	951
11.12	Überlegungen zum Entwurf von Keramik und Glas	956
11.13	Graphit und Diamant	957
11.14	Verarbeitung von Metallmatrix- und Keramikmatrix-Verbundwerkstoffen	959
11.15	Verarbeitung von Supraleitern	963
	Zusammenfassung	965
	Wichtige Gleichungen	966
	Verständnisfragen	966
	Rechenaufgaben	969
	Fragen zum Entwurf	971

ÜBERBLICK

11 Eigenschaften und Verarbeitung von Metallpulvern, Keramik, Glas und Supraleitern

LERNZIELE

Dieses Kapitel untersucht die Fertigungsverfahren und Technologien zur Herstellung von endkonturnahen bzw. einbaufertigen Teilen aus Metall- und Keramikpulvern sowie aus Glas, Diamant und Graphit. Speziell geht es um folgende Themen:

- Methoden zur Herstellung von Metall- und Keramikpulvern;
- Verfahren zur Formung von Presskörpern aus Pulvern, einschließlich der Mechanik der Pulververdichtung;
- Endbearbeitung, um Maßhaltigkeit und Oberflächeneigenschaften sowie ästhetische Erscheinung der Teile zu verbessern;
- Methoden zur Herstellung von Supraleiter-Werkstoffen und kommerziell wichtigen Formen von Kohlenstoff wie zum Beispiel Graphit und Diamant;
- Entwurfs- und Wettbewerbsaspekte dieser Verfahren.

11.1 Einführung

Die in den vorherigen Kapiteln beschriebenen Fertigungsverfahren haben Ausgangsstoffe entweder in geschmolzener oder in fester Form verwendet. Dieses Kapitel beschreibt nun die Gruppen der Verfahren, bei denen Metallpulver, Keramik und Glas zu Produkten verarbeitet werden, sowie die Verfahren, die bei der Verarbeitung von Metall- und Keramikmatrix-Verbundwerkstoffen und Supraleitern eine Rolle spielen. Außerdem werden für jedes Verfahren Entwurfsüberlegungen angestellt.

Mithilfe der **Pulvermetallurgie** lassen sich komplizierte Teile herstellen, indem man in Gesenken Metallpulver zu endkonturnahen oder einbaufertigen Produkten verdichtet und sintert (erwärmt, ohne sie zu schmelzen). Die breite Palette der zur Verfügung stehenden Pulverzusammensetzungen, die Möglichkeit für eine endkonturnahe Fertigung und die Wirtschaftlichkeit des Gesamtablaufs machen dieses Verfahren für viele Anwendungen attraktiv.

Dieses Kapitel beschreibt Struktur, Eigenschaften und Verarbeitung von **Keramik**, **Glas**, **Graphit** und **Diamant**. Diese Werkstoffe verfügen über signifikant unterschiedliche mechanische und physikalische Eigenschaften im Vergleich zu Metallen. Das betrifft unter anderem Härte, Temperaturbeständigkeit sowie elektrische und optische Eigenschaften. Somit sind sie für ganz spezielle Anwendungen prädestiniert.

Anschließend beschäftigt sich das Kapitel mit Struktur, Eigenschaften und Verarbeitung von **Metallmatrix-** und **Keramikmatrix-Verbundwerkstoffen**. Die Polymermatrix-Verbundwerkstoffe hat bereits Kapitel 10 beschrieben. Aufgrund der großen Anzahl möglicher Kombinationen von Elementen steht heute eine große Bandbreite von Verbundwerkstoffen für ein umfangreiches Einsatzgebiet von Konsum- und industriellen Anwendungen zur Verfügung, speziell in der Luft- und Raumfahrtindustrie.

Am Ende dieses Kapitels finden Sie eine Beschreibung, wie aus Supraleitern Produkte entstehen, beispielsweise Magnetspulen für Magnetresonanztomografie und andere Geräte, die magnetische Felder überwachen.

11.2 Pulvermetallurgie

Die Pulvermetallurgie wurde erstmals Anfang der 1900er Jahre zur Fertigung von Wolframglühfäden für weißglühende Glühlampen eingesetzt. Heute finden sich Anwendungen für Zahnräder, Nocken, Laufbuchsen, Schneidewerkzeuge, poröse Produkte wie Filter und ölgetränkte Lager und Baugruppen für Kraftfahrzeuge wie zum Beispiel Kolbenringe, Ventilführungen, Pleuel und Hydraulikkolben (▶ Abbildung 11.1). Durch die Fortschritte in der Pulvermetallurgie ist es möglich geworden, auch Konstruktionselemente von Flugzeugen wie zum Beispiel Fahrgestelle, Triebwerkshalterungen, Triebwerksscheiben, Laderlaufräder und Rahmen für Triebwerksgondeln aus Metallpulvern herzustellen.

Speziell für relativ komplexe Teile aus hochfesten und harten Legierungen stellt die Pulvermetallurgie eine konkurrenzfähige Alternative zu Verfahren wie Gießen, Schmieden und spanender Bearbeitung dar. Nahezu 70 % der Produktion von pulvermetallurgischen Teilen ist in der Automobilindustrie zu finden. Die mit diesem Verfahren hergestellten Teile besitzen gute Maßhaltigkeit und ihre Größen reichen von winzigen Kugeln für Kugelschreiber bis zu Teilen mit einer Masse von 50 kg, wobei die meisten der mit Pulvermetallurgie hergestellten Teile weniger als 2,5 kg wiegen. Ein typisches Familienauto enthält heute durchschnittlich 13 kg Präzisionsmetallteile, die durch Pulvermetallurgie gefertigt werden – ein Anteil, der jährlich um etwa 10 % gestiegen ist.

In der Pulvermetallurgie laufen der Reihe nach folgende Schritte ab:

1. **Pulverherstellung**
2. **Mischen**
3. **Verdichten**

a **b**

Abbildung 11.1: (a) Beispiele für typische Bauteile, die pulvermetallurgisch hergestellt wurden. (b) Pulvermetallurgisch hergestellter Wipphebel eines Rasensprengers. Das aus bleifreiem Messing hergestellte Teil ersetzt ein Druckgusserzeugnis bei 60 % Kosteneinsparung.

4 Sintern
5 Endbearbeiten

Das Endbearbeiten kann Vorgänge wie Prägen, Schlichten, spanendes Bearbeiten und Infiltrieren für verbesserte Qualität, Maßhaltigkeit und Teilefestigkeit beinhalten.

11.2.1 Herstellung von Metallpulvern

Metallpulver können nach verschiedenen Methoden hergestellt werden. Die Auswahl des Verfahrens hängt von den konkreten Anforderungen des Endprodukts ab. Quellen für Metalle sind allgemein ihre massive Form, Erze, Salze und andere Verbindungen. Diese Rohstoffe werden dann durch verschiedene Methoden zu Pulvern verarbeitet. Form, Größenverteilung, Porosität und chemische Reinheit sowie die Volumen- und Oberflächencharakteristika der Pulverteilchen hängen vom jeweils verwendeten Verfahren ab (► Abbildung 11.2). Diese Eigenschaften sind wichtig, da sie den Materialfluss während der Pulververdichtung und die Reaktivität in darauffolgenden Sintervorgängen deutlich beeinflussen. Die hergestellten Partikelgrößen reichen von 0,1 bis 1000 μm.

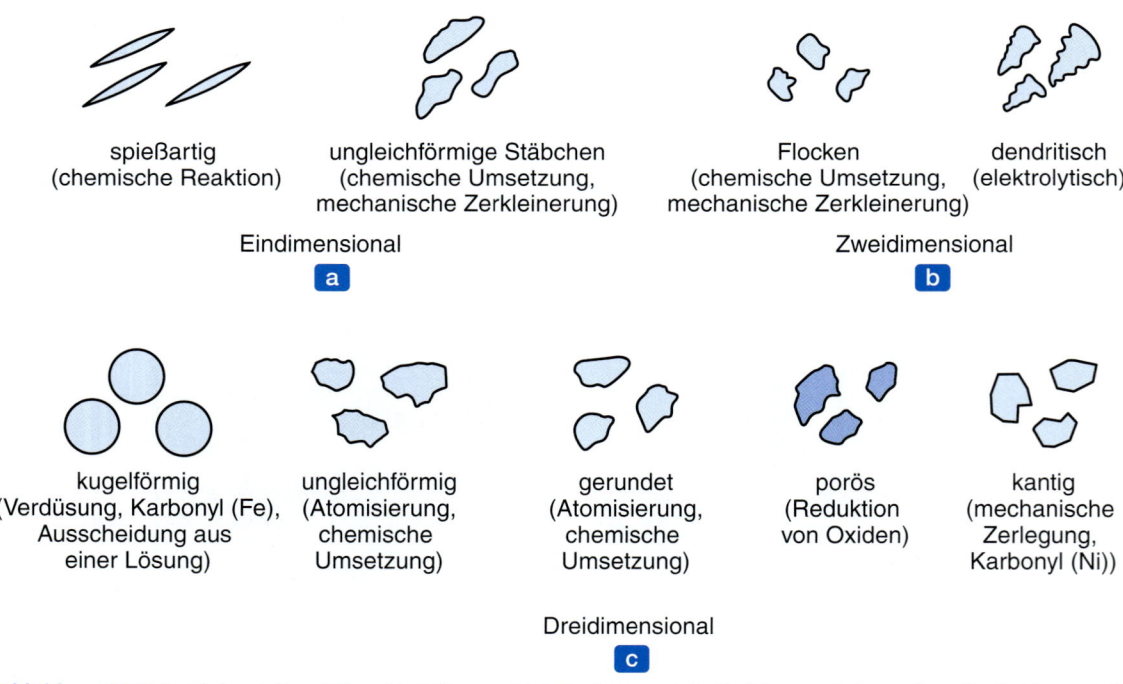

Abbildung 11.2: Partikelgestalt und Charakteristika von Metallpulvern und die Verfahren, mit denen diese Partikel hergestellt werden.

11.2 Pulvermetallurgie

Für die Pulverherstellung gibt es folgende Methoden:

1. **Zerstäubung** produziert einen Flüssigmetallstrom durch Injizieren von geschmolzenem Metall durch eine kleine Düse (▶ Abbildung 11.3a, daher auch **Verdüsen** genannt). Der Strom wird durch Edelgas-, Luft- oder Wasserstrahlen aufgebrochen. Die Größe der gebildeten Teilchen hängt von der Temperatur des Metalls, der Fließgeschwindigkeit, der Düsengröße und den Strahleigenschaften ab. Methoden der Schmelzzerstäubung sind für die Herstellung von Pulvern für die Pulvermetallurgie gebräuchlich. Bei einer Variante dieser Methode rotiert eine Verbrauchselektrode in einer mit Helium gefüllten Kammer (Abbildung 11.3d). Die Zentrifugalkraft bricht die geschmolzene Spitze der Elektrode auf und erzeugt Metallteilchen.

2. Bei der **Reduktion** von Metalloxiden (Entfernen von Sauerstoff) dienen Gase wie zum Beispiel Wasserstoff und Kohlenmonoxid als Reduktionsmittel, wobei sehr feine Metalloxide zum reinen

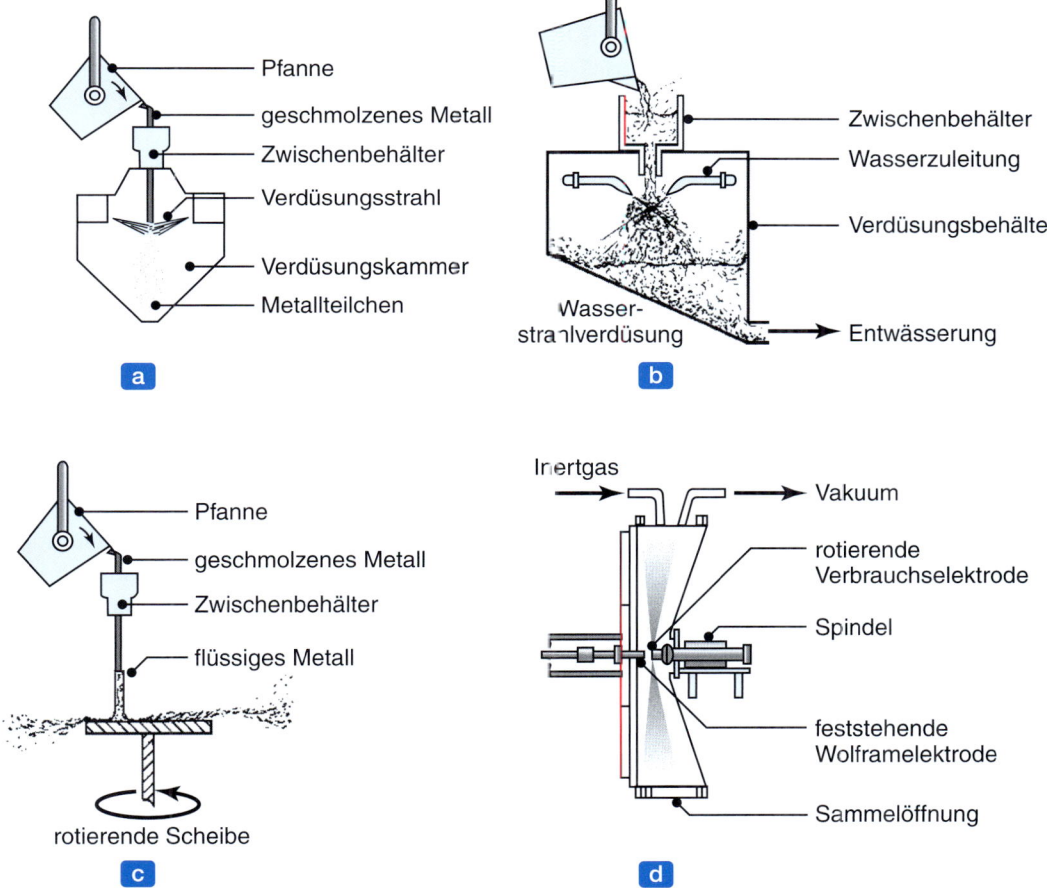

Abbildung 11.3: Methoden der Produktion von Metallpulvern durch Zerstäubung (Verdüsen, Atomisierung): (a) Gaszerstäubung, (b) Wasserzerstäubung, (c) zentrifugale Verzerstäubung mittels rotierender Scheibe, (d) Zerstäubung mit einer rotierenden, verzehrten Elektrode.

Metall reduziert werden. Die mit diesem Verfahren hergestellten Pulver sind schwammig und porös und besitzen einheitlich geformte, runde oder eckige Gestalten.

3 **Elektrolytisches Abscheiden:** Dieses Verfahren verwendet entweder wässrige Lösungen oder geschmolzene Salze. Die erzeugten Pulver gehören zu den reinsten aller Metallpulver.

4 **Karbonyle:** *Metallkarbonyle*, wie zum Beispiel Eisenkarbonyl [$Fe(CO)_5$] und Nickelkarbonyl [$Ni(CO)_4$], werden gebildet, indem man Eisen bzw. Nickel mit Kohlenmonoxid reagieren lässt. Die Reaktionsprodukte werden dann in Eisen und Nickel zerlegt, wobei kleine, dichte und einheitliche Kugelteilchen hoher Reinheit entstehen.

5 **Zerkleinerung:** Bei der mechanischen *Zerkleinerung* (*Pulverisierung*) werden spröde oder wenig duktile Metalle durch Brechen, Mahlen in einer *Kugelmühle* oder Zereiben zu kleinen Partikeln geformt. Eine Kugelmühle (▶ Abbildung 11.26) besteht aus einem rotierenden Hohlzylinder, der teilweise mit Stahl- oder Hartgusskugeln gefüllt ist. Pulverpartikel aus spröden Metallen sind eckig geformt, während Partikel aus duktilen Metallen eine flockenförmige Gestalt haben und für pulvermetallurgische Anwendungen nur bedingt geeignet sind.

6 **Mechanisches Legieren:** Bei diesem Verfahren werden Pulver aus zwei oder mehreren reinen Metallen in einer Kugelmühle gemischt. Unter Einwirkung der festen Kugeln brechen die Pulverteilchen wiederholt auf und binden sich durch Diffusion, wobei eine Legierung entsteht.

7 **Andere Methoden:** Zu den weniger gebräuchlichen Methoden der Pulverherstellung gehören:

a. **Ausfällen** aus einer chemischen Lösung;
b. Herstellen feiner Metallspäne durch **spanende Bearbeitung**;
c. **Dampfkondensierung**;
d. Hochtemperatur-**Metallextraktion** (Metallgewinnung);
e. Reaktion von flüchtigen **Halogeniden** (Verbindung eines Halogens und eines elektropositiven Elements) mit flüssigen Metallen;
f. Gesteuerte **Reduzierung** und Reduzierung/Aufkohlung fester Oxide.

Nanometerskalige Pulver: Zu den neueren Entwicklungen gehört die Herstellung von *nanometerskaligen Pulvern* verschiedener Metalle, einschließlich Kupfer, Aluminium, Eisen und Titan (siehe auch die Diskussion über *nanometerskalige Werkstoffe* in Abschnitt 3.11.9). Wenn die Metalle großer plastischer Verformung durch Druck und Scherung bei Spannungsniveaus von 5500 MPa während der Verarbeitung dieser Pulver unterworfen werden, wird ihre Teilchengröße reduziert und das Material wird porenfrei, sodass es optimierte Eigenschaften erhält.

Mikrogekapselte Pulver: Diese Pulver sind vollständig mit einem Bindemittel beschichtet und werden durch Warmpressen verdichtet (siehe auch die Diskussion über *Spritzgießen von Metall* in Abschnitt 11.3.4). In elektrischen Anwendungen fungiert der Binder als Isolator, der einen elektrischen Stromfluss verhindert und somit Wirbelstromverluste vermindert.

11.2.2 Partikelgröße, -verteilung und -form

Die *Partikelgröße* wird normalerweise durch Sieben gemessen und kontrolliert, d. h. indem das Metallpulver durch *Siebe* verschiedener Maschengrößen geführt wird. Das Pulver passiert dabei einen Stapel von Sieben, deren Maschengrößen von oben nach unten zunehmen. Je höher die Maschengröße, desto kleiner sind die Öffnungen im Sieb. Zum Beispiel sind bei einer Maschengröße von 30 die Öffnungen 600 μm groß, bei einer Maschengröße von 100 sind es 150 μm und bei einer Maschengröße von 400 haben die Öffnungen eine Größe von 38 μm (diese Methode ähnelt dem Nummernschema für Schleifkörner – je größer die Zahl, desto kleiner die Schleifteilchen; siehe Abschnitt 9.2).

Neben der Siebanalyse sind verschiedene andere Methoden zur Analyse der Partikelgröße gebräuchlich, speziell für Pulver feiner als 45 μm:

1. **Sedimentierung**, wobei die Rate gemessen wird, mit der sich Partikel in einem Fluid absetzen;
2. **Mikroskopische Analyse** einschließlich Transmissions- und Rasterelektronenmikroskopie;
3. **Lichtstreuung** von einem *Laser*, der eine Probe anstrahlt, die aus Teilchen besteht, die in einem flüssigen Medium verteilt sind. Die Partikel bewirken, dass das Licht gestreut wird, das dann auf einen Detektor fokussiert wird, der die Signale digitalisiert und die Partikelgrößenverteilung berechnet.
4. Verwendung **optischer Mittel** wie zum Beispiel einer *Fotozelle*, die einen Lichtstrahl abtastet, der durch Partikel unterbrochen wird;
5. **Suspension von Partikeln** in einer Flüssigkeit und darauffolgende Erkennung der Partikelgröße und -verteilung durch elektrische *Sensoren*.

Die **Größenverteilung** der Teilchen spielt für die Verarbeitungseigenschaften des Pulvers eine wichtige Rolle und wird in Form einer Häufigkeitsdichte wie in ▶ Abbildung 11.4a gezeigt dargestellt (eine ausführliche Beschreibung derartiger Diagramme ist in Abschnitt 4.9.1 und Abbildung 4.21a angegeben). In diesem Diagramm liegt der größte prozentuale Gewichtsanteil der Teilchen bei einem Durchmesser

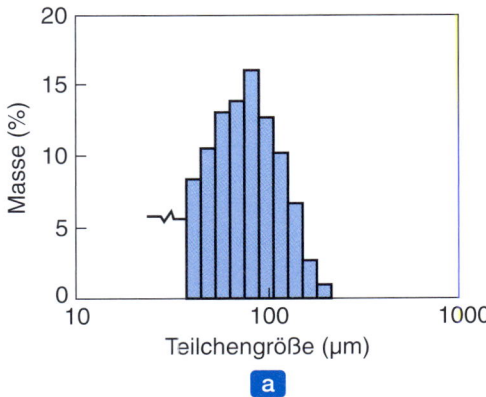
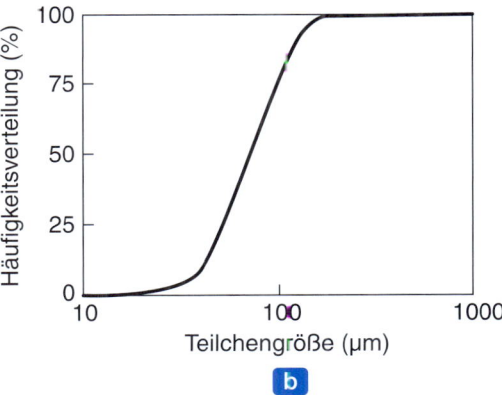

Abbildung 11.4: (a) Häufigkeitsdichte der Partikelgröße (-masse). Die meisten Teilchen sind zwischen 75 und 90 μm groß. (b) (Kumulative) Häufigkeitsverteilung der Teilchengröße. Nach R.M. German.

der Teilchen zwischen 75 und 90 µm. Dieser Maximalwert ist der sogenannte **Modalwert**. Dieselben Daten für die Teilchengröße lassen sich auch in Form einer **kumulativen Häufigkeitsverteilung** darstellen (Abbildung 11.4b). Hieraus ist dann zum Beispiel ersichtlich, dass 75 % der Teilchen (nach Masse) eine Größe kleiner als 100 µm haben. Bei einer Teilchengröße von etwa 200 µm erreicht die kumulative Häufigkeitskurve die 100 %-Marke, d. h., alle Teilchen dieser Population sind kleiner als 200 µm.

Die *Teilchenform* hat einen wesentlichen Einfluss auf die Verarbeitungseigenschaften. Allgemein wird die Form durch das *Längenverhältnis* oder den **Formfaktor** beschrieben. Unter dem *Längenverhältnis* versteht man das Verhältnis der größten zur kleinsten Abmessung des Teilchens. Die Werte liegen im Bereich von 1 für ein kugelförmiges Teilchen bis zu etwa 10 für flocken- oder nadelartige Teilchen. Der **Formfaktor** ist ein Maß für das Verhältnis von Oberfläche zu Volumen des Teilchens in Bezug auf ein kugelförmiges Teilchen mit äquivalentem Durchmesser. Somit ist der Formfaktor für eine Flocke größer als für eine Kugel.

Beispiel 11.1 **Bestimmung des Partikel-Formfaktors**

Bestimmen Sie den Formfaktor für ein (a) kugelförmiges, (b) würfelförmiges und (c) zylindrisches Teilchen mit einem Länge-zu-Durchmesser-Verhältnis von 2.

Lösung: (a) Das Verhältnis von Oberfläche A zu Volumen V lässt sich ausdrücken als

$$\frac{A}{V} = \frac{k}{D_{\text{äq}}},$$

wobei k der Formfaktor und $D_{\text{äq}}$ der Durchmesser einer Kugel mit dem gleichen Volumen wie das betrachtete Teilchen ist. Bei einem kugelförmigen Teilchen beträgt der Durchmesser $D = D_{\text{äq}}$, die Fläche $A = \pi D^2$ und das Volumen $V = \pi D^3/6$. Somit ist

$$k = \frac{A}{V} D_{\text{äq}} = \frac{\pi D^2}{\pi D^3/6} D = 6.$$

(b) Die Oberfläche eines Würfels mit der Kantenlänge L berechnet sich zu $6L^2$ und sein Volumen zu L^3. Somit ist

$$\frac{A}{V} = \frac{6L^2}{L^3} = \frac{6}{L}.$$

Der äquivalente Durchmesser des Teilchens ist dann

$$D_{\text{äq}} = \left(\frac{6V}{\pi}\right)^{1/3} = \left(\frac{6L^3}{\pi}\right)^{1/3} = 1{,}24.$$

Damit berechnet sich der Formfaktor zu

$$k = \frac{A}{V} D_{\text{äq}} = \frac{6}{L} 1{,}24 L = 7{,}44 \ .$$

(c) Die Oberfläche eines zylindrischen Teilchens mit dem Länge-zu-Durchmesser-Verhältnis 2 ist

$$A = \frac{2\pi D^2}{4} + \pi D L = \frac{\pi D^2}{2} + 2\pi D^2 = 2{,}5 \pi D^2 \ .$$

Das Volumen des Teilchens berechnet sich zu

$$V = \frac{\pi D^2}{4} L = \frac{\pi D^2}{4} 2D = \frac{\pi D^3}{2}$$

und sein äquivalenter Durchmesser ist

$$D_{\text{äq}} = \left(\frac{6V}{\pi} \right)^{1/3} = \left(\frac{6 \pi D^3}{2 \pi} \right)^{1/3} = 1{,}442 D \ .$$

Somit ergibt sich für den Formfaktor

$$k = \frac{A}{V} D_{\text{äq}} = \frac{2{,}5 \pi D^2}{\pi D^3 / 2} 1{,}442 D = 7{,}21 \ .$$

11.2.3 Mischen von Metallpulvern

Das *Mischen* von Pulvern ist der zweite Schritt in der pulvermetallurgischen Herstellung und wird aus folgenden Gründen durchgeführt:

1 Pulver unterschiedlicher Metalle und Werkstoffe können gemischt werden, um spezifische physikalische und mechanische Eigenschaften im pulvermetallurgischen Teil zu realisieren. Mischungen von Pulvern lassen sich aus Metalllegierungen oder auch aus verschiedenen Metallpulvern herstellen. Die richtige Mischung ist entscheidend, um gleichmäßige Eigenschaften für das gesamte Teil zu gewährleisten.

2 Selbst wenn nur ein Metall verwendet wird, können die Pulver beträchtlich in Größe und Form variieren. Folglich sind sie zu mischen, um die Gleichmäßigkeit von Teil zu Teil zu gewährleisten. Die ideale Mischung ist gegeben, wenn alle Teilchen aller Werkstoffe und von jeder Größe und Morphologie gleichmäßig verteilt sind.

3 *Schmierstoffe* können mit Pulvern gemischt werden, um die Fließeigenschaften während der Verarbeitung zu verbessern. Sie verringern die Reibung zwischen den Metallteilchen, verbessern das Fließen der Pulvermetalle in die Werkzeuge und tragen zu einer längeren Standzeit der Werkzeuge bei. Als Schmierstoffe verwendet man in der Regel Stearinsäure oder Zinkstearat mit einem Masseanteil von 0,25 bis 5 %.

4 Mit verschiedenen Additiven – beispielsweise *Bindern* wie in Sandformen – wird eine ausreichende *Grünfestigkeit* (siehe unten) entwickelt und das Sintern erleichtert.

Das Pulvermischen muss unter kontrollierten Bedingungen geschehen, um Verunreinigungen und Zersetzung zu vermeiden. *Zersetzung* kann durch übermäßiges Mischen entstehen, wodurch sich die Form der Teilchen ändert und eine Kaltverfestigung stattfindet, was das anschließende Verdichten erschwert. Pulver mischt man in Luft, in Edelgasatmosphären (um Oxidation zu vermeiden) oder in Flüssigkeiten, die als Schmierstoffe dienen und die Mischung einheitlicher machen. Es gibt verschiedene Arten von Mischeinrichtungen. Heutzutage werden sie von Mikroprozessoren gesteuert, um die Qualität zu verbessern bzw. aufrechtzuerhalten.

Aufgrund ihres hohen Oberflächen-zu-Volumen-Verhältnisses sind Pulver *explosiv*, was besonders für Pulver aus Aluminium, Magnesium, Titan, Zirkon und Thorium gilt. Deshalb ist sowohl beim Mischen als auch beim Lagern und der Verarbeitung besondere Vorsicht geboten. Unter anderem sind folgende Vorkehrungen zu treffen: (a) Anlagen erden, (b) Funkenerzeugung verhindern, indem funkenfreie Werkzeuge verwendet werden und auf Reibung als Wärmequelle verzichtet wird, und (c) Staubwolken, offene Flammen und chemische Reaktionen vermeiden.

11.3 Verdichten von Metallpulvern

Beim *Verdichten* handelt es sich um den Schritt, in dem die gemischten Pulver mithilfe von Gesenken und hydraulisch oder mechanisch betätigten Pressen zu Formen gepresst werden (▶ Abbildungen 11.5a und b sowie Abbildung 6.27). Das Pressen findet meist bei Raumtemperatur statt, ist aber auch bei erhöhten Temperaturen möglich. Verdichten hat die Aufgabe, die gewünschte Form, die erforderliche Dichte und den Kontakt der Teilchen untereinander zu erreichen und das Teil ausreichend fest zu machen, damit es sich handhaben und weiterverarbeiten lässt. Das gepresste Pulver bezeichnet man als **Grünling**.

Bei der pulvermetallurgischen Verarbeitung ist die *Dichte* auf drei verschiedenen Stufen relevant: (1) als lockeres Pulver, (2) als Grünling und (3) nach dem Sintern. Teilchenform, durchschnittliche Größe und Größenverteilung beeinflussen die Packungsdichte des lockeren Pulvers. Kugelförmige Pulver mit einer breiten Größenverteilung ergeben eine hohe Packungsdichte. Allerdings haben Sinterkörper, die aus diesen Pulvern hergestellt wurden, eine schlechte **Grünfestigkeit** und sind folglich ungeeignet für pulvermetallurgische Teile, die durch die Gesenk-Pressen-Methode (die für die Herstellung von pulvermetallurgischen Teilen am gebräuchlichsten ist) verdichtet werden. Folglich sind Pulver mit einigen Unregelmäßigkeiten der Form (zum Beispiel wasserverdüstes Eisenpulver, siehe Abbildung 11.3) zu bevorzugen, selbst wenn die Fülldichte des Pulvers im Gesenk allgemein geringer als die von kugelförmigen Pulvern ist. Im Sinne der Reproduzierbarkeit der Teileabmessungen sollte die Fülldichte des Pulvers von einer Pulverpartie zur nächsten gleich bleiben. Kugelförmige Pulver sind für *heißisostatisches Pressen* prädestiniert – eine Technik, mit der sich Abschnitt 11.3.3 befasst.

Die Dichte nach dem Verdichten (**Presskörperdichte**) hängt hauptsächlich von (a) dem Verdichtungsdruck, (b) der Pulverzusammensetzung und (c) der Härte des Pulvers ab (▶ Abbildung 11.6a). Je höher der Verdichtungsdruck und je weicher das Pulver, desto höher ist die Presskörperdichte. Die Dichte und ihre Gleichmäßigkeit innerhalb eines Sinterkörpers lässt sich durch Beimischen einer kleine Menge von Schmierstoff verbessern.

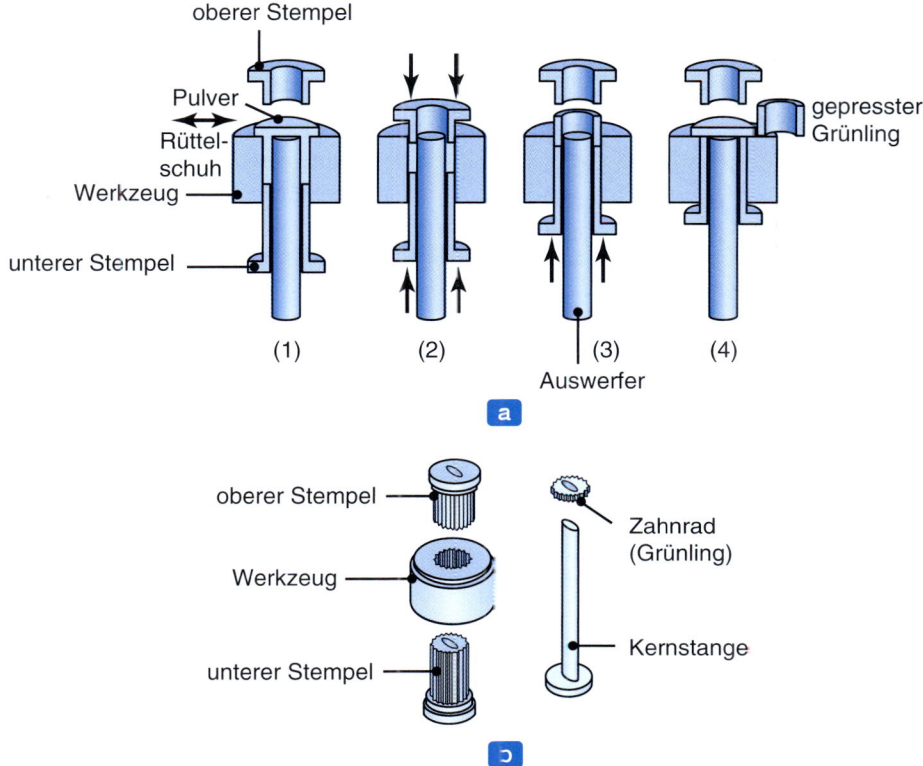

Abbildung 11.5: (a) Verdichten von Metallpulver für die Fertigung einer Buchse. (b) Werkzeuge für die Erzeugung von Zahnrädern.

Der Einfluss der Teilchenform auf die Presskörperdichte lässt sich am besten verstehen, wenn man zwei Pulverkörnungen mit der gleichen chemischen Zusammensetzung und Härte betrachtet: eine mit einer sphärischen Teilchenform und die andere mit einer unregelmäßigen Form. Die kugelförmige Körnung hat zwar eine höhere scheinbare Dichte (Fülldichte), doch nach Verdichtung unter hohem Druck weisen die Sinterkörper beider Sorten ähnliche Presskörperdichten auf. Beim Vergleich der beiden ähnlichen Pulver, die unter bestimmten Standardbedingungen gepresst werden, hat das Pulver, das eine höhere Presskörperdichte ergibt, eine höhere **Verdichtbarkeit** (siehe auch die Diskussion über *Sinterdichte* in Abschnitt 11.4).

Je höher die Dichte ist, desto höher werden Festigkeit und Elastizitätsmodul des Teils sein (Abbildung 11.6b). Das hängt damit zusammen, dass bei einer höheren Dichte die Menge des festen Metalls im selben Volumen größer ist. Folglich ist auch die Beständigkeit des Teils gegenüber äußeren Kräften größer. Aufgrund der Reibung zwischen den Metallteilchen im Pulver und zwischen den Stempeln und den Gesenkwänden kann die Dichte *innerhalb* des Teils beträchtlich variieren. Diese Variationen lassen sich durch eine geeignete Gestaltung von Stempel und Gesenk minimieren und indem die Reibung kontrolliert wird. So kann es beispielsweise erforderlich sein, *mehrere Stempel* mit getrennten Bewegungen zu verwenden, um eine einheitlichere Dichte im gesamten Teil sicherzustellen (▶ Abbildung 11.7).

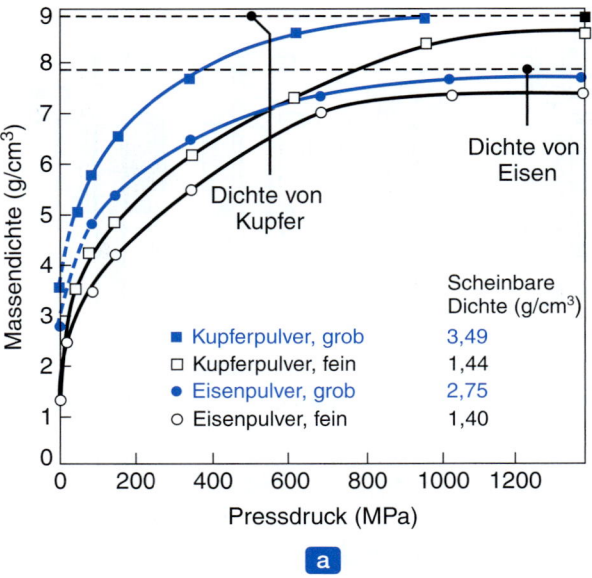

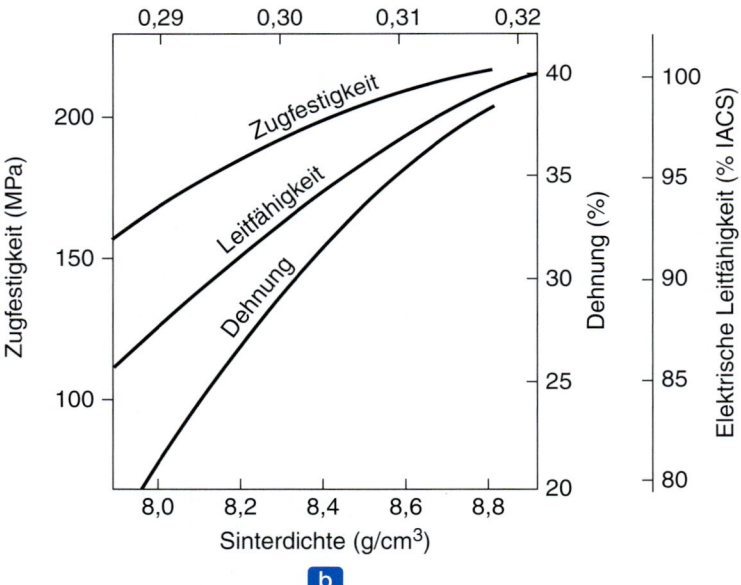

Abbildung 11.6: (a) Dichte von Presslingen (Grünlingen) aus Kupfer- und Eisenpulver als Funktion des Pressdrucks. Die Dichte beeinflusst die mechanischen und physikalischen Eigenschaften von pulvermetallurgischen Teilen sehr markant. (b) Einfluss der Dichte von gepresstem Kupferpulver auf die Zugfestigkeit, Bruchdehnung und elektrische Leitfähigkeit in Prozent der elektrischen Leitfähigkeit eines Standards (IACS bedeutet International Annealed Copper Standard). Nach F.V. Lenel.

11.3 Verdichten von Metallpulvern

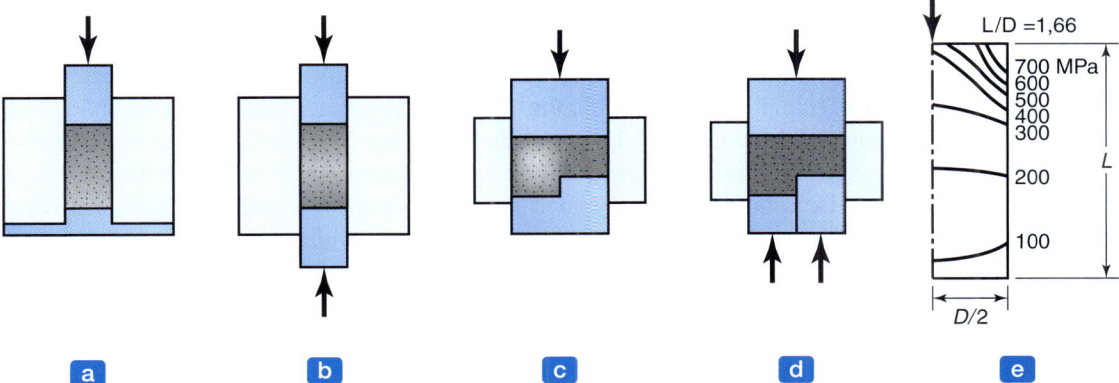

Abbildung 11.7: Variation der Dichte beim Pressen von Metallpulvern mit verschiedenen Werkzeugen: (a) und (c) einfach wirkende Presse, (b) und (d) doppelt wirkende Presse, bei der die beiden Stempel unabhängig voneinander bewegt werden. Die Dichte im Teil von (d) ist viel einheitlicher als im Teil von (c). Eine einheitliche Dichte ist meist erwünscht, obwohl es auch Situationen gibt, bei denen eine Variation der Dichte (und damit der Eigenschaften) im Teil angestrebt wird. (e) Konturlinien der Dichte in einem aus Kupferpulver nach (a) gepressten Teil. Nach P. Duwez und L. Zwell.

Beispiel 11.2 **Dichte eines Matallpulver-Schmierstoff-Gemisches**

Zinkstearat ist ein Schmierstoff, der häufig mit Metallpulvern vor dem Verdichten bis zu einem Masseanteil von 2 % gemischt wird. Berechnen Sie die theoretische und scheinbare Dichte eines Eisenpulver-Zinkstearat-Gemischs. Nehmen Sie dazu an, dass (a) 1000 g Eisenpulver mit 20 g Schmierstoff gemischt wird, (b) die Dichte des Schmierstoffs 1,10 g/cm^3 beträgt, (c) die theoretische Dichte des Eisenpulvers 7,86 g/cm^3 beträgt (aus Tabelle 3.3) und (d) die scheinbare Dichte des Eisenpulvers 2,75 g/cm^3 ist (aus Abbildung 11.6a).

Lösung: Das Volumen der Mischung berechnet sich zu

$$V = \frac{1000}{7,86} + \frac{20}{1,10} = 145,4 \text{ cm}^3 \,.$$

Die kombinierte Masse der Mischung beträgt $1000 + 20 = 1020$ g. Somit berechnet sich die theoretische Dichte zu $1020/145,41 = 7,01$ g/cm^3. Die scheinbare Dichte des Eisenpulvers ist mit 2,75 g/cm^3 gegeben. Folglich ergibt sich seine Dichte zu $2,75/7,86 \times 100 = 35\,\%$ der theoretischen Dichte. Nimmt man einen ähnlichen Prozentsatz für die Mischung an, lässt sich die scheinbare Dichte der Mischung als $0,35 \times 7,01 = 2,45$ g/cm^3 schätzen. (*Hinweis:* Obwohl es sich bei g und g/cm^3 nicht um SI-Einheiten handelt, sind diese Einheiten in der Pulvermetallurgie weiterhin gebräuchlich.)

11.3.1 Druckverteilung beim Verdichten von Metallpulvern

Wie Abbildung 11.7e zeigt, nimmt der Druck beim Pressen in einer einfach wirkenden Presse (siehe Abbildungen 11.7a und c) schnell in Richtung Boden des Presskörpers ab. Die Druckverteilung längs des Presskörpers lässt sich mithilfe der Scheibenmethode bestimmen, die Abschnitt 6.2.2 beschrieben hat. Analog zu Abbildung 6.4 beschreiben wir zuerst den Vorgang in Bezug auf sein Koordinatensystem, das in ▶ Abbildung 11.8 dargestellt ist, wobei D den Durchmesser des Presskörpers, L dessen Länge und p_0 den auf den Stempel angelegten Druck bezeichnet. In der Abbildung sind für ein Element der Dicke dx alle relevanten Spannungen angegeben, nämlich der Verdichtungsdruck p_x, der Druck auf die Gesenkwand (und damit die radiale Druckspannung auf die Scheibe) σ_r und die Reibungsspannung entlang der Wand $\mu\sigma_r$. Die Reibungsspannung ist auf dem Element nach oben gerichtet, da sich der Stempel nach unten bewegt.

Wenn sich die vertikalen Kräfte, die auf dieses Scheibenelement wirken, im Gleichgewicht befinden, gilt

$$\left(\frac{\pi D^2}{4}\right) p_x - \left(\frac{\pi D^2}{4}\right)(p_x + dp_x) - \pi D \mu \sigma_r dx = 0 \ . \tag{11.1}$$

Dieser Ausdruck lässt sich vereinfachen zu

$$D dp_x + 4\mu\sigma_r dx = 0 \ .$$

Dies ist eine Gleichung in den zwei Unbekannten p_x und σ_r. Eine der beiden Unbekannten lässt sich eliminieren, wenn man einen Faktor k als Maß für die Reibung zwischen den Teilchen beim Verdichten

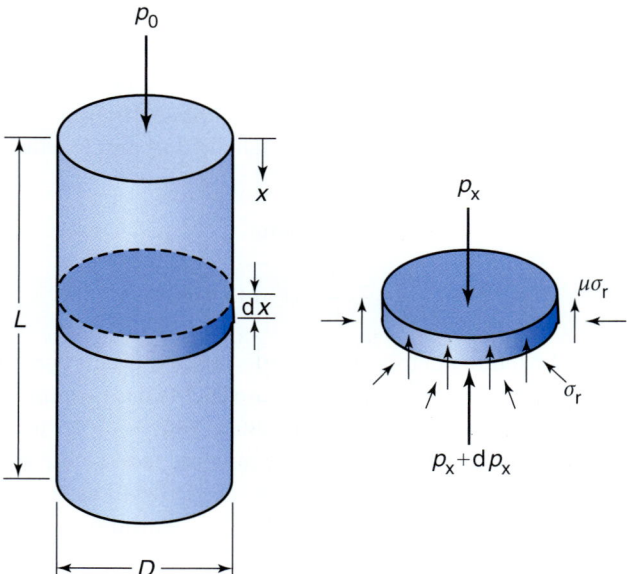

Abbildung 11.8: Spannungen auf ein scheibenförmiges Element beim Pressen von Pulver. Der Druck wird als einheitlich über den Querschnitt der Scheibe angenommen. Siehe auch Abbildung 6.4.

einführt:
$$\sigma_r = k p_x .$$

Ohne Reibung zwischen den Teilchen ist $k = 1$, das Pulver verhält sich wie ein Fluid und $\sigma_r = p_x$ kennzeichnet einen Zustand hydrostatischen Drucks. Der Ausdruck

$$dp_x + \frac{4\mu k p_x \, dx}{D} = 0$$

oder

$$\frac{dp_x}{p_x} = -\frac{4\mu k \, dx}{D}$$

ist ähnlich dem, den Abschnitt 6.2.2 für das Stauchen angegeben hat. Auf die gleiche Weise lässt sich dieser Ausdruck integrieren, wobei die Randbedingung in diesem Fall $p_x = p_0$ bei $x = 0$ lautet:

$$p_x = p_0 e^{-4\mu k x/D} . \qquad (11.2)$$

Aus diesem Ausdruck ist zu erkennen, dass der Druck innerhalb des Presskörpers abfällt, wenn der Reibungskoeffizient, der Parameter k und das Verhältnis von Länge zu Durchmesser zunehmen.

Beispiel 11.3 **Druckabbau beim Pulverpressen**

Für eine Pulvermischung gelten die Werte $k = 0{,}5$ und $\mu = 0{,}3$. Bei welcher Tiefe erreicht der Druck in einem geraden zylindrischen Presskörper von 10 mm Durchmesser (a) null und (b) die Hälfte des Drucks am Stempel?

Lösung: (a) Für diesen Fall ist $p_x = 0$. Somit ergibt sich mit Gleichung (11.2)

$$0 = p_0 e^{-(4 \times 0{,}3 \times 0{,}5 \times x)/10} = e^{-0{,}06x} .$$

Der Wert von x muss sich dem Wert ∞ annähern, damit der Druck auf 0 fallen kann.

(b) Für den Fall $p_x = 0{,}5 p_0$ gilt

$$e^{-0{,}06x} = 0{,}5 \rightarrow x = 11{,}55 \text{ mm} .$$

In der Praxis gilt ein Druckabfall von 50 % als schwerwiegend, da die Presskörperdichte dann unakzeptabel niedrig ist. Dieses Beispiel zeigt, dass unter den angenommenen Bedingungen ein einachsiges Verdichten eines Zylinders selbst mit einem Länge-zu-Durchmesser-Verhältnis von etwa 1,2 unzureichend ist.

11.3.2 Anlagen

Der erforderliche Verdichtungsdruck zum Pressen von Metallpulvern liegt bei 70 MPa für Aluminium bis 800 MPa für hochdichte Eisenteile (Tabelle 11.1). Der Druck hängt von den Eigenschaften und der Form der Teilchen, dem Mischverfahren und der Schmierung ab.

Die Kapazität der **Pressen** liegt bei 1,8 bis 2,7 MN (200 bis 300 Tonnen), wobei auch Pressen mit wesentlich höheren Kapazitäten für spezielle Anwendungen zur Verfügung stehen. Für die meisten Anwendungen sind allerdings weniger als 0,9 MN ausreichend. Bei kleinen Pressdrücken werden mechanische Kurbel- oder Exzenterpressen, bei höheren Drücken Kniehebelpressen verwendet (siehe Abbildung 6.27). Hydraulische Pressen mit Kräften bis 45 MN können zum Verdichten großer Teile eingesetzt werden.

Tabelle 11.1: Pressdruck für einige Metallpulver

Pulver	Druck MPa	Pulver	Druck MPa
Metall		Andere Materialien	
Aluminium	70–275	Auminiumoxid	110–140
Messing	400–700	Graphit	140–165
Bronze	200–275	Karbide	140–400
Eisen	350–800	Ferrite	110–165
Tantal	70–140		
Wolfram	70–140		

Die Auswahl einer Presse hängt von der Teilegröße, der Konfiguration, den Dichteanforderungen und der Produktionsrate ab. Je höher die Pressgeschwindigkeit ist, desto höher ist die Wahrscheinlichkeit, Luft im Gesenkhohlraum einzuschließen. Ein zweckmäßiger Entwurf, der unter anderem Entlüftungseinrichtungen vorsieht, ist also wichtig, damit die eingeschlossene Luft nicht das Verdichten behindert.

11.3.3 Isostatisches Pressen

Durch eine Reihe zusätzlicher Schritte wie *Walzen*, *Schmieden* und *isostatisches Pressen* lässt sich eine bessere Verdichtung der Teile erreichen. Da die Dichte von Pulvern, die in einem Gesenk verdichtet werden, erheblich schwanken kann, setzt man Pulver einem *hydrostatischen Druck* aus, um eine gleichmäßigere Verdichtung zu erreichen. Dieser Vorgang ähnelt dem Zusammenpressen der hohlen Hände, wenn man einen Schneeball formt.

Beim **kaltisostatischen Pressen** wird das Metallpulver in einer flexiblen Gummiform aus Neopren, Urethan, Polyvinylchlorid oder anderen Elastomeren platziert (▶ Abbildung 11.9). Dieser Aufbau wird dann in einer – in der Regel mit Wasser gefüllten – Kammer hydrostatisch gepresst. Der Druck beträgt meistens 400 MPa, obwohl auch Drücke bis zu 1000 MPa möglich sind. ▶ Abbildung 11.10 stellt die

11.3 Verdichten von Metallpulvern

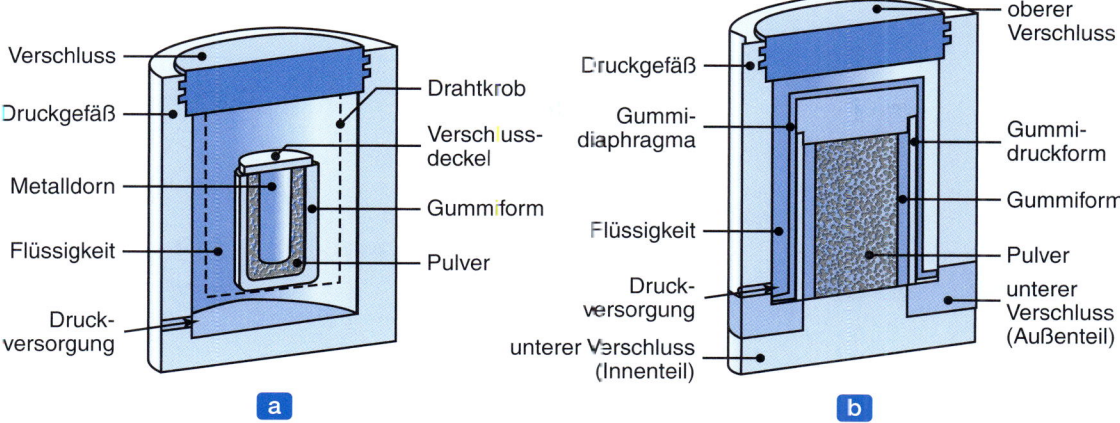

Abbildung 11.9: Schematische Darstellung des kaltisostatischen Pressens. (a) Beim Nassmatrizenpressen (*Wet-Bag-Verfahren*) ist eine Gummiform von einer Hydraulikflüssigkeit umgeben. Die Abbildung zeigt Pulver in einem flexiblen Behälter, in dessen Mitte sich ein fester Dorn befindet. Damit können Hohlzylinder hergestellt werden. (b) Beim Trockenmatrizenpressen (*Dry-Bag-Verfahren*) ist die Gummiform von der Hydraulikflüssigkeit durch eine Membran getrennt.

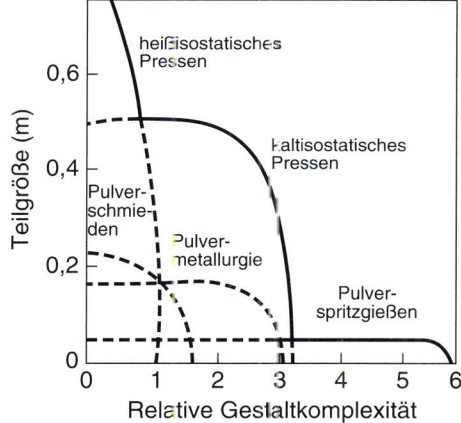

Abbildung 11.10: Teilegröße und relative Gestaltkomplexität für verschiedene Verfahren der Pulvermetallurgie.

Anwendungen von kaltisostatischem Pressen und anderen Verdichtungsmethoden in Bezug auf Größe und Komplexität der Teile dar.

Beim **heißisostatischen Pressen** besteht der Behälter normalerweise aus einem Blech mit hohem Schmelzpunkt und das Druck übertragende Medium ist ein Edelgas oder ein glasartiges Fluid (▶ Abbildung 11.11). Typische Betriebsbedingungen für heißisostatisches Pressen sind 100 MPa bei 1100 °C, obwohl der Trend zu geringeren Drücken und Temperaturen geht. Heißisostatisches Pressen bietet den Vorteil, dass sich Presskörper mit praktisch 100 % Dichte, starker Bindung zwischen den Teilchen und guten mechanischen Eigenschaften herstellen lassen. Typische Anwendungen des relativ teuren Verfahrens sind Superlegierungsbauteile für die Luftfahrtindustrie, endgültiges Verdichten für Wolframkarbid-

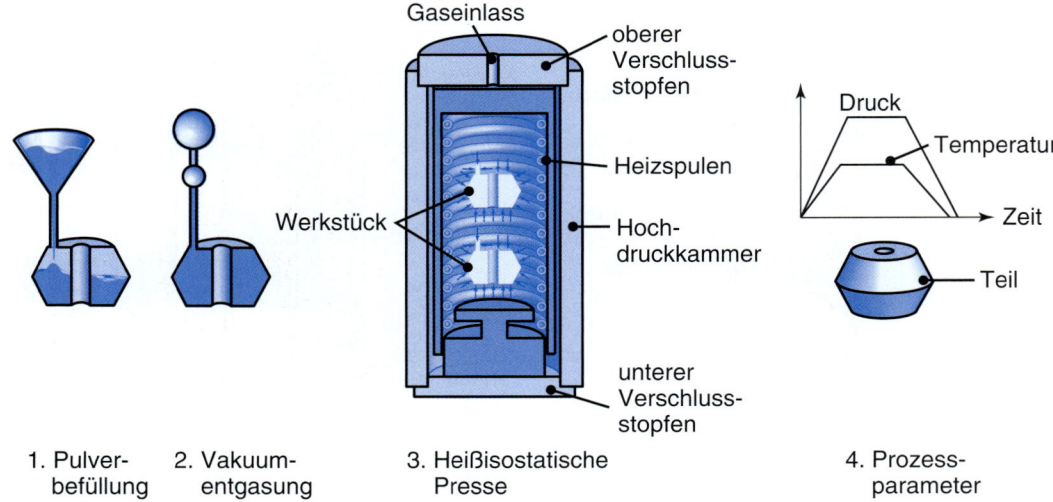

Abbildung 11.11: Schematische Darstellung der Verfahrensschritte beim heißisostatischen Pressen.

Schneidewerkzeuge und pulvermetallurgisch hergestellte Werkzeugstähle sowie das Schließen interner Porosität und dadurch Verbessern der Eigenschaften in Superlegierungs- und Titanlegierungsgussstücken.

In erster Linie hat isostatisches Pressen den Vorteil, dass sich aufgrund der gleichmäßigen Druckeinwirkung aus allen Richtungen und der fehlenden Reibung an der Gesenkwand Presskörper herstellen lassen, die unabhängig von der Form eine nahezu einheitliche Kornstruktur und Dichte aufweisen. Nach dieser Methode können Teile mit hohen Verhältnissen von Länge zu Durchmesser, hoher Festigkeit, hoher Zähigkeit und guten Oberflächendetails produziert werden. Als Beschränkungen des Verfahrens sind breitere Maßtoleranzen, höherer Zeitaufwand, ein relativ kleiner Produktionsausstoß und höhere Stückkosten zu nennen.

11.3.4 Besondere Verfahren

1 Beim **Metallspritzgießen** (*metal injection molding*, MIM) werden sehr feine Metallpulver (meistens <45 µm und oftmals <10 µm) mit einem 25 bis 40 %igen Polymer- oder wachsbasierten Bindemittel gemischt. Die Mischung durchläuft dann einen Prozess ähnlich dem Spritzgießen von Kunststoffen (Abschnitt 10.10.2) und wird bei einer Temperatur von 135 bis 200 °C in eine Form gespritzt. Die geformten Grünlinge kommen dann in einen Ofen mit mittlerer Temperatur, um den Kunststoff abzubrennen (**Entbinderung**). Andernfalls wird der Binder mit einem Lösungsmittel entfernt, was allerdings nur teilweise geschieht, damit der restliche Binder eine gewisse Festigkeit für die weitere Behandlung gewährleistet. Schließlich werden die Grünlinge in einem Ofen bei Temperaturen bis zu 1375 °C gesintert. Die Bezeichnung **Pulverspritzgießen** (*powder injection molding*, PIM) verwendet man in einem breiter gefassten Zusammenhang für das Formen sowohl von Metall- als auch von Keramikpulvern.

Für das Pulverspritzgießen sind Metalle geeignet, die bei Temperaturen oberhalb von 1000 °C schmelzen, zum Beispiel Kohlenstoff- und rostfreie Stähle, Werkzeugstähle, Kupfer, Bronze und Titan. Typische Teile, die mit dieser Methode hergestellt werden, sind Bauteile für Gewehre, chirurgische Instrumente, Kraftfahrzeuge und Uhren.

Pulverspritzgießen weist gegenüber herkömmlicher Verdichtung folgende wesentliche Vorteile auf:

a. Komplizierte Formen mit Wanddicken bis herab zu 5 mm lassen sich formen und dann leicht aus den Gesenken entnehmen. Bei den meisten kommerziell nach dieser Methode hergestellten Teilen liegt die Masse jeweils zwischen dem Bruchteil eines Gramms und etwa 250 g.
b. Die mechanischen Eigenschaften kommen denen von geschmiedeten Teilen fast gleich.
c. Die Maßtoleranzen sind gut.
d. Gesenke mit mehreren Hohlräumen erlauben hohe Produktionsraten.
e. Die mit dem MIM-Verfahren hergestellten Teile können durchaus mit kleinen Teilen, die im Modellausschmelzverfahren gefertigt wurden, kleinen Schmiedeteilen und spanend bearbeiteten komplizierten Teilen konkurrieren. Das gilt jedoch nicht für Zink- und Aluminiumdruckguss (Abschnitt 5.10.3) und für das Herstellen von Gewinden (Abschnitt 8.9.2).

Nachteilig beim Pulverspritzgießen sind vor allem die hohen Kosten und die Verfügbarkeit feiner Metallpulver.

2 **Walzen:** Beim *Pulverwalzen* wird das Pulver in den Walzspalt eines Zwei-Rollen-Walzgerüsts (siehe Abbildung 6.41a) eingebracht und bei Geschwindigkeiten bis zu 0,5 m/s zu einem kontinuierlichen Streifen verdichtet (▶ Abbildung 11.12). Das Verfahren lässt sich je nach Pulverwerkstoff bei Raumtemperatur oder bei erhöhten Temperaturen durchführen. Durch Pulverwalzen werden Bleche für elektrische und elektronische Bauteile sowie für Münzen hergestellt.

3 **Extrusion:** Pulver lässt sich durch *Warmfließpressen* verdichten, wobei das Pulver in einen Metallbehälter eingeschlossen und extrudiert wird (siehe auch Abschnitt 6.4). Dieses Verfahren wendet man zum Beispiel auf Superlegierungspulver an, um verbesserte Eigenschaften zu erzielen. Die extrudierten Vorformen lassen sich aufheizen und in einem geschlossenen Gesenk in ihre endgültige Form schmieden.

4 **Druckloses Verdichten:** Bei diesem Verfahren wird das Gesenk durch Schwerkraftwirkung mit Metallpulver gefüllt und das Pulver direkt im Gesenk gesintert. Wegen der geringen resultierenden Dichte wird druckloses Verdichten prinzipiell für poröse Teile wie zum Beispiel Filter eingesetzt.

5 **Keramikformen:** Bei diesem Verfahren werden die Formen für das Pressen der Metallpulver nach einer Technik hergestellt, wie sie beim Gießen mit verlorenen Formen gebräuchlich ist. Die fertiggestellte Keramikform wird mit Metallpulver gefüllt, in einen Stahlbehälter gesetzt und der Raum zwischen Form und Behälter mit granuliertem Material gefüllt. Dann wird der Behälter leer gepumpt, versiegelt und heißisostatisches Pressen gestartet. Mit diesem Verfahren stellt man zum Beispiel Kompressorrotoren aus Titanlegierungen für Triebwerke von Marschflugkörpern her.

6 **Sprühkompaktieren:** Bei dieser Methode zur Formgebung gehören ein Zerstäuber, eine Sprühkammer mit Edelgasatmosphäre und eine Form zur Herstellung von Vorformen zu den Basiskomponenten. Von den verschiedenen Varianten ist das *Osprey*-Verfahren am bekanntesten (▶ Abbildung 11.13). Das Metall wird verdüst und lagert sich auf einer gekühlten Vorform (normalerweise

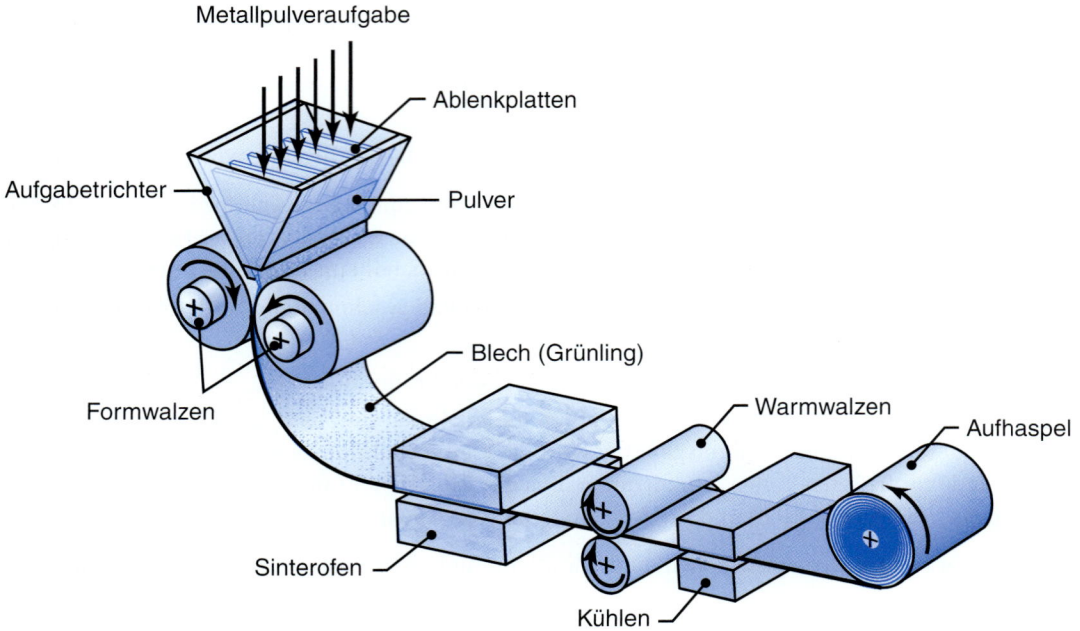

Abbildung 11.12: Schematische Darstellung des Pulverwalzens. Die Ablenkplatten im Aufgabetrichter dienen der gleichmäßigen Pulververteilung im Querschnitt.

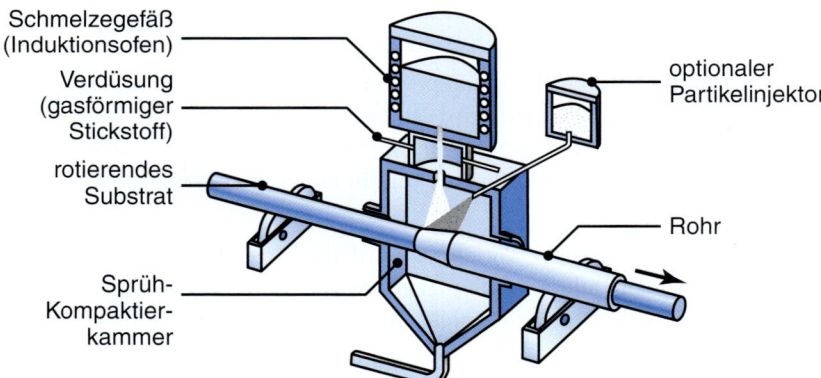

Abbildung 11.13: Sprühkompaktieren (Osprey-Verfahren), bei dem Metallschmelze auf einen rotierenden Dorn gesprüht wird, um nahtlose Rohre zu erzeugen.

aus Kupfer oder Keramik) ab, wo es dann erstarrt. Die Metallpartikel schweißen zusammen und erreichen eine Dichte, die normalerweise über 99 % der Dichte des massiven Metalls liegt. Die Form kann unterschiedlich ausgeführt sein, beispielsweise als Barren, Scheibe oder Zylinder. Für die durch Sprühkompaktieren hergestellten Teile können zusätzliche Schritte zur Formgebung und Verfestigung ausgeführt werden, beispielsweise Schmieden, Walzen und Extrudieren. Die Teile haben eine feine Korngröße und ihre mechanischen Eigenschaften sind mit denen von geschmiedeten Produkten derselben Legierung vergleichbar.

11.3.5 Werkzeugwerkstoffe

Die Auswahl von Werkzeugwerkstoffen für die Pulvermetallurgie hängt von den Abriebeigenschaften des Pulvermetalls und der Anzahl der herzustellenden Teile ab. Die gebräuchlichsten Werkzeugwerkstoffe sind luft- oder ölgehärtete **Werkzeugstähle** wie zum Beispiel X155CrVMo12-1 oder X210Cr12 mit einem Härtebereich von 60 bis 64 HRC (Abschnitt 3.10.4). Aufgrund ihrer größeren Härte und Verschleißfestigkeit kommen **Wolframkarbide** bei größeren Anwendungen für Werkzeuge und Gesenke zum Einsatz. Stempel werden im Allgemeinen aus ähnlichen Werkstoffen wie Gesenke hergestellt. Eine genaue Kontrolle der Werkzeugabmessungen ist wichtig für eine ordnungsgemäße Verdichtung und eine hohe Standzeit der Werkzeuge. Wenn der Freiraum zwischen Stempel und Gesenk zu groß ist, kann das Metallpulver in den Spalt gelangen, den Ablauf behindern und zu exzentrischen Teilen führen. Die diametralen Freiräume sind daher kleiner als 25 µm zu wählen. Gesenk- und Stempeloberflächen müssen in der Richtung der Werkzeugbewegungen geläppt oder poliert sein, um die Standzeit zu erhöhen und die Leistung insgesamt zu verbessern.

11.4 Sintern

Beim *Sintern* wird verdichtetes Metallpulver in einem Ofen mit kontrollierter Atmosphäre erhitzt, wobei die Temperatur unterhalb seines Schmelzpunkts bleibt, aber noch ausreichend hoch ist, um die Bindung (Fusion) der einzelnen Metallteilchen zu ermöglichen. Vor dem Sintern ist der Presskörper spröde und seine sogenannte **Grünfestigkeit** gering. Wesen und Festigkeit der Bindung zwischen den Teilchen und somit im gesinterten Presskörper hängen von den Mechanismen Diffusion, plastisches Fließen, Verdampfung der flüssigen Materialien im Presskörper, Rekristallisation, Kornwachstum und Porenschwindung ab.

Die Dichte eines gesinterten Teils ergibt sich aus seiner Gründichte und den Sinterbedingungen in Form von Temperatur, Zeit und Ofenatmosphäre. Die Sinterdichte nimmt mit größerer Temperatur und Zeit zu. Das Gleiche gilt für eine Ofenatmosphäre, die stärker reduzierend wirkt. Eine höhere Sinterdichte führt zu besseren mechanischen Eigenschaften und ist speziell für Konstruktionselemente willkommen.

Bessere Eigenschaften und Maßhaltigkeit lassen sich mit einem Pulver erreichen, das eine höhere Kompressibilität aufweist, d. h. mit einem Pulver, das eine höhere Gründichte ergibt, wobei eine mittlere Sintertemperatur beibehalten werden kann. Ein derartiges Pulver bietet zudem den wichtigen Vorteil, dass sich größere Teile mit einer bestimmten Pressenkapazität herstellen lassen. Die Entwicklungsanstrengungen von Pulverherstellern zielen folglich darauf ab, Pulversorten mit höherer Kompressibilität zu produzieren.

Die **Sintertemperaturen** (Tabelle 11.2) liegen allgemein bei 70 bis 90 % des Schmelzpunkts des Metalls oder der Legierung (siehe Tabelle 3.2). Die **Sinterzeiten** beginnen bei etwa 10 Minuten für Eisen- und Kupferlegierungen und reichen bis zu etwa 8 Stunden für Wolfram und Tantal. In der Produktion sind

Tabelle 11.2: Sinterzeit und Sintertemperatur für einige Metallpulver

Pulver	Temperatur (°C)	Zeit (min)
Kupfer, Messing, Bronze	760–900	10–45
Eisen	1000–1150	8–45
Nickel	1000–1150	30–45
Rostfreie Stähle	1100–1290	30–60
Alnico-Legierungen (für Permanentmagnete)	1200–1300	120–150
Ferrite	1200–1500	10–600
Wolframkarbid	1430–1500	20–30
Molybdän	2050	120
Wolfram	2350	480
Tantal	2400	480

heute vorwiegend Durchlaufsinteröfen gebräuchlich. Diese Öfen besitzen drei Kammern: (1) eine Ausbrennkammer, in der die Schmierstoffe im Grünling verflüchtigt werden, um die Bindungsfestigkeit zu verbessern und Zerbrechen zu vermeiden, (2) eine Hochtemperaturkammer für das Sintern und (3) eine Kühlkammer.

Die richtige Kontrolle der Ofenatmosphäre ist entscheidend für ein erfolgreiches Sintern und für optimale Eigenschaften der Teile. Um die Auf- und Entkohlung von Eisen- und eisenbasierten Grünlingen zu steuern und die Oxidation der Pulver zu verhindern, ist eine sauerstofffreie Atmosphäre erforderlich. Sauerstoffeinschlüsse wirken sich nachteilig auf die mechanischen Eigenschaften aus (siehe Abschnitt 3.8). Bei gleichem Volumen von Einschlüssen haben kleinere Einschlüsse eine stärkere Wirkung, da es dann mehr Einschlüsse pro Volumeneinheit des Teils gibt. Zum Sintern verschiedener anderer Metalle werden vor allem Wasserstoff, Ammoniak-Spaltgas, teilweise verbrannte Kohlenwasserstoffgase und Stickstoff verwendet. Feuerbeständige Metalllegierungen und rostfreie Stähle werden im Allgemeinen im Vakuum gesintert.

Sintermechanismen sind komplex und von der Zusammensetzung der Metallteilchen sowie den Verarbeitungsparametern abhängig. Bei zunehmenden Temperaturen bilden zwei benachbarte Teilchen eine Bindung durch **Diffusion** (*Festkörperbindung*), wie ▶ Abbildung 11.14a zeigt. Im Ergebnis werden Festigkeit, Dichte und Duktilität sowie thermische und elektrische Leitfähigkeiten des Sinterkörpers größer (▶ Abbildung 11.15). Gleichzeitig schrumpft jedoch der Sinterkörper. Demzufolge sind analog zum Gießen Schwindungszugaben zu machen (siehe Abschnitt 5.11.2).

Ein zweiter Sintermechanismus ist der **Dampfphasentransport**. Da das Material sehr nahe bis zu seiner Schmelztemperatur erwärmt wird, geht ein Teil der Metallatome in die Dampfphase über. Bei konvergenten Geometrien (der Grenzfläche der beiden Teilchen) ist die Schmelztemperatur lokal höher und der Dampf erstarrt wieder. Somit wächst die Grenzfläche und wird fester, während jedes Teilchen als Ganzes schrumpft. Wenn zwei benachbarte Teilchen aus verschiedenen Metallen bestehen, kann ein *Legieren* an

11.4 Sintern

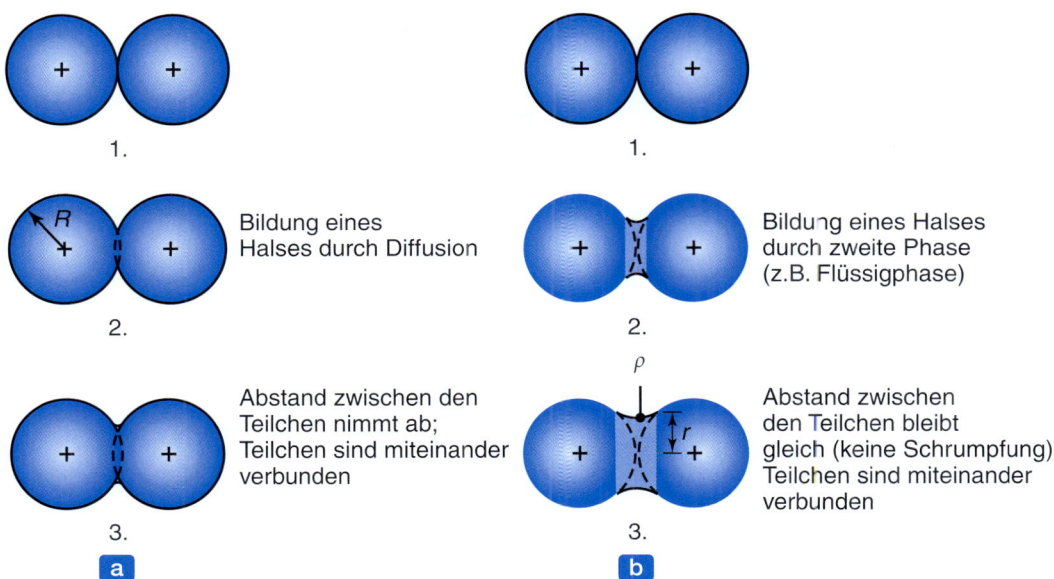

Abbildung 11.14: Schematische Darstellung der zwei grundlegenden Mechanismen beim Sintern von Metallpulvern: (a) Festphasensintern, (b) Flüssigphasensintern. R: Partikelradius, r: Halsradius, ρ: Krümmungsradius des Halses.

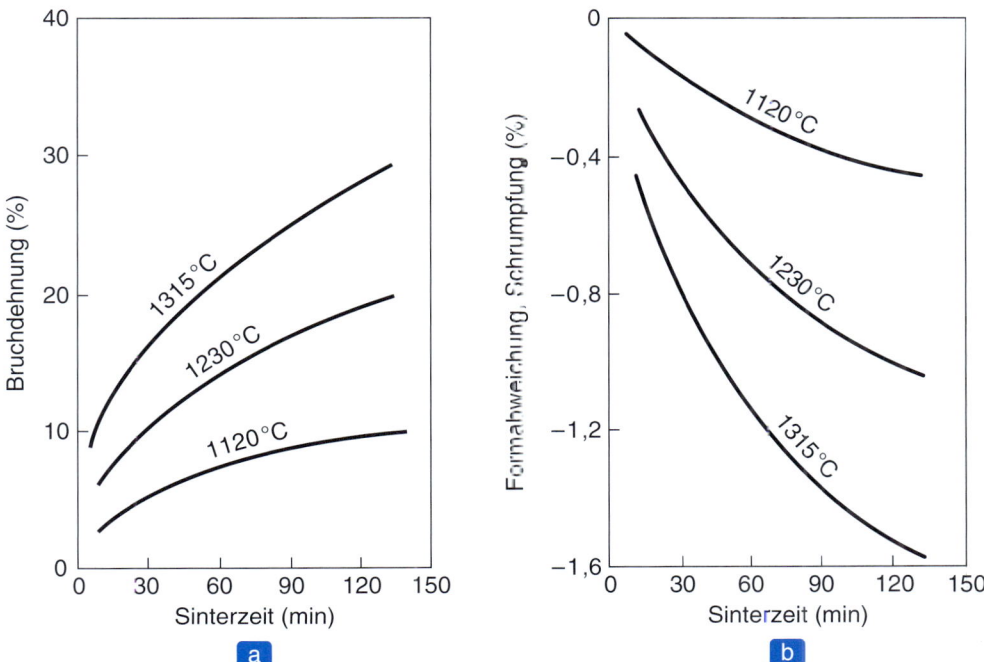

Abbildung 11.15: Einfluss der Sintertemperatur und -zeit auf (a) die Bruchdehnung und (b) die Formabweichung beim Sintern des rostfreien Stahls X2CrNiMo17-13-2.

Tabelle 11.3: Bezeichnung und Eigenschaften ausgewählter Sinterwerkstoffe

Werkstoff	Zustand	Zugfestigkeit MPa	Streckgrenze MPa	Härte	Bruchdehnung %	Elastizitätsmodul GPa
Stahl						
Sint-B 11	S	225	205	45 HRB	<0,5	70
	W	295	–	95 HRB	<0,5	70
Sint-C 11	S	415	330	70 HRB	1	110
	W	550	–	35 HRC	<0,5	110
Sint-D 11	S	550	395	80 HRB	1,5	130
	W	690	655	40 HRC	<0,5	130
Sint-D 32	S	425	240	72 HRB	4,5	145
	W	1060	880	39 HRC	1	145
Sint-E 32	S	510	295	80 HRB	6	160
	W	1240	1060	44 HRC	1,5	160
Sint-C 40	S	280	140	63 HRB	10	–
	W	330	250	70 HRB	1	–
Aluminium						
Sint-D 73	S	110	48	60 HRH	6	–
	W	252	241	75 HRH	2	–
Messing						
Sint-E 82	–	165	76	55 HRH	13	–
Sint-F 82	–	193	89	68 HRH	19	–
Sint-G 82	–	221	103	75 HRH	23	–
Titan						
Ti-6Al-4V	HIP	917	827	–	13	–
Superlegierung						
Stellite 19	–	1035	–	49 HRC	< 1	–

Anmerkungen: S = gesintert; W = wärmebehandelt; HIP = heißisostatisch gepresst.
B, C, D, E, F, G: Angabe der Porosität; B: < 20 %, E–G: < 10 %, C, D dazwischen.
Sint-. 11: 0,4 − 1,5 % C, 1 − 5 % Cu; Sint-. 32: 0,3 − 0,9 % C, < 5 % Ni, < 2 % Mo;
Sint-. 40: X5CrNi18-10; Sint-. 73: 3,5 − 5 % Cu, 0,2 − 0,8 % Mg, Rest Al;
Sint-. 82: 18 − 22 % Zn, 1 − 2 % Pb, Rest Cu;
Stellite 19: 31 % Cr, 10 % W, 1,8 % C, < 3 % Ni, Fe, 1 % Mn, Si, Rest Co.

der Grenzfläche der beiden Teilchen stattfinden. Hat eines der Teilchen einen geringeren Schmelzpunkt als das andere, schmilzt möglicherweise das eine Teilchen und umgibt aufgrund der Oberflächenspannung das Teilchen, das nicht geschmolzen ist (**Flüssigphasensintern**), wie Abbildung 11.14b zeigt. Ein Beispiel hierfür ist Kobalt in Wolframkarbidwerkzeugen (Abschnitt 8.6.4). Auf diese Weise lassen sich festere und dichtere Teile erhalten.

Abhängig von Temperatur, Zeit und Verarbeitungsverlauf lassen sich in einem Sinterkörper unterschiedliche Strukturen und Porositäten erhalten. Allerdings kann die Porosität nicht vollständig beseitigt werden, da nach dem Verdichten einige Leerräume zurückbleiben und während des Sinterns entstehende Gase eingeschlossen werden. Porositäten bestehen entweder aus einem Netz untereinander verbundener Poren oder geschlossenen Löchern. Für die Herstellung pulvermetallurgischer Teile wie zum Beispiel Filter und Lager (mit bestimmter Porosität, um Schmierstoffe aufzunehmen) ist die Anwesenheit von Poren wichtig.

Funkensintern (*spark plasma sintering*, SPS) ist ein Verfahren, bei dem lockeres Metallpulver in einer Graphitform platziert, durch elektrischen Strom aufgeheizt, einer Hochenergieentladung ausgesetzt und verdichtet wird – alles in einem Schritt. Die schnelle elektrische Entladung entfernt alle Verunreinigungen oder Oxidbeschichtungen (wie sie zum Beispiel bei Aluminium vorhanden sind) von den Oberflächen der Teilchen. Dies fördert eine gute Bindung während der Verdichtung bei erhöhten Temperaturen. Eine aussichtsreiche Anwendung für SPS ist die Verdichtung von Keramik- und Hartmetallpulvern. Für Aluminiumlegierungen hat es sich ebenfalls als effektiv erwiesen. Jüngst wurde das SPS-Verfahren auch auf die Verarbeitung von nanometerskaligen Pulvern angewendet.

Tabelle 11.3 gibt typische mechanische Eigenschaften für mehrere gesinterte pulvermetallurgische Legierungen an. Beachten Sie die Wirkung der Wärmebehandlung auf die Eigenschaften der Werkstoffe. Um die Unterschiede in den Eigenschaften von pulvermetallurgischen Schmiede- und Gusslegierungen zu bewerten, hilft ein Vergleich dieser Tabelle zum Beispiel mit den Tabellen in Kapitel 3. Tabelle 11.4 zeigt die Wirkungen verschiedener Verarbeitungsmethoden auf die mechanischen Eigenschaften einer bestimmten Titanlegierung. Heißisostatisch gepresstes Titan besitzt Eigenschaften, die ähnlich denen

Tabelle 11.4: Mechanische Eigenschaften der Titanlegierung Ti-6Al-4V im Vergleich

Herstellverfahren	Dichte	Streckgrenze	Zugfestigkeit	Bruchdehnung	Brucheinschnürung
	%	MPa	MPa	%	%
Gießen	100	840	930	7	15
Gießen und Schmieden	100	875	965	14	40
Pulvermetallurgie					
Pulver gemischt (P+S) *	98	786	875	8	14
Pulver gemischt (HIP) *	>99	–	875	9	17
Pulver legiert (HIP)	100	880	975	14	26
ES-Schmelzen *	100	910	970	16	–

* P+S = gepresst und gesintert; HIP = heißisostatisch gepresst;
ES = Elektronenstrahl. Nach R.M. German.

für gegossenes und geschmiedetes Titan sind. Allerdings ist zu berücksichtigen, dass für geschmiedete Bauteile meistens zusätzliche Bearbeitungsschritte erforderlich sind (außer wenn es sich um Präzisionsschmiedeteile handelt), für pulvermetallurgische Komponenten dagegen nicht unbedingt. Daher kann Pulvermetallurgie eine interessante Alternative zum Schmieden sein.

Beispiel 11.4 **Schwindung beim Sintern**

Bei Festkörperbindung während des Sinterns von Grünkörpern aus Metallpulver beträgt die lineare Schwindung 4 %. Wie groß sollte die Dichte des Grünkörpers sein, wenn eine Sinterdichte von 95 % der theoretischen Dichte des Metalls angestrebt wird? Ignorieren Sie die kleinen Masseänderungen, die beim Sintern auftreten.

Lösung: Die lineare Schwindung ist als $\Delta L/L_0$ definiert, wobei L_0 die ursprüngliche Länge des Teils ist. Die Volumenschwindung beim Sintern kann dann als

$$V_s = V_g \left(1 - \frac{\Delta L}{L_0}\right)^3 \qquad (11.3)$$

ausgedrückt werden. V_s ist das Volumen des Sinterkörpers, V_g jenes des Grünlings. Das Volumen des Grünlings muss größer als das des gesinterten Teils sein. Allerdings ändert sich die Masse während des Sinterns nicht, sodass wir diesen Ausdruck in Bezug auf die Dichte ϱ als

$$\varrho_g = \varrho_s \left(1 - \frac{\Delta L}{L_0}\right)^3 \qquad (11.4)$$

schreiben können. Somit ergibt sich

$$\varrho_g = 0{,}95 \, (1 - 0{,}04)^3 = 0{,}84 \quad \text{oder} \quad 84\,\% \, .$$

Beispiel 11.5 **Pulvermetallurgische Herstellung von Hauptlagerdeckeln**

Hauptlagerdeckel wie in ▶ Abbildung 11.16 gezeigt sind wichtige Bauteile in Verbrennungsmotoren. Die meisten Hauptlagerdeckel bestehen aus Graugusskörpern (siehe Abschnitt 5.6), bei denen nach dem Gießen zahlreiche spanende Bearbeitungsschritte erforderlich sind. Grauguss ist ein sehr universeller Werkstoff mit ausgezeichneter Gießbarkeit und guter Bearbeitbarkeit (aufgrund der geringen Härte und der Anwesenheit von Lamellengraphit in der Mikrostruktur) sowie hoher Druckfestigkeit und guten Schwingungsdämpfungseigenschaften. Jedoch ist dieser Werkstoff durch seine geringe Dauerfestigkeit und große Sprödigkeit nicht für hohe Beanspruchungen geeignet.

Pulvermetallurgisch hergestellte Hauptlagerdeckel wurden erstmals 1993 in den V6-Motoren 3100 und 3800 von General Motors eingesetzt. Die bislang aus Gusseisen hergestellten Teile sollten ersetzt werden, da die Pulvermetallurgie Entwurfsflexibilität, funktionelle Vorteile und die Möglichkeit zur Endkonturfertigung bietet. Außerdem entfallen große Investitionen in Bearbeitungslinien, die für die Endbearbeitung der Gussteile erforderlich sind. Für diese Anwendung wurde unter der Bezeichnung Zenith Material 833 (ZM833) ein hochfester, preisgünstiger, niedriglegierter pulvermetallurgischer Stahl entwickelt, der für das Flüssigphasensintern mit einer optimierten Zusammensetzung ausgestattet ist.

Abbildung 11.16: Hauptlagerdeckel für die 3,1 und 3,8 Liter Motoren von General Motors.

Im Pulvermetallurgieprozess werden einzelne Hauptlagerdeckel einbaufertig geformt. Eine Ausnahme bilden lediglich die neuen Bolzenlöcher an der Seite, die gebohrt und mit Gewinde versehen werden. Entscheidend für den Erfolg des Pulvermetallurgie-Konzepts ist das Formen der langen Bolzenlöcher, für die eine spanende Bearbeitung schwierig und teuer wäre. Dieser Formungsschritt setzt eine „aufrechte" Verdichtung (senkrechte Bolzenlöcher) voraus, die aufgrund der unregelmäßigen Form wegen des Lagerbogens eine erhebliche Herausforderung für die Pulververdichtung darstellt. Zu den Vorzügen der aufrechten Verdichtung gehört aber die Möglichkeit, die Lagerkerben und die Elemente der Oberseite einzupressen, die als Kennzeichnung und Orientierung für die Montage dienen. Zudem genügen bei aufrechter Verdichtung wesentlich kleinere Verdichterpressen als beim „flachen" Pressen (waagerechte Bolzenlöcher), woraus sich auch Kosteneinsparungen ergeben. Darüber hinaus besitzt der hintere Hauptlagerdeckel des 3800er Motors mehrere Besonderheiten, die sich bei ebener Orientierung nicht verdichten lassen. Die Verwendung der aufrechten

Verdichtung war also unerlässlich. Zu den wichtigsten Merkmalen der nach dieser Methode hergestellten Hauptlagerdeckel gehören eingelassene Bolzenlochsockel, eine rechteckige Öldrucklaufbohrung, senkrechte Seitennuten, ein Doppelbogen, um eine Öldichtung zu realisieren, und eine überhöhte Bogenkonstruktion für verbesserte Festigkeit.

Nachdem man die gewünschte Dauerfestigkeit erreicht hatte, wurden die Hauptlagerdeckel aus dem ZM833-Werkstoff gefertigt und dann aufwendigen Motordauerlaufversuchen in beiden Triebwerksvarianten ausgesetzt. Dabei zeigte sich, dass in der Regel der gusseiserne Motorblock ausfiel, bevor der pulvermetallurgisch hergestellte Deckel riss. Oftmals mussten mehrere Motorblöcke geopfert werden, um einen Punkt für den Ermüdungstest zu erhalten. Schließlich wurde für den pulvermetallurgischen Werkstoff eine *S/N*- bzw. *Wöhler*-Kurve (siehe Abbildung 2.26) generiert, sodass sich ein Sicherheitsbereich ermitteln ließ. In wiederholt erfolgreich ausgeführten Ermüdungsversuchen erwies sich der pulvermetallurgische Entwurf als robust, wobei das 1,8-Fache der schwersten Betriebsbedingungen simuliert wurde, die für den Motor vorgesehen waren. Die Werkstoffduktilität ist ein funktioneller Vorteil, da es in einem sehr spröden Werkstoff möglich ist, während der Einpressmontage Risse zu induzieren. Der pulvermetallurgische Werkstoff ZM833 besitzt die folgenden Eigenschaften: (a) Dichte 6,6 g/cm^3, (b) Zugfestigkeit 450 MPa, (c) Härte 70 HRB, (d) Elastizitätsmodul 107 GPa, wobei das für diese Anwendung entwickelte pulvermetallurgische Material einen niedrigeren Elastizitätsmodul als Gusseisen hat, was in beträchtlich geringeren anfänglichen Zugspannungen in den stark beanspruchten Bereichen des Hauptlagerdeckels resultiert, (e) Bruchehnung im Zugversuch von 3 bis 4 %, die mit der von Grauguss mit Lamellengraphit (0,5 %) und Sphäroguss (3 %) vergleichbar ist, und (f) Dauerfestigkeit der pulvermetallurgischen Legierung (ermittelt in Dauerbiegeversuchen) zwischen der von Grauguss mit Lamellengraphit und Sphäroguss, genauer dem Doppelten des Niveaus von Grauguss mit Lamellengraphit.

Nach „Powder Metallurgy Main Bearing Caps for Automotive Engines" von T.M. Cadle, M.A. Jarrett und W.L. Miller, *Int. J. of Powder Metallurgy*, 30(3), 1994, S. 275–282.

11.5 Sekundäre und Endbearbeitung

Um die Eigenschaften von gesinterten Pulvermetallurgieprodukten zu verbessern oder bestimmte spezifische Eigenschaften einzubringen, können nach dem Sintern zusätzliche Bearbeitungsschritte ausgeführt werden:

1. Das auch als **Prägen** und **Fertigpressen** bezeichnete **Nachpressen** ist ein zusätzlicher Verdichtungsschritt, der in Pressen unter hohem Druck ausgeführt wird. Damit sollen Maßgenauigkeit und Oberflächengüte sowie die Festigkeit des gesinterten Teils verbessert werden.

2. **Schmieden** betrifft die Verarbeitung von ungesinterten oder gesinterten legierten Pulvervorformen, die darauffolgend in erwärmten, geschlossenen Gesenken in die gewünschten Endformen warmgeschmiedet werden; die Vorformen lassen sich auch durch Hammerschmieden formen (siehe auch *Hämmer* in Abschnitt 6.2.8). Allgemein spricht man von *pulvermetallurgischem Schmieden*. Wird die ungesinterte Vorform später gesintert, bezeichnet man den Vorgang üblicherweise als *Sinter-*

schmieden. Die auf diese Weise verarbeiteten Eisen- und Nichteisenpulver ergeben Produkte mit *vollständiger Dichte* (in der Größenordnung von 99,9 % der theoretischen Werkstoffdichte).

Die Umformung der Vorform kann mit folgenden Varianten durchgeführt werden: *Stauchen* und *Nachpressen*. Beim Stauchen fließt das Material lateral nach außen, wie es auch in Abbildung 6.1 zu sehen ist. Die Vorform wird somit Druck- und Scherspannungen während der Umformung ausgesetzt. Im Ergebnis brechen alle zwischen den Teilchen verbliebenen Oxidfilme auf und das Teil weist bessere Zähigkeit, Duktilität und Dauerfestigkeit auf. Beim *Nachpressen* findet der Materialfluss hauptsächlich in Richtung der Stempelbewegung statt. Deshalb sind die mechanischen Eigenschaften des Teils nicht so gut, wie sie sich durch Stauchen erzielen lassen.

Pulvermetallurgisch geschmiedete Produkte besitzen gute Oberflächengüte und Maßgenauigkeit, wenig oder keinen Grat sowie eine einheitliche und feine Korngröße im gesamten Teil. Diese Technologie ist aufgrund der überlegenen Eigenschaften, die sich mit ihr erreichen lassen, besonders geeignet für Anwendungen wie zum Beispiel stark belastete Bauteile für Kraftfahrzeuge (etwa Pleuelstangen), Strahltriebwerke, Militärtechnik und Offroad-Ausrüstung.

3 Die inhärente Porosität pulvermetallurgischer Komponenten lässt sich vorteilhaft nutzen, indem die Komponenten mit einem Fluid **imprägniert** (getränkt) werden. Eine typische Anwendung ist das Imprägnieren des gesinterten Teils mit Öl, wobei das Teil normalerweise in erwärmtes Öl eingetaucht wird. Nach diesem Verfahren stellt man selbstschmierende Lager und Buchsen mit bis zu 30 % Volumenanteil Öl her. Komponenten mit integrierter Gleitwirkung stellen somit während ihrer Betriebszeit ständig Schmierstoffe bereit. Universalgelenke (Kreuzgelenke) werden heute durch Verfahren der Pulvermetallurgie mit Fettimprägnierung hergestellt. Dadurch sind für diese Teile keine Fettdichtungen mehr erforderlich.

4 Infiltration ist ein Verfahren, bei dem ein Metallblock mit einer geringeren Schmelztemperatur als das Teil auf das gesinterte Teil gelegt wird und dieser Aufbau auf eine Temperatur erwärmt wird, die zum Schmelzen des Blocks ausreicht. Das geschmolzene Metall dringt aufgrund der *Kapillarwirkung* in die Poren des anderen Teils ein, was ein relativ porenfreies Teil mit guter Dichte und Festigkeit ergibt. Die gebräuchlichste Anwendung ist die Infiltration von eisenbasierten Sinterkörpern mit Kupfer.

Vorteilhaft bei dieser Technik ist, dass Härte und Zugfestigkeit verbessert und die Poren des Teils gefüllt werden. Damit kann keine Feuchtigkeit eindringen, die sonst zu Korrosion führen würde. Infiltration lässt sich auch mit einem Bleiblock durchführen, wobei aufgrund der geringeren Scherfestigkeit von Blei das infiltrierte Teil einen geringeren Reibungswiderstand als das unfiltrierte Teil aufweist (siehe Abschnitt 4.4.4). Mit dieser Methode werden bestimmte Lagerwerkstoffe erzeugt.

5 Für pulvermetallurgische Teile sind zudem weitere Bearbeitungsschritte möglich oder erforderlich:

a. **Wärmebehandlung** (Abschrecken und Anlassen, Dampfbehandlung; Abschnitt 3.12) zur Verbesserung von Festigkeit, Härte und Abriebfestigkeit;

b. **Spanende Bearbeitung** (Drehen, Fräsen, Gewindeschneiden und Schleifen; Kapitel 8 und 9), um Hinterschneidungen und Schlitze herzustellen, die Oberflächengüte und Maßgenauigkeit zu verbessern sowie Gewindelöcher und andere Oberflächenmerkmale zu fertigen;

c. **Endbearbeitung** (Entgraten, Polieren, mechanische Oberflächenbehandlung, Plattieren und Beschichten), um die Oberflächeneigenschaften, die Korrosionsbeständigkeit, die Dauerfestigkeit und das Erscheinungsbild zu verbessern.

> **Beispiel 11.6** **Herstellung von Wolframkarbid für Werkzeuge und Gesenke**
>
> Wolframkarbid ist ein wichtiger Werkstoff für Werkzeuge und Gesenke, vor allem aufgrund seiner Härte, Festigkeit und Verschleißbeständigkeit in einem weiten Temperaturbereich (siehe Abschnitt 8.6.4). Bei der Herstellung dieser Karbide kommen Verfahren der Pulvermetallurgie zum Einsatz. Zuerst werden Pulver aus Wolfram und Kohlenstoff in einer Kugelmühle oder einem Drehmischer gemischt. Die Mischung (typischerweise 94 Masse-% Wolfram und 6 Masse-% Kohlenstoff) wird in einem Vakuuminduktionsofen auf etwa 1500 °C erhitzt. Aus dem dabei karburierten Wolfram bildet sich Wolframkarbid in feiner Pulverform. Dem Wolframkarbid setzt man dann ein Bindemittel (üblicherweise Kobalt mit einem organischen Fluid wie zum Beispiel Hexan) zu und gibt die Mischung in eine Kugelmühle, um eine einheitliche und homogene Mixtur herzustellen. Dieser Vorgang kann mehrere Stunden oder sogar Tage dauern.
>
> Die Mischung wird dann getrocknet und – üblicherweise durch kaltes Verdichten – bei einem Druck von etwa 200 MPa verfestigt. Schließlich wird sie je nach ihrer Zusammensetzung in einer Wasserstoffatmosphäre oder in einem Vakuumofen bei einer Temperatur von 1350 bis 1600 °C gesintert. Bei dieser Temperatur befindet ist das Kobalt geschmolzen und fungiert als Binder für die Karbidteilchen. (Pulver können auch bei Sintertemperatur mithilfe von Graphitgesenken heißgepresst werden.) Beim Sintern erfährt das Wolframkarbid eine lineare Schrumpfung um etwa 16 %, was einer Volumenschrumpfung von etwa 40 % entspricht. Somit ist es wichtig, bei der Herstellung von Werkzeugen mit genauen Abmessungen Größe und Form zu steuern. Eine Kombination anderer Karbide wie zum Beispiel Titankarbid und Tantalkarbid lässt sich in ähnlicher Weise mithilfe von Mischungen erzeugen, die nach der in diesem Beispiel beschriebenen Methode hergestellt wurden.

11.6 Überlegungen zum Entwurf in der Pulvermetallurgie

Aufgrund der besonderen Eigenschaften von Metallpulvern und ihrer Fließeigenschaften im Gesenk sowie der Sprödigkeit der Grünkörper sollten bestimmte Gestaltungsprinzipien befolgt werden, wie sie auch in den ▸ Abbildungen 11.17 bis 11.19 dargestellt sind:

1 Die Gestalt des Sinterkörpers ist so einfach und einheitlich wie möglich zu halten. Elemente wie scharfe Konturänderungen, dünne Querschnitte, Dickenvariationen und hohe Verhältnisse von Länge zu Durchmesser sollten vermieden werden.

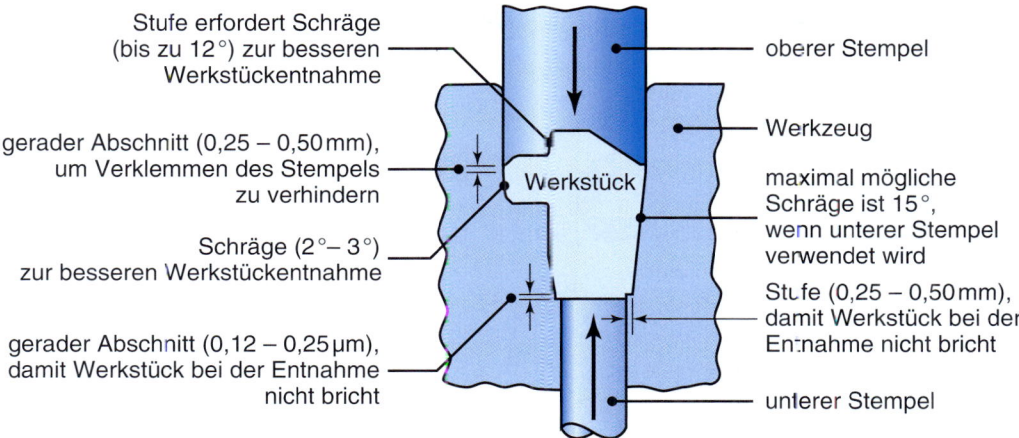

Abbildung 11.17: Werkzeuggestaltung und Entwurfdetails beim Pulverpressen.

2. Es ist dafür zu sorgen, dass sich der Grünkörper aus dem Gesenk entfernen lässt, ohne dass er beschädigt wird. Somit sollten Löcher oder Aussparungen parallel zur Achse der Stempelbewegung verlaufen. Außerdem sollten Kantenabrundungen vorgesehen werden.

3. Wie bei den meisten anderen Verfahren sollten auch pulvermetallurgische Teile mit möglichst breiten – den vorgesehenen Anwendungen entsprechenden – Maßtoleranzen hergestellt werden, um die Standzeit der Werkzeuge zu erhöhen und die Produktionskosten zu senken.

4. Die Wandstärken sollten generell nicht kleiner als 1,5 mm sein, obwohl auch Teile mit Wanddicken bis herab zu 0,3 mm bei Bauteilen von 1 mm Länge erfolgreich gepresst wurden. Wände mit Länge-zu-Dicke-Verhältnissen größer als 8 : 1 sind schwierig zu pressen und Dichtevariationen sind nahezu unvermeidbar.

5. Einfache Absätze in Teilen lassen sich herstellen, wenn ihre Größe nicht mehr als 15 % der Gesamtlänge des Teils ausmacht. Größere Absätze können zwar gepresst werden, sie setzen aber komplexere, mehrfach wirkende Werkzeuge voraus (siehe auch Abbildung 11.7).

6. Buchstaben und Zahlen lassen sich in die Teile pressen, wenn sie senkrecht zur Pressrichtung orientiert sind. Es sind sowohl erhabene auch als eingelassene Zeichen möglich. Erhabene Zeichen können aber in der Grünphase beschädigt werden und das ordnungsgemäße Stapeln der Grünlinge in der Sinterphase behindern.

7. Flansche und Überstände lassen sich durch einen Absatz im Gesenk herstellen. Allerdings können Vorsprünge beim Entfernen des Grünlings brechen und komplexere Werkzeuge erfordern. Außerdem sollte für einen langen Flansch eine Formschräge um den Flansch, eine Rundung am unteren Rand und eine Rundung an der Verbindungsstelle von Flansch und Bauteilkörper vorgesehen werden, um Spannungskonzentrationen und die Wahrscheinlichkeit eines Bruchs zu verringern.

8. In die Kante eines Teils kann keine echte Rundung gepresst werden, weil dann der Stempel (mit einem sanften Übergang) zu einer Dicke von null auslaufen müsste (Abbildung 11.18e). Abrundungen oder Abflachungen sind beim Pressen zu bevorzugen. Üblich sind Winkel von 45° und Abflachungen von 0,25 mm (Abbildung 11.18d).

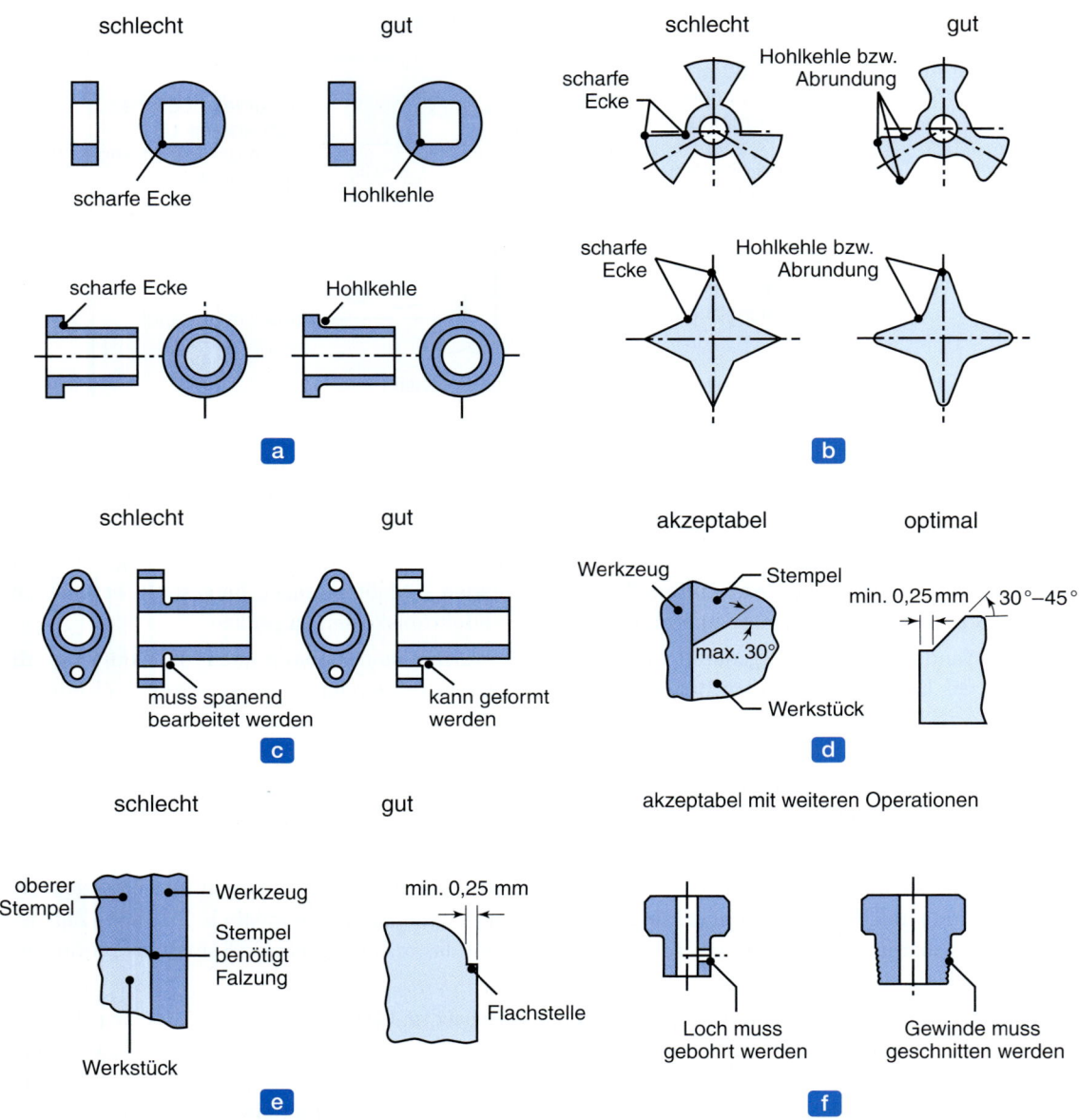

Abbildung 11.18: Schlechte und gute Gestaltung von pulvermetallurgischen Teilen. Insbesondere scharfe Ecken müssen vermieden werden. Gewinde und quer liegende Löcher müssen in separaten Verfahrensschritten gefertigt werden (Gewinden, Schleifen etc.).

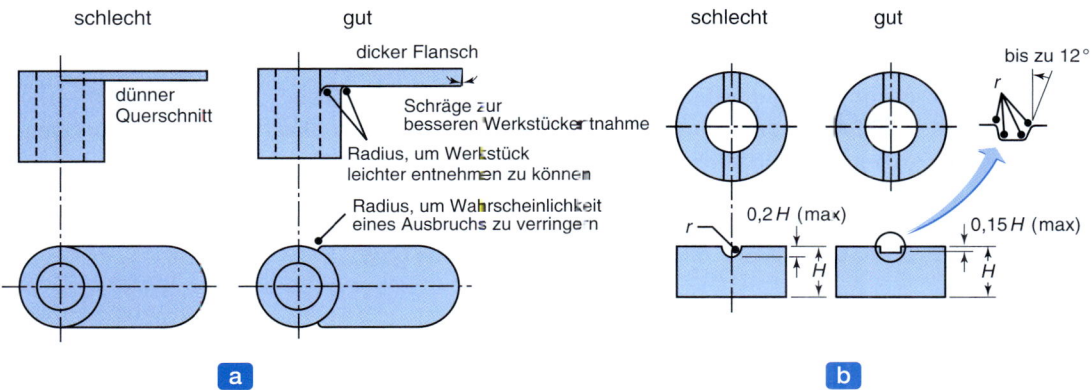

Abbildung 11.19: Gestaltungsrichtlinien für (a) freie Flansche und (b) Einkerbungen.

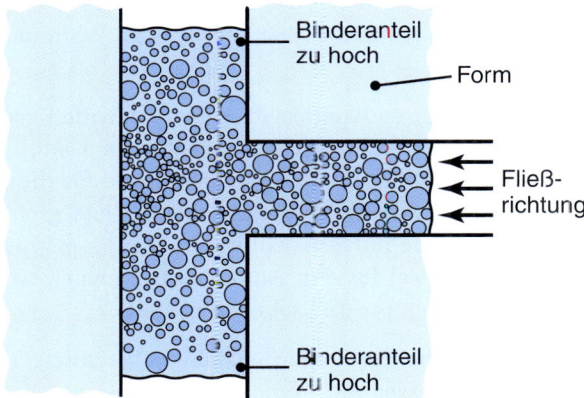

Abbildung 11.20: Scharfe Richtungsänderungen in Formen für das Pulverspritzgießen führen zu ungleichmäßiger Verteilung des Metallpulvers im Bauteil.

9. Elemente wie Federn, Keilnuten und Löcher, die Drehmomente auf Zahnräder und Riemenscheiben übertragen, können während der Verdichtung geformt werden. Ansätze (siehe zum Beispiel Abbildung 5.32c) lassen sich herstellen, wenn geeignete Formschrägen verwendet werden und ihre Länge klein im Vergleich zur Gesamtgröße des gepressten Bauteils ist.

10. Kerben und Rillen sind realisierbar, wenn sie senkrecht zur Pressrichtung orientiert sind (Abbildung 11.18c). Kreisförmige Nuten sollten eine Tiefe von 20 % der Gesamttiefe des Bauteils nicht überschreiten, bei rechteckigen Nuten empfiehlt sich ein Maximum von 15 % der Gesamttiefe (siehe Abbildung 11.19b).

11. Für Teile, die durch Metallspritzguss herzustellen sind, gelten ähnliche Entwurfseinschränkungen wie beim Spritzgießen. Die Wandstärken sollten möglichst einheitlich sein, um Verwerfungen beim Sintern zu minimieren. Formen und Werkzeuge sollten mit sanften Übergängen entworfen werden,

um Pulveransammlungen zu vermeiden und eine gleichmäßige Verteilung des Metallpulvers zu ermöglichen (▶ Abbildung 11.20).

12. Maßtoleranzen von gesinterten Teilen liegen gewöhnlich in der Größenordnung von $\pm(0{,}05\text{--}0{,}1)\,\text{mm}$. Mit zusätzlichen Bearbeitungsschritten wie Nachpressen, spanender Bearbeitung und Schleifen lassen sich die Toleranzen erheblich verbessern (siehe Abbildung 9.27).

11.7 Wirtschaftlichkeit der Pulvermetallurgie

Die **Hauptkosten** in der Herstellung von pulvermetallurgischen Teilen sind mit den Pulvern, Verdichtungsgesenken und der Ausrüstung für das Verdichten und Sintern verbunden. Die Kosten der Metallpulver pro Gewichtseinheit liegen wesentlich höher (um einen Faktor von etwa 1,5 bis 7 oder noch mehr) als die für geschmolzenes Metall zum Gießen oder für geschmiedetes Halbzeug in Stabform zur spanenden Bearbeitung und zum Umformen. Die Kosten hängen auch von der Methode der Pulverherstellung, seiner Qualität und der gekauften Menge ab. Das preisgünstigste Pulvermetall ist Eisen, gefolgt von Aluminium, Zink, Kupfer, Chrom, rostfreiem Stahl, Molybdän, Wolfram, Kobalt, Niob, Zirkon und Tantal (in steigender Reihenfolge).

Die Fähigkeit der Pulvermetallurgie zur endkonturnahen oder einbaufertigen Herstellung ist aufgrund der Kosteneffizienz in zahlreichen Anwendungen ein bedeutsamer Faktor. Um allerdings die hohen Investitionen in Stempel, Gesenke und verschiedene Ausrüstungen für die pulvermetallurgische Herstellung zu rechtfertigen, muss das Produktionsvolumen ausreichend groß sein – typischerweise ab 50 000 Teile pro Jahr aufwärts. Moderne pulvermetallurgische Anlagen sind in hohem Grad automatisiert, sodass sich dieses Verfahren ideal für den Automobilbau eignet, wo Millionen Teile pro Jahr hergestellt werden und die Arbeitskosten pro Teil sehr gering sind.

Die Pulvermetallurgie hat sich inzwischen als konkurrenzfähiges Verfahren etabliert (Tabelle 11.5). Viele gesenkgepresste und gesinterte Teile lassen sich ohne weitere Bearbeitungsschritte einsetzen, nur bei einigen Teilen können kleinere Endbearbeitungsoperationen nötig sein. Selbst für hochkomplexe Teile umfassen die Endbearbeitungsschritte für pulvermetallurgische Teile relativ einfache Vorgänge wie zum Beispiel Bohren und Gewindeschneiden von Löchern oder Schleifen bestimmter Oberflächen. Darüber hinaus zeichnet sich die Pulvermetallurgie dadurch aus, dass ein einzelnes Teil eine montierte Baugruppe aus mehreren Teilen, die durch verschiedene Fertigungsverfahren hergestellt wurden, ersetzen kann.

Pulvermetallurgisches Schmieden wird hauptsächlich für kritische Anwendungen genutzt, in denen volle Dichte und die dazu gehörende überlegene Dauerfestigkeit entscheidend sind. Für spezifische Anwendungen konkurriert pulvermetallurgisches Schmieden mit herkömmlichem Schmieden und Gießen, und zwar sowohl hinsichtlich der Produkteigenschaften als auch der Produktionskosten. So lassen sich Pleuelstangen im Fahrzeugbau durch pulvermetallurgisches Schmieden und Gießen herstellen. Metallspritzguss (MIM) verwendet feinere und demzufolge teurere Pulver. Zudem sind mehr Produktionsschritte erforderlich, zum Beispiel Pulvervorbereitung, Formen, Entbinderung und Sintern. Wirtschaftlich effizient ist MIM aufgrund dieser kostenintensiven Elemente hauptsächlich für kleine und komplizierte Teile (mit generell weniger als 100 g), die in großen Stückzahlen benötigt werden.

Tabelle 11.5: Vergleich verschiedener Fertigungsverfahren mit der pulvermetallurgischen (PM) Herstellroute

Verfahren	Vorteile gegenüber PM	Nachteile gegenüber PM
Gießen	Große Bereiche von Teileformen und -größen; meist geringe Form- und Einrichtkosten	Oftmals Materialverschwendung; Endbearbeitung kann nötig sein; nicht einsetzbar für hochschmelzende Metalle und Legierungen
Warmschmieden	Hohe Produktionsraten; große Bereiche von Teileformen und -größen; gute mechanische Eigenschaften durch Steuerung des Materialflusses	Endbearbeitung kann nötig sein; Materialabfall; Gesenkverschleiß; niedrige Oberflächenqualität; geringe Maßhaltigkeit
Warmextrusion	Hohe Produktionsraten für lange Teile; komplizierte Querschnitte möglich	Nur Teile mit konstantem Querschnitt möglich; Werkzeugverschleiß; schlechte Maßhaltigkeit
Spanende Bearbeitung	Große Bereiche von Teileformen und -größen; kurze Einrichtphase und hohe Prozessflexibilität; hohe Maßhaltigkeit und Oberflächenqualität; einfache Werkzeuge	Hohe Abfallmenge in Form von Spänen; relativ niedrige Produktivität

Relativ große Flugzeugteile können auch in kleinen Stückzahlen hergestellt werden, wenn entscheidende Eigenschaften im Vordergrund stehen oder spezielle metallurgische Betrachtungen zu berücksichtigen sind. Zum Beispiel sind bestimmte Superlegierungen auf Nickelbasis so stark legiert, dass beim Gießen die Gefahr einer Entmischung besteht (siehe Abschnitt 5.3.3) und sie sich deshalb nur durch pulvermetallurgische Verfahren verarbeiten lassen. Die Pulver können zunächst durch Warmfließpressen verfestigt (Abschnitt 6.4) und dann durch Warmschmieden in Gesenken bei einer hohen Temperatur weiterverarbeitet werden. Die gesamte Berylliumverarbeitung beruht ebenfalls auf der Pulvermetallurgie, wobei man hier entweder kaltisostatisches Pressen und Sintern oder heißisostatisches Pressen verwendet. Viele dieser Werkstoffe sind schwierig zu verarbeiten und können mit hohem Endbearbeitungsaufwand verbunden sein, selbst wenn die Teile durch pulvermetallurgische (PM-)Methoden hergestellt werden. Dies steht in scharfem Gegensatz zu den zahlreichen Eisenteilen, die mit PM-Methoden gepresst und gesintert werden und nahezu keine Endbearbeitung erfordern. Die speziellen und erheblich teureren PM-Verfahren werden hauptsächlich für Anwendungen in der Luft- und Raumfahrt eingesetzt, da es hier keine konkurrenzfähigen Alternativen gibt.

11.8 Keramik: Struktur, Eigenschaften und Anwendungen

Keramiken sind Verbindungen aus metallischen und nichtmetallischen Elementen. Der Begriff *Keramik* steht sowohl für den Werkstoff als auch das daraus hergestellte Produkt. Das aus dem Griechischen kommende *keramos* bedeutet „Töpferton" und mit *keramikos* sind „Tonprodukte" gemeint. Aufgrund der großen Anzahl möglicher Elementkombinationen steht heute eine breite Palette von Keramiken für die unterschiedlichsten Verbraucher- und Industrieanwendungen zur Verfügung.

Bereits 4000 v. Chr. wurde Keramik für Töpferwaren und Ziegel verwendet. Seit vielen Jahren ist Keramik in Zündkerzen von Fahrzeugmotoren als elektrisch isolierender und hochtemperaturfester Werkstoff gebräuchlich. Auch in Wärmekraftmaschinen und verschiedenen anderen Anwendungen (Tabelle 11.6)

Tabelle 11.6: Arten und Eigenschaften von Keramiken und Gläsern

Material	Eigenschaften und Verwendung
Oxidkeramik	
Aluminiumoxid	Hohe Warmhärte; verschleißfest; moderate Festigkeit und Zähigkeit; meistverwendete Keramik für Werkzeuge, Schleifmittel und elektische und thermische Isolation
Zirkonoxid	Hohe Festigkeit und Zähigkeit; thermoschock-, verschleiß- und chemisch beständig; teilstabilisiertes und verformungsumgewandeltes Zirkonoxid besitzt bessere Eigenschaften; geeignet für Bauteile von Wärmekraftmaschinen
Karbide	
Wolframkarbid	Hohe Härte, Festigkeit, Zähigkeit und Verschleißbeständigkeit (abhängig vom Kobaltgehalt); für Gesenke und Zerspanungswerkzeuge
Titankarbid	Weniger zäh, aber verschleißbeständiger als Wolframkarbid; Nickel oder Molybdän als Binder; für Zerspanungswerkzeuge
Siliziumkarbid	Hochtemperaturfestigkeit und Verschleißbeständigkeit; für Schleifstoffe und Verbrennungsmotorteile
Nitridkeramik	
kub. Bornitrid	Härtester Stoff nach Diamant; sehr oxidationsbeständig; für Schleifstoffe und Zerspanungswerkzeuge
Titannitrid	Für Werkzeugbeschichtungen (niedriger Reibungskoeffizient)
Siliziumnitrid	Kriechfest; thermoschockbeständig; hohe Zähigkeit und Warmhärte; geeignet für Bauteile von Wärmekraftmaschinen
Sialonkeramik	Besteht aus Siliziumnitrid und anderen Oxiden und Karbiden; für Zerspanungswerkzeuge
Cermets	Bestehen aus Oxiden, Karbiden und/oder Nitriden; chemisch beständig; spröde; teuer; für Hochtemperaturanwendungen
„Nano"-Keramik	Fester und einfacher herzustellen bzw. zu bearbeiten als konventionelle Keramik; für Bauteile von Automobil- und Flugzeugantrieben
Quarzglas	Hochtemperaturbeständig; Piezoelektrizität; für Hochtemperaturfunktionsanwendungen
Gläser	Enthalten mehr als 50 % Quarz; amorph; zahlreiche Varianten, die sich in den mechanischen, physikalischen und optischen Eigenschaften unterscheiden
Glaskeramik	Hoher Kristallanteil in der Mikrostruktur; fester als Glas; gute Thermoschockbeständigkeit; für Kochgeschirr, Wärmetauscher und elektronische Bauteile
Graphit	Übliche Kristallisation des Kohlenstoffs; hohe thermische und elektrische Leitfähigkeit; herstellbar auch als Fasern, Schaumstrukturen und Buckminster-Fulleren (Bucky Balls) als Festschmierstoff; für Gießformen und Hochtemperaturkomponenten
Diamant	Härteste bekannte Substanz; in ein- und polykristalliner Form; für Zerspanungswerkzeuge, Beschichtungen, Schleifstoffe und als Ziehdüseneinsatz beim Feinziehen von Drähten

sowie in Werkzeugen, Gesenken und Formen spielen Keramikwerkstoffe eine zunehmend wichtigere Rolle. Zu den modernen Anwendungen von Keramik gehören Schneidewerkzeuge (siehe Abschnitt 8.6), Geschirr, Kacheln im Bauwesen, Fahrzeugkomponenten wie Auspuffauskleidungen, beschichtete Kolben und Zylinder mit den gewünschten Eigenschaften von Festigkeit und Korrosionsbeständigkeit bei hohen Betriebstemperaturen (um den Wirkungsgrad der Motoren zu erhöhen).

Manche Eigenschaften von Keramiken sind deutlich besser als die von Metallen, was insbesondere für ihre Härte sowie die Wärmebeständigkeit und den elektrischen Widerstand gilt. Keramiken sind als

Einkristalle oder in polykristalliner Form erhältlich. Die Korngröße hat einen wesentlichen Einfluss auf die Festigkeit und die Eigenschaften der Keramik. Je feiner die Korngröße ist, desto höher sind Festigkeit und Zähigkeit – deshalb spricht man auch von **Feinkeramik**. Keramiken teilt man allgemein in die Kategorien **traditionelle Keramik** (Porzellan, Kacheln, Ziegelsteine, Tonwaren und Schleifscheiben) und **industrielle Keramik** bzw. **technische** oder **Hightechkeramik** (Wärmetauscher, Schneidewerkzeuge, Halbleiter und Prothetik) ein.

11.8.1 Struktur von Keramiken und Keramikarten

Die Struktur von Keramikkristallen gehört zu den komplexesten aller Werkstoffe, da sie verschiedene chemische Elemente unterschiedlicher Größen enthalten. Die Bindung zwischen den Atomen ist im Allgemeinen *kovalent* (gemeinsame Elektronenpaare, folglich starke Bindungen) und *ionisch* (Primärbindung zwischen entgegengesetzt geladenen Ionen, folglich starke Bindungen).

Zu den ältesten Rohstoffen für Keramik gehört **Ton**, eine feinkörnige, plättchenartige Struktur. Das bekannteste Beispiel ist *Kaolinit* (nach dem Fundort in der Nähe des chinesischen Orts „Gaoling"), ein weißer Ton, der aus Aluminiumsilikat mit alternierend schwach gebundenen Schichten aus Silizium- und Aluminiumionen besteht (▶ Abbildung 11.21). Wird dem Kaolinit Wasser zugesetzt, lagert es sich selbst an den Schichten an (Adsorption), macht sie schlüpfrig und verleiht dem feuchten Ton seine bekannten weichen und plastischen Eigenschaften (**Hydroplastizität**), die ihn formbar machen. Andere natürlich vorkommende Ausgangsstoffe für Keramiken sind *Feuerstein* (Stein aus sehr feinkörnigem Siliziumdioxid, SiO_2) und *Feldspat* (eine Gruppe von kristallinen Mineralien, die aus Aluminiumsilikaten, Kalium, Kalzium oder Natrium bestehen). In ihrem natürlichen Zustand enthalten diese Materialien im Allgemeinen verschiedene Verunreinigungen, die für eine zuverlässige Eigenschaftspalette vor der weiteren Verarbeitung der Werkstoffe zu nützlichen Produkten entfernt werden müssen. Hochraffinierte Rohstoffe ergeben Keramiken mit verbesserten Eigenschaften.

Die folgende Übersicht beschreibt die verschiedenen Keramikarten.

1 **Oxidkeramik**

Tonerde oder *Korund* (Aluminiumoxid, Al_2O_3) ist die gebräuchlichste *Oxidkeramik*. Sie hat eine hohe Härte und mittlere Festigkeit und wird entweder in reiner Form oder als Rohmaterial zum Mischen mit anderen Oxiden verwendet. Da die in der Natur vorkommende Tonerde Verunreini-

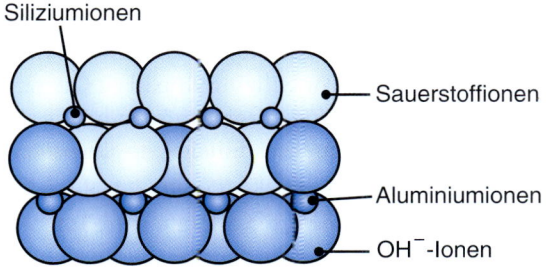

Abbildung 11.21: Der kristalline Aufbau von Kaolinit (Ton), siehe zum Vergleich auch die Abbildungen 3.2 bis 3.4 für Metalle.

gungen in unbestimmten Mengen enthält, besitzt sie in ihrer natürlichen Form keine einheitlichen Eigenschaften und lässt deshalb keine zuverlässigen Aussage über das Verhalten zu. Um eine kontrollierte Qualität zu erhalten, werden Aluminiumoxid (wie auch Siliziumkarbid und viele andere Keramiken) heute fast vollständig synthetisch hergestellt (siehe auch Abschnitt 9.2).

Das erstmals 1893 hergestellte **synthetische Aluminiumoxid** erhält man durch Fusion aus geschmolzenem Bauxit (einem Aluminiumoxid-Erz, der Hauptquelle für Aluminium), Eisenfeilspänen und Koks in Elektroöfen. Das feste Material wird dann zerkleinert und mithilfe von Standardsieben nach der Größe sortiert. Aus Aluminiumoxid hergestellte Teile werden *kaltgepresst und gesintert* (*weiße Keramik*). Ihre Eigenschaften lassen sich durch geringe Zusätze anderer Keramiken wie Titanoxid und Titankarbid weiter verbessern. Die als *Mullit* und *Spinell* bezeichneten Strukturen aus verschiedenen Aluminiumoxiden und anderen Oxiden kommen als feuerfeste Werkstoffe für Hochtemperaturanwendungen zum Einsatz. Aluminiumoxid ist aufgrund seiner mechanischen und physikalischen Eigenschaften besonders geeignet für Anwendungen wie elektrische und thermische Isolierungen, Schneidewerkzeuge und Schleifstoffe.

Zirkondioxid (ZrO_2) ist weiß, zäh und widerstandsfähig gegen Verschleiß, Thermoschock und Korrosion. Außerdem hat es eine geringe Wärmeleitfähigkeit und einen niedrigen Reibungskoeffizienten. **Teilstabilisiertes Zirkondioxid** (*partially stabilized zirconia*, PSZ) hat hohe Festigkeit und Zähigkeit und ist besser als Zirkondioxid. Zur Herstellung dotiert man Zirkondioxid mit Oxiden von Kalzium, Yttrium oder Magnesium. Durch diesen Vorgang bildet sich ein Material mit feinen Teilchen aus tetragonalem Zirkondioxid in einer kubischen Matrix. Typische Anwendungen von PSZ sind Gesenke für das Warmstrangpressen von Metallen und Zirkondioxidperlen zum Schleifen und Dispersionsmedien für Beschichtungen in der Luft- und Raumfahrtindustrie, Grundierung und Deckbeschichtung in der Automobilindustrie und Hochglanzdrucke auf flexiblen Nahrungsmittelverpackungen.

Eine weitere wichtige Eigenschaft von PSZ ist die Tatsache, dass der Wärmeausdehnungskoeffizient nur etwa 20 % geringer als der von Gusseisen ist und die Wärmeleitfähigkeit etwa ein Drittel der anderer Keramiken ausmacht. Folglich ist teilweise stabilisiertes Zirkondioxid besonders für Bauteile in Wärmekraftmaschinen wie Zylinderlaufbuchsen und Ventilführungen geeignet, um den gusseisernen Motorblock im Betrieb intakt zu halten (damit sich keine Bauteile lockern oder übermäßig fest anzuziehen sind). Weitere Verbesserungen der Eigenschaften betreffen **umwandlungsgehärtetes Zirkondioxid** (*transformation toughened zirconia*, TTZ), das aufgrund von dispergierten zähen Phasen in der Keramikmatrix eine höhere Zähigkeit als PSZ hat.

Siliziumdioxid: Das in der Natur reichlich vorkommende *Siliziumdioxid* ist ein polymorphes Material, d. h., es kann verschiedene Kristallstrukturen einnehmen. Zum Beispiel ist die kubische Struktur in feuerfesten Steinen für Hochtemperaturöfen zu finden. Glas enthält in der Regel mehr als 50 % Siliziumdioxid. Die häufigste Form von Siliziumdioxid ist **Quarz**, ein harter, abrasiver hexagonaler Kristall. Da er den *piezoelektrischen Effekt* zeigt, wird er häufig als sogenannter *Schwingquarz* in elektronischen Anwendungen zur Frequenzstabilisierung eingesetzt (siehe Abschnitt 3.9.6).

Silikate sind Reaktionsprodukte von Siliziumdioxid mit Oxiden von Aluminium, Magnesium, Kalzium, Kalium, Natrium und Eisen. Beispiele für Silikate sind Ton, Asbest, Glimmer und Silikatgläser. **Lithium-Aluminium-Silikat** hat eine sehr geringe thermische Ausdehnung und Wärmeleitfähigkeit sowie gute Widerstandsfähigkeit gegen Thermoschocks. Allerdings sind seine Festigkeit und Dauerfestigkeit gering und somit ist es nur für nichttragende Anwendungen wie zum Beispiel Abgaskatalysatoren, Regeneratoren und Bauteile für Wärmetauscher geeignet.

2 **Nichtoxidkeramik** (siehe auch Abschnitt 8.6)

Karbide: Typische Beispiele sind Karbide des Wolframs und Titans, die als Schneidewerkzeuge und Gesenkwerkstoffe verwendet werden, und Siliziumkarbid, das als Schleifmittel (z. B. in Schleifscheiben) dient:

a. **Wolframkarbid** (WC) besteht aus Wolframkarbidteilchen mit Kobalt als Binder. Die Menge des Binders hat einen wesentlichen Einfluss auf die Eigenschaften des Werkstoffs. Die Zähigkeit nimmt mit höherem Kobaltgehalt zu (siehe Abbildung 8.31), während Härte, Festigkeit und Verschleißwiderstand sinken.

b. **Titankarbid** (TiC) hat Nickel und Molybdän als Binder und ist nicht so zäh wie Wolframkarbid.

c. **Siliziumkarbid** (SiC) ist widerstandsfähig gegen Verschleiß, Thermoschock und Korrosion. Außerdem ist sein Reibungskoeffizient gering und es behält auch bei erhöhten Temperaturen seine Festigkeit bei. Siliziumkarbid ist für Hochtemperaturkomponenten in Wärmekraftmaschinen geeignet und wird auch als Schleifstoff verwendet (Abschnitt 9.2). Synthetisches Siliziumkarbid wird aus Quarzsand, Koks und kleinen Mengen Natriumchlorid und Sägespänen in einem ähnlichen Verfahren wie synthetisches Aluminiumoxid (siehe oben) hergestellt.

Nitride sind eine weitere wichtige Klasse der Keramiken:

a. **Kubisches Bornitrid** (cBN) ist nach Diamant die zweihärteste bekannte Substanz und hat spezielle Anwendungen wie zum Beispiel als Schleifstoff für Schleifscheiben und für Schneidewerkzeuge. Dieser Werkstoff kommt in der Natur nicht vor und wurde erstmals in den 1970er Jahren synthetisch hergestellt. Die dafür verwendete Technik ähnelt der synthetischen Herstellung von Diamanten (Abschnitt 11 13.2).

b. **Titannitrid** (TiN) wird häufig für Beschichtungen auf Schneidewerkzeugen eingesetzt, um die Reibung zu verringern und damit die Standzeit des Werkzeugs zu erhöhen.

c. **Siliziumnitrid** (Si_3N_4) zeichnet sich durch hohe Kriechbeständigkeit bei erhöhten Temperaturen, geringe thermische Ausdehnung und hohe Wärmeleitfähigkeit aus und ist damit auch gegen Thermoschocks resistent. Es eignet sich für strukturelle Anwendungen bei hohen Temperaturen, wie zum Beispiel in Bauteilen von Fahrzeugmotoren und Gasturbinen, Rollen für Nockenstößel, Lager, Düsen für Sandstrahleinrichtungen und Baugruppen für die Papierindustrie.

Sialon besteht aus Siliziumnitrid mit verschiedenen Zusätzen von Aluminiumoxid, Yttriumoxid und Titankarbid (siehe Abschnitt 8.6.8). Das Wort Sialon ist aus den Wörtern *Si*licon (Silizium), *al*uminum (Aluminium), *o*xygen (Sauerstoff) und *n*itrogen (Stickstoff) abgeleitet. Sialon ist gegenüber Siliziumnitrid fester und gegen Thermoschocks widerstandsfähiger. Es wird hauptsächlich als Werkstoff für Schneidwerkstoffe verwendet.

Cermets (*Cer*amics + *met*allic phase) bestehen aus einer keramischen Komponente und einer metallischen Phase. Die in den 1960er Jahren eingeführten Werkstoffe nennt man auch **schwarze Keramik** oder *warmgepresste Keramik*. Sie kombinieren die Oxidationsbeständigkeit von Keramik bei hohen Temperaturen mit der Zähigkeit, Widerstandsfähigkeit gegen Thermoschocks und Duktilität von

Metallen. Cermets werden zum Beispiel in Schneidewerkzeugen mit einer typischen Zusammensetzung aus 70 % Al_2O_3 und 30 % TiC verwendet. Andere Cermets enthalten verschiedene Oxide, Karbide und Nitride und werden für Hochtemperaturanwendungen wie zum Beispiel Düsen für Strahltriebwerke und Flugzeugbremsen entwickelt. Cermets, die sich auch als Verbundwerkstoffe ansehen lassen, werden in verschiedenen Kombinationen von Keramiken und Metallen verwendet und durch Verfahren der Pulvermetallurgie gebunden (siehe auch Abschnitt 11.14).

3 **Nanokeramik (Nanophasen-Keramik)** besteht aus atomaren Clustern, die einige Tausend Atome enthalten. Sie sind bei deutlich geringeren Temperaturen duktiler als konventionelle Keramiken und fester. Zudem lassen sie sich einfacher und mit weniger Defekten herstellen. Wichtig ist, die Größe der Teilchen, ihre Verteilung und die Verunreinigungen während der Verarbeitung zu steuern. Zu den Anwendungen von Nanokeramik in der Automobilindustrie gehören Ventile, Ventilstößel, Turboladerrotoren und Zylinderlaufbuchsen. Außerdem werden diese Werkstoffe in Komponenten von Strahltriebwerken eingesetzt. Weiterhin sind Anwendungen auf verschiedenen Stufen als Beschichtungen, Mikrobatterien, optische Filter, sehr dünne Kondensatoren, nanometerskalige Schleifmittel zum Läppen, Solarzellen und künstliche Herzklappen gebräuchlich. Nanokristalline Zweitphasenpartikel in der Größenordnung von 100 nm oder weniger sowie Fasern werden auch als Verstärkungen in Verbundwerkstoffen verwendet (siehe Abschnitt 11.14). Sie besitzen verbesserte Eigenschaften wie Zugfestigkeit und Kriechbeständigkeit (siehe auch nanometerskalige Werkstoffe in den Abschnitten 3.11.9 und 13.18).

11.8.2 Eigenschaften und Anwendungen von Keramiken

Verglichen mit Metallen zeichnen sich Keramiken durch die folgenden Eigenschaften aus: Sprödigkeit, hohe Druckfestigkeit und Härte bei erhöhten Temperaturen, hoher Elastizitätsmodul, geringe Zähigkeit, geringe Dichte, niedrige Wärmeausdehnung und geringe thermische und elektrische Leitfähigkeit. Allerdings können die mechanischen und physikalischen Eigenschaften von Keramiken aufgrund ihres breiten Spektrums von Zusammensetzungen und Korngrößen erheblich variieren. Zum Beispiel lässt sich die elektrische Leitfähigkeit von Keramiken von schlecht bis gut modifizieren – ein bei Halbleitern angewendetes Prinzip (Abschnitt 13.3). Der Bereich der Eigenschaften von Keramiken ist sehr breit, was unter anderem von Defekten, Rissen (oberflächlichen oder inneren), Verunreinigungen und unterschiedlichen Herstellungsmethoden abhängt.

1 Die **mechanischen Eigenschaften** verschiedener technischer Keramiken sind in Tabelle 11.7 angegeben. Aufgrund ihrer Empfindlichkeit gegenüber Rissen, Verunreinigungen und Porosität ist ihre Zugfestigkeit (Biegebruchfestigkeit) ungefähr eine Größenordnung niedriger als ihre Druckfestigkeit. Derartige Defekte führen zur Rissbildung und -ausbreitung bei Zugbeanspruchung, wodurch die Zugfestigkeit drastisch zurückgeht (siehe auch Abschnitt 3.8). Folglich wirken sich Reproduzierbarkeit ihrer Eigenschaften und Zuverlässigkeit (akzeptable Leistung über einen bestimmten Zeitraum) von Keramikkomponenten entscheidend auf ihre Nutzungsdauer aus.

Die **Zugfestigkeit** von polykristallinen Keramikteilen steigt mit geringerer Korngröße und niedriger Porosität. Bei handelsüblichem Steingut liegt die Porosität zwischen 10 und 15 %, während die Porosität von hartem *Porzellan* (einer weißen Keramik aus Kaolinit, Quarz und Feldspat) nur rund

Tabelle 11.7: Ungefährer Bereich der Eigenschaften von einigen Keramiken bei Raumtemperatur

Werkstoff	Symbol	Biegebruch-festigkeit MPa	Druck-festigkeit MPa	Elastizitäts-modul GPa	Knoop-härte HK	Poisson-zahl –	Dichte kg/m³
Aluminiumoxid	Al_2O_3	140–240	1000–2900	310–410	2000–3000	0,26	4000–4500
Kubisches Bornitrid	cBN	725	7000	850	4000–5000	–	3480
Diamant	–	1400	7000	830–1000	7000–8000	–	3500
Synthetischer Quarz	SiO_2	–	1300	70	550	0,25	–
Siliziumkarbid	SiC	100–750	700–3500	240–480	2100–3000	0,14	3100
Siliziumnitrid	Si_3N_4	480–600	–	300–310	2000–2500	0,24	3300
Titankarbid	TiC	1400–1900	3100–3850	310–410	1800–3200	–	5500–5800
Wolframkarbid	WC	1030–2600	4100–5900	520–700	1800–2400	–	10 000–15 000
Teilstabilisiertes Zirkonoxid	PSZ	620	–	200	1100	0,30	5800

Anmerkung: Die angegebenen Eigenschaften können je nach Zustand in weiten Bereichen schwanken.

3 % beträgt. Der Ausdruck

$$R_m \simeq R_{m,0} e^{-nP} \tag{11.5}$$

gibt eine empirische Beziehung an, wobei P der Volumenanteil der Poren im Festkörper, $R_{m,0}$ die Zugfestigkeit des porenfreien Festkörpers ist und der Exponent n zwischen 4 und 7 liegt.

Der **Elastizitätsmodul** wird entsprechend der Beziehung

$$E \simeq E_0(1 - 1{,}9P + 0{,}9P^2) \tag{11.6}$$

ebenfalls durch Porosität beeinflusst, wobei E_0 der Elastizitätsmodul bei verschwindender Porosität ist. Gleichung (11.6) ist bis zu einer Porosität von 50 % gültig.

Bei der Auswertung experimentell ermittelter Festigkeitskennwerte keramischer Werkstoffe stellt man eine starke Abhängigkeit der Kennwerte von der Größe des geprüften Werkstoffvolumens fest. Dies ist bedingt durch die Tatsache, dass die Wahrscheinlichkeit einen großen, bruchauslösenden Defekt in der Keramik (oder im Glas) zu finden, mit der Größe des Werkstoffvolumens zunimmt. Für ein Probenvolumen V erlaubt die **Weibull-Statistik** festzustellen, mit welcher Wahrscheinlichkeit $P_s(\sigma, V)$ die Probe eine Zugspannung der Größe σ ohne zu brechen erträgt:

$$P_s(\sigma, V) = e^{-\frac{V\sigma^m}{\alpha}}, \tag{11.7}$$

wobei m der **Weibull-Modul** und α ein vom Werkstoff abhängiger Parameter ist.

Da Keramiken nicht duktil sind, weisen sie im Gegensatz zu den meisten Metallen und Thermoplasten im Allgemeinen eine geringe Schlagzähigkeit und Thermoschockbeständigkeit auf. Außer dem

Ermüdungsbruch unter zyklischer Belastung zeigen Keramiken (insbesondere Gläser) ein als **statische Ermüdung** bezeichnetes Phänomen: Wenn diese Werkstoffe über einen gewissen Zeitraum einer statischen Zugbelastung ausgesetzt sind, können sie plötzlich ausfallen. Dieses Phänomen tritt vor allem in Umgebungen mit Wasserdampf auf, in trockenen Umgebungen oder im Vakuum dagegen nicht. Statische Ermüdung wird einem Mechanismus zugeschrieben, der mit Spannungskorrosionsrissen von Metallen vergleichbar ist (Abschnitt 3.8.2).

Keramische Bauteile, die im Betrieb Zugspannungen unterworfen sind, können analog zu Beton **vorgespannt** werden. Durch das Vorspannen werden die Teile Druckspannungen unterworfen. Gebräuchliche Methoden für das Vorspannen sind: (1) Wärmebehandlung und chemisches Anlassen (Abschnitte 3.12 und 11.11.2), (2) Laserbehandlung von Oberflächen, (3) Beschichten durch Keramiken mit abweichenden Wärmeausdehnungskoeffizienten und (4) Oberflächenbearbeitungen wie zum Beispiel Schleifen, durch die Eigenspannungen in der Oberfläche induziert werden. Hinsichtlich der Verbesserung von Zähigkeit und anderer Eigenschaften bei Keramiken, einschließlich der **bearbeitbaren Keramiken** (siehe auch Abschnitt 8.5.3), sind beträchtliche Fortschritte erzielt worden.

2 Physikalische Eigenschaften: Die relative Dichte von Keramiken ist mit etwa 3 bis 5,8 für Oxidkeramiken recht gering im Vergleich zu 7,86 für Eisen (Tabelle 3.3). Sie haben sehr hohe Schmelz- oder Zersetzungstemperaturen. Die Wärmeleitfähigkeit von Keramiken variiert je nach ihrer Zusammensetzung über drei Größenordnungen, während die Wärmeleitfähigkeit von Metallen nur um eine Größenordnung schwankt. Die Wärmeleitfähigkeit von Keramiken und anderer Werkstoffe fällt mit höherer Temperatur und Porosität, da Luft ein schlechter Wärmeleiter ist. Die **Wärmeleitfähigkeit** k ist mit der Porosität über die Beziehung

$$k = k_0(1 - P) \tag{11.8}$$

verknüpft, wobei k_0 die Leitfähigkeit bei null Porosität ist.

▶ Abbildung 11.22 veranschaulicht die thermischen Ausdehnungseigenschaften von Keramiken. Thermische Ausdehnung und thermische Leitfähigkeit induzieren thermische Spannungen, die zu Thermoschock oder thermischer Ermüdung führen (siehe Abschnitt 3.9.5). Die Neigung zur **thermischen Rissbildung** (auch als *Absplittern* bezeichnet, wenn ein Stück oder eine Schicht von der Oberfläche abbricht) ist bei niedriger thermischer Ausdehnung und hoher thermischer Leitfähigkeit geringer. Zum Beispiel hat Quarzglas eine hohe Thermoschockbeständigkeit, da seine thermische Ausdehnung praktisch null ist.

Ein bekanntes Beispiel, das die Wichtigkeit geringer thermischer Ausdehnung veranschaulicht, ist wärmebeständige Keramik für Kochgeschirr und Kochfelder. Diese Keramiken können hohe thermische Spannungen – d. h. Übergänge von heiß nach kalt und umgekehrt – ertragen. Die relative thermische Ausdehnung von Keramiken und Metallen ist ebenfalls für den Einsatz von Keramikkomponenten in Wärmekraftmaschinen wichtig. Die Tatsache, dass die thermische Leitfähigkeit von Bauteilen aus teilstabilisiertem Zirkonoxid der von Gusseisen in Motorblöcken nahe kommt (siehe Abbildung 11.22), ist ein weiterer Grund für die Verwendung von PSZ in Wärmekraftmaschinen.

Eine zusätzliche Eigenschaft, die typischerweise Oxidkeramiken zeigen, ist die **Anisotropie der thermischen Ausdehnung**, wodurch die thermische Ausdehnung der Keramik richtungsabhängig ist. Dieses Verhalten verursacht thermische Spannungen, die zu Rissen der Keramikkomponente führen können.

Die **optischen Eigenschaften** von Keramiken können durch verschiedene Rezepturen und Steuerung der Struktur beeinflusst werden, womit sich unterschiedliche Transparenzstärken und Farben realisieren lassen. Zum Beispiel ist einkristalliner Saphir vollkommen transparent, Zirkondioxid weiß und feinkörniges polykristallines Aluminiumoxid durchscheinend grau. Auch die Porosität wirkt sich auf die optischen Eigenschaften von Keramiken aus, etwa wie Luft, die in Eiswürfeln eingeschlossen ist, das Eis weniger transparent macht und ihm ein milchiges Aussehen verleiht.

Obwohl Keramiken grundsätzlich Widerstände darstellen, lassen sie sich elektrisch leitfähig machen, indem sie mit bestimmten Elementen legiert (*dotiert*) werden, sodass sie sich wie ein Halbleiter oder sogar wie ein Supraleiter verhalten (siehe Abschnitt 11.15).

3 **Anwendungen:** Wie Tabelle 11.6 zeigt, finden sich Keramiken in zahlreichen Verbraucher- und Industrieanwendungen. Aufgrund des hohen elektrischen Widerstands, der Durchschlagsfestigkeit bzw. Spannungsfestigkeit (die die Spannung pro Einheitsdicke angibt, die für einen elektrischen Durchschlag erforderlich ist) und der magnetischen Eigenschaften (beispielsweise für Magnete in Lautsprechern) werden verschiedene Arten von Keramiken in der Elektro- und Elektronikindustrie eingesetzt. Ein Beispiel für eine derartige Keramik ist *Porzellan*. Bestimmte Keramiken wie zum

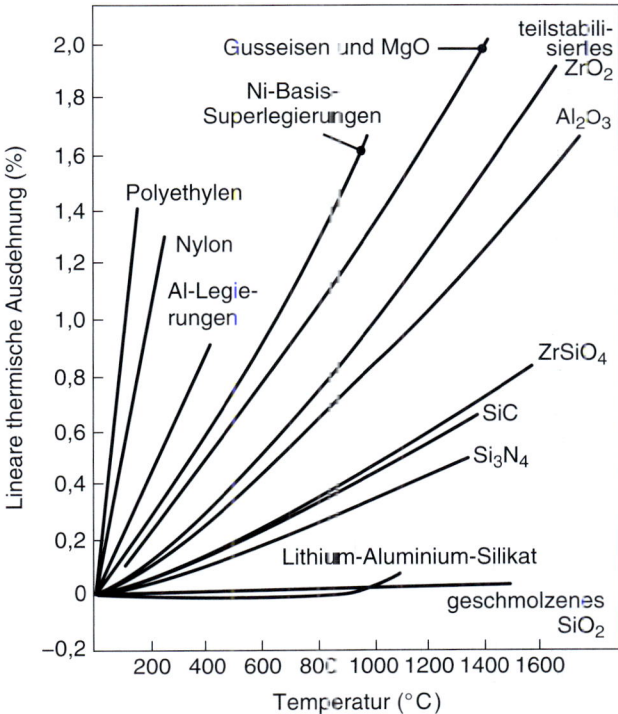

Abbildung 11.22: Einfluss der Temperatur auf die thermische Ausdehnung von einigen Keramiken, Metallen und Kunststoffen. Die Ausdehnung von Gusseisen und teilstabilisiertem Zirkonoxid unterscheiden sich um weniger als 20 %.

Beispiel Bleizirkonattitanat (PZT) und Bariumtitanat (BaTiO$_3$) weisen zudem gute *piezoelektrische* Eigenschaften auf.

Da Keramiken ihre Festigkeit und Steifigkeit auch bei erhöhten Temperaturen beibehalten (▶ Abbildungen 11.23 und 11.24), sind sie für **Hochtemperaturanwendungen** sehr attraktiv. Durch die bei Keramikkomponenten möglichen höheren Betriebstemperaturen kann der Kraftstoff effizienter verbrannt und der Schadstoffausstoß verringert werden. Der Wirkungsgrad von konventionellen Verbrennungskraftmaschinen beträgt lediglich 30 %. Mithilfe von Keramikkomponenten lässt sich aber die Leistung um mindestens 30 % verbessern. Siliziumnitrid, Siliziumkarbid und teilstabilisiertes Zirkondioxid sind Keramiken, die sich bereits in Komponenten von Benzin- und Dieselmotoren sowie als Rotoren bewährt haben. Aufgrund ihrer hohen Verschleißfestigkeit sind sie besonders für Anwendungen wie Zylinderlaufbuchsen, Dichtungen und Lager geeignet. Keramiken dienen auch als Beschichtungen für Metalle, um Verschleiß zu verringern, Korrosion zu verhindern und/oder eine thermische Sperrschicht zu bilden.

Die geringe Dichte und der hohe Elastizitätsmodul von Keramiken machen es möglich, Motorenmasse einzusparen und die von bewegten Teilen erzeugten Trägheitskräfte zu verringern. Auch in Hochgeschwindigkeitskomponenten von Werkzeugmaschinen lassen sich Metalle vorteilhaft durch Keramiken ersetzen. Durch den höheren Elastizitätsmodul sind Keramiken attraktiv, um die Steifigkeit zu verbessern und somit die Schwing- und Ratterneigung zu vermindern (siehe Abschnitt 8.12), was sich positiv auf die Maßhaltigkeit der zu bearbeitenden Teile auswirkt. Siliziumnitridkeramiken werden in Maschinen für Kugellager und Walzen eingesetzt.

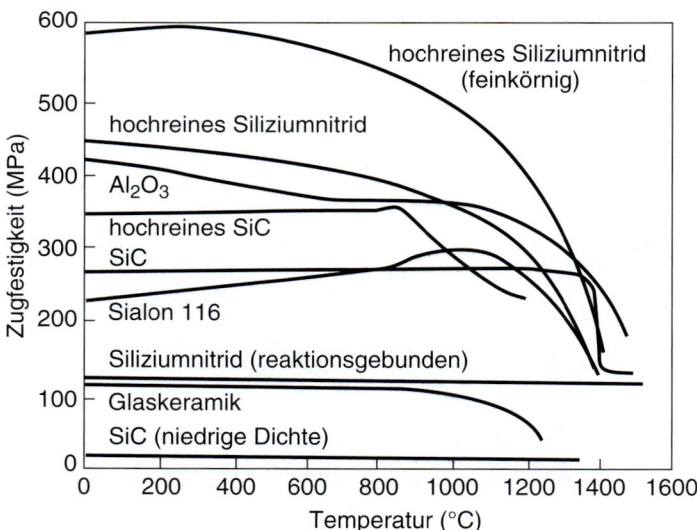

Abbildung 11.23: Einfluss der Temperatur auf die Zugfestigkeit einiger technischer Keramiken. Viele Keramiken zeigen eine hohe Festigkeit auch bei sehr hohen Temperaturen (siehe auch Abbildungen 2.9 und 8.30).

11.8 Keramik: Struktur, Eigenschaften und Anwendungen

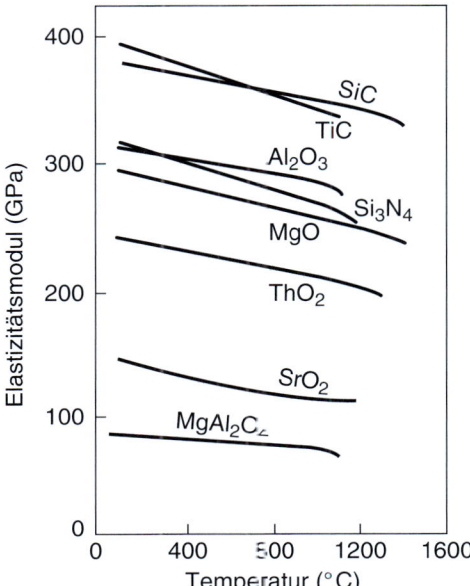

Abbildung 11.24: Einfluss der Temperatur auf den Elastizitätsmodul einiger Keramiken (siehe auch Abbildung 2.9). Nach D.W. Richerson.

Aufgrund ihrer Festigkeit und Inertheit werden Keramiken auch als **Biowerkstoffe** für den Ersatz von Gelenken, als Prothesen und für Zahnbehandlungen eingesetzt. Zu den gebräuchlichen *Biokeramiken* gehören Aluminiumoxid, Siliziumnitrid und verschiedene Verbindungen mit Siliziumdioxid. Es lassen sich auch poröse Keramiken herstellen, sodass der Knochen in die poröse Oberfläche wachsen und eine feste mechanische Bindung entwickeln kann.

Beispiel 11.7 Einfluss der Porosität auf Werkstoffeigenschaften

Für eine vollständig dichte Keramik seien die Werte $R_{m,0} = 100\,\text{MPa}$, $E_0 = 400\,\text{GPa}$ und $k_0 = 0{,}5\,\text{W/mK}$ gegeben. Welche Werte haben diese Eigenschaften bei 10 % Porosität? Nehmen Sie $n = 5$ an.

Lösung: Mithilfe der Gleichungen (11.5), (11.6) und (11.8) erhält man:

$$R_{m,0} = 100\mathrm{e}^{-5 \times 0{,}1} = 61\,\text{MPa}$$
$$E = 400(1 - 1{,}9 \times 0{,}1 + 0{,}9 \times 0{,}1^2) = 328\,\text{GPa}$$

und

$$k = 0{,}5(1 - 0{,}1) = 0{,}45\,\text{W/mK}\,.$$

| Beispiel 11.8 | **Keramische Kugel- und Rollenlager** |

Keramische Kugel- und Rollenlager aus Siliziumnitrid werden verwendet, wenn hohe Temperaturen, hohe Geschwindigkeiten oder Bedingungen mit äußerst geringer Schmierung auftreten. Es ist möglich, das gesamte Lager oder lediglich die Kugeln bzw. Rollen aus Keramik zu fertigen. Bei der zweiten Variante spricht man von Hybridlagern (▶ Abbildung 11.25). Eingesetzt werden keramische und Hybridlager zum Beispiel in Spindeln von Hochleistungswerkzeugmaschinen (siehe Abschnitt 8.13), Falzköpfen für Metallbehälter, Hochgeschwindigkeits-Strömungsmessern und in den Pumpen für flüssigen Sauerstoff und Wasserstoff des Space-Shuttle-Haupttriebwerks.

a b

Abbildung 11.25: Auswahl an keramischen Kugel- und Wälzlagern.

Keramikkugeln sind sehr verschleißfest, weisen eine hohe Bruchzähigkeit auf, laufen gut mit geringer oder ganz ohne Schmierung und haben eine geringe Dichte. Der thermische Ausdehnungskoeffizient der Kugeln ist nur ein Viertel so groß wie der von Stahl. Die Keramikkugeln ertragen Temperaturen bis zu 1400 °C, haben eine Durchmessertoleranz von 0,13 µm und eine Oberflächenrauheit von 0,02 µm. Der pulvermetallurgisch aus Titan und Karbonitrid hergestellte volldichte Titankarbonitrid- (TiCN) oder Siliziumnitrid-Lagerwerkstoff (Si_3N_4) kann doppelt so hart wie chromlegierter Stahl und um 40 % leichter als dieser sein. Es lassen sich Bauteile mit einem Durchmesser von bis zu 300 mm produzieren.

11.9 Formen von Keramik

Für das Formen von Keramik zu nützlichen Produkten stehen verschiedene Verfahren zur Verfügung (Tabelle 11.8). Im Allgemeinen sind folgende Schritte auszuführen: (a) Zerbrechen oder Mahlen der Rohstoffe zu sehr feinen Teilchen, (b) Mischen der Teilchen mit Additiven, um die gewünschten Eigenschaften zu realisieren, und (c) Formen, Trocknen und Brennen des Materials. Das *Zerkleinern* (auch *Mahlen*) des Rohmaterials erfolgt normalerweise in einer Kugelmühle (▶ Abbildung 11.26b), und zwar entweder trocken oder nass. *Nassvermahlung* ist effektiver, da die Partikel zusammenbleiben und eine Aufwirbelung von feinen Partikeln in der Luft verhindert wird. Die gemahlenen Teilchen werden dann mit *Additiven* gemischt, die eine oder mehrere der folgenden Funktionen haben:

Tabelle 11.8: Allgemeine Charakteristika der Herstellverfahrn für Keramiken

Verfahren	Vorteile	Grenzen
Schlickerguss	Große Teile; komplizierte Formen; niedrige Anlagenkosten	Niedrige Produktionsgeschwindigkeit; begrenzte Formgenauigkeit
Extrusion	Hohle Formen und kleine Durchmesser; hohe Produktionsgeschwindigkeit	Nur Teile mit konstantem Querschnitt; begrenzte Wandstärken
Trockenpressen	Hohe Maßgenauigkeit; hohe Produktionsgeschwindigkeit und Automatisierbarkeit	Dichtevariation in Teilen mit hohen Länge-zu-Durchmesser-Verhältnissen; Werkzeuge müssen sehr verschleißbeständig sein; Anlagen können teuer sein
Nasspressen	Komplizierte Formen; hohe Produktionsgeschwindigkeit	Begrenzte Teilegrößen und Maßgenauigkeit; Werkzeugkosten können hoch sein
Heißpressen	Feste und sehr dichte Teile	Schutzatmosphäre notwendig; eventuell geringe Werkzeugstandzeit
Isostatisches Pressen	Gleichförmige Dichteverteilung	Ausrüstung kann teuer sein
Töpfern	Hohe Produktionsgeschwindigkeit und Automatisierbarkeit; niedrige Werkzeugkosten	Nur axialsymmetrische Teile möglich; begrenzte Maßgenauigkeit
Spritzguss	Komplizierte Formen; hohe Produktionsgeschwindigkeit	Werkzeugkosten können hoch sein

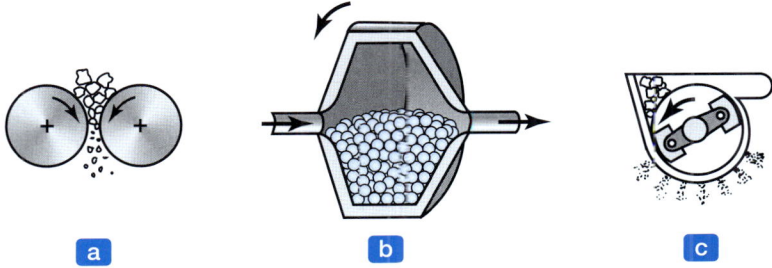

Abbildung 11.26: Herstellung keramischer Pulver: (a) Zerbrechen zwischen Walzen, (b) Kugelmahlen, (c) Hammermahlen.

1. **Binder** für die keramischen Partikel;
2. **Schmierstoff** für das Entfernen aus der Form und zur Verringerung der Reibung zwischen den Partikeln während der Formgebung;
3. **Netzmittel**, um das Vermischen zu verbessern;
4. **Weichmacher**, um die Mischung plastischer und formbarer zu machen;
5. **Verflüssigungsmittel**, um eine einheitliche Keramik-Wasser-Suspension zu erhalten. Typische Verflüssigungsmittel sind Na_2CO_3 und Na_2SiO_3 in Mengen von weniger als 1 %. Diese Stoffe verändern die elektrischen Ladungen der Tonteilchen, sodass sie sich abstoßen statt einander anzuziehen. Durch Zugabe von Wasser wird die Mischung gießfähiger und weniger zäh.
6. Verschiedene Agenzien, um **Schäumen** und **Sintern** zu steuern.

Die folgenden Abschnitte beschreiben die drei grundlegenden Verfahren zum Formen von Keramiken: Gießen, plastisches Formen und Pressen.

11.9.1 Gießen

Das gebräuchlichste Gussverfahren ist **Schlickerguss** bzw. *Ablaufgießen* (▶ Abbildung 11.27). Ein *Schlicker* ist eine Suspension von Keramikteilchen in einer Flüssigkeit – im Allgemeinen Wasser. In diesem Prozess wird der Schlicker in eine poröse Form aus Gips gegossen. Genau wie bei Metallen muss der Schlicker genügend Fluidität und geringe Viskosität besitzen, damit er leicht in die Form fließt. Nachdem die Form einen Teil des Wassers aus den äußeren Schichten der Suspension absorbiert hat, wird sie gekippt und die verbleibende Suspension ausgegossen (zur Herstellung von hohlen Objekten wie beim Kippguss, der in Abbildung 5.12 dargestellt ist). Anschließend wird das Teil oben abgeschnitten, die Form geöffnet und das Teil entfernt.

Durch Schlickerguss lassen sich große und komplizierte Teile herstellen. Beispiele dafür sind Sanitärartikel, Kunstobjekte und Essgeschirr. Dem Nachteil beschränkter Maßkontrolle und geringer Produktionsrate stehen niedrige Formen- und Anlagenkosten gegenüber. In manchen Anwendungen werden Einzelteile des Produkts (beispielsweise Henkel für Tassen und Kannen) separat gefertigt und dann mithilfe des Schlickers als Klebstoff verbunden. Formen für Schlickerguss können aus mehreren Komponenten bestehen.

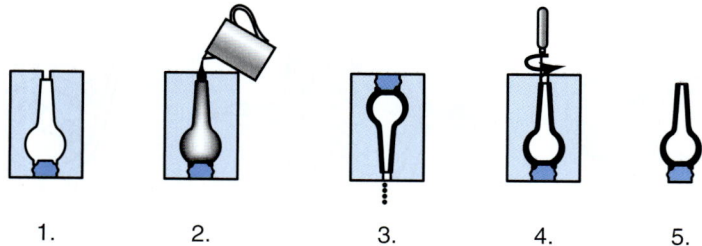

Abbildung 11.27: Verfahrensschritte beim Schlickerguss. Nach dem Abguss des Schlickers wird das Teil getrocknet und gebrannt, um seine Festigkeit und Härte zu erhöhen. Im Teilschritt 4. wird das Teil beschnitten. Nach F.H. Norton.

Für feste Keramikteile wird der Schlicker kontinuierlich in die Form eingefüllt, um das absorbierte Wasser zu ergänzen, da das Teil sonst schrumpfen würde. In dieser Phase lässt sich das Teil als weich bis fest oder halbstarr beschreiben. Je höher die Konzentration von festen Anteilen im Schlicker ist, desto weniger Wasser muss entfernt werden. Das – wie in der Pulvermetallurgie – als *Grünling* bezeichnete Teil wird dann gebrannt.

Die Keramikteile können im noch grünen Zustand bearbeitet werden, um bestimmte Eigenschaften oder Anforderungen an die Maßhaltigkeit der Teile zu realisieren. Allerdings werden die Grünlinge aufgrund ihrer Empfindlichkeit normalerweise manuell oder mit einfachen Werkzeugen bearbeitet. Zum Beispiel kann man den Grat (ähnlich dem Grat beim Schmieden; siehe Abbildung 6.14c) beim Schlickerguss mit einer feinen Drahtbürste vorsichtig entfernen oder auch Löcher bohren. Filigranarbeiten wie zum Beispiel Gewindeschneiden werden in der Regel nicht auf Grünlingen ausgeführt, da das Ergebnis aufgrund von Verwerfungen durch das Brennen nicht zufriedenstellend ist.

Dünne Keramiktafeln von weniger als 1,5 mm Dicke können mit einer als **Abstreifmessertechnik** bezeichneten Gießtechnik gegossen werden. Wie ▶ Abbildung 11.28 zeigt, wird der Schlicker auf ein sich bewegendes Kunststoffband gegossen und seine Dicke mit einer Klinge eingestellt. Weiterhin ist es möglich, den Schlicker zwischen Walzenpaaren zu *walzen* und den Schlicker auf ein Papierband zu gießen, das dann beim Brennen verbrannt wird.

11.9.2 Plastisches Formen

Plastisches Formen (auch *Soft-*, *Nass-* oder *hydroplastisches Formen* genannt) lässt sich mit verschiedenen Verfahren realisieren, beispielsweise durch Strangpressen, Spritzgießen oder Formen und Drehen (wie auf einer Töpferscheibe). Analog zum Metallformen neigt plastisches Formen dazu, die Struktur des Tons in Materialflussrichtung zu orientieren. Dadurch zeigt das Material anisotropes Verhalten sowohl bei nachfolgender Verarbeitung als auch in den endgültigen Eigenschaften des Keramikprodukts.

Beim **Extrudieren** (Strangpressen) wird die Tonmischung mit einem Wassergehalt von 20 bis 30 % durch eine Matrize mit einer schneckenartigen Einrichtung gepresst (wie sie zum Beispiel Abbildung 10.22 zeigt). Der Querschnitt des extrudierten Produkts ist konstant, für hohle Pressteile sind aber Einschränkungen hinsichtlich der Wanddicke zu beachten. Die Werkzeugkosten sind gering, die Produktionsraten hoch.

11.9.3 Pressen

Beim Pressen unterscheidet man folgende Methoden:

1 **Trockenpressen** ähnelt der Metallpulververdichtung und wird für relativ einfache Formen wie Essgeschirr, feuerfeste Steine und Schleifprodukte verwendet. Das Verfahren entspricht der Pulvermetallurgie auch hinsichtlich der Produktionsraten und der genauen Kontrolle der Maßtoleranzen. Der Feuchtigkeitsgehalt der Mischung liegt in der Regel unter 4 %, kann aber auch 12 % erreichen. Nor-

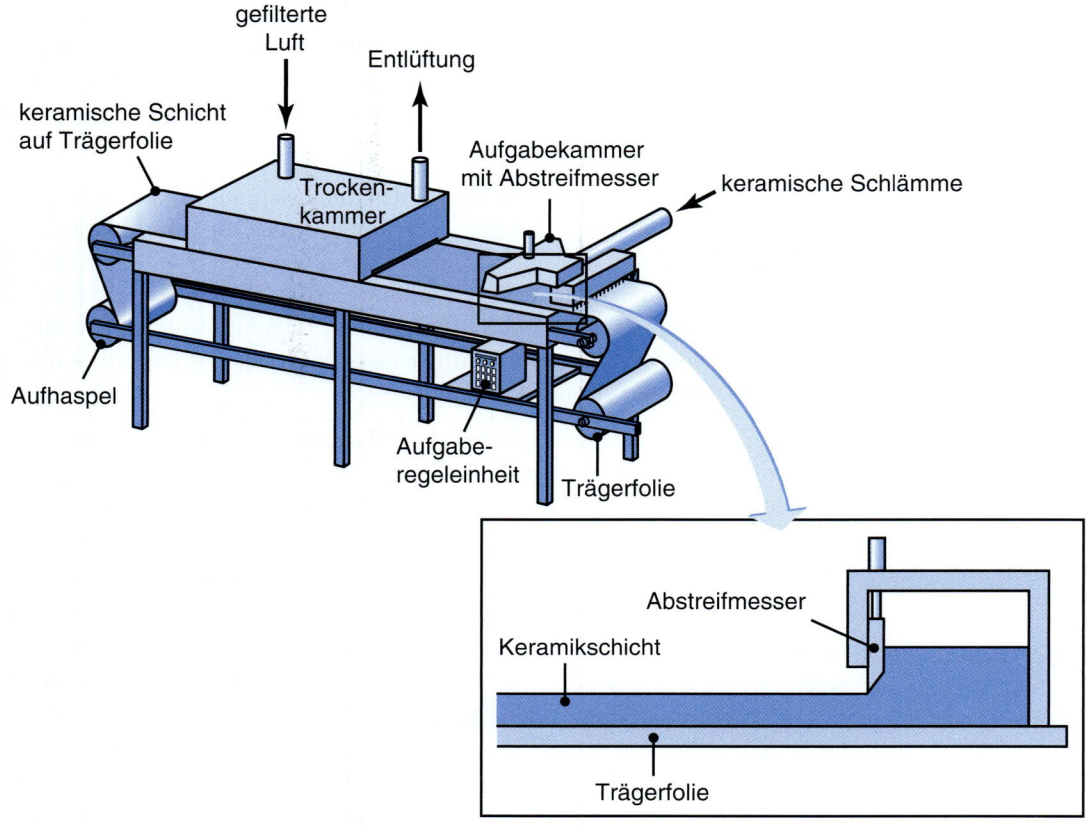

Abbildung 11.28: Herstellung von flachen keramischen Teilen mit einem Abstreifmesser.

malerweise werden der Mischung organische und anorganische Binder wie zum Beispiel Stearinsäure, Wachs, Stärke und Polyvinylalkohol zugesetzt. Die Bindemittel wirken zudem als Schmierstoffe. Der Pressdruck liegt zwischen 35 und 200 MPa. Moderne Pressen für das Trockenpressen sind größtenteils automatisiert. Die Gesenke werden üblicherweise aus Karbiden oder gehärtetem Stahl hergestellt und müssen eine hohe Verschleißbeständigkeit aufweisen, um den abrasiven Keramikteilchen zu widerstehen. Die Kosten für derartige Gesenke sind entsprechend hoch.

Die Dichte von trockengepressten Keramikteilen kann beträchtlich variieren (▶ Abbildung 11.29). Das ist wie bei der Pulvermetallurgie (siehe Abbildung 11.7) auf die Reibung zwischen den Teilchen und an den Formenwänden zurückzuführen. Die Dichtevariationen lassen sich mit verschiedenen Methoden minimieren. Speziell für Brennelemente von Kernreaktoren sind Vibrationspressen und Schlagpressen gebräuchlich. Isostatisches Pressen verringert ebenfalls Dichteabweichungen. Durch unterschiedliche Dichten kann es beim Brennen zu Verwerfungen kommen, insbesondere bei Teilen mit hohen Verhältnissen von Länge zu Durchmesser. Deshalb sollte dieses Verhältnis nicht größer als 2 : 1 sein.

2. Beim **Nasspressen** wird das Teil in einer Form unter hohem Druck in einer hydraulischen oder mechanischen Presse geformt. Dieses Verfahren wird in der Regel für komplizierte Formen eingesetzt. Der Feuchtigkeitsgehalt des Teils liegt normalerweise zwischen 10 und 15 %. Die Produktionsraten sind zwar hoch, doch ist die Größe der Teile begrenzt. Eine genaue Maßkontrolle ist aufgrund der Schrumpfung beim Trocknen schwierig. Zudem ist mit erheblichen Werkzeugkosten zu rechnen.

3. **Isostatisches Pressen:** Das in der Pulvermetallurgie ausgiebig genutzte *isostatische Pressen* ist auch für Keramiken gebräuchlich, um eine einheitliche Dichte im gesamten Teil zu erhalten. Mit diesem Verfahren werden zum Beispiel (a) Isolatoren für Zündkerzen aus Porzellan und (b) Leitschaufeln aus Siliziumnitrid für Hochtemperaturanwendungen hergestellt.

4. **Töpfern:** Zur Herstellung axialsymmetrischer Teile wie zum Beispiel Keramikteller kombiniert man mehrere Verfahren. Zuerst werden Lehmklumpen extrudiert, dann über einer Gipsform zu einer Schablone geformt und schließlich in einer rotierenden Form getöpfert (▶ Abbildung 11.30). Durch *Töpfern* erhält ein Lehmklumpen seine Form mithilfe von Schablonen oder Walzen. Das Teil wird dann getrocknet und gebrannt. Die Maßhaltigkeit des Verfahrens ist begrenzt.

5. **Spritzgießen:** Die Abschnitte 10.10.2 und 11.3.4 haben bereits die Vorteile des *Spritzgießens* von Kunststoffen und Metallpulvern erläutert. *Keramikpulverspritzgießen* (*ceramic injection molding*, CIM) wird heute ausgiebig zum *Präzisionsformen* von Keramiken für Hochtechnologieanwendungen eingesetzt, unter anderem in Raketenmotoren, piezoelektrischen Scannern und medizinischen Geräten (z. B. in Ultraschallskalpellen). Das Rohmaterial wird mit einem Binder gemischt, beispielsweise einem thermoplastischen Polymer (Polypropylen, Polyethylen niedriger Dichte, Ethylenvinylazetat oder Wachs). Der Binder wird in der Regel durch Pyrolyse entfernt und das Teil durch

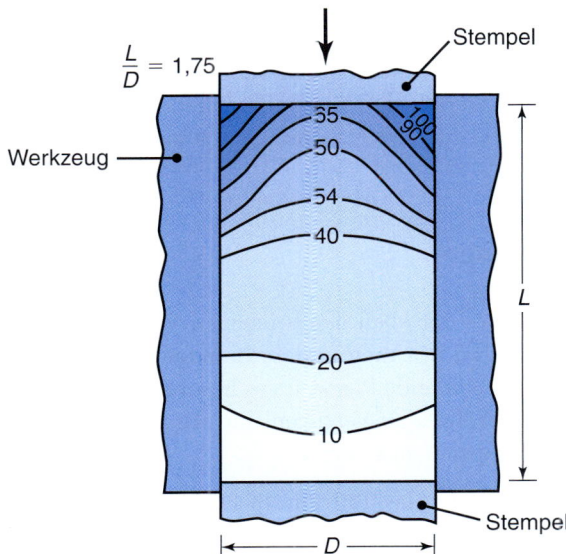

Abbildung 11.29: Dichteverteilung in einem gepressten Grünling (einfach wirkende Presse). Die Variation der Dichte nimmt mit steigendem L/D-Verhältnis zu (siehe auch Abbildung 11.7e). Nach W.D. Kingery.

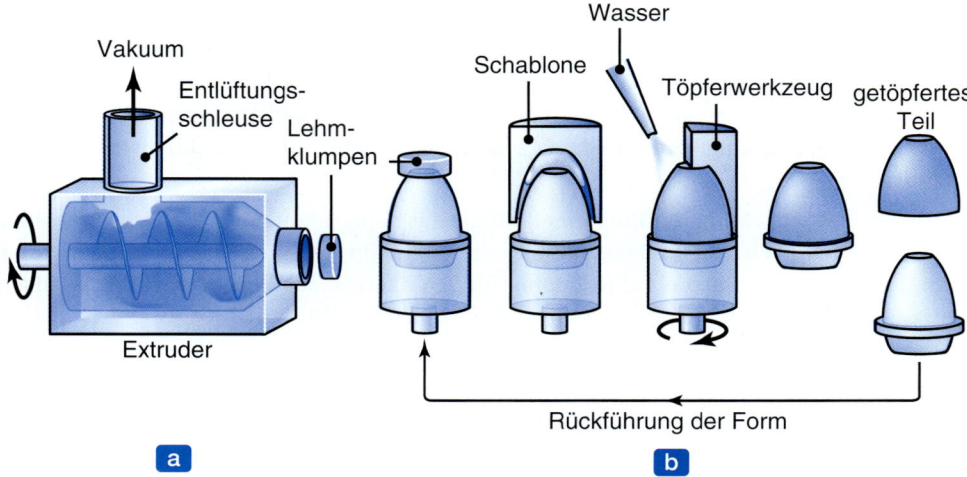

Abbildung 11.30: (a) Extrudieren und (b) Töpfern beim Formen von Keramiken. Nach R.F. Stoops.

Brennen gesintert. Spritzgießen ist geeignet, um dünne Querschnitte von typischerweise weniger als 10 bis 15 mm aus den meisten technischen Keramiken wie Aluminiumoxid, Zirkondioxid, Siliziumnitrid und Siliziumkarbid herzustellen. Dickere Querschnitte setzen eine sorgfältige Kontrolle des verwendeten Werkstoffs und der Prozessparameter voraus, um innere Hohlräume und Risse zu vermeiden, wie sie beispielsweise durch Schrumpfung auftreten können.

6 **Heißpressen:** Bei diesem auch als *Drucksintern* bezeichneten Verfahren werden Druck und Temperatur gleichzeitig angewendet. Dadurch verringert sich die Porosität und das Teil wird dichter und fester. Für diesen Prozess kommt auch *heißisostatisches Pressen* infrage (siehe Abschnitt 11.3.3), um die Qualität der Hochleistungskeramiken zu verbessern. Da sowohl Druck als auch Temperatur wirken, ist die Standzeit der Werkzeuge beim Heißpressen in der Regel geringer als bei anderen Verfahren. Es ist üblich, mit Schutzgasatmosphären zu arbeiten und Graphit als Werkstoff für Stempel und Gesenk zu verwenden.

11.9.4 Trocknen und Brennen

Nachdem die Keramik durch eines der oben beschriebenen Verfahren geformt worden ist, geht es im nächsten Schritt darum, das Teil zu trocknen und zu brennen, um ihm die gewünschte Festigkeit zu verleihen. **Trocknen** ist eine entscheidende Phase, da es besonders bei komplexen Formen durch Variationen im Feuchtigkeitsgehalt des Teils zu Verzügen und Rissen kommen kann. Somit ist es wichtig, Luftfeuchtigkeit und Temperatur genau zu steuern.

Durch Feuchtigkeitsverlust schwindet das Teil um 15 bis 20 % gegenüber der ursprünglichen Größe im feuchten Zustand (▶ Abbildung 11.31). In einer feuchten Umgebung ist die Verdunstungsrate klein und folglich der Feuchtigkeitsgradient über der Dicke des Teils geringer als in einer trockenen Umgebung. Der niedrige Feuchtigkeitsgradient verhindert wiederum während der Trocknung eine große und

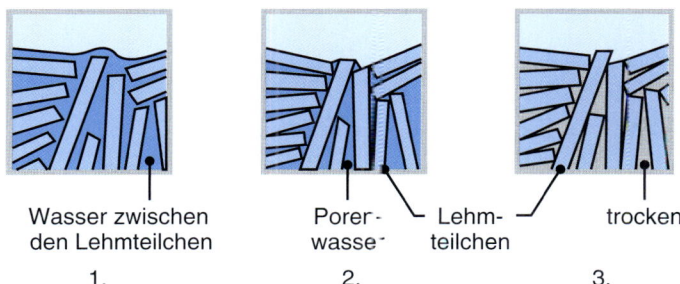

Wasser zwischen den Lehmteilchen 1.   Porenwasser — Lehmteilchen 2.   trocken 3.

Abbildung 11.31: Volumenschwindung von nassem Ton, hervorgerufen durch Wasserabgabe beim Trocknen. Die Schwindung kann bis zu 20 % betragen. Nach F.H. Norton.

ungleichmäßige Schwindung von der Oberfläche zum Inneren. Das getrocknete Teil (der sogenannte Grünling) lässt sich in dieser Phase relativ leicht bearbeiten, um es näher an seine endgültige Form heranzubringen, auch wenn große Sorgfalt im Umgang mit dem Teil geboten ist.

Ähnlich wie beim Sintern in der Pulvermetallurgie wird das Teil beim *Brennen* (auch *Sintern* genannt) in einer kontrollierten Umgebung auf eine erhöhte Temperatur gebracht, wobei eine bestimmte Schwindung stattfindet. Brennen verleiht dem Keramikteil Festigkeit und Härte. Die Verbesserung der Eigenschaften ergibt sich aus (1) der Entwicklung einer starken Bindung zwischen den komplexen Oxidteilchen in der Keramik und (2) verringerter Porosität. Eine neuere Technologie, die zwar noch nicht kommerziell genutzt wird, arbeitet mit **Mikrowellensintern** von Keramiken in Öfen bei mehr als 2 GHz.

Beispiel 11.9 **Änderung der Abmessungen beim Formen keramischer Teile**

Es ist ein massives zylindrisches Keramikteil mit einer endgültigen Länge von $L = 20\,\text{mm}$ herzustellen. Für dieses Material wurde eine lineare Schwindung beim Trocknen und Brennen mit 7 % bzw. 6 % bezogen auf die Länge L_d im getrockneten Zustand ermittelt. Berechnen Sie (a) die Ausgangslänge L_0 des Teils und (b) die Porosität P_d im getrockneten Zustand, wenn die Porosität P_f des gebrannten Teils 3 % beträgt.

Lösung: (a) Mit den gegebenen Informationen und ausgehend von der Tatsache, dass Trocknen vor dem Brennen erfolgt, lässt sich schreiben

$$\frac{L_d - L}{L_d} = 0{,}06$$

oder

$$L = (1 - 0{,}06)\,L_d\,.$$

Folglich ist
$$L_d = \frac{20}{0{,}94} = 21{,}28\,\text{mm}$$

und
$$L_0 = (1 + 0{,}07)\,L_d = 1{,}07 \times 21{,}28 = 22{,}77\,\text{mm}\;.$$

(b) Da die endgültige Porosität 3 % ausmacht, ergibt sich das tatsächliche Volumen V_a des Keramikwerkstoffs zu
$$V_a = (1 - 0{,}03)\,V_f = 0{,}97\,V_f\,,$$

wobei V_f das Volumen des gebrannten Teils ist. Mit einer linearen Schwindung beim Brennen von 6 % berechnet sich das Volumen V_d des getrockneten Teils zu
$$V_d = \frac{V_f}{(1 - 0{,}06)^3} = 1{,}2\,V_f\,.$$

Somit ist
$$\frac{V_a}{V_d} = \frac{0{,}97}{1{,}2} = 0{,}81 \doteq 81\,\%\;.$$

Demzufolge beträgt die Porosität P_d des getrockneten Teils 19 %.

Nanophasen-Keramiken (siehe die Abschnitte 11.8.1 und 13.18) lassen sich bei geringeren Temperaturen als herkömmliche Keramiken sintern. Außerdem können diese Keramiken leichter hergestellt und bei Raumtemperatur zu hohen Dichten verfestigt, bis zur theoretischen Dichte heißgepresst und ohne Binder oder Sinterhilfsmittel einbaufertig geformt werden.

11.9.5 Endbearbeitung

Nach dem Brennen können zusätzliche Schritte ausgeführt werden, um dem Teil die endgültige Form zu geben, Oberflächenfehler zu beseitigen sowie Oberflächengüte und Maßhaltigkeit zu verbessern. Hierzu gehören (a) Schleifen, (b) Läppen, (c) Ultraschallbearbeitung, (d) Funkenerodieren, (e) Laserstrahlbearbeitung, (f) Abrasivwasserstrahlbearbeitung und (g) Trommeln, um scharfe Kanten und Schleifmarken zu entfernen. Die Auswahl des Verfahrens ist wichtig angesichts der spröden Natur der meisten Keramiken und der zusätzlichen Kosten, die mit diesen Prozessen verbunden sind. Außerdem sind die Auswirkungen der Endbearbeitungen auf die Eigenschaften des Produkts zu berücksichtigen. Durch die Kerbempfindlichkeit von Keramiken ist die Festigkeit eines Teils umso höher, je feiner die Oberflächengüte ist. Um Aussehen und Festigkeit von Keramikprodukten zu verbessern und um sie undurchlässig zu machen, werden sie oftmals mit einem glasartigen Material beschichtet (siehe auch Abschnitt 4.5.1), das nach dem Brennen eine Glasur bildet.

11.10 Glas: Struktur, Eigenschaften und Anwendungen

Glas ist ein *amorpher Festkörper* mit der Struktur einer Flüssigkeit. Anders ausgedrückt ist er unterkühlt worden (d. h. mit einer zu hohen Geschwindigkeit, bei der sich keine Kristalle mehr bilden können). Allgemein wird Glas als anorganisches Schmelzprodukt definiert, das erstarrt ohne zu kristallisieren. Glas besitzt keinen klaren Schmelz- oder Erstarrungspunkt. Das Verhalten ähnelt somit dem von amorphen Polymeren (siehe Abschnitt 10.2.2). Schätzungsweise gibt es heute etwa 750 unterschiedliche Arten kommerziell hergestellter Gläser. Die Verwendung von Glas reicht von Fensterglas, Flaschen und Kochgeschirr bis zu Gläsern mit speziellen mechanischen, elektrischen, Hochtemperatur-, chemischen, korrosiven und optischen Eigenschaften. Spezialgläser werden für Kommunikationszwecke in *Faseroptiken* eingesetzt, wobei kaum Verluste der Signalleistung auftreten, und in **Glasfasern** mit sehr hoher Festigkeit für verstärkte Kunststoffe (Abschnitt 10.9.2).

Alle Gläser enthalten wenigstens 50 % Siliziumdioxid (als **Glasbildner** oder **Netzwerkbildner** bezeichnet). Die Zusammensetzungen und Eigenschaften von Gläsern lassen sich mit Ausnahme der Festigkeit in weiten Bereichen durch Zusätze von Oxiden der Elemente Aluminium, Natrium, Kalzium, Barium, Bor, Magnesium, Titan, Lithium, Blei und Kalium modifizieren. Je nach ihrer Funktion spricht man bei diesen Oxiden von **Netzwerkwandlern**. Im Allgemeinen sind Gläser gegen chemische Angriffe resistent und werden auch nach ihrer Korrosionsbeständigkeit gegen Säuren, Basen oder Wasser eingeteilt.

Tabelle 11.9: Qualitative Eigenschaften verschiedener Gläser

	Kalknatronglas	Bleialkaliglas	Borsilikatglas	Synthetisches Quarzglas	96%-Quarzglas
Dichte	+ +	+ + +	±	− −	− − −
Festigkeit	− −	− −	±	+ +	+ + +
Thermoschockbeständigkeit	− −	− −	+	+ +	+ + +
Elektrischer Widerstand	±	+ + +	+	+	+
Warmumformbarkeit	− −	+ + +	±	− −	− − −
Wärmebehandelbarkeit	+	+	− −	nein	nein
Chemische Beständigkeit	− −	±	+	+ +	+ + +
Stoßabrasionswiderstand	±	− −	+	+	+ + +
UV-Durchlässigkeit	− −	− −	±	+	+
Relative Kosten	− − −	− −	±	+ +	+ + +

Bewertung: am schlechtesten/niedrigsten (− − −), am besten/höchsten (+ + +).

11.10.1 Glasarten

Nahezu alle kommerziellen Gläser werden nach ihrer Art gemäß Tabelle 11.9 klassifiziert:

1. **Kalknatronglas** (die gebräuchlichste Art)
2. **Bleialkaliglas**
3. **Borsilikatglas**
4. **Aluminiumsilikatglas**
5. **96 %-Quarzglas**
6. **Synthetisches Quarzglas**

Außerdem lassen sich Gläser nach ihren Eigenschaften klassifizieren als farbig, trübe (weiß und durchscheinend), vielgestaltig (Vielfalt der Formen), optisch, fotochromatisch (dunkelt bei Lichteinfall ab, wie in manchen Sonnenbrillen), lichtempfindlich (wechselt von klar zu opak), faserig (in langen Fasern gezogen, wie bei Glasfasern) und Schaumglas (enthält Luftblasen und ist demzufolge ein guter thermischer Isolator). Gläser werden auch als **hart** oder **weich** bezeichnet, in der Regel im Sinne einer thermischen statt einer mechanischen Eigenschaft (wie Härte). Somit erweicht ein weiches Glas bei einer niedrigeren Temperatur als ein hartes Glas. Kalknatron- und Bleialkaligläser gelten als weich, die übrigen Arten als hart.

11.10.2 Mechanische Eigenschaften

In der Praxis lässt sich das Verhalten von Glas wie das der meisten Keramiken als linear elastisch und spröde ansehen. Der **Elastizitätsmodul** liegt für die meisten Gläser zwischen 55 und 90 GPa, die Poissonzahl im Bereich von 0,16 bis 0,28. Die **Härte von Gläsern** als Maß für die Kratzfestigkeit reicht von 5 bis 7 auf der Mohs-Skala (Abschnitt 2.6.6), was einer Knoophärte von ungefähr 350 bis 500 entspricht.

In massiver Form hat Glas eine **Festigkeit** von weniger als 140 MPa. Die relativ geringe Festigkeit von massivem Glas ist kleinen Fehlern und Mikrorissen in der Glasoberfläche zuzuschreiben, die teilweise oder gänzlich beim normalen Umgang mit dem Glas durch versehentliches Abschleifen entstehen können. Diese Defekte verringern die Festigkeit von Glas um zwei oder drei Größenordnungen gegenüber der idealen (defektfreien) Festigkeit (siehe auch Abschnitt 3.3.2). Wie Abschnitt 11.11.2 erläutert, lassen sich Festigkeit und Zähigkeit von Glas durch thermische oder chemische Behandlungen erhöhen.

Theoretisch kann die Festigkeit von Glas 35 GPa erreichen. Wird geschmolzenes Glas direkt zu Fasern (*Fiberglas*) gezogen, liegt seine Zugfestigkeit zwischen 0,2 und 7 GPa mit einem Durchschnittswert von 2 GPa. Glasfasern sind demnach oft fester als Stahl und werden zur Verstärkung von Kunststoffen in Anwendungen wie Bootsrümpfen, Automobilkarosserien, Möbeln und Sportausrüstungen verwendet. Die Festigkeit von Glas wird im Allgemeinen durch Biegeversuche ermittelt (siehe auch Abschnitt 2.5). Die Oberfläche von Glas wird zunächst gründlich geschliffen (aufgeraut), um sicherzustellen, dass der Test einen zuverlässigen Festigkeitswert für den realen Einsatz unter ungünstigen Bedingungen liefert. Das Phänomen der **statischen Ermüdung** bei Keramik (siehe Abschnitt 11.8.2) ist auch bei Glas zu beobachten. Dabei gilt folgende Faustregel: Muss ein Glasgegenstand (beispielsweise ein Glasregal) eine bestimmte Last für 1000 Stunden oder länger ertragen, beträgt die maximale Spannung, die sich darauf anwenden lässt, ungefähr ein Drittel der maximalen Spannung, die derselbe Gegenstand während der ersten Sekunde der Belastung ertragen kann.

11.10.3 Physikalische Eigenschaften

Glas hat eine geringe Wärmeleitfähigkeit und eine hohe elektrische Durchschlagsfestigkeit. Der Wärmeausdehnungskoeffizient ist geringer als bei Metallen und Kunststoffen (siehe Tabelle 3.3) und kann sogar gegen null gehen. Zum Beispiel haben sowohl Titansilikatglas – ein klares, synthetisches Glas mit hohem Siliziumgehalt – als auch Quarzglas – ein klares synthetisches amorphes Siliziumdioxid sehr hoher Reinheit – einen Ausdehnungskoeffizienten nahe null (siehe Abbildung 11.22). Die optischen Eigenschaften von Gläsern wie zum Beispiel Reflexion, Absorption, Durchlassvermögen und Refraktion lassen sich modifizieren, indem man ihre Zusammensetzung und Behandlung variiert.

11.10.4 Glaskeramik

Glaskeramik (z. B. *Pyroceram*, ein Handelsname) enthält große Anteile verschiedener Oxide. Folglich ergeben sich die Eigenschaften als Kombination der Eigenschaften für Glas und Keramik. Glaskeramiken haben einen hohen kristallinen Anteil in ihrer Mikrostruktur und die meisten sind fester als Glas. Die erstmals 1957 entwickelten Glaskeramiken werden zuerst geformt und dann einer Wärmebehandlung unterzogen, um die **Entglasung** (Rekristallisation) des Glases zu veranlassen. Während die meisten Gläser klar sind, zeigen Glaskeramiken eine weiße oder graue Färbung.

Die Härte von Glaskeramik reicht ungefähr von 520 bis 650 HK. Da ihr Wärmeausdehnungskoeffizient nahe bei null liegt, haben sie eine gute **Thermoschockbeständigkeit**. Außerdem ist ihre Festigkeit hoch, da die Porosität fehlt, wie sie normalerweise in herkömmlicher Keramik zu finden ist. Um die Eigenschaften von Glaskeramik zu verbessern, kann man ihre Zusammensetzung modifizieren und Verfahren der Wärmebehandlung anwenden. Glaskeramik eignet sich beispielsweise für Kochgeschirr, Wärmetauscher in Gasturbinen, Radome (Verkleidungen für Radarantennen) sowie elektrische und elektronische Anwendungen.

11.11 Formen von Glas

Sämtliche Glasformungsverfahren beginnen mit geschmolzenem Glas, das wie roter Sirup aussieht und von einem Schmelzofen oder Tank bereitgestellt wird. Glasprodukte lassen sich allgemein wie folgt einteilen:

- **Flache Platten** oder **Scheiben** mit einer Dicke im Bereich von 0,8 bis 10 mm wie zum Beispiel Fensterglas, Glastüren und Tischplatten;
- **Stangen und Rohre** für Chemikalien, Laborgläser, Leuchtstofflampen und Dekorationselemente;

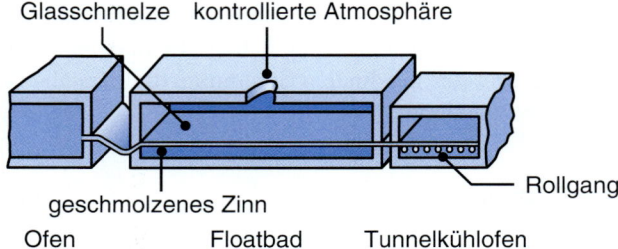

Abbildung 11.32: Das Floatverfahren zur Herstellung von Flachglas. Nach Corning Glass Works.

- **Diskrete Produkte** wie Flaschen, Vasen, Scheinwerfer und Fernsehbildröhren;
- **Glasfasern** zur Verstärkung von Verbundwerkstoffen und als Lichtleiter für Faseroptik.

Flachglas wurde traditionell durch *Ziehen* oder *Walzen* aus dem geschmolzenen Zustand hergestellt. Inzwischen hat sich das *Floatverfahren* allgemein durchgesetzt. Alle diese Verfahren arbeiten kontinuierlich. Beim **Ziehen** durchläuft das geschmolzene Glas ein Rollenpaar. Das erstarrende Glas wird zwischen den Walzen gepresst, sodass eine Platte entsteht, die sich dann über einem Satz kleinerer Walzen nach vorn bewegt. Beim **Walzen** wird das Glas zwischen Walzen zu einer Scheibe gepresst. Es ist auch möglich, in die Oberfläche des Glases ein Muster zu prägen, indem die Walzenoberflächen entsprechend konturiert werden. Die nach diesen beiden Verfahren hergestellten Glasscheiben haben gewöhnlich eine raue Oberfläche. Deshalb ist es zum Beispiel für die Herstellung von Glasscheiben erforderlich, beide Oberflächen parallel zu schleifen und zu polieren, um ein glattes Aussehen zu erzielen.

Bei dem in den 1950er Jahren entwickelten **Floatverfahren** (▶ Abbildung 11.32) wird geschmolzenes Glas aus dem Ofen in ein Bad aus geschmolzenem Zinn unter einer kontrollierten Atmosphäre eingespeist. Das Glas schwimmt auf dem Zinnbad, gelangt dann über Walzen in eine andere Kammer (*Tunnelkühlofen*) und erstarrt. Floatglas besitzt eine glatte (*feuerpolierte*) Oberfläche und benötigt keine weiteren Endbearbeitungsschritte.

Glasrohre werden nach dem in ▶ Abbildung 11.33 gezeigten Verfahren hergestellt. Geschmolzenes Glas wird um einen rotierenden kegelförmigen oder zylindrischen *Dorn* gehüllt und von einem Walzensatz herausgezogen. In den hohlen Dorn eingeblasene Luft verhindert, dass das Glasrohr zusammenfällt. Die in diesem Verfahren verwendeten Maschinen können horizontal, vertikal oder schräg nach unten gerichtet arbeiten. **Glasstäbe** werden in ähnlicher Weise hergestellt.

Kontinuierliche **Fasern** werden durch mehrere (200 bis 400) Düsen in beheizten Platinplatten bei Geschwindigkeiten bis zu 500 m/s gezogen. Mit diesem Verfahren lassen sich Fasern bis herab zu einem Durchmesser von 2 µm herstellen. Um die Oberflächen der Fasern zu schützen, werden sie mit Chemikalien wie zum Beispiel Silan beschichtet. Kurze Glasfasern, wie sie zur Wärmeisolierung (**Glaswolle**) oder zur Schalldämmung üblich sind, werden durch *Zentrifugalzerstäubung* hergestellt. Bei diesem Verfahren wird geschmolzenes Glas von einem rotierenden Kopf ausgeworfen (gesponnen). Der Durchmesser dieser Fasern liegt typischerweise zwischen 20 und 30 µm.

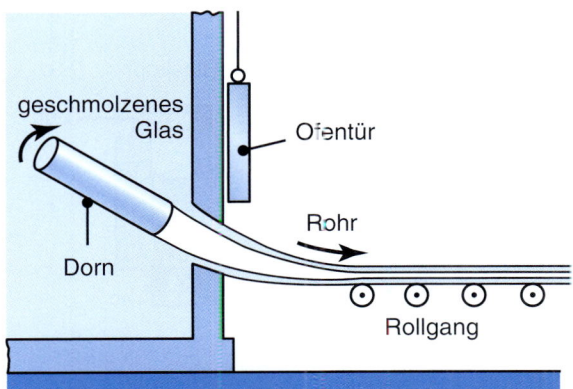

Abbildung 11.33: Herstellung von Endlosglasrohren. In den Dorn wird Luft eingeblasen, um den Kollaps des Rohrs zu verhindern. Nach Corning Glass Works.

11.11.1 Herstellung von diskreten Glasprodukten

Diskrete Glasgegenstände lassen sich nach verschiedenen Verfahren – unter anderem Blasen, Pressen, Schleuderguss und Senken – herstellen.

Durch **Blasen** können hohle, dünnwandige Glasgegenstände wie zum Beispiel Flaschen und Kolben hergestellt werden. Das Verfahren ähnelt dem Blasformen von Thermoplasten, das Abschnitt 10.10.3 beschrieben hat. ▶ Abbildung 11.34 veranschaulicht die Schritte, die bei der Herstellung einer normalen Glasflasche nach dem Blasverfahren ablaufen. Eingeblasene Luft expandiert *Klumpen* aus erwärmtem Glas gegen die Innenwände einer Form, die in der Regel mit einem Trennmittel (Öl oder einer Emulsion) benetzt ist, damit das Glasteil nicht an der Form haften bleibt. Nachdem das Teil geformt ist, werden die beiden Hälften der Form geöffnet und das Produkt entnommen. Die Oberflächengüte der nach diesem Verfahren hergestellten Produkte ist für die meisten Anwendungen akzeptabel. Obwohl es schwierig ist, die Wanddicke des Produkts zu steuern, wird das Verfahren für hohe Produktionsraten eingesetzt. Automatische Blasmaschinen sind in der Lage, Glühlampen mit einer Geschwindigkeit von 2000 Lampen pro Minute herzustellen.

Beim **Pressen** wird ein Klumpen aus geschmolzenem Glas in einer Form platziert und dann mithilfe eines geformten Stempels in die gewünschte Form gepresst. Die Form kann aus einem Stück bestehen (▶ Abbildung 11.35) oder als geteilte Form ausgeführt sein (▶ Abbildung 11.36). Nach dem Pressen nimmt das erstarrende Glas die Form des Hohlraums zwischen der Form und dem Stempel an. Aufgrund der beidseitig definierten Geometrie des Werkzeugs hat das Produkt eine höhere Maßhaltigkeit, als sie sich mit dem Blasverfahren erreichen lässt. Allerdings eignet sich Pressen nicht für dünnwandige Gegenstände oder für Teile wie Flaschen, aus denen der Stempel nicht zurückgezogen werden kann.

Schleuderguss: Der in der Glasindustrie auch als *Spinnen* bezeichnete Schleuderguss ähnelt dem für Metalle gebräuchlichen Verfahren (siehe Abschnitt 10.4). Die Zentrifugalkraft drückt das geschmolzene Glas gegen die kalte Formenwand, wo es erstarrt. Typische Produkte sind Fernsehbildröhren und Raketenspitzen.

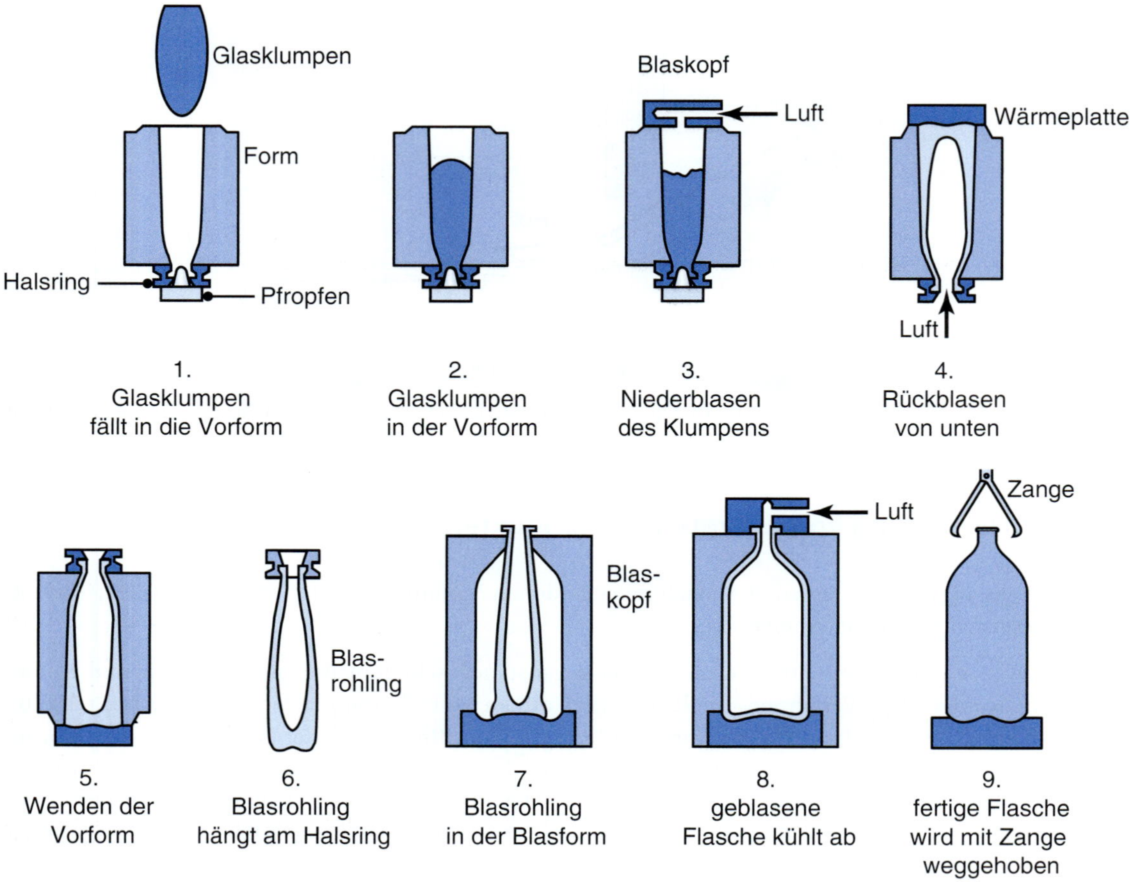

11 Eigenschaften und Verarbeitung von Metallpulvern, Keramik, Glas und Supraleitern

Abbildung 11.34: Verfahrensschritte bei der Herstellung einer Glasflasche. Nach F.H. Norton.

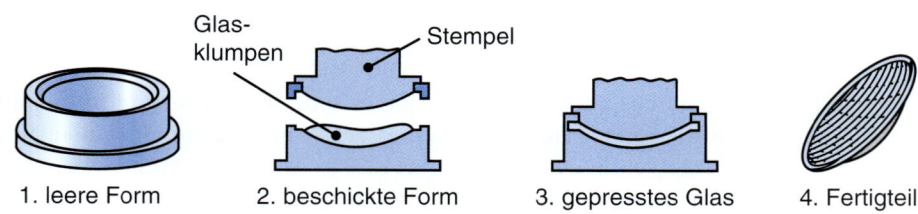

Abbildung 11.35: Ablauf des Pressglasverfahrens. Nach Corning Glass Works.

Durch **Senken** lassen sich flache schüsselartige oder leicht erhabene Glasteile herstellen. Eine Glasplatte wird auf die Form gelegt und erwärmt, wobei das Glas durch sein Eigengewicht einsinkt und die Gestalt des Formenhohlraums annimmt. Dieser Vorgang ähnelt dem Thermoformen von thermoplastischen Tafeln (siehe Abbildung 10.34), ohne jedoch mit Druck oder Vakuum zu arbeiten. Zu den typischen Produkten gehören Schüsseln, Gläser für Sonnenbrillen, Teleskopspiegel und Leuchttafeln.

11.11 Formen von Glas

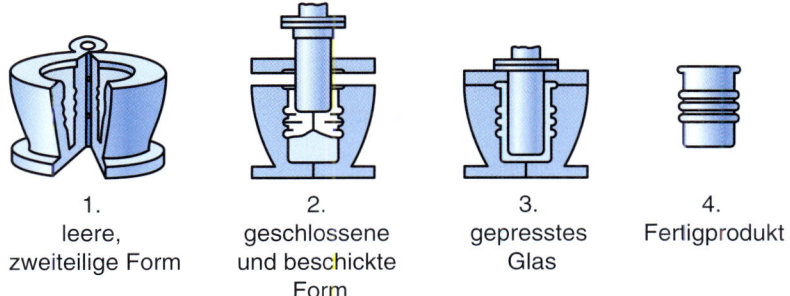

1. leere, zweiteilige Form
2. geschlossene und beschickte Form
3. gepresstes Glas
4. Fertigprodukt

Abbildung 11.36: Pressen von Glas in einer zweiteiligen Form. Erst diese Art der Form ermöglicht die Entnahme des erzeugten Glasteils (siehe auch die Abbildungen 10.34 bis 10.36). Nach E.B. Sand.

11.11.2 Behandlung von Glas

Die folgenden Abschnitte erläutern, wie sich die Festigkeit von Glas durch Tempern, chemisches Tempern und Laminieren erhöhen lässt. Außerdem können Glasprodukte durch Glühen und andere Endbearbeitungsschritte behandelt werden.

1 Beim **Tempern** (auch als *mechanisches* oder *thermisches Vorspannen*, *physical tempering* oder *chill tempering* bezeichnet) werden die Oberflächen des heißen Glases schnell abgekühlt, wie es ▶ Abbildung 11.37 veranschaulicht. Daraufhin ziehen sich die kühleren Oberflächenbereiche zusammen und da der Mittelbereich immer noch heiß ist, entstehen Zugspannungen in den Oberflächen. Der dann abkühlende Mittelbereich zieht sich zusammen und die erstarrten Oberflächen werden nun gezwungen, sich ebenfalls zusammenzuziehen, wodurch sich Druckeigenspannungen in der Oberfläche und Zugspannungen im Inneren entwickeln. Analog zu anderen Werkstoffen verbessern Oberflächendruckspannungen die Festigkeit des Glases. Je höher der thermische Ausdehnungskoeffizient des Glases und je niedriger seine Wärmeleitfähigkeit sind, desto höher ist das Niveau der entwickelten Restspannungen und umso fester wird das Glas. Thermisches Vorspannen erfordert keinen großen Zeitaufwand (im Minutenbereich) und lässt sich auf die meisten Gläser anwenden. Da mit den Restspannungen eine große Energiemenge verbunden ist, zersplittert **getempertes Glas** in viele kleine Stücke, wenn es bricht.

2 Beim **chemischen Tempern** (auch *chemisches Vorspannen*) wird das Glas in einem Bad aus geschmolzenem KNO_3, K_2SO_4 oder $NaNO_3$ (je nach Art des Glases) erwärmt. Es findet ein Ionenaustausch statt, wobei größere Atome die kleineren Atome auf der Oberfläche des Glases ersetzen. Dadurch entwickeln sich Druckeigenspannungen auf der Oberfläche. Diese Situation lässt sich mit dem Eintreiben eines Keils zwischen zwei Steine in einer Wand vergleichen. Chemisches Tempern dauert länger (etwa eine Stunde) als normales Tempern. Das Verfahren kann bei verschiedenen Temperaturen ausgeführt werden. Da bei niedrigen Temperaturen nur minimale Verzüge auftreten, können auch komplexe Formen behandelt werden. Bei höheren Temperaturen ist zwar mit gewissen Verzügen zu rechnen, doch lässt sich das Produkt dann auch bei hohen Temperaturen ohne Festigkeitsverlust einsetzen.

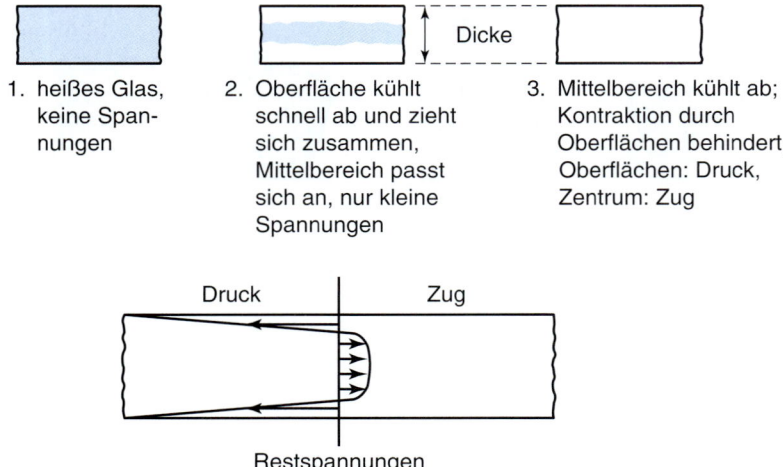

Abbildung 11.37: Entwicklung von Restspannungen in einer getemperten Glasplatte.

3. **Laminiertes Glas:** Bei dieser Technik zur Erhöhung der Festigkeit werden zwei flache Glasscheiben mit einer dazwischen liegenden dünnen Folie aus zähem Kunststoff (beispielsweise Polyvinylbutyral, PVB) zusammengefügt. Man spricht deshalb auch von **Laminieren**. Wenn laminiertes Glas bricht, sorgt die Kunststofffolie dafür, dass die Bruchteile zusammenhalten. Dieser Effekt lässt sich beispielsweise bei einer zertrümmerten Windschutzscheibe eines Autos beobachten.

Endbearbeitung: Für Glasprodukte können weitere Bearbeitungsschritte wie Bohren, Schneiden, Schleifen und Polieren erforderlich sein, um den Produktspezifikationen zu entsprechen. Scharfe Kanten und Ecken lassen sich beseitigen, indem man (a) schleift, wie es bei Glasabdeckungen für Schreibtische und Regale zu sehen ist, oder (b) einen Brenner gegen die Kanten hält (**Feuerpolieren**), um das Glas örtlich zu erweichen, wodurch es dann aufgrund der Oberflächenspannung zu einer Eckenabrundung kommt.

Wie in Metallprodukten können sich auch in Glasartikeln Eigenspannungen entwickeln, wenn sie nicht genügend langsam abgekühlt werden. Um zu gewährleisten, dass das Produkt frei von diesen Spannungen ist, wird es durch einen ähnlichen Vorgang wie beim Spannungsfreiglühen von Metallen *geglüht*. Dabei wird das Glas bis zu einer bestimmten Temperatur erwärmt und dann allmählich abgekühlt. Je nach Größe, Dicke und Art des Glases reichen die Glühzeiten von wenigen Minuten bis zu 10 Monaten, wie im Fall eines 600-mm-Teleskopspiegels.

11.12 Überlegungen zum Entwurf von Keramik und Glas

Keramik- und Glasprodukte erfordern eine sorgfältige Auswahl von Zusammensetzung, Verarbeitungsmethoden, Endbearbeitungsschritten und Methoden der Montage in andere metallische oder nichtmetallische Baugruppen. Wichtige Überlegungen gelten solchen Einschränkungen wie fehlende Zugfestigkeit, Empfindlichkeit gegenüber äußeren und inneren Defekten sowie geringe Schlagzähigkeit. Diese

Nachteile sind gegen die wünschenswerten Eigenschaften wie Härte, Verschleißfestigkeit, Druckfestigkeit bei Raum- und erhöhten Temperaturen sowie verschiedene physikalische Eigenschaften abzuwägen. Es ist auch wichtig, die Verarbeitungsparameter sowie die Art und den Grad von Verunreinigungen in den Rohstoffen zu steuern. Wie bei allen Entwurfsüberlegungen sollten verschiedene Faktoren wie die Anzahl der benötigten Teile und die Kosten für Werkzeuge, Anlagen und Arbeitskräfte in die Betrachtungen einfließen.

Für die Auswahl der Verfahren zum Formen dieser Werkstoffe ist unbedingt zu berücksichtigen, dass während der Verarbeitung Maßänderungen, Verzüge und Risse auftreten können. Ist eine Keramik- oder Glaskomponente Teil einer größeren Baugruppe, muss auf die Kompatibilität mit anderen Bauteilen geachtet werden. Besonders wichtig sind in derartigen Fällen die thermische Ausdehnung (etwa bei Dichtungen) und die Art der Belastung. Die möglichen Konsequenzen eines Teileausfalls sind immer ein entscheidender Faktor beim Entwurf von Keramikprodukten.

11.13 Graphit und Diamant

11.13.1 Graphit

Graphit ist eine kristalline Form von Kohlenstoff mit einer **geschichteten Struktur** von Basalflächen oder Schichten von dichtest gepackten Kohlenstoffatomen. Graphit ist spröde, hat eine hohe elektrische und thermische Leitfähigkeit, ist beständig gegen Thermoschock und hohe Temperaturen, beginnt aber bei 500 °C zu oxidieren. Somit ist Graphit ein wichtiger Werkstoff für Anwendungen wie zum Beispiel Elektroden, Kohlebürsten, Heizelemente, Hochtemperatureinbauten und Ofenteile, Tiegel zum Schmelzen von Metallen, Formen zum Metallgießen (siehe zum Beispiel Abbildung 5.23) und Dichtungen (aufgrund seiner geringen Reibung und hohen Verschleißfestigkeit). In Kombination mit Ton ist Graphit auch in gewöhnlichen Bleistiften zu finden.

Durch den geringen Querschnitt für die Absorption thermischer Neutronen und den großen Streuquerschnitt ist Graphit auch für nukleare Anwendungen geeignet. Ein Charakteristikum von Graphit ist seine Beständigkeit gegen Chemikalien, sodass er auch als Filter für korrosive Flüssigkeiten eingesetzt wird. Graphit verwendet man auch als **Fasern** in Verbundwerkstoffen und verstärkten Kunststoffen (siehe Abschnitt 10.9.2).

Aufgrund seiner geschichteten Struktur ist Graphit schwach, wenn er entlang der Schichten geschert wird (siehe auch Abbildung 3.4). Andererseits ist diese Eigenschaft für die geringe Reibung von Graphit als fester Schmierstoff verantwortlich (Abschnitt 4.4.4), obwohl diese günstigen Reibungseigenschaften nur in einer Umgebung von Luft oder Feuchtigkeit vorhanden sind. Im Vakuum ist Graphit abrasiv und ein schlechter Schmierstoff. Im Unterschied zu anderen Werkstoffen nehmen Festigkeit und Steifigkeit von Graphit mit steigender Temperatur zu.

Eine andere Form von Graphit sind die Kohlenstoffmoleküle in Form eines Fußballs, die sogenannten **Bucky Balls** (nach Buckminster Fuller, 1895–1983, dem Erfinder der geodätischen Kuppeln) oder **Fullerene** (nach Fuller). Diese aus Ruß erzeugten chemisch inerten kugeligen Moleküle verhalten sich ähnlich wie Festschmierstoffpartikel. Durch Mischen mit Metallen werden Fullerene zu Supraleitern. Eine andere Entwicklung ist **mikrozellularer Kohlenstoffschaum**, der eine einheitliche Porosität und isotrope

Festigkeitseigenschaften aufweist. Er wird zum Beispiel für Verstärkungsbauteile in Konstruktionen der Luft- und Raumfahrtindustrie eingesetzt und lässt sich direkt formen.

Wie bei Keramiken verbessern sich die mechanischen Eigenschaften von Graphit mit abnehmender Korngröße. Graphit in Mikrokörnung lässt sich mit Kupfer tränken und als Elektroden für das Funkenerodieren sowie als Ofenauskleidungen einsetzen. Der als **Lampenruß** (schwarzer Ruß) bezeichnete *amorphe Graphit* wird als Pigment verwendet. Normalerweise wird Graphit geformt, im Ofen gebacken und dann maschinell zur endgültigen Form bearbeitet. Er ist kommerziell mit quadratischen, rechteckigen oder runden Querschnitten verschiedener Größen erhältlich.

Kohlenstoff-Nanoröhren haben eine ähnliche geometrische Struktur wie Graphitschichten. Eine Nanoröhre kann man sich als eingerollte Graphitschicht (genauer Graphenschicht) vorstellen. Diese Nanoröhren haben einen Durchmesser von wenigen Nanometern und sind in der Regel einige Nanometer lang. Auch wenn sie für eine ganze Reihe von Anwendungen vorgeschlagen wurden, gibt es bislang nur wenige kommerziell genutzte Anwendungen von Nanoröhren. Gegenwärtig sind Nanoröhren vor allem als natürlicher Baustoff für neue mikroelektromechanische Systeme im Gespräch (siehe Abschnitt 13.18).

11.13.2 Diamant

Eine Grundform von Kohlenstoff ist *Diamant*, der mit seiner konvalent gebundenen Struktur die härteste bekannte Substanz darstellt (7000 bis 8000 HK). Diamant ist spröde und zersetzt sich ab etwa 700 °C an Luft, kann aber in nichtoxidierenden Umgebungen höhere Temperaturen aushalten. Durch die hohe Härte ist Diamant ein wichtiger Werkstoff (a) für Schneidewerkzeuge (Abschnitt 8.6.9), entweder als Einkristall oder in polykristalliner Form, (b) als Schleifmittel in Schleifscheiben (Abschnitt 9.2) und für das Abrichten von Schleifscheiben (Schärfen der Schleifkörner; Abschnitt 9.5.1) und (c) als Werkzeugwerkstoff für das Ziehen von dünnem Draht (Abschnitt 6.5.3) mit einem Durchmesser von weniger als 0,06 mm.

Synthetischer oder **Industriediamant** wurde erstmals 1955 hergestellt. Prinzipiell setzt man Graphit einem hydrostatischen Druck von 14 GPa und einer Temperatur von 3000 °C aus. Synthetischer Diamant ist mit dem natürlichen Diamant identisch, besitzt aber aufgrund der fehlenden Verunreinigungen überlegene Eigenschaften für industrielle Anwendungen. Diamanten sind in verschiedenen Größen und Formen erhältlich. Die gebräuchlichste Korngröße für Schleifmittel hat einen Durchmesser von 0,01 mm. Heutige *synthetische Diamanten in Edelsteinqualität* besitzen eine 50-mal höhere elektrische Leitfähigkeit als natürlicher Diamant und sind 10-mal widerstandsfähiger gegen Laserschäden bei optischen Anwendungen. Zu den potenziellen Anwendungen dieser Diamantqualität gehören Kühlkörper, die in der Computertechnik, in der Telekommunikation und in der Halbleiterindustrie eingesetzt werden, sowie Fenster für Hochleistungslaser. Um eine verbesserte Leistung für Schleifvorgänge zu erreichen, lassen sich Diamantteilchen auch *beschichten* (mit Nickel, Kupfer oder Titan).

Der als Beschichtung verwendete **diamantähnliche Kohlenstoff** (*diamond-like carbon*, DLC) wurde in Abschnitt 4.5.1 beschrieben. DLC ist weitverbreitet wegen seiner hohen Verschleißfestigkeit. Zu den Anwendungen gehören Schneidewerkzeuge, Rasierklingen und Komponenten von Hochleistungsautomotoren.

11.14 Verarbeitung von Metallmatrix- und Keramikmatrix-Verbundwerkstoffen

Ständig erscheinen neue Entwicklungen von Verbundwerkstoffen auf dem Markt. Die Palette umfasst vielfältige Arten und Formen von polymeren, metallischen und keramischen Werkstoffen. Diese werden sowohl als Fasern als auch als Matrixmaterialien verwendet mit dem Ziel, Festigkeit, Zähigkeit, Steifigkeit, Temperaturbeständigkeit und Zuverlässigkeit im Betrieb besonders unter ungünstigen Umgebungsbedingungen zu verbessern.

11.14.1 Metallmatrix-Verbundwerkstoffe

Eine Metallmatrix hat gegenüber einer Polymermatrix den Vorteil höherer Beständigkeit bei erhöhten Temperaturen sowie höherer Duktilität und Zähigkeit. Negativ schlagen bei Metallmatrix-Verbundwerkstoffen die höhere Dichte und die schwierigere Verarbeitung zu Buche. Für die Matrix in diesen Verbundwerkstoffen sind vor allem Aluminium, Aluminium-Lithium, Magnesium und Titan gebräuchlich, wobei aber auch Untersuchungen mit anderen Metallen laufen. Die Faserwerkstoffe sind in der Regel Graphit, Aluminiumoxid, Siliziumkarbid und Bor sowie als Alternativen Beryllium und Wolfram.

Aufgrund ihrer hohen spezifischen Steifigkeit, des geringen Gewichts und der hohen Wärmeleitfähigkeit wurden Borfasern in einer Aluminiummatrix zum Beispiel für die Konstruktion röhrenförmiger Träger im Space Shuttle eingesetzt. Andere Anwendungen sind Fahrradrahmen, Sportartikel und Stabilisatoren für Flugzeuge und Hubschrauber. Eine wichtige Betrachtung gilt der richtigen Bindung der Fasern an die Metallmatrix. Anwendungen von Metallmatrix-Verbundwerkstoffen finden sich in Gasturbinen, elektrischen Bauteilen und verschiedenen Konstruktionselementen (Tabelle 11.10).

Tabelle 11.10: Metallmatrix-Verbundwerkstoffe und typische Anwendungen

Faser	Matrix	Typische Anwendungen
Graphit	Aluminium	Strukturen für Satelliten, Raketen und Helikopter
	Magnesium	Strukturen für Raumfahrzeuge und Satelliten
	Blei	Batterieelektrodenplatten
	Kupfer	Elektrische Kontakte und Lager
Bor	Aluminium	Kompressorschaufeln und Aufhängeteile
	Magnesium	Antennenstrukturen
	Titan	Fan-Schaufeln für Jettriebwerke
Aluminiumoxid	Aluminium	Einspannung der Supraleiter in Fusionsreaktoren
	Blei	Batterieelektrodenplatten
	Magnesium	Helikoptergetriebeteile
Siliziumkarbid	Aluminium, Titan	Hochtemperatur-Konstruktionen
	Superlegierungen (Kobaltbasis)	Hochtemperatur-Triebwerkskomponenten
Molybdän, Wolfram	Superlegierungen	Hochtemperatur-Triebwerkskomponenten

Beispiel 11.10 — Bremssattel aus Aluminiummatrix-Verbundwerkstoff

Zu den Trends in der Automobilindustrie gehört der zunehmende Einsatz von Leichtgewicht-Konzepten, um verbesserte Leistung und/oder Kraftstoffeinsparungen zu realisieren. Dies lässt sich auch an der Entwicklung von Bremssatteln aus Metallmatrix-Verbundwerkstoffen erkennen. In herkömmlicher Bauweise bestehen Bremssattel aus Gusseisen und können jeweils bis zu 3 kg in einem kleinen Fahrzeug und bis zu 14 kg in einem Lkw wiegen. Der gusseiserne Bremssattel ließe sich vollkommen neu aus Aluminium konzipieren, um damit eine Gewichtseinsparung zu erreichen. Allerdings wäre dazu ein größeres Materialvolumen erforderlich. Der verfügbare Platz zwischen Rad und Bremsscheibe ist jedoch sehr begrenzt.

Die Neuentwicklung eines Bremssattels (▶ Abbildung 11.38) verwendet eine Aluminiumlegierung, die durch vorgefertigte Einsätze aus Verbundwerkstoff mit kontinuierlicher Keramikfaser verstärkt wird. Bei der Faser handelt es sich um eine nanometerskalige Aluminiumoxidfaser ($R_m = 3100$ MPa, $\varrho = 3{,}9$ g/cm^3) mit einem Durchmesser von 10 bis 12 μm. Der Faseranteil im Verbundwerkstoff beträgt 65 Volumen-%. Der resultierende Metallmatrix-Verbundwerkstoff hat eine Zugfestigkeit von 1500 MPa und eine Dichte von 3,48 g/cm^3. Eine Analyse mit der Finite-Elemente-Methode hat bestätigt, dass das Design über die minimalen Entwurfsanforderungen hinausgeht und den Verformungen von Gusseisenbremssatteln in einer volumenbegrenzten Umgebung entspricht. Durch den neuen Bremssattel ergeben sich Masseneinsparungen von bis zu 50 % und zusätzlich die Vorteile von Korrosionsbeständigkeit und leichter Rezyklierbarkeit.

Abbildung 11.38: Bremssattel aus Aluminiummatrix-Verbundwerkstoff. Als Verstärkung werden nanometerskalige Aluminiumoxid-Kurzfasern verwendet.

Prinzipiell gibt es drei Methoden, Metallmatrix-Verbundwerkstoffe zu endkonturnahen Teilen herzustellen:

1. **Flüssigphasenverarbeitung** besteht grundsätzlich aus dem Gießen der flüssigen Matrix und der festen Verstärkung, und zwar entweder mit konventionellen Gießverfahren oder mit Techniken zum Druckinfiltrationsgießen. Bei der zweiten Variante wird das flüssige Matrixmetall mithilfe von Druckgas in eine Vorform (normalerweise als Folie oder Draht), die aus den Verstärkungsfasern besteht, gepresst.

2. Zur **Festphasenverarbeitung** gehören grundsätzlich die Techniken der Pulvermetallurgie, einschließlich kalt- und heißisostatisches Pressen. Wichtig ist die geeignete Mischung der Bestandteile für eine homogene Verteilung der Fasern in der gesamten Matrix. Beispiel 11.6 beschreibt eine Verwendung dieser Technik zur Fertigung von Wolframkarbidwerkzeugen mit Kobalt als Matrixwerkstoff. Bei der Herstellung komplexer Bauteile aus Metallmatrix-Verbundwerkstoffen mit Whisker- oder Faserverstärkung sind Gesenkgeometrie und Steuerung der Prozessvariablen sehr wichtig, um eine richtige Verteilung und Ausrichtung der Fasern innerhalb der Teile zu gewährleisten. Bei Teilen aus Metallmatrix-Verbundwerkstoffen die mit pulvermetallurgischen Verfahren hergestellt werden, ist eine nachfolgende Wärmebehandlung erforderlich, um optimale Eigenschaften zu erzielen.

3. Die **Zweiphasenverarbeitung** besteht aus *Rheogießen*, das Abschnitt 5.10.6 beschrieben hat, und *Sprühkompaktieren*. Beim zweiten Verfahrensschritt werden die Verstärkungsfasern mit einer Matrix gemischt, die sowohl flüssige als auch feste Phasen enthält.

11.14.2 Keramikmatrix-Verbundwerkstoffe

Keramikmatrix-Verbundwerkstoffe bilden eine weitere wichtige Klasse technischer Werkstoffe. Wie bereits erwähnt, sind Keramiken fest und steif, sie widerstehen hohen Temperaturen, doch fehlt ihnen die Zähigkeit. Andererseits behalten Matrixwerkstoffe wie zum Beispiel Siliziumkarbid, Siliziumnitrid, Aluminiumoxid und Mullit (eine Verbindung aus Aluminium, Silizium und Sauerstoff) ihre Festigkeit bis zu 1700 °C bei. Auch Kohlenstoff-Kohlenstoffmatrix-Verbundwerkstoffe bewahren einen großen Teil ihrer Festigkeit bis zu 2500 °C, obwohl ihnen die Oxidationsbeständigkeit bei hohen Temperaturen fehlt. Anwendungen für Keramikmatrix-Verbundwerkstoffe finden sich in Strahltriebwerken und Fahrzeugmotoren, Druckkesseln, Ausrüstungen für den Tiefseebergbau und verschiedenen Konstruktionselementen.

Für die Herstellung von Keramikmatrix-Verbundwerkstoffen gibt es mehrere Verfahren. Die folgenden Punkte beschreiben drei davon.

1. **Schlickerinfiltration** ist das gebräuchlichste Verfahren. Zunächst wird eine Faservorform vorbereitet, die heißgepresst und dann mit einem Schlicker getränkt wird, der das Matrixpulver, eine Trägerflüssigkeit und einen organischen Binder enthält. Das Schlickerinfiltrationsverfahren ergibt hohe Festigkeit, Zähigkeit und eine einheitliche Struktur. Allerdings hat das Produkt aufgrund der geringen Schmelztemperatur des verwendeten Matrixwerkstoffs nur begrenzte Hochtemperatureigenschaften. Eine weitere Verbesserung dieses Verfahrens lässt sich mit *Reaktionssintern* des Schlickers erreichen.

2 Zur **chemischen Synthese** gehören die Sol-Gel- und Polymerpräkursor-Verfahren. Im *Sol-Gel-Prozess* wird ein Sol (ein kolloidales Fluid mit einer Flüssigkeit als kontinuierliche Phase), das Fasern enthält, in ein Gel umgewandelt und anschließend einer Wärmebehandlung unterzogen, um einen Keramikmatrix-Verbundwerkstoff herzustellen. Die *Polymerpräkursor*-Methode entspricht dem Verfahren, das bei der Herstellung von Keramikfasern verwendet wird.

3 Bei der **chemischen Gasphaseninfiltration** wird in eine poröse Faservorform durch chemische Dampfphasenabscheidung (in Abschnitt 4.5.1 beschrieben) die Matrixphase infiltriert. Das Produkt besitzt sehr gute Hochtemperatureigenschaften, doch ist das Verfahren zeitaufwendig und teuer.

Außer mit den oben beschriebenen Verfahren arbeitet man an der Entwicklung verschiedener Techniken wie Schmelzinfiltration, gesteuerte Oxidation und Warmpresssintern (größtenteils noch im experimentellen Stadium), um die Eigenschaften dieser Verbundwerkstoffe weiter zu verbessern.

11.14.3 Besondere Verbundwerkstoffe

Die folgenden Punkte beschreiben weitere Verbundwerkstoffe.

1 Verbundwerkstoffe können aus **Beschichtungen** verschiedener Arten auf Basismetallen oder Substraten bestehen. Beispiele hierfür sind Plattieren von Aluminium und anderen Metallen auf Kunststoffe für dekorative Zwecke und die bereits seit 1000 v. Chr. bekannten Emaille oder ähnliche glasartige Beschichtungen auf Metalloberflächen für verschiedene funktionelle Aufgaben oder als Verzierungen (siehe Abschnitt 4.5).

2 Ein anderes Beispiel für einen Verbundwerkstoff ist **glasfaserverstärktes Aluminium** (GLARE), das großflächig für Tragflächen, Rumpfsektionen, Leitwerke und Türen des Airbus A380 eingesetzt wird. GLARE besteht aus vielen Aluminiumschichten mit Zwischenschichten aus einer glasfaserverstärkten Expoxidmatrix (Prepreg). Die Vorzüge von GLARE sind Masseneinsparungen und verbesserte Stoß- und Ermüdungseigenschaften gegenüber den konventionellen Werkstoffen im Flugzeugbau.

3 Für Werkzeuge und Gesenke verwendet man Verbundwerkstoffe wie zum Beispiel **zementierte Karbide** (Hartmetall). In der Regel handelt es sich dabei um Wolframkarbid und Titankarbid mit Kobalt bzw. Nickel als Binder (siehe Abschnitt 8.6).

4 **Schleifscheiben** bestehen typischerweise aus Aluminiumoxid, Siliziumkarbid, Diamant oder kubischem Bornitrid. Die Schleifteilchen werden durch verschiedene organische, anorganische oder metallische Bindemittel zusammengehalten (siehe Kapitel 9).

5 Ein weiterer Verbundwerkstoff besteht aus einer **Epoxidharzmatrix mit eingebetteten Granitteilchen** (siehe Abschnitt 8.13). Dieser Werkstoff besitzt eine hohe Festigkeit und gute Reibungseigenschaften. Zudem ist sein Vermögen zur Schwingungsdämpfung besser als das von Grauguss. So wird dieser Verbundwerkstoff zum Beispiel als Maschinenbett für bestimmte Präzisionsschleifmaschinen eingesetzt.

11.15 Verarbeitung von Supraleitern

Supraleiter (Abschnitt 3.9.6) haben zwar ein großes Potenzial zur Energieeinsparung beim Erzeugen, Speichern und Verteilen elektrischer Energie, doch sind bei ihrer Verarbeitung zu brauchbaren Formen und Größen für praktische Anwendungen beträchtliche Schwierigkeiten zu überwinden. Zwei grundlegende Arten von Supraleitern sind *Metalle* (**Tieftemperatursupraleiter**, einschließlich Kombinationen von Niob, Zinn und Titan) und *Keramik* (**Hochtemperatursupraleiter** aus verschiedenen Kupferoxiden). Hierbei bedeutet „Hochtemperatur" näher an *Raumtemperatur*. Folglich sind die Hochtemperatursupraleiter von großem Interesse.

Supraleitende Keramikwerkstoffe sind in Pulverform erhältlich. Die wesentlichen Hindernisse bei ihrer Herstellung sind die inhärente Sprödigkeit und Anisotropie. Dadurch ist es schwierig, die Körner für eine hohe Effizienz in der geeigneten Richtung auszurichten. Je kleiner die Korngröße ist, desto schwerer lassen sich die Körner ausrichten.

Der grundlegende Herstellungsprozess für keramische Supraleiter umfasst folgende Schritte:

1. Pulver vorbereiten, mischen und mahlen in einer Kugelmühle bis zu einer Korngröße von 0,5 bis 10 mm;
2. Formen;
3. Wärmebehandeln, um die Kornausrichtung zu verbessern.

Das gebräuchlichste Fertigungsverfahren ist die in ▶ Abbildung 11.39 dargestellte **OPIT**-Technik (*oxide powder in tube*, Oxidpulver-in-Rohr). Dabei wird das Pulver in Silberröhren gepackt (da Silber die höchste elektrische Leitfähigkeit aller Metalle hat) und an beiden Enden versiegelt. Die Röhren erhalten dann durch mechanische Bearbeitungsverfahren (wie Tiefziehen, Ziehen, Extrudieren, isostatisches Pressen und Walzen) ihre endgültige Form – Draht, Band, Spule oder massive Stücke.

Außerdem sind zur Formung von Supraleitern folgende Verfahren gebräuchlich: (a) Beschichten von Silberdraht mit supraleitendem Material, (b) Abscheidung von supraleitenden Folien durch Laserablation (d. h. Erwärmung durch Laserstrahlen, wodurch Materialschichten von einer Oberfläche abschmelzen und somit einen großen Teil der Wärme mitnehmen), (c) Abstreifmessertechnik (siehe Abschnitt 11.9.1), (d) Explosionsplattieren (siehe Abschnitt 12.11) und (e) chemisches Sprühen.

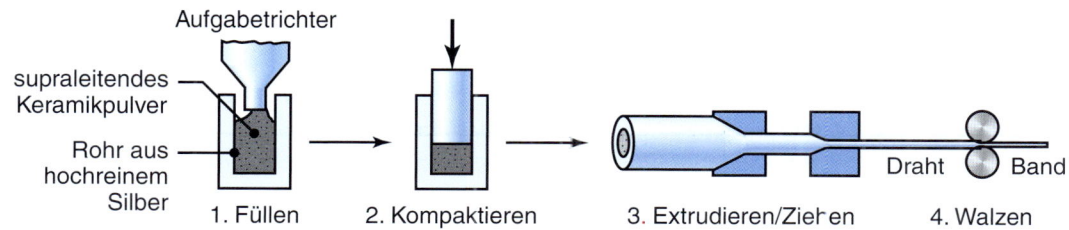

Abbildung 11.39: Schematische Darstellung des Pulver-in-Rohr-Verfahrens zur Herstellung keramischer Hochtemperatursupraleiter.

Fallstudie: Heißisostatisches Pressen eines Ventilstößels

▶ Abbildung 11.40 zeigt einen heißisostatisch gepressten Verbund-Ventilstößel, der im gesamten Bereich von mittelschweren bis schweren Lkw-Dieselmotoren eingesetzt wird. Eine Nockenwelle betätigt die 0,2 kg schweren Ventilstößel, um die Motorventile zu öffnen und zu schließen. Für diese Zwecke ist für hohe Verschleißfestigkeit eine Wolframkarbidfläche und für hohe Dauerfestigkeit ein Stahlschaft wünschenswert. Vor der Entwicklung des heißisostatisch gepressten Ventilstößels wurden die Teile durch Hartlöten im Ofen hergestellt, was aber von gelegentlichen Ausfällen im Betrieb und relativ hohen Ausschussraten begleitet war. Die geforderte Jahresproduktion dieser Teile belief sich auf über 400 000 Stück, sodass hohe Ausschussraten besonders negativ zu Buche schlugen.

Das heißisostatisch gepresste Verbundprodukt besteht aus einer mit 9 % Co gebundenen Wolframkarbidverschleißfläche, die aus Pulver gepresst und gesintert wurde, einer Stahlblechkappe, die über die Wolframkarbidscheibe gestülpt wird, einer Zwischenscheibe aus einer Kupferlegierung und einem Stahlschaft. Die Stahlkappe wird durch Elektronenstrahlschweißen (Abschnitt 12.5) mit dem Stahlschaft verbunden. Diese Baugruppe wird dann heißisostatisch gepresst, um eine sehr feste Bindung zu realisieren. Das heißisostatische Pressen findet bei 1010 °C und einem Druck von 100 MPa statt. Die Wolframkarbidfläche hat eine Dichte von 14,52–14,72 g/cm^3, eine Härte von 90 ± 5 HRA und eine minimale Biegebruchfestigkeit von 2450 MPa.

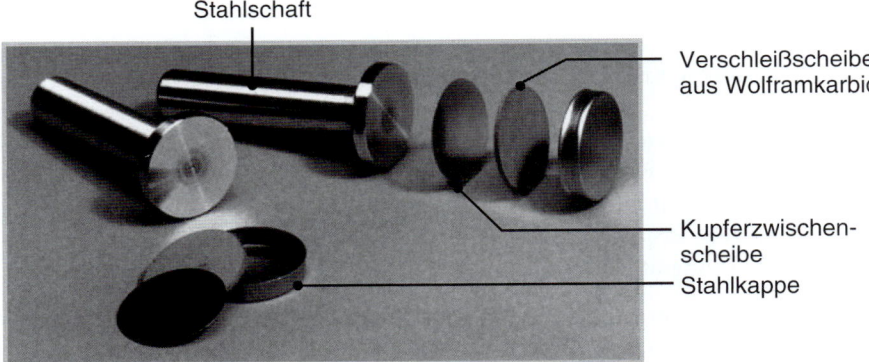

Abbildung 11.40: Ein Ventilstößel aus einer heißisostatisch gepressten Karbidkappe auf einem Stahlschaft für einen Hochleistungsdieselmotor.

Zu den sekundären Schritten gehört das Schleifen der Fläche, um überstehende Teile der Blechkappe zu entfernen und die verschleißfeste Wolframkarbidfläche freizulegen. Die hohe Zuverlässigkeit der HIP-Bindung verringert radikal die Ausschussraten unter 0,2 %. In über vier Jahren voller Produktion waren keine Betriebsausfälle zu verzeichnen. Durch das heißisostatische Pressen konnten auch die Herstellungskosten deutlich gesenkt werden.

Quelle: Mit freundlicher Genehmigung von Metal Powder Industries Federation und Bodycote, Inc.

ZUSAMMENFASSUNG

- Die Verfahren der Pulvermetallurgie erlauben es, relativ komplizierte Teile in endkonturnaher oder einbaufertiger Form mit engen Maßtoleranzen aus einer breiten Palette von Metall- und Legierungspulvern wirtschaftlich herzustellen (Abschnitt 11.1).

- Die Schritte in der Pulvermetallurgie umfassen Pulverherstellung, Mischen, Verdichten, Sintern und zusätzliche Endbearbeitung, um Maßhaltigkeit, Oberflächengüte, mechanische und physikalische Eigenschaften oder Aussehen zu verbessern (Abschnitte 11.2 bis 11.5).

- Die Entwurfsüberlegungen in der Pulvermetallurgie betreffen die Form des Presskörpers, das beschädigungsfreie Auswerfen des Grünlings aus der Presse und akzeptable Maßtoleranzen der Anwendung (Abschnitt 11.6).

- Das Pulvermetallurgieverfahren ist für mittlere bis große Produktionsserien und für relativ kleine Teile geeignet. Durch seine Vorteile ist es konkurrenzfähig zu anderen Verarbeitungsverfahren (Abschnitt 11.7).

- Keramiken besitzen Eigenschaften wie hohe Härte und Festigkeit bei erhöhten Temperaturen, einen hohen Elastizitätsmodul, Sprödigkeit, geringe Zähigkeit, geringe Dichte, niedrige thermische Ausdehnung und geringe thermische und elektrische Leitfähigkeit (Abschnitt 11.8).

- Die drei grundlegenden Formungsverfahren für Keramik sind Gießen, plastische Verformung und Pressen. Das resultierende Produkt wird dann getrocknet und gebrannt, damit es die gewünschte Festigkeit erhält. Um dem Teil seine endgültige Form zu geben, können Endbearbeitungsschritte wie spanende Bearbeitung und Schleifen erforderlich sein. Zudem ist es durch Oberflächenbehandlungen möglich, spezifische Eigenschaften des Teils zu verbessern (Abschnitt 11.9).

- Fast alle kommerziellen Gläser werden einer von sechs Kategorien zugeordnet, die die Zusammensetzung angibt. Die relativ geringe Festigkeit von Glas in massiver Form lässt sich durch thermische oder chemische Behandlungen erhöhen. Dabei wird auch eine höhere Zähigkeit erreicht (Abschnitt 11.10).

- Kontinuierliche Methoden der Glasverarbeitung sind das Floatverfahren, Ziehen und Walzen. Diskrete Glasprodukte lassen sich durch Blasen, Pressen, Schleuderguss und Senken herstellen. Nach den anfänglichen Verarbeitungsschritten kann die Festigkeit des Glases durch thermisches oder chemisches Behandeln oder durch Laminieren erhöht werden (Abschnitt 11.11).

- Die Entwurfsüberlegungen für Keramik und Glas werden durch Faktoren wie geringe Zugfestigkeit und Zähigkeit, sowie Empfindlichkeit gegenüber äußeren und inneren Defekten bestimmt. Zudem spielen Verzug und Risse sowie die für Herstellung und Montage verwendeten Methoden eine wichtige Rolle (Abschnitt 11.12).

- Graphit, Bucky Balls (Fullerene) und Diamant sind Modifikation von Kohlenstoff, die ungewöhnliche Kombinationen von Eigenschaften zeigen. Diese Werkstoffe haben ganz spezielle Anwendungen (Abschnitt 11.13).

- Metallmatrix- und Keramikmatrix-Verbundwerkstoffe weisen einzigartige Kombinationen von Eigenschaften auf. Die Einsatzgebiete dieser Werkstoffe erweitern sich ständig. Metallmatrix-Verbundwerkstoffe werden durch Festphasen-, Flüssigphasen- und Zweiphasenverfahren verarbeitet. Für Keramikmatrix-Verbundwerkstoffe stehen Verfahren wie Schlickerinfiltration, chemische Synthese und chemische Gasphaseninfiltration zur Verfügung (Abschnitt 11.14).
- Die Fertigung von (keramischen) Supraleitern zu nützlichen Produkten ist wegen der Anisotropie und der inhärenten Sprödigkeit der jeweiligen Werkstoffe durch erhebliche Schwierigkeiten geprägt. Derzeit ist es grundsätzlich üblich, das Pulver in einer Silberröhre zu verpacken und dieser durch plastische Verformung die gewünschte Gestalt zu geben. Daneben existieren weitere Herstellungsverfahren, die sich allerdings größtenteils noch in der Entwicklungsphase befinden (Abschnitt 11.15).

Wichtige Gleichungen

Formfaktor von Partikeln: $k = \left(\dfrac{A}{V}\right) D_\text{äq}$

Druckverteilung beim Pulververdichten: $p_x = p_0 e^{-4\mu k x/D}$

Volumen: $V_s = V_g \left(1 - \dfrac{\Delta L}{L_0}\right)^3$

Dichte: $\varrho_g = \varrho_s \left(1 - \dfrac{\Delta L}{L_0}\right)^3$

Zugfestigkeit: $R_m \simeq R_{m,0} e^{-nP}$

Elastizitätsmodul: $E \simeq E_0 \left(1 - 1{,}9P + 0{,}9P^2\right)$

Überlebenswahrscheinlichkeit nach Weibull: $P_s(\sigma, V) = e^{-\frac{V \sigma^m}{\alpha}}$

Thermische Leitfähigkeit: $k = k_0(1 - P)$

Verständnisfragen

Pulvermetallurgie

11.1 Erläutern Sie die Vorteile, die sich durch Mischen verschiedener Metallpulver bei der Herstellung pulvermetallurgischer Produkte ergeben.

11.2 Die Grünfestigkeit kann in der pulvermetallurgischen Verarbeitung wichtig sein. Erläutern Sie, warum.

11.3 Geben Sie die Gründe dafür an, dass Spritzgießen von Metallpulvern zu einem wichtigen Verfahren wurde.

11.4 Beschreiben Sie die Ereignisse, die beim Sintern auftreten.

11.5 Was versteht man unter mechanischem Legieren und wo liegen die Vorteile dieses Verfahrens gegenüber konventionellem

Verständnisfragen

Legieren von Metallen, wie es Abschnitt 5.2 beschrieben hat?

11.6 Lassen sich pulvermetallurgische Teile mit verschiedenen Harzen infiltrieren, wie es mit Metallen möglich ist? Welche Vorzüge hätte eine Infiltration? Geben Sie einige Beispiele an.

11.7 Welche Bedenken haben Sie beim Elektroplattieren pulvermetallurgischer Teile? Erläutern Sie Ihre Antwort.

11.8 Beschreiben Sie die Wirkungen verschiedener Formen und Größen von Metallpulvern in der pulvermetallurgischen Verarbeitung. Erörtern Sie die Größenordnung und die Bedeutung des Formfaktors der Partikel.

11.9 Erörtern Sie die Gestalt der in Abbildung 11.6 dargestellten Kurven und die Lage der Kurven zueinander.

11.10 Sollten Grünlinge langsam oder schnell auf die Sintertemperatur gebracht werden? Erläutern Sie Ihre Antwort.

11.11 Wie äußern sich die Unterschiede zwischen feinen und groben Pulvern bei der Herstellung pulvermetallurgischer Teile? Erläutern Sie Ihre Antwort.

11.12 Sind die Anforderungen an Stempel- und Gesenkwerkstoffe in der Pulvermetallurgie anders als bei den in Kapitel 6 beschriebenen Verfahren Schmieden und Extrudieren? Erläutern Sie Ihre Antwort.

11.13 Beschreiben Sie die relativen Vorteile und Einschränkungen von kalt- bzw. heißisostatischem Pressen.

11.14 Warum hängen mechanische und physikalische Eigenschaften von der Dichte der pulvermetallurgischen Teile ab? Erläutern Sie Ihre Antwort.

11.15 Erörtern Sie die Art der erforderlichen Presse, um Pulver mit einem Satz von Stempeln wie in Abbildung 11.7d gezeigt zu verdichten (siehe auch Kapitel 6 und 7).

11.16 Erklären Sie den Unterschied zwischen Imprägnieren (Tränken) und Infiltrieren. Geben Sie für jedes Verfahren einige Anwendungen an.

11.17 Welche Vorteile bietet die Herstellung von Werkzeugstählen durch Methoden der Pulvermetallurgie gegenüber herkömmlichen Verfahren wie Gießen mit nachfolgenden Bearbeitungsschritten? Erläutern Sie Ihre Antwort.

11.18 Warum hängen Verdichtungsdruck und Sintertemperatur von der Art des verwendeten Metallpulvers ab? Erläutern Sie Ihre Antwort.

11.19 Nennen Sie verschiedene Methoden der Pulverherstellung und beschreiben Sie die Morphologie von Pulvern, die nach der jeweiligen Methode hergestellt werden.

11.20 Es wurde festgestellt, dass bei der pulvermetallurgischen Verarbeitung Gefährdungen bestehen. Beschreiben Sie deren Ursachen.

11.21 Worum handelt es sich beim Sieben von Metallpulvern? Warum wird dies getan?

11.22 Warum treten in verdichteten Metallpulvern Dichteabweichungen auf? Wie lassen sie sich verringern?

11.23 Es wurde festgestellt, dass Pulvermetallurgie konkurrenzfähig mit anderen Verfahren wie zum Beispiel Gießen und Schmieden ist. Erläutern Sie, warum das so ist, und erörtern Sie technische und wirtschaftliche Vorteile.

11.24 Abschnitt 10.12.4 hat selektives Lasersintern als Rapid-Prototyping-Technik beschrieben. Welche Ähnlichkeiten hat dieser Prozess mit den in diesem Kapitel beschriebenen Verfahren? Erläutern Sie Ihre Antwort.

11.25 Bereiten Sie eine Darstellung ähnlich wie Abbildung 6.28 vor, die die Verschiedenheit der pulvermetallurgischen Fertigungsmöglichkeiten zeigt.

Keramik und Glas

11.26 Beschreiben Sie die Hauptunterschiede zwischen Keramiken, Metallen, Thermoplasten und Duromeren.

11.27 Erläutern Sie, warum Keramiken schwächer auf Zug als auf Druck belastbar sind.

11.28 Warum werden mechanische und physikalische Eigenschaften von Keramiken mit zunehmender Porosität schlechter? Erläutern Sie Ihre Antwort.

11.29 Welche technischen Anwendungen könnten von der Tatsache profitieren, dass der Elastizitätsmodul von Keramik im Unterschied zu Metallen auch bei erhöhten Temperaturen erhalten bleibt?

11.30 Erläutern Sie, warum der Bereich der in Tabelle 11.7 angegebenen Daten für die mechanischen Eigenschaften so breit ist. Welche Bedeutung hat dieser breite Bereich in technischen Anwendungen? Erläutern Sie Ihre Antwort.

11.31 Nennen und erläutern Sie die Faktoren, die beim Ersetzen einer Metallkomponente durch eine Keramikkomponente zu berücksichtigen sind. Geben Sie Beispiele für mögliche Ersetzungen an und erörtern Sie deren Form und Größe.

11.32 Wie lässt sich die Zähigkeit von Keramik erhöhen? Erläutern Sie Ihre Antwort.

11.33 Beschreiben Sie Situationen und Anwendungen, in denen statische Ermüdung wichtig sein kann.

11.34 Erläutern Sie die Schwierigkeiten, die beim Herstellen großer Keramikbauteile auftreten können. Welche Empfehlungen geben Sie, um diese Schwierigkeiten zu überwinden?

11.35 Erläutern Sie, warum Keramiken geeignete Werkstoffe für Schneidewerkzeuge sind, wie sie Abschnitt 8.6 beschrieben hat. Sind Keramiken auch als Gesenkwerkstoffe für die Metallformung geeignet? Erläutern Sie Ihre Antwort.

11.36 Beschreiben Sie Anwendungen, in denen die Verwendung von Keramikmaterial mit einem thermischen Ausdehnungskoeffizienten von null wünschenswert wäre.

11.37 Geben Sie Gründe für die Entwicklung von Keramikmatrix-Komponenten an. Nennen Sie einige aktuelle und mögliche zukünftige Anwendungen.

11.38 Nennen Sie die Faktoren, die beim Trocknen von Keramikkomponenten eine Rolle spielen, und erläutern Sie, warum sie wichtig sind.

11.39 Es wurde festgestellt, dass das Niveau der Restspannungen, die sich während der Verarbeitung von Glas entwickeln, umso höher ist, je höher der Wärmeausdehnungskoeffizient des Glases und je niedriger die Wärmeleitfähigkeit ist. Erläutern Sie, warum das so ist.

11.40 Welche Arten von Endbearbeitungsschritten sind in der Regel bei Keramikteilen gebräuchlich? Warum werden sie ausgeführt?

11.41 Welche Anforderungen sind an die Eigenschaften der Metallkugeln für eine Kugelmühle zu stellen (siehe Abbildung 11.26b)? Erläutern Sie, warum die jeweiligen Eigenschaften wichtig sind.

11.42 Aufgrund welcher Eigenschaften von Glas ist es möglich, dass sich dieser Werkstoff durch Blasen zu Flaschen formen lässt? Gibt es Ähnlichkeiten zu den Blechumformverfahren, die Kapitel 7 beschrieben hat? Erläutern Sie Ihre Antwort.

11.43 Welche Eigenschaften sollte eine Kunststofffolie besitzen, wenn sie in laminiertem Glas wie zum Beispiel für Windschutzscheiben von Kraftfahrzeugen verwendet wird? Erläutern Sie Ihre Antwort.

11.44 Sehen Sie sich einige bekannte Keramikprodukte an und skizzieren Sie einen Ablauf der Verfahren, mit denen die Produkte jeweils hergestellt wurden.

11.45 Erläutern Sie den Unterschied zwischen mechanischem und chemischem Vorspannen von Glas.

11.46 Welche Aufgabe erfüllt der in Abbildung 11.27d dargestellte Schritt? Erläutern Sie Ihre Antwort.

11.47 Spritzgießen ist ein Verfahren, das für Kunststoffe, Metallpulver und Keramik verwendet wird. Wieso ist es für alle diese unterschiedlichen Werkstoffarten geeignet?

11.48 Gibt es irgendwelche Ähnlichkeiten zwischen den Verfestigungsmechanismen für Glas und denen für andere metallische und nichtmetallische Werkstoffe, die in diesem Buch beschrieben werden? Erläutern Sie Ihre Antwort und geben Sie konkrete Beispiele an.

11.49 Beschreiben und erläutern Sie die Unterschiede, auf welche Art und Weise die folgenden ebenen Oberflächen brechen, wenn sie von einem großen Stein getroffen werden: (a) normales Fensterglas, (b) getempertes Glas und (c) laminiertes Glas.

11.50 Beschreiben Sie die Ähnlichkeiten und Unterschiede zwischen den in diesem Kapitel beschriebenen Verfahren und denen, die in Kapitel 5 bis 10 beschrieben wurden.

11.51 Was ist die Abstreifmessertechnik? Warum wurde sie entwickelt?

11.52 Beschreiben Sie die Methoden, nach denen sich Glasscheiben herstellen lassen.

11.53 Beschreiben Sie die Unterschiede und Ähnlichkeiten bei der Herstellung von Metall- und Keramikpulvern. Welches dieser Verfahren ist für die Herstellung von Glaspulver geeignet? Erläutern Sie Ihre Antwort.

11.54 Wie werden Glasfasern hergestellt? Nennen und erläutern Sie die verschiedenen Anwendungen dieser Fasern.

11.55 Würden Sie Diamant als Keramik ansehen? Erläutern Sie Ihre Antwort.

11.56 Nennen Sie Ähnlichkeiten und Unterschiede zwischen Spritzgießen, Metallspritzgießen und Keramikpulverspritzgießen.

11.57 Aluminiumoxid und teilstabilisiertes Zirkonoxid haben normalerweise ein weißes Aussehen. Lassen sich diese Werkstoffe färben? Wenn ja, wie?

11.58 Es wurde festgestellt, dass der Zugfestigkeitsbereich von Keramik größer als der von Metallen ist. Nennen Sie die Gründe dafür.

Rechenaufgaben

11.59 Schätzen Sie die Anzahl der Teilchen in einer Probe aus 500 g Eisenpulver, wenn die Teilchen 50 µm groß sind.

11.60 Nehmen Sie an, dass die Oberfläche eines Kupferteilchens mit einer Oxidschicht von 0,1 µm Dicke bedeckt ist. Welches Volumen nimmt diese Schicht ein, wenn das Teilchen selbst einen Durchmesser von 75 µm hat? Welche Rolle könnte diese Oxidschicht in der nachfolgenden Verarbeitung der Pulver spielen? Erläutern Sie Ihre Antwort.

11.61 Ermitteln Sie den Formfaktor für ein flockenähnliches Teilchen mit einem Verhältnis von Oberfläche zu Dicke von 12 : 1, für einen Zylinder mit dem Abmessungsverhältnis von $D : L = 1 : 1$ und für ein Ellipsoid mit einem Achsenverhältnis von $5 : 2 : 1$.

11.62 Wie Abschnitt 3.3 erläutert hat, wird die Energie beim Sprödbruch als Oberflächenenergie dissipiert. Außerdem wurde festgestellt, dass der Zerkleinerungsvorgang für die Pulvervorbereitung prinzipiell durch Sprödbruch erfolgt. Wie groß sind die jeweiligen Energien bei der Herstellung von kugelförmigen Pulvern der Durchmesser 1, 10 bzw. 100 μm?

11.63 Geben Sie anhand von Abbildung 11.6a an, wie groß das Volumen von lockerem, feinem Eisenpulver sein muss, um einen massiven zylindrischen Grünling von 25 mm Durchmesser und 15 mm Höhe herzustellen.

11.64 Wie Abbildung 11.7e zeigt, ist der Druck über dem Durchmesser des Presskörpers nicht einheitlich. Erläutern Sie die Gründe für diese Abweichungen.

11.65 Stellen Sie die Kurvenfamilien für das Druckverhältnis p_x/p_0 als Funktion von x für die folgenden Bereiche von Prozessparametern als Diagramm dar: $\mu = 0$ bis 1, $k = 0$ bis 1 und $D = 5$ bis 50 mm.

11.66 Leiten Sie einen Ausdruck analog zu Gleichung (11.2) für die Verdichtung in einem quadratischen Gesenk mit den Maßen $a \times a$ her.

11.67 Berechnen Sie für den in Beispiel 11.7 beschriebenen Keramikwerkstoff (a) die Porosität des getrockneten Teils, wenn das gebrannte Teil eine Porosität von 9 % aufweist, und (b) die anfängliche Länge L_0 des Teils, wenn die linearen Schwindungen beim Trocknen und Brennen 8 % bzw. 7 % betragen.

11.68 Wie lauten die Ergebnisse, wenn die in der vorigen Aufgabe angegebenen Größen halbiert werden?

11.69 Stellen Sie die Werte für Zugfestigkeit E und k von Keramik als Funktion der Porosität P dar. Beschreiben und erläutern Sie die Trends, die Sie in ihrem Verhalten beobachten.

11.70 Stellen Sie die Gesamtoberfläche einer 1 g schweren Probe aus Aluminiumpulver als Funktion des natürlichen Logarithmus der Partikelgröße dar.

11.71 Führen Sie eine Literaturrecherche durch und ermitteln Sie die höchsten Werte für die Größe von Metallpulverteilchen, die sich in Zerstäubungskammern herstellen lassen.

11.72 Grobes Kupferpulver wird in einer mechanischen Presse bei einem Druck von $2{,}8\,\text{MN/m}^2$ verdichtet. Beim darauffolgenden Sintern schrumpft der Grünling um zusätzliche 8 %. Wie groß ist die endgültige Dichte des Teils?

11.73 Ein Zahnrad soll aus Eisenpulver hergestellt werden und eine endgültige Dichte haben, die 90 % der Dichte von Gusseisen entspricht. Es ist bekannt, dass die Schwindung beim Sintern ungefähr 5 % beträgt. Welche Presskraft ist für ein Zahnrad mit einem Durchmesser von 63,5 mm mit einer Nabe von 19 mm erforderlich?

11.74 Welches Pulvervolumen ist notwendig, um das Zahnrad gemäß der vorigen Aufgabe herzustellen, wenn seine Dicke 12,7 mm beträgt?

11.75 Das in der Abbildung zur Frage dargestellte axialsymmetrische Teil soll aus feinem Kupferpulver hergestellt werden und eine Zugfestigkeit von 200 MPa haben. Ermitteln Sie den Verdichtungsdruck und die anfängliche Pulvermasse, die erforderlich ist, wenn das verdichtete Volumen 8 cm^3 beträgt.

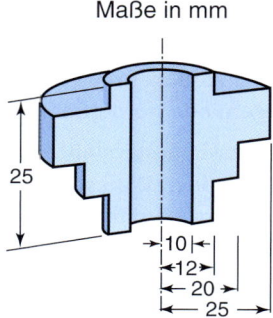

Maße in mm

11.76 Welche Techniken außer dem Pulver-in-Rohr-Verfahren ließen sich für die Herstellung von supraleitenden Monofilamenten (Endlosfasern) einsetzen? Erläutern Sie Ihre Antwort.

11.77 Beschreiben Sie andere Verfahren, die sich zur Herstellung der in Abbildung 11.1a gezeigten Teile eignen. Erörtern Sie die Vorteile und Einschränkungen dieser Verfahren gegenüber der Pulvermetallurgie.

11.78 Für eine vollständig dichte Keramik sind die Eigenschaften $R_{m,0} = 180\,\text{MPa}$ und $E_0 = 300\,\text{GPa}$ gegeben. Welche Werte haben diese Eigenschaften bei 20 % Porosität für $n = 4, 5, 6$ und 7?

11.79 Berechnen Sie die Wärmeleitfähigkeit für Keramik bei Porositäten von 1, 5, 10, 20 und 30 % für $k_0 = 0,7\,\text{W/m K}$.

11.80 Für eine Keramik ist $k_0 = 0,65\,\text{W/m K}$ gegeben. Die Keramik wird zu einem Zylinder mit einer Porositätsverteilung von $P = 0,1\,(x/L)(1 - x/L)$ geformt, wobei x der Abstand von einem Ende des Zylinders und L die gesamte Zylinderlänge ist. Schätzen Sie die mittlere Wärmeleitfähigkeit des Zylinders.

11.81 Nehmen Sie an, Sie sollen Studenten Kontrollfragen zum Inhalt dieses Kapitels stellen. Bereiten Sie drei quantitative und drei qualitative Übungsfragen vor und geben Sie die Antworten an.

Fragen zum Entwurf

11.82 Skizzieren Sie mehrere pulvermetallurgische Produkte, bei denen Dichtevariationen wünschenswert sein könnten. Erläutern Sie die Gründe dafür in Bezug auf die Funktion dieser Teile.

11.83 Vergleichen Sie die Entwurfsüberlegungen für pulvermetallurgische Produkte mit denen für (a) Gießen und (b) Schmieden. Beschreiben Sie Ihre Beobachtungen.

11.84 Bekanntlich soll beim Entwurf von pulvermetallurgischen Zahnrädern der Abstand zwischen dem Außendurchmesser der Nabe und dem Zahnkranz so groß wie möglich sein. Erläutern Sie die Gründe für diese Entwurfsüberlegung.

11.85 Worin (falls überhaupt) unterscheiden sich die Entwurfsüberlegungen für Keramik von denen für andere Werkstoffe, die in diesem Kapitel beschrieben wurden? Erläutern Sie Ihre Antwort.

11.86 Gibt es irgendwelche Formen oder Entwurfsmerkmale, die bei der Herstellung von Teilen mittels Pulvermetallurgie nicht geeignet sind? Beantworten Sie diese Frage für die Verarbeitung von Keramik. Erläutern Sie Ihre Antworten.

11.87 Welche Entwurfsänderungen empfehlen Sie für das in Aufgabe 11.75 gezeigte Teil? Erläutern Sie Ihre Entscheidung.

11.88 Die in der Abbildung zur Frage dargestellten axialsymmetrischen Teile sollen pulvermetallurgisch hergestellt werden. Schlagen Sie Gestaltungsänderungen vor und beschreiben Sie diese.

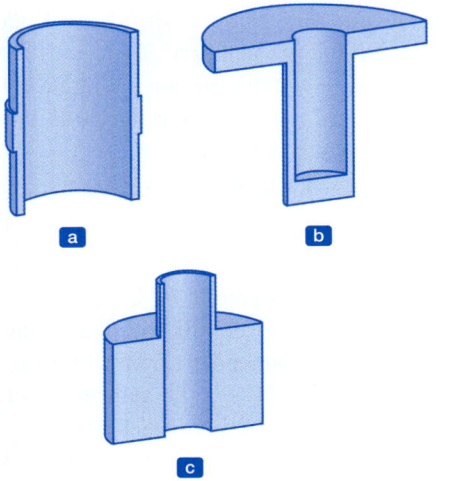

11.89 Nehmen Sie an, dass in einem bestimmten Entwurf ein Metallträger durch einen Keramikträger ersetzt werden soll. Diskutieren Sie die Unterschiede im Verhalten der beiden Träger hinsichtlich Festigkeit, Steifigkeit und Durchbiegung sowie Temperaturbeständigkeit und Widerstandsfähigkeit gegen Umwelteinflüsse.

11.90 Beschreiben Sie Ihre Gedanken zum Entwurf von Verbrennungsmotoren, die mit keramischen Kolben ausgestattet sind.

11.91 Nehmen Sie an, dass Sie im technischen Vertrieb für pulvermetallurgische Produkte beschäftigt sind. Welche Anwendungen, die derzeit keine pulvermetallurgischen Teile einsetzen, würden Sie für eine Entwicklung vorschlagen? Was raten Sie Ihren potenziellen Kunden bei Ihren Verkaufsgesprächen? Mit welchen Bedenken und Fragen seitens der Kunden rechnen Sie?

11.92 Pyrex-Kochgeschirr zeigt ein einzigartiges Phänomen: Es funktioniert für eine große Anzahl von Zyklen gut und kann dann in viele Teile zerbrechen. Untersuchen Sie dieses Phänomen, nennen Sie wahrscheinliche Ursachen und erörtern Sie Entwurfsentscheidungen, die derartige Ausfälle verringern oder fördern können.

11.93 Es wurde festgestellt, dass die Festigkeit von spröden Werkstoffen wie Keramik und Glas sehr empfindlich auf Oberflächendefekte wie zum Beispiel Kratzer (Kerbempfindlichkeit) reagiert. Besorgen Sie sich einige Stücke dieser Werkstoffe und versehen Sie sie mit Kratzern. Spannen Sie die Proben vorsichtig in einen Schraubstock ein und beobachten Sie, was beim Biegen der Proben passiert. Erörtern Sie Ihre Beobachtungen.

11.94 Erstellen Sie einen Überblick anhand der Fachliteratur und beschreiben Sie (falls vorhanden) die Unterschiede zwischen der Qualität von Glasfasern, die für verstärkte Kunststoffe hergestellt werden, und denen, die für die Glasfaserkommunikation vorgesehen sind. Erörtern Sie Ihre Erkenntnisse.

11.95 Beschreiben Sie Ihre Gedanken zu den Verfahren, die für die Herstellung (a) kleiner keramischer Statuen, (b) von Sanitärartikeln für Bäder, (c) normaler Ziegel und (d) Bodenfliesen infrage kommen.

11.96 Wie dieses Kapitel gezeigt hat, wird ein supraleitender Draht oder Streifen zum Beispiel dadurch hergestellt, dass man Pulver der entsprechenden Werkstoffe verdichtet, sie in einer Röhre einschließt und dann durch Gesenke zieht oder walzt. Beschreiben Sie Ihre Gedanken zu den möglichen Schwierigkeiten, die mit den einzelnen Fertigungsschritten verbunden sein können.

11.97 Abbildung 11.18 zeigt axialsymmetrische Teile. Erstellen Sie eine ähnliche Abbildung für Teile mit konstanter Dicke.

Fügeverfahren

12

12.1	Einführung	974
12.2	Gasschmelzschweißen	977
12.3	Lichtbogenschweißen mit abschmelzender Elektrode	979
12.4	Lichtbogenschweißen mit nicht abschmelzender Elektrode	989
12.5	Hochenergiestrahlschweißen	991
12.6	Schmelzschweiß-Fügezone	994
12.7	Kaltpressschweißen	1008
12.8	Ultraschallschweißen	1010
12.9	Reibschweißen	1011
12.10	Widerstandsschweißen	1013
12.11	Explosionsschweißen	1021
12.12	Diffusionsschweißen	1022
12.13	Lötverfahren	1023
12.14	Kleben	1033
12.15	Mechanisches Verbinden	1039
12.16	Fügen von nichtmetallischen Werkstoffen	1043
12.17	Entwurfsüberlegungen beim Fügen	1046
12.18	Wirtschaftlichkeit des Fügens	1051
Zusammenfassung		1057
Wichtige Gleichungen		1058
Verständnisfragen		1058
Rechenaufgaben		1063
Fragen zum Entwurf		1065

ÜBERBLICK

12 Fügeverfahren

> **LERNZIELE**
>
> Dieses Kapitel beschreibt die Prinzipien, Eigenschaften und Anwendungen der wichtigsten Fügeverfahren. Unter anderem werden folgende Themen behandelt:
>
> - Gasschmelzschweißen und Lichtbogenschweißen mit abschmelzender und nicht abschmelzender Elektrode;
> - Festkörperschweißen;
> - Laserstrahl- und Elektronenstrahlschweißen;
> - Wesen und Eigenschaften der Schweißverbindung und Faktoren, die die Schweißbarkeit von Metallen beeinflussen;
> - Kleben;
> - Mechanisches Verbinden und Verbindungselemente;
> - Wirtschaftliche Überlegungen beim Fügen;
> - Empfehlungen zum Verbindungsentwurf und zur Verfahrensauswahl.

12.1 Einführung

Der allgemeine Oberbegriff **Fügen** steht für zahlreiche Verfahren, die entscheidende Elemente in Fertigungsabläufen darstellen. Wenn Sie sich Produkte wie Kraftfahrzeuge, Fahrräder, gedruckte Leiterplatinen, Maschinen oder Haushaltsgeräte genauer ansehen, wird schnell deutlich, wie wichtig es ist, Bauteile zu verbinden und zu montieren. Fügen kann aus folgenden Gründen ein bevorzugtes oder notwendiges Fertigungsverfahren sein:

- Es ist unmöglich oder nicht wirtschaftlich, das Produkt aus nur einem Stück herzustellen.
- Es ist leichter, das Produkt aus einzelnen Bauteilen zu fertigen und diese dann zusammenzubauen, als es in nur einem Stück herzustellen.
- Das Produkt muss sich während seiner Betriebszeit zu Reparatur- oder Wartungszwecken zerlegen lassen.
- Für die Funktionsweise des Produkts können unterschiedliche Eigenschaften wünschenswert sein. Zum Beispiel besitzen Oberflächen, die Reibung und Verschleiß oder Korrosions- und Umweltangriffen ausgesetzt sind, typischerweise andere Eigenschaften als das Volumen der Komponente.
- Es ist gegebenenfalls einfacher und wirtschaftlicher, das Produkt in Einzelteilen zu transportieren und dann zu montieren, als das Teil als Ganzes zu transportieren.

Die breite Vielfalt der Füge- und Verbindungsverfahren lässt sich nach unterschiedlichen Methoden kategorisieren. Dieses Kapitel folgt der Sequenz, wie sie aus den Abschnittsüberschriften hervorgeht.

12.1 Einführung

Fügeverfahren können in Bezug auf ihre gemeinsame Funktionsweise eingeteilt werden. Die erzeugten Verbindungsstellen erfahren oftmals metallurgische und physikalische Änderungen, die wiederum große Auswirkungen auf die Eigenschaften der gefügten Komponenten haben.

Beim **Schmelzschweißen** werden Werkstoffe mithilfe von Wärme, die normalerweise durch elektrische oder andere Energieträger zugeführt wird, geschmolzen und untrennbar miteinander verbunden. Zu dieser Verfahrensgruppe gehören *Gasschmelzschweißen*, *Lichtbogenschweißen* mit abschmelzenden und nicht abschmelzenden Elektroden sowie *Hochenergiestrahlschweißen*. Wie Abschnitt 9.14 beschrieben hat, werden die Hochenergieverfahren auch zum Schneiden und zur spanenden Bearbeitung eingesetzt.

Festkörperschweißen verbindet ohne Schmelzprozess, d. h., es gibt keine flüssige (geschmolzene) Phase in der Verbindung. Grundsätzlich unterscheidet man folgende Kategorien beim Festkörperschweißen: *Kalt-*, *Ultraschall-*, *Reib-*, *Widerstands-*, *Explosions-* sowie *Diffusionsschweißen*.

Hart- und Weichlöten arbeitet mit Zusatzwerkstoffen und bei niedrigeren Temperaturen als Schweißen. Die erforderliche Wärme wird von außen zugeführt.

Kleben ist eine wichtige Technologie, da sie einzigartige Vorteile für Anwendungen bietet, die Festigkeit, Abdichtung, Isolierung, Schwingungsdämpfung und Korrosionsbeständigkeit zwischen ungleichen oder ähnlichen Metallen erfordern. Zu dieser Kategorie gehören *elektrisch leitfähige Klebstoffe* für die Oberflächenmontage elektronischer Bauteile.

Mechanische Befestigungsverfahren arbeiten mit verschiedenartigen Halterungen, Bolzen, Muttern, Schrauben und Nieten. *Fügen nichtmetallischer Werkstoffe* lässt sich unter anderem durch mechanisches Verbinden, Kleben, Verschmelzen durch verschiedene externe oder interne Wärmequellen, Diffusion und Aufbringen einer Metallzwischenschicht realisieren.

Wie alle anderen Fertigungsverfahren zeichnen sich die einzelnen Gruppen der Fügeverfahren durch mehrere wichtige Eigenschaften aus. Dazu gehören zum Beispiel konstruktive Gestaltung der Fügestelle (▶ Abbildung 12.1), Größe und Form der zu fügenden Teile, Festigkeit und Zuverlässigkeit der Verbindung, Kosten und Wartung der Ausrüstung sowie erforderliche Personalqualifikation (Tabellen 12.1 und 12.2).

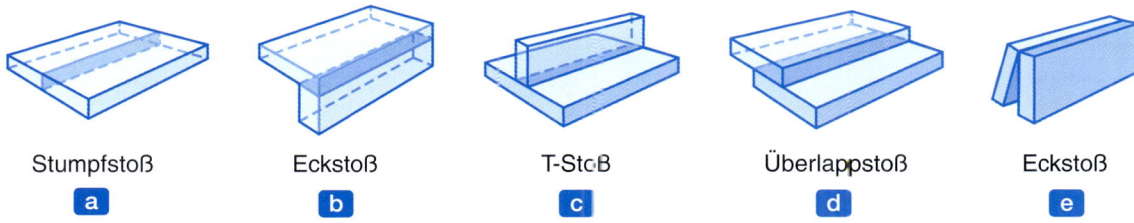

a Stumpfstoß b Eckstoß c T-Stoß d Überlappstoß e Eckstoß

Abbildung 12.1: Einige Beispiele für Schweißverbindungen.

Tabelle 12.1: Vergleich verschiedener Fügeverfahren

Verfahren	Festig-keit	Gestaltungs-freiheit	Kleine Teile	Große Teile	Tole-ranzen	Zuverläs-sigkeit	Wart-barkeit	Visuelle Inspektion	Kosten
Lichtbogenschweißen	1	2	3	1	3	1	2	2	2
Widerstandsschweißen	1	2	1	1	3	3	3	3	1
Löten	1	1	1	1	3	1	3	2	3
Verschrauben	1	2	3	1	2	1	1	1	3
Nieten	1	2	3	1	1	1	3	1	2
Mechanisches Verbinden	2	3	3	1	2	2	2	1	3
Säumen, Crimpen	2	2	1	3	3	1	3	1	1
Kleben	3	1	1	2	3	2	3	3	2

Anmerkung: 1: sehr gut; 2: gut; 3: schlecht.

Tabelle 12.2: Allgemeine Charakteristika von Schweißverfahren

Füge-verfahren	Art der Anwendung	Vorteile	Erforderliche Qualifikation	Spannungs-art *	Verzug **	Ausrüstungs-kosten
Lichtbogen-handschweißen	Händisch	Portabel und flexibel	Hoch	AC, DC	1–2	Niedrig
Unterpulver-Lichtbogen-schweißen ***	Automatisch	Hohe Auf-tragsleistung	Niedrig bis mittel	AC, DC	1–2	Mittel
Metall-Schutzgas-schweißen	Halbauto-matisch oder automatisch	Für die meisten Metalle geeignet	Niedrig bis hoch	DC	2–3	Mittel bis hoch
Wolfram-Schutzgas-schweißen	Händisch oder automatisch	Für die meisten Metalle geeignet	Niedrig bis hoch	AC, DC	2–3	Mittel
Schweißen mit gefüllter Drahtelektrode	Halbauto-matisch oder automatisch	Hohe Auf-tragsleistung	Niedrig bis hoch	DC	1–3	Mittel
Gasschmelz-schweißen	Händisch	Portabel und flexibel	Hoch	–	2–4	Niedrig
Elektronen-, Laserstrahl-schweißen	Halbauto-matisch oder automatisch	Für die meisten Metalle geeignet	Mittel bis hoch	–	3–5	Hoch

Anmerkungen:
* AC = Wechselstrom, DC = Gleichstrom.
** 1 = hoch, 5 = niedrig.
*** Kann nur horizontal angewendet werden.

12.2 Gasschmelzschweißen

Das Anfang des 20. Jahrhunderts entwickelte *Gasschmelzschweißen* steht für eine Kategorie von Schweißverfahren, die ein **Brenngas** verwenden und zusammen mit *Sauerstoff* eine Flamme als Wärmequelle erzeugen, die für das Schmelzen der Metalle an der Verbindungsstelle erforderlich ist. Das gebräuchlichste Gasschweißverfahren verwendet *Azetylen*. Es wird als Autogenschweißen bezeichnet und in der Regel für die Herstellung von Blechkonstruktionen, Automobilkarosserien und für verschiedene Reparaturarbeiten eingesetzt.

Die erzeugte Wärme entsteht beim Verbrennen von Azetylengas (C_2H_2) in einer Mischung mit Sauerstoff. Dabei laufen im Wesentlichen zwei chemische Reaktionen ab. Beim Hauptverbrennungsvorgang, der im inneren Kern der Flamme auftritt (▶ Abbildung 12.2), ist das die folgende Reaktion:

$$C_2H_2 + O_2 \rightarrow 2CO + H_2 + \text{Wärme} . \tag{12.1}$$

Diese Reaktion zersetzt das Azetylen zu Kohlenmonoxid und Wasserstoff und erzeugt rund ein Drittel der gesamten Wärme, die in der Flamme entsteht. Der sekundäre Verbrennungsprozess ist durch

$$2CO + H_2 + \frac{3}{2}O_2 \rightarrow 2CO_2 + H_2O + \text{Wärme} \tag{12.2}$$

gekennzeichnet. Diese Reaktion umfasst die weitere Verbrennung des Wasserstoffs und Kohlenmonoxids und erzeugt rund zwei Drittel der gesamten Wärme. Außerdem entsteht bei dieser Reaktion Wasserdampf. Die in der Flamme entwickelten Temperaturen können 3300 °C erreichen.

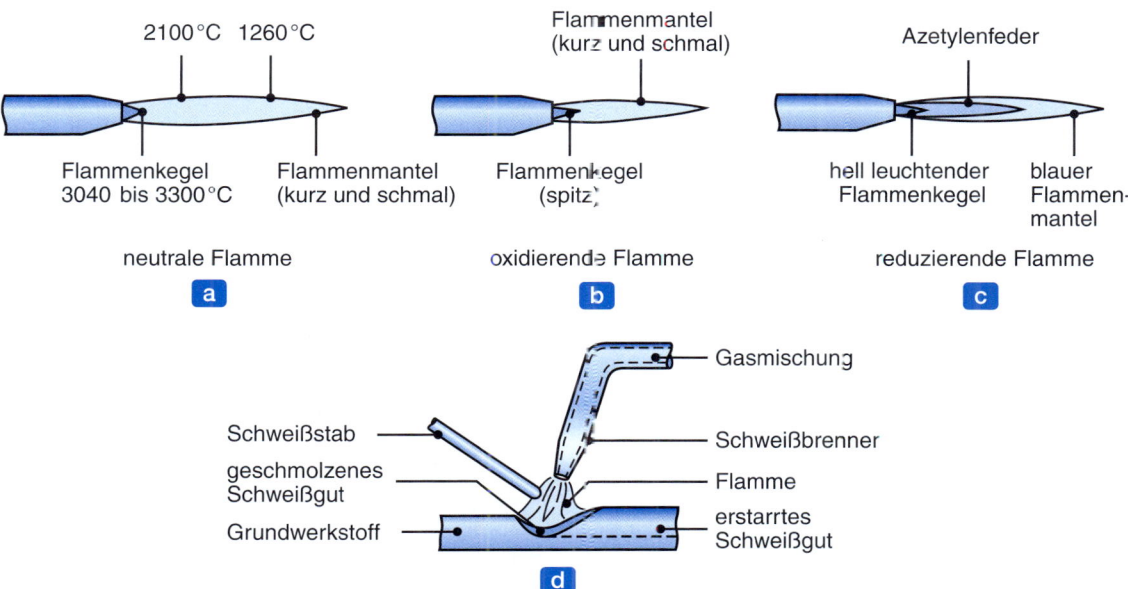

Abbildung 12.2: Die Sauerstoff-Azetylen-Flammenarten, die beim Gasschmelzschweißen und Brennschneiden verwendet werden: (a) neutrale Flamme, (b) oxidierende Flamme, (c) reduzierende Flamme. (d) Schematische Darstellung des Sauerstoff-Azetylen-Gasschmelzschweißens.

Flammenarten: Das Verhältnis von Azetylen und Sauerstoff in der Gasmischung ist ein wichtiger Faktor für das Gasschmelzschweißen. Wenn es beim Verhältnis 1 : 1 keinen Sauerstoffüberschuss gibt, gilt die Flamme als *neutral* (Abbildung 12.2a). Wird mehr Sauerstoff zugeführt, kann die Flamme – speziell bei Stahl – schädlich sein, da sie das Metall oxidiert. Deshalb spricht man hier von einer **oxidierenden Flamme** (Abbildung 12.2b). Nur beim Schweißen von Kupfer und Legierungen auf Kupferbasis ist eine oxidierende Flamme wünschenswert, da sie eine dünne Schutzschicht aus *Schlacke* (Sauerstoffverbindungen) über dem geschmolzenen Metall bildet. Wenn der Sauerstoff für eine vollständige Verbrennung nicht ausreicht, handelt es sich (durch den Azetylenüberschuss) um eine **reduzierende Flamme** (Abbildung 12.2c). Die Temperatur einer reduzierenden Flamme ist niedriger und somit für Anwendungen mit geringerem Wärmebedarf geeignet, beispielsweise beim Hart- und Weichlöten und Flammhärten.

Andere Brenngase wie Wasserstoff und Methylazetylen-Propadien können ebenfalls für das Gasschmelzschweißen genutzt werden. Allerdings sind die entstehenden Temperaturen geringer, sodass sich diese Gase nur für das Schweißen von Metallen mit niedrigen Schmelztemperaturen wie Blei sowie für dünne und kleine Teile eignen. Die Flamme mit reinem Wasserstoffgas ist farblos. Im Unterschied zu anderen Gasen ist es deshalb schwierig, die Flamme nach Augenmaß zu justieren.

Mit **Zusatzwerkstoffen** wird der Schmelzzone während des Schweißens zusätzliches Metall zugeführt. Diese Werkstoffe sind als Schweißstab oder Schweißdraht mit und ohne Flussmittelumhüllung erhältlich (Abbildung 12.2d). Das Flussmittel soll die Oxidation der zu schweißenden Oberflächen mit einer *gasförmigen Abschirmung* um die Schweißzone verzögern. Außerdem hilft das Flussmittel, Oxide und andere Substanzen in der Schweißzone aufzulösen und zu entfernen, was die Entwicklung einer festeren Verbindung fördert. Die entstehende *Schlacke* (Verbindungen von Oxiden, Flussmitteln und Umhüllungsmaterialien der Elektrode) schützt das Schmelzbad beim Abkühlen gegen Oxidation.

Gas-Pressschweißen: Bei diesem Verfahren erwärmt eine Flamme die beiden zu schweißenden Bauteile an ihrer Grenzfläche – normalerweise mit einer Gasmischung aus Sauerstoff und Azetylen (▶ Abbildung 12.3a). Sobald die Grenzfläche schmilzt, wird die Flamme zurückgezogen und eine axiale Kraft presst die beiden Teile so lange zusammen, bis die Grenzflächen erstarrt sind (Abbildung 12.3b). Durch das Stauchen der verbundenen Enden der beiden Bauteile entsteht ein Grat, der nach dem Schweißen entfernt werden kann.

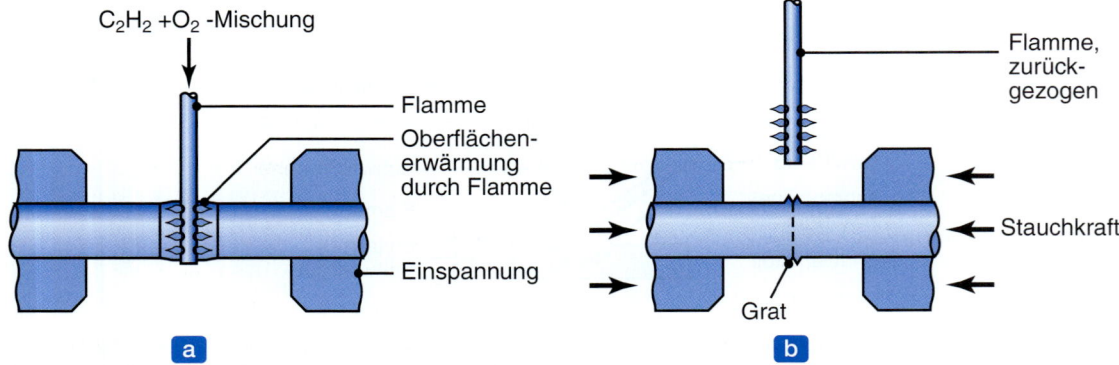

Abbildung 12.3: Schematische Darstellung des Gas-Pressschweißens: (a) vorher, (b) nachher. Der sich bildende Grat wird nach dem Schweißen entfernt.

12.3 Lichtbogenschweißen mit abschmelzender Elektrode

Beim Mitte des 19. Jahrhunderts entwickelten *Lichtbogenschweißen* wird die erforderliche Wärme aus elektrischer Energie erzeugt. Durch den elektrischen Strom aus einer Gleich- oder Wechselstromquelle entsteht zwischen der Spitze einer abschmelzenden oder nicht abschmelzenden Elektrode (Stab oder Draht) und den zu schweißenden Teilen ein Lichtbogen. Dieser Abschnitt befasst sich mit den verschiedenen Verfahren, die zum Lichtbogenschweißen gehören (Tabelle 12.2).

12.3.1 Wärmeeintrag beim Lichtbogenschweißen

Der Wärmeeintrag beim Lichtbogenschweißen lässt sich mithilfe der Gleichung

$$\frac{H}{l} = \eta \frac{UI}{v} \tag{12.3}$$

berechnen, wobei H die zugeführte Wärmemenge (in J), l die Schweißlänge, U die angelegte Spannung, I der Strom und v die Schweißgeschwindigkeit ist. Der Faktor η gibt die Prozesseffizienz an und variiert von etwa 75 % für Lichtbogenhandschweißen bis 90 % für Metall-Schutzgasschweißen und Unterpulver-Lichtbogenschweißen. Die Effizienz ist ein Anzeichen dafür, dass nicht die gesamte verfügbare Energie beim Schmelzen des Materials umgesetzt wird – ein Teil der Wärme wird vom Werkstück abgeführt, ein Teil geht durch Strahlung verloren und ein noch größerer Teil wird durch Konvektion an die Umgebung abgegeben.

Der durch Gleichung (12.3) gegebene Wärmeeintrag schmilzt ein bestimmtes Materialvolumen – normalerweise die Elektrode oder den Zusatzwerkstoff – und kann auch als

$$H = uV = uAl \tag{12.4}$$

ausgedrückt werden, wobei u die zum Schmelzen erforderliche spezifische Energie und A der Querschnitt des Schmelzguts sind. Tabelle 12.3 gibt einige typische Werte für u an. Aus den Gleichungen (12.3) und (12.4) lässt sich ein Ausdruck für die Schweißgeschwindigkeit formulieren:

$$v = \eta \frac{UI}{uA} . \tag{12.5}$$

Tabelle 12.3: Ungefähre spezifische Energie zum Schmelzen verschiedener Werkstoffe

Werkstoff	Spezifische Energie, u J/mm³	Werkstoff	Spezifische Energie, u J/mm³
Aluminium und Aluminiumlegierungen	2,9	Nickel	9,8
Gusseisen	7,8	Stähle	9,1–10,3
Kupfer	6,1	Rostfreie Stähle	9,3–9,6
Messing (CuZn10)	4,2	Titan	14,3
Magnesium	2,9		

Diese Gleichungen wurden zwar für das Lichtbogenschweißen entwickelt, ähnliche Ausdrücke erhält man aber auch für andere Schmelzschweißverfahren, wobei die Unterschiede in der Schweißnahtgeometrie und der Prozesseffizienz zu berücksichtigen sind.

> **Beispiel 12.1** **Abschätzen der Schweißgeschwindigkeit für unterschiedliche Werkstoffe**
>
> Ein Schweißvorgang wird bei $U = 20\,\text{V}$, $I = 200\,\text{A}$ durchgeführt. Die Querschnittsfläche der Schweißraupe beträgt $30\,\text{mm}^2$. Schätzen Sie die Schweißgeschwindigkeit ab, wenn das Werkstück und die Elektrode aus (a) Aluminium, (b) Kohlenstoffstahl und (c) Titan bestehen. Nehmen Sie die Effizienz mit 75 % an.
>
> **Lösung:** Tabelle 12.3 gibt für Aluminium die erforderliche spezifische Energie mit $u = 2{,}9\,\text{J/mm}^3$ an. Mit diesem Ergebnis und den angegebenen Werten erhält man mit Gleichung (12.5) das Ergebnis:
>
> $$v = \eta \frac{UI}{uA} = 0{,}75 \frac{20 \times 200}{2{,}9 \times 30} = 34{,}5\,\text{mm/s}\,.$$
>
> Analog lässt sich u für Kohlenstoffstahl mit $12{,}3\,\text{J/mm}^3$ abschätzen (Mittelwert der in Tabelle 12.3 angegebenen Extremwerte), was zu $v = 8{,}1\,\text{mm/s}$ führt. Für Titan ist $u = 14{,}3\,\text{J/mm}^3$ und das Ergebnis lautet $v = 7{,}0\,\text{mm/s}$.

12.3.2 Lichtbogenhandschweißen

Lichtbogenhandschweißen ist eines der ältesten, einfachsten und vielseitigsten Fügeverfahren. Derzeit wird rund die Hälfte aller industriellen und Instandhaltungsschweißarbeiten mit diesem Verfahren durchgeführt. Der Lichtbogen bildet sich, wenn das Werkstück mit der Spitze einer umhüllten Elektrode berührt und die Elektrode dann sofort so weit zurückgezogen wird, dass der Bogen bestehen bleibt (▶ Abbildung 12.4a). Die Elektroden haben die Form von dünnen, langen Stäben (siehe Abschnitt 12.3.8), sodass man auch von **Schweißen mit Stabelektrode** spricht. Die erzeugte Wärme schmilzt einen Teil der Elektrodenspitze, ihre Umhüllung und den Grundwerkstoff im unmittelbaren Bereich des Bogens. Nachdem das geschmolzene Metall im Schweißnahtbereich erstarrt ist, bildet sich eine Schweißnaht (eine Mischung von Grundwerkstoff, Elektrodenmaterial und Stoffen aus der Umhüllung der Elektrode). Die Elektrodenumhüllung desoxidiert und gibt ein Schutzgas an den Schweißnahtbereich ab, um ihn gegen den Sauerstoff in der Umgebung zu schützen.

Der blanke Abschnitt am Ende der Elektrode wird an den einen Pol der Stromquelle angeschlossen, das zu schweißende Teil an den anderen Pol (Abbildung 12.4b). Der Strom liegt üblicherweise im Bereich zwischen 50 und 300 A, wobei die Leistungsanforderungen im Allgemeinen weniger als 10 kW betragen. Ist der Strom zu gering, schmilzt das Metall nicht vollständig, ein zu hoher Strom kann die Umhüllung der Elektrode beschädigen und die Wirksamkeit des Vorgangs verringern. Der Betrieb ist sowohl mit

12.3 Lichtbogenschweißen mit abschmelzender Elektrode

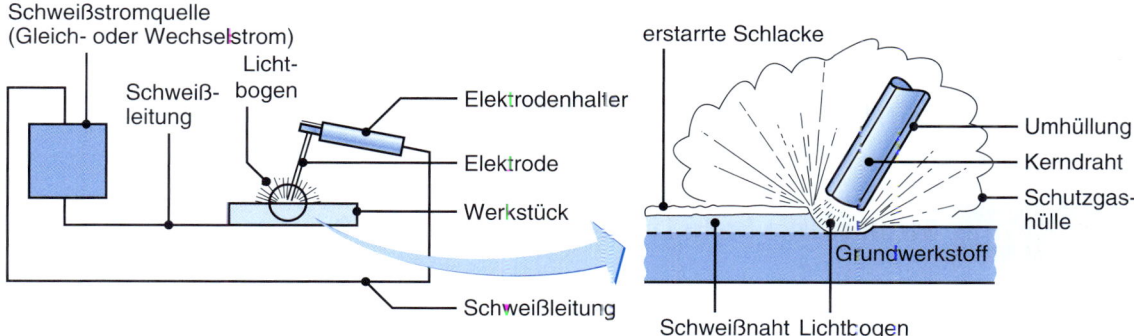

Abbildung 12.4: Schematische Darstellung des Lichtbogenhandschweißens. Ungefähr die Hälfte aller großtechnischen Schweißoperationen werden mit diesem Verfahren durchgeführt.

Wechselstrom als auch mit Gleichstrom möglich. Gleichstrom wird bevorzugt, da der erzeugte Lichtbogen stabiler ist.

Bei Gleichstrom kann die **Polarität** (d. h. die Richtung des Stromflusses) je nach Art der Elektrode, den zu schweißenden Metallen und der Tiefe der erwärmten Zone wichtig sein. Bei **negativer Polung** liegt das Werkstück am Pluspol und die Elektrode am Minuspol. Diese Polung eignet sich aufgrund der geringen Eindringtiefe für Bleche sowie für Verbindungen mit sehr breiten Schweißspalten. Bei **umgekehrter Polarität**, bei der die Elektrode positiv und das Werkstück negativ gepolt sind, ist eine größere Eindringtiefe möglich. Bei Wechselstrom ist es durch den schnell pulsierenden Bogen möglich, dicke Querschnitte zu schweißen und Elektroden mit großem Durchmesser bei maximalen Strömen zu verwenden.

Für das Lichtbogenhandschweißen ist nur eine relativ kleine Auswahl von Elektroden erforderlich und die Anlage besteht aus einer Stromversorgung, den Stromkabeln und einem Elektrodenhalter. Das Verfahren ist im Bauwesen, im Schiffbau und für Pipelines sowie für Instandhaltungsarbeiten weitverbreitet, da die Ausrüstung transportabel ist und sich leicht warten lässt. Nützlich ist das Verfahren besonders für Arbeiten in entlegenen Regionen, wo transportable Generatoren (mit Verbrennungsmotorantrieb) als Stromversorgung verwendet werden können. Das Lichtbogenhandschweißen ist vor allem für Werkstücke mit einer Dicke von 3 bis 20 mm geeignet. Allerdings ist es möglich, diesen Bereich mithilfe von Mehrlagentechniken zu erweitern (▶ Abbildung 12.5). Verfahrensbedingt ist es erforderlich, die

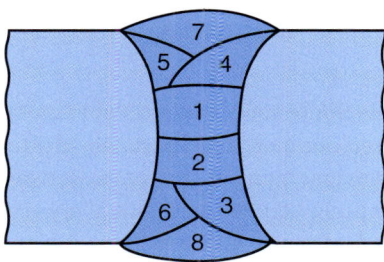

Abbildung 12.5: Aufbau einer Schweißraupe. 1 bis 6: Fülllagen, 7, 8: Decklagen.

Schlacke (Verbindungen aus Oxiden, Flussmitteln und Umhüllungsmaterial der Elektrode) nach jeder Schweißlage zu entfernen (zum Beispiel durch Drahtbürsten). Geschieht dies nicht vollständig, kann die erstarrte Schlacke zu starker Korrosion des Schweißnahtbereichs und in der Folge zu einem Versagen der Schweißstelle führen. Somit sind die Arbeitskosten wie auch die Materialkosten recht hoch.

> **Beispiel 12.2** **Stromstärke beim Lichtbogenhandschweißen**
>
> Ein Werkstück aus Stahl wird (mit einer Stahlelektrode) durch Lichtbogenhandschweißen geschweißt. Die Stromversorgung ist auf eine Spannung von 20 V eingestellt. Schätzen Sie den erforderlichen Strom ab, der zum Schweißen eines dreieckigen Querschnitts mit einer Schenkellänge von 10 mm bei einer Schweißgeschwindigkeit von 10 mm/s erforderlich ist. Nehmen Sie eine Effizienz von 75 % an.
>
> **Lösung:** Die Querschnittsfläche der Schweißnaht berechnet sich mit den gegebenen Abmessungen zu
> $$A = \frac{1}{2}bh = \frac{1}{2} 10 \times 10 = 50 \, \text{mm}^2 \ .$$
> Die spezifische Energie, die zum Schmelzen der Stahlelektrode erforderlich ist, hat gemäß Tabelle 12.3 einen Wert von 10,3 J/mm². Somit liefert Gleichung (12.5)
> $$v = \eta \frac{UI}{uA} \rightarrow I = \frac{vuA}{\eta U} = \frac{10 \times 10{,}3 \times 50}{0{,}75 \times 20} = 343 \, \text{A} \ .$$

12.3.3 Unterpulver-Lichtbogenschweißen

Beim *Unterpulver-Lichtbogenschweißen* wird der Lichtbogen durch *gekörntes Flussmittel* (bestehend aus Kalk, Quarzsand, Manganoxid, Kalziumfluorid und anderen Elementen) abgeschirmt, das in die Schweißzone durch Schwerkraftwirkung über eine Düse zugeführt wird (▶ Abbildung 12.6). Die dicke Schicht des Flussmittels bedeckt das geschmolzene Metall vollständig, verhindert Schweißspritzer und Funken und unterdrückt die intensive Ultraviolettstrahlung sowie Abgase. Das Flussmittel fungiert auch als thermischer Isolator und ermöglicht es, dass die Wärme tief in das Werkstück eindringt. Das nicht geschmolzene Flussmittel wird (mithilfe einer *Absaugvorrichtung*) zurückgewonnen, aufbereitet und wiederverwendet.

Die abschmelzende Elektrode ist eine Spule aus blankem Draht von 1,5 bis 10 mm Durchmesser. Sie wird automatisch durch ein Rohr (Schweißbrenner) zugeführt. Die elektrische Stromstärke liegt im Bereich zwischen 300 und 2000 A. Die Stromversorgungen sind normalerweise am Ein- oder Dreiphasen-Wechselstromnetz mit einer Effektivspannung von 230 bzw. 400 V angeschlossen. Da das Flussmittel durch Schwerkraft zugeführt wird, ist das Unterpulver-Lichtbogenschweißen gewissermaßen auf Schweißungen in horizontaler oder flacher Position mit einer Unterlage beschränkt. An Röhren lassen sich kreisförmige Schweißungen ausführen, wenn sie während des Schweißvorgangs gedreht werden.

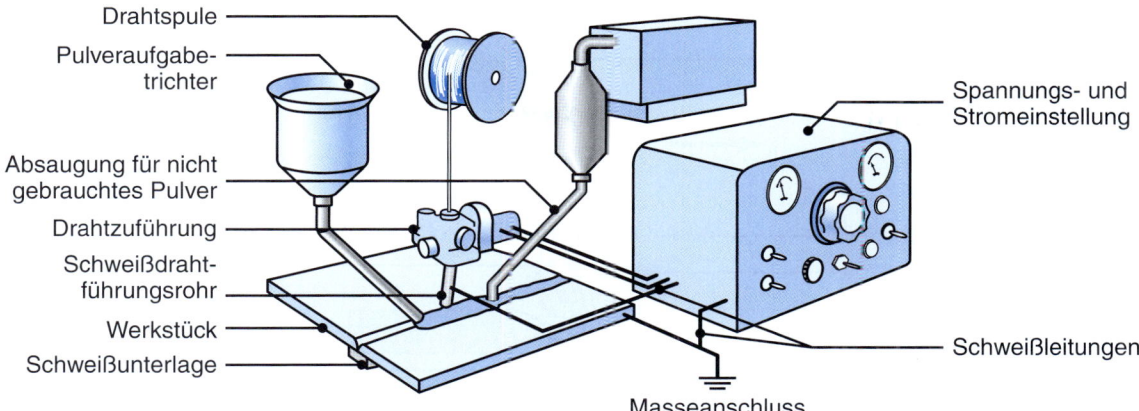

Abbildung 12.6: Schematische Darstellung des Unterpulver-Lichtbogenschweißens. Das unverbrauchte Pulver wird aufgefangen und wiederverwendet.

Das Unterpulver-Lichtbogenschweißen lässt sich für größere Wirtschaftlichkeit automatisieren und ist für ein breites Spektrum von Kohlenstoff- und legierten Stählen sowie rostfreie Stahlbleche oder -tafeln bei Geschwindigkeiten bis zu 5 m/min geeignet. Es wird zum Beispiel im Schiffbau zum Schweißen dicker Bleche und bei der Herstellung von Druckkesseln eingesetzt. Das Verfahren zeichnet sich durch eine sehr hohe Qualität, gute Zähigkeit, Duktilität und Konstanz der Eigenschaften der Fügezone aus. Die sehr hohe Produktivität ermöglicht es, 4- bis 10-mal mehr Schweißgut pro Stunde aufzutragen als mit Lichtbogenhandschweißen.

12.3.4 Metall-Schutzgasschweißen

Beim *Metall-Schutzgasschweißen* wird der Schweißnahtbereich durch eine externe Gasquelle – Argon, Helium, Kohlendioxid oder verschiedene andere Gasmischungen – geschützt (▶ Abbildung 12.7a). Außerdem sind im Elektrodenmetall selbst üblicherweise Desoxidationsmittel enthalten, um die Oxidation des Schweißbads zu verhindern. Die abschmelzende Drahtelektrode wird dem Lichtbogen automatisch durch eine Düse zugeführt (Abbildung 12.7b). An der Fügestelle lassen sich mehrere Schweißnahtlagen auftragen.

Das in den 1950er Jahren entwickelte Metall-Schutzgasschweißen eignet sich für ein breites Spektrum von Eisen- und Nichteisenmetallen und wird ausgiebig in der Metallverarbeitung eingesetzt. Das Verfahren ist schnell, vielseitig und wirtschaftlich. Die Schweißproduktivität ist doppelt so hoch wie beim Lichtbogenhandschweißen. Metall-Schutzgasschweißen lässt sich problemlos automatisieren und ist deshalb für Roboter- und flexible Fertigungssysteme prädestiniert (siehe die Anhänge A und B).

Das Metall wird bei dem auch als *MIG-Schweißen* (für *Metall-Inertgas*) bezeichneten Verfahren nach einer der folgenden Methoden übertragen:

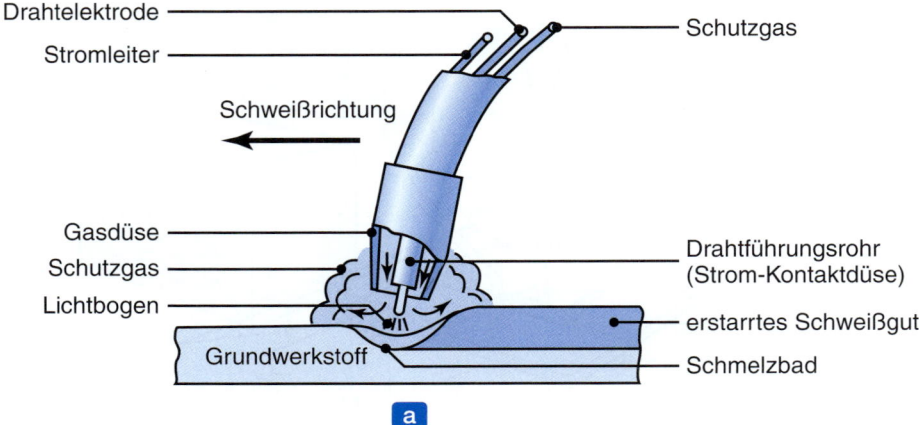

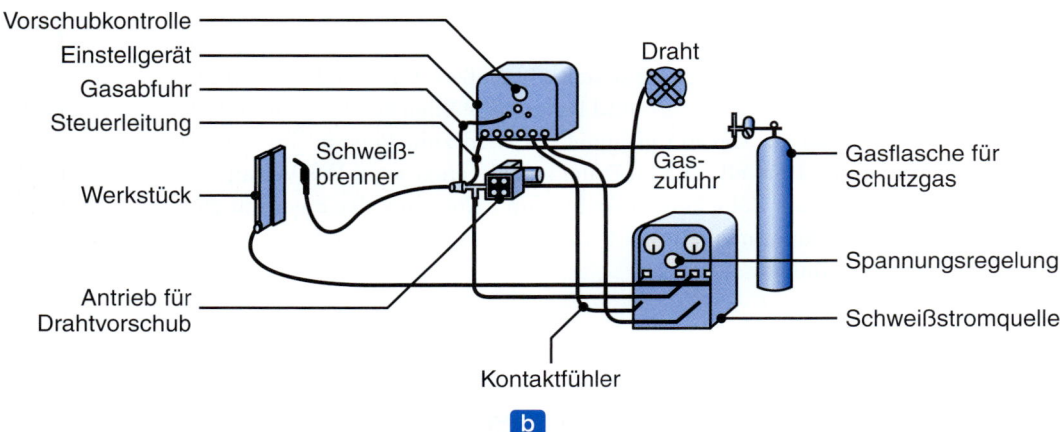

Abbildung 12.7: (a) Metall-Schutzgasschweißen, auch bekannt als Metall-Inertgasschweißen (MIG). (b) Geräteausstattung beim Metall-Schutzgasschweißen.

1. **Sprühtransfer:** Kleine Tröpfchen aus geschmolzenem Elektrodenmetall werden mit Raten von mehreren hundert Tröpfchen pro Sekunde in den Schweißnahtbereich übertragen. Die Übertragung ist spritzerfrei und sehr stabil. Es werden hohe Gleichströme, hohe Spannungen und Elektroden mit großem Durchmesser verwendet, wobei Argon oder argonreiche Gasmischungen als Schutzgas dienen. Der mittlere Strom, der bei diesem Verfahren erforderlich ist, lässt sich mit *Impulslichtbögen* verringern, indem Impulse mit hoher Amplitude einem kleinen Gleichstrom überlagert werden. Das Verfahren ist für alle Schweißpositionen geeignet.

2. **Transfer von Kügelchen:** Diese Methode verwendet kohlendioxidreiche Gase, wobei die Kräfte des Lichtbogens Kügelchen aus geschmolzenem Metall antreiben. Deshalb treten beim diesem Vorgang viele Spritzer auf. Die Schweißströme sind hoch, wobei die Eindringtiefen und Schweißgeschwindigkeiten größer als beim Sprühtransfer sind. Mit dieser Methode werden häufig stärkere Querschnitte geschweißt.

3 **Kurzschlussbetrieb:** Das Metall wird in einzelnen Tröpfchen bei Raten von mehr als $50\,s^{-1}$ übertragen, wenn die Elektrodenspitze das Schmelzbad berührt und kurzschließt. Es werden niedrige Ströme und Spannungen mit kohlendioxidreichen Gasen und Drahtelektroden mit kleinem Durchmesser verwendet. Die erforderliche Leistung beträgt etwa 2 kW. Da die entstehenden Temperaturen relativ niedrig sind, eignet sich diese Methode nur für dünne Bleche und Querschnitte (dünner als 6 mm), weil bei dickeren Werkstoffen ein unvollständiges Schmelzen auftreten kann (▶ Abbildung 12.20). Dieses Verfahren ist leicht anzuwenden und eine gebräuchliche Methode für das Verschweißen dünner Eisenprofile.

12.3.5 Schweißen mit gefüllter Drahtelektrode

Das *Schweißen mit gefüllter Drahtelektrode* (▶ Abbildung 12.8) ähnelt dem Metall-Schutzgasschweißen, außer dass die Elektrode röhrenförmig und mit Flussmittel gefüllt ist (daher die Bezeichnung *Flussmittelseele*). Fülldrahtelektroden liefern einen stabileren Lichtbogen, verbessern die Kontur der Schweißnaht und ergeben bessere mechanische Eigenschaften des Schweißguts. Das Flussmittel ist flexibler als die spröde Beschichtung von Elektroden für Lichtbogenhandschweißen. Die Röhrenelektrode lässt sich auch in Spulenform liefern. Die erforderliche Leistung liegt bei etwa 20 kW.

Der Durchmesser der Elektroden beträgt normalerweise 0,5 bis 4 mm. Elektroden mit kleinen Durchmessern werden zum Schweißen dünnerer Werkstoffe eingesetzt. Zudem ist es damit einfacher, nicht genau positionierte Teile zu schweißen. Die Flussmittelchemie erlaubt das Schweißen vieler unterschiedlicher Grundwerkstoffe. *Selbstschützende Fülldrahtelektroden* sind ebenfalls erhältlich. Diese Elektro-

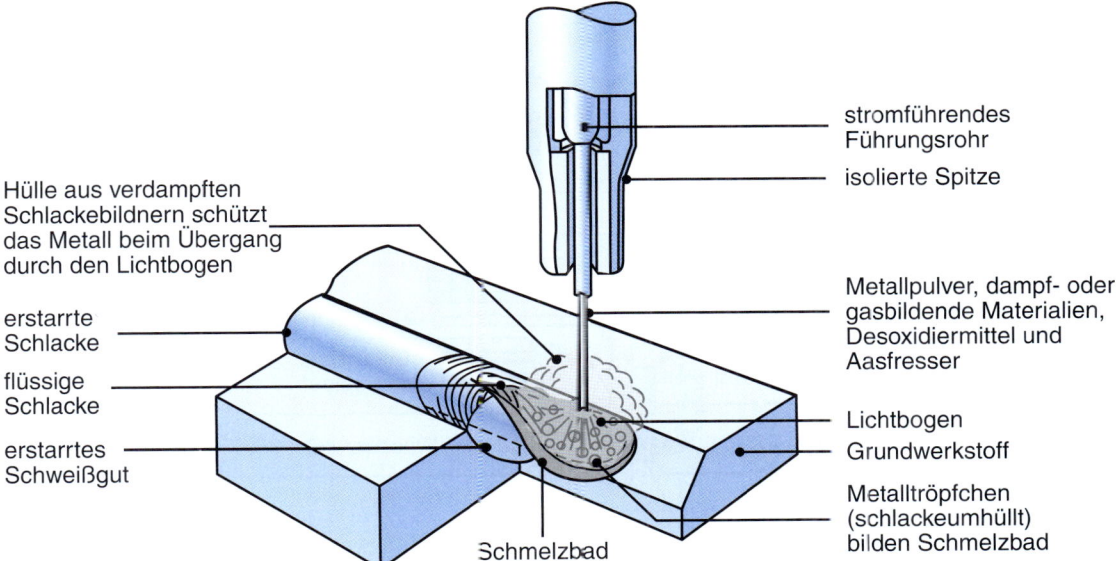

Abbildung 12.8: Schematische Darstellung des Schweißens mit gefüllter Drahtelektrode (*Schweißen mit selbstschützender Fülldrahtelektrode*). Das Verfahren ist ähnlich dem Lichtbogenhandschweißen.

den enthalten ausströmende Flussmittel, die den Schweißnahtbereich gegen die Umgebungsatmosphäre abschirmen und somit keinen externen Gasschutz benötigen.

Schweißen mit gefüllter Drahtelektrode kombiniert die Vielseitigkeit von Lichtbogenhandschweißen mit der kontinuierlichen und automatischen Elektrodenzuführung von Metall-Schutzgasschweißen. Das Verfahren ist sehr wirtschaftlich und wird zum Schweißen verschiedenartiger Verbindungen mit unterschiedlichen Dicken eingesetzt, hauptsächlich mit Stählen, rostfreien Stählen und Nickellegierungen. Ein wesentlicher Vorteil beim Schweißen mit gefüllter Drahtelektrode ist die Einfachheit, mit der sich spezifische chemische Eigenschaften des Schweißguts einstellen lassen. Indem man dem Flussmittelkern Legierungen zusetzt, kann man praktisch jede Legierungszusammensetzung bereitstellen. Dieses Verfahren lässt sich leicht automatisieren und ohne Weiteres an flexible Fertigungssysteme und Roboter anpassen.

12.3.6 Elektrogasschweißen

Elektrogasschweißen wird hauptsächlich zum Schweißen der senkrechten Kanten von Profilen in einem Durchlauf verwendet, wobei die Teile Kante an Kante platziert werden (*Stumpfstoßschweißen*; siehe Abbildung 12.1a). Es wird als Maschinenschweißverfahren klassifiziert, da es spezielle Ausrüstung voraussetzt (▶ Abbildung 12.9). Das Schweißgut wird in einer Kavität zwischen den beiden zu verbindenden Teilen abgeschieden. Der Raum ist von zwei wassergekühlten Kupferbacken umschlossen, um zu verhindern, dass die geschmolzene Schlacke ausläuft. Mechanische Antriebe bewegen die Backen nach oben. Es sind auch umlaufende Schweißnähte wie bei Röhren möglich, wobei das Werkstück rotiert.

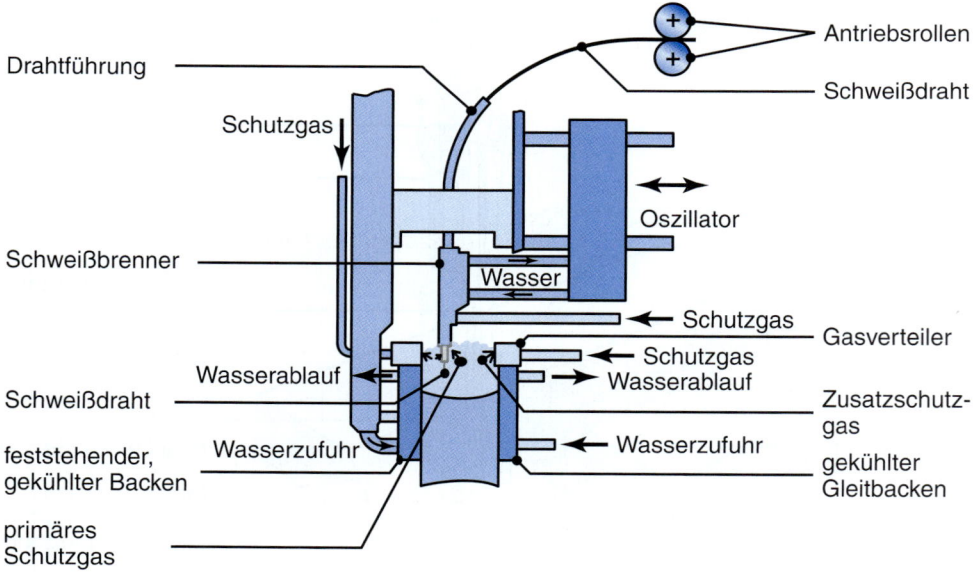

Abbildung 12.9: Schematische Darstellung des Elektrogasschweißens.

Eine Drahtführung stellt einzelne oder mehrere Elektroden bereit. In einem kontinuierlich aufrechterhaltenen Lichtbogen werden die mit Flussmittel gefüllten Elektroden bei Strömen bis zu 750 A oder massiven Elektroden bei 400 A verwendet. Die Leistungsanforderungen liegen bei etwa 20 kW. Als Schutz dient je nach Art des zu schweißenden Werkstoffs ein Inertgas wie Kohlendioxid, Argon oder Helium. Das Gas kann aus externen Quellen zugeführt und/oder von einer mit Flussmittel gefüllten Elektrode erzeugt werden. Die Schweißnahtdicke reicht von 12 bis 75 mm bei Stahl, Titan und Aluminiumlegierungen. Typische Anwendungen finden sich bei der Konstruktion von Brücken, Schiffen, Druckkesseln, Speichertanks und dickwandigen Röhren mit großem Durchmesser.

12.3.7 Elektroschlackeschweißen

Beim *Elektroschlackeschweißen* wird der Lichtbogen zwischen der Elektrodenspitze und dem zu schweißenden Teil (▶ Abbildung 12.10) gezündet. Das hinzugefügte Flussmittel schmilzt durch die Wärme des Lichtbogens. Nachdem die flüssige Schlacke die Spitze der Elektrode erreicht hat, wird der Bogen gelöscht. Die Energie wird kontinuierlich über den elektrischen Widerstand der flüssigen Schlacke zugeführt. Es können einzelne oder mehrere massive wie auch mit Flussmittel gefüllte Elektroden verwendet werden und die geführte Elektrode kann abschmelzend oder nicht abschmelzend (konventionelle Methode) sein.

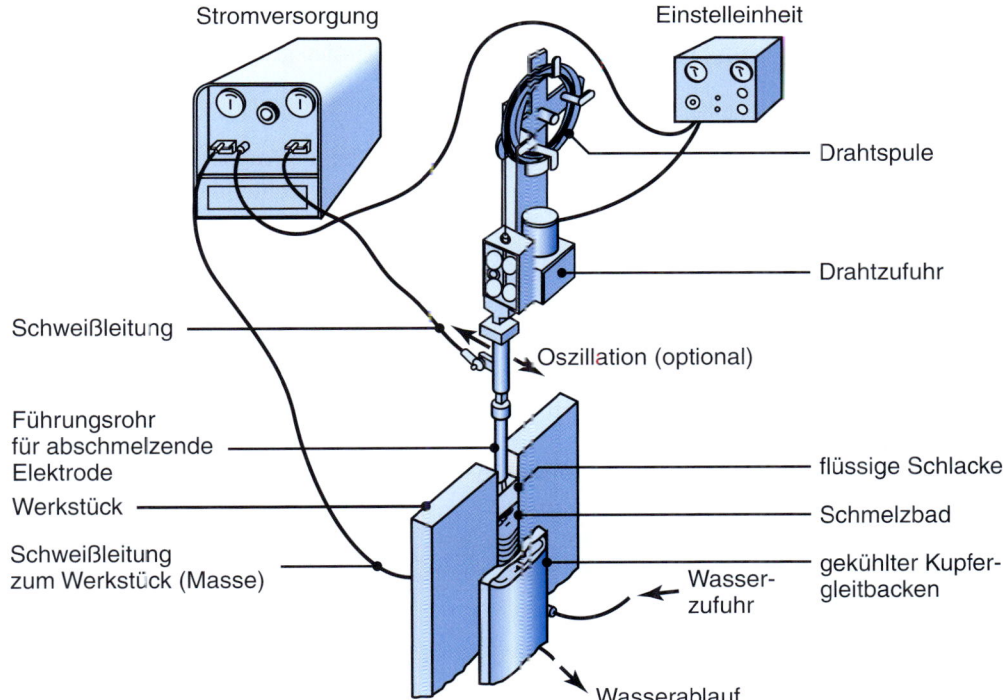

Abbildung 12.10: Ausrüstung für das Elektroschlackeschweißen.

Die Anwendungen des Elektroschlackeschweißens ähneln denen für Elektrogasschweißen. Das Verfahren ist in der Lage, Platten mit Dicken im Bereich von 50 bis über 900 mm zu schweißen. Das Schweißen erfolgt in einem Durchlauf. Der erforderliche Strom beträgt etwa 600 A bei Spannungen von 40 bis 50 V. Bei dickeren Platten sind höhere Ströme üblich. Die Bewegung in Schweißrichtung findet mit einer Geschwindigkeit von 12 bis 36 mm/min statt. Die Schweißqualität ist gut. Das Verfahren wird für schwere Stahlprofile beispielsweise im Schwermaschinenbau und für Kernreaktordruckbehälter eingesetzt.

12.3.8 Elektroden für das Lichtbogenschweißen

Die *Elektroden* für das Lichtbogenschweißen mit abschmelzender Elektrode, das bisher beschrieben wurde, werden entsprechend der Festigkeit des aufgetragenen Schweißguts, dem Strom (Wechsel- oder Gleichstrom) und der Art der Umhüllung klassifiziert. Die Kennzeichnung erfolgt durch Nummern und Buchstaben oder – speziell bei kleinen Elektroden, auf denen kein Platz für einen Aufdruck der Kennzeichnung vorhanden ist – durch einen Farbencode. Typische umhüllte Elektroden sind 150 bis 460 mm lang und haben einen Durchmesser von 1,5 bis 8 mm. Der Durchmesser der Elektroden nimmt mit der Dicke der zu schweißenden Profile und dem erforderlichen Strom zu.

Elektrodenumhüllungen: Elektroden werden mit tonartigen Werkstoffen *beschichtet*. Dazu gehören Silikatbindemittel und pulverförmige Werkstoffe wie zum Beispiel Oxide, Karbonate, Fluoride, Metalllegierungen und Zellulose (Baumwolle und Holzmehl). Die Beschichtung, die in der Regel spröde ist und komplizierte Interaktionen beim Schweißen eingeht, hat die folgenden grundlegenden Aufgaben:

1. Stabilisierung des Lichtbogens.
2. Erzeugung von Gasen, die als Abschirmung gegen die umgebende Atmosphäre fungieren. Es werden Kohlendioxid und Wasserdampf sowie in kleinen Mengen Kohlenmonoxid und Wasserstoff freigesetzt.
3. Steuerung der Geschwindigkeit, mit der die Elektrode schmilzt.
4. Sie sollen als Flussmittel wirken, um die Schweißnaht gegen die Bildung von Oxiden, Nitriden und anderen Einschlüssen und mit der erzeugten Schlacke das Schmelzbad zu schützen.
5. Legieren des Schmelzbads, um die Eigenschaften der Schweißnaht zu verbessern, einschließlich der Desoxidationsmittel, um zu verhindern, dass die Schmelznaht spröde wird.

Die Elektrodenumhüllung oder die Schlacke müssen nach jedem Durchgang von den geschweißten Oberflächen entfernt werden (siehe auch Abbildung 12.5), um die Qualität der Schweißnaht zu gewährleisten. Dies kann manuell oder maschinell mit Drahtbürsten geschehen. Es gibt auch blanke Elektroden und Drähte aus rostfreiem Stahl und Aluminiumlegierungen, die bei verschiedenen Schweißvorgängen als Zusatzwerkstoffe dienen.

12.4 Lichtbogenschweißen mit nicht abschmelzender Elektrode

Beim Lichtbogenschweißen mit nicht abschmelzender Elektrode verwendet man in der Regel eine Wolframelektrode. Die Elektrode stellt einen Pol des Lichtbogens dar und erzeugt die Wärme, die zum Schweißen erforderlich ist. Aus einer externen Quelle wird Schutzgas zugeführt. Die folgenden Unterabschnitte beschreiben die drei grundlegenden Verfahren.

12.4.1 Wolfram-Schutzgasschweißen

Beim *Wolfram-Schutzgasschweißen* – früher als *WIG-Schweißen* (für Wolfram-Inertgas, oder TIG für *tungsten inert gas*) bezeichnet – wird ein Zusatzwerkstoff typischerweise von einem **Schweißdraht** (▶ Abbildung 12.11a) bereitgestellt. Allerdings ist es möglich, auch ohne Zusatzwerkstoffe zu schweißen, wie zum Beispiel beim Schweißen von Festsitzverbindungen. Die Zusammensetzung der Zusatzwerkstoffe muss der der zu schweißenden Metalle ähneln. Es wird kein Flussmittel verwendet und das

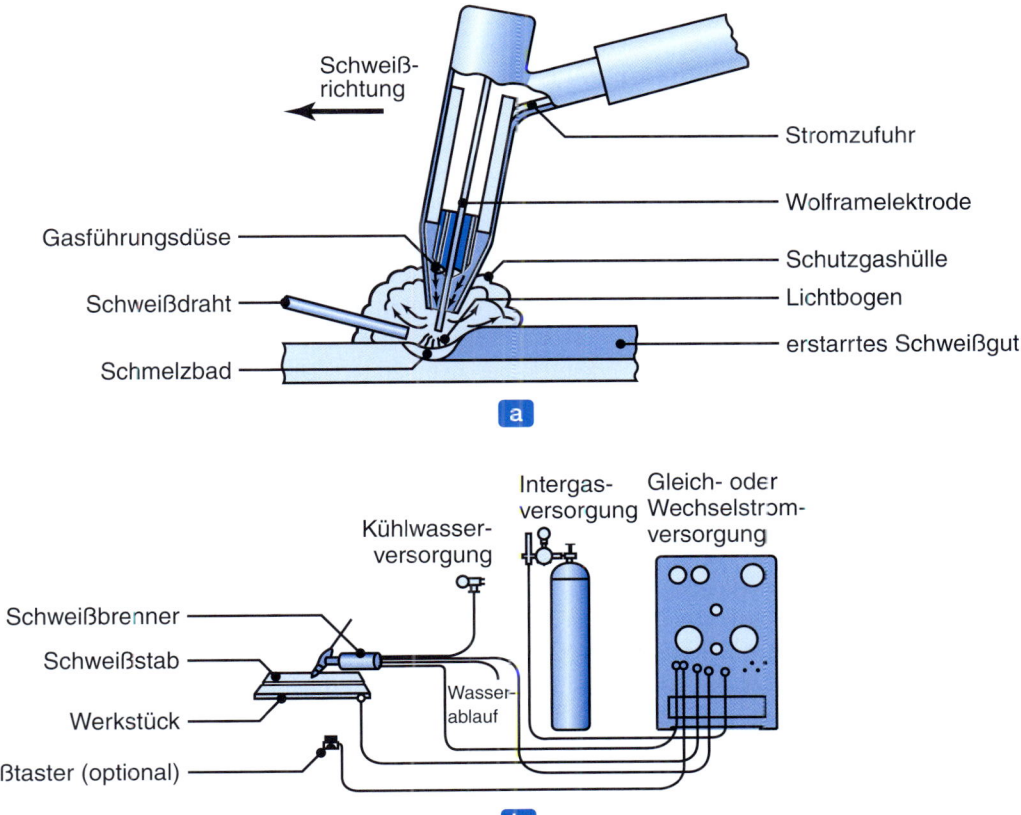

Abbildung 12.11: (a) Wolfram-Schutzgasschweißen, auch bekannt als Wolfram-Inertgas-Schweißen (WIG-Schweißen). (b) Geräteausstattung beim Wolfram-Schutzgasschweißen.

Schutzgas ist normalerweise Argon oder Helium bzw. eine Mischung dieser Gase. Da die Wolframelektrode bei diesem Vorgang nicht verbraucht wird, bleibt ein konstanter und stabiler Lichtbogen bei einem konstanten Stromniveau bestehen.

Je nach den zu schweißenden Metallen liefert die Stromversorgung entweder einen Gleichstrom von etwa 200 A oder einen Wechselstrom von etwa 500 A bei einer Nennleistung von 8 bis 20 kW (Abbildung 12.11b). Für Aluminium und Magnesium wird Wechselstrom bevorzugt, da die Reinigungswirkung des Wechselstroms Oxide entfernt und die Qualität der Schweißnaht verbessert. Mit Thorium oder Zirkon in den Wolframelektroden lassen sich die Elektronenemissionseigenschaften der Elektroden verbessern. Verschmutzungen der Wolframelektrode können bei diesem Verfahren – insbesondere in kritischen Anwendungen – ein erhebliches Problem darstellen, da sie zu Unstetigkeiten in der Schweißnaht führen. Deshalb ist der Kontakt der Elektrode mit dem Schmelzbad zu vermeiden.

Das Wolfram-Schutzgasschweißen wird für viele Anwendungen und Metalle (vor allem Aluminium, Magnesium, Titan und schwer schmelzende Metalle) eingesetzt und eignet sich speziell für dünne Werkstücke. Durch die Kosten für das Inertgas ist dieses Verfahren zwar teurer als Lichtbogenhandschweißen, doch sind Qualität und Oberflächengüte der Schweißnähte ausgezeichnet.

12.4.2 Schweißen mit atomarem Wasserstoff

Beim *Schweißen mit atomarem Wasserstoff* wird ein Lichtbogen zwischen zwei Wolframelektroden in einer Schutzgasatmosphäre aus einströmendem Wasserstoffgas erzeugt. Das Wasserstoffgas ist normalerweise zweiatomig (H_2), bricht aber in der Nähe des Lichtbogens, in dem Temperaturen von über 6000 °C herrschen, in seine atomare Form auf und absorbiert dabei gleichzeitig einen großen Teil der Wärme aus dem Bogen. Wenn der Wasserstoff auf eine relativ kalte Oberfläche, d. h. die Schweißzone, trifft, verbindet er sich wieder zu seiner zweiatomigen Form und setzt die gespeicherte Wärme schnell frei. Die Energie beim Schweißen mit atomarem Wasserstoff lässt sich variieren, indem man den Abstand zwischen dem Lichtbogenstrom und der Werkstückoberfläche ändert. Dieses Verfahren wird nicht häufig eingesetzt, da dem Schweißen mit atomarem Wasserstoff oftmals Schutzgasschweißverfahren vorgezogen werden, was auf die Verfügbarkeit von preiswerten Inertgasen zurückzuführen ist.

12.4.3 Wolfram-Plasmaschweißen

Beim *Wolfram-Plasmaschweißen*, das aus den 1960er Jahren stammt, wird ein konzentrierter Plasmabogen erzeugt und auf den Schweißnahtbereich gerichtet. Der Bogen ist stabil und erreicht Temperaturen bis zu 33 000 °C. Plasma ist ionisiertes heißes Gas, das aus nahezu gleichen Anteilen von Elektronen und Ionen zusammengesetzt ist. Das Plasma wird zwischen der Wolframelektrode und der Düse mit einem Pilotlichtbogen bei geringem Strom gezündet. Im Unterschied zu anderen Verfahren ist der Plasmabogen konzentriert, da er durch eine relativ enge Düse geleitet wird. Die Betriebsströme liegen normalerweise unter 100 A, können aber für spezielle Anwendungen auch höher sein. Ein gegebenenfalls verwendeter Zusatzwerkstoff wird wie beim Wolfram-Schutzgasschweißen in den Lichtbogen eingespeist. Der Schutz von Lichtbogen und Schweißzone wird durch einen äußeren Schutzring realisiert, wobei Gase wie Argon, Helium oder Mischungen dieser Gase verwendet werden.

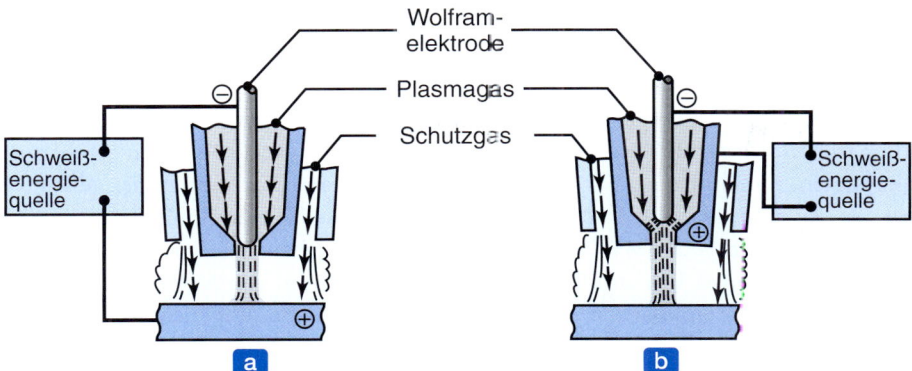

Abbildung 12.12: Zwei Varianten des Wolfram-Plasmaschweißens: (a) Wolfram-Plasmalichtbogenschweißen (WPL), (b) Wolfram-Plasmastrahlschweißen (WPS). Mit diesen Verfahren lassen sich tiefe und schmale Schweißnähte bei hoher Schweißgeschwindigkeit herstellen.

Es gibt zwei Varianten des Verfahrens. Beim *Wolfram-Plasmalichtbogenschweißen* (WPL; ▶ Abbildung 12.12a) gehört das zu schweißende Teil zum elektrischen Stromkreis. Der Lichtbogen geht somit von der Elektrode auf das Werkstück über. Beim *Wolfram-Plasmastrahlschweißen* (WPS; Abbildung 12.12b) bildet sich der Lichtbogen zwischen der Elektrode und der Düse aus und die Wärme wird durch das Plasmagas auf das Werkstück übertragen. Dieses Verfahren kommt auch beim *thermischen Spritzen* zum Einsatz (siehe Abschnitt 4.5.1).

Verglichen mit anderen Lichtbogenschweißverfahren zeichnet sich das Wolfram-Plasmaschweißen durch folgende Eigenschaften aus: (a) eine größere Energiekonzentration, sodass sich tiefere und engere Schweißnähte erzeugen lassen, (b) bessere Lichtbogenstabilität, (c) geringerer thermischer Verzug und (d) höhere Schweißgeschwindigkeiten (von 120 bis 1000 mm/min). Es lassen sich verschiedene Metalle schweißen, wobei die Materialstärken in der Regel weniger als 6 mm betragen. Die hohe Wärmekonzentration kann bei bestimmten Titan- und Aluminiumlegierungen bis zu Dicken von 20 mm vollständig in die Fügestelle eindringen (Schlüssellochtechnik). Bei der Schlüssellochtechnik verdrängt die Kraft des Plasmabogens das geschmolzene Metall und erzeugt ein Loch an der Front des Schweißbads. Wegen der hohen Energiekonzentration, der besseren Lichtbogenstabilität und den höheren Schweißgeschwindigkeiten wird Wolfram-Plasmaschweißen oftmals für Stumpf- und Überlappstöße verwendet.

12.5 Hochenergiestrahlschweißen

Fügen mit Hochenergiestrahlen – prinzipiell durch Laserstrahl- und Elektronenstrahlschweißen – hat in der modernen Fertigung aufgrund der hohen Qualität und technischen wie wirtschaftlichen Vorteile wichtige Anwendungen. Abschnitt 9.14 geht auf die allgemeinen Eigenschaften von Hochenergiestrahlen und ihre speziellen Anwendungen in Bearbeitungsvorgängen ein.

12.5.1 Elektronenstrahlschweißen

Beim *Elektronenstrahlschweißen* wird die Wärme durch schnelle Elektronen in einem gebündelten Strahl erzeugt. Die kinetische Energie der Elektronen wird in Wärme umgesetzt, wenn die Elektronen auf das Werkstück treffen. Dieser Prozess setzt eine spezielle Anlage voraus, um den Strahl auf das Werkstück zu fokussieren. Zudem ist ein Vakuum erforderlich. Je besser das Vakuum ist, desto weiter dringt der Strahl in das Teil ein und desto größer ist das Verhältnis von Tiefe zu Breite. Die Güte des Vakuums wird mit HV (Hochvakuum) oder MV (Mittleres Vakuum) angegeben. Beide Formen sind in der Praxis gebräuchlich. Bei bestimmten Werkstoffen kann NV (Kein Vakuum, von *No Vacuum*) am besten geeignet sein. Mit diesem Verfahren lassen sich nahezu alle ähnlichen oder ungleichen Metalle auf Stoß oder Überlappung schweißen, wobei die Dicken von Folienstärke bis zu 150-mm-Platten reichen. Die intensive Energiebündelung ist auch in der Lage, Löcher im Werkstück zu erzeugen (siehe Abschnitt 9.14). Es sind weder Schutzgas noch Flussmittel oder Zusatzwerkstoffe erforderlich. Die Leistung der Elektronenstrahlschweißgeräte reicht bis 100 kW.

Mit dem in den 1960er Jahren entwickelten Elektronenstrahlschweißen lassen sich tiefe Schweißnähte hoher Qualität mit nahezu parallelen Seiten herstellen, wobei die von der Wärme beeinflussten Zonen klein sind (siehe Abschnitt 12.6). Die Verhältnisse von Tiefe zu Breite liegen zwischen 10 und 30 (▶ Abbildung 12.13). Die Schweißparameter können genau gesteuert werden, wobei die Geschwindigkeiten bis zu 12 m/min reichen. Verzug und Schwindung im Schweißnahtbereich sind minimal, die Schweißqualität ist gut und es wird eine hohe Reinheit erreicht. Mit diesem Verfahren werden zum Beispiel Bauteile von Flugzeugen, Flugkörpern, Kernreaktoren und Elektronikausrüstungen sowie Zahnräder und Wellen in der Fahrzeugindustrie geschweißt. Allerdings entstehen beim Elektronenstrahlschweißen auch Röntgenstrahlen, sodass eine geeignete Überwachung und regelmäßige Wartung unab-

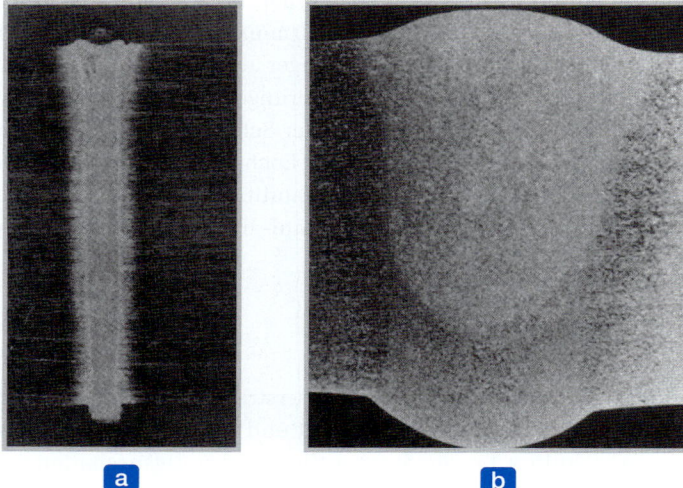

Abbildung 12.13: Vergleich der Schweißnahtbreite beim (a) Elektronen- oder Laserstrahlschweißen und (b) konventionellen (Wolfram-Schutzgas-)Schweißen.

dingbar sind. Ein verwandtes Verfahren ist das Elektronenstrahlschmelzen, mit dem sich Abschnitt 10.12.4 befasst.

12.5.2 Laserstrahlschweißen

Laserstrahlschweißen verwendet einen leistungsstarken Laserstrahl als Wärmequelle (siehe Abbildung 9.36 und Tabelle 9.5), um eine Schmelzschweißung herzustellen. Da sich der Laserstrahl bis auf einen kleinen Durchmesser von 10 μm herab stark bündeln lässt, hat er eine hohe Energiedichte und kann demzufolge tief eindringen. Somit ist dieses Verfahren besonders geeignet für das Schweißen tiefer und enger Fügestellen (Abbildung 12.13a), wobei die Verhältnisse von Tiefe zu Breite typischerweise von 4 bis 10 reichen. Bei Anwendungen wie zum Beispiel dem Punktschweißen von dünnen Werkstoffen lässt sich der Laserstrahl mit **Impulsen** (im Millisekundenbereich) betreiben. Die Leistung beträgt bis zu 100 kW. Für tiefe Schweißnähte auf dicken Profilen werden **kontinuierliche** Lasersysteme mit mehreren kW Leistung eingesetzt. Die Effizienz des Verfahrens fällt mit steigendem *Reflexionsvermögen* des Werkstückwerkstoffs. Um die Leistung des Verfahrens weiter zu verbessern, kann man zum Schweißen von Stahl Sauerstoff und für Nichteisenmetalle Inertgase einsetzen.

Das Laserstrahlschweißen kann automatisiert und für ein breites Spektrum von Werkstoffen mit Dicken bis zu 25 mm verwendet werden. Besonders effektiv ist es allerdings für dünne Werkstücke. Zu den typischen Metallen und Legierungen gehören Aluminium, Titan, Eisenlegierungen, Kupfer, Superlegierungen und schwer zu schmelzende Metalle. Die Schweißgeschwindigkeiten reichen von 2,5 bis zu 80 m/min für dünne Metalle. Durch die Natur des Verfahrens ist es möglich, an sonst unzugänglichen Stellen zu schweißen. Beim Laserstrahlschweißen spielt Sicherheit eine wichtige Rolle, da sowohl die Augen als auch die Haut stark gefährdet sind. Besonders schädlich sind Festkörperlaser (YAG-Laser).

Laserstrahlschweißen ergibt Schweißnähte guter Qualität bei minimaler Schwindung und Verzug. Laserschweißnähte sind fest, im Allgemeinen duktil und porenfrei. Zu den zahlreichen Anwendungen dieses Verfahrens gehört das Schweißen von Bauteilen zur Kraftübertragung in der Fahrzeugindustrie. Außerdem ist es gebräuchlich zum Schweißen von dünnen Teilen für elektronische Bauteile, zum hermetischen Verschließen von Herzschrittmachern und zum Schweißen von Teilen an Antriebswellen (wo es mit **Reibschweißen** konkurriert; siehe Abschnitt 12.9). Wie Abbildung 7.14 zeigt, ist das Laserstrahlschweißen speziell beim Stumpfschweißen von Blechen im Karosseriebau wichtig (siehe auch die Diskussion zu **maßgeschneiderten Platinen** in Abschnitt 7.3.4).

Gegenüber dem Elektronenstrahlschweißen bietet Laserstrahlschweißen folgende wesentliche Vorteile:

- Der Laserstrahl kann durch Luft übertragen werden, sodass im Unterschied zum Elektronenstrahlschweißen kein Vakuum erforderlich ist.
- Da sich Laserstrahlen formen, manipulieren und optisch (mithilfe von Glasfaseroptik) fokussieren lassen, ist dieses Verfahren leicht zu automatisieren.
- Die Laserstrahlen erzeugen im Unterschied zu Elektronenstrahlen keine Röntgenstrahlung.
- Die Qualität der Schweißnaht ist beim Laserstrahlschweißen besser, wobei die Neigung zu unvollständiger Verbindung, Spritzern, Porosität und Verwerfungen geringer ist.

Beispiel 12.3 Laserstrahlschweißen von Rasierklingen

▶ Abbildung 12.14 zeigt eine Nahaufnahme der Rasierklingeneinheit eines Gillette-Sensor-Modells. Jede der schmalen, hochfesten Klingen hat 13 Punktschweißungen, von denen 11 als dunklere Punkte von ungefähr 0,5 mm Durchmesser auf jeder Klinge sichtbar sind (im Foto gekennzeichnet). Die Schweißnähte erzeugt ein Nd:YAG-Laser, der mit einer Faseroptikzuführung ausgerüstet ist, sodass sich der Strahl flexibel auf die genauen Positionen über der Klingenlänge richten lässt. Ein Satz dieser Maschinen erlaubt eine Produktionsrate von 3 Millionen Schweißnähten pro Stunde mit genauer und einheitlicher Schweißnahtqualität.

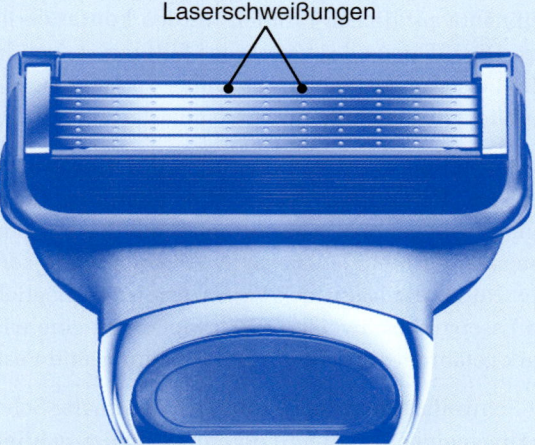

Abbildung 12.14: Gillette-Sensor-Rasierklingen mit Laserstrahlschweißungen.

12.6 Schmelzschweiß-Fügezone

Dieser Abschnitt beschreibt die folgenden Aspekte von Schmelzschweißverfahren:

- Wesen, Eigenschaften und Qualität der *Schweißverbindung*
- *Schweißeignung* von Metallen
- *Prüfen* von Schweißnähten

12.6 Schmelzschweiß-Fügezone

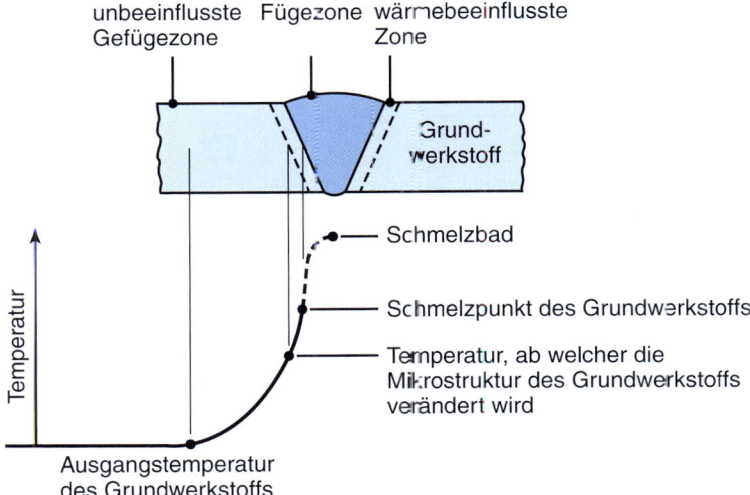

Abbildung 12.15: Darstellung der Fügezone beim Gasschmelz- und Lichtbogenschweißen.

▶ Abbildung 12.15 zeigt eine typische Schmelzschweiß-Fügezone, die durch drei Zonen gekennzeichnet ist:

1. Der **Grundwerkstoff**, d. h. das zu fügende Metall;
2. Die **Wärmeeinflusszone** (**WEZ**);
3. Die **Fügezone**, d. h. der Bereich, der während des Schweißvorgangs geschmolzen ist.

Metallurgie und Eigenschaften der zweiten und dritten Zonen hängen vor allem von den zu fügenden Metallen (Ein- oder Zweiphasenlegierungen, gleiche oder ungleiche Fügepartner), dem konkreten Schweißverfahren, den verwendeten Zusatzwerkstoffen (falls zutreffend) und den Prozessvariablen ab. Eine Verbindung, die ohne Zusatzwerkstoffe hergestellt wird, heißt **autogen** und die Schweißzone besteht aus dem *wiedererstarrten* Grundwerkstoff. Eine Verbindung, die mit einem Zusatzwerkstoff hergestellt wird, besitzt eine zentrale Zone, die als **Schweißnaht** bezeichnet wird und aus einer Mischung von Grund- und Zusatzwerkstoffen besteht.

Die mechanischen Eigenschaften einer geschweißten Verbindung hängen von mehreren Faktoren ab, nämlich

a. der Geschwindigkeit der Wärmezufuhr und den thermischen Eigenschaften der Metalle, da sie die Höhe und Verteilung der Temperatur während des Schweißens beeinflussen,
b. der Mikrostruktur und Korngröße der Fügezone, die wiederum von der zugeführten Wärme, dem Temperaturanstieg, dem Grad vorheriger Kaltverformung der Metalle und der Abkühlungsgeschwindigkeit nach Herstellen der Schweißnaht bestimmt werden, und
c. verschiedenen anderen Faktoren wie zum Beispiel der Geometrie der Schweißraupe und der Anwesenheit von Rissen, Eigenspannungen, Einschlüssen und Oxidfilmen.

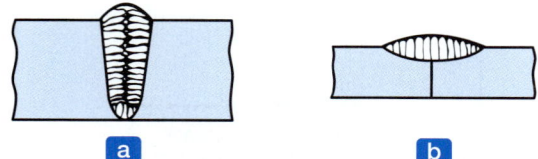

Abbildung 12.16: Kornstruktur in einer (a) tiefen und (b) flachen Schweißnaht. Die Körner des erstarrten Schweißguts stehen stets senkrecht auf die Grenzfläche mit dem Grundwerkstoff.

Erstarrung der Schweißnaht: Nachdem die Wärme zugeführt und der Zusatzwerkstoff (falls zutreffend) in den Schmelzbereich eingebracht worden ist, kühlt die geschmolzene Fügezone auf Umgebungstemperatur ab. Der *Erstarrungsvorgang* ähnelt dem beim Gießen und beginnt mit der Bildung von Stengelkristallen (Dendriten). Diese Körner sind relativ lang und bilden sich parallel zum Wärmefluss aus (siehe Abbildung 5.5). Da Metalle die Wärme wesentlich besser als die Umgebungsluft leiten, liegen die Körner parallel zur Ebene der beiden geschweißten Platten oder Bleche (▶ Abbildung 12.16a). Die Kornstruktur einer *flachen* Schweißnaht ist in Abbildung 12.16b dargestellt. Die sich entwickelnde Kornstruktur und die Größe hängen von der jeweiligen Legierung, dem Schweißverfahren und dem verwendeten Zusatzwerkstoff ab.

Die Schweißnaht hat grundsätzlich ein **Gussgefüge**. Und aufgrund der etwas langsamen Abkühlung sind die Körner normalerweise grob. Folglich weist diese Struktur relativ geringe Festigkeit, Härte, Zähigkeit und Duktilität auf (▶ Abbildung 12.17). Allerdings lassen sich die mechanischen Eigenschaften durch richtige Auswahl der Zusatzwerkstoffzusammensetzung oder durch anschließende Wärmebehandlungen verbessern. Das Ergebnis hängt von der konkreten Legierung, ihrer Zusammensetzung und dem thermischen Kreislauf ab, dem die Verbindung unterworfen wird. Zum Beispiel können die Abkühlungsgeschwindigkeiten durch **Vorwärmen** des Schweißnahtbereichs vor dem Schweißen gesteuert und verringert werden. Vorwärmen ist vor allem für Metalle mit hoher Wärmeleitfähigkeit wie zum Beispiel Aluminium und Kupfer wichtig, da anderweitig die Wärme während des Schweißvorgangs zu schnell abgeführt wird.

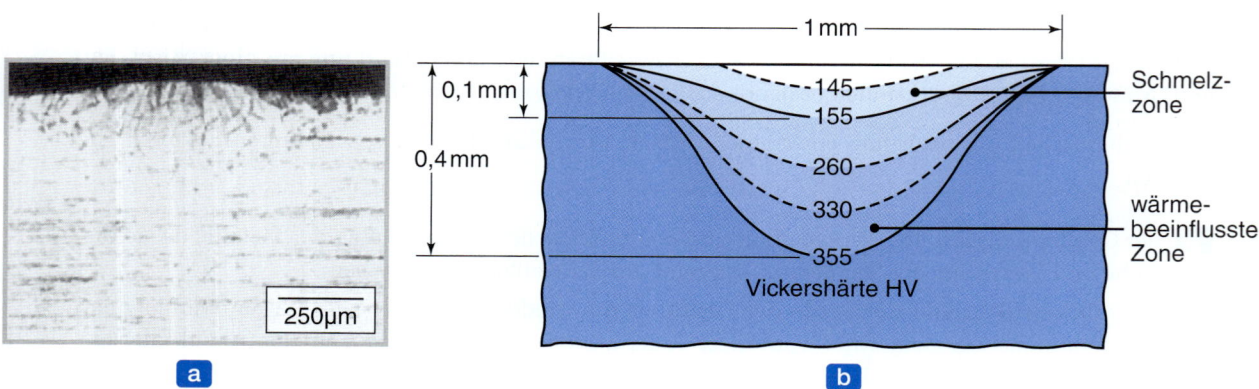

Abbildung 12.17: (a) Schweißraupe auf einem kaltgewalzten Nickelband, hergestellt durch Laserstrahlschweißen. (b) Mikrohärteverlauf in der Schweißraupe. Die Härte des erstarrten Schweißguts ist niedriger als die des Grundwerkstoffs.

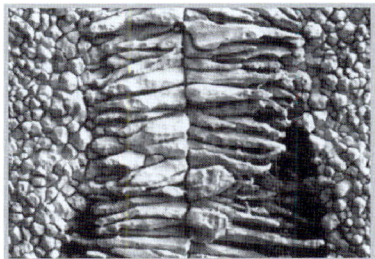

Abbildung 12.18: Interkristalline Korrosion in der Schweißnaht eines geschweißten Rohrs aus rostfreiem ferritischem Stahl, hervorgerufen durch eine Ätzlauge. Das Zentrum der Schweißnaht befindet sich in Bildmitte.

Die **Wärmeeinflusszone** befindet sich innerhalb des Grundwerkstoffs selbst (siehe Abbildung 12.15). Die Mikrostruktur unterscheidet sich von der des Grundwerkstoffs vor dem Schweißen, da sie eine gewisse Zeit während des Schweißvorgangs erhöhten Temperaturen ausgesetzt wurde. In den von der Wärmequelle weiter entfernten Bereichen des Grundwerkstoffs finden während des Schweißens keine Mikrostrukturänderungen statt. Die Eigenschaften und Mikrostruktur der Wärmeeinflusszone hängen von (a) der Geschwindigkeit des Wärmeeintrags und (b) der Temperatur, auf die diese Zone beim Schweißen erwärmt wurde, ab. Metallurgische Faktoren wie zum Beispiel die ursprüngliche Korngröße, Kornausrichtung und der Grad der vorherigen Kaltverformung sowie die spezifische Wärme und Wärmeleitfähigkeit der Metalle beeinflussen ebenfalls die Größe und Eigenschaften der Wärmeeinflusszone.

Festigkeit und Härte der Wärmeeinflusszone hängen teilweise davon ab, wie die ursprüngliche Festigkeit und Härte der jeweiligen Legierung vor dem Schweißen eingestellt wurden. Wie die Kapitel 3 und 5 erläutert haben, können sie zum Beispiel durch Kaltverformung, Mischkristallverfestigung, Ausscheidungshärten oder verschiedene andere Wärmebehandlungen ausgebildet worden sein. Unter den Metallen, die durch diese Methoden verfestigt werden, lässt sich am einfachsten ein Grundwerkstoff analysieren, der zum Beispiel durch Kaltwalzen oder -schmieden kaltverformt wurde (Kapitel 6).

Die beim Schweißen zugeführte Wärme *rekristallisiert* die verlängerten Körner (bevorzugte Orientierung) des kaltumgeformten Grundwerkstoffs. Von der Schweißnaht entfernte Körner rekristallisieren zu feinen gleichachsigen Körnern. Allerdings wachsen Körner, die in der Nähe der Schweißnaht für eine gewisse Zeit erhöhten Temperaturen ausgesetzt waren (siehe auch Abschnitt 3.6). Das Kornwachstum führt zu einem Bereich, der weicher und weniger fest ist. Eine derartige Fügestelle ist in ihrer Wärmeeinflusszone am schwächsten. ▶ Abbildung 12.18 zeigt die Kornstruktur einer solchen Schweißnaht, die chemischer Korrosion ausgesetzt war. Die mittlere senkrechte Linie ist die Verbindungsstelle der beiden Werkstücke. Die Wirkungen der Wärme während des Schweißvorgangs in der Wärmeeinflusszone für Verbindungen aus *ungleichen* Metallen und für Legierungen, die durch andere Mechanismen verfestigt wurden, sind kompliziert und eine Diskussion dazu ginge über den Rahmen dieses Buchs hinaus.

12.6.1 Güte der Schweißung

Aufgrund der Temperaturwechsel und der begleitenden Mikrostrukturänderungen kann eine geschweißte Verbindung **Lockerstellen im Gefüge** entwickeln. Unstetigkeiten durch das Schweißen entstehen auch durch unangemessene oder sorglose Anwendung eingeführter Schweißverfahren oder unzureichende Qualifikation des Schweißers. Die folgenden Punkte beschreiben die wichtigsten Unstetigkeiten, die die Qualität der Schweißnaht beeinflussen:

1 **Porosität** in Schweißnähten entsteht durch (a) *eingeschlossene Gase*, die beim Schmelzen der Schweißzone freigesetzt, aber während der Erstarrung eingefangen werden, (b) *chemische Reaktionen*, die während des Schweißens auftreten, oder (c) vorhandene *Verunreinigungen*. Bei den meisten Schweißverbindungen ist eine gewisse Porosität – normalerweise in Kugelgestalt oder in Form länglicher Taschen – vorhanden (siehe auch Abschnitt 5.11.1). Die *Verteilung* der Porosität in der Schweißzone kann zufälligen Charakter haben oder eine Konzentration in einem bestimmten Bereich zeigen. Besonders wichtig in Bezug auf Porosität ist die Anwesenheit von *Wasserstoff*, was auf feuchte Flussmittel oder die Luftfeuchtigkeit zurückzuführen ist. Das Ergebnis ist beispielsweise Porosität in Schweißnähten aus Aluminiumlegierungen und Wasserstoffversprödung in Stahl (siehe auch Abschnitt 3.8.2).

Mit den folgenden Methoden lässt sich Porosität in Schweißnähten verringern:

a. Wahl geeigneter Elektroden und Zusatzwerkstoffe;
b. Den Schweißvorgang verbessern, indem zum Beispiel der Schweißbereich vorgewärmt oder die Wärmeeintragsgeschwindigkeit erhöht wird;
c. Die Schweißzone ordnungsgemäß säubern und verhindern, dass Verunreinigungen in die Schweißzone eindringen;
d. Die Schweißgeschwindigkeit herabsetzen, damit die Gase genügend Zeit haben zu entweichen;
e. Die Schweißraupe durch Kugelstrahlen bearbeiten (siehe Abschnitt 4.5.1).

2 **Schlackeeinschlüsse** sind Verbindungen wie zum Beispiel Oxide, Flussmittel und Materialien aus der Elektrodenumhüllung, die in der Schweißzone eingefangen werden. Bei unzureichender Wirkung der verwendeten Schutzgase können auch Verunreinigungen aus der Umgebung zu Schlackeeinschlüssen beitragen. Zudem sollte auf ordnungsgemäße Schweißbedingungen geachtet werden. Mit zweckmäßigen Techniken lässt sich gewährleisten, dass die geschmolzene Schlacke an die Oberfläche der geschmolzenen Schweißnaht schwimmt und nicht eingefangen wird. Schlackeeinschlüsse lassen sich mit den folgenden Methoden verhindern:

a. Die Schweißraupenoberfläche säubern, bevor die nächste Lage aufgetragen wird (siehe Abbildung 12.5). Dies kann manuell oder maschinell mit Drahtbürsten oder Meißeln geschehen.
b. Geeignetes Schutzgas bereitstellen.
c. Die Verbindung konstruktiv überarbeiten (siehe Abschnitt 12.17), um genügend Raum für eine angemessen Manipulation des Schmelzbads zu schaffen.

3 **Unvollständige Verbindung und unvollständige Durchschweißung** ergibt schlechte Schweißraupen, wie sie zum Beispiel ▶ Abbildung 12.19 zeigt. Eine bessere Schweißnaht lässt sich mit den folgenden Methoden erhalten:

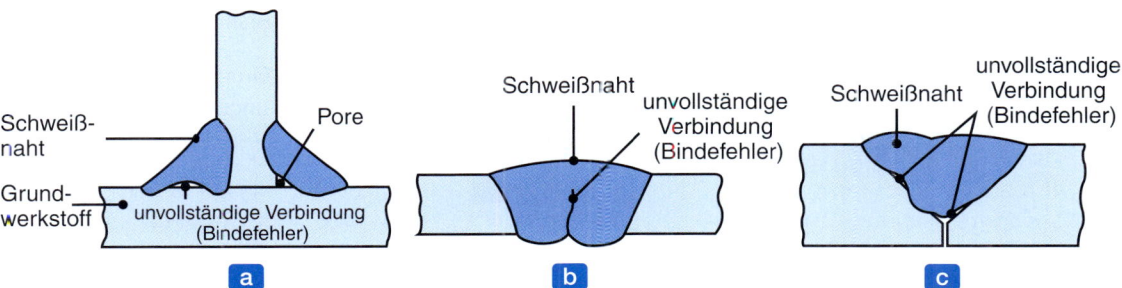

Abbildung 12.19: Beispiele für eine unvollständige Verbindung in Schweißnähten: (a) unvollständige Verbindung in Kehlnähten, (b) unvollständige Verbindung durch eingeschlossene Oxide oder Krätze in Nahtmitte (wichtig bei Aluminium), (c) unvollständige Verbindung in einer V-Naht.

a. Die Temperatur des Grundwerkstoffs erhöhen;
b. Den Schweißbereich vor dem Schweißvorgang säubern;
c. Die konstruktive Gestaltung der Verbindung überarbeiten;
d. Die Art der Elektrode ändern;
e. Geeignetes Schutzgas bereitstellen.

Eine *unvollständige Durchschweißung* tritt auf, wenn die geschweißte Naht nicht tief genug reicht. Die Durchschweißung lässt sich mit den folgenden Methoden verbessern:

a. Den Wärmeeintrag erhöhen;
b. Beim Schweißen die Geschwindigkeit in Schweißrichtung verringern;
c. Die konstruktive Gestaltung der Verbindung überarbeiten;
d. Sicherstellen, dass die zu verbindenden Oberflächen gut zusammenpassen.

4 Das **Schweißprofil** ist nicht nur wichtig wegen seiner Wirkungen auf die Festigkeit und das Aussehen der Schweißnaht, sondern auch, weil es auf unvollständige Verbindung oder das Vorhandensein von Schlackeeinschlüssen in mehrlagigen Schweißnähten hinweist.

Die in Abbildung 12.20a gezeigte **Nahtunterschreitung** entsteht, wenn die Verbindung nicht mit der richtigen Menge von Schweißgut gefüllt wird.

Einbrandkerben entstehen, wenn das Grundmaterial wegfließt und sich anschließend eine Nut in Form einer scharfen Vertiefung oder Kerbe entwickelt. Wenn eine Einbrandkerbe tief oder scharf ist, kann sie als Spannungserhöher fungieren und somit die Dauerfestigkeit der Verbindung herabsetzen.

Überlappungen (Abbildung 12.20b) sind Unstetigkeiten der Oberfläche, die im Allgemeinen durch schlechte Schweißpraxis und ungeeignete Werkstoffauswahl entstehen. Abbildung 12.20c zeigt eine ordnungsgemäße Schweißraupe ohne diese Defekte.

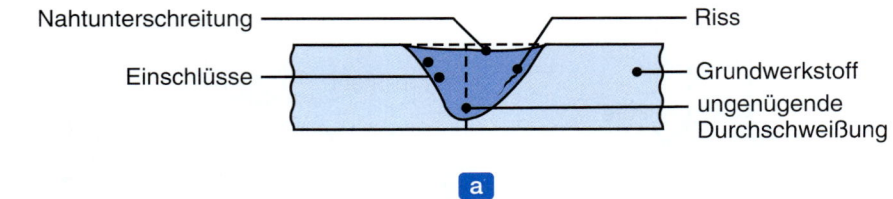
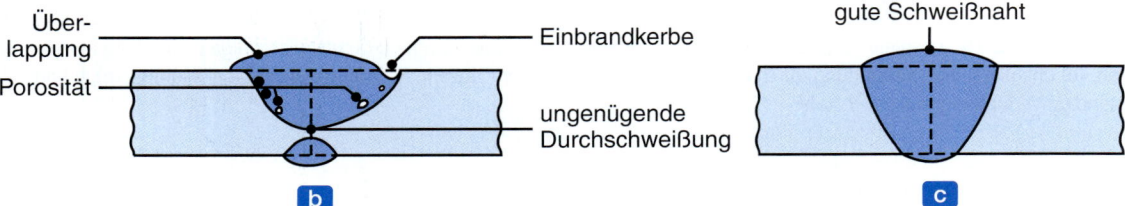

Abbildung 12.20: Beispiele für Fehler in Schweißnähten.

5. **Risse** können sich an verschiedenen Positionen und Richtungen im Schweißnahtbereich entwickeln. ▶ Abbildung 12.21 zeigt typische Rissarten: Längs-, Quer-, Endkrater-, Unternaht- und Kerbrisse. Normalerweise entstehen Risse, wenn einer oder mehrere der folgenden Faktoren zutreffen:

   a. Temperaturgradienten, die zu thermischen Spannungen in der Schweißzone führen;
   b. Variationen in der Zusammensetzung der Schweißzone, die unterschiedliche Kontraktionen in der Zone verursachen;
   c. Korngrenzenversprödung durch Segregation von Elementen wie zum Beispiel Schwefel an den Korngrenzen (siehe Abschnitt 3.4.2), da sich die Grenze zwischen fester und flüssiger Phase verschiebt, wenn die Schweißnaht erstarrt;
   d. Wasserstoffversprödung (siehe Abschnitt 3.8.2);
   e. Hinderung der Schweißnaht, sich beim Abkühlen zusammenzuziehen (▶ Abbildung 12.22). Diese Situation ähnelt der Entwicklung von *Warmrissen* in Gussstücken und ist auf übermäßige Einspannung des Werkstücks zurückzuführen (siehe auch Abschnitt 5.11.1).

Bei Rissen unterscheidet man **Warmrisse** (die sich entwickeln, wenn die Temperaturen bei der Schweißung noch erhöht sind) und **Kaltrisse** (die sich entwickeln, nachdem die Schweißnaht erstarrt ist). Grundlegende Maßnahmen zur Rissverhinderung sind:

   a. Die konstruktive Gestaltung der Verbindung ändern, um beim Abkühlen thermische Spannungen durch Schwindung zu minimieren;
   b. Parameter, Prozeduren und Sequenz des Schweißvorgangs ändern;
   c. Die zu schweißenden Bauteile vorwärmen;
   d. Schnelles Abkühlen der Bauteile nach dem Schweißen vermeiden.

12.6 Schmelzschweiß-Fügezone

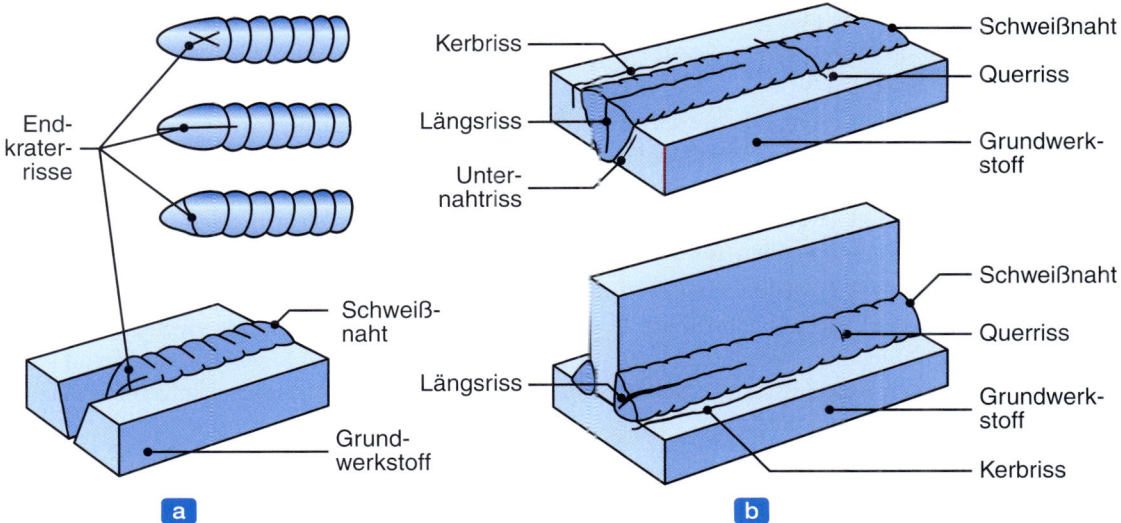

Abbildung 12.21: Rissarten in Schweißverbindungen. Die Risse entstehen durch Wärmespannungen bei der Erstarrung und Kontraktion der Schweißnaht und der Schweißkonstruktion: (a) Endkraterrisse und (b) verschiedene Rissarten bei Stumpf- und T-Stößen.

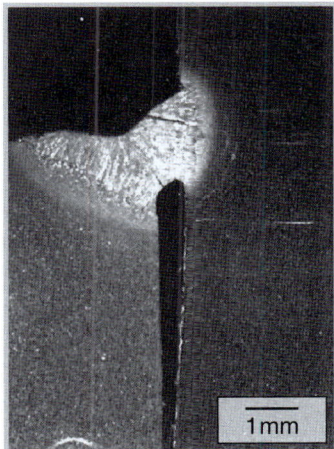

Abbildung 12.22: Riss in einer Schweißraupe, hervorgerufen von der mangelhaften Berührung der beiden Fügepartner (Spalt in der Bildmitte).

6. **Terrassenbrüche:** Abschnitt 3.5 hat zur Anisotropie plastisch verformter Metalle festgestellt, dass das Werkstück aufgrund der Ausrichtung nichtmetallischer Verunreinigungen und Einschlüsse in der Dickenrichtung schwächer als in anderen Richtungen ist. Diese als *mechanisch induzierte Faserbildung* bezeichnete Bedingung tritt besonders deutlich in gewalzten Platten und langen Profilen zutage. Beim Schweißen derartiger Bauteile können sich durch die Schwindung gezwängter Fügepartner in der Struktur beim Abkühlen *Terrassenbrüche* entwickeln. Derartige Brüche lassen

sich vermeiden, wenn man die Schwindung der Profile berücksichtigt oder den konstruktiven Entwurf der Verbindung so ändert, dass die Schweißraupe mehr in den schwächeren der beiden Fügepartner eindringen kann.

7 Oberflächenbeschädigung: Beim Schweißen entstehende Metallspritzer können sich als kleine Tröpfchen auf benachbarten Oberflächen ablagern. Beim Lichtbogenschweißen kommt es zudem vor, dass die Elektrode versehentlich die zu schweißenden Teile außerhalb der Schweißzone kontaktiert. Derartige Unstetigkeiten der Oberfläche stören eventuell das Aussehen oder die spätere Verwendung des geschweißten Teils. Gravierendere Defekte können sich auf die Eigenschaften der geschweißten Struktur negativ auswirken, was speziell für kerbempfindliche Metalle gilt.

8 Eigenspannungen: Aufgrund örtlicher Erwärmung und Abkühlung beim Schweißen kommt es durch Ausdehnung und Zusammenziehen des Schweißnahtbereichs zu *Eigenspannungen* im Werkstück (siehe auch Abschnitt 2.10). Bei Eigenspannungen ist unter anderem mit folgenden nachteiligen Wirkungen zu rechnen:

a. Verziehen und Krümmen der geschweißten Teile (▶ Abbildung 12.23);
b. Spannungskorrosionsrisse (siehe Abschnitt 3.8.2);
c. Weiterer Verzug, wenn später ein Teil der geschweißten Struktur entfernt wird, beispielsweise durch spanende Bearbeitung oder Sägen;
d. Verringerte Dauerfestigkeit.

Die Art und Verteilung der Eigenspannungen in Schweißnähten lässt sich gut anhand von ▶ Abbildung 12.24a beschreiben. Werden zwei Platten geschweißt, wirken in einem langen und schmalen Bereich erhöhte Temperaturen, während die Platten als Ganzes praktisch auf Umgebungstemperatur bleiben. Ist der Schweißvorgang abgeschlossen, fließt die Wärme aus dem Schweißbereich seitlich in die Platten ab. Die Platten dehnen sich daraufhin in Längsrichtung aus, während sich die geschweißte Naht zusammenzieht. Diese gegensätzlichen Effekte führen zu Eigenspannungen, die typischerweise wie in Abbildung 12.24b gezeigt verteilt sind. Wie zu erwarten, gehen die Druckeigenspannungen in den Platten mit entsprechender Entfernung vom Schweißnahtbereich bis auf null zurück. Da auf die geschweißten Platten keine äußeren Kräfte wirken, müssen sich die Zug- und Druckspannungen gegenseitig aufheben.

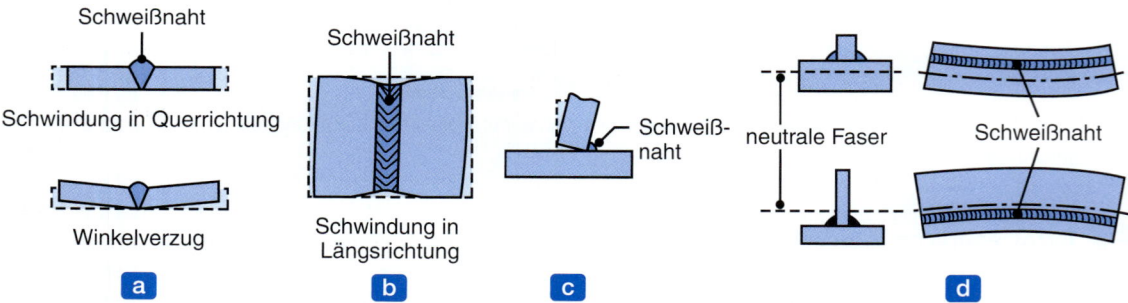

Abbildung 12.23: Verzug und Krümmen von Schweißkonstruktionen durch unterschiedliches thermisches Ausdehnungs- und Kontraktionsverhalten der verschiedenen Bereiche der Konstruktion. Krümmen kann durch geeignete Gestaltung der Schweißung sowie Einspannen der Fügepartner vor dem Schweißen gemindert oder verhindert werden.

12.6 Schmelzschweiß-Fügezone

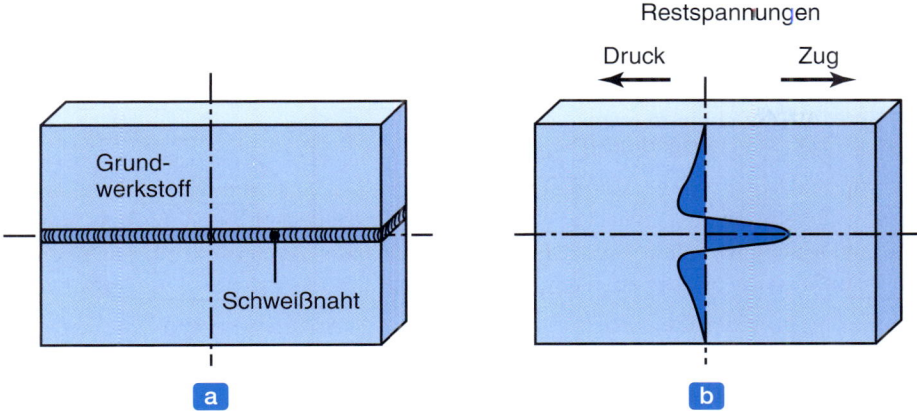

Abbildung 12.24: Restspannungen in einer geraden Stumpfschweißung.

Die dreidimensionalen Eigenspannungsverteilungen in komplexen Schweißkonstruktionen sind schwer zu analysieren. Das obige Beispiel bezieht sich auf lediglich zwei Platten, die sich frei bewegen können – d. h., die Platten sind kein integraler Bestandteil einer größeren Struktur. Sind die Platten aber eingespannt, entwickeln sich Reaktionsspannungen, da sich die Platten nicht mehr ungehindert ausdehnen oder zusammenziehen können. Diese Situation ist vor allem in Strukturen mit hoher Steifigkeit anzutreffen.

▶ Abbildung 12.25 zeigt Ereignisse, die zum **Verzug** einer geschweißten Struktur führen. Vor dem Schweißen ist die Struktur spannungsfrei (Abbildung 12.25a). Möglicherweise ist die Form recht starr und es gibt Einspannungen, die die Struktur festhalten. Wenn die Schweißraupe aufgetragen wird, füllt das flüssige Metall die Lücke zwischen den zu verbindenden Oberflächen und fließt nach außen, um die Schweißraupe zu bilden. Zu diesem Zeitpunkt unterliegt die Schweißnaht keinerlei Spannungen. Die Schweißraupe erstarrt dann und sowohl die Schweißraupe als auch das umgebende Material kühlen auf Raumtemperatur ab. Dabei ziehen sich diese Werkstoffe zusammen, werden aber durch die umgebende massive Struktur eingezwängt. Im Ergebnis verzieht sich die Struktur (Abbildung 12.25c) und es entwickeln sich Eigenspannungen.

Eigenspannungen können durch **Spannungsfreiglühen** oder **Spannungsarmglühen** der geschweißten Struktur verringert werden (Abschnitt 3.12.4). Die zum Entspannen erforderliche Temperatur und Zeit hängen von der Art des Werkstoffs und der Größenordnung der entwickelten Eigenspannungen ab. Andere Methoden der Spannungsreduktion sind Strahlen, Hämmern und Oberflächenwalzen (Festwalzen) des Schweißraupenbereichs (siehe Abschnitt 4.5.1). Diese Verfahren induzieren Druckeigenspannungen an der Oberfläche, wodurch die Zugeigenspannungen in der Schweißnaht reduziert oder beseitigt werden. Bei mehrlagigen Schweißnähten sollten die erste und letzte Schicht nicht gestrahlt werden, da das Strahlen diese Schichten beschädigen kann.

Um Eigenspannungen zu beseitigen oder zu reduzieren, ist es auch möglich, die Struktur um einen kleinen Betrag plastisch zu verformen (siehe Abbildung 2.32). Diese Technik lässt sich in geschweißten Druckkesseln nutzen, indem die Kessel einem Innendruck ausgesetzt werden, wodurch wiederum

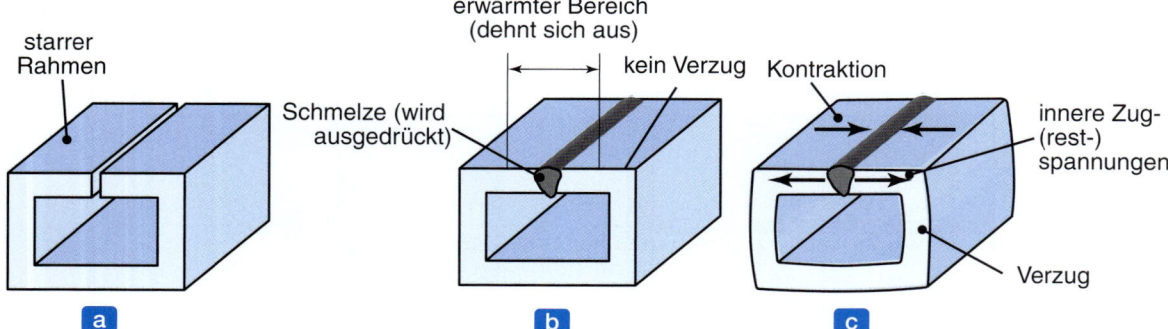

Abbildung 12.25: Verzug einer Schweißkonstruktion: (a) vor der Schweißung, (b) während der Schweißung mit gesetzter Schweißraupe, (c) nach der Schweißung. Durch die Abkühlung bauen sich Spannungen auf, die zum Verzug der Konstruktion führen.

Axial- und Umfangsspannungen entstehen (siehe auch Abschnitt 2.11). Um die Wahrscheinlichkeit für ein plötzliches Versagen unter hohem Innendruck zu verringern, darf die Schweißnaht keine signifikanten Kerben oder Unstetigkeiten aufweisen, die als Spannungskonzentratoren wirken könnten.

Neben der Entspannung können Schweißnähte auch *wärmebehandelt* werden, um Eigenschaften wie zum Beispiel Festigkeit und Zähigkeit zu ändern und zu verbessern. Zu diesen Verfahren gehören (a) Glühen, Normalisieren oder Abschrecken und Anlassen von Stählen und (b) Lösungsglühung und Alterung von ausscheidungshärtbaren Legierungen (siehe Abschnitt 3.12).

12.6.2 Schweißeignung

Allgemein definiert man als *Schweißeignung* (a) die Fähigkeit eines Metalls, zu einer spezifischen Struktur mit bestimmten spezifischen Eigenschaften geschweißt zu werden, und (b) die zufriedenstellende Erfüllung der an die geschweißte Struktur gestellten Anforderungen im Einsatz. Wie die bisherigen Ausführungen in diesem Kapitel erwarten lassen, fließen viele Variablen in die Schweißeignung ein, was Verallgemeinerungen erschwert. Wichtig sind vor allem Legierungselemente, Verunreinigungen, Einschlüsse, Kornstruktur und Verarbeitungsverlauf von Grundwerkstoff und Zusatzwerkstoff. Darüber hinaus wird die Schweißeignung durch Faktoren wie Festigkeit, Zähigkeit, Duktilität, Kerbempfindlichkeit, Elastizitätsmodul, spezifische Wärme, Schmelzpunkt, thermische Ausdehnung, Oberflächenspannung der Schmelze und Korrosion beeinflusst. Aufgrund der Eigenschaften der Oberflächenoxidfilme und absorbierten Gase ist eine Vorbereitung der Oberflächen zum Schweißen wichtig. Das verwendete Schweißverfahren beeinflusst die in der Schweißzone entwickelten Temperaturen und ihre Verteilung signifikant. Zusätzliche Faktoren, die die Schweißeignung beeinflussen, sind Schutzgase, Flussmittel, Feuchtigkeitsgehalt der Elektrodenbeschichtungen, Schweißgeschwindigkeit, Abkühlungsgeschwindigkeit, Vorwärmen und Nachbehandlung (wie zum Beispiel Entspannung und Wärmebehandlung).

Die folgende Übersicht fasst kurz die allgemeine Schweißeignung bestimmter Gruppen von Metallen zusammen. Die Schweißeignung dieser Werkstoffe kann erheblich variieren – manche setzen spezielle Schweißverfahren und eine exakte Regelung aller Prozessparameter voraus.

1. *Aluminiumlegierungen:* schweißbar bei hoher Geschwindigkeit des Wärmeintrags; Legierungen mit Zink oder Kupfer gelten allgemein als nicht schweißbar
2. *Gusseisen:* meist schweißbar
3. *Kupferlegierungen:* ähnlich wie Aluminiumlegierungen
4. *Blei:* schweißbar
5. *Magnesiumlegierungen:* schweißbar unter Verwendung von Schutzgas und Flussmitteln
6. *Molybdän:* schweißbar unter kontrollierten Bedingungen
7. *Nickellegierungen:* schweißbar
8. *Niob:* schweißbar unter kontrollierten Bedingungen
9. *Rostfreie Stähle:* schweißbar
10. *Stähle, galvanisiert und vorgefettet:* Schweißeignung wird durch Zinkbeschichtung und Schmierstoffschicht nachteilig beeinflusst
11. *Stähle, hochlegiert:* allgemein gute Schweißeignung unter kontrollierten Bedingungen
12. *Stähle, niedriglegiert:* mäßige bis gute Schweißeignung
13. *Stähle, unlegiert:* (a) ausgezeichnete Schweißeignung für Stähle mit niedrigem Kohlenstoffgehalt, (b) mäßige bis gute Schweißeignung für Stähle mit mittlerem Kohlenstoffgehalt und (c) schlechte Schweißeignung für Stähle mit hohem Kohlenstoffgehalt
14. *Tantal:* schweißbar unter kontrollierten Bedingungen
15. *Zinn:* schweißbar
16. *Titanlegierungen:* schweißbar unter Verwendung von geeigneten Schutzgasen
17. *Wolfram:* schweißbar unter kontrollierten Bedingungen
18. *Zink:* schwierig zu schweißen; Weichlöten bevorzugt (siehe Abschnitt 12.13.3)
19. *Zirkon:* schweißbar bei Verwendung von geeigneten Schutzgasen

12.6.3 Prüfen von Schweißverbindungen

Die *Qualität* einer Schweißverbindung wird in der Regel durch Prüfen der Verbindung nachgewiesen. Normungsinstitute und -organisationen wie zum Beispiel American Society for Testing and Materials (ASTM), American Welding Society (AWS), American Society of Mechanical Engineers (ASME), American Society of Civil Engineers (ASCE), The Welding Institute (TWI, Großbritannien), Deutscher Verband für Schweißen und verwandte Verfahren e.V. (DVS) und verschiedene Regierungsbehörden haben Prüfverfahren und -prozeduren standardisiert und zur Verfügung gestellt. Schweißverbindungen können entweder *zerstörend* oder *zerstörungsfrei* geprüft werden (siehe Abschnitt 4.8). Jede Technik hat ihre Besonderheiten, Einschränkungen, Zuverlässigkeit, Forderungen nach bestimmten Anlagen und Qualifikation des Bedienpersonals.

1. **Zerstörende Prüfverfahren:** Zum Prüfen von Schweißverbindungen sind die folgenden fünf zerstörenden Prüfverfahren gebräuchlich.

a. **Zugversuch:** Längs- und Querzugversuche werden an Proben durchgeführt, die aus realen Schweißverbindungen und aus dem Schweißnahtbereich entnommen werden. Spannung-Dehnung-Kurven werden dann mit den in Abschnitt 2.2 beschriebenen Verfahren aufgenommen. Diese Kurven liefern Aussagen über Streckgrenze (Y), Zugfestigkeit (R_m) und Duktilität der Schweißverbindung für verschiedene Positionen und Richtungen. Duktilität wird als prozentuale Dehnung und prozentuale Querschnittsverringerung gemessen. Anhand von Prüfungen der Schweißnahthärte lassen sich die Schweißnahtfestigkeit abschätzen und Mikrostrukturänderungen in der Schweißzone erkennen.

b. **Zug-Scherversuch:** Die Proben im Zug-Scherversuch (▶ Abbildung 12.26a) werden speziell vorbereitet, um reale Schweißverbindungen und -abläufe zu simulieren. Dann belastet man die Proben auf Zug und ermittelt die Scherfestigkeit der Schweißnaht und die Bruchposition.

c. **Biegeversuch:** Mithilfe verschiedener Biegeversuche lassen sich Duktilität und Festigkeit von Schweißverbindungen ermitteln. In einer Variante des Biegeversuchs wird die geschweißte Probe um eine Vorrichtung gebogen (*Faltversuch*; Abbildung 12.26b). Eine andere Variante ist der *Dreipunktbiegeversuch* (Abbildung 12.26c; siehe auch Abbildung 2.21).

d. **Bruchzähigkeitsversuche** bestehen häufig aus den in Abschnitt 2.9 beschriebenen Kerbschlagbiegeversuchen. Charpy-Proben mit V-Kerbe werden vorbereitet und auf Zähigkeit getestet. Zu den Zähigkeitsversuchen gehört auch der Fallversuch, bei der eine fallende Masse die Energie zur dynamischen Belastung liefert.

e. **Korrosions- und Kriechtests:** Aufgrund der Unterschiede in der Zusammensetzung und Mikrostruktur der Werkstoffe in der Schweißzone tritt Korrosion bevorzugt in dieser Zone auf (siehe

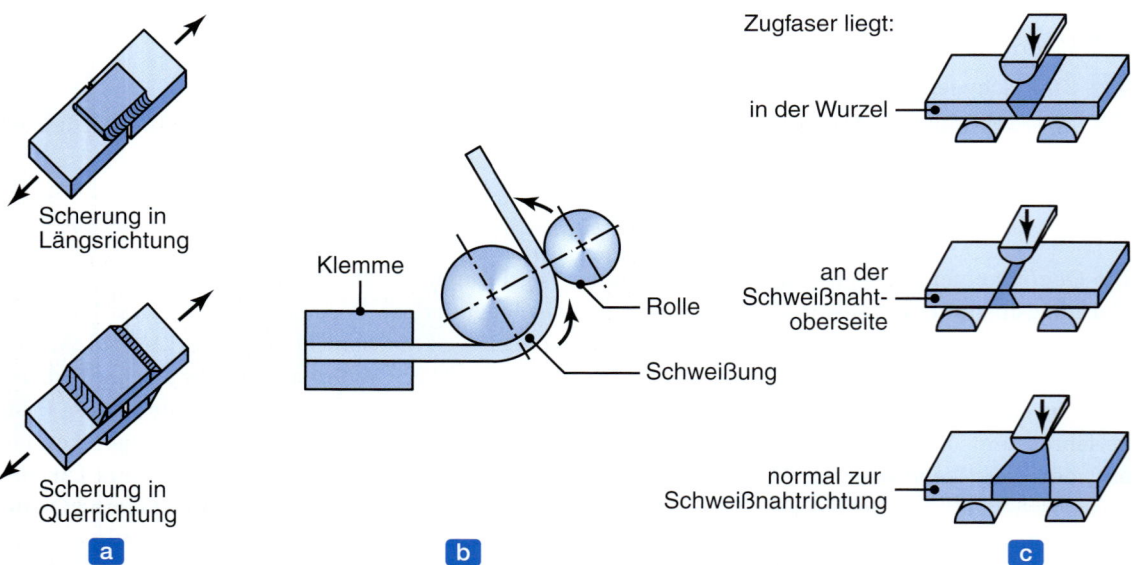

Abbildung 12.26: (a) Probenformen für den Zug-Scherversuch an Schweißnähten, (b) Faltversuch, (c) Dreipunktbiegeversuch (siehe auch Abbildung 2.21).

12.6 Schmelzschweiß-Fügezone

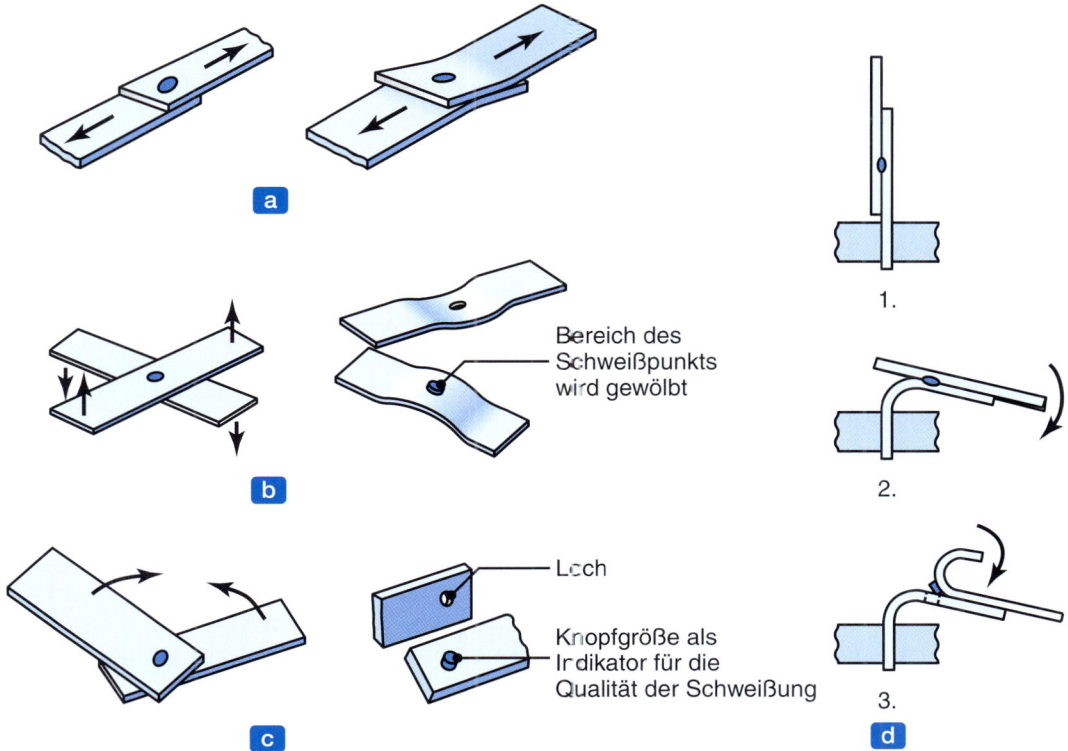

Abbildung 12.27: (a) Zug-Scherversuch, (b) Kreuzzugversuch, (c) Verdrehversuch, (d) Schälversuch.

Abbildung 12.18). Anhand von Kriechtests lässt sich das Verhalten von Schweißverbindungen bei erhöhten Temperaturen untersuchen.

f. **Prüfen von Punktschweißungen:** Punktgeschweißte Verbindungen können auf Schweißkernfestigkeit (▶ Abbildung 12.27) mittels (a) *Zug-Scherversuch*, (b) *Kreuzzugversuch*, (c) *Verdrehversuch* und (d) *Schälversuch* geprüft werden. Da sie kostengünstig und leicht durchführbar sind, setzt man Zug-Scherversuche häufig in Bereichen der Blechverarbeitung ein. Mit dem Kreuzzugversuch und dem Verdrehversuch lassen sich Fehler, Risse und Porosität im Schweißnahtbereich erkennen. Der Schälversuch wird häufig für dünne Bleche verwendet. Nach dem Biegen und Schälen der Fügestelle lassen sich Form und Größe des herausgerissenen Schweißkerns beurteilen.

2 Zerstörungsfreie Prüfverfahren: Oftmals ist es unumgänglich, geschweißte Konstruktionen zerstörungsfrei zu prüfen. Das gilt speziell für Anwendungen, bei denen ein Schweißnahtversagen zur Katastrophe führt, wie zum Beispiel in Druckkesseln, Pipelines, tragenden Konstruktionen und Triebwerken. Zu den zerstörungsfreien Prüfverfahren gehören visuelle Untersuchungen und die in Abschnitt 4.8.1 ausführlich beschriebenen Verfahren wie Radiografie, Magnetpulverprüfung, Eindringmittelprüfung und Ultraschallprüfung.

12.6.4 Auswahl des Schweißverfahrens

Die Auswahl eines Schweißverfahrens für eine bestimmte Anwendung wird außer durch die Werkstoffeigenschaften auch durch die folgenden Punkte bestimmt:

1. Konfiguration der zu schweißenden Teile oder der Struktur sowie ihrer Form, Dicke und Größe;
2. Die zur Herstellung der Bauteile verwendeten Methoden;
3. Betriebsanforderungen wie zum Beispiel Art der Belastung und den daraus resultierenden Spannungen;
4. Lage, Zugänglichkeit und Einfachheit des Schweißvorgangs;
5. Wirkungen von Verzug und Verfärbung;
6. Aussehen der Fügestelle;
7. Kosten für die verschiedenen Arbeitsgänge wie zum Beispiel Schweißnahtvorbereitung, Schweißen und Nachbearbeiten der Schweißnaht (inklusive spanender Bearbeitung und Endbearbeitung).

12.7 Kaltpressschweißen

Beim *Kaltpressschweißen* wird entweder über Gesenke oder Walzen Druck auf die Berührungsflächen der Teile ausgeübt. Aufgrund der resultierenden plastischen Verformung ist es wichtig und notwendig, dass mindestens ein Partner – vorzugsweise beide – ausreichend duktil ist. Die Grenzfläche wird normalerweise durch manuelles oder maschinelles Bürsten vor dem Schweißen gesäubert. Allerdings können sich beim Fügen zweier unähnlicher Metalle, die gegenseitig löslich sind, spröde *intermetallische Verbindungen* bilden (siehe Abschnitt 5.2.2), die zu einer schwachen und spröden Fügestelle führen. Ein Beispiel dafür ist das Verbinden von Aluminium und Stahl, wobei eine spröde intermetallische Verbindung an der Grenzfläche gebildet wird. Die beste Bindungsfestigkeit und -duktilität ergibt sich mit zwei ähnlichen Werkstoffen. Kaltpressschweißen ist geeignet, um kleine Werkstücke aus weichen, duktilen Metallen zu fügen. Zu den Anwendungen des Verfahrens gehören elektrische Verbindungen, Drahtmaterial und Abdichten wärmeempfindlicher Behälter (etwa von Behältern mit Explosivstoffen, beispielsweise Initialzünder).

Beim **Walzplattieren** wird der Druck für das Kaltpressschweißen langer Teile oder kontinuierlicher Bänder über ein Walzenpaar ausgeübt (▶ Abbildung 12.28). Dieses Verfahren ist bei der Herstellung von Münzen gebräuchlich, wie Beispiel 12.4 beschreibt. Analog zu ähnlichen Verfahren ist eine Oberflächenvorbereitung wichtig, um die Grenzflächenfestigkeit zu verbessern. Eine andere häufige Anwendung für das Walzplattieren ist die Herstellung von Bimetallstreifen für Thermostate und ähnliche Steuerungselemente, wobei zwei Lagen aus Werkstoffen mit unterschiedlichen Wärmeausdehnungskoeffizienten verwendet werden (siehe auch Abschnitt 12.8). Um die Verbindung nur in ausgewählten Abschnitten der Grenzfläche zu realisieren, wird ein Trennmittel wie zum Beispiel Graphit oder Keramik (eine sogenannte *Diffusionssperre*) aufgetragen. Abbildung 7.46 zeigt die Verwendung dieser Technik in der *superplastischen Umformung* von Blechkonstruktionen.

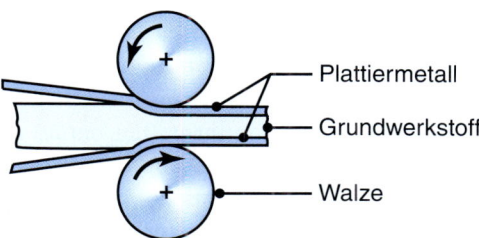

Abbildung 12.28: Schematische Darstellung des Walzplattierens.

Walzplattieren ist auch bei erhöhten Temperaturen möglich (*Warmwalzplattieren*), um die Festigkeit an der Trennfläche zu erhöhen. Typische Beispiele hierfür sind das *Plattieren* (Abschnitt 4.5.1) von (a) reinem Aluminium über ausscheidungsgehärtetem Blech aus einer Aluminiumlegierung und (b) rostfreiem Stahl über weichem unlegiertem Stahl zur Verbesserung der Korrosionsbeständigkeit.

Beispiel 12.4 **Walzplattieren der Euromünzen**

Einige der verschiedenen Euromünzen werden durch Walzplattieren hergestellt. Die Ein-, Zwei-, und Fünfcentmünzen bestehen jeweils aus einem Stahlkern mit einer beidseitigen dünnen Ummantelung aus Kupfer. Für die erste Serie dieser Bimetallmünzen wurden Rohlinge (vor dem Ausstanzen und Prägen) durch Walzplattieren gefertigt. Bei den aktuellen Serien dieser Münzen wird der Stahlkern mittels Elektroplattieren mit einem Kupferüberzug versehen. Auch die Ein- und Zweieuromünzen werden teilweise durch Walzplattieren hergestellt. Während der Ring aus gewalzten Kupferlegierungen (CuZu20Ni5 bei der Eineuro- und CuNi25 bei der Zweieuromünze) gestanzt wird, besteht der Kern (die „Pille") jeweils aus einem walzplattierten Dreischichtverbund.

Der silberfarbene Kern der Eineuromünze ist 2,33 mm hoch. Die Mittelschicht des Kerns besteht aus Ni99,2 und ist lediglich 160 µm dick. Die Dicke der beidseitigen Schicht aus Kupfernickel (CuNi25) beträgt jeweils 1,08 mm. Dieser Schichtaufbau wurde schon für die 5-DM-Münzen verwendet und trägt seither den Namen „Magnimat 7". Der goldfarbene Kern der Zweieuromünze ist mit 2,2 mm Dicke etwas dünner und besteht wiederum aus Nickel (Ni99,2; 260 µm) und einer beidseitigen Plattierung aus CuZu20Ni5.

Die zu verbindenden Bleche aus den verschiedenen Materialien werden vor dem Walzplattieren durch Schleifen und Bürsten oberflächenaktiviert. Die Verbindung der Schichten erfolgt durch Kaltwalzen in einem Plattierstich. Bei der nachfolgenden Diffusionsglühung stellt sich wegen der gegenseitigen Löslichkeit der Elemente Kupfer und Nickel eine innige Verbindung der drei Metallschichten ein und das kaltverformte Gefüge rekristallisiert. Dadurch wird es ausreichend weich für die Münzprägung. Vor der Prägung wird der Kern der Münze in den Ring eingepresst.

12.8 Ultraschallschweißen

Beim *Ultraschallschweißen* wirken auf die aneinanderliegenden Oberflächen der beiden Partner eine statische Normalkraft und oszillierende Scherspannungen (tangential) ein. Die Scherspannungen werden ähnlich wie bei der Ultraschallbearbeitung (siehe Abbildung 9.24a) durch die Spitze eines Ultraschallkopfes (▶ Abbildung 12.29a) erzeugt. Die Frequenz der Ultraschallschwingungen liegt typischerweise zwischen 10 und 75 kHz. Die bei diesem Vorgang erforderliche Energie nimmt mit Dicke und Härte der zu fügenden Werkstoffe zu. Die richtige Kopplung zwischen dem Ultraschallkopf und der Spitze (der sogenannten *Sonotrode* – aus den Wörtern *Son*ic und elec*trode*) ist für eine effektive Bindung wichtig. Die Schweißspitze lässt sich zum Saumschweißen von Strukturen durch rotierende Scheiben ersetzen (Abbildung 12.29b, ähnlich wie in ▶ Abbildung 12.35 für das *Widerstandsschweißen von Säumen*), wobei eine Komponente ein Blech oder eine Folie sein kann.

Die Scherspannungen verursachen kleine plastische Verformungen an den Werkstückgrenzflächen, die Oxidfilme und Verunreinigungen zerstören, sodass ein guter Kontakt möglich ist und eine feste monolithische Bindung entsteht. Die in der Schweißzone erzeugten Temperaturen liegen normalerweise bei einem Drittel bis zur Hälfte des Schmelzpunkts (absolute Skala) der zu verbindenden Metalle (Tabelle 3.2). Demzufolge schmelzen die Metalle nicht und es findet keine Vermischung in der flüssigen Phase statt. Jedoch können die Temperaturen in bestimmten Situationen ausreichend hoch sein, um erhebliche metallurgische Änderungen in der Schweißzone hervorzurufen.

Ultraschallschweißen ist zuverlässig und vielseitig. Es eignet sich für ein breites Spektrum von metallischen und nichtmetallischen Werkstoffkombinationen, einschließlich ungleicher Metalle (wie beim Herstellen von *Bimetallstreifen*). Das Verfahren ist weitverbreitet beim Fügen von Kunststoffen, im Fahrzeugbau und in der Konsumelektronikindustrie für das überlappende Schweißen von Blechen, Folien

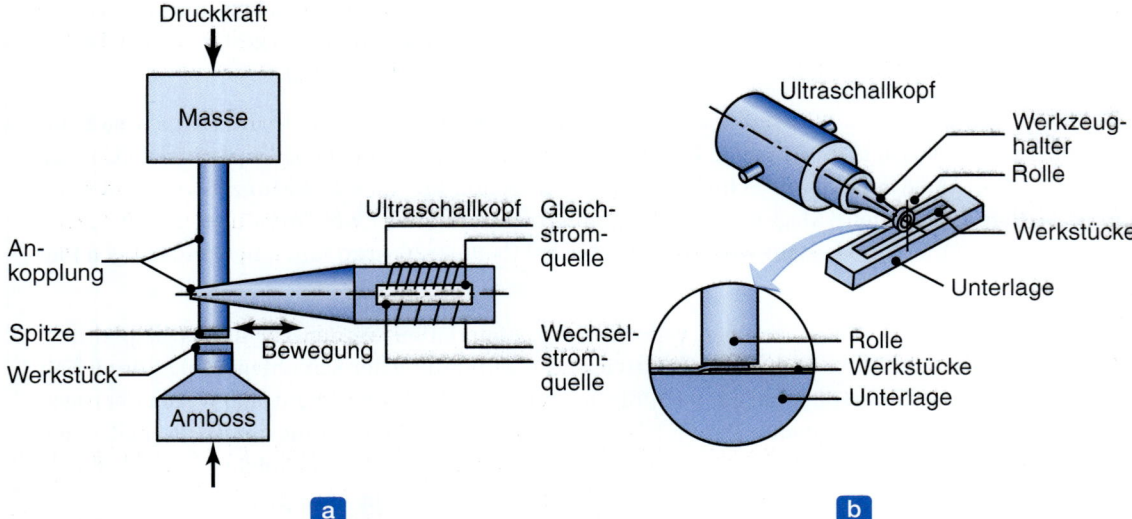

Abbildung 12.29: (a) Bauteile einer Ultraschallschweißmaschine für einen Überlappstoß. (b) Ultraschallsaumschweißen mit einer Rolle.

und dünnen Drähten. Aufgrund der wesentlich niedrigeren Schmelztemperatur von Kunststoffen (siehe Tabelle 10.2) wirken beim Fügen von Thermoplasten (siehe Abschnitt 12.17.1) durch Ultraschallschweißen andere Mechanismen als beim Fügen von Metallen.

12.9 Reibschweißen

Bei den bisher beschriebenen Fügeverfahren wird erforderliche Energie zum Schweißen von außen zugeführt. Beim *Reibschweißen* dagegen entsteht die erforderliche Wärme für das Schweißen durch Reibung an der Grenzfläche der beiden zu verbindenden Partner. Es handelt sich also um eine mechanische Energiequelle. Wie stark die Temperatur durch Reibung ansteigt, lässt sich ganz einfach dadurch demonstrieren, dass man die Hände schnell aneinanderreibt oder ein Seil hinunterrutscht.

Beim Reibschweißen bleibt ein Partner stationär, während der andere in einem Spannfutter, einer Spannzange oder einer ähnlichen Halterung fixiert ist (siehe Abbildung 8.42) und sich mit hoher konstanter Geschwindigkeit dreht. Die beiden Fügepartner werden dann unter einer Axialkraft in Kontakt gebracht (▶ Abbildung 12.30). Die Rotationsgeschwindigkeit an der Oberfläche beträgt bis zu 900 m/min. Die rotierenden Partner müssen sicher eingespannt sein, um sowohl dem Drehmoment als auch den Axialkräften zu widerstehen, ohne in den Halterungen zu rutschen. Nachdem ein ausreichender Grenzflächenkontakt besteht, wird (a) der rotierende Fügepartner zu einem plötzlichen Halt gebracht, sodass die Schweißnaht durch eine darauffolgende Scheraktion nicht zerstört wird, und (b) die Axialkraft erhöht.

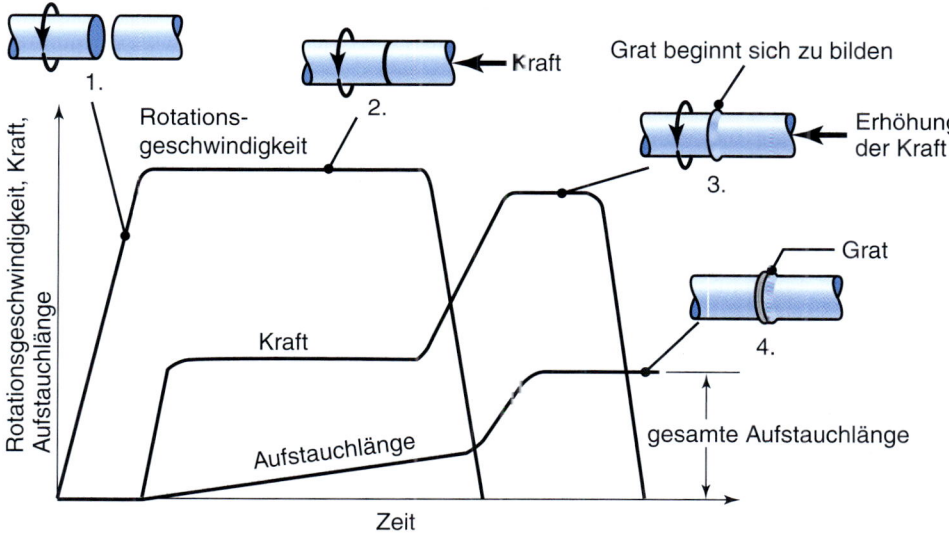

Abbildung 12.30: Ablauf des Reibschweißens: (1) Das linke Bauteil rotiert mit hoher Drehzahl, (2) das rechte Bauteil wird durch eine Axialkraft gegen das linke gedrückt, (3) die Axialkraft wird erhöht und das linke Bauteil abgebremst. Durch die Reibungswärme wird die Fügezone erweicht; beginnende Gratbildung, (4) nach Erreichen einer bestimmten Aufstauchlänge ist die Schweißung abgeschlossen. Wegen der Gratbildung ist das gefügte Bauteil kürzer als die beiden Einzelteile vor der Fügung. Falls erforderlich, kann der Grat in nachfolgenden Bearbeitungsschritten (Spanen, Schleifen) entfernt werden.

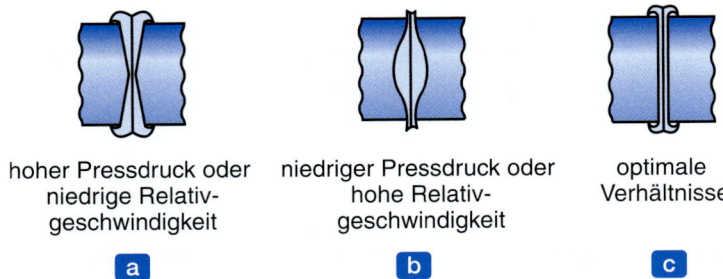

Abbildung 12.31: Gestalt der Fügezone beim Reibschweißen in Abhängigkeit der Presskraft und der Drehgeschwindigkeit.

Die Schweißzone ist normalerweise auf einen engen Bereich begrenzt, abhängig von (a) der erzeugten Wärmemenge, (b) der Wärmeleitfähigkeit der Werkstoffe und (c) den mechanischen Eigenschaften der Werkstoffe bei erhöhten Temperaturen. Die Gestalt der geschweißten Verbindung hängt von der Rotationsgeschwindigkeit und der wirkenden Axialkraft ab, wie ▶ Abbildung 12.31 zeigt. Diese Faktoren müssen gesteuert werden, um eine gleichmäßig feste Verbindung zu erhalten. Das sich radial nach außen bewegende heiße Metall an der Grenzfläche (Grat) drückt Oxide und andere Verunreinigungen von der Grenzfläche weg, was die Verbindungsfestigkeit weiter erhöht.

Reibschweißen wurde in den 1940er Jahren entwickelt und ist zum Fügen eines breiten Spektrums von Werkstoffen geeignet, vorausgesetzt, dass eine der Komponenten eine gewisse Rotationssymmetrie besitzt. Mit diesem Verfahren lassen sich massive wie auch röhrenförmige Teile mit guter Verbindungsfestigkeit fügen – erfolgreiche Beispiele aus der Praxis dafür sind massive Stahlstangen bis zu 100 mm Durchmesser und Röhren bis zu 250 mm Außendurchmesser. Wegen der Kombination von Wärme und Druck entwickelt die Grenzfläche beim Reibschweißen einen Grat durch plastische Verformung (Stauchung) der erwärmten Zone. Wenn dieser Grat stört, lässt er sich leicht durch darauffolgende spanende Bearbeitung oder Schleifen entfernen (siehe auch die Fallstudie am Ende dieses Kapitels).

Die folgenden Punkte beschreiben verschiedene Varianten des Reibschweißens:

1. **Rotationsreibschweißen** ist eine Modifikation des Reibschweißens, obwohl man diese Bezeichnung auch gleichbedeutend mit *Reibschweißen* verwendet. In diesem Verfahren liefert ein Schwungrad die erforderliche Energie. Es wird (a) das Schwungrad auf die geeignete Geschwindigkeit beschleunigt, (b) der Kontakt der beiden Fügepartner hergestellt, (c) eine Axialkraft angewendet und (d) die Axialkraft erhöht, wenn die Reibung an der Grenzfläche das Schwungrad abbremst. Die Schweißnaht ist fertiggestellt, wenn das Schwungrad zum Halt kommt. Der zeitliche Ablauf dieser Sequenz ist entscheidend für die Qualität der Schweißnaht. Beim Rotationsreibschweißen lässt sich die Masse der Schwungscheibe und damit das Energieniveau an den Werkstückquerschnitt und die Werkstoffeigenschaften anpassen.

2. Beim **Linearreibschweißen** wirkt auf die Grenzfläche der zu verbindenden Teile eine lineare Hin- und Herbewegung, die mindestens eines der beiden Teile ausführt. Die Teile brauchen somit keinen runden bzw. röhrenförmigen Querschnitt zu haben. Ein Mechanismus zur Hin- und Herbewegung bewegt ein Teil über die Fläche des anderen Teils. Mit Linearreibschweißen lassen sich quadratische oder rechteckförmige Komponenten, aber auch runde Teile aus Metall oder Kunststoff fügen.

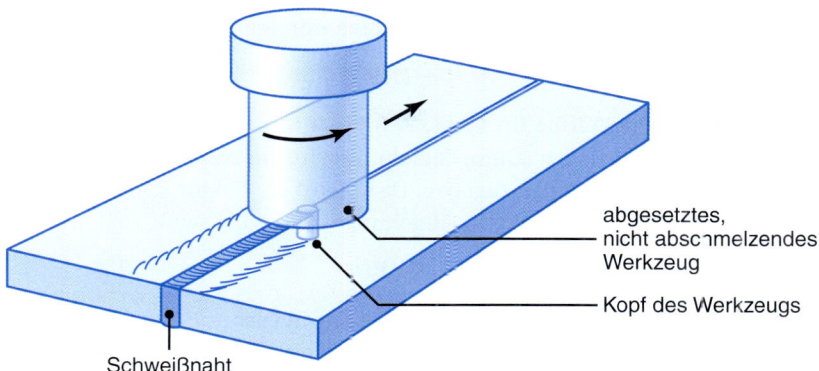

Abbildung 12.32: Schematische Darstellung des Rührreibschweißens. Damit können Aluminiumplatten mit einer Dicke von bis zu 75 mm verschweißt werden.

Zum Beispiel wird in einer konkreten Anwendung ein rechteckiges Teil aus einer Titanlegierung durch Reibschweißen mit einer linearen Frequenz von 25 Hz, einer Amplitude von ±2 mm und einem Druck von 100 MPa, der auf eine Fläche von 240 mm^2 wirkt, verbunden. Dieses Verfahren ist auch mit anderen Metallen und bei rechteckigen Querschnitten bis zu 50×20 mm^2 erfolgreich eingesetzt worden.

3 Rührreibschweißen: Während beim konventionellen Reibschweißen das Erwärmen der Grenzflächen durch Aneinanderreiben der beiden in Kontakt gebrachten Oberflächen erfolgt, wird beim *Rührreibschweißen* ein dritter Körper gegen die beiden zu verbindenden Oberflächen gerieben. Das Werkzeug ist ein kleiner rotierender Stab (5 bis 6 mm Durchmesser, 5 mm lang), der zwischen die Fügepartner gesteckt wird (▶ Abbildung 12.32). Durch den Kontaktdruck kommt es zur Erwärmung durch Reibung und zu einem Temperaturanstieg in den Bereich von 230 bis 260 °C. Die Spitze des rotierenden Werkzeugs erzwingt Erwärmung und Mischen oder Rühren des Werkstoffes in der Fügestelle.

Dieses Verfahren wurde ursprünglich für das Schweißen von Legierungen in der Luftfahrtindustrie – spezielle Aluminiumlegierungen – entwickelt. Inzwischen ist es auch für Polymere und Verbundwerkstoffe gebräuchlich. Die Dicke der geschweißten Teile kann etwa im Bereich von 1 bis 30 mm liegen. Die Schweißnaht hat eine hohe Qualität, weist nur wenige Poren auf und besitzt eine gleichmäßige Gefügestruktur. Da für die Schweißnähte nur wenig Wärmeeintrag erforderlich ist, sind Verzug und Mikrostrukturänderungen gering. Außerdem entstehen weder Dämpfe noch Spritzer. Die Schweißausrüstung kann so einfach wie eine konventionelle, vertikale Fräsmaschine sein, wie sie Abbildung 8.59b zeigt. Zudem ist das Verfahren relativ einfach zu realisieren und leicht zu automatisieren.

12.10 Widerstandsschweißen

Die mit *Widerstandsschweißen* bezeichneten Verfahren erzeugen die zum Schweißen erforderliche Wärme über den *elektrischen Widerstand* zwischen den beiden Fügepartnern. Zu den Vorzügen dieser Verfahren gehört also, dass sie keine abschmelzenden Elektroden, Schutzgase oder Flussmittel benötigen.

Die beim Widerstandsschweißen erzeugte Wärme lässt sich mit dem Ausdruck

$$H = I^2Rt \qquad (12.6)$$

berechnen, wobei H die erzeugte Wärme (in J bzw. Ws), I der Strom (in A), R der Widerstand (in Ohm) und t die Zeit des Stromflusses (in s) ist. Diese Gleichung wird im Allgemeinen modifiziert, um die in der Schweißnaht real verfügbare Wärme anzugeben. Dazu wird ein Faktor K eingeführt, der die Energieverluste durch Strahlung und Leitung darstellt. Gleichung (12.6) wird somit zu

$$H = KI^2Rt \, ,$$

wobei K kleiner als 1 ist. Der elektrische Gesamtwiderstand in diesen Prozessen wie zum Beispiel bei dem in ▶ Abbildung 12.33 dargestellten **Widerstandspunktschweißen** ist die Summe der folgenden Beiträge:

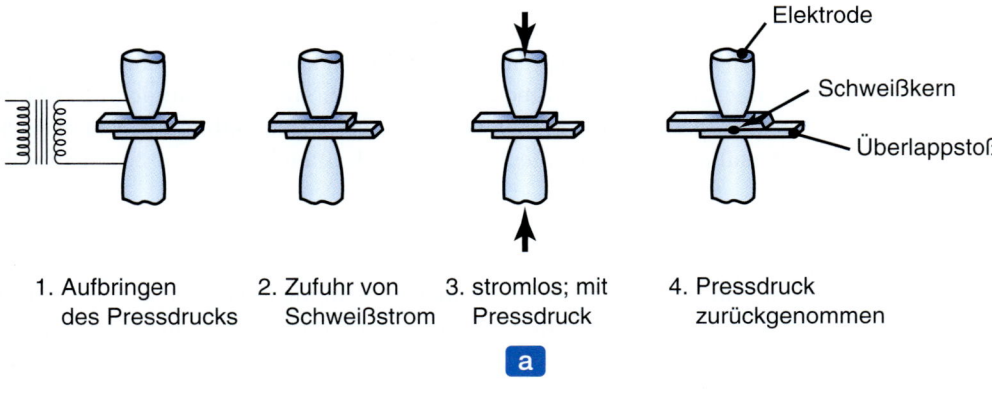

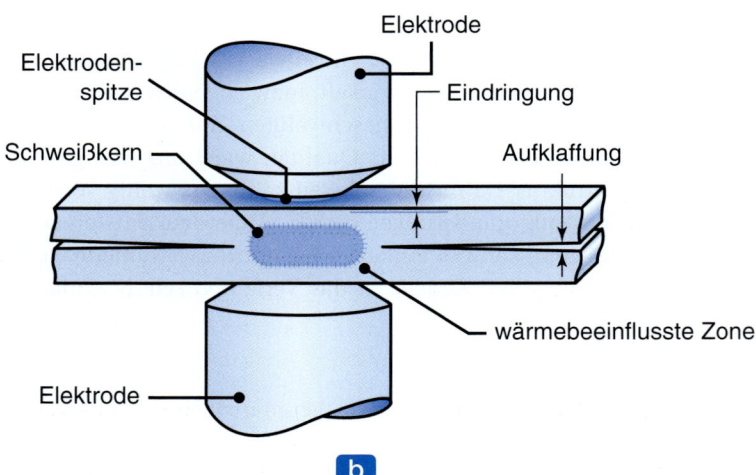

Abbildung 12.33: (a) Ablauf des Widerstandspunktschweißens. (b) Seitenansicht einer Punktschweißverbindung. Man erkennt den Schweißkern und die leichte Eintiefung der Bleche durch die Elektroden.

1. Widerstand der Elektroden
2. Kontaktwiderstände zwischen Elektrode und Werkstück
3. Widerstände der einzelnen zu schweißenden Teile
4. Kontaktwiderstände von Werkstück zu Werkstück (Passflächen)

Der Strom beim Widerstandsschweißen kann bis zu 100 000 A erreichen, während die Spannung in der Regel bei lediglich 0,5 bis 10 V liegt. Der tatsächliche Temperaturanstieg an der Fügestelle hängt von der spezifischen Wärme und der thermischen Leitfähigkeit der zu verbindenden Metalle ab. Deshalb ist bei Metallen wie zum Beispiel Aluminium wegen dessen hoher Wärmeleitfähigkeit eine hohe Wärmekonzentrationen erforderlich. Elektrodenwerkstoffe sollten hohe thermische Leitfähigkeit und Festigkeit bei erhöhten Temperaturen haben und werden in der Regel aus Kupferlegierungen hergestellt. Durch Widerstandsschweißen lassen sich gleichartige und ungleichartige Metalle fügen.

Das Anfang des 20. Jahrhunderts entwickelte Widerstandsschweißen setzt spezialisierte Anlagen voraus, die heute größtenteils mit programmierbarer Computersteuerung arbeiten. Die Anlagen sind meistens nicht portabel und das Verfahren kommt vor allem für Produktionsbetriebe und Werkstätten infrage.

Beim Widerstandsschweißen unterscheidet man fünf grundsätzliche Methoden:

- Widerstandspunktschweißen
- Widerstandsschweißen von Säumen
- Widerstandsbuckelschweißen
- Stumpfschweißen
- Bolzen(lichtbogen)schweißen

Die ersten drei Verfahren stellen überlappende Verbindungen her, die beiden letzten Verfahren Stumpfstöße.

12.10.1 Widerstandspunktschweißen

Beim *Widerstandspunktschweißen* berühren die Spitzen von zwei gegenüberliegenden massiven, runden Elektroden die Oberflächen des Überlappstoßes der beiden Bleche und die Widerstandswärme erzeugt eine Punktschweißnaht (Abbildung 12.33a). Um eine gute Bindung im **Schweißkern** zu erhalten (Abbildung 12.33b) wird kontinuierlich Druck ausgeübt, bis der Strom abgeschaltet wird. Deshalb ist es entscheidend, den elektrischen Strom und den ausgeübten Druck und den zeitlichen Ablauf genau zu steuern. Der Schweißstrom liegt üblicherweise je nach zu schweißendem Werkstoff und dessen Dicke im Bereich von 3000 bis 40 000 A.

Die Festigkeit der Schweißnaht hängt von der Oberflächenrauheit und Sauberkeit der Berührungsflächen ab. Öl, Farbe und dicke Oxidschichten sollten deshalb vor dem Schweißvorgang entfernt werden. Gleichmäßige dünne Oxidschichten und andere Verunreinigungen stören allerdings nicht. Der Schweißkern hat normalerweise einen Durchmesser bis zu 10 mm. Die Oberfläche des Schweißpunkts weist eine leicht verfärbte Vertiefung auf.

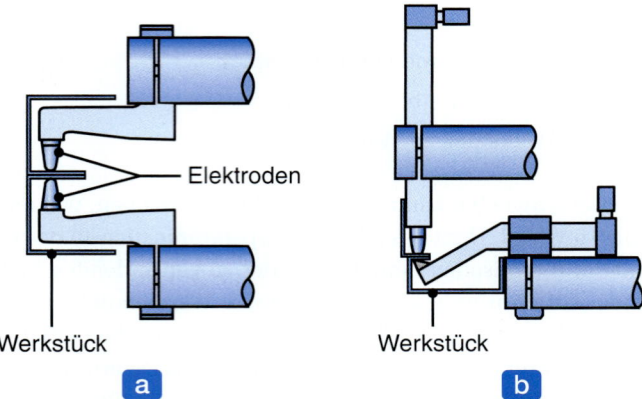

Abbildung 12.34: Gestaltung der Elektroden für das Widerstandspunktschweißen schwer zugänglicher Schweißstellen.

Punktschweißen ist das einfachste und gebräuchlichste Widerstandsschweißverfahren. Das Schweißen ist mit einer oder mit mehreren Elektroden möglich und der erforderliche Druck wird mit mechanischen oder pneumatischen Mitteln erzeugt. Für kleinere Teile setzt man Punktschweißmaschinen mit *Kipphebel* ein, während die Elektroden bei größeren Werkstücke *beidseitig angepresst* werden. Die Gestalt und der Oberflächenzustand der Elektrodenspitze und die Zugänglichkeit des zu schweißenden Bereichs sind wichtige Faktoren beim Punktschweißen. Damit sich auch schwer zugängliche Bereiche schweißen lassen, steht eine Vielfalt von Elektrodenformen zur Auswahl (▶ Abbildung 12.34).

Moderne Punktschweißanlagen sind computergesteuert, um einen optimalen Verfahrensablauf sicherzustellen. Das Manipulieren der Punktschweißzangen übernehmen programmierbare Roboter (Abschnitt A.7). Punktschweißen ist weitverbreitet für die Herstellung von Blechteilen. Die Anwendungen reichen von Griffen für Kochgeschirr bis zum schnellen Punktschweißen von Fahrzeugkarosserien mit mehreren Elektroden. In einem typischen PKW gibt es bis zu 2000 Punktschweißungen.

Beispiel 12.5 — Wärmeentwicklung beim Widerstandspunktschweißen

Zwei Stahlbleche mit einer Dicke b von je 1 mm werden durch Punktschweißen bei einem Strom von $I = 5000\,\text{A}$ und einer Stromflusszeit von $t = 0{,}1\,\text{s}$ geschweißt. Die Elektroden haben einen Durchmesser von 5 mm. Geben Sie die Größe der erzeugten Wärme und ihre Verteilung in der Fügezone an. Nehmen Sie $200\,\mu\Omega$ als effektiven Widerstand an.

Lösung: Gemäß Gleichung (12.6) berechnet sich die Wärme zu

$$H = 5000^2 \times 0{,}0002 \times 0{,}1 = 500\,\text{J}.$$

Unter der Annahme, dass das Material unter der Elektrode ausreichend erwärmt wird, um zu schmelzen und sich zu verbinden, lässt sich das Volumen des Schweißkerns berechnen zu

$$V = \frac{\pi}{4}d^2 b = \frac{\pi}{4}5^2 \times 2 = 39{,}3 \text{ mm}^3 \ .$$

Aus Tabelle 12.3 nehmen wir u für Stahl mit 9,7 J/mm^3 an (mittlerer Wert der Extremwerte). Somit ergibt sich die Wärme, die zum Schmelzen des Schweißkerns erforderlich ist, aus Gleichung (12.4) mit

$$H = uV = 9{,}7 \times 39{,}3 = 381 \text{ J} \ .$$

Folglich wird die restliche Wärme (119 J oder 24 %) in das Blech um den Schweißkern abgeleitet.

12.10.2 Widerstandsschweißen von Säumen

Widerstandsschweißen von Säumen ist ein modifiziertes Verfahren des Widerstandspunktschweißens, in dem die Elektroden als Räder oder Walzen ausgeführt sind (Abbildung 12.35a). Mit einer kontinuierlichen Wechselstromversorgung erzeugen die elektrisch leitenden rotierenden Elektroden kontinuierliche Punktschweißnähte, und zwar immer dann, wenn der Strom in der Wechselstromschwingung eine ausreichend hohe Dichte erreicht. Die erzeugten Schweißnähte sind überlappende Punktschweißungen, die eine flüssigkeits- und gasdichte Verbindung erzeugen können (Abbildung 12.35b). Die typische Schweißgeschwindigkeit beträgt 1,5 m/min für dünnes Blech. Durch *intermittierende* Stromzuführung lässt sich eine Reihe von Punktschweißungen bei verschiedenen Intervallen über der Länge des Saums erzeugen (Abbildung 12.35c). Dieses Verfahren bezeichnet man als **Rollpunktschweißen**. Das Widerstandsschweißen von Säumen wird verwendet, um den (seitlichen) Längssaum von Dosen für Haushaltsprodukte, Schalldämpfern in Abgasanlagen, Benzinkanistern und anderen Behältern herzustellen. Beim **Widerstandsquetschschweißen** sind die überlappenden Schweißnähte etwa ein- bis zweimal so dick wie das

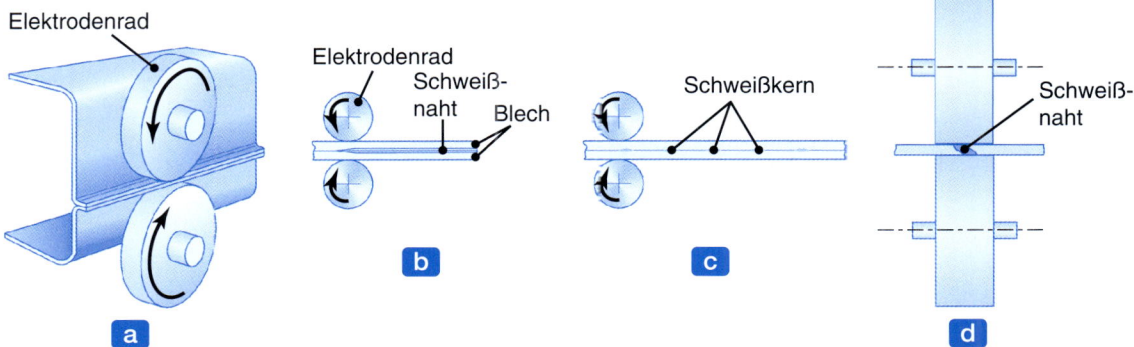

Abbildung 12.35: (a) Darstellung des Widerstandsschweißen von Säumen mit rollenförmigen Elektroden (Rollennahtschweißen). (b) Überlappende Schweißpunkte beim Rollennahtschweißen. (c) Seitenansicht einer Schweißpunktfolge. (d) Widerstandsquetschschweißen. Die Länge der Überlappung der Bleche entspricht der Blechstärke.

Blech. Die in Abschnitt 7.4 beschriebenen maßgeschneiderten Platinen lassen sich ebenfalls mit diesem Verfahren herstellen.

Hochfrequenz-Widerstandsschweißen ist dem Widerstandsschweißen von Säumen ähnlich, außer dass ein hochfrequenter Strom (bis zu 450 kHz) verwendet wird. Zu den Anwendungen gehören stumpfgeschweißte Röhren, Profile wie zum Beispiel Doppel-T-Träger, Spiralrohre, Rippenrohre für Wärmetauscher und Radfelgen. Beim **Hochfrequenz-Induktionsschweißen** heizt eine Induktionsspule vor den Rollen das zu schweißende Rohr induktiv auf.

12.10.3 Widerstands-Buckelschweißen

Beim *Widerstands-Buckelschweißen* wird ein hoher elektrischer Widerstand an der Verbindung durch Prägen einer oder mehrerer Buckel (Vertiefungen) auf einer der zu schweißenden Oberflächen entwickelt (▶ Abbildung 12.36). Die Vorsprünge können je nach spezifischen Entwurfs- oder Festigkeitsanforderungen der Teile rund oder oval sein. Aufgrund der kleinen Kontaktflächen werden beim Schweißen hohe örtliche Temperaturen an den Vorsprüngen generiert, die in Kontakt mit dem flachen Gegenstück stehen. Die Schweißkerne ähneln denen beim Punktschweißen; sie werden gebildet, da die Elektroden Druck ausüben, um die Vorsprünge zusammenzudrücken. Die Elektroden bestehen in der Regel aus Kupferlegierungen. Die Spitzen der Elektroden sind flach und werden wassergekühlt.

Punktschweißanlagen können eingesetzt werden, indem die Elektroden modifiziert werden. Obwohl das Prägen der Werkstücke einen zusätzlichen Aufwand bedeutet, produziert Widerstands-Buckelschweißen eine Serie von Schweißnähten in einem Durchgang, verlängert die Elektrodenlebensdauer und ist in der Lage, Metalle mit unterschiedlichen Dicken zu verschweißen. Mit diesem Verfahren lassen sich auch Muttern und Bolzen an Bleche und Platten schweißen, wobei Vorsprünge beispielsweise durch spanende Bearbeitung oder Schmieden hergestellt werden können. Das Fügen von netzartigen Drahtkonstruktionen wie zum Beispiel Metallkörbe, Ofenroste und Einkaufswagen wird ebenfalls dem Widerstands-Buckelschweißen zugeordnet, da die Kontaktflächen zwischen den sich kreuzenden Drähten (*Gitter*) sehr klein sind.

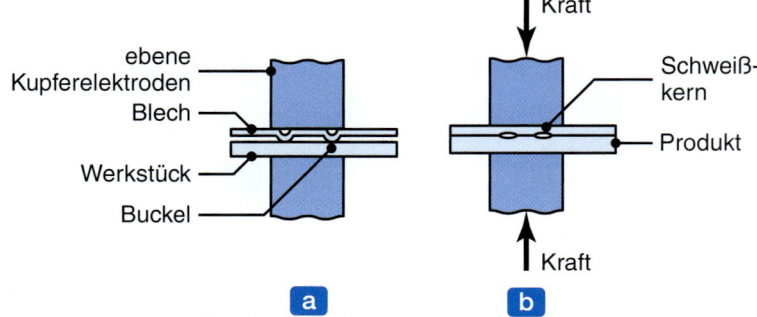

Abbildung 12.36: Schematische Darstellung des Widerstands-Buckelschweißens: (a) vor, (b) nach der Schweißung. Die Buckel im Blech werden vor der Schweißung durch Prägen erzeugt (Abschnitt 7.5.2).

12.10.4 Stumpfschweißen

Beim *Stumpfschweißen* (oder auch *Abbrennstumpfschweißen*) wird die Wärme aus dem Lichtbogen erzeugt, wenn die Enden der beiden Fügepartner in Kontakt kommen, wodurch sich ein elektrischer Widerstand an der Verbindungsstelle entwickelt (▶ Abbildung 12.37). Wegen des Lichtbogens wird dieses Verfahren auch dem Lichtbogenschweißen zugerechnet. Wenn die Temperatur ansteigt und die Grenzfläche erweicht, wird eine gesteuerte Axialkraft angewandt und es bildet sich eine Schweißnaht durch plastische Verformung an der Fügestelle. Dies ist dem *Warmstauchen* ähnlich (siehe Abbildung 6.1), daher spricht man auch von **Widerstands-Pressschweißen**. Während des Vorgangs kann eine beträchtliche Metallmenge von der Fügestelle als Funkenregen ausgestoßen werden. Die Verbindung lässt sich später noch maschinell bearbeiten, um ihr Aussehen zu verbessern. Da während dieses Vorgangs auch Verunreinigungen und Schmutzstoffe herausgedrückt werden, ist die Qualität der Schweißnaht gut. Stumpfschweißmaschinen sind in der Regel automatisiert, recht groß und mit verschiedenen Stromversorgungen von 10 bis 1500 kVA ausgestattet.

Stumpfschweißen ist geeignet, um Stangen oder Rohre aus gleichartigen oder ungleichartigen Metallen mit Durchmessern von 1 bis 75 mm sowie Bleche und Stäbe von 0,2 bis 25 mm Dicke direkt an den Enden oder Kanten miteinander zu verbinden. Bei dünneren Querschnitten kann es allerdings durch die beim Schweißen einwirkende Axialkraft zum Ausbeulen kommen. Auch Ringe, die beispielsweise durch Biegeoperationen, wie in Abbildungen 7.24b und c gezeigt, geformt wurden, lassen sich stumpfschweißen. Außerdem ist das Verfahren geeignet, gebrochene Bandsägeblätter (Abschnitt 8.10.5) zu reparieren, wobei Halterungen am Rahmen der Bandsäge befestigt werden. Um reproduzierbare Abläufe zu erreichen, lässt sich Stumpfschweißen auch automatisieren. Zu den typischen Anwendungen gehören (a) Verbinden von röhrenförmigen Teilen für Metallmöbel und Fenster, (b) Schweißen von Schnellarbeitsstahl an Stahlschäfte und (c) Schweißen der Enden von Blech- oder Drahtrollen für kontinuierliches Arbeiten in Walzwerken, Drahtziehanlagen und Glüheinrichtungen.

12.10.5 Bolzen(lichtbogen)schweißen

Bolzen(lichtbogen)schweißen ähnelt dem Stumpfschweißen. Der hervorstehende Teil – beispielsweise ein Bolzen, eine Gewindestange, ein Haken oder ein Aufhänger – fungiert als eine der Elektroden, wäh-

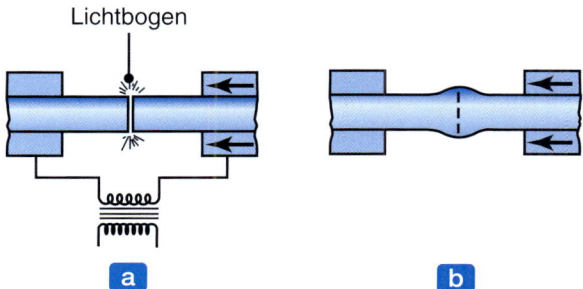

Abbildung 12.37: Stumpfschweißen von Stangen oder Rohren: (a) vor, (b) nach der Schweißung. Die axiale Druckkraft führt zur Ausbildung eines Grats.

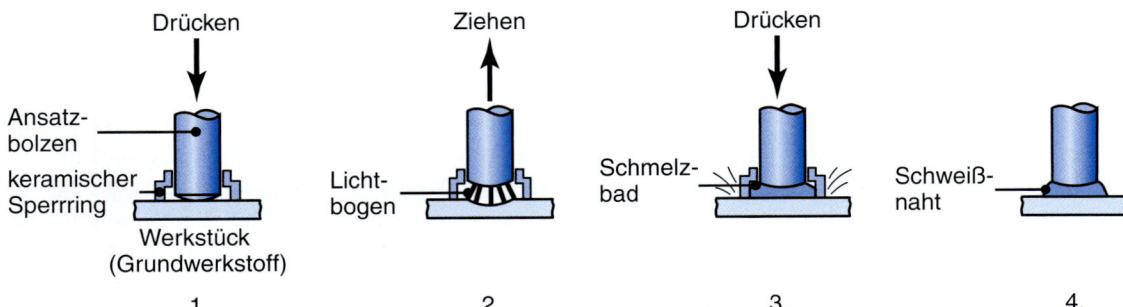

Abbildung 12.38: Ablauf des Bolzen(lichtbogen)schweißens. Damit können Stäbe, Gewindebolzen und verschiedene andere Befestigungselemente auf Platten oder Bleche angeschweißt werden.

rend die Verbindung zu einem anderen Fügepartner erfolgt, bei dem es sich in der Regel um eine flache Platte handelt (▶ Abbildung 12.38). Um die erzeugte Wärme richtig zu konzentrieren, Oxidation zu verhindern und das Schmelzbad in der Schweißzone zurückzuhalten, wird ein einmal verwendeter keramischer *Sperrring* um die Verbindung gelegt. Bolzenschweißmaschinen lassen sich automatisieren und mit Steuermöglichkeiten für die Lichtbogen- und Druckerzeugung versehen. Es sind auch portable Anlagen erhältlich. Das Verfahren hat zahlreiche Anwendungen im Fahrzeugbau, im Bauwesen, im Anlagenbau, in der Elektroindustrie und im Schiffbau.

Bolzenschweißen ist ein allgemeiner Begriff zum Verbinden eines Metallbolzens mit einem Werkstück und lässt sich mit verschiedenen Fügeverfahren realisieren, beispielsweise Widerstandsschweißen, Reibschweißen oder einem anderen geeigneten Verfahren, die dieses Kapitel beschreibt. Je nach der konkreten Anwendung können auch Schutzgase verwendet werden.

Bolzenschweißen mit Spitzenzündung ist ein ähnliches Verfahren, bei dem ein Gleichstrombogen durch den Strom von einer Kondensatorbank erzeugt wird. Es ist weder ein Sperrring noch ein Flussmittel erforderlich, da die Schweißzeit sehr kurz ist (in der Größenordnung von 1 bis 6 ms). Mit diesem Verfahren lassen sich dünne Bleche mit beschichteten oder lackierten Oberflächen schweißen. Die Entscheidung zwischen diesem Verfahren und dem Bolzenlichtbogenschweißen hängt von Faktoren wie der Art der zu verbindenden Werkstoffe, der Teiledicke, Bolzendurchmesser und Gestalt der Fügestelle ab.

12.10.6 Perkussionsschweißen

Die bisher behandelten Widerstandsschweißverfahren benötigen in der Regel einen Transformator, um die Anforderungen der Stromversorgung zu erfüllen. Die elektrische Energie zum Schweißen kann auch in einem Kondensator gespeichert werden, wie es beim oben beschriebenen Bolzenschweißen mit Spitzenzündung der Fall ist. Diese Technik verwendet auch das *Perkussionsschweißen*, bei dem die elektrische Energie in einer sehr kurzen Zeitspanne (1 bis 10 ms) entladen wird, wobei sich eine hohe lokalisierte Wärme an der Fügestelle entwickelt. Dieses Verfahren ist dort nützlich, wo die Erwärmung der an die Fügestelle angrenzenden Komponenten wie zum Beispiel in elektronischen Baugruppen vermieden werden muss.

12.11 Explosionsschweißen

Beim *Explosionsschweißen* wird der nötige Kontaktdruck durch Zünden einer explosiven Schicht auf einem der Fügepartner (der sogenannten **Flugplatte;** ▶ Abbildung 12.39) erzeugt. Die entstehenden Drücke sind äußerst hoch (in der Größenordnung von 10^{10} Pa). Die kinetische Energie der Flugplatte, die auf den Fügepartner trifft, erzeugt eine turbulente, wellige Grenzfläche (Wirbel). Dieser Stoß fügt die beiden Berührungsflächen mechanisch fest zusammen (▶ Abbildung 12.40). Außerdem findet ein Kaltpressschweißen durch plastische Verformung statt (Abschnitt 4.4). Die Flugplatte wird in einem Winkel angeordnet, wobei vorhandene Oxidfilme an der Grenzfläche aufgebrochen und von der Grenzfläche weggetrieben werden. Im Ergebnis ist die Bindefestigkeit beim Explosionsschweißen sehr hoch.

Bei diesem Verfahren wird **Explosivstoff** in Form flexibler Kunststofffolie, Schnur, Granulat oder einer Flüssigkeit, die auf die Flugplatte gegossen wird, eingesetzt. Die Detonationsgeschwindigkeiten liegen je nach Art des Explosivstoffs, Dicke der explosiven Schicht und ihrer Packungsdichte üblicherweise im Bereich von 2400 bis 3600 m/s. Für die Zündung werden kommerzielle Standardsprengkapseln verwendet.

Explosionsschweißen ist speziell für beschichtete Platten und Brammen mit ungleichen Metallen – insbesondere in der chemische Industrie – geeignet. Erfolgreich eingesetzt wurde das Verfahren bereits für Platten bis zu $6 \times 2\,m^2$. Das resultierende Material kann dann zu dünneren Querschnitten gewalzt werden. Nach dieser Methode werden oftmals Röhren mit den Löchern in Kopfplatten von Boilern und röhrenartigen Wärmetauschern verbunden. Der Explosivstoff wird in der Röhre platziert. Die Explosion erweitert die Röhre und presst sie eng gegen die Platte.

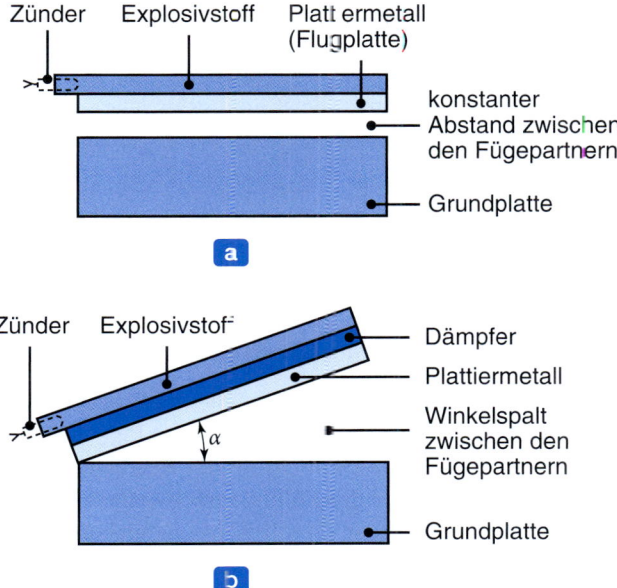

Abbildung 12.39: Schematische Darstellung des Explosionsschweißens: (a) mit konstantem Abstand der Fügepartner, (b) mit winkelig angestellten Fügepartnern.

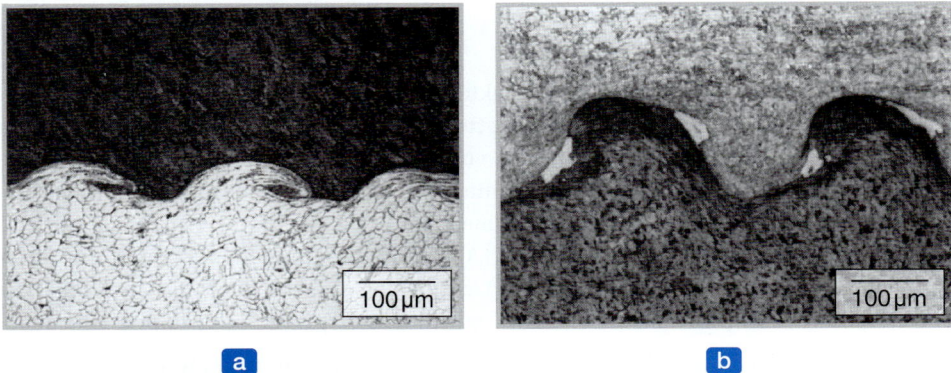

Abbildung 12.40: Querschnitt durch die Fügezone beim Explosionsschweißen: (a) Titan (oben) auf Kohlenstoffstahl, (b) Eisen-Nickel-Legierung Incoloy 800 (oben) auf Kohlenstoffstahl. Die Welligkeit der Grenzfläche erhöht die Scherfestigkeit der Schweißung. Manche Werkstoffkombinationen (z. B. Tantal mit Vanadium) zeigen eine geringere Welligkeit. Wenn die Fügepartner eine nur geringe metallurgische Verträglichkeit zeigen, kann eine mit beiden Fügepartnern verträgliche Zwischenschicht mitverschweißt werden.

12.12 Diffusionsschweißen

Diffusionsschweißen ist ein Festkörperschweißverfahren, bei dem die Festigkeit der Verbindung hauptsächlich durch Diffusion (Bewegung von Atomen über die Grenzfläche) und – in geringerem Maße – durch plastische Verformung der Passflächen zustande kommt. Dieses Verfahren setzt Temperaturen von etwa $0{,}5\,T_m$ voraus (wobei T_m die Schmelztemperatur des Metalls auf der absoluten Skala ist), damit die Diffusionsgeschwindigkeit zwischen den zu verbindenden Teilen ausreichend hoch ist. Die beim Diffusionsschweißen gebundene Grenzfläche besitzt praktisch die gleichen physikalischen und mechanischen Eigenschaften wie der Grundwerkstoff. Die Bindungsfestigkeit hängt von Druck, Temperatur, Kontaktzeit und Sauberkeit der Passflächen ab. Diese Anforderungen können mithilfe von Zusatzwerkstoffen an den Grenzflächen verringert werden.

Die Praxis des Diffusionsschweißens reicht Jahrhunderte zurück, als Goldschmiede Gold auf Kupfer aufgebracht haben. Um diesen als **aufplattiertes Gold** bezeichneten Werkstoff herzustellen, wird zunächst eine dünne Lage Goldfolie durch Hämmern hergestellt. Dann legt man die Folie über das Kupfer und stellt ein Gewicht darauf. Diese Anordnung wird dann so lange in einen Ofen platziert, bis eine gute Bindung erreicht ist (ein auch als *Warmpressschweißen* bezeichneter Vorgang).

Beim Diffusionsschweißen werden die beiden Teile normalerweise in einem Ofen oder durch elektrischen Strom erwärmt. Der erforderliche Druck kann (a) durch das Eigengewicht, (b) durch eine Presse, (c) mithilfe unterschiedlicher Gasdrücke oder (d) aufgrund der relativen thermischen Ausdehnung der zu verbindenden Teile ausgeübt werden. Für das Diffusionsschweißen komplexer Teile werden auch Hochdruckautoklaven eingesetzt. Der Vorgang ist vor allem für ungleichartige Metallpaare geeignet, wird aber auch für reaktive Metalle wie zum Beispiel Titan, Beryllium, Zirkon und hochschmelzende Metalllegierungen verwendet. Wichtig ist Diffusionsschweißen auch in der Pulvermetallurgie beim Sintern (Abschnitt 11.4) und für die Verarbeitung von Verbundwerkstoffen (Abschnitt 11.15).

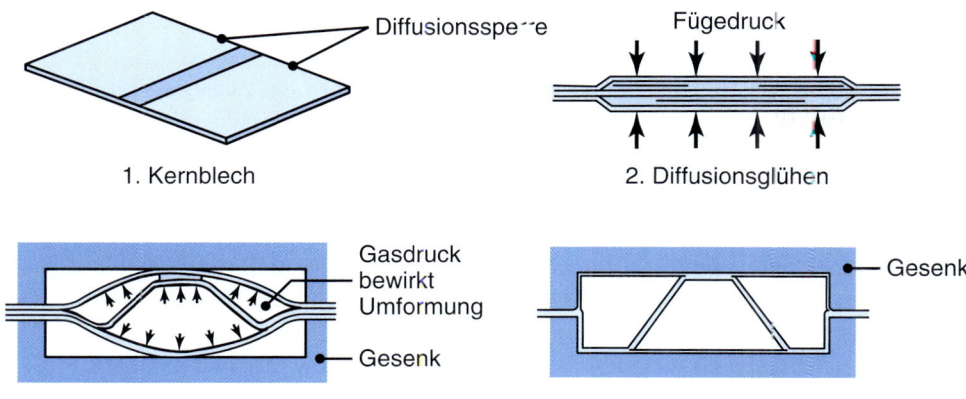

Abbildung 12.41: Abfolge des Diffusionsschweißens und der superplastischen Formung einer Hohlstruktur aus drei Blechen (siehe auch Abbildung 7.46). Nach D. Stephen und S.J. Swadling.

Da beim Diffusionsschweißen eine Migration der Atome über die feste Fügestelle auftritt, ist der Vorgang langsamer als andere Schweißverfahren. Diffusionsschweißen wird zwar für die Herstellung komplexer Teile in kleinen Stückzahlen für die Luft- und Raumfahrt-, Kernkraft- und Elektronikindustrie verwendet, lässt sich aber auch automatisieren, um es für mittlere Produktionsserien wie etwa beim Schweißen von orthopädischen Implantaten und Sensoren (siehe Abbildung 13.48) geeignet und wirtschaftlich zu machen.

Diffusionsfügen/superplastisches Umformen: Eine Entwicklung aus den 1970er Jahren ermöglicht es durch eine Kombination von *Diffusionsfügen* und *superplastischem Umformen* komplexe Blechstrukturen herzustellen (*DB/SPF*; siehe auch Abschnitt 7.5.5). Nachdem ausgewählte Stellen des Blechs durch Diffusionsfügen verbunden sind, werden die nicht verbundenen Bereiche (Diffusionssperre) durch Druckluft in einer Form aufgebläht. ▶ Abbildung 12.41 zeigt typische Strukturen, die mit diesem Verfahren hergestellt werden. Die Strukturen sind dünn und weisen hohe Steifigkeit-zu-Gewicht-Verhältnisse auf (siehe auch Abschnitt 3.9.1). Somit sind sie besonders wichtig in Anwendungen für die Luft- und Raumfahrt. Bei diesem Verfahren ergibt sich eine verbesserte Produktivität, weil (a) keine mechanischen Halterungen erforderlich sind, (b) die Anzahl der erforderlichen Teile geringer ist, (c) sich Teile mit guter Maßhaltigkeit und geringen Eigenspannungen herstellen lassen und (d) die Arbeitskosten und Vorlaufzeiten geringer sind. Diese Technologie ist für Titanstrukturen (in der Regel aus der Legierung Ti-6Al-4V) in Anwendungen der Luft- und Raumfahrt sowie für Aluminiumlegierungen und verschiedene andere Legierungen weit fortgeschritten.

12.13 Lötverfahren

Zwei Fügeverfahren, bei denen geringere Temperaturen als beim Schweißen ausreichen, sind *Hart-* und *Weichlöten*. Diese beiden Lötverfahren werden willkürlich nach der Temperatur unterschieden, wobei die Temperaturen beim Hartlöten höher als beim Weichlöten liegen.

12.13.1 Hartlöten

Beim *Hartlöten*, das bereits 3000 bis 2000 v. Chr. bekannt war, wird ein Zusatzwerkstoff auf oder zwischen die Passflächen gebracht und die Temperatur erhöht, um den Zusatzwerkstoff, jedoch nicht die Werkstücke zu schmelzen (▶ Abbildung 12.42a). Die Schmelze (das Lot) füllt den engen Spalt durch *Kapillarwirkung*. Beim Abkühlen und Erstarren des Lots entwickelt sich eine feste Verbindung. Beim **Hartlötschweißen** wird das Lot an der Fügestelle abgelagert, wie es in Abbildung 12.42b dargestellt ist.

Lötmetalle zum Hartlöten schmelzen normalerweise oberhalb von 450 °C, aber noch unterhalb der Schmelztemperatur (*Solidustemperatur*) der zu fügenden Metalle (siehe Abbildung 5.3). Somit unterscheidet sich dieses Verfahren von den Schweißverfahren mit flüssiger Phase, bei denen die Werkstücke im Schweißnahtbereich schmelzen müssen, damit eine Verbindung stattfindet. Demzufolge sind die Schwierigkeiten, die mit Wärmeeinflusszonen (Abschnitt 12.6), Verzug und Eigenspannungen zusammenhängen, beim Hartlöten nicht so stark ausgeprägt. Die Festigkeit der hartgelöteten Verbindung hängt von der Gestaltung der Fügestelle und der Bindung an den Grenzflächen des Werkstücks und des Lots ab. Folglich sollten die zu lötenden Oberflächen chemisch oder mechanisch gereinigt werden, um eine vollständige Kapillarwirkung zu gewährleisten. In diesem Sinne ist auch die Verwendung eines Flussmittels wichtig.

Der **Abstand** zwischen den Berührungsflächen ist ein wichtiger Parameter, da er direkt die Festigkeit der hartgelöteten Verbindung beeinflusst (▶ Abbildung 12.43): je kleiner der Abstand, desto höher die *Scherfestigkeit* der Fügestelle. Außerdem gibt es einen optimalen Abstand, bei dem sich eine maximale *Zugfestigkeit* erreichen lässt. Der typische Abstand der Fügepartner liegt zwischen 0,025 und 0,2 mm. Da die Abstände sehr klein sind, spielt auch die Oberflächenrauheit der Berührungsflächen eine wichtige Rolle (siehe auch Abschnitt 4.3).

Es sind verschiedene **Lotwerkstoffe** für einen Bereich von Löttemperaturen (Tabelle 12.4) und in vielfältigen Formen wie Draht, Streifen, Ringen, Beilageblechen, Vorformlingen und Feilspänen oder Pulver erhältlich. Im Unterschied zu den Schweißverfahren haben Lötmetalle zum Hartlöten im Allgemeinen gänzlich andere Zusammensetzungen als die zu verbindenden Metalle. Die Auswahl eines Lots und seiner Zusammensetzung ist wichtig, um **Versprödung** der Verbindung (durch Korngrenzendiffusion des flüssigen Metalls; siehe Abschnitt 3.4.2), Bildung von spröden intermetallischen Verbindungen an der Fügestelle und galvanische Korrosion in der Fügestelle zu vermeiden.

Aufgrund der Diffusion zwischen dem Lötmetall und dem Grundwerkstoff können sich die mechanischen und metallurgischen Eigenschaften der Verbindungen während der Betriebszeit der hartgelöteten

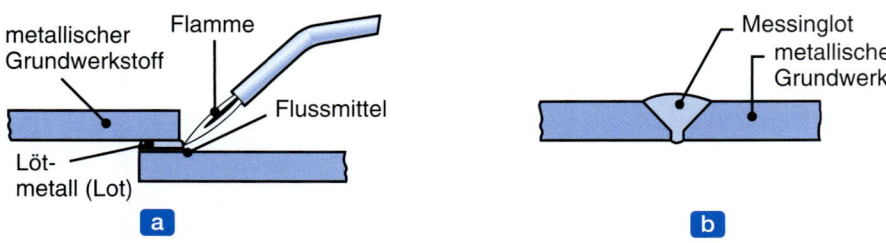

Abbildung 12.42: (a) Hartlöten, (b) Hartlötschweißen.

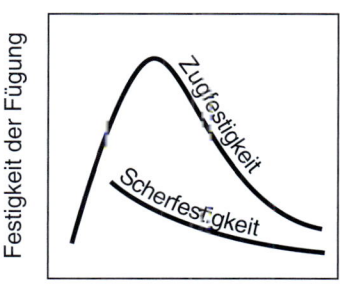

Abbildung 12.43: Einfluss der Lötspaltbreite auf Zug- und Scherfestigkeit von Lötverbindungen. Während die Scherfestigkeit monoton mit der Spaltbreite abfällt, zeigt die Zugfestigkeit ein Maximum.

Tabelle 12.4: Lotwerkstoffe für das Hartlöten einiger Metalle und Legierungen

Grundwerkstoff	Lotwerkstoff	Löttemperatur (°C)
Aluminium und -legierungen	Aluminium-Silizium	570–620
Magnesiumlegierungen	Magnesium-Aluminium	580–625
Kupfer und -legierungen	Kupfer-Phosphor	700–925
Eisen- und Nichteisenlegierungen (außer Al und Mg)	Silber- und Kupferlegierungen, Kupfer-Phosphor	620–1150
Eisen-, Nickel- und Kobaltlegierungen	Gold	900–1100
Rostfreie Stähle, Nickel- und Kobaltlegierungen	Nickel-Silber	925–1200

Komponenten oder bei späterer Bearbeitung der gelöteten Teile ändern. Wird zum Beispiel Titan mit reinem Zinnlot gelötet, kann das Zinn durch spätere Alterung oder Wärmebehandlung vollständig in den Titan-Grundwerkstoff diffundieren. Wenn dies passiert, gibt es keine genau definierte Grenzfläche mehr.

Flussmittel: Die Verwendung eines Flussmittels ist beim Hartlöten entscheidend, um Oxidation zu verhindern und Oxidfilme von den zu fügenden Werkstückoberflächen zu entfernen. Die in der Regel aus Borax, Borsäure, Boraten, Fluoriden und Chloriden bestehenden Hartlötflussmittel sind als Paste, Schlicker oder Pulver erhältlich. Außerdem können *Netzmittel* hinzugefügt werden, um sowohl die Benetzungseigenschaften des geschmolzenen Lots als auch seine Kapillarwirkung zu verbessern. Da Flussmittel korrosiv sind, sollten sie nach dem Löten entfernt werden, was speziell für verborgene Risse gilt. Normalerweise geschieht dies durch kräftiges Waschen mit heißem Wasser.

Zu lötende Oberflächen müssen sauber und frei von Rost, Öl, Schmierstoffen und anderen Verunreinigungen sein. Saubere Oberflächen (siehe Abschnitt 4.5.2) sind entscheidend, um die richtigen Benetzungs- und Ausbreitungseigenschaften des geschmolzenen Lots in der Fügestelle zu gewährleisten und um die maximale Bindefestigkeit zu entwickeln. Die Beschaffenheit der Passflächen lässt sich auch durch Sandstrahlen und andere Verfahren (siehe auch Abschnitt 9.9) verbessern.

12.13.2 Hartlötverfahren

Die beim Hartlöten verwendeten *Erwärmungsmethoden* kennzeichnen die nachfolgend beschriebenen Hartlötverfahren. Es können verschiedene spezielle Halterungen verwendet werden, um die Teile während des Lötvorgangs zusammenzuhalten, wobei einige die thermische Ausdehnung und Kontraktion der Lötkonstruktion zulassen.

1. **Löten mit Schweißbrenner:** Die Wärmequelle beim Löten mit Schweißbrenner ist Brenngas mit einer reduzierenden Flamme (siehe Abbildung 12.2c). Zuerst wird die Fügestelle mit dem Brenner erwärmt, anschließend wird der Hartlotstab oder -draht an der Fügestelle aufgetragen. Bei diesem Vorgang lassen sich auch mehrere Brenner verwenden. Die Teiledicken liegen üblicherweise im Bereich von 0,25 bis 6 mm. Löten mit Schweißbrenner kann zwar als Herstellungsverfahren automatisiert werden, ist aber schwierig zu steuern und setzt qualifizierte Arbeitskräfte voraus.

2. Beim **Ofenhartlöten** werden die Teile gesäubert, mit Hartlötmetall in geeigneten Konfigurationen beschichtet und dann im Ofen platziert (▶ Abbildung 12.44). Die gesamte Anordnung wird im Ofen gleichmäßig erwärmt. Die Öfen (Abschnitt 5.5) können für komplizierte Formen diskontinuierlich arbeitende Ausführungen oder bei hohen Produktionsserien speziell für kleine Teile mit konstruktiv einfachen Fügestellen kontinuierlich arbeitende Ausführungen sein. Vakuumöfen oder *neutrale Atmosphären* werden für Metalle verwendet, die mit der Umgebung reagieren. Das betrifft zum Beispiel rostfreie Stähle, bei denen die Passivierungsschicht aus Chromoxid (siehe Abschnitt 3.10.3) die Schweißnahtfestigkeit gefährden kann.

3. **Induktionshartlöten:** Die Wärmequelle beim *Induktionshartlöten* ist eine Induktionsheizung durch hochfrequenten Wechselstrom. Die Teile werden zuerst mit Lötmetall beladen und dann in der Nähe der Induktionsspulen zur schnellen Erwärmung platziert. Sofern keine Schutzgasatmosphäre im Induktionsofen verwendet wird, sind Flussmittel erforderlich. Die Teiledicken liegen normalerweise unter 3 mm. Induktionshartlöten ist vor allem für das kontinuierliche Hartlöten von Teilen geeignet.

4. Beim **Widerstandshartlöten** entsteht die Wärme durch den elektrischen Widerstand der zu lötenden Komponenten. Elektroden dienen hier dem gleichen Zweck wie beim Widerstandsschweißen. Die Teile werden entweder mit Lötmetall vorbeschichtet oder das Lot wird während des Lötvorgangs von außen zugeführt. Die nach diesem Verfahren gelöteten Teile haben in der Regel eine Dicke von 0,1 bis 12 mm. Da das Verfahren analog zum Induktionshartlöten schnell arbeitet, bleiben die Wärmeeinflusszonen auf sehr kleine Bereiche begrenzt. Zudem lässt sich das Verfahren automatisieren, um eine einheitliche Qualität zu gewährleisten.

5. Beim **Tauchlöten** ist die Wärmequelle ein schmelzflüssiges Lot- oder Salzbad (mit einer Temperatur unmittelbar oberhalb der Schmelztemperatur des Lötmetalls), in das die zu lötenden Baugruppen getaucht werden. Somit werden alle Werkstückoberflächen mit dem Lötmetall beschichtet. Tauchlöten in Metallbädern ist normalerweise nur für kleine Teile mit einer Dicke bzw. einem Durchmesser von weniger als 5 mm gebräuchlich. Schmelzflüssige Salzbäder, die außerdem als Flussmittel

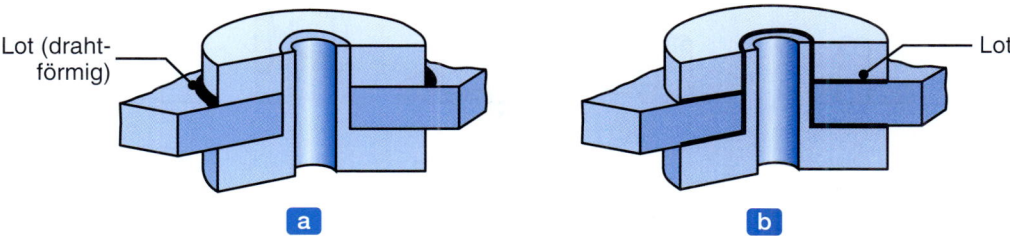

Abbildung 12.44: Ein Beispiel für Hartlöten im Ofen. Der Lotwerkstoff ist ein gebogener Draht.

fungieren, sind für komplexe Baugruppen von Teilen mit verschiedenen Dicken üblich. Je nach Größe der Teile und des Bads lassen sich durch Tauchlöten bis zu 1000 Verbindungen auf einmal herstellen.

6 **Infrarotlöten:** Als Wärmequelle beim *Infrarotlöten* dient eine Quarzlampe mit hoher Intensität. Dieses Verfahren eignet sich besonders für das Hartlöten sehr dünner Bauteile mit einer Dicke von weniger als 1 mm, einschließlich Wabenstrukturen (siehe Abbildung 7.48). Die Strahlungsenergie der Lampe wird auf die Fügestelle fokussiert. Das Verfahren lässt sich im Vakuum durchführen. Es ist auch möglich, mit *Mikrowellenerwärmung* zu arbeiten.

7 **Diffusionshartlöten** wird in einem Ofen durchgeführt, in dem – mit geeigneter Steuerung von Temperatur und Zeit – das Lot in den Spalt zwischen den zu verbindenden Bauteile diffundiert. Die erforderliche Lötzeit kann zwischen 30 min und 24 h betragen. Diffusionshartlöten wird für feste Überlapp- oder Stumpfverbindungen sowie für schwierige Fügeoperationen verwendet. Da die Diffusionsgeschwindigkeit an der Grenzfläche nicht von der Dicke der Bauteile abhängt, lassen sich Teile von Folienstärke bis zu 50 mm Dicke löten.

8 **Hochenergiestrahlen:** Für spezialisierte hochgenaue Anwendungen und mit Hochtemperaturmetallen und -legierungen können auch *Elektronenstrahl-* und *Laserstrahlerwärmung* verwendet werden (siehe auch Abschnitt 12.5).

Schweißlöten: Die Fügestelle beim *Schweißlöten* wird wie beim Schmelzschweißen vorbereitet. Ein Gasschweißbrenner mit einer oxidierenden Flamme wird verwendet, um Lötmetall an der Fügestelle aufzutragen. Somit ist beträchtlich mehr Lot als beim Hartlöten erforderlich. Allerdings liegen die Temperaturen beim Schweißlöten niedriger als beim Schmelzschweißen und der Teileverzug ist somit minimal. Für die richtige Fügefestigkeit ist es entscheidend, ein Flussmittel zu verwenden. Obwohl Schweißlöten hauptsächlich bei Instandhaltungs- und Reparaturarbeiten (wie zum Beispiel von Gusseisenstücken und Stahlbauteilen) eingesetzt wird, lässt sich das Verfahren auch automatisieren und für die Massenproduktion nutzen.

▶ Abbildung 12.45 zeigt Beispiele hartgelöteter Verbindungen. Es lassen sich ungleiche Metalle mit guter Verbindungsfestigkeit verbinden, unter anderem auch Hartmetallbohrmeißel (*Steinbohrer*) und Hartmetalleinsätze für Stahlschäfte (siehe Abbildung 8.32). Die Scherfestigkeit der hartgelöteten Verbindungen kann bei Hartlötlegierungen mit Silberanteil (**Silberlot**) 800 MPa erreichen. Komplizierte, dünnwandige Bauteile können schnell und mit geringem Verzug verbunden werden.

Abbildung 12.45: Gestaltung von Lötverbindungen (Hartlöten).

12.13.3 Weichlöten

Beim Weichlöten füllt das Lötmetall (Lot), das typischerweise unterhalb von 450 °C schmilzt, die Fügestelle durch Kapillarwirkung (wie beim Hartlöten) zwischen eng aneinanderliegenden Bauteilen (▶ Abbildung 12.46). Weichlöten mit Kupfer-Gold- und Zinn-Blei-Legierungen wird bereits seit 4000 bis 3000 v. Chr. praktiziert. Als Wärmequelle zum Weichlöten dienen typischerweise Lötkolben, Brenner oder Öfen. Weichlöten eignet sich zum Fügen verschiedener Metalle und Teiledicken und wird ausgiebig in der Elektronikindustrie eingesetzt. Während manuelles Weichlöten Geschick verlangt und zeitaufwendig ist, erlauben automatisierte Anlagen hohe Lötgeschwindigkeiten.

Beim Weichlöten liegen die Temperaturen relativ niedrig. Eine weichgelötete Verbindung ist deshalb bei erhöhten Temperaturen nur begrenzt einsatzfähig. Da außerdem die Festigkeit der Lote selbst gering ist, werden sie nicht für tragende Konstruktionselemente verwendet. Aufgrund der kleinen Passflächen werden Stumpfstöße nur selten weichgelötet. In anderen Situationen lässt sich die Verbindungsfestigkeit durch **mechanisches Ineinandergreifen** der Fügestelle verbessern (siehe auch Abschnitt 12.17).

Die **Lote** bestehen oft aus Zinn-Blei-Legierungen mit verschiedenen Mischungsverhältnissen. Für höhere Verbindungsfestigkeit und für spezielle Anwendungen sind andere Lotzusammensetzungen wie Zinn-Zink-, Blei-Silber-, Kadmium-Silber- und Zink-Aluminium-Legierungen gebräuchlich (Tabelle 12.5). Da Blei giftig und schädlich für die Umwelt ist, wurden bleifreie Lote entwickelt und werden heute vermehrt eingesetzt. Dabei handelt es sich im Wesentlichen um Lote auf Zinnbasis mit typischen Zusammensetzungen von 96,5 % Sn, 3,5 % Ag oder 42 % Sn, 58 % Bi.

Als **Flussmittel** verwendet man für Weichlöten meist:

1. *Anorganische Säuren* oder *Salze* wie zum Beispiel Zink-Ammoniumchlorid-Lösungen, die die Oberfläche schnell reinigen. Nach dem Löten sollten die Flussmittelreste durch gründliches Waschen mit Wasser beseitigt werden, um Korrosion zu vermeiden.
2. *Säurefreie Flussmittel auf Harzbasis*, die speziell für elektrische und elektronische Anwendungen gebräuchlich sind.

12.13 Lötverfahren

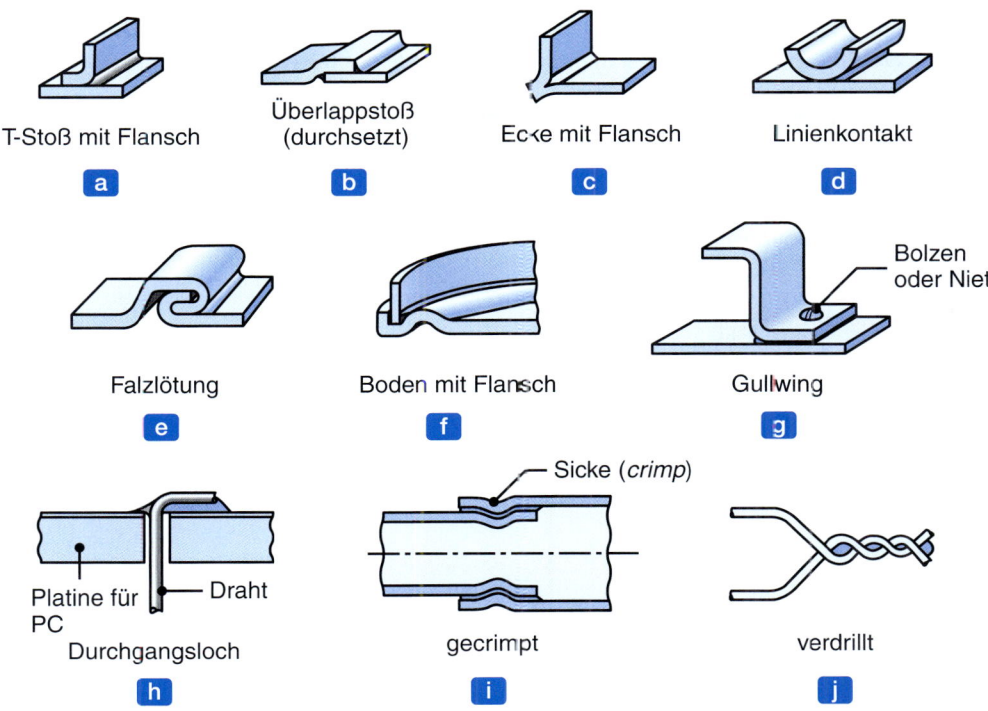

Abbildung 12.46: Gestaltung von Lötverbindungen (Weichlöten).

Tabelle 12.5: Weichlote und Anwendungen

Lotwerkstoff	Typische Anwendung und Eigenschaft	Lotwerkstoff	Typische Anwendung und Eigenschaft
Zinn-Blei	Allzwecklot	Zink-Aluminium	Aluminium; Korrosionsbeständigkeit
Zinn-Zink	Aluminium	Zinn-Silber	Elektronik
Blei-Silber	Festigkeit bei leicht erhöhter Temperatur	Zinn-Wismuth	Elektronik
Kadmium-Silber	Festigkeit bei hoher Temperatur		

Die **Eignung zum Weichlöten** lässt sich in ähnlicher Weise wie die in Abschnitt 12.6.2 beschriebene Schweißeignung definieren und wie folgt kurz zusammenfassen: (a) Kupfer und Edelmetalle wie Silber und Gold sind leicht zu löten, (b) Eisen und Nickel sind schwieriger zu löten, (c) Aluminium und rostfreie Stähle sind wegen ihrer festen, dünnen Oxidfilme (siehe Abschnitt 4.2) schwierig zu löten. Diese und andere Metalle können mit speziellen Flussmitteln, die die Oberflächen verändern, gelötet werden. (d) Andere Werkstoffe wie Gusseisen, Magnesium und Titan sowie nichtmetallische Werkstoffe wie Graphit und Keramik lassen sich weichlöten, wenn die Teile zuerst mit metallischen Elementen plattiert werden, siehe auch die Diskussion zur Verwendung ähnlicher Verfahren zum Fügen von Keramik in Abschnitt 12.16.3.

Es ist möglich, die Löteignung durch das Beschichten von Metallen zu verbessern. Ein bekanntes Beispiel dafür ist **Weißblech** – mit *Zinn* beschichtetes *Stahlblech*, das für Lebensmittelbehälter weitverbreitet ist.

Weichlötverfahren: Es gibt mehrere Weichlötverfahren, die den in Abschnitt 12.13.2 beschriebenen Hartlötverfahren ähnlich sind:

1. **Reflow-Löten (Wiederaufschmelzlöten)**
2. **Schwalllöten**, für automatisiertes Löten von gedruckten Leiterplatten verwendet
3. **Weichlöten mit Brenner**
4. **Ofenweichlöten**
5. **Weichlöten** mithilfe eines Lötkolbens aus Eisen
6. **Induktionslöten**
7. **Widerstandslöten**
8. **Tauchlöten**
9. **Infrarotlöten**
10. **Ultraschalllöten**, wobei ein Wandler das geschmolzene Lot zu Ultraschallkavitation anregt, wodurch die Oxidfilme von den zu fügenden Oberflächen entfernt werden. Somit ist kein Flussmittel erforderlich.

Die meisten dieser Verfahren sind eng mit den entsprechenden Schweiß- und Hartlötverfahren verwandt, die weiter vorn in diesem Kapitel beschrieben wurden. Die folgenden Erläuterungen befassen sich ausführlicher mit den beiden ersten Verfahren, die sich deutlich von den anderen Lötverfahren unterscheiden.

1. **Reflow-Löten (Wiederaufschmelzlöten):** Lötpasten weisen eine halbfeste Konsistenz auf und bestehen aus Lötmetallpartikeln, die durch Fluss- und Netzmittel aneinander gebunden sind. Zwar ist ihre Viskosität hoch, doch bleibt ihre feste Form über relativ lange Zeiträume erhalten (ähnlich dem Verhalten von Fetten und Kuchenglasuren). Die Lötpaste wird direkt auf die Fügestelle aufgebracht (oder auf flache Objekte für feinere Details), was mit einer *Sieb*- oder Schablonentechnik geschieht (▶ Abbildung 12.47). Dieses Verfahren ist gebräuchlich, um elektronische Bauelemente auf gedruckten Leiterplatten zu montieren (Abschnitt 13.13). Außerdem sorgt die Oberflächenspannung der Paste dafür, dass die Bauelemente für Oberflächenmontage (*surface mount device*, SMD) auf ihren Kontaktflächen ausgerichtet bleiben, was die Zuverlässigkeit derartiger Lötverbindungen erhöht.

   Nachdem die Paste und die Bauteile platziert sind, wird die Anordnung in einem Ofen erwärmt und das Reflow-Löten findet statt. Bei diesem Vorgang muss das Produkt kontrolliert erwärmt werden, sodass die folgende Ereignissequenz abläuft:

   a. Die in der Paste gebundenen Lösungsmittel verdampfen.
   b. Das Flussmittel in der Paste wird aktiviert und die Flusswirkung setzt ein.
   c. Die Bauteile werden sorgfältig vorgewärmt.

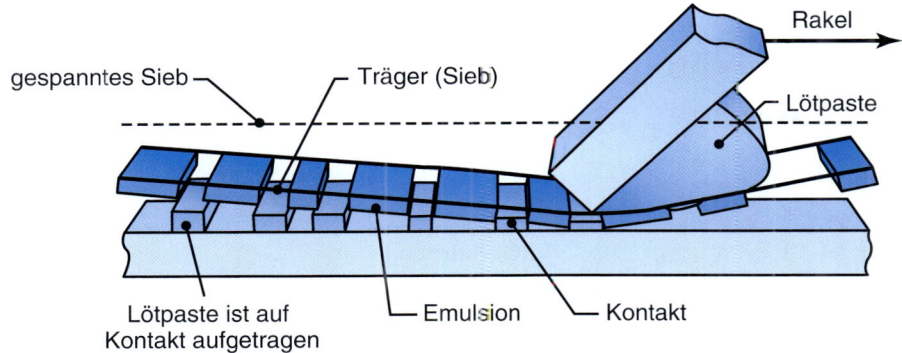

Abbildung 12.47: Auftragen von Lötpaste auf eine gedruckte Leiterplatte beim Wiederaufschmelzlöten. Nach V. Solberg.

d. Die Lotteilchen schmelzen und benetzen die Fügestelle.
e. Die Baugruppe wird langsam abgekühlt, um Thermoschocks und Bruch der gelöteten Verbindung zu verhindern.

Auch wenn dieses Verfahren unkompliziert zu sein scheint, gibt es für jeden Schritt mehrere Prozessvariablen. Auf jeder Stufe müssen Temperaturen und Einwirkungsdauer exakt gesteuert werden, um eine gute Verbindungsfestigkeit zu gewährleisten. Unbestritten ist Reflow-Löten in der Leiterplatinenherstellung das am weitesten verbreitete Lötverfahren.

2 Schwalllöten ist ein gebräuchliches Verfahren zum Löten von Bauelementen auf gedruckten Leiterplatten (Abschnitt 13.13). Für die Funktionsweise von Schwalllöten ist die Tatsache wichtig, dass geschmolzenes Lot nicht alle Oberflächen benetzt. Stattdessen bindet sich Lot mit den meisten Polymeroberflächen nicht und lässt sich somit im noch geschmolzenen Zustand leicht entfernen. Außerdem entsteht bei den vom Lot benetzten Metallflächen nur dann eine gute Verbindung, wenn das Metall auf eine bestimmte Temperatur vorgewärmt ist. Dieser Effekt lässt sich beispielsweise beim Arbeiten mit einem einfachen Handlötkolben beobachten. Demzufolge sind beim Schwalllöten separate Benetzungs- und Vorwärmschritte erforderlich, bevor sich das Verfahren erfolgreich anwenden lässt.

▶ Abbildung 12.48a stellt das Schwalllöten schematisch dar. Zuerst wird eine stehende Wellenfront aus geschmolzenem Lot durch eine Pumpe erzeugt. Dann werden vorgewärmte und mit Flussmittel versehene Leiterplatten über die Welle geführt. Das Lot benetzt die freiliegenden Metallflächen, haftet aber nicht am Polymergehäuse der integrierten Schaltkreise und verbindet sich auch nicht mit den polymerbeschichteten Leiterplatten. Ein **Luftrakel** (ein heißer Luftstrahl mit hoher Geschwindigkeit) bläst überschüssiges Lot von der Verbindungsstelle weg und verhindert somit eine Brückenbildung zwischen benachbarten Leiterbahnen.

Wenn SMD-Bauteile schwallgelötet werden sollen, müssen sie zuerst mit der Leiterplatte verklebt werden (siehe Abschnitt 12.14), bevor der Lötvorgang beginnen kann. Dazu bringt man Epoxidharz durch ein Sieb oder eine Schablone auf die Leiterplatte auf, platziert die Bauteile an ihren vorgesehenen Positionen, härtet das Epoxidharz, wendet die Leiterplatte und führt das Schwalllöten aus. Abbildung 12.48b

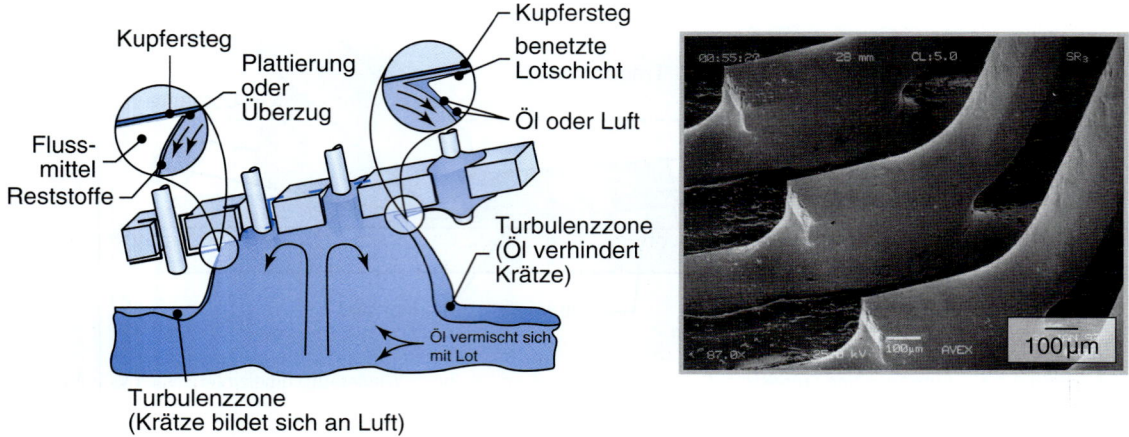

Abbildung 12.48: (a) Schematische Darstellung des Schwalllötens. (b) Rasterelektronenmikroskopische Aufnahme der Lötstelle eines Bauteils für die Oberflächenmontage (*surface mount device*, SMD), siehe auch Abschnitt 13.13.

zeigt eine rasterelektronenmikroskopische Aufnahme einer typischen Verbindung bei der Oberflächenmontage von Elektronikbauteilen.

Beispiel 12.6 **Löten von Bauteilen auf eine bedruckte Leiterplatine**

Die Computer- und Unterhaltungselektronikindustrie stellt äußerst hohe Anforderungen an elektronische Bauelemente (siehe auch Kapitel 13). Es wird erwartet, dass integrierte Schaltkreise und andere elektronische Bauelemente über lange Zeiträume zuverlässig funktionieren, wobei sie aber beträchtlichen Temperaturwechseln und Schwingungen ausgesetzt sein können. Im Hinblick auf diese Forderung ist es entscheidend, dass die Lötverbindungen für die Montage derartiger Bauelemente auf gedruckten Leiterplatinen (Leiterplatten) ausreichend fest und zuverlässig sind. Zudem müssen sich die Lötverbindungen äußerst schnell mit automatisierten Anlagen herstellen lassen.

In den genannten Industriezweigen zeichnet sich ein Trend zu immer geringeren Chipgrößen und zunehmender Kompaktheit der Leiterplatten ab. Um weitere Platzeinsparungen zu erreichen, werden integrierte Schaltungen in Gehäusen für die Oberflächenmontage untergebracht, die eine engere Packungsdichte und vor allem die Montage der Bauteile auf beiden Seiten einer Leiterplatine erlauben.

Eine Herausforderung ist es, wenn auf derselben gedruckten Leiterplatine sowohl SMD-Bauteile als auch Schaltungen mit herkömmlichen (In-Line-)Anschlüssen zu bestücken sind und sämtliche Verbindungen über einen zuverlässigen automatisierten Vorgang gelötet werden sollen. Ein heikler Punkt ist hier zu beachten: Um die Bestückung zu vereinfachen, sollten alle Bauelemente mit herkömmlichen Anschlüssen nur von einer Seite der Leiterplatine eingesetzt werden.

Beim Löten der Verbindungen auf einer derartigen Leiterplatine sieht der prinzipielle Ablauf folgendermaßen aus:

1. Lötpaste auf eine Seite auftragen;
2. Die SMD-Bauelemente auf der Platine platzieren; außerdem die Bauelemente mit herkömmlichen Anschlüssen über die primäre Seite der Leiterplatine einsetzen;
3. Das Lot aufschmelzen;
4. Klebstoff auf der sekundären Seite der Leiterplatine auftragen;
5. Die SMD-Bauelemente auf der sekundären Seite der Platine mithilfe des Klebstoffs fixieren;
6. Den Klebstoff aushärten;
7. Ein Schwalllöten auf der sekundären Seite durchführen, um die SMD-Bauelemente und die Bauelemente mit herkömmlichen Anschlüssen elektrisch mit der Platine zu verbinden.

Die Lötpaste wird mit chemisch geätzten Schablonen oder Sieben aufgebracht, sodass die Paste nur auf den vorgesehenen Bereichen einer Leiterplatine platziert wird. (Schablonen sind für Bauelemente mit engem Kontaktabstand gebräuchlicher und ergeben eine einheitliche Pastendicke.) Dann wird die Leiterplatine mit den SMD-Bauelementen bestückt und die Platine in einem Ofen auf ungefähr 200 °C erwärmt, um das Lot aufzuschmelzen und somit feste Verbindungen zwischen den oberflächenmontierten Bauteilen und der Leiterplatine herzustellen.

Jetzt werden die Bauelemente mit herkömmlichen Kontakten in die primäre Seite der Leiterplatine eingesetzt, ihre Anschlüsse gecrimpt und die Leiterplatine umgedreht. Auf die Platine wird ein Muster mit Klebstoff aufgetragen, wobei im Zentrum des Orts eines SMD-Bauelements ein Punkt aus Epoxidharz gesetzt wird. Als Nächstes werden die SMD-Gehäuse auf dem Klebstoff platziert, was normalerweise mit automatischen computergesteuerten Hochgeschwindigkeitssystemen geschieht. Der Klebstoff wird ausgehärtet und die Leiterplatine gedreht. Das anschließende Schwalllöten verbindet gleichzeitig die oberflächenmontierten Bauelemente auf der sekundären Platinenseite und die Anschlüsse der von der primären Platinenseite her eingesetzten Bauelemente mit herkömmlichen Anschlüssen mit den Leiterbahnen auf der sekundären Platinenseite. Dann wird die Platine gereinigt und kontrolliert, bevor die elektronischen Qualitätsüberprüfungen erfolgen.

12.14 Kleben

Statt mit den bisher beschriebenen Fügeverfahren lassen sich auch zahlreiche Komponenten und Produkte mit **Klebstoffen** fügen und montieren. **Kleben** ist eine gebräuchliche Methode zum Verbinden und Montieren wie zum Beispiel in der Buchbinderei, beim Beschriften und Verpacken, sowie bei der Herstellung von Möbeln und Schuhwerk. Das 1905 entwickelte Plywood-Verfahren ist ein typisches Beispiel für das Kleben mehrerer Holzlagen mit Leim. Kleben hat sich in der Herstellung zunehmend

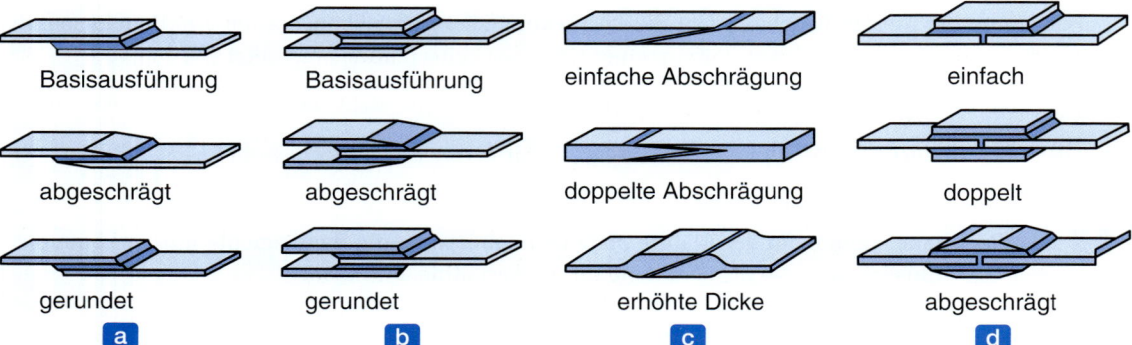

Abbildung 12.49: Gestaltung von Klebeverbindungen: (a) einschnittig überlappt, (b) zweischnittig überlappt, (c) Schrägstoß, (d) Laschenstoß.

etabliert, seit es erstmals großtechnisch zur Montage von tragenden Komponenten in Militärflugzeugen während des Zweiten Weltkriegs eingesetzt wurde und seit der 1960er Jahre zu einem allgemein üblichen industriellen Verfahren geworden ist. ▶ Abbildung 12.49 gibt Beispiele für geklebte Verbindungen an.

Wichtige Industriezweige, die heute Klebeverbindungen ausgiebig einsetzen, sind Luft- und Raumfahrt, Fahrzeugbau und Bauwesen. Zu den Anwendungen gehören das Befestigen von Rückspiegeln an Windschutzscheiben, Bremsbelagbaugruppen für Kraftfahrzeuge, laminiertes Glas für Windschutzscheiben (siehe Abschnitt 11.11.2), Hubschrauber-Rotorblätter, Wabenstrukturen sowie Rumpfelemente und Steuerklappen für Flugzeuge.

Klebstoffe sind in verschiedenen Formen wie zum Beispiel Flüssigkeiten, Pasten, Lösungen, Emulsionen, Pulver, Bänder und Folien erhältlich. Die Dicke des angewandten Klebstoffs liegt in der Größenordnung von 0,1 mm.

12.14.1 Klebstoffarten

Es sind zahlreiche Klebstoffarten erhältlich und ständig werden neue Klebstoffe entwickelt. Dabei kommt es auf Verbindungsfestigkeit einschließlich Dauerbelastbarkeit und Beständigkeit gegen Umwelteinflüsse an. Prinzipiell unterscheidet man folgende drei Klebstoffarten:

1. **Natürliche Klebstoffe** wie zum Beispiel Stärke, Dextrin (eine von Stärke abgeleitete gummiartige Substanz), Sojamehl und tierische Produkte wie Knochenleim;
2. **Anorganische Klebstoffe** wie zum Beispiel Natriumsilikat (Wasserglas) und Magnesiumoxichlorid;
3. **Synthetische organische Klebstoffe** aus Thermoplasten (für funktionelle und bestimmte strukturelle Verbindungen) oder Duromeren (hauptsächlich für strukturelle (lasttragende) Verbindungen).

Aufgrund ihrer Kohäsionsfestigkeit gehören synthetische organische Klebstoffe zu den wichtigsten Klebstoffen in Fertigungsprozessen, was speziell für lasttragende Anwendungen gilt (*Konstruktionsklebstoffe*). Sie werden wie folgt klassifiziert:

1. **Chemisch reaktive Klebstoffe** wie zum Beispiel Polyurethane, Silikone, Epoxidharze, Cyanacrylate, modifizierte Acrylharze, Phenolharze und Polyimide. Außerdem gehören in diese Kategorie anaerobe Klebstoffe, die bei Abwesenheit von Sauerstoff aushärten (wie zum Beispiel Loctite zur Sicherung von Befestigungselementen mit Gewinde).
2. **Druckempfindliche Klebstoffe** wie zum Beispiel Naturkautschuk, Styrol-Butadien-Kautschuk, Butylkautschuk, Nitrilkautschuk und Polyacrylate;
3. **Schmelzkleber** – Thermoplaste wie zum Beispiel Ethylen-Vinylazetat-Kopolymere, Polyolefine, Polyamide, Polyester und thermoplastische Elastomere;
4. **Reaktive Schmelzklebstoffe** – mit einem duromeren Anteil auf Urethan-Basis mit verbesserten Eigenschaften;
5. **Verdunstende** oder **diffundierende Kleber** wie zum Beispiel Vinyle, Acrylharze, Phenolharze, Polyurethane, synthetischer Kautschuk und Naturkautschuk;
6. **Folien** und **Bänder** wie zum Beispiel Nylon-Epoxidharze, Elastomer-Epoxidharze, Nitril-Phenolharze, Vinyl-Phenolharze und Polyimide;
7. **Klebstoffe mit verzögerter Klebrigkeit** wie zum Beispiel Styrol-Butadien-Kopolymere, Polyvinylazetate, Polystyrole und Polyamide;
8. **Elektrisch** und **thermisch leitfähige Klebstoffe** wie zum Beispiel Epoxidharze, Polyurethane, Silikone und Polyimide (siehe Abschnitt 12.14.4).

Klebstoffsysteme lassen sich nach ihrer chemischen Basis klassifizieren:

1. **Systeme auf Basis von Epoxidharz:** Diese Systeme weisen hohe Festigkeit und Temperaturbeständigkeit bis zu 200 °C auf. Typische Anwendungen sind Bremsbeläge für Kraftfahrzeuge und Haftvermittler für Sandformen beim Gießen (siehe Abschnitt 5.8.1).
2. **Acrylharze:** Geeignet für Anwendungen auf unsauberen oder verunreinigten Substraten.
3. **Anaerobe Systeme:** Derartige Klebstoffe härten durch Sauerstoffentzug. Die Bindung ist in der Regel hart und spröde. Die Härtezeiten lassen sich durch externe Erwärmung oder Ultraviolettbestrahlung verringern.
4. **Cyanacrylat:** Die Breite der Klebung ist klein und die Bindung setzt innerhalb von 5 bis 40 s ein.
5. **Urethane:** Hohe Zähigkeit und Flexibilität bei Raumtemperatur. Als Dichtungsmasse weitverbreitet.
6. **Silikone** sind beständig gegen Feuchtigkeit und Lösungsmittel, weisen eine hohe Schlag- und Schälfestigkeit auf, benötigen aber Härtezeiten, die typischerweise im Bereich von einem bis fünf Tagen liegen.

Viele dieser Klebstoffe lassen sich kombinieren, um die Eigenschaften zu optimieren. Beispiele dafür sind Epoxidharz-Silikon, Nitril-Phenolharz und Epoxidharz-Phenolharz. Die preiswertesten Klebstoffe sind Epoxidharze und Phenolharze, gefolgt von Polyurethanen, Acrylharzen, Silikonen und Cyanacrylaten. Am teuersten sind in der Regel Klebstoffe für Hochtemperaturanwendungen bis zu etwa 260 °C wie zum Beispiel Polyimide und Polybenzimidazole.

Tabelle 12.6: Typische Eigenschaften von Reaktionsklebstoffen

	Epoxidharze	Polyurethane	Acrylierte Klebstoffe	Cyanacrylate	Anaerobe Klebstoffe
Schlagzähigkeit	Gering	Sehr hoch	Hoch	Gering	Ausreichend
Zug-Scherfestigkeit, MPa	15–22	12–20	20–30	19	18
Schälwiderstand*, N/m	<523	14 000	5250	<525	1750
Fügepartner	Fast alle Werkstoffe	Fast alle glatten, nichtporösen Werkstoffe	Fast alle glatten, nichtporösen Werkstoffe	Fast alle nichtporösen Metalle und Kunststoffe	Metalle, Gläser, Duromere
Einsatztemperaturbereich, °C	−55–120	−40–90	−70–120	−55–80	−55–150
Warmaushärten oder Mischen erforderlich	Ja	Ja	Nein	Nein	Nein
Lösungsmittelbeständigkeit	Sehr gut	Gut	Gut	Gut	Sehr gut
Feuchtigkeitsbeständigkeit	Sehr gut	Gut	Gut	Schlecht	Gut
Max. Klebschichtdicke, mm	–	–	0,5	0,25	0,60
Geruch	Schwach	Schwach	Stark	Mittel	Schwach
Toxizität	Mittel	Mittel	Mittel	Niedrig	Niedrig
Entflammbarkeit	Niedrig	Niedrig	Hoch	Niedrig	Niedrig

Anmerkung: * Der Schälwiderstand hängt stark von der Oberflächenbeschaffenheit ab.

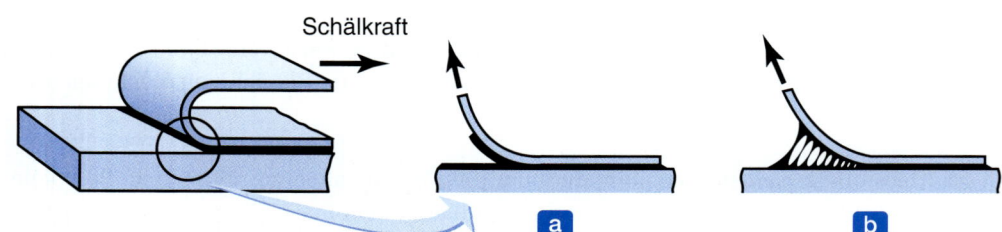

Abbildung 12.50: Verhalten eines (a) spröden und (b) zähen (duktilen) Klebstoffs im Scherversuch. Der Versuch ähnelt dem Abziehen eines Klebebands von einer festen Oberfläche.

Abhängig von der konkreten Anwendung muss ein Klebstoff eine oder mehrere der folgenden Eigenschaften besitzen (Tabelle 12.6):

- Festigkeit (Scher- und Schälfestigkeit (Schälwiderstand));
- Zähigkeit;
- Beständigkeit gegen verschiedene Flüssigkeiten und Chemikalien;
- Beständigkeit gegen Umwelteinflüsse einschließlich Wärme und Feuchtigkeit;
- Fähigkeit, die zu fügenden Oberflächen zu benetzen.

Klebeverbindungen sollen Scher-, Druck- und Zugkräften widerstehen, nicht jedoch Schälkräften ausgesetzt werden (▶ Abbildung 12.50). So ist es relativ einfach, ein Klebeband von einer Oberfläche abzuziehen. Beim Abziehen kann sich der Klebstoff spröde verhalten oder duktil und zäh sein (sodass große Kräfte erforderlich sind, um das Band abzuziehen).

12.14.2 Vorbereiten der Oberflächen

Beim Kleben ist die Oberflächenvorbereitung sehr wichtig, da die Verbindungsfestigkeit davon abhängt, dass die Oberflächen frei von Schmutz, Staub, Öl und anderen Verunreinigungen sind. Zum Beispiel ist es fast unmöglich, ein Klebeband auf staubigen oder öligen Oberflächen festzumachen. Außerdem beeinflussen Verunreinigungen die Benetzungsfähigkeit des Klebstoffs und sie können die gleichmäßige Verteilung des Klebstoffs über der Grenzfläche verhindern. Ebenfalls nachteilig für Klebeverbindungen sind dicke, nachgiebige oder lose Oxidfilme auf Werkstücken. Andererseits kann ein poröser oder dünner und fester Oxidfilm wünschenswert sein, insbesondere ein Film mit einer gewissen Rauigkeit, der die Adhäsion an den Grenzflächen verbessern würde. Allerdings darf die Rauigkeit nicht zu hoch sein, da dann Luft eingeschlossen und die Verbindungsfestigkeit verringert werden könnte. Es stehen verschiedene Verbundwerkstoffe und Grundierungen zur Verfügung, um Oberflächen zu modifizieren und somit die Festigkeit von Klebeverbindungen zu erhöhen.

12.14.3 Prozessfähigkeit

Mit Klebstoffen lässt sich eine Vielzahl von gleichartigen und ungleichartigen metallischen und nichtmetallischen Werkstoffen und Komponenten mit unterschiedlichen Formen, Größen und Stärken miteinander verbinden. Klebstoffe für Montageanwendungen sind selten für den Einsatz oberhalb von 250 °C geeignet. Kleben kann auch mit mechanischen Befestigungsmethoden (siehe Abschnitt 12.15) kombiniert werden, um die Festigkeit der Verbindung weiter zu erhöhen. Eine wichtige Größe beim Einsatz von Klebstoffen in der Produktion ist die Härtezeit, die von wenigen Sekunden bei hohen Temperaturen bis zu mehreren Stunden bei Raumtemperatur – insbesondere für duromere Klebstoffe – betragen kann und somit die Produktionsgeschwindigkeit beeinflusst. Der Entwurf der Fügestellen und der Bindungsmethoden setzt Sorgfalt und Kompetenz voraus. Außerdem sind üblicherweise spezielle Einrichtungen wie zum Beispiel Halterungen, Pressen, Werkzeuge und Autoklaven bzw. Öfen zum Härten erforderlich.

Eine zerstörungsfreie Prüfung der Qualität und Festigkeit von geklebten Komponenten kann schwierig sein, auch wenn einige der in Abschnitt 4.8.1 beschriebenen Verfahren wie zum Beispiel Impakt-Echotechnik, Holografie, Infraroterkennung und Ultraschallprüfung nützlich sein können.

Die *Vorteile* des Klebens lassen sich wie folgt zusammenfassen.

1. Kleben realisiert an der Grenzfläche eine Verbindung, deren Festigkeit für Konstruktionsanwendungen genügt oder für nichtlasttragende Anwendungen wie zum Beispiel Dichten, Isolieren, Verhindern elektrochemischer Korrosion zwischen ungleichartigen Metallen und Verringern von Schwingungen und Geräuschen durch interne Dämpfung an den Klebestellen geeignet ist.
2. Kleben verteilt die Belastung an der Grenzfläche und beseitigt somit örtliche Spannungen, die typisch sind beim Verbinden von Komponenten durch Schweißen oder mechanische Befestigungsmittel wie Bolzen und Schrauben. Darüber hinaus sind keine Löcher erforderlich und die strukturelle Unversehrtheit der Komponenten bleibt erhalten.
3. Die äußere Erscheinung der geklebten Komponenten wird nicht beeinflusst.
4. Es lassen sich sehr dünne und zerbrechliche Komponenten verbinden, ohne nennenswert zum Gewicht beizutragen.
5. Es können poröse Werkstoffe und Werkstoffe mit sehr unterschiedlichen Eigenschaften und Größen verbunden werden.
6. Da Kleben normalerweise zwischen Raumtemperatur und ungefähr 200 °C durchgeführt wird, gibt es keine signifikanten Verzüge der Komponenten oder Änderungen ihrer ursprünglichen Eigenschaften. Dieser Faktor ist vor allem für wärmeempfindliche Werkstoffe und Komponenten wichtig.

Demgegenüber weist Kleben folgende *Einschränkungen* auf.

1. Die Einsatztemperaturen sind relativ gering.
2. Die Zeit bis zum Erreichen der Endfestigkeit kann lang sein.
3. Die Oberflächenvorbereitung ist entscheidend.
4. Es ist schwierig, geklebte Verbindungen zerstörungsfrei zu prüfen, was speziell auf große Strukturen zutrifft.
5. Die Zuverlässigkeit von geklebten Strukturen während ihrer Einsatzdauer und unter rauen Umgebungsbedingungen (*Degradation* durch Temperatur, Oxidation, Strahlung, Spannungskorrosion und Zersetzung) kann insbesondere bei kritischen Anwendungen ein erhebliches Problem darstellen.

12.14.4 Elektrisch leitfähige Klebstoffe

Obwohl es bei der Mehrheit der Klebeverbindungen auf die mechanische Festigkeit und strukturelle Integrität ankommt, stellt die Entwicklung und Anwendung *elektrisch leitfähiger Klebstoffe* einen wichtigen Fortschritt dar, insbesondere um bleihaltige Lote zu ersetzen. Anwendungen elektrisch leitfähiger Klebstoffe findet man in Taschenrechnern, Fernsteuerungen und Bedienpulten sowie in hochintegrierten elektronischen Geräten, Flüssigkristallanzeigen, Minifernsehern und elektronischen Spielen.

Bei diesen Klebstoffen sind die Aushärtungs- oder Erstarrungstemperaturen niedriger als die Temperaturen zum Löten. Die elektrische Leitfähigkeit in Klebstoffen erhält man durch *Zusatzstoffe* wie Silber, Kupfer, Aluminium, Nickel, Gold und Graphit (siehe auch Abschnitt 10.7.2). Aufgrund seiner sehr hohen elektrischen Leitfähigkeit wird Silber am häufigsten verwendet, wobei der Silberanteil bis zu 85 % betragen kann. Damit der Klebstoff leitfähig wird, ist eine minimale Volumenkonzentration der Zusatzstoffe erforderlich, die in der Regel zwischen 40 und 70 % liegt. Die Zusatzstoffe gibt es in Form von Flocken oder Teilchen sowie als polymere Partikel wie Polystyrol, die mit dünnen Filmen aus Silber oder Gold beschichtet sind.

Um den Klebstoff mit bestimmter isotroper oder anisotroper elektrischer Leitfähigkeit zu versehen, können Größe, Form und Verteilung der Teilchen, die Art des Kontakts unter den einzelnen Teilchen sowie die einwirkende Wärme und der angewandte Druck eingestellt werden. Die Zusatzwerkstoffe, die die elektrische Leitfähigkeit erhöhen, verbessern auch die Wärmeleitfähigkeit der geklebten Verbindungen. Bei den Matrixwerkstoffen handelt es sich üblicherweise um Epoxidharze, es sind aber auch verschiedene Thermoplaste gebräuchlich.

12.15 Mechanisches Verbinden

Unzählige Produkte – einschließlich Uhren, Computer, Fahrräder, Motoren und Flugzeuge – enthalten Bauteile, die *mechanisch* befestigt werden, wobei zwei oder mehr Bauteile so montiert sind, dass sie sich während der Einsatzdauer des Produkts beispielsweise zu Wartungszwecken oder zur Entsorgung auseinandernehmen lassen (siehe auch Abschnitt A.10). Mechanisches Verbinden kann gegenüber anderen Verfahren unter anderem aus folgenden Gründen bevorzugt werden:

1. Einfache Fertigung;
2. Einfache Montage, Demontage und einfacher Transport;
3. Einfaches Ersetzen von Teilen, einfache Wartung und Reparatur;
4. Einfache Konstruktionen von Elementen, die bewegliche Verbindungen wie zum Beispiel Scharniere, Gleitmechanismen für Türen und justierbare Bauteile und Halterungen erfordern;
5. Geringere Gesamtkosten der Produktherstellung

Mechanische Verbindungen werden am häufigsten mit Bolzen, Muttern, Schrauben, Nieten, Stiften und ähnlichen Verbindungselementen hergestellt. Für die meisten mechanischen Verbindungselemente sind in den Bauteilen *Bohrungen* erforderlich, durch die die Verbindungselemente eingeführt und gesichert werden.

12.15.1 Vorbereiten der Bohrung

Ein wichtiger Aspekt der mechanischen Verbindung ist das *Vorbereiten der Bohrung*. Je nach Art, Eigenschaften und Dicke eines Werkstoffs lässt sich eine Bohrung in einem festen Körper durch verschiedene Verfahren wie Stanzen, Bohren, chemische und elektrische Mittel sowie Hochenergiestrahlen (siehe die Kapitel 7 bis 9) herstellen. Wie die Kapitel 5, 6 und 11 dargestellt haben, können Bohrungen auch als *integraler Bestandteil* des Produkts durch Gießen, Schmieden, Strangpressen und Pulvermetallurgie hergestellt werden. Auf diese Weise lassen sich zusätzliche Arbeitsschritte vermeiden und Kosten einsparen. Um die Maßhaltigkeit und Oberflächengüte zu verbessern, können sich an diese Schritte zum Herstellen von Bohrungen weitere Endbearbeitungsschritte anschließen, zum Beispiel Entgraten, Reiben und Honen.

Aufgrund ihrer grundsätzlichen Unterschiede ergeben sich bei jeder Art von Bohrungsherstellung andere Oberflächenbeschaffenheiten und Eigenschaften sowie maßliche Merkmale. Zum Beispiel hat ein gestanztes Loch ein axiale Rillenrichtung (siehe die Abschnitte 4.3 und 7.3), während bei einem gebohrten Loch die Rillen entlang des Umfangs verlaufen. Vor allem aber wirkt ein Loch in einem Festkörper als Spannungskonzentrator und kann somit die Dauerfestigkeit des Bauteils herabsetzen. Am besten lässt sich die Dauerfestigkeit erhöhen, indem Druckeigenspannungen auf der zylindrischen Oberfläche der Bohrung induziert werden. Eine gebräuchliche Technik hierzu ist es, einen etwas größeren Rundstab (*Passstift*) durch das Loch zu stecken und es um einen sehr kleinen Betrag zu erweitern. Durch diesen Prozess werden die Oberflächenschichten der Bohrung plastisch verformt, was mit Kugelstrahlen oder Festwalzen (siehe Abschnitt 4.5.1) vergleichbar ist.

12.15.2 Verbinder mit Gewinden

Bolzen, Schrauben und Muttern sind die gebräuchlichsten *Verbinder mit Gewinden*. Die Literatur zu den Maschinenelementen beschreibt ausführlich zahlreiche Standards und Spezifikationen, einschließlich der Gewindemaße, Toleranzen, Steigung, Festigkeit und Qualität der Werkstoffe, um diese Verbinder herzustellen. Bolzen und Schrauben lassen sich mit Muttern sichern oder können *selbstschneidend* ausgeführt sein, wobei die Schraube das Gewinde in das zu befestigende Teil entweder schneidet oder formt. Die zweite Variante ist vor allem für Kunststoffprodukte effektiv und wirtschaftlich.

Für Verbindungen, die Schwingungen ausgesetzt sind, wie sie zum Beispiel in Flugzeugen und verschiedenen Arten von Maschinen und Triebwerken auftreten, sind mehrere speziell konzipierte Muttern und Sicherungsbleche/-scheiben kommerziell erhältlich. Sie erhöhen den Reibungswiderstand und verhindern so, dass sich die Verbindungselemente durch Schwingungen selbsttätig lösen.

12.15.3 Niete

Das gebräuchlichste Verfahren zur dauerhaften oder semipermanenten Verbindung oder Montage ist das Nieten (▶ Abbildung 12.51). Für die Montage eines großen kommerziellen Flugzeugs werden Tausende Nieten verwendet. Grundsätzlich unterscheidet man zwischen Voll-, Hohl- und Blindnieten (die nur von einer Seite eingeführt werden). Um eine Nietverbindung – manuell oder mithilfe eines Roboters – anzubringen, ist prinzipiell der Niet in die Bohrung zu setzen und das Ende seines Schafts durch Stauchen zu verformen (ähnlich dem in Abbildung 6.17 dargestellten *Anstauchen*). Genietet wird entweder bei Raumtemperatur oder warm mithilfe spezieller Werkzeuge bzw. mit Explosivstoffen, die in den Hohlraum des Niets eingeführt werden.

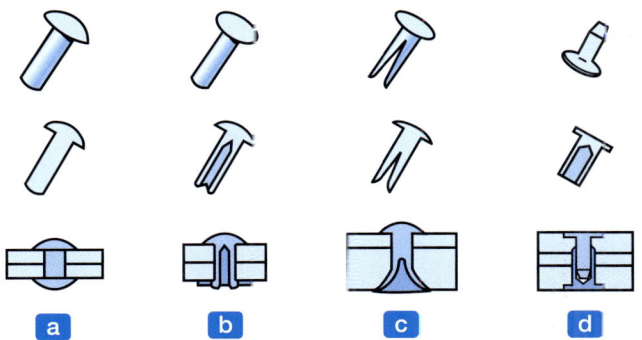

Abbildung 12.51: Beispiele für Niete: (a) Vollniet, (b) Hohlniet, (c) Spaltniet, (d) Hohlniet (zweiteilig).

12.15.4 Weitere Verbindungstechniken

Zum Verbinden und Montieren können verschiedene andere Verbindungstechniken eingesetzt werden. Die folgenden Punkte beschreiben die gebräuchlichsten Methoden:

1 Nähen, Heften und Clinchen (Durchsetzfügen): Das *Metallnähen* oder *Heften* (▶ Abbildung 12.52a) entspricht dem normalen Heften von Papier. Es ist schnell, eignet sich besonders für das Verbinden dünner metallischer und nichtmetallischer Werkstoffe und erfordert keine Bohrungen. Ein häufiges Beispiel ist das Heften von Kartonschachteln und -containern. Beim *Clinchen* bzw. *Durchsetzfügen*, das in Abbildung 12.52b dargestellt ist, sollte der Werkstoff des Verbindungselements ausreichend dünn und duktil sein, um den großen örtlichen Verformungen beim Biegen mit extrem kleinen Radien zu widerstehen.

2 Bördeln beruht auf dem einfachen Prinzip, zwei dünne Werkstoffstücke zusammenzufalten, ähnlich wie zwei oder mehr Teile aus Papier gefaltet werden. Beispiele für dieses Verfahren finden sich bei Deckeln von Getränkedosen und Behältnissen für Lebensmittel und Haushaltsprodukte (*Falze*, ▶ Abbildung 12.53). Beim Bördeln sollten sich die Werkstoffe in sehr kleinen Radien biegen und falzen lassen (siehe Abschnitt 7.4.1 und Abbildung 7.15). Andernfalls können sie rei-

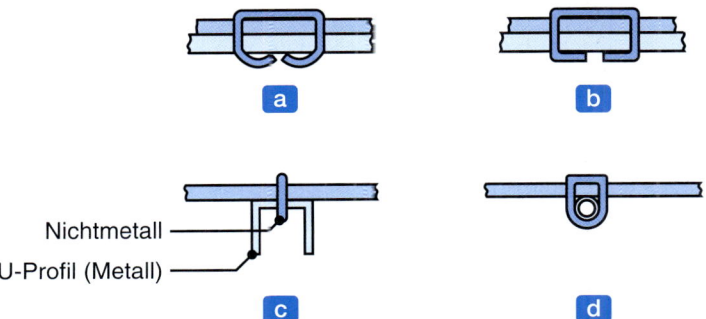

Abbildung 12.52: Beispiele für die mechanische Verbindungstechnik: (a) Standardheftklammer, (b) flache Heftklammer (Clinchen bzw. Durchsetzfügen), (c) Befestigung eines U-Profils, (d) Befestigung eines Stifts.

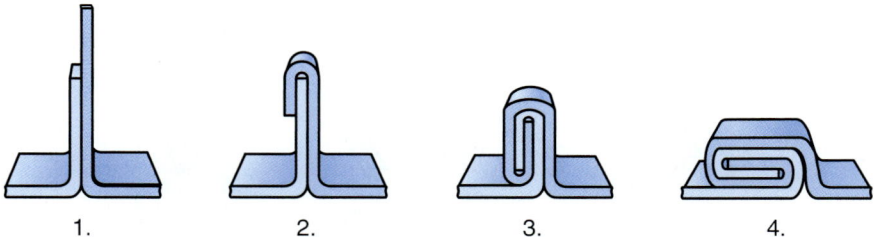

Abbildung 12.53: Schritte bei der Herstellung eines doppelten Bördels (siehe auch Abbildung 7.23).

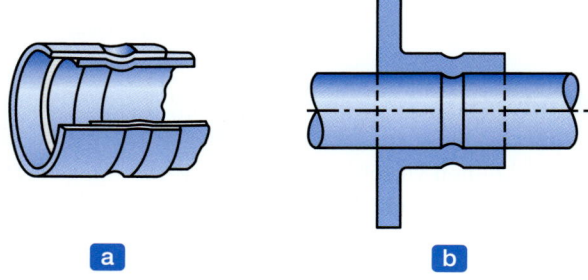

Abbildung 12.54: Zwei Varianten des mechanischen Verbindens durch Crimpen.

ßen und die Falze sind nicht mehr luft- bzw. wasserdicht. Die Festigkeit und Luftdichtheit von Falzen lässt sich durch Klebstoffe, Beschichtungen und polymere Materialien an den Innenflächen verbessern. Es ist auch möglich, die Behältnisse zu löten, wie es bei manchen Stahlkanistern geschieht.

3. **Crimpen** ist ein Verfahren zum Verbinden ohne Befestigungselemente. Zum Beispiel werden die Kappen auf Glasflaschen und manche Verbinder für elektrische Verdrahtungen durch Crimpen befestigt. Zum Crimpen eignen sich Randwülste oder Vertiefungen (▶ Abbildung 12.54), die sich durch *Schrumpfflanschen* (Abschnitt 7.4.4) oder Rundhämmern (Abschnitt 6.6) herstellen lassen. Crimpen lässt sich sowohl für röhrenförmige als auch flache Teile einsetzen.

4. **Schnappverschlüsse:** ▶ Abbildung 12.55 zeigt eine Auswahl typischer *Haltefedern* und *Schnappverschlüsse*. Schnappverschlüsse sind bei der Montage von Fahrzeugkarosserien und Haushaltsgeräten gebräuchlich. Sie sind wirtschaftlich und gestatten eine einfache und schnelle Montage und Demontage der Komponenten.

5. **Schrumpfsitze und Presspassungen:** Komponenten lassen sich auch mithilfe von Schrumpfsitzen und Presspassungen montieren. Ein *Schrumpfsitz* beruht auf dem Prinzip unterschiedlicher thermischer Ausdehnung und Zusammenziehung zweier Komponenten. Zu den typischen Anwendungen gehören die Montage von Gesenkkomponenten und das Montieren von Zahnrädern und Nocken auf Wellen. Bei der *Presspassung* wird eine Komponente über eine andere gepresst, was eine hohe Verbindungsfestigkeit ergibt. Beispiele sind Werkzeughalter mit Schrumpfsitz und Naben auf Wellen.

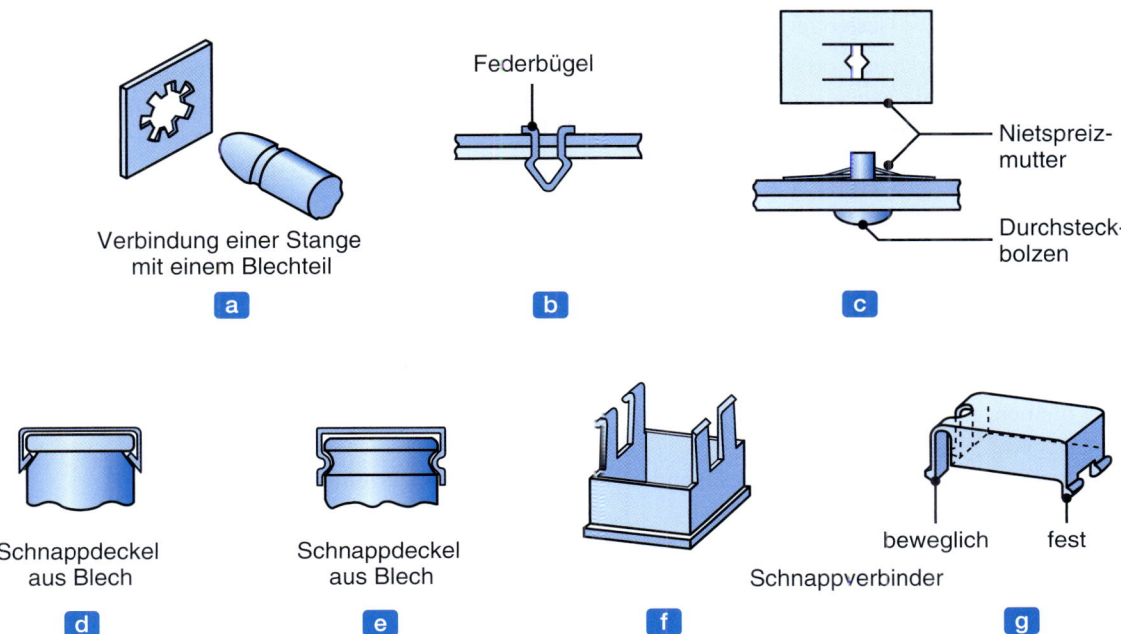

Abbildung 12.55: Beispiele für Haltefedern und Schnappverschlüsse, die bei der Montage verwendet werden.

12.16 Fügen von nichtmetallischen Werkstoffen

12.16.1 Fügen von Thermoplasten

Wie Abschnitt 10.3 beschrieben hat, erweichen Thermoplaste bei steigender Temperatur und schmelzen dann. Folglich lassen sie sich durch externe oder interne Wärmezufuhr an den Grenzflächen der zu fügenden Komponenten verbinden. Die Wärme erweicht die Thermoplaste an der Grenzfläche in einen viskosen oder geschmolzenen Zustand. Ausgeübter Druck sorgt dann dafür, dass eine *Vermischung* stattfindet und eine gute Bindung entsteht. Festere Bindungen lassen sich mit Zusatzwerkstoffen der gleichen Art wie das Polymer erreichen.

Bei manchen Polymeren wie Polyethylen kann Oxidation aufgrund der Zersetzung ein Problem darstellen. Deshalb wird in der Regel mit einem Inert-Schutzgas (z. B. Stickstoff) eine Oxidation verhindert. Wegen der geringen Wärmeleitfähigkeit von Thermoplasten (siehe Tabelle 3.3) können die Oberflächen der zu fügenden Komponenten verbrennen oder verschmoren, wenn zu viel Wärme zugeführt wird. Dadurch ist es unter Umständen schwierig, eine ausreichend tiefe Vermischung für eine gute Verbindungsfestigkeit zu erreichen.

Je nach Kompatibilität der zu verbindenden Polymere kommen folgende *externe Wärmequellen* zum Einsatz.

1. Heiße Luft bzw. Gase oder Infrarotstrahlung aus stark fokussierten Quarzwärmelampen;
2. Erwärmte Werkzeuge oder Gesenke, die die zu verbindenden Oberflächen kontaktieren und erwärmen. Dieses als *Heizelementschweißen* bezeichnete Verfahren wird häufig zum Stumpfschweißen von Rohren eingesetzt.
3. Kapazitive Hochfrequenzerwärmung, die speziell für dünne Folien nützlich ist;
4. Laser mit defokussierten Strahlen bei geringer Leistung, um eine Zersetzung des Polymers zu verhindern;
5. Elektrischer Widerstandsdraht bzw. -geflecht oder Bänder, Tafeln und Schnüre auf Kohlenstoffbasis werden auf die Grenzfläche gelegt, erlauben den Stromfluss und können außerdem einem Hochfrequenzfeld ausgesetzt werden (*Induktionsschweißen*). Diese Elemente auf der Grenzfläche müssen mit dem vorgesehenen Einsatzzweck des Produkts kompatibel sein, da sie in der Schweißzone verbleiben.

Interne Wärmequellen werden über folgende Mechanismen bereitgestellt.

1. Ultraschallschweißen (Abschnitt 12.8) ist das gebräuchlichste Verfahren für Thermoplaste, speziell für amorphe Polymere wie ABS (Acrylnitril-Butadien-Styrol) und schlagzähes Polystyrol.
2. Reibschweißen (Abschnitt 12.9) bzw. *Rotationsreibschweißen* für Polymere. Hierzu gehört auch Linearreibschweißen bzw. *Vibrationsschweißen*, das speziell für das Verbinden von Polymeren mit hohem Grad an Kristallinität (siehe Abschnitt 10.2.2) wie zum Beispiel Azetal, Polyethylen, Nylon und Polypropylen geeignet ist.
3. *Orbitalschweißen* ähnelt dem Reibschweißen, außer dass die Drehbewegung eines Teils auf einer Kreisbahn erfolgt (siehe auch Abbildung 6.16a).

Andere Verbindungsmethoden: *Kleben* von Polymeren ist ein vielseitiges Verfahren, das häufig zum Verbinden von PVC- oder ABS-Rohrstücken eingesetzt wird. Der flüssige Klebstoff wird auf die Verbindungsmuffen und Rohroberflächen aufgetragen, manchmal mithilfe einer Grundierung, um die Adhäsion zu verbessern. Kleben von Polyethylen, Polypropylen und Polytetrafluorethylen (Teflon) kann schwierig sein, da die Oberflächenenergie dieser Polymere gering ist und die Klebstoffe somit nicht direkt an deren Oberflächen haften. Um die Bindungsfestigkeit zu verbessern, müssen die Oberflächen im Allgemeinen chemisch behandelt werden. Die Verwendung von *ahäsiven Grundierungen* oder *doppelseitigen Klebebändern* kann ebenfalls wirksam sein. Zudem lässt sich die Haftung mithilfe von Lösungsmitteln erreichen (*Lösungsmittelkleber*).

Die verschiedenen Folienarten bei *koextrudierten* mehrlagigen Lebensmittelverpackungen sind durch die Wärme gebunden, die beim *Strangpressen* entsteht (siehe Abschnitt 10.10.1). Jede Folie hat eine spezifische Funktion, wie zum Beispiel das Fernhalten von Feuchtigkeit und Sauerstoff oder das Erleichtern des Heißklebens beim Verpacken. Manche Verpackungen bestehen aus sieben Lagen, die alle während der Folienherstellung miteinander verbunden werden.

Präzise Polymerschweißverbindungen lassen sich mit dem **Clearweld**-Verfahren herstellen. Dabei wird zuerst ein Toner auf eine Grenzfläche zwischen zwei Polymeren aufgebracht oder bei der Herstellung der Fügeteile einem oder beiden Polymeren zugesetzt. Dann erwärmt ein Laser den Toner, ohne das

Polymer zu erwärmen. Somit findet die Erwärmung entlang genau festgelegter Grenzflächen statt, was zur Vermengung und starken Polymerschweißnähten führt.

Thermoplaste lassen sich auch durch *mechanische* Mittel verbinden, unter anderem mit Verbindungselementen und Schneidschrauben. Die Festigkeit der Verbindung hängt von der jeweils verwendeten Methode sowie der Zähigkeit und Rückfederung des Kunststoffs ab, damit an den Bohrungen für die mechanischen Verbindungselemente keine Risse entstehen. **Schnappverbinder** (Abbildung 12.55f und g) setzen sich immer mehr durch, da sie einfache und kostengünstige Montageabläufe erlauben.

Weiterhin sind *magnetische* Verbindungen realisierbar, indem winzige Partikel in das Polymer eingebettet werden. Die Abmessungen der Partikel liegen in der Größenordnung von 1 µm. Der Kunststoff wird dann durch ein Hochfrequenzfeld induktiv erwärmt und schmilzt an den Fügestellen (*elektromagnetisches Fügen*).

12.16.2 Fügen von Duromeren

Da Duromere wie zum Beispiel Epoxid- und Phenolharze bei steigender Temperatur weder markant erweichen noch schmelzen, werden sie normalerweise mithilfe von (1) Gewinde- oder anderen Formeinsätzen (siehe Abbildung 10.30), (2) mechanischen Verbindungselementen und (3) Lösungsmittelklebern verbunden. Beim Verbinden mit Lösungsmitteln sind folgende Schritte auszuführen: (a) Oberflächen der Duromerteile mit Schmirgelleinwand oder Schleifpapier aufrauen, (b) die Oberflächen mit einem Lösungsmittel abreiben und (c) die Oberflächen zusammendrücken und den Druck aufrechterhalten, bis sich genügend Bindungsfestigkeit entwickelt hat.

12.16.3 Fügen von Keramiken und Gläsern

Wie bei jedem anderen Werkstoff, der in Produkten eingesetzt wird, müssen Keramiken und Gläser zu Komponenten montiert werden, und zwar entweder mit gleichartigen oder mit unterschiedlichen Werkstoffen. Teile lassen sich durch Kleben, mechanische Mittel sowie Schrumpfsitze und Presspassungen fügen. Um Schäden zu vermeiden, wenn die Baugruppe während des Einsatzes erhöhten Temperaturen ausgesetzt wird, ist die *relative Wärmeausdehnung* der beiden Werkstoffe zu berücksichtigen (siehe Abschnitt 3.9.5).

Keramiken: Um schwer zu verbindende Werkstoffkombinationen zu fügen, bringt man häufig zunächst eine Beschichtung aus einem Werkstoff auf, der sich an das eine oder beide Teile selbst leicht bindet und somit als Haftvermittler fungiert – vergleichbar mit einem Klebstoff zwischen einem Stück Holz und einem Metall, die sich sonst nicht miteinander verbinden lassen. Somit ist es zum Beispiel möglich, die Oberfläche von Aluminiumoxidkeramik zu *metallisieren* (siehe Abschnitt 4.5.1). Bei diesem sogenannten *Mo-Mn-Verfahren* wird die Keramik zuerst mit einem Schlicker beschichtet, der nach dem Brennen eine glasartige Schicht bildet. Diese Schicht wird dann mit Nickel plattiert, und da das Teil nun eine metallische Oberfläche besitzt, lässt es sich an eine Metalloberfläche hartlöten. Abhängig von der konkreten Struktur können Keramiken durch Diffusionfügen an Metalle gebunden werden (Abschnitt 12.12). Gegebenenfalls ist es erforderlich, eine metallische Schicht aufzubringen, um der Verbindung höhere Festigkeit zu verleihen.

Es ist auch möglich, Keramikteile bereits bei ihrer Formgebung miteinander zu verbinden oder zu montieren (Abschnitt 11.9) – beispielsweise einen Griff an einer Kaffeekanne anzubringen. In gewissem Sinn handelt es sich dann um eine integrale Gestaltung des Produkts und keine zusätzliche Operation, nachdem das Teil bereits hergestellt ist.

Wie in Abschnitt 8.6.4 beschrieben, hat Wolframkarbid eine Matrix (Binderphase) aus Kobalt und Titankarbid eine Matrix aus einer Nickel-Molybdän-Legierung. Da es sich bei beiden Bindern um Metalle handelt, lassen sich Karbide folglich leicht an andere Metalle hartlöten. Diese Technik wird häufig beim Hartlöten von Wendeschneidplatten an Werkzeugträger aus Stahl (siehe Abbildung 8.32d), Hartmetallspitzen an Steinbohrer und Spitzen aus kubischem Bornitrid oder Diamant an Wendeschneidplatten (siehe Abbildung 8.39) verwendet.

Gläser: Wie die Verfügbarkeit zahlreicher Glasgegenstände beweist, lassen sich Gläser leicht miteinander verbinden. Dazu werden zunächst die zu fügenden Glasoberflächen erweicht und dann die beiden Teile zusammengepresst, während die Baueinheit abkühlt. Es ist auch möglich, Glas und Metalle zu verbinden, da Metallionen in die amorphe Oberflächenstruktur des Glases diffundieren.

12.17 Entwurfsüberlegungen beim Fügen

12.17.1 Schweißen

Wie bei allen anderen Fertigungsverfahren gilt ein Schweißverfahren dann als optimal gewählt, wenn es alle Entwurfs- und Betriebsanforderungen bei minimalen Kosten befriedigt. ► Abbildung 12.56 gibt einige Beispiele von Entwurfsrichtlinien für das Schweißen an. Die allgemeinen Entwurfsrichtlinien lassen sich wie folgt zusammenfassen.

1. Der Produktentwurf sollte mit möglichst wenigen Schweißnähten auskommen, da Schweißen kostenaufwendig ist, wenn sich derartige Arbeitsschritte nicht automatisieren lassen.
2. Die Lage der Schweißnaht ist so zu wählen, dass unnötige Spannungen oder Spannungskonzentrationen in der geschweißten Struktur vermieden werden und das Aussehen des Produkts nicht beeinträchtigt wird.
3. Die Schweißnaht sollte so liegen, dass sie nachfolgende Bearbeitungsschritte des Teils nicht behindert oder den bestimmungsgemäßen Gebrauch stört.
4. Teile sollten vor dem Schweißen gut zusammenpassen. Die zur Herstellung der Fügeflächen verwendete Methode (Sägen, spanende Bearbeitung, Scheren, Brennschneiden usw.) kann die Schweißnahtqualität beeinflussen.
5. Durch konstruktive Anpassungen lässt sich gegebenenfalls eine Vorbereitung der Fügeflächen umgehen.
6. Die Größe der Schweißraupe sollte minimal gehalten werden, um Schweißgut zu sparen und das Erscheinungsbild des Teils nicht zu beeinträchtigen.
7. Bei manchen Verfahren können für die Fügeflächen einheitliche Querschnitte erforderlich sein, wie es ► Abbildung 12.57 für das Stumpfstoßschweißen zeigt.

12.17 Entwurfsüberlegungen beim Fügen

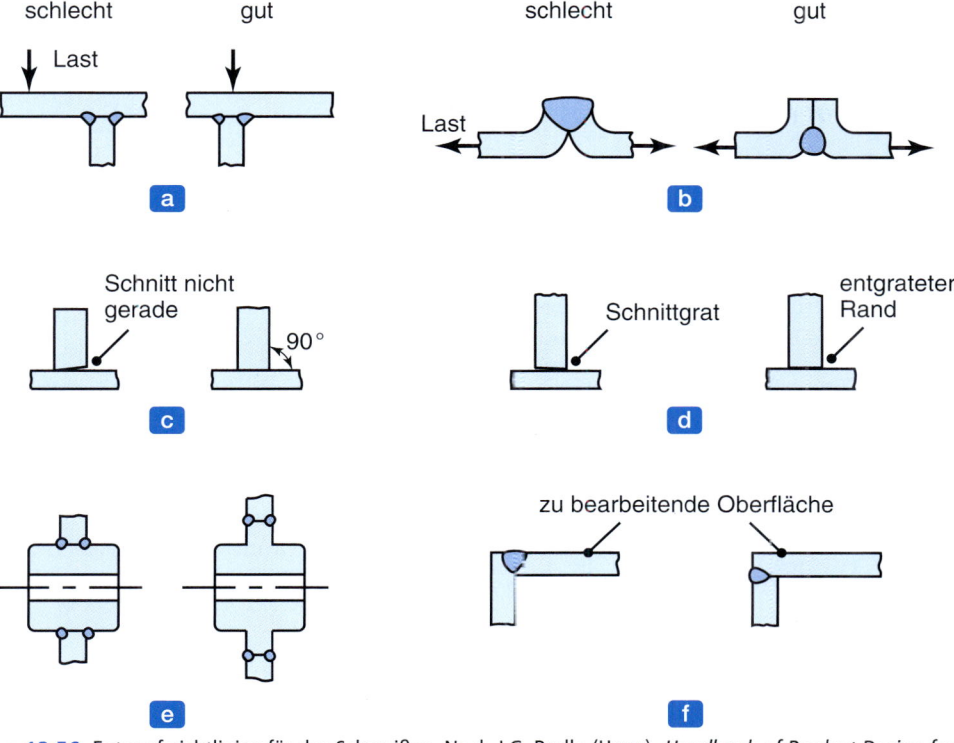

Abbildung 12.56: Entwurfsrichtlinien für das Schweißen. Nach J.G Bralla (Hrsg.), *Handbook of Product Design for Manufacturing*, 2. Aufl., McGraw-Hill, 1999.

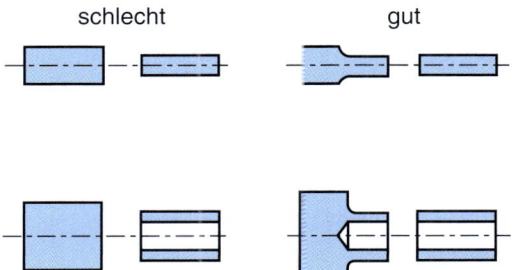

Abbildung 12.57: Entwurfsrichtlinien für das Stumpfstoßschweißen.

Beispiel 12.7 Auswahl der Art und Lage von Schweißnähten

▶ Abbildung 12.58 zeigt drei verschiedene Arten für die Gestaltung von Schweißnähten. Wie in Abbildung 12.58a zu sehen ist, lassen sich die beiden vertikalen Verbindungen entweder außen oder innen schweißen. Das externe Schweißen in voller Länge ist wesentlich zeitaufwendiger und benötigt mehr Schweißgut als der alternative Entwurf mit unterbrochenen Schweißnähten. Darüber hinaus sieht die Struktur bei der alternativen Methode besser aus und der Verzug ist geringer, da weniger thermische Energie in die Struktur eingebracht wird (siehe Abbildung 12.25).

Obwohl beide Entwürfe die gleiche Menge Schweißgut und die gleiche Schweißzeit erfordern (Abbildung 12.58b), zeigt eine genauere Analyse, dass der rechte Entwurf das dreifache Moment M gegenüber dem linken Entwurf tragen kann. In Abbildung 12.58c ist für die linke Schweißnaht ungefähr die doppelte Menge an Schweißgut im Vergleich zum rechten Entwurf notwendig. Da zudem in einer einzelnen V-Mulde mehr Werkstoff entfernt werden muss, ist beim linken Entwurf mehr Zeit für die Vorbereitung der Fügestelle erforderlich und es wird mehr Grundwerkstoff verschwendet.

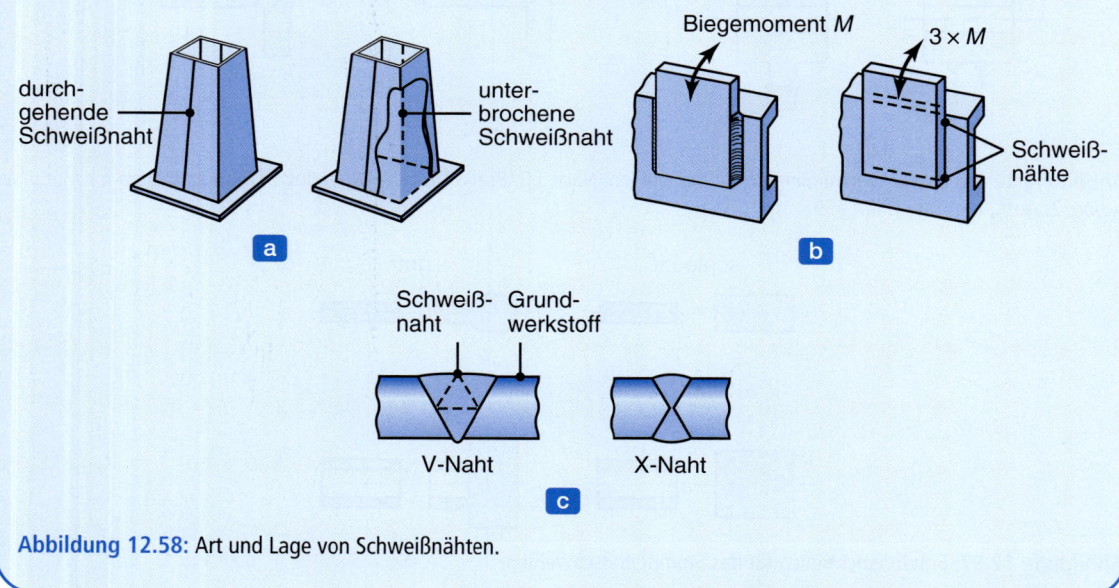

Abbildung 12.58: Art und Lage von Schweißnähten.

12.17.2 Hart- und Weichlöten

▶ Abbildung 12.59 gibt einige allgemeine Entwurfsrichtlinien für das Hartlöten an. Feste Verbindungen erfordern beim Hartlöten eine größere Kontaktfläche als beim Weichlöten. Die Entwurfsrichtlinien für das Weichlöten ähneln denen für das Hartlöten. In den Abbildungen 12.45 und 12.46 sind einige Beispiele für häufig verwendete Gestaltungen von Lötverbindungen dargestellt. Es sei noch einmal darauf

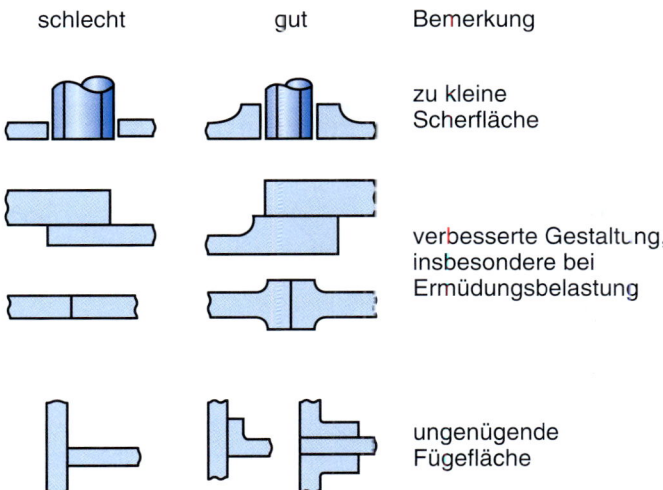

Abbildung 12.59: Beispiele für gute und schlechte Gestaltung von Lötverbindungen.

hingewiesen, wie wichtig große Kontaktflächen sind, um eine ausreichende Verbindungsfestigkeit zu gewährleisten.

12.17.3 Kleben

Entwürfe mit Klebeverbindungen sollten sicherstellen, dass Verbindungen auf Druck, Zug oder Scherung beansprucht werden, jedoch nicht auf Schälen (siehe Abbildung 12.50). ▶ Abbildung 12.60 gibt mehrere Beispiele für die Gestaltung von Klebeverbindungen an. Die Festigkeit der einzelnen Varianten ist recht unterschiedlich. Folglich ist die Auswahl eines geeigneten Entwurfs entscheidend. Insbesondere sollte auf die Art der Belastung und die Umgebung, der die verbundene Struktur während ihrer Einsatzdauer ausgesetzt sein wird, geachtet werden.

Stumpfstöße erfordern große Verbindungsflächen, während Überlappstöße aufgrund des an der Fügestelle entwickelten Kräftepaars zum Verzug bei einer Zugspannung neigen. Die thermischen Ausdehnungskoeffizienten der Fügepartner sollten möglichst nahe beieinanderliegen, um innere Spannungen beim Kleben zu vermeiden. Außerdem ist zu berücksichtigen, dass Temperaturwechsel zu differenzieller Bewegung über der Fügestelle führen können, wodurch sich die Verbindungsfestigkeit verringert.

12.17.4 Mechanisches Verbinden

Beim Entwurf mechanischer Verbindungen sind (a) die Art der Belastung, der die Struktur ausgesetzt sein wird, (b) die Größe und Abstände der Bohrungen und (c) die Kompatibilität der Befestigungswerkstoffe mit den Fügepartnern zu betrachten. Eine Unverträglichkeit kann zu galvanischer Korrosion – der sogenannten *Spaltkorrosion* – führen. Werden zum Beispiel Kupferbleche mit einem Stahlbolzen

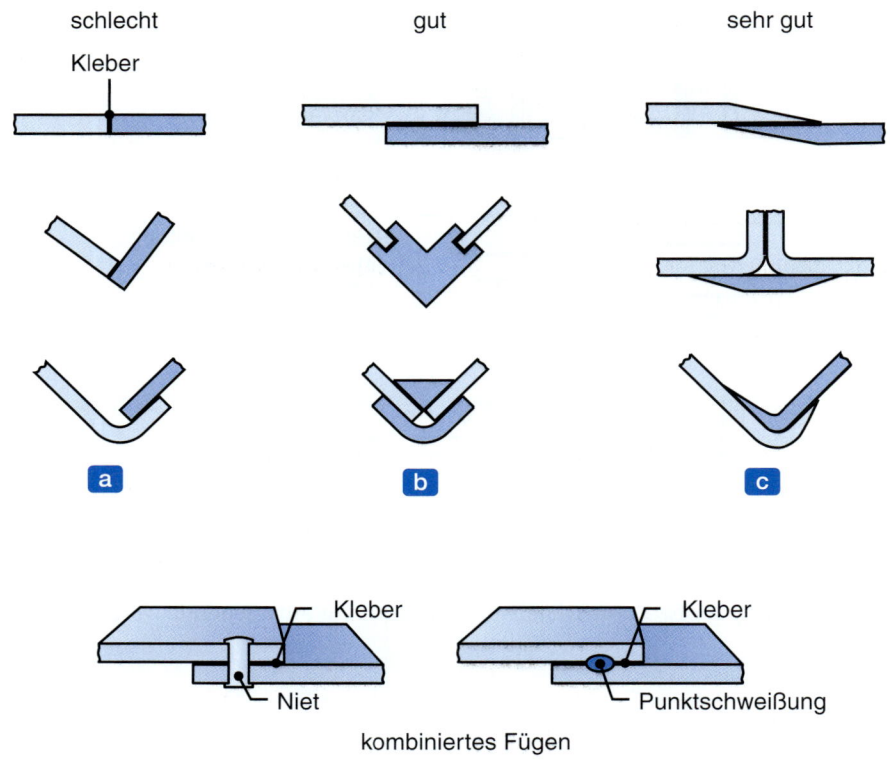

Abbildung 12.60: Gestaltung von Klebeverbindungen. Für gute Klebungen sollte die Kontaktfläche zwischen den Fügepartnern möglichst groß sein.

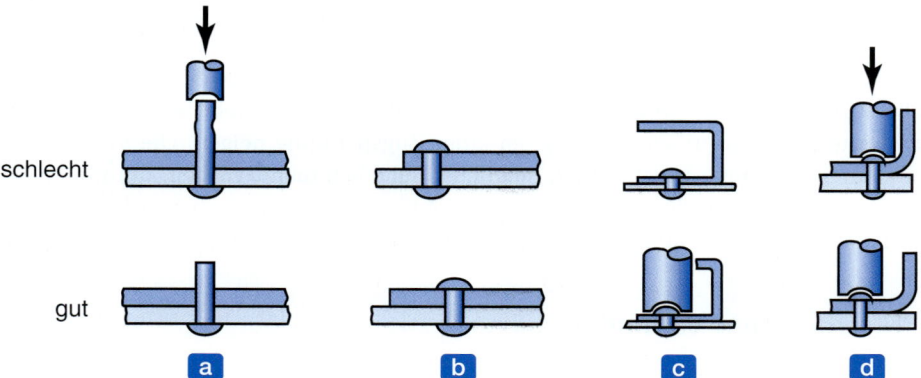

Abbildung 12.61: Entwurfsrichtlinien für das Nieten. Nach J.G. Bralla (Hrsg.), *Handbook of Product Design for Manufacturing*, 2. Aufl., McGraw-Hill, 1999.

oder -niet verbunden, ist der Bolzen anodisch und die Kupferplatte kathodisch. Somit kommt es recht schnell zur Korrosion und die Verbindungsfestigkeit lässt nach. Ähnliche Reaktionen laufen ab, wenn Aluminium- oder Zinkverbinder für Kupferprodukte verwendet werden. ▶ Abbildung 12.61 gibt einige Entwurfsrichtlinien für Nietverbindungen an.

Darüber hinaus sollten unter anderem folgende Richtlinien für das mechanische Verbinden beachtet werden (siehe auch Abschnitt A.10).

1. Es ist meist kostengünstiger, weniger, aber größere Verbindungselemente zu verwenden als eine große Anzahl kleinerer Verbinder.
2. Die Teilemontage sollte mit möglichst wenigen Verbindungselementen zu realisieren sein.
3. Die Passung zwischen den zu verbindenden Teilen sollte so lose wie zulässig sein, um Kosten zu verringern und den Montageprozess zu erleichtern.
4. Verbindungselemente in Standardgrößen sind vorzuziehen.
5. Bohrungen sollten nicht zu nahe an Kanten oder Ecken liegen, da dort das Material bei Belastung reißen kann.

12.18 Wirtschaftlichkeit des Fügens

Die grundlegenden wirtschaftlichen Betrachtungen für bestimmte Fügeverfahren sind einzeln beschrieben worden. Aufgrund des breiten Spektrums von Einflussfaktoren ist es schwierig, die Aussagen in Bezug auf die Kosten zu verallgemeinern. Die relativen Gesamtkosten für diese Verfahren sind in den letzten Spalten der Tabellen 12.1 und 12.2 angegeben. Bei den in Tabelle 12.1 angegebenen Werten ist zum Beispiel zu beachten, dass (Hart-)Löten und mechanisches Verbinden aufgrund der Vorbereitungsarbeiten die teuersten Methoden sein können. Dagegen sind Widerstandsschweißen und Säumen bzw. Crimpen wegen ihres hohen Automatisierungsgrads die kostengünstigsten Verfahren in der Liste.

Obwohl die Kosten für Klebeverfahren von der konkreten Anwendung abhängen, macht die prinzipielle Wirtschaftlichkeit dieses Verfahrens das Kleben zu einer attraktiven Wahl. Zudem ist Kleben manchmal das einzige Verfahren, das für eine bestimmte Anwendung geeignet oder zweckmäßig ist.

Tabelle 12.2 führt die relativen Ausrüstungskosten für wichtige Kategorien von Verbindungsverfahren auf. Wegen der spezialisierten Anlagen kann Laserstrahlschweißen das teuerste Verfahren sein, während herkömmliches Gasschmelzschweißen und Lichtbogenhandschweißen am kostengünstigsten abschneiden. Die Kosten reichen von wenigen Tausend Euro (Lichtbogenschweißen) bis zu mehr als 1 Million Euro für die Anlagen zum Elektronenstrahl-, Laserstrahl- oder Reibschweißen. Je nach Größe der Schweißmaschinen und dem realisierten Automatisierungs- und Steuerungsgrad können die tatsächlichen Kosten deutlich über diesen Werten liegen.

Wie bei allen anderen Fertigungsverfahren spielen Prozessautomatisierung und deren Optimierung eine entscheidende Rolle für die Wirtschaftlichkeit von Fügeverfahren. Besonders wichtig ist der umfassende und effektive Einsatz von Industrierobotern, die so programmiert sind, dass sie komplexe Schweißfolgen (wie zum Beispiel bei *maßgeschneiderten Platinen*; Abschnitt 7.3.4) mithilfe von Bildverarbeitungssystemen und Regeleinrichtungen genau verfolgen können. Mit diesen Instrumenten ließen sich Wiederholgenauigkeit und Präzision von Schweißverfahren erheblich verbessern.

> ### Fallstudie: Blisktechnologie im Triebwerksbau
>
> Die Luftfahrtindustrie steht vor enormen Herausforderungen, denn mittelfristig rechnen Experten mit einem durchschnittlichen Wachstum des Verkehrsaufkommens von jährlich vier bis fünf Prozent. Angesichts des Klimawandels und knapp werdender Rohstoffressourcen müssen künftige Flugzeugtriebwerke deutlich sparsamer sein als gegenwärtige. Der Weg dahin führt über innovative Fertigungs- und Reparaturtechnologien und neue Triebwerkskonzepte. Ein Beispiel hierfür ist die Wahl geeigneter Werkstoffe und Bauweisen in der Verdichtertechnologie. Der Trendsetter der letzten Jahre bei den neuen Fertigungsverfahren ist die Bliskbauweise, bei der Scheibe und Schaufeln ein integrales Bauteil darstellen. Das erhöht die Belastbarkeit dieser Komponenten sowie deren aerodynamischen Wirkungsgrad. Gleichzeitig wird die Anzahl der Einzelteile reduziert, wodurch sich Masse und Instandhaltungsaufwand verringern.
>
> Je nach Position im Triebwerk hat die *Blisk* (*bl*aded d*isk*, Integrallaufrad, ▶ Abbildung 12.62a) werkstoff- und designspezifische Besonderheiten, die bei der Auswahl für eine wirtschaftliche und technisch optimale Herstellung zu berücksichtigen sind.
>
>
>
>
>
> **a** **b**
>
> **Abbildung 12.62:** (a) Fertig bearbeitetes Integrallaufrad (Blisk), (b) vorkonturiertes Schmiederohteil.
>
> **Bliskherstellung:** Bei der Bliskherstellung sind grundsätzlich zwei Fertigungsstrategien möglich, nämlich das Herstellen des gesamten Teiles aus dem Vollen oder das Herstellen durch Fügen von Scheibe und Schaufeln.

Fallstudie: Blisktechnologie im Triebwerksbau (Fortsetzung)

■ Bei der Herstellung aus dem Vollen werden Scheibe und Schaufeln aus einem Rohteil herausgearbeitet, das so groß dimensioniert ist, dass es die komplette Blisk umhüllt. Um die Werkstoffkosten zu senken, kann das Rohteil im Bereich der Schaufeln bereits vorkonturiert sein, d. h., die Schaufeln werden schon beim Abschmieden des Rohteils mit Aufmaß herausgearbeitet (Abschnitt 6.2.3, Abbildung 12.62b). Vorraussetzung ist ein homogenes, feinkörniges und texturarmes Titan-Vormaterial (*Billet*), das sich durch gute Ultraschallprüfbarkeit auszeichnet. Dadurch wird gewährleistet, dass die bessere Fehlernachweisgröße im Billet bereits für den späteren Scheibenkranzbereich der Blisk ausreichend ist.

In der Bliskfertigung steht die mechanische Bearbeitung durch Fräsen im Vordergrund (siehe Abschnitt 8.10.1). Hierbei ist eine stetige Verbesserung bezüglich der Wirtschaftlichkeit und der Prozessstabilität insbesondere bei der Fertigung der Bliskschaufeln notwendig. Durch die Einführung des von der MTU Aero Engines für diese Anwendung patentierten trochoiden Taumelfräsens konnten sowohl die Bearbeitungszeiten als auch der anteilige Werkzeugverbrauch deutlich gesenkt werden. Beim trochoiden Taumelfräsen bewegt sich ein rotierender Schaftfräser auf Kreisbahnen zwischen den Schaufeln hindurch. Dieses optimierte Zerspanverfahren der MTU Aero Engines hat Serienreife und wird bei allen neuen Integrallaufrädern aus Titan angewandt (► Abbildung 12.63).

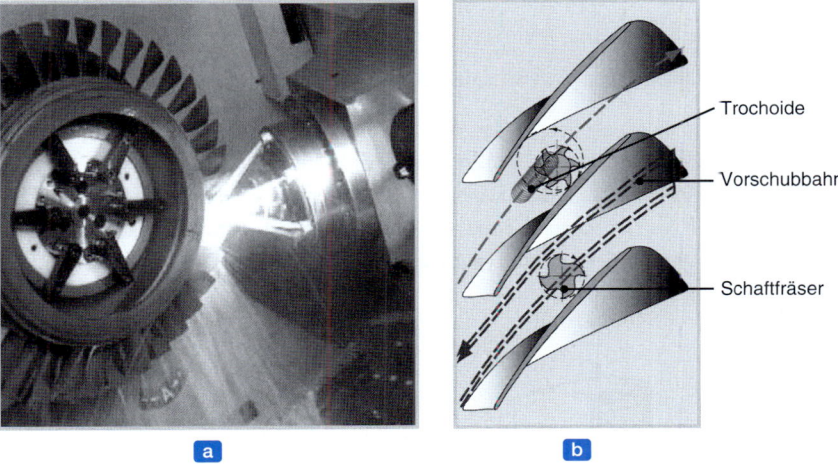

Abbildung 12.63: (a) Bliskherstellung auf einer modernen Fünf-Achsen-Fräsmaschine, (b) Prinzip des konventionellen Fräsens (unten) und des trochoiden Taumelfräsens (oben) mit einem Schaftfräser.

Beim elektrochemischen Abtragen (ECM, Abschnitt 9.11, Abbildungen 9.29 und 9.30) werden elektrisch leitende Werkstoffe in Anwesenheit eines Elektrolyten durch Stromfluss abgetragen. Die Abtragsgeschwindigkeit ist unabhängig von Härte oder Zähigkeit eines Werkstoffs. Deshalb lassen sich auch schwer zerspanbare Nickelbasislegierungen, wie sie im hinteren Verdichterbereich aufgrund der hohen thermischen und mechanischen Belastung der Bauteile eingesetzt werden, hervorragend bearbeiten. Da das Verfahren berührungsfrei arbeitet, entsteht kein Werkzeugverschleiß. Eine neue Variante des Verfahrens, das präzise elektrochemische Abtragen (PECM, *pulsed electrochemical machining*) kann die Werkzeuggeometrie nahezu exakt im Mikrometerbereich abbilden, jedoch erzielt das Verfahren eine geringere Abtragsgeschwindigkeit.

Fallstudie: Blisktechnologie im Triebwerksbau (Fortsetzung)

- Bei der Herstellung durch Fügen von Schaufeln und Scheibe werden geschmiedete Einzelschaufeln mit einem separat geschmiedeten Scheibenkörper durch ein geeignetes Fügeverfahren zu einer Blisk verbunden. Einsatzgewicht und Bearbeitungszeit können so optimiert werden und es besteht die Option unterschiedliche Titanlegierungen im Schaufel- und Scheibenbereich, optimiert auf die jeweilige Belastung im Triebwerk, miteinander zu verbinden. Bei dieser Art von sicherheitsrelevanten Bauteilen werden höchste Anforderungen an die Fügequalität gestellt.

Standardverfahren der MTU Aero Engines ist das *Linearreibschweißen*, LRS, welches zum Fügen von Titanbauteilen im Fan und Niederdruckturbinenbereich eingesetzt wird (siehe Abbildung 3.38). Beim LRS (▶ Abbildung 12.64) werden zwei zu fügende Bauteile mit sehr hoher Kraft zusammengepresst und dabei schnell gegeneinander gerieben. Durch die entstehende Reibungswärme verbinden sich die Teile nach wenigen Sekunden fest und örtlich genau miteinander.

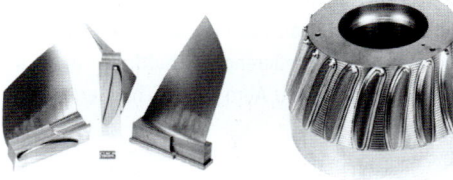

Abbildung 12.64: Verbindung von Einzelschaufeln und Scheibenkörper zu einer Blisk durch Linearreibschweißen.

Noch im Entwicklungsstadium befindet sich das *Induktive Hochfrequenz-Pressschweißen*, IHFP. Bei diesem Verfahren, das dem Stumpfschweißen (Abschnitt 12.10.4) ähnlich ist, wird mithilfe von hochfrequentem Wechselstrom ein starkes elektromagnetisches Feld erzeugt, das die zu verbindenden Werkstoffe auf die erforderliche Fügetemperatur erwärmt. Die Fügepartner werden zusammengepresst und es bildet sich eine feste Verbindung aus. Auch hier läuft der gesamte Fügeprozess innerhalb weniger Sekunden ab (▶ Abbildung 12.65).

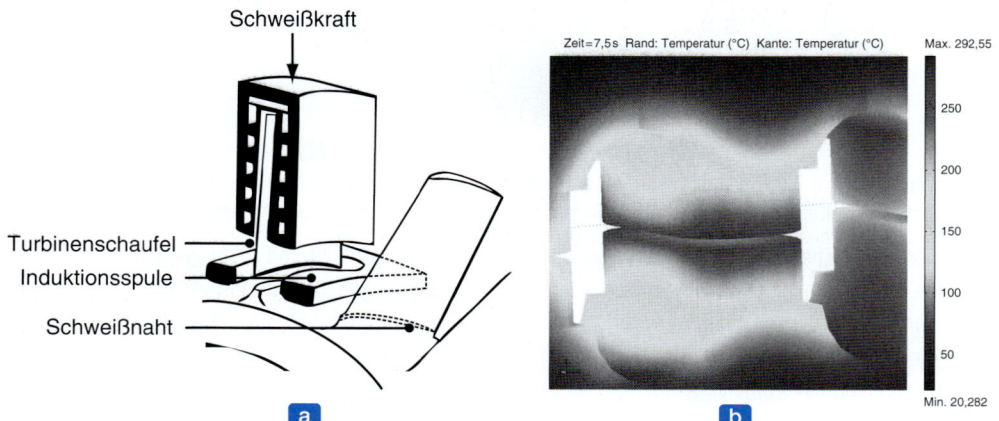

Abbildung 12.65: (a) Schematische Darstellung des Induktiven Hochfrequenz-Pressschweißens, (b) numerisch berechnete Temperaturverteilung im Fügebereich beim IHFP-Verfahren.

Fallstudie: Blisktechnologie im Triebwerksbau (Fortsetzung)

Aufbau von Blisktrommeln: Moderne Verdichter bestehen aus mehreren Blisks, welche miteinander zu Rotortrommeln verbunden werden. Bei der konventionellen Bauweise werden die Blisks über Bolzen miteinander verschraubt. Zur weiteren Massenreduktion werden vermehrt verschweißte Blisktrommeln hergestellt. Hierbei setzt die MTU Aero Engines auf das *Schwungradreibschweißen*, SRS, als Fügeprozess (▶ Abbildung 12.66). Beim Schwungradreibschweißen (Rotationsschweißen, Abschnitt 12.9) wird die Schweißenergie von einem Schwungrad geliefert, an welchem eines der zu verscheißenden Integrallaufräder befestigt ist. Durch das Anpressen der rotierenden gegen die feststehende Seite wird die Schwungradenergie am Schweißstoß in Reibungswärme umgesetzt. Die Verbindungsbildung erfolgt durch plastische Verformung unterhalb der Schmelztemperatur der Fügepartner. Während des Schweißvorgangs tritt eine werkstoff- und geometrieabhängige Längenänderung (Stauchung) ein. Die Folge ist die Ausbildung eines Schweißgrats. Da es beim Schwungradreibschweißen nicht zum Aufschmelzen des Werkstoffs kommt, weisen Schwungradreibschweißnähte im Vergleich zu Schmelzschweißnähten eine deutlich bessere Werkstoffqualität in der Fügezone auf. In Kombination mit einer geeigneten Wärmenachbehandlung ist es möglich, Grundwerkstoffeigenschaften auch in der Fügezone wieder herzustellen. Schweißfehler wie z. B. Poren oder Lunker treten beim Schwungradreibschweißen prozessbedingt nicht auf.

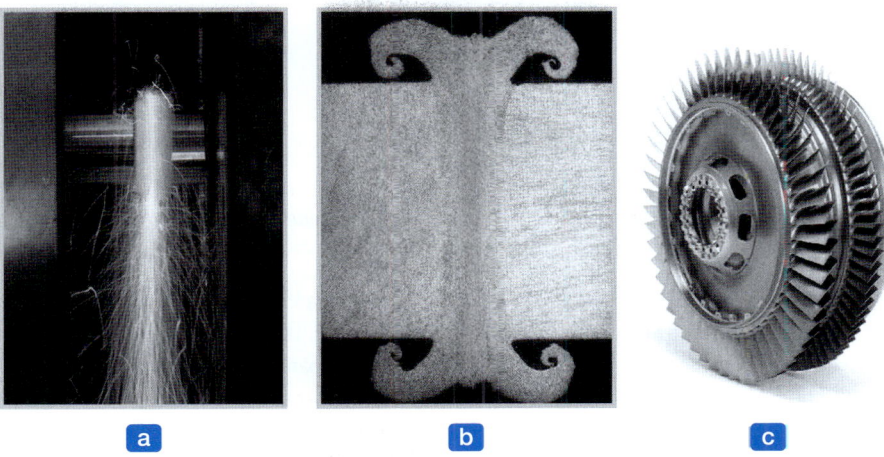

Abbildung 12.66: (a) Schwungradreibschweißverfahren (SRS), (b) Querschliff durch eine SRS-Naht, (c) SRS-gefügte Blisktrommel.

Oberflächenbehandlung: Bliskbauteile werden zur Erhöhung der mechanischen Belastbarkeit und zur Verbesserung der Schadenstoleranz bei kleinen Oberflächenbeschädigungen verfestigungsgestrahlt (Abschnitt 4.5.1). Beim Verfestigungsstrahlen werden gezielt Druckeigenspannungen in die Oberfläche der Bauteile eingebracht. Durch Entwurfs- und Werkstoffoptimierung ist es möglich, immer dünnere, hochbelastete Bauteile herzustellen. Die Folge hiervon ist eine Massenoptimierung einerseits, andererseits lassen sich solche Bauteile aufgrund der Verzuggefahr mit herkömmlichen Verfahren teilweise nicht mehr verfestigen. Aus diesem Grund hat die MTU Aero Engines das *Ultraschall-Kugelstrahlen* für Blisks eingeführt (▶ Abbildung 12.67a). Hierbei werden große, ideal runde Kugellagerkugeln mittels einer Sonotrode auf das Bauteil beschleunigt. Dies führt zu regellosen Stößen zwischen Strahlmittel und Strahlgut, welche eine Verfestigung der Bauteiloberfläche zur Folge haben. Im Vergleich zum konventionellen Druckluftstrahlen zeichnet sich das

Fallstudie: Blisktechnologie im Triebwerksbau (Fortsetzung)

Ultraschall-Kugelstrahlen unter anderem durch deutlich geringere Neigung der Bauteile zum Verzug und durch glattere Bauteiloberflächen aus (Abbildung 12.67b).

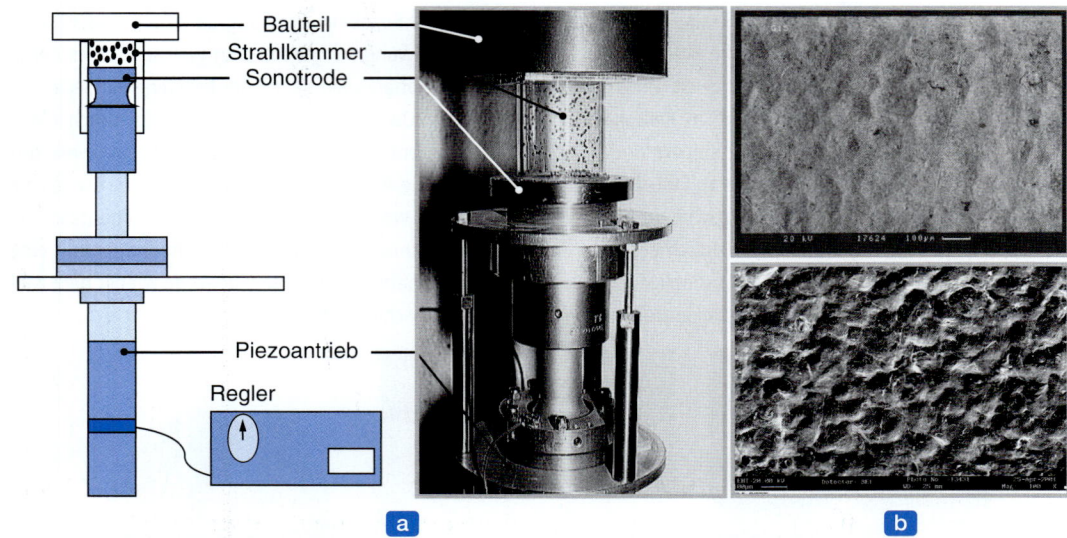

Abbildung 12.67: (a) Prinzip des Ultraschall-Kugelstrahlens, (b) bearbeitete Oberflächen im Vergleich: ultraschallkugelgestrahlt (oben), konventionell mit Stahlkugeln gestrahlt (unten).

Bliskreparatur: Während des Einsatzes im Triebwerk können Integrallaufräder z. B. aufgrund von Fremdkörpereinschlägen oder Erosion insbesondere im Schaufelbereich beschädigt werden. Um einen Austausch des gesamten Bauteils aufgrund von lokalen Beschädigungen zu vermeiden, ist ein geeignetes Reparaturverfahren notwendig. Als erstes Unternehmen weltweit hat die MTU Aero Engines ein Bliskbauteil mit dem sogenannten Patchingverfahren instand gesetzt. Beim *Patching* wird zunächst die beschädigte Region der Bliskschaufel abgetrennt und anschließend ein Ersatzteil (das Patch) mittels eines eigens hierfür entwickelten Plasma-Schweißverfahrens an die Restschaufel gefügt und die Schweißnaht lokal wärmebehandelt. Abschließend wird die Triebwerksschaufelgeometrie durch adaptives Fräsen rekonstruiert.

Quelle: Mit freundlicher Genehmigung von A. Stoll, MTU Aero Engines GmbH.

ZUSAMMENFASSUNG

- Da nahezu alle technischen Produkte aus vielen Einzelteilen bestehen, spielen Fügeverfahren sowohl in der Fertigung als auch im Service und beim Transport von Teilen eine wichtige Rolle (Abschnitt 12.1).

- Eine wichtige Variante der Fügeverfahren ist das Schmelzschweißen, bei dem die beiden zu fügenden Teile durch Wärmezuführung miteinander verschmelzen und sich verbinden, wobei je nach Anwendung Zusatzwerkstoffe verwendet werden können. Zwei gebräuchliche Methoden sind das Lichtbogenschweißen mit abschmelzender und nicht abschmelzender Elektrode. Die Auswahl eines bestimmten Verfahrens hängt von Faktoren wie zum Beispiel Werkstückwerkstoff, Formenkomplexität, Größe, Dicke und Art der Verbindung ab (Abschnitte 12.3 und 12.4).

- Elektronenstrahl- und Laserstrahlschweißen sind die wichtigsten Vertreter in der Kategorie Verbinden durch Hochenergiestrahlen. Sie erzeugen schmale und hochqualitative Schweißnahtzonen und haben deshalb wichtige und spezielle Anwendungen in der Fertigung (Abschnitt 12.5).

- Da die Fügestelle metallurgischen und physikalischen Änderungen unterworfen ist, müssen Art, Eigenschaften und Qualität der Schweißverbindung berücksichtigt werden. Daneben spielen die Schweißeignung von Metallen, die Gestaltung der Schweißnaht und die Verfahrensauswahl eine wichtige Rolle (Abschnitt 12.6).

- Beim Festkörperschweißen findet das Fügen ohne Aufschmelzen statt. Der erforderliche Druck wird entweder mechanisch oder mithilfe von Explosivstoffen aufgebracht. Vorbereitung und Sauberkeit der Oberflächen sind wichtig. Ultraschall- und Widerstandsschweißen sind zwei Hauptvertreter für das Festkörperschweißen, die speziell für Bleche und Folien wichtig sind (Abschnitte 12.7 bis 12.11).

- Diffusionsfügen ist besonders in Kombination mit superplastischer Umformung ein wirksames Instrument für die Fertigung komplexer Blechkonstruktionen mit hohen Verhältnissen von Festigkeit zu Gewicht und von Steifigkeit zu Gewicht (Abschnitt 12.12).

- Beim Hart- und Weichlöten werden Zusatzwerkstoffe an den zu fügenden Grenzflächen verwendet. Diese Verfahren kommen mit geringeren Temperaturen aus als beim Schweißen und sind in der Lage, ungleichartige Metalle mit komplizierten Formen und unterschiedlichen Dicken miteinander zu verbinden (Abschnitt 12.13).

- Klebeverbindungen besitzen bzw. gewährleisten attraktive Eigenschaften wie zum Beispiel Festigkeit, Dichtheit, Isolierung, Schwingungsdämpfung und Korrosionsbeständigkeit zwischen ungleichen Metallen. Eine wichtige Entwicklung sind elektrisch leitfähige Klebstoffe für SMD-Technologien (Oberflächenmontage von elektronischen Bauelementen) (Abschnitt 12.14).

- Mechanisches Verbinden gehört zu den ältesten und gebräuchlichsten Techniken. Für zahlreiche permanente und semipermanente Anwendungen wurde eine umfangreiche Palette von Verbindungselementen in unterschiedlichen Formen und Größen sowie ein breites Spektrum von Verbindungsmethoden entwickelt (Abschnitt 12.15).

- Für das Fügen von thermoplastischen und duromeren Kunststoffen sowie von verschiedenartigen Keramiken und Gläsern stehen mehrere Fügetechniken zur Auswahl (Abschnitt 12.16).
- Für das Fügen wurden allgemeine Entwurfsrichtlinien aufgestellt, von denen einige auf eine breite Vielfalt von Verfahren anwendbar sind, während andere spezielle Betrachtungen je nach konkreter Anwendung voraussetzen (Abschnitt 12.17).
- Die Wirtschaftlichkeit von Fügeverfahren wird von Faktoren wie Anlagenkosten, Arbeitskosten und erforderliche Qualifikation sowie von Prozessparametern wie Zeitaufwand, Qualität der Fügestelle und das Einhalten spezifischer Forderungen bestimmt. Automatisierung, Prozessoptimierung und Computersteuerungen haben einen wesentlichen Einfluss auf die Kostenbilanz (Abschnitt 12.18).

Wichtige Gleichungen

Wärmeeintrag beim Schweißen:
$$\frac{H}{l} = \eta \frac{UI}{v}$$

Schweißgeschwindigkeit:
$$v = \eta \frac{UI}{uA}$$

Wärmeeintrag beim Widerstandsschweißen:
$$H = I^2 R t$$

Verständnisfragen

12.1 Erläutern Sie die Gründe, warum so viele verschiedene Schweißverfahren entwickelt worden sind.

12.2 Nennen Sie die Vorteile und Einschränkungen mechanischer Verbindungen im Vergleich zu Klebeverbindungen.

12.3 Beschreiben Sie die Ähnlichkeiten und Unterschiede zwischen abschmelzenden und nicht abschmelzenden Elektroden.

12.4 Woraus ergibt sich, ob ein bestimmtes Schweißverfahren für Werkstücke in horizontaler, vertikaler, Überkopf-Position oder für alle Arten von Positionen verwendet werden kann? Erläutern Sie Ihre Antwort und geben Sie entsprechende Beispiele an.

12.5 Erörtern Sie Ihre Beobachtungen hinsichtlich Abbildung 12.5.

12.6 Erörtern Sie für die in diesem Kapitel beschriebenen Schweißverfahren die Notwendigkeit und die Rolle von Spannvorrichtungen, um Werkstücke an den geeigneten Positionen zu halten.

12.7 Beschreiben Sie die Faktoren, die die Größe der beiden in Abbildung 12.13 gezeigten Schweißraupen beeinflussen.

12.8 Warum ist die Qualität von Schweißnähten, die durch Unterpulver-Lichtbogenschweißen hergestellt werden, sehr gut? Erläutern Sie Ihre Antwort.

12.9 Erläutern Sie die Faktoren, die bei der Elektrodenauswahl in Lichtbogenschweißverfahren eine Rolle spielen.

12.10 Erläutern Sie, warum das Elektroschlackeschweißen besonders geeignet ist für dicke Platten und schwere Bauprofile.

Verständnisfragen

12.11 Welche Ähnlichkeiten und Unterschiede bestehen zwischen Lichtbogenschweißverfahren mit abschmelzenden und nicht abschmelzenden Elektroden? Erläutern Sie Ihre Antwort.

12.12 Tabelle 12.2 gibt in einer Spalte den Verzug von geschweißten Komponenten vom niedrigsten zum höchsten Wert an. Erläutern Sie, warum der Verzugs bei den verschiedenen Schweißverfahren variiert.

12.13 Erläutern Sie, warum die in Abbildung 12.16 dargestellten Körner in den jeweils gezeigten Richtungen wachsen.

12.14 Erstellen Sie eine Tabelle mit den in diesem Kapitel beschriebenen Verfahren und geben Sie für jedes Verfahren den Bereich der Schweißgeschwindigkeiten als Funktion des Werkstückwerkstoffs und dessen Dicke an.

12.15 Erläutern Sie, was man unter *Festkörperschweißen* versteht.

12.16 Beschreiben Sie Ihre Beobachtungen in Bezug auf die Abbildungen 12.19, 12.20 und 12.21.

12.17 Welche Vorteile bietet Reibschweißen gegenüber den anderen in diesem Kapitel beschriebenen Fügeverfahren? Erläutern Sie Ihre Antwort.

12.18 Warum ist Diffusionsfügen in Kombination mit superplastischer Umformung von Blechen ein attraktives Fertigungsverfahren? Gibt es irgendwelche Einschränkungen? Erläutern Sie Ihre Antwort.

12.19 Kann Walzplattieren auf verschiedenartige Teilekonfigurationen angewandt werden? Erläutern Sie Ihre Antwort.

12.20 Erörtern Sie Ihre Beobachtungen in Bezug auf Abbildung 12.41.

12.21 Welche(s) Lötverfahren würden Sie verwenden, wenn elektronische Bauelemente auf beiden Seiten einer Leiterplatine zu montieren sind? Erläutern Sie Ihre Antwort.

12.22 Erörtern Sie die Faktoren, die die Festigkeit von (a) diffusionsgefügten und (b) geschweißten Komponenten beeinflussen.

12.23 Beschreiben Sie die Schwierigkeiten, die beim Explosionsschweißen in einer Fabrikumgebung in Stadtgebieten zu berücksichtigen sind.

12.24 Sehen Sie sich den Umfang einer US-Vierteldollarmünze an und erörtern Sie Ihre Beobachtungen. Ist der Querschnitt, d. h. die Dicke der einzelnen Schichten, symmetrisch? Erläutern Sie Ihre Antwort.

12.25 Durch welche Vorteile zeichnet sich Widerstandsschweißen gegenüber anderen in diesem Kapitel beschriebenen Verfahren aus? Erläutern Sie Ihre Antwort.

12.26 Wovon hängt die Festigkeit eines Schweißkerns beim Widerstandspunktschweißen ab? Erläutern Sie Ihre Antwort.

12.27 Erläutern Sie, welche Bedeutung die Größe des Drucks hat, der beim Widerstandsschweißen über die Elektroden ausgeübt wird.

12.28 Welche Werkstoffe lassen sich durch Rührreibschweißen miteinander verbinden, welche nicht? Erläutern Sie Ihre Antwort.

12.29 Nennen Sie die Fügeverfahren, die für eine Verbindung geeignet sind, die hohen Spannungen ausgesetzt ist und die während der Einsatzdauer des Produkts mehrmals demontiert werden muss. Bewerten Sie die Methoden.

12.30 Sehen Sie sich Abbildung 12.31 genau an und erläutern Sie, wie sich die jeweilige Gestalt der Fügezone als Funktion von Druck und Geschwindigkeit entwickelt. Erörtern Sie den Einfluss der Werkstoffeigenschaften.

12.31 Welche Anwendungen kommen für die in Abbildung 12.35c gezeigte Schweißpunktfolge infrage? Geben Sie konkrete Beispiele an.

12.32 Geben Sie mehrere Beispiele für die zu Beginn von Abschnitt 12.1 angegebenen Aufzählungspunkte an.

12.33 Könnten die in Abbildung 12.36 gezeigten durch Buckelschweißen gefügten Teile auch durch eines der in anderen Teilen dieses Buchs beschriebenen Verfahren hergestellt werden? Erläutern Sie Ihre Antwort.

12.34 Beschreiben Sie die Faktoren, die das Abflachen der Grenzfläche nach dem Widerstands-Buckelschweißen beeinflussen (siehe Abbildung 12.36).

12.35 Welche Faktoren beeinflussen die Form der Aufstauchzone beim Stumpfschweißen, wie es in Abbildung 12.37b gezeigt ist? Warum?

12.36 Erläutern Sie, wie sich die in Abbildung 12.41b gezeigten Strukturen mit anderen Verfahren als Diffusionsfügen und superplastischer Umformung herstellen lassen.

12.37 Erstellen Sie eine Übersicht über Metallbehälter für Haushaltsprodukte sowie Lebensmittel und Getränke. Geben Sie die Produkte an, bei denen die in diesem Kapitel beschriebenen Verfahren eingesetzt wurden. Beschreiben Sie Ihre Beobachtungen.

12.38 Welches Verfahren verwendet eine Lötpaste? Welche Vorteile bietet sie für dieses Verfahren?

12.39 Erläutern Sie, warum manche Verbindungen vor dem Schweißen gegebenenfalls erwärmt werden müssen.

12.40 Welche Ähnlichkeiten und Unterschiede bestehen zwischen Schmelzschweißen und dem in Kapitel 5 beschriebenen Gießen von Metallen?

12.41 Erläutern Sie, wie sich übermäßiges Zwängen von Komponenten, die zu schweißen sind, auf mögliche Defekte der Schweißnaht auswirkt.

12.42 Erörtern Sie die Schweißeignung verschiedener Metalle und erläutern Sie, warum sich manche Metalle einfacher schweißen lassen als andere.

12.43 Muss der Zusatzwerkstoff die gleiche Zusammensetzung wie das zu schweißende Grundmetall aufweisen? Erläutern Sie Ihre Antwort.

12.44 Beschreiben Sie die Faktoren, die für die unterschiedlichen Eigenschaften in einer Schweißverbindung verantwortlich sind.

12.45 Wie ändert sich die Schweißeignung von Stahl, wenn dessen Kohlenstoffgehalt erhöht wird? Warum?

12.46 Gibt es gemeinsame Faktoren für Schweißeignung, Lötbarkeit, Umformbarkeit und Bearbeitbarkeit von Metallen? Erläutern Sie Ihre Antwort anhand von entsprechenden Beispielen.

12.47 Beschreiben Sie den Ablauf, den Sie bei der Untersuchung einer Schweißnaht für eine kritische Anwendung befolgen würden. Wenn Sie während der Inspektion einen Fehler entdecken, wie stellen Sie fest, ob dieser Fehler für die jeweilige Anwendung wichtig ist oder nicht?

12.48 Ist es Ihrer Ansicht nach akzeptabel, Hart- und Weichlöten willkürlich nach der Anwendungstemperatur zu differenzieren? Erläutern Sie Ihre Antwort.

12.49 Loctite ist ein Klebstoff, mit dem sich Metallbolzen gegen Lockern infolge von Vibrationen sichern lassen. Prinzipiell verklebt er den Bolzen mit der Mutter, nachdem die Mutter am Bolzen angebracht ist. Erklären Sie, wie dieser Klebstoff funktioniert.

12.50 Nennen Sie die geeigneten Fügeverfahren für eine Verbindung, die hohen Spannungen und zyklischer (Ermüdungs-)Belastung ausgesetzt ist. Ordnen Sie die Methoden nach ihrem bevorzugten Einsatz.

12.51 Warum ist beim Kleben eine Oberflächenvorbereitung wichtig? Erläutern Sie Ihre Antwort.

12.52 Warum wurden mechanische Verbindungs- und Befestigungsmethoden entwickelt? Geben Sie mehrere konkrete Beispiele für die Anwendung der entsprechenden Verfahren an.

12.53 Erläutern Sie, warum das Vorbereiten der Bohrung beim mechanischen Verbinden von Komponenten wichtig ist.

12.54 Welche Vorkehrungen sollten beim mechanischen Verbinden ungleicher Metalle getroffen werden? Warum?

12.55 Mit welchen Schwierigkeiten ist beim Fügen von Kunststoffen zu rechnen? Welche Probleme können beim Fügen von Keramiken auftreten? Erläutern Sie Ihre Antwort.

12.56 Erörtern Sie Ihre Überlegungen hinsichtlich der zahlreichen Verbindungen, die in den Abbildungen von Abschnitt 12.17 gezeigt werden.

12.57 Wie unterscheidet sich Kleben von anderen Fügeverfahren? Welche Einschränkungen sind beim Kleben zu beachten? Erläutern Sie Ihre Antwort.

12.58 Es wurde festgestellt, dass Löten im Allgemeinen für dünnere Komponenten angewendet wird. Warum?

12.59 Erläutern Sie, warum sich geklebte Verbindungen relativ leicht abschälen lassen.

12.60 Sehen Sie sich verschiedene Haushaltsprodukte genauer an und beschreiben Sie, wie sie gefügt und montiert wurden. Erläutern Sie, warum die jeweiligen Verfahren verwendet wurden.

12.61 Nennen Sie mehrere Produkte, die durch (a) Säumen, (b) Heften und (c) Löten zusammengefügt wurden.

12.62 Schlagen Sie Methoden vor, um einen Rundstab (aus einem Duromer) senkrecht an einer flachen Metallplatte zu befestigen.

12.63 Beschreiben Sie die entscheidenden Werkzeuge und Ausrüstungen, die für das in Abbildung 12.53 dargestellte doppelte Bördeln erforderlich sind. Gehen Sie von einem flachen Blech aus (siehe auch Abbildung 7.23).

12.64 Welche Fügeverfahren sind geeignet, um einen thermoplastischen Deckel an einem Metallbehälter anzubringen? Der Deckel muss sich bei Bedarf abnehmen und wieder aufsetzen lassen.

12.65 Wiederholen Sie die vorige Frage für je einen Deckel aus (a) thermoplastischem Kunststoff, (b) Metall und (c) Keramik. Beschreiben Sie die Faktoren, die bei der Auswahl der Montagemethoden eine Rolle spielen.

12.66 Ist Ihrer Ansicht nach die Festigkeit einer geklebten Struktur ebenso hoch, wie sie sich durch Diffusionsfügen erreichen lässt? Erläutern Sie Ihre Antwort.

12.67 Erörtern Sie die Beschränkungen hinsichtlich der Werkstückgröße (falls zutreffend) für die in diesem Kapitel beschriebenen Verfahren.

12.68 Beschreiben Sie Teileformen, die sich mit den in diesem Kapitel dargestellten Verfahren schwer oder überhaupt nicht fügen lassen. Geben Sie konkrete Beispiele an.

12.69 Geben Sie mehrere Anwendungen von elektrisch leitfähigen Klebstoffen an.

12.70 Geben Sie mehrere Anwendungen von Verbindungselementen in verschiedenen Haushaltsprodukten an und erläutern Sie, warum gerade diese und keine anderen Verbindungsmethoden ausgewählt wurden.

12.71 Erörtern Sie die Beschränkungen hinsichtlich der Werkstückgestalt (falls zutreffend) für die in diesem Kapitel beschriebenen Verfahren.

12.72 Nennen und erläutern Sie die Richtlinien, die zu befolgen sind, um Risse – wie zum Beispiel Heißrisse, wasserstoffinduzierte Risse und Terrassenbrüche – in geschweißten Verbindungen zu vermeiden.

12.73 Es ist eine Auftragsschweißung (siehe Abbildung 12.5) zu konstruieren. Sollte die gesamte Schweißraupe auf einmal aufgetragen werden oder empfiehlt es sich, jeweils nur wenig Material aufzutragen? Nehmen Sie an, dass die einzelnen Lagen genügend Zeit zu Abkühlen haben.

12.74 Warum tritt ein Ermüdungsbruch im Allgemeinen in der Wärmeeinflusszone von Schweißnähten und nicht durch die Schweißraupe selbst auf?

12.75 Ist die Wahrscheinlichkeit einer Porenbildung größer oder kleiner, wenn die zu schweißenden Teile vorgewärmt werden? Erläutern Sie Ihre Antwort.

12.76 Worin liegt der Vorteil von Elektronenstrahl- und Laserstrahlschweißverfahren gegenüber Lichtbogenschweißen? Erläutern Sie Ihre Antwort.

12.77 Beschreiben Sie die allgemeinen Arten von Unstetigkeiten in Schweißnähten und erläutern Sie die Methoden, durch die sie sich vermeiden lassen.

12.78 Welche Ursachen haben Schweißspritzer? Wie lassen sich diese vermeiden? Erläutern Sie Ihre Antwort.

12.79 Beschreiben Sie die Funktionen und Eigenschaften von Elektroden. Welche Aufgaben haben Umhüllungen? Wie werden Elektroden klassifiziert? Erläutern Sie Ihre Antwort.

12.80 Beschreiben Sie die Vorteile und Einschränkungen des Explosionsschweißens.

12.81 Erläutern Sie die Unterschiede zwischen Widerstandsschweißen von Säumen und Widerstandspunktschweißen.

12.82 Ließe sich mit einem in diesem Kapitel beschriebenen Verfahren ein großer Bolzen herstellen, indem der Kopf an den Schaft geschweißt wird? (Siehe Abbildung 6.17.) Erläutern Sie die Vorteile und Einschränkungen dieser Methode.

12.83 Beschreiben Sie das Schwalllötverfahren. Welche Vor- und Nachteile hat dieses Verfahren?

12.84 Welche Ähnlichkeiten und Unterschiede gibt es zwischen einem Bolzen und einem Niet? Erläutern Sie Ihre Antwort.

12.85 Es ist üblich, elektrische Anschlüsse zu verzinnen, um das Löten zu erleichtern. Warum ist Zinn ein dafür geeigneter Werkstoff?

12.86 Sehen Sie sich noch einmal Tabelle 12.3 an und erläutern Sie, warum bestimmte Werkstoffe mehr Wärme als andere zum Schmelzen eines bestimmten Volumens benötigen.

Rechenaufgaben

12.87 Zwei Kupferbleche (jeweils 1,5 mm dick) werden mit einem Strom von 7000 A und einer Stromflussdauer von 0,3 s punktgeschweißt. Die Elektroden haben einen Durchmesser von 5 mm. Schätzen Sie die Wärme ab, die in der Schweißzone erzeugt wird. Nehmen Sie den Widerstand mit 200 µΩ an.

12.88 Berechnen Sie den Temperaturanstieg gemäß der vorigen Aufgabe unter der Annahme, dass die erzeugte Wärme auf das Materialvolumen direkt zwischen den beiden runden Elektroden beschränkt bleibt und die Temperaturverteilung einheitlich ist.

12.89 Berechnen Sie den Bereich der zulässigen Ströme für Aufgabe 12.87, wenn die Temperatur zwischen 0,7- und 0,85-mal der Schmelztemperatur von Kupfer liegen soll. Wiederholen Sie diese Aufgabe für Kohlenstoffstahl.

12.90 Nehmen Sie für Abbildung 12.24 an, dass der größte Abschnitt des oberen Teils waagerecht mit einer scharfen Säge geschnitten wird. Dies stört die Eigenspannungen und das Teil erfährt eine Formänderung, wie Abschnitt 2.10 beschrieben hat. Wie wird das Teil für diesen Fall verformt? Erläutern Sie Ihre Antwort.

12.91 Die Abbildung zur Frage zeigt ein Seilrolle aus Metall, bestehend aus zwei Passteilen aus warmgewalzten kohlenstoffarmen Stahlblechen. Die beiden Teile lassen sich entweder durch Punktschweißen oder mit einer V-Schweißnaht verbinden. Diskutieren Sie die Vorteile und Einschränkungen der beiden Verfahren für diese Anwendung.

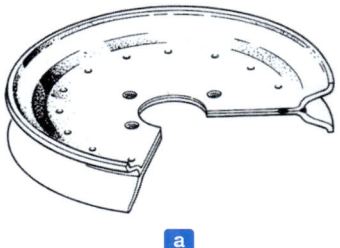

a

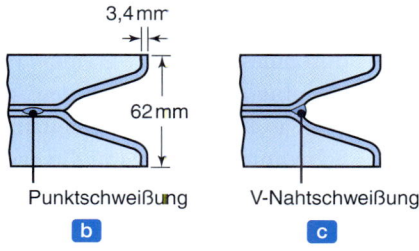

b Punktschweißung   c V-Nahtschweißung

12.92 Eine Aluminiumlegierung wird geschweißt. Ein Rohr von 50 mm Durchmesser mit einer Wandstärke von 4 mm und einer Länge von 60 mm wird stumpf auf ein Winkeleisen von 15 × 15 × 5 mm³ geschweißt. Das Winkeleisen hat eine L-Form und ist 0,3 m lang. Die Schweißzone beim Wolfram-Schutzgasschweißen ist ungefähr 8 mm breit. Wie groß ist der Temperaturanstieg der gesamten Struktur, der allein auf den Wärmeeintrag durch das Schweißen zurückzuführen ist? Wie sieht das Ergebnis beim Elektronenstrahlschweißen mit einer Schweißraupenbreite von 6 mm aus? Nehmen Sie an, dass die Elektrode 1500 J und die Aluminiumlegierung 1200 J benötigt, um 1 g zu schmelzen.

12.93 Auf einem Kohlenstoffstahl wird mit Lichtbogenhandschweißen eine Kehlnaht (siehe Abbildung 12.21b) hergestellt. Die angestrebte Schweißgeschwindigkeit beträgt ungefähr 25 mm/s. Welcher Strom ist erforderlich, wenn eine Spannung von

10 V anliegt und die Schweißnaht 7 mm breit sein soll?

12.94 Die beim Reibschweißen angewandte Energie ist durch die Formel $E = IS^2/C$ gegeben, wobei I das Massenträgheitsmoment der Schwungscheibe und S die Spindelgeschwindigkeit in Umdr./min sind. Die Proportionalitätskonstante C hat den Wert 247,5, wenn das Trägheitsmoment in kgm^2 angegeben ist. Die Spindelgeschwindigkeit beträgt 600 Umdr./min und es wird eine Stahlröhre (89 mm Außendurchmesser und 6,35 mm Wandstärke) an einen flachen Rahmen geschweißt. Wie groß ist das Trägheitsmoment der Schwungscheibe, wenn die gesamte Energie in die Erwärmung der Schweißzone (näherungsweise mit einer Tiefe von 6,35 mm und direkt unterhalb der Röhre) umgesetzt wird? Nehmen Sie an, dass 10 J erforderlich sind, um 1 mm^3 des Stahls zu schmelzen.

12.95 Beim Brenngas-, Lichtbogen- und Laserstrahlschneiden wird das Werkstück grundsätzlich lokal geschmolzen. Stellen Sie den Temperaturanstieg als Funktion der Schnittbreite dar, wenn ein Loch von 80 mm Durchmesser aus einer 12 mm dicken Platte mit einer Länge von 250 mm geschnitten werden soll. Nehmen Sie an, dass die Hälfte der Energie in die Platte übergeht und die andere Hälfte in das ausgeschnittene Teil.

12.96 Abbildung 12.1 zeigt einfache Stumpf- und Überlappstöße. (a) Nehmen Sie die Fläche des Stumpfstoßes mit $3 \times 20\,mm^2$ an und gehen Sie von den in Tabelle 12.6 angegebenen Klebeeigenschaften aus. Schätzen Sie die minimalen und maximalen Zugkräfte, denen diese Verbindung widerstehen kann. (b) Schätzen Sie diese Kräfte für den Überlappstoß mit einer angenommenen Fläche von $15 \times 15\,mm^2$.

12.97 Wie Abbildung 12.61 zeigt, kann ein Niet knicken, wenn er zu lang ist. Ermitteln Sie mithilfe von Kenntnissen der Festkörpermechanik das Länge-zu-Durchmesser-Verhältnis eines Niets, der während des Nietens nicht knickt.

12.98 Wiederholen Sie Beispiel 12.2 des Texts für Werkstücke aus (a) Magnesium, (b) Kupfer und (c) Nickel.

12.99 Bei einer 10 mm dicken rostfreien Stahlplatte wird durch Unterpulver-Lichtbogenschweißen ein Stumpfstoß, wie in Abbildung 12.20c gezeigt, geschweißt. Die Schweißgeometrie lässt sich als Trapez mit einer Oberkante von 15 mm und einer Unterkante von 10 mm annähern. Schätzen Sie die Schweißgeschwindigkeit ab, wenn eine Spannung von 40 V angelegt wird, ein Strom von 400 A fließt und ein rostfreier Draht als Zusatzwerkstoff dient.

12.100 Nehmen Sie an, Sie sollen Studenten Kontrollfragen zum Inhalt dieses Kapitels stellen. Bereiten Sie drei quantitative und drei qualitative Übungsfragen vor und geben Sie die Antworten an.

Fragen zum Entwurf

12.101 Entwerfen Sie eine Maschine, die Reibschweißen von zwei zylindrischen Teilen durchführen kann und in der Lage ist, den Grat von der geschweißten Verbindung zu entfernen (siehe Abbildung 12.30).

12.102 Wie würden Sie Ihren Entwurf gemäß der vorigen Aufgabe ändern, wenn eines der zu schweißenden Teile keinen kreisförmigen Querschnitt hat?

12.103 Beschreiben Sie Teileformen, die sich nicht durch Reibschweißverfahren fügen lassen.

12.104 Erstellen Sie eine umfassende Analyse der Fügekonzepte, die sich auf die in diesem Kapitel beschriebenen Verfahren beziehen. Geben Sie konkrete Beispiele für technische Anwendungen der einzelnen Fügearten an.

12.105 Bewerten Sie die beiden in Abbildung 12.58a gezeigten Entwürfe für Schweißnähte und zeigen Sie anhand der Themen, die in Kursen zur Festigkeit von Werkstoffen behandelt werden, dass das rechts dargestellte Konzept ein größeres Moment aufnehmen kann.

12.106 Beim Bau großer Schiffe ist es notwendig, große Abschnitte von Stahlplatten zu einem Schiffsrumpf zu verschweißen. Betrachten Sie für diese Anwendung die einzelnen in diesem Kapitel beschriebenen Schweißverfahren und nennen Sie die Vorzüge und Nachteile der konkreten Operation für dieses Produkt. Welches Schweißverfahren empfehlen Sie an erster Stelle? Warum?

12.107 Untersuchen Sie verschiedene Haushaltsprodukte und beschreiben Sie, wie sie gefügt und montiert wurden. Erläutern Sie, warum für die jeweiligen Anwendungen die entsprechenden Verfahren gewählt wurden.

12.108 Hauptursachen für fehlerhaftes Verhalten (Hardwareausfälle) und Versagen von Computern sind Ermüdungsbrüche von Lötverbindungen, speziell in oberflächenmontierten Bauelementen und Bauelementen mit Anschlussdrähten (siehe Abbildung 12.48). Entwerfen Sie eine Prüfvorrichtung, die Ermüdungsprüfungen mit zyklischer Belastung erlaubt.

12.109 Verwenden Sie zwei Stahlstreifen mit einer Breite von 25,4 mm und einer Länge von 203 mm. Entwerfen und erzeugen Sie eine Schweißnaht, die bei einem Zugversuch die höchste Festigkeit in Längsrichtung ergibt.

12.110 Erstellen Sie eine Übersicht der allgemeinen Richtlinien für Sicherheit bei Schweißvorgängen. Bereiten Sie für den in diesem Kapitel beschriebenen Vorgang ein Poster vor, das knapp und wirksam konkrete Anweisungen für sichere Praktiken beim Schweißen und für das Schneiden angibt. (Orientieren Sie sich an den verschiedenen Veröffentlichungen des DVS und anderer ähnlicher Organisationen.)

12.111 Beim Reparieren gebrochener oder verschlissener Teile – beispielsweise des abgebrochenen Teils eines Schmiedeteils – ist es üblich, den Bereich mit einzelnen Schweißlagen zu füllen und dann das Teil spanend zu bearbeiten. Erstellen Sie für das Reparaturpersonal, das nach dieser Methode arbeitet, eine Liste mit Sicherheitsvorkehrungen.

12.112 Wie würden Sie bei dem in Abbildung 12.28 dargestellten Walzplattieren sicherstellen, dass die Grenzflächen sauber und frei von Verunreinigungen sind, damit eine gute Bindung erzielt wird? Erläutern Sie Ihre Antwort.

12.113 Alclad-Plattenvormaterial besteht aus der Aluminiumlegierung EN AW-5182, bei der beide Seiten mit einer dünnen Lage aus reinem Aluminium beschichtet sind. Die Legierung EN AW-5182 bietet hohe Festigkeit, während die beiden Außenlagen aus reinem Aluminium durch ihren stabilen Oxidfilm für gute Korrosionsbeständigkeit sorgen. Aus diesen Gründen wird Alclad häufig für konstruktive Anwendungen in der Luft- und Raumfahrt eingesetzt. Recherchieren Sie nach anderen walzplattierten Werkstoffen und bereiten Sie eine zusammenfassende Tabelle vor.

12.114 Besorgen Sie sich einen Lötkolben und versuchen Sie, zwei Drähte zusammenzulöten. Tragen Sie beim ersten Versuch das Lot zur gleichen Zeit auf, zu der Sie die Spitze des Lötkolbens auf die Drähte setzen. Im zweiten Versuch erwärmen Sie die Drähte, bevor Sie das Lot aufbringen. Wiederholen Sie die gleiche Prozedur für eine kühle bzw. eine erwärmte Oberfläche. Protokollieren Sie die Ergebnisse und erläutern Sie Ihre Erkenntnisse.

12.115 Recherchieren Sie in der Fachliteratur, um Arten und Eigenschaften der Klebstoffe zu ermitteln, mit denen künstliche Hüftgelenke am menschlichen Oberschenkelknochen befestigt werden können.

12.116 Recherchieren Sie im Internet und untersuchen Sie die Geometrie der Schraubenköpfe, die als permanente Befestigungselemente dienen, d.h. die sich zwar einschrauben, aber nicht wieder lösen lassen.

12.117 Leiten Sie einen Ausdruck ähnlich Gleichung (12.6) her, jedoch für Elektronenstrahl- und Laserstrahlschweißen.

Fertigung von mikroelektronischen, mikromechanischen und mikroelektromechanischen Bauteilen

13.1 Einführung 1068
13.2 Reinraumtechnik 1072
13.3 Halbleiter und Silizium 1073
13.4 Kristallzüchtung und Waferherstellung 1075
13.5 Schichten und Schichtabscheidung 1078
13.6 Oxidation 1080
13.7 Lithographie 1081
13.8 Ätzen 1090
13.9 Diffusion und Ionenimplantation 1101
13.10 Metallisierung und Funktionstests 1102
13.11 Verdrahten und Gehäusemontage 1105
13.12 Ausbeute und Zuverlässigkeit von Chips 1110
13.13 Leiterplatten 1111
13.14 Mikrobearbeitung von MEMS-Bauteilen 1113
13.15 LIGA und verwandte Mikrofertigungsverfahren 1125
13.16 Formenlose Fertigung von Bauteilen 1132
13.17 Mesoskalige Fertigung 1133
13.18 Nanoskalige Fertigung 1134
Zusammenfassung 1139
Verständnisfragen 1140
Rechenaufgaben 1143
Fragen zum Entwurf 1144

13 Fertigung von mikroelektronischen, mikromechanischen und mikroelektromechanischen Bauteilen

LERNZIELE

Dieses Kapitel beschäftigt sich mit den wissenschaftlichen und technologischen Aspekten der Herstellung mikroskopischer Bauelemente, insbesondere mikroelektronischer und mikromechanischer Systeme, sowie mit den für diese Produkte vorrangig verwendeten Werkstoffen. Im Einzelnen geht es um folgende Themen:

- Die einzigartigen Eigenschaften von Silizium, durch die dieser Werkstoff für die Herstellung von Oxiden und Dotanden sowie komplementärer Metalloxid-Halbleiterbauelemente prädestiniert ist;
- Behandlung eines Einkristalls und Bearbeitungsvorgänge, um einen Wafer herzustellen;
- Lithographie, Ätzen und Dotieren;
- Nass- und Trockenätzen für die Schaltkreisherstellung;
- Elektrische Verbindungen auf allen Ebenen, angefangen beim Transistor bis zum Computer;
- Gehäuse für integrierte Schaltkreise und Herstellungsverfahren für gedruckte Leiterplatten;
- Spezialisierte Verfahren für die Herstellung von MEMS-Bauelementen;
- Nanoskalige Fertigung.

13.1 Einführung

Mikrofertigung hat gemäß Definition mit der Fertigung in mikroskopischen Größenordnungen zu tun, sodass die Strukturen für das unbewaffnete Auge nicht sichtbar sind (siehe Abbildung 1.7). Die Begriffe Mikrofertigung, Mikroelektronik und mikroelektromechanische Systeme (MEMS) sind aber nicht streng auf derartig kleine Längenskalen beschränkt, sondern weisen vielmehr auf eine Werkstoff- und Fertigungsstrategie hin. Im Allgemeinen stützt sich dieser Fertigungstyp stark auf Lithographie, Nass- und Trockenätzen sowie Beschichtungstechniken. Außerdem nutzt die Mikrofertigung von Halbleitern die besondere Fähigkeit von Silizium, Oxide und **Komplementär-Metalloxid-Halbleiter** (*complimentary metal-on-oxide semiconductor*, CMOS) zu bilden. Auf Technologien der Mikrofertigung basiert ein breites Spektrum von Produkten wie zum Beispiel Sensoren und Taster, Druckköpfe für Tintenstrahldrucker, Mikrostellantriebe und zugeordnete Bauelemente, Magnetköpfe für Festplattenlaufwerke und mikroelektronische Bauelemente wie Computerprozessoren und Speicherchips.

Halbleiterwerkstoffe werden zwar schon seit mehreren Jahrzehnten in der Elektronik verwendet, doch war es 1947 die Erfindung des Transistors, die den Weg bereitet hat für das, was als einer der größten technologischen Fortschritte in der Geschichte überhaupt gilt. Mikroelektronik spielt seit Einführung der **integrierten Schaltkreise** (IS bzw. *integrated circuit*, IC; ▶ Abbildung 13.1) eine immer größere Rolle und ist zur Grundlage für Personalcomputer, Mobiltelefone, Informationssysteme, Kraftfahrzeugsteuerungen und Telekommunikationsgeräte geworden.

13.1 Einführung

Abbildung 13.1: (a) Ein 300 mm Wafer mit einer Vielzahl von Chips auf seiner Oberfläche. (b) Detailansicht eines 45-nm-Chips von Intel, welcher ein Speichermodul (153 Mbit SRAM, *static random access memory*) und einige Logikschaltkreise enthält. (c) Der Intel Itanium 2 Prozessor. (d) Leiterplatte (*motherboard*) für einen Pentium-Prozessor.

Der grundlegende Baustein eines komplexen integrierten Schaltkreises ist der Transistor. Ein **Transistor** (▶ Abbildung 13.2) ist ein Bauelement mit drei Anschlüssen, das als einfacher Ein-/Aus-Schalter wirkt: Wird eine positive Spannung an den mit „Basis" (Tor, Gatter) bezeichneten Anschluss angelegt, bildet sich ein leitender Kanal zwischen den Anschlüssen „Quelle" (*source*) und „Senke" (*drain*), sodass ein Strom zwischen diesen beiden Anschlüssen fließen kann (Schalter geschlossen). Liegt keine Spannung an der Basis an, bildet sich kein Kanal – die Anschlüsse Quelle und Senke sind voneinander isoliert (Schalter geöffnet). ▶ Abbildung 13.3 zeigt, wie die grundlegenden Verarbeitungsschritte, die dieses Kapitel ausführlich beschreibt, kombiniert werden, um einen **Metalloxid-Halbleiter-Feldeffekttransistor** (*metal oxide semiconductor field effect transistor*, MOSFET) herzustellen.

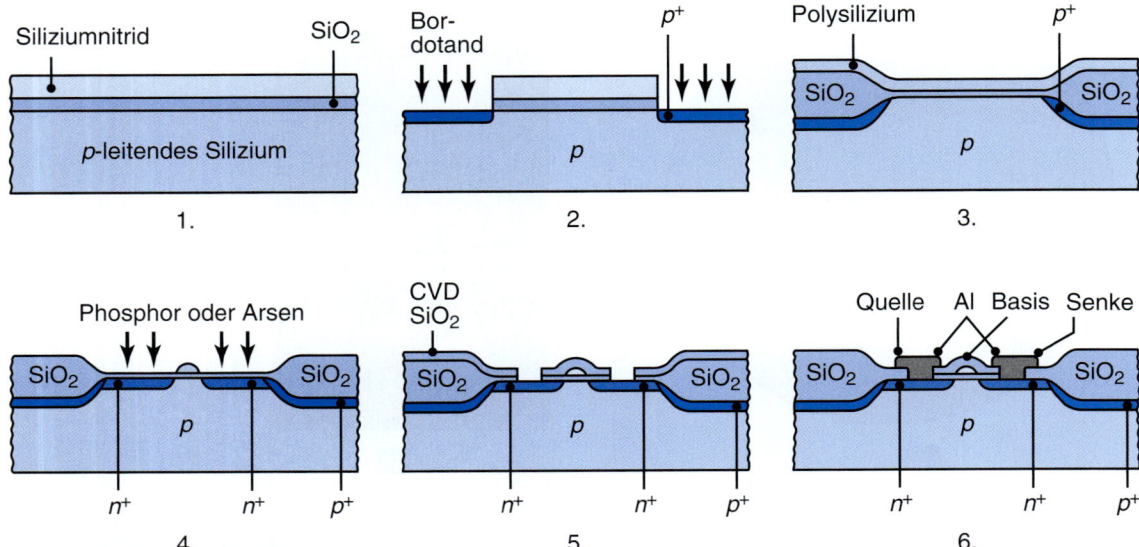

Abbildung 13.2: Seitenansicht der Herstellschritte eines MOS-Transistors (*metal oxide semiconductor*). Nach R.C. Jaeger.

Neben der Metalloxid-Halbleiter-Struktur ist noch der **Bipolar(sperrschicht)transistor** (*bipolar junction transistor*, BJT) gebräuchlich, allerdings in einem geringeren Umfang. Während die eigentlichen Herstellungsschritte für diese Transistoren sowohl denen für die MOSFET- als auch die MOS-Technologien ähneln, unterscheiden sie sich in ihren schaltungstechnischen Anwendungen. Speicherschaltungen wie zum Beispiel **RAM** (*random access memory*, Speicher mit wahlfreiem Zugriff) und Mikroprozessoren bestehen hauptsächlich aus MOS-Bauelementen, während lineare Schaltkreise wie zum Beispiel Verstärker und Filter vorrangig aus Bipolartransistoren aufgebaut sind. Weitere Unterschiede zwischen diesen beiden Bauelementetypen sind unter anderem die Arbeitsgeschwindigkeiten, Durchbruchspannung und Strombedarf (mit einem geringeren Strom beim MOSFET).

Die wesentlichen Vorteile der heutigen ICs sind ihr hoher Komplexitätsgrad, die geringe Größe und die niedrigen Kosten. Die ständige Weiterentwicklung der Herstellungstechnologien ist durch abnehmende Bauelementgrößen gekennzeichnet. Folglich passen mehr Komponenten auf einen **Chip** (ein kleines Plättchen aus Halbleiterwerkstoff, auf dem die Schaltung hergestellt wird). Darüber hinaus haben Massenverarbeitung und Automatisierung entscheidend dazu beigetragen, die Kosten einer vollständigen Schaltung zu senken. Zu den gefertigten Komponenten gehören Transistoren, Dioden, Widerstände und Kondensatoren. Die typischen Chipgrößen liegen heute im Bereich von $0,5 \times 0,5 \, mm^2$ bis mehr als $50 \times 50 \, mm^2$. Die moderne Technologie erlaubt heute Dichten von mehreren 10 Millionen funktionellen Einheiten pro Chip. Diesen **Integrationsgrad** bezeichnet man als **VLSI** (*very large scale integration*). Beispiele für VLSI sind Prozessoren, wie sie in Mobiltelefonen üblich sind. Übersteigt die Anzahl der Bauelemente in einem integrierten Schaltkreis die Marke von 100 Millionen, spricht man von **ULSI** (*ultra large scale integration*). Zum Beispiel enthält der Dualcore-Prozessor Itanium 2 von Intel über 1,7 Milliarden Transistoren.

13.1 Einführung

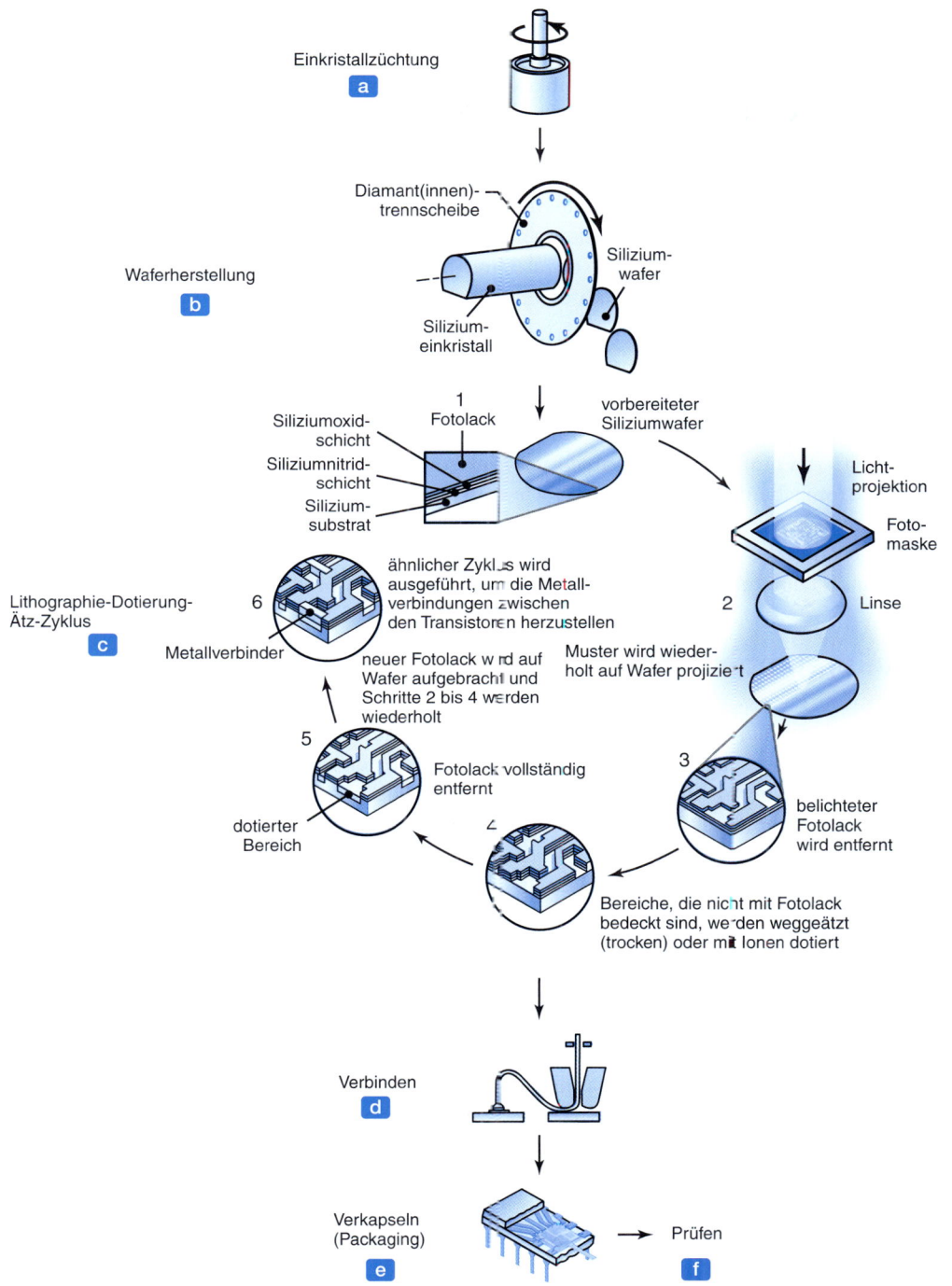

Abbildung 13.3: Allgemeine Verfahrensschritte zur Herstellung von integrierten Schaltkreisen.

Dieses Kapitel beschreibt zunächst die Eigenschaften der gebräuchlichen Halbleiter wie zum Beispiel Silizium, Galliumarsenid und Polysilizium (polykristallines Si). Dann geht es im Detail um die Prozesse, die bei der Herstellung von mikroelektronischen Bauelementen und integrierten Schaltkreisen ablaufen (Abbildung 13.3). Dazu gehören unter anderem auch Prüfen, Montage und Zuverlässigkeit von integrierten Schaltkreisen. Außerdem befasst sich dieses Kapitel mit einer potenziell wichtigeren Entwicklung, die mit der Fertigung von **mikroelektromechanischen Systemen (MEMS)** zu tun hat. Dabei handelt es sich um Kombinationen von elektrischen und mechanischen Systemen mit typischen Längen von weniger als 1 mm. Diese Bauelemente nutzen viele der Technologien der Verarbeitung in Losen, wie sie für die Fertigung von elektronischen Bauelementen gebräuchlich sind. Allerdings sind auch verschiedene andere spezialisierte Verfahren entwickelt worden.

Der Begriff MEMS ist etwa 1987 aufgekommen und wurde seitdem für ein breites Spektrum von Anwendungen gebraucht, einschließlich genauer und schneller Sensoren, Mikrorobotern für nanometerskalige Fertigung, medizinischer Abgabesysteme und künstlicher Organe. Derzeit sind relativ wenige mikroelektromechanische Systeme im Einsatz. Beispiele hierfür sind Beschleunigungsmesser und Drucksensoren mit integrierter (auf dem Chip realisierter) Elektronik. Oftmals steht MEMS für mikromechanische und mikroelektromechanische Bauelemente wie zum Beispiel Drucksensoren, Ventile und Mikrospiegel. Genau genommen ist das nicht korrekt, da MEMS eine integrierte mikroelektronische Steuerschaltung erfordert. Ungeachtet dessen belief sich der MEMS-Absatz weltweit auf rund 5 Milliarden Dollar in 2005 und es wird auch heute noch ein jährliches Wachstum von 15 % prognostiziert.

13.2 Reinraumtechnik

Reinräume (*clean rooms*) sind für die Fertigung von integrierten Schaltungen unabdingbar. Dies wird deutlich, wenn man sich das Größenspektrum der zu realisierenden Fertigungsschritte vergegenwärtigt. Integrierte Schaltungen sind typischerweise wenige Millimeter lang und die kleinsten Einheiten in einem Transistor auf der Schaltung messen nur einige 10 Nanometer. Dieser Größenbereich ist kleiner als die Partikel, die wir normalerweise als nicht schädlich ansehen, wie Staub, Rauch, Parfüm und Bakterien. Auf einem Siliziumwafer können diese Fremdkörper jedoch die Fertigung und damit die Leistung des gesamten Bauelements erheblich stören. Es ist somit entscheidend, alle möglicherweise schädlichen Partikel aus der Fertigungsumgebung für integrierte Schaltkreise zu eliminieren.

Es gibt verschiedene Stufen der Sauberkeit, die durch die **Reinraumklassen** definiert sind. Das ursprünglich verwendetete Klassifizierungssystem nach US FED STD 209E wurde durch das Klassifizierungssystem ISO 14644-1 abgelöst. Dieses bezieht sich auf die Anzahl von Partikeln einer gewissen Größe innerhalb eines Kubikmeters Luft. Ein Reinraum der Klasse ISO 2 enthält höchstens 100 Partikel der Größe 0,1 µm oder größer bzw. höchstens 2 Partikel der Größe 0,2 µm oder größer pro Kubikmeter. Größe und Anzahl der Partikel sind wichtig, um die Klasse eines Reinraums zu definieren, wie ▶ Abbildung 13.4 zeigt. Die meisten Reinräume für die Fertigung von Mikroelektronik reichen von Klasse ISO 1 bis Klasse ISO 2. Im Vergleich dazu entspricht die Verunreinigungsstufe in modernen Krankenhäusern etwa der Klasse ISO 5.

Um kontrollierte Atmosphären zu erhalten, die frei von Partikelverunreinigung sind, wird sämtliche ventilierende Luft durch einen **Partikelfilter** (*high efficiency particulate airfilter*, HEPA) geleitet. Außer-

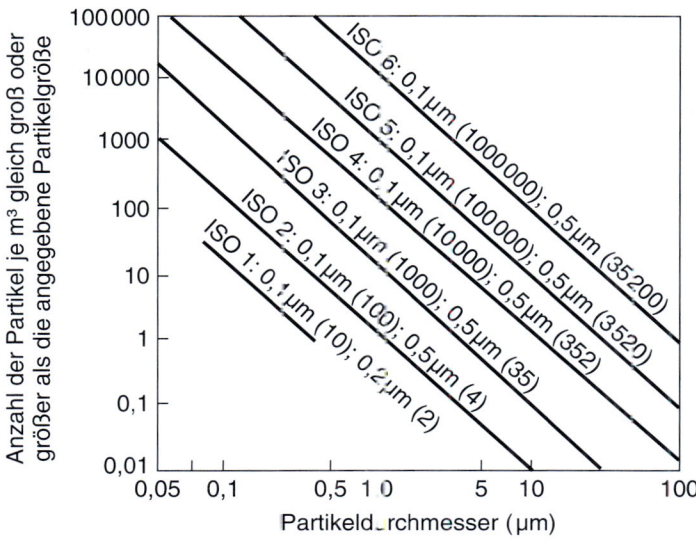

Abbildung 13.4: Zulässige Partikelkonzentrationen nach ISO für verschiedene Reinraumklassen.

dem wird die Luft normalerweise für 21 °C und 45 % relative Luftfeuchtigkeit konditioniert. Reinräume sind so konzipiert, dass die Sauberkeit an kritischen Verarbeitungsplätzen größer als im übrigen Reinraum ist. Dazu wird die gefilterte ventilierende Luft so geleitet, dass sie die Umgebungsluft ersetzt und die Staubteilchen vom Bearbeitungsvorgang wegführt. Dies lässt sich durch abgetrennte Arbeitsbereiche mit laminarer Strömung erreichen.

Die größte Quelle für Verunreinigungen in einem Reinraum ist der Mensch selbst, durch den naturgemäß Hautteilchen, Haar, Parfüm und Make-up, Stoffteilchen der Kleidung, Bakterien und Viren in die Luft gelangen. Das kann einen Reinraum der Klasse ISO 3 schnell unbrauchbar machen. Deshalb ist für die meisten Reinräume spezielle Kleidung vorgeschrieben – wie zum Beispiel weiße Labormäntel, Handschuhe und Haarnetze – und die Verwendung von Parfüm und Make-up untersagt. In Reinräumen mit höchsten Anforderungen sind sogar Ganzkörperanzüge – die sogenannten Hasenkostüme – erforderlich. Darüber hinaus gibt es noch eine Reihe anderer strenger Maßnahmen. Zum Beispiel können bei Verwendung eines Bleistifts anstelle eines Kugelschreibers unzulässige Graphitteilchen entstehen. Außerdem ist ein spezielles Reinraumpapier zu verwenden.

13.3 Halbleiter und Silizium

Halbleiterwerkstoffe besitzen elektrische Eigenschaften, die zwischen denen von Leitern und Isolatoren liegen. Der spezifische elektrische Widerstand von Halbleiterwerkstoffen liegt typischerweise zwischen 10^{-3} und 10^8 Ωcm. Als Basis für elektronische Bauelemente sind Halbleiter deshalb interessant, weil sich ihre elektrischen Eigenschaften ändern lassen, indem man ihren Kristallstrukturen genau dosierte Mengen ausgewählter Fremdatome (im Prinzip Verunreinigungen) hinzufügt. Diese als **Dotan-**

den bezeichneten Fremdatome haben entweder ein Valenzelektron mehr (*n*-Typ oder *negativer Dotand*) oder ein Valenzelektron weniger (*p*-Typ oder *positiver Dotand*) als die Atome im Halbleitergitter. Da Silizium in der IV. Hauptgruppe des Periodensystems der Elemente steht, kommen als Dotanden beispielsweise Phosphor und Arsen (Gruppe V) als *n*-leitende und Bor (Gruppe III) als *p*-leitende Dotanden infrage. Die elektrische Funktionsweise von Halbleiterbauelementen wird gesteuert, indem Bereiche unterschiedlicher Dotierungstypen und -konzentrationen erzeugt werden.

Die ersten elektronischen Bauelemente wurden aus **Germanium** hergestellt. Inzwischen hat sich aber Silizium als Industriestandard durchgesetzt. Die Häufigkeit von Silizium in seinen alternativen Formen in der Erdkruste wird nur von Sauerstoff übertroffen, sodass es wirtschaftlich attraktiv ist. Der entscheidende Vorteil von Silizium ist aber die größere Energielücke (der Bandabstand), die mit 1,1 eV über der von Germanium mit 0,66 eV liegt. Durch diese größere Energielücke können Bauelemente auf Siliziumbasis bei höheren Temperaturen (bis zu 150 °C) als Bauelemente auf Germaniumbasis (bis rund 100 °C) arbeiten. Darüber hinaus ermöglicht die oxidierte Form von Silizium (Siliziumdioxid, SiO_2) die Herstellung von Metalloxid-Halbleiter-Bauelementen (MOS), die die Basis für MOS-Transistoren darstellen. Diese Werkstoffe werden in Speicherchips, Prozessoren und ähnlichen Bauelementen eingesetzt und machen das größte Volumen des weltweit hergestellten Halbleitermaterials aus.

▶ Abbildung 13.5 zeigt die *Kristallstruktur* von **Silizium** – das Diamantgitter – zusammen mit den Miller'schen Indizes eines kubisch flächenzentrierten (kfz) Kristalls. (Die Miller'schen Indizes sind eine

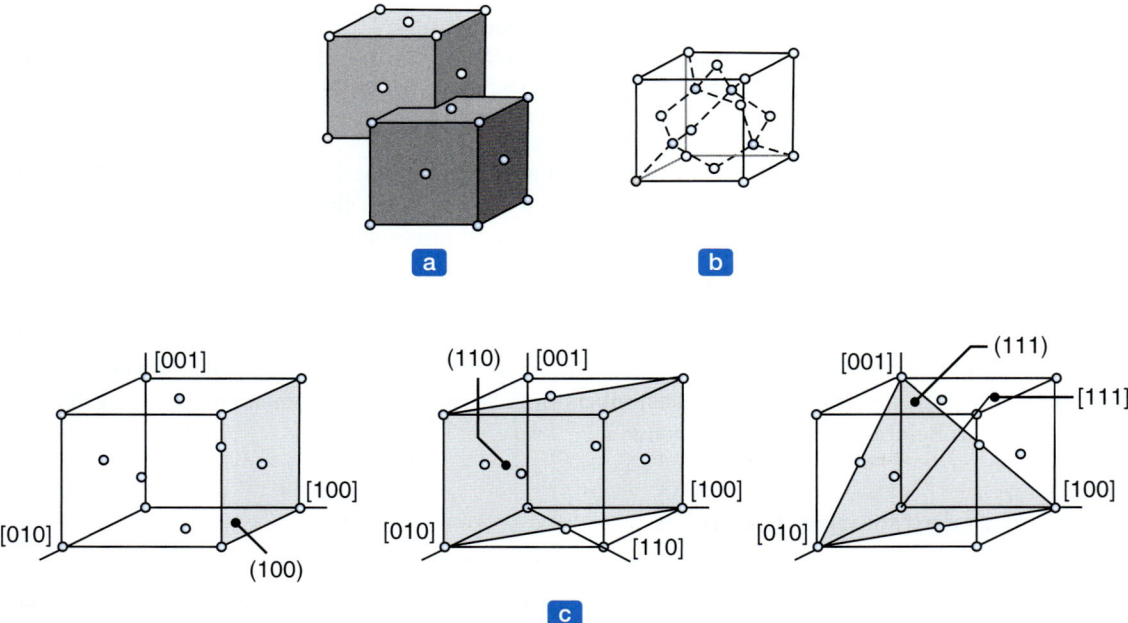

Abbildung 13.5: Kristallstruktur von Silizium und Miller'sche Indizes von Ebenen und Richtungen des Siliziumkristalls. (a) Darstellung der Diamantstruktur als interpenetrierende kubisch flächenzentrierte Gitter (eine der acht Zellen, die teilweise in die linke obere Zelle gestellt werden, ist gezeigt). (b) Das Diamantgitter des Siliziums. Die Atome, welche zur Gänze in der Elementarzelle liegen, sind dunkel schattiert. (c) Miller'sche Indizes von Richtungen und Ebenen des kubischen Gitters.

Notation für die Identifizierung von Ebenen und Richtungen in einer Elementarzelle.) Eine Kristallebene wird durch die Kehrwerte ihrer Schnittpunkte mit den drei Koordinatenachsen definiert. Da anisotrope Ätzmittel (in Abschnitt 13.8.1 beschrieben) das Material vorzugsweise in bestimmten Kristallebenen entfernen, ist die kristallografische Orientierung des Siliziumkristalls in einem **Wafer** (siehe Abschnitt 13.4) wichtig.

Silizium bietet für die Verarbeitung den entscheidenden Vorteil, dass sein Oxid (Siliziumdioxid) ein ausgezeichneter Isolator ist und deshalb für Isolierungs- und Passivierungsaufgaben eingesetzt werden kann. Dagegen ist Germaniumoxid wasserlöslich und für elektronische Bauelemente ungeeignet. Allerdings weist Silizium auch einige Nachteile auf, die die Entwicklung von Verbindungshalbleitern (wie GaAs) angeregt hat. Im Unterschied zu Silizium sind diese in der Lage, Licht auszusenden, sodass sich Bauelemente wie Laser und Leuchtdioden (Light Emitting Diodes, LEDs) herstellen lassen. Darüber hinaus sind durch die größere Energielücke (1,43 eV) höhere Betriebstemperaturen bis etwa 200 °C möglich.

Außerdem sind die Schaltgeschwindigkeiten von Galliumarsenid-Bauelementen höher als von Bauelementen aus Silizium. Nachteilig bei Galliumarsenid sind die erheblich höheren Kosten, größere Komplikationen bei der Verarbeitung und die Schwierigkeit, hochqualitative Oxidschichten aufwachsen zu lassen (mehr dazu im weiteren Verlauf dieses Kapitels).

13.4 Kristallzüchtung und Waferherstellung

Silizium, das in der Natur als Siliziumdioxid und in Form verschiedener Silikate vorkommt, muss mehreren Reinigungsschritten unterzogen werden, um es zu einem hochqualitativen, defektfreien und einkristallinen Werkstoff zu machen, wie er für die Herstellung von Halbleiterbauelementen benötigt wird. Bei der Reinigung werden zunächst Quarzsand und Kohlenstoff zusammen in einem Elektroofen erwärmt, was 95 bis 98 % reines polykristallines Silizium ergibt. Dieses Material wird in eine alternative Form – in der Regel Trichlorsilan – umgewandelt, das weiter gereinigt und in einer Hochtemperaturwasserstoffatmosphäre zerlegt wird. Im Ergebnis entsteht ein hochqualitatives **Halbleitersilizium** (*electronic grade silicon*, EGS).

Einkristall-Silizium wird normalerweise nach dem **Czochralski-Verfahren** (CZ-Verfahren; siehe Abbildung 5.30) hergestellt. Hier wird ein Kristallkeim in die Siliziumschmelze eingetaucht und dann langsam bei kontinuierlicher Drehung herausgezogen. Dabei lassen sich gezielt Verunreinigungen (Fremdatome) einbringen, um einen gleichmäßig dotierten Kristall zu erhalten. Die Geschwindigkeiten beim Ziehen der Kristalle liegen bei 20 μm/s. Dieses Ziehverfahren erzeugt einen zylindrischen Einkristall mit einer Länge von 1 m und einem Durchmesser von 100 bis 300 mm. Da sich allerdings mit dieser Technik der Durchmesser nicht ausreichend genau steuern lässt, zieht man die Einkristalle in der Regel einige Millimeter größer als erforderlich und schleift sie dann genau auf das gewünschte Maß ab.

Siliziumwafer werden aus Einkristallen durch eine Sequenz von spanenden Bearbeitungsoperationen und Endbearbeitungsschritten hergestellt, wie es ▶ Abbildung 13.6 zeigt. Oftmals wird eine Kerbe oder Abflachung in den Siliziumzylinder eingearbeitet, um seine Kristallorientierung zu kennzeichnen (siehe Abbildung 13.6c). Dann wird der Kristall mit einer Innentrennscheibe (Abbildung 13.6d) in einzelne **Wafer** geschnitten. Dieses Verfahren verwendet ein rotierendes Sägeblatt, das die Schneiden auf dem

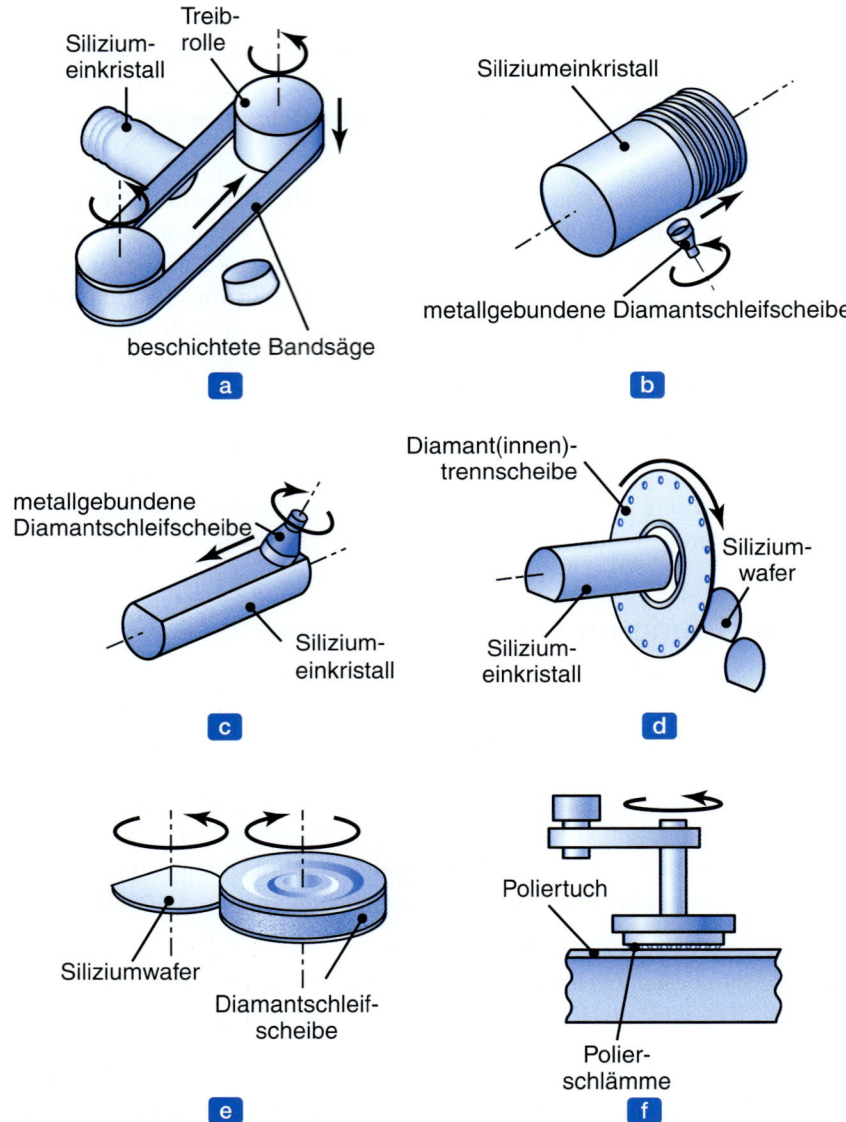

Abbildung 13.6: Endbearbeitungsschritte, um aus einem Siliziumeinkristall Wafer herzustellen: (a) und (b) Schleifen der Stirn- und Mantelflächen des Einkristalls, (c) Schleifen einer Abflachung, (d) Schneiden der Wafer (Scheiben), (e) Endschleifen der Wafer, (e) chemisch-mechanisches Polieren der Wafer-Oberfläche.

inneren Ring trägt. Auch wenn das Substrat für die meisten elektronischen Bauelemente nur wenige Mikrometer tief sein muss, werden Wafer in der Regel mit einer Dicke von etwa 0,5 mm geschnitten, damit die notwendige Masse vorhanden ist, um Temperaturwechseln zu widerstehen und eine mechanisch stabile Unterlage für die darauffolgenden Fertigungsschritte zu bieten.

13.4 Kristallzüchtung und Waferherstellung

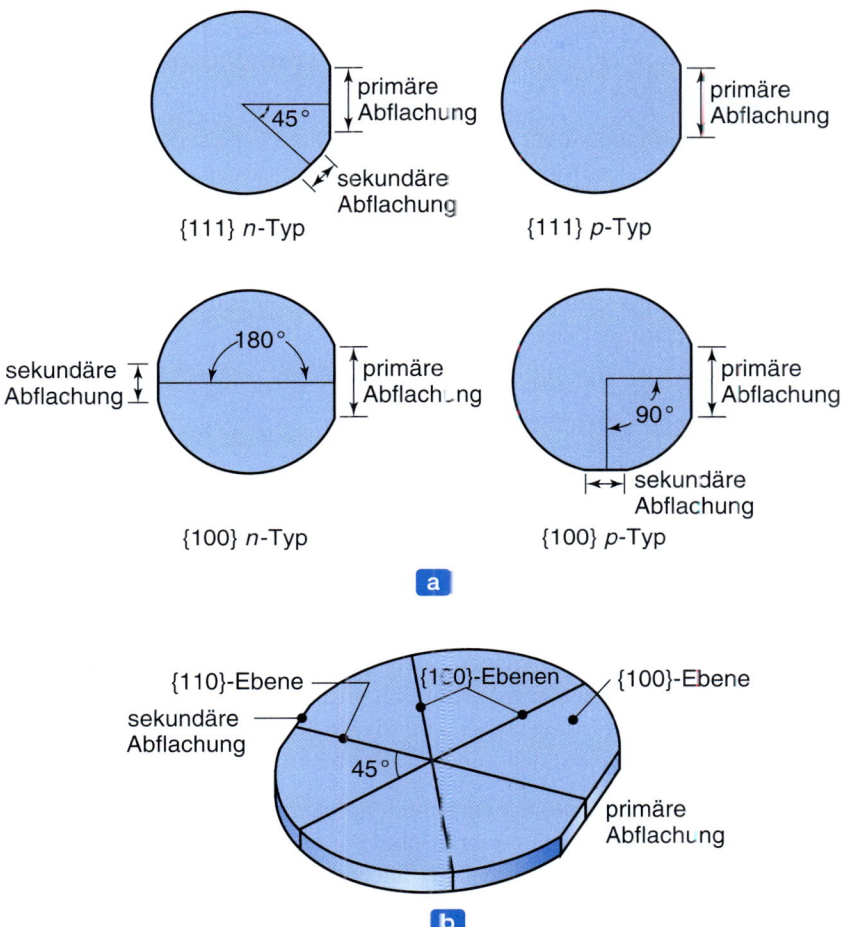

Abbildung 13.7: Kennzeichnungssystem für einkristalline Siliziumwafer. Während dieses System für 150 mm Wafer verwendet wird, ist die Kennzeichnung mittels Kerben gebräuchlicher für größere Wafer.

Der Wafer wird dann mit einer Diamantschleifscheibe an seinen Rändern geschliffen. Dadurch erhält der Wafer ein gerundetes Profil, das gegenüber Abplatzen beständiger ist. Schließlich werden die Wafer poliert und gereinigt, um die beim Sägen entstandenen Oberflächenschäden zu beseitigen. Dies erfolgt häufig durch **chemisch-mechanisches Polieren** (CMP, auch als *chemisch-mechanische Planarisierung* bezeichnet), wie in Abschnitt 9.7 beschrieben.

Um den Fertigungsprozess richtig zu steuern, ist es wichtig, die Orientierung des Kristalls in einem Wafer zu ermitteln. Deshalb haben Wafer eingearbeitete Kerben oder Abflachungen zur Kennzeichnung, wie es weiter oben erwähnt wurde und in ▶ Abbildung 13.7 dargestellt ist. Meistens ist die Kristallebene (100) oder (111) die Wafer-Oberfläche. Für Mikrobearbeitungsanwendungen eignen sich aber auch (110)-Oberflächen. Wafer werden auch mit einer herstellerspezifischen **Lasermarkierung** (*laser scribe*) auf der

Vorder- oder Rückseite versehen. Die Vorderseite mancher Wafer hat einen Randausschlussbereich von 3 bis 10 mm, der für Beschriftungen – unter anderem Losnummer, Orientierung und eindeutiger Wafer-Identifizierungscode – vorgesehen ist.

Die Bauelementeherstellung findet auf der gesamten Wafer-Oberfläche statt. In der Regel werden Wafer in Losen von 25 oder 50 Wafern mit jeweils 150 bis 200 mm Durchmesser oder in Losen von 12 bis 25 Wafern mit jeweils 300 mm Durchmesser verarbeitet. Auf diese Weise lassen sie sich während der Bearbeitung leicht handhaben und transportieren. Aufgrund der geringen Bauelementgröße und den großen Wafer-Durchmessern können Tausende einzelner Schaltkreise auf einem Wafer untergebracht werden. Ist die Bearbeitung abgeschlossen, werden die Wafer zu individuellen **Chips** vereinzelt, die jeweils eine vollständige integrierte Schaltung enthalten.

13.5 Schichten und Schichtabscheidung

Bei der Herstellung mikroelektronischer Bauelemente spielen verschiedenartige – insbesondere isolierende und leitende – *Schichten* eine große Rolle, vor allem aus Polysilizium, Siliziumnitrid, Siliziumdioxid, Wolfram, Titan und Aluminium. In manchen Fällen dienen Einkristall-Siliziumwafer lediglich als mechanische Unterlage, auf der spezifische **Epitaxieschichten** gezüchtet werden. Diese Silizium-Epitaxieschichten sind ebenfalls Einkristallwerkstoffe, da sie dieselbe Gitterstruktur wie das Substrat aufweisen. Die Verarbeitung auf abgeschiedenen Schichten statt auf der eigentlichen Wafer-Oberfläche hat unter anderem den Vorteil, dass weniger Verunreinigungen (namentlich Kohlenstoff und Sauerstoff) vorhanden sind, die Bauelementeleistung besser ist und sich Schichten mit zugeschnittenen Materialeigenschaften produzieren lassen, die auf den Wafern selbst nicht realisierbar sind.

Zu den Hauptfunktionen von abgeschiedenen Schichten gehören das **Maskieren** für Diffusion oder Implantation sowie der Schutz der Halbleiteroberfläche. Für das Maskieren muss die Schicht eine wirksame Barriere gegen Dotanden darstellen und sich gleichzeitig zu hochauflösenden Mustern ätzen lassen. Beim Abschluss der Bauelementeherstellung werden Schichten auch aufgebracht, um die zugrunde liegende Schaltung zu schützen. Als Maskierungs- und Schutzschichten werden Phosphorsilikatglas (PSG), Borphosphorsilikatglas (BPSG) und Siliziumnitrid verwendet. Diese Werkstoffe besitzen jeweils bestimmte Vorzüge und werden oftmals in Kombination verwendet.

Andere Schichten enthalten Dotanden-Fremdatome und dienen als Dotierungsquellen für das zugrunde liegende Substrat. Mit leitenden Schichten werden hauptsächlich die Zwischenverbindungen auf dem Bauelement realisiert. Diese Schichten müssen einen geringen elektrischen Widerstand aufweisen, große Ströme führen können und für die Verbindung mit Bonddrähten zu den Gehäuseanschlüssen geeignet sein. Hierfür sind vor allem Aluminium und Kupfer gebräuchlich. Bislang wird Aluminium häufiger eingesetzt, da es sich leichter trockenätzen lässt. Da aber Aluminium bei kleinen Strukturen und hohen Stromdichten Probleme bereitet, konzentriert sich die Forschung verstärkt auf Kupfer mit seinem geringen spezifischen Widerstand. Durch die gestiegene Schaltungskomplexität sind bis zu sieben Leitungsebenen erforderlich, die voneinander durch Isolationsschichten getrennt werden müssen.

Schichten lassen sich nach mehreren Verfahren abscheiden, wobei verschiedene Temperaturen, Drücke und Vakuumsysteme üblich sind (siehe auch Abschnitt 4.5.1):

13.5 Schichten und Schichtabscheidung

1 **Verdampfung** gehört zu den einfachsten und ältesten Methoden der Schichtabscheidung und wird hauptsächlich verwendet, um Metallschichten abzuscheiden. Bei diesem Verfahren wird das Metall im Vakuum bis zur Verdampfung erwärmt und bildet dann eine dünne Schicht auf der zu beschichtenden Oberfläche. Die Verdampfungswärme wird üblicherweise durch einen Heizfaden oder einen Elektronenstrahl geliefert.

2 **Sputtern (Kathodenzerstäubung)** ist ein weiteres Verfahren zur Metallabscheidung, bei dem ein sogenanntes Target (Ziel) im Vakuum mit energiereichen Ionen – in der Regel Argon (Ar^+) – beschossen wird. Zur Ausrüstung von Sputter-Systemen gehört eine Gleichstromquelle, um die angeregten Ionen zu erzeugen. Die auf das Target treffenden Ionen schlagen Atome heraus, die sich dann auf Wafern innerhalb der Sputterkammer ablagern. Obwohl auch ein gewisser Teil Argon in die Schicht gelangen kann, ergibt dieses Verfahren eine sehr gleichmäßige Abdeckung. Moderne Sputterverfahren arbeiten mit Hochfrequenz-Stromquellen (**HF-Sputtern**) und zusätzlichen Magnetfeldern (**Magnetronsputtern**).

3 **Chemische Dampfphasenabscheidung** (*chemical vapor deposition*, CVD) ist eines der gebräuchlichsten Verfahren. Die Schichtabscheidung erfolgt hierbei durch die Reaktion und/oder Zersetzung von gasförmigen Verbindungen (siehe auch Abschnitt 4.5.1). Das Siliziumdioxid wird üblicherweise durch Oxidation von Silan oder einem Chlorsilan abgeschieden. ▶ Abbildung 13.8a zeigt einen CVD-Durchgangsreaktor, der bei Atmosphärendruck arbeitet.

4 **Chemische Dampfphasenabscheidung bei niedrigem Druck** (*low-pressure chemical vapor deposition*, LPVCD): Abbildung 13.8b zeigt die Anlage für ein Verfahren, das dem CVD-Verfahren ähnlich ist, aber bei niedrigeren Drücken arbeitet. Es erlaubt wesentlich höhere Produktionsgeschwindigkeiten als Atmosphärendruck-CVD und ist in der Lage, Hunderte von Wafern auf einmal zu beschichten. Außerdem zeichnet es sich durch eine überragende Schichtgleichmäßigkeit bei geringerem Verbrauch an Trägergasen aus. Diese Technik wird häufig zum Abscheiden von Polysilizium, Siliziumnitrid und Siliziumdioxid verwendet.

5 **Plasma-unterstützte chemische Dampfphasenabscheidung** (*plasma enhanced chemical vapor deposition*, PECVD) arbeitet mit Wafern in einem Hochfrequenz-Plasma, das die Ausgangsgase enthält. Vorteilhaft bei diesem Verfahren ist, dass die Wafer-Temperatur während der Abscheidung

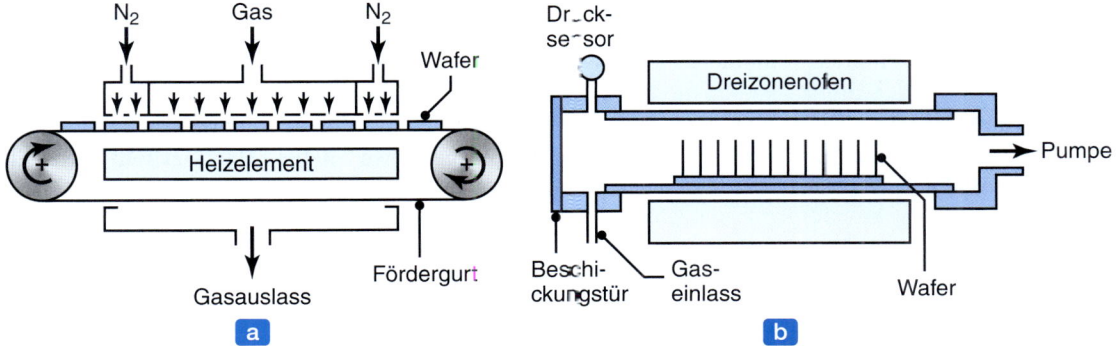

Abbildung 13.8: Schematische Darstellung eines (a) Atmosphärendruck-CVD-Durchgangsreaktors, (b) Niederdruck-CVD-Reaktors. Nach S.M. Sze.

niedrig bleibt. Allerdings enthalten die abgeschiedenen Schichten Wasserstoff und sind von geringerer Qualität als die mit anderen Verfahren abgeschiedenen Schichten.

Silizium-**Epitaxieschichten**, bei denen das Substrat als Kristallkeim dient, um eine Kristallschicht zu bilden, lassen sich nach verschiedenen Methoden züchten. Wird das Silizium aus der Gasphase abgeschieden, spricht man von **Gasphasenepitaxie** (*vapor phase epitaxy*, VPE). Bei der als **Flüssigphasenepitaxie** (*liquid phase epitaxy*, LPE) bezeichneten Variante kommt das erwärmte Substrat mit einer flüssigen Lösung in Kontakt, die das abzuscheidende Material enthält.

Bei der **Molekularstrahlepitaxie** (*molecular beam epitaxy*, MBE), die ein Hochvakuum voraussetzt, verdampft ein Molekularstrahl, der sich auf dem erwärmten Substrat ablagert. Dieser Vorgang gewährleistet einen sehr hohen Reinheitsgrad. Da zudem die Schichten um jeweils eine Atomschicht wachsen, lassen sich Dotierungsprofile ausgezeichnet steuern, was vor allem in der Galliumarsenid-Technologie wichtig ist. Nachteilig bei der Molekularstrahlepitaxie sind jedoch die geringen Wachstumsgeschwindigkeiten verglichen mit konventionellen Verfahren der Schichtabscheidung.

13.6 Oxidation

Der Begriff *Oxidation* bezieht sich auf das Wachsen einer Oxidschicht durch Reagieren von Sauerstoff mit dem Substratmaterial. Oxidschichten können auch durch die in Abschnitt 13.5 beschriebenen Abscheidungsverfahren erzeugt werden. Gegenüber abgeschiedenen Oxiden weisen aber thermisch wachsende Oxide, wie sie dieser Abschnitt beschreibt, einen höheren Reinheitsgrad auf, da sie direkt auf dem hochqualitativen Substrat gezüchtet werden. Wenn sich aber die Zusammensetzung der gewünschten Schicht von der des Substratwerkstoffs unterscheidet, kommen nur die Abscheidungsverfahren infrage.

Siliziumdioxid ist das gängigste Oxid in der modernen Technologie der integrierten Schaltungen und die weitverbreitete Verwendung von Silizium ist in erster Linie auf die ausgezeichneten Eigenschaften des Oxids zurückzuführen. Neben den Funktionen als Dotierungsmaske und Bauelementeisolierung spielt Siliziumdioxid eine entscheidende Rolle als *Gate-Oxid* in MOSFET-Bauelementen. Siliziumoberflächen zeigen eine äußerst hohe Affinität für Sauerstoff und auf einer frisch gesägten Siliziumscheibe wächst schnell ein natives Oxid von 3 bis 4 nm Dicke. In der modernen IC-Technologie sind Oxiddicken von wenigen bis einigen Hundert Nanometern erforderlich.

1 **Trockene Oxidation** ist ein relativ einfacher Prozess, bei dem die Substrattemperatur in einer sauerstoffreichen Umgebung bei variablem Druck auf typischerweise 750 bis 1100 °C erhöht wird. Siliziumdioxid entsteht gemäß der chemischen Reaktion

$$Si + O_2 \rightarrow SiO_2 \; . \tag{13.1}$$

Die Oxidation läuft vorwiegend als Losverarbeitung mit bis zu 150 Wafern in einem Ofen ab. **Schnelle thermische Bearbeitung** (*rapid thermal processing*, RTP) ist ein verwandter Vorgang, der **schnelle thermische Oxidation** (*rapid thermal oxidation*, RTO) mit einer **schnellen Wärmebehandlung** (*rapid thermal annealing*, RTA), kombiniert und verwendet wird, um dünne Oxide auf einem einzelnen Wafer zu erzeugen.

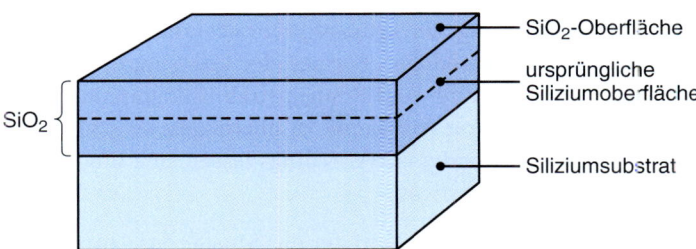

Abbildung 13.9: Wachstum von Siliziumdioxid durch Verzehren von Silizium.

Die oxidierenden Agenzien müssen in der Lage sein, die sich bildende Oxidschicht zu durchdringen und die Siliziumoberfläche zu erreichen, wo die eigentliche Reaktion stattfindet. Eine Oxidschicht wächst also nicht auf sich selbst, sondern von der Silizium-Siliziumdioxid-Grenzfläche nach außen. Durch diesen Oxidationsprozess wird ein Teil des Siliziumsubstrats verbraucht (▶ Abbildung 13.9). Das Verhältnis von Oxiddicke zur Menge des verbrauchten Siliziums beträgt 1 : 0,44. Um also zum Beispiel eine 100 nm dicke Oxidschicht zu erhalten, werden ungefähr 44 nm des Siliziums verbraucht. Dies stellt kein Problem dar, da Substrate immer ausreichend dick gezüchtet werden.

Ein wichtiger Effekt dieses Siliziumverbrauchs ist die Umlagerung der Dotanden im Substrat nahe der Grenzfläche. Manche Dotanden wandern aus der Oxidgrenzfläche ab, während andere angehäuft werden. Folglich sind die Prozessparameter anzupassen, um diesen Effekt zu kompensieren.

2 **Feuchte Oxidation** ist eine Oxidationstechnik, die eine Wasserdampfatmosphäre als Agens verwendet. Dabei läuft folgende chemische Reaktion ab:

$$Si + 2H_2O \rightarrow SiO_2 + 2H_2 \ . \tag{13.2}$$

Die Wachstumsgeschwindigkeit ist bei dieser Methode beträchtlich höher als bei trockener Oxidation. Allerdings ist die Oxiddichte und damit die Durchschlagsfestigkeit geringer. In der Industrie ist es üblich, ein Oxid in einer dreiteiligen Abfolge von trockener, nasser und trockener Oxidation zu erzeugen. Diese Methode kombiniert die Vorteile der wesentlich höheren Wachstumsgeschwindigkeit bei nasser Oxidation und der hohen Qualität, die bei trockener Oxidation erreicht wird.

3 **Selektive Oxidation:** Die beiden oben beschriebenen Oxidationsmethoden sind vor allem für das Beschichten der gesamten Siliziumoberfläche mit Oxid nützlich. Es ist aber auch notwendig, nur bestimmte Abschnitte der Oberfläche zu oxidieren. Die für diese Aufgabe verwendete Prozedur – die sogenannte *selektive Oxidation* – verwendet Siliziumnitrid (Abschnitte 8.6 und 11.8.1), das den Durchgang von Sauerstoff und Wasserdampf unterbindet. Indem man also bestimmte Bereiche mit Siliziumnitrid maskiert (abdeckt), bleibt das Silizium unter diesen Bereichen unbeeinflusst, während die nicht bedeckten Bereiche oxidiert werden.

13.7 Lithographie

Mithilfe der *Lithographie* werden die geometrischen Muster, die die Bauelemente definieren, von einem **Retikel** (auch als **Fotomaske** oder einfach **Maske** bezeichnet) auf die Substratoberfläche übertragen.

Tabelle 13.1 gibt eine Zusammenfassung der Lithographieverfahren an, ▶ Abbildung 13.10 stellt sie vergleichend gegenüber. Von den verschiedenen Formen der Lithographie ist heute die **Fotolithographie** am gebräuchlichsten. Elektronenstrahl- und Röntgenstrahllithographie sind vor allem interessant wegen ihrer Fähigkeit, Muster mit höherer Auflösung zu übertragen, was für eine gesteigerte Miniaturisierung integrierter Schaltungen notwendig ist. Allerdings lassen sich die meisten integrierten Schaltungen erfolgreich mit Fotolithographie fertigen.

Eine Fotomaske ist eine Glas- oder Quarzplatte, auf der das Muster des Chips aufgetragen ist. Üblicherweise geschieht dies mit einer Chromschicht, es werden aber auch Eisenoxidschichten und Emulsionen verwendet. Das Bild der Fotomaske kann dieselbe Größe wie die gewünschte Struktur auf dem Chip haben, doch handelt es sich oftmals um ein vergrößertes Bild (gelegentlich 5× bis 20× größer, wobei eine Vergrößerung von 10× am gebräuchlichsten ist). Die vergrößerten Bilder werden dann durch die sogenannte **verkleinernde Lithographie** über eine Linse auf einen Wafer projiziert.

In der Praxis sind für mikroelektronische Schaltungen mehrere – bei modernen integrierten Schaltkreisen bis zu vierzig – Lithographieschritte erforderlich, wobei jedes Mal eine andere Fotomaske die verschiedenen Bereiche der Bauelemente und Zwischenverbindungen definiert. Die Muster werden von ihrer ursprünglichen Entwurfsgröße ausgehend in einer Reihe von Reduktionsschritten mehrere Tausend Mal verkleinert und schließlich permanent auf eine defektfreie Quarzplatte übertragen. Der computerunterstützte Entwurf (Abschnitt B.4) hat einen wesentlichen Einfluss auf den Entwurf und das Erzeugen der Fotomasken. In der Lithographie ist Sauberkeit besonders wichtig. Roboter und spezialisierte Wafer-Handhabungsapparaturen sind heute üblich, um Verunreinigungen durch Staub und Schmutz zu minimieren.

Nachdem der Schichtablagerungsvorgang abgeschlossen ist und die gewünschten Retikelmuster erzeugt sind, wird der Wafer gereinigt und mit einem organischen **Fotolack** (*photoresist*, PR) beschichtet. Dieser besteht prinzipiell aus drei Komponenten: (a) einem Polymer, das seine Struktur ändert, wenn es Strahlung ausgesetzt wird, (b) einem Sensibilisator, der die Reaktionen im Polymer steuert, und (c) einem Lösungsmittel, das für die Bereitstellung des Polymers in flüssiger Form erforderlich ist. Der Wafer wird auf eine Lackschleuder gesetzt und der Fotolack als viskose Flüssigkeit auf den Wafer aufgetragen (▶ Abbildung 13.11). Um Fotolackschichten von 0,5 bis 2,5 µm zu erhalten, wird der Wafer mit mehreren Tausend Umdrehungen pro Minute für etwa 30 bis 60 s gedreht, sodass eine einheitliche Beschichtung

Tabelle 13.1: Eigenschaften von Lithographieverfahren

Strahlart	Wellenlänge (nm)	Kleinste Strukturgröße (nm)
Ultraviolet (Fotolithographie)	365	350
Ultraviolet	193	190
Ultraviolet	10–20	30–100
Röntgenstrahlen	0,01–1	20–100
Elektronenstrahlen	–	80

Nach P.K. Wright.

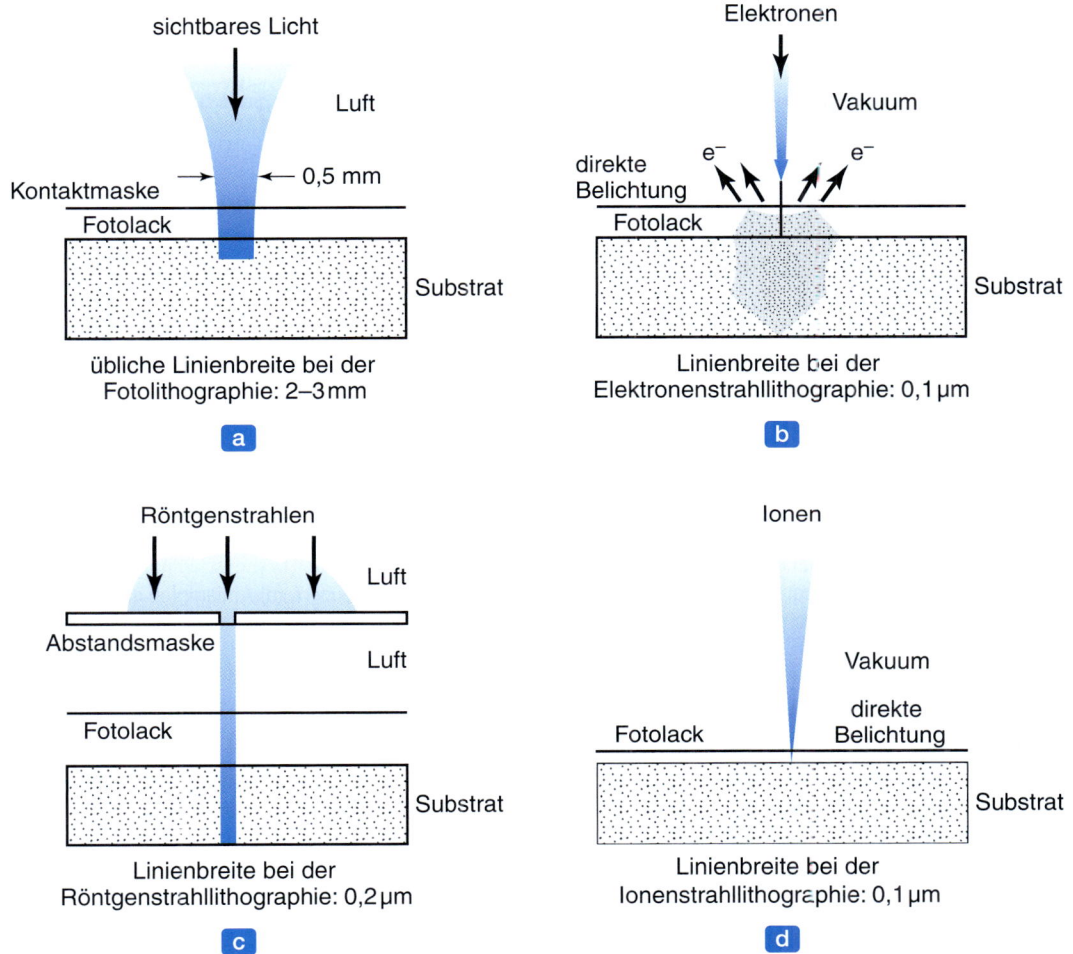

Abbildung 13.10: Vergleich von vier Lithographietechniken: (a) Fotolithographie, (b) Elektronenstrahllithographie, (c) Röntgenstrahllithographie, (d) Ionenstrahllithographie.

entsteht. Das Aufbringen der Fotolackschicht muss präzise gesteuert werden, um das Funktionieren darauffolgender Lithographieschritte zu gewährleisten (siehe Abschnitt 13.7). Die **Dicke des Fotolacks** lässt sich durch den Ausdruck

$$t = \frac{kC^\beta \eta^\gamma}{\omega^\alpha} \tag{13.3}$$

berechnen, wobei t die Fotolackdicke, C die Polymerkonzentration in Masse pro Volumen, η die Viskosität des Polymers, ω die Winkelgeschwindigkeit des Drehtellers sowie k, α, γ und β Konstanten für das konkrete Schleudersystem sind. Wo der Maskierungsgrad als kritisch gilt, wird eine nicht reflektierende Sperrschicht (*barrier antireflective layer*, BARL) oder eine nicht reflektierende Sperrbeschichtung (*barrier antireflective coating*, BARC) entweder unterhalb oder über dem Fotolack aufgetragen, um eine Linienbreitenkontrolle zu ermöglichen – speziell über Aluminium.

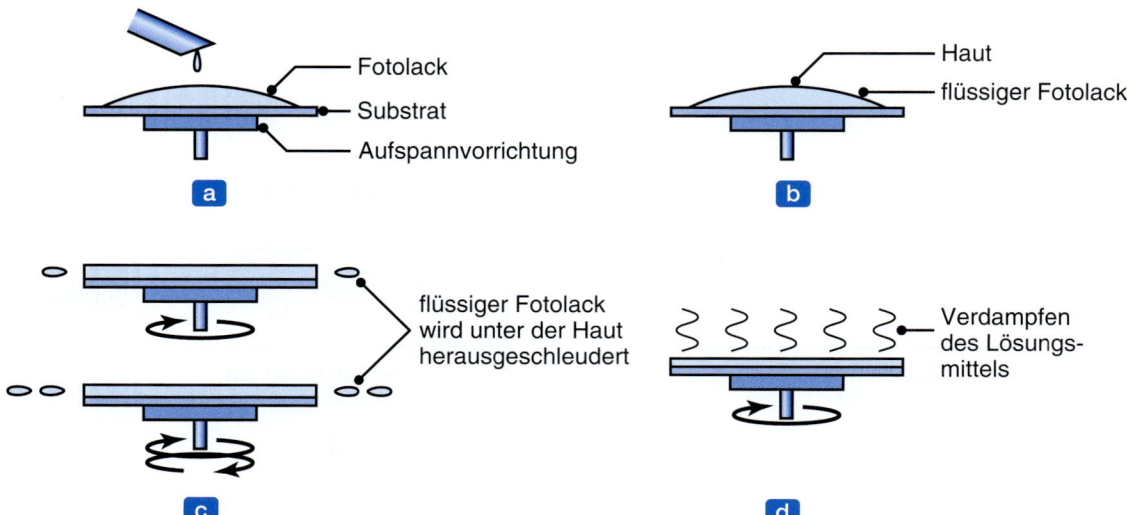

Abbildung 13.11: Aufbringen einer organischen Beschichtung auf einen Wafer: (a) Flüssigkeit wird aufgegeben, (b) Flüssigkeit wird auf der Oberfläche durch langsames Rotieren des Wafers verteilt, (c) Erhöhen der Drehgeschwindigkeit, wodurch ein dünner, gleichmäßiger Film erzeugt wird. Überschüssige Flüssigkeit wird weggeschleudert. (d) Abdampfen des Lösungsmittels bei geringerer Drehgeschwindigkeit und Erzielung der organischen Beschichtung.

Der nächste Schritt in der Lithographie besteht im **Vorbrennen** des Wafers, um Lösungsmittel aus dem Fotolack zu entfernen und ihn zu härten. Dieser Schritt findet in einem Konvektionsofen oder auf einer erwärmten Platte bei ungefähr 100 °C für etwa 10 bis 30 min statt. Das Muster wird dann auf den Wafer über **Wafer-Schritttechnik** oder **Schritt-Scan-Systeme** übertragen. Mit der Wafer-Schritttechnik (▸ Abbildung 13.12a) wird das vollständige Bild zuerst in einem Zug belichtet und dann das Muster der Fotomaske auf einen benachbarten Abschnitt des Wafers übertragen. Bei Schritt-Scan-Systemen wird die Lichtquelle auf eine Zeile fokussiert und die Fotomaske und der Wafer werden gleichzeitig in entgegengesetzte Richtungen bewegt, um das Muster zu übertragen (Abbildung 13.12b).

Der Wafer ist sorgfältig unter der gewünschten Fotomaske auszurichten. In diesem als **Registrierung** bezeichneten entscheidenden Schritt muss die Fotomaske korrekt mit der vorherigen Schicht auf dem Wafer ausgerichtet werden. Beim Entwickeln und Entfernen des belichteten Fotolacks erscheint ein Duplikat des Fotomaskenmusters in der Fotolackschicht. Wie ▸ Abbildung 13.13 zeigt, kann die Fotomaske entweder ein Negativ oder ein Positiv des gewünschten Musters sein. Mit einem Fotomaskenpositiv werden die Ketten in der organischen Schicht mithilfe von Ultraviolettstrahlung aufgebrochen, sodass der Entwickler vorzugsweise diese Ketten entfernt. Positive Maskierung ist gebräuchlicher als negative, da bei Negativmaskierung der Fotolack aufquellen und verzerren kann, sodass er für kleine Abmessungen ungeeignet ist. Neuere Fotolacke weisen dieses Problem allerdings nicht mehr auf.

Im Anschluss an die Belichtungs- und Entwicklungssequenz entfernt das **Nachbrennen** des Wafers Lösungsmittel und dient dazu, den verbliebenen Fotolack zu verfestigen und die Adhäsion zu verbessern. Außerdem kann eine tiefe UV-Behandlung, die aus dem Brennen des Wafers auf 150 bis 200 °C in ultraviolettem Licht besteht, genutzt werden, um den Fotolack weiter gegen Hochenergieimplantie-

13.7 Lithographie

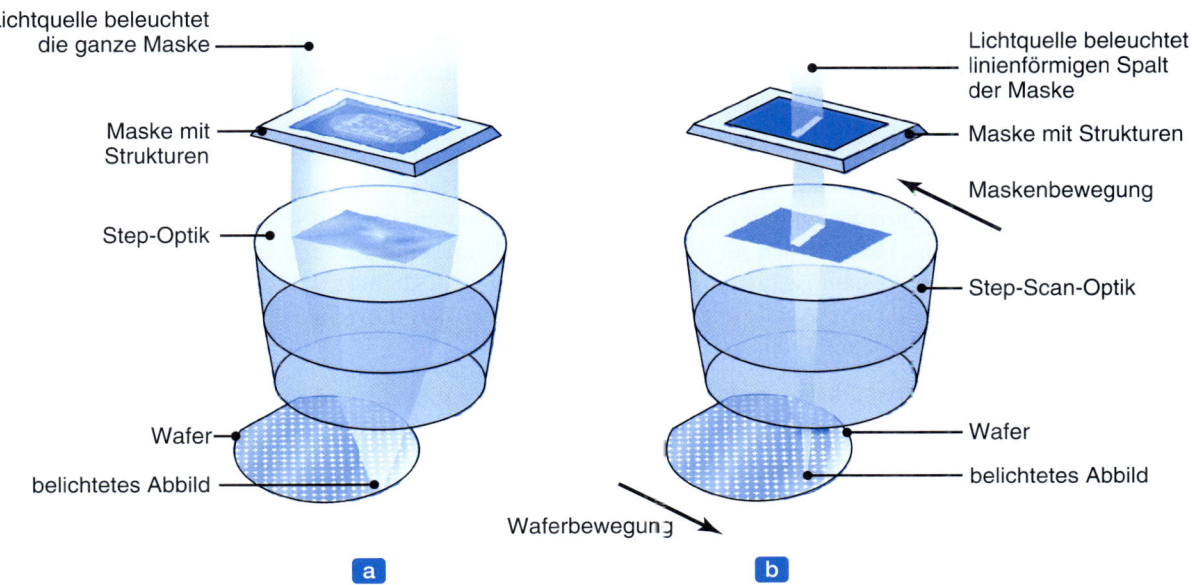

Abbildung 13.12: Schematische Darstellung der (a) Wafer-Schrittechnik und (b) Schritt-Scan-Technik zur Übertragung des Musters des Schaltkreises.

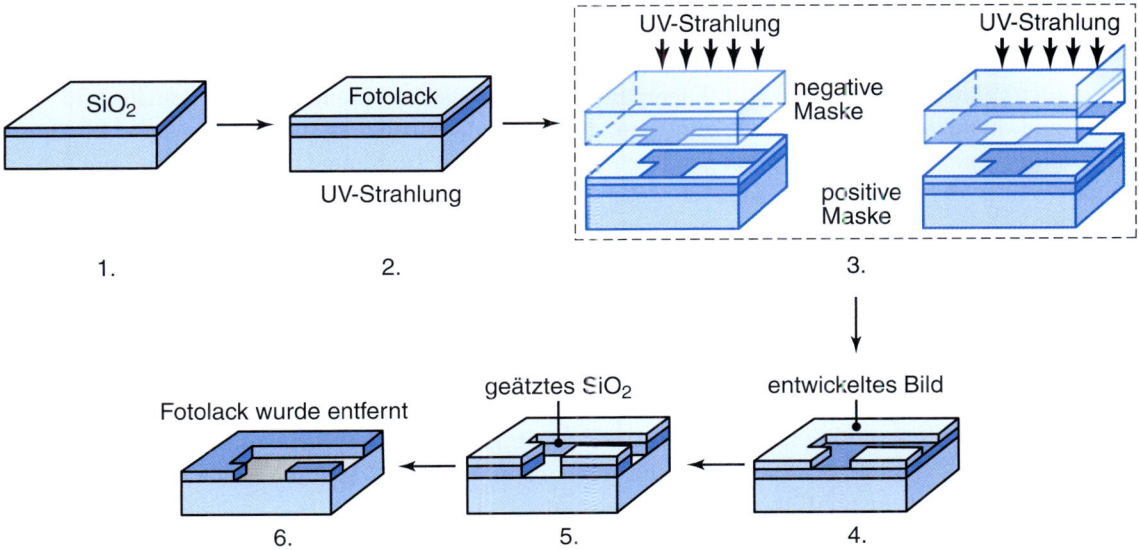

Abbildung 13.13: Musterübertragung durch Lithographie. Die Maske in Schritt 3 kann ein Positiv oder Negativ des Musters sein. Nach W.C. Till und J.T. Luxon.

rung und Trockenätzen zu festigen. Die zugrunde liegende Schicht, die nicht vom Fotolack bedeckt ist, wird dann implantiert oder weggeätzt (Abschnitte 13.8 und 13.9). Schließlich wird der Fotolack entfernt, und zwar entweder durch nasschemisches Strippen oder durch eine als **Veraschung** bezeichnete Technik in einem Sauerstoffplasma. Bei der Herstellung von komplexen integrierten Schaltungen kann der Lithographieprozess bis zu 40-mal wiederholt werden.

Zu den Hauptpunkten bei der Lithographie gehört die **Linienbreite**, die sich auf die kleinste Breite des kleinsten Merkmals bezieht, das auf der Siliziumoberfläche zu erzielen ist. Da die Schaltkreisdichte im Lauf der Jahre drastisch zugenommen hat, sind die Bauelementgrößen und -features immer kleiner und kleiner geworden. Heute liegen die kommerziell machbaren Linienbreiten zwischen 0,04 und 1 µm, wobei beträchtliche Forschungsanstrengungen in Richtung noch kleinerer Linienbreiten abzielen. Zum Beispiel wurden bei dem in Abbildung 13.1c gezeigten Dual-Core-Prozessor Itanium 2 von Intel Linienbreiten von 0,04 µm (40 nm) realisiert.

Da die **Wellenlänge** der verwendeten Strahlungsquelle die Musterauflösung und somit die Bauelementeminiaturisierung begrenzt, muss man zwangsläufig zu kürzeren Wellenlängen als im ultravioletten Bereich übergeben, wie zum Beispiel zu „tiefen" UV-Wellenlängen, „extremen" UV-Wellenlängen, Elektronenstrahlen und Röntgenstrahlen (siehe Tabelle 13.1). In diesen Technologien wird der Fotolack durch einen ähnlichen Lack ersetzt, der für einen bestimmten Bereich kürzerer Wellenlängen empfindlich ist.

EUV-Lithographie: Die Musterauflösung in der Fotolithographie wird durch Beugung begrenzt. Um die Wirkungen der Beugung zu mindern, kann man zum Beispiel immer kürzere Wellenlängen verwenden. Die EUV-Lithographie (*extreme ultra violet*) verwendet Licht mit einer Wellenlänge von 13 nm, um Strukturen mit einer Größe von etwa 30 bis 100 nm zu erhalten. Die Lichtstrahlen werden durch stark reflektierende Molybdän-Silizium-Spiegel (anstelle von Glaslinsen, die EUV-Licht absorbieren) durch die Maske auf die Wafer-Oberfläche fokussiert.

Röntgenstrahllithographie: Die Fotolithographie ist zwar die gebräuchlichste Lithographietechnik, hat aber grundsätzliche Auflösungsbeschränkungen, die mit der Lichtbeugung zusammenhängen. Die *Röntgenstrahllithographie* ist der Fotolithographie überlegen, da die Strahlung kurzwelliger und die Schärfentiefe sehr groß ist. Dadurch lassen sich wesentlich feinere Muster auflösen. Zudem ist die Röntgenstrahllithographie weit weniger gegen Staub empfindlich. Darüber hinaus kann das Seitenverhältnis (als Verhältnis von Tiefe zu lateralen Abmessungen definiert) bei der Röntgenstrahllithographie mehr als 100 betragen, während es bei der Fotolithographie auf etwa 10 beschränkt ist.

Hierfür wird jedoch Synchrotronstrahlung benötigt, die teuer ist und nur in wenigen Forschungseinrichtungen zur Verfügung steht. Angesichts der großen Kapitalinvestitionen für eine Fertigungseinrichtung zieht man es in der Industrie vor, die optische Lithographie zu verfeinern und zu verbessern, anstatt neues Kapital in die Produktion auf Basis der Röntgenstrahllithographie zu investieren. Derzeit ist die Röntgenstrahllithographie nicht weitverbreitet, auch wenn das LIGA-Verfahren (siehe Abschnitt 13.15) die Vorzüge der Röntgenstrahllithographie voll ausnutzt.

Elektronenstrahl- und Ionenstrahllithographie sind wie die Röntgenstrahllithographie der Fotolithographie in Bezug auf die erreichbaren Auflösungen überlegen. Bei diesen Verfahren tasten schmale Elektronen- oder Ionenstrahlen mit hoher Stromdichte (*Schmalbündel*) ein Muster pixelweise ab und übertragen es auf einen Wafer. Die Maskierung erfolgt dadurch, dass per Software die Punkt-zu-Punkt-Übertragung des gespeicherten Musters gesteuert wird.

Diese Verfahren zeichnen sich dadurch aus, dass sich die Belichtung über kleine Bereiche des Wafers mit großer Schärfentiefe und geringen Defektdichten präzise steuern lässt. Die Auflösungen sind durch Elektronenstreuung auf etwa 10 nm begrenzt, wobei aber für bestimmte Werkstoffe Auflösungen von 2 nm berichtet wurden. Mit höherer Auflösung steigt aber die Abtastzeit erheblich an, da stärker fokussierte Strahlen erforderlich sind. Der Hauptnachteil dieser Verfahren liegt darin, dass Elektronen- und Ionenstrahlen eine Vakuumumgebung benötigen, was die Komplexität der Anlagen und die Produktionskosten erhöht. Außerdem dauert das Abtasten bei diesen Techniken für einen Wafer wesentlich länger als bei anderen Lithographieverfahren.

Im **SCALPEL**-Verfahren (von *SC*attering with *A*ngular *L*imitation *P*rojection *E*lectron-Beam *L*ithography; ▶ Abbildung 13.14) wird eine Maske aus einer ungefähr 0,1 μm dicken Membran aus Siliziumnitrid hergestellt und mit einem Muster aus einer etwa 50 nm dicken Wolframbeschichtung versehen. Hochenergetische Elektronen gehen sowohl durch das Siliziumnitrid als auch das Wolfram, wobei aber das Wolfram die Elektronen breit streut, während das Siliziumnitrid nur gering streut. Eine Blende (Apertur) hält die gestreuten Elektronen zurück, was in einem hochqualitativen Bild auf dem Wafer resultiert.

Das Verfahren ist dadurch beschränkt, dass derzeit nur kleine Masken realisierbar sind, es besitzt aber ein hohes Potenzial. Sein bedeutendster Vorteil ist die Tatsache, dass die Energie nicht von der Fotomaske absorbiert werden muss, sondern stattdessen durch die Blende abgehalten wird, die weder so empfindlich noch so teuer wie die Fotomaske ist.

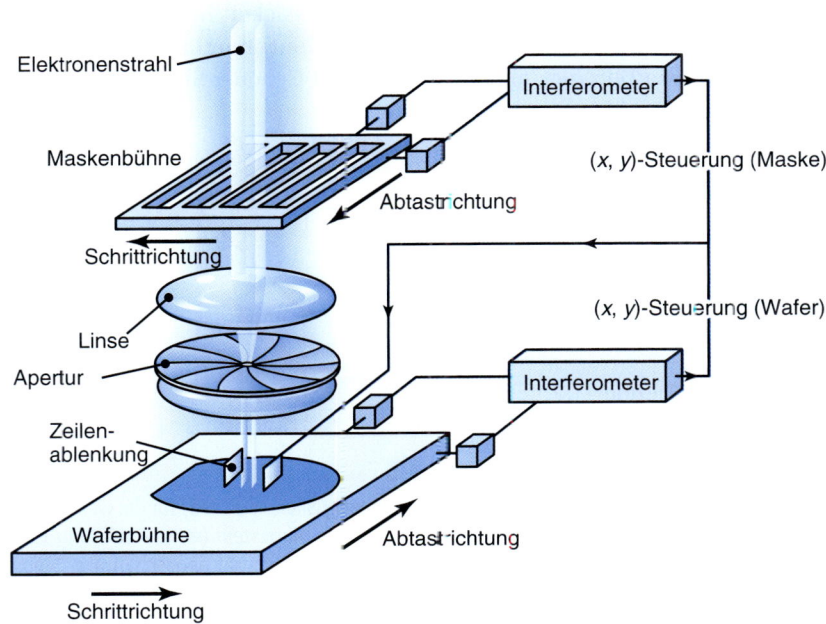

Abbildung 13.14: Schematische Darstellung des SCALPEL-Verfahrens.

Weiche Lithographie bezieht sich auf eine Reihe von Verfahren zur Musterübertragung. Alle Verfahren setzen voraus, dass eine Urform durch die oben beschriebenen Standardlithographieverfahren erstellt wird. Die Urform dient dann dazu, ein Elastomermuster bzw. einen Stempel, wie in ▶ Abbildung 13.15 gezeigt, herzustellen. Als Elastomer für den Stempel ist Silikongummi oder Polydimethylsiloxan (PDMS) gebräuchlich, da es chemisch träge und nicht hygroskopisch ist (d. h. bei Feuchtigkeit nicht quillt) und sich durch gute thermische Stabilität, Festigkeit, Dauerfestigkeit und Oberflächeneigenschaften auszeichnet.

Vom selben Muster lassen sich mehrere PDMS-Stempel herstellen und jeder Stempel kann mehrere Male verwendet werden. Die folgenden Punkte beschreiben gebräuchliche Techniken der weichen Lithographie:

Beim **Mikrokontaktdrucken (μCP)** wird der PDMS-Stempel mit „Tinte" beschichtet und dann gegen die Oberfläche gepresst. Die Spitzen des Musters berühren die gegenüberliegende Oberfläche und es wird eine dünne Tintenschicht – oftmals nur eine Moleküllage – übertragen (selbstorganisierte Monolagen oder Grenzflächenfilm, siehe Abschnitt 4.4.3). Dieser dünne Film kann als Maske für selektives Nassätzen (wie später beschrieben) dienen oder gewünschte chemische Verhältnisse auf der Oberfläche realisieren.

Mikrotransfergießen (μTM): Bei diesem in ▶ Abbildung 13.16a gezeigten Verfahren werden die Vertiefungen der PDMS-Form mit einem flüssigen Polymer-Vorläufer gefüllt und dann gegen eine Oberfläche gedrückt. Nachdem das Polymer ausgehärtet ist, wird die Form abgeschält und hinterlässt ein Muster, das für die weitere Verarbeitung geeignet ist.

Mikrogießen mittels Kapillaren (MIMIC): Bei dieser in Abbildung 13.16b gezeigten Technik besteht der PDMS-Abdruck aus Kanälen, deren Kapillarwirkung eine Flüssigkeit in den Stempel eindringen lässt, und zwar entweder von der Stempelseite oder von Reservoiren innerhalb des Stempels aus. Bei der Flüssigkeit kann es sich um ein Duromer, ein keramisches Sol-Gel oder Suspensionen aus festen Stoffen

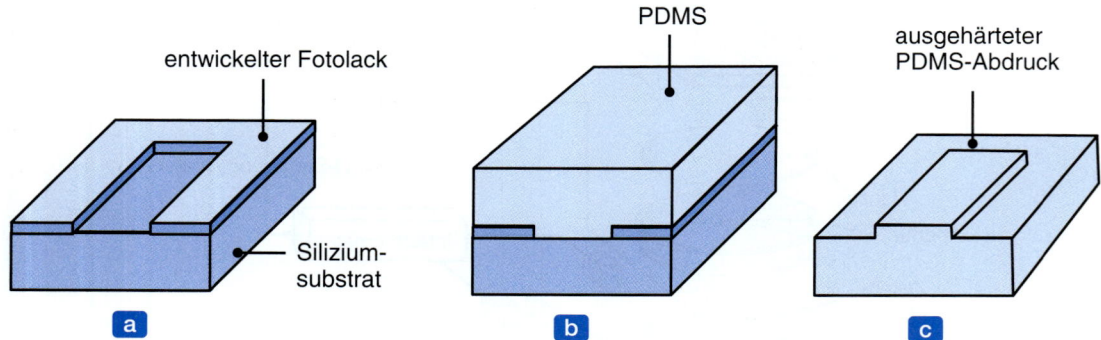

Abbildung 13.15: Schritte bei der Herstellung einer Form aus Polydimethylsiloxan (PDMS) für die weiche Lithographie: (a) Eine Schicht aus entwickeltem Fotolack wird durch konventionelle Lithographie hergestellt (siehe Abbildung 13.13). (b) Ein PDMS-Stempel wird über den Fotolack gegossen. (c) Der PDMS-Stempel wird vom Substrat abgeschält. Der Stempel ist umgedreht dargestellt, um die Details der Oberflächenreplikation zu zeigen. Das Modell von (a) kann mehrere Male verwendet werden. Nach Y. Xia und G.M. Whitesides.

13.7 Lithographie

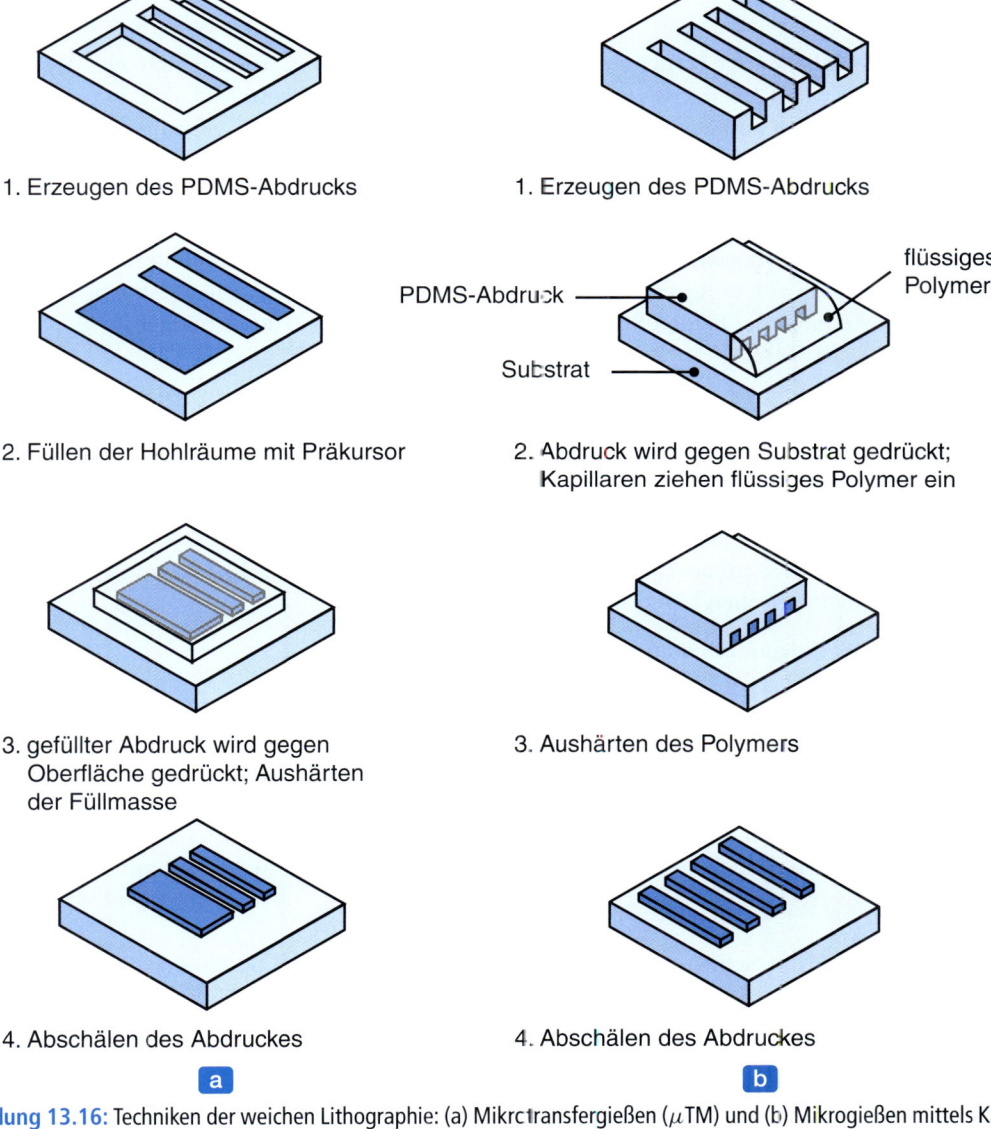

Abbildung 13.16: Techniken der weichen Lithographie: (a) Mikrotransfergießen (μTM) und (b) Mikrogießen mittels Kapillaren (MIMIC). Nach Y. Xia und G.M. Whitesides.

in flüssigen Lösungsmitteln handeln. Sofern das Seitenverhältnis des Kanals mittlere Werte aufweist, lässt sich eine gute Replikation des Musters erreichen. Die praktisch zulässigen Kanalabmessungen hängen von der verwendeten Flüssigkeit ab. Nach dem MIMIC-Verfahren wurden bereits Vollpolymer-Feldeffekttransistoren und -Dioden hergestellt. Außerdem hat das Verfahren verschiedene Anwendungen bei Sensoren.

13.8 Ätzen

Beim **Ätzen** werden vollständige Schichten oder bestimmte Abschnitte von Schichten oder des Substrats abgetragen. Eines der wichtigsten Kriterien in diesem Prozess ist die **Selektivität**, d. h. die Fähigkeit, ein Material zu ätzen ohne ein anderes anzugreifen. Die Tabellen 13.2 und 13.3 geben eine Zusammenfassung der Ätzverfahren an. In der Siliziumtechnologie muss ein Ätzverfahren die Siliziumdioxidschicht effektiv ätzen können und dabei das zugrunde liegende Silizium oder den Fotolack nur minimal entfernen. Außerdem müssen in Polysilizium und Metalle schmale Gräben mit senkrechten Wänden geätzt werden, wobei die darunterliegende Isolatorschicht nur minimal entfernt werden darf. Typische Ätzgeschwindigkeiten reichen von einigen zehn bis mehreren Tausend nm/min. Die *Selektivitäten* (definiert als Verhältnis der Ätzraten der beiden Schichten) können von 1 : 1 bis 100 : 1 reichen.

13.8.1 Nassätzen

Beim *Nassätzen* werden die Wafer in eine flüssige – üblicherweise säurehaltige – Lösung getaucht. Nachteilig bei den meisten Nassätzverfahren ist, dass sie *isotrop* arbeiten, d. h. gleichzeitig in alle Richtungen des Werkstücks mit der gleichen Rate ätzen. Dieser Zustand resultiert in Unterätzungen (Hinterschneidungen) unterhalb des Maskenmaterials (siehe zum Beispiel ▶ Abbildung 13.17a) und verringert somit die Auflösung der geometrischen Merkmale im Substrat.

Effektives Ätzen setzt Folgendes voraus:

1. Transport des Ätzmittels zur Oberfläche;
2. Eine chemische Reaktion, um Material zu entfernen;
3. Abtransport der Reaktionsprodukte von der Oberfläche;
4. Fähigkeit, den Ätzvorgang schnell anzuhalten (Ätzstopp), um hochqualitative Musterübertragung zu gewährleisten. Hierfür dient normalerweise eine darunterliegende Schicht mit hoher Selektivität.

Wenn der erste oder dritte Schritt die Geschwindigkeit des Verfahrens beschränkt, können Bewegen oder Rühren der Lösung die Ätzgeschwindigkeiten erhöhen (siehe auch Abbildung 9.26a). Begrenzt der zweite Schritt die Prozessgeschwindigkeit, hängt die Ätzrate stark von der Temperatur, dem Ätzmaterial und der Lösungszusammensetzung ab. Zuverlässiges Ätzen setzt demnach sowohl gute Temperaturführung als auch reproduzierbare Rührmöglichkeiten voraus.

Isotrope Ätzmittel sind für die folgenden Prozeduren gebräuchlich:

1. Beseitigen von beschädigten Oberflächen;
2. Abrunden scharfkantiger Ecken, um Spannungskonzentrationen zu vermeiden;
3. Verringern der Rauigkeit nach anisotropem Ätzen;
4. Erzeugen von Strukturen in Einkristallscheiben;
5. Auswerten von Defekten.

13.8 Ätzen

Tabelle 13.2: Vergleich von Ätzraten

Ätzmittel	Zielmaterial	Ätzrate (nm/min)[a]							
		Polysilizium n^+	Polysilizium undotiert	SiO_2	Siliziumnitrid	Phosphorsilikatglas, geglüht	Aluminium	Titan	Fotolack (OCG-820PR)
Nassätzmittel									
Konz. Flusssäure (49 %)	Siliziumoxid	0	–	2300	14	3600	4,2	>1000	0
$HF:H_2O = 25:1$	Siliziumoxid	0	0	9,7	0,6	150	–	–	0
pHF[b] (5:1) (33 % NH_4F, 8,3 % HF)	Siliziumoxid	9	2	100	0,9	440	140	>1000	0
Siliziumätzmittel (126 HNO_3 : 60 H_2O : 5 NH_4F)	Silizium	310	100	9	0,2	170	400	300	0
Aluminiumätzmittel (16 H_3PO_4 : 1 HNO_3 : 1 HAc : 2 H_2O)	Aluminium	<1	<1	0	0	<1	660	0	0
Titanätzmittel (20 H_2O : 1 H_2O_2 : 1 HF)	Titan	1,2	–	12	0,8	210	>10	880	0
Piranha (50 H_2SO_4 : 1 H_2O_2)	Entfernen von Metallen und organ. Stoffen	0	0	0	0	0	180	240	>10
Aceton ((CH_3)$_2$CO)	Fotolack	0	0	0	0	0	0	0	>4000
Trockenätzmittel									
$CF_4 + CHF_3$ + He, 450 W	Siliziumoxid	190	210	470	180	620	–	>1000	220
SF_6 + He, 100 W	Siliziumnitrid	73	67	31	82	61	–	>1000	69
SF_6, 125 W	Siliziumnitrid (dünne Schicht)	170	280	110	280	140	–	>1000	310
O_2, 400 W	Veraschung Fotolack	0	0	0	0	0	0	0	340

Anmerkungen:
[a] Ätzraten gelten für frische Ätzlösungen und bei Raumtemperatur. Die wahren Ätzraten hängen von der Temperatur und dem Zustand der Ätzlösung, von der belichteten Filmfläche, der Reinheit und Mikrostruktur des Films und der Anwesenheit anderer Materialien ab.
[b] Gepufferte Flusssäure.
Nach K. Williams und R. Muller, *J. Microelectromechanical Systems*, 5, 1996, S. 256–269.

13 Fertigung von mikroelektronischen, mikromechanischen und mikroelektromechanischen Bauteilen

Tabelle 13.3: Eigenschaften von Siliziumätzoperationen

	Temperatur (°C)	Ätzrate (μm/min)	{111}/{100} Selektivität	Nitridätzrate (nm/min)	SiO_2-Ätzrate (nm/min)	p^{++}-Ätzstopp
Nassätzen						
$HF : HNO_3 : CH_3COOH$	25	1–20	–	Niedrig	10–30	Nein
KOH	70–90	0,5–2	100 : 1	<1	10	Ja
Ethylendiamin-Pyrokatechol (EDP)	115	0,75	35 : 1	0,1	0,2	Ja
$N(CH_3)_4OH$ (TMAH)	90	0,5–1,5	50:1	<0,1	<0,1	Ja
Trocken(Plasma)ätzen						
SF_6	0–100	0,1–0,5	–	200	10	Nein
SF_6/C_4F_8 (DRIE) Reaktions-Ionentiefätzen	20–80	1–3	–	200	10	Nein

Nach N. Maluf, *An Introduction to Microelectromechanical Systems Engineering*, Artech House, 2000.

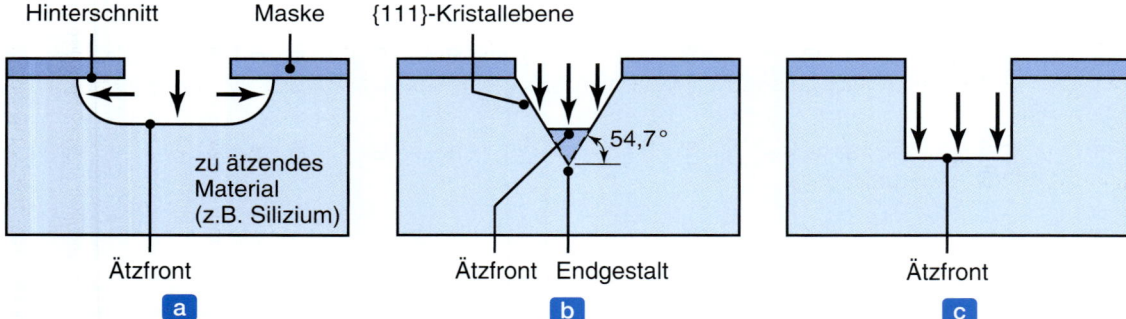

Abbildung 13.17: Richtungsabhängigkeit des Ätzangriffs. (a) Isotropes Ätzen: Der Ätzangriff erfolgt horizontal und vertikal etwa mit der gleichen Geschwindigkeit. Dadurch entsteht ein signifikanter Hinterschnitt der Maske. (b) Orientierungsabhängiger Ätzangriff: Der vertikale Ätzangriff kommt an {111}-Ebenen zum Erliegen. Der Hinterschnitt der Maske ist minimal. (c) Vertikales Ätzen: Der Ätzangriff erfolgt nur vertikal. Auch hier ist der Hinterschnitt der Maske sehr gering.

Mikroelektronische Bauelemente und MEMS (siehe Abschnitte 13.14 bis 13.16) erfordern eine präzise Bearbeitung der Strukturen. Dies geschieht über Maskierung, die mit isotropen Ätzmitteln eine Herausforderung darstellt. Die verwendeten starken Säuren (a) ätzen aggressiv (bei einer Rate bis zu 50 μm/min mit einem Ätzmittel aus 66 % Salpetersäure (HNO_3) und 34 % Flusssäure (HF), wobei aber Ätzraten von 0,1 bis 1 μm/s typischer sind) und (b) erzeugen abgerundete Hohlräume. Da die Ätzrate außerdem sehr empfindlich auf Badbewegungen reagiert, sind laterale und vertikale Strukturelemente schwierig zu realisieren.

Die Größe der Strukturelemente in einer integrierten Schaltung bestimmt ihre Leistung. Daraus leitet sich die Notwendigkeit ab, präzise und äußerst kleine Strukturen herzustellen. Aufgrund der schlechten

13.8 Ätzen

Definition, die aus Unterätzung der Masken resultiert, lassen sich solche kleinen Elemente jedoch nicht durch isotropes Ätzen realisieren.

Um **anisotropes Ätzen** handelt es sich, wenn das Ätzen stark von der Zusammensetzung oder von strukturellen Variationen im Material abhängig ist. Es gibt zwei grundlegende Arten für anisotropes Ätzen: *orientierungsabhängiges Ätzen* und *vertikales Ätzen*. Vertikales Ätzen erfolgt in der Regel mit trockenen Plasmen, wie sie Abschnitt 13.8.2 beschreibt. Orientierungsabhängiges Ätzen tritt in einem Einkristall auf, wenn der Ätzangriff mit unterschiedlichen Geschwindigkeiten bei verschiedenen Richtungen stattfindet, wie Abbildung 13.17b zeigt. Wird orientierungsabhängiges Ätzen ordnungsgemäß durchgeführt, erzeugen die Ätzmittel geometrische Formen mit Wänden, die durch die Kristallebenen definiert werden, die den Ätzmitteln widerstehen. Zum Beispiel ist in ▶ Abbildung 13.18 die vertikale Ätzgeschwindigkeit für Silizium als Funktion der Temperatur dargestellt. Wie aus der Abbildung hervorgeht, ist die Ätzgeschwindigkeit parallel zu jeder der ⟨111⟩-Kristallrichtungen um mehr als eine Größenordnung niedriger als parallel zu den beiden anderen vermessenen Richtungen. Somit lassen sich genau definierte Wände erzielen, die parallel zu irgendeiner ⟨111⟩-Kristallrichtung liegen.

Das **Anisotropieverhältnis** für das Ätzen ist definiert als

$$AV = \frac{E_1}{E_2}, \qquad (13.4)$$

wobei E die Ätzgeschwindigkeit angibt und sich die Indizes auf die beiden interessierenden Kristallrichtungen beziehen. Wie bereits erwähnt, bezieht sich die Selektivität auf die Ätzgeschwindigkeiten zwischen den betreffenden Materialien. Das Anisotropieverhältnis ist 1 für isotrope Ätzmittel und kann bis zu 400:200:1 für die {110}-, {100}- und {111}-Ebenen des Siliziums erreichen. Die {111}-Ebenen werden immer am langsamsten geätzt. Die Ätzgeschwindigkeiten der Ebenen {100} und {110} lassen sich aber durch die Ätzmittelchemie steuern.

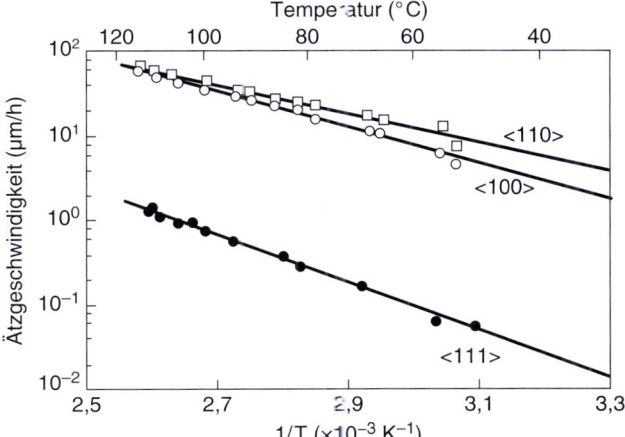

Abbildung 13.18: Ätzgeschwindigkeit von Silizium in Abhängigkeit der kristallografischen Orientierung in einer wässrigen Lösung aus Ethylendiamin-Pyrokatechol. Nach H. Seidel et al., *J. Electrochemical Society*, 1990, S. 3612.

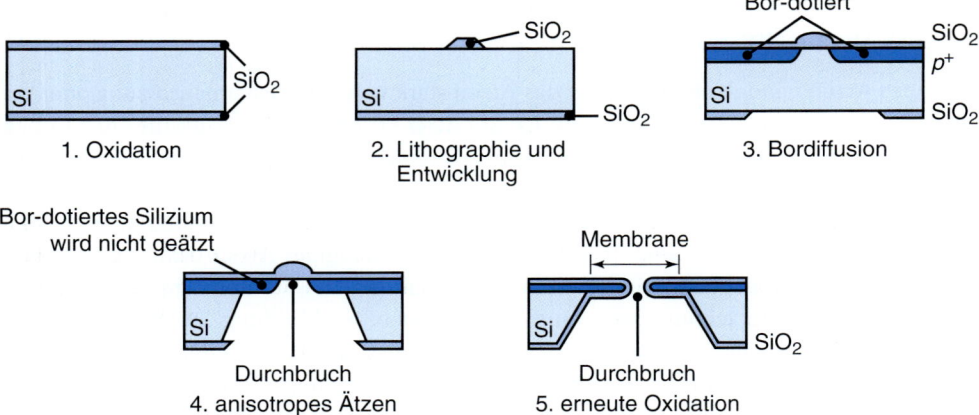

Abbildung 13.19: Anbringen einer Ätzbarriere (p^{++}-Ätzstopp) aus Bor und Hinterätzen, um eine Membran und einen Durchbruch zu gestalten. Nach I. Brodie und J.J. Murray.

Maskieren ist auch beim anisotropen Ätzangriff ein wichtiger Aspekt. Allerdings ist Siliziumoxid aus verschiedenen Gründen als Maskierungswerkstoff dafür weniger gut als beim isotropen Ätzen geeignet. Anisotropes Ätzen ist langsamer als isotropes Ätzen (typischerweise 3 µm/min), sodass anisotropes Ätzen durch einen Wafer mehrere Stunden dauern kann. Siliziumoxid kommt als Maske praktisch nicht infrage, da es zu schnell weggeätzt wird. Somit ist gegebenenfalls eine hochdichte Siliziumnitridmaske notwendig.

Oftmals ist es wichtig, den Ätzangriff schnell anzuhalten (**Ätzstopp**). Diese Situation ist typischerweise der Fall, wenn dünne Membranen herzustellen sind oder wenn Elemente mit sehr genauen Dicken benötigt werden. Konzeptionell lässt sich diese Aufgabe realisieren, indem der Wafer aus der Ätzlösung genommen wird. Allerdings hängt Ätzen zu einem großen Teil von der Fähigkeit ab, frische Ätzstoffe an die gewünschten Stellen zu bringen. Da die Zirkulation über der Wafer-Oberfläche variiert, würde diese Strategie zum Anhalten des Ätzvorgangs zu großen Variationen in der Ätztiefe führen.

Der gebräuchlichste Ansatz, einheitliche Elementgrößen über einem Wafer herzustellen, ist die Verwendung eines Bor-Ätzstopps, wobei eine Borschicht in das Silizium diffundiert oder implantiert wird. Gebräuchliche Ätzstopps erhält man zum Beispiel mit einer Bor-dotierten Schicht unterhalb des Siliziums und mit Siliziumoxid (SiO_2) unterhalb von Siliziumnitrid (Si_3N_4). Da anisotrope Ätzmittel das mit Bor dotierte Silizium nicht so aggressiv angreifen wie undotiertes Silizium, lassen sich Oberflächenelemente oder Membranen durch Hinterätzen erzeugen. ▶ Abbildung 13.19 zeigt ein Beispiel für das Konzept eines Bor-Ätzstopps.

Es sind zahlreiche Ätzrezepturen entwickelt worden. Die folgenden Punkte geben eine Übersicht über einige der gebräuchlichen Nassätzmittel:

1 Siliziumdioxid wird häufig mit Flusssäure-Lösungen (HF) geätzt. Die treibende chemische Reaktion beim reinen HF-Ätzen lautet:

$$SiO_2 + 6HF \rightarrow H_2SiF_6 + 2H_2O \,. \tag{13.5}$$

Allerdings ist es eher selten, dass Siliziumdioxid allein durch die Reaktion gemäß Gleichung (13.5) geätzt wird. Flusssäure ist eine schwache Säure und dissoziiert im Wasser nicht vollständig in Wasserstoff- und Fluorionen. In Flusssäure gibt es zusätzlich das Ion HF_2^-, das Siliziumoxid etwa 4,5-mal schneller als HF allein angreift. Die Reaktion in Verbindung mit dem HF_2^--Ion lautet:

$$SiO_2 + 2HF_2^- + H^+ \rightarrow SiF_6^{2-} + 2H_2O \ . \tag{13.6}$$

Der pH-Wert der Ätzlösung ist entscheidend, da säurehaltige Lösungen ausreichend Wasserstoffionen enthalten, um die HF_2^--Ionen in HF-Ionen zu dissoziieren. Wenn HF und HF_2^- verbraucht werden, nimmt die Ätzrate ab. Aus diesem Grund hält ein Puffer aus Ammoniumfluorid (NH_4F) den pH-Wert aufrecht und somit auch die Konzentrationen von HF und HF_2^- konstant, was die Ätzgeschwindigkeit stabilisiert. Eine derartige Ätzlösung wird als *gepufferte Flusssäure* oder *gepuffertes Oxidätzmittel* bezeichnet. Die Reaktion sieht damit folgendermaßen aus

$$SiO_2 + 4HF + 2NH_4F \rightarrow (NH_4)_2 SiF_6 + 2H_2O \ . \tag{13.7}$$

2. Siliziumnitrid wird mit Phosphorsäure (H_3PO_4) bei üblicherweise erhöhten Temperaturen von 160 °C geätzt. Die Ätzgeschwindigkeit von Phosphorsäure nimmt mit dem Wassergehalt ab, sodass ein *Rückflusssystem* eingesetzt wird, um kondensierten Wasserdampf in die Lösung zurückzuführen und eine konstante Ätzgeschwindigkeit zu erhalten.

3. Beim Ätzen von Silizium verwendet man oftmals Mischungen von Salpetersäure (HNO_3) und Flusssäure (HF). Diese Säuren lassen sich mit Wasser verdünnen. Der bevorzugte Puffer ist Essigsäure, da sie das Oxidationsvermögen von HNO_3 bewahrt. Der Ätzvorgang lässt sich vereinfachend so beschreiben, dass die Salpetersäure das Silizium oxidiert und dann die Flusssäure das Siliziumoxid entfernt. Dieser zweistufige Prozess stellt ein häufiges Konzept für die chemische Bearbeitung von Metallen dar (siehe Abschnitt 9.10). Die Gesamtreaktion lautet

$$18HF + 4HNO_3 + 3Si \rightarrow 3H_2SiF_6 + 4NO + 8H_2O \ . \tag{13.8}$$

Die Ätzrate wird durch das Entfernen des Siliziumoxids begrenzt. Demzufolge wird normalerweise ein Ammoniumfluorid-Puffer verwendet, um die Ätzraten aufrechtzuerhalten.

Beispiel 13.1 **Herstellen eines *p*-leitenden Bereichs in *n*-leitendem Silizium**

Es soll ein *p*-leitender Bereich in einer Probe aus *n*-leitendem Silizium erzeugt werden. Zeichnen Sie Querschnitte der Probe für die einzelnen Verfahrensschritte, mit denen diese Aufgabe realisiert wird.

Lösung: Das Ergebnis ist in ▶ Abbildung 13.20 dargestellt. Dieses einfache Bauelement ist eine sogenannte *pn-Diode* bzw. ein *pn-Übergang*. Die physikalische Funktionsweise des *pn*-Übergangs bildet die Grundlage für die meisten Halbleiterbauelemente.

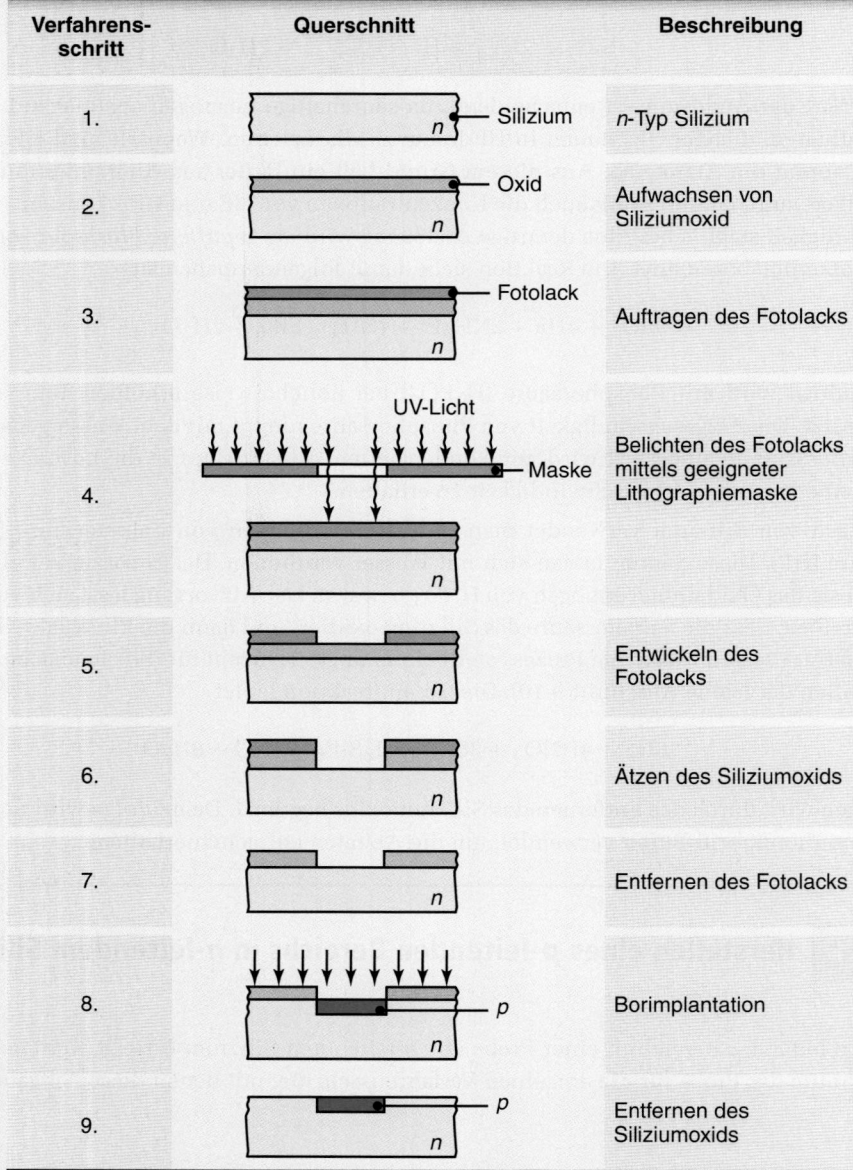

Abbildung 13.20: Schritte bei der Herstellung eines *p*-leitenden Bereichs in *n*-leitendem Silizium.

4. Anisotropes Ätzen oder orientierungsabhängiges Ätzen von Einkristall-Silizium ist mit Lösungen aus Kaliumhydroxid möglich, obwohl auch andere Ätzmittel verwendet werden. Die Reaktion lautet

$$\text{Si} + 2\text{OH}^- + 2\text{H}_2\text{O} \rightarrow \text{SiO}_2(\text{OH})_2^{2-} + 2\text{H}_2 \, . \tag{13.9}$$

Bei dieser Reaktion muss Kalium nicht als Quelle für OH^--Ionen fungieren. KOH greift Ebenen vom Typ {111} wesentlich langsamer als andere Kristallebenen an. Manchmal wird den KOH-Lösungen Isopropanol zugesetzt, um die Ätzraten zu senken und die Gleichförmigkeit des Ätzens zu erhöhen. Außerdem ist KOH äußerst wertvoll, da es das Ätzen anhält, wenn es mit einem sehr stark dotierten p-leitenden Material in Kontakt kommt (Bor-Ätzstopp; siehe Abbildung 13.19).

5. Aluminium wird mit einer Lösung geätzt, die in der Regel aus 80 % Phosphorsäure (H_3PO_4), 5 % Salpetersäure (HNO_3), 5 % Essigsäure (CH_3COOH) und 10 % Wasser besteht. Zuerst oxidiert die Salpetersäure das Aluminium und das Oxid wird dann durch die Phosphorsäure und Wasser entfernt.

6. Das Reinigen von Wafern ist durch *Piranha-Lösungen* möglich, die seit Jahrzehnten gebräuchlich sind. Diese Lösungen bestehen aus heißen Mischungen von Schwefelsäure (H_2SO_4) und Wasserstoffperoxid (H_2O_2). Piranha-Lösungen schälen Fotolack und andere organische Beschichtungen ab und entfernen Metalle auf der Oberfläche, beeinflussen aber nicht Siliziumdioxid oder Siliziumnitrid, sodass es sich um eine ideale Reinigungslösung handelt. Reines Silizium bildet eine dünne Schicht von wasserhaltigem Siliziumoxid, das durch ein kurzes Eintauchen in Flusssäure entfernt wird.

7. Obwohl sich Fotolack durch Piranha-Lösungen entfernen lässt, wird stattdessen für diesen Zweck meistens Azeton verwendet. Azeton zersetzt den Fotolack, wobei aber zu beachten ist, dass es bei übermäßiger Erwärmung des Fotolacks während eines Verfahrensschritts erheblich schwieriger wird, den Lack mit Azeton zu entfernen. In einem derartigen Fall lässt sich der Fotolack durch Plasmaveraschung beseitigen.

13.8.2 Trockenätzen

Moderne integrierte Schaltungen werden ausschließlich durch *Trockenätzen* hergestellt, wobei chemische Reagenzien in einem System mit geringem Druck verwendet werden. Im Unterschied zum oben beschriebenen Nassätzen kann das Trockenätzen stärker gerichtet arbeiten, was in stark anisotropen Ätzprofilen resultiert (Abbildung 13.17c). Darüber hinaus erfordert das Trockenätzen lediglich eine kleine Menge der reagierenden Gase, während die beim Nassätzen verwendeten Lösungen regelmäßig zu erneuern sind. Beim Trockenätzen ist normalerweise ein Plasma im Spiel oder eine Entladung in Bereichen hoher elektrischer und magnetischer Felder. Vorhandene Gase werden dissoziiert, um Ionen, Elektronen oder stark reaktive Moleküle zu bilden.

Es gibt mehrere spezielle Trockenätztechniken:

1. **Sputter-Ätzen** entfernt Material durch Beschuss mit Edelgasionen – normalerweise Ar^+. Das Gas wird mithilfe einer Katode und einer Anode ionisiert (▶ Abbildung 13.21). Bei einem Siliziumwafer als Target (Ziel) bewirkt die Impulsübertragung, die mit dem Beschuss der Atome verbunden ist,

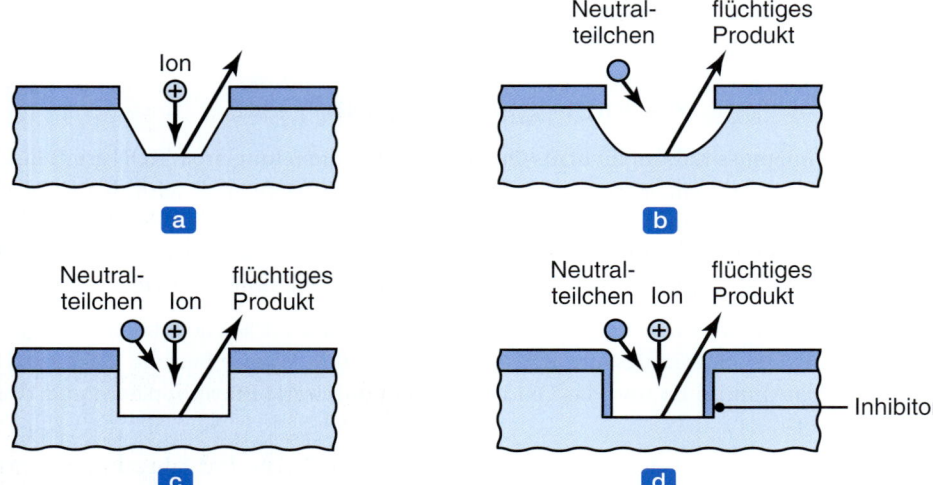

Abbildung 13.21: Herstellbare Oberflächentopografien durch verschiedene Trockenätzverfahren: (a) Sputtern, (b) chemisches Ätzen, (c) ionenverstärktes Ätzen, (d) ionenverstärktes Inhibitor-Ätzverfahren. Nach M. Madou.

dass Bindungen aufbrechen und Material ausgeschleudert (gesputtert) wird. Wenn der Siliziumchip das Substrat ist, wird das Material des Targets auf dem Silizium abgelagert. Beim Sputter-Ätzen sind unter anderem folgende Punkte zu beachten:

a. Das ausgeworfene Material kann erneut auf dem Target abgeschieden werden, was vor allem bei großen Seitenverhältnissen der Fall ist.
b. Sputter-Ätzen ist nicht materialselektiv. Die meisten Werkstoffe sputtern bei etwa der gleichen Geschwindigkeit. Maskieren ist deshalb schwierig.
c. Sputter-Ätzen ist langsam – die Ätzraten sind auf einige zehn nm/min begrenzt.
d. Sputtern kann Schäden im Material oder übermäßige Erosion verursachen.
e. Der Fotolack ist schwer zu entfernen.

2 Reaktives Plasmaätzen bzw. *trockenes chemisches Ätzen* arbeitet mit Chlor- oder Fluorionen (die durch Hochfrequenzanregung erzeugt werden) und anderen Molekülarten, die in das Substrat diffundieren und chemisch mit dem Substrat reagieren. Die entstehende flüchtige Verbindung wird durch ein Vakuumsystem entfernt. ▶ Abbildung 13.22a stellt das reaktive Plasmaätzen schematisch dar. Hier werden reaktive Partikel wie zum Beispiel CF_4 produziert, die beim Auftreffen von energiereichen Elektronen dissoziieren und Fluoratome erzeugen (Schritt 1). Die reaktiven Partikel diffundieren dann zur Oberfläche (Schritt 2), werden adsorbiert (Schritt 3) und reagieren chemisch, um eine flüchtige Verbindung zu bilden (Schritt 4). Das Reagens desorbiert dann von der Oberfläche (Schritt 5) und diffundiert in den Gasraum, wo es durch das Vakuumsystem entfernt wird.

Manche Reagenzien polymerisieren auf der Oberfläche und müssen ebenso entfernt werden, was entweder mit Sauerstoff im Plasmareaktor oder durch externe Veraschung geschehen kann. Die elektrische Ladung der reaktiven Partikel reicht nicht aus, um Schäden durch Einschlag auf der Oberfläche hervorzurufen, sodass kein Sputtern auftritt. Der Ätzangriff ist somit isotrop und die

Maske wird unterätzt (Abbildung 13.17a). Tabelle 13.2 gibt für einige der gebräuchlicheren Trockenätzmittel das Zielmaterial und typische Ätzraten an.

3. **Physikalisch-chemisches Ätzen:** Prozesse wie *reaktives Ionenstrahlätzen* (*reactive ion beam etching*, RIBE) und *chemisch unterstütztes Ionenstrahlätzen* (*chemically assisted ion beam etching*, CAIBE) kombinieren die Vorteile von physikalischem und chemischem Ätzen. Obwohl diese Verfahren chemisch reaktive Partikel verwenden, um Material zu entfernen, werden sie physikalisch durch das Auftreffen von Ionen auf der Oberfläche unterstützt. Beim auch als *Reaktionsionentiefätzen* (*deep reactive ion etching*, DRIE) bezeichneten RIBE-Verfahren lassen sich vertikale Gräben von mehreren Hundert Mikrometern Tiefe erzeugen, indem der Ätzvorgang periodisch unterbrochen

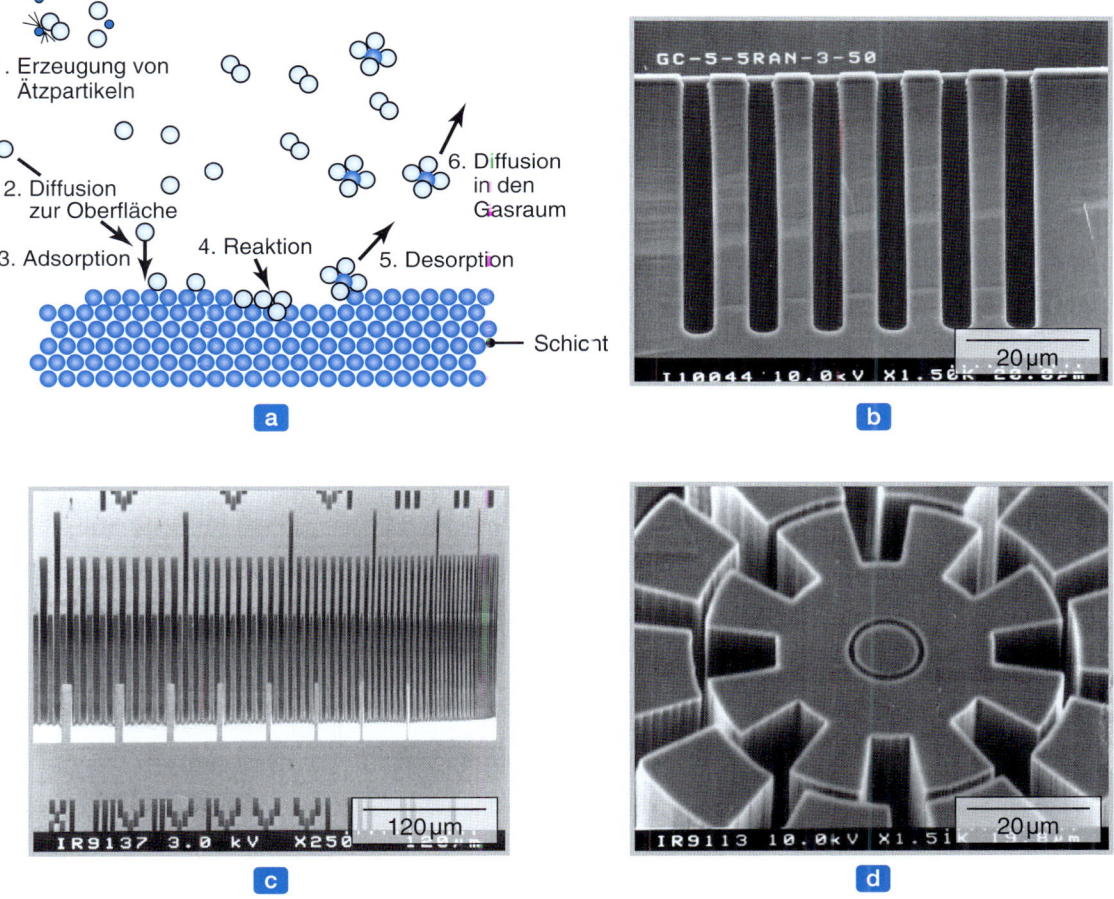

Abbildung 13.22: (a) Schematische Darstellung des reaktiven Plasmaätzens. (b) Tiefer Graben, der durch reaktives Plasmaätzen erzeugt wurde. Deutlich sind die periodisch auftretenden Hinterschnitte zu erkennen. (c) Nahezu senkrechte Seitenwände, die mittels DRIE (Reaktionsionentiefätzen) und einem anisotropen Ätzprozess hergestellt wurden. (d) Ein Beispiel für das Tieftemperatur-Trockenätzen. Gezeigt sind 145 μm tiefe Strukturen in Silizium, welches zuvor mit einer 2 μm dicken Maske aus Oxid bedeckt wurde. Die Substrattemperatur während des Ätzens betrug −140 °C. (a) Nach M. Madou.

und eine Polymerschicht abgelagert wird. Wenn dieses Verfahren mit einem isotropen Trockenätzprozess durchgeführt wird, ergeben sich Seitenwände mit periodischen Hinterschnitten, wie sie in Abbildung 13.22b dargestellt sind. Anisotropes DRIE kann nahezu senkrechte Seitenwände erzeugen (Abbildung 13.22c).

Bei CAIBE kann Ionenbeschuss das trockene chemische Ätzen wie folgt unterstützen:

a. Die Oberfläche reaktiver machen;
b. Die Oberfläche von Reaktionsprodukten reinigen und den chemisch reaktiven Partikeln Zugang zu den gesäuberten Bereichen ermöglichen;
c. Die Energie bereitstellen, um die chemischen Oberflächenreaktionen anzutreiben. Allerdings wird das Ätzen größtenteils von den neutralen Partikeln übernommen.

Physikalisch-chemisches Ätzen ist äußerst nützlich, da der Ionenbeschuss gerichtet erfolgt, sodass das Ätzen anisotrop verläuft. Außerdem ist die Energie durch den Ionenbeschuss gering und trägt nicht signifikant zum Entfernen der Maske bei. Dadurch ist es möglich, nahezu senkrechte Wände mit sehr großen Seitenverhältnissen herzustellen. Da der Ionenbeschuss das Material nicht direkt entfernt, können Masken verwendet werden.

4 **Tieftemperatur-Trockenätzen:** Mit diesem Verfahren lassen sich konzeptionell sehr tiefe Strukturen mit senkrechten Wänden erzeugen. Das Werkstück wird auf tiefe Temperaturen abgekühlt und mit chemisch unterstütztem Ionenstrahlätzen bearbeitet. Die tiefen Temperaturen stellen sicher, dass die Energie für eine chemische Reaktion nicht ausreicht, sofern der Ionenbeschuss senkrecht zur Oberfläche erfolgt. Schräges Auftreffen wie es beispielsweise auf Seitenwände in tiefen Spalten auftritt, kann die chemischen Reaktionen nicht antreiben. Demzufolge lassen sich sehr glatte senkrechte Wände herstellen, wie Abbildung 13.22d zeigt.

Da Trockenätzen nicht selektiv arbeitet, können Ätzstopps nicht direkt angewendet werden. Trockenätzreaktionen müssen beendet werden, wenn die Zielschicht entfernt ist. Oftmals wird mithilfe optischer Emissionsspektroskopie der „Endpunkt" einer Reaktion bestimmt. Durch Filter lässt sich die Wellenlänge des bei einer bestimmten Reaktion emittierten Lichts erfassen. An der Ätzposition ist eine merkliche Änderung der Lichtintensität festzustellen.

Beispiel 13.2 **Vergleich von Nass- und Trockenätzen**

Auf einem ⟨100⟩-Wafer wird eine Oxidmaske aufgebracht, um quadratische oder rechteckige Löcher zu erzeugen. Wie ▶ Abbildung 13.23 zeigt, sind die Seiten der quadratischen Maske genau in der ⟨110⟩-Richtung (siehe Abbildung 13.7) der Wafer-Oberfläche orientiert. Beschreiben Sie die möglichen Lochgeometrien, die sich durch Ätzen produzieren lassen.

Lösung: Isotropes Ätzen ergibt den in Abbildung 13.23a gezeigten Hohlraum. Da der Ätzangriff bei konstanten Raten in alle Richtungen erfolgt, entsteht ein abgerundeter Hohlraum mit unterätzter Maske. Ein orientierungsabhängiger Ätzangriff liefert den in Abbildung 13.23b gezeigten Hohlraum.

Da das Ätzen in den ⟨100⟩- und ⟨110⟩-Richtungen wesentlich schneller abläuft als in einer der ⟨111⟩-Richtungen, entstehen Seitenwände, die durch die {111}-Ebenen definiert sind. Diese Seitenwände schließen mit der Oberfläche einen Winkel von 54,74° ein.

Die Wirkung einer größeren Maske oder kürzeren Ätzzeit ist in Abbildung 13.23c dargestellt. Die resultierende Vertiefung ist durch ⟨111⟩-Seitenwände und einen Boden in der ⟨100⟩-Richtung parallel zur Oberfläche definiert. Abbildung 13.23d zeigt eine Maske mit rechteckiger Öffnung und das resultierende Loch. Reaktives Ionentiefätzen ist in Abbildung 13.23e dargestellt. An den Seitenwänden des Lochs wird regelmäßig eine Polymerschicht abgelagert, um tiefe Taschen zu ermöglichen. Allerdings ist eine Bogenbildung (in der Abbildung stark übertrieben) nicht vermeidbar. Ein durch chemisches reaktives Ionenätzen erzeugtes Loch ist in Abbildung 13.23f zu sehen.

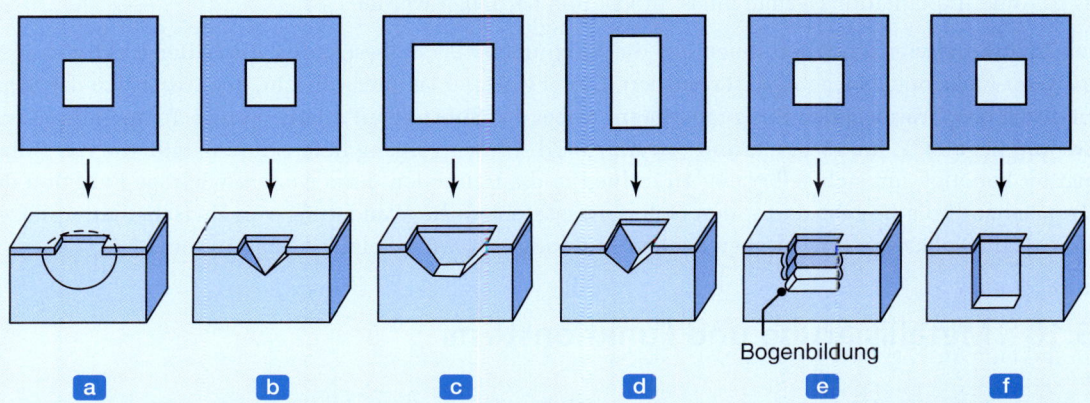

Abbildung 13.23: Verschiedene Lochformen, die mittels einer Lochmaske erzeugt werden können: (a) Isotropes (Nass-)Ätzen, (b) orientierungsabhängiges Ätzen, (c) orientierungsabhängiges Ätzen eines größeren Lochs als in (b), (d) orientierungsabhängiges Ätzen eines rechteckigen Lochs, (e) reaktives Ionentiefätzen, (f) senkrechtes Ätzen. Nach M. Madou.

13.9 Diffusion und Ionenimplantation

Wie Abschnitt 13.3 festgestellt hat, hängt die Funktionsweise von mikroelektronischen Bauelementen von Bereichen unterschiedlicher Dotierungsarten und -konzentrationen ab. Der elektrische Charakter dieser Bereiche lässt sich durch Einbringen von Dotanden in das Substrat ändern, was durch *Diffusion* und *Ionenimplantation* geschieht. Da viele verschiedene Bereiche der mikroelektronischen Bauelemente zu definieren sind, wird dieser Schritt in der Fertigungssequenz mehrere Male wiederholt.

Bei der **Diffusion** bewegen sich die Atome aufgrund von thermischer Anregung. Dotanden lassen sich in Form einer abgeschiedenen Schicht in das Substrat einbringen oder indem das Substrat einem Dampf, der die Dotierungsquelle enthält, ausgesetzt wird. Dieser Vorgang findet bei erhöhten Temperaturen von üblicherweise 800 bis 1200 °C statt. Die Dotandenbewegung innerhalb des Substrats ist eine Funktion von Temperatur, Zeit und Diffusionskoeffizient (oder Diffusionsvermögen) der Dotandenart sowie von Art und Qualität des Substratwerkstoffs. Gemäß dem Wesen der Diffusion ist die Dotandenkonzentration an der Oberfläche sehr hoch und fällt dann scharf nach innen hin ab.

Um eine einheitlichere Konzentration innerhalb des Substrats zu erhalten, wird der Wafer weiter erwärmt, um die Dotanden tiefer in das Substrat zu transportieren. Die Tatsache, dass Diffusion – ob erwünscht oder unerwünscht – bei hohen Temperaturen immer abläuft, wird ausnahmslos bei darauffolgenden Verarbeitungsschritten berücksichtigt. Der Diffusionsprozess ist zwar relativ kostengünstig, aber auch sehr isotrop.

Die **Ionenimplantation** ist wesentlich teurer und setzt spezialisierte Anlagen voraus (Abbildung 13.8c). In diesem Verfahren werden Ionen in einem Strahl durch eine Hochspannung bis zu 1 Million Volt beschleunigt und der gewünschte Dotand wird dann mithilfe eines magnetischen Massenseparators ausgewählt. Vergleichbar mit den Vorgängen in einer Kathodenstrahlröhre wird der Strahl mithilfe von Ablenkplatten über den Wafer geführt, um eine einheitliche Bedeckung des Substrats zu gewährleisten. Das gesamte Implantationssystem muss im Vakuum betrieben werden.

Die Einwirkung von schnellen Ionen auf die Siliziumoberfläche beschädigt die Gitterstruktur, was in geringerer Elektronenbeweglichkeit resultiert. Dieser Zustand ist unerwünscht, doch lässt sich der Schaden durch eine Wärmebehandlung reparieren, wobei das Substrat auf relativ geringe Temperaturen von etwa 400 bis 800 °C für 15 bis 30 min erwärmt wird. Dieser Vorgang liefert die Energie, die das Siliziumgitter benötigt, um sich selbst neu zu ordnen und auszuheilen. Eine weitere wichtige Funktion der Wärmebehandlung besteht darin, den Dotorierungsatomen die Wanderung von Zwischengitterplätzen auf Wirtsgitterplätze zu ermöglichen (siehe Abbildung 3.9), wo sie elektrisch aktiv sind.

13.10 Metallisierung und Funktionstests

Eine vollständige und funktionelle integrierte Schaltung setzt voraus, dass Bauelemente *zusammengeschaltet* werden – und zwar über mehrere Ebenen hinweg, wie ▶ Abbildung 13.24 zeigt. **Zwischenverbindungen** werden durch Metalle hergestellt, die einen niedrigen elektrischen Widerstand und gute Adhäsion zu dielektrischen (Isolator-)Oberflächen zeigen. Aluminium und Aluminium-Kupfer-Legierungen sind bis heute die gebräuchlichsten Werkstoffe für diesen Zweck in der VLSI-Technologie. Mit zunehmender Miniaturisierung der Bauelemente treten allerdings Fragen der Elektromigration bei Zwischenverbindungen aus Aluminium stärker in den Vordergrund.

Elektromigration bedeutet, dass Metallatome durch die Einwirkung von driftenden Elektronen bei Bedingungen mit hohem Strom physisch bewegt werden. Metalle mit niedrigem Schmelzpunkt wie zum Beispiel Aluminium sind besonders anfällig für Elektromigration. In extremen Fällen kann dies zu unterbrochenen und/oder kurzgeschlossenen Metallleitungen führen. Dieses Problem lässt sich unter anderem mit zusätzlichen Sandwich-Metallschichten aus Wolfram und Titan lösen. In jüngerer Zeit wird hierfür auch reines Kupfer verwendet, das einen geringeren Widerstand aufweist und deutlich besser gegen Elektromigration als Aluminium geeignet ist.

Metalle werden mit standardmäßigen Abscheidungstechniken aufgebracht, die Zwischenverbindungsmuster mit Lithographie- und Ätztechniken realisiert. Moderne integrierte Schaltungen enthalten in der Regel eine bis vier Metallisierungsebenen, wobei jede Metallschicht durch ein Dielektrikum entweder aus Siliziumoxid oder Phosphorsilikatglas isoliert wird. **Planarisierung** (das Erzeugen einer ebenen Oberfläche) dieser Zwischenschicht-Dielektrika ist entscheidend, um Metallkurzschlüsse und Strich-

13.10 Metallisierung und Funktionstests

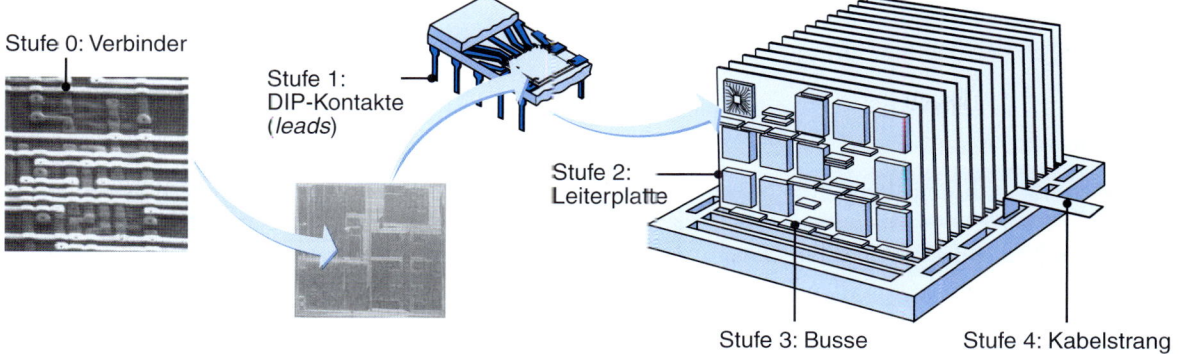

Abbildung 13.24: Verbindungen zwischen Bauteilen entsprechend ihrer Hierarchie in integrierten Schaltungen bzw. Komponenten daraus.

Stufe	Beispiel	Verbindungsmethode
0	Transistor im IC	IC-Metallisierung
1	ICs oder andere diskrete Bauteile	Gehäuseanschlüsse oder Modulverbindungen
2	IC-Gehäuse	Leiterplatte
3	Leiterplatten	Steckverbinder (Busse)
4	Träger oder Gerätegehäuse	Steckverbinder/Kabelstränge
5	System, z.B. Computer	

breitenänderungen der Zwischenverbindung zu verringern. Eine ebene Oberfläche lässt sich durch einen einheitlichen Oxidätzprozess erzeugen, der die Spitzen und Täler der dielektrischen Schicht glättet.

Allerdings hat sich heute als Standard für die Planarisierung hochdichter Zwischenverbindungen das **chemisch-mechanische Polieren** (siehe Abschnitt 9.7) durchgesetzt, das auch als *chemisch-mechanische Planarisierung* bezeichnet wird. Bei diesem Verfahren wird die Wafer-Oberfläche physisch poliert, ähnlich wie bei einer Scheiben- oder Bandschleifmaschine, die die Furchen in einem Stück Holz wegpoliert. Chemisch-mechanisches Polieren kombiniert in der Regel ein schleifendes Medium mit einem polierenden Verbundwerkstoff oder Schlicker und kann einen Wafer innerhalb von 0,03 μm perfekt eben polieren, wobei die Rauigkeit R_q (siehe Abschnitt 4.4) in der Größenordnung von 0,1 nm für einen neuen, blanken Siliziumwafer liegt.

Verschiedene Metallschichten werden mit **Durchkontaktierungen** verbunden und der elektrische Zugang zu den Bauelementen auf dem Substrat durch Kontakte realisiert (▶ Abbildung 13.25). Mit zunehmend kleineren und schnelleren Bauelementen werden Größe und Geschwindigkeit mancher Chips

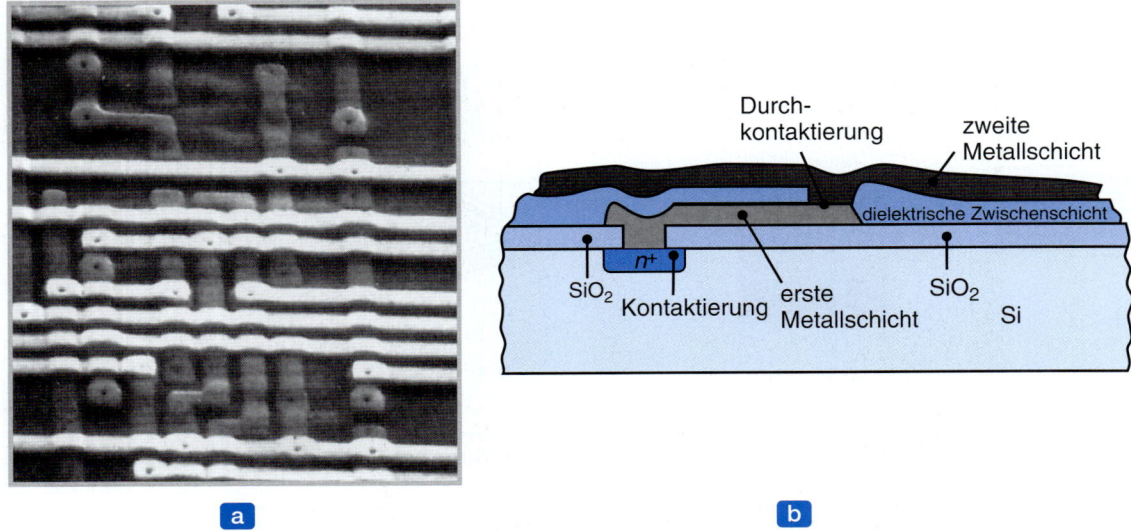

Abbildung 13.25: (a) Rasterelektronenmikroskopische Aufnahme einer metallischen Zwei-Ebenen-Verbindung. Durch die Abbildung mittels Sekundärelektronen und die große Schärfentiefe des REMs werden viele topografische Details dargestellt. Die Breite der metallischen Leiterbahnen beträgt etwa 25 μm. (b) Seitenansicht einer Zwei-Ebenen-Verbindung (schematisch). Nach R.C. Jaeger.

durch den Widerstand der Metallisierung selbst sowie die Kapazität des Dielektrikums und des Transistorgates dominiert. Die Wafer-Verarbeitung schließt mit dem Aufbringen einer *Passivierungsschicht* ab. Diese besteht üblicherweise aus Siliziumnitrid (Si_3N_4), fungiert als Ionenbarriere für Natriumionen und bietet zudem eine ausgezeichnete Kratzfestigkeit.

Im nächsten Produktionsschritt werden die einzelnen Schaltungen auf dem Wafer getestet (▶ Abbildung 13.26). Jeder Chip – auch als **Die** bezeichnet – wird mit einer computergesteuerten Plattform getestet, die nadelartige Sonden enthält, die auf die Bondinseln auf dem Die zugreifen. Bei den Sonden unterscheidet man zwei Formen:

1. **Testmuster oder -strukturen:** Die Sonde (der Tastkopf) misst Teststrukturen oftmals außerhalb des aktiven Dies, die im sogenannten *Ritzrahmen* (dem Leerraum zwischen den Dies) angeordnet sind. Diese Teststrukturen bestehen aus Transistoren und miteinander verbundenen Strukturen, die die Messung verschiedener Größen wie zum Beispiel Widerstand, Kontaktwiderstand und Elektromigration erlauben.
2. **Direkte Untersuchung:** Diese Methode testet alle Bondinseln auf jedem Die.

Die Plattform rastert den Wafer ab und prüft, ob jeder Schaltkreis ordnungsgemäß funktioniert, wobei ein Computer die zeitliche Steuerung der Spannungskurve übernimmt. Wird ein fehlerhafter Chip gefunden, erhält er eine Markierung mit einem Tropfen Tinte (*ink*). Das Testen kann bis zu einem Drittel der Kosten für die Herstellung eines mikrobearbeiteten Teils ausmachen.

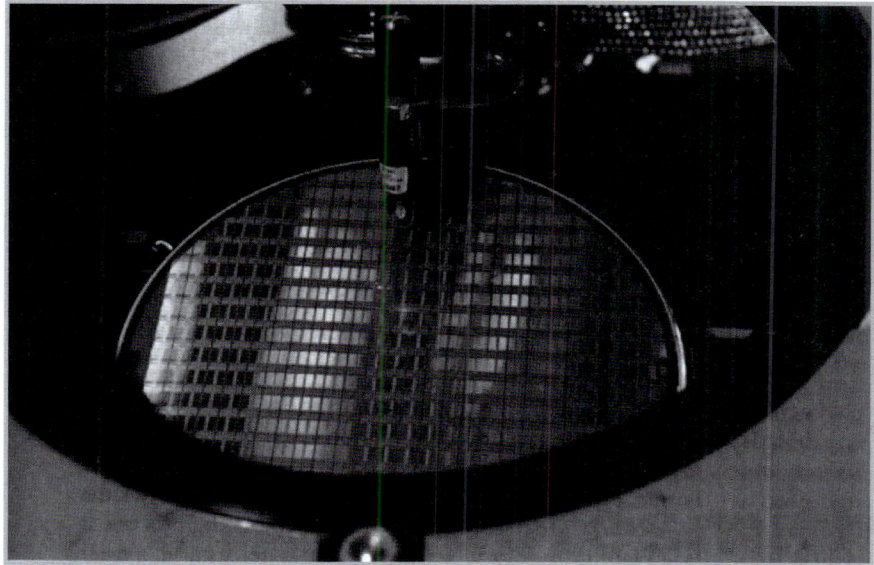

Abbildung 13.26: Ein Tastkopf zur Erkennung fehlerhafter ICs auf einem Wafer. Defekte ICs werden mit Tinte markiert.

Nachdem das Testen auf der Ebene des Wafers abgeschlossen ist, kann durch Schleifen der Rückseite ein großer Teil des ursprünglichen Substrats von der der integrierten Schaltung abgewandten Seite entfernt werden. Letztlich hängt die endgültige Die-Dicke von den Anforderungen des Gehäuses ab, doch lassen sich zwischen 25 und 75 % der Wafer-Dicke entfernen. Nach dem Schleifen werden die einzelnen Dies des Wafers vereinzelt. Zum Trennen ist eine Diamantsäge gebräuchlich. Diese Methode liefert sehr gerade Kanten mit minimalen Abplatzungen und Einrisse. Die Chips werden dann sortiert, wobei die intakten Chips mit jeweils einem Gehäuse versehen und die „geinkten" (markierten) Dies verworfen werden.

13.11 Verdrahten und Gehäusemontage

Die intakten Dies sind mit einem mechanisch stabilen Sockel zu versehen, um die Zuverlässigkeit sicherzustellen. Eine einfache Methode besteht darin den Die durch einen *Epoxidharz-Zement* (siehe Abschnitt 12.14) an sein Gehäuse zu *binden*. Eine andere Methode verwendet eine *eutektische Bindung*, die durch Erwärmen von metallischen Legierungssystemen hergestellt wird. Eine weitverbreitete Mischung besteht aus 96,4 % Gold und 3,6 % Silizium, die einen eutektischen Punkt bei 370 °C zeigt (siehe Abbildung 5.4). Nachdem der Chip mit seiner Unterlage verbunden ist, muss er elektrisch mit den Gehäuseanschlüssen verbunden werden. Diese Aufgabe wird durch **Drahtbonden** sehr dünner Golddrähte (mit einem Durchmesser von etwa 25 μm) von den Gehäuseanschlüssen zu den **Bondinseln** (*bonding pads*), die sich am Umfang oder in der Mitte des Chips befinden, hergestellt (▶ Abbildung 13.27a). Die Bondinseln auf dem Die haben typischerweise eine Seitenlänge von 50 μm oder mehr, die Bond-

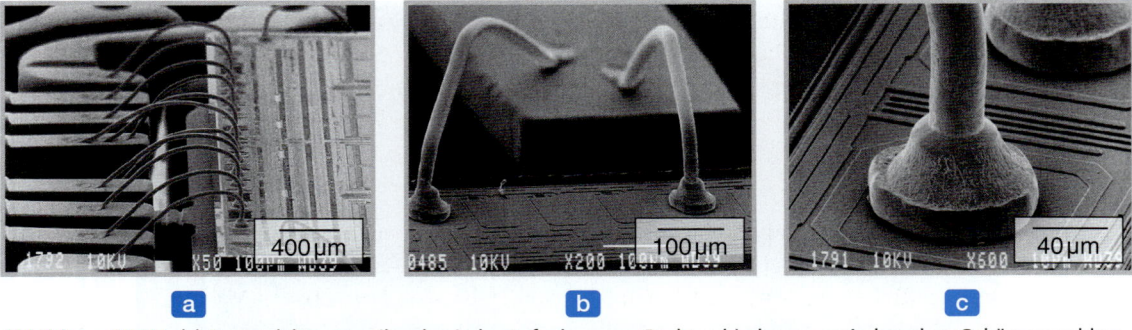

Abbildung 13.27: (a) Rasterelektronenmikroskopische Aufnahme von Drahtverbindungen zwischen dem Gehäuseanschlussrahmen (*lead frame*; links) und IC-Anschlussstellen (*bonding pads*; rechts). (b) und (c) Detailansichten von (a).

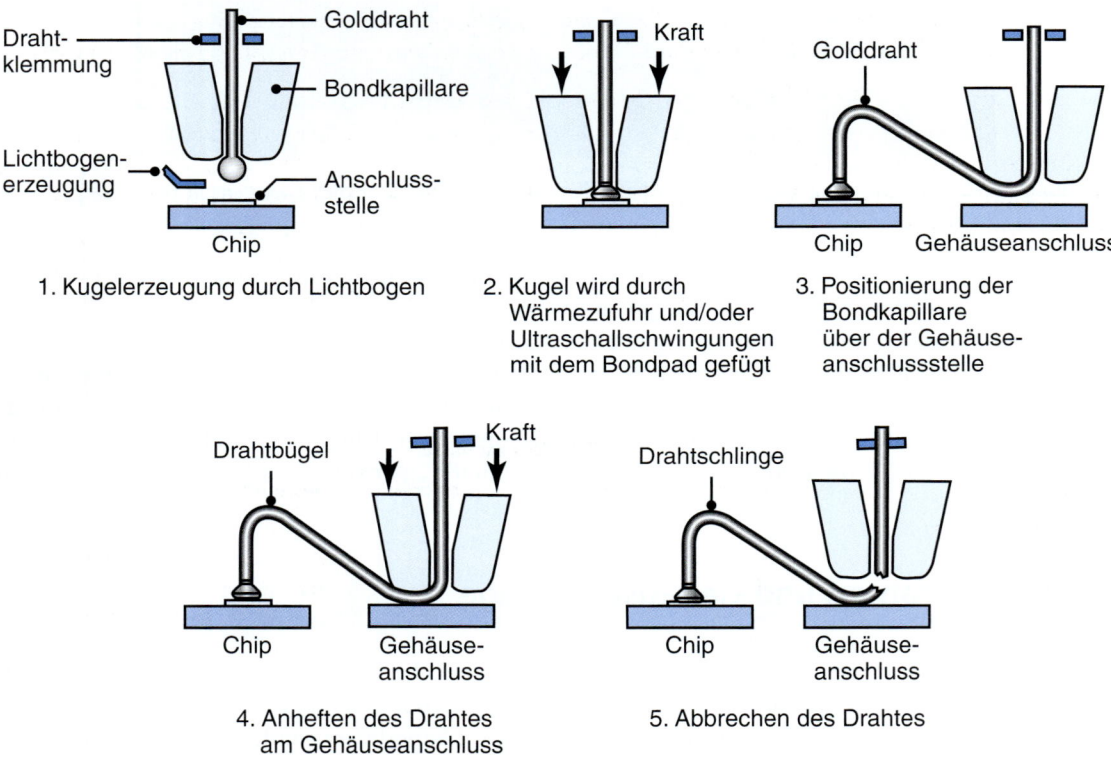

Abbildung 13.28: Schematische Darstellung des thermosonischen Kugel-Heft-Verfahrens. Nach N. Maluf.

drähte werden durch Thermokompression, per Ultraschall oder durch kombinierte Techniken angebracht (▶ Abbildung 13.28).

Der verdrahtete Schaltkreis ist nun für die endgültige **Gehäusemontage** bereit. Diese Operation bestimmt die Gesamtkosten jedes fertiggestellten Schaltkreises, da die Schaltkreise auf dem Wafer in

Massenproduktion hergestellt, dann aber einzeln verkapselt werden. Gehäuse sind in verschiedenen Ausführungsformen verfügbar (Tabelle 13.4). Für die Auswahl des richtigen Gehäuses sind die Betriebsbedingungen entscheidend. Hierbei sind Chipgröße, Anzahl der externen Anschlüsse, die Betriebsumgebung, die Wärmeabfuhr und die Leistungsanforderungen zu berücksichtigen. Zum Beispiel erfordern Schaltkreise für militärische und industrielle Anwendungen Gehäuse mit hoher Festigkeit, Zähigkeit, hermetischer Dichtheit und Hochtemperaturbeständigkeit.

Als **Gehäusewerkstoffe** sind Polymere, Metalle oder Keramiken gebräuchlich. Metallgehäuse werden aus Legierungen wie zum Beispiel Kovar (einer Eisen-Kobalt-Nickel-Legierung mit einem niedrigen Wärmeausdehnungskoeffizienten; Abschnitt 3.9.5) hergestellt, die eine hermetische Versiegelung und gute thermische Leitfähigkeit bieten, aber in der Anzahl der Anschlüsse, die das Gehäuse aufnehmen kann, beschränkt sind. Keramikgehäuse bestehen normalerweise aus Al_2O_3, sind hermetisch dicht, weisen eine gute thermische Leitfähigkeit auf und lassen mehr Anschlüsse als Metallgehäuse zu. Allerdings sind sie teurer als Metallgehäuse. Kunststoffgehäuse sind dagegen preiswert, erlauben eine hohe Anzahl von Anschlüssen, weisen aber einen hohen thermischen Widerstand auf und sind nicht hermetisch dicht.

Eine ältere, aber immer noch gebräuchliche Gehäusebauform ist das **DIP-Gehäuse** (*dual in-line package*), das ▶ Abbildung 13.29a schematisch darstellt. Es zeichnet sich durch geringe Kosten (zumindest in der Kunststoffausführung) und einfache Handhabung aus, lässt sich aus Thermoplasten, Epoxidharz oder Keramik herstellen und kann von 2 bis 500 Außenanschlüsse aufnehmen. Keramikgehäuse sind für einen breiteren Betriebstemperaturbereich in Hochleistungs- und Militäranwendungen vorgesehen. Allerdings kosten sie mehr als Kunststoffgehäuse. Abbildung 13.29b zeigt ein flaches Keramikgehäuse, bei dem sich das eigentliche Gehäuse und sämtliche Anschlüsse in derselben Ebene befinden. Diese

Tabelle 13.4: Vergossene IC-Gehäuse (Auswahl)

Gehäuse	Abkürzung	Zahl der Anschlüsse		Beschreibung
		minimal	maximal	
Durchsteckmontierung				
Dual in-line	DIP	8	64	Zwei Reihen von Kontaktstiften
Single in-line	SIP	11	40	Eine Reihe von Kontaktstiften
Zigzag in-line	ZIP	16	40	Zwei Reihen versetzter Kontaktstifte
Quad in-line package	QUIP	16	64	Vier Reihen versetzter Kontaktstifte
Oberflächenmontierung				
Small-outline IC	SOIC	8	28	Kleines Gehäuse mit Kontaktstiften auf zwei Seiten
Thin small-outline package	TSOP	26	70	Dünne Version von SOIC
Small-outline J-lead	SOJ	24	32	Wie SOIC, Kontaktstifte nach unten gebogen (J-Form)
Plastic leaded chip carrier	PLCC	18	84	J-förmige Kontaktstifte auf vier Seiten
Thin quad flat pack	TQFP	32	256	Breites, dünnes Gehäuse mit Kontaktstiften auf vier Seiten

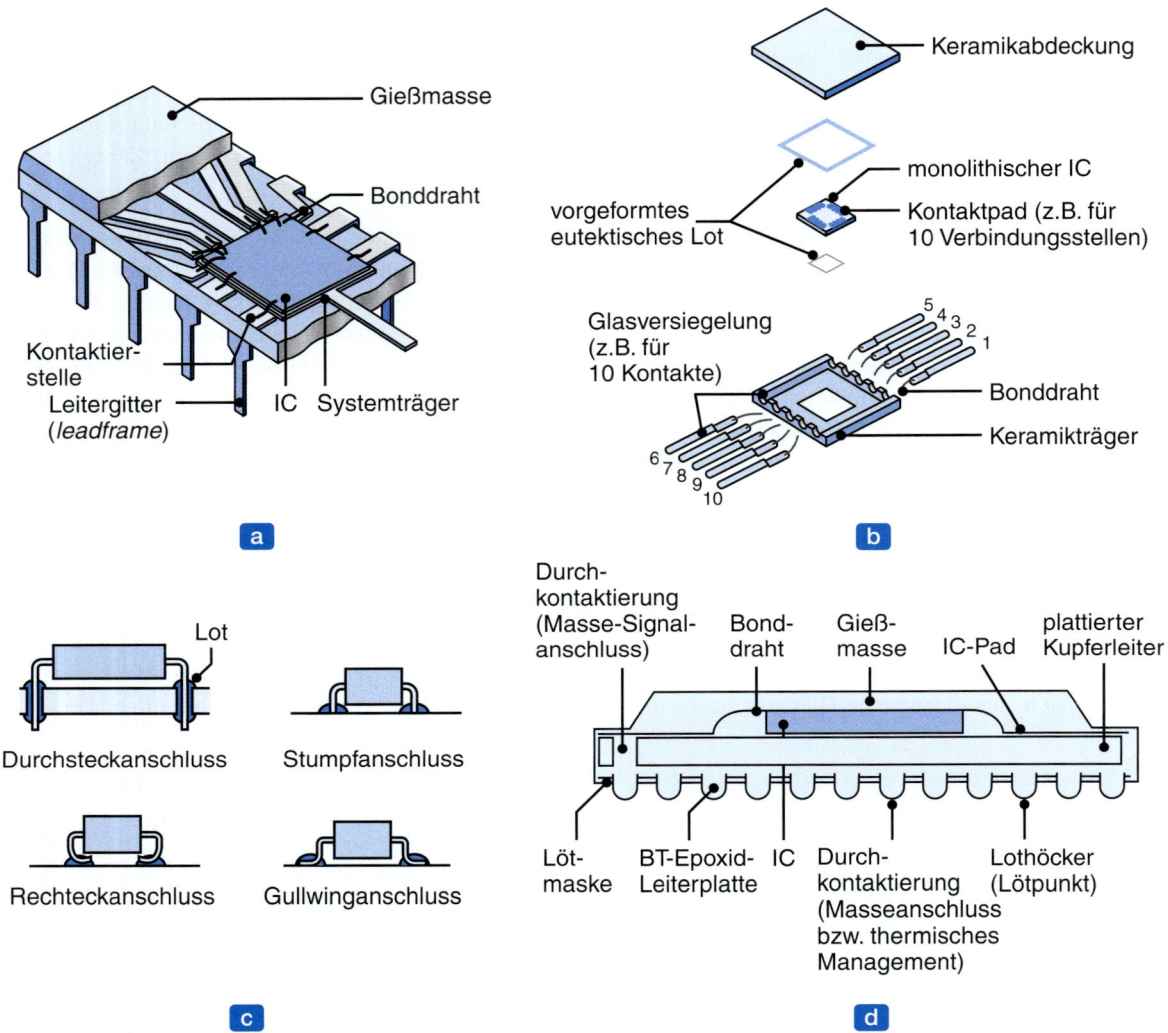

Abbildung 13.29: Schematische Darstellung verschiedener IC-Gehäuse: (a) *dual in-line package* (DIP), (b) flaches Keramikgehäuse, (c) verschiedene Konfigurationen für die Oberflächenmontage von Bauteilen, (d) *ball-grid array*. Nach R.C. Jaeger, A.B. Glaser und G.E. Subak-Sharpe.

Gehäusebauform bietet weder die einfache Handhabung noch das modulare Konzept des DIP-Gehäuses. Deshalb wird es in der Regel mit einer Mehrebenenleiterplatine, bei der die niedrige Bauhöhe des Flachgehäuses entscheidend ist, permanent verbunden.

Gehäuse für die **Oberflächenmontage** (SMD-Gehäuse) haben sich inzwischen als Standard für moderne integrierte Schaltkreise etabliert. Abbildung 13.29c zeigt einige Beispiele, wobei sich die einzelnen Varianten in erster Linie in der Gestaltung der Anschlüsse unterscheiden. Die DIP-Verbindung zur Oberfläche der Leiterplatte erfolgt durch Führungsstifte, die in die entsprechenden Löcher einsteckt werden, während die Anschlüsse für Oberflächenmontage auf speziell hergestellte Inseln gelötet werden. Gehäusegröße und Anordnung der Kontaktstellen werden aus Standardmustern ausgewählt und erfordern in der Regel eine Klebeverbindung des Gehäuses auf der Leiterplatine, woran sich das Schwalllöten der Verbindungen anschließt (siehe Abschnitt 12.14.3).

Schnellere und universeller einsetzbare Chips erfordern zunehmend Anschlüsse mit engeren Abständen. **Pin Grid Arrays** (PGAs) verwenden eng gepackte Pins, die per Durchsteckanschlüsse mit den Leiterplatten verbunden werden. Allerdings sind PGAs und praktisch auch andere Gehäusebauformen wie In-Line und SMD äußerst empfindlich für plastische Verformung von Drähten und Anschlüssen, besonders bei eng benachbarten Drähten mit kleinen Durchmessern. Um enge Verbindungsabstände zu erreichen und die Schwierigkeiten von schmalen und dichtliegenden Verbindungen zu vermeiden, eignen sich zum Beispiel **Ball Grid Arrays** (BGAs, „Kugelgitteranordnung"), wie sie in Abbildung 13.29d dargestellt sind. Derartige Arrays besitzen eine plattierte Lötbeschichtung auf einer Anzahl von eng benachbarten Metallkugeln (Lötperlen) an der Unterseite des Gehäuses. Als Abstand zwischen den Perlen genügen 50 µm, übliche Standardabstände sind 1,0 mm, 1,27 mm und 1,5 mm.

Zwar lassen sich BGAs mit über 1000 Verbindungsstellen herstellen, doch sind derartig hohe Anzahlen von Kontaktierungen äußerst selten. Selbst für anspruchsvolle Anwendungen genügen normalerweise 200 bis 300 Verbindungen. Bei der Reflow-Löttechnik (siehe Abschnitt 12.14.3) dient das Lot zum Zentrieren der BGAs durch Oberflächenspannung, was in präzisen elektrischen Verbindungen für jede Perle resultiert.

Die in ▶ Abbildung 13.30 dargestellte **Flip-Chip-Technik** (FCT) baut auf der Befestigungsprozedur von Ball Grid Arrays auf. Die endgültige Verkapselung mit einem Epoxidharz ist notwendig, nicht nur, um das IC-Gehäuse sicherer an der gedruckten Leiterplatte zu befestigen, sondern auch, um thermische Spannungen im Betrieb gleichmäßig zu verteilen.

Ist der Chip im Gehäuse versiegelt, wird er einem Abschlusstest unterzogen. Da ein Gehäuse vor allem die Aufgabe hat, den Chip gegenüber der Umgebung zu isolieren, schließen die Prüfungen auf dieser Stufe üblicherweise Wärme, Feuchtigkeit, mechanische Stoßbelastung, Korrosion und Schwingun-

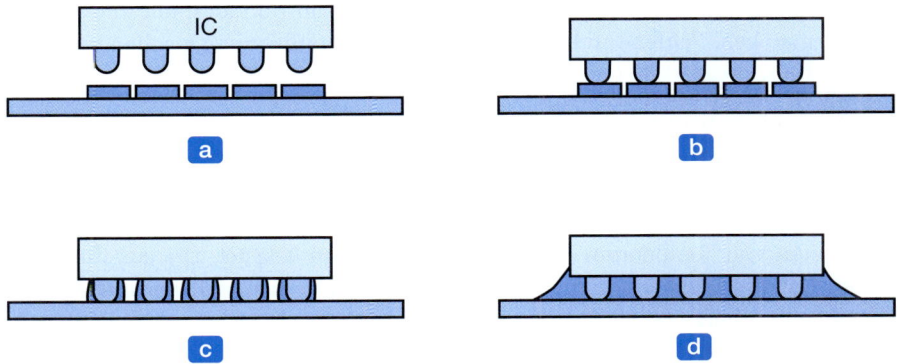

Abbildung 13.30: Schematische Darstellung der Flip-Chip-Technik: (a) Flip-Chip-Gehäuse mit lotüberzogenen Metallkügelchen und Lötstellen auf der Leiterplatte, (b) Aufbringen des Flussmittels und Platzieren, (c) Wiederaufschmelzlöten, (d) Einkapselung. Nach P.K. Wright.

gen ein. Um die Effektivität der Abdichtung zu untersuchen, werden auch zerstörende Prüfverfahren (Abschnitt 4.8.2) eingesetzt.

13.12 Ausbeute und Zuverlässigkeit von Chips

Die *Ausbeute* ist definiert als das Verhältnis von funktionierenden Chips zur Gesamtanzahl der hergestellten Chips. Die Gesamtausbeute des IC-Herstellungsprozesses ist das Produkt aus Wafer-Ausbeute, Bonding-Ausbeute, Ausbeute der Gehäusemontage und Testausbeute. Dieser Wert kann von wenigen Prozent für neue Prozesse bis über 90 % für eingefahrene Fertigungsstrecken liegen, wobei der größte Verlust während der Wafer-Verarbeitung aufgrund der komplizierten Verfahrensschritte auftritt. In dieser Phase werden die Wafer üblicherweise in Bereiche von guten und schlechten Chips getrennt. Fehler in dieser Phase können durch Punktdefekte (wie zum Beispiel kleine Löcher im Oxid), Schichtverunreinigungen oder Metallteilchen sowie Flächendefekte wie zum Beispiel ungleichmäßige Schichtabscheidung oder Ätzunregelmäßigkeiten entstehen.

Ein entscheidender Punkt bei fertiggestellten ICs ist ihre **Zuverlässigkeit** und **Ausfallrate**. Da kein Bauelement eine ewige Lebensdauer hat, werden mithilfe statistischer Verfahren die erwartete Lebensdauer und die Fehlerraten von mikroelektronischen Bauelementen abgeschätzt (siehe auch *Sechs-Sigma*, Abschnitt 4.9.1). Als Einheit der Ausfallrate ist *FIT* (*failure in time*) mit Anzahl der Fehler je 1 Milliarde Bauelementestunden definiert. Umfassende Systeme bestehen jedoch aus Millionen von Bauelementen, sodass die Gesamtausfallrate in ganzen Systemen entsprechend höher ist. Ausfallraten höher als 100 FIT sind nicht akzeptabel.

Gleichermaßen wichtig für die Fehleranalyse ist die Bestimmung des **Fehlermechanismus**, d. h. welches Ereignis oder welche Komponente den Bauelementeausfall verursacht hat. Zu den häufigsten Fehlern durch die Verarbeitung gehören (a) Diffusionsbereiche, die zu ungleichmäßigem Stromfluss und Sperrschichtdurchbruch führen, (b) Oxidschichten (Durchschlag und Akkumulation von Oberflächenladung), (c) Lithographie (ungleichmäßige Definition von Strukturen sowie fehlerhafte Maskenausrichtung) und (d) Metallschichten (schlechter Kontakt und Elektromigration aufgrund hoher Stromdichten). Andere Fehler können durch ungeeignete Chipmontage, Zersetzung von Bonddrähten und Verlust der Dichtheit der Gehäuse entstehen. Fehler durch Drahtbonden und Metallisierung machen rund die Hälfte aller Schaltkreisausfälle aus.

Durch die sehr lange Lebensdauer der Bauelemente (10 Jahre oder mehr) ist es unzweckmäßig, den Bauelementeausfall unter normalen Betriebsbedingungen zu untersuchen. Die Ausfälle lassen sich effizienter durch **beschleunigte Lebensdauertests** ermitteln, bei denen die Bedingungen verschärft werden, deren Wirkungen als Ursachen für Bauelementeausfälle bekannt sind. Die Komponenten werden durch zyklische Variationen von Temperatur, Feuchtigkeit und Strom belastet. Die aus diesen Tests gewonnen statistischen Daten erlauben es dann, Bauelementefehlermodi und Lebensdauer unter normalen Betriebsbedingungen vorherzusagen. Chipmontierung und Chipgehäuse werden durch zyklische Temperaturwechsel beansprucht.

13.13 Leiterplatten

Mit Gehäuse versehene integrierte Schaltkreise werden nur selten allein verwendet. In der Regel dienen sie in Kombination mit anderen ICs als Bausteine eines größeren Systems. Eine **gedruckte Leiterplatte** ist der *Träger* für die endgültigen Zwischenverbindungen aller kompletten Chips und dient als Anbindung zur Kommunikation über die Busse zu anderen gedruckten Leiterplatten und der mikroelektronischen Schaltungstechnik innerhalb des gekapselten ICs (siehe Abbildung 13.24). Neben den integrierten Schaltkreisen enthalten die Leiterplatten üblicherweise auch diskrete Schaltungselemente wie zum Beispiel Widerstände und Kondensatoren, die (a) zu viel Platz auf der begrenzten Siliziumoberfläche belegen würden, (b) spezielle Anforderungen an die Abführung der Verlustleistung haben oder (c) sich nicht auf einem Chip realisieren lassen. Zu den diskreten Bauelementen, die sich für eine Integration auf dem Siliziumchip nicht eignen, gehören außerdem induktive Bauelemente (zum Beispiel Drosseln), Hochleistungstransistoren, große Kapazitäten, Präzisionswiderstände und Kristalle zur Frequenzkontrolle (Schwingquarze).

Prinzipiell besteht eine gedruckte Leiterplatte aus einem plastischen Harzwerkstoff, der mehrere Lagen Kupferfolie enthält (▶ Abbildung 13.31). Bei **einseitigen** gedruckten Leiterplatten sind die Leiterbahnen aus Kupfer nur auf einer Seite eines isolierenden Trägers aufgebracht, während bei **doppelseitigen** Leiterplatten die Kupferleiterbahnen auf beiden Seiten verlaufen. Es gibt auch Mehrlagenleiterplatten, die aus abwechselnden Schichten von Kupfer und Isolator aufgebaut sind. Einseitige Leiterplatten sind die einfachste Form der Leiterplatte. Bei doppelseitigen Leiterplatten sind in der Regel Stellen erforderlich,

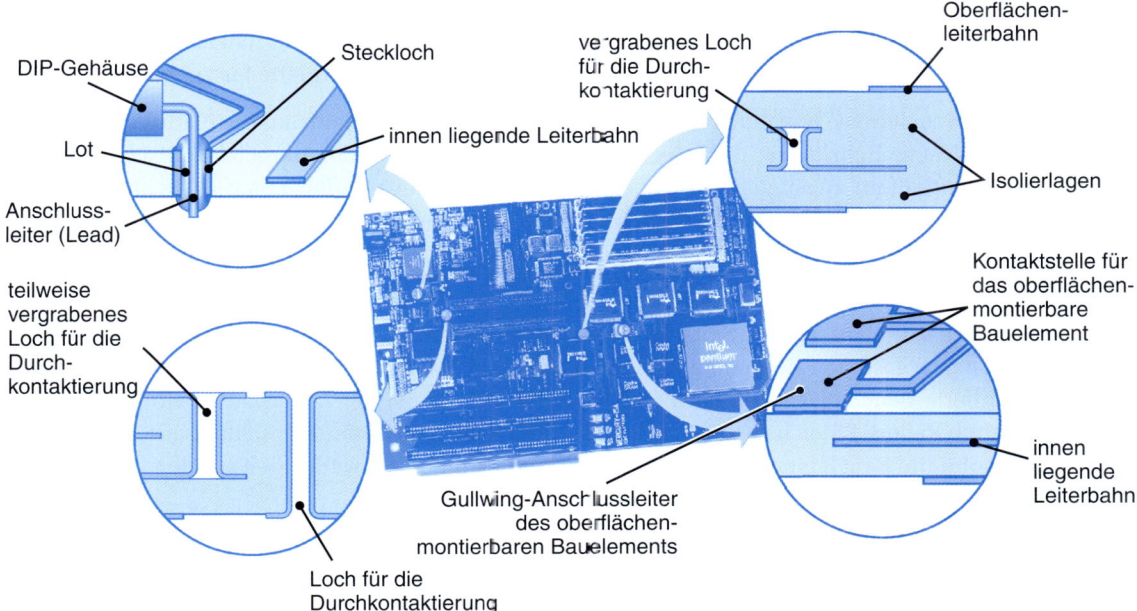

Abbildung 13.31: Bestückte Leiterplatte und Gestaltungsdetails.

an denen sich eine elektrische Verbindung zwischen Elementen auf den beiden Seiten der Platte herstellen lässt. Diese Struktur wird über **Durchkontaktierungen**, wie in Abbildung 13.31 gezeigt, erreicht. Mehrlagenleiterplatten besitzen teilweise vergrabene, vergrabene oder Durchgangslöcher, um flexible gedruckte Leiterplatten zu ermöglichen. Doppelseitige und Mehrlagenleiterplatten sind in dem Sinne nützlich, dass IC-Gehäuse auf beiden Seiten der Leiterplatte verbunden werden können, was eine kompaktere Gestaltung ermöglicht.

Das **Isolationsmaterial** der Platte besteht normalerweise aus einem Epoxidharz von 0,25 bis 3 mm Dicke, das mit einer Epoxid-Glasfaser verstärkt ist (E-Glas, siehe Abschnitt 10.9.2). Dazu werden Lagen von Glasfasern mit Epoxidharz getränkt und die Schichten dann mit warmen Platten oder Walzen zusammengepresst. Die Wärme und der Druck härten die Platte, was in einer steifen und festen Grundlage für gedruckte Leiterplatten resultiert. Die Platten werden dann auf die gewünschte Größe geschnitten und Positionierungslöcher von ungefähr 3 mm Durchmesser an den Ecken der Platten gebohrt oder gestanzt, damit eine genaue Ausrichtung und Positionierung der Platte in Bestückungsautomaten möglich ist. Löcher für Durchkontaktierungen und Verbindungen werden gestanzt oder durch CNC-Bohrmaschinen hergestellt (Abschnitt A.3). Um die Produktionsgeschwindigkeiten zu erhöhen, lassen sich Stapel von Platten gleichzeitig bohren.

Die Leitungsmuster auf den Leiterplatten wurden ursprünglich gedruckt, woraus auch die Bezeichnungen *gedruckte Leiterplatte* und *gedruckte Verdrahtung* stammen. Heute sind hierfür Lithographietechniken üblich. Bei der *subtraktiven Methode* wird eine Kupferfolie auf die Leiterplatte aufgebracht. Das gewünschte Muster auf der Platte wird dann durch eine positive Maske definiert, die über Fotolithographie entwickelt wird, und das verbleibende Kupfer wird durch Nassätzen entfernt. Bei der *additiven Methode* wird eine Negativmaske direkt auf ein Isolatorsubstrat gelegt, um die gewünschte Form zu definieren. Chemisches Beschichten und galvanisches Abscheiden von Kupfer (siehe Abschnitt 4.5.1) dienen dazu, die Verbindungen, Leiterbahnen und Lötinseln auf der Leiterplatte festzulegen.

Die integrierten Schaltkreise und andere, diskrete Bauelemente werden dann auf die Platte gelötet. Diese Prozedur ist der letzte Schritt, um die integrierten Schaltungen (und die mikroelektronischen Bauelemente, die sie enthalten) zugänglich zu machen. *Schwalllöten* und *Reflow-Löten* (Abschnitt 12.14.3) sind die bevorzugten Methoden, integrierte Schaltkreise auf Leiterplatten zu löten.

Bei der Layoutgestaltung von gedruckten Leiterplatten gelten folgende Grundsätze:

1. Schwalllöten sollte nur für eine Seite der Leiterplatte verwendet werden. Somit sind alle per Durchsteckmontage befestigten Komponenten von derselben Seite der Leiterplatte zu bestücken. Oberflächenmontierte Bauelemente, die sich auf der Bestückungsseite der Leiterplatte befinden, müssen direkt durch Reflow-Löten befestigt werden, da diese Seite dem Lötmittel nicht ausgesetzt ist. Oberflächenmontierte Bauelemente auf der Anschlussseite können schwallgelötet werden.

2. Um guten Fluss des Lotes beim Schwalllöten zu ermöglichen, sollten IC-Gehäuse sorgfältig in das Layout der gedruckten Leiterplatte integriert werden. Für die automatische Bestückung ist es von Vorteil, die Gehäuse in der gleichen Richtung zuzuführen, während willkürliche Orientierungen zu Schwierigkeiten beim Benetzen aller Verbindungen führen können.

3. Die Abstände zwischen den ICs ergeben sich hauptsächlich aus der Notwendigkeit, die im Betrieb entstehende Wärme abzuführen. Ein ausreichender Freiraum zwischen den Gehäusen und benach-

barten Leiterplatten ist erforderlich, um erzwungene Luftströmung und Wärmekonvektion zu ermöglichen.

4. Um jedes IC-Gehäuse sollte genügend Platz bleiben, um Nacharbeiten und Reparaturen zu ermöglichen, ohne benachbarte Bauelemente zu beeinträchtigen.

13.14 Mikrobearbeitung von MEMS-Bauteilen

Die bislang behandelten Themen haben sich mit der Fertigung von integrierten Schaltkreisen und Produkten befasst, deren Funktionsweise ausschließlich auf elektrischen oder elektronischen Prinzipien beruht. Mit den jeweiligen Verfahren lassen sich aber auch Bauelemente mit mechanischen Elementen oder Funktionen herstellen.

Mit dem in Abbildung 13.3 beschriebenen Ansatz können die folgenden Arten von Bauelementen hergestellt werden:

1. **Mikroelektronische Bauelemente:** Diese halbleiterbasierten Bauelemente besitzen oftmals allgemeine Eigenschaften von extremer Miniaturisierung und verwenden in ihrem Entwurf elektrische Prinzipien.

2. **Mikromechanische Bauelemente:** Dieser Begriff bezieht sich auf Produkte, die dem Wesen nach rein mechanisch sind und Abmessungen zwischen atomaren Dimensionen und wenigen Millimetern aufweisen. Beispiele dafür sind sehr kleine Getriebe und Miniatur-Drehgelenke.

3. **Mikroelektromechanische Bauelemente:** Diese Produkte kombinieren mechanische und elektrische oder elektronische Elemente bei sehr kleinen Längenskalen. Die meisten Sensoren sind Beispiele für mikroelektromechanische Bauelemente

4. **Mikroelektromechanische Systeme (MEMS):** Diese mikroelektromechanischen Bauelemente binden ein integriertes elektrisches System in ein und dasselbe Produkt ein. Mikroelektromechanische Systeme sind im Vergleich zu mikroelektronischen, mikromechanischen oder mikroelektromechanischen Bauelementen eher selten. Typische Beispiele sind Sensoren für Airbags und digitale Mikrospiegel, wie sie in der Fallstudie für dieses Kapitel diskutiert werden.

Es sei darauf hingewiesen, dass mikroelektronische Bauelemente auf Halbleitern beruhen, während mikroelektromechanische Bauelemente und Teile von MEMS nicht auf diese Werkstoffe beschränkt sind. Damit lassen sich wesentlich mehr Werkstoffe einsetzen und Verfahren entwickeln, die für diese Werkstoffe geeignet sind. Unabhängig davon wird oftmals Silizium gewählt, da verschiedene hoch entwickelte und zuverlässige Fertigungsverfahren für mikroelektronische Anwendungen zur Verfügung stehen.

Die Herstellung von Elementen, deren Größe im Bereich zwischen Mikrometern und Millimetern liegt, wird als Mikrofertigung bezeichnet. MEMS-Bauelemente werden aus **polykristallinem Silizium** (**Polysilizium**) und **einkristallinem Silizium** realisiert, weil man diese Technologien für die Herstellung integrierter Schaltkreise beherrscht und für diese Bauelemente nutzen kann. Außerdem wurden andere, neue

| Beispiel 13.3 | **Beschleunigungssensor und Kontrolleinheit für Airbags** |

Ein Beispiel für die kommerzielle Nutzung von MEMS sind Beschleunigungssensoren und Kontrollsysteme für Airbags in einem Kraftfahrzeug (▶ Abbildung 13.32). Derartige Beschleunigungsmesser, die auf dem Prinzip lateraler Resonatoren beruhen, gehören heute zu den wichtigsten kommerziellen Anwendungen von MEMS und sind als Sensoren für Airbag-Entfaltungssysteme in Kraftfahrzeugen gebräuchlich.

Eine zentrale Masse hängt über dem Substrat, ist aber über vier schmale Balken mit dem Substrat verankert. Die Träger wirken als Federn, die die Masse unter statischen Gleichgewichtsbedingungen zentrieren. Bei einer Beschleunigung wird die Masse ausgelenkt und verringert bzw. erhöht den Freiraum zwischen den Rippen auf der Masse und den stationären Fingern auf dem Substrat. Durch Messen der elektrischen Kapazität zwischen der Masse und den Rippen lässt sich die Auslenkung der Masse und demzufolge die Beschleunigung oder Verzögerung des Systems direkt messen. Die Anordnung zur Beschleunigungsmessung ist in Abbildung 13.32 für lediglich eine Richtung dargestellt. Kommerzielle Sensoren arbeiten mit mehreren Massen, sodass sich Beschleunigungen in mehreren Richtungen gleichzeitig erfassen lassen.

Die Abbildung zeigt den durch Oberflächen-Mikrobearbeitung hergestellten Beschleunigungsmesser ADXL-50 von Analog Devices mit Signalaufbereitungs- und Selbsttestelektronik für einen Beschleunigungsbereich von ±50 g. Das Sensorelement aus Polysilizium (in der Mitte des Dies zu sehen) nimmt lediglich 5 % der Die-Fläche ein. Insgesamt ist der Chip $0{,}5 \times 0{,}6\ \text{mm}^2$ groß. Die bewegliche Masse beträgt ungefähr $0{,}3\ \mu\text{g}$. Der Sensor hat im Messbereich einen Messfehler von maximal 5 %.

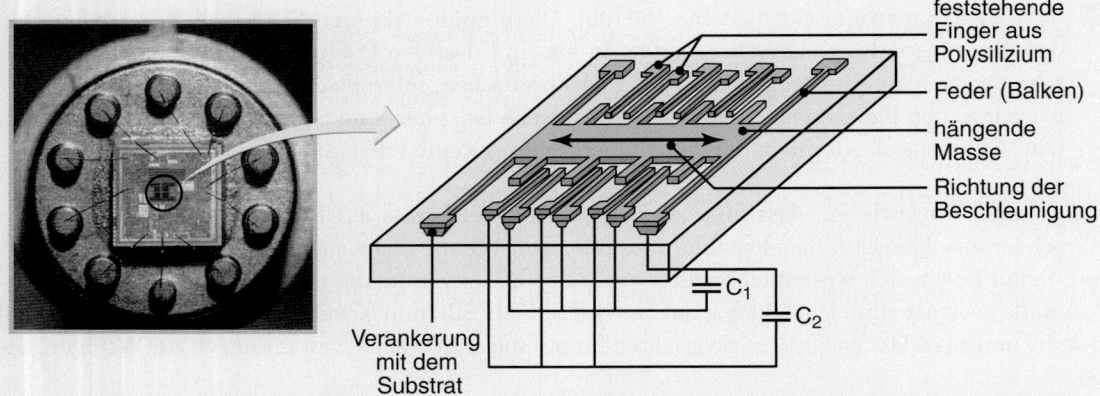

Abbildung 13.32: Der Beschleunigungssensor ADXL-50 von Analog Devices. Dieses MEMS-basierte Produkt enthält einen durch Oberflächen-Mikrobearbeitung (*Oberflächenmikromechanik*) hergestellten Sensor, die Anregungseinheit, sowie Selbsttest- und Signalkontrollschaltungen. Die schematische Darstellung zeigt die in vier Punkten gelagerte, sonst frei schwebende Masse, deren Trägheit als Beschleunigungssensor verwendet wird. Die Querschnittsfläche des Chips beträgt $0{,}5 \times 0{,}6\ \text{mm}^2$.

Prozesse entwickelt, die kompatibel mit den vorhandenen Verfahrensschritten sind. Die Verwendung anisotroper Ätzverfahren erlaubt die Fertigung von Bauelementen mit präzisen Wänden und hohen Seitenverhältnissen.

Zu den bekannten Schwierigkeiten bei Verwendung von Silizium für MEMS-Bauelemente gehört die hohe Adhäsion bei kleinen Längenskalen und der damit verbundene schnelle Verschleiß. Die meisten kommerziellen Bauelemente sind dafür konzipiert, Reibung zu vermeiden, indem sie zum Beispiel Federn anstelle von Laufbuchsen verwenden. Allerdings kompliziert dieses Konzept die Entwürfe, sodass die Herstellung bestimmter MEMS-Bauelemente undurchführbar ist. Folglich konzentriert sich die Forschung darauf, Werkstoffe und Schmierstoffe zu entwickeln, die eine vernünftige Laufzeit und Leistung bieten.

Siliziumkarbid, Diamant und Metalle wie Aluminium, Wolfram und Nickel sind als potenzielle MEMS-Werkstoffe untersucht worden. Auch Schmierstoffe wurden untersucht. Es ist bekannt, dass sich der adhäsive Verschleiß (siehe Abschnitt 4.4.2) zum Teil eliminieren lässt, wenn man das MEMS-Bauelement mit einem Silikonöl umgibt, was aber auch die Leistungsfähigkeit des Bauelements einschränkt. Ein weiteres Forschungsgebiet sind selbstorganisierte Schichten von Polymeren wie auch neuartige Werkstoffe mit selbstschmierenden Eigenschaften. Allerdings bleibt die Tribologie von MEMS-Bauelementen eine erhebliche technologische Barriere.

Der MEMS-Technologie wurde ein breites Spektrum industrieller Anwendungen vorausgesagt. Allerdings haben bisher nur wenige Branchen wie zum Beispiel die Computer-, Medizin- und Fahrzeugindustrie MEMS genutzt. Viele der in diesem Kapitel beschriebenen Verfahren sind noch nicht in größerem Umfang angewandt worden, sind aber im Visier von Forschern und Anwendern von MEMS.

13.14.1 Massiv-Mikrobearbeitung (Volumenmikromechanik)

Bis Anfang der 1980er Jahre war die Massiv-Mikrobearbeitung die gebräuchlichste Form der Bearbeitung im Mikrometerbereich. Dieses Bearbeitungsverfahren verwendet orientierungsabhängiges Ätzen von einkristallinem Silizium (siehe Abbildung 13.17b). Der Ansatz basiert darauf, dass man von der Oberfläche aus nach unten ätzt, bei bestimmten Kristallflächen, dotierten Bereichen und ätzbaren Schichten anhält, um die erforderliche Struktur zu erhalten. Ein Beispiel für diesen Vorgang ist die Herstellung des einseitig eingespannten Siliziumbalkens, den ▶ Abbildung 13.33 zeigt. Mithilfe der in Abschnitt 13.7 beschriebenen Maskierungstechnik wird ein rechteckiger Ausschnitt des n-leitenden Siliziumsubstrats durch Bor-Dotierung in p-leitendes Silizium gewandelt. Wie bereits erwähnt, sind die Ätzmittel für orientierungsabhängiges Ätzen wie zum Beispiel Kaliumhydroxid nicht in der Lage, stark Bor-dotiertes Silizium zu ätzen. Somit wird dieser Ausschnitt nicht geätzt.

Als Nächstes wird eine Maske hergestellt, beispielsweise mit Siliziumnitrid auf Silizium. Beim Ätzen mit Kaliumhydroxid wird das undotierte Silizium schnell entfernt, während die Maske und der dotierte Ausschnitt praktisch unbeeinflusst bleiben. Der Ätzangriff setzt sich fort, bis die (111)-Ebenen im n-leitenden Siliziumsubstrat freigelegt sind und sie den Ausschnitt unterätzt haben, sodass ein einseitig eingespannter (frei stehender) Balken wie in der Abbildung gezeigt zurückbleibt.

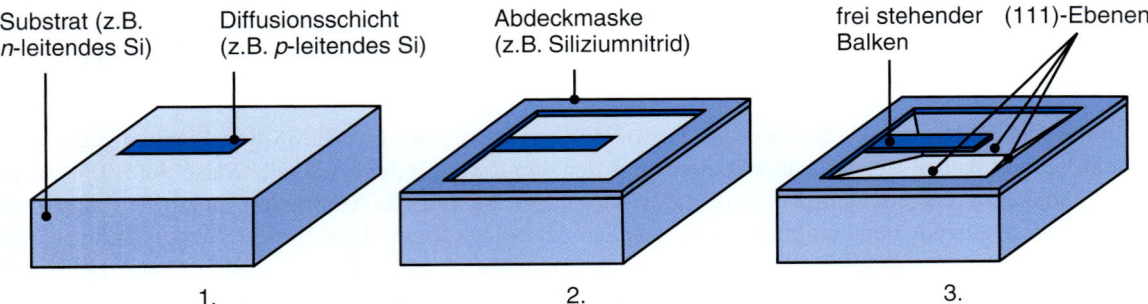

Abbildung 13.33: Schematische Darstellung der Massiv-Mikrobearbeitung: (1) Eindiffusion des Dotierungselements in den gewünschten Stellen, (2) Aufbringen geeigneter Masken, (3) orientierungsabhängiges Ätzen hinterlässt einen einseitig eingespannten (frei stehenden) Balken. Nach K.R. Williams.

13.14.2 Mikrobearbeitung von Oberflächen (Oberflächenmikromechanik)

Die Massiv-Mikrobearbeitung eignet sich zwar für die Herstellung sehr einfacher Formen, ist aber auf einkristalline Werkstoffe beschränkt, da polykristalline Werkstoffe kein Anisotropie zeigen, wenn Nassätzmittel zum Abtragen eingesetzt werden. Viele MEMS-Anwendungen setzen die Verwendung anderer Werkstoffe voraus, sodass Alternativen zur Massiv-Mikrobearbeitung gefragt sind. Eine entsprechende Methode ist die *Mikrobearbeitung von Oberflächen*, deren grundlegende Schritte in ▶ Abbildung 13.34 für Siliziumbauelemente dargestellt sind. Ein Abstandshalter oder eine Opferlage wird auf dem Siliziumsubstrat abgeschieden, das mit einer dünnen dielektrischen Schicht (einer sogenannten *Isolations-* oder *Pufferschicht*) bedeckt ist.

Phosphorsilikatglas, das durch chemische Dampfphasenabscheidung aufgebracht wird, ist das gebräuchlichste Material für einen Abstandshalter, da es in Flusssäure sehr schnell geätzt wird. Schritt 2 in Abbildung 13.34 zeigt die Abstandshalterlage nach dem Maskieren und Ätzen. Auf dieser gestuften Struktur wird eine dünne Schicht abgeschieden. Die Schicht kann aus Polysilizium, Metall, Metalllegierungen oder einem Dielektrikum bestehen (Schritt 3). Die abgeschiedene Schicht wird dann strukturiert, was normalerweise durch Trockenätzen geschieht, um senkrechte Wände und enge Maßtoleranzen zu gewährleisten. Schließlich hinterlässt Nassätzen der Opferlage eine frei stehende, dreidimensionale Struktur, wie sie Schritt 5 zeigt. Dabei ist zu beachten, dass der Wafer einer Temperaturbehandlung unterzogen werden muss, um Eigenspannungen im abgeschiedenen Metall zu entfernen, bevor es strukturiert wird, da sich andernfalls die Schicht stark verzieht, nachdem der Abstandshalter entfernt ist.

▶ Abbildung 13.35 zeigt eine Miniaturlampe, die bei Stromfluss weißes Licht aussendet. Dieses Teil wurde durch eine Kombination von Oberflächen- und Volumenmikromechanik hergestellt. Die oberste strukturierte Schicht ist eine 2,2 μm dicke Schicht aus plasmageätztem Wolfram, wobei ein mäanderförmiger Glühdraht und eine Bondinsel gebildet werden. Der rechteckige Überhang ist trockengeätztes Siliziumnitrid. Die steil abfallende Schicht ist mit Flusssäure nassgeätztes Phosphorsilikatglas. Das aus Silizium bestehende Substrat wurde orientierungsabhängig geätzt.

Das zum Entfernen der Abstandshalterschicht verwendete Ätzmittel ist sorgfältig auszuwählen. Es muss vorzugsweise die Abstandsschicht auflösen und dabei das Dielektrikum, das Silizium und die struktu-

13.14 Mikrobearbeitung von MEMS-Bauteilen

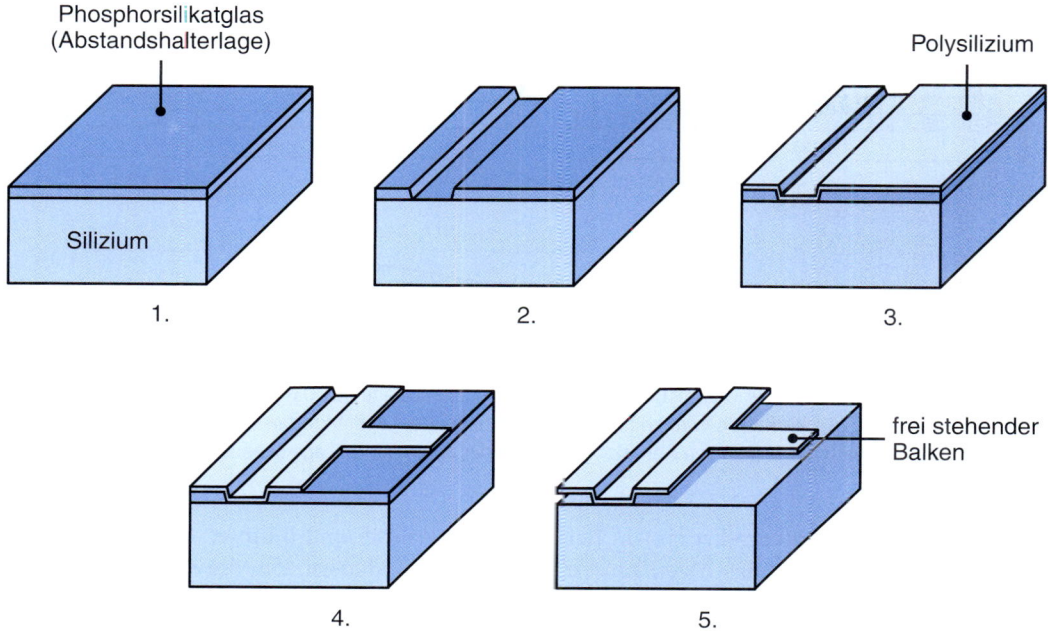

Abbildung 13.34: Schematische Darstellung der Oberflächen-Mikrobearbeitung: (1) Abscheidung einer Fotosilikatglaslage (PSG) als Abstandshalter, (2) selektives Ätzen dieser Lage, (3) Abscheidung von Polysilizium, (4) Ätzen von Polysilizium, (5) selektives Ätzen von PSG, wobei das Siliziumsubstrat und das verbliebene Polysilizium nicht angegriffen werden.

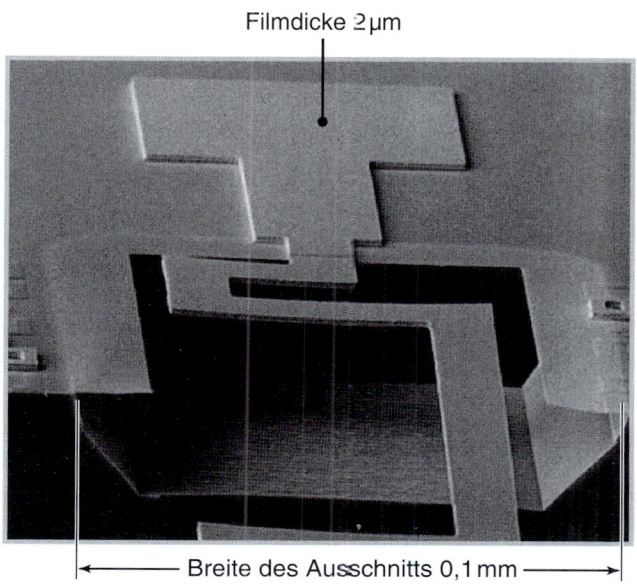

Abbildung 13.35: Eine Miniaturlampe, die mittels Oberflächen- und Volumenmikromechanik hergestellt wurde. Nach K.R. Williams, Agilent Technologies.

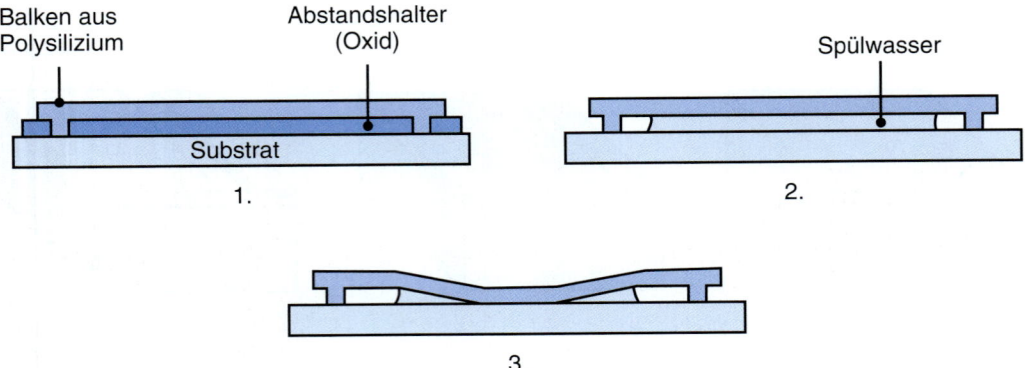

Abbildung 13.36: Haften nach einer Nassätzung: (1) durch eine Abstandslage aus Oxid gestützter Balken, (2) freigelegter Balken vor dem Trocknen, (3) der Balken wird während des Trocknens von Kapillarkräften zum Substrat gezogen. Nach der Berührung des Substrats wird der Balken von Adhäsionskräften in der deformierten Lage gehalten. Nach B. Bhushan.

rierte Schicht möglichst unversehrt lassen. Bei großen Strukturen und dünnen Abstandsschichten ist diese Aufgabe schwierig und das Ätzen kann mehrere Stunden dauern. Um die Ätzzeit zu verringern, können zusätzliche Ätzlöcher in den Strukturen vorgesehen werden, um die Zugänglichkeit für das Ätzmittel zur Abstandsschicht zu erhöhen.

Als andere zu überwindende Schwierigkeit bei diesem Vorgang ist die Haftreibung nach dem Nassätzen, ▶ Abbildung 13.36. Nachdem die Abstandshalterschicht entfernt wurde, trocknet das flüssige Ätzmittel von der Wafer-Oberfläche. Der zwischen den Schichten gebildete Meniskus resultiert in Kapillarkräften, die die Schicht verformen und dazu führen können, dass sie das Substrat berührt, wenn die Flüssigkeit verdunstet. Da die Adhäsionskräfte bei kleinen Längenskalen stärker ins Gewicht fallen, bleibt die Schicht gegebenenfalls permanent an der Oberfläche haften und die gewünschten dreidimensionalen Features werden nicht produziert.

> **Beispiel 13.4** **Oberflächenmikromechanische Fertigung eines Drehgelenks für ein Spiegelverstellsystem**
>
> Die oberflächenmikromechanische Fertigung ist eine sehr gebräuchliche Technik für die Herstellung von mikroelektromechanischen Systemen. Zu den Anwendungen gehören Beschleunigungsmesser, Drucksensoren, Mikropumpen, Mikromotoren, Stellsysteme und mikroskopische Verriegelungsmechanismen. Oftmals erfordern diese Bauelemente sehr große senkrechte Wände, die sich nicht direkt herstellen lassen, da sich eine hohe senkrechte Struktur schwierig abscheiden lässt. Um diese Schwierigkeit zu überwinden, kann man, wie in ▶ Abbildung 13.37 dargestellt, große flache Strukturen waagerecht bearbeiten und dann in eine aufrechte Position drehen oder falten.

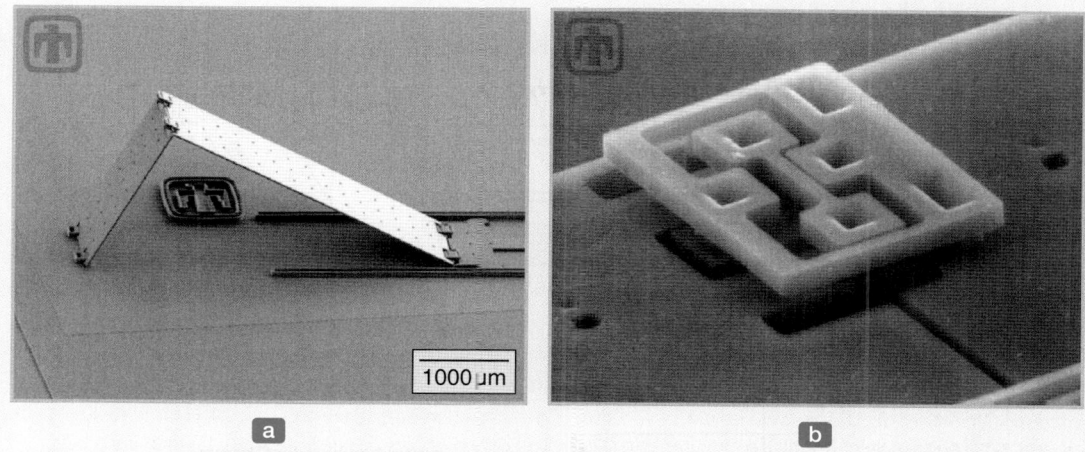

Abbildung 13.37: (a) Rasterelektronenmikroskopische Aufnahme eines ausgelenkten Mikrospiegels, (b) Detailaufnahme des Drehgelenks des Spiegels.

Der in Abbildung 13.37a gezeigte Mikrospiegel ist in Bezug auf die Oberfläche, auf der er bearbeitet wurde, geneigt. Mit derartigen Systemen kann Licht (das schräg auf eine Oberfläche fällt) zu Detektoren oder anderen Sensoren geleitet werden. Es liegt auf der Hand, dass es sehr schwierig ist, ein Bauelement mit einer derartigen Tiefe und dem Seitenverhältnis des ausgelenkten Spiegels direkt zu fertigen. Stattdessen ist es einfacher, den Spiegel durch Oberflächen-Mikrobearbeitung mit einem linearen Stellantrieb herzustellen und dann den Spiegel in eine ausgelenkte Position zu falten. Dazu werden spezielle Gelenke wie in Abbildung 13.37b gezeigt in den Entwurf integriert.

▶ Abbildung 13.38 zeigt das Gelenk während seiner Fertigung, die sich in folgenden Schritten vollzieht:

1 Eine 2 μm dicke Schicht aus Phosphorsilikatglas (PSG) wird auf dem Substrat abgeschieden. Danach wird eine 2 μm dicke Schicht aus Polysilizium auf dem PSG abgeschieden, durch Fotolithographie strukturiert und trockengeätzt, um die gewünschten Strukturelemente einschließlich der Gelenkstifte zu bilden.

2 Eine zweite Schicht aus Opfer-PSG mit einer Dicke von 0,5 μm wird abgeschieden.

3 Die Verbindungsstellen werden durch beide PSG-Schichten geätzt.

4 Eine zweite Schicht aus Polysilizium wird abgeschieden, strukturiert und geätzt.

5 Die PSG-Opferlagen werden dann durch Nassätzen entfernt.

Die Reibung bei derartigen Gelenken ist sehr hoch. Wenn man Spiegel wie hier gezeigt manuell und sorgfältig mit Sondennadeln manipuliert, bleiben sie an ihrer Position. Oftmals werden derartige Spiegel mit linearen Stellgliedern kombiniert, um ihre Neigung genau zu steuern.

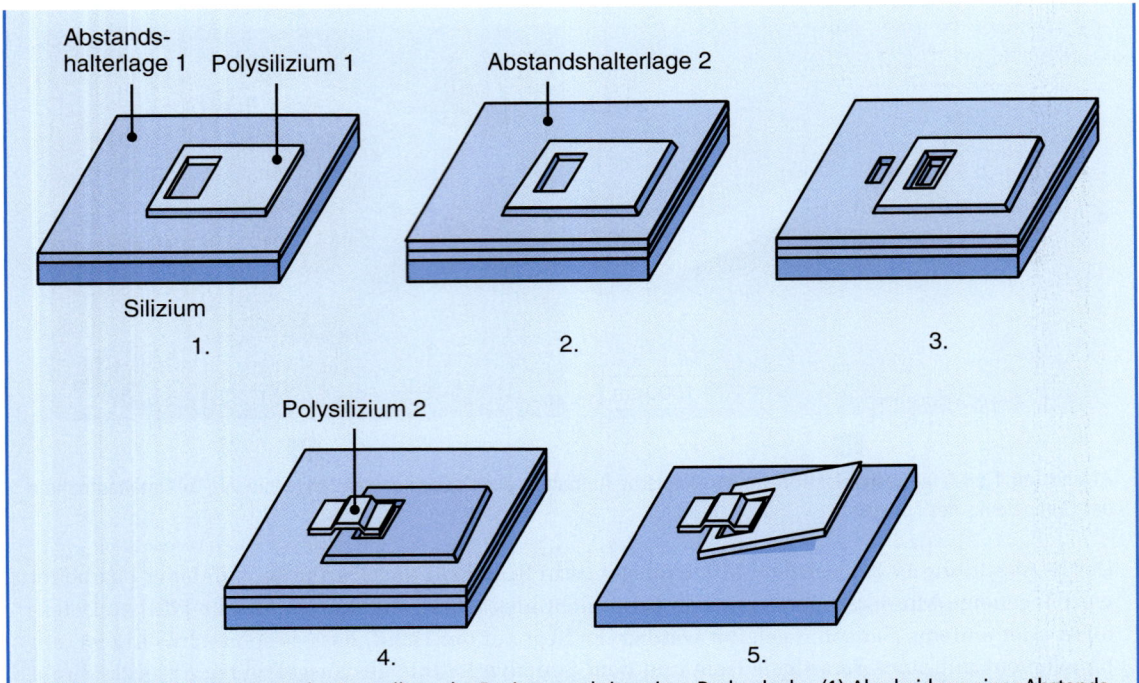

Abbildung 13.38: Schematische Darstellung der Fertigungsschritte eines Drehgelenks: (1) Abscheidung einer Abstandslage aus Phosphorsilikatglas (PSG) und einer Polysiliziumlage (siehe Abbildung 11.34), (2) Abscheidung der zweiten Abstandslage, (3) selektives Ätzen von PSG, (4) Erzeugen einer Klammer durch Polysiliziumabscheidung, (5) das Gelenk ist drehbar, nachdem das PSG durch selektives Nassätzen entfernt wurde.

SCREAM: Ein anderes Konzept, sehr tiefe MEMS-Strukturen herzustellen, ist das in ▶ Abbildung 13.39 dargestellte *SCREAM-Verfahren* (reaktives Ätzen und Metallisierung von Einkristall-Silizium). Diese Technik erzeugt mit Standardlithographie und -ätzen 10 bis 50 μm tiefe Gräben, die dann durch eine per CVD abgeschiedene Siliziumdioxidschicht geschützt werden. Ein anisotroper Ätzschritt entfernt das Oxid nur am Boden des Grabens und der Graben wird dann durch Trockenätzen erweitert. Ein anisotroper Ätzangriff mit Schwefelhexafluorid (SF_6) ätzt lateral die freigelegten Seitenwände am Boden des Grabens. Wenn sich dabei benachbarte Unterätzungen überlappen, werden die bearbeiteten Strukturen freigelegt.

SIMPLE: Eine Alternative zu SCREAM ist die SIMPLE-Technik (Siliziumbearbeitung durch Einzelschritt-Plasmaätzen), die in ▶ Abbildung 13.40 dargestellt ist. Diese Technik verwendet einen Plasmaätzprozess auf Chlorgasbasis, der *p*-dotiertes oder leicht dotiertes Silizium anisotrop angreift, stark *n*-dotiertes Silizium hingegen isotrop. Ein frei stehendes MEMS-Bauelement lässt sich somit in einem Plasmaätzschritt wie in der Abbildung dargestellt fertigen.

13.14 Mikrobearbeitung von MEMS-Bauteilen

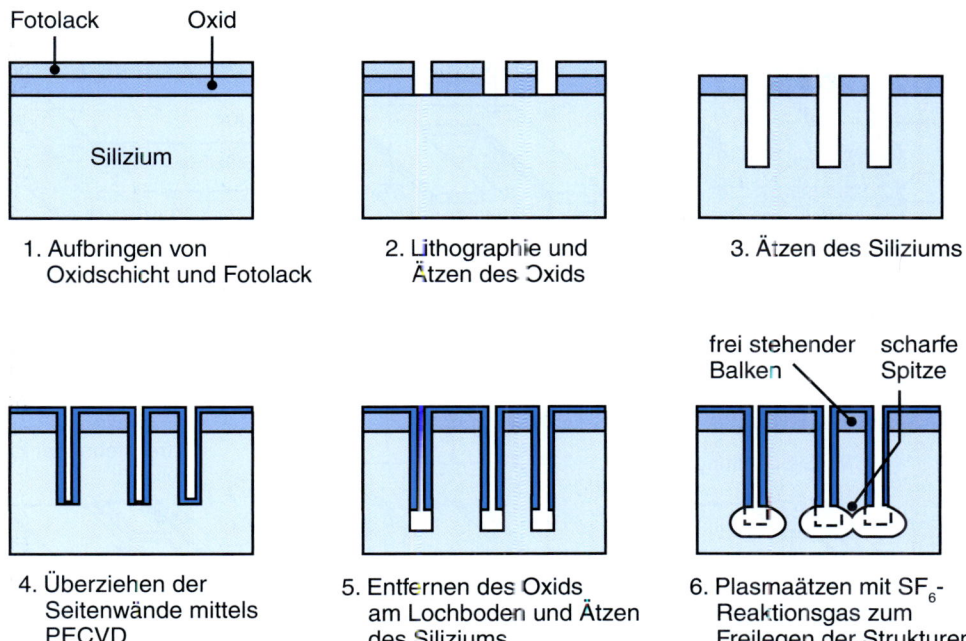

Abbildung 13.39: Ablauf des SCREAM-Verfahrens. Nach N. Maluf.

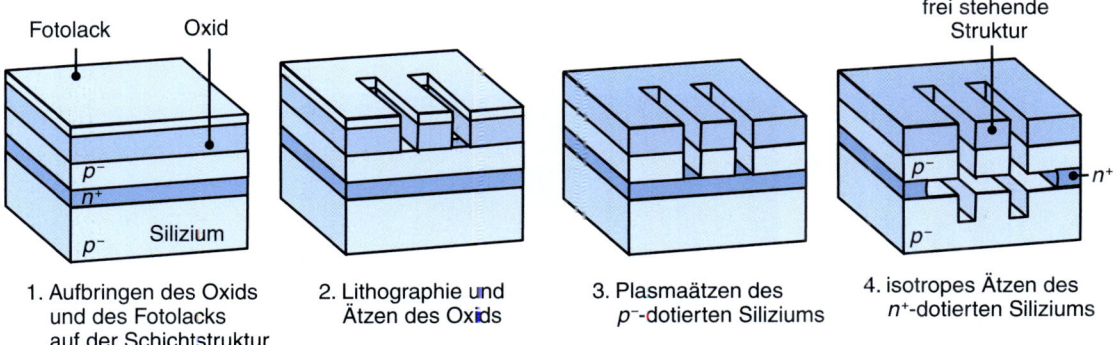

Abbildung 13.40: Schematische Darstellung der Silizium-Mikrobearbeitung mit dem SIMPLE-Verfahren.

In Bezug auf das SIMPLE-Verfahren sind folgende Punkte zu berücksichtigen:

1. Die Oxidmaske wird durch das Chlorgasplasma angegriffen, wenn auch mit einer geringeren Geschwindigkeit. Demzufolge sind relativ dicke Oxidmasken erforderlich.

2. Die isotrope Ätzrate ist mit typischerweise 50 nm/min gering. Folglich ist dieser Vorgang sehr langsam.

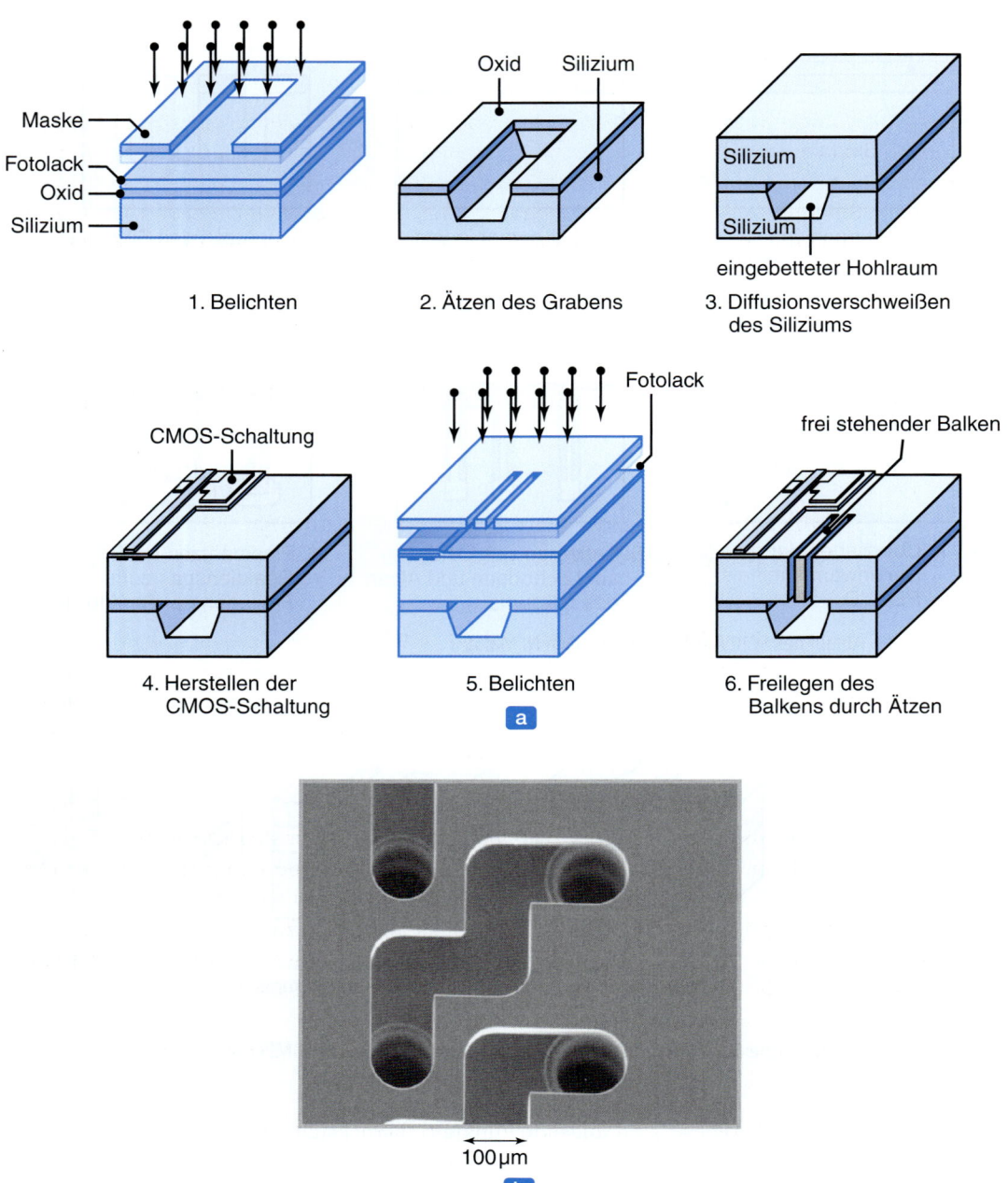

Abbildung 13.41: (a) Schematische Darstellung des Silizium-Diffusionsschweißens kombiniert mit reaktivem Ionentiefätzen (DRIE) zur Erzeugung eines frei stehenden Balkens. (b) Bauteil für die Mikrofluidik, hergestellt mittels DRIE an zwei separaten Wafern, die danach durch Silizium-Diffusionsschweißen gefügt wurden. Eine anodisch aufgebrachte Pyrexschicht (nicht gezeigt) zur Beobachtung der Flüssigkeitsströmung vervollständigt das Bauteil. Nach (a) N. Maluf, (b) K.R. Williams.

3 Die Schicht unterhalb der Strukturen enthält tiefe Gräben, die die Bewegung der frei hängenden Strukturen beeinflussen können.

Ätzen kombiniert mit Diffusionsschweißen: Sehr große Strukturen können in einkristallinem Silizium durch eine Kombination von *Silizium-Diffusionsschweißen* und *Reaktionsionentiefätzen* (*silicon fusion bonding and deep reactive ion etching*, SFB-DRIE), wie in ▶ Abbildung 13.41 gezeigt, hergestellt werden. Zuerst wird ein Siliziumwafer mit einer isolierenden Oxidschicht vorbereitet, wobei tiefe Grabenbereiche durch ein Standardlithographieverfahren definiert werden. An diesen Schritt schließt sich konventionelles Nass- oder Trockenätzen an, um einen großen Hohlraum zu bilden. Auf diese Schicht wird eine zweite Siliziumschicht durch Diffusionsschweißen aufgebracht, die dann bei Bedarf auf die gewünschte Dicke geschliffen und poliert werden kann. In dieser Phase wird die integrierte Schaltung nach den in Abbildung 13.3 umrissenen Schritten hergestellt. Eine schützende Fotolackschicht wird aufgebracht und belichtet, die gewünschten Gräben werden per Reaktions-Ionentiefätzen durch den Hohlraum in der ersten Siliziumschicht geätzt.

Beispiel 13.5 **Funktionsweise und Abfolge der Herstellung eines BubbleJet-Druckkopfs**

Thermische Tintenstrahldrucker gehören derzeit zu den erfolgreichsten Anwendungen von MEMS. Diese Drucker schleudern Nano- oder Pikoliter (10^{-9} bzw. 10^{-12} l) Tinte aus einer Düse auf das Papier. Tintenstrahldrucker gibt es in verschiedenen Ausführungen, wobei aber vor allem die Technologie der Siliziumbearbeitung für hochauflösende Drucker geeignet ist, da bei einer Auflösung von 1200 dpi (dots per inch, Punkte pro Zoll) ein Düsenabstand von ungefähr 20 µm erforderlich ist.

▶ Abbildung 13.42 veranschaulicht das Funktionsprinzip eines Tintenstrahldruckers. Um ein Tintentröpfchen zu erzeugen und auszustoßen, wird ein Tantalwiderstand unter einer Düse erwärmt. Dieser Widerstand heizt eine dünne Tintenschicht auf, sodass innerhalb von 5 Mikrosekunden eine Blase (*bubble*) gebildet wird. Bei einem Innendruck bis zu 1,4 MPa dehnt sich die Blase schnell aus und presst daraufhin das Fluid mit hoher Geschwindigkeit aus der Düse. Innerhalb von 24 Mikrosekunden trennt sich der hintere Teil des Tröpfchens aufgrund der Oberflächenspannung ab. Die Wärmequelle wird dann abgeschaltet und die Blase fällt innerhalb der Düse zusammen. Innerhalb von 50 Mikrosekunden wird ausreichend Tinte aus einem Tank in die Düse nachgeliefert, um den gewünschten Meniskus für das nächste Tröpfchen zu bilden.

Bei herkömmlichen Tintenstrahldruckköpfen werden die Düsen separat durch Elektroformung hergestellt. Durch die Trennung von der integrierten Ansteuerschaltung mussten beiden Komponenten durch Bonden miteinander verbunden werden. Mit höherer Druckerauflösung ist es aber schwieriger, die Komponenten mit einer Toleranz unter einigen Mikrometern zu bonden. Deshalb sind Verfahren interessant, mit denen sich Komponenten aus einem Stück – monolithisch – herstellen lassen.

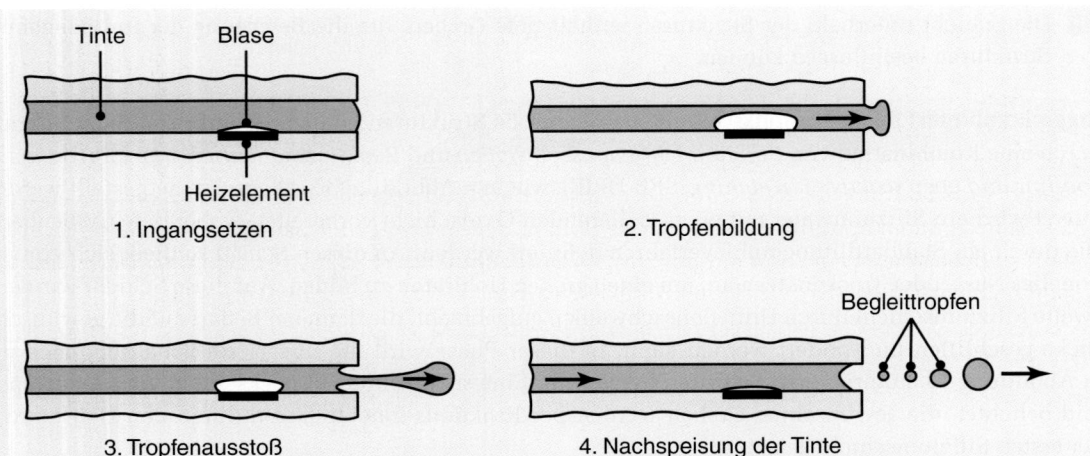

Abbildung 13.42: Funktionsweise eines BubbleJet-Druckkopfs für einen Tintenstrahldrucker. (1) Das Widerstandsheizelement verdampft die Tinte und bildet eine Dampfblase. (2) Innerhalb von 5 Mikrosekunden dehnt sich die Blase aus und stößt Tinte aus der Düse. (3) Die Oberflächenspannung der freien Tinte führt zum Abschnüren des Strahls und Ausbildung eines Tropfens, welcher sich mit hoher Geschwindigkeit von der Düse entfernt. Zu dieser Zeit wird das Heizelement deaktiviert, die Restwärme an die umgebende Tinte abgegeben und die Blase kollabiert; Tinte von der Düse wird von der Oberflächenspannung zurückgezogen. (4) Innerhalb von 24 Mikrosekunden löst sich der Tintentropfen (und auch unerwünschte Satellitentröpfchen) vollständig ab und wird (werden) gegen das Druckmedium geschleudert. Tinte wird aus dem Vorratsbehälter in den Druckkopf nachgespeist. Nach F.G. Tseng, „Microdroplet Generators", in M. Gad-el-hak (Hrsg.), *The MEMS Handbook*, CRC Press, 2002.

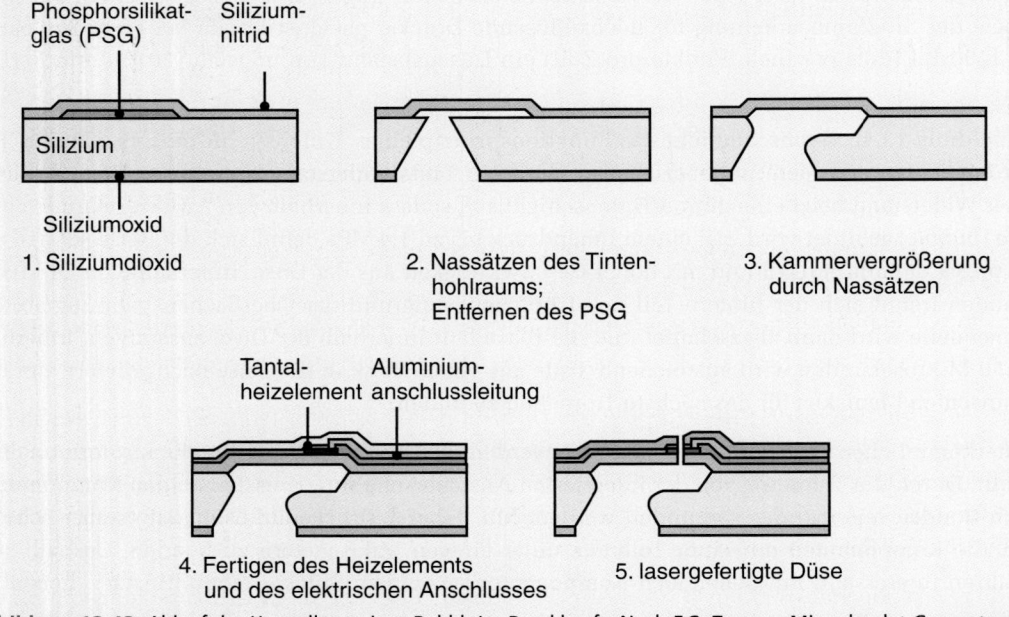

Abbildung 13.43: Ablauf der Herstellung eines BubbleJet-Druckkopfs. Nach F.G. Tseng, „Microdroplet Generators", in M. Gad-el-hak (Hrsg.), *The MEMS Handbook*, CRC Press, 2002.

> ► Abbildung 13.43 zeigt den Ablauf der Herstellung eines monolithischen BubbleJet-Druckkopfs. Ein Siliziumwafer wird vorbereitet und mit einem Muster aus Phosphorsilikatglas (PSG) beschichtet. Darauf wird eine Siliziumnitridschicht mit geringer Spannung abgeschieden. Um den Tintenhohlraum zu erhalten, wird die Rückseite des Wafers isotrop geätzt, anschließend das PSG entfernt und dann der Hohlraum vergrößert. Im nächsten Schritt wird die erforderliche CMOS-Schaltung erzeugt (in Abbildung 13.43 nicht dargestellt) und ein Tantalheizelement abgeschieden. Nachdem die Aluminiumverbindungen zwischen dem Tantalheizelement und der CMOS-Schaltung hergestellt sind, bearbeitet ein Laser die gewünschte Düsenform. Mit einem Array derartiger Düsen lassen sich in einem Tintenstrahldruckkopf Auflösungen von 2400 dpi oder höher erreichen.

13.15 LIGA und verwandte Mikrofertigungsverfahren

Das LIGA-Verfahren (Lithographie, Galvanoformung, Abformung) kombiniert **Röntgenstrahllithographie, Galvanoformung und Abformung**. ► Abbildung 13.44 stellt die Schritte des LIGA-Verfahrens schematisch dar:

1. Auf einem primären Substrat wird eine bis zu einigen Hundert Mikrometern dicke Fotolackschicht aus Polymethylmethacrylat (PMMA) abgeschieden.
2. Das PMMA wird mit gebündelten Röntgenstrahlen belichtet und entwickelt.
3. Auf dem primären Substrat wird Metall galvanisch abgeschieden.
4. Das PMMA wird entfernt oder abgezogen, was zu einer frei stehenden Metallstruktur führt.
5. Die Metallstruktur fungiert nun als Form für ein sich anschließendes Kunststoffspritzgießen.

Das LIGA-Verfahren liefert je nach Anwendung als Endprodukt

1. eine frei stehende Metallstruktur, die aus dem Galvanoformungsvorgang resultiert;
2. eine durch Kunststoffspritzgießen hergestellte Struktur;
3. ein mittels Modellausschmelzverfahren hergestelltes Metallteil, wobei die durch Spritzguss erzeugte Struktur als Rohteil verwendet wurde, oder
4. ein durch Schlickergießen hergestelltes Keramikteil, für das die Spritzgussteile als Formen dienen.

Das bei LIGA verwendete Substrat ist ein elektrischer Leiter oder ein Isolator, der mit einem Leiter beschichtet wurde. Beispiele für das primäre Substrat sind austenitisches Stahlblech, Siliziumwafer mit einer Titanschicht und Kupfer, das mit Gold, Titan oder Nickel plattiert ist. Metallplattierte Keramiken und Gläser werden ebenfalls verwendet. Die Oberfläche kann durch Sandstrahlen aufgeraut werden, um die Adhäsion des Fotolackwerkstoffs zu fördern.

Fotolackwerkstoffe müssen hohe Röntgenempfindlichkeit, Trocken- und Nassätzbeständigkeit im unbelichteten Zustand und thermische Stabilität aufweisen. Der gebräuchlichste Fotolackwerkstoff ist Polymethylmethacrylat, das ein sehr hohes Molekulargewicht hat (mehr als 10^6 pro Mol; siehe Ab-

13 Fertigung von mikroelektronischen, mikromechanischen und mikroelektromechanischen Bauteilen

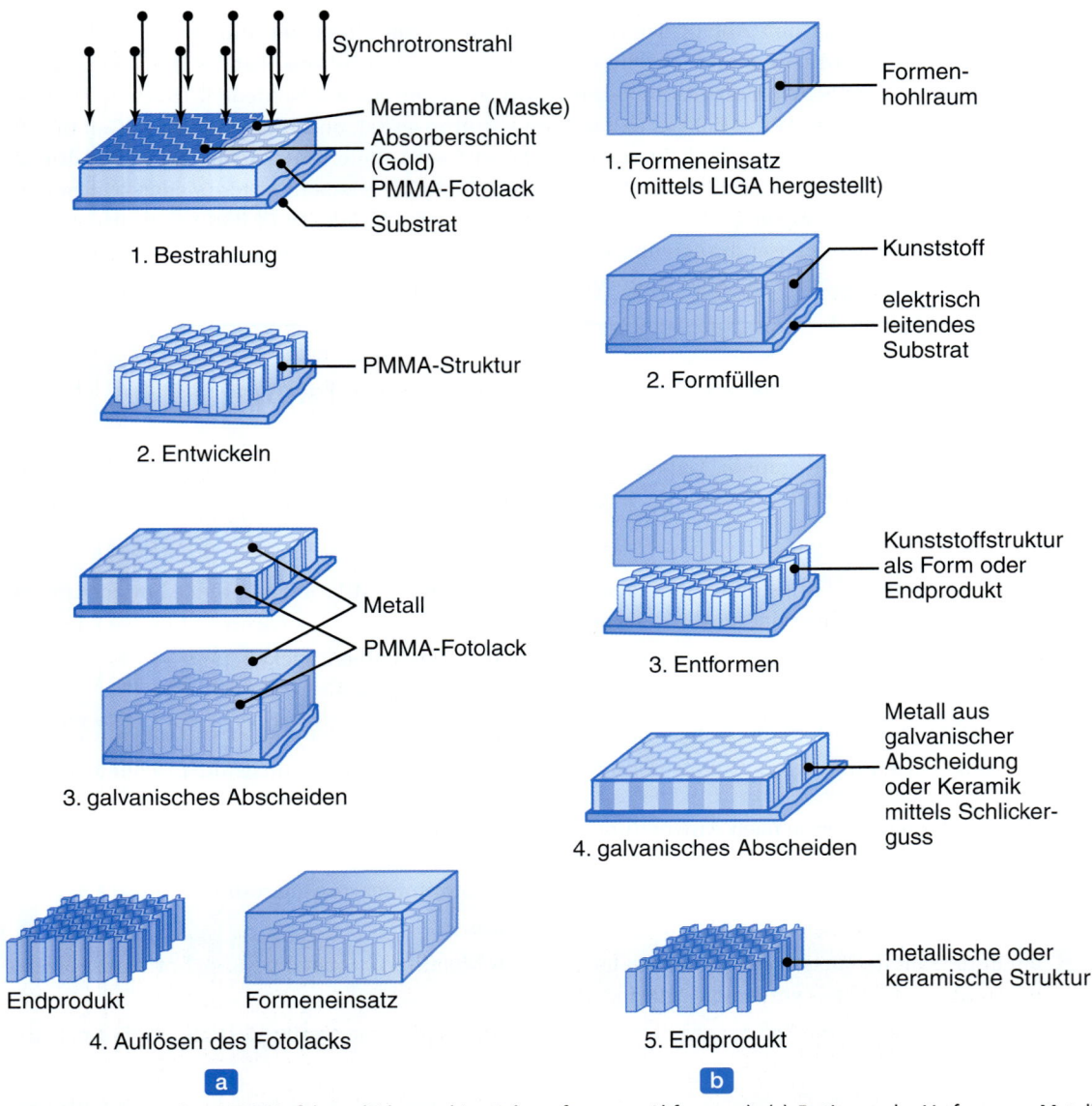

Abbildung 13.44: Das LIGA-Verfahren (Lithographie, Galvanoformung, Abformung): (a) Fertigung der Vorform aus Metall oder eines Formeneinsatzes, (b) Verwendung der Vorform für sekundäre Herstelloperationen (Vervielfältigung).

schnitt 10.2.1). Die Röntgenstrahlen brechen die chemischen Bindungen auf, wodurch freie Radikale entstehen und sich das Molekulargewicht im belichteten Bereich signifikant verringert. Organische Lösungsmittel lösen dann vorzugweise das belichtete PMMA in einem Nassätzangriff. Nach der Entwicklung wird die verbliebene dreidimensionale Struktur abgespült und getrocknet oder mit trockenem Stickstoff geschleudert und gestrahlt.

13.15 LIGA und verwandte Mikrofertigungsverfahren

Bei der Galvanoformung von Metall kommt normalerweise Nickel zum Einsatz (siehe Abschnitt 4.5.1 und Abbildung 4.17). Das Nickel wird auf belichtete Bereiche des Substrats abgeschieden. Es füllt die PMMA-Struktur und kann sogar den Fotolack bedecken (Abbildung 13.44a). Nickel ist der bevorzugte Werkstoff, da sich in der Galvanoformung die Abscheidungsraten präzise steuern und Eigenspannungen kontrollieren lassen. Auch chemisches Beschichten mit Nickel (Abschnitt 4.5.1) ist möglich und Nickel kann direkt auf elektrisch isolierenden Substraten abgeschieden werden. Da jedoch Nickel hohe Verschleißraten in MEMS zeigt, konzentriert sich die Forschung darauf, andere Werkstoffe oder Beschichtungen zu verwenden.

Nachdem die Metallstruktur abgeschieden ist, wird durch Präzisionsschleifen entweder das Substratmaterial oder eine Schicht des abgeschiedenen Nickels entfernt. Diesen Vorgang bezeichnet man als *Planarisierung* (siehe auch Abschnitt 13.10). Dass eine Planarisierung notwendig ist, erkennt man anhand der Tatsache, dass dreidimensionale MEMS-Bauelemente Toleranzen im Mikrometerbereich auf Schichten von einigen Hundert Mikrometern Dicke erfordern. Allerdings ist Planheit schwierig zu erreichen und beim konventionellen Läppen (Abschnitt 9.7) wird vorzugsweise das weiche PMMA entfernt und das Metall schmiert. Üblicherweise wird die Planarisierung mit einem Diamant-Läpp-Verfahren durchgeführt, das man als **Nanoschleifen** bezeichnet. Hier wird eine mit Diamant-Schlicker beladene Weichmetallplatte zur Materialentfernung verwendet, damit die Planheit innerhalb von 1 μm an einem Substrat von 75 mm Durchmesser erhalten bleibt.

Zur **Vernetzung** (Abschnitt 10.2.1) wird der PMMA-Fotolack dann einer Synchrotron-Röntgenstrahlung ausgesetzt und durch Belichten mit einem Sauerstoffplasma oder durch Lösungsmittelextraktion entfernt. Das Ergebnis ist eine Metallstruktur, die sich zur Weiterverarbeitung eignet. ▶ Abbildung 13.45 zeigt Beispiele für frei stehende Metallstrukturen, die durch Galvanoformung des Nickels erzeugt wurden.

Obwohl die Verarbeitungsschritte zur Fertigung von frei stehenden Metallstrukturen äußerst zeitaufwendig und teuer sind, besteht der Hauptvorteil von LIGA darin, dass diese Strukturen als Formen für

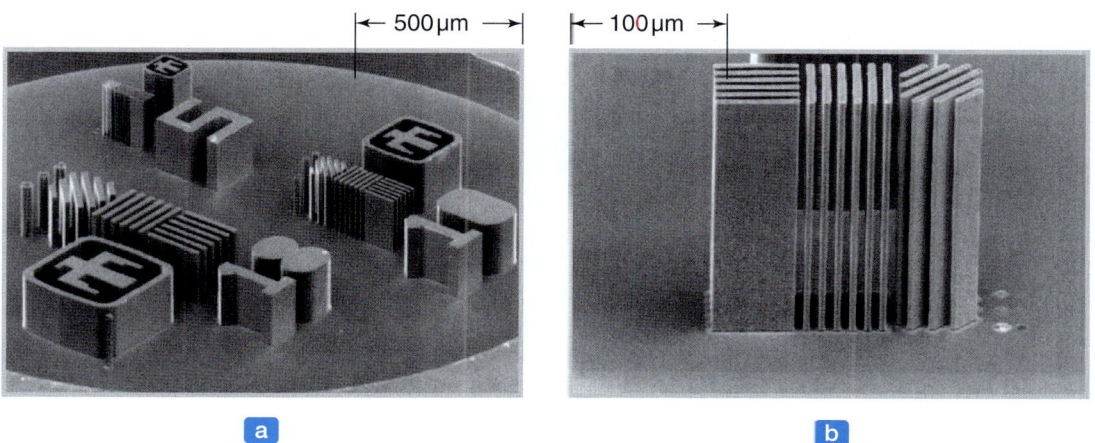

Abbildung 13.45: (a) Galvanogeformte Nickelstrukturen, (b) Detailaufnahme frei stehender Nickelstrukturen. Nach T. Christenson, in M. Gad-el-hak (Hrsg.), *The MEMS Handbook*, CRC Press, 2002.

Tabelle 13.5: Vergleich von Mikroformungstechniken

	Fertigungstechnik		
	LIGA	Laserbearbeitung	EDM
Größte zu kleinster Abmessung	10–50	10	bis zu 100
Oberflächenrauigkeit	<50 nm	100 nm	0,3–1 μm
Genauigkeit	<1 μm	1–3 μm	1–5 μm
Maske erforderlich?	Ja	Nein	Nein
Maximale Bauteilhöhe	1–500 μm	200–500 μm	μm bis mm

Nach L. Weber, W. Ehrfeld, H. Freimuth, M. Lacher, M. Lehr, und P. Pech, *SPIE Micromachining and Microfabrication Process Technology II*, Austin, TX, 1996.

die schnelle Replikation von Merkmalen im Submikrometerbereich über Formungsoperationen dienen. Tabelle 13.5 nennt und vergleicht die Prozesse, mit denen sich Mikroformen herstellen lassen, wobei erkennbar ist, dass LIGA bestimmte deutliche Vorteile aufweist. Für die Herstellung dieser Mikroformen sind aber auch Reaktionsspritzgießen, Spritzgießen und Formpressen (Abschnitt 10.10) verwendet worden.

Beispiel 13.6 Herstellung von Magneten aus Seltenen Erden

Eine Reihe von Skalierungsfragen in elektromagnetischen Bauelementen zeigt, dass die Verwendung von Magneten aus Seltenen Erden der Samarium-Kobalt- und Neodym-Eisen-Bor-Familien (SmCo bzw. NdFeB) vorteilhaft ist. Diese Werkstoffe sind in Pulverform erhältlich und von Interesse, weil daraus Magnete produzierbar sind, die eine Größenordnung stärker sind als konventionelle Magnete (Tabelle 13.6). Somit können diese Werkstoffe verwendet werden, wenn effektive elektromagnetische Wandler in Miniaturform herzustellen sind.

Tabelle 13.6: Vergleich der Eigenschaften von hartmagnetischen Werkstoffen

Material	Magnetische Energiedichte (kTAm^{-1} ≙ kJm^{-3})
Kohlenstoffstahl	1,4
Stahl (36 % Kobalt)	4,5
Alnico I	10
Vicalloy I	7
Kobalt-Platin	45
Nd$_2$Fe$_{14}$B, dicht	280
Nd$_2$Fe$_{14}$B, gebunden	63

▶ Abbildung 13.46 zeigt die Verarbeitungsschritte, um diese Magnete herzustellen. Die Form aus Polymethylmethacrylat wird hergestellt durch Belichten mit Röntgenstrahlung und Lösungsmittelextraktion. Die Pulver aus Seltenen Erden werden mit einem Epoxidharz-Bindemittel gemischt und auf die PMMA-Form mittels Kalandrieren (siehe Abbildung 10.38) und Pressen aufgebracht. Nach dem Aushärten in einer Presse bei einem Druck von etwa 70 MPa wird das Substrat planarisiert. Dann wird das Substrat einem magnetisierenden Feld von mindestens $3 \cdot 10^6$ A/m in der gewünschten Orientierung ausgesetzt. Nachdem das Material magnetisiert ist, wird das PMMA-Substrat aufgelöst und hinterlässt die Magnete aus Seltenen Erden, wie ▶ Abbildung 13.47 zeigt.

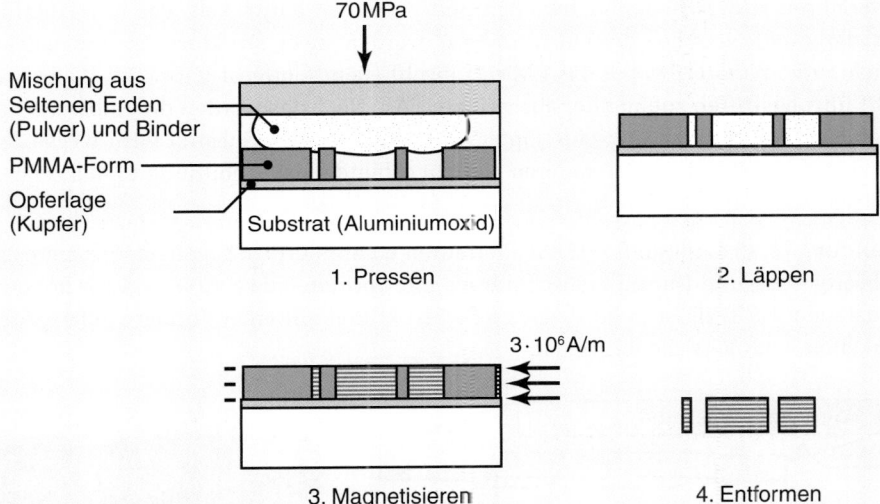

Abbildung 13.46: Herstellung von Magneten aus Seltenen Erden für Mikrosensoren. Nach T. Christenson.

Abbildung 13.47: Rasterelektronenmikroskopische Aufnahmen von Dauermagneten aus $Nd_2Fe_{14}B$. Die Pulvergröße liegt zwischen 1 und 5 μm. Der Binder ist ein Methylenchlorid-Epoxid. Die Bildverzerrung wird von der magnetischen Beeinflussung der bildgebenden Elektronen verursacht. Bislang wurden Magnete mit Energiedichten von über 300 kJm^{-3} hergestellt. Nach T. Christenson, in M. Gad-el-hak (Hrsg.), *The MEMS Handbook*, CRC Press, 2002.

Quelle: Nach T. Christenson, Sandia National Laboratories.

Mehrlagen-Röntgenstrahllithographie: Die LIGA-Technik eignet sich besonders zur Herstellung von MEMS-Bauelementen mit großen Seitenverhältnissen und reproduzierbaren Formen. Oftmals ist aber eine mehrlagige, abgesetzte Struktur erforderlich, die sich mittels LIGA nicht direkt herstellen lässt. Für nicht überhängende Geometrien ist direktes Beschichten möglich. Bei dieser Technik wird eine Schicht von galvanogeformtem Metall mit umgebendem PMMA hergestellt, wie es oben für LIGA beschrieben wurde. Eine zweite Schicht aus PMMA-Fotolack wird dann mit dieser Struktur gebunden und durch eine ausgerichtete Röntgenstrahlmaske mit Röntgenstrahlen belichtet.

In komplexen MEMS-Bauelementen sind überhängende Geometrien oftmals nützlich. Für diesen Zweck wurde ein Verfahren zum Diffusionsschweißen und Entfernen entwickelt, das in ▶ Abbildung 13.48a schematisch dargestellt ist. Bei diesem Verfahren werden zwei strukturierte und galvanogeformte PMMA-Schichten vorbereitet, wobei das PMMA anschließend entfernt wird. Die Wafer werden dann vis-à-vis mit Führungsstiften zueinander ausgerichtet. Als Nächstes werden die Substrate durch Warmpressen miteinander verbunden und eine Opferlage auf dem einen Substrat wird weggeätzt, wodurch eine Schicht zurückbleibt, die auf der anderen Schicht gebunden ist. Abbildung 13.48b zeigt ein Beispiel für eine derartige Struktur.

Das in ▶ Abbildung 13.49 dargestellte HEXSIL-Verfahren kombiniert *HEX*agonale Wabenstrukturen, *SIL*izium-Mikrobearbeitung und Dünnfilmabscheidung, um frei stehende Strukturen mit hohem Seitenverhältnis herzustellen. HEXSIL ist in der Lage, große Strukturen mit einer Formenvielfalt zu fertigen, die den Möglichkeiten von LIGA ebenbürtig ist.

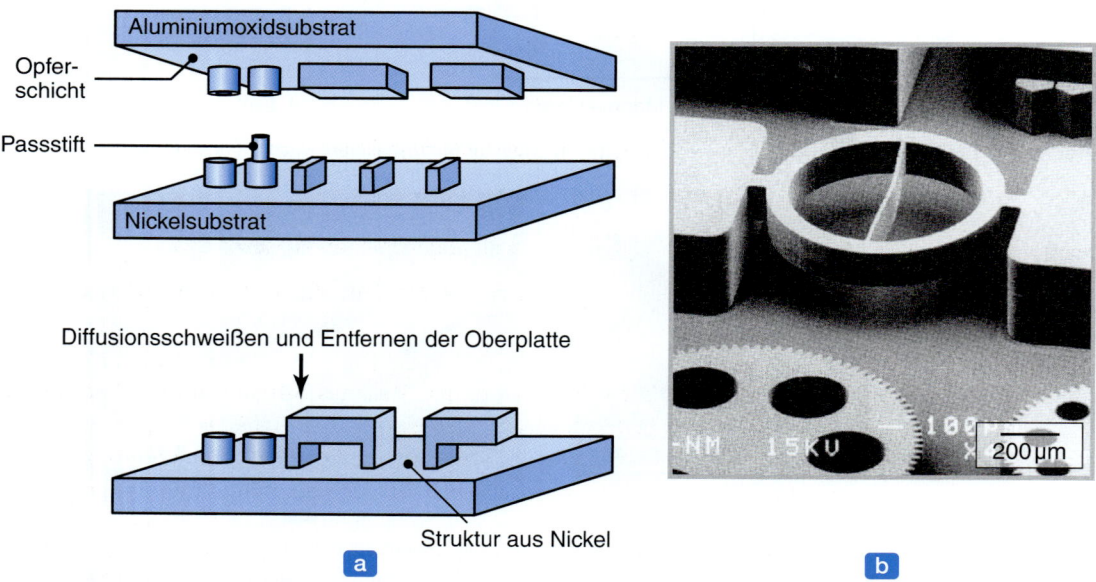

Abbildung 13.48: (a) Mehrlagen-MEMS-Fertigung durch Wafer-zu-Wafer-Diffusionsschweißen. (b) Hängender Ring, wie er zur Messung von Dehnungen bei Zugbeanspruchung verwendet wird. Die Herstellung erfolgt mittels Wafer-zu-Wafer-Diffusionsschweißen. Nach T. Christenson.

13.15 LIGA und verwandte Mikrofertigungsverfahren

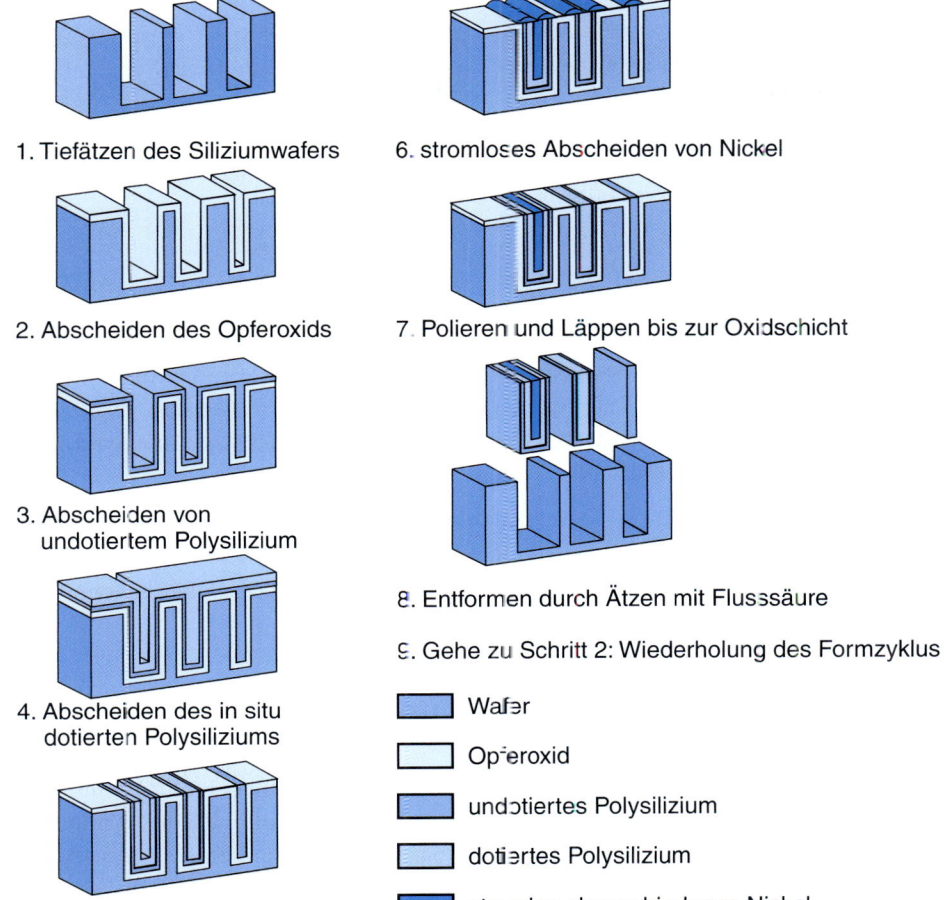

Abbildung 13.49: Ablauf des HEXSIL-Verfahrens. HEX: hexagonale Wabenstruktur, SIL: silicon micromachining, Silizium-Mikrobearbeitung.

Beim HEXSIL-Verfahren wird zuerst ein tiefer Graben in einkristallines Silizium durch Trockenätzen erzeugt und anschließend die Grabenwände durch Nassätzen geglättet. Die Tiefe des Grabens entspricht der gewünschten Strukturhöhe und ist in der Praxis auf etwa 100 µm begrenzt. Eine Oxidschicht wird dann auf dem Silizium gezüchtet oder abgeschieden. Daran schließt sich eine nicht dotierte polykristalline Siliziumschicht an, die eine gute Formenfüllung und eine gute Definition der Gestalt gewährleistet. Eine dotierte Siliziumschicht wird dann abgeschieden, um eine Widerstandszone des Mikrobauelements zu realisieren. Dann wird galvanisch oder chemisch eine Nickelschicht aufgebracht. Abbildung 13.49 zeigt verschiedene Grabenbreiten, um die unterschiedlichen Strukturen zu demonstrieren, die sich in HEXSIL herstellen lassen.

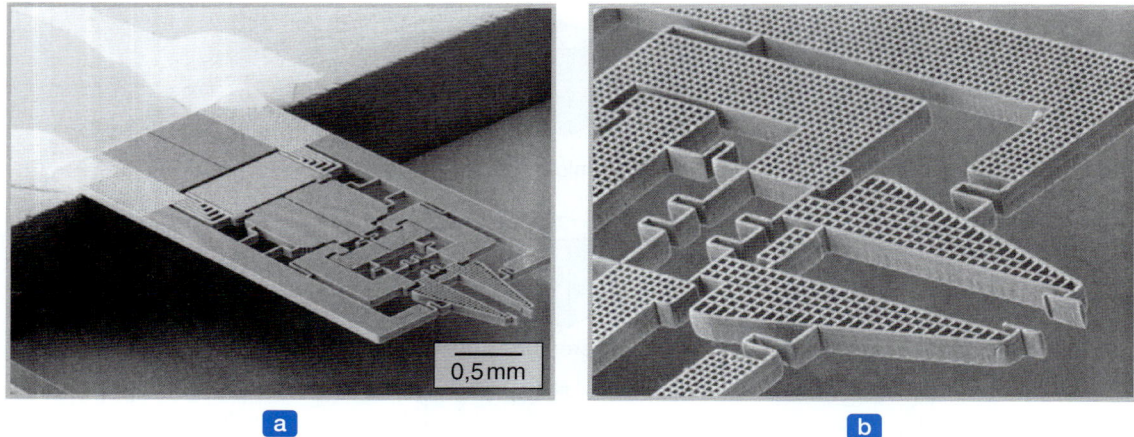

Abbildung 13.50: (a) Rasterelektronenmikroskopische Aufnahme einer Mikropinzette, die beim Zusammenbau auf der Mikroebene oder in der Mikrochirurgie Verwendung findet.

In ▶ Abbildung 13.50 ist eine Mikropinzette zu sehen, die mit dem HEXSIL-Verfahren hergestellt wurde. Durch einen thermisch angeregten Balken wird die Pinzette aktiviert, die sich beispielsweise in der Mikromontage oder in der Mikrochirurgie einsetzen lässt.

13.16 Formenlose Fertigung von Bauteilen

Die *formenlose Fertigung von Bauteilen* ist eine andere Bezeichnung für schnelles Prototyping, das in Abschnitt 10.12 beschrieben wurde. Diese Methode zeichnet sich dadurch aus, dass man komplexe dreidimensionale Strukturen durch additive Herstellung im Unterschied zum Entfernen von Material herstellen kann. Viele Vorteile des schnellen Prototyping treffen auch auf die MEMS-Fertigung zu.

Bei der **Mikrostereolithographie** wird ein flüssiges Duromer mithilfe eines Photoinitiators und einer stark fokussierten Lichtquelle gehärtet. Konventionelle Stereolithographie verwendet Schichten zwischen 75 und 500 µm Dicke, wobei ein Laserpunkt auf einen Durchmesser von 0,25 mm konzentriert wird. Die Mikrostereolithographie arbeitet nach dem gleichen Konzept, wobei aber der Laser bis herab auf einen Durchmesser von 1 µm stärker fokussiert ist und die Schichtdicken bei ungefähr 10 µm liegen. Diese Technik weist eine Reihe von wirtschaftlichen Vorteilen auf, wobei aber MEMS-Bauelemente mit den Ansteuerschaltungen schwer zu integrieren sind, da Stereolithographie nichtleitende Polymerstrukturen erzeugt.

Instant-Masking ist ein weiteres Verfahren für die Herstellung von MEMS-Bauelementen (▶ Abbildung 13.51). Die formenlose Fertigung von MEMS-Bauteilen wird auch als **elektrochemische Fabrikation (EFAB)** bezeichnet. Eine Maske aus Elastomer wird zunächst durch die in Abschnitt 13.7 beschriebenen konventionellen Lithographieverfahren erzeugt. Die Maske wird dann in einem galvanischen Bad gegen das Substrat gedrückt, sodass sich das Elastomer an das Substrat anlegt und den Zutritt der Plattierungslösung in den Kontaktbereichen verhindert. Die galvanische Abscheidung vollzieht sich in Berei-

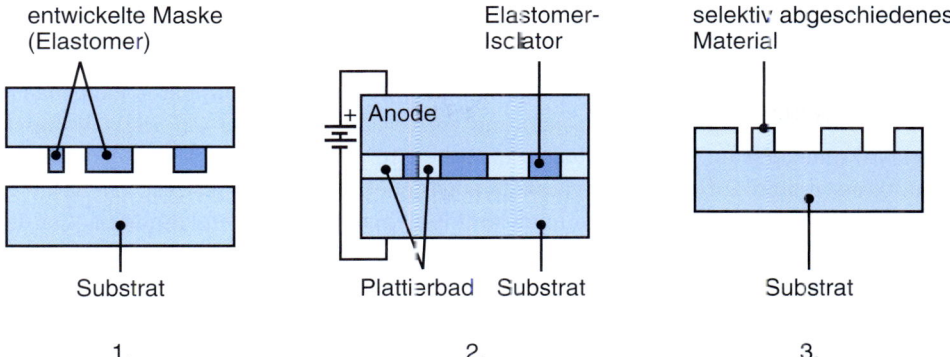

Abbildung 13.51: Das Instant-Masking-Verfahren: (1) nacktes Substrat, (2) während der Metallabscheidung, bei der die Maske in Kontakt mit dem Substrat ist, (3) Ergebnis der selektiver Abscheidung. Nach A. Cohen, MEMGen Corporation.

chen, die nicht maskiert sind, sodass schließlich ein Spiegelbild der Maske entsteht. Mithilfe einer Opferfülllage, die aus einem zweiten Werkstoff besteht, lassen sich durch Instant-Masking komplexe dreidimensionale Formen herstellen – komplett mit Überhängen, Bögen und anderen Merkmalen.

13.17 Mesoskalige Fertigung

Konventionelle Herstellungsverfahren, wie sie in den Kapiteln 5 bis 12 beschrieben wurden, liefern typischerweise Teile, die sich als sichtbar für das unbewaffnete Auge charakterisieren lassen. Derartige Teile werden allgemein als *makroskalig* eingeordnet. Das griechische Wort *makros* bedeutet „lang". Die als *macromanufacturing, Makroherstellung* bezeichnete Verarbeitung derartiger Teile ist der am weitesten entwickelte und beherrschte Bereich unter dem Aspekt von Entwurf und Fertigung.

Demgegenüber hat die *mesoskalige Fertigung* mit Komponenten für Miniaturbauteile wie zum Beispiel Hörhilfen, medizinische Geräte wie Gefäßstützen und Ventile, mechanische Uhren und äußerst kleine Motoren und Getriebe zu tun. Wie Abbildung 1.7 zeigt, überlappt die mesoskalige Fertigung sowohl mit der Makro- als auch der Mikrofertigung.

Für die mesoskalige Fertigung werden zwei allgemeine Ansätze verwendet: **Niederskalieren** von makroskaligen Prozessen und **Hochskalieren** von mikroskaligen Verfahren. Beispiele für das erste Konzept sind eine Drehbank mit einem 1,5-W-Motor, der $32 \times 25 \times 30{,}5\,mm^3$ misst und 100 g wiegt. Eine derartige Drehbank kann Messing mit einem Durchmesser bis herab zu $60\,\mu m$ und mit einer Oberflächenrauigkeit von $1{,}5\,\mu m$ bearbeiten (siehe Abbildung 9.27). In ähnlicher Form gibt es Miniaturversionen von Fräsmaschinen, mechanischen Pressen und verschiedenen anderen Werkzeugmaschinen.

Das Hochskalieren von mikroskaligen Verfahren wird ähnlich durchgeführt. LIGA kann mikroskalige Bauelemente produzieren, doch die größten Teile, die sich durch LIGA herstellen lassen, sind mesoskalig. Deshalb sind mesoskalige Fertigungsverfahren oftmals nicht von ihren Realisierungen in der Mikrofertigung zu unterscheiden.

13.18 Nanoskalige Fertigung

Bei der *nanometerskaligen (nanoskaligen) Fertigung* werden Teile hergestellt, deren Längenausdehnungen im Nanometerbereich liegen. Die Bezeichnung verweist in der Regel auf Herstellungsstrategien unterhalb der Mikrometerskala, d. h. auf Längen zwischen 10^{-6} und 10^{-9} m. Viele Merkmale von integrierten Schaltkreisen sind auf dieser Längenskala angesiedelt. Molekulartechnisch hergestellte Medikamente und andere Formen der Biotechnologie sind die einzigen aktuellen kommerziellen Beispiele. Allerdings hat sich gezeigt, dass viele physikalische und biologische Verfahren auf dieser Längenskala agieren und dass diese Konzepte vielversprechend für zukünftige Innovationen sind.

In der nanometerskaligen Fertigung ist zwischen zwei grundlegenden Konzepten zu unterscheiden: **Top-Down-** und **Bottom-Up-Ansatz**. Die Top-Down-Ansätze gehen von großen Bausteinen (wie zum Beispiel einem Siliziumwafer) und verschiedenen Fertigungsverfahren (wie zum Beispiel Lithographie und Nass-/Plasmaätzen) aus, um immer kleinere Funktionen und Produkte zu erzeugen (Mikroprozessoren, Sensoren und Sonden). Am anderen Extrem verwenden die Bottom-Up-Ansätze kleine Bausteine (wie zum Beispiel Atome, Moleküle oder Gruppen von Atomen und Molekülen), um eine Struktur aufzubauen. Theoretisch ähnelt dies der in Abschnitt 10.12 beschriebenen additiven Herstellung. Allerdings geht es bei den Bottom-Up-Ansätzen im Kontext der nanometerskaligen Fertigung um die Manipulation und Konstruktion von Produkten im atomaren oder molekularen Bereich.

Bottom-Up-Ansätze sind in der Natur weitverbreitet (der Aufbau von Zellen ist ein fundamentaler Bottom-Up-Ansatz), während die vom Menschen entwickelten Fertigungsverfahren größtenteils durch Top-Down-Ansätze geprägt waren. Praktisch gibt es gegenwärtig keine nanometerskalig gefertigten Produkte, die wirtschaftlich rentabel sind. Die folgenden Punkte beschreiben einige Perspektiven, die sich hauptsächlich auf technische Werkstoffe beziehen.

1 **Bauelemente auf Basis von Kohlenstoff-Nanoröhren:** Kohlenstoff-Nanoröhren (siehe auch Abschnitt 11.13.1) kann man sich als eingerollte Graphitschichten (genauer: Graphenschichten) vorstellen. Sie sind für die Entwicklung von nanometerskaligen Bauelementen interessant. Diese Nanoröhren werden durch Laserablation von Graphit, Kohle-Lichtbogenentladung und – vor allem – durch chemische Gasphasenabscheidung hergestellt (Abschnitt 4.5.1). Kohlenstoff-Nanoröhren können einwandig (*single-walled nano tubes*, SWNT) oder mehrwandig (*multi-walled nano tubes*, MWNT) und mit verschiedenen Elementen dotiert sein.

Durch ihre außergewöhnliche Festigkeit sind Kohlenstoff-Nanoröhren als Verstärkungsfasern in Verbundwerkstoffen interessant (Abschnitt 10.9 und 11.4). Allerdings weisen Kohlenstoff-Nanoröhren eine sehr geringe Adhäsion zu den meisten Werkstoffen auf, sodass Ablösung von einer Matrix ihre Wirksamkeit in diesen Anwendungen einschränkt. Außerdem ist es schwierig, die Nanoröhren richtig in der gesamten Mikrostruktur zu verteilen; ihre Wirksamkeit als Verstärkung ist begrenzt, wenn die Nanoröhren klumpen. Beispiele für Produkte, die Kohlenstoff-Nanoröhren enthalten, sind Fahrradrahmen für die Tour de France von 2006 sowie Spezialausführungen von Baseball- und Tennisschlägern. Derzeit tragen Nanoröhren bezogen auf das Volumen oder die Effektivität nur zu einem Bruchteil zur Verstärkung in diesen Produkten bei – die Hauptrolle übernimmt Graphit.

Charakteristisch für Kohlenstoff-Nanoröhren ist ihre sehr hohe elektrische Strombelastbarkeit. Kohlenstoff-Nanoröhren lassen sich als Halbleiter oder Leiter herstellen, je nach Orientierung des Graphits in der Nanoröhre. Armchair-Nanoröhren (▶ Abbildung 13.52) vertragen theoretisch die mehr

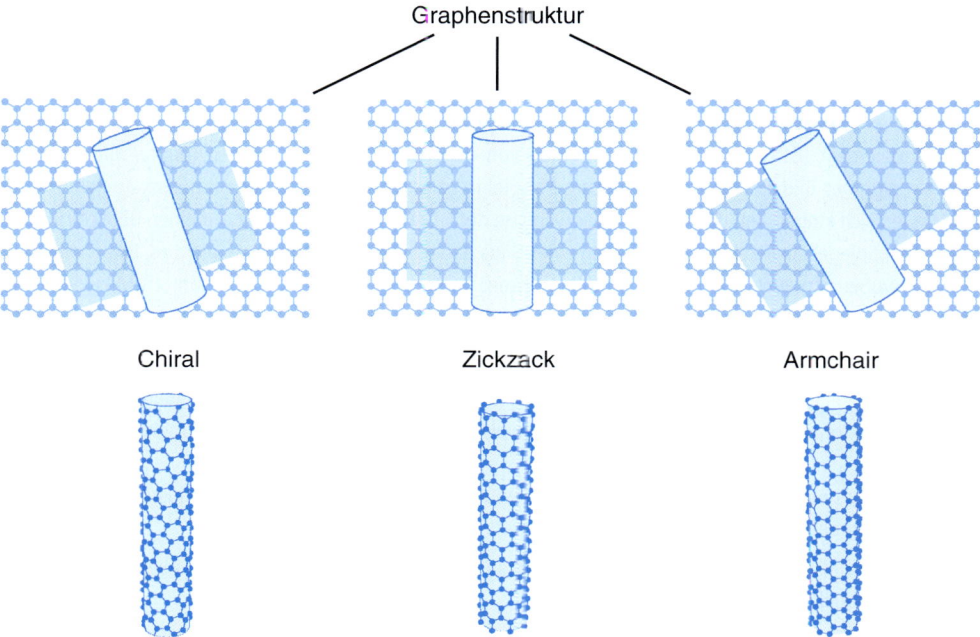

Abbildung 13.52: Struktureller Aufbau von Kohlenstoff-Nanoröhren (*carbon nanotubes*, CNT): Armchair, Zickzack und Chiral. Armchair-Nanoröhren sind gute elektrische Leiter, die beiden anderen können Halbleiter sein.

als 1000-fache Stromdichte von Silber oder Kupfer, was sie für elektrische Verbindungen in nanometerskaligen Bauelementen attraktiv macht.

Kohlenstoff-Nanoröhren sind auch in Polymere eingebaut worden, um deren elektrostatische Entladung zu begünstigen, was speziell für Kraftstoffleitungen in der Automobil- sowie Luft- und Raumfahrtindustrie benötigt wird. Weitere vorgeschlagene Einsatzfälle für Kohlenstoff-Nanoröhren sind das Speichern von Wasserstoff für Fahrzeuge mit Wasserstoffantrieb, Flachbildschirme, Röntgenstrahlen- und Mikrowellengeneratoren sowie nanometerskalige Sensoren.

2. **Nanokeramiken** (Nanophasen-Keramiken; siehe auch Abschnitt 11.8.1) haben zunehmend Aufmerksamkeit erlangt, da sich bei der Herstellung von keramischen Werkstoffen mit nanometerskaligen Partikeln sowohl Festigkeit als auch Duktilität deutlich erhöhen lassen. Außerdem werden Nanophasen-Keramiken für die Katalyse aufgrund ihres großen Oberflächen-zu-Volumen-Verhältnisses genutzt. Nanophasen-Partikel lassen sich als Verstärkung verwenden, beispielsweise mit SiC-Partikeln in einer Aluminiummatrix (Abschnitt 11.14).

Fallstudie: Digitale Mikrospiegel

Ein Beispiel für ein kommerzielles Produkt auf MEMS-Basis ist das in ▶ Abbildung 13.53 dargestellte Digital-Pixel-Technology-Bauelement (DPT). Es verwendet ein Array von **digitalen Mikrospiegeln** (*digital micromirror device*, DMD), um ein digitales Bild zu projizieren, wie zum Beispiel in computergesteuerten Projektionssystemen. Die Aluminiumspiegel lassen sich kippen, um das Licht zu oder weg von der Optik zu leiten, die Licht auf einen Bildschirm fokussiert. Somit kann jeder Spiegel ein Pixel in der Auflösung eines Bilds darstellen. Der Spiegel ermöglicht es, Pixel hell oder dunkel zu projizieren, wobei sich auch Graustufen darstellen lassen. Da die Umschaltzeit bei ungefähr 15 Mikrosekunden liegt und damit wesentlich geringer als die Trägheit des menschlichen Auges ist, schaltet der Spiegel zwischen den An- und Aus-Zuständen um, um die richtige Lichtmenge zur Optik zu reflektieren.

▶ Abbildung 13.54 zeigt die Herstellungsschritte für das DMD-Bauelement. Der Ablauf ähnelt dem anderer Beispiele für die Oberflächen-Mikrobearbeitung (siehe Beispiel 13.5), weist aber die folgenden wichtigen Unterschiede auf:

- Alle Mikrobearbeitungsschritte finden bei Temperaturen unterhalb von 400 °C statt, d. h. ausreichend niedrig, damit keine Schäden an der elektronischen Schaltung auftreten.
- Eine dicke Siliziumdioxidschicht wird abgeschieden und chemisch-mechanisch poliert, um eine adäquate Grundlage für das MEMS-Bauelement zu schaffen.
- Die Wegbegrenzer und Elektroden werden aus Aluminium hergestellt, das durch Sputtern abgeschieden wird (Abschnitt 13.5).
- Hohe Bauelementzuverlässigkeit setzt geringe Spannungen und hohe Festigkeit im Torsionsgelenk voraus, das aus einer proprietären Aluminiumlegierung hergestellt wird.
- Der MEMS-Bestandteil des DMD ist sehr empfindlich. Somit ist spezielle Sorgfalt erforderlich, um die Dies zu trennen. Nach Fertigstellung schneidet eine Wafer-Säge (siehe Abbildung 13.8c) einen Graben entlang der Kanten des DMD, wodurch sich die einzelnen Dies in einer späteren Phase auseinanderbrechen lassen.
- Ein spezieller Schritt lagert eine Schicht ab, die Adhäsion zwischen den Tragjochen und Wegbegrenzern verhindert.
- Das DMD wird in einem hermetisch dichten Keramikgehäuse mit einem optischen Fenster montiert (▶ Abbildung 13.55).

Ein Array derartiger Spiegel stellt einen Graustufenbildschirm dar. Mit drei Spiegeln für jedes Pixel (je einem für rotes, grünes und blaues Licht) lassen sich Farbbilder mit Millionen diskreter Farben erzeugen. Die digitale Pixeltechnologie ist in digitalen Projektssystemen, hochauflösenden TV-Bildschirmen und ähnlichen Bildwiedergabegeräten gebräuchlich. Um jedoch das in Abbildung 13.53 gezeigte Bauelement herzustellen, sind wesentlich mehr als $2\frac{1}{2}$D-Merkmale erforderlich und es müssen echte dreidimensionale, mehrteilige Zusammenbauten gefertigt werden.

Fallstudie: Digitale Mikrospiegel (Fortsetzung)

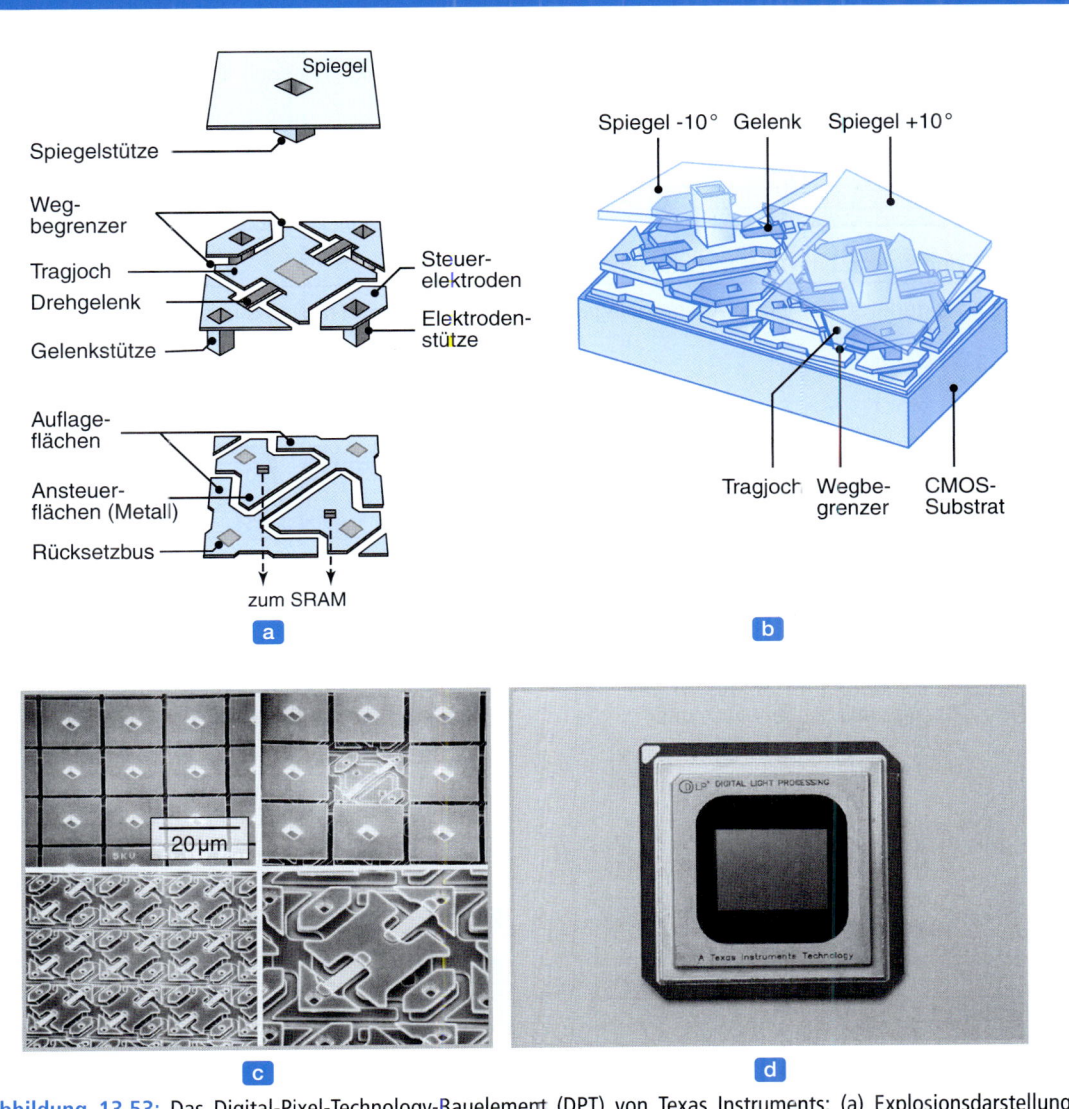

Abbildung 13.53: Das Digital-Pixel-Technology-Bauelement (DPT) von Texas Instruments: (a) Explosionsdarstellung eines einzelnen digitalen Mikrospiegels (*digital micromirror device*, DMD). (b) Ansicht von zwei benachbarten Spiegeln (Pixeln). (c) Ansichten von DMD-Rastern, wobei zur besserer Sichtbarkeit einige Spiegel entfernt wurden. Die Seitenlänge eines Spiegels beträgt etwa 17 µm. (d) Ein typisches DPT-Bauteil, wie es in digitalen Projektoren, hochauflösenden TV-Bildschirmen und ähnlichen Bildwiedergabegeräten zum Einsatz kommt. Das abgebildete Bauteil enthält 1 310 720 Mikrospiegel und hat eine Kantenlänge von weniger als 50 mm.

13 Fertigung von mikroelektronischen, mikromechanischen und mikroelektromechanischen Bauteilen

Fallstudie: Digitale Mikrospiegel (Fortsetzung)

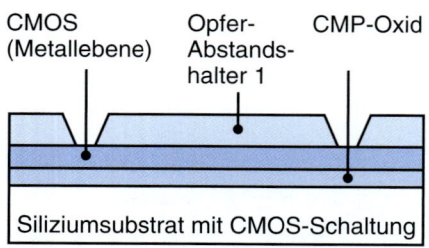

1. Strukturieren der Opfer-Abstandslage 1

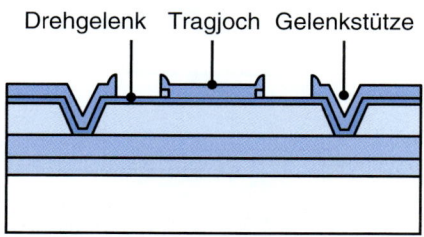

4. Ätzen des Tragjochs und Entfernen des Oxids

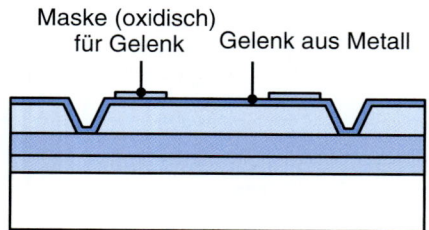

2. Abscheiden des Metalls für das Drehgelenk; Abscheiden und Strukturieren der oxidischen Maske für das Gelenk

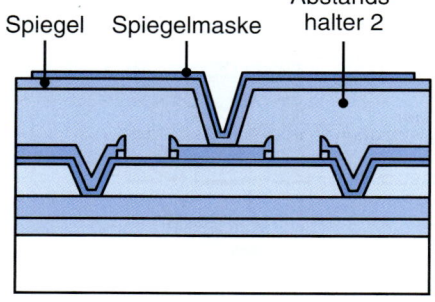

5. Abscheiden des Abstandshalters 2 und des Spiegels

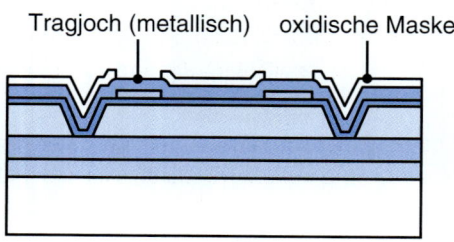

3. Abscheiden des Tragjochs und Strukturieren der oxidischen Maske für das Tragjoch

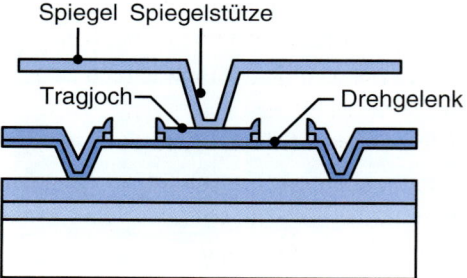

6. Strukturieren des Spiegels und Abätzen der Opfer-Abstandshalter

Abbildung 13.54: Herstellschritte für das DMD-Bauteil von Texas Instruments.

Fallstudie: Digitale Mikrospiegel (Fortsetzung)

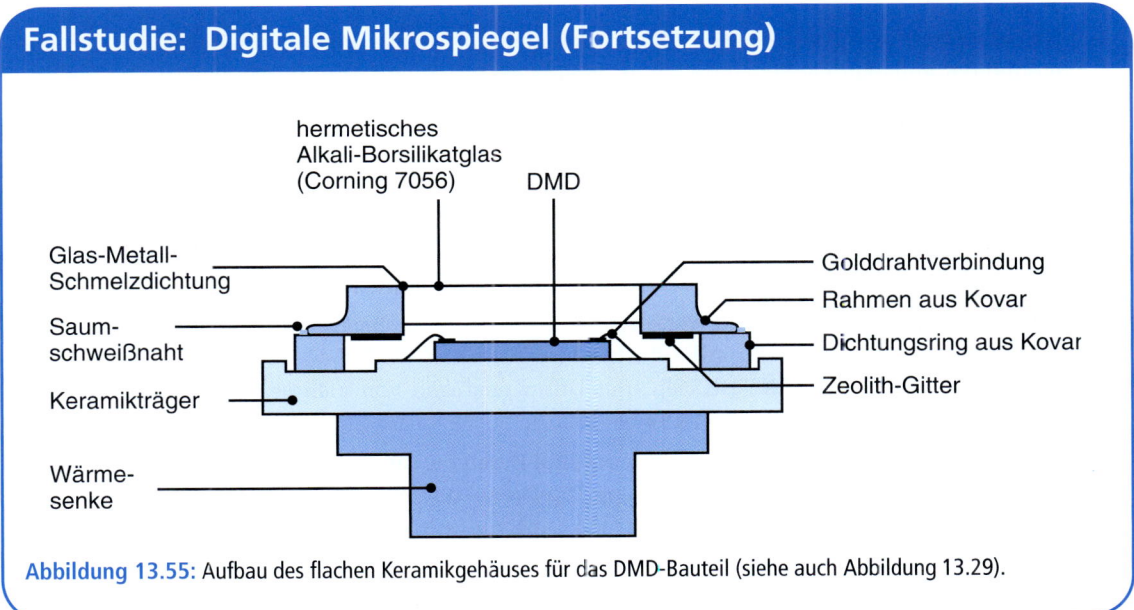

Abbildung 13.55: Aufbau des flachen Keramikgehäuses für das DMD-Bauteil (siehe auch Abbildung 13.29).

ZUSAMMENFASSUNG

- Die Mikroelektronikbranche ist einem beständigen Wandel unterworfen. Die Möglichkeiten für neue Bauelementkonzepte und Schaltkreisentwürfe scheinen endlos zu sein. Hier ist besonders die Technologie der MEMS-Bauelemente hervorzuheben. Die Fertigung der Bauelemente hat in besonders reiner Umgebung zu erfolgen (Abschnitte 13.1 und 13.2).
- Halbleiterwerkstoffe wie zum Beispiel Silizium, Galliumarsenid und Polysilizium weisen einzigartige Eigenschaften auf, wobei ihre elektrischen Eigenschaften zwischen denen von Leitern und Isolatoren liegen (Abschnitt 13.3).
- Die Verfahren zur Einkristallzüchtung und Wafer-Vorbereitung sind ausgereift. Nach der Herstellung wird der Wafer in einzelne Chips geteilt, die jeweils eine vollständige integrierte Schaltung enthalten (Abschnitt 13.4).
- Bei der Herstellung von mikroelektronischen Bauelementen und integrierten Schaltungen spielen mehrere unterschiedliche Arten von Prozessen eine Rolle. Die vorbereiteten blanken Wafer werden mehrfach durch Oxidation, Schichtabscheidung, Lithographie und Ätzschritte bearbeitet, um Fenster in der Oxidschicht zu öffnen und Zugriff auf das Siliziumsubstrat zu bieten (Abschnitte 13.5 bis 13.9).
- Mit Dotanden in bestimmten Bereichen der Siliziumstruktur lassen sich die elektrischen Eigenschaften ändern. Dies geschieht durch Diffusion und Ionenimplantation (Abschnitt 13.10).

- Mikroelektronische Bauelemente werden durch mehrere Metallschichten untereinander verbunden und der vollständige Schaltkreis wird in ein Gehäuse montiert und über elektrische Verbindungen zugänglich gemacht (Abschnitt 13.11).
- Die Bauelemente-Ausbeute ist für wirtschaftliche Betrachtungen entscheidend und die Zuverlässigkeit wird zunehmend wichtig, aufgrund der langen erwarteten Lebensdauer dieser Bauelemente (Abschnitt 13.12).
- Die Forderungen nach flexibleren und schnelleren integrierten Schaltungen setzt Gehäuse voraus, die viele eng benachbarte Kontakte auf einer gedruckten Leiterplatte platzieren (Abschnitt 13.13).
- MEMS-Bauelemente werden mit Verfahren und Werkstoffen hergestellt, die sich bereits zum größten Teil in der Mikroelektronikindustrie bewährt haben. Volumen- und Oberflächen-Mikrobearbeitung, LIGA, SCREAM, HEXSIL und Diffusionsfügen von mehreren Schichten sind die gängigsten Methoden (Abschnitte 13.14 bis 13.16).
- Mesoskalige und nanometerskalige Fertigung sind Bereiche, die großes Potenzial und rapide Entwicklungen versprechen, wobei mithilfe von Top-Down- und Bottom-Up-Techniken Produkte mit sehr kleinen Abmessungen hergestellt werden (Abschnitte 13.17 und 13.18).

Verständnisfragen

13.1 Definieren Sie die Begriffe Wafer, Chip, Bauelement, integrierter Schaltkreis und Oberflächenmontage.

13.2 Warum ist Silizium der gebräuchlichste Halbleiter in der IC-Technologie? Erläutern Sie Ihre Antwort.

13.3 Wofür stehen die Abkürzungen VLSI, IC (bzw. IS), CVD, CMP und DIP?

13.4 Wie unterscheiden sich n-leitende und p-leitende Dotanden? Erläutern Sie Ihre Antwort.

13.5 Wie unterscheidet sich die epitaktische Schichtabscheidung von anderen Formen der Schichtabscheidung?

13.6 Erörtern Sie die Unterschiede zwischen Nass- und Trockenätzen.

13.7 Wie wird Siliziumnitrid bei der Oxidation verwendet?

13.8 Welche Aufgabe haben Vorbrennen und Nachbrennen in der Lithographie?

13.9 Definieren Sie *Selektivität* und *Isotropie* und geben Sie deren Bedeutung beim Ätzen an.

13.10 Worauf beziehen sich die Begriffe *Linienbreite* und *Registrierung*?

13.11 Vergleichen Sie Diffusion mit Ionenimplantation.

13.12 Worin liegt der Unterschied zwischen Verdampfung und Sputtern?

13.13 Wie lautet die Definition von *Ausbeute*? Wie wichtig ist die Ausbeute? Erörtern Sie ihre wirtschaftliche Bedeutung.

13.14 Was versteht man unter beschleunigten Lebensdauerversuchen? Warum werden sie durchgeführt?

13.15 Wofür stehen in der Transistortechnik die Abkürzungen BT und MOSFET?

13.16 Erläutern Sie die Basisverfahren der (a) Oberflächen-Mikrobearbeitung und (b) Massiv-Mikrobearbeitung (Volumenmikromechanik).

Verständnisfragen

13.17 Was ist LIGA? Welche Vorteile bietet es gegenüber anderen Verfahren?

13.18 Was ist der Unterschied zwischen isotropem und anisotropem Ätzen?

13.19 Was ist eine Maske? Wie sieht ihre Zusammensetzung aus?

13.20 Worin liegt der Unterschied zwischen chemisch unterstütztem Ionenstrahlätzen und trockenem Plasmaätzen?

13.21 Mit welchem/n Verfahren dieses Kapitels ist es möglich, Produkte aus Polymeren herzustellen? (Siehe auch Kapitel 10.)

13.22 Was ist eine gedruckte Leiterplatte?

13.23 Beschreiben Sie anhand einer geeigneten Skizze das thermosonische Kugel-Heft-Verfahren.

13.24 Erläutern Sie den Unterschied zwischen einem Die, einem Chip und einem Wafer.

13.25 Warum sind Abflachungen oder Kerben in die Siliziumwafer eingearbeitet? Erläutern Sie Ihre Antwort.

13.26 Was ist eine Durchkontaktierung? Welche Funktion hat sie?

13.27 Was ist ein Flip-Chip? Beschreiben Sie seine Vorteile gegenüber einem oberflächenmontierten Bauelement.

13.28 Erläutern Sie, wie IC-Gehäuse mit einer gedruckten Leiterplatte verbunden werden, wenn beide Seiten mit ICs bestückt werden sollen.

13.29 In einem waagerechten Expitaxialreaktor (siehe die Abbildung zur Frage) werden die Wafer auf einem Träger platziert, der um einen kleinen Winkel von üblicherweise 1 bis 3° gekippt ist. Wozu dient diese Schrägstellung?

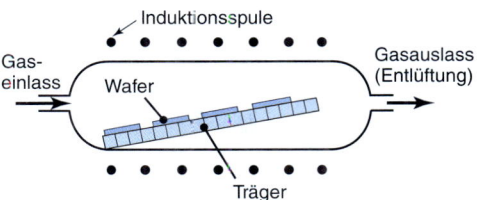

13.30 Die Tabelle zur Frage beschreibt drei Änderungen in der Herstellung eines Wafers: Erhöhung des Waferdurchmessers, Verkleinern des Chips und Erhöhung der Prozesskomplexität. Vervollständigen Sie die Tabelle mit den Einträgen „erhöhen", „verkleinern" oder „keine Änderung", um die Wirkung anzugeben, die jede Änderung auf die Wafer-Ausbeute und die Gesamtanzahl der intakten Chips haben wird.

Änderungen in der Fertigung		
Änderung	Wafer-Ausbeute	Zahl der intakten Chips
Erhöhung des Waferdurchmessers		
Verkleinern des Chips		
Erhöhung der Prozesskomplexität		

13.31 Die Schaltgeschwindigkeit eines Transistors ist direkt proportional zur Breite seines Polysilizium-Gates, wobei ein schmaleres Gate einen schnelleren Transistor und ein breiteres Gate einen langsameren Transistor bedeuten. Im Herstellungsprozess ist mit einer bestimmten Variation der Gate-Breite – mit ±0,1 µm angenommen – zu rechnen. Wie könnte ein Designer die Gate-Größe eines kritischen Schaltkreises ändern, um die Geschwindigkeitsvariation zu minimieren? Könnte diese Änderung zu Nachteilen führen? Erläutern Sie Ihre Antwort.

13.32 Ein allgemeines Problem bei der Ionenimplantation ist die Kanalbildung, wodurch schnelle Ionen über Kanäle entlang der Kristallebenen tief in das Material eindringen, bevor sie schließlich gestoppt werden. Nennen Sie eine einfache Maßnahme, mit der sich dieser Effekt unterbinden lässt.

13.33 Die in diesem Kapitel behandelten MEMS-Bauelemente wenden makroskalige Maschinenelemente wie zum Beispiel Kegelräder, Gelenke und Träger an. Welche der folgenden Maschinenelemente lassen sich auf MEMS anwenden bzw. nicht anwenden? Begründen Sie Ihre Antworten.

(a) Kugellager, (b) Schraubenfedern, (c) Kegelradgetriebe, (d) Niete, (e) Schneckengetriebe, (f) Bolzen, (g) Nockenscheiben.

13.34 Abbildung 13.7b zeigt die Miller'schen Indizes auf einem Wafer aus (100)-Silizium. Geben Sie anhand von Abbildung 13.5 die wichtigen Ebenen für die anderen in Abbildung 13.7a dargestellten Wafer-Arten an.

13.35 Skizzieren Sie anhand von Abbildung 13.23 die Löcher, die von einer kreisförmigen Maske erzeugt werden.

13.36 Erläutern Sie, wie sich ein Kegelrad herstellen lässt, wenn dessen Dicke ein Zehntel seines Durchmessers und der Durchmesser (a) $10\,\mu m$, (b) $100\,\mu m$, (c) $1\,mm$, (d) $10\,mm$ und (e) $100\,mm$ betragen soll.

13.37 Welcher Reinraum ist reiner: ein Raum der Klasse ISO 1 oder einer der Klasse ISO 2?

13.38 Beschreiben Sie den Unterschied zwischen einem mikroelektronischen Bauelement, einem mikromechanischen Bauelement und MEMS.

13.39 Warum wird für MEMS und MEMS-Bauelemente oftmals Silizium verwendet?

13.40 Erläutern Sie die Aufgabe einer Abstandslage bei der Oberflächen-Mikrobearbeitung.

13.41 Wofür stehen die Begriffe SIMPLE und SCREAM?

13.42 Mit welchem/n Verfahren dieses Kapitels ist es möglich, Produkte aus Keramik herzustellen? (Siehe auch Kapitel 11.)

13.43 Was ist HEXSIL?

13.44 Beschreiben Sie die Unterschiede zwischen Stereolithographie und Mikrostereolithographie.

13.45 Lithographie erzeugt projizierte Formen. Demzufolge sind echte dreidimensionale Formen schwierig herzustellen. Welche der in diesem Kapitel beschriebenen Verfahren sind am besten geeignet, um dreidimensionale Formen wie zum Beispiel Linsen herzustellen?

13.46 Nennen und erläutern Sie die Vorteile und Einschränkungen der Oberflächen-Mikrobearbeitung im Vergleich zur Massiv-Mikrobearbeitung.

13.47 Welche Einschränkungen sind beim LIGA-Verfahren hauptsächlich zu beachten?

13.48 Beschreiben Sie andere Verfahren als HEXSIL, mit denen sich die in Abbildung 13.50 dargestellte Mikropinzette herstellen lässt.

Rechenaufgaben

13.49 Ein bestimmter Waferhersteller liefert zwei gleich große Wafer, wobei der eine 500 und der andere 300 Chips enthält. Nach dem Testen zeigt sich, dass auf jedem Wafer-Typ 50 Chips defekt sind. Wie groß sind die Ausbeuten der beiden Wafer? Lässt sich eine Beziehung zwischen Chipgröße und Ausbeute aufstellen?

13.50 Ein Polysilizium-Ätzverfahren auf Chlorbasis zeigt eine Polysilizium-Fotolack-Selektivität von 4 : 1 und eine Polysilizium-Oxid-Selektivität von 50 : 1. Wie viel Fotolack und belichtetes Oxid wird beim Ätzen von 350 nm Polysilizium verbraucht? Wie groß sollte die Polysilizium-Oxid-Selektivität sein, um nur 4 nm belichtetes Oxid zu entfernen?

13.51 Während eines Verarbeitungsablaufs werden vier Siliziumdioxid-Schichten durch Oxidation erzeugt: 400 nm, 150 nm, 40 nm und 15 nm. Wie viel Siliziumsubstrat wird verbraucht?

13.52 Eine Entwurfsregel schreibt vor, dass metallische Leiterbahnen nicht schmaler als 2 μm sein dürfen. Wie breit muss die Fotolackschicht mindestens sein, wenn eine 1 μm dicke Metallschicht durch Nassätzen erzeugt werden soll? (Nehmen Sie an, dass der Nassätzvorgang perfekt isotrop verläuft.) Wie groß ist die minimale Fotolackbreite, wenn ein perfekt anisotroper Trockenätzprozess verwendet wird?

13.53 Leiten Sie anhand von Abbildung 13.18 mathematische Ausdrücke für die Ätzrate als Funktion der Temperatur her.

13.54 Eine quadratische Maske mit der Seitenlänge 100 μm wird auf einer {100}-Ebene platziert und mit einer Seite in der ⟨110⟩-Richtung orientiert. Wie lange dauert es, ein Loch von 4 μm Tiefe bei 80 °C mit Ethylendiamin-Pyrokatechol zu ätzen? Skizzieren Sie die resultierende Lochform.

13.55 Leiten Sie einen Ausdruck für die Breite des Grabenbodens als Funktion der Zeit für die in Abbildung 13.17b gezeigte Maske her.

13.56 Schätzen Sie die Kontaktzeit und durchschnittliche Kraft, wenn ein Fluoratom auf eine Siliziumoberfläche mit einer Geschwindigkeit von 1 mm/s auftrifft. *Hinweis:* siehe die Gleichungen (9.11) und (9.13).

13.57 Berechnen Sie die Hinterschneidungen beim Ätzen eines 10 μm tiefen Grabens, wenn das Anisotropieverhältnis (a) 200, (b) 2 und (c) 0,5 beträgt. Berechnen Sie die Seitenwandneigung für diese drei Fälle.

13.58 Berechnen Sie das Unterätzen in einem 10 μm tiefen Graben für die in Tabelle 13.3 aufgeführten Nassätzmittel. Wie groß ist das Unterätzen, wenn die Maske aus Siliziumoxid besteht?

13.59 Schätzen Sie die erforderliche Zeit, um ein Stirnradrohteil aus einem 75 mm dicken Siliziumbarren zu ätzen.

13.60 Ein Fotolack wird in einer Lackschleuder mit einer Schleuderdrehzahl von 2000 Umdr./min aufgebracht. Es wird ein Polymerfotolack mit einer Viskosität von 0,05 Pa·s verwendet. Die gemessene Fotolackdicke beträgt 1,5 μm. Wie groß ist die erwartete Fotolackdicke bei 6000 Umdr./min? Nehmen Sie $\alpha = 1,0$ in Gleichung (13.3) an.

13.61 Untersuchen Sie die Lochprofile, die in der Abbildung zur Frage dargestellt sind, und erläutern Sie, wie sie hergestellt worden sein können.

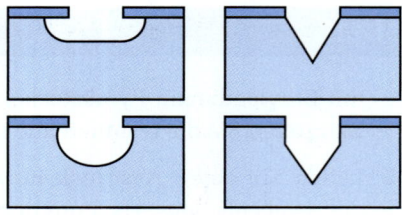

13.62 Für eine ordnungsgemäße Entwicklung benötigt ein Polyimid-Fotolack $100\,\text{mJ/cm}^2$ pro µm Dicke. Wie lange dauert die Entwicklung einer 150 µm dicken Schicht, wenn die Lichtquelle $1\,\text{kW/m}^2$ liefert?

13.63 Wie viele Ebenen der Bearbeitung sind erforderlich, um den in Abbildung 13.22d gezeigten Mikromotor herzustellen?

13.64 Es soll eine Membran von $500 \times 500\,\mu\text{m}^2$ mit einer Dicke von 25 µm in einem 250 µm dicken Siliziumwafer hergestellt werden. Berechnen Sie die Ätzzeit und die Abmessungen der zu verwendenden Maskenöffnung auf einem Wafer aus (100)-Silizium, wenn Sie eine Ätztechnik mit KOH in Wasser bei einer Ätzrate von 1 µm/min annehmen.

13.65 Berechnen Sie die Wassergeschwindigkeit für einen Röhrendurchmesser von (a) 10 mm und (b) 100 µm, wenn die Reynolds-Zahl für Wasserfluss durch eine Röhre 2000 beträgt. Erwarten Sie einen turbulenten oder laminaren Fluss in MEMS-Bauelementen? Erläutern Sie Ihre Antwort.

Fragen zum Entwurf

13.66 Die Abbildung zur Frage zeigt den Querschnitt eines einfachen *npn*-Bipolartransistors. Entwickeln Sie ein Ablaufdiagramm für das Verfahren, um dieses Bauelement herzustellen.

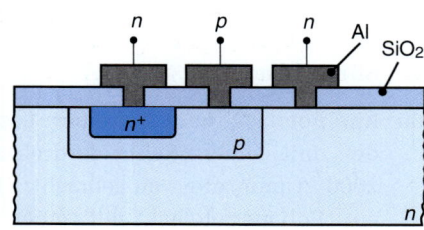

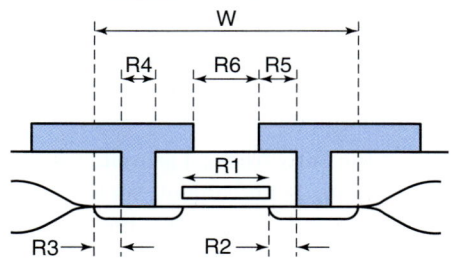

Regel Nr.	Regel	Wert (µm)
R1	Minimale Polysiliziumbreite	0,50
R2	Minimaler Polysilizium-Kontakt-Abstand	0,15
R3	Minimale Umfassung des Kontakts durch Diffusion	0,10
R4	Minimale Kontaktbreite	0,60
R5	Minimale Umfassung des Kontakts durch Metall	0,10
R6	Minimaler Metall-Metall-Abstand	0,80

13.67 Welche kleinste Transistorgröße W lässt sich ausgehend vom MOS-Transistorquerschnitt, den die Abbildung zur Frage zeigt, und der angegebenen Tabelle mit Entwurfsregeln erhalten? Welche Entwurfsregeln (falls zutreffend) haben keinen Einfluss auf die Größe von W? Erläutern Sie Ihre Antwort.

13.68 Die Abbildung zur Frage zeigt einen Spiegel, der auf einem drehbaren Balken hängt. Er lässt sich durch elektrostatische Anziehung neigen, indem eine Spannung an einer der Spiegelseiten am Boden des Grabens angelegt wird. Erstellen Sie ein Flussdiagramm der Fertigungsabläufe, die für die Herstellung dieses Bauelements erforderlich sind.

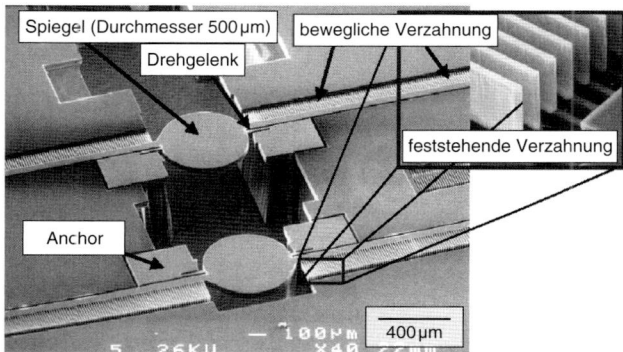

13.69 Entwerfen Sie anhand von Abbildung 13.36 ein Experiment, um die kritischen Abmessungen eines einseitig eingespannten (frei stehenden) Trägers zu ermitteln, der nicht am Substrat haftet.

13.70 Erläutern Sie, wie sich das in Abbildung 13.32 dargestellte Bauelement herstellen lässt.

13.71 Untersuchen Sie verschiedenes Elektronik- und Computerzubehör. Nehmen Sie es soweit wie möglich auseinander und identifizieren Sie Komponenten, die durch die in diesem Kapitel beschriebenen Verfahren hergestellt wurden.

13.72 Lassen sich bei den Themen und den beschriebenen Verfahren in diesem Kapitel Ähnlichkeiten zu Verfahren feststellen, die in vorherigen Kapiteln dieses Buchs beschrieben wurden? Erläutern Sie Ihre Antwort und geben Sie an, um welche Aspekte es sich handelt.

13.73 Beschreiben Sie wichtige Merkmale von Reinräumen und wie sie gewährleistet werden.

13.74 Beschreiben Sie Produkte, die ohne die in diesem Kapitel beschriebenen Kenntnisse und Techniken nicht existieren würden. Erläutern Sie Ihre Antwort.

13.75 Recherchieren Sie in der Fachliteratur und geben Sie weitere Details in Bezug auf Art und Form der Schleifscheiben an, die beim Schneiden des Wafers in Schritt 2 gemäß Abbildung 13.6 verwendet werden.

13.76 Bekanntlich vertragen mikroelektronische Bauelemente raue Umgebungen (wie zum Beispiel hohe Temperatur, Feuchtigkeit und Vibration) sowie physischen Missbrauch (wie zum Beispiel Fallen auf eine harte Unterlage). Beschreiben Sie Ihre Vorstellungen, wie sich diese Bauelemente auf ihre Beständigkeit unter diesen Bedingungen testen lassen.

13.77 Recherchieren Sie in der Literatur und ermitteln Sie den kleinsten Lochdurchmesser, der sich durch (a) Bohren, (b) Stanzen, (c) Wasserstrahlschneiden, (d) Laserbearbeitung, (e) chemisches Ätzen und (f) EDM herstellen lässt.

13.78 Entwerfen Sie einen Beschleunigungsmesser ähnlich dem in Abbildung 13.32 gezeigten mit (a) dem SCREAM-Verfahren und (b) dem HEXSIL-Verfahren.

13.79 Recherchieren Sie in der Literatur und fassen Sie auf einer Seite die Anwendungen von Bio-MEMS zusammen.

13.80 Beschreiben Sie die Kristallstruktur von Silizium. Wie unterscheidet sie sich von der kubisch flächenzentrierten (kfz) Struktur? Wie groß ist die Packungsdichte der Kristallstruktur von Silizium?

Produktgestaltung und Fertigung im globalen Wettbewerb

14.1	Einführung	1148
14.2	Produktentwurf und robuster Entwurf	1149
14.3	Produktqualität und Qualitätsmanagement	1155
14.4	Lebenszyklusentwicklung und nachhaltige Fertigung	1163
14.5	Werkstoffwahl für Produkte	1165
14.6	Substitution von Werkstoffen in Produkten	1170
14.7	Fähigkeiten von Fertigungsprozessen	1172
14.8	Auswahl der Fertigungsverfahren	1176
14.9	Fertigungskosten und Kosteneinsparung	1179
	Zusammenfassung	1183
	Wichtige Gleichungen	1184
	Verständnisfragen	1184
	Rechenaufgaben	1186
	Fragen zum Entwurf	1186

> **LERNZIELE**
>
> Die Fertigung hochqualitativer, weltmarktfähiger Produkte bei möglichst geringen Kosten setzt ein Verständnis der oftmals komplexen Beziehungen zwischen vielen Variablen voraus. Dieses Kapitel beschäftigt sich mit den folgenden Faktoren, die einen entscheidenden Einfluss auf Produktentwurf und Fertigung haben:
>
> - Qualität im Entwurf und der Entwurf robuster Produkte;
> - Betrachtung des Lebenszyklus eines Produkts und Entwurf für Nachhaltigkeit;
> - Bedeutung von Material- und Prozessauswahl auf den Entwurf;
> - Wirtschaftliche Bedeutung von Fertigungsoperationen und der Kosten, die mit einem Produkt verbunden sind.

14.1 Einführung

In einem zunehmend umkämpften globalen Markt erfordert die Fertigung hochqualitativer Produkte zu möglichst geringen Kosten ein Verständnis der oftmals komplexen Beziehungen zwischen vielen Faktoren. Es wurde bereits gezeigt, dass

1. Produktentwurf und Auswahl von Werkstoffen und Fertigungsprozessen miteinander verknüpft sind;
2. Entwürfe regelmäßig modifiziert werden, um
    a. die Leistungsfähigkeit des Produkts zu verbessern;
    b. von neuen Werkstoffen zu profitieren oder preiswertere Werkstoffe einzusetzen;
    c. Produkte einfacher und schneller herstellbar und montierbar und somit billiger zu machen;
    d. nullorientierten Ausschuss und keinerlei Verschwendung anzustreben.

Aufgrund der breiten Vielfalt von verfügbaren Werkstoffen und Fertigungsprozessen erweist sich die Aufgabe, ein hochqualitatives Produkt durch Auswahl der besten Werkstoffe und der besten Prozesse bei minimalen Kosten herzustellen, als große Herausforderung, aber auch als Chance im globalen Marktumfeld. Der Begriff **von Weltrang** ist heute gebräuchlich, um ein bestimmtes Niveau der Produktqualität anzugeben, die Tatsache zu kennzeichnen, dass Produkte internationalen Standards entsprechen sowie weltweit marktfähig und akzeptabel sein müssen. Denken Sie auch daran, dass die Klassifizierung „von Weltrang" genau wie die Produktqualität kein festes Ziel ist, das eine Firma erreichen sollte, sondern lediglich ein *bewegliches Ziel*, das im Lauf der Zeit auf immer höhere Niveaus ansteigt (*kontinuierliche Verbesserung*).

Dieses Kapitel beschäftigt sich als Erstes mit wichtigen Überlegungen zum **Produktentwurf** – dem Konzept des **robusten Entwurfs** und der **Taguchi-Methoden**. Produktentwurf umfasst zahlreiche Aspekte, nicht nur den grundlegenden Entwurf an sich, sondern auch, wie einfach sich dieses Produkt fertigen lässt und wie viel Zeit dafür erforderlich ist. Auch hier gibt es wieder Möglichkeiten, die Entwürfe zu vereinfachen, die Anzahl der Komponenten zu verringern und die Größe und/oder bestimmte Abmessungen der Komponenten zu verringern, um – speziell bei kostenintensiven Werkstoffen – Geld zu sparen.

Dann geht es um **Produktqualität** und **Lebenserwartung** mit einem Überblick über die relevanten Parameter einschließlich des Konzepts **Return On Quality** (Gewinn als Folge von Qualität). Immer wichtiger werden **Lebenszyklusanalyse** und **Lebenszyklusentwicklung** von Produkten, Diensten und Systemen, insbesondere im Hinblick auf deren potenziell negativen Einfluss auf die Umwelt. Die Betonung bei **nachhaltiger Fertigung** liegt vor allem darauf, negative Effekte der Fertigungsoperationen auf die Umwelt und die Gesellschaft im Allgemeinen zu verringern und zu eliminieren, wobei aber die Firma trotzdem noch profitabel arbeiten kann.

Obwohl die **Werkstoffwahl** für Produkte traditionell viel Erfahrung erfordert hat, um spezifische Leistungsanforderungen zu erfüllen, gibt es heute mehrere Datenbanken und Expertensysteme, die die Auswahl erleichtern. Außerdem bieten sich beim Beurteilen der in vorhandenen Produkten verwendeten Werkstoffe zahlreiche Gelegenheiten für eine Materialsubstitution, um die Leistungsfähigkeit zu verbessern und speziell die Kosten zu verringern.

In der Produktionsphase ist es unabdingbar, dass die **Fähigkeiten von Fertigungsprozessen** als Basis – und als entscheidende Richtlinie – für die endgültige Auswahl eines geeigneten Prozesses oder einer Folge von Prozessen ordnungsgemäß beurteilt werden. Wie in diesem Buch beschrieben und abhängig vom Produktentwurf und den spezifizierten Werkstoffen, gibt es üblicherweise mehr als eine Methode, ein Produkt, seine Komponenten und seine Montagegruppen herzustellen. Eine zweckmäßige Auswahl wird sich offenbar nicht nur auf die Produktqualität, sondern auch auf die Kosten auswirken.

Obwohl die einzelnen Kapitel jeweils am Ende auf die **Wirtschaftlichkeit** der verschiedenen Arten von Fertigungsprozessen eingegangen sind, erweitert dieses Kapitel nun den Kontext und fasst die wichtigsten Kostenfaktoren für die Gesamtfertigung zusammen. Die **Kosten** eines Produkts bestimmen oftmals (wenn auch nicht immer) dessen Marktfähigkeit und Kundenakzeptanz. Um sich diesen Herausforderungen zu stellen, sind nicht nur umfassende und aktuelle Kenntnisse zu Werkstoffeigenschaften, modernen Fertigungsverfahren, Operationen und Systemen sowie ökonomischen Faktoren erforderlich, sondern auch innovative und kreative Ansätze hinsichtlich Produktentwurf und Fertigung gefragt.

14.2 Produktentwurf und robuster Entwurf

Obwohl es über den Rahmen dieses Buchs hinausginge, die Prinzipien und Methoden des Produktentwurfs und verschiedener Optimierungstechniken zu beschreiben, haben wir in verschiedenen Kapiteln diejenigen Aspekte hervorgehoben, die für **Entwurf für Fertigung und Montage** (*design for manufacture and assembly*, DFMA) sowie für konkurrenzfähige Fertigung relevant sind. Die in Tabelle 14.1 aufgeführten Verweise geben Entwurfsrichtlinien für Fertigungsprozesse an, die im Buch zu finden sind.

Große Fortschritte sind beim *Entwurf für Fertigung und Montage* zu verzeichnen, wofür es ein breit gefächertes Angebot an Softwarepaketen gibt. Obwohl deren Einsatz erhebliches Training und umfang-

14 Produktgestaltung und Fertigung im globalen Wettbewerb

Tabelle 14.1: Verweise auf die Themengebiete dieses Buches

Verfahren	Entwurfs-/Gestaltungsüberlegungen
Gießen von Metallen	Abschnitt 5.11
Massivumformung	Verschiedene Abschnitte in Kapitel 6
Blechumformung	Abschnitt 7.9
Spanen	Abschnitt 8.14
Abtragen	Abschnitt 9.16
Polymerverarbeitung	Abschnitt 10.13
Pulvermetallurgie, Keramikverabeitung	Abschnitte 11.6, 11.12
Fügen	Abschnitt 12.17
Werkstoffeigenschaften	**Verarbeitungseigenschaften**
Tabellen 2.1, 2.3, 2.5; Abbildungen 2.4, 2.6, 2.12, 2.13, 2.27	Tabelle 3.17
Tabellen 3.3, 3.10 bis 3.13, 3.15, 3.16, 3.18 bis 3.22	Tabellen 5.2, 5.3
Tabellen 5.4 bis 5.6; Abbildung 5.13	Tabelle 7.2
Tabelle 7.3	Abschnitt 8.5
Tabelle 8.6; Abbildungen 8.30, 8.31	Tabellen 11.5, 11.8, 11.9
Tabelle 9.1	Abschnitt 12.5
Tabellen 10.1, 10.4, 10.5, 10.8; Abbildung 10.16	Tabelle 14.7
Tabellen 11.3, 11.4, 11.7, 11.9; Abbildungen 11.22, 11.23, 11.24	
Tabelle 12.6	
Fähigkeiten der Fertigungsverfahren	**Maßgenauigkeit und Oberflächenfeingestalt**
Tabelle 3.23; Abbildung 4.20	Abbildung 4.20
Tabellen 5.2, 5.7	Tabelle 5.2
Tabelle 6.1	Tabelle 8.7; Abbildung 8.26
Tabelle 7.1	Abbildung 9.27
Tabelle 8.7; Abbildung 8.26	Abbildung 14.3
Tabelle 9.4; Abbildung 9.27	
Tabellen 10.6, 10.7, 10.9	
Tabellen 11.5, 11.8	
Tabellen 12.1, 12.2, 12.5	
Tabellen 13.5, B.1; Abbildungen 14.2, A.3	

Tabelle 14.1: (Fortsetzung)

Allgemeine Kosten	Werkstoffkosten
Tabelle 5.2; Abbildung 5.36	Tabelle 10.4
Abbildung 7.72	Tabelle 11.9
Abbildung 9.41	Tabelle 14.4
Tabelle 10.9	
Tabelle 11.9	
Tabellen 12.1, 12.2	
Tabelle 14.8; Abbildung 14.4	

reiche Kenntnisse erfordert, ist es Konstrukteuren mithilfe der Software möglich, in kurzer Zeit Produkte zu entwickeln, die weniger Komponenten, verringerte Montagezeit und weniger Zeit für die Fertigung benötigen, wodurch sich die Produktionskosten insgesamt verringern.

14.2.1 Überlegungen zum Produktentwurf

Neben den bisher im Buch angegebenen Entwurfsrichtlinien gibt es weitere allgemeine Entwurfsbetrachtungen. Zu den grundlegenden Entwurfsüberlegungen gehören unter anderem:

1. Ist es möglich, den Produktentwurf zu vereinfachen und die Anzahl der Komponenten zu verringern, ohne die vorgesehenen Funktions- und Leistungsparameter negativ zu beeinflussen?
2. Sind Umweltbetrachtungen berücksichtigt worden und in die Material- und Prozessauswahl sowie den Produktentwurf eingeflossen?
3. Sind alle alternativen Entwürfe untersucht worden?
4. Lassen sich unnötige Merkmale des Produkts oder einige seiner Komponenten eliminieren oder mit anderen Funktionsmerkmalen zusammenfassen?
5. Wurden modulare Entwurfs- und Bausteinkonzepte für eine Familie von ähnlichen Produkten sowie für Service und Reparatur, Aktualisierung und Installationsoptionen berücksichtigt?
6. Lässt sich der Entwurf kleiner und leichter gestalten?
7. Sind festgelegte Maßtoleranzen und Oberflächengüte überaus streng? Lassen sich die Festlegungen lockern, ohne dass signifikant nachteilige Effekte auftreten?
8. Ist es schwierig oder zeitaufwendig, das Produkt zu montieren bzw. für Zwecke der Wartung, des Services oder zum Recycling zu demontieren?
9. Wurden Montagegruppen berücksichtigt?
10. Wurde die Verwendung von Verbindungselementen sowie deren Menge und Vielfalt minimiert?
11. Lassen sich handelsübliche Komponenten einsetzen?
12. Ist das Produkt für seine vorgesehene Anwendung sicher?

In Bezug auf die obigen Betrachtungen sollte man sich unter anderem vergegenwärtigen, dass (1) Produkte wie zum Beispiel Radios, elektronische Ausrüstungen, Kameras, Computer, Taschenrechner und Mobiltelefone allmählich immer kleiner geworden sind, (2) die Reparatur von Produkten häufig einfach dadurch erfolgt, dass Montagegruppen und Module ersetzt werden, was viel Arbeit spart, und (3) es weniger herkömmliche Verbindungselemente und mehr Schnappverschlüsse bei den in Produkten verwendeten Montagegruppen gibt.

14.2.2 Produktentwurf und Werkstoffmengen

Mit den hohen Produktionsraten und dem verringerten Arbeitsaufwand, der durch Automatisierung und Computerintegration möglich geworden ist, haben sich die Kosten der Werkstoffe oftmals zum dominanten Anteil der Produktkosten entwickelt. Es ist zwar nicht möglich, die Werkstoffkosten unter das Marktniveau zum Zeitpunkt der Produktion zu senken, doch lassen sich die *Mengen* der eingesetzten Werkstoffe in den herzustellenden Komponenten verringern. Die Gesamtgestalt des Produkts wird gewöhnlich während der Entwurfs- und Prototypphasen (siehe auch *Rapid Prototyping*, Abschnitt 10.12) mit Techniken wie Finite-Elemente-Analyse, Leichtbaukonzept, Entwurfsoptimierung und computergestütztes Entwerfen und Fertigen optimiert. Derartige Methoden haben in großem Maße die Entwurfsanalyse, Werkstoffauswahl, Werkstoffverwendung und Gesamtoptimierung vereinfacht.

Typischerweise lassen sich Verringerungen der Werkstoffmengen erreichen, indem das Volumen der Komponente verkleinert wird. Dieser Ansatz erfordert die Auswahl von Werkstoffen mit großen Festigkeit-zu-Gewicht- oder Steifigkeit-zu-Gewicht-Verhältnissen (siehe Abschnitt 3.9.1). Offensichtlich sind größere Verhältnisse auch erreichbar, wenn der Produktentwurf verbessert wird oder indem andere Querschnitte ausgewählt werden, beispielsweise solche mit einem hohen Flächenträgheitsmoment (wie bei Doppel-T-Trägern) oder durch Verwendung röhrenförmiger oder hohler Komponenten anstelle von massiven Wellen und Trägern.

Werden derartige Entwurfsänderungen und -verbesserungen umgesetzt und die verwendete Materialmenge minimiert, kann dies jedoch zu *dünnen* Querschnitten und folglich zu erheblichen Problemen in der Fertigung führen. Sehen Sie sich dazu die folgenden Beispiele an:

1. Beim Gießen oder Formen von dünnen Querschnitten kann es schwierig sein, die Form zu füllen und die erforderliche Maßhaltigkeit und Oberflächengüte zu gewährleisten (Abschnitt 5.11).
2. Gesenkschmieden von dünnen Querschnitten erfordert hohe Kräfte aufgrund von Effekten wie Reibung und rasches Abkühlen dieser dünnen Querschnitte (wie z. B. Schmiedegrate, Abschnitt 6.2.3).
3. Kaltfließpressen (Abschnitt 6.4.3) von dünnwandigen Teilen kann vor allem dann schwierig sein, wenn hohe Maßhaltigkeit gefordert ist.
4. Die Umformbarkeit von Blechen (Abschnitt 7.7) geht normalerweise zurück, wenn deren Dicke abnimmt. Darüber hinaus kann es bei geringerer Blechdicke durch Druckspannungen, die sich in der Blechebene während der Umformung bilden, zum Verziehen kommen (siehe Abschnitt 7.6 und Abbildung 7.50).
5. Bei spanender Bearbeitung und beim Schleifen von dünnen Werkstücken können Schwierigkeiten auftreten, etwa Teileverzug, schlechte Maßhaltigkeit und Rattern. Deshalb sind gegebenenfalls moderne Bearbeitungsverfahren in Betracht zu ziehen (Abschnitte 8.12 und 9.16).

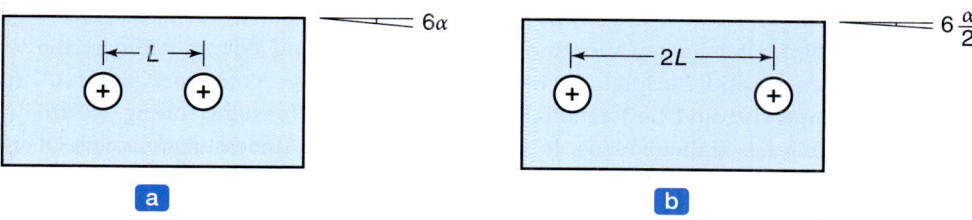

Abbildung 14.1: Einfaches Beispiel für einen robusten Entwurf: (a) Lage von zwei Befestigungslöchern in einem Blechstreifen, wodurch es zu einer Winkelabweichung der oberen (und unteren) Kante von der Horizontalen um $\pm\alpha$ kommt. (b) Werden die Löcher im Abstand $2L$ gebohrt, dann halbiert sich die Winkelabweichung.

6. Schweißen von dünnen Blechen oder schlanken Konstruktionen kann zu Verzug führen aufgrund der thermischen Gradienten, die sich während des Schweißens entwickeln (siehe Abschnitt 12.17).

Umgekehrt kann das Herstellen von Teilen mit *großen* Querschnitten ebenfalls nachteilige Effekte haben, zum Beispiel:

1. Bei Prozessen wie Druckgießen (Abschnitt 5.10.3) und Spritzgießen (Abschnitt 10.10.2) kann die Produktionsrate bei großen Querschnitten geringer sein, da die erforderliche Zykluszeit höher ist, um das Teil in der Form abkühlen zu lassen, bevor es entnommen wird.
2. Ohne entsprechende Maßnahmen kann sich Porosität in dickeren Bereichen von Gussstücken entwickeln (siehe Abbildung 5.34).
3. Die Biegefähigkeit von Blechen geht bei zunehmender Dicke zurück (siehe Abbildung 7.15b und Tabelle 7.2).
4. In der Pulvermetallurgie kann es bei dickwandigen Teilen signifikante Variationen in Dichte und mechanischen Eigenschaften über das Volumen geben (Abbildung 11.6).
5. Schweißen von dicken Querschnitten kann problematisch sein, da beispielsweise Eigenspannungen und ungenügende Durchschweißung auftreten können, die die Festigkeit der Schweißnaht beeinträchtigen (Abschnitt 12.6).
6. Bei Druckgussteilen (Abschnitt 5.10.3) haben dünnere Querschnitte aufgrund der kleineren Korngröße, die sich in dünneren Teilen entwickelt, eine höhere Festigkeit pro Einheitsdicke als dickere Querschnitte.
7. Durch Warmwalzen hergestellte dicke Querschnitte besitzen geringere Festigkeit und Maßgenauigkeit sowie höhere Rautiefe als kaltgewalzte dünnere Querschnitte (siehe Abschnitt 6.3).
8. Verarbeiten von Polymerteilen erfordert bei zunehmender Dicke oder Volumen erhöhte Zykluszeiten, da es länger dauert, die Teile ausreichend abkühlen zu lassen, bevor sie aus der Form entnommen werden (siehe Abschnitt 10.13).

14.2.3 Robustheit und robuster Entwurf

Eine wichtige Betrachtung im Produktentwurf gilt der *Robustheit*. Ursprünglich von G. Taguchi (siehe auch Abschnitt 14.3.4) eingeführt, lässt sich Robustheit definieren als ein Entwurf, ein Prozess oder ein

System, das trotz Variationen seiner Umgebung innerhalb zulässiger Parameter kontinuierlich funktioniert. Die als **Störgrößen** bezeichneten Variationen sind als diejenigen Faktoren definiert, die schwierig oder unmöglich zu steuern sind. Beispiele für Störgrößen in Fertigungsoperationen sind (a) Variationen in der Umgebungstemperatur und Luftfeuchtigkeit in einer Produktionseinrichtung, (b) zufällige und unerwartete Vibrationen des Hallenbodens, (c) Schwankungen der Abmessungen sowie Oberflächen- und Volumeneigenschaften eintreffender Rohmaterialchargen und (d) die Leistung verschiedener Bediener und Maschinen zu unterschiedlichen Tageszeiten oder an verschiedenen Tagen. Ein robuster Prozess wird von Störgrößen (bzw. sich ändernden Störgrößen) nicht beeinflusst. Und in einem robusten Entwurf funktioniert das Teil zufriedenstellend, selbst wenn unerwartete Ereignisse auftreten.

Als einfache Veranschaulichung soll ein Befestigungswinkel aus Blech dienen, der an einer Wand mit zwei Bolzen zu befestigen ist, wie ▶ Abbildung 14.1a zeigt. Die Lage der beiden Befestigungslöcher ist erwartungsgemäß mit einem bestimmten Fehler behaftet, wie er beispielsweise durch die Art des verwendeten Fertigungsprozesses und der eingesetzten Maschine entsteht (beispielsweise als Fehler durch Stanzen, Bohren oder Lochen). Dieser Fehler kann seinerseits dazu führen, dass die Oberkante des Winkels nicht waagerecht liegt. In einem robusteren Entwurf, den Abbildung 14.1b zeigt, sind die Befestigungslöcher nun doppelt so weit voneinander entfernt. Selbst wenn die gleiche Fertigungsmethode verwendet wird und die Produktionskosten gleich bleiben, weist der robuste Entwurf nun eine Variabilität auf, die halb so groß wie die des ursprünglichen Entwurfs ist. Ein noch robusterer Entwurf würde Bolzen verwenden, die sich bei Schwingungen oder während des Einsatzes über einen längeren Zeitraum nicht lösen (siehe *mechanisches Verbinden*, Abschnitt 12.15).

Beispiel 14.1 **Anwendungsbeispiel für DFMA**

Für die Vorteile der Anwendung von DFMA-Prinzipien in den frühen Stufen des Produktkonzepts und der Entwicklung lassen sich zahlreiche Beispiele angeben. Diese Prinzipien gelten auch für die Modifikation von vorhandenen Entwürfen und die Auswahl der geeigneten Fertigungsmethoden. In diesem Beispiel betrachten wir die Überarbeitung einer Piloten-Instrumententafel in einem Militärhubschrauber, der von McDonnell Douglas entworfen und gebaut wurde.

Die Komponenten der Tafel bestanden aus Blech, stranggepressten Profilen und Nieten. Mithilfe von DFMA-Software und -Analyse der Instrumententafel wurde eingeschätzt, dass der Neuentwurf zu folgenden Änderungen führen würde: (a) Die Anzahl der Teile verringert sich von 74 auf 9, (b) die Masse der Tafel geht von 3,00 auf 2,74 kg zurück, (c) die Herstellungszeit verkürzt sich von 305 auf 20 Stunden, (d) die Montagezeit geht von 149 auf 8 Stunden zurück und (e) die Gesamtzeit für die Produktion des Teils verringert sich von 697 auf 181 Stunden. Durch den neuen Entwurf ließen sich Kosteneinsparungen von 74 % erwarten. Basierend auf diesen Ergebnissen wurden weitere Komponenten einer ähnlichen Analyse unterzogen.

14.3 Produktqualität und Qualitätsmanagement

In den letzten Jahrzehnten ist es in der Fertigung zur Pflicht geworden, hochqualitative Produkte herzustellen. Allerdings kann Qualität ein schwer fassbares Konzept sein. Zum Beispiel stellt sich die Frage, ob ein Hochleistungssportwagen für hohe Qualität steht oder eher ein in Massenproduktion hergestelltes Modell mit geringem Verbrauch und niedrigen Wartungskosten. Beide können die Entwurfsziele erreichen und ihre Kunden begeistern (siehe unten). Zweifellos sind bei einer Diskussion der Qualität beide Beispiele zu berücksichtigen.

14.3.1 Qualität als Fertigungsziel

Abschnitt 4.9 hat sich mit Produktqualität und den in der Qualitätssicherung und -kontrolle eingesetzten Techniken befasst. Wie bereits erwähnt, ist das Wort *Qualität* nur schwer genau zu definieren. Das hängt zum Teil damit zusammen, dass es nicht nur um bekannte technische Betrachtungen geht, sondern auch um menschliche – und somit subjektive – Ansichten. G. Taguchi (siehe Abschnitt 14.3.3) hat definiert, dass Hersteller verpflichtet sind, Produkte zu liefern, die ihre Kunden zufriedenstellen. Dazu sollten Hersteller Produkte mit den folgenden Merkmalen liefern, die – wie sich zeigt – auch ein Produkt mit hoher Qualität beschreiben:

1. hohe Zuverlässigkeit
2. die geforderten Funktionen gut und sicher erbringen
3. gutes Aussehen
4. preiswert
5. aktualisierbar
6. stets verfügbar in den gewünschten Mengen
7. robust über die vorgesehene Lebenszeit (siehe Abschnitt 14.2.3)

Produktqualität ist immer ein Hauptanliegen der Fertigung gewesen. Angesichts der globalen Wirtschaft und des Wettbewerbs kommt dem Konzept der *kontinuierlichen Qualitätsverbesserung* eine zentrale Rolle zu, wie es der japanische Begriff **Kaizen** in der Bedeutung *Veränderung zum Besseren* verkörpert. Das Qualitätsniveau, das ein Hersteller für seine Produkte wählt, hängt allerdings auch vom Markt ab, für den die Produkte vorgesehen sind. Somit haben zum Beispiel billige Produkte geringer Qualität eine eigene Marktnische (wie sich leicht durch einen Besuch in einem Kaufhaus oder Baumarkt beweisen lässt), genau wie es einen Markt – speziell in wirtschaftlich guten Zeiten – für hochqualitative, teurere Produkte gibt, etwa Rolls-Royce-Automobile, Audioanlagen und Sportartikel wie zum Beispiel Tennisschläger, Golfschläger, Skiausrüstungen und Helme.

Wir haben gesehen, dass über *simultane Entwicklung* (siehe Abschnitt 1.2) Entwicklungs- und Fertigungstechniker jetzt die Fähigkeit haben, Werkstoffe für die Komponenten eines bestimmten herzustellenden Produkts auszuwählen und zu spezifizieren. Qualitätsbetrachtungen sind immer ein Bestandteil derartiger Aufgaben. Nehmen wir zum Beispiel einen einfachen Fall von Materialauswahl für einen Schraubendrehergriff. Basierend auf den Funktionen eines Schraubendrehers kann man Griffwerkstoffe spezifizieren (beispielsweise aus Metallen, Kunststoffen, Elastomeren, Verbundwerkstoffen oder Holz), die wünschenswerte Eigenschaften wie zum Beispiel hohe Streckgrenze und Zugfestigkeit, Torsionssteifigkeit, Widerstand gegen Verschleiß und Korrosion und bestimmte elektrische Eigenschaften aufweisen. Ein aus derartigen Werkstoffen hergestellter Schraubendreher leistet mehr und hält länger als ein Schraubendreher aus Werkstoffen mit geringeren mechanischen Eigenschaften. Andererseits sind Werkstoffe mit besseren Eigenschaften im Allgemeinen teurer und eventuell schwieriger zu verarbeiten als andere.

Folglich müssen die Fertigungsoperationen und -systeme, die für den konkreten Artikel relevant sind, gründlich überarbeitet werden, um die endgültigen Produktkosten niedrig zu halten. Dieses lässt sich auf der Basis zahlreicher technischer und wirtschaftlicher Betrachtungen realisieren, wie sie in diesem Buch beschrieben und diskutiert wurden. Leider sehen sich Ingenieure oftmals einem Dilemma gegenüber, das kurz und bündig als „good, fast, or cheap; pick any two" (gut, schnell oder billig – nur jeweils zwei auswählbar) formuliert wurde.

Wegen der erheblichen Kosten, die bei Fertigungsoperationen entstehen können, ist das Konzept **Return On Quality** (ROQ) – d.h. Gewinn als Folge von Produktqualität – wichtig. Es besteht aus folgenden Komponenten:

- **a** Aufgrund des großen Einflusses auf die Kundenzufriedenheit sollte Qualität als *Investition* angesehen werden.
- **b** Es muss eine bestimmte Grenze geben, wie viele Ressourcen auf Qualitätsverbesserungen aufgewendet werden sollten.
- **c** Der konkrete Bereich, für den die Aufwendungen hinsichtlich der Qualität erfolgen sollen, muss geeignet bewertet werden.
- **d** Die schrittweise Verbesserung der Qualität muss in Bezug auf zusätzlich auftretende Kosten sorgfältig überprüft werden.

Entgegen einer allgemeinen Auffassung müssen hochqualitative Produkte nicht unbedingt mehr kosten. In den meisten Industriezweigen (wie bei den klassischen Beispielen Automobilindustrie und Luft-/Raumfahrt) ist ROQ bei einem Wert von null Defekten minimal, während in anderen Branchen (wie zum Beispiel bei der Fertigung von integrierten Schaltkreisen) die Kosten für das Eliminieren der letzten wenigen Defekte sehr hoch sind (was zu Ansätzen wie fehlertolerantem Entwurf führt). Allerdings können indirekte Faktoren dennoch die Beseitigung dieser letzten wenigen Defekte bestärken. Obwohl zum Beispiel Kundenzufriedenheit ein qualitativer Faktor ist und sich demzufolge schwer in Berechnungen einschließen lässt, wird ein Kunde sicherlich zufriedener sein und der Firma treu bleiben, wenn er ein fehlerfreies Produkt erhält. Trotz erheblicher Variationen wird geschätzt, dass die *relativen Kosten* für das Erkennen und Reparieren von Defekten in Produkten um Größenordnungen zunehmen. Dieses Konzept wird als *Rule of Ten* (Zehnerregel) bezeichnet (siehe auch Abschnitt 14.9.1) und stellt sich folgendermaßen dar:

Stufe	Relative Reparaturkosten
Fertigung des Teils	1
Vormontage	10
Endmontage	100
Beim Vertriebspartner	1000
Beim Kunden	10 000

14.3.2 Umfassendes Qualitätsmanagement

Umfassendes Qualitätsmanagement ist ein System, das betont, dass Qualität bereits über den Entwurf in ein Produkt eingebaut werden muss. Es ist ein Systemkonzept, in dem *sowohl* Management *als auch* Mitarbeiter eine gemeinsame Anstrengung unternehmen müssen, um einheitlich hochqualitative Produkte herzustellen. Das Hauptziel besteht in *Vermeidung* und nicht in der *Erkennung* von Defekten.

In der Organisation sind *Führung* und *Teamarbeit* entscheidend. Sie gewährleisten, dass das Ziel der **stetigen Verbesserung** in allen Aspekten der Fertigungsoperationen durchgesetzt wird, da sie Produktvariabilität verringern und Kundenzufriedenheit verbessern. Das Konzept des umfassenden Qualitätsmanagements setzt zudem die Steuerung der *Prozesse* und nicht der *produzierten Teile* voraus, sodass Prozessvariabilität verringert wird und fehlerhafte Teile die Produktionslinie nicht weiter durchlaufen dürfen.

Qualitätszirkel: Dieses Konzept besteht aus regelmäßigen Meetings von innerbetrieblichen Arbeitskreisen (Arbeiter, Abteilungsleiter, Manager), die diskutieren, wie sich die Produktqualität auf allen Stufen der Fertigungsoperation verbessern und aufrechterhalten lässt. Betont werden Einbeziehung von Arbeitern, Verantwortlichkeit, Kreativität und Teamanstrengung. Durch umfassende Ausbildung wird der Arbeiter in die Lage versetzt, Qualität einzuschätzen, statistische Daten zu analysieren, Ursachen für schlechte Qualität zu erkennen und unmittelbare Maßnahmen zu unternehmen, um das Problem zu korrigieren. Die Erfahrung hat gezeigt, dass Qualitätszirkel besonders wirksam in Umgebungen mit schlanker Produktion sind (siehe Abschnitt B.13).

Qualitätsentwicklung als Denkweise: Experten der Qualitätskontrolle haben viele Konzepte und Methoden der Qualitätskontrolle in eine größere Perspektive gesetzt. Bemerkenswerte Vertreter sind W.E. Deming und G. Taguchi, deren Denkweisen von Qualität und Produktkosten einen wesentlichen Einfluss auf die moderne Fertigung haben.

14.3.3 Deming-Methoden

Im Zweiten Weltkrieg haben W.E. Deming (1900–1993) u. a. neue Methoden statistischer Prozesskontrolle (siehe Abschnitt 4.9.2) für die Rüstungsindustrie entwickelt. Die Methoden der **statistischen Prozesskontrolle** fußen auf der Erkenntnis, dass es *Variationen* in (a) der Leistung von Maschinen und Menschen und (b) der Qualität und Abmessungen von zugekauftem Material gibt. In ihren Arbeiten verwendeten sie nicht nur statistische Analysemethoden, sondern auch eine neue Betrachtungsweise von Fertigungsoperationen, d. h. aus dem Blickwinkel, die Qualität zu verbessern und dabei die Kosten zu senken.

Tabelle 14.2: Die vierzehn Punkte von Deming

1. Schaffe ein unverrückbares Unternehmensziel in Richtung ständige Verbesserung von Produkt und Dienstleistung.
2. Wende die neue Denkweise an, um wirtschaftliche Stabilität sicherzustellen.
3. Beende die Notwendigkeit und Abhängigkeit von Masseninspektion, um Qualität zu erreichen.
4. Beende die Praxis, Geschäfte auf Basis des niedrigsten Preises zu machen.
5. Verbessere fortwährend und dauerhaft Systeme in Produktion und Dienstleistung, um Qualität und Produktivität zu verbessern und dadurch Kosten nachhaltig zu senken.
6. Führe Methoden der Schulung für die konkreten Anforderungen der Aufgabe ein und dokumentiere diese für die Zukunft.
7. Setze moderne Führungs- anstelle von Überwachungsmethoden ein.
8. Beseitige die Atmosphäre der Angst, damit alle effektiv arbeiten können.
9. Beseitige die Abgrenzung der einzelnen Abteilungen voneinander.
10. Beseitige den Gebrauch von Aufrufen, Ermahnungen und Vorgaben hinsichtlich gesteigerter Produktivität und Defektfreiheit.
11. Beseitige Leistungsvorgaben, die zahlenmäßige Quoten (Standards) und Ziele für den Arbeiter festlegen. Bringe dafür Führungsqualitäten ein.
12. Beseitige alle Hindernisse, die den Arbeiter davon abhalten, auf seine Arbeit stolz zu sein.
13. Schaffe ein durchgreifendes Ausbildungsprogramm für jeden Mitarbeiter und ermuntere zur Selbstverbesserung.
14. Verdeutliche die dauerhafte Verpflichtung aller Arbeitnehmer zum Umdenken.

Deming erkannte, dass es sich bei Fertigungsunternehmen um Systeme handelt, die aus Verwaltung, Arbeitern, Maschinen und Produkten bestehen. Seine Grundideen werden in den bekannten „Vierzehn Punkten" zusammengefasst, die in Tabelle 14.2 angegeben sind. Diese Punkte sind nicht als Checkliste oder Menü von auszuführenden Aufgaben zu verstehen. Sie sind vielmehr die *Besonderheiten*, die Deming in Firmen, die hochqualitative Waren herstellen, erkannt hat. Er legte großen Wert auf Kommunikation, direkte Einbeziehung von Arbeitern und Ausbildung in Statistik und erweiterter Fertigungstechnologie. Seine Ideen wurden nach dem Ende des Zweiten Weltkriegs weithin akzeptiert.

14.3.4 Taguchi-Methoden

In den Methoden von G. Taguchi (geb. 1924) werden hohe Qualität und niedrige Kosten durch Kombinieren von technischen und statistischen Methoden erreicht, um Produktentwurf und Fertigungsverfahren zu optimieren. Taguchi-Methoden beziehen sich auf die von Taguchi entwickelten Ansätze, um hochqualitative Produkte zu entwickeln. Obwohl es anspruchsvoll ist, alle diese Eigenschaften zu erfüllen, ist *Prozessoptimierung* eine Voraussetzung.

Taguchi trug auch zu den Ansätzen bei, die dazu dienen, Qualität zu dokumentieren. Es muss klar sein, dass jede Abweichung vom optimalen Status eines Produkts aufgrund von Faktoren wie verringerte Produktlebenszeit, Leistungsfähigkeit und Wirtschaftlichkeit einen *finanziellen Verlust* darstellt. *Qualitätsverlust* wird definiert als finanzieller Verlust der Gesellschaft, nachdem das Produkt ausgeliefert wurde, mit den folgenden Ergebnissen:

1. Schlechte Qualität führt zu unzufriedenen Kunden.
2. Kosten entstehen bei Dienstleistungen und Reparatur fehlerhafter Produkte, zum Teil vor Ort.
3. Die Glaubwürdigkeit auf dem Markt verschlechtert sich.
4. Der Hersteller verliert schließlich seinen Marktanteil.

Die Taguchi-Methoden der *Qualitätsentwicklung* stellen folgende Elemente in den Vordergrund:

- **Verbessern der funktionsübergreifenden Team-Zusammenarbeit**, wobei Produktentwickler und Prozess- oder Fertigungstechniker miteinander in einer gemeinsamen Sprache kommunizieren. Sie quantifizieren die Beziehungen zwischen Entwurfsanforderungen und Auswahl von Fertigungsprozessen.
- **Realisieren eines experimentellen Entwurfs**, in dem die in einem Prozess oder einer Operation beteiligten Faktoren und deren Wechselwirkungen gleichzeitig untersucht werden.

Im **experimentellen Entwurf** werden die Wirkungen von steuerbaren und nicht steuerbaren Variablen auf das Produkt identifiziert. Dieser Ansatz minimiert Variationen in den Abmessungen und den Eigenschaften des Produkts und bringt schließlich den Mittelwert auf das gewünschte Niveau. Die für den experimentellen Entwurf verwendeten Methoden sind komplex und arbeiten mit **faktoriellem Entwurf** und *orthogonalen Feldern*, die die Anzahl der erforderlichen Experimente verringern. Außerdem sind diese Methoden in der Lage, die Wirkungen der Variablen, die sich nicht steuern lassen (sogenannte *Störgrößen*), zu erkennen. Das betrifft zum Beispiel Änderungen in den Umgebungsbedingungen und normale Schwankungen der Eigenschaften von angelieferten Materialien.

Die Verwendung dieser Methoden resultiert in (a) schneller Erkennung der Steuerungsvariablen (Beobachten von *Hauptwirkungen*) und (b) der Fähigkeit, die beste Methode der Prozesssteuerung zu ermitteln. So können zum Beispiel Variablen, die die Maßtoleranzen bei spanender Bearbeitung einer bestimmten Komponente beeinflussen, ohne Weiteres identifiziert und wenn möglich die richtige Schnittgeschwindigkeit, der Vorschub und die Schneidflüssigkeiten spezifiziert werden. Die Steuerung dieser Variablen kann neue Anlagen oder umfangreiche Modifikationen vorhandener Anlagen erfordern.

14.3.5 Taguchi-Verlustfunktion

Taguchi hat das wichtige Konzept eingeführt, dass jede Abweichung von einem Entwurfsziel einen Qualitätsverlust darstellt. Sehen Sie sich zum Beispiel die in Abbildung 4.19 angegebenen Standards für Maßtoleranzen an, die einen Bereich von Abmessungen angeben, in dem ein Teil akzeptabel ist. Andererseits verlangt die Taguchi-Denkweise nach einer *Minimierung der Abweichung* vom Entwurfsziel. Somit würde mit dem Beispiel in Abbildung 4.19a eine Welle mit einem Durchmesser von 40,03 mm normalerweise als zulässig gelten und akzeptiert werden. Beim Taguchi-Ansatz stellt dagegen ein Teil mit diesem Durchmesser eine Abweichung vom Entwurfsziel dar. Derartige Abweichungen verringern im Allgemeinen die Robustheit und Leistungsfähigkeit von Produkten, speziell in komplexen Systemen.

Die *Taguchi-Verlustfunktion* wurde eingeführt, da sich im herkömmlichen Rechnungswesen keine Methoden für die Berechnung von Verlusten bei Teilen, die Entwurfsspezifikationen entsprechen, etabliert haben. Bei den herkömmlichen Buchführungsgepflogenheiten gilt ein Teil als fehlerhaft und führt zu einem Verlust für die Firma, wenn es Entwurfstoleranzen verfehlt. Andernfalls entsteht der Firma kein Verlust.

Somit ist die Taguchi-Verlustfunktion ein Werkzeug, mit dem sich Qualität in Bezug auf minimale Abweichungen vergleichen lässt. Die Funktion liefert einen umso größeren Verlust für die Firma, je weiter die Komponente vom Entwurfsziel entfernt ist. Die Gestalt der Funktion ist eine Parabel, bei der ein Punkt die Ersatzkosten (einschließlich Lieferungs-, Verschrottungs- und Manipulationskosten) bei einem Extremwert der Toleranzen angibt, während ein zweiter Punkt dem Nullverlust beim Entwurfsziel entspricht.

Der Verlust kann mathematisch als

$$\text{Finanzieller Verlust} = k\left[(Y - T)^2 + \sigma^2\right] \quad (14.1)$$

ausgedrückt werden, wobei Y der Mittelwert von der Fertigung, T der Zielwert vom Entwurf und σ die Standardabweichung der Teile von der Fertigung ist. Die Konstante k ist definiert als

$$k = \frac{\text{Kosten für den Ersatz}}{(\text{USG} - T)^2}, \quad (14.2)$$

wobei USG die untere Spezifikationsgrenze angibt. Wenn die unteren und oberen Spezifikationsgrenzen USG bzw. OSG gleich (d. h. die Toleranzen ausgeglichen) sind, kann jede der beiden Spezifikationsgrenzen in dieser Gleichung verwendet werden.

Die oberen und unteren Spezifikationsgrenzen müssen nicht zwingend mit den oberen und unteren Eingriffsgrenzen (wie in Abschnitt 4.9.2 beschrieben) in Beziehung stehen. USG und OSG sind *Entwurfsanforderungen*, bei denen oftmals keine Fertigungsfähigkeiten berücksichtigt sind. Der Konstrukteur wählt Spezifikationsgrenzen oder Toleranzen häufig nach seiner Erfahrung oder als Maximalwerte, die für eine ordnungsgemäße Funktion des Entwurfs noch zugelassen werden können. Das Bestreben ist es, den Fertigungstechnikern für eine einfache Herstellung möglichst breite Toleranzen zuzugestehen. Andererseits spiegeln die oberen und unteren Eingriffsgrenzen die Absicht des Konstrukteurs in Bezug auf Toleranzen wider. Im Idealfall sollten die in Kapitel 4 besprochenen Eingriffsgrenzen und die hier betrachteten Spezifikationsgrenzen nicht miteinander verknüpft sein. Stattdessen sollte es das Ziel der Hersteller sein, den Entwurfszielen zu entsprechen, wie es Gleichung (14.1) impliziert.

Beispiel 14.2 Herstellung von Polymerrohren

Für medizinische Anwendungen werden hochqualitative Polymerrohre hergestellt. Die Zielwanddicke beträgt 2,6 mm mit einer oberen Spezifikationsgrenze von 3,2 mm und einer unteren Spezifikationsgrenze von 2,0 mm (2,6 ± 0,6 mm). Wenn die Einheiten fehlerhaft sind, werden sie ersetzt, wobei die Kosten dafür inklusive Lieferung 10,00 Euro betragen. Der momentane Prozess liefert Teile mit einem Mittelwert von 2,6 mm und einer Standardabweichung von 0,2 mm. Der derzeitige Produktionsumfang beträgt 10 000 Rohre pro Monat. Für das Heizsystem des Extruders ist eine

Verbesserung vorgesehen. Dadurch halbiert sich zwar die Standardabweichung, doch belaufen sich die Kosten für die Änderung am Extruder auf 50 000 Euro. Ermitteln Sie die Taguchi-Verlustfunktion für den ursprünglichen Produktionsprozess und die Umsetzung der Prozessverbesserung sowie die Amortisationszeit für die Investition.

Lösung: Die einzelnen Größen für die Taguchi-Verlustfunktion lassen sich wie folgt angeben: OSG = 3,2 mm, USG = 2,0 mm, $T = 2,6$ mm, $\sigma = 0,2$ mm und $Y = 2,6$ mm. Die Größe k ergibt sich entsprechend Gleichung (14.2) zu

$$k = \frac{10,00}{(3,2-2,6)^2} = 27,78 \text{ Euro (pro mm}^2\text{)}.$$

Der finanzielle Verlust beträgt

$$\text{Finanzieller Verlust} = 27,78 \times \left[(2,6-2,6)^2 + 0,2^2\right] = 1,11 \text{ Euro pro Teil}.$$

Nach der Verbesserung ist die Standardabweichung 0,1 mm. Somit ist der finanzielle Verlust

$$\text{Finanzieller Verlust} = 27,78 \times \left[(2,6-2,6)^2 + 0,1^2\right] = 0,28 \text{ Euro pro Teil}.$$

Es ergeben sich damit Einsparungen von $(1,11 - 0,28) \times 10\,000 = 8300$ Euro pro Monat. Folglich ist die Amortisationszeit für die Investition $50\,000/8300 = 6,02$ Monate.

14.3.6 Die ISO- und QS-Normen

Mit wachsendem internationalen Handel und globaler Fertigung ist der preissensitive Wettbewerb für Fertigungsunternehmen zunehmend anspruchsvoller geworden. Kunden verlangen immer mehr nach *hochqualitativen Produkten und Dienstleistungen* bei geringen Preisen und sie suchen nach Lieferanten, die auf die Forderung beständig und zuverlässig reagieren können. Aus diesem Trend ergibt sich wiederum die Notwendigkeit internationaler Konformität und Einigkeit in Bezug auf die Etablierung von Methoden der Qualitätskontrolle, Zuverlässigkeit und Sicherheit der Produkte. Neben diesen Betrachtungen werden gleichermaßen wichtige Fragen in Bezug auf die Umwelt und die Lebensqualität durch neue internationale Normen abgedeckt. Dieser Abschnitt beschreibt die Normen, die für die Produktqualität und Umweltfragen relevant sind.

Die Norm ISO 9000: Die erstmals 1987 veröffentlichte und in den Jahren 1994 und 2000 überarbeitete ISO-Norm 9000 (*Qualitätsmanagement und Qualitätssicherungsnormen*) ist eine absichtlich generisch gehaltene Reihe von Normen für das Qualitätsmanagement. Die Norm ISO 9000 hat permanent die Art und Weise beeinflusst, in der Fertigungsunternehmen die Geschäfte im Welthandel abwickeln, und ist zum Weltstandard für Qualität geworden.

Zur ISO 9000-Normenreihe gehören die folgenden Normen:

- ISO 9001 – Qualitätssysteme: Modell für Qualitätssicherung in Entwurf/Entwicklung, Produktion, Installation und Dienstleistung

- ISO 9002 – Qualitätssysteme: Modell für Qualitätssicherung in Produktion und Installation
- ISO 9003 – Qualitätssysteme: Modell für Qualitätssicherung in Endprüfung und Testen
- ISO 9004 – Qualitätsmanagement und Qualitätssystemelemente: Richtlinien

Firmen registrieren sich freiwillig für diese Normen und erhalten Zertifikate ausgestellt. Die Registrierung kann im Allgemeinen für ISO 9001 oder 9002 beantragt werden und manche Firmen haben Registrierung bis zu ISO 9003. Die Norm 9004 ist einfach eine Richtlinie und kein Modell oder Basis für eine Registrierung. Für die Zertifizierung werden die Produktionsstätten der Firma durch bevollmächtigte und unabhängige Drittanbieter-Teams besucht und überwacht, um zu beurkunden, dass die 20 Schlüsselelemente der Norm vorhanden sind und ordnungsgemäß funktionieren.

Je nach dem Umfang, bis zu dem eine Firma die Anforderungen der Norm nicht erfüllt, kann zu diesem Zeitpunkt eine Registrierung empfohlen werden oder nicht. Das Überwachungsteam berät die Firma nicht, wie Diskrepanzen zu schlichten sind, sondern beschreibt lediglich das Wesen der Nichtbefolgung. Regelmäßige Überwachungen werden gefordert, um die Zertifizierung aufrechtzuerhalten. Der Zertifizierungsvorgang kann von sechs Monaten bis zu einem Jahr oder länger dauern, wobei die Kosten in der Größenordnung von Zehntausenden Euro liegen, abhängig von der Größe der Firma, der Anzahl der Fertigungsstätten und der Produktlinie.

Die ISO-9000-Norm ist keine Produktzertifizierung, sondern eine **Qualitätsprozesszertifizierung**. Firmen richten ihre eigenen Kriterien und Praktiken für Qualität ein. Allerdings muss das dokumentierte Qualitätssystem mit der ISO-9000-Norm kompatibel sein. Somit darf eine Firma kein Kriterium in das System aufnehmen, das der Absicht der Norm widerspricht.

Registrierung symbolisiert die Verpflichtung einer Firma, sich an einheitliche Praktiken zu halten, wie sie durch das eigene Qualitätssystem der Firma spezifiziert sind (wie zum Beispiel Qualität in Entwurf, Entwicklung, Produktion, Installation und Dienstleistung), einschließlich geeigneter Dokumentation derartiger Praktiken. Auf diese Weise können Kunden einschließlich Regierungsstellen und Behören sicher sein, dass der Lieferant (der innerhalb desselben Landes sein kann oder nicht) des Produkts oder Dienstes die spezifizierten Praktiken befolgt. Die Fertigungsunternehmen verlangen deshalb auch von ihren Lieferanten, dass sie über eine ISO-9000-Registrierung verfügen.

Die Norm QS 9000: Dieser Standard wurde gemeinsam von Chrysler, Ford und General Motors entwickelt und erstmals 1994 veröffentlicht. Vor der Entwicklung von QS 9000 hatte jede der großen drei Automobilfirmen jeweils einen eigenen Standard für Qualitätssystemanforderungen. Tier-1-Lieferanten sind aufgefordert worden, eine Drittanbieter-Registrierung für QS 9000 zu erhalten. Sehr oft ist QS 9000 als ein „ISO 9000-Chassis mit jeder Menge Extras" beschrieben worden. Diese Beschreibung ist zutreffend, angesichts der Tatsache, dass sämtliche ISO-9000-Klauseln als Grundlage für QS 9000 gedient haben.

Die Norm ISO 14 000: Diese erstmals 1996 veröffentlichte Familie von Standards bezieht sich auf die *Umweltmanagementsysteme* (*environmental management systems*, EMS) und befasst sich mit der Art und Weise wie die Aktivitäten einer Organisation die Umwelt über die Lebenszeit ihrer Produkte hinweg beeinflussen (siehe auch Abschnitt 14.5). Diese Aktivitäten können (a) intern oder extern zur Organisation sein, (b) von der Produktion bis zum endgültigen Entsorgen nach dem nützlichen Leben des

Produkts reichen und (c) Auswirkungen auf die Umwelt einschließen, wie zum Beispiel Verschmutzung, Müllerzeugung und Entsorgung, Lärm, Erschöpfung von natürlichen Ressourcen und Energienutzung.

Eine schnell wachsende Anzahl von Firmen in vielen Ländern hat die Zertifizierung für diesen Standard erhalten. ISO 14000 umfasst mehrere Abschnitte: Richtlinien für die Auditierung, Umweltverträglichkeitsprüfung inklusive Umweltmanagement. ISO 14001 (Forderungen an Umweltmanagementsysteme) besteht aus Abschnitten zu allgemeinen Anforderungen, Umweltpolitik, Planung, Einführung und Funktion, Überprüfung und Abhilfemaßnahmen sowie Managementbewertung.

14.4 Lebenszyklusentwicklung und nachhaltige Fertigung

Das Konzept eines **Produktlebenszyklus** wurde in Abschnitt 1.4 eingeführt. **Lebenszyklusentwicklung** (*life cycle engineering*, LCE) befasst sich mit Umweltfaktoren und insbesondere wie sie sich auf Entwurf, Optimierung und verschiedene technische Betrachtungen in Bezug auf jede Komponente eines Produkts oder Prozesslebenszyklus beziehen. Ein Hauptziel der Lebenszyklusentwicklung besteht darin, die Wiederverwendung und das Recycling von Produkten bereits auf der frühesten Stufe des Entwurfsprozesses zu betrachten (auch *green design* oder *green engineering* genannt).

Cradle-to-grave: Ein herkömmlicher Produktlebenszyklus, den man auch als *Cradle-to-grave*-Modell („von der Wiege bis zum Grab") bezeichnet, lässt sich in Form aufeinanderfolgender und verknüpfter Stufen eines Produkts oder Dienstleistungssystems beschreiben und umfasst die Aspekte:

1. Extraktion natürlicher Ressourcen, einschließlich Rohstoffe und Energie;
2. Verarbeitung der Rohstoffe;
3. Herstellung des Produkts;
4. Transport und Lieferung des Produkts zum Kunden;
5. Verwendung, Wiederverwendung und Wartung des Produkts;
6. Entsorgung des Produkts.

Obwohl Lebenszyklusentwicklung ein umfassendes, leistungsfähiges und notwendiges Werkzeug ist, kann seine komplette Umsetzung teuer, anspruchsvoll und zeitaufwendig sein. Das hängt hauptsächlich mit Unbestimmtheiten in den Eingangsdaten in Bezug auf Werkstoffe, Prozesse, Langzeitwirkungen, Kosten usw. zusammen sowie der erforderlichen Zeit, um zuverlässige Daten zu sammeln und die oftmals komplexen Zusammenhänge zwischen verschiedenen Komponenten des gesamten Systems geeignet zu beurteilen. Es steht eine Reihe von Softwarepaketen zur Verfügung, um in bestimmten Industriezweigen derartige Analysen zu beschleunigen, insbesondere der chemischen und verarbeitenden Industrien, aufgrund des höheren Potenzials für Umweltschäden bei deren Betriebsabläufen.

Nachhaltige Fertigung: In den letzten Jahren ist es immer mehr in unser Bewusstsein gerückt, dass die natürlichen Ressourcen begrenzt sind und daraus die Notwendigkeit erwächst, mit Werkstoffen und Energie sparsam umzugehen. Der Begriff *nachhaltige Fertigung* betont die Notwendigkeit, diese Ressourcen zu schonen, und zwar insbesondere über Wartung und Wiederverwendung. Abschnitt 1.4 ist auf die Bedeutung des Produktlebenszyklus und den Unterschied zwischen den Cradle-to-grave- und Cradle-to-cradle-Prinzipien sowie biologisches und industrielles Recycling eingegangen.

> **Beispiel 14.3** **Nachhaltige Fertigungskonzepte in der Produktion von Nike-Sportschuhen**
>
> Nike-Sportschuhe werden mit Klebstoffen zusammengefügt (Abschnitt 12.14). Bis etwa 1990 enthielten die verwendeten Klebstoffe Lösungsmittel auf Erdölbasis, was zu Gesundheitsgefährdungen beim Menschen führte und zum petrochemischen Smog beitrug. Um diese Situation zu verbessern, hat die Firma mit Klebstofflieferanten zusammengearbeitet und eine wasserbasierte Klebstofftechnologie entwickelt, die heute für die Mehrheit der Montageoperationen verwendet wird. Im Ergebnis wurde die Lösungsmittelverwendung bei allen Fertigungsoperationen in den asiatischen Zulieferbetrieben seit 1995 um 67 % verringert. Im Jahre 1997 wurden etwa 2,4 Millionen Liter gefährlicher Lösungsmittel durch rund 1,3 Millionen Liter wasserbasierter Klebstoffe ersetzt.
>
> Dazu noch ein Beispiel: Die Gummisohlen des Schuhs wurden durch ein Verfahren hergestellt, bei dem sehr viel Gummi um die Außenseite der Sohle vorsteht – der sogenannte *Grat*, ähnlich dem Grat, der in den Abbildungen 6.14c und 10.35c zu sehen ist. Mit ungefähr 40 Firmen, die Tausende von Formen verwenden und über eine Million Sohlen am Tag produzieren, wurde diese Gratbildung als die größte Quelle für Verschwendung im Herstellungsprozess für die Schuhe identifiziert. Um diese Verschwendung zu verringern, entwickelte die Firma eine Technologie, bei der der Grat zu Gummipulver abgeschliffen wird, das dann der Gummimischung zugesetzt wird, wenn die nächsten Sohlen hergestellt werden. Dadurch wurde die Verschwendung um 40 % verringert. Darüber hinaus hat sich gezeigt, dass der gemischte Gummi bessere Eigenschaften hinsichtlich Abriebwiderstand, Dauerhaftigkeit und Gesamtleistung aufwies als Gummi der besten Premium-Qualität.

Beim Recycling ist es oftmals notwendig, einzelne Komponenten eines Produkt zu zerlegen. Wenn dazu großer Aufwand und viel Zeit erforderlich sind, kann Recycling unzumutbar teuer werden. Um Recycling zu erleichtern, sind deshalb folgende allgemeine Richtlinien zu befolgen:

1. Entwirf keine Produkte, sondern Lebenszyklen, die sämtlichen Material- und Energieeinsatz sowie das Endziel des Produkts berücksichtigen, nachdem seine vorgesehene Lebenszeit vorüber ist.
2. Verwende nach Möglichkeit Werkstoffe, die sich leicht recyceln lassen.
3. Verringere die Anzahl der Teile und Werkstoffarten in Produkten und verwende möglichst wenig Material.
4. Mische keine biologisch recycelbaren Werkstoffe mit Werkstoffen, die einem industriellen Recycling-Lebenszyklus folgen.
5. Verwende modularen Entwurf, um die Demontage zu erleichtern.
6. Verwende für Kunststoffteile soweit möglich nur eine einzige Polymerart.

7. Markiere Kunststoffteile zur leichteren Identifikation (wie es bei Nahrungsmittelbehältern und Getränkeflaschen aus Kunststoff geschieht).
8. Vermeide die Verwendung von Beschichtungen, Anstrichen und Plattierungen. Verwende bei Bedarf eingefärbte Kunststoffteile.
9. Vermeide die Verwendung von Klebstoffen, Nieten und anderen permanenten Verbindungsmethoden in der Montage. Stattdessen empfehlen sich lösbare Verbindungselemente und speziell Schnappverschlüsse.

14.5 Werkstoffwahl für Produkte

Abschnitt 1.5 hat die allgemeinen Kriterien für die Auswahl von Werkstoffen beschrieben. Dieses Kapitel geht nun detaillierter darauf ein.

14.5.1 Allgemeine Werkstoffeigenschaften

Wie in Kapitel 2 erwähnt, gehören zu den *mechanischen Eigenschaften* von Werkstoffen (a) Festigkeit, (b) Zähigkeit, (c) Duktilität, (d) Härte und (e) Widerstandsfähigkeit gegen Ermüdung, Kriechen und schlagartige Beanspruchung. Eigenschaften wie Steifigkeit und Beulsteifigkeit hängen nicht nur vom Elastizitätsmodul des Werkstoffs ab, sondern auch von den geometrischen Merkmalen des Teils. Bei den Reibungs- und Verschleißeigenschaften wirken mehrere Faktoren zusammen, wie Abschnitt 4.4 beschrieben hat.

Zu den *physikalischen Eigenschaften* (Abschnitt 3.9) gehören Dichte, Schmelztemperatur, spezifische Wärme, thermische und elektrische Leitfähigkeit, Wärmeausdehnung und magnetische Eigenschaften. Als *chemische Eigenschaften* (Abschnitt 3.9.7) spielen bei der Fertigung vor allem Oxidation und Korrosion eine Rolle. Mehrere Kapitel in diesem Buch sind auf die Relevanz dieser Eigenschaften für den Produktentwurf und die Fertigung eingegangen und enthalten auch verschiedene Tabellen für die Eigenschaften von metallischen und nichtmetallischen Werkstoffen. In Tabelle 14.1 sind die Abschnitte, Tabellen und Bilder dieses Buchs aufgeführt, die für die verschiedenen Werkstoffeigenschaften relevant sind.

Die Auswahl von Werkstoffen ist heute wesentlich einfacher und schneller aufgrund der Verfügbarkeit von computerisierten und umfangreichen *Datenbanken*, die wesentlich größere Zugänglichkeit zu Informationen bieten, als sie bisher verfügbar war. Um die Werkstoffauswahl und die Bestimmung der Parameter (später in diesem Abschnitt beschrieben) zu erleichtern, ist auch Expertensystem-Software (*intelligente Datenbanken*) sehr hilfreich. Mit Eingaben wie Produktentwurfs- und funktionellen Anforderungen sind Expertensysteme in der Lage, schnell die passenden Werkstoffe für eine bestimmte Anwendung zu identifizieren, genau wie es ein Experte oder ein Expertenteam tun würden.

Unabhängig von der verwendeten Methode sind die folgenden Überlegungen bei der Werkstoffauswahl für Produkte anzustellen:

1. Besitzen die ausgewählten Werkstoffe Eigenschaften, die die maximalen Anforderungen und Spezifikationen unnötigerweise überschreiten?
2. Lassen sich bestimmte Werkstoffe durch preiswertere Werkstoffe ersetzen?
3. Haben die ausgewählten Werkstoffe die geeigneten Bearbeitungseigenschaften?
4. Sind die zu bestellenden Rohmaterialien in Standardformen, -oberflächengüte, -abmessungen und -toleranzen und erhältlich?
5. Ist der Werkstofflieferant zuverlässig?
6. Sind erhebliche Preissteigerungen oder Marktschwankungen für die Werkstoffe wahrscheinlich?
7. Können die Werkstoffe in den geforderten Mengen im gewünschten Zeitrahmen bezogen werden?

14.5.2 Lieferformate handelsüblicher Werkstoffe

Werkstoffe werden in verschiedenen Formaten gehandelt (Tabelle 14.3): Stangen und Stäbe, Platten und Bleche, Folien, Draht, Formprofile, Gussbarren, Rohre und Metallpulver. Ein wichtiger Aspekt ist der Kauf von Werkstoffen in Abmessungen, die die geringste Bearbeitung erfordern. Eigenschaften wie Oberflächengüte, Maßtoleranzen und Geradheit der Halbzeuge sind ebenfalls zu berücksichtigen. Es liegt auf der Hand, dass der zusätzliche Verarbeitungsaufwand und die dafür erforderliche Zeit umso geringer sind, je besser und einheitlicher diese Eigenschaften sind.

Will man zum Beispiel glatte Wellen mit guter Maßgenauigkeit, Oberflächengüte, Rundheit und Geradheit herstellen, könnte man Rundstäbe kaufen, die bereits gedreht und spitzenlos geschliffen sind (Kapitel 8 und 9) und diesen Anforderungen entsprechen. Sofern die verfügbaren Maschinen nicht in der Lage sind, Rundstäbe wirtschaftlich herzustellen, ist es im Allgemeinen billiger, sie von entsprechenden Anbietern zu beziehen. Braucht man dagegen eine abgesetzte Welle (mit unterschiedlichen Durchmessern über der Länge), könnte man zum Beispiel einen Rundstab mit einem Durchmesser, der mindestens dem größten Durchmesser der abgesetzten Welle entspricht, kaufen und ihn dann auf einer Drehbank bearbeiten. Wenn der zugekaufte Rundstab breite Maßtoleranzen hat, verzogen oder nicht genau rund ist, müssen wir einen noch größeren Durchmesser wählen, um die genauen Maße für die endgültige Welle zu gewährleisten.

Wie verschiedene Kapitel in diesem Buch angezeigt haben, erzeugt jede Fertigungsoperation Teile, die einen bestimmten Bereich von geometrischen Merkmalen, Formen, Maßtoleranzen und Oberflächengüte haben. Sehen wir uns dazu die folgenden Beispiele an:

1. Gussteile weisen im Allgemeinen geringere Maßgenauigkeit und schlechtere Oberflächengüte auf als Teile, die durch Verfahren wie Strangpressen oder Pulvermetallurgie hergestellt werden (Kapitel 5, 6 und 11).
2. Warmgewalzte und warmgezogene Produkte weisen eine rauere Oberfläche und breitere Maßtoleranzen auf als kaltgewalzte oder kaltgezogene Produkte (Kapitel 6).
3. Stranggepresste Teile haben kleinere Maßtoleranzen ihren Querschnitt betreffend als Teile, die durch Profilwalzen hergestellt werden (Kapitel 6 und 7).

Tabelle 14.3: Handelsübliche Formate von Werkstoffen

Werkstoff	Verfügbar als	Werkstoff	Verfügbar als
Aluminium	S, F, B, P, FP, R, D	Kupfer, Messing	S, f, B, P, fp, R, D
Elastomere	s, P, R	Magnesium	S, B, P, FP, R, d
Glas	S, P, fp, R, D	Edelmetalle	S, F, B, P, r, D
Graphit	S, P, fp, R, D	Stähle	S, B, P, FP, R, D
Keramik	S, p, fp, R	Zink	F, B, P, D
Kunststoffe	S, f, P, R, d		

Anmerkung: S = Stangen und Stäbe; F = Folien; B = Barren; P = Platte und Blech; FP = Formprofile; R = Rohr; D = Draht.
Kleinbuchstaben deuten eine begrenzte Verfügbarkeit an. Die meisten Metalle sind auch in Pulverform bzw. als vorlegierte Pulver erhältlich.

4. Die Wanddicke von nahtlosen Rohren, die durch Rohrwalzen hergestellt werden, ist weniger gleichmäßig als bei profilgewalzten und geschweißten Rohren (Kapitel 6 und 12).
5. Rundstäbe, die auf einer Drehbank gefertigt werden, haben eine rauere Oberfläche und breitere Maßtoleranzen als Stäbe, die auf Rund- oder spitzenlosen Schleifmaschinen geschliffen wurden (Kapitel 8 und 9).

14.5.3 Verarbeitungseigenschaften von Werkstoffen

Zu den Verarbeitungseigenschaften gehören typischerweise Gießbarkeit, Umformbarkeit, Zerspanbarkeit, Schleifbarkeit und Härtbarkeit durch Wärmebehandlung. Da Rohstoffe umgeformt, geformt, zerspant, geschliffen oder wärmebehandelt werden müssen, um individuelle Komponenten mit spezifischen Formen, Maßen und Oberflächengüte zu erhalten, sind diese Eigenschaften entscheidend für die richtige Auswahl von Werkstoffen. Tabelle 14.1 gibt auch Verweise auf allgemeine Verarbeitungseigenschaften von Werkstoffen an.

Wie bereits erwähnt und wie die folgenden Beispiele zeigen, kann sich die Qualität des Rohmaterials stark auf seine Verarbeitungseigenschaften auswirken:

1. Ein Stab oder eine Stange mit einem Längssaum (einer Überlappung) entwickelt Risse beim einfachen Stauchen oder beim Anstauchen.
2. Stangen mit inneren Defekten und Einschlüssen können bei der Herstellung von nahtlosen Rohren Risse entwickeln.
3. Poröse Gussstücke liefern schlechte Oberflächengüte, wenn sie spanend bearbeitet werden.
4. Rohlinge mit ungleichmäßiger Wärmebehandlung und nicht entspannte Stangen verziehen sich bei nachfolgenden Operationen, zum Beispiel bei spanender Bearbeitung oder beim Bohren von Löchern.

[5] Eingehendes Halbzeug, das Variationen in Zusammensetzung und Mikrostruktur aufweist, kann nicht einheitlich wärmebehandelt oder spanend bearbeitet werden.

[6] Rohblech, das Variationen im kaltverformten Zustand oder in der Dicke aufweist, zeigt ungleichmäßige Rückfederung beim Biegen und ähnlichen Umformvorgängen.

[7] Wenn die Schmierstoffe bei vorgeschmierten Rohblechen nicht gleichmäßig über der Oberfläche verteilt sind, werden ihre Formbarkeit, Oberflächengüte und die Gesamtqualität negativ beeinflusst.

14.5.4 Versorgungssicherheit bei Werkstoffen

Geopolitische Faktoren können die Lieferung von strategischen Werkstoffen erheblich beeinflussen, sodass die Lieferung unzuverlässig wird und sich negativ auf die Produktion auswirkt. Andere Faktoren wie Streiks, Arbeitskräftemangel und das Widerstreben von Lieferanten, Werkstoffe in einer bestimmten Form, Qualität oder Menge zu produzieren, beeinflussen ebenfalls die Versorgungssicherheit.

14.5.5 Werkstoff- und Verarbeitungskosten

Aufgrund des Verarbeitungsverlaufs eines Halbzeugs hängen die **Stückkosten** (Kosten pro Gewichts- oder Volumeneinheit) des Halbzeugs nicht nur vom Werkstoff selbst ab, sondern auch von seiner Gestalt, Größe und Beschaffenheit. Da zum Beispiel mehr Vorgänge in der Produktion von dünnem Draht als bei Rundstäben beteiligt sind (Abschnitt 6.5), liegen die Stückkosten des Drahts wesentlich höher. Analog sind Pulvermetalle im Allgemeinen teurer als Massivmetalle. Allerdings gehen die Stückkosten typischerweise zurück, wenn die gekaufte Menge steigt (Mengenrabatt).

Tabelle 14.4 gibt die Kosten pro Volumeneinheit für Schmiedelegierungen und Kunststoffe bezogen auf Kohlenstoffstahl an. Die Vorzüge der Verwendung dieser Einheit lassen sich aus dem folgenden Beispiel erkennen: Im Entwurf eines freitragenden rechteckigen Stahlträgers, der an seinem freien Ende eine bestimmte Last tragen soll, wird eine maximale Durchbiegung spezifiziert. Mithilfe der Balkengleichungen und unter der Annahme, dass man das Gewicht des Balkens vernachlässigen kann, lassen sich die geeigneten Querschnittmaße des Balkens ermitteln. Da alle Maße bekannt sind, kann das Volumen des Balkens berechnet werden. Basierend auf den Kosten des Materials pro Volumeneinheit ist es dann leicht möglich, die Kosten des Balkens zu berechnen.

Die Kosten eines bestimmten Werkstoffs unterliegen Schwankungen, die durch einfache Faktoren wie Angebot und Nachfrage oder komplexe Zusammenhänge wie Geopolitik begründet sind. Wenn ein Produkt nicht mehr kostengünstig ist, können alternative und preisgünstigere Werkstoffe ausgewählt werden. Zum Beispiel führte die Kupferknappheit in den 1940er Jahren dazu, dass die US-Regierung Pennys aus verzinktem Stahl prägte. Und als der Preis in den 1960er Jahren stark anstieg, wurden Elektroinstallationen in Wohnräumen zeitweise in Aluminium ausgeführt. Aufgrund dieser Materialsubstitution war es aber notwendig, auch die Schalter und Steckdosen neu zu konstruieren, um die übermäßige Erwärmung an den Verbindungsstellen zu vermeiden, die zunächst aufgetreten war.

14.5 Werkstoffwahl für Produkte

Tabelle 14.4: Ungefähre relative Kosten pro Einheitsvolumen für Schmiedelegierungen und Kunststoffe bezogen auf Kohlenstoffstahl

Gold	60 000	Kohlenstoffstahl	1
Silber	600	Magnesiumlegierungen	2–4
Molybdänlegierungen	200–250	Aluminumlegierungen	2–3
Nickel	35	Graues Gusseisen	1,2
Titanlegierungen	20–40	Nylon, Silikon	1,1–2
Kupferlegierungen	5–6	Gummi*	0,2–1
Rostfreie Stähle	2–9	Andere Polymere und Elastomere*	0,2–2
Feinkornstähle	1,4		

* Für das Spritzgießen.
Anmerkung: Die Kosten hängen von der gekauften Menge, Angebot und Nachfrage, Form und weiteren Einflussgrößen ab.

Tabelle 14.5: Abfallmengen in Fertigungsverfahren

Verfahren	Abfall (%)	Verfahren	Abfall (%)
Spanen	10–60	Gießen mit Dauerformen	10
Warmgesenkschmieden	20–25	Pulvermetallurgie	<5
Blechumformung	10–25	Walzen, Ringwalzen	<1
Warmextrudieren	15		

Wenn während der Fertigung Abfall entsteht, wie zum Beispiel bei der Blechverarbeitung, beim Schmieden und bei spanender Bearbeitung (siehe Tabelle 14.5), wird der Wert des Abfalls von den Materialkosten abgezogen, um die Nettomaterialkosten zu erhalten. Gerade bei spanender Bearbeitung kann der Abfall (als Späne in verschiedener Gestalt; siehe Abschnitt 8.2.1) sehr hoch sein. Dagegen produzieren Verfahren wie Walzen, Profilwalzen, Ringwalzen und Pulvermetallurgie (die allgemein als *endkonturnahe Prozesse* gelten; siehe Abschnitt 1.6) den geringsten Abfall.

Wie erwartet hängt der Wert des Abfalls von der Art des Metalls (Werkstoffs) und von der Nachfrage nach Abfall ab. Typischerweise liegt er zwischen 10 und 40 % der ursprünglichen Materialkosten. Für den Wert des Abfalls ist es auch entscheidend, ob das Material kontaminiert ist. Somit sind Metallspäne von Operationen, bei denen Schneidflüssigkeiten verwendet wurden, weniger wert als Späne, die bei der Trockenbearbeitung anfallen.

14.6 Substitution von Werkstoffen in Produkten

Obwohl ständig neue Produkte auf dem globalen Markt erscheinen, bezieht sich der größte Teil des Entwurfs- und Verarbeitungsaufwands typischerweise auf die Verbesserung vorhandener Produkte. Wesentliche Produktverbesserungen können aus (a) Substitution von Werkstoffen, (b) Implementierung neuer Entwürfe, Technologien oder verbesserter Fertigungstechniken, (c) besserer Steuerung der Verarbeitungsparameter und (d) erhöhter Automatisierung des Anlagenbetriebs resultieren. Zugriff auf zuverlässige und umfangreiche Materialdaten ist essenziell, bevor eine Entscheidung über Substitutionen getroffen werden kann.

Automobil- und Flugzeugbau sind herausragende Beispiele für große Industriezweige, in denen Substitution von Werkstoffen eine wichtige und beständige Aktivität ist. Das Gleiche gilt auch für Industriezweige, die Sportartikel und medizinische Produkte herstellen.

Für die Substitution von Werkstoffen in Produkten sind unter anderem folgende Gründe maßgebend:

1. Reduzieren der Kosten für Werkstoffe und Verarbeitung;
2. Verbessern der Montage und Umwandlung in automatisierte Montage;
3. Verbessern der Leistungsfähigkeit von Produkten, zum Beispiel durch Verringern von Masse und Verbessern von Eigenschaften wie Beständigkeit gegen Verschleiß, Ermüdung und Korrosion;
4. Erhöhen der Verhältnisse von Steifigkeit zu Gewicht und Festigkeit zu Gewicht von Konstruktionen;
5. Verringern von notwendigen Wartungs- und Reparaturmaßnahmen;
6. Verringern der Anfälligkeit gegenüber unzuverlässigen einheimischen und ausländischen Lieferanten bestimmter Materialien;
7. Verbessern der Einhaltung von Gesetzen und Verordnungen, die die Verwendung von Materialien mit schädlichen Einflüssen auf die Umwelt verbieten;
8. Verbessern des Erscheinungsbilds eines Produkts;
9. Verringern der Streuung der Leistungsfähigkeit oder Umgebungsempfindlichkeit des Produkts, wie zum Beispiel durch Erhöhen der Robustheit (siehe Abschnitt 14.2.3).

Diese Liste macht deutlich, dass zahlreiche technologische und wirtschaftliche Faktoren zu berücksichtigen sind. Ein wichtiger Faktor für die Substitution ist zum Beispiel die Kompatibilität der ausgewählten Werkstoffe in Bezug auf galvanische Korrosion bei Metallpaaren (Abschnitt 3.9.7). Auch unterscheidet sich die Produktion von Keramik- oder Kunststoffteilen bis auf einige Ähnlichkeiten grundsätzlich von der Produktion von Metallteilen in Bezug auf Prozesse, Maschinen, Montagearbeiten, Produktionsraten sowie Kosten.

Substitution von Werkstoffen in der Automobilindustrie: Trends in der Automobilindustrie liefern mehrere gute Beispiele für die effektive Substitution von Werkstoffen im Lauf der Jahre, um ein oder mehrere der oben genannten Ziele zu erreichen.

14.6 Substitution von Werkstoffen in Produkten

1. Mehrere Stahlblechteile der Karosserie sind durch Teile aus Kunststoff, verstärktem Kunststoff oder Aluminium ersetzt worden.
2. Stoßfänger aus Metall, Kraftstofftanks, Gehäuse, Klemmvorrichtungen und verschiedene andere Komponenten sind durch Kunststoffe ersetzt worden.
3. Einige Motorbauteile wurden durch Teile aus Keramik und verstärkte Kunststoffe ersetzt.
4. Antriebswellen aus Stahl wurden durch Wellen aus Verbundwerkstoffen ersetzt.
5. Motorblöcke aus Gusseisen wurden durch Blöcke aus Aluminiumguss ersetzt, geschmiedete Kurbelwellen durch Gusskurbelwellen und geschmiedete Pleuelstangen durch Pleuelstangen, die gegossen, durch Pulvermetallurgie hergestellt oder aus Verbundwerkstoffen gefertigt wurden. Bestimmte Kolben aus Aluminiumguss wurden in geschmiedete Stahlkolben geändert (siehe die Fallstudie in Kapitel 12).
6. Strukturteile aus Stahl wurden ersetzt durch extrudierte Aluminiumprofile und konventionelles Stahlblech durch höher- oder höchstfeste Stahlgüten oder Aluminium (siehe Abbildungen 1.5 und 3.42 und die Fallstudie in Kapitel 3). Da die Automobilindustrie ein Hauptabnehmer sowohl von metallischen als auch nichtmetallischen Werkstoffen ist, besteht ein beständiger und rigoroser Wettbewerb unter Lieferanten speziell für Stahl, Aluminium und Kunststoffe. Die relativen Vorteile und Einschränkungen dieser Hauptwerkstoffe und deren Anwendungen und Kosten werden kontinuierlich untersucht. Dazu gehören auch das Recycling und andere Umweltaspekte.

Substitution von Werkstoffen in der Luftfahrtindustrie: In der Luft- und Raumfahrtindustrie werden konventionelle Aluminiumlegierungen (der Reihen 2000 und 7000) bei einigen Komponenten durch Aluminium-Lithium-Legierungen, Titanlegierungen und Verbundwerkstoffe ersetzt, was vor allem wegen ihrer höheren Verhältnisse von Festigkeit zu Gewicht geschieht. Geschmiedete Teile werden durch pulvermetallurgisch hergestellte Teile ersetzt, die sich mit besserer Kontrolle von Verunreinigungen und Mikrostruktur fertigen lassen. Zudem sind bei den pulvermetallurgischen Teilen weniger Bearbeitungsvorgänge notwendig, sodass weniger Abfall von teuren Werkstoffen entsteht. Moderne Verbundwerkstoffe und Wabenstrukturen treten an die Stelle herkömmlicher Rumpfkomponenten aus Aluminium und Metallmatrix-Verbundwerkstoffe ersetzen einige der Aluminium- und Titanteile, die vorher in lasttragenden Bereichen eingesetzt wurden.

Beispiel 14.4 Werkstoffänderungen in einem militärischen Transportflugzeug

Tabelle 14.6 zeigt die Werkstoffänderungen für verschiedene Komponenten der militärischen Transportflugzeuge C-5A und C-5B und die Gründe für die Änderungen.

Tabelle 14.6: Werkstoffänderungen beim Übergang vom militärischen Transportflugzeug C-5A auf den Nachfolger C-5B

Bauteil	C-5A-Werkstoff	C-5B-Werkstoff	Grund des Austausches
Tragflächen	AA 7075-T6511	AA 7175-T73511	Haltbarkeit
Strukturschmiedeteile	AA 7075-F	AA 7049-O1	Spannungsrisskorrosion
Zerspante Rahmen	AA 7075-T6	AA 7049-T73	Spannungsrisskorrosion
Rahmenlaschen	AA 7075-T6	AA 7050-T7651	Spannungsrisskorrosion
Rumpfaußenhaut	AA 7079-T6	AA 7475-T61	Verfügbarkeit
Rumpf-Unterflurendstücke	AA 7075-T6	AA 7049-T73	Spannungsrisskorrosion
Flügelaußenlastträger (Pylon)	34CrNiMo6	X3CrNiMoAl13-8-2	Korrosionsschutz
Heckrampenverschlusshaken	X210CrW12+AC	X3CrNiMoAl13-8-2	Korrosionsschutz
Hydraulikleitungen	X8CrNiMo16-5-3	X3CrMnNiN21-9-6	Leichtere Reparatur
Rumpfverstärkungslaschen	Ti-6Al-4V	AA 7475-T61	Laschenablösung

Nach H.B. Allison.

14.7 Fähigkeiten von Fertigungsprozessen

Wie in diesem Buch mehrfach erwähnt wurde, besitzt jeder Fertigungsprozess besondere Vorteile und Beschränkungen. Tabelle 14.1 gibt Verweise auf die allgemeinen Eigenschaften und Fähigkeiten von Fertigungsverfahren an. Zum Beispiel lassen sich durch Gießen und Spritzgießen im Allgemeinen komplexere Formen erzeugen als mit Schmieden und Pulvermetallurgie. Dagegen besitzen Schmiedeteile eine Zähigkeit, die normalerweise der von Gussteilen und Pulvermetallurgieprodukten überlegen ist.

Ein Produkt kann so gestaltet sein, dass es sich am besten aus mehreren Teilen herstellen lässt, indem diese mit Verbindungselementen oder mit Verfahren wie Löten, Schweißen und Kleben zusammengefügt werden. Für ein anderes Produkt kann auch das Umgekehrte zutreffen, d. h., dass es sich wirtschaftlicher in einem Stück fertigen lässt, da die Montagekosten sonst zu hoch wären. Darüber hinaus sind weitere Faktoren bei der Prozessauswahl zu berücksichtigen, beispielsweise die minimalen Querschnitte und Abmessungen, die sich noch zufriedenstellend produzieren lassen (▶ Abbildung 14.2). Zum Beispiel können sehr dünne Querschnitte durch Kaltwalzen hergestellt werden, nicht aber durch Verfahren wie Sandguss und Schmieden.

Maßtoleranzen und Oberflächengüte sind nicht nur wichtig für die Funktionsfähigkeit von Teilen, Maschinen und Instrumenten, sondern auch für aufeinander folgende Montageoperationen. ▶ Abbildung 14.3 veranschaulicht die Fähigkeiten verschiedener Fertigungsprozesse in dieser Hinsicht qualitativ und Tabelle 14.1 gibt Verweise auf die Fähigkeiten von Fertigungsprozessen in Bezug auf diese Merkmale an.

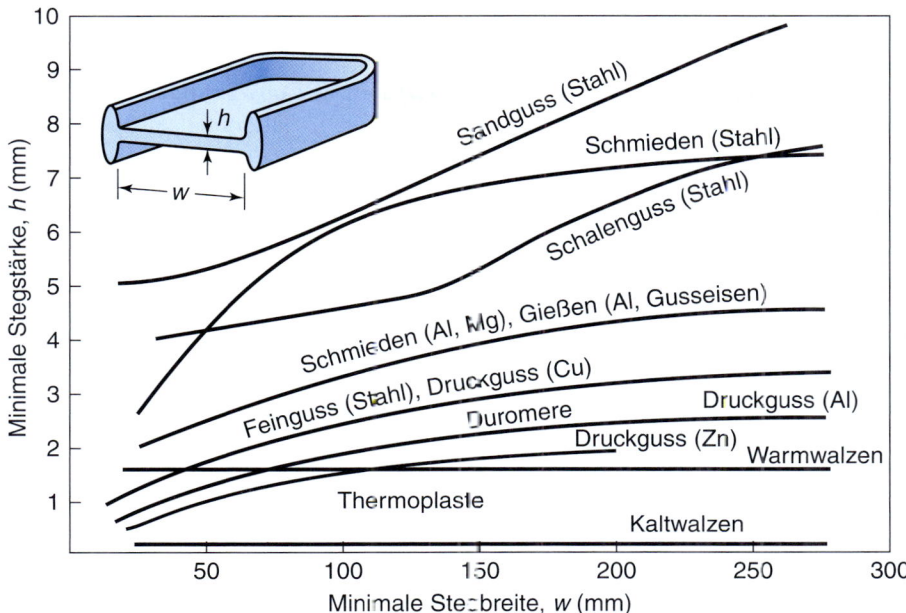

Abbildung 14.2: Kleinste Teileabmessungen, die mit verschiedenen Fertigungsverfahren erzielt werden können. Nach J.A. Schey.

Um engere Maßtoleranzen und bessere Oberflächengüte zu erhalten, können zusätzliche Endbearbeitungsschritte, bessere Steuerung der Verarbeitungsparameter und die Verwendung von Anlagen und Steuerungen mit höherer Qualität erforderlich sein. Andererseits steigen die Kosten der Fertigung, je enger die Toleranzen und je feiner die Oberflächengüte spezifiziert sind (▶ Abbildung 14.4), da die Fertigungszeit und die Anzahl der notwendigen Prozesse zunehmen (siehe Abbildungen 9.41 und ▶ 14.5). Zum Beispiel fallen bei der Bearbeitung von Strukturbauteilen aus Titanlegierungen im Flugzeugbau bis zu 60 % der Kosten für die spanende Bearbeitung des Teils im letzten Bearbeitungsdurchlauf an, um die spezifizierten Toleranzen und Oberflächengüten zu erhalten. Wie bereits erwähnt, sollten Toleranzen und Oberflächengüte von Teilen gerade so groß gewählt werden, dass die Funktion gewährleistet bleibt und die Teile auch noch ästhetisch ansprechend sind.

Produktionsmenge oder -volumen: Abhängig von der Art des Produkts können die *Produktionsmenge* oder das *Volumen* (*Losgröße*) stark schwanken. Zum Beispiel werden Büroklammern, Bolzen, Unterlegscheiben, Zündkerzen und Kugelschreiber in sehr großen Mengen hergestellt. Dagegen sind die Stückzahlen bei Strahltriebwerken für Verkehrsflugzeuge, Dieselmotoren für Lokomotiven, Werkzeugmaschinen und Propeller für Kreuzfahrtschiffe recht klein. Die Produktionsmenge spielt eine signifikante Rolle für die Prozess- und Anlagenauswahl. Letztlich beschäftigt sich eine ganze Fachrichtung der Fertigungstechnik damit, wie die optimale Produktionsmenge ermittelt werden kann – die sogenannte *optimale Bestellmenge*.

Die **Produktionsrate** als signifikanter Faktor für die Auswahl von Fertigungsprozessen ist als Anzahl der pro Zeiteinheit zu produzierenden Teile definiert. Prozesse wie zum Beispiel Pulvermetallurgie,

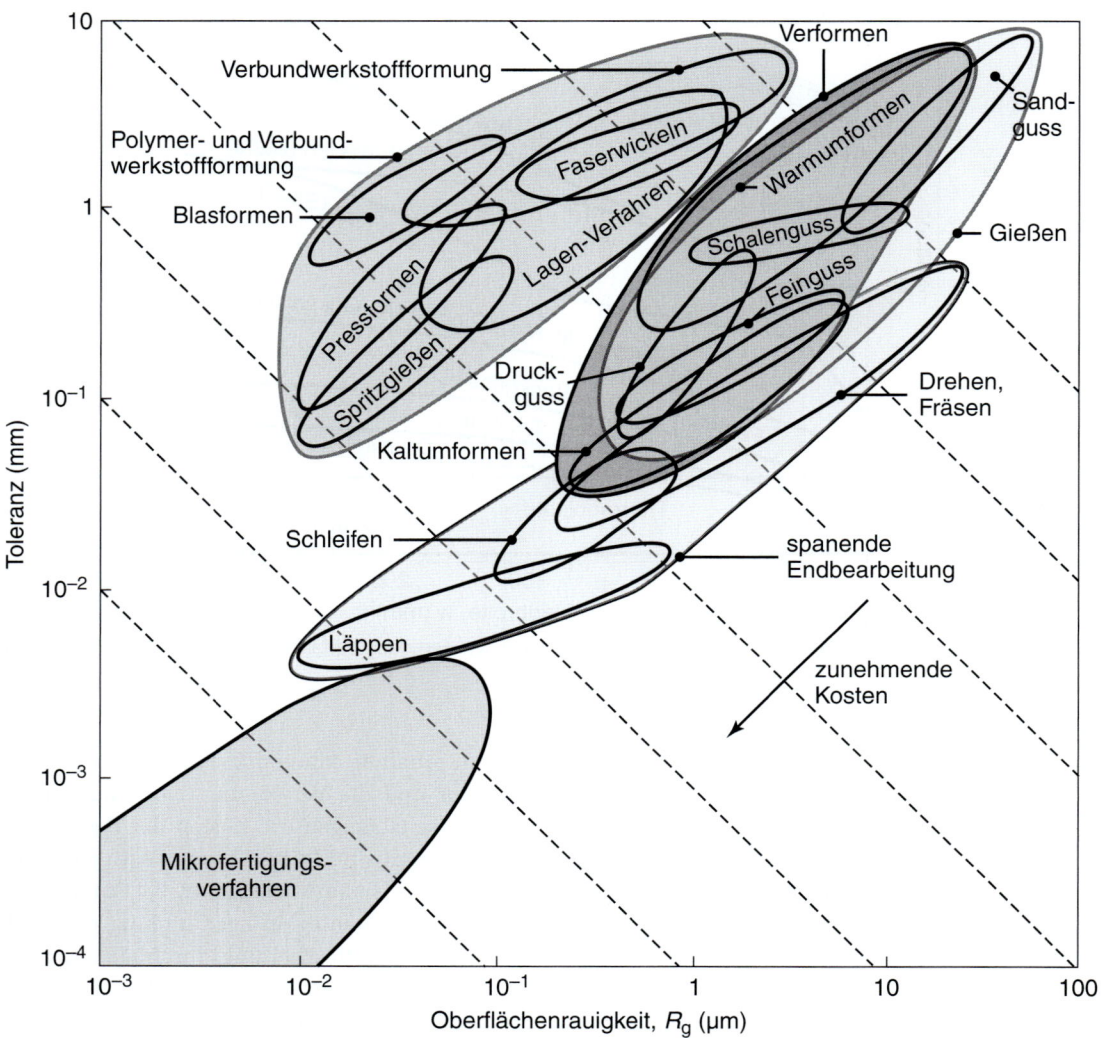

Abbildung 14.3: Maßgenauigkeit (Toleranz) aufgetragen über der Oberflächenrauigkeit für eine Vielzahl von Fertigungsverfahren. Die gestrichelten Linien geben Auskunft über die Kosten. Eine Steigerung der Genauigkeit, die dem Abstand zweier Nachbarlinien entspricht, bedeutet eine Verdoppelung der Kosten. Nach M.F. Ashby, *Materials Selection in Design*, 3. Aufl., Butterworth-Heinemann, 2005.

Gesenkschmieden, Tiefziehen und Profilwalzen sind Operationen mit hoher Produktionsrate. Dagegen stellen Sandguss, konventionelles und elektrochemisches Bearbeiten, Drücken, superplastische Umformung, Klebe- und Diffusionsfügen sowie die Verarbeitung von verstärkten Kunststoffen relativ langsame Operationen dar. Natürlich lassen sich diese Produktionsraten durch Automatisierung und Computersteuerung sowie durch Einsatz mehrerer Maschinen erhöhen. Eine geringe Produktionsrate bedeutet nicht unbedingt, dass ein bestimmter Fertigungsprozess grundsätzlich unwirtschaftlich ist.

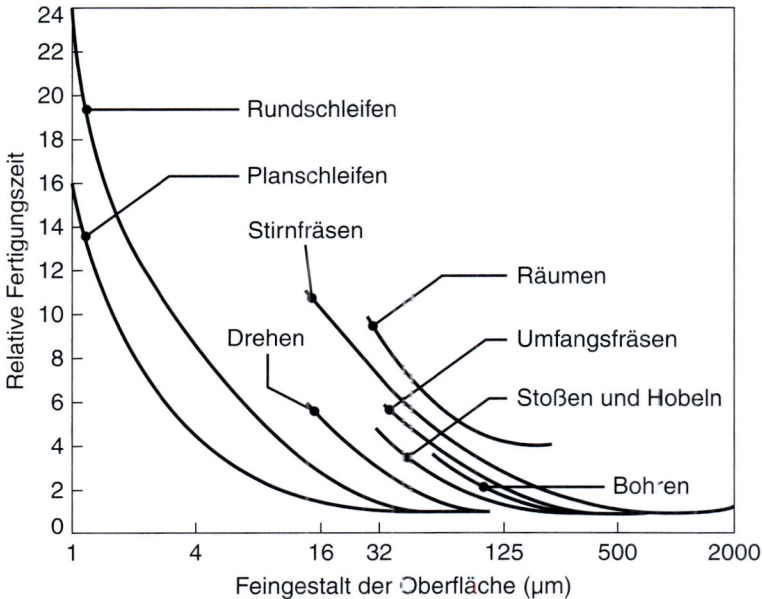

Abbildung 14.4: Relative Fertigungszeit als Funktion der mit verschiedenen Fertigungsverfahren erzielten Feingestalt der Oberfläche. Siehe dazu auch Abbildung 9.41. Nach American Machinist.

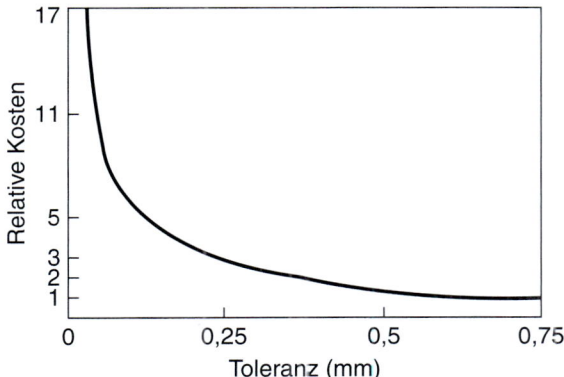

Abbildung 14.5: Zusammenhang zwischen den relativen Fertigungskosten und der Maßgenauigkeit (Toleranz). Die Kosten steigen für hohe Maßgenauigkeiten rapide an.

Die **Vorlaufzeit** oder **Produkteinführungszeit** ist der Zeitraum zwischen dem Eingang eines Auftrags und der Lieferung des Produkts an den Kunden. Die Auswahl von Fertigungsprozessen wird in starkem Maße durch die Zeit beeinflusst, die bis zur Aufnahme der Produktion vergeht. Derartige Prozesse wie zum Beispiel Schmieden, Extrudieren, Gesenkschmieden, Profilwalzen und Blechumformung erfordern normalerweise Gesenke und Werkzeuge, deren Herstellung meist lange dauert.

Die Vorlaufzeiten können von Wochen bis zu Monaten reichen, je nach Komplexität der Gesenkform, der Größe und des Werkstoffs, aus dem das Gesenk herzustellen ist (siehe Tabellen 3.13 bis 3.15). Im Unterschied dazu sind Operationen wie zum Beispiel spanende Bearbeitung und Schleifen von Haus aus flexibel und bedingen nur kurze Vorlaufzeiten. Wie die Kapitel 8 und 9 beschrieben haben, verwenden diese Prozesse Maschinen, Werkzeuge und Schleifstoffe, die sich in einer relativ kurzen Zeitspanne an die meisten Anforderungen anpassen lassen. Außerdem sind die Fähigkeiten von Bearbeitungszentren, flexiblen Fertigungszellen und flexiblen Fertigungssystemen (Kapitel 8 und Anhang B) zu berücksichtigen, mit denen schnell und effektiv auf Produktwechsel reagiert werden kann.

14.7.1 Robustheit von Fertigungsprozessen und -maschinen

Robustheit hat Abschnitt 14.2.3 in Form eines Entwurfs, eines Prozesses oder eines Systems beschrieben. Um ihre Bedeutung in Fertigungsprozessen einschätzen zu können, betrachten wir ein einfaches Kunststoffzahnrad, das durch Spritzguss hergestellt wurde, und nehmen an, dass erhebliche Qualitätsschwankungen bei der Herstellung der Produkte beobachtet wurden. Beim Spritzgießen von Kunststoffen (Abschnitt 10.10.2) gibt es mehrere bekannte Variablen, einschließlich Qualität des Granulats (Rohstoff), Temperatur und Zeit, die sich alle steuern lassen.

Wie Abschnitt 14.2.3 erwähnt hat, gibt es jedoch bestimmte andere Variablen (*Störgrößen*), die nur schwer oder gar nicht zu beeinflussen sind, beispielsweise Schwankungen in der Umgebungstemperatur und Feuchtigkeit in der Werkhalle, Staub in der Luft, der durch eine offene Tür in die Halle gelangt (und somit das Granulat verunreinigt, das in den Trichter der Spritzgussmaschine eingefüllt werden soll), und die Variabilität in der Leistungsfähigkeit der Maschinenbediener während verschiedener Schichten.

Um beständig eine nachhaltig gute Qualität zu erzielen, muss man zunächst einmal die Wirkungen jedes Elements (falls zutreffend) dieser Störgrößen auf die Produktqualität verstehen. Unter anderem sind in diesem Zusammenhang folgende Fragen zu stellen: (a) Warum und wie beeinflusst die Umgebungstemperatur die Qualität von Spritzgusszahnrädern? (b) Warum und wie wirkt sich eine Staubschicht auf dem Granulat auf die Komponenten der Spritzgussmaschine aus? (c) Wie unterscheiden sich die Leistungen der verschiedenen Bediener in unterschiedlichen Schichten? Nachdem Sie diese Fragen analysiert und beantwortet haben, können Sie neue Betriebsparameter einrichten, sodass beispielsweise Variationen der Umgebungstemperatur die Zahnradqualität nicht negativ beeinflussen.

14.8 Auswahl der Fertigungsverfahren

Wie die verschiedenen Kapitel – insbesondere auch die Anhänge A und B – erläutert haben, sind die meisten Fertigungsverfahren heute größtenteils automatisiert und numerisch gesteuert, um alle Aspekte des Betriebs zu optimieren, die Produktzuverlässigkeit zu erhöhen und die Arbeitskosten zu senken.

Die Auswahl von Fertigungsverfahren wird unter anderem durch die folgenden Überlegungen (siehe auch Tabelle 14.7) diktiert:

14.8 Auswahl der Fertigungsverfahren

Tabelle 14.7: Anwendbarkeit von Fertigungsverfahren auf verschiedene Metalle und Legierungen

	Kohlenstoff-stähle	Legierte Stähle	Rostfreie Stähle	Werkzeug-stähle	Aluminium-legierungen	Magnesium-legierungen	Kupfer-legierungen	Nickel-legierungen	Titan-legierungen	Refraktär-metalle
Gießen (Form)										
Sand	A	A	A	B	A	A	A	A	B	A
Gips	–	–	–	–	A	A	A	–	–	–
Keramik	A	A	A	A	B	B	A	A	B	A
Feinguss	A	A	A	–	A	B	A	A	A	A
Dauerform	B	B	–	–	A	A	A	–	–	–
Druckguss	–	–	–	–	A	A	A	–	–	–
Warmschmieden	A	A	A	A	A	A	A	A	A	A
Extrudieren										
Warm	A	A	A	B	A	A	A	A	A	A
Kalt	A	B	A	–	A	–	A	B	–	–
Impact	–	–	–	–	A	A	A	–	–	–
Walzen	A	A	A	–	A	A	A	A	A	B
Pulvermetallurgie	A	A	A	A	A	A	A	A	A	A
Blechumformung	A	A	A	–	A	A	A	A	A	B
Bearbeitung	A	A	A	B	–	A	A	A	B	A
Chemisch	A	B	A	B	A	A	A	B	B	B
ECM	–	A	B	A	–	–	B	A	A	A
Erodieren	–	B	B	A	B	–	B	B	B	B
Schleifen	A	A	A	A	A	A	A	A	A	A
Schweißen	A	A	A	–	A	A	A	A	A	A

Anmerkung: (A) Üblicherweise mit diesem Verfahren verarbeitet; (B) kann mit diesem Verfahren verarbeitet werden, es ist mit Problemen zu rechnen; (–) üblicherweise nicht für dieses Verfahren geeignet. Die Produktqualität und die Produktivität hängen stark von den eingesetzten Techniken und Maschinen, der Qualifikation des Bedienpersonals und der Steuerung der Prozesse ab.

1. Charakteristika und relevante Eigenschaften des Werkstückwerkstoffs;
2. Geometrische Merkmale, Form, Größe und Teiledicke sowie die entsprechenden Variationen;
3. Maßtoleranzen und Anforderungen an die Oberflächengüte;
4. Funktionelle Anforderungen an das Teil;
5. Geforderte Produktionsmenge;
6. Kosten, die bei verschiedenen Aspekten der gesamten Fertigungsoperation anfallen.

Wie bereits gezeigt, lassen sich manche Werkstoffe bei Raumtemperatur bearbeiten, während andere Werkstoffe bei erhöhten Temperaturen verarbeitet werden müssen und deshalb Öfen und damit in Verbindung stehende Anlagen erforderlich sind. Manche Werkstoffe sind relativ leicht zu bearbeiten, da sie weich und duktil sind. Andere Werkstoffe können hart, spröde und abrasiv sein und deshalb spezielle Verarbeitungstechniken und entsprechende Werkzeuge und Gesenkwerkstoffe voraussetzen.

Werkstoffe besitzen unterschiedliche Eigenschaften in Bezug auf Schmiedbarkeit, Gießbarkeit, Bearbeitbarkeit und Schweißbarkeit. Nur wenige Werkstoffe weisen (falls überhaupt) optimale Eigenschaften in allen relevanten Kategorien auf. Zum Beispiel kann ein Werkstoff, der gießbar oder schmiedbar ist, später Schwierigkeiten bereiten, wenn es für die Verbesserung der Oberflächengüte, Maßgenauigkeit und anderer Eigenschaften erforderlich ist, das Teil spanend zu bearbeiten, zu schleifen oder anderen Endbearbeitungen zu unterziehen.

Eine Zusammenfassung der Faktoren, die bei der Prozessauswahl eine Rolle spielen, gibt die folgende Übersicht in Form von Fragen an, die in dieser Phase zu stellen sind:

1. Wurden alle alternativen Fertigungsprozesse untersucht?
2. Wie wirken sich die Prozesse ökologisch aus, insbesondere wenn sie im Betriebsmaßstab eingebunden werden?
3. Sind die betrachteten Fertigungsmethoden für die jeweilige Werkstoffart, die herzustellende Gestalt und die geforderte Produktionsrate wirtschaftlich?
4. Können die Anforderungen an Maßtoleranzen, Oberflächengüte und Produktqualität beständig erfüllt werden?
5. Lässt sich das Teil mit den Fertigmaßen herstellen, ohne dass zusätzliche Endbearbeitungsschritte notwendig sind?
6. Steht das erforderliche Werkzeug in der Firma zur Verfügung? Kann es als Standardartikel gekauft werden?
7. Fällt Abfall an? Wenn ja, lässt sich die Menge minimieren? Welchen Wert hat der Abfall?
8. Wurden alle Prozessparameter optimiert?
9. Wurden alle Möglichkeiten der Automatisierung und Computersteuerung für alle Phasen des Fertigungszyklus untersucht?
10. Lässt sich Gruppentechnologie für Teile mit ähnlichen Geometrie- und Fertigungsattributen implementieren?

11 Wurden Prüfverfahren und Qualitätskontrolle ordnungsgemäß realisiert?

12 Muss jede Komponente des Produkts in der Firma hergestellt werden? Gibt es einige handelsübliche Teile, die sich als Normartikel von externen Lieferanten beziehen lassen?

14.9 Fertigungskosten und Kosteneinsparung

Die Kosten eines Produkts müssen – insbesondere im globalen Markt – mit denen ähnlicher Produkte wettbewerbsfähig sein. Die Gesamtkosten eines Produkts setzen sich aus mehreren Kategorien zusammen, beispielsweise Materialkosten, Werkzeugkosten, festen Kosten, variablen Kosten, direkten und indirekten Arbeitskosten. Tabelle 14.1 gibt Verweise auf einige Kostenarten an.

Fertigungsunternehmen verwenden mehrere Methoden der Kostenrechnung. Buchhaltungsverfahren können komplex und sogar kontrovers sein und ihre Auswahl hängt von der konkreten Firma und der Art ihrer Betriebsabläufe ab. Zu den Trends in Kostensystemen (*Kostenkontrolle*) gehören folgende Aspekte: (a) immaterielle Vorteile der Qualitätsverbesserungen und Bestandsverringerung, (b) Lebenszykluskosten, (c) Maschinennutzung, (d) Anschaffungskosten im Vergleich zum Leasing der Maschinen, (e) finanzielle Risiken bei Automatisierung und Investitionen in neue Technologien.

Die für einen Hersteller anfallenden Kosten, die sich direkt der *Produkthaftung* (Abschnitt 1.9) zuordnen lassen, können ebenfalls für alle beteiligten Partner von Interesse sein. In jedem modernen Produkt sind Zusatzkosten eingebaut, die mögliche Haftungsansprüche abdecken. Zum Beispiel wird geschätzt, dass sich Haftungsklagen gegen Automobilhersteller in den Vereinigten Staaten, in Japan oder Europa mit mehreren Hundert Euro in den indirekten Kosten eines Fahrzeugs niederschlagen und dass 20 % vom Preis einer Leiter für mögliche Haftungskosten kalkuliert sind.

Die folgenden Punkte geben die wichtigsten Kostenfaktoren an:

1 **Materialkosten** sind in verschiedenen Abschnitten dieses Buchs erwähnt worden. Tabelle 14.1 gibt entsprechende Verweise an.

2 **Werkzeugkosten** entstehen bei der Herstellung von Werkzeugen, Gesenken, Formen, Modellen und speziellen Vorrichtungen, die für die Fertigung eines Produkts notwendig sind. Erwartungsgemäß hängen die Werkzeugkosten in starkem Maße vom ausgewählten Fertigungsverfahren ab. Somit liegen zum Beispiel die Werkzeugkosten (a) für Druckguss höher als für Sandguss und (b) für spanende Bearbeitung oder Schleifen deutlich niedriger als für Verfahren wie Pulvermetallurgie, Schmieden oder Extrudieren. Allerdings ist zu beachten, dass sich bestimmte Extrusionswerkzeuge leicht durch Funkenerodieren herstellen lassen und dass es – je nach Material und Teilegröße – wirtschaftlicher sein kann, einen komplizierten Querschnitt zu extrudieren als in teure Werkzeuge für Profilwalzen zu investieren.

Bei spanender Bearbeitung sind Hartmetallwerkzeuge teurer als Werkzeuge aus Schnellarbeitsstahl, wobei aber die Standzeit von Hartmetallwerkzeugen wesentlich größer ist. Wenn ein Teil durch Drücken herzustellen ist, liegen die Werkzeugkosten für konventionelles Drücken deutlich niedriger als die für Fließdrücken. Die Werkzeuge beim Umformen mit flexiblen Medien sind kostengüns-

Tabelle 14.8: Ungefähre Bereiche für die Anschaffungskosten von Fertigungsmaschinen

Maschine/Ausrüstung für	Kosten (10^3 Euro)	Maschine/Ausrüstung	Kosten (10^3 Euro)
Stoßen	10–300	Bearbeitungszentrum	50–1000
Bohren	10–100	Mechanische Presse	20–250
Erodieren	30–150	Fräsen	10–250
Elektromagnetisches Umformen	50–150	Ringwalzen	> 500
Extruder	30–80	Industrieroboter	20–200
Schmelzschichten	40–200	Rollbiegen	5–100
Zahnradstoßen	100–200	Stereolithographie	80–500
Schleifen		Streckziehen	400 – > 1000
Umfang	40–150	Transferstraße	100 – > 1000
Flächen	20–100	Schweißen	
Spritzgießen	30–200	Elektronenstrahl	75–1000
Flexibles Fertigungssystem	> 1000	WIG	1–5
Drehmaschine	10–100	Laserstrahl	60–1000
Automatisch	30–250	Punkt	20–50
Revolver	100–400	Ultraschall	50–200

Anmerkung: Die Preise variieren je nach Größe, Kapazität, Ausstattung sowie Automatisierungsgrad und numerischer Steuerung der jeweiligen Maschinen.

tiger als die Stempel und Matrizen für das Tiefziehen und Prägen von Blechen. Hohe Werkzeugkosten können aber durchaus gerechtfertigt sein, wenn ein Teil in großen Stückzahlen produziert wird (*Gesenkkosten pro Stück*).

3. Zu den **festen Kosten** gehören die Aufwendungen für elektrische Energie, Brennstoffe, Grundsteuern, Miete, Versicherung und Kapital (einschließlich Abschreibungen und Zinsen). Diese Kosten müssen unabhängig von der Anzahl der hergestellten Teile abgedeckt werden. Die Produktionsmenge hat also keinen Einfluss auf die festen Kosten.

4. **Investitionskosten** sind Kapitalaufwendungen, die Investitionen in Gebäude, Grund und Boden, Maschinenpark, Werkzeuge und Ausrüstungen darstellen. Wie aus Tabelle 14.8 hervorgeht, ist die Preisspanne in jeder Kategorie sehr breit, wobei manche Maschinen mehrere Millionen Euro kosten. Somit sind hohe Produktionsvolumen notwendig, um derartig große Ausgaben zu rechtfertigen und die Produktkosten auf einem wettbewerbsfähigen Niveau halten zu können. Damit eine hohe Produktivität gesichert bleibt, ist die regelmäßige Wartung der Ausrüstungen entscheidend (Abschnitt A.2.7). Denn jede Maschinenstörung, die zu längeren Ausfallzeiten führt, bedeutet Verluste von einigen Hundert bis zu mehreren Tausend Euro pro Stunde.

5. Die **Arbeitskosten** gliedern sich in direkte und indirekte Kosten. Die direkten Arbeitskosten beziehen sich auf die Arbeit, die unmittelbar für die Fertigung eines Teils erforderlich ist (*produktive Arbeit*). Diese Kosten betreffen sämtliche Arbeiten, die von der ersten Behandlung der Halbzeuge

bis zur Fertigstellung des Produkts anfallen. Um die direkten Arbeitskosten zu berechnen, wird der Lohntarif (Stundenlohn plus Zuschüsse) mit der Zeit für die Herstellung des Teils multipliziert. Wie bereits erwähnt, hängt die zur Herstellung eines bestimmten Teils erforderliche Zeit nicht nur von dessen Größe, Formkomplexität, Maßgenauigkeit und Oberflächengüte ab, sondern auch von den Fertigungseigenschaften des Werkstückwerkstoffs. Zum Beispiel zeigt Tabelle 8.10, dass die höchsten empfohlenen Schnittgeschwindigkeiten für Hochtemperaturlegierungen niedriger sind als die für Aluminium, Gusseisen oder Kupferlegierungen. Somit liegen die Bearbeitungskosten bei Werkstoffen in der Luft- und Raumfahrt höher als die Kosten für die Bearbeitung gewöhnlicher Metalle und Legierungen.

Wie Abschnitt 1.10 erläutert und Tabelle 1.3 gezeigt haben, variieren die Arbeitskosten sehr stark von Land zu Land. Es dürfte nicht überraschen, dass viele Produkte, die man heutzutage in den westlichen Ländern kaufen kann, in Ländern mit niedrigen Arbeitskosten – speziell China, Taiwan, Mexiko und Indien – entweder hergestellt oder montiert wurden (siehe auch Abschnitt 14.9.1).

Fertigungskosten und Produktionsmenge: Einer der wichtigen Faktoren in den Fertigungskosten ist die *Produktionsmenge*. Große Produktionsvolumen setzen hohe Produktionsraten voraus, die wiederum Verfahren der Massenproduktion erfordern, bei denen in der Regel spezielle Maschinen (*dedizierte Maschinen*) zum Einsatz kommen und der Anteil direkter Arbeit proportional geringer ist. Als anderes Extrem bedeutet ein kleines Produktionsvolumen einen größeren Anteil an direkten Arbeitskosten.

Kleinserienfertigung wird im Allgemeinen auf Universalmaschinen wie zum Beispiel Drehmaschinen, Fräsmaschinen und hydraulischen Pressen durchgeführt. Die Ausrüstung ist vielseitig und Teile mit unterschiedlichen Formen und Größen können durch entsprechende Werkzeugwechsel hergestellt werden. Andererseits sind die direkten Arbeitskosten relativ hoch, da diese Maschinen normalerweise von Facharbeitern bedient werden müssen. Bei größeren Mengen (Mittelserienproduktion) werden die gleichen Universalmaschinen numerisch gesteuert. Um die Arbeitskosten weiter zu senken, sind Bearbeitungszentren und flexible Fertigungssysteme wichtige Alternativen. Bei Produktionsmengen ab 100 000 Stück sind die Maschinen normalerweise für spezielle Aufgaben konzipiert und führen eine Vielfalt spezifischer Operationen mit sehr wenig direkter Arbeit aus.

14.9.1 Kosteneinsparung

Für eine *Kosteneinsparung* ist zunächst eine Beurteilung erforderlich, wie die oben beschriebenen Kosten entstehen und miteinander verknüpft sind, wobei relative Kosten von zahlreichen Faktoren abhängen, wie sie in diesem Kapitel genannt wurden. Folglich streuen die Einheitskosten eines Produkts je nach Entwurf und Fertigungseigenschaften stark.

Zum Beispiel können bestimmte Teile, die aus teuren Werkstoffen hergestellt sind, sehr wenig Bearbeitung erfordern, wie es zum Beispiel bei geprägten Goldmünzen der Fall ist. Dabei sind die Werkstoffkosten im Verhältnis zur direkten Arbeit hoch. Im Gegensatz dazu können Produkte aus relativ preiswerten Werkstoffen wie etwa Kohlenstoffstählen mehrere komplexe und teure Produktionsschritte erfordern. So besteht ein Elektromotor zwar aus relativ preiswerten Werkstoffen, doch sind für die Herstellung seiner Komponenten wie Gehäuse, Rotor, Lager, Bürsten und Drahtwicklungen mehrere unterschiedliche Fertigungsprozesse notwendig.

Die folgende Tabelle zeigt eine ungefähre, aber typische Aufteilung der Kosten in der modernen Fertigung:

Entwurf	5 %
Werkstoff	50 %
Arbeitskosten	15 %
Gemeinkosten	30 %

In den 1960er Jahren hat die Arbeit rund 40 % der gesamten Produktionskosten ausgemacht. Heute kann der Anteil je nach Art des Produkts und dem Automatisierungsniveau bei lediglich 5 % liegen. Ein gutes Beispiel dafür ist die Fertigung von Chips für Computer und Mobiltelefone. Ein derartig geringer Arbeitskostenanteil ergibt sich aus der Verwendung stark automatisierter Anlagen. Weiterhin zeigt dies an, dass die Verlagerung der Produktion in Niedriglohnländer nicht unbedingt eine wirtschaftlich sinnvolle Entscheidung darstellt. Natürlich ändert sich diese Einschätzung, wenn die Arbeitskosten eines Produkts höher werden.

Die obige Tabelle weist nur einen sehr kleinen Beitrag der Entwurfsphase aus. Dennoch handelt es sich um die Phase, die im Allgemeinen den größten Einfluss auf die Kosten in anderen Phasen und somit auf den Erfolg eines Produkts am Markt ausübt. Außerdem können sich die technischen Änderungen, die oftmals bei der Entwicklung von Produkten stattfinden, erheblich in den Kosten niederschlagen. Neben Art und Umfang der Änderungen spielt auch die Phase, in der sie stattfinden, eine entscheidende Rolle. Die Kosten von technischen Änderungen (von der Entwurfsphase bis zum fertigen Produkt) nehmen um Größenordnungen zu (Zehnerregel), wenn die Änderungen erst in späteren Phasen stattfinden, wie aus der Tabelle in Abschnitt 14.3.1 deutlich hervorgeht.

Kosteneinsparungen lassen sich erreichen, wenn alle einfließenden Kosten in jedem Schritt für die Fertigung eines Produkts gründlich analysiert werden. In diesem Buch sind unter anderem folgende Gelegenheiten für Kosteneinsparungen genannt worden:

1. Vereinfachen des Produktentwurfs und Verringern der Anzahl von Montagegruppen
2. Verringern der eingesetzten Werkstoffmenge
3. Spezifizieren größerer Bereiche für Maßtoleranzen und Oberflächengüte
4. Verwenden kostengünstigerer Werkstoffe
5. Untersuchen alternativer Fertigungsverfahren
6. Verwenden effizienterer Maschinen und Ausrüstungen mit Automatisierung und numerischen Steuerungen

Obwohl sich durch Automatisierung und Umsetzung modernster Technologie zweifellos Kosten verringern lassen, erfordert dieses Vorgehen große Sorgfalt. Eine fundierte Entscheidung lässt sich erst nach einer gründlichen *Kosten-Nutzen-Analyse* mit zuverlässigen Eingangsdaten und Berücksichtigung der relevanten technischen und menschlichen Faktoren treffen. Und da der Einsatz fortschrittlicher Technologien und moderner CNC-Maschinen (je nach Art des Produkts) sehr teuer sein kann, wird die Bedeutung des ROI-Konzepts (**Return On Investment**, Wirtschaftlichkeit einer Investition) ohne Weiteres klar (siehe auch **Return On Quality**, Abschnitt 14.3.1).

Außerdem ist festzustellen, dass über einen Zeitraum die Preise mancher Produkte (wie zum Beispiel Taschenrechner, Computer und Digitaluhren) gefallen sind, während sich die Preise anderer Produkte (wie zum Beispiel Autos, Flugzeuge, Häuser und Bücher) erhöht haben. Derartige Unterschiede lassen sich im Allgemeinen auf Änderungen bei Arbeitskosten, Maschinen, Realisierung von Automatisierung und numerischen Steuerungen und globalem Wettbewerb sowie weltweite wirtschaftliche Trends wie Nachfrage, Wechselkurse und Zolltarife zurückführen.

ZUSAMMENFASSUNG

- Wettbewerbsaspekte der Produktion und Kosten gehören zu den wichtigsten Überlegungen in der Fertigung. Unabhängig davon, wie gut ein Produkt mit Entwurfsspezifikationen und Qualitätsstandards übereinstimmt, muss es auch wirtschaftliche Kriterien erfüllen, um im globalen Marktumfeld wettbewerbsfähig zu sein (Abschnitt 14.1).
- Es wurden mehrere Richtlinien für den Entwurf und die Gestaltung von Produkten für ihre wirtschaftliche Herstellung aufgestellt (Abschnitt 14.2).
- Produktqualität und Lebenserwartung sind bestimmende Fragen, da sie sich auf Kundenzufriedenheit und die Marktfähigkeit des Produkts auswirken (Abschnitt 14.3).
- Die Managementdenkweisen von Deming und Taguchi schaffen ein Gerüst für die Verbesserung von Qualität und den Entwurf robuster Produkte. Die Verlustfunktion ist ein wertvolles Werkzeug, mit dem sich die Produktqualität bewerten lässt (Abschnitt 14.3).
- Lebenszyklusanalyse und Lebenszyklusentwicklung zählen zu den immer wichtiger werdenden Aspekten der Fertigung, insbesondere die Verringerung irgendwelcher negativen Einflüsse, die das Produkt auf die Umwelt haben kann. Nachhaltige Fertigung ist ein weiteres Konzept, das auf geringere Verschwendung natürlicher Ressourcen – einschließlich Werkstoffen und Energie – abzielt (Abschnitt 14.4).
- Die Auswahl eines zweckmäßigen Werkstoffs aus zahlreichen Kandidaten ist ein anspruchsvoller Aspekt der Fertigung und hängt von Faktoren wie Eigenschaften, Verwendung handelsüblicher Formate, Zuverlässigkeit der Lieferanten und Kosten der Werkstoffe und der Verarbeitung ab (Abschnitt 14.5).
- Substitution von Werkstoffen, Modifikation des Produktentwurfs und Lockerung von Maßtoleranzen sowie Anforderungen an die Oberflächengüte sind wichtige Methoden, um Kosten zu reduzieren (Abschnitt 14.6).
- Die Fähigkeiten von Fertigungsprozessen variieren in einem breiten Spektrum. Folglich ist ihre zweckmäßige Auswahl für ein bestimmtes Produkt entscheidend, um die konkreten Entwurfs- und Funktionsanforderungen zu erfüllen (Abschnitte 14.7 und 14.8).

- Die Gesamtkosten eines Produkts umfassen mehrere Elemente. Mit der verfügbaren Software lässt sich der preiswerteste Werkstoff ermitteln, ohne Entwurf, Dienstleistungsanforderungen und Qualität zu verletzen. Obwohl die Arbeitskosten zu einem immer geringeren Prozentsatz bei den Produktionskosten zu Buche schlagen, lassen sie sich durch die Realisierung stark automatisierter und numerisch gesteuerter Maschinen weiter verringern (Abschnitt 14.9).

Wichtige Gleichungen

Taguchi-Verlustfunktion:

$$\text{Finanzieller Verlust} = k[(Y-T)^2 + \sigma^2]$$

$$\text{mit } k = \frac{\text{Kosten für den Ersatz}}{(\text{USG} - T)^2}$$

Verständnisfragen

14.1 Nennen und beschreiben Sie die wichtigsten Überlegungen, die bei der Auswahl von Werkstoffen für Produkte eine Rolle spielen.

14.2 Warum sind Kenntnisse der verfügbaren Formate von Werkstoffen wichtig? Geben Sie fünf unterschiedliche Beispiele an.

14.3 Beschreiben Sie, was man unter *Fertigungseigenschaften* von Werkstoffen versteht. Geben Sie drei Beispiele an, die die Wichtigkeit dieser Informationen veranschaulichen.

14.4 Warum ist Werkstoffsubstitution ein wichtiger Aspekt der Fertigungstechnik? Geben Sie fünf Beispiele aus Ihren eigenen Erfahrungen oder Beobachtungen an.

14.5 Warum ist Werkstoffsubstitution in der Automobil- sowie Luft- und Raumfahrtindustrie besonders wichtig?

14.6 Welche Faktoren spielen bei der Auswahl von Fertigungsprozessen eine Rolle? Erläutern Sie, warum diese Faktoren wichtig sind.

14.7 Was versteht man unter *Prozessfähigkeiten*? Wählen Sie vier unterschiedliche spezifische Fertigungsprozesse aus und beschreiben Sie deren Fähigkeiten.

14.8 Spielt das Produktionsvolumen für die Prozessauswahl eine Rolle? Erläutern Sie Ihre Antwort.

14.9 Erörtern Sie (falls zutreffend) die Vorteile von langen Vorlaufzeiten in der Produktion.

14.10 Was ist mit einer *optimalen Bestellmenge* gemeint?

14.11 Beschreiben Sie die Kosten, die in der Fertigung entstehen. Erläutern Sie, wie sich die einzelnen Kostenarten verringern lassen.

14.12 Was ist ein Cradle-to-cradle-Modell? Welche Vorteile bietet es?

14.13 Was ist mit *Abstrich* gemeint? Warum ist er in der Fertigung wichtig?

14.14 Erläutern Sie den Unterschied zwischen direkten und indirekten Arbeitskosten.

14.15 Erläutern Sie, warum bei Nahrungsmitteln die Kosten pro Massseinheit umso geringer sind, je größer die Menge pro Packung ist.

14.16 Erläutern Sie, warum der Wert des in einem Fertigungsprozess erzeugten Abfalls von der Werkstoffart abhängt.

14.17 Erörtern Sie die Größenordnungen und Bereiche für die in Tabelle 14.5 angegebenen Abfallmengen.

14.18 Beschreiben Sie Ihre Beobachtungen in Bezug auf die in Tabelle 14.7 angegebenen Daten.

14.19 Welche Faktoren außer der Größe der Maschine spielen für die in Tabelle 14.8 angegebenen Preisbereiche in jeder Maschinenkategorie eine Rolle?

14.20 Erläutern Sie, wie die hohen Kosten für manche in Tabelle 14.8 aufgeführten Maschinen gerechtfertigt werden können.

14.21 Erläutern Sie die Gründe für die relativen Positionen der in Abbildung 14.2 dargestellten Kurven.

14.22 Welche Faktoren gehen in die Gestalt der in Abbildung 14.5 gezeigten Kurve ein?

14.23 Geben Sie Vorschläge an, wie sich die Abhängigkeit der Produktionszeit von der Oberflächengüte (siehe Abbildung 14.4) verringern lässt.

14.24 Ist es immer wünschenswert, Halbzeug zu kaufen, das den endgültigen Abmessungen eines herzustellenden Teils sehr nahe kommt? Erläutern Sie Ihre Antwort und geben Sie einige Beispiele an.

14.25 Wie gehen Sie vor, wenn die Lieferung eines für eine Produktlinie ausgewählten Halbzeugs unsicher wird?

14.26 Beschreiben Sie die möglichen Probleme beim Verringern der Werkstoffmenge in Produkten.

14.27 Schildern Sie Ihre Gedanken in Bezug auf das Ersetzen von Aluminium in Getränkedosen durch Stahl.

14.28 Von dem Zeitpunkt an, zu dem ein Mitarbeiter eingestellt wird, bis zu der Zeit, zu der seine Ausbildung beendet ist, wird der Mitarbeiter zwar bezahlt, produziert aber nichts. In welche der in diesem Kapitel genannten Kategorien sollten derartige Kosten eingeordnet werden?

14.29 Warum ist man in der Industrie stark an einer endkonturnahen Fertigung interessiert? Geben Sie mehrere Beispiele an.

14.30 Schätzen Sie ab, wo die folgenden Prozesse in der Darstellung von Abbildung 14.3 liegen: (a) spitzenloses Schleifen, (b) elektrochemische Bearbeitung, (c) chemisches Abtragen und (d) Fließpressen.

14.31 Erörtern Sie anhand eigener Erfahrungen und Beobachtungen, wie sich Größe, Form und Masse einzelner Produkte im Laufe der Jahre verändert haben.

14.32 In Abschnitt 14.9.1 wird bei der Aufteilung der Kosten in einer modernen Fertigungsumgebung angegeben, dass die Entwurfskosten lediglich 5 % der Gesamtkosten ausmachen. Erläutern Sie, weshalb diese Schätzung vernünftig ist.

14.33 Erstellen Sie eine Liste mehrerer Produkte, die sich (a) entsorgen und (b) wiederverwenden lassen. Erörtern Sie Ihre Beobachtungen und erläutern Sie, wie Sie weitere Produkte herstellen würden, die wiederverwendbar sind.

14.34 Beschreiben Sie Ihre Gedanken bezüglich der Lebenszyklusanalyse von Produkten.

Rechenaufgaben

14.35 Eine Firma stellt Laufringe für Kugellager durch Ringwalzen her (siehe Abbildung 6.43). Für die Innenfläche ist eine Rautiefe von $0{,}10 \pm 0{,}06\,\mu\text{m}$ festgelegt. Messungen an gewalzten Ringen ergeben eine mittlere Rauigkeit von $0{,}112\,\mu\text{m}$ mit einer Standardabweichung von $0{,}02\,\mu\text{m}$. Pro Monat werden 50 000 Ringe hergestellt. Die Kosten für das Aussortieren eines defekten Rings betragen 5 Euro. Es ist bekannt, dass durch Wechsel der Schmierstoffe zu einer speziellen Emulsion die mittlere Rautiefe praktisch gleich der Entwurfsspezifikation gemacht werden kann. Welche zusätzlichen Kosten pro Monat sind für den Schmierstoff vertretbar?

14.36 Nehmen Sie für die Daten der vorigen Aufgabe an, dass der Fertigungsprozess durch den Schmierstoffwechsel eine Rauigkeit von $0{,}10 \pm 0{,}01\,\mu\text{m}$ erreichen kann. Welche zusätzlichen Kosten pro Monat lassen sich für den Schmierstoff rechtfertigen? Wie sieht es aus, wenn der Schmierstoff keine neuen Kosten verursacht?

14.37 Nehmen Sie an, Sie sollen Studenten Kontrollfragen zum Inhalt dieses Kapitels stellen. Bereiten Sie drei quantitative und drei qualitative Übungsfragen vor und geben Sie die Antworten an.

Fragen zum Entwurf

14.38 Tabelle 14.7 gibt Fertigungsverfahren lediglich für Metalle und ihre Legierungen an. Erstellen Sie anhand der im Buch und anderen Quellen gegebenen Informationen eine ähnliche Tabelle für nichtmetallische Werkstoffe einschließlich Keramiken, Kunststoffe, verstärkte Kunststoffe, Metall-Matrix- und Keramik-Matrix-Verbundwerkstoffe.

14.39 Schildern Sie anhand von Abbildung 1.3 Ihre Gedanken in Bezug auf die beiden Ablaufschemas. Würden Sie irgendwelche Modifikationen an den Abläufen vornehmen? Welche Modifikationen wären das und warum würden Sie Änderungen vorschlagen?

14.40 Im Lauf der Jahre sind zahlreiche Konsumprodukte veraltet oder zumindest unmodern geworden. Das trifft beispielsweise auf Wählscheibentelefone, analoge Rundfunkgeräte und Vakuumröhren zu. Demgegenüber sind viele neue Produkte auf dem Markt erschienen. Erstellen Sie umfassende Listen mit veralteten und neuen Produkten. Erörtern Sie die möglichen Gründe für die Änderungen, die Sie beobachtet haben. Diskutieren Sie, wie sich verschiedene Fertigungsverfahren und -systeme entwickelt haben, um die neuen Produkte herstellen zu können.

14.41 Wählen Sie drei verschiedene Haushaltsprodukte aus und erstellen Sie eine Übersicht mit den Änderungen der Preise in den letzten 10 Jahren. Erörtern Sie die Gründe für die Preisänderungen.

14.42 Abbildung 2.2a zeigt die Form einer typischen Probe für einen Zugversuch, die einen runden Querschnitt hat. Nehmen Sie an, dass das Ausgangsmaterial ein Rundstab ist und dass nur eine Probe benötigt wird. Diskutieren Sie die Verfahren und Maschinen, mit denen sich die Probe herstellen lässt, und nennen Sie auch die jeweiligen Vorteile und Einschränkungen. Beschreiben Sie, wie das von Ihnen ausgewählte Verfahren für eine wirtschaftliche Produktion geändert werden kann, wenn eine größere Anzahl von Proben erforderlich wird.

14.43 Tabelle 14.3 listet mehrere Werkstoffe mit ihren handelsüblichen Formaten auf. Informieren Sie sich bei Werkstofflieferanten und erweitern Sie die Liste für (a) Titan, (b) Superlegierungen, (c) Blei, (d) Wolfram und (e) amorphe Metalle.

14.44 Wählen Sie drei verschiedene Produkte aus, die sich häufig im häuslichen Umfeld finden lassen. Schildern Sie Ihre Ansichten (a) welche Werkstoffe warum in jedem Produkt eingesetzt wurden und (b) wie die Produkte hergestellt wurden und warum dies mit den jeweiligen Fertigungsverfahren geschehen ist.

14.45 Sehen Sie sich die Bauteile unter der Motorhaube eines Kraftfahrzeugs an. Identifizieren Sie mehrere Teile, die durch Endformfertigung oder endformnahe Fertigung hergestellt wurden. Erörtern Sie Entwurfs- und Produktionsaspekte dieser Teile und wie der Hersteller den endkonturnahen Zustand für die Teile erreicht hat.

14.46 Erörtern Sie die Unterschiede (falls vorhanden) zwischen den Entwürfen, den Werkstoffen und den Verarbeitungs- und Montageverfahren, die für die Herstellung von Produkten wie Handwerkzeugen, Leitern für den professionellen Einsatz und Leitern für private Nutzung verwendet werden.

14.47 Welche Verfahren außer der Pulvermetallurgie könnten (einzeln oder in Kombination) für die Herstellung der in Abbildung 11.1 gezeigten Teile eingesetzt werden? Wären diese Verfahren wirtschaftlich?

14.48 Diskutieren Sie geeignete Produktions- und Montageverfahren zum Bau von Pressen, die für die in Kapitel 7 beschriebenen Verfahren der Blechumformung eingesetzt werden.

14.49 Abbildung 8.40 zeigt Möglichkeiten zur Formgebung für bestimmte Bearbeitungsvorgänge. Untersuchen Sie die Formen verschiedener Produkte und schlagen Sie alternative Verfahren für deren Herstellung vor. Erörtern Sie die Eigenschaften von Werkstückwerkstoffen, die sich auf Ihre Vorschläge auswirken können.

14.50 Abbildung 1.1 zeigt einen Traktor mit Verbrennungsmotor. Wählen Sie auf der Grundlage der in diesem Buch behandelten Themen drei beliebige Bauteile eines derartigen Motors aus und beschreiben Sie die Werkstoffe und Verfahren, die Sie für die Herstellung dieser Bauteile verwenden würden. Denken Sie daran, dass die Teile in sehr großen Stückzahlen bei minimalen Kosten herzustellen sind, ohne dass dies zu Lasten von Qualität, Integrität und Zuverlässigkeit im Betrieb geht.

14.51 Diskutieren Sie die Kompromisse, die bei der Entscheidung für jeweils einen der beiden Werkstoffe für die unten aufgeführten Anwendungen zu schließen sind:

(a) Stühle aus Blech/verstärktem Kunststoff

(b) Geschmiedete/gegossene Kurbelwellen

(c) Geschmiedete/durch Pulvermetallurgie hergestellte Pleuelstangen

(d) Lichtschalter aus Kunststoff/Blech

(e) Wasserkannen aus Glas/Metall

(f) Radkappen aus Blech/Metallguss

(g) Nägel aus Stahl/Kupfer

(h) Hammergriffe aus Holz/Metall

Diskutieren Sie auch die typischen Bedingungen, denen diese Produkte bei normalem Gebrauch ausgesetzt sind.

14.52 Diskutieren Sie Fertigungsverfahren, die für die Herstellung der in der vorigen Frage aufgeführten Produkte geeignet sind. Erläutern Sie, ob die Produkte zusätzliche Bearbeitungsschritte erfordern (wie zum Beispiel Beschichten, Plattieren, Wärmebehandeln und Endbearbeiten). Geben Sie für diesen Fall Empfehlungen und die Gründe für die jeweilige Auswahl an.

14.53 Diskutieren Sie die Faktoren, die die Entscheidung zwischen den folgenden Paaren von Fertigungsverfahren beeinflussen, um die angegebenen Produkte herzustellen:

(a) Sandguss/Druckguss des Gehäuses für einen elektrischen Kleinmotor

(b) Spanende Bearbeitung/Umformung eines Kegelrads mit großem Durchmesser

(c) Schmieden/pulvermetallurgische Herstellung einer Nockenscheibe

(d) Gießen/Pressen einer Bratpfanne aus Blech

(e) Herstellen von Gartenmöbel aus Aluminiumrohren/Gusseisen

(f) Schweißen/Gießen von Werkzeugmaschinengestellen

(g) Gewindewalzen/spanende Bearbeitung eines Bolzens für eine Anwendung mit hoher Festigkeit

(h) Thermoformung eines Kunststoffs/Gießen eines Duromers, um die Flügel für einen preiswerten Haushaltsventilator herzustellen.

14.54 Die Abbildung zur Frage zeigt ein Teil, das aus Stahlblech hergestellt ist. Diskutieren Sie, wie dieses Teil hergestellt sein könnte und wie sich das von Ihnen ausgewählte Fertigungsverfahren ändern kann, wenn (a) die Anzahl der erforderlichen Teile von 10 auf mehrere Tausend ansteigt und (b) die Länge des Teils von 2 m auf 20 m erhöht wird.

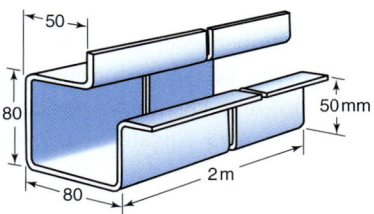

14.55 Das in der Abbildung zur Frage dargestellte Teil ist ein Zahnradsegment. Das kleinere Loch am Fuß ist dafür vorgesehen, das Teil mithilfe einer Schraube und einer Mutter auf einer Welle festzuklemmen. Schlagen Sie eine Folge von Fertigungsprozessen für die Herstellung dieses Teils vor. Berücksichtigen Sie Faktoren wie Einfluss der benötigten Stückzahl, Maßtoleranzen und Oberflächengüte. Erörtern Sie Prozesse wie die Bearbeitung von stabförmigem Halbzeug, Extrusion, Schmieden und Pulvermetallurgie.

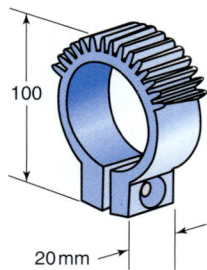

14.56 Viele Komponenten in Produkten wirken sich nur minimal auf die Robustheit und Qualität des Produkts aus. Zum Beispiel sind die Scharniere des Handschuhfachs eines Kraftfahrzeugs nicht wirklich entscheidend für die Zufriedenheit des Besitzers. Zudem wird das Handschuhfach nicht sehr oft geöffnet, sodass sich ein robuster Entwurf leicht realisieren lässt. Würden Sie die Anwendung der Taguchi-Methoden wie zum Beispiel die Verlustfunktion für diese Art von Komponente befürworten? Erläutern Sie Ihre Antwort.

14.57 Sehen Sie sich die in den Abbildungen zur Frage dargestellten Produkte an und beschreiben Sie Ihre Vorstellungen zu (I) den möglicherweise eingesetzten Werkstoffen, den Ihrer Meinung nach geeigneten Werkstoffen und den Gründen für ihre Auswahl, (II) den Fertigungsprozessen und warum Sie sie auswählen würden und (III) basierend auf Ihrer Rezension alle Entwurfsänderungen, die Sie empfehlen würden.

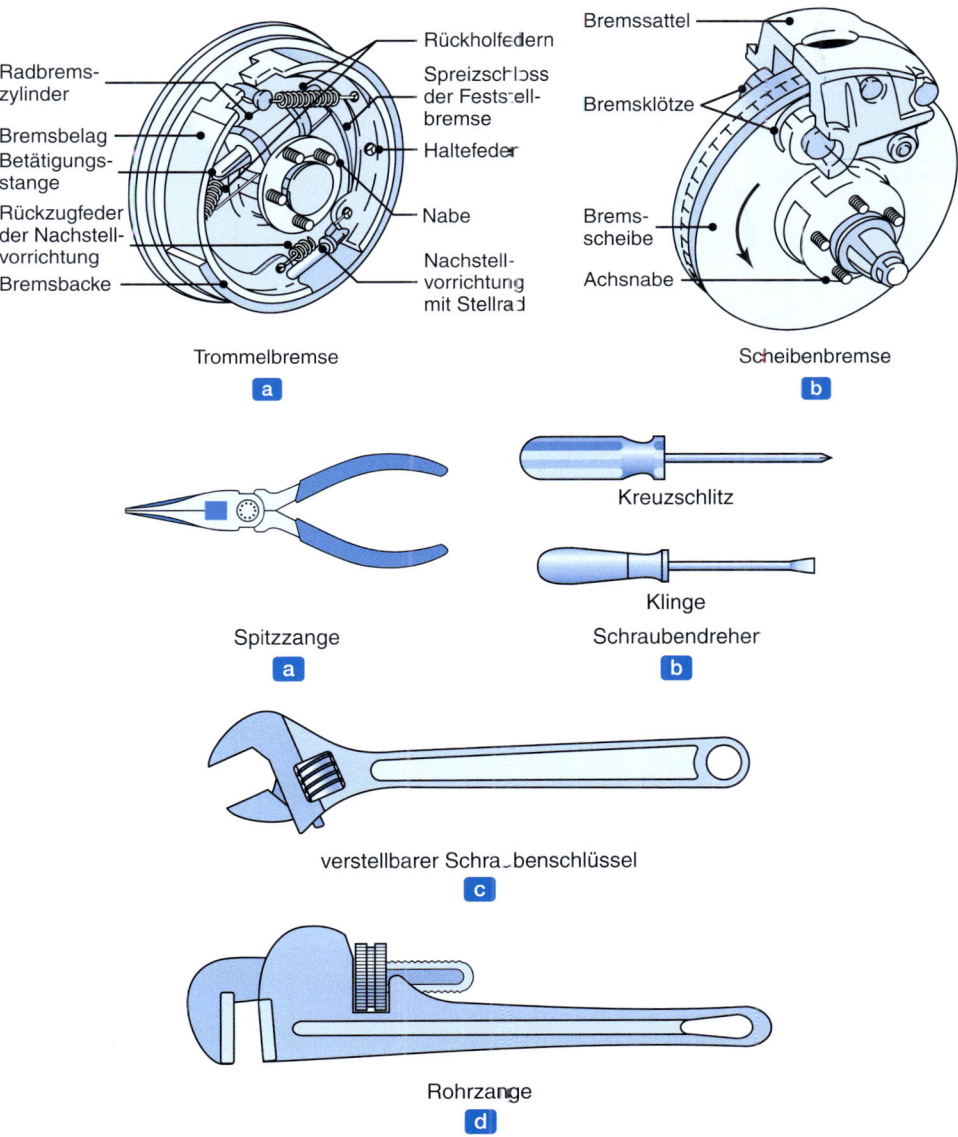

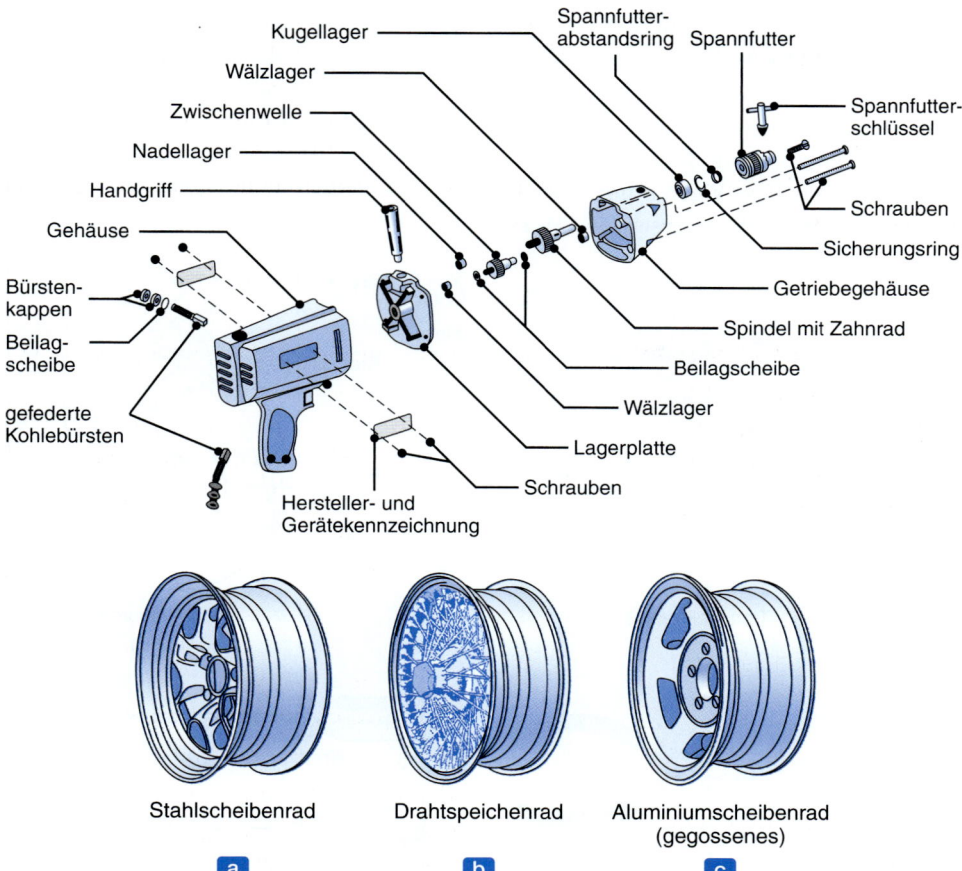

Bildnachweis

Die hier angeführten Abbildungen werden mit freundlicher Genehmigung folgender Personen, Firmen und Organisationen wiedergegeben:

Kapitel 1

Abbildung 1.1: John Deere Company.
Abbildung 1.4: Marcel Dekker, Inc.
Abbildung 1.5: ALCOA, Inc.
Abbildung 1.8: Mastercam/CNC Software, Inc.
Abbildung 1.9: Cincinnati Milacron, Inc.

Kapitel 2

Abbildung 2.25: M.C. Shaw und C.T. Yang.

Kapitel 3

Abbildung 3.1: United Aircraft Pratt & Whitney.
Abbildung 3.16: J.S. Kallend, Illinois Institute of Technology.
Abbildung 3.28: Packer Engineering.
Abbildung 3.29: Packer Engineering.
Abbildung 3.31: Packer Engineering.
Abbildung 3.38: United Aircraft Pratt & Whitney.
Abbildung 3.39: ASM International.
Abbildung 3.42: Daimler AG.

Kapitel 4

Abbildung 4.17: (b) BFG Electroplating.
Abbildung 4.18: Mitutoyo America Corp.
Abbildung 4.24: (a) und (b) L.C. Starrett Co., (c) Mitutoyo Corp.

Kapitel 5

Abbildung 5.13: Steel Founders's Society of America.
Abbildung 5.15: (a) American Foundrymen's Society, (b) Hazelet Strip-Casting Corp.
Abbildung 5.16: Steel Founders' Society of America.
Abbildung 5.21: Steel Founders' Society of America.
Abbildung 5.23: Amsted Industries Incorporated.
Abbildung 5.29: (a) und (b) B.H. Kear, (c) ASM International.
Abbildung 5.30: Intel Corporation.
Abbildung 5.31: (b) Siemens AG.
Abbildung 5.35: The North American Die Casting Association.
Abbildung 5.36: The North American Die Casting Association.
Abbildung 5.37: Mercury Marine.
Abbildung 5.38: BMW Group.
Abbildung 5.39: BMW Group.

Kapitel 6

Abbildung 6.11: Scientific Forming Technologies Corporation.
Abbildung 6.24: Aluminum Company of America.
Abbildung 6.28: American Iron and Steel Institute.

Abbildung 6.44: Tesker Manufacturing Corp.

Abbildung 6.48: (a) bis (c) Kaiser Aluminum, (d) Plymouth Extruded Shapes.

Abbildung 6.70: (b) J. Richard Industries.

Abbildung 6.73: Fox Valley Motorcars.

Kapitel 7

Abbildung 7.2: (b) Caterpillar Inc.

Abbildung 7.9: (a) Feintool International Holding.

Abbildung 7.23: (f) Verson Allsteel Company.

Abbildung 7.27: (b) Sharon Custom Metal Forming, Inc.

Abbildung 7.30: (a) Cyril Bath Co.

Abbildung 7.33: Polyurethane Products Corporation.

Abbildung 7.35: Schuler GmbH.

Abbildung 7.41: J. Jesweit.

Abbildung 7.46: Rockwell Automation, Inc.

Abbildung 7.47: Metal Improvement Company.

Abbildung 7.65: Ispat Inland, Inc.

Abbildung 7.67: Society of Manufacturing Engineers.

Abbildung 7.68: Society of Manufacturing Engineers.

Abbildung 7.69: Society of Manufacturing Engineers.

Abbildung 7.70: Society of Manufacturing Engineers.

Abbildung 7.71: Society of Manufacturing Engineers.

Abbildung 7.73: W. Blanchard, Sabian Ltd.

Abbildung 7.74: W. Blanchard, Sabian Ltd.

Abbildung 7.75: W. Blanchard, Sabian Ltd.

Kapitel 8

Abbildung 8.6: Metcut Research Associates, Inc.

Abbildung 8.20: (a) International Organization for Standardization, ISO, (b) bis (e) Kennametal, Inc.

Abbildung 8.24: P.K. Wright.

Abbildung 8.29: Ispat Inland Inc.

Abbildung 8.32: Valentine.

Abbildung 8.33: Kennametal, Inc.

Abbildung 8.34: Kennametal, Inc.

Abbildung 8.37: Kennametal, Inc.

Abbildung 8.44: Heidenreich & Harbeck.

Abbildung 8.46: Monarch Machine Tool Company.

Abbildung 8.60: (a) und (b) General Broach and Engineering Company, (c) Ty Miles, Inc.

Abbildung 8.66: Cincinnati Machine.

Abbildung 8.67: Hitachi Seiki Co., Ltd.

Abbildung 8.71: National Institute of Standards and Technology.

Abbildung 8.72: General Electric Company.

Abbildung 8.76: Ping Golf, Inc.

Kapitel 9

Abbildung 9.16: Cincinnati Milacron, Inc.

Abbildung 9.17: Blohm, Inc. und Society of Manufacturing Engineers.

Abbildung 9.25: ASM International.

Abbildung 9.27: Metcut Research Associates, Inc.

Abbildung 9.28: Buckabee-Mears, St. Paul.

Abbildung 9.30: ASM International.

Abbildung 9.33: (a) AGIE USA Ltd., (b) und (c) American Machinist.

Abbildung 9.34: AGIE USA Ltd.

Abbildung 9.36: Rofin-Sinat, Inc.

Bildnachweis

Abbildung 9.38: OMAX Corporation.

Abbildung 9.39: OMAX Corporation.

Kapitel 10

Abbildung 10.19: Wilson Fiberfill International.

Abbildung 10.20: L.J. Broutman.

Abbildung 10.25: Windmoeller & Hoelscher Corp.

Abbildung 10.28: Tooling Molds West, Inc.

Abbildung 10.30: Rayco Mold and Mfg. LLC.

Abbildung 10.43: (c) Genmar Holdings, Inc.

Abbildung 10.44: Advanced Technical Produkts Corp, Inc., Lincoln Composites.

Abbildung 10.45: Strongwell Corporation.

Abbildung 10.47: 3D Systems, Inc.

Abbildung 10.48: (b) Stratasys, Inc.

Abbildung 10.52: ZCorp, Inc.

Abbildung 10.53: ProMetal Division of Ex One Corporation.

Abbildung 10.56: 3D Systems, Inc.

Abbildung 10.58: Align Technologies, Inc.

Abbildung 10.49: Align Technologies, Inc.

Kapitel 11

Abbildung 11.1: Metal Powder Industries Federation.

Abbildung 11.5: Metal Powder Industries Federation.

Abbildung 11.10: Metal Powder Industries Federation.

Abbildung 11.16: Zenith Sintered Products, Inc.

Abbildung 11.17: Metal Powder Industries Federation.

Abbildung 11.18: Metal Powder Industries Federation.

Abbildung 11.19: Metal Powder Industries Federation.

Abbildung 11.25: Timken, Inc.

Abbildung 11.38: 3M Specialty Materials Division.

Abbildung 11.39: Concurrent Technologies Corporation.

Abbildung 11.40: Metal Powder Industries Federation und Bodycote, Inc.

Kapitel 12

Abbildung 12.13: American Welding Society, *Welding Handbook*, 8. Aufl., 1991.

Abbildung 12.14: Proctor & Gamble Germany GmbH & Co Operations oHG.

Abbildung 12.17: IIT Research Institute.

Abbildung 12.18: Allegheny Ludlum Corporation.

Abbildung 12.22: Packer Engineering.

Abbildung 12.24: American Welding Society.

Abbildung 12.32: TWI, Cambridge, GB.

Abbildung 12.40: DuPont Company.

Abbildung 12.62: MTU Aero Engines GmbH.

Abbildung 12.63: MTU Aero Engines GmbH.

Abbildung 12.64: MTU Aero Engines GmbH.

Abbildung 12.65: MTU Aero Engines GmbH.

Abbildung 12.66: MTU Aero Engines GmbH.

Abbildung 12.67: MTU Aero Engines GmbH.

Kapitel 13

Abbildung 13.1: Intel Corporation.

Abbildung 13.17: K.R. Williams.

Abbildung 13.22: (b) bis (d) R. Kassing und I.W. Rangelow, Universität Kassel.

Abbildung 13.26: Intel Corporation.

Abbildung 13.27: Micron Technology, Inc.

Abbildung 13.32: Analog Devices, Inc.

Abbildung 13.37: Sandia National Laboratories.

Abbildung 13.44: IMM Institut für Mikrotechnik Mainz GmbH, Mainz.

Abbildung 13.50: MEMS Precision Instruments.

Abbildung 13.53: Texas Instruments Corporation.

Anhang A

Abbildung A.5: Ford Motor Company.

Abbildung A.12: Ingersoll Milling Machine Company.

Abbildung A.16: Egenim, Inc.

Abbildung A.17: KUKA Robotics, Inc.

Abbildung A.21: Ford Motor Company.

Abbildung A.22: Cincinnati Milacron, Inc.

Abbildung A.24: Cincinnati Milacron, Inc.

Abbildung A.25: Lord Corporation.

Abbildung A.27: Carr Lane Manufacturing Co.

Abbildung A.32: KUKA Robotics, Inc. und KUKA Roboter Technologie GmbH.

Anhang B

Abbildung B.9: Delmia Corporation.

Abbildung B.14: Organization for Industrial Research.

Abbildung B.15: Japan Society for the Promotion of Machine Industry.

Literaturverzeichnis

Kapitel 1

[1] Alukai, G., und A. Manos, *Lean Kaizen: A Simplified Approach to Product Improvements*, ASQ Quality Press, 2006.

[2] Ashby, M.F., *Materials Selection in Mechanical Design*, 3. Aufl., Pergamon, 2005.

[3] Boothroyd, G., P. Dewhurst und W.A. Knight, *Product Design for Manufacture and Assembly*, 2. Aufl., CRC Press, 2001.

[4] Bralla, J.G., *Design for Manufacturability Handbook*, 2. Aufl., McGraw-Hill, 1999.

[5] Chang, T.C., R.A. Wysk und H.P. Wang, *Computer-Aided Manufacturing*, 3. Aufl., Prentice Hall, 2005.

[6] Cheng, T.C., und S. Podolsky, *Just-in-Time Manufacturing – An Introduction*, Springer, 1996.

[7] Clausing, D.P., *Total Quality Development*, American Society of Mechanical Engineers, 1994.

[8] Craig, J.J., *Introduction to Robotics*, 3. Aufl., Prentice Hall, 2003.

[9] DeGarmo, E.P., J.T. Black und R.A. Kohser, *Materials and Processes in Manufacturing*, 9. Aufl., Industrial Press, 2004.

[10] Deming, W.E., *Out of the Crisis*, MIT Press, 1982.

[11] Friedman, T.L., *The World Is Flat*, Farrar, Straus and Giroux, 2006.

[12] Groover, M.P., *Fundamentals of Modern Manufacturing*, 3. Aufl., Wiley, 2007.

[13] Gunasekaran, A., *Agile Manufacturing: The 21st Century Competitive Strategy*, Elsevier, 2001.

[14] Hugos, M., *Essentials of Supply Chain Management*, 2. Aufl., Wiley, 2006.

[15] Hyer, N., und U. Wemmerlov, *Reorganizing the Factory: Competing Through Cellular Manufacturing*, Productivity Press, 2002.

[16] Irani, S.A., *Handbook of Cellular Manufacturing Systems*, Wiley, 1999.

[17] Juran, J.M., und A.B. Godfrey, *Juran's Quality Handbook*, McGraw-Hill, 1998.

[18] Kalpakjian, S., und S.R. Schmid, *Manufacturing Engineering and Technology*, 5. Aufl., Prentice Hall, 2006.

[19] Läpple, V., B. Drube, G. Wittke und C. Kammer, *Werkstofftechnik Maschinenbau*, 2. Aufl., Verlag Europa-Lehrmittel, 2010.

[20] Madou, M.J., *Fundamentals of Microfabrication*, 2. Aufl., CRC Press, 2002.

[21] Madu, C., *Handbook of Environmentally Conscious Manufacturing*, Springer, 2001.

[22] McDonough, W., und M. Braungart, *Cradle to Cradle*, North Point Press, 2002.

[23] Montgomery, D.C., *Introduction to Statistical Quality Control*, Wiley, 2004.

[24] Ortiz, C.A., *Kaizen Assembly*, CRC Press, 2006.

[25] Pugh, S., *Creating Innovative Products Using Total Design*, Addison-Wesley Longman, 1996.

[26] Pyzdek, T., *The Six Sigma Handbook*, 2. Aufl., McGraw-Hill, 2003.

[27] Schey, J.A., *Introduction to Manufacturing Processes*, 3. Aufl., McGraw-Hill, 2000.

[28] Taguchi, G., S. Chowdhury und Y. Wu, *Taguchi's Quality Engineering Handbook*, Wiley, 2004.

Kapitel 2

[29] Ashby, M.F., *Materials Selection in Mechanical Design*, 3. Aufl., Pergamon, 2005.
[30] *ASM Handbook*, Bd. 8: *Mechanical Testing*, ASM International, 2000.
[31] *ASM Handbook*, Bd. 10: *Materials Characterization*, ASM International, 1986.
[32] *ASM Handbook*, Bd. 20: *Materials Selection and Design*, ASM International, 1997.
[33] Beer, F.P., E.R. Johnston und J.T. DeWolf, *Mechanics of Materials*, McGraw-Hill, 2005.
[34] Boyer, H.E. (Hrsg.), *Atlas of Creep and Stress-Rupture Curves*, ASM International, 1986.
[35] Boyer, H.E. (Hrsg.), *Atlas of Fatigue Curves*, ASM International, 1986.
[36] Boyer, H.E. (Hrsg.), *Atlas of Stress-Strain Curves*, ASM International, 1986.
[37] Budinski, K.G., *Engineering Materials: Properties and Selection*, 8. Aufl., Prentice Hall, 2004.
[38] Chandler, H. (Hrsg.), *Hardness Testing*, 2. Aufl., ASM International, 1999.
[39] Cheremisinoff, N.P., und P.N. Cheremisinoff, *Handbook of Advanced Materials Testing*, Dekker, 1994.
[40] Davis, J.R. (Hrsg.), *Tensile Testing*, 2. Aufl., ASM International, 2004.
[41] Dieter, G.E., *Mechanical Metallurgy*, 3. Aufl., McGraw-Hill, 1986.
[42] Dowling, N.E., *Mechanical Behavior of Materials: Engineering Methods for Deformation, Fracture, and Fatigue*, 3. Aufl., Prentice Hall, 2006.
[43] Gross, D., W. Hauger, J. Schröder und W.A. Wall, *Technische Mechanik 2, Elastostatik*, 10. Aufl., Springer, 2009.
[44] Gross, D., W. Hauger und P. Wriggers, *Technische Mechanik 4, Höhere Mechanik*, 7. Aufl., Springer, 2009.
[45] Gross, D., W. Hauger, J. Schröder und E. Werner, *Formeln und Aufgaben zur Technischen Mechanik 4*, Springer, 2008.
[46] *Handbook of Experimental Solid Mechanics*, Society for Experimental Mechanics, 2007.
[47] Hauger, W., V. Mannl, W. Wall und E. Werner, *Aufgaben zu Technische Mechanik 1 bis 3: Statik, Elastostatik, Kinetik*, 6. Aufl., Springer, 2007.
[48] Herzberg, R.W., *Deformation and Fracture Mechanics of Engineering Materials*, 4. Aufl., Wiley, 1996.
[49] Hosford, W.F., *Mechanical Behavior of Materials*, Cambridge, 2005.
[50] Pöhlandt, K., *Material Testing for the Metal Forming Industry*, Springer, 1989.

Kapitel 3

[51] Aluminium-Zentrale Düsseldorf (Hrsg.), *Aluminium Taschenbuch*, Bd. 1 (Grundlagen und Werkstoffe), 16. Aufl., Aluminium-Verlag, 2002.
[52] Ashby, M.F., und D.R.H. Jones, *Engineering Materials*, Bd. 1, „*An Introduction to Their Properties and Applications*", 3. Aufl., Pergamon, 2005; Bd. 2, „*An Introduction to Microstructures, Processing and Design*", Pergamon, 2005; Bd. 3, „*Materials Failure Analysis: Case Studies and Design Implications*", Pergamon, 1993.
[53] Ashby, M.F., *Materials Selection in Mechanical Design*, 3. Aufl., Pergamon, 2005.
[54] *ASM Handbook*, verschiedene Bände. ASM International.

[55] *ASM Specialty Handbooks*, verschiedene Bände. ASM International.
[56] Berns, H., und W. Theisen, *Eisenwerkstoffe – Stahl und Gusseisen*, 3. Aufl., Springer, 2006.
[57] Brandt, D.A., und J.C. Warner, *Metallurgy Fundamentals*, Goodheart-Wilcox, 2004.
[58] Budinski, K.G., *Engineering Materials: Properties and Selection*, 8. Aufl., Prentice Hall, 2004.
[59] Callister, W.D., Jr., *Materials Science and Engineering*, 7. Aufl., Wiley, 2007.
[60] Davis, J.R. (Hrsg.), *Handbook of Materials for Medical Devices*. ASM International, 2003.
[61] Dieter, G.E., *Engineering Design: A Materials and Processing Approach*, 3. Aufl., McGraw-Hill, 1999.
[62] Farag, M.M., *Materials Selection for Engineering Design*, Prentice Hall, 1997.
[63] Flinn, R.A., und P.K. Trojan, *Engineering Materials and Their Applications*, 4. Aufl., Houghton Mifflin, 1994.
[64] Gobrecht, J., *Werkstofftechnik – Metalle*, 3. Aufl., Oldenbourg Verlag, 2009.
[65] Gottstein, G., *Physikalische Grundlagen der Materialkunde*, 3. Aufl., Springer, 2007.
[66] Harper, C. (Hrsg.), *Handbook of Materials for Product Design*, 3. Aufl., McGraw-Hill, 2001.
[67] Helmus, M., und D. Medlin (Hrsg.), *Medical Device Materials*, ASM International, 2005.
[68] Hertzberg, R.W., *Deformation and Fracture Mechanics of Engineering Materials*, 4. Aufl., Wiley, 1996.
[69] Heubner, U., und J. Klöwer, *Nickelwerkstoffe und hochlegierte Sonderedelstähle. Eigenschaften, Verarbeitung, Anwendungen*, 3. Aufl., Expert-Verlag, 2002.
[70] Hornbogen, E., G. Eggeler und E. Werner, *Werkstoffe*, 9. Aufl., Springer, 2008.
[71] Hosford, W.F., *Physical Metallurgy*, Taylor & Francis, 2005.
[72] Jellinghaus, M., *Stahlerzeugung im Lichtbogenofen*, 3. Aufl., Verlag Stahleisen, 1994.
[73] Kainer, K.U. (Hrsg.), *Magnesium. Eigenschaften, Anwendungen, Potenziale*, Wiley-VCH Verlag, 2000.
[74] Krauss, G., *Steels: Processing, Structure, and Performance*, ASM International, 2005.
[75] Liedtke, D., und R. Jönsson, *Wärmebehandlung. Grundlagen und Anwendungen für Eisenwerkstoffe*, 6. Aufl., Expert-Verlag, 2004.
[76] Liu, A.F., *Mechanics and Mechanisms of Fracture: An Introduction*, ASM International, 2005.
[77] Mangonon, P.C., *The Principles of Material Selection for Engineering Design*, Prentice Hall, 1999.
[78] *Material Selector*, annual publication of *Materials Engineering Magazine*, Penton/ IPC.
[79] Max-Planck-Institut für Eisenforschung (Hrsg.), *Atlas der Wärmebehandlung der Stähle*, Bde. 1 bis 4, Verlag Stahleisen, 2005.
[80] Oeters, F., *Metallurgie der Stahlherstellung*, Verlag Stahleisen, 1989.
[81] Pollock, D.D., *Physical Properties of Materials for Engineers*, 2. Aufl., CRC Press, 1993.
[82] Ratner, B.D., A.S. Hoffman, F.J. Schoen und J.E. Lemons (Hrsg.), *Biomaterials Science: An Introduction to Materials in Medicine*, 2. Aufl., Academic Press, 2004.
[83] Revie, R.W. (Hrsg.), *Uhlig's Corrosion Handbook*. Wiley-Interscience, 2000.
[84] Roberge, P.R., und M. Tullmin, *Handbook of Corrosion Engineering*, McGraw-Hill, 1999.
[85] Roberts, G.A., G. Krauss, R. Kennedy und R.A. Cary, *Tool Steels*, 5. Aufl., ASM International, 1998.
[86] Ruge, J., und H. Wohlfahrt, *Technologie der Werkstoffe*, 8. Aufl., Vieweg, 2007.

[87] Schaffer, J., A. Saxena, S. Antalovich, T. Sanders und S. Warner, *The Science & Design of Engineering Materials*, 2. Aufl., McGraw-Hill, 1999.

[88] Schwerdtfeger, K. (Hrsg.), *Metallurgie des Stranggießens. Gießen und Erstarren von Stahl*, Verlag Stahleisen, 1992.

[89] Shackelford, J.F., *Introduction to Materials Science for Engineers*, 6. Aufl., Macmillan, 2005; *Werkstofftechnologie für Ingenieure*, 6. Aufl., Pearson Studium, 2005.

[90] Smith, W.F., *Principles of Materials Science and Engineering*, 3. Aufl., McGraw-Hill, 1995.

[91] Stolte, G., *Secondary Metallurgy. Fundamentals, Processes, Applications*, Verlag Stahleisen, 2002.

[92] *Thermal Properties of Metals*. ASM International, 2002.

[93] *Tool and Manufacturing Engineers Handbook*, 4. Aufl., Bd. 3, *Materials, Finishing and Coating*, Society of Manufacturing Engineers, 1985.

[94] Werner, E., E. Hornbogen, N. Jost und G. Eggeler, *Fragen und Antworten zu Werkstoffe*, 6. Aufl., Springer, 2009.

[95] *Woldman's Engineering Alloys*, 9. Aufl., ASM International, 2000.

[96] Wroblewski, A.J., und S. Vanka, *MaterialTool: A Selection Guide of Materials and Processes for Designers*, Prentice Hall, 1997.

[97] Wulpi, D.J., *Understanding How Components Fail*, 2. Aufl., ASM International, 1999.

Kapitel 4

[98] Aft, L.S., *Fundamentals of Industrial Quality Control*, 3. Aufl., Addison-Wesley, 1998.

[99] *ASM Handbook*, Bd. 17: *Nondestructive Evaluation and Quality Control*, ASM International, 1989.

[100] Bayer, R.G., *Mechanical Wear Fundamentals and Testing*, 2. Aufl., Dekker, 2005.

[101] Besterfield, D.H., *Quality Control*, 7. Aufl., Prentice Hall, 2004.

[102] Bhushan, B., *Introduction to Tribology*, Wiley, 2003.

[103] Bhushan, B. (Hrsg.), *Modern Tribology Handbook*, CRC Press, 2001.

[104] Booser, E.R. (Hrsg.), *Tribology Data Handbook*, CRC Press, 1998.

[105] Bothe, D.R., *Measuring Process Capability: Techniques and Calculations for Quality and Manufacturing Engineers*, McGraw-Hill, 1997.

[106] Breyfogle, F., *Implementing Six Sigma: Smarter Solutions Using Statistical Methods*, 2. Aufl., Wiley, 2003.

[107] Burakowski, T., und T. Wiershon, *Surface Engineering of Metals: Principles, Equipment, Technologies*, CRC Press, 1998.

[108] Campbell, R., *Integrated Product Design and Manufacturing Using Geometric Dimensioning and Tolerancing*, CRC Press, 2002.

[109] Davis, J.R. (Hrsg.), *Surface Engineering for Corrosion and Wear Resistance*. IOM Communications and ASM International, 2001.

[110] Drake, P.J., *Dimensioning and Tolerancing Handbook*, McGraw-Hill, 1999.

[111] Farrago, F.T., und M.A. Curtis, *Handbook of Dimensional Measurement*, 3. Aufl., Industrial Press, 1994.

[112] Grant, E.L., und R.S. Leavenworth, *Statistical Quality Control*, McGraw-Hill, 1997.
[113] Kear, F.W., *Statistical Process Control in Manufacturing Practice*, Dekker, 1998.
[114] Krulikowski, A., *Fundamentals of Geometric Dimensioning and Tolerancing*, Delmar, 1997.
[115] Lindsay, J.H. (Hrsg.), *Coatings and Coating Processes for Metals*, ASM International, 1998.
[116] Meadows, J.D., *Geometric Dimensioning and Tolerancing*, Dekker, 1995.
[117] Meadows, J.D., *Measurement of Geometric Tolerances in Manufacturing*, Dekker, 1998.
[118] Meuthen, B., und A.-S. Jandel, *Coil Coating. Bandbeschichtung: Verfahren, Produkte, Märkte*, 2. Aufl., Vieweg, 2008.
[119] Montgomery, D.C., *Introduction to Statistical Quality Control*, Wiley, 2004.
[120] Muhs, D., H. Wittel, D. Jannasch und J. Voßiek, *Roloff/Matek: Maschinenelemente*, 18. Aufl., Vieweg, 2007.
[121] Müller, K.-P., *Praktische Oberflächentechnik. Vorbehandeln, Beschichten, Beschichtungsfehler, Umweltschutz*, 4. Aufl., Vieweg Verlag, 2003.
[122] Murphy, S.D., *In-Process Measurement and Control*, Dekker, 1990.
[123] Nachtman, E.S., und S. Kalpakjian, *Lubricants and Lubrication in Metalworking Operations*, Dekker, 1985.
[124] Niemann, G., H. Winter und B.-R. Höhn, *Maschinenelemente I*, 4. Aufl., Springer, 2005.
[125] Puncochar, D.E., *Interpretation of Geometric Dimensioning and Tolerancing*, 2. Aufl., Industrial Press, 1997.
[126] Rabinowicz, E., *Friction and Wear of Materials*, 2. Aufl., Wiley, 1995.
[127] Robinson, S.L., und R.K. Miller, *Automated Inspection and Quality Assurance*, Dekker, 1989.
[128] Schey, J.A., *Tribology in Metalworking: Friction, Lubricating and Wear*, ASM International, 1983.
[129] Schlecht, B., *Maschinenelemente 1*, Pearson Studium, 2007.
[130] Stachowiak, G.W., und A.W. Batchelor, *Engineering Tribology*, Butterworth-Heinemann, 2001.
[131] Steffens, H.-D., und J. Wilden, *Moderne Beschichtungsverfahren*, 2. Aufl., DGM-Informationsgesellschaft Verlag, 1996.
[132] Stern, K.H. (Hrsg.), *Metallurgical and Ceramic Protective Coatings*, Chapman & Hall, 1996.
[133] Sudarshan, T.S. (Hrsg.), *Surface Modification Technologies*, ASM International, 1998.
[134] Wadsworth, H.M., *Handbook of Statistical Control Methods for Engineers and Scientists*, 2. Aufl., McGraw-Hill, 1998.
[135] Whitehouse, D.J., *Handbook of Surface Metrology*, Institute of Physics, 1994.
[136] Williams, J.A., *Introduction to Tribology*, Cambridge University Press, 2006.
[137] Winchell, W., *Inspection and Measurement in Manufacturing*, Society of Manufacturing Engineers, 1996.

Kapitel 5

[138] *Abrasion-Resistant Cast Iron Handbook*, American Foundry Society, 2000.
[139] Alexiades, V., *Mathematical Modeling of Melting and Freezing Processes*, Hemisphere, 1993.
[140] Allsop, D.F., und D. Kennedy, *Pressure Die Casting – Part II: The Technology of the Casting and the Die*, Pergamon, 1983.
[141] *An Introduction to Die Casting*, American Die Casting Institute, 1981.

[142] *ASM Handbook*, Bd. 3: *Alloy Phase Diagrams*, ASM International, 1992.
[143] *ASM Handbook*, Bd. 4: *Heat Treating*, ASM International, 1991.
[144] *ASM Handbook*, Bd. 15: *Casting*, ASM International, 1988.
[145] *ASM Specialty Handbook: Cast Irons*, ASM International, 1996.
[146] Bradley, E.F., *High-Performance Castings: A Technical Guide*, Edison Welding Institute, 1989.
[147] Campbell, J., *Castings*, 2. Aufl., Butterworth-Heinemann, 2003.
[148] *Case Hardening of Steel*, ASM International, 1987.
[149] *Casting*, in *Tool and Manufacturing Engineers Handbook, Volume II: Forming*, Society of Manufacturing Engineers, 1984.
[150] Clegg, A.J., *Precision Casting Processes*, Pergamon, 1991.
[151] Davis, J.R. (Hrsg.), *Cast Irons*, ASM International, 1996.
[152] Horstmann, D., *Das Zustandsschaubild Eisen-Kohlenstoff und die Grundlagen der Wärmebehandlung der Eisen-Kohlenstofflegierungen*, 5. Aufl., Verlag Stahleisen, 1985.
[153] *Investment Casting Handbook*, Investment Casting Institute, 1997.
[154] Johns, R., *Casting Design*, American Foundrymen's Society, 1987.
[155] Karlsson, L. (Hrsg.), *Modeling in Welding, Hot Powder Forming and Casting*, ASM International, 1997.
[156] Kaye, A., und A.C. Street, *Die Casting Metallurgy*, Butterworth, 1982.
[157] Klocke, F., und W. König, *Fertigungsverfahren 5: Urformtechnik, Gießen, Sintern, Rapid Prototyping*, 4. Aufl., Springer, 2007.
[158] Krauss, G., *Steels: Heat Treatment and Processing Principles*, ASM International, 1990.
[159] Kurz, W., und D.J. Fisher, *Fundamentals of Solidification*, 4. Aufl., Trans Tech Pub., 1998.
[160] Liebermann, H.H. (Hrsg.), *Rapidly Solidified Alloys*, Dekker, 1993.
[161] Neumann, F., *Gusseisen. Schmelztechnik, Metallurgie, Schmelzbehandlung*, 2. Aufl., Expert-Verlag, 1999.
[162] Powell, G.W., S.-H. Cheng und C.E. Mobley, Jr., *A Fractography Atlas of Casting Alloys*, Battelle Press, 1992.
[163] Rowley, M.T. (Hrsg.), *International Atlas of Casting Defects*, American Foundrymen's Society, 1974.
[164] Schwerdtfeger, K. (Hrsg.), *Metallurgie des Stranggießens. Gießen und Erstarren von Stahl*, Verlag Stahleisen, 1992.
[165] *Steel Castings Handbook*, 6. Aufl., Steel Founders' Society of America, 1995.
[166] Szekely, J., *Fluid Flow Phenomena in Metals Processing*, Academic Press, 1979.
[167] Totten, G.E., und M.A.H. Howes, *Steel Heat Treatment*, Dekker, 1997.
[168] Upton, B., *Pressure Die Casting – Part I: Metals, Machines, Furnaces*, Pergamon, 1982.
[169] Walton, C.F., und T.J. Opar (Hrsg.), *Iron Castings Handbook*, 3. Aufl., Iron Castings Society, 1981.
[170] Wieser, P.P. (Hrsg.), *Steel Castings Handbook*, 6. Aufl., ASM International, 1995.
[171] Young, K.P., *Semi-solid Processing*, Kluwer, 2000.

Kapitel 6

[172] Altan, T., G. Ngaile und G. Shen, (Hrsg.), *Cold und Hot Forging: Fundamentals and Applications*, ASM International, 2004.

[173] Altan, T., S.-I. Oh und H. Gegel, *Metal Forming – Fundamentals and Applications*, ASM International, 1983.
[174] *ASM Handbook*, Bd. 14A: *Metalworking: Bulk Forming*, ASM International, 2005.
[175] Blazynski, T.Z., *Plasticity and Modern Metal-Forming Technology*, Elsevier, 1989.
[176] Dahl, W., R. Kopp und O. Pawelski, *Umformtechnik, Plastomechanik und Werkstoffkunde*, Springer, 1998.
[177] Davis, J.R. (Hrsg.), *Tool Materials*, ASM International, 1995.
[178] Dieter, G.E., *Mechanical Metallurgy*, 3. Aufl., McGraw-Hill, 1986.
[179] Dieter, G.E., (Hrsg.), *Workability Testing Techniques*, ASM International, 1984.
[180] Doege, E., und B.-A. Behrens, *Handbuch der Umformtechnik. Grundlagen, Technologien, Maschinen*, Springer, 2006.
[181] Frost, H.J., und M.F. Ashby, *Deformation-Mechanism Maps*, Pergamon, 1982.
[182] Ginzburg, V.B., *High-Quality Steel Rolling: Theory and Practice*, Dekker, 1993.
[183] Ginzburg, V.B., *Steel-Rolling Technology: Theory and Practice*, Dekker, 1989.
[184] Hoffmann, H. (Hrsg.), *Metal Forming Handbook*, Springer, 1998.
[185] Hosford, W.F., und R.M. Caddell, *Metal Forming. Mechanics and Metallurgy*, 2. Aufl., Prentice Hall, 1993.
[186] Inoue, N., und M. Nishihara (Hrsg.), *Hydrostatic Extrusion: Theory and Applications*, Elsevier, 1985.
[187] Klocke, F., und W. König, *Fertigungsverfahren 4. Umformtechnik*, 5. Aufl., Springer, 2006.
[188] Kobayashi, S., S.-I. Oh und T. Altan, *Metal Forming and the Finite-Element Method*, Oxford, 1989.
[189] Lange, K. (Hrsg.), *Handbook of Metal Forming*, McGraw-Hill, 1985.
[190] Lange, K. (Hrsg.), *Umformtechnik II. Massivumformung*, 2. Aufl., Springer, 1999.
[191] Lenard, J.G., M. Pietrzyk und L. Cser, *Mathematical and Physical Simulation of the Properties of Hot Rolled Products*, Elsevier, 1999.
[192] Lippmann, H., *Mechanik des Plastischen Fließens*, Springer, 1981.
[193] Lippmann, H., und O. Mahrenholtz, *Plastomechanik der Umformung metallischer Werkstoffe*, Springer, 1967.
[194] Mielnik, E.M., *Metalworking Science and Engineering*, McGraw-Hill, 1991.
[195] Müller, K., *Grundlagen des Strangpressens. Verfahren, Anlagen, Werkstoffe, Werkzeuge*, 2. Aufl., Expert-Verlag, 2003.
[196] Nachtman, E.S., und S. Kalpakjian, *Lubricants and Lubrication in Metalworking Operations*, Dekker, 1985.
[197] Pawelski, H., und O. Pawelski, *Technische Plastomechanik*, Stahleisen, 2000.
[198] Pietrzyk, M., und J.G. Leonard, *Thermal-Mechanical Modelling of the Flat Rolling Process*, Springer, 1991.
[199] Prasad, Y.V.R.K., und S. Sasidhara (Hrsg.), *Hot Working Guide: A Compendium of Processing Maps*, ASM International, 1997.
[200] *Product Design Guide for Forging*, Forging Industry Association, 1997.
[201] Saha, P.K., *Aluminum Extrusion Technology*, ASM International, 2000.
[202] *Schuler Handbuch der Umformtechnik*, Springer, 1996.

[203] Sheppard, T., *Extrusion of Aluminum Alloys*, Chapman & Hall, 1998.
[204] *Tool and Manufacturing Engineers Handbook, Vol. II: Forming*, Society of Manufacturing Engineers, 1984.
[205] Wagoner, R.H., und J.L. Chenot, *Fundamentals of Metal Forming*, Wiley, 1996.
[206] Wagoner, R.H., *Metal Forming Analysis*, Cambridge, 2001.

Kapitel 7

[207] *ASM Handbook*, Bd. 14B: *Metalworking: Sheet Forming*, ASM International, 2006.
[208] Benson, S.D., *Press Brake Technology*, Society of Manufacturing Engineers, 1997.
[209] Buljanovic, V., *Sheet Metal Forming Processes and Die Design*, Industrial Press, 2004.
[210] Bunge, H.J., (Hrsg.), *Formability of Metallic Materials*, Springer, 2001.
[211] Davies, G., *Materials for Automobile Bodies*, Elsevier, 2006.
[212] Davis, J.R. (Hrsg.), *Tool Materials*, ASM International, 1995.
[213] Doege, E., und B.-A. Behrens, *Handbuch der Umformtechnik. Grundlagen, Technologien, Maschinen*, Springer, 2006.
[214] *Fundamentals of Tool Design*, 4. Aufl., Society of Manufacturing Engineers, 1998.
[215] Gillanders, J., *Pipe and Tube Bending Manual*, FMA International, 1994.
[216] Hosford, W.F., und R.M. Caddell, *Metal Forming, Mechanics and Metallurgy*, 2. Aufl., Prentice Hall, 1993.
[217] Hu, J., Z. Marciniak und J. Duncan, *Mechanics of Sheet Metal Forming*, Butterworth-Heinemann, 2002.
[218] Klocke, F., und W. König, *Fertigungsverfahren 4: Umformtechnik*, 5. Aufl., Springer, 2006.
[219] Lange, K. (Hrsg.), *Umformtechnik III. Blechbearbeitung*, 2. Aufl., Springer, 1990.
[220] Nachtman, E.S., und S. Kalpakjian, *Lubricants and Lubrication in Metalworking Operations*, Dekker, 1985.
[221] Pearce, R., *Sheet Metal Forming*, Springer, 2006.
[222] *Progressive Dies*, Society of Manufacturing Engineers, 1994.
[223] Rapien, B.L., *Fundamentals of Press Brake Tooling*, Hanser Gardner, 2005.
[224] Sachs, G., *Principles and Methods of Sheet Metal Fabricating*, 2. Aufl., Reinhold, 1966.
[225] Siegert, K. (Hrsg.), *Blechumformung: Werkstoffe, Verfahren, Werkzeuge und Maschinen*, Springer, 2007.
[226] Smith, D.A. (Hrsg.), *Die Design Handbook*, 3. Aufl., Society of Manufacturing Engineers, 1990.
[227] Suchy, I., *Handbook of Die Design*, McGraw-Hill, 1997.
[228] Theis, H.E., *Handbook of Metalforming Processes*, CRC, 1999.
[229] *Tool and Manufacturing Engineers Handbook*, 4. Aufl., Vol. 2: Forming, Society of Manufacturing Engineers, 1984.
[230] Wagoner, R.H., K.S. Chan und S.P. Keeler (Hrsg.), *Forming Limit Diagrams*, The Minerals, Metals and Materials Society, 1989.

Kapitel 8

[231] Arnone, M., *High Performance Machining*, Hanser, 1998.
[232] *ASM Handbook*, Bd. 16: *Machining*, ASM International, 1989.
[233] *ASM Specialty Handbook: Tool Materials*, ASM International, 1995.
[234] Astakhov, V.P., *Metal Cutting Mechanics*, CRC Press, 1998.
[235] Boothroyd, G., und W.A. Knight, *Fundamentals of Machining and Machine Tools*, 3. Aufl., Dekker, 2005.
[236] Brown, J., *Advanced Machining Technology Handbook*, McGraw-Hill, 1998.
[237] Byers, J.P. (Hrsg.), *Metalworking Fluids*, Dekker, 1994.
[238] Davis, J.R., (Hrsg.), *Tool Materials*, ASM International, 1995.
[239] DeVries, W.R., *Analysis of Material Removal Processes*, Springer, 1992.
[240] Dudzinski, D., Molinari, A. und Schulz, H., (Hrsg.), *Metal Cutting and High Speed Machining*, Springer, 2002.
[241] Erdel, B., *High-Speed Machining*, Society of Manufacturing Engineers, 2003.
[242] Ewert, R. H., *Gears and Gear Manufacture: The Fundamentals*, Chapman & Hall, 1997.
[243] *Fachkunde Metall*, 55. Aufl., Verlag Europa-Lehrmittel, 2007.
[244] Hoffman, E.G., *Jig and Fixture Design*, 4. Aufl., Industrial Press, 1996.
[245] Kalpakjian, S., (Hrsg.), *Tool and Die Failures: Source Book*, ASM International, 1982.
[246] Komanduri, R., „Tool Materials", in *Kirk-Othmer Encyclopedia of Chemical Technology*, 4. Aufl., Vol. 24, Wiley, 1997.
[247] Krar, S.F., und A.F. Check, *Technology of Machine Tools*, 5. Aufl., Glencoe Macmillan/McGraw-Hill, 1996.
[248] *Machinery's Handbook*, Industrial Press, aktuelle Auflage.
[249] *Modern Metal Cutting: A Practical Handbook*, Sandvik Coromant, 1996.
[250] Nachtman, E.S., und S. Kalpakjian, *Lubricants and Lubrication in Metalworking Operations*, Dekker, 1985.
[251] Paucksch, E., S. Holsten, M. Linß und F. Tikal, *Zerspantechnik*, 12. Aufl., Vieweg + Teubner, 2008.
[252] Rivin, E.I., *Stiffness and Damping in Mechanical Design*, Dekker, 1999.
[253] Roberts, G.A., G. Krauss, und R. Kennedy, *Tool Steels*, 5. Aufl., ASM International, 1997.
[254] Shaw, M.C., *Metal Cutting Principles*, 2. Aufl., Oxford, 2005.
[255] Sluhan, C., (Hrsg.), *Cutting and Grinding Fluids. Selection and Application*, Society of Manufacturing Engineers, 1992.
[256] Stephenson, D., und J.S. Agapiou, *Metal Cutting: Theory and Practice*, 2. Aufl., CRC Press, 2005.
[257] Stout, K.J., J. Davis und P.J. Sullivan, *Atlas of Machined Surfaces*, Chapman & Hall, 1990.
[258] Tönshoff, H.K., und F. Hollmann (Hrsg.), *Hochgeschwindigkeitsspanen metallischer Werkstoffe*, Wiley-VCH Verlag, 2005.
[259] Townsend, D.P., *Dudley's Gear Handbook: The Design, Manufacturing, and Application of Gears*, 2. Aufl., McGraw-Hill, 1991.
[260] Trent, E.M., und P.K. Wright, *Metal Cutting*, 4. Aufl., Butterworth Heinemann, 2000.

[261] Venkatesh, V.C., und H. Chandrasekaran, *Experimental Techniques in Metal Cutting*, Prentice Hall, 1987.
[262] Walsh, R.A., *McGraw-Hill Machining and Metalworking Handbook*, McGraw-Hill, 1994.
[263] Weck, M., *Handbook of Machine Tools*, 4 Bde., Wiley, 1984.
[264] *Zerspantechnik*, 5. Aufl., Verlag Europa-Lehrmittel, 2009.

Kapitel 9

[265] *ASM Handbook*, Bd. 16: *Machining*, ASM International, 1989.
[266] Borkowski, J., und A. Szymanski, *Uses of Abrasives and Abrasive Tools*, Ellis Horwood, 1992.
[267] Brown, J., *Advanced Machining Technology Handbook*, McGraw-Hill, 1998.
[268] Chryssolouris, G., und P. Sheng, *Laser Machining, Theory & Practice*, Springer, 1991.
[269] Crafer, R.C., und P.J. Oakley, *Laser Processing in Manufacturing*, Chapman & Hall, 1993.
[270] El-Hofy, H.A.-G., *Advanced Machining Processes*, McGraw-Hill, 2005.
[271] *Fachkunde Metall*, 55. Aufl., Verlag Europa-Lehrmittel, 2007.
[272] Gillespie, L.K., *Deburring and Edge Finishing Handbook*, Society of Manufacturing Engineers/American Society of Mechanical Engineers, 2000.
[273] Guitran, E.B., *The EDM Handbook*, Hanser Gardner, 1997.
[274] Hwa, L.S., *Chemical Mechanical Polishing in Silicon Processing*, Academic Press, 1999.
[275] Jain, V.K., und P.C. Pandey, *Theory and Practice of Electrochemical Machining*, Wiley, 1993.
[276] Jameson, E.C., *Electrical Discharge Machining*, Society of Manufacturing Engineers, 2001.
[277] Krar, S., und E. Ratterman, *Superabrasives: Grinding and Machining with CBN and Diamond*, McGraw-Hill, 1990.
[278] Krar, S., *Grinding Technology*, 2. Aufl., Delmar, 1995.
[279] Malkin, S., *Grinding Technology: Theory and Applications of Machining with Abrasives*, Wiley, 1989.
[280] Marinescu, I.D. (Hrsg.), *Handbook of Advanced Ceramics Machining*, CRC Press, 2006.
[281] Marinescu, I.D., M. Hitchiner, E. Uhlmann und W.B. Rowe, *Handbook of Machining with Grinding Wheels*, 2006.
[282] Marinescu, I.D., H.K. Tönshoff und I. Inasaki, *Handbook of Ceramics Grinding and Polishing*, 1999.
[283] Maroney, M.L., *A Guide to Metal and Plastic Finishing*, Industrial Press, 1991.
[284] McGeough, J.A., *Advanced Methods of Machining*, Chapman & Hall, 1988.
[285] Momber, A.W., und R. Kovacevic, *Principles of Abrasive Water Jet Machining*, Springer, 1998.
[286] Nachtman, E.S., und S. Kalpakjian, *Lubricants and Lubrication in Metalworking Operations*, Dekker, 1985.
[287] Paucksch, E., S. Holsten, M. Linß und F. Tikal, *Zerspantechnik*, 12. Aufl., Vieweg + Teubner, 2008.
[288] Powell, J., *Laser Cutting*, Springer, 1991.
[289] Salmon, S.C., *Modern Grinding Process Technology*, McGraw-Hill, 1992.
[290] Schneider, A.F., *Mechanical Deburring and Surface Finishing Technology*, Dekker, 1990.
[291] Shaw, M.C., *Principles of Abrasive Processing*, Oxford, 1996.

[292] Sluhan, C. (Hrsg.), *Cutting and Grinding Fluids: Selection and Application*, Society of Manufacturing Engineers, 1992.
[293] Sommer, C., und S. Sommer, *Wire EDM Handbook*, Technical Advanced Publishing Co., 1997.
[294] *Non-Traditional Machining Handbook*, Advance Publishing, 1999.
[295] Steen, W.M., *Laser Material Processing*, Springer, 1991.
[296] Szymanski, A., und J. Borkowski, *Technology of Abrasives and Abrasive Tools*, Ellis Horwood, 1992.
[297] Taniguchi, N. (Hrsg.), *Nanotechnology*, Oxford, 1996.
[298] *Tool and Manufacturing Engineers Handbook*, 4. Aufl., Bd. 1: *Machining*, Society of Manufacturing Engineers, 1983.
[299] Webster, J.A., I.D. Marinescu und T.D. Trevor, *Abrasive Processes: Theory, Technology, and Practice*, Dekker, 1996.
[300] *Zerspantechnik*, 5. Aufl., Verlag Europa-Lehrmittel, 2009.

Kapitel 10

[301] Agarwal, B.D., L.J. Broutman und K. Chandrashekhara, *Analysis and Performance of Fiber Composites*, 3. Aufl., Wiley, 2006.
[302] *ASM Handbook*, Bd. 21: *Composites*, ASM International, 2001.
[303] Baird, D.G., und D.I. Collias, *Polymer Processing: Principles and Design*. Wiley, 1998.
[304] Beaman, J.J., J.W. Barlow, D.L. Bourell und R. Crawford, *Solid Freeform Fabrication*, Kluwer, 1997.
[305] Bertholet, J.-M., *Composite Materials: Mechanical Behavior and Structural Analysis*, Springer, 1999.
[306] Bhowmick, A.K., und H.L. Stephens, *Handbook of Elastomers*, 2. Aufl., CRC, 2000.
[307] Buckley, C.P., C.B. Bucknall und N.G. McCrum, *Principles of Polymer Engineering*, 2. Aufl., Oxford, 1997.
[308] Campbell, F. (Hrsg.), *Manufacturing Processes for Advanced Composites*, Elsevier, 2003.
[309] Campbell, P., *Plastic Component Design*, Industrial Press, 1996.
[310] Chanda, M., und S.K. Roy, *Plastics Technology Handbook*, 3. Aufl., Dekker, 1998.
[311] Chawla, K.K., *Composite Materials: Science and Engineering*, 2. Aufl., Springer, 1998.
[312] Chua, C.K., und L.K.F. Leong, *Rapid Prototyping: Principles and Applications in Manufacturing*, World Scientific Co., 2000.
[313] Cooper, K.G., *Rapid Prototyping Technology*, Dekker, 2001.
[314] Daniel, I.M., und O. Ishai, *Engineering Mechanics of Composite Materials*, 2. Aufl., Oxford, 2005
[315] Dimov, S. S., und D.T. Pham, *Rapid Manufacturing: The Technologies and Applications of Rapid Prototyping and Rapid Tooling*, Springer, 2001.
[316] Ehrenstein, G.W., D. Drummer, und K. Kuhmann, *Mehrkomponentenspritzgießtechnik 2000*, 2. Aufl., Springer, 2000.
[317] Erhard, G., *Designing with Plastics*, Hanser Gardner, 2006.
[318] Gastrow, H., *Injection Molds: 130 Proven Designs*, Hanser Gardner, 2002.
[319] Gebhardt, A., *Generative Fertigungsverfahren*, 3. Aufl., Hanser, 2007.

Literaturverzeichnis

[320] Griskey, R.G., *Polymer Process Engineering*, Chapman & Hall, 1995.
[321] Gutowski, T.G., *Advanced Composites Manufacturing*, Wiley, 1997.
[322] Harper, C.A., *Handbook of Plastics, Elastomers, and Composites*, 3. Aufl., McGraw-Hill, 1996.
[323] *Handbook of Plastic Processes*, Wiley-Interscience, 2006.
[324] Hilton, P.D., und P.F. Jacobs, *Rapid Tooling: Technologies and Industrial Applications*, Marcel Dekker, 2000.
[325] Hornbogen, E., G. Eggeler und E. Werner, *Werkstoffe*, 9. Aufl., Springer, 2008.
[326] Johannaber, F., *Sonderverfahren des Spritzgießens*, Hanser, 2007.
[327] Johannaber, F., und W. Michaeli, *Handbuch Spritzgießen*, 2. Aufl., Hanser 2004.
[328] Johnson, P.S., *Rubber Processing: An Introduction*. Hanser Gardner, 2001.
[329] Klocke, F., und W. König, *Fertigungsverfahren 5: Urformtechnik, Gießen, Sintern, Rapid Prototyping*, 4. Aufl., Springer, 2007.
[330] Lu, L., J.Y.H. Fuh und Y.S. Wong, *Laser-Induced Materials and Processes for Rapid Prototyping*, Kluwer, 2001.
[331] MacDermott, C.P., und A.V. Shenoy, *Selecting Thermoplastics for Engineering Applications*, 2. Aufl., Dekker, 1997.
[332] Mallick, P.K. (Hrsg.), *Composites Engineering Handbook*, Dekker, 1997.
[333] Malloy, R.A., *Plastic Part Design for Injection Molding: An Introduction*, Hanser Gardner, 1994.
[334] Mazumdar, S.K., *Composites Manufacturing: Materials, Products and Process Engineering*, CRC Press, 2001.
[335] Michaeli, W., *Einführung in die Technologie der Faserverbundwerkstoffe*, Hanser, 1989.
[336] Michaeli, W., *Einführung in die Kunststoffverarbeitung*, 5. Aufl., Hanser, 2007.
[337] Miller, E., *Introduction to Plastics and Composites: Mechanical Properties and Engineering Applications*, Dekker, 1995.
[338] Nielsen, L.E., und R.F. Landel, *Mechanical Properties of Polymers and Composites*, 2. Aufl., Dekker, 1994.
[339] *Plastics: Materials and Processing*, 2. Aufl., Prentice Hall, 1999.
[340] Potter, K., *Introduction to Composite Products: Design, Development and Manufacture*, Chapman & Hall, 1997.
[341] *Resin Transfer Molding*, Chapman & Hall, 1997.
[342] Rauwendaal, C., *Polymer Extrusion*, 4. Aufl., Hanser Gardner, 2001.
[343] Rosato, D.V., *Plastics Processing Data Handbook*, 2. Aufl., Chapman & Hall, 1997.
[344] Rosato, D.V., und M.G. Rosato, *Injection Molding Handbook*, 3. Aufl., Kluwer Academic Publishers, 2000.
[345] Rosato, D.V., und M.G. Rosato, *Plastics Design Handbook*, Kluwer Academic Publishers, 2001.
[346] Rosen, S.R., *Thermoforming: Improving Process Performance*, Society of Manufacturing Engineers, 2002.
[347] Rudin, A., *Elements of Polymer Science and Engineering*, 2. Aufl., Academic Press, 1999.
[348] Schwarzmann, P., und A. Illig, *Thermoformen in der Praxis*, Hanser, 1997.
[349] Shastri, R., *Plastics Product Design*, Dekker, 1996.
[350] Shenoy, A., *Thermoplastic Melt Rheology and Processing*, CRC Press, 1996.

[351] Skotheim, T.A., *Handbook of Conducting Polymers*, Dekker, 1986.
[352] Starr, T.F., *Pultrusion for Engineers*, CRC Press, 2000.
[353] Stitz, S., und W. Keller, *Spritzgießtechnik. Verarbeitung – Maschine – Peripherie*, 2. Aufl., Hanser, 2004.
[354] Tadmor, Z., und Goqos, C., *Principles of Polymer Processing*, 2. Aufl., Wiley, 2006.
[355] *Tool and Manufacturing Engineers Handbook*, 4. Aufl., Bd. 8: *Plastic Part Manufacturing*, Society of Manufacturing Engineers, 1996.
[356] Vollrath, L., und H.G. Haldenwanger, *Plastics in Automotive Engineering: Materials, Components, Systems*, Hanser Gardner, 1994.
[357] Werner, E., E. Hornbogen, N. Jost und G. Eggeler, *Fragen und Antworten zu Werkstoffe*, 6. Aufl., Springer, 2010.
[358] Zachariades, A.E., und R.S. Porter, *High-Modulus Polymers: Approaches to Design and Development*, Dekker, 1995.
[359] Zäh, M.F., *Wirtschaftliche Fertigung mit Rapid-Technologien*, Hanser, 2006.

Kapitel 11

Pulvermetallurgie

[360] *ASM Handbook*, Bd. 7: *Powder Metal Technologies and Applications*, ASM International, 1998.
[361] German, R.M., *A-Z of Powder Metallurgy*, Elsevier, 2006.
[362] German, R.M., *Powder Metallurgy and Particulate Materials Processing*, Metal Powder Industries Federation, 2005.
[363] Karlsson, L. (Hrsg.), *Modeling in Welding, Hot Powder Forming and Casting*, ASM International, 1997.
[364] Pease III, L.F., und W.G. West, *Fundamentals of Powder Metallurgy*, Metal Powder Industries Federation, 2002.
[365] *Powder Metallurgy Design Guidebook*, American Powder Metallurgy Institute, revised periodically.
[366] *Powder Metallurgy Design Manual*, 3. Aufl., Metal Powder Industries Federation, 1998.
[367] *Powder Metallurgy and Particulate Materials Processing*, Metal Powder Industries Federation, 2005.
[368] Schatt, W., und K.-P. Wieters, *Pulvermetallurgie. Technologie und Werkstoffe*, Springer, 2006.
[369] *Sintering Technology and Practice*, Wiley, 1996.
[370] Upadhyaya, G.S., *Sintering Metallic and Ceramic Materials: Preparation, Properties and Applications*, Wiley, 2000.

Keramik und Glas

[371] Barsoum, M.W., *Fundamentals of Ceramics*, McGraw-Hill, 1996.
[372] Buchanan, R.C., *Ceramic Materials for Electronics: Processing, Properties, and Applications*, 3. Aufl., Dekker, 2004.

[373] Cranmer, D.C., und D.W. Richerson, *Mechanical Testing Methodology for Ceramic Design and Reliability*, Dekker, 1998.
[374] German, R.M., und A. Bose, *Injection Molding of Metals and Ceramics*, Metal Powder Industries Federation, 1997.
[375] Harper, C.A. (Hrsg.), *Handbook of Ceramics, Glasses, and Diamonds*, McGraw-Hill, 2001.
[376] Holand, W., und G.H. Beall, *Design and Properties of Glass-Ceramics*, American Chemical Society, 2001.
[377] Hornbogen, E., G. Eggeler und E. Werner, *Werkstoffe*, 9. Aufl., Springer, 2008.
[378] Jahanmir, S., *Friction and Wear of Ceramics*, Dekker, 1994.
[379] King, A.G., *Ceramics Processing and Technology*, Noyes Pub., 2001.
[380] Lu, H.Y., *Introduction to Ceramic Science*, Dekker, 1996.
[381] Munz, D., und T. Fett, *Ceramics: mechanical properties, failure behaviour, materials selection*, 2. Aufl., Springer, 2001.
[382] Prelas, M.A., G. Popovici und L.K. Bigelow (Hrsg.), *Handbook of Industrial Diamonds and Diamond Films*, Dekker, 1997.
[383] Rahaman, M.N., *Sintering of Ceramics*, Taylor & Francis, 2007.
[384] Rahaman, M.N., *Ceramic Processing*, Taylor & Francis, 2006.
[385] Reed, J.S., *Principles of Ceramics Processing*, 2. Aufl., Wiley, 1995.
[386] Richerson, D.W., *Modern Ceramic Engineering: Properties, Processing, and Use in Design*, 3. Aufl., Dekker, 2005.
[387] Salmang, H., H. Scholze, und R. Telle, *Keramik*, 7. Aufl., Springer, 2007.
[388] Tietz, H.-D. (Hrsg.), *Technische Keramik: Aufbau, Eigenschaften, Herstellung, Bearbeitung, Prüfung*, Springer, 1994.
[389] Werner, E., E. Hornbogen, N. Jost und G. Eggeler, *Fragen und Antworten zu Werkstoffe*, 6. Aufl., Springer, 2010.
[390] Wilks, J., und E. Wilks, *Properties and Applications of Diamond*, Butterworth-Heinemann, 1991.

Verbundwerkstoffe

[391] *ASM Engineered Materials Handbook*, Desk Edition, ASM International, 1995.
[392] *ASM Handbook*, Vol. 21: *Composites*, ASM International, 2001.
[393] Belitskus, D.L., *Fiber and Whisker Reinforced Ceramics for Structural Applications*, Dekker, 2004.
[394] *Ceramic Matrix Composites*, 2. Aufl., Springer, 2003.
[395] Chawla, K.K., *Composite Materials*, 2. Aufl., Springer, 1998.
[396] Chawla, K.K., *Ceramic Matrix Composites*, 2. Aufl., Springer, 2003.
[397] Gadow, R. (Hrsg.), *Neue keramische Werkstoffe und Verbundwerkstoffe*, Expert-Verlag, 2000.
[398] Gutowski, T.G. (Hrsg.), *Advanced Composites Manufacturing*, Wiley, 1997.
[399] Hoa, S.V., *Computer-Aided Design for Composite Structures*, Dekker, 1996.
[400] Mallick, P.K. (Hrsg.), *Composites Engineering Handbook*, Dekker, 1997.
[401] Ochiai, S., *Mechanical Properties of Metallic Composites*, Dekker, 1994.

Kapitel 12

[402] Adams, R.D. (Hrsg.), *Adhesive Bonding*, CRC Press, 2005.
[403] Baghdachi, J., *Adhesive Bonding Technology*, Dekker, 1996.
[404] Bickford, J.H., und S. Nassar (Hrsg.), *Handbook of Bolts and Bolted Joints*, Dekker, 1998.
[405] Bowditch, M.A. und Baird, R.J., *Oxyfuel Gas Welding*, Goodheart-Wilcox, 2003.
[406] Budde, L., und R. Pilgrim, *Stanznieten und Durchsetzfügen*, Verlag moderne Industrie, 1995.
[407] Cary, H.B., und Helzer, S., *Modern Welding Technology*, 6. Aufl., Prentice Hall, 2004.
[408] *Ceramic Joining*, ASM International, 1990.
[409] Dilthey, U., *Schweißtechnische Fertigungsverfahren: Bd. 1. Schweiß- und Schneidtechnologien*, 3. Aufl., Springer, 2006.
[410] Duley, W.W., *Laser Welding*, Wiley, 1999.
[411] Evans, G.M., und N. Bailey, *Metallurgy of Basic Weld Metal*, Wooodhead, 1997.
[412] Grong, O., *Metallurgical Modeling of Welding*, The Institute of Metals, 1994.
[413] Habenicht, G., *Kleben. Grundlagen, Technologien, Anwendungen*, 5. Aufl., Springer, 2006.
[414] Hicks, J.G., *Welded Joint Design*, 2. Aufl., Abington, 1997.
[415] Houldcroft, P.T., *Welding and Cutting: A Guide to Fusion Welding and Associated Cutting Processes,* Industrial Press, 2. Aufl., 2001.
[416] Humpston, G., und D.M. Jacobson, *Principles of Soldering*, ASM International, 2004.
[417] Hwang, J.S., *Modern Solder Technology for Competitive Electronics Manufacturing*, McGraw-Hill, 1996.
[418] *Introduction to the Nondestructive Testing of Welded Joints*, 2. Aufl., American Society of Mechanical Engineers, 1996.
[419] Jacobson, D.M., und G. Humpston, *Principles of Brazing*, ASM International, 2005.
[420] Jeffus, L.F., *Welding: Principles and Applications*, 5. Aufl., Delmar, 2002.
[421] *Joining of Composite-Matrix Materials*, ASM International, 1994.
[422] Judd, M., und K. Brindley, *Soldering in Electronics Assembly*, 2. Aufl., Newnes, 1999.
[423] Kou, S., *Welding Metallurgy*, 2. Aufl., Wiley, 2002.
[424] Lancaster, J.F., *The Metallurgy of Welding*, 6. Aufl., Chapman & Hall, 1999.
[425] Lippold, J.C., und D.J. Kotecki, *Welding Metallurgy and Weldability of Steels*, Wiley, 2005.
[426] Mandal, N.R., *Aluminum Welding*, ASM International, 2002.
[427] Manko, H.H., *Soldering Handbook for Printed Circuits and Surface Mounting,* Van Nostrand Reinhold, 1995.
[428] Matthes, K-J., und F. Riedel (Hrsg.), *Fügetechnik*, Fachbuchverlag Leipzig im Hanser Verlag, 2003.
[429] Minnick, W.H., *Gas Metal Arc Welding Handbook*, Goodheart-Wilcox, 1999.
[430] Mouser, J.D., *Welding Codes, Standards, and Specifications*, McGraw-Hill, 1997.
[431] Müller, W., und J.-W. Müller, *Handbuch der Löttechnik*, DVS-Verlag, 1998.
[432] Nicholas, M.G., *Joining Processes: Introduction to Brazing and Diffusion Bonding*, Chapman & Hall, 1998.
[433] Parmley, R.O. (Hrsg.), *Standard Handbook of Fastening and Joining*, 3. Aufl., McGraw-Hill, 1997.
[434] Pecht, M.G., *Soldering Processes and Equipment*, Wiley, 1993.
[435] Petrie, E.M., *Handbook of Adhesives and Sealants*, 2. Aufl., McGraw-Hill, 2006.

[436] Powell, J., *CO$_2$ Laser Cutting*, 2. Aufl., Springer, 1998.
[437] Rotheiser, J., *Joining of Plastics: Handbook for Designers and Engineers*, Hanser Gardner, 2004.
[438] Ruge, J., *Handbuch der Schweißtechnik, I–IV*, Springer, 1985–1993.
[439] Satas, D., *Handbook of Pressure-Sensitive Adhesive Technology*, 3. Aufl., Satas & Associates, 1999.
[440] Schultz, H., *Electron Beam Welding*, Woodhead, 1994.
[441] Schulze, G., *Metallurgie des Schweißens*, 3. Aufl., Springer, 2004.
[442] Schwartz, M.M., *Brazing*, 2. Aufl., ASM International, 2003.
[443] Speck, J.A., *Mechanical Fastening, Joining, and Assembly*, Dekker, 1997.
[444] Steen, W.M., *Laser Material Processing*, 2. Aufl., Springer, 1998.
[445] Swenson, L.-E, *Control of Microstructures and Properties in Steel Arc Welds*, CRC Press, 1994.
[446] Tres, P.A., *Designing Plastic Parts for Assembly*, 3. Aufl., Hanser Gardner, 1998.
[447] *Weld Integrity and Performance*, ASM International, 1997.
[448] Woodgate, R.W., *Handbook of Machine Soldering*, Wiley, 1996.

Kapitel 13

[449] Anderson, B.L., und R.L. Anderson, *Fundamentals of Semiconductor Devices*, McGraw-Hill, 2004.
[450] Berger, L.I., *Semiconductor Materials*, CRC Press, 1997.
[451] Bhushan, B., *Handbook of Nanotechnology*, Springer, 2004.
[452] Blackwell, G.R., (Hrsg.), *The Electronic Packaging Handbook*, CRC Press, 2000.
[453] Brar, A.S., und P.B. Narayan, *Materials and Processing Failures in the Electronics and Computer Industries: Analysis and Prevention*, ASM International, 1993.
[454] Campbell, S.A., *The Science and Engineering of Microelectronic Fabrication*, 2. Aufl., Oxford, 2001.
[455] Chandrakasan, A., und R. Brodersen (Hrsg.), *Low Power CMOS Design*, IEEE, 1998.
[456] Chandrakasan, A., und R. Brodersen, *Low Power Digital CMOS Design*, Kluwer, 1995.
[457] Chang, C.-Y., und S.M. Sze (Hrsg.), *ULSI Devices*, Wiley-Interscience, 2000.
[458] Davis, J.A., und J.D. Meindl (Hrsg.), *Interconnect Technology and Design for Gigascale Integration*, Springer, 2003.
[459] Elwenspoek, M., und H. Jansen, *Silicon Micromachining*, Cambridge University Press, 2004.
[460] Elwenspoek, M., und R. Wiegerink, *Mechanical Microsensors*, Springer, 2001.
[461] Gad-el-Hak, M. (Hrsg.), *The MEMS Handbook*, 2. Aufl., CRC Press, 2005.
[462] Gardner, J.W., V. Varadan und O.O. Awadelkarim, *Microsensors, MEMS and Smart Devices*, Wiley, 2001.
[463] Griffin, P.B., J.D. Plummer und M.D. Deal, *Silicon VLSI Technology: Fundamentals, Practice and Modeling*, Prentice Hall, 2000.
[464] Harper, C.A. (Hrsg.), *Electronic Packaging and Interconnection Handbook*, 4. Aufl., McGraw-Hill, 2004.
[465] Harper, C.A., *High-Performance Printed Circuit Boards*, McGraw-Hill, 2000.
[466] Herrmann, G. (Hrsg.), *Handbuch der Leiterplattentechnik, 2*, Leutze Verlag, 1991.

[467] Hilleringmann, U., *Mikrosystemtechnik: Prozessschritte, Technologien, Anwendungen*, Teubner, 2006.
[468] Hilleringmann, U., *Silizium-Halbleitertechnologie*, 5. Aufl., Teubner, 2008.
[469] Hwang, J.S., *Modern Solder Technology for Competitive Electronics Manufacturing*, McGraw-Hill, 1996.
[470] Javits, M.W. (Hrsg.), *Printed Circuit Board Materials Handbook*, McGraw-Hill, 1997.
[471] Judd, M., und K. Brindley, *Soldering in Electronics Assembly*, 2. Aufl., Newnes, 1999.
[472] Khandour, R.S., *Printed Circuit Boards*, McGraw-Hill, 2005.
[473] Kovacs, G.T.A., *Micromachined Transducers Sourcebook*, McGraw-Hill, 1998.
[474] Liu, C., *Foundations of MEMS*, Prentice Hall, 2005.
[475] Madou, M.J., *Fundamentals of Microfabrication*, 2. Aufl., CRC Press, 2002.
[476] Mahajan, S., und K.S.S. Harsha, *Principles of Growth and Processing of Semiconductors*, McGraw-Hill, 1998.
[477] Mahalik, N., *Micromanufacturing and Nanotechnology*, Springer, 2005.
[478] Maluf, N., und K. Williams, *An Introduction to Microelectromechanical Systems Engineering*, 2. Aufl., Artech House, 2004.
[479] Manko, H.H., *Soldering Handbook for Printed Circuits and Surface Mounting*, Van Nostrand Reinhold, 1995.
[480] Matisoff, B.S., *Handbook of Electronics Manufacturing*, 3. Aufl., Chapman & Hall, 1996.
[481] May, G.S., und C.J. Spanos, *Fundamentals of Semiconductor Manufacturing and Process Control*, Wiley, 2006.
[482] Nishi, Y., und R. Doering (Hrsg.), *Handbook of Semiconductor Manufacturing Technologies*, Dekker, 2000.
[483] Ohring, M., *Reliability & Failure of Electronic Materials and Devices*, Academic Press, 1998.
[484] Pierret, R.F, *Advanced Semiconductor Fundamentals*, 2. Aufl., Prentice Hall, 2002.
[485] Poole, C.P., und F.J. Owens, *Introduction to Nanotechnology*, Wiley, 2003.
[486] Quirk, M., und J. Serda, *Semiconductor Manufacturing Technology*, Prentice Hall, 2000.
[487] Rizvi, S., *Handbook of Photomask Manufacturing Technology*, CRC Press, 2005
[488] Robertson, C., *Printed Circuit Board Designer's Reference*, CRC Press, 2003.
[489] Schroeder, D.K., *Semiconductor Material and Device Characterization*, 3. Aufl., Wiley, 2006.
[490] Sze, S.M. (Hrsg.), *Semiconductor Devices: Physics and Technology*, 2. Aufl., Wiley, 2001.
[491] Taur, Y., und T.H. Ning, *Fundamentals of Modern VLSI Devices*, Cambridge, 1998.
[492] Ulrich, R.K., und W.D. Brown, (Hrsg.), *Advanced Electronic Packaging*, Wiley, 2006.
[493] Van Zandt, P., *Microchip Fabrication: A Practical Guide to Semiconductor Processing*, McGraw-Hill, 2000.
[494] Wolf, S., *Microchip Manufacturing*, Lattice Press, 2003
[495] Wolf, S., und R.N. Tauber, *Silicon Processing for the VSLI Era: Process Technology*, 2. Aufl., Lattice Press, 1999.
[496] van Zant, P., *Microchip Fabrication: A Practical Guide to Semiconductor Processing*, 5. Aufl., McGraw-Hill, 2004.
[497] Varadan, V.K., X. Jiang und V.V. Varadan, *Microstereolithography and Other Fabrication Techniques for 3D MEMS*, Wiley, 2001.

Kapitel 14

[498] Anderson, D.M., *Design for Manufacturability & Concurrent Engineering*, CIM Press, 2003.
[499] Ashby, M.F., *Materials Selection in Mechanical Design*, 3. Aufl., Pergamon, 2005.
[500] *ASM Handbook*, Bd. 20: *Materials Selection and Design*, ASM International, 1997.
[501] Billatos, S., und N. Basaly, *Green Technology and Design for the Environment*, Taylor & Francis, 1997.
[502] Boothroyd, G., P. Dewhurst und W. Knight, *Product Design for Manufacture and Assembly*, 2. Aufl., Dekker, 2001.
[503] Bralla, J.G., *Design for Manufacturability Handbook*, 2. Aufl., McGraw-Hill, 1999.
[504] Cha, J., R. Jardim-Gonclaves und A. Steiger-Garcao, *Concurrent Engineering*, Taylor & Francis, 2003.
[505] Crowson, R., *Product Design and Factory Development*, 2. Aufl., CRC Press, 2005.
[506] Deming, W.E., *Out of the Crisis*, MIT Press, 1986.
[507] Dettmer, W.H., *Breaking the Constraints to World-Class Performance*, ASQ Quality Press, 1998.
[508] Giudice, F., G. La Rosa und A. Risitano, *Product Design for the Environment*, CRC, 2006.
[509] Harper, C.A. (Hrsg.), *Handbook of Materials for Product Design*, McGraw-Hill, 2001.
[510] Hartley, J.R., und S. Okamoto, *Concurrent Engineering: Shortening Lead Times, Raising Quality, und Lowering Costs*, Productivity Press, 1998.
[511] Hundai, M. (Hrsg.), *Mechanical Life Cycle Handbook*, CRC Press, 2001.
[512] Imai, M., *Gemba Kaizen: A Commonsense, Low-Cost Approach to Management*, McGraw-Hill, 1997.
[513] Madu, C., (Hrsg.), *Handbook of Environmentally Conscious Manufacturing*, Springer, 2001.
[514] Mahoney, R.M., *High-Mix Low-Volume Manufacturing*, Prentice Hall, 1997.
[515] Mangonon, P.C., *The Principles of Materials Selection for Design*, Prentice Hall, 1999.
[516] McDonough, W., und M. Braungart, *Cradle to Cradle: Rethinking the Way We Make Things*, North Point Press, 2002.
[517] Poli, C., *Design for Manufacturing: A Structured Approach*, Butterworth-Heinemann, 2001.
[518] Priest, J., und J. Sanchez, *Product Development and Design for Manufacturing*, 2. Aufl., CRC, 2001.
[519] Rhyder, R.F., *Manufacturing Process Design and Optimization*, Dekker, 1997.
[520] Shina, S.G. (Hrsg.), *Successful Implementation of Concurrent Engineering Products and Processes*, Wiley, 1997.
[521] Stoll, H.W., *Product Design Methods and Practices*, Dekker, 1999.
[522] Swift, K.G., und J.D. Booker, *Process Selection: From Design to Manufacture*, 2. Aufl., Butterworth-Heinemann, 2003.
[523] Taguchi, G., S. Chowdhury und Y. Wu, *Taguchi's Quality Engineering Handbook*, Wiley, 2004.
[524] Walker, J.M. (Hrsg.), *Handbook of Manufacturing Engineering*. 2. Aufl., Dekker, 2006.
[525] Wang, J.X., *Engineering Robust Designs with Six Sigma*, Prentice Hall, 2005.
[526] Wenzel, H., M. Hauschild und L. Alting, *Environmental Assessment of Products*, Vol. 1, Springer, 2003.
[527] Wenzel, H., und M. Hauschild, *Environmental Assessment of Products*, Vol. 2, Springer, 1997.
[528] Wu, Y., und A. Wu, *Taguchi Methods for Robust Design*, American Society of Mechanical Engineers, 2000.

Anhang A

[529] Blum, R.S., und Z. Liu, *Multi-Sensor Image Fusion and its Applications*, CRC, 2005.

[530] Bolhouse, V., *Fundamentals of Machine Vision*, Robotic Industries Association, 1997.

[531] Boothroyd, G., *Assembly Automation and Product Design*, 2. Aufl., Dekker, 2005.

[532] Boothroyd, G., P. Dewhurst und W. Knight, *Product Design for Manufacture and Assembly*, 2. Aufl., Dekker, 2001.

[533] Brooks, R.R., und S. Iyengar, *Multi-Sensor Fusion: Fundamentals and Applications with Software*, Prentice Hall, 1997.

[534] Busch-Vishniac, I., *Electromechanical Sensors and Actuators*, Springer, 1999.

[535] Chow, W., *Assembly Line Design: Methodology and Applications*, Dekker, 1990.

[536] Craig, J.J., *Introduction to Robotics*, 3. Aufl., Prentice Hall, 2003.

[537] Davies, E.R., *Machine Vision: Theory, Algorithms, Practicalities*, 3. Aufl., Morgan Kaufmann, 2004.

[538] Fraden, J., *Handbook of Modern Sensors: Physics, Designs, and Applications*, 3. Aufl., Springer, 2003.

[539] Galbiati, L.J., *Machine Vision and Digital Image Processing Fundamentals*, Prentice Hall, 1997.

[540] Hornberg, A., *Handbook of Machine Vision*, Wiley, 2006.

[541] Ioannu, P.A., *Robust Adaptive Control*, Prentice Hall, 1995.

[542] Krämer, K., *Automatisierung in Materialfluss und Logistik. Ebenen, Informationslogistik, Identifikationssysteme, intelligente Geräte*, Deutscher Universitäts-Verlag, 2000.

[543] Lynch, M., *Computer Numerical Control for Machining*, McGraw-Hill, 1992.

[544] Molloy, O., E.A. Warman und S. Tilley, *Design for Manufacturing and Assembly: Concepts, Architectures and Implementation*, Kluwer, 1998.

[545] Myler, H.R., *Fundamentals of Machine Vision*, Society of Photo-optical Instrumentation Engineers, 1998.

[546] Nof, S.Y., W.E. Wilhelm und H.-J. Warnecke, *Industrial Assembly*, Chapman & Hall, 1998.

[547] Pritschow, G., *Automatisierung in der Produktion 1: Einführung in die Steuerungstechnik*, Hanser, 2006.

[548] Rampersad, H.K., *Integral and Simultaneous Design for Robotic Assembly*, Wiley, 1995.

[549] Rehg, J.A., *Introduction to Robotics in CIM Systems*, 5. Aufl., Prentice Hall, 2002.

[550] Ripka, P., und A. Tipek, *Modern Sensors Handbook*, ISTE Publishing Co., 2007.

[551] Schmid, D., *Automatisierungstechnik*, 8. Aufl. Verlag Europa-Lehrmittel, 2009.

[552] Schmid, D., *Steuern und Regeln für Maschinenbau und Mechatronik*, 11. Aufl., Verlag Europa-Lehrmittel, 2008.

[553] Smid, P., *CNC Programming Handbook*, 2. Aufl., Industrial Press, 2002.

[554] Smid, P., *CNC Programming Techniques*, Industrial Press, 2005.

[555] Snyder, W.E., und H. Qi, *Machine Vision*, Cambridge, 2004.

[556] Stenerson, J., und K.S. Curran, *Computer Numerical Control: Operation and Programming*, 3. Aufl., Prentice Hall, 2005.

[557] Umbaugh, S.E., *Computer Imaging*, CRC, 2005.

[558] Valentino, J.V., und J. Goldenberg, *Introduction to Computer Numerical Control*, 3. Aufl., Prentice Hall, 2002.
[559] Van Doren, V., *Techniques for Adaptive Control*, Butterworth-Heinemann, 2002.
[560] Weck, M., *Werkzeugmaschinen 3: Mechatronische Systeme, Vorschubantriebe, Prozessdiagnose*, 5. Aufl., Springer-VDI, 2001.
[561] Weck, M., und C. Brecher, *Werkzeugmaschinen 4: Automatisierung von Maschinen und Anlagen*, 6. Aufl., Springer-VDI, 2006.
[562] Wilson, J., *Sensor Technology Handbook*, Newnes, 2004.
[563] Zuech, N., *Understanding and Applying Machine Vision*, 2. Aufl., Dekker, 1999.

Anhang B

[564] Amirouche, F. M. L., *Principles of Computer-Aided Design and Manufacturing* 2. Aufl., Prentice Hall, 2003.
[565] Badiru, A.B., *Expert Systems Applications in Engineering and Manufacturing*, Prentice Hall, 1998.
[566] Balzert, H., *Lehrbuch der Software-Technik*, Spektrum Akademischer Verlag, 1998.
[567] Biekert, R., D. Berling, R.J. Evans und D.G. Kelley, *CIM Technology: Fundamentals and Applications*, Goodheart Wilcox, 1998.
[568] Black, J T., und S.L. Hunter, *Lean Manufacturing: Systems and Cell Design*, Society of Manufacturing Engineers, 2003.
[569] Brouer, N., *NC-Steuerungsketten mit Datenschnittstelle für eine Autonome Produktionszelle*, Shaker Verlag, 2000.
[570] Buchmayr, B., *Werkstoff- und Produktionstechnik mit Mathcad*, Springer, 2002.
[571] Burbidge, J.L., *Production Flow Analysis for Planning Group Technology*, Oxford, 1997.
[572] Chang, T.-C., R.A. Wysk und H.P. Wang, *Computer-Aided Manufacturing*, 3. Aufl., Prentice Hall, 2005.
[573] Cheng, T.C.E., und S. Podolsky, *Just-in-Time Manufacturing: An Introduction*, 2. Aufl., Chapman & Hall, 1996.
[574] Driankov, D., H. Hellendoorn und M. Reinfrank, *Introduction to Fuzzy Control*, 2. Aufl., Springer, 1996.
[575] Fausett, L.V., *Fundamentals of Neural Networks*, Prentice Hall, 1994.
[576] Furrer, F.J., *Ethernet-TCP-IP für die Industrieautomation: Grundlagen und Praxis*, Hüthig Verlag, 2000.
[577] Gershwin, S.B., Y.D. Chrissoleon, T. Papadopoulos und J.M. Smith, *Analysis and Modeling of Manufacturing Systems*, Springer, 2002.
[578] Gu, P., und D.H. Norrie, *Intelligent Manufacturing Planning*, Chapman & Hall, 1995.
[579] Hannam, R., *CIM: From Concept to Realisation*, Addison-Wesley, 1998.
[580] Haykin, S.S., *Neural Networks: A Comprehensive Foundation*, 2. Aufl., Prentice Hall, 1998.
[581] Heuer, A., *Objektorientierte Datenbanken: Konzepte, Modelle, Systeme*, Addison-Wesley, 1992.
[582] Higgins, P., L.R. Roy und L. Tierney, *Manufacturing Planning and Control: Beyond MRP II*, Chapman & Hall, 1996.

[583] Hitomi, K., *Manufacturing Systems Engineering*, 2. Aufl., Taylor & Francis, 1996.
[584] Hyer, N., und U. Wemmerlov, *Reorganizing the Factory: Competing through Cellular Manufacturing*, Productivity Press, 2003.
[585] Irani, S.A. (Hrsg.), *Handbook of Cellular Manufacturing Systems*, Wiley-Interscience, 1999.
[586] Jackson, P., *Introduction to Expert Systems*, 3. Aufl., Addison-Wesley, 1998.
[587] Kasabov, N.K., *Foundations of Neural Networks, Fuzzy Systems, and Knowledge Engineering*, MIT Press, 1996.
[588] Krishnamoorty, C.S., und S. Rajeev, *Artificial Intelligence and Expert Systems for Engineers*, CRC, 1996.
[589] Kusiak, A., *Computational Intelligence in Design and Manufacturing*, Wiley-Interscience, 2000.
[590] Kusiak, A., *Engineering Design: Products, Processes, and Systems*, Academic Press, 1999.
[591] Lee, K., *Principles of CAD/CAM Systems*, Addison-Wesley, 1999.
[592] Leondes, C.T. (Hrsg.), *Fuzzy Logic and Expert Systems Applications*, Academic Press, 1998.
[593] Liebowitz, J. (Hrsg.), *The Handbook of Applied Expert Systems*, CRC, 1997.
[594] Louis, R.S., *Integrating Kanban with MRP II: Automating a Pull System for Enhanced JIT Inventory Management*, Productivity Press, 2005.
[595] Louis, R.S., *Custom Kanban: Designing the System to Meet the Needs of Your Environment*, Productivity Press, 2006.
[596] McMahon, C., und J. Browne, *CAD/CAM Principles, Practice and Manufacturing Management*, Addison-Wesley, 1999.
[597] Monden, Y., *Toyota Production System: An Integrated Approach to Just-in-Time*, 3. Aufl., Institute of Industrial Engineers, 1998.
[598] Parsaei, H., H. Leep und G. Jeon, *The Principles of Group Technology and Cellular Manufacturing Systems*, Wiley, 2006.
[599] Popovic, D., und V. Bhatkar, *Methods and Tools for Applied Artificial Intelligence*, Dekker, 1994.
[600] Pritschow, G., G. Spur und M. Weck, *Schnittstellen im CAD/CAM-Bereich*, Hanser, 1997.
[601] Rehg, J.A., *Introduction to Robotics in CIM Systems*, 5. Aufl., Prentice Hall, 2002.
[602] Rehg, J.A., und H. W. Kraebber, *Computer-Integrated Manufacturing*, 3 Aufl., Prentice Hall, 2005.
[603] Sandras, W.W., *Just-in-Time: Making It Happen*, Wiley, 1997.
[604] Singh, N., *Systems Approach to Computer-Integrated Design and Manufacturing*, Wiley, 1995.
[605] Singh, N., und D. Rajamani, *Cellular Manufacturing Systems: Design, Planning and Control*, Chapman & Hall, 1996.
[606] Vajpayee, S.K., *Principles of Computer-Integrated Manufacturing*, Prentice Hall, 1995.
[607] Vollmann, T.E., W.L. Berry und D.C. Whybark, *Manufacturing Planning and Control Systems*, 4. Aufl., Irwin, 1997.
[608] Vollmann, T.E., W.L. Berry, D.C. Whybark und F.R. Jacobs, *Manufacturing Planning and Control for Supply Chain Management*, McGraw-Hill, 2004.
[609] Weck, M., und C. Brecher, *Werkzeugmaschinen 4: Automatisierung von Maschinen und Anlagen*, 6. Aufl., Springer-VDI, 2006.
[610] Williams, D.J., *Manufacturing Systems*, 2. Aufl. Chapman & Hall, 1994.
[611] Wu, J.-K., *Neural Networks and Simulation Methods*, Dekker, 1994.

Index

A

Abbrennstumpfschweißen 1019
Ablaufgießen 942
Ablaufhaspel 431
Abplatzen 258
Abrasionstheorie der Reibung 249
Abrasivwasserstrahlbearbeitung 773
Abscheiden
 elektrolytisches 900
Abschirmung 978
Abschreckintensität 221
Abschreckmedium 221
Abschreckplatte 369
Abschreckzone 317
Abschwungphase 55
Abstanzen 506
Abstechen 643
Abstreckdrücken 535
Abstreckgleitziehen 547
Abstreckziehen 467
Abstreifmessertechnik 943
Abtragen
 chemisches 755
Abtrennen 506
Acetale 813
Acrylate 813
Acrylnitril-Butadien-Styrol 813
Additive 263, 941
Advanced high strength steel, AHSS 194
Aggregation 278
Aktivkraft 596
Alkydharz 815
Allotropie 149
Altern 223
Alterung
 thermische 803
Aluminium
 glasfaserverstärktes 962
Aluminium-Lithium-Legierung 203
Aluminiumbronze 209
Aluminiumlegierungen

ausscheidungshärtbare 205
 naturharte 205
 wärmebehandelbare 205
Aluminiumoxid
 geschmolzenes 713
 nicht geschmolzenes 718
 synthetisches 932
Aluminiumsilikatglas 950
Aminoharz 815
Amortisationszeit 1161
Anisotropie 151
 kristallografische 161
Anisotropieverhältnis 1093
Anlassen 221, 227
Anlassfarbe 169
Anlasstemperatur 221
Anlassversprödung 160, 227
Anlegmarke 618, 663
Anschmelzen 133
Anschmieden 414
Anschnittsystem 322, 346
Anstauchen 413
Anstellwinkel 594
Antiferromagnetismus 179
Antioxidantien 803
AOD-Verfahren 186
Aramid 814
Arbeit
 redundante 129
Arbeit pro Volumeneinheit 128
Arbeitskosten 1180
Artificial intelligence, AI 65
Artificial neural network, ANN 65
ASTM-Korngröße 158
Atom
 interstitielles 154
 substitutionelles 154
Atomkraftmikroskopie 245
Ätzen 1090
 anisotropes 1093
 physikalisch-chemisches 1099
 vertikales 1093
Ätzstopp 1094
Aufbauschneide 590
Aufdampfen 270

Aufhärtbarkeit 221
Aufhaspel 431
Aufkohlen 224, 269
Auflösung 279
Aufpanzerung 269
Aufprallverschleiß 258
Aufweiten 523
Ausbauchen 397
Ausbauchung 95
Ausbeultest 161
Ausbeute 1110
Ausdehnung
 thermische 177
Ausdrehen 643
Ausfällen 900
Ausforming 228
Auslaufzone 427
Auslaugen
 selektives 638
Ausscheidungshärtung 223
Ausschussdorn 283
Ausschusslehre 283
Austauschwechselwirkung 179
Austenit 314
Austenitstabilisator 316
Auswaschen der Form 324
Autogenschweißen 977
Autokollimator 281
Automatenmessing 209
Automatenschleifscheiben 731
Automatenstähle 621
Außenrundschleifen 725
Azetylen 977

B

Bainit 219
Bake-Hardening-Stahl 194
Bakelit 792
Ball grid array, BGA 1109
Bambusdefekt 457
Bandschleifen 746
Bandzug 429
Basisebene 147
Bauelement

Index

mikroelektromechanisches 1113
mikromechanisches 1113
Baufehler
  dreidimensionaler 154
  eindimensionaler 154
  nulldimensionaler 154
  zweidimensionaler 154
Bauschinger-Effekt 97
Bauteilgröße 59
Bayer-Verfahren 203
Bearbeitbarkeit
  maschinelle 59
Bearbeitung
  maschinelle 58
  schnelle thermische, RTP 1080
Bearbeitungszentrum 676
Begleitelemente 189
Behandlung
  thermomechanische 228
Beilby-Schicht 239
Benchmark 68
Bernoulli'sche Gleichung 323
Beryllbronze 209
Beschichten
  mechanisches 268
Beschichtung
  elektrolytische 276
  keramische 276
  organische 276
Bestellmenge
  optimale 1173
Bettfräsmaschine 668
Beugungsgitter 279
Beulen 165
Beulfestigkeit 564
Beultest 558
Bezugsstrecke 244
Biegebruchfestigkeit 101
Biegen
  freies 521
Biegeversuch 101, 1006
Billet 1053
Bindung
  adhäsive 247
Biokeramiken 938
Bipolar(sperrschicht)transistor, BJT 1069
Blasformen 847
Blasrohling 847
Blausprödigkeit 169
Blechumformung 394

Bleialkaliglas 950
Bleizirkonattitanat 937
Blisk 1052
Blockieren von Versetzungen 156
Blockseigerung
  inverse 321
  normale 320
BMC-Formmasse 858
Bodenguss 339
Bohren 643
Bohrwerk 655
Bolzen(lichtbogen)schweißen 1019
Bonding pad 1106
Bondinsel 1106
Bördeln 523, 1041
Borfaser 827
Borieren 224
Bornitrid
  kubisches 718
Borphosphorsilikatglas, BPSG 1078
Borsilikatglas 950
Bottom-Up-Ansatz 1134
Bramme 438
Brandriss 258
Breiten 435
Brenngas 977
Brinellhärte 104
Brinellhärtewert 104
Bruchdehnung 79
Brucheinschnürung 79
Bruchmodul 101
Bruchspannung 77
Bruchzähigkeit 84
Bruchzähigkeitsversuch 1006
Bucky Balls 957
Bügelsäge 672
Bulk-molding compound, BMC 858
Bündelziehverfahren 471
Bürstenplattierung 274

C

C-Gestell-Presse 565
Cellular manufacturing 64
Cermets 635, 933
Charge 184
Charpy-Versuch 112
Chip 1078
Chvorinov'sche Regel 328

Clearweld-Verfahren 1044
Clinchen 1041
CNC-Steuerung 62
Complexphasen-Stähle 194
Computer numerical control, CNC 62
Computer-aided design, CAD 50
Computer-aided engineering, CAE 50
Computer-aided manufacturing, CAM 50
Computer-aided process planning, CAPP 63
Computer-integrated manufacturing, CIM 62
Computerintegration 47
Computersimulation 50
Computertomografie 289
Concurrent engineering 48
Considere-Kriterium 86
Cradle-to-cradle 54
Cradle-to-grave 1163
Crazing 810
Crimpen 1042
Curie-Temperatur 179
CVD-Mitteltemperaturverfahren, MTCVD 272
Cyanieren 224, 269
Czochralski-Verfahren 363, 1075

D

Dampfentfetten 278
Dampfkondensierung 900
Dampfphasenabscheidung
  chemische, bei mittleren Temperaturen, MTCVD 631
  chemische, CVD 1079
  physikalische, PVD 631
  Plasma-unterstützte chemische 1079
Dampfphasentransport 916
Dauerfestigkeit 109
Dauermagnet 179
Dauermodell 342
Defekt 241
Degradation 180
Dehngeschwindigkeit 89
Dehngeschwindigkeitsempfindlichkeit 92
  Exponent der 92

Dehngrenze 77
Dehnrate 89
Dehnung 79
  ebene 122
  logarithmische 81
  natürliche 81
  nominelle 74
  postkritische 93, 498
  technische 74
Dehnungspfad 561
Dekohäsion 168
Demontage 52
Dendrit 318
  geseigerter 320
Dendritenarm 318
  sekundärer 318
Dendritenvervielfachung 321
Deponieversickerung 54
Design
  for assembly, DFA 52
  for disassembly 52
  for manufacture and assembly, DFMA 52, 1149
  for manufacture, DFM 52
  for recycling, DFR 54
  for service 52
  for the environment, DFE 54
Design of experiments 66
Desorption 261
Detonationsspritzen 270
Diamant 896
Diamantbeschichtung 276, 634
Diamantfilme
  frei stehende 276
Diamantschichten 276
Diamond-like carbon, DLC 958
Dichtheit 366
Dickfilmdiamantspitzen 634
Die 1104
Dielektrikum 178
Diffusion 163
Diffusionsbeschichtung 272
Diffusionshartlöten 1027
Diffusionsschweißen 541
Diffusionssperre 1008
Dilatation 125
DIP-Gehäuse 1107
Direct engineering 48
Dispersion 278
Dom 161

Doppeldrahtlichtbogenspritzen 270
Dotand 1081, 1101
Dotieren 272, 1101
Dotierung 179
Drahtbonden 1105
Drahterodieren 767
Drahtspritzen
  thermisches 270
Drehautomat 651
Drehen 643
Drehzentrum 676
Dreikörperverschleiß 258
Dreipunktbiegeversuch 102, 1006
Dreiwalzengerüst 439
Dressieren 439, 500
Drossel 323
Druck 74
  hydrostatischer 123
Druckversuch 95
Drückwalzen 532
Dualphasen-Stähle 194
Dünnfilmschmierung 261
Durchgangsschleifen 738
Durchhärtung 224
Durchkontaktierung 1103, 1111
Durchziehen 523
Duromer 798
Durometer 106
Düsenkennlinie 835

E

Ebenheit 281
Echtzeitprüfung 290
Edelmetalle 217
Effekt
  piezoelektrischer 179, 932
Eigenschaft
  strukturempfindliche 156
  strukturunempfindliche 156
Eigenspannungen 113, 239
Einbrandkerbe 999
Einfärbung 275
Einfüllgeschwindigkeit 327
Eingriffsgrenze 296
Eingussförderanlage 344
Eingussprofil 323
Eingusstrichter 322
Einhärtetiefe 221
Einknicken 501

Einkristallzüchtung 363
Einlaufen 748
Einlaufzeit 253
Einlaufzone 427
Einlegeform 359
Einsatz 629
Einsatzformen 843
Einsatzhärten 269
Einschneiden 506
Einschnürung 77
  diffuse 92, 498
  örtliche 498
  scharfe 498
Einsenken 413
Einstechschleifen 738, 739, 742
Einstellwinkel 645
Einzugsbedingung 434
Einzugszone 834
Eisen
  α- 314
  δ- 314
  γ- 314
Eisenkarbid 314, 315
Elastizitätsmodul 76
Elastomer 819
Electrical-discharge grinding, EDG 766
Electrical-discharge machining, EDM 763
Electrochemical grinding, ECG 761
Electrochemical machining, ECM 759
Electrochemical-discharge grinding, ECDG 766
Elektroentladungsumformung 539
Elektrogasschweißen 986
Elektromigration 1102
Elektronenstrahllithographie 1086
Elektronenstrahlschweißen 992
Elektropolieren 749
Elektroschlackeschweißen 987
Elektrostahlverfahren 184
Elementarzelle 147
Eloxieren 274
Emaille 275
Emaillieren 275
Empfindlichkeit 279
Emulgierung 278
Emulsion 263
EN ISO 9000 67
Endgravur 413

Index

Endkörner 416
Endlosprodukte 41
Endmaß 283
Energie
  gespeicherte 163
  volumenspezifische 77
Energiedichte
  elastische 77
Entfestigung
  geometrische 86, 498
Entflammbarkeit 803
Entglasung 951
Entgraten
  roboterunterstütztes 752
Entkohlung 226
Entwicklung
  simultane 1155
Entwurf
  experimenteller 1159
  faktorieller 1159
Entwurf für Fertigung und Montage 1149
Entwurfsprinzipien 52
EP-Additiv 263
Epitaxieschicht 1078
Epoxidharz 815
Erholung 162
Erichsenindex 558
Ermüdung 172
  thermische 178, 258
Ermüdungsbruch 109
Ermüdungsgrenze 109
Ermüdungsverschleiß 258
Ermüdungsversuch 109
Erosion 258
Erstarrung
  amorphe 319
  glasartige 319
Erstarrungsfront 318
Erstarrungsintervall 309, 318
Erstarrungspunkt 309
ESU-Verfahren 186
EUV-Lithographie 1086
Expendable molding 58
Expertensysteme 52, 64
Explosionsschweißen 975
Explosionsverfestigung 268
Explosivplattieren 268
Explosivumformen 537
Extruderkennlinie 836
Extrusionsblasformen 847

F

Fabrik der Zukunft 65
Fabrikation
  elektrochemische, EFAB 1132
Fallversuch 1006
Fältelung 555
Faltenbildung 501, 547
Faltversuch 1006
Falzen 501, 523
Farbeindringprüfung 288
Färbemittel 803
Farbgebung 276
Faserbildung
  mechanisch induzierte 161, 168, 1001
Fehlstelle 241
Feingestalt 241
Feinguss 352
  mit Keramikkokillen 353
Feinkeramik 930
Feinkörnstähle
  niedriglegierte 194
Feinschneiden 506
Feinstkornkarbid 637
Felder
  orthogonale 1159
Feldspat 931
Ferrimagnetismus 179
Ferrit 314
  eutektoider 315
  proeutektoider 315
Ferrite 179
Ferritstabilisator 316
Ferromagnetismus 179
Fertigung 40
  agile 65
  computergestützte 62
  endformnahe 394
  endkonturnahe 61, 410
  formenlose 862
  mesoskalige 1133
  nachhaltige 54, 1163
  nano(meter)skalige 1134
Fertigungsaktivität 46
Fertigungsniveau 46
Fertigungsstraße 676
Fertigungssysteme
  flexible 64
Fertigungsverfahren 47
  generative 50
Festigkeit
  dielektrische 178
  spezifische 175
Festigkeit-zu-Gewicht-Verhältnis 57, 175, 359
Festigkeitskoeffizient 82
Festkörperbindung 916
Festkörperschweißen 975
Festmaße 283
Festmetallversprödung 160
Festschmierstoffe 264
Festwalzen 115, 171, 267
Fett 264
Feuerpolieren 956
Feuerstein 931
Finite-Elemente-Methode 406
Flamme
  oxidierende 977
  reduzierende 977
Flämmen 436
Flammhärten 224, 269
Flammschutzmittel 803
Flammspritzen 270
Flanschen 523
Flexibilität 47
Flexible manufacturing system, FMS 64
Fließbedingung 118
  Tresca'sche 119
Fließdrücken 532
Fließeigenschaft 324
Fließfiguren 439
Fließgrenze 76
Fließkriterium 118
Fließpressen
  hydrostatisches 446, 456
  koaxiales 457
Fließscheide 428
Fließspan 590
Fließspannung 82
  mittlere 129
Flip-Chip-Technik 1109
Flugplatte 1021
Fluidität 326
Fluorkohlenwasserstoffe 814
Flüssigmetallversprödung 159
Flüssigphasenepitaxie, LPE 1080
Flüssigphasensintern 916
Flussmittel 330, 1025
Flussmittelseele 985
Flusssäure
  gepufferte 1095

Form
   semipermanente 355
Formänderungsverhältnis 446
Formbefüllung 324
Formen in der festen Phase 854
Formfaktor 446, 902
Formmaschine 344
   kastenlose 344
Formsand 343
   grüner 343
Formschräge 371
Formwerkzeuge 643
Fotoätzen 756
Fotolack, PR 1082
Fotolithographie 1081
Fotomaske 1081
Fräsen 660
Freiflächenverschleiß 610
Freiformschmieden 395
Freiwinkel 586, 645
Fremdatom 154
Frischen von Stahl 183
Fügen 58
Fügezone 995
Fullerene 265, 957
Füllstoff 370, 802
Funkenerodieren 763
Funkenhärten 269
Funkensintern 919
Fused-Deposition-Modeling, FDM 868
Futterdrehmaschine 651

G

Gangart 182
Gas-Pressschweißen 978
Gasphasenabscheidung
   chemische, CVD 271
   physikalische, PVD 271
Gasphasenepitaxie, VPE 1080
Gasphaseninfiltration
   chemische 962
Gasschmelzschweißen 977
Gate-Oxid 1080
Gauß-Verteilung 293
Gefüge
   grob zweiphasiges 311
   lamellares 315
Gegenfließpressen 446
Gegenlauffräsen 661

Gegenlaufschleifen 724
Gegenschlaghammer 421
Gegenschwerkraft-Niederdruck-
      Verfahren
   349
Gelspinnverfahren 825
Genauigkeit 279
Geradheit 281
Geradstirnrad 676
Germanium 1074
Gesenkbiegemaschine 521
Gesenkdruck 463
Gesenkfräsen 665
Gesenkkopiermaschinenzentren 764
Gesenkschmieden 408
   gratfreies 411
Gestaltänderungsenergiehypothese 119
Gestellplattierung 273
Gewinde 282
Gewindelehrring 284
Gewindeschleifen 740
Gewindeschneiden 644, 655, 659
Gießbarkeit 59
Gießen
   mit Dauerform 58, 342
   mit Gipsform 348
   mit verlorenem Modell 350
   mit verlorener Form 58, 342
Gießkammer 357
Gießwalzen 422
Gießwanne 340
Glas 265
Glasbildner 949
Gläser
   metallische 217, 355
Glasieren 276
Glaskeramik 951
Glasübergangstemperatur 801
Glaswolle 952
Gleichgewichtsdiagramm 311
Gleichlauffräsen 662
Gleichmaßdehnung 77, 79, 498
Gleitband 153
Gleitlinie 152
Gleitung
   kristallografische 149
Glühen 226
Glühung
   interkritische 196

Graphit 264, 896
Graphitfaser 826
Graphitform
   gestampfte 348
Graphitlamellen 337
Grat 408
Grauguss 337
Grenz(schicht)schmierung 261
Grenzformänderungsdiagramm 559
Grenzlehrdorn 283
Grenzziehverhältnis 549
Group technology, GT 63
Grundgesamtheit 293
Grundwerkstoff 238, 239, 995
Grünfestigkeit 904
Grünling 904
Gruppentechnologie 63
Gummi 819
Gusseisen 335
   graues 337
   mit Kugelgraphit 338
   mit Lamellengraphit 337
   mit Vermikulargraphit 338
   weißes 338
Gussgefüge 316, 422
Gutdorn 283
Gutlehre 283

H

Haften 248
Haftfestigkeit 828
Halb-Warmumformung 164
Halbleitersilizium 1075
Halbschleuderguss 360
Hall-Heroult-Verfahren 203
Hall-Petch-Gleichung 158
Hämmern 472
Handschleifmaschine 742
Härtbarkeit von Eisenlegierungen 221
Hartdrehen 636, 654
Härteprüfung 103
Härterisse 221
Härteskala nach Mohs 106
Hartlöten 975, 1024
Hartlötschweißen 1024
Hartmetall 628
Hartverchromen 274
Harzinjektionsverfahren 852

Index

Hastalloy 211
Häufigkeitsverteilung 293
Hauptformänderung 559
Hauptrevolverkopf 651
Hauptspannungen 119
Hauptströmung 834
Hebelgesetz 313
Heften 1041
Heiß-Gesenkschmieden 411
Heißkanalform 843
Heißriss 258, 320
Heißrissanfälligkeit 452
Herausziehen der Fasern 828
Herdfrischen 183
Herstellung
   formenlose 794
HEXSIL-Verfahren 1130
HF-Sputtern 1079
Hochdruckguss 356
Hochenergiestrahlschweißen 975
Hochfrequenz-Induktionsschweißen 1018
Hochfrequenz-Pressschweißen
   induktives, IHFP 1054
Hochfrequenz-Widerstandsschweißen 1018
Hochfrequenzsputtern 271
Hochgeschwindigkeits-Flammspritzen 270
Hochgeschwindigkeitsfräsen 665
Hochleistungsschleifstoffe 717
Hochofenprozess 182
Hohlgussverfahren 849
Holografie 289
   akustische 289
Homopolymer 799
Honen 747
   elektrochemisches 747
Hooke'sches Gesetz 76
   verallgemeinertes 118
Human-factors engineering 67
Hydroformen 530
Hydroplastizität 931
Hystereseverlust 252

I

IF-Stahl 194
Impact-Echotechnik 289

Impfen von Schmelzen 321
Imprägnieren 856, 923
Impulslichtbogenabscheidung 271
Incoloy 212
Inconel 211
Induktionshärten 224, 269
Induktionshartlöten 1026
Induktionsofen 184, 331
Industrieroboter 62
Infiltration 923
Inhomogenitätsfaktor 463
Innengewindeschneiden 643
Innenhochdruckumformung, IHU 530
Innenrundschleifen 725, 740
Instabilität 84
   im Zugversuch 498
Instant-Masking 1132
Integrallaufrad 1052
Integrationsgrad
   ULSI 1070
   VLSI 1070
Intelligenz
   künstliche 65
Interferometrie 245
   holografische 289
Invar 178, 211
Investitionskosten 1180
Ionenimplantation 272, 1101
Ionenstrahlätzen
   chemisch unterstütztes 1099
   reaktives 1099
Ionenstrahlbeschichtung 271
Ionenstrahllithographie 1086
ISO 14000-Normenreihe 1163
ISO 9000-Normenreihe 1161
ISO 9000-Registrierung 1162
Isolator 178
Izod-Versuch 112

J

Just-in-time-Produktion 63

K

Kaizen 1155
Kalandrieren 855
Kalibrierdurchlauf 470
Kalibrierung 441
Kalknatronglas 950
Kaltarbeitsstahl 200

Kaltauslagern 223
Kaltfließpressen 454
Kaltgasspritzen 270
Kaltkammerverfahren 357
Kaltkanal-Dreiplatten-Form 843
Kaltkanal-Zweiplatten-Form 842
Kaltpressschweißen 1008
Kaltschweißstelle 416
Kaltumformung 164
Kaolinit 931
Karbide
   gradierte 637
Karbonitrieren 224, 269
Karbonyle 900
Karburieren 826
Karusellschleuderguss
   richtiger 360
Kathodenzerstäubung 271, 1079
Kautschuk 819
   synthetischer 820
Keilwinkel 586
Keimbildung
   heterogene 321
Keimbildungsrate 158
Keimwachstum 157
Keltool-Verfahren 875
Keramik 896
   technische 930
   traditionelle 930
Keramikmatrix-Verbundwerkstoff 896
Keramikpulverspritzgießen 945
Kerbempfindlichkeit 112, 290
Kerben 506
Kerbschlagbiegeversuch 112
Kerbschlagzähigkeit 112
Kern 344
Kernblasmaschine 344
Kernbohrer 656
Kernbohrtechnik 656
Kernmarken 344
Kernnägel 344
Kippguss 355
Kleben 975
Kleinwinkelkorngrenze 162
Knicken 165
Kniehebelpresse 421
Knoophärte 106
Knüppel 438
Koextrusion 841
Kohlenstoff

Index

diamantartiger, DLC 277
Kohlenstoff-Mangan-Stahl 194
Kohlenstoff-Nanoröhre 61, 958, 1134
Kohlenstofffaser 826
Kohlenstoffschaum
　mikrozellularer 957
Koinjektion 843
Kolkverschleiß 609
Kombinationswinkel 280
Kommunikation 48
Komparator
　optischer 282
Komplementär-Metalloxid-
　Halbleiter, CMOS 1068
Kompressionsmodul 125
Konode 312
Konstruktion
　für Demontage 52
　für Fertigung 52
　für Fertigung und Montage 52
　für Montage 52
　für Recycling 54
　für Wartung 52
Konstruktionsklebstoff 1034
Kontaktdruck 260
Kontaktfläche
　reale 246
Kontaktstellen 246
Kontaktwachstum 248
Kontaminierung 240
Konvektion 321
Konversionsbeschichtung 265, 275
Konverter 185
Konzentrationsgradient 320
Koordinatenmesssystem 282
Kopfflunker 340
Kopierdrehmaschine 651
Kopolymer 799
Koppelmittel 288
Körner
　gleichachsige 317
　globulitische 317
Kornfluss 416
Korngrenze 158
Korngrenzenfläche
　spezifische 160
Korngrenzengleiten 111, 159
Korngrenzenversprödung 159
Korngröße 158

Körnung 719
Kornwachstum 164
Korrosion 180
　interkristalline 180
　selektive 181
Korrosionsbeständigkeit 180
Korund 718
Kosten
　feste 1130
Kosten-Nutzen-Analyse 1182
Kosteneinsparung 1181
Kostenkontrolle 1179
Kovar 178
Kraft 75
　ideelle 448
Kraftaufnehmer 601
Kreislauf
　biologischer 55
　industrieller 55
Kreuzzugversuch 1007
Kriechbruch 111
Kriechen 111, 159, 809
Kriechversuch 111
Kristall 147
Kristallbaufehler 154
Kristallinitätsgrad 799
Kristallit 799
Kristallkeim 156, 157
Kristallseigerung 320
Kristallstruktur 147
Kugelmühle 900
Kugelpolieren 268
Kugelstrahl-Umformen 543
Kugelstrahlen 115, 171, 267
Kunststoff
　kohlefaserverstärkter 826
　verstärkter 794
Kunststoffformenstahl 200
Kuppelofen 332
Kurbelpresse 421
Kurzhubhonen 747

L

Lévy-von-Mises-Gleichungen 123
Lackieren 276
Lamellen 315
Lamellenspan 591
Längenmessgerät 279
Längenmessinstrument
　vergleichendes 280

Langlochfräser 667
Längsschleifen 738
Läppen 748
Laser-Plattieren 268
Laser-Polieren 749
Laserprofilometer 245
Lasersintern
　selektives 870
Laserstrahlschweißen 993
Laserstumpfschweißen 510
Läufe 322
Layoutmaschine 282
Lebensdauer 171
Lebensdauertest
　beschleunigter 1110
Lebenserwartung 1149
Lebenszyklusanalyse 1149
Lebenszyklusentwicklung, LCE 1149, 1163
Leerstelle 154
Legieren 149
　mechanisches 900
Legierung
　amorphe 161
Lehrdorn
　abgesetzter 283
Lehre
　abgesetzte 283
　pneumatische 284
Lehrring 284
Leichtmetalle 190
Leistungsaufnahme 601
Leiter 178
Leiterplatte
　gedruckte, PCB 1111
Leitfähigkeit
　elektrische 178
　thermische 177
Leitspindel 650
Lichtbogenabscheidung 271
Lichtbogenhandschweißen 980
Lichtbogenofen 331
　direkter 184
　indirekter 184
Lichtbogenschweißen 979
Lichtbogenspritzen 270
Lichtschnittmikroskop 284
Lichtstreuung 901
LIGA-Verfahren 1125
Linearreibschweißen, LRS 1012, 1054

Index

Linienbreite 1086
Liquidmetal 365
Liquidustemperatur 309
Lithium-Aluminium-Silikat 932
Lithographie
 weiche 1087
Lochaufweitversuch 562
Lochen 413
Lochfraß 180, 258
Lokalelement 180
Losgröße 293
Lost-Foam-Gießen 350
Lösung 278
 feste 310
 halbsynthetische 263
 synthetische 263
Lösungsglühen 222
Lüdersbänder 439, 500
Lüdersdehnung 499
Ludwik-Parabel 82
Lunker 369

M

Magnetimpulsumformung 539
Magnetostriktion 180
Magnetpulverprüfung 288
Magnetronsputtern 1079
Magnetschwebepolieren 750
Mahlen 941
Makromolekül 792
Mannesmann-Verfahren 98, 444
Manufaktur 41
Maraging 224
Martensit 220
 angelassener 221
Martensitaushärten 224
Maske 755
Maskieren 1078
Massenerhaltungssatz 323
Massiv-Mikrobearbeitung 1115
Materialkosten 1179
Materialtransport
 automatisierter 63
Maßhaltigkeit 59
Maßtoleranz 286
Mehrkomponenten-Spritzgießen 843
Mehrlagen-Röntgenstrahllithographie 1130

Mehrwert 41
Mensch-Maschine-Interaktion 67
Messing 209
Messlänge 75
Messmarken 75
Messschieber 279
Messuhr 280
Messung 239
Metal injection molding, MIM 912
Metall-Inertgasschweißen 983
Metall-Schutzgasschweißen 983
Metallcharge 331
Metalle
 amorphe 365
 hochschmelzende 214
Metallextraktion 900
Metallisieren 269
Metallmatrix-Verbundwerkstoff 896
Metallnähen 1041
Metalloxid-Halbleiter-Feldeffekttransistor, MOSFET 1068
Metallpulverspritzen
 thermisches 270
Metallspritzgießen 912
Metallsubstrat 239
Methode der Attribute 293
Methode der Variablen 293
MIG-Schweißen 983
Mikrobearbeitung von Oberflächen 1116
Mikrofertigung 1068
Mikrogießen mittels Kapillaren, MIMIC 1088
Mikrohärte 106
Mikrokontaktdrucken, μCP 1088
Mikrometerschraube 279
Mikroreplikation 747
Mikroschweißstelle 247
Mikroskop 284
Mikrospanbildung 753
Mikrostereolithographie 1132
Mikrotransfergießen, μTM 1088
Mikroumformung 544
Mikrowellensintern 947
Minimalmengenschmierung, MMS 640
Ministahlwerk 441
Mischkristall 310
 interstitieller 310

 substitutioneller 310
Mischkristallhärtung 313
Mischschmierung 261
Mitläuferwalze 439
Mittel
 arithmetisches 293
Mittellinie
 arithmetische 243
Mittelwert der Mittelwerte 296
Mittenrauwert
 arithmetischer 241
 quadratischer 243
Mo-Mn-Verfahren 1045
Modell 343
 einteiliges 344
 geteiltes 344
 verlorenes 342
Modellausschmelzform 332
Modellausschmelzverfahren 352
 mit Ober- und Unterkasten 349
Modul
 viskoelastischer 807
Mohr'scher Spannungskreis 119
Molekulargewichtsverteilung 796
Molekularstrahlepitaxie, MBE 1080
Möller 182
Molybdändisulfid 264
Moment
 magnetisches 179
Monel 211
Monolage
 selbstorganisierte 1088
Monomer 795
Montage 52
Mullit 932
Mutterschloss 650

N

Nachbrennen 1084
Nachpressen 922
Nachschneiden 508
Nachwalzen 500
Nahtlosrohrwalzen 98
Nahtunterschreitung 999
Nanokeramik 934
Nanophasen-Keramik 934, 1135
Nassätzen 1090
Nasspressen 944
Nassspinnen 824

Index

Nassvermahlung 941
Naturkautschuk 820
Near net-shape manufacturing 61
Nebenformänderung 559
Nebenschneidenwinkel 645
Netze
　künstliche neuronale 65
Netzmittel 942, 1025
Netzwerkbildner 949
Netzwerkpolymer 798
Netzwerkwandler 949
Nibbeln 508
Nickelbronze 209
Nickelchrom 211
Niederdruckguss 356
Niederdruckplasmaspritzen 270
Niederhalter 545
Nitrieren 224
Nitrierhärten 269
No-Bake-Form-Verfahren 343
Nocken-Plastometer 96
Nonius 279
Normalisieren 226
Normalverteilung 293
Nylon 814

O

O-Gestell-Presse 565
Oberfläche 238
Oberflächenbehandlung 239
Oberflächenbeschaffenheit 240
Oberflächenbruchverschleiß 258
Oberflächendefekt 436
Oberflächenermüdungsverschleiß 258
Oberflächenmikromechanik 1116
Oberflächenspannung 326
Oberflächenstruktur 239
Oberflächenstrukturierung 270
Oberflächensymbol 243
Oberflächentextur 241
Oberflächentexturierung 270
Oberflächenverdichtungsstrahlen 267
Oberflächenvermessung
　dreidimensionale 245
Oberkasten 346
Orangenhaut 164
Orbitalschweißen 1044
Outsourcing 61, 68

Oxalat 275
Oxidation
　feuchte 1081
　schnelle thermische 1080
　selektive 1081
　trockene 1080
Oxidkeramik 931
Oxidpulver-in-Rohr-Technik 963
Oxidschicht 239

P

Paketwalzen 438
Palettenwechsler 677
Partikelfilter 1072
Passivierung 181
Passivierungsschicht 1103
Passivkraft 596
Passivschicht 240
Passstift 1040
Patching 1056
Patentieren 228, 470
Perforieren 506
Perlit 219, 315
Permanent molding 58
Permeabilität 343
Perowskit 179
Pfanne 322
Pfannenmetallurgie ohne Vakuum 186
Pflügen 249, 728
Phasendiagramm 311
Phasengemisch 310
Phasenumwandlung 114
Phenolharz 816
Phosphorbronze 209
Phosphorsilikatglas, PSG 1078
Piezoeffekt
　direkter 179
　umgekehrter 179
Piezoelektrizität 283
Pilgern 445
Pin grid array, PGA 1109
Piranha-Lösung 1097
Planarisierung 1102, 1127
　chemisch-mechanische 1103
Plandrehen 643
Planetengerüst 439
Planfläche
　optische 281
Planlangfräsen 660

Planschleifen 724
Plasmaätzen
　reaktives 1098
Plasmaschneiden 770
Plasmaumformung 543
Plastisole 849
Plattensteifigkeit 564
Plattieren 268, 457, 1009
　mechanisches 268
　stromloses 274
Poissonzahl 76
Polarisation
　elektrische 179
Polieren 748
　chemisch-mechanisches 1103
Polyaddition 795
Polyamid 814
Polyester 814, 816
Polyethylen 814
Polygonisation 162
Polyimid 815
Polykarbonat 814
Polykondensation 795
Polykristall 156
Polymer
　kautschuk modifiziertes 802
　lineares 796
　synthetisches 792
　vernetztes 798
　verzweigtes 798
Polymerisation 795
Polymerisationsgrad 796
Polymermatrix-Verbundwerkstoff 820
Polymethylmethacrylat 813
Polymorphie 149
Polypropylen 815
Polysilizium 1070, 1078, 1113
Polystyrol 815
Polysulfon 815
Polyurethan 820
Polyvinylchlorid 815
Porosität 368
Portalfräsmaschine 668
Porzellanemaillierung 275
Powder injection molding, PIM 912
Prägen 412, 496
Präkursor 826
Präzision 279
Präzisionsschmieden 410

1225

Prepreg 856
Presse
  hydraulische 421
Pressen
  heißisostatisches 911
  kaltisostatisches 910
Pressformen 496
Pressgießen 361
Presspassung 1042
Pressrollabrichten 734
Primärbindung 796
Prismenebene 147
Produkte
  diskrete 41
Produktentwurf 48
Produkthaftung 67
Produktintegrität 66
Produktion 41
  schlanke 65
Produktionsmenge 1181
Produktlebenszyklus, PLC 55, 1163
Produktlebenszyklus-Management, PLCM 55
Produktqualität 66, 239
Produktverbesserung 47
Produzierbarkeit 52
Profilhöhe
  maximale 243
Profilometer 244
Profilschleifen 739
Profilwalzen 441
Projektor
  optischer 282
Proportionalitätsgrenze 76
Proportionalprobe 75
Prototyp 50, 862
Prototypenbau
  schneller 332, 343
  virtueller 50
Prozessfähigkeit 298
Prozesskontrolle
  statistische 66, 1157
Prozessoptimierung 1158
Prozessplanung
  computergestützte 63
Prozesssteuerung
  statistische 295
Prüfkopf 288
Prüfstift 280
Prüfung

automatisierte 290
  nachgelagerte 290
  prozessinterne 290
  thermische 289
Pufferschicht 1116
Pulformen 861
Pulsed electrochemical machining, PECM 760, 1053
Pultrusion 861
Pulver
  mikrogekapselte 900
  nanometerskalige 900
Pulverisierung 900
Pulvermetallurgie 896
Pulverschmieden 922
Pulverspritzgießen 912
Pulverwalzen 913
Pumpzone 834
Punkt
  neutraler 424
Punktfehler 154
Putzen 742
Pyramidenebene 147
Pyrolyse 182, 826

Q

QS 9000-Norm 1162
Qualität 47, 66
Qualitätskontrolle
  statistische 292
Qualitätsmanagement 1161
  umfassendes 66, 292, 1157
Qualitätsprozesszertifizierung 1162
Qualitätsregelkarte 66, 295
Qualitätssicherung, QS 66, 291
Qualitätssicherungsnorm 1161
Qualitätsverlust 1158
Qualitätszirkel 1157
Quarz 932
Quarzglas 950
Querkontraktionszahl 76
Querschlitten 650
Querschneidenwinkel 656
Quervorschubschleifen 738
Querwalzen 414

R

Rachenlehre 284
Radialschmieden 472

Radiografie 289
  digitale 289
RAM 1069
Rändeln 644
Randentkohlung 229
Randwelligkeit 436
Rapid Prototyping 50
Rasterelektronenmikroskop, REM 284
Rastlinie 171
Rattermarke 105, 744
Rattern 744
  im Modus der dritten Oktave 437
  im Modus der fünften Oktave 438
  regeneratives 685, 744
Rauigkeit 241
Rautiefe
  Messen der 244
  Symbole für 243
Reaktion
  tribochemische 258
Reaktionsgrundieren 275
Reaktionionentiefätzen
  reaktives 1099
Reaktionsspritzgießen 845
Reckalterung 168
  beschleunigte 169
Reckbiegen 519
Reckschmieden 413
Reckwalzen 414
Recycling 818
Reduktion 899
Reflexionsvermögen 993
Reflow-Löten 1030, 1112
Refraktärmetalle 214
Registrierung 1084
Reibahle 659
Reiben 659
Reibkorrosion 258
Reibmodell nach Tresca 249
Reibschweißen 1011
Reibspannung 158
Reibung
  Coulomb'sche 246
Reibungsfaktor 248
Reibungshügel 400
Reibungskoeffizient 247
Reibungsmessung 249
Reibungswinkel 597
Reifungsphase 55

Reinigen
  elektrolytisches 278
Reinigungsflüssigkeit 278
Reinigungsmethode
  chemische 278
  mechanische 278
Reinraum 1072
Reinraumklassen 1072
Reitstock 650
Rekristallisation 163
Rekristallisationskeim 162
Rekristallisationstemperatur 162, 163
Relaxationszeitkonstante 810
Remanenz 179
Restaustenit 221
Retikel 1081
Return on investment, ROI 1183
Return on quality, ROQ 1156
Revolverdrehmaschine 651
Reynolds-Zahl 324
Rheogießen 322, 362
Richtreihe 158
Richtwalzen 439
Riffelung 171
Rillenrichtung 241
Ringstauchversuch 249
Ringwalzen 441
Rissfortschritt
  interkristalliner 171
  transkristalliner 170
Robustheit 1153
Rockwell-Oberflächenhärteprüfung 105
Rockwellhärte 105
Rohrhohlziehen 468
Rohrwalzen 445
Rollbiegen 521
Rollieren 267
Röntgengrobstrukturuntersuchung 289
Röntgenstrahllithographie 1086
Rotationsreibschweißen 1012
RTM-Verfahren 859
Rückfederung 501
  negative 518
  positive 518
Rückflusssystem 1095
Rückwärtsbandzug 429
Rückwärtsfließpressen 445
Rührreibschweißen 1013

Rundhämmern 472
Rundheit 281
Rütteln 344
Ruß 803

S

Séjournet-Verfahren 459
Sandformmaschine 344
Sandmischmaschine 343
Sandschleuder 345
Sandwich-Gießverfahren 843
Sauerstoffblasverfahren 184
Säumen 523
SCALPEL 1087
Schablonendrehmaschine 651
Schacht 322
Schälen 671
Schalenguss 346
Schallemission 617
Schallemissionstechnik 288
Schaltkreis
  integrierter, IC 1068
Schälversuch 1007
Schäumen 845
Schaumspritzgießen 846, 853
Scheibenfräser 667
Scheibentest 98
Scheitel 434
Scherdehngeschwindigkeit 588
Scherdehnung 99
  einfache 99
  reine 99
Scherebene 586
Scherfaktor 248
Scherfließspannung 119
Schermechanismus 586
Schermodul 99
Scherspan 591
Scherspannung 99
Scherwinkel 586
Scherzone
  primäre 588
  sekundäre 588
Schicht
  amorphe 239
  keramische 270
Schichtwerkstoff
  formbarer 856
Schlacke 182, 977
Schlackeabscheider 325

Schlagfräsen 667
Schlagplattieren 268
Schlagpressen 345
Schleichgangschleifen 743
Schleifbarkeit 737
Schleifbock 742
Schleifbrand 731
  metallurgischer 731
Schleifen 716
  sanftes 732
Schleifmittel 716
Schleifstab 734
Schleifverhältnis 736
Schleuderguss 359
  echter 360
  mit Kernen 360
Schleudersystem 1083
Schleudertest 290
Schlichten 645
Schlickerguss 942
Schlitzen 506
Schmelzofen 331
Schmelzpunkt 309
Schmelzschweißen 975
Schmelzspinnen 365, 824
Schmelztauchen 275
Schmelzwärme 764
Schmelzzerstäubung 899
Schmelzzone 834
Schmiedbarkeit 100
Schmiedehammer 421
Schmieden
  inkrementelles 411
  isothermes 411
  pulvermetallurgisches 922
Schmierstoff 803
Schmiersystem 260
Schmierung
  hydrodynamische 260
Schnappverbinder 1045
Schnappverschluss 1042
Schneiden
  orthogonales 586
  rechtwinkeliges 586
Schneidenausbruch 609
Schneidrad 674
Schnellarbeitsstahl, HSS 200, 201
Schneller Prototypenbau 50
Schnellerstarrung 365
Schnittkraft 596
Schnitttiefe 616

Schnittverhältnis 586
Schrägwalzen 415
Schraubenversetzung 155
Schritt-Scan-System 1083
Schrumpfflanschen 523
Schrumpfsitz 1042
Schruppen 645
Schubfließspannung 119
Schubmodul 99
Schubspannung
  kritische 149
  theoretische 149
Schubspannungshypothese 119
Schuppenbildung 436
Schwabbeln 749
Schwalllöten 1030
Schwärzen 275
Schwebeschmelzen 332
Schweißbarkeit 59
Schweißbrenner 982
Schweißeignung 1004
Schweißen mit gefüllter
  Drahtelektrode 985
Schweißkammerverfahren 460
Schweißplattieren 268
Schwereseigerung 321
Schwindung 330, 371
Schwindungszugabe 371
Schwingquarz 179
Schwingrahmenschleifmaschine 742
Schwingungsbearbeitung 751
Schwungradreibschweißen, SRS 1055
SCREAM-Verfahren 1120
Sechs-Sigma 295
Sedimentierung 901
Segregation 160
Seitenspanwinkel 656
Sekundärbindung 796
Sekundärmetallurgie 186
Selektivität 1090
Senkbohrer 656
Senken 953
Sensortechnik 291
Shaped-tube electrolytic machining, STEM 759
Shaw-Verfahren 349
Sheet-molding compound, SMC 856
Shot peening 267

Sialon 636, 933
Siebkern 323
Siemens-Martin-Verfahren 184
Silan 828
Silikone 816, 820
Silizium
  einkristallines 1113
  polykristallines 1070, 1078, 1113
Siliziumdioxid 932
Siliziumkarbid 933
Siliziumnitrid 933
SIMPLE-Verfahren 1120
Simultaneous engineering 48
Sinterdichte 904
Sinterschmieden 922
Sinusplatte 280
Sinuswinkel-Einstellgerät 280
Skleroskop 106
Solidustemperatur 309
Sonde 288
Sonderverfahren 186
Sonotrode 1010
Spaltfläche 169
Spaltkorrosion 180, 1049
Span 249
Spanabflusswinkel 594
Spanbrecher 592, 629
Spangeschwindigkeit 587
Spannfutter 650
Spannung 74
  ebene 122
  nominelle 76
  technische 76
  thermische 178
  wahre 81
Spannungsarmglühen 115, 173, 227, 1003
Spannungsfreiglühen 115, 173, 1003
Spannungsrelaxation 111, 809
Spannungsriss 115
Spannungsrisskorrosion 115, 173, 180, 810
Spannungszustand
  dreiachsiger 123
Spanstauchungsverhältnis 587
Spanungsdicke 587, 662
Spanwinkel 586, 645
Spark plasma sintering, SPS 919
Speckschicht 317, 340
Speiser 322, 346

Sphäroguss 338
Spindelpresse 421
Spindelstock 650
Spinell 932
Spinnen 824
Spiralbohrer 656
Spitzbohrer 656
Spitzenlos-Einstechschleifen 742
Spitzenlosschleifen 741
Spitzenwinkel 656
Splitter 249
Spritzblasformen 847
Spritzen
  elektrostatisches 276
  thermisches 269
Spritzgießen 841
Spröd-Duktil-Übergangstemperatur 112, 113
Sprödbruch 169
Sprühkompaktieren 913
Sprühnebelkühlung 639
Sprungtemperatur 179
Spülen 369
Sputter-Ätzen 1097
Sputtern 271
  reaktives 271
Stabelektrode 980
Stahl
  teilberuhigter 340
  unberuhigter 340
  vollberuhigter 340
Stahlbeton 820
Stahlblech
  vorbeschichtetes 275
Stähle
  höchstfeste 194
  höherfeste 194
  martensitische 194
  nanometerskalige 194
  pressgehärtete 194
  ultra-hochfeste 194
Stahlguss 338
  hochlegierter 338
Stahlwerk
  integriertes 441
Standardabweichung 294
Ständerbohrmaschine 659
Ständerschleifmaschine 742
Standguss 322
Standzeitdiagramm 610

Index

Statistical process control, SPC 295
Stauchbahn 95
Stauchen 95, 395
Stauchkraft 400
Stauchversuch 417
  ebene Dehnung 96
Steckelwalzen 439
Steifigkeit
  spezifische 175
Steifigkeit-zu-Gewicht-Verhältnis 57, 175
Stellwinkel 280
Stengelkristall 317
Stereobildpaar 245
Sterlingsilber 217
Steuerung
  adaptive, AC 62
Stichabnahme 431
Stichprobenumfang 292
Stirnabschreckversuch nach Jominy 221
Störgröße 1153
Strangaufweitung 836
Streckflanschen 523
Streckgrenze 76
  ausgeprägte 168
Streckgrenzendehnung 499
Streifenmethode 399
Streuungen
  zuordenbare 292
Strömung
  laminare 324
  turbulente 325
Strukturbauteil 203
Strukturfehler 436
Stückzeit 642
Stufenversetzung 155
Stülpziehen 556
Stumpfschweißen 1019
Stumpfstoßschweißen 986
Stützwalze 439
Subkorngrenze 162
Superabrasive 717
Superfinish 747
Support 650
Supportschleifer 742
Supraleitfähigkeit 179
Systeme
  mikroelektromechanische, MEMS 61, 1070, 1113
  nanoelektromechanische, NEMS 61

T

T-Nutenfräser 667
Taguchi-Verlustfunktion 1159
Tandemwalzen 439
Tannenbaumrisse 457
Tasse-Kegelbruch 166, 167
Tastschrittverfahren 244
Tauchlöten 1026
Taumelpressen 411
Teilungsebene 419
Temperatur
  homologe 165
Temperguss 338
Tempern 955
  chemisches 955
Terpolymer 799
Terrassenbruch 1001
Texturbildung 158
Theodolit 281
Thermografie 289
Thermoplaste 804
Thermoschock 178
Thick-molding compound, TMC 858
Thixogießen 362
Tiefbohren 656
Tiefofen 339
Tieftemperatur-Trockenätzen 1100
Tieftemperaturbehandlung 228
Tieftemperaturschleifen 745
Tiefungsversuch 558
Tiegelofen 332
Titanaluminide 213
Titanaluminiumnitrid 634
Titankarbid 632, 933
Titankarbonitrid 633
Titannitrid 632, 933
Ton 931
Tonerde 931
Top-Down-Ansatz 1134
Töpfern 945
Torsionsrattern 437
Torsionsversuch 99
Total quality management, TQM 66, 292 1157
Totzeit 642
Transducer 179

Transistor 1068
Trennmittel 343
Tresca-Kriterium 119
Tribologie 238
TRIP-Stähle 194
Trockenätzen 1097
Trockenbearbeitung 638
Trockenguss 343
Trockenpressen 943
Trockenschneiden 638
Trockenspinnen 824
Trommelbearbeitung 751
Trommeln 948
Trommelplattierung 274
Turbinenschaufel
  einkristalline 146
TWIP-Stähle 197

U

Überaltern 223
Überflutungskühlung 639
Übergangstemperatur 168
Überhitzungsgrad 327
Überlappung 999
Übersteuerung 298
Ultramikrohärtemessung 105
Ultraschall-Kugelstrahlen 1055
Ultraschallecho 288
Ultraschallprüfung 288
Ultraschallreinigung 278
Ultraschallschweißen 1010
Ultraschallschwingungen 252
Umfangsfräsen 660
Umformbarkeit 59
Umformen
  inkrementelles 536
Umformgeschwindigkeit 89
Umformrate 89
Umformung
  elektrohydraulische 539
  primäre 394
  sekundäre 394
Umkreisdurchmesser 446
Umlaufbiegeversuch 110
Umschmelzverfahren 186
Umspritzen 845
Umwandlung
  allotrope 314
  eutektoide 315
Umweltmanagementsystem, EMS 1162

Universalschleifmaschine 739
Unrundheit 281
Unterkasten 346
Unterpulver-Lichtbogenschweißen 982

V

V-Verfahren 345
Vakuum-Taschen-Formen 859
Vakuumabscheidung 271
Vakuumformen 345
Vakuuminduktionsofen 185
Vakuummetallurgie 186
Vakuumplasmaspritzen 270
Verarbeitungseigenschaften 57
Veraschung 1084
Verbindung
  intermetallische 310
Verbundblasformen 847
Verbundwerkstoff 794
Verchromen 274
Verdichtbarkeit 904
Verdichten
  druckloses 913
Verdrehversuch 1007
Verfahren
  statistische 291
Verfestigungsexponent 82
Verflüssigungsmittel 942
Verformung
  bleibende 149
  elastische 149
  permanente 77
  plastische 77, 149
  reversible 149
  superplastische 93
Verformungsarbeit
  spezifische 128
Verformungsentfestigung 97
Verformungsinkompatibilität 168
Verformungsverfestigung 156
Vergießbarkeit 327
Vergleichsdehnung 126
Vergleichsspannung 126
Verhalten
  linear elastisches 76
  Newton'sches 805
  pseudoplastisches 805
Verkokung 182
Versagen

katastrophales 170
Verschleiß
  abrasiver 257
  adhäsiver 254
  erosiver 258
  korrosiver 258
  milder 254
  starker 255
Verschleißfläche 728
Verschleißgesetz nach Archard 255
Verschleißmarkenbreite 610
Verschleißpartikel 254
Verschleißplatte 254
Verseifung 278
Versetzung 154
Versetzungsdichte 154
Versetzungshärtung 156
Versetzungslinie 155
Versetzungswald 156
Verstärkung 244
Versuchsplanung 66
Verteilung 293
Verzahnung 282
Vickers-Härteprüfung 105
Vielkristall 156
Vielwalzengerüst
  nach Sendzimir 439
Vierpunktbiegeversuch 102
Vierwalzengerüst 439
Virtual Prototyping 50
Viskoelastizität 804
Viskosität 326, 805
Vitreloy 365
VOD-Verfahren 186
Vollformguss 350
Volumendehnung 125
Volumenmikromechanik 1115
von-Mises-Kriterium 119
Vorblock 438
Vorbrennen 1083
Vorgarne 827
Vorläuferverbindung 826
Vorlaufzeit 1174
Vorlegierung 331
Vorschmieden 414
Vorwärmen 996
Vorwärtsbandzug 429
Vorwärtsfließpressen 445
Vorwärtsschlupf 424
Vorzugsorientierung 161
Vulkanisation 798, 819

W

Wachs 264
Wachsausschmelzverfahren 352
Wachstumsselektion 317
Wafer 1075
Wafer-Schritttechnik 1083
Wahre-Spannung-logarithmische-Dehnung-Kurve 82
Walzdraht 438
Walzenabflachung 434
Walzenbiegung 434
Walzenkaliber 441
Walzenständer 439
Wälzfräser 676
Walzgefüge 422
Walzplattieren 1008
Walzprofilieren 524
Walzrunden 521
Walzspalt 424
Walzstraße 439
Warm-Torsionsversuch 418
Warmarbeitsstahl 200, 201, 355
Warmauslagern 223
Warmbadhärten 228
Warmbearbeitung 624
Warmbrüchigkeit 160
Wärme
  spezifische 177
Wärmebehandlung 219
  schnelle, RTA 1080
Wärmeeinflusszone, WEZ 995
Wärmeleitfähigkeit 177
Wärmeübertragung 327
Warmfließpressen 913
Warmhärte 108
Warmkammerverfahren 356
Warmpressschweißen 1022
Warmumformung 164
Warmwalzplattieren 1009
Wasseraufnahme 810
Wasserglas-Verfahren 347
Wasserstoffversprödung 173
Wasserstrahlen 267
Weibull-Statistik 935
Weichglühen 226
Weichlöten 975
Weichmacher 802, 942
Weichstahl 194, 439
Weiterziehen 556
Weißblech 1029

Weißbruch 810
Weißfärbung 810
Welligkeit 241
Wendeformplattenmodell 344
Werkstattmikroskop 284
Werkstoffe
　konstruierte 56
　natürliche 56
　technische 56
Werkstoffsubstitution 56, 1170
Werkstofftechnik 40
Werkstoffwahl 1149, 1165
Werkstückkontrolle
　prozessinterne 285
Werkzeugkosten 1179
Werkzeugmessmikroskop 616
Werkzeugschaft 630
Whisker 827
Wickelverfahren 829
Widerstand
　elektrischer 178
Widerstands-Buckelschweißen 1018
Widerstandshartlöten 1026
Widerstandsquetschschweißen 1017
Wiederaufschmelzlöten 1030
WIG-Schweißen 989
Winderhitzer 182
Windform 182
Winkelendmaß 280
Winkelfräser 667
Wirbelstromprüfung 289
Wirtsgitteratom 154
Wöhler-Kurve 110
Wölbung
　thermische 434
Wolfram-Schutzgasschweißen 989

Wolframkarbid 933
Würfelfläche 147

Y

Yield locus 77
Young'scher Modul 76

Z

Zähigkeit 83
Zahnradstoßmaschine 674
Zehnerregel 1156
Zeit-Temperatur-
　Umwandlungsdiagramm 219
Zeitspanungsvolumen 647
Zelle
　galvanische 180
Zellenfertigung 64
Zellulosekunststoff 814
Zementit 314, 315
　kugeliger 219
　proeutektoider 315
Zentrierbohrer 656
Zentrifugalgießen 360
Zentrifugalzerstäubung 952
Zerkleinerung 900
Zero-Waste-Produktion 65
Zersetzung 798, 803, 904
Zerspankraft 596
Zerstäubung 899
Ziehbank 472
Ziehspalt 555
Ziehwulst 547, 556
Zinkamalgam 160
Zinkphosphat 275
Zipfelbildung 553

Zirkondioxid 932
　teilstabilisiertes 932
　umwandlungsgehärtetes 932
Zonenschmelzverfahren 364
ZTU-Diagramm
　isothermes 219
Zufallsentnahme 292
Zufallsstreuung 292
Zug 74
Zug-Scherversuch 1006
Zugfestigkeit 77
　ideale 153
　theoretische 153
Zugspindel 650
Zugversuch 75
Zusammensetzung
　mischbare 802
Zusatzwerkstoff 978
Zuschnittslänge 513
Zuschnittsverlust 508
Zustand
　teilerstarrter 309
Zustandsdiagramm 311
　binäres 311
Zweifach-Ionenstrahlbeschichtung 271
Zweikörperverschleiß 258
Zweiphasenlegierung 311
Zweiwalzengerüst 439
Zweiwegeffekt 217
Zwilling 150
Zwillingsbildung 150, 151
Zwillingsebene 150
Zwischenglühen 226
Zwischenstufe 228
Zwischenstufenvergüten 227
Zwischenverbindung 1102

Fundamentalkonstanten

Größe	Symbol	Aktueller optimaler Wert*
Lichtgeschwindigkeit im Vakuum	c	$2{,}99792458 \cdot 10^8$ m/s
Gravitationskonstante	G	$6{,}67259(85) \cdot 10^{-11}$ N$\cdot$m^2/kg^2
Avogadro-Zahl	N_A	$6{,}0221367(36) \cdot 10^{23}$ mol^{-1}
Universelle Gaskonstante	R	$8{,}314510(70)$ J/mol$\cdot$K
Boltzmann-Konstante	k	$1{,}380658(12) \cdot 10^{-23}$ J/K
Elementarladung	e	$1{,}60217733(49) \cdot 10^{-19}$ C
Stefan-Boltzmann-Konstante	σ	$5{,}67051(19) \cdot 10^{-8}$ W/m$^2 \cdot$K^4
Elektrische Feldkonstante	ϵ_0	$8.854187817\ldots \cdot 10^{-12}$ C^2/N$\cdot$m^2
Magnetische Feldkonstante	μ_0	$1.2566370614\ldots \cdot 10^{-6}$ kg$\cdot$m/A$^2\cdot$s^2
Planck'sches Wirkungsquantum	h	$6{,}6260755(40) \cdot 10^{-34}$ J$\cdot$s
Ruhemasse des Elektrons	m_e	$9{,}1093897(54) \cdot 10^{-31}$ kg $= 5{,}48579903(13) \cdot 10^{-4}$ u
Faraday'sche Konstante	F	$9{,}64867 \cdot 10^4$ C/mol

* Überprüft 1993 von B.N.Taylor, *National Institute of Standards and Technology*. Die Zahlen in Klammern geben eine Standardabweichung auf Grund experimenteller Unsicherheiten bei den Endziffern an. Bei den Zahlenangaben ohne Klammern handelt es sich um genaue Werte (d. h. definierte Größen).

Abgeleitete SI-Einheiten und ihre Abkürzungen

Größe	Einheit	Abkürzung	Basiseinheit[1]
Kraft	Newton	N	kg$\cdot$m/s^2
Arbeit und Energie	Joule	J	kg$\cdot$m^2/s^2
Leistung	Watt	W	kg$\cdot$m^2/s^3
Druck	Pascal	Pa	kg/(m$\cdot$s^2)
Frequenz	Hertz	Hz	s^{-1}
Elektrische Ladung	Coulomb	C	A$\cdot$s
Elektrische Spannung	Volt	V	kg$\cdot$m^2/(A$\cdot$s^3)
Elektrischer Widerstand	Ohm	Ω	kg$\cdot$m^2/(A$^2\cdot$s^3)
Elektrische Kapazität	Farad	F	A$^2\cdot$s^4/(kg$\cdot$m^2)
Magnetische Flussdichte	Tesla	T	kg/(A$\cdot$s^2)
Magnetischer Fluss	Weber	Wb	kg$\cdot$m^2/(A$\cdot$s^2)
Induktivität	Henry	H	kg$\cdot$m^2/(s$^2\cdot$A^2)

[1] kg = Kilogramm (Masse), m = Meter (Länge), s = Sekunde (Zeit), A = Ampere (elektrischer Strom)

Metrische (SI) Vielfache

Vorsatz	Abkürzung	Wert	Vorsatz	Abkürzung	Wert
Exa	E	10^{18}	Dezi	d	10^{-1}
Peta	P	10^{15}	Zenti	c	10^{-2}
Tera	T	10^{12}	Milli	m	10^{-3}
Giga	G	10^{9}	Mikro	μ	10^{-6}
Mega	M	10^{6}	Nano	n	10^{-9}
Kilo	k	10^{3}	Piko	p	10^{-12}
Hekto	h	10^{2}	Femto	f	10^{-15}
Deka	da	10^{1}	Atto	a	10^{-18}